RECEPTIONSORGANE II

PHOTORECEPTOREN

ZWEITER TEIL

BEARBEITET VON

M. BARTELS · M. BAURMANN · A. BIELSCHOWSKY · W. DIETER
H. GUILLERY · K. KOFFKA · A. KOHLRAUSCH · E. METZGER
A. TSCHERMAK · W. UHTHOFF † · O. WEISS

MIT 276 ABBILDUNGEN

SPRINGER-VERLAG BERLIN HEIDELBERG GMBH
1931

ISBN 978-3-642-89169-4   ISBN 978-3-642-91025-8 (eBook)
DOI 10.1007/978-3-642-91025-8

Inhaltsverzeichnis.

Die Schutzapparate des Auges.

Der Wasserhaushalt des Auges.

Elektrische Erscheinungen am Auge.

Anhang.

Adaptation, Tagessehen und Dämmerungssehen.

Sehraum und Augenbewegungen.

Sehschärfe
(zentrale und periphere)[1].

Von

H. GUILLERY
Köln-Lindenthal.

Mit 11 Abbildungen.

Zusammenfassende Darstellungen.

AUBERT: Physiologie der Netzhaut. Breslau 1865 — Graefe-Saemischs Handb. der gesamten Augenheilkunde 1. Aufl., 2 (1876). — v. HELMHOLTZ: Handb. der physiologischen Optik, 2. Aufl. Hamburg u. Leipzig 1896 (mit Literaturübersicht von KOENIG) und 3. Aufl. 1909—1911. — HERING: Grundzüge der Lehre vom Lichtsinn. Graefe-Saemischs Handb. der gesamten Augenheilkunde, 2. Aufl., 3, Kap. 12, Leipzig u. Berlin 1905—1920. — HOFMANN, F. B.: Physiologische Optik (Raumsinn). T. 1. Graefe-Saemischs Handb. der gesamten Augenheilkunde, 2. Aufl. 3, Kap 13. — SNELLEN u. LANDOLT: Die Funktionsprüfungen des Auges. Graefe-Saemischs Handb. der gesamten Augenheilkunde, 1. Aufl. 3, Leipzig 1874. — LANDOLT: Die Untersuchungsmethoden. Graefe-Saemischs Handb. der gesamten Augenheilkunde, 2. Aufl. 4 I, Leipzig 1904 und 3. Aufl. Berlin 1920. — LÖHNER: Die Sehschärfe des Menschen und ihre Prüfung. Leipzig u. Wien 1912 mit Literaturverzeichnis von 632 Nummern. — PERGENS: Recherches sur l'acuité visuelle. Paris 1906—1913. Die beiden ersten Teile sind Extrait des Annales d'Oculistique 135—140. 1906—1908. Der dritte Teil ebenda 1913. — ZOTH: Augenbewegungen und Gesichtswahrnehmungen, IIa Raumsinn und Sehschärfe. Nagels Handb. der Physiologie 3, Braunschweig 1905.

A. Allgemeines.

Wenn man unter Ophthalmologen von der Sehschärfe des Auges spricht, ist niemand darüber im Zweifel, daß darunter das Ergebnis der Messung mit einer der üblichen Sehprüfungstabellen zu verstehen ist. Man ist sich aber nicht immer bewußt, daß die Physiologie darunter etwas anderes versteht und sich auch wesentlich anderer Methoden bedient. Dieser Zwiespalt ist dadurch entstanden, daß die Voraussetzungen, auf denen jene Tabellen beruhen, ohne physiologische Prüfung als richtig angenommen wurden. Als hierüber Zweifel sich meldeten, hat der nachträgliche Versuch, das Versäumte nachzuholen, nur die Unrichtigkeit jener Voraussetzungen bestätigt.

Zunächst mußte von physiologischer Seite immer wieder betont werden, daß das Wort Sehschärfe eigentlich einen Widerspruch enthält, insofern es *wirklich scharfe Netzhautbilder, also auch ein scharfes Sehen gar nicht gibt*, nicht nur wegen der Unmöglichkeit einer optisch scharfen Einstellung, wie etwa an einem guten photographischen Apparate, sondern auch wegen der inneren Vorgänge an den lichtempfindlichen Teilen. Aber auch von den Physiologen ist häufig Scharfsehen mit der Möglichkeit, einen Gegenstand deutlich zu erkennen, verwechselt und übersehen worden, daß diese Möglichkeit zum Teil von anderen Faktoren abhängt und eine exakte Bildschärfe gar nicht voraussetzt.

---

[1] Abgeschlossen Ende Juli 1929.

Es ist leicht festzustellen, daß der Begriff des *deutlichen Sehens* ein äußerst
schwankender ist und von verschiedenen Versuchspersonen nach sehr verschiedenen Maßstäben beurteilt wird. Dies gilt schon für die einfachsten Wahrnehmungen, z. B. eines schwarzen Tüpfels auf weißem Hintergrunde[1]. Versuche
mit Snellenschen Haken ergaben, daß selbst bei geschulten Beobachtern dieser
Begriff der Deutlichkeit von einem Tage zum anderen schwankt[2]. Jedenfalls
läßt sich unschwer an jedem Sehobjekte, vom einfachsten bis zum kompliziertesten beweisen, daß Scharfsehen zum Erkennen nicht erforderlich ist. Und
daß dem so ist, ist für die Funktionsfähigkeit unseres Sehorganes von sehr wesentlicher Bedeutung.

Scharfe Bilder sind nämlich schon wegen der optischen Fehler des Auges,
die an anderer Stelle dieses Handbuches besprochen werden, nicht möglich.
Dazu kommt, je nach dem Zustande der Pupille, die Wirkung der Beugung
(vgl. Abschn. F 3). Die Voraussetzungen für die Entstehung eines *punktförmigen*
Bildes treffen beim Auge nicht zu[3]. Das Bild eines leuchtenden *Punktes* ist
eine leuchtende *Fläche*[4], eine Tatsache, die schon von der Beobachtung der Fixsterne her längst bekannt ist[5]. Sie bleibt zu Recht bestehen, wenn man auch bei
der Berechnung der Bildgröße aus den Konstanten des Auges von ihr abzusehen
pflegt, da diese Berechnung wegen der individuell verschiedenen Fehler des
dioptrischen Apparates nur eine schematische sein kann.[6]

Nun läßt sich aber nicht leugnen, daß es tatsächlich möglich ist, eine gerade
Linie bei passender Beleuchtung als gerade Linie zu sehen, ohne verwaschene
Begrenzung, so daß man den Eindruck eines *scharfen Bildes* hat. Dies erklärt
sich, wie Hering[7] eingehend erörtert, durch die *Wechselwirkung der Sehfeldstellen*. Diese korrigiere gleich dem Photographen, der eine mangelhafte Kopie
retouchiert, das Bild der Außendinge, indem sie dort, wo durch Abirrung Licht
verloren geht, den dadurch bedingten Helligkeitsverlust mehr oder minder
ersetze, dort aber, wo das abgeirrte Licht fälschlich hingerät, es durch Verdunkelung unschädlich mache. Diesen Wechselwirkungen sei daher die Schwärze
und die Deutlichkeit der Umrisse zu verdanken. Von besonderer Wichtigkeit
ist hierbei eine gute Beleuchtung, wie Hering an einem Schachbrettmuster
zeigt, dessen Vierecke bei herabgesetzter Beleuchtung nur noch verwaschene
Umrisse darstellen, bis es unmöglich wird zu sagen, ob die schwarzen und weißen
Flecke, die man sieht, regelrechte Quadrate oder andere Figuren sind. Der
Adaptationszustand des Auges ist hierbei von besonderer Bedeutung.

Gerade diese Abhängigkeit des *Scharfsehens* von der *Lichtstärke* ist als
Beweis für die auch im normalen und richtig akkommodierten Auge vorhandene

[1] Leop. Löhner: Die Sehschärfe des Menschen usw. S. 83, 92. Leipzig u. Wien
1912.

[2] Hummelsheim, Ed.: Über den Einfluß der Pupillenweite usw. Graefes Arch., 45,
362 (1898).

[3] Vgl. Hess, C. v.: Die Anomalien der Refraktion usw. Graefe-Saemischs Handb. d.
Augenheilk. 3. Aufl., 8, 118 (1910).

[4] Hering, E.: Über die Grenzen der Sehschärfe. Sitzungsber. d. Sächs. Akademie
4. 12. 1899 — Hermann: Handb. d. Physiologie, 3 II, 440—448 (1880).

[5] Weitere Literatur bei Guillery: Ein Vorschlag zur Vereinfachung der Sehproben,
Arch. Augenheilk. 23, 326 (1891).

[6] Hiernach kann es nur eine theoretische Bedeutung haben, wenn Helmholtz (Physiol.
Optik. 2. Aufl. 1896, 255) von Netzhautbildern spricht, deren Flächeninhalt Bruchteile eines
Zapfens beträgt. Die hieraus für die Beteiligung von Raum- und Lichtsinn bei solchen kleinen
Netzhautbildern von einigen Autoren gezogenen Schlüsse sind hinfällig [s. Guillery: Arch.
Augenheilk. 26, 80 (1893)].

[7] Hering: Grundzüge der Lehre vom Lichtsinn. Graefe-Saemischs Handb. d. Augenheilk. 3, 151ff., Kap. 12. Leipzig 1907.

Unschärfe der Netzhautbilder anzusehen[1]. Würde die Grenze eines belichteten Bildes auf lichtlosem Grunde ganz scharf mit der Grenze des schematischen Netzhautbildes abschneiden, dann müßten auch bei herabgesetzter Lichtstärke, falls diese überhaupt noch über der Schwelle liegt, die Objekte und ihre Zwischenräume immer dasselbe gegenseitige Verhältnis zeigen. Die Irradiation im Sinne einer physiologischen Ausbreitung der Erregung im Sehorgane müßte bei steigender Lichtstärke die dunklen Zwischenräume vermindern, während gerade umgekehrt, von niedriger Lichtstärke aufsteigend zu höherer, diese Zwischenräume immer merklicher werden. Hier ist die *Wechselwirkung der Sehfeldstellen* im Sinne von HERING und der *Grenzkontrast* maßgebend. Beim Sinken des Lichtunterschiedes zwischen Sehprobe und Grund unter eine gewisse Grenze reicht der Grenzkontrast nicht mehr hin, das verwaschene Netzhautbild in ein Empfindungsbild mit scharfen Grenzen umzugestalten und demgemäß muß die Sehschärfe sinken.

Diese Verhältnisse, über welche näheres bei den Kapiteln Irradiation und Beleuchtung zu lesen ist, haben zur Aufstellung der Begriffe *Licht-* und *Empfindungsfläche* (MACH) geführt, weil eben die physikalische Grenze des Netzhautbildes mit der sensiblen nicht übereinstimmt (VOLKMANN). Die letztere ist in der Regel kleiner als die erstere, weil die Lichtwirkung eine gewisse Stärke erreichen muß, um wahrgenommen zu werden. So entsteht die Lichtfläche, wenn wir auf jedem Punkte des Aberrationsgebietes entsprechend der Belichtungsstärke des betreffenden Punktes eine Ordinate errichten, und alle Endpunkte derselben verbinden.

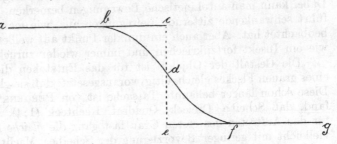

Abb. 239. Darstellung der Lichtfläche nach HERING.

Die Empfindungsfläche wird dagegen dargestellt durch die Ordinaten der einzelnen belichteten Punkte, welche proportional sind derjenigen Lichtstärke, in welcher diese Punkte *zur Wahrnehmung gelangen*. Es sei dies erläutert durch eine von HERING[2] gegebene Zeichnung (Abb. 239).

Bei genauer punktförmiger Vereinigung der Lichtstrahlen würde die Grenze zwischen beleuchtetem und dunklem Felde scharf verlaufen, entsprechend der Linie *c e*. Da jene nicht zutrifft, wird der tatsächliche Verlauf der Linie etwa der Kurve *abdf* entsprechen, die von den vorher nicht genau zu ermittelnden dioptrischen Verhältnissen des einzelnen Falles abhängt. Denkt man sich die Linie *g e* über *e* hinaus verlängert als Durchschnitt der Netzhautoberfläche, so müßte bei stigmatischer Abbildung rechts von *e* vollständiges Dunkel, links dagegen volle Belichtung sein. In Wirklichkeit handelt es sich um allmählichen Übergang. Die Empfindungsfläche entsteht nun, wenn wir die Ordinaten der einzelnen Punkte des ganzen belichteten Gebietes proportional machen den Lichtstärken, in welchen diese *erscheinen*. Die helle Mitte eines beleuchteten Feldes ist also um so größer, je größer die Lichtstärke ist. Je größer der *Helligkeitskontrast* gegen die Umgebung, um so größer ist der wahrnehmbare Teil des Netz-

[1] HOFMANN, F. B.: Raumsinn. Graefe-Saemischs Handb. d. Augenheilk. **3**, 41, Kap. 13. Berlin 1920.
[2] HERING: Graefe-Saemischs Handb. d. Augenheilk. S. 156, zit. auf S. 746, Fußnote 7.

hautbildes[1]. Diese Betrachtungen sind besonders lehrreich, weil sie erkennen lassen, wie sehr bei *jeder* Wahrnehmung von Konturen der *Lichtsinn* beteiligt ist, weil die Ausdehnung der Empfindungsfläche letzten Endes von der Empfindlichkeit für Helligkeitsunterschiede abhängen muß, eine Tatsache, die nicht immer beachtet worden ist.

Aus dieser Verteilung der Lichtstärke innerhalb des Netzhautbildes ergibt sich auch der Begriff des *Kernbildes*. Aubert versteht darunter denjenigen Teil, der volle Lichtstärke besitzt, innerhalb dessen sich also die Aberrationsgebiete der benachbarten leuchtenden Stellen decken.

Diese Unschärfe aller Netzhautbilder, auch im emmetropen und richtig eingestellten Auge, erklärt den *ersten Eindruck*, den alle Sehobjekte bei kleinstem Sehwinkel hervorrufen, d. h. also wenn man sich ihnen aus einer Entfernung, in der sie noch nicht sichtbar sind, allmählich nähert. Sie erscheinen nämlich *alle* zunächst als verwaschener grauer Fleck, an welchem Einzelheiten nicht erkennbar sind. Dies gilt vom einfachsten (schwarzer Tüpfel) bis zum kompliziertesten. Dabei sieht man an der Grenze der Wahrnehmung eigentümliche Gestaltsveränderungen auftreten, die gerade an den einfachsten Objekten am deutlichsten bemerkbar sind. Sie werden verschiedenartig beschrieben, z. B. daß die Objekte zackig werden[2] und die Gestalt eines fliegenden Vogels annehmen. Dabei kann man autokinetische Bewegungen bemerken. Ein leuchtender Punkt führt schwankende zitternde Bewegungen aus, wie man zuerst an den Sternen beobachtet hat. Aber auch ein dunkler Punkt auf weißem Hintergrunde scheint wie ein Insekt fortzukriechen und immer wieder zurückzukehren[3].

Die Gestalt der Objekte ist für das Entstehen dieses ersten Eindruckes eines grauen Fleckes gleichgültig, vorausgesetzt, daß sie gleiche Oberfläche haben. Diese schon länger bekannte Tatsache ist von Pergens[4] näher untersucht. Er fand, daß Scheibe, Dreieck, Quadrat, Rechteck (1:4), von *gleicher Oberfläche*, für das Auftreten des ersten Grau fast ganz die *gleiche Entfernung* erforderten, vielleicht mit geringer Bevorzugung der Scheibe. Macht man den Versuch mit zwei solchen Objekten, die durch einen hellen Zwischenraum getrennt sind, so ist der erste Eindruck wiederum derselbe. Allmählich wird das Bild länglich und bei noch weiterer Annäherung tritt eine Trennung durch Kenntlichwerden des helleren Zwischenraumes auf. Diese Trennung wird von einigen Autoren als plötzliche empfunden[5]. Ich muß Pergens[6] beistimmen, der hierbei autokinetische Bewegungen der beiden Objekte gegeneinander wahrnimmt, wobei der Zwischenraum verschwindet und wieder auftaucht.

Gruppen von Punkten zeigen im wesentlichen dasselbe. Solche Versuche machte Cl. du Bois-Reymond[7] mit leuchtenden Punkten, die regelmäßig in Quinkunzialstellung angeordnet waren. Bei einer gewissen Entfernung hat man nur den Eindruck einer diffusen Helligkeit ohne Unterscheidung von Einzelheiten. Bei Annäherung bemerkt man eine feinste Schraffierung, die immer

---

[1] Volkmann: Physiol. Untersuchung im Gebiete der Optik, Leipzig 1863. — Aubert: Physiol. Optik, Graefe-Saemischs Handb. d. Augenheilk. 1. Aufl. **2**, 576 (1876). — Hieraus erklären sich die verschiedenen Sterngrößen.

[2] Hensen: Über das Sehen in der Fovea centralis. Virchows Arch. **39**, 475 (1867).

[3] Exner: Studien auf dem Grenzgebiet des lokalis. Sehens. Pflügers Arch. **73**, 117 (1898).

[4] Pergens: Untersuchungen über das Sehen. Z. Augenheilk. **9**, 256 (1903).

[5] Roelofs u. Bierens de Haan: Über den Einfluß von Beleuchtung und Kontrast auf die Sehschärfe. Graefes Arch. **107**, 154 (1922).

[6] Pergens: Rech. sur l'acuite visuelle. Extrait des Ann. d'ocul. **135/36**, 45. Paris 1906—1913.

[7] Bois-Reymond, Cl. du: Seheinheit und kleinster Sehwinkel. Graefes Arch. **32**, 2, Abs. 3 (1886).

gröber wird und als Drahtgitter erscheint. An diesem treten alsdann raupen- oder perlschnurartige Verdickungen auf, die sich schließlich trennen und als distinkte Punkte erkennbar werden.

Es ist nicht überflüssig, ausdrücklich zu betonen, daß für *alle anderen* auf diesem Gebiete benutzten *Objekte* beliebiger Form (Haken, Ringe, Buchstaben) ganz dasselbe gilt. Nähert man sich einer Tafel mit solchen aus einer Entfernung, in der sie noch nicht sichtbar sind, so tauchen diejenigen zunächst auf, die am meisten Schwarz enthalten, weil bei diesen der Bruchteil von Licht, den sie der weißen Tafel wegnehmen, zuerst wahrnehmbar werden muß. Sie erscheinen dabei *alle als graue Flecke* ohne näher bestimmbare Form. Erst bei weiterer Annäherung entsteht die Möglichkeit, aus der Verteilung von hell und dunkel *die Form zu erraten*, für den Geübten natürlich früher als den Ungeübten. Daß aber auch für den ersteren der Maßstab schwankt, gilt, wie oben erwähnt, schon für die Haken, um so mehr also für kompliziertere Objekte.

Bei diesen kann der *Simultankontrast* eine das Erkennen fördernde Wirkung ausüben. HOFMANN[1] gibt als Beispiel hierfür eine aus 16 schwarzen, durch schmale weiße Zwischenräume getrennten Quadraten bestehende Zeichnung. Es läßt sich eine Entfernung finden, in der man die im Innern der Figur gelegenen Quadrate schon erkennt, während die am Rande liegenden eine runde Begrenzung zeigen. Durch den Simultankontrast werden die gegeneinander gerichteten Ränder der ersteren abgeplattet und hierdurch deutlicher.

Nach dem Gesagten ist es ein vergebliches Beginnen, *die Grenze des unscharfen und scharfen Bildes* bei verschiedenen Sehobjekten festlegen und untereinander vergleichen zu wollen[2]. So meint LÖHNER[3], bei keinem wie immer geformten Zeichen bereite die Unterscheidung zwischen dem unscharfen und scharfen Bilde solche Schwierigkeiten wie bei Punktobjekten. Zwischen dem verschwommenen fleckähnlichen „Vorbilde" und dem charakteristischen scharfen Bilde eines Buchstabenzeichens bestehe ein beträchtlicher Unterschied. Das verwaschene, kreisförmige Vorbild eines punktförmigen Objektes ähnele aber viel mehr dem ja ebenfalls kreisförmig begrenzten scharfen Bilde. Es wird dies (S. 94) an dem Beispiele zweier Versuchspersonen, die übrigens zu ganz verschiedenen, sogar widersprechenden Ergebnissen kommen, erläutert. Hier handelt es sich offenbar um die bereits erwähnte Gleichstellung von Scharfsehen und Möglichkeit des Erkennens. Im praktischen Gebrauche wird bei Punktproben, einzelnen sowohl wie Gruppen, die gezählt werden sollen, das Erkennen der Form gar nicht verlangt. Auf dieser letzteren Grundlage des nicht „Scharfsehens" sind auch schon von älteren Physiologen Untersuchungen über die Wahrnehmbarkeit kleiner Objekte angestellt worden[4] (s. unten S. 759).

B. Begriffsbestimmung.

Mit den geschilderten physiologischen Verhältnissen steht es nicht im Einklang, wenn man die Sehschärfe definiert als die „Schärfe des Sehens" und darunter das scharfe Erkennen der Konturen einer Figur versteht[5]. Doch ist es

---

[1] HOFMANN: S. 36. Zitiert auf S. 747. — Über die Wirkung des Kontrastes vgl. den 1. Teil des Bandes S. 490 ff.

[2] WOLFFBERG [Analyt. Studien usw., Graefes Arch. **77**, 420 u. 458 (1910)] sagt: Die Garantie des Scharfsehens wächst mit der Eckenzahl, bei welcher ein Polygon noch vom Kreise unterschieden wird. Hierdurch sei allenfalls eine gewisse Kontrolle des scharfen Sehens gegeben.

[3] LÖHNER: S. 91. Zitiert auf S. 746.

[4] AUBERT: Graefe-Saemischs Handb. d. Augenheilk. 1. Aufl., S. 577. (Zitiert auf S. 748.)

[5] RECHE: Einige Bemerkungen zur Messung der Sehschärfe. Arch. Augenheilk. **36**, 150 (1898).

naturgemäß, daß der Sprachgebrauch, der ein gutsehendes Auge als ein „scharfes" bezeichnet, von jeher die Bestimmung des Begriffes Sehschärfe beeinflußt hat. In den *ältesten Beschreibungen*, über die Pergens[1] interessante Angaben macht, wird die Leistung eines besonders gut sehenden Auges bezeichnet als die Fähigkeit, einen scharfen Gegenstand, etwa die Schneide eines Messers, die Spitze einer Nadel, oder ein Haar auf weite Entfernungen zu erkennen.

Aubert[2] führt den Begriff auf die *Wahrnehmung distinkter Punkte* zurück. Da wir uns alle Lineamente und Formen der Objekte aus (physiologischen) Punkten zusammengesetzt vorzustellen hätten, beruhe die Genauigkeit oder Schärfe der Formwahrnehmung auf der Fähigkeit, Punkte voneinander zu unterscheiden oder Punkte als räumlich getrennt zu empfinden. Diese Auffassung hat viele Unklarheiten gebracht, weil sie zu der Annahme geführt hat, die Genauigkeit der Formwahrnehmung und die Fähigkeit, einzelne Punkte zu unterscheiden, könnten als gleichgestellte Funktionen behandelt werden, was nicht zutrifft. Sie ist in die ophthalmologischen Lehrbücher übergegangen, in denen die *Sehschärfe* dem *Formensinn* gleichgestellt und angeblich gemessen wird durch die kleinste Distanz, in der zwei Punkte getrennt wahrgenommen werden, in Wirklichkeit aber durch eine weitaus kompliziertere Leistung des Sehorganes. Man glaubte diese Schwierigkeit lösen zu können, indem man die Sehschärfe im physiologischen Sinne unterschied von dem Worte als terminus technicus in der ophthalmologischen Praxis[3]. Die Verwirrung wurde gesteigert, indem man von einem Formensinn der Physiologen sprach im Gegensatz zu demjenigen der Ophthalmologen, welcher letztere sich mit dem Begriffe der Sehschärfe decken sollte[4]. Man muß sich fragen, ob diese Versuche, den Begriff wissenschaftlich festzulegen, die Sache besser treffen als jene Vorstellung der Alten, in der die Wahrnehmung eines feinen Gegenstandes (Linie, Spitze) das Maßgebende war. Derselben würde auch die heute noch geltende vulgäre Bezeichnungsweise sich nähern, nach welcher dasjenige Auge als ein besonders scharfes angesehen wird, das in weiter Entfernung einen kleinen Gegenstand (Segel, Vogel usw.) erkennen kann. Bekannt ist die Beobachtung von Humboldt[5], dem eine besonders hohe Sehschärfe bei den ihn begleitenden Indianern auffiel, die den weißen Mantel seines Gefährten Bonpland auf weite Entfernung in dem Gebirge zwischen den umgebenden schwarzen Felsen unterscheiden konnten.

Will man von *Formsinn* oder *Formensinn* reden, so kann man nach dem sprachlichen Begriffe darunter nur die Fähigkeit verstehen, die Formen der Objekte zu erkennen und richtig zu beurteilen[6].

---

[1] Pergens: Ann. d'Ocul. **135**, 1 (1906). (Siehe S. 748, Fußnote 6.)

[2] Aubert: Physiologische Optik. Graefe-Saemischs Handb. d. Augenheilk. 1. Aufl. **2**, 579 (1876).

[3] Wolffberg: S. 415. Zitiert auf S. 749.

[4] Landolt: Formsinn und Sehschärfe. Arch. Augenheilk. **55**, 219 (1906) und Graefe-Saemischs Handb. d. Augenheilk. 2. Aufl. 4 I, 481 (1904). — Z. Augenheilk. **13**, 519 (1905) usw. — In Graefe-Saemisch, 3. Aufl., Untersuchungsmethoden unterscheidet Landolt zwischen *praktischer* und *physiologischer* Sehschärfe. Obwohl er letztere als etwas ganz anderes bezeichnet, scheint mir der Unterschied kein wesentlicher, da beide auf der Unterscheidung von getrennten Eindrücken, also dem Auflösungsvermögen (Minimum separabile) beruhen sollen (S. 430 bzw. 432, 447). Eine Unklarheit entsteht nur dadurch, daß der Grad der praktischen Sehschärfe umgekehrt proportional sein soll dem kleinsten Intervalle, „sagen wir kurz dem kleinsten Objekte", welches das Auge noch zu unterscheiden vermag. Intervall und Objekt sind verschiedene Begriffe. Das eine wäre das Minimum separabile, das andere das Minimum visibile.

[5] Humboldt: Kosmos **3**, 45. Cottasche Ausgabe 1874.

[6] Guillery: Messende Untersuchungen über den Formensinn. Pflügers Arch. **75**, 466 (1899).

Es soll nicht verschwiegen werden, daß man diesen Sinn auch vollkommen geleugnet hat. RECHE[1] hält das Wort für eine mindestens überflüssige Bereicherung unseres Sprachschatzes, weil doch niemand wirklich glaube, daß wir einen besonderen „Sinn" haben, um Formen zu sehen. Auf demselben Standpunkte steht SCHENCK[2]. Er hält die Aufstellung eines besonderen, vom Raum- und Lichtsinn zu unterscheidenden Formsinnes für nicht gerechtfertigt, weil alle Erscheinungen des Sehens auf Licht- und Raumsinn allein zurückgeführt werden könnten. Das ist ungefähr so, wie wenn man das Verständnis für eine Melodie (von komplizierteren Tongebilden nicht zu reden) für identisch erklären wollte mit der Fähigkeit, Tonintervalle zu unterscheiden. SCHENCK hat übrigens die Frage gänzlich mißverstanden, sonst würde er nicht sagen können, ich nennte Formensinn, was „die Physiologie bisher unter Sehschärfe verstanden hat", und an einer anderen Stelle, ich führte das Vermögen, distinkte Punkte zu unterscheiden, auf den Formensinn zurück. Ich habe es bisher unterlassen, auf diese Polemik einzugehen, kann es hier aber nicht ganz vermeiden. HOFMANN[3] führt als schlagenden Beweis für die Sonderstellung des Formensinnes die interessante Beobachtung von GOLDSTEIN und GELB[4] an, welche einen Kranken mit verletztem Occipitalhirn betraf. Gut erhalten waren zentrale Sehschärfe, die Wahrnehmung von Lageunterschieden und das Augenmaß, dagegen war das Vermögen, die Form der gesehenen Gegenstände zu erkennen, verlorengegangen, z. B. konnte eine quadratische Fläche von einer kreisförmigen oder dreieckigen nicht unterschieden werden. Buchstaben wurden von dem Kranken nur dadurch erkannt, daß er durch Bewegungen des Fingers oder des Kopfes ihren Konturen nachfuhr. Den unmittelbaren optischen Eindruck der Form konnte er sich nicht verschaffen.

Dieser Sinn kann sich durch Vermittlung des Auges betätigen, doch ist er *nicht identisch mit der Sehschärfe*. Er kann z. B. bei guter Sehschärfe sehr schlecht entwickelt, umgekehrt auch beim Sehen in Zerstreuungskreisen sehr leistungsfähig, sogar bei einem Blindgeborenen vorhanden sein, der ihn nur durch seinen Tastsinn betätigt und oft zu großer Feinheit ausbildet. Derselbe ist auch einer physiologischen Messung zugänglich, aber mit ganz anderen Methoden als die Sehschärfe[5].

Ganz allgemein kann man die Sehschärfe bezeichnen als die *Feinheit der räumlichen Wahrnehmung im ebenen Sehfelde*. Damit ist zum Ausdruck gebracht, daß wir die Tiefensehschärfe hier nicht in Betracht ziehen.

Ähnliche Definitionen sind schon früher gegeben. So bezeichnet ZOTH[6] die Sehschärfe als das Maß der Feinheit des Raumsinnes des Auges. — Neuerdings hat KREIKER[7] die Definition gegeben: „Die Sehschärfe ist die Identifikation des Objektes mit dem Erinnerungsbild." Darin liegt ein richtiger Gedanke, es ist aber nicht zum Ausdruck gebracht, daß es sich um einen Schwellenwert handelt. Der Vorgang, wie ihn KREIKER schildert, würde nach seinen eigenen Ausführungen z. B. auch für das Erkennen des „Vexierbildes" zutreffen.

Die unter Sehschärfe verstandene Leistungsfähigkeit des Auges kann sich nach verschiedenen Richtungen äußern, worauf zuerst HERING[8] aufmerksam machte. Er unterscheidet zwischen dem *optischen Auflösungsvermögen*, worunter das Vermögen zu verstehen ist, feine Punkte oder Linien getrennt voneinander wahrzunehmen und dem *optischen Raumsinn*, welcher die Verschiedenheiten von Lage bzw. Größe erkennt. Die Untersuchung ergibt, daß dieser Raumsinn das Auflösungsvermögen an Feinheit erheblich übertrifft. Die meisten Autoren haben aber nur letzteres im Sinne, wenn sie von Sehschärfe reden[9].

---

[1] RECHE: Zitiert auf S. 749.   [2] SCHENCK: Z. Augenheilk. 1, 1899.

[3] HOFMANN: S. 92. Zitiert auf S. 747.

[4] GOLDSTEIN u. GELB: Z. Neur. u. Psychol. 41, 1 (1918).

[5] GUILLERY: Zitiert auf S. 750.

[6] ZOTH: Raumsinn und Sehschärfe. Nagels Handb. d. Physiol. 3, 336 (1905).

[7] KREIKER: Die psychische Komponente der Sehschärfe. Graefes Arch. 111, 128 (1923).

[8] HERING: Über die Grenzen der Sehschärfe (zitiert auf S. 746, Fußnote 4).

[9] Die Ummodelung, die LANDOLT (Untersuchungsmethoden. Zitiert auf S. 750) an diesen Begriffen vornimmt, dürfte kaum einen Vorteil bieten. Raumsinn und Auflösungsvermögen nach HERING sind ihm einmal Unterabteilungen des Formensinns (S. 425), das andere Mal (S. 427) spricht er von den „beiden Funktionen, die HERING als Raumsinn und Formensinn bezeichnet", stellt also letzteren dem Auflösungsvermögen gleich, was HERING weder gesagt noch gemeint hat. Sicher ist auch, daß HERING, als er die bekanntlich sehr

Andere gehen in der Zergliederung des Begriffes Sehschärfe noch weiter. Nach Roelofs-Bierens de Haan[1] kommt bei dieser Funktion in Betracht die Wahrnehmung der kleinsten Oberfläche, der Empfindungskreis, die kleinste Empfindungsbreite und der kleinste wahrnehmbare Richtungsunterschied. Im wesentlichen dürfte sich dies aber mit der Trennung nach Hering in Auflösungsvermögen und untere Grenze für die Wahrnehmung von Lageunterschieden decken.

Es sei hier gleich bemerkt, daß *die klinischen Untersuchungsmethoden der Sehschärfe* nach dem Vorgange von Snellen, wie ich seit mehr als 30 Jahren wiederholt dargetan habe, sich keineswegs auf dieser physiologischen Basis folgerichtig aufbauen (vgl. Abschn. H). Man hat hier einen neuen Begriff, das *Minimum cognoscibile* oder *legibile* (Hess) eingeführt und von einer *Erkennungsschärfe* gesprochen. Die Kommission für einheitliche Bestimmung und Bezeichnung der Sehschärfe (1909) hat sich nun auch auf den Standpunkt gestellt, daß hiermit eine anders zu bewertende Leistung des Sehorgans geprüft wird[2].

So ist es jetzt eine geläufige, früher aber zu wenig beachtete Auffassung, daß der Begriff des Sehens hinsichtlich seiner qualitativen Unterschiede und Stufen viel zusammengesetzter ist, als es zunächst den Anschein hat. Die Einflüsse, welche die Sehschärfe bestimmen, können, wie alle Leistungen des Sehorganes, eingeteilt werden in einen *physikalischen, physiologischen* und *psychologischen* Anteil[3]. Unsere Aufgabe wird es sein, den physiologischen Anteil näher zu untersuchen. Es soll hierbei die jetzt allgemein angenommene Einteilung von Hering: Feinheit des Unterscheidungsvermögens für Lagen und das Auflösungsvermögen zugrunde gelegt werden. Dabei ist nicht zu vergessen, daß selbst bei der einfachsten Wahrnehmung eine gewisse Beteiligung *des Urteils, der Erfahrung und der Übung*, d. h. also des psychologischen Anteils nicht auszuschließen ist. Dies gilt aber für jede Untersuchung von Schwellenwerten.

C. Die Feinheit des optischen Raumsinnes (Hering).

Der Kürze halber empfiehlt es sich, diese Funktion nach dem Vorgange von Hofmann als Raumschwelle zu bezeichnen. Es handelt sich um die kleinste Verschiedenheit der Lage bzw. Größe, die das Auge noch zu erkennen vermag[4]. Wülfing[5] hat diesen Wert zu messen gesucht durch Verschiebung der unteren Hälfte eines feinen leuchtenden senkrechten Spaltes gegen die obere, oder der beiden Teile einer schwarzen feinen Linie auf weißem Hintergrunde (Nonius-Methode). Als Grenzwert für die eben merkliche seitliche Verschiebung erhielt er 10 Sek. Auf Anregung von Hering hat Best[6] diese Versuche nachgeprüft

---

große Empfindlichkeit für Lageunterschiede (Raumschwelle nach Hofmann) untersuchte, etwas ganz anderes im Sinne hatte als die grobe Leistung der vue claire von Buffon (Landolt, S. 427). Deshalb entspricht der Hinweis auf Buffon als Vorläufer von Hering in dieser Frage wohl ebensowenig dessen Auffassung wie das Beispiel der starkranken Alten mit dem guten „Raumsinn" bei fehlendem „Auflösungsvermögen" (Landolt, S. 428, vgl. Abschn. D und H).

[1] Roelofs-Bierens de Haan: S. 184. (Zitiert auf S. 748.) — Straub bezeichnet die Sehschärfe als das Vermögen, Richtungsunterschiede mittels des Sehorganes kennenzulernen. Roelofs und Bierens de Haan (zitiert auf S. 154) halten diese Umschreibung für die am meisten befriedigende. Es handelt sich dabei aber nur um eine besondere Funktion.

[2] Hess, C. v.: Arch. Augenheilk. **63**, 239 (1909).

[3] Gleichen: Beitr. zur Theorie der Sehschärfe. Graefes Arch. **93**, 305 (1917).

[4] Hering: Zitiert auf S. 746, Fußnote 4.

[5] Wülfing: Über den kleinsten Gesichtswinkel. Z. Biol. **29**, 199 (1893).

[6] Best: Über die Grenze der Erkennbarkeit von Lageunterschieden. Graefes Arch. **51**, 453 (1900).

unter Verschiebung der Trennungslinie einer weißen und einer schwarzen Fläche. Er fand einen Unterschied je nach der Richtung der Linie. Bevorzugt war die senkrechte, wie BEST annimmt wegen größerer Übung. Wenn die Angaben fehlerfrei sein sollten, wurde in senkrechter Richtung eine Verschiebung, entsprechend einem Sehwinkel von 13″ erkannt, bei Schrägstellung 16—19″. Es machte sich aber sogar ein Lageunterschied von 2,5″ noch bemerkbar bei Anwendung der Methode der richtigen und falschen Fälle. Bezüglich des Zustandekommens dieser Wahrnehmung betont BEST, daß nicht nur die Trennungsstelle der Linien fixiert wird, sondern der Blick über das ganze Feld wandert, wobei die Unterschiedsempfindlichkeit für Lichtstärken mitwirke. Von weiteren Versuchen dieser Art seien noch erwähnt diejenigen von STRATTON[1] und BOURDON[2]. Ersterer fand als niedrigsten Wert 7″, letzterer 5″. OBARRIO[3] gibt 12″ an. HOFMANN[4] fand bei sich selbst unter günstigster Beleuchtung 8″, bei einer anderen Versuchsperson 7″. Dies würde im Netzhautbilde etwa $1/2\,\mu$ entsprechen.

SCHENCK[5] ist der Meinung, daß hierbei nicht der kleinste Gesichtswinkel im üblichen Sinne bestimmt wird, sondern der Lichtsinn wesentlich beteiligt sei. THORNER[6] schließt sich dieser Ansicht an und folgert daraus, daß diese Methoden zu kleine Werte ergeben. Ich glaube nicht, daß hierdurch die Deutung, die HERING diesen Versuchen gibt, erschüttert wird. Selbstredend kann dieser, wie auch andere Grenzwerte des Raumsinnes nicht ohne Beteiligung des Lichtsinnes festgestellt werden, wie BEST dies auch für seine unter Leitung von HERING angestellten Versuche ausdrücklich angibt.

Vor kurzem haben ROELOFS und BIERENS DE HAAN in der S. 748 zitierten Arbeit (S. 158) noch eine weitere Methode angegeben, die auf einem ähnlichen Grundsatze beruht. Es wurden helle Streifen auf schwarzem Hintergrunde benutzt, die an irgendeiner Stelle eine Unterbrechung hatten. An dieser Stelle war ein kleines Stück des Streifens, beiderseits durch einen schmalen Zwischenraum von dem übrigen Streifen getrennt, nach oben oder unten verschoben

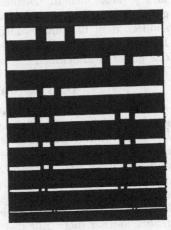

Abb. 240. Objekte für die Untersuchung des kleinsten wahrnehmbaren Richtungsunterschiedes. (Aus Graefes Arch. Bd. 107, ROELOFS u. BIERENS DE HAAN.)

und es handelte sich darum, die Richtung dieser Verschiebung unter möglichst kleinem Sehwinkel zu erkennen (Abb. 240). Unter günstigsten Verhältnissen konnte ROELOFS (ebenda S. 182) noch einen Richtungsunterschied von 6″ wahrnehmen.

Von der Feinheit des optischen Raumsinnes sind die Leistungen des *Augenmaßes* in hohem Grade abhängig. Man hat daher auch die letzteren zur Feststellung der Raumschwelle benutzt. Da wir aber hiermit schon ein anderes Gebiet betreten, das streng genommen, nicht mehr zu unserem Gegenstande gehört, will ich mich nur auf die Versuche von VOLKMANN[7] beschränken. Er teilte eine horizontale Strecke durch 3 feine vertikale Drähte in 2 gleiche Teile ab, und während der eine Teil der Strecke zwischen zwei Drähten unverändert

[1] STRATTON: A new determination of the minimum visibile etc. Psychol. Rev. **7**, 429 (1900).

[2] BOURDON: La perception visuelle de l'espace, S. 145. Paris 1903.

[3] OBARRIO: Über das Maximum der Sehschärfe. Intern. Ophthalm.-Congr. Utrecht 1899.

[4] HOFMANN: S. 56. Zitiert auf S. 747.　　　　[5] SCHENCK: Zitiert auf S. 751.

[6] THORNER: Die Grenze der Sehschärfe. Klin. Mbl. Augenheilk., N. F. 9, 592 (1910).

[7] VOLKMANN: Zitiert auf S. 748.

blieb, verschob er den dritten Draht solange, bis die zweite Strecke einen eben merklichen Größenunterschied gegen die erste erkennen ließ. Die dazu gehörigen Winkel, die er fand, stimmen mit den bei der Noniusmethode gewonnenen gut überein. Als weiteres Prüfungsobjekt benutzte er verschieden dicke Striche und stellte fest, bis zu welcher Grenze ein Dickenunterschied erkennbar war. Aus der eben wahrnehmbaren Bewegungsgröße hat man ebenfalls Schlüsse auf die Feinheit des Raumsinnes gezogen, welche zu ähnlichen Werten führten.

Alle diese Werte sind nun erheblich kleiner als die für das Auflösungsvermögen ermittelten (s. unter D). Hiernach käme man zu dem Schlusse, daß der optische Raumsinn im Sinne von Hering dem Auflösungsvermögen erheblich überlegen ist. Bei letzterem spielt aber, wie wir noch sehen werden, die Wirkung der Irradiation eine besondere Rolle. Hering hat ferner selbst darauf hingewiesen, daß z. B. die Auflösung einer hellen Doppellinie die Wahrnehmung einer dunklen, die beiden hellen Linien trennenden Zwischenlinie voraussetzt. Daher erkenne man hier nicht bloß einen Lageunterschied der beiden hellen Linien, sondern zugleich auch die noch kleinere Lageverschiedenheit der dunklen Zwischenlinie und je einer hellen. Demnach würde der Sehwinkel des kleinsten hier wahrgenommenen Lageunterschiedes nicht dem Abstande der beiden hellen Linien, sondern dem Lageunterschiede des dunklen Zwischenraumes und je einer hellen Linie entsprechen. Für den letzteren Winkel dürfe man aber höchstens die Hälfte des ersteren annehmen[1].

D. Das optische Auflösungsvermögen.

Der oben (S. 751) gegebenen Definition hat Hofmann[2] eine weitere Fassung gegeben. Er nennt Auflösungsvermögen des Auges *die Fähigkeit, feinste Einzelheiten der Objekte wahrzunehmen.* Unter diesen Begriff falle das Sehen *einzelner,* in ihrer Farbe von der Umgebung verschiedener *kleinster Flächen* (sog. Punkte) und *schmalster Streifen* (sog. Linien), aber auch die *Sonderung zweier* oder *mehrerer* nebeneinanderliegender *Punkte* und *Linien* und die gesonderte Wahrnehmung ausgedehnterer *Flächen.* Dagegen liege das Erkennen der *Form* von Linien und Flächen außerhalb des eigentlichen Auflösungsvermögens. Nach dieser Auffassung gehört hierher nicht nur das *Minimum separabile,* sondern auch das *Minimum visibile.* Hofmann betont, daß es unberechtigt sei, die Fähigkeit, feinste Punkte *einzeln* wahrzunehmen, von der Sehschärfe abzutrennen und von einer besonderen „Punktsehschärfe" zu sprechen. Das Erkennen eines einzelnen schwarzen Punktes oder Striches auf weißer Fläche sei grundsätzlich der Sonderung zweier weißer Flächen voneinander gleichzustellen[3]. Die Einreihung dieser Funktion unter den Begriff des Auflösungsvermögens entspricht vollständig der Bewertung, die ich seit etwa 30 Jahren dem Punkte als Sehobjekt gegenüber der bis dahin geltenden Auffassung gegeben habe[4].

---

[1] Zitiert auf S. 746, Fußnote 4. — Da es sich natürlich auch hier letzten Endes um die Wahrnehmung von Helligkeitsunterschieden handelt, müßte man nach obenerwähnter Beweisführung auch diesen Vorgang in das Gebiet des Lichtsinnes versetzen. Es handelt sich aber auch in diesem Falle um einen dem Raumsinn angehörigen Schwellenwert, weil es auf die Raumwerte ankommt, bei denen das Sehorgan die ihm gestellte Aufgabe lösen kann.

[2] Hofmann: S. 19. Zitiert auf S. 747.

[3] Dies folgt auch aus der Definition, die Landolt von dem Minimum separabile gibt (Arch. d'Ophthalm. **29**, 338 (1909)]. Er bezeichnet dasselbe als die Fähigkeit, eine Lücke in einer Kontinuität zu erkennen. Ein dunkler Fleck auf heller Fläche ist natürlich auch eine Lücke in einer Kontinuität, doch ist Landolt diese Folgerung entgangen [vgl. Wolffberg: Graefes Arch. **77**, 434 u. 438 (1910)].

[4] Zitiert auf S. 746. — Es sei hier nochmals bemerkt, daß, wenn von Punkten und Linien die Rede ist, damit nicht die mathematischen Begriffe, sondern Objekte von flächenhafter Ausdehnung, also Scheiben bzw. Streifen gemeint sind.

Die Sehobjekte, an denen das Auflösungsvermögen zu prüfen ist, sind demnach 1. Punkt und Linie, zunächst einzeln, 2. ihre Trennung zu zweien und in größeren Gruppen. Das unter 1 genannte entspricht dem *Minimum visibile*, das unter 2 dem *Minimum separabile*.

1. Minimum visibile.

Seine Auffassung, daß grundsätzlich das Erkennen eines einzelnen schwarzen *Punktes* oder *Striches* auf einer weißen Fläche der Sonderung zweier weißer Flächen voneinander gleichsteht, hat HOFMANN[1] durch nebenstehende Zeichnung erläutert. Abb. 241.

XX′ sei ein Schnitt durch die flach ausgebreitete Netzhaut, *aBb* und *cDd* die Querschnitte der beiden Lichtflächen zweier

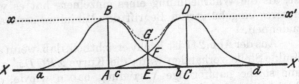

Abb. 241. Darstellung der Netzhauterregung bei Wahrnehmung von zwei leuchtenden Linien nach F. B. HOFMANN.

senkrecht auf das Papier gedachten schmalen leuchtenden Linienbilder, die durch *A* und *C* gehen. Diese überdecken sich zum Teil so, daß die in der Mitte liegende Stelle *E* Licht von der Intensität 2 *EF* = *EG* empfängt. Der Querschnitt durch die gemeinsame Lichtfläche entspricht alsdann der Kurve *aBGDd*. Die Lichtintensität über *E* ist also nicht gleich Null, sondern nur etwas vermindert, und die Trennung der Linien wird wahrgenommen, wenn bei *E* eine merklich schwächere Erregung stattfindet, als bei *A* und *C*. Das hängt keineswegs allein vom Sehwinkel ab, sondern ebenso wie bei einer einzelnen Leuchtlinie oder einem leuchtenden Punkte von der Ausdehnung der Lichtfläche und der Art der Lichtverteilung in ihr.

Ziehen wir die punktierten Linien *xB* und *Dx′* parallel zur Abszissenachse *XX′*, so ist augenscheinlich die Linie *xBGDx′* der Querschnitt durch die Lichtfläche eines senkrecht durch *E* verlaufenden schmalen dunklen Streifens auf hellem Grunde. Der Vorgang bei *E* wird also immer derselbe sein, mögen 2 leuchtende Linien auf hellem Grunde senkrecht durch *A* und *C* verlaufen (Minimum separabile) oder eine dunkle Linie senkrecht durch *E* auf hellem Grunde (Minimum visibile).

Dreht man nun die Kurve *xBGDx′* um eine durch *EG* gehende senkrechte Achse, so entsteht eine napfförmige Vertiefung, entsprechend einer kleinen runden dunklen Fläche (Punkt) auf hellem Grunde, deren Mittelpunkt in *E* liegt. Sind 2 solche dunklen Flächen nebeneinander, so erhalten wir 2 derartige aneinandergrenzende oder etwas zusammenfließende napfförmige Vertiefungen. Handelt es sich statt der kleinen runden Flächen um Streifen, so entstehen an Stelle der napfförmigen rinnenförmige Vertiefungen. Es bestehen also überall nicht qualitative, sondern nur quantitative Änderungen der Vorgänge, je nachdem dieselben sich über einen mehr oder weniger großen Teil der Netzhaut erstrecken. Die Zeichnung ist natürlich nur schematisch zu verstehen, da schon infolge der dioptrischen Fehler die Kurven kein so regelmäßiges Bild zeigen können. Jedenfalls muß der Vorgang bei *E* in seinen Beziehungen zu Licht- und Raumsinn immer der gleiche sein, möge es sich um einen dunklen Punkt oder um eine dunkle Linie handeln und mögen seitlich davon leuchtende Linien oder leuchtende Flächen liegen.

---

[1] HOFMANN: S. 28. Zitiert auf S. 747.

Ähnliche Erwägungen haben wohl Koster[1] vorgeschwebt, als er soweit ging, zu behaupten, ein dunkler Punkt auf heller Fläche stelle eigentlich das Minimum separabile dar, ebenso wie 2 leuchtende Punkte oder parallele Linien. Zwei gegenüberliegende Seiten des schwarzen Punktes seien als die beiden leuchtenden Objekte aufzufassen. Demgegenüber habe ich schon früher[2] darauf hingewiesen, daß nicht recht ersichtlich ist, was man unter zwei gegenüberliegenden Seiten eines runden Punktes verstehen soll und was die „beiden" leuchtenden Objekte sind bei einer den Punkt von allen Seiten umgebenden hellen Fläche. Da die Trennung zweier Objekte jedenfalls eine anders zu bewertende Leistung ist, als die Wahrnehmung eines einzelnen, hat es wohl keinen Vorteil, den für ersteres eingebürgerten Begriff des Minimum separabile auch auf letzteres auszudehnen.

Aus der Abb. 241 ist leicht ersichtlich, daß, wenn außer bei E noch eine zweite dunkle Stelle vorhanden wäre, die Kurve $xBGDx'$ auch an dieser zweiten Stelle eine solche napfförmige Vertiefung haben würde, oder bei mehreren dunklen Punkten noch beliebig viele andere. Grundsätzlich würden die Vorgänge an diesen Stellen immer dieselben sein. Es kommt darauf an, ob die Verminderung der Helligkeit an der betreffenden Stelle erheblich genug ist, um über die Schwelle zu treten, und dies ist auch die Art, wie der einzelne Punkt sich bemerkbar macht.

Diese Verhältnisse erforderten eine ausführlichere Darlegung, weil, seit ich im Jahre 1891[3] den Punkt als Sehprüfungsobjekt vorgeschlagen habe, eine lebhafte Erörterung darüber entstanden ist, ob dasselbe mehr in das Gebiet des *Raumsinnes* oder des *Lichtsinnes* gehört. In den älteren physiologischen Werken (z. B. Aubert) wird die Wahrnehmung einzelner Punkte als eine räumliche angesehen und demgemäß behandelt. Dem haben sich die neueren physiologischen Bearbeiter des Gegenstandes (Zoth, Hofmann) angeschlossen. Dazu kommt, daß auch diejenigen, die behaupten, mit einem einzelnen Punkte prüfe man den Lichtsinn, tatsächlich niemals den Lichtsinn auf diese Art zu prüfen versucht haben. In der Beweisführung hat man sich vielfach darauf beschränkt, zu behaupten, die Wahrnehmung eines einzelnen Punktes sei vom Lichtsinne abhängig. Das ist natürlich nicht zu bezweifeln. Wir wissen von keiner Tätigkeit der Netzhaut, sagt Aubert[4], wenn nicht eine Lichtempfindung mit ihr verbunden ist. Auf alle Einwirkungen von außen reagiert das Sehorgan mit Lichtempfindung oder gar nicht[5]. Es bedurfte daher nicht der besonderen Feststellung, daß bei der Wahrnehmung sehr kleiner Gegenstände nicht der Raumsinn allein beteiligt sein kann[6]. Bei dieser Wahrnehmung spielen Raum- und Lichtsinn keine andere Rolle, als bei größeren Gegenständen, wie aus der oben wiedergegebenen Zeichnung von Hofmann und ihrer Erläuterung hervorgeht.

Es muß hier darauf verzichtet werden, die ganze Literatur dieser Frage im einzelnen zu besprechen[7]. Nur die wesentlichen Gesichtspunkte, mit denen man die gegenteilige Ansicht zu begründen suchte, seien herausgegriffen.

Eine Unklarheit entstand zunächst dadurch, daß man die Deutung, welche man den bei den *Fixsternen* beobachteten Lichteindrücken gab, immer wieder

---

[1] Koster: Über die Bestimmung der Sehschärfe nach den Methoden von Landolt und Guillery, Graefes Arch. **64**, 129 (1906).
[2] Kritische Bemerkungen usw. Arch. Augenheilk. **57**, 4 (1907).
[3] Siehe S. 746.
[4] Aubert: Physiologie der Netzhaut, S. 4. Breslau 1865.
[5] Stettler (Beitr. z. Augenheilk., **1895**, H. 18, S. 2) hat allerdings geglaubt, bei Buchstaben den Lichtsinn ausschalten zu können. — Siehe auch Koster, S. 545. Zitiert Fußnote 1.
[6] Asher: Über das Grenzgebiet des Licht- und Raumsinnes. Z. Biol. **35**, 401, 416 (1897).
[7] Wer sich für die hier zutage getretenen Schwierigkeiten interessiert, sei besonders verwiesen auf die schon zitierte Arbeit von Schenck, Z. Augenheilk. **1** (1899).

auf die Wahrnehmung schwarzer Punkte mit hellem Hintergrunde glaubte anwenden zu dürfen. Der Sehwinkel, unter welchem die Fixsterne erscheinen, ist bekanntlich gleich Null. Trotzdem haben ihre Netzhautbilder, weil ja eine punktuelle Abbildung nicht möglich ist (s. oben) eine scheinbare Größe, ja sogar *verschiedene Größe*, welche schon FECHNER auf ihre *verschiedene Helligkeit* zurückführte. Es ist sonach der räumliche Eindruck, welchen ein leuchtender Punkt hervorruft, in hohem Maße abhängig von der Lichtstärke, ja man kann ihn, wenn er durch Verkleinerung des Sehwinkels, z. B. bei zunehmender Entfernung verschwunden ist, durch Vermehrung der Lichtstärke wieder zur Wahrnehmung bringen. Dies ist alles leicht verständlich und läßt sich auch an unserer Abb. 241 (S. 755) veranschaulichen. Man nehme an, unter Vernachlässigung der übrigen Zeichnung, es sei ein leuchtender Punkt bei A. Da es sich um seine Wahrnehmbarkeit handelt, soll die Kurve aBb den Durchschnitt seiner Empfindungsfläche darstellen, welche entsteht, wenn man diese Kurve um die Achse AB dreht. Nun ist klar, daß jede Steigerung der Intensität nicht nur den Gipfel der Kurve bei B erhöhen, sondern dementsprechend gleichzeitig auch die Strecke ab erweitern muß. Die Erregung verbreitet sich daher in der Umgebung und das Bild muß größer erscheinen. Ist der Sehwinkel so stark verkleinert, daß die Erregung ab soweit verschmälert wird, bis sie unter der Schwelle bleibt, so muß nach derselben Betrachtungsweise die Steigerung der Intensität, also die Erhöhung des Gipfels B, wiederum die Strecke ab vergrößern und über die Schwelle bringen. Man hat daraus geschlossen, daß die Wahrnehmung eines solchen Punktes in hohem Maße, ja sogar ausschließlich eine Leistung des Lichtsinnes sei. Demgegenüber hat HERING[1] noch in seiner letzten ausführlichen Bearbeitung des Gegenstandes darauf hingewiesen, daß, wenn man von verschiedener *Größe* der Sterne spricht, bei der Unterscheidung derselben doch nicht bloß der Lichtsinn, sondern auch der Raumsinn des Auges in Frage kommt. Jedenfalls sei es bis jetzt nicht bewiesen worden, daß dieselbe ausschließlich mit Hilfe des Lichtsinnes erfolge.

Gilt dies also schon nicht einmal für die Fixsterne, so vollends nicht für einen *dunklen Fleck auf hellem Hintergrunde*, für den ganz andere Verhältnisse in Frage kommen, selbst wenn man davon absieht, daß in beiden Fällen die Adaptationsverhältnisse sehr verschieden sind. Nichtsdestoweniger hat man auch hier an derselben Anschauung festgehalten, und da dieselbe sich auch in maßgebenden ophthalmologischen Bearbeitungen des Gegenstandes findet[2], ist es erklärlich, daß sie trotz aller Widerlegungen immer wieder auftaucht. „Die Wahrnehmung eines einzigen Punktes ist ganz abhängig von der Lichtstärke, denn bei genügender Beleuchtung wird auch das allerkleinste Objekt noch erkannt". Wie wir sahen, kann dies nur für wirklich leuchtende Punkte Geltung haben. Es ist aber nicht ersichtlich, wie dieser Satz[3] auch bei schwarzen Punkten mit weißem Hintergrund, auf welche man ihn bezogen hat, Geltung haben soll. Durch welche Art von Beleuchtung sollte man ein solches allerkleinstes Objekt noch kenntlich machen? Ein beweiskräftiger Versuch dieser Art liegt nicht vor. Man würde sehr bald an einer Grenze ankommen, wo auch die beste Beleuchtung das Objekt nicht mehr zum Vorschein brächte. Und selbst, wenn dies gelänge, so wäre damit ebensowenig wie für die Fixsterne bewiesen, daß diese Wahrnehmung keine räumliche, sondern nur dem Lichtsinne zufallend wäre.

---

[1] HERING: Graefe-Saemischs Handb. d. Augenheilk. 2. Aufl., Kap. 12, **3**, 40 (1905).
[2] Z. B. SNELLEN-LANDOLT: Die Funktionsprüfungen des Auges. Graefe-Saemischs Handb. d. Augenheilk., 1. Aufl., **3**, 4 (1874).
[3] SNELLEN-LANDOLT: Ebenda.

Nun hat man aber wenigstens für einen kleinen Teil des Netzhautzentrums den Beweis eines anderen Verhaltens zu erbringen versucht. RICCÒ[1] hatte durch Beobachtung kleiner Scheiben von verschiedener Helligkeit festgestellt, daß an der Grenze der Sichtbarkeit *Helligkeit* und *Größe* des Netzhautbildes sich gegenseitig *ergänzen*, indem das Produkt aus dem kleinsten Sehwinkel in die Wurzel der Helligkeit nahezu konstant blieb. Er kam zu diesem Ergebnisse, indem er die Belichtung der Scheiben, ihre Entfernung vom Auge und ihre Durchmesser verschiedentlich veränderte, ersteres zum Teil durch wechselnde Abstände der Lichtquelle. Da mehrere von diesen Faktoren in einem konstanten Verhältnisse stehen, blieben schon die physikalischen Bedingungen dieser Versuche zum Teil dieselben.

In ähnlicher Weise hat ASHER[2] die Verhältnisse von Raum- und Lichtsinn bei kleinen Netzhautbildern zu ermitteln gesucht, indem er die Helligkeit und Größe der Objekte variierte. Er kommt zu dem Schlusse, daß innerhalb eines Sehwinkels von 2—3 Minuten die Unterscheidung von Objekten in bezug auf Größe nicht als Leistung des Raumsinnes, sondern als eine solche des Lichtsinnes zu bezeichnen ist, weil innerhalb dieser Grenze das Aussehen der Objekte nur von der Menge des von ihnen ins Auge gelangenden Lichtes abhängt, gleichgültig, ob diese Lichtmenge auf eine größere oder kleinere Fläche verteilt ist. Bei gleicher Lichtmenge erscheint also ein größeres, weniger helles Objekt gleich groß wie ein kleineres, aber entsprechend helleres. Erst bei Überschreitung des genannten Sehwinkels machten sich Größenunterschiede bemerkbar. Zu diesen Versuchen ist zunächst zu bemerken, daß sie erhebliche Schwankungen zeigen, bei einer Versuchsreihe in solchem Maße, daß sie auch nach Ansicht von ASHER zu Bedenken Anlaß geben könnten. Die Erklärung ist die, daß die *Größenschätzung* bei so kleinem Netzhautbilde und unter den von ASHER gewählten Versuchsbedingungen sehr ungenau ist[3]. Aber auch abgesehen davon ist der Schluß, daß hierbei der Raumsinn unbeteiligt sei, nicht gerechtfertigt, schon deshalb, weil es sich um eine Leistung des *Augenmaßes* handelt, welches doch sicherlich in das Gebiet des *Raumsinnes* gehört, während dem *Lichtsinn* die *Größenschätzung* nicht zufallen kann. Es gilt also hier dasselbe, was HERING bezüglich der Sterngröße sagt (s. oben S. 757), bei deren Unterscheidung nicht nur der Lichtsinn, sondern zweifelsohne auch der Raumsinn in Frage kommt. Nach meiner Ansicht[4] ist aus den Versuchen von ASHER, wie denen von RICCÒ im wesentlichen nur zu schließen, daß innerhalb eines kleinen Bezirkes des Netzhautzentrums die empfindenden Elemente als annähernd gleichwertig anzusehen sind. Unter dieser Voraussetzung erklärt sich sehr einfach, daß die Erregungsstärke a von b Elementen ebenso empfunden wird, wie die Erregungsstärke $a/2$ von $2b$ Elementen[5]. Wie wir noch sehen werden, läßt sich ein solcher Bezirk innerhalb des Netzhautzentrums tatsächlich nachweisen.

---

[1] RICCÒ: Ann. di Ottalmol. **3** A. VI, 373. Verkürzte Wiedergabe im Zbl. Augenheilk. **1877**, 122.

[2] ASHER: Zitiert auf S. 756.

[3] SCHOUTE [Z. Psychol. **19**, 251 (1898)] glaubte allerdings noch bei Reizung *eines* Zapfens, welche er für möglich hält, 8 verschiedene Größen unterscheiden zu können.

[4] Siehe GUILLERY: Bemerkung über Raum- und Lichtsinn. Z. Psychol. **16**, 264 (1898).

[5] Diese Verhältnisse habe ich schon früher besprochen [Arch. f. Augenheilk. **31**, 212 (1895)] in einer Arbeit, welche sich die Aufgabe stellte, dieselben Beziehungen für Licht- und Farbensinn zu untersuchen. Hierüber lagen schon Beobachtungen vor von DONDERS [Graefes Arch. **23**, 282, Abt. 4 (1877)] und von OLE BULL [ebenda **27**, 54 Abt. 1 (1881)]. Alle diese Untersuchungen kommen zu dem gleichen Ergebnisse wie RICCÒ und später ASHER. Ebenso LÖSER [Beitr. zur Augenheilkunde, **1905**, 161) und SCHOUTE [Z. Augenheilk. **8**, 419 (1902)], letzterer mit dem Hinzufügen, daß die Lichtstärke durch die Belichtungs*dauer* ersetzt werden kann [s. v. KRIES: Die Gesichtsempfindungen in Nagels Handb. der Physiologie,

Hiernach erscheint es nicht einmal berechtigt zu sagen, daß bei dem durch einen einzelnen Punkt hervorgerufenen Reize Licht- und Raumsinn in schwer zu übersehender Weise ineinander greifen[1]. Die Verhältnisse sind an der einen Stelle ebenso übersichtlich und nicht verwickelter, als wenn sich der Vorgang an mehreren abspielt.

Unter Bezugnahme auf unsere Abb. 241 bedarf es wohl auch keiner näheren Ausführung, daß die für den *Sehwinkel*, den das *Minimum visibile* erfordert, feststellbaren Werte sehr verschieden ausfallen müssen, je nach der Lichtstärke des Objektes, dessen man sich dazu bedient. Nach HUMBOLDT (Kosmos III, S. 46) war das von einem GAUSSschen Heliotropen vom Brocken auf den Hohen Hagen (Entfernung 213000 Pariser Fuß) reflektierte Sonnenlicht, mit bloßem Auge sichtbar, entsprechend einem Sehwinkel von 0,43″. Der weiße Mantel von HUMBOLDTS Reisegefährten[2] war in einer Entfernung von 85000 Pariser Fuß auf dem Hintergrunde der schwarzen Basaltfelsen bemerkbar. Die Berechnung ergab als zugehörigen Sehwinkel 7—12″.

Nimmt man *kleine dunkle Objekte auf hellem Hintergrunde*, so muß man sich darüber einigen, welche Art von Leistung verlangt wird. Soll zwischen „scharfem" und „unscharfem" Bilde unterschieden werden (s. S. 749), so wird der Maßstab sehr unsicher und individuell verschieden, abgesehen davon, daß die Wahrnehmung wieder in das Gebiet des Formensinnes fällt. Das „scharfe" Bild kann doch nur dann erreicht sein, wenn es möglich ist, zu unterscheiden, ob es sich um einen Kreis oder ein beliebiges Vieleck handelt. Alle diese Objekte erfordern aber, wie schon erörtert, im „unscharfen" Bilde, falls sie gleiche Oberfläche haben, fast die gleiche Entfernung[3]. Nimmt man die einfachsten Formen (Scheibe, Quadrat), so kann man damit sehr gleichmäßige Ergebnisse erzielen. Schon die älteren Versuche dieser Art sind zur Ermittlung des kleinsten Sehwinkels angestellt, unter dem „die Objekte eben noch sichtbar waren"[4].

Geht man in dieser Weise vor, so ergibt sich, daß die Grenzbestimmung nicht unsicherer ist, als man es bei der Festlegung von Schwellenwerten überhaupt erwarten kann. Ja, es zeigt sich sogar, innerhalb weiter Grenzen eine Unabhängigkeit von der Helligkeit der Umgebung, die ebenfalls schon in den älteren Versuchen hervortritt. AUBERT hat solche in einer Tabelle zusammengestellt[5], aus der ersichtlich ist, daß bei einer Differenz der Helligkeit des Objektes zu seiner Umgebung von 1:7 bis 1:43 die Größe des für die Wahrnehmung erforderlichen Sehwinkels einem sehr geringen Wechsel unterworfen ist. Erst unterhalb und oberhalb dieser Grenze des Kontrastes treten stärkere Veränderungen ein. Innerhalb derselben fand er im Mittel 35″ und bezeichnet diesen Wert, den er als geringste Größe des Netzhautbildes unter den gegebenen Verhältnissen ansieht,

---

3, 247 (1905)]. Übrigens war es FÖRSTER schon bekannt, daß Helligkeit und Sehwinkel sich ergänzen können (Über Hemeralopie, Breslau 1865). — Hierher gehört auch eine aus der jüngsten Zeit stammende Untersuchung von ROELOFS und BIERENS DE HAAN [Graefes Arch. 107, 165 (1922)], welche zu dem Ergebnis kommen, daß die gleichbleibende Kontrast die Größe der kleinsten wahrnehmbaren Oberfläche innerhalb gewisser Grenzen nahezu umgekehrt proportional der Stärke der Beleuchtung ist (s. unten S. 779). — In naher Beziehung hierzu stehen die Untersuchungen über gegenseitige Unterstützung *getrennter* Netzhautpunkte, auf die wir noch zurückkommen.

[1] HESS, C: Über einheitliche Bestimmung und Bezeichnung der Sehschärfe. Arch. Augenheilk. 63, 240 (1909). — Nach LANDOLT (Untersuchungsmethoden. Graefe-Saemischs Handb. d. Augenheilk., 3. Aufl. 1920, 426) würde der Raumsinn „geradezu in den Lichtsinn übergehen können, insofern ein Objekt noch wahrgenommen wird, wenn sein Netzhautbild auf einen Punkt reduziert ist, solange es nur hell genug ist".

[2] Siehe das Zitat S. 750.   [3] PERGENS: Zitiert auf S. 748, Fußnote 4.

[4] AUBERT: Graefe-Saemischs Handb. d. Augenheilk. 1. Aufl., S. 577 (zitiert auf S. 748), vgl. WOLFFBERG S. 419 (zitiert auf S. 749).

[5] S. 578. Zitiert auf S. 748.

als „*physiologischen Punkt*" (von SMITH als „empfindlicher Punkt" bezeichnet). Der kleinste Winkel, den AUBERT unter den günstigsten Verhältnissen erreichen konnte, war 25″. TOBIAS MAYER fand für runde schwarze Punkte auf weißem Papier 30—36″, HUECK 30″[1], HOFMANN 34″[2]. GROENOUW[3] hat ähnliche Versuche gemacht wie AUBERT und dabei gleichfalls gefunden, daß der Kontrast zwischen Objekt und Hintergrund innerhalb weiter Grenzen schwanken kann ohne Veränderung des Ergebnisses. Ein dunkelgraues und ein schwarzes Quadrat auf weißem Grunde wurden annähernd unter gleichem Sehwinkel erkannt. Der Unterschied zwischen Objekt und Grund konnte von 1:58 bis auf 1:16 sinken, ohne wesentliche Änderung des Sehwinkels. Auch für ein dunkelgraues Objekt auf hellgrauem Grunde (Verhältnis 1:13) war die Zunahme unerheblich. GROE-NOUW kommt hiernach ebenfalls zu dem Schlusse, daß ein mit Druckerschwärze, chinesischer Tusche oder selbst dunkelgrauer Farbe auf weißem Papier hergestellter Punkt (oder Quadrat) im diffusen Tageslicht stets unter demselben Sehwinkel, etwa $1/_2'$ wahrzunehmen ist.

Analog ist das Ergebnis der Untersuchungen von KOSTER[4], daß nämlich der Sehwinkel, unter welchem ein schwarzer Punkt auf Weiß erkannt wird, von der Beleuchtung in sehr weiten Grenzen unabhängig ist. Da Kontrast und Beleuchtung sich innerhalb gewisser Grenzen ergänzen, würde hierin auch eine Bestätigung der Versuche von AUBERT und GROENOUW zu erblicken sein[5].

Dieselben Versuche mit *weißen* Punkten auf dunklem Hintergrunde haben ergeben, daß bei mittleren Lichtstärken der Unterschied gegen Schwarz auf Weiß sehr gering ist[6]. Es erklärt sich dies durch Abnahme des wahrnehmbaren Teiles der Zerstreuungskreise, so daß das sensible Netzhautbild dem Sehwinkel fast genau entspricht. Der letztere würde also in diesem Falle tatsächlich den Durchmesser der Empfindungsfläche wiedergeben, indem das von dem Netzhautbildchen abirrende Licht die Lichtstärke der Umgebung nicht merklich verändert. Wir erhalten dabei wiederum den Wert von annähernd 35″, also denjenigen, den AUBERT als physiologischen Punkt bezeichnet (s. oben). Bei stärkerem Kontraste lassen sich aber, wenn man ein weißes Objekt auf schwarzem Grunde nimmt, kleinere Winkel erzielen als umgekehrt. So fand AUBERT, wenn der Grund zum Objekt eine Helligkeitsdifferenz von 1:57 hatte, 15—18″; war sie 57:1, so betrug der Winkel 25—29″. Die Ursache ist darin zu suchen, daß Weiß auf Schwarz stärker irradiiert als umgekehrt. In jedem Falle läßt sich aber ein gewisser Ausgleich zwischen der Größe des Kontrastes und derjenigen des Sehwinkels erzielen, doch ist ein bestimmtes Verhältnis nicht festzustellen.

Näheres ergibt sich aus Tabelle 1 auf der nächsten Seite (AUBERT).

Zur Abtönung des Hintergrundes wurde das Objekt (weißes bzw. schwarzes Quadrat) vor eine rotierende MAXWELLsche Scheibe gebracht, auf welcher Schwarz und Weiß beliebig gemischt werden konnten. Zur Verkleinerung des Sehwinkels diente das Makroskop von VOLKMANN.

Diese Tabelle zeigt, daß die Sichtbarkeit eines weißen Objektes auf schwarzem Hintergrunde in viel höherem Maße vom Kontraste abhängt, als bei umgekehrtem Verhältnisse, indem die Differenzen der Sehwinkel, welche durch die gleichen

---

[1] HUECK: Zitiert nach AUBERT.
[2] HOFMANN: S. 66. Zitiert auf S. 747.
[3] GROENOUW: Über die Sehschärfe der Netzhautperipherie usw. Arch. Augenheilk. **26**, 94 (1903).
[4] KOSTER: Über die Bestimmung der Sehschärfe usw. Graefes Arch. **64**, 130 (1906).
[5] Auf Grund der Angabe verschiedener Autoren, daß die Sehschärfe im Gelb am besten sei, glaubt LANDOLT nach dem Vorgange von JAVAL, daß ein gelblicher Grund für die Unterscheidung günstiger sei, als ein weißer (s. Abschn. F).
[6] AUBERT: S. 578. Zitiert auf S. 748 und Physiologie der Netzhaut, S. 200.

Tabelle 1.

Grund dunkler als Objekt	Weißes Objekt		Grund heller als Objekt	Schwarzes Objekt	
	1. Tag	2. Tag		1. Tag	2. Tag
57 mal	15″	18″	57 mal	25″	29″
17 „	32″	34″	43 „	35″	33″
10 „	34″	37″	29 „	35″	37″
7 „	36″	39″	15 „	35″	37″
3,8 „	39″	44″	8 „	37″	38″
2 „	46″	50″	5,66 „	38″	42″
			3,3 „	39″	45″

Schwankungen des Kontrastes hervorgerufen werden, im ersten Falle viel erheblicher sind als im zweiten. Aus diesem Verhalten hat KOSTER[1] geschlossen, daß weiße Punkte auf schwarzem Felde als ein Maß für die Lichtempfindlichkeit anzusehen sind.

Bei *schwachen Beleuchtungsunterschieden* wird die Wahrnehmbarkeit kleiner Objekte gestört, durch das *Eigenlicht* der Netzhaut, da dieses selbst fleckig erscheint[2]. Dies setzt aber eine solche Herabsetzung der allgemeinen Beleuchtung voraus, daß sich der Zustand der Dunkeladaptation entwickelt, da erst bei diesem sich das Eigenlicht bemerkbar macht. Auf die Ermittlung des Minimum visibile unter solchen Bedingungen kann hier nicht eingegangen werden[3].

Die für das Netzhautbild einer hellen oder dunklen *Linie* in Betracht kommenden Verhältnisse entwickeln sich wiederum aus unserer Abb. 241 und ihren Erläuterungen, so daß es sich wohl erübrigt, darauf zurückzukommen. Hieraus ergibt sich auch die Beurteilung der Angabe von LANDOLT[4], die Sichtbarkeit einer Linie sei ebenso wie die eines Punktes eine Funktion des Lichtsinnes[5]. Wir haben nach HOFMANN (s. oben S. 755) das Erkennen eines einzelnen schwarzen Striches auf einer weißen Fläche grundsätzlich der Sonderung zweier weißen Flächen voneinander gleichzustellen. Die Erkennbarkeit einer Linie, dunklen wie hellen, ist aber besser als diejenige eines entsprechenden Punktes oder Quadrates. Gleichzeitig erscheint die Linie dunkler bzw. heller. Der Grund ist einmal der, daß bei ihr die infolge der Aberration stattfindende Abschwächung nur nach beiden Seiten eintreten kann, nicht aber in der Richtung der Linie. Ein kleines Objekt dagegen empfängt von allen Seiten Licht oder verliert es nach allen Seiten, je nachdem es dunkel oder hell ist, wodurch der Kontrast sich abschwächt.

Abgesehen davon besteht aber auch eine *wechselseitige Unterstützung* der getroffenen Netzhautstellen in der Weise, daß sie sich gegenseitig über die Schwelle heben, ganz wie dies auch von anderen Sinneseindrücken bekannt ist.

Die Abb. 242 nach AUBERT (Physiol. d. Netzhaut, S. 197) läßt am weitesten den Strich *e* erkennen, weniger weit den Strich *c* und am wenigsten das Quadrat *a*. Weiter als dieses erscheint das Doppelquadrat *b* und noch weiter die Reihe *d*, wobei die letztgenannten Objekte durch die Irradiation zu grauen Linien verschmelzen[6].

---

[1] KOSTER: S. 131. Zitiert auf S. 760.

[2] HELMHOLTZ: Phys. Optik. 2. Aufl. **1896**, 389.

[3] LÖHNER (zitiert auf S. 746) hat sich (S. 92) bemüht, auch bei Dunkeladaption die Grenze des „scharfen" und „unscharfen" Punktbildes zu finden. Das Ergebnis war, wie sich erwarten ließ, sehr unsicher (vgl. S. 749).

[4] LANDOLT: Graefe-Saemischs Handb. d. Augenheilk. 2. Aufl., S. 482, zitiert auf S. 750.

[5] KOSTER [Neue Sehproben. Graefes Arch. **64**, 545 (1906)] ist ebenso wie beim Punkte entgegengesetzter Ansicht.

[6] Nach PERGENS [Ann. d'Ocul. **136—140**, 171 (1906—1908)] hat ADAMS 1710 darauf hingewiesen, daß ein Viereck weniger weit gesehen wird als ein Streifen von derselben Breite. Auch JURIN war diese Tatsache schon bekannt (Essay upon distinct and indistinct vision; in R. SMITH, complet system of optics. Cambridge 1738).

EXNER[1] hat diese gegenseitige Unterstützung durch einen noch einfacheren Versuch nachweisen können. Läßt man ein Quadrat von bestimmter Größe durch Verkleinerung des Sehwinkels oder Herabsetzung der Beleuchtung die Schwelle nach unten überschreiten, so wird es wieder sichtbar, wenn man ein gleiches Quadrat an dasselbe ansetzt. Die beiden einzeln untermerklichen Eindrücke heben sich also gegenseitig über die Schwelle, entsprechend der größeren Zahl der gereizten Elemente. Ähnliches hat man bei Druckpunkten, beim Geschmacks- und Temperatursinn beobachtet.

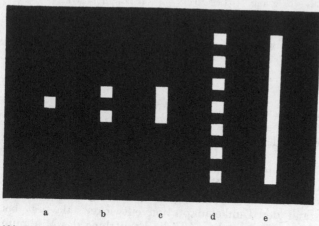

Abb. 242. Erkennbarkeit von Strichen und Vierecken bei wechselseitger Unterstützung der Netzhautstellen.
(Nach AUBERT-HOFMANN.)

2. Minimum separabile.

Das Auflösungsvermögen des Sehorganes kann, wie wir S. 755 sahen, weitergeprüft werden durch die Feststellung des kleinsten Zwischenraumes, unter welchem *zwei oder mehrere Punkte oder Linien* noch getrennt wahrgenommen werden. Die Vorgänge, die sich dabei auf der Netzhaut abspielen, sind, wie oben erläutert und ich[2] schon vor Jahren auseinandergesetzt habe, grundsätzlich dieselben wie bei Erregung durch ein einzelnes Objekt. Die getrennte Empfindung entsteht dadurch, daß der zwischen den beiden erregten Stellen liegende Bezirk sich in einem anderen Erregungszustand befindet als jene Stellen selbst. Der Zwischenraum kommt zur Wahrnehmung, wenn der Unterschied in diesen Erregungen groß genug ist, um über die Schwelle zu gelangen. Dieser Unterschied kann sich auch auf ein nur relativ geringes Plus oder Minus von Licht beziehen, das die betreffenden Stellen erregt.

PERGENS[3] spricht den Satz aus: „Das Sehen zweier Tüpfel oder Quadrate geschieht durch das Sehen eines Punktes", und erläutert dies folgendermaßen: Nimmt man zwei schwarze Quadrate auf weißem Felde, die um ihre Länge voneinander getrennt sind, und tritt nun so weit zurück, daß keine Spur mehr von ihnen zu bemerken ist, so sieht man bei Annäherung zunächst einen ovalen grauen Flecken (Irradiation). Tritt man noch näher heran, wird etwas Schwarz

---

[1] EXNER: Studien auf dem Grenzgebiete des Sehens. Pflügers Arch. **73**, 117 (1898). — In welchem Maße benachbarte Eindrücke sich über die Schwelle heben, schildert eine Beobachtung von HOFMANN (Graefe-Saemischs Handb. d. Augenheilk., S. 100, zitiert auf S. 747). Ein parazentrales Skotom war für ein Objekt von 1 mm Durchmesser absolut, indem dasselbe innerhalb des Skotoms vollständig verschwand. Ein Schachbrettmuster erschien aber in diesem Gebiete nur abgeblaßt, wie einem normalen Organ bei sehr herabgesetzter Beleuchtung. Besonders auffällig ist diese gegenseitige Unterstützung benachbarter Stellen beim Farbensinn. — CHARPENTIER (Arch. d'Ophthalm., juillet-août 1884) will bei *getrennten* Erregungen eine mathematisch genaue Ergänzung von *Flächengröße* und *Lichtstärke* gefunden haben. Siehe meine Besprechung, Arch. Augenheilk. **35**, 50 (1897).

[2] GUILLERY: Zur Erörterung der Sehschärfeprüfung. Arch. Augenheilk. **53**, 153 (1905).

[3] PERGENS: Untersuchungen über das Sehen. Z. Augenheilk. **9**, 258 (1903).

als ein zusammenhängendes Ganzes sichtbar; geht man noch weiter vorwärts, so wird im Schwarz eine graue Stelle wahrgenommen, welche ersteres in zwei Teile zerlegt. Die Wahrnehmung *dieser einzelnen Stelle* gibt den Ausschlag für das Erkennen der beiden schwarzen Flecke[1]. Es kommt also in diesem Stadium darauf an, ob der Unterschied zwischen der Lichtstärke dieses zentralen Grau und dem seitlichen Schwarz über die Schwelle tritt. Mit Hilfe einer Zeichnung wird dies noch weiter erläutert. Auch aus diesen Ausführungen ergibt sich, daß eine grundsätzliche Trennung des Minimum separabile vom Minimum visibile nicht berechtigt ist, und daß es sich auch beim ersteren letzten Endes nur um die Lokalisierung einer Unterschiedsschwelle handelt.

Bei Versuchen, die Größe des Minimum separabile zu bestimmen, zeigt sich nicht nur die Abhängigkeit von Kontrast und Beleuchtung (s. unten), sondern auch von der *Art* und *Größe* der benutzten Objekte. Es gibt keinen Einheitswert für die eben wahrnehmbare Trennung zweier Objekte, sondern der Sehwinkel, unter welchem der Zwischenraum erscheint, hängt cet. par. ab sowohl von der absoluten Größe der Objekte wie von dem Verhältnisse dieser Größe zum Abstande. AUBERT[2] hat über das erstere Moment schon Versuche gemacht mit weißen und schwarzen Quadraten von verschiedener Größe mit teils stark kontrastierendem, teils grauem Hintergrunde (s. Tabelle 2).

Tabelle 2.

b	*d*			
Sehwinkel der Quadrate	Weiße Quadrate auf Schwarz	Schwarze Quadrate auf Weiß	Weiße Quadrate auf Grau	Schwarze Quadrate auf Grau
114″	28″	28″	34″	28″
91″	60″	68″	68″	64″
76″	98″	114″	92″	100″
65″	145″	170″	140″	182″
57″	160″	262″	210″	
51″	204″		270″	
46″	230″			

Die erste Vertikalreihe enthält den Sehwinkel, unter welchem das einzelne Quadrat dem Beobachter erscheint, die vier *d* bedeuten die Sehwinkel des eben bemerkbaren Abstandes. Wir sehen also, daß, wenn der Sehwinkel für weiße Quadrate auf Schwarz um etwa das 3fache abnahm, die Distanz um etwa das 8fache, bei schwarzen Quadraten auf Weiß um das 9—10fache zunehmen mußte.

HOFMANN[3] hat solche Versuche angestellt mit einem von LOEHNER[4] gegebenen Muster von schwarzen Doppelpunkten verschiedener Größe und verschiedenen Abstandes auf weißem Hintergrunde. Er bestätigt dabei im wesentlichen die Angaben von AUBERT, wenngleich naturgemäß die absoluten Zahlenwerte wegen der anderen Versuchsbedingungen nicht übereinstimmten. Die Summe von Objekt und Zwischenraum ($b + d$ der Tabelle 2) nimmt bei kleinen Quadraten oder Kreisflächen mit der Abnahme des Sehwinkels für die zu sondernden Flächen zu. Diese Abhängigkeit des Auflösungsvermögens von der Größe der zu trennenden Flächen erklärt HOFMANN daraus, daß bei so kleinen Objekten infolge der Aberration kein „Kernbild" mehr zustande kommt. Die Netzhautbilder unterscheiden sich in ihrer Lichtstärke von derjenigen der Umgebung um so weniger, je kleiner sie sind. Dadurch entstehen dieselben Be-

---

[1] Ann. d'Ocul. **135**, 45 beschreibt PERGENS autokinetische Bewegungen an dieser hellen Stelle (vgl. S. 748).

[2] AUBERT: Physiologie der Netzhaut, S. 228.

[3] HOFMANN: S. 31. Zitiert auf S. 747.   [4] LOEHNER: Zitiert auf S. 746.

dingungen für das Auflösungsvermögen wie bei einer Herabsetzung des Lichtunterschiedes zwischen Objekt und Grund. Auch in diesem Falle nimmt die
Sehschärfe ab, d. h. der Sehwinkel muß sich vergrößern, wenn der Eindruck bestehen bleiben soll[1].

Diese Abhängigkeit der Distanz von der Größe der Objekte wird auch von
WOLFFBERG besonders hervorgehoben[2]. PERGENS[3] hat nun das günstigste Verhältnis zwischen Größe und Abstand näher zu bestimmen gesucht. Der kleinste
Sehwinkel, unter dem die Trennung möglich war, wurde erreicht, wenn zwei
runde Tüpfel um ihren *doppelten Durchmesser* getrennt waren. Das Erkennen
war alsdann um 13% leichter, als wenn Distanz und Durchmesser gleich waren.
Daß bei weiterer Entfernung voneinander die Deutlichkeit abnimmt, erklärt
sich vielleicht dadurch, daß die Netzhautbilder alsdann immer weniger auf den
empfindlichsten Teil der Macula fallen. Übrigens ändern sich die Verhältnisse,
wenn die Tüpfel in Diagonalstellung gebracht werden[4]. Von mir[5] wurde festgestellt, daß, wenn man zwei durch eine Lücke getrennte Quadrate seitlich vergrößert bei gleichbleibender Lücke, für letztere das Maximum der Deutlichkeit
erreicht wird, wenn auf jeder Seite doppelt soviel Schwarz wie Lücke vorhanden
ist. LOEHNER[6] ging in der Weise vor, daß er in einer Versuchsreihe zunächst
die Einzelpunktgröße bestimmte, die eben noch erkannt werden konnte. Diese
Größe kam alsdann auch bei Doppelpunkten unter sonst gleichen Verhältnissen
zur Verwendung. Es zeigte sich, daß die Unterscheidung eben möglich wurde,
wenn der *Abstand* die *dreifache Länge des Radius* erreichte. Die Unterscheidbarkeit wurde noch erhöht, wenn der Abstand der Punkte sich auf den vierfachen
Wert des Radius steigerte. Darüber hinaus keine Verbesserung, sondern Verschlechterung. Die Ergebnisse stimmen also mit denen von PERGENS gut überein[7].

Es ist erklärlich, daß für die ältesten Studien dieser Art mit Vorliebe der
Sternenhimmel benutzt worden ist. Ein bei Laien beliebtes Objekt ist der Doppel-
stern im großen Bären. HUMBOLDT[8] erwähnt einen Breslauer Schneidermeister,
der die Jupitertrabanten mit bloßem Auge erkannte. Nach der oft zitierten Angabe von HOOKE[9] sollen zwei Sterne noch unter einem Winkel von 1 Minute getrennt werden können. Andere Beobachter kommen aber zu viel höheren Werten,
nämlich 3—4 Minuten. AUBERT[10] unterschied Doppelsterne bei 3½ Minuten.
Nach VOLKMANN[11] gestatten diese Beobachtungen keine sicheren Rückschlüsse
auf das Minimum separabile wegen der starken Irradiation des Glanzlichtes.
Auf diesen Faktor werden wir unten noch bei der Trennung von Linien zurückkommen.

---

[1] Auch auf Grund dieses Sachverhaltes könnte man das Minimum separabile ebensogut
in das Gebiet des Lichtsinnes verweisen, wie man dies für das Minimum visibile versucht hat.
[2] WOLFFBERG: S. 433. Zitiert auf S. 749. — LANDOLT: Graefe-Saemischs Handb. d.
Augenheilk. S. 457 u. 460, zitiert auf S. 750, ist derselben Meinung; doch ist seine Ringfigur,
an welcher er dies zu erläutern sucht, ein dazu wenig geeignetes Objekt.
[3] PERGENS: Z. Augenheilk. S. 260. Zitiert auf S. 762.
[4] PERGENS: S. 159. Zitiert auf S. 761.
[5] GUILLERY: Zur Physiologie des Formensinnes. Arch. Augenheilk. **51**, 214 (1905).
[6] LOEHNER: S. 97. Zitiert auf S. 746.
[7] Die älteren Angaben (s. AUBERT: Graefe-Saemischs Handb. d. Augenheilk. S. 580)
haben nur einen bedingten Wert, weil sie die für die Wahrnehmung maßgebenden Verhältnisse nicht genügend berücksichtigen. Für weiße Scheiben auf Schwarz fand STRUWE
51″ (Mensurae micrometricae, S. 149).
[8] HUMBOLDT: Kosmos **3**, 72.
[9] HOOKE: Posthumous works, 1705.
[10] AUBERT: Physiologie der Netzhaut, S. 233. Dort und Graefe-Saemischs Handb. d.
Augenheilk. weitere Literatur.
[11] VOLKMANN: Physiologische Untersuchung im Gebiete der Optik, S. 86. Zitiert auf S. 748.
— HOFMANN: S. 43, zitiert auf S. 747, erklärt den großen Winkel ebenfalls durch die Irradiation.

Diese Untersuchungen über die kleinste wahrnehmbare Distanz stehen in naher Beziehung zu dem von E. H. WEBER[1] aufgestellten Begriffe des *Empfindungskreises*. Man versteht darunter denjenigen Bezirk der Netzhaut (und der Haut), innerhalb dessen eine getrennte räumliche Empfindung nicht mehr stattfinden kann. Diejenigen Distanzen, innerhalb welcher Punkte nicht mehr unterschieden werden können, würden als die Durchmesser der Empfindungskreise anzusehen sein, und deren Größe ist somit ein Ausdruck für die Feinheit des Auflösungsvermögens. Die Bedeutung, die man ihnen gegeben hat für die Beurteilung der scheinbaren Größe (Augenmaß), gehört nicht hierher, doch werden wir uns mit ihnen verschiedentlich noch zu beschäftigen haben.

Beim Studium des Minimum separabile in seiner einfachsten Form (Trennung zweier gleichen Scheibchen oder Quadrate) haben wir schon gesehen, daß der Vorgang anfängt, verwickelt zu werden, indem die günstigste Beziehung zwischen Distanz und Objekt von einem bestimmten Verhältnis der Größe des letzteren zur Distanz abhängt. Diese muß bei gegebener Objektgröße gleich sein dem doppelten Durchmesser des Objektes. Bei gegebener Lücke ist das günstigste Verhältnis, wenn beiderseits derselben die doppelte Menge Schwarz ist. Auch hier spielt die oben schon erwähnte *gegenseitige Unterstützung* der gereizten Netzhautstellen eine Rolle. Um Wiederholungen zu vermeiden, sei auf unsere Abb. 242 (S. 762) und deren Erläuterung verwiesen. Durch diese Vorgänge wird also auch der Sehwinkel für die zu trennende Distanz merklich beeinflußt.

Von den Versuchen, den Sehwinkel zu bestimmen, unter welchem *Punktgruppen* sich auflösen, sind in erster Linie die oben schon erwähnten von CL. DU BOIS-REYMOND[2] zu nennen. In einem Stanniolblatt von 5 cm Seite im Quadrat wurden 460 feine Nadelstiche in Quinkunzialstellung angebracht, und diese von der Rückseite durch Tageslicht beleuchtet. Im sonst verdunkelten Zimmer wurde dieses Objekt angenähert oder entfernt. Bei einer gewissen Entfernung sah man die Punkte plötzlich zu Linien verschmelzen, in denen sich die Lage der Punkte noch durch kleine Verdickungen bemerkbar machte. Dann glätteten sich die Linien zu einem feinen Drahtgitter, zuletzt zur feinsten Schraffierung. Dann schwand auch diese, und es blieb eine gleichmäßige Helligkeit. Nach der Berechnung ergab sich, daß die Zahl der Lichtpunkte der von den Histologen angenommenen Zahl der Zapfen in der Netzhautgrube entspricht (s. unten). WERTHEIM[3] hat diese Versuche nachgeprüft und fast genaue Übereinstimmung gefunden. DU BOIS-REYMOND ist übrigens selbst überrascht von dem großen Winkel (2 Minuten), der erforderlich war, um die Punkte getrennt wahrzunehmen. Im Widerspruche dazu konnte er, wenn er nur 2 Punkte für sich allein herausnahm, diese unter einem viel kleineren Winkel (50″) unterscheiden. THORNER[4] ist geneigt, dies auf die von DU BOIS-REYMOND benutzten Blenden von 1 mm und 2,5 mm Durchmesser zurückzuführen. Nach seinen Versuchen sank die Sehschärfe bei Verwendung einer Blende von 1 mm Durchmesser auf etwa die Hälfte der normalen. DU BOIS-REYMOND selbst ist der Ansicht, daß zwei einzelne Lichtpunkte die Aufmerksamkeit besser auf sich lenken, während bei vielen das Auge unauf-

---

[1] WEBER, E. H.: Handwörterbuch d. Physiologie **3** II, 528 (1846). Art. Tastsinn. — ROELOFS u. BIERENS DE HAAN: S. 154, zitiert auf S. 748, unterscheiden zwischen absolutem und relativem Empfindungskreis und verstehen unter ersterem den bei günstigster Beleuchtung und Kontrasten, unter letzterem den bei weniger günstigen gefundenen. — [2] DU BOIS-REYMOND, CL.: Seheinheit und kleinster Sehwinkel. Graefes Arch. III **32**, (1886) (vgl. S. 748). — [3] WERTHEIM: Über die Zahl der Seheinheiten im mittleren Teile der Netzhaut. Graefes Arch. II **33**, 137 (1887). — [4] THORNER: Die Grenze der Sehschärfe. Klin. Mbl. Augenheilk., N. F. 9, 599 (1910).

haltsam von einem zum anderen irrt, wodurch die Unterscheidung erschwert wird. Hier besteht übrigens kein Widerspruch gegenüber dem, was oben (S. 761) über die gegenseitige Unterstützung der Netzhautstellen gesagt worden ist, da beim Auftreten so zahlreicher Erregungen die Verhältnisse immer verwickelter werden und der Einfluß auf die Sehschärfe sehr schwer zu übersehen ist[1].

Die geschilderten Versuche hatten den Zweck, die Größe der *Empfindungs-kreise* festzustellen. ROELOFS[2] hat diese Größe durch die Auflösung von *Punkt-reihen* zu ermitteln gesucht, unter der Voraussetzung, daß eine Punktlinie eben getrennt gesehen werden kann, wenn jeder Punkt auf das Zentrum eines Emp-findungskreises fällt. Dazwischen muß ein Empfindungskreis frei bleiben oder wenigstens merklich weniger erregt werden, weil sonst eine Trennung der Erregung nicht stattfinden kann. Hiernach würde der Abstand des Zentrums zweier Punkte etwa dem doppelten Durchmesser des Empfindungskreises entsprechen. Der so gefundene Wert für den letzteren war 50″.

Dasselbe gilt für die Trennung von *Linien.* In unserer Abb. 241 (S. 755) werden die beiden hellen, durch A und C gehenden Linien getrennt wahrgenommen wer-den, wenn zwischen ihnen ein merklich weniger erregter Zwischenraum von der Breite eines Empfindungskreises bleibt. Nennen wir die bei der Trennung von Linien ermittelte Distanz mit ROELOFS-BIERENS DE HAAN[3] die *Empfindungsbreite,* so ergibt sich, daß die kleinste Empfindungsbreite kleiner gefunden wird als der kleinste Empfindungskreis[4]. Unter denselben Versuchsbedingungen wurde für die erstere 37,5″, für letzteren 50″ gefunden[2]. Auch hier machte sich der Ein-fluß von Länge und Breite der Linie bemerkbar, was auf eine hierdurch bewirkte Steigerung des Kontrastes zurückgeführt wird.

In meiner S. 764 zitierten Arbeit habe ich festgestellt, daß es für die *Linien-länge* ein Optimum gibt. Nimmt man zwei vertikale Linien, die durch einen ihnen gleich breiten Zwischenraum getrennt sind, so wird der kleinste Sehwinkel für den Zwischenraum er-reicht, wenn die Länge der Linien das 4fache der Breite des Zwischenraumes beträgt. Derselbe wurde durch eine weitere Verlängerung der Linien nicht deutlicher. PERGENS[5] fand für sein Auge, daß eine Verlängerung auf das 5—6fache die Deutlichkeit noch etwas vermehrte.

Auch die *Breite der Striche* ist für den Seh-winkel, unter dem sie trennbar sind, von Be-deutung (vgl. S. 763ff.). Als Beispiel hierfür diene die nebenstehende Tabelle, welche nach Werten, die AUBERT[6] ermittelt hat, zusammengestellt ist.

Die erste Vertikalreihe b enthält die Seh-winkel der Linienbreite, die zweite d die Sehwinkel der kleinsten eben wahr-nehmbaren Distanz für weiße Linien auf Schwarz, die dritte d′ dasselbe für Schwarz auf Weiß. Die Länge der Linien war 50 mm. Die Versuche sind

Tabelle 3.

b	d	d′
45″	67″	45″
36″	72″	48″
30″	67″	60″
26″	72″	64″
22,5″	75″	72″
20″	80″	80″
18″	81″	95″
15″	80″	—
13″	88″	—
11,5″	96″	—
10″	100″	—

---

[1] Nach CHARPENTIER, zitiert auf S. 762, ist beim *Zählen* von Punkten eine gegenseitige Unterstützung überhaupt nicht nachweisbar, wie sich erwarten ließ.

[2] ROELOFS: Arch. néerl. Physiol **2**, 199 (1918).

[3] ROELOFS-BIERENS DE HAAN: Zitiert auf S. 748. Sie unterscheiden wie beim Emp-findungskreis auch zwischen absoluter und relativer Empfindungsbreite nach demselben Gesichtspunkte (S. 765, Fußnote 1).

[4] Siehe AUBERT: Physiologie der Netzhaut, S. 228.

[5] PERGENS: Ann. d'Ocul. S. 174. Zitiert auf S. 761.

[6] AUBERT: Physiologie der Netzhaut, S. 215 — Graefe-Saemischs Handb. d. Augen-heilk. 1. Aufl, **2**, 582 (1876).

wiederum mit dem Makroskop angestellt. Man sieht die Zunahme des Sehwinkels der Distanz mit der Abnahme des Sehwinkels der Strichbreite. Dasselbe Verhalten beobachtete auch ROELOFS[1] bei Versuchen mit solchen Linien von verschiedener Dicke.

Bei Benutzung von drei horizontal verlaufenden schwarzen Linien, die 5mal so lang als breit waren, bei gleicher Breite und Zwischenräumen, fand HOFMANN[2] mit dem Makroskop in direkter greller Sonnenbeleuchtung im Freien ein Optimum von 34,6″. VOLKMANN[3] verwendete 4 parallele schwarze Linien ebenfalls mit Zuhilfenahme des Makroskops. Das Ergebnis war 23,3″. Eine tabellarische Zusammenstellung älterer Versuche findet sich bei HELMHOLTZ[4] mit erheblich divergierenden Werten. Der kleinste Winkel ist 50″ (HIRSCHMANN, parallele Drähte), der größte 147,5″ (VOLKMANN, Spinnwebfäden). HELMHOLTZ selbst fand mit einem Stabgitter 63,75″. Die Verschiedenheiten erklären sich nicht nur aus den Objekten, denn auch dasselbe Objekt (parallele Linien mit gleich breiten Zwischenräumen) ergab bei verschiedenen Beobachtern Differenzen von 94″ bis zu 73″. VOLKMANN betont, daß die Fähigkeit, Distanzen zu unterscheiden, durch Übung sehr gesteigert werden kann. Zweifellos gibt es aber auch erhebliche individuelle Verschiedenheiten. Dazu kommt, daß wiederum die Versuchsanordnung, z. B. die Länge der Linien nicht gleichgültig ist, wie schon oben erwähnt.

Nähert man sich einer *Gruppe paralleler Linien* aus einer Entfernung, in der man sie noch nicht unterscheiden kann, so sieht man zunächst nur eine verwaschene Schattierung des Grundes. Aus diesen verschwommenen Umrissen kann man die *Richtung* der Linien merklich eher erraten, bevor man sie *scharf getrennt* sieht. Nicht weit davon liegt die Grenze, wo eine deutliche Sonderung möglich ist[5].

Aus der Tabelle 3 (S. 766) geht hervor, daß die *Summe der Breite von Linien und Zwischenraum* keine erheblichen Schwankungen zeigt. Am engsten ist die Grenze bei weißen Linien, nämlich zwischen 95—112; bei schwarzen ist die Spannung etwas größer (84—113). Dieses Verhalten ist schon von TOBIAS MAYER[6] gefunden worden. Die Unterscheidbarkeit von parallelen Linien bleibt dieselbe, wenn sich die Breite von Weiß und Schwarz ändert, aber die Summe je eines schwarzen und weißen Streifens dieselbe bleibt. In Abb. 243 (nach A. LEHMANN[7]) sind 4 Muster dieser Art angegeben. HELMHOLTZ[8] gibt für dieses Schwanken die Erklärung, daß die Sonderung nicht voraussetzt, daß ein zwischen zwei gereizten Elementen liegendes vollkommen dunkel bleibt, sondern die Trennung auch dann stattfinden kann, wenn ein von den dunklen Streifen getroffenes Netzhautelement an seinen Rändern noch Licht empfängt, vorausgesetzt nur, daß die ganze Lichtmenge, von der es getroffen wird, merklich kleiner ist als die der Nachbarn. Hier zeigt sich wieder ein Unterschied in der Trennung

---

[1] ROELOFS: Arch. néerl. Physiol., zitiert auf S. 766.

[2] HOFMANN: Graefe-Saemischs Handb. d. Augenheilk. S. 64. Zitiert auf S. 747.

[3] VOLKMANN: Zur Entscheidung der Frage, ob die Zapfen der Netzhaut als Raumelemente beim Sehen fungieren. Reichert u. du Bois' Arch. **1865**, 395.

[4] HELMHOLTZ: Physiol. Optik. 2. Aufl., S. 259.

[5] HOFMANN: S. 35. Zitiert auf S. 747. — THORNER, zitiert auf S. 753, ist der Meinung, daß nur helle Punkte oder Linien, die sehr schmal im Vergleich zu ihrem Abstande sind, ein Urteil gestatten über das Auflösungsvermögen des Auges, während breitere Linien durch Nebenumstände ein Erraten der wahren Anordnung ermöglichen (S. 600). Er begründet dies mit der an der Pupille stattfindenden Beugung, doch macht sich ein Einfluß der Pupille auf die Herabsetzung der Sehschärfe unter die Norm erst bei Verengerung der Pupille auf 1,6 mm bemerklich. (Näheres s. unten bei Besprechung der Pupillenwirkung).

[6] MAYER, TOBIAS: Comm. soc. reg. Göttingen IV, 1754.

[7] LEHMANN, A.: Pflügers Arch. **36**, 580 (1885).

[8] HELMHOLTZ: Physiol. Optik., 2. Aufl., S. 258.

kleinerer Objekte (Quadrate, Scheiben), da es bei diesen, wie wir sahen (S. 764), ein Optimum gibt mit bestimmten Verhältnissen zwischen Weiß und Schwarz. Abgesehen davon sei auf Tabelle 2 (S. 763) verwiesen, aus der hervorgeht, daß die Summe $b + d$ bei Verkleinerung des Sehwinkels für das einzelne Objekt zunimmt[1].

Bei allen diesen Versuchen muß darauf hingewiesen werden, daß auch bei den günstigsten Größenverhältnissen der Objekte es sich nicht um absolute Werte handeln kann, weil der Sehwinkel, wie schon AUBERT betont, abhängig ist vom Kontraste und der Beleuchtung. In welchem Maße dieses der Fall ist, soll später noch im Zusammenhange besprochen werden.

Beleuchtung und Kontrast sind auch in hohem Maße bestimmend für die *Irradiation*. Da dieselbe an anderer Stelle dieses Handbuches ausführlich erörtert wird, kann hier nur so weit darauf eingegangen werden, als sie die Sehschärfe beeinflußt. VOLKMANN[2] hat zuerst deren Einfluß auf die Größe der Netzhautbilder untersucht und ist zu dem Ergebnisse gekommen, daß die Größe der kleinsten wahrnehmbaren Netzhautbilder zu groß angegeben würde, weil die Irradiation nicht berücksichtigt sei. AUBERT[3] hält die Schlüsse VOLKMANNS nicht für richtig. Die berechneten Größen zeigten sowohl bei VOLKMANN wie auch bei der Nachprüfung durch AUBERT Schwankungen um das 3—4fache, ja es kann sogar die Irradiationsgröße dabei größer gefunden werden als die kleinste wahrnehmbare Distanz, so daß diese also negativ würde. Die Schwankungen dürften sich daraus erklären, daß es sich hierbei um eine *Größenschätzung* handelt, die, wie wir auch aus den Versuchen von ASHER (s. oben S. 756) wissen, bei kleinstem

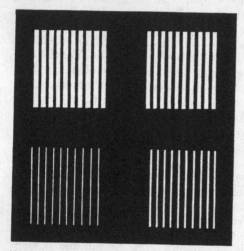

Abb. 243. Die Erkennbarkeit von Linien bleibt dieselbe bei gleichbleibender Summe der Breite von Linien und Zwischenräumen. (Nach LEHMANN.)

Netzhautbilde sehr unsicher ist. Hierdurch wird in die Aufgabe, das Minimum separabile festzustellen, eine Funktion hineingezogen, die auf ein anderes Gebiet hinüberspielt.

Wie unsicher diese Schätzung ist, ergibt sich sowohl aus den Versuchen VOLKMANNS wie AUBERTS, die untereinander gut übereinstimmen. Die der scheinbaren Breite der Linien gleichgemachte Distanz änderte sich fast gar nicht, auch wenn die tatsächliche Breite der Linien um das 4fache abnahm. Die Irradiationsgröße nahm also mit der Verschmälerung der Linien immer mehr zu und damit die Täuschung über deren scheinbare Breite. Besonders betraf das die weißen Linien, die im Mittel ungefähr um 30″ breiter erschienen als die in Wirklichkeit gleich breiten schwarzen. Dementsprechend fand AUBERT schwarze Linien von 0,25, 0,5, 1,0 und 1,5 mm auf weißem Grunde in einer Entfernung von 3 bis 4 m sämtlich *gleich breit*, aber von *verschiedener Helligkeit*. Er nimmt daher an, daß die Angaben VOLKMANNS über die Unterscheidung von 1,0 und 1,1 mm

---

[1] HOFMANN: S. 96, zitiert auf S. 747, hat festgestellt, daß die Grenze, bei welcher *feine Zacken* (Laubsägeblätter) noch erkannt werden konnten, ungefähr übereinstimmt mit der Sonderung zweier Striche.

[2] VOLKMANN: S. 91. Zitiert auf S. 748.   [3] AUBERT: S. 583. Zitiert auf S. 748.

breiten Linien nicht auf der Wahrnehmung des Größenunterschiedes, sondern auf dem Eindrucke verschiedener Helligkeit beruhe. Bemerkenswert ist, daß auch feine schwarze Striche auf weißem Hintergrunde breiter erscheinen als der tatsächlich gleich breite weiße Zwischenraum, so daß letzterer verbreitert werden muß, um den Strichen gleich zu erscheinen. Man bezeichnet dies als *negative* Irradiation im Gegensatze zur *positiven* und häufigsten Form, bei der Weiß gegen Schwarz vergrößert erscheint. Die Erklärung wird darin erblickt (AUBERT), daß schmale schwarze Streifen durch die Lichtabgabe der Nachbarschaft heller erscheinen als große Objekte. Infolgedessen wird die graue Randzone ihnen leichter zugerechnet, während diese zu dem tiefen Schwarz größerer Objekte einen stärkeren Gegensatz zeigt und daher mehr dem Weiß des Grundes hinzuaddiert wird.

AUBERT findet hiernach die Grenzen der Irradiationszone zu unsicher, da von der Irradiationszone der Objekte mehr oder weniger dem Zwischenraume hinzugefügt wird, je nachdem sie in ihrer Helligkeit mehr dem Objekt oder der Zwischenzone gleicht. Auf weitere Einzelheiten kann hier nicht eingegangen werden. Jedenfalls ist es nach AUBERT ungerechtfertigt, aus VOLKMANNS Untersuchungen die Folgerung zu ziehen, daß die empfindenden Netzhautelemente kleiner sein müßten als die Zapfen der Fovea centralis[1].

E. Beziehungen zwischen Sehschärfe und Netzhautelementen (Zapfenmosaik).

Der Schluß des vorigen Abschnittes führt uns zu der Frage nach den Beziehungen der physiologisch festgestellten Grenzen der Sehschärfe zu den sensiblen Netzhautelementen. Hierzu bedarf es der *Berechnung der Netzhautbildgröße*, zu welchem Zwecke man sich der Werte des *reduzierten Auges* zu bedienen pflegt, obwohl, wie wir gesehen haben, hierbei auf mathematische Genauigkeit verzichtet werden muß. Diese würde eine Ausrechnung des Aberrationsgebietes oder richtiger der Empfindungsfläche voraussetzen, wozu die Grundlagen nicht gegeben sind. So ist es also zu verstehen, wenn von den Autoren die Größe der Netzhautbilder bis auf Bruchteile von μ angegeben wird.

Will man die so errechneten Werte mit dem *Durchmesser der Foveazapfen* vergleichen, so entsteht zunächst die Schwierigkeit, daß deren Messung ziemlich weit abweichende Ergebnisse gehabt hat. Sie schwanken von 1,5 bis 2,0 als unterer (FRITSCH[2]) und 4,5 bis 6,0 als oberer Grenze (KÖLLICKER[3] und FRITSCH l.c.).

Diese großen Verschiedenheiten ergeben schon, daß der Vergleich zwischen den anatomischen und physiologischen Feststellungen nicht so einfach ist, wie man vielleicht glauben möchte. Es wird auch ausdrücklich betont, daß beträchtliche *Schwankungen* vorkommen[4], entsprechend den erheblichen Unterschieden der Sehschärfe, auch an Augen, die klinisch als normal anzusehen sind.

Dazu kommt die Frage, ob die *Innen-* oder die *Außenglieder* der Zapfen als lichtempfindlich anzusehen sind. Die letzteren sind bedeutend feiner und messen

---

[1] Derselben Ansicht über die Versuche VOLKMANNS ist FUNKE [Zur Lehre von den Empfindungskr. der Netzhaut. Nat. Forsch. Ges. z. Freiburg i. Br. **3**, 2 (1864)], ferner HERING (zitiert auf S. 746, Fußnote 4) u. DU BOIS-REYMOND (zitiert auf S. 748). ASHER [Z. Biol. **35**, 398 (1897)] hält die Einwände, die AUBERT sich selbst macht, nicht für ausreichend, um die Zuverlässigkeit der Methode zu bezweifeln. Er glaubt, daß es kein kleineres Netzhautbild gibt als entsprechend dem von 2—4 Zapfen (s. unten Abschn. E).

[2] FRITSCH: 22. Versamml. d. Anatom. Gesellschaft, Berlin 1908, S. 141.

[3] KÖLLICKER: Gewebelehre, 5. Aufl. Leipzig 1867. — Wegen weiterer Angaben sei auf die histologischen und ophthalmologischen Lehrbücher verwiesen. Durch entoptische Versuche hat man geglaubt, in einem zentralen gefäßlosen Abschnitte von 0,45 bis 0,5 mm Durchmesser etwa 100 Zapfen feststellen zu können [NUEL: Ann. d'Ocul. **91**, 95 (1884)].

[4] FRITSCH 1,5—6 μ (s. oben). — Schwankend bei Europäern u. a. Kulturvölkern, während bei der Urbevölkerung der alten Kontinente die Zapfen besonders fein seien.

49

nach M. Schultze höchstens 0,6 μ[1], was nach der Berechnung einem Knotenpunktswinkel von etwa 10 Sek. entsprechen würde. Falls dies zutrifft und sie die empfindlichen Teile sind, würden damit sehr feine Leistungen des Raumsinnes erklärt werden können. Hensen[2] hat darauf hingewiesen, daß die farbigen Tropfen der Amphibien und Vögel an der Grenze von Zapfen und Zapfenstäbchen liegen. Da sie wahrscheinlich als Farbenfilter dienen, indem sie durch Abschwächung der kurzwelligen die langwelligen Strahlen wirksamer machen, könnten sie ihren Zweck nur erfüllen, wenn die *Außenglieder* der Zapfen die lichtempfindlichen Teile sind. Andere sind dagegen geneigt, die *Innenglieder* als Perzeptionsorgane anzusehen, teils auf Grund entoptischer Erscheinungen, teils deshalb, weil nur die Innenglieder ein lückenloses Kontinuum darstellen, während die Außenglieder, durch Zwischräume von ca. 4 μ getrennt, unmöglich viel kleinere Distanzen (wie wir sahen bei Lageunterschieden bis zu $^1/_2 \mu$) wahrnehmen könnten[3].

Diese Folgerung, daß die *Fovea lückenhaft* sein müsse, wenn man die Lichtempfindung statt in die Zapfeninnenglieder in die viel dünneren Außenglieder verlegt, war auch Hensen nicht entgangen. Er behauptet aber, sie sei tatsächlich lückenhaft, und sieht den Beweis in dem Verschwinden und Wiederauftauchen von fixierten Punkten, was er durch einen Versuch näher erläutert[4]. Er vergleicht diese Erscheinung mit einem Mückenschwarm. Andere Beobachter konnten sich bei diesen Versuchen von dem *vollständigen* Verschwinden der Punkte allerdings nicht überzeugen[5]. Der Ausgleich erfolgt nach Hensen durch Augenschwankungen, wodurch die verschwindenden Punkte immer wieder auf empfindliche Teile gebracht würden. Außerdem macht er auf eine Angabe von M. Schultze aufmerksam, wonach die *Zapfenenden* nach der Mitte der *Fovea konvergieren*, wodurch also die Lücken sich gerade an der Stelle des deutlichsten Sehens verkleinern müssen. Die Augenbewegungen seien auch der Grund, weshalb man gerade Linien trotz der Lücken gerade sehe. Im übrigen beweise der Mariottesche Fleck, wie leicht Lücken im Gesichtsfelde übersehen werden.

Abgesehen von dem Konvergieren nach der Mitte ist noch eine Angabe von Rochon-Duvigneaud von Bedeutung, der von einem *Bukett der Zentralzapfen* spricht[6]. Er versteht darunter den zentralsten Bezirk der Fovea von etwa 150 bis 200 μ Ausdehnung, der durch besonders lange, dünne und dichtstehende Zapfen ausgezeichnet sei. Die zentralsten hätten an der Basis eine Dicke von 2 μ, der nächste Bezirk 3 μ, und diese gingen allmählich in die Randzone der Fovea mit 5—6 μ über[7].

---

[1] Nach Greeff (Graefe-Saemischs Handb. d. Augenheilk., 2. Aufl., 1, Kap. 5, 178) ist das zugespitzte Ende des Außengliedes ca. 1 μ dick.

[2] Hensen: Über eine Einrichtung der Fovea centralis retinae. Virchows Arc h. **34**, 401 (1865). — Zu derselben Ansicht kommt auch Hess auf Grund seiner Untersuchungen über den Farbensinn von Tagvögeln und die pupillomotorische Wirkung verschiedenfarbiger Lichter [Med. Klin. **1922**, Nr 38 — s. a. Arch. Augenheilk. **57**—59 (1907—1908)]. — S. a. den 1. Teil ds. Bds. S. 236.

[3] Heine: Sehschärfe und Tiefenwahrnehmung. Graefes Arch. **51**, 158 (1900).

[4] Über das Sehen in der Fovea centralis. Virchows Arch. **39**, 475 (1867). — Das Verschwinden lichtschwacher Sterne in der Fovea (Hensen) hat einen anderen Grund.

[5] Mir persönlich scheint das doch der Fall zu sein.

[6] Rochon-Duvigneaud: Recherche sur la fovea de la rétine humaine etc. Arch. d'anat. microsc. **11**, 315 (1907).

[7] Unterschiede der Zapfen im Bereiche der Fovea sind, wie wir noch sehen werden (S. 789 ff.), von besonderem Interesse. Solche sind schon von älteren Anatomen festgestellt. Schwalbe und Müller fanden in einem sehr kleinen zentralen Bezirk 1,5—2 μ. Nach Fritsch (zitiert auf S. 769) sind die zentralsten Zapfen trotz dichtester Lagerung meist genau zylindrisch, in der Peripherie der Fovea Abplattungen. Heine (zitiert Note 3) sah auch einen Unterschied in der Form, aber den umgekehrten, nämlich in der innersten Fovea Sechseckform. Bekanntlich hat man innerhalb der Fovea auch noch eine Foveola unterschieden.

Bei dieser anatomischen Anordnung könnten in der Tat die feinen Zapfen-außenglieder zur Verwendung kommen. Es fragt sich, ob bei den optischen Ver-hältnissen eine weitere Verfeinerung überhaupt noch einen Gewinn bringen kann.

In der Einleitung wurde schon erwähnt, daß das Netzhautbild eines Punktes eine Fläche ist. Die *Grenze* der Sehschärfe ist nach THORNER[1] *nicht anatomisch*, sondern *optisch*, schon wegen der *Beugungserscheinungen*. Er berechnet als größt-mögliche Sehschärfe eine 5fache, entsprechend der Auflösung von 2 Punkten, deren Netzhautbild um mindestens 0,8 μ voneinander entfernt ist. Dies würde etwa die Hälfte des von FRITSCH gefundenen kleinsten Zapfenwertes sein. Wir müßten also zu dem Schlusse kommen, daß noch feinere Endorgane keinen Wert hätten, weil deren isolierte Reizung unerreichbar ist.

Zu ähnlichen Schlüssen war auch NUEL[2] gekommen, nachdem er entoptisch festgestellt zu haben glaubte, daß der Zapfen gar keine Empfindungseinheit sei. Er bemerkte bei seinen Versuchen kleine Kreise mit heller Mitte und dunkler Peripherie, die er für das *entoptische Bild der Zapfen* hält. Aus dieser getrennten Wahrnehmbarkeit der Mitte und ihrer dunklen Umgebung schließt er, daß an dem Zapfen mindestens 5—10 Punkte unterschiedlich emp-funden werden können. Daß die Sehschärfe nicht größer sei, liege an der Diffraktion am Pupillenrande und den Interferenzerscheinungen, wodurch leuchtende Punkte immer einen Zerstreuungskreis von 36″ hätten.

Wie steht es nun überhaupt mit der Möglichkeit, *einen einzelnen Zapfen zu reizen?* Am weitesten sind in der Behauptung dieser Möglichkeit wohl SCHOUTE und HOLMGREN gegangen. Ersterer[3] glaubt bei Reizung eines einzelnen Zapfens noch verschiedene Größen an dem betreffenden Objekte je nach der Stärke des Reizes unterscheiden zu können. Die Konstruktion, mit welcher er dies glaubhaft zu machen sucht, setzt voraus, daß der Zapfendurchmesser = 4,4 μ ist, ent-sprechend einem Knotenpunktswinkel von ca. 1′, eine Annahme, deren Richtig-keit, wie wir sahen, nicht feststeht. HOLMGREN[4] gedachte durch Reizung mit monochromatischem Licht die Farbenempfindlichkeit des einzelnen Zapfens prüfen zu können. Übrigens spricht auch HELMHOLTZ von der Reizung eines einzelnen Zapfens durch monochromatisches Licht, ja sogar von der Wahrnehm-barkeit lichter Punkte, deren Netzhautbild viel kleiner ist als ein Netzhaut-element, vorausgesetzt, daß die Lichtmenge groß genug ist, um dieses merklich zu affizieren[5]. Da er aber selbst die Zerstreuungskreise der Netzhautbilder be-rechnet, handelt es sich wohl nur um eine theoretische Unterstellung (vgl. S. 746, Fußnote 6)[6].

Die gegenteilige Ansicht vertritt besonders HERING unter Hinweis auf das Aberrationsgebiet. Nach seiner Auffassung ist die Reizung eines einzelnen Zap-fens weder bei gemischtem noch bei monochromatischem Licht ausführbar[7]. Es wäre nun zu untersuchen, wie sich denn die anatomischen Daten und die optischen Verhältnisse mit den für das Auflösungsvermögen und die Feinheit von Lageunterschieden gewonnenen Ergebnissen vereinbaren lassen.

Da wir annehmen, daß jedem Sehfeldelemente ein *Raumwert* zukommt, der verschieden ist von dem seiner Nachbarn, so kann ein Doppelpunkt nur auflösbar

---

[1] THORNER: Zitiert auf S. 753.   [2] NUEL: Zitiert auf S. 769, Fußnote 3.

[3] SCHOUTE: Zitiert auf S. 758, Fußnote 5.

[4] Internationaler Kongreß zu Kopenhagen. 1, 95 (1884), Physiol. Sektion. — S. auch OERUM: Zitiert auf S. 784.

[5] HELMHOLTZ: Physiol. Optik., 2. Aufl., S. 255 (1896).

[6] KOSTER: S. 570, zitiert auf S. 756, hält es für möglich, einen einzelnen Zapfen inmitten von degenerierten zu reizen. Nach ASHER S. 418, zitiert auf S. 756, ist es noch ein offenes Problem, ob nicht unter günstigen Umständen die *Empfindungsfläche* eines minimalen Punktes den Durchmesser eines Zapfens haben kann, d. h. die Erregung eines einzelnen Zap-fens sich soweit von derjenigen der Nachbarn unterscheidet, um über die Schwelle zu treten.

[7] HERING: Graefe-Saemischs Handb. d. Augenheilk. S. 158. Zitiert auf S. 746, Fußnote 7.

sein, wenn seine beiden Netzhautbilder bzw. ihre Irradiationsgebiete einander nicht so nahe kommen bzw. sich nicht so weit übereinander schieben, daß nicht zwischen zwei belichteten ein merklich weniger belichtetes Element Platz hat. Der Abstand zweier Punkte (Linien) würde daher nie kleiner sein können, als der Durchmesser eines Sehfeldelementes. Dieser ist also für den Abstand auflösbarer Doppelobjekte eine unüberschreitbare Grenze[1].

Wie wir gesehen haben, sind die für die kleinste Distanz gefundenen Werte keine einheitlichen und hängen ab von der Art der gewählten Objekte und verschiedenen äußeren Umständen. Die Größe der Schwankungen ergibt sich z. B. aus der oben (S. 767) angezogenen Tabelle von Helmholtz. Im günstigsten Falle ist man auf 30—35″ gekommen. Dabei war das Hauptaugenmerk immer auf die Distanz gerichtet, weniger auf die von dem Objekte selbst gesetzte Erregung. Je unbestimmter und undeutlicher die letztere, um so schwerer die gegenseitige Abgrenzung. Daher schon die Unterschiede bei Festsetzung des Minimum separabile durch Punkte oder durch Linien. Um nun für die einzelnen Erregungen statt willkürlicher Größen einen gleichwertigen Maßstab zu finden, hatte ich[2] an jedem zu untersuchenden Netzhautbezirk zunächst den *physiologischen Punkt* im Sinne von Aubert festgestellt und nun die zwischen zweien solchen Punkten wahrnehmbare kleinste Distanz ermittelt. Dabei fand sich in Übereinstimmung mit Aubert, daß für das *Zentrum* der *physiologische Punkt gleich ist dem Empfindungskreise*. Auch die nach der Methode von du Bois-Reymond von diesem und Wertheim gefundenen Werte liegen innerhalb der Grenzen der histologisch gefundenen Zapfendimensionen[3].

Anders bei den *Lageunterschieden*. Dem kleinsten Zapfenwerte entspricht immer noch ein Knotenpunktswinkel von 18,5″, also ein erheblich größerer, als man für die kleinsten Lageunterschiede gefunden hat (bis 2,5″ noch merklich[4]). Hering[5] hat aber dargetan, daß hier die Größe der Sehfeldelemente keine unüberschreitbare Grenze ist. Unter der Voraussetzung, daß die Zapfen der Fovea eine lückenlose Mosaik von regelmäßigen Sechsecken darstellen, erläutert er den Vorgang nach folgender Zeichnung (Abb. 244).

Wir setzen den idealen Fall, daß die betroffenen Sehfeldelemente in geraden und dem Bilde der Grenzlinien parallelen Reihen angeordnet wären. Dann besteht die eine Möglichkeit, daß die Grenzlinie zum Teil auf die Reihe *mm*, zum Teil auf *nn* fällt (Abb. 244a). Sobald die Erregung der letzteren durch Weiß stark genug wird, um über die Schwelle zu treten, muß die Lageverschiedenheit merklich werden. Durch kleine Verschiebungen kann vorübergehend die Lage *b* entstehen, doch werden bald wieder Elemente verschiedenen Breitenwertes getroffen. Eine zweite Lagemöglichkeit ist durch Abb. 245 gegeben.

---

[1] Hering (zitiert auf S. 746) u. Graefe-Saemisch: S. 155. Zitiert ebenda. — Helmholtz: Phys. Optik. 2. Aufl., S. 256—258. — Siehe unsere Abb. 241 (S. 755) und ihre Erläuterung. — Armaignac [Rev. Clin. d'Ocul. 1 (1880)] ist der Meinung, daß auch der Unterschied in der Erregung der beiden seitlich neben den Doppelpunkten gelegenen Elemente in Betracht kommt, also im ganzen 5. Pergens (Extr. des Ann. d'ocul. 1913, 308, zitiert auf S. 748, Fußnote 6) schließt sich dieser Ansicht an, doch ist die besondere Beteiligung gerade der beiden seitlichen Elemente an der Wahrnehmung der *Trennung* nicht recht verständlich. — Nach Zoth: S. 346, zitiert auf S. 751, würde die Sehschärfe verfeinert werden können, wenn durch kleine Augenbewegungen benachbarte Zapfen sich nacheinander einstellen.

[2] Guillery: Über die Empfindungskreise der Netzhaut. Pflügers Arch. 68, 120 (1897).

[3] du Bois-Reymond: Zitiert auf S. 748.

[4] Siehe S. 753. — Nach Thorner u. Schenck gibt allerdings die Noniusmethode zu kleine Werte. Es dürfte sich erübrigen, auf die Verwechslung von Licht- und Raumsinn, die hier zugrunde liegt, nochmals einzugehen. Vgl. S. 753.

[5] Hering: Zitiert auf S. 746, Fußnote 4. — Siehe auch die Darstellung von Hensen: Zitiert auf S. 770.

Dabei läuft in der unteren Bildhälfte die Grenzlinie abwechselnd über die Mittellinie eines Elementes (b) und über die Grenzlinie zwischen je zweien. Ihre scheinbare Breitenlage resultiert aus den Breitenwerten von b und a. In der oberen Hälfte läuft die Grenzlinie des Weiß aber auch teilweise über die c-Reihe. Hier sind also die Breitenwerte von b und c bestimmend. Best[1] hält das Erkennen der Verschiebung auch für möglich, wenn die Grenzlinien in Abb. 244a über dieselbe Reihe, z. B. m läuft. In diesem Falle würde der oberhalb der Verschiebung gelegene Teil in breiterer Fläche von Weiß getroffen werden als der untere, und es wäre denkbar, daß dieser Unterschied merklich wird. Ein besonders lebhafter Kontrast zwischen dem weißen und schwarzen Felde wird auch diese Wahrnehmung fördern. Es kommt dabei nicht nur auf die Trennungsstelle an, sondern der Blick wandert über das ganze Feld, wodurch die Feststellung ermöglicht wird, ob die Linien in einer Flucht liegen. Nun wird aber auch bei

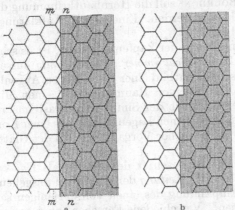

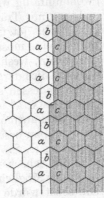

Abb. 244a und b. Schema für die Wahrnehmung des Lageunterschiedes. (Nach Hering.)

Abb. 245. Dasselbe wie Abb. 244 bei anderer Anordnung der Zapfen.

jeder beliebigen anderen Lage der Sechsecke durch Verschiebung der Linien der Fall eintreten, daß neue Elemente gereizt werden, und diese Veränderung kann zur Wahrnehmung gelangen. Dies würde sogar noch gelten, wenn eine solche lückenlose Sechseckform der Wirklichkeit nicht entspräche[2].

So ist die schon von Volkmann beklagte Unstimmigkeit zwischen Histologen und Physiologen doch einer Erklärung bis zu gewissem Grade zugänglich. Es liegt aber auch nicht alles nur an den optischen und histologischen Einrichtungen. So beweist z. B. der von manchen Autoren hervorgehobene Einfluß der Übung, daß selbst bei so einfachen Wahrnehmungen psychische Momente eine mitbestimmende Rolle spielen.

Die Erörterung über die Zapfenmosaik führt uns zu Beobachtungen, die man an Linien im kleinsten Netzhautbilde gemacht hat. Volkmann hat bereits

[1] Best: Zitiert auf S. 752.

[2] Es erübrigt sich daher, auf die Streitfrage über Form der Zapfen und ihre Gruppierung, ob geradlinig oder bogenförmig, einzugehen. Für die Sechseckform ist besonders Heine eingetreten nach photographischer Wiedergabe von Affen- und Menschennetzhäuten. Andere erklären diese Form für ein Kunstprodukt, entstanden durch Quellung und die dadurch erfolgte gegenseitige Abplattung. Koster (zitiert auf S. 761, Fußnote 5) ist der Ansicht (S. 552), daß photographische Abbildungen nicht beweisend seien, weil sie leicht optische Kunstprodukte liefern. Photographien von genau aneinanderpassenden Kreisen zeigten diese bei einigermaßen falscher Einstellung in schönen Sechsecken (Beobachtung seines Assistenten de Haas). Bei Mikrophotographien der Netzhaut sei nun die Hauptmasse immer falsch eingestellt, wodurch solche Bilder entstehen müßten.

darauf hingewiesen, daß eine *gerade Linie* eigentlich *geschlängelt* oder mit *perl-schnurartigen Verdickungen* erscheinen müßte. Die musivischen Elemente seien aber zu klein, um einen solchen Einfluß haben zu können. Tatsächlich hat man aber derartige Veränderungen beobachtet, zuerst wohl Purkinje[1] an der Schraffierung von Kupferstichen. Später haben sich verschiedene Autoren[2] damit beschäftigt und die Erscheinung teils aus der Zapfenmosaik erklärt, teils diese Erklärung verworfen, weil die Form der Wellen damit nicht übereinstimme. Nach v. Fleischl hat jeder beliebig große Streifen einen welligen Rand, wenn sein Netzhautbild mit mäßiger Geschwindigkeit fortgleitet, wohingegen Bergmann und Hensen behaupten, an feinen und gut gezogenen Linien sei die Veränderung überhaupt nicht zu sehen. Tatsächlich ist sie aber an feinen parallelen Linien bemerkbar, wenn auch erst nach einigem Hinblicken, und zwar auch gegen den hellen Himmel, wodurch die Erklärung aus dem Eigenlicht (Mayerhausen, Klein[3]) wohl hinfällig wird. Nach Bourdon[4] soll die Hornhautkrümmung durch die Befeuchtung mit Tränen unregelmäßig werden. Eine sichere Aufklärung der Erscheinung ist bis jetzt nicht gegeben.

Wenn man eine mosaikartige Anordnung der Zapfen annimmt, ist es schwieriger zu verstehen, weshalb *gerade* Linien *nicht immer zickzackförmig* aussehen. Hering[5] erklärt dies daraus, daß das Netzhautbild einer Linie keinen Augenblick festliege. Infolgedessen schwankten die relativen Raumwerte um einen Mittelwert. Nach Hofmann[6] ist wahrscheinlich auch der Simultankontrast imstande, die durch die Netzhautmosaik verursachten kleinen Lageunterschiede einer Kontur abzuschleifen und zu beseitigen, also ein ähnlicher Vorgang, wie bei der Glättung unscharfer Linien (s. S. 746).

Die für die Sehschärfe so wichtige Eigenschaft der *Zapfen* als *Endorgane* hängt ab von der Möglichkeit einer *isolierten Leitung* der von ihnen ausgehenden Reize, denn sonst würde nicht die Empfindung des einen von derjenigen seiner Nachbarn unterschieden werden können[7]. Verschiedene Forscher haben geglaubt, die Endigung eines Nervenfadens in den Zapfen nachweisen zu können[8]. Gegenwärtig ist kein Zweifel darüber, daß für die Zapfen der Fovea eine „individuelle Leitung des Lichtreizes" besteht, indem zu jeder Ganglienzelle nur eine Bipolare und zu jeder Bipolaren je ein Zapfen gehört[9]. Da in der Fovea jeder Zapfen seinen besonderen Raumwert hat, müssen die rückwärtigen Leitungen eine gewisse Selbständigkeit bewahren, anderseits müssen aber auch Verbindungen vorhanden sein, da eine gegenseitige Abhängigkeit zweifellos besteht. Man hat die Frage durch Vergleich der Zahl der Zapfen mit derjenigen der Opticusfasern zu klären gesucht. Die Ergebnisse gehen weit auseinander. Salzer[10] schätzte, daß in der Fovea auf 0,01 qmm 132—138 Zapfen kommen. Helmholtz[11] hat sie auf Grund der physiologischen Ergebnisse zu 13466—21907 auf den Quadrat-

---

[1] Purkinje: Beobachtungen und Versuche zur Physiologie der Sinne. 1, 122. Prag 1819.

[2] Bergmann: Anatomisches und Physiologisches über die Netzhaut des Auges. Z. rat. Med. 3. Reihe, Bd. 2, 83 ff. (1857). — Helmholtz: Physiol. Optik., 2. Aufl., S. 257. — Hensen: Zitiert auf S. 770. — Riccó: Ann. di ottalm. Ann. 6, 547 (1877). — v. Fleischl: Zur Physiologie der Retina. Wien. med. Presse. 1884, Nr 5, 150. — Mayerhausen: Über eine subjekt. Erscheinung usw. Graefes Arch. II 30, 191 (1884).

[3] Klein: Das Eigenlicht der Netzhaut usw. Arch. f. Anatom. u. Physiol. Physiol. Abt. 1911, 191.

[4] Bourdon: La perception visuelle de l'espace, S. 90. Paris 1903.

[5] Hering: Zitiert auf S. 746. — Siehe auch Hensen: Zitiert auf S. 770.

[6] Hofmann: S. 99. Zitiert auf S. 747.

[7] Helmholtz: Physiol. Optik. 2. Aufl., S. 255.   [8] Hensen: Zitiert auf S. 770.

[9] Greeff: Graefe-Saemischs Handb. d. Augenheilk. 2. Aufl. 1, 181. Kap. 5.

[10] Salzer: Sitzungsber. ksl. Akad. Wiss., Math.-naturwiss. Kl. III 81, H. 1.

[11] Helmholtz: Physiol. Optik. 2. Aufl. S. 260.

millimeter berechnet. Für die ganze Netzhaut nimmt Salzer 3—3,6 Millionen an, und auf diese kämen 437 745 Opticusfasern. Das wahrscheinliche Verhältnis sei 1:7. Krause[1] berechnet die Opticusfasern auf 1 Million, die Zapfen auf 7 Millionen, Kuhnt[2] nimmt für die ersteren am choroidealen Ringe ca. 40 000 an. Diese Zahlen lassen sich schwer miteinander vereinbaren. Dazu kommt, daß für die Fovea die Verhältnisse doch wohl nicht dieselben sind wie für die Peripherie, und daher der Vergleich der Gesamtzahl von Zapfen und Nervenfasern für sich allein keinen Aufschluß geben kann über ihre gegenseitigen Beziehungen. Bei diesen Schwierigkeiten ist es erklärlich, daß die Wege, auf denen die von den Zapfen ausgehenden Erregungen im Opticus weitergeleitet werden, bisher nicht entwirrt sind[3].

F. Verschiedene Einflüsse auf die Sehschärfe.

1. Beleuchtung und Kontrast.

Unter sonst gleichen Umständen ist die Deutlichkeit des Sehens größer oder kleiner, ·je nachdem (bei tonfreien Farben) die Helligkeitsverschiedenheiten der korrelativen Sehdinge größer oder kleiner sind. Nicht auf die *Helligkeiten* bzw. *Dunkelheiten* an sich, sondern lediglich auf ihre *Verschiedenheiten* kommt es hierbei an. Bei einer „guten" Beleuchtung sind alle Farbenverschiedenheiten, also auch die der tonfreien Farben, größer als bei der zu schwachen[4].

Hiernach würde beim Lesen der *Kontrast* zwischen Schrift und Hintergrund von entscheidender Bedeutung sein[5]. Das Intensitätsverhältnis, das bei Tagesbeleuchtung zwischen dem vom Papier und einer guten Druckschrift zurückgeworfenen Lichte besteht, ist nach Hering (S. 14) beiläufig = 15:1. Dabei zeigt sich die für die Tätigkeit des Sehorganes sehr günstige Einrichtung, daß dieses Intensitätsverhältnis, trotz großer Schwankungen der Beleuchtung anscheinend dasselbe bleibt[6]. Dies beruht auf dem Anpassungsvermögen des Auges,

---

[1] Krause: Allgemeine mikroskop. Anatomie. Hannover 1876.

[2] Kuhnt: Graefes Arch. III **25**, 268, (1879).

[3] Hier sei auf die neuesten Berechnungen von Hartmann [Annales. d'Ocul. **164**, 412 (1927)] verwiesen. — Auf die sog. Pigmentepithelhypothese kann hier nicht eingegangen werden. Eine kritische Besprechung dieser und anderer Anschauungen über den Ort der Energieumwandlung in der Netzhaut findet sich bei Zoth: Erg. Physiol. **22**, 345 bis 400 (1923). — S. a. den 1. Teil ds. Bds. S. 235 ff.

[4] Hering: S. 69. Zitiert auf S. 746, Fußnote 7.

[5] Darum sind blasse Buchstaben ein feineres Reagens für Verschiedenheiten der Beleuchtung als schwarze (Bjerrum: Untersuchungen über Licht- und Raumsinn. Graefes Arch. II **30**, 237 [1884]). — Die nachteilige Wirkung des schwachen Kontrastes auf die Deutlichkeit zeigt sich besonders bei Benutzung dunkler Gegenstände im Dämmerlichte, z. B. Nähen an schwarzen Stoffen (L. Bierens de Haan: Über die Sehschärfe bei schwacher Beleuchtung usw., Inaug.-Diss., Amsterdam 1920). — Bei dem Bemühen, deutlich zu sehen, treten unangenehme Empfindungen auf. Das *Sehen* bei schwacher Beleuchtung ermüdet an sich nicht, wohl aber das *Lesen* wegen Anspannung der Aufmerksamkeit. Es handelt sich nicht um Ermüdung des *Auges*, sondern des *Gehirns* (Hering, s. Fußnote 4).

[6] Hering: S. 14, zitiert wie oben, hat die Intensität der Beleuchtung seines Arbeitstisches am frühen Morgen bei zum bequemen Lesen eben ausreichender Helligkeit mit derjenigen des Mittags an einem hellen Tage verglichen und das Verhältnis ungefähr wie 1:50 gefunden. Bei dieser Mittagsbeleuchtung waren die schwarzen Buchstaben etwa 3 mal lichtstärker als bei der Morgenbeleuchtung das weiße Papier, während die Lichtstärke des letzteren am Morgen nur etwa ⅓ der jenigen war, welche die Buchstaben des Mittags hatten (entsprechend dem im Texte angegebenen Verhältnis W zu *Schw* = 15:1). Trotzdem erschienen bei der einen wie der anderen Beleuchtung die Buchstaben schwarz und das Papier weiß. — Cohn [Arch. Augenheilk. **31**, Erg.-H., 200 (1895)] hat die Helligkeit an verschiedenen Tagen und Tageszeiten photometrisch bestimmt und gefunden, daß dieselbe um das 10—12 fache schwankte. Mitunter änderte sich während des Versuches in einer Viertelminute die Helligkeit von 89 auf 106, von 58 auf 19, von 76 auf 100 MK. Das Auge selbst merkt nichts von diesen Schwankungen, welche das Photometer aufdeckt.

mit dessen Hilfe dasselbe den Änderungen der Beleuchtung folgt. Jedem Anpassungszustand entspricht eine besondere optimale Beleuchtungsstärke. Wie
sich aus dem *Eigengrau* des Auges bei dunkler Nacht durch das zunehmende Tageslicht allmählich die *Deutlichkeit des Sehens* entwickelt, hat HERING[1] anschaulich
geschildert. Es beruht dies auf der Zunahme der Verschiedenheit zwischen den
lichtstarken und lichtschwachen Teilen des Gesichtsfeldes, indem die Helligkeit
der relativ lichtstarken über das anfängliche Eigengrau immer mehr hinaus-
wächst, während die der relativ sehr lichtschwachen unter jenes Eigengrau
hinabsinkt, obwohl ihre geringe Lichtstärke mit der zunehmenden Beleuchtung
ebenfalls gewachsen ist. Dies findet jedesmal statt, wenn man aus einer ungenügen-
den Beleuchtung in eine bessere hineinrückt. Infolgedessen ist auch der absolute
Grad der Beleuchtung, selbst wenn diese schon vollkommen ausreichend erscheint,
keineswegs gleichgültig, weil den größeren Lichtstärken deutlichere Helligkeitsunterschiede entsprechen. Außer verschiedenen anderen Beispielen erläutert
HERING (S. 85 ebenda) dies durch folgenden einfachen Versuch. Beleuchtet
man eine kleine Stelle einer schon gut beleuchteten feineren Druckschrift oder
dergleichen mit Hilfe eines kleinen Spiegelchens oder durch den Zerstreuungskreis einer Konvexlinse noch stärker und entfernt dann das Auge so weit, daß die
Schrift trotz bester Akkommodation allmählich unleserlich wird, so ist sie auf
der stärker beleuchteten Stelle noch lesbar wegen der hier vorhandenen größeren
Deutlichkeit der Helligkeitsunterschiede.

Das *Maximum der Deutlichkeit* ist bei verschiedenen Anpassungszuständen
und den zugehörigen optimalen Beleuchtungsstärken ein verschiedenes und
also i. a. nur relatives. Ein für schwache Beleuchtung angepaßtes Auge erreicht
bei keiner, auch nicht bei der zugehörigen optimalen Beleuchtungsstärke so
hohe Deutlichkeitgrade des Sehens wie ein für stärkere Beleuchtung angepaßtes.
Nur bei einem bestimmten Ausmaß der Beleuchtung, welches HERING[2] als das
absolute Optimum der Dauerbeleuchtung bezeichnet, erreicht die Deutlichkeit des
Sehens nach erfolgter Anpassung ihr *absolutes Maximum*. Dies ist aber für verschiedene Augen ein verschiedenes, weil individuelle Eigentümlichkeiten mitbestimmend sind[3]. Eine merkliche Zunahme der Deutlichkeit mit Zunahme der
Beleuchtung findet also nur statt bis zu dem Maximum, das dem betreffenden
Adaptionszustande entspricht. Von diesem ab vermehrt sich die Deutlichkeit nicht, kann sich vielmehr, trotz zunehmender Beleuchtung vermindern[4].
Ebenso entspricht es dem, was über die Unmerklichkeit von Beleuchtungs-
schwankungen gesagt worden ist, daß unter Umständen erst bei einer Herabsetzung der Beleuchtung auf halbe Stärke eine merkliche Abnahme der Sehschärfe eintritt.

Um *volle Sehschärfe* im klinischen Sinne (s. unten) zu erreichen, genügt
schon ein *mäßiger Grad von Beleuchtung* (vgl. S. 780). Dabei handelt es sich aber
nur um das Erkennen einzelner Buchstaben oder sonstiger Sehzeichen. Zum
schnellen Lesen ist schon eine bessere Beleuchtung erforderlich. Als günstigste
wird eine mittlere Helligkeit bezeichnet[5], für die sich nach dem Gesagten ein

---

[1] HERING: S. 70. Zitiert auf S. 746, Fußnote 7.

[2] HERING: S. 73. Zitiert wie oben.

[3] Die individuellen Verschiedenheiten bestätigten sich bei den Versuchen, die von
Ophthalmologen (CARP, COHN, COLOMBO, UHTHOFF u. a.) angestellt worden sind, um die
Beziehungen zwischen Sehschärfe und Beleuchtung klarzustellen.

[4] Die Ansicht von KLEIN (De l'infl. de l'éclairage etc., S. 317. Paris 1872), die Sehschärfe wachse immer mehr mit der Beleuchtung, wenn auch allmählich langsamer, hat sich
nicht bestätigt.

[5] HELMHOLTZ: Physiol. Optik., 2. Aufl., S. 393.

allgemeingültiger Wert nicht angeben läßt[1]. Der Grad der Helligkeit des deut-lichsten Erkennens der Körperformen ist nicht sehr scharf abzugrenzen[2]. Es ist daher eine nicht ganz zutreffende Behauptung, daß zwei Helligkeiten als gleich anzusehen seien, wenn sie die gleiche Genauigkeit der Wahrnehmung unter demselben Sehwinkel gestatten[3].

Die Erhöhung der *Sehschärfe im direkten Sonnenlichte* ist ganz bedeutend, wie HOFMANN[4] an Doppelpunkten feststellte. Geringer war die Besserung an parallelen Strichen. Die Ergebnisse sind in den Einzelbestimmungen schwankend, weil sich bei der grellen Beleuchtung schon nach kurzer Betrachtung ein *Schleier* über die Proben legt (vgl. S. 776). Auch die *Irradiation* wirkt bei sehr lichtstarken Objekten nachteilig, indem diese benachbarte lichtschwächere „überglänzen"[5].

Diese Abhängigkeit der Sehschärfe oder, wie wir hier sagen können, des Sehwinkels von der Beleuchtung, hatte schon AUBERT[6] bei seinen Untersuchungen mit *kleinen Objekten* festgestellt. In seiner oben (S. 763) wiedergegebenen Tabelle waren die Werte der zweiten senkrechten Reihe für weiße Quadrate auf Schwarz an einem „weniger hellen Tage" gewonnen. Derselbe Versuch an einem „sehr hellen Tage" ergab, daß statt der Werte für die ermittelten Distanzen 28, 60, 98, 145, 160, 204, 230 gesetzt werden mußte: 29, 46, 60, 72, 97, 107, 110 Sek. Beachtet man die in der ersten Vertikalreihe wiedergegebenen Sehwinkel für die Größe der Quadrate, so ergibt sich, daß bei den größten die verschiedene Hellig-keit keinen Unterschied für die Distanzen macht. Je kleiner aber die Objekte werden, um so deutlicher zeigt sich der günstige Einfluß der Beleuchtung[7]. Dies bestätigen ROELOFS-BIERENS DE HAAN durch die Feststellung, daß das *Größerwerden des relativen Empfindungskreises*[8] bei geringerer Beleuchtung und schwächerem Kontrast von dem Größerwerden der kleinsten wahrnehmbaren Oberfläche abhängig ist. Ähnlich verhält es sich mit der kleinsten wahrnehm-baren Empfindungsbreite[8]. HOFMANN[9] sieht die Bedeutung der Flächengröße in der *Steigerung des Simultankontrastes.* Dieser ist um so stärker wirksam, je ausgedehnter die zu trennenden Flächen sind; desto eher bewirkt er schon bei niedrigen Beleuchtungsstärken eine Annäherung an das Maximum der Sehschärfe. Wie wir gesehen haben, geht dies aber nur bis zu einer gewissen Grenze der Objektgröße, jenseits welcher eine Steigerung nicht mehr stattfindet (vgl. S. 764).

Nimmt der Kontrast ab bei gleichbleibender Beleuchtung, so sinkt im all-gemeinen die Sehschärfe[10]. Daß hierbei aber keine Regelmäßigkeit vorhanden

---

[1] Nach LAAN u. PIEKEMA (Vers. neederl. gasth. v. ooglid. **1897**, Nr 38 u. Diss. Utrecht 1897) wird das Maximum bei 30—50 M-Kerzen erreicht. Andere Angaben s. unten S. 780. Aus denselben ist schon, abgesehen von anderen Gründen, zu entnehmen, daß die Messung der Helligkeit der Beleuchtung durch die Sehschärfe, wie man verschiedentlich versucht hat, sehr unsicher ist.

[2] HELMHOLTZ: S. 394. Zitiert auf S. 776.

[3] MACÉ DE LÉPINAY u. NICATI: Recherches sur la comparaison photométrique des diverses parties d'un même spectre. Ann. de chim. et phys. 5 me. ser. **24** (1881). — UTHHOFF: Weitere Untersuchungen usw. Graefes Arch. I **36**, 57 (1890). — Auch die Physik hat sich dieser Methode zur Photometrie bedient, ein Verfahren, das um so unsicherer ist, als die Ansichten über eine nachweisbare gesetzliche Beziehung zwischen Beleuchtung und Sehschärfe bisher stark divergieren (s. unten).

[4] HOFMANN: S. 44. Zitiert auf S. 747.

[5] Über die bei einer *zu schwachen* Beleuchtung in Betracht kommenden Vorgänge vgl. S. 747.

[6] AUBERT: Graefe-Saemischs Handb. d. Augenheilk. S. 580. Zitiert auf S. 748.

[7] Für die *kleinste Oberfläche* wurde eine fast mathematische Beziehung zur Beleuchtung behauptet (s. S. 758).

[8] Diese Bezeichnungen sind S. 765 u. S. 766 erläutert.

[9] HOFMANN: S. 45. Zitiert wie oben.

[10] Ebenda S. 46, durch einen Versuch erläutert.

ist, ergibt sich wiederum aus jener Tabelle von Aubert[1]. Wurden an dem „weniger hellen Tage" dieselben weißen Quadrate statt auf schwarzem auf grauem Hintergrunde beobachtet, so waren die Winkelsekunden 34, 68, 92, 140, 210, 270. Ein deutlicher Unterschied zeigte sich also erst bei einer Verkleinerung der Objektgröße auf die Hälfte. Der betreffende graue Hintergrund war 23mal heller als der schwarze. Aus anderen Versuchen von Aubert u. a.[2] wissen wir schon, daß bei Beobachtung eines *einzelnen* kleinsten Objektes der Kontrast gegen den Hintergrund innerhalb weiter Grenzen schwanken kann, bevor die Wahrnehmbarkeit beeinflußt wird. Die Empfindlichkeit für Schwankungen des Kontrastes wie überhaupt für Helligkeitsunterschiede ist bei kleinem Sehwinkel erheblich beeinträchtigt[3] (Abnahme des Simultankontrastes, Hofmann, s. oben).

Wenn wir also auch von einer Beeinflussung der Helligkeit des Netzhautbildes durch pathologische Zustände (z. B. Medientrübung) absehen, bleiben schon unter ganz normalen Verhältnissen die Beziehungen zwischen Beleuchtung und Netzhautbild sehr schwer abzuschätzen. Es kommt dazu, daß auch hier wieder *psychische Vorgänge* die Sache noch weiter verwickeln können. So wird von verschiedenen Autoren der Einfluß der *Übung* hervorgehoben, welche auf die Ergebnisse deutlich einwirkt[4]. Auch mit fortschreitendem *Alter* soll die Sehschärfe eine bedeutende Einbuße durch Abnahme der Beleuchtung erleiden. Dabei handelte es sich um Personen zwischen 43 und 59 Jahren[5].

Berücksichtigt man dies alles und ferner die Verschiedenheit der *Methoden* und Versuchsobjekte (s. unten S. 780), die verwendet worden sind, um ein *Gesetz* zwischen Beleuchtung und Sehschärfe zu finden, so ist es erklärlich, daß die Ergebnisse ebenfalls sehr verschieden ausgefallen sind. Wie wir noch sehen werden, ist die Brauchbarkeit der Sehobjekte zur Messung der Sehschärfe überhaupt nicht gleich zu bewerten. Dazu kommt der verschiedene und unter Umständen noch während des Versuches wechselnde Anpassungszustand des Auges. Die vorliegenden Versuche sind daher untereinander nur in beschränktem Maße vergleichbar. Trotz aller Schwierigkeiten hat aber die Wichtigkeit der Beziehungen zwischen Beleuchtung und Sehschärfe, z. B. für Schulen und andere Arbeitsräume, immer wieder die Frage aufwerfen lassen, ob es nicht möglich sei, dieselben in eine *mathematische Formel* zu bringen.

Der erste, der dies mit wissenschaftlichen Methoden versucht hat, ist Tobias Mayer gewesen[6]. Er experimentierte mit Liniensystemen und überzeugte sich zunächst davon, daß die bei heller Tagesbeleuchtung erreichbare Sehschärfe durch weitere Steigerung der Beleuchtung nicht mehr verbessert wird. Bei Versuchen im dunklen Raume, mit Variierung des Abstandes einer Kerze, glaubte er gefunden zu haben, daß die Sehschärfe sich verhält, wie die 6. Wurzeln aus den Lichtintensitäten. Diese Formel ist von keinem der späteren Untersucher[7]

---

[1] Aubert: Zitiert auf S. 777 u. 756.   [2] Siehe S. 759 ff.

[3] Aubert: Physiologie der Netzhaut, S. 86. Zitiert auf S. 756. — Vgl. Guillery: Weitere Untersuchungen über den Lichtsinn. Z. Psychol. **13**, 187 (1897).

[4] Loeser: Das Verhalten der Sehschärfe in farbigem Licht. Graefes Arch. **69**, 486 (1909). — Colombo: Ann. di ottalm. clin. ocul. **30**, 527 (1901).

[5] Doerinckel: Über die Abnahme der Sehschärfe usw. Diss. Marburg 1876.

[6] Mayer, Tobias: S. 97. Zitiert auf S. 767.

[7] Die ganze Literatur des Gegenstandes kann hier nicht durchgegangen werden. Es sei verwiesen auf die Übersichten bei Cohn: Untersuchung über die Sehschärfe bei abnehmender Beleuchtung. Arch. Augenheilk. **13**, 223 (1884). — Uhthoff: Über das Abhängigkeitsverhältnis der Sehschärfe von der Beleuchtungsintensität. Graefes Arch. I **32**, 172 (1886). — Siklóssy: Über die Sehschärfe des menschlichen Auges. Klin. Mbl. Augenheilk. **43**, 152 (1905), Beil.-H. — Roelofs-Bierens de Haan (s. S. 748). — Oguchi: Experimentelle Studien über die Abhängigkeit usw. Graefes Arch. **66**, 461 (1907).

bestätigt worden, doch hat man geglaubt, verschiedene andere aufstellen zu können. Posch[1] fand bei Sonnen- wie Lampenlicht innerhalb der Grenze von einfacher bis zu 16facher Beleuchtungsstärke, daß die Sehschärfe wächst wie der Logarithmus der Beleuchtungsstärke oder m. a. W. die Sehschärfe wächst in arithmetischer Progression, wenn die Beleuchtungsstärke in geometrischer zunimmt. Längerer Dunkelaufenthalt ändert die Empfindlichkeit. Dasselbe Verhältnis wollen Javal und Giraud-Teulon gefunden haben, ebenso Matawkin[2] im Dunkelzimmer.

Koenig[3] untersuchte mit Snellenschen Haken bis zu der Grenze, daß sie nahezu erkannt werden konnten und fand, von niederen zu höheren Beleuchtungsgraden aufsteigend, eine aus 2 Teilen von verschiedener Steilheit bestehende Kurve. Den ersten, weniger steilen, der den niederen Intensitäten entspricht, führt er auf die Stäbchen, den zweiten, viel steiler ansteigenden auf die Zapfen zurück. Für beide ist nach ihm die Sehschärfe eine lineare Funktion des Logarithmus der Beleuchtungsintensität: $S = \alpha \, (\log B - \log C)$. Die Konstante C ist umgekehrt proportional der Lichtstärke. Der Faktor α war für den zweiten Teil der Kurve etwa 10mal so groß wie für den ersten.

Manolescu[4] hat den Satz aufgestellt, daß das Produkt aus der Entfernung der Lichtquelle und der Entfernung des Auges vom Objekte konstant sind, so daß also der Sehwinkel umgekehrt proportional ist der Quadratwurzel der Intensität. Die Ergebnisse sind aber nach den beigefügten Tabellen sehr unsicher und schwanken um mehr als 100%. Man würde durchaus berechtigt sein, daraus zu schließen, daß das angegebene Verhältnis nicht zutrifft.

Eine Formel glaubte auch Oguchi[5] gefunden zu haben, welche lautete:

$$N = 10 \sqrt[3]{3 \cdot \frac{1}{B}},$$ wo N die Sehschärfenummer bedeutet, welche der Untersuchte in 6 m Entfernung lesen konnte. $B =$ Beleuchtungsintensität. Hiernach wäre die Sehschärfe proportional der Kubikwurzel der Beleuchtungsintensität[6]. Der Autor konnte aber selbst viele Ausnahmen von dieser Regel feststellen. Unterhalb der Grenze von 0,0026 Kerzenstärke und 20/80 Sehschärfe galt das Gesetz überhaupt nicht mehr. Es wird versucht, die Formel mit anatomischen und physiologischen Daten betreffend die Netzhaut in Einklang zu bringen.

Aus der neuesten Zeit (1922) stammt die Arbeit von Roelofs-Bierens de Haan[7], die zu demselben Ergebnisse kommen wie Manolescu. Sie führen aus (vgl. S. 752), daß die kleinste wahrnehmbare Oberfläche, die kleinste Empfindungsbreite und der kleinste wahrnehmbare Richtungsunterschied die Faktoren sind, aus denen sich die Sehschärfe zusammensetzt, und daß diese alle *umgekehrt*

---

[1] Posch: Über Sehschärfe und Beleuchtung. Arch. Augenheilk. **5**, 14 (1876). — S. a. Mazzuconi: Arch. d. Ottalm. **35**, 49 (1928), ref. Klin. Mbl. Augenheilk. **1928 II**, 404.
[2] Matawkin: Über Sehschärfeuntersuchungen bei schwacher Beleuchtung usw. Inaug.-Diss. Petersburg 1904.
[3] Koenig: Gesammelte Abhandlungen zur Physiol. Optik und Sitzungsber. Berl. Akad. Wiss. **26**, 1 (1897). — Löhle: Z. Physik **48**, 80 (1928), — Kühl: Klin. Mbl. Augenheilk. **1928 II**, 533, Sitz.-Ber.
[4] Manolescu: Rech. relat. à l'étude de l'acuité visuelle. Ann. d'Ocul. **83**, 55 (1880).
[5] Oguchi: Zitiert auf S. 778, Fußnote 7. — Wieder eine andere Formel fand Sous: Le Bordeaux med. 1878, Nr 28.
[6] Ableitung s. im Original S. 473.
[7] Roelofs-Bierens de Haan: Zitiert auf S. 748 — vgl. Roelofs u. Zeemann: Die Sehschärfe im Halbdunkel. Graefes Arch. **99**, 174 (1919). — Hier wird (S. 184) gesagt, daß die Sehschärfe zwar von der Beleuchtung abhängig ist, daß jedoch neben großen Schwankungen der Beleuchtung verhältnismäßig nur kleine der Sehschärfe einhergehen. In einer anderen Versuchsreihe wurde gefunden, daß Lichtstärke und Sehschärfe in geometrischer Progression zunahmen.

proportional der Wurzel aus der Beleuchtung sind. Bei ungleichen Kontrasten ergebe sich wahrscheinlich die Formel $S = K \sqrt{\pm (O - G)}$, wo $O =$ Lichtstärke des Objektes, $G =$ Lichtstärke des Grundes und K eine Konstante ist. Pupille und Adaptation müssen dabei unverändert bleiben. Die beiden Autoren glauben, daß diese Beziehung auch mit den von anderen (Piekema, Laan, Koenig) erhaltenen Ergebnissen am besten in Einklang steht.

Anderen Autoren ist es *nicht gelungen*, ein *Gesetz* zu finden. Von den älteren sei besonders Aubert[1] genannt. Er bediente sich dabei der Jaegerschen Schrift-proben und war sich wohl bewußt, daß dieses Objekt sich zu einer zuverlässigen Messung der Sehschärfe wenig eignet. Von den späteren Bearbeitern hat Cohn[2] darauf hingewiesen, daß mit Rücksicht auf die großen individuellen Verschieden-heiten wenig Aussicht sei, ein Gesetz zu finden. Ja, es zeigten nicht einmal beide Augen ein gleiches Verhalten. Er betont die auffallend *geringe Beleuchtung*, mit der manche Augen auskommen. So wurde bei nur *1½ MK* (also einer sehr schlechten Beleuchtung) noch *volle Sehschärfe* und selbst bei *0,6 MK* noch *halbe* gefunden. Uthoff[3] fand von den geringsten Intensitäten bis 4 MK schnellen Anstieg der Sehschärfe, von da ab nur langsamen, bis bei 33 MK der Höhepunkt erreicht war[4]. Es ist hier nicht möglich und auch für das Verständnis nicht er-forderlich, alle einschlägigen Arbeiten einzeln zu besprechen[5].

Die Verschiedenartigkeit der Ergebnisse ist weniger auffällig, wenn man die angewendeten *Methoden* berücksichtigt. Es wurde teils bei Tageslicht, teils bei Dunkeladaptation beobachtet, die Abstufung der Beleuchtung, teils durch wech-selnden Abstand der Lichtquelle, teils durch verdunkelnde Gläser, teils durch Polarisationsapparate oder sonstige Vorrichtungen erzielt. Als Probeobjekt wurden kleinste Oberflächen, Linien, zwei- und dreizinkige Haken, Snellensche Buchstaben und Leseproben verwendet. Bei diesen sehr verschiedenartigen Methoden sind gleichartige Ergebnisse nicht zu erwarten. Es ist selbstredend, daß wie bei jedem Naturgeschehen, so auch hier ganz gesetzmäßige Beziehungen vorhanden sein müssen. Damit ist aber nicht gesagt, daß es möglich ist, dieselben in eine einfache mathematische Formel zu bringen. Diese müßte vielmehr, selbst wenn es möglich wäre, alle einzelnen Faktoren in ihrer Wirkung auf das Sehorgan in jedem Augenblicke mathematisch festzulegen, ein sehr verwickeltes Integral ergeben. Wie schwer zu übersehen die Verhältnisse sind, folgt ja schon daraus, daß die wachsende Deutlichkeit bei zunehmender Beleuchtung nicht nur mit einem *Hellerwerden* der einen, sondern auch mit einem *Dunklerwerden* der anderen Sehfeldstelle verbunden ist. Nur auf diese Verschiedenheit von Hell und Dunkel kommt es an (vgl. S. 755 ff). Es trifft aber, wie Hering[6] ausführt, nicht zu, daß gleichen Unterschieden der Lichtstärke gleiche Helligkeitsunter-schiede entsprächen.

Die Beziehungen zwischen Sehschärfe und Beleuchtung sind noch nach einigen Richtungen weiter studiert worden. Landolt[7] erwähnt Untersuchungen, aus denen hervorgehe, daß bei der *momentanen Beleuchtung des elektrischen Funkens* im sonst dunklen Raume die Sehschärfe bedeutend geringer ist, als

[1] Aubert: Physiologie der Netzhaut, S. 83.

[2] Cohn: Zitiert auf S. 778 u. Arch. Augenheilk. **31**, Erg.-H., 198 (1895).

[3] Uthoff: Zitiert auf S. 778.

[4] Hulshoff, Pol [Neederl. Tijdschr. v. Geneesk. **2**, 112 (1917)] erreichte erst bei 37 MK volle Sehschärfe, Laan u. Piekema bei 50 (zitiert b. Snellen, Ophthalm. Rev. **1896**, 164). — Rice (Arch. of Physiol **1912**, Nr 20) fand von 8—40 MK praktisch annähernd gleiche Seh-schärfe.

[5] Zu erwähnen sind noch die Autoren: Carp, Charpentier, Colombo, Altobelli, Albertotti, Klein, Schnabel, Rosenthal, Kolbe, Wolffberg.

[6] Hering: S. 74. Zitiert auf S. 746, Fußnote 7.   [7] Landolt: S. 457. Zitiert auf S. 761.

bei anhaltender Beleuchtung, auch wenn das Auge den Ort des Sehzeichens kennt. Mit Rücksicht auf die fehlende Adaptation ist dies kaum anders zu erwarten. Es ist ja bekannt, daß beim Übergang vom Dunklen ins Helle oder umgekehrt eine gewisse Zeit verstreichen muß, bis die höchste Sehschärfe erreicht ist. LANDOLT ist geneigt, den fehlenden Augenbewegungen dabei eine wesentliche Rolle zuzuschreiben, weil das Auge das Objekt nicht abtasten kann. Dies mag bei größeren Objekten wohl in Betracht kommen, muß aber gegenüber der fehlenden Adaptation zurücktreten. Daß es auch hierbei sehr auf die gewählten Probeobjekte ankommt, habe ich[1] durch meine Versuche über die Schnelligkeit der Formenwahrnehmung dargetan.

Über eine besondere Wirkung der Beleuchtung hat HUMMELSHEIM[2] berichtet. Sehproben wurden bei einer konstanten Helligkeit vorgeführt und dabei stufenweise der ganze Untersuchungsraum stärker beleuchtet, ohne wesentliche Veränderung der lokalen Beleuchtung der Sehproben. Nach genügender Adaptation zeigte sich mit der Vergrößerung der *peripheren Helligkeit* ein fast kontinuierliches Ansteigen der Sehschärfe. Bei verschiedenen Modifikationen des Versuches war das Ergebnis immer dasselbe. Erweiterung oder Verengerung der Pupille waren belanglos.

Es bleiben noch die Folgen zu besprechen, die eine *übermäßige Beleuchtung* für die Sehschärfe haben kann[3]. Daß eine solche nachteilig wirkt, ist bereits S. 777 erwähnt. HERING[4] hat die Art dieser Wirkungen und die Natur des ganzen Vorganges ausführlich erörtert. Die Störung wird besonders stark, wenn die Lichtquellen, die das Gesichtsfeld beleuchten, selbst einen Bestandteil desselben ausmachen, d. h. wenn die Fenster, durch die das Licht einfällt oder die brennende Lampe sich gleichzeitig mit den beleuchteten Dingen auf der Netzhaut abbilden. Der alsdann eintretende Zustand, den man als *Blendung* zu bezeichnen pflegt, kann sich zu einem Grade steigern, daß unangenehme Empfindungen und Abwehrreflexe eintreten. Es beruht dies, nach HERING, auf der Entwicklung von *falschem* oder *abirrendem* Lichte. Von jedem die optischen Medien durchsetzenden Lichtbündel muß ein kleiner Teil diffus zerstreut werden, selbst wenn diese Medien homogen sind, was im Auge bekanntlich nicht zutrifft. Dies hat zur Folge, daß ein kleiner Bruchteil eines von einem Außendinge kommenden Lichtes gleichsam von der richtigen Bahn abirrt und außer der Stelle des bezüglichen Netzhautbildes einen kleineren oder größeren Bezirk der umgebenden Netzhaut fälschlich mitbeleuchtet. Außer der genannten Ursache ist eine weitere Quelle falschen Lichtes, das von jeder beleuchteten Netzhautstelle *reflektierte Licht*[5] und ferner das durch Sklera und Iris ins Auge eindringende[6]. Die nachteilige Wirkung dieses Lichtes erklärt sich nun nach HERING folgendermaßen. Der Helligkeitsunterschied, in dem zwei verschiedene Lichtstärken erscheinen, wird unter sonst gleichen Umständen verkleinert, wenn man beiden Lichtstärken einen gleich großen Zuwachs erteilt. Ein anschauliches Beispiel hierfür gibt

---

[1] GUILLERY: Messende Versuche über die Schnelligkeit der Formenwahrnehmung. Arch. Augenheilk. **62**, 227 (1909) — Dies beweisen auch die tachistoskopischen Untersuchungen verschiedener Drucktypen (s. Abschn. H).

[2] HUMMELSHEIM: Ophthalm. Gesellschaft, Heidelberg 1900. — Von SCHMIDT-RIMPLER in der Diskussion bestätigt.

[3] Es handelt sich hier nicht um die dauernden, sondern nur die vorübergehenden Folgen für die Sehschärfe.

[4] HERING: S. 145ff. Zitiert auf S. 746, Fußnote 7.

[5] Darauf beruht bekanntlich die entoptische Wahrnehmung der Netzhautgefäße durch seitlich einfallendes Licht.

[6] BORSCHKE (Z. Psychol. **34** u. **35**) vergleicht diese Lichtzerstreuung mit derjenigen, welche die Lichtschleier auf der photographischen Platte entstehen läßt bei undichter Kamera.

folgender Versuch[1]. In einem dunklen Zimmer stehen auf einem Tische in einer Reihe 5 brennende Kerzen. Diesen gegenüber ein weißer Schirm und dazwischen ein schwarzer vertikaler Stab. Verdeckt man alle Kerzen bis auf die mittlere, so entsteht auf dem Schirm ein Schatten des Stabes. Wird eine weitere Flamme freigegeben, so verliert der Schatten an Schwärze und der Grund wird heller, aber der Unterschied zwischen beiden ist bedeutend vermindert, obwohl Grund wie Schatten in gleichem Maße erhellt, also die Differenz ihrer Lichtstärke tatsächlich dieselbe geblieben ist. Durch weitere Freigabe von Kerzen oder sonstige Erhellung des Raumes wird der Unterschied zwischen Schatten und Umgebung immer geringer bis zum gänzlichen Verschwinden. Der Unterschied der beiden Teile der Schirmfläche bleibt dabei tatsächlich derselbe, entzieht sich aber der Wahrnehmung um so mehr, je größer die beiden Lichtstärken sind. Ebenso muß die Deutlichkeit sich mindern, wenn die verschiedenen Lichtstärken der Teile eines Netzhautbildes einen Zuwachs durch das über sie ergossene abirrende Licht erfahren und hierdurch die Helligkeitsunterschiede verkleinert werden, denn, wie schon wiederholt bemerkt, kommt es für die Deutlichkeit der Sehdinge nur auf die *Verschiedenheit* ihrer Helligkeiten an.

Diese Ausführungen Herings werden durch Beispiele erläutert, die man sich leicht aus der alltäglichen Erfahrung ergänzen kann[2]. Durch die *Steigerung des Simultankontrastes*, welche lichtstarke Bilder hervorrufen, wird die Wirkung des falschen Lichtes zum Teil wieder ausgeglichen, ja sie kann sogar überkompensiert werden, so daß die verdunkelnde, im Sinne von Hering schwärzende Wirkung des Kontrastes, einen viel größeren Anteil am Undeutlichwerden der Sehdinge hat als die erhellende (weißende) Wirkung des falschen Lichtes[3]. Mitbestimmend ist ferner der *Zustand der Pupille*, deren Wirkung sich leicht ausschließen läßt, und der *Anpassungszustand* des inneren Auges[4]. Hieraus erklärt Hering die sehr verschiedenen Ansichten, zu denen frühere Untersucher über das Wesen der „Blendung" gekommen sind.

Man hat die Wirkung der hierbei mitspielenden Einflüsse experimentell klarzustellen gesucht. Depène[2] machte unter Leitung von Uthoff[5] Versuche mit seitlicher Blendung im Dunkelzimmer unter Veränderung der Stärke des einwirkenden Lichtes, sowie des Blendungswinkels, d. h. des Winkels, den das einfallende Licht mit der Blicklinie bildet. Die Beleuchtung wurde nach der Sehschärfe beurteilt[6], die Veränderung des blendenden Lichtes durch Rauchgläser bewirkt. Der Winkel wurde durch Verschiebung der auf einer Eisenstange befestigten Lichtquelle verändert. Die Störung war um so größer, je erheblicher die Intensität des blendenden Lichtes und die Größe der geblendeten Netzhautfläche. Sie wuchs mit der Verkleinerung des Winkels, offenbar deshalb, weil dadurch in zunehmendem Maße das Netzhautzentrum, also der empfindlichste Teil, in Anspruch genommen wurde. Die Herabsetzung der Sehschärfe war am deutlichsten bei abgeschwächter Beleuchtung. Es konnte aber auch eine *Verbesserung* des Sehens eintreten, doch nur dann, wenn die Beleuchtung schon

---

[1] Hering: S. 75. Zitiert auf S. 746, Fußnote 7.

[2] Vgl. Depène: Experimentelle Untersuchungen über den Einfluß seitl. Blendung auf die Sehschärfe. Klin. Mbl. Augenheilk. 38, 290 (1900).

[3] Beispiele hierfür sind bei Hering, ebenda S. 149ff. nachzulesen.

[4] Nach Treitel [Über das Verhalten der normalen Adaptation. Graefes Arch. II 33, 99 (1887)] ist die Adaptationszeit im geblendeten Auge verlangsamt.

[5] Uthoff: Die Beeinflussung des zentralen Sehens durch seitliche Blendung der Netzhaut. Internat. Ophthalm.-Kongr. Utrecht 1899. — Ähnliche Versuche machte Tschemolossow bei Emmetropen [Westnick ophthalm. 1904, Nr 2 und Ann. d'Ocul. 132, 303 (1904)] und Gapeeff bei Hypermetropen und Myopen [Russ. Ophthalm. 5, 869 (1926)].

[6] Bezüglich dieses Verfahrens vgl. S. 776. Allerdings erzielte Depène Sehschärfewerte bis zur 3. Dezimalstelle, und zwar mit Niedenschen Zahlen (!).

eine gewisse Höhe erreicht hatte, also schon ziemlich gut gesehen wurde. Verf. führt dies auf die Pupillenverengerung zurück. Ähnliche Untersuchungen, abgesehen von gelegentlichen Bemerkungen, lagen bereits vor von SEWAL[1], URBANTSCHITSCH[2] und SCHMIDT-RIMPLER[3]. Die Besserung geht aber bei stärkerer Intensität der seitlichen Blendung wieder in Verschlechterung über. Einen Einfluß der Pupille konnte SCHMIDT-RIMPLER nicht finden, da bei atropinisierten Augen die Wirkung dieselbe war. Die oben (S. 781) erwähnte Beobachtung von HUMMELSHEIM über die Besserung der Sehschärfe beim Ansteigen der peripheren Helligkeit ist wohl auch hierher zu rechnen.

Wenn auch auf ein anderes Gebiet übergreifend, seien hier die vergleichenden Versuche über die *Sehschärfe* des *hell- und dunkeladaptierten Auges* erwähnt. Das *erstere* erwies sich *überlegen*, auch bei einer Beleuchtung, die das Dunkelauge nicht blendet, aber noch weit unter dem Optimum für das Hellauge liegt. Dies war auch dann der Fall, wenn der subjektive Eindruck durch graue Gläser ausgeglichen wurde, so daß dem Dunkelauge trotz seiner größeren Lichtempfindlichkeit die Probe nicht heller erschien als dem unbewaffneten Hellauge. Nur bei *sehr schwacher Beleuchtung* unterschied das *dunkeladaptierte Auge besser* als das helladaptierte. Sonst erscheinen also die Gegenstände dem dunkeladaptierten Auge zwar heller, aber weniger scharf. Als Sehproben dienten durchscheinende E-förmige Haken auf dunklem Grunde. Beobachtungsdauer höchstens 6 Sekunden. Der Einfluß der Pupille wurde durch ein Diaphragma von 2 mm ausgeschaltet.

Auch das Verhalten der *Peripherie* unter solchen Versuchsbedingungen wurde untersucht. Bis 13,5° zeigte sich die Überlegenheit der Peripherie bei Dunkeladaptation gegenüber dem Zentrum nicht so deutlich, wie man hätte erwarten sollen. Nur bei einer so tiefen Beleuchtung, daß das helladaptierte Auge bei 12° Exzentrizität nicht einmal $\frac{1}{20}$ S mit dem Haken hatte, war eine Überlegenheit der exzentrischen Netzhaut des Dunkelauges erkennbar. Bei wachsender Beleuchtung zeigte sich jedoch wieder ein bedeutendes *Überwiegen der Peripherie des Hellauges*. Auch bei Vergleichung peripherer Netzhautstellen von 15° bis 40° war das helladaptierte Auge überlegen.

Die etwas abweichenden Ergebnisse früherer Untersucher (v. KRIES, BUTTMANN, KOSTER, FICK) werden durch Unterschiede in der Versuchsanordnung erklärt[4].

2. Die Sehschärfe in monochromatischem Lichte.

Wie S. 775 ausgeführt, ist die Deutlichkeit des Sehens größer oder kleiner, je nachdem die Helligkeitsverschiedenheit der Sehdinge größer oder kleiner ist. Auch im farbigen Lichte finden wir durchgehends die Sehschärfe wachsend, wo die Empfindlichkeit für Unterschiede der Lichtstärke wächst und umgekehrt. Nach HELMHOLTZ[5] zeigt dieser Grundsatz nur insofern eine Abweichung, als man bei *niedriger Intensität* die geringste Sehschärfe im Rot erwarten müßte, während sie tatsächlich im Gelb und Gelbgrün die geringste sei. Es ist dies auf-

---

[1] SEWAL: On the physiolog. effect of light, which enters the eye through the sclerotic coat. J. of Physiol. 5, 132.

[2] URBANTSCHITSCH: Über die Wechselwirkungen der innerhalb eines Sinnesgebietes gesetzten Erregungen. Pflügers Arch. 31, 280 (1883).

[3] SCHMIDT-RIMPLER: Über den Einfluß peripherer Netzhautreizung auf das zentrale Sehen. Ophthalm. Gesellschaft Heidelberg 1887, vgl. S. 781.

[4] BLOOM und GARTEN: Pflügers Arch. 72, 372 (1898). Vgl. den ersten Teil ds. Bds. S. 700.

[5] HELMHOLTZ: Physiol. Optik, 2. Aufl., S. 428 — Im Rot ist die geringste „Klarheit", worunter HELMHOLTZ die Empfindlichkeit für Unterschiede der Lichtstärke versteht.

fällig wegen des Verhaltens des Rot bei geringer Helligkeit (PURKINJEsches Phänomen). Sonst zeigt bei geringer Lichtstärke die Sehschärfe im kurzwelligen Teile des Spektrums dieselbe Überlegenheit wie die scheinbare Helligkeit.

Da das *Gelb* im Spektrum die größte Helligkeit besitzt, ist erklärlich, daß die meisten Autoren auch in diesem die *größte Sehschärfe* gefunden haben[1]. Bei allzu großer Intensität trat wieder ein Sinken der Sehschärfe ein. Unter Anwendung einer hinreichend starken Lichtquelle (Zirkonlicht) konnte auch im *blauen* Ende des Spektrums die Sehschärfe fast ebenso hoch gebracht werden wie im langwelligen[2]. Daß im übrigen das kurzwellige Ende die schlechteste Sehschärfe ergibt (abgesehen von schwachen Beleuchtungsgraden), wird übereinstimmend von fast allen Beobachtern angegeben[3].

Es sind dabei wiederum sehr verschiedene *Methoden* angewendet worden. Spektral- und Pigmentfarben, bunte Gläser und Tuche, künstliche Beleuchtung verschiedener Art und Sonnenlicht; als Sehzeichen wurden 2- oder 3armige SNELLENsche Haken, Buchstaben, Liniengitter, Punktgruppen und einzelne Punkte genommen. Die Haken wurden entweder in Metall ausgeschnitten und von hinten mit monochromatischem Lichte beleuchtet, so daß das Sehzeichen farbig auf dunklem Grunde erschien, oder der letztere wurde beleuchtet, während das Sehobjekt sich dunkel von ihm abhob. Nach UHTHOFF ist die letztere Methode vorzuziehen. Bei Untersuchung mit Drahtgitter und optimaler Helligkeit fand UHTHOFF[4] die Sehschärfe in den verschiedenen Teilen des Spektrums nahezu gleich. Das verwendete Sehobjekt ist, wie zu erwarten, nicht bedeutungslos. Nach den Versuchen von NAGEL[5] wurde mit dem LANDOLT-schen Ringe die größte Sehschärfe im Grün, mit der Punktprobe im Rot erzielt. OBARRIO[6] hat mit der Noniusmethode (s. Abschn. C) Versuche gemacht und in farbigem Licht (Gläser) dieselben Werte gefunden wie in weißem.

WERTHEIM (s. S. 765) verwandte die Methode von DU BOIS-REYMOND mit Punktgruppen in rotem und grünem Lichte (Gläser) und erzielte dabei fast genau das gleiche Ergebnis wie mit weißem. Nach derselben Methode hat OERUM[7] untersucht mit Lichtern von möglichst gleicher Helligkeit und die Sehschärfe im weißen Lichte größer gefunden als im farbigen, das durch Filter annähernd rein gewonnen wurde. Für die Farben war die beste Sehschärfe im Rot, dann

---

[1] MACÉ DE LÉPINAY u. NICATI: Rech. sur la comparaison photometrique des diverses parties d'un même spectre. Ann. Chim. Phys. 5, 289, T. 24 u. a. — Bei UHTHOFF S. 191, zitiert auf S. 778, ist angegeben, daß im gelben monochromatischen Lichte die Sehschärfe bei zunehmender Beleuchtung früher ihren Höhepunkt erreichte als im weißen. — Vgl. LUKIESH: Visual acuity in white light. Bull. of Nela research laboratory 1917, 255. — KORFF-PETERSEN u. OGATA: Z. Hyg. 105, 27 (1925). — Dementsprechend fand REICHENBACH [ebenda 4, 257 (1902)] von künstlichen Lichtquellen diejenigen am günstigsten, die vorwiegend langwelliges Licht enthalten. — JAVAL [Soc. de biol. 22, 2 (1879)] hatte schon den Vorschlag gemacht, statt des weißen Druckpapieres gelbes zu benutzen. COHN (Hygiene des Auges) hält diesen Vorschlag nicht für zweckmäßig. Auch KOLBE nicht [Pflügers Arch. 37, 562 (1885)], da farbiger Grund mehr ermüde als weißer.

[2] UHTHOFF: Weitere Untersuchungen usw. Graefes Arch. I 36, 51 (1890). Die Untersuchungen wurden mit Unterstützung von A. KOENIG angestellt. — BRUDZEWSKI [L'influence de l'eclairage sur l'acuite visuelle pour des objets colorés. Arch. d'Ophthalm. 18, 692 (1898)] fand in vollem Sonnenlichte die Sehschärfe für alle Farben fast gleich derjenigen für Weiß.

[3] Umgekehrt LUX: Z. Beleuchtungswesen 1920.

[4] UHTHOFF: Über die kleinsten wahrnehmbaren Gesichtswinkel in den verschiedenen Teilen des Spektrums. Z. Psychol. 1, 155 (1890).

[5] NAGEL: Sehschärfe in farbigem Licht. Zbl. Augenheilk. 1908, 15 u. Dtsch. med. Wschr. 1908, 260.

[6] OBARRIO: Zitiert auf S. 753.

[7] OERUM: Studien über die elementaren Endorgane für die Farbenempfindung. Skand. Arch. Physiol. (Berlin u. Leipzig) 16 (1904).

folgten Grün und Blau. Die Schlüsse, die der Verf. auf die Farbenempfindung der einzelnen Zapfen aus seinen Versuchen zieht, sind hier nicht zu erörtern. BOLTUNOW[1] fand nach derselben Methode die beste Sehschärfe ebenfalls im Rot, die geringste im Grün. Wurden die Punkte schwarz auf farbigem Hintergrunde genommen, so ergab sich für Weiß und Grün kein Unterschied, für Rot aber erheblich weniger[2]. In einer neueren Arbeit hat sich FAZAKAS[3] der von mir (s. S. 804) angegebenen Form des Sehprüfungsobjektes, nämlich eines runden Fleckes bedient. In einer schwarzen Metallplatte wurden runde Löcher von verschiedenem Durchmesser angebracht, die in den zu untersuchenden Farben erschienen. Das größte Feld war für Blau, ein kleineres für Grün und erheblich kleinere für Gelb und Rot erforderlich.

Bei diesen Untersuchungen spielt die Frage eine Rolle, ob die *Farbe als solche* einen Einfluß auf die Sehschärfe hat, oder ob es nur auf den Grad ihrer *Helligkeit* ankommt. Nach HELMHOLTZ[4] dürfen wir erwarten „bei gleicher Helligkeit auch gleichviel sehend zu erkennen"[5]. Dem würden die Versuche von OERUM entgegenstehen, wenn es gewiß wäre, daß die dabei angewandten Helligkeiten tatsächlich gleich waren. Der von ihm angewandte Vergleich mit bloßem Auge gibt allerdings diese Gewißheit nicht, auch wenn man von den individuellen Unterschieden[6] in der Helligkeitsempfindung für verschiedene Farben absieht. LOESER bediente sich, ebenso wie BOLTUNOW der Flimmerphotometrie, um äquivalente Helligkeiten herzustellen. Die Sehschärfe wurde mit aus Stanniol ausgestanzten zweizinkigen Haken auf dem farbigen (Gläser) Grunde gemessen (UHTHOFF). Es zeigte sich nun trotz der ausgeglichenen Helligkeit, daß die Sehschärfe für Rot erheblich kleiner war als für Weiß und für dieses kleiner als für Grün (bei BOLTUNOW war letzteres umgekehrt). Bei abnehmender Intensität tritt diese Überlegenheit des Grün zurück, bis zum Verschwinden. Hiernach würden also zwei Farben bei einer bestimmten Lichtintensität von subjektiv gleicher Helligkeit eine erhebliche Verschiedenheit der Sehschärfe, bei einer anderen, subjektiv ebenfalls gleichen, aber verminderten objektiven Beleuchtungsstärke nahezu gleiche Sehschärfe ergeben. LOESER schließt daraus, daß *nicht der farbige Anteil* den Unterschied bedingt, sondern andere wohl *kompliziertere Faktoren* dabei mitspielen. Hierauf scheint auch der von demselben Autor betonte Einfluß der *Übung* hinzudeuten, wodurch eine erhebliche Verschiebung der gefundenen Werte eintreten kann.

Durch eine andere Versuchsmethode kommt auch PAULI[7] zu dem Schlusse, daß die Ansicht von HELMHOLTZ und KOENIG, bei gleicher Helligkeit heterochromer Lichter würde gleichviel gesehen, nicht aufrecht erhalten werden kann.

3. Einfluß der Pupille.

Man kann sich an der Mattscheibe eines photographischen Apparates leicht davon überzeugen, daß die Verengerung der Blende das Bild nur bis zu einer gewissen Grenze schärfer macht. Jenseits derselben verliert es nicht nur an Lichtstärke, sondern auch an Schärfe. Der Grund ist die *Beugung des Lichtes*,

[1] BOLTUNOW: Über die Sehschärfe im farbigen Licht. Z. Psychol. **42**, 359 (1908).
[2] LOESER: Das Verhalten der Sehschärfe im farbigen Lichte. Graefes Arch. **69**, 479 (1909).
[3] FAZAKAS: Graefes Arch. **120**, 558 (1928).
[4] HELMHOLTZ: Physiol. Optik, 2. Aufl., S. 443.
[5] Über die Messung der Helligkeit durch die Sehschärfe, s. S. 777.
[6] v. MALTZEW: Über individuelle Verschiedenheiten der Helligkeitsverteilung im Spektrum. Z. Sinnesphysiol. II **43**, 76 (1908).
[7] PAULI: Untersuchungen über die Helligkeit und den Beleuchtungswert farbiger und farbloser Lichter. Z. Biol. **60**, 311 (1913). — Vgl. Teil 1 ds. Bds. S. 371, Anm. 2.

die am Rande der Öffnung eines optischen Systems auftritt. Infolge derselben entsteht von einem leuchtenden Punkte, auch bei vollkommen achromatischen und aplanatischen Brechungsflächen kein punktförmiges Bild, sondern eine kleine lichte Figur mit abwechselnd hellen und dunklen Stellen. Bei kreisförmiger Öffnung besteht die Beugungsfigur aus einer hellen Kreisscheibe, umgeben von dunklen und hellen Ringen von schnell abnehmender Helligkeit[1]. Helmholtz berechnet nach der Formel von Schwerd[2] den Durchmesser der mittleren Kreisscheibe bei 2 mm Pupillenweite auf 0,0122 mm und nimmt an, daß erst bei *engster Pupille* die Beugung anfange, die Genauigkeit des Sehens zu beeinträchtigen.

Bei einem Pupillendurchmesser von 6 mm ergibt die angezogene Formel einen Durchmesser von 0,004 mm für die Beugungsscheibe, bei 4 mm 0,0061 und bei 1 mm 0,02436[3]. Berücksichtigt man noch die *sphärische Aberration* und die *Farbenzerstreuung* im Auge, so erhalten wir für jeden leuchtenden Punkt ein Netzhautbild, das erheblich größer ist als den gefundenen Werten für die kleinste wahrnehmbare Distanz entspricht. Für eine mittlere Pupillenweite von 4 mm berechnet Helmholtz (S. 163 u. 257) den Durchmesser des durch Farbenzerstreuung erzeugten Kreises auf 0,0426 mm. Er nimmt aber an, daß bei Einstellung auf mittlere Wellenlänge die Helligkeit der violetten und roten Strahlen gegenüber derjenigen des Kreismittelpunktes verschwindend klein wird. Auch bei den Beugungsbildern ist anzunehmen, daß die *Empfindungsfläche erheblich geringer* ist als die physikalisch berechnete *Lichtfläche*.

Die klinische Erfahrung spricht dafür, daß bei *Erweiterung* der Pupille über einen mittleren Grad hinaus sich die Sehschärfe *verschlechtert*. Bekannt ist ja diese Wirkung der mydriatischen Gifte und zwar nicht nur für die Nähe wegen Akkommodationslähmung, sondern auch für die Ferne. Thorner[4] fand, daß die untere Grenze des Auflösungsvermögens für feine Linien bei einem vorgesetzten Diaphragma von 1,6 mm erreicht ist. Wurden statt der Linien Punkte genommen, so war das Ergebnis fast das gleiche, d. h. bei einem Punktdurchmesser von 0,5 mm und einem gegenseitigen Abstand von 5 mm. Wurden Doppelquadrate genommen, deren Zwischenraum gleich der Seite des Quadrates war, so blieben sie sichtbar bis zu einer Verminderung der Spaltbreite auf 0,85 mm. Wenn normale Sehschärfe, bestimmt durch die Auflösung zweier Punkte im Abstande von 1′, einen Durchmesser von 1,6 mm erforderte, dann entsprach der doppelten (Abstand 30″) ein Durchmesser von 3,2, der dreifachen 4,8, der vierfachen 6,4 und der fünffachen 8 mm. Daß aber tatsächlich die Sehschärfe bei einer Pupillenweite von 2 mm besser ist als bei mittlerer oder ganz weiter Pupille, erklärt Thorner dadurch, daß die Augen selten so gut gebaut sind, daß von dem peripheren Teile der Pupille ein Vorteil für die Sehschärfe gewonnen wird. Nach einer Berechnung von Brajlowski[5] ist die günstigste Pupillenweite 3 mm. Setzt man die dabei erzielte Sehschärfe = 100, so entsprechen der Pupillenweite von 1, 2, 4, 5, 6, 7, 8 mm nur 70, 97, 99, 90, 83, 82, 75% der Sehschärfe.

---

[1] Helmholtz: Physiol. Optik, 2. Aufl., S. 180.

[2] Schwerd: Die Beugungserscheinung aus den Fundamentalgesetzen der Undulationstheorie entwickelt usw. Mannheim 1835.

[3] Hess: Die Anomalien der Refraktion usw. Graefe-Saemischs Handb. d. Augenheilk., 3. Aufl., **1910**, 134. — Der Einfluß der Pupille auf das Sehen in Zerstreuungskreisen, also durch unscharfe Einstellung bei Myopie usw., ist bei Gleichen [Beitr. zur Theorie der Sehschärfe. Graefes Arch. **93**, 319 (1917)] erörtert. Über den Einfluß stenopäischer Lücken auf die Zerstreuungskreise s. Salzmann, ebenda V **40**, 104 (1894).

[4] Thorner: Zitiert auf S. 753. Die Methodik ist dort nachzusehen.

[5] Brajlowski: Über die Abhängigkeit der Sehschärfe von der Pupillenweite. Russ. Ophth.-Journ. 1924, Nr 7 (zitiert Klin. Mbl. Augenheilk. **1925 I**, 242).

Den Einfluß der *Pupille* auf die Sehschärfe bei *verschiedener Beleuchtung* hat HUMMELSHEIM[1] studiert. Er verwendete dabei SNELLENsche Haken trotz der ihm aufgefallenen (S. 746 erwähnten) Schwierigkeit ihrer Deutung. Die Pupille wurde durch Mydriatica oder Miotica beeinflußt. Das Ergebnis war, daß der Einfluß der Pupillenweite auf die Sehschärfe bei den niedrigsten Beleuchtungsgraden verschwindend klein ist. Von 1 MK ab aufwärts wird die Sehschärfe bei *enger* Pupille erheblich *besser* als bei *weiter*. Von 50 MK bis zu 200 MK macht dies sich nur noch wenig bemerklich. DEPÈNE[2] hat mit NIEDENschen Zahlen, im übrigen nach derselben Methode wie HUMMELSHEIM untersucht und bei guter Beleuchtung Besserung durch Miose, Verschlechterung durch Mydriasis gefunden. Er fand bis ca. 2 MK keinen deutlichen Einfluß der Pupillenweite. Bei noch geringerer Beleuchtung wirkte Miose verschlechternd. Hierher gehören auch Beobachtungen von UHTHOFF. Derselbe hat sich bei seinen Versuchen[3] verschiedener Diaphragmen bedient und gefunden, daß ein solches von 2 mm Durchmesser am wenigsten die Sehschärfe beeinträchtigte bei großer und mittlerer Beleuchtungsintensität. Bei geringerer Intensität war noch ein Diaphragma von 1,55 mm zulässig, ohne wesentliche Beeinträchtigung der Sehschärfe. Das Sehzeichen waren wieder zweizinkige Haken, die bei noch engerem Diaphragma verwischt und verbreitert erschienen. Bei einem Diaphragma von 3,0 mm trat eine Abnahme der Sehschärfe ein, nach Ansicht des Autors, weil das Auge nicht mehr hinreichend abgeblendet war und die optischen Unregelmäßigkeiten sich mehr geltend machten.

Wenn man in Zerstreuungskreisen sieht und *von der Seite her* einen schwarzen Karton zwischen Auge und Schrift vorschiebt, so erscheint der dem Karton zunächst gelegene Teil deutlicher und schärfer[4]. Ich finde dies am deutlichsten, wenn man den Karton von oben oder unten, also parallel der Schrift vorschiebt. Die dem Kartonrande zunächst liegenden Reihen erscheinen dann viel schärfer und schwärzer als die entfernteren. Die Erklärung ist die, daß der Karton als stenopäischer Spalt wirkt, von dem eine Seite entfernt ist, so daß die Wirkung auch nur an dieser Seite zustande kommt.

4. Einfluß des Lebensalters.

DONDERS[5] hat zuerst durch einen seiner Schüler[6] die Frage prüfen lassen, inwieweit das Alter die Sehschärfe beeinflußt. Es wurden 281 Personen von 7—82 Jahren mit Hilfe von SNELLEN XX geprüft. Sie mußten sich so weit nähern, bis sie die Buchstaben V A C und L richtig angaben, die am leichtesten zu erkennen waren. Das Ergebnis war, daß die Sehschärfe schon vom 30. Jahre an eine allmählich fortschreitende Einbuße zeigte, so daß bis zum 60. Jahre dieselbe auf 14/20, bis zum 80. auf fast die Hälfte sank[7]. Bei Nachuntersuchungen sind diese Ergebnisse nicht bestätigt worden. Insbesondere hat COHN[8] beanstandet, daß unter den alten Leuten nur 41 über 60 Jahre und darunter 13 Augenkranke waren, und daß nicht in jedem Falle eine genaue Untersuchung vorgenommen wurde. Er selbst prüfte im Freien mit dreizinkigen Haken und fand

---

[1] HUMMELSHEIM: Zitiert auf S. 746. Dort auch ältere Literatur (RICCÒ, KLEIN, SNELLEN).
[2] DEPÈNE: Zitiert auf S. 782.   [3] UHTHOFF: Zitiert auf S. 778.
[4] LÖWENSTEIN: Über den Einfluß einseitiger Beschränkung des Lichteinfalls auf die Sehschärfe. Graefes Arch. **105**, 844 (1921).
[5] DONDERS: Die Anomalien d. Refrakt. u. Akkommod. S. 160. Wien 1866.
[6] VROESOM DE HAAN: Onderzoekingen naar den invloed van der leeftijd op de gezigsscherpte. Inaug.-Diss. Utrecht 1862.
[7] DONDERS hat die Kurve reduziert, indem er das Erkennen *aller* Buchstaben verlangte, wobei die von DE HAAN gefundene Sehschärfe sich um $1/6$ zu groß erwies.
[8] COHN: Über die Abnahme der Sehschärfe im Alter. Graefes Arch. I **40**, 326 (1894).

mit diesem Objekt sogar *übernormale Sehschärfe bis ins höchste Alter*, nämlich mit 60 und 70 Jahren im Durchschnitt 27/20, und mit 80 Jahren 26/20. Boerma und Walther[1] haben 400 Personen mit 725 in Betracht kommenden Augen untersucht, und zwar Insassen von Straf- und Armenanstalten, vielfach mit Alkoholmißbrauch und geschwächter Intelligenz. *Letztere war von deutlichem Einflusse auf die Sehschärfe.* Alle Augen, die nicht volle Sehschärfe hatten, wurden genau, wenn erforderlich, mit Homatropin untersucht. Alle Personen waren über 40 Jahre alt. Das wesentliche Ergebnis war, daß selbst *bei 80 Jahren* die durchschnittliche *Sehschärfe* noch *mehr als 6/9* betrug. Hiernach findet also eine *gewisse Abnahme im Alter* statt, doch ist sie lange nicht so erheblich, wie die ersten Untersucher annahmen.

Als *Ursache* sieht Hess[2] die Zunahme der schon in der jugendlichen Linse vorhandenen feinen Trübungen sowie Glaskörpertrübungen an, außerdem die mit dem Alter zunehmende Unregelmäßigkeit der Lichtbrechung in der Linse, ihre zunehmende optische Dichte und die durch die Altersmiose verursachten Beugungserscheinungen.

5. Sonstiges.

War nahe vor dem Auge ein Episkotister aufgestellt, so wurde bei 5 bis 10maligem Wechsel von Hell und Dunkel in der Sekunde die Sehschärfe stark vermindert. Dabei bestand lebhaftes *Flimmergefühl*. Bei langsamerem sowohl wie schnellerem Wechsel war die Sehstörung fast um die Hälfte geringer[3]. Der wesentliche Grund dürfte wohl darin liegen, daß die Adaptation dem Wechsel von Hell und Dunkel bei einer gewissen Schnelligkeit desselben nicht genügend zu folgen vermag. Dies mindert sich bei einer Verlangsamung des Wechsels und wird bei einer Beschleunigung überhaupt nicht mehr empfunden, weil alsdann eine gleichmäßige Helligkeit entsteht.

Nach Beobachtungen von Urbantschitsch[4] soll die Sehschärfe beeinflußt werden durch *Reize des äußeren* und *mittleren Ohres*. Durch Bougieren der Tube wurde eine günstige Wirkung erzielt. Gemessen wurde dies durch Jaegersche Leseproben. Ähnliche Ergebnisse wurden für den Lichtsinn am Foersterschen Apparate festgestellt.

Der *allgemeine Körperzustand* soll auf die Sehschärfe nicht ohne Einfluß sein. Bei gesunden Soldaten wirkte *Ermüdung* durch Marschieren, Treppensteigen usw. nachteilig[5]. Die Erklärung liegt vielleicht mehr auf psychischem Gebiete in einer Herabsetzung der Aufmerksamkeit. Dies trifft wohl auch zu für die Angabe von Burpitt[6], daß bei *schlechter Ernährung* und *geistiger Minderwertigkeit* die Sehschärfe herabgesetzt war, und zwar entsprechend der geistigen Rückständigkeit (vgl. oben Kapitel 4).

---

[1] Boerma u. Walther: Untersuchungen über die Abnahme der Sehschärfe im Alter. Graefes Arch. II **39**, 71 (1893). — Weitere Untersuchungen mit im wesentlichen gleichem Ergebnisse bei Ahlbory: Über die Sehschärfe im Alter. Inaug.-Diss. Berlin 1895. — Katz: Einfluß des Alters auf die Sehschärfe. Westnik Ophthalm. **13/6**, 487 (1896). — Hochheim: Refraktion und Sehschärfe in den verschiedenen Lebensaltern. Inaug.-Diss. Göttingen 1900.

[2] Hess: Graefe-Saemischs Handb. d. Augenheilk. 3. Aufl., S. 293, zitiert auf S. 786. — Auch in der Hornhaut sind durch die Spaltlampenmikroskopie Altersveränderungen nachgewiesen. Vogt: Graefes Arch. **101**, 131 (1920). — Schnyder: Klin. Mbl. Augenheilk. **65**, 789 (1920).

[3] Feilchenfeld: Über die Sehschärfe im Flimmerlicht. Z. Psychol. **35**, 1 (1904).

[4] Urbantschitsch: Über den Einfluß von Trigeminusreizen auf die Sinnesempfindungen, insbesondere auf den Gesichtssinn. Pflügers Arch. **30**, 129 (1883).

[5] Altobelli: Ricerche intorno al rapporto fra visus e luce. Giorn. med. R. Esercito. Genua 1903.

[6] Burpitt: Mental retardation, nutrition and eyesight in school children. Ophthalmosc. sept. **1915**, 442.

G. Die Sehschärfe der Netzhautperipherie.

Es kann nicht überraschen, daß die so auffällige Bevorzugung des Netzhautzentrums gegenüber der Peripherie schon zu den ältesten Zeiten bekannt war. Nach Hirschberg[1] findet sich bereits in der Optik des Euklid eine Bemerkung, die in diesem Sinne gedeutet werden muß. Seit der Entdeckung des blinden Fleckes durch Mariotte (1666), hat man dem Gesichtsfelde ein größeres Interesse zugewendet, aber auch noch die Versuche von Purkinje, Hueck, Weber und Volkmann beschränkten sich mehr auf die Feststellung von mehr oder weniger großer Deutlichkeit in nächster Nähe des Zentrums exzentrisch gesehener Gegenstände (Stecknadeln, Striche, Fäden, Doppelpunkte, Buchstaben) als auf eine vergleichende Messung der zentralen und peripheren Sehschärfe. Als erste Versuche der letzteren Art sind die von Aubert und Foerster[2] anzusehen. Bemerkenswert ist der Ausspruch von Purkinje, daß es kaum auszusprechen sei, wie schwierig es bei diesen Versuchen erscheint, die Umrisse des Gegenstandes bei größerer Entfernung vom Zentrum des direkten Sehens genau zu fassen.

Ganz allgemein ist dabei festgestellt, daß die *Sehschärfe* nach der *Peripherie* der Netzhaut immer mehr *abnimmt*. Man muß infolgedessen immer gröbere Sehzeichen anwenden und somit werden auch die Bezirke, auf die sich die Erregung erstreckt, immer umfangreicher, je weiter man sich vom Zentrum entfernt. Ebenso ist von allen Untersuchern festgestellt worden, daß der Übergang vom Zentrum zur Peripherie zwar kein scharfer, aber doch ein sehr deutlicher ist, d. h. daß schon die nächste Umgebung des Zentrums einen starken Abfall der Empfindlichkeit erkennen läßt.

Über die *Ausdehnung* dieses *Zentrums*[3] findet man nun sehr verschiedene Angaben. Die einen nehmen dafür die *Fovea* in Anspruch oder den fovealen Bezirk, oder die Fovea und Umgebung, andere die ganze *Macula*. Es gibt auch Autoren, die wahllos das eine Mal von der Macula, das andere Mal von der Fovea sprechen im Gegensatze zur Peripherie[4]. Demgegenüber haben wir gesehen, daß schon *histologisch* sogar *innerhalb* der *Fovea* Strukturunterschiede festgestellt worden sind (s. Abschn. E). Aus physiologischen Versuchen liegen nur wenige Angaben vor, die Verschiedenheiten der Funktion innerhalb der Fovea erkennen lassen. Nehmen wir deren Durchmesser nach der üblichen Angabe zu 0,2—0,3 mm, so würde dieselbe in der Projektion auf das Foerstersche Perimeter eine Fläche von höchstens 6 mm decken. Es ist klar, daß in einem so kleinen Bezirke nur ein sehr subtiles Verfahren Unterschiede aufdecken kann[5]. Wertheim[6] hat mit der von ihm angewendeten Punktmethode feststellen können, daß in der

---

[1] Hirschberg: Graefe-Saemischs Handb. d. Augenheilk., 2. Aufl., 12, Kap. 23, 154 (1899).

[2] Aubert u. Foerster: Beiträge zur Kenntnis des indirekten Sehens. Graefes Arch. II 3, 1 (1857). Dort auch die ältere Literatur.

[3] Gemeint ist natürlich das funktionelle Zentrum. Dasselbe liegt strenggenommen schon peripher, weil die Visierlinie nicht genau mit der optischen Achse zusammenfällt, und diese letztere daher nicht durch den Punkt des deutlichsten Sehens geht.

[4] Snellen-Landolt: S. 2, 52. Zitiert auf S. 757.

[5] Laan (On gesichtsscherpte en hare bepaling. Inaug.-Diss. Utrecht 1901) ist anscheinend (nach dem mir zugängl. Referate) auf ähnlichem Wege wie Riccò u. Asher (s. S. 758 u. 756) zu dem Ergebnisse gekommen, daß innerhalb eines zentralen Gebietes, das in 5 m Entfernung vom Auge horizontal 80 mm, vertikal 45 mm Ausdehnung hat, die Zapfen die gleiche Perzeptionskraft besäßen, allerdings mit Ausnahme einiger zentralsten. Dieser Bezirk würde demnach die Grenzen der Fovea ungefähr decken, also weit größer sein als die von Asher angegebenen 2—3 Minuten (s. S. 758).

[6] Wertheim: Zitiert auf S. 765.

Randzone der Fovea die Zahl der Seheinheiten schon um das 2—3fache gesunken war. Von der fovealen Grenze verläuft die Kurve fast horizontal, um in der Peripherie der Macula wieder stark zu fallen.

Dieser Verschiedenwertigkeit einzelner Abschnitte der Stelle des deutlichsten Sehens wird man sich ohne besondere Hilfsmittel gar nicht bewußt. Der Grund sind die unausgesetzten kleinen Augenbewegungen und die Leichtigkeit, mit der wir bekannte Gegenstände, z. B. die gewohnten Wortbilder beim Lesen erraten. Das Auge gleitet so schnell darüber weg, daß man sich gar nicht klar wird, welche Punkte man eigentlich fixiert hat. Selbst bei Bechäftigungen, die ein genaues Zusehen beanspruchen, wird das meiste indirekt gesehen. Es erfordert eine gewisse Aufmerksamkeit, wenn man den Blick an einer bestimmten Stelle festhalten will, und dann kann man sich leicht davon überzeugen, daß diese Stelle kaum eine Ausdehnung hat, also fast in mathematischem Sinne ein Punkt ist[1]. Durch Anwendung einer besonderen Methode konnte ich[1] feststellen, daß ein Unterschied in der Empfindlichkeit der Foveaelemente schon nachweisbar ist, wenn man einen zentralsten Abschnitt von 0,05 mm Durchmesser überschreitet. Die leistungsfähigste Stelle meiner Fovea ist jedenfalls nicht größer als dieser Bezirk, würde also nur $1/4$—$1/6$ der ganzen Fovea entsprechen.

Eine genaue *Abgrenzung verschiedener Bezirke* der Peripherie hat sich bisher als unausführbar erwiesen[2], schon wegen der von Purkinje bereits bemerkten großen *Schwierigkeit der Untersuchung* (s. vor. Seite). Aubert und Foerster[3] schildern die Sonderung zweier Punkte in der Peripherie. An der Grenze sieht man etwas Schwarzes, dessen Form nicht näher anzugeben ist. Wie die Trennung in 2 Punkte zustande kommt, läßt sich nicht deutlich verfolgen[4]. Dazu kommt die schnelle *Ermüdung* des Auges, die eine häufige Unterbrechung erfordert.

Außerdem kann die Beobachtung noch erschwert werden, durch kleine *blinde Flecke* (Skotome), in welchen die Objekte verschwinden, um bei Weiterschieben wieder aufzutauchen. Aubert und Foerster, die dies[5] zuerst beschrieben haben, unterscheiden *konstante* blinde Stellen, die immer wieder zu finden seien, und *vorübergehende* die nur einer Ermüdung oder Blendung der Retina entsprächen und am nächsten Tage nicht mehr vorhanden seien. Andere Forscher[6] haben diese Defekte bestätigt. Landolt[7] führt sie auf die Netzhautgefäße zurück, besonders deren Teilungsstellen.

Die Ergebnisse sind im einzelnen wieder deutlich von der *Methodik* beeinflußt. Man hat bei Tageslicht und im Dunkelzimmer, mit elektrischem Funken

---

[1] Guillery: Zur Physiologie des Netzhautzentrums. Pflügers Arch. **66**, 401 (1897). — Begriff und Messung der zentralen Sehschärfe usw. Arch. Augenheilk. **35**, 35 (1897). — Reche: Zitiert auf S. 749.

[2] Löhner (zitiert auf S. 746) unterscheidet eine zentrale, eine parazentrale und eine periphere Sehschärfe, wovon die erste der Fovea (1°), die zweite der Umgebung bis zur Grenze der Macula (10°), die dritte der weiteren Peripherie zufiele.

[3] Aubert u. Foerster: S. 18, 30. Zitiert auf vor. Seite.

[4] Auch Groenouw (zitiert auf S. 760) spricht S. 86 von der „enormen Schwierigkeit", genau anzugeben, wo man ein Objekt peripher deutlich erkennt und wo nicht. S. 98 (ebenda) wird dies näher geschildert. — Siehe Guillery: Empfindungskreise der Netzhaut. Pflügers Arch. **66**, 132 (1897).

[5] Aubert u. Foerster: S. 32. Zitiert Note 2. — Hier wird erwähnt, daß schon H. Müller „irgendwo" darauf aufmerksam gemacht habe.

[6] Landolt u. Ito: Zitiert bei Landolt: Funktionsprüfungen. Graefe-Saemischs Handb. d. Augenheilk., 1. Aufl., **3**, 65 (1874).

[7] Landolt: Zitiert auf S. 750 und 2. Aufl. S. 573. — Burchardt (Internat. Sehproben. 4. Aufl., S. 12. Berlin 1893) erklärt die Lücken daraus, daß die „Netzhautbilder auf oder neben lichtempfindliche Sehnervenendigungen fallen".

und kontinuierlicher Beleuchtung untersucht[1]. Als Sehobjekte sind Tüpfel (einzeln und mehrfach), Quadrate, Linien, Drahtgitter, Haken und Buchstaben verwendet worden. Von letzteren wird angegeben, daß sie nur in geringer Entfernung vom Zentrum benutzt werden können[2] und daß sie zu exakten Versuchen am wenigsten geeignet seien[3]. Es würde zuweit führen, die zahlreichen Angaben im einzelnen zu verfolgen. Als typisch kann die Kurve von WERTHEIM[3] angesehen werden (Gitter). Vom Punkte des deutlichsten Sehens fällt sie nach beiden Seiten schon innerhalb der Fovea stark ab, von deren Grenze bis zur Grenze der Macula wird sie etwas flacher, von hier verläuft sie in sanfter Biegung bis zu etwa 35° und alsdann fast geradlinig weiter. Diese Abnahme erfolgt aber nicht nach allen Seiten gleichmäßig. Die Sehschärfe bleibt am besten auf der temporalen Seite, demnächst auf der medialen, so daß, wenn man die Punkte gleicher Sehschärfe miteinander verbindet, Kurven entstehen, die der Außengrenze des Gesichtsfeldes parallel laufen[4].

Wie sehr die *absoluten* Werte unter den einzelnen Autoren abweichen, ergibt sich aus Tabelle 4, die HOFMANN[5] zusammengestellt hat. Sie enthält die Angaben der bereits erwähnten Arbeit von WERTHEIM, ferner die von DOR[6] und RUPPERT[7].

Von diesen hat DOR bei Tageslicht mit Buchstaben, WERTHEIM im Dunkelzimmer mit Gittern und RUPPERT ebenfalls bei Dunkeladaptation mit Punkten gearbeitet[8]. Schon bei einfachen Objekten, z. B.

Tabelle 4.

Exzentrizität	DOR	WERTHEIM	RUPPERT
5°	$1/4$	$1/3$	$1/3$
10°	$1/15$	$1/5$	$1/5$
20°	$1/40$	$1/10$	—
30°	$1/70$	$1/14$	$1/25$
40°	$1/200$	$1/20$	$1/42$
50°	—	$1/26$	$1/52$
60°	—	$1/32$	$1/66$
70°	—	$1/44$	$1/77$

Doppelpunkten, ist es schwierig, die Verhältnisse zu übersehen, indem es nicht nur auf die gegenseitige *Distanz*, sondern auch auf die Größe ankommt[9].

Auffallend ist die Angabe von BUTZ[10], daß bei Anwendung von *Linien* die Grenzen *enger* gefunden würden als mit *Punkten*, während für das Zentrum,

---

[1] BROCA u. SULZER [Inertie du sens visuel des formes. J. de Physiol. et Path. gén. **5**, 293 (1903)] haben auch die erforderliche Dauer der Belichtung geprüft. Für das Zentrum der Fovea waren die Zeiten etwa 4 mal so kurz als für nur ca. $1/4$ Grad (!) davon entfernte Netzhautpartien.

[2] KOENIGSHOEFER: Das Distinktionsvermögen der peripheren Teile der Netzhaut. Inaug.-Diss. Erlangen 1876. — DOR: Zitiert Fußnote 6.

[3] WERTHEIM: Über die indirekte Sehschärfe. Z. Psychol. **7**, 174 ff. (1894).

[4] HIRSCHBERG hat diese Linien als Isopteren bezeichnet (Arch. f. Anat. u. Physiol. Physiol. Abt. **1878**, 324). — Nur BURCHARDT fand konzentrische Abnahme (zitiert auf vor. Seite). — CHARPENTIER [De la vision avec les diverses parties de la rétine. Arch. de Physiol. norm. et path. **4**, 894 (1877)] will in gemeinschaftlichen Versuchen mit LANDOLT gefunden haben, daß die Formunterscheidung an der inneren Seite bis ans Ende des Gesichtsfeldes reicht. Tatsächlich handelt es sich aber bei den betreffenden Sehobjekten nicht um Formunterscheidung, sondern um Trennung von Distanzen.

[5] HOFMANN: S. 50. Zitiert auf S. 747.

[6] DOR: Beiträge zur Elektrotherapie der Augenkrankheiten. Graefes Arch. III **19**, 316 (1873).

[7] RUPPERT: Ein Vergleich zwischen dem Distinktionsvermögen und der Bewegungsempfindlichkeit der Netzhautperipherie. Z. Sinnesphysiol. **42**, 409 (1908).

[8] Vgl. die oben (S. 783) erwähnten Versuche von BLOOM und GARTEN über das Verhalten der Peripherie des hell- und dunkeladaptierten Auges.

[9] Die gegenteilige Behauptung von KOENIGSHOEFER (zitiert Fußnote 2) ist nicht sehr überzeugend. Er rechnet übrigens Schwankungen von 10° noch in die Fehlerquellen.

[10] BUTZ: Untersuchungen über die physiol. Funktionen der Peripherie der Netzhaut. Inaug.-Diss. Dorpat 1883.

wie wir gesehen haben, die ersteren das „eindringlichere" Sehobjekt sind. Aubert[1] ist denn auch mit Quadraten und Strichen zu dem *entgegengesetzten* Ergebnisse gekommen.

Entsprechend meinem[2] Vorschlage für die zentrale Sehschärfe hat Groenouw[3] die Sehschärfe der Netzhautperipherie mit *kleinen* runden schwarzen *Scheiben* untersucht. Er stellte so die Größe des *physiologischen Punktes* (Aubert) für die verschiedenen Netzhautbezirke fest. Dabei ergab sich bei sehr enger Fehlergrenze anfangs sehr rasche, später langsame Zunahme, aber wiederum nicht nach allen Richtungen gleichmäßig, vielmehr zeigten auch hier die Grenzlinien, innerhalb welcher ein Punkt von bestimmter Größe noch erkannt wird, ungefähr die Form liegender Ovale, parallel verlaufend der Außengrenze des Gesichtsfeldes[4]. Für weißen Punkt auf Schwarz war die Grenze etwas weiter. Wurden nun *physiologischer Punkt* und *Empfindungskreis* miteinander verglichen, so zeigte sich, daß in der Peripherie die Empfindungskreise den physiologischen Punkt an Größe erheblich übertreffen. Um dies genauer festzustellen, war ich[5] in etwas anderer Weise als Groenouw vorgegangen. Es fand sich, daß bis zu etwa 10° die Größe der Empfindungskreise fast gleich ist derjenigen des vorher ermittelten physiologischen Punktes der betreffenden Stelle. Sie sind selbstredend größer als im Zentrum, da auch der physiologische Punkt größer ist. Die Ergebnisse sind in 2 Tabellen verzeichnet. Bei 20° haben die Empfindungskreise annähernd den doppelten Durchmesser des physiologischen Punktes, bei 30° den vierfachen usw.

In Anlehnung an das Verfahren von Groenouw hat Fazakas[6] den physiologischen Farbpunkt in der Netzhautperipherie untersucht und ist dabei zu ähnlichen Grenzlinien gekommen.

Man hat auch versucht, nach der *Noniusmethode* den *Raumsinn* der Peripherie zu prüfen. Nach Bourdon[7] ist die Unterschiedsempfindlichkeit für Lagen, im Abstande von 1°, 5°, 10° und 20° vom Zentrum gemessen, ziemlich genau proportional dem Grade der Exzentrizität abnehmend. Hofmann[8] konnte dies bestätigen, wenn er auch beträchtlich niedrigere Werte fand als Bourdon. Im Vergleich zum Auflösungsvermögen ist auch in der Peripherie die Schwelle für Lageunterschiede niedriger, ebenso wie im Zentrum. Bourdon fand bei 1° Exzentrizität für Lageunterschiede 23″, also kaum die Hälfte des Winkels, den das Auflösungsvermögen im Zentrum beansprucht, aber etwa $^1/_3$ seiner zentralen Raumschwelle.

Dies führt uns zu der Frage, ob bei der fortschreitenden Abnahme der Sehschärfe in der Peripherie etwas *Gesetzmäßiges* zu finden ist. Einige Autoren haben dies behauptet und sogar mathematische Formeln dafür aufgestellt (Hirschberg[9], Burchardt[10], Groenouw[3], Fazakas). Dieselben zeigen wenig

---

[1] Aubert: Physiologie der Netzhaut, S. 249.

[2] Guillery: Zitiert auf S. 746.   [3] Groenouw: Zitiert auf S. 760.

[4] Auf ein Gesetz, das Groenouw dabei gefunden zu haben glaubte, kommen wir noch zurück.

[5] Guillery: Vergleich. Untersuchungen über Raum-, Licht- u. Farbensinn im Zentrum und Peripherie der Netzhaut. Z. Psychol. **12**, 243 (1896). — Über die Empfindungskr. der Netzhaut. Pflügers Arch. **68**, 120 (1897).

[6] Zitiert auf S. 785.

[7] Bourdon: Zitiert auf S. 753.   [8] Hofmann: S. 57. Zitiert auf S. 747.

[9] Hirschberg: Über graphische Darstellung der Netzhautfunktion. Arch. f. Anat. u. Physiol. Physiol. Abt. **1878**, 324. (Die Untersuchung war mit Snellenschen Buchstaben gemacht.)

[10] Burchardt: Internat. Sehproben. 4. Aufl., Berlin 1893. — Vgl. Guillery: Pflügers Arch. **68**, 129 (1897).

Übereinstimmung. Andere[1] haben nichts Gesetzmäßiges ermitteln können, und v. GRAEFE[2] hat diese Möglichkeit nach der Natur des exzentrischen Sehens überhaupt bezweifelt, weil dasselbe jeder Übung bar, sich in ähnlicher Weise abstumpfe wie ein Auge, „welches nicht zum gemeinschaftlichen Sehakte beiträgt".

Es liegen Beobachtungen vor über eine auffallende *Unstimmigkeit* mit gegebenen mathematischen Verhältnissen. AUBERT und FOERSTER fanden nämlich, daß kleinere Zahlen in der Nähe des Auges weiter exzentrisch erkannt werden als größere in größerer Entfernung, auch wenn die Größenverhältnisse dieser Zahlen untereinander so sind, daß sie unter demselben Sehwinkel erscheinen, somit Netzhautbilder von gleicher Größe entwerfen. DOBROWOLSKY-GAINE[3] haben die Richtigkeit dieser Angaben bestritten, doch macht AUBERT[4] mit Recht auf einen Widerspruch in ihren Beobachtungen aufmerksam. Von BUTZ[5] und JAENSCH[6] ist die Richtigkeit bestätigt, und der Vorgang dadurch erklärt worden (JAENSCH), daß beim Naherücken des Objektes die Aufmerksamkeit lebhafter angeregt wird. Vielleicht ist ähnlich eine Beobachtung von WERTHEIM[7] zu erklären, der bei seinen Gittern fand, daß mit derselben Gitterstärke eine um so höhere Sehschärfe erzielt werden konnte, je größer die Fläche des ganzen Gitters war.

Die Verhältnisse sind also auch hier offenbar viel verwickelter, als es auf den ersten Blick scheinen könnte. Das folgt auch daraus, daß *zentrale* und *periphere* Sehschärfe innerhalb weiter Grenzen voneinander *unabhängig* zu sein scheinen. So fanden LANDOLT und CHARPENTIER bei ihren gemeinschaftlichen Versuchen (S. 791, Fußnote 4), daß die Werte für die Peripherie bei ihnen übereinstimmten, während die zentrale Sehschärfe bei LANDOLT erheblich besser war. BUTZ und SCHADOW[8] bemerken umgekehrt, daß trotz gleicher zentraler Sehschärfe die Peripherie erhebliche Verschiedenheiten aufweisen kann[9].

Dazu kommen die schwer abzuschätzenden *psychischen Momente*, auf denen wohl auch der Einfluß der *Übung* beruht. Dem Ungeschulten fällt es schon schwer, einen Punkt geradeaus zu fixieren und gleichzeitig die Aufmerksamkeit einem seitlich davon gelegenen Gegenstande zuzuwenden. Aber selbst fachmännische Beobachter, wie DOBROWOLSKY-GAINE[3], konnten bei täglicher Übung fortgesetzt bis zum Ende der 6. Woche eine Besserung der peripheren Sehschärfe erzielen. In diesem Zeitraume war das Maximum erreicht und wurde auch nach zweimonatelanger Fortsetzung nicht überschritten. Auch WERTHEIM[7], obwohl er schon durch frühere Versuche geübt war, erlangte erst nach erneuter mehrwöchiger Übung mit seinen Drahtgittern ein konstantes Maximum. Man kann auch *klinisch* beobachten, daß bei Verlust des zentralen Sehens eine gewisse Besserung des peripheren möglich ist. Es handelt sich darum, wie HOFMANN[10]

[1] Siehe die Literatur bei GROENOUW. Zitiert auf vor. Seite.
[2] v. GRAEFE: Über die Untersuchung des Gesichtsfeldes. Graefes Arch. II 2, 269 (1856).
[3] DOBROWOLSKY-GAINE: Über die Sehschärfe (Formsinn) a. d. Peripherie der Netzhaut. Pflügers Arch. 12, 411 (1875).
[4] AUBERT: Jber. Ophthalm. 1875, S. 108.   [5] BUTZ: Zitiert auf S. 791.
[6] JAENSCH: Zur Analyse der Gesichtswahrnehmungen. Z. Psychol. Erg.-Bd. I 4 (1909). — KREIKER [Graefes Arch. 118, 292 (1927)] konnte demgegenüber nachweisen, daß das Phänomen nur von der Versuchsanordnung abhängt. — LEIRI [ebenda 121, 219 (1928)] sucht die Erklärung in einer choroidealen Akkommodation.
[7] WERTHEIM: Zitiert auf S. 791.
[8] SCHADOW: Die Empfindlichkeit der peripheren Netzhautteile usw. Pflügers Arch. 19, 439 (1879).
[9] Vgl. GUILLERY: Über die Amblyopie der Schielenden. Arch. Augenheilk. 33, 57ff. (1896).
[10] HOFMANN: S. 70. Zitiert auf S. 747.

sagt, daß man lernt, immer feinere Unterschiede in der Erregungsstärke benachbarter Empfangseinheiten zu erkennen[1].

Über den *Grund der Minderwertigkeit* des peripheren Sehens gegenüber dem zentralen sind verschiedene Ansichten geäußert worden. Es wurde bestritten, daß die Empfangselemente der Peripherie weniger empfindlich wären als diejenigen des Zentrums. Die Minderwertigkeit sei auf *Zerstreuungskreise* infolge eines Brechungsunterschiedes zurückzuführen[2]. Auch *mangelhafte Übung* der Peripherie hat man beschuldigt. Beide Gründe müßten aber nach allen Seiten gleichmäßig wirken, sind also, wie WERTHEIM[3] hervorhebt, dadurch ausgeschlossen, daß die Abnahme nicht konzentrisch erfolgt, sondern nach oben und unten viel schneller als nach den Seiten. Dazu kommt, daß eine Verschlechterung sich erst in größerer Entfernung vom Zentrum bemerkbar machen könnte, während die Sehschärfe gerade in der Nähe desselben am schnellsten sinkt[4]. Die Netzhaut ist wegen ihrer *anatomischen Beschaffenheit* nur in einer sehr kleinen Ausdehnung geeignet, eine scharfe Abbildung zu verwerten. Dementsprechend erklärt GULLSTRAND[5], die Güte der peripheren *Abbildung* sei von *untergeordneter Bedeutung*.

Nun ist aber auch nachweislich die *Refraktion der Peripherie* nicht wesentlich anders als diejenige des Zentrums. Davon kann man sich ohne besondere Versuchstechnik sehr leicht überzeugen. Schwarze Punkte müßten nach der Peripherie immer matter und grauer werden, wenn Zerstreuungskreise einträten. Das ist aber tatsächlich nicht der Fall, sondern sie bleiben gleichmäßig schwarz[6]. Ebenso müßten beim Augenspiegeln die neben dem Zentrum gelegenen Teile plötzlich eine andere Refraktion zeigen und somit undeutlich werden, was gleichfalls nicht zutrifft. Davon abgesehen läßt sich aber auch durch unmittelbare Beobachtung die Schärfe der seitlichen Netzhautbilder erweisen. AUBERT und FOERSTER[7] haben nach dem Vorgang von WEBER am frisch ausgeschnittenen Auge eines albinotischen Kaninchens festgestellt, daß die *seitlich einfallenden Netzhautbilder* auf der hinteren Wand des Bulbus überall *scharf und deutlich* erschienen, und zwar noch viel weiter nach außen, als den Grenzen für die Wahrnehmbarkeit seitlich gesehener Objekte entsprach. VOLKMANN[8] hatte schon nach dieser Methode die Lage des *hinteren Knotenpunktes* für zentrale und exzentrische Strahlen zu bestimmen gesucht. In Wiederholung dieser Versuche fanden LANDOLT und NUEL[9] ebenfalls, daß die Bilder vollkommen scharf bleiben, und zwar bis zu mehr als 70° seitlich von der Achse, daß sie aber etwas kleiner werden,

---

[1] Als Erfolg der Übung ist es auch wohl zu betrachten, wenn, wie SCHADOW (zitiert auf S. 793) behauptet, beim weiblichen Geschlechte die Verwertung seitlicher Netzhautbilder besonders gut entwickelt ist. — KREIKER (zitiert auf S. 751) legt wieder den Schwerpunkt auf das Erinnerungsbild.

[2] REGÉCZY: Vom Farbensehen. Szemészcet **1877**, Nr 3. — ALBINI: De la visione indiretta etc. Giorn. della Reale Accad. di med. **1886**, Nr 7/8. — KOENIGSHOEFER: Zitiert auf S. 791.

[3] WERTHEIM: Zitiert auf vor. Seite.

[4] DOBROWOLSKY-GAINE: Zitiert auf vor. Seite. — WERTHEIM u. a. — Hieraus ist auch zu schließen, daß nicht die *Verschmälerung des Lichtbündels* (FOERSTER) und eine hierdurch bedingte geringere Lichtstärke der seitlich abgebildeten Objekte die Ursache sein kann. — Vgl. LANDOLT: Über das Verhältnis des Formensinnes zum Farbensinne usw. Zbl. prakt. Augenheilk. **1877**, 222.

[5] HELMHOLTZ: Physiol. Optik. 3. Aufl. **1**, 305.

[6] AUBERT: Physiol. Optik. S. 585. Zitiert auf S. 748.

[7] AUBERT u. FOERSTER: S. 34. Zitiert auf S. 789.

[8] VOLKMANN: Neue Beiträge zur Physiol. des Gesichtssinnes. Kap. 4, S. 24. Leipzig 1836.

[9] LANDOLT u. NUEL: Versuch einer Bestimmung des Knotenpunktes für exzentrisch in das Auge fallende Lichtstrahlen. Graefes Arch. III **19**, 301 (1873). — FAZAKAS (zitiert auf S. 785) glaubt dagegen eine nach der Peripherie zunehmende Hypermetropie gefunden zu haben. Er schließt das aus einer Verbesserung der peripheren Sehschärfe durch vorgesetzte Konvexgläser. Daß dabei die Vergrößerung wirkt, will er nicht gelten lassen.

weil der *Knotenpunkt* für peripher einfallende Strahlen der Netzhaut *näher* liegt. Diese Verkleinerung reicht aber lange nicht aus, um die Abnahme der Sehschärfe in der Peripherie zu erklären.

Man wird daher die Erklärung in den *anatomischen* und *physiologischen* Eigenschaften der Netzhaut selbst suchen müssen. Wir wissen, daß an der Stelle des deutlichsten Sehens sich nur Zapfen befinden und daß sie von den äußeren Bezirken der Macula an allmählich in wachsendem Maße mit Stäbchen untermischt werden[1], wenigstens bis 8°, von wo ab das Verhältnis konstant bleiben soll[2]. Die Abnahme der Sehschärfe erfolgt aber so rasch, daß sie hierdurch nicht erklärt werden kann, auch nicht, wenn man sich im Sinne der Duplizitätstheorie auf den Standpunkt stellt, daß die Stäbchen für das Tagessehen keine erhebliche Rolle spielen. Dazu kommt wieder, daß die Abnahme ja auch schon innerhalb des stäbchenfreien Bezirks erfolgt, und zwar gerade hier am schnellsten.

Bleiben noch die *nervösen Verbindungen* der empfindenden Elemente. Nach den Zählungen von SALZER u. a. (s. S. 775) erscheint es ausgeschlossen, daß jeder Zapfen seine besondere Nervenfaser hat, es müssen vielmehr verschiedene auf dieselbe Leitung angewiesen sein. Da nun die Zapfen der Fovea, wie wir sahen, als Seheinheiten und Endorgane anzusehen sind, ergibt sich der Schluß, daß weiter nach außen nur eine gruppenweise Verbindung mit leitenden Elementen in Frage kommen kann. Man hat hierüber verschiedene Theorien aufgestellt, die auch die im Vergleich zur Sehschärfe auffällige Empfindlichkeit der Peripherie für *Lageunterschiede* und *Bewegungen* erklären sollten[3]. Ein näheres Eingehen auf dieselben würde uns zu weit in andere Gebiete führen[4]. Auch hier müssen wieder die psychischen Momente betont werden. Insbesondere beweist der auffällige Erfolg der Übung, daß die vorhandenen Einrichtungen gewöhnlich gar nicht voll ausgenutzt werden, somit allein auch nicht maßgebend sind.

H. Die klinische Messung der Sehschärfe und ihre Ergebnisse.

„Die Entwicklung des interessanten Problems ist ein neues lehrreiches Beispiel für die suggestive Wirkung, die althergebrachten Gedankengängen auch dann innewohnt, wenn sie nachweislich jeder wissenschaftlichen Begründung entbehren, ja zu unbestrittenen und jederzeit leicht nachzuprüfenden Tatsachen in schroffem Widerspruche stehen." Dieser Satz von HESS[5] bezieht sich zwar auf eine ganz andere Frage, doch gibt es wohl kaum ein wissenschaftliches Gebiet, für das derselbe mit mehr Recht Anwendung fände, als das in der Überschrift dieses Kapitels bezeichnete.

Die Methoden, deren sich die Physiologie zur Ermittlung der Sehschärfe bedient, gemäß der von HERING gegebenen Gliederung des Begriffes in *optischen Raumsinn* und *optisches Auflösungsvermögen*, sind in den Abschnitten C und D

---

[1] Nach der verbreitetsten Ansicht ist die ganze Macula stäbchenfrei. KOSTER [Untersuchungen zur Lehre vom Farbensinn. Graefes Arch. IV **41**, 5 (1895)] fand einen zentralen Bezirk von nur 0,5 mm Durchmesser, WOLFRUM 0,44 mm Durchmesser ganz stäbchenfrei. — Vgl. die Kurve von WERTHEIM, zitiert auf S. 765. — Vgl. S. 789. — v. KRIES [Zur physiol. Farbenlehre. Klin. Mbl. Augenheilk. **70**, 589 (1923)] betont, daß in einem den Angaben von KOSTER entsprechenden Bezirke das an die Anwesenheit der Stäbchen gebundene PURKINJESCHE Phänomen fehlt. — Vgl. den 1. Teil ds. Bds. S. 689ff.

[2] Vgl. den 1. Teil ds. Bds. S. 576.

[3] HELMHOLTZ: Physiol. Optik. 2. Aufl., S. 264. — v. FLEISCHL: Sitzgsber. Akad. Wiss. Wien, Math.-naturw. Kl. III **87**, 246 (1883). — HOFMANN: S. 70. Zitiert auf S. 747.

[4] Vgl. GUILLERY: Pflügers Arch. **68**, 138ff (1897). — Über die Beziehungen zum Augenmaß s. ebenda S. 142 und meine Abhandlung über das Augenmaß der seitlichen Netzhautteile. Z. Psychol. **10**, 83 (1896).

[5] HESS: Die Sehqualitäten der Insekten und Krebse. Dtsch. med. Wschr. **1922**, Nr 37.

abgehandelt. Fragt man nun, welche von diesen Methoden die *Klinik* für ihre Zwecke übernommen hat, so lautet die Antwort: keine, wenigstens keine, die in der Praxis allgemein Eingang gefunden hätte. Die *Physiologie* ihrerseits hat niemals den Anspruch erhoben, mit der in der *ophthalmologischen* Praxis gebräuchlichen *Sehprüfungsmethode* etwas *messen* zu können, sie behauptet vielmehr, daß die bei diesem Verfahren in Betracht kommenden Leistungen des Sehorgans sich gar nicht messen lassen.

Der Gedanke, *Buchstaben* und *Lesestücke* zur Bestimmung der Sehschärfe zu benutzen, ist, wie Landolt[1] zutreffend bemerkt, ein so naheliegender, daß es dazu keines besonderen Kopfzerbrechens bedurfte. Er wird auch recht haben mit der Annahme, daß schon lange vor den bekannten Proben von Küchler, Ed. v. Jaeger u. a.[2] es Augenärzte gab, die mit Buchstaben und Ziffern die Sehkraft festzustellen versucht haben. Diese Zusammenstellungen hatten aber nur den Zweck, einen Anhalt zu geben, um Verbesserungen oder Verschlechterungen der Sehkraft während der ärztlichen Behandlung zu verfolgen. Eine wirkliche Messung sollte und konnte damit nicht erreicht werden.

Der erste Versuch, ein bestimmtes *Maß* für die Sehschärfe einzuführen, geht auf Donders[3] zurück und stützt sich auf die S. 764 erwähnte Beobachtung von Hooke (1705), daß man 2 Sterne unter einem *Winkel von* 1′ getrennt erkennen könne. Donders nahm an, daß ein normales Auge *Drucktypen* unter einem *Sehwinkel von* 5′ erkennt. Hiernach konstruierte Buchstaben, besonders das Égyptienne E, setzen sich aus Linien zusammen, von denen jede einzelne unter 1′ erscheint. Als Maß gibt Donders die Formel $S = \dfrac{d}{N}$, wo d den Abstand in Pariser Fuß, N diejenige Nummer seiner Tafel bedeutet, die erkennbar ist. In demselben Jahre erschienen drei auf dieser Basis konstruierte *Tabellen*. Als erste die von Dyer in Philadelphia, als zweite die von Giraud-Teulon und als dritte die von Snellen, die in 5 Sprachen gedruckt wurde und die meiste Verbreitung gefunden hat. Ihre Schriftzüge sind im Gegensatz zu denen von Donders gleichmäßig dick, und zwar $^1/_5$ der Höhe des ganzen Buchstabens[4]. Die Messung ergab sich aus der Formel $S = \dfrac{d}{D}$, wo d der Abstand ist, in dem die Buchstaben tatsächlich gesehen werden, D derjenige, in dem sie ein Netzhautbild von 5′ entwerfen.

Diese Proben haben im Gebrauche wenig befriedigt, wie die ungemein *große Zahl* von *Abänderungsvorschlägen* beweist. Besonders wurde beanstandet, daß die Erkennbarkeit verschiedener Buchstaben durchaus nicht die gleiche ist, auch wenn sie ganz nach dem erörterten Grundsatze konstruiert sind. Wenn man sich einer solchen Tafel nähert und eine noch nicht lesbare Reihe ins Auge faßt, so erkennt man keineswegs alle Buchstaben dieser Reihe in gleicher Entfernung, sondern zunächst nur einen oder wenige. Erst wenn man weitergeht, erkennt man auch die übrigen. Alsdann ist aber auch schon der eine oder andere aus der nächsten, vielleicht sogar aus der zweitnächsten Reihe kenntlich. Welche Sehschärfe hat nun der Untersuchte?[5] Es hängt, wie Koster[6] sagt, vom Arzte ab, welchen Visus er annehmen will.

---

[1] Landolt: S. 471. Zitiert auf S. 761.

[2] Siehe den histor. Überblick von Pergens. Zitiert auf S. 748, Fußnote 6.

[3] Donders: Astigmatismus und zylindrische Gläser 1862, 31.

[4] Die Ausgaben sind verschiedentlich verändert; einzelnen sind auch Tüpfelgruppen und Striche, Quadrate und sog. Haken beigegeben (zwei- und dreiarmig).

[5] Vgl. Schweigger: Extraktion mit Lappenschnitt. Arch. Augenheilk. 36, 6 (1898). — v. Aszalós fand, daß der Wertunterschied in der Erkennung von L und B 43% betrug. Klin. Mbl. Augenheilk. 75, 782 (1925). Sitzungsber.

[6] Koster: S. 544. Zitiert auf S. 756.

Für die Erklärung dieser Unsicherheit der Messung kommt zunächst die *Verschiedenwertigkeit* der *Buchstaben* oder *Zahlen* in Betracht. Man hat sie bezüglich ihrer Erkennbarkeit in verschiedene Gruppen eingeteilt[1]. Es kommt aber bei der Lesbarkeit nicht nur auf die Linien, sondern auch auf die Zwischenräume an[2]. Wenn diese auch der Forderung des Einminutenwinkels entsprechen sollen, so gibt es nur *einen* Buchstaben, der derselben genügt, nämlich den Blockbuchstaben E (s. u. Abb. 246a). Von den übrigen kann man nicht behaupten, daß sie einheitlich nach dem Begriff des Minimum separabile gebaut wären. Dadurch, daß sie, entgegen ihrer üblichen Schreibweise in ein Quadrat gezwängt werden, sind sie, wie GEBB und LÖHLEIN[3] zutreffend bemerken, mehr eine Probe auf die Intelligenz als auf die Sehschärfe des Untersuchten.

Diese in der Praxis sehr bald bemerkte und als störend empfundene Tatsache war eine der Ursachen für die Fülle von *Abänderungsvorschlägen* und neuen Tafeln mit anders zusammengestellten oder anders geformten Buchstaben[4]. Die große Zahl derselben erklärt sich wohl auch daraus, daß, wie LÖHNER (S. 68) hervorhebt, die Schätzung der Buchstaben nach ihrer größeren oder geringeren Deutlichkeit bei verschiedenen Autoren sehr verschieden ausfällt.

Gilt dies nun schon bei geübten Beobachtern, um wieviel mehr bei ungeübten. Dies wird verständlich, wenn man sich klarzumachen sucht, in welcher Weise das Erkennen eines Buchstabens zustande kommt. Ein *Scharfsehen* in dem Sinne, daß dem Beobachter der Gegenstand nicht mehr verwaschen vorkommt, ist dazu gar nicht erforderlich[5]. Nähert man sich einem Buchstaben, oder betrachtet man ihn durch ein vorgesetztes Glas in Zerstreuungskreisen, so kann man schon bei ganz unklarem Bilde aus der Verteilung von Hell und Dunkel erraten, worum es sich handelt, und natürlich der Geübte, dem Schriftzeichen geläufig sind, wiederum viel früher als der Ungeübte. Es liegt dies an der zwingenden Macht, mit der gewohnte Erinnerungsbilder sich zur Geltung bringen. Von deren Einfluß kann man sich leicht überzeugen, wenn man vergleichende Versuche macht mit

---

[1] PERGENS (X. Internat. ophthalm. Kongreß, Luzern 1904) unterscheidet als I-Gruppe solche mit geraden Linien und rechten Winkeln, als V-Gruppe solche mit schiefen Winkeln, als O-Gruppe solche mit krummen Linien und als P-Gruppe solche mit geraden und krummen. Im wesentlichen dieselben Gruppen hat LÖHNER unterschieden. (S. 66. Zitiert auf S. 746.) Wegen der verschiedenen Anforderungen, die gerade und krumme Linien an den Formensinn stellen, s. GUILLERY: Messende Versuche über den Formensinn. Pflügers Arch. **75**, 466 (1899).

[2] KOSTER, S. 130 (s. Anm. 6 auf vor. Seite), bezeichnet geradezu die hellen Stellen als die Sehobjekte, nicht die schwarzen.

[3] GEBB u. LÖHLEIN: Zur Frage der Sehschärfebestimmung. Arch. Augenheilk. **65**, 77 (1910). Dort auch weitere Untersuchungen über die Erkennbarkeit von Buchstaben usw.

[4] Ältere Literatur bei GUILLERY: Ein Vorschlag zur Vereinfachung der Sehproben. Arch. Augenheilk. **23**, 323 (1891). — Siehe ferner HESS, zitiert auf S. 759 und GRAEFE-SAEMISCH, S. 213, zitiert auf S. 746. — LÖHNER, S. 1, zitiert auf S. 746, — LANDOLT: Z. Augenheilk. **13**, 527, H. 6 (1905) und Arch. d'Ophthalm. **29**, 337 (1909). — WOLFFBERG: Beitrag zur Sehprüfung nach SNELLEN. Graefes Arch. **90**, 249 (1915). — KIRSCH: Sehschärfe-Untersuchungen mit Hilfe des Visometers von Zeiss. Graefes Arch. **103**, 271 (1920). — HARTRIDGE-OWEN: Brit. J. Ophthalm. 1922, H. 12. — Durch messende Untersuchungen betreffend die Zeit, welche das Erkennen einzelner Buchstaben erfordert, konnte ich (s. das Zitat S. 781) ebenfalls erhebliche Unterschiede in ihrer Erkennbarkeit feststellen. Tachistoskopische Untersuchungen sind schon in dem Streite über die Deutlichkeit verschiedener Druckschriften wiederholt benutzt worden. — Auf die technischen Mängel in der Ausführung. welche die Benutzung vieler Tafeln noch erschweren, braucht hier nicht eingegangen zu werden. Siehe BELLARMINOFF, Arch. Augenheilk. **16**, 284 (1886)., LÖHNER: S. 62, WOLFFBERG: S. 426. Zitiert auf S. 749. GEBB u. LÖHLEIN: S. 77. — Bezüglich der Würdigung der zahlreichen vorgeschlagenen Abänderungen muß auf die ophthalmologischen Lehrbücher und Monographien verwiesen werden. Siehe besonders PERGENS, zitiert auf S. 748, Fußnote 6.

[5] Von dem, was in Abschn. A über die Unschärfe der Netzhautbilder gesagt worden ist, kann hier abgesehen werden.

bekannten Gegenständen und solchen von ungewohntem Aussehen. Kreiker[1] hat diesen Faktor durch Messung festzustellen versucht. Er bediente sich dazu eines nach Snellen angefertigten E (Égyptienne), dann desselben, aber umgekehrten Buchstabens und schließlich einer aus senkrechten und wagerechten ebenso dicken Strichen zusammengesetzten, aber keinem bekannten Erinnerungsbilde entsprechenden Figur, mit ebensoviel Schwarz und Weiß in der Gesamtfläche wie die Buchstaben. Die Versuchsperson näherte sich diesen Bildern und erkannte sie stets in der Reihenfolge, daß zuerst Abb. 246a, dann die Umkehrung und zuletzt 246b, erkannt wurde. Für letzteres Zeichen wurde die Angabe verlangt, daß es kein Buchstabe sei und Kontrolle durch Nachzeichnen. Das Verhältnis der Entfernung war im Durchschnitt bei 14 Personen 15,3, 10,9, 6,6 m in der angegebenen Reihenfolge. Durch die Hilfe des *Erinnerungsbildes* wurde also die Sehschärfe *um 130% erhöht*. Davon abgesehen

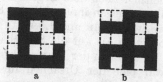

Abb. 246a und b. Sehprobe bekannter und unbekannter Form. (Nach Kreiker.)

zeigten sich aber auch unter den *einzelnen* Versuchspersonen ungemein *große Schwankungen*, z. B. schon für das E von 8,7 bis auf 21,6 m, für das umgekehrte von 4,8 bis 21 m und für Abb. 8, b von 3,2 bis 11 m. Ja es konnte sogar bei einzelnen Personen eine *Umkehr der Reihenfolge* eintreten, so daß das dritte Zeichen früher erkannt wurde als das zweite. Es folgt auch daraus, daß hier ganz *unwägbare psychische Faktoren* eingreifen, die eine nur einigermaßen zuverlässige *Messung* mit solchen Methoden *ausschließen*.

Dieser Sachverhalt ist Physiologen und Ophthalmologen längst bekannt. So hat Donders[2] schon die Bemerkung gemacht, jede Sehprüfung sei zugleich eine Intelligenzprüfung. Zahlreiche andere Autoren[3] haben dies in gleichem Sinne erörtert. Nicht weniger die Physiologen, unter denen bereits Aubert sagt, es sei schwierig, sich dessen bewußt zu werden, was man bei Wahrnehmung eines Buchstabens wirklich sieht und was man dazu ergänzt. Er bezieht sich[4] auf die Äußerung von Fichte, die Anschauung sei linienziehend. Es handelt sich hier um den Inbegriff aller derjenigen Faktoren, die man als *postretinale* oder auch psychische *Komponente* der Sehschärfe bezeichnet hat.

Gegenüber dieser letzteren müssen die in Abschn. A erläuterten Mängel der *retinalen* Komponente in den Hintergrund treten[5], sie zählen aber mit bei den Tatsachen, aus welchen hervorgeht, daß es verfehlt war, das Erkennen von Buchstaben, Zahlen oder sonstigen in ihrer Form zu beurteilenden Sehobjekten[6] einfach nach dem *Sehwinkel* messen zu wollen. Hier liegt der wesentliche Fehler des Snellenschen Systems, an dem auch alle Verbesserungsvorschläge nichts ändern können, denn ihn beseitigen, heißt auf das System verzichten.

---

[1] Kreiker: S. 143. Zitiert auf S. 751.

[2] Donders: Zitiert nach Schweigger (s. S. 796).

[3] Jaeger wußte schon, daß ein einzelnes Wort schwerer zu erkennen ist, als wenn es im Zusammenhang gelesen wird, und daß das ganze Wort leichter zu erkennen ist als die getrennten Buchstaben. Der Sinn des Satzes und das bekannte Wortbild sind die Stützen. — Hier ist auch die tiefere Wurzel des Streites über Antiqua und Fraktur. — Landolt, S. 458, zitiert auf S. 761, fand durch energische Anregung der Aufmerksamkeit eine Steigerung der Sehschärfe um das Doppelte. — S. a. Löhner, S. 85, zitiert auf S. 746, Boerma u. Walther: S. 74. Zitiert auf S. 788.

[4] Aubert: Physiologie der Netzhaut, S. 235.

[5] Die *präretinale* Komponente oder der dioptrische Apparat des Auges werden hier als normal vorausgesetzt.

[6] Wolffberg (Buchstaben, Zahlen und Bildertafeln usw. Breslau 1892) hat sogar Bildertafeln nach dem Sehwinkel konstruiert. Auch Uhrentafeln hat man verwendet.

Bei den Abstufungen der Tafeln kommt der von DONDERS[1] ausgesprochene Grundsatz zur Geltung: „Sehschärfe kann nur aus der Auffassung von Formen abgeleitet werden und um eine Form auf den nfachen Abstand überhaupt nfach leichter aufzufassen, muß *jeder Durchmesser* nfach größer sein." DONDERS bezeichnet das als klar und einleuchtend. Mathematisch betrachtet stimmt das auch, weil das Netzhautbild bei diesem Beispiele dasselbe bleibt. Eine experimentelle Prüfung würde aber ohne weiteres erwiesen haben, daß es unmöglich ist, zu sagen, was unter einer nfach leichteren Auffassung zu verstehen ist[2].

Abgesehen von diesem Versuche einer wissenschaftlichen Begründung ging man von der Vorstellung aus, alle Formen der Objekte hätte man sich aus *Punkten* zusammengesetzt vorzustellen, und so beruhe die Genauigkeit der Formenwahrnehmung auf der *Fähigkeit, Punkte voneinander zu unterscheiden* (AUBERT[3]). Dies sollte auch bei *komplizierten Figuren* gelten, die gerade als besonders geeignet für die Sehprüfung empfohlen wurden[4]. Hiermit wurde aber bekanntes physiologisches Gebiet verlassen, denn die Wahrnehmung distinkter Punkte (Auflösungsvermögen) ist eine ganz andere Leistung des Sehorgans als das Erkennen von Formen. Abgesehen von ihrer grundsätzlichen Unrichtigkeit bezüglich des Auflösungsvermögens ist diese Auffassung aber auch einseitig, denn es kommt, selbst wenn wir von den psychischen Momenten Abstand nehmen, bei dem Erkennen von Buchstaben usw. nicht nur auf das Auflösungsvermögen, sondern auch auf die Wahrnehmung von Lageunterschieden, also den optischen Raumsinn an[5].

Leider hat AUBERT eine von ihm selbst gemachte Feststellung übersehen, daß nämlich schon eine weitere Verwertung der *Einzelempfindung* des Sehorganes (d. h. des physiologischen Punktes) durch dieses letztere nicht mehr geleistet werden kann, sondern daß hier schon die *psychische Tätigkeit* einzugreifen hat[6]. Jedenfalls bedarf es gar keiner komplizierten Formen, um den Nachweis zu erbringen, daß *der Sehwinkel nicht entscheidend ist*. Es kann hier auf dasjenige verwiesen werden, was im Abschnitte D 2 u. a. über das *Optimum* für das Erkennen von *Distanzen* unter verschiedenen Umständen, über *gegenseitige Unter-*

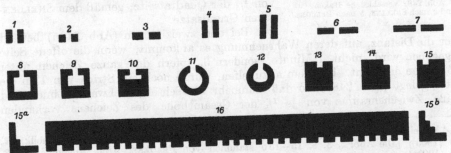

Abb. 247. Sehzeichen nach GUILLERY und PERGENS. Das Zeichen 11 ist der LANDOLTsche Ring.

stützung erregter Netzhautstellen *Übung, Intelligenz* usw. gesagt worden ist. Abgesehen davon, kann man sich schon mit Hilfe sehr *einfacher Figuren* über diese Verhältnisse unterrichten. Ich gebe hier eine Anzahl Abbildungen aus einer

[1] DONDERS: Schreiben an A. v. GRAEFE. Graefes Arch. II **9**, 220 (1863).
[2] GUILLERY: Einiges über den Formensinn. Arch. Augenheilk. **28**, 263 (1894). — Begriff und Messung der zentralen Sehschärfe. Ebenda **35**, 35 (1897).
[3] AUBERT: Siehe S. 748.   [4] SNELLEN-LANDOLT: S. 4. Zitiert auf S. 757.
[5] HESS: S. 241. Zitiert auf S. 759.
[6] Physiologie der Netzhaut, S. 8.

meiner Arbeiten über den Gegenstand[1]. Dieselben sind alle nach dem Grundsatze konstruiert, daß die Lücken und Zwischenräume, auf die es ankommt, unter
dem gleichen Winkel erscheinen. Man kann sich unschwer davon überzeugen,
daß sie in sehr verschiedenen Entfernungen erkennbar sind. Besonders eindringlich ist die Wirkung der sägeartigen Abb. 16. Die zwischen den breiten
Zähnen liegenden Lücken sind viel weiter sichtbar als die anderen. Eine stärkere Wirkung des breiteren Schwarz macht sich noch in der Weise bemerkbar, daß in der Entfernung die breiten Zähne verlängert erscheinen, so daß sie
nach unten hervorragen.

Diese und andere Untersuchungen, sowie die daraus entstandene Literatur
haben den Beweis erbracht, daß der Formensinn einer experimentellen Analyse
sehr wohl zugänglich ist, anderseits aber auch, daß es unrichtig ist, denselben
schematisch nach räumlichen Größen wie dem Sehwinkel zu messen[2]. Durch
Beschluß des XI. Internationalen Ophthalmologen-Kongresses in Neapel 1909
wurde denn auch diese Art der Messung aufgegeben[3]. Es war ganz folgerichtig,
daß die zur Prüfung dieser Frage eingesetzte Kommission in ihrem Berichte
(Hess) den Standpunkt anerkannte, daß das *gesonderte Wahrnehmen zweier
feiner Punkte eine andere Leistung* des Sehorganes ist, *als das Erkennen von Formen*. Wenn man also die Sehschärfe nach dem ersteren Gesichtspunkte messen
wolle, so dürften die Sehproben auch aus *nichts anderem* bestehen, als aus 2 *geeigneten Punkten* von verschiedenem gegenseitigem Abstande[4]. Diesem Sach-
verhalte wurde dadurch Ausdruck gegeben, daß man dem *Minimum separabile*
ein *Minimum legibile* gegenüberstellte[5].

Lange bevor diese Erkenntnis sich Bahn gebrochen hatte, war man schon
genötigt, mit Rücksicht auf Analphabeten, Kinder und besonders schwerfällige
Prüflinge, nach einfachen Sehzeichen zu suchen. Snellen selbst hat seinen
Tafeln verschiedene beigegeben (s. S. 796, Fuß-
note 4) von denen die sog. *Haken* die meiste
Verbreitung gefunden haben. Es sind Quadrate,
an denen eine Seite fehlt, mit einer Strichdicke
von ¹/₅ der Quadratseite, gemäß dem Snellenschen Grundsatze.

Abb. 248. Verschiedene Haken.
a und *c* nach Snellen, *b* nach Pflüger.

Bei den zweizinkigen (Abb. 248a) beträgt
aber die Distanz, auf deren Wahrnehmung es ankommt, wenn die offene Seite
angegeben wird, nicht 1 Minute, sondern 3, sofern das ganze Zeichen unter
5 Minuten erscheint. Um dem abzuhelfen, wurde noch ein Strich von 1′ in die
Mitte gelegt (Abb. 248c), so daß nunmehr abwechselnd schwarze Linien und
weiße Zwischenräume von je ¹/₅ der Gesamthöhe des Zeichens vorhanden

---

[1] Weitere Untersuchungen zur Physiologie des Formensinnes. Arch. Augenheilk. **51**, 209 (1905). [Die Abb. 2, 3, 8, 15—15b stammen von Pergens. Arch. Augenheilk. **433**, 144 (1901)].

[2] Vgl. Guillery: Kritische Bemerkungen zu einigen neuern Arbeiten über die Seh-schärfeprüfung. Arch. Augenheilk. **57**, 1 (1907) und die anderen zitierten Arbeiten. — Per-gens: Ann. d'Ocul. S. 144ff., zitiert auf S. 761. — Untersuchungen über das Sehen. Z. Augen-heilk. **9**, 256 (1903). — Wolffberg: Zitiert auf S. 749. — Löhlein-Richter-Schwarz: Untersuchungen über die Sehschärfebestimmungen bei kleinen Kindern usw. Graefes Arch. **102**, 146 (1920).

[3] Hess: S. 241. Zitiert auf S. 759 und Graefe-Saemisch: S. 213. Zitiert auf S. 746.

[4] Es ist dies die Auffassung, die ich seit vielen Jahren vertreten und zuletzt im Arch. Augenheilk. **57**, 1 (1907) zum Ausdruck gebracht habe. Der Standpunkt von Aubert ist auch von den Physiologen aufgegeben (s. Hofmann, S. 19 und 34, zitiert auf S. 747). Vgl. S. 753.

[5] Hess: Kommissionsbericht S. 242 (zitiert Fußnote 3). Auf die internationale Tafel werden wir noch zurückkommen.

waren. Diese Form ist auch, nach Vorschlag von PFLÜGER, im Gebrauch mit Verkürzung des mittleren Armes um $^1/_5$ seiner Länge (Abb. 248 b). Solche Sehzeichen sind zu einer wirklichen Messung ganz besonders ungeeignet, weil die offene Seite an ihrer Helligkeit sehr leicht *erraten* wird, lange vor dem deutlichen Erkennen der Figur. Dies gilt begreiflicherweise am meisten von dem zweizinkigen Haken[1], aber auch bei dem dreizinkigen, und zwar besonders bei verkürztem Mittelstück ist das Erkennen der offenen Seite längst möglich vor der getrennten Sonderung der Striche. v. AMMON hat dies dadurch zu mildern gesucht, daß er bei gleich langem Mittelstück die Ecken an der geschlossenen Seite abrundete, wodurch das Schwarz dieser Seite etwas weniger aufdringlich wird im Vergleich zur hellen Seite. Bei dieser Leichtigkeit des Erratens[2] ist es verständlich, daß die *Strichdicke* sowohl wie die *Länge* und die ganze *Form* innerhalb weiter Grenzen *schwanken* kann, ohne daß die Erkennbarkeit beeinträchtigt wird[3], woraus wiederum die Unrichtigkeit des SNELLENschen Grundsatzes folgt.

Ein einwandfreies Sehzeichen nach dem Grundsatz des Minimum separabile glaubt LANDOLT gefunden zu haben in Gestalt eines an einer Seite durchbrochenen *Ringes*[4] (s. Abb. 247 Fig. 11). Er geht davon aus, daß die Sehschärfe zu messen sei durch die Distanz zweier Punkte. Macht man aus den zwei Punkten zwei parallele Linien, indem man sie nach derselben Richtung wachsen läßt, so ist, wie LANDOLT richtig bemerkt[5], das Maß der Sehschärfe offenbar ein anderes. Statt nun die 2 Punkte zu *parallelen* Linien auszudehnen, verlängert er sie in der zu ihrem Intervall *senkrechten* Richtung. So entsteht also eine unterbrochene Linie. Die Länge dieses Striches zu beiden Seiten der Lücke ist, wie LANDOLT selbst wiederum hervorhebt, für die Erkennbarkeit der letzteren nicht gleichgültig. Er biegt nun die Linie kreisförmig zusammen unter Vereinigung ihrer freien Enden, so daß ein unterbrochener Ring entsteht. Durch alle diese willkürlichen Maßnahmen soll nun die ursprüngliche Anforderung an das Sehorgan nicht verändert werden. Abgesehen von dem, was in Abschn. D 2 über die Einflüsse gesagt ist, die auf die Erkennbarkeit von Distanzen wirken, folgt aus LANDOLTS eigenen Sätzen, daß das Erkennen einer solchen Ringlücke etwas anderes darstellt, als die Trennung zweier Punkte. Es ist also hier wieder dieselbe Unklarheit, daß das Maß, womit gemessen wird, eine andere Leistung ist als diejenige, die gemessen werden soll[6].

LANDOLT führt an anderer Stelle[7] aus, daß man mit einem solchen Ringe allein das *Auflösungsvermögen* im Sinne von HERING prüft. Er will aber damit ergründen, bis zu welchem Grade ein Individuum sein Auge zur *Unterscheidung* von *Formen* zu benutzen vermag, worunter er allerdings etwas anderes versteht, als den Formsinn des Physiologen[8]. Daß diese Auffassung aber nicht allgemein

---

[1] FICK, A. E. [Über Stäbchensehschärfe und Zapfensehschärfe. Graefes Arch. **45**, 341 (1898)] unterscheidet sogar 4 Grade von Erkennbarkeit der zweizinkigen Haken, was ihn aber nicht abhält, damit die Sehschärfe zu „messen".

[2] Soviel ich sehe, ist SCHENCK (zitiert auf S. 751) der einzige, der bei diesen Haken das Erraten für ausgeschlossen hält.

[3] GUILLERY: Zitiert auf S. 799. — PERGENS: Zitiert auf vor. Seite, Fußnote 1.

[4] Derselbe Gedanke lag wohl bei SNELLEN zugrunde, als er den Unterschied zwischen O und C für die Sehprüfung verwerten wollte.

[5] LANDOLT: Die Vereinheitlichung der Bestimmung der Sehschärfe. Z. Augenheilk. 530, **13** (1905).

[6] GUILLERY: Zitiert auf vor. Seite. — ROELOFS-BIERENS DE HAAN: S. 153. Zitiert auf S. 748. — HESS: Zitiert auf S. 752. — KOSTER: S. 134. Zitiert auf S. 756.

[7] LANDOLT: Noch einmal die Sehprüfung. Arch. Augenheilk. **67**, 38 (1910).

[8] Formsinn und Sehschärfe. Arch. Augenheilk. **55**, 219 (1906).

diejenige des Ophthalmologen ist, beweist der Bericht der Kommission[1], die sich hier ganz auf den physiologischen Standpunkt gestellt hat.

Es ist leicht zu zeigen, daß die Erkennbarkeit einer Ringlücke von der übrigen Figur sehr abhängig ist, somit eine andere Aufgabe stellt als die Distanz zweier Punkte[2]. Pergens[3] hat die Landoltsche Figur einer eingehenden Analyse unterzogen, wobei sich herausstellte, daß sowohl das umgebende Schwarz der Lücke, wie auch die innere weiße Scheibe für die Erkennbarkeit der Lücke von entscheidender Bedeutung sind. Es zeigte sich, daß nur 57,7% auf die Unterscheidung der Öffnung fallen und 42,3% auf andere Faktoren. Ebenso ließ sich leicht feststellen, daß es auch hier wiederum unrichtig ist, lediglich nach dem Sehwinkel zu messen, indem bei gleich großer Lücke deren Erkennbarkeit wesentlich abhängt von den übrigen Dimensionen der Figur[4].

Ein Übelstand ist auch hier die *Leichtigkeit des Erratens*. Lange bevor die Grenze des deutlichen Sehens erreicht ist, macht sich die hellere Stelle bemerkbar, so daß die Ortsangabe möglich wird[5]. Dem entspricht, daß man bei öfteren Bestimmungen dieselbe Fehlerbreite findet, wie bei den Buchstaben, nämlich etwa 10% (Hess), trotz der Gleichmäßigkeit des Sehzeichens, und trotzdem die Aufgabe, die es stellt, im voraus bekannt ist[6].

Dieser Ring ist nun als Basis der *internationalen Sehproben* angenommen worden. Damit sollte aber nicht zum Ausdruck gebracht werden, daß dieses Sehzeichen als einwandfrei in wissenschaftlicher Hinsicht anzusehen sei. Im Gegenteil, die Kommission hat eine scharfe Grenze gezogen zwischen *wissenschaftlichen* Untersuchungen und ihren Methoden gegenüber denjenigen, die sich nach ihrer Ansicht besser zu *praktischen* Zwecken eignen[7]. Daß der Ring nicht zu den ersteren gehört, hat sie nicht verkannt.

Es wurde nun als Sehschärfe 1 diejenige eines Auges bezeichnet, das in 5 m Entfernung die Lücke eines Ringes von 7,5 mm Durchmesser und 1,5 mm Dicke angibt. Mit diesem Ringe wurden Zahlen verglichen. Dabei zeigte sich, daß eine Zahl von denselben Ausmaßen wie der Ring in merklich größerer Entfernung als dieser erkannt wurde, auch nach Ansicht der Kommission (S. 249)[6] ein neuer Beweis dafür, daß die Voraussetzung des Snellenschen Systems nicht zutrifft. Erst eine Zahl von 6 mm Seitenlänge und 1,2 mm Strichdicke wurde in ziemlich genau derselben Entfernung wie der Ring erkannt[8]. Als bestgeeignete Zahlen

---

[1] Siehe S. 752. — Von der umfangreichen Polemik, die dieser Ring hervorgerufen hat, kann hier nur weniges angeführt werden.

[2] Guillery: Zitiert auf S. 799. Z. B. wird die Wahrnehmbarkeit der Lücke erleichtert durch eine Verstärkung der gegenüberliegenden Seite, s. Abb. 247, Fig. 12.

[3] Pergens: Klin. Mbl. Augenheilk. **2**, 311 (1902) u. **2**, 112 (1903), Ann. d'Ocul. S. 169, zitiert auf S. 761. Pergens betont die besondere Abhängigkeit der Figur von der Beleuchtung. — Siehe auch Koster: S. 134/36, zitiert auf S. 756.

[4] Es wird dies übrigens bestätigt durch Landolts eigene Ausführungen (Graefe-Saemisch: S. 460. Zitiert auf S. 761).

[5] Wenn Landolt (Graefe-Saemisch, 3. Aufl., S. 462) meint, der Ring schließe das Erraten sozusagen ganz aus, so dürfte er diese Möglichkeit doch wohl unterschätzen [s. Hofmann: S. 36, zitiert auf S. 747. — Gebb-Löhlein: Zur Frage der Sehschärfebestimmung. Arch. Augenheilk. **65**, 75 (1910)]. — Durch Übung brachten v. Blaskowicz und seine Assistenten es dahin, daß sie die Richtung der Öffnung erkannten, bevor sie noch sagen konnten, ob es sich um Ring oder Hakenfigur handelte. [Über Verwendbarkeit von Buchstaben und Zahlen bei Sehschärfeuntersuchungen. Klin. Mbl. Augenheilk. **71**, 443 (1923).]

[6] Hess (Kommissionsbericht S. 245) sieht die Ursache in kleinen Pupillenschwankungen, die von Einfluß sein können, auf die Unregelmäßigkeiten, die das Netzhautbild durch die brechenden Medien, besonders die Linse zeigt. Dazu kommt die Beleuchtung und der Adaptationszustand (Hering, s. Abschn. A).

[7] Siehe auch Gebb-Löhlein, S. 76.

[8] Auch nach Landolt (Graefe-Saemisch, 3. Aufl., S. 472) bestehen zwischen Zahlen und Ring gleicher Grade bedeutende Unterschiede.

wurden 0, 1, 4, 7 gewählt[1]. Die Konstruktion dieser Tafeln ist also eine *rein empirische mit Aufgabe des Snellenschen Prinzips*. Abb. 249a und b geben dieselben etwa 4mal verkleinert wieder.

Man kann sich über den Begriff des Minimum cognoscibile oder legibile verständigen und Buchstaben, Zahlen oder sonstige Zeichen ermitteln, die bei

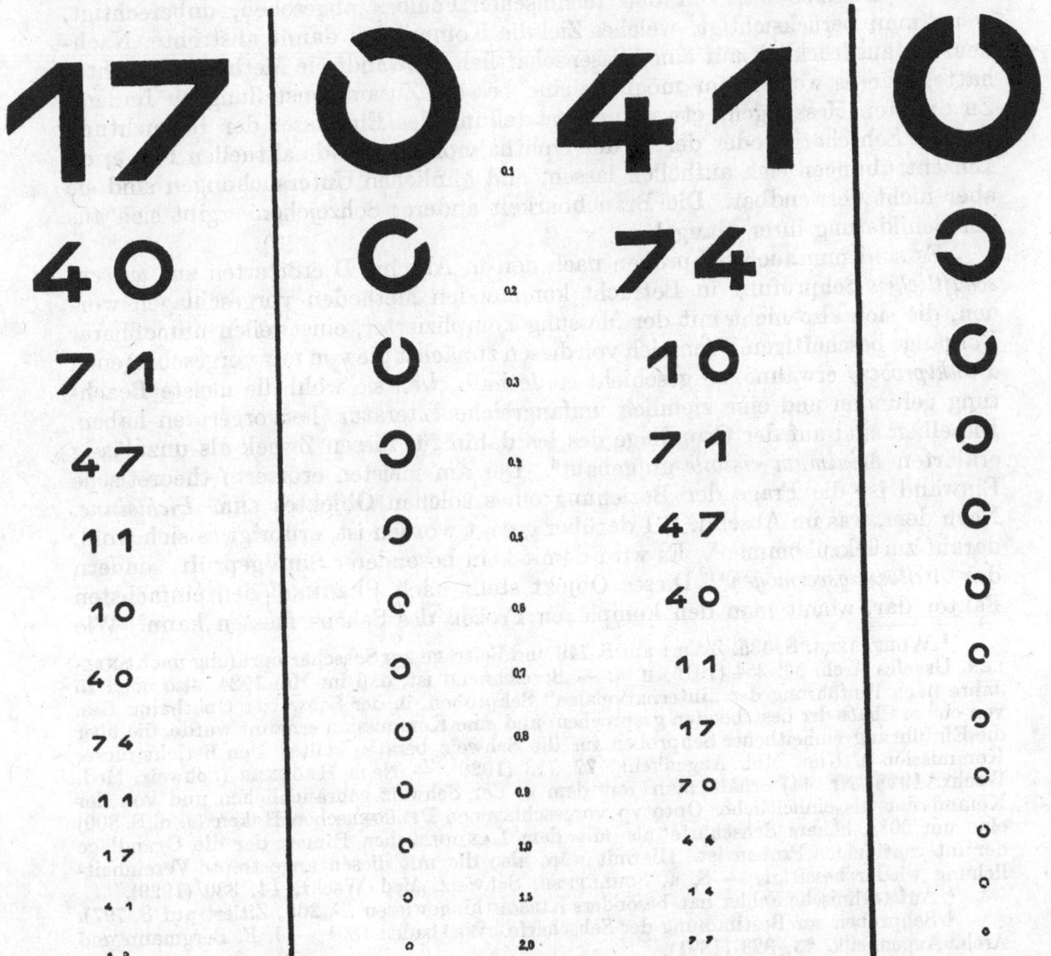

Abb. 249a und b. Internationale Probetafel. (Nach v. HESS.)

der Prüfung möglichst konstante Werte zeigen. Nur muß man sich bewußt bleiben, daß die physiologische Basis dieses Verfahrens noch sehr wenig ausgebaut ist.

Die Kommission (REYMOND) hat auch Versuche mit dreizinkigen SNELLENschen *Haken* angestellt. Hier zeigte sich, wiederum, im Gegensatze zum SNELLEN-

---

[1] v. BLASKOWICZ (zitiert auf vor. Seite, Fußnote 5) hat sich bemüht, auch andere Zahlen nebst Buchstaben mit dem Ringe in Übereinstimmung zu bringen, wobei er sich noch weiter von den SNELLENschen Grundsätzen entfernt. Es gelang ihm aber, wie er selbst sagt, trotz aller Bemühungen nicht, eine vollkommene Übereinstimmung zu erzielen. Dies war allerdings schon darum ausgeschlossen, weil er mit dem Ringe ebensogut eine Sehschärfe von 1,5 wie von 0,8—0,9 feststellen konnte, je nach der Anforderung, die er an das Erkennen stellte.

schen Prinzip, daß die Seitenlänge des ganzen Hakens 6 mm, seine Strichdicke 1,2 mm sein mußte, um in gleichem Abstande wie der für eine Winkelminute konstruierte Ring von 7,5 mm Durchmesser und 1,5 mm Strichdicke erkennbar zu sein. Für Zahlen und Haken waren somit gleiche Maße erforderlich.

Die internationale Tafel hat vielfache, zum Teil sehr scharfe Kritik erfahren[1]. Dieselbe ist, von den technischen Fehlern abgesehen, unberechtigt, wenn man berücksichtigt, welches Ziel die Kommission damit anstrebte. Nachdem sie ausdrücklich auf eine wissenschaftlich einwandfreie Methode verzichtet hatte, war es wohl kaum möglich, eine bessere Zusammenstellung zu finden[2]. Zu exakten Messungen, etwa zur Feststellung des Einflusses der Beleuchtung auf die Sehschärfe, oder der in der Ophthalmologie gerade aktuellen Frage, ob Linsentrübungen sich aufhellen lassen, und ähnlichen Untersuchungen sind sie aber nicht verwendbar. Die Brauchbarkeit anderer Sehzeichen ergibt sich aus der Schilderung ihrer Mängel.

Es sind nun auch Sehproben nach den in Abschn. D erörterten zur *wissenschaftlichen* Sehprüfung in Betracht kommenden Methoden vorgeschlagen worden, die sich also nicht mit der Messung komplizierter, einstweilen unmeßbarer Vorgänge beschäftigen. Wenn ich von diesen zunächst die von mir vorgeschlagenen *Punktproben*[3] erwähne, so geschieht es deshalb, weil sie wohl die meiste Beachtung gefunden und eine ziemlich umfangreiche Literatur hervorgerufen haben. Dieselben sind auf der Grundlage des bis dahin für diesen Zweck als unzulässig erklärten *Minimum visibile* aufgebaut[4]. Der am meisten erörterte theoretische Einwand ist die Frage der Beziehung eines solchen Objektes zum *Lichtsinne*. Nach dem, was im Abschn. D 1 darüber gesagt worden ist, erübrigt es sich wohl, darauf zurückzukommen[5]. Es wird damit kein besonderer Sinn geprüft, sondern das *Auflösungsvermögen*[6]. Dieses Objekt stellt nach Pergens[7] den einfachsten Faktor dar, womit man den komplexen Prozeß des Sehens messen kann. Wie

---

[1] Wolffberg: S. 435. Zitiert auf S. 749 und Beiträge zur Sehschärfeprüfung nach Snellen. Graefes Arch. **90**, 254 (1915) u. a. — Bezeichnend ist, daß im Mai 1924, also noch 15 Jahre nach Einführung der „internationalen" Sehproben, in der Schweizer Ophthalm. Ges. von einem Chaos der bestehenden gesprochen, und eine Kommission ernannt wurde, die über die Einführung einheitlicher Sehproben für die Schweiz beraten sollte. Den Bericht dieser Kommission s. Klin. Mbl. Augenheilk. **77**, 713 (1926). — Nach Hegener (Schweiz. Med. Wschr. **1928**, Nr. 44) erhält man mit dem in der Schweiz gebräuchlichen und von der Kommission als einheitlicher Optotyp vorgeschlagenen Pflügerschen Haken (s. o. S. 800) eine um 20% höhere Sehschärfe als mit dem Landoltschen Ringe, der die Grundlage der internationalen Proben ist. Hiermit wäre also die mit diesen angestrebte Vereinheitlichung wieder beseitigt. — S. a. Schlüpfer, Schweiz. Med. Wschr. **14**, 380 (1929).

[2] Auf technische Fehler hat besonders Kirsch hingewiesen (S. 265. Zitiert auf S. 797).

[3] Sehproben zur Bestimmung der Sehschärfe. Wiesbaden 1891 — J. F. Bergmann und Arch. Augenheilk. **23**, 323 (1891).

[4] Mayer, Tobias (1752) hatte, wie ich den Ausführungen von Pergens (S. 59, s. S. 748, Fußnote 6) entnehme, hierin ein richtigeres Urteil als die spätere Zeit. Er unterscheidet 2 Arten von Sehschärfe, die eine für *isolierte*, die andere für *benachbarte* Objekte, deren Durchmesser gleich ist ihrem Abstande. Die ersteren seien sichtbar bei ca. 30'', die anderen bei 60''. Die ersteren seien *für Experimente wahrscheinlich besser* als die anderen. Die von manchen Autoren für die ersteren gewählte Bezeichnung Punktsehschärfe ist wohl überflüssig, s. S. 754.

[5] Von denjenigen Autoren, die in dieser Frage auf meine Seite getreten sind, nenne ich Groenouw, Hofmann, Kirsch, Koster, Löhner, Pergens, Seggel, Wolffberg. Auch Hering kann ich insofern dazu rechnen, als er in seiner neuesten Bearbeitung des Kapitels Lichtsinn die Wahrnehmung einzelner Punkte nicht erwähnt, somit dieselbe nicht als dahin gehörig ansieht.

[6] Hofmann in Tigerstedt: Handb. d. physiol. Methodik II **3**, 101, 104, 107 (1909). — Ähnlich drücken sich andere der in Anm. 5 genannten Autoren aus.

[7] Pergens: Über Faktoren, die das Erkennen von Sehproben beeinflussen. Arch. Augenheilk. **43**, 146 (1901). — Wolffberg, S. 419, 429, 433 (zitiert auf S. 749) betont die besondere Überlegenheit der Punktform.

LÖHNER[1] beobachtete, lassen sich damit unter Umständen Mängel finden, die mit Ziffernproben nicht nachweisbar sind.

Die Punkte sind bei meinen Proben einzeln in einem Vierecke von passender Größe und Strichdicke untergebracht[2]. Diese Vierecke müssen natürlich weiter als der betreffende Punkt sichtbar sein. Auf die Forderung des *Scharfsehens* wird verzichtet. Da dies, wie wir gesehen haben, durch das Erkennen eines Sehobjektes gar nicht bewiesen wird und strenggenommen gar nicht möglich ist, so bedeutet dieser Verzicht keinen Nachteil. Dagegen hat dieses Objekt den Vorteil, daß es das *Erraten* ausschließt. Wer jedesmal richtig die betreffende Stelle angibt, hat sicher die geforderte Wahrnehmung. Es besteht somit keine andere Unsicherheit, als bei der Ermittlung von Schwellenwerten überhaupt.

Einen Vorteil dieser Proben erblicke ich ferner darin, daß damit tatsächlich die *zentrale* Sehschärfe geprüft wird. Derjenige Punkt, von dem ich, als der normalen Sehschärfe entsprechend, ausgehe, entwirft ein Netzhautbild von einem Durchmesser von 50″, während SNELLEN mit 5′ bei seinen Buchstaben anfängt. Versteht man unter dem Zentrum, wie es doch wohl physiologisch richtig ist, nur denjenigen Bezirk, innerhalb dessen die Netzhautelemente sich als gleichwertig erweisen, so ist der Durchmesser desselben, wie wir S. 790 gesehen haben, etwa $^1/_5$ der Fovea. Die Rechnung ergibt, daß schon ein Probebuchstabe, der $S = ^1/_3$ nach Sn entspricht, anfängt, diese Grenze zu überschreiten. Von hier ab werden zunehmend minderwertige Elemente mit in Erregung versetzt, also der Maßstab immer ungenauer. Bei meinen Tafeln bleibt selbst der größte Punkt innerhalb des physiologischen Zentrums[3]. Derselbe würde im Vergleich mit der Erkennbarkeit von Buchstaben etwa Sn 5/70 entsprechen, also derjenigen Grenze, wo man auf jedes System verzichten muß und sich mit Fingerzählen zu helfen pflegt[4].

Wenn man solche Proben verwendet, ist es leicht, einen alten Einwand zu beseitigen, den VIERORDT[5] der Messung nach SNELLEN gemacht hat. Er beanstandet, daß der *Durchmesser* der Netzhautbildchen zugrunde gelegt wird, während sie doch tatsächlich nach der *Fläche*, also im quadratischen Verhältnisse der Durchmesser wachsen[6]. Diese Frage ist, seitdem DONDERS[7] den nicht ganz glücklichen Versuch gemacht hat, sie durch den oben (S. 799) zitierten Satz zu entscheiden, vielfach erörtert worden. Jener Satz trifft nicht die Sache, denn

---

[1] LÖHNER: S. 84. Zitiert auf S. 746.

[2] WOLFFBERG (zitiert auf S. 749) hat einen weißen Punkt in einem Kreuzarm angebracht.

[3] GUILLERY: Begriff und Messung der zentralen Sehschärfe. Arch. Augenheilk. **35**, 51 ff. (1897).

[4] LANDOLT hat [Graefes Arch. **64**, 602 (1906)] meinen Proben allerdings vorgehalten, sie seien erst recht zu groß, weil zu meinem Sehzeichen das ganze Viereck mitgehöre. Ich habe bereits früher [Arch. Augenheilk. **57**, 3 (1907)] geantwortet, daß es nur auf dasjenige Objekt ankommt, das zur *Messung* dient, auf die Umgebung aber nur insoweit, als dieselbe dieses Objekt beeinflußt (wie z. B. der LANDOLTsche Ring die Lücke). Bei meinen Vierecken ist dies nachweislich nicht der Fall. Der Rahmen dient nur zur Orientierung. Wenn 2 Personen ihre Sehschärfe vergleichen, z. B. durch Aufsuchen eines Sternes, so werden sie, um sich zu vergewissern, daß sie beide dasselbe sehen, die Lage des Sternes zu seiner Umgebung beschreiben. Dadurch wird aber nicht diese ganze Umgebung zum „Sehzeichen". Auf den Vorhalt von KOSTER [Graefes Arch. **64**, 132 (1906)], der mittlere Punkt werde leichter erkannt als die Eckpunkte, habe ich an derselben Stelle geantwortet, ebenso auf einige Ausstellungen bezüglich der praktischen Verwertung [s. auch Klin. Mbl. Augenheilk. **38**, 546 (1900)].

[5] VIERORDT: Über die Messung der Sehschärfe. Graefes Arch. I **9**, 161 u. III 219 (1863).

[6] Nach PERGENS (Ann. d'Ocul S. 55, zitiert auf S. 748, Fußnote 6) findet sich dieser Gedanke schon bei KEPLER und bei PETRUS KAMPER.

[7] DONDERS: Graefes Arch. II **9**, 220 (1863).

es handelt sich um den Fall des wachsenden Netzhautbildes bei gleichbleibendem Abstande. Vom mathematischen Standpunkte ist die Auffassung Vierordts
zweifellos berechtigt. Er ist auch nur der Ansicht, daß die Bezeichnungen $1/4$,
$1/16$ usw. der Wahrheit sehr viel näher kommen würden, als $1/2$, $1/4$ usw. Er betont aber sehr richtig, daß die Frage keine einfache geometrische ist, sondern
psychische Elemente einschließt[1]. Daß diese nicht so einfach meßbar sind, hat
Vierordt nicht verkannt. Wendet man nun, wie in meinen Proben, runde
Scheiben an, die nur die gleichwertigen Elemente in der Stelle des deutlichsten
Sehens erregen, so addieren sich diese Erregungen je nach der Größe der erregten Fläche ohne wesentliche Beteiligung psychischer Elemente. Der korrekten
Bezeichnung nach der Fläche würde somit nichts entgegenstehen.

Sehproben in Gestalt von *Vierecken*, die ebenfalls auf dem Prinzipe des
Minimum visibile beruhen, hat einige Jahre nach mir Javal herausgegeben.

Von anderen Probeobjekten seien noch folgende erwähnt:

Tafeln mit *Punktgruppen* haben Striedinger-Longmore, Burchardt,
Böttcher (Vierecke) angefertigt. Der Untersuchte hat die Aufgabe, die Punkte
zu *zählen*. Es findet also ein Absuchen der ganzen Fläche statt, unter starker
Beteiligung der Peripherie, so daß namentlich bei den größeren Gruppen von
einer Untersuchung des Zentrums nicht mehr die Rede sein kann. Die Abhängigkeit von der Intelligenz ist sehr bemerkbar.

Landolt hat 1876 Proben nach dem Prinzip des *Minimum separabile* konstruiert, indem er feststellte, ob der Untersuchte 2 *Vierecke* getrennt sah oder
nicht. Er hat sie später wieder aufgegeben.

Verschiedentlich sind auch *Strichproben* empfohlen in Gestalt von kreisförmigen oder quadratischen Feldern mit schwarzen parallelen Linien (Burchardt,
Sulzer, Javal, Pacalin), mit und ohne Unterbrechungen. Abgesehen von ihren
ebenfalls sehr großen Dimensionen kommt es darauf an, ob sie *gezählt* oder nur
ihre *Richtung* angegeben werden soll. Ersteres verlangt mehr als das Minimum
separabile, letzteres weniger, denn die Richtung der Striche erkennt man schon
bei ganz verwaschenem Bilde aus unbestimmten Andeutungen.

Es würde zu weit führen, noch alle die Fragen zu erörtern, die den Bedürfnissen der Praxis oder Zweckmäßigkeitsgründen entsprungen sind. So z. B. die
Abstufungen der Größe der Sehobjekte, ob die *arithmetrische* der *geometrischen*
Reihe vorzuziehen, ob *Dezimalsystem*, ob *Brüche* oder *ganze Zahlen*, ob man mit
$1°$ (Blaskovics) oder $1'$ anfangen soll usw. Die Abstufungen und Bezeichnungen
der internationalen Tafel sind auf Abb. 249a und b ersichtlich. Hierdurch sind
alle anderen Vorschläge in den Hintergrund getreten[2].

Was man als *normale* Sehschärfe, d. h. als S = 1 bei Prüfung mit den internationalen Proben bezeichnet, ist S. 802 erörtert. Darunter ist natürlich nur ein
mittlerer Wert zu verstehen, der den Erfahrungen der Praxis Rechnung trägt.
Man könnte also sagen, dieser Wert sei *noch* normal, und erst wenn dieser nicht
erreicht ist, spricht man von einer beginnenden Sehstörung. Die *maximalen*
bisher beobachteten Werte sind erheblich höher. Auf S. 759 wurde schon die Beobachtung von Humboldt erwähnt über abnorme Sehschärfe bei Indianern (5 bis

---

[1] Das Experiment, mit dem Landolt [Arch. d'Ophthalm. **29**, juin 340 (1909)] die
Frage zu lösen glaubt, ist nicht einmal mathematisch richtig. Er meint, wenn die Leichtigkeit des Erkennens von der Fläche abhinge, müßte z. B. seine Ringfigur bei doppeltem
Durchmesser 4mal so weit erkannt werden. Bei dieser Methodik übersieht er die Verkleinerung des Netzhautbildes proportional dem Abstande. Nach Verdoppelung des Durchmessers bleibt nur in der doppelten Entfernung derselbe Eindruck, aber nicht in der
vierfachen.

[2] Übersichten bei Landolt, Graefe-Saemisch (zitiert auf S. 750) und Pergens (Ann.
d'Ocul., zitiert auf S. 748, Fußnote 6).

8fache[1]). Gerade bei *unzivilisierten* Völkern hat man denn auch häufig ungewöhnlich *hohe Sehschärfe* (nach SNELLEN) festgestellt. Bei 9 Lappländern, 3 Patagoniern, 13 Nubiern und 1 Neger vom weißen Nil war die Sehschärfe durchschnittlich 48/20, im Maximum 60/20[2]. Bei jungen Ägyptern fand COHN bis zu 8facher Sehschärfe, entsprechend einem Winkel von 7,5″. Diese und die bei HUMBOLDTS Indianern vermerkte Sehschärfe ist wohl die höchste bisher beobachtete. Bei Javanen wurde 6fache (FRITSCH), bei Indern 22/6 (RIVERS), bei Kleinrussen 3—4fache (SASKIEWITSCH) ermittelt. Auch bei anderen *Europäern* (Soldaten) sind ähnliche hohe Werte festgestellt worden (TÖLLE, TALCO). Bei *Dorfkindern* im Riesengebirge fand COHN bis zu 3facher Sehschärfe[3]. Zum Teil sind die hohen Werte sicher darauf zurückzuführen, daß *im Freien*, also bei besonders gutem Lichte, untersucht und die leicht zu erratenden SNELLENschen *Haken* benutzt wurden. Nach den Befunden von FRITSCH[4] scheinen aber auch *anatomische Unterschiede* als Rasseneigentümlichkeiten vorzukommen (s. Abschn. E).

Die *binokulare* Sehschärfe ist in der Regel besser als die *monokulare*. Bei einer Untersuchungsreihe[5] war sie in 20 Fällen besser, aber auch 3mal schlechter als monokular, allerdings bei nachweisbarer Anisometropie. Daß bei unkorrigierten Augen Zerstreuungskreise des einen auf die gute Sehschärfe des anderen nachteilig wirken, ist kaum anders zu erwarten. Aber auch bei gleich guter Leistung beider Augen ist die binokulare Sehschärfe etwas besser als die monokulare. HOFMANN[6] erklärt dies dadurch, daß die Regungen des verdunkelten Auges das Gesichtsfeld etwas verschleiern und so die Deutlichkeit herabsetzen. Dies mache sich besonders bei längerem Verschlusse des einen Auges bemerkbar. Es besteht aber darüber keine Übereinstimmung. Als weitere Ursachen werden angeführt: Erweiterung der Pupille bei einseitigem Verdecken, der bessere binokulare Lichtsinn, Summation der Reize, bessere binokulare Fixation u. a.[7]. Man hat geglaubt, diese Verminderung durch ein bestimmtes Maß ausdrücken zu können. Die binokulare Sehschärfe sollte gleich sein der monokularen bei doppelter Beleuchtung[8]. Dies hat aber ein gesetzmäßiges Verhältnis zwischen Sehschärfe und Beleuchtung zur Voraussetzung (vgl. hierüber Abschn. F 1, S. 775ff.). Hiernach sind auch andere Zahlenangaben zu bewerten. Nach PERGENS[9] wird eine *schwache* Erregung monokulär besser wahrgenommen.

Anhangsweise sei hier das Wenige erwähnt, was uns über die *Sehschärfe der Tiere* bekannt ist. SCHLEICH[10] nimmt an, daß diejenige der Haustiere nicht un-

[1] SEGGEL [Über die Augen der Feuerländer und das Sehen der Naturvölker usw. Arch. f. Anthrop. 14, 3 (1883)] fand bei Indianern erheblich geringere Werte, nämlich 3/2—5/4. Dort auch weitere Zusammenstellung.

[2] KOTELMANN: Berl. klin. Wschr. 1879, Nr 47. — COHN (Sehschärfe und Farbensinn der Nubier, Zbl. prakt. Augenheilk. 1879, 197) fand 40/17 als höchste Leistung. — WIESER [Arch. f. Vererbungsforsch. und Rassenhygiene III, S. 85 (1927)] untersuchte 46 Neger mit Bestätigung der Ergebnisse bei anderen Naturvölkern.

[3] Die näheren Literaturangaben betr. die im Texte erwähnten Autoren s. bei LÖHNER, zitiert auf S. 746.

[4] FRITSCH: Über Bau und Bedeutung der Area centralis des Menschen. Berlin 1908. Siehe auch das Zitat S. 769.

[5] SEGGEL: Über normale Sehschärfe usw. Graefes Arch. II 30, 107 (1884). — Siehe auch GOEDICKE: Militärärztl. Augenuntersuchungen bei der Truppe. Dtsch. mil.ärztl. Z. 5, 464 (1876).

[6] HOFMANN: S. 47. Zitiert auf S. 747.

[7] Siehe die Diskussion in der Wiener Ophthalm. Gesellsch. 16. V. 1927 [Klin. Mbl. Augenheilk. 78, 703 (1927)].

[8] MACÉ DE LEPINAY u. NICATI: De l'acuité visuelle binoculaire. Soc. franç. d'ophthalm. 1884, 56.

[9] PERGENS: S. 4. Zitiert auf S. 748, Fußnote 6.

[10] SCHLEICH: Vergleichende Augenheilk. Graefe-Saemischs Handb. d. Augenheilk. 2. Aufl., 10 B, Kap. 21, 12 (1922).

erheblich unter dem Durchschnittswerte des Menschen steht, während einzelne Raubtiere und die Affen sich ihm nähern, andere, wie die Vögel, ihn erheblich übertreffen, und die meisten Tiere ein hervorragendes *Bewegungssehen* besitzen. Hess[1] ist der Ansicht, daß im Tagvogelauge verschiedene, sehr zweckmäßig ineinandergreifende Vorrichtungen zur Erzielung einer besonders hohen Sehschärfe vorhanden sind. Der Durchmesser der Zapfenaußenglieder sei erheblich kleiner als in der Fovea des Menschen, worauf in erster Linie die hohe Sehschärfe des Tagvogelauges zurückzuführen sei. Allerdings könne auch nur eine entsprechend geringe Lichtmenge zu diesen schlanken Gebilden gelangen. Der Lichtzutritt werde ferner durch das vorgelagerte Farbenfilter, besonders für die kurzwelligen Strahlen, beeinträchtigt. Dagegen werde durch die Kugelform des Öltropfens fast die ganze auf ihn fallende Lichtmenge wie durch eine Kugellinse nach dem zugehörigen Außengliede gesammelt. Durch die Feinheit der Zapfenaußenglieder werde außerdem Raum geschaffen für die Pigmentnadeln, die im Tagvogelauge die Außenglieder bis zu den Ölkugeln umhüllen und das Licht absorbieren.

Thorner[2] bezweifelt die höhere Sehschärfe der Raubvögel. Er ist der Meinung, ihre Sehschärfe könnte nur dann eine sehr viel höhere als diejenige des Menschen sein, wenn ihre Pupille einen erheblich größeren Durchmesser hätte. Dieser Annahme legt er die S. 786 angeführte Berechnung zugrunde. Auf das dort Gesagte sei verwiesen.

J. Pathologisches.

Die normale Sehschärfe setzt voraus, daß die lichtbrechenden, die empfangenden, die leitenden und die zentralen Teile (Hinterhauptsrinde) in normaler Weise funktionieren. Die ersteren müssen nicht nur vollkommen klar und durchsichtig, sondern auch so gebaut und eingestellt sein, daß sie die von der Außenwelt kommenden Strahlen punktförmig (soweit dies bei den optischen Fehlern möglich) auf der Netzhaut vereinigen. Es ist dies die sog. *präretinale* (dioptrische) Komponente der Sehschärfe (S. 798, Fußnote 5). Die *retinale* oder die Netzhaut selbst nimmt durch ihre lichtempfindlichen Apparate die Erregungen auf, und strenggenommen beginnt in ihr schon die Fortleitung, die sich *postretinal* durch den Sehnerven bis zur Hinterhauptrinde fortsetzt. Hieraus folgt, daß alle Erkrankungen, die irgendeinen Teil dieser Strecke befallen, herabsetzend auf die Sehschärfe wirken können.

Es gibt Bezeichnungsweisen der Sehschärfe, die in der ophthalmologischen Praxis unter besonderen Umständen üblich sind, zum Teil bei normalen, zum Teil bei abnormen Zuständen. Vielfach sind verschiedene Ausdrücke für denselben Begriff gewählt und umgekehrt, so daß es wohl berechtigt ist, von einem „Durcheinander der bestehenden Terminologie" zu sprechen (Gleichen). Hauptsächlich handelt es sich um die Sehschärfe des bewaffneten und unbewaffneten Auges. Donders[3] nannte *absolute* Sehschärfe diejenige, die beim Sehen in die Ferne unter Erschlaffung der Akkommodation gefunden wird, und zwar nicht nur beim emmetropischen, sondern auch beim ametropischen Auge, letzterem also mit der entsprechenden Linse. Befindet sich das Glas im vorderen Brennpunkte des Auges, so ergibt die Berechnung, daß bei jeder Achsenametropie die Netzhautbilder gleich weit entfernter Gegenstände gleiche Größe haben.

---

[1] Hess: Der Farbensinn der Vögel und die Lehre von den Schmuckfarben. Pflügers Arch. **166**, 401 (1917).

[2] Thorner: S. 607. Zitiert auf S. 765.

[3] Donders: Praktische Bemerkungen usw. Graefes Arch. II **18**, 245 (1872).

Beim Sehen in die Ferne ist die Größe des Netzhautbildes des so korrigierten Auges gleich derjenigen des emmetropischen. Die *relative* ist nach DONDERS die Sehschärfe beim Nahesehen in verschiedener Entfernung und scharfer Einstellung, sei es durch Akkommodation oder durch Gläser. LEBER[1] bezeichnet die Sehschärfe, die ein Auge von beliebiger Refraktion ohne Glas besitzt, als *wahre* oder *wirkliche* und die mit Hilfe von Korrektionsgläsern erzielte als *korrigierte*. Erstere entspricht dem von der deutschen Marineordnung eingeführten Begriffe *Sehleistung* (*relative* Sehschärfe nach FUCHS), welche Bezeichnung auch TRIEPEL[2] vorschlägt. Hierfür hat GLEICHEN[3] das Wort *Sehvermögen*, und das korrigierte Sehvermögen nennt er *Sehschärfe*. GULLSTRAND[4] hat den Begriff der *natürlichen* Sehschärfe eingeführt. Sie wird, um sie von der Akkommodation unabhängig zu machen, durch den kleinsten Hauptpunktswinkel gemessen, weil der hintere Hauptpunkt sich bei der Akkommodation nur unerheblich verschiebt. Das Auge ist unbewaffnet, aber die Abbildung erfolgt nicht in Zerstreuungskreisen, sondern von einem Objekt, das zwischen Nahe- und Fernpunkt liegt, also scharf abgebildet werden kann. Unter *relativer* Sehschärfe versteht derselbe Autor diejenige des bewaffneten Auges beim Blick in die Ferne, also insoweit dasselbe, was DONDERS unter absoluter Sehschärfe versteht, nur wird nicht verlangt, daß der zweite Hauptpunkt des Brillenglases mit dem vorderen Brennpunkte zusammenfällt, sondern die Spitze des Distinktionswinkels wird in den vorderen Hauptpunkt des vorgeschalteten Systems verlegt.

Einen *Zerstreuungskreis*, der bei einem Einstellungsfehler von 1 D, bei einem Pupillenhalbmesser von 1 mm entworfen wird, nennt SALZMANN[5] die Einheit des Zerstreuungskreises. Durch denselben wird nach der Berechnung die normale Sehschärfe auf 1/7 herabgesetzt. Diese Sehschärfe bezeichnet SALZMANN als die *reduzierte*. Es wäre erfreulich, wenn über alle diese Bezeichnungen eine Einigung erzielt werden könnte.

Ein physiologisch sehr interessanter, von manchen Autoren ganz in das Gebiet der Pathologie verwiesener Zustand bleibt noch zu erörtern, nämlich die oft vorhandene *Schwachsichtigkeit des Schielauges*, die sog. Amblyopia ex anopsia. In diesem Ausdrucke liegt auch die Vorstellung, die man sich vielfach von der Entstehung des Zustandes gemacht hat. Der Nichtgebrauch des Auges beim binokulären Sehakte und die Unterdrückung seines durch Doppelsehen störenden Bildes sollten die Ursache der Schwachsichtigkeit sein, und zwar um so mehr, je früher das Schielen auftritt. Es fehlte aber auch nicht an der gegenteiligen Ansicht, die hauptsächlich durch SCHWEIGGER[6] zur Geltung gebracht wurde und sicher auch für viele Fälle zutrifft, daß nämlich die Amblyopie angeboren und das Schielen nicht die Ursache, sondern bei mangelhaftem Gleichgewichte und dem fehlenden Fusionszwange die Folge der Schwachsichtigkeit sei. Dies bestätigen die Beobachtungen von BLATT[7], der bei Schwachsichtigkeit, besonders wenn Anisometropie vorhanden war, in

---

[1] LEBER: Bemerkungen über die Sehschärfe hochgradig myopischer Augen usw. Graefes Arch. **43**, 221 (1897). — BORDIER [Arch. d'Ophthalm. **14**, 355 (1894)] gebraucht statt der Ausdrücke LEBERS die Bezeichnungen *wirkliche* und *scheinbare* Sehschärfe (Acuité vraie et apparente).

[2] TRIEPEL: Über Sehleistung bei Myopie. Graefes Arch. V **40**, 50 (1894). Als *Sehleistung im engeren Sinne* bezeichnet TRIEPEL die Fähigkeit, in Zerstreuungskreisen zu erkennen. WOLFFBERG (S. 418, zitiert auf S. 748) lehnt sich an die deutsche M.O. an.

[3] GLEICHEN: Beitr. z. Theorie d. Sehschärfe. Graefes Arch. **93**, 305 (1917).

[4] HELMHOLTZ: Physiol. Optik, 3. Aufl., **1**, 313 (1909).

[5] SALZMANN: Das Sehen in Zerstreuungskreisen. Graefes Arch. II **39**, 102 (1893).

[6] SCHWEIGGER: Handb. d. Augenheilk. S. 142ff, 152ff. Berlin 1871.

[7] BLATT: Graefes Arch. **112**, 367, 412 (1923); **114**, 604 (1924); **115**, 322 (1925).

vielen Fällen Veränderungen des Augenhintergrundes, Gesichtsfelddefekte und
Trübungen der Medien fand. Ihm sind Amblyopie wie Schielen erblich veranlagt.
Von Uhthoff[1] wird auf das gleichzeitige Vorkommen anderer angeborener Ano-
malien besonders hingewiesen. Gemäß der Auffassung des Nichtgebrauches
als Ursache müßte auch die Peripherie Defekte zeigen, entsprechend der
Verschiebung, die durch die Schielstellung herbeigeführt wird. Hier bot sich
nun ein einfaches Mittel, die Theorie zu prüfen, nämlich die Untersuchung des
Gesichtsfeldes mit geeigneter Methode. Vor Jahren habe ich[2] eine Anzahl
Schielender mit Schwachsichtigkeit daraufhin untersucht, ob eine der zentralen
Störung vergleichbare und entsprechende Verminderung der peripheren Seh-
schärfe nachweisbar ist. Ich bediente mich dazu der von Groenouw[3] aus-
gearbeiteten Methode mit einzelnen Punkten, also eines besonders empfindlichen
Verfahrens. Das Ergebnis war, daß zwar eine Herabsetzung der peripheren
Sehschärfe vorkommt, aber ganz unabhängig von derjenigen des Zentrums.
Erstere konnte auch ganz normal sein, trotz zentraler Amblyopie. In keinem
Falle war ein Unterschied auf beiden Gesichtsfeldhälften zu finden[4]. Dies
spricht gegen die Folgen des Nichtgebrauchs, wenn man sie auffaßt als eine
verminderte Leistungsfähigkeit der peripheren Organe, etwa wie eine Muskel-
atrophie wegen erzwungener Ruhe. Dem widerstreitet auch die Tatsache, daß
in manchen Fällen eine erhebliche und sogar sehr schnelle Steigerung der Ge-
brauchsfähigkeit eines Schielauges beobachtet werden kann, wenn dasselbe
zur Verwertung seiner Eindrücke gezwungen wird, z. B. bei Verlust des
führenden Auges. Es handelt sich in solchen Fällen, wo offenbar keine schweren
organischen Veränderungen anzunehmen sind, nur um die Verwertung, da
der Lichtreiz als solcher ja auch vorher bestand. Dasselbe sehen wir in dem
Verhalten zweier mit demselben Brechungsfehler Behafteter, von denen der
eine gewohnt ist, eine Brille zu tragen, der andere nicht. Während dieser in der
Deutung der unklaren Netzhautbilder oft eine erstaunliche Fertigkeit erlangt[5],
ist jener hilflos, sobald er das Glas ablegt. Hierher gehört auch die Änderung
der gegenseitigen Beziehungen der Netzhäute beim Schielen bis zur Ausbildung
einer „Pseudomacula", ebenso, nur im umgekehrten Sinne, die Unterdrückung
störender Doppelbilder bei Lähmungen. Diese Vorgänge liegen hauptsächlich auf *psychischem* Gebiete, während eine bessere Ausbildung und erhöhte
Leistungsfähigkeit der peripheren Organe etwa wie bei dem Beispiele des
Muskels kaum verständlich wäre. Man muß sich gegenwärtig halten, daß der
mit der Außenwelt unmittelbar in Verbindung tretende Teil des Sinnes-
organes nur die Aufnahmestelle ist. Die Verwertung des Eindruckes ist Sache
der Zentren. So erklärt sich auch das mehrfache Rückfälligwerden der
Amblyopie, abwechselnd mit mehrfachem Ausgleich[6]. Ebenso die Nichtbeteili-
gung der Peripherie, weil diese viel weniger die Aufmerksamkeit in Anspruch
zu nehmen pflegt.

---

[1] Uhthoff: Klin. Mbl. Augenheilk. 78, 453 (1927). Die Arbeit behandelt eingehend die klinischen Gesichtspunkte. — Berkeley: Trans. ophthalm. Soc. U. Kingd.
1926, S. 8.

[2] Guillery: Über die Amblyopie der Schielenden. Arch. Augenheilk. 33, 45 (1896).

[3] Groenouw: Siehe S. 760.

[4] In einer neueren Untersuchung mit gröberer Methodik glaubt Tron [Über einige
Besonderheiten des Sehens der Schielenden. Russk. oftalm. Ž. 2, Nr 2, 144 (1923) u. Klin.
Mbl. Augenheilk. 75, 109 (1925)] Gesichtsfeldbeschränkungen im Sinne einer Amblyopia
ex anopsia gefunden zu haben.

[5] Guillery: Bem. über Sehschärfe und Schießausbildung. Dtsch. mil.ärztl. Z. 1899.
Aprilheft.

[6] Sattler, C. H.: Dtsch. Ophthalm. Gesellsch. Heidelberg 1927.

Am ehesten ist wohl ein Vergleich mit der Ausbildung des Tastsinnes bei einem Blindgeborenen oder Blindgewordenen zulässig. Auch hier handelt es sich kaum um eine feinere Entwicklung oder verbesserte Funktion der Receptoren der Haut, als vielmehr um die durch Anspannung der Aufmerksamkeit gesteigerte Verwertung der psychischen Eindrücke[1]. Insofern ist also ein Einfluß des Gebrauches und Nichtgebrauches nicht von der Hand zu weisen.

---

[1] Vgl. JAENSCH: Zur Analyse der Gesichtswahrnehmungen. Z. Sinnesphysiol. Erg.-Bd. 4 (1909). — Übrigens sind analoge Beobachtungen bei Tastlähmung gemacht [BIELSCHOWSKY: Klin. Mbl. Augenheilk. 77, 309 (1926)]. Dieselbe ist bei angeborener oder in den ersten Lebensjahren entstandener cerebraler Kinderlähmung häufig, kann aber in kurzer Zeit zum Schwinden gebracht werden, wenn die betroffene Hand zum Tasten gezwungen wird.

Die Sehgifte und die pharmakologische Beeinflussung des Sehens.

Von

W. UHTHOFF † [1]

Breslau.

Mit Nachträgen ab 1923 von

ERNST METZGER

Frankfurt a. M.

Zusammenfassende Darstellungen.

UHTHOFF, W: Die Augenveränderungen bei Vergiftungen. Graefe-Saemischs Handb.
d. Augenheilk. IIa **11**, (1911). — LEWIN u. GUILLERY: Die Wirkungen von Arzneimitteln
und Giften auf das Auge. 2. Aufl. Berlin: A. Hirschwald (1913). — HIPPEL, E. v.: Die
Krankheiten des Sehnerven. Graefe-Saemischs Handb. d. Augenheilk. **7** II (1923). —
WILBRAND u. SAENGER: Die Neurologie des Auges. Bd. 5: Die Erkrankungen des Opticusstammes. Bd. **3** II: Allgemeine Diagnostik und Symptomatologie der Sehstörungen. Wiesbaden: J. F. Bergmann. 1913.

Die vorliegende *kurze Besprechung der Sehgifte* und der *pharmakologischen
Beeinflussung des Sehens* wird in erster Linie eine kurze summarische Übersicht
über diejenigen Gifte und pharmakologischen Substanzen geben, welche geeignet
sind, den das eigentliche Sehen vermittelnden Endapparat, den Sehnerven und
die Netzhaut zu schädigen und in ihrer Funktion zu beeinflussen. Hierbei bleiben
einzelne Störungen, z. B. das Farbensehen durch pharmakologische Beeinflussung,
ferner die der Akkommodation, der Pupille und der Augenbewegungen, für mich
außer Betracht, da sie von andern Autoren nach dem aufgestellten Arbeitsplan
besprochen werden.

Es handelt sich zunächst um die Frage, welche Substanzen sind in erster
Linie imstande, den Sehnerven und die Netzhaut direkt organisch zu schädigen
und ihre Funktion zu beeinträchtigen? — Ich halte es für gerechtfertigt, hierbei
eine gewisse Klassifizierung der Gifte vorzunehmen, je nachdem sie in erster
Linie auf die Substanz des Sehnerven und der Netzhaut direkt degenerierend
einwirken oder offenbar mehr durch eine primäre Schädigung des Gefäßsystems
sekundär zur Schädigung der Nervensubstanz und zu Sehstörungen führen.

---

[1] UHTHOFFS Manuskript lag bereits im Jahre 1924 im wesentlichen abgeschlossen vor.
Durch den bis zum Jahre 1929 verzögerten Druck ist mir nach dem Tode des Autors die
Aufgabe zugefallen, die inzwischen erfolgten Publikationen nachzutragen. An der ursprüng-
lichen Einteilung und Behandlung des Stoffes wurde nichts geändert. Die eingehendere
Zitierung der neueren Arbeiten erschien deshalb notwendig, weil sie in den zusammen-
fassenden Darstellungen, auf die UHTHOFF verweisen konnte, noch nicht berücksichtigt sind.
Die Nachträge sind jeweils durch $M\ldots-x-$ hervorgehoben. METZGER.

M. Wilbrand u. Saenger[1] gruppieren in Anlehnung an Lewin u. Guillery (1919) die Sehgifte hinsichtlich ihrer chemischen Wirkungsweise folgendermaßen:

a) In Stoffe, welche nachweisbar den chemischen Bau des zentralen und peripheren Nervensystems stören.

b) In Stoffe, welche spektroskopisch erkennbare Veränderungen des Blutes erzeugen.

c) In Stoffe, welche gelegentlich nur funktionell stören, und zwar:

1. infolge Beeinflussung des Herzens und der Gefäße;

2. infolge Ernährungsstörungen des Sehorgans, die sich auf Alteration des lebenden Eiweißes aufbauen;

3. durch Beeinflussung der Verdauung;

4. durch indirekte physikalische Beeinflussung des Auges, z. B. durch große Wasserentziehung, durch Abführmittel und Diuretica.

d) Durch Stoffe, welche bei direkter Berührung mit dem Auge dasselbe chemisch oder physikalisch verändern, wie z. B. die Ätzmittel es tun. —x—

Ich bin mir dabei wohl bewußt, daß ein Gift ja schließlich nur von der Blutbahn aus auf den Sehnerven und die Netzhaut sowie auf die zentralen Sehbahnen einwirken kann und daß in den Endausgängen der Degeneration neben den atrophischen Veränderungen auch solche des Gefäßsystems nachweisbar sein werden, aber es gibt entschieden Gifte, welche in erster Linie das Gefäßsystem alterieren und erst sekundär zur Degeneration des Sehnerven und der Netzhaut führen. Es wird sich nicht immer entscheiden lassen, ob zuerst die inneren Netzhautschichten oder die Sehnervenfasern im Opticusstamm der Degeneration anheimfallen. Denn es liegt auf der Hand, daß beim primären Zerfall der Sehnervenfasern im Stamm in *absteigender* Richtung auch die nervösen Elemente der Netzhaut degenerieren, und — umgekehrt — bei primärer Schädigung der Netzhaut schließlich auch die Nervenfasern des Opticus in *aufsteigender* Richtung degenerieren können. Für beide Möglichkeiten gibt es Beispiele in der Pathologie des nervösen Sehapparates, und das Tierexperiment ist berufen, hier in mancher Hinsicht Aufklärung zu schaffen. —

Jede *primäre* Störung der Sehbahn weiter *zentralwärts vom Chiasma* muß schon in ihrer Erscheinungsweise (Verhalten des Gesichtsfeldes, hemianopische Störungen usw.) ihren Ausdruck finden. — *Rein zentral* bedingte Sehstörungen durch Affektion der Sehrinde im Occipitallappen und ohne peripher nachweisbare Degenerationserscheinungen im Bereich des Opticus und der Retina sind selten bei Vergiftungen, wenn sie auch gelegentlich — und dann oft vorübergehend — vorkommen können. Hemianopische Störungen bei Vergiftungen, z. B. bei Kohlenoxydgasvergiftung, sind in der Regel durch cerebrale Blutungen oder thrombotische Veränderungen der Hirngefäße bedingt und weniger durch eine direkte degenerierende Giftwirkung auf die betreffenden intracerebralen Sehbahnen oder Rindenpartien des Gehirnes.

Der geringe zur Verfügung stehende Raum verbietet es natürlich, auf die klinischen, experimentellen und anatomischen Daten mehr als summarisch einzugehen. Am Anfang sind einzelne größere Arbeiten mit ausführlichem Literaturverzeichnis angeführt, und ich nehme daher von der eingehenderen Zitierung der Autoren im Text Abstand.

Zu den Giften, welche in erster Linie den nervösen Apparat des Auges (Opticus und Retina) schädigen und Sehstörungen hervorrufen, rechnen folgende:

1. Der *Alkohol*, oder vielmehr die verschiedenen *Alkohole* (Äthyl-, Methyl-, Propyl-, Amylalkohol usw.). Am häufigsten ist der *Äthylalkohol*, besonders bei

---

[1] Wilbrand u. Saenger: 3 II, 923.

starken Verunreinigungen mit *Fuselölen, Aldehyden, Furfurol, Benzaldehyd* usw. auch der *Absynth* Ursache von Sehstörungen.

M. Die erste Erwähnung von Alkoholamblyopie in der Geschichte der Medizin teilt A. M. Esser[1] mit. Es handelt sich um charakteristische Schilderungen zeitgenössischer römischer und griechischer Schriftsteller von der Erblindung des von 367—356 v. Chr. regierenden *Dionys d. J.* von *Syracus*, die auf übermäßigen Genuß unvermischten schweren Weines zurückgeführt wurde. —*x*—

Akute Erblindungen und hochgradige Sehstörungen nach Einwirkung *reinen Äthylalkohols* sind meines Erachtens zweifelhaft. Wenn auch die Literatur derartige Fälle aufweist, so gehören dieselben meist der „vorophthalmoskopischen" Zeit an und sind nicht sicher verbürgt. Ferner liegt die Vermutung nahe, daß es sich in solchen Fällen wohl zum Teil um Verunreinigungen mit Methylalkohol gehandelt hat, wie mich auch einige Beobachtungen mit genaueren chemischen Analysen der genossenen alkoholischen Getränke gelehrt haben.

Das Krankheitsbild der *chronischen Äthylalkohol-Amblyopie* ist ein durchaus typisches mit seinem relativen zentralen *Farbenskotom*, das gewöhnlich eine liegend ovale Form aufweist und sich nach außen weiter vom Fixierpunkte erstreckt als nach innen.

Der *anatomische Befund* (ich verfüge über 14 Sektionsfälle) ist ebenfalls charakteristisch und in das sog. papillo-maculäre Optikusfaserbündel lokalisiert. Die Veränderungen sind zum Teil einfach degenerativer Natur (Dalèn[2] sah bei einem frischen Fall Marchi-Degeneration des papillomaculären Bündels) zum Teil auch von ausgesprochen interstitiell-neuritischem Charakter. Es bleibt hierbei zu berücksichtigen, daß circumskript lokalisierte interstitielle neuritische Veränderungen im Sehnervenstamm *in auf- und absteigender Richtung* zum Bilde der einfachen Degeneration führen, welche sich natürlich auch auf die Nervenfaser-Ganglienzellenschicht der Netzhaut erstrecken. Wegen derartiger pathologischer Veränderungen in der Netzhaut schon eine primäre Erkrankung der Retina anzunehmen, halte ich nicht für gerechtfertigt. Ich verfüge über einen Sektionsbefund, wo im Bereich des papillomaculären Opticusbündels deutliche interstitiell-entzündliche Veränderungen vorhanden waren, ohne daß die eingeschlossenen Nervenfaserbündel bisher wesentlich degeneriert waren. Experimentell ist es nicht gelungen, den Beweis einer primären Erkrankung der Netzhaut zu führen. Die Form des zentralen Skotoms, seine liegend ovale Beschaffenheit ist nicht geeignet, die Annahme einer primären Netzhautdegeneration zu stützen, sondern weist mehr auf *die Erkrankung eines bestimmten papillomaculären Opticusfaserbündels* hin.

Die Schanzsche[3] Annahme, es handele sich bei der Alkoholamblyopie, da der Äthylalkohol ultraviolette Strahlen in sehr geringem Grade absorbiere, hauptsächlich um eine Störung in der Retina infolge der *Einwirkung des Lichtes nach einer Sensibilisierung* der Retinaelemente durch das Gift, ist nicht wahrscheinlich und wird auch durch v. Hippel u. a. zurückgewiesen. Berücksichtigt man den anfangs negativen ophthalmoskopischen Befund, und die erst nach Wochen und Monaten auftretende Abblassung der temporalen Papillenhälfte, so spricht auch das mehr für eine primäre Schädigung im Opticusstamm mit absteigender Degeneration des papillomaculären Bündels.

Auch die gelegentlich angeführten *feinen Netzhautveränderungen in der Gegend der Macula lutea* bei der ophthalmoskopischen Untersuchung können meines Erachtens nicht für eine primäre Netzhautschädigung ins Feld geführt

---

[1] Esser, A. M.: Klin. Mbl. Augenheilk. **80**, 541 (1928).
[2] Dalèn: Mitt. a. d. Augenklinik Stockholm 1907, H. 8.
[3] Schanz: Z. Augenheilk. **43**, 73.

werden, denn 1. fehlen sie in der Regel; 2. kommen auch feine Pigment- und stippchenartige Veränderungen in der Gegend der Macula lutea bei sonst gesunden Augen ohne Sehstörung vor. Ich verweise in dieser Hinsicht auf meine früheren Ausführungen[1].

M. Über *Nachtblindheit* und andere Komplikationen von seiten des Auges *bei chronischen Alkoholikern* berichtet K. LUNDSGARD[2], und hebt an Hand seiner Befunde die *feineren lokalen Schädigungen des receptorischen Apparats* hervor. —x—

Es bleibt somit das wahrscheinlichste, daß das zur zentralen und peripheren Nervenmasse gelangende Gift deren chemischen Bau und die Mark- und Myelinstoffe verändert — besonders auch im Sehnervenstamm — und dadurch Funktionsstörungen hervorruft.

Totale Sehnervenatrophie mit dauernder Erblindung infolge von Äthylalkoholvergiftung gibt es meines Erachtens nicht. Die Mitteilungen in der Literatur in dieser Hinsicht halten der Kritik nicht so stand und beruhen auf falschen Differentialdiagnosen gegenüber Sehnervenatrophie aus anderen Ursachen (Tabes, Cerebralerkrankungen, Arteriosklerose usw.).

M. *Veränderungen in der Aderhaut nach chronischer Alkoholintoxikation* konnte PADOVANI[3] beim Kaninchen experimentell nachweisen. In der Uvea fanden sich Bindegewebs- und Gefäßwandwucherungen als histologische Reaktion auf die langsam herbeigeführte Intoxikation. Auch fand sich eine kleinzellige Perivasculitis. Die Bedeutung dieser Befunde für die Pathogenese der toxischen Amblyopie des Menschen muß noch als fraglich gelten. —x—

Eine besondere *Prädisposition* des männlichen Geschlechts für alkoholische Sehstörungen gegenüber dem weiblichen gibt es nicht, die häufigere Erkrankung erklärt sich lediglich aus der häufigeren Einwirkung der Noxe bei denselben. Dagegen ist das jugendliche Lebensalter weniger den Schädigungen des Sehens ausgesetzt als das vorgeschrittenere.

2. Viel gefährlicher als der Äthylalkohol ist der *Methylalkohol* für das Sehorgan und zwar auch wieder durch *direkte Schädigung des Sehnerven und der Netzhaut.*

Die Verwendung des Methylalkohols in der Industrie (zum Firnissen, Polieren, Denaturieren des Spiritus, Herstellung von Schellak usw.) geben einerseits Anlaß zu diesen Vergiftungen, besonders aber der direkte Genuß dieser Substanz (rein oder bei Verfälschungen anderer alkoholischer Getränke). Die ersten Mitteilungen stammen aus den siebziger Jahren des vorigen Jahrhunderts, dieselben mehrten sich dann, besonders seit den neunziger Jahren durch Autoren aus verschiedenen Ländern. Mir selbst hat der Krieg Gelegenheit gegeben, eine Reihe einschlägiger Beobachtungen zu machen. Speziell sei auch hier auf jene *Massenerkrankung im Berliner Asyl für Obdachlose 1911* hingewiesen.

Das Auftreten der Sehstörung ist durchweg ein akutes und oft sehr hochgradiges, bis zur völligen Erblindung, die aber oft wieder teilweise zurückgeht. Doch kann gelegentlich auch völlige Erblindung bestehen bleiben, wie ich noch jüngst in einem Falle sah, wo einer der Teilnehmer am Trinkgelage starb, ein zweiter total dauernd erblindete und der Dritte, ein Gewohnheitstrinker, ohne Sehstörung davonkam.

Die Sehstörung tritt durchaus unter dem Bilde einer *peripheren Affektion des Sehnerven und der Netzhaut* auf mit mehr oder weniger ausgesprochener Sehnervenatrophie. Eine mäßige neuritische Trübung der Papille tritt zum Teil anfangs auf, die dann bald zurückgeht und dem Bilde einer Sehnervenatrophie

---

[1] Graefe-Sämischs Handb. XIa, S. 18.

[2] LUNDSGARD, K.: Acta ophthalm. (Københ.) 2, 112 (1924).

[3] PADOVANI: Arch. Ottalm. 31, 193 (1924).

Platz macht. So bestand in unserer letzten Beobachtung schon nach kurzer Zeit das Bild der Opticusatrophie mit absoluter Amaurose und mittelweiten, auf Licht starren Pupillen. Auch die Gesichtsfeldanomalien bei diesen Sehstörungen sprechen durchaus für eine periphere Schädigung des Opticus und der Retina. Die bisherigen anatomischen Untersuchungen (Pick, Bielschowsky[1] u. a., vgl. auch V. Eleonskaja[2]) ergeben degenerative Veränderungen in der Netzhaut (Veränderungen der Ganglienzellenschicht, Schwund der Nisslschollen, geschrumpfte, exzentrisch gelegene Zellkerne. Schwund der Dendriten) und dem Sehnerven (Zerfall der Markscheiden, Auftreibung der Achsenzylinder, Vergrößerung der Gliazellen, teilweise Verfettung der Adventitialscheiden der Gefäße.) Die experimentellen Untersuchungen an Tieren ergeben ähnliche Resultate (Birch-Hirschfeld[3], Holden[4], Friedenwald[5] u. a.). Letzterer Autor erzielte auch bei einem Affen klinisch völlige Erblindung mit Neuritis optica und weiten, starren Pupillen. Sowohl die klinischen als auch die experimentellen Erfahrungen erweisen den Methylalkohol als eines der stärksten Sehnerven- und Netzhautgifte und jedenfalls geeignet, schneller tiefer und dauernder auf das Nervensystem zerstörend zu wirken als der Äthylalkohol. Der Methylalkohol ist weniger oxydierbar als der Äthylalkohol und scheint sogar nicht zur Ameisensäure im Körper zu verbrennen, sondern unverändert in den Harn überzugehen.

M. Mit *exakten chemischen Methoden die ersten und feinsten Netzhautschädigungen toxischer Herkunft vorzugsweise bei der Methylalkohol- und Chininvergiftung* — die den gröberen anatomischen Läsionen weit voraufgehen — *zu erfassen,* hat Goldschmidt (Leipzig) durch einen „Experimentellen Beitrag zur Methylalkohol- und Chininvergiftung"[6] neue und wertvolle Anregungen gegeben, auf die hier nur kurz hingewiesen werden kann.

Die klinischen Beobachtungen des finnischen Autors Rostedt[7] geben an Hand eines Materials von 60 Fällen Aufschluß über die Höhe der toxischen Dosis. 50% der Erkrankten verfielen der dauernden Erblindung. Der denaturierte Spiritus, der infolge des in Finnland eingeführten Alkoholverbotes zum Genusse herangezogen wurde, enthält 2—3% rohen Holzgeist. Die genossene Flüssigkeitsmenge betrug durchschnittlich $^1/_4$ l, so daß als toxisches Quantum ca. 7,5 g Methylalkohol sich ergeben. — In der Mehrzahl der Fälle setzte die Sehstörung im Laufe des dritten Tages nach der Vergiftung ein. Der Höhepunkt der Schädigung wird noch im akuten Stadium erreicht. Eine gewisse Besserung im Laufe der ersten drei Wochen trat mehrfach ein, war aber meist nur von kurzer Dauer.

Gehäuft trat in der Nachkriegszeit die Methylalkoholvergiftung vor allem in *Rußland* auf[8].

Schieck[9] sieht in der Anfälligkeit der Maculazapfen bzw. des papillomaculären Bündels einen Hinweis auf eine pathologische Überempfindlichkeit im Sinne der oben schon genannten Schanzschen Hypothese. Die rapide Abnahme

¹ Pick u. Bielschowsky: Berl. klin. Wschr. **1912**, Nr 19.
² Eleonskaja, V.: Anatomische Veränderungen des Sehnerven bei chron. Holzgeistvergiftung. Russ. Ophthalm.-J. **4**, 40 (1925).
³ Birch-Hirschfeld: Graefes Arch. I **54**.
⁴ Holden: Arch. Augenheilk. **40**, H. 3.
⁵ Friedenwald: J. amer. med. Assoc. **1901**, 1445.
⁶ 43. Vers. d. Dtsch. Ophthalm.-Gesellsch. in Jena 1922.
⁷ Rostedt: Über Sehstörungen bei Holzgeistvergiftungen. Finska Läk.sällsk. Hdl. **58**, 113 (1921), zitiert nach dem Ref. Enroths: Klin. Mbl. Augenheilk. **68**, 422.
⁸ Kasas: Arch. Ophthalm. Russ. **1**, H. 4, 505; **2**, H. 1, 26 (1926).
⁹ Schieck: Zur Frage der Schädigung des Auges durch Methylalkohol. Z. Augenheilk. **48**, 187 (1922).

des zentralen Sehvermögens bei subjektivem Blendungsgefühl läßt sich auf einen Vorgang nach Art der EDINGERschen *Aufbrauchtheorie* zurückführen. Er empfiehlt deshalb für die Behandlung frischer Fälle *völligen Lichtabschluß*. —x—

3. Der *Tabak* (Nicotin 2—8% bei den verschiedenen Tabaksorten) kann zu einer der Äthylalkoholamblyopie ganz analogen Erkrankung führen, so daß nach den klinischen Symptomen eine Differentialdiagnose nicht zu stellen ist. Dahingehende Versuche sind als gescheitert anzusehen. Es ist ja in der Tat auffallend, daß zwei so verschiedene Gifte, wie Tabak und Alkohol, ganz das gleiche klinische Bild der chronischen Intoxikationsamblyopie mit relativen zentralen Farbenskotomen usw. hervorrufen können, und doch besteht kein Zweifel, daß lediglich Alkohol- und lediglich Tabakmißbrauch zu den gleichen Krankheitsbildern führen können. In der Literatur hat es nicht an Stimmen gefehlt, welche zum Teil das Bestehen einer reinen Alkoholamblyopie in Zweifel gezogen haben, aber mit Unrecht. Wenn auch zugegeben werden muß, daß in vielen Fällen beide Noxen vorliegen, so gibt es doch — sowohl für die *reine Alkohol-* als auch für die *reine Tabakamblyopie* — viele Beweise. In letzterer Hinsicht hat auch hier der Krieg gelehrt, wie die Tabakamblyopie häufiger vorkam wie im Frieden infolge vermehrten Rauchens bei gleichzeitiger Unterernährung.

M. SCHNAUDIGEL[1] sah in 3 Fällen rapider Abmagerung (bis 40 Pfund) bei Rauchern eine typische Tabakamblyopie, *ohne* daß eine Erhöhung des Tabakkonsums — eher eine Verminderung — stattgefunden hätte.

Vgl. auch JENDRALSKY[2], wo eingehend über die Intoxikationsamblyopie (Tabak und Alkohol) vor, in und nach dem Kriege berichtet wird.

SATTLER[3] weist in seinem „Beitrag zur Kenntnis der Tabak- und Alkoholvergiftung des Auges" auf die besonderen Gefahren hin, die bei *Verwendung selbstgebauten Tabaks* durch ungenügende Aufbereitung (Trocknung usw.) zur Beobachtung kommen.

Von 47 in den Jahren 1913—1921 untersuchten Patienten hatte etwa die Hälfte selbstgezogene Tabakprodukte geraucht bzw. gekaut. Dieser enthält etwa die doppelte Menge Nicotin als der Tabak des Handels. In den Rauch des käuflichen Tabaks geht etwa 15%, in den des mangelhaft getrockneten 27% *des Nicotingehaltes* über. (Nach Untersuchungen von RHODE u. WIELAND.) —x—

Anatomisch liegen nur einzelne Befunde vor (wieder von BIRCH-HIRSCHFELD) mit ähnlichen Veränderungen wie bei der Alkoholamblyopie. —

Experimentell beim Tier (Hund) ist es gelungen, Erblindung und weite starre Pupillen hervorzurufen, auch sind die Mitteilungen hervorzuheben, nach denen Tiere (Pferde) nach Genuß von *Nicotina suaveolens* in Australien blind und schwachsichtig wurden. DE SCHWEINITZ[4] fand dabei fibröse Wucherungen mit Atrophie der Nervenfasern. Verschiedene Tiere, z. B. Ziegen, scheinen relativ immun zu sein gegen die schädlichen Einwirkungen des Tabaks.

Eine akute Tabakvergiftung wie in einem Falle von COOPER[5] (Tabakklistier) soll gelegentlich Sehstörung hervorgerufen haben, doch scheint mir das nicht sicher nachgewiesen, jedenfalls nicht im Sinne einer direkten Schädigung des Sehnerven und der Netzhaut.

4. Daß *Kaffee, Tee, Kakao,* Schokolade, diese weitverbreiteten Genußmittel imstande sind, eine direkte Schädigung des Sehnerven und der Netzhaut im

---

[1] SCHNAUDIGEL: Klin. Mbl. Augenheilk. **68**, 248 (1922).
[2] JENDRALSKY: Dtsch. med. Wschr. 1922, Nr 36.
[3] SATTLER: Klin. Mbl. Augenheilk. **69**, 526 (1922).
[4] DE SCHWEINITZ: Philadeph. Sekt. on ophth. college of physiciand 19. Okt. 1897.
[5] COOPER: Zitiert nach LEWIN u. GUILLERY **1**, 368.

Sinne einer Intoxikationsamblyopie hervorzurufen, scheint trotz einiger Mitteilungen in der Literatur nicht sicher nachgewiesen.

M. Über eine leistungsfördernde Einwirkung des Coffeins auf den Sehapparat liegt aus neuerer Zeit eine Mitteilung Wölfflins[1] vor.

Bei *Deuteranomalen* gelang es Wölfflin mittels Coffein und Strychnin die Farbenschwelle für Rot sowohl zentral wie auch peripher im Gesichtsfelde zu erniedrigen, während diejenige für Grün annähernd gleichblieb. Allerdings erwies sich die periphere Beeinflussung am Gesichtsfelde viel stärker ausgesprochen wie die zentrale foveale. Bei zwei Fällen von Grünblindheit ließ sich durch Coffein die Gelbempfindlichkeit deutlich steigern. — Bei dem geringen Umfange der Untersuchungsreihe ist eine weitere Nachprüfung der interessanten Ergebnisse erwünscht. —*x*—

5. Auch *Cannabis indica* (*Haschisch*) scheint mir nicht sicher als ein toxisches Moment anzusehen zu sein, welches imstande ist, direkt Schädigungen des Opticus und der Retina — und damit Sehstörungen — zu bewirken, zumal der Autor (Ali[2]) hervorhebt, daß die Amblyopie einseitig (wie die Tabakamblyopie?) auftrete. Im übrigen scheinen die berichteten Störungen lediglich funktionell und subjektiv gewesen zu sein und nicht auf einer organischen Erkrankung des Opticus und der Retina beruht zu haben.

6. *Datura Strammonium* ist sehr selten Ursache einer Sehstörung infolge einer organischen Erkrankung von Opticus und Retina im Sinne einer Intoxikationsamblyopie. Doch sind die Beobachtungen von Cerillo und Fuchs[3] über Sehstörungen infolge des Rauchens von Strammoniumzigaretten wohl als beweiskräftig anzusehen. Bei den Analogien zwischen der Stechapfel- und der Belladonnavergiftung ist jedenfalls hervorzuheben, daß bei letzterer derartige Sehstörungen nicht beobachtet worden sind.

7. Der *Schwefelkohlenstoff* gehört zu den Giften, welche zweifellos organische Veränderungen in Opticus und Retina hervorrufen können mit zum Teil hochgradigen Sehstörungen, wenn auch fast niemals totaler Erblindung. Wenn wir in den letzten Dezennien weniger von Sehstörungen infolge von Schwefelkohlenstoffvergiftungen berichtet finden als früher, so liegt dies zweifellos an den besseren hygienischen Einrichtungen in den Fabriken, wo Schwefelkohlenstoff technisch zur Verwendung kommt, z. B. Gummifabriken beim Vulkanisieren des Kautschuks u. ä. — Die frühere Literatur seit den besonders wichtigen Mitteilungen von Delpech[4] weiß viel von Sehstörungen bei Schwefelkohlenstoffvergiftungen zu berichten, wobei allerdings die genaueren Beschreibungen erst aus den achtziger Jahren des vorigen Jahrhunderts kommen.

Gelegentlich kann die Sehstörung akut einsetzen, wie ich bei einem Falle sah, häufiger nimmt sie einen mehr chronischen Verlauf. Das klinische Bild gleicht oft demjenigen der sog. retrobulbären Neuritis (d. h. zentrale Skotome mit relativ freier Gesichtsfeldperipherie) und atrophischer Verfärbung (partiell oder total) der Papillen. Hier und da wird auch von einer konzentrischen Gesichtsfeldbeschränkung bei negativem ophthalmoskopischem Befunde berichtet. Diese Fälle sind aber wohl meistens zu den funktionellen (hysterischen) Gesichtsfeldstörungen zu rechnen, zumal schon Pierre Marie[5], Husemann u. a. die Schwefelkohlenstoffintoxikation als auslösendes Moment für psychische und auch hysterische Störungen aufführen. — Wo genaue Angaben über ophthalmoskopische

[1] Wölfflin: Über Beeinflussung des Farbensinnes bei anomalen Trichromaten. Klin. Mbl. Augenheilk. **69**, 205—208 (1922).
[2] Ali: Rec. d'ophth. **1870**, 258.
[3] Cerillo: Rec. d'ophth. **1897**, Nr 7, 403.
[4] Delpech: L'union med. **66**, 265. Paris 1856.
[5] Pierre Marie: Gaz. hebdomad. de Med. 23. Nov. 1888, S. 743.

Veränderungen bei vorhandenen Sehstörungen vorliegen, lauten dieselben meistens positiv im Sinne einer atrophischen und entzündlichen Veränderung des Opticus, besonders auch Abblassung der temporalen Papillenhälften. Im ganzen ist eine Ähnlichkeit der Sehstörung mit der Intoxikationsamblyopie unverkennbar, nur, daß die Störungen intensiver sind und auch in großen absoluten zentralen Skotomen ihren Ausdruck finden. Die vereinzelten Angaben über das Vorkommen feinerer Retinal- und Chorioidealveränderungen — glaube ich — sind nicht bedeutungsvoll, in meinen drei Beobachtungen waren sie jedenfalls neben den Opticusveränderungen nicht vorhanden.

Für die Pathogenese der Sehstörungen muß jedenfalls eine Entstehung vom Blutwege angenommen werden, durch Einatmung der CS_2-Dämpfe. Eine direkte Kontaktwirkung kann ja für die Sehstörung nicht in Betracht kommen, wie das wohl für gewisse andere Störungen angenommen worden ist (Anästhesien, Lähmungen, Atrophien). Die experimentellen Untersuchungen am Tier wären in bezug auf das Auge zum Teil positiv, teilweise dagegen negativ. Jedenfalls ist Schwefelkohlenstoff unter Umständen ein schweres Gift für den Sehnerven. Nach LEWIN und GUILLERY „gehört der Schwefelkohlenstoff zur Gruppe derjenigen Gifte, denen die Fähigkeit zukommt, fett- und lecithinartige Substanzen, Mark- und Myelinstoffe aus jedem nervösen Gebilde, mit dem sie in direkte Berührung kommen, proportional der wirkenden Menge und der Dauer der Berührung zu lösen und so eine Störung des chemischen und auch des funktionellen Gleichgewichtes zu veranlassen".

8. *Arsen und seine Verbindungen.* (*Atoxyl, Arsacetin, Indarsol, Spirarsol, Salvarsan, Rhodarsan*). Das *Arsen* führt häufiger zu äußeren entzündlichen Erscheinungen der Lider und der Conjunctiva als zu eigentlichen Sehstörungen unter dem Bilde der Opticuserkrankung, aber auch hierfür liegen Beobachtungen in der Literatur vor. Sie treten unter dem Bilde der Neuritis optica auf, gelegentlich auch dem der chronischen Intoxikationsamblyopie mit zentralen relativen Skotomen, das letztere ist aber jedenfalls sehr selten. Eine komplette Sehnervenatrophie infolge Arsenvergiftung scheint nicht vorzukommen. Dagegen sind die *Arsenverbindungen*, wie sie zur Behandlung der Syphilis empfohlen worden sind, zum Teil schwere Gifte für den Opticus, darunter in erster Linie das *Atoxyl*. Das Mittel hat sowohl in der Behandlung der Syphilis als auch der Schlafkrankheit zeitweise eine große Rolle gespielt. Alarmierend waren in dieser Hinsicht die Mitteilungen von R. KOCH über seine Erfahrungen mit der Atoxylbehandlung bei der Schlafkrankheit. Eine Reihe von schweren Sehstörungen und Erblindungen waren zu verzeichnen (gewöhnlich doppelseitig) unter dem Bilde der Sehnervenatrophie mit rapidem Verfall des Sehens und des Gesichtsfeldes, gelegentlich auch unter dem Auftreten von Neuritis optica und allgemeinen schweren Intoxikationserscheinungen (Mattigkeit, Schwindel, Ohrensausen, Taubheit usw.). Es sei besonders auf die Zusammenstellung von IGERSHEIMER verwiesen. Das *Atoxyl* ist geeignet, direkt degenerierend auf die Substanz des Opticus und der Retina einzuwirken und die schwersten Sehstörungen hervorzurufen. Auch die anatomischen Untersuchungen beim Menschen (NONNE) bestätigen dies und ebenso die experimentellen Untersuchungen am Tier (BIRCH-HIRSCHFELD[1], KOESSLER, IGERSHEIMER[2] u. a. m.) (Degeneration des peripheren Opticus bis zum Chiasma mit Gliawucherung, schwere Veränderungen der Ganglienzellen und Nervenfaserschichten der Retina, Veränderungen der Retinalgefäße, auch Alteration der äußeren Netzhautschichten.) Es scheint sich um eine primäre

---

[1] BIRCH-HIRSCHFELD u. KÖSTER: Graefes Arch. 76 (1910).
[2] IGERSHEIMER: Graefes Arch. 71 (1909).

Degeneration der nervösen Substanz des Sehnerven und der Netzhaut zu handeln, welche erst sekundär zu interstitiellen Veränderungen mit Verbreiterung der Septen und Gliawucherung führt. Die größte Menge des eingeführten Atoxyls kreist nach chemischen Untersuchungen unzersetzt im Blute und wird auch als solches ausgeschieden. Das unzersetzte Atoxyl greift also in erster Linie direkt die Nervensubstanz zerstörend an und wird an dieselbe gebunden unter Bildung von sehr giftig wirkenden Reaktionsprodukten.

Analog dem Atoxyl kann auch das *Arsacetin* schwer schädigend auf den Sehnerven und die Netzhaut einwirken, wie bei Schlafkrankheit beobachtet wurde, und auch experimentell beim Tier nachgewiesen werden konnte (Sattler)[1]. Jedenfalls sind diese beiden Mittel in der Behandlung der Syphilis beim Menschen wegen dieser Gefahr für das Sehorgan auszuschließen.

Auch das *Indarsol* und das *Spirarsol* scheinen schädigend auf Sehnerv und Netzhaut einwirken zu können, wie beim ersteren von Birch-Hirschfeld und Inouye[2] experimentell beim Tier nachgewiesen wurde und bei letzterem Hegner[3] in einem Falle beim Menschen beobachtete.

Das *Salvarsan* ist nach den bisherigen Erfahrungen wohl freizusprechen von derartigen direkt zerstörenden Wirkungen auf den nervösen Apparat des Sehorgans. Die beobachteten entzündlichen Veränderungen am Sehnerven (sog. *Neurorezidive*) sind wohl als ausgelöst durch unzureichende Dosierung anzusehen und werden durch weitere Zufuhr des Mittels günstig beeinflußt. Jedenfalls hat man klinisch nicht den Eindruck einer direkt zerstörenden Wirkung auf den Opticus und bei schon bestehender Erkrankung von Sehnerv und Netzhaut (Atrophie, Neuritis) infolge von Syphilis ist deshalb das Salvarsan nicht etwa kontraindiziert.

Verdorbene und fehlerhafte Salvarsanpräparate haben gelegentlich schwerere Vergiftungserscheinungen unter Auftreten auch von Sehstörungen unter dem Bilde der Neuritis optica und Retinalveränderungen mit Blutungen im Gefolge gehabt.

M. Über das Auftreten einer schweren Intoxikationsneuritis beider Sehnerven nach Anwendung von *Rhodarsan* mit fast völliger Erblindung berichten 1926 Gérard et Bréton[4].

9. Von den *Jodpräparaten*, welche sich gelegentlich als Gift für den Sehnerven erwiesen haben, ist in erster Linie das *Jodoform* zu erwähnen. Die Fälle von Sehstörungen infolge dieses Mittels sind selten, aber in der Periode, wo Jodoform in der Wund- und auch Tuberkulosebehandlung im großen Maßstabe (z. B. bei großen Wundhöhlen) angewendet wurde, zu verzeichnen. Meistens trat die Affektion unter dem Bilde der retrobulbären Opticuserkrankung mit zentralen Skotomen auf mit sekundärer atrophischer Verfärbung der temporalen Papillenteile, vereinzelt auch der ganzen Papille. Nur gelegentlich wird über eine anderweitige Form der Sehstörung berichtet (vorübergehende Amaurose, neuritische Sehnervenatrophie). In den letzten Dezennien scheinen derartige Sehstörungen nicht mehr zur Beobachtung gekommen zu sein, was wohl mit der geringen Verwendung des Mittels in Zusammenhang steht.

Auch die Angaben über Sehstörungen nach *Ioduret* und *Thiuret* sind nur ganz vereinzelt (Baas)[5] unter dem Bilde der retrobulbären Neuritis mit zentralen

---

[1] Sattler, G. H.: Graefes Arch. **81**, 546 (1912).
[2] Birch-Hirschfeld u. Inouye: Graefes Arch. **72**, (1911).
[3] Hegner: Klin. Mbl. Augenheilk. **2** (1911).
[4] Gérard et Bréton: Névrite optique très grave apparue tardivement après traitement au *rhodarsan*. Clin. ophthalm. **15**, 189.
[5] Baas: Das Gesichtsfeld. Stuttgart: F. Enke 1896.

Skotomen und späterer partieller atrophischer Verfärbung der temporalen Papillenteile. Beide Mittel stehen sich in ihrer chemischen Zusammensetzung nahe, es bleibt noch unentschieden, ob sie an sich giftig wirken oder durch eine aus ihnen darstellbare Base (v. HOFFMANN).

M. Eine schwere schädigende Wirkung auf die Sehfunktion hat in mehreren Fällen die intravenöse Einverleibung hochkonzentrierter *Preglscher Jodlösung* zur Folge gehabt. Die zur Behandlung allgemeiner septischer Prozesse empfohlenen Präparate des Handels *Presojod* und das noch stärker wirkende *Septojod* führen nach Mitteilungen von RIEHM[1], ROGGENKÄMPER[2] und SCHEERER[3] zu schweren Sehstörungen, offenbar infolge eines akuten Pigmentzerfalls der Netzhaut. Letzterer fand entsprechend den klinischen Beobachtungen am Menschen im Tierversuch am Kaninchenauge primäre Degenerationserscheinungen des Neuroepithels und des Pigmentepithels. In der äußeren Körnerschicht wurden atypische Mitosen gefunden, wie sie erstmals von SCHREIBER nach Scharlachölinjektion nachgewiesen wurden.

SCHEERER glaubt, daß das wirksame Prinzip im *Septojod* und *Presojod* das darin zu etwa 0,4% enthaltene *freie Jod* sei, das infolge der intravenösen Applikation in einer bisher unbekannten Form wirke.

Aus eigener Erfahrung an über 5000 *intravenösen Injektionen* 10% *Jodnatriumlösung bei Augenkranken* in der Univ.-Augenklinik zu Frankfurt a. M. sei hierzu mitgeteilt, daß diese Form der Jodeinführung in den Kreislauf *keinerlei störende Nebenwirkungen am Sehapparat wie im Allgemeinbefinden beobachten ließ* (METZGER). —x—

Von den bekannten Jodverbindungen (*Jodkalium und Jodnatrium*) halte ich einen schädigenden Einfluß auf den Sehnerven und die Netzhaut nicht für nachgewiesen, es ist auch nicht anzunehmen, daß ein solcher stattfindet bei der außerordentlichen Anwendung dieser Mittel speziell auch bei Sehnerven- und Netzhautleiden.

10. *Schilddrüsenpräparate (Thyreoidin)* müssen als geeignet angesehen werden, hier und da direkt (COPPEZ)[4] eine Sehstörung unter dem Bilde einer retrobulbären Neuritis mit zentralen Skotomen hervorzurufen. Auch bei Tieren (Hund) ist gelegentlich Sehstörung nach Schilddrüsenpräparaten beobachtet worden und es gelang auch beim Hunde experimentell (BIRCH-HIRSCHFELD und INOUYE[5]) atrophische Degeneration im Bereiche des Sehnerven hervorzurufen unter dem anatomischen Bilde der Sehnervenfaserdegeneration (MARCHI, WEIGERT) ohne Veränderungen der Glia, des Bindegewebes der Septen und der Gefäße. Auch Veränderungen der Ganglienzellen und der Netzhaut waren nachweisbar, aber nicht hochgradig. Die Intensität der Degeneration des Sehnervenstammes fand sich hauptsächlich peripher im Opticusstamme zentralwärts allmählich abnehmend. Vor einer kritiklosen Anwendung der Schilddrüsenpräparate — wie früher zum Teil üblich — bleibt somit zu warnen.

M. Auch das *Adrenalin* als wirksamer Extrakt der Nebennierensubstanz, sowie seine synthetisch hergestellten Homologa, das *Suprarenin* u. a. m. ist geeignet, die Netzhautfunktion des Menschen hemmend zu beeinflussen. Ausgehend von den Untersuchungen NAKAMURA und MYIAKE[6], die von BATSCHWA-

---

[1] RIEHM: Klin. Mbl. Augenheilk. **78**, 87 (1927).
[2] ROGGENKÄMPER: Klin. Mbl. Augenheilk. **79**, 827 (1927).
[3] SCHEERER: 46. Vers. d. Dtsch. Ophthalm. Gesellsch. Heidelberg 1927.
[4] COPPEZ: Arch. d'ophth. **20**, 656 (1900).
[5] BIRCH-HIRSCHFELD u. INOUYE: Graefes Arch. 1905.
[6] NAKAMURA u. MYIAKE: Über den Einfluß des Adrenalin auf die Netzhaut. Klin. Mbl. Augenheilk. **69** (1922).

Rowa[1] bestätigt wurden, habe ich gemeinsam mit Rothhan[2] Untersuchungen über das Verhalten der Adaptation normaler Menschen vor und nach Instillation einer $^1/_{1000}$ Adrenalinlösung angestellt.

Wir kamen zu folgendem Ergebnis:

1. Eine Veränderung der *Sehschärfe* bei guter Beleuchtung wird durch Adrenalin nicht verursacht.

2. *Hellgesichtsfeld* und *Farbensinn* bleiben völlig unverändert.

3. Dagegen erwies sich bei 100 Vp. eine *ganz erhebliche Herabsetzung der Dunkeladaptation* nach Einträufelung einer Adrenalinlösung, $^1/_{1000}$ in den Bindehautsack. Die Kurve des Adaptationsverlaufs zeigt eine Verzögerung der Empfindlichkeitszunahme.

Wir halten es für wahrscheinlich, daß auch beim Menschen wie es experimentell für das Froschauge anatomisch sichergestellt ist, die Pigmentverteilung und die Neuroepithelstellung durch den wirksamen Stoff eine Tendenz zur *Hellstellung* erfährt.

Als praktische Nutzanwendung hat sich die Möglichkeit ergeben, quälende *entoptische Erscheinungen* bei frischen entzündlichen Erkrankungen der Netzhaut und Aderhaut durch gelegentliche Adrenalininstillationen für mehrere Stunden zu unterdrücken.

Dauernde Funktionsstörungen oder ophthalmoskopisch wahrnehmbare Degenerationserscheinungen wurden nach Adrenalin nicht beobachtet. —*x*—

11. Das *Quecksilber* ist wohl wiederholt beschuldigt worden, direkte Opticus-läsionen und Sehstörungen durch toxische Einwirkungen hervorrufen zu können. Die Beobachtungen liegen zum Teil in der vorophthalmoskopischen Zeit und können nicht als beweisend angesehen werden. Auch in den späteren vereinzelten Beobachtungen scheint mir ein direkter Beweis für eine schädliche Wirkung des Hg in dieser Hinsicht nicht vorzuliegen. Es sind zweifellos dem Hg schädliche Wirkungen auf das Schuldkonto gesetzt, die auf das behandelte Grundleiden zurückzuführen waren (cerebrale Erkrankungen, Syphilis, Nephritis usw.). Ich vermag es auch nicht als berechtigt anzusehen, wenn gewisse experimentelle Versuchsergebnisse am Tier in bezug auf bewirkte Degeneration peripherer Nerven auf den Menschen übertragen werden. Desgleichen soll man sich hüten, rein funktionelle Sehstörungen (konzentrische Gesichtsfeldbeschränkung bei Hysterie) während einer Behandlung dem Quecksilber zuzuschreiben. Ich halte es für richtig, das hier besonders hervorzuheben, weil derartige nicht begründete Angaben geeignet sind, die doch oft so dringend notwendige Quecksilberbehandlung, gegen die in Laienkreisen schon sowieso oft ein Vorurteil herrscht, zum Schaden für die Kranken zu diskreditieren.

12. Das Krankheitsbild des *Botulismus* (*Fleisch-*, *Wurst- und Fischvergiftung*) ist hier nur kurz zu erwähnen, das eine direkte Schädigung des Sehnerven und der Netzhaut als sehr selten anzusehen sind, aber doch zweifellos vorkommen. An Hand der reichen Erfahrung habe ich lange ein derartiges Vorkommen überhaupt bezweifelt, bis eine sehr beweisende Beobachtung mich eines Besseren belehrte. Ein 30jähriger Mann erblindete nach Genuß von verdorbener Wurst unter dem Bilde der peripheren Sehnervenerkrankung unter den typischen Erscheinungen der toxischen Neuritis fast völlig. In geringem Umfange restituierten sich die peripheren Gesichtsfeldpartien, doch trat atrophische Verfärbung der Papillen ein, dieser kleine Rest des Sehvermögens blieb dann dauernd erhalten.

---

[1] Batschwarowa: Frankf. Diss. Dez. 1923.
[2] Rothhan: Über die Beeinflussung der Netzhautfunktion durch Adrenalin. Klin. Mbl. Augenheilk. 75, 747 (1925).

Es entsprach die Sehstörung durchaus der einer peripheren Stammaffektion der Nervi optici.

M. Ausgesprochene *Neuritis optica* in einem Falle von *Botulismuserblindung* beschreibt 1924 BÄR[1]. In zwei anderen Fällen des gleichen Autors fand sich Hyperämie der Papillen und starke Füllung der Retinalgefäße, wie sie neuerdings auch von SAINT-MARTIN als charakteristisch für die Botulismuserkrankung angesprochen wurden.

Auch *anatomische Veränderungen* im Opticus konnte BÄR nachweisen: Lymphocyteninfiltration im interstitiellen Gewebe des retrobulbären Opticusgebietes. Nach diesen Befunden lassen sich Opticusveränderungen als ein *gegen* Botulismus sprechendes differentialdiagnostisches Zeichen nicht mehr aufrecht erhalten. —x—

Die gewöhnliche Form von Sehstörungen bei Botulismus ist eine ganz andere und betrifft den Augenmuskelapparat und zwar in erster Linie den Sphincter pupillae und die Akkommodation, zum Teil aber auch die äußere Augenmuskulatur, durchweg unter dem Bilde der nuclearen Lähmungen. Auch die Sektionsbefunde bei Botulismus lassen die nucleare Natur der Augenmuskellähmung wahrscheinlich erscheinen. Und zwar auf Grund zahlreicher Hämorrhagien in den verschiedenen Teilen des Gehirns und speziell in der Gegend des Oculomotoriuskernes (LENZ). Als Ursache der Erkrankung sind einerseits Stoffwechselprodukte bestimmter Mikroorganismen (*Bacill. botulinus von* ERMENGEN[2], ROEMER[3] u. a.) und andererseits wohl eine Reihe giftiger chemischer Substanzen (*Ptomaine, Kadavergifte, Toxalbumine* — ANREP, BRIEGER[4] u. a.) anzusprechen.

13. Eine besondere Stellung nimmt meines Erachtens die *Bleivergiftung* ein in bezug auf durch sie bedingte Sehstörungen, die sich etwa folgendermaßen einteilen lassen.

1. Eine doppelseitige schnell auftretende mehr oder weniger vollständige Amaurose, die meistens zurückgeht und häufig keine ophthalmoskopischen Veränderungen zeigt. Die Lichtreaktion der Pupillen kann erhalten bleiben, zum Teil aber auch fehlen, nicht selten gehen Bleikoliken und epileptiforme Anfälle mit einher. Diese Amaurose ist im wesentlichen cerebral bedingt, gelegentlich auch wohl als urämische Amaurose aufzufassen, wenn sie mit chronischer Bleinephritis einhergeht. Hier muß wohl in erster Linie eine direkte Giftwirkung auf die Substanz des Gehirns angenommen werden, wofür ja experimentelle Untersuchungsergebnisse (Nachweis von Blei im Gehirn usw.) sprechen.

2. Die *Bleiamblyopie* im speziellen Sinne, bedingt durch eine periphere Erkrankung der Sehnerven, die nur in ca. 10% der Fälle zur Erblindung führt.

Es handelt sich dabei gewöhnlich um Sehnervenveränderungen entzündlicher Natur mit sekundären atrophischen Veränderungen. Das Bild einer einfachen atrophischen Degeneration wird nur ganz vereinzelt angegeben. Die Art der Gesichtsfeldbeschränkung (zentrale Skotome, periphere Einschränkung) ist wohl verschieden, spricht aber für einen peripheren Sitz der Affektion im Opticusstamm. Hervorzuheben sind in einer ganzen Anzahl von Fällen ophthalmoskopisch stärkere Veränderungen der Netzhautgefäße (Wandveränderungen, Perivasculitis, Verengerungen der Gefäße, weißliche Einscheidung, Gefäßkrampf), die auch durch pathologisch-anatomische Untersuchungen nachgewiesen wurden, ebenso wie die entzündlichen und degenerativen Veränderungen der Opticusstämme. Gelegentlich auftretende hemianopische Störungen können wohl vereinzelt auf Veränderungen der basalen optischen Leitungsbahnen (Traktus)

---

[1] BÄR: Augenveränderungen bei Botulismus. Klin. Mbl. Augenheilk. **72**, 675.
[2] ERMENGEN: Z. f. Hyg. **26**, 1 (1896).   [3] RÖMER: Zbl. Bakter. **1900**, Nr 25.
[4] BRIEGER: Dtsch. med. Wschr. **1885**, 907.

beruhen, gewöhnlich jedoch auf cerebralen Komplikationen, Erweichungen, thrombotischen und ischämischen Vorgängen in gewissen Hirnpartien, wobei auch Gefäßkrampf durch direkte Einwirkung des Bleis auf die glatte Muskulatur der Gefäße eine Rolle spielen kann (Elschnig[1], Hertel[2]).

Die experimentellen Untersuchungen an Tieren haben in bezug auf die Sehstörungen bei Bleivergiftungen keine wesentlichen positiven Ergebnisse gehabt. Die häufigen Bleilähmungen sprechen ebenfalls in erster Linie für eine periphere Natur der Erkrankung (multiple Neuritis und periphere degenerative Nervenveränderungen), wenn auch einige Autoren zentrale pathologische Veränderungen der Ganglienzellen in den Vorderhörnern des Rückenmarks nachweisen konnten.

Bei Tieren (Kühen) sind gelegentlich Erblindungen infolge von Bleivergiftungen (Mennige, bleihaltige Abwässer) beobachtet worden. Im Ganzen haben die durch Bleivergiftungen hervorgerufenen Sehstörungen ihre besonderen klinischen Eigentümlichkeiten im Verhältnis zu den bisher besprochenen Giften.

Auf die Augenmuskelstörungen durch Bleivergiftungen, soll hier — als nicht zum Thema gehörig — nicht weiter eingegangen werden.

Hieran schließen sich eine Reihe von toxisch wirkenden Substanzen, die neben der Degeneration des nervösen Apparats eine ausgesprochene Mitbeteiligung des *Gefäßsystems* sowohl des *Opticus* als der *Retina* aufweisen, der bei dem Zustandekommen der Sehstörungen eine wesentliche Rolle zugeschrieben werden muß. Als Hauptrepräsentanten dieser Reihe von Substanzen möchte ich in erster Linie das *Chinin* ansehen.

14. Das *Chinin* in seinen verschiedenen Salzen und einige verwandte Körper (*Cinchonin, Chinidin, Chinolin*) kann die Ursache von ausgesprochenen Sehstörungen, ja Erblindung werden, die in ihrem klinischen und anatomischen Verhalten Besonderheiten gegenüber den früher beschriebenen toxischen Sehstörungen führen. Es handelt sich bei der Chininwirkung fast nur um eigentliche Sehstörungen, während der Muskelapparat des Auges fast gar nicht in Mitleidenschaft gezogen wird. Schon aus der vorophthalmoskopischen Zeit (1. Hälfte des 19. Jahrhunderts) liegen eine Reihe einschlägiger Mitteilungen vor. Genauere Aufklärungen über den Charakter der Sehstörungen brachte erst der Augenspiegel und die genauere klinische Analyse (Gesichtsfeld, Sehschärfeprüfung usw.). Die Größe der schädlich für das Sehorgan wirkenden Dosen schwankt außerordentlich. Eine gewisse Idiosynkrasie ist in manchen Fällen vorhanden, auch andere prädisponierende Momente (Entkräftung, kachektische Zustände usw.) können von Einfluß sein. Im Ganzen sind schwere Schädigungen des Sehorgans durch Chiningebrauch selten.

M. Über einen Fall von *intrauteriner Chininschädigung des Sehnerven* berichtet Schlippe[3]. Die Mutter war während der Schwangerschaft an Malaria schwer erkrankt und mit großen Chinindosen behandelt worden. Bei dem Kind bestand eine charakteristische Opticusatrophie mit den typischen Gefäßveränderungen. — Der Autor erklärt die Pathogenese mit der höheren Empfindlichkeit des fetalen Opticus gegen toxische Schädigung und empfiehlt Nachprüfung im Tierexperiment. —x—

Die leichteste Form der Sehstörung ist vorübergehendes Flimmern und Nebelsehen häufig in Verbindung mit Ohrensausen. Die schwereren Sehstörungen können mit einer vorübergehenden Erblindung beginnen mit gleichzeitigen anderen Intoxikationserscheinungen. Dauernde vollständige Erblindungen sind

---

[1] Elschnig: Münch. med. Wschr. **1898**, Nr 27—29.
[2] Hertel: Charité-Ann. **15**, 220 (1890).
[3] Schlippe: Klin. Mbl. Augenheilk. **68**, 248 (1922).

jedenfalls sehr selten. Die Gesichtsfeldbeschränkung ist gewöhnlich konzentrisch mit gleichzeitiger Beeinträchtigung der zentralen Sehschärfe. Zentrale Skotome sind sehr selten, gelegentlich auch hemeralopische Symptome. Die ophthalmoskopischen Erscheinungen bieten große Analogien untereinander und sind relativ typisch. In erster Linie treten Alterationen der Gefäße mit sekundären Zirkulationsstörungen zutage. (Ischämische Netzhauterscheinungen, diffuse weißliche Trübung der Retina in der Gegend des hinteren Augenpols, kirschroter Fleck der Fovea centralis teilweise mit Trübung der Papillengrenzen, teilweise auch ohne Trübung des Sehnerveneintrittes.)

Eine *ausgesprochene Verengerung der Retinalgefäße* tritt bald zutage. Dieselbe kann bis zur fadenförmigen Verdünnung, ja zur völligen Obliteration führen mit deutlichen Wandveränderungen der Gefäße und atrophischer Abblassung der Papillen. Ein negativer ophthalmoskopischer Befund bei ausgesprochener Sehstörung ist jedenfalls sehr selten. In der Pathogenese der Sehstörungen spielt meines Erachtens zunächst die schwere Alteration des Gefäßsystems der Retina und des Opticus die Hauptrolle, die degenerativen Vorgänge sind dagegen als sekundär anzusehen. Einige Autoren sind auch geneigt, eine direkte lähmende Wirkung des Chinins auf die terminalen lichtempfindlichen Elemenete anzunehmen.

Herabsetzung des Blutdrucks und Beeinträchtigung der Herzaktion spielen bei diesen Zirkulationsstörungen des Augenhintergrundes zweifellos eine Rolle und spätere anatomische Veränderungen der Netzhautgefäße sind direkt mit dem Augenspiegel nachweisbar, auch gelegentlich vorkommende Thrombosen sprechen dafür.

Sektionsbefunde beim Menschen stehen nicht zur Verfügung, um so zahlreicher aber sind die experimentellen Ergebnisse bei vergifteten Tieren, die übereinstimmend schwere Zerstörung der Ganglienzellen der Netzhaut sowie der Nervenfaserschicht, weniger der Körner- und der Stäbchen- und Zapfenschicht nachweisen und später auch *Marchi*degenerationen im Opticusstamm. Für das Zustandekommen dieser Degenerationserscheinungen spielen offenbar auch Zirkulationsstörungen eine bedeutende Rolle. Jedenfalls ist es nicht gerechtfertigt, die Sehstörungen der Chininvergiftung auf einen zentralen Ursprung zurückzuführen, dagegen sprechen die ophthalmoskopischen und klinischen Beobachtungen.

15. Das *Optochin (hydrochloricum, basicum, Salicylsäure-Ester)* steht in seiner deletären Wirkung auf den nervösen Apparat des Auges (Opticus und Retina) dem *Chinin* am nächsten. Das *Optochinum basicum* oder der *Salicylester* des *Optochins* ist in dieser Hinsicht weniger schädlich als das *Optochin. hydrochlor. Morgenroth* bezeichnet 1,5 g pro die als zulässige Dosis und tatsächlich fallen die Vorkommnisse von stärkeren Sehstörungen in das Bereich einer höheren Dosis (2—4 g pro die). Im Ganzen sind ja die Sehschädigungen selten, aber ihr Auftreten mahnt doch zur Vorsicht, wenn ich es auch nicht für gerechtfertigt halte, deshalb ganz auf dieses Mittel zu verzichten. 3—4% der mit Optochin behandelten Fälle dürften von Sehstörungen befallen werden. Es bestehen große Analogien der Optochinsehstörung mit der des Chinins, doch darf man dieselben nicht als absolut identisch ansehen, speziell auch in Berücksichtigung des ophthalmoskopischen Befundes, der nicht selten anfangs negativ ist (bei der *Chinin*amblyopie bekanntlich sehr selten). Auch die ischämischen Erscheinungen an der Papille und in der Netzhaut sind selten so ausgesprochen wie bei der Chininamblyopie, gelegentlich konnte deutliche Hyperämie der Papille mit Erweiterung der Gefäße und Netzhautödem nachgewiesen werden.

In bezug auf die *anatomischen Untersuchungen am Menschen* konnte ich in zwei Fällen ausgesprochene *Marchi*degeneration der Nervenfasern im Opticusstamm nachweisen und möchte sie für den wesentlichen Faktor bei der Sehstörung halten, da dieselbe schon nach kurzem Bestehen der Amblyopie sehr ausgeprochen vorhanden sein kann. Auch Veränderungen der Ganglienzellenschicht und der Nervenfaserschicht der Netzhaut können als nachgewiesen gelten, ebenso solche der Netzhautgefäße. Schon intra vitam sprechen die gelegentlichen ophthal-moskopischen Veränderungen der Gefäße (Verengerungen, Wandverdickungen, kleinfleckige Pigmentierungen, Herdchen usf.) für die hervorgerufenen degene-rativen Netzhauterscheinungen. Die Optochinsehstörungen bieten somit viele Analogien mit der Chininamblyopie auch in dem plötzlichen Auftreten der Seh-störung und deren teilweisem Rückgang.

Auch in dem *Verhalten der Gesichtsfelder* (periphere Einengung usw.) be-stehen manche Analogien. Jedenfalls handelt es sich auch hier um periphere Sehstörungen und nicht um zentrale, vom Gehirn ausgehende.

16. Die in seltenen Fällen durch *Salicylpräparate* (*Acidum salicylicum*, und *Natrium salicylicum*) hervorgerufenen Sehstörungen haben ebenfalls eine gewisse Ähnlichkeit mit den Chininstörungen, ebenso wie die allgemeinen Intoxikations-erscheinungen und auch besonders die Gehörstörungen Analogien mit denen bei Chinin- und Optochinvergiftungen bieten. Die Sehstörungen sind durchweg vorübergehend und nur selten von ausgesprochenen ophthalmoskopischen Ver-änderungen begleitet (Blässe der Papillen und Verengerungen der Netzhautge-fäße). Auch experimentell konnten solche Erscheinungen bei Hunden hervor-gerufen werden (DE SCHWEINITZ). Meistens scheinen ophthalmoskopische Er-scheinungen gefehlt zu haben. Die Beobachtungen dieser Salicylsehstörungen fallen durchweg noch in die erste Zeit, wo diese Präparate in die Therapie besonders des Gelenkrheumatismus (STRICKER) eingeführt und in sehr großen Dosen an-gewendet wurden. Hier ist es wohl zum Teil gerechtfertigt, die seltene vorüber-gehende Amaurose ohne ophthalmoskopischen Befund mit völliger Restitution als zentralen Ursprungs anzusehen.

17. *Filix mas*, besonders *Extract. Filic. maris* bietet in seinen Schädigungen für das Sehorgan gleichfalls gewisse Analogien zu den Chininsehstörungen. Als wirksames Prinzip wird von einer Seite in erster Linie die *Filixsäure*, von anderer das *Aspidin* angesehen. Es ist schwer, eine bestimmte toxische Dosis festzu-stellen und nach den Mitteilungen in der Literatur wird die toxische Dosis sehr verschieden angegeben, was sowohl durch die verschiedene Wirksamkeit des Präparates als auch durch die Prädisposition des Patienten (kachektische und anämische Zustände usw.) bedingt ist. Vor gleichzeitiger Anwendung von Ricinusöl, das die Resorption des Mittels vom Darm aus begünstigt, wird gewarnt. *Sehstörungen bei Filixvergiftungen* werden bis zu 35% angegeben. Die Sehstö-rung kann ein- und doppelseitig auftreten, gelegentlich ohne ophthalmoskopischen Befund, zum Teil mit atrophischer Verfärbung des Opticius und in manchen Fällen mit Alterationen des Netzhautgefäßsystems (Verengerungen, weißliche Einscheidung der Wandungen usw.). Auch das oft plötzliche Einsetzen der Seh-störung spricht für einen Einfluß von Zirkulationsstörungen. Die Prognose der Sehstörungen ist recht ernst. Sowohl die gelegentliche Einseitigkeit der Sehstörung als auch die Form der Gesichtsfeldausfälle sprechen für einen peripheren Sitz der Ursache im Bereiche des Opticus und der Retina. Die Sektionsbefunde beim Menschen fehlen fast ganz und auch hier sind wir mehr auf die Resultate des Tierexperimentes angewiesen, deren Deutung auch wohl auf die menschliche Pathologie übertragbar sein dürfte. Im Vordergrunde stehen hier die degenerativen Erscheinungen im Bereiche des Opticus (NUEL[1]) „parenchymatöse retrobulbäre

---

[1] NUEL: Graefes Arch. **16**, 479 (1896).

Neuritis", welche akut einsetzen können und sehr schnell fortschreiten. In späteren Stadion kommt es auch zu ausgesprochenen Gefäßveränderungen (Endo- und Perivasculitis, Obliteration usw.) und Verdickung des interstitiellen Gewebes. MASIUS und MAHAIM[1] sehen die Gefäßveränderungen besonders im Bereiche der Capillaren (Kernwucherung und Zellinfiltration) als das primäre an und den Schwund der Nervenfasern als sekundär. BIRCH-HIRSCHFELD[2] hebt die Veränderungen der Retina, besonders der Ganglienzellenschicht bei seinen Versuchstieren hervor und nimmt evtl. weitere sekundäre Degeneration der Nervenfasern in aufsteigender Richtung an.

Die Sehstörungen müssen als peripheren Ursprung angesehen werden, dafür sprechen besonders die ophthalmoskopischen Erscheinungen, die schnelle Entwicklung der Opticusatrophie, das Vorkommen einseitiger Erblindung, die dauernde Amaurose unter dem Bilde der Opticusatrophie bei Abwesenheit von Gehirnerscheinungen, das oft völlige Fehlen der Pupillenreaktion auf Licht mit Erweiterung der Pupillen bei Amaurose.

In erster Linie handelt es sich wohl um eine direkte Giftwirkung auf die peripheren optischen Leitungsbahnen und auf die inneren Retinalschichten. In zweiter Linie stehen Zirkulationsstörungen und Gefäßanomalien mit einer direkten Giftwirkung auf die Gefäßwandungen — einfacher Gefäßkrampf dürfte die Beobachtungen nicht hinreichend erklären.

Cortex granati (*Pelletierin* als wirksames Prinzip) hat gelegentlich ebenfalls bei der Anwendung als Bandwurmmittel schwere Sehstörungen hervorgerufen, welche mit denen der Filixmasvergiftung weitgehende Übereinstimmung bieten.

M. Über Sehstörungen nach Anwendung von *Emetin* berichtet JAGOVIDÈS[3]. Die Sehstörungen haben große Ähnlichkeit mit der *Chinin*amblyopie und treten nach hohen Dosen von *Emetin* (20—30 g pro die) an *Dysenteriekranken* auf. *Symptome:* Lichtscheu, Herabsetzung der Sehschärfe, Mydriasis, Gesichtsfeldeinschränkung, besonders temporal, zentrale Skotome. — Ophthalmoskopisch fand sich: Hyperämie der Netzhaut und der Papillen mit nachfolgender Ischämie und leichter Abblassung des Sehnervenkopfes. — Nach Aussetzen des Mittels trat bald vollkommene Heilung ein. —x—

M. Erblindung nach internem Gebrauch von *Summitates Sabinae* als Abortivum berichten 1924 WEISSENBERG und WILLIMZIK[4].

Es ist bekannt, daß das in dieser Droge des *Sade*baumes enthaltene ätherische Öl Nieren- und Schleimhautblutungen zur Folge haben kann. Dementsprechend spielte sich die Augenerkrankung unter dem Bilde einer stürmisch verlaufenden *hämorrhagischen Neuroretinitis* ab, die auf ausgedehnte Gefäß- bzw. Nierenschädigung zurückzuführen war. Die schädliche Dosis betrug monatelang täglich 0,3—0,5 g Summit. Sabin. in Pillenform. —x—

18. Die *Phosphor*vergiftung geht gelegentlich mit Augenstörungen einher, welche hauptsächlich in Veränderungen der Netzhaut ihren Grund haben und weniger in einer Affektion des Opticusstammes.

Nur vereinzelt hat sich Gelegenheit geboten, beim Menschen durch Sektion die anatomischen Veränderungen bei tödlicher *Phosphor*vergiftung zu kontrollieren. Um so mehr sind die Veränderungen Gegenstand der experimentellen Untersuchung bei Hunden gewesen. Die Netzhautveränderungen und die ihrer

---

[1] MASIUS u. MAHAIM: Bull Acad. Med. Belg. **1898**, 325.

[2] BIRCH-HIRSCHFELD: Graefes Arch. **50**, 227 (1900).

[3] JAGOVIDÈS: Troubles visuels à la suite d'injections fortes d'émétine. Arch. d'Ophthalm. **1923**, 657; ref. nach Klin. Mbl. Augenheilk. **72**, 300 (1924).

[4] WEISSENBERG u. WILLIMZIK: Erblindung nach *Sadebaumvergiftung*. Klin. Mbl. Augenheilk. **73**, 478 (1924).

Gefäße bilden hier in erster Linie den Befund: Ödem der Retina, Degeneration und Leukocyteninfiltration der Nervenfasern- und Ganglienzellenschicht sowie der Papille. Zerfall der Stäbchen- und Zapfenschicht, Blutungen in die Retina, Gefäßdegeneration mit Verdickungen der Wandungen. In vereinzelten Fällen ist es auch zu partiellen thrombotischen Verschlüssen einzelner Arterienäste gekommen mit den typischen ophthalmoskopischen Veränderungen, der weißlichen ischämischen Netzhauttrübung in dem betreffenden Terrain, wie auch ich in einem Falle konstatieren konnte. Die Papillen können ausgesprochene neuritische Trübung, ja sogar das Bild der Stauungspapille aufweisen, wie auch gelegentlich beim Menschen beobachtet wurde (Henschen[1]). Lewin und Guillery sehen weniger in einer direkten fettigen Degeneration als in einer Einschwemmung von Fett aus anderen verfetteten Organen auch in die feineren Verzweigungen der Retinalgefäße die Ursache der sekundären Retinalveränderungen. Von einer eigentlichen Degeneration des Opticusstammes wird den Netzhautveränderungen gegenüber weniger berichtet, während sonst über multiple periphere Neuritis bei Phosphorvergiftungen gelegentlich Angaben gemacht werden (v. Leyden, Henschen[2]). Bei den sonst beobachteten schweren Degenerationserscheinungen in andern Körperorganen (Leber, Herz, Nieren, periphere Nerven usw.) kann das Auftreten krankhafter Veränderungen in der Netzhaut nicht überraschen.

19. Der *Schwefel* und seine Verbindungen. Der *Schwefel* an und für sich ist im wesentlichen ungiftig für den menschlichen Organismus. Die wichtigste für das Auge schädliche Verbindung, der Schwefelkohlenstoff, ist schon besprochen. Nur schwere *Schwefelsäure*vergiftungen scheinen auch vereinzelt Sehstörungen hervorgerufen zu haben (Martin[3], Wernicke[4]). Im Falle des letzteren Autors fand sich Polioencephalitis superior in Verbindung mit Neuritis optica und Retinalhämorrhagien.

20. Eine Anzahl von Substanzen: *Antipyrin, Antifebrin (Acetanilid), Carbolsäure, Osmiumsäure, Borsäure, Lupinus, Coniin* glaube ich hier übergehen zu können, da wohl vereinzelte Mitteilungen in der Literatur über Sehstörungen vorliegen, welche aber meines Erachtens keinen Schluß auf eine durch diese Substanzen bedingte organische Erkrankung des Sehnerven und der Netzhaut gestatten.

21. Die *gasförmigen Gifte* und allen voran das *Kohlenoxydgas, Leuchtgas, Grubengas* schädigen in erster Linie durch die *krankhaften Veränderungen des Blutes.*

Daß direkte organische Veränderungen des Sehnerven hervorgerufen werden, ist offenbar selten beobachtet, und die Sehstörungen tragen durchweg den Charakter der cerebral ausgelösten vorübergehenden Amaurose, zum Teil mit erhaltener Lichtreaktion, hemianopischen Störungen, doppelseitigem Auftreten usw.

M. Diese Beobachtungen werden bestätigt durch die neueren Berichte von Horvàth[5] und Fejèr[6]. —*x*—

Es handelt sich hier offenbar um Blutungen oder thrombotische Vorgänge im Bereiche der cerebralen Sehbahnen oder auch der Hirnrinde, wie zum Teil durch Sektion nachgewiesen wurde. Augenhintergrundsveränderungen in Form

---

[1] Henschen: Neurol. Zbl. **19**, H. 12, 555.
[2] Leyden, von: Zwei Vorträge **1888**, 28.
[3] Martin: J. Med. Bordeaux **1889**, 67.
[4] Wernicke, C.: Lehrb. der Gehirnkrankheit **2** (1881).
[5] Horvàth: Amaurosis nach *Lichtgasvergiftung.* Klin. Mb. Augenheilk. **71**, 487 (1923).
[6] Fejèr: Über einen in Heilung ausgegangenen Fall von beiderseitiger Erblindung nach *Einatmung von Holzkohlendämpfen.* Wien. klin. Wschr. **37**, 216 (1924).

venöser Stauung, Hyperämie der Papillen, Trübung der hyperämischen Papillen, ferner Retinalblutungen sind beobachtet, ja gelegentlich auch ein Exsudat in der Retina. Der Opticus selbst scheint bei dieser Vergiftung nicht direkt der Degeneration anheimzufallen wie bei manchen der früher besprochenen Substanzen. Augenmuskellähmungen werden gelegentlich beobachtet, für deren Entstehung wohl ebenfalls cerebrale Veränderungen in Betracht kommen. Das Kohlenoxydgas ist ein ausgesprochenes Blutgift, und seine Wirkung auf den nervösen Sehapparat unterscheidet sich dementsprechend auch von der Wirkung der Gifte, welche direkt toxisch degenerativ den Opticus und die Retina in Mitleidenschaft ziehen.

M. Über die im Weltkrieg aktuell gewordenen *Kampfgasverletzungen des Auges* berichtet Jess[1]. In der ersten Periode des Gaskampfes kamen vorwiegend *Reizstoffe*-Tränengas-Benzylbromid u. ä. zur Verwendung, die eine rein oberflächliche Ätzwirkung entfalteten und nur in einzelnen Fällen zu schweren bleibenden Sehstörungen Anlaß gaben.

Innere Veränderungen am Sehorgan dagegen wurden vorwiegend in der zweiten Periode des Giftkrieges beobachtet, als die Gase des *Chlor*, das *Phosgen* und das *Chlorpikrin* zur Vernichtung der feindlichen Truppen herangezogen wurden. — Neben äußeren Reizzuständen fanden sich gelegentlich auch Blutungen in Netzhaut und Glaskörper, entzündliche Veränderungen des Sehnerven und der Retina, wie sie zuerst von den Franzosen als ,,Schiefergraue Netzhautentzündung" beschrieben wurden. Auch kam es zu Thrombose und Embolie der Zentralgefäße und seltener zu postneuritischer Opticusatrophie. Leichte chorioretinistische Störungen ließen nach der Ausheilung bisweilen noch hemeralopische Störungen zurück.

In der dritten Periode, in der das gefürchtete *Gelbkreuzgas* (Dichloräthylsulfid, ein petroleumähnlicher Stoff) benutzt wurde, kamen wohl schwerste Verätzungen des Auges zur Beobachtung, jedoch keine eigentliche Schädigung der inneren nervösen Elemente durch elektive Giftwirkung auf die Nervensubstanz oder den Gefäßapparat. —x—

22. Zu den Blutgiften ist auch das *Anilin* zu rechnen. Die Vergiftungen entstehen in der Regel durch Einatmen von Anilindämpfen, zum Teil aber auch direkten Genuß des Anilins unter Bildung von *Methämoglobin*. Selten sind jedenfalls hier Sehstörungen unter dem Bilde einer peripheren Sehnerv- und Netzhauterkrankung. Am markantesten waren noch im Falle Litten eine intensive violette Färbung des Augenhintergrundes und der Papille, wobei die Venen und die Arterien gleich tiefschwarz gefärbt waren, mit Erweiterung der Venen und einzelnen kleinen Retinalhämorrhagien.

23. *Nitrobenzol*- und *Dinitrobenzol*vergiftungen führen, wenn auch selten, zu Sehstörungen peripherer Natur durch Affektion des Opticus und der Retina mit zum Teil konzentrischer Einengung des Gesichtsfeldes, zum Teil auch mit Auftreten von zentralen Skotomen, Abblassung der Papillen, aber auch Verbreiterung der Retinalvenen von abnorm dunkler Färbung. Auch hier ist wohl in erster Linie eine direkte Veränderung des Blutes als ausschlaggebend anzusehen.

M. Auch das *Trinitrotoluol* führt als gewerbliche Vergiftung nach Reis[2] zu schweren Intoxikationsamblyopien unter dem Bilde der *chronischen retrobulbären Neuritis optica*. —x—

24. *Dynamit*, speziell bei der Explosion sich entwickelnde Gase (*Kohlensäure*, *Stickoxydul*, und wohl in erster Linie *Kohlenoxydgas*) haben gelegentlich zu schweren

---

[1] Jess: Klin. Mbl. Augenheilk. **68**, 246 (1922).
[2] Reis: Z. Augenheilk. **47**, 199 (1922).

Sehstörungen und vorübergehender Erblindung zum Teil ohne ophthalmoskopischen Befund, zum Teil mit Abblassung der Papillen und Netzhaut-Gefäß-
verengerung Veranlassung gegeben.

M. K. LINDEMANN[1] berichtet über einen Fall von Erblindung durch Einatmung von *Nachschwaden von Dynamitsprengung* im Grubenbetrieb. —*x*—

25. *Salpetrige Säure*dämpfe veranlassen Methämoglobinämie bzw. Hämatin-
ämie mit gelegentlicher Erweiterung der Netzhautgefäße und dunklerer Verfärbung des Blutes. (*Kalium chloricum* kann ebenfalls als Blutgift zur Methämoglobinämie führen und in vereinzelten Fällen zu Sehstörung mit Retinalveränderungen.)

26. Die *Narkotica* (*Morphin, Codein, Opium, Apocodein,* Papaverin, Thebain,
Laudanin usw.) führen meines Erachtens nicht zu eigentlichen Sehstörungen
im Sinne einer peripheren Opticus-Retinalaffektion. Die vereinzelten Mitteilungen in der Literatur sind nicht als beweisend anzusehen. Auch eine sog.
Morphiumamblyopie im Sinne einer Intoxikationsamblyopie ist zweifelhaft.
Es sind offenbar nicht immer hinreichend gleichzeitig einwirkende andere Noxen,
wie z. B. Tabak und Alkohol usw., mit berücksichtigt. Ebenso verhält es sich
meines Erachtens mit der Sehstörung nach Opiumgebrauch. Die einzelnen Beobachtungen von Sehstörungen, auch Amaurose nach akuter Morphiumvergiftung,
gehören zum Teil der vorophthalmoskopischen Zeit an und sind somit nicht
genau kontrollierbar. Wenn Morphium und andere Narkotica wirklich imstande
wären, derartige periphere Sehstörungen hervorzurufen, so müßte das bei der
Häufigkeit dieser Schädigungen auch häufiger beobachtet sein. Cerebrale Sehstörungen aber, wie Hemianopsie, dürften kaum durch die Narkotica direkt bedingt sein, sondern durch komplizierende cerebrale Begleiterscheinungen.

27. Auch den eigentlichen Schlafmitteln: *Chloralhydrat, Sulfonal, Trional,
Paraldehyd* ist eine direkt schädigende Wirkung auf Sehnerv und Netzhaut
nicht zuzuschreiben.

Dasselbe gilt meines Erachtens vom *Bromkalium*. In neuerer Zeit sind einzelne Fälle beschrieben[2], wo nach *Bromural-* und *Adalingebrauch* (beides Brom-
harnstoffpräparate) das Bild der Intoxikationsamblyopie eintrat, die der Autor
durch Einwirkung des Bromural- bzw. Adalinmoleküls erklärt, da nur ein geringer
Bromgehalt in Blut und Liquor vorhanden war.

M. In mehreren Fällen hat sich auch das *Veronal* als Sehgift im weiteren Sinne
erwiesen. Über die wenig charakteristischen Störungen an den Augenmuskeln
und der Pupille gibt die Mitteilung von STEINDORFF[3] eine umfassende Übersicht.
Über Sehnerven- und Netzhautschädigung durch *Veronal* berichtet TERRIEN[4].

Gleichzeitig mit einem Dekokt von zwei Mohnköpfen waren 2,5 g Veronal
eingenommen worden. Nach Abklingen eines schweren Koma Sehstörungen,
Herabsetzung der Sehschärfe auf R $^1/_{10}$, L $^3/_{10}$; geringe Einengung der Gesichtsfeldgrenzen, besonders für Farben, auch bestand ein kleines zentrales
Skotom. *Ophthalmoskopisch* ließ sich eine Neuroretinitis geringen Grades mit
Ödem der Papille feststellen. — Nach 14 Tagen waren sämtliche Erscheinungen
geschwunden. — Auffallend ist die geringe Menge Veronal, die zu den bedroh-
lichen Erscheinungen geführt haben soll. —*x*—

Auch die *Lokalanaesthetica* (*Cocain, Holocain, Eucain, Acoin* usw.) kommen
nicht als direkt schädigende Faktoren für den Opticus und die Retina in Betracht.

---

[1] LINDEMANN, K.: Z. Augenheilk. **61**, 72 (1926).
[2] SATTLER: Bromural und Adalinvergiftung des Auges. Klin. Mbl. Augenheilk. **70** (1923).
[3] STEINDORFF: Dtsch. med. Wschr. **1925**, 1565.
[4] TERRIEN: Neuro-rétinite et amblyopie par ingéstion de veronal. Arch. d'Ophthalm.
41, 204 (1924).

Erwähnt sei noch, daß Cocaininjektion in die Orbita beim Tier vorübergehende Erblindung und Verlangsamung der Bildung des Sehpurpurs sowie Störungen in der Bewegung der retinalen Pigmentzellen hervorgerufen haben sollen.

28. Von den *krampferregenden Mitteln* sei hier noch das *Strychnin* erwähnt. Direkte anatomische Veränderungen des nervösen Sehapparates (Sehnerv und Netzhaut) werden durch Strychnin nicht hervorgerufen, dagegen wurde ihm ein gewisser Einfluß auf eine funktionelle Steigerung der Leistungen der Netzhaut zugeschrieben, sowohl in bezug auf die Sehschärfe als auch das Gesichtsfeld. Die Mitteilungen in der Literatur sind zahlreich und auch die Ursache für die früher sehr ausgedehnte Anwendung des Strychnin vermittelst subcutaner Injektion bei Augen-, speziell Sehnerven- und Netzhautleiden. Die Wirkung muß als von der Blutbahn ausgehend angesehen werden (FILEHNE[1]). Daß die Netzhautend-apparate nicht der eigentliche Angriffspunkt der Strychninwirkung sind, darf wohl als sicher angesehen werden mit Rücksicht auf die sonstige Wirkungsweise des Strychnins auf das Zentralnervensystem. Daß übrigens bei der Beurteilung des therapeutischen Effektes des Strychnins auf das Auge und die Sehkraft die *Suggestion* eine große Rolle spielt, ist anzunehmen und kann nachgewiesen werden, wenn man statt der Strychninlösung indifferente Lösungen (z. B. physio-logische Kochsalzlösung) verwendet. Neuerdings wird sogar auf Grund ein-gehender Untersuchungen (v. SCHLAGINTWEIT[2]) dem Strychnin jegliche Wirkung auf das Sehen und das Gesichtsfeld abgestritten.

29. Von *Tiergiften* soll hier nur das *Schlangengift* angeführt werden. Hier sind Sehstörungen und Amaurosen von verschiedenen Seiten beschrieben worden, doch ist es schwer zu entscheiden, ob derartige Erblindungen als cerebral ausgelöst anzusehen sind oder gelegentlich auch durch periphere Veränderungen im Opticus und Retina hervorgerufen werden können. Es liegen bisher zu wenig genaue Augenspiegelbefunde und eingehende Seh- und Gesichtsfeldprüfungen vor, um diese Frage zu entscheiden. Einigemal wird über Hyperämie der Papillen und Erweiterung der Netzhautgefäße berichtet und es ist a priori durchaus nicht ausgeschlossen, daß das im Blute zirkulierende Schlangengift direkte Verände-rungen auch am nervösen Endapparate der Augen, Opticus und Retina, hervorruft.

KNIES, LEWIN und GUILLERY u. a. sind geneigt, die Sehstörungen auf eine direkt zersetzende Wirkung des Schlangengiftes im Blute zurückzuführen, welche nicht nur zentrale, sondern auch periphere Veränderungen des nervösen Seh-apparates herbeiführen könnte, wobei es auch gelegentlich zu Netzhautblutungen käme. Die Einwirkungen des Schlangengiftes in bezug auf äußere entzündliche Erscheinungen durch direkten Kontakt mit dem äußeren Auge und in bezug auf Pupillenveränderungen und Augenmuskellähmungen sind besser studiert und eingehender beschrieben, sollen jedoch hier — als nicht zum Thema gehörig — übergangen werden.

Aus demselben Grunde wird auch hier von den anderen Tiergiften, die in erster Linie nur geeignet sind, äußerliche entzündliche Erscheinungen hervorzu-rufen (Raupen, Bienen, Wespen, Stechmücken, Ameisen, Skorpione, Canthariden, Krötengift usw.), abgesehen, ebenso von den Schädigungen durch Mikroorganis-men, welche im Blute kreisen (Malaria, Febr. recurrens usw.) und somit zu den Infektionskrankheiten zu rechnen sind.

30. Auch die *Pilzgifte* können hier außer Betracht bleiben, da sie organische Veränderungen am Opticus und der Retina nicht hervorbringen.

31. Zu erwähnen sind noch einige Gifte, welche geeignet sind, neben andern Veränderungen auch Katarakte (Linsentrübungen) hervorzurufen. Die wichtigste

[1] FILEHNE: Pflügers Arch. **33**, 369 (1901).
[2] SCHLAGINTWEIT: Arch. f. exper. Path. **95**, 104 (1922).

Substanz in dieser Hinsicht ist das *Naphthalin* bzw. auch das *Naphthol*. Speziell auf experimentellem Gebiete ist die Sehschädigung mit Naphthalin für das Auge beim Tier sehr eingehend studiert, aber auch einige analoge Beobachtungen beim Menschen sind gemacht worden (van der Hoeve[1] u. a.). Die schädigende Wirkung des Naphthalins erstreckt sich sowohl auf die Netzhaut, Aderhaut, Ciliarkörper und Glaskörper als auch besonders auf die Linse. Es ist fraglich, ob man berechtigt ist, die ersteren Veränderungen als die primären und die Kataraktbildungen meist als sekundär, oder ob man beide Veränderungen als nebeneinandergehend und direkt durch die Giftwirkung entstanden anzusehen hat. Die Störungen des Glaskörpers und der Retina bestehen in zahlreichen kleinen gelblichen Herden (Krystalle), weißlichen Herden im Augenhintergrunde, Exsudaten zwischen Netzhaut und Aderhaut, Netzhautödem, degenerativen Veränderungen der Netzhaut in Form kleiner Vakuolen in den Körnerschichten, auch Ödem der Papillen. Ferner entzündliche Infiltration der Chorioidea, fibrinöse Exsudate auf derselben. Hyperämie und Hämorrhagien in den Ciliarfortsätzen. Vor allem aber ist die Trübung der Linse hervorzuheben, die *Katarakt*bildung.

M. Vgl. auch die Mitteilung von Michail und Vancea[2].

In neuerer Zeit hat noch eine andere Substanz in bezug auf Erzeugung von Katarakt beim Tierexperiment besonderes Interesse hervorgerufen, das *Thallium* mit gleichzeitigem Eintritt von Haarausfall (Ginsberg u. Buschke u. a. m.).

M. Auch für die menschliche Pathologie sind neuerdings Thalliumschädigungen des Auges bekannt geworden. Krauss[3] berichtet über einen Fall von *postneuritischer Atrophie* beider Sehnerven mit hochgradiger Schädigung der Funktion bei einem jungen Mann, der in einer *Thallium*fabrik chronisch vergiftet worden war.

Weitere Tierexperimente mit Augenveränderungen durch diesen Stoff sind mitgeteilt von Mamoli[4]. —x—

Auch das *Secale cornutum* (*Mutterkorn*) kann gelegentlich Kataraktbildung, durchweg doppelseitig im Gefolge haben, ich habe selbst auch derartige Beobachtungen infolge einer ausgedehnten Mutterkornvergiftung machen können. Die durch *Ergotismus* sonst bedingten Sehstörungen und Augenhintergrundsbefunde sind jedenfalls viel seltener und oft in ihrer Deutung zweifelhaft. Die Beobachtungen stammen zum Teil aus der vorophthalmoskopischen Zeit. Später wurde gelegentlich Anämie und Gefäßverengerung der Retina konstatiert und ebenso vereinzelt von venöser Kongestion und Hyperämie der Papillen berichtet. Auch bei Tieren ist gelegentlich experimentell Erblindung hervorgerufen worden.

Einer ganzen Reihe von *Salzen* (besonders *Natrium*- und *Kaliumsalzen*) gelingt es, experimentell bei Tieren Linsentrübungen hervorzurufen, da jedoch in der menschlichen Pathologie in betreff der Kataraktbildung keine einschlägigen beweisenden Beobachtungen vorliegen, so sollen diese Substanzen hier nicht besprochen werden, ebensowenig die Frage der *diabetischen Kataraktbildung*.

32. Die Vergiftungen mit *Santonin* und *Pikrinsäure* sowie *Digitalis* und *Verodigen* in ihrem Einfluß auf die Farbenempfindung (*Gelbsehen* usw.) gehören gleichfalls in ein anderes Kapitel dieses Handbuches.

M. Die pharmakologische Beeinflussung des Farbensinns ist in der ersten Hälfte des XII. Bandes ds. Handb. von H. Koellner S. 532ff. behandelt. Über

---

[1] Hoeve, van der: Arch. Augenheilk. **56** (1907). — Graefes Arch. I **53** (1901).
[2] Michail u. Vancea: Über die vielfachen Wege, auf denen Augenschädigungen durch Naphthalin zustande kommen können. Cluj med. (rum.) **8**, Nr 1—2, 57.
[3] Krauss: Klin. Mbl. Augenheilk. **79**, 529 (1927).
[4] Mamoli: Chronische Thalliumvergiftungen und Augenveränderungen. Sperimentale **3**, 299 (1926); ref. Klin. Mbl. Augenheilk. **78**, 293 (1927).

die chemischen Einflüsse auf die Sehpurpurbildung vgl. die Abhandlung von R. DITTLER im gleichen Band S. 282ff.

Eine übersichtliche Darstellung der wesentlichen Tatsachen betr. *medikamentös bedingter Xanthopsie* von klinischen Gesichtspunkten findet sich in der Arbeit von GIESSLER und WOLFF[1]. —x—

Es war nur meine Aufgabe, *die Gifte kurz zu skizzieren*, welche geeignet sind, *organische Läsionen des Sehnerven und der Netzhaut* und damit *Sehstörungen im eigentlichen Sinne* hervorzurufen, sich als *eigentliche Sehgifte* erweisen.

Die *Einteilung des Stoffes* wurde in erster Linie durchgeführt auf Grund der klinischen und anatomischen Erscheinungsweise der Sehstörungen und weniger dabei berücksichtigt die chemischen und pharmakologischen Zusammenhänge der schädigenden Substanzen.

In zweiter Linie habe ich versucht, bei dieser Einteilung der direkten degenerativen Schädigung des nervösen Sehapparates (Opticus und Retina) und der ausgesprochenen Alteration des Gefäßsystems mit ihren sekundären degenerativen Folgen für Opticus und Retina Rechnung zu tragen. Ich bin mir dabei wohl bewußt gewesen, daß diese beiden Dinge nicht immer auseinanderzuhalten sind, aber bis zu einem gewissen Grade erscheint mir eine solche Berücksichtigung doch zweckmäßig, desgleichen eine besondere Anführung der sog. Blutgifte.

---

[1] GIESSLER u. WOLFF: Beitrag zur *Xanthopsie nach Digitalis*. Klin. Mbl. Augenheilk. **79**, 203 (1927).

Optischer Raumsinn.

Von

A. TSCHERMAK

Prag.

Mit 51 Abbildungen.

Zusammenfassende Darstellungen.

An allgemeiner Literatur seien neben den älteren Werken von G. MEISSNER (1854) und P. L. PANUM (1858) hier aus Raumgründen nur folgende angeführt: AUBERT, H.: Physiologie der Netzhaut, S. 187—331. Breslau 1865 — Physiologische Optik, in Graefe-Saemischs Handb. d. Augenheilk. **2** (2), Kap. 9. Raumsinn, S. 572—631. Leipzig 1876. — BOURDON, B.: La perception visuelle de l'espace. Paris 1902. — CORNELIUS, C. S.: Die Theorie des Sehens und räumlichen Vorstellens. Halle 1861, und Nachtrag, Halle 1864. — HELMHOLTZ, H.: Physiologische Optik. 1. Aufl. 1856—1866; 2. Aufl. 1885—1896; 3. Aufl. (herausgeg. von J. v. KRIES) 1909—1910, spez. **3** (1910). Engl. Übers. d. 3. Aufl. von SUTHERLAND. **3**. Ithaca. — KRIES, J. v.: Allgemeine Sinnesphysiologie. Leipzig 1923. — HERING, E.: Beiträge zur Physiologie. 5 H. Leipzig 1861—1864 — Der Raumsinn und die Bewegungen des Auges. Hermanns Handb. d. Physiol. **3** (1). Leipzig 1879. — HILLEBRAND, F.: Lehre von den Gesichtsempfindungen. 2. Teil. Raumsinn. Wien 1929. — HOFMANN, F. B.: Die Lehre vom Raumsinn des Doppelauges. Erg. Physiol. **15**, 238—339 (1915). — Die Lehre vom Raumsinn des Auges. Graefe-Saemischs Handb. d. Augenheilk. 2. Aufl., Kap. 13, T. 1, S. 1—213. Berlin 1920; T. 2, 215—667 (1925). — KÖNIG, A.: Physiolog. Optik. Handb. d. Exp. Physik. **20** (I) (1929). — LE CONTE, J.: Sight, an exposition of the principles of monocular and binocular vision. Newyork 1881. D. Übers. (Die Lehre vom Sehen) Leipzig 1883. — MACH, E.: Analyse der Empfindungen. 8. Aufl. Jena 1918, spez. Kap. 6 u. 7. — NAGEL, A.: Das Sehen mit zwei Augen. Leipzig 1861. — NUEL, J. P.: La vision. Paris 1904. — SCHULZ, H.: Das Sehen. Eine Einführung in die physiologische Optik. Stuttgart 1920. — STUMPF, C.: Über den physiologischen Ursprung der Raumvorstellung. Leipzig 1873. — TSCHERMAK, A.: Über die Grundlagen der optischen Lokalisation nach Höhe und Breite. Erg. Physiol. **4**, 517 bis 564 (1904). — WHEATSTONE, CH.: Beiträge zur Physiologie der Gesichtswahrnehmung (1842). D. Übers. von M. v. ROHR. Leipzig 1908. — WITASEK, ST.: Psychologie der Raumwahrnehmung des Auges. Heidelberg 1910. — WUNDT, W.: Beiträge zur Theorie der Sinneswahrnehmung. Leipzig u. Heidelberg 1862 — Grundzüge der physiologischen Psychologie. 6. Aufl. Leipzig 1908—1911. — ZOTH, O.: Augenbewegungen und Gesichtswahrnehmungen Nagels Handb. d. Physiol. **3**. Braunschweig 1905. — Bezüglich der hier überhaupt nicht näher behandelten Untersuchungsmethodik sei speziell verwiesen auf: HOFMANN, F. B.: Untersuchungsmethoden für den Raumsinn des Auges. Tigerstedts Handb. d. physiol. Methodik **3** (I, 2. Abt.), 100—224 (1909) [s. auch daselbst A. GULLSTRAND: Dioptrik **3** (I, 3. Abt.), 1—180 (1909)]. — PAULI, W. E. u. R.: Physiologische Optik. Jena 1918. — BIELSCHOWSKY, A.: Methoden zur Untersuchung des binokularen Sehens und des Augenbewegungsapparates. Abderhaldens Handb. d. biol. Arbeitsmethoden Abt. 5, T. 6, H. 5 (Lief. 168) (1925). — Bezüglich Zahlenwerte s. C. OPPENHEIMER-L. PINCUSSEN: Tabulae Biologicae **1**, Berlin 1925, spez. Raumsinn des Auges (F. B. HOFMANN), S. 275—285.

I. Empfindungsanalyse des Raumsinnes: subjektiver und objektiver Raum.

Unsere Gesichtsempfindungen erscheinen nicht in oder an unserem Körper. Sie erscheinen vielmehr, gleichgültig ob — wie gewöhnlich — exogen, speziell photogen, oder endogen verursacht, zwangläufig auf Außenobjekte bezogen, ja selbst gewissermaßen außerhalb des Körpers lokalisiert, und zwar tun sie dies mit größerer, andersartiger Eindringlichkeit als die Gehör- oder gar Geruchsempfindungen — im Gegensatze zu den Eindrücken des Geschmacksinnes sowie der Haut und des Bewegungsapparates. Gewiß bestärkt uns die Erfahrung, daß wir ein optisch erfaßtes Ziel durch Fortbewegung des Körpers und durch Tastwerkzeuge erreichen können, in jener sog. Exteriorisation; doch ist das „Nachaußensehen" (JOH. MÜLLER) unverkennbar eine ursprüngliche fundamentale Eigentümlichkeit. Es ist nur ein irreführendes Beschreibungsbild, wenn man sagt, daß wir unsere Gesichtsempfindungen in den Außenraum hinausverlegen; sie erscheinen vielmehr eingeordnet in unseren subjektiven oder Anschauungsraum. Begrifflich unterscheiden wir diesen jedoch klar und konsequent vom objektiven Raum[1]. Letzterer ist uns nur der allgemeine Ausdruck der Undurchdringlichkeit oder Diskretion der Naturkörper, welch erstere wir durch ein geometrisches Bild zu erfassen suchen — speziell durch das Bild des dreidimensionalen EUKLIDschen Raumes, in welchem selbst eine subjektive Wurzel stecken mag (HERING, KIRSCHMANN, CYON, TSCHERMAK) — so besonders in der Bezeichnung und Betonung von „Oben—Unten", „Rechts—Links". Jedenfalls genügt für unsere Zwecke hier diese sozusagen „kongeniale" Darstellung des objektiven oder Außenraumes als rektangulär-dreidimensional mit Einstellung der Z-Achse in die Lotrichtung, also der Ebene der X- und Y-Achse in die Wagrechte. Analogerweise zeigt der subjektive oder Anschauungsraum — hier speziell der „Sehraum" (HERING) — die Eigenschaft der Dreidimensionalität, den Besitz eines subjektiven, dreidimensionalen Koordinatensystems, nämlich des „Oben—Unten", „Rechts—Links", „Vorn—Hinten" im Verhältnis zu einem Beziehungspunkte und die Eigenschaft einer subjektiven Normalorientierung der drei Grunddimensionen, d. h. eines mittleren Richtungsunterschiedes derselben, so daß die beiden Halbachsen der einen Dimension von jenen der anderen Dimension in gleichem Grade differieren. Die Bezeichnung „Rektangularität" muß für die Charakteristik des objektiven Raumes reserviert bleiben, da nur diesem ein eigentliches Winkelmaß zukommt, dem subjektiven Raume hingegen ein absolutes Maßsystem fehlt!

Auf Grund dieser Scheidung und Gegenüberstellung ergibt sich alsbald die ständig wiederholte Aufgabe für die Physiologie des Raumsinnes, die optische Lokalisation nach Sicherheit oder Bestimmtheit und nach sog. Richtigkeit[2] mit dem objektiv-geometrischen Schema des Außenraumes, also das subjektive Koordinatensystem mit dem objektiven zu vergleichen und subjektiv Räumliches durch Messungsdaten, welche subjektiv gekennzeichnet sind, aber dem objektiven Raum entnommen werden, zahlenmäßig zu charakterisieren. So bestimmen wir beispielsweise die subjektive Vertikale durch entsprechendes Einstellen einer drehbaren objektiven Geraden und vergleichen nachher diese subjektiv gekennzeichnete, objektive Stellung im Gradmaße mit der durch das Lot gegebenen objektiven Grundrichtung — ebenso vergleichen wir die subjektive Horizontale bzw. ihr objektives Äquivalent mit der objektiven Wagrechten. Analoges gilt von dem zahlenmäßigen Vergleich des subjektiven „Geradevorne" bzw. seines objektiv-geometrischen Äquivalents mit der objektiven Symmetrieebene des eigenen Kopfes, des subjektiven „Gleichhoch" bzw. seines objektiven Äquivalents mit dem objektiven Niveau der Drehpunkte der Augen. In gleicher Weise wie bezüglich der Richtungsqualität bewährt sich die Unterscheidung von subjektivem und objektivem Raum auf dem Gebiete der Strecken- oder Distanzqualität, und zwar bei Herstellung optisch-räumlicher Gleichungen. Hier

---

[1] Vgl. speziell E. HERING 1879, 347. — HOFMANN, F. B. 1920—1925, 1ff.
[2] Vgl. dazu E. HERING: 1879, 413ff.

wird einerseits eine Strecke oder Distanz von bestimmtem, objektivem Grundwerte geboten, andererseits eine mit deren subjektivem Eindrucke gleichwertige
Einstellung gemacht und das dabei gefundene objektive Äquivalent mit dem
objektiven Grundwerte verglichen. Die verglichenen Strecken können dabei
natürlich nach allen möglichen subjektiven bzw. objektiven Richtungen gelegt
sein — so auch nach der Tiefe, wobei sich dann das Problem ergibt, beispielsweise Lote in gleiche scheinbare Entfernung vom Beobachter bzw. in eine frontoparallele Scheinebene zu stellen und sodann die objektive Spurlinie der eingestellten Lote, die Fußlinie des sog. Längshoropters, messend zu vergleichen
mit der objektiven Ebene, welche frontoparallel durch das fixierte Lot zu legen
ist, oder mit dem durch dieses Lot und die Knotenpunkte beider Augen gelegten
Kreise.

Dieses nur durch ein paar Beispiele illustrierte Prinzip von Herstellung
subjektiver Gleichheit und der anschließende messende Vergleich von zwei objektiven Daten und damit die Charakteristik subjektiver Gleichheit durch objektive Maßzahlen, und zwar im allgemeinen durch objektiv gemessene Ungleichheit, ist uns ja von der Lehre von den Gleichungen auf dem Gebiete des
Farbensinnes geläufig. Bereits dort wurde die Notwendigkeit betont, zwischen
Bestimmtheit und Richtigkeit solcher Messungen zu unterscheiden, wobei die
erstere nach den Methoden der Fehlerlehre, und zwar am besten durch den mittleren
Fehler oder die Standardabweichung (entsprechend der Wendepunktsabszisse der
Frequenzkurve bzw. ihrer schematischen Äquivalenzkurve — vgl. Bd. XII, 1, S. 347),
letztere durch Zutreffen bzw. Abweichung des Mittelwertes ausgedrückt wird.
Allerdings ist damit noch nichts über die subjektive Sicherheit ausgesagt, da
diese und die gemessene nicht unbedingt und ausnahmslos parallel gehen, vielmehr unter Umständen die subjektive Sicherheit auch bei hoher Bestimmtheit,
also geringem Schwanken der Einstellungen, nicht optimal zu sein braucht,
umgekehrt bei geringer objektiver Bestimmtheit, also erheblichem Schwanken,
eine ausgesprochene sein kann. — Andererseits hat die Feststellung konstanter
und charakteristischer „Unrichtigkeiten" in bezug auf Richtungen oder Distanzen,
der systematische Nachweis von anscheinenden *Diskrepanzen* auf dem Gebiete
des optischen Raumsinnes — in denen wohl im wesentlichen der Ausdruck
einer primären Lokalisationsweise, einer angeborenen Differenzierung des Sehorgans erblickt werden darf — entscheidende Bedeutung, um die Berechtigung
und Fruchtbarkeit der Unterscheidung von subjektivem und objektivem Raum
darzutun[1]. Schon aus diesem später ausführlicher zu schilderndem Tatbestande
ergibt sich mit Notwendigkeit der Schluß, daß unsere Gesichtsempfindungen
nicht im objektiven Außenraum erscheinen, nicht von uns auf Grund was immer
für einer Einrichtung in diesen hinausverlegt oder projiziert werden, sondern
zwangläufig zwar „außerhalb von uns", jedoch im subjektiven Raume bzw.
im „Sehraume" erscheinen, diesem als Glieder eingeordnet sind und zugehören.
Wir nehmen nicht den Außenraum wahr, auch nicht mit einer gewissen „Unsicherheit" oder einer individuell charakteristischen „Abweichung". Für den
subjektiven Raum fehlt uns eine subjektive Maßeinheit, ein subjektives Maßsystem — ähnlich wie für die subjektiven Empfindungsqualitäten: Helligkeit,
Farbenton, Sättigung, Nuance; nur die Gleichheit bezüglich bestimmter farbiger
oder räumlicher Empfindungsqualitäten läßt sich durch objektive Äquivalente
charakterisieren, ebenso das Verhältnis von subjektiv und objektiv Räumlichen
durch objektive Diskrepanzwerte festhalten. Dies bedeutet aber keine Messung

---

[1] Vgl. dazu speziell A. Tschermak: Der exakte Subjektivismus in der neueren Sinnesphysiologie. Pflügers Arch. **188**, 1 (1921), auch sep. Berlin 1921.

der Empfindungsqualitäten selbst. Der subjektive Raum, hier speziell der Sehraum, und der objektive Raum sind geradezu inkommensurabel[1].

Dementsprechend erscheint auch eine klare und konsequente sprachliche Unterscheidung in der Nomenklatur geboten, wie sie aus folgender Gegenüberstellung zu ersehen ist:

Objektiv.	Subjektiv.
Gesichtsraum (spatium visuale).	Sehraum (spatium opticum).
Gesichtsfeld (campus visualis).	Sehfeld (campus opticus).
Außenobjekt bzw. Gesichtsobjekt.	Sehding.
Netzhautbild.	Anschauungsbild.
Blicklinie bzw. Gesichtslinie.	Hauptsehrichtung.
Richtungslinien (Lichtrichtungen), Visierlinien oder sonstige optische Konstruktionslinien (lineae visuales).	
	Sehrichtungen (lineae opticae).
Lotrecht, perpendikular.	(subjektiv) Vertikal.
Wagrecht, niveaugerecht.	(subjektiv) Horizontal.
Fixationspunkt.	Kernstelle.
Längshoropter.	Kernfläche (im allgemeinen: Kernebene).
Geometrische Orts- oder Lagewerte im Außenraum oder auf der Netzhaut.	Subjektive Raumwerte, begründet durch physiologische Lokalzeichen oder Funktionswerte.

Die Diskrepanzen zwischen Objektiv-Räumlichem und Subjektiv-Räumlichem, zwischen geometrischem Lagewert und Funktionswert oder Lokalzeichen sind im allgemeinen klein genug, um innerhalb der Bedingungen und Grenzen der praktischen Benützung unseres Sehorgans — welche ja eine im allgemeinen recht oberflächliche zu nennen ist — nicht aufzufallen und zu stören. Auch die sehr angenäherte Symmetrie der Breitendiskrepanzen sowie der Richtungsdiskrepanzen in beiden gleichzeitig benützten Augen trägt zu diesem Erfolge bei. Dazu kommt noch das Wandern des Blickes sowie der korrigierende und ergänzende Einfluß der Erfahrung und des Gedächtnisses. Es ergibt sich daher mit einer gewissen Annäherung ein Verhalten, *als ob* wir den Außenraum direkt *erkennen*, die Außendinge tatsächlich *wahrnehmen* würden. Zu diesem Scheinergebnis trägt noch der Umstand bei, daß mannigfache individuelle Anpassungen und Erfahrungen korrigierend mitwirken. Die funktionelle Differenzierung unseres Sehorgans muß eben eine ähnlich zweckstrebige oder zweckmäßige genannt werden wie seine morphologische Differenzierung, wie der Bau des Reizempfängers. Mit LEIBNIZ mag man von einer „prästabilierten Harmonie" des Reizes und des Receptors oder Reagenten sprechen. Andererseits erweisen sich die Diskrepanzen doch als groß genug, um unter den vereinfachten, künstlichen Bedingungen exakter experimenteller Untersuchung mit Sicherheit oder wenigstens — angesichts gewisser dioptrischer Komplikationen — mit Wahrscheinlichkeit erschlossen werden zu können.

Der räumliche Charakter der Gesichtsempfindungen erscheint von gleicher Wertigkeit und Ursprünglichkeit wie ihr farbiger. Sowohl die allgemeine Exteroqualität als die spezielle Lagequalität ist jeder Gesichtsempfindung so ureigentümlich und immanent, wie es die Weiß-Schwarz- oder die Farbentonqualität ist; rein empfindungsanalytisch besteht meines Erachtens keinerlei Berechtigung, sie als etwas sekundär zu einer ursprünglich nichträumlichen Elementarempfindung Hinzugetretenes, damit erst nachträglich Verknüpftes zu betrachten, also die Raumqualität selbst als ein sekundäres Produkt komplexer Assoziationsleistungen aufzufassen. Dem musivisch gegliederten Sehorgan kommt offenbar

---

[1] Erst das Messen und Zählen führt uns über die unmittelbaren Daten der Sinneserkenntnis hinaus, indem ein objektiver konstant angenommener Wert als „Einheit" wiederholt wird, gleichgültig ob derselbe immer wieder denselben subjektiven Eindruck macht oder nicht (A. TSCHERMAK: Allgemeine Physiologie 1, 21. Berlin 1916—1924).

ebenso wie eine farblos-farbige Reaktionsweise, so auch eine subjektiv-räumliche Reaktionsweise zu, deren Grundlagen später zu analysieren sein werden. Wir können mit Hering ebenso von einem optischen Raumsinn sprechen wie von einem Licht- und Farbensinn.

Wohl aber erweist eine nähere Analyse den räumlichen Charakter der Gesichtsempfindungen als einigermaßen komplex an Beziehungsqualitäten. Unter diesen tritt zunächst hervor die Beziehung der gleichzeitigen Gesichtseindrücke oder „Sehdinge" (Hering) zueinander, ihre relative Lage, Anordnungsweise und Entfernung voneinander, kurz die als „*relative Lokalisation*" benannte Beziehungsqualität. Dabei werden die Gesichtseindrücke zunächst so behandelt, als ob sie nur gegeneinander festlägen, hingegen ihr Komplex — etwa wie eine drehbare Scheibe — keine bestimmte Einstellung zu den Hauptrichtungen des Sehraumes sowie keine bestimmte Lage zu den subjektiven Hauptebenen des Kopfes besäße.

Sodann ergibt sich die Beziehung der Gesamtheit aller gleichzeitigen Gesichtseindrücke, aber auch jedes einzelnen „Sehdinges" zu den Hauptrichtungen des subjektiven Raumes, zu dem allgemeinen subjektiven Oben-Unten bzw. zur Vertikalen und zur Horizontalen des Sehraumes. Diese Beziehungsqualität sei als „*absolute Lokalisation*" (und zwar im engeren Sinne des Wortes) bezeichnet. — Endlich zeigen die Gesichtseindrücke eine charakteristische Beziehung zum Vorstellungs- oder Fühlbilde des eigenen Körpers oder Kopfes und zwar zu dessen subjektiver Richtung oder Lage und zu dessen Hauptebenen: der subjektiven Medianen oder dem „Geradevorne", dem subjektiven „Gleichhoch" mit den eigenen Augen und dem subjektiven „Stirngleich" als der Scheidungsebene von „Vorne" und „Hinten". Auch der Eindruck eines bestimmten Abstandes vom Beobachter gehört hierher. Diese Beziehungsqualitäten werden als „*egozentrische Lokalisation*" bezeichnet. Bei aufrechter Kopfhaltung fallen die Vertikale sowie die Horizontale der absoluten Lokalisation und das Geradevorne bzw. die subjektive Kopffußlinie sowie das Gleichhoch der egozentrischen Lokalisation zusammen.

Da alle drei Beziehungsqualitäten dieselben Sehdinge und denselben Sehraum betreffen, die Anordnung der einzelnen Eindrücke ebensogut auf die Hauptrichtungen des Sehraums oder auf die subjektiven Hauptebenen des Kopfes wie aufeinander bezogen werden kann, so mag diese Scheidung als etwas gekünstelt erscheinen, doch ist sie begrifflich zweifellos berechtigt und praktisch fruchtbar. Im subjektiv räumlichen Gesamtbilde steht die relative und die absolute Lokalisation im Vordergrunde, die egozentrische klingt zunächst zwar in der Klassifikation der Lage der Sehdinge nach „Rechts" oder „Links" durch. Bei seitlicher Neigung des Kopfes oder Hinlegen des Körpers trennt sich alsbald das klar bewußtbleibende Vertikal und Horizontal bzw. Oben-Unten des subjektiven Raumes an sich und die egozentrische Lokalisation, speziell das Oben-Unten des Kopfes. Dabei kann — so unter den Bedingungen des gewöhnlichen Sehens — der Sehraum (bzw. die Koordinatenäquivalenten) ,das ursprüngliche Verhältnis zum objektiv-geometrischen Außenraum beibehalten, so daß vorher vertikal Erscheinendes auch weiterhin vertikal erscheint. Unter anderen Bedingungen, z. B. bei Beschränkung des Sehens auf eine oder mehrere drehbare Gerade, speziell im Dunkeln, kann aber dabei die Lage des Sehraumes selbst sich verschieben, so daß nunmehr eine andere, in charakteristischer Weise abweichende Einstellung den Eindruck „Vertikal" erweckt. Ebenso verändern äußere wie innere Bedingungen (speziell Abbildungsverhältnisse) die egozentrische Lokalisation.

Endlich sei nicht unterlassen zu betonen, daß bei aller Wertung der grundlegenden Bedeutung der Daten des menschlichen Raumsinnes niemals die notwendige Analogie der Tiere vergessen werden darf, wenn sie auch nur indirekt aus dem reaktiven Verhalten zu erschließen ist. Speziell soll uns diese Analogie eine Mahnung sein, der Theorie des optischen Raumsinnes nach Grundlage und Herkunft nicht eine anthropozentrische oder gar nur für den Menschen mögliche Fassung zu geben — so durch Voraussetzung komplexer Leistungen an Vergleichen, Urteilen, Schlüssen, Vorstellungen und Wahrnehmungen oder durch Annahme eines langdauernden Erwerbes mittels Erfahrung und Übung. Doch muß hier diese kurze psycho-physiologische Auseinandersetzung der Grundbegriffe des optischen Raumsinnes genügen!

II. Raumsinn des Einzelauges.
A. Allgemeines Lageunterscheidungsvermögen.

Die relative optische Lokalisation äußert sich zunächst darin, daß örtlich gesonderte Reizquellen oberhalb einer gewissen Minimaldistanz subjektiv räumlich gesonderte Reaktionen des Sehorgans hervorrufen. Es kommt also gewissen, erst näher festzustellenden Funktionseinheiten der Netzhaut eine verschiedene Richtung des Erscheinens ihrer Eindrücke, eine differente „Sehrichtung" (HERING) und als physiologische Grundlage der vom Orte der Erregung abhängigen, in einer subjektiven Richtungsqualität sich auswirkenden Verschiedenheit der Empfindungen ein differentes „Lokalzeichen" zu (LOTZE). Dabei liegt — wie gleich hier bemerkt sei — nicht die Richtung an sich oder die absolute Sehrichtung fest, da sie ja vom jeweils geltenden subjektiven Maßstab im Sehfelde abhängt; es erscheint vielmehr nur der Sinn des Unterschiedes, also die relative Sehrichtung oder das Lokalzeichen im Sinne eines Ordnungswertes, nicht eines Größenwertes bestimmt.

Grenzen des Raumsinnes.

Die erwähnte Erkenntnis führt alsbald zu dem Problem der Grenzen des optischen Raumsinnes bzw. des Auflösungsvermögens des Auges (minimum discernibile seu separabile) in den einzelnen, vom hinteren Netzhautpol ausgehenden Meridianen und in den dazu orientierten Parallelkreisen, welches im Kapitel über Sehschärfe eine gesonderte Behandlung findet. Hier genüge es, daran zu erinnern, daß infolge der physikalisch-optischen Mängel des Auges und der konsekutiven Lichtaberration punktuelle Lichtquellen auf der Netzhaut nicht Punktreize, sondern Flächenreize setzen, welche selbst unter günstigsten Bedingungen eine Mehrzahl von anatomischen Einheiten treffen. Die Erzeugung von dioptrischen Einzelzapfenbildern ist sonach unmöglich[1]. Nähert man zwei helle oder dunkle Punkte bzw. Linien einander, bis sie für das direkte Sehen des helladaptierten Auges[2] zu verschmelzen scheinen (Sehschärfenbestimmung nach WEBER), so erfolgt dies bereits bei einem Minimalgesichtswinkel von etwa 0,5—1 Minute, wobei die Werte ja nach den besonderen Beobachtungsbedingungen — speziell je nach dem Helligkeitsunterschied zum Grunde — sehr verschieden

---

[1] Vgl. E. HERING: G. Z. S. 141 ff., 155. Vgl. das in Bd. XII, 1, S. 500, im Kap. über Irradiation Bemerkte.

[2] Die *Sehschärfe des dunkeladaptierten Auges bzw. beim Dämmerungssehen* übertrifft nur bei sehr geringen Beleuchtungsstärken jene des Hellauges, während bei wachsender Belichtung letzteres rasch bis zu einem (etwa zehnfach) höher gelegenen Optimum voraneilt. Bei subjektiv gleicher Helligkeit ist das Hellauge dem Dunkelauge überlegen. Der Vergleich fällt für die exzentrischen Partien noch ungünstiger aus als für das Zentrum. Das Minus des dunkeladaptierten Auges ist durch die geringere Unterschiedsempfindlichkeit bedingt (vgl. Bd. XII, 1, S. 391). Vgl. J. v. KRIES: Zbl. Physiol. 8, 694 (1895) (s. auch BUTTMANN [mit der Angabe von Gleichheit der peripheren Sehschärfe im Hell- und Dunkelauge]: Inaug.-Dissert. Freiburg 1890). — KOESTER, F.: Ebenda 10, 433 (1896). — FICK, A. E.: Graefes Arch. 45 (2),

ausfallen[1]. Es ergibt sich demnach bereits eine empirische Grenze *vor* der nach den Querdimensionen der Netzhautelemente zu erwartenden. (Für die Innenglieder der Foveazapfen beträgt die Querdimension 1,5—4,5 μ bzw. 3 μ als Mittel — M. Schultze, H. Müller, Schwalbe, Heine, Fritsch[2].) Es

---

336 (1898). — Garten, S. u. S. Bloom: Pflügers Arch. **72**, 372 (1898). — Broca, A.: J. Physiol. et Path. gén. **3**, 384 (1901). — Vgl. die übersichtliche Darstellung von A. Tschermak: H. D. A. Erg. Physiol. **1** (2), 768ff. (1902). — Katzenellenbogen, E. W.: Wundts Philos. Stud. **3**, 272 (1907). — Nagel, W. A.: Z. Psychol. **27**, 264 (1910) — Zusätze zu Helmholtz: Physiologische Optik, 3. Aufl., **2**, 311 (1910). — Laurens, H. L. (ohne deutlichen Unterschied): Z. Sinnesphysiol. **48**, 233 (1914). — Roelofs, C. O. u. W. P. C. Zeeman: Graefes Arch. **99**, 174 (1919). — Flügel, J. C.: Brit. J. Psychol. **11**, 289 (1921). — Wynn, Jones: Ebenda **11**, 299 (1921). — Beyne, J. u. C. Worms: C. r. Soc. Biol. **91**, 178 (1924). — Bezüglich des Auflösungsvermögens überhaupt vgl. speziell H. Löhner: Die Sehschärfe des Menschen und ihre Prüfung. Leipzig u. Wien 1912. — Gleichen, A. (Beitrag zur Theorie der Sehschärfe): Graefes Arch. **93**, 128 (1917). — Hofmann, F. B.: **1920—1925**, 19ff. — Talenti, C. und L. Meineri: Arch. di Fisiol. **27**, 39 (1929). — H. U. Möller: Acta. ophthalm. (Københ.) **7**, 1 (1929). — Bezüglich der Abhängigkeit der Sehschärfe von der Lichtstärke sei auf die oben (Bd. XII, 1, S. 390, 491) gegebenen Ausführungen, welche die Beziehung zur Adaptation und zum Kontrast betreffen, sowie auf das Kapitel „Sehschärfe" dieses Handbuches verwiesen; hier genüge es, zu erwähnen, daß die Sehschärfe als eine Funktion der Beleuchtungsintensität (allerdings zugleich der Adaptation) erscheint. Nach A. König (Gesammelte Abh. S. 378. Leipzig 1913; s. Ber. d. Berl. Akad. **1897**, 559; auf Grund der Messungen von W. Uhthoff: Graefes Arch. **32** (1), 171 (1886) u. **36** (1), 33 (1890) sowie auf Grund der Beobachtungen mit E. Brodhun: Gesammelte Abh. S. 138) handelt es sich in ersterer Hinsicht um eine logarithmische Funktion nach der Formel $S = a (\log B - \log C)$, worin B die Beleuchtungsintensität des gesehenen Objekts bedeutet, der Faktor a von der Natur des jeweils benutzten Lichtes abhängt und C dem Helligkeitswert desselben umgekehrt proportional ist; hingegen betrachten im Anschlusse an Manolescu (1895) C. D. Roeloffs und L. B. de Haan [Graefes Arch. **107**, 151 (1922); vgl. auch L. B. de Haan: Inaug.-Dissert. Amsterdam 1920] die Beziehung als eine parabolische, die Sehschärfe also als direkt proportional der Wurzel aus der Beleuchtungsintensität $(S = k \cdot \sqrt{L_0})$ bsw. aus dem Lichtstärkenunterschied von Objekt und Grund $(S = k\sqrt{L_0 - L_G})$. P. W. Cobb und F. K. Moss [J. of exper. Psychol. **10**, 350 (1927)] stellen eine Beziehung auf zwischen Sehschärfe und gegebener sowie geringster erkennbarer Beleuchtungsdifferenz von Objekt und Umgebung $([S - d]^m \cdot [C - a] = b)$. Praktisch ergibt sich optimale Sehschärfe bereits bei einer Beleuchtungsstärke von 8—10 Meterkerzen und kein Vorteil weiterer Steigerung der Beleuchtung (Rice: Arch. of Psychol. **1912**, Nr 20, p. 59). A. König (a. a. O.) bzw. A. Kohlrausch und Mitarbeiter [Tab. biol. **4**, 533 (1927)] finden die untere Grenze der optimalen Sehschärfe bei 300—500 bzw. bei 300—600 H Lux (bei senkrechtem Einfall auf die weiße Sehprobentafel). Allerdings läßt die feinere Untersuchung eine relativ lange fortschreitende Besserung der Sehschärfe mit wachsender Beleuchtung entsprechend der Adaptation und der zunehmenden Kontrastwirkung erkennen (E. Hering: G. Z. S. 68ff.; vgl. das oben Bd. XII, 1, S. 391 Ausgeführte). Von entscheidender Bedeutung für die Sehschärfe ist ferner die Dauer der Einwirkung bzw. der Reaktion, so daß A. Broca und D. Sulzer (J. Physiol. et Path. gén. **1903**, 293) von einer charakteristischen Trägheit des Formensinnes sprechen bzw. von einem in umgekehrter Beziehung zur Beleuchtungsstärke stehenden Zeitverlust. Eine Übersicht der Literatur über die Bedeutung der Beleuchtung für die Sehschärfe gibt H. Parsons [Lond. Ophthalm. Hosp. Rep. **19**, 274 (1914)]. — Über die Beziehung von Sehschärfe und Wellenlänge des Reizlichtes vgl. das oben Bd. XII, 1, S. 371, im Kapitel Farbensinn Bemerkte.

[1] H. v. Helmholtz (Physiologische Optik, 1. Aufl. S. 645; 3. Aufl. **3**, 256) fand für sich an glänzenden Stahlnadeln den Grenzwert von 60,5″, für Dr. Hirschmann 50″. — A. W. Volkmann (Ber. d. sächs. Ges. d. Wiss. **1857**, 198) ebenso H. Aubert (**1865**, 214ff.; **1875**, 582) erhielten für schwarze Linien auf Weiß etwa 108″, für weiße auf Schwarz etwa 145″ als Grenzwert. — H. Aubert (**1865**, 203; **1875**, 578) bestimmte die Größe eines physiologischen Punktes auf 35″ bzw. 2,5 μ Netzhautfläche.

[2] Kölliker, A.: Handbuch der Gewebelehre, 6. Aufl., **3** (2), 825 (1899). — Heine, L.: Ber. Ophth. Ges. Heidelberg **29**, 265 (1901). — Fritsch, G.: Über Bau und Bedeutung der Area centralis der Menschen. Berlin 1908 — Zbl. Physiol. **24**, 796 (1910). — Vgl. dazu O. Zoth: **1905**, 345. — Vierordt, H.: Anatomisch-physiologische und physikalische Tabellen, 3. Aufl., S. 166. Jena 1906. — Ältere Daten bei A. W. Volkmann: Ber. sächs. Ges. Wiss., Math.-physik. Kl. **21**, 57 (1869). — Theile: Nova acta Leop. Carol. Acad. **96**, Nr 3 (1884).

greifen eben bereits die Randsäume der Zerstreuungskreise bzw. der Zerstreuungs-
streifen so weit übereinander, daß die Erregung der davon betroffenen Zwischenelemente — bei gegebener Unterschiedsempfindlichkeit und Kontrastleistung —
keinen merklich verschiedenen Effekt gibt gegenüber der Erregung der vom
Gipfel einer der beiden Aberrationskurven betroffenen Elemente. Deutlich
mindere Erregung — schematisch „Ungereiztbleiben" — mindestens *eines*
retinalen Zwischenelementes ist jedoch die Voraussetzung für subjektives Ge-
trenntScheinen zweier Reizquellen.

Erheblich weiter, ja günstigenfalles im direkten Sehen bis zu einer dem
Öffnungswinkel eines Foveazapfens (Minimum 20 Sekunden, Mittel 39 Sekunden)
entsprechenden oder ihn selbst unterschreitenden Grenze (5—13 Sekunden,
u. zw. Bourdon 5—7 Sekunden, F. B. Hofmann 8—9 Sekunden) gelangt man
beim Lagevergleich zweier parallel zueinander verschieblicher Strecken, welche
sozusagen Stücke einer und derselben Geraden darstellen (Noniusmethode nach
Wülfing[1]). Bei Neigung der Linien gegen die Vertikale ist die Empfindlichkeit geringer (Best). Erst damit bekommt man einen zuverlässigen Aufschluß
über die Feinheit des optischen Raumsinnes (Hering), obzwar auch hier die
Grenze[2] eine unscharfe, nur relative und nur für die speziellen Beobachtungsbedingungen gültige bleibt[3]. Bei der Grenzstellung reichen eben die Randsäume der Zerstreuungskreise des Bildes der einen Strecke — schematisch gesprochen — um eine „Elementenreihe" oder wenigstens zum Teil um einzelne
Elemente der nächsten „Reihe" weiter als jene des Bildes der anderen Strecke.
Wenigstens führen die auch während „ruhiger Fixation" vorkommenden minimalen Blickschwankungen (vgl. S. 1055) vorübergehend zu einem solchen Verhalten. Dementsprechend erscheint auch der von der Lichtstärke, Lichtverteilung und Kontrastwirkung abhängige „wirksame Kontur" innerhalb des
Aberrationssaumes der einen Strecke eben noch verschieden gelegen von dem
„wirksamen Kontur" der anderen Strecke. — Höhere Werte als das Wülfing-
sche, doch deutlich niedrigere als das Webersche Verfahren gibt die Be-
wegungsmethode, d. h. die Änderung der scheinbaren Größe bei Nähern oder
Entfernen eines Objektes[4]. Im übrigen sei auf die Darstellung der Irradiation
(Bd. XII, 1, S. 500) und das Kapitel Sehschärfe verwiesen.

---

[1] Wülfing, E. A.: Z. Biol. **29** (N. F. **11**), 199 (1892). — Obarrio, P. de: Z. Augenheilk.
Beil.-H. **2**, 72 (1899). — Hering, E.: Ber. d. sächs. Ges. d. Wiss., Math.-Physik. Kl. **151**, 16
(1899). — Best, F.: Graefes Arch. **51** (3), 453 (1900), mit dem nach der Methode der richtigen
und der falschen Fälle erbrachten Nachweise, daß noch ein Lageunterschied von 2,5″ von
Einfluß auf den Vergleich ist. — Stratton, G. M.: Psychologic. Rev. **7**, 429 (1900); **9**, 433
(1902). — Bourdon, B.: Rev. Philos. **49**, 93 (1900); **51**, 145 (1902). — Thorner, W.: Klin. Mbl.
Augenheilk. **48**, 590 (1910). — Roelofs, C. O.: Arch. néerl. Physiol. **2**, 199 (1918). — Hofmann, F. B.: : **1920—1925**, 56, 58 ff., 62 (vgl. auch dessen Messungen über die Erkennbarkeit
von Zacken an geraden Konturen S. 95 ff.). — Schulz, H.: Z. Dtsch. Ges. f. Mech. u. Opt.
1, 25, 37, 49 (1920) — Z. techn. Phys. **1**, 116, 129 (1920). — Hartridge, H.: J. of Physiol.
57, 52 (1912) — Philosophic. Mag. **46**, 49 (1923) [vgl. dazu T. Y. Baker: Philosophic. Mag.
46, 640 (1923)]. — Weymouth, F. W., E. E. Andersen u. H. L. Averil: Amer. J. Physiol.
63, 410 (1923) — J. comp. Psychol. **5**, 147 (1925) (mit Errechnung einer Noniussehschärfe
von $^1/_5$—$^1/_{25}$ eines Zapfendurchmessers und Aufstellung eines „mittleren retinalen Lokalzeichens" aus den Eindrücken der infolge minimaler Blickschwankungen hintereinander
gereizten Zapfenreihen). — Betreffs Theorie der Noniussehschärfe vgl. auch K. Bühler:
Die Gestaltwahrnehmungen. Stuttgart 1913.
[2] Dem Grenzwerte an „Breitenunterscheidbarkeit" für ein Auge völlig analog ist
der Grenzwert an „Tiefenunterscheidbarkeit" für beide Augen; letztere beruht ja auf
der mit dem Breitenwert verknüpften Querdisparation der Netzhautelemente (vgl. unten
S. 929 ff., 943).
[3] Mit Recht speziell betont von C. O. Roelofs: Arch. néerl. Physiol. **2**, 199 (1918).
[4] H. Laurens [Z. Sinnesphysiol. **48**, 233 (1914)] findet unter gleichen Bedingungen
für sich als relative Grenzwerte nach den drei Methoden: 5′52″, 1′39″, 1′53″.

Wenn auch infolge des komplizierten Zusammenwirkens der physikalischen Faktoren der Beleuchtungsstärke, des lokalen Beleuchtungsunterschiedes, sowie der Aberration und der physiologischen Faktoren — der Unterschiedsempfindlichkeit, des Kontrastes, des Adaptationszustandes — eine einheitliche oder absolute untere Grenze für das Auflösungsvermögen sich überhaupt nicht aufstellen läßt, so erscheint doch die Schlußfolgerung berechtigt[1], daß an der Stelle des schärfsten Sehens[2] bzw. innerhalb der Fovea die physiologischen Punkte[3] oder Einheiten (d. h. die Vermittler einer bestimmten Sehrichtung oder eines elementaren Sehraumanteiles) mit den anatomischen Elementen, den einzelnen Zapfen, identisch sind. Es besteht sonach keine Nötigung und Berechtigung zur Annahme einer funktionellen Aufgliederung jedes einzelnen Zapfens selbst. Der Befund, daß an Objekten, deren Netzhautbild den Durchmesser eines einzelnen Zapfens nicht übersteigt, noch verschiedene Größen unterschieden werden können (Schoute[4]), ist durchaus kein Beweis dafür, läßt sich vielmehr angesichts der tatsächlich bestehenden Lichtaberration und astigmatischen Bilderzeugung im Auge sehr wohl unter der Voraussetzung der Foveazapfen als letzte funktionelle Einheiten erklären[5]. Umgekehrt wäre es durchaus falsch, aus der Beschränkung des Auflösungsvermögens auf einen einzelnen Foveazapfen den Schluß ziehen zu wollen, daß Objekte von kleinerem Gesichtswinkel überhaupt nicht „wahrgenommen" werden[6]. Sie werden eben in der einem Foveazapfen entsprechenden Sehgröße empfunden, wenn die Differenz an Reizstärke bzw. Erregungsgröße zwischen diesem Zapfen und seiner Umgebung sowie an Kontrasteffekt dafür ausreichend ist[7]. — Im extrafovealen Gebiete, wo die Sehschärfe anfangs sehr steil, später langsamer abfällt[8], entspricht hingegen

---

[1] S. bereits H. Helmholtz: Physiologische Optik, 1. Aufl. S. 215ff.; 3. Aufl. 2, 29ff.

[2] Über die Ausdehnung des Feldes gleichscharfen Sehens „ohne Augenbewegungen" vgl. W. C. Ruediger: Arch. Philos., Psychol. 1907, Nr. 5.

[3] Vgl. speziell H. Snellen und E. Landolt: Graefe-Saemischs Handb. d. Augenheilk. 1. Aufl., 3 (1) 58, 71 (1874). — Landolt, E.: ebenda 2. Aufl., 4 (1), 548 (1904). — F. Holmgren: Skand. Arch. Physiol. (Berlin u. Leipzig) 1, 152 (1889), — Marx, E.: Brit. J. Ophthalm. 4, 459 (1920). — Hartmann, E.: Ann. d'Ocul. 164, 412 (1927). — Kries, J. v.: Zbl. Physiol. 8, 694 (1895).

[4] Schoute, G.: Z. Psychol. 19, 251 (1898). — Vgl. auch A. Cowan: Amer. J. Ophthalm. 6, 676 (1923).

[5] Vgl. dazu das im Abschnitt über Irradiation (Bd. XII, 1, S. 500) Bemerkte sowie A. Tschermak: Erg. Physiol. 2 (2), 726, speziell 794 (1903). — Hofmann, F. B.: 1920 bis 1925, 61.

[6] Bezüglich der Sichtbarkeit feinster dunkler Fäden auf hellem Grunde kommt W. Einthoven [Pflügers Arch. 191, 60 (1921)] zu dem Ergebnisse, daß dieselbe nicht durch die Abmessungen der Netzhautzapfen, sondern durch die Unterschiedsempfindlichkeit für Helligkeiten und den Kontrast bestimmt wird (vgl. Bd. XII, 1, S. 489ff.).

[7] Die Betrachtungen von J. v. Uexküll und F. Brock [Z. f. Physiol. 5, 167 (1927)] über die „Ortkonstante" als Anzahl der unterscheidbaren Orte auf einem kugeligen Gesichtsfelde unter Zugrundelegung des pupillozentrischen Öffnungswinkels eines Foveazapfens mit 1′ bzw. 4,87 μ Durchmesser (relativ hochgegriffener Wert!) bedürfen der Ergänzung durch Berücksichtigung des tatsächlichen Astigmatismus der Bilderzeugung und der gegengerichteten Kontrastwirkung, welche beide Faktoren bei den einzelnen Tierarten gewiß verschieden sind.

[8] Speziell von H. Aubert und R. Förster [Graefes Arch. 3 (2), 1 (1857). — Vgl. Aubert, H.: 1865, 237ff.; 1876, 586) festgestellt, von H. Landolt und J. Snellen [Graefe-Saemischs Handb. d. Augenheilk. 1. Aufl. 3 (1), 65 (1874); 2. Aufl. 4 (1), 570 (1904)] bestätigt [vgl. auch Dobrowolsky, W. u. A. Gain: Pflügers Arch. 12, 411 (1876). — Königshöfer, O.: Inaug.-Dissert. Erlangen 1876. — Wertheimer, Th.: Z. Psychol. u. Physiol. 7, 177 (1894). — Guillery: Pflügers Arch. 68, 120 (1897). — Ruppert, L.: Z. Sinnesphysiol. 42, 409 (1908)], und zwar mit steilerem Abfalle für den vertikalen als den horizontalen Meridian. Vgl. dazu F. B. Hofmann: 1920—1925, 48ff.

eine Mehrzahl von Elementen des Neuroepithels[1] einer physiologischen Einheit[2]. Allerdings wird der Umfang einer solchen Gruppe durch den Einfluß der Aufmerksamkeit und Übung eingeschränkt. Die „Empfindungskreise" (im Sinne von E. H. WEBER) wachsen von der parazentralen Region bis zum Netzhautrande zweifellos erheblich, wenn auch Zahlenwerte nur für die jeweiligen äußeren und inneren Bedingungen gelten. Da die Abstufung der subjektiven Lokalisierung bzw. der den verschiedenen Empfindungskreisen zukommenden Lokalzeichen sich als nicht sprunghaft, sondern als durchaus stetig erweist, ist ein gewisses Übereinandergreifen der verschiedenen Empfindungskreise, eine gewisse Durchmischung der zugehörigen Aufnahmeelemente zu erschließen[3]. In den Randpartien jedes Empfindungskreises werden demgemäß Aufnahmeglieder benachbarter solcher mitgereizt. Keineswegs entspricht die regionale Abstufung der Sehschärfe außerhalb der Fovea einfach dem numerischen Verhältnis von Zapfen und Stäbchen, da sie über 8° hinaus fortschreitet, während jenes Verhältnis von da ab angenähert konstant bleibt[4]. Auch zeigt die Sehschärfe im indirekten Sehen des dunkeladaptierten Auges bei solchen Lichtstärken, bei denen ein alleiniges Ansprechen der Stäbchen angenommen wird (vgl. Bd. XII 1, 571 ff.), ein regionales Gefälle ebenso wie im Hellauge[5].

Bezüglich der *Unterschiedsempfindlichkeit* auf dem Gebiete des optischen Raumsinnes genüge es hier zu bemerken, daß dafür im wesentlichen nicht die absolute, sondern die *relative* Längenverschiedenheit entscheidend ist. Allerdings hat die genauere Prüfung nach verschiedenen Verfahren (Methode des eben merklichen Unterschiedes, Methode der richtigen und der falschen Fälle, Methode des mittleren Fehlers) keineswegs volle Bedeutungslosigkeit der absoluten Streckenlänge bzw. Konstanz des Relationsfaktors ($^1/_{100}$ nach E. H. WEBER, $^1/_{62}$ nach FECHNER, $^1/_{88}$ bzw. $^1/_{101}$ nach VOLKMANN, von $^1/_{95}$ bis $^1/_{152}$ abnehmend bei wachsender Streckenlänge nach KIESOW; für Radiusdifferenzen verglichener Kreise $^1/_{20}$ bis $^1/_{40}$ beim Erwachsenen, $^1/_{10}$ bis $^1/_{20}$ beim Kind nach N. BERNSTEIN) für alle Streckengrößen ergeben (CHODIN, HIGIER,

---

[1] Auf etwa 400 qmm Netzhautfläche (SALZER) entfallen etwa 425 000 Opticusfasern, also eine Opticusfaser auf 36 μ oder 8′ nodalen Öffnungswinkel [vgl. C. G. SUNDBERG: Skand. Arch. Physiol. (Berlin u. Leipzig) **35**, 1 (1917)].

[2] Diese Zusammenfassung ist physiologisch begründet; die sehr rasch erfolgende zentrifugale Abnahme der Sehschärfe entspricht nicht einfach der zentrifugalen Abnahme der Schärfe des Netzhautbildes, welche vielmehr selbst in der peripheren Region noch relativ recht gut zu nennen ist [WEBER, E. H.: Ber. sächs. Ges. Wiss. **2**, 134 (1852). — AUBERT, H.: 1865, 250. — STAMMESHAUS, W.: Graefes Arch. **20**, 147 (1873)]. Auch der Umstand weist auf eine physiologische Begründung hin, daß man bei fortschreitend indirekter Betrachtung zwei zunächst getrennt erscheinende schwarze Punkte nicht grauer und matter sieht, sondern beide zwar schwarz empfindet, ohne sagen zu können, ob 1 oder 2 Objekte vorliegen (AUBERT, H.: 1865, 249; 1876, 585). Andererseits geschieht die Abnahme der Sehschärfe rascher, als daß sie einfach auf die Zunahme der Stäbchen zwischen den immer dicker werdenden Zapfen bezogen werden könnte (O. ZOTH: 1905, 355), zumal da von 8° Exzentrizität an das Verhältnis von Stäbchen zu Zapfen unverändert bleibt.

[3] FLEISCHL, E. v.: Sitzgsber. Akad. Wiss. Wien, Math.-naturwiss. Kl. III **87**, 246 (1883). — Ferner GUILLERY: Pflügers Arch. **68**, 120 (1897). — Vgl. die Ausführungen über die Konstitution der „Empfangseinheiten" bei F. B. HOFMANN: 1920—1925, 68 ff. sowie bei E. HARTMANN (gegenüber L. BARD): Ann. d'Oculist. **164**, 412 (1927).

[4] Vgl. O. ZOTH: Nagels Handb. d. Physiol. **3**, 355 (1905). Ebensowenig besteht ein Parallelismus zur Abnahme der Unterschiedsempfindlichkeit für Helligkeit. Nach R. JAENSCH kommt für den Unterschied von fovealer und exzentrischer Sehschärfe noch ein zentraler Faktor in Betracht [vgl. A. KREIKER: Graefes Arch. **111**, 128 (1923)]. Über den Einfluß der Aufmerksamkeit und Übung vgl. speziell F. B. HOFMANN: 1920—1925, 50.

[5] S. GARTEN und S. BLOOM; Pflügers Arch. **72**, 372 (1898) sowie F. B. HOFMANN (1920—1925, 52, 70) gegenüber J. v. KRIES; Zbl. Physiol. 8, 694 (1895).

Bourdon[1] u. a.). Für mittlere Längen (und bei direktem Sehen) besteht eine recht angenäherte Gültigkeit des Weberschen Gesetzes. Hingegen ist die Fechnersche Folgerung, daß der eben merkliche Empfindungszuwachs, wie er bei proportionaler Veränderung der Streckenlänge auftritt, unabhängig von der absoluten Länge, also stets *gleich groß* sei, offensichtlich unzutreffend (Hering[2]). Nebenbei sei auch der Unterschiedsempfindlichkeit für Lagen[3] und Winkelgrößen[4] sowie für Parallelität[5] gedacht, wenn auch deren sog. Beurteilung erst auf Grund der zu entwickelnden Lehre von dem Ordnungs- und Größencharakter der relativen Lokalisation (S. 882 ff.) und von der Beziehung zur absoluten Lokalisation (S. 867 ff.) ihre volle Bedeutung gewinnt.

Von dem hier nur einleitend und summarisch behandelten Auflösungsvermögen ist das Formensehen als optisches Zusammenfassungsvermögen, das weiterhin zur Gestaltproduktion (Ehrenfels, Meinong) führt, weitgehend zu trennen; für letzteres kommen eine Reihe psychologischer Faktoren, speziell die Gedächtnisleistung, in Betracht, so daß geradezu von einer Gedächtnisform der Sehdinge neben ihrer Empfindungsform gesprochen werden kann[6]. Bezüglich dieses Problems sei jedoch — ebenso wie bezüglich der Fragen der Gestaltauffassung überhaupt — auf den Abschnitt über Psychologie der Raumwahrnehmung verwiesen.

Anhang: *Unokulares Gesichtsfeld*[7]. Die Ausdehnung des unokularen Gesichtsraumes bzw. seiner als „Gesichtsfeld" bezeichneten sphärischen oder ebenen Schnittfläche ist theoretisch bestimmt durch die Ausdehnung der lichtempfindlichen Netzhautregion, welche sich übrigens nur soweit erstreckt, daß sie bei maximal schiefer Incidenz eben noch von direkt einfallendem Licht — nicht bloß von zerstreutem solchem — getroffen wird. Da die Ora serrata nasal um

[1] Volkmann, A. W.: Physiologische Untersuchungen 1, 117. Leipzig 1863. — Chodin, A.: Graefes Arch. 23 (1), 92 (1877). — Higier, H.: Wundts Philos. Stud. 7, 232 (1892). — Guillery (speziell unter Vergleich direkt und indirekt gesehener Strecken): Z. Psychol. 10, 83 (1896). — Bourdon, B.: 1902, 118. — Im Gegensatze dazu vertreten R. Fischer [Graefes Arch. 37 (1), 97 (1891)], J. Merkel [Wundts Philos. Stud. 9, 53, 176, 400 (1893 bis 1894)], N. Bernstein [Russ. Z. Psychol., Neur. u. Psychiatr. 1, 21 (1922); ref. Zbl. Ophthalm. 21, 39 (1924)] eine strenge Gültigkeit. — Vgl. dazu auch W. Wundt: Grundzüge der Physiologie und Psychologie. 6. Aufl. Leipzig 1908—1911, speziell S. 574, 637. — Kries, J. v.: Beitr. Psychol. u. Physiol. (Helmholtz-Festschr.), Hamburg 1891, 175. — Müller, G. E.: Erg. Physiol. 2 (2) 267, speziell S. 376ff. (1903). — Hofmann, F. B.: 1920—1925, 82 — Z. Biol. 80, 73 (1924). — Kiesow, F.: Arch. f. Psychol. 52, 61 (1925); 53, 433 (1925); 56, 421 (1926). — Über das Verhalten des Weberschen Gesetzes bei Gleichlangeinstellung zweier Strecken bei bewegtem Blick vgl. F. B. Hofmann und F. Lose: Z. Biol. 80, 73 (1924). — Angaben über Gültigkeit des Weberschen Gesetzes beim Größenvergleich von Flächen s. bei J. O. Quantz: Amer. J. Psychol. 7, 26 (1895). — Mc. Cree u. Pritchard: Ebenda 8, 499 (1897). — Leesen, O.: Z. f. Psychol. 74, 1 (1915). — Bernstein, N.: Zitiert oben in ders. Anm.

[2] Hering, E.: Sitzgsber. Akad. Wiss. Wien, Math.-naturwiss. Kl. III 72, 310 (1876).
[3] Neben A. W. Volkmann und E. Hering s. speziell R. Fischer: Graefes Arch. 37 (3), 55 (1891). — Gellhorn, E.: Pflügers Arch. 199, 278 (1923). — Wülfing: Z. Biol. 29, 199 (1892). — Bourdon, B.: La perception visuelle de l'espace. Paris 1902.
[4] Bühler, K.: Gestaltwahrnehmungen. Stuttgart 1913. — Gellhorn, E. u. J. Seissiger: Pflügers Arch. 210, 514 (1925).
[5] Hofe, C. v.: Z. techn. Physik 1, 85 (1920). — Gellhorn, E. u. L. Wertheimer: Pflügers Arch. 194, 535 (1922).
[6] Hofmann, F. B.: 1920—1925, 109; betreffs Formensehen S. 92—104, betreffs Gestaltwahrnehmungen S. 104—130, betreffs Bewegungssehen und Gestalttheorie S. 597—592. Vgl. speziell die Kritik der Gestalttheorie seitens E. Rignano [Psychol. Forschg 11, 172 (1928)] sowie die Antikritik W. Köhlers [ebenda 11, 188 (1928)].
[7] Aubert, H. u. R. Foerster: Graefes Arch. 3 (2) 1 (1857). — Aubert, H.: 1865, 254; 1876, 592. — Schoen, W.: Die Lehre vom Gesichtsfeld. Berlin 1874. — Donders, F. C.: Graefes Arch. 23 (2), 255 (1877). — Baas, R.: Das Gesichtsfeld. Stuttgart 1896. — Landolt, E.: Graefe-Saemischs Handb. d. Augenheilk. 2. Aufl. 4 (1), 548 (1904).

etwa 20° weiter nach vorne gelegen ist, als temporal (entsprechend einer Breite der blinden Netzhautregion von 8 gegen 12,1 mm), wäre theoretisch ein kegelförmiger Gesichtsraum von etwa 80° Öffnungshalbwinkel nach innen und etwa 100° nach außen zu erwarten. Praktisch erscheint dieser Raum jedoch durch vorspringende Konvexitäten der Nachbarschaft eingeengt — oben um 2—9° durch das obere Lid und den Augenbrauenbogen, innen 2—8° durch die Nase, unten um 5—7° durch das untere Lid, die Wange und die Oberlippe —, welche eine unter günstigen Umständen (nämlich bei kontrastiver Verschwärzlichung bzw. Gewichtssteigerung) merkbare Beschattung bewirken; nur nach außen tritt der theoretische Grenzwert fast unbeeinträchtigt (0—4°) hervor. Als Durchschnittswerte der praktischen Erstreckung des unokularen Gesichtsraumes bei Primärstellung, welche angenähert den auch von der Größe des Prüfobjektes und von der Ermüdung[1] beeinflußten „Weißgrenzen" am Perimeter entsprechen, seien folgende angegeben:

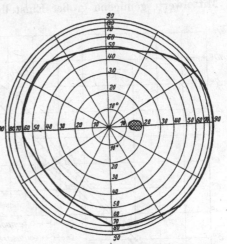

	Mittelwerte nach AUBERT	Grenzwerte nach AUBERT	nach DONDERS
nach oben . .	45°	55°	67°
nach unten .	55°	70°	69°
nach innen .	55°	60°	60,5°
nach außen .	90°	100°	103,5°

Abb. 250. Unokulares Gesichtsfeld mit Parallelkreiseinteilung, orthogonal projiziert auf eine frontoparallele Ebene. (Nach AUBERT.)

Es liegt sonach (vgl. Abb. 250) nicht die Fovea centralis, sondern eher die Austrittsstelle des Sehnerven, die sich in einer Exzentrizität (Winkel ξ) von 14—18° (M.W. 16° 30′) horizontal, 3—7° vertikal bei der Gesichtsfeldaufnahme als blinder Fleck[2] präsentiert, in der Mitte. Über das binokulare Gesichtsfeld wird unten S. 901, über das unokulare und binokulare Blickfeld S. 1054 gehandelt werden.

B. Radiäre Abstufung der relativen Lokalisation bei ruhendem Blick[3].

1. Anscheinende Streckendiskrepanzen.

Die relative Lokalisation läßt in den einzelnen Radien eines ebenen Gesichtsfeldes bzw. in den einzelnen Netzhautmeridianen ein stetiges Gefälle, d. h. eine stetige Änderung der Sehrichtung oder des Lokalzeichens in Form gleichsinnig fortschreitender Abweichung von der Hauptsehrichtung oder vom Lokalzeichen des Foveazentrums erkennen. Würde dieses Fortschreiten in allen Meridianen gleichmäßig erfolgen, so müßten alle objektiv gleich exzentrischen Elemente subjektiv funktionell gleichwertig sein. Es müßte dann ein objektiver Kreis

---

[1] SIMON, R.: Graefes Arch. **40** (4), 267 (1894). Dementsprechend findet P. STUMPF [Arch. Augenheilk. **77**, 381 (1914)] die Gesichtsfeldgrenzen konstanter und ausgedehnter bei Verwendung regelmäßig bewegter als ruhender Reizobjekte.

[2] Evtl. neben anderen speziell durch Gefäßschatten bedingten Lücken (COCCIUS, FÖRSTER und AUBERT). Vgl. dazu speziell A. TSCHERMAKS monographische Darstellung [Erg. Physiol. **24**, 330, speziell 360 (1925)].

[3] Vgl. speziell A. TSCHERMAK: Erg. Physiol. **4**, 517, spez. S. 527ff. (1904) sowie Pflügers Arch. **119**, 29, spez. 34 (1907); ferner K. DEGENKOLB: Neur. Zbl. **32**, 409ff. (1913).

— natürlich unter der Voraussetzung richtiger dioptrischer Abbildung[1] — bei dauernd festgehaltener einäugiger Fixation[2] des Mittelpunktes den subjektiven Eindruck eines vollkommenen Kreises erwecken bzw. es müßte die Aufgabe, einzelne Punkte in gleichem Abstand um ein festgehaltenes Zentrum zu stellen, wenn auch mit einem gewissen „unsicheren Schwanken", so doch im Mittelwerte richtig gelöst werden. Ebenso müßte — bei Herausgreifen eines einzelnen Durchmessers — eine Strecke unter ständigem einäugigen Fixieren der teilenden Marke durchschnittlich richtig halbiert werden. Dieser „Idealfall" scheint nun, wenigstens im allgemeinen, nicht zuzutreffen, wenigstens nicht in ·größerer Exzentrizität, — vielmehr ergeben sich solche Abweichungen (und zwar der Mittelwerte genügend großer Einstellungsreihen!), daß eine *ungleichmäßige Abstufung der relativen Lokalisation in den einzelnen Netzhautmeridianen* zu vermuten ist. Speziell liefert der Streckenteilungsversuch bei ruhendem Blick (nach Kundt[3] — etwa ausgeführt am Streckentäuschungsapparat nach Tschermak[4]) an nicht zu kleinen Strecken mittlere Unterschiede von 6 bis 20′. Bei Ausführung in der Waagerechten (unter aufrechter Haltung des Kopfes) scheint von der Mehrzahl der Beobachter (Kundt, Hillebrand, Feilchenfeld, Tschermak, M. Frank, Herzau[5]) der im Gesichtsfelde nach außen, lateral gelegene Streckenteil, also die auf der nasalen Netzhauthälfte abgebildete Distanz im Mittel größer genommen zu werden als der innen, medial

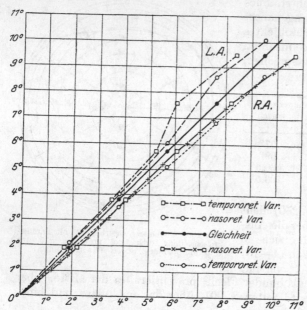

Abb. 251. Unokularer Streckenteilungsversuch: Ordinaten-Winkel, unter denen die temporal (retinonasal) vom Fixierpunkt gelegene Strecke gesehen wird; Abszissen-Winkel, unter denen die nasale (retinotemporale) Strecke gesehen wird — bei Variation des retinotemporalen bzw. des retinonasalen Winkels für das linke Auge bzw. für das rechte Auge (nach F. P. Fischer).

gelegene, retinotemporal abgebildete Streckenteil (beispielsweise Strecke 100 mm in 226 mm Beobachtungsabstand für das L. A. außen: innen = 50,33:49,67, R. A. 50,155:49,845 mm, also L. A. d = 5′, R.A. d′ = 2,5′). Dieser *Kundtschen Teilungsform* steht bei gewissen Individuen die Teilungsform nach Münsterberg

[1] Das Zutreffen dieser Voraussetzung bedarf erst einer genügenden Prüfung (s. S. 848ff.). Über den Einfluß relativ unscharfer Abbildungsweise im indirekten Sehen vgl. speziell W. Einthoven: Pflügers Arch. **71**, 1 (1898).

[2] Teilungsversuche bei wanderndem Blick sind natürlich ganz anders zu beurteilen und gehören nicht hierher.

[3] Kundt, A.: Ann. Physik **120**, 118 (1863). — Hillebrand, F.: Z. Psychol. u. Physiol. **5**, 1 (1893). — Feilchenfeld, H.: Graefes Arch. **53** (3), 401 (1901). — Frank, M. (unter A. Tschermak): Pflügers Arch. **109**, 62 (1905). — Renquist, Y.: Skand. Arch. Physiol. (Berlin u. Leipzig) **42**, 209 (1922).

[4] Tschermak, A.: Pflügers Arch. **119**, 29 (1907).

[5] Herzau, W. (unter A. Tschermak): Graefes Arch. **122**, 59 (1929).

und R. FISCHER[1] gegenüber mit subjektiver Äquivalenz der objektiven Ungleichung: außen, lateral (retinonasal) $<$ [innen, medial (retinotemporal)—beispielsweise für Strecke 229,36 in 300 mm Abstand L. A. außen: innen $= 113,15:116,21$,
R. A. $= 114,49 : 115,44$]. Ja, es kann beispielsweise das linke Auge nach KUNDT
[mit Differenzen bis $1°31'$ $(7°35'— 6°4')$], das rechte Auge desselben Beobachters nach MÜNSTERBERG teilen [mit Differenzen bis $57'$ $(8°12'—7°35')$] —
vgl. speziell die Selbstbeobachtung von F. P. FISCHER[2], deren Werte durch
nebenstehendes Diagramm veranschaulicht seien (Abb. 251). — Im allgemeinen
verhalten sich die Teilungsabweichungen in der Waagerechten in beiden Augen
angenähert, wenn auch nicht streng symmetrisch.

Eine analoge anscheinende Diskrepanz zwischen der subjektiv räumlichen
Differenzierung und der objektiv-geometrischen Anordnung der Netzhautelemente wie für den waagerechten
Meridian ergibt sich für den lotrechten Meridian. Bei Teilung einer
vertikalen Strecke wird anscheinend von der Mehrzahl der Beobachter (DELBOEUF, MELLING-
HOFF, FEILCHENFELD, CRZEL-
LITZER, TSCHERMAK) der im Ge
sichtsfeld unten gelegene, retinal
oben abgebildete Anteil größer genommen, und zwar beiläufig in
derselben Ordnung (um etwa $^1/_{16}$),
wie der retinonasale Anteil gegenüber dem retinotemporalen bei
einer waagerechten Strecke; bei
anderen (R. FISCHER) ergab sich
ein umgekehrtes Verhalten. Ebenso
werden von der Mehrzahl vertikale Distanzen kleiner eingestellt,
also überschätzt gegenüber horizontalen[3]. Analoge anscheinende
Diskrepanzen gelten für schräge
Durchmesser des Gesichtsfeldes.

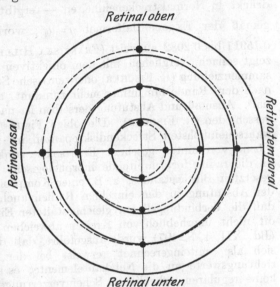

Abb. 252. Schema der Diskrepanzen zwischen Lagewert
und Funktionswert in den einzelnen Radien der Netzhaut
des linken Auges (bei Ansicht von hinten).

Als subjektiver Kreis wird sonach in der Regel eine Kurve eingestellt, deren
Radius nach außen (retinonasal) am größten, nach unten (retinal oben) etwas
kleiner, nach oben (retinal unten), und nach innen (retinotemporal) noch
kleiner ist (vgl. Abb. 252). Umgekehrt erscheint ein wirklicher Kreis — bei

[1] MÜNSTERBERG, H.: Augenmaß. Beitr. exper. Psychol. H. 2, 125. Freiburg i. B. 1889.
— FISCHER, R.: Graefes Arch. 37 (1), 97; (3), 55 (1891).
[2] FISCHER, F. P. (unter A. TSCHERMAK): Pflügers Arch. 204, 203, speziell 24ff. (1924). —
Vgl. auch BENUSSI, V.: Z. Psychol. 51, 73 (1909). — STEVENS und DUCASSE [Psychologic.
Rev. 19, 1 (1912)] geben an, daß ihnen Strecken für jedes Auge auf der rechten Gesichts-
feldhälfte größer erscheinen (also wie bei F. P. FISCHER), und bringen dieses Datum in
Zusammenhang mit der Rechtshändigkeit.
[3] Vgl. die Literatur bei A. TSCHERMAK (1904, 534) und bei F. B. HOFMANN (1920—1925,
175). S. auch speziell die neueren Messungen von A. KÜHL (mit Angabe eines Umschlages
oberhalb 30''): Z.ztg Opt. u. Mech. 41, 103, 119 (1920). Interessant ist, daß H. FEILCHENFELD
[Graefes Arch. 53, 401 (1901)] für sich eben dieses bei festgehaltenem, das Gegenteil bei bewegtem
Blick fand, und daß ersteres auch bei Momentbelichtung gilt [HICKS u. RIVERS: Brit. J. Psychol.
2, 244 (1908)]. Die Annahme des erstgenannten Autors, daß die meridional verschiedene Ausdehnung des Gesichtsfeldes einen wesentlichen Einfluß auf die Teilungsfehler habe, erscheint
unhaltbar (vgl. dazu F. B. HOFMANN: 1920—1925, 188). Bezüglich des Augenmaßes im indirekten Sehen verglichen mit dem direkten s. H. GUILLERY: Z. Psychol. u. Physiol. 10, 88 (1896).

einäugiger Fixation des Zentrums — nasenwärts und nach unten, noch mehr nach oben ausgebuchtet.

Auch innerhalb eines und desselben Netzhautmeridians ergeben sich anscheinende Streckendiskrepanzen, indem einem einen und demselben objektiven Gesichtswinkel ein fortschreitend kleinerer subjektiver Sehrichtungsunterschied entspricht. So erscheint ein Objekt, z. B. der Mond oder ein Papierscheibchen, bei indirekter Betrachtung zunehmend kleiner (Fechner, Wittich, Aubert); ebenso müssen konzentrische Kreise, um äquidistant zu erscheinen, weiter und weiter voneinander abstehen (Helmholtz, R. Fischer, Feilchenfeld, Crzellitzer, Guillery, Tschermak[1]). Bei Verwendung einer relativ kurzen (1° 5′ bis 3°) durch Flämmchen bezeichneten zentralen Normalstrecke und einer um x (bzw. 1 bis 6) solche Längeneinheiten abstehenden Vergleichsstrecke (y) — ausgedrückt in Normalstreckeneinheiten — ergibt sich ein Wachsen der letzteren gemäß der Exponentialformel $y = a^x$, worin $\log a = \dfrac{\log y}{x}$ einen Wert von 0,15917 bis 0,2082 aufweist (Franziska Hillebrand)[2]. Das subjektive Sehfeld zeigt sonach, verglichen mit dem objektiven Gesichtsfelde eine scheinbare Zusammenziehung (R. Fischer) oder zentrische Schrumpfung (Tschermak), welche nach dem Rande hin immer mehr zunimmt, also radiär stärker ist als tangential[3]. Ausmaß und Abstufung derselben ist nach den einzelnen Halbmeridianen verschieden (R. Fischer). Die obige Figur (Abb. 252) gibt ein Schema der wahrscheinlichsten Streckendiskrepanzen im rechten Auge, die Netzhaut als Ebene von hinten gesehen. Eine solche funktionelle Differenzierung erinnert an die radiär fortschreitende morphologische Differenzierung eines zusammengesetzten Blütenstandes, z. B. einer Kompositenblüte, in welcher das Gefälle der Abstufung in den einzelnen Radien auch nicht ganz gleichmäßig ist, so daß die Verbindungslinien gleichgestalteter Einzelblütchen, die „Isomorphen", oft nicht unerheblich von Kreisen abweichen (Tschermak). — Bereits oben (Bd. XII, 1, S. 497) wurde ausgeführt, daß die Austrittsstelle des Sehnerven sich als „miteingerechnet" erweist bei der Verteilung der (relativen) Sehrichtungswerte an die Netzhautelemente; es sind nämlich in ihrer Umgebung keine regulären, erheblichen Scheinverzerrungen zu bemerken, andererseits ist der blinde Fleck unter günstigen Umständen subjektiv sehr wohl merklich, was klar darauf hindeutet, daß eine Vertretung durch nervöse Elemente, mit entsprechenden Sehrichtungswerten ausgestattet, zwar nicht in der Netzhaut, wohl aber in gewissen retroretinalen Stationen besteht.

Allerdings ist bei all diesen Beobachtungen vorausgesetzt, daß nicht bloß das Gesichtsfeld genau rechtwinklig zur Blicklinie steht, sondern auch das subjektive Sehfeld als frontoparallele Ebene, nicht als irgendwie schiefe Ebene oder gekrümmte Fläche ausgelegt wird[4].

2. Streckendiskrepanzen und Abbildungsfehler.

Die beobachteten Teilungsasymmetrien legen unstreitig den Schluß auf Asymmetrien in der Verteilung der retinalen Lokalzeichen oder Raumwerte nahe. Doch bedarf derselbe angesichts der mehrfachen Abbildungsfehler des Auges erst der Prüfung auf seine Berechtigung. Die an sich unbestreitbaren Ergebnisse könnten einfach die Folge von Fehlern im dioptrischen Apparat

---

[1] Vgl. auch die Einstellungen von F. B. Hofmann: 1920—1925, 178.
[2] Franziska Hillebrand; Z. Sinnesphysiol. 59, 174 (1928).
[3] Vgl. E. Hering: 1879, 372. — Hofmann, F. B.: 1920—1925, 172ff.
[4] Über Mittel zur Sicherung der Lokalisierung im ebenen Sehfelde, speziell durch Festlegung der parallelprimären Stellung beider Augen ungeachtet der Prüfung bloß eines Auges vgl. E. Hering: 1879, 366ff.

bzw. in der Bilderzeugung sein, während dabei die funktionelle Differenzierung der Netzhaut eine streng richtige oder ideale sein könnte. Die Diskrepanz würde sich dann nur auf die Objektwinkel, nicht auf die retinalen Bildwinkel beziehen.

a) Homozentrische Bildverzerrung.

Wollte man aus der Abnahme, welche die scheinbare Größe eines Objektes bei Verschiebung auf einer senkrecht zur Blicklinie eingestellten Ebene erfährt, direkt einen Schluß auf das Gefälle der Lokalzeichen innerhalb des einzelnen Halbmeridians der Netzhaut ableiten, so würde ein solcher dem sog. Tangentenfehler unterliegen. Dieser Fehler besteht darin, daß bei fortschreitender Verschiebung (um ε) des Objektes (l in Abstand D mit zentralem Öffnungswinkel für das optische Perspektivitätszentrum α) der zugehörige Öffnungswinkel immer kleiner wird (von α zu x; vgl. Abb. 253). Dafür gelten die Formeln: $l = D \cdot \tan\alpha$, $\tan(\varepsilon + x) = \tan\alpha + \tan\varepsilon$. Gleichen Strecken eines ebenflächigen Objekts entsprechen nicht

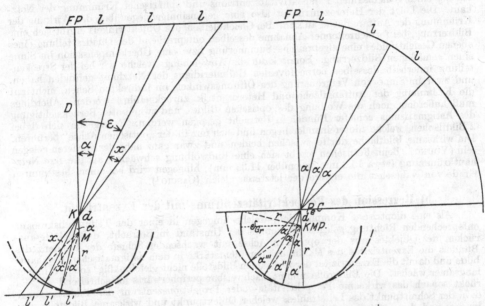

Abb. 253. Homozentrische Bildverzerrung durch den Tangentenfehler.

Abb. 254. Bildverzerrung bei sphärischem Gesichtsfeld durch die Heterozentrik vom Mittelpunkt der Krümmung der Auffangfläche und Perspektivitätszentrum der Bildlage.

gleiche Öffnungs- sowie Bildwinkel. Hingegen wird der Tangentenfehler (angenähert) vermieden, wenn man das Prüfobjekt längs eines mit dem schematischen Perspektivitätszentrum homozentrischen Perimeterbogens verschiebt (vgl. Abb. 254); vollkommen wird die erstrebte Konstanz des Öffnungswinkels allerdings auch dann nicht erreicht, da — abgesehen von dem Einfluß der schiefen Incidenz und der nunmehr elliptischen Begrenzung des pupillaren Strahlenbündels auf die Güte der Abbildung — das schematisch angenommene Perspektivitätszentrum mit der Schiefe der Incidenz zunehmend nach hinten rückt (s. S. 850). Letzteres Verhalten wirkt im Sinne einer gewissen Verkleinerung des Öffnungswinkels und des Bildwinkels mit der Exzentrizität.

Eine bedeutsame dioptrische Komplikation erscheint darin gegeben, daß die retinale Auffangfläche des erzeugten Bildes gekrümmt ist, und zwar nicht homozentrisch mit dem schematischen Perspektivitätszentrum der Bildlage, sondern erheblich stärker ($r_i = 10,87$ mm gegenüber der hinteren Knotenweite $k' = 15,61$ mm, also $d = 4,74$ mm, bzw. gegenüber dem Abstand des Zentrums der Eintrittspupille $p' = 19,787$ mm, also $D = 8,92$[1]). Tatsächlich scheint — nach Augenausgüssen zu urteilen — die Krümmung der Netzhaut keine streng sphärische, sondern eine komplexe zu sein, und zwar im macularen Bezirke von

---

[1] Vgl. die Übersicht der genaueren Werte auf S. 863—864.

etwa 8 mm eine paraboloide mit Annäherung an eine Kugel von 11,33 mm Radius in der Fläche des Pigmentepithels[2]. Die Krümmung der Auffangfläche wirkt an sich in dem Sinne, daß von einem ebenflächigen Objekt, dessen Mitte senkrecht von der Blicklinie getroffen wird, keine richtige, sondern eine konzentrisch geschrumpfte Abbildung zustande käme. Im Auge kommt aber noch der Umstand in Betracht, daß, wie gesagt, das schematische Perspektivitätszentrum der Bilderzeugung (*PeC*) vom Mittelpunkte der Netzhautkrümmung (*KMP*) verschieden ist (Abb. 254). Daraus resultiert hinwiederum eine konzentrische Zerrung des Netzhautbildes, indem gleichen Objektwinkeln (vorläufig Konstanz des Perspektivitätszentrums bei schiefer Incidenz vorausgesetzt) außerhalb der Fovea zunehmend größere retinale Zentriwinkel oder Bogenstücke entsprechen, bis schließlich einem Einfallswinkel von 90° schematisch ein Zentriwinkel von $90 + \delta_{Gr}$ entspräche, wobei $\sin \delta_{Gr} = \dfrac{d}{r} = \dfrac{4}{11}$, also $\delta_{Gr} = 21° 20'$. Für die Bildzerrung (entsprechend $\delta = \alpha' - \alpha$) bzw. die Beziehung von δ zu α gilt die Formel: $\tan \alpha = \dfrac{r \sin (\alpha + \delta)}{d + r \cos(\alpha + \delta)}$, woraus $\sin \delta = \dfrac{d}{r} \cdot \sin \alpha$ *bei Voraussetzung* eines gemeinsamen Perspektivitätszentrums und sphärischer Krümmung der Netzhaut. Die Folge der Heterozentrik ist also eine gegensinnige gegenüber der Wirkung der Krümmung der Auffangfläche an sich. Bei Gleichbleiben des Objektwinkels ergibt sich eine Bildzerrung, bei fortschreitender Abnahme desselben entsprechend der Quadratteilung eines ebenen Gesichtsfeldes eine algebraische Summierung bzw. eine Überkompensation im Sinne einer gemäßigten Bildzerrung. Somit kann die Abweichung, welche wir bei der Streckenteilung innerhalb desselben corneofovealen Halbmeridians der Netzhaut gefunden haben, und zwar im Sinne von Vergrößerung des Öffnungswinkels im indirekten Sehen, nicht auf die Krümmung der Auffangfläche und Heterozentrik zurückgeführt werden. Allerdings muß außerdem noch die Wölbung des optischen Bildes, und zwar unter Berücksichtigung des Astigmatismus schiefer Bündel in Betracht gezogen werden. Es ergeben sich dabei 2 Bildflächen, welche hintereinander liegen und sich nur in der „optischen Achse" berühren. Die wirksame Bildfläche dürfte zwischen beiden, und zwar ganz nahe der vorderen gelegen sein (Young). Beim Fernsehen ergibt sich eine Bildwölbung schwächer als die fixe Netzhautkrümmung (etwa 15,3 mm gegenüber 11,33 mm); hingegen wird bei einem bestimmten Grade von Nahesehen die erstere der letzteren gleich (Cascio[1]).

b) Regression des Perspektivitätszentrums mit der Exzentrizität.

Als eine dioptrische Komplikation, welche hingegen in einer der Teilungsdiskrepanz entsprechenden Richtung gelegen ist, kommt der Umstand in Betracht, daß bei Herausrücken des Objektes aus der optischen Achse mit wachsender Schiefe der Incidenz des Bündels die Exzentrizität des Maximums der Lichtstärke in dem astigmatischen Netzhautbilde und damit die Exzentrizität der wirksamen Bildstelle nicht gleichmäßig, sondern immer langsamer wächst. Die Bildgröße nimmt nachweisbar peripherwärts fortschreitend ab. Es rückt sonach das wirksame Perspektivitäts- oder Projektionszentrum der Bilderzeugung, d. h. der Schnittpunkt des Leitstrahles, welcher Objektpunkt und wirksame Bildstelle verbindet, und der „optischen Achse" vom Cornealpole ab und nähert sich dem Retinalpole[2]. Daraus resultiert eine gewisse fortschreitende Schrumpfung der Bildfläche gegen den Netzhautrand hin, welche eine Vergrößerung der Objektwinkel zur Erzielung funktionell gleichwertiger retinaler Bildwinkel fordert. Leider ist für dieses Verhalten, speziell am menschlichen Auge, heute noch keine Formel angebbar. Es ist daher derzeit nicht zu entscheiden,

---

[1] Cascio, G.: Ann. Oftalm. **50**, 314 (1922).

[2] So fand A. W. Volkmann [Wagners Handwörterbuch d. Physiol. **3** (1), 286 (1846) — Neue Beiträge, S. 24. Leipzig 1863] am Menschen eine Regression von 7,441 (Listing) oder 7,165 mm (Helmholtz, später 7,1445) Cornealabstand bei axialer Lage auf 8,93 mm bei 80—85° Exzentrizität. E. Landolt und Nuel [Graefes Arch. **19** (3), 301 (1873)] bestimmten am Kaninchenauge die Bildknotenweite (k_Z') für die optische Achse zu 9,265—9,830 mm, das Verhältnis der Knotenweiten bei axialer und bei exzentrischer Lage von 10—70° $k_Z' : k_P' = 1,07$ bis $1,09 : 1$; als Abnahme der Bildgröße ergibt sich bei 60° Exzentrizität — 6,5%, bei 65° — 7,2%, bei 70° — 7,6 bis 8,8%. — Leider liegen noch keine Messungen an Tier- oder Menschenaugen vor, aus denen man eine Funktionsbeziehung ableiten könnte. Die Methode selbst wurde neuerdings wieder von Rochon-Duvigneaud [Ann. d'Ocul. **157**, 673 (1920); **158**, 561 (1921); **159**, 561 (1922)] und von J. Dubar (Thèse de Paris 1924) verwendet. Vgl. auch F. Donders (Nachweis der Lage des Perspektivitätszentrums nahe dem hinteren Linsenpole beim Menschen): Graefes Arch. **23** (2), 255, spez. 271 (1877). — Groenouw: Ebenda **35** (3), 29 (1889). — Druault: Arch. d'Ophtalm. **18**, 685 (1898). — Helmholtz, H. v.: Physiol. Optik, 3. Aufl., **1**, 44 (1909). — Tschermak, A.: Pflügers Arch. **115**, 493 (1906); **204**, 177, spez. 195 (1924).

wieweit die in einem und demselben corneooccipitalen Halbmeridian festgestellte Teilungsdiskrepanz durch die Regression des schematischen Projektionszentrums der Bilderzeugung
bedingt oder wenigstens kompliziert ist. Über den Sinn und die Zulässigkeit des Operierens mit
einem Perspektivitätszentrum überhaupt wird gleich später S. 853 noch zu handeln sein; jedenfalls ist mit einer Wanderungsstrecke bzw. einem Wanderungsspielraum desselben zu rechnen.
Auch lassen sich schon für Strahlungen verschiedener Wellenlänge, welche vom selben
Außenpunkte ausgehen, merkliche Differenzen in der Lage des Perspektivitätszentrums
ableiten (vgl. das unten S. 909 ff. über Farbhoropteren und nodale Chromasie Ausgeführte).

c) Asymmetrien der Abbildung.

Die bisher genannten Verzeichnungsfehler setzen die allgemeine Gültigkeit der kollinearen
Abbildungsgesetze einerseits, Fehlen von jeglichem Astigmatismus und von Aberration
sowie Kugel- bzw. Kreisform der hinteren Bulbushälfte andererseits voraus, Annahmen,
welche hinsichtlich der Realitäten des brechenden Systems und der Abbildung nicht zu
Recht bestehen. Seiner wahren Konstitution nach ist das endliche, im Auge gebrochene
Strahlenbündel bei endlicher Blendenöffnung (nach GULLSTRAND[1]) in der Regel ein
astigmatisches, und zwar astigmatisch von der zweiten Form, d. h. einfach asymmetrisch,
wobei die Asymmetriewerte (monochromatische Abweichungen zweiter Ordnung nach GULL-
STRAND) — zum Teile wenigstens — durch die schiefe Incidenz der Hauptvisierlinie ent-
stehen (H.L. = Linie, welche vom fixierten Punkt zum scheinbaren Mittelpunkt der
Pupille geht, nach der Brechung in der Hornhaut zum wirklichen Mittelpunkt, nach der
Brechung in der Linse zur Fovea centralis läuft). Diese Linie tritt bei Anwendung der
Gesetze der reellen optischen Abbildung (GULLSTRAND) an Stelle der durch den vorderen
Knotenpunkt gehenden Gesichtslinie und bildet — wenigstens in bezug auf die Abbildungsgesetze erster Ordnung — den Hauptstrahl des beim scharfen Sehen wirksamen Strahlenbündels. Bei der Mehrzahl der Menschen liegt der extraokulare Teil dieser Linie etwas nasal
und unten von der im Einfallspunkte der Hauptvisier- bzw. Blicklinie errichteten Hornhautnormalen, also der Achse des Hornhautellipsoids (positiver Winkel α[2]). Nach den Messungen
GULLSTRANDS schwanken die Werte dieses Winkels zwischen 0° und 6°; doch wurden auch —
speziell bei Myopen — negative Werte beobachtet (der extraokulare Teil liegt dann temporalwärts von der im Einfallspunkte errichteten Hornhautnormalen). Es läßt sich im allgemeinen
kein Mittelwert der Größe dieses Winkels sowie der Orientierung seiner Einfallsebene (gegen
die Horizontalebene) angeben, da beide in zu großem Ausmaße variieren, die Größe von α
überdies bei verschiedener Pupillenweite eine verschiedene ist. Positivität von α vorausgesetzt[3], resultiert nach GULLSTRAND[4] eine schärfere Begrenzung der retinotemporalen,
eine unschärfere der retinonasalen Bildhälfte eines fixierten Objektes, umgekehrt bei Negativität. Es hat sich experimentell erweisen lassen, daß das im Auge gebrochene Strahlenbündel astigmatisch von der zweiten Form ist (GULLSTRAND). Ob diese Tatsachen bei der
unokularen Streckenteilung eine Rolle spielen, müssen erst weitere Untersuchungen zeigen.

Hingegen lassen sich aus der Größe und dem Sinne des Winkels α sowie aus der Orientierung seiner Einfallsebene allein keine bindenden Schlüsse bezüglich der Orientierung
der endlichen Asymmetriewerte des gebrochenen Bündels ziehen. Mag auch z. B. die schiefe

---

[1] GULLSTRAND, A.: Skand. Arch. Physiol. (Berl. u. Lpz.) **2**, 269 (1891) — Graefes Arch.
53, 185 (1902) — Drudes Ann. (4) **18**, 941 (1905) — Kungl. Svenska Vetenskapsakad. **41**
(1906); **43** (1908) — Arch. Opt. **1**, 2 u. 81 (1907) — Hygiea 1908 (Festband) — Zusatz zu
Helmholtz' Handb. d. physiol. Optik, 3. Aufl., **1** (1909). — Vgl. auch M. v. ROHR: Erg. Physiol. **8**, 541 (1909).

[2] Vgl. die Messungsübersichten bei C. HESS: Graefe-Saemischs Handb. d. Augenheilk.,
2. Aufl., **8** (2), 76 (1902). — LANDOLT, E.: Amer. J. Ophthalm. **5**, 355 (1922) — Report of
the committee on collective investigation. Trans. amer. med. Assoc. **27**, Sess., Boston 1921,
S. 311.

[3] Für die praktische Messung läßt sich der Winkel α definieren als der Richtungsunterschied zwischen der Blicklinie und der durch das Zentrum der Pupille laufenden Hornhautnormalen, hingegen der Winkel γ als der Richtungsunterschied zwischen der Blicklinie
und der durch die Mitte der Hornhautbasis gelegten Hornhautnormalen bzw. der „optischen
Axe". Von einer Erörterung bezüglich des Winkels γ (nach DONDERS von $-1,5$ bis $+10,3°$
gegenüber Winkel $\alpha = +1$ bis $+8°$) sowie des Winkels ε zwischen Blicklinie und Gesichtslinie
sei — angesichts des Fehlens einer Berechtigung zur Annahme einer Achse überhaupt (nach
GULLSTRAND) — hier abgesehen, ebenso von der nach temporal und unten gerichteten
Herausrückung der vorderen Linsenpoles aus der Hornhautnormalen (HOWE).

[4] Vgl. auch die Berechnung des durch schiefe Incidenz infolge des Winkels α bedingten
Astigmatismus (bei 5° 0,086 D entsprechend) für GULLSTRANDS schematisches Auge (Hygiea
1908, Festband) bei W. K. WERBITZKY [Klin. Mbl. Augenheilk. **68**, 588 (1922) — Ann. d'Ocul.
160, 652 (1923)].

Incidenz eine horizontale Asymmetrie vermuten lassen, so braucht sie weder ausschließlich noch allein, ja auch nicht ihrem maximalen Werte nach eine horizontale im gebrochenen Strahlenbündel sein. Allgemein wird man sagen müssen, daß wohl in der Regel Asymmetrie besteht, wobei die Symmetrieebene verschieden orientiert sein kann; in Übereinstimmung damit erweist sich die Pupille in verschiedener Richtung und in verschiedenem Grade dezentriert.

Beim Nahesehen oder Akkommodieren des Auges erfolgt eine Änderung der Asymmetriewerte des im Auge gebrochenen Bündels längs der Visierlinie, also eine Lageänderung des zentralen Strahles, welcher die Spitze der kaustischen Fläche berührt und für die Abbildung bei Berücksichtigung der Aberrationen maßgebend ist. Speziell wird durch die akkommodative Senkung der Linse die Abbildung im Vertikalmeridian — aufrechte Kopfhaltung vorausgesetzt — asymmetrisch.

Beim Fern- wie beim Nahesehen kann auch die Lage bzw. Regression des Projektionszentrums der Bilderzeugung nicht als ideal symmetrisch bzw. identisch für die einzelnen corneooccipitalen Halbmeridiane angesetzt werden. — Andererseits dürfte, wenigstens bei nicht wenigen Individuen, auch eine asymmetrische, temporal etwas schwächere Krümmung der retinalen Auffangfläche bestehen, wobei allerdings über die Einflußgröße dieses Faktors noch nichts Näheres auszusagen ist [1].

d) Astigmatik der Abbildung.

Eine Entscheidung über die Bedeutung dioptrischer Faktoren für die Teilungsfehler wird noch dadurch erschwert, daß das optische System einen komplexen Astigmatismus zeigt, welcher keine einfache Konstruktion oder Berechnung der Lage des Bildes auf der Netzhaut für einen gegebenen Außenpunkt gestattet. Die Astigmatik der Abbildung ist eine allgemeine, d. h. einem gegebenen Punkte der Objektfläche entspricht nicht ein Punkt der Bildfläche. Im Speziellen (monochromatische Abweichungen erster Ordnung nach Gullstrand) besteht sowohl längs der Visierlinie Astigmatismus (die schiefe Incidenz bedingt einen inversen Astigmatismus) als auch längs jedes Strahles innerhalb der optischen Zone der Pupille, die Achse ausgenommen [2]. Verfolgt man hingegen Strahlen längs eines Meridians bis außerhalb der Grenzen dieser Zone, so nimmt der Astigmatismus stetig ab und erreicht längs eines bestimmten Strahles den Wert 0.

Als weitere Komplikation ergibt sich — besonders bei weit geöffneten Strahlenbündeln — das Vorhandensein von *Aberration*, speziell von Abweichungen dritter Ordnung. Dieselbe ist nach Gullstrand innerhalb der optischen Zone der Pupille positiv. (Der Refraktionsunterschied längs zwei ausgewählter Strahlen von zwei engen Strahlenbündeln, von denen der eine durch die Pupillenmitte, der andere durch einen 2 mm oberhalb derselben gelegenen Punkt hindurchtritt, beträgt 4 Dioptrien.) Darüber hinaus kann eine abweichende — positive oder negative — Aberration bestehen bzw. vorgetäuscht werden (periphere Totalaberration nach Gullstrand). Die Größe derselben ist wiederum in allen Meridianen nicht gleich, zudem kann auch ein sog. Astigmatismus, speziell ein Diagonalastigmatismus der Aberration bestehen.

Infolge dieser dioptrischen Faktoren ergeben sich — allgemein gesprochen — auch bei schärfster Einstellung des Auges relativ große Zerstreuungskreise. Angesichts der angenäherten Kreisform der Eintrittspupille kann man ungeachtet unscharfer Begrenzung die Scheiben bei paraxialer Incidenz als Kreise, bei schiefer als Ellipsen betrachten, deren Mittelpunkte durch die Leitstrahlen bezeichnet werden, welche als sog. Visierlinien das Zentrum der Eintrittspupille durchsetzen (Helmholtz [3]). Nicht aber ist damit notwendig auch das Maximum der Lichtstärke innerhalb jeder Bildscheibe bzw. die schließlich wirksame Bildstelle bezeichnet (Tschermak). Trotz dieser Unschärfe der retinalen Reizverteilung

---

[1] Speziell betont von A. Fick (Inaug.-Dissert. Marburg 1851 — Ges. Schriften **3**, 281), welcher gewisse Teilungsfehler hierauf zurückführte. S. auch F. B. Hofmann: **1920—1925**, 182ff. — Cascio, G.: Ann. Ottalm. **50**, 314 (1922). — Knapp, H.: Congrès internat. d'ophthalm. **1905** (B), 8.

[2] Daß der Schichtenbau der Linse dem Astigmatismus schiefer Bündel nicht entgegenwirkt, sondern denselben verstärkt, hat A. Gullstrand — entgegen A. Fick und L. Hermann — bewiesen [in Helmholtz' Physiol. Optik, 3. Aufl., **1**, 286, 305ff. (1909)].

[3] Helmholtz: Physiol. Optik, 3. Aufl., **1**, 104; **3**, 131. Derselbe nimmt allerdings an, daß man den Mittelpunkt des Zerstreuungskreises — bezeichnet durch den gebrochenen Strahl, welcher parallel zu dem nach dem Zentrum der Eintrittspupille gerichteten Einfallsstrahl aus dem Mittelpunkt der Iris heraus zur Netzhaut läuft — als den (wirksamen) Ort des Netzhautbildes betrachten könne, und daß der Mittelpunkt des Zerstreuungskreises durch Akkommodation des Auges für die Nähe seine Lage auf der Netzhaut nicht merklich ändere (vgl. ebenda 1. Aufl. S. 584ff.; 3. Aufl., **3**, 179ff.).

kommt es, wie oben (Bd. XII, 1, 489) geschildert, infolge des simultanen Kontrastes, d. h. der gegensinnigen Wechselwirkung der Netzhautelemente, zu einer relativ scharfen Endwirkung (bzw. einer wirksamen Bildstelle), welche günstigsten Falles und Ortes, nämlich paraxial bzw. in der Fovea, sogar zu einer Sonderung der exogenen Eindrücke nach retinalen Einzelelementen führt. Welcher Punkt des Zerstreuungskreises jedoch im einzelnen Falle als „wirksame Bildstelle" zur physiologischen Endwirkung gelangt, durch welchen Achsenpunkt als Perspektivitätszentrum also der zugehörige Leitstrahl bzw. Hauptstrahl zu konstruieren ist, läßt sich nicht einfach voraussagen. Jedenfalls muß das Wirkungsmaximum durchaus nicht notwendig und allgemein mit dem Zentrum des Zerstreuungskreises zusammenfallen. Ja es ist (bei einer besonderen Lichtverteilung und entsprechender Wirkung des Kontrastes) der Fall möglich, daß die wirksame Bildstelle sogar auch vom Maximum der Lichtstärke einigermaßen abweicht; im allgemeinen wird man allerdings beide ungefähr identisch setzen dürfen.

Für die Bezeichnung der Mittelpunkte der Zerstreuungskreise läßt sich zwar, wie gesagt, mit weitgehender Annäherung ein gemeinsames Konstruktionszentrum, nämlich das Zentrum der Eintrittspupille, aufstellen, nicht aber läßt sich ein allgemeines Perspektivitätszentrum zur Bezeichnung der physiologisch wirksamen Bildstellen der einzelnen Zerstreuungskreise ableiten. Die Knotenpunktskonstruktion[1] entspricht nicht der Realität und ist nur paraxial — und zwar auch da nur als erste Annäherung — anwendbar und darf die Tatsache der stets komplex-astigmatischen Bilderzeugung niemals vergessen lassen. Bei schiefer Incidenz ist die Statuierung eines den wirksamen Bildstellen zugehörigen regredienten Perspektivitätszentrums für jede Zone[2] schon eine Hilfsvorstellung, welche nur grobschematisch und unter Vorbehalt verwendet werden darf. Angesichts der tatsächlichen Asymmetrie im bilderzeugenden Apparat gilt eben nicht genau dasselbe Perspektivitätszentrum für die einzelnen corneofovealen Halbmeridiane, beispielsweise für die nasale und die temporale Netzhauthälfte bei gleicher Exzentrizität. Trotz dieser Einschränkungen und Bedenken ist meines Erachtens die Aufstellung eines regredienten Perspektivitätszentrums (bzw. einer Serie solcher) für jene Leitstrahlen, welche die Maxima der Lichtstärke oder die wirksamen Bildstellen bezeichnen, und seine prinzipielle Unterscheidung von dem Konstruktionszentrum für die Leitstrahlen, welche die Mittelpunkte der Zerstreuungskreise bezeichnen, unerläßlich; die Gründe dafür werden gleich später (S. 859) kurz angeführt werden. Ein Perspektivitätszentrum solcherart ist durchaus nicht einfach identisch mit dem Knotenpunkte im Sinne der älteren Theorie einer collinearen Abbildung. Die prinzipielle Trennung von Zentral-Leitstrahlen und von Leitstrahlen für die Maxima der physiologischen Wirkung (TSCHERMAK) wird sich sowohl für die Lehre vom Raumsinn wie für die Dioptrik des Auges fruchtbar erweisen.

Auf Grund der grundlegenden Arbeiten GULLSTRANDS ist zu erwarten, daß sich durch eine exakte ophthalmometrische Untersuchung der vorderen Hornhautfläche sowie durch Anwendung der Methoden der subjektiven und objektiven Stigmatoskopie für jedes einzelne Individuum Asymmetrie- und Aberrationswerte werden feststellen lassen, welche praktisch Hinreichendes über die Konstitution des gebrochenen Strahlenbündels aussagen; erst wenn sich eine einsinnige Beziehung ergibt zwischen solchen Bestimmungen und unter gleichen Versuchsbedingungen vorgenommenen unokularen Streckenteilungsversuchen, kann eine mathematische Behandlung des Problems der Bildlage für das gegebene Einzel- wie Doppelauge in erster Annäherung versucht werden.

Eine theoretische Behandlung ohne eine solche individuelle Begründung, ein Arbeiten mit der Fiktion symmetrischer und stigmatischer Abbildung durch enge Bündel auch bei schiefer Incidenz — ja auch nur mit der Voraussetzung fehlender Aberration — sowie mit der Fiktion eines *stabilen* Perspektivitätszentrums muß hingegen schon für das Einzelauge als unzweckmäßig und irreführend bezeichnet werden; noch mehr gilt dies bezüglich der Bildlage im Doppelauge, betreffs der Lage der korrespondierenden Netzhautstellen und des Horopters. Hingegen ist bei benachbarten Lichtpunkten ein Lagevergleich der zugehörigen Netzhautstellen in gewissem Ausmaße möglich und zulässig.

Bei diesem Tatbestande kann vorläufig aus den empirisch festgestellten Streckenteilungsfehlern innerhalb eines und desselben corneofovealen Halbmeridians wie bei Vergleich verschiedener solcher kein zwingender Schluß auf das Bestehen von Ungleichheiten in der Bildlage bzw. von funktionellen Diskrepanzen gezogen werden. Sind doch die dioptrisch bedingten Abweichungen wenigstens zum Teil in derselben Richtung gelegen wie die bei der entsprechenden

---

[1] Dieselbe gilt nur für die Fiktion sehr kleiner Strahlenneigung. In der modernen Optik wird daher von einer geometrisch-konstruktiven Verwendung der Knotenpunkte wie auch der Haupt- und Brennebenen überhaupt Abstand genommen.

[2] Eine solche ist aber nicht symmetrisch bzw. kreisförmig anzunehmen!

Streckenteilung gefundenen Differenzen. Ja, man könnte versucht sein, die Streckendiskrepanzen als bloß vorgetäuscht zu betrachten und ausschließlich auf dioptrische Momente zu beziehen (so RECKLINGHAUSEN), wobei eine vollkommen richtige oder ideale Verteilung der retinalen Lokalzeichen und Gleichheit der Bildwinkel bei einer bestimmten Ungleichheit der Objektwinkel vorausgesetzt würde. Eine solche Annahme muß jedoch — schon aus allgemein biologischen Erwägungen heraus — als sehr unwahrscheinlich bezeichnet werden. Gleichwohl sei aber vorsichtshalber vorläufig nur von „anscheinenden Diskrepanzen" gesprochen. Immerhin darf *auf Grund der Teilungsfehler das Bestehen wahrer Diskrepanzen zwischen geometrischem Lagewert und funktionellem Raumwert oder Lokalzeichen der Netzhautelemente als wahrscheinlich* bezeichnet werden, jedoch muß die Komplikation durch Bildverzerrungen infolge dioptrischer Faktoren sehr wohl zugegeben werden, wobei letztere das eine Mal gleichsinnig oder verstärkend, das andere Mal gegensinnig oder vermindernd, eventuell auch gerade kompensierend wirken können. *Das wahrscheinlichste ist eben, daß sowohl die Bilderzeugung oder Reizverteilung als auch die Lokalzeichenverteilung in gewissem Ausmaße unvollkommen oder unrichtig ist, daß also die tatsächlichen Teilungsfehler sowohl dioptrisch als funktionell bedingt sind*; allerdings erscheint eine Abgrenzung der Einflußnahme beider Momente vorläufig noch nicht *möglich*. Dazu kommt noch, daß auch der (in den einzelnen Halbmeridianen überdies nicht ganz gleichmäßige) Abfall der Sehschärfe im indirekten Sehen mitspielt, welche nicht so sehr als vielmehr physiologisch in der Funktionsweise bzw. funktionellen Gliederung des Aufnahmeapparates begründet ist (vgl. oben S. 843, Anm. 2). Allerdings dürfte auch der Einfluß, welchen eine subjektive Undeutlichkeit der indirekt Gesehenen auf die scheinbare Größe besitzen mag, dem Sinne wie dem Umfange nach nicht ausreichen, um die Diskrepanzerscheinungen einfach darauf zurückführen zu können[1].

C. Richtungsdiskrepanzen; funktionelle Gliederung und Einteilung der Netzhaut unter Bezugnahme auf die absolute Lokalisation.

Bei Fehlen solcher Umstände, welche den subjektiven Maßstab im ebenen Sehfelde örtlich beeinflussen, vermitteln allem Anscheine nach regelmäßig jene Netzhautelemente, welche in corneofovealen Meridianen gelegen sind, den Eindruck gerader, durch den Fixierpunkt laufender Linien. Die Netzhaut erscheint demnach — wenigstens sehr angenähert — nach Hauptkreisen funktionell „richtig" gegliedert. Allerdings scheinen von dieser Regel individuelle Abweichungen vorzukommen, wenn auch hier wieder eine dioptrische Vortäuschung oder Komplizierung solcher möglich ist. So werden von einzelnen Beobachtern Scheinkrümmungen oder Scheinknickungen an einäugig fixierten, objektiv geraden Linien angegeben (RECKLINGHAUSEN, BERTHOLD[2]).

Hieran schließt sich alsbald das Problem des indirekten Sehens paralleler Linien und damit die Frage nach der funktionellen Gliederung der Netzhaut überhaupt. Doch sei hierüber (nach dem Vorgang von E. HERING) gleich *unter Bezugnahme auf die absolute Lokalisation*, d. h. auf die subjektive Einstellung des Sehfeldes nach oben-unten, nach vertikal und horizontal gehandelt. Da-

---

[1] Vgl. die analoge Beurteilung seitens F. B. HOFMANN (**1920—1925**, 184).

[2] S. die Zitate bei A. TSCHERMAK (**1904**, 542). Vgl. auch die Versuche mit Einstellung eines beweglichen Punktes zwischen zwei fixe, welche einen bestimmten Netzhautmeridian bezeichnen, bei B. BOURDON (La perception de l'espace, Paris 1902, 96) und F. B. HOFMANN (**1920—1925**, 75ff.), ferner die Beobachtungen scheinbar rechter Winkel bei R. FISCHER [Graefes Arch. **37** (3), 55 (1891)] und F. B. HOFMANN (**1920—1925**, 168) sowie die Untersuchungen der Geradheitsschwelle seitens E. RUBIN [Z. Psychol. **90**, 67 (1922)].

durch erscheinen die bisher nur als relativ betrachteten subjektiven Raumwerte bzw. die ihnen zugrunde liegenden physiologischen Lokalzeichen in „Breiten-" und „Höhenwerte" gegliedert, und zwar bezogen auf den vorgestellten Raum, speziell den Sehraum, zunächst nicht auf das Vorstellungs- oder Fühlbild des eigenen Kopfes und Körpers, welches erst für die „egozentrische Lokalisation" (vgl. S. 965ff.) in Betracht kommt.

Richtungsdiskrepanzen. Bei aufrechter Haltung und Geradeausrichtung der Augen (also Fernesehen), jedoch einäugiger Fixation, wird eine einzeln dar-

gebotene drehbare Gerade, um vertikal zu erscheinen, nicht lotrecht, sondern in bestimmter Neigung eingestellt, und zwar regulär[1] mit dem oberen Ende nach außen. Wir schließen daraus — unter der Voraussetzung einer meridional 'richtig, d. h. ohne Verdrehung, erfolgenden Abbildung — auf eine entsprechende Abweichung der vertikalempfindenden Elementenreihe vom Lote: der primär vertikalempfindende Hauptschnitt (u. zwar bei Unokularsehen des primärgestellten Auges und bei aufrechter Haltung), *der sog. Längsmittelschnitt* (HERING) oder die vertikale Trennungslinie (MEISSNER) *zeigt sonach eine bedeutsame Richtungsdiskrepanz* (HERING[2] 1863, HELMHOLTZ 1863, VOLKMANN 1863 bis 1864 u. a.), welche als Winkel *V* bezeichnet wird (DONDERS). Für beide Augen ergibt sich sonach

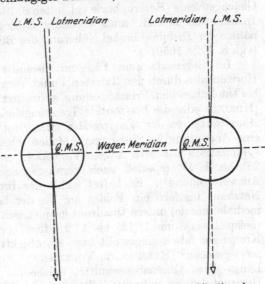

Abb. 255. Typische Abweichung oder Disklination des Längsmittelschnittes (primär vertikalempfindenden Meridians) vom Lotmeridian, Übereinstimmung von Quermittelschnitt und wagerechtem Meridian.

eine charakteristische Inkongruenz durch Divergenz oder *Disklination* (DUANE[3]) beider Längsmittelschnitte nach oben, deren beide Teilbeträge in der Regel angenähert, aber nicht streng gleich sind[4] (vgl. Abb. 255). Die Einzelwerte liegen zwischen 0 bzw. 0,657 und 1,307° (Extrem ca. 7°), die Summenwerte zwischen 0 bzw. 0,093 und 4,85° (Extrem 14°, MELLER[5]). Das Ausmaß zeigt bei einem und demselben Beobachter zeitliche Schwankungen[6] — entsprechend

---

[1] Ausnahmsweise fehlt eine Abweichung und kommt bei Individuen mit Anaphorie der beiden Augen eine medialwärts gerichtete Abweichung bzw. Konvergenz (Konklination) beider Längsmittelschnitte vor [DOBROWOLSKY, W.: Graefes Arch. **18** (1), 53 (1872). — STEVENS, G. T.: Arch. of Ophthalm. **26** (2) (1898) — Arch. Augenheilk. **37**, 275 (1898) — The motor apparatus of the eye. Philadelphia 1906 — Arch. of Ophthalm., Mai 1916].

[2] Vgl. Zitate und Tabellen bei A. TSCHERMAK: **1904**, spez. S. 538ff., 541ff. — Graefes Arch. **55** (1), spez. 20 (1902). S. ferner E. B. DELABARRE: J. Philos., Psychol. a. Sci. Methods **1**, 85 (1904). — BRÜNINGS, W.: Verh. dtsch. otol. Ges. **21**, 132 (1912). — STEVENS, G. T.: Zitiert Anm. 1.

[3] DUANE, A.: Motor anomalies of the Eye, **2**. Newyork 1890. — Klin. Mbl. Augenheilk. **7**, 446 (1909).

[4] Unter anderem H. KNAPP: Amer. J. Ophthalm., August 1892.

[5] SACHS, M. u. J. MELLER: Graefes Arch. **52** (3), 387 (1901).

[6] DONDERS, F. C. (mit zeitlichen Variationen von 2,6—4,85°): Onderzoek. Physiol. Labor. Utrecht **3** (2), 45 (1875) — Graefes Arch. **21** (3), 100 (1875). — AMES JR., A.: Amer. J. physiol. Opt. **7**, 3 (1926). — Solche Schwankungen der Orientierung des Auges um die Blicklinie verraten sich auch im Variieren der Höhenlage des blinden Flecks [RÖSSLER, F.: Arch. Augenheilk. **86**, 55 (1920)].

spontanen Änderungen in der Orientierungseinstellung beider Augen (HELM-HOLTZ, HERING, DONDERS, AMES), durch welche bereits das Vorkommen sog. Extrarollungen erwiesen wird (vgl. unten S. 1037ff.).

Das Ausmaß der Disklination ist anscheinend abhängig von den Abbildungs- bzw. Belichtungsverhältnissen: bei Hellbeobachtung ist dasselbe, nach Einstellung auf scheinbare Vertikale zu schließen, erheblich geringer als im Dunkeln $(0,4 + 0,5 = 0,9°$ gegenüber $3,0 + 2,5 = 5,5°$, also $d = — 4,6°$, SHODA[1]). Ob der Refraktions- zustand oder eine eventuelle Abweichung beider okulomotorischer Apparate vom Gleichgewichte (Heterophorie vgl. unten S. 1069ff.) einen Einfluß auf den Grad der Disklination besitzt, muß vorläufig dahingestellt bleiben. Die reguläre Zu- nahme der Disklination bei Näherung des Blickes wird später behandelt werden (vgl. S. 1029, 1050).

Im Gegensatz zum Längsmittelschnitt zeigt der die Empfindung einer Horizontalen durch den fixierten Punkt vermittelnde Netzhautmeridian (u. zwar bei Unokularsehen, Primärstellung, aufrechter Haltung!), *der sog. Quermittelschnitt* (HERING) oder die horizontale Trennungslinie (MEISSNER), *keine oder fast keine Abweichung von der Waagerechten* (HELMHOLTZ, HERING); es besteht höchstens eine Andeutung im Sinne von Abfallen schräg nach außen, und zwar beiläufig symmetrisch in beiden Augen (VOLKMANN) mit einem Winkel beider von 0 bzw. 26' bis 1° 17' (speziell nach vorausgegangenem Nahesehen mit begleitender Auswärtsrollung[2]). Es haftet somit der funktionellen Quadrantenteilung der Netzhaut insofern ein Fehler an, als der laterale (temporale) obere und der mediale (nasale) untere Quadrant geometrisch kleiner sind als die beiden anderen (beispielsweise um 1° 12' bis 1° 21' für DASTICH); dementsprechend wird eine Kreuzfigur falsch eingestellt bzw. ein objektiv rechtwinkliges Kreuz etwas ver- zerrt gesehen[3] (HELMHOLTZ, VOLKMANN). Analoges gilt für die Meridiane oder Längs- bzw. Quernebenschnitte, welche die Empfindung von Vertikalen oder Horizontalen im indirekten Sehen vermitteln (VOLKMANN[4]); allerdings bedarf es bei der Verwertung von Beobachtungen — zweckmäßigerweise an Punktreihen oder schmiegsamen Linien (z. B. Roßhaaren) — einer gleichzeitigen Berück- sichtigung der dioptrischen Verhältnisse.

Funktionelle Gliederung und Einteilung der Netzhaut[5]. Bei Erörterung der Frage nach der funktionellen Gliederung und Einleitung der Netzhaut sei von der Tatsache ausgegangen, daß objektiv parallele lotrechte und waagerechte Linien im ebenen Gesichtsfelde zwar in der nächsten Umgebung des Fixier- punktes, welche beim gewöhnlichen Sehen, wenn auch nicht allein, so doch ganz vorwiegend beachtet wird, auch subjektiv parallel erscheinen oder — wie man gewöhnlich zu sagen pflegt — richtig „erkannt" werden. Jenseits einer gewissen Exzentrizität erscheinen hingegen solche Linien oder Punktreihen konkav gegen den Fixationspunkt gekrümmt, wie dies an einem objektiv rektangulären Schachbrettmuster von genügend weiter Erstreckung (Abb. 256a) leicht festzu- stellen ist. Hingegen werden für einen bestimmten Beobachtungsabstand be-

---

[1] SHODA, M. (unter TSCHERMAK): Pflügers Arch. **215**, 587 (1926). Vgl. dazu auch S. 1043, Anm. 1.

[2] Vgl. H. HELMHOLTZ: Physiol. Optik, 1. Aufl., S. 703ff.; 3. Aufl., **3**, 337ff.

[3] Messungen über scheinbar rechtwinklige Einstellung bzw. Teilung eines Winkels von 180° in Schrägmeridianen haben R. FISCHER [Graefes Arch. **37** (3), 55 (1891)] und W. BIHLER (Inaug.-Dissert. Freiburg i. B. 1896) ausgeführt; dabei ergab sich eine charakteristische Periodik der Diskrepanz beim Umlauf um 360°.

[4] Vgl. dazu E. MACH: Sitzgsber. Akad. Wiss. Wien, Math.-naturwiss. Kl. **43** (2), 215 (1861). — HOFE, C. v.: Z. techn. Physik **1**, 85 (1920). — GELLHORN, E.: Studien über den Parallelitätseindruck (mit G. WERTHEIMER): Pflügers Arch. **194**, 535 (1922); **199**, 278 (1923).

[5] Vgl. A. TSCHERMAK, Verh. dtsch. ophtalm. Ges. Heidelberg 1928, 33; Z. Augenheilk. **66**, 35 (1928).

stimmte, objektiv gegen den Fixationspunkt konvex gekrümmte Linien als gerade bezeichnet (RECKLINGHAUSEN, HERING, HELMHOLTZ, BOURDON[1]). Konstruiert man sich ein hyperbolisches Schachbrettmuster (vgl. Abb. 256h) nach HELMHOLTZ, welches eine ebenflächige, primär-senkrechte Projektion der Direktions- oder Richtkreise des sphärischen Blickfeldes vom Drehpunkte des Auges her darstellt, so liegt dessen subjektiver Eindruck zwar in der Richtung der Korrektur zu Rektangularität, jedoch erscheint die gewählte hyperbolische Krümmung, speziell in den Randpartien, bereits zu stark[2].

Abb. 256 a—h. Schachbrettmuster (geltend für Betrachtung aus einer dem Radius der Schachbrettscheibe gleichen Entfernung, also für 90° Öffnungswinkel der Scheibe): a) gewonnen durch nodozentrische Projektion von bulbozentrisch, d. h. durch den Krümmungsmittelpunkt der Netzhaut gelegten Schnittkreisen; b) mit objektiv geraden Grenzlinien ohne Korrektur des Tangentenfehlers; c) mit objektiv geraden Grenzlinien unter Korrektur des Tangentenfehlers, d. h. bei objektiv gleichem Öffnungswinkel der Feldseiten; d) gewonnen durch nodozentrische Projektion pupillozentropolarer Schnittkreise des Augapfels; e) gewonnen durch nodozentrische Projektion corneopolarer Schnittkreise des Augapfels; f) gewonnen durch nodozentrische Projektion von Schnittkreisen des Augapfels mit Konvergenz auf 30 mm vor dem Perspektivitätszentrum; g) gewonnen durch nodozentrische Projektion von lotrechten und waagerechten Parallelkreisen des Augapfels; h) nach HELMHOLTZ, gewonnen durch bulbozentrische Projektion von Direktionskreisen des sphärischen Blickfeldes.

---

[1] HERING, E.: Beitr. Physiol., **3**, 189 (1863). — HELMHOLTZ, H.: Physiol. Optik, 1. Aufl., S. 551 ff.; 3. Aufl., **3**, 149. — BOURDON, B.: La perception visuelle de l'espace. Paris 1902, 103.

[2] Was bereits HELMHOLTZ selbst bemerkte, vgl. Physiol. Optik, 1. Aufl., S. 554; 3. Aufl., **3**, 152. Eine solche Abweichung hat ferner E. HERING (**1879**, 370) abgeleitet aus den Beobachtungen von F. KÜSTER: Graefes Arch. **22** (1), 149 (1876). Hingegen gibt M. TSCHERNING (La loi de Listing. Paris 1887) für sein Auge ein Zutreffen des HELMHOLTZschen Schachbrettmusters an.

Direktionskreise sind nach Helmholtz[1] Schnittkreise, und zwar speziell solche mit vertikaler und horizontaler Tangente im Occipitalpunkt, welche durch das als Kugel um den Drehpunkt (*DP*) des Auges — mit dem Abstande des primären Blickpunktes (*p. B. P.*) als Radius (*R*) — gedachte Blickfeld gelegt werden, und zwar ausgehend von dem Treffpunkt der nach hinten verlängerten primären Blicklinie, dem sog. Occipitalpunkt (*OP*) des sphärischen Blickfeldes (vgl. Abb. 257). Bei der geschilderten sphärozentrischen Projektion wird das Schachbrettmuster Abb. 256h erhalten. Die Linie, in welcher der vom Drehpunkt als Scheitel durch einen Richtkreis gelegte Kegel die zur primären Blicklinie im primären Blickpunkte, also in Abstand *R* senkrecht gelegte Ebene schneidet, ist nur für die beiden primären Hauptkreise eine Gerade, für jeden Nebenkreis (NK_1, NK_2) eine charakteristische Hyperbel (H_1, H_2; vgl. die Formel für diese bei Helmholtz, 3. Aufl., **3**, 69). Die so abgeleitete Einteilung des Blickfeldes bringt der Autor in Beziehung mit der Bewegungsweise des Auges nach dem Listingschen Gesetze (S. 994, 1025); er überträgt ferner dieses für das bewegte Auge bzw. für das Blickfeld gewonnene Schema auf das ruhende Auge bzw. auf dessen Gesichtsfeld.

Im Gegensatze zum Helmholtzschen Schachbrettmuster (Abb. 256h) läßt sich durch empirischen Vergleich ein Hyperbelsystem schwächerer Krümmung ermitteln, welches — bei Betrachtung aus bestimmter Entfernung — mit sehr angenäherter Vollkommenheit den Eindruck eines streng quadratisch gegliederten Schachbrettmusters macht. Geeignete Figuren zur engeren Wahl erhält man, wenn man bestimmte Systeme von Netzhautschnitten durch das anzunehmende Perspektivitätszentrum (für die das Maximum der Lichtstärke bzw. die wirksame Bildstelle bezeichnenden Leitstrahlen) auf eine primär senkrechte Ebene projiziert (vgl. Abb. 256a, d, e, f, g). Näheres soll darüber gleich später gesagt werden.

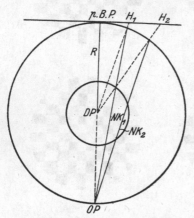

Abb. 257. Schema der bulbozentrischen Projektion der Helmholtzschen Direktionskreise: *p. B. P.* = primärer Blickpunkt, *D. P.* = Drehpunkt bzw. Krümmungsmittelpunkt des Augapfels, *O. P.* = Occipitalpunkt des sphärischen Blickfeldes für die Entfernung *R*.

Zunächst sei noch die Beobachtungstatsache hervorgehoben, daß die Kreise eines Meridiansystems mit lotrechter oder waagerechter Achse, welche auf einer halbkugeligen Schale vorgezeichnet dargeboten werden, in keiner Entfernung parallel zueinander, vielmehr deutlich nach den Polen konvergierend erscheinen — auch dann, wenn das Zentrum der Schale mit dem Zentrum der Eintrittspupille oder mit dem mittleren „Knotenpunkt" oder endlich mit dem Krümmungsmittelpunkt bzw. Drehpunkt des Auges zur Koincidenz gebracht wird. Dem Scheinparallelismus weit näher steht ein um eine waagerechte oder lotrechte Achse auf einer halbkugeligen Schale angeordnetes Parallelkreissystem; speziell gilt dies, wenn das Zentrum der Schale pupillozentrisch oder „nodozentrisch" eingestellt wird; allerdings scheinen dabei die Halbbögen nach oben und unten, sowie nach rechts und links bereits etwas zu divergieren (nach Beobachtungen von Tschermak).

Aus diesem Tatbestande, speziell aus dem Nichtparallelerscheinen einer ebenflächigen Schar von Parallelen oder einer sphärischen Schar von Meridianen — ebenso aus dem Nichtrechtwinkligerscheinen eines ebenflächigen Quadratmusters oder entsprechender sphärischer Meridianvierecke — ergibt sich zunächst die fundamentale *Schlußfolgerung, daß das dioptrische Perspektivitätszentrum und das Zentrum der funktionellen Gliederung der Netzhaut nicht identisch sind,* daß vielmehr eine bezügliche *Heterozentrik* im Auge besteht. Dieses Ergebnis ist ganz unabhängig davon, wo wir die beiden Zentren zunächst annehmen.

---

[1] Helmholtz, H.: Physiol. Optik, 1. Aufl., S. 152; 3. Aufl., **3**, 150.

Eine nähere Aussage über deren Lage ergibt sich, sobald wir das Perspektivitätszentrum festlegen und daraufhin die verschiedenen Schnittsysteme analysieren, welche als funktionelle Einteilung der Netzhaut möglich sind. Bestimmt man rein empirisch den Qrt für das durch schwach pigmentierte Augenhäute durchscheinende Netzhautbild bzw. dessen Intensitätsmaximum bei gegebener Lage der Lichtquelle, so ergibt sich mit Sicherheit eine Kreuzung der „Augenachse" durch die Leitstrahlen *hinter* der Irisebene, noch mehr *hinter* der optischen Eintrittspupille, jedoch *vor* dem Krümmungsmittelpunkt des Bulbus, und zwar

	Zentral bzw. axial	Peripher bzw. schief	D_{z-p}
A. am *Menschen* (unter Benutzung der Werte auf S. 863 u. 864, speziell nach VOLKMANN; vgl. auch DONDERS):		$(80°)$	
hinter dem Hornhautscheitel	7,3965	8,93	— 1,5335
hinter der E.P.	4,36	5,894	— 1,534
hinter der Irisebene	3,796	5,330	— 1,534
vor dem Krümmungsmittelpunkt der Netzhaut . . .	4,74 (bzw. 4,283)	3,21	— 1,53
B. am *Kaninchen* (LANDOLT und NUEL):		$(60—70°)$	
vor dem Occipitalpole des Bulbus	9,734	9,065	— 0,669
hinter dem Hornhautscheitel (bei Annahme einer Achsenlänge von 16,75 mm)	7,016	7,685	— 0,669
vor dem Krümmungsmittelpunkt (bei Annahme von 8 mm als Radius der hinteren Bulbushälfte)	1,734	1,065	— 0,669

Grobschematisch darf für das menschliche Auge das Perspektivitätszentrum für die Intensitätsmaxima und damit (angenähert) für die wirksamen Orte der Bilderzeugung — entsprechend dem sog. mittleren Knotenpunkt — etwa 4,28 bis 4,74 mm vor dem Krümmungsmittelpunkt angesetzt werden. Gewiß bestehen bezüglich dieser Annahme die oben (S. 853) angeführten Gegengründe: strenge Geltung nur für paraxiale Büschel, Verschiebung bei schiefer Incidenz, Bestehen von Asymmetrie und Astigmatismus des bilderzeugenden Apparates. — Wollte man — in Widerspruch mit obigen Daten — das Perspektivitätszentrum weiter vorne, etwa in der Eintrittspupille, so ergäbe sich die paradoxe Konsequenz, daß bei stark schiefer Incidenz bereits unter 90° der Leitstrahl und damit das Intensitätsmaximum nicht mehr auf die lichtempfindliche Region der Netzhaut fallen würde. Dementsprechend müßte dasselbe Objekt bei entsprechend exzentrischer Betrachtung verschwinden oder wenigstens erheblich dunkler erscheinen! Umgekehrt wäre bei Annahme des Krümmungsmittelpunktes oder des Drehpunktes (des ruhenden Auges) als Perspektivitätszentrum — angesichts der Vorerstreckung der lichtempfindlichen Region, speziell auf der Nasenseite, über die primärsenkrechte Frontalebene des Krümmungsmittelpunktes hinaus bis zur primärsenkrechten Frontalebene des Perspektivitätszentrums bzw. bis etwa $\delta = 20°$ $\left(\text{entsprechend } \sin d = \dfrac{k' - r}{r} = \dfrac{4}{11}\right)$ — zu erwarten, daß das Gesichtsfeld nach den Seiten erheblich über 90° hinausreichte —, was jedoch nicht zutrifft. Auch die Tatsache der unokularen Parallaxe spricht in diesem Sinne.

Nach Festlegung eines cornealwärts vor dem Krümmungsmittelpunkt gelegenen Perspektivitätszentrums ergibt sich folgende *Kardinalforderung bezüglich der funktionellen Gliederung und Einteilung der Netzhaut: dieselbe muß derart zentriert sein, daß keine geschlossenen Schnittkreise auf der lichtempfindlichen Netzhautregion selbst resultieren, daß also die vorderen Anteile der Schnittkreise durchwegs in die etwa 140° fassende vordere Lücke der lichtempfindlichen Netzhaut fallen* (bei grobschematischer Voraussetzung gleicher Erstreckung auf der temporalen wie auf der nasalen Seite!). Nur dadurch wird das Paradoxon vermieden, daß die auf bestimmten Schnittkreisen, also in geschlossenen Linien der lichtempfindlichen Netzhautregion gelegenen Elemente ungeachtet ihrer objektiven Anordnung den subjektiven Eindruck gleichen Breitenabstandes von der fixierten Vertikalen vermitteln sollten[1]; dabei müßten beispielsweise zwei in verschiedener Exzentrizität gelegene Elemente des Horizontalmeridians den Eindruck gleichen Abstandes vom Fixationspunkt, die dazwischen gelegenen Elemente hingegen den Eindruck größeren Abstandes erwecken! Die Erstreckung der lichtempfindlichen Netzhautregion (allerdings nur auf der nasalen Seite!) bis etwa 20° vor den Krümmungsmittelpunkt erschiene ganz zwecklos. Von solch unmöglichen Konsequenzen frei sind eben nur solche Netzhautschnitte, deren vorderer Anteil überhaupt keine lichtempfindlichen Elemente trifft. Nach diesem grundlegenden Prinzip sind als ebenflächige Einteilungssysteme ausgeschlossen: 1. Parallelkreise, d. h. ein nach einem unendlich weit vorne oder hinten gelegenen Achsenpunkt orientiertes vertikales und horizontales Schnittsystem; 2. Schnittkreise, welche nach einem beliebigen *hinter* dem Perspektivitätszentrum gelegenen Punkte (*H* — in Abb. 258) der Augenachse konvergieren; 3. Schnittkreise, welche nach einem *vor* dem Perspektivitätszentrum gelegenen Achsenpunkte konvergieren bis heran an jene Stelle (*V*), an der eine an den vorderen Rand (*P*) der lichtempfindlichen Netzhaut gezogene Tangente die Achse trifft. Dieser Punkt ist etwa in dem Krümmungsmittelpunkt,

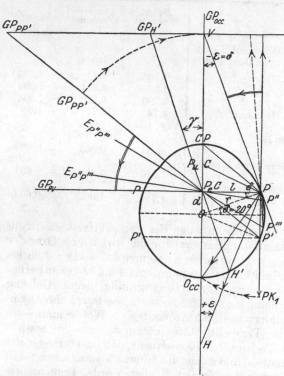

Abb. 258. Schema der nodozentrischen Projektion (durch das Perspektivitätszentrum P_eC in Abstand d vor dem Krümmungsmittelpunkt O gelegen) für verschiedene mögliche Schnittsysteme des Augapfels, und zwar gelegt durch den Punkt P der vorderen Netzhautgrenze (um $\delta = 20°$ nach vorn reichend). Zu den Schnitten PO_{cc}, PH', PP' bzw. PK_1, PP''', PV gehören die Grenzparabeln GP_{Occ}, $GP_{H'}$, $GP_{PP'}$, GP_{PV}, zu dem Schnitte $P''P'''$ die Ellipse $E_{P''P'''}-E_{P''P'''}$.

der Distanz $D = \dfrac{r}{\sin\delta} = \dfrac{11\cdot 11}{4} = 30$ mm vor 25 bis 26 mm vor dem Perspektivitätszentrum gelegen; der entsprechende intertangentiale Winkel beträgt $2\varepsilon =$ etwa 40°. In all diesen 3 Fällen ergeben sich schließlich geschlossene Schnittkreise noch innerhalb der lichtempfindlichen Netz-

---

[1] Für einen bis 20° nach vorn reichenden Parallelkreis (PP') betrüge der nodozentrische Öffnungswinkel 38°; bei Bewegung eines Objektes längs des entsprechenden Kegelmantels (entsprechend $GP_{PP'}$ bis GP_{PV}) dürfte keine Änderung des subjektiven Breitenabstandes empfunden werden. Einer solchen Folgerung widersprechen entschieden die Ergebnisse der Perimeterbeobachtungen, ebenso die Einstellungen auf scheinbar Stirngleich (vgl. unten S. 971) im stark indirekten Sehen; durchweg ergibt sich dabei ein stetiges Fortschreiten des Breitenwertes im indirekten Sehen, und zwar mit Lokalzeichen von erheblicher Bestimmtheit.

hautregion[1], und zwar im 1. Falle entsprechend dem Ringe PP', im 2. Falle entsprechend der an Breite zunehmenden Zone PH', im 3. Falle entsprechend der an Breite abnehmenden Zone PP''' mit der Kreislinie PP als Grenzfall (vgl. Abb. 258). Diesem Verhalten entsprechend ergeben Parallelkreise bei Projektion durch das präzentrale Perspektivitätszentrum auf eine primär-senkrechte Frontalebene von dem bulbozentrischen Winkel 70° bzw. dem nodozentrischen Winkel 52° an nicht mehr Hyperbeln, sondern über die Grenzparabel ($GP_{PP'}$ zugehörig zu PP' mit dem nodozentrischen Winkel von 52°) hinweg Ellipsen ($E_{P''P'''}$ zugehörig zu $P''P'''$) als Schnittfiguren. Für nach hinten zunehmend stärker konvergierende retinale Schnittkreise rückt die Grenzparabel ($GP_{H'}$) immer mehr gegen den Fixationspunkt, wird also die relative Krümmung der Schnittfiguren immer stärker, erfolgt somit der Umschlag der Hyperbeln in Ellipsen immer früher — bis bei Konvergenz nach dem Retinalpole (O_{CC}) Hyperbeln, Grenzparabel (GP_{OCC}), Ellipsen im Fixationspunkt zusammenfallen. Für nach vorne konvergierende retinale Schnittkreise rückt die Grenzparabel immer mehr hinaus — für den durch die Tangentenschnittstelle P bezeichneten Grenzfall in die Unendlichkeit (GP_{PV}), so daß bei Konvergenz der Netzhautschnitte auf den Achsenpunkt V oder einen näheren (CP oder $P_U C$) nur mehr Hyperbeln von abnehmendem Krümmungsgrade resultieren.

Für den nodalen Öffnungswinkel (γ) des Scheitels der Grenzparabel ergibt sich nachstehende Formel, deren Indices aus Abb. 258 zu entnehmen sind (E vom $P_e C$ gerechnet):

$$\tan \gamma = l \left(\frac{1}{d + r \cdot \sin(\delta + 2\varepsilon)} - \frac{1}{E} \right),$$

$$l = \sqrt{r^2 - d^2}, \qquad \sin \delta = \frac{d}{r}, \qquad \tan \varepsilon = \frac{C}{E}.$$

Diskussion:

A. $\quad E = \infty \quad$ bzw. $\quad \varepsilon = 0: \quad \tan \gamma = \dfrac{l}{2d}, \quad \gamma = 52°.$

B. $\quad E = d + r \quad$ bzw. $\quad \varepsilon = \dfrac{90 - d}{2}: \quad \tan \gamma = 0, \quad \gamma = 0°.$

C. $\quad E = \dfrac{l^2}{d} \quad$ bzw. $\quad \varepsilon = -\delta: \quad \tan \gamma = \infty, \quad \gamma = 90°.$

Die allgemeinen Ergebnisse einer ebenflächigen nodozentrischen Projektion der verschiedenen Schnittsysteme sei noch durch nachstehendes Diagramm in orthogonaler Projektion dargestellt (Abb. 259). Diesem zufolge ergibt ein durch den Krümmungsmittelpunkt des Auges (O) gelegter seitlicher Schnitt (M) bis zu 70° Exzentrizität (OP' mit inverser Grenzparabel $GP_{PP'}$ in Abb. 258) eine gegen den Fixationspunkt konkav gekrümmte Hyperbel (M'). Einem durch die nodale Vertikalachse gelegten seitlichen Schnitt (K_n) entspricht eine vertikale Gerade (K'_n) im indirekten Sehen. Hingegen entspricht einem durch die zentropupillare Vertikalachse gelegten Schnitt (P_u) eine gegen den Fixationspunkt schwach konvex gekrümmte Hyperbel (P'_u). Einem corneopolaren Schnittkreise erscheint zugehörig eine gegen den Fixationspunkt stärker konvex gekrümmte Hyperbel. Die ebenflächige Projektion eines vor die Knotenpunktebene reichenden Parallelkreises (P_a) liefert endlich eine noch stärker gekrümmte Hyperbel (P'_a), die Projektion eines nicht vor jene Ebene reichenden Parallelkreises hingegen eine Ellipse, während auf einem mit dem Krümmungsmittelpunkt homozentrischen sphärischen Gesichtsfeld in beiden Fällen ein geschlossener Kugel-Kegelschnitt gezeichnet würde.

Die Analyse der möglichen Einteilungssysteme der Netzhaut ergibt somit, daß — soweit zunächst schematisch ein homozentrisches ebenflächiges System von retinalen Schnittkreisen postuliert wird — nur ein nach *vorne* konvergieren-

---

[1] Diese reicht erheblich über die Ora serrata hinaus (neuerdings bestätigt von MAGGIORE: Atti Congr. Soc. ital. Oftalm. 1924, 343), und zwar bis zu einem Abstand von 7,5 mm (DONDERS) oder 7,0 mm [F. SCULICCA: Ann. Oftalm. 53, 1070 (1925)] vom Limbus.

des System in Frage kommen kann. Die früher abgeleitete *Heterozentrik von Perspektivitäts- und Einteilungszentrum muß in dem Sinne liegen, daß das letztere vor, d. h. corneal von dem ersteren oder pränodal anzunehmen ist.* Das Einteilungszentrum erweist sich somit zwischen dem Grenzwerte von 30 mm und dem Orte des Perspektivitätszentrums mit 4,28 bis 4,74 mm vor dem Krümmungsmittelpunkte gelegen, welcher Ort allerdings selbst ausgeschlossen ist (vgl. oben S. 858).

Näheres über die anzunehmende Lage kann nur der empirische Vergleich von Schachbrettmustern lehren, welche verschieden zentrierten retinalen Schnittsystemen entsprechen und mit Heranrücken des Einteilungszentrums an das Perspektivitätszentrum immer flachere Hyperbeln darbieten — ebenso die bereits oben (S. 856) vorgeschlagene Einstellung von schmiegsamen Fäden auf Parallelismus im stark indirekten Sehen. Dabei kommen allerdings — abgesehen von der Beschränkung der gebotenen Muster auf 45° Exzentrizität — die Unbestimmtheit der exzentrischen Lokalisation sowie dioptrische Faktoren als komplizierend in Betracht.

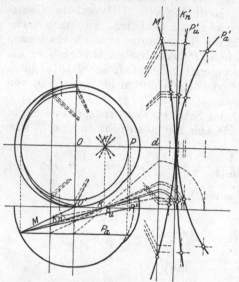

Abb. 259. Schema der nodozentrischen Abbildungsweise für verschiedene mögliche Schnittsysteme des Augapfels in orthogonaler Projektion unter Darstellung der Schnittkurven auf der zur Achse rektangulären, also frontoparallelen Ebene in der Entfernung *d*.

Vergleichen wir rein empirisch Schachbrettmuster, wie sie durch nodozentrische Projektion verschiedener Systeme von Netzhautschnitten bis zu 45° Exzentrizität gewonnen werden (Abb. 256a, d, e, f, g), so werden nicht bloß solche für nach rückwärts konvergente Schnitte als viel zu stark gekrümmt abgelehnt, sondern auch noch solche für Parallelkreise (Abb. 256g), ja auch noch solche für mäßig nach vorne konvergente Schnittsysteme — beispielsweise auf 30 cm, selbst noch ein Muster für Konvergenz auf den oben charakterisierten Tangententreffpunkt von 30 mm vor dem Perspektivitätszentrum (Abb. 256f). Erst ein Schachbrettmuster, welches durch nodozentrische Projektion noch stärker konvergenter, so auf den Hornhautpol hinzielender Schnitte gewonnen ist (Abb. 256e), wird als sehr angenähert richtig bezeichnet. Anscheinend als bestes erscheint ein Muster pupillozentrisch orientierter Schnitte (Abb. 256d — vgl. dazu die orthogonale Konstruktion in Abb. 259, Schnitt P_u, sowie Abb. 260), während — wie bereits oben (S. 858) bemerkt — ein wirklich rechtwinkliges Muster auch bei Korrektur des Tangentenfehlers (Abb. 256c gegenüber 256b), wie es der nodozentrischen Projektion eines nodozentrischen Schnittsystems selbst entspricht, als bereits gegen den Fixationspunkt hin schwach konkav gekrümmt und das Helmholtzsche Hyperbelmuster[1] (Abb. 256h) als bereits zu stark konvex gekrümmt abgelehnt wird. Die oben abgeleitete pränodale Heterozentrik zwischen dem System der Perspektivitäts- und jenem der funktionellen Einteilung bewegt sich sonach zwischen Werten von 4,2 und 7,4 mm, wobei der geringere Betrag wahrscheinlicher ist. Eine streng punktuelle Zen-

---

[1] Dasselbe entspricht bei nodozentrischer Projektion keinem ebenflächigen Schnittsystem der Netzhaut, sondern einem bestimmten krummflächigen.

trierung der funktionellen Gliederung ist gewiß nicht notwendig und erweislich; sind doch die Schnittsysteme für ein pupillares und ein mäßig präpupillares Zentrum sehr wenig voneinander verschieden, praktisch nahezu nicht unterscheidbar. Auch könnten sehr wohl diesbezüglich Differenzen zwischen den einzelnen Nebenschnitten, speziell zwischen nasaler und temporaler Netzhauthälfte bestehen. Aber auch innerhalb desselben Nebenschnittes könnte die funktionelle Zentrierung mit der Lageexzentrizität einigermaßen variieren. In diesen Fällen wäre nicht von einem gemeinsamen Zielpunkte der funktionellen Einteilung, sondern nur von einem beschränkten Zielraume zu sprechen. Auch an individuelle Variation der funktionellen Zentrierung ist wohl zu denken. Andererseits könnten nicht streng ebenflächige, sondern schwach gekrümmte Schnittflächen in Betracht kommen.

Schematisch darf man wohl etwa die Mitte der Eintrittspupille (mit 3,0 mm Abstand vom Hornhautscheitel) als Zentrum für die funktionelle Gliederung der Netzhaut ansetzen — ebenso wie den sog. mittleren Knotenpunkt (mit 7,4 mm Abstand vom Hornhautscheitel) als Perspektivitätszentrum der Bilderzeugung — und somit eine Heterozentrik von etwa 4,4 (bis 4,17) mm ableiten. *Die funktionelle Einteilung der Netzhaut nach vertikal und horizontal empfindenden Elementenreihen entspricht — wenigstens recht angenähert — einer Gliederung nach pupillozentrischen ebenflächigen Schnitten mit angenähert nodozentrischer Bildprojektion*[1].

Die genaueren Werte lauten (bei Akkommodationsruhe — zitiert bzw. berechnet nach den Werten bei OPPENHEIMER-PINCUSSEN[2]):

	HELM-HOLTZ	BECKER	STAD-FELDT	GULL-STRAND
Ort des 1. Knotenpunktes (d. h. Abstand vom Hornhautscheitel)	6,968	7,68	7,18	—
Ort des 2. Knotenpunktes	7,321	7,71	7,52	—
Ort des „mittleren" Knotenpunktes bzw. des Perspektivitätszentrums	7,1445 (7,441 (LISTING))	7,695	7,35	—
Mittel	7,3965 mm			
Ort des hinteren Brennpunktes (Länge der Sehachse (l)	22,823	20,955	23,87	24,387
Mittel	23,01 mm			
Mittlere Knotenweite (k')	15,6785	13,260	16,52	
Mittel 23,01 — 7,3965 = 15,6135 mm				

---

[1] HELMHOLTZ betrachtete das Zentrum der Eintrittspupille als Kreuzungspunkt der Visierlinien, welche nach ihm der subjektiven Exoprojektion dienen, und erklärte zugleich das Eintrittspupillenzentrum und den Irismittelpunkt als zugeordnete Perspektivitätszentren für Objekt- und Bildraum, also für die dioptrische Endoprojektion, setzte jedoch die Knotenpunktskonstruktion nach MÖBIUS (mit den durch den mittleren Knotenpunkt laufenden Richtungslinien) als ebenso zutreffend an. Damit erscheint die oben bezeichnete Diskrepanz zwischen nodozentrischen Richtungsstrahlen und pupillozentrischen Visierlinien, also die Scheidung von dioptrischer Projektionsweise und subjektiver Lokalisationsweise oder funktioneller Netzhauteinteilung einigermaßen vorgeahnt, wenn auch Einteilungsradianten und Projektionslinien an sich durchaus nicht gleichzusetzen sind. („Alle indirekt gesehenen Punkte verlegen wir in falsche Richtungen, indem wir den Winkel zwischen ihrer Richtungslinie und der Blicklinie zu klein nehmen" — Physiol. Optik 1. Aufl., S. 620; 3. Aufl., 3, 224.) Allerdings widerspricht dabei die Festlegung eines Lokalisationssystems in Form dioptrisch bestimmter Richtungen — also in Form fixer Größenwerte, nicht in Form bloßer Ordnungswerte! — der beträchtlichen Variabilität des subjektiven Maßstabes (vgl. unten S. 882ff).

[2] OPPENHEIMER, C. u. L. PINCUSSEN: Tabulae biologicae 1, 236, 240. Berlin 1925.

Transversaler Durchmesser:	RAUBER	VOLKMANN	CASCIO
äußerer	$24{,}32\ r_a = 12{,}16$	$r_a = 12{,}25$	$r_i = 11{,}33$
innerer	$21{,}74\ r_i = 10{,}87$		(für den makula-
	Wandstärke $= 1{,}29$ mm		ren Bezirk von
			etwa 8 mm)

Ort des Krümmungsmittelpunktes $\quad l - r_i = 23{,}01 - 10{,}87 = 12{,}14$ mm

$k' - r_i = 15{,}6135 - 10{,}87 = 4{,}7435$ (bis $4{,}2828$ mm)

Ort des Drehpunktes (d) WEISS   DONDERS u. DOJER   MAUTHNER   KOSTER
(beim Emmetropen)

a) hinter dem Hornhaut-
   scheitel   12,9   13,45   13,73   13,8

         Mittel   13,47 mm

b) vor der Fovea . . . . . $l - d = 23{,}01 - 13{,}47 = 9{,}54$ mm (nach ÖHRWALL 10,5)

Abstand von Drehpunkt und
Krümmungsmittelpunkt . . $l - d - r_i = -1{,}33$

Abstand der Eintrittspupille:

vom Cornealpole . . . $\begin{cases} 3{,}036\ \text{(HELMHOLTZ)} \\ 3{,}047\ \text{(GULLSTRAND)} \end{cases}$ bei Ferne- 2,661 $\Big\}$ bei Nahesehen

vom Mittelpunkt der Iris   0,564   sehen   nach HELMHOLTZ

                                                 0,539

vom Orte des hinteren Brenn-
   punktes (Distanz p') 19,787

vom Perspektivitätszentrum . $p' - k' = 19{,}787 - 15{,}6135 = 4{,}1735$ mm   nach   den
   obigen Werten (bzw. für die Abstände vom Cornealpol
   $7{,}396 - 3{,}03 = 4{,}366$ mm)

vom Krümmungsmittelpunkte $D = p' - r_i = 19{,}787 - 10{,}87 = 8{,}917$ mm

Es besteht sozusagen eine Diskrepanz zwischen der dioptrischen Projektionsweise und der Verteilungsweise der Lokalzeichen gemäß dem pupillozentrischen
Schnittschema. Nicht aber ist damit gesagt, daß die danach klassifizierten
Netzhautelemente die Eindrücke, welche sie durch nodozentrische Bildprojektion
erhalten, pupillozentrisch nach sog. Visierlinien nach außen verlegen (wie dies
HELMHOLTZ annahm)! Über die Lage der subjektiven Sehrichtung bzw. Seh-
ebene ist mit der objektiven Lage des dieselbe vermittelnden Netzhautschnittes
an und für sich noch nichts ausgesagt. — Die Voraussetzung einer dioptrischen
nodozentrischen Bildprojektion nach den wirksamen Bildstellen läßt sich allerdings, wie gesagt, nur grobschematisch unter Vorbehalt verwenden, während
die pupillozentrische Projektion nach den Mittelpunkten der sog. Zerstreuungskreise, welch letztere jedoch prinzipiell nicht identisch zu sein brauchen und
im allgemeinen nicht identisch sind mit den wirksamen Bildstellen (vgl. S. 852ff.),
weitgehend berechtigt ist.

Nachdrücklich sei betont, daß das Problem des die wirksamen Bildstellen
bezeichnenden Perspektivitätszentrums im Auge durchaus noch nicht restlos
gelöst ist. Wie immer aber die bezügliche Entscheidung fallen wird, jedenfalls
bleibt eine charakteristische Diskrepanz oder Heterozentrik zwischen dem
System der projektiven Bilderzeugung und dem System der funktionellen Netz-
hautgliederung, und zwar in dem Sinne einer corneopetalen Vorrückung des
letzteren, bestehen[1]. Wie allerdings die Natur zu dieser besonderen Einstellung
der funktionellen Differenzierung gelangt, muß zunächst unentschieden bleiben;
vielleicht markiert sich gerade die Ebene bzw. das Zentrum der Eintrittspupille —

---

[1] In der Ausdrucksweise der von uns im Prinzip abgelehnten Theorie einer subjektiven
Empfindungsprojektion heißt dies: Die optischen Eindrücke werden in einer anderen Richtung,
durch ein anderes Zentrum nach außen verlegt, als der Einfall der bilderzeugenden Strahlen
erfolgt — objektive, dioptrische Endoprojektion und subjektive Exoprojektion stimmen
nicht miteinander überein (vgl. S. 863, Anm. 1, sowie S. 991, Anm. 1).

bzw. deren Gegend — entwicklungsgeschichtlich, so daß damit gewissermaßen ein Anhaltspunkt für die Verteilung der Lokalzeichen gegeben wird. Ebenso läßt sich, vorläufig wenigstens, keine Nutzbedeutung jener Heterozentrik aufzeigen. Daß die angenähert dem LISTINGschen Gesetze folgende Bewegung der Augen nicht zur sensorischen Differenzierung der Netzhaut führen kann, wird noch gesondert zu behandeln sein (vgl. S. 994).

Mit Rücksicht auf die absolute Lokalisation und auf die Grundlagen der binokularen Stereoskopie (bzw. die Bedeutung der Querdisparation im Gegensatze zur Längsdisparation — vgl. S. 929) erscheint eine *zweiachsige* Einteilung der Netz-

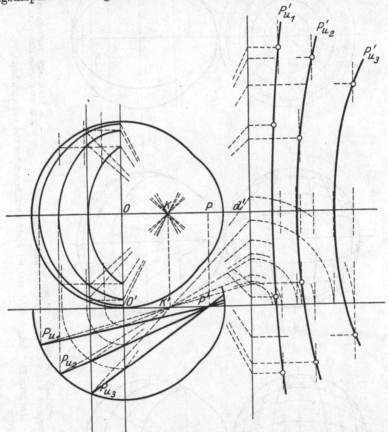

Abb. 260. Schema der nodozentrischen Abbildungsweise eines Systems pupillozentrischer Vertikalschnitte des Bulbus auf einer frontoparallelen Ebene, in orthogonaler Projektion in der Entfernung *d'*.

haut geboten, wobei die Ebene der einen Achse durch den primär vertikal empfindenden Längsmittelschnitt, die Ebene der zweiten durch den primär horizontal empfindenden Quermittelschnitt bezeichnet wird. Schematisch kann man dafür den primär lotrechten und primär wagrechten Hauptschnitt, also eine lotrecht-waagerechte Lage der beiden Hauptschnitte ansetzen. (Das Prinzip der zweiachsigen, und zwar vertikal-horizontalachsigen Einteilung der Netzhaut stammt von E. HERING.) Es bleibt nur die frontale Charakterisierungsebene für das Koordinatensystem der funktionellen Einteilung der Netzhaut festzulegen und damit die Lage des Durchkreuzungspunktes beider Achsen bzw. des Konvergenzpunktes des Systems der Längsschnitte und des Systems der Querschnitte im Auge zu bestimmen.

Als Einteilungszentrum wurde bereits oben sowohl der Krümmungsmittelpunkt (oder der Drehpunkt) als auch das dioptrische Perspektivitätszentrum selbst (der sog. mittlere Knotenpunkt) abgelehnt. Von Hering selbst wurde allerdings, wenn auch nur schematisch, eine zweiachsig-nodozentrische Ein-

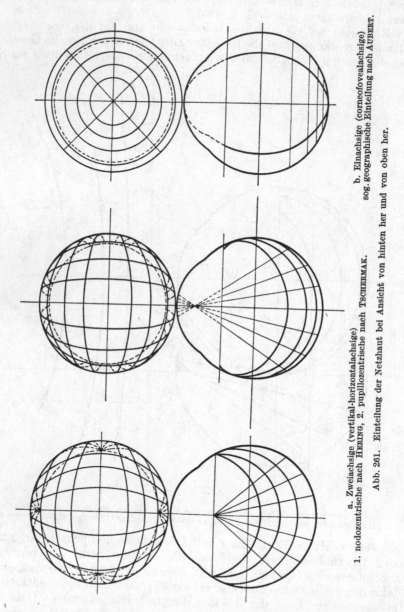

Abb. 261. Einteilung der Netzhaut bei Ansicht von hinten her und von oben her.

1. nodozentrische nach Hering, 2. pupillozentrische nach Tschermak.

a. Zweiachsige (vertikal-horizontalachsige)

b. Einachsige (corneofovealachsige)

sog. geographische Einteilung nach Aubert.

teilung der Netzhaut (ebenso wie eine nodozentrische Projektion der Bilderzeugung) vertreten, wie sie Abb. 261a zeigt. Angesichts des Unrichtig- bzw. Gekrümmterscheinens einer rektangulären Netzfigur muß jedoch davon abgegangen und eine Heterozentrik von Perspektivitäts- und Einteilungszentrum anerkannt werden, und zwar mit pränodaler Lage des letzteren. Das Heringsche Prinzip einer zweiachsigen, vertikal-horizontalen Einteilung muß demnach mit dem Prinzip einer pränodalen Dezentrierung des Einteilungszentrums verknüpft werden (TSCHERMAK).

Die schematisch formulierte Annahme einer pupillozentrischen Einteilung der Netzhaut sei durch folgendes Schema (Abb. 261 b) in der Ansicht von hinten und von oben gekennzeichnet; in demselben stellen die funktionellen Längsschnitte bzw. Querschnitte der Netzhaut zwei Systeme von Kreisen abnehmender Größe dar, welche durch eine vertikale bzw. horizontale Achse in der Pupillarebene gelegt sind. Dieses Schema hat mit der funktionellen Einteilung der Netzhaut nach E. HERING (Abb. 261 a) zwar das Zweiachsenprinzip und den Charakter der Schnitte als Kreise von verschiedener Größe gemeinsam, unterscheidet sich aber davon bezüglich der Lage des Einteilungszentrums.

Mit der Aufstellung einer funktionellen Einteilung nach dem Doppelachsenprinzip wird jedoch die herkömmliche topographische oder gewissermaßen geographische einachsige Einteilung der Netzhaut durch ein Meridiansystem und ein Parallelkreissystem mit anteroposteriorer bzw. corneofovealer Polachse nach AUBERT (Abb. 261 c) keineswegs überflüssig; sie bleibt vielmehr für eine objektive Beschreibung und Charakteristik — speziell für die Perimetrie des Licht- und Farbensinnes — unentbehrlich. Allerdings fehlt dabei die funktionell notwendige Hervorhebung des vertikalen und des horizontalen Meridians gegenüber allen Schrägmeridianen sowie die Sonderung des Lagewertes nach Höhe und Breite, welche Scheidung mit Rücksicht auf die absolute Lokalisation sowie angesichts der Verknüpfung von Tiefeneffekt und Breitenwertsdifferenz unerläßlich ist, will man zu einer brauchbaren funktionellen Einteilung der Netzhaut gelangen.

D. Absolute Lokalisation; Problem des Aufrechtsehens.
(Bedeutung der Umkehrung des Netzhautbildes; Einfluß der Kopfstellung.)

Wir haben zwar bereits die Frage nach der funktionellen Einteilung der Netzhaut unter Rücksicht auf die absolute Lokalisation (im engeren Sinne), d. h. auf die Empfindung der Vertikalen und Horizontalen des Sehraumes behandelt, doch bedarf das Problem des Aufrechtsehens noch einer gesonderten Erörterung. Zunächst sei betont, daß die Bilderzeugung im Auge nichts anderes bedeutet als Reizverteilung, also Ermöglichung einer möglichst reinlich gesonderten Inanspruchnahme der retinalen Mosaikglieder und ihrer Auswertung zu subjektiv-räumlich abgestufter Funktion. Ein solcher Erfolg wird im Linsenauge, speziell im Wirbeltierauge, erreicht auf refraktorischem Wege, und zwar durch ein dreiflächiges Kollektivsystem unter Randstrahlenabblendung seitens der Iris, wobei ein umgekehrtes Bild entsteht, welches zwar nicht astigmatisch, jedoch auch bei schiefer Incidenz noch recht gut zu nennen ist (vgl. S. 843 Anm. 2). Diese Form der Reizverteilung ist ebenso ökonomisch als praktisch zureichend zu nennen — gar angesichts des physiologischen Korrektionsmittels, welches im Simultankontrast gegeben ist (vgl. oben Bd. XII, 1, S. 489). Die alte Frage nach dem Aufrechtsehen trotz der Umkehrung des Netzhautbildes — allgemein gesprochen die Frage nach der Grundlage der kontralateralen optischen Lokalisation — ist offenbar dahin zu beantworten, daß die *Lokalzeichen* oder funktionellen Raumwerte bzw. die Sehrichtungsfunktionen *auf der Netzhaut dementsprechend gegensinnig verteilt sind.* (Infolge der regulären Abweichung der Längsmittelschnitte vom Lote und der eventuellen Abweichung der Quermittelschnitte — vgl. oben S. 885 — von der Waagerechten gilt dieser Satz allerdings nicht ganz streng!) Auf jene Erklärung weist schon der Umstand hin, daß auch nichtphotogene Eindrücke der Netzhaut, so das Druckphosphen[1], mit voller Bestimmtheit und erheblicher Genauigkeit kontralateral lokalisiert erscheinen. Ein ebensolches Verhalten zeigen aber auch solche Blindgeborene oder solche ganz frühzeitig Erblindete, welche eine noch reizbare, normal gelagerte Netzhaut und damit Lichtempfindlichkeit besitzen, jedoch infolge Anomalien der brechenden Medien keine bestimmte Lokalisation der Lichteindrücke aufweisen (Schlodtmann[2]). Die geprüften Patienten verfielen, trotz Aufforderung, die Bezeichnungen „stirn-, mund-, schläfen-, nasenwärts" zu gebrauchen, ebenso wie Sehende von selbst auf die Bezeichnungen oben-unten, rechts-links für den Erscheinungsort des Druckphosphens. Die kontralaterale Lokalisationsweise der Netzhautelemente kann sonach nicht „erlernt", ihr zur Lage gegensinniges, aber der Bildumkehr entsprechendes Lokalzeichen nicht erworben sein. Doch sei die Auswertung dieser Schlußfolgerung auf später verschoben (vgl. S. 996). — Auch beim sog. Sehenlernen operierter Blindgeborener[3] handelt es sich nicht etwa um eine Korrektur ursprünglichen „Verkehrtsehens", sondern um den Erwerb der Verknüpfung zwischen den gewohnten Vorstellungen des sog. Tastraumes oder hapto-kinästhetischen Raumbildes mit den neuerschlossenen, von vornherein nebeneinander geordneten, also räumlich differenten Eindrücken des Sehraumes, speziell was die Beurteilung des Abstandes vom Körper und die scheinbare Größe anbelangt, sowie um die Gewinnung von Gestaltauffassung, Verständnis und Gedächtnis für optische Eindrücke und deren Benennung überhaupt. Andererseits ist eine Gewöhnung an eine Seitenumkehrung[4] vor dem Spiegel oder eine künstliche Neigung (Czermak, Helmholtz[5], Stratton [90°]), ja an Aufrichtung des Netzhautbildes durch

---

[1] Vgl. oben XII, 1, S. 315. Analoges gilt für photogene Eindrücke, bei denen das Licht auf anderem als gewöhnlichem Wege, nämlich durch die Sclera, zur Netzhaut gelangt (H. Helmholtz: Physiol. Optik, 1. Aufl., S. 614; 3. Aufl., 3, 219; vgl. dazu aber auch das unten S. 996, Anm. 2, Angeführte).

[2] Schlodtmann, W. (auf Anregung von A. Tschermak): Graefes Arch. 54, 256 (1902), gegenüber Dufour: Bull. Soc. med. Suisse Romande 14 (1880).

[3] S. die ältere Literatur bei H. Helmholtz: Physiol. Optik, 1. Aufl., S. 587ff.; 3. Aufl. 3, 193, sowie die Übersichten bei C. Stumpf: Ursprung der Raumvorstellung. Leipzig 1873. — Bourdon, B.: La perception visuelle de l'espace. Paris 1802, p. 362ff. — Schlodtmann, W.: Zitiert in Anm. 2. — Hofmann, F. B.: 1920—1925, 153ff., 452ff. — An sonstiger Literatur sei hier nur angeführt: Hippel, D. v.: Graefes Arch. 21 (2), 101 (1875). — Dufour, M.: Guérison d'un aveugle-né. Lausanne 1876. — Raehlmann, E.: Z. Psychol. u. Physiol. 2, 55 (1891). — Grafe, A.: Scient. 2, 67 (1892). — Uhthoff, W.: Beitr. z. Psychol. u. Physiol. Helmholtz-Festschr., S. 113. Leipzig 1891 — Z. Psychol. u. Physiol. 14, 197 (1897). — Franke, V.: Beitr. Augenheilk. 16 (1894). — Ahlström, G. (auch betr. Augenbewegungen): Skand. Arch. Physiol. (Berl. u. Lpz.) 7, 113 (1897). — Dransart: Guérison d'un aveugle de naissance. Lille 1899. — Trombetta, E. (auch betr. Augenbewegungen): Ann. d'Ottalm. clin. Napoli 30, 16 (1901). — Seydel, F.: Klin. Mbl. Augenheilk. 1, 97 (1902). — Schanz, F.: Z. Augenheilk. 12, 753 (1904). — Latta, R.: Brit. J. Psychol. 1, 135 (1905). — Minor, J. B.: Psychologic. Monogr. Suppl. 6, 5 (1905). — Angstein, C.: Klin. Mbl. Augenheilk. 51 (2), 247 u. 521 (1913). — Moreau: Ann. d'Ocul. 149, 82 (1913). — Prince, A. le: J. de Psychol. 12, 46 (1915). — Castresana, B.: Siglo méd. 67 (1921). — Vogt, A.: Schweiz. med. Wschr. 1927, Nr 32.

[4] Vgl. auch die Gewöhnung an die sog. Tierbrille, d. h. eine Vorrichtung, welche seitlich gelegene Objekte durch Spiegelung geradeaus erscheinen läßt (du Bois-Reymond, R.: Z. Psychol. u. Physiol. 27, 399 [1901]).

[5] Czermak, Joh.: Sitzgsber. Akad. Wiss. Wien, Math.-naturwiss. Kl. 17, 566 (1863). — Helmholtz, H.: Physiol. Optik, 1. Aufl., S. 602; 3. Aufl., 3, 206. — Stratton, P. M.: Mind. N. S. 8, 492 (1899). — Reddingius, R. A.: Z. Psychol. 22, 96 (1899). — Ruben, L.: Arch. Augenheilk. 85, 43 (1919). — Wooster, M.: Psychologic. Monogr. 32, 1 (1923). — Vgl. auch E. Goblot: Rev. philos. 22, 476 (1897).

eine vorgeschaltete optische Vorrichtung[1] möglich (STRATTON[2]). Es erfolgt dabei einerseits eine Anpassung der Motilität, andererseits eine Veränderung in der Verknüpfung von Seh- und Tasteindrücken, wobei der vielfach wiederholte Versuch, invers oder geneigt gesehene Objekte mit dem gleichfalls invers gesehenem eigenen Finger zur Deckung zu bringen, wesentlich befördernd wirkt. Für das praktische Verhalten im Raume kommt es ja überhaupt vor allem auf die *Konstanz* der Verbindung zwischen Wahrnehmung und Körperbewegung an, gleichgültig von welcher Qualität diese Verbindung ist (AUBERT[3]).

Zu einer charakteristischen dauernden *Veränderung der subjektiven Vertikalen* kommt es *bei solchen Individuen, deren Längsmittelschnitt erheblich vom Lote abweicht* (vgl. S. 855); dieselben vermögen trotzdem unter den Bedingungen des gewöhnlichen Sehens binokular mit den beiden Lotmeridianen „rein vertikal" (ohne stereoskopischen Effekt, d. h. ohne scheinbares Vor- oder Zurücktreten des oberen oder unteren Endes) zu sehen und selbst einäugig — allerdings nur bei Gegebensein einer Mehrzahl von Objekten von bekannter Orientierung — lotrechte Konturen „rein vertikal" zu lokalisieren, während eine einzelne drehbare Linie für jedes einzelne Auge in charakteristischer Schiefe eingestellt werden muß[4]. Bei mäßiger Diskrepanz (HERING[5] u. a.) wird allerdings entsprechend der Divergenz der Längsmittelschnitte ein einzelnes, beiden Augen sichtbares Lot als deutlich antero-posterior schief, und zwar mit dem oberen Ende zugeneigt, mit dem unteren abgeneigt bezeichnet, ebenso eine binokular sichtbare, um eine quere Achse drehbare Gerade, um subjektiv tiefenvertikal zu erscheinen, objektiv antero-posterior geneigt eingestellt. — Ein anpassungsmäßiges Vertikalerscheinen oder „Richtigsehen" wirklich lotrechter Objekte trotz der Abweichung der Längsmittelschnitte ist wohl bedeutsam für die optische Orientierung im praktischen Leben. Aber auch ohne eine solche vollendete Anpassung erscheint die reguläre Abweichung (Disklination) der Längsmittelschnitte dadurch in praxi nicht störend, daß sie — ebenso wie die horizontalen Streckendiskrepanzen — auf beide Augen sehr angenähert symmetrisch verteilt ist, so daß also lotrechte Objekte richtig vertikal erscheinen — wenn auch mit dem oben bezeichneten stereoskopischen. Effekt. In Fällen, in denen hingegen auch bei binokularer Betrachtung lotrechte Objekte deutlich von rechts nach links laufend schief erscheinen[6], ist (neben eventueller dioptrisch bedingter Abbildungsschiefe) zunächst eine Asymmetrie der Lotabweichung der Längsmittelschnitte zu vermuten.

---

[1] Vgl. die Bilddrehung mittelst des Zeißschen Trieder-Mikrofernrohres „Turmon".
[2] STRATTON, P. M.: Psychologic. Rev. **3**, 611 (1897); **4**, 182, 341, 463 (1897) — Mind. N. S. **8**, 492 (1899). — Vgl. auch HYSLOP: Psychologic. Rev. **4**, 71, 142 (1897). — GOBLOT, E.: Rev. Philos. **22**, 476 (1897) — Rev. d'Ophthalm. **20**, 1, 77 (1898). — ONANOFF, J.: C. r. Soc. Biol. **1891**, 21. — OZIERSKO: Thèse. Paris 1891. — HENRI, V.: Raumwahrnehmungen des Tastsinnes. Berlin 1898. — MINOR: New York med. J., 18. II. 1899. — HAMBURGER, C.: Klin. Mbl. Augenheilk., Beil.-H. **43**, 106 (1905). — POULLAIN: Rec. d'Ophthalm. **1904**, 577. — HARTRIDGE, H.: J. of Physiol. **54**, 6 (1920). — G. G. BROWN, Brit. J. Psychol. **19**, 117 (1928).
[3] AUBERT, H. (**1865**, 273): unter Hinweis auf die inverse Einübung am Mikroskop. Derselbe erklärt demgemäß die Umkehrung des dioptrischen Bildes als völlig gleichgültig für das Sehen. Vgl. dazu auch V. HENRI: Über die Raumwahrnehmungen des Tastsinnes. Berlin 1898. — FICK, A. E.: Z. Psychol. u. Physiol. **39**, 122 (1905). — HAMBURGER, C.: Klin. Mbl. Augenheilk., Beil.-H. **43**, 106 (1905). — BALDINO, S.: Il raddrizzamento delle imagini retiniche nella percezione visiva. Napoli 1921.
[4] VOLKMANN, A. W., bei HELMHOLTZ: Physiol. Optik, 1. Aufl., S. 662; 3. Aufl., **3**, 273. — SACHS, M. u. J. MELLER: Graefes Arch. **57**, 1 (1903). — OHM, J.: Zbl. Augenheilk. **32**, 194 (1908).
[5] HERING, E.: Beitr. Physiol. **5**, 297 (1864); **1879**, 418, woselbst auch der bezügliche Einfluß von Hebung und Senkung des Kopfes behandelt ist.
[6] JASTROW, J.: Science (N. Y.), N. S. **10**, 579 (1899). — BOURDON, B.: La perception visuelle de l'espace. Paris 1902, spez. 162. — Vgl. auch E. NEAL: Amer. J. Psychol. **37**, 287 (1926).

Allgemein bedeutsam ist die *Änderung der absoluten Lokalisation* bzw. der subjektiven Vertikalen, welche *bei Tertiärstellung des Auges* und Aufrechtbleiben des Kopfes eintritt. Bei Überführung des Auges in Tertiärstellung erfährt zwar ein dem Lotmeridian bzw. dem davon etwas abweichenden Längsmittelschnitt in Primärstellung eingeprägtes Nachbild eine scheinbare Neigung zur subjektiven Vertikalen — als sensorische Parallele zu der objektiven kinematischen Neigung zum Lote, welche die genannten Netzhautschnitte gemäß dem Listingschen Gesetze erleiden (vgl. S. 951, 1027ff.). Dieses Schieferscheinen des Nachbildes gilt auch dann, wenn im Gesichtsfelde selbst zur gleichen Zeit keinerlei lotrechte Konturen geboten werden — beispielsweise im Dunkelzimmer (Tschermak, Schubert, Shoda). Hingegen machen unter den Verhältnissen des gewöhnlichen Sehens objektiv lotrechte Linien auch bei Betrachtung mit tertiär gestellter Blicklinie einen angenähert vertikalen Eindruck, wagrechte einen angenähert horizontalen — ebenso wie bei Primärstellung. Analogerweise wird eine drehbare Gerade bei alleiniger Sichtbarkeit nicht schief entsprechend der kinematischen Neigung des Längsmittelschnittes, sondern angenähert lotrecht — allerdings mit geringer charakteristischer und mit der Exzentrizität wachsender Abweichung — eingestellt[1]. Dies erfolgt auch dann, wenn gleichzeitig ein dem primären Lotmeridian bzw. dem Längsmittelschnitt eingeprägtes, nunmehr schief erscheinendes Nachbild sichtbar ist, und wenn alle sonstigen Konturen, speziell solche, die erfahrungsmäßig als vertikal bekannt sind, abgeblendet werden. Bei dem speziellen Beobachter (Shoda) wenigstens gilt die Regel, daß für jedes Einzelauge in allen Quadraten die allein sichtbare, scheinbare Vertikale objektiv etwas nach der gleichnamigen Seite geneigt eingestellt wird; beispielsweise bei Achsendrehwinkel 27° 14′ in — entsprechend 20° Seitenwendung und 20° Hebung oder Senkung — 45°-Diagonale 0,7—0,9° Schiefeinstellung gegenüber 3,5° Neigung des primären Lotmeridians, gemessen im Hellen bei senkrechter Incidenz der tertiären Blicklinie (bei schräger Incidenz bzw. frontoparalleler Meßfläche sind die Werte etwas größer, wachsen auch etwas mit der Exzentrizität der Lage der Blicklinie). Das weitere (angenäherte) Vertikal- oder Horizontalerscheinen lotrechter oder waagerechter Konturen bei Tertiärstellung — und zwar unter Fixierung des Kopfes in Grundstellung — darf daher nicht etwa als Beweis dafür angeführt werden, daß das Auge bei Tertiärstellung keine Orientierungsänderung erfahre, wie sie das Listingsche Gesetz fordert, bzw. daß diese bei Blicksenkung mehr oder weniger kompensiert werde.

---

[1] Vgl. H. Helmholtz (speziell nach Beobachtungen von Dastich): Physiol. Optik, 1. Aufl., S. 606ff., 662; 2. Aufl., S. 754ff., 810; 3. Aufl., 3, 213ff., 273. — S. auch E. Hering: Beitr. Physiol. 3, 175 (1863); 1879, 549. — Shoda, M. (unter A. Tschermak): Pflügers Arch. 215, 588 (1927). — Andererseits gibt M. Tscherning [Thèse de Paris 1887 — Ann. d'Ocul. 100, 101 (1888)] an, daß im Dunkeln eine isolierte drehbare Leuchtlinie erst bei Einstellung in den geneigten (primären) Längsmittelschnitt bzw. Quermittelschnitt vertikal bzw. horizontal erscheine; ein solches Verhalten würde dem Fehlen einer Umwertung entsprechen, gleichzeitig aber auch ein Fehlen von Schieferscheinen (von perspektivischer Verzerrung ganz abgesehen) eines entsprechenden Nachbildes bei Tertiärstellung — in Form der üblichen Prüfung des Listingschen Gesetzes — bei Beobachtung im Dunkeln erfordern. Für mich und andere Beobachter ist die subjektive Schiefstellung in Tertiärlage auch im Dunkeln zweifellos; übrigens ergeben auch Tschernings eigene Einstellungen der scheinbaren Vertikalen im Dunkeln geringere Abweichungen vom Lote, als die kinematische Tertiärneigung des primären Lotmeridians bzw. des (primären) Längsmittelschnittes ausmacht. Ich kann mich daher nicht dem Standpunkte F. B. Hofmanns [Z. Biol. 80, 82, 91 (1919); 1920—1925, 360ff., 367ff.) anschließen, daß die Abbildung auf Längsschnitten, wenn keine empirischen Anhaltspunkte für die Lokalisation vorhanden sind, auch dann noch den Eindruck der vertikalen Richtung vermittle, wenn dieselben von der wirklich vertikalen Richtung abweichen, z. B. in Tertiärstellungen.

Bei Übergang des Auges in Tertiärstellung behält der (primäre) Längsmittelschnitt seine Vorzugsstellung *nicht* bei, sondern hört auf, der Vermittler der Vertikalempfindung zu sein; es setzt eine dem Sinne der kinematischen Neigung entgegengerichtete korrektive Umwertung der Gesamtheit der Netzhauteindrücke an absoluter Lokalisation ein (vgl. S. 984). Sind nichtdrehbare Konturen von notorisch angenähert lotrechter Orientierung gegeben, wie Fensterrahmen, Zimmerkanten, Telegraphenstangen, so geht diese Umwertung einfach bis zu dem betonten Ziele, d. h. bis zur Übergabe der Vertikalempfindung an den diesfalls vom Bilde getroffenen, gerade angenähert lotrecht stehenden Meridian. Fehlt eine solche Betonung eines Zieles — wie bei alleinigem Darbieten eines drehbaren Konturs —, so bleibt die Umwertung entweder unzulänglich, d. h. ein zwar gegen den Sinn der Neigung vom Längsmittelschnitt abweichender, jedoch nicht um den vollen Neigungsbetrag abweichender, also noch nicht gerade lotrechter Netzhautmeridian wird zum vertikalempfindenden. Oder es geht die Umwertung mangels von Betonung eines Zieles und Festhaltung daselbst noch über die Lotstellung hinaus, so daß ein Netzhautmeridian zum vertikalempfindenden wird, der in einem größeren Betrag vom Längsmittelschnitt abweicht, als es dem Winkel der kinematischen Neigung entspricht. Im erstgenannten Falle erscheint der vertikalempfindende Meridian von der Tertiärneigung nicht „mitgenommen", im zweiten Falle zwar nicht vollständig, aber doch teilweise „mitgenommen", im dritten Falle sozusagen von der Tertiärneigung „abgestoßen". Bei dem speziellen Beobachter (SHODA) wenigstens erreicht — bei isolierter Darbietung eines drehbaren Diameters — die Umwertung der Netzhautschnitte bezüglich der absoluten Lokalisation für die temporalen oberen und nasalen unteren Quadranten den tertiären Lotmeridian nicht, bleibt also unzulänglich (der zweite Fall); hingegen geht für die nasalen oberen und temporalen unteren Quadranten die Umwertung über den tertiären Lotmeridian hinaus, wird also überstark (der dritte Fall). — Die geschilderte Umwertung hat dem Sinne nach die Bedeutung einer Anpassung, welche allerdings nur bei Zielbetonung zu einer vollkommenen wird. Durch diese Umwertung wird nämlich die störende Wirkung, welche die objektive kinematisch eintretende Neigung des primären Lotmeridians bzw. des Längsmittelschnittes bei Übergang in Tertiärstellung sonst hätte, mehr oder weniger kompensiert und angenähert ein Verhalten erreicht, als ob wir das objektiv Lotrechte direkt erkennen oder wahrnehmen würden. Der Effekt sensorischer Umwertung wird offenbar durch Propriozeptoren der Augenmuskeln vermittelt.

Schließlich sei noch hervorgehoben, daß wir daraufhin die *Primärstellung* nicht bloß motorisch-kinematisch, sondern auch *sensorisch, und zwar in bezug auf die absolute Lokalisation, definieren* können. Sie bezeichnet jene Lage, von welcher aus reine Vertikal- oder Horizontalbewegung (Sekundärstellung) keine Umwertung bewirkt, hingegen Schrägbewegung (Tertiärstellung) eine Änderung der Einstellung auf scheinbar vertikal bzw. eine anpassungsmäßige Umwertung der Netzhautschnitte bezüglich der absoluten Lokalisation, und zwar nach dem Lote hin, mit sich bringt, wobei (wenigstens beim Beobachter SHODA) Schiefeinstellung nach der dem Auge gleichnamigen Seite resultiert, also unzulängliche Umwertung in den temporalen oberen und nasalen unteren Quadranten, überstarke in den anderen. Allerdings läßt sich nach dem sensorischen Kriterium der vertikaländernden Tertiärbewegung die Primärstellung nur weit weniger scharf bestimmen als nach dem kinematischen Charakteristikum der radiantentreuen Tertiärbewegung (vgl. S. 1012).

Zu einer ähnlichen Umwertung der Netzhauteindrücke bezüglich der absoluten Lokalisation, wie wir sie eben als Wirkung tertiärer Blickbewegung

·kennengelernt haben[1], führt eine durch den Fusionszwang erreichte gegensinnige
·symmetrische Rollung beider etwa primär gestellter Augen (vgl. unten S. 1037, 1074).
Auch dann vermitteln nicht mehr die primären funktionellen Querschnitte, sondern
davon abweichende Schrägschnitte die Empfindung „horizontal"[2]. Analoges gilt
bei erzwungener paralleler Rollung beider Augen (Noji[3]). Eine Abweichung der
scheinbaren Vertikalen im Sinne der objektiv erteilten Neigung tritt ferner ein
bei länger dauernder Betrachtung schräggestellter Druckzeilen oder sonstiger
paralleler Konturen[4], besonders dann, wenn die Vertikallokalisation durch gleichzeitige seitliche Neigung des Kopfes unsicher gemacht wird[5].

Hingegen scheint die Orientierungsänderung der Augen im Sinne von
gegensinniger symmetrischer Rollung (bzw. die Disklinationszunahme) beim
Nahesehen (vgl. S. 856, 1029, 1050, 1063) ohne Einfluß auf die absolute Lokalisation zu sein. Analogerweise kommt es in pathologischen Fällen von Orientierungsänderungen des Auges, beispielsweise bei Trochlearislähmung, bald dazu,
daß lotrechte Konturen trotz Abbildung auf Schrägschnitten der Netzhaut, doch
im „Hellen" vertikal, also „richtig" gesehen werden, während dieselben im
„Dunkeln" schief, also „falsch" erscheinen. Dementsprechend sind auch in Fällen
von pathologischem Doppeltsehen Angaben über absolutes Vertikalstehen des
einen und absolutes Schiefstehen des anderen Halbbildes — im Gegensatze
zum *relativen* Schrägstande der Doppelbilder einer horizontalen Linie zueinander
— nur mit Vorsicht zu verwerten, um daraus Lähmung eines bestimmten Augenmuskels zu diagnostizieren (Bielschowsky[6]). Die absolute Lokalisation erweist
sich eben als hochgradig flexibel, durch Anpassung und Erfahrung modifizierbar.

Die *absolute optische Lokalisation* besteht, wie gesagt, in der Anordnung
der Gesichtseindrücke relativ zu zwei subjektiv ausgezeichneten Grundrichtungen,
der scheinbaren Vertikalen und der scheinbar Horizontalen des Sehraumes.
Dieselben sind aber durchaus nicht allein in irgendwelchen optischen oder
motorischen Anteilen des Sehorgans gegeben. Vielmehr bestehen diese Grundempfindungen auch bei Abschluß der Augen sowie bei Blindgeborenen. Sie
gehören eben dem dauernd bestehenden Vorstellungsbilde vom Außenraum an.
Bei aufrechter Körperhaltung stimmen die objektiven Äquivalente der Vertikalen
und der Horizontalen sehr angenähert mit der Schwerkrafts- oder Lotrichtung und
der Senkrechten dazu, der Waagerechten, gleichzeitig mit der objektiven Längsrichtung des eigenen Körpers, überein, so daß man schier eine direkte „Wahrnehmung" der Richtung der Schwere (ähnlich auch der Längsrichtung des
eigenen Körpers) vermuten könnte. Eine solche Annahme erscheint jedoch
vom Standpunkte des exakten Subjektivismus bereits grundsätzlich unzulässig,
ja, es sei sogar vorsichtshalber offengelassen, ob die Grundlage der Vertikalempfindung bzw. der absoluten Lokalisation überhaupt erst durch schwer-
kraftsempfängliche sensorische Organe — sog. Gravi(re)ceptoren — geliefert
wird, und ob nicht etwa solche erst bei asymmetrischer Beanspruchung zentrale
Wirkungen entfalten. Wenn überhaupt Graviceptoren bereits für die Begründung

---

[1] In pathologischen Fällen von rotatorischem Nystagmus scheint eine zeitlich wechselnde
Umwertung eintreten zu können, so daß es zu einem Hin- und Herpendeln des Nachbildes einer
lotrechten Leuchtlinie kommt [Köllner, H.: Klin. Wschr. **2**, 482 (1923)]. Die Lageänderungen
des Nachbildes und die Phasen des Nystagmus gehen nicht einfach parallel, weshalb R. Dittler eine labyrinthäre Genese der Umwertung ablehnt [Z. Sinnesphysiol. **52**, 274 (1921)].
[2] Hofmann, F. B. u. A. Bielschowsky: Pflügers Arch. **80**, 1, spez. 32 (1900).
[3] R. Noji (unter A. Tschermak), Graefes Arch. **122**, 562 (1929).
[4] Hofmann, F. B. u. A. Bielschowsky: Pflügers Arch. **126**, 453 (1909).
[5] Hofmann, F. B.: Pflügers Arch. **136**, 724 (1910); **1920—1925**, 598ff.
[6] Bielschowsky, A.: Graefe-Saemischs Handb. d. Augenheilk., 2. Aufl. 9. Kap.
(1907). — Dies. Handb. XII, 2, 1095 ff. (1929).

— nicht bloß für die Beeinflussung — der Vertikalempfindung in Betracht kommen, so sind es sicher nicht ausschließlich labyrinthäre, sondern auch extralabyrinthäre. Noch weniger als die These einer Labyrinthogenie der Vertikalempfindung[1] kann die Annahme eines labyrinthären Ursprunges des subjektiven Raumes überhaupt[2] aufrechterhalten werden. Verfügen doch auch Menschenmit mißgebildeten oder zerstörten Labyrinthen über räumliche Vorstellungen und präzise optische Orientierung.

Gewiß besitzen wir im inneren Ohre einerseits Receptoren für den gleichmäßigen Dauerreiz der Schwerkraft, sog. Graviceptoren oder g-Ceptoren, welche dem Otolithenapparate der Tiere analog funktionieren und in der Macula des Sacculus und Utriculus gegeben erscheinen, andererseits Receptoren für den Reiz der aktiven oder passiven Progressivbewegung, sei es, daß dieser — wie bei den rectilinearen Bewegungen oder Duktionen — beide Körperhälften, so auch beide Labyrinthe, gleichsinnig-symmetrisch betrifft, oder — wie bei den Zirkularduktionen oder Drehbewegungen — beide Körperhälften, so auch beide Labyrinthe, ungleichmäßig-asymmetrisch erfaßt: sog. Ducti(re)ceptoren (Bezeichnungen nach TSCHERMAK[3]). Die d-Ceptoren sind, wie angedeutet, in Rectilinear- oder l-Ceptoren und in Zirkular- oder Rotations- bzw. r-Ceptoren zu scheiden. Unter beiden Gruppen könnte man prinzipiell solche Ductireceptoren erwarten, welche auf die Geschwindigkeit oder Celerität der Duktion ansprechen, und solche, welche auf den Veränderungsgrad der Bewegung, also auf die Beschleunigung oder Verzögerung, die $\pm$-Acceleration oder Velozität der Duktion reagieren: sonach Celeri- und Veloceptoren, und zwar cl- und cr-Ceptoren sowie vl- und vr-Ceptoren. Doch ist die Existenz von cl-Ceptoren bisher nicht nachgewiesen, ja, angesichts der notorischen Wirkungslosigkeit der gleichförmigen Duktion durch die einer Rectilinearduktion gleichwirkende Rotation der Erde, überhaupt nicht wahrscheinlich, während auf gleichförmige Drehung (mit relativ kleinem Radius) reagierende cr-Ceptoren anzunehmen und in den Sacculus zu lokalisieren sind. Ganz außer Zweifel stehen die vl- und vr-Ceptoren. Die vr-Ceptoren sind mit Bestimmtheit in den Bogengängen bzw. Ampullen gegeben, während die Lokalisierung der labyrinthären vl-Receptoren für den Änderungsgrad oder das Differential rectilinearer Progressivbewegungen noch fraglich genannt werden muß; sie können entweder gleichfalls im Bogengangsapparate oder im Otolithenapparat gesucht werden (für letzteres QUIX[4]). Im ersteren Falle würden die Bogengänge ein Aufnahmeorgan für alle Arten von Beschleunigung, einen Differentialreagenten für asymmetrische wie symmetrische Duktionsbeanspruchung, also nicht bloß für Winkelbeschleunigung, sondern auch für Rectilinearbeschleunigung darstellen, während anderenfalls die Bogengänge nur Veloceptoren für Drehbewegung, hingegen Utriculus und speziell Sacculus Veloceptoren für rectilineare Duktion — neben cr-Receptoren für Fliehkraft und g-Ceptoren für Schwerkraft — enthielten. Der gleichmäßige Dauerreiz der Fliehkraft, welcher vom Beschleunigungsreiz grundsätzlich unterschieden werden muß und in eine gewisse Parallele zum gleichmäßigen Dauerreiz der Schwerkraft

[1] Gegen eine solche haben mit Recht bereits R. BÁRÁNY, W. BRÜNNINGS, F. NOLTENIUS [Arch. Ohr- usw. Heilk. 108, 107 (1921)] Stellung genommen. Vgl. dazu auch E. MACH: Pflügers Arch. 48, 95 (1891).

[2] CYON, E. v.: Pflügers Arch. 85, 576 (1901) — Das Ohrlabyrinth. Berlin 1908.

[3] TSCHERMAK, A.: Med. Klin. 24, 770 (1928).

[4] QUIX, F.: Nederl. Tijdschr. Geneesk. 1913 u. 1925 — Z. Hals- usw. Heilk. 8, 516 (1924) — J. Laryng. a. Otol. 40, 425 u. 493 (1925). S. auch R. LORENTE DE NÓ, Acta med. scand. 62, 461 (1925) — Untersuchungen über die Anatomie und Physiologie des N.octavus und des Ohrlabyrinths. (I.) Trav. Lab. des Recherches biol. de l'Univ. de Madrid 23, 259. 1926; (II.) ibid. 24, 53. 1926; (IV.) ibid. 25, 157. 1927—1928; (III.) Mschr. Ohrenheilk. 61, 857, 1066, 1152, 1300. (1927). — M. H. FISCHER, Die Regulationsfunktion des menschlichen Labyrinthes. Erg. Physiol. 27, 1—171. 1928, auch Sep. Berlin 1928 — Graefes Arch. 1929/30.

gebracht werden darf, ist wohl am Otolithenapparat angreifend zu denken; wenigstens sind bei Tieren bezügliche Einwirkungen sichergestellt (Wittmaak, Magnus).
Mit der begrifflichen Trennung von g- und cr-Ceptoren sei es eben keineswegs ausgeschlossen, daß beide in einem gemeinsamen Apparat (Otolithen) gegeben sind!

Neben den labyrinthären Graviceptoren und Ducticeptoren sind mit hoher
Wahrscheinlichkeit extralabyrinthäre Gravi- und Ducticeptoren zu erschließen[1].
Solche auf Schwerkraftswirkungen, in Form entsprechenden Druckes oder
Gegenzuges, ansprechende g-Ceptoren sind in der Haut und im gesamten kinästhetischen Bewegungsapparate, also im Skelett, in den Bändern, Muskeln, Sehnen,
zu vermuten; speziell werden dauernde Gravitationseffekte an den Skelett-
und Weichteilen des Halses geübt seitens des balancierten Kopfes, an den Beinen
seitens des Rumpfes, an der jeweiligen Unterstützungsfläche seitens des Gesamtkörpers. In ähnlicher Weise „orientiert" uns einigermaßen über die Schwerkraftsrichtung die ungleichmäßige Verteilung des Auftriebes, welchen die einzelnen
Regionen des Körpers beim Schwimmen bzw. Tauchen im Wasser erfahren[2].
— Analogerweise dürften Ducticeptoren für zirkulare wie rectilineare Progressivbewegungen, speziell vr- und vl-Ceptoren, welche bei aktiven wie passiven
Kopf-Körperbewegungen von genügender Geschwindigkeit bzw. Beschleunigung
ansprechen, außer im Ampullenbogengangsapparat, auch extralabyrinthär gegeben
sein. Duktionseffekte werden in Form entsprechenden Zuges oder Gegendruckes
geübt bei ungleichmäßigem Angreifen von Progressivkräften an den einzelnen
Körperteilen; so können Duktionseffekte am Halse geübt werden seitens des
Kopfes, am Rumpfe seitens der Extremitäten, überhaupt speziell an proximalen
Gliedern seitens distaler. — Der kinästhetische Bewegungsapparat erhält jedoch
Rezeptionen nicht bloß auf dem Umwege über Schwerkraftseffekte oder über
Wirkungen von Progressivkräften, sondern empfängt auch direkte Rezeptionen
— bei passiv wie aktiv bewirkten Stellungen und Bewegungen — ohne Rücksicht auf die Orientierung des Systems zur Schwerkraft und ohne Rücksicht
auf die Erzeugung von Progressivkräften. Man könnte hiefür die Bezeichnung
„direkte primäre Tätigkeitsrezeptionen" oder „eigentliche Propriozeptionen" gebrauchen, gleichgültig, ob dieselben in den tätigen Muskeln selbst oder außerhalb dieser (in den gedehnten Antagonisten, in den Sehnen, in den Bändern bzw. im
Skelett, aber auch in der Haut) stattfinden. In gewissen Fällen könnte es bezüglich
der Reaktionseffekte einen Unterschied ausmachen, ob eine bestimmte Stellung
durch aktive Muskelleistung bzw. Haltung oder durch passive Lage eingenommen
wird. Die Prüfung der Wirkung bestimmter relativer Lagen von Kopf und Stamm
kann das eine Mal in der lotrechten Ebene, also unter asymmetrischem Mitwirken
der Schwerkraft, das andere Mal in der waagerechten Ebene — beim Liegen unter
symmetrischer Gravitationswirkung — erfolgen. Im letzteren Falle werden angenähert rein Proprioceptoren, im ersteren Proprioceptoren und Graviceptoren beansprucht. Allerdings ist eine experimentelle Sonderung der Reflexwirkungen,
welche durch die Lage und Bewegung des Körpers und seiner Teile ausgelöst werden,
in graviceptorisch, ducticeptorisch und eigentlich proprioceptorisch bedingte Effekte
nicht immer möglich; jedenfalls bedarf es dazu einer subtilen, kritischen Methodik.

---

[1] Nachdrücklich betont von A. Tschermak: Med. Klinik 28, 770 (1928). S. Garten
[Die Bedeutung unserer Sinne für die Orientierung im Luftraum. Leipzig 1917 — Abh.
sächs. Ges. Wiss. 36, 433 (1920)] ist überhaupt geneigt, dem Labyrinth keine oder nur eine
sehr geringe Bedeutung für unsere Orientierung im Raume zuzuschreiben, eine entscheidende hingegen dem Auge sowie den extralabyrinthären Graviceptoren des kinästhetischen
Apparates bzw. der Haut und den Muskeln.
[2] Vgl. R. Stigler: Pflügers Arch. 148, 573 (1912) — Beck, K. v.: Z. Sinnesphysiol.
46, 362 (1912) (welcher betont, daß eine Desorientierung Taubstummer unter Wasser keineswegs allgemein besteht).

Übersicht der Gravitations- und Duktionswirkungen auf das menschliche Auge:

	optische Effekte	motorische Effekte
A. Bei asymmetrischer Schwerkraftseinwirkung bzw. Gravi- (g-) Ceptorenbeanspruchung		
1a. infolge seitlicher oder frontoparalleler Neigung des Körpers	starke Änderung der subjektiven Vertikalen (u. zw. im Dunkeln) — Additionseffekt durch Vermittlung der Graviceptoren des Kopfes und des Stammes	mäßige dauernde gegensinnige Rollung (bei Tieren mit lateraler Augenlage: dauernde Vertikaldivergenz) — durch Vermittlung der Graviceptoren des Kopfes
1b. infolge seitlicher Neigung oder Knickung des Stammes bei aufrechtem Kopfe	mäßige Änderung der subjektiven Vertikalen (u. zw. im Dunkeln) durch Vermittlung der Graviceptoren des Stammes	mäßige dauernde gleichsinnige Rollung — durch Vermittlung der Proprioceptoren des Halses
1c. infolge seitlicher Neigung des Kopfes bei aufrechtem Stamme	deutliche Veränderung der subjektiven Vertikalen (u. zw. im Dunkeln) durch Vermittlung der Graviceptoren des Kopfes	relativ starke dauernde gegensinnige Rollung — Additionseffekt durch Vermittlung der Graviceptoren des Kopfes und der Proprioceptoren des Halses, gereizt infolge gegensinniger Knickung des Stammes
2. infolge sagittaler Neigung von Kopf oder Körper	dauernde Änderung der subjektiven Vertikalen bei seitlicher Blicklage; vielleicht zugleich Änderung der subjektiven Tiefenvertikalen bei primärer Blicklage	beim Menschen: 0 bei Tieren mit lateraler Augenlage: dauernde gegensinnige Rollung
B. Bei asymmetrischer Einwirkung von Drehkraft, bzw. r-Ceptorenbeanspruchung		
1. infolge Rotation in der Horizontalebene		
a) mit gleichförmiger Geschwindigkeit, also bei cr-Ceptorenbeanspruchung	anscheinend dauernde Änderung der subjektiven Vertikalen	anscheinend dauernde Einwärtsrollung
b) mit ungleichförmiger Geschwindigkeit, also bei vr-Ceptorenbeanspruchung	seitliches Abwandern und Schwanken eines Nachbildes wie bei willkürlicher Augenbewegung	horizontaler Nystagmus
2. infolge Rotation in der Sagittalebene		
a) mit gleichförmiger Geschwindigkeit, also bei cr-Ceptorenbeanspruchung	vielleicht dauernde Änderung der subjektiven Tiefenvertikalen	?
b) mit ungleichförmiger Geschwindigkeit, also bei vr-Ceptorenbeanspruchung	?	vertikaler Nystagmus
3. infolge Rotation in einer frontoparallelen Ebene ohne Mitwirkung der Schwerkraft, also bei Waagerechtlage des Körpers		
a) mit gleichförmiger Geschwindigkeit, also bei cr-Ceptorenbeanspruchung	vielleicht dauernde Änderung der subjektiven Körperrichtung	gegensinnige Rollung
b) mit ungleichförmiger Geschwindigkeit, also bei vr-Ceptorenbeanspruchung	?	rotatorischer Nystagmus

Wirkungen von Gravi-, Ducti- und Proprioceptoren auf das Auge sind nur bekannt bei *asymmetrischer Einwirkung der Schwerkraft*, also bei Neigung von Kopf oder Körper in einer frontoparallelen oder in der sagittalen Ebene, ferner bei *asymmetrischer Einwirkung von Drehkraft, bzw. Fliehkraft*, und zwar sowohl bei gleichförmiger wie bei ungleichförmiger. Diese Wirkungen betreffen einerseits den optischen Raumsinn, und zwar die absolute Lokalisation bzw. die Vertikale des Vorstellungsbildes des Außenraumes und die egozentrische Lokalisation, speziell die Mediane des Fühlbildes des eigenen Körpers, andererseits die Stellung der Augen. Es genüge, hier eine allgemeine tabellarische Übersicht (S. 875) zu geben und anschließend das Detail zu behandeln.

Von den tabellarisch verzeichneten Effekten seien hier nur die optischen, also die *Veränderungen der absoluten Lokalisation*, behandelt, und zwar zunächst die bestbekannten, welche bei asymmetrischer Einwirkung der Schwerkraft *infolge seitlicher oder frontoparalleler Neigung des Kopfes*[1] bzw. des Gesamtkörpers, ebenso bei seitlicher Knickung des Stammes gegen den festgehaltenen Kopf eintreten. Auch hiebei kommt es zu einer Sonderung von vertikal- oder horizontalempfindendem Netzhautschnitt und lotrecht- oder waagerechtstehendem Meridian, welche bei Primärstellung des Auges und aufrechter Haltung, also bei Mittelstellung des Kopfes, angenäherte Koinzidenz bzw. regulär nur mäßige Diskrepanz im Sinne der Disklination aufweisen (vgl. S. 855). Solange dabei Konturen von bekannter, ausgezeichneter Orientierung, beispielsweise Mauergrenzen, Fensterausschnitte oder Möbelstücke von lot- und waagerechter Begrenzung sichtbar bleiben, ändern diese ihre subjektive Orientierung nicht, erscheinen also auch jetzt — wenigstens sehr angenähert — vertikal und horizontal. Hingegen gewinnt das zuvor bei aufrechter Haltung eingeprägte Nachbild einer lotrechten bzw. primär vertikal erscheinenden Linie, also der Eindruck des primären Lotmeridians bzw. des p. L.M.S. nachträglich bei Neigung eine charakteristische subjektive Schiefe, macht sozusagen dem Sinne nach die objektive Neigung des Kopfes mit. Allerdings darf das Ausmaß des subjektiven Schieferscheinens des Nachbildes bei Beobachtung im Hellen wie auch im Dunkeln weder als ein einfaches Maß für die erteilte objektive Neigung, noch weniger als Maß für die später (S. 1078) zu besprechende Gegenrollung der Augen betrachtet werden: in letzterer Hinsicht wird die Nachbildmethode erst verwendbar, wenn das Nachbild einer lotrechten Leuchtlinie während oder nach Abschluß der Neigung zur Koinzidenz oder Parallelität mit einem drehbaren Diameter gebracht wird. — Bei Beobachtung im Hellen bzw. bei gleichzeitiger Sichtbarkeit objektiv lot- oder waagerechter Konturen erfolgt somit, ähnlich wie beim Sehen mit tertiärgestellten Augen (S. 871), eine korrektive Umwertung bezüglich der absoluten Lokalisation. Unter den Bedingungen des gewöhnlichen Sehens führt diese Anpassung sogar (mehr weniger angenähert) bis zum Ziele, also bis zu einer vollständigen Kompensation oder Korrektur der Wirkung der Kopfneigung an sich und damit wieder zu dem Anscheine eines direkten Erkennens oder Wahrnehmens der Lot- oder Waagerichtung.

Wird hingegen die gleichzeitige Beobachtung lotrecht bleibender Konturen[2] eingeschränkt, beispielsweise durch Vorsetzen eines dunklen Glases oder geeigneter Röhren (Mulder), oder gar aufgehoben, wird also schließlich allein

---

[1] Zu Unrecht hat E. v. Cyon ein Schieferscheinen drehbarer Konturen bei Neigung des Gesamtkörpers bestritten und nur für isolierte Kopfneigung zugegeben [Pflügers Arch. **85**, 576 (1901); **90**, 585 (1902); **94**, 139 (1903) — Ohrlabyrinth. Berlin 1908].

[2] Die Bedingungen dieser Veränderung bedürfen noch der genaueren Untersuchung. Augenscheinlich müssen die lotrechten Vergleichsobjekte sozusagen „zielbetont", d. h. als Zielbezeichnung aufgefaßt werden.

eine drehbare Gerade oder ein drehbares System von Geraden dargeboten (sei es eine schwarze auf hellem Grunde oder eine Leuchtlinie in einom sonstig völlig dunklen Raum), so erfolgt in der Regel keine so weitgehende Umwertung, sondern eine nur unvollkommene, und zwar binnen 1—2″; in einzelnen Fällen hinwiederum geht die Umwertung zu weit. Der räumlich-optische Anpassungsvorgang entbehrt sozusagen einer Kennzeichnung des Zieles bzw. eines weiteren Antriebes bei eventuellem Erlahmen und einer Bremse bei eventuellem Hinausschießen. Daß dabei die Umwertung in der Regel vorzeitig zum Stillstande kommt, äußert sich darin, daß zwar überhaupt ein gegen den Sinn der Kopfneigung vom primären Lotmeridian (bzw. vom p. L.M.S.) abweichender Netzhautschnitt nunmehr die Vermittlung der Vertikalempfindung gewinnt, jedoch zumeist nicht der um den ganzen Neigungswinkel abweichende nunmehrige Lotmeridian, sondern irgendein schwächer abweichender Zwischenmeridian (als sekundär vertikalempfindender Meridian S. v.-e. M. in Abb. 262 bezeichnet, vgl. unten Abb. 331, S. 1081), seltener ein noch stärker abweichender Meridian. (Analoges gilt bezüglich der Waagerechten bzw. Horizontalen.) Dementsprechend erscheint eine einzelne lotrechte Linie bei seitlicher Neigung des Kopfes in der Regel nicht mehr vertikal, sondern in entgegengesetztem Sinne geneigt (*Aubertsches oder A-Phänomen*[1]), allerdings nicht so stark, als dies ohne jede Umwertung, also entsprechend der tatsächlichen Neigung des Auges zu erwarten wäre. (Daß letztere hinwiederum infolge einer statischen

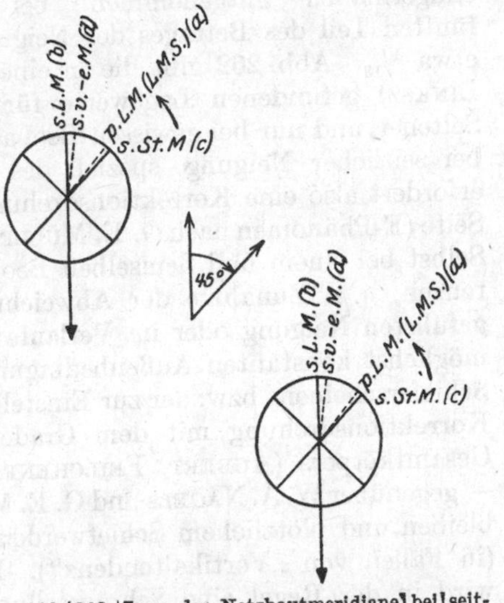

Abb. 262. Lage der Netzhautmeridiane bei seitlicher Neigung des Kopfes, bei Ansicht von hinten (Beobachter LINKSZ): 1) Rechtsneigung des Kopfes, Abweichung vom Lot 45°; 2) Rechtsneigung der Augen, d. h. des primären Lotmeridians $p. L. M.$ (a) (bzw. des primär vertikalempfindenden Meridians $L. M. S.$ mit 0,62° Disklinationshalbwinkel), Kopfneigung — Gegenrollung = 45° — 4,1° = 40,9° bzw. 45° + 0,62 — 4,1° = 41,52°; 3) Rechtsneigung des sekundär vertikalempfindenden Meridians $s. v. — e. M.$ (d) weder 0° (bzw. 0,62°), volle Kompensation, noch 45° (bzw. 45,62°), fehlende Kompensation, sondern eine gewisse Mittelstellung von 8,72° (und zwar abweichend von der sekundären Lage des $L. M. S.$ (a) um 32,8°). $s. St. M.$ (c) = sekundärer Stirnmeridian (senkrecht zur Basallinie), $s. L. M.$ (b) = sekundärer Lotmeridian. Die Abweichung des $s. v. — e. M.$ (d) vom $L. M. S.$ (a) bezeichnet das Ausmaß des AUBERTschen Phänomens.

Gegenrollung beider Augen etwas geringer ist als jene des Kopfes oder Gesamtkörpers, wird später S. 1078 ff. ausgeführt werden.) Um wieder vertikal zu erscheinen,

---

[1] S. die Darstellung bei A. TSCHERMAK: **1904**, spez. S. 555. — Ferner speziell H. AUBERT: Virchows Arch. **20**, 381 (1860) — **1865**, 275; **1876**, 667; Physiol. Studien über Orientierung. Tübingen 1888. — MACH, E.: Pflügers Arch. **48**, 197 (1891). — MULDER, M. E.: DondersFestbundel, S. 340. Amsterdam 1888 — Arch. d'ophthalm. **27**, 465 (1897) — Unser Urteil über Vertikal bei Neigung des Kopfes nach rechts oder links. Groningen 1898. — NAGEL, W. A.: Z. Psychol. u. Physiol. **16**, 373 (1898). — SACHS, M. u. J. MELLER: Graefes Arch. **52**, 387 (1901) — Z. Psychol. u. Physiol. **31**, 89 (1903). — BOURDON, B.: La perception visuelle de l'espace. Paris 1902, 166—173. — FEILCHENFELD, H.: Z. Psychol. u. Physiol. **31**, 127 (1903). — BRÜNINGS, W.: Verh. dtsch. otol. Ges., 21. Vers., S. 132. Jena 1912. — ALEXANDER, G. u. R. BÁRÁNY: Z. Psychol. u. Physiol. **37**, 321 u. 414 (1904). — MÜLLER, G. E.: Z. Sinnesphysiol. **49**, 109 (1916). — HOFMANN, F. B.: Skand. Arch. Physiol. (Berl. u. Lpz.) **43**, 17 (1923). — FRUBÖSE, A.: Z. Biol. **80**, 91 (1924). — LINKSZ, A. (unter A. TSCHERMAK): Pflügers Arch. **205**, 669 (1924). — FISCHER, M. H. (unter A. TSCHERMAK): Graefes Arch. **118**, 633 (1927) sowie 1929/30 — Erg. Physiol. **27**, 1 (1928), auch sep. Berlin 1928. — ITZEN KUO, Z. Psychol. **108**, 48 (1928). — Vgl. auch F. B. DELABARRE: J. Philos., Psychol. a. Sci. Methods **1**, 85 (1904). — BOURDON, B.: Rev. Philos. **57**, 462 (1904).

muß eine einzelne Gerade in der Regel nach der Neigungsseite hin gedreht werden, allerdings weniger als die Neigung der Augen oder gar des Kopfes ausmacht. Die subjektive Vertikale erscheint sozusagen — um in einem groben Bilde zu sprechen — durch die receptorisch signalisierte Abweichung der Längsachse vom Lote einigermaßen „mitgenommen", bei Neigung des Gesamtkörpers etwa um den fünften Teil des Betrages der Neigung, bei Neigung des Kopfes allein nur um etwa $1/_{13}$. Abb. 262 gibt die in einem Spezialfall bei Dauerneigung (Beobachter Linksz) gefundenen Lagewerte für die einzelnen Netzhautmeridiane wieder. Seltener, und nur bei gewissen Beobachtern erscheint eine einzelne lotrechte Linie bei seitlicher Neigung, speziell des Gesamtkörpers, im gleichen Sinne schief, erfordert also eine Korrektionsdrehung nach der der Neigung entgegengesetzten Seite (E-Phänomen nach G. E. Müller, vgl. bereits Mulder, Sachs und Meller). Selbst bei einem und demselben Beobachter ergeben sich starke zeitliche Differenzen, u. a. Zunahme der Abweichung noch nach Abschluß einer rasch ausgeführten Neigung oder im Verlaufe eines längeren Dunkelaufenthaltes. Unter möglichst konstanten Außenbedingungen wächst in der Regel das Ausmaß des Schieferscheinens bzw. der zur Einstellung der scheinbaren Vertikalen geforderten Korrektionsdrehung mit dem Grade der Schiefstellung des Kopfes bzw. des Gesamtkörpers (Aubert, Feilchenfeld, Sachs und Meller, M. H. Fischer) — gegenüber W. A. Nagels und G. E. Müllers Befund von anfänglichem Vertikalbleiben und plötzlichem Schiefwerden erst bei Körperneigungen von 50—60° (in Fällen von „Vertikaltendenz"). Bei 40° Seitenneigung des Gesamtkörpers wird in der Regel eine Schrägstellung der Testlinie von 7—10°, bei entsprechender isolierter Neigung des Kopfes eine solche von 5—6° nach derselben Seite gefordert. Das Maximum wird recht verschieden angegeben: bei 135° (Aubert), 90° (Bourdon), 160° (Sachs und Meller). Auch bei reiner Stammneigung unter Festhalten des Kopfes wird die scheinbare Vertikale — im Sinne des Aubertschen Phänomens — durch die Abweichung des Stammes vom Lote etwas „mitgenommen", d. h. um vertikal zu erscheinen, muß einer drehbaren Leuchtlinie im dunklen Raum eine geringe seitliche Neigung im Sinne der Drehung des Stammes[1] erteilt werden (Sachs und Meller, M. H. Fischer — gegenüber W. A. Nagels und G. E. Müllers negativen Befunden). Bei geeigneten Personen besteht im allgemeinen Wachsen mit dem Neigungsgrade bis etwa 2—4° bei 40°, also um $1/_{20}$—$1/_{10}$, jedoch nach beiden Seiten ziemlich ungleich.

Solche Neigungen des Kopfes allein, des Gesamtkörpers, aber auch des Stammes allein, durch welche jedesmal die Längsachse des bewegten Teiles in eine analoge Stellung zur Schwerkraftrichtung gebracht wird, *erzeugen* (in der Regel) an Richtung, jedoch nicht an Größe übereinstimmende, der objektiven Neigung *gegensinnige Scheinneigungen* der ursprünglich scheinbar vertikalen Testlinie *und erfordern eine an Richtung, jedoch nicht an Größe übereinstimmende, der objektiven Neigung gleichsinnige Orientierungsänderung der abermals auf scheinbar vertikal einzustellenden Testlinie.* Der Effektgröße nach ergibt sich, wenn die Prüfung unter gleichen Bedingungen und relativ rasch hintereinander vorgenommen wird, die Reihenfolge: $E_{\pm GK} > E_{\pm K} > E_{\pm St}$. Ja, es zeigt sich, daß

---

[1] Die Seitenbezeichnung für Neigung von Kopf und Stamm muß dann gleichlautend gewählt werden, wenn die Drehung beider um eine sagittale Rücken-Bauch-Achse im gleichen Sinne erfolgt. Bei Ausgehen von der aufrechten Haltung führt demnach gleichnamige und gleich große Neigung von Kopf allein, von Gesamtkörper und von Stamm allein dazu, daß die Längsachse des bewegten Teiles die gleiche Lage zur Schwerkraftsrichtung erhält. Rechtsdrehung von Kopf, Gesamtkörper, Stamm bedeutet — bei Ansicht von rückwärts her — Rotation im Sinne des Uhrzeigers bzw. um die hintere oder dorsale Halbachse. Isolierte Kopfneigung nach rechts ist also in der Endstellung gleichwertig mit Rechtsneigung des Gesamtkörpers und nachfolgender Linksneigung des Stammes allein (vgl. unten S. 1079, Anm. 2).

die bei seitlicher Neigung des Gesamtkörpers erhaltenen Werte angenähert gleich sind der Summe der Werte, welche bei seitlicher Neigung des Kopfes und bei gleichgerichteter Neigung des Stammes gewonnen werden; es addieren sich also die Effekte, welche durch gleich große, gleichgerichtete Schiefstellung je eines Teiles zur Schwerkraftsrichtung resultieren, zu jenem Betrage, welcher bei Schiefstellung des ganzen Körpers zur Beobachtung gelangt. *Bei seitlicher Neigung des Gesamtkörpers entspricht sonach der Effekt an Vertikallokalisation einer Addition*, während — wie später (S. 1080) darzulegen sein wird — der Rollungseffekt einer Subtraktion entspricht. — Andererseits ist bei Festhalten des Kopfes in einer bestimmten Neigung zur Schwerkraft die dadurch bedingte Veränderung der scheinbaren Vertikalen kompensierbar durch eine bestimmte gegensinnige Neigung des Stammes zur Schwerkraft. Die in einer systematischen Beobachtungsreihe bei Körperneigungen von 0—360° erhaltenen Werte (für M. H. Fischer[1]) sind in Abb. 263 dargestellt: bemerkenswert ist der Wechsel der Einstellung bei etwa ± 150° Neigung, bald absolut nach der Vertikalen des Sehraumes, bald egozentrisch nach der subjektiven Körperrichtung (vgl. unten S. 969). — Bei einzelnen Beobachtern kann die Lotlinie bei geringen Kopfneigungen (bis 50°) zunächst im gleichen Sinne und erst bei stärkeren Neigungen im entgegengesetzten Sinne schief werden. Während der Ausführung der Kopfneigung konnten W. A. Nagel und Bourdon eine gleichsinnige Scheindrehung der Lotlinie, andere eine gegensinnige solche

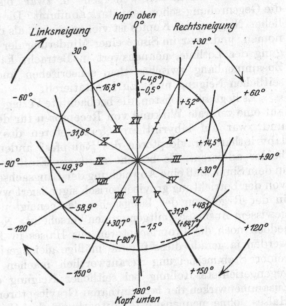

Abb. 263. Binokulare Vertikaleinstellung einer drehbaren Leuchtlinie im Dunkeln bei fortschreitender Neigung des ganzen Körpers, bei Ansicht von hinten. Der bei *XII* aufrecht stehende Körper wird bei unveränderter relativer Kopfstellung um das Zentrum nach rechts bzw. nach *I, II, III* usw. gedreht, kommt in *VI* auf den Kopf zu stehen und wird weiter über *VII, VIII, IX* usw. zur Ausgangsstellung zurückgedreht. In *V* und *VII*, das ist bei einer Körperneigung von + 150° nach rechts und − 150° nach links, sind im Wettstreit zweierlei Einstellungen möglich. Die äußeren Gradzahlen bezeichnen die Körperneigung (nach rechts +, nach links −), die inneren Gradzahlen geben die Abweichung des oberen Poles der scheinbaren Vertikalen von der Lotrichtung an (nach rechts +, nach links −). (Nach M. H. Fischer.)

beobachten; Aubert empfand keine Scheinbewegung der Linie selbst, sondern eine solche des umgebenden Raumes bzw. eine Änderung des subjektiven Oben und Unten. — Die Werte bei Rechtsneigung und bei Linksneigung sind nicht symmetrisch gleich; fallweise ergeben sich sogar hochgradige Ungleichheiten. Bei unokularer Fixation finden sich starke Unterschiede zwischen beiden Augen. Auch die individuellen Unterschiede sind recht erheblich (M. H. Fischer). Die objektive Sicherheit, wie auch die subjektive Bestimmtheit der Vertikal- und Horizontallokalisation, nimmt deutlich ab, wenn der Kopf (allein oder mit dem Rumpfe) die aufrechte Stellung verläßt: schon Neigung des Kopfes um die

---

[1] Vgl. andere analoge Beobachtungsreihen von M. H. Fischer in dessen monographischer Darstellung [Erg. Physiol. **28**, 1, spez. 53 (1928); auch sep. Berlin 1928 sowie Graefes Arch. 1929/30). S. auch die Einstellungen von G. Schubert unten Abb. 296 S. 969.

Querachse erhöht den mittleren Fehler für die Vertikaleinstellung einer Leuchtlinie im Dunkeln von 0,2 bis 0,25° auf 0,6°; in weit höherem Maße gilt dies bei
seitlicher Neigung des Kopfes (Hofmann und Fruböse[1]).

Was das Verhältnis der Lokalisation der scheinbaren Vertikalen und der
Augenrollung (vgl. unten S. 1078) anbelangt, so besteht bei Stammesneigung
Gleichheit von Richtung, bei Kopfneigung Gegensinnigkeit, jedoch durchwegs geringeres Ausmaß der Rollung; bei Körperneigung gilt zu Anfang
Analoges, bei höheren Werten erreicht jedoch (zwischen 30 und 90°, um
etwa ± 60°) die Gegenrollung ein Maximum, während die „Mitnahme" der
scheinbaren Vertikalen weitergeht u. zwar bis nahe ± 120, ja ± 150°, wo
die Gegenrollung schon sehr stark abnimmt. Die Gegenrollung der Augen bei seitlicher Neigung des Kopfes ist viel zu gering, als daß sie für das Aubertsche Phänomen, und zwar im Sinne einer Minderung der scheinbaren gegensinnigen Neigung der Lotlinie, nennenswert in Betracht käme. Jedenfalls ist ein engerer
Zusammenhang zwischen dem sensorischen und dem motorischen Effekt der
seitlichen Neigung nicht zu konstatieren.

Es liegt am nächsten, die beobachtete Verlagerung der scheinbaren Vertikalen
auf eine zentrale Wirkung von Receptoren für den Schwerkraftreiz zu beziehen,
und zwar auf labyrinthäre Graviceptoren des Kopfes einerseits, auf extralabyrinthäre Graviceptoren des Rumpfes[2] andererseits, wobei sich die Effekte
beider addieren. Es besteht eben ein Einfluß auf die absolute Lokalisation
in dem Sinne, daß eine Abweichung der Längsachse des Körpers, Kopfes, Stammes
von der Lotrichtung graviceptorisch signalisiert wird und die subjektive Vertikale
in der Regel von der Längsachse des geneigten Körpers oder Körperteiles in
gewissem Ausmaße „mitgenommen" erscheint. Neben den Graviceptoren müssen
jedoch noch die Proprioceptoren des Halses in Betracht gezogen werden[3]; wir
werden ja gerade diese für die mäßige gleichgerichtete Rollung der Augen bei
reiner Stammesneigung verantwortlich machen, andererseits die starke entgegengerichtete Rollung bei seitlicher Neigung des Kopfes auf ein additives
Zusammenwirken der labyrinthären Graviceptoren und der Proprioceptoren des
Halses, ohne nennenswerte Mitwirkung der Graviceptoren des Rumpfes, beziehen. Während bezüglich des objektiven Neigungseffektes, nämlich der Augenrollung, eine Sonderung der Wertung von Graviceptoren und von Proprioceptoren
durchgeführt werden kann, und zwar durch Nachprüfung des Rollungseffektes
der Stammknickung beim Liegen bzw. in der waagerechten Ebene, also unter
Ausschaltung asymmetrischer Schwerkraftwirkungen, ist derlei bezüglich des
subjektiven Phänomens der auf den Sehraum bezogenen scheinbaren Vertikalen
nicht möglich. (Anders wäre es, wenn ein Kriterium nicht der absoluten, sondern
der egozentrischen Lokalisation — subjektive Körperachsenrichtung, subjektive
Mediane [vgl. unten S. 965 ff.] — geprüft würde.) Es muß daher bezüglich der Lokalisation der Vertikalen bei seitlicher Neigung ein Einfluß der Kopf-Stammknickung
unabhängig von der Schwerkraftrichtung, ein Mitspielen rein proprioceptorischer
Faktoren (speziell der Proprioceptoren der Halswirbelsäule) neben den gravicep-

---

[1] Hofmann, F. B. u. A. Fruböse: Z. Biol. **80**, 91 (1923).
[2] Für gewisse Taubstumme ohne reaktionsfähige Labyrinthe ist ein gewisses Bestehen
der Aubertschen Täuschung [Feilchenfeld, H. (zit. S. 877, Anm. 1), G. Alexander u.
R. Bárány: Z. Psychol. **37**, 321 u. 414 (1904)], ebenso das Fehlen von Orientierungsstörung
beim Tauchen unter Wasser angegeben [Beck, K. v.: Z. Psychol. **46**, 362 (1912)]. M. H. Fischer
erhielt bei Körperneigung an einem einseitig Labyrinthlosen Einstellungen ähnlich wie bei
einem Normalen, bei einem doppelseitig Labyrinthlosen z. T. Einstellungen nahe dem objektiven Lote — hingegen bei bloßer Kopfneigung Lokalisation im Sinne des A-Phäno-
mens [vgl. Erg. Physiol. **28**, 6, spez. 54 (1928) — Graefes Arch. 1929/30].
[3] Diesbezüglich sei auch die Änderung (Hinneigung) der scheinbaren Vertikalen bei
einseitiger Abkühlung des Halses hier erwähnt [Goldstein, K.: Klin. Wschr. **4**, 293 (1925)].

torischen immerhin offengelassen werden. Vielleicht ist gerade hierin die Quelle der starken individuellen und zeitlichen Variation der Beobachtungsresultate sowie des möglichen Richtungsumschlages gelegen. Allgemein läßt sich jedoch sagen, daß die subjektive Orientierung bezüglich der Vertikalen des Sehraumes deutlich durch Graviceptoren sowohl des Kopfes als des Rumpfes beeinflußt wird, daher am größten ist bei Neigung des Gesamtkörpers, kaum aber — höchstens in zweiter Linie — durch Proprioceptoren des Halses, während für die objektive Orientierung der Augen Graviceptoren des Kopfes und Proprioceptoren des Halses, kaum aber Graviceptoren des Stammes maßgebend sind, daher die Rollung am stärksten ist bei seitlicher Neigung des Kopfes allein.

Eine *Veränderung* der absoluten Lokalisation bzw. *der scheinbaren Vertikalen* ist ferner *bei sagittaler Neigung des Kopfes oder Körpers* nachweisbar. Die bisherigen Beobachtungen beschränken sich allerdings darauf, daß bei passiver Vor- oder Rückwärtsneigung des Körpers, beispielsweise beim Fahren auf schrägen Strecken einer Zahnrad- oder Drahtseilbahn, für seitliche Blicklage, ebenso bei seitlicher Kopfwendung und angenähert primärer Blicklage, lotrecht gebliebene Konturen andauernd schief erscheinen, und zwar gegen den Sinn der Körperneigung. Dies gilt auch dann, wenn gleichzeitig mitgeneigte Konturen, wie der Fensterrahmen des Abteils, in welchem der Beobachter sitzt, abgeblendet werden. Genauere Untersuchungen über diesen Gegenstand fehlen noch, ebenso wie über die Frage, ob bei Neigung in der Sagittalebene etwa die Einstellung der subjektiven Vertikalen, zwar nicht in der frontoparallelen Ebene, wohl aber der Tiefe nach in der Sagittalebene des Kopfes verändert wird.

Anschließend sei auch die andauernde *Änderung der scheinbaren Vertikalen sowie der subjektiven Körperrichtung* erwähnt, *welche bei asymmetrischer Einwirkung von gleichmäßiger Zentrifugalkraft*, also bei Beanspruchung von crCeptoren, in der Horizontalebene (Durchfahren einer Bahnkurve — PURKINJE, MACH, HITZIG, CYON, BREUER und KREIDL, MULDER[1]), sowie bei galvanischer Querdurchströmung des Kopfes bzw. des Labyrinthes (W. A. NAGEL) und bei Spülungsreizung (URBANTSCHITSCH) oder Erkrankung des inneren Ohres[2], sowie bei Affektionen des Kleinhirns (GOLDSTEIN[3]) zur Beobachtung gelangt. Im erstgenannten Falle besteht die Empfindung, daß der Körper mit dem Kopfe von der Rotationsachse weggeneigt sei, hingegen eine bestimmte nach oben der Achse zugeneigte Strecke vertikal sei. Die subjektive Vertikale liegt beiläufig in der Mitte zwischen dem Lote und der Richtung der resultierenden Massenbeschleunigung bzw. der Richtung eines durch die Zentrifugalkraft abgelenkten Pendels. Diese Effekte (von BRÜNINGS[4] überhaupt bestritten) dürften — ähnlich wie dies sicher vom AUBERTschen Phänomen gilt — kaum ausschließlich (wie BREUER und KREIDL annehmen) auf der dabei erzeugten Rollung der Augen — mit Neigung der Längsmittelschnitte nach einwärts, gegen die Rollungsachse zu[5] — beruhen.

---

[1] PURKINJE, J.: Med. Jb. **6**, 88. Wien 1820. — MACH, E.: Grundlinien der Lehre von den Bewegungsempfindungen. Leipzig 1875. — CYON, E. (unter irriger Deutung als Urteilstäuschung infolge Schiefstehens der Wagen in der Bahnkurve): Arch. f. (Anat. u.) Physiol. **1897**, 29. — BREUER, J. u. A. KREIDL: Pflügers Arch. **70**, 494 (1898). — Vgl. auch A. KREIDL (Fehlen der rotatorischen Vertikaltäuschung bei 13 [21%] unter 62 Taubstummen): Ebenda **51**, 133 (1892). — BREUER, J.: Ebenda **68**, 642 (1897). — MULDER, M. E.: Nederl. Tijdschr. Geneesk. **65** (2), 2785 (1921). Vgl. u. a. A. TSCHERMAKS Darstellung **1904**, 553—557.

[2] WEIZSÄCKER, V.: Dtsch. Z. Nervenheilk. **64**, 1 (1919); **84**, 179 (1924). — GÜNTHER, K.: Z. Ohrenheilk. **81**, 345 (1921).

[3] K. GOLDSTEIN (Scheinbare Objekte isolierter Schiefstellung nach der Seite der Störung), Klin. Wschr. **4**, 293 (1925). Vgl. auch O. PÖTZL und M. H. FISCHER: Z. Neur. u. Psychiat. **119**, 163 (1929).

[4] BRÜNINGS, W.: Verh. dtsch. otol. Ges.. 21. Vers., 132. Jena 1912.

[5] BREUER, J.: Pflügers Arch. **48**, 207 (1891). — KREIDL, A.: Ebenda **51**, 133 (1892).

56

Vielmehr dürfte auch eine gleichzeitige Umwertung der scheinbaren Vertikalen und der subjektiven Körperrichtung durch den Einfluß labyrinthärer cr-Ducticeptoren erfolgen, welche auf den Dauerreiz gleichmäßiger Zentrifugalkraft, nicht auf deren Änderungsgrad reagieren. Daneben könnten auch extralabyrinthäre Ducticeptoren, speziell in der Halsmuskulatur, in Frage kommen. Das ganze Problem bedarf noch einer systematischen Untersuchung unter gesonderter Bestimmung des Ausmaßes der objektiven Rollung und der Ablenkung der subjektiven Vertikalen sowie der subjektiven Körperrichtung. Die Frage einer dauernden Änderung der absoluten Lokalisation bei gleichförmiger Zentrifugierung in vertikalen Ebenen muß ebenso wie das Problem einer vorübergehenden, etwa phasischen Änderung bei ungleichförmiger Zentrifugierung überhaupt vorläufig offengelassen werden. Dasselbe gilt von der Frage der Beeinflussung der egozentrischen Lokalisation.

Die *egozentrische Lokalisation* zum Fühlbilde des eigenen Körpers soll nicht für das Einzelauge gesondert, sondern zusammenfassend für das Einzel- wie für das Doppelauge erst später (S. 965ff.) behandelt werden. Hier sei nur noch bemerkt, daß bei seitlicher Neigung — neben der Beeinflussung der Einstellung der subjektiven Vertikalen des Sehraumes und des Fühlraumes — auch eine noch genauer zu untersuchende Beeinflussung der optischen (ebenso wie der haptischen) Einstellung der subjektiven Längsachse oder Scheinrichtung des Körpers, ebenso eine Beeinflussung der optischen Mediane in Betracht kommt.

E. Optischer Größensinn.
(Subjektiver Maßstab im Sehfelde[1].)
1. Begriff und Änderung des allgemeinen Maßstabes.

Wie bereits angedeutet, kommt dem einzelnen Netzhautelement nicht eine feste oder absolute Sehrichtung zu, sondern nur eine relative; die einzelnen Sehrichtungen des auf den Beobachter bezogenen Sehrichtungsbüschels weichen nicht ständig um bestimmte, konstante Winkel voneinander ab: die Funktionswerte oder Lokalzeichen haben den Sinn von Ordnungs- oder Gruppierungswerten, nicht von stabilen Maß- oder Abstandswerten[2] (Tschermak). Einem festen objektiven Lageunterschied, einem Netzhautbilde von bestimmter Größe oder einem bestimmten geometrischen Öffnungs- oder Gesichtswinkel entspricht nicht ein fester Sehrichtungsunterschied oder Sehwinkel, nicht ein Anschauungsbild von konstanter Größe. Zwischen Größe des Netzhautbildes oder des Gesichtswinkels und Sehgröße, aber auch zwischen empfundener Sehgröße und urteilmäßiger Schätzungsgröße ist sehr wohl zu unterscheiden[3]. Die absolute Sehrichtung des einzelnen Elements bzw. der subjektive Sehwinkel

---

[1] Vgl. die Darstellung sowie die Literaturangaben bei E. Hering: Beitr. 1 (1861); 1879, 542, 552. — Zoth, O.: Nagels Handb. 3, 380 (1905). — Hofmann, F. B.: 1920—1925, 81ff., 104ff., 489ff.; ferner sei speziell verwiesen auf J. v. Kries: Beitr. Psychol. u. Physiol. (Helmholtz-Festschr.), Hamburg 1891, sowie Zusätze zu Helmholtz: Physiol. Optik, 3. Aufl., S. 492ff. — Schumann, F.: Beiträge zur Analyse der Gesichtswahrnehmungen. Z. Psychol. u. Physiol. 23, 1 (1900) und folgende Bände. — Bourdon, B.: 1902, 296ff., Kap. 11. — Tschermak, A.: 1904, spez. S. 547 ff. — Jaensch, E. R. u. W. Schönheinz: Arch. f. Psychol. 46, 3 (1924). — Lauer, L.: Arch. f. Psychol. 68, 295 (1929).

[2] Nach E. Hering den Sinn von „Größenverhältnissen, nicht von konstanten, stets gleichbleibenden absoluten Werten" (Beitr. 5, 324, 1864).

[3] „Jedes Sonderteilchen der Netzhaut vermag mit der Lichtempfindung, die es vermittelt, ein sehr verschiedenes Stück einer gesehenen Fläche zu füllen" [Hering, E.: Beitr. 1, 14 (1861); 1879, 544]. Vgl. auch G. Martius: Wundts Philos. Stud. 5, 601 (1889). — Ovio, G.: Z. Sinnesphysiol. 45, 37 (1911). — Witte, H. (mit dem Versuche einer physikalischen Erfassung): Physik. Z. 19, 142 (1918); 20, 61, 114 (1919).

wird erst festgelegt durch den jeweiligen subjektiven Maßstab im Sehfelde, welcher nach Zeit und Region variiert. Man kann das Sehfeld mit einer Kautschukplatte vergleichen, welche mit Zeichen von bestimmter Anordnung bedruckt ist, jedoch im ganzen wie in ihren einzelnen Teilen einer verschiedenen Spannung oder Pressung unterliegen kann[1].

Bestimmend für den Gesamtmaßstab ist nicht der objektive Abstand, sondern die *Entfernungsvorstellung* oder „Sehferne", welche der fixierte Gegenstand als Hauptobjekt der Aufmerksamkeit in uns erweckt[2]. Zwischen Sehgröße und Sehferne besteht ein zwangläufiger Zusammenhang[3], allerdings nicht einfache Proportionalität[4]. Von zwei Körpern, welche sich in ungleicher Entfernung befinden, aber denselben Gesichtswinkel füllen, erscheint nämlich der fernere zwar größer, jedoch nicht proportional der Entfernung, sondern in geringerem Verhältnisse[5]. Ein bekanntes beobachtetes Objekt — beispielsweise die eigene Hand — behält bei nicht allzu rascher Annäherung (Fernerung) seine scheinbare Größe[6]: die gleichzeitige Vergrößerung (Verkleinerung) des Gesichtswinkels wird eben durch ein Schrumpfen (Schwellen) der subjektiven Größenwerte des Gesehenen bzw. durch eine Vergrößerung (Verkleinerung) des subjektiven Maßstabes kompensiert. Feststehende Objekte, welche gleichzeitig neben dem sich nähernden Hauptgegenstand beachtet werden — beispielsweise ein im Hintergrunde stehender Schrank oder ein Fenster — verlieren dabei an scheinbarer Größe, während ihr konstanter Gesichtswinkel bei Fernerung des verfolgten Hauptgegenstandes an subjektivem Werte gewinnt (H. MEYER, C. LUDWIG, PANUM, speziell E. HERING). Der wirklichen Größe nach bekannte Objekte behalten, wie gesagt, bis zu einer gewissen Entfernung denselben scheinbaren oder geschätzten Größenwert und geben dadurch — sozusagen als „tests" — den Maßstab ab für die Bewertung gleichzeitiger fremder Eindrücke, während „indifferente" Eindrücke, so auch Nachbilder (LEHOT, EMMERT[7], WITTE u. a.) ihre Größe allerdings nicht streng proportional mit der Entfernung ändern, in welche

---

[1] Vgl. HELMHOLTZ, H.: Physiol. Optik, 3. Aufl., **3**, 133.

[2] Auf die Neigung, über dem fixierten Punkt gelegene Objekte in größere, darunter gelegene in geringere Entfernung zu verlegen, haben FÖRSTER, HELMHOLTZ, HERING, FRÖHLICH, FILEHNE, E. R. JAENSCH [mit W. SCHÖNHEINZ: Arch. f. Psychol. **46**, 3 (1924)] die unter gewissen Umständen hervortretende Neigung bezogen, oben gelegene Gegenstände größer, unten gelegene kleiner zu schätzen (vgl. F. B. HOFMANN: **1920—1925**, 189, 443).

[3] Vgl. dazu die Ausführungen von F. B. HOFMANN (**1920—1925**, 501), welcher betont, daß alle Änderungen der Lokalisation, die beim Nahesehen auftreten — nämlich die Änderungen des Maßstabes im gesamten Sehfelde, und zwar verschieden für Höhe und Breite gegenüber der Tiefe, ebenso die bessere Auswertung der Querdisparation für Objekte, die ferner abliegen als der fixierte Punkt —, Sehgröße und Sehferne gemeinsam betreffen und das Ziel verfolgen, innerhalb eines gewissen Bereiches die optische Lokalisation den wirklichen Verhältnissen möglichst anzupassen. Vgl. auch H. GRABKE: Arch. f. Psychol. **47**, 237 (1924).

[4] Vgl. — gegenüber R. v. STERNECK (Sitzgsber. Wien. Akad. Abt. IIa. **114**, 1685 [1906]) und G. OVIO [Z. Sinnesphysiol. **45**, 27 1911)] — speziell die Ausführungen von H. WITTE [Physik. Z. **19**, 142 (1918)] und von F. B. HOFMANN (**1920—1925**, 491, 512). S. auch S. MOHOROVIČIĆ: Physik. Z. **21**, 515 (1920).

[5] MARTIUS, G.: Philos. Stud. **5**, 601 (1889). — HELMHOLT, W.: Nachr. Ges. Wiss. Göttingen, Math.-physik. Kl. **1893**, 159, 496. — HARMAN: Ophthalm. Rev. **1904**, 32. — Vgl. auch G. KATONA: Z. Psychol. **97**, 215 (1925).

[6] Vgl. — im Anschlusse an C. LUDWIG und an E. HERING — die Untersuchungen über Größenkonstanz von H. WITTE: Physik. Z. **19**, 142 (1918); **20**, 61ff. (1919). — KATONA, G.: Z. Psychol. **97**, 215 (1925). — SCHUR, E.: Psychol. Forschg **7**, 44 (1925). — FRANK, H.: Ebenda **7**, 137 (1925). — Die Abhängigkeit der Maßstabänderung von der Zeit bedarf noch genauerer Untersuchung. Vgl. unter anderen H. LAURENS: Z. Sinnesphysiol. **48**, 233 (1914).

[7] EMMERT: Klin. Mbl. Augenheilk. **19**, 443 (1881). — MAYERHAUSEN, G.: Graefes Arch. **29** (2), 23 (1883). — SCHARWIN, W. u. A. NOVITZKY: Z. Psychol. u. Physiol. **11**, 408 (1896). — GOLDSCHMIDT, R. K.: Arch. f. Psychol. **44**, 51 (1923). — KOFFKA, K.: Psychol. Forschg **3**, 219 (1923).

56*

sie jeweils verlegt werden. — Bei größerem Abstand wird die Korrektur der Verkleinerung des Netzhautbildes durch Maßstabänderung unzulänglich, ja, geradezu Null; so scheint die Baumgröße in einer geradlinig von uns weglaufenden Allee, ebenso die Schwellenbreite eines Bahngeleises in der Ferne abzunehmen. Auf den scheinbaren Abstand haben, besonders bei Beobachtung mit einem Auge (über das Verhalten bei binokularem Sehen s. S. 943, 974), mannigfache Faktoren Einfluß, so u. a. die Anzahl von Teilungsmarken oder sichtbaren Objekten innerhalb der beachteten Strecke. — Einengung des Gesichtsfeldes, wie sie beispielsweise beim Blick durch ein Rohr zustande kommt, kann — vermutlich durch Beeinflussung der Entfernungsvorstellung — den Maßstab verändern bzw. Gesichtseindrücke verkleinern[1].

Mit dem Impulse zur Einstellung des Auges für Nahesehen, und zwar sowohl mit der Konvergenz (H. Meyer) als auch mit der Akkommodation (Foerster[2], Carr und Allen) geht eine Vergrößerung des Maßstabes einher, welche das Größerwerden des Netzhautbildes mehr weniger kompensiert; das Umgekehrte gilt für den Impuls zur Ferneinstellung. Bei isolierter Schwächung der Akkommodation, z. B. durch Atropin (Donders, Foerster, Aubert u. a.) oder Skopolamin (Reddingius), ebenso bei schwächerer Akkommodation, als sie der verwendeten Konvergenz entspricht (nach Versuchen am Spiegelhaploskop — H. Meyer, Koster —, vgl. das S. 974 über Tapetenbilder Bemerkte), tritt allgemeines Kleinsehen, sog. Paresemikropsie, auf, und zwar unter deutlichem Fernererscheinen. Dieses Verhalten ist wahrscheinlich dadurch bedingt, daß mit dem übermäßigen Impuls zur Naheeinstellung — nicht mit dem Erfolg derselben — ein überstarkes Schrumpfen der subjektiven Größenwerte eintritt[3]. Bei Verstärkung der Akkommodation, z. B. durch Eserin oder Pilocarpin oder bei stärkerer Akkommodation, als sie der aufgewendeten Konvergenz entspricht, ist Makropsie infolge von Nähererscheinen zu beobachten. Andererseits führt Vergrößerung des Augenabstandes durch optische Mittel zu Mikropsie, Verkleinerung zu Makropsie, wobei kaum eine Anpassung zu erreichen ist[4]. Mit dem Kleinererscheinen ist — nach Angabe einiger Beobachter (*Kostersches Phänomen*[5]) —

---

[1] Ronat, T. u. Mitarbeiter: Rev. Scient. 1, 92 (1890). — Horovitz, K.: Pflügers Arch. 194, 629 (1922). — Randle, H. N.: Mind 31, 284 (1922). — Marzynski, G.: Psychol. Forschg 1, 319 (1922).

[2] Foerster: Ophthalm. Beitr. 1862, 71ff. — Aubert, H.: 1865, 329; 1876, 627. — Meyer, Hermann: Pogg. Ann. 85, 198 (1852). — Donders, F. C.: Nederl. Lancet, April 1851 — Graefes Arch. 17 (2), 27 (1871). — Einthoven, W.: Ebenda 31 (3), 211 (1885). — Reddingius, R. A.: Das sensumotorische Sehwerkzeug. Leipzig 1898. — Huggard: Brit. med. J., 12. IX. 1903. — Polliot, H.: Arch. d'Ophthalm. 43, 415 (1926).

[3] Sachs, M.: Graefes Arch. 44 (1), 87 (1897); 46, 621 (1898). — Mit gleicher Schlußfolgerung H. Carr u. J. B. Allen: Psychol. Rev. 13, 958 (1906). — Vgl. auch Hillebrind, F.: Z. Psychol. 7, 97 (1893); 16, 71 (1898) — Denkschr. Akad. Wiss. Wien, Math.-naturwiss. Kl. 72, 102 (1903). — Rivers, W. H. R.: Mind. N. S. 5, 71 (1896). — Koster, W.: Graefes Arch. 42 (3), 134 (1896); 45 (1), 99 (1898). — Bourdon, B.: 1902, 133. — Veraguth, O.: Dtsch. Z. Nervenheilk. 24, 453 (1903). — Isakowitz, L. (betr. Mikropsie durch Konkavgläser): Graefes Arch. 66, 447 (1907). — Lohmann, W., Bedeutungslosigkeit der Änderung der Größe des Netzhautbildes bei akkommodativer Mikropsie [Arch. Augenheilk. 88, 149 (1921)], während B. Alajmo [Boll. Ocul. 4, 13 (1925)], A. A. M. Esser [Ebenda 4, 603 (1925)], D. Garrone [Riv. Psicol. 21, 90 (1925)] physikalische Faktoren heranziehen. — Horovitz, K.: Pflügers Arch. 194, 629 (1922) — Sitzgsber. Akad. Wiss. Wien, Math-naturwiss. Kl. IIa, 130, 405 (1922). — Borello, F. X.: Ann. Ottalm. 53, 130 (1925). — Berger, F. v.: Ebenda 53, 235 (1925). — Kupfer, E.: Graefes Arch. 117, 511 (1926).

[4] Grützner, P., Pflügers Arch. 90, 525 (1902) — Erggelet, H., Verh. dtsch. ophthalm. Ges., Wien 1921, 317. — Vgl. unten S. 975, Anm. 2.

[5] W. Koster, Graefes Arch. 42, (3) 134 (1896); 45, (1) 99 (1898). — E. R. Jaensch: Z. Psychol. u. Physiol. (Erg.-Bd. 2) 4 (1909); 6 (1911). — Kaila, E.: Z. Psychol. 86, 193 (1921). — Über die Bewertung des Kosterschen bzw. Aubert-Försterschen Phänomens für die scheinbare Form des Himmelsgewölbes s. H. Henning: Z. Sinnesphysiol. 50, 275 (1919).

trotz Konstanz des Gesichtswinkels und der Beleuchtungsstärke ein Heller-erscheinen, mit dem Größererscheinen ein Minderhellerscheinen verbunden.

Nicht bloß die scheinbare Größe, sondern auch die Sehschärfe erweist sich als abhängig von der Entfernung bzw. von der Entfernungsvorstellung: bei gleichem Gesichtswinkel ist die Sehschärfe im indirekten Sehen für nahe Objekte eine bessere als für ferne (*Aubert-Förstersches Phänomen*[1]); zum mindesten er-scheinen nähere Eindrücke gewichtiger. Dementsprechend erscheint auch die Aus-dehnung des perimetrisch aufgenommenen Gesichtsfeldes abhängig von der Größe des Prüfobjektes[2]. Für diese scheinbaren Paradoxien dürfte in erster Linie die Änderung des subjektiven Maßstabes verantwortlich zu machen sein.

In pathologischen Fällen kommt zentral-nervös bedingte Mikropsie[3] sowie *Porrhopsie* vor, d. h. ein scheinbares Fernerrücken der Gegenstände ohne Ände-rung ihrer scheinbaren Größe ,und zwar in Zusammenhang mit einer Störung der Vorstellung von Lage und Bewegung des Gesamtkörpers (speziell bei Epi-leptikern beobachtet[4]). — Zentripetal oder zentrifugal fortschreitende Maßstab-änderungen im Sehfelde, Schwellung oder Schrumpfung, welche zu Schein-bewegung führen, erhält man während und nach Betrachtung rotierender Spiral-figuren (PLATEAU), im letzteren Falle als gegensätzliches oder negatives Nach-bild[5] (vgl. die gesonderte Darstellung der optischen Bewegungseindrücke). Von einer analogen Maßstabsänderung und Scheinbewegung, und zwar von Schwellung ist das Auftauchen, von Schrumpfung das Verschwinden kurz (0,02—0,22'') dargebotener Figuren begleitet (ERGGELET).

Auf die Abhängigkeit der scheinbaren Größe von der Blickrichtung — und zwar im Sinne einer gewissen Verkleinerung bei gehobenem, Vergrößerung bei gesenktem Blick — wird gleich unten (S. 890) Bezug genommen werden, wenn von der scheinbaren Form des Himmelsgewölbes gehandelt wird. Ein solcher, übrigens beschränkter Einfluß tritt allerdings nur bei solchen fernen Objekten hervor, für deren Entfernungsschätzung und Größe keinerlei Anhaltspunkt gegeben ist (FILEHNE, ZOTH).

Der jeweilig geltende Gesamtmaßstab ist das Resultat einer ganzen Reihe von noch nicht ganz klargestellten Faktoren, auch von psychischen, wie Er-fahrung und Urteil[6], welche speziell in der Weise wirken, daß sie die scheinbare Entfernung der optischen Eindrücke mitbestimmen.

2. Partielle Maßstabänderungen, geometrisch-optische Täuschungen.

Schon unter gewöhnlichen Verhältnissen bestehen bei einem und demselben Gesamtmaßstab charakteristische regionale Unterschiede, speziell zwischen direktem und indirektem Sehen, wie dies bereits oben (S. 848) bei Darstellung

---

[1] AUBERT, H. (u. FÖRSTER): Graefes Arch. **3** (2), 9 (1857) — Moleschotts Unters. z. Naturlehre **4**, 17 (1858). — JACOBSOHN, M.: Z. Psychol. **72**, 1 (1917). — KAILA, E.: Ebenda **86**, 193 (1921). — JAENSCH, E. B. (mit W. SCHÖNHEINZ): Arch. f. Psychol. **46**, 3 (1924). — KREIKER, A. (Fehlen des AUBERT-KOSTERschen Phänomens bei bestimmten Kautelen): Graefes Arch. **118**, 292 (1926).

[2] HEFFTNER, F.: Graefes Arch. **89**, 186 (1914). — LANG, B. T.: Brit. J. Ophthalm. **5**, 157 (1921).

[3] GELB, A. u. K. GOLDSTEIN: Psychol. Forschg **6**, 187 (1924). — COMBERG, W.: Graefes Arch. **115**, 349 (1925). — Vgl. auch die scheinbare Verlagerung, welche Objekten, die Hemi-amblyopikern in der geschädigten Gesichtshälfte geboten werden, gegen den Fixationspunkt hin erfahren; nach F. BEST: Neur. Zbl. **39**, 290 (1920). — FUCHS, W.: Z. Psychol. **84**, 67 (1920); **86**, 1 (1920).

[4] Vgl. speziell K. HEILBRONNER: Dtsch. Z. Nervenheilk. **27**, 414 (1904). — PFISTER: Neur. Zbl. **1904**, 242.

[5] HERING, E.: **1879**, 373.

[6] Über die Größenauffassung bei Kindern vgl. F. BEYRL: Z. Psychol. **100**, 344 (1926).

der Streckendiskrepanzen hervorgehoben wurde. Gleichen Gesichtswinkeln entsprechen in den verschiedenen Regionen der Netzhaut bzw. des Gesichtsfeldes durchaus nicht gleiche Sehwinkel. Der subjektiv-optische Maßstab ist aber auch partiell und ungleichmäßig variabel, speziell durch den gegenseitigen Einfluß gleichzeitiger optischer Reize. So haben Teilungsmarken einen erheblichen vergrößernden Einfluß auf die scheinbare Größe von Strecken, Flächen, Winkeln[1], ebenso ein Kontur einen Einfluß auf die scheinbare Ausdehnung und Richtung eines von ihm geschnittenen zweiten Konturs, und zwar zum Teil auf dem Umwege einer unokularen Tiefenauslegung[2], jedoch ohne wesentlichen Einfluß von Augenbewegungen, da die Beeinflussung im Nachbilde fortbesteht[3]. Auch der Zusammenhang der Sehdinge beeinflußt deren scheinbare Größe[4]. Bei sukzessiver Darbietung von zwei eine Strecke bezeichnenden Punkten hängt die scheinbare Länge von der Zwischenzeit ab[5]. — Der ganze Kreis der sog. geometrisch-optischen Täuschungen bietet die Illustration für obige Sätze. Dieselben finden anderenorts, und zwar im Zusammenhang mit der Psychologie der Raumvorstellung, eine eingehendere Würdigung. Bei allen lassen reproduktive, psychische Elemente (simultane Assoziationen nach Wundt[6]) einen maßgebenden Einfluß erkennen. Allerdings spielt auch teilweise Unschärfe der Abbildung und konsekutive Irradiation eine gewisse, auf Beobachtung mit festgehaltenem Blick beschränkte Rolle[7]. Ebenso bleiben hier die Untersuchungen über das Augenmaß im engeren Sinne des Wortes, sei es bei ruhendem oder bei bewegtem Blick, außer Betracht[8].

---

[1] Vgl. speziell die messenden Untersuchungen von A. Kundt: Pogg. Ann. **120**, 118 (1863). — Aubert, H.: **1865**, 264. — Delboeuf (gegenseitiger Einfluß konzentrischer Kreise): Sur une nouvelle illusion d'optique. Brüssel 1893. — Knox, H. W.: Amer. J. Psychol. **6**, 413 (1894). — Schumann, F.: Z. Psychol. u. Physiol. **23**, 1 (1900); **24**, 1 (1900); **30**, 241 u. 321 (1902); **36**, 161 (1904). — Lewis, E. D.: Brit. J. Psychol. **5**, 36 (1912). — Hering, E. (Beitr. **1**, 68. 1861) und A. Kundt hatten den von Hering selbst jedoch bald wieder aufgegebenen Schluß gezogen, daß jede einfache Distanz vom Auge nicht nach der Tangente des Gesichtswinkels oder nach dem Bogen auf der Netzhaut, sondern nach der letzterem zugehörigen Sehne geschätzt wird („Sehnentheorie"), eine Differenz, welche jedoch H. Aubert (**1865**, 266; **1876**, 630) als für den tatsächlichen Scheinunterschied unzureichend erwiesen hat (vgl. auch Helmholtz: Physiol. Optik, 1. Aufl., S. 672; 3. Aufl., **3**, 168). S. ferner F. B. Hofmann: **1920**—**1925**, 71ff., 112ff.

[2] Dieses Moment der „Veränderung der Projektionsfläche" durch bestimmte Elemente einer Zeichnung hat zuerst A. W. Volkmann (Physiologische Untersuchungen auf dem Gebiete der Optik **1**, 162ff. [1863]) mit spezieller Rücksicht auf die Zöllnersche Täuschung hervorgehoben. S. auch Thiéry: Wundts Philos. Stud. **11**, 307, 603 (1895); **12**, 67 (1896). — Filehne, W.: Z. Psychol. **17**, 15 (1898). — S. Näheres bei F. B. Hofmann: **1920**—**1925**, 138.

[3] Lindemann, E. (unter Betonung der Abhängigkeit der Erscheinung von der Gestaltsauffassung): Psychol. Forschg **2**, 5 (1922), während St. Velinsky [Année psychol. **26**, 107 (1926)] an der Zurückführung auf Augenbewegungen festhält. Vgl. auch A. Bethe: Pflügers Arch. **121**, 1 (1907).

[4] Vgl. speziell H. Grabke: Arch. f. Psychol. **47**, 237 (1924).

[5] Scholz, W.: Psychol. Forschg **5**, 219 (1924).

[6] Vgl. speziell die Erörterungen von St. Witasek [Z. Psychol. u. Physiol. **19**, 81 (1899)] über die Frage, wieweit die geometrisch-optischen Täuschungen als Modifikationen der Empfindung oder als Urteilstäuschungen zu betrachten sind bzw. auf peripher oder zentral wirksame Faktoren zurückzuführen sind. — Ferner Burmester, L.: Z. Psychol. **41**, 321 (1906); **50**, 219 (1908). — St. Velinsky (Annahme eines Einflusses von Augenbewegungen): Année psychol. **26**, 107 (1926). — Oesterreich, T. K.: Z. Psychol. **104**, 371 (1927).

[7] Einthoven, W.: Pflügers Arch. **71**, 7 (1898). — Vgl. dazu die Kritik bei B. Bourdon: **1902**, 309. — Hofmann, F. B.: **1920**—**1925**, 124ff.

[8] Vgl. die Übersicht über die Literatur dieser Gebiete bei H. Helmholtz u. J. v. Kries: Physiol. Optik 3. Aufl., **3**, 195ff. — Hofmann, F. B.: Ebenda **1920**—**1925**, S. 112ff.

Hier genüge es, die Frage eines eigentlichen *Simultankontrastes*, d. h. einer gegensätzlichen Einwirkung gleichzeitiger Eindrücke aufeinander für den optischen Größensinn, zu erwähnen. Für eine solche Beziehung zwischen den Elementen unseres Sehorgans (speziell vertreten von J. LOEB[1]) spricht speziell die bereits angedeutete Tatsache, daß der Abstand eines Objektes von einem anderen nach Breite, Höhe oder Tiefe größer zu werden scheint (jedoch nicht ausnahmslos!) bei Einbringen eines dritten Objektes zwischen beide, kleiner bei Anfügen eines dritten nach außen von einem der beiden Objekte. — Bei seitlicher Neigung des Kopfes (MULDER[2]), sowie bei Spülungsreizung des inneren Ohres soll eine ungleichmäßige Veränderung des Maßstabes innerhalb des Sehfeldes, beispielsweise eine Winkelverzerrung an einem Kreuze oder einer Sternfigur, eintreten (URBANTSCHITSCH[3]). Es scheint sonach ein sensorischer Einfluß des Labyrinthes auf den optischen Größensinn zu bestehen. Analoge Verzerrungen kommen bei Großhirn- wie Kleinhirnkranken vor[4].

Die ungleichmäßigen Veränderungen des Maßstabes im Sehfelde, wie sie bei sog. Tiefenauslegung des Sehfeldes — als frontoparallele oder zum Blicke senkrechte oder sonstwie geneigte Ebene — eintreten, werden erst später bei Würdigung der Linearperspektive als Faktor der Tiefenlokalisation behandelt werden (s. S. 949).

Infolge der Stabilität der funktionellen Ordnungswerte der Netzhautelemente kommt es, solange ein gleichmäßiger Maßstab im Sehfelde besteht, notwendigerweise zu einer *Verzerrung des Anschauungsbildes, zu sog. Metamorphopsie*[5], wenn entweder das Netzhautbild verzerrt oder die Netzhaut ungleichmäßig verlagert wird. Ein dioptrischer Effekt solcher Art erfolgt bei Astigmatismus der brechenden Medien, speziell der Hornhaut oder bei Tragen analog wirkender Brillengläser: Konvexgläser mit sog. kissenförmiger Verzeichnung, Konkavgläser mit

---

[1] Vgl. die Darstellung bei A. TSCHERMAK: **1904**, 551 — Speziell J. LOEB: Pflügers Arch. **60**, 501 (1895) — Z. Psychol. u. Physiol. **16**, 298 (1898). — S. auch bereits H. HELMHOLTZ: Physiol. Optik, 1. Aufl., S. 571; 3. Aufl., **3**, 167, sowie J. v. KRIES: Ebenda S. 200, 493. — REICHEL, C.: Inaug.-Dissert. Breslau 1899. — SMITH, W. G. (und S. SOWTON): Brit. J. Psychol. **2**, 196 (1907); **8**, 317 (1916). — TSCHERMAK, A.: Pflügers Arch. **122**, 98 (1908). — HOFMANN, F. B.: **1920—1925**, 130ff.

[2] MULDER, M. E.: Unser Urteil über Vertikal bei Neigung des Kopfes nach rechts oder links, spez. S. 9. Groningen 1898.

[3] URBANTSCHITSCH, V.: Z. Ohrenheilk. **21**, 234 (1897); vgl. dazu A. TSCHERMAK: **1904**, 552, 556.

[4] GOLDSTEIN, K.: Klin. Wschr. **4** (7), 294 (1925). — Über die Teilungsfehler bei Hemianopikern (Zukleinnehmen bzw. Überschätzung des nach der Defektseite gelegenen Streckenteiles im unokularen wie binokularen Gesichtsfelde, was auf Überschätzung der nach dieser Seite hin erschwerten Blickbewegung bezogen wird) vgl. D. AXENFELD-PERUGIA: Neur. Zbl. **1894**, 437. — LIEPMANN, H. u. E. KALMUS: Berl. klin. Wschr. **37**, 838 (1900). — FEILCHENFELD, H.: Graefes Arch. **53**, 401 (1902). — LÖSER, L.: Arch. Augenheilk. **45**, 39 (1902). — BEST, F. (umgekehrtes Verhalten, sog. atypischer Fehler): Pflügers Arch. **136**, 243 (1910) — Graefes Arch. **93**, 49 (1917). — LOHMANN, W.: Graefes Arch. **80**, 270 (1911). — RÖNNE, H.: Klin. Mbl. Augenheilk. **54**, 399 (1915). — MENDEL, K.: Neur. Zbl. **1916**, 545. — POPPELREUTER, W. (keineswegs ausnahmsloses Vorkommen): Die psychologischen Schädigungen durch Kopfschuß **1**, 142ff. Leipzig 1917. — PÖTZL, O. (Metamorphopsien bei parietooccipitalen Herden): Wien. klin. Wschr. **1918**, 1149 u. 1183. — FUCHS, W.: Z. Psychol. **84**, 67 (1920); **86**, 1 (1921) — Psychol. Forschg **1**, 157 (1921). — HOFMANN, F. B.: **1920—1925**, 188ff. — MAESTRINI, D.: Cervello **2**, 92 (1923). — Vgl. auch die Studien von A. GELB und K. GOLDSTEIN über sog. Dysmorphopsie, d. h. Verzerrtsehen jenseits einer bestimmten (orthoskopischen) Entfernung infolge von Gesichtsfeldeinengung bei hirnpathologischen Fällen [Psychol. Forschg **4**, 38 (1923)], ebenso die Studien von K. GOLDSTEIN und REICHMANN: Über subjektive Figurenverzerrungen bei Kleinhirnkranken [Arch. f. Psychiatr. **56**, 472 (1916)], sowie die Studie von V. v. WEIZSÄCKER: Dtsch. Z. Nervenheilk. **84**, 179 (1925).

[5] Vgl. TH. LEBER: Graefe-Saemischs Handb. d. Augenheilk., 2. Aufl., **2**, 705 u. 1066, Kap. 10 (1912).

sog. tonnenförmiger Verzeichnung eines Quadrates, ferner mangelhaft zentrierter, schräggestellter, unpassend astigmatischer, prismatischer Gläser[1]. Eine pathologische Lageänderung der Retina selbst kommt in Form örtlicher Erhebung durch Exsudate oder in Form örtlicher Verziehung durch Narben vor (Förster, Wundt u. a.). Die dioptrisch oder retinal bedingten Metamorphopsien sind entweder dauernd oder sie verschwinden in gewissen Fällen durch individuelle Anpassung (wobei allerdings auch bloße Nichtbeachtung mitspielt!), indem — ohne Aufhebung der retinalen Ordnungswerte — der subjektive Maßstab eine entsprechende örtliche Veränderung erfährt, welche den anfänglichen Verzerrungseffekt mehr oder weniger kompensiert[2]. Aufhören des dioptrischen oder des retinalen Anlasses läßt neuerlich Metamorphopsie, jedoch nunmehr in entgegengesetztem Sinne hervortreten.

3. Scheinbare Form des Himmels und der Erde.

Den Phänomenen des subjektiven Größensinnes kann ferner zugerechnet werden das Erscheinen des Himmels als eines gekrümmten Gewölbes sowie das Erscheinen einer gleichmäßigen, den Beobachter umgebenden Land- oder Wasserfläche als einer etwa sphärischen Schale, deren Rand bis an oder gar über die scheinbare Augenhöhe des zweckmäßigerweise auf einem relativ hohen Punkte befindlichen Beobachters ansteigt[3]. Der subjektive Eindruck der Uhrglasform von Land oder Wasser besteht allerdings nur bei Fehlen auffälliger Ungleichmäßigkeiten; bei Lichtreflexen auf dem Meere geht der Eindruck in den von Trichterform über (Tschermak). Eine genauere Aussage über den Krümmungsgrad oder gar eine zahlenmäßige Charakteristik (nicht Messung!) ist für die „Schalenform der Erde" wohl kaum möglich, wohl aber ausführbar für die Gewölbeform des Himmels[4], dessen Zenith deutlich näher erscheint als der Horizont. Die Scheinwölbung des Himmels ist allerdings nicht konstant[5], bei Nacht am stärksten, bei wolkenlosem Tageshimmel schwächer, bei grauem Wolkenhimmel am flachsten. Zwischen scheinbarem Zenith- und Horizontabstand ergibt sich

---

[1] Lippincott, J. A.: Arch. Augenheilk. **23**, 96 (1891). — Friedenwald, H.: Ebenda **26**, 362 (1892). — Wolfberg: Wschr. Ther. u. Hyg. d. Auges **1916**.

[2] S. die Daten bei W. Wundt: Philos. Stud. **14** (1), 1 (1898). — Tschermak, A.: **1904**, 552. — Hofmann, F. B.: **1920—1925**, 110.

[3] Bourdon, B.: La Perception visuelle de l'espace **1902**, 153. — MacDougall, B.: Harvard Psychol. Stud. **1**, 145 (1903). — Filehne, W.: Arch. f. (Anat. u.) Physiol. **1912**, 461. — Tschermak, A.: Z. angew. Psychol. Beih. **5**, 28 (1912). — Fischer, M. H. (unter A. Tschermak): Pflügers Arch. **188**, 161, spez. 173 (1921). — Auch an die Erfahrung der Luftschiffer sei erinnert, daß — wenigstens in bestimmter Höhenlage — die Erde als Halbkugelschale erscheint, welche unmittelbar an das Himmelsgewölbe anschließt [vgl. u. a. J. v. Uexküll u. F. Brock: Z. vergl. Physiol. **5**, 167 (1927). — Genaueres über die Erscheinungsform der Erde bei Beobachtung vom Flugzeug aus bringen die Studien von G. Schubert (unter A. Tschermak). Pflügers Arch. **222**, 460 (1929).

[4] Bezüglich dieser sei verwiesen auf die umfassenden neueren Darstellungen von E. Reimann: Programm des Gymnasiums Hirschberg i. S. 1890 und 1891 — Z. Psychol. **30**, 1 u. 161 (1902); **37**, 250 (1905). — Claparède, Ed.: Arch. de Physiol. **5**, 121 u. 254 (1906). — Sterneck. R. v.: Der Sehraum auf Grund der Erfahrung. Leipzig 1907. — Haenel, H.: Z. Psychol. **51**, 161 (1909). — Müller, Aloys: Die Referenzflächen des Himmels und der Gestirne. Viewegs Slg. „Die Wissenschaft" **62**. Braunschweig 1918 — Physik. Z. **21**, 497 (1920). — Stücklen, H.: Inaug.-Dissert. Göttingen 1919. — Henning, H.: Z. Sinnesphysiol. **50**, 275 (1919). — Lohmann, W.: Ebenda **51**, 96 (1920). — Pernter, J. M. u. F. Exner: Meteorol. Optik, 2. Aufl., S. 5ff. Wien u. Leipzig 1922. — Best, F.: Zbl. Ophthalm. **7**, 449 (1922). — Filehne, W.: Z. Sinnesphysiol. **54**, 1 (1922) — Vgl. bereits Pflügers Arch. **59**, 279 (1894) — Arch. f. (Anat. u.) Physiol. **1910**, 523; **1912**, 1, 461; **1915**, 373; **1917**, 197; **1918**, 183, 242. — Schur, E.: Psychol. Forschg **7**, 44 (1925). — Baschin, O.: Zztg Opt. u. Mech. **48**, 169 (1927). — Deschle, O.: Ebenda **48**, 159 (1927).

[5] Zuerst von H. Aubert (**1865**, 209; **1876**, 628) betont.

für den Wolkenhimmel eine Charakterisierungsrelation von 1:1,54 (FIGUÉE) über 1:3 bis 4 (SMITH) bis 1:6,7 (v. STERNECK), für die scheinbare Halbierung der Wölbung ein Elevationswinkel von 22° 5′ (völlig heiterer) bis 20° 6′ (ganz bewölkter Tageshimmel; REIMANN).

Allerdings erscheint die Krümmung gerade für den grauen Wolkenhimmel — zumal unter 45° — nicht genau sphärisch, sondern eher gleich der eines Rotationsparaboloids, -ellipsoids (FILEHNE) oder -hyperboloids (v. STERNECK) mit einem flacheren unteren und einem stärker gekrümmten oberen Bogenstück.

Ebenso wie den tatsächlichen Bogenstücken des Himmels gegen den Horizont zu immer größere subjektive Winkelwerte entsprechen, zeigen auch alle zur Verlegung auf das Himmelsgewölbe gelangenden Eindrücke, — so Sonne, Mond, Sternbilder und ferne Objekte, für deren Entfernungs- und Größen-schätzung keinerlei Anhaltspunkte gegeben sind — einen zunehmenden sub-jektiven Maßstab beim Übergang von Zenithlage zu Horizontallage (im Ver-hältnisse von 1:1,15 bis 3,8 nach STERNECK). Dasselbe gilt, wie nachdrücklich betont sei, auch von rein subjektiven Eindrücken, von Nachbildern, seien diese von der Sonnenscheibe oder von irgendeiner irdischen Lichtquelle gewonnen. Allerdings ist der Unterschied der scheinbaren Größe ein wechselnder, anscheinend auch abhängig von der Lichtstärke und der Bildschärfe, speziell der Umgrenzungs-schärfe des betrachteten Objekts.

Das Problem der Scheinwölbung des Himmels kann trotz vielfacher Be-arbeitung noch nicht als vollständig gelöst bezeichnet werden: sicher ist diese Erscheinung keine Folge der Krümmung der Netzhaut, zumal da wir uns der angenähert sphärischen Bildwölbung keineswegs bewußt sind bzw. die Retina nicht etwa eine „Selbstanschauung" (JOH. MÜLLER) besitzt. Ebensowenig ist die konkave Scheinkrümmung eine Folge von binokularem Sehen, d. h. von schwächerer Krümmung der tatsächlich sphärischen Schichten der Atmosphäre (im Zenith bis zu einer Entfernung von etwa 20 km sichtbar), verglichen mit dem Horopter; gilt doch bei Abschluß oder Fehlen eines Auges oder Mangel binokularen Sehens (bei Schielenden) anscheinend dieselbe Anschauungsform des Himmels wie bei normaler zweiäugiger Betrachtung. Ebenso erweisen sich physikalische Faktoren (Verschiedenheit der Brechung und Lichtdiffusion in der Atmosphäre bzw. ungleiche Verteilung der Helligkeit am Himmel, Ver-schiedenheit der maximalen Sehweite) als ohne wesentliche Bedeutung[1]; ergibt doch objektive Messung den gleichen Gesichtswinkel für die Gestirne im Horizont wie im Zenit und zeigen doch subjektive Nachbilder dieselbe Maßstabverschieden-heit in beiden Lagen wie die genannten Objekte!

Hingegen haben Augenbewegungen zweifellos einen gewissen Einfluß: Ruhig-halten des Auges läßt — speziell bei gleichzeitig beschränktem „Ausblick" — den Eindruck von Wölbung sehr zurücktreten und begünstigt den Eindruck einer frontoparallelen Scheinebene. Zweifellosen Einfluß auf das Fernerscheinen von Objekten in der Horizontalen, speziell aber auf die Verschiedenheit der scheinbaren Größe bei gleicher Elevation hat die Luftperspektive (vgl. unten S. 955; speziell gewürdigt von REIMANN). Hingegen ist das „Vergleichungs-motiv", d. h. der Vergleich von Gestirnen mit irdischen Objekten am Horizont, sowie das „Abteilungsmotiv", d. h. die Zurückführung des Entferntererscheinens

---

[1] Speziell ausgeführt von H. STÜCKLEN: (Inaug.-Dissert. Göttingen 1919); hingegen schreibt H. HENNING [Z. Sinnesphysiol. **50**, 275 (1919)] den langwelligen Strahlungen eine besondere Rolle zu, unter gleichzeitigem Heranziehen des KOSTERschen bzw. AUBERT-FÖRSTERschen Phänomens (s. hierüber oben S. 884, 885). Andererseits nimmt A. SONNEFELD [Zztg Opt. u. Mech. **47**, 277 (1926)] mit Unrecht eine ungleichmäßige Vergrößerungswirkung der Atmosphärenhülle als Linse im Horizont und Zenith an.

des Horizonts gegenüber dem Zenith auf die Unterteilung der Horizontalstrecke durch irdische Objekte, ohne wesentliche Bedeutung. So ändert Abblenden und Freigeben von Vergleichsobjekten, wie Bäumen oder Häusern, neben der tiefstehenden Sonne oder ihrem Nachbilde nichts an dem Größererscheinen. — Einen direkten Einfluß auf die scheinbare Größe — ohne Umweg über die scheinbare Entfernung — hat hingegen die Blickrichtung, indem die scheinbare Größe optischer Eindrücke unter sonst gleichen Bedingungen bei stirnwärts gerichtetem Blick etwas abnimmt, bei gesenktem Blick zunimmt (Gauss, Filehne, Zoth); allerdings ist der experimentell gefundene Unterschied von 3—4% (Guttmann) bescheiden zu nennen[1].

Angesichts der Grundtatsachen: objektive Winkelgleichheit, hingegen subjektive Ungleichheit bei Horizontlage und bei Zenitlage, analoge Differenz auch für rein subjektive Eindrücke wie Nachbilder, Fortbestehen des Größenunterschiedes auch bei Fehlen von Vergleichsobjekten erscheint meines Erachtens folgende Annahme als die annehmbarste. Die Schwerkraft sei es, welche durch Vermittlung labyrinthärer wie extralabyrinthärer Graviceptoren in dem Sinne entscheidenden Einfluß auf den optischen Größensinn nimmt, daß für die in ihrer Richtung bzw. in deren optischer Äquivalente erscheinenden Eindrücke ein kleinerer Maßstab gilt als für die senkrecht dazu erscheinenden. Einem und demselben objektiven Gesichtswinkel oder Bildwinkel entspricht bei Orientierung *in* der Schwererichtung ein kleinerer, bei Orientierung senkrecht zur Schwererichtung ein größerer subjektiver Sehwinkel. Nicht die Orientierung des Beobachters selbst, sondern die Orientierung des Eindruckes bzw. die „Blickrichtung zur Schwerkraftrichtung" wäre nach dieser Annahme prinzipiell entscheidend; neben der „absoluten Blickrichtung" wäre ein gewisser Einfluß der relativen Blickrichtung zum eigenen Kopf keineswegs ausgeschlossen. Ein ebensolcher Nebeneinfluß mag aber doch auch der Lage des Beobachters zur Schwerkraftrichtung zukommen.

Die scheinbare Schalenform der Bodenfläche hängt offenbar damit zusammen, daß die egozentrische Grundempfindung des „scheinbaren Gleichhoch mit den Augen" in der Regel mit einer gewissen Senkung der Blicklinie (etwa 1—3°) verknüpft ist, somit alle objektiv gleichhoch oder tiefer gelegenen Objekte — so auch der objektive Horizont — gehoben erscheinen (vgl. S. 970). Da das Himmelsgewölbe entsprechend dem Rande der Erd- oder Meeresschale[2] deutlich noch weiter entfernt zu liegen scheint, ergibt sich ein Anschauungsbild von etwa folgender Art (vgl. Abb. 264, in welcher infolge der zeichnerisch unerläßlichen Verstärkung der Erd- und Himmelsschichtkrümmung, sowie der Höhe des Beobachtungspunktes die Diskrepanz zwischen scheinbarer und wirklicher Erd-

---

[1] Filehne, W. (mit der Beobachtung von Halbkugeligerscheinen des Himmels bei Betrachtung in Kniehanglage mit dem Kopfe nach unten): Pflügers Arch. **59**, 279 (1891) — Arch. f. (Anat. u.) Physiol. **1910**, 523; **1912**, 1, 461; **1915**, 373; **1917**, 197; **1918**, 183, 242 — Z. Sinnesphysiol. **54**, 1 (1922). — Zoth, O.: Pflügers Arch. **78**, 363 (1899); **88**, 201 (1901; **103**, 133 (1904) — Nagels Handb. d. Physiol. **3**, 391 ff. (1905). — Guttmann, A.: Z. Psychol. **32**, 333 (1902). — Vgl. dazu B. Bourdon (**1902**, 392ff.), welcher den Konvergenzimpuls, der zur Überwindung der Divergenztendenz bei Blickhebung aufgewendet wird, verantwortlich macht; ferner F. Angell (unter Negierung eines Einflusses der Blickrichtung und unter Vertretung eines entscheidenden Einflusses des Vergleichs mit bekannten Objekten): Amer. J. Psychol. **35**, 98 (1924).
[2] Die Spiegelkimmung, d. h. die für die schräge Daraufsicht bestehende Spiegelwirkung einer Wasserfläche von bestimmter Entfernung bewirkt ein gewisses Hereinrücken des Horizonts und läßt daher die Anstieghöhe (um etwa 4—5') vermindert erscheinen. Vgl. E. Budde: Z. österr. Ges. Meteorol. **10**, 354 (1886). — Tschermak, A.: Naturwiss. Rdsch. **14**, 641 (1899). — Pernter-Exner: Meteorol. Optik, 2. Aufl., S. 136ff. (1922).

form außerordentlich übertrieben, jene zwischen scheinbarer und wirklicher Himmelsform ebenso unterwertet zur Darstellung gelangt.

Der örtliche Maßstab für Höhe und Breite und damit der Eindruck der Richtung einer Geraden im Sehfelde wird durch den gleichzeitigen Eindruck eines bewegten Objektes alteriert: so wird eine Gerade durch Annäherung einer bogenschlagenden Zirkelspitze scheinbar zurückgedrängt bzw. geknickt u. a.[1] (Bezüglich alles weiteren sowie der Literatur sei auf die gesonderte Darstellung verwiesen, welche das Sehen von Bewegungen in diesem Handbuche findet.)

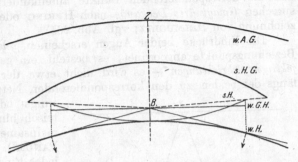

Abb. 264. Schematische Darstellung der *wirklichen* Krümmung (überstark) der Erde und der konzentrischen Atmosphärenschichten, speziell der Atmosphärengrenze, und der *scheinbaren* Krümmung des Himmelsgewölbes und der Erde, speziell der Meeresfläche, für einen in *B* stehenden Beobachter.

III. Raumsinn des Doppelauges.

A. Das Binokularsehen mit korrespondierenden Stellen beider Netzhäute.

(Haploskopie im engeren Sinne.)

1. Grundbegriff und Kriterien der Korrespondenz.

a) Definition der Korrespondenz.

Die alltägliche Erfahrung des Einfachsehens mit beiden Augen oder der Haploskopie (OPPEL) lehrt bereits das Bestehen einer funktionellen Verknüpfung beider Augen; bei genauerer Untersuchung erweist sich dieselbe als eine solche, welche die einzelnen physiologischen Einheiten des unokularen Raumsinnes betrifft, die wir allgemein „Netzhautstellen" nennen können. Das sind die Foveazapfen einerseits, die den extrafovealen Empfindungskreisen entsprechenden Stäbchen-Zapfengruppen andererseits (vgl. S. 842). Diese physiologischen Einheiten zeigen paarweise eine Übereinstimmung im funktionellen Raumwert oder Lokalzeichen, sind also „Deckstellen" (HERING); es besteht eine „*Korrespondenz*" (FECHNER) oder elementare Sehrichtungsgemeinschaft (TSCHERMAK) beider Netzhäute. Dieselbe wurde früher als „Identität" (JOH. MÜLLER) bezeichnet, was jedoch angesichts der tatsächlichen Nichtübereinstimmung der sehrichtungsgleichen Netzhautstellen in anderen Leistungskomponenten (speziell Eindruckswert und Tiefenwert; vgl. S. 913, 916, 919, 920) unzweckmäßig erscheint. Vorweggenommen sei, daß sich die Korrespondenz beim normalen Binokularsehenden als eine fixe und angeborene erweist, so daß wir sie definieren können als eine *elementare, fixe, kongenital oder bildungsgesetzlich begründete Sehrichtungsgemeinschaft*. Die beiden Augen wirken eben zusammen wie ein einheitliches Organ, indem im allgemeinen nicht bloß die rein unokularen Flankengebiete sich unterschiedslos an das binokulare Mittelgebiet anschließen, sondern auch innerhalb dieses die Anteile beider Einzelaugen ununterscheidbar in gemeinsamer Richtung erscheinen, so daß man von einer wahren *Synchyse* (v. KRIES[2]) sprechen kann. Ja, es läßt sich geradezu

---

[1] Vgl. H. HELMHOLTZ: Physiol. Optik, 1. Aufl., S. 569; 3. Aufl., **3**, 165.
[2] KRIES, J. v.: Zusätze zur 3. Aufl. von H. v. HELMHOLTZ: Physiol. Optik, **3**, 464ff. (1910) — Allg. Sinnesphysiologie. Leipzig 1923, spez. 224ff.

ein *sensorisches Doppelauge* (Hering) statuieren — ein Verhalten, welches schematisch, zunächst unter Absehen von bezüglichen Diskrepanzen, dargestellt werden kann, indem man sich beide Netzhäute so aufeinander gelegt denkt, daß die korrespondierenden Punkte aufeinanderfallen, also Deckstellen entsprechen (*imaginäres Deckauge* nach Hering oder *Zyklopenauge* nach der Bezeichnung von Helmholtz; vgl. Abb. 265).

Die Eindrücke beider Augen erscheinen relativ zu einem gemeinsamen Beziehungspunkte angeordnet; es besteht ein gemeinsames *Zentrum der subjektiven Sehrichtungen* — es wird nicht etwa der Eindruck jedes Einzelauges längs der beiden zu den korrespondierenden Netzhautstellen gehörigen Rich-

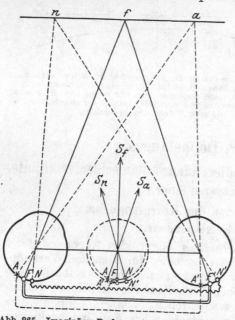

tungs- oder Visierlinien, also bizentrisch hinausverlegt bis in deren gemeinsamen Schnittpunkt (so speziell Panum[1]). Zwischen der Blickrichtung jedes Einzelauges und der zweiäugigen Lokalisationsrichtung ergibt sich eine deutliche Diskrepanz. Diese Zentrierung der Sehrichtungen zum Beobachter, welche als „*egozentrische Lokalisation*" erst unten (S. 965 ff.) näher zu erörtern sein wird, sei zunächst schematisch dargestellt als gerade die Nasenwurzel oder den Halbierungspunkt der Basalstrecke beider Augen treffend (Hering[2]). Obzwar es eigentlich unzulässig ist, Richtungen des subjektiven Raumes einfach in den objektiven Raum zu übertragen, und obwohl angesichts der Variabilität des subjektiven Maßstabes eine Sehrichtung keineswegs absolut festliegt, sei doch zwecks leichterer Verständlichkeit nachstehendes Schema (nach Tschermak) für die Lokalisationsweise · bei binokularem Sehen mit parallel-primärgestellten Augen entworfen (Abb. 266).

Abb. 265. Imaginäres Deckauge (nach Hering) oder Zyklopenauge (nach Helmholtz), gewonnen durch Übereinanderlegen beider Netzhäute unter Bezeichnung der beidäugig gemeinsamen Sehrichtungen (S_n, S_f, S_a).

Dabei werden schematisch die je zwei korrespondierenden Netzhautstellen zugehörigen Richtungslinien genau parallel gesetzt. Ebenso ist hier die jedem solchen Stellenpaar gemeinsame Sehrichtung schematisch den paarweise parallelen Richtungslinien selbst parallel angenommen, was einem Sehen in konstantem Maßstab, und zwar „in richtiger Größe", entspräche[3]. Die funktionelle Beziehung beider Netzhäute, welche in der Sehrichtungsgemeinschaft zum Ausdrucke kommt, sei schematisch, aber natürlich nur bildlich veranschaulicht durch Verbindung je zweier Netzhautstellen durch einen Nervenbogen. Gleichzeitig erscheint die Ausdehnung und Lage des Gesichtsfeldes beider Augen in der Horizontalen dargestellt.

[1] Panum, L.: Physiologische Untersuchungen über das Sehen mit zwei Augen. Kiel 1858.
[2] Hering, E.: Beitr. **1**, 26 (1861); **2**, §§ 63—69 (1862) — **1879**, 386 ff. — Vgl. auch Wells, W. Ch., übers. von M. v. Rohr: Z. ophthalm. Optik **10**, 1 (1922). — Towne: Guy's Hosp. Rep. **11**, 144 (1862—1863). — Conte, T. le.: Sight. New York 1881. D. Übers. Leipzig 1883. — Hillebrand, F.: Lehre von den Gesichtsempfindungen. Wien 1929, spez. S. 103 ff.
[3] Nur für diesen Spezialfall läßt sich die subjektive Lokalisationsweise so darstellen, als ob ihr eine Projektion der Eindrücke längs der Richtungslinien bzw. Visierlinien des Zyklopenauges zugrunde läge (so bei H. Helmholtz: Physiol. Optik, 1. Aufl., S. 611; 3. Aufl. **3**, 215).

Das „Gesetz der identischen Sehrichtungen beider Netzhäute" (W. CH. WELLS, HERING, TOWNE, LE CONTE), speziell das gemeinsame Geradevorneerscheinen der Eindrücke der beiden Foveae in einer und derselben Hauptsehrichtung, läßt sich (nach HERING[1]) am einfachsten in der Weise demonstrieren, daß man mit beiden Augen durch eine etwa 30—50 cm entfernte Glastafel hindurch nach einem fernen geradeaus gelegenen Objekt (O) blickt; sodann umrahmt man die Stelle, an welcher die Blicklinie die Glastafel trifft, beiderseits mit einem gleichgroßem Kreise und bringt rechterseits darüber einen blauen Pfeil (P_1), linkerseits darunter einen roten Pfeil (P_2) an — im Sammelbilde erscheinen endlich all die sechs Eindrücke beider Längsmittelstreifen vereint zu einer einheitlichen Reihe ($P_1 o K P_2$) gerade vor dem Beobachter, während die stark seitlichen Doppel-

bilder der Pfeile nicht stören oder durch geeignete Schirme abgeblendet werden (HILLEBRAND, HOFMANN (Abb. 267a). Ebenso lehr- reich ist der umgekehrte Versuch: binokulare Fixation eines Punktes (O) auf der Glasplatte, Dahinterauf- stellen je eines Pfeiles linker- seits unter, rechterseits über der Blicklinie des einzelnen Auges, endlich Gewinnung eines Sammeleindrucks, be- stehend aus einem einzigen Punkt und je einem Pfeil darüber und darunter ($P_2 O P_1$ in Abb. 267b). — Ebenso überzeugt man sich leicht davon, daß ein rechterseits dem Längsmittelschnitt, linkerseits dem Quermittel- schnitt eingeprägtes Nach- bild dauernd und untrenn- bar zu einem durch die sog.

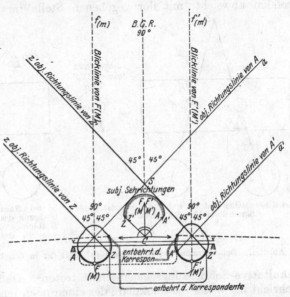

Abb. 266. Schema des Gesichtsraumes beider Augen des Menschen im Horizontalschnitt mit Bezeichnung der Richtungslinien Zz, Ff, $Aa - Z'z'$, $F'f'$, $A'a'$), der Bilderzeugung und der senso- rischen Verknüpfung beider Netzhäute sowie Andeutung der egozen- trischen Sehrichtungen (ZZ', FF' [MM'], AA').

Kernstelle des Sehfeldes laufenden Kreuz vereint bleibt, mag man auch durch passive Bewegung der Augen die Eindrücke äußerer Objekte gleich- zeitig in Doppelbilder spalten und diese sogar Scheinbewegungen ausführen lassen (TSCHERMAK[2]).

Im Gegensatze zu den paarweise zusammengehörigen Elementen, denen zunächst unsere Betrachtung galt, werden die nichtkorrespondenten physio- logischen Einheiten als *disparat* bezeichnet (FECHNER), und zwar die bloß im funktionellen Höhenwert verschiedenen, im Breitenwert jedoch übereinstimmen- den als *höhendisparat*, die nur im Breitenwert differenten als *querdisparat*. Es erscheint zweckmäßig, zuerst abgesondert das zweiäugige Sehen mit korre- spondierenden Netzhautstellen, die Haploskopie im engeren Sinne, dann erst die Binokularfunktion disparater Netzhautelemente, die Haploskopie höhendisparater und die Haplostereoskopie querdisparater Elemente zu be- handeln.

[1] HERING, E.: 1879, 386.
[2] TSCHERMAK, A.: Graefes Arch. 47 (3) 508 (1899).

b) Kriterien der Korrespondenz.

Als *Kriterium* für die paarweise Zusammengehörigkeit von zwei physiologischen Einheiten ist die bloße Vermittlung von *Einfachsehen* nicht ohne weiteres brauchbar. Der Eindruck gemeinsamen Höhen- und Breitenwertes, also einer gemeinsamen Sehrichtung mit einer bestimmten linksäugigen Netzhautstelle kann nämlich nicht bloß von der einen, wahrhaft korrespondierenden Netzhautstelle im rechten Auge, sondern von einer Mehrzahl, ja, Vielzahl solcher vermittelt werden, welche man als sog. *Panumschen Empfindungskreis*[1] zusammenfaßt. Es können also anstatt der eigentlich korrespondierenden Stelle der Reihe nach eine ganze Anzahl nichtkorrespondierender Stellen, deren unokularer Breiten- und Höhenwert mäßig von jenem der korrespondierenden abweicht, mit der gegebenen Stelle im anderen Auge in temporäre,

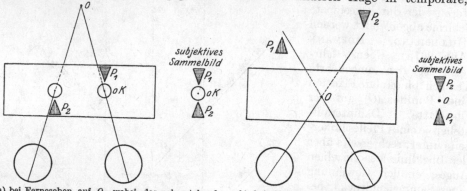

a) bei Fernesehen auf *O*, wobei das nebenstehende Sammelbild ($P_1 o K P_2$) resultiert.

b) bei Nahesehen auf *O*, wobei unter Vernachlässigung des stark indirekt gelegenen linksäugigen Halbbildes von P_1 und des rechtsäugigen Halbbildes von P_2 das nebenstehend gezeichnete subjektive Sammelbild ($P_2 O P_1$) resultiert;

Abb. 267. Demonstration der Sehrichtungsgleichheit der in den beiden Blicklinien gelegenen Objekte:

fakultative Sehrichtungsgemeinschaft treten[2]. Daß dabei als gemeinschaftliche Sehrichtung weder die unokulare der einen noch jene der anderen Stelle, sondern eine mittlere in Geltung tritt[3], sowie daß bei Verschiedenheit im Breitenwerte bzw. bei sog. Querdisparation der beidäugigen Netzhautstellen zugleich ein stereoskopischer Eindruck: „Vor" (Näher) oder „Hinten" (Ferner) resultiert, soll erst später näher ausgeführt werden. Doch sei noch bemerkt, daß an Stelle oder wenigstens neben jener zeitweiligen Sehrichtungsgemeinschaft mit ihrer geänderten Sehrichtung sofort die ursprüngliche, feste Gemeinschaft mit ihrer unveränderten Sehrichtung hervortritt, sobald die korrespondierende Stelle selbst wirksam gereizt wird. — Die Ausdehnung des sog. Panumschen Empfindungskreises ist nach der Breite deutlich größer als nach der Höhe, somit einem

---

[1] Betreffs fakultativen Einfachsehens mit nichtkorrespondierenden Netzhautstellen vgl. bereits Wheatstone: Pogg. Ann. Erg.-Bd. **1**, 1, spez. 30 (1838). — Ferner P. L. Panum: Physiologische Untersuchungen über das Sehen mit zwei Augen, S. 52 ff. Kiel 1858 — Arch. Anat. u. Physiol. **1861**, 84. — Volkmann, A. W.: Graefes Arch. **2** (2), 32 (1859).

[2] Hierauf — nicht aber auf einen relativ lockeren Charakter der Korrespondenz — ist die Möglichkeit binokularen Einfachsehens auch bei höheren Graden von Anisometropie und konsekutiver Größenverschiedenheit der Netzhautbilder [Kugel, L.: Graefes Arch. **82**, 489 (1912). — Erggelet, E.: Z. Psychol. **49**, 326 (1916)] zurückzuführen. Daß die Darbietung von durchaus homologen, nur verschiedengroßen Bildern zu stereoskopischen Effekten führt, haben speziell E. H. Hankin und H. Hartridge [J. of Physiol. **54**, 67 (1921)] gezeigt (vgl. S. 939, Anm. 1).

[3] Vgl. auch die Untersuchung von E. Milutin [unter L. Asher — Z. Biol. **60**, 41 (1913)] über den Richtungsunterschied genau korrespondenter und nicht genau korrespondenter Eindrücke.

Queroval entsprechend[1]; sie ist ferner abhängig von der Beobachtungsdauer, von der Übung und von der Exzentrizität der Vergleichsstelle. Je länger und je häufiger nämlich die Beobachtung angestellt wird, um so eher zerfällt der Eindruck, das bisherige Ganzbild in Doppelbilder. Andererseits nimmt im indirekten Sehen der Bereich des Einfachsehens fortschreitend zu (VOLKMANN, DONDERS, SCHOELER, HERING[2]). Wenn der Beobachter in einer geeigneten Vorrichtung (HERING-HILLEBRANDsches Haplostereoskop) mit jedem Auge je ein Lot fixiert, während ein zweites nur unokular sichtbares Lot für das rechte Auge in bestimmtem Seitenabstand festgestellt ist, und ein drittes, nur unokular sichtbares Lot dem L.A. in variablem Abstand gleicherseits geboten wird oder wenn in einer geeigneten Vorrichtung (HERING-TSCHERMAKscher Horopterapparat — Abb. 269 auf S. 897) beiden Augen eine Schaar tiefenvariabler Lote geboten wird, so ergibt sich anfangs ein relativ weiter Einstellbereich für Einfacherscheinen der seitlichen Lote, sodann rasche Einengung, während schließlich ein durch Übung kaum mehr veränderlicher Rest verbleibt. Man kann daher von einem *relativen und einem absoluten Panumschen Empfindungskreise* sprechen, innerhalb dessen anfangs bzw. dauernd ein temporäres Einfachsehen auch mit nichtkorrespondenten, an Breiten- oder Höhenwert verschiedenen Netzhautstellen möglich ist. Da sonach Einfachsehen auch mit disparaten Netzhautstellen in erheblichem Umfange möglich ist, ließen sich korrespondierende Stellen höchstens als Mittelpunkte voneinander zugehörigen Empfindungskreisen bestimmen[3]. Die Methoden[4] des Aufsuchens der Deckpunkte[5] nach dem Kriterium des Einfach- und Doppeltsehens (Druckphosphenverfahren von PURKINJE, JOH. MÜLLER, PRÉVOST; Doppelbildmethode von PRÉVOST, MEISSNER, SCHOELER, SCHÖN) sind daher relativ roh zu nennen. Eine Darstellung des Bereiches von Einfachsehen indirekt dargebotener Lote (an dem später zu beschreibenden Horopterapparat) gibt Abb. 268.

Ein im allgemeinen brauchbares *Korrespondenzkriterium* bildet die *Einstellung in eine frontoparallele Scheinebene*, wobei man ein feststehendes Mittellot binokular fixiert, und zwar in symmetrischer Konvergenz, seitlich davon weitere Lote einbringt und diese solange nach vorn oder hinten verschiebt, bis alle Lote

---

[1] Als Beispiel seien die von A. W. VOLKMANN (1863) an verschiedenen Versuchspersonen gefundenen Werte (korrigiert nach H. HELMHOLTZ: Physiol. Optik, 1. Aufl., S. 734ff.; 3. Aufl., 3, 368, 374) angeführt: nach der Breite 26′ bis 5′ — letzterer Wert nach längerer Übung —, nach der Höhe 3—4′. Entsprechend dieser Verschiedenheit zerfällt bei gegensinniger Drehung von zwei Kreuzbildern im Haploskop der horizontale Arm früher in Doppelbilder als der vertikale [neuerdings bestätigt von F. H. VERHOEFF: Amer. ophthalm. Trans. **1899**; Amer. J. Opt. **7**, 39 (1926) und von A. AMES: Ebenda **7**, 3 (1926), beispielsweise für ersteren Arm jenseits 2°, für letzteren erst jenseits 7,85° Divergenz].

[2] Vgl. auch W. LOHMANN: Beobachtungen über experimentelle Zerfällbarkeit des binokularen Scheineindruckes [Arch. Augenheilk. **85**, 95 (1919)], ebenso die Angabe von F. Kopecky Lekarsk. Rozhledy [**7**, 232 (1920)] über Einfluß der „geistigen Einstellung" sowie von F. SANDER und R. INUMA [Arch. f. Psychol. **65**, 191 (1928)] über die Abhängigkeit der Grenzen der binokularen Verschmelzung von der Gestalthöhe der Doppelbilder.

[3] Vgl. dazu POLLIOT: Arch. d'Ophtalm. **39**, 83 (1922).

[4] Eine ausführlichere Darstellung der Methoden ist hier nicht beabsichtigt. Es genüge, diesbezüglich speziell auf F. B. HOFMANN [Tigerstedts Handb. d. physiol. Meth. **3**, 100 (1909)] sowie auf A, BIELSCHOWSKY [Abderhaldens Handb. d. biol. Arbeitsmethoden Abt. 5, T. 6, H. 5 (Lief. 168) 1925] zu verweisen.

[5] HERING, E. (Substitutionsmethode): Beitr. **3**, 171ff. (1863); (*Nachbildmethode*) **3**, 182 (1863); **1879**, 355ff. Betreffs letzterer vgl. speziell A. TSCHERMAK: Graefes Arch. **47** (3), 508 (1899). — BRUNACCI, B.: Arch. Ottalm. **15** (1907). — R. BÁRÁNYs Nachbild-Aderfigurmethode (Nova Acta Soc. Scient. Uppsa., Erg.-Bd. **1927**, 1) vergleicht die Lage eines demselben Auge eingeprägten Nachbildes zum Detail der entoptisch sichtbargemachten Aderfigur mit der Lage eines dem anderen Auge eingeprägten Nachbildes, wobei sich für korrespondierende Stellen, beispielsweise für die hintereinander zu kurzdauernder unokularer Fixation benutzten „Netzhautzentren", Übereinstimmung in der Lage ergibt.

dem Beobachter subjektiv gleichweit entfernt bzw. in einer und derselben subjektiven Ebene erscheinen, was mit recht geringem, im indirekten Sehen zunehmendem Schwanken geschieht (am besten charakterisierbar durch den
mittleren Fehler). Der subjektive Ort, an welchem die verschmolzenen Eindrücke
korrespondierender Netzhautstellen erscheinen, wird als „Kernfläche" bezeichnet
und läßt sich, soweit nicht andere Motive für die Lokalisation der Tiefe (vgl.
S. 949) ins Spiel kommen, als eine *subjektiv-frontoparallele Ebene* betrachten
(HERING[1]). — Bei verschiedenartiger Reizung korrespondierender Netzhautstellen kann es anscheinend zu einer verschiedenen Tiefenlokalisation der beiden

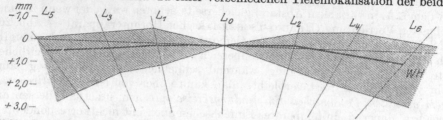

Abb. 268. Fußpunktkurve des empirischen „Längshoropters" für weiße Fäden mit Angabe des umgebenden
Bezirkes binokularen Einfachsehens, entsprechend dem PANUMschen Empfindungskreise. (Nach F. P. FISCHER.)
Mit zehnfacher Ordinatenvergrößerung; auf zwei Drittel verkleinert.

Eindrücke kommen, so daß man durch den einen hindurch auf den anderen
zu sehen glaubt; doch bleibt dabei die Sehrichtung selbst ständig gemeinsam
(vgl. unten S. 927).

Eine Vorrichtung, welche zum Aufsuchen der korrespondierenden Netzhautstellen nach dem Kriterium der Scheinebene speziell geeignet ist, stellt der
Hering-Tschermaksche Horopterapparat[2] dar (vgl. Abb. 269); die Anordnung der
Lote bezeichnet (bei Vernachlässigung der Inkongruenz der L. M. S.!) den *Längshoropter*, d. h. den geometrischen Ort jener Außenpunkte, welche sich auf Netzhautstellen von übereinstimmendem Breitenwerte — nicht notwendig auch von
übereinstimmendem Längenwert — abbilden. Die durch Spiegelablesung ermittelte Spurlinie der Lote (bzw. die Horizontalprojektion des Längshorpters,
d. h. streng genommen, dessen Schnitt mit einer durch die waagerecht gestellten
Blicklinien beider Augen gelegten Ebene!) bildet eine für jedes Individuum charakteristische Kurve[3]. Aus dieser kann man mittels der durch das Zentrum der

---

[1] E. HERING, Beitr. 5 (1864); 1879, 401.

[2] TSCHERMAK, A.: Pflügers Arch. 204, 177 (1924). Dabei bedarf es der Festsetzung
der Blicklinien mittels Justierblocks nach TSCHERMAK [ebenda 188, 21 (1924)].

[3] Angesichts der exakten, mit einwandfreier Methodik gewonnenen Beobachtungsresultate von HILLEBRAND, TSCHERMAK (mit KIRIBUCHI, H. FRANK, P. HOEFER, F. P. FISCHER,
W. HERZAU) kann ich die Angaben von P. v. LIEBERMANN [Z. Sinnesphysiol. 44, 429 (1910)]
sowie von E. R. JAENSCH und seinen Schülern [Z. Psychol. 52, 217; 58, 278 (1921)], daß die
Einstellung binokular vereinigter vertikaler Fäden in eine frontoparallele Scheinebene (sog.
abathische Fläche) je nach der Entfernung von den Augen bei verschiedener binokularer
Parallaxe erfolge, und die Schlußfolgerung auf Instabilität der retinalen Raumwerte
bzw. Abhängigkeit von der Entfernung nicht als beweisend erachten (vgl. dazu auch F. B. HOF-
MANN: 1920—1925, 422). Dasselbe gilt von der Angabe von E. R. JAENSCH [(und F. REICH):
Z. Psychol. 86, 278 (1921), (und H. FREILING): Ebenda 91, 321 (1923) — Z. Sinnesphysiol.
52, 229 (1921); 55, 47 (1923). — Vgl. dazu K. KRÖNCKE: Ebenda 52, 217 (1921). — FREILING, H.:
Ebenda 55, 69, 86 u. 126 (1923). — HOFE, K. v.: Graefes Arch. 117, 40 (1926), — H. SCHOLE,
Z. Psychol. 107, 314 (1928); 108, 85 (1928)], daß bei gewissen Arten der Gestaltauffassung
oder der Aufmerksamkeitsverteilung, speziell bei sog. Eidetikern, verschiedene Einstellungs-
formen gewählt werden. Ebensowenig beweisend für eine Instabilität der Korrespondenz
sind meines Erachtens die Angaben von C. SPEARMAN· [Trans. brit. ophthalm. Soc. 41, 91
(1921)]. Daß überhaupt nicht dem Kriterium der frontoparallelen Scheinebene, sondern nur
dem Kriterium der Sehrichtungskonstanz volle Zuverlässigkeit zukommt, ebenso daß die
Berechnung der zu einem empirischen Horopter zugehörigen retinalen Bildwinkel sehr
problematisch ist, erscheint bereits oben hinlänglich betont.

Eintrittspupille gelegten Leitstrahlen zwar die Lage der Mittelpunkte der „Zerstreuungskreise" in den Augen des Beobachters bestimmen, nicht aber — angesichts der oben (S. 852) angeführten Quellen des Astigmatismus, speziell angesichts der Asymmetrien des optischen Systems und angesichts der Wirkung von schiefer Incidenz — die Lage der den Horopterpunkten zugehörigen wirksamen Netzhautelemente in beiden Augen. Dazu bedürfte es erst einer exakten Ermittelung der Konstitution des im Auge des beobachtenden Individuums gebrochenen Strahlenbündels überhaupt (vgl. das oben S. 851 Ausgeführte). Gewiß bildet die mathematische Erfassung und Formulierung des empirischen Horopters ein lockendes und

Abb. 269. Horopterapparat nach HERING-TSCHERMAK. (Von rechts vorn gesehen, die beiden äußersten Lotträger [L_5 und L_6] der Übersichtlichkeit halber entfernt.)

bedeutsames Ziel; doch kann an dessen Erreichung erst nach Feststellung einer Formel für die Regression des schematischen „Perspektivitätszentrums" und nach Gewinnung von individuellen Asymmetriewerten und Aberrationskonstanten gedacht werden (vgl. S. 850 ff.). Ohne Einschluß solcher Faktoren müßte der Versuch einer mathematischen Formulierung als unfruchtbar bezeichnet werden, zumal da keine empirische Nachprüfung ihrer Güte möglich wäre! Die früher übliche Projektion durch ein stabiles Zentrum — nämlich durch den sog. mittleren Knotenpunkt oder gar durch den Krümmungsmittelpunkt der Netzhaut (letzteres nach VIETH und JOH. MÜLLER) — ist sicher unberechtigt und sei hier nur aus Gründen der Tradition und der Veranschaulichung benützt; streng genommen darf man nur für den zahlenmäßigen Vergleich der Bildlage bei benachbarten Außenpunkten (z. B. in den Farb- und Zeithoropteren) einfach die nodalen Einfallswinkel einander gegenüberstellen (vgl. S. 909ff.). Zum besseren Vergleich empfiehlt es sich, die Horopterkurve unter zehnfacher Vergrößerung der Ordinaten darzustellen (vgl. Abb. 270, ebenso 268, 282, 300). Die weitere Diskussion des Horopterproblems sei jedoch auf später verschoben. Hier sei nur noch bemerkt, daß das Korrespondenzkriterium der Scheinebene nur unter bestimmten Bedingungen zuverlässig ist; als solche seien angeführt 1. Verwendung schwarzer Lote auf weißem Grunde oder roter bzw. blauer Lote auf schwarzem Grunde, nicht aber Verwendung weißer Lote auf schwarzem Grunde, 2. längere, mindestens 0,8" dauernde Darbietung aller verglichenen Lote, 3. Verwendung symmetrischer Konvergenz, 4. Vermeidung einer prinzipiell möglichen Einflußnahme des Hintergrundes auf die Auffassung der Fläche der Lote[1].

Das Kriterium des Einfachsehens sowie der Scheinebene liegt auch den *Methoden der Herstellung von ebenflächigen Kombinationsbildern* im Haploskop

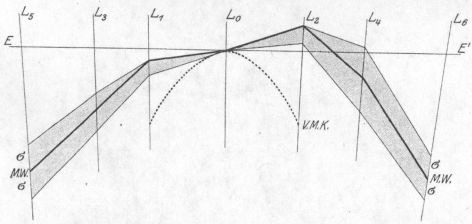

Abb. 270. Fußpunktskurve des empirischen Längshoropters für weiße Fäden bei zehnfacher Ordinatenvergrößerung nach Mittelwert (*M.W.*) und Streuung (*σ*); verglichen mit dem Vieth-Müllerschen Horopterkreis (*V.M.K.*). (Nach F. P. Fischer.) Mit zehnfacher Ordinatenvergrößerung; auf zwei Drittel verkleinert.

zugrunde. Dabei wird entweder das Gleichbleiben der Richtung bestimmter Konturen bei abwechselnd bloß einäugiger oder teils zwei-, teils einäugiger Darbietung kontrolliert (Recklinghausen), oder es wird auf Parallellaufen binokular und unokular gesehener Linien eingestellt (Volkmann), oder es wird endlich ein scheinbares Ineinanderfortlaufen und Einanderergänzen von unokularen Teilstücken bewerkstelligt (Herings Substitutionsmethode; vgl. auch dessen Nachbilddeckmethode). Infolge von Prävalenz der Konturen (s. S. 917) sind die zweiäugigen, durch Deckung übereinstimmender Anteile (z. B. Zentralzeichen und innerster Kreis in Abb. 271) und die einäugigen Elemente (z. B. die Viertelbogenstücke) des Kombinationsbildes im allgemeinen nicht zu unterscheiden; es resultiert daher ein binokularer Eindruck, welcher dem unokularen Eindrucke eines tatsächlich vollständigen Bildes weitgehend gleichwertig ist (vgl. Abb. 271).

Das zuverlässigste Korrespondenzkriterium bietet endlich das Kriterium der Sehrichtungskonstanz, d. h. das *Aufrechtbleiben der Sehrichtung* für ein Lot beim Vergleich von *binokularer und unokularer Betrachtung u. zw.* bei *simultaner*

---

[1] Diese Möglichkeit sei vorsichtshalber offen gelassen, obzwar F. P. Fischer [Pflügers Arch. **204**, 234 (1924)] für sich keinen Einfluß irgendwelchen Hintergrundes (nach Schattenverteilung, Neigung, Zeichnung, Plastik) auf die den Eindruck einer Scheinebene vermittelnde Lotanordnung feststellen konnte.

Darbietung einer binokularen und einer unokularen Lotstrecke: zu diesem Behufe wird einfach ein Lot in der mittleren Strecke für das eine Auge, nicht aber für das andere durch ein schmales Kärtchen von solcher Helligkeit verdeckt, daß sein Eindruck mit jenem des Hintergrundes gerade verfließt (binokulare Noniusmethode nach TSCHERMAK; vgl. Abb. 272[1]). Steht das scheinbar in drei Strecken, nämlich in eine obere und untere binokulare und eine mittlere unokulare Strecke geteilte Lot gerade so, daß alle drei Strecken genau in einer Flucht liegen, dann werden in beiden Augen genau korrespondente Längsreihen getroffen. Die Einstellung erfolgt — individuelle Eignung vorausgesetzt — mit hoher Präzision, also mit sehr kleinem Fehler. — Bei sukzes-

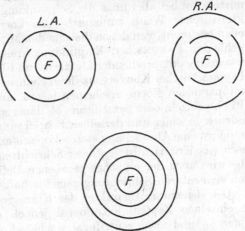

Abb. 271. Halbbild für das linke Auge, für das rechte Auge. Haploskopisches Sammelbild.

sivem Vergleich von binokularer und unokularer Betrachtung bleibt die Sehrichtung nicht konstant, doch handelt es sich bei dieser Lokalisationsdifferenz um ein Phänomen der egozentrischen Lokalisation zum Fühlbild des eigenen Körpers (vgl. S. 965ff.), nicht um eine Inkonstanz oder Einschränkung[2] der Sehrichtungsgemeinschaft, wie sie für die Korrespondenz charakteristisch ist. Weder an relativer Lokalisation (vgl. die Variabilität des subjektiven Maßstabes!) noch an egozentrischer Lokalisation ist die Sehrichtung eines Korrespondentenpaares eine fixe, wohl aber bleibt sie stets eine gemeinsame.

Ein viertes Korrespondenzkriterium ergibt sich daraus, daß eine Tiefenabweichung vom Horopter aus eher merklich wird als eine solche von irgendeiner anderen Aufstellung aus, daß sich als der wahre Horopter der Ort höchster stereoskopischer Unterschiedsempfindlichkeit[3] erwiesen hat (TSCHERMAK mit KIRIBUCHI; vgl. S. 912). Doch erscheint eine darauf gegründete Methode der Ermittlung der korrespondierenden Netzhautstellen weniger genau und

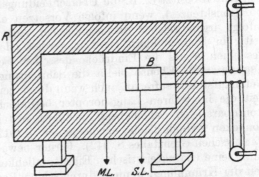

Abb. 272. Vorrichtung zur Bestimmung des empirischen Horopters nach TSCHERMAKs binokularer Noniusmethode. R = Rahmen mit Wollschwarzpapier bespannt, M. L. = fixiertes Mittellot, S. L. = Seitenlot, B = Blättchen, welches das S. L. für das R. A. verdeckt. (Nach F. P. FISCHER.)

vor allem weit umständlicher als eine Bestimmung nach den beiden angegebenen Prinzipien der Scheinebene und der Sehrichtungskonstanz.

Auf Grund der kurz gekennzeichneten vier Kriterien — des Kriteriums mittleren Einfachsehens, des Kriteriums der Scheinebene, des Kriteriums der

---

[1] Vgl. F. P. FISCHER (unter A. TSCHERMAK): Pflügers Arch. **204**, 234 (1924).
[2] Wie ST. WITASEK [Z. Psychol. **50**, 161 (1908); **53**, 61 (1909); **56**, 88 (1910)] meinte.
[3] Auch die Annäherung der subjektiven Lokalisierung an die Richtigkeit dürfte für den Längshoropter die relativ größte sein (vgl. E. HERING: **1879**, 423, 552).

Sehrichtungskonstanz, des Kriteriums der maximalen stereoskopischen Unterschiedsempfindlichkeit — lassen sich korrespondierende Netzhautstellen empirisch ermitteln, wobei allerdings die Schwankungsbreite im indirekten Sehen in charakteristischer Weise zunimmt[1]. Als korrespondierend werden somit solche Stellen bestimmt, von denen die eine den Mittelpunkt des der anderen funktionell zugehörigen PANUMschen Empfindungskreises bildet, besser solche, welche bei Verwendung entsprechender Lichtreize und bei längerer Einwirkungsdauer sowie bei symmetrischer Konvergenz ihren Eindruck in einer und derselben subjektiven frontoparallelen Ebene erscheinen lassen, am besten aber solche, welche gleichgültig ob einzeln oder gemeinsam, ob dauernd oder momentan beansprucht, ihren Eindruck in einer und derselben Sehrichtung erscheinen lassen, endlich solche, von denen eine Abweichung stereoskopisch am schärfsten empfunden wird. Unter diesen vier Kriterien ist jenes der Sehrichtungskonstanz das Zuverlässigste; dasselbe wird auch der eingangs gegebenen Definition der Korrespondenz als einer fixen elementaren Sehrichtungsgemeinschaft am vollkommensten gerecht.

Der elementare Charakter der Korrespondenz betrifft innerhalb der Fovea die einzelnen Zapfen, extrafoveal jedoch eine Mehrzahl von Stäbchen und Zapfen — und zwar zentrifugal wachsend — als „funktionelle Einheit" (vgl. S. 842); eine solche Gruppe ist allerdings bedeutend kleiner als die dem ganzen PANUMschen Empfindungskreis entsprechende Gruppe, in deren Mitte eben jene „Einheit" steht. — Der *feste Charakter der Korrespondenz* äußert sich darin, daß es beim normalen Binokularsehenden durch keinerlei künstliche Einflüsse gelingt, den binokularen Eindruck korrespondierender Stellen zum Zerfallen zu bringen, d. h. gleichzeitig in verschiedenen Sehrichtungen erscheinen zu lassen. So ändert, wie bereits oben S. 893 kurz erwähnt, sich nichts an dem einheitlichen Aussehen eines Nachbildes, welches korrespondierenden Netzhautstellen eingeprägt wurde oder auch nur einen korrespondierenden Anteil besitzt (z. B. die Überschneidungsstelle der beiden Arme eines Kombinationskreuzes), wenn infolge Vorsetzen eines Prismas oder Meniskus oder infolge irgendwelcher disharmonischer Augenstellung äußere Objekte gleichzeitig in Doppelbildern gesehen werden oder wenn durch passive Bewegung des einen Auges die Eindrücke desselben Scheinbewegungen zeigen (HERING, TSCHERMAK[2]). Ebenso bleibt die Sehrichtungsgemeinschaft korrespondierender Netzhautstellen aufrecht, auch wenn durch zeitliche Beschränkung der Sichtbarkeit die im wahren Längshoropter befindlichen Objekte nicht mehr in einer frontoparallelen Scheinebene, sondern in einer gegen den Beobachter hin konvexen Zylinderfläche erscheinen (s. S. 912, ebenso betr. des WHEATSTONE-PANUMschen Grenzfalles S. 942). Ferner bewahrt der empirische Horopter auch dann seine charakteristischen Eigentümlichkeiten an Asymmetrie und Unstetigkeit der Krümmung, wenn er durch schiefe Betrachtung eine Verdrehung erfährt (HERZAU[3]). Die gröberen Schwankungen der Augenstellung zwischen zwei Elementarfixationen sowie das feinschlägige Zittern auch während jeder Elementarfixation sprechen nicht etwa gegen eine Stabilität der Korrespondenz; betreffen doch die gröberen wie die feineren Fixationsschwankungen beide Augen stets gleichmäßig (vgl. S. 1047, 1056). Die Korrespondenz entspricht also beim Normalen einer *ständigen* Sehrichtungsgemeinschaft. — Auch daran sei hier nur kurz erinnert, daß die ursprüngliche feste Beziehung gegenüber der innerhalb des

[1] MANDELSTAMM, L.: Graefes Arch. 18 (2), 133 (1872). — SCHÖLER, H.: Ebenda 19 (1), 1 (1873). — FISCHER, F. P. (unter A. TSCHERMAK): Pflügers Arch. 204, 234 (1924).
[2] HERING, E.: Beitr. 2, 53 (1862); 434 (1879). — TSCHERMAK, A.: Graefes Arch. 47 (3), 508 (1899); vgl. auch PFLÜGER, E.: Klin. Mbl. Augenheilk. 13, 451 (1875).
[3] W. HERZAU (unter A. TSCHERMAK), Graefes Arch. 121, 756 (1929).

PANUMschen Empfindungskreises zeitweilig möglichen Sehrichtungsgemeinschaft sofort hervortritt, wenn während eines nichtkorrespondenten Zusammenarbeitens die korrespondierende Stelle wirksam gereizt wird. Auf die Frage, ob die feste elementare sensorische Korrespondenz auf einer angeborenen Grundlage ruht oder erst im Laufe der individuellen Entwicklung erworben wird, sei erst später eingegangen (vgl. S. 995ff.).

Anhang. Binokulares Gesichtsfeld. Die Gesamtheit der Außenpunkte, welche bei Primärstellung binokular zugänglich sind, hat entsprechend der Nebeneinanderordnung beider Augen die größte Erstreckung in der Horizontalen. In dieser erscheinen die Gesichtsfelder beider Einzelaugen (vgl. S. 845) teilweise übereinandergeschoben, so daß bei Fernsehen die beiden Fixationspunkte gerade in Pupillardistanz (mit 62,64 mm als Mittel nach HOLMGREN; 63,5 mm ♂, 61,5 mm ♀, Gesamtmittel 62,5 zwischen 50 und 73 mm nach JACKSON[1]) zu liegen kommen, bei Nahesehen hingegen beide Fixationspunkte einander decken. Die Breite jedes der unokularen Randbezirke und des binokularen Mittelteiles, der bei fortschreitendem Nahesehen abnimmt, verhält sich bei parallel gestellten Blicklinien etwa wie 1:2,4 bis 3,3 (umgekehrt zum Grade des Vorspringens der Nasenwurzel) — entsprechend den Winkelwerten:

unokular links	binokular	unokular rechts	
35°	90°	35°	(AUBERT)
43°	103,5°	43°	(DONDERS[2])
31°	114°	37°	(F. P. FISCHER[3])

Dem unokularen Anteil jedes Einzelgesichtsfeldes sind noch zuzurechnen die abgeblendeten Zonen, speziell die des Nasenschattens, so daß auf jeder Netzhaut das binokular beanspruchte Gebiet[4] (von 90—114°) nasal von einer unokular beanspruchten Zone von 31—43°, temporal von einer solchen von etwa 20° flankiert erscheint (vgl. Abb. 266 S. 893 nach TSCHERMAK). Die durchschnittlichen Winkelwerte für die einzelnen Meridiane sind aus dem Schema des binokularen Gesichtsfeldes, d. h. der Schnittfigur des binokularen Gesichtsraumes mit einer frontoparallelen Ebene (Abb. 273) zu ersehen, in welcher neben dem gemeinsamen Fixationspunkt (F) die MARIOTTEschen Flecke angegeben sind.

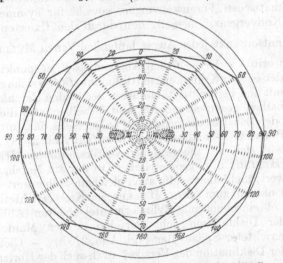

Abb. 273. Binokulares Gesichtsfeld mit Parallelkreiseinteilung, projiziert auf eine frontoparallele Ebene (nach Mercatorprinzip).

---

[1] JACKSON, E.: Transact. Americ. Med. Assoc. 27. sess. Boston **6**, 58 (1921). — Betreffs Messungsmethodik vgl. W. TRENDELENBURG: Klin. Mbl. Augenheilk. **61**, 564 (1918). — HOLMGREN, F.: Graefes Arch. **25** (1), 154, 157 (1879). — TSCHERMAK, A. (Justierblock): Pflügers Arch. **186**, 21 (1921).

[2] DONDERS, F. C.: Graefes Arch. **23** (2), 255 (1877).

[3] FISCHER, F. P. (unter A. TSCHERMAK): Pflügers Arch. **204**, 248 (1924). — Vgl. auch E. BERGER: C. r. Soc. Biol. **68**, 760 (1910).

[4] In dem schematisch (so in Abb. 266 S. 893) angenommenen Fall einer Erstreckung des binokularen Gesichtsraumes auf 90° kommt der Scheitelpunkt desselben auf einen vom Halbierungspunkt der Basalstrecke aus durch die Mittelpunkte beider Augen gelegten Kreis zu liegen.

2. Die Lage der korrespondierenden Stellenpaare.

a) Sog. geometrischer und empirischer Horopter.

Eine Antwort auf die Frage nach der Lage der korrespondierenden Stellen in den Augen könnte ungemein einfach erscheinen und wird auch vielfach noch damit gegeben, daß „selbstverständlicherweise" die funktionell gleichwertigen Stellen in beiden Augen nach derselben Seite und in gleicher Exzentrizität oder wenigstens in gleichen Abständen von den funktionellen Hauptschnitten, also streng antimetrisch gelegen seien. Unter dieser Voraussetzung wurde der Horopter als der geometrische Ort der korrespondent abgebildeten Außenpunkte einfach mathematisch deduziert: es ergab sich bei Fehlen oder Vernachlässigung aller Diskrepanzen als theoretischer *Punkthoropter* (Helmholtz) oder *Totalhoropter* (Hering) — zugleich als Vertikal- oder Längshoropter — für die Ferne, d. h. bei Richtung beider Blicklinien parallel geradeaus, eine unendlich weit abliegende frontoparallele Ebene oder, praktisch gesprochen, der ganze über eine gewisse Entfernung hinaus gelegene binokulare Gesichtsraum. Bei Berücksichtigung der Divergenz oder Disklination der Längsmittelschnitte ergibt sich hingegen als Totalhoropter (und gleichzeitig als Längshoropter) eine in endlicher Entfernung unterhalb der Blickebene gelegene und mit dieser parallele Ebene, welche die Schnittgerade der Ebenen beider Vertikalmeridiane in sich schließt und nach Helmholtz[1] bei wagrechter Blickebene angenähert mit dem Fußboden zusammenfällt.

Für die Nähe erhält man als Totalhoropter unter den einfachsten schematischen Voraussetzungen, sowohl für symmetrische wie für asymmetrische Konvergenz, einerseits den durch den fixierten Punkt und den Krümmungsmittelpunkt jedes Auges laufenden Vieth-Müllerschen Kreis (mit $r = \dfrac{h^2 + d^2}{2h}$, worin $h = \sqrt{s^2 - d^2}$ den Abstand des Fixierpunktes FP von der Verbindungslinie der beiden Krümmungsmittelpunkte OO', welche man in diesem Falle schematisch mit den Perspektivitätszentren der beiden Netzhäute zusammenfallen läßt; d den halben gegenseitigen Abstand derselben, also die Hälfte der sog. Pupillardistanz oder Basalstrecke bedeutet), andererseits das durch den fixierten Punkt laufende Prévost-Burckhardtsche Lot[2] (vgl. Abb. 274a). Unter derselben Voraussetzung läßt sich als theoretischer Vertikalhoropter (Helmholtz) oder Längshoropter (Hering), d. h. geometrischer Ort der auf Netzhautstellen von gleichem Breitenwert, nicht notwendig auch gleichem Höhenwert abgebildeten Außenpunkte, der senkrecht zum Vieth-Müllerschen Kreis errichtete, das Prévost-Burckhartsche Lot einschließende Zylindermantel ableiten (Abb. 274b); bei Berücksichtigung der Disklination geht derselbe in den Mantel eines Kegels mit abwärtsgerichteter Spitze über (vgl. Abb. 275b). — Gleichfalls unter Berücksichtigung der Disklination der Vertikal- evtl. auch der Horizontalmeridiane — jedoch unter Vernachlässigung aller anderen Diskrepanzen — ergibt sich als theoretisches Totalhoropter eine Kurve doppelter Krümmung, welche als Schnittlinie von zwei Flächen zweiten Grades angesehen werden kann (Helmholtz[3]). Die

[1] Helmholtz, H.: Graefes Arch. 9 (2), 153 (1863). — Physiol. Optik, 1. Aufl., S. 714ff., 723, 725; 2. Aufl. 860 ff.; 3. Aufl., 3, 349ff., 356 (unter gleichzeitiger Annahme der höchsten stereoskopischen Unterschiedsempfindlichkeit für diese Fläche; beim Lesen werde ein Buch habituell in einer dazu parallelen Fläche gehalten (3. Aufl., 3, 156), — Vgl. auch das unter S. 1051 Ausgeführte.

[2] Vieth, G. U. A.: Gilberts Ann. 58, 233 (1818); neu abgedruckt in Z.ztg Opt. u. Mech. 44, 216 u. 232 (1923). — Müller, Joh.: Physiologie des Gesichtssinnes. S. 71. Coblenz 1826. — Prévost, A. P.: Inaug.-Diss. Genf 1843. — Pogg. Ann. 62, 548 (1843). — Burckhardt, F.: Verh. naturforsch. Ges. Basel 1, 123 (1854).

[3] Hering, E.: Beitr. Physiol., H. 3 (1863); 4 (1864); 5 (1864). — Helmholtz, H.: Graefes Arch. 10 (1), 1 (1864) — Physiol. Optik, 1. Aufl., S. 713ff. u. 745ff.; 3. Aufl., 3, 347ff. u. 377ff. — Hankel, H.: Pogg. Ann. 122, 575 (1864).

Schwierigkeiten, denen zunächst jede mathematische Fassung des Horopterproblems bzw. des Gesetzes für die Lage der korrespondierenden Punkte, Strecken
und Winkel aus Gründen der Dioptrik begegnet, wurden bereits früher (S. 897)
ausführlich und mit Nachdruck hervorgehoben.

Erst nachträglich hat man (so zuerst HERING) begonnen zu prüfen, mit
welcher Annäherung das tatsächliche Verhalten des Menschen jener schematischen
Erwartung entspricht. Das Ergebnis ist nun eine so *erhebliche Abweichung des*
„empirischen Horopters" vom „geometrischen Horopter", daß wir allen Grund haben,
an der Zulässigkeit der Voraussetzung strenger Parallelität von Lagewert und
Funktionswert zu zweifeln. Darin kann uns der Umstand nur bestärken, daß
wir bereits für das Einzelauge individuelle bzw. typische Teilungsabweichungen
feststellen und daraus mit Wahrscheinlichkeit eigentliche Diskrepanzen erschließen

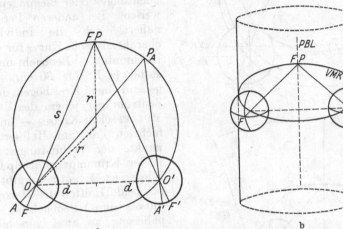

Abb. 274 a und b. VIETH-MÜLLERsches Schema des geometrischen Horopters: a) Totalhoropter als Kreis
durch *F. P.* und die beiden Krümmungsmittelpunkte *OO'* mit Gleichheit der Winkel *AOF* und *A'O'F'.*
b) Längshoropter als Zylinder, der den VIETH-MÜLLERschen Kreis und das PRÉVOST-BURCKHARDTsche
Lot (*P. B. L.*) einschließt.

konnten (vgl. S. 845 ff.). Als Tatbestand sei zunächst hervorgehoben, daß sich
für das Nahesehen, und zwar für einen bestimmten Grad symmetrischer
Konvergenz, bei genügend weit in das indirekte Sehen reichender Untersuchung
und bei genügend langer Expositionsdauer (über 0,8") nach allen Korrespondenz-
kriterien, speziell nach dem Kriterium der Scheinebene wie nach dem Kriterium
der Sehrichtungskonstanz, eine erheblich flachere empirische Horopterkurve
bzw. Längshoropterfläche ergibt, als sie dem geometrischen Schema entsprechen
würde, nämlich bei höheren Graden des Nähersehens eine gegen den Beobachter
hin mäßig konkave Lotfläche, in einer bestimmten größeren Entfernung eine
Ebene, darüber hinaus eine schwach konvexe Zylinderfläche (*Hering-Hillebrand-*
sche Horopterabweichung[1]). Dementsprechend erscheint der verschmolzene Ein-

---

[1] Das Doppelterscheinen solcher Objekte, welche stark seitlich im VIETH-MÜLLERschen
Kreise gelegen sind, hat zuerst H. AUBERT (**1865**, 308) beobachtet und daraus die Notwendigkeit abgeleitet, zwischen geometrisch-korrespondierenden und funktionell-identischen Punkten
zu unterscheiden. Die Forderung einer flacheren Aufstellung von Loten als dem VIETH-
MÜLLERschen Kreise entsprechend hat E. HERING erkannt (Arch. Anat. u. Physiol. **1865**,
82 u. 161) und bereits auf eine bezügliche Breitendiskrepanz der korrespondierenden Netzhautstellen bezogen; dieselbe Beobachtung machte H. HELMHOLTZ an der Bogenaufstellung,
welcher er Nadeln erteilen mußte, um sie in einer geraden Flucht zu sehen (Physiol. Optik,
1. Aufl., S. 723; 3. Aufl., **3**, 856). Vgl. speziell F. HILLEBRAND: Z. Psychol. u. Physiol. **5**, 1
(1893) — Lehre von den Ges. Empf., spez. 114 ff. Wien 1929.

druck von zwei identischen Druckschriften oder Zeichnungen — mangels der geforderten Breitendifferenz bzw. infolge Abbildung der exzentrischen Anteile auf temporaldisparaten Netzhautelementen — leicht in einer gegen den Beob-

achter zu konkaven Zylinderfläche[1]. — Die in der oben erwähnten Weise ermittelte Horopterkurve ist nicht notwendig regulär und symmetrisch; sie kann sogar bei gewissen Personen (so im Falle F. P. Fischer; vgl. Abb. 270, S. 898) lokale Ausbuchtungen oder Biegungen aufweisen. Bei anderen Personen nähert sich die individuell charakteristische Kurve für einen bestimmten Beobachtungsabstand (z. B. für 30 cm) weitgehend einem Kreisbogen, dessen Zentrum vor jenem des Vieth-Müllerschen Kreises — im einfachsten Falle im Halbierungspunkte der Verbindungsstrecke beider Krümmungsmittelpunkte gelegen ist. Eventuell ergibt sich für beide Hälften der Horopterkurve eines Beobachters Annäherung an zwei verschieden zentrierte Kreisbögen. Solche Kreisbögen seien als „Abstandskreise" bezeichnet — unter spezieller Hervorhebung des Basal-Abstandskreises (AK) (Tschermak; vgl. Abb. 275a und b). Nach dem gegebenen Schema wird bei Festhalten des Blickes an dem Lot F. P. das indirekt gesehene Lot nicht nach M im Vieth-Müllerschen Kreise (V.M.K.), auch nicht nach Q in der wirklichen frontoparallelen Ebene (FPE) gestellt, sondern nach N im Abstandskreise (AK). Demgemäß entspricht — Richtigkeit der Abbildung zunächst vorausgesetzt — der temporal

vom Foveazentrum gelegenen Stelle B des linken Auges nicht die um den gleichen Zentriwinkel von der Blicklinie verschiedene Stelle C' des rechten Auges, sondern eine etwas weiter nasal gelegene bzw. um den Winkel δ von C' abweichende Stelle B'.

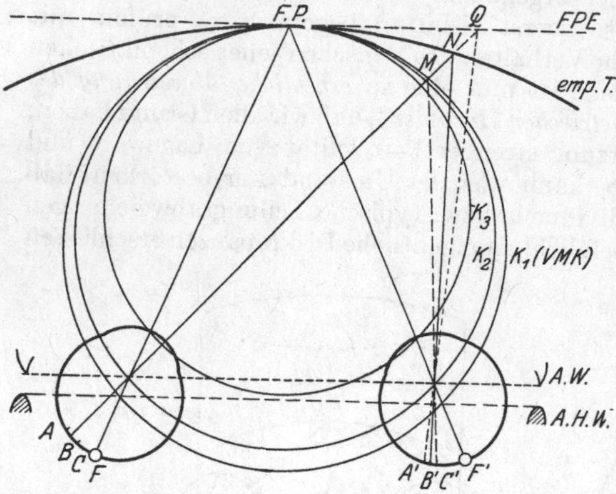

Abb. 275a und b. Schema des empirischen Hering-Hillebrandschen Horopters: a) Totalhoropter (T. H., unter schematischer Koinzidenz mit dem Basal-Abstandskreise A. K.) mit Abweichung gegenüber dem durch beide Krümmungsmittelpunkte (entsprechend der frontoparallelen Ebene der knöchernen Winkel der Augenhöhle, A. H.W.) gelegten Kreise K₁ oder dem durch beide Perspektivitätszentren (entsprechend der frontoparallelen Ebene der äußeren Augenwinkel (A.W.) gelegten Kreise K₂ oder dem durch beide Hornhautscheitel gelegten Kreise K₃. Weder Punkt M noch Punkt Q, sondern Punkt N wird korrespondent auf dem Stellenpaare BB' abgebildet, während M die zu B' temporaldisparate Stelle C', Q die zu B' nasaldisparate Stelle A' reizt. b) Längshoropter (emp. L. H.) als Kegelmantel, der den Totalhoropter (emp. T. H.) bzw. den Abstandskreis A. K. und das geneigte Prévost-Burkhardtsche Lot einschließt.

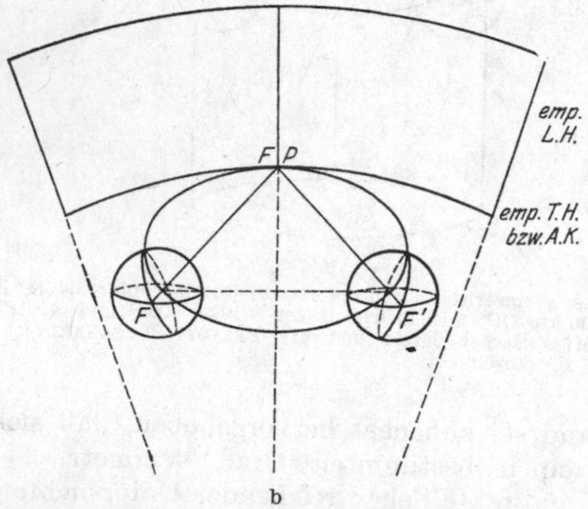

[1] Nagel, W.: Das Sehen mit zwei Augen, 1861, 58. — Hering, E.: 1879, 402.

Der Grad der beschriebenen Horopterabweichung ist für denselben Beobachtungsabstand zweifellos individuell verschieden, indem relativ flachhoropterige und relativ steilhoropterige Personen festzustellen sind[1]. Individuen, für welche der VIETH-MÜLLERsche Kreis (u. zwar bei genügend langer Expositionszeit) oder gar eine noch stärker gekrümmte Kurve gelten würde, sind — trotz einer nicht unerheblichen, wenn auch nicht erschöpfenden Zahl der auf ihre Horopterform Untersuchten — nicht bekannt; wahrscheinlich gibt es solche überhaupt nicht. Aus den Wertreihen der Differenzen der nodalen Objektwinkel, wie sie für eine Anzahl von Beobachtern ermittelt bzw. berechnet wurden[2], sei nur eine besonders umfangreiche wiedergegeben (nach den Beobachtungen HILLEBRANDS; vgl. Abb. 276 nach TSCHERMAK). Die nach dem Kriterium der Scheinebene oder der Sehrichtungskonstanz ermittelte Horopterkurve wird zweckmäßig durch Mittelwerte und — genügende Zahl von Einzelbeobachtungen vorausgesetzt — nicht durch die bloße Angabe der Schwankungsbreite, sondern durch den berechneten mittleren Fehler[3] (die sog. Streuung oder Standardabweichung σ oder μ)

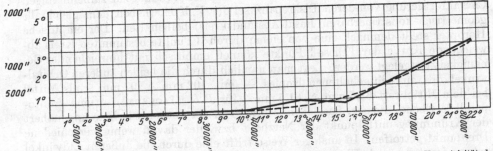

Abb. 276. Differenz (Plus, δ) des temporalen nodozentrischen Objektwinkels bei wachsender Exzentrizität des nasalen nodozentrischen Objektwinkels; ausgezogene Linie: Einzelbeobachtungen, gestrichelte Linie: Ausgleichung zur Stetigkeit. (Nach den Beobachtungen F. HILLEBRANDS.)

charakterisiert, wie dies beispielsweise für das stark asymmetrische Polygon des sog. Weißhoropters (im Falle F. P. FISCHERS) geschehen ist (vgl. Abb. 270, S. 898).

Die schwächere Krümmung des empirischen Horopters gegenüber dem VIETH-MÜLLERschen Kreise bedeutet, wie gesagt, daß die Öffnungswinkel für den Abstand zweier in einer frontoparallelen Ebene erscheinenden Lote *in beiden Augen* (allem Anscheine nach) *nicht gleich, sondern ungleich* sind, und zwar der nodozentrische Einfallswinkel für das gleichseitige Auge, also *der temporocorneale größer ist als* jener für das gegenseitige Auge, also *der nasocorneale.* Es bedarf jedoch — ähnlich wie bei den anscheinenden Diskrepanzen im Raumsinne des Einzelauges (vgl. S. 846) — erst der Untersuchung, ob dieser Differenz der schematisch berechneten Objektwinkel auch eine solche der wahren Bildwinkel entspricht, oder ob letztere ideal gleich sind und nur dioptrische Faktoren eine Differenz der Objektwinkel erzwingen. Sind also wahre retinale Diskrepanzen in der Lage der korrespondierenden Netzhautstellen tatsächlich vorhanden oder fehlen solche bzw. sind solche nur vorgetäuscht durch dioptrische Faktoren? Im ersteren Fall würden die vom Netzhautzentrum oder von den beiden funktionellen Hauptschnitten der Netzhaut in gleicher Richtung gleich-

---

[1] So bereits unter den bei HELMHOLTZ (Physiol. Optik, 1. Aufl., S. 655; 3. Aufl., **3**, 266) angeführten Beobachtern. Vgl. auch die Beobachtungen (mit Angaben über Einfluß der Aufmerksamkeitsverteilung auf Anordnung der Fäden und scheinbare Größe) von E. R. JAENSCH mit F. REICH [Z. Sinnesphysiol. **53**, 278 (1921); **55**, 47 (1923)] und mit K. KRÖNCKE [ebenda **52**, 217 (1921)] sowie von K. ZEMAN [Z. Psychol. **96**, 208 (1924)].

[2] Vgl. die Tabelle bei A. TSCHERMAK: **1904**, 532.

[3] Über diesen s. das **12** (1), 34, Anm. 3 Bemerkte.

weit entfernten oder gleich gelegenen Stellen bzw. die geometrischen Deckstellen beider Netzhäute nicht allgemein und notwendig funktionell gleichwertige Korrespondenten darstellen. Die bereits oben S. 851 näher behandelten Faktoren — nämlich die Abweichung der Blicklinie gegenüber der durch das Pupillen-zentrum laufenden Hornhautnormalen (bezeichnet durch den Winkel α), sowie sonstige im gebrochenen Bündel feststellbare endliche Asymmetrien können sehr wohl im Sinne einer Abflachung der empirischen Horopterkurve gegenüber dem Vieth-Müllerschen Kreise wirken. Derselbe kann natürlich bezüglich der tat-sächlich bestehenden Verhältnisse (Winkel α bzw. dessen im allgemeinen ver-schiedene Größe und verschiedener Lagesinn in beiden Augen) nicht einmal die dem Fixationspunkt entsprechenden Bildstellen in ihrer relativen Lage in beiden Augen genau festlegen und verliert damit jeden Wert als Testkreis zur Ermittlung des geometrischen Ortes solcher Objektpunkte, denen streng antimetrisch in beiden Augen gelegene Bildorte entsprechen —, und zwar gleichgültig, durch was immer für Zentren in beiden Augen man einen analogen Kreis konstruiert. Nur zum geo-metrischen Vergleich mit der empirischen Horopterkurve und zur zahlenmäßigen Charakterisierung von deren Diskrepanz sei der $V.M.K.$ (neben dem gleichfalls geometrisch konstruierbaren Basal-Abstandskreis) beibehalten. Der empirische Horopter stellt demnach eine von einem durch 3 Punkte bestimmten Kreis ab-weichende Kurve dar. Diese 3 Punkte können empirisch mit hinreichender Ge-nauigkeit festgelegt werden. Legt man nämlich durch die beiden äußeren Orbital-winkel des aufrechtgehaltenen Kopfes — mit 102 mm $\male$, 97 mm $\female$ als Mittel bei dem Mittelwert 63,5 mm $\male$, 61,5 mm $\female$ für $P.D.$ (Jackson[1]) — eine fronto-parallele Ebene, die sog. Basalebene, so wird in der Hauptvisierlinie angenähert der Krümmungsmittelpunkt der Netzhaut bzw. der davon wenig verschiedene Drehpunkt getroffen. In analoger Weise trifft eine durch die äußeren Lidwinkel gelegte frontoparallele Ebene angenähert das schematisch angenommene Perspek-tivitätszentrum. Trägt man nun vom Halbierungspunkt der Orbitalwinkel-strecke die halbe Pupillardistanz bzw. den halben Abstand der beiden parallel-gestellten Hauptvisierlinien auf, so erhält man zwei charakteristische Punkte neben dem Fixationspunkte als dritten. Der Zentrum des Kreises liegt auf der kürzesten Verbindungslinie zwischen Fixationspunkt und Basalstrecke. Der Hauptabstandskreis ist bereits durch den ersteren und durch den Halbierungs-punkt der Orbitalwinkelstrecke charakterisiert. — Einen weiteren vom $V.M.K.$ wenig abweichenden Vergleichskreis kann man legen durch den Fixationspunkt und die beiden in Pupillardistanz angesetzten schematischen Perspektivitäts-zentren, einen dritten durch die wieder in $P.D.$[2] angesetzten Hornhautscheitel (vgl. dazu Abb. 275a).

Daß vom biologischen Gesichtspunkte aus das Bestehen wahrer Diskrepanzen weit wahrscheinlicher ist als die Annahme einer bloßen dioptrischen Vortäuschung solcher, braucht kaum nochmals betont zu werden (vgl. S. 854). Allerdings darf die tatsächliche Komplizierung der Diskrepanzbeobachtungen durch dioptrische Faktoren nicht unterschätzt oder gar verkannt werden. Deshalb sei vorläufig nur unter Vorbehalt und mit der Einschränkung auf den äußeren Anschein von einer „Diskrepanz der korrespondierenden Paarstellen" gesprochen und aus den Abweichungen vom genannten Testkreis, speziell aus der Hering-Hille-brandschen Abflachung, auf eine reguläre Ungleichheit oder Nichtantimetrie

---

[1] Jackson, E.: Transact. Americ. Med. Assoc. 27. sess. Boston **6**, 58 (1921).
[2] Bei höheren Graden von Konvergenz der Gesichtslinien resultiert hiebei bereits ein nicht vernachlässigbarer Fehler. Auch in den nicht durch die $K.M.P.$ gelegten Vergleichs-kreisen entsprechen jeder Kreisstelle gleiche Öffnungswinkel der zugehörigen Sehne mit der Blicklinie, also schematisch gleiche Bildwinkel in jedem Auge.

korrespondierender Netzhautstellen geschlossen werden — nämlich auf ein Größersein der retinonasalen Bildwinkel gegenüber den funktionell gleichwertigen retinotemporalen, wie dies das oben gegebene Schema illustriert (vgl. Abb. 275). Auf jeden Fall entscheidet bei gegebenen dioptrischen Faktoren die Anordnung der korrespondierenden Paarstellen in beiden Augen über die Form der gegenseitigen Horopterhälfte.

In einem bestimmten weiteren Abstand vom Beobachter (der sog. abathischen Region[1]) geht die zunächst gegen den Beobachter konkave Fläche des empirischen Längshoropters — entsprechend der charakteristischen Abweichung der korrespondierenden Netzhautstellen von der symmetrischen Lage — in eine objektive Ebene über; darüber hinaus gewinnt sie eine zunehmend konvexe Krümmung gegen den Beobachter (HILLEBRAND).

Bei *schiefer Betrachtung* (untersucht von HERZAU[2]) ergibt sich eine vollständige gleichsinnige Mitdrehung des nach dem Kriterium der frontoparallelen Scheinebene bestimmten empirischen Horopters, wenn nur der Kopf (mit dem Rumpf) gegen die Versuchsanordnung gedreht wird und dabei die symmetrische Konvergenz aufrechterhalten bleibt. Hingegen erteilt reine asymmetrische Konvergenz — erreicht durch seitliche Verschiebung des Kopfes ohne Drehung — der Einstellung auf frontoparallele Scheinebene eine charakteristische Verdrehung nach jener Seite, nach welcher der Blick gewendet ist; diese Verdrehung ist jedoch schwächer, als sie der Drehung der mittleren Blicklinie entsprechen würde. Kombination von Kopfwendung und gegensinniger Blickwendung ergibt einen Subtraktionseffekt bezüglich der Einstellung, wobei der Einfluß der Kopfdrehung überwiegt, also eine gewisse gleichsinnige Mitnahme des Horopters restiert. Bei seitlicher Blicklage trennt sich — vermutlich infolge eines myosensorischen Einflusses der Augenmuskeln (vgl. S. 977) — das Kriterium der Scheinebene vom Kriterium der binokular-unokularen Sehrichtungskonstanz, indem erst eine Einstellung von relativ *zu starker* Verdrehung, also eine nicht streng korrespondente, sondern bereits etwas querdisparat abgebildete Einstellung als frontoparallel anerkannt wird. Seitenlagerung des Blickes nimmt also die Scheinebene überstark mit. In allen Fällen von Verdrehung bewahrt der „empirische Horopter" dieselben individuell charakteristischen Eigentümlichkeiten an Asymmetrie und Unstetigkeit der Krümmung, wie sie bei der Ausgangsstellung, also bei gerader Betrachtung bzw. symmetrischer Konvergenz, festzustellen sind.

b) Korrespondenzdiskrepanz und Symmetriediskrepanz; Begriff der „Ziehung" im Horopter.

Die wahrscheinliche Diskrepanz der korrespondierenden Paarstellen in beiden Augen erinnert alsbald an die in der Regel im gleichen Sinne gelegene Diskrepanz der funktionell symmetrischen Paarstellen im Einzelauge, für welches wir unter gleichen Vorbehalten und mit analoger Wahrscheinlichkeit auf ein reguläres Größersein der retinonasalen Bildwinkel gegenüber den symmetrisch gleichwertigen retinotemporalen als Regel (KUNDTsche Teilungsweise im Gegensatze zum MÜNSTERBERGschen Typus) geschlossen haben (vgl. S. 846). Im Prinzip sind jedoch die binokulare Korrespondenzdiskrepanz und die unokulare Symmetriediskrepanz selbständig und unabhängig voneinander. Was endlich die Lage der funktionell-symmetrischen Korrespondenzpaare im Doppelauge anbelangt, so kann diese entweder eine objektiv-symmetrische bzw. richtige

---

[1] K. VOM HOFE [Graefes Arch. **117**, 40 (1926)] setzt etwa 1 m als abathische Distanz beim „Normalen" an. Vgl. auch P. v. LIEBERMANN (betreffs der „abathischen Fläche"): Z. Sinnesphysiol. **44**, 428 (1910).

[2] W. HERZAU (unter A. TSCHERMAK): Graefes Arch. **121**, 756 (1929).

sein oder eine unsymmetrische bzw. diskrepante. Die relative Anordnung jener Punkte in einer Horopterkurve, welche den Eindruck gleichen gegenseitigen Abstandes vermitteln, sei als „Ziehung" bezeichnet. Dieselbe gibt also die objektive Charakteristik ab für den subjektiven Maßstab innerhalb der empirisch festgestellten Kurve. Zwei Punkte oder Punktpaare, welche den Eindruck gleichgroßen Abstandes vom fixierten Punkte erzeugen, seien als „ziehungsgleich" bezeichnet. Die Ziehung wird am zweckmäßigsten im Winkelmaß ausgedrückt, und zwar in Form der Projektionswinkel in bezug auf den Halbierungspunkt der Basalstrecke. Die beiden ungleichnamigen Schenkel derselben Horopterkurve, ebenso die gleichnamigen Schenkel verschiedener Horopterkurven (desselben Beobachters) können in der Ziehung übereinstimmen oder differieren

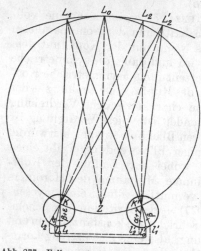

(vgl. Abb. 277) — ebenso die Ziehung innerhalb eines und desselben Schenkels einer Horopterkurve. Bezüglich der beiden Hälften desselben Horopters läßt — soweit nicht dioptrische Faktoren dafür maßgebend sind — Übereinstimmung der Ziehung, also objektiv symmetrische Einstellung oder objektiv richtige Teilung einer binokular beobachteten Strecke darauf schließen, daß die funktionell-symmetrischen Paarstellen „geometrisch richtig" gelegen sind. Hingegen gestattet Ungleichheit der Ziehung, also Unrichtigkeit binokularer Streckenhälftung den Schluß auf Lagediskrepanz — allerdings wieder unter demselben Vorbehalt. Es ist der Fall möglich, daß der Horopter der Form nach symmetrisch ist, jedoch die Ziehung in seinen beiden Hälften asymmetrisch — so daß binokular falsch halbiert wird (vgl. Abb. 277). Umgekehrt beweist objektive Richtigkeit der binokularen Halbierung bei symmetrischer Horopterform bereits Symmetrie auch der Ziehung. In einem solchen Falle ist neben einer Symmetrie der binokularen Korrespondenzpaare auch eine zweiäugige Symmetrie der unokularen Symmetriediskrepanzen abzuleiten. In

Abb. 277. Fall von Asymmetrie der Ziehung in den beiden Hälften eines symmetrisch geformten Horopters mit subjektiver Gleichwertigkeit nicht der objektiv symmetrischen Einstellung $L_1 L_0 L_2$, sondern der objektiv unsymmetrischen Einstellung $L_1 L_0 L_2'$: Korrespondenzdiskrepanz der Paarstellen l_2 ($\sphericalangle \alpha$ mit l_0 bildend), l_2' ($\sphericalangle [\alpha + \gamma]$ mit l_0 bildend), und der Paarstellen l_1 ($\sphericalangle [\beta + \varepsilon]$ mit l_0 bildend), l_1' ($\sphericalangle \beta$ mit l_0' bildend), zudem Symmetriediskrepanz der Paarstellen des rechten Auges ($\alpha > [\beta + \varepsilon]$) wie des linken Auges ($[\alpha + \gamma] > \beta$), welche aber *nicht* gleich groß ist.

diesem Falle ist bei HERING-HILLEBRANDscher Horopterform gleichzeitig das Bestehen von KUNDTscher Teilungsweise, und zwar in beiden Augen symmetrisch, zu erwarten. Umgekehrt ist aus Symmetrie der KUNDTteilung in beiden Einzelaugen und symmetrischer Form des Horopters auf Symmetrie der Ziehung im Horopter bzw. objektive Richtigkeit binokularer Teilung zu schließen. Ein solches Parallelgehen der HERING-HILLEBRANDschen und der KUNDTschen Abweichung hat FRANK[1] für sein Sehorgan nachgewiesen; dieser Beobachter teilt eine im Horopter bei symmetrischer Konvergenz betrachtete Strecke nicht bloß binokular, sondern auch unokular objektiv richtig — hingegen objektiv falsch, und zwar nach KUNDT, bei senkrechter Einstellung der waagerechten Strecke zur einzelnen Blicklinie (vgl. Abb. 278). Wie häufig ein solcher „Idealfall" verwirklicht ist, muß angesichts des Mangels statistischer

[1] FRANK, M. (unter A. TSCHERMAK): Pflügers Arch. **109**, 63 (1905).

Untersuchungen über Horopterform und Binokularteilung dahingestellt bleiben. Jedenfalls darf man denselben nicht ohne weiters als Regel betrachten, zumal da erwiesenermaßen die Möglichkeit von erheblicher Asymmetrie der Horopterform und der Horopterziehung besteht (F. P. FISCHER[1]).

Schließlich sei daran erinnert, daß das oben (Abb. 265, S. 892) wiedergegebene Schema der Deckung beider Netzhäute bzw. des Zyklopenauges schematisierend die Inkongruenz der Netzhäute vernachlässigt, welche wir aus den Strecken- und den Richtungsdiskrepanzen sowie aus der Horopterabweichung — wenigstens mit Wahrscheinlichkeit — abgeleitet haben: tatsächlich wären die beiden Netzhäute nur unter ungleichmäßiger Zerrung oder Pressung sowie unter Drehung zur „Deckung" bezüglich der gleichwertigen Stellen zu bringen. So hoch das HERINGsche Schema zur Veranschaulichung gedachter, einfachster Verhält-
nisse zu werten ist, so wenig darf man
an seine tatsächliche Realität als Norm
glauben.

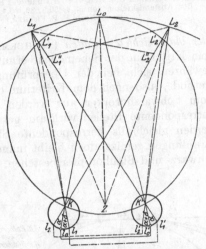

Die angenäherte Symmetrie gewisser
anscheinender Diskrepanzen in beiden
Augen, nämlich der Streckendiskrepanz in
der Horizontalen und der Richtungsdiskrepanz in der Vertikalen (vgl. Abb. 255
auf S. 855), hat die nicht zu unter-
schätzende Bedeutung der Kompensation
bei binokularem Sehen; so wird im allgemeinen trotz KUNDTschen Teilungsfehlers
für jedes Einzelauge doch zweiäugig richtig halbiert, trotz einäugiger Abweichung
von scheinbarer Vertikale und Lot doch
zweiäugig die Vertikale richtig eingestellt,   Abb. 278. Idealfall von Symmetrie der Horopter-
was wieder auf die Bedeutung von Her-   form und der Ziehung mit binokular richtiger,
                                                 unokular symmetrisch unrichtiger Teilung (Sym-
stellung und Erhaltung symmetrischer   metrie der HERING-HILLEBRANDschen Horopter-
Orientierung beider Augen hinweist, und   abweichung sowie der KUNDTschen Teilung).
zwar durch Vermittlung einer besonderen Kooperationsform der gespaltenen
Vertikalmotoren (vgl. unten S. 1037, 1045).

3. Abhängigkeit des empirischen Horopters von der Farbe und der Zeit (Farbhoropter, Momenthoropter)[2].

a) Farbhoropteren.

Stellt man eine Reihe von Loten bei verschiedener Helligkeitsverteilung oder bei verschiedener Farbe der Belichtung nach dem Kriterium der fronto-parallelen Scheinebene ein, so ergibt sich eine charakteristische Differenz. *Weiße Lote* auf schwarzem Grunde werden konstant in eine deutlich *flachere* Kurve eingestellt *als schwarze* Lote auf weißem Grunde, obzwar auch die letztere Kurve erheblich hinter dem VIETH-MÜLLERschen Kreise zurückbleibt (TSCHERMAK, F. P. FISCHER, HERZAU[3] — vgl. Abb. 279 nach F. P. FISCHER, aus welcher zugleich die Asymmetrie sowie die Annäherung an bestimmte Ab-

---

[1] FISCHER, F. P. (unter A. TSCHERMAK): Pflügers Arch. **204**, 203 (1924).
[2] Vgl. dazu speziell A. TSCHERMAK: Fortgesetzte Studien über Binokularsehen. Pflügers Arch. **204**, 177ff. (1924).
[3] FISCHER, F. P. (unter A. TSCHERMAK): Pflügers Arch. **204**, 203 (1924); W. HERZAU (unter A. TSCHERMAK): Graefes Arch. **121**, 756 (1929).

standskreise zu ersehen ist). Analogerweise erfolgt die *Einstellung von rot-gefärbten oder rotbelichteten Fäden in eine flachere Kurve als jene von blaugefärbten*

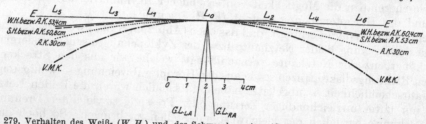

Abb. 279. Verhalten des Weiß- (*W.H.*) und des Schwarzhoropters (*S.H.*) zur Frontoparallelebene (*EE'*), zu den Abstandskreisen von 53,4, 50,8, 30, 60,4, 53 cm Radius und zum Vieth-Müllerschen Kreise. (Nach F. P. Fischer.) — (Auf die Hälfte verkleinert.)

oder blaubelichteten Fäden (Tschermak[1] — vgl. Abb. 280a und b). Die nach dem Kriterium der Scheinebene ermittelten Schwarz-, Rot- und Blauhoropteren bewähren sich bei der Überprüfung oder Neueinstellung nach der Nonius-methode, also nach dem Kriterium der Sehrichtungskonstanz (F. P. Fischer[2]). Vom Schwarzhoropter aus werden durch den kurzwelligen Strahlungsanteil korrespondente Stellen wirksam getroffen; vom Blau- bzw. Rothoropter aus werden gleichfalls korrespondente Stellen durch die kurz- bzw. langwelligen Strahlungen gereizt, doch bleibt immer noch ein gewisser Unterschied zwischen Schwarz- und Blauhoropter bestehen, ebenso wie sich ein solcher ergibt zwischen

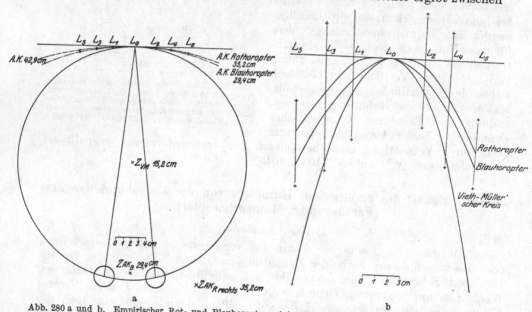

Abb. 280 a und b. Empirischer Rot- und Blauhoropter: a) in gleichmäßiger Verkleinerung mit Angabe der entsprechenden Bogenstücke und Zentren der Abstandskreise (Radius von *A. K_R* = 35,2 cm, *A. K_B* = 29,4 cm, *V. M. K.* = 15,2 cm); b) unter zehnfacher Vergrößerung der Ordinatenwerte. (Nach Tschermak.) Auf ein Drittel verkleinert.

dem noniusrichtigen Rothoropter und dem Weißhoropter. Im Gegensatze zu den anderen Horopteren stimmt die für Scheinebene und die für Sehrichtungs-

---

[1] Tschermak, A.: Pflügers Arch. **204**, 177 (1924). — Fischer, F. P. (unter A. Tschermak): Ebenda **204**, 203 (1924).
[2] Fischer, F. P. (unter A. Tschermak): Pflügers Arch. **204**, 234 (1924).

gleichheit vorgenommene Aufstellung weißer Lote auf schwarzem Grunde *nicht* überein (F. P. FISCHER). Der für Scheinebene ermittelte „Weißhoropter" erweist sich demnach nicht als der wahre Weißhoropter, umgekehrt erscheinen die im wahren Weißhoropter stehenden Lote nicht in einer Ebene. Warum die im ersteren Falle getroffenen, nichtkorrespondenten Netzhautstellen den Eindruck der Scheinebene vermitteln bzw. warum im letzteren Falle die gereizten korrespondierenden Netzhautstellen nicht diesen Eindruck, sondern bereits jenen einer gegen den Beobachter hin konkaven Krümmung erzeugen, ist noch nicht mit Sicherheit zu beantworten — wahrscheinlich ist im wesentlichen der langwellige Teil für das Kriterium der Scheinebene, der kurzwellige für das Kriterium der Sehrichtungskonstanz maßgebend. Daß von einem und demselben Außenpunkte her bei Lichtaussendung in lichtloser Umgebung und bei Lichtlosigkeit in lichtaussendender Umgebung

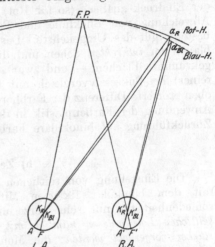

ein *verschiedenes* Stellenpaar wirksam gereizt wird, ist angesichts des komplizierten Zusammenwirkens von Dezentrierung des bilderzeugenden Apparates, von Lichtaberration und von Kontrastfunktion wohl nicht zu vermeiden. Die charakteristische Verschiedenheit des Rot- und Blauhoropters läßt sich zurückführen auf eine chromatische Differenz des Perspektivitätszentrums[1] in dem nichtapochromatischen Auge, aus welcher eine chromatische Differenz der Vergrößerung oder Bildlage resultiert (TSCHERMAK). Reizung derselben Korrespondentenpaare im Doppelauge durch langwellige und kurzwellige Strahlungen ist nur möglich von zwei an Tiefe und Breite verschiedenen Punkten aus, welche eben dem Rot- und dem Blauhoropter angehören (vgl. Abb. 281). Die Untersuchung der

Abb. 281. Chromatische Differenz des Perspektivitätszentrums (K_R und K_{Bl} bzw. K'_R und K'_{Bl}) für zwei zugehörige Punkte, entsprechend der Differenz von empirischem Rot- und Blauhoropter. (Nach TSCHERMAK.)

„Ziehung" bzw. der Lage der zugehörigen Punkte im Rot- und Blauhoropter ist noch nicht abgeschlossen.

Farbenstereoskopie. Gleichweit entfernte Objekte von verschiedener Farbe bzw. Lichter von verschiedener Wellenlänge erscheinen bei binokularer Beobachtung zwingend (bei einäugiger Beobachtung höchstens andeutungsweise[2]) in ungleichem Abstand, wenn sonst keine speziellen Motive für die Lokalisation

---

[1] Dabei liegt das Perspektivitätszentrum für rotes Licht näher der Hornhaut bzw. weiter ab von der Netzhaut als für blaues Licht. — W. EINTHOVEN [Arch. néerl. Physiol. **29**, 346 1897] berechnet für das schematische menschliche Auge eine Nodaldifferenz $K_D - K_F = 0,0124$ mm, eine Fokaldifferenz $F'_D - F'_F = 0,2719$ mm, A. MATHIESSEN (1847) eine Fokaldifferenz für rotes und violettes Licht von 0,58 bis 0,62 mm, HELMHOLTZ nach FRAUNHOFERS Angaben $F'_C - F'_G = 0,434$ mm, M. WOLF $F'_C - F'_G = 0,48$ mm, beide für das nach LISTING reduzierte Auge. Vgl. dazu H. v. HELMHOLTZ: Physiol. Optik, 3. Aufl., **1**, 147 (1909). — TSCHERMAK, A.: Pflügers Arch. **204**, 179, spez. 199 (1924).

[2] Bei unokularem Sehen machte H. HELMHOLTZ [Physiol. Optik, 1. Aufl. S. 634; 3. Aufl., **3**, 246; ebenso noch M. LANDOLT: Arch. d'Ophtalm. **42**, 596 (1925)] die geringe Differenz der Akkommodation für langwellige und kurzwellige Strahlungen verantwortlich; eine Verschiedenheit der Tiefenauslegung kann jedoch hieraus nicht resultieren (vgl. die Ausführungen S. 948). CARSTEN, E. [Hosp.tid. (dän.) **67**, 55 (1924)] und S. BELAJEW-EXEMPLARSKY [Z. Psychol. **96**, 400 (1921)] ziehen für die verschiedene unokulare Plastik psychologische Momente heran; vgl. auch E. AMMANN: Klin. Mbl. Augenheilk. **74**, 587 (1925).

gegeben sind, und zwar erscheint der Mehrzahl der Beobachter Rot näher als Blau. Dieses Verhalten bei Simultanbeobachtung im direkten Sehen ist auf eine Asymmetrie des Auges — nämlich auf die meist nasalgerichtete Abweichung der Blicklinie bzw. Hauptvisierlinie von der Pupillenmitte zu beziehen (EINTHOVEN[1]). Infolgedessen fallen bei Akkommodation des Auges für blaues Licht der sog. Blaubildpunkt (d. h. die wirksame Stelle des relativ kleinsten Zerstreuungskreises) und das Maximum des relativ großen Zerstreuungskreises für Rot nicht zusammen; es ergibt sich vielmehr in der Regel eine *nasale* Abweichung des sog. Blaufocus vom Rotmaximum bzw. eine *temporale* Abweichung des sog. Rotfocus vom Blaumaximum in jedem Auge. Wie später (S. 930) auseinanderzusetzen sein wird, ist nun aber bei zweiäugigem Sehen mit Nasaldisparation zwangläufig der Eindruck „ferner" (so für Blau), mit Temporaldisparation der Eindruck „näher" (so für Rot) verknüpft. Für Individuen, bei denen die Abweichung von Blicklinie und Pupillenmitte in entgegengesetzter Richtung besteht, gilt das Umgekehrte. Das Nähererscheinen roter Objekte gegenüber blauen im *indirekten* Sehen und die konsekutive Einordnung in verschieden gekrümmte Flächen — und zwar sowohl bei Simultanbeobachtung wie (noch reiner) bei Sukzessivvergleich mit beliebigem Intervall betrifft hingegen die oben erörterte Differenz der Farbhoropteren. — Kurz erwähnt sei die praktische Anwendung der Farbenplastik in der Kartographie (nach PEUCKER) und ihre Zurückführung auf binokulare Farbenstereoskopie[2].

b) Zeithoropteren.

Die Einstellung von seitlichen Loten in eine frontoparallele Scheinebene mit dem binokular fixierten Mittellote ergibt eine charakteristische Verschiedenheit für nur sehr kurze und für länger dauernde Darbietung. *Die seitlichen Lote müssen nämlich mit abnehmender Sichtbarkeitsdauer zunehmend stärker vorgerückt werden*: die Momenteinstellungen, die sog. Momenthoropteren, entsprechen stärker gekrümmten Kurven als die Dauereinstellung — also einer Abnahme der sog. Horopterabweichung; ja, der sog. Momenthoropter für schwarze Lote auf weißem Grunde kann bei maximaler Verkürzung der Expositionszeit noch über den VIETH-MÜLLERschen Kreis hereinrücken (TSCHERMAK mit KIRIBUCHI[3], bestätigt von JAENSCH[4], LAU[5], F. P. FISCHER[6]). Zwischen Expositionszeiten von $^1/_{50}$ bis $^8/_{10}$ Sekunden ergab sich eine stufenweise Abnahme der Krümmung; mit 0,8″ ist der weiterhin unverändert bleibende Dauerhoropter erreicht. Bei Überprüfung mittels der Noniusmethode hat sich gezeigt, daß für schwarze Fäden auf weißem Grunde die Einstellung

[1] EINTHOVEN, W.: Inaug.-Dissert. Utrecht 1885 — Graefes Arch. **31** (3), 211 (1885) — Brain **16**, 191 (1893). — GROSSMANN, K.: Ophthalm. Rev. **1888**, 346. — BASEVI, V.: Ann. d'Ocul. **103**, 222 (1890). — GULLSTRAND, A.: Skand. Arch. Physiol. (Berl. u. Lpz.) **2**, 269 (1891). — TSCHERMAK, A.: Pflügers Arch. **204**, 177 (1924 (ebenda die Zitate von E. v. BRÜCKE, F. DONDERS, S. EXNER, C. HESS). — CARSTEN, E.: Hosp.tid. (dän.) **67**, 55 (1924). — BELAJEW-EXEMPLARSKY, S.: Z. Psychol. **96**, 400 (1925). — Vgl. ferner die Beobachtungen von JENSSEN [Nord. med. Ark. (schwed.) Afd. 1, H. 2 (1905)] über künstliche Farbenstereoskopie bei Benutzung von Prismen oder prismatisch wirkenden nichtzentrierten Brillengläsern sowie die Angaben H. SIEDENTOPF über farbenmikrostereoskopische Täuschungen an Farbenrasterplatten unter einem Binokularmikroskop [Z. Mikrosk. **41**, 16 (1924)].
[2] BRÜCKNER: E. u. A.: Mitt. geogr. Ges. Wien **1909**, H. 4/5.
[3] TSCHERMAK, A. (nach Beobachtungen von T. KIRIBUCHI): Pflügers Arch. **81**, 328 (1898).
[4] JAENSCH, E. R.: Z. Psychol. Erg.-Bd. **6**, spez. 148ff. (1911).
[5] LAU, E.: Z. Sinnesphysiol. **53**, 1 (1921) — Vgl. auch Psychol. Forschg **2**, 1 (1922).
[6] FISCHER, F. P. (unter A. TSCHERMAK): Pflügers Arch. **204**, 203, spez. 215ff. (1924).

auf Scheinebene oberhalb 0,8″ Expositionszeit zugleich der Sehrichtungskonstanz, also dem wahren Horopter entspricht, während die „Momenthoropteren" deutlich davon abweichen, also unterhalb 0,8″ nichtkorrespondente Stellen den Eindruck einer frontoparallelen Scheinebene vermitteln. Hingegen entspricht für weiße Fäden auf schwarzem Grunde nicht die Dauereinstellung auf Scheinebene oberhalb 0,8″ dem Kriterium der Sehrichtungskonstanz, also dem wahren Horopter, sondern eine ganz bestimmte „Moment"-Einstellung von etwas kürzerer Dauer (etwa 0,75″). Bei noch weiter fortschreitender Verkürzung der Expositionszeit unter 0,75″ erfolgen die Einstellungen in immer stärker gekrümmte Kurven bis zu einer etwa beim VIETH-MÜLLERschen Kreise gelegenen Grenzkurve; es ergibt sich also ein deutliches Zurückbleiben der sog. Weißmomenthoropteren

hinter den zugehörigen „Moment"-Einstellungen für Schwarz (E. P. FISCHER; vgl. Abb. 281).

Der interessante Unterschied zwischen Dauerhoropter und sog. Momenthoropteren dürfte darauf zurückzuführen sein, daß die beiden gleichzeitig gereizten, korrespondierenden Netzhautstellen doch eine gewisse Verschiedenheit besitzen und bei kurzer Beanspruchung die nasale Netzhautstelle mit dem Effekte relativen Fernererscheinens ihres Eindruckes überwiegt (TSCHERMAK), worüber gleich noch zu handeln sein wird (s. S. 919). Die Zurückführung auf ein „nichtvolles Auswirken" der Querdisparation bei kurzer Expositionszeit (LAU) erscheint ungenügend.

*Phänomen der kreisenden Marke (*PULFRICH*scher Stereo-*

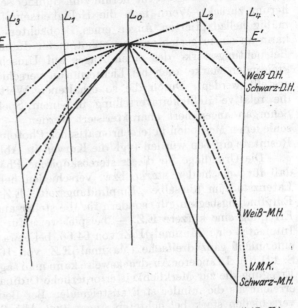

Abb. 282. Vergleich der empirischen „Dauerhoropteren" (*D. H.*) und „Momenthoropteren" (*M. H.* für 0,2 Sek.) für weiße Fäden und für schwarze Fäden sowie des VIETH-MÜLLERschen Kreises (*V. M. K.*) bei zehnfacher Ordinatenvergrößerung. (Nach F. P. FISCHER.) Auf drei Fünftel verkleinert.

effekt) oder Bewegungsstereoskopie verschiedenfarbiger Lichter [1]. Als Gegenstück zu der nichtebenflächigen Lokalisation gleichzeitiger korrespondierender Eindrücke unterhalb einer gewissen Zeitschwelle sei — der Lehre von der Stereoskopie vorausgreifend — bereits hier das Phänomen der kreisenden Marke bzw. die Bewegungsstereoskopie verschiedenfarbiger Lichter behandelt. Die Erscheinung besteht darin, daß eine binokular beobachtete Marke, welche entweder selbst Licht reflektiert oder selbst dunkel sich vor einem beleuchteten Grunde befindet

---

[1] PULFRICH, C.: Naturwiss. **10**, 553ff. (1922) — Die Stereoskopie im Dienste der Photometrie und Pyrometrie. Berlin 1923. — Vgl. J. v. KRIES: Ebenda **11**, 461 (1923). — ENGELKING, E. (u. F. Poos): (betreffs Einflußlosigkeit der Farbenempfindung an sich) Graefes Arch. **114**, 340 (1924) — [bezüglich Deutung unter Heranziehen rhodogenetischer Hemmung Klin. Mbl. Augenheilk. **73**, 1 (1924); s. auch G. E. MÜLLER: Nachr. Ges. Wiss. Göttingen, Math.-physik. Kl., **1924**, 1]. — WÖLFFLIN, E.: Arch. Augenheilk. **95**, 107 (1925). — KRONENBERGER, P.: Z. Sinnesphysiol. **57**, 255 (1926). — SAEGEL, F.: Klin. Mbl. Augenheilk. **78**, 204 (1927). — Vgl. ferner C. L. MUSATTI: Arch. ital. Psicol. **3**, 105 (1924). — VOGELSANG, K.: Erg. Physiol. **27**, 122, spez. 143, 173 (1927). — M. DUFOUR: Bull. Soc. Ophtalm. Paris **6**, 343 (1928).

und in einer Ebene, speziell in einer frontoparallelen, hin und her pendelt, nur bei einem ganz bestimmten Verhältnis — und zwar im allgemeinen bei Gleichheit — der Beleuchtungsstärke beider Augen sich ebenflächig zu bewegen scheint, sonst aber nach der Tiefe zu kreisen scheint. Bei gleichem Helladaptationszustand beider Augen entspricht dieses bestimmte Verhältnis anscheinend jenem, bei welchem die Eindrücke beider Augen an subjektiver Helligkeit gerade übereinstimmen. Stereowert und Helligkeitswert scheinen diesfalls wenigstens angenähert parallel zu gehen. Erscheinen beispielsweise durch einseitiges Vorsetzen eines Rauch- bzw. Farbglases oder einer stenopäischen Lücke oder durch Benützung zweier gesonderter Lichtquellen für die beiden Augen die Eindrücke beider Augen verschieden hell, so geht der Sinn des Kreisens vom hellersehenden Auge vorne herum zum dunkler sehenden und von diesem hinten herum zurück. Wenn man die Helligkeitsempfindlichkeit der beiden gleichmäßig helladaptierten Augen eines Beobachters als gleich annehmen darf, so kann an einem geeichten Stereophotometer durch entsprechendes Variieren der Beleuchtungsstärke des einen Auges auf Umschlag des Bewegungssinnes der kreisenden Marke auch bei Lichtern von verschiedener Natur bzw. Farbe eingestellt werden. Durch die so erhaltenen Werte kann anscheinend zugleich die relative Helligkeitsverteilung in einem Spektrum für das helladaptierte Sehorgan angenähert charakterisiert werden — ohne daß allerdings die verschiedenen Methoden heterochromatischer Photometrie genau übereinstimmende Resultate ergeben würden (vgl. die Kurven in Abb. 142 oben S. 375 von XII 1).

Die Grundlage für dieses stereoskopische Phänomen ist darin zu erblicken, daß für verschieden starke bzw. verschieden helle Erregungen nicht dasselbe Latenzstadium (dieselbe „Empfindungszeit" E.Z.) zwischen Reizmoment und Empfindungsbeginn gilt, sondern für die steiler ansteigende und höher gipfelnde Erregung eine kürzere E.Z. — beispielsweise für farbloses Licht bei 9,6 N.K.-Intensität eine (Minimal-)E.Z. von 64,66, bei etwa $1/1000$ Reizstärke (0,009 N.K.) eine nicht ganz dreifache (Maximal-)E.Z. von 167,9 σ (Fröhlich: vgl. XII 1 S. 421 ff.). In anderer Ausdrucksweise kann man sagen, daß die steiler ansteigende Erregung die zur Merklichkeit erforderliche Ordinatenhöhe oder Schwelle früher erreicht als die minder steil ansteigende. Bei Beobachtung mit beiden, jedoch verschieden stark beleuchteten Augen (vgl. Abb. 283) schreitet zwar die Front der Lichtreizung gleichzeitig über beide Netzhäute fort, so daß die Reize (R_1 und r_1) beiderseits gleichzeitig einfallen und die Paare korrespondierender Netzhautelemente (HH' bis AA') gleichzeitig gereizt werden. Jedoch tritt die Reaktion der Elemente erst nach einer bestimmten E.Z. ein, welche im dunklersehenden, träger reagierenden Auge größer ist als im hellersehenden, flinker reagierenden Auge ($EZ' > EZ$ in Abb. 283): im letzteren läuft demnach die Front der Erregung der Front der Reizung oder der Bildspur mit größerer Verspätung nach, und zwar entspricht der Unterschied der Differenz der Empfindungszeiten ($d = EZ' - EZ$). In dem Zeitpunkte, in welchem beispielsweise die Reizfront die Lage R_1 und r_1 erreicht und auf das Elementenpaar D und D' einwirkt, treten erst die Elemente E und G' gleichzeitig in merkliche Reaktion, obwohl die Reizung von Stelle E bereits etwas (um EZ) früher, die Reizung von Stelle G' noch früher (um EZ') stattgefunden hat. Es sprechen somit bei Schwingen der Marke gegen das dunkler sehende Auge bzw. bei Bewegung des Netzhautbildes gegen das hellersehende Auge hin *nicht*korrespondierende, und zwar *temporal*disparate Stellen (E und G'; letzteres temporal zum korrespondierenden Element E' gelegen) gleichzeitig an, obwohl die Reizung selbst korrespondierende Stellen gleichzeitig betroffen hat. Mit Temporaldisparation ist nun aber zwangläufig der subjektive Eindruck „näher" verbunden (vgl. S. 930); die Marke scheint nach vorne zu kreisen. Umgekehrt erfolgt bei Schwingen der Marke gegen das hellersehende Auge bzw. Bewegung des Netzhautbildes gegen das dunklersehende Auge hin gleichzeitige Reaktion hintereinander gereizter *nasal*disparater Stellen, somit der Eindruck „ferner", also scheinbares Kreisen der Marke nach hinten trotz gleichzeitiger Reizung korrespondierender Stellen. Je rascher die Marke schwingt, um so stärker querdisparate Stellen werden gleichzeitig zur Reaktion gebracht, um so plastischer ist der Effekt (ENGELKING und POOS[1]), während er unterhalb einer gewissen Geschwindigkeitsgrenze verschwindet (WÖLFFLIN, KRONEN-BERGER): dementsprechend scheint das Pendel in der raschest durchlaufenen Mittellage am stärksten hervor- oder zurückzutreten, immer weniger in den Zwischenlagen, nicht in der Nähe der Endlagen und in diesen selbst, kurz, das Pendel scheint zu kreisen. Der Grad des Stereoeffektes in einer und derselben Lage ist demnach abhängig vom Grade der Verschiedenheit in der Eindruckshelligkeit bzw. in der E.Z. beider Augen und von der Geschwindigkeit des Pendels. So äußert sich „die Zeitparallaxe oder die Differenz der Empfindungszeit für das binokular - stereoskopische Sehen als Raumparallaxe" (PULFRICH), und zwar infolge Zusammenwirkens querdisparater Netzhautstellen. Die Zu-

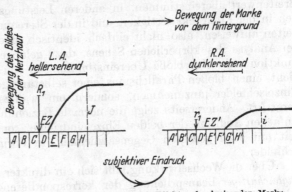

Abb. 283. Schema des Pulfrich-Effektes der kreisenden Marke.

nahme des Stereoeffektes mit der Geschwindigkeit der schwingenden Marke entspricht der umgekehrten logarithmischen Abhängigkeit der E.Z., welche bei starken Reizen (in Form der Minimal-E.Z.) erheblich weiterreicht als bei minimalen Reizen (vgl. XII 1, 423).

Im Gegensatz zum helladaptierten Auge besteht für das dunkeladaptierte Auge kein Parallelismus zwischen Stereowerten bzw. Differenzwerten an Empfindungszeit und Helligkeitswerten, indem hier beispielsweise der relative Helligkeitswert von Rot verglichen mit Grau — entsprechend dem PURKINJEschen Phänomen — sinkt, der Stereowert hingegen ansteigt. Ebenso ergibt der Vergleich eines hell- und eines dunkeladaptierten Auges keinen Parallelismus von Stereowert und Helligkeitswert. Mit der Änderung des Zustandes im Sinne von Dunkeladaptation ändert sich eben der Stereoeffekt in völlig anderer Weise als der subjektive Helligkeitswert (J. KRIES, ENGELKING und POOS). Diese Diskrepanz bezüglich des dunkeladaptierten Auges ist auf die komplexe Veränderung der Empfindungszeit bei Dunkeladaptation (primäre Abnahme der E.Z., Zunahme im kritischen Stadium, sekundäre Abnahme bzw. Angleichung der E.Z.; Notwendigkeit der Vermeidung übermaximaler Lichtstärken — vgl. XII 1, 424) zu beziehen[2].

[1] Vgl. auch E. WÖLFFLIN: Arch. Augenheilk. **95**, 167 (1925). — KRONENBERGER, P.: Pflügers Arch. **210**, 355 (1925); **211**, 454 (1926).
[2] Vgl. dazu P. KRONENBERGER: Pflügers Arch. **211**, 454 (1926). — VOGELSANG, K.: Z. Sinnesphysiol. **58**, 38, spez. 51 (1927) — Erg. Physiol. **27**, 122, spez. 162 (1927). — Über den Pulfricheffekt bei Farbenblinden vgl. E. ENGELKING (an sog. Protanopen): Klin. Mbl. Augenheilk. **73**, 1 (1924). — GRIMDALE, H.: Brit. J. Ophthalm. **9**, 63 (1925). — WÖLFFLIN, E. (an Totalfarbenblinden und sog. Protanopen): Klin. Mbl. Augenheilk. **74**, 581 (1925); **78**, 596 (1927).

Bei einseitiger Helladaptation — unter gleichzeitig hervortretender Heterophorie im Sinne von Strabismus divergens — wird Umkehrung des PULFRICHschen
Stereoeffektes angegeben[1] (KRONENBERGER); es handelt sich dabei jedoch um
ein Phänomen unokularer Tiefenauslegung bei (temporärem) Aufhören des
normalen Binokularsehens bzw. der binokularen Fixation.

4. Wechselwirkung beider Sehfelder.

a) Gleichsinnige Wechselwirkung der korrespondierenden Netzhautstellen[2].

α) *Dominanz, Wettstreit, Mischung.* Schon eingangs dieses Kapitels (S. 891)
und eben nochmals (S. 913) wurden wir darauf vorbereitet, daß korrespondierende
Netzhautstellen zwar in der Sehrichtung, also im funktionellen Höhen- und
Breitenwert übereinstimmen, in anderen Leistungskomponenten jedoch, nämlich in der Eindruckswertigkeit und in der Stereofunktion, gewisse Verschiedenheiten aufweisen, also nicht einfach identisch sind. Auch werden wir, speziell
bei Analyse des körperlichen Sehens, dazu gelangen, bezüglich der Raumsinnfunktion nicht eine bloße Übereinstimmung in den Sehrichtungen beider Augen,
nicht einen bloßen Parallelismus einer selbständigen Lokalisationsweise beider
Einzelsehfelder anzunehmen, sondern ein wahres Zusammenarbeiten besonderer Art. Andererseits zeigt die normale Beziehung nicht den Charakter einer
einfachen Addition der beiden Einzeleindrücke, sondern vereinigt Gleichsinnigkeit mit einer gewissen Gegensätzlichkeit in Form einer Wechselwirkung der
Sehfelder.

Über die Wechselwirkung läßt sich ein direkter Aufschluß nur gewinnen bei
ungleichartiger Beanspruchung der korrespondierenden Netzhautstellen. Es ergeben sich dabei drei Möglichkeiten des Zusammenwirkens: Dominanz (bis
Prävalenz) des einen Auges, Wettstreit oder sinnfällige Mischung der Eindrücke
beider Augen.

Die *Dominanz* des einen Auges ist am ausgesprochensten bei Lichtabschluß
des anderen, dem hiebei nur Eigengrau von geringem Gewichte zukommt;
allerdings erweist sich das abgeschlossene Auge als nicht völlig einflußlos, indem
— wenigstens bei vorgeschrittener Dunkeladaptation desselben und bei längerer

---

[1] Ebenso bei Fixieren eines fernen Punktes, d. h. Beobachten in gekreuzten Doppel-
bildern [KRONENBERGER, P.: Z. Sinnesphysiol. **57**, 255 (1926)] — vgl. S. 1069, Anm. 3.
[2] An neuerer Literatur mögen folgende Hinweise genügen: EBBINGHAUS, H.: Pflügers
Arch. **46**, 498 (1894). — BURCH, J.: J. of Physiol. **25**, XVII (1900). — STÖHR, A.: Binokulare
Farbenmischung und Pseudoskopie. Leipzig u. Wien 1900. — LOHMANN, W.: Inaug.-Dissert.
Marburg 1902 — (unter spezieller Bewertung des Wettstreites für das plastische Sehen)
Z. Psychol. **40**, 187 (1905) — Graefes Arch. **65**, 365 (1907) — Arch. Augenheilk. **79**, 110 (1915).
— BREESE, B. B.: Psychol. Rev. **16**, 410 (1909). — DE VRIES u. WASHBURN: Amer. J. Psychol.
20, 131 (1909). — CHAUVEAU, A.: C. r. Acad. Sci. **113**, 358 u. 394 (1891); **152**, 481 u. 659
(1911). — TRENDELENBURG, W.: Z. Sinnesphysiol. **48**, 199 (1913) — Pflügers Arch. **201**,
235 (1923). — DAWSON, SH.: Brit. J. Psychol. **8**, 531 (1917); **9**, 1 (1917). — KURODA, G.:
Acta Scholae med. Kioto **1**, 473 (1916); vgl. auch **5**, 43 (1921) — Philos. Stud. (jap.) **1** (1916) —
Psychol. Forschg **6**, 297 (1925) — J. Biophysics **1**, 88 (1926). — ROCHAT, G. F.: Arch. néerl.
Physiol. **7**, 263 (1922) — Graefes Arch. **114**, 595 (1924). — GELLHORN, E. (u. Mitarbeiter):
Pflügers Arch. **206**, 194, 211, 237 (1924); **208**, 293, 308, 343, 393, 408 (1925). — KIESOW, F.:
Arch. ital. Psicol. **1**, 3 u. 239 (1920); **2**, 39 (1921) — Arch. néerl. Physiol. **7**, 281 (1922) —
Arch. f. Psychol. **43**, 1 (1922); **51**, 123 (1925). — HERING, E.: Grundzüge der Lehre vom
Lichtsinn. 211ff., Leipzig-Berlin. 1905—1921. — ROELOFS, C. O. (u. W. P. C. ZEEMANN):
Graefes Arch. **88**, 1 (1914); **99**, 79 (1919); **104**, 133 (1921) — Klin. Mbl. Augenheilk. **61**,
142 (1918) — Arch. néerl. Physiol. **3**, 130 (1918). — HENNING: Z. Psychol. **86**, 144 (1921). —
FUJITA, T.: J. Biophysics **1**, 36 (1924). — COMBERG, W.: Z. Augenheilk. **55**, 343 (1925). —
RENQUIST, Y. u. A. MATIN: Duodecim **43**, 275 (1927) — Skand. Arch. Physiol. (Berlin und
Leipzig) **54**, 17 (1928). — G. MIYAKE: J. Biophysics **2**, CXIX (1927). — CH. LADD-FRANKLIN:
Science **69**, 529 (1929).

Dauer der Boobachtung — sein Eindruck sich wenigstens zeitweilig beimengt[1] und beispielsweise das Lesen feiner Schrift mit dem offenen Auge durch eine gewisse Unstetigkeit erschwert, so daß dann die unokulare Sehschärfe geringer ist wie die binokulare[2]. Ein vollständiger und dauernder funktioneller Ausschluß des einen Auges ist also auch bei lichtdichtem Verdecken desselben nicht möglich. Ebenso erscheinen dem einen Auge eingeprägte Nachbilder nach dessen Schluß noch im Sehfelde, welches sich gerade dadurch als ein beiden Augen gemeinsames manifestiert (HERING[1]).

Bei plötzlichem Lichtabschluß des einen Auges und mäßig starker Weiterbelichtung des anderen Auges kann im ersten Moment eine ganz leichte Beschattung der Fläche bemerkt werden (FECHNER, AUBERT[3]) — was offenbar dem Umstande zuzuschreiben ist, daß anfangs das Sukzessivschwarz des abgedeckten Auges mitwirkt. Weiterhin aber, ja, bei stärkerer Belichtung von vornherein, erweist sich der Eindruck des einen offenen Auges als gleichhell mit jenem der beiden zuvor[4]. Werden beide Augen verschieden stark diffus belichtet, so ergibt sich bei Herabsetzung der Lichtstärke für das eine Auge unter $\frac{1}{50}$ oder über $\frac{900}{1000}$ kein Unterschied zwischen beeinträchtigt binokularer und rein unokularer Beobachtung (unter lichtdichtem Abschluß des zweiten Auges), wohl aber resultiert eine charakteristische Verdunkelung des binokularen Sehfeldes gegenüber dem unokularen für die Zwischenwerte $> \frac{1}{50}$ und $< \frac{900}{1000}$, wobei das Maximum der Wirkung bei etwa $\frac{122}{1000}$ eintritt und je ein darunter- und ein darübergelegener Wert als sog. konjugierte Punkte gleichen Effekt haben (z. B. $\frac{33}{1000}$ und $\frac{601}{1000}$, $\frac{66}{1000}$ und $\frac{390}{1000}$; sog. paradoxer Versuch nach FECHNER und nach AUBERT, dessen Zahlen angegeben sind). Bei zunehmender absoluter Stärke der Belichtung wird die größte Verdunkelung des zweiäugigen Sehfeldes geringer, die konjugierten Punkte rücken einander näher — oberhalb einer gewissen Intensität fehlt ein ausgesprochener Maximumpunkt, ja, schließlich wird der paradoxe Versuch ebenso negativ wie bei einer zu weitgehenden Beeinträchtigung des zweiten Auges, indem jede Zumischung seitens des Eindruckes des beeinträchtigten Auges (vgl. S. 922) aufhört und der relativ gewichtige Eindruck des unbeeinträchtigten Auges glatt dominiert.

In ähnlicher Weise prävaliert bei bloß einäugiger Abbildung eines vom Grunde abstehenden Gegenstandes oder bei stark disparater, zu Doppeltsehen führender Abbildung eines solchen Objektes die durch einen „Kontur" gereizte Netzhautstelle gegenüber ihrer von „Füllung" oder „Grund" getroffenen Korrespondenten

---

[1] HERING, E.: **1861—1864,** 182; G. Z., 212 u. 255. — S. auch die Übersichten der zahlreichen späteren Beobachtungen bei D. E. HARRIS (mit der Angabe einer bestimmten Verdunkelungsperiodik): J. of Physiol. **28,** 44 (1902). — GAUDENZI, C.: Arch. Ottalm. **13,** 217 (1906). — MOCHÉ, A.: Z. Sinnesphysiol. **44,** 81 (1910). — TOMLINSON, J. H.: Trans. brit. ophthalm. Soc. **44,** 354 (1924). — Hierher gehört wohl auch die von A. VOGT [Graefes Arch. **84,** 293 (1913); — Arch. Augenheilk. **74,** 41 (1913); **75,** 227 (1913)] beschriebene vorübergehende Verdunkelung bei einäugiger Betrachtung einer hellen Fläche [vgl. R. CORDS: Arch. Augenheilk. **75,** 224 (1913)].

[2] Vgl. auch die Angabe von W. NAGEL (Zusätze zu HELMHOLTZ: Physiol. Optik, 3. Aufl., **2,** 9), daß sich beim Lesen unter einseitigem Lichtabschluß helle Strömungslinien auf dunklem Grunde störend einmengen. Ferner F. KIESOW: Arch. f. Psychol. **52,** 61 (1925).

[3] FECHNER, G. TH.: Abh. sächs. Ges. Wiss. **7,** 378, spez. 423 (1860). — AUBERT, H. (unter Berücksichtigung des Einflusses der Pupillenerweiterung nach Abschluß des zweiten Auges): **1865,** 281 ff. — SHERRINGTON, C. S.: Proc. roy. Soc. **71,** 71 (1902). — McDOUGALL: Brit. J. Psychol. **1,** 114 (1904). — FEILCHENFELD, H. u. L. LOESER: Graefes Arch. **60,** 97 (1905). — KLEIN, FR.: Arch. f. (Anat. u.) Physiol. **1905,** 140; **1921,** 191. — DAWSON: Brit. J. Psychol. **8,** 510 (1917); **9,** 1 (1917). — HERING, E.: G. Z. S. 211—255. — SHEARD, CH.: Optician **66,** 182 (1923). — MITRA, S. C.: Arch. f. Psychol. **55,** 1 (1925).

[4] Vgl. dazu unter anderem J. H. TOMLINSON: Trans. brit. ophthalm. Soc. **45,** 547 (1925); **46,** 203 (1926).

(H. Meyer, Panum[1]). Entscheidend für die *Prävalenz der Konturen* oder das „Überwiegen der Grenzfarben" (Hering) gegenüber dem Grunde ist — abgesehen von der Verteilung der Aufmerksamkeit (H. Meyer, Fechner, Helmholtz, Bjerke[2]) — offenbar die Verschiedenheit beider Eindrücke im Empfindungsgewichte. Dasselbe ist an den Randsäumen der Konturenstelle durch den Simultankontrast deutlich vergrößert, hüben durch ungedrücktes Weiß (d. h. einseitiges Fehlen von Binnenkontrast), drüben durch kontrastive „Vertiefung" von Schwarz[3] (vgl. XII 1, 488). So prävalieren schwarze oder weiße Linien, welche in einem Haplostereoskop dem einen Auge geboten werden, deutlich über das dem anderen Auge gebotene gleichmäßige Halbfeld. Die prävalierenden Konturen nehmen dabei sozusagen ihren helleren oder dunkleren Kontrasthof mit (Dove, Panum, Hering). Konturen, welche im binokularen Sammelbilde einander schneiden, zeigen einen besonders lebhaften Wettstreit (Panum). — Auf Prävalenz der Konturen ist in erster Linie die bereits (S. 917) erwähnte Möglichkeit der sog. Übertragung eines einäugig erzeugten Nachbildes in das Sehfeld des anderen Auges[4] zurückzuführen.

Auf Prävalenz des gewichtigeren, speziell konturierten Eindruckes des einen Auges gegenüber dem minder gewichtigen, nicht herausgehobenen Eindruck der korrespondierenden Netzhautstelle im anderen Auge beruht überhaupt die Möglichkeit eines Zusammenwirkens disparater Stellen, sei es im Sinne von Einfachsehen, sei es im Sinne von Stereoskopie (vgl. S. 929ff.). Die Prävalenz gewichtiger unokularer Eindrücke gestattet auch die Herstellung binokularer Farbengleichungen zwischen unokularen Teilfeldern und damit einen Simultanvergleich des Farbensinnes beider Augen (Hering[5]). Ebensolches gilt vom Vergleich der Doppelbilder eines vom Grund abstechenden Gegenstandes (vgl. XII 1, 456, unten 926).

Aber auch ohne erhebliche Differenz im Empfindungsgewicht prävalieren im Anfange einer Beobachtung die Eindrücke der nasalen Netzhauthälften gegenüber jenen der temporalen Korrespondenten. So erscheint bei verschieden heller oder verschieden farbiger Belichtung beider Augen zunächst jede Sehfeldhälfte ausschließlich in der Helligkeit oder Farbe, welche dem gleichnamigen Auge dargeboten wurde — mit Ausnahme der Umgebung des fixierten Punktes, an welchem alsbald Wettstreit oder Mischung hervortritt[6]. Ebenso wird bei diffuser Belichtung eines Auges durch die geschlossenen Lider der Eindruck vorwiegend temporal lokalisiert[7]. Auf eine solche *Anfangsprävalenz der nasalen,*

---

[1] Siehe P. L. Panums grundlegende Monographie: Über das Sehen mit zwei Augen. Kiel 1858.

[2] Bjerke, K.: Graefes Arch. **69**, 543 (1909). — Vgl. auch E. Gellhorn (mit F. Kuckenburg): Pflügers Arch. **206**, 194 u. 237 (1924); (mit Ch. Schöppe) **206**, 211 (1924); **208**, 408 (1925).

[3] Dementsprechend vertritt E. Hering (G. Z., 256) den Standpunkt, daß durch diffuse Belichtung des einen Auges dessen Beteiligung am Inhalte des binokularen Sehfeldes in ähnlicher Weise ausgeschlossen wird wie durch einseitigen Lichtabschluß. (Für die egozentrische Lokalisation überhaupt, ebenso für die anomale Sehrichtungsgemeinschaft Schielender, auch für das motorische Verhalten ist allerdings „Verblendung" und Abblendung des einen Auges durchaus nicht gleichwertig [Tschermak, Schlodtmann, M. H. Fischer, Schubert — vgl. S. 960, 965ff., 1056].)

[4] S. dazu auch H. Ebbinghaus: Pflügers Arch. **46**, 498 (1890). — Vgl. unter anderen A. Moché: Z. Sinnesphysiol. **44**, 81 (1910).

[5] Hering, E.: Graefes Arch. **36**. (3), 1 (1890). — Hess, C. v.: Arch. Ophthalm. **35** (3), 24 (1889). — Methoden zur Untersuchung des Licht- und Farbensinnes sowie des Pupillenspieles. Abderhaldens Handb. biol. Arbeitsmeth., Abt. V, T. 6, S. 159—364, spez. 298. Vgl. XII 1, 360.

[6] Vgl. H. Aubert: **1865**, 299. — Köllner, H.: Arch. Augenheilk. **76**, 153 (1914). — Fischer, F. P. (unter A. Tschermak): Pflügers Arch. **204**, 203, spez. 218 (1924).

[7] Vgl. unten S. 996 Anm. 2 die Zitate von Köllner, Wessely, Dimmer, Landolt, Funaishi, Wegner.

kreuzenden Opticusfasern zugehörigen Korrespondente[1] *gegenüber der temporalen,* welche ungekreuzten Opticusfasern zugehört, haben wir oben (S. 913) die Verschiedenheit der Einstellung bezogen, welche einer Schar von Loten erteilt werden muß, um in einer frontoparallelen Ebene zu erscheinen, bei „Momentsichtbarkeit" (unter 0,8" bis 0,02") und bei Dauersichtbarkeit. Hier genüge es, daran zu erinnern, daß HERING[2] eine Gegensätzlichkeit korrespondierender Netzhautstellen an Tiefenlokalisation annimmt, und zwar für die nasale neben dem übereinstimmenden Höhen- und Breitenwert einen relativen Fernwert, für die temporale einen relativen Nahewert, und zwar beide Werte wachsend mit der Exzentrizität. Das Fernererscheinen der seitlich in den Dauerhoropter eingestellten Lote bei Heruntergehen der Expositionszeit unter 0,8" und die Notwendigkeit, dieselben in einen bis zu 0,02" Expositionszeit immer stärker gekrümmten sog. Momenthoropter vorzurücken, lassen sich gut mit dieser allerdings etwa problematischen Vorstellung vereinbaren; die erwiesene Prävalenz der gleichnamigen, nasalen Netzhautstelle an Farbeindruckswert läßt eine ebensolche Prävalenz an Tiefeneindruckswert, d. i. an relativem Fernwert gegenüber dem relativen Nahewert der Korrespondente erwarten, so daß im gleichnamigen Auge statt dieser Netzhautstelle eine andere, weniger nasal gelegene, minder-fernwertige Netzhautstelle gewählt werden muß, um nunmehr mit der festliegenden Stelle im ungleichnamigen Auge den Eindruck einer frontoparallelen Scheinebene zu vermitteln. — Nebenbei bemerkt erhöht bei der Horoptereinstellung nach dem Kriterium der Scheinebene ein künstlich herbeigeführter Wettstreit der Sehfelder (erreicht durch Vorsetzen einerseits eines Farbglases, andererseits eines Grauglases von gleicher Helligkeit — unter Berücksichtigung des die Kurve etwas versteilenden Einflusses von Plangläsern[3] überhaupt!) die Genauigkeit der Einstellung (F. P. FISCHER[4]).

Prävalenz bzw. wesentliche Unabhängigkeit des einen oder des anderen Auges scheint auch zu gelten bezüglich der Verschmelzungsfrequenz bei rhythmischer Reizung; gleichzeitige Reizung beider Augen erfordert denselben Rhythmus wie rein alternierende: das TALBOTsche Gesetz hat somit für das binokulare Sehen keine Gültigkeit[5].

Aus den hiemit aufgezeigten Wertigkeitsdifferenzen zwischen den korrespondierenden Netzhautstellen ergibt sich zweifellos die Berechtigung, den alten Begriff der einfachen *Identität* der Paarstellen aufzugeben und den Begriff bloßer *Korrespondenz* als Gemeinschaft der Sehrichtung und Neigung zu einer

---

[1] Bereits W. SCHÖN [Graefes Arch. **22** (4), 31 (1876); **24** (1) 2 u. (4) 47 (1878)] hat eine Verschiedenheit sonst identischer Netzhautstellen in einem „Wettstreitmerkmal" und einem „Erregbarkeitsmerkmal" mit Prävalenz der Eindrücke speziell der Halbbilder des gleichnamigen Auges bzw. der nasalen Korrespondente gegenüber der temporalen vertreten. S. ferner ROSENBACH: Münch. med. Wschr. **1903**, 1290 u. 1882. — HIRSCH, R.: Ebenda **1903**, 1461. — H. KÖLLNER: Arch. Augenheilk. **76**, 153 (1914). — BIRNBACHER, TH.: Graefes Arch. **110**, 37 (1922). — Bezüglich der Zeitschwelle, d. h. der minimalen zu einer Gesichtsempfindung erforderlichen Reizdauer ergibt sich für die temporale Netzhauthälfte bei Hell- wie Dunkeladaptation eine tiefere Lage als für die nasale: die nasale Netzhautstelle ist also zeitlich minder erregbar als ihre temporale Korrespondente [E. P. BRAUNSTEIN: Z. Sinnesphysiol. **55**, 185 (1923); vgl. S. 322, 913].

[2] HERING, E.: Beitr. Physiol., H. **5**, 338ff. (1864). — Vgl. auch die Kritik bei H. HELMHOLTZ: Physiol. Optik, 1. Aufl., S. 813ff.; 3. Aufl., **3**, 448ff. — S. dazu auch F. B. HOFMANN: **1920—1925**, 419ff.

[3] Über den Einfluß verschiedenartiger Brillengläser auf das stereoskopische Sehen vgl. F. P. FISCHER (unter A. TSCHERMAK): Graefes Arch. **114**, 441 (1924).

[4] FISCHER, F. P. (unter A. TSCHERMAK): Pflügers Arch. **204**, 203, spez. 212 (1924).

[5] EXNER, S.: Pflügers Arch. **11**, 581 (1875). — SHERRINGTON, C. S.: Proc. roy. Soc. **71**, 71 (1902) — Brit. J. Psychol. **1**, 26 (1904). — SHEARD, CH.: Optician **66**, 182 (1923). — KRUSIUS, F. F. (mit der Angabe der Forderung doppelter Verschmelzungsfrequenz bei binokularer Beobachtung gegenüber unokularer): Arch. Augenheilk. **61**, 204 (1908).

gewissen Mischung oder Synopsie der Einzeleindrücke, ungeachtet einer gleichzeitigen Gegensätzlichkeit derselben, zu vertreten — wie dies bereits im vorstehenden (S. 891, 913, 916, 919, 935) konsequent geschehen ist.

Im Gegensatze zur Prävalenz des einen Auges bei extremer Verschiedenheit beider Augen an Belichtung bzw. Eindrucksgewicht und zur Anfangsprävalenz des gleichnamigen Auges ist bei längerdauernder, verschiedenartiger Beanspruchung korrespondierender Paarstellen an Helligkeit oder Farbe — z. B. bei Vorsetzen verschiedenheller oder verschiedenfarbiger Gläser — ein Schwanken und Wechseln im Anteile beider Augen am gemeinsamen Eindrucke zu beobachten, das man als *binokularen Wettstreit oder Wettstreit der Sehfelder* bezeichnet. Ein solcher Wettstreit zwischen für das eine Auge helleren, für das andere Auge dunkleren Partien ist auch die Grundlage des binokularen Glanzes, wie er hervortritt, wenn man beispielsweise rechts ein weißes, links ein schwarzes Feld oder solche Linien zur Deckung bringt[1]; allerdings ist die Erscheinung des Glanzes an sich nicht an das zweiäugige Sehen gebunden (Wundt[2], Hering[3]). — Im Wettstreit tritt bald der Eindruck des einen Auges, bald der Eindruck des anderen, bald an dieser, bald an jener Stelle hervor. Für den Verlauf des Wettstreites, also für Gleichmäßigkeit des Wechsels oder für die Neigung des einen Eindruckes zum Hervortreten (Prävalenzneigung oder „Dominierbarkeit" nach Kuroda) und für die Wechselzahl in einem gewissen Zeitraume (Wettstreitquotient nach Gellhorn) ergeben sich gewisse Regeln. Speziell wächst die Prävalenzneigung gegenüber einem gleichmäßigen Wettstreit mit dem Unterschied an Lichtstärke bzw. Helligkeit (speziell betont von Gellhorn) und Farbe, aber auch mit der absoluten Stärke beider konkurrierender Lichter (Trendelenburg; Kuroda, welcher für sich Prävalenzneigung von Weiß gegenüber Schwarz, Gelb gegenüber Blau, Orange oder Grün gegenüber Violett auch bei angenähert gleicher Helligkeit angibt), sowie mit der Feldgröße bzw. der Netzhautstelle. In erster Linie ist wohl das Gewichtsverhältnis beider Eindrücke entscheidend, wofür auch die Begünstigung desjenigen Eindruckes spricht, der stärker zum Grunde kontrastiert (Gellhorn), ebenso die Verstärkung und Verlängerung des Wettstreites durch Feldgröße, zentrale Lage, Helladaptation (Renquist). Bei Helladaptation und hoher Lichtstärke, wie bei Dunkeladaptation und niedriger Lichtstärke, überwiegt regelmäßig der hellere Eindruck, im umgekehrten Falle hingegen der dunklere (Gellhorn). Der Anteil eines Auges im Wettstreit wird begünstigt durch Hinzufügung eines binokularen kleinflächigen Nebenreizes, welcher dem großflächigen Hauptreize dieses Auges gleich- oder gegenfarbig ist oder durch unokulare Nebenreizung dieses Auges mit der Gegenfarbe zur gleichseitigen Wettstreitfarbe oder mit derselben Farbe, wie sie dem anderen Auge als Hauptreiz geboten wird, während in den anderen Fällen Nebenreizung ohne Einfluß auf den Wettstreitkoeffizienten bleibt; lokale Umstimmung mindert, wenn gleichfarbig, steigert, wenn gegenfarbig, die Wirkung der Neben-

---

[1] Dove, H. W.: Pogg. Ann. **83**, 169 (1850); **101**, 147 (1857); **114**, 165 (1861) — Optische Studien **1859**, 1. — Aubert, H.: **1865**, 292. — Helmholtz, H.: Physiol. Optik, 1. Aufl., S. 782, 794; 3. Aufl., **3**, 417. — Hering, E.: **1879**, 576 — G. Z. S. 237 (unter spezieller Betonung der beim Glanz — speziell beim binokularen Glanz mit Wettstreit — eintretenden Spaltung der Empfindung in Körperfarbe und zufälligen Lichtreflex bzw. in einen näheren und einen ferneren Eindruck). — Kiesow, F.: Arch. f. Psychol. **43**, 1 (1922). — Über die Zurückführung des Glanzes überhaupt, auch des unokularen auf Kontrast vgl. Helmholtz, H.: Physiol. Optik, 1. Aufl., S. 783 (1856); 3. Aufl., **3**, 417. — Wundt, W.: Pogg. Ann. **116**, 627 (1862). — Aubert, H.: **1865**, 303ff. — Vgl. auch C. Baumann: Pflügers Arch. **168**, 434 (1917).
[2] Wundt, W.: Pogg. Ann. **116**, 627 (1862).
[3] Hering, E.: G. Z. S. 237. S. auch den Versuch, den Metallglanz auf die Parallaxe des indirekten Sehens zurückzuführen, bei A. Kirschmann: Ber. Kongr. exper. Psychol. **1923**, 185.

reize (GELLHORN[1]). Der Verlauf des Wettstreites wird in erster Linie von physiologischen Faktoren bestimmt und erscheint der Aufmerksamkeit bzw. der Willkür entrückt[2].

Schon bezüglich der Dominanz, noch mehr bezüglich des Wettstreites muß zugegeben werden, daß der zweiäugige Eindruck — wenigstens zeitweilig bei längerdauernder Betrachtung — jenem des einen oder des anderen Auges nicht völlig gleicht, sondern durch eine mehr oder weniger angedeutete Beimengung des andersäugigen Eindruckes verschieden ist. Eine solche wird zunächst um so deutlicher, je mehr der Unterschied beider Eindrücke an Helligkeit und Farbe und damit die Prävalenzneigung vermindert wird, wobei man zweckmäßigerweise mittlere Helligkeiten und niedrigere Sättigungsstufen wählt und Schärfe der Konturen sowie jegliche Ungleichwertigkeiten vermeidet. Bei einem gewissen Optimum an Ähnlichkeit oder Verschiedenheit[3] tritt endlich sinnfällige binokulare Mischung von farblosen wie von farbigen Eindrücken hervor — allerdings evtl. wechselnd mit dem Eindrucke, daß man die beiden Farben gesondert hintereinander sehe (vgl. S. 927). Auch scheinen erhebliche individuelle Differenzen zu bestehen; für Regularität der Beobachtungsergebnisse ist angenäherte Gleichwertigkeit oder wenigstens keine hochgradige Ungleichwertigkeit beider Augen Voraussetzung.

Die *Erscheinung der binokularen Mischung* ist besonders deutlich, wenn man in zweckmäßigen Versuchsanordnungen den binokular ungleichartigen Eindruck gleichzeitig mit binokular gleichartigen Eindrücken vergleicht, evtl. unter Zuhilfenahme des Kunstgriffes eines binokular sichtbaren Umfassungsgitters (HERING[4]). Die binokulare Vereinigung disparater Farben kann — wenigstens für gewisse Zeitabschnitte der Beobachtung — alle Tonstufen ergeben, wie sie durch Mischung beider in wechselndem Verhältnis für ein einzelnes Auge zu erhalten sind; die binokulare Mischung ist nie heller als die hellere, nie dunkler als die dunklere Komponente (HERING[5], der niemals gleichzeitiges Hervortreten, speziell Hintereinandererscheinen der beiden unokularen Farben oder Helligkeitsstufen beobachtete). Bei Herstellung von Gelb- wie Purpurgleichungen wird binokular eine geringere Menge vom kurzwelligen Licht gefordert als unokular; bei binokularer Mischung ist der Eindruck zudem mindersatt als bei unokularer (TRENDELENBURG). Binokulare Vereinigung von zwei gegensätzlichen Farben kann vorübergehend zu vollständiger Kompensation bzw. zum Hervortreten eines analogen farblosen Eindruckes führen, wie er bei unokularer Mischung zu erhalten ist[6]. Allerdings wird bei Wahl von Komponenten immer kürzerer Wellenlänge binokular zunächst weniger, später nach Durchschreiten eines Gleichpunktes (bei etwa 580 $\mu\mu$) mehr von der kurz-

---

[1] GELLHORN, E. u. CH. SCHÖPPE: Pflügers Arch. **208**, 393 (1925).

[2] Speziell vertreten von E. HERING (unter besonderer Betonung der großen Bedeutung, welche örtliche Adaptation und Augenbewegungen auf den Wettstreit haben; G. Z. S. 229, 236, 243, 245) sowie von E. GELLHORN (zitiert Anm. 1) gegenüber H. HELMHOLTZ: Physiol. Optik, 1. Aufl., S. 769; 3. Aufl., **3**, 405ff.

[3] Mischung farbloser Eindrücke hat uns bereits oben beim paradoxen Versuch beschäftigt (S. 917).

[4] HERING, E.: G. Z. S. 224, 232. — DOVE, REGNAULT, E. v. BRÜCKE, LUDWIG, PANUM, E. HERING (1879, 591ff.; G. Z. S. 211ff.; mit Angabe zweckmäßiger Beobachtungsmethoden) u. a. gegenüber H. MEYER, VOLKMANN, MEISSNER, FUNKE, HELMHOLTZ. Betreffs bezüglicher individueller Differenzen vgl. speziell F. SCHUMANN: Z. Psychol. **86**, 253 (1922).

[5] HERING, E.: G.-Z. S. 213, 238, 250, 251.

[6] In Bestätigung von DOVE und REGNAULT speziell W. TRENDELENBURG: Z. Sinnesphysiol. **48**, 199 (1913) — Pflügers Arch. **201**, 235 (1923). — STROHAL, R.: Z. Sinnesphysiol. **49**, 1 (1914). — ROCHAT, G. F.: Arch. néerl. Physiol. **7**, 263 (1922) — (Verschmelzung von Li-Rot und Th-Grün) Graefes Arch. **114**, 595 (1924) — Nederl. Tijdschr. Geneesk. **68** (2), 1437 (1924).

welligen Komponente gefordert als unokular (Trendelenburg, ähnlich Rochat), ohne daß sich für die Lage der gegenfarbigen Komponenten ein sicherer Unterschied ergibt. — Auch durch Kontrast in jedem Einzelauge erzeugte Farben können sich mischen[1], ebenso können Farben negativer Nachbilder in Wettstreit wie auch in Mischung zusammenwirken[2].

Allerdings bleibt die binokulare Mischung — wenigstens für viele Beobachter — unbeständig und wechselnd, so daß das Ergebnis durchaus nicht immer und einfach dasselbe ist wie bei unokularer Mischung beider Komponenten zu gleichen Teilen[3]; Maßgesetze, wie sie für die Mischung farbloser Eindrücke in Form des paradoxen Versuches (vgl. S. 917) aufgestellt werden konnten, lassen sich hier kaum formulieren[4]. — Durch das Bestehen von Wettstreit und Mischung unterscheidet sich bei verschiedenartiger Beanspruchung beider Augen — beispielsweise bei Vorsetzen verschiedenfarbiger Gläser und diffuser Belichtung, sei es der ganzen Netzhäute, sei es beschränkter, einander nicht vollständig entsprechender Ausschnitte — der binokulare Anteil des Sehfeldes deutlich von dem stabilen Eindruck der unokularen Anteile; im ersteren Falle treten dadurch die unokularen temporalen „Klappen" des Sehfeldes deutlich hervor. Der Unterschied von Dominanz, Wettstreit und Mischung ist nur ein gradueller: es handelt sich um verschiedene Stufen der Verknüpfung von Gleichsinnigkeit mit einer gewissen Gegensätzlichkeit.

   β) Komplementärer Anteil beider Augen am Sehfeld. Bezüglich des Verhaltens bei *gleich*artiger Reizung, wie sie unter gewöhnlichen Verhältnissen seitens einfach gesehener, speziell im Horopter gelegener Objekte erfolgt, muß die Tatsache vorangestellt werden, daß der Gesamteindruck beider Augen an Helligkeit und Farbe kein anderer bezüglich Stufe und Stetigkeit ist wie jener eines einzeln benützten Auges. Sowohl der Sukzessiv- wie der Simultanvergleich unokularer und binokularer Eindrücke gleicher Art lehrt, daß keine Summation der Helligkeitseindrücke der beiden Einzelaugen stattfindet (Aubert, Hering[5]), wie auch die rein unokularen Seitenteile des Sehfeldes sich bei gleichmäßiger Beleuchtung nicht vom binokularen Mittelteil oder Deckgebiete (nach Hering) unterscheiden. Besonders bei Verwendung schwellennaher Reize kann im Zustand von Dunkeladaptation, nicht so in jenem von Helladaptation der Anschein einer binokularen Helligkeitssummation auftreten, doch handelt es sich wohl nur um eine trügerische Komplikation infolge der verwendeten Methode[6]. Das unbestreitbare Plus an Eindringlichkeit oder „Vividität", welches der binokulare Eindruck — speziell bei Beobachtung an binokularen Instrumenten —

---

[1] Dopoff: C. r. Soc. Biol. IX. s., 3, 742 (1891).

[2] Comberg, W.: Graefes Arch. 108, 295, spez. 330 (1922). — Gellhorn, E.: Pflügers Arch. 218, 54 (1927).

[3] Am stabilsten und leichtesten gelingt die binokulare Farbenmischung an Objekten von gleicher detaillierter Form und bloß verschiedener Farbe, z. B. an geeigneten Drucken wie Briefmarken, an Münzen [Schenck, F.: Sitzgsber. physik.-med. Ges. Würzburg 1898. — Stirling: J. of Physiol. 27, 23 (1901). — Kries, J. v., in Helmholtz: Physiol. Optik, 3. Aufl., 3, 430 (1910)].

[4] Vgl. bereits Aubert, H.: 1865, 293ff.

[5] Aubert, H.: 1865, 281. — Hering, E.: 1879, 597 (in Widerspruch gegenüber der älteren Behauptung von binokularer Summation [Aristoteles, Jurin, Brewster, Harris, Fechner — zitiert bei H. Piper]).

[6] Den positiven Angaben von H. Piper über nahezu halbe Schwellengröße bei binokularer Reizung und über Summation unokularer Reize beliebiger Intensität [Z. Psychol. u. Physiol. 32, 161 (1903)] — und zwar für das dunkeladaptierte Auge im Gegensatze zum helladaptierten — haben sich angeschlossen D. A. Laird [J. of exper. Psychol. 7, 216 1924)], H. Feilchenfeld u. L. Loeser [Graefes Arch. 60, 97 (1905)], Messmer [Z. Sinnesphysiol. 42, 83 (1907)], J. B. Allen [Philosophic. Mag. 38, 81 (1919)], J. G. Kerr [und zwar bei Helladaptation; Trans. brit. ophthalm. Soc. 44, 183 (1924)], T. Fujita [für Dunkeladaptation;

gegenüber dem unokularen Eindruck besitzt[1], darf nicht mit Helligkeitssummation verwechselt werden!

Die Feststellung von Dominanz oder Wettstreit bei *verschiedenartiger* Reizung korrespondierender Stellen läßt keinen zwingenden Schluß zu auf die Grundlage des geschilderten Verhaltens bei *gleich*artiger Reizung. Einerseits besteht die Möglichkeit zwar nicht von Dominanz des einen Auges, wohl aber von Wettstreit oder Anteilwechsel beider (HERING[2]); der letztere könnte sich allerdings angesichts der stetigen binokularen Tiefenlokalisation der gemeinsamen Eindrücke nur auf den Anteil jedes Auges an Helligkeit und Farbe beziehen. Andererseits könnte der Anteil beider Augen auch an Helligkeit und Farbe ein konstanter sein, da ja keine Verschiedenartigkeit der beiderseitigen Eindrücke besteht, wie sie für den Wettstreit bei ungleichartiger Beanspruchung in Betracht kommt (AUBERT, KURODA). Eine Entscheidung dieser Alternative erscheint vorläufig nicht möglich. Jedenfalls bleibt auch bei gleichartiger Reizung eine gewisse Gegensätzlichkeit oder Konkurrenz zwischen den gleichsinnig wirkenden Korrespondenten bestehen, da, wie gesagt, der Gesamteindruck beider Augen an Helligkeit und Farbe — im allgemeinen — kein anderer ist wie jener eines einzeln benützten Auges (vgl. oben S. 917). Ob dabei der Anteil beider Seiten wechselt oder gleichbleibt, es gilt der *Satz vom komplementären Anteil beider* Einzelaugen am Sehfelde. Demzufolge kann bezüglich Helligkeit und Farbe ein Auge beide vertreten; es besteht ein anscheinend vollkommenes Vikariieren. Allerdings bedarf der Geltungsgrad jenes Satzes noch der genaueren Prüfung.

Die anscheinende Konstanz des gemeinsamen Wirkungseffektes bei gleichbleibendem oder wechselndem Zusammenwirken beider Augen und bei Alleinbeanspruchung eines Auges — kurz das Paradoxon, daß binokular und unokular

J. Biophysics 1, 36 u. 88 (1924)], analog für galvanische Reizbarkeit A. BRÜCKNER u. R. KIRSCH [Z. Sinnesphysiol. 47, 46 (1912)], während E. WÖLFLIN [Graefes Arch. 61, 524 (1905)], W. LOHMANN [Arch. Augenheilk. 79, 110 (1915); vgl. auch Graefes Arch. 65 (1907)], G. RÉVÉSZ [Z. Sinnesphysiol. 39, 314 (1905)], ABNEY und WATSON [Philos. Trans. roy. Soc. 216 (A), 109 (1916)], R. MÜLLER [Pflügers Arch. 194, 233 (1922)] sowie F. LIPPAY [bei fovealer Beobachtung mit Hellauge keine Differenz an Unterschiedsempfindlichkeit; Pflügers Arch. 215, 768 (1927), H. U. MÖLLER, Acta ophth. (Københ.) 7, 1 (1929)] meines Erachtens mit Recht widersprechen [vgl. auch C. S. SHERRINGTON: Brit. J. Psychol. 1, 24 (1904) — The integrative action of the nervous system, S. 354. London 1920]. W. P. C. ZEEMANN und C. O. ROELOFS [Klin. Mbl. Augenheilk. 14, 657 (1912) — Nederl. Tijdschr. Geneesk. 58, 605 (1914) — Graefes Arch. 88, 1 (1914); 92, 522 (1916); 104, 133 (1921)] geben an, daß in jedem Zustande der binokulare Schwellenwert niedriger sei als der unokulare, bestreiten jedoch eine Summmation. Auf die Bedeutung der Pupillenweite bei solchen Vergleichen (auch bezüglich Sehschärfe) hat zuerst A. CHHARPENTIER (C. r. Soc. Biol. 1888, 373) aufmerksam gemacht. Einen Hemmungseinfluß des zweiten Auges bei binokularer Schwellenbestimmung vertritt L. T. SPENCER [J. of exper. Psychol. 11, 83 (1928)]. Eine Addition der Unterschiedsempfindlichkeit beider Augen hatte bereits A. BROCA [J. Physique 3, 206 (1894)] angegeben. Ebenso fanden SIMON [Z. Psychol. u. Physiol. 21, 439 (1899)] und S. GARTEN [Pflügers Arch. 118, 233 (1907)] bei das ganze Gesichtsfeld betreffender Beleuchtung die Unterschiedsempfindlichkeit für Helligkeitsdifferenzen binokular größer als unokular. J. H. TOMLINSON [Trans. brit. ophthalm. Soc. 46, 203 (1926); vgl. auch 45 (2), 547 (1925)] gibt das Verhältnis der binokularen Unterschiedsempfindlichkeit zur unokularen als 115 : 100 an. Analogerweise wird nach C. S. SHERRINGTON [Proc. roy. Soc. 71, 71 (1902), bestätigt von F. F. KRUSIUS: Arch. Augenheilk. 61, 204 (1908)] binokular eine größere Verschmelzungsfrequenz gefordert als unokular, ohne daß jedoch eine Summation einträte. R. STIGLER [Z. Sinnesphysiol. 44, 62 u. 116 (1910)] findet zwar die Fehler bei binokularer Photometrie durchwegs kleiner als bei unokularer, betrachtet jedoch die Differenz zwischen binokularer und unokularer Helligkeit als eine gegebene absolute Größe, so daß der binokulare Eindruck den unokularen um so beträchtlicher übersteigt, je geringer die absolute Helligkeit ist.

[1] Speziell betont von F. JENTZSCH: Physik. Z. 15, 56 (1914).
[2] HERING, E.: Beitr. 5, 308ff. (1864); 1879, 596. Vgl. auch die BOSEsche These einer binokularen Wechselerregung im Sinne eines rhythmischen Wechsels beider Augen beim binokularen Sehen sowie deren Kritik bei E. DIAZ-CANEJA [Ann. d'oculist. 165, 721 (1928)].

dasselbe geleistet wird ($e_1 + e_2 = k = E_1 = E_2$, gleichgültig ob $e_1 \gtreqless e_2$) — läßt sich darauf zurückführen, daß die von jedem einzelnen Auge ausgehende Erregung einerseits eine fördernde Endwirkung besitzt, andererseits aber zugleich eine gleichstarke hemmende Wirkung auf den Mitarbeiter und Konkurrenten, wie er im anderen Auge gegeben ist[1]. Dann gilt eben die Formel:

$$(E_1 - h_2) + (E_2 - h_1) = k;$$

bei Abschluß des zweiten Auges entfällt ebenso E_2 wie h_2, aber auch h_1, und es verbleibt $E_1 = k$. Durch diese Einrichtung der Wechselhemmung ist ein vollkommenes Vikariieren und damit die Möglichkeit zeitweiligen Zurücktretens und relativen Ausruhens des einen Auges bei vorwiegender Wirksamkeit des anderen gegeben (vgl. dazu das Schema Abb. 284). Die korrespondierenden Netzhautstellen lassen sonach bezüglich ihrer Endwirkung an Helligkeit und Farbeneindruck neben einer Gleichartigkeit, ja Addition ihrer Teileffekte doch einen regulatorischen Antagonismus erkennen[2].

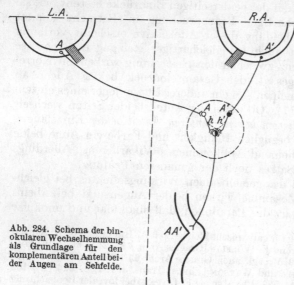

Abb. 284. Schema der binokularen Wechselhemmung als Grundlage für den komplementären Anteil beider Augen am Sehfelde.

Mit dem bisher Ausgeführten, auch mit dem Schluß auf Komplemenz des Anteiles beider Augen ist noch nichts ausgesagt über das *Durchschnittsausmaß des Anteiles jedes der beiden Augen.* Speziell bei gleichartiger Reizung korrespondierender Netzhautstellen ist — nach Zurückgehen der Anfangsprävalenz des gleichnamigen Auges — sowohl Gleichwertigkeit als Ungleichwertigkeit, also ein durchschnittlich gleicher oder ein habituell ungleicher relativer Daueranteil beider Augen am Sehfelde möglich. Bei Darbietung verschiedener Farben bzw. bei Vergleich binokularer und unokularer Felder hat sich in etwa $^2/_3$ (65—71,5%) der Fälle, und zwar unter Kindern wie Erwachsenen, ein durchschnittliches Überwiegen des rechten, in $^1/_3$ ein Überwiegen des linken Auges ergeben (Kuroda[3]).

---

[1] Die Annahme, daß zwischen beiden Sehleitungen neben der Kooperation zugleich eine Wechselhemmung besteht [wohl zuerst von A. Chauveau: C. r. Acad. Sci. **113**, 439 (1891) vertreten; herangezogen zur Erklärung der Verkürzung der Dauer des negativen Nachbildes im einen Auge durch gleichfarbige wie gegenfarbige Verstimmung des anderen Auges seitens E. Gellhorn und K. Weiding: Pflügers Arch. **210**, 343 (1925)] findet eine Analogie in anderen Fällen von Vikariieren paariger Nervenleitungen mit gemeinsamem Erfolgsorgan, so im Falle des Vikariierens der efferenten Herzvagi oder der afferenten Depressoren, wahrscheinlich auch der afferenten Atmungsvagi [A. Tschermak: Mschr. Psychiatr., Erg.-H. **26**, 213, 312 (1910) — Erg. Physiol. **24**, 329, spez. 373 (1925). — Scharf, R. (mit M. H. Fischer): Pflügers Arch. **202**, 65 (1924)].

[2] Vgl. dazu auch K. Dunlap: Amer. J. Physiol. **55**, 205 (1920), sowie E. Gellhorn: Z. Neur. **108**, 481 (1927).

[3] Kuroda, G.: J. Biophysics **1**, 88 (1926). — Paseat (mit der Angabe von Prävalenz des R.A. in 92%, des L.A. in 6%, Gleichwertigkeit in 2%): Amer. J. Ophthalm. **9**, 357 (1926). — Miles, W.: J. of exp. Psychol. **12**, 113 (1929). — Vgl. auch Streiff: Internat. Mschr. Anat. u. Physiol. **20** (1903). — Nebenbei sei daran erinnert, daß Kraemer Rechts- oder Linkshändigkeit für ausschlaggebend erachtet für das Aufhören der ursprünglichen Gleichwertigkeit beider Augen.

Bei gleichartiger Reizung und bei Stereoskopie könnte daneben noch immer durchschnittlich gleiche Beteiligung beider Augen bestehen (wie dies HERING schematisch angenommen hat). Auf den relativen Anteil des einzelnen Auges am gemeinsamen Sehfelde hat — neben dem relativen Gewichte seiner Eindrücke verglichen mit jenem der konkurrierenden Eindrücke des anderen Auges — auch die Verteilung der Aufmerksamkeit wesentlichen Einfluß (im Gegensatz zum Wettstreit, S. 921); diese vermag sozusagen das primäre Gewicht der Eindrücke sekundär zu verändern. Dieser Faktor spielt eine entscheidende Rolle bei habituell verschiedenartiger Beanspruchung beider Augen, z. B. beim Mikroskopiker oder beim Schützen[1]. Infolge einseitiger Zwecknutzung tritt eine habituelle Ungleichwertigkeit beider Augen ein; das eine Auge wird — speziell im zentralen Anteile des Sehfeldes (BEST[2]) — zum sensorisch führenden oder dominierenden, das andere zum geführten, minderwertigen. Daß bei einer solchen Ungleichwertigkeit, wie sie sich im Gefolge von gewohnheitsmäßig einseitiger Konzentrierung der Aufmerksamkeit entwickelt, schließlich sogar die Auswertung der Querverschiedenheit der binokularen Eindrücke zu stereoskopischem Sehen leiden kann, ist sehr wohl verständlich (vgl. S. 939). — Ungleichwertigkeit der Eindrücke beider Augen hebt den Satz vom *komplementären* Anteil bzw. von der Gleichheit binokularer und unokularer Eindrücke nicht auf. Das Ungleichwertigwerden beider Augen wird herkömmlich als Unterdrückung, Ausschließen, Exklusion der Eindrücke des einen Auges bezeichnet. Jedoch gibt diese Bezeichnung nur ein recht unvollkommenes Bild von dem tatsächlichen Vorgange, welcher durchaus nicht in einer jedesmaligen direkten Intervention des Willens besteht bzw. keineswegs rein psychologischer Natur ist. Weit passender erscheint schon für solche Fälle von gewohnheitsmäßiger Ungleichwertigkeit beider Augen die Bezeichnung „innere Hemmung" der Eindrücke des geführten Auges (TSCHERMAK[3]), zumal da hiermit die fruchtbare Analogie mit anderen physiologischen Hemmungsvorgängen hervorgehoben ist. Besonders zweckmäßig erweist sich der Begriff der inneren Hemmung für die Lehre vom Sehen Schielender (vgl. unten S. 956).

b) Gegensinnige Wechselwirkung beider Augen: binokularer Kontrast[4].

Ähnlich wie zwischen den benachbarten Netzhautstellen desselben Auges besteht auch zwischen den „korrespondent benachbarten" Elementen beider Augen eine antagonistische Wechselwirkung, ein binokularer Kontrast, welcher allerdings an Stärke erheblich gegenüber dem unokularen zurücksteht und im allgemeinen erst hervortritt, wenn man den Eindruck des Kontrastauges durch Konturen prävalent macht. So erscheint ein in Doppelbildern (also mit unzulänglicher oder überstarker Konvergenz) gesehenes, farbloses Scheibchen auf dunklem Grunde bei seitlicher, und zwar diaskleraler Beleuchtung des einen Auges, bei welcher gelbrotes Licht dessen Netzhaut diffus bestrahlt, in dem einen Halbbilde blaugrün auf gelbrotem Grunde, also in unokularer Kontrast-

[1] Ähnliches gilt bei Anisometropie, speziell einseitigem Astigmatismus; vgl. N. POSCHOGA: Z. Sinnesphysiol. **57**, 127 (1926).

[2] BEST, F.: Klin. Mbl. Augenheilk. **44**, 493 (1906). — BREESE, B. B.: Psychologic. Rev. **16**, 410 (1909).

[3] A. TSCHERMAK: Graefes Arch. **47** (3), 508 (1898).

[4] Vgl. die zusammenfassende Darstellung bei A. TSCHERMAK: Über Kontrast und Irradiation. Erg. Physiol. **2** (2), 726—798, spez. 766—796 (1903). — KIESOW, F.: Arch. ital. Psicol. **1**, 3 (1920); **2**, 39 (1921), sowie speziell H. AUBERT: **1865**, 384ff. — HELMHOLTZ, H.: Physiol. Optik, 1. Aufl., S. 786ff.; 3. Aufl. **3**, 420ff. — HERING, E.: **1879**, 600 — Z. Psychol. u. Physiol. **1**, 18 (1890). — McDOUGALL: Brain **24**, 577 (1901); **26**, 153 (1903). — EXNER, S.: Festschr. f. A. Lieben, S. 332. Wien 1906. — Vgl. auch E. BERGER: C. r. Soc. Biol. **68**, 1059 (1910) — Arch. Augenheilk. **68**, 182 (1911).

färbung, hingegen in dem anderen Halbbilde nicht farblos, sondern gelblichrot, also in binokularer Kontrastfärbung (sog. seitlicher Fensterversuch nach SMITH zu FORCHABERS, E. BRÜCKE, H. MEYER, speziell FECHNER[1]). Analoges gilt bei künstlicher farbiger Belichtung des einen Auges durch ein Farbfilter oder fluoreszierendes Uranglas (evtl. mit Zuspiegelung von Weiß zwecks Sättigungsregulierung), während die Lichtstärke für das andere Auge durch ein passendes Grauglas herabgesetzt wird: das Halbbild, welches das erstere Auge von einem hellen Scheibchen auf dunklem Grunde erhält (ebenso der helle Saum des Halbbildes eines schwarzen Streifens auf weißem Grunde), erscheint in der Gegenfarbe zum schwach farbigen Grunde, das andere Halbbild hingegen gleichfarbig (HELMHOLTZ, HERING, AXENFELD). Einwandfreier ist die gleichsinnige Verfärbung des Halbbildes des zweiten Auges nach chromatischer Verstimmung des ersten Auges (mittels eines für gewisse Zeit vorgesetzten Farbglases — FECHNER, HELMHOLTZ, HERING, CHAUVEAU), dessen eigenes Halbbild gegensinnig verfärbt erscheint. Umgekehrt kann aus der kontrastiv verschiedenen Färbung der beiden Halbbilder auf eine Stimmungsverschiedenheit beider Augen geschlossen werden, wie sie beispielsweise bei länger dauernder seitlicher Beleuchtung bloß des einen, dem Fenster zugelegenen Auges eintritt (HERING — vgl. XII 1, 456). Am einfachsten ist es, das eine Auge dauernd diffus zu belichten, also durch ein beispielsweise blaues Farbglas auf einen weißen Schirm blicken zu lassen, während dem anderen Auge ein graues Scheibchen auf weißem Grunde geboten wird. Der Grund erscheint dann hier und dort bald weiß, bald blau, bald blauweiß — das Scheibchen aber zeigt einen deutlichen gelblichen Anflug —, nach Wegziehen des blauen Glases einen bläulichen Anflug (HERING). Gerade der Ausfall dieses Versuches läßt sich auf keinen Fall auf binokulare Farbenmischung beziehen (wie dies EBBINGHAUS gegenüber FECHNERS Versuch meinte).

Auch die als *Metakontrast* bezeichnete Erscheinung, daß eine früher ausgelöste Erregung durch eine zweite, welche kurz darauf in unmittelbarer Nachbarschaft gesetzt wird, eingeholt und kontrastiv gehemmt, ja im Grenzraum geradezu ausgelöscht wird, gilt nicht bloß unokular, sondern auch binokular oder wechseläugig (STIGLER, und zwar unter Verwendung einer farbenhaploskopischen Methode — vgl. XII 1, 482).

Unbeschadet des Bestehens einer Kontrastwirkung zwischen den beiden Hälften des Sehorgans überwiegt doch der unokulare Effekt[2]; die gegensinnige Wechselwirkung vollzieht sich — wie XII 1, 496 bereits bemerkt — im wesentlichen für jede Hälfte des nervösen Sehapparates unabhängig von der anderen Hälfte. So zeigen die beiden Halbbilder bei Beobachtung eines schwarzen Streifens auf weißem Grunde durch je ein verschiedenfarbiges Glas (mit Zuspiegelung weißen Lichtes zwecks Sättigungsregulierung) dauernd die verschiedene unokulare Kontrastfärbung, obzwar der binokulare Eindruck des Grundes in Wettstreit und Mischung wechselt (HERING, BURCH[3]). Es ist bemerkenswert, daß der binokulare Kontrast (mit Einschluß des binokularen Metakontrastes) zwischen allen im binokularen Sehfelde benachbarten Stellen gleich gut möglich ist, gleichgültig, ob dieselben den beiden rechten bzw. linken Netzhauthälften und damit der gleichen Hemisphäre zugehören, oder ob dieselben ungleich-

[1] FECHNER, G. TH.: Ber. sächs. Ges. Wiss. 7, 27 (1860). — WANACH, B.: Z. Sinnesphysiol. 43, 443 (1909).
[2] Wie speziell gegenüber der Gleichsetzung seitens H. KÖLLNER [Arch. Augenheilk. 80, 63 (1916)] betont sei.
[3] HERING, E.: Z. Psychol. u. Physiol. 1, 18 (1890). — BURCH, J.: J. of Physiol. 25, 17 (1900). — Die Gleichstellung von unokularem und binokularem Kontrast seitens H. KÖLLNER [Arch. Augenheilk. 20, 63 (1916)] wurde bereits oben S. 496 Anm. 2 abgelehnt.

namigen Netzhauthälften und damit verschiedenen Hemisphären entsprechen. Während der dem unokularen Simultankontrast zugrunde liegende nervöse Vorgang auch bereits peripher-retinal ablaufen dürfte, kann sich die binokulare gegensinnige Wirkung ausschließlich zentral vom Chiasma nervorum opticorum abspielen. In dem oben ersterwähnten Falle kommen seitliche Verbindungen der Neurone der zentralen Sehleitung im äußeren Kniehöcker derselben Seite bis hinauf in die präterminalen Anteile der Sehleitung in Betracht, im letzteren Falle entweder schon subcorticale Commissurenfasern (Comm. post. thalami) oder nur intercorticale im Balken.

Daß binokularer Kontrast — ebenso wie Wettstreit und Mischung — auch bei anomaler Beziehung der Netzhäute nachweisbar ist, wird noch beim räumlichen Sehen Schielender zu erwähnen sein (vgl. S. 961).

c) Frage des Hintereinandersehens sowie der Unterscheidbarkeit rechts- und linksäugiger Eindrücke.

Seitens einer Anzahl von Autoren (HELMHOLTZ, DUFOUR, SCHUMANN, W. FUCHS[1], im Gegensatz zu HERING[2], welcher zwar die Möglichkeit einer Tiefensonderung nach verschiedenen Kontursystemen, nicht aber nach Farben zugibt) wird angegeben, daß es möglich sei, die Eindrücke korrespondierender Netzhautstellen zwar in derselben Sehrichtung, jedoch an verschiedenen Orten — also gleichzeitig hintereinander zu sehen — ähnlich wie beim Sehen durch einen Schleier[3]. Bedingung für eine solche Durchsichtigkeit oder Glasartigkeit des einen Objektes, welches vor dem anderen, undurchsichtigen zu liegen scheint, sei die Auffassung beider als zwei verschiedener „Ganzgestalten", erreicht durch Vorragen gewisser Teile des „vorderen" Objektes über die Konturen des „hinteren" und begünstigt durch Bewegung des einen Objektes gegenüber dem anderen. Dabei sondere sich auch die Helligkeit oder Farbe des einen Objektes von der des anderen — so daß selbst Gegenfarben hintereinander erscheinen[4] —, während bei Zusammenfallen in eine Fläche Mischung resultiert.

Im Anschlusse hieran sei auch der Frage nach der *Unterscheidbarkeit rechts- und linksäugiger Eindrücke*[5] gedacht. Dabei sei von dem zwangläufigen stereoskopischen Effekt relativer Nähe bei ungleichnamiger Lage, relativer Ferne bei gleichnamiger relativer Lage der beiden Eindrücke abgesehen und nur betont,

---

[1] DUFOUR, M.: C. r. Soc. Biol. **72**, 185 (1912); **73**, 365 (1912). — SCHUMANN, F.: Z. Psychol. **86**, 253 (1922) — Beiträge zur Analyse der Gesichtswahrnehmungen, 1. Abt., H. 7. Leipzig 1923; vgl. dazu auch dessen Ausführungen über die eigentümliche Erfüllung des leeren Raumes, sog. Glasempfindung, an Stereoskopbildern [Z. Psychol. **85**, 224 (1921)], welche M. v. FREY [Z. Biol. **73**, 263 (1921)] mit Recht auf die Körnelung des Papiers zurückführt. — HENNING, H.: Z. Psychol. **86**, 144 (1921) [vgl. auch (Beobachtungen an Rasterdiapositiven) Ebenda **92**, 161 (1923)]. — FUCHS, W. (unter SCHUMANN): Ebenda **91**, 145 (1923). — Vgl. dazu auch F. KIESOW: Arch. ital. Psicol. **1**, 3 u. 239 (1920/1921), sowie ST. KRAUSS: Pflügers Arch. **212**, 547 (1926).

[2] HERING, E.: 1861—1864, 150ff. — 1879, 574, 597 — Pflügers Arch. **43**, 1 (1888) — G.-Z. S. 213, 235, 237, 238, 250, 251.

[3] Über das Sehen durch Schleier vgl. CHR. LADD-FRANKLIN und A. GUTTMANN: Z. Psychol. u. Physiol. **31**, 248 (1902).

[4] Vgl. die hiefür gegebene Erklärung (ohne Aufhebung der Unvereinbarkeit der Gegenfarben) im Kap. Licht- und Farbensinn XII 1, 303 Anm. 4.

[5] SCHÖN, W.: Graefes Arch. **22** (4), 31 (1876); **24** (1), 27 u. (4), 47 (1878). — HEINE, H.: Klin. Mbl. Augenheilk. **39** (2), 615 (1901) — Pflügers Arch. **101**, 67 (1904). — BOURDON, B.: 1902, 227 — Année psychol. **9**, 41 (1903). — BRÜCKNER, A. u. E. TH. v. BRÜCKE: Pflügers Arch. **90**, 290 (1902); **91**, 360 (1902); **107**, 263 (1905). — WESSELY, K.: Klin. Mbl. Augenheilk. **30** (2), 596 (1913). — KURODA, G.: Japan. Philos. Stud. **1** (1916). — KÖLLNER, H.: Sitzgsber. physik.-med. Ges. Würzburg 1920 — Naturwiss. **1922**, H. 22. — LOHMANN, W.: Arch. Augenheilk. **85**, 95 (1919). — HOFMANN, F. B.: 1920—1925, 255ff. — THELIN, E. u. E. R. ALTMAN: J. of exp. Psychol. **12**, 79 (1929). — S. auch E. BERGER: Pflügers Arch. **156**, 602 (1913); **158**, 623 (1914).

daß dieser zweiäugige Reliefeindruck nicht umkehrbar ist. Unter gewissen Umständen ist wenigstens bestimmten Beobachtern eine Angabe möglich, welchem Auge ein Eindruck zugehört, speziell gilt dies bei momentaner Darbietung eines Objektes nur für das eine Auge evtl. unter gleichzeitigem vollen Lichtabschluß des anderen. Dabei dürfte zunächst die obenerwähnte Anfangsprävalenz des gleichseitigen Auges in Betracht kommen. Andererseits können gewisse Nebenumstände indirekt ein bezügliches Urteil ermöglichen, speziell die als „Abblendungsgefühl" bezeichnete Organsensation des beeinträchtigten Auges (Brückner und Th. v. Brücke).

B. Das Sehen mit disparaten Stellen beider Netzhäute.

1. Einfachsehen und Doppeltsehen mit höhen- wie querdisparaten Stellen.

Innerhalb des durch den Panumschen Empfindungskreis bezeichneten Verschiedenheitsausmaßes ist, wie bereits (S. 894) dargelegt, ein binokulares Einfachsehen oder Haploskopie auch mit nichtkorrespondierenden Netzhautstellen möglich, und zwar sowohl mit rein höhendisparaten wie mit rein querdisparaten und mit höhen-breitendisparaten. Durch Übung wird dieses Verschmelzungsausmaß herabgesetzt, der absolute Empfindungskreis auf den relativen als Restwert eingeengt. Beim Einfachsehen mit disparaten Netzhautstellen tritt weder die der einen noch die der anderen Stelle eigentümliche Sehrichtung rein hervor; vielmehr rückt der Eindruck eines Lichtpunktes, dem für beide Augen verschiedene Höhenprojektionswinkel zukommen — beispielsweise bei Lage im Längshoropter, jedoch seitlich und oben von der fixierten Stelle —, bei Schließen des gleichnamigen Auges etwas herunter, des gegennamigen etwas hinauf und nimmt bei binokularer Sichtbarkeit eine mittlere Höhenlage ein. Bei stärkerer Höhenverschiedenheit der Abbildung in beiden Augen wird schließlich der Panumsche Empfindungskreis überschritten, und es kommt zu Doppeltsehen in höhendistanten Doppelbildern. Aber auch dann sind die Sehrichtungen dieser beiden gleichzeitigen und gleichwertigen Eindrücke nicht genau gleich den einzelnen Sehrichtungen, wie sie für das unokulare Sehen gelten, vielmehr erscheinen die beiden Eindrücke bei binokularem Sehen einander etwas genähert. Wenn ein zunächst einfacher Eindruck höhendisparater Netzhautstellen während des Verlaufes der Beobachtung in Doppelbilder, d. h. in zwei getrennte Halbbilder zerfällt, erfolgt dies durch Auseinanderspringen beider aus einer bestimmten Mittellage. Sowohl bei Einfachsehen wie bei Doppeltsehen ändern somit disparate Netzhautstellen ihre ursprüngliche Sehrichtung, während korrespondente — wie oben betont — ihre ursprüngliche gemeinsame Sehrichtung beibehalten (Kriterium der Sehrichtungskonstanz — vgl. S. 898). Diese Veränderung erfolgt im Sinne einer Angleichung, welche bei Verschmelzung das Ziel erreicht, bei Getrenntbleiben beider Halbbilder hingegen vorzeitig zum Stillstande kommt. Die beiden disparaten Netzhautstellen übernehmen sozusagen die Sehrichtung, welche ursprünglich zwei dazwischengelegenen Elementen, schließlich — im Verschmelzungsfalle — gerade dem mittleren Korrespondentenpaare zukam, relativ zu welchem die Disparation jener beiden eine symmetrische ist[1]. Dabei erfahren die gleichzeitigen Eindrücke dieser „verdrängten" Elemente eine Zusammenschiebung in den Zwischenraum zwischen den einander genäherten Halbbildern; ja, die gesamten Eindrücke des Zwischenraumes fallen schließlich bei Verschmelzung beider Halbbilder vollständig einer inneren Hemmung

---

[1] Vgl. hierzu E. Hering: Arch. Anat. u. Physiol. 1865, 74, 152 — Beitr. Physiol. 5 (1864) — 1879, 406.

anheim[1]. Demgemäß wird die Annäherung und Verschmelzung von Halbbildern begünstigt, ja erst ermöglicht durch Fehlen distinkter Reize für die Zwischenelemente, also durch Erscheinen der Halbbilder auf einem gleichmäßigen Grunde. Umgekehrt wird das Zerfallen und das Auseinanderrücken von Halbbildern befördert durch künstliche „Differenzierung" beider an Helligkeit oder Farbe, wie sie durch Vorsetzen eines Rauch- oder Farbglases vor das eine Auge erreicht wird.

Mit rein höhendisparaten Eindrücken, gleichgültig ob sie einfach, verschmolzen oder gesondert, also in rein höhendistanten Doppelbildern erscheinen, ist abgesehen von der mehr oder weniger weitgehenden gegenseitigen Angleichung der Sehrichtung *keine andersartige Raumqualität, speziell keine Tiefenverschiedenheit* gegenüber der Kernebene *verknüpft*; so ändert Aufreihen von höhendisparat sich abbildenden Perlen an Loten, welche im Längshoropter aufgehängt sind, nichts an dem Erscheinen der Lote in einer frontoparallelen Scheinebene (HERING[2]). Dementsprechend kommen auch in der Lokalisierung horizontaler Linien die gröbsten Unrichtigkeiten vor, sobald anderweitige Behelfe fehlen (H. MEYER, HERING[3]); dies gilt beispielsweise für die Erscheinungsweise einer Schar wagerechter Telegraphendrähte — im Gegensatz zum sofortigen Eintreten korrekter sterischer Auflösung der Schar, sobald man den Kopf etwas zur Seite neigt.

Für das *Sehen mit querdisparaten Netzhautstellen* andererseits gelten genau *dieselben Normen*, wie sie eben unter speziellem Hinblick auf das Sehen mit höhendisparaten Stellen auseinandergesetzt wurden — *nur mit dem einen Unterschiede*, daß hiebei der Empfindung eine neuartige Raumqualität zuwächst: nämlich der zwangläufige Eindruck einer Tiefenverschiedenheit gegenüber der Kernebene, des Näher- oder Fernerliegens, des Vor- oder Zurückspringens, kurz der *Eindruck von Stereoskopie* oder *Bathoskopie*[4]. Derselbe hat durchaus den Charakter einer einfachen Tiefenempfindung oder Tiefenqualität der Gesichtsempfindung; es erscheint kein berechtigter Grund gegeben, eine komplexere Leistung anzunehmen, wie dies mit der traditionellen Bezeichnung „binokulare Tiefenwahrnehmung" geschieht.

2. Die Stereofunktion querdisparater Netzhautstellen.

a) Analyse der Stereofunktion.

Schon die empirische Bestimmung des Horopters nach dem Korrespondenzkriterium der frontoparallelen Scheinebene beruht auf der Stereofunktion querdisparater Netzhautstellen, indem die Indifferenzeinstellung zwischen „vorne" und „hinten" aufgesucht wird. In wachsendem Ausmaße tritt uns die subjektive Plastizität entgegen bei fortschreitendem Herausrücken der Objekte aus der Horopterfläche, also bei Beanspruchung von immer stärker querdisparaten Netz-

---

[1] Betreffs Bedeutung der psychischen Unterdrückung oder Neutralisation beim binokularen Einfachsehen s. auch E. BERGER: Brit. J. Ophthalm. **6**, 22 (1922). — Ferner K. LEWIN u. K. SAKUMA: Psychol. Forschg **6**, 298 (1925).

[2] E. HERING (**1879**, 399ff.) gegenüber der Annahme von H. HELMHOLTZ (Physiol. Optik, 1. Aufl. S. 656; 3. Aufl. **3**, 267), daß die Längsdisparation die Tiefenlokalisation unterstütze, was noch F. HILLEBRAND [Z. Psychol. u. Physiol. **5**, 1 (1893)], M. WEINHOLD [Graefes Arch. **54**, 201 (1902)], L. HEINE (Ber. 31. Vers. ophthalm. Ges. **1903**, 179), R. KOTHE [Arch. Augenheilk. **49**, 338 (1904)], R. DEPÈNE [Klin. Mbl. Augenheilk. **1**, 48 (1905)] ausführlich widerlegt haben.

[3] HERING, E.: **1879**, 451.

[4] Die letztere Bezeichnung wurde von A. AALL [Z. Psychol. u. Physiol. **49**, 108 (1910)] vorgeschlagen, da der Terminus „Stereoskopie" sich dem Wortsinne nach auf körperliches *Einfach*sehen beschränkt.

hautstellen, zunächst von solchen, die noch Einfachsehen vermitteln (Stereo-Haploskopie), weiterhin aber auch von solchen, mit welchen bereits doppelt gesehen wird (Tiefenempfindung auf Grund von breitendistanten Doppelbildern). Die Doppelbilder, welche — unter Beibehalten der Augenstellung — infolge stärkerer Annäherung eines seitlich gelegenen Objektes auftreten, erweisen sich als ungleichnamig oder gekreuzt, hingegen die bei Fernerung erhaltenen als gleichnamig oder ungekreuzt (vgl. Abb. 285).

Durch ein Objekt, welches vor dem Horopter (H) bzw. vor der Längshoropter-fläche gelegen ist (z. B. Punkt M in Abb. 275a auf S. 904), werden zwei Netzhaut-stellen gereizt, welche nicht korrespondieren, von welchen die rechtsäugige (C') nicht mit der linksäugigen (B) korrespondiert, sondern temporal von deren Korre-spondenten (B') gelegen ist; die beiden gereizten Netzhautstellen (B—C') seien dem-gemäß als „*temporal-disparat*" (Tschermak, „ungleichseitig- oder gekreuzt-dispa-rat" nach Hering) bezeichnet. Analogerweise werden durch ein Objekt (z. B. Punkt Q in Abb. 275a), welches *hinter* den Horopter gelegen ist, zwei *nasal-disparate* Netzhautstellen (B — A', „gleichseitig oder ungekreuzt dis-parat" nach Hering) gereizt.

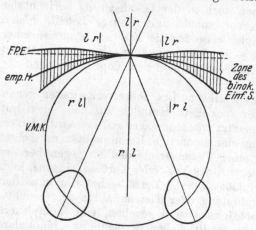

Abb. 285. Lage der Doppelbilder in den einzelnen Anteilen des binokularen Gesichtsraumes mit Angaben des empi-rischen Horopters und des umgebenden Bezirkes bin-okularen Einfachsehens entsprechend dem Panumschen Empfindungskreise.

Mit gleichzeitiger und gleichartiger Reizung temporaldisparater Stellen ist zwangläufig der Eindruck „Näher" oder „Vor der Kernfläche", hingegen mit Reizung *nasaldis-parater Stellen der Eindruck „Fer-ner" oder „Hinter der Kernfläche"* verbunden. Der Begriff Disparation bezieht sich dabei stets auf das Paar korrespondierender Netz-hautstellen in *beiden* Augen; bei abwechselnder Beanspruchung breitenverschiedener Netzhaut-stellen in *einem* einzelnen Auge, beispielsweise bei unokularer Dar-bietung stereoskopischer Halbbilder in rascher Folge, resultiert kein plastischer Effekt[1]. Das Ausmaß des subjektiven Entfernungsunterschiedes wächst mit zunehmender Verschiedenheit der beanspruchten Netzhautstellen im funk-tionellen Breitenwerte, also mit der funktionellen Querdisparation. Der plastische Eindruck erscheint bei fortschreitendem Herausrücken des Objektes aus dem Horopter zunächst einfach, und zwar nicht in einer der beiden Seh-richtungen, welche den beiden Stellen bei abwechselnder Benützung je eines Auges zukommen, sondern — wie bereits oben (S. 928) allgemein auseinander-gesetzt — in einer bestimmten mittleren Sehrichtung. Der Eindruck eines nach vorne rückenden Objektes zeigt mehr und mehr die Tendenz in gekreuzte D.B. zu zerfallen, welche — verglichen mit den rein unokularen Eindrücken — einander etwas genähert erscheinen. Analogerweise zeigt der plastische Ein-druck eines nach hinten rückenden Objekts die Tendenz, in gleichnamige D.B. zu zerfallen. *Umgekehrt können wir sagen, daß uns solche außerhalb des Fixations-punktes und des Längshoropters gelegene Objekte näher erscheinen als dieser, deren Eindruck die Tendenz besitzt in ungleichnamige oder gekreuzte D.B. zu zerfallen*

---

[1] Heine, L.: Graefes Arch. **51**, 146, spez. 166 (1900).

oder tatsächlich in solche zerfallen erscheint — andererseits solche Objekte ferner erscheinen, deren Eindruck die Tendenz besitzt in ungekreuzte oder gleichnamige D.B. zu zerfallen oder tatsächlich in solche zerfallen erscheint. Die erheblich vor bzw. hinter dem Fixationspunkte *zwischen* den beiden Blick- bzw. Hauptvisierlinien gelegenen Objekte erscheinen demgemäß in gekreuzten bzw. gleichnamigen, durchweg aber *doppelseitigen* Doppelbildern, d. h. beiderseits der Hauptsehrichtung, während die erheblich vor bzw. hinter dem Längshoropter seitlich der Blicklinien gelegenen Objekte *einseitige* Doppelbilder erzeugen (vgl. Abb. 285).

Jene Angleichung der Sehrichtungen von zwei gleichzeitig beachteten und auf ein gemeinsames Objekt bezogenen Halbbildern (vgl. S. 928) ist besonders deutlich, wenn mittels einer geeigneten Anordnung jedem Auge einzeln im indirekten Sehen je ein gesondertes identisches Objekt (beispielsweise je ein vertikaler Stab unter gleichem Gesichtswinkel) geboten wird, wobei die beiden Eindrücke auf einen einzigen gemeinsamen Scheingegenstand bezogen werden und — ohne daß die binokulare Fixation eines anderen Objekts aufgegeben wird — einander zuzustreben scheinen. Die Angleichung kann bei nicht zu großer Querverschiedenheit der Abbildung bis zur Verschmelzung gehen, ist aber auch ohne Erreichen dieses Zieles unverkennbar[1]. — Daß unter den Bedingungen des gewöhnlichen Sehens relativ selten Doppelbilder zu Bewußtsein gelangen, hat bei ruhendem Blick seinen Grund in der Konzentrierung der Aufmerksamkeit auf den Eindruck des fixierten Objektes. Auch tritt zwischen dem einzelnen Halbbild eines näher oder ferner gelegenen Gegenstandes und dem evtl. andersartig konturierten korrespondierenden Eindruck Wettstreit ein, oder es wird bei stark verschiedener Exzentrizität der beiden Halbbilder nur das *eine,* deutlichere beachtet. Andererseits führt eine Wanderung der Aufmerksamkeit nach einem zunächst indirekt evtl. in Doppelbildern gesehenen Gegenstand — wenn nicht willkürlich Hemmung erfolgt — psychoreflektorisch zur Zuwendung des Blickes und damit zum Einfachsehen, während die nunmehr doppelt erscheinenden Eindrücke der Nichtbeachtung verfallen. Aber auch schon bei „ruhendem" Blick wirken die unwillkürlichen kleinen Blickschwankungen dem Zerfallen des Eindruckes in D.B. entgegen (vgl. auch unten S. 1055). Die methodische Zerfällung des Eindruckes eines Objektes in Doppelbilder gestattet einen bequemen Simultanvergleich beider Augen bezüglich Lichtempfindlichkeit bzw. Hell-Dunkeladaptationszustand und bezüglich chromatischer Stimmung[2] (vgl. 12 (1), 456, sowie oben S. 926).

Der subjektive Tiefenunterschied wächst sichtlich mit zunehmender Verschiedenheit der beanspruchten Netzhautstellen im funktionellen Breitenwert, also *mit der funktionellen Querdisparation.* Maßgebend sind die *funktionellen* Breitenwerte bzw. die Differenzen dieser, *nicht* die *geometrischen* Breitenunterschiede auf der Netzhaut an sich, zwischen welchen beiden charakteristische Diskrepanzen bestehen. Dementsprechend ist der geometrische, in Öffnungswinkelgraden meßbare Breitenunterschied der Netzhautbilder beider Augen, den man als „*geometrische Querdisparation*" bezeichnen mag, sehr wohl zu unterscheiden von der funktionellen Querdisparation, auf welcher die Stereoskopie als solche beruht. — Die Koppelung der funktionellen Tiefenwerte an die Differenz der funktionellen Breitenwerte entspricht der Nebeneinanderordnung der beiden Augen der Breite nach bzw. dem Umstande, daß sich lotrechte Konturen — wenn sie nicht gerade im Längshoropter gelegen sind — in beiden Augenbreiten verschieden abbilden. Die stereoskopische Breitendifferenz, welche auch

---

[1] Vgl. F. P. Fischer (unter A. Tschermak): Pflügers Arch. **204**, 247, spez. 258 (1924). Vgl. auch K. Lewin u. K. Sakuma: Psychol. Forschg **6**, 298 (1925).
[2] Vgl. speziell E. Hering: G.-Z. S. 220.

als „binokulare oder stereoskopische Parallaxe" bezeichnet wird[1], ist leicht nachweisbar einerseits subjektiv beim Sukzessivvergleich der Eindrücke, welche die zwei Augen einzeln erhalten, andererseits objektiv an Bildpaaren, von denen das einzelne Bild der Ansicht eines körperlichen Objektes vom Standpunkte je eines Auges entspricht (zuerst Wheatstone). Unser Sehorgan ist sonach bei aufrechter Kopfhaltung auf ein körperliches Sehen lotrechter, nicht aber wagerechter Konturen eingestellt; bei starker seitlicher Neigung des Kopfes bzw. Körpers oder bei Vorschaltung einer entsprechenden Spiegeleinrichtung kann hingegen Stereoskopie wagerechter Konturen erreicht werden. Je nachdem in einer dargebotenen Anordnung die lotrechten Konturen oder die wagerechten überwiegen oder vorwiegend beachtet werden, ist die Plastizität bei Aufrechthaltung eine stärkere oder schwächere als bei stark seitlich geneigtem Kopf[2]; analoges gilt bei Verdrehung von Stereoskopbildern[3].

An Photogrammen[4], welche mit einer Stereocamera aufgenommen wurden, ist daraufhin mittels des Stereokomparators[5] (d. h. mittels eines entsprechend aufgenommenen Tiefenmaßstabes nach Grousilliers-Pulfrich und einer

---

[1] Helmholtz, H.: Physiol. Optik, 1. Aufl. S. 638; 3. Aufl. **3**, 250. Über den Ausdruck der Parallaxe in Winkelwerten vgl. J. v. Kries: Ebenda S. 309.

[2] Helmholtz, H.: Zitiert Anm. 1; B. Nakamura: Ref. Ganka Rin Shoiho **1924**.

[3] Bott: J. of exper. Psychol. **1915**, 278; G. G. Brown: Brit. J. Psychol. **19**, 117 (1928).

[4] *Photographische Stereoskopbilder* geben nur dann die natürliche Plastik wieder, also ein „tautomorphes" oder „orthomorphes" Raumbild [nach M. v. Rohr: Z. Sinnesphysiol. **41**, 408 (1902), (betreffs Verant): Photographic J. **43**, 279 (1903) — Ber. Münch. Akad. Wiss. **36**, 487 (1906) — Die binokularen Instrumente, 2. Aufl. Berlin 1920 — Erg. Physiol. 8, 541, spez. 585 betreffs Abbildskopie (1909)], wenn die Bilder die gleiche Perspektive liefern, wie sie bei freier Beobachtung der entsprechenden Objekte besteht, wenn also Plattenabstand bzw. Äquivalentbrennweite des Objektivs und Betrachtungsweite gleich gewählt werden (Stolze u. a.) bzw. keine sog. Fernrohrvergrößerung [vgl. zu diesem Begriff speziell H. Erfle: Dtsch. opt. Wschr. **7**, 345 (1921)] besteht, und wenn der stereoskopische Eindruck vom Beobachter in angenähert richtige Entfernung verlegt wird (Heine). Zu diesem Zwecke muß ein Objektiv von nicht zu kleiner Brennweite benutzt werden (am besten ca. 40 cm; solche bis ca. 135 cm werden verwendet). Zwecks Darbietung eines nicht zu kleinen Feldes bei Betrachtung in einem gewöhnlichen Stereoskop mit 7 cm Augen- bzw. Bildabstand ist eine nachträgliche Verkleinerung des Bildes auf etwa 7 cm im Quadrat zu empfehlen. Aufnahmen, welche mit Objektiven von kleinerer Brennweite in Augenabstand gewonnen wurden, vermitteln keinen orthoplastischen Eindruck, sondern zeigen eine Verlängerung der Tiefendimension der relativ zu fern erscheinenden Eindrücke; Teleobjektivbilder unter derselben Bedingung liefern eine Verkürzung der Tiefendimension [vgl. F. Wächter: Sitzgsber. Akad. Wiss. Wien, Math.-naturwiss. Kl. IIa, **105**, 856, spez. 872 (1896)]. — Unter der natürlich nur für gewisse Objekte zutreffenden Voraussetzung von Lokalisieren des im Stereoskop Gesehenen in eine fixe Entfernung, z. B. in die sog. deutliche Sehweite von 250 mm, ergibt sich die Regel, daß die Aufnahmebasis in demselben Verhältnis vergrößert werden muß, in welchem die Aufnahmeentfernung zu eben dieser Sehweite steht; allerdings hat auch die Wiedergabe sterischer Objekte in der Erscheinungsform verkleinerter Modelle eine große praktische Bedeutung als Anschauungsmittel [L. Heine: Graefes Arch. **51**, 146 (1900), J. v. Kries: Zusatz zur 3. Aufl. von Helmholtz: Physiol. Optik **3**, 553 (1910)]. Über die Unzulänglichkeit des plastischen Eindruckes von Stereoskopbildern bei wanderndem Blick vgl. E. Hering: **1879**, 585. — Über optische Korrektur von Stereoaufnahmen mittels eines Universalstereoskops s. A. Schell: Anz. Akad. Wiss. Wien **1903**, 84. — Manchot, W.: Das Stereoskop, spez. S. 46ff. Leipzig 1903. — S. ferner speziell A. Elschnig: Graefes Arch. **52**, 294 (1900); **54**, 411 (1902). — Grützner, P.: Pflügers Arch. **90**, 525 (1902). — Heine, L.: Ebenda **53**, 306 (1902); **55**, 285 (1903) — Z. Photogr. **2**, 67 (1904) [gegenüber R. Kothe: Ebenda **1**, 268, 305 (1903)]. — Gertz, H.: Z. Sinnesphysiol. **46**, 301 (1912). — Pfeiffer, Chr.: Die photographische Optik. Leipzig 1920. — Harting, H.: Photographische Optik, in H. W. Vogels Handb. d. Photogr. **2** (1), 2. Aufl. Berlin 1925. — Fourcade, H. G.: Trans. roy. Soc. S. Africa **15** (1925) u. **16** (1926). — Quidor, A. u. A. Hérubel: Arch. de physiol. et de physicochim. biol. **3**, 180 (1927). — Betr. Röntgenstereoskopie s. speziell W. Barth: Fortschr. Röntgenstr. **38**, 299 (1928).

[5] Pulfrich, C.: Z. Instrumentenkde **22** (1902); **23** (1903) — Neue stereoskopische Methoden. Berlin 1903 — Stereoskopisches Sehen und Messen. Jena 1911.

Schiebeleere als Längenmaßstab) geradezu eine Ausmessung der Tiefendimensionen dargestellter Objekte möglich. Die Bedeutung und moderne Entwicklung der Stereogrammetrie und Stereotelemetrie für Geländeaufnahme u. a. kann hier nur angedeutet werden. Bezüglich der stereoskopischen Bilder[1] überhaupt muß es genügen, zu bemerken, daß in den Breitendimensionen geometrisch identische Bildteile, da angenähert (angesichts eventueller Diskrepanzen!) korrespondente Stellen treffend, beiläufig in der Kernfläche bzw. Kernebene erscheinen (vgl. das oben S. 896 Bemerkte). Hingegen springen an Breitenerstreckung oder Breitenlage verschiedene Bildteile im Sammeleindruck vor, wenn sie in den beiden Einzelbildern einander zugewendet sind — oder sie treten zurück, wenn sie in den beiden Einzelbildern voneinander abgewendet liegen (vgl. die identischen, angenähert korrespondent abgebildeten und ebenflächig erscheinenden Außenkreise und die einander zugewendeten, temporaldisparat abgebildeten Innenkreise in Abb. 286a, im Gegensatze zur Abwendung und nasaldisparaten Abbildung der Innenkreise in Abb. 286b).

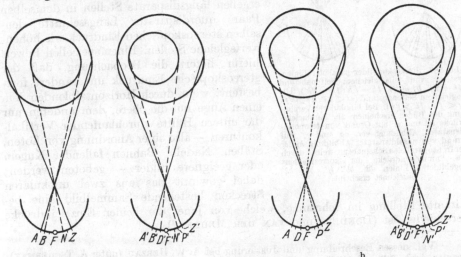

a   b

Abb. 286a und b. Stereoskopbilder: a) Binokulare Abbildungsweise: korrespondent AA', ZZ'; temporaldisparat BD' (statt B'), NP' (statt N'). Der Innenkreis des Sammelbildes zeigt die Tendenz, in gekreuzte D. B. zu zerfallen. b) korrespondent AA', ZZ'; nasaldisparat DB' (statt D'), PN' (statt P'). Der Innenkreis des Sammelbildes zeigt die Tendenz, in gleichnamige D. B. zu zerfallen.

Analoges gilt von dem Sammeleindruck zweier Gruppen paralleler Linien, von denen die geometrisch identisch gelegenen (dd', bb', ff', hh', kk') in einer Ebene oder bei größerer Exzentrizität in einer gegen den Beobachter schwach konkaven Zylinderfläche erscheinen, während die Paare einander genäherter, temporaldisparat abgebildeter (cc', ii') vorspringen, die Paare einander abgewendeter, nasaldisparat abgebildeter (aa', gg') zurücktreten (Abb. 287). — Eine Beschreibung der verschiedenen sterischen Einrichtungen (freiäugige Stereoskopie evtl. durch Röhren oder sonstige Blenden mit unterkonvergenten, speziell parallelen oder überkonvergenten Blicklinien, Stabanordnung nach HERING, modifiziert als Nadelstereoskop nach TSCHERMAK, Fallapparat nach HERING, Horopter-

---

[1] Bezüglich der Regeln der stereoskopischen Projektion und der Konstruktion von Reliefbildern sei verwiesen auf H. HELMHOLTZ: Physiol. Optik, 1. Aufl. S. 664ff.; 3. Aufl. 3, 275ff., sowie auf J. v. KRIES: Ebenda S. 552ff. (1910). — POLLIOT, H.: Arch. d'Ophtalm. 38, 98, 547 (1922). — K. MACK: Hochschulwissen 4, 610 (1927). Betr. Stereobildern aus weißen und schwarzen unokularen Anteilen vgl. E. DIAZ-CANEJA: Ann. d'Ocul. 165, 721 (1928); DUFOUR und R. BORON: Bull. Soc. Ophtalm. Paris 1928, 645.

apparat nach HERING-TSCHERMAK [vgl. Abb. 269, S. 897] sowie der Stereoskoptypen [WHEATSTONEsches Spiegelstereoskop bzw. HERINGsches Haplostereoskop, modifiziert als Trieder-Haploskop nach TSCHERMAK[1]], Telestereoskop nach HELMHOLTZ, Relief- oder Scherenfernrohr mit Triederreflexion nach DOVE-ZEISS, BREWSTERS Prismenlinsen- oder Meniskenstereoskop, Linsenstereoskop nach HELMHOLTZ und Doppelverant nach ZEISS, ROLLMANNS Farbenstereoskop) liegt nicht im Rahmen dieses Buches[2].

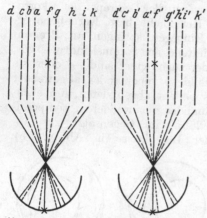

Abb. 287. Stereoskopbilder paralleler Liniensysteme von teils gleichem Seitenabstand $(df = d'f', bf = b'f', fh = f'h', fk = f'k')$, teils ungleichem Seitenabstand $(cf < c'f', af > a'f', fg < f'g', fi > f'i')$. Bei binokularer Vereinigung der Bilder erscheinen die Sammeleindrücke cc' und ii' auf Grund von temporaldisparater Abbildung *vor*, aa' und gg' auf Grund von nasaldisparater Abbildung *hinter* der frontoparallelen Scheinebene, welche durch die Sammeleindrücke der korrespondent abgebildeten Linien dd', bb', ff', hh', kk' bezeichnet erscheint.

Wie bereits (S. 929) betont, erweisen sich Stellen von gleicher Differenz an physiologischem Breitenwert als zudem gleichwertig an funktioneller Querdisparation, unabhängig von einer eventuellen gleichzeitigen Differenz im funktionellen Höhenwert. Andererseits ergeben längsdisparate Stellen in demselben Paare querdisparater Längsschnitte denselben stereoskopischen Eindruck wie höhenwertsgleiche Stellen. Einen speziellen Beweis hiefür liefert die Beobachtung, daß der stereoskopische Eindruck unverändert fortbesteht, wenn durch Horizontalblenden dem einen Auge nur die obere, dem anderen nur die untere Hälfte durchlaufender Vertikalkonturen — also einer Anordnung von Loten, Stäben, Nadeln, Bahnen fallender Kugeln oder geeignete Bilder — geboten werden; dabei gewinnt das aus zwei unokularen Strecken bestehende Sammelbild eine bestimmte Stellung im Sehraume, welche von jener der beiden Einzeleindrücke verschieden ist (DONDERS und VAN DER MEULEN[3]).

[1] Vgl. dessen Beschreibung und Justierung bei A. W. HERZAU (unter A. TSCHERMAK): Graefes Arch. **122**, 49 (1929); A. TSCHERMAK: Verh. dtsch. Ges. Kiel 1929.

[2] Diesbezüglich sei verwiesen auf H. HELMHOLTZ: Physiol. Optik, 1. Aufl., S. 639—648, 672—686; 3. Aufl., **3**, 251—260, 282—298; dazu das Kapitel zur Theorie der binokularen Instrumente in J. v. KRIES: Ebenda S. 534—664 (1910). — MARTIUS-MATZDORF: Die interessantesten Erscheinungen der Stereoskopie. Berlin 1890. — CZAPSKI, F.: Grundzüge der Theorie der optischen Instrumente nach ABBE, 1. Aufl. Breslau 1893; 2. Aufl. (A. Winkelmanns Handb. d. Physik **6**.) Leipzig 1904. — MANCHOT, W.: Das Stereoskop. Leipzig 1903. — ZOTH, O.: Nagels Handb. d. Physiol. **3**, 421—432 (1905). — HARTWIG, TH.: Das Stereoskop und seine Anwendungen. (Aus Natur und Geisteswelt **135**.) Leipzig 1907. — STOLZE: Die Stereoskopie und das Stereoskop. Enzykl. d. Photogr., 1. Aufl., H. 10 (1894); 2. Aufl. Halle 1908. — ROHR, M. v.: Abhandlungen zur Geschichte der Stereoskopie. Ostwalds Klass. Nr. 168 (1908) — Das Sehen. Handb. d. Physik, 2. Aufl., **6**, 270. Leipzig 1904 — Die binokularen Instrumente, 2. Aufl. Berlin 1920. — CORDS, R. u. S. BARDENHEWER (Pfalzisches Stereooptometer): Z. Augenheilk. **30**, 1 (1913). — HOFMANN, F. B.: Tigerstedts Handb. d. physiol. Methodik **3** (1), 100 (1909); **1920—1925**, 520 ff. — PULFRICH, C.: Stereoskopisches Sehen und Messen. Jena 1911 — (Stereokomparator) Z. Instrumentenkde **1902** — (Stereomikrometer) Arch. Photogrammetrie **2**, H. 3 (1905). — SCHEFFER, W.: Anleitung zur Stereoskopie. (Photogr. Bibl. **21**.) Berlin 1914. — FOURCADE, H. G. (Stereogoniometer): Trans. roy. Soc. S. Africa **14**, 93 (1926). — Vgl. auch A. KÖNIG: Die Fernrohre und Entfernungsmesser. Berlin 1923. — BEREK, M.: Die Tiefenwahrnehmung im Mikroskop. Berlin 1927. — A. DE GRAMONT, La télémétrie monostatique Paris 1928.

[3] MEULEN, S. G. VAN DER u. VAN DOOREMAAL: Graefes Arch. **19** (1), 137 (1873). — Vgl. auch die Beobachtungen von R. GREEFF: Z. Psychol. u. Physiol. **3**, 21 (1891). — HEINE, L.: Graefes Arch. **51**, 116 (1900) — Z. Augenheilk. **1903**, 351. — KOTHE, R.: Arch. Augen-

Das sensorische Doppelauge erscheint demnach *im Sinne einer Längsstreifung mit Stereoskopiefunktion differenziert.* Wir können die vertikalempfindenden Längsreihen von Netzhautelementen bzw. die primären Längsschnitte beider Augen mit Tasten vergleichen, welche paarweise gekoppelt sind. Bei gleichzeitigem längerdauernden (mindestens 0,8″) Anschlage korrespondierender Tasten (*FF′, AA′, BB′, CC′* in Abb. 288, welche — bei Ansicht der Augen von hinten — das Längsschema des stereoskopischen Zusammenarbeitens darstellt) resultieren Eindrücke in einer frontoparallelen Scheinebene; bei Anschlagen temporaldisparater Tasten (*AC′*) ergibt sich der zwangläufige Eindruck „näher“, bei Anschlagen nasaldisparater Tasten (*CA′*) der Eindruck „ferner“, und zwar wachsend mit der Querverschiedenheit der beiden Tasten und, soweit verschmolzen, in der dem mittleren Tastenpaare *BB′* zugehörenden Sehrichtung erscheinend. — Auf eine weitergehende Begründung für diese binokulare Leistung muß meines Erachtens zunächst wenigstens verzichtet werden. HERING[1] hat zwar angenommen, daß bereits den Netzhautelementen jedes Einzelauges gewisse Tiefenwerte zukommen, und zwar jenen der nasalen Hälfte relative Fernwerte, jenen der temporalen relative Nahewerte, und zwar wachsend mit der Exzentrizität; für korrespondierende Stellen erfolge eine Kompensation der beiden gegensätzlichen Tiefenwerte, so daß ihr Eindruck in der Kernfläche bzw. Kernebene erscheint. So interessant manche bezügliche Beobachtungen (HERING, vgl. S. 938, Anm. 4) erscheinen

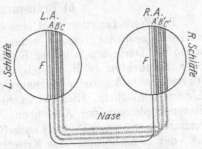

Abb. 288. Längstastenschema des haplostereoskopischen Zusammenarbeitens beider Augen: 1. bei Zusammenwirken von korrespondierenden Paaren wie *FF′, AA′, BB′, CC′*: Eindrücke in einer frontoparallelen Scheinebene; 2. bei Zusammenwirken von *temporal*disparaten Paaren, wie *A* und *C′*: Eindruck „näher“ oder „vor“, und zwar, soweit verschmolzen, in der Sehrichtung des Paares *BB′*; 3. bei Zusammenwirken von *nasal*disparaten Paaren, wie *C* und *A′*: Eindruck „ferner“ oder „hinten“, und zwar, soweit verschmolzen, in der Sehrichtung des Paares *BB′*.

und so sehr es naheliegt, gerade die Differenz von Dauer- und Momenthoropter (vgl. S. 913, 919) mit diesen Beobachtungen und mit einer solchen Annahme in Beziehung zu bringen, so erscheint es doch zweckmäßiger, wenigstens vorläufig, sich mit der obigen Formel für den nur für das *binokulare* Sehen eindeutig lautenden Tatbestand zu begnügen und von einer weitergehenden theoretischen Fassung abzusehen.

Die Breitenwerte, an deren Differenz die relativen Tiefenwerte oder die Stereoskopie geknüpft erscheint, sind die bei Primär- oder Sekundärstellung des Auges und mittlerer aufrechter Kopfhaltung geltenden Breitenwerte, und zwar bezogen auf die beiden primär vertikalempfindenden Meridiane oder Längsmittelschnitte. Entsprechend deren Divergenz ist der stereoskopische Effekt bei einer gewissen Neigung der zur Verschmelzung gelangenden Bilder optimal[2]. Auch die bei seitlicher Neigung des Kopfes eintretende Umwertung des vertikalempfindenden Meridians und damit der Bezugachse der Breitenwerte läßt das Querdisparationssystem unverändert: das Maximum der Unterschiedsempfindlichkeit bleibt aufrecht für Konturen, welche sich in den primär vertikalempfindenden bzw. primär angenähert lotrecht stehenden Netzhautschnitten abbilden, und geht nicht über auf solche Konturen, welche bei seitlich geneigtem Kopf ent-

heilk. **49**, 338 (1903). — WEINHOLD, M.: Graefes Arch. **54**, 201 (1902); **59**, 459 (1904). — FISCHER, F.P. (unter A. TSCHERMAK — mit Angabe gewisser meßbarer Verschiedenheiten der Fadeneinstellung in beiden Fällen von Hälftenabblendung und im Falle von Volldarbietung): Pflügers Arch. **264**, 203, spez. 213 (1924).

[1] HERING, E.: Beitr. Physiol. **5** (1864) — Arch. Anat. u. Physiol. **1865**, 95 — **1879**, 410.
[2] AMES JR., A.: Amer. J. physiol. Opt. **7**, 3 (1926).

weder nunmehr vertikal erscheinen, d. h. in sekundär vertikalempfindende Netzhautschnitte eingestellt werden, oder solche, welche dabei objektiv in die Lotrichtung (in sekundär lotrecht stehende Netzhautschnitte) gebracht werden
(Linksz[1]). Analoges wie für die Umwertung der Vertikalen durch seitliche Neigung des Kopfes ist anzunehmen bei dem parallelen Vorgang, wie er beim Übergang aus Primär- oder Sekundärstellung zu tertiärer Blicklage erfolgt.

Das Querdisparationssystem erweist sich sonach ständig um den primär
vertikalempfindenden Meridian, nicht um den jeweilig vertikalempfindenden
oder um den jeweilig lotrechtstehenden Meridian orientiert.

b) Bedingungen der Stereofunktion.

Die Stereofunktion zeigt eine charakteristische Bedingungsabhängigkeit zunächst *in zeitlicher Hinsicht.* Schon bei sehr kurzer Präsentationszeit — beispielsweise bei Darbieten fallender Kugeln oder bei bloß „momentanem" Aufdecken
oder Beleuchten (z. B. mittels elektrischen Funkens, Dove[2]) eines Objektes
für das zweite Auge oder überhaupt erst für beide Augen — ist ein stereoskopischer
Eindruck möglich. Diese Tatsache beweist jedenfalls die Unabhängigkeit der
Stereoskopie von der Ausführung von Augenbewegungen an sich. Allerdings
verliert — wie oben (S. 912) ausgeführt — unterhalb einer Reizdauer von etwa
0,8″ der Längshoropter das Kriterium der Scheinebene. Es kommt dabei allerdings eigentlich auf die Dauer der Erregung im Sehorgan an, welche — in Abhängigkeit von Reizstärke und Zustand — die Reizzeit erheblich überdauern
kann! Entsprechend der Nachdauer der Erregung — ebenso entsprechend den
Phasen der rhythmischen Nachreaktion — lassen sich auch bei nacheinander-
folgenden Reizungen beider Einzelaugen stereoskopische Eindrücke erzielen[3],
wovon bei abwechselnder Vorführung querverschiedener Bilder, beispielsweise
im Strobostereoskop, im Intermittenzfusiometer sowie im plastischen Film
Gebrauch gemacht wird. Analoges gilt, wenn beide Augen durch einen zum
Mittelpunkt der Basalstrecke zentrierten Episkotister eine in frontoparalleler
Ebene schwingende Kugel betrachten: da beiden Augen hintereinander stets
querverschiedene Phasenbilder geboten werden, resultiert der Eindruck von
Kreisen der Kugel der Tiefe nach (Dvořák-Machsches Phänomen[4]). Auch gleichzeitig oder hintereinander eingeprägte, teilweise querdisparate Nachbilder ver-
mögen zu einem sterischen Eindrucke zu verschmelzen[5].

---

[1] Linksz, A. (unter A. Tschermak): Pflügers Arch. **205**, 669 (1924). — Depène, R.
[Klin. Mbl. Augenheilk. **43** (1), 48 (1904)] hatte bei seitlicher Neigung des Kopfes vor einer
Anordnung dauernd lotrechter Stäbe (welche allerdings eine Korrektur entsprechend der
Gegenrollung nicht gestattete) gefunden, daß der stereoskopische Schwellenwert nicht gerad-
linig proportional dem Neigungswinkel zunimmt, sondern in komplexer Abhängigkeits-
beziehung anfangs sehr langsam, gegen 90.° sehr rasch wächst.

[2] Dove, H. W.: Monatsber. Berl. Akad. **1841**, 29. Juli — Farbenlehre **1853**, 153; bestätigt von Volkmann (**1846, 1859**), Recklinghausen, Panum (**1858**), Aubert (**1865**, 315),
Helmholtz (Physiol. Optik, 1. Aufl., S. 740; 3. Aufl., **3**, 372).

[3] Wheatstone, Ch.: **1838**. — Rogers, W. B.: Arch. Sci. physiol. **30**, 247 (1855). —
Wundt, W.: Beiträge zur Sinneswahrnehmung, S. 286. Heidelberg 1862. — Heine, L.: Graefes
Arch. **61**, 146 (1900). — Jäger, G.: Sitzgsber. Akad. Wiss. Wien, Math.-naturwiss. Kl. II a **112**,
955 (1903). — Guilloz: C. r. Soc. Biol. **56**, 1053 (1904). — Vgl. auch W. Ewald: Pflügers Arch.
115, 514 (1906). — Krusius, F. F. (Intermittenzfusiometer): Arch. Augenheilk. **61**, 204 (1908).

[4] Dvořák: Sitzgsber. Böhm. Ges. Wiss. **1872**, 65. — Mach, E.: Analyse der Empfindungen. 6. Aufl. Jena 1911, spez. S. 205.

[5] Wheatstone, Rogers, Wundt, Helmholtz: Physiol. Optik, 1. Aufl., S. 741 ff. —
R. Baruch (mit sterischer Ausmessung positiver Nachbilder im indirekten Sehen, daher
bei geringerer stereoskopischer Sehschärfe): Z. Sinnesphysiol. **59**. 197 (1928). — W. Trendelenburg, ebenda **60**, 89 (1929). — F. Gatti: Arch. ital. Psicol. **7**, 138 (1929). Vgl.
auch die Beobachtung von Tiefeneffekten an binokularen Bewegungsnachbildern durch
H. K. Müller [ebenda **59**, 157 (1928)].

Bezüglich des Zustandes der Augen ergibt sich eine Bedingung für die Stereofunktion nur insofern, als das räumliche Unterscheidungsvermögen bzw. die stereoskopische Sehschärfe davon beeinflußt wird (vgl. S. 839). An sich aber gilt die Stereoskopie ebenso für das Dämmerungssehen[1] wie für das Sehen bei höherer Lichtstärke. Die subjektive Verschmelzung von zwei querdisparaten Eindrücken ist, wie bereits allgemein bemerkt, abhängig von der Beobachtungsdauer, von der Übung und von der Exzentrizität (vgl. S. 895). Der Querdurchmesser des PANUMschen Empfindungskreises kann daher recht verschiedene Werte zeigen[2]. Doch stellt die Verschmelzung der Eindrücke beider Augen bzw. das binokulare Einfachsehen nur den speziellen günstigsten Fall, nicht aber eine absolute Bedingung für zweiäugige Tiefenlokalisation oder Stereoskopie im allgemeinen Sinne (Bathoskopie nach AALL) dar. Auch bei Auftreten von Doppelbildern, soweit dieselben gleichzeitig beachtet und ohne weiteres aufeinander bzw. auf ein einziges Außenobjekt bezogen werden[3], fehlt das plastische Sehen nicht oder hört nicht auf (DOVE, RECKLINGHAUSEN, CLASSEN, HERING[4], VOLKMANN[5], HELMHOLTZ[6]). Die D.B. erscheinen nicht etwa von vornherein in der Kernfläche, d. h. in der Entfernung des fixierten Objektes[7], sondern angenähert am „richtigen" Orte, d. h. in jener Entfernung, in welcher der Eindruck bei Einfachsehen lokalisiert würde[8]; erst bei länger dauernder Beobachtung wird die Lokalisierung unsicher und rücken die D.B. mehr oder weniger in die Kernfläche. Ja, es ist ein erstaunlich präzises sterisches Einstellen von Loten oder Stäben auf gleiche Entfernung vom Auge, ja auf gleiche Abstände der Tiefe nach trotz Doppeltsehens — selbst bei Momentbeleuchtung — möglich, das sich exakt messend charakterisieren läßt (und zwar durch die Zuverlässigkeit, mit welcher bei festgehaltener Fixation eine verschiebliche Testnadel im indirekten Sehen auf gleiche Tiefe mit einer feststehenden, in Doppelbildern erscheinenden Markiernadel eingeordnet wird [TSCHERMAK und HOEFER] oder durch die Genauigkeit, mit welcher eine nach der Tiefe verlaufende Strecke

---

[1] Vgl. speziell W. A. NAGEL: Z. Psychol. u. Physiol. **27**, 264 (1901).

[2] So fand H. SCHÖLER [Graefes Arch. **19** (1) 1, spez. 20 (1873)] bei Ungeübten und bei Momentbeleuchtung einen Grenzwert von 7° 38′ an geometrischer Querdisparation, während W. SCHÖN [ebenda **24** (1) 51 (1878)] bei Verwendung stark abstechender Flammen weit geringere Werte erhielt und bereits A. W. VOLKMANN [ebenda **5** (2), 1 (1869)] am Tachistoskop für sich nach maximaler Übung gar nur einen solchen von 5—26′ festgestellt hatte.

[3] Insofern kommt für das Zustandekommen eines plastischen Eindruckes noch ein „zentraler Faktor" in Betracht [HOFMANN, F. B.: Erg. Physiol. **15**, 238, spez. 273 (1915) — 1920—1925, 438, 455]. Vgl. auch die Beobachtungen über den Einfluß der Aufmerksamkeit auf die Tiefenwahrnehmung und Fusion seitens H. SNELLEN JR. [Nederl. Tijdschr. Geneesk. **68**, 1110 (1924)] und B. PETERMANN: [Arch. f. Psychol. **46**, 351 (1924)]. Gleichwohl möchte ich vor einer Überschätzung psychischer Faktoren, speziell in ánthropozentrischer Fassung, bezüglich der Stereoskopie nachdrücklich warnen, zumal da eine solche Reaktion zweifellos auch für Tiere, selbst für Fische, zu erschließen ist (vgl. S. 998).

[4] HERING, E.: Beitr. Physiol. **2**, § 57 (1862); **5**, 335ff. (1864) — **1879**, 42ff.

[5] VOLKMANN, W. A.: Physiol. Untersuchungen, H. 2. Leipzig 1864.

[6] HELMHOLTZ, H. v.: Graefes Arch. **10** (1), 27 (1864) — Physiol. Optik, 1. Aufl., S. 720ff., 731; 2. Aufl., S. 668ff.; 3. Aufl., **3**, 354ff., 364. — Vgl. auch J. v. KRIES: Ebenda **3**, 328, sowie (mit F. AUERBACH) Arch. f. (Anat. u.) Physiol. **1877**, 297.

[7] Neuerdings behauptet von CAMPOS [Rev. gén. d'Ophthalm. **31**, 337 (1912)] und DIAZ-CANEJA [Arch. Oftalm. hisp.-amer. **20**, 215 (1920); **27**, 1 (1927)], denen V. RIBAS [ebenda **21**, 517 (1921)] mit Recht widersprach; vgl. auch M. MÁRQUEZ, Oftalm. hisp.-amer. **28**, 430 (1928).

[8] Vgl. auch J. TOWNE: Gay's Hosp. Rep. **1862—1865**. — MARTINI, FR.: Thurgauer Naturf. Ges. **1888**, H. 8. — WEINHOLD, M.: Graefes Arch. **59**, 459 (1904).

halbiert wird[1] [Aall]). Dabei erweist es sich als prinzipiell gleichgültig, wie die Halbbilder der verglichenen Objekte zueinander und zum Fixationspunkte liegen, einseitig oder doppelseitig, gekreuzt oder gleichnamig; die Verschiebung einer solchen Versuchsanordnung aus der Medianebene des Beobachters hat keine wesentliche Änderung der Einstellungsergebnisse zur Folge. — Während unter gewöhnlichen Bedingungen die Grenze der Wahrnehmbarkeit von D.B. erheblich höher liegt als jene der Tiefenwahrnehmung überhaupt (beispielsweise für Nadeln, Haare, Stricke 3—4' gegenüber 15—40''), lassen sich bei Darbietung von Parallaxen, die vom Werte 0 bis zu immer größeren Werten kontinuierlich fortschreiten (Fadenmethode), beide Grenzen zum Zusammenfallen bringen. Hingegen erschweren eine Reihe von Faktoren — Blickschwankungen, Abbildung auf peripheren Netzhautstellen, Wettstreit bzw. Prävalenz des einen Eindruckes, kurze Beobachtungsdauer, Mangel an Übung, selbst geringe Komplikationen des dargebotenen Gegenstandes — die Doppelbildwahrnehmung (Trendelenburg[2]).

Die Tiefenlokalisation auf Grund von D.B. spielt eine wesentliche Rolle für die räumliche Bewertung und das gesamte Verhalten gegenüber solchen Objekten, welche plötzlich *weit* diesseits oder jenseits des Fixationspunktes auftauchen. Es sei hier z. B. an unser oft so rasches und geschicktes Ausweichen gegenüber plötzlich — z. B. bei Blitz — bemerkten Hindernissen erinnert. Allerdings nimmt die Deutlichkeit des Tiefenunterschiedes bei längerdauernder Beobachtung in D.B. ab, ja, ein solcher kann mit der Zeit völlig verschwinden, indem die beiden unokularen Eindrücke in die Kernfläche rücken (Hering[3]). Zunächst aber besteht ein deutliches Zusammenwirken beider Eindrücke auch insofern, als ihre Sehrichtungen im Sinne von Angleichung von den rein unokularen Sehrichtungen abweichen (vgl. oben S. 928, 931). Die beiden querdisparaten Halbbilder werden im allgemeinen in gleiche Entfernung lokalisiert — bei höhendisparaten besteht eine gewisse Tendenz, das untere Halbbild näher zu lokalisieren[4].

Es bedarf auch nicht einer erheblichen und beiderseits gleich großen Bildschärfe, um überhaupt einen plastischen Eindruck zu erzielen. Ein solcher fehlt auch nicht bei weitgehender Herabsetzung des Sehvermögens und bei erheblicher Differenz der Bildschärfe beiderseits (infolge verschieden starker

---

[1] Tschermak, A. u. P. Hoefer: Pflügers Arch. **98**, 299 (1903) sowie **115**, 483, spez. 484 (1905) (Literatur). — Aall, A.: Z. Psychol. u. Physiol. **49**, 108 (1908). — S. auch L. Heine: Pflügers Arch. **104**, 316 (1904). — Pfeifer, R. A. (mit Sukzessivbeobachtung!): Wundts Philos. Stud. **2**, 129 (1907); **3**, 299 (1908). — Issel, E. (mit wanderndem Blick!): Inaug.-Dissert. Freiburg i. B. 1907. — Lohmann, W.: Z. Sinnesphysiol. **44**, 100 (1909).

[2] Trendelenburg, W. u. K. Drescher: Z. Biol. **84**, 427 (1926).

[3] Hering, E.: Beitr. Physiol. **5**, 335 ff. (1864) — Arch. f. Anat. u. Physiol. **1865**, 156—1879, 426 ff. — Vgl. demgegenüber W. Wundt [Phys. Psych. 4. Aufl. **2**, 181 (1893)], welcher eine unbestimmte Lokalisation der D.B. in schwankender Tiefenlage zwischen dem wirklichen Orte des Objekts und dem Blickpunkt vertrat. — S. auch F. v. Martini: Die Lage der D.B. beim binokularen Sehen. Frauenfeld 1888 — Thurgauer Naturf. Ges. **1888**, H. 8.

[4] Im Anschlusse an A. v. Graefe (1856), Förster (1859), Alfred Graefe (1860), A. Nagel [Graefes Arch. **8** (2), 368 (1862)], L. Mauthner (1889) bestätigt von M. Sachs: Graefes Arch. **36** (1), 193 (1890). — Fröhlich, R.: Ebenda **41** (4), 134 (1895). — Lohmann, W.: Z. Sinnesphysiol. **44**, 100 (1909) — Arch. Augenheilk. **86**, 264 (1920). — Borello, F. P. (unter gleichzeitiger Bezeichnung des tieferstehenden H.B. als kleiner): Ann. Ottalm. **53**, 130 (1925). — Andererseits beobachtete E. Hering [Beitr. Physiol. **5**, 335 (1864); Arch. Anat. u. Physiol. **1865**, 75; **1879**, 410] an dem der nasalen Netzhauthälfte zugehörigen Halbbilde die Tendenz — im Gegensatze zu dem gleichzeitigen der temporalen Netzhauthälfte zugehörigen Halbbilde — scheinbar nach hinten, und zwar sogar hinter die Kernebene, zu rücken. Er verwertete diese Erscheinung zugunsten seiner Annahme eines unokularen Fernwertes der Elemente der nasalen und eines unokularen Nahewertes der Elemente der temporalen Netzhauthälfte (vgl. S. 913, 919, 935). S. auch R. Fröhlich: Graefes Arch. **41** (4), 134 (1895).

Exzentrizität oder pathologischer Zustände oder künstlicher Eingriffe, z. B. einseitigem Vorsetzen einer Linse[1]). So bestehen einseitig Amblyopische den HERINGschen Fallversuch noch relativ gut; erst bei Sehschärfe $1/3$ ergibt sich Verminderung, bei $1/10$ Versagen[2]. Hingegen beeinträchtigt habituelle Bevorzugung des einen bzw. innere Hemmung des anderen Auges die Stereoskopie in erheblichem, jedoch durch Übung mehr oder weniger überwindbarem Maße[3]. Bezüglich des weitgehenden Parallelismus zwischen unokularer bzw. nichtstereoskopischer und stereoskopischer Sehschärfe (vgl. S. 839, 940).

Daß nicht erst Augenbewegungen, speziell Blickschwankungen im Sinne von Konvergenz zur Stereoskopie führen (wie E. BRÜCKE, PRÉVOST, BREWSTER angenommen hatten), sondern letztere auf Grund querdisparater Abbildung bereits bei ruhendem Blick erfolgt, lehrt die Beobachtung bei kontrollierter Festhaltung des Blickes (mittelst eines Kombinations- oder Deckbildes) sowie bei ganz kurzdauernder Darbietung[4] (Blitz, Funkenlicht, Momentverschluß bzw. Tachistoskop[5], Verwendung fallender Kugeln durch HERING); selbst bei Doppeltsehen erfolgt auch bei Momentbeleuchtung relativ genaue Tiefenlokalisation (TSCHERMAK und HOEFER). Dasselbe gilt bei einer solchen Darbietung fallender Kugeln, daß die Fallstrecke in D.B. erscheint und dem einen Auge bloß die obere, dem anderen bloß die untere Hälfte der Fallstrecke sichtbar ist (vgl. S. 934). Ebenso erfolgt stereoskopisches Sehen bei ungleichzeitiger Belichtung beider Augen, also auf Grund von Nachdauer der Erregung in dem erstgereizten Auge, wobei Differenzen bis zu 0,024—0,03, 0,125—0,176, ja 0,171 bis 0,188 Sek. zulässig sind (LANGLANDS). Analoges gilt für binokulare Kombination eines Nachbildes mit einem geeigneten Vorbilde oder von zwei querverschiedenen Nachbildern (WHEATSTONE, ROGERS u. a. – vgl. S. 936, Anm. 3). Träte Tiefenlokalisation erst dann ein, nachdem die Augenstellung bis zur Ermöglichung stereoskopischen Einfachsehens oder gar bifovealer Fixation geändert ist, so kämen Bewegungsmaßnahmen, z. B. Abwehraktionen gegenüber Hindernissen, gewiß oft zu spät! — Andererseits soll gewiß nicht geleugnet werden, daß die Ausführung von Blickbewegungen, speziell im Sinne von Näherung und Fernerung, die Gewinnung einer räumlichen Vorstellung durch Kombination der aufeinanderfolgenden stereoskopischen Einzeleindrücke begünstigt[6], worüber später (S. 995, 1093) noch einiges zu sagen sein wird.

---

[1] VAN DER MEULEN: Graefes Arch. **19** (1), 100 (1873). — KÖLLNER, H.: Zbl. Augenheilk. **37**, 40 (1913) — Arch. Augenheilk. **75**, 36 (1914). — GREEFF, R.: Z. Psychol. u. Physiol. **3**, 21 (1891). — SCHOUTE, G. J.: Nederl. Tijdschr. Geneesk. **1**, 11 (1910). — KUGEL, L.: Graefes Arch. **82**, 489 (1912). — PROKOPENKO, A. P.: Arch. Augenheilk. **76**, 69 (1914). — ZIMMERMANN, P.: Z. Psychol. **78**, 273 (1917). — POSCHOGA, N. (Einfluß von Astigmatismus): Z. Sinnesphysiol. **57**, 127 (1926). — Über Veränderung des empirischen Horopters bei hochgradiger Ungleichsichtigkeit s. H. ERGGELET: Z. Sinnesphysiol. **49**, 326 (1916) — Klin. Mbl. Augenheilk. **66**, 685 (1921). — Vgl. auch betr. stereoskopischer Wirkung von Bildern ungleicher Größe E. H. HANKIN u. H. HARTRIDGE: J. of Physiol. **54**, 67 (1921), vgl. S. 894, Anm. 2.

[2] STETTEN, G. VAN: Klin. Mbl. Augenheilk. **75**, 785 (1925); G. v. VAJDA, Klin. Mbl. Augenheilk. **81**, 640 (1928).

[3] Vgl. speziell C. PULFRICH: Physik. Z. **1899**, Nr 9.

[4] Die Angabe L. v. KARPINSKAS [Z. Psychol. **57**, 1 (1910) — vgl. auch E. LAU: Z. Sinnesphysiol. **53**, 1 (1922) — W. SCHRIEVER: Z. Psychol. **96**, 113 (1924) — F. B. HOFMANN: **1920—1925**, 436ff.], daß der Sammeleindruck stereoskopischer Bilder zunächst flach erscheine und die Tiefe sich erst allmählich entwickle, beruht auf einer Täuschung durch Zeitverlust für passende Einstellung von Konvergenz und Akkommodation, wie speziell die Beobachtungen von G. SKUBICH zeigen [Z. Psychol. **96**, 353 (1925)].

[5] Vgl. die älteren Beobachtungen von DOVE, WHEATSTONE, VOLKMANN, AUBERT, HELMHOLTZ, DONDERS und VAN DER MEULEN, die neueren von N. M. S. LANGLANDS: Trans. opt. Soc. **28**, 45, 83 (1927).

[6] Speziell betont von DU BOIS-REYMOND, C.: Z. Psychol. u. Physiol. **2**, 427 (1891). — BOURDON, B.: **1902**, 254.

Das Auftreten von Störungen des Tiefensehens bei pathologischen Fällen — bei optischen Agnosien infolge Gehirnkrankheiten[1] — dürfte einerseits auf Beeinflussung des subjektiven Maßstabes, andererseits auf Beeinträchtigung des Aufeinanderbeziehens und Verschmelzens querdisparater Eindrücke zurückzuführen sein.

c) Stereoskopische Sehschärfe und Unterschiedsempfindlichkeit.

Da die Stereoskopie an die Querdisparation und diese wieder an den Breitenwertsunterschied geknüpft ist, ergibt sich für die Tiefensehschärfe beider Augen an Grundlagen und Methoden eine volle Übereinstimmung mit der für die gleichen Bedingungen geltenden Breiten- und Höhensehschärfe des Einzelauges. Diese Übereinstimmung besteht nicht bloß für das mit optimaler Sehschärfe ausgestattete helladaptierte Auge, sondern auch für das Dämmerungssehen mit seiner erheblich geringeren Leistungsfähigkeit[2] (s. S. 839).

Ebenso wie für das Einzelauge kann für das Doppelauge das Webersche Prinzip der Sonderung paralleler Konturen verwendet werden, und zwar in der Form des Wheatstone-Panumschen Grenzfalles, indem einem Prisma bzw. Würfel (oder einer Aufstellung von zwei Stäben oder Fäden), dessen eine Seitenfläche gerade von der einen Blicklinie gestreift wird, eine solche Tiefenerstreckung oder Beobachtungsentfernung oder optische Verkleinerung gegeben wird, daß eben noch ein „plastischer" Eindruck entsteht, indem die beiden für das eine Auge einander deckenden Konturen für das andere eben noch gesondert erscheinen (vgl. S. 942). Auf demselben Prinzip der Querverschiedenheit der Netzhautbilder beruht die Methode der Einreihung eines beweglichen Objektes in die durch zwei fixe Objekte bezeichnete Ebene oder die Methode der Beurteilung einer fixen Aufstellung von drei Objekten inner- oder außerhalb einer Ebene (Nadelanordnung nach Helmholtz, Stäbeapparat nach Hering, Nadelstereoskop nach Tschermak). Endlich können zwei Systeme paralleler Vertikallinien (Pulfrich) zur binokularen Vereinigung geboten werden, deren gegenseitige Abstände zum Teil um geringe Beträge verschieden sind (vgl. oben Abb. 287, S. 934). Während mit der gröberen erstgenannten Methode für das zentrale bzw. bimakulare Sehen (Heine) ein Minimalwinkelwert von 33" bis 3' 33" als Grenze des stereoskopischen Sehens gefunden wurde (Wächter[3]), ergab sich nach dem feineren Verfahren der Kombinationsbilder eine foveale Unterschiedsempfindlichkeit von 3—13" (Pulfrich, Hering, Bourdon, Heine, Langlands, Howard[4]). Alle Ver-

---

[1] Pick, A.: Neur. Zbl. **1901**, 338. — Monakow, C. v.: Lokalisation im Großhirn. Wiesbaden 1914, 449. — Bickeles, G.: Zbl. Physiol. **30**, 241 (1915).

[2] Nagel, W. A.: Z. Psychol. **27**, 264 (1910).

[3] Wächter, Fr.: Sitzgsber. Akad. Wiss. Wien, Math.-naturwiss. Kl. IIa, **105**, 856 (1896). — Vgl. auch E. Wächter: Mitteilungen über Gegenstände des Artillerie- und Geniewesens, S. 303. Wien 1892.

[4] H. Helmholtz (Physiol. Optik, 1. Aufl., S. 645; 3. Aufl., **3**, 256) hatte für sich 60,5" gefunden, denselben Wert wie für die Sehschärfe eines und desselben Auges. — Stratton, G. M.: Psychologic. Rev. **5**, 632 (1898). — Pulfrich, C.: Physik. Z. **1899**, 98 — Z. Instrumentenkde **21**, 221 u. 249 (1901) — Stereoskopisches Sehen und Messen. Jena 1911. — Hering, E.: Ber. sächs. Ges. Wiss., Math.-physik. Kl. **1899**, 16. — Bourdon, B.: Rev. Philos. **25**, 74 (1900). — Heine, L.: Graefes Arch. **51**, 146 (1900). — Hofmann, F. B. bei Hering a. a. O. **1899** sowie **1920—1925**, 414ff. — Hecker, O.: Z. Vermess.wes. **1901**, H. 3, 3. — F. Hillebrand, Denkschr. Akad. Wiss. Wien, Math.-naturwiss. Kl. **72**, 271 (1902) — Lehre von den Ges. Empf. Wien 1929, spez. 136. — Crawley, C. W. S.: Brit. J. Phot. **52**, 446 (1905). — Marx, E.: Nederl. Tijdschr. Geneesk. **1912** (2), 656. — Kuroda, W. (mit den Werten von 0,004—0,0057 mm Netzhautabstand für die binokulare, 0,004—0,006 mm für die unokulare Sehschärfe): Acta Scholae med. Kioto **5**, 43 (1921). — Rohr, M. v.: Die binokularen Instrumente, 2. Aufl. Berlin 1920. — Fruböse, A. u. P. A. Jaensch (auf 26 m Entfernung 3,2", auf 6 m 5,6"): Z. Biol. **78**, 119 (1923). — Howard, T.: Amer.

fahren führen zu einem nur unter den jeweiligen Bedingungen geltenden empirischen Grenzwert, nicht zu einem absoluten solchen. Durchwegs ergibt sich eine Übereinstimmung der binokular-stereoskopischen Sehschärfe mit der unokularen Sehschärfe unter gleichen Bedingungen (HERING, vgl. S. 845); im letzteren Falle wird ja die Unterschiedsempfindlichkeit für Breitenwerte direkt geprüft, im ersteren Falle indirekt durch Vermittlung der damit gekoppelten Tiefenwerte. Allerdings kann dadurch sogar der Anschein einer Überlegenheit der binokular-stereoskopischen oder wenigstens der binokular-haploskopischen Sehschärfe (bei freier zweiäugiger Beobachtung in einer und derselben Ebene oder bei Kombination identischer Bilder) gegenüber der unokularen Sehschärfe[1] hervorgerufen werden, daß sich bei Abschluß des einen Auges infolge von Wettstreit dessen Eigengrau störend einmengen kann — besonders gilt dies nach längerdauernder einseitiger Dunkeladaptation (vgl. S. 917). Die Güte der stereoskopischen Leistung erweist sich stark abhängig von der Bildschärfe[2] und von der Beleuchtungsgröße. Der Unterschied der Öffnungswinkel, welche für die Querabstände in den Bildern beider Augen gelten, ist abhängig von dem Augenabstande bzw. der Basalstrecke[3]. Die dadurch gegebene Grenze wird überschritten (bis zu etwa 2700 m) bei Verwendung des Telestereoskops (HELMHOLTZ) bzw. des Relieffernrohres, welches unter Triederreflexion dem Beobachter zwei Ansichten bietet, die von zwei weiter abstehenden „Augenpunkten" aus genommen werden[4]. — Unter den Verhältnissen des gewöhnlichen Sehens ist theoretisch (bei 5'' als Grenzwert) eine Maximalentfernung von 1300 m, in praxi eine solche von etwa 240 m (HELMHOLTZ[5] — bis 90 m im Mittel, WÄCHTER) als Grenze für binokulare Tiefenunterscheidung anzusetzen.

Im indirekten Sehen nimmt die stereoskopische Sehschärfe parallel mit der Höhen-Breiten-Sehschärfe anfangs rasch, dann langsam ab[6]. Doch besteht auch noch im stark indirekten Sehen gute Stereoskopie (v. KRIES[7]). Selbst jene temporalen Anteile der einen Netzhaut, welche unter den Verhältnissen des gewöhnlichen Sehens, also bei Primärstellung der Augen oder mäßiger Seiten-

---

J. Ophthalm., 3. s., **2**, 656 (1919). — DITTLER, R.: Stereoskopisches Sehen und Messen. Leipzig 1919. — HOWARD, T. (Werte um 8''): Air Med. Service. Washington 1920. — COBB, H. (unter Betrachtung der binokularen Sehschärfe als Funktion der beiden unokularen Sehschärfen): J. of exper. Psychol. **5**, 227 (1922). — HARTRIDGE, H.: J. of Physiol. **57**, 52 (1922) — Philosophic. Mag. **46**, 49 (1923). — ANDERSEN, E. E. u. F. W. WEYMOUTH: Amer. J. Physiol. **64**, 561 (1923) — J. comp. Psychol. **5**, 147 (1925). — TRENDELENBURG, W. u. K. DRESCHER: Z. Biol. **84**, 427 (1926). — LANGLANDS, N. M. S. (unter M. v. ROHR; bei Dauerexposition im Hellen 3—7'', im Dunkeln 5—5,8''; bei Momentexposition unter $^1/_{25}$'' geringer): Trans. opt. Soc. **28**, 45, 83 (1927). — BEYNE, P. J. V.: Arch. Méd. mil. **86**, 40 (1927).
   [1] Als unterstützendes Moment wurde von A. KESTENBAUM [Z. prakt. Augenheilk. **63**, 159 (1927)] angenommen, daß die binokulare Einstellung beider Augen weniger von Fixationsschwankungen begleitet, also eine relativ ruhigere ist als die unokulare; dies trifft jedoch nach den exakten Befunden von G. SCHUBERT [unter A. TSCHERMAK — Pflügers Arch. **217**, 756 (1927)] nicht zu.
   [2] ZIMMERMANN, P.: Z. Psychol. **78**, 273 (1917).
   [3] Über Änderung der Raumauffassung bei Änderung der Augenabstandslinie vgl. H. ERGGELET: Verh. ophthalm. Ges. **1921**, 317.
   [4] Ist die Vergrößerung der Bilder im Relieffernrohr stärker als die der Basalstrecke, so resultiert ein Abgeflachterscheinen der Objekte. — Analogerweise findet G. KURODA [Acta Scholae med. Kioto **5**, 43 (1921)] den kleinsten Netzhautabstand von im Wettstreit selbständig funktionierenden Teilen des binokularen Feldes zu 4—5,7 μ, entsprechend dem Abstand der unokularen Unterscheidungsschwelle von 4—6 μ.
   [5] Bestätigend fand COULLAUD [Arch. d'Ophtalm. **28**, 608 (1909)] eine Distanz von 223 m als praktische Grenze.
   [6] Vgl. speziell E. MARX: Nederl. Tijdschr. Geneesk. **1912** (2), 656; auch N. M. S. LANGLANDS (unter M. v. ROHR): Trans. opt. Soc. **28**, 45, 83 (1927)
   [7] KRIES, J. v.: Z. Physiol. **44**, 65 (1909).

wendung, durch die Nase an binokularer Beanspruchung gleichzeitig mit dem
nasalen Anteile der anderen Netzhaut behindert sind, zeigen die Möglichkeit
eines Zusammenarbeitens mit den letzteren Anteilen, und zwar im Sinne von
Korrespondenz und Stereoskopie. Dies konnte durch Vorsetzen eines Spiegelchens
im inneren Augenwinkel, wobei die Nase gewissermaßen durchsichtig gemacht
wurde, nachgewiesen werden, und zwar durch exakte Einordnung eines Test-
stabes in eine durch zwei andere Stäbe bezeichnete Schrägebene, wobei der
binokulare Sammeleindruck eine andere Sehrichtung erhält als die unokularen
Halbbilder. Es ist anzunehmen, daß ein solches Verhalten auch gilt für solche
Netzhautpartien, welche — selbst bei stärkster Seitenwendung des Blickes
(von etwa 45—58°) bis zum vorspringenden Nasenrücken — überhaupt niemals
von einem und demselben Außenpunkte her beansprucht werden, also eine
Exzentrizität über 90° besitzen. — Hingegen fehlt nach Ausweis des Dreistäbe-
versuches eine solche sterisch-binokulare Leistung an jener Netzhautstelle des
einen Auges, welche dem blinden Fleck des anderen Auges entspricht: der nur
einäugig gesehene Teststab kann nicht sicher in eine frontoparallele Scheinebene
eingeordnet werden, welche durch zwei andere, binokular gesehene Stäbe bezeichnet ist (F. P. Fischer[1]).

Die stereoskopische *Unterschiedsempfindlichkeit* derselben Netzhautregion ist
gegenüber keiner anderen Fläche oder subjektiven Ebene eine so große wie
gegenüber der Längshoropterfläche bzw. gegenüber der frontoparallelen Scheinebene (natürlich für Dauerreize! — Tschermak[2]). Allerdings geschieht die Einstellung eines Lotes oder Stabes oder einer Nadel in eine durch zwei andere bezeichnete schräge Scheinebene binokular mit großer Präzision, und zwar wird ein
solches Objekt bei Einordnung *zwischen* zwei Markierobjekte tatsächlich etwas
hinter deren Ebene gestellt, bei Anordnung *neben* zwei Markierobjekte etwas *vor*
deren Ebene (F. P. Fischer[3]).

d) Wheatstone-Panumscher Grenzfall[4].

Die früher (S. 940) an erster Stelle erwähnte Methode zur Bestimmung der
Stereosehschärfe betrifft den theoretisch besonders interessanten Grenzfall, daß ein
zwingender plastischer Eindruck auch dann noch entsteht, wenn dem linken
Auge nur ein Kontur sichtbar ist, dem rechten überdies noch ein zweiter, sei es
ein vertikaler (Panum) oder ein schräger (Wheatstone), welcher für das linke
Auge durch den ersten Kontur verdeckt wird (vgl. Abb. 289). Hiebei wird die
Netzhautmitte (F) des linken Auges doppelt beansprucht, nämlich einerseits in
Verein mit der korrespondierenden Netzhautmitte (F') des rechten Auges zur
Vermittlung des die Kernebene bezeichneten Eindruckes FF', andererseits in
Verein mit einer nasaldisparaten Netzhautstelle (L') des rechten Auges — zur
Vermittlung des ferner erscheinenden Eindruckes FL'. Daß hiebei nicht etwa
bloß der unokulare Eindruck von L' nach der Tiefe „ausgelegt" wird, sondern

---

[1] Fischer, F. P. (unter A. Tschermak): Pflügers Arch. **204**, 247 (1924). — Padovani, S.:
Arch. Ottalm. **32**, 125 (1925).
    [2] Tschermak, A. (nach Beobachtungen von Kiribuchi): Pflügers Arch. **81**, 328 (1898).
    [3] Fischer, F. P. (unter A. Tschermak): Pflügers Arch. **204**, 247 (1924).
    [4] Vgl. speziell Ch. Wheatstone: Pogg. Ann. Erg.-Bd. S. 30 (1842) — Beiträge zur
Physiologie der Gesichtswahrnehmung. D. Übers. von M. v. Rohr. Leipzig 1908. — Hering, E.
Beitr. Physiol. H. **1**, 87ff. (1861); H. **5**, 298, 341 (1865) — **1879**, 434ff. — Helmholtz, H.:
Physiol. Optik, 1. Aufl., S. 736; 3. Aufl., **3**, 367. — Titchener, E. B.: Wundts Philos. Stud.
8, 231 (1893). — Hoefer, P. (unter A. Tschermak): Pflügers Arch. **115**, 483 (1906). —
Jaensch, E. R.: Z. Psychol., Erg.-Bd. **1911**, 46ff. — Henning, H.: Ebenda **79**, 373 (1915) —
Fortschr. Psychol. **5**, 143 (1918) — Schumanns Psychol. Stud. **1** (4). Leipzig 1918. — Hof-
mann, F. B.: **1920—1925**, 430ff. — Lau, E.: Psychol. Forschg **6**, 121 (1924). —
Benussi, V.: J. de psychol. **22**, 625 (1925); **25**, 465 (1928).

daß tatsächlich eine binokulare Leistung vorliegt, beweist einerseits die Minderung des subjektiven Breitenabstandes beider Konturen und das deutliche Nachhintenrücken des zweiten Konturs (K_2), andererseits das genaue Vertikalwerden beider Konturen[1] beim Übergang von bloß rechtsäugiger zu zweiäugiger Betrachtung. Der sprunghafte Wechsel des subjektiven Seitenabstandes der in einer Flucht gelegenen Objekte ist dabei sehr sinnfällig und, durch Einstellung eines in der Ebene des vorderen Objekts aufgestellten Vergleichsobjektes (K_3) messend charakterisierbar[2] — eine geradezu entscheidende Beobachtung (TSCHERMAK und HOEFER). Die allein gereizte Netzhautstelle des einen Auges, speziell dessen Foveazentrum, entfaltet somit eine doppelte Funktion — nämlich eine *Planifunktion* in Gemeinschaft mit der korrespondierenden Stelle und eine *Stereofunktion* in Gemeinschaft mit der querdisparaten Stelle; sie arbeitet also gleichzeitig mit zwei Stellen des anderen Auges zusammen, ohne daß dabei die fixe Korrespondenz aufhören bzw. ein Doppeltsehen mit korrespondierenden Netzhautstellen eintreten würde[3]. Eine Voraussetzung letzterer Art oder die Annahme von Schwanken der Korrespondenz innerhalb eines gewissen Spielraumes[4] (WHEATSTONE, WUNDT, NAGEL, HELMHOLTZ, v. KRIES) muß als unbegründet bezeichnet werden. Anscheinend ist es möglich, daß die Eindrücke wahrhaft korrespondierender Netzhautstellen in verschiedenem Abstande vom Beobachter, also hintereinander erscheinen (vgl. S. 927), nicht aber, daß sie sich nach verschiedenen Sehrichtungen spalten, also nebeneinander auftreten.

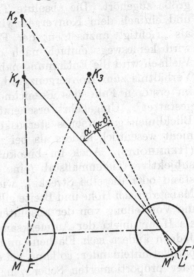

Abb. 289. WHEATSTONE-PANUMscher Grenzfall. Mit F (Eindruck von K_1 und K_2) arbeitet zusammen in Planifunktion F' (Eindruck von K_1), hingegen in Stereofunktion L' (Eindruck von K_2), so daß K_3 (abgebildet auf MM') in scheinbar gleichem Breitenabstand eingestellt werden kann, wobei $\sphericalangle (\alpha - \delta) < \alpha$ gewählt wird.

3. Stereoskopische Ordnungs- und Maßwerte: stereoskopisches Augenmaß.

Analog wie die Breiten- und Höhenwerte (vgl. S. 882) haben auch die an die Querdisparation gekoppelten binokularen Tiefenwerte den Sinn von Ordnungswerten, nicht von stabilen Maßwerten. Es entspricht nicht bloß einem und demselben Wert an geometrischer Querdisparation (also einer Querverschiedenheit der Netzhautbilder von bestimmtem Ausmaß) in verschiedenen Netzhautregionen ein etwas *verschiedenes* Tiefenmaß, wie überhaupt Diskrepanzen zwischen geo-

---

[1] Das leicht Schief-Erscheinen der Lote bei einäugiger Betrachtung ist eine Folge der Abweichung des L.M.S. vom Lote, während sich bei binokularer Betrachtung die sehr angenähert symmetrischen Richtungsdiskrepanzen zum Eindruck einer strengen Vertikalen kompensieren.

[2] Dieses Verhalten sei speziell betont gegenüber LAUS Versuch einer Zurückführung auf ungenaue Einstellung der Blicklinien.

[3] A. TSCHERMAK bei P. HOEFER: Pflügers Arch. **115**, 483 (1906); bestätigt von H. HENNING: Z. Psychol. **70**, 399 (1915) — Fortschr. Psychol. **5**, 153 (1918); mit Unrecht bezweifelt von E. KAILA: Z. Psychol. **82**, 129 (1919), wie von F. B. HOFMANN: **1920—1925**, 243.

[4] Neuerdings wieder von E. DIAZ-CANEJA [unter Bezugnahme auf eine Arbeit von EMJALRAN: Arch. Oftalm. hisp.-amer. **22**, 297 (1922) behauptet.

metrischer und funktioneller Querdisparation zu bestehen scheinen. Vielmehr kann sogar der Eindruck eines und desselben Paares querdisparater Netzhaut-stellen bald eine größere, bald eine geringere Tiefenerstreckung aufweisen — ebenso wie einem bestimmten Netzhautwinkel nicht eine konstante Sehflächen-größe zugehört. Die absolute Tiefenlokalisation entspricht keineswegs ständig und einfach dem Konvergenzwinkel der Blicklinien[1], ist also nicht allgemein als „richtig" anzusetzen; der Eindruck des binokular fixierten Gegenstandes wird keineswegs einfach nach dem Kreuzungspunkt der Blicklinien verlegt. Vielfach wird die Entfernung naher Gegenstände — aber auch sehr ferner — im Verhältnis zum Konvergenzgrad im allgemeinen erheblich unterschätzt, soweit im ersteren Falle das Bezeichnen mit dem Finger einen bezüglichen Schluß gestattet[2]. Umgekehrt erscheint ein bei künstlich erreichter Divergenz der Blicklinien gewonnenes stereoskopisches Sammelbild zwar etwas ferner, aber nicht wesentlich anders als bei parallel oder konvergent stehenden Blicklinien (HELMHOLTZ). Auch im binokularen Sehfelde besteht eben ein wechselnder subjektiver Tiefenmaßstab (eine wechselnde „Sehtiefe"[3] für denselben Gegen-stand oder dieselbe Strecke), wie bereits bei einäugigem Sehen ein variabler Maßstab nach Höhe und Breite gilt (vgl. oben S. 882[4]). Für beide ist entscheidend die Vorstellung von der absoluten Entfernung, welche der fixierte Gegenstand als Hauptobjekt der Aufmerksamkeit, als Kernpunkt des Sehraumes erweckt[5]. Jedoch ändern sich Flächen- und Tiefenmaßstab nicht ständig und notwendig parallel miteinander: so kann bei derselben Person die Zone des orthoskopischen oder proportionierten Sehens, in welcher der Maßstab für Fläche und Tiefe einander entsprechen, also ein objektiv gleichseitiges Prisma auch subjektiv als solches erscheint, in ihrer Lage und Ausdehnung etwas wechseln und ist speziell bei Hell- und bei Dunkelbeobachtung verschieden[6]. Im Durchschnitt liegt die orthoskopische Zone zwischen 25 und 50 cm. Es kommt aber nicht auf die objektive Distanz, sondern auf die subjektive Sehferne an. Dabei wird die Tiefen-dimension um so mehr unterschätzt, je weiter das Objekt entfernt ist[7] — doch geschieht dies nicht im Verhältnisse zu der mit der wirklichen Entfernung ge-gebenen Abnahme der Disparationsgröße; die Vorderkante eines Prismas wird nämlich relativ zu wenig vorgerückt. Die mit der Querdisparation gekoppelten Tiefenwerte werden eben um so besser ausgenützt bzw. gewinnen einen um so klei-neren Maßstab, eine um so feinere subjektive Streckeneinheit, je ferner das Objekt gelegen ist — oder richtiger: je ferner es lokalisiert wird. Es bedeutet dies eine

[1] Speziell bewertet von F. C. DONDERS: Graefes Arch. **13** (1), 23 (1867); **17** (2), 55 (1872).
[2] WUNDT, W.: Beitr. z. Theorie der Sinneswahrnehmung. Heidelberg 1862. — DON-DERS, F. C.: Graefes Arch. **17** (2), 16 (1871). — HELMHOLTZ, H.: Physiol. Optik, 1. Aufl., S. 649ff.; 3. Aufl. (1), S. 261ff. — Vgl. auch B. BOURDON: **1902**, 236ff.; betreffs schein-barer Größe von Doppelbildern E. HERING: **1879**, 543.
[3] Unterschieden von der „Sehferne" als dem scheinbaren Abstand; nach F. B. HOF-MANN: **1920—1924**, 468.
[4] Die Angabe von L. BARD [Arch. d'Ophtalm. **38**, 513 (1921)], daß ein Gegenstand bei binokularer Beobachtung regelmäßig größer und näher erscheine als bei unokularer, muß als unbewiesen bezeichnet werden [vgl. dazu auch W. LOHMANN: Z. Sinnesphysiol. **51**, 96 (1920). — FREY, M. v.: Z. Biol. **73**, 263 (1921). — POLLIOT, H.: Arch. d'Ophtalm. **43**, 415 (1926)].
[5] Über die Variation der Sehferne und des Maßstabes mit dem Konvergenzgrade bei Beobachtung von sog. Tapetenbildern vgl. unten S. 974.
[6] HEINE, L. (für seine Person orthoskopische Zone von $1/_2$—1 m Abstand): Graefes **51** (1), 162, 265, 563 (1900); **53** (2), 306 (1901); **55** (2), 285 (1903). — Vgl. dazu auch J. v. KRIES, in HELMHOLTZ' Physiol. Optik, 3. Aufl., **3**, 315ff. (1911).
[7] Vgl. dazu auch die Beobachtungen von R. v. STERNECK: Der Sehraum auf Grund der Erfahrung. Leipzig 1907. — ISSEL, E.: Inaug.-Dissert. Freiburg 1907. — S. auch H. GRABKE: Arch. Psychol. **47**, 237 (1924).

gewisse, allerdings nicht vollkommen ausreichende Korrektionseinrichtung. Der Disparationsschwelle entspricht nicht etwa immer die gleiche Sehtiefe[1]. Dies — und ebenso das Umgekehrte — gilt sowohl für das stereoskopische Einfachsehen wie auch für die Tiefenlokalisation auf Grund von Doppelbildern. Für die Größe des ebenmerklichen Tiefenunterschiedes hat sich das Gesetz formulieren lassen, daß dieselbe — konstante periphere Lage des Vergleichsobjektes vorausgesetzt — für beliebige absolute Entfernungen des fixierten Objektes dadurch bestimmt ist, daß die Differenz der beiden je durch die Blicklinie und die Richtungslinie gebildeten Winkel einen konstanten Wert behält. Um demnach bei binokularer Beobachtung gleich groß zu erscheinen, müssen — innerhalb gewisser Grenzen — die Gesichtswinkel verschiedener Objekte den Unterschieden ihrer scheinbaren Entfernung oder „Sehferne" (durch die geometrische Querdisparation gemessen) proportional sein, wie sich bei sog. Allee- oder Geleiseeinstellungen zeigte. Jenseits der Grenze des stereoskopischen Sehens gilt natürlich dasselbe Verhalten wie für das einäugige Sehen[2].

Werden zwei Abstände verschiedener Tiefenlage auf Gleichheit eingestellt bzw. eine Tiefenstrecke subjektiv halbiert, wobei eine der drei Marken mit symmetrischer oder asymmetrischer Konvergenz stabil fixiert wird[3], so ergibt sich die Möglichkeit einer exakten Ausmessung auf Grund von Doppelbildern. Die Abweichung vom Richtigen ist sogar ganz gering, indem nähergelegene, bitemporal abgebildete Tiefendistanzen etwas überschätzt werden, hingegen mit wachsender Exzentrizität der Abbildung eine fortschreitende Unterschätzung erfolgt. Für die subjektiv gleich erscheinenden Hälften verschieden langer Tiefendistanzen ergibt sich nicht ein konstantes Verhältnis der Öffnungswinkel, vielmehr können bei Lokalisierung der Eindrücke in verschiedene absolute Entfernung ungleiche Relationen die Empfindung gleicher Abstände erwecken (AALL).

Beim Vergleich eines lotrechten und eines in der Sagittalebene gegen den Beobachter zugeneigten Stabes zeigt sich, daß bei binokularem Sehen eine bedeutende Differenz zwischen physiologischer und mathematischer Perspektive besteht, indem objektiv längere Stäbe auch bei gleichem Öffnungswinkel als verschieden lang angegeben oder „erkannt" werden. Im Dunkelzimmer, also

[1] HEINE, L.: Graefes Arch. 51, 314 u. 565 (1900) — Z. wiss. Photogr. 2, 67 (1904). — KOTHE, R.: Arch. Augenheilk. 49, 338 (1904) — Z. Photogr. 1, 268 u. 305 (1903). — ELSCHNIG, A.: Graefes Arch. 52, 294 (1901); 54, 911 (1902). — ISSEL, E.: Inaug.-Dissert. Freiburg i. B. 1907. — ALBADA, L. E. W. VAN: Photogr. Korresp. 39 (1902); 40 (1903). — AALL, A.: Z. Psychol. u. Physiol. 49, 108, 161 (1908). — LIEBERMANN, P. V.: Z. Sinnesphysiol. 44, 428 (1910). — FILEHNE, W.: Arch. (Anat. u.) Physiol. 1912, 1. — HOFMANN, F. B.: 1920 bis 1925, 483. — Eine Proportionalität des eben merklichen Zuwachses an scheinbarer Entfernung zu deren absoluter Größe hat R. V. STERNECK (Der Sehraum auf Grund der Erfahrung. Leipzig 1907) vertreten. — Über den Einfluß nichtstereoskopischer Motive auf die Ausnutzung der Querdisparation sowie über den Vergleich von binokularen und unokularen Distanz- und Paralleleinstellungen vgl. speziell POPPELREUTER, W.: Z. Psychol. 58, 200 (1911). — SCHUBOTZ: Arch. f. Psychol. 20 (2), 101 (1912). — BLUMENFELD, W.: Z. Psychol. 65, 241 (1913). — KÖLLNER, H.: Pflügers Arch. 197, 518 (1923). — FRUBÖSE, A. u. P. JAENSCH: Z. Biol. 78, 119 (1923).
[2] HILLEBRAND, F.: Denkschr. Akad. Wiss. Wien, Math.-naturwiss. Kl. 72, 271 (1902) [Vgl. dazu J. v. KRIES: Z. Psychol. u. Physiol. 33, 366 (1903)] — Lehre von den Ges.-Empf., spez. S. 140. Wien 1929. — KÖLLNER, H.: Pflügers Arch. 197, 518 (1923). — GELLHORN, E.: Ebenda 203, 186 (1924).
[3] Bei A. AALL [Z. Psychol. u. Physiol. 49, 108, 161 (1908)] blieb das fixierte Lot oder Stäbchen überhaupt unverändert sowie ein Markierlot unverrückt und wurde nur das dritte Lot, welches gleich dem zweiten ständig in D.B. erschien, bis zu scheinbarer Streckengleichheit verschoben, während E. ISSEL (Inaug.-Dissert. Freiburg i. B. 1907) mit wanderndem Blick arbeitete.

bei Ausschluß gewisser empirischer Faktoren, ebenso bei einäugigem Sehen fallen die Unterschiede geringer aus[1].

Der stereoskopische Tiefenmaßstab wird beeinflußt — evtl. sogar erst ein merklicher Tiefenunterschied hervorgerufen — durch Erzeugung eines Bewegungseindruckes in einem der beiden Halbbilder[2]. Ebenso begünstigt ein Eindruck von starker Querdisparation das Manifestwerden einer schwachen gegensinnigen Querdisparation an einem zweiten gleichzeitigen Eindruck; umgekehrt wird eine mäßige Querdisparation unterschwellig gemacht durch Hinzutreten eines zweiten Eindruckes von starker Querdisparation gleichen Sinnes[3]. Die Eindrücke mehrerer Objekte, die gleichzeitig oder nacheinander in verschiedener Distanz dargeboten werden, beeinflussen einander in der scheinbaren Größe[4].

4. Nichtstereoskopische oder nichtdisparative Tiefenlokalisation: „empirische" Lokalisationsmotive, stereoskopische Täuschungen (Pseudoskopie).

Mit der Betonung der eigentlichen Stereoskopie als einer zweiäugigen, auf der binokularen Parallaxe und der funktionellen Querdisparation beruhenden Leistung sei nicht gesagt, daß die Eindrücke, welche wir jenseits der Grenze unserer stereoskopischen Unterschiedsempfindlichkeit — unter gewöhnlichen Verhältnissen also jenseits von 100—1000 m (vgl. S. 941) — bei Gebrauch beider Augen erhalten, jeglicher Tiefenqualität entbehren. Dasselbe gilt von identischen, speziell haploskopischen Eindrücken beider Augen sowie von den Eindrücken eines einzelnen Auges überhaupt — und zwar nicht bloß beim Fernesehen, sondern auch beim Nahesehen. Schon die gedächtnismäßige Nachwirkung der normalen zweiäugigen Erlebnisse führt zu einer bezüglichen reproduktiven Ergänzung[5] und Auslegung einäugiger Eindrücke. Solche werden normalerweise und ständig nur im stark indirekten Sehen rechterseits wie linkerseits geboten, welches übrigens nicht so sehr als solches wie als Darbietung neuer Ziele für die wandernde Aufmerksamkeit und damit für Blickbewegungen in Betracht kommt; der Abschluß eines Auges und damit ein direktes unokulares Sehen erfolgt ja unter normalen Verhältnissen nur gelegentlich und vorübergehend. Dementsprechend wird der naive und etwas flüchtige Beobachter beim Übergang von zweiäugiger zu einäugiger Betrachtung der Außendinge ohne besondere Maßnahmen zunächst behaupten, alles ebenso plastisch zu sehen wie vorher. Eine genauere Untersuchung des relativen Nahesehens bei künstlicher oder pathologischer Beschränkung auf ein einzelnes Auge erweist nun aber dessen Leistung an Tiefenlokalisation als weit geringer bzw. gröber und unsicherer, zum Teil auch flüchtiger, ja auf bestimmte Bedingungen beschränkt, welche gleich näher zu analysieren sein werden. Bei Ausschluß solcher Motive erfolgt ein Versagen des Einzelauges an Tiefenlokalisation, während die stereoskopische disparative Leistung des Doppelauges fortbesteht, ja geradezu dann erst rein hervortritt (beispielsweise beim Stäbe- oder Fallversuch nach Hering[6]). Im Gegensatze zu dem zwangläufigen, zweifellos primären Charakter der binokularen

[1] Gellhorn, E.: Pflügers Arch. 208, 361. (1925).
[2] Lewin, K. u. K. Sakuma: Psychol. Forschg 6, 298 (1925).
[3] Kipfer, R.: Z. Biol. 68, 163 (1918).
[4] Petermann, B.: Arch. f. Psychol. 46, 351 (1924). — Grabke, H.: Ebenda 47, 237 (1924).
[5] Vgl. dazu E. Hering 1879, 570. — Titchener, E. B.: Wundts Philos. Stud. 8, 231 (1892). — Judd, Ch. D.: Science, N. S. 7, 269 (1898). — dell' Erba: Ann. Ottalm. 43, 516 (1914). — Prandtl, A.: Fortschr. Psychol. 4, 257 (1917).
[6] Vgl. umgekehrt die an Hemeralopie erinnernde Orientierungsstörung, welche Einäugige in der Dämmerung erfahren, also bei Beeinträchtigung der nichtstereoskopischen Lokalisationsmotive, auf welche sie angewiesen sind [Henderson, Th.: Trans. brit. ophthalm. Soc. 42, 371 (1922)].

Tiefenempfindung erweist sich der unokulare Tiefeneindruck als weniger zwingend, meist unsicher und schwankend, ja unter Umständen sich umkehrend, anscheinend erst sekundär oder assoziativ durch eine ganze Reihe von Momenten der ursprünglich sterisch unbestimmten Empfindung beigebracht, ja vielfach geradezu als „*Tiefenauslegung*". Solche nichtstereoskopische, sekundären Motive für die Tiefenlokalisation sind für die gesamte einäugige Lokalisation sowie für das zweiäugige Sehen jenseits einer gewissen Distanz maßgebend, wirken aber auch beim binokularen Nahesehen in erheblichem Maße mit, indem sie den durch Querverschiedenheit der beiden Bilder erhaltenen Eindruck fördern und verstärken, evtl. die Auswertung der Querdiaparation steigern bzw. den Maßstab des Tiefensehens verfeinern[1]. Besonders wichtig für die unokulare Plastik — so auch bei zweiäugiger Betrachtung eines Flachbildes — ist die völlige Freigabe der räumlichen Auslegung des Gesehenen durch Abblenden solcher gleichzeitig gebotener Objekte, welche sinnfällig eine bestimmte Ebene bezeichnen, wie der Rahmen und der Wandhintergrund eines Bildes (so mittels einer schwarzen Röhre — Plastoskop nach ZOTH[2]).

Für relative Nähe wirken in obigem Sinne 1. die Empfindung bei Naheeinstellung bzw. Akkommodation des Auges; 2. die bei Bewegung des Kopfes bzw. Körpers auftretende unokulare Parallaxe. Allgemein kommen in Betracht: 3. die geometrisch-perspektivische Auslegung geeigneter Eindrücke einschließlich der partiellen Deckung eines Objektes durch das andere sowie der Verwertung der relativen Sehgröße bekannter Objekte; 4. die Schatten- und Glanzverteilung; 5. endlich speziell für die Ferne die sog. Luftperspektive.

---

[1] Vgl. über die Beziehungen von primären und sekundären Faktoren der Tiefenwahrnehmung W. POPPELREUTER: Z. Psychol. **58**, 200 (1911). — CORDS, R.: Z. Augenheilk. **27**, 346 (1912). — PETER, R.: Arch. f. Psychol. **34**, 515 (1915). — COMBERG, W.: Z. Augenheilk. **52**, 183 (1924). — Betreffs unokularer und binokularer Entfernungsschätzung s. B. V. DEYO: Amer. J. Ophthalm. **5**, 343 (1922). — Über den Einfluß von Erfahrungsmotiven beim perspektivischen Fernsehen vgl. B. BOURDON: Rev. Philos. **23**, 124 (1898). — FILEHNE, W.: Arch. (Anat. u.) Physiol. **1910**, 392. — SCHRIEVER, W. (unter höherer Bewertung von Perspektive, Schatten, Überschneidung gegenüber Querdisparation): Z. Psychol. **96**, 113 (1925); M. J. ZIGLER u. K. WARD: Amer. J. Psychol. **40**, 467 (1928). — Andererseits geht es zu weit, ein unokulares Reliefsehen als primäre, unmittelbare Einrichtung zu vertreten und einen bloß graduellen Unterschied gegenüber dem binokular-stereoskopischen Sehen zu behaupten [u. a. M. STRAUB: Z. Psychol. u. Physiol. **36**, 431 (1905). — DUBUISSON, M.: Thèse de Paris 1914 — SCHOLE, H. (unter E. R. JAENSCH): Z. Psychol. **107**, 314 (1928); **108**, 85 (1928)]. — Über die Frage, ob einäugiges Sehen einen schädigenden Einfluß auf das Auge hat, vgl. TH. CLAVENITZER (Inaug.-Dissert. Tübingen 1908); über Gewöhnung an einäugiges Sehen s. unter anderem A. PERLMANN: Z. Augenheilk. **32**, 107 (1914). — STUELP, O.: Ärztl. Sachverst.ztg **20**, 8 (1914). — DELL' ERBA: Ann. Ottalm. **43**, 516 (1914). — ASCHER, W.: Graefes Arch. **94**, 275 (1917) — Klin. Mbl. Augenheilk. **70**, 542; **71**, 322 (1923). — Umgekehrt scheint für gewisse Beobachter binokulare Verschmelzung identischer Bilder — speziell durch die unmittelbare Wahrnehmung des Zusammenfallens von Papier- und Bildfläche — relativ verflachend zu wirken gegenüber dem der Tiefe nach ausgelegten unokularen Eindruck [binokulare Verflauung nach J. STREIFF: Klin. Mbl. Augenheilk. **70**, 1 u. 537 (1923); **75**, 620 (1925). — Vgl. dazu J. ISAKOWITZ: Ebenda **70**, 539. — VAJDA, G. v.: Ebenda **75**, 612 (1925); **76**, 240 (1926). — AMMANN, E.: Ebenda **76**, 537 (1926). — BOZZOLI, R.: Ann. Ottalm. **54**, 1131 (1926). — ELZE, C.: Z. Sinnesphysiol. **59**, 11 (1927)]. Im Gegensatze dazu wird hiebei von anderen Autoren [SNELLEN, J. u. H. LANDOLT: Graefe-Saemischs Handb. d. Augenheilk. **3** (1), 158 (1874). — HIRSCHBERG, J.: Arch. (Anat. u.) Physiol. **1876**, 622. — HEGNER, C. A.: Fortschritte der Basler Augenklinik **1916**, 140] — entsprechend der größeren „Vividität" binokularer Eindrücke (vgl. S. 923) — eine Förderung der Tiefenauslegung angegeben. — Über den Vergleich Einäugiger und Zweiäugiger bzw. temporär Einäugiger bezüglich der Tiefenauslegung von einfachen Photogrammen s. G. v. VAJDA: Klin. Mbl. Augenheilk. **79**, 312 (1927). — Über besondere Plastizität der räumlichen Wahrnehmung beim sog. integrierten Typus nach E. R. JAENSCH, vgl. W. NEUHAUS, J. D. Marburg 1925; K. WARNECKE, Z. Psychol. **108**, 17 (1928).

[2] ZOTH, O.: Z. Sinnesphysiol. **49**, 85 (1915).

1. Was zunächst die *Naheeinstellung des Einzelauges* anbelangt, so sei vorweg-genommen, daß sie stets mit einer entsprechenden Konvergenz, ebenso mit einer stets bilateral gleichen Pupillenverengerung und Akkommodation auch des ver-deckten zweiten Auges verbunden ist, daß also beim Unokularsehen eine ganz analoge[1] Verteilung der Innervation wie des Spannungseffektes am okulomotori-schen Apparate eintritt wie beim Binokularsehen. Die genannten Faktoren der Naheeinstellung, speziell die Konvergenz, scheinen jedoch beim Sehen mit zwei Augen von ganz anderem Einflusse zu sein auf die Tiefenlokalisation als beim Sehen mit nur einem Auge. Im letzteren Falle scheint nämlich — wenigstens unter gewissen Bedingungen — weder die Konvergenz noch die Pupillen-verengerung und Akkommodation an sich eine Grundlage für die Abstands-lokalisation abzugeben. Bei einäugiger Beobachtung wird nämlich eine hin-reichend langsam erfolgende Annäherung oder Fernerung einer Trennungs-linie von Hell und Dunkel, auch wenn dabei die Akkommodationsanstrengung erheblich ansteigt, nicht „erkannt", sondern nur ein rascher Wechsel von 1,5 bis 2,5 D-Akkommodation, wobei der Beobachter sich bewußt werden kann[2] der Richtung, nach welcher die Akkommodation geändert werden muß, um die anfänglichen Zerstreuungskreise zum Verschwinden zu bringen, also wieder scharf zu sehen[3]. Ein Einfluß eines größeren Akkommodationsprunges auf die Sehgröße bzw. Abstandslokalisation scheint nur innerhalb erheblicher Nähe (etwa 60 cm) hervorzutreten[4]. — Das Verhalten bei binokularem Sehen[5], speziell die dabei hervortretende Bedeutung der Konvergenz für die Abstandslokalisation, wird erst im Abschnitte über egozentrische Lokalisation (S. 974) behandelt werden.

2. Eine *unokulare Parallaxe*, d. h. eine ungleichmäßige Verschiebung gleich-zeitiger Eindrücke ergibt sich bei Bewegung des Kopfes oder des Körpers, weniger

---

[1] Abgesehen von gewissen beim Binokularsehen eintretenden Korrektivbewegungen im Falle von Heterophorie der Augen (vgl. S. 1071).

[2] Es erfolgt das auf Grund einer vorgreifenden Bildung eines Urteiles über den Ab-stand des Objektes und der Tendenz, wieder deutlich zu sehen.

[3] Hering, E.: Beitr. Physiol. 5, 316ff. (1864) — 1879, 546. — Hillebrand, F.: Z. Psychol. u. Physiol. 7, 97 (1894); 16, 124 (1898) [gegenüber W. Wundt: Z. rat. Med., 3. R., 7, 321 (1859) — Theorie der Sinneswahrnehmung 1862, 105ff.]; Lehre von den Ges.-Empf. spez. S. 143ff., Wien 1929. — Arrer, M.: Philos. Stud. 13, 116 u. 222 (1896); im wesentlichen bestätigt von E. T. Dixon: Mind, N. S. 4, 195 (1895); Albada, J. E. W. van: Graefes Arch. 54, 430 (1902); van Eysden, J.: Inaug.-Dissert. Utrecht 1913. — Baird, J: W.: Amer. J. Psychol. 14, 150 (1903). — Bourdon, B.: 1902, 236 u. 282 — Rev. Philos. 46, 124 (1898). — Giering, H.: Z. Psychol. u. Physiol. 39, 42 (1905). — Pigeon, L.: C. r. Acad. Sci. 141, 372 (1905). — Carr, H. u. J. B. Allen: Psychologic. Rev. 13, 258 (1906). — Cords, R.: Klin. Mbl. Augenheilk. 51 (2), 421 (1913). — (Mit O. Bardenhewer) Z. Augenheilk. 30, 1 (1913); 32, 34 (1914). — Arch. Augenheilk. 76, 269 (1914). — Bappert, J.: Z. Psychol. 90, 167 (1922) — Loeb, L. [Pflügers Arch. 41, 371 (1887)] suchte die durch den Astigmatismus bedingte Verschiedenheit der Zerstreuungsbilder bei Näherung und Fernerung für eine nicht-stereoskopische bzw. unokulare Tiefenwahrnehmung zu verwerten.

[4] Ascher, W.: Z. Biol. 62, 508 (1913) — Graefes Arch. 94, 275 (1917) — Klin. Mbl. Augenheilk. 71, 322 (1923). — Peter, R.: Arch. f. d. ges. Psychol. 34, 515 (1915). — Im Gegen-satze dazu vertritt J. van Eysden (Inaug.-Dissert. Utrecht 1913) einen direkten Einfluß der Akkommodation für die unokulare Tiefenlokalisation in der Nähe bis etwa 1 m. — Dazu sei be-merkt, daß die dioptrische Abbildungsweise für ein näheres und ein ferneres Objekt, auch wenn beiden rechnerisch derselbe Öffnungswinkel zukommt, keineswegs identisch ist; vielmehr wird bei Akkommodation infolge der gleichzeitigen Änderung der Asymmetriewerte des im Auge ge-brochenen Bündels (vgl. S. 851) die Lage des Maximums und das radiäre Gefälle im Zerstreuungs-kreise verändert, auch die Bildtiefe vergrößert, zudem schafft die Pupillenverengerung Unter-schiede in der Abbildung. Solche Differenzen könnten sehr wohl zu einer Unterscheidbarkeit beider Eindrücke führen (Tschermak). — Hingegen ist der chromatischen Aberration wohl kaum eine erhebliche Bedeutung für die unokulare Tiefenauslegung zuzuschreiben [Piéron, H.: C. r. Soc. Biol. 96, 11 (1927), gegenüber Polack: Bull. Soc. franç. Ophtalm. 11, Nr 3, 53 (1923)].

[5] G. Skubich [Z. Psychol. 96, 353 (1926)] erachtet die richtige Akkommodation als eine wesentliche Bedingung für das richtige binokulare Sehen.

bei Drehung als bei geradliniger aktiver oder passiver Bewegung (Rectilinear-duktion) nach vorn-hinten oder nach der Seite, aber auch nach oben oder unten[1]. Kopfbewegungen wirken nur, wenn sie in einem Ausmaße über 1 cm erfolgen, und zwar solche von 1—3 cm in rasch zunehmendem Maße, solche von 3—9,5 cm nahezu in gleichem Maße (CORDS). Der Effekt für die Tiefenauslegung ist in beiden Fällen derselbe; die näheren Gegenstände scheinen — entsprechend dem Sinne und der Geschwindigkeit der Veränderung, welche der Richtungsunterschied zwischen Fixierpunkt und Vergleichspunkt erfährt — zurückzubleiben bzw. nach der entgegengesetzten Seite vom beachteten Objekte zu gelangen wie der Beob-achter selbst, ein in mittlerer Entfernung gelegenes fixiertes Objekt scheint zu ruhen, die weiter abliegenden Gegenstände scheinen die Bewegung mitzu-machen, wenn diese nicht mit übergroßer Geschwindigkeit erfolgt, bzw. sie scheinen nach derselben Seite vom beobachteten Objekt zu gelangen wie der Beobachter selbst. Ruht der Blick in der Ferne, so scheinen bei Kopfbewegung ferne Objekte zu ruhen, nähere wenig, nahe stark zurückzubleiben. Die schein-bare Verschiebung der Außendinge gegen den Beobachter bzw. gegeneinander hat zwar an sich keinen Tiefencharakter, erhält aber sehr leicht eine eindringliche solche Auslegung[2] sekundär durch die Assoziation: mitgehend — ferner, zurück-bleibend — näher. — Eine minimale Parallaxe, welche jedoch für die Tiefen-auslegung ohne Bedeutung erscheint[3], ergibt sich bereits bei Seitenwendung des Blickes ohne Bewegung des Kopfes (vgl. S. 981, 1093). Daß die parallaktische Verschiebung der Eindrücke bei Bewegungen des Kopfes oder des ganzen Körpers die Gewinnung des räumlichen Gesamtbildes auch bei binokular-stereoskopischem Sehen wesentlich unterstützt, sei bereits hier hervorgehoben. Doch erfordert eine Tiefenorientierung mittels Parallaxe eine Zeitdauer von mindestens $1/2''$, während eine solche mittelst binokularer Stereoskopie bereits in $1/200''$ zu ge-winnen ist[4].

3. Einer *geometrisch-perspektivischen Auslegung* unterliegen auf Grund von hapto-kinästhetischen und optischen, auch allgemein-geometrischen Erfahrungen die verschiedensten Anordnungen von Außenpunkten, deren Glieder sich teil-weise decken und sich im gleichen Sinne an Öffnungswinkel bzw. scheinbarer Größe ändern, wie dies beispielsweise von geradlinigen Objektreihen (Alleen, Säulengängen, Geleisen u. dgl.) gilt. Analoges trifft zu bei Sichtbarkeit der oberen und der unteren Enden von vertikalen Konturen (Stäben, Nadeln, Loten), speziell bei objektiv gleicher Länge[5]. Die unokulare Tiefenauslegung auf Grund

---

[1] Als Beispiele geeigneter Duktionen seien angeführt: Pendeln des Kopfes, selbst von sehr geringem Ausmaße nach den Seiten oder nach vorn-hinten, Fahren in einem Wagen bzw. Zuge oder in einem Aufzuge mit freier Aussicht. Spezielle Untersuchungen über den Einfluß von Bewegungen auf die Tiefenauslegung s. bei B. BOURDON: **1902**, 286. — Vgl. auch U. REIMAR: Arch. Augenheilk. **41**, 163 (1900). — VERWEY, A.: Ebenda **66**, 93 (1910); **67**, 417 (1911). — CORDS, R.: Klin. Mbl. Augenheilk. **51** (2), 421 (1913). — GUIST, G. (betreffs geometrischer Grundlagen): Z. Augenheilk. **47**, 257 (1922). — POSCHOGA, N.: Z. Sinnesphysiol. **58**, 153 (1927).

[2] Vgl. dazu speziell REIMAR, V.: Arch. Augenheilk. **41**, 163 (1900). — HEINE, L.: Graefes Arch. **61**, 484 (1905). — VERWEY, A.: Arch. Augenheilk. **66**, 93 (1910). — CORDS, R.: Ebenda **32**, 34 (1913). — S. auch E. GELLHORN u. J. SEISSIGER: Pflügers Arch. **210**, 514 (1926). — TROTTER, A. R.: Nature (Lond.) **106**, 503 (1920).

[3] MÜLLER, R.: Wundts Philos. Stud. **14**, 402 (1898), gegenüber R. KIRSCHMANN: Ebenda **9**, 447 (1894); **18**, 114 (1902); M. GIRDANSKY: Amer. Med. **31**, 109 (1925). — Betreffs Parallaxe bei indirektem Sehen in Vergleich zum direkten s. ROHR, M. v.: Das Sehen, in C. CZAPSKI: Theorie der optischen Instrumente, S. 273. Breslau 1893.

[4] ZEEMANN, W. P. C.: Klin. Mbl. Augenheilk. **50** (2), 657 (1912).

[5] Bezüglich des modernen Standes der Lehre von der geometrischen Perspektive sei speziell verwiesen auf M. v. ROHR: Z. Instrumentenkde **25**, 293, 329, 361 (1905) — Ber. Münch. Akad. Wiss. **36**, 487 (1906) — Z. Sinnesphysiol. **41**, 408 (1907).

von Linearperspektive kann — zumal wenn unterstützt durch entsprechende Verteilung der Schatten — eine so lebhafte sein, daß selbst der trügerische Eindruck von Gleichwertigkeit mit binokularer Tiefenempfindung erweckt werden kann. Dementsprechend sind perspektivische Zeichnungen, wie die bekannte Schroedersche Treppenfigur, die Figur des aufgeschlagenen Buches oder Bilder von Kristallmodellen, z. B. Neckers Rhomboeder[1], welche eine ausgesprochene unokulare Tiefenauslegung gestatten, ja geradewegs dazu reizen und im allgemeinen zunächst eine solche in der Richtung erfahren, die uns am geläufigsten ist[2], durchaus ungeeignet, um damit das Vorhandensein von binokularer Stereoskopie zu prüfen.

Eine perspektivische Zeichnung kann entweder räumlich oder flächenhaft „ausgelegt" werden. Ebenso können wir eine flächenhafte Figur, beispielsweise ein Kreuz, entweder als selbständiges Gebilde vor einem, sei es als eben, sei es als gekrümmt aufgefaßten Hintergrund sehen oder am Hintergrunde haftend. Im letzteren Falle werden Figur und Hintergrund gemeinsam „ausgelegt", wobei bald die primäre Gestaltauffassung der Figur zur Auffassungsweise des Hintergrundes führt, bald die letztere voran- oder miteinhergeht. So können Hintergrund und Figur zusammen das eine Mal einer zur Blicklinie senkrechten Ebene entsprechend, das andere Mal einer in bestimmtem Ausmaße schiefen Ebene, das dritte Mal als ein Gewölbe darstellend erscheinen. — Analog verhalten sich Nachbilder geeigneter Figuren; und zwar haben Blendungsnachbilder im allgemeinen, aber durchaus nicht immer die Neigung vom Grunde abgelöst, zu erscheinen, während Nachbilder von minder starken Lichtquellen, speziell von Papierstreifen, sich meistens in den Grund hineinlegen[3].

Die Bezeichnung „Auslegung" oder Gestaltauffassung bedeutet hier allerdings nicht notwendig einen bewußten oder gar der Willkür völlig unterworfenen Vorgang. Es handelt sich vielmehr um Ingeltungtreten einer solchen Maßstabverteilung im Sehfelde, *als ob* eine Auslegung der Figur bzw. des Grundes entweder als zur Blicklinie jeweils senkrechte oder als stabil frontoparallele Ebene oder als sonstwie im Raume orientierte Fläche bestände. Merkwürdig ist dabei die hochgradige Bestimmtheit der jeweiligen subjektiven „Einstellung" sowie das relativ geringe Ausmaß der objektiven Schwankungsbreite bei bezüglichen Messungen. Die Bedingungen für diese oder jene Auslegung sind nicht immer durchsichtig oder gar willkürlich produzierbar; so kann eine bestimmte „Einstellung" zwangsmäßig bestehen gegen besseres Wissen vom Tatbestande!

Von besonderer Bedeutung ist die „Auslegung" für die Erscheinungsweise von Winkeln, speziell von rechten Winkeln mit vertikal-horizontalen Schenkeln, sei es, daß es sich um „exoptische" Eindrücke objektiver Konturen (im Vorbilde oder Vergleichsbilde) oder um „entoptische" Eindrücke bzw. um Nachbilder handelt. So erscheinen bei Tertiärlage des Blickes objektiv rechte Winkel

---

[1] Vgl. E. M. v. Hornbostel: Psychol. Forschg 1, 130 (1921).

[2] Vgl. hierzu H. Aubert: 1865, 320. — Schumann, F.: Z. Psychol. 23, 1 (1900); 24, 1 (1900); 30, 241, 321 (1902); 36, 161 (1904). — Becher, E.: Arch. f. Psychol. 16, 397 (1910). — Benussi, V.: Ebenda 20, 363 (1911). — Lesser, O.: Z. Psychol. 74, 1 (1915). — Hegner, C. A.: Festschr. d. Basler Augenklinik 1916, 140. — Gellhorn, E.: Pflügers Arch. 203, 186 (1924); 208, 361 (1925); (mit J. Seissiger), 210, 514 (1926). — Vgl. auch die Beobachtungen über pathologische Störung der Perspektive bei Kramer: Mschr. Psychiatr. 22, 189 (1907).

[3] Zuerst von A. W. Volkmann studiert (Physiol. Untersuchungen 1863, 145ff.). Vgl. die Beobachtungen von W. Scharwin und A. Novizky [Z. Psychol. u. Physiol. 11, 48 (1896)], von B. J. Joffries (Boston med. J. 1897, 4), von H. Frank [Psychol. Forschg 4, 33 (1923)], von H. Rothschild [Graefes Arch. 112, 1 (1923)] über die Beeinflussung von Nachbildern durch die Gestaltauffassung des Hintergrundes, speziell durch Einordnung in den Gestaltverband der „Projektionsfläche", ferner auf plastisch aufgefaßten Körpern oder Zeichnungen.

auf frontoparallelem Grunde angenähert „richtig", obwohl die Abbildung auf
Netzhautschnitten geschieht, deren Richtungsunterschied kleiner ist als ein
rechter Winkel, und die bei Primärlage und senkrechter Incidenz der Blicklinie
auf dem frontoparallelem Grunde durchaus nicht die Empfindung eines rechten
Winkels erwecken. Unter den Verhältnissen des gewöhnlichen Sehens behalten,
wie erwähnt (vgl. S. 870), lotrechte und wagerechte Konturen recht angenähert nicht bloß ihre ausgezeichnete scheinbare Lage, d. h. die bezüglichen
optischen Eindrücke die bisherige absolute Lokalisation, auch der Eindruck
von Richtungsunterschieden bleibt — bei „richtiger Auffassung" der dadurch
bezeichneten Ebene — derselbe zutreffende. Nur wird er bei Tertiärlage auf
frontoparalleler Ebene durch andere Netzhautschnitte vermittelt. Unter diesen
Bedingungen erfolgt eben eine entsprechende Umwertung der Netzhautschnitte
an absoluter wie an relativer Lokalisation, auch bezüglich des subjektiven
Maßstabes, so daß beispielsweise auf einer frontoparallelen Ebene ein rechter
Winkel, welcher sich nach dem mit dem Blicke verfolgten schrägen Radianten
hin öffnet, trotz dioptrischer Verkleinerung doch vertikal-horizontal-schenklig,
also richtig erscheint. Umgekehrt erscheint demgemäß ein bei Primärstellung
von einem aufrechten rechtwinkligen Kreuz gewonnenes Nachbild bei Tertiärstellung nur dann rektangulär, wenn es senkrecht zur Blicklinie lokalisiert wird,
wie dies auf einer entsprechend gestellten Ebene oder auf dem Himmelsgewölbe[1]
oder auf Nebel oder am reinsten auf einer mit dem Drehpunkt des Auges homozentrischen Kugelfläche geschieht; die dabei hervortretende subjektive Neigung
ist eine sensorische Begleiterscheinung der kinematischen Neigung, wie sie entsprechend dem LISTINGschen Gesetz erfolgt (vgl. S. 870, 1027 ff.). Auf einer
frontoparallelen Ebene erscheint das Nachbild in Tertiärlage hingegen verzerrt,
wobei — wie später (S. 1028) nochmals darzulegen sein wird — subjektive
Neigung und perspektivisch-projektive Verzerrung sich algebraisch summieren. Schon hier sei bemerkt, daß für den primär vertikalen Schenkel eine
Verzerrung nur *innerhalb* jedes einzelnen Oktanten, *nicht* aber an den Oktantengrenzen — also bei 0°, 45°, 90° usw. — besteht. Hingegen ist für den primär
horizontalen Schenkel die Verzerrung viel größer, und zwar entspricht sie dem
Doppelten des Tertiärneigungswinkels mit negativem Vorzeichen; sie erreicht
demgemäß zwischen 1. und 2., 3. und 4. Oktanten, also bei 45°, 135° usw. ein
Maximum, von dem sie asymmetrisch abfällt, während sie bei 0°, 90° usw.
Null ist. Gerade für den bei der Darstellung des LISTINGschen Gesetzes meist
bevorzugten 45°-Radianten — mit Prüfung des Nachbildverhaltens auf frontoparalleler Ebene — erfährt somit der vertikale Schenkel überhaupt keine perspektivische Verzerrung, läßt also eine dem kinematischen Neigungswinkel
(sehr angenähert) entsprechende subjektive Neigung rein hervortreten; hingegen erfährt der horizontale Schenkel eine maximale Verzerrung vom doppelten
Betrage des kinematischen Neigungswinkels, jedoch von entgegengesetztem
Sinne (vgl. Abb. 290 u. 291). Am horizontalen Schenkel summieren sich diesfalls
somit algebraisch eine positive subjektive Neigung entsprechend der kinematischen
und eine doppeltstarke negative subjektive Neigung entsprechend der perspektivischen Verzerrung. Die Folge hievon ist die charakteristische subjektive

---

[1] Vgl. speziell die Darstellung bei B. BOURDON (**1902,** 45). Wesentlich ist dabei die
Gestaltauffassung des Himmels als Gewölbe, nicht als Ebene wie beim Blick auf ein hinter
einer Wand scheinbar ansteigendes Himmelsstück oder auf einen Himmelsausschnitt, wie
ihn ein relativ enger Fensterrahmen bietet. Im dunklen Raum kommt bald bloße
Neigung, bald Neigung mit Verzerrung zur Beobachtung; letzteres speziell bei plötzlichem
Abdunkeln nach vorausgegangener Beobachtung auf einer frontoparallelen Ebene, wobei
eben eine entsprechende Gestaltauffassung nachdauert.

Erscheinungsweise des Kreuznachbildes in 45°-Tertiärstellung auf frontoparalleler
Ebene als Andreaskreuz mit einander (sehr angenähert) gleich stark zugeneigten
Schenkeln — im Gegensatze zur Erscheinungsweise als rechtwinkliges, nur in
toto verdrehtes Kreuz auf einer zur Tertiärblicklinie senkrechten Ebene oder
auf dem Himmelsgewölbe.

　　Das eben Gesagte gilt allerdings insofern nicht ganz streng, als einerseits
die subjektive Neigung des Nachbildes in Tertiärstellung die objektive kinematische Neigung nicht ganz getreu
wiedergibt. Sonst müßte ja die
scheinbare Vertikale bei Primär-
und bei Tertiärstellung genau gleich
eingestellt werden, was aber nicht
der Fall ist; vielmehr erfolgt —
wenigstens bei Shoda — letzterenfalls eine gewisse Abweichung nach
der gleichnamigen Seite. Andererseits bleibt auch das Ausmaß an
subjektiver Nachbildverzerrung, wie
sie auf der frontoparallelen Ebene
durch Koinzidenz der Arme des
Nachbildkreuzes mit den einzeln
drehbaren Schenkeln eines Fadenkreuzes zahlenmäßig charakterisiert
werden kann, etwas zurück hinter
den berechneten Werten, welche
auf Grund geometrischer Projektion
der geneigten Netzhautschnitte auf
die frontoparallele Ebene zu erwarten wären (Schubert[1]). Diese
Differenz ist einerseits durch die
unter diesen Versuchsbedingungen
größere Fehlerbreite der Nachbildmethode, andererseits vielleicht auch
dadurch bedingt, daß die errechneten Werte durchaus nicht mit
denen der gegenseitigen Lage der
Bildlinien des Objektes (Fadenkreuzes) übereinstimmen müssen.
Dieses Verhalten bei schiefer Incidenz der tertiär geteilten Blicklinie
läßt sich darauf beziehen, daß das
Nachbild und das damit verglichene
Fadenkreuz nicht als derselben subjektiven Ebene, sondern als ver-

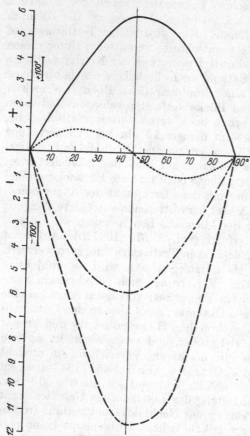

Abb. 290. Kurvenmäßige Darstellung des Ausmaßes des
Tertiärneigungswinkels (α ———) bzw. des Helmholtzschen Raddrehungswinkels (α' — · — · — · —) und der
perspektivisch-projektiven Verzerrung, welche der verti-
kale (— [α' — α] . . .) Schenkel eines primär rektangulären Nachbildkreuzes
erfahren, in Tertiärlagen von gleichem Achsendreh-
winkel (β = 45°), aber verschiedener Lage der primären
Drehungsachse (∢ ω). (Nach G. Schubert.)

schiedenen, gegeneinander geneigten Ebenen angehörig „aufgefaßt" werden,
und zwar das Nachbild einer weniger schiefen, der Senkrechtstellung näher-
kommenden Ebene. Merkwürdig ist auch hier die hochgradige Bestimmtheit
dieser „Auffassung", ohne daß die verschiedene Tiefenauslegung der gleichzeitigen Eindrücke eines und desselben Netzhautschnittes (Arme des Nachbildkreuzes und verglichene Schenkel des Fadenkreuzes) klar bewußt zu werden

---

　　[1] Schubert, G. (unter A. Tschermak): Pflügers Arch. **215**, 578 (1926).

braucht. Vorläufig wenigstens besteht keine Nötigung, auf eine kompliziertere Erklärung zu greifen, beispielsweise die Eventualität einer ganz bestimmten Sonderung von „entoptischer" und „exoptischer" Lokalisationsweise eines und desselben Netzhautschnittes — bzw. eines fallweisen Sehrichtungsgleichwerdens verschiedener Netzhautschnitte, und zwar eines „entoptisch" und eines „exoptisch" beanspruchten — in Erwägung zu ziehen.

Wesentlich unterstützt wird die linear-perspektivische Tiefenauslegung noch durch den Vergleich mit dem jeweiligen Gesichtswinkel von gleichzeitig sichtbaren Objekten bekannter Dimensionen — beispielsweise Einordnen einer menschlichen Figur in die perspektivische Ansicht oder dergleichen.

Auch die scheinbare Verjüngung von Objekten gleicher Dicke (so von identischen Säulen, Stäben, Nadeln) bei Anordnung in verschiedener Entfernung zählt hierher — weshalb auch dieser Faktor bei stereoskopischen Prüfbildern auszuschließen oder geradezu durch Wahl von Objekten gegensinniger Dimensionierung, also mit gleichem Gesichtswinkel, zu umgehen ist.

Sehr interessant ist es, daß bei unokularer perspektivischer Tiefenauslegung eine sprungweise Umkehrung der scheinbaren Plastik aus der Vollform in die Hohlform, ja unter günstigen Umständen selbst eine Pseudoskopie eines körperlichen Gebildes — wozu ein solches am besten zunächst selbst in pseudoskopischer Form hergestellt und dargeboten wird (EWALD) — vorkommt, und zwar ganz allgemein, speziell wenn die Wahrscheinlichkeit für beide Formen gleich groß ist. Analoges gilt für die Tiefenauslegung und damit den Auslegungssinn einer gesehenen Drehbewegung. Eine solche *Inversion*[1] kann, wenigstens von gewissen Beobachtern, willkürlich durch ein Sichvorstellen der einen oder der anderen Form oder durch Fixieren („Nachvorneziehen") der hervortreten

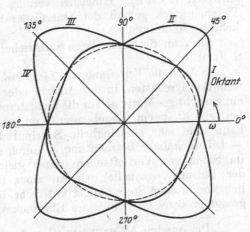

Abb. 291. Abhängigkeit der perspektivisch-projektiven Verzerrung des vertikalen Schenkels (innere, den Kreis umlaufende Linie mit Maxima in allen Oktantenmitten, Minima an allen Oktantengrenzen) und des horizontalen Schenkels (äußere Vierpaßlinie mit Maxima in allen Quadrantenmitten und Minima an allen Quadrantengrenzen) eines primär rektangulären Nachbildkreuzes in Tertiärlage bei verschiedener Lage der primären Drehungsachse ($\sphericalangle \omega$); in polarer Darstellung.

sollenden Ecken und Kanten ausgelöst werden; ebenso wirkt Annähern oder Entfernen einer geeigneten Abbildung, z. B. der Figur des aufgeschlagenen Buches (HOPPE, J. LOEB), wobei es auf die Bewegung selbst, nicht auf die Akkommodation ankommt (EWALD). Überhaupt sind Augenbewegungen zum Zustandekommen der Inversion nicht erforderlich[2]. Vielmehr wirkt Fixieren eines Punktes etwas vor dem Bilde begünstigend. Bei normalem Binokularsehen unter querdisparater Abbildung

---

[1] Bezüglich Inversion sei speziell verwiesen auf J. HOPPE: Psychologisch-physiologische Optik. Leipzig 1881. — LOEB, J.: Pflügers Arch. **40**, 274 (1887). — STRATTON, G. M.: Psychologic. Rev. **5**, 632 (1898). — WALLIN, J. E. W.: Optical illusions of reversible perspective. Princeton 1905. — EWALD, J. R. (u. O. GROSS): Pflügers Arch. **115**, 514 (1906). — HORNBOSTEL, E. M. v.: Psychol. Forschg **1**, 130 (1921); ferner auf die Übersicht der älteren Literatur bei L. BURMESTER [Z. Psychol. **50**, 219, spez. 260ff. (1908)] und der neueren bei F. B. HOFMANN (**1920—1925**, 447ff.).

[2] ZIMMER, A. [Z. Sinnesphysiol. **47**, 106 (1913)], speziell gegenüber W. WUNDT [Psychol. Stud. **9**, 272 (1914)].

bzw. bei binokularer Stereoskopie fehlen hingegen Inversionen[1]; bei binokularer Verschmelzung oder Haploskopie identischer Bilder treten sie hingegen
in gleicher Weise auf wie bei unokularer Beobachtung. — Wenn man die
beiden Bilder im Stereoskop vertauscht oder bequemer denselben Effekt durch
Verwendung von Spiegelung erzielt[2] (Ewald), so wird entweder nur eines
der Bilder berücksichtigt und diesem eine rationelle perspektivische Auslegung
gegeben oder es resultiert — speziell bei nicht allzu komplizierten Bildern —
ein zwangläufig inverser, pseudoskopischer Eindruck, wobei in paradoxer Weise
über zwergige inverse Gebilde im Vordergrund hinweg auf größere inverse Gebilde im Hintergrund gesehen wird und Schatten als willkürliche Flecken oder
Anstriche erscheinen. Durch Übung kann man dieses pseudoskopische Sehen
erstaunlich weit bringen (Ewald). Andererseits kann Wettstreit zwischen
der rationellen perspektivischen Auslegung und der paradoxen Tiefenempfindung
eintreten (Panum). Hingegen vermag Überschneidung von Konturen einen
Tiefeneindruck gemäß der Querdisparation zu verhindern und sogar umzukehren (Schriever[3]).

Auch an die unokularen plastischen Täuschungen sei hier erinnert (vgl.
S. 949).

4. Auch die *Verteilung von Licht und Schatten*[4], vor allem der anschließende
tiefe Schlagschatten, in der Ansicht oder Darstellung körperlicher Objekte gibt
ein gewichtiges Motiv ab für die nichtstereoskopische Tiefenauslegung. Besonders
bei gleichzeitigem Gegebensein von geometrisch-perspektivischen Momenten
kann eine sehr eindringliche Scheinplastik hervortreten, welche sich jedoch
— bei unokularer Betrachtung — durch das Vorkommen zeitweiliger Inversion
im Sinne von Vertieftsehen (unter gleichzeitigem scheinbaren Seitenwechsel
der Beleuchtungsquelle) wie an einer Gußform oder einer Gemme wesentlich von wahrer Stereoskopie unterscheidet. Relativ größere Helligkeit, besser
gesagt größeres Gewicht eines Eindruckes, begünstigt dessen Nähererscheinen[5].

---

[1] Die Angaben A. Chauveaus [C. r. Acad. Sci. **154**, 11, 1046, 1131, 1758 (1912) —
Ann. d'Ocul. **148**, 200, 284, 296, 301, 307, 313 (1912); **155**, 16 (1915)] über die Produzierbarkeit
solcher betreffen Eindrücke, welche infolge von Dominanz bzw. Alleinbeachtung des einen
Auges tatsächlich unokular sind. Analoges gilt wohl von den Angaben seitens E. R. Jaensch,
speziell betreffs des Panum-Wheatstoneschen Grenzfalles [Z. Psychol. u. Physiol., Erg.-Bd.
6 (1911)] und seitens W. Schriever [Z. Psychol. **96**, 113 (1924)]. Umkehr des Pulfricheffektes
bei einäugiger Helladaptation und gleichzeitigem Strabismus divergens, ebenso bei Fixieren
eines fernen Punktes, also Beobachten in gekreuzten D.B., von denen anscheinend nur
eins beachtet wird (führt auch zu Umkehr einer *tatsächlichen* Kreisbewegung!), hat P. Kronenberger angegeben [Z. Sinnesphysiol. **57**, 255 (1926); vgl. S. 916, Anm. 1]. Das hiebei erfolgende
temporäre *Aufhören* des normalen Binokularsehens bzw. der binokularen Fixation sei speziell
hervorgehoben, zumal da für sonstige Angaben betreffs binokularer Inversionen Analoges
in Betracht kommen mag, so auch für das zeitweilige Durchbrechen des Eindruckes der
natürlichen Plastik bei pseudoskopischer Darbietung stereoskopischer Bilder [Comberg, W.:
Z. Augenheilk. **52**, 183 (1924); **55**, 343 (1925). — Bott, E. A.: J. of exper. Psychol. **8**, 278
(1925)].

[2] Ähnlich wirkt die Beobachtung von körperlichen Objekten durch ein Binokular-
pseudoskop (Wheatstone, Ewald). Vgl. darüber F. B. Hofmann: Tigerstedts Handb. d.
physiol. Methodik **3**, spez. S. 162 (1909); **1920—1925**, 451. — Rohr, M. v.: Die binokularen
Instrumente, 2. Aufl. Berlin 1920. — S. auch A. Stöhr: Binokulare Farbenmischung und
Pseudoskopie. Leipzig u. Wien 1900. — Wittmann, J.: Über das Sehen von Scheinbewegungen und Scheinkörpern. Leipzig 1921.

[3] W. Schriever (mit dem Ergebnis, daß sich Querdisparation gegen Perspektive allein
immer durchsetze): Z. Psychol. **96**, 113 (1925).

[4] Vgl. dazu unter anderem Gehrcke, E. u. E. Lau: Ann. Physik **65**, 564 (1921). —
Z. Sinnesphysiol. **53**, 174 (1922)

[5] S. speziell Fröhlich, B.: Graefes Arch. **41**, (4) 134 (1895). — Robinson, T. R.: Amer.
J. Psychol. **7**, 518 (1895). — Ashley: Psychologic. Rev. **5**, 595 (1908). — Petermann, B.:
Arch. f. Psychol. **46**, 351 (1924).

5. Als *Luftperspektive* wird bekanntlich die Erscheinung bezeichnet, daß infolge zunehmender Dicke der vorgelagerten trüben Luftschicht, auch infolge lokaler Ungleichmäßigkeit dieser durch Staub, Rauch, Wasserdunst und Nebel bedingten Trübung (beispielsweise Zunahme in den Talgründen einer Landschaft) fernere Objekte an Umrissen und speziell an Füllung minder deutlich, relativ aufgehellt und in der Farbe verändert erscheinen[1]. Infolge des Randkontrastes heben sich die Säume jeder näheren „Kulisse" dunkler ab gegenüber der angrenzenden ferneren und helleren „Kulisse" (vgl. Bd. 12, 1, S. 479). Für die scheinbare Plastik in kulissenartig gegliederten Fernsichten spielt dieser Faktor eine bedeutsame Rolle.

Die geschilderten Motive der Tiefenlokalisation, welche bei einäugiger Beobachtung allein in Betracht kommen, werden herkömmlicherweise als „Erfahrungsmotive" bezeichnet; doch erscheint es zweckmäßiger, eine solche Vorwegnahme ihrer Begründung ohne genauere Untersuchung der Genese jedes einzelnen dieser Faktoren zu unterlassen und lieber einfach von nichtstereoskopischen, d. h. nicht auf Querdisparation beruhenden oder sekundären Motiven zu sprechen. Zweifellos läßt die nichtdisparative Tiefenlokalisation charakteristische Eigenschaften der Gestaltauffassung erkennen[2]. Die wesentliche Verschiedenheit zwischen binokular-stereoskopischer und unokularer Tiefenlokalisation darf keineswegs verkannt werden; es wäre durchaus unberechtigt, von einer bloß graduellen Differenz zu sprechen (vgl. oben S. 947 Anm. 1).

Nutzanwendung für Untersuchung der binokularen Stereoskopie. Wie erwähnt, erweist sich die Tiefenlokalisation auf Grund der zweiäugigen Parallaxe als fortbestehend, ja rein hervortretend bei Ausschluß all der angeführten, nicht auf Querdisparation fußenden Motive, wie sie für eine unokulare Tiefenauslegung allein in Betracht kommen. Bei exakten stereoskopischen Beobachtungen sind dieselben notwendigerweise auszuschalten. Das wird erreicht erstens durch Feststellung des Kopfes (Ausschaltung der unokularen Parallaxe), im allgemeinen unter gleichzeitiger Fixation des Blickes bzw. Konstanthalten der Konvergenz und Akkommodation, ferner durch Darbietung von vertikalen Konturen (matt gestrichenen Stäben, Nadeln, Loten ohne Glanz und sichtbare Schlagschatten in geeigneter Entfernung vor gleichmäßig hellerem oder dunklerem Grunde, wodurch die Motive der Luftperspektive und der Schattenverteilung entfallen. Ebenso vermeidet man, wie erwähnt (S. 950), Anordnungen oder Bilder, welche durch geometrische Perspektive einen Anreiz zur einäugigen Tiefenauslegung abgeben, und blendet die oberen und unteren Enden der dargebotenen vertikalen Konturen, z. B. die Aufhänge- und die Fußpunkte von Loten, durch Vorhalten eines geeigneten Rahmens ab (welcher zugleich einer unokularen Tiefenauslegung entgegenwirkt! — vgl. S. 947), so daß die verschiedenen Objekte in jedweder Entfernung denselben Gesichtswinkel ausfüllen. Endlich ist es zweckmäßig, die Querdimension der Objekte verschieden, evtl. zunehmend mit dem Abstande zu wählen, so daß auch die Verschiedenheit des Öffnungswinkels der Dicke nach keinen Anhaltspunkt für einäugige Tiefenbewertung abgibt; bei recht dünnen Objekten, speziell Lotfäden, ist diese Vorsichtsmaßnahme überflüssig. Endlich empfiehlt es sich aus verschiedenen Gründen, die Darbietungszeit zu beschränken, speziell indirekt erscheinende Objekte nur zeitweilig aufzudecken.

---

[1] Vgl. dazu unter anderem H. HENNING: Z. Sinnesphysiol. **50**, 275 (1919).
[2] Speziell betont von F. B. HOFMANN: **1920—1925**, 456.

5. Das räumliche Sehen Schielender[1].

Mit disharmonischer Augenstellung oder Schielen erscheint zunächst der Anlaß gegeben, die Außenobjekte in Doppelbildern von verschiedener Schärfe zu sehen; speziell erscheint der Hauptgegenstand der Aufmerksamkeit in einem schärferen, von der Fovea des fixierenden Auges vermittelten Halbbilde und in einem minder scharfen, von der gleichzeitig gereizten exzentrischen Stelle des schielenden Auges produzierten Halbbilde. Bezüglich des in der Gesichtslinie des nichtschielenden Auges gelegenen Objektes gilt das Umgekehrte. Ohne Veränderung des normalen Wertigkeitsverhältnisses beider Augen (vgl. das oben S. 924 Angeführte) ergibt sich hieraus eine Prävalenz der Konturen beider Halbbilder über den andersäugigen Eindruck des Grundes und damit ein aufdringliches, die räumliche Orientierung störendes Doppeltsehen. Zudem fehlt mangels binokular-korrespondent abgebildeter Objekte, speziell eines so abgebildeten Fixierpunktes, die Bezeichnung einer Kernfläche bzw. Kernebene und damit die Unterlage für binokulares Tiefensehen. Haplo- und Stereoskopie haben praktisch genommen aufgehört. Dieser prinzipiell erwartete und bei plötzlichem Eintritt von Schielen anfangs verwirklichte pathologische Zustand hochgradiger sekundärer, sensorischer Störungen — im Gefolge der primären, motorischen Anomalie — löst nun aber zweierlei adaptative Gegenreaktionen aus, welche auf Beseitigung der Störung, ja auf das Ziel einer gewissen Wiederherstellung der normalen sensorischen Leistung bzw. eines Surrogates derselben gerichtet sind: nämlich einerseits eine innere Hemmung der Schielaugeneindrücke, andererseits die Ausbildung einer neuartigen Haploskopie, und zwar durch eine entsprechende anomale Funktionsbeziehung oder Sehrichtungsgemeinschaft beider Netzhäute.

Innere Hemmung[2]. Der (nach Tschermak) als innere Hemmung bezeichnete, früher rein psychologisch als „Exklusion", „Extinktion" oder „Neutralisation" (Javal) aufgefaßte Vorgang bedeutet, wie dies bereits oben (S. 925) für das Binokularsehen nichtschielender, jedoch habituell nur ein Auge auswertender Personen ausgeführt wurde, ein Ungleichwertigwerden beider Sehfelder, eine Aufhebung des Spezialsatzes von der durchschnittlichen Dauergleichwertigkeit beider Augen. Beim Schielenden führt gerade das (anfängliche) Doppeltsehen

---

[1] Speziell verwiesen sei auf M. Sachs: Graefes Arch. **43**, (3) 597 (1897); **48**, (2) 443 (1899). — Tschermak, A.: Ebenda **47**, (3) 508 (1899); **55**, (1) 1 (1902) — Über physiologische und pathologische Anpassung des Auges. Leipzig 1900 — Arch. des Sci. biol. St. Petersburg, Suppl. **17**, 79 (1904) (Pawlow-Festschr.) — (Untersuchungsmethodik) Zbl. prakt. Augenheilk. **1899**, 214; **1900**, 209; **1902**, 357 — Erg. Physiol. **4**, 517, spez. 543 (1904). — Bielschowsky, A.: Graefes Arch. **46**, (1) 169 (1899); **50**, (2) 406 (1900) — Fortschr. wiss. Med. **2**, 133 (1911) — Graefe-Saemischs Handb. d. Augenheilk., 2. Aufl., Kap. IX, 122 (1907) — (Methoden zur Untersuchung des binokularen Sehens) Abderhaldens Handb. d. biol. Arbeitsmeth., Abt. V, T. 6, H. 5, 757 (1925) — (Amblyopia ex anopsia) Klin. Mbl. Augenheilk. **77**, 302 (1926). — Gaudenzi, C.: Giorn. R. Accad. Med. Torino (5) **3**, 288 (1897) — Ann. Ottalm. **28** (1899). — Schlodtmann, W. (unter Tschermak): Graefes Arch. **51**, (2) 256 (1900). — Hofmann, F. B.: Erg. Physiol. **1**, (2) 801 (1902); **1920**—**1925**, 248ff. — Adam, C.: Z. Augenheilk. **16**, 110 (1906) — Berlin. klin. Wschr. **1906**, 804 — Med. Klinik **1911**, Nr. 51. — Ohm, J.: Graefes Arch. **67**, 439 (1908). — Bjerke, K.: Ebenda **69**, 543 (1909). — Mügge, F.: Ebenda **79**, 1 (1911). — Ammann, E.: Arch. Augenheilk. **82**, 113 (1918). — G. ten Doesschate: Nederl. Tijdschr. Geneesk. **64**, 1250 (1920). — Jaensch, P. A.: Klin. Mbl. prakt. Augenheilk. **72**, 86 (1924). — Tron: Ebenda **75**, 109 (1925). — Engelking, E.: Ebenda **77**, 315 (1926). — Braun, G.: Graefes Arch. **120**, 583 (1928), s. auch Arch. Augenheilk. **99**, 654 (1928). — Betreffs Bestimmung des Schielwinkels vgl. auch J. Ohm: Klin. Mbl. Augenheilk. **66**, 20 (1921); **74**, 311 (1925).
[2] Vgl. speziell A. Tschermak: Zitiert Anm. 1. — Kugel, L. (auch betreffs regionärer Extinktion): Graefes Arch. **36**, (2) 166 (1890). — Ferner J. v. Kries (betreffs regionärer Gestaltung der Wettstreitphänomene): Ebenda **24**, (4) 117 (1878), sowie in der 3. Aufl. von Helmholtz' Physiol. Optik **3**, 474ff. (1911).

bzw. die höhere Schärfe des fovealen Bildes des beachteten Gegenstandes zu einer Konzentrierung der Aufmerksamkeit auf das fixierende Auge, welches dadurch auch sensorisch zum ,,führenden" (HERING) wird, ebenso wie es (speziell bei Strabismus concomittans) motorisch führend ist. Im Gefolge hievon unterliegen — wieder ohne jedesmalige, direkte Intervention des Willens, also nicht durch eine willkürliche Vernachlässigung oder Exklusion — die Eindrücke des Schielauges einer physiologischen Hemmung, so daß sie minderwertig, ja schließlich mehr weniger unmerklich werden. Allerdings haben psychologische Faktoren, wie Verteilung der Aufmerksamkeit und Übung einen gewissen, jedoch beschränkten Einfluß[1]. Durch Erwerb einer solchen Art funktioneller Einäugigkeit erscheint die Störung praktisch beseitigt, welche aus der disparaten Abbildung bzw. dem Doppeltsehen der Objekte der Aufmerksamkeit resultiert — allerdings ohne Wiedergewinn binokularer Haploskopie und Stereoskopie. Die innere Hemmung ist, allgemein gesprochen, regional verschieden abgestuft; sie betrifft anscheinend nur das binokulare Netzhautgebiet im schielenden Auge, und zwar speziell die mit der fixierenden Fovea gleichzeitig gereizte exzentrische Region, sowie die mit der ersteren Stelle ursprünglich sehrichtungsgleiche Fovea des Schielauges, während die unokularsehende retino-nasale Randpartie des Schielauges keine Beeinträchtigung zu erfahren scheint. Daß die innere Hemmung der Schielaugeneindrücke im allgemeinen eine relative ist, braucht kaum betont zu werden[2]. Bei Verwendung eines vom Grunde stark abstehenden Objektes (Lichtquelle), gar bei verschiedener Färbung oder Gestaltung der Eindrücke, also bei sog. Differenzierung, wie sie durch Vorsetzen eines farbigen Glases oder einer Blendscheibe mit eingelassenem Glasstäbchen vor das schielende Auge (MADDOX[3]) erreicht wird, ist wenigstens zu Anfang bzw. bei kurzdauernder Freigabe des Schielauges dessen Halbbild in der Regel merklich. — Anders verhält sich die regionale Verteilung der inneren Hemmung, wenn — wie gleich zu erörtern sein wird — die Fovea des Schielauges die ursprüngliche Sehrichtungsgemeinschaft mit der fixierenden Fovea aufgibt und eine andere Sehrichtung gewinnt; auch dann erfahren die Eindrücke des Schielauges zwar eine gewisse innere Hemmung (indem beispielsweise die zentrale Sehschärfe desselben Auges bei Schielen auf Lesen von Schriftprobe Jäger-Fuchs-Nieden 2 oder 3 absinken kann gegenüber Lesen von 1 bei Fixieren bzw. Führendsein — TSCHERMAK, SCHLODTMANN, BRAUN, während MÜGGE und ADAM eine ,,Schielaugenamblyopie" bei anomaler Sehrichtungsgemeinschaft bestreiten), jedoch — wenigstens in der Regel — nur insoweit, daß der Eindruck der schielenden Fovea an der nunmehr zugehörigen exzentrischen Sehfeldstelle prävaliert (TSCHERMAK, SCHLODTMANN). Der Extremfall eines mosaikartigen Aufbaues des

---

[1] Vgl. deren meines Erachtens zu weitgehende Bewertung bei E. R. JAENSCH: Z. Psychol. Erg.-Bd. 4 (1909). — S. ferner A. BIELSCHOWSKY: Graefes Arch. 46, (1) 143 (1899). — WORTH, CL.: Squint., 5. ed. London 1921 — Das Schielen. D. Ausg. von E. K. OPPENHEIMER. Berlin 1905. — HOFMANN, F. B.: 1920—1925, 53.

[2] Eine Besprechung der ,,Amblyopia strabotica ex anopsia" liegt außerhalb des Rahmens dieser kurzen Darstellung. Gegenüber der Bestreitung einer Besserungsmöglichkeit derselben seitens A. GRAEFE [Graefe-Saemischs Handb. d. Augenheilk., 1. Aufl., 6, Kap. 9, 108 (1880)] vgl. W. B. JOHNSON: Trans. amer. ophthalm. Soc. 1893, 551. — SACHS, M.: Wien. klin. Wschr. 1899, Nr 25, 680. — WORTH, CL.: Squint. 5. ed. London 1921 — Trans. brit. ophthalm. Soc. 41, 149 (1921). — BEST, F.: Klin. Mbl. Augenheilk. 44, 498 (1906). — BIELSCHOWSKY, A.: Ebenda 77, 302 (1921). — POULARD: Ann. d'Ocul. 158, 95 (1921). — UHTHOFF, W.: Klin. Mbl. Augenheilk. 78, 453 (1927). — SCHMACK, Klin. Mbl. Augenheilk. 80, 397 (1928). — Betreffs Zentralskotom und Gesichtsfeldeinschränkung bei Schielenden sei verwiesen auf die neueren Arbeiten von E. TRON: Klin. Mbl. Augenheilk. 75, 109 (1925). — CASCIO, G. LO: Ann. Ottalm. 53, 29 (1925). — LLOYD, R. J.: Amer. J. physiol. Opt. 6, 129 (1925). — EVANS, J. N.: Amer. J. Ophth. 12, 194 (1929).

[3] MADDOX, W.: Tests and studies of the ocular muscles. Bristol 1898.

Gesamtsehfeldes aus nahezu oder rein unokularen Stücken mag — wenigstens praktisch gesprochen — gar nicht so selten verwirklicht sein (vgl. S. 961). *Anomale Sehrichtungsgemeinschaft.* Bei Schielenden kann ferner — wenigstens in gewissen Fällen[1] — eine Änderung der relativen Lokalisation oder Verschiebung beider Einzelsehfelder gegeneinander und ein neuartiges Zusammenarbeiten beider Netzhäute eintreten, welches als Anpassungsreaktion nicht bloß auf Vermeidung von Doppeltsehen, sondern auf ein gewisses binokulares Einfachsehen (Haploskopie) ungeachtet der Schielstellung abzielt. In solchen Fällen tritt eben zur primären motorischen Anomalie sekundär noch eine sensorische Anomalie hinzu[2]. Es handelt sich dabei um ein Surrogat der normalen Beziehung beider Netzhäute, welche ja bei Schielstellung (ohne innere Hemmung) manifestes Doppeltsehen erzwingen würde. Man könnte versucht sein, eine solche „anomale Sehrichtungsgemeinschaft" (Tschermak) mit dem fakultativen Einfachsehen mit disparaten Netzhautstellen, wie es beim Normalen innerhalb des Panumschen Empfindungskreises möglich ist, in Vergleich zu setzen; jedoch ist die letztere Leistung geknüpft an eine innere Hemmung des Eindruckes der korrespondierenden Netzhautstelle, so daß ein Doppeltsehen mit zusammengehörigen Stellen nicht stattfindet (vgl. oben S. 894, 928), während im ersteren Falle neben dem neuartigen Einfachsehen mit ursprünglich disparaten Netzhautstellen zugleich ein wahres Doppeltsehen mit ursprünglich korrespondierenden Netzhautstellen, also eine wahre Durchbrechung der Korrespondenz nachweisbar ist. Die anomale Beziehung beider Augen kann sich schon dadurch verraten, daß spontan oder bei farbiger Differenzierung oder bei Vorschalten eines vertikal ablenkenden Prismas oder nach operativer Korrektur der Sehtalstellung in paradoxen Doppelbildern gesehen wird, deren Lage an Sinn oder wenigstens an Abweichungsgrad nicht der Ablenkung des schielenden Auges entspricht[3]. Exakter ist der Nachweis von Doppeltsehen bei Einbringen identischer Objekte in die Gesichtslinien beider Augen; am sichersten die Prüfung mit Nachbildern (Nachbildprobe — erstmalig zur Untersuchung Schielender verwendet von Tschermak; über Verwendung zum Nachweis der normalen Korrespondenz seitens Hering vgl. S. 893, 898). Eine dem einen Auge bei Fixation des dunklen Mittelpunktes eingeprägte vertikale Lichtlinie und eine hier-

---

[1] Als Vorbedingung bezeichnet G. Braun eine gewisse Minderwertigkeit und Labilität der Korrespondenzanlage; vgl. dazu andererseits Engelking.

[2] Als Prozentsatz der sensorisch Normalen und der sensorisch Anomalen werden folgende Zahlen angegeben:

	Beobachtungszahl	Sensorisch Normale	Sensorisch Anomale	Bemerkung
Mügge	88	62,5%	37,5%	*) von den alternierend Schielenden
Adam	100	34%	66%	61,5% Anomale
Jaensch . . .	300	17%	83%	von den unilateralen 27,4%
Braun*) . . .	45	24%	76%	Gr.A: mit normaler Korresp. nebenbei Gr.B: praktisch ohne solche

[3] Betreffs solcher Beobachtungen, die man als Fälle von „falscher Projektion" bezeichnete, vgl. A. v. Graefe: Arch. Ophthalm. **1**, (1) 82 u. (2) 237 (1855); **2**, (1) 284 (1856). — Nagel, W.: Das Sehen, spez. S. 130 (1861) — Donders, F. C.: Arch. holl. Beitr. Natur- u. Heilkde **3**, 357 (1850) — Anomalien der Akk. und Refraktion (zuerst London 1864), S. 164ff. — Graefe, Alfred: Klinische Analyse der Motilitätsstörungen des Auges. Berlin 1858 — Motilitätsstörungen. Handb. Augenheilk., 1. Aufl., **6**, Kap. 9 (1880); 2. Aufl., (2) **8**, Kap. 11 (1898) — Das Sehen Schielender. Wiesbaden 1897. — Helmholtz, H.: Physiol. Optik, 1. Aufl. S. 699ff.; 2. Aufl., S. 847; 3. Aufl., **3**, 334ff.; dazu die Ausführungen von J. v. Kries: S. 472ff. — Javal, E.: Manuel du strabisme, p. 47, 366ff. Paris 1896. — Maddox, W.: Die Motilitätsstörungen des Auges. D. Übers. von W. Asher. Leipzig 1902. — Schoen, W.: Z. Psychol. u. Physiol. **35**, 132 (1904). — Worth, Ch.: Squint., 5. ed. London 1921 — Das Schielen. D. Übers. von E. H. Oppenheimer. Berlin 1905.

auf dem anderen Auge eingeprägte horizontale bilden bei Geltung der normalen Korrespondenz ein rechtwinkliges Kreuz. Bei Geltung einer anomalen Sehrichtungsgemeinschaft erscheinen hingegen die beiden transfovealen Nachbildarme seitlich, meist auch der Höhe nach und im Sinne von Drehung gegeneinander verlagert. Mit der Nachbildprobe lassen sich rein motorisch Anomale und motorisch-sensorisch Anomale unter den Schielenden sehr leicht unterscheiden (vgl. unten S. 965). Die relative Lage der beiden Nachbilder kennzeichnet die relative Lokalisation der beiden Sehfelder; sie ist natürlich an sich unabhängig von der jeweiligen Augenstellung bzw. vom jeweiligen Schielwinkel. Zwischen dem Winkel der sensorischen Anomalie und dem Winkel der motorischen Anomalie muß klar und konsequent unterschieden werden. Der erstere sei kurz als *Anomaliewinkel* bezeichnet; er wird zweckmäßig charakterisiert durch den Richtungsunterschied zwischen der Blicklinie und der mit der Schielfovea sehrichtungsgleichen Stelle *im führenden Auge*, wobei der Winkelscheitel im Perspektivitätszentrum desselben gelegen ist. Der *Schielwinkel* hingegen ist der Richtungsunterschied der Gesichtslinie des Schielauges in eingestellter und in abgewichener Lage, wobei der Winkelscheitel im Drehpunkt des schielenden Auges gelegen ist; sehr angenähert entspricht dem Schielwinkel der Richtungsunterschied zwischen der abgewichenen Gesichtslinie und der auf den Fixationspunkt zielenden Richtungslinie *im schielenden Auge*, wobei der Winkelscheitel in dem etwas vor dem Drehpunkt befindlichen Perspektivitätszentrum desselben gelegen ist. — Allerdings geht auch bei Herstellung einer anomalen Sehrichtungsgemeinschaft die normale Beziehung — wenigstens in vielen Fällen — nicht völlig und dauernd verloren. So kann zeitweilig (beispielsweise bei Schließen des Schielauges) die normale Lokalisationsweise, speziell die Sehrichtungsgemeinschaft beider Foveae, hervortreten; bei der Nachbildprobe verrät sich ein solcher Wechsel dadurch, daß die bisher verschobenen transfovealen Streifen zu einem rechtwinkligen symmetrischen Kreuze zusammenrücken. Von praktischen, speziell operativ-prognostischen Gesichtspunkten aus ist es zweckmäßig, solche sensorische Anomale, bei denen die normale Korrespondenz leicht und häufig hervortritt, als spezielle Gruppe abzusondern (BRAUN). In gewissen Fällen von anomaler Sehrichtungsgemeinschaft kann — unter geeigneten Umständen, z. B. Schließen des führenden Auges und Belassen der Fixationsabsicht auf diesem (TSCHERMAK) oder Verlust des führenden Auges (BIELSCHOWSKY) — die normale und die anomale Lokalisationsweise sogar gleichzeitig hervortreten[1]; es besteht dann *unokulare Diplopie*, indem die gereizte Netzhautstelle des Schielauges ihren Eindruck sowohl in der durch die normale Korrespondenz gegebenen Sehrichtung, als in der durch die anomale Beziehung bestimmten Sehrichtung erscheinen läßt. So kann der Eindruck der schielenden Fovea einerseits übereinstimmend mit der führenden Fovea, andererseits übereinstimmend mit einer bestimmten exzentrischen Stelle des führenden Auges lokalisiert werden. Analoges gilt von der gleichzeitig mit der fixierenden Fovea gereizten exzentrischen Stelle im Schielauge. Das anomale Zusammenarbeiten im allgemeinen wie das einäugige Doppeltsehen im besonderen braucht nicht die ganze Netzhaut des schielenden Auges zu betreffen, sondern kann sich auf eine bestimmte Region, speziell auf die mit der fixierenden Fovea sehrichtungsgleiche Partie beschränken (v. KRIES, JAVAL[2], BIELSCHOWSKY).

---

[1] C. GAUDENZI (zitiert auf S. 956 Anm. 1) hat solche Fälle als besondere Gruppe herausgehoben. — S. auch E. STORCH: Klin. Mbl. Augenheilk. **39**, 775 (1901). — ZEHENTMAYER, W.: Trans.amer. ophthalm. Soc. **21**, 223 (1923). — A.M. MAC GILLIVORY (anfallsweise unokulare Diplopie): Brit. J. Ophthalm. **12**, 588 (1928).

[2] JAVAL, E.: Manuel du stratisme, p. 286, 329, 333. Paris 1896.

Die erworbene anomale Sehrichtungsgemeinschaft oder sekundäre adaptative Kooperation zeigt wesentlich anderen Charakter als die normale Korrespondenz oder primäre Verknüpfung. Letztere haben wir als auf angeborener Grundlage ruhend oder bildungsgesetzlich gegeben, als elementar und ständig, ohne Möglichkeit einer wahren Durchbrechung, verknüpft mit dem Stereoskopie vermittelnden Querdisparationssystem gekennzeichnet; wir finden sie auch bei gewissen von Geburt auf Schielenden, ohne daß also die Möglichkeit eines vorherigen Erwerbes gegeben wäre, und ohne daß sich daneben notwendigerweise eine anomale Sehrichtungsgemeinschaft entwickelt hätte. In der normalen sensorischen Verknüpfung beider Augen haben wir zudem die primäre Einrichtung zur Ausregulierung und Erhaltung einer harmonischen Augenstellung, also die Antrieb- und Bremsvorrichtung für Fusionsbewegungen bis zur punktuell-bifovealen Einstellung und zur symmetrischen Orientierung beider Augen erkannt. Zwar nicht die motorische Synergie beider Augen überhaupt, wohl aber deren Präzisionsregulierung hat sich als sekundär bewirkt oder bewerkstelligt erwiesen durch die primäre sensorische Korrespondenz, nicht aber konnte diese mit ihrem elementaren, festen Charakter als Produkt einer biologisch unmöglichen primären Idealkongruenz der beiden okulomotorischen Apparate betrachtet werden. Demgegenüber erweist sich die anomale Sehrichtungsgemeinschaft Schielender — abgesehen davon, daß sie Netzhautstellen von recht verschiedener Sehschärfe verknüpft (A. Graefe) — als nicht fix, vielmehr als schwankend, und zwar der Ordnung nach exogen variierend mit Wechsel der Abbildungsverhältnisse (unbeschränkte oder beschränkte Mitreizung des schielenden Auges, verschiedenhelle, verschiedenfarbige oder bloß diffuse Belichtung oder vollständige Abblendung desselben), der Stufe nach endogen oszillierend auch bei Konstanz der Abbildungsverhältnisse (Tschermak). Bei diesem Schwanken tritt nicht bloß Einfachsehen zwischen zwei eben zuvor noch doppeltsehenden Netzhautstellen auf, sondern auch Doppeltsehen mit zuvor eben noch einfachsehenden (verschieden von der fakultativen Sehrichtungsgemeinschaft disparater Netzhautstellen beim Normalen — vgl. oben S. 894, 928, 958). — Schon hier sei (nach Tschermak) nachdrücklich betont, daß die Schielstellung in der Regel keine rein einsinnige, sondern eine dreisinnige Abweichung nach Breite, Höhe und Orientierung darstellt, auch keine konstante ist, daß vielmehr die motorische Beziehung der Augen bei Schielenden, welche (wenigstens bei Strabismus alternans) wahrscheinlich eine Anomalie der *binokularen* Innervation bzw. des *binokularen* Tonus darstellt, — ebenso wie die anomale sensorische Beziehung — nachweisbare Schwankungen zeigt, und zwar exogene Ordnungsvariationen (abhängig von Abbildungsverhältnissen und Beobachtungsabstand bzw. Konvergenz-Akkommodation) und endogene Stufenoszillationen. Daß diesen eine zweiäugige Innervation, nicht bloß eine solche des schielenden Auges zugrunde liegt, zeigt sich an der gleichzeitigen Orientierungsänderung, welche das fixierende oder führende Auge erfährt.

Allerdings muß das motorische Verhalten mit dem sensorischen nicht notwendig parallel gehen; vielmehr kommt sowohl Änderung der Lokalisationsweise ohne gleichzeitige Änderung der Schielstellung vor wie das Umgekehrte. Immerhin läßt die in der Regel zugleich mit der Lokalisationsänderung, und zwar in demselben Sinne, aber nicht notwendig in gleichem Ausmaße erfolgende Änderung der Schielstellung einen deutlichen Anpassungscharakter erkennen, so daß sie als Korrektivbewegung betrachtet werden kann. Doch müssen, wie bereits betont, Schielwinkel und Charakterisierungswinkel der sensorischen Anomalie konsequent voneinander unterschieden werden (Tschermak, Schlodtmann[1]). —

---

[1] Vgl. spez. W. Schlodtmann: Graefes Arch. **51**, 256, spez. 290 (1900). — Tschermak, A.: Ebenda **55**, 1, spez. 43 (1902).

Ob sich in gewissen Fällen mit dem anomalen Zusammenwirken beider Augen nach Höhen- und Breitenfunktion bzw. im Sinne von Haploskopie auch ein anomales Querdisparationssystem bzw. ein gewisses stereoskopisches Sehen verknüpfen kann, bleibe dahingestellt. Jedenfalls ist das nicht die Regel; doch scheint in einzelnen Fällen (SCHOELER, GREEFF, BIELSCHOWSKY, SIMON[1], BRAUN) der Hinweis auf eine solche Möglichkeit gegeben zu sein. Ebenso fraglich ist das Vorkommen eines Ansatzes von Einstell- oder Fusionsbewegungen auf Grund der anomalen Beziehung der Netzhäute[2]. Unzweifelhaft kann auch bei anomaler Sehrichtungsgemeinschaft trotz nachweisbarer sensorischer Ungleichwertigkeit beider Augen die Möglichkeit von binokularer Mischung und binokularem Kontrast (S. 921, 925) bestehen[3] (SACHS, TSCHERMAK, BIELSCHOWSKY); der Satz vom komplementären Anteil beider Augen am Sehfelde ist anscheinend auch bei anomaler Lokalisationsweise gültig, wenn auch die Eindrücke des Schielauges bis zu einem gewissen Grade einer inneren Hemmung unterliegen. Speziell besteht die Möglichkeit von Hervortreten des Eindruckes der schielenden Fovea an einer exzentrischen Stelle des gemeinsamen Sehfeldes (TSCHERMAK).

Auch bei anomaler Lokalisationsweise der Eindrücke des Schielauges mag der Extremfall eines mosaikartigen Aufbaues des Gesamtsehfeldes aus nahezu oder rein unokularen Stücken — wenigstens unter den praktischen Verhältnissen des gewöhnlichen Sehens — gar nicht so selten verwirklicht sein (vgl. S. 958). Speziell ist die Möglichkeit gegeben, daß entsprechend dem Fixationspunkt und entsprechend dem übrigen beiden Augen zugänglichen Gesichtsraum die Eindrücke des führenden Auges dominieren — mit Ausnahme der Umgebung der Gesichtslinie des schielenden Auges, entsprechend welcher die Eindrücke des schielenden Auges dominieren können; ebensolches gilt natürlich von dem rein unokularen temporalen Gesichtsraum des schielenden Auges, dessen bezügliche Eindrücke ständig verwertet werden. Das Gesamtsehfeld zeigt dann an der Kernstelle ein Maximum an Sehschärfe und an einer bestimmten exzentrischen Stelle ein zweites solches, wenn auch durch innere Hemmung gedrücktes. Bei Harmonie von sensorischer und motorischer Anomalie fügen sich die Sehfeldstücke, auch wenn sie (praktisch genommen) rein unokular sind, wenn also binokulare Mischung oder eigentliche binokulare Haploskopie fehlt, ebenso harmonisch aneinander wie die Eindrücke eines und desselben Auges: es besteht dann *Mosaikhaploskopie* — im Falle von Disharmonie unter Verschiebung der Eindrücke gegeneinander. Daß im ersteren Falle trotz des Fehlens eines eigentlichen Binokularsehens oder einer *effektiven* anomalen Sehrichtungsgemeinschaft durch die anomale Lokalisation doch eine gewisse, wenn auch bescheidene Nutzleistung erstrebt bzw. erreicht wird — speziell für das direkte Sehen, also für den Hauptgegenstand der Aufmerksamkeit —, ist wohl nicht zu verkennen. Das Ziel besteht eben in der harmonischen Einfügung der Eindrücke des schielenden Auges in das indirekte Sehen, welches für die Dirigierung und Dimensionierung der Blickbewegung entscheidend ist[4]. — Gewiß ist es andererseits auch möglich, daß in gewissen Extremfällen zwar bei der Nachbildprobe anomale Lokalisationsweise hervortritt, jedoch unter den Bedingungen des gewöhnlichen Sehens, ja selbst bei teilweiser Trennung der Gesichtsräume beider Augen (so am Kongruenzapparat, s. unten S. 964) eine maximale innere Hemmung der Schielaugeneindrücke und damit volle Alleinfunktion des führenden Auges (mit Ausnahme der temporalen Randeindrücke des Schielauges) besteht. Hingegen ist meines Erachtens keine Berechtigung gegeben, anzunehmen, daß überhaupt keine gleichzeitige, sondern nur eine rasch wechselnde Lokalisation der Eindrücke des führenden und des schielenden Auges erfolge. Schon das „Erlebnis" des Nachbildkreuzes mit seinen trotz relativer Verschiebung unzweifelhaft simultan

---

[1] SIMON, R.: Zbl. prakt. Augenheilk. **1902**, 225.

[2] Von A. TSCHERMAK und A. BIELSCHOWSKY vermißt, von F. MÜGGE angegeben als vereinzelt vorkommend.

[3] Bezüglich der Verwertung dieses Verhaltens zugunsten der Annahme einer anomalen Beziehung, nicht eines bloßen Parallelismus der egozentrischen Lokalisationsweise beider Einzelaugen s. die Ausführungen S. 973.

[4] Mit Recht betont E. ENGELKING [Klin. Mbl. Augenheilk. **77**, 315 (1916)], daß die Richtungslokalisation in den Gesichtsfeldresten des schielenden Auges auf ein Zusammenarbeiten beider Augen hinweist. Die Frage, ob das Begleitschielen auf einer mangelhaften kongenitalen Anlage des Fusionsvermögens (WORTH) oder auf einem abnorm langen Bestehen der angenommenen ursprünglichen Enge des Gesichtsfeldes mit konsekutiver Wettstreitbenachteiligung des einen Auges (ENGELKING) beruht, bleibe hier unerörtert.

empfundenen Schenkeln, von denen sich jeder einzelne mit je einem simultanen Testeindruck des anderen Auges zur Deckung bringen läßt, spricht entschieden gegen die Alternanzhypothese.

Jedenfalls darf nicht verkannt werden, daß die anomale Sehrichtungsgemeinschaft eine sekundäre sensorische Folgeerscheinung der primären motorischen Anomalie darstellt, und daß der Charakterzug der Variabilität einen wesentlichen Unterschied der beiden Arten von sensorischem Zusammenwirken der Augen ausmacht; es erscheint daher zweckmäßig, diese Differenz auch terminologisch durch die unterschiedlichen Bezeichnungen „Korrespondenz" und „anomale Sehrichtungsgemeinschaft" zum Ausdruck zu bringen (Tscher-

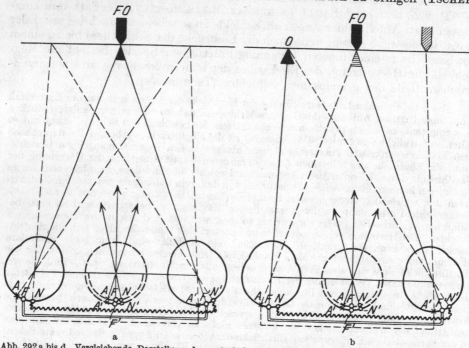

Abb. 292a bis d. Vergleichende Darstellung des motorischen und des sensorischen Verhaltens des Normalen und eines Schielenden der 1. Gruppe (motorisch abnorm, sensorisch normal), der 2. Gruppe (motorisch abnorm, sensorisch abnorm, mit Harmonie beider Anomalien), der 3. Gruppe (motorisch und sensorisch abnorm in Disharmonie). a) Normaler: Bifoveale Einstellung der Augen auf das Hauptobjekt der Aufmerksamkeit (FO), binokulares Einfacherscheinen desselben auf Grund der normalen Verknüpfung von FF', AA' NN' zum sensorischen Zyklopenauge. b) Schielender der 1. Gruppe: Foveale Einstellung des rechten Auges auf das Hauptobjekt der Aufmerksamkeit (FO), laterales Abweichen des linken Auges; Doppelterscheinen von FO entsprechend der Sehrichtung von (F)F' und von A(A'), und subjektive Deckung des linksäugigen Halbbildes eines in die Gesichtslinie des linken Auges gebrachten Objektes O mit dem rechtsäugigen Halbbilde von FO entsprechend der Sehrichtung F(F') auf Grund des Tatbestandes der normalen Verknüpfung von FF', AA', NN' zum sensorischen Zyklopenauge.

MAK[1]), nicht aber von Pseudokorrespondenz bzw. einer Pseudofovea (Bielschowsky) oder sekundärer Korrespondenz (v. Kries) zu sprechen. Ebenso erscheint es durchaus unstatthaft, die Möglichkeit des individuellen Erwerbs der geschilderten adaptativen Ersatzfunktion zur Hypothese zu verwerten, daß die normale sensorische Synergie auf phylogenetischen Erwerb (und zwar auf Grund der zunächst gegebenen motorischen Synergie) zurückzuführen sei. Es ist meines Erachtens undenkbar, daß eine individuell erworbene sensorische Beziehung von der Art der anomalen Sehrichtungsgemeinschaft zur Unterlage der angestammten Korrespondenz der Netzhäute geworden sei (vgl. S. 960).

---

[1] Vgl. auch F. H. Verhoeffs [Amer. J. physiol. Opt. **6**, 416 (1925)] Ablehnung der Bezeichnung „Pseudofovea".

Das Ziel jener anpassungsmäßigen Umwertung der Raumwerte des Schielauges wird durch den Idealfall von voller Harmonie der motorischen und der
sensorischen Anomalie bezeichnet — wobei auch die exogene und endogene
Variation beider ständig parallel gehen müßte bzw. jede Änderung der Lokalisationsweise von einer vollwertigen Korrektivbewegung des Schielauges gefolgt
sein müßte. In einem solchen Falle wäre schon unter den Verhältnissen des
gewöhnlichen Sehens (ohne jede Apparatur) trotz des Schielens binokulares
Einfachsehen erreicht, und zwar speziell durch Zusammenarbeiten der fixierenden
Fovea und der gleichzeitig gereizten exzentrischen Stelle im Schielauge, des sog.
Pseudozentrums[1], welche allerdings verschiedene Sehschärfe besitzen. Eventuell

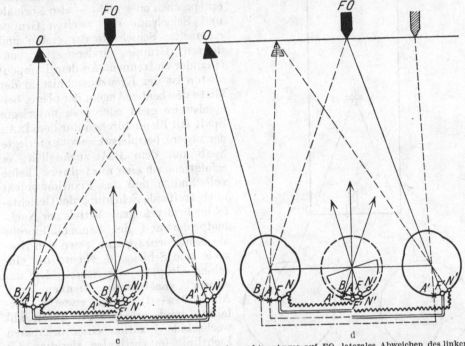

c) Schielender der 2. Gruppe: Foveale Einstellung des rechten Auges auf *FO*, laterales Abweichen des linken
Auges; Einfacherscheinen von *FO* entsprechend der Sehrichtung *AF'* sowie eines in die Gesichtslinie des linken
Auges gebrachten Objektes *O* entsprechend der Sehrichtung *FN'* auf Grund des Bestehens einer anomalen
Verknüpfung (von *BA'*, *AF'*, *FN'*), in Harmonie zur Schielstellung zu einem anomalen sensorischen Zyklopenauge. d) Schielender der 3. Gruppe: Foveale Einstellung des rechten Auges auf *FO* und
des linken Auges; Doppelterscheinen von *FO* — ebenso von *O* — entsprechend der Sehrichtung *(A)F'* und
B(A'), also in paradoxen, diesfalls zu *wenig* abstehenden Doppelbildern auf Grund des Bestehens einer
anomalen Verknüpfung (von *BA'*, *AF'*, *FN'*) — in Disharmonie zur Schielstellung — zu einem anomalen
sensorischen Zyklopenauge.

käme zur binokularen Haploskopie noch Stereofunktion. Inwieweit solche Fälle
tatsächlich vorkommen, bleibe dahingestellt; für gewisse Beobachtungsabstände
und Zeitabschnitte ist ein solches Verhalten an gewissen Individuen nachgewiesen,
welche daraufhin als Schielende der zweiten Gruppe (mit motorischer Anomalie
und harmonischer sensorischer Anomalie) jenen der ersten Gruppe (mit rein
motorischer Anomalie und normaler Korrespondenz ohne gleichzeitige sensorische Anomalie) gegenübergestellt wurden (TSCHERMAK, bestätigt von BRAUN).
Andererseits erscheinen in zahlreichen Fällen — gar wenn nur in einer bestimmten

---

[1] Diese Bezeichnung ist deshalb keine zutreffende, weil diese Stelle — von ihrem
Variieren abgesehen — gegenüber ihrer Nachbarschaft in keiner Weise betont oder ausgezeichnet ist (SACHS), vielmehr die schielende Fovea auch bei anomaler Lokalisationsweise
ihre angeborene relative Vorzugsstellung behält.

Entfernung und unter bestimmten Abbildungsverhältnissen (speziell mit künstlicher „Differenzierung" beider Augen) untersucht — motorische und sensorische Anomalie disharmonisch, ein Verhalten, welches gestattet, eine dritte Gruppe von Schielenden zu unterscheiden. Eine graphische Übersicht der Lokalisationsweise für die drei Gruppen Schielender sei in der vorstehenden Abbildung geboten (Abb. 292).

Dieselbe sei noch ergänzt durch die Wiedergabe einer einfachen Vorrichtung (*Kongruenzapparat* nach Tschermak[1] — Abb. 293), welche es gestattet, festzustellen, ob Augenstellung und optische Lokalisation einander entsprechen oder nicht — also Normale und Schielende der zweiten Gruppe einerseits, Schielende der ersten und dritten Gruppe andererseits voneinander zu trennen. An dem Lampenkasten ist der Kreuzausschnitt in der Mitte den beiden Augen, der obere, beispielsweise grün oder blau unterlegte Spalt mit Blendetürchen nur dem L.A., der untere, beispielsweise rot unterlegte Spalt nur dem R.A. zugänglich; es erfolgt sonach eine nur teilweise, keine vollständige und das Fixationsobjekt mitbetreffende Scheidung der Gesichtsfelder beider Augen. Mittels der Nachbildprobe und der Sammelbildprobe am Kongruenzapparat lassen sich Normale und Schielende, ebenso die einzelnen Gruppen von Schielenden unschwer voneinander trennen (vgl. Abb. 294a—d). Beim ersteren Verfahren wird, wie gesagt, durch abwechselnde Fixation einer drehbaren Lichtlinie im vertikalen Meridian des einen und im horizontalen Meridian des anderen Auges ein Nachbildstreifen eingeprägt und nun geprüft, ob die beiden als rechtwinkliges, durch den

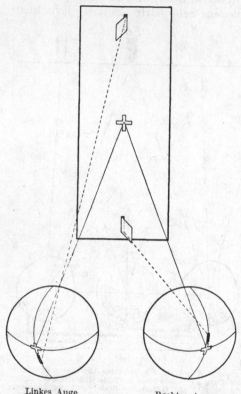

Linkes Auge
Rechtes Auge
Abb. 293. Kongruenzapparat nach Tschermak.

Fixationspunkt laufendes Kreuz erscheinen (normale Korrespondenz: Normaler und Schielender der ersten Gruppe) oder ob der eine Arm gegen den anderen lateral, vertikal oder der Orientierung nach verschoben erscheint (anomale Sehrichtungsgemeinschaft: Schielender der zweiten oder dritten Gruppe). Beim Sammelbildverfahren wird beiden Augen ein gemeinsames Merkzeichen (Kreuz) geboten, darüber nur dem *einen* Auge ein grüner oder blauer, darunter nur dem *anderen* ein roter Kontrollstrich. Dem Normalen wie dem Schielenden der zweiten Gruppe erscheinen alle 3 Eindrücke in richtiger Anordnung, in *einer* Flucht. Der Schielende der ersten wie der dritten Gruppe sieht hingegen den einen unokularen Kontrollstrich verschoben. Am Kongruenzapparat stört selbst ein Wechsel im führenden Auge oder ein Schwanken in der Fixation die Untersuchung prinzipiell nicht.

_____

[1] Tschermak, A.: Verh. dtsch. ophthalm. Ges., Heidelberg 1927.

Eine genauere Darstellung der Untersuchungsmethodik würde hier zu weit führen. Es genüge, nochmals die prinzipielle Forderung auszusprechen, Ort des Erscheinens fovealer Eindrücke und Fußpunkt der schielenden Gesichtslinie, Lokalisation und Augenstellung, Sensorisches und Motorisches streng zu trennen und neben der Untersuchung der motorischen Anomalie auch jene des sensorischen Verhaltens — und zwar schon vor einem eventuellen operativen Eingriff — zu verlangen. Fälle von Disharmonie der primären motorischen und der sekundären sensorischen Anomalie könnten entweder auf Unzulänglichkeit des adaptativen Umwertungsprozesses oder auf nachträgliches Wiederabweichen des Auges aus einer nur für eine bestimmte Entfernung oder für einen früheren Zeitpunkt geltenden Schielstellung, für welche Harmonie erreicht war, bezogen werden. Doch sei diese Alternative vorläufig ebenso offengelassen wie alle Spezialfragen über Form und Verlauf des Umwertungsvorganges. Die Anomalien der egozentrischen Lokalisation bei Schielenden seien erst im Zusammenhang mit dem Verhalten des Normalen behandelt. — Hier mag der kurze Hinweis auf dieses interessante, durchaus noch nicht erschöpfte Gebiet pathologischer Anpassung des Sehorgans genügen.

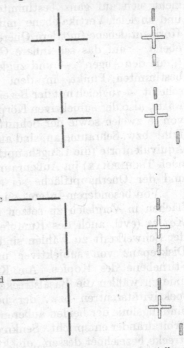

Abb. 294 a—d. Schematische Darstellung der Prüfungsergebnisse. Linke Reihe: bei Nachbildprobe (betreffend sensorisches Verhaltens). Rechte Reihe: am Kongruenzapparat (betreffend Relation von sensorischen und motorischen Verhaltens): a) *Normaler*: sensorisch: normal; motorisch: normal. b) *Schielender* der 1. Gruppe: sensorisch: normal; motorisch: abnorm. c) *Schielender* der 2. Gruppe: sensorisch: abnorm; motorisch: abnorm, und zwar beide Anomalien kongruent oder harmonisch. b) *Schielender* der 3. Gruppe: sensorisch: abnorm; motorisch: abnorm, und zwar beide Anomalien inkongruent oder disharmonisch. (Nach Tschermak.)

6. Die egozentrische Lokalisation[1].

Unsere gesamten optischen Eindrücke erscheinen, wie bereits oben (S. 838, 882) bemerkt, auf den Körper des Beobachters bezogen; das aus Hauptsehrichtung und umgebenden Nebensehrichtungen gebildete Büschel zeigt eine charakteristische Einstellung oder Zen-

[1] Bezeichnung nach G. E. Müller [Z. Psychol., Erg.-Bd 9 (1917)], während früher (so bei E. Hering) die Lokalisation der Seheindrücke im Verhältnis zum vorgestellten Außenraum *und* zum eigenen Körper als „absolute Lokalisation im weiteren Sinne" zusammengefaßt wurden. Analoges gilt von der Bezeichnung „postural projection" (Lokalisation nach Stellung und Haltung) zum Unterschiede von der „visual projection" (rein retinale Lokalisation) nach A. Duane [Trans. brit. ophthalm. Soc. (2) 45, 497 (1925)]. F. B. Hofmann (1920—1925, 381 ff.) bezeichnet die egozentrische Lokalisation nach Höhe und Seite als „Richtungslokalisation", jene nach der Tiefe als „Abstandslokalisation". — An Spezialliteratur seien angeführt Hering, E.: Beitr. 1861—1864 — 1879, 389 ff., 413, 417. — M. Tscherning: Optique physiologique, spez. p. 289. Paris 1898. — Sachs, M. u. R. Wlassak: Z. Psychol. u. Physiol. 22, 23 (1899). — Bourdon, B.: 1902, spez. 137—157. — Tschermak, A.: Graefes Arch. 57, 1 (1902) — Erg. Physiol. 4, 517, spez. 559 (1904) — Beih. Z. angew. Psychol. Nr 5, 28 (1912). — MacDougall, R.: Harvard Psychol. Stud. 1, 145 (1903). — Filehne, W.: Arch. f. (Anat. u.) Physiol. 1912, 461. — Hofmann, F. B.: Tigerstedts Handb. d. physiol. Methodik (1) 3, 121. Leipzig 1914 — Skand. Arch. Physiol. (Berl. u. Lpz.) 43, 17 (1923) — 1920—1925, 351—410. — Fischer, M. H. (unter A. Tschermak): Pflügers Arch. 188, 161 (1921) — Graefes Arch. 118, 633 (1927). — Hofmann, F. B. u. A. Fruböse: Z. Biol. 80, 91 (1923). — Hofe, K. von: Graefes Arch. 116, 270 (1925). — Dietzel, H.: Z. Biol. 80, 289; 81, 210 (1924). — G. Schubert (unter A. Tschermak — das S. G. H. bzw. die Erscheinungsweise des Horizontes im Flugzeug betreffend): Pflügers Arch. 222, 460 (1929).

trierung. Die Lokalisation der optischen Eindrücke zum vorgestellten Orte oder zum Fühlbilde des eigenen Körpers (Hering[1]) bzw. Körperschema (Schilder[2]) bezieht sich auf ganz bestimmte Ebenen, nämlich auf die subjektive Median- und zugleich Vertikalebene (mittlere Längsebene nach Hering), die subjektive Horizontalebene (mittlere Querebene nach Hering) und die subjektive Frontalebene — auf das scheinbare Geradevorne (und zugleich Vertikal), Gleichhoch („mit den Augen" — und zugleich Horizontal) und Stirngleich bzw. auf einen bestimmten Punkt, in dem das beobachtende Ich sozusagen konzentriert scheint, — zugleich mit der Bezeichnung des Kopf-(Scheitel-) und des Fuß-(Kinn-)-wärts, also der subjektiven Körperrichtung. Jene Ebenen und die Schnittgeraden von je zweien sowie der Schnittpunkt der drei Ebenen gehören dem subjektiven Fühl- bzw. Sehraume an, sind also nicht objektiv bestimmbar, sondern nur durch Äquivalentorte (die Längshauptfläche, die Querhauptfläche, die Stirnhauptfläche nach Tschermak) im Außenraume charakterisierbar. Die Schnittlinie der Längs- und der Querhauptfläche sei als Hauptlinie des Gesichtsraumes bezeichnet.

Von besonderem Interesse ist es, diese subjektiv ausgezeichneten Äquivalenzflächen in Vergleich zu setzen mit bestimmten *geometrischen Schnittebenen des Kopfes* (evtl. auch des Rumpfes), welche zweckmäßigerweise unabhängig von der Schwerkraft zu wählen sind. Man prüft dabei auf Übereinstimmung oder Diskrepanz von subjektiver und objektiver Medianebene, Horizontalebene, Stirnebene des Kopfes. Am Kopfe empfiehlt es sich zunächst als Standardlinie zu wählen die Basalstrecke, d. h. die Verbindungsstrecke der beiden Perspektivitätszentren bzw. der beiden Drehpunkte, welche beiläufig der Verbindungslinie der beiden äußeren Lidwinkel bzw. der beiden äußeren knöchernen Orbitalränder entspricht. Senkrechtstellung der Blicklinie eines Auges zur Basalstrecke bezeichnet dessen „objektives" Geradevorne, die durch den Halbierungspunkt der Basalstrecke gelegte Normalebene die schematische Kopfmediane. Als objektive Horizontalebene des Kopfes sei die senkrecht zur Mediane stehende Ebene der beiden primär gestellten Blicklinien gewählt, welch letztere recht angenähert parallel laufen und zugleich angenähert senkrecht stehen zur Basalstrecke. Die schematische Stirnebene des Kopfes endlich sei genau senkrecht zur schematischen Medianebene und Horizontalebene des Kopfes durch die Basalstrecke hindurchgelegt gedacht. Nach diesen Festlegungen ist ein exakter zahlenmäßiger Vergleich von objektivem und subjektivem Geradevorn, Gleichhoch und Stirngleich des Kopfes *ohne* Bezugnahme auf die Orientierung des Systems im Außenraume bzw. zur Schwerkraft möglich. (Die Miteinbeziehung dieser würde das Problem der egozentrischen Lokalisation mit jenem der absoluten Lokalisation verquicken!) Allerdings wird zunächst die egozentrische Mediane bzw. das Verhalten des Geradevorne bei genauer Waagerechtstellung der Basalstrecke und der primären Blickebene bzw. bei Lotrechtstellung der objektiven Medianebene sowie der schematischen Stirnebene zu prüfen sein. Bei aufrechter Haltung von Kopf und Stamm fallen subjektive Körperrichtung und subjektive Vertikale zusammen, während sie sich bei seitlicher Neigung des ganzen Körpers oder des Kopfes allein oder nur des Stammes mehr oder weniger voneinander trennen, was in den beiden letzteren Fällen auch noch für die subjektive Kopf- und die Rumpfmediane eintritt.

---

[1] Vgl. zu diesem Begriff und zur Genese der egozentrischen Lokalisation die Ausführungen von E. Hering: Beitr. 1861—1864, 165, 323ff. — Hillebrand, F.: Z. Psychol. 54, 1, spez. 48 (1909); Lehre von den Gesichtsempfindungen Wien 1929, spez. 110. — Müller, G. E.: Z. Psychol. Erg. Bd. 9, (1917). — Hofmann, F. B.: 1920—1925, 351ff.

[2] Schilder, P.: Z. Neur. 47, 300 (1919) — Das Körperschema. Ein Beitrag zur Lehre vom Bewußtsein des eigenen Körpers. Berlin 1923.

Schwieriger ist eine Festlegung einer schematischen Einteilung des Rumpfes und die gesonderte Untersuchung der Rumpfmediane in ihrem Verhältnis zur Kopfmediane. Die Festlegung einer Rumpfmedianebene — wieder *ohne* Bezugnahme zur Schwerkraftsrichtung — ist nur verhältnismäßig grob möglich, am ehesten durch eine Ebene, welche man durch die Jugulumgrube, den Mittelpunkt des Nabels und den Dornfortsatz der Vertebra prominens legt; man könnte zwar auch die Scheitelpunkte der beiden Akromien verbinden und senkrecht durch den Halbierungspunkt dieser Strecke eine Ebene als Rumpfmedianebene konstruieren, doch ist die Lage dieser Meßpunkte von der jeweiligen Spannung in der Muskulatur des Schultergürtels sowie von der Belastung abhängig.

Bezüglich der egozentrischen Lokalisation der subjektiven Medianebene des Kopfes bzw. des ganzen Körpers würde es den einfachsten Fall bedeuten, wenn die subjektive Medianebene mit der oben schematisch festgesetzten objektiven Medianebene zusammenfiele, also das scheinbar Geradevorne dem wirklichen ohne Diskrepanz entspräche, der subjektive Augenpunkt bzw. sein Äquivalent und der Mittelpunkt der Basalstrecke identisch wären. Diesen Idealfall hat HERING zunächst als — wenigstens sehr angenähert — verwirklicht angenommen: das Zentrum der beiden Augen gemeinsamen Sehrichtungen bzw. der Mittelpunkt des sog. Zyklopenauges, welches sozusagen aus der funktionellen Deckung beider Netzhäute resultiert (vgl. Abb. 265, S. 892), liege dauernd gerade zwischen beiden Augen etwa in der Nasenwurzel. Ein bloß zeitweiliger Abschluß des einen Auges ändere (zunächst wenigstens) nichts an dieser Lokalisationsweise, belasse also das Zentrum der Sehrichtungen in seiner charakteristischen binokularen Lage. Hingegen führe ein gewohnheitsmäßig vorwiegender Gebrauch eines Auges, wie bei Schützen oder Mikroskopikern, ebenso meist, aber nicht immer, alleiniger Gebrauch des einen Auges nach Verlust des anderen zu einer Verschiebung des Zentrums nach dessen Seite[1]. Tatsächlich ergeben sich jedoch wohl immer, und zwar schon beim Normalen, charakteristische Verschiedenheiten zwischen dem Koordinatensystem des subjektiven Sehraumes bzw. dessen objektiven Äquivalenten und dem objektiven Koordinatensystem des Kopfes oder Körpers. Das scheinbare Geradevorne bzw. die Längshauptfläche des Gesichtsraumes zeigt bei Mittelstellung des Kopfes und Fernesehen wohl allgemein eine charakteristische mäßige Seitenabweichung, welche beim Sehen mit beiden Augen anders, und zwar geringer, ausfällt als bei Benützung nur eines Auges (beispielsweise bei Fernesehen Abweichung der binokularen Blicklinie um 2° 40′ nach rechts[2] von der Kopfmediane bzw. absolute Divergenz der beiden unokularen Blicklinien von je 3° 53′, und überdies Rechtswendung des R.A. von 2° 47′ aus der Parallelprimärstellung; Abweichung der unokularen Blicklinie des R.A. um 6° 40′ nach rechts, jener des L.A. um 3° 50′ nach links von der Kopfmediane bei M. H. FISCHER). Dementsprechend ist bei raschem Wechsel von zwei- und einäugiger Betrachtung oder von alleiniger Benützung des rechten und des linken Auges ein plötzlicher Lagewechsel, gewissermaßen ein „Springen" des

---

[1] HERING, E.: **1861**—**1864**, 347; **1879**, 391. — Eine analoge Verlagerung des scheinbaren Geradevorn nach rechts haben M. TSCHERNING (Optique physiologique, p. 288. Paris 1898) und E. WEINBERG [Pflügers Arch. **198**, 421 (1923)] beobachtet. — Über das scheinbare Geradevorn bei einseitig Enukleierten vgl. H. KÖLLNER: Arch. Augenheilk. **88**, 117 (1921).

[2] ROSENBACH (Münch. med. Wschr. **1903**, 1290 u. 1882) hält eine Abweichung nach rechts für regulär und bezieht dieselbe auf eine Vorherrschaft des rechten Auges beim binokularen Sehen. S. auch ENSLIN: Münch. med. Wschr. **1911**, 2242 — KRAUS, Berl. klin. Wschr. **1910**, 2266. — Betreffs regulärer Abweichung des Zentrums der Sehrichtungen nach der Seite des prävalierenden Auges s. E. WEINBERG: Pflügers Arch. **198**, 421 (1923). — SHEARD, CH.: Optician **66**, 182 (1923).

ganzen Sehfeldes, relativ zum Beobachter in einem gewissen, bescheidenen Ausmaße zu konstatieren (Sachs und Wlassak, Tschermak, „Monokular-lokalisationsdifferenz" nach Witasek[1] u. a.). Bei Benützung nur eines Auges können sich zwei Einstellungen ergeben: eine auf „Geradevorne" („Augenvorne" — Einstellung des umgebenden Raumes zum Ich, nachdrücklich auf das be-

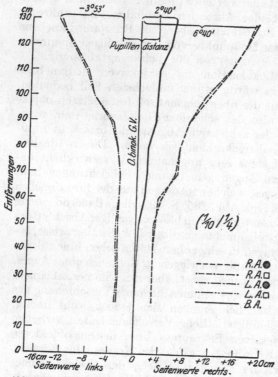

Abb. 295. Einstellung auf scheinbar Geradevorne (S.G.V.) für einen normalen Binokularsehenden: 1. bei unbehindertem Binokularsehen (B.A.), 2. bei Unokularsehen, und zwar bei Abblendung (●) des rechten Auges bzw. des linken Auges oder bei diffuser Mitbelichtung (□) des rechten Auges bzw. des linken Auges. (Nach M. H. Fischer.)

obachtende Subjekt bezogen) und eine auf „subjektive Mediane" („Nasenvorne" — Einstellung des eigenen Körpers zum umgebenden Raum, bewußt auf das Vorstellungsbild vom Kopfe bezogen — M.H.Fischer und Kornmüller[2]). Das binokulare Geradevorne zeigt bei Beobachtung im Hellen große Bestimmtheit (Bourdon[3], M. H. Fischer), geringere im Dunkeln (mit $^1/_2$—$1°$ Schwankungsbreite unter starker individueller [27′ bis 2°] Verschiedenheit — Sachs und Wlassak, Dietzel), wobei auch der Mittelwert etwas verschieden sein kann. Auch unter denselben Außenbedingungen läßt die Einstellung gewisse zeitliche Schwankungen bzw. einen gewissen Lokalisationsbereich (72′ bis 12°, Dietzel) erkennen. Auch sind gleichzeitige optische und kinästhetische Eindrücke von charakteristischem Einfluß. So verändert gleichzeitige Sichtbarkeit eines zweiten Lichtpunktes oder asymmetrische Abgrenzung oder Einengung des sichtbaren Hintergrundes[4] die Einstellung. — Näherungseinstellung ist wohl kaum je einflußlos, führt vielmehr zu einer Abnahme der Abweichung bis zum Erreichen der richtigen Lokalisation in bestimmter Beobachtungsentfernung (z. B. 30 cm binokular, 40 cm für das R.A., 70 cm für das L.A. bei M. H. Fischer — vgl. Abb. 295). Die bis

[1] St. Witasek [Z. Psychol. 50, 161 (1908); 53, 61 (1909); 56, 88 (1910)] — zu Unrecht von F. Hillebrand [Z. Psychol. 54, 1 (1909); 57, 293 (1910); Lehre von den Ges. Empf. Wien 1921, spez. 110], auf Augenbewegungen infolge Heterophorie bezogen, von V. Benussi [Arch. f. Psychol. 33, 266 (1915)] überhaupt bestritten [vgl. auch R. v. Sterneck, Z. Psychol. 55, 300 (1910); O. Roelofs u. A. J. de Fauvage-Bruyel; Arch. Augenheilk. 95, 111 (1924). Daß die Monokular-Lokalisationsdifferenz keine Modifikation des Gesetzes der identischen Sehrichtungen notwendig macht, wie Witasek meinte, wurde bereits oben S. 899, Anm. 2, ausgeführt.
[2] Fischer, M. H. u. Kornmüller (unter A. Tschermak). — Verh. dtsch. physiol. Ges. Kiel 1929 (ausführlich noch nicht veröffentlicht).
[3] Bourdon, B.: 1902, 148ff. — Dietzel, H.: Z. Biol. 80, 289 (1924).
[4] Im Anschlusse hieran sei erinnert an die Verlagerung der scheinbaren Mediane gegen die erhaltene Gesichtsfeldhälfte hin [Best, F.: Neur. Zbl. 39, 290 (1920)] sowie an die Verschiebung des Deutlichkeitszentrums im Sehfeldrest bei Hemianopikern bzw. an die Ausbildung einer Pseudofovea bei solchen [Fuchs, W.: Z. Psychol. 84, 67; 86, 1 (1902) — Psychol. Forschg 1, 157 (1921). — Gelb, A. u. K. Goldstein: Ebenda 6, 187 (1924)].

zum Fernpunkt heran gerade verlaufende Hauptlinie des Gesichtsraumes wird beim Nahesehen zu einer Kurve deformiert. — Bei Seitenwendung von Kopf und Augen erscheint die binokulare optische Mediane angenähert vollkommen „mitgenommen" mit der objektiven Medianebene des Kopfes; bezüglich der unokularen optischen Mediane kann Wettstreit zwischen Mitnahme und zwischen Verharren in der ursprünglichen primären Medianebene des Kopfes eintreten. Bloße stabile Seitenwendung der Augen läßt das scheinbare Geradevorne im indirekten Sehen etwas „mitgenommen" erscheinen (SACHS und WLASSAK, BOURDON, M. H. FISCHER). Seitenwendung des Kopfes und gegensinnige Seitenwendung der Augen wirken gegensätzlich, so daß bei einem gewissen Grade beider gerade Kompensation eintritt, während Hebung und Senkung des Kopfes ohne Einfluß bleibt.

Die optische *Bestimmung des Stirn- und Fußwärts*, also der scheinbaren Längsrichtung des Körpers (evtl. gesondert des Kopfes und des Stammes) mit Kennzeichnung beider Enden, ist unter Vergleich mit der objektiven Medianebene (bzw. Längsachse) des Kopfes, evtl. auch mit der Medianebene des Rumpfes, wie sie oben festgesetzt wurde, durchzuführen. Bei aufrechter Haltung fallen die egozentrische Medianebene bzw. Längsachse und die subjektive Vertikale — bei optischer Bezeichnung — zusammen und stimmen auch angenähert mit der objektiven Medianebene sowie mit der Lotrichtung im Außenraume überein. Die Lokalisation erfolgt also in

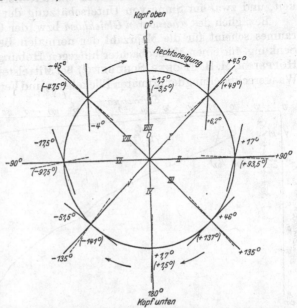

Abb. 296. Einstellung der subjektiven Körperrichtung (gestrichelt) und der scheinbaren Vertikalen (ausgezogen) im Außenraume bei seitlicher Neigung des Gesamtkörpers gegen die Schwerkraft. (Nach G. SCHUBERT.)

diesem allerdings praktisch wichtigsten Spezialfalle „richtig". In Bauchlage, noch mehr in Rückenlage, wird hingegen die Einstellung recht unbestimmt und schwankend[1]. Bei einem gewissen Ausmaße starker Seitenneigung des Körpers (etwa 150°) wird bei gewissen Beobachtern die „scheinbare Vertikale" bald in bezug auf den vorgestellten Raum, bald nach der Scheinrichtung des Körpers eingestellt (M. H. FISCHER[2] — vgl. oben Abb. 263, S. 879). Es tritt in solchen Fällen sozusagen ein Wettstreit von absoluter und egozentrischer Lokalisation ein. Kopfdrehungen zeigen einen individuell verschiedenen Einfluß. Systematische Untersuchungen über die Lokalisation der subjektiven Längsrichtung bzw. Medianebene des Kopfes, Körpers, Rumpfes bei seitlicher Neigung, also Einwirkung der Schwerkraft, stehen erst im Anfange. Zu diesem Zwecke sind von geeigneten Individuen teils gleichzeitig, teils rasch hintereinander vergleichende optische (wie

---

[1] NAGEL, W. A.: Z. Psychol. **16**, 373 (1898). — HOFMANN, F. B. u. A. FRUBÖSE: Z. Biol. **80**, 91 (1923). — HOFE, K. VOM: Z. Sinnesphysiol. **57**, 174 (1926).
[2] M. H. FISCHER (unter A. TSCHERMAK): Graefes Arch. **118**, 633 (1927) — Ergeb. d. Physiol. **28**, 1 (1928).

auch haptische) Einstellungen auf die scheinbare Richtung und Mediane des Gesamtkörpers, des Kopfes, des Rumpfes und auf die scheinbare Vertikale des Sehraumes auszuführen und die gefundenen Äquivalenzwerte (mit den gleichnamigen objektiven Standardlagen: Halbierungsebene der Basalstrecke, Lageebene von Jugulum, Nabelmitte und Vertebra prominens — Lotrichtung) in Relation zu setzen. Eine Übersicht über eine solche Beobachtungsreihe, welche die subjektive Längsrichtung des Gesamtkörpers sowie die scheinbare Vertikale im Außenraume bei seitlicher Neigung gegen die Schwerkraft betrifft, bietet die vorstehende Abbildung (Abb. 296). Während die Einstellung der scheinbaren Vertikalen starke Abweichungen vom Lote ergibt, entfernt sich die Einstellung der subjektiven Körperrichtung wenig, wenn auch in charakteristischer Weise von der Richtigkeit, und zwar im Sinne von Unterschätzung der Körperneigung (Schubert[1]).

Bezüglich des *scheinbaren Gleichhoch* bzw. der Querhauptfläche des Gesichtsraumes scheint für die Mehrzahl der normalen Beobachter (Bourdon für sich Senkung, für einen Mitbeobachter hingegen Hebung; Filehne, R. MacDougall, Hoppeler, M. H. Fischer, Schubert[2]) bei Mittelstellung des Kopfes (genauer: bei Waagerechtstellung der primären Blickebene) und Fernesehen ein charakteristisches

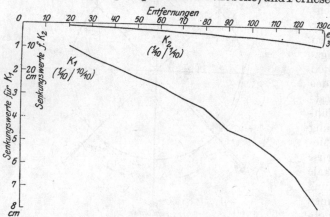

Tieferliegen gegenüber dem objektiven Gleichhoch zu gelten; diese Senkung des „subjektiven Horizonts" beträgt etwa $1-3°$ — bei Ermüdung zunehmend, deutlich verschieden für binokulare und unokulare Beobachtung — beeinflußt von den jeweiligen Abbildungsverhältnissen. Bezüglich Bestimmtheit und Schwankungsbreite im Hellen und im

Abb. 297. Einstellung auf scheinbar Gleichhoch (*S. G. H.*) für einen normalen Binokularsehenden: K_1 mit zehnfacher Vergrößerung der Ordinatenwerte. (Nach M. H. Fischer.)

Dunklen, ebenso bezüglich Variabilität gilt analoges wie für das scheinbare Geradevorne. Auf der Verknüpfung des subjektiven Gleichhoch mit einem gewissen Senkungsgrad beruht wohl das scheinbare Ansteigen des Horizontes des Meeres oder einer Ebene, so daß eine Schalenform resultiert (s. oben S. 890).

Die Näherungseinstellung, d. h. die vereinte Wirkung von Konvergenz und Akkommodation (von denen die erstere allein gleichsinnig, aber schwächer, die letztere isoliert gegensinnig wirkt) läßt die Querhauptfläche ansteigen bis zum Erreichen, ja eventuell Überschreiten des objektiven Gleichhoch (Abb. 297). Mäßige Hebung, d. h. Rückwärtsneigung des Kopfes, führt zu einer geringen „Mitnahme" des binokularen Gleichhoch — ebenso konstante Hebung oder Senkung der Augen, während bei mäßiger Senkung, d. h. Vorneigen des Kopfes,

---

[1] G. Schubert (unter A. Tschermak): Noch nicht veröffentlichte Beobachtungen; solche betreffen auch das Verhalten bei gleichzeitiger Einwirkung von Schwerkraft und Zentrifugalkraft im Flugzeuge.

[2] Hoppeler, E.: Z. Psychol. **66**, 249 (1913). — Fischer, M. H. (unter A. Tschermak): Pflügers Arch. **188**, 161 (1921). — Schubert, G. (unter A. Tschermak): Pflügers Arch. **222**, 460 (1929). — Vgl. auch Kudzki, M. P.: Biol. Zbl. **11**, 63 (1891). — Angell, F.: Amer. J. Psychol. **35**, 98 (1924).

ebenso bei Seitenwendung des Kopfes mit gegensinniger Augenwendung ein Einfluß nicht erweißlich ist. Ob allerdings die vorstehenden Ergebnisse (von M. H. FISCHER) allgemeine Gültigkeit besitzen, bedarf erst weiterer Untersuchung. Jedenfalls zeigt die egozentrische „Grundstellung" oder funktionelle „Ruhelage" des Auges eine regelmäßige und charakteristische Abweichung vom Parallelismus zur objektiven Medianebene des Kopfes und von der Waagerechten bei Mittelstellung des Kopfes — ebenso wie von der kinematisch ausgezeichneten Primärstellung (vgl. S. 1032).

Das scheinbare Stirngleich oder die subjektive Frontalebene (bzw. das objektive Äquivalent: die beiden Stirnhauptflächen) ist nur im indirekten Sehen und unokular bestimmbar. Es ergibt sich dabei eine charakteristische, beiderseits zumeist wohl verschiedene Abweichung — und zwar für Fernesehen nach vorne von der objektiven Frontalebene, welche, wie gesagt, durch die beiden Dreh- oder Knotenpunkte bzw. die Basalstrecke senkrecht zur primären Blickebene gelegt gedacht sei. Bei Näherungsinnervation rückt das scheinbare Stirngleich deutlich nach hinten; es nimmt also die zunächst nach vorne gerichtete

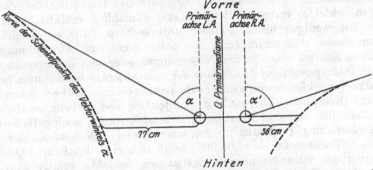

Abb. 298. Einstellung auf scheinbar Stirngleich (*S. St. G.*) für einen normal Binokularsehenden bei Primärstellung der Augen. (Nach M. H. FISCHER.)

Divergenz der beiden unokularen Stirnhauptflächen mehr und mehr zu, bis für eine je nach dem Auge bestimmte Distanz (z. B. 36 cm bzw. 3,77 D Akk. R.A., 77 cm bzw. 0,13 D Akk. L.A. bei M. H. FISCHER) Angleichung von subjektiver und objektiver Lage und darüber hinaus nach hinten gerichtete Divergenz auftritt (vgl. Abb. 298). Nebenbei sei daran erinnert, daß das Kriterium einer scheinbaren zur subjektiven Frontalebene parallelen Ebene zur empirischen Bestimmung des Längshoropters bzw. der korrespondierenden Netzhautstellen verwendet wird (vgl. S. 895).

Eine Bestimmung der objektiv-räumlichen Äquivalenzlinien für die egozentrischen Sehrichtungen bzw. eine Charakterisierung der letzteren durch kinästhetische Leistungen der einen verdeckten Hand oder beider Hände[1] bedeutet naturgemäß eine recht komplizierte und unsichere Prüfung. Eine solche

---

[1] SCHÖN, W.: Graefes Arch. 22 (4), 31 (1876). — STERNECK, R. v.: Z. Psychol. 55, 300 (1910). — KÖLLNER, H.: Ber. dtsch. ophthalm. Ges. 42, 142 (1920) — Pflügers Arch. 184, 134 (1920); 197, 518 (1923) — Arch. Augenheilk. 88, 117 (1921); 89, 67 u. 121 (1921). — LOHMANN, W.: Ebenda 89, 35 (1921); 90, 235 (1922). — WEINBERG, E.: Pflügers Arch. 198, 421 (1923). — ROELOFS, O. (u. A. J. DE FAUVAGE-BRUYEL): Graefes Arch. 113, 239 (1924) — Arch. Augenheilk. 95, 111 (1924). — SHEARD, CH. (für Koinzidenz des Zentrums der Äquivalenzlinien in 95% mit einem der beiden Augen): Optician 65, 34 (1923). — HOFMANN, F. B.: 1920—1925, 391 — Graefes Arch. 116, 135 (1925). — FUNAISHI, SH. (unter F. B. HOFMANN): Ebenda 116, 126 (1925) — Arch. of Ophthalm. 56, 328 (1926). — HILLEMANNS, M. (mit Angabe von Prävalenz des für die Nähe sehtüchtigeren Auges in klinischen Fällen): Klin. Mbl. Augenheilk. 78, 737; 79, 17 (1927).

ergab für den einen Beobachter (Köllner) Konvergenz der mittleren Äquivalenzlinien nicht nach einem Punkte etwa in der Nasenwurzel, sondern nach einer
dahintergelegenen Gegend, während die noch weniger genau bestimmbaren
seitlichen Linien davon mehr weniger abwichen, also nicht nach einem einheitlichen Zentrum hin liefen und zunehmend nach dem Auge der gleichen
Seite hin tendierten. Der andere Untersucher (Hofmann) fand — und zwar
in einem Gebiete von ±30° — Konvergenz der Äquivalenzlinien nach einem
kleinen Zentrumgebiet, welches sowohl bei binokularer wie unokularer Beobachtung etwas rechts von der objektiven Medianebene und meist etwas hinten
und unten von der Basalstrecke der Augen gelegen war. Die Konvergenz nach
einem einheitlichen, relativ hinten gelegenen Zentrumsgebiet, wurde mehrfach
bestätigt (Roelofs und de Fauvage-Bruyel). Bei Bezeichnung der Richtung
durch die gesehene — nicht wie zuvor verdeckte — Hand wurde die Gegend des
Kopfdrehgelenkes bzw. das Drehzentrum für die Seitenwendung des Gesichtes
als Konvergenzpunkt bestimmt (Funaishi — vgl. bereits Claparède). Für
das Säuglingsalter wird (von *Engelking*[1]) eine anfängliche Beschränktheit des
Sehrichtungsbüschels in Gestalt eines röhrenförmigen Gesichtsfeldes oder besser
eines engen Sehfeldes vertreten, das sich erst allmählich entfalte. — Aus dem
Verhalten der wenigen bisher genauer untersuchten Fälle ist jedenfalls der
Schluß zu ziehen, daß schon beim Normalen erhebliche Abweichungen vom
Heringschen Schema eines in der Nasenwurzel gelegenen Zyklopenauges, also
unleugbare *Diskrepanzen auf dem Gebiete der egozentrischen Lokalisation* bestehen.

Wohl noch merklicher sind solche *Diskrepanzen bei Schielenden*[2]. Schon bei bloß
temporärem Divergentschielen rückt die subjektive Medianebene im allgemeinen
nach der Seite des weiter in Fixation beharrenden Auges, noch gefördert durch
Näherungseinstellung (v. Kries[3]). An alternierend Schielenden (der dritten
Gruppe nach Tschermak — s. S. 963) zeigt sich eine deutliche, zahlenmäßig
charakterisierbare Scheinverlagerung des ganzen Sehfeldes relativ zum „Fühlbilde des eigenen Kopfes beim Wechsel von Rechts- und Linksfixation, also ein
Besitz von zweierlei subjektiver Medianebene. Ebenso beeinflußt jede Veränderung der Abbildungsverhältnisse (diffuse Mitreizung oder vollständiger Lichtabschluß des schielenden Auges, statt Freibleiben desselben) die subjektive Mediane, und zwar im Sinne von stärkerer Abweichung nach derselben Richtung.
Wenn auch die Verschiedenheit des Geradevorne bei Rechts- und Linksfixation auf
eine Ungleichwertigkeit beider Augen hinweist, so zeigt sich das schielende Auge
doch nicht als einflußlos; Schielen bedeutet auch bezüglich der egozentrischen Lokalisation nicht einfach funktionelle Einäugigkeit! — Die Diskrepanz bezüglich der
Medianebene kann beim Fernesehen entweder im Sinne von Divergenz (etwa 50′
mit geringer Rechtswendung von etwa 46′ im Falle Tschermak) oder von Über-
kreuzung (5½° Konvergenz im Fall Krause) der beiden Einstellungen des schein-

---

[1] Engelking, E. [Klin. Mbl. Augenheilk. **77**, 315 (1926)] stützt sich bei dieser These
speziell darauf, daß ein Säugling zunächst exzentrisch eingebrachte Objekte nicht beachtet,
hingegen zentral eingebrachte bei Bewegung verfolgt.

[2] Tschermak, A.: Graefes Arch. **57**, 1 (1902). — Über das Verhalten der egozentrischen
Lokalisation bei Augenmuskellähmungen — nach dem Ausfall des Tastversuches — vgl.
M. Sachs: Graefes Arch. **44**, 320 (1897) — Arch. Augenheilk. **37**, 9 (1898) — Zbl. Physiol. **18**, 161
(1904). — Bielschowsky, A.: Ber. dtsch. ophthalm. Ges., 33. Vers., S. 226 (1906). — Ruben, L.:
Berl. klin. Wschr. **1913**, 706 — Graefes Arch. **85**, 43 (1913). — Eine Verlagerung der optischen
Mediane bei Hemianopikern nach der Seite der erhaltenen Gesichtsfeldhälfte hin konstatierten
F. Best [Neur. Zbl. **39**, 290 (1920)] und W. Fuchs [Z. Psychol. **84**, 67 (1920) — Psychol.
Forschg **1**, 157 (1921)]. Vgl. auch die Erscheinungen von Störungen der egozentrischen
Lokalisation (Dysmorphopsien) bei Hirnverletzten nach A. Gelb [Psychol. Forschg **4**, 38
(1923)] und W. Comberg [Graefes Arch. **115**, 349 (1925)].

[3] Kries, J. v.: Graefes Arch. **29** (4), 117 (1878).

baren Geradevorne gelegen sein; bei Näherungseinstellung der Augen rücken die Einstellungen jedenfalls näher aneinander, so daß sie in einem bestimmten Beobachtungsabstand (z. B. noch unter 10 cm bei TSCHERMAK, in 34 cm bei KRAUSE) miteinander bzw. mit der objektiven Medianebene zusammenfallen können[1]. Auch die willkürliche Verteilung der Aufmerksamkeit auf beide Augen, speziell ihre Konzentrierung auf die fovealen Eindrücke des schielenden, bedingt eine Verlagerung der scheinbaren Medianebene. (Es besteht die Möglichkeit, daß in dem einen Falle die Eindrücke des führenden Auges egozentrisch „richtig", jene des schielenden Auges „falsch" lokalisiert werden, in dem anderen Falle hingegen das umgekehrte Verhalten besteht; das schielende, speziell gelähmte Auge kann sehr wohl das sensorisch führende sein [BIELSCHOWSKY].) Die Bestimmung der scheinbaren Medianebene bei festgehaltenem Blick, also im indirekten Sehen scheint keinen sonderlichen Unterschied gegenüber der Bestimmung mittels Fixation des wandernden Prüfobjektes zu ergeben. Ein einfacher Zusammenhang von egozentrischer Lokalisationsweise und Schielstellung oder Form der anomalen Sehrichtungsgemeinschaft der Netzhäute hat sich nicht nachweisen lassen; der Sinn und die zeitliche Variation der Schielstellung sowie des anomalen sensorischen Zusammenarbeitens ist an sich ohne Einfluß auf die subjektive Mediane. Die Einstellung des scheinbaren Geradevorne zeigt, abgesehen von Oszillationen von Versuch zu Versuch, im Verlaufe längerer Zeitabschnitte auch endogene Variationen der Größenordnung — ähnlich wie die anomale Sehrichtungsgemeinschaft und wie die Schielstellung.

Auch bezüglich des scheinbaren Gleichhoch kann bei alterierend Schielenden eine deutliche Differenz zwischen Rechtsfixation und Linksfixation sowie zwischen Alleinbeobachtung mit dem rechten und mit dem linken Auge bestehen: bei Wechsel der Betrachtungsweise zeigt das gesamte Sehfeld eine entsprechende Scheinverlagerung.

Nicht unerwähnt bleibe, daß die Anomalie in der relativen Lokalisation der Eindrücke beider Augen (bei Schielenden der zweiten und dritten Gruppe) darauf bezogen werden könnte, daß bei gewissen Schielenden sozusagen eine sensorische Dissoziierung eingetreten sei. Dementsprechend würden die Eindrücke jedes einzelnen Auges gesondert eine charakteristisch verschiedene egozentrische Lokalisation erfahren (v. KRIES, HERING, GAUDENZI[2]). Da aber auch in solchen Fällen ein binokularer Wettstreit und eine zweiäugige Mischung sowie ein binokularer Kontrast vorkommt, zudem die Abbildungsverhältnisse im Schielauge von Einfluß sind auf die relative Lokalisationsweise beider Sehfelder und auf die egozentrische Lokalisation wie auch auf die Schielstellung, da endlich die relative Lokalisationsanomalie und die egozentrische (bei Schielenden der dritten Gruppe) nicht notwendig parallel gehen, erscheint es zweckmäßig (mit TSCHERMAK), nicht einen bloß abnormen Sehrichtungs*parallelismus*, speziell zwischen der Hauptrichtung des dem führenden Auge zugehörigen Sehrichtungsbüschels und einer Nebensehrichtung des dem schielenden Auge zugehörigen Büschels oder eine abnorme Sehrichtungs*gleichheit* zwischen gesondert (evtl. gar nur abwechselnd — vgl. oben S. 961) lokalisierenden Einzelaugen anzunehmen (HERING), sondern ein wahres abnormes Zusammenarbeiten, eine wahre anomale Sehrichtungs*gemeinschaft* bei Schielenden zu statuieren und diese mit der normalen Korrespondenz in Vergleich zu setzen (vgl. S. 962, 997).

---

[1] Darauf mag es zu beziehen sein, daß E. HERING sowie A. BIELSCHOWSKY an ihren Beobachtungsfällen keine wesentliche Abweichung der subjektiven Mediane von der objektiven bei Rechts- wie Linksfixation fanden. Vgl. auch J. OHM: Graefes Arch. **66**, 120 (1907).

[2] KRIES, J. v.: Graefes Arch. **24** (4), 117 (1878). — HERING, E.: Dtsch. Arch. klin. Med. **64**, 15 (1899). — GAUDENZI, C.: Giorn. R. Accad. Med. Torino (5) **3**, 288 (1897).

Neben der Lokalisation des Sehrichtungszentrums im Kopfe des Beobachters bildet die *egozentrische Tiefen- oder Abstandslokalisation*, d. h. die subjektive Bewertung der absoluten Entfernung der Sehdinge — speziell des Hauptgegenstandes der Aufmerksamkeit, des Blickpunktes oder besser des Kernpunktes — vom Beobachter, genauer gesagt, von jenem Zentrum, eine wesentliche Leistung der egozentrischen Lokalisation. Die relative Tiefenanordnung der Sehdinge zueinander, die „Sehtiefe" im Gegensatze zu der eben erörterten Abstandslokalisation oder „*Sehferne*"[1], fanden wir der Ordnung nach von der funktionellen Querdisparation der zugehörigen Paare von Netzhautstellen abhängig, der Größe nach durch den jeweiligen subjektiven Tiefenmaßstab bestimmt. — Auch für die Bewertung des subjektiven Abstandes der Eindrücke vom Beobachter fehlt wieder eine subjektive Einheit. Der Vergleich von *sukzessiv* dargebotenen Abständen sagt, primär-empfindungsanalytisch genommen, nur aus, daß der eine Abstand um ein geringes, mäßiges oder bedeutendes, eventuell ganz beiläufig um ein Xfaches größer oder kleiner erscheint gegenüber dem anderen. Ein Vergleich *gleichzeitig* dargebotener Tiefenstrecken wird bereits durch die Stereoskopie geleistet. — Eine Verknüpfung des subjektiven Entfernungseindruckes mit einer bekannten Zahl objektiver Einheiten, also die Entfernungsschätzung in Metern, welche mit verschiedener subjektiver Bestimmtheit, mit verschiedener Sicherheit (Schwankungsbreite) und mit verschiedener Richtigkeit erfolgt, ist erst eine sekundäre Leistung, an der eine ganze Reihe psychologischer Faktoren, speziell Gedächtniseindrücke, beteiligt sind.

Die Bewertung des absoluten Beobachtungsabstandes zeigt gewisse Verschiedenheiten im Hellen und im Dunkeln, speziell wenn dasselbe Fixationsobjekt im ersteren Falle dunkel auf hellem, im letzteren Falle hell auf dunklem Grunde erscheint; unter gewöhnlichen Verhältnissen bedeutet zudem Hellbeobachtung gleichzeitige Darbietung einer größeren Zahl von Objekten, darunter auch des Eindruckes von Teilen des eigenen Körpers — einschließlich der anatomischen Umgrenzungen des Gesichtsfeldes, speziell des Nasenschattens, Dunkelbeobachtung hingegen Einschränkung auf ein Beobachtungsobjekt oder nur wenige solche.

Die „Sehferne" zeigt bei binokularer Beobachtung — wenigstens unter gewöhnlichen Bedingungen — eine charakteristische Abhängigkeit von dem Grade der Naheeinstellung des Doppelauges. In erster Linie oder gar ausschließlich kommt dabei der Konvergenzgrad, nicht die Pupillenverengerung und Akkommodation in Betracht[2]. Den Beweis hiefür liefern die paradoxen Abstandseindrücke, welcher der normal binokular Sehende bei Disharmonie von Konvergenzgrad und Beobachtungsabstand erhält. Ein solcher Erfolg wird erreicht, wenn man die Eindrücke identischer Objekte zur binokularen Verschmelzung bringt; dazu eignen sich besonders Zeichnungen oder Strukturen, deren Elemente sich regelmäßig wiederholen — wie Tapeten, Fließen, Netze, Gitter —, weshalb man kurz von dem *Phänomen der Tapetenbilder*[3] spricht. Wird

---

[1] Bezeichnungen nach F. B. Hofmann: **1920—1925**, 469.
[2] Vgl. dazu u. a. F. H. Verhoeff: Amer. J. physiol. Opt. **6**, 416 (1925).
[3] Meyer, H.: Arch. physiol. Heilk. **1**, 316 (1842). — Conte, J. le: Amer. J. med. Sci. **34**, 97 (1887). — Zehender, W. v.: Ber. 50. naturf. Vers., München 1877, 333. — Trappe: Pogg. Ann., N. F. **2**, 141 (1877). — Fuchs, B.: Z. Psychol. **32**, 81 (1903). — Weinhold, M.: Graefes Arch. **59**, 459 (1904). — Kahn, R. H.: Lotos **56**, 4 (1906) — Arch. (Anat. u.) Physiol. **1907**, 56. — Berger, E.: Z. Sinnesphysiol. **44**, 5 (1910). — Hofmann, F. B.: **1920—1925**, 515 (mit der Angabe von Unbestimmtwerden der Tiefenlokalisation des Sammelbildes bei Ausschluß der Sichtbarkeit von Teilen des eigenen Körpers, beispielsweise Beobachtung durch zwei Röhren). Vgl. auch H. Rollets Beobachtungen über das Streifenphänomen [Z. Sinnesphysiol. **46**, 198 (1912).

die Deckung der Bildelemente bei einem im Vergleich zum Beobachtungsabstand zu schwachen Konvergenzgrade zustande gebracht, so erscheint das Muster — trotz besseren Wissens ganz eindringlich — ferner und gröber bzw. in größerem Maßstab als bei ungezwungener Betrachtungsweise; bei Überkonvergenz resultiert hinwiederum der zwingende Eindruck von übergroßer Nähe, verbunden mit dem relativer Feinheit bzw. kleineren Maßstabes[1]. Das „Scheinding", welches aus binokularer Verschmelzung zwar geometrisch identischer, jedoch nicht-zusammengehöriger Halbbilder hervorgeht, wird je nach dem Grade der Abweichung von der natürlichen Augenstellung in einen ganz verschiedenen Abstand lokalisiert und erscheint dementsprechend in vergrößertem oder verkleinertem Maßstabe, wodurch interessante Orientierungsstörungen hervorgerufen werden[2]. Besonders eindringlich sind dieselben (evtl. kombiniert mit Scheinbewegung[3]), wenn man die Blicklinien durch Fixieren eines in der Hand gehaltenen, evtl. hin und her bewegten Drahtgitters festhält und durch dessen Maschen hindurch das Muster von Bodenfliesen betrachtet (KAHN). Das Sammelbild des Fliesenmusters erscheint dabei etwa in der Sehferne der Hand.

Aus diesem Verhalten ist zu schließen, daß beim binokularen Sehen aller Wahrscheinlichkeit nach der Konvergenzgrad, der selbst wieder von der vorgestellten Entfernung beeinflußt wird, maßgebenden Einfluß auf die Sehferne besitzt — im Gegensatze zum unokularen Sehen, bei welchem sich die Naheeinstellung des Auges ohne direkte Bedeutung für die Abstandslokalisation erwiesen hat (vgl. S. 948). Darauf ist die mehrfach (zuerst von ZEHENDER) gemachte Angabe zu beziehen, daß bei Konvergenz der Blicklinien dasselbe Objekt bei unokularem und bei binokularem Sehen verschieden groß erscheine, und zwar ersterenfalls kleiner — eine Folge stärkerer Konvergenzanstrengung bei einäugigem Sehen (POLLIOT[4]); ebenso die oben (S. 884) erwähnte Tatsache, daß mit zunehmender Konvergenz eine Verkleinerung, mit abnehmender eine Vergrößerung der Sehdinge einhergeht.

Bezüglich der *Grundlage der egozentrischen Lokalisation* muß zunächst, ähnlich wie dies oben (S. 872) bezüglich der absoluten Lokalisation geschehen, daran erinnert werden, daß dieselben durchaus nicht allein in irgendwelchen sensorischen oder motorischen Anteilen des optischen Apparates gegeben ist. Vielmehr enthält bereits die dauernde Vorstellung vom eigenen Körper, das

---

[1] Analogerweise zeugt die zweiäugige Betrachtung eines nahen Objektes (in 35 cm) durch ein Paar gegeneinander gedrehter planparalleler Platten (21,5 mm) unter spitzem Winkel gegen den Beobachter zu, also unter Abschwächung der Konvergenz den Eindruck von Fernerung des Gegenstandes; umgekehrt ruft die Betrachtung durch ein Plattenpaar unter spitzem Winkel gegen das Objekt zu, also unter Verstärkung der Konvergenz den Eindruck von Näherung des Gegenstandes hervor [*Rolletscher Plattenversuch* — A. ROLLET, Sitzgsber. Akad. Wiss. Wien, Math. naturwiss. Kl. 42, 488 (1860); W. NEUHAUS, J. D. Marburg 1925; K. WARNECKE, Z. Psychol. 108, 17 (1928)].

[2] Hier sei auch daran erinnert, daß bei künstlicher Vergrößerung des Augenabstandes ein hinter einfacher Proportionalität zurückbleibendes Kleiner- und Nähererscheinen von Objekten eintritt zugleich mit Verzerrung nach der Tiefe [GRÜTZNER, P.: Pflügers Arch. 90, 525 (1902). — ERGGELET, H.: Verh. dtsch. ophthalm. Ges., Wien 1921, 317 — vgl. oben S. 884, Anm. 4]. — Ebenso sei die Angabe von F. P. BORELLO [Ann. Oftalm. 53, 130 (1925)] verzeichnet, daß einäugige Betrachtung durch ein adduzierendes Prisma Objekte verkleinert, durch ein abduzierendes Prisma vergrößert erscheinen lasse. — Über pathologische Störungen der Sehferne vgl. A. PICK: Beitr. Path. u. path. Anat. 1898, 185. — ANTON, G.: Wien. klin. Wschr. 12, 1193 (1899). — HARTMANN, FR.: Die Orientierung. Leipzig 1902. — VALKENBURG, C. T. VAN: Dtsch. Arch. Nervenheilk. 34, 322 (1908); 35, 472 (1908). — Vgl. auch das oben S. 885 über sog. Porrhopsie Bemerkte.

[3] KAHN, R. H.: Arch. f. (Anat. u.) Physiol. 1907, 56. — BEST, F.: Klin. Mbl. Augenheilk. 1903 I, 449. — HOFMANN, F. B.: 1920—1925, 550.

[4] HOFMANN, F. B.: 1920—1925, 512. — BARD, L.: Arch. d'Ophtalm. 38, 513 (1921). — POLLIOT, H.: Ebenda 43, 415 (1926); vgl. auch 38, 98 u. 547 (1921).

sog. Fühlbild des Körpers bzw. des Kopfes die Elemente: Gerade vorne, Gleich-hoch, Stirngleich, Kopffußwärts. Es bedarf hiezu nicht erst einer Intervention des Sehens und Blickens, wie Erfahrungen bei Schluß der Augen sowie an Blind-geborenen lehren — ähnlich wie die Elemente unserer Vorstellung vom Außen-raum: Vertikal, Horizontal und Verhältnis beider zur Körperrichtung auch *ohne* Labyrinth gegeben sind. Beiderlei Elemente können ja auch bei geschlos-senen Augen unter Benutzung der Hand „aufgezeigt" werden; es sind eben bestimmte Haltungen oder Bewegungen der Glieder bzw. bestimmte haptokin-ästhetische Eindrücke durch Verknüpfung mit den bezeichneten Vorstellungs-elementen ausgezeichnet. Analoges gilt von Eindrücken des optischen Apparates: auch hier erweisen sich bestimmte solche durch Verknüpfung mit den ego-zentrischen Elementen ausgezeichnet, ohne dieses selbst erst zu schaffen. Lassen wir den Blick zugleich mit dem Testobjekt wandern, so erweist sich der bei Er-reichen einer bestimmten Augenstellung erhaltene, optisch die Fovea betreffende Eindruck als „ausgezeichnet" durch Verknüpfung mit der Empfindung Gerade-vorne oder Gleichhoch; wird hingegen der Blick von vornherein in einer be-stimmten Lage festgehalten, so haftet die Auszeichnung — beispielsweise durch die Empfindung „Stirngleich" — an einem optisch extrafovealen Eindruck. Die Verknüpfung ist im ersteren Falle eine einfache, im letzteren eine komplexe.

Der Charakter der mit den Elementen der egozentrischen Lokalisation verknüpften Eindrücke des optischen Apparates kann entweder im motorischen oder im optischen Anteil des Sehorgans oder auch in beiden zugleich gesucht werden. Am ältesten ist wohl die Theorie primärer Innervationsempfindungen, sei es in der Form, daß das Ausmaß des erteilten und festgehaltenen efferenten Innervationsimpulses direkt bewußt werde, oder daß das Ausmaß der irgend-einer subcorticalen Station erteilten efferenten Erregung zentralwärts rück-wirkend zu einem bewußten Effekte führe. Allerdings fehlt meines Erachtens jeder Beweis für eine solche Annahme. Andererseits wurde eine afferente sen-sible Funktion der Augenmuskeln selbst vertreten in Form eines Stellungs-bewußtseins des Auges, d. h. einer direkten Wahrnehmung der jeweiligen Augen-stellung bzw. des Kontraktionszustandes der einzelnen Augenmuskeln. Speziell wurde eine solche Funktion den R. mediales als Vermittlern von Konvergenz und dem M. ciliaris als Vermittler der Akkommodation zugeschrieben (so speziell von Wundt, Arrer[1] u. a.). Endlich wurde eine lokalisatorische Verwertung von Spannungsempfindungen der Augenlider vertreten (Bourdon[2]). Doch gibt die Empfindungsanalyse keinerlei Unterlage für solche Hypothesen, indem wir weder von der Lage und dem Spannungsgrade unserer Augenmuskeln noch von der tatsächlichen Augenstellung an sich eine nur halbwegs sichere Kenntnis erhalten. Bei Fehlen orientierender Gesichtsempfindungen kommen die gröbsten Täuschungen in der Beurteilung der Augenstellung vor, wie Erfahrungen an Normalen wie an Blinden lehren[3]. So beträgt auch die Genauigkeit der Bei-behaltung einer gegebenen Augenstellung im Dunkeln nur $1/2$—$1°$[4]. Dem-entsprechend müssen auch alle Erklärungen, welche das Augenmaß auf Schätzung der Innervationsstärke der Augenmuskeln zurückführen wollen, als hinfällig

[1] Wundt, W.: Henle-Pfeifers Z. rat. Med., 3. R., **17**, 321 (1859). — Arrer, M.: Wundts Philos. Stud. **13**, 116 (1897). — Baird, J. W.: Amer. J. Psychol. **14**, 150 (1903). — Lentz, A. (Annahme von Bewertung des Bewegungsausmaßes, nicht der Zeitdauer): Arch. f. Psychol. **48**, 423 (1924).

[2] Bourdon, B.: **1902**, spez. 183, 340; demgegenüber F. B. Hofmann: **1920—1925**, 365ff.

[3] Raehlmann, E. u. L. Witkowski: Arch. (Anat. u.) Physiol. **1877**, 454. — Grün-baum, A.: Arch. néerl. physiol. **4**, 216 (1920).

[4] Marx, E.: Z. Sinnesphysiol. **47**, 79 (1913).

bezeichnet werden[1]. — Andere Autoren stellten hinwiederum jede wesentliche Einflußnahme der Augenmuskeln auf die Lokalisation der Hauptebenen in Abrede und lassen für letztere nur optische Momente gelten. So wurden die Lokalisation der Mediane rein auf die Abbildungsverhältnisse (SACHS und WLASSAK[2]), die Bewertung der absoluten Entfernung auf den jeweiligen (subjektiven) Breitenabstand der gekreuzten Doppelbilder sichtbarer Teile des eigenen Körpers bezogen (HILLEBRAND[3]). Dagegen ist anzuführen, daß die Lokalisation der Hauptebenen eine scharfe und eindringliche ist, während die Sichtbarkeit von Teilen des eigenen Körpers, speziell der Gesichtsfeldgrenzen (Nasenschatten, Lage des binokularen Anteiles zu den unokularen Anteilen), nur im Hellen besteht[4] und im allgemeinen weder scharf noch eindringlich ist (abgesehen von Seitenlage des Blickes); die egozentrische Lokalisation behält — wenn auch unter Vergrößerung der Schwankungsbreite — diesen Charakter bei Unsichtbarwerden solcher Grenzen im Dunkeln, und zwar nicht bloß zu Anfang, wo noch die Eindrücke von der Hellbeobachtung her nachwirken könnten, sondern dauernd.

Neben den Hypothesen vom Stellungsbewußtsein und von der rein optischen Begründung der egozentrischen Lokalisation sei als dritte Erklärungsmöglichkeit die *Theorie einer indirekt-sensorischen Funktion der Augenmuskeln* (TSCHERMAK[5]) angeführt. Dieselbe nimmt eine durch myogene Dauerspannung bzw. durch Dauerkontraktion, nicht aber durch passive Dehnung beanspruchte afferente Innervation (vgl. S. 1060) bzw. einen sog. Kraftsinn der Augenmuskeln an, wobei jedoch nicht ein Spannungseindruck der einzelnen Muskeln oder die Augenstellung als solche bewußt wird; vielmehr sei mit einer gewissen komplizierten Kontraktionsverteilung oder einem bestimmten Spannungsbilde (dem sog. Fundamentalspannungsbild) am okulomotorischen Apparate, also mit einem Komplex

---

[1] Speziell betont von F. B. HOFMANN: **1920—1925**, 87ff., 365ff.

[2] SACHS, M. u. R. WLASSAK, Z. Psychol. u. Physiol. **22**, 32 (1899).

[3] Vgl. speziell die Beobachtungen und Argumente von F. HILLEBRAND: Z. Psychol. **7**, 97; **16**, 71 (1898), sowie **104**, 129 (1927). — Denkschr. Akad. Wiss. Wien, Math.-naturwiss. Kl. **72**, 271 (1902) — Lehre von den Ges. Empf. Wien 1929, spez. S. 143ff.

[4] Über Unbestimmtwerden der Abstandslokalisation bei Vorsetzen von Röhren vor beide Augen vgl. F. HILLEBRAND Anm. 3, auch E. R. JAENSCH [Z. Psychol., Erg.-Bd. **6**, spez. 351 (1911)], F. B. HOFMANN (**1920—1925**, 469, 515). Letzterer nimmt an, daß durch Wandern des Blickes von der Nahebetrachtung von Teilen des eigenen Körpers und seiner nächsten Umgebung nach der Ferne die wachsende Querdisparation dieser Eindrücke eine wesentliche Rolle spielt für die Bewertung des absoluten Tiefenabstandes.

[5] TSCHERMAK, A.: Graefes Arch. **55** (1), 1, spez. 42ff. (1902) — Nagels Handb. d. Physiol. **4** (1), spez. 60 (1905). Ausführliche Darstellung bei M. H. FISCHER (unter A. TSCHERMAK): Pflügers Arch. **188**, 161, spez. 222ff. (1921); G. SCHUBERT (unter A. TSCHERMAK): Pflügers Arch. **222**, 460 (1929). Vgl. dazu die Kritik seitens F. HILLEBRAND: Jb. Psychiatr. **40**, 213 (1920), sowie die Stellungnahme von F. B. HOFMANN: **1920—1925**, 366ff., ferner die Annahme eines gewissen Lagegefühles der Augen bei R. DITTLER: Z. Sinnesphysiol. **52**, 274 (1921), sowie bei H. KÖLLNER: Klin. Wschr. **2**, 482 (1923); vgl. auch A. DUANE: Trans. brit. ophthalm. Soc. **45** (2), 497 (1925). G. F. GÖTHLIN [Nova acta reg. soc. sci. Upsala, Erg.-Bd **1** (1927); Hygiea **90**, 257 (1928)] nimmt eine tensorisch-kinästhetische Funktion des okulomotorischen Apparates an — u. zw. der Sehnen, nicht der Muskeln! Vgl. auch die Betrachtungen bei C. O. ROELOFS und W. P. Z. ZEEMAN [Arch. Augenheilk. **98**, 238 (1927)]. Über die Beobachtungen betreffs Abwandern eines Nachbildes im Dunkeln sowie nach Labyrinthreizung vgl. S. 985, Anm. 2. — Der Einfluß, welchen willkürlich durch extreme Blicklagen oder künstlich durch Prismenvorsetzung ausgelöste Dauerspannungen zeigen (M. H. FISCHER und KORNMÜLLER, unter TSCHERMAK), spricht meines Erachtens entschieden zugunsten der myosensorischen Funktion der Augenmuskeln. Vgl. auch die Beobachtung von M. SACHS, daß der durch ein vorgesetztes Prisma beobachtete eigene Finger ebenso falsch lokalisiert wird wie ein äußeres Objekt [Klin. Mbl. Augenheilk. **54**, 693 (1915)]. Auch die Sonderung, welche bei schiefer Betrachtung unter seitlicher Blicklage zwischen dem Kriterium der frontoparallelen Scheinebene und dem Kriterium der binokular-unokularen Sehrichtungsgleichheit eintritt [W. HERZAU (unter A. TSCHERMAK), Graefes Arch. **121**, 756 (1929)], ist wohl auf einen myosensorischen Einfluß der Augenmuskeln zu beziehen (vgl. das S. 907 Ausgeführte).

afferenter Erregungen die gewissermaßen präexistente einfache Empfindung Geradevorne oder Gleichhoch bzw. egozentrischer Nullpunkt oder subjektive Symmetrie verknüpft[1], welcher entsprechend das gesamte Sehfeld eine egozentrische Einstellung erhält. Nach dieser Auffassung werden nicht Augenstellungen oder Blickrichtungen empfunden, sondern zwei Hauptebenen, die subjektive Median- und Horizontalebene. Wesentlich für die subjektive Bestimmtheit wie für die objektive Sicherheit ist die „Betonung" des Spannungsbildes durch den gleichzeitigen Eindruck des dargebotenen Testobjektes. Nachdrücklich sei bemerkt, daß die kurz gekennzeichnete Annahme nur durch längere Zeit festgehaltene, sog. tonische Augenstellungen betrifft, nicht aber die Lokalisation bei bewegtem Blick mit einschließt. Auch wird nicht behauptet, daß die Empfindungen der subjektiven Mediane, Horizontale und Frontalebene selbst myosensorischen Ursprungs seien; vielmehr verknüpfen sich eben bestimmte myosensorische Eindrücke und damit bestimmte Augenstellungen mit jenen Empfindungen. Die egozentrische Lokalisation ist somit nicht myosensorisch begründet oder geschaffen, wird aber auf diesem Wege wesentlich mitbestimmt.

Auch erscheint das Hervortreten jener egozentrischen Verknüpfung an gewisse Bedingungen geknüpft und selbst wieder durch eine Reihe von Faktoren beeinflußt. Rein und unverändert tritt die Verknüpfung einer bestimmten Augenstellung mit dem egozentrischen Nullwert an Breite und Höhe (im direkten Sehen, d. h. für die Hauptschnitte der Netzhaut) hervor bei mittlerer, aufrechter Kopfhaltung und Freigabe des Blickes. Dabei erscheint nicht gerade die „absolute Ruhelage" oder die kinematische Primärstellung (motorische Grundstellung — vgl. S. 1032), sondern eine regelmäßig von diesen beiden verschiedene, ganz bestimmte tonische Gleichgewichtslage, welche vermutlich einem Minimalspannungstonus sämtlicher Augenmuskeln entspricht („Minimalspannungsbild"), durch die seitens des Längs- und des Quermittelschnittes erfolgende Vermittlung der Empfindung Geradevorne, Kopffußwärts (Vertikal) und Gleichhoch ausgezeichnet oder egozentrisch betont. Diese myosensorisch oder egozentrisch ausgezeichnete Grundstellung oder funktionelle „Ruhelage" ist — ungeachtet einer gewissen Gezeitung und Abhängigkeit von gewissen Bedingungen — durch hohe subjektive Bestimmtheit und große objektive Sicherheit ausgezeichnet.

Auf die Beziehung von myosensorischem Spannungsbild und egozentrischer Lokalisation nehmen, wie gesagt, verschiedene Momente Einfluß, welche heute durchaus noch nicht restlos aufgeklärt sind. Einerseits kommt hiebei eine reflektorische Änderung der Augenstellung und damit des peripheren Spannungsbildes selbst in Betracht, andererseits wird die zentrale Verknüpfung der myosensorischen Spannungsbildeindrücke mit den egozentrischen Grundempfindungen beeinflußt, wobei man an eine elektive Veränderung der Wertigkeit oder Valenz der einzelnen Komponenten des zentralen Spannungsbildeindruckes denken mag. Die oszillatorischen Schwankungen der egozentrischen Lokalisation — speziell des Geradevorne und des Gleichhoch — dürften in erster Linie auf entsprechende Schwankung der Valenz zu beziehen sein. (Nebenbei sei bemerkt, daß die umwertende Wirkung, welche das Hinzutreten gewisser Momente [Spannungskomponenten an den Augenmuskeln, Kopfbewegungseffekte] auf die zentralen myosensorischen Valenzen ausübt, wohl am ehesten als Steigerung oder Förderung der einen Valenz und Minderung oder Hemmung der gegensinnigen Valenz aufzufassen ist.) Endlich erscheint auch eine direkte zentrale Einfluß-

---

[1] In analoger Weise nimmt A. Tschermak [Graefes Arch. **55** (1), 1 (1902)] an, daß auch am komplexen motorischen Apparate anderer Gelenke eine bestimmte Spannungsverteilung mit der relativ einfachen Empfindung eines gewissen Beugungs- bzw. Streckungsgrades verknüpft sei.

nahme ohne Beziehung zum Augenmuskelapparat möglich. An beeinflussenden, die egozentrische Lokalisation mitbestimmenden Faktoren kommen in erster Linie optisch-sensorische Momente in Betracht, und zwar die jeweiligen Abbildungs-verhältnisse, d. h. das verschiedene Ausmaß der Beteiligung oder Beeinträchtigung des zweiten Auges am Sehakte; so verändert Einengung von dessen Gesichts-feld, Herabsetzung oder Färbung seiner Belichtung, bloß diffuse Belichtung, Verdeckung die Einstellung auf Geradevorne. Speziell resultiert beim Übergang von zweiäugiger zu einäugiger Betrachtung (infolge Ausscheidens oder Zurück-tretens des Spannungsbildes des zweiten Auges sowie infolge der gewöhnlichen Inkongruenz beider Augenmuskelapparate) eine Veränderung jener Verknüpfung, indem die einzelnen unbewußt bleibenden Komponenten des Gesamtspannungs-bildes eine Veränderung ihrer myosensorischen Valenz erfahren; infolgedessen erscheint nun nicht mehr die ursprüngliche, schematisch als symmetrisch an-genommene Spannungsverteilung oder Grundstellung, sondern eine andere, und zwar asymmetrische Spannungsverteilung oder Augenstellung mit der Emp-findung der subjektiven Mediane oder Horizontalen bzw. der Symmetrie ver-knüpft (vgl. Schema Abb. 299). Umgekehrt entspricht in der Regel die kine-matische Primärstellung nicht der egozentrischen Nullstellung; das Spannungs-bild der ersteren ist asymmetrisch und mit einem asymmetrischen Eindruck verknüpft. — Aber nicht bloß sensorisch-optische Faktoren, sondern auch Ein-drücke anderer Sinnesgebiete nehmen Einfluß auf die egozentrische Lokalisation. So wirkt — abgesehen von Naheinstellung des Auges selbst — Stellungsver-änderung des Kopfes bzw. Beanspruchung der Propriozeptoren der Halswirbel-säule, und zwar Seitenwendung auf das scheinbare Geradevorne, Rückwärts-neigung auf das scheinbare Gleichhoch. Selbst einseitige Hautreize können zu einer Verlagerung der optischen Mediane führen[1]. Von besonderem Interesse ist die Einflußnahme des Labyrinths speziell auf die optische Mediane bzw. auf die Mediane des Fühlbildes überhaupt. Gerade hier kommt wohl in erster Linie eine Wirkung auf die Spannungsverteilung an den Augenmuskeln in Betracht[2]. Nebenbei sei bemerkt, daß ein Einfluß auf die haptische Mediane in Form des absoluten oder besser egozentrischen Zeigeversuches sichergestellt ist (FISCHER und WODAK[3]).

Ähnliches gilt bei exzentrischer Fesselung des Blickes, also Einnehmen einer von der myosensorischen Grundstellung abweichenden Blicklage, wobei die retinalen Hauptschnitte nicht mehr die Empfindung Geradevorne und Gleich-hoch, sondern die Empfindung einer bestimmten egozentrischen Abweichung vermitteln. Es wird nunmehr die myosensorische Empfindungswirkung der dauernd asymmetrischen Spannungsverteilung kompensiert durch einen retino-sensorischen Faktor, nämlich durch die Wahl eines Netzhautnebenschnittes, welcher die Empfindung einer bestimmten relativen Exzentrizität vermittelt. Es heben sich gegenseitig auf die nunmehrige myosensorische absolute Exzentrizi-tät des Hauptschnittes und die retinosensorische relative Exzentrizität eines bestimmten Nebenschnittes, so daß nun der letztere den egozentrischen Null-wert erhält. Ebenso wird die egozentrisch-sensorische Verknüpfung der retinalen Hauptschnitte bei Schielenden beeinflußt durch optische Faktoren, und zwar

---

[1] GOLDSTEIN, K. u. REICHMANN: Arch. f. Psychiatr. **56**, 472 (1916). Der Weg, auf welchem eine Beeinflussung der subjektiven Mediane bei Kleinhirnkranken erfolgen kann (etwa durch Vermittlung abnormer Tonusverteilung, speziell an den Augenmuskeln), bedarf erst der genaueren Feststellung.

[2] Vgl. R. DITTLER: Z. Sinnesphysiol. **52**, 274 (1921). — HOFMANN, F. B.: **1920—1925**, 383ff. — M. H. FISCHER u. KORNMÜLLER (unter A. TSCHERMAK): Verh. dtsch. physiol. Ges. Kiel 1929 (ausführlich noch nicht veröffentlicht).

[3] FISCHER, M. H. u. E. WODAK: Acta oto-laryng. (Stockh.) **10**, 24 (1926).

Objektives Spannungsbild:

Subjektiver Eindruck[1]
(bzw. Valenzverteilung):

a) „Grundstellung"
des Einzelauges.

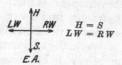

$H = S$
$LW = RW$

E.A.

b) Binokulareinstellung des Doppelauges bei „Grundstellung" des rechten Auges und Fusionszwang des linken Auges (in einem bestimmten Fall von Heterophorie).

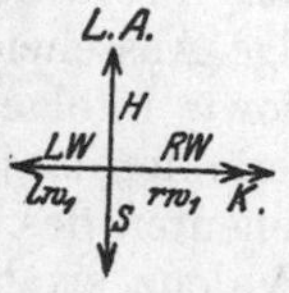

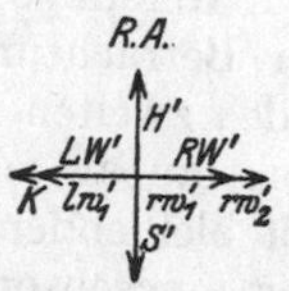

$H > S;\ RW > LW$ $H' = S';\ LW' = RW'$
$H > H';$ $RW > RW'$

genauer genommen:

$RW = rw_1 + K;$ $LW = lw_1;$
$RW' = rw_1' + rw_2';$ $LW' = lw_1' + K;$
wobei $rw_1' = lw_1' = lw_1;$
       $rw_2' = K.$

Objektives Spannungsbild:

Subjektiver Eindruck
(bzw. Valenzverteilung):

c₁) Primärstellung des Einzelauges bei Fernesehen.

L.A.   R.A.

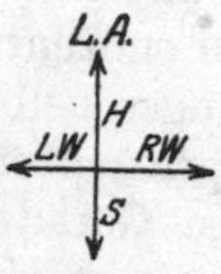

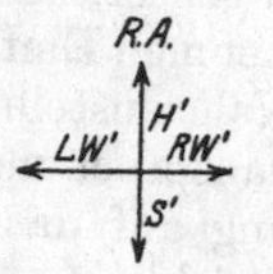

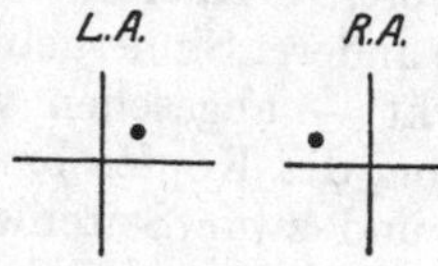

$H > S;\ RW > LW;\ H' > S';\ LW' > RW'$
$H > H';\ RW < LW'$

c₂) Primärstellung des Doppelauges bei Fernesehen

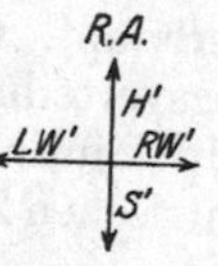

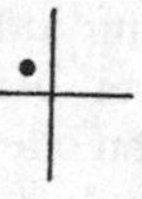

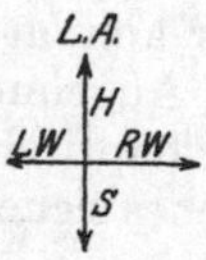

$H > S;\ RW > LW;\ H' > S';\ LW' > RW'$
$H > H';\ RW < LW'.$

Objektives Spannungsbild:

Subjektiver Eindruck
(bzw. Valenzverteilung):

d₁) S.G.V. und S.Gl.H-Einstellung des Doppelauges bei Nahesehen.

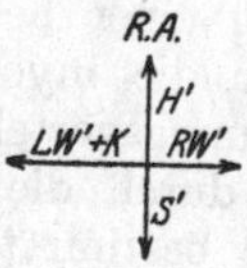

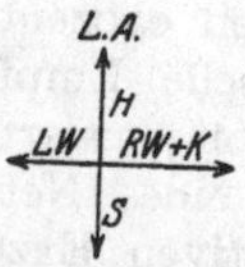

$H > S;\ LW < (RW + K);\ H' > S';\ (LW' + K) > RW';\ H > H'.$
Diesseits 30 cm Beobachtungsdistanz $RW + K$ im Medianeinstellungseffekt gleich $LW' + K$.

d₂) Subjektiver Eindruck des symmetrischen Spannungsbildes bei Nahesehen.

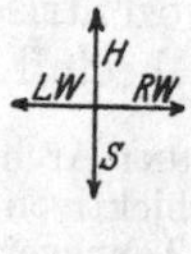

$H = S$
$LW = RW$

Abb. 299 a–d. Vergleich des objektiven Spannungsbildes und des subjektiven Eindruckes bei Grundstellung, Primärstellung, Ferne- und Nahesehen. Nach den Beobachtungen von M. H. Fischer.

---

[1] Kernstelle durch einen schwarzen Punkt bezeichnet, S.Gl.H. und S.G.V. durch Kreuz.

durch die Abbildungsverhältnisse, welche jeweils, speziell für das geführte Auge, gelten. — Die Bestimmung der Stirnhauptfläche bei freigegebenem, bzw. auf das scheinbare Geradevorne und Gleichhoch gerichtetem Blick betrifft jenen Nebenschnitt der Netzhaut, welcher gerade hiebei die Empfindung „scheinbar stirngleich" vermittelt, während dabei die Hauptschnitte des Auges subjektiv-egozentrisch nach Breite und Höhe ausgezeichnet erscheinen. Eine Komplikation durch algebraische Summierung des myosensorischen und des retinosensorischen Faktors ergibt sich dabei wiederum bei gleichzeitiger Fesselung des Blickes an einen exzentrischen Punkt.

Bezüglich der egozentrischen Abstandlokalisation sei es als wahrscheinlich bezeichnet, daß nur bei *binokularem* Sehen die Verknüpfung zwischen einer bestimmten Konvergenzstellung (d. h. einer bestimmten Spannungsverteilung an die Recti mediales) und einer bestimmten Sehferne hervortritt; allerdings erscheint dabei letztere mehr der Ordnung, nicht der absoluten Größe nach festgelegt, auf welche noch andere Faktoren Einfluß nehmen. Abschluß des einen Auges scheint — wenigstens unter gewissen Beobachtungsbedingungen, vielleicht jedoch nicht unter allen — jene Verknüpfung, gleichzeitig mit der relativen Tiefenlokalisation auf Grund der binokularen Parallaxe, geradezu aufzuheben; man könnte dies als Extremfall von Einflußnahme der „Abbildungs-verhältnisse" auffassen.

Gewiß bedarf die TSCHERMAKsche Theorie einer indirekt-sensorischen Funktion der Augenmuskeln als eines wesentlich mitbestimmenden Faktors der egozentrischen Lokalisation noch sehr der Prüfung und des Ausbaues. Immerhin dürfte damit wenigstens eine brauchbare und fruchtbare Arbeitshypothese gewonnen sein.

7. Die Lokalisation bei bewegtem Blick.

Unter den Bedingungen des gewöhnlichen Sehens, speziell bei Haltung der Augen in angenäherter Primärstellung und gelegentlichen Blickwanderungen in angenähert primären Radianten, behalten ruhende Außendinge für den Beobachter sehr angenähert ihre scheinbare Lage bei, obwohl sich die Bilder bei Blickbewegungen auf der Netzhaut verschieben und die Orientierung des Auges in Tertiärstellung eine andere ist als in Primär- oder Sekundärlage. (Im Gegensatze dazu gehen Nachbilder bei jeder willkürlichen Augenbewegung deutlich mit.) Trotzdem bleibt auch die scheinbare Orientierung der Außendinge unverändert — der Eindruck lotrechter Konturen bleibt angenähert vertikal, jener waagerechter Konturen angenähert horizontal, der Eindruck der um bestimmte Winkel geneigten Konturen entsprechend schräg. Dieser Erfolg ist natürlich für unsere praktische Orientierung im Außenraume von fundamentaler Bedeutung, indem wir trotz Blick- und Kopfbewegungen einen sehr angenähert konstanten Eindruck von der räumlichen Anordnung der ruhenden Außendinge erhalten, umgekehrt einen entsprechenden Bewegungseindruck von bewegten Objekten, so daß wir geradezu den Außenraum und seine Veränderungen selbst „wahrzunehmen" glauben. — Ein geringer Unterschied zwischen dem Raumbilde von nahegelegenen Objekten bei ruhendem und bewegtem Blick oder bei verschiedener Augenstellung ist allerdings schon durch die Lagedifferenz von Perspektivitätszentrum sowie von funktionellem Einteilungszentrum und Drehpunkt bedingt (vgl. S. 862). Während der letztere Punkt bei innerhalb gewisser Grenzen wechselnder Augenstellung (und festgehaltenem Kopfe) angenähert fix bleibt (vgl. S. 1003), verändern die beiden ersteren Zentren ihre Lage, so daß eine *Stellungs-parallaxe* („Parallaxe des indirekten Sehens" — nach HELMHOLTZ) resultiert und dadurch im indirekten Sehen ein nahes Objekt merklich werden kann, welches direkt — weil dann verdeckt — unsichtbar ist[1]. Auch daran sei erinnert, daß objektiv gerade Linien, welche bei nicht allzu weiter Erstreckung und bei ruhendem Blick auch subjektiv geradlinig sind, bei Bewegungen des Auges oder des Objekts leicht wellenförmig gebogen erscheinen[2] (Helmholtz, v. Fleischl, Hansen).

Bei Fixerscheinen ruhender Objekte trotz Blickbewegungen muß der an sich zu erwartende Einfluß der Verschiebung der Netzhautbilder und der Änderung der Netzhautorientierung durch Vorgänge besonderer Art sehr angenähert kompensiert werden, so daß die veränderte relative Lage der Sehdinge zum Hauptgegenstande der Aufmerksamkeit bzw. die veränderte Verteilung der Aufmerksamkeit im Sehfelde ohne Einfluß auf die (egozentrische) Lokalisation zum eigenen Körper bleibt. Die Drehung der binokularen Blicklinie erscheint ausgeglichen durch eine Mitdrehung des ganzen Systems der subjektiven Sehrichtungen[3]. Allerdings wirkt schon der geringe Umfang der gewöhnlichen Blickbewegungen dem Merklichwerden von Scheinverschiebungen entgegen: dementsprechend fehlt ein solches unter den Verhältnissen des gewöhnlichen Sehens bei den relativ geringen deduzierbaren Schwankungen des Drehpunktes (vgl. S. 1002ff.) sowie bei Eintreten der oben (S. 949, 981, 1093) behandelten Stellungsparallaxe. Auch erfährt während der Ausführung gewöhnlicher Augenbewegungen die Deutlichkeit der räumlichen Wahrnehmung eine erhebliche Verminderung[4]. Andererseits wird bei genügend langsamer Überführung des Auges in Tertiärstellungen der anpassungsmäßigen Umwertung der absoluten Lokalisation (vgl. unten) Zeit gelassen, sich voll auszuwirken, so daß auch hiebei eine Scheinbewegung nicht merklich wird.

Daß Verschiebung der Netzhautbilder im ruhenden Auge Scheinbewegung erzeugt, lehrt das Verhalten bei Vorschieben eines Prismas oder Meniscus bzw. Linsenrandes oder bei Drehen eines vorgehaltenen, das Licht bestimmter Objekte reflektierenden Spiegels; analoges gilt aber auch bei passivem Bewegen des Auges vor ruhenden Lichtquellen ohne Eingriffe in den Gang des Lichtes, beispielsweise bei Nachaußenziehen des Bulbus am äußeren Augenwinkel, wobei der bisher binokular verschmolzene Eindruck eines Objektes in Doppelbilder zerfällt. Auch die Mitbewegung des Bulbus bei Lidschluß führt zu Scheinbewegung äußerer Eindrücke; eine solche kann auch beim Augenzittern, sog. Nystagmus, hervortreten. Hingegen behält ein zuvor eingeprägtes Nachbild bei passiver Bewegung des Auges wie bei Schütteln des Kopfes oder bei Mitbewegung des Auges bei Lidschluß seine scheinbare Lage im Sehraume und zum Fühlbild des eigenen Körpers bei, während eine willkürliche Blickbewegung das Nachbild mitwandern, die äußeren Eindrücke jedoch ruhen läßt. Auch bei der Stellungsänderung, welche

---

[1] J. B. Listing (Beitrag zur physiologischen Optik, S. 14. Göttingen 1845 — Neuausgabe als Nr 147 von Ostwalds Klassikern. Leipzig 1905) rechnet die Parallaxe zwischen der scheinbaren Lage der Objekte bei direktem und indirektem Sehen in bezug auf Knotenpunkt und Drehpunkt, H. Helmholtz (Physiol. Optik, 1. Aufl., S. 539, 585; 3. Aufl., **3**, 138, 181) in bezug auf das Zentrum der Eintrittspupille bzw. den Kreuzungspunkt der Visierlinien und den Drehpunkt, welchen er als das Perspektivitätszentrum für das Sehen mit bewegtem Blick betrachtet. Vgl. auch M. Girsdansky: Amer. Med. **31**, 109, 608 (1925).

[2] Vgl. Näheres bei F. B. Hofmann: **1920—1925**, 94.

[3] Vgl. dazu F. Hillebrand: Jb. Psychiatr. **40**, 213 (1920) — Z. Psychol. **104**, 129 (1927); **105**, 43 (1927) — Lehre von den Ges. Empf. Wien 1929, spez. 156ff. — Hofmann, F. B.: **1920—1925**, S. 2, 20, 362ff., 543ff. — Hofe, K. v.: Klin. Mbl. Augenheilk. **77**, 410 (1926). — Kaila, E.: Psychol. Forschg **3**, 60 (1923). — Pikler, J.: Arch. Augenheilk. **94**, 104 (1924); vgl. auch Ebenda **89**, 209; **90**, 1 (1922). — Wertheimer, M.: Psychol. Forschg. **3**, 106 (1923). — Leiri, F.: Finska Läk.sällsk. Hdl. **69**, 294 (1927) — Graefes Arch. **119**, 711 (1928). — Roelofs, C. O. u. W. P. C. Zeeman: Arch. Augenheilk. **98**, 238 (1927).

[4] B. Erdmannn u. R. Dodge, Psychol. Untersuchungen über das Lesen. Halle 1896. — H. Öhrwall, Skand. Arch. Physiol. **27**, 65 u. 304, spez. 309 (1912).

das Auge — sich selbst überlassen — ohne bestimmte Fixationsabsicht im Dunkeln erfährt, wandert ein beachtetes foveales Nachbild mit[1]; ebenso dürfte m. E. der Seitenstellung und dem phasischen Abwandern des Nachbildes, wie es nach rotatorischer oder kalorischer Reizung des Labyrinthes zu beobachten ist[2], eine entsprechende Augenbewegung — nämlich die langsame Komponente eines Spätnystagmus — zugrunde liegen, wobei auch die egozentrische Lokalisation auf dem Wege über die Augenmuskeln verändert sein dürfte. In den beiden letztgenannten Fällen wird so lokalisiert wie bei einer willkürlichen Augenbewegung. Es sind demnach nicht bloß eigentlich willkürliche Augenbewegungen, welche innere Eindrücke, speziell ein Nachbild, mitwandern, äußere Eindrücke hingegen ruhen lassen und sonach zu einer lokalisatorischen Umwertung der Eindrücke der einzelnen Netzhautelemente führen, sondern auch gewisse Stellungsänderungen, welche nur vom Willen zugelassen oder nicht willkürlich gebremst werden. Nicht aber gilt solches von rein passiven oder mitinnervatorischen Bewegungen des Auges. Gewiß bedarf die Charakterisierung der Stellungsänderungen, bei welchen das Nachbild mitgenommen wird, hingegen äußere Eindrücke ruhen, also eine Umwertung erfolgt, im Gegensatze zu den Augenbewegungen mit umgekehrtem Verhalten noch der Vertiefung; es könnten auch besondere Umstände einmal in diesem, einmal in jenem Sinne mitentscheiden. Bezüglich des Verhältnisses von Orientierungsänderung und Scheinbewegung sei gleich folgendes bemerkt. Wie später (S. 1011ff.) auseinandergesetzt wird, verharrt nur bei Blickbewegungen in Primärradianten ein und derselbe Netzhautschnitt in der Bahnebene und damit auch das Bild eines Außenobjektes in ebendieser bzw. in demselben Netzhautschnitt; beim Abwandern eines geradlinigen Konturs, z. B. eines Bandstreifens, welcher durch die Primärlage des Blickpunktes geht, ist dementsprechend auch keinerlei Scheinbewegung zu bemerken, obzwar bereits bei einem solchen Übergang zu tertiärer Blicklage bzw. bei sog. LISTINGscher Bewegungsweise eine zwangläufige, unbeabsichtigte, doch streng rationierte Orientierungsänderung der Netzhaut oder Neigung erfolgt. Hingegen tritt eine Scheindrehung oder Scheinkrümmung mit Konkavität nach dem primären Blickpunkt[3] deutlich hervor, wenn wir den Blick — mit

---

[1] Die Richtung des „Abtreibens" des Nachbildes, welches nach Verschwinden wieder geradevorn auftaucht und neuerdings abwandert, wird beeinflußt von der Stellung, welche die Augen in bezug auf den Kopf zu Anfang eingenommen haben [ROELOFS, C. O. u. W. P. C. ZEEMAN: Arch. Augenheilk. **98**, 238 (1927)].

[2] R. DITTLER [Ž. Sinnesphysiol. **52**, 274 (1921); ähnlich auch H. KÖLLNER: Klin. Wschr. **2**, 482 (1923)] beobachtete zunächst, daß ein von einem geradevorn stehenden Objekt gewonnenes Nachbild nach rascher Rotation seitwärts im Sinne der Drehrichtung verlagert erscheint. J. STRÖM [Skand. Arch. Physiol. (Berl. u. Lpz.) **50**, 1 (1927)] und G. F. GÖTHLIN (Nova acta reg. soc. sci. Uppsal., Erg.-Bd. **1927**, 1) konstatierten ein phasisches Verhalten: Das Nachbild wandert nämlich nach beendeter Rotation in der Drehrichtung, pendelt sodann in maximaler Abweichung, und zwar mit langsamer Phase peripherwärts, rascher zentralwärts, verschwindet endlich, um nahe der Mediane wieder aufzutauchen und von neuem zu wandern (so wenigstens bei Typ 1); kurz, das Nachbild zeigt einen entoptischen Nystagmus und verhält sich wie ein entoptisches Gegenstück zu nystaktischen Augenbewegungen. Zur Erklärung nimmt DITTLER eine indirekte, labyrinthogene Beeinflussung des „Lagegefühles" der Augen an, GÖTHLIN tensorisch-kinästhetische Eindrücke der Sehnen des okulomotorischen Apparates (vgl. oben S. 977, Anm. 5), während K. VOM HOFE [Arch. Augenheilk. **96**, 85 (1925)] eine labyrinthäre Umstimmung der *egozentrischen* Raumwerte der Netzhaut bzw. der optischen Mediane vertritt, und zwar ohne Einflußnahme der nystaktischen Augenbewegungen hierauf. Ebenso führt F. HILLEBRAND [Z. Psychol. **105**, 43, spez. 74 (1927)] die Seitenstellung des Nachbildes auf Verlagerung der subjektiven Mediane bei ruhendem Sehfeld zurück.

[3] Vgl. H. HELMHOLTZ: Physiol. Optik, 1. Aufl., S. 551; 3. Aufl., **3**, 149. — KÜSTER, F.: Graefes Arch. **22** (1), 149 (1876). — HERING, E.: **1879**, 536. — CARR, H.: Psychologic. Rev., Suppl.-Bd **7**, 3 (1906).

geeigneter Geschwindigkeit! (vgl. S. 982, 1013) — längs eines extraprimären Radianten bewegen, beispielsweise die waagerechte Tapetenborte mit stark gehobenem Blick oder die Bodenleiste an der Wand mit stark gesenktem Blick rasch abwandern. Dieses subjektive Verhalten ist ein Anzeichen dafür, daß die Bewegung des Auges hiebei keine radiantentreue war, nicht um eine feste Achse, sondern um instantane, jeweils wechselnde Achsen erfolgte, im speziellen eine sog. physiologische Rollung darstellte, die allerdings schließlich zum gleichen Neigungsbetrag führt, wie die direkte Bewegung aus der Primärlage nach der betreffenden Tertiärlage. Ist einmal die definitive Tertiärstellung erreicht, so erscheint allerdings der extraprimäre Kontur wieder angenähert „richtig" orientiert — also wenn objektiv waagerecht, so wieder horizontal, obwohl er nunmehr infolge der geänderten Orientierung der Netzhaut auf einem anderen Netzhautschnitte — nicht mehr auf dem primären Horizontalmeridian — abgebildet wird (vgl. S. 870, 951, 1027ff.).

Es kann kein Zweifel bestehen, daß es besonderer Kompensationsvorgänge bedarf, durch welche eine Scheinbewegung der Sehdinge während der Ausführung einer relativ raschen Blickbewegung vermieden wird — ebenso eine scheinbare Neigung der Sehdinge bei Orientierungsänderung der Netzhaut, wie sie durch radiantentreue Bewegung um eine feste Achse (entsprechend dem Listingschen Gesetze) zwangläufig erfolgt.

Als Kompensationsvorgang mit dem Ziele subjektiv räumlicher „Stabilisierung" kommt in Betracht (nach Hering[1]) zunächst die Wanderung der Aufmerksamkeit (nicht bloß eine Ausbreitung derselben) von dem bisherigen Hauptgegenstand, auf welchen dementsprechend beide Blicklinien eingestellt sind, und welcher daher die Stelle der größten Deutlichkeit einnimmt, nach einem bisher indirekt gesehenen oder vorgestellten Punkte des Sehfeldes. Die Wanderung der Aufmerksamkeit erfolgt sozusagen unter einer Abschätzung des Abstandes des neuen Zielpunktes vom bisherigen Fixationspunkt, welche in den einzelnen Radianten von verschiedener Genauigkeit ist und die Neigung erkennen läßt, den Abstand der beiden Punkte zu unterschätzen[2]. Die nach Höhe, Breite und Tiefe erfolgende Verlagerung der Aufmerksamkeit geht der Blickbewegung etwas voraus, ja veranlaßt dieselbe erst[3]. Durch die Blickbewegung nach dem neuen Zielpunkte wird eine gleichsinnige Verschiebung seines Netzhautbildes aus der exzentrischen Region nach der Fovea hin bewirkt — eine Verschiebung, welche an sich eine der Blickbewegung gegensinnige Scheinbewegung des Eindruckes, ein scheinbares Entgegenrücken des Zielpunktes zur Folge haben würde. Eine solche Scheinbewegung wird jedoch durch die Wanderung der Aufmerksamkeit kompensiert, so daß trotz der Blickbewegung die egozentrische Lokalisierung der ruhenden Gesichtsobjekte konstant bleibt — beispielsweise das bisher fixierte, etwa geradevorne erscheinende Objekt 1 bei Blickbewegung nach Objekt 2 hin seine scheinbare Lage zum Beobachter beibehält bzw. die bisherige subjektive Mediane weitergilt. Bei Darbietung von drei schwachen Flämmchen im Dunkelzimmer und Fixation des mittleren verschwindet, sobald man die Aufmerksamkeit von diesem zum rechten wandern läßt, das linke: es fällt eben bereits *vor* Eintritt der Blickbewegung ein links

---

[1] Hering, E.: Beitr. 1, 31 (1861) — 1879, 531ff., 547.

[2] Hillebrand, F.: Jb. Psychiatr. 40, 213 (1921) — Z. Psychol. 104, 129 (1927); 105, 43 (1927). Auf Grund stroboskopischer Beobachtungen betrachtet der Autor die Umwertung der retinalen Raumwerte erst dann als ganz vollzogen, wenn die als Zielpunkt dienende Sehfeldstelle auch wirklich das Maximum der Deutlichkeit erreicht hat [Z. Psychol. 89, 209; 90, 1 (1922)].

[3] Hingegen betrachtet A. Grünbaum [Arch. néerl. Physiol. 4, 216 (1920)] die Augenbewegungen als unter Umständen der Richtungsvorstellung vorangehend und damit als für diese maßgebend.

gelegener Anteil des Sehfeldes fort und wächst ein rechts gelegener zu (HILLE-BRAND[1]). Allerdings scheint das Verhalten der Nacherregungs- und Nachbild-eindrücke, welche man beim Übergang des Blickes von einem Objekt zum anderen erhalten kann — nämlich das Herausschießen eines Streifens aus dem ersteren Objekt, evtl. noch eines zweiten solchen aus dem zweiten Objekt, und zwar gegensinnig zur Blickwanderung —, zu dem Schlusse zu nötigen, daß die kompensative Wirkung erst während der Ausführung der Blickbewegung selbst eintritt[2]. Dementsprechend ist bei langsamen willkürlichen Bewegungen eine Umwertung zu konstatieren, nicht aber bei raschen. Es sei nicht geleugnet, daß die kurz charakterisierte Aufmerksamkeitstheorie noch manchem Einwand begegnet und noch nicht erschöpfend ausgebaut ist. Beim Versuche, sie auch auf das Sehen der Tiere anzuwenden, mag sie uns stark anthropozentrisch-psychologisch erscheinen — und doch muß meines Erachtens jede Theorie aus dem Gebiete des optischen Raumsinns dieser Bewährungsprobe unterworfen werden! — Unverkennbaren Schwierigkeiten begegnet überhaupt die spezielle Form der Aufmerksamkeits-theorie, welche die Annahme eines Zusammenhanges der Sehfeldverschiebung mit der Beachtung der Sehfeldgrenzen vertritt (HILLEBRAND — vgl. S. 977). Dieser zufolge bleiben die Sehdinge in Ruhe, wenn die Verschiebung des Sehfeldes der Verschiebung der Qualitäten innerhalb des Sehfeldes genau entspricht.

Jedenfalls wird — durch einen wie immer beschaffenen sensorisch-optischen Kompensationsvorgang — unter den Bedingungen des gewöhnlichen Sehens eine praktisch ausreichende Stabilität der egozentrischen Lokalisation räumlicher Eindrücke erreicht. Man kann — entsprechend der ursprünglichen Fassung der Aufmerksamkeitstheorie seitens HERING — diesbezüglich folgenden Satz formulieren: die Außeneindrücke scheinen auch bei bewegtem Blicke zu ruhen, wenn die vorausgehende Wanderung der Aufmerksamkeit nach dem im in-direkten Sehen gelegenen Zielpunkt nach Höhe, Breite und Tiefe einerseits und die tatsächliche Stellungsänderung der Augen im Sinne von Hebung—Senkung, Seitenwendung, Zunahme oder Abnahme der Konvergenz anderer-seits bezüglich Richtung und Ausmaß einander entsprechen. Wenn hingegen zwischen diesen beiden Momenten, dem retinal-sensorischen und dem oculo-motorischen Faktor, eine merkliche Disharmonie besteht und die Blickbewegung mit einer gewissen höheren Geschwindigkeit geschieht, so kommt es zu einer Scheinbewegung des Zielpunktes mitsamt dem ganzen Sehfelde, also zu einer Störung der egozentrischen Einstellung. Speziell ist eine solche zu beobachten bei Insuffizienz der Blickbewegung[3] infolge von Augenmuskellähmung. So

---

[1] HILLEBRAND, F.: Zitiert auf S. 984.

[2] Vgl. die Zitate und die Erörterung der bezüglichen Angaben von JOH. EV. PURKINJE, E. MACH, TH. LIPPS, C. S. CORNELIUS, O. SCHWARZ, PRANDTL, A. BRÜCKNER, HOLT, H. HAN-SELMANN, E. KAILA bei F. B. HOFMANN: 1920—1925, 370ff., 566ff.; s. auch J. PIKLER: Arch. Augenheilk. 94, 104 (1924). — KAILA, E. (unter Annahme einer bei Blickbewegung erfolgenden zentralen Umschaltung, durch welche die retinalen Lokalzeichen mit einem Faktor verknüpft werden, welcher die egozentrische Lokalisation bestimmt): Psychol. Forschg. 3, 60 (1923). — ROELOFS, C. O. u. W. P. C. ZEEMAN: Arch. Augenheilk. 98, 238 (1927). — HOFMANN gibt — im Anschlusse an HELMHOLTZ und J. LOEB — der Annahme den Vorzug, daß die Ruhe der Objekte zurückzuführen sei auf den Zusammenhang des will-kürlichen Innervationsimpulses bei der Blickbewegung mit seinem Erfolge. Eine Umwertung der egozentrischen Raumwerte der Netzhaut durch den Einfluß subcorticaler oculomotorischer Zentren vertreten R. DITTLER [Z. Sinnesphysiol. 52, 274 (1921)] und H. KÖLLNER [Klin. Wschr. 2, 482 u. 1923 (1923)]; vgl. dazu das oben S. 977, Anm. 5 Bemerkte.

[3] Nach F. B. HOFMANN [Z. Biol. 80, 81 (1924)] erfolgt bei Nichterreichen des Zielpunktes durch eine willkürliche Augenbewegung einerseits eine Scheinbewegung des ganzen Seh-feldes, also eine Beeinflussung der egozentrischen Lokalisation, andererseits unter Umständen auch eine Änderung der relativen optischen Lokalisation. Vgl. auch E. ENGELKING: Klin. Mbl. Augenheilk. 78, 546 (1927).

scheint ein temporal gelegener Zielpunkt dem Blick zu entfliehen, wenn infolge von Abducensparese die Auswärtswendung unzulänglich ausfällt (A. v. Graefe, Nagel, A. Graefe): die Wanderung der Aufmerksamkeit ist eben überstark gegenüber der zu geringen oder fehlenden Verschiebung des Bildes auf der Netzhaut (Hering[1]). Umgekehrt führt ebenso wie eine passive Augenbewegung auch eine aktive solche zu Scheinbewegung, wenn sie nicht den Charakter einer Blickbewegung hat; speziell gilt dies vom Augenzittern bzw. vom Nystagmus, dessen langsame Komponente gewissermaßen einem zwangsmäßigen Ausgleiten entspricht und dessen rasche Komponente eine entgegengerichtete Korrektivbewegung darstellt. Auch die Einstellbewegung, welche das im Falle von latentem Schielen (Heterophorie) bei Abdeckung abgewichene Auge unter dem Fusionszwang ausführt, sobald man ihm das Fixationsobjekt freigibt, geht mit einer Scheinbewegung seiner Eindrücke einher, da es sich um eine Reflexbewegung ohne einbegleitende Wanderung der Aufmerksamkeit handelt.

Gewiß ist selbst unter normalen Verhältnissen die Stabilität der egozentrischen Lokalisation bei Blickverlagerung keine vollkommene. Sonst dürfte nicht, wie oben (S. 969) erwähnt, eine konstante Seitenwendung der Augen das scheinbare Geradevorne im indirekten Sehen etwas „mitgenommen" erscheinen lassen, ebenso konstante Hebung oder Senkung der Augen in analoger Weise auf das scheinbare Gleichhoch wirken. Die dabei gefundenen Abweichungen dürften nicht etwa bloß dioptrisch bedingt sein, d. h. nicht bloß Folgen der Lagedifferenz von Drehpunkt und dioptrischem Zentrum darstellen. Es sei überhaupt nicht verhehlt, daß die im Vorstehenden (nach Hering) gegebene Erklärung keineswegs als erschöpfend und voll befriedigend bezeichnet werden kann; sie stellt eben nur einen ersten Versuch und eine geeignete Grundlage für die weitere Bearbeitung des Problems der Lokalisation bei bewegtem Blick dar. Andererseits ist die Möglichkeit einer Mitwirkung nichtvisueller kinästhetischer Eindrücke des oculomotorischen Apparates zu erwägen, obzwar unsere Vorstellung von der Stellung und Bewegung unserer Augen eine sehr unvollkommene genannt werden muß (vgl. S. 976, 1060). So wird (von Göthlin[2]) die Auffassung vertreten, daß von den Sehnen, nicht von den Muskeln des Bulbus, tensorisch-kinästhetische Empfindungen bzw. Vorstellungen ausgelöst werden, welche bei Kongruenz mit den visuellen Empfindungen bzw. Vorstellungen die scheinbare Ruhe der Außendinge bei bewegtem Blick bewirken, während bei Nichtentsprechen beider Scheinbewegung resultiere. Hingegen nimmt die früher (S. 993) behandelte Theorie von der indirekt-sensorischen Funktion der Augenmuskeln (Tschermak) einen indirekten Einfluß des oculomotorischen Spannungsbildes entsprechend bestimmten zentralen Valenzen auf die egozentrische Lokalisation an, und zwar nicht in dem Sinne eines Empfindens von Augenstellungen oder Blickrichtungen, sondern von subjektiven egozentrischen Hauptebenen. Stets muß man beachten, daß die Scheinruhe der Sehdinge ebenso wie bei Blickbewegungen auch bei intendierten Kopfbewegungen (mit oder ohne Augenbewegungen) gilt, daß also der capitomotorische Apparat den oculomotorischen zu ersetzen vermag. — In noch höherem Maße muß ein Vorbehalt gemacht werden bezüglich der Verhütung von scheinbarer Neigung stabiler Konturen, speziell lotrechter und

---

[1] Hering, E.: **1879**, 534. — Dodge, R.: Psychologic. Rev. **7**, 454 (1900). — Bielschowsky, A.: Graefe-Saemischs Handb. d. Augenheilk., 2. Aufl., **8**, Kap. XI, 111, 122ff. (1907), (betonend, daß der Tastversuch bei Abducenslähmung bald wieder richtig ausfällt). — Vgl. auch die Beobachtungen von W. Fuchs an Hirnverletzten: Z. Psychol. **84**, 68 (1920). — H. Helmholtz (Physiol. Optik. 1. Aufl., S. 601; 3. Aufl., **3**, 206) nahm hingegen an, daß eine Beurteilung der Lage der Blicklinie stattfinde nach der Willensanstrengung, mit welcher der Beobachter die Stellung der Augen zu ändern sucht.

[2] Göthlin, G. Fr.: Nova acta soc. sci. Uppsal., Erg.-Bd. **1927**, 1.

waagerechter, bei Überführung und Verharren des Blickes in Tertiärlage. Wenn wir sagen, daß dabei eine rotatorische Umwertung der absoluten Raumwerte erfolgt — mit dem Erfolge weiteren Vertikalerscheinens lotrechter Waagerechterscheinen waagerechter Konturen, und daß diese Umwertung gerade die rationierte Orientierungsänderung oder Neigung der Netzhautschnitte kompensiert, so bedeutet dies eigentlich nur eine genauere Beschreibung des Tatbestandes. Auch hier wird eine Stabilisierung der Lokalisation erreicht — aber nicht zunächst der egozentrischen in bezug auf den Beobachter, sondern der absoluten in bezug auf den vorgestellten Außenraum. Auch diese Stabilisierung ist nur eine angenäherte, so daß eine mäßige, aber charakteristische Abweichung der Tertiärvertikalen vom Lote und der Tertiärhorizontalen von der Waagerechten resultiert[1] (vgl. S. 870).

Ein Spezialproblem der Lokalisation bei bewegten Augen bedeutet noch die Frage, in welcher Fläche bei horizontalem Wandern des Blickes Lote eingestellt werden, um gleichzeitig in einer subjektiven frontoparallelen Ebene zu erscheinen: *das Problem des sog. Wanderhoropters*[2]. Dazu sei gleich bemerkt, daß eine solche Aufstellung natürlich etwas ganz anderes darstellt als ein wahrer, bei fixiertem Blick gewonnener Längshoropter, welcher den geometrischen Ort der ohne Querdisparation bzw. auf korrespondierenden Längsschnitten abgebildeten Außenpunkte bezeichnet (vgl. S. 896ff.). Bei Einstellung des wahren Horopters werden die Eindrücke von extrafovealen Stellenpaaren bestimmter Exzentrizität bezüglich des binokularen Tiefenwertes verglichen mit dem Eindrucke beider Netzhautgruben; bei Einstellung des sog. Wanderhoropters betrifft der Vergleich Eindrücke von Stellenpaaren ständig wechselnder Exzentrizität, wobei hauptsächlich auf die Netzhautzentren geachtet und das indirekte Sehen mehr zur Kontrolle benützt wird. Im letzteren Falle wird als waagerechte Schnittlinie oder Fußlinie der Lotfläche eine Kurve erhalten, welche erheblich schwächer gekrümmt ist als der Fixierhoropter bzw. der Dauerhoropter bei ruhendem Blick. Es könnte sozusagen der Fixierhoropter mitgenommen werden, d. h. der subjektive Eindruck: „Ebene, bedingt durch Reizung korrespondierender Stellen" könnte in jedem Momente der Blickwanderung bestimmend sein für die verlangte Einstellung der Lote. Wie für den Fixierhoropter (vgl. S. 896ff.) ergibt sich zudem ein charakteristischer Unterschied zwischen der Einstellung von schwarzen Loten auf weißem Grunde und jener von weißen Loten auf schwarzem Grunde: der sog. Weiß-Wanderhoropter erweist sich als noch flacher wie der sog. Schwarz-Wanderhoropter — auch sind die beiden Seiten aller vier Einstellungen nicht genau symmetrisch, jene der sog. Wanderhoropteren aber weit eher als jene der Fixierhoropteren (vgl. Abb. 300 nach den Beobachtungen von F. P. FISCHER[3] mit besonders ausgeprägter Asymmetrie). Wichtig erscheint der Umstand, daß sich bei Einstellung des sog. Wanderhoropters der Konvergenzgrad ändert, da die Einstellung nicht einem durch den Ausgangsblickpunkt und die beiden Drehpunkte laufenden Kreise (welcher dem VIETH-MÜLLERSchen Kreise gleichkommt — vgl. S. 902ff., spez. Abb. 275a), sondern einer sehr erheblich flacheren Kurve entspricht: es muß daher das der Drehungsrichtung gleichseitige Auge einen größeren Winkel zurücklegen, sich also schneller bewegen als das andere. Eine Erklärung für das Abweichen des sog. Wanderhoropters von der wirklichen frontoparallelen Ebene läßt sich vorläufig nicht geben.

---

[1] Analoges mag gelten für die Umwertung der Vertikalen und Horizontalen bei erzwungener gegensinniger oder gleichsinnig-paralleler Rollung um die primär gestellte Blicklinie (vgl. S. 871ff.).

[2] Vgl. dazu K. KRÖNCKE: Z. Sinnesphysiol. **52**, 217 (1921). — LAU, E.: Ebenda **53**, 1 (1921). — FISCHER, F. P. (unter A. TSCHERMAK): Pflügers Arch. **204**, 203 (1924).

[3] FISCHER, F. P. (unter A. TSCHERMAK): Pflügers Arch. **204**, 203, spez. 220 (1924).

Eine Darstellung des optischen Größensinnes oder des Augenmaßes für Höhe, Breite und Tiefe bei bewegtem Blicke zu geben — verglichen mit den bezüglichen Leistungen bei ruhendem Blick —, würde hier zu weit führen[1]. Es genüge zu bemerken, daß die bei ruhendem Blick hervortretenden Strecken-

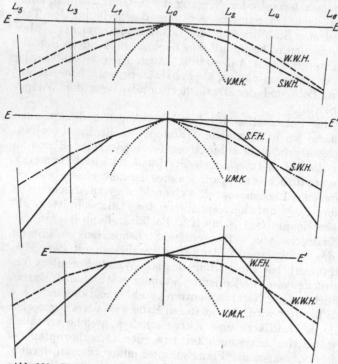

und Richtungsfehler bei wanderndem Blick mehr oder weniger verschwinden, so daß das Augenmaß bei Freigabe des Auges weit vollkommener erscheint, zumal da hiebei die einzelnen Elemente des optischen Gesamteindruckes hintereinander ins deutliche Sehen rücken. Speziell gilt dies für horizontale Strecken gegenüber vertikalen. Ebenso sei daran erinnert, daß bei ruhendem Blick nicht bloß die korrespondenten Eindrücke, sondern auch die von höhendisparaten in der Kernfläche erscheinen und daß allmählich auch die querdisparaten Doppelbilder in diese rücken, somit der Sehraum in der Tiefe auffallend zusammenrückt, während eine Blickbewegung nach der Tiefe alles auseinanderrücken läßt[2]. Nicht

Abb. 300. Empirischer „Wanderhoropter" für weiße (*W. W. H.*) und für schwarze Fäden (*S. W. H.*) (durchweg bei zehnfacher Ordinatenvergrößerung), a) verglichen mit dem ebenso dargestellten Vieth-Müllerschen Kreise (*V. M. K.*); b) „Wanderhoropter" (*S. W. H.*) und „Fixierhoropter" (*S. F. H.*) für schwarze Fäden; c) „Wanderhoropter" (*W. W. H.*) und „Fixierhoropter" (*W. F. H.*) für weiße Fäden. (Nach F. P. Fischer.) Mit zehnfacher Ordinatenvergrößerung; auf die Hälfte verkleinert.

unterlassen sei aber die Bemerkung, daß bezüglich der Lehre von der Lokalisation bei bewegtem Blick noch viele, freilich nicht leichte Aufgaben zu lösen bleiben.

8. Theorien des optischen Raumsinnes[3].
a) Fundamentalforderungen.

Ebenso wie dies früher (Bd. XII, 1, S. 550ff.) bezüglich des Licht- und Farbensinnes geschehen, seien zunächst, noch vor Eintritt in die Darstellung der verschiedenen Theorien des optischen Raumsinnes, ganz kurz aus dem bisher

---

[1] Verwiesen sei auf G. Th. Fechner: Psychophysik 1, 211ff. — Mach, E.: Sitzgsber. Akad. Wiss. Wien 43, 215 (1861). — Volkmann, A. W.: Ber. sächs. Ges. Wiss. 1858 — Physiologische Untersuchungen im Gebiete der Optik, H. 2. Leipzig 1864. — H. Helmholtz: Physiol. Optik, 1. Aufl., S. 541ff.; 3. Aufl., 3, 140ff. — Hofmann, F. B.: 1920—1925, 90.
[2] Hering, E.: 1879. 542ff.
[3] Speziell verwiesen sei auf die historisch-kritischen Darstellungen bei H. Helmholtz (Physiol. Optik, 1. Aufl., S. 796ff.; 3. Aufl., 3, 432ff., sowie den Zusatz von J. v. Kries: Ebenda 458ff. u. 526ff.) und bei E. Hering sowie bei A. Aall: Z. Psychol. u. Physiol. 49, 108, 161 (1908). — Classen, A.: Wie orientieren wir uns im Raum durch den Gesichtssinn? Jena 1879. — Ebbinghaus, H.: Grundzüge der Psychologie, 2 Bde. Leipzig 1902. — Hille-

gewonnenen Tatsachenmaterial jene Fundamentalforderungen abgeleitet, denen keine Theorie widersprechen darf und denen jede solche gerecht werden muß, soll sie auch nur als Arbeitshypothese brauchbar bleiben. Als solche „Instanzen" seien bezeichnet:

1. die Tatsache des Erscheinens der optischen Eindrücke außerhalb unseres Körpers (Exteriorisation), und zwar in bestimmter „egozentrischer" Anordnung zur medianen, horizontalen und frontalen Hauptebene des Beobachters — wobei subjektiver Lokalisationswert und objektiver Lagewert prinzipiell nicht notwendig übereinstimmen, wenn auch die Abweichungen (Diskrepanzen) im allgemeinen die praktische Orientierung nicht stören;

2. die Tatsache des Erscheinens der optischen Eindrücke in einer bestimmten relativen Anordnung, jedoch ohne dauerndes Gleichbleiben der einzelnen scheinbaren Richtung zum Beobachter, vielmehr unter Abhängigkeit vom jeweiligen subjektiven Maßstabe des Sehfeldes;

3. die Tatsache, daß die scheinbare relative Anordnung der Eindrücke nicht genau der relativen geometrischen Lage der Reizquellen entspricht, daß vielmehr charakteristische Abweichungen oder Diskrepanzen bestehen, welche allerdings beim gewöhnlichen Sehen infolge beiläufig symmetrischer Verteilung auf beide Augen und infolge von Wandern des Blickes nicht stören;

4. die Tatsache, daß Motilität, Bilderzeugung und funktionelle Gliederung des Auges nicht um denselben Punkt zentriert sind, vielmehr das funktionelle Zentrum vor dem Drehpunkte, ja, auch vor dem dioptrischen Perspektivitätszentrum gelegen ist;

5. die Tatsache der Verknüpfung der Empfindung Vertikal bzw. Rechts-Links und Horizontal bzw. Oben-Unten im Raume, also der absoluten Lokalisation mit bestimmten Netzhautschnitten, unter bestehender Bildumkehr und bei Aufrechthaltung des Kopfes sowie Geradeausrichtung der Augen, welche Verknüpfung durch bestimmte Faktoren, speziell bei seitlicher Neigung des Kopfes und bei tertiärer Blicklage verändert wird;

6. die Tatsache, daß die Eindrücke beider Augen vereint in gemeinsamen Sehrichtungen, und zwar auf einen gemeinsamen Punkt bezogen (unizentrisch und egozentrisch) lokalisiert erscheinen, und zwar entsprechend einer konstanten, elementaren Beziehung und charakteristischen Wechselwirkung beider Seiten, wodurch eine korrekte harmonische Einstellung beider Netzhautgruben auf den Hauptgegenstand der Aufmerksamkeit reflektorisch erzwungen wird;

7. die Tatsache, daß durch die Querverschiedenheit der Eindrücke beider Augen zwangsmäßig eine relative Ordnung nach der Tiefe, ein zweiäugiges plastisches Sehen erreicht wird, und zwar auch ohne Intervention von Blickbewegungen;

8. die Tatsache, daß unter den Bedingungen des gewöhnlichen Sehens angenähert ein Verhalten erreicht wird, als ob die wirkliche Lage und der Bewegungszustand der Außendinge zueinander, zum Lote und zum Beobachter

---

BRAND, F., Lehre von den Ges. Empf. Wien 1929, spez. 169ff. — HOFMANN, F. B.: 1920—1925, 160ff. — KRIES, J. v., Allg. Sinnesphysiologie. Leipzig 1923. — MACH, E.: Populärwissenschaftliche Vorlesungen, 3. Aufl. Leipzig 1903 — Analyse der Empfindungen, 6. Aufl. Jena 1911 — Erkenntnis und Irrtum, spez. S. 331ff. Leipzig 1905. — SCHUMANN, F.: Psychol. Studien. 1. Abt. Gesichtswahrnehmungen. Leipzig, ab 1904. — SIEGEL, C.: Die Entwicklung der Raumvorstellung des menschlichen Bewußtseins. Wien 1899. — STUMPF, C.: Über den psychologischen Ursprung der Raumvorstellung. Leipzig 1873. — TSCHERMAK, A.: Erg. Physiol. 4, 518, spez. 558ff. (1904). — WITASEK, W.: Psychologie der Raumwahrnehmung des Auges. Heidelberg 1910. — WUNDT, W.: Beiträge zur Theorie der Sinneswahrnehmung. Leipzig u. Heidelberg 1862 — Physiologische Psychologie, 6. Aufl., 2, 729ff. Leipzig 1908—1911. — Philos. Stud. 14, 1 (1898).

direkt wahrgenommen oder erkannt würde, wobei auch „ruhende" Objekte angenähert ruhend und nicht scheinbewegt, bewegte Objekte bewegt erscheinen,
und zwar unabhängig von Ruhe oder Bewegung des Beobachters, speziell seiner
Augen und seines Kopfes.

b) Kritische Übersicht der Lokalisationstheorien.

Es wird nun zu prüfen sein, wie sich die bisher aufgestellten Theorien des
optischen Raumsinnes zu diesen Fundamentaltatsachen verhalten, und wie sie
diese zu erklären suchen.

Für eine theoretische Fassung allgemeiner Art bestehen im Prinzip drei
Möglichkeiten: die Zurückführung der Lokalisation der optischen Eindrücke
auf irgendwelche Verwertung bestimmter ausgezeichneter Lichtrichtungen,
speziell Konstruktionslinien im dioptrischen Apparate — die Gruppe der *Projektionstheorien*, sodann die Zurückführung auf bestimmte Eigenschaften der
einzelnen Netzhautelemente selbst — die Gruppe der *Theorien der sensorischen
Lokalzeichen* oder funktionellen Raumwerte, endlich die Zurückführung auf
Effekte der Beanspruchung der Augenmuskeln zur Ausführung von Blickbewegungen wie zur Erhaltung bestimmter Blicklagen — die Gruppe der *okulomotorischen Lokalisationstheorien*. Natürlich wurden jeder der drei Erklärungsmöglichkeiten recht verschiedene Spezialformen gegeben, auch ist eine mannigfache Verknüpfung von Elementen aus allen drei Gruppen versucht worden.

Die *Projektionstheorien* (Volkmann, Nagel, Donders, in gewissem Sinne
auch Helmholtz) nehmen an, daß das Auge die optischen Eindrücke in den
Raum hinaus verlege längs gewisser Lichtrichtungen oder Konstruktionslinien,
wobei sozusagen ein bevorzugter Einfallsweg des Lichtreizes rückläufig verfolgt
wird (Hasner). Dementsprechend kommt die tatsächliche Inversion des Bildes auf
der Netzhaut nicht als „Schwierigkeit" in Frage. Für das binokulare Sehen wird
eine „bizentrische Projektion" (Bezeichnung nach v. Kries[1]) vertreten, indem
jedem Einzelauge eine selbständige Projektion zugeschrieben wird, durch welche
die binokularen Eindrücke an den Schnittpunkt der benützten Konstruktionslinien verlegt werden sollen[2]. Als Zentrum der Linien der Exoprojektion wird
entweder der mittlere Knotenpunkt mit seinen ungebrochen bleibenden dioptrischen Knotenstrahlen oder Richtungslinien (im Sinne von Möbius) angenommen
(Volkmann, Nagel u. a.), der allerdings als mit wachsendem Incidenzwinkel
zurückrückend zu denken ist, oder das Zentrum der optischen Eintrittspupille
bzw. des cornealen Irisbildes mit seinen geradlinigen Visierlinien (Helmholtz),
welche tatsächlich sehr angenähert auch bei schiefer Incidenz die Zentralpunkte
der Zerstreuungskreise auf der Netzhaut bezeichnen. (Infolge der nie fehlenden
Aberration im Auge entsprechen allerdings die physikalischen Lichtmaxima in
den Zerstreuungskreisen nicht den Zentralpunkten [S. 853]; auch bestimmt erst,
wie oben Bd. XII, 1, S. 489 dargestellt wurde, der physiologische Kontrast die wirk-

---

[1] J. v. Kries: Zusätze zur 3. Aufl. von Helmholtz' Physiol. Optik **3**, 466, unter Annahme eines Stellungsfaktors für die Sehrichtungen, für welchen einerseits der Angriffspunkt
des Lichtreizes auf der Netzhaut, andererseits die jeweilige Stellung des Auges maßgebend
sei, ohne daß damit ein eigentliches Stellungsbewußtsein des Auges vertreten sei [vgl. dazu
E. Engelking: Klin. Mbl. Augenheilk. **78**, 546 (1927).

[2] Als Vertreter einer solchen Projektionsweise — allerdings unter gleichzeitiger Voraussetzung einer angeborenen Identität bzw. Verschmelzung der Eindrücke identischer Stellen
und unter Scheidung von drei Arten des Sehens mit beiden Augen (Simultansehen bzw. bloße
Übereinstimmung der Projektionsrichtungen der zwei Einzelaugen; alternierendes Sehen;
eigentlich binokulares Sehen) — sei H. Parinaud genannt [La vision. Paris 1898 — Le
strabisme et son traitement. Paris 1899 — Vgl. dazu die Kritik von A. Bielschowsky:
Klin. Mbl. Augenheilk. **39** (1901)].

same Stelle innerhalb der Kurve des Aberrationsgefälles.) Der Vorgang der Exoprojektion wurde entweder auf eine wahre, wenn auch wohl unbewußt bleibende Erkenntnis des Projektionszentrums selbst bezogen (SCHLEIDEN) oder auf bloße gewohnheitsmäßige Benützung eines solchen, wobei die Erscheinungsrichtung bzw. der Erscheinungsort des optischen Eindruckes im Sehfelde für jede einzelne Netzhautstelle gedächtnismäßig festgelegt sei. Jedenfalls wird die Nachaußenverlegung der Gesichtsempfindungen als eine relativ hohe psychische Leistung betrachtet; im allgemeinen wird dabei ein allmählicher erfahrungsmäßiger Erwerb, ein Erlernen des Sehens in Lokalisationsrichtungen in Beziehung zum eigenen Körper angenommen. Das räumliche Sehen wird von der Projektionstheorie zurückgeführt auf ein Zusammentreffen der Projektionslinien der einzelnen Augen in einer Schar bestimmter Außenpunkte, welche (allgemein gesprochen) dem Horopter entsprechen. Nach der Projektionstheorie müssen alle Außendinge genau am richtigen Orte erscheinen, so daß eine Diskrepanz von Reizverteilung und Projektionsweise unverständlich ist; es bliebe zur Erklärung eines solchen Verhaltens nur die psychologische Hilfsannahme einer Sinnes- oder Urteilstäuschung übrig, deren zahlenmäßig charakterisierbare Bestimmtheit und Konstanz paradox wäre. Zudem ist nach der Projektionstheorie für jede Netzhautstelle volle Konstanz des Richtungsunterschieds ihres Eindruckes gegenüber dem fixierten Punkte zu erwarten.

Mit diesen ihren wesentlichen Thesen gerät nun aber jegliche Projektionstheorie in einen meines Erachtens unlösbaren Widerspruch zu den eingangs formulierten Fundamentaltatsachen und muß an diesen „Instanzen" scheitern. Erscheint eine wenn auch unbewußte Kenntnisgewinnung oder auch nur eine praktische Auswertung eines „Projektionszentrums"[1], zumal der erfahrungsmäßige Erwerb einer solchen Leistung, schon für den Menschen kaum annehmbar, so bedeutet das weitgehend analoge Verhalten der Tiere gegenüber räumlich verteilten Lichtreizen eine Schwierigkeit, welche die früher übliche anthropozentrische Betrachtungsweise nur zu sehr aus dem Auge verloren hatte. Einen weiteren Widerspruch findet die Projektionstheorie in der oben erwähnten Tatsache, daß die Lokalisationsrichtung einer bestimmten Netzhautstelle nicht fix ist, sondern mit dem jeweiligen Maßstabe im Sehfelde variiert, daß also demselben Gesichtswinkel einmal ein größerer, einmal ein geringerer subjektiver Richtungsunterschied entsprechen kann, wobei die scheinbare Größe keineswegs einfach von der Größe des Netzhautbildes und von der scheinbaren Entfernung bestimmt ist (zuerst von PANUM hervorgehoben; vgl. auch speziell HERING u. a.[2]). Dazu kommt, daß — wenigstens bei zweiäugigem Sehen — das Zentrum der Sehrichtungen nicht mit irgendeinem dioptrisch ausgezeichneten Punkte eines der beiden Augen zusammenfällt; auch bei einäugigem Sehen könnte nur unter ganz besonderen Bedingungen ein Verhalten resultieren, als ob die Gesichtseindrücke entlang von Visierlinien lokalisiert würden. Speziell muß auch die Annahme einer rein erfahrungsmäßigen bzw. gedächtnismäßigen Verknüpfung von Netzhautstelle und Erscheinungsrichtung bzw. Erscheinungsort als unhaltbar bezeichnet werden. Aber auch eine Auswertung irgendwelcher Projektionslinien müßte mit einer variablen und doch im Einzelfalle sehr präzisen

---

[1] Die rein dioptrische „Endoprojektion bei der Bilderzeugung" und die umgekehrt gerichtete „Exoprojektion der Gesichtsempfindung" müssen sehr wohl voneinander unterschieden werden (vgl. S. 863, Anm. 1; S. 864, Anm. 1).

[2] LUDWIG, C.: Lehrb. d. Physiol. 1, 252 (1852). — PANUM, P. L.: Graefes Arch. 5, 1 (1859). — HERING, E.: 1861—1864, spez. § 124, 329ff. — MAYERHAUSEN, G. [bezüglich der scheinbaren Größe der Nachbilder; demgegenüber E. EMMERT: Klin. Mbl. Augenheilk. 19, 443 (1891)]: Graefes Arch. (2) 29, 23 (1883).

Abweichung der Lokalisationsrichtung von der Reizrichtung erfolgen. Analoges gilt bezüglich all der Diskrepanzerscheinungen. Man darf wohl sagen, daß bei dem heutigen Stand der Kenntnisse eine Projektionstheorie, was immer für einer Form, nicht aufrechtzuerhalten ist, mag sie auch entsprechend ihrem engen Anschluß an die Dioptrik dem physikalischen Optiker zunächst ansprechend erscheinen.

Den ersten Versuch, die Grundlage der optischen Lokalisation unmittelbar in der Netzhaut selbst zu suchen, bezeichnete die *Theorie von der Selbstanschauung der Retina* (Joh. Müller). Dieselbe entspricht allerdings in keiner Weise mehr den Anschauungen der modernen Sinnesphysiologie und -psychologie; auch wäre dabei eine volle Identität von geometrischem Lagewert und funktionellem Lokalisationswert der einzelnen Netzhautstellen zu erwarten, während eine Diskrepanz beider unverständlich bliebe.

Die Lösung dieses Widerspruches, wie der anderen Schwierigkeiten, welche sich der Projektionslehre entgegenstellen, brachte erst die *Theorie der retinalen Lokalisationszeichen* oder funktionellen Raumwerte (begründet von Lotze[1], ausgebaut von E. Hering, Stumpf, Tschermak u. a.), mit welcher der Schritt vom rein psychologischen auf psychophysiologisches Gebiet getan wurde. Es wird dabei den einzelnen Netzhautelementen (der Begriff „Elemente" in dem oben S. 839 erörterten Sinne genommen) oder besser den einzelnen nervösen Elementen des Sehorgans, von der Netzhaut bis zur Hirnrinde gerechnet, eine funktionelle Qualität besonderer Art — und zwar ein Höhen- und Breitenwert, sowie ein beim Zusammenwirken beider Augen hervortretender Tiefenwert — als primäre selbständige Eigenschaft zugeschrieben, vermöge welcher sie ihre Eindrücke in einer jeweilig bestimmten Sehrichtung erscheinen lassen. Diese Funktion ist im *Prinzipe* unabhängig von der Lage des betreffenden Elementes zu irgendeinem Konstruktionspunkt, unabhängig von der Richtungslinie oder der Visierlinie, ja, auch unabhängig von dem bloßen Orte des Elementes innerhalb der Netzhautmosaik. Das optische Lokalisieren beruht nach dieser Anschauung in erster Linie auf den selbständigen Lokalzeichen oder Raumwerten der einzelnen Mosaikelemente des Sehorgans. Allerdings ist die Sehrichtung (wie auch der subjektive Beobachtungsabstand) nicht als solche dauernd festgelegt, vielmehr nur der Ordnung nach gegeben, während der Größenwert vom jeweiligen Maßstabe für Höhe, Breite und Tiefe abhängt; die Lokalzeichen stellen funktionelle Ordnungswerte, nicht konstante funktionelle Größenwerte dar (speziell betont von Tschermak). Die retinalen Lokalzeichen an sich geben zunächst die Unterlage ab für die relative Anordnung der Eindrücke des indirekten Sehens gegenüber dem Eindrucke des Netzhautzentrums bzw. gegenüber dem sog. Kernpunkte. Doch besteht zweifellos schon eine Orientierung, insofern als eine Richtung, nämlich die Breite, durch Verknüpfung ihrer binokularen Differenzen mit der Tiefenlokalisation ausgezeichnet ist. Demgemäß besitzen die retinalen Lokalzeichen wohl von vornherein eine doppelsinnige Verschiedenheit im Sinne von Breite und Höhe. Für das zweiäugige Sehen wird im Gegensatze zur

[1] R. Lotze selbst [Medizinische Psychologie, spez. § 287, S. 325, 355. Leipzig 1852 — Rev. philos. 4, 345 (1877)] betrachtete allerdings das Lokalzeichen als eine zweite Empfindung außer der optischen, nicht als ein primäres Moment derselben, wie es mit Recht C. Stumpf fordert; auch schrieb er dem Lokalzeichen eine kinästhetische Wurzel zu. — Vgl. dazu speziell C. Stumpf: 1873, 320. — Dearborn, W. F.: Psychologic. Rev. 11, 297 (1904). — Bard, L.: J. Physiol. et Path. gén. 18, 534 (1919/20). — Vgl. auch E. Ackerknecht: Die Theorie der Lokalzeichen. Tübingen 1904. — Kolbenheyer: Die sensorielle Theorie der optischen Raumempfindung. Leipzig 1905. — Witasek, St.: Psychologie der Raumwahrnehmung des Auges. Heidelberg 1910. — Jaensch, E. R.: Z. Sinnesphysiol. 52, 229 (1921). — Kries, J. v.: Allg. Sinnespsychologie. Leipzig 1923, spez. 202 ff.

bizentrischen Projektionstheorie (Bezeichnung von v. KRIES) ein unizentrisches Lokalisieren, eine paarweise Übereinstimmung im Lokalzeichen, eine Sehrichtungsgemeinschaft vertreten, ohne daß damit eine volle Identität der korrespondierenden Netzhautstellen angenommen würde. — Allerdings hängt die Einstellung, welche das gesamte Sehfeld bzw. das Büschel der Sehrichtungen zu den Hauptrichtungen des vorgestellten Außenraumes und zum Fühlbilde des eigenen Körpers erfährt, also die absolute und die egozentrische Lokalisation, noch von der Mitwirkung anderer Einrichtungen ab. Als solche kommen allem Anscheine nach einerseits labyrinthäre wie extralabyrinthäre Receptoren für den Schwerkraftreiz, andererseits Receptoren für Eindrücke der Augenstellung in Betracht, so daß die Funktionen der Netzhautelemente mit graviceptorischen und ophthalmo-myosensorischen Leistungen gekoppelt erscheinen. Speziell zeigt das Labyrinth (neben einer Wirkung auf die Augenmuskeln) einen charakteristischen Einfluß auf die scheinbare Vertikale und Mediane, anscheinend auch auf den Maßstab im Sehfelde.

Diese Fassung der Lokalzeichentheorie wurde bereits der gesamten Darstellung des optischen Raumsinnes zugrunde gelegt. Die Diskrepanzen auf dem Gebiete der relativen, absoluten und egozentrischen Lokalisation bedeuten für die Auffassung keine Schwierigkeiten, vielmehr wertvolle Argumente zugunsten der von ihr vertretenen prinzipiellen Scheidung von geometrischem Lagewert und funktionellem Lokalisationswert, wie zugunsten der gesamten als exakt-subjektivistisch bezeichneten Auffassungsweise der modernen Sinnesphysiologie im Gegensatze zur älteren objektivistischen Betrachtungsform, wie sie speziell in der Projektionstheorie zum Ausdrucke gelangt ist (vgl. das oben S. 836, 854 Ausgeführte).

Ähnlich wie die Projektionstheorie vermag auch die *Theorie einer okulomotorischen Begründung der optischen Lokalisation* den eingangs formulierten Grundtatsachen nicht voll gerecht zu werden. Die myogenen Theorien (STEINBUCH, E. v. BRÜCKE, WUNDT, CORNELIUS, DELBOEUF — vgl. auch LEROY, H. SACHS, E. STORCH[1], BOURDON — letzterer unter spezieller Bewertung der Spannungsempfindungen der Lider, PIÉRON — in Form von Beachten der kongenital-psychoreflektorischen Blickwanderungen) führen alle optische Lokalisation auf Blickbewegungen zurück, welche entweder durch sog. Innervationsempfindungen (MEYNERT, BAIN, HELMHOLTZ[2]) oder aber durch den sog. Muskelsinn, d. h. kinästhetische Muskelspannungsgefühle oder Stellungsempfindungen (WUNDT, JAMES, MÜNSTERBERG) wirksam seien. Jede einzelne Netzhautstelle stehe in Beziehung mit bestimmten Kontraktionsgraden der verschiedenen Augenmuskeln — entsprechend der Richtung und Größe jener Bewegung, welche beim Übergang zur direkten Betrachtung statt des betreffenden exzentrischen Punktes die Netzhautmitte zur Einstellung bringt. Es erscheinen gewissermaßen jene Maßeindrücke, welche zunächst durch abwechselnde Einstellung der Fovea auf zwei Außenpunkte gewonnen werden, auf die entsprechende exzentrische Netzhautstelle übertragen; das Lokalisieren im indirekten Sehen gründe sich

---

[1] Vgl. speziell E. STORCH: Muskelfunktion und Bewußtsein. Wiesbaden 1901 — Z. Psychol. u. Physiol. **29**, 22 (1902). — BOURDON, B.: Rev. philos. **43**, 413 (1897); **49 (35)**, 1 (1900) — **1902**, 177ff. — PIÉRON, H.: J. de Psychol. **18**, 804 (1921). — Eine myogene Grundlage der Tiefenwahrnehmung, und zwar in Form einer von Blickbewegungimpulsen begleiteten Aufmerksamkeitswanderung hat zuletzt E. R. JAENSCH [Z. Psychol., Erg.-Bd **6** (1911)] vertreten; vgl. dazu die Kritik speziell bei K. KOFFKA [Psychol. Forschg. **3**, 124 (1923)] und F. B. HOFMANN (**1920—1925**, 460). Auch auf M. SACHS (Wien. klin. Wschr. **40**, Nr. 46, 1437 [1927]) sei verwiesen.

[2] Vgl. besonders die Ableitung der Erscheinungen des Augenmaßes aus Blickbewegungen bei H. HELMHOLTZ, (Physiol. Optik, 1. Aufl., S. 556ff. u. 800ff.; 3. Aufl., **3**, 154ff. u. 435ff.).

auf empirisch festgehaltene Nachwirkungen von „zugehörigen" Blickbewegungen. Speziell wurde die Beurteilung der Größenverhältnisse im Sehfelde wie auch der Entfernungsunterschiede auf Abmessungen mittels Augenbewegungen bezogen[1]. Da jedoch stereoskopisches Sehen auch bei Momentansichtbarkeit sowie bei Verschmelzung von Nachbildern möglich ist, müßte hier die Intervention eines Bewegungsgedächtnisses angenommen werden. Auch der Umstand muß speziell betont werden, daß eine Sensomotilität der angenommenen Art höchstens eine funktionelle Gliederung der Netzhaut um den Drehpunkt zustande bringen könnte; derselbe wurde auch (speziell von Helmholtz[2]) als Träger der Hauptperspektive betrachtet. Tatsächlich konvergiert jedoch das Einteilungssystem nachweisbar nach einer erheblich weiter vorne, sogar noch vor dem Perspektivitätszentrum oder sog. Knotenpunkte gelegenen Achsenstelle (vgl. S. 862). Damit allein schon ist ein entscheidender, geradezu mathematisch faßbarer Einwand gegen jeden Versuch gegeben, den optischen Raumsinn auf die Motilität zurückzuführen. — Nach Wundts[3] spezieller „Theorie der komplexen, d. h. motorisch-sensorischen Lokalzeichen" entstünden die Raumdaten durch eine Art psychischer Synthese von qualitativen Unterschieden der Netzhautempfindungen, welche vom Orte auf der Retina abhängen, und von intensiv gradweise abgestuften Spannungs- oder Bewegungsempfindungen.

Eine solche Annahme komplexer Leistungen als Vermittler der optischen Lokalisation muß aber in hohem Maße anthropozentrisch genannt werden und erscheint speziell auf solche Tiere nicht anwendbar, welche der Blickbewegungen überhaupt mehr oder weniger entbehren[4]. Ebensowenig vermag eine Zurückführung der Strecken- und Richtungsdiskrepanzen auf asymmetrische Verteilung der Muskelkräfte am Auge zu befriedigen.

Zur Kritik der myogenen Lokalisationstheorien überhaupt genüge es zu bemerken, daß die Existenz von intensiv gradweise abgestuften Sinnesempfindungen der Augenmuskeln, zumal von solcher Feinheit der Abstufung, wie sie nach der Unterschiedsempfindlichkeit für Höhe, Breite und Tiefe anzunehmen wäre, durchaus unerwiesen ist. Eine Beteiligung kinästhetischer Eindrücke des okulomotorischen Apparates an der Schaffung und Ausbildung der relativen optischen Lokalisation ist schon angesichts unserer überaus mangelhaften Kenntnis der tatsächlichen Augenstellung (vgl. S. 976, 986, 1060) und an-

---

[1] Helmholtz, H.: Physiol. Optik, 1. Aufl., S. 548ff., 655, 722; 2. Aufl., S. 801, 870; 3. Aufl., 3, 265, 355. Derselbe meinte sogar die Hering-Hillebrandsche Horopterabweichung auf eine Täuschung infolge einer falschen Schätzung des Konvergenzgrades beziehen zu können. Ebenso suchte W. Wundt (Grundzüge der physiologischen Psychologie, 6. Aufl., 2, 594ff.) die Teilungsfehler auf Asymmetrien der Spannungsempfindungen im okulomotorischen Apparat zurückzuführen.

[2] So bezog H. Helmholtz (Physiol. Optik, 1, 484; 3. Aufl., 3, 151) auch das (angenäherte) Geradliniergerscheinen der Richtkreishyperbeln im ebenen Sehfeld bei ruhendem Blick, und zwar bei Fixation des Zentrums (vgl. oben S. 856) auf eine Nachwirkung der bei bewegtem Blick gemachten Erfahrung, daß jene Kurven als größte Kreise auf einem gekrümmten Sehfeld erscheinen. Die auf Grund der Augenbewegungen für das direkte Sehen erworbene Lokalisationsweise müßte sogar in weitester Ausdehnung, nämlich über die Blickfeldgrenzen hinaus, auf die ganzen nur indirekt zugänglichen Randpartien des Gesichtsfeldes übertragen werden (vgl. B. Bourdons [1902, 107] sowie F. B. Hofmanns [1920 bis 1925, 125] Kritik dazu).

[3] Wundt, W.: Z. rat. Med., (3. R.) 7, 321 (1859) — Zur Theorie der Sinneswahrnehmung, S. 164ff. (1862) — Physiol. Psychol., 6. Aufl., 2, 716ff. — Philos. Stud. 14, 1 (1898) [vgl. speziell die Kritik seitens T. Lipps: Z. Psychol. u. Physiol. 3, 123 (1892)]. — Arrer, M.: Z. Psychol. u. Physiol. 7, 97 (1893); 16, 71 (1898); vgl. dazu die eingehende Kritik von F. Hillebrand: Z. Psychol.

[4] Vgl. A. Tschermak: Pflügers Arch. 91, 1 (1902) — Wie die Tiere sehen verglichen mit den Menschen. Vortr. des Ver. z. Verbr. naturwiss. Kenntnisse, Wien 1913—14, 54, H. 13. —Vgl. auch M. Bartels: Graefes Arch. 101, 299 (1920).

gesichts des komplizierten Verlaufes der Blickbewegungen abzulehnen[1]; erfolgt doch derselbe tatsächlich, wenigstens in vielen Fällen, nicht ebenflächig oder geradlinig, ja nicht einmal stetig, sondern erscheint aus einer längerdauernden Zielbewegung und zeitweiligen Absätzen oder Stillständen sowie kleinen, ruckweisen Korrektivbewegungen zusammengesetzt (SUNDBERG, STRATTON — vgl. Abb. 327, S. 1059). Die Zielbewegung folgt sonach nicht genau vorgezeichneten Bahnen, beispielsweise den Konturen eines Rechteckes oder gar eines Kreises, sondern tut dies nur ungefähr; sie erscheint demnach keineswegs geeignet, den Elementen eines bestimmten Netzhautschnittes — etwa eines Direktionskreises — gewohnheitsmäßig die Empfindung einer Geraden einzuprägen, wie dies HELMHOLTZ annahm. Kinästhetisch könnte, wenn überhaupt, so nur eine sehr unscharfe und — infolge des ständigen Wechsels der Bahn — schwankende Lokalisationsweise erworben werden (im Gegensatze zur tatsächlichen Schwelle wirklicher Krümmung von etwa 20''). Im Gegensatze dazu geschieht die Wanderung der Aufmerksamkeit, welche — allgemein gesprochen — der Blickbewegung vorangeht und dieselbe als „psycho-optischen Reflex" veranlaßt, geradlinig und stetig. (Daß bei Sinnfälligwerden dieser Diskrepanz Scheinbewegungen der optischen Eindrücke resultieren, wurde bereits oben (S. 983) auseinandergesetzt.) Die Stellung und Bewegung des Doppelauges erscheint sonach — weit entfernt davon, die primäre Quelle der Lokalisation zu sein — als nichts anderes wie der *Ausdruck*, wie der gewissermaßen reflektorisch eintretende *Effekt* der jeweiligen Lage der Aufmerksamkeit, somit als eine *Folge* der primären Lokalisationsweise des Zielpunktes für den Blick. Analogerweise ermöglicht erst die sensorische Korrespondenz die präzise Ausregulierung der motorischen Verknüpfung beider Augen (durch Vermittlung des Fusionsreflexes). Umgekehrt vermitteln erst die Blickbewegungen die volle Auswertung des sensorischen Lokalisationsvermögens, indem sie die gesamten Stellen des binokularen Blickraumes nacheinander dem direkten, schärfsten Sehen zugänglich machen, das Gesichtsfeld nach allen Seiten erweitern und zu einer weitgehenden Verbesserung der Aufgliederung des Sehraumes nach der Tiefe führen[2] (vgl. S. 939, 988, 1093). — Nachdrücklich sei bemerkt, daß die Ablehnung eines myogenen Ursprunges der relativen Lokalisation uns keineswegs an der Bewertung einer myosensorischen Einflußnahme der Augenmuskeln auf die egozentrische Lokalisation optischer Eindrücke (vgl. oben S. 977) behindert[3].

c. Herkunft der Lokalisationsgrundlagen: Empirismus und Nativismus.

Mit der Absicht, den prinzipiellen Gegensatz, wie er zwischen Projektions- und Lokalzeichentheorie, zwischen objektivistischer und subjektivistischer Auffassung an sich bereits besteht, klar hervortreten zu lassen, wurde die Alternative: Empirismus oder Nativismus bisher zurückgestellt. Würde es doch eine hochgradige Einseitigkeit bedeuten, wollte man — wie das wiederholt geschehen — diese Frage als das Hauptproblem einer Theorie des Raumsinnes darstellen. Damit sei allerdings die Bedeutung dieser Frage keineswegs verkannt. Sagt doch die empiristische Theorie in reinster Form geradezu, daß erst die Erfahrung

---

[1] Vgl. dazu speziell die Ausführungen von F. B. HOFMANN: **1920—1925**, 160ff.

[2] Speziell betont von E. HERING: **1879**, 542ff. — POPPELREUTER, W.: Z. Psychol. 58, 200. — JAENSCH, E. R.: Ebenda, Erg.-Bd 6, 92ff. (1911). — HOFMANN, F. B.: **1920—1925**, 434ff.

[3] Andererseits hat O. ZOTH [Nagels Handb. **3**, 335 (1905)] versucht, die HERINGsche Anschauung von der Auslösung der Blickbewegungen durch die Wanderung der Aufmerksamkeit mit der HELMHOLTZschen Annahme einer myosensorischen Kontrolle derselben zu verknüpfen.

den ursprünglich räumlich unbestimmten Gesichtsempfindungen auf assoziativem
Wege Raumwerte beifüge; umgekehrt wurde aber auch eine Projektionstheorie
auf kongenitaler Grundlage vertreten (Bartels u. a.).

Für eine angeborene Begründung des Aufrechtsehens trotz bestehender
Bildumkehr sei zunächst die Tatsache angeführt, daß Blindgeborene oder ganz
frühzeitig Erblindete[1] mit funktionsfähiger Netzhaut, welche hell und dunkel
zu unterscheiden, nicht aber die Einfallsrichtung des Lichtes zu bestimmen
vermögen, auf lokale mechanische Reizung des Bulbus mit einem scharf nach
der Gegenseite lokalisierten Druckphosphen reagieren (Schlodtmann[2], vgl. S. 868).
Die alte Frage nach dem Aufrechtsehen trotz des umgekehrten Netzhautbildes ist
demnach dahin zu beantworten, daß bei der funktionellen Differenzierung der
Elemente des Sehorgans die Umkehrung des Bildes sozusagen eingerechnet ist,
so daß den Elementen der unteren Netzhauthälfte das Lokalzeichen „unten"
zukommt usw. — Ebenso sprechen die Streckendiskrepanzen der relativen
Lokalisation und die Richtungsdiskrepanzen, d. h. die charakteristischen Teilungsfehler sowie die Abweichung des Längsmittelschnittes vom Lote sichtlich zugunsten eines kongenitalen Faktors in der optischen Lokalisation. Wäre es
doch unverständlich, wie durch Erfahrung zwei nicht genau symmetrisch gelegene, nicht von genau symmetrischen Außenpunkten her gereizte Netzhautelemente ein symmetrisches Lokalzeichen erlangen sollten — wie gerade ein in
ganz bestimmtem Ausmaße vom Lote abweichender Netzhautmeridian durch
Erfahrung[3] dazu gelangen sollte, die Empfindung vertikal zu vermitteln. Umgekehrt zeigt sich, daß für die Verhältnisse des gewöhnlichen Sehens — aber nur
für diese! — der wirklich lotrechte Meridian durch Anpassung diese Funktion er-
werben kann. — Ein gleicher Schluß ist abzuleiten aus der Tatsache, daß sich viele
Tiere, speziell Insekten, Hühner, Enten, Ferkel (mit bereits erregbarer Hirnrinde!)

---

[1] Beim sog. Sehenlernen Blindgeborener handelt es sich, wie bereits oben S. 868 betont,
nicht um ein „Umkehrenlernen" des Netzhautbildes, sondern einerseits um Erwerb der
neben den angeborenen Grundlagen bedeutsamen empirischen Lokalisationsmotive, speziell
für den Maßstab im Sehfelde nach Höhe und Breite wie nach der Tiefendimension sowie
um die Gewinnung von Assoziationen zwischen den neuerschlossenen optischen Eindrücken
mit den gewohnten haptischen.

[2] Schlodtmann, W. (auf Anregung von A. Tschermak): Graefes Arch. **54**, 256 (1902),
gegenüber Dufour: Bull. Soc. méd. Suisse Romande **14** (1890). — Bei der Beobachtung
von O. Veraguth [Z. Psychol. **42**, 162 (1906)], bestätigt von P. Grützner [Pflügers Arch.
121, 298 (1908)]. — Pschodmiesky, E.: Mschr. Psychiatr. **29**, 237 (1911), während R. Stigler: Ebenda **130**, 270 (1909), ebenso F. Best: Ebenda **136**, 248 (1911), durchweg kontralaterale Lokalisation beobachtete], daß zwar bei nasaler Durchleuchtung der Sclera das Aufleuchten temporal lokalisiert wird, bei temporaler Durchleuchtung jedoch temporal — evtl.
gleichzeitig, aber schwächer, doch distinkt nasal —, handelt es sich im letzteren Falle um
Durchleuchtung der temporal breiteren vorderen blinden Randzone der Netzhaut (vgl.
S. 845) und um eine dioptrisch bedingte Sekundärreizung nasaler Netzhautpartien. Analoges
gilt von der Angabe, daß Lichteindrücke bei geschlossenen Lidern temporal lokalisiert werden,
was auf lokale funktionelle Überlegenheit der nasalen Netzhauthälfte zu beziehen ist; vgl.
S. 322, 913, 919 [Köllner, H.: Arch. Augenheilk. **76**, 153 (1914). — Wessely, K.: Sitzgsber.
physik.-med. Ges. Würzburg **1914**. — Landolt, M.: Amer. J. Ophthalm. **7**, 595 (1924)],
zumal da sich bei Verwendung starker Lichtquellen doch auch richtige Lokalisation bei
Stellung des Lichtes nasalerseits erreichen läßt [Dimmer, F.: Graefes Arch. **105**, 794 (1921)].
Vgl. auch Th. Birnbacher (Fehlen des Phänomens bei Erblindung der nasalen Netzhauthälfte): Graefes Arch. **110**, 37 (1922). — Funaishi, Sh. (mit Angabe von Lokalisation temporal oben): Ebenda **119**, 227 (1927). — Wegner, W.: Klin. Mbl. Augenheilk. **79**, 549 (1927) —
gegenüber der ursprünglichen Angabe von S. Exner (Sitzgsber. Akad. Wiss. Wien, Math.-
naturwiss. Kl. **88**, Abt. 3, 103 (1883), daß die Netzhaut überhaupt für Durchleuchtung in
umgekehrter Richtung ganz oder fast ganz unempfindlich sei.

[3] Die an der Bodenfläche (vgl. S. 902) oder der habituellen „Arbeitsfläche" (im Sinne
der S. 1051 gemachten Ausführungen) gewonnene Erfahrung wäre dafür meines Erachtens
nicht zureichend.

schon unmittelbar nach der Geburt mit Hilfe des Gesichtssinnes im Raume orientieren[1]. Nicht minder ins Gewicht fällt die Tatsache, daß sich die sensorische Korrespondenz beider Netzhäute beim Menschen als elementar und fix erweist, und daß erst auf Grund der sensorischen Beziehung oder besser auf Grund der funktionellen Disparation gleichzeitig gereizter Netzhautstellen die Augenstellung mittels des Fusionsreflexes genau ausreguliert wird; die sensorische Korrespondenz erscheint somit als das primär Maßgebende, die motorische Korrespondenz hingegen zwar gleichfalls als kongenital begründet, aber erst als sekundär, d. h. individuell und fakultativ ausreguliert (vgl. S. 1092 ff.). Diese Auffassung wird noch dadurch wesentlich gestützt, daß zwar der anpassungsmäßige Erwerb einer neuen Beziehung der Netzhäute bei Schielenden möglich ist, diese jedoch durch ihr Schwanken einen wesentlich anderen Charakter aufweist als die normale Korrespondenz (vgl. S. 962). Auch daran sei erinnert, daß sowohl für die motorische wie für die sensorische Verknüpfung beider Augen eine anatomisch vorgebildete Grundlage abzuleiten ist; im ersteren Sinne sprechen Tierversuche und klinische Befunde (Reizergebnisse — auch an Neugeborenen, Blicklähmungen), im letzteren Sinne spricht die korrespondierende Lokalisation von Gesichtsfelddefekten nach einseitiger Verletzung der Sehrinde[2] sowie von pathologischen Reizeffekten beim Menschen (Flimmerskotom — J. MÜLLER, HERING, WILBRAND[3]).

Demnach ist es wohl nicht zu bezweifeln, daß die einäugige wie die zweiäugige Lokalisation nach Höhe und Breite auf einer angeborenen oder bildungsgesetzlich fixierten (Bezeichnung nach v. KRIES) Grundlage ruht[4]. Ein gleiches gilt jedoch augenscheinlich auch von der Tiefenlokalisation[5]. Schon deren

---

[1] DÖNHOFF: Arch. Anat. u. Physiol. **1876**, 288. — HERING, E.: **1879**, 365. — HAMBURGER, C. (an im Dunkeln zur Welt gekommenen und zunächst dort gehaltenen Hühnchen und Meerschweinchen): Arch. (Anat. u.) Physiol. **1905**, 400.

[2] Die Vertretung der korrespondierenden Stellen in der Sehsphäre derselben Hemisphäre muß nicht eine primär-gemeinsame sein; vgl. W. M. MAC DOUGALL: Brain **33**, 371 (1911). — MINKOWSKI, M. (Sonderung der Gebiete für die korrespondierenden Netzhauthälften in der Area striata): Encéphale **14**, 65 (1922). — LUTZ, L. (Schluß auf getrennten Verlauf der korrespondierenden Leitungen bis zur Hirnrinde und auf gesonderte Endigung, abgeleitet aus der Asymmetrie homonymer Gesichtsfelddefekte): Graefes Arch. **116**, 184 (1925). — VERHOEFF, F. H.: Ann. Ophthalm. **1902**. — Amer. J. physiol. Opt. **6**, 416 (1925) — BÁRÁNY, R. (unter Annahme von Endigung der Neurone des gleichnamigen Auges in der oberen, jener der Neurone des gegenseitigen Auges in der unteren Lage der inneren Körnerschicht und unter Aufstellung einer binokularen Mischungsschicht): J. Psychol. u. Neur. **31**, 289 (1925) — Acta Nova Soc. Sci. Uppsal., Erg.-Bd **1927**, 1, spez. 11. — HENSCHEN, S. E.: Hygiea (Stockh.) **87**, 555 (1925) — Trav. Labor. Biol. Madrid **23**, 217 (1925) — Ebenso sei die Alternative: corticale Doppelversorgung oder Unilateralvertretung jeder Hälfte der Macula [für letzteres WILBRAND und SAENGER, LENZ sowie PFEIFERS Befund, daß aus dem hinteren Anteil der GRATIOLETschen Sehstrahlung Faserbündel durch den Balken zur Sehrinde der Gegenseite ziehen — vgl. dazu auch die Angabe von Verknüpfung speziell der einander entsprechenden Anteile der Area striata durch Balkenfasern bei der Katze nach S. POLJAK, J. comp. Neur. **44**, 197 (1927)], hier offengelassen. Vgl. auch die Betrachtungen von J. LINDWORSKY: Z. Psychol. **94**, 134 (1924).

[3] WILBRAND, H.: Z. Augenheilk. **66**, 421 (1928).

[4] Zuerst von JOH. MÜLLER und E. HERING vertreten, während STEINBUCH, HELMHOLTZ, A. NAGEL, WUNDT, CLASSEN, SCHOELER eine Erwerbung mittels der Augenbewegungen annahmen [vgl. die historisch-kritische Darstellung bei A. TSCHERMAK: Erg. Physiol. **4**, 517, spez. 562 (1906), sowie die Ausführungen von J. v. KRIES: Über Empirismus und Nativismus, in der 3. Aufl. von HELMHOLTZ: Physiol. Optik **3**, 497ff. u. 520ff. (1910)]. S. auch F. SCHUMANN: Z. Psychol. **86**, 253 (1921). — JAENSCH, E. R.: Z. Sinnesphysiol. **52**, 229 (1921).

[5] Es wäre, wie bereits E. HERING [Beitr. **5**, 186 (1864) — **1879**, 572] betont hat, durchaus unberechtigt, der Nebeneinanderordnung, d. h. der Höhen- und Breitenlokalisation sowie der Korrespondenz eine ursprüngliche oder bildungsgesetzliche Grundlage zuzuschreiben, der Tiefenlokalisation hingegen eine solche abzusprechen und ihr eine rein empirische Begründung geben zu wollen; so früher vertreten von C. STUMPF: Über den physiologischen Ursprung der Raumvorstellung, spez. S. 208, 225. Leipzig 1873, später jedoch aufgegeben; vgl. Sitzgsber. preuß. Akad. Wiss., Physik.-math. Kl. **1899** II, 867; neu aufgenommen von

strenge Knüpfung an die Querdisparation, und zwar nicht an die geometrische Querverschiedenheit der Bilder an sich, sondern an eine funktionelle Querverschiedenheit der Netzhautelemente, ferner das Angeordnetbleiben des Querdisparationssystems um den primären Längsmittelschnitt bei seitlicher Neigung des Kopfes, welche eine Umwertung des vertikal empfindenden Netzhautmeridians zur Folge hat (vgl. S. 931, 935), spricht entschieden in diesem Sinne. Dazu kommt noch, daß auch stark exzentrische Netzhautpartien, welche unter den Verhältnissen des gewöhnlichen Sehens, nämlich bei Vermeidung extremer Seitenlagen des Blickes, infolge der Abblendung durch die Nase nicht binokular beansprucht werden, sich doch imstande erweisen, bei künstlicher Zugänglichmachung nicht bloß eine haploskopische, ·sondern auch eine stereoskopische Leistung aufzubringen. Analoges gilt wohl auch von den angrenzenden, noch stärker exzentrischen Netzhautteilen, welche ohne Aufhebung des Nasenhindernisses (wie sie durch Spiegelanbringung möglich ist) überhaupt niemals binokular beansprucht werden können, während die mit dem blinden Fleck des einen Auges „korrespondierende" Region des zweiten Auges im Gegensatze zur binokular beanspruchten Umgebung einer stereoskopischen Tiefenlokalisation entbehrt[1] (vgl. S. 941). Auch daran sei erinnert, daß binokular-stereoskopische Leistungen bei neugeborenen Tieren (und zwar auch bei solchen mit seitlich gerichteten, so gut wie unbewegt bleibenden Augen — z. B. bei Hühnern, Tauben, Eulen, Möwen, Fischen) keineswegs fehlen[2].

Somit spricht meines Erachtens alles für eine angeborene oder bildungsgesetzlich fixierte Grundlage der Lokalisation nach Höhe und Breite, aber auch nach Tiefe, jedoch nur im Sinne einer Festlegung der Ordnung, nicht aber auch der Größenwerte der einzelnen Eindrücke: auf den subjektiven Maßstab sind vielmehr unbestreitbar eine ganze Reihe empirischer Motive, auch psychischer Faktoren von bestimmendem Einfluß, ebenso wie die absolute und die egozen-

---

W. LOHMANN: Z. Sinnesphysiol. **42**, 142 (1908). — ASTER, E. V.: Ebenda **43**, 161 (1909) [abgelehnt von A. AALL: Ebenda **49**, 108, 161 (1916)]. — KRIES, J. v.: Zusätze zu HELMHOLTZ: Physiol. Optik, 3. Aufl., S. 502ff., 532ff. (1910) — Allgemeine Sinnesphysiologie, S. 216ff. (1923). — Vgl. ferner A. STÖHR: Zur nativistischen Behandlung des Tiefensehens. Wien 1892. — HIRTH, G.: Das plastische Sehen als Rindenzwang. München 1892.
[1] Die Schwierigkeiten, welche bei operierten Blindgeborenen einer baldigen Auswertung der plastischen binokularen Eindrücke entgegenstehen — speziell Unterbewertung der absoluten Entfernungen —, berechtigen meines Erachtens nicht dazu, an einer angeborenen Grundlage der Stereoskopie zu zweifeln (vgl. auch F. B. HOFMANN: **1920**—**1925**, 452ff.).
[2] Vgl. dazu A. TSCHERMAK: Pflügers Arch. **91**, 1 (1902) — Erg. Physiol. **4**, 517, spez. 561, 562 (1904) — (Sehen der Haustiere) Tierärztl. Zbl., H. 33. Wien 1910. — Vortr. d. Verbr. naturwiss. Kenntnisse **54**, H. 13. Wien 1913/14 — (Sehen der Fische) Naturwiss. **1915**, 11, 44 — Z. Augenheilk. **61**, 205 (1927). — S. ferner M. BARTELS: Graefes Arch. **101**, 299 (1920) — Z. Augenheilk. **56**, 346 (1925). — WILBRAND, H.: Ebenda **55**, 371 (1925). — SMITH, ELLIOT: Trans. brit. ophthalm. Soc. **45**, 53 (1925). — Auch daran sei erinnert, daß das Fehlen oder das Bestehen bzw. das Ausmaß einer Semidecussation der Opticusfasern im Chiasma *nicht* über das Fehlen oder das Bestehen bzw. das Ausmaß eines binokularen Gesichtsraumes entscheidet; gemeinsames Gesichtsfeld und Binokularsehen, Korrespondenz und Stereoskopie finden sich auch bei totaler Opticuskreuzung, wie die Perimetrie des Netzhautbildes und das biologische Verhalten nicht bloß bei Säugern, sondern auch bei Vögeln, Amphibien, Reptilien und Fischen beweist (TSCHERMAK, A. [unter Widerlegung der bezüglichen Theorien von NEWTON, JOH. MÜLLER, GUDDEN sowie ST. RAMON Y CAJAL, Die Struktur des Chiasma opticum. D. Übers. von BRESLER. Leipzig 1900]): Pflügers Arch. **91**, 1 (1902); bestätigt und weiter durchgeführt von ROCHON-DUVIGNEAUD: Ann. d'Ocul. **157**, 673 (1920); **158**, 561 (1921); **159**, 561 (1922); **178**, 227 (1924), sowie von J. DUBAR: Thèse de Paris 1924 und CAMBAU: Rev. vét. **79**, 667 (1927); betreffs Verhalten der Fische vgl. auch L. SCHEURING: Zool. Jb., Abtl. 7: Allg. Zool. u. Physiol. **78**, 113 (1921); ferner M. LANDOLT: Arch. d'Ophtalm. **41**, 193 (1924). — M. L. VERRIER: C. r. Acad. Sci. **184**, 1482 (1927); betr. unokularen und binokularen Gesichtsraums bei Cephalopoden vgl. C. HEIDERMANNS: Zool. Jb. Abt. f. allg. Zool. u. Physiol. **45**, 609 (1928).

trische Lokalisation durch gewisse nicht-sensorisch optische Momente und durch empirische Motive wie psychische Faktoren — so des Gedächtnisses, der Erfahrung und Übung — mitbestimmt wird. Nach einer solchen modern-nativistischen Auffassung[1] erscheint die Lokalisationsfunktion, der Höhen-, Breiten- und Tiefenwert der einzelnen Netzhaut- bzw. Sehorganelemente nach Ordnung, nicht aber auch nach Größe von Geburt an festgelegt, ohne das empirische Beeinflussungen und Veränderungen ausgeschlossen wären — selbst nicht die Möglichkeit des Erwerbes einer anpassungsmäßigen Ersatzbildung in Form einer anomalen Sehrichtungsgemeinschaft bei Disharmonie im okulomotorischen Apparate (vgl. S. 958)! Dort handelt es sich eben um eine primär-endogene, und zwar präfunktionelle Differenzierung, hier um eine sekundäre, exogen-reaktive Differenzierung; die erstere hat genotypischen Charakter oder Stammeswert, die letztere hingegen phänotypischen Charakter oder Personalwert. Damit ist eine volle Analogie bezeichnet mit den Leistungen morphologischer Differenzierung, bezüglich welcher die Notwendigkeit einer klaren und konsequenten Scheidung von primären, präfunktionellen und sekundären, funktionell-anpassungsmäßigen, von genotypischen und phänotypischen Leistungen (letztere durch funktionelle Anpassung, d. h. Anpassung „durch die Funktion an die Funktion" bewirkt — Roux), heute allgemein anerkannt ist[2]. Die modern-nativistische Auffassung über die optische Raumsinnfunktion harmoniert sonach völlig mit der neueren Auffassung der Morphogenese und braucht nicht Zuflucht zu nehmen zu unberechtigten anthropozentrischen Spekulationen, auch nicht zu der auf dem Gebiete der physiologischen Optik doppelt bedenklichen These einer Vererbung sog. erworbener Eigenschaften oder besser einer Neuvererbung somatogener Indukte.

Andererseits erscheint es meines Erachtens nicht berechtigt — wie dies im Anschlusse an Wundts Auffassung (vgl. S. 994) neuere Philosophen, so speziell Jaensch und seine Schüler[3] vertreten — die optischen Raumempfindungen erst aus einer Synthese retinalsensorischer, okulomotorischer und psychologischer Komponenten, speziell Aufmerksamkeitseinstellungen und Gestaltsauffassungen, hervorgehen zu lassen. So wenig ein sekundär modifizierender Einfluß psychologischer Faktoren geleugnet oder unterschätzt werden darf, so wenig kann es als zulässig und vorteilhaft bezeichnet werden, diese als bereits an der Bildung der elementaren Raumempfindungen mitwirkend zu betrachten oder ihnen eine Neues, Wesentliches schaffende Rolle zuzuschreiben. Werden geeignete einfache und übersichtliche Beobachtungsbedingungen gewählt, welche speziell die sekundär modifizierenden Einflüsse der Aufmerksamkeit, Erinnerung, Erfahrung und Phantasie möglichst ausschließen, so tritt der elementare Charakter der primären optischen Raumempfindung, ihre zwangläufig wirkende physiologische Grundlage klar und unbezweifelbar hervor.

Dies gilt, wie bereits oben betont, ebenso von der Lokalisation nach Höhe und Breite wie nach Tiefe. Allerdings ist bei solchen Beobachtungen eine exakte Methodik mit genügender Häufung und vielseitiger Variation unerläßlich —

---

[1] Vgl. dazu speziell die Ausführungen von F. B. Hofmann: **1920—1925**, 152ff.

[2] S. speziell Roux' Aufstellung einer ersten Periode präfunktioneller, selbständiger Gestaltung und einer zweiten Periode funktionsabhängiger anpassungsmäßiger Sekundärdifferenzierung. Vgl. dazu A. Tschermak: Physiol. u. pathol. Anpassung des Auges. Leipzig 1900 — Das Anpassungsproblem in der Physiologie der Gegenwart. Arch. sc. biol. **11** (Pawlow-Festschrift), 79. Petersburg 1904 — Die führenden Ideen in der Physiologie der Gegenwart. Münch. med. Wschr. 1913. Nr. 42 — Allgemeine Physiologie **1**, spez. 39, 411. Berlin 1924.

[3] S. speziell E. R. Jaensch: Z. Psychol. u. Physiol., Erg.-Bd **6** (1911) — Z. Psychol. **86**, 278 (1921) — Z. Sinnesphysiol. **52**, 229 (1922). — Kronenberger, P.: Ebenda **57**, 255 (1926).

womöglich eine messende Charakteristik als Kontrolle zu fordern. Sind aber diese Voraussetzungen erfüllt, so lassen sich beispielsweise stabile, individuell charakteristische Diskrepanzen nach Strecke und Richtung nachweisen; ebenso läßt sich eine charakteristische Horopterkurve aufzeigen, auf welche die noch so variierte Orientierung oder Zeichnung des Hintergrundes ohne Einfluß bleibt, sodann läßt sich eine Tiefenlokalisation auf Grund von Doppelbildern, sowie die Änderung der Sehrichtung im Wheatstone-Panumschen Grenzfall messend dartun. Andererseits wurde in obiger Darstellung auf gewissen Gebieten — so speziell auf jenem des subjektiven Maßstabes nach Höhe, Breite und Tiefe, sowie auf dem Gebiete der unokularen Tiefenlokalisation bzw. der Perspektive mit der Möglichkeit verschiedenartiger „Auslegung" und unokularer Inversion — die Rolle psychologischer Einflußnahme gebührend gewürdigt. — Daß hingegen die Annahme eines komplexen, nicht rein physiologischen, sondern auch psychologischen Ursprunges des optischen Raumsinnes bei dem Versuche einer Ausdehnung auf die Tierwelt scheitern muß, braucht kaum nochmals betont zu werden.

Gewiß erscheinen mit der gegenwärtigen Gestaltung der physiologischen Lokalzeichentheorie im Geiste des exakten Subjektivismus erst die Fundamente zu einer brauchbaren umfassenden Theorie des optischen Raumsinnes gelegt, keineswegs aber ist deren Aufbau bereits vollendet. Vielmehr mußten wir bereits im vorstehenden mehrfach auf die zahlreichen, noch auszufüllenden Lücken im Tatsachenbestande hinweisen; so bedürfen — um nur ein paar Beispiele herauszugreifen — auf dem Gebiete der Diskrepanzenlehre die dioptrischen und retinal-funktionellen Faktoren einer reinlichen Trennung, ehe das Horopterproblem erschöpfend behandelt werden kann; ebenso müssen die Grundlagen wie die mitbestimmenden Faktoren des subjektiven Maßstabes wie der absoluten und der egozentrischen Lokalisation erst klar herausgearbeitet werden. Von einer Erschöpfung des Beobachtungsgebietes sind wir trotz vielfältiger Bearbeitung noch weit entfernt.

Augenbewegungen.

Von

A. TSCHERMAK

Prag.

Mit 34 Abbildungen.

Zusammenfassende Darstellungen.

AUBERT, H.: Physiol. Optik. Graefe-Saemischs Handb. d. Augenheilk. **2** (2). Leipzig 1876. — A. BIELSCHOWSKY: Die Motilitätsstörungen des Auges. Graefe-Saemischs Handb. d. Augenheilk. 2. Aufl. 9. Kap. 122 (1907). — LE CONTE, J.: Sight. New York 1881; deutsche Übers. Leipzig 1883. — DUANE, A.: Motor anomalies of the eye. 2 vol. New York: J. H. Vail & Co. 1890. — DUKE-ELDER, W.: Recent advances in ophthalmology. London 1927. — FISCHER, O.: Mediz. Physik, S. 218—257. Leipzig 1913. — HELMHOLTZ, H. v.: Physiol. Optik, 1. Aufl., S. 457—528. Leipzig 1856—1866; 2. Aufl., 1885—1896; 3. Aufl. **3**, § 27, S. 34—129. 1911. — HERING, E.: Die Lehre vom binokularen Sehen. Leipzig 1868 — Raumsinn und Augenbewegungen. Hermanns Handb. d. Physiol. **3** (1). 1879. — HOFMANN, F. B.: Einige Fragen der Augenmuskelinnervation. Erg. Physiol. **5**, 599—621. 1906 — Raumsinn und Augenbewegungen. Graefe-Saemischs Handb. d. Augenheilk., 2. Aufl., 13. Kap. Auch separat Berlin 1920—1925, S. 259—351. — HOWE, L.: The muscles of the Eye. 2 vols. New York: G. F. Putnams Sons 1908. — LANDOLT, E.: Über Zusammenstellung der Augenbewegungen. Deutsche Übers. von H. MAGNUS. Breslau 1887. — MADDOX, E. E.: Tests and studies on the ocular muscles. Bristol: J. Wright & Co. 1898 — Die Motilitätsstörungen des Auges. Deutsche Übers. von W. ASHER. Leipzig 1902. — MOTAIS: Anatomie et physiologie de l'appareil moteur de l'œil de l'homme. Encycl. franç. d'Ophthalmologie. Paris 1904. — NUEL, J. P.: La vision. Paris 1904. — PETER, L. C.: The extraocular muscles. A clinical study of normal and abnormal ocular motility. Philadelphia 1927. — REDDINGIUS, R. A.: Das sensumotorische Sehwerkzeug. Leipzig 1898. — SAVAGE: Ophthalmic myology. Nashville (U. S. A.) 1902. — STEVENS, GEO T.: The motor apparatus of the eye. Philadelphia: F. A. Davis Co. 1906. — ZOTH, O.: Die Wirkungen der Augenmuskeln. Wien 1897 — Augenbewegungen. Nagels Handb. d. Physiol. **3**, 283—335. Braunschweig 1905.

Bezüglich der hier überhaupt nicht näher behandelten Untersuchungsmethoden sei speziell verwiesen auf F. B. HOFMANN: Untersuchung der Augenbewegungen. Tigerstedts Handb. d. physiol. Methodik **3** (1), 189—211. Leipzig 1919. — BIELSCHOWSKY, A.: Methoden zur Untersuchung des binokularen Sehens und des Augenbewegungsapparates. Abderhaldens Handb. d. biol. Arbeitsmethoden Abt. V, Teil 6, Heft 5 (Lief. 168). 1925.

I. Mechanik des Bulbusgelenkes.

Gelenkmechanisches.

Der Apparat der äußeren Augenmuskeln dient einerseits dazu, durch Drehbewegungen des Bulbus in der Orbitalpfanne eine Verlagerung des Blickes zustande zu bringen, andererseits dazu den Blick in geeigneten Lagen festzuhalten.

Um eine gesicherte Bewegung und Haltung zu gestatten, welche ohne Gefahr des Schlotterns, also ohne hochgradige Labilität der jeweiligen Gelenkstellung verläuft, müssen die Körper eines Gelenkes einander ständig flächen-

haft, nicht bloß punkt- oder linienförmig berühren. Dieser Fundamentalforderung
können starre Gelenkkörper nur bei kongruenter, und zwar nur bei sphärischer
Krümmung genügen. Bei einfachem Krümmungssinn der Berührungsfläche muß
diese ein Stück eines Kreiszylinders oder eines Kegelmantels sein, bei doppelter,
ungleichmäßiger Krümmung ein Flächenstück eines Kreisringes, bei dreifacher
Krümmung ein Stück einer Kugelfläche darstellen. Hingegen ist bei Elastizität
der Gelenkkörper weder volle Kongruenz noch voller sphärischer Charakter
für die Ruheform der Gelenkfläche erforderlich; es genügt bei nicht ruhekon-
gruenter bzw. nichtsphärischer Gelenkform eine *temporäre Kongruenz* durch
Adaptierung der Gelenkflächen infolge der Belastung oder infolge von Zug und
Druck der Weichteile (Hautzylinder, Kapselbänder, Muskel- und Sehnenapparat).
An den Gelenkkörpern des Skeletts sind die beiden verbundenen Knochenenden
deformabel durch den Knorpelüberzug — evtl. in noch höherem Maße durch
Einschaltung von Bandscheiben. Am Augapfel kommt praktisch eine Deformation des relativ harten Bulbus überhaupt nicht in Betracht, sondern ausschließlich eine solche seiner „Pfanne". Deren Deformabilität ist so hochgradig,
daß der Augapfel, welcher auch dann, wenn der Brechungszustand bzw. die
Achsenlänge der Norm (Emmetropie) entspricht, schon einigermaßen von der
reinen Kugelform abweicht[1] (noch mehr bei Myopie), in der ganzen Ausdehnung
seiner jeweils nach hinten gewendeten Fläche ständigen Kontakt behält mit
der Gelenkpfanne. Das Volum derselben bleibt andererseits weitgehend konstant, doch macht ihr Fettgewebe bis zu einer gewissen Tiefenerstreckung die
Drehung einigermaßen mit (Motais). Trotz dieser geradezu idealen Flächen-
und Volumkongruenz resultiert doch eine gewisse Änderung des Drehpunktes
im Augapfel (weniger im Raume[2]) je nach der Stellung in der Gelenkpfanne.
Immerhin beschränkt sich die Variation des kinematischen Mittelpunktes des
Bulbus bei in gewohnter Weise und in physiologischem Ausmaß ausgeführten
Bewegungen auf einen sog. interaxialen Raum von ca. 0,3 mm Durchmesser
(Berlin, J. J. Müller); sie ist bei horizontalen Bewegungen erheblich kleiner
als bei vertikalen[3], bei welch letzteren der Drehpunkt nach vorne zu rücken
scheint (Dodge). Im allgemeinen[4] wird die Lage des Drehpunktes beim Emme-

---

[1] Meistens ist der quere Durchmesser etwas kleiner als der vertikale, der Bulbus
gewissermaßen seitlich zusammengepreßt; doch kann in gewissen Fällen die Annäherung
der Hinterfläche an eine Kugel sehr weit gehen [L. Weiss: Anat. Hefte, 1. Abt. 8, 191 (1897),
F. B. Hofmann: **1920—1925**, 182]. Vgl. dazu die Angaben bezüglich der Krümmung der
Retinafläche bei G. Cascio: Ann. Ottalm. **50**, 314 (1922), s. auch S. 849.

[2] Vgl. die bezüglichen Auseinandersetzungen bei E. Hering: **1879**, 457 und J. v. Kries,
bei Helmholtz: Physiol. Optik 3. Aufl. **3**, 108 (1911).

[3] Als neuere Arbeiten über das Problem des Drehpunktes seien zitiert: Rey: Thèse.
Toulouse 1891. — Koster, W.: Arch. néerl. Sci. exact et nat. **30**, 370 (1896). — Dodge, R.:
Psychologic. Rev., Monographs, Suppl. **1907**, 35. — Grimsdale, H.: Trans. brit. ophth. Soc.
41, 357 (1921). — Brennecke (mit Angabe unwahrscheinlich großer Schwankungen zwischen
12,0 und 15,2 mm vom Hornhautscheitel bei Emmetropie): Klin. Mbl. Augenheilk. **63**, 227
(1922). — George, S. G., J. A. Toren u. W. Lowell (Vorrücken des Drehpunktes bei Adduktion um 0,86 mm — Zurückrücken bei Abduktion um 0,93 mm, Errechnung der Lage
des Drehpunktes: 15 mm hinter dem Hornhautscheitel, 1,5 mm nasal von der Blicklinie):
Amer. J. Ophthalm. **6**, 833 (1923). — C. Schaap (mit fehlerhafter Angabe beträchtlicher
Variation): Unters. bez. des Drehpunktes des Auges. J. D. Leiden 1927 — vgl. dazu
C. D. Verrijps Analyse der Augenbewegungen unter Voraussetzung von Mangel bzw. Inkonstanz eines Drehpunktes, Verh. Akad. Wiss. Amsterdam **37**, 193 (1928). — H. Hartinger: Verh. dtsch. ophthalm. Ges. Heidelberg 1928. — J. W. Nordenson, Ebenda.

[4] Vgl. die Daten bei H. Helmholtz: Physiol. Optik, 3. Aufl., **3**, 102, 165ff. sowie die
Tabelle der Werte von Donders und Doijer, Woinow, Volkmann, J. J. Müller bei
O. Zoth: Sitzber. Akad. Wiss. Wien, Math.-naturwiss. Kl. III **109**, 509 (1900) und Nagels
Handb. d. Physiol. **3**, 295 (1905), abgedr. bei J. v. Kries (Helmholtz 3. Aufl., **3**, 112),
ferner die Übersicht bei F. B. Hofmann: **1920—1925**, S. 264.

tropen nahe der Primärstellung[1] mit 13,0—14 mm (Mittel etwa 13,47 mm, und zwar 12,9 mm nach WEISS, 13,45 mm nach DONDERS und DOIJER, 13,54 mm nach VOLKMANN, 13,73 mm nach MAUTHNER, 13,8 mm nach KOSTER, 13,5 mm ± 0,25 an zeitlichen Schwankungen in waagerechter Blickebene nach HARTINGER — beim Myopen größer, beim Hypermetropen etwas kleiner) hinter dem Hornhautscheitel, ca. 1,5—2 mm (1,70 mm nach DONDERS) hinter der Mitte der Längsachse, 1,29 mm (nach VOLKMANN) bzw. im Durchschnitt 1,33 mm (vgl. S. 864) hinter dem Krümmungsmittelpunkt bzw. ca. 5,5 mm hinter dem mittleren Knotenpunkt und 10,5 mm (ÖHRWALL) bzw. 9,54 mm (vgl. S. 864) vor der Fovea angegeben. Normalerweise ist der Drehpunkt recht angenähert in der Verbindungslinie der beiden äußeren Orbitalränder, der Knotenpunkt in jener der äußeren Augenwinkel gelegen[2]. Blicklinie (d. h. Verbindungslinie von Fixierpunkt und Drehpunkt), Gesichtslinie (d. h. Verbindungslinie von Fixierpunkt und wirksamem Bildpunkt, als durch den Knotenpunkt laufend angenommen) und Hauptvisierlinie (d. h. Projektionslinie vom fixierenden Netzhautzentrum durch den Mittelpunkt der Eintrittspupille) fallen *nicht* genau zusammen. Hingegen scheinen der Drehpunkt, welcher nur wenige Zehntelmillimeter seitlich von der Hauptvisierlinie gelegen ist (HARTINGER), und der Schwerpunkt des Bulbus zusammenzufallen[3].

Trotz der angeführten unleugbaren Abweichungen kann jedoch kinematisch die Bewegung des Augapfels in seiner Gelenkpfanne mit weitgehender Annäherung so behandelt werden, „als ob" beide kongruente sphärische Krümmung von 12,25 mm Radius (VOLKMANN) und einen im Auge wie in der Orbita festliegenden Drehpunkt besäßen. Wenigstens ist der Endeffekt an Orientierung des Auges ein solcher (s. auch das über sog. Konstanz der Drehungsachsen S. 1015, 1062 Bemerkte).

(Von den Vertretern eines Ursprunges der optischen Lokalisation aus Augenbewegungen wurde der Drehpunkt geradezu als der Träger der Hauptperspektive betrachtet — vgl. S. 994.)

Während die Blickbewegungen bei physiologischem Ausmaß sehr angenähert als *reine Drehbewegungen* betrachtet werden können, kommen als Mitbewegungen bei extremer Öffnung oder Verengerung der Lidspalte Verschiebungen des Augapfels entlang seiner Längsachse, sog. *translatorische Bewegungen* vor. So tritt der Bulbus bei extremer Öffnung etwas vor (bis zu 0,8 mm), bei Verengerung etwas zurück[4] (bis 0,66 mm). Ebenso erfolgt ein Vortreten beim Übergang von Fixation eines fernen Punktes zu der eines nahen (DONDERS, TUYL). — Die Frage translatorischer Bulbusverschiebungen bei Blickbewegungen erscheint meines Erachtens angesichts gewisser Komplikationen der bisher

---

[1] Bei Blickhebung wird ein Nachhintenrücken, bei Blicksenkung ein Nachvornerücken des Drehpunktes angegeben (J. J. MÜLLER, BERLIN).

[2] JACKSON, E.: Trans. amer. med. Assoc. 27. sess. Boston 6, 58 (1921). — Der Abstand der beiden Drehpunkte ist um 2—3 mm größer als die empirisch ermittelte Pupillardistanz und weist Werte auf zwischen 50 und 73 mm, gewöhnlich zwischen 58 und 68 mm (A. DUANE: Arch. of Ophthalm. 1924, 119).

[3] KOEPPE, L. [Abstand 13,2 mm vom Hornhautscheitel — Dtsch. opt. Wschr. 9, 242, 252, 265 (1923)] — im Gegensatze zu der von S. M. KOMPANEJETZ [Arch. Ohr- usw. Heilk. 112, 1 (1924)] gezogenen Schlußfolgerung auf Tieferliegen des Schwerpunktes gegenüber dem Drehpunkte (vgl. S. 1077 Anm. 3).

[4] MÜLLER, J. J.: Graefes Arch. 14 (3), 206 (1868). — DONDERS, F. C.: Ebenda 17 (1), 99 (1871). — BERLIN, E.: Ebenda 17 (2), 181 (1871). — TUYL, A.: Ebenda 52, 233 (1901). — ALLING, A. N.: Arch. Augenheilk. 44, 86 (1901). — LUDWIG, A.: Klin. Mbl. Augenheilk. 1903, 389. — PESCHEL, M.: Zbl. prakt. Augenheilk. 1904, 11. — BIRCH-HIRSCHFELD, A.: Graefe-Saemischs Handb. d. Augenheilk., 2. Aufl. 9, 167 (1912).

dafür verwerteten Beobachtungen (speziell Berlins) — derzeit noch nicht spruchreif[1].

Muskelmechanisches.

Aber auch in muskelmechanischer Hinsicht nimmt das Orbitalgelenk eine Sonderstellung ein. Die Deformierbarkeit der Pfanne ist hochgradig, die intraartikulare Reibung sehr gering; relativ bescheiden ist auch der Widerstand, welchen die bei der einzelnen Bewegung jeweils einer mechanischen Beanspruchung bzw. einer passiven Anspannung und Dehnung unterliegenden Weichteile (Kapselteile, speziell Bänder, Muskeln und Sehnen) entgegensetzen, — wenn er auch mit zunehmender Abweichung vor der Mittelstellung wächst[2].

Dabei fungieren die Bänder dauernd als Dämpfer der Augenbewegungen. Die ständigen Asymmetrien der Widerstände — z. B. die stärkere Belastung der nasalen Bulbushälfte durch den medial vom hinteren Augenpole etwas oberhalb des Horizontalmeridians austretenden Sehnerven, wodurch trotz Aufliegens des Sehnerven auf dem Bindegewebelager des pyramidalen Retrobulbärraumes eine gewisse Tendenz zur Hebung und Einwärtsrollung gegeben ist — sind als anpassungsmäßig ausgeglichen zu betrachten durch entsprechend asymmetrische Verteilung des passiven Dehnungswiderstandes, evtl. auch des Widerstandes durch aktiven Tonus der Senker und Auswärtsroller. Daß auch bei radiären Bewegungen aus einer bestimmten Grundstellung heraus keine asymmetrischen Widerstände auftreten, wird später noch auszuführen sein; bei Bewegungen außerhalb der Primärradianten, welche durch den primären Blickpunkt nach allen Richtungen in der Blickebene geradlinig verlaufen (vgl. S. 1012), sei jedoch eine Komplizierung des Bewegungseffektes durch Auftreten asymmetrischer Widerstände offen gelassen[3], obzwar schließlich genau dieselbe Orientierung des Auges erreicht wird, wie sie durch direkte Bewegung längs des betreffenden Primärradianten unter Symmetrie der Widerstände zustande käme. Die Exkursionsfähigkeit ist mitbestimmt durch den gegebenen Längsüberschuß (beim Menschen 5—7 mm nach Comberg[4]) und durch die Dehnbarkeit des bei Mittellage geschlängelt verlaufenden Sehnerven.

Das ganze Gewicht des Bulbus — für welches folgende Ansätze[5] gemacht seien (beim Erwachsenen):

Bulbus allein	7,5 g (Krause)
Augenmuskeln ohne Sehnen	3,2 „ (Volkmann)
Sehnen und Bindegewebe	1,8 „ („)
Sehnerv	0,7 „ (E. Bischoff)
Gesamtgewicht	13,2 g (E. Bischoff) —

---

[1] Vgl. dazu E. Hering: **1879**, 455. — Zoth, O.: **1905**, 292. — Kries, J. v.: bei Helmholtz: Physiol. Optik, 3. Aufl. **3**, 105 (1911). — Hofmann, F. B.: **1920—1925**, 260ff. — Über Lageänderung des Auges in der Längsachse bei Änderung der Kopfhaltung vgl. O. Barkan: Arch. Augenheilk. **80**, 168 (1916). — W. Comberg: Verh. dtsch. Ophthalm. Ges. Heidelberg 1928; über künstliche axiale Verschieblichkeit des Bulbus in der Orbita siehe A. Gutmann: Z. Augenheilk. **31**, 109 (1914).

[2] Über die Hemmungseinrichtungen im okulomotorischen Apparat vgl. speziell Motais: Anatomie de l'appareil moteur de l'œil. Paris 1887. — Bellows: Ophthalm. Record **1899**, 250. — Savage: Ophthalmic myology. Nashville 1902. — Maddox, W.: Motilitätsstörungen, S. 40 (1902). — Zoth, O.: Nagels Handb. d. Physiol. **3**, 291 (1903).

[3] Vgl. E. Herings Satz (**1868**, 112; **1879**, 513): die Halbachse des Drehbestrebens des Muskels ist nicht notwendig auch die Halbachse der wirklichen Drehung, die er herbeiführt. — S. auch S. 1015 Anm. 1 und S. 1016.

[4] Comberg, W.: Verh. dtsch. ophthalm. Ges. Heidelberg 1928.

[5] Volkmann, A. W.: Ber. sächs. Ges. Wiss., Math.-physik. Kl. **21**, 45 (1869). — Theile, F. W.: Nova acta Leop. Carol. Acad. **96**, Nr 3 (1884). — Vierordt, H.: Anat.-physiol. u. physik. Tabellen, 3. Aufl., S. 42, 167. Jena 1906.

wird durch den Gegendruck des Widerlagers getragen und kommt nur als Drehungshindernis in Betracht. Für die am Bulbus angreifenden Muskeln erscheinen also die Bedingungen für Drehungseffekte optimal, indem ein nur sehr geringer Kraftaufwand erfordert wird. Zudem bleibt infolge Aufwicklung der Endstrecke der Muskeln auf dem Bulbus[1] der Abstand der Resultierenden jedes Einzelmuskels vom Drehpunkte, also der Hebelarm der Kraft konstant (gleich dem äußeren Bulbusradius von 12,25 mm nach VOLKMANN bzw. 12,16 mm nach RAUBER). Dieser Abstand ist relativ sehr gering, so daß schon bei sehr mäßiger Verkürzung eines Augenmuskels ein erheblicher Drehungswinkel durchmessen wird, also eine erhebliche Winkelgeschwindigkeit resultiert (ähnlich wie bei einem Wurfhebel).

Andererseits ist jede Ursprungsstelle eines Augenmuskels am Foramen opticum wie am Orbitalfortsatz des Oberkiefers durch die großen Widerstände, welche durch Schwere und elastische Kräfte einer Kopfbewegung entgegengestellt werden, praktisch ein Punctum fixum für den schwachen Muskel. Dementsprechend wirken zwar die Augenmuskeln ebenso wie alle anderen Muskeln auf ihre *beiden* Endpunkte, jedoch produzieren sie an den Ursprungspunkten keinen Bewegungseffekt, sondern nur Spannung, an den Insertionspunkten unter nur geringem Verlust an Anspannungszeit (noch vermindert durch den dauernd bestehenden Muskeltonus!) und unter relativ geringer mechanischer Arbeit Drehbewegung und Erhaltung einer bestimmten Augenstellung. Eine muskulare Vor- und Rückwärtsbewegung des Bulbus kommt beim Menschen innerhalb des gewöhnlichen Bewegungsausmaßes nicht in Betracht; an sich besäßen die vier Recti eine retraktive, die beiden Obliqui eine provektive Komponente, welche jedoch unwirksam bleiben infolge bezüglicher Widerstände, welche speziell seitens der TENONschen Kapsel und ihres Bandapparates geleistet werden, aber auch in der Dauerspannung der beiden gegensinnigen Muskelgruppen gegeben sind.

Bezüglich der von der Zugrichtung, der Muskellänge und dem Muskelquerschnitt abhängigen Drehmomente der einzelnen Augenmuskeln genüge es, daran zu erinnern, daß die vier Recti im erschlafften Zustande ungefähr gleiche Länge (40 mm) zeigen, die zwei Obliqui geringere (32,7—34,5 mm), daß hingegen der Querschnitt beträchtliche Unterschiede aufweist

(R. med. > R. lat. > R. inf. > R. sup. > Obl. sup. > Obl. inf.)
17,3   16,64   15,85   11,62   8,36   7,89 mm^2;

die Kraft der Einzelmuskeln ist demnach an sich recht verschieden (VOLKMANN).

Bewegungsformen des Augapfels.

Grundbewegungen. Eine Drehbewegung des Auges ist nach allen Richtungen innerhalb gewisser Grenzen gleichgut möglich, indem die Blicklinie alle geradlinigen Radianten einer frontoparallelen Ebene gleich gut abwandern kann. Nur eine Drehbewegung um die Blicklinie selbst, d. i. eine wahre Rollung,

---

[1] Die Bogenlänge der Aufwicklung entspricht dem Verkürzungsmaximum bei reiner Drehwirkung bzw. folgenden Winkelwerten (nach VOLKMANN):

Obl. sup. ⟨ R. int. ⟨ R. inf. ⟨ R. sup. ⟨ Obl. inf.
26° 55′   29° 31″   41° 43″   41° 48″   78° 18′
d. i. $^1/_8$ $^1/_8$ $^1/_4$ $^1/_5$ $^1/_2$ der Muskellänge.

Die maximale Verkürzung macht nur etwa ein Viertel der Ruhelänge aus. Die erforderte Kraft ist sehr gering (vgl. H. AUBERT: Physiol. Optik S. 670 — gegenüber dem Versuche von A. FICK und W. WUNDT, das Prinzip der Augenbewegungen überhaupt in der Bewegung mit der geringsten Muskelanstrengung zu erblicken). Inwieweit sie etwa dem Gewichte des Muskels proportional gesetzt werden könnte, wird später (S. 1019) noch erörtert werden.

tritt bloß unter besonderen Umständen ein (nämlich bei gewissen Bewegungen außerhalb der Primärradianten, beim Übergang vom Ferne- zum Nahesehen, bei seitlicher Neigung des Kopfes).

Als Grundbewegungen seien die lotrechte oder Vertikaldrehung bzw. Hebung-Senkung und die waagerechte oder Horizontaldrehung bzw. Einwärts-Auswärtswendung des Einzelauges bezeichnet: letztere wird bezüglich des Doppelauges unterschieden in eine gleichsinnige Seitenwendung und in eine gegensinnige Seitenwendung oder Näherung-Fernerung (Konvergenz-Divergenz). Dabei sei die Ausgangsstellung zunächst noch nicht genauer festgelegt, auch von einer Analyse nach Einzelmotoren abgesehen und nur aufrechte Kopfhaltung bzw. Waagerechtstellung der die beiden Drehpunkte verbindenden Basallinie vorausgesetzt.

Die genannten Bewegungen werden zunächst nur nach den Grundrichtungen des Außenraumes, nach der Lotrechten und der Waagerechten, festgelegt; rein kinematisch lassen diese keinen Vorzug vor den anderen Radianten eines frontoparallelen Blickfeldes erkennen. Myologisch erscheinen nur die waagerechten Bewegungen ausgezeichnet, indem sie — allerdings nur bei einer bestimmten Höhenstellung und nur schematisch — angenähert (wegen minimaler Abweichung der Drehungsachsen vom Lote und minimaler Abweichung beider voneinander!) als Leistungen eines einzelnen Muskels bzw. Muskelpaares betrachtet werden können. Nicht gilt dies von den Vertikalbewegungen, da für diese (mindestens) je zwei Muskeln bzw. Muskelpaare in Frage kommen, deren Glieder erst einer näheren Analyse ihrer Wirkungsweise bedürfen.

II. Achsen und Drehkomponenten der einzelnen Augenmuskeln.

Alle sechs Augenmuskeln besitzen relativ ausgedehnte Ursprungsflächen und Insertionsstellen, welch letztere Ringsektoren bilden. Die Aufstellung resultierender Endpunkte, einer resultierenden Zugrichtung bzw. Muskelebene (bestimmt durch Zugrichtung und Blicklinie) und einer resultierenden Drehungsachse für jeden einzelnen Augenmuskel ist nur schematisch möglich. Auch muß dabei vorausgesetzt werden, daß die kontraktilen Elemente gleichmäßig auf die Insertionsfläche bzw. auf den Muskelquerschnitt verteilt sind und gleichmäßig beansprucht werden, sowie daß die Wirkungsebene bzw. die Drehungsachse[1] während der Kontraktion konstant bleibt. Zudem ist ja die kinematische Ausgangslage oder Primärstellung nicht einfach an der Leiche bestimmbar und mit der postmortalen Ruhelage nicht glatt identisch zu setzen (vgl. unten S. 1032). Als die zuverlässigste und brauchbarste Aufstellung eines Raumkoordinatensystems von Ursprungs- und Insertionspunkten für die einzelnen Augenmuskeln des Menschen[2] sei jene von Volkmann[3] bezeichnet.

[1] Dafür, daß selbst bei erheblicher Drehung des Bulbus aus der Primärstellung heraus die Drehungsachsen der einzelnen Muskeln ihre Lage im Raume nicht nennenswert verändern, macht Helmholtz (3. Aufl. **3**, 47) die breite, fächerförmige Insertionsweise der Muskeln am Augapfel verantwortlich.

[2] Über den Vergleich der Anordnung und Ausbildung der Augenmuskeln in der Tierreihe — speziell über die Variation der Insertion des Obl. sup. — s. speziell A. Whitnall: Trans. brit. ophthalm. Soc. (Symposion) **45**, 96 (1925).

[3] Volkmann, A. W.: Ber. sächs. Ges. Wiss. **21**, 45 (1869). — Vgl. die Werte von A. Fick [Z. rat. Med. N. F. **4**, 101 (1854)] und C. G. Ruete [Ein neues Ophthalmotrop (1857)] in der Tabelle bei H. Aubert: Physiol. Optik 640 (1876). — Zoth, O.: Sitzber. Akad. Wiss. Wien, Math.-naturwiss. Kl. III **109**, 1 (1900) — Nagels Handb. d. Physiol. **3** (Tabelle der Koordinaten und Insertionspunkte S. 289, Tabelle der Winkel der Drehungshalbachsen S. 297). — Kries, J. v. (Helmholtz 3. Aufl. **3**, 125), wo entsprechend der verschieden angenommenen Lage des Drehpunktes die Volkmannschen y-Werte durch Addition von 1,29 mm mit jenen von Fick und Ruete vergleichbar gemacht erscheinen. — Vgl. dazu auch H. Wilson: Arch. of Ophthalm. **29**, 404 (1900).

Als Ursprung ist dabei der schematisch als fest betrachtete Drehpunkt (1,33 mm hinter dem schematischen Krümmungsmittelpunkt) angesetzt; die Richtung der X-Achse ist frontal, d. h. die beiden Drehpunkte verbindend angesetzt und nach außen positiv gerechnet, die Y-Achse sagittal, d. h. senkrecht zur X-Achse angesetzt und nach vorn positiv gerechnet, endlich die Z-Achse vertikal angenommen und nach oben positiv gerechnet (vgl. die nebenstehende Tabelle). In Abb. 301 und den folgenden ist als Halbachse der Drehung eines Augenmuskels jene bezeichnet, um welche — beim Visieren vom Drehpunkte (des zunächst allein betrachteten linken Auges) aus — die Bewegung im Sinne des Uhrzeigers erfolgt[1]. Positiv wird (nach HERING[2]) eine Rollung genannt, wenn sie vom Retinalpole aus gesehen im Sinne des Uhrzeigers erfolgt; negativ bei Ablaufen gegen den Sinn des Uhrzeigers. Eine Einwärtsrollung bzw. Nasalwärtsneigung des oberen Poles des primären Vertikalmeridians ist sonach für beide Augen eine gegensinnige, und zwar für das

Tabelle. (Nach VOLKMANN.)

Muskeln	Koordinaten vom Drehpunkte aus	Ursprünge	Ansätze
Rect. sup.	x	-16	0
	y	$-31,76$	$+7,63$
	z	$+3,6$	$+10,48$
Rect. inf.	x	-16	0
	y	$-31,76$	$+8,02$
	z	$-2,4$	$-10,24$
Rect. lat.	x	-13	$+10,08$
	y	$-34,0$	$+6,5$
	z	$+0,6$	0
Rect. med.	x	-17	$-9,65$
	y	-30	$+8,84$
	z	$+0,6$	0
Obl. sup.	x	$-15,27$	$+2,9$
	y	$+8,24$	$-4,41$
	z	$+12,25$	$+11,05$
Obl. inf.	x	$-11,1$	$+8,71$
	y	$+11,34$	$-7,18$
	z	$-15,46$	0

L.A. eine positive, für das R.A. eine negative; Auswärtsrollung für das L.A. eine negative, für das R.A. eine positive. Gleichsinnige Rollung beider Augen z. B. nach rechts bedeutet positive Rollung beider, nach links negative Rollung. (Bezüglich der Nomenklatur der Rollungsabweichung beider Augen sei auf S. 1072 verwiesen.)

Streng genommen, besitzt — selbst bei Primärstellung des Auges und Aufrechthaltung des Kopfes — kein einziger Muskel eine genaue lotrechte oder waagerechte

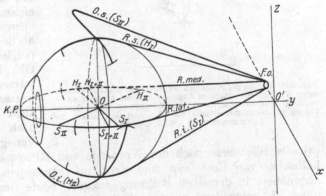

Abb. 301. Schema des linken Bulbus und der Augenmuskeln mit deren Drehungsachsen sowie den Koordinatenachsen der Orbita — bei Ansicht von links her. K. P. = Kornealpol. F. o. = Foramen opticum. R. med. = M. rectus medialis seu internus. R. lat. = M. rectus lateralis seu externus. (1) R. s. (H_I) = M. rectus superior, Heber I mit zugehöriger Drehungsachse H_I. (2) O. i. (H_{II}) = M. obliquus inferior, Heber II mit zugehöriger Drehungsachse H_{II}. (3) R. i. (S_I) = M. rectus inferior, Senker I mit zugehöriger Drehungsachse S_I. (4) O. s. (S_{II}) = M. obliquus superior, Senker II mit zugehöriger Drehungsachse S_{II}.

---

[1] HELMHOLTZ, H. v.: Handb. d. physiol. Optik, 1. Aufl. S. 470; 2. Aufl. S. 627; 3. Aufl. **3**, 46 — gegenüber der Betrachtung aus der Verlängerung der einen Achsenhälfte bei E. HERING: **1868**, 121.

[2] HERING, E.: **1879**, 489.

Drehungsachse, ist also keiner als völlig reiner Seitenwender oder gar als völlig reiner Vertikalmotor zu bezeichnen, indem Nebenkomponenten im Sinne von Vertikalbewegung oder Seitenwendung und in beiden Fällen von Rollung bestehen. Ebenso liegen für kein Muskelpaar die beiden einzelnen Halbachsen in genau derselben Richtung: es gibt demnach auch unter den Augenmuskeln keine völlig reinen Antagonisten[1].

Dieses Verhalten ist (von der nur sehr geringen Differenz der Seitenwender abgesehen) auch aus dem Heringschen Schema[2] abzulesen, welches die Spurlinien darstellt, welche die Blicklinie bei alleiniger Wirkung je eines Augenmuskels auf einer frontoparallelen Ebene von bestimmten Abstande

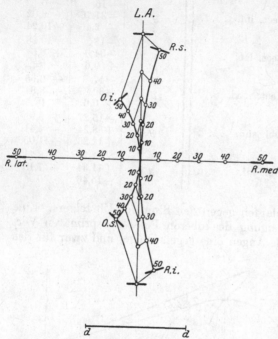

aufzeichnen würde (Abb. 302, modifiziert nach Tschermak durch Einfügung der vertikalen Resultierenden, s. später).

Innenwender und Außenwender sind zugleich Senker, wenn auch in sehr geringem Grade. Weit größer ist die Komplikation bei den einzelnen Vertikalmotoren: der Rect. sup. ist zugleich Heber, Einwärtswender und Einwärtsroller, der Obl. sup. sein Gegenstück als Senker und Auswärtswender, nicht aber als gleichfalls einwärtsrollender Muskel, wobei aber auch die Maße der ersteren Komponenten beiderseits einander nicht glatt entsprechen. Ebenso sind Rect. inf. als Senker und Einwärtswender (zugleich Auswärtsroller!) und Obl. inf. als Heber und Auswärtswender (aber zugleich Auswärtsroller!) dem Sinne nach, nicht aber der Wirkungsgröße nach Antagonisten. Nur bei Verlegung der Kräfte in die

Abb. 302. Schema der Spurlinien der Blicklinie des linken Auges unter Wirkung der einzelnen Augenmuskeln bei Abstand dd — nach E. Hering, modifiziert von Tschermak durch Hinzufügung der Hebungsresultante von *R. s.* und *O. i.* sowie der Senkungsresultante von *R. i.* und *O. s.*

primäre Blickebene nach dem Vorgange von Ruete kann man die Drehungshalbachse von Rect. sup. und Rect. inf. sowie jene der beiden Obliqui als angenähert in derselben Richtung gelegen, beide Gesamtachsen einander als unter 71° schneidend ansetzen (vgl. Abb. 303).

Die beiden Heber wirken sonach gleichsinnig, wenn auch nicht gleichmäßig mit einer in die waagerechte Achse fallenden Komponente, gegensinnig mit einer lotrechten Komponente, gegensinnig mit einer in die Blicklinie fallenden Komponente. Rollung im gleichen Sinne bewirken, und zwar nach einwärts Rect. sup. und Obl. sup,. nach auswärts Rect. inf. und Obl. inf. Zudem resultiert

---

[1] Vgl. speziell O. Zoth: Nagels Handb. d. Physiol. **3**, S. 303ff.

[2] Diesem Schema ist die später (S. 1018) zu begründende Annahme Ruetes (Ein neues Ophthalmotrop. Leipzig 1857) zugrunde gelegt, daß — bei Verlegung der Kräfte in die primäre Blickebene — die Achse der beiden Recti vert. um 71°, die der beiden Obliqui um 38° von der Blicklinie abweicht.

rein mechanisch (nicht erst auf Grund einer binokularen Kooperation!) entsprechend der Lage der Drehmomente der Augenmuskeln eine Begünstigung der relativen Divergenz bei Blickhebung, der relativen Konvergenz bei Blicksenkung[1] (vgl. S. 1030 Anm. 5, 1049, 1055, 1061).

Die Wirkungskomponenten der einzelnen Muskeln sind abhängig von der jeweiligen Augenstellung. So bleibt die resultierende Zugrichtung eines einzelnen Lateralmuskels bei Stellungsänderung des Auges nur dann in der Orbita und im Auge konstant, wenn dabei die Ebene der Blickbahn die Zugrichtung geradezu einschließt, also einfach eine fortgesetzte Verkürzung desselben Muskels erfolgt. Da nun — wie später darzulegen sein wird — beide Heber (Senker) für Blickbewegungen ständig so zusammenwirken, als ob sie ein einziger Muskel wären, gilt dieser Satz nicht bloß für den Außen- oder Innenwender des Auges, sondern auch für den resultierenden Heber (Senker). Denken wir uns durch die Wirkungsrichtung des einzelnen Seitenwenders bzw. des resultierenden Hebers (Senkers) und durch den Drehpunkt je eine Ebene gelegt, so bezeichnet die Schnittlinie dieser Ebenen eine ausgezeichnete kinematische Ausgangsstellung, die sog. Primärstellung (vgl. S. 1032). Wenn nun von dieser Stellung aus ein Seitenwender und der resultierende Heber (Senker) in einem konstanten Verhältnisse zusammenwirken, also das Auge vom primären Blickpunkte längs eines bestimmten geradlinigen Radianten bewegt wird, so bleibt die gemeinsame Resultierende bzw. die Diagonalachse der zwei bzw. drei Muskeln im Auge ebenso wie in der Orbita fest, und zwar senkrecht zur Blicklinie, während sich die Wirkungsrichtung bzw. die durch den Drehpunkt gelegte Wirkungsebene des einzelnen Muskels ändert. Obwohl bei Bewegung in Primärradianten die Lage der Blicklinie nicht mehr der Schnittlinie der einzelnen Wirkungsebenen entspricht, fehlt infolge des Senkrechtbleibens der Diagonalache zur Blicklinie eine in diese selbst fallende Komponente im Sinne von Rollung. Hingegen wird eine solche manifest bei jeder Blickbewegung längs einer Geraden außerhalb eines Primärradianten: so gewinnen bei gehobener oder gesenkter Lage des Auges die seitlichen Augenmuskeln neben der Wendungskomponente eine in die Blicklinie selbst fallende Rollungskomponente, und zwar in einem der Seitenwendung entgegengesetzten Sinne; es erfolgt also bei Linkswendung eine Rechtsrollung, d. h. um die vordere Halbachse und umgekehrt (HELMHOLTZ[2]). Ebenso gewänne bei Laterallage des Bulbus ein gedachter einfacher Heber oder Senker neben der Vertikalkomponente gleichfalls eine rollende Teilwirkung. (Näheres s. S. 1034, 1045.)

Will man das Verhalten des Auges bei Lähmung (Abweichung der Blicklinie aus der Primärstellung, Bewegungsweise) zur Erschließung der Drehkomponenten des ausfallenden Muskels verwenden, so ist stets mit der Möglichkeit

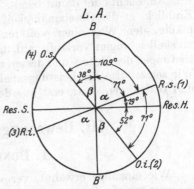

Abb. 303. Lage der nach RUETE in die Horizontale verlegten Drehungshalbachsen der Vertikalmotoren des linken Auges — speziell Teilung des Winkels der Heberachsen und der Senkerachsen durch deren Resultierende (*Res. H.* und *Res. S.*) sowie des Supplementärwinkels durch die Blicklinie (*BB'*).

---

[1] Vgl. O. ZOTH: Pflügers Arch. **78**, 363, spez. 392 (1899) — Sitzber. Akad. Wiss. Wien, Math.-naturwiss. Kl. III **109**, 1 (1900) — Nagels Handb. d. Physiol. **3**, 303 (1905). — Obiges Verhalten gilt auch bei Schielenden mit fehlendem Binokularsehen.
[2] HELMHOLTZ: Physiol. Optik, 1. Aufl. S. 464; 3. Aufl. **3**, 40. — ZOTH, O.: Nagels Handb. d. Physiol. **3**, 301, 304 (1905).

zu rechnen, daß infolge der Beeinträchtigung der Fusionsleistung ein präexistendes Ungleichgewicht der Muskeln (sog. Heterophorie) hervortritt und dieses die Ausfallserscheinungen kompliziert (vgl. S. 1020 Anm. 2, 1071).

Schon aus der kurzen Betrachtung der Achsen und Drehkomponenten der einzelnen Augenmuskeln ergibt sich die bedeutsame Folgerung, daß andeutungsweise schon zur tatsächlichen Ausführung einer reinen, ohne gleichzeitige Vertikalabweichung erfolgenden Seitenwendung, welche immerhin mit schematisierender Annäherung als Einzelmuskelbewegung betrachtet werden kann, sicher aber zur tatsächlichen Ausführung einer reinen Hebung oder Senkung ohne gleichzeitige Seitenwendung und Rollung, ebenso aber auch zu einer Rollung um die feststehende Blicklinie — also ohne gleichzeitige Lateral- und Vertikalbewegung —, *ein einzelner Augenmuskel nicht zureicht, vielmehr ein geordnetes, in bestimmten Verhältnissen erfolgendes Zusammenwirken mehrerer Muskeln erforderlich ist.* (Näheres bezüglich dieser Konsequenz s. S. 1044.)

Angesichts der damit bereits gegebenen Komplikation erscheint es, um einen Einblick in die Gesetzmäßigkeit der Augenbewegungen zu gewinnen, zweckmäßig, den Weg einer weiteren Verfolgung der nichtphysiologischen Einzelmuskelleistungen vorläufig aufzugeben und die direkte Feststellung der Gesamtleistungen des Motors und dessen rein kinematische Analyse in Angriff zu nehmen. Wir setzen also die Leistungsanalyse der Motoren der Elementenanalyse voran und deduzieren dann erst aus der ersteren die letztere!

III. Bewegungsgesetze des Einzelauges.

A. Donderssches Gesetz[1].

Wie eingangs erwähnt, vermag das Auge Seitenwendungen gleich gut auszuführen und beide in jedwedem Verhältnisse zu radiären Bewegungen und Vertikalbewegungen von einer bestimmten Ausgangsstellung aus, aber auch zur Überführung der Blicklinie aus jedweder möglichen Lage in jedwede andere solche zu kombinieren. Es ergibt sich jedoch dabei eine ganz bestimmte Gesetzmäßigkeit, was die Änderung der Orientierung des Bulbus um die Blicklinie oder der Lage der Netzhautschnitte im Raume anbelangt. Mit jeder einzelnen Stellung der Blicklinie relativ zu einer bestimmten Ausgangsstellung (bei Voraussetzung gleicher Entfernung des Blickpunktes vom Beobachter), also mit einem relativen Wert an Blicklage nach Höhe, Breite und Tiefe — nicht bloß des einen, sondern beider Augen! — erweist sich nämlich ein ganz bestimmter relativer Wert an Orientierung oder Netzhautlage gekoppelt. Bei jeder Änderung der Einstellung des Auges, mag sie auf welchem Wege und auf welche Weise immer geschehen, wird schließlich immer dieselbe Orientierungsänderung nach Sinn und Ausmaß erreicht — von kleinen zeitlichen Schwankungen abgesehen. (*Gesetz von der Konstanz der* [*relativen*] *Orientierung entsprechend der* [*relativen*] *Blicklage nach* Donders.)

Prägen wir unserer Netzhaut in einer beliebigen Ausgangsstellung das Nachbild eines rechtwinkligen Kreuzes ein, und bezeichnen wir nach einer bestimmten relativen Änderung der Augenstellung, z. B. Hebung und Seitenwendung von 45° — unbekümmert um die jeweilige Erscheinungsform des Nachbildes — auf einer homozentrischen Hohlkugelschale oder auf einer frontoparallelen Ebene die mit den Kreuzschenkeln zusammenfallenden Linien, so finden

_____

[1] Donders, F. C.: Holländ. Beiträge **1**, 104, spez. 135, 384 (1848) — Graefes Arch. **21** (1), 125 (1875). — Hering, E.: **1868**, S. 56. — Moll, C. v.: Donders-Festbundel, S. 1. Amsterdam 1888.

wir nach beliebigen Zwischenbewegungen bei jedesmaliger Rückkehr in die Ausgangsstellung die Koinzidenz wieder zutreffend. Das obige Gesetz besagt hingegen nicht, daß mit jeder relativen Blicklage eines Auges ein konstanter Wert an *absoluter* Orientierung um die Blicklinie verknüpft sei, daß also die Orientierung bei gegebener Blicklage nicht eine verschiedene sein könne. Bereits die Orientierung in der Ausgangsstellung (als welche die gleich zu definierende Primärstellung benützt wird) kann gewissen Veränderungen unterliegen, und zwar gewissen zeitlichen Schwankungen ohne besonderen Anlaß (vgl. S. 1018, 1033); ferner kommen Veränderungen zustande bei gleichzeitiger Änderung der Distanzlage des Blickes bzw. beim Nahesehen oder bei seitlicher Neigung des Kopfes, auch können solche im Interesse des Einfachsehens am Haploskop bzw. Stereoskop erzwungen werden. Das Donderssche Gesetz sagt eben nur aus, daß die Orientierung von ihrem jeweiligen Ausgangswerte (ε) aus eine gesetzmäßige, charakteristische und konstante Veränderung erfährt mit der Veränderung der Blicklage, daß also die Veränderung von Blicklage und von Orientierung zwangläufig gekoppelt sind [$d_{O_r} = f(d_L)$, wobei der absolute Wert von $O_r = \varepsilon$ (Ausgangswert) $+ d_{O_r}$]. Tatsächlich wird bei ausgiebigen Blickbewegungen nicht immer sofort genau die „richtige" Orientierung erreicht, doch stellt sich dieselbe in 1—2 Sekunden automatisch her[1].

B. Listingsches Gesetz[2]: Vertikalkooperation von Augenmuskeln.

1. Allgemeine Fassung.

Die Folge der als Donderssches Gesetz geschilderten Koppelung von relativer Blicklage und relativer Orientierung ist eine gesetzmäßige *Rationierung der relativen Orientierung innerhalb des Blickraumes*, also für die *einzelnen Blicklagen des Auges*. Dabei erscheinen beide bezogen auf eine bestimmte Ausgangslage und eine bestimmte Ausgangsorientierung, welch letztere nicht einfach mit der ersteren gegeben ist. Die Ausgangslage oder der Nullpunkt des differentiellen Rationierungssystems erscheint dadurch gegeben und kinematisch ausgezeichnet, daß von hier aus die Blickbewegung nach dem Listingschen Gesetze geschieht. Nach diesem gibt es *eine*, aber auch nur *eine* Lage des Aug-

[1] Helmholtz, H. v.: Physiol. Optik, 1. Aufl. S. 467; 3. Aufl. **3**, 43.

[2] An Spezialliteratur sei zitiert neben Helmholtz und Hering (spez. **1868**, S. 48 ff.) C. G. Ruete [mit Wiedergabe von Listings Darstellung — s. diese auch in Z. rat. Med. **4**, 801 (1854) u. Moleschotts Unters. **5**, 193 (1858), sowie Listings nachträgliche Bemerkungen, Göttinger Nachr. **1869**, Nr 17]: Lehrbuch d. Ophthalmologie, 2. Aufl. Leipzig 1844, **1**, 37 ff. — Ein neues Ophthalmotrop. Leipzig 1857. — Fick, A.: Z. rat. Med. **4**, 801 (1854) — Moleschotts Unters. z. N.L. **5**, 193 (1858). — Donders, F. C.: Graefes Arch. **16**, 154 (1870). — Le Conte, J. (Prüfung auf einer zur Blicklinie senkrechten Ebene!): Sight. New York 1881. Deutsche Übers. Leipzig 1883. — Tscherning, M.: Thèse. Paris 1887 — Ann. d'Ocul. **100**, 101 (1888). — Meinong, A.: Z. Psychol. u. Physiol. **16**, 161 (1898). — Hermann, L. (mit M. Gildemeister): Pflügers Arch. **78**, 87 (1899). — Fischer, O.: Abh. sächs. Ges. Wiss., Math.-physik. Kl. **31**, Nr 1, S. 1 (1909). — C. S. Sherrington, J. of physiol. **50**, 46 (1916) — Burmester, L.: Sitzber. bayer. Akad. Wiss., Math.-physik. Kl. **171**, **1918**. — Broca, A. u. Turchini: C. r. Acad. Sci. **178**, 1574 (1924). — Schubert, G. (unter A. Tschermak): Pflügers Arch. **205**, 637 (1924); **215**, 553 (1926); **216**, 580 (1927), **220**, 300 (1928). — Über das Verhalten bei Augenmuskellähmungen: O. Zoth: Die Wirkungen der Augenmuskeln und die Erscheinungen der Lähmung derselben. Wien 1897. — Grossmann, K.: Z. Augenheilk., Beih. **2**, 33 (1899). — Kroman, K.: Acta ophthalm. **2**, 54 (1924). — Ter Kuile, Th. E.: Arch. néerl. Physiol. **2**, 142 (1924). — Hay, G.: J. Boston Soc. med. Sci. **2**, 141 (1898); **3**, Okt. 1899 — Trans. amer. ophthalm. Soc. **34**. meet. 410 (1898). — S. auch G. T. Stevens: Arch. Augenheilk. **37**, 275 (1898) — New York med. J. **1901**, Febr. — Wadsworth, O. F.: J. Boston Soc. med. Sci. **2**, 149 (1898). — Brewer, E. P.: Ophth. Record Nr 5, Sept. **1898**. — Weiland, C.: Arch. of Ophthalm. **27**, 46 (1898); **28**, 2 (1899) — Arch. Augenheilk. **38**, 191 (1898); **40**, 359 (1899). — Wilson, H.: Arch. of Ophthalm. **29**, 404 (1900). — Ophthalm. Record **1900**, 607.

apfels in der Orbitalpfanne, von welcher aus die Bewegung der Blicklinie entlang eines beliebigen Radianten des ebenen Blickfeldes dauernd den ursprünglich
vom Bilde des Radianten getroffenen Netzhautschnitt eingestellt beläßt. Diese
ausgezeichnete Lage wird als Primärstellung bezeichnet. Von ihr aus erfolgt die
Radiärbewegung des Auges „radiantentreu", d. h. in die ebenflächige Blickbahn
bleibt ständig ein und derselbe Netzhautschnitt eingestellt. Es tritt keine Abweichung desselben ein im Sinne von Rollung; relativ zur Bahnebene bleibt
also die Orientierung des Auges konstant. *Das Listingsche Gesetz bedeutet also
den Satz von der radiantentreuen oder rollungsfreien Radiärbeweglichkeit von einer
ganz bestimmten bevorzugten Stellung aus,* und zwar die Möglichkeit oder Veranlagung zu einer solchen Bewegungsweise, ohne daß dabei die tatsächliche
Bewegung stets radiantenmäßig erfolgen muß (vgl. S. 1014, 1058).

　　Experimentell[1] wird dementsprechend die Primärstellung am einfachsten
in der Weise aufgesucht (Nachbildmethode nach Ruete, Donders, Helmholtz, Hering), daß nur je ein Auge geprüft
wird, indem vor dieses lotrecht eine Tafel mit
zahlreichen von einem Punkte aus gezeichneten
Radianten gestellt wird, welche in der Mitte eine
drehbare Scheibe trägt mit einem einzigen ausgezogenen Radianten, der zugleich einen zur Nach-
bilderzeugung geeigneten farbigen Streifen trägt
oder zwei rechtwinklig zueinander stehende solche.
(Abb. 304). Im Zentrum wird (evtl. nur zeitweilig)
senkrecht zur Fläche eine Nadel angebracht, um
bei Punktförmigerscheinen senkrechte bzw. waagerechte Incidenz der Blicklinie auf das ebene Blickfeld zu gewährleisten. Es wird nun mittels eines
geeigneten Gebißhalters — durch Variation nach
Breite, Höhe, seitlicher Drehung, Vor-Rückwärts-
Neigung — dem Kopfe und damit dem Auge gerade
jene Stellung erteilt, in welcher die fixierte Nadel
genau punktförmig erscheint und von der aus das

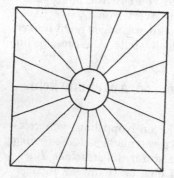

Abb. 304. Rahmen zur Prüfung des
Listingschen Gesetzes nach Tschermak bzw. Aufsuchen der Primärstellung auf Grund von Radiantentreue des Nachbildes, gewonnen von
dem Kreuz auf der drehbaren Scheibe
in der Mitte.

eingeprägte Nachbild bei radiärer Blickbewegung in dem dadurch bezeichneten
Radianten verharrt. Für jede andere Ausgangsstellung ergibt sich beim
Hinausbewegen eine wachsende Abweichung zwischen dem Nachbild und dem
verfolgten Radianten. Die Verwendung einer solchen frontoparallelen Radianten-
tafel ist einfacher und eindringlicher als die übliche Benützung einer Tafel mit

---

　　[1] Eine Beschreibung der Methoden zur Bestimmung der Primärstellung und zur Prüfung
des Listingschen Gesetzes zu geben, ist hier nicht der Ort. Es genüge neben der Nachbildmethode (1) anzuführen: 1. die Methode objektiver Merkzeichen (Hueck, Donders, Barnes,
Loving, Broca und Turchini); 2. die Methode des blinden Fleckes oder der Aderfigur
(A. Fick, Meissner); 3. die Binokularmethode der Vergleichung von korrespondierenden
Bildern (Substitutionsverfahren) oder von Doppelbildern (Meissner, Volkmann, Helmholtz, Hering, Donders, Landolt).

　　Bezüglich der letzteren sei bemerkt, daß sie zwar die genauesten Werte ergibt (bis 0,1°),
jedoch Komplikationen mit sich bringt, welche zu wenigstens scheinbaren Abweichungen
vom Listingschen Gesetze (Volkmann, Hering, Landolt) führen. So führt die Parallel-
einstellung beider Augen bei Bestehen einer gewissen Heterophorie zu einer Zwangsstellung,
daher evtl. auch zu einer Zwangsorientierung beider Augen; die Primärstellung beider Einzelaugen braucht ja nicht parallel zu sein. Ferner wird dabei eine weitgehende Lösung des
motorischen Komplexes für Nahesehen (Konvergenz — Disklination — Akkommodation,
vgl. S. 1063) gefordert, beispielsweise Aufbringung entsprechender Akkommodation verlangt, nicht aber Verwendung der zugehörigen Konvergenz gestattet oder umgekehrt.
Auch wird bei Verwendung eines frontoparallelen Blickfeldes der Akkommodationsgrad
von der Primärstellung nach der Sekundär- oder Tertiärstellung hin geändert.

vertikal-horizontaler Quadratteilung und eines vertikal-horizontalen Nachbild-kreuzes, da sich hiebei, speziell für den horizontalen Schenkel, Komplikationen durch die perspektivische Auffassung ergeben (vgl. S. 949, 1028). Ebenso bringt die gleichzeitige Verwendung beider Augen, speziell beim Nahesehen, leicht irreführende Komplikationen mit sich.

Verfolgt man aus einer Stellung außerhalb der Primärstellung — mit ge-nügender Geschwindigkeit — eine beliebige deutlich bezeichnete Gerade, so er-fährt dieselbe, mit Ausnahme der auf die Primärstellung selbst zielenden Geraden, eine scheinbare Drehbewegung — als subjektive Folge einer Rollung des eben-flächig bewegten Auges um seine Blicklinie (vgl. S. 982, 984). Haben wir kinema-tisch das LISTINGsche Gesetz als das Gesetz der rollungsfreien Radiärbeweglich-keit aus der Primärstellung charakterisiert, so können wir es nun subjektiv als das Gesetz der leichtesten räumlichen Orientierung (MEISSNER[1]), zugleich als das Gesetz der vermiedenen Scheinbewegung bei Blickführung in Primär-radianten bezeichnen (HERING[2]). Dadurch erscheinen die räumlichen Eindrücke des bewegten Auges in möglichste Übereinstimmung gebracht mit jenen des ruhenden Auges, so daß ruhende Objekte sozusagen auch als ruhend „erkannt" werden[3]. Noch befriedigender erschien es die Bedeutung der LISTINGschen Bewegungsweise darin zu suchen, daß sie den kinematisch wie innervatorisch einfachsten Fall darstellt. Durch die paarweise Kooperation der Vertikalmuskeln ist das Auge bei Ausführung von Blickbewegungen praktisch ein viermuskeliger Apparat mit einer sehr angenähert horizontalen und vertikalen Einzelachse, welche die Lage der primären Achsenebene bestimmen. Die notwendige Folge hievon ist einerseits die zwangsläufige Aufteilung oder Rationierung der Nei-gung und damit das DONDERSsche Gesetz des Bestimmtseins der relativen Orien-tierung durch die bloße Blicklage, andererseits die Ebenflächigkeit, d. h. das Fehlen von Rollung bei Blickbewegung längs eines Primärradianten. Eine Beschränkung oder Lösung der Koppelung der Vertikalmotoren würde notwen-digerweise ein Variieren der Orientierung bei einer und derselben Blicklage und das Auftreten von Rollung auch bei geradlinigen Primärbewegungen her-beiführen, also kinematische Komplikationen schaffen. Aber auch für das Setzen der Innervation bedeutet die ständig gleichförmige Beanspruchung der beiden Heber oder Senker, ebenso das Festgelegtsein einer stabilen, angenähert hori-zontalen Drehungsachse unstreitig den einfachsten Fall. Daß daneben durch die Vierzahl der Vertikalmotoren und durch eine andersartige paarweise Koope-ration derselben doch in gewissem Ausmaße eine selbständige, freie Rollung und damit eine symmetrische Ausregulierung der Orientierung beider Augen ermöglicht ist (vgl. S. 1045, 1072), bedeutet eine Vervollkommnung des Be-wegungsapparates ohne Aufhebung des Prinzipes der Einfachheit.

2. Motorenanalyse des LISTINGschen Gesetzes: Vertikal-(Hebungs-Senkungs-)Kooperation von Augenmuskeln.

Wenn es an einem Gelenk eine bestimmte Ausgangsstellung für rollungs-freie Radiärbewegung gibt, so müssen die bewegenden Muskeln so angeordnet

---

[1] MEISSNER, G.: Beitr. Physiol. Sinnesorg. 1859, 93. — HELMHOLTZ, H. v.: Graefes Arch. 9 (2), 158 (1863) — Physiol. Optik, 1. Aufl. S. 480; 3. Aufl. 3, 55.
[2] HERING, E.: 1868, 64, 106ff.; 1879, 470.
[3] Formulierung von HELMHOLTZ (Physiol. Optik, 1. Aufl. S. 480; 3. Aufl. 3, 55). — Über den Unterschied zwischen dem Raumbild von nahegelegenen Objekten bei ruhendem und bei bewegtem Blick — wie er durch die Lagedifferenz von Perspektivitätszentrum bzw. funktionellem Einteilungszentrum und Drehpunkt bedingt ist — und über die *Stellungs-parallaxe* vgl. die Ausführungen S. 862, 981.

sein oder wenigstens ständig so zusammenarbeiten, daß sie keine in die primär gestellte Blicklinie (Längslinie des Gelenkes) selbst fallende Komponente besitzen, sondern nur auf senkrecht dazu stehende, durch den Drehpunkt laufende Achsen wirken, welche sonach in einer gemeinsamen Ebene, der sog. primären Achsenebene, gelegen sind. *Das Gegebensein rollungsfreier Drehungsachsen oder einer gemeinsamen Achsenebene*, gegen welche die Gelenkachse bei Primärstellung gerade senkrecht steht, also die Rollungsfreiheit jeder ebenflächigen oder radiantentreuen Bewegung von der Primärstellung aus ist sonach als Grundlage bzw. *Inhalt des* Listing*schen Bewegungsgesetzes zu bezeichnen — nicht* das Gegebensein einer bestimmten Anzahl von Einzelmuskeln oder einer bestimmten gegenseitigen Anordnung derselben an sich. Die Listingsche Bewegungsweise kann auch dahin charakterisiert werden, daß die primären Wirkungsebenen der Muskeln, gelegt durch Wirkungsrichtung und Drehpunkt — seien es Einzelwirkungsebenen, seien es resultierende Wirkungsebenen —, eine gemeinsame Schnittlinie besitzen, welche eben die Primärstellung für die Längslinie des Gelenkes bezeichnet. Sonach zeigt jedwedes Gelenk, dessen Form drei Gerade der Freiheit gestattet, also allgemein gesprochen jedes Kugelgelenk, dessen Motoren eine betimmte Ausgangsstellung für rollungsfreie Radiärbewegung ermöglichen, indem ihre primären Drehungsachsen — seien es Einzelachsen oder resultierende Achsen — in einer gemeinsamen Ebene liegen, Bewegung nach dem Listingschen Gesetze, d. h. zwangläufige Rationierung des dritten Freiheitsgrades, u. zw. ganz gleichgültig, wie viele Einzelmuskeln auf das Gelenk wirken und wie sie gegeneinander angeordnet sind. Die Listingsche Bewegungsweise ist demgemäß durchaus keine Besonderheit des Orbitalgelenkes, sondern kommt grundsätzlich auch dem Handgelenk und den Metakarpophalangealgelenken der Finger zu (Braune und O. Fischer[1]). Hingegen besteht im Schulter- und Hüftgelenk die Möglichkeit willkürlicher, freier oder selbständiger Rollung, indem daselbst die Bewegungsmuskeln nicht derart angeordnet oder gekoppelt sind, daß alle ihre einzelnen oder resultierenden Achsen auf einer bestimmten Stellung der Gelenkachse senkrecht stünden, also in einer Ebene lägen — bzw. alle ihre primären Wirkungsebenen eine gemeinsame Schnittlinie besäßen.

Wie betont, ist die Listingsche Bewegungsweise *nicht* eine Folge einer bestimmten Gelenkform[2] oder einer bestimmten Anzahl oder einer bestimmten gegenseitigen Anordnung von Muskeln an sich. Nur sind für Bewegungsmöglichkeit nach allen Richtungen *mindestens drei* Muskeln mit Verteilung auf mindestens drei Quadranten notwendig. Vom Gesichtspunkte der Kraftökonomie, nicht der Kinematik sind hingegen *wenigstens vier* Muskeln, und zwar zwei Paare angenäherter Antagonisten, d. h. zwei Paare mit angenähert gemeinsamer Drehungsachse zu fordern. Kinematisch müssen die Motoren keine Antagonisten sein, vielmehr können die beiden Halbachsen auch divergent sein, nur müssen beide einer Ebene angehören. Ebenso müssen kinematisch die beiden Muskelpaare, die wir ökonomisch als (angenäherte) Antagonisten gefordert haben, nicht notwendig aufeinander senkrecht stehende Achsen oder Wirkungsebenen besitzen — wenn nur das Prinzip der gemeinsamen primären

---

[1] Braune, W. u. O. Fischer: Abh. sächs. Ges. Wiss., Math.-physik. Kl. **13**, 225 (1887). — Fischer, O.: Arch. Anat. (u. Physiol.), Suppl. S. 242 (1897) — Abh. sächs. Ges. Wiss., Math.-physik. Kl. **31**, 1 (1909). Vgl. auch E. Fischer u. W. Steinhausen: Dieses Handb. VIII, 1, 648ff. (1925).

[2] Umgekehrt würde eine erhebliche Abweichung von der Kugelform etwa im Sinne einer Sattelfläche oder gar einer Zylinderfläche den rationierten dritten Grad der Freiheit auch bei Gegebensein von Muskeln mit einer primären Achsenebene aufheben und die Bewegungsweise auf zwei bzw. einen Freiheitsgrad einschränken.

Achsenebene oder der gemeinsamen Schnittlinie der primären Wirkungsebenen und damit das Prinzip einer Vorzugsstellung der Längslinie des Gelenkes senkrecht zur Achsenebene bzw. der Grundsatz der Ermöglichung radiantentreuer, rollungsfreier Bewegung aus dieser Vorzugsstellung heraus aufrecht bleibt.

In dem Spezialfall des okulomotorischen Apparates ist durch das Bestehen besonderer Muskelkooperationen, speziell durch die Kooperation der Heber-Senker, ein Verhalten erreicht, als ob je ein einfaches Paar von Horizontal- und von Vertikalmotoren mit gemeinsamer Achsenebene vorhanden wäre. Das LISTINGsche Gesetz erweist sich am Auge, bei Vermeidung von Komplikationen, wie sie speziell bei binokularer Beobachtung (vgl. S. 1012 Anm. 1) gegeben sind, mit erstaunlich großer Annäherung gültig[1] — ungeachtet der im allgemeinen nicht streng sphärischen und nicht streng symmetrischen Form des hinteren Bulbusabschnittes, ungeachtet einer gewissen Wanderung des Drehpunktes, ungeachtet der Komplikationen, wie sie aus der Flächenhaftigkeit der Muskelansätze, aus der nicht vollkommenen mechanischen „Homogenität" der Muskeln und aus anderen Umständen resultieren, ungeachtet auch einer gewissen zeitlichen Variation der Primärstellung selbst (HELMHOLTZ, DONDERS, SCHUBERT — vgl. S. 1033). Allerdings darf dabei nicht das Hauptgewicht auf einen festen Charakter der Drehungsachsen gelegt werden, da solche wenigstens bei völlig freien, nicht durch einen vorgezeichneten Radianten geführten Blickbewegungen *tatsächlich* nicht benützt werden, sondern nur die *Möglichkeit* der Bewegung um solche besteht. Es ist also — entsprechend einer ruckweise pendelnden Blickbewegung (vgl. unten S. 1058) — zunächst mit einem tatsächlichen Schwanken oder Wechseln der Drehungsachsen *innerhalb* der primären Achsenebene zu rechnen, aber auch diese selbst ist nicht als *absolut* fest und konstant zu betrachten. Die LISTING*sche Bewegungsweise* sei sonach als die *Möglichkeit* rollungsfreier ebenflächiger Bewegung von der Primärstellung aus um angenähert feste Achsen, allgemeiner *als das angenäherte Gültigbleiben einer primären Axenebene* bezeichnet (vgl. S. 1012, 1058). Trotz aller Komplikationen wird, was den Endeffekt anbelangt, mit hoher Annäherung ein Verhalten erreicht, als ob sehr angenähert ein fester Drehpunkt und eine feste Achsenebene bestünde. Diese Einschränkung muß sich der Leser für das Folgende ständig vor Augen halten. Durch die wiederholt verwendete Bezeichnung: sog. feste Achsen oder sog. feste Achsenebene soll er auch immer wieder an diesen Tatbestand erinnert werden.

Es besteht, wie später noch auszuführen sein wird (vgl. S. 1029), kein zwingender Grund das LISTINGsche Gesetz, als nur für das Fernsehen gültig zu betrachten und für das Nahesehen eine wesentliche Einschränkung oder Abweichung zu statuieren. — An der sehr angenäherten Gültigkeit des LISTINGschen Gesetzes — d. h. des Besitzes einer primären Achsenebene und der prinzipiellen Möglichkeit radiantentreuer Bewegung von einer bevorzugten Stellung aus —, ändert die bereits angedeutete und später (S. 1057) noch näher zu erörternde Tatsache nichts, daß die wirklichen Bewegungen des Auges wenigstens im allgemeinen und bei größerem Umfang nicht geradlinig, radiantenmäßig oder ebenflächig und nicht völlig stetig, sondern in wechselnder Richtung längs unregelmäßiger, krummer Blickbahnen und absatzweise erfolgen. Es erweist sich

---

[1] HELMHOLTZ (Physiol. Optik, 1. Aufl. S. 468, 519; 3. Aufl. **3**, 44, 94) fand für sich mittels der Nachbildmethode selbst in Extremlagen Abweichungen von höchstens $1/2°$, E. HERING (**1868**, 480; **1879**, 474) für sein allerdings kurzsichtiges Auge solche bis $2° 20'$, VOLKMANN (Physiol. Unters. **1864**, 199) mittels der empfindlichen Binokularmethode nur solche bis 27' (für das Einzelauge), G. SCHUBERT [unter A. TSCHERMAK — Pflügers Arch. **205**, 637 (1924)] Abweichungen nur bis $1/2°$. — In extremen Lagen nahe den Grenzen des Blickfeldes mögen speziell infolge von Asymmetrie der Widerstände im Muskel- und Bandapparate größere Abweichungen vorkommen.

eben auch in diesem Falle mit dem Wechsel im Verhältnisse der Horizontal-
und Vertikalkomponente ein paralleler Wechsel der Orientierung verknüpft;
der letztere erfolgt auch diesfalls nicht ungebunden im Sinne freier
Rollung.

Bezüglich der Widerstände ergibt sich aus Obigem die Folgerung, daß im
Verlaufe der Radiärbewegung aus Primärstellung keine solchen auftreten, welche
die Drehungsachse aus der Primärebene ablenken; wahrscheinlich treten auch
solche Widerstände nicht auf, welche bei gleichbleibendem Kooperationsver-
verhältnis der bisher beanspruchten Motoren die resultierende Drehungsachse
nur innerhalb der Primärebene selbst verlagern würden. Vielmehr dürften
bei primären Radiärbewegungen nur symmetrische oder rein gegensinnige Widerstände in Betracht kommen, welche die Drehungsachse in keiner Weise verändern. Schon erwähnt wurde die Möglichkeit, daß bei Überführung des Auges
aus einer Stellung in die andere auf einem außerhalb eines Primärradianten
gelegenen Wege eine Komplikation durch Auftreten asymmetrischer Widerstände möglich ist; jedoch erweist sich die Orientierung des Auges in der Endstellung als identisch mit jener, welche bei Überführung aus der Primärstellung
in dieselbe Endstellung — also unter Auftreten rein symmetrischer Widerstände erreicht worden wäre. Jedenfalls sind in der Endstellung bestehende
Widerstände als symmetrisch, rein gegensinnig anzusetzen.

Für das Auge wäre entsprechend der sehr angenäherten Geltung des
Listingschen Gesetzes zu erwarten, daß die Drehungsachsen seiner sechs
Muskeln in einer Ebene lägen. Das ist nun für die nahezu in eine
Richtung fallenden Halbachsen der Seitenwender sehr angenähert der Fall,
durchaus aber nicht für die Halbachsen der vier anderen Muskeln; diese
Halbachsen bilden ja bei Verlegen der Kräfte in die (primäre) Blickebene
(nach dem Vorgange von Ruete) miteinander einen Winkel von etwa 71°
(vgl. Abb. 303, S. 1009). Da trotzdem eine wahre Primärstellung, d. h. eine
Ausgangslage für rollungsfreie Radiärbewegung, nachweisbar ist, ergibt sich
mit Notwendigkeit der Schluß, daß die vier Vertikalmotoren in ganz charakteristischer Weise paarweise zusammenwirken und je eine resultierende Halbachse ergeben, welche mit den Halbachsen des Seitenwenderpaares in eine gemeinsame primäre Achsenebene fällt. *Dem Listingschen Gesetze liegt also nicht
der Besitz einer Sechszahl an Augenmuskeln zugrunde, sondern die paarweise
Kooperation je eines geraden und eines schrägen Muskels zu einer Resultierenden,
welche eine rollungsfreie Vertikalbewegung von der Primärstellung aus ermöglicht.*
Grundsätzlich könnte jedoch dieselbe Bewegungsweise sehr wohl auch von bloß
vier Augenmuskeln, welche ökonomisch in einer horizontalen und einer vertikalen Ebene angeordnet wären, geleistet werden. Der anatomische Komplex
von sechs Augenmuskeln wirkt eben — vom Gesichtspunkte des Listingschen
Gesetzes aus betrachtet — funktionell so, als ob bloß vier, und zwar ein reines
Seitenwenderpaar und ein reines Heber-Senker-Paar vorhanden wären, so daß
wir von einem funktionell einheitlichen, nur anatomisch gespaltenen Heber
und Senker sprechen können (Hering). Die funktionelle Bedeutung der „Spaltung" des Hebers und Senkers ist in anderer Richtung zu suchen (vgl.
S. 1044). Um jenen Erfolg zu erzielen, muß das Zusammenwirken der beiden
Heber, ebenso das der beiden Senker in einem *ganz konstanten* Verhältnisse
stattfinden, welches für die beiden Heber und die beiden Senker (sehr angenähert) gleich ist, so daß sich eine gemeinsame Achsenrichtung für Vertikalbewegung ergibt ($m_1 : m_2 = k = m_3 : m_4$). Am einfachsten und ökonomischsten
erscheint es ferner, daß dieses Zusammenwirken gerade in einem solchen Verhältnisse erfolge, daß sich sämtliche Nebenkomponenten — d. h. die Seiten-

wendungskomponenten und die Rollungskomponenten, welche nach Obigem beiden „Hebern" bzw. „Senkern" in entgegengesetztem Sinne zukommen — gerade binden, d. h. im Bewegungseffekt aufheben und die vertikalen Haupt-komponenten sich addieren. Maßgebend für die Bewegungen des Auges sind aber nur die freien Drehkomponenten, nicht die gebundenen, einander im Gleichgewicht haltenden. Dieser Idealfall an Ökonomie scheint am Auge angenähert — allerdings nur angenähert — verwirklicht zu sein; in diesem Falle zeichnet die Blicklinie bei Aktion je eines Seiten-wenders eine rein horizontale Spur, bei jeder beliebig starken, aber in konstantem Verhältnis erfolgenden Kooperation der beiden Heber bzw. Senker eine rein vertikale Spur (vgl. das von TSCHERMAK modifizierte Diagramm[1] nach HERING in Abb. 302 und 305).

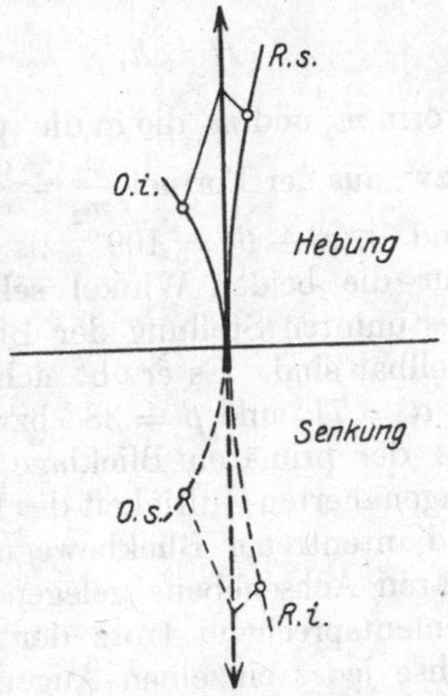

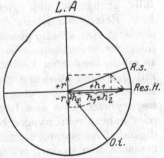

Abb. 305. Schema der Spurlinien der Blicklinie des linken Auges unter Wirkung jedes einzelnen Hebers ($R. s.$ und $O. i.$) bzw. Senkers ($R. inf.$ und $O. s.$) sowie bei der Heber bzw. Senker zusammen.

Es ist somit ein konstantes Wirkungsverhältnis der beiden Heber und dasselbe konstante Wirkungs-verhältnis der beiden Senker festgelegt, nichts aber ist ausgesagt über das Verhältnis der Wirkungsgröße der vereinigten Heber einerseits und der vereinigten Senker andererseits bei gleicher Innervationsstärke; es braucht im Einzelfalle durchaus nicht Gleichheit zu bestehen, wenn auch für den Idealfall solche zu erwarten ist. In jedem Falle bleibt ja die Gemein-samkeit der resultierenden Achsenrichtung bzw. des Parallelismus der Seiten der Parallelogramme der Heber- und der Senkerkräfte gewahrt (vgl. Abb. 319 S. 1038).

Legt man die Muskelkräfte nach dem Vorgang von RUETE in die (primäre) Blickebene (Abb. 306), so ergeben sich für $R.s.$ und $O.i.$ (ebenso für $R.i.$ und $O.s.$) einerseits die gleichsinnigen Hebungs-komponenten $+h_1$ und $+h_2$ mit der Wirkungssumme $+h_1 + h_2 = +H$ auf der Querachse, andererseits die gleichen, aber gegensinnigen Rollungskomponenten $+r_1$ und $-r_2$ mit der Wirkungssumme $+r_1 - r_2 = 0$ in der Blicklinie, womit auch die Seitenwender-komponenten $+w_1$ und $-w_2$ mit der Wirkungs-summe $+w_1 - w_2 = 0$ in der Längsachse gegeben erscheinen.

Infolge des konstanten Wirkungsverhältnisses der in die (primäre) Blickebene gelegten Muskelkräfte ist eine bestimmte Teilung des zwischen der $R.s.$ und der $O.s.$-Halbachse (oder $O.i.$- und R.i.-Halbachse) bestehenden Winkels von 109° durch die primäre Blicklinie in $\sphericalangle \alpha$ und $\sphericalangle \beta$, ebenso des Winkels von 71° zwischen der $R.s.$- und der $O.i.$-Halbachse (oder der $R.i.$- und der $O.s.$-Halbachse) in $\sphericalangle (90 - \alpha)$ und $\sphericalangle (90 - \beta)$ gegeben; durch obiges Wirkungsverhältnis ist eben *die Relation der Kosinusse der Teilwinkel festgelegt* (vgl. dazu auch Abb. 318 u. 319 S. 1038, Abb. 320 S. 1042).

Abb. 306. Schema der ersten (LISTINGschen) Art des Zusam-menwirkens von zwei Vertikal-motoren, und zwar der beiden in die Horizontale verlegten Heber ($R. s.$ und $O. i.$) des linken Auges mit den Komponenten h_1 und h_2 bzw. der Resultierenden ($Res. H.$ $= h_1 + h_2$) bei $r_1 - r_2 = 0$; Effekt = rollungsfreie Hebung.

---

[1] Andere Diagramme für die Wirkung der einzelnen Augenmuskeln wurden angegeben von SCHNABEL, WINTERNITZ, ZOTH sowie von ELSCHNIG (vgl. O. ZOTH: Nagels Handb. d. Physiol. **3**, 305 [1905]).

Es ergibt sich dies aus den Formeln:

$$\pm r_1 = m_1 \cdot \cos\alpha = \mp r_2 = m_2 \cdot \cos\beta$$

ebenso $+ r_1 - r_2 = 0$, $h_1 = m_1 \cdot \sin\alpha$, $h_2 = m_2 \cdot \sin\beta$,

$$H = h_1 + h_2 = m_1 \cdot \sin\alpha + m_2 \cdot \sin\beta, \qquad \frac{h_1}{h_2} = \frac{\mathrm{tg}\,\alpha}{\mathrm{tg}\,\beta},$$

worin m_1 und m_2 die in die (primäre) Blickebene gelegten Muskelkräfte bedeuten[1], bzw. aus der Formel $\frac{m_1}{m_2} = \frac{\cos\beta}{\cos\alpha} = k_V$, wobei der Darstellung halber $k = 2, 4204$ und $\sphericalangle(\alpha + \beta) = 109°$ als bekannt vorausgesetzt seien, obwohl tatsächlich nur die beiden Winkel selbst — unter schematischer Annahme einer ganz bestimmten Stellung der Blicklinie als Primärlage — direkt (angenähert) feststellbar sind. Es ergibt sich nach RUETE und HERING eine Teilung des $\sphericalangle 109°$ in $\alpha = 71°$ und $\beta = 38°$ bzw. des $\sphericalangle 71°$ in $(90 - \alpha) = 19°$ und $(90 - \beta) = 52°$ als der primären Blicklage entsprechend[2]. — Kinematisch folgt aus der sehr angenäherten Gültigkeit des LISTINGschen Gesetzes der Satz, daß bei ebenflächiger radiantentreuer Blickbewegung aus der Primärstellung die einzelne, in der primären Achsenebene gelegene Achse in der Orbita wie im Auge festbleibt und dementsprechend trotz der Stellungsänderung des Auges auch die Drehungsachse jedes einzelnen Augenmuskels als im Raume festbleibend, nur im Auge ihre Lage wechselnd betrachtet werden kann.

Es entsteht ferner alsbald die Frage, ob das Zusammenwirken der beiden Heber oder Senker in einem ganz konstanten Verhältnis auch nervös oder nur muskulär begründet sei. Ersterenfalls wäre — neben einer zweifellosen Verschiedenheit bzw. Relationskonstanz der Muskelkräfte bzw. der Drehmomente (bei Gleichheit des Abstandes vom Drehpunkte) — auch ein konstantes Verhältnis der Innervationsgrößen beider Heber (Senker) anzunehmen, letzterenfalls genügt ständig gleich starke Innervation bei bloßer Verschiedenheit bzw. Relationskonstanz der Muskelkraft oder Drehmomente allein. *Es würde demnach eine ständig gleichstarke Innervation beide Heber (Senker) — einfach infolge der charakteristischen Verschiedenheit an Muskelkraft bzw. Drehmoment — in einem konstanten Verhältnis in Wirkung treten lassen*, nämlich den Rect. sup. mit 2,4facher Wirkung gegenüber dem Obl. inf. bzw. den Rect. inf. mit 2,4-facher Wirkung gegenüber dem Obl. sup., *und damit ganz automatisch eine Bewegungsweise nach dem LISTINGschen Gesetze auslösen*. Diese wäre sonach völlig oder nahezu rein myogen begründet[3]. — Zugunsten dieser einfachen und befriedigenden Annahme, welche zunächst allerdings nur mit einer gewissen Reserve gemacht werden darf, sei angeführt, daß sich aus obigen Formeln ein Wert von $\frac{M_1}{M_2} = \frac{M_3}{M_4} = K$ bzw. $\frac{m_1}{m_2} = \frac{m_3}{m_4} = k = 2,4204$ ergibt, mit welchem die Relation

---

[1] Das Verhältnis der auf die räumlich divergenten Achsen wirksamen Muskelkräfte $\left(\frac{M_1}{M_2} = K_V\right)$ und das Verhältnis der nach RUETE in die (primäre) Blickebene gelegten Muskelkräfte $\left(\frac{m_1}{m_2} = k_V\right)$ darf zunächst wohl als gleich gesetzt werden.

[2] Die von den genannten Autoren angesetzten Werte an Achsenlage stimmen vorzüglich mit den in Lähmungsfällen ermittelten Werten von Abduktions- oder Adduktionsstellung, aus welcher *reine* Hebungs-Senkungswirkung und *reine* Rollungswirkung durch einen Einzelmuskel erfolgt. So fand BIELSCHOWSKY reine Senkungswirkung für den Obl. sup. bei 50° Adduktion (52° nach RUETE-HERING zu erwarten), W. R. HESS [Arch. Augenheilk. **97**, 460 (1926)] reine Rollungswirkung für den Obl. sup. bei 33° Abduktion (38° nach RUETE-HERING zu erwarten).

[3] Die geringen tatsächlichen Schwankungen der Primärstellung, welche ja nur einer tonischen Gleichgewichtslage entspricht (S. 1011, 1033), sind sehr wohl mit einer solchen Vorstellung vereinbar.

bestimmter Konstanten der betreffenden Muskeln selbst angenähert übereinstimmt, wie folgende Tabelle zeigt:

Verhältnis der Wirkungsgrößen bei Vertikalkooperation	Verhältnis der Feuchtgewichte [1]	Verhältnis der Trockengewichte [2]	Verhältnis der Muskelfaserzahl [3]	Verhältnis der Vertikaldrehmomente [4]	Berechnet nach den Werten von
R. s. $\dfrac{m_1}{m_2} = k_V = 2{,}4204$ O. i.	$\dfrac{0{,}514}{0{,}288} = 1{,}7847$	$\dfrac{0{,}0603}{0{,}0265} = 2{,}2755$	$\dfrac{16{,}862}{9{,}470} = 1{,}7806$	$\dfrac{16{,}51}{7{,}11} = 2{,}322$	VOLKMANN
				$\dfrac{16{,}44}{8{,}91} = 1{,}845$	RUETE
R. i. $\dfrac{m_3}{m_4} = k_V = 2{,}4204$ O. s.	$\dfrac{0{,}671}{0{,}285} = 2{,}3455$	$\dfrac{0{,}075}{0{,}032} = 2{,}344$	$\dfrac{20{,}889}{9{,}254} = 2{,}2574$	$\dfrac{22{,}33}{7{,}22} = 3{,}093$	VOLKMANN
				$\dfrac{22{,}55}{8{,}66} = 2{,}604$	RUETE

Gewiß ist das Trockengewicht, noch mehr wohl das Feuchtgewicht, ein recht unvollkommener Indicator für die Muskelkraft, — ganz abgesehen davon, daß neben Muskelfasern noch Zwischenflüssigkeit, Zwischengewebe, Sehnen (bei obigen Trockengewichtswerten ausgeschaltet!) und Nerven[5] (besonders stark entwickelt!) mitgewogen sind; aber solange direkte experimentelle Bestimmungen[6] der relativen Kraft der Augenmuskeln fehlen, mag wohl das Herbeiziehen dieser Muskelkonstanten gestattet sein, zumal da die Werte für die Muskelfaserzahl sowie die berechneten Drehmomente ein leidich dazu passendes Verhältnis ergeben.

Das LISTINGsche Gesetz der radiantentreuen Bewegung aus der Primärstellung *beruht sonach auf der rollungsfreien Kooperation der in der Vertikalen wirkenden Augenmuskeln, und zwar* einerseits des Rect. sup. und des Obl. inf. als Heber, des Rect. inf. und des Obl. sup. als Senker. Im Idealfalle wirkt eben der einzelne Seitenwender bei Radiärbewegung aus der Primärstellung rein wendend *ohne* manifeste Vertikal- und Rollungskomponente, und wirken beide Heber oder Senker vereint rein hebend ohne manifeste Wendungs- und Rollungskomponente. Im Idealfalle ist die reine Seitenwendung des Auges aus der Primärstellung eine Einzelmuskelleistung, die reine Hebung oder Senkung aus der Primärstellung die Leistung von bloß zwei Muskeln. Die übliche Betrachtung über die gegensinnige Veränderung, welche der relative Anteil jedes einzelnen Hebers oder Senkers bei bestehender Seitenwendung erfahre (Zunahme des bereits in Primärstellung überwiegenden Anteiles des Rect. sup. oder inf. bei Auswärtswendung, des Obl. inf. oder sup. bei Einwärtswendung), erscheint angesichts des Tatbestandes der Vertikalkooperation unzweckmäßig. Es darf als recht wahrscheinlich bezeichnet werden, daß die Summe der beiden Wir-

---

[1] Nach W. A. VOLKMANN: Ber. sächs. Ges. Wiss., Math.-physik. Kl. 21, 45 (1869). Tabelle abgedr. bei E. HERING: 1879, 518 und O. ZOTH: Nagels Handb. d. Physiol. 3, 290 (1905).

[2] Nach F. C. DONDERS (Muskeln ohne Sehnen betreffend): Holländ. Beitr. anat. u. physiol. Wiss. 1, 105 (1848).

[3] BORS, E. (unter O. GROSSER): Anat. Anz. 60, 415 (1925/26). Feuchtgewicht und Faserzahl gehen weitgehend parallel; auf 1 g Muskelsubstanz lassen sich im Mittel 32,322 Fasern berechnen.

[4] ZOTH, O.: Nagels Handb. d. Physiol. 3, 302 (1905) (Tabelle), zuerst in Sitzber. Akad. Wiss. Wien, Math.-naturwiss. Kl. III. Abt. 109, 509 (1900).

[5] Das spezifische Gewicht der Nerven ist auf 1,014—1,041, im Mittel auf 1,03 oder 1,036, jenes der Muskeln auf 1,0382—1,0555, im Mittel auf 1,0414, das spezifische Gewicht der Augenmuskeln auf 1,058 (VOLKMANN) anzusetzen (H. VIERORDT: Anat.-physiol. Tabellen, 3. Aufl., spez. S. 56, 60, 451. Jena 1906).

[6] Bezüglich der Methodik für solche vgl. L. HOWE: Trans. amer. ophthalm. Soc. 1921, 419. — HELMBOLD, R.: Z. Augenheilk. 48, 294 (1922). — WIPPER, O.: Amer. J. Ophthalm. 5, 127 (1922).

kungen angenähert gleichbleibt, und daß innerhalb des engeren Blickfeldes der Blickpunkt durch *dieselbe* Innervation und Muskelaktion, durch welche er aus der Primärstellung in vertikaler Bahn gehoben oder gesenkt wird, auch aus jeder Sekundärstellung, ja überhaupt aus jedweder Stellung gehoben oder gesenkt werden kann, welche bei Bewegung des Blickpunktes in horizontaler und der Frontalebene paralleler Richtung erreicht wird (Hering[1]).

Das tatsächliche Verhalten nähert sich zwar dem oben formulierten Idealfalle, entspricht ihm aber sicher nicht einfach. Es kommt — wie z. B. die Stellung und Orientierung des Auges sowie die Lage und Orientierung der Doppelbilder bei Abducenslähmung vermuten läßt[2] — anscheinend schon den Seitenwendern bei Primärstellung eine wenn auch geringe Vertikal- und Rollungskomponente zu, so daß eine reine Seitenwendung nur unter Kompensation jener Nebenkomponenten, also unter genau abgestufter Mitwirkung anderer Muskeln möglich ist. (Nebenbei ist bei Lähmung eines Horizontalmuskels keine wesentliche Änderung der Primärstellung zu erwarten, wohl aber bei isolierter Lähmung eines Vertikalmuskels, d. h. eines Hebers oder Senkers, indem im ersteren Falle bei Hebung, im letzteren bei Senkung die primäre Achsenebene nach der Einzeldrehungsachse des intakt gebliebenen Hebers bzw. Senkers hinrückt — so daß eine bis zu 19° [im Falle von Obliquus-Lähmung] oder gar 52° [im Falle von Rectuslähmung] verschiedene Primärstellung für Hebung und für Senkung zu erwarten ist). — Ebenso dürften die beiden Heber oder Senker tatsächlich nicht unter vollständiger gegenseitiger Aufhebung aller Nebenkomponenten (an seitlicher Bewegung) zusammenwirken; die tatsächlich mögliche reine Vertikalbewegung des Auges erfolgt dementsprechend nicht durch ausschließliche Aktion dieses einen Muskelpaares, sondern erfordert wieder eine genau abgestufte Mitwirkung anderer Muskeln. Nur schematisch und mit einer gewissen, im Einzelfalle gewiß verschieden großen Annäherung lassen sich die tatsächlich erfolgenden reinen oder einkomponentigen Bewegungen des Auges als auf einfachstem, ökonomischestem Wege erfolgend betrachten. In Wirklichkeit stellen *sämtliche Augenbewegungen* nicht Leistungen einer Einzahl (oder selbst Zweizahl) von Muskeln dar, sondern *komplexe Koordinationsleistungen einer Mehrzahl von Augenmuskeln,* deren Einzelkomponenten sich algebraisch summieren, also teilweise addieren, teilweise einander das Gleichgewicht halten und sich gegenseitig kompensieren. Die Augenbewegungen werden nicht von einmuskeligen Simpelmotoren, sondern von Komplexmotoren in Form gesetzmäßiger Kooperationen bewerkstelligt. Es bestehen keine einzelnen reinen Vertikal- oder Rollungsmuskeln, auch wohl keine einzelnen reinen Horizontalmuskeln, sondern nur reine Vertikal-, Rollungs- und Horizontalkooperationen[3] (vgl. S. 1043).

3. Rationierung der Orientierungsänderung oder Neigung bei der Listingschen Bewegungsweise.
Direkte Ableitung.

Die Verknüpfung von Orientierungsänderung und Stellungsänderung des Auges, welche dazu führt, daß jeder relativen Blicklage zwangläufig eine be-

---

[1] Hering, E.: **1868**, 32ff., 125ff. — **1879**, 517. Vgl. die Einschränkungen seitens J. van der Hoeve: Klin. Mbl. Augenheilk. **69**, 620 (1922) sowie die Beurteilung bei F. B. Hofmann: **1920—1925**, 286ff.

[2] Allerdings ist die Berechtigung eines solchen Schlusses auf einen Ausfall gegensinnig entsprechender Nebenkomponenten des gelähmten Muskels dadurch eingeschränkt, daß infolge der Beeinträchtigung der Fusionsleistung auch eine ursprüngliche, bisher kompensierte Heterophorie nunmehr manifest geworden sein könnte (vgl. S. 1010, 1071).

[3] Vgl. speziell A. Tschermak: Verh. dtsch. Ophthalm. Ges. Heidelberg 1927; Mschr. Psychiatr. **65** (Flechsig-Festschrift), 397 (1927).

stimmte relative Orientierung zugehört, bedarf nach Festlegung der Primärstellung als Ausgangspunkt bzw. auf Grund des LISTINGschen Gesetzes noch der genaueren Analyse. ·(An sich ist das DONDERSsche Gesetz der konstanten relativen Orientierung eine einfache Folge der LISTINGschen Bewegungsweise bzw. der Veranlagung dazu.)   Dabei ist daran festzuhalten, daß nach dem LISTINGschen Gesetze alle Radianten bzw. Netzhautmeridiane kinematisch *gleichwertig* sind, also kein Radiant bzw. Netzhautmeridian irgendwie vor dem anderen ausgezeichnet ist, auch nicht ein solcher, welcher in einer Ebene mit der Wirkungsrichtung eines Augenmuskels gelegen ist, oder jener, welcher bei Primärstellung gerade lotrecht oder wagerecht steht (Lotmeridian-Wagemeridian), auch nicht jener Netzhautschnitt (Längsmittelschnitt), welcher dabei gerade die Empfindung „vertikal" vermittelt (vgl. S. 855). *Kinematisch* sind somit die von der Primärstellung des Auges aus (bei Aufrechthaltung des Kopfes) in der Lotrechten und in der Wagerechten gelegenen sog. vertikalen und horizontalen Sekundärstellungen, welche durch sog. Kardinalbewegungen erreicht werden, und die dazwischengelegenen sog. Tertiärstellungen *nicht verschiedenwertig!* Sie erhalten erst eine verschiedene Bedeutung, wenn wir die Orientierung und die Orientierungsänderung des Auges in Beziehung setzen zum Außenraume, zu den vom Lote und von der Wage angegebenen objektiv-räumlichen Grundrichtungen. *Dann* bedeutet Radiantentreue der Blickbewegung für den primär-lotrechten Netzhautschnitt bei Hebung ein Verbleiben in der lotrechten Bahnebene, für den primär wagerechten Netzhautschnitt bei Seitenwendung ein Verbleiben in der wagerechten Bahnebene; *dann* sind die vertikalen und horizontalen Sekundärstellungen dadurch ausgezeichnet, daß in diesen die Orientierung des Auges (d. h. die Lage der Lote zum Netzhautschnitte) *keine* Veränderung zeigt bzw. bei ebenflächiger, um eine wagerechte oder lotrechte Achse erfolgender Überführung des Auges aus der Primärstellung in diese *keine* Orientierungsänderung erfolgt.

Hingegen erfährt die Lage der Netzhautschnitte zum Lote, also im Raume, eine ganz gesetzmäßige Veränderung (Neigung nach TSCHERMAK, Raddrehung nach HELMHOLTZ, Aberration nach MEINONG) bei jeder Kombination von Hebung und Seitenwendung, also bei Drehung um irgendeine geneigte oder diagonale Achse — welche in Orbita wie Auge fest bleibt —, bei ebenflächiger Überführung des Blickes aus der Primärstellung in irgendeine Tertiärstellung. Natürlich behalten dabei die Netzhautschnitte ihren Raumwinkel mit der Bahnebene, in welcher der Radiantenschnitt selbst verharrt, sowie ihre der Blicklinie entsprechende Schnittlinie mit der Bahnebene. Die Orientierungsänderung, welche bei einer solchen Drehung um eine im Auge wie im Raume festbleibende Diagonalachse eintritt, sei — um jedem Mißverständnisse vorzubeugen — als „*Neigung*" bezeichnet. Dieselbe erfolgt bei Blickführung in den 1. oder 3. Quadranten des Gesichtsraumes im Sinne des Uhrzeigers, also im „positiven" Sinne, bei Blickführung in den 2. oder 4. Quadranten, also im „negativen" Sinne, wobei Betrachtung vom Drehpunkte bzw. Retinalpole des Auges vorausgesetzt wird.

Von dem tatsächlichen Eintreten einer solchen gesetzmäßigen, meßbaren Veränderung überzeugt uns die Betrachtung geeigneter Modelle. Als ein solches kann nach TSCHERMAK eine Kugel dienen[1], an welcher ein zunächst lotrecht einzustellender Meridian bezeichnet

---

[1] Die hier kurz erwähnten Modelle nach TSCHERMAK sind ausführlicher beschrieben bei G. SCHUBERT [unter A. TSCHERMAK — Pflügers Arch. **205**, 637 (1924)]. Auf dessen Arbeiten sei für den ganzen Abschnitt betr. Tertiärneigung verwiesen. — Andere Modelle wurden angegeben von F. C. DONDERS: Graefes Arch. **16** (1), 154 u. (2), 167 (1870). — HERMANN, L.: Pflügers Arch. **8**, 305 (1873). — SCHÖN, W.: Klin. Mbl. Augenheilk. **13**, 430 (1875). — STEVENS, G. T.: Arch. Augenheilk. **37**, 275 (1898). — WADWORTH, O. F.: J. Boston Soc. med. sec. **2**, 149 (1898). — FISCHER, O. (mit Ablesung des HELMHOLTZschen Raddrehungswinkels): Abh. sächs. Ges. Wiss., Math.-physik. Kl. **31**, 1 (1900). — BASLER, A.: Pflügers Arch. **126**, 323 (1909). — SHERRINGTON, C. S.: J. of Physiol. **50**, XLVI (1916).

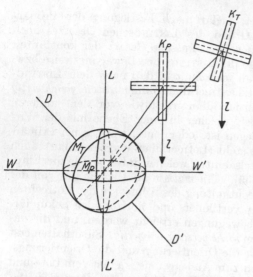

Abb. 307. Einfaches Modell (nach Tschermak) für das
Listingsche Gesetz bzw. für die erfolgende Neigung des
Blickpunkt-Kreuzes gegen das Lot l bei Überführung
aus der Primärstellung (K_P) in die Tertiärstellung (K_T)
bzw. Übergang des primären Lotmeridians (M_P) in die
Lage M_T — durch Drehung um die schräge Achse DD',
im Gegensatze zur Drehung um die lotrechte Achse
LL' oder um die wagerechte Achse WW'.

Abb. 308. Tschermaks Modell zur Demonstration des Listingschen Gesetzes bzw. der zwangläufigen Tertiärneigung der Ebene
eines größten Kreises oder „Meridians" des Augapfels zum
Außenraum bzw. Lot bei radiärer Blickbewegung. Abwicklung
der Ebene des primären Lotmeridians längs der Mantelfläche
des rechtwinkligen Kegels mit Achse LL'.

ist und die Blicklinie durch eine lange
Stricknadel, die evtl. vorne ein Kreuz mit
einem Lot im Mittelpunkt trägt, dargestellt erscheint (vgl. Abb. 307); senkrecht zur Blicklinie sind in einer gemeinsamen, zunächst frontalen Ebene drei
Stricknadeln als Achsen durchgestochen,
von denen eine lotrecht, eine wagerecht,
eine diagonal unter 45° einzustellen ist.
Bei Drehung der Kugel um LL' oder
WW' tritt keine Neigung des Meridians M_P
bzw. des Kreuzes K gegenüber dem Lote l
ein; wohl aber erfolgt eine solche bei
Drehung um DD'. Die Neigung entspricht, wie sofort festzustellen, bei 90°
Drehung um DD' einem Winkel von 45°,
bei 180°-Drehung um DD' einem solchen
von 90°, indem bei Herumschlagen von
K nach hinten LM_PL' in die Wagerechte zu liegen kommt. Genauer ist die
Beziehung von Achsendrehwinkel (bei
Radiärbewegung um die 45°-Diagonal-
achse) und von Tertiärneigungswinkel des
primären Vertikalmeridians aus folgendem
Diagramm zu ersehen (Abb. 311 S. 1024).

Detaillierter ist das durch Abb. 308 und
309 veranschaulichte Modell (nach Tschermak), in welchem gleichfalls der Spezialfall
von Drehung um die 45°-Diagonalachse dargestellt ist (doch kann durch entsprechende Versetzung der Achse
und Wahl eines anderen Kegels
auch jeder andere Spezialfall dargestellt werden). Bei Drehung um
die primäre 45°-Diagonalachse LL'
wird die Blicklinie BB' längs des
Bogens K_1 geführt, an welchem der
„Achsendrehwinkel" abgelesen wird.
Die Ebene des bei Primärstellung
lotrechten Meridians ist durch eine
quadratische Glasplatte bezeichnet,
längs deren vorderer und hinterer
Kante je ein Lot herabhängt,
welche über den Kreisbögen K_3
und K_4 spielen. Die Glasplatte tangiert den sog. Führungskegel von
90° und bewegt sich bei dessen
Drehung um die Diagonalachse LL'
mit, wobei ihre Berührungslinie den
Kegelmantel nachzeichnet. Bei
Überführung der Blicklinie B längs
K_1 in eine Tertiärstellung tritt eine
Neigung der Glasplatte zur Lotrichtung ein; die beiden Lote treten
von ihren Gradbögen ab. Der Tertiärneigungswinkel wird auf dem
Kreisbogen K_4 nun aus einer solchen Stellung von hinten her abgelesen, daß die Blicklinie BB'
punktförmig und die Glasplatte
einfach linear bzw. die beiden Lote
als einander deckend erscheinen
(vgl. Abb. 309); das Lot wird also
auf den genau senkrecht zur Glasplatte stehenden Kreisbogen K_4

projiziert. Der Tertiärneigungswinkel ist sonach definiert als der Winkel zwischen der Ebene des primären Vertikalmeridians (bezeichnet durch die Glasplatte) und jener Ebene, welche wir uns durch die tertiär gestellte Blicklinie und den Drehpunkt lotrecht gelegt denken (eine Parallele zu dieser bezeichnen die beiden Lote!); gemessen wird dieser Winkel in einer Ebene, welche durch den Drehpunkt, bzw. die Drehungsachse LL' laufend auf den beiden charakterisierten Ebenen senkrecht steht (eine Parallele zu dieser bezeichnet jeder der beiden an der Glasplatte angebrachten Gradbögen K_3, K_4). Die Ablesungen am TSCHERMAKschen Modell stimmen mit den nach dem LISTINGschen Gesetze erwarteten sowie mit den durch die Nachbildmethode für das menschliche Auge gewonnenen Werten befriedigend überein.

Wie die beschriebenen Modelle illustrieren und eine geometrische Darstellung (vgl. Abb. 310) lehrt, erfährt jeder außerhalb der Bahnebene gelegene größte Kreis oder „Meridian" bei radiärer Blickbewegung um eine in der primären Achsenebene gelegene Diagonalachse eine Kegelabwicklung. Seine Ebene gleitet nämlich längs eines Kegelmantels, dessen Achse mit der Drehungsachse (AA') identisch ist, dessen Basiskreis (BCB') der Bahnebene ($PMHM'$) parallel läuft, und dessen Öffnungshalbwinkel dem Winkel entspricht, welchen der betreffende Meridian mit der Drehungsachse (AA') einschließt. Die gerade zur Bahnebene rechtwinklige Meridianebene $AFA'F'$ dreht sich dementsprechend in einem Kegelmantel vom Öffnungswinkel Null um einen auf einen Punkt zusammengeschrumpften Basiskreis, also einfach um die Drehungsachse selbst. Umgekehrt wickelt sich die in der Bahnebene ($PMHM'$) selbst gelegene Meridianebene — also der „Radiantenmeridian" — am Mantel eines Kegels von 90° Öffnungshalbwinkel ab, rotiert also in sich selbst um

Abb. 309. TSCHERMAKS Modell in Ableseansicht: Messung des Tertiärneigungswinkels (bezeichnet durch die beiden Lote) in der durch die Bogen K_3K_4 bezeichneten Ebene.

die Drehungsachse. Hingegen beschreibt die einen Winkel von 45° mit der Bahnebene, ebenso mit der Drehungsachse einschließende Meridianebene, einen Kegel von 45° Öffnungshalbwinkel — einen Spezialfall, den wir bereits an den oben beschriebenen Modellen betrachtet haben. — Allgemein gilt der Satz, daß sich jeder außerhalb der Bahnebene gelegene größte Kreis oder „Meridian" (im allgemeinen Sinn) um die Bahnachse längs eines Kegels mit einem Öffnungshalbwinkel (ω) abwickelt, welcher dem kleinsten Bogenabstand von Meridian und Drehungsachse entspricht, während sich der zu jenem Meridian gehörige „Äquator" längs eines Kegels mit dem komplementären Öffnungshalbwinkel ($90 - \omega$) abwickelt. Die Abwicklungs- oder Führungskegel für zwei aufeinander senkrecht stehende Kreise stehen, wie aus Abb. 310 deutlich zu ersehen ist, in Supplementbeziehung. Gleitet beispielsweise der primäre Vertikalmeridian (p. V.M.) — mit Bogenabstand ω von der Drehungsachse — beim Übergang in Tertiärstellung längs eines Kegels mit dem Öffnungshalbwinkel ω, so gleitet gleichzeitig der primäre Horizontalmeridian (p. H.M.) — mit dem

Bogenabstand $(90 - \omega)$ von derselben gemeinsamen Drehungsachse — längs eines Kegels mit dem Öffnungshalbwinkel $(90 - \omega)$.

In Abb. 310 zeigt CTT' die Lage des p. V.M., $TDT'D'$ die des p. H.M. nach einer Drehung in der Größe des $\sphericalangle BO'C = \beta$ (in der Ebene des Basiskreises des einen Kegels mit dem Öffnungshalbwinkel ω gemessen) in ihrer Abweichung gegenüber dem Lote CC' um den Winkel α (gemessen in der durch den Drehpunkt O und die Achse AA' auf p. V. M. und p. H. M. senkrecht gelegten Ebene, d. i. $AFA'F'$).

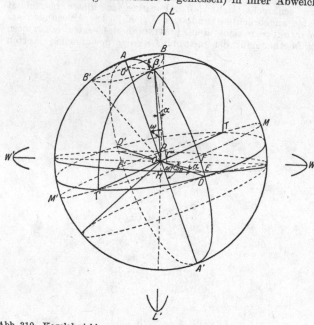

Damit erscheint das Prinzip des Führungskegels nach Tschermak als eines im Raume feststehenden Drehkegels hinlänglich charakterisiert. Dasselbe macht die relative Lageänderung der Testebene zur Bezugsebene — speziell die relative Lageänderung der Ebene des p. V. M. zu der Lotebene, gemessen in einer zur jeweiligen Lage der Blicklinie senkrechten Ebene — während der Bewegung selbst anschaulich, erfaßt also unmittelbar die Orientierungsänderung des bewegten Körpers.

Abb. 310. Kegelabwicklung von größten Kreisen oder „Meridianen" des Augapfels bei radiärer Blickbewegung (Tertiärneigungswinkel α — nach G. Schubert).

Hingegen versinnbilden die sonst verwendeten Kegelflächen, d. h. die dem Führungskegel zugeordneten Dreh- und Poinsotsche Achsen- oder Rollkegel (vgl. unten S. 1035) nur die Bahnebenen der Blicklinie bzw. die Lageänderung der Achsen; sie sind in ihrer Form durch den Öffnungswinkel des Führungskegels und durch den Achsendrehwinkel bestimmt. Das Tschermaksche

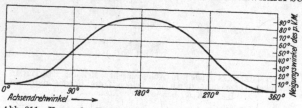

Abb. 311. Kurve der Werte des Tertiärneigungswinkels des primären Lotmeridians bei Radiärbewegung um die 45°-Diagonale. (Nach G. Schubert.)

Prinzip der Führungskegel erscheint für die geometrische Analyse von Gelenkbewegungen überhaupt in hohem Maße verwendbar.[1]

Die zwangläufige Orientierungsänderung bei Radiärbewegung aus der Primärlage in eine Tertiärlage, also bei Drehung um eine im Auge wie im Raume feste, schräge Primärachse erfolgt, ohne daß eine Rollung um die Blicklinie dazu erforderlich wäre und einträte. *Das Listingsche Gesetz* läßt sich demgemäß als das *Gesetz der für jede Radiärbewegung zwangläufig rationierten Neigung* aller außerhalb der Bahnebene gelegenen Meridianebenen, als das *Gesetz der rationierten Änderung der räumlichen Orientierung des Auges ohne Rollung* bezeichnen.

---

[1] Siehe speziell die Ausführungen von G. Schubert (IV. — unter A. Tschermak): Pflügers Arch. **220**, 300 (1928).

Der Tertiärneigungswinkel ist auf Grund der direkten Analyse der unzerlegten Diagonalbewegung (Tschermak) nach folgender Formel zu berechnen (Schubert).

$$\operatorname{tg}\alpha = \frac{\sin\omega\cos\omega(1-\cos\beta)}{\cos^2\omega + \sin^2\omega\cdot\cos\beta}, \tag{1}$$

bzw. für

$$\omega = 45^\circ, \qquad \operatorname{tg}\alpha = \frac{1-\cos\beta}{1+\cos\beta},$$

wobei, wie in Abb. 310, ω die Lage der Drehungsachse in der primären Listingschen Achsenebene, und zwar von der primär Wagerechten aus gegen den Sinn des Uhrzeigers gerechnet, β den Drehungswinkel bezeichnet.

Indirekte Ableitungen.

Bisher war eine Zerlegung der Bewegung des Auges aus der Primär- in eine Tertiärstellung in Partiardrehungen üblich. Dem Listingschen Gesetze entsprechend kann man auch (nach O. Fischer) (vgl. Abb. 312), um die Blicklinie aus der Primärstellung P in die Tertiärstellung T zu überführen, zuerst eine Hebung um die primäre Horizontalachse bis in die Sekundärstellung S vor sich gehen lassen, und zwar in Abb. 312 um 45° bzw. $\sphericalangle POS$, dann eine seitliche Drehung um die senkrecht auf der Halbierenden (OA) („zeitige atrope Linie" nach Helmholtz[1]) des Erhebungswinkels stehende Achse $L''L'''$, welche der sekundären Achsenebene angehört, also eine Wanderung des Hornhautpoles von S nach T längs des Neben- oder Richtungskreises STH. Bei der letzteren Drehung erreicht das Auge tatsächlich dieselbe Orientierung oder Neigung um den Winkel FTL'' bzw. α wie bei unzerlegter Drehung, d. h. bei Überführung der Blicklinie von OP nach OT, also um die primäre Achse LL'. — Helmholtz läßt (vgl. Abb. 313), um dasselbe Ziel zu erreichen, zuerst gleichfalls eine Blickhebung um die primäre Horizontalachse erfolgen, z. B. um den Erhebungswinkel $\sphericalangle POS$ (λ — in Abb. 313 90°), hierauf

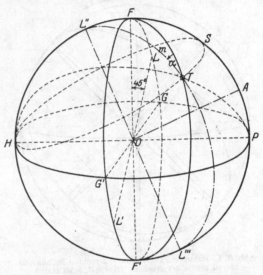

Abb. 312. Exkursionskugelfläche des Bulbus bei Seitenansicht (von rechts oben gesehen) — nach G. Schubert.

eine zweite Drehung um die beim ersten Akte um den ganzen Erhebungswinkel mitgenommene „Vertikalachse" (von OS nach OH mitgenommen), wodurch der Hornhautpol aus der Sekundärlage S nach der Tertiärlage längs des Hauptkreises $STF'S'F$ um den Seitenwendungswinkel SOT (μ — in Abb. 313 45°) wandert. Bei der letzteren Drehung geht der primäre Vertikalmeridian aus der Lage $PSHS'$ in die Lage $PTHT'$ über und muß erst in einem dritten Akt um die durch den zweiten Akt bereits in die Tertiärlage OT gelangte Blicklinie bis zur Stellung $TGT'G'$ zurückgedreht werden. (Diese Korrektionsdrehung ist natürlich eine zwecks geometrisch-analytischer Erfassung der Endstellung vindizierte Drehung. Tatsächlich erfolgt diese „implizite" bei der Bewegung aus der Sekundärlage S heraus, da dieselbe dem Listingschen Gesetze entsprechend um räumlich instantane Achsen erfolgt. — Vgl. S. 1034.) Diese Endstellung entspricht nun jener, in welche der p.V.M. $PSHS'$ bei einfacher Drehung um die primäre Diagonalachse LL' im Betrage des Winkels $\sphericalangle SO'G$ gelangt wäre — und zwar unter Abwicklung längs des Kegels $SGFE$ mit der Spitze in O. Als Charakterisierungswinkel für die erfolgte Orientierung benützte Helmholtz den „Raddrehungswinkel" (k), d. h. den *Winkel zwischen primärem Horizontalmeridian und gehobener oder gesenkter Blickebene*, also zwischen der Ebene des primären Horizontalmeridians und der Bahnebene d. h. jenem Hauptkreis, welche die Sekundär- wie die Tertiärlage der Blicklinie enthält und längs dessen der Blickpunkt

---

[1] Helmholtz, H. v.: Physiol. Optik, 1. Aufl. S. 492; 3. Aufl. **3**, 67.

65

während des 2. Drehungsaktes wandert. Dabei wird zweckmäßig eine auf dem Bahnkreis senkrechte Ebene als Beuzgsebene gewählt. (Den Raddrehungswinkel bezeichnet in Abb. 313 $\sphericalangle EOL$ zwischen $ETE'T'$ und $SFS'F'$.) Helmholtz gibt folgende Formel:

$$\operatorname{tg} k = - \frac{\sin\lambda \sin\mu}{\cos\lambda + \cos\mu} \tag{2}$$

bzw. unter Voraussetzung des Fickschen Bewegungsmodus:

$$\operatorname{tg} k = - \frac{\sin m \cos m \sin l (1 - \cos m \cos l)}{\sin^2 m + \cos^3 m \sin^2 l \cos l}. \tag{3}$$

(Über die Beziehung zwischen Raddrehungswinkel und Neigungswinkel, welche entgegengesetztes Vorzeichen aufweisen, vgl. S. 1029, 1036.)

Endlich hat A. Fick eine Zerlegung in der Weise vorgenommen, daß zuerst eine Seitenwendung um die Vertikalachse SS' aus der Lage von P nach F' erfolgt (longitudo $= l$), sodann eine Hebung um die aus der Lage FF' nach HP „mitgenommene" primäre Horizontalachse des Auges (latitudo $= m$). Da hienach der p.V.M. zwar aus der Lage $SHS'P$ in die Lage $LTL'T'$ käme, jedoch lotrecht bliebe, bedarf es wieder eines dritten korrigieren-

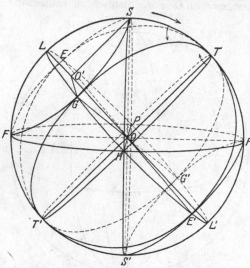

den Drehaktes (vgl. das oben Gesagte), bestehend in einer Drehung der p.V.M. um die tertiär gestellte Blicklinie TT' aus der Lage $TLT'L'$ in die Lage $TGT'G'$ entsprechend dem Winkel $\sphericalangle LOG$ (k'). Für diese dreiaktige Ficksche Drehung hat Helmholtz (Physiol. Optik, 1. Aufl. S. 853; 3. Aufl. **3**, 455) die Formel entwickelt:

$$\operatorname{tg} k' = \frac{\sin l \sin m}{\cos l + \cos m} \tag{4}$$

bzw. unter Voraussetzung der Koordinaten λ, μ

$$\operatorname{tg} k' = \frac{\sin\mu \cos\mu \sin\lambda (1 - \cos\mu \cos\lambda)}{\sin^2\mu + \cos^3\mu \sin^2\lambda \cos\lambda}. \tag{5}$$

Darin bedeutet k' den Winkel *zwischen dem primären Vertikalmeridian und einer durch die tertiär gestellte Blicklinie gelegten Lotebene*, welcher also dem oben als „Neigungswinkel" definierten Winkel dem Sinne nach entspricht. Die Formel (4)

Abb. 313. Exkursionskugelfläche des rechten Bulbus von hinten rechts her gesehen. (Nach G. Schubert.)

ebenso (5) ist in die Formel (1) glatt überführbar; die Winkel k' und α sind dem absoluten Werte und dem Sinne

nach gleich (Schubert). Der Helmholtzsche Raddrehungswinkel k ist nun dem Winkel k' bzw. α insofern analog, als bei Drehung des Koordinatensystems um PH (Abb. 313) als Achse im Betrage von 90° dieser in jenen übergeht (Meinong, Burmester). — Läßt man den Helmholtzschen Raddrehungswinkel (k) ebenso wie den Neigungswinkel (α) durch Drehung um eine konstante primäre Diagonalachse entstehen, also unter Einführung der Winkel ω und β (vgl. S. 1023), so ergibt sich sein Wert mit:

$$\operatorname{tg}\alpha' = - \frac{\sin\omega \cos\omega [1 - \cos\beta]}{\sin^2\omega + \cos^2\omega \cos\beta}. \tag{6}$$

Diese Formel (6) ist ohne weiteres in die Formel (2) bzw. (3) überführbar.

Die Berechnung nach den verschiedenen Formeln ergibt somit dieselbe Neigungslage, nur in Form verschiedenartiger Winkel gemessen. So sind die Winkel α nnd k' sowie α' und k bezüglich ihrer Entstehung analog und einander gleich; k' und k bzw. α und α' sind hingegen nur in Spezialfällen einander gleich (so in dem in Abb. 313 dargestellten Spezialfall einer Bewegung unter 45°). Allgemein ergibt sich, daß die Kurve der Abhängigkeit des Helmholtzschen Raddrehungswinkels vom Elevationswinkel der jeweils benützten Primärachse dem Spiegelbilde der Wertkurve unseres Neigungswinkels entspricht, allerdings nachträglich umgeklappt in den Nachbarquadranten von gegensätzlichem Ordinatenvorzeichen (vgl. Abb. 316 auf S. 1029 und Abb. 290 auf S. 952).

Natürlich wären noch andere Zerlegungsweisen möglich; sie würden aber auch jedesmal einen dritten Korrektionsakt im Sinne von Rollung um die Blicklinie erfordern. Die deduktive Zerlegung der tatsächlichen radiantentreuen bzw. rollungsfreien Blickbewegung in Partiardrehungen muß — mag sie auch für die mathematische Fassung des Problems vorteilhaft erscheinen — als biologisch unnatürlich bezeichnet werden; auch klärt ein solches Verfahren den wahren Ablauf der Bewegung nicht auf, führt vielmehr leicht zu Mißverständnissen, wie sie tatsächlich mehrfach unterlaufen sind.

Einfluß der Perspektive[1] (vgl. oben S. 949ff.).

Die Messung der rationierten Neigung geschieht am besten mittels der Nachbildmethode, wobei der primär lotrechte und der primär wagerecht stehende Meridian (p. V. M., p. H. M.) durch vorangeschickte, längerdauernde Fixation von Leuchtlinien bzw. eines aufrechten rechtwinkligen Kreuzes bezeichnet werden. Für die Erscheinungsweise des Nachbildstreifens oder -kreuzes in Tertiärstellungen ist nun einerseits die subjektive Neigung maßgebend, welche die Eindrücke der einzelnen Netzhautschnitte — entsprechend der Umwertung an absoluter Lokalisation — dabei erfahren; die subjektive geht der objektiven, kinematischen Neigung, wie sie entsprechend dem Listingschen Gesetze eintritt, parallel — allerdings ohne volle Kongruenz, da sonst die scheinbare Vertikale in Primär- und in Tertiärstellung genau gleich eingestellt werden müßte, während tatsächlich eine geringe Tertiärabweichung nach der gleichnamigen Seite hin festgestellt wurde (Shoda vgl. S. 870, 951). Andererseits kommt zugleich die Form und Stellung der das Nachbild tragenden Grundfläche in Betracht — richtiger gesagt: die subjektive Gestaltauffassung des Grundes nach Form und Lage. Diese Auffassung kann angenähert der Wirklichkeit entsprechen, also eine „richtige" sein, wie das für gewöhnlich anzunehmen sein wird. In gewissen Fällen jedoch — besonders bei Mangel an Konturen oder irreführenden Beleuchtungsunterschieden im Grunde — sowie bei künstlicher Einengung der das Nachbild aufnehmenden Fläche kann eine Fehlauffassung des das Nachbild tragenden Grundes eintreten; in anderen Fällen endlich kann das Nachbild vom Hintergrund losgelöst, vollständig im Raume davor schwebend erscheinen. Im ersten Falle bedeutet die Erscheinungsweise des Nachbildes auf dem nach Form und Lage richtig ausgelegten Grunde nur ein Problem der Perspektive bzw. der geometrischen Projektion der bezeichneten Netzhautmeridiane auf den tatsächlichen Grund. Im zweiten Falle tritt Fehlperspektive ein, welche der geometrischen Projektion der Netzhautmeridiane für die vermeintliche, sozusagen falsch angenommene Form und Lage des Grundes entspricht. Im dritten Falle kann die Erscheinungsweise des räumlich selbständigen Nachbildes ganz unbeeinflußt bleiben von der richtigen oder falschen Auslegung des Hintergrundes selbst, also einfach der tatsächlichen Neigung der Netzhautmeridiane entsprechen.

Rein, ohne Mitwirkung perspektivisch-projektiver Faktoren tritt die subjektive Neigung hervor, wenn man als nachbildtragenden Grund entweder eine mit dem Drehpunkt des Auges homozentrische Kugelfläche — etwa auch das Himmelsgewölbe — benützt oder eine zur tertiär gestellten Blicklinie rektanguläre Tangentialebene verwendet (zuerst Wundt, dann Le Conte). Dabei sei vorausgesetzt, daß das Nachbild am Hintergrunde haftet und keine falsche Auffassung des letzteren besteht. Durch Einstellung beweglicher Radien (etwa gespannter Fäden) auf Koinzidenz mit den Armen des Nachbildkreuzes kann man die objektive Neigung der bezeichneten Netzhautmeridiane direkt messen, wobei der Grad des subjektiven Geneigterscheinens an sich einflußlos ist und sich eine gute Übereinstimmung ergibt mit den nach dem Listingschen Gesetze errechneten sowie mit den am Tschermakschen Modell gewonnenen Werten (Schubert).

---

[1] Vgl. dazu F. C. Donders (Phänophthalmotrop): Graefes Arch. **16** (2), 165 (1870). — Hermann, L. (Blemmatotrop): Pflügers Arch. 8, 305 (1873). — Wundt, W.: Grundz. d. physiol. Psychol. 4. Aufl. **2**, 118ff. Leipzig 1893.

Wird hingegen eine zur tertiär gestellten Blicklinie nicht senkrechtstehende Grundfläche benützt, speziell — wie seit langem üblich — eine zur primär gestellten Blicklinie senkrechte Frontalebene, und wird diese ihrer Lage nach (angenähert) richtig aufgefaßt, so erscheint das Nachbildkreuz in Tertiärlage nicht mehr rechtwinklig, sondern „verzerrt". Neben der Neigung kommt jetzt die Perspektive bzw. die geometrische Projektion in Betracht. Im 45°-Radianten ist die scheinbare Verzerrung beider Schenkel eine gegensinnige, aber (angenähert) gleichstarke, so daß ein sog. Andreaskreuz resultiert, bzw. die beiden in der Blickbahn gelegenen Quadranten des Sehfeldes sozusagen *geschrumpft*, die senkrecht dazu gelegenen Quadranten geschwellt erscheinen (vgl. Abb. 314 u. 315). Die Verzerrung ist ganz unabhängig davon, ob die Grundfläche gleichzeitig irgendwelche Konturen aufweist — speziell ob, wie üblich, eine quadratische Teilung aufgezeichnet ist oder nicht, wenn nur die Grundfläche ihrer Lage nach richtig aufgefaßt wird. Eine Verzerrung ist ja nach den Gesetzen der Perspektive oder der geometrischen Projektion der Netzhautschnitte auf eine zur Blicklinie schiefgestellte Ebene zu erwarten; auch lassen sich die zu erwartenden Werte ohne weiteres trigonometrisch berechnen. Es läßt sich durch geeignete Formeln (abgeleitet von Schubert) zeigen, daß die zu erwartende perspektivisch-projektive Verzerrung in charakteristischer Beziehung (vgl. Abb. 316) steht zum Winkel der kinematischen Neigung und zum Helmholtzschen Raddrehungswinkel, dessen Abhängigkeit vom Elevationswinkel der jeweils benützten Primärachse dem Spiegelbild der Wertkurve des Neigungengswinkels entspricht, allerdings nachträglich umgeklappt in den Nachbarquadranten von gegensätzlichem Ordinatenvorzeichen (vgl. Abb. 290 S. 952). Für den primär vertikalen Schenkel des Nachbildkreuzes ist eine perspektivische Verzerrung nur *innerhalb* jedes Oktanten mit einem Maximum entsprechend 22,5°, 67,5° usw. nicht an dessen Grenzen (0°, 45°, 90° usw.)

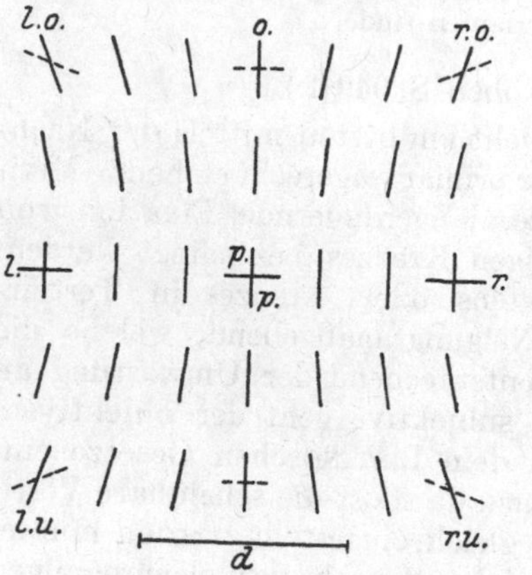

Abb. 314. Erscheinungsweise des Nachbildes eines aufrechten Kreuzes bei Primär-, Sekundär- und Tertiärstellung in Abstand *d* auf einer objektiv und subjektiv frontoparallelen Ebene: scheinbare Neigung des Vertikalarmes entsprechend der kinematischen Neigung des p.V.M. und (*innerhalb* jedes Oktanten) dem Einfluß der Perspektive, scheinbare Neigung des Horizontalarmes entsprechend der algebraischen Summierung von kinematischer Neigung des p.H.M. und gegensinnigem Einfluß der Perspektive (nach Hering).

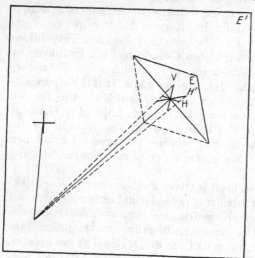

Abb. 315. Erscheinungsweise des Nachbildes eines aufrechten Kreuzes bei Primär- und Tertiärstellung a) auf einer objektiv und subjektiv rechtwinklig zur Blicklinie stehenden Ebene *E* mit dem Kreuzbilde *VH* entsprechend der gleichsinnigen Rechtsneigung des primär lotrechten und wagerechten Meridians, b) auf einer objektiv und subjektiv frontoparallelen Ebene *E'* mit dem Kreuzbilde *VH'* entsprechend der Rechtsneigung des primären Lotmeridians und der linksgerichteten perspektivischen Überkompensation der Wirkung der Rechtsneigung des primär-wagerechten Meridians.

zu erwarten, hingegen für den primär horizontalen eine Verzerrung innerhalb jedes Quadranten mit einem Maximum entsprechend dessen Mitte (45°, 135°, usw.)

und mit nicht symmetrischem Anstieg und Abfall. Für den vorwiegend untersuchten 45°-Radianten ist keine Verzerrung des vertikalen Schenkels, sondern bloße subjektive Neigung entsprechend der kinematischen Neigung des primären Vertikalmeridians zu erwarten, hingegen eine algebraische Summierung von einfacher Neigung und doppelter Verzerrung am horizontalen Schenkel, so daß eine Ablenkung um den Betrag der Neigung, jedoch gegensinnig, d. h. nach dem geneigten Vertikalschenkel hin, resultiert (vgl. Abb. 314 u. 315). —

Beim Versuch, die Erscheinungsweise des auf einer frontoparallelen Ebene beobachteten Nachbildes zahlenmäßig zu charakterisieren usw. durch Einstellung beweglicher Radien (etwa gespannter Fäden) auf Koinzidenz, erhält man allerdings Werte, welche den erwarteten nicht vollkommen entsprechen, sondern etwas hinter diesen zurückbleiben (SCHUBERT). Diese Abweichungen erscheinen durch die Fehlerbreite der Nachbildmethode sowie durch die Verschiedenheit von streng mathematischer und physiologischer Perspektive bedingt. (Sonst bliebe nur die Deutung übrig, daß die Gestaltauffassung der Nachbildfläche keine ganz richtige, d. h. der frontoparallelen Meßfläche entsprechende ist, vielmehr der ersteren eine geringere Schiefstellung zugeschrieben wird als der letzteren.) *Hievon abgesehen, entspricht die oft beschriebene Verzerrung des Nachbildkreuzes in Tertiärlage der algebraischen Summe von tatsächlicher Neigung der Netzhautmeridiane und perspektivischer d. h. projektiv-geometrischer Einflußnahme.*

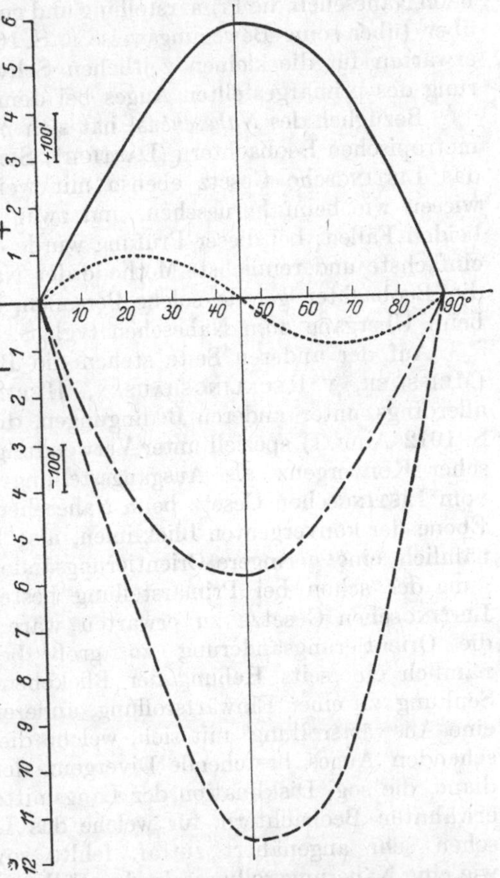

Abb. 316. Kurvenmäßige Darstellung des Ausmaßes des Tertiärneigungswinkels (α ——————) bzw. des HELMHOLTZschen Raddrehungswinkels (α' —·—·—·—) und der perspektivisch-projektiven Verzerrung, welche der vertikale (—[α' — α] ·····) und der horizontale (2α —————) Schenkel eines primär rektangulären Nachbildkreuzes erfahren, in Tertiärlagen von gleichem Achsendrehwinkel (β = 45°), aber verschiedener Lage der primären Drehungsachse (ω). (Nach G. SCHUBERT.)

Das LISTINGsche Gesetz beim Nahesehen und bei verschiedener Kopfstellung.

Wie bereits oben betont, betrifft das LISTINGsche Gesetz nur die Koppelung zwischen Änderung der Blicklage nach Höhe und Breite und Änderung der Orientierung und sagt nichts über deren absolute Werte aus. Ein aus einem anderen Grunde als durch Änderung der Blicklage erreichter, bereits für die Primärstellung geltender Grundwert an Orientierung brauchte nichts an den algebraischen Zuwächsen zu ändern, wie sie nach dem LISTINGschen Gesetze erfolgen. Es wäre zunächst zu erwarten, daß dabei einfach zu jener Muskelwirkung bzw. jener Kooperation von Muskeln, welche die Grundrollung bewerkstelligt (vgl. S. 1037), die charakteristische Muskelwirkung bzw. Muskelkooperation hinzutritt, welche die LISTINGsche Bewegungsweise zustande bringt. Die beiden

Aktionen könnten sich vollkommen selbständig und unbeeinflußt voneinander verhalten. Demgemäß könnte beim Nahesehen (mit Auswärtsrollung des Auges) und bei seitlicher Neigung des Kopfes (mit Gegenrollung des Auges), ebenso bei einer durch den Fusionszwang im Haplostereoskop erzwungenen Grundrollung des Auges das Listingsche Gesetz einfach in Geltung bleiben, insofern nur das einzelne geprüfte Auge — nach Höhe und Breite — die Primärstellung der Blicklinie als Ausgangslage beibehalten hat. Das andere Auge verläßt natürlich beim Nahesehen die Primärstellung und geht in symmetrische Konvergenzstellung über (über seine Bewegungsweise s. S. 1049). Ebenso ist keinerlei Einfluß zu erwarten für die kleinen zeitlichen Schwankungen, welche die Grundorientierung des primärgestellten Auges bei demselben Beobachter aufweist[1].

Bezüglich des *Nahesehens*[1] hat sich nun tatsächlich für eine Reihe von emmetropischen Beobachtern (Dastich[2], Schuurmann[2], Grossmann[3], Schubert[4]) das Listingsche Gesetz ebenso mit weitgehender Annäherung als gültig erwiesen wie beim Fernesehen, und zwar unter Identität der Primärstellung in beiden Fällen; bei dieser Prüfung wurde die zwar nicht empfindlichste, so doch einfachste und reinlichste Methode der Nachbilder verwendet. Allerdings waren die Beobachter gerade solche Personen, bei denen eine Disklinationsänderung beim Übergang zum Nahesehen (vgl. S. 1051) ausbleibt.

Auf der anderen Seite stehen die Befunde einer Reihe von Beobachtern (Meissner, v. Recklinghausen, Hering, Le Conte, Donders[5]), welche, allerdings unter anderen Bedingungen, die Komplikationen beinhalten — (vgl. S. 1012 Anm. 1) speziell unter Verwendung *beider* Augen, und zwar in symmetrischer Konvergenz als Ausgangsstellung —, charakteristische Abweichungen vom Listingschen Gesetz beim Nahesehen angegeben haben. Bei Senkung der Ebene der konvergenten Blicklinien, also bei Blicklage innen unten, ergab sich nämlich eine geringere Orientierungsänderung, als sie — unter Berücksichtigung des schon bei Primärstellung bestehenden Rollungsgrades — nach dem Listingschen Gesetze zu erwarten wäre; umgekehrt wurde bei Blickhebung die Orientierungsänderung zu groß befunden (vgl. S. 1052). Es führte nämlich einerseits Hebung der Blickebene an sich zu einer Auswärtsrollung, Senkung zu einer Einwärtsrollung, andererseits brachte Näherung des Blickes eine Auswärtsrollung[6] mit sich, welche die bereits bei Primärstellung des fernsehenden Auges bestehende Divergenz der primär-vertikalempfindenden Meridiane, die sog. Disklination der Längsmittelschnitte vermehrte. Bei den früher erwähnten Beobachtern, für welche das Listingsche Gesetz auch beim Nahesehen sehr angenähert zutraf, fehlte sowohl eine Hebungs-Senkungsrollung wie eine Näherungsrollung. In den Fällen von Abweichung dürfte es sich — von Muskelanomalien abgesehen — nicht um eine wahre Durchbrechung des Listingschen Gesetzes, also nicht um ein Aufhören der konstanten Kooperation der beiden Heber-Senker handeln, sondern um die individuelle Eigentümlichkeit des Hinzutretens von Extrarollungen, welche sich einfach algebraisch zur Orien-

---

[1] Siehe die Darstellung bei E. Hering: **1868**, 92ff. — **1879**, 490ff. — Helmholtz, H. v.: Physiol. Optik, 1. Aufl. S. 701, 2. Aufl. S. 848ff., 3. Aufl. **3**, 336. — Aubert, H.: Physiol. Optik, S. 658ff. (1876). — Landolt, E.: Graefe-Saemischs Handb. d. Augenheilk., 1. Aufl. **3** (2), 660 (1876).

[2] Unter Helmholtz: Physiol. Optik, 1. Aufl. S. 469; 2. Aufl. S. 626ff.; 3. Aufl. **3**, 45ff.

[3] Nach F. C. Donders: Pflügers Arch. **13**, 397 (1876). Vgl. auch G. M. Stratton: Wundts Philos. Stud. **20**, 336 (1902) — Psychologic. Rev. **13**, 81 (1906).

[4] Schubert, G. (unter A. Tschermak): Pflügers Arch. **215**, 553 (1926).

[5] Vgl. auch B. Barnes: Amer. J. Physiol. **16**, 199 (1905). — Loring, M.: Psychologic. Rev. **22**, 254 (1915).

[6] Vgl. das S. 1009, 1049, 1055, 1061 über die Begünstigung der Konvergenz bei Senkung, der Divergenz bei Hebung Bemerkte.

tierungsänderung nach dem implizite fortgeltenden LISTINGschen Gesetze hinzufügen. Näheres über die Näherungs- und die Vertikalbewegungsrollung wird noch unten (S. 1050, 1052) auszuführen sein.

Bei symmetrischer Konvergenz ergibt sich eine „*Pseudoprimärstellung*", indem das Nachbild, welches jedem Einzelauge zunächst bei Primärstellung — oder beiden Augen zugleich bei einer zur Primärstellung symmetrischen Konvergenzstellung — eingeprägt wurde, bei *Vertikalbewegung* in der Medianen binokular keine Abweichung aufweist, hingegen unokular eine gegensätzliche solche erkennen läßt: es bewirkt eben die binokulare Verschmelzung eine Kompensation beider Abweichungen (SCHUBERT). — Führt bei asymmetrischer Konvergenz das eine Auge aus der Primärstellung eine Radiärbewegung nach einer Tertiärlage aus, so erfolgt die gesetzmäßige Neigung ohne Rollung. Hingegen geht gleichzeitig — bei Festhalten des Konvergenzgrades — das andere Auge unter Blickwanderung längs eines extraprimären Radianten aus einer medialen Sekundärstellung in eine dem gemeinsamen Blickpunkt entsprechende Tertiärlage über, welche denselben Höhenwert, jedoch einen stärkeren oder schwächeren Breitenwert aufweist als die Tertiärstellung des ersten Auges. Jenes Auge gewinnt dabei die Orientierung, welche gemäß dem DONDERSschen Gesetze gerade für seine Tertiärlage charakteristisch ist, auf dem Wege kinematischer Rollung; bei radiärer Bewegung aus seiner Primärstellung heraus hätte es dieselbe durch bloße Neigung erreicht. Während die Orientierungsänderung selbst doppelseitig erfolgt, ist die Rollung in diesem Falle eine einseitige, rein kinematisch einfach dem LISTINGschen Gesetze gemäß unter bloßer Vertikalkooperation erzwungene — keine eigentlich doppelseitige und nur einseitig kompensierte, keine durch Rollungskooperation bewirkte selbständige „Extrarollung". Das aus der Primärstellung herausbewegte Auge erfährt dabei auch keine kinematische Rollung, sondern nur eine dem LISTINGschen Gesetze entsprechende Orientierungsänderung durch Neigung bei Drehung um eine feste primäre Achse.

Des weiteren hat sich gezeigt, daß auch die verschiedensten *Veränderungen der Kopfstellung wie der Körperhaltung* keinerlei Einfluß üben auf das Verhältnis des Zusammenarbeitens der beiden Heber oder Senker und damit auf die Geltung des LISTINGschen Gesetzes (HELMHOLTZ, SCHUBERT[1]); die primäre Achsenebene wird eben vom Kopfe mitgenommen und damit im Raume, nicht aber im Kopfe selbst verlagert. Dies gilt, obwohl bei seitlicher Neigung des Kopfes, ebenso des Gesamtkörpers eine Rollung beider Augen entgegen dem Neigungssinne erfolgt (vgl. S. 1053, 1078). Die Tätigkeit der ungleichnamigen Vertikalmuskeln verschiedener Etage setzt sich auf das durch selbständige Extrarollung geänderte Tonus- oder Kontraktionsniveau (der Vertikalmuskeln derselben Etage) ungeändert drauf, so daß das LISTINGsche Gesetz explizite gültig und messend nachweisbar bleibt. Der Betrag der Gegenrollung erscheint einfach zur LISTINGschen Neigung algebraisch hinzugefügt. Nur ergeben sich dabei perspektivische Komplikationen für die Erscheinungsweise des Nachbildes bei gleichzeitiger Änderung der Incidenz gegen die Grundfläche, auf welcher das Nachbild erscheint; auch mag unter Umständen die Auffassung der Form und Lage des Grundes beeinflußt werden und daher z. B. bei stärkerer Seitenwendung des Kopfes die naheliegende Fehlauslegung einer nicht-mitgedrehten Tafel als mitgedreht bzw. als wieder frontoparallel stehend begünstigt werden, so daß dann eine geometrisch-projektiv unberechtigte Verzerrung des Nachbildkreuzes eintreten kann. Abgesehen von diesen Komplikationen kommt, wie gesagt, der Kopfstellung kein wahrer Einfluß zu auf die Primärstellung bzw. auf das LISTINGsche Gesetz. Auch besitzt der Kopf nicht eine kinematisch ausgezeichnete Grundstellung, wie sie die Primärstellung des Auges ist. Es läßt sich nur eine gewisse, kopfkinematisch nicht ausgezeichnete *Mittelstellung* (sog. Primärstellung nach HERING) mit Gleichhochliegen der Drehpunkte beider Augen und Wagrechtlaufen der gemeinsamen Ebene beider primärer Blicklinien — allerdings noch ohne fixe Relation zum Stamm — festlegen (vgl. S. 966, 1085). Dieselbe wird ziemlich angenähert getroffen, wenn man an einem geeigneten

---

[1] Vgl. die Zitate S. 1011 Anm. 2.

Gebißhalter gegen eine mittels Wasserwage genau wagerecht gestellte Beißfläche mit der oberen und der unteren Zahnreihe scharf einbeißt und mittels Tscher-makschen Justierblocks[1] die Blicklinien genau wagerecht, parallel, geradeaus rich-tet. — (Näheres über das Verhältnis von Kopf- und Augenbewegungen s. S. 1084.)

4. Verhältnis von Primärstellung, Ruhelage und Grundstellung des Auges[2].

Die kinematisch ausgezeichnete, durch das Listingsche Bewegungsgesetz charakterisierte Primärstellung[3] entspricht allgemein und streng weder der Normalstellung [im Sinne der Achsenlage nach Volkmann (vgl. S. 1006)], d. h. der Senkrechtstellung der Blicklinie zur Verbindungsstrecke beider Drehpunkte, noch der Ruhelage des Auges, sondern einer einigermaßen davon abweichenden Zwangslage, welche durch eine bestimmte Verteilung des Muskeltonus erhalten wird[4]. Man kann zunächst eine „absolute" Ruhelage oder Nullage aufstellen, wie sie für den Fall von Fehlen jeglicher nervöser Beeinflussung und ausschließ-licher Wirksamkeit mechanischer Faktoren abzuleiten ist, nicht aber während des normalen Lebens exakt zu bestimmen ist, da die „interesselose Stellung", welche beide Augen einnehmen, bei der Tendenz, ziellos ohne Akkomodation geradeaus zu blicken, ziemlich unbestimmt ist[5] (A. Graefe[6], Bielschowsky[7]). Der erstgenannten kommt die Stellung des Auges bei totaler Ophthalmoplegie gleich (A. v. Graefe[8], H. Oppenheim[9]) ebenso wohl auch die zu schwacher Divergenz der Axen bzw. Hornhautnormalen beider Augen tendierende Leichenstellung kurz nach dem Tode, und zwar noch vor Eintreten der Totenstarre („anatomische Ruhelage nach Hansen Grut[10] — vgl. auch die Bestimmungen von A. Fick, Ruete, A. W.

---

[1] A. Tschermak: Pflügers Arch. 188, 21 (1924).
[2] Vgl. dazu speziell F. B. Hofmann: Erg. Physiol. 5, 599 (1906). — Fischer, M. H. (unter A. Tschermak): Pflügers Arch. 188, 161, spez. 227 (1921) — Graefes Arch. 108, 251 (1922). — Siehe auch H. Lempp: Ophthalmology 9, 269 (1912) — Z. Augenheilk. 27, 487 (1912).
[3] Bereits die Ruhelage „Primärstellung" zu nennen und davon eine „kinematische Primärstellung" zu unterscheiden (R. A. Reddingius: Das sensumotorische Sehwerkzeug. Leipzig 1898, spez. S. 65), erscheint irreführend und unzweckmäßig (M. H. Fischer: 1921, S. 227; 1922, S. 252).
[4] Analoges deduziert O. Zoth (1905, 304) für die „Ausgangsstellung", d. h. Null-lage für das System der Koordinaten der Insertionspunkte bzw. Stellung bei aufrechter Kopfhaltung und horizontal, parallel, sagittal gerichteten Blicklinien. Für diese ergibt die Berechnung der Drehmomente nicht Null als Summe, sondern läßt ein negatives Erhebungs-, ein Konvergenzmoment sowie ein Disklinationsmoment übrig, so daß eine aktive Muskel-leistung im Sinne von Hebung, Divergenz, Minderung der Disklination erfordert wird. Als Ruhelage ist danach eine gewisse Senkung, Konvergenz und Disklination zu er-warten.
[5] Hillebrand, F.: Jb. Psychiatr. 40, 213 (1920). Als von dieser verschieden betrachtet F. B. Hofmann [Skand. Arch. Physiol. (Berl. u. Lpz.) 43, 17, spez. 25 (1923); 1920—1925, S. 342) die bequeme oder freie Einstellung, welche das einzelne Auge bei Fehlen des Fusions-zwanges einnimmt. — Eine Abweichung dieser „absoluten Ruhestellung" beider Augen von der Wagerechteinstellung wird von G. T. Stevens [Arch. of Ophthalm. 26 (2) (1898) — Arch. Augenheilk. 37, 275 (1898)] als Ana- bzw. Kataphorie bezeichnet.
[6] Graefe, Alfred: Motilitätsstörungen. Graefe-Saemischs Handb. d. ges. Augen-heilk., 1. Aufl. 6, Kap. 9 (1880); 2. Aufl. 8 (2), Kap. 11 (1898).
[7] Bielschowsky, A.: Ber. d. 39. Vers. dtsch. ophthalm. Ges. 1913, S. 67. — Vgl. auch Wiers: Über die Ruhestellung der Augen. Groningen 1892. — Reboud, J.: Arch. d'Ophthalm. 14, 681 (1894). — Volpe, F.: Arch. di Ottalm. 3, 171 (1895). — Rabinowitsch: Ruhelage des Bulbus. Inaug.-Dissert. Berlin 1911. — Lempp, H.: Z. Augenheilk. 27, 487 (1912). — Siehe auch die Darstellung der Frage der „Ruhelage" bei F. B. Hofmann: Augenmuskel-innervation. Erg. Physiol. 5, 599 (1906); 1920—1925, 342ff.
[8] Graefe, Albrecht v.: Symptomlehre der Augenmuskellähmungen, S. 169. Berlin 1867.
[9] Oppenheim, H.: Lehrb. d. Nervenkrankh. 2, 1032. Berlin 1905.
[10] Grut, Hansen: Arch. Augenheilk. 29, 69 (1894). — Vgl. auch C. Roelofs (für Exo-phorie als anatomische Ruhelage): Graefes Arch. 85, 1 (1914).

VOLKMANN[1]), während die Augenstellung im Schlaf oder in der Narkose hievon durch die mit dem Lidschlusse assoziierte Hebung und Divergenz abweicht[2].

Praktisch faßbarer und relativ scharf bestimmt ist die Charakterisierung einer Grundstellung oder „relativen Ruhelage", speziell einer physiologischen oder dynamischen, wie sie gegeben ist durch jene Stellung des Auges, für welche — bei einäugigem Fernsehen, unter Lichtabschluß des anderen und bei Mittelstellung des Kopfes — der subjektive Eindruck Geradevorne und Gleichhoch — also egozentrischer Nullpunkt der subjektiven Symmetrie — besteht (TSCHERMAK, M. H. FISCHER[3]). Diese sensorisch, und zwar subjektiv-egozentrisch ausgezeichnete Grundstellung dürfte einer tonischen[4] Gleichgewichtslage bei angenähert gleichmäßiger Verteilung eines gewissen minimalen Tonus an alle Augenmuskeln, also dem Bestehen eines Minimalspannungs-Rezeptionsbildes entsprechen; der Unterschied dieser nicht völlig konstanten, „relativen Ruhelage" von der sog. absoluten dürfte nicht erheblich sein, ebenso die Differenz gegenüber der „interesselosen Stellung" (s. S. 1032). Im Vergleich zur Primärstellung besteht hingegen eine deutliche Differenz, und zwar im allgemeinen (abhängig von der Einstellung für Nahesehen und von der Kopfstellung) im Sinne einer gewissen beiderseits nicht ganz gleichen Senkung, während sich bezüglich Sinn und Größe der wohl bei keinem Individuum fehlenden seitlichen Abweichung keine Regel ergibt — von einer gewissen Neigung zur Divergenz abgesehen. (Näheres darüber siehe in den Abschnitten über absolute und über egozentrische Lokalisation oben S. 867ff. und 965ff.)

Die Primärstellung erscheint sonach weder als absolute, tonusfreie Ruhelage, noch als relative, durch gleichmäßigen Minimaltonus erhaltene Ruhelage, wie sie der myosensorischen Grundstellung entspricht, sondern als eine Zwangslage, welche durch ungleichmäßige, individuell verschiedene Verteilung eines zum Teil nicht unbeträchtlichen Muskeltonus erhalten wird. Demgemäß ist auch ein gewisses, in geringem Ausmaß erfolgendes zeitliches Schwanken der Primärstellung an Breite, Höhe und Orientierung (HELMHOLTZ, DONDERS, SCHUBERT — vgl. S. 1011, 1018, 1043) sehr wohl verständlich. Andererseits ist die Primärstellung im Laufe einer Beobachtungsreihe leicht wiederzufinden[5]. Daß jedoch diese ungleichmäßige Tonusgrundlage für die LISTINGsche Bewegungsweise selbst ganz gleichgültig ist, ergibt sich aus den früheren Darlegungen.

Nachdrücklich sei bemerkt, daß *weder die Ruhelage noch die Primärstellung beider Einzelaugen eine streng symmetrische, gar eine parallele sein muß*. Vielmehr entspricht, wie noch bei Behandlung der Frage der Heterophorie (S. 1069) näher auseinanderzusetzen sein wird, jede genau bifoveale und symmetrische, gar streng parallele Einstellung der Blicklinien im allgemeinen einer gewissen Zwangs-

[1] Siehe E. HERING: **1868**, 517.

[2] Vgl. die Zitate bei F. B. HOFMANN: Erg. Physiol. **5**, 599, spez. 616ff. (1906). — PIETRUSKY, F.: Klin. Mbl. Augenheilk. **68**, 355 (1922). — SMOIRA, J.: Z. Augenheilk. **42**, 10 (1922).

[3] TSCHERMAK, A.: Graefes Arch. **55**, (1) 1 (1902). — FISCHER, M. H. (unter A. TSCHERMAK): Pflügers Arch. **188**, 161 (1921).

[4] Bei dieser Bezeichnung bleibe es dahingestellt, ob den Augenmuskeln überhaupt und besonders bei dieser dynamischen Ruhelage ein wahrer Tonus, d. h. eine Verkürzungsgleichgewichtslage ohne Ermüdung, anscheinend auch ohne Erregungsstromrhythmik zukommt, oder ob ihre Dauerspannung ausschließlich den Charakter von schwachem Tetanus mit Muskelgeräusch [E. HERING: Sitzgsber. Akad. Wiss. Wien, Math.-naturwiss. Kl. III **79**, 167 (1879)] und Erregungsstromrhythmik (von 60—100 pro 1 Sekunde) besitzt (P. HOFFMANN: Sitzgsber. physik.-med. Ges. Würzburg 1913 — Arch. f. Anat. [u. Physiol.] **1913**, 23); ein solcher könnte sich allerdings auch temporär zu einem wahren Tonus hinzugesellen [TSCHERMAK, A.: Wien. klin. Wschr. **27**, Nr 13 (1914) — Pflügers Arch. **175**, 105 (1919). — FISCHER, M. H. (unter A. TSCHERMAK): Graefes Arch. **108**, 251, spez. 254 (1922)].

[5] MARX, E.: Z. Sinnesphysiol. **47**, 79 (1913).

lage. Als Beispiel der Abweichung beider primärer Blicklinien oder primärer Achsenebenen vom Parallelismus seien folgende exakte Werte angeführt: Primärstellung des R.A. weicht 25′ temporalwärts und 20′ aufwärts, P.St. des L.A. 15′ nasalwärts und 30′ aufwärts von der sog. Normalstellung, d. h. Parallel-Senkrechtstellung zur Basallinie, ab (Schubert[1]).

5. Bewegung des Auges um nichtprimäre Achsen.

Bei der Radiärbewegung des Auges aus der Primärstellung heraus verbleibt die Drehungsachse in der mitbewegten primären Achsenebene des Auges, zugleich liegt sie als einzige Punktreihe dieser Ebene in der Orbita fest und läuft ständig senkrecht zur jeweiligen Lage der Blicklinie, besitzt also niemals eine in die Blicklinie selbst fallende Komponente. Daß bei ebenflächiger, radiantentreuer Bewegung auch die Drehungsachsen der einzelnen Muskeln als im Raume fest, nur im Auge ihre Lage wechselnd (mit Ausnahme reiner Lateral- oder Vertikalbewegung!) betrachtet werden können, wurde bereits oben (S. 1003) erwähnt. Demgemäß kann *das Listingsche Gesetz auch als die Bewegungsweise um zugleich im Auge wie in der Orbita feste Achsen* bezeichnet werden. Die Änderung der Orientierung beim radiantentreuen Übergang in Tertiärlage erfolgt durch zwangläufige Neigung, nicht durch Rollung. Hingegen läßt jede Blickbewegung außerhalb eines Primärradianten, mag sie erfolgen aus der Primärstellung oder aus einer Sekundärstellung — etwa im Sinne reiner Seitenwendung der gehobenen Blicklinie oder reiner Hebung der seitlich gewendeten Blicklinie — oder endlich aus einer Tertiärstellung in irgendeine andere Blicklage, die Drehungsachse aus der mitbewegten primären Achsenebene des Auges heraustreten und damit eine in die Blicklinie selbst fallende Komponente gewinnen; es erfolgt eben eine zwangläufige Nebenwirkung im Sinne von Rollung. So gewinnen, wie bereits (S. 1009) erwähnt, im Falle von Seitenwendung aus einer Hebungs-Sekundärlage die Seitenwender, im Falle von Hebung oder Senkung aus einer Seitenwendungs-Sekundärlage die Vertikalmotoren eine Nebenwirkung im Sinne von kinematischer Rollung. Hat die extraradiante Blickbewegung zugleich Horizontal- und Vertikalsinn, so gewinnt sowohl der Seitenwender wie der resultierende Heber (Senker) eine Rollungskomponente — was natürlich bereits bei jeder noch so kleinen Abweichung vom Schema bloßer Einmuskeligkeit der reinen Horizontalbewegung und bloßer Zweimuskeligkeit der reinen Vertikalbewegung gilt. Für die Rollungskomplikation ist es im Prinzip gleichgültig, ob die Blicklinie eine ebene oder eine gekrümmte Fläche, einfachstenfalles eine Kegelfläche beschreibt.

Je nach der speziellen Form extraradianter Blickbewegung sind nach Listing zwei Grundtypen möglich. Das eine Mal erfolgt Drehung um eine in der Orbita und im Auge feste Achse, welche mit der Sekundärstellung der Blicklinie einen von 90° verschiedenen Winkel bildet. Der Heringschen Darstellung folgend kann man (was allerdings nicht zweckmäßig erscheint) diese Drehung zerlegen, und zwar so, daß sie einerseits um eine zur Blicklinie senkrechte, andererseits um eine in die Richtung dieser Geraden fallende Achse erfolgt, die Bewegung demnach von „Rollung" begleitet ist; diese Partialachsen ändern während der Blickbewegung ihre Lage im Auge. Sieht man von dieser Zerlegung ab, dann liegt die Achse, da der sekundären Listingschen Achsenebene angehörend, in der Orbita bzw. im Raume wie im bewegten Auge fest. Die Blicklinie beschreibt — gleichgültig ob man die Drehung zerlegt oder nicht — einen Kegelmantel, und der Blickpunkt wandert aus einer Sekundärstellung längs eines durch die zu erreichende Tertiärstellung laufenden Nebenkreises (sog.

---

[1] Schubert, G. (unter A. Tschermak): Pflügers Arch. **205**, 637, spez. 657 (1927).

Direktionskreises); auf einer frontoparallelen Ebene zeichnet dabei die Blicklinie eine Hyperbel als Kegelschnittlinie. Die Bewegung erfolgt „tangententreu"
(in Analogie zu der S. 1012 verwendeten Bezeichnung „radiantentreu"); das
einem beliebigen Netzhautschnitt eingeprägte geradlinige Nachbild, welches in
der Ausgangsstellung die Bahnkurve tangiert, bildet auch in jeder anderen
Stellung die Tangente zu dieser.

Das andere Mal geschieht die extraradiante Blickbewegung nicht in einem
Nebenkreise, sondern längs einer anderen Linie — im einfachsten Falle ebenflächig, also auf dem kürzesten Wege, wobei die Blicklinie auf einer frontoparallelen Tafel eine gerade Spurlinie zeichnet. In all diesen Fällen gelten weder
im Auge noch in der Orbita feste Achsen, vielmehr erfolgt ein stetiger Achsen-
wechsel. Dieses Ingeltungtreten einer Serie instantaner Achsen ist in allen Fällen
darstellbar durch die Abwicklung zweier Kegel aufeinander (POINSOTsche Achsen-
kegel). Im einfachsten Falle von ebenflächiger extraradianter Blickbewegung
sind die beiden Kegel symmetrisch kongruent, elliptisch; der eine steht als sog.
„Rastpol-Achsenkegel" (AOP' in Abb. 317) im Raume fest, während der andere

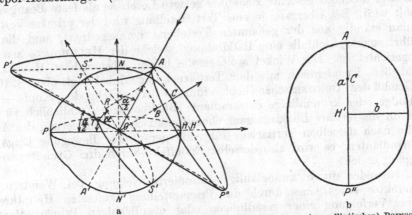

a

b

Abb. 317a u. b. a) Schema der Abwicklung von zwei (symmetrisch kongruenten, elliptischen) POINSOTschen
Achsenkegeln im einfachsten Falle einer ebenflächigen extraradianten Blickbewegung von S nach T;
b) tangential zur Bulbuskugel gelegte Schnittellipse (AP'') des POINSOTschen Gangpol-Achsenkegels (AOP'')
mit dem Brennpunkte C.

als „Gangpol-Achsenkegel" (AOP'') um diesen herum abläuft. Es entspricht
dies einem Verhalten, als ob gleichzeitig zwei um 90° voneinander abliegende
Drehkräfte angreifen würden, von denen die eine im Raume festliegt, während
die andere ständig in die Richtung der Blicklinie fällt und mit dieser die Lage
ändert (kinematische Rollung).

In dem speziellen Falle (Abb. 317) von Blickbewegung in einer ebenflächigen
Extraradiantenbahn längs eines Hauptkreises STS', der nicht durch die Primärstellung,
also nicht durch P geht — so bei der zweiten Teilbewegung im Sinne von HELMHOLTZ —
beschreibt, wie gesagt, die Blicklinie beim Übergang aus der Sekundärlage S in die Tertiärstellung T auf einer frontoparallelen bzw. primär normalen Ebene eine Gerade entsprechend
der Schnittlinie dieser Ebene mit der Fläche des Hauptkreises STS'. Dabei steht nun die
eine Kraft senkrecht zur sekundär gestellten Blicklinie (OS) in der Richtung OC, und zwar
mit der Größe OB, und führt die Blicklinie längs des Bahnkreises STS' weiter, die andere
ist in der sekundären Blicklinie selbst (OS) gelegen, und zwar mit der Größe OR, und dreht
das Auge um die Blicklinie als Achse. (Es besteht also auch Rollung im Sinne von HERING.)
Die Resultierende bezeichnet die jeweilige Momentanachse mit der Ausgangslage OA. Dabei führt die Iris — wenn die gehobene bzw. gesenkte Blickebene (STS' in Abb. 317) als feste
Bezugsebene gewählt wird — um die Blicklinie als Achse tatsächlich eine Bewegung aus
wie ein auf der Straße dahinrollendes Rad (HELMHOLTZ). Für die kinematische Versinn-
bildung der Achsenlage kommen hier — angesichts der Ebenflächigkeit der Blickbahn —
zwei Poinsot-Kegel in Betracht mit einem Scheitelwinkel von je 90° (vgl. Abb. 317). Die

gemeinsame Mantellinie beider Kegel $(P'OP'')$ halbiert den Sekundärwinkel (Erhebungs-winkel $= \alpha$), die dazu senkrechte Berührungsmantellinie beider Kegel (OA) weicht wieder um den halben Sekundärwinkel $(\alpha/2)$ von der Primärnormalen (ON) ab. Die Berührungs-mantellinie (OA), also die Anfangsachse, bildet mit der Bewegungsebene des Blickpunktes STS' in der Ebene des durch S gelegten Primärhauptkreises PSH den Winkel $(90 - \alpha/2)$ bzw. mit der Primärlage der Blicklinie OP den Winkel $(90 + \alpha/2)$. Die um den halben Sekundärwinkel $(\alpha/2)$ gegen die Anfangsachse geneigten Halbstrahlen ON und OC treffen je einen Brennpunkt der senkrecht dazu, also tangential zur Bulbuskugel gelegten Schnitt-ellipse des zugehörigen Poinsot-Kegels — und zwar den Punkt N in der Ellipse AP' und den Punkt C in der Ellipse AP''; das Halbachsenverhältnis der Ellipsen entspricht dem Sinus des Sekundärwinkels α ($\sin \alpha = b/a$). (In dem Falle von Bewegung des Blickpunktes längs eines nichtprimären Hauptkreises treffen die sekundäre Blicklinie OS und die primäre Occipitallinie OH gerade die Mittelpunkte S'' und H' der Schnittellipsen[1].)

Nur bei dem eben erörterten Grundtypus — der ebenflächigen extra-radianten Bewegungsweise — handelt es sich um eine Rollung im engeren, d. h. kinematischen Sinne, um eine „Raddrehung" nach Helmholtz. Eine analoge „Raddrehung" stellt bei Fickschem Bewegungsmodus die Bewegung des Auges aus einer horizontalen Sekundärstellung dar, wenn diesfalls die durch die hori-zontal und sekundär gestellte Blicklinie gelegte Lotebene als feste Bezugsebene gewählt wird. Bei Übergang in eine Tertiärstellung wird der primäre Vertikal-meridian ständig aus der genannten Testebene herausgedreht, und die Iris vollführt somit gleichfalls eine Raddrehung, welche der Helmholtzschen ent-gegengerichtet ist. Der Winkel, welchen die beiden Ebenen bzw. Hauptkreise einschließen, ist identisch mit dem Tertiärneigungswinkel (vgl. oben S. 1024).

Gemäß dem Dondersschen Gesetze führt — bei feststehendem Kopfe — jede geradlinige oder krummlinige extraradiante Blickbewegung schließlich zu der-selben für die tertiäre Blicklage ganz charakteristischen Orientierung des Auges wie die nach derselben Tertiärlage führende geradlinige Bewegung längs des Primärradianten: es wird also derselbe Endeffekt durch drei Grundtypen der Bewegung ereicht

1. entweder durch zwangläufige rationierte Neigung bei Wandern des Blickpunktes längs eines durch die Primärstellung laufenden Hauptkreises bzw. bei Verfolgung einer geradlinigen oder ebenflächigen Primärradianten-bahn — unter Drehung um eine im Auge und in der Orbita feste, in der primären Achsenebene gelegene Diagonalachse,

2. oder durch Rollung im Sinne Herings bei Wandern des Blickpunktes längs eines Neben- oder Richtkreises bzw. bei Verfolgung einer hyperbolischen, d. h. kegelflächigen Extraradiantenbahn — unter Drehung um eine in der Or-bita bzw. im Raume wie im Auge feste Achse, der bei Zerlegung nach Hering (s. S. 1034) zwei einen rechten Winkel einschließende, im Auge wandernde Achsen entsprechen,

3. oder durch kinematische Rollung s. str. oder „Raddrehung" (im Sinne von Helmholtz) bei Wandern des Blickpunktes längs eines nicht durch die Primär-stellung gehenden Hauptkreises bzw. bei Verfolgung einer geradlinigen, d. h. eben-flächigen Extraradiantenbahn — unter Drehung um eine Serie instantaner Achsen bzw. unter Abwicklung von zwei Achsenkegeln.

In allen drei Grundtypen geschieht die Bewegung *unter Beanspruchung der Vertikalmuskeln in derselben konstantbleibenden Kooperation*, welche dem Li-stingschen Gesetze zugrunde liegt. Es gewinnen eben nur bei allen extraradianten Bewegungen, gleichgültig ob sie von Rollung im Sinne Herings oder von kine-matischer Rollung begleitet sind, die Lateral- wie die Vertikalmuskeln in die Blicklinie selbst fallende Komponenten, also eine *rollende Nebenfunktion, ohne daß dabei eine besondere Rollungskooperation bestimmter Augenmuskeln eintreten*

---

[1] Vgl. O. Fischer: Abh. sächs. Ges. Wiss., Math.-phys. Kl. **31**, Nr. 1, 1 (1909).

würde, wie wir sie als Grundlage der selbständigen oder Extrarollung kennen-lernen werden. Darüber, wie über das Bestehenbleiben der LISTINGschen Koppe-lung auch hiebei wird alsbald zu handeln sein.

In welchen Bahnen bzw. nach welchen Bewegungstypen die tatsächlichen Blickbewegungen erfolgen — speziell beim Übergang von einem Punkte zum anderen ohne vorbezeichnete Bahn —, wird später zu erörtern sein (vgl. S. 1057).

C. Rollungskooperation von Augenmuskeln (Extrarollungen).

Als Gegenstück zur Vertikalkooperation, d. h. dem rollungsfreien Zusammen-wirken der Heber (Senker), welches als Grundlage des LISTINGschen Gesetzes für radiantentreue willkürliche Blickbewegung dargestellt wurde, besteht die Möglichkeit des Eintretens selbständiger, allerdings unwillkürlicher Rollungs-bewegungen, die als Extrarollungen bezeichnet seien, bei in beliebiger Lage, auch in Primärlage feststehender Blicklinie. Ebenso können selbständige Rollungen unter besonderen Nebenumständen während der Ausführung will-kürlicher Augenbewegungen, und zwar sowohl radiantentreuer, an sich rollungs-freier wie extraradianter, an sich rollungskomplizierter stattfinden und dadurch den an sich ungestörten Bewegungsablauf kompliziert wie auch die zwangläufig gekoppelte Neigung in Tertiärlage vermehrt oder vermindert erscheinen lassen. Solche „Extrarollungen", welche nicht durch kinematischen Zwang im Sinne von LISTING — also bei Extraradiantenbewegungen —, sondern selbständig auftreten können, erfolgen bei zahlreichen Personen beim Übergang vom Ferne-sehen zum Nahesehen und umgekehrt, ferner bei seitlicher Neigung des Kopfes sowie bei Einwirkung von Zentrifugalkraft, sodann unter dem Fusionszwange des haplo-stereoskopischen Binokularsehens — *nicht* aber, wie bereits oben bemerkt, bei irgendwelchen extraradianten Blickbewegungen ohne Änderung der Distanzlage und Kopfneigung. Endlich beruhen auch die zeitlichen Schwankungen in der Orientierung des Einzelauges (vgl. S. 855 Anm. 6, 1033), sowie die Herstellung und Erhaltung einer sehr angenähert symmetrischen Orientierung des Doppel-auges[1] auf Extrarollungen. (Näheres s. S. 1072 bei der Lehre von den Be-wegungen des Doppelauges.)

Ein einzelner Muskel, beispielsweise der Obl. inf., würde zu einer „Extra-rollung" nicht ausreichen, da ein isoliertes Heraustreten aus der oben abge-leiteten Koppelung mit dem anderen Heber, speziell dem Rect. sup., die Gel-tung des LISTINGschen Gesetzes aufheben würde, auch seine anderen Wirkungs-komponenten, beispielsweise Hebung und Auswärtswendung, erst wieder durch andere Muskeln kompensiert werden müßten. Der traditionellen Betrachtung der Obliqui als isolierter Rollungsmuskeln[2] kann nicht beigepflichtet werden. „Extrarollungen" können daher nur das Ergebnis einer Mehrmuskelaktion ohne Aufhebung der LISTINGschen Vertikalkooperation sein. Es muß sonach neben der einen Möglichkeit eines rollungsfreien Zusammenarbeitens der Heber (Senker) noch die zweite Möglichkeit einer hebungs-senkungsfreien Rollungs-kooperation bestimmter Augenmuskeln bestehen.

Es wird also — im Idealfalle von Ökonomie — ein Zusammenwirken eines Hebers und eines Senkers gefordert mit gegensinnigen Nebenkomponenten an Seitenwendung und gleichsinnigen Rollungskomponenten. Dementsprechend

---

[1] Eine solche kann auch durch Neigung des Kopfes in der durch die stärkere Ab-weichung bezeichneten Richtung bzw. durch algebraische Hinzufügung von Gegenrollung zustande gebracht werden, nicht aber wird damit eine Abbildung lotrechter Konturen in symmetrischer Querdisparation erreicht.

[2] GRAEFE, A. v.: Graefes Arch. **1**, (1) 28 (1854).

kommt nicht ein Zusammenwirken der an Seitenwendung gleichsinnigen Obliqui, sondern nur ein Zusammenwirken der beiden Vertikalmotoren, welche derselben Höhenlage oder Etage angehören, nämlich eine Kooperation des Rect. sup. und Obl. sup. für „Extrarollung" nach innen, umgekehrt eine Kooperation des Rect. inf. und Obl. inf. für „Extrarollung" nach außen in Betracht[1]. Sollen die beiden Vertikalmotoren derselben Etage zu einer selbständigen oder Extrarollung zusammenwirken, so müssen sie dies in einem solchen Verhältnis tun, daß ihre gegensinnigen Vertikalkomponenten gerade gleich ausfallen, ebenso ihre gegensinnigen Lateralkomponenten einander gerade aufheben, während sich ihre gleichsinnigen Rollungskomponenten

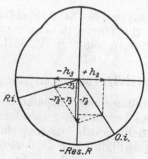

Abb. 318. Schema der zweiten Art des Zusammenwirkens von zwei Vertikalmotoren, und zwar der beiden Vertikalmotoren derselben Etage (des *Obl. inf.* und des *Rect. inf.* des linken Auges) mit den Komponenten $-r_2$ und $-r_3$ bzw. der Resultierenden $- Res. R. = -r_2 - r_3$ bei $+h_2 - h_3 = 0$; Effekt: vertikalkomponentenfreie Auswärtsrollung bzw. selbständige oder Extrarollung.

addieren (vgl. Abb. 318). Es müssen eben unter Bindung aller anderen Drehkomponenten freie Rollungskomponenten übrigbleiben. Dies ist nur dann der Fall, wenn die in die beiden Schrägachsen der Vertikalmotoren entfallenden Kräfte ihre Resultante gerade in die primäre Blicklinie fallen lassen. Diese bezeichnet aber zugleich die Senkrechte zur Querachse und in ebendiese fällt entsprechend der LISTINGschen Kooperation die Resultante von je zwei gleichsinnig wirksamen Vertikalmotoren. Das LISTINGsche Zusammenarbeiten bestimmt somit nicht bloß das für eine selbständige reine Vertikalbewegung erforderliche Kräfteverhältnis, sondern zugleich die für eine selbständige reine Rollung erforderliche Komponentenrelation. Beide Verhältnisse müssen eben solche sein, daß ihre Resultanten in die Querachse einerseits und in die dazu senkrechte

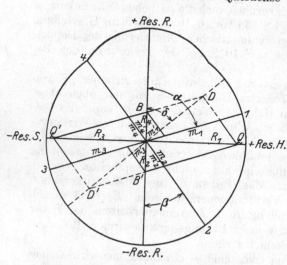

primäre Blicklinie andererseits fallen, d. h. es müssen die Kräfteparallelogramme, welche den beiden Kooperationsformen angehören, supplementär und parallelseitig sein (vgl. Abb. 319), also das eine Kräfteverhältnis der Kosinusrelation, das andere der reziproken Sinusrelation der Winkel zwischen der einzelnen Schrägachse und der Blicklinie entsprechen. Konstruiert man statt des Komplexes supplementärer, parallelseitiger Kräfteparallelogramme $(Q'BQB')$ ein Umhüllungsparallelogramm $(Q'DQD')$, so weicht dessen Diagonale DD' in charakteristischer Weise (um $\sphericalangle \delta$) von der primären Längsachse (BB') ab, indem

Abb. 319. Parallelseitige, supplementäre Kräfteparallelogramme $(Q'BQB')$ der beiden Koppelungspaare, d. h. des Hebungs-Senkungspaares und des Einwärts-Auswärtsrollungspaares für das linke Auge; Abweichen der Diagonale DD' des Umhüllungskräfteparallelogramms $(Q'DQD')$ von der primären Blicklinie BB' um den Winkel δ.

$$tg\,\delta = \frac{\sin(\alpha - \beta)}{2\cos\alpha \cdot \cos\beta}.$$

Für die RUETEschen Werte $\alpha = 71°$, $\beta = 38°$ beträgt $\delta = 46° 42' 29''$.

---

[1] Vgl. bereits A. NAGEL: Graefes Arch. **14**, (2) 228 (1868). — HOFMANN, F. B. u. A. BIELSCHOWSKY: Ebenda **51**, 174 (1900).

Das der Rollungskooperation als der zweiten Form des Zusammenwirkens von zwei Vertikalmuskeln zugrunde liegende Kräfteverhältnis ist sonach bereits (bei Gegebensein der absoluten Winkelwerte) *durch das der Vertikalkooperation als der ersten Form des Zusammenwirkens zugrunde liegende Kräfteverhältnis eindeutig bestimmt.*

Es gelten eben die Formeln:

1. für Vertikalkooperation bzw. Rollungsäquivalenz

$$\pm r_1 = \pm r_2, \qquad m_1 \cdot \cos\alpha = m_2 \cdot \cos\beta,$$
$$m_3 \cdot \cos\alpha = m_4 \cdot \cos\beta,$$
$$\frac{m_1}{m_2} = \frac{m_3}{m_4} = \frac{\cos\beta}{\cos\alpha} = k_V,$$

für die RUETEschen Werte von $\beta = 38°$, $\alpha = 71°$

(I)
$$k_V = \frac{\cos 38°}{\cos 71°} = 2{,}4204;$$
$$\frac{h_1}{h_2} = \frac{h_3}{h_4} = \frac{\operatorname{tg}\alpha}{\operatorname{tg}\beta} = \frac{\operatorname{tg} 71°}{\operatorname{tg} 38°} = 3{,}7125;$$

2. für Rollungskooperation bzw. Vertikaläquivalenz

$$\pm h_2' = \pm h_3', \qquad m_2' \cdot \sin\beta = m_3' \cdot \sin\alpha,$$
$$m_4' \cdot \sin\beta = m_1' \cdot \sin\alpha,$$
$$\frac{m_3'}{m_3'} = \frac{m_4'}{m_1'} = \frac{\sin\alpha}{\sin\beta} = k_R$$

(II)
$$\text{bzw. } k_R = \frac{\sin 71°}{\sin 38°} = 1{,}5358 = \frac{1}{0{,}6511},$$
$$\frac{r_2'}{r_3'} = \frac{r_4'}{r_1'} = \frac{\operatorname{tg}\alpha}{\operatorname{tg}\beta} = \frac{\operatorname{tg} 71°}{\operatorname{tg} 38°} = 3{,}7125,$$

wobei das der Vertikalkooperation zugrunde liegende Verhältnis k_V (bei Festliegen der Werte für α und β) bereits die der Rollungskooperation eigentümliche Relation k_R eindeutig bestimmt:

$$k_R = \sqrt{\frac{1 - \cos^2\alpha}{1 - k_V^2 \cdot \cos^2\alpha}} = \sqrt{\frac{1 - \dfrac{\cos^2\beta}{k_V^2}}{1 - \cos^2\beta}}$$

Ebenso sei die Gleichheit des Verhältnisses der freien Vertikalbewegungskomponenten bei der ersten Kooperationsform und der Relation der freien Rollungskomponenten bei der zweiten Kooperationsform nachdrücklich betont. Es ergibt sich hieraus folgende *allgemeine Gesamtformulierung*:

Die nach der Lage der Kräfte benachbarten Vertikalmuskeln arbeiten paarweise in solchen Kräfteverhältnissen zusammen, daß die zugehörigen Kräfteparallelogramme supplementär und parallelseitig sind, also die beiden Resultierenden senkrecht zueinander stehen, und zwar die eine mit der primären Querachse, die andere mit der primären Längsachse zusammenfällt. Das eine Kooperationspaar bewirkt somit eine reine Vertikalbewegung, das andere eine reine Rollung ohne jegliche Nebenkomponenten (im Idealfalle!). Infolge der Rektangularität der Resultierenden in den beiden Kräfteparallelogrammen entfallen eben bei der einen, rein vertikalsinnigen Kooperationsweise gleich große, aber gegensinnige Projektionen, die somit einander gerade kompensieren, auf die primäre Längsachse — bei der anderen, rein rollenden Kooperationsweise gleichgroße, aber gegensinnige, daher einander bindende Komponenten auf die primäre Querachse. Hingegen addieren sich in dem ersteren Falle die auf die Querachse entfallenden Komponenten, in dem letzteren die auf die Längsachse entfallenden, wobei für jedes Komponentenpaar das *gleiche* Zahlenverhältnis gilt.

Während nun die Listingsche Relation der Heber-Senkerwirkung mit dem Werte von 2,4204 sich anscheinend muskulär erklären läßt — als Ausdruck von entsprechender relativer Verschiedenheit der Muskelkräfte bzw. der Drehmomente bei Gleichheit der Innervationsstärke, erscheint für die Rollungsrelation mit dem Werte von 1,5358 eine analoge Zurückführung auf die Relation der Muskelkräfte an sich nicht möglich. Wird doch bei der Rollungskooperation der Obliquus (m_2', m_4') zu stärkerer, etwa $1\frac{1}{2}$facher Wirkung gebracht als der Rectus derselben Etage (m_3', m_1'). Die Gesamtkraft der beiden Einzelmuskeln steht offensichtlich im umgekehrten Verhältnisse, hingegen scheint für das Rollungsdrehmoment das Umgekehrte zu gelten. Das Einfachste und Befriedigendste wäre nun eine Begründung der Konstante für die Rollungskooperation durch eine entsprechende Relation der Rollungsdrehmomente — ebenso wie die Konstante für die Vertikalkooperation durch eine entsprechende Relation der Vertikaldrehmomente gegeben sein könnte, die im letzteren Falle mit der Relation der Muskelkräfte recht angenähert übereinzustimmen scheint. Allerdings sind die bisher vorliegenden Zahlenwerte für die Drehmomente der Augenmuskeln meines Erachtens nach ziemlich unsicher und divergent zu nennen und bedürfte es hiefür wie für die anderen Muskelkonstanten neuer Untersuchungen. Immerhin liegt bei den Werten für $k_R = 1,5358$ und für die Relation der Rollungsdrehmomente mit 0,8170 bis 1,9367 (Mittel 1,328) die Möglichkeit einer tatsächlichen Übereinstimmung ebenso vor, wie eine solche bei den Werten für $k_V = 2,4204$ und für die Relation der Vertikaldrehmomente mit 1,845 bis 3,093 (Mittel 2,466) zu bestehen scheint. Näheres ist aus der nachstehenden Tabelle zu ersehen.

	Verhältnis der Wirkungsgrößen bei Rollungskooperation	Verhältnis der Feuchtgewichte (VOLKMANN)	Verhältnis der Trockengewichte (DONDERS)	Verhältnis der Muskelfaserzahl (BORS)	Verhältnis der Rollungsdrehmomente (ZOTH)	Berechnet nach den Werten von
$\dfrac{\text{O. i.}}{\text{R. i.}}$	$\dfrac{m_2'}{m_3'} = k_R = 1,5358$	$\dfrac{0,288}{0,671} = 0,4292$	$\dfrac{0,0265}{0,075} = 0,3533$	$\dfrac{9,470}{20,889} = 0,4534$	$\dfrac{8,62}{10,55} = 0,8170$	VOLKMANN
					$\dfrac{7,92}{6,5} = 1,2185$	RUETE
$\dfrac{\text{O. s.}}{\text{R. s.}}$	$\dfrac{m_4'}{m_1'} = k_R = 1,5358$	$\dfrac{0,285}{0,514} = 0,5545$	$\dfrac{0,032}{0,0603} = 0,5307$	$\dfrac{9,254}{16,862} = 0,5482$	$\dfrac{10,25}{7,65} = 1,3398$	VOLKMANN
					$\dfrac{8,56}{4,42} = 1,9367$	RUETE

Andererseits ist es allerdings auch möglich, daß bei der Rollungskooperation keine gleichstarke Innervation der beiden Vertikalmuskeln derselben Etage, sondern eine erheblich stärkere des Obliquus erfolgt. Die rollungsfreie Hebung-Senkung erfordert nach Obigem eine etwa gleichstarke Innervation und nur eine entsprechend der relativen Muskelkraft bzw. dem Verhältnis der Vertikaldrehmomente verschiedene mechanische Leistung unter Prävalenz des Rectus gegenüber dem Obliquus der anderen Etage; die selbständige Extrarollung verlangt bei einem gegensinnigen Verhältnis der Gesamtmuskelkraft von Obliquus und Rectus derselben Etage entweder eine entsprechend große gegensinnige Relation ihrer Rollungsdrehmomente, oder eine erheblich stärkere Innervation des ersteren. [Der alte Satz „jeder Obliquus ist bestimmt das Auge um die Blicklinie als Achse zu rollen" entbehrt — was den kinematischen Endeffekt anbelangt — nicht ganz der Berechtigung, insofern als seine Rollungskomponente (r'_2 oder r'_4) bei Extrarollung ausschlaggebend ist, während die des Rectus (r'_3 oder r'_1) sehr zurücktritt ($r'_2 = m'_3 \cdot \cos\alpha$, $r'_2 = m'_2 \cdot \cos\beta$; $r'_2 : r'_3 = m'_2 \cdot \cos\beta$; $m'_3 \cdot \cos\alpha = 3{,}7125{:}1$), und dessen Wirkung hauptsächlich in der Kompensation der Vertikal- und Lateralkomponente des Obliquus besteht.] — Gewiß würde die Annahme eines bestimmten, von 1:1 erheblich abweichenden Innervationsverhältnisses für die Rollungskooperation von Rectus und Obliquus derselben Etage noch keine vollbefriedigende Lösung des Problems bedeuten.

Es sei hier noch daran erinnert, daß der Charakter der durch die beiden Kooperationsformen erreichten Bewegung ein verschiedener ist; in dem einen Falle handelt es sich um einen Willkürakt, um eine relativ rasche alterative, wenn auch evtl. „tonisch" festgehaltene Muskelleistung, während im anderen Falle eine unwillkürliche Leistung im Sinne einer relativ langsamen „Tonus"-änderung erfolgt. Auch sei bereits hier betont, daß das Ausmaß der Extrarollungen in allen Fällen —sowohl bei Änderung der Distanzlage als bei spontanen Schwankungen der Orientierung und bei spontaner Symmetrisierung derselben, aber auch bei Fusionszwang unter künstlichen Bedingungen, endlich bei seitlicher Neigung oder Einwirkung von Zentrifugalkraft — von relativ geringem Grade ist. Quantitativ stehen die kinematischen Leistungen der Rollungskooperation weit hinter jenen der Vertikalkooperation zurück.

Es ergibt sich sonach folgender Satz: Jeder einzelne Heber (Senker) kann einerseits mit dem anderen Heber (Senker) in rollungsfreier Vertikalkoppelung zusammenwirken, andererseits in reiner, hebungs-senkungsfreier Rollungskoppelung mit dem disparatnamigen, anatomisch benachbarten Senker (Heber) vereint tätig sein, nicht aber kann er jemals allein für sich oder allein mit dem kontradiktorisch benannten Senker (Heber) arbeiten. Dementsprechend sind alle Betrachtungen, welche isolierte Wirkungen einzelner Vertikal- oder Rollungsmuskeln voraussetzen und diese als Einzelmotoren behandeln (Browning, Donders, Aubert, Landolt, Bowditch, de Burgh Birch, Anderson Stuart)[1], entschieden abzulehnen; von den als „Ophthalmotrope" bezeichneten Modellen (Ruete, Knapp, Wundt) ist zu sagen, daß sie leicht zu Irrtümern verführen können, da sie auf dem Prinzipe der Einzelmuskelwirkung basieren.

Eine Orientierungsänderung im Sinne von „Extrarollung", welche bereits in Primärstellung besteht oder — allgemein gesprochen — auch für die Primärstellung gilt, also die obligatorische Rollung bei extraradianter Bewegung oder die obligatorische Neigung bei Tertiärstellung vermehrt oder vermindert, ist niemals durch einen einzigen Muskel bzw. durch die Rollungskomponente eines einzelnen Muskels bewirkt, sondern stets die Folge eines gesetzmäßigen rein rotatorischen Zusammenwirkens zweier benachbarter Vertikalmotoren[2], also eines Hebers und eines Senkers und zwar entweder der Vertikalmotoren der oberen Etage, des Rect. sup. und Obl. sup., im Sinne von hebung-senkungsfreier Einwärtsrollung oder der Vertikalmotoren der unteren Etage, des Rect. inf. und Obl. inf., im Sinne von Auswärtsrollung. *Neben einer* solchen selbständigen Orientierungsänderung oder *Extrarollung bleibt das* Listing*sche Gesetz* vom gesetzmäßigen Zusammenwirken des Rect. sup. und Obl. inf. im Sinne von (rollungsfreier) Hebung, des Rect. inf. und Obl. sup. im Sinne von (rollungsfreier)

---

[1] Siehe dazu speziell O. Zoth: Die Wirkungen der Augenmuskeln. Wien 1897 — Nagels Handb. **3**, 306 (1905). — Vgl. auch den Hinweis (S. 1017, Anm. 1) auf die üblichen Diagramme der Wirkungen der einzelnen Augenmuskeln.

[2] Daß in Wirklichkeit infolge einer gewissen Abweichung von dem oben vorausgesetzten Idealfalle mehr als zwei Einzelmuskeln zu diesem Effekte beansprucht werden mögen, ist ohne weiteres verständlich.

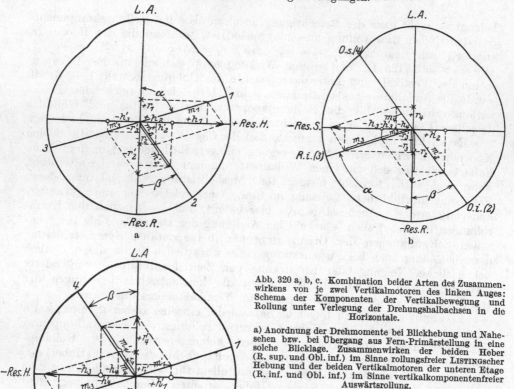

a

b

c

Abb. 320 a, b, c. Kombination beider Arten des Zusammenwirkens von je zwei Vertikalmotoren des linken Auges: Schema der Komponenten der Vertikalbewegung und Rollung unter Verlegung der Drehungshalbachsen in die Horizontale.

a) Anordnung der Drehmomente bei Blickhebung und Nahesehen bzw. bei Übergang aus Fern-Primärstellung in eine solche Blicklage. Zusammenwirken der beiden Heber (R. sup. und Obl. inf.) im Sinne rollungsfreier Listingscher Hebung und der beiden Vertikalmotoren der unteren Etage (R. inf. und Obl. inf.) im Sinne vertikalkomponentenfreier Auswärtsrollung.

Muskel:		Komponenten:	Wirkungssumme:
(1) R. s.	Heber	$+h_1 + r_1 (+w_1)$	$+h_1 + h_2 = +H$
(2) O. i.		$+h_2 - r_2 (-w_2)$	$+r_1 - r_2 = 0$
	Auswärtsroller		$(+w_1 - w_2 = 0)$
(3) R. i.		$+h'_2 - r'_2 (-w'_2)$	$+h'_2 - h'_3 = 0$
		$-h'_3 - r'_3 (+w'_3)$	$-r'_2 - r'_3 = -R$
			$(-w'_2 + w'_3 = 0)$
(5) R. med.		$(+w_5)$	
(6) R. lat.		$(-w_6)$	$(+w_5 - w_6 = 0)$

manifestes Resultat: $+h_1 + h_2 = +H$
 $-r'_2 - r'_3 = -R$

b) Anordnung der Drehmomente bei Blicksenkung und Nahesehen bzw. bei Übergang von Fern-Primärstellung in eine solche Blicklage. Zusammenwirken der beiden Senker (R. inf. und Obl. sup.) im Sinne rollungsfreier Listingscher Senkung und der beiden Vertikalmotoren der unteren Etage (R. inf. und Obl. inf.) im Sinne vertikalkomponentenfreier Auswärtsrollung.

Muskel:		Komponenten:	Wirkungssumme:
(4) O. s.	Senker	$-h_4 + r_4 (-w_4)$	$-h_4 - h_3 = -H$
(3) R. i.		$-h_3 - r_3 (+w_3)$	$+r_4 - r_3 = 0$
	Auswärtsroller		$(-w_4 + w_3 = 0)$
		$-h'_3 - r'_3 (+w'_3)$	$-h'_3 + h'_2 = 0$
(2) O. i.		$+h'_2 - r'_2 (-w'_2)$	$-r'_3 - r'_2 = -R$
			$(+w'_3 - w'_2 = 0)$
(5) R. med.		$(+w_5)$	
(6) R. lat.		$(-w_6)$	$(+w_5 - w_6 = 0$

manifestes Resultat: $-h_4 - h_3 = -H$
 $-r'_3 - r'_2 = -R$

c) Anordnung der Drehmomente bei Blicksenkung und Einwärtsrollung. Zusammenwirken der beiden Senker (R. inf. und Obl. sup.) im Sinne rollungsfreier Listingscher Senkung und der beiden Vertikalmotoren der oberen Etage (R. sup. und Obl. sup.) im Sinne vertikalkomponentenfreier Einwärtsrollung.

Muskel:		Komponenten:	Wirkungssumme:
(3) R. i.	Senker	$-h_3 - r_3 (+w_3)$	$-h_3 - h_4 = -H$
(4) O. s.		$-h_4 + r_4 (-w_4)$	$-r_3 + r_4 = 0$
	Einwärtsroller		$(+w_3 - w_4 = 0)$
		$-h'_4 + r'_4 (-w'_4)$	$-h'_4 + h'_1 = 0$
(1) R. s.		$+h'_1 + r'_1 (+w'_1)$	$+r'_4 + r'_1 = +R$
			$(-w'_4 + w'_1 = 0)$

manifestes Resultat: $-h_3 - h_4 = -H$
 $+r'_4 + r'_1 = +R.$

Senkung *völlig unbeeinflußt in Geltung.* Die Rollungskooperation ist nichts weniger als eine Ausnahme vom LISTINGschen Gesetze; sie erweist sich vielmehr als eine reinliche Konsequenz desselben im weiteren Sinne. Nur ist über ihre absolute Größe dadurch nichts ausgesagt, diese vielmehr an sich frei und selbständig bestimmt. Es gilt sonach folgendes Schema der Kooperation unter den vertikalen Augenmuskeln, demzufolge die Kombinationen 1—2 oder 3—4 und 2—3 oder 4—1 gleichgut und gleichzeitig möglich sind, die Kombinationen 1—3 und 2—4 jedoch ausgeschlossen erscheinen.

Vertikalmotoren der oberen Etage: Rect. sup. (1) → *Einwärtsrollung* ← Obl. sup. (4)

                                       ↓   ↓
                             Hebung   *Senkung*
                                     ↑   ↑

Vertikalmotoren der unteren Etage: Obl. inf. (2) → *Auswärtsrollung* ← Rect. inf. (3)

Nach dem Gesagten widersprechen beide Kooperations-formen, die rollungsfreie Vertikalkooperation und die reine Rollungskooperation, einander keineswegs (ebenso wie eine Kraft *B* einerseits mit *A*, andererseits mit *C* zusammenwirken kann!); sie können vielmehr ebenso alternieren, wie sie sich ganz frei und selbständig kombinieren können. Es treten eben zu den gebundenen, einander das Gleichgewicht haltenden Rollungskompo-nenten der LISTINGschen Koppelung freie solche der zweiten Kooperationsform hinzu — ebenso zu den freien Vertikalkomponenten der ersteren gebundene solche der letzteren, ohne daß die einen die anderen beeinflussen (vgl. S. 1075). Im Prinzip kann sich eine rollungsfreie Vertikalbewegung auf jedwedes Ausmaß von erfolgter oder gleichzeitig erfolgender hebungs-senkungsfreier Rol-lung daraufsetzen; umgekehrt kann sich grundsätzlich zu jedwedem Ausmaß von erfolgter oder gleichzeitig er-folgender Vertikalbewegung ein beliebiges Ausmaß von Extrarollung hinzufügen. Ein Beispiel dafür bilden die Extrarollungen, welche den zeitlichen Schwankungen der Orientierung bei fixer Blicklage zugrunde liegen (vgl. S. 855, 1011, 1018, 1033) oder wenigstens hiebei erzwungen werden können (vgl. S. 1074). Solche Extra-rollungen werden auch von den Abbildungs- bzw. Be-

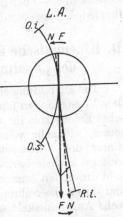

Abb. 321. Kombination bei-der Arten des Zusammen-wirkens von je zwei Vertikal-motoren des linken Auges: Schema der Spurlinien der Blicklinie unter der kombi-nierten Wirkung der drei Muskeln *O. s., R. i., O. i*: Senkung bei geänderter Ori-entierung durch Auswärts-rollung aus der Fernseh-stellung *F* in die Naheseh-stellung *N.*

lichtungsverhältnissen bedingt: sie seien als „*Belichtungs-Verdunkelungsrollungen*" bezeichnet; so kann bei Beobachtung im Hellen eine geringere Disklina-tion der primären Längsmittelschnitte bestehen als bei Beobachtung im Dunklen (0,4 + 0,5 = 0,9° gegenüber 3,0 + 2,5 = 5,5° bei SHODA[1]). Auch die un-gleichmäßige Tonisierung, welche im allgemeinen der Primärstellung zugrunde liegt (im Gegensatze zur absoluten oder relativen Ruhelage — vgl. S. 1032), ändert nichts an der LISTINGschen Bewegungsweise; letztere vermag sich überhaupt, ohne eine Veränderung zu erleiden, auf den Bewegungseffekt jedweder Anpassungsbewegung daraufzusetzen. Im speziellen erfordert Sen-kung des Blickes unter gleichzeitigem Übergang vom Fernsehen zum Nahe-

---

[1] SHODA, M. (unter A. TSCHERMAK): Pflügers Arch. **215**, 588 (1927). — Umgekehrt ergab sich für M. H. FISCHER [unter A. TSCHERMAK — Graefes Arch. **118**, 633 (1927)] — allerdings bei dauernder Abweichung beider Längsmittelschnitte im *gleichen* Sinne, und zwar im Sinne von Linksneigung oder Negativität — eine Zunahme der relativen Disklination im Hellen gegenüber der Beobachtung im Dunkeln [(—)1,8° gegenüber (—)0,6°]. Vgl. S. 856.

sehen bei Verbleiben der Blicklinie des einen Auges in derselben Vertikalebene (bei asymmetrischer Konvergenz des anderen) im Idealfalle von Ökonomie zunächst ein Zusammenwirken von drei Muskeln an diesem Auge, nämlich des Rect. inf. und des Obl. sup. sowie des Rect. inf. und des Obl. inf. — daneben allerdings eine Äquilibrierung der Konvergenzwirkung durch Seitenwendungswirkung an diesem Auge, eine gleichsinnige Summierung beider am anderen Auge, also selbständige Beteiligung von je zwei weiteren Muskeln. Der Fall von Senkung des zunächst unter Festbleiben der einen Blicklinie zum Nahesehen übergegangenen Auges oder des gleichzeitigen Ablaufes beider Veränderungen sei durch die auf den Seiten 1042 und 1043 gezeigten Schemas (Abb. 320b sowie 321) illustriert und mit anderen Kombinationen (Abb. 320a u. c) in Vergleich gesetzt.

Die Selbständigkeit der Rollungkooperation wird auch dadurch illustriert, daß die Änderung der Netzhautorientierung beim Nahesehen durch den Fusionszwang — beispielsweise bei Darbieten einer Anzahl wagerechter Linien für jedes Auge verhindert werden kann (vgl. S. 1076)[1].

D. Kinematische Bedeutung der Sechszahl der Augenmuskeln, speziell der „Spaltung" des Hebers und des Senkers am Auge[2].

Die Ausbildung eines doppelten Hebers und Senkers am Auge bedeutet, wie aus dem Vorstehenden (spez. S. 1014) bereits abzuleiten ist, durchaus kein kinematisches Erfordernis für die Gültigkeit des DONDERSschen und des LISTINGschen Gesetzes, vielmehr wären diese beiden an einem Drei- oder Viermuskelapparat (unter der Voraussetzung des Bestehens einer primären Achsenebene) ohne weiteres realisierbar. Ja, ihr Zutreffen am Sechsmuskelapparat wird erst ermöglicht durch den Ausschluß einer isolierten Aktion eines einzelnen Hebers (Senkers) und durch die rollungsfreie Kooperation der beiden Heber (Senker), wodurch die sechs Augenmuskeln so wirken wie vier selbständige Motoren, die vier Vertikalmuskeln zusammen als positiver oder negativer Vertikalmotor mit gemeinsamer Achsenebene. Man kann sagen, daß sich das Auge nach dem LISTINGschen Gesetze bewegt nicht *dank* der Sechszahl seiner Muskeln, sondern *trotz* der Sechszahl, weil diese funktionell zur Vierzahl wird. Die oft gehörte These, daß der Rect. sup. der Heber des abduzierten Auges (ebenso der Obl. inf. der Heber des adduzierten) sei, ist unzutreffend[3], sofern dabei an eine Einzelmuskelwirkung gedacht wird; wird doch in jeder Tertiärstellung dieselbe Orientierung erreicht, wie bei Bewegung aus der Primärstellung heraus, erfolge diese um eine sog. feste Achse oder um eine Serie wechselnder Achsen der primären Achsenebene. Es besteht offenbar die charakteristische Kooperation der beiden Heber auch in jeder Seitensekundärstellung fort. Genau dieselbe Leistung an Hebung aus Sekundärstellung (unter gleichzeitiger Rollung) könnte erreicht werden bei Besitz eines ungespaltenen Hebers,

---

[1] HERING, E.: Beiträge **1879**, 359. — DONDERS, F. C.: Graefes Arch. **21** (3), 100 (1875). — Vgl. auch das Vorkommen einer gegensätzlichen Einwärtsrollung beim Nahesehen in Fällen von Anaphorie — zit. S. 1051.

[2] Vgl. A. TSCHERMAK: Ber. dtsch. ophthalm. Ges. Heidelberg 1927; Mschr. Psychiat. u. Neur. **65**, 397 (1927).

[3] Demgegenüber ist die Darstellung der Kraftfelder der beiden Heber bzw. Senker als bis zu 40° beiderseits lateralwärts übereinandergreifend — und zwar mit Mittelwert bei 0°, Maximum für den einen, Minimum für den anderen Muskel bei +40° —, wie sie J. OHM gibt [Augenzittern als Gehirnstrahlung. Berlin-Wien 1925 — Klin. Mbl. Augenheilk. **26**, 20 (1921)] durchaus zutreffend. — Völlig unhaltbar ist hingegen die These von C. LINDSAY-JOHNSON [Arch. of Ophthalm. **59**, 272 (1927)], daß die Versorgung des M. lateralis und der Recti verticales durch *gesonderte* Nerven, nämlich durch den III. und den VI., die Harmonie ihres Zusammenarbeitens erschwere und daher die Mitwirkung von zwei weiteren Vertikalmuskeln, der Obliqui, notwendig mache.

der auf eine primäre Querachse wirken würde. Trotz der tatsächlich bestehenden Teilung des Hebers genügt zu einer reinen Horizontalführung des gehobenen Blickes nicht eine und dieselbe Innervationsstärke der Heber, vielmehr bedarf es auch so nach den Seiten hin einer immer größeren Innervationsstärke. Dabei bietet bemerkenswerterweise die Heberspaltung bei konstanter Kooperation keinen Vorteil gegenüber der Leistung eines ungeteilten Hebers, der rein auf die primäre Querachse wirken würde.

Die kinematische Bedeutung der „Spaltung" des Hebers und des Senkers muß demnach in einer anderen Richtung gesucht werden.

Dieselbe erscheint nun darin gelegen, daß erst durch diese neben der rollungsfreien Kooperation der beiden Heber (Senker), in welcher beide zusammenwirken, als ob sie ein einheitlicher Muskel wären, noch eine zweite Art des Zusammenwirkens, nämlich eine reine, selbständige Rollung möglich ist. Bei Vorhandensein nur *eines* Hebers und Senkers, deren Achse in einer gemeinsamen Ebene mit jener der Seitenwender läge, oder bei Alleinmöglichkeit der Kooperation der beiden Heber (Senker) im Sinne des LISTINGschen Gesetzes wäre die Orientierung des Auges um die primär gestellte Blicklinie unabänderlich festgelegt, während sich natürlich ebensogut eine kinematisch erzwungene rationierte Veränderung derselben im LISTINGschen Sinne bei Tertiärstellungen ergäbe. Eine wenn auch unwillkürliche und nur innerhalb gewisser Grenzen erfolgende Rollung bei Primärstellung wäre ausgeschlossen. *Die „Spaltung" der Vertikalmotoren des Hebers wie des Senkers, also der Besitz von sechs Augenmuskeln statt vier, bedeutet somit erst die kinematische Ermöglichung einer Orientierungsänderung des primär gestellten Auges,* wie sie — durch Hervortreten einer reinen Rollungskooperation des einen Hebers mit dem disparatnamigen Senker — unter gewissen Umständen in zweifelloser Zweckstrebigkeit erfolgt. Dies gilt vor allem von der Herstellung und Erhaltung einer angenähert symmetrischen Orientierung des Doppelauges, also der beiden Längsmittelschnitte und der um sie angeordneten Querdisparationssysteme (vgl. S. 935), aber auch von dem Verhalten bei Änderung der Distanzlage, bei Kopfneigung, bei künstlicher Inanspruchnahme des Fusionszwanges. In der Korrektur oder Symmetrisierung einer bei Ruhelage bestehenden Zyklophorie jedes Einzelauges (vgl. S. 1013, 1072) ist wohl die biologische Hauptbedeutung der Rollungskooperation und damit der Sechsgliedrigkeit des okulomotorischen Apparates zu erblicken. Ebenso kann die Minderung einer bei Ruhelage bestehenden überstarken Divergenz oder Disklination der Längsmittelschnitte durch gegensinnige Rollung (Konklinationsbewegung) von Wert sein. — *Die Sechszahl der Augenmuskeln hat also die funktionelle Bedeutung, neben der* LISTINGschen *Bewegungsweise noch selbständige Rollungen zu ermöglichen.* Dies gilt nicht bloß vom Menschen, sondern ebenso von den Tieren, soweit sie Augenmuskeln besitzen, zumal da auch bei ihnen Extrarollungen nachzuweisen sind.

Andeutungsweise besteht am Auge neben den Kooperationen für reine Vertikalbewegung und für Rollung auch eine solche für reine Horizontalbewegung, indem eine reine Horizontalbewegung ohne Vertikal- und Rollungskomponente genau genommen nicht von einem einzelnen Augenmuskel, sondern erst durch Zusammenwirken von mindestens zwei solchen bewerkstelligt wird.

Zusammenfassend können wir sagen, daß *das Auge zwar der Einzelmuskeln für reine Vertikalbewegung und Rollung, ja genau genommen auch für reine Horizontalbewegung entbehrt, jedoch über Kooperationen von (mindestens) je zwei Augenmuskeln verfügt, welche eben diese Leistungen aufbringen. Speziell erweist sich der 1. und der 2. Vertikalmuskel befähigt, in einem ganz konstanten Kooperationsverhältnis reine Hebung, der 3. und der 4. reine Senkung zu bewerkstelligen;* anderer-

seits können der 2. und 3. zu reiner Auswärtsrollung, der 4. und 1. zu reiner Ein-wärtsrollung zusammenwirken. Die Vertikalkooperation, welche die Grundlage des LISTINGschen Gesetzes darstellt, ist, wenn auch die wichtigste, so doch nur eine der drei Arten von Muskelkooperationen am Einzelauge. *Funktionell verhält sich das Auge sehr angenähert so, als ob es je einen reinen Innen- und Außenwender und je einen reinen Heber und Senker mit einer gemeinsamen Achsenebene sowie einen reinen Auswärts- und Einwärtsroller besäße,* wobei die beiden letzteren nur unwillkürlich, in beschränktem Ausmaße und nur unter besonderen Bedingungen, nämlich zwecks Präzisionsregulierung der symmetrischen Einstellung, unter Fusionszwang, ferner beim Nahesehen und bei seitlicher Neigung, in Tätigkeit träten.

IV. Bewegungsgesetze des Doppelauges.

Charakter, Einteilung und Motive der Augenbewegungen.

Das Studium der Bewegungsgesetze des Einzelauges darf uns nicht die Fundamentaltatsache verkennen lassen, daß die gesamten Blickbewegungen, zum mindesten alle willkürlichen, aber auch zahlreiche unwillkürliche Korrektivbewegungen, assoziierte, d. h. gleichzeitige und gleichmäßige Leistungen beider Augen darstellen. Dementsprechend sind wir berechtigt ebenso von einem motorischen Zweigespann oder Doppelauge zu sprechen, wie wir angesichts der Leistungen des haplostereoskopischen Binokularsehens ein sensorisches Doppelauge statuiert haben (HERING[1] — vgl. S. 892).

Die Bewegungen des Doppelauges lassen sich einteilen in solche, welche der Willkür unterworfen sind, und in solche, welche der Willkür entzogen sind und den Charakter von Anpassungsbewegungen tragen. Unter den ersteren sind wiederum zu unterscheiden[2] eigentümliche, mehr oder weniger ruckartige Blickbewegungen d. h. Wanderungen des binokularen Blickpunktes von einem ruhenden Gegenstand zum anderen, ferner gleitende *Folge- oder Führungsbewegungen* (DODGE), d. h. Stellungsänderungen der Augen beim Haften des Blickes an einem bewegten Gegenstande, endlich *Spähbewegungen* das sind Blickbewegungen ohne optischen Anstoß, ausgeführt in der Absicht, ein erwartetes Objekt aufzusuchen. Daneben kommen noch in Betracht solche Augenbewegungen, welche mehr weniger reflektorisch auf Eindrücke anderer Sinnesgebiete erfolgen, speziell auf Gehörs-, Tast- oder Schmerzeindrücke hin, oder welche die Ausführung von Bewegungen der Glieder begleiten. Hier beschäftigen uns hauptsächlich die beiden erstgenannten Bewegungstypen. Die Blick- und Folgebewegungen tragen wesentlich den Charakter vom Willen zugelassener, nicht aber erst vom Willen produzierter Reflexe (psycho-optische Reflexe nach F. B. HOFMANN), zu denen entweder eine Wanderung der Aufmerksamkeit von einem bisher binokular fixierten, ruhenden Objekt zu einem anderen oder eine Bewegung des dauernd beachteten Objektes selbst den Anlaß gibt. Es besteht eben das *Bestreben,* ja ein förmlicher Zwang, *den Hauptgegenstand der Aufmerksamkeit deutlich und einfach zu sehen,* wobei der Ort des indirekten Bildes auf der Netzhaut zugleich das bestimmende Moment für die notwendige Bewegungsinnervation ist (HERING[3]). — Die Bewegungen des Einzelauges zeigen denselben Charakter und die gleiche

---

[1] HERING, E.: **1868**, 3.

[2] Vgl. dazu speziell R. DODGE: Amer. J. Physiol. **8**, 307 (1903). — BIELSCHOWSKY, A.: Klin. Mbl. Augenheilk. **45**, Beil.-Heft, 67 (1907). — GERTZ, H.: Z. Sinnesphysiol. **49**, 29 (1916) — Acta med. scand. (Stockh.) **53**, 445 (1920). — HOFMANN, F. B.: **1920—1925**, 299.

[3] HERING, E.: **1868**, 23, 28. — Vgl. dazu auch die Ausführungen bei F. B. HOFMANN: **1920—1925**, 296ff.

Motivierung wie jene des Doppelauges, sind also nur *scheinbar* unokularer Natur — abgesehen von der heute noch etwas problematischen Möglichkeit wirklich einäugiger Korrektivbewegungen (vgl. S. 1082).

A. Der Willkür unterworfene binokulare Blickbewegungen.
1. Grundgesetze.

Bei der Betrachtung jener binokularen Blickbewegungen, welche der Willkür unterliegen, gehen wir von der idealen Voraussetzung aus, daß bei Primärstellung beider Augen ein gemeinsamer, unendlich ferner Blickpunkt und damit voller Parallelismus in der LISTINGschen Bewegungsweise besteht, sowie daß eine symmetrische Einstellung der optisch funktionellen Hauptschnitte beider Augen gilt — mit relativ geringer Abweichung der Längsmittelschnitte vom Lote und einer noch geringeren, im allgemeinen fehlenden Abweichung der Quermittelschnitte von der Wagerechten. In dieser Ausgangsstellung stehen weiter im Idealfalle beide Blicklinien parallel und zugleich senkrecht auf der Verbindungslinie beider Drehpunkte, welche durch „Mittelstellung" des Kopfes (der anteroposterioren Achse nach) selbst wagerecht eingestellt ist. Die Mittelstellung des Kopfes entspricht (der Querachse nach) zudem einer Einstellung der primär gestellten Blicklinien bzw. der primären Blickebene in eine wagerechte Ebene.

Von den formulierten idealen Voraussetzungen bezüglich der Primärstellung sind sehr wohl individuelle Anweichungen möglich, so daß in gewissen Fällen die Primärstellung einer gewissen gleichmäßigen Seitenwendung oder sogar einer, sei es symmetrischen oder auch asymmetrischen Konvergenz, ja selbst Divergenz beider Augen entsprechen mag (vgl. S. 1033). Konvergenz der beiden Einzel-Primärstellungen hätte bei Myopie geradezu eine Nutzbedeutung. Auch mit der Möglichkeit einer gewissen Verlagerung der Primärstellung im Laufe des Lebens ist zu rechnen; ja, die als Regel betrachtete Erreichung des Idealfalles von genau parallel-normal-orientierter Primärstellung der Blicklinien erfolgt wohl auf dem Wege individueller Regulation oder adaptativer Angleichung der beiden okulomotorischen Apparate, welche ja zunächst unabhängig voneinander angelegt wurden und sich selbständig entwickelt haben (vgl. S. 1069). — Auch pathologische Verhältnisse könnten die Grundlage der Primärstellung, nämlich das konstante Kräfteverhältnis der beiden Heber (Senker) entweder an den Muskeln selbst oder in der nervösen Zuleitung der ursprünglich gleich starken Impulse stören und damit die Primärstellung verändern. Bei komplettem Ausfall eines Hebers bzw. (Senkers) würde sich eine charakteristische Differenz (von etwa 19° oder 52°) für radiantentreue Bewegung nach oben und nach unten ergeben.

Von der so charakterisierten Ausgangsstellung aus vermögen die der Willkür unterworfenen Augenbewegungen den binokularen Blickpunkt nach den drei Dimensionen — nach der Breite, der Höhe und der Tiefe — zu verlegen. Dabei ist normalerweise *der Bewegungsimpuls für beide Augen ständig gleichstark bzw. gleichwirksam* (HERINGs *Gesetz von der gleichmäßigen und gleichstarken Bewegung des Doppelauges*[1]) — als Impuls zur Seitenwendung, zur Hebung-Senkung und zur Näherung-Fernerung. Die beiden Augen verhalten sich gewissermaßen nicht bloß sensorisch, sondern auch motorisch wie ein in der Mitte dazwischen gelegenes Zyklopenauge, welches je einen ideal reinen Seitenwender und Vertikalmotor besäße, und dessen innere Akkomodation die Leistung von äußerer Distanzsynergie und innerer Akkomodation beider Einzelaugen aufbrächte; dem Zyklopenauge kann man auch eine binokulare Blicklinie zuschreiben (HERING[2]). Beweis dafür ist die Tatsache (HERING), daß bei Abschluß des einen Auges vom bisherigen gemeinsamen Sehen dieses doch alle Blickbewegungen des anderen Auges getreu mitmacht. Analoges gilt bei konkomitierendem Schielen oder bei Blindheit des einen Auges, wie auch bei vollständig

---

[1] HERING, E.: **1886**, 2ff.; **1879**, 523ff.
[2] HERING, E.: **1868**, 8ff.; **1879**, 521.

Erblindeten, ja auch Blindgeborenen (Donders) — ebenso bei Nystagmus[1] — parallele Augenbewegungen zu beobachten sind. Auch die unwillkürlichen Korrektiv-, Anpassungs- und Fusionsbewegungen sowie die Orientierungsänderung beim Übergang von Fern- zum Nahesehen betreffen stets beide Augen in gleichem Maße, und zwar auch dann, wenn der Anlaß dazu nur einseitig gegeben ist.

Es bestehen sonach drei selbständige Paare von der Willkür unterworfenen Synergien: die beiden Lateralsynergien, die beiden Vertikalsynergien, die Konvergenz- und die Divergenzsynergie[2]. Die Lateralsynergie betrifft bei Ausgang von der Primärstellung schematisch nur die beiden ungleichnamigem Recti horizontales, und zwar das eine Paar im Sinne von Kontraktion, das andere im Sinne von Erschlaffung; die der Willkür unterworfene Vertikalsynergie verbindet die beiden Paare gekoppelter Heber im Sinne von Kontraktion, die beiden Paare gekoppelter Senker im Sinne von Erschlaffung, oder umgekehrt. Der Distanzsynergie unterliegen die beiden gleichnamigen Recti horizontales, und zwar der Näherungssynergie die beiden Rect. mediales im Sinne von Kontraktion und die beiden Rect. laterales im Sinne von Erschlaffung, der Fernerungssynergie die beiden Rect. laterales im Sinne von Kontraktion, die beiden Rect. mediales im Sinne von Erschlaffung. Daß tatsächlich eine aktive Fernerungssynergie der beiden Rect. laterales besteht, also die Fernerung nicht bloß auf Erschlaffung der beiden Rect. mediales beruht, ergibt sich einerseits aus dem geringen Unterschied der Geschwindigkeit für Fernerung und für Näherung (vgl. S. 1062), andererseits aus der Möglichkeit absoluter Divergenz (vgl. S. 1074). Es gilt also obiges Schema[3] (Abb. 322) der sechs Synergien bei willkürlichen binokularen Blickbewegungen:

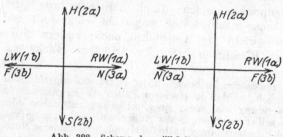

Abb. 322. Schema der willkürlichen Synergien.

1. gleichsinnige Lateralsynergie: a) Rechtswendung ,b) Linkswendung,
2. gleichsinnige Vertikalsynergie: a) Hebung, b) Senkung (vgl. Abb. 323),
3. gegensinnige Distanzsynergie: a) Näherung oder Konvergenz, b) Fernerung oder Divergenz.

---

[1] J. Ohm: Klin. Mbl. Augenheilk. **43**, 249 (1920); **72**, 413 (1924).
[2] Für die Annahme einer selbständigen Divergenzsynergie sind speziell eingetreten: R. A. Reddingius (Das sensumotorische Sehwerkzeug. Leipzig 1898, S. 11), H. Parinaud (Le strabisme. Paris 1899), F. B. Hofmann und A. Bielschowsky [28. Vers. dtsch. ophthalm. Ges., Heidelberg 1900, S. 110, 117 — Pflügers Arch. **80**, 1 (1900)]; für selbständige Konvergenz- und Divergenzinnervation unabhängig von der Akkommodationsinnervation G. Fuss [Inaug.-Dissert. Marburg 1920 — Graefes Arch. **109**, 428 (1922)]; Beispiele von Divergenzlähmung vgl. speziell bei J. H. Dunmington [Arch. of Ophthalm. **52**, 39 (1923)] und K. vom Hofe [Z. Augenheilk. **61**, 54 (1927)]. — Das Bestehen von Konvergenzsynergie wird auch für Tiere mit vollständiger Opticuskreuzung, ja mit einer wenigstens scheinbar unabhängigen Beweglichkeit beider Augen — so speziell für Nashornvogel und Chamäleon — angegeben [Whitnall: Trans. Brit. ophthalm. Soc. (Symposion) **45**, 69 (1925)]. — Die *Konvergenzkraft* wird durch den Konvergenznahepunkt charakterisiert, welcher beim jüngeren Menschen in 45—90 mm Abstand von der Basalstrecke, im Alter in 50—110 mm gelegen ist, bzw. durch die Relation

$$K.K. = \frac{100 \times \text{Pupillardistanz}}{2 \times \text{Abstand des K.N.P.}}$$ (A. Duane: Arch. of Ophthalm. **1914/15** — Contrib. ophthalm. sci. Jackson birthday **1926**, 34 — vgl. S. 1064 Anm. 2). Studien über Ermüdung für Konvergenz und Akkommodation haben C. Berens, L. N. Hardy und H. F. Pierce (ibid. p. 102) unternommen.

[3] Vgl. hiezu wie zur Einteilung der unwillkürlichen Synergien (S. 1072) auch W. Maddox: Ophthalmoscope **10**, 124 (1912).

Die synergischen Leistungen an Lateral- und an Vertikalbewegungen belassen die Blicklinien parallel in einer gemeinsamen Ebene, sind also streng gleichsinnig und gleichmäßig. Bei Kombination von gleichmäßiger Seitenwendung und Hebung-Senkung resultiert natürlich — infolge paralleler LISTINGscher Bewegungsweise beider Augen — zugleich eine parallele gleichsinnige und gleichmäßige Orientierungsänderung beider Augen, und zwar durch Neigung bei Blickbewegung längs paralleler Primärradianten, durch physiologische Rollung bei Blickbewegung längs paralleler Hyperbeln, durch kinematische Rollung im engeren Sinne oder Raddrehung bei Blickbewegung längs paralleler extraprimärer Gerader auf einem unendlich fernen frontoparallelen Gesichtsfelde. Demgegenüber ist die synergische Näherung des Blickes oder Konvergenz beider Blicklinien, ebenso ihr Gegenstück — die Fernerung oder Rückkehr aus einer Nahestellung zur primären Ausgangsstellung, das relative Divergieren beider Blicklinien — eine streng gegensinnig - gleichmäßige Leistung. — Die einzelnen Synergien sind im Prinzipe ganz selbständig und können in jede beliebige Kombination treten. Allerdings bringt Hebung der Blickebene eine gewisse Tendenz zur Fernerung des Blickpunktes, Senkung der Blickebene eine gewisse Tendenz zur Konvergenz mit sich (HERING — unter Zurückführung auf rein mechanische Momente, nicht auf Mitinnervation), was einerseits der unter den Bedingungen des gewöhnlichen Sehens zweckmäßigen Kombinationsform entspricht, andererseits durch den Zwang des Binokularsehens unschwer überwindbar ist[1] (vgl. S. 1009, 1030 Anm. 5, 1055, 1061).

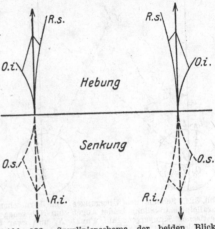

Abb. 323. Spurlinienschema der beiden Blicklinien bei paralleler LISTINGscher Vertikalbewegung (vgl. Abb. 302 S. 1008).

Als Einzelglieder der der Willkür unterworfenen binokularen Synergien kommen nur die bereits für jedes Einzelauge festgestellten Motoren in Betracht — also für Lateral- und Distanzsynergie (im Idealfalle, und zwar von Primärstellung aus) je ein Rect. lateralis, für Vertikalsynergie beiderseits das Paar gekoppelter Heber oder Senker —, ohne daß die Binokularsynergie einen einzelnen der Paarlinge aus der Koppelung herausheben würde. — Über die speziellen Grundlagen der unserem Willen unterworfenen Synergien sei hier keinerlei Hypothese entwickelt; es genügt, hier ihren tatsächlichen Bestand zu vertreten (vgl. S. 1073, 1092).

Durch Kombination beider Gruppen der gleichsinnigen und der gegensinnigen Leistungen resultieren ungleichmäßige Gesamteffekte, welche jedoch das Gesetz von der gleichmäßigen und gleichstarken Bewegung des Doppelauges nicht aufheben. Seitenwendung und Näherung bewirken eben eine algebraische Summierung zweier *binokularer* Effekte, nämlich an dem einen Auge eine Addition, an dem anderen eine Subtraktion oder Kompensation der Lateraleffekte, während sie bei Vertikalimpuls beiderseits glatt hinzutreten können. Bei asymmetrischer Näherung des Blickes, speziell Konvergenz der Blicklinien unter Verbleiben des einen Auges in Primärstellung, erfolgt an diesem gerade eine Äquilibrierung der Lateralimpulse, nämlich der Impulse zu Äquilateral-

---

[1] KUNZ, L. u. J. OHM: Graefes Arch. **89**, 469 (1915).

wendung und zu Konvergenz. Der binokulare Charakter der kombinierten Innervation verrät sich einerseits in gelegentlichem Hin- und Herpendeln des sonst feststehenden Auges, andererseits durch Eintreten einer unwillkürlichen symmetrischen Auswärtsrollung beider Augen um die feststehende Blicklinie (während sich am anderen Auge Kontralateralwendung und Konvergenz addieren und die selbständige Auswärtsrollung einfach hinzutritt — Hering[1] s. Abb. 324, vgl. auch Abb. 321 S. 1043). Auch erfolgt die damit assoziierte Pupillenverengerung und Akkomodation beiderseits in gleichem Maße (vgl. S. 1063). Ob die Kompensation der beiden gegensinnigen Impulse für das eine Auge peripher oder bereits zentral erfolgt, muß zunächst dahingestellt bleiben (so bereits Hering). — Die Möglichkeit, beide Augen gleichzeitig um verschiedene

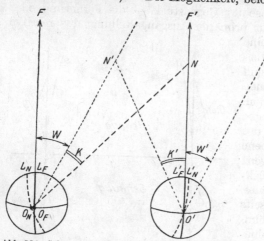

Abb. 324. Schema des Überganges vom Fernsehen FF' mit Parallelprimärstellung beider Augen zum Nahesehen mit asymmetrischer Konvergenz auf Punkt N, und zwar bei primär stehenbleibender Blicklinie des R.A. — L.A.: Addition von W und K (Verlagerung des Fußpunktes der Blicklinie von O_F nach O_N) unter Orientierungsänderung des primären Lotmeridians aus Lage L_F in Lage L_N. R.A.: Kompensation von W' und K' (Festbleiben des Fußpunktes der Blicklinie in O') unter symmetrischer Orientierungsänderung des primären Lotmeridians aus Lage L'_F in Lage L'_N. Ansicht beider Bulbi von hinten oben.

Winkel und mit verschiedenen Geschwindigkeiten zu bewegen, widerspricht demnach keineswegs dem obigen Gesetze der binokularen Innervation.

Näherungsrollung.

Die willkürliche Näherung des Blickes ist, wie bereits mehrfach erwähnt (vgl. S. 856, 872, 1029, 1063), bei einer Reihe von Personen (Volkmann, Hering, Landolt, Tschermak[2]), mit einer Auswärtsrollung beider Augen, also mit einer symmetrischen Vermehrung der bereits beim Fernsehen bestehenden angenähert symmetrischen Divergenz oder Disklination[3] der primär vertikalempfindenden Meridiane oder Längsmittelschnitte verbunden. Das Ausmaß derselben ist allerdings individuell recht verschieden — ebenso wie der Ausgangswert an Lotabweichung des Längsmittelschnittes, der Grunddisklinationswinkel ($V/2$) individuell auch zeitlich variiert (Helmholtz, Hering). Es genüge folgende Übersicht:

Verhalten des Winkels V beim Nahesehen (ohne Rücksicht auf den Refraktionszustand).

Konvergenzgrad beider Blicklinien (aus Primärstellung)							
Hering	0°	10°	20°	30°	40°	50°	60°
	2°	—	2° 42′	—	6° 50′	—	9° 24′
Landolt	0° 30′	1° 30′	2° 30′	3° 52′	5° 40′	5° 52′	6° 50′

[1] Hering, E.: **1868**, 11, 14, 97; **1879**, 520, 534.

[2] Bereits A. W. Volkmann hatte eine Zunahme des Winkels V von 2,15° beim Nahesehen auf 30 cm bis 4,16°, auf 20 cm bis 4,53° gefunden, Helmholtz selbst beim Nahesehen auf 20 cm nur eine solche von 2° 22′ auf 2° 56′ [bei H. v. Helmholtz: Physiol. Optik, 1. Aufl. S. 523; 3. Aufl. **3**, 99]. — Hering, E.: **1868**, Tabelle S. 96. — Donders, F. C.: Pflügers Arch. **13**, 419 (1876). — Landolt, E.: Graefe-Saemischs Handb. d. Augenheilk., 1. Auf. **3** (2), 660 (1876). — Vgl. die Tabellen bei H. Aubert: Physiol. Optik, S. 662 (1876). — A. Tschermak: Graefes Arch. **47** (3), 508 (1899). — Zoth, O.: Nagels Handb. d. Physiol. **3**, 316 (1905). — Kries, J. v.: Helmholtz' Physiol. Optik, 3. Aufl. **3**, 117 (1910). — G. F. Alexander: Trans. Brit. ophthalm. Soc. **41**, 363 (1921).

[3] Im Gegensatze zu Konklination. Bezeichnung nach Duane: Ann. of Ophthalm. oct. 1896 — Trans. amer. ophthalm. Soc. 39 meet., 102 (1903).

Bei anisometropen Schielenden ergaben sich starke Unterschiede zwischen beiden Augen (TSCHERMAK, SCHLODTMANN). Der Einfluß der Lage der Blickebene auf die Disklination wird weiter unten (S. 1052) behandelt.

Andererseits gibt es Personen, bei denen eine Orientierungsänderung beim Nahesehen fehlt, und zwar sind dies solche Beobachter, bei denen das LISTINGsche Gesetz für die Nähe ebenso angenähert gilt wie für die Ferne (DASTICH, SCHUURMANN, GROSSMANN, SCHUBERT — vgl. S. 1029). Endlich wurden sogar Individuen aufgefunden, bei denen in der Nähe Einwärtsrollung (Konklination) eintrat (DOBOROWOLSKY, STEVENS[1]).

Soweit eine Zunahme der Disklination beim Nahesehen erfolgt, dürfte diese kinematisch nicht notwendig mit der Konvergenzbewegung zusammenhängen; vielmehr dürften beide Leistungen selbständig sein und nur eine innervatorische Verknüpfung beider bestehen (VOLKMANN, HERING — vgl. S. 1044 Anm. 1). Ob letztere in einer direkten Assoziation mit der Konvergenz oder mit der Akkomodation oder mit beiden besteht, bleibe vorläufig dahingestellt (von VOLKMANN, HERING, LANDOLT wurde nur die Konvergenz berücksichtigt[2] — vgl. S. 1067). Eine disklinatorische Orientierungsänderung beim Nahesehen könnte insofern für die Stereoskopie von einer gewissen Bedeutung sein, als dadurch eine fortschreitende Umwandlung des Längshoropters aus der (schematischen) Zylinderform in einen Kegel von zunehmendem Öffnungswinkel erfolgt — mit Scheitel nach unten und damit eine fortschreitende Neigung des PREVOST-BURCKHARDTschen Lotes (mit dem oberen Ende) vom Beobachter weg. Schon dadurch, aber noch verstärkt durch die habituelle Senkung des Kopfes wird beim Nahesehen die Längshoropterfläche mehr und mehr in jene Fläche gebracht, in welcher die Naharbeit verrichtet wird — das ist beispielsweise eine vom Schoß gestützte und von einer Hand oder beiden Händen gehaltene Fläche (z. B. Schnitztafel, Zeichenbrett, die Lesefläche eines Buches, die Hauptfläche einer Näharbeit oder endlich eine wagerechte Tischfläche — vgl. S. 902 Anm. 1). Für die Ebene der Naharbeit als Ausgangsfläche ist dadurch die feinste Unterschiedsempfindlichkeit, die höchste stereoskopische Auswertungsmöglichkeit erreicht — was für Feinarbeit von hoher praktischer Bedeutung ist. Umgekehrt gewinnt der Längs-Horopter bei Fernerung mehr und mehr aufrecht-zylindrische Form und schwächere Krümmung, bis er für Fernbeobachtung mit einer unendlich fernen frontoparallelen Ebene zusammenfällt (vgl. S. 902 ff.).

---

[1] Über Konklination in Fällen von Anaphorie beider Augen vgl. DOBROWOLSKY, STEVENS — s. S. 1044 Anm. 1.

[2] Für einen gewissen Zusammenhang von Impuls zur Disklinationszunahme und Akkomodationsinnervation spricht das Verhalten bei Anisometropen (so speziell bei dem Schielfalle TSCHERMAK), indem für nahezu gleiche Entfernung bzw. gleiche berechnete Konvergenz am stärker akkomodierenden, schwächer myopischen Auge höhere Werte von Disklination bestehen als am schwächer akkomodierenden, stärker myopischen Auge, wie folgende Tabelle zeigt:

Auge	Refraktions-zustand	Entfernung	Entsprechender Konvergenzgrad (P. D. = 62 mm)	Akkomo-dationsgrad	Disklinations-halbwinkel
I { R. A.	$-5,25\ D$	19 cm	$9°\ 16'$	0	$0,8°$
{ L. A.	$-1,75\ D$	20 cm	$8°\ 48'\ 39''$	$3,25\ D$	$1,3°$
(vgl. L. A.	$-1,75\ D$	50 cm	$3°\ 32'\ 52''$	$0,25\ D$	$0,7°)$
II { R. A.	$-5,25\ D$	12,15 cm	$14°\ 18'\ 48''$	$3\ D$	$1,4°$
{ L. A.	$-1,75\ D$	12,5 cm	$13°\ 55'\ 31''$	$6,25\ D$	$5,8°$

Hebungs-Senkungsrollung.

Bei gewissen Personen (Meissner, Recklinghausen, Hering, Berthold, Donders, Landolt, Le Conte[1]) geht, speziell beim Nahesehen, Hebung der Blickebene mit einer gewissen symmetrischen Auswärtsrollung oder Disklination bzw. Disklinationszunahme, Senkung mit einer gewissen Einwärtsrollung oder Konklination beider Augen einher. Es scheint sich dabei um eine individuelle Besonderheit zu handeln, welche innerhalb der Grenzen des gewöhnlich benützten Blickfeldes kaum merklich ist, in Extremlagen jedoch deutlich wird (Donders). Aus diesem Verhalten resultiert — noch dazu in Kombination mit einer Näherungsrollung — dem äußeren Anscheine nach eine Abweichung vom Listingschen Gesetz, indem sich Vertikalbewegungsrollung ebenso wie Näherungsrollung zur Listingschen Neigung algebraisch hinzufügen, so daß die tatsächliche Orientierungsänderung größer oder geringer ausfällt, als rein kinematisch zu erwarten wäre. Für solche Beobachter ergibt sich eine individuell verschiedene Senkungslage der Blickebene (im allgemeinen 20—30° nach Donders), in welcher sich bei sämtlichen Konvergenzgraden die konklinatorischen und die disklinatorischen Rollungsimpulse gerade kompensieren; unterhalb dieser ausgezeichneten Stellung prävaliert die Konklination, oberhalb derselben die Disklination[2]. Gerade die Kompensation bzw. Überkompensation der gegensinnigen Spezialrollung durch die Listingsche Neigung weist darauf hin, daß auch in diesen Fällen die binokularen Bewegungen ihrem Grundtypus nach dem Listingschen Gesetze folgen, also dieses implizite als gültig zu betrachten sein dürfte (Schubert).

Für die Näherungsrollung wie für die Vertikalbewegungsrollung ist es wahrscheinlich, daß es sich nicht um kinematische Nebenwirkungen, sondern um selbständige oder Extrarollungen handelt, welche bloß innervatorisch bei gewissen Personen mit der Näherung bzw. mit der Konvergenz und Akkomodation und mit der Hebung-Senkung der Blickebene verknüpft sind. Entsprechend dieser Auffassung bedeuten sie keinerlei Durchbrechung des Listingschen Gesetzes, sondern lassen die konstante Kooperationsweise der Heber-Senker implizite fortbestehen und komplizieren bloß deren Nachweis. Die Frage, ob die Hebungs-Senkungsrollung und die Näherungsrollung zusammenhängen, sei zunächst offen gelassen, wenn auch eine prinzipielle Selbständigkeit dieser beiden Formen von Extrarollung als wahrscheinlicher bezeichnet sei. Auch erscheint es prinzipiell möglich, daß sich die Listingsche Bewegungsweise explizite und messend nachweisbar unverändert auf das Dauerniveau einer bestimmten Näherngsrollung (ohne Hebungs-Senkungsrollung) draufsetzen könnte, sofern diese bei Gleichhalten des Konvergenzwinkels und des Akkomodationsgrades trotz Wechsels der Blicklage konstant bleibt.

Andere Beobachter (Helmholtz, Dastich, Volkmann, Schubert) haben allerdings auch bei beträchtlicher Hebung und Senkung, und zwar beim Fernewie beim Nahesehen keine Änderung der Orientierung durch Vertikalbewegung an sich, d. h. außer der Listingschen in Abhängigkeit von der tertiären Blicklage und damit eine sehr angenäherte allgemeine Gültigkeit des Listingschen Gesetzes gefunden; mit einer Ausnahme (Volkmann) zeigten diese Personen auch keine oder so gut wie keine Näherungsrollung. — Nebenbei bemerkt muß

---

[1] Vgl. E. Hering: **1868**, 88, 96, 100ff.; **1879**, 481. — Helmholtz, H. v.: Physiol Optik, 1. Aufl. S. 468; 3. Aufl. **3**, 45. — Donders, F. C.: Pflügers Arch. **13**, 391 (1876). — Landolt, E.: Handb. d. ges. Augenheilk. **2**, 660 (1876). — Dobrowolsky, W. u. a., zit. bei A. Tschermak: Erg. Physiol. **4**, 517, spez. 540.

[2] Donders, F. C.: Pflügers Arch. **13**, 391 (1876). — Moll, F. D. A. van (bei 30° Senkung): Donders-Festbundel, p. 1. Amsterdam 1888.

bei solchen Untersuchungen die Primärstellung tadellos bestimmt sein und angesichts einer gewissen zeitlichen Variabilität immer wieder nachgeprüft werden, ebenso jede Fehlerquelle (speziell ein Einfluß von Perspektive) vermieden werden, da sonst bei Verfolgen einer extraprimären Vertikalen unter Nahesehen leicht der trügerische Anschein von komplizierender Rollungsabweichung im obigen Sinne erweckt wird.

Neigungsrollung.

Bei seitlicher Neigung des Kopfes oder des Gesamtkörpers erfolgt, wie bereits oben (S. 1031) erwähnt und unten (S. 1078) näher auszuführen sein wird, eine gleichmäßige Rollung beider Augen entgegen dem Neigungssinne, welche als statischer, tonischer Lagereflex anzusehen ist. Dieselbe trägt vollkommen rein den Charakter einer selbständigen oder Extrarollung, auf welche sich die LISTINGsche Bewegungsweise ungeändert draufsetzt, wie das explizite und messend nachweisbare Fortgelten radiantentreuer Beweglichkeit beweist (mittels der Nachbildmethode — HELMHOLTZ, SCHUBERT). Auf dem Auge der Seite der Neigung erfolgt die Gegenrollung durch Kooperation der beiden Vertikalmuskeln der oberen Etage, auf dem Auge der Gegenseite durch Zusammenwirken der beiden Vertikalmuskeln der unteren Etage (vgl. Abb. 329a S. 1072).

Reziproke Innervation.

Bereits im Vorstehenden wurde die ständige Verknüpfung von Kontraktion des einen Muskels oder Muskelpaares, bzw. der Gruppe der Agonisten mit Erschlaffung des gegensinnig wirksamen Muskels oder Muskelpaares bzw. der Gruppe der Antagonisten hervorgehoben. Diese Assoziation wurde direkt experimentell an den isoliert registrierten Augenmuskeln des Affen nachgewiesen (TOPOLANSKY[1], SHERRINGTON); sie gehorcht dem allgemeinen Gesetze der reziproken Innervation (SHERRINGTON[2]).

Der Mittelstellung des Auges entspricht nicht völlige Ruhe oder Spannungslosigkeit der einander gegensinnigen Muskeln, sondern ein gewisser Tonus: die Innervationsgebiete der Antagonisten, so der beiden Seitenwender und der beiden Paare von Vertikalmotoren, greifen einigermaßen übereinander. Auch scheint an den Augenmuskeln der sehr rasch eintretenden Erschlaffung der Antagonisten nicht bloß ein Wegfall der Kontraktionsinnervation, sondern noch eine besondere Hemmungsinnervation zugrunde zu liegen, welche selbst unter das normalerweise bestehende Niveau aktiver Dauerspannung herunterführt, also detonisierend wirkt. Erweist sich doch auch ein einziger unversehrt gelassener Augenmuskel imstande, beide Phasen des vom Labyrinth her auslösbaren Nystagmus zu erzeugen, und zwar die eine durch aktive Kontraktion, die andere durch aktive Erschlaffung[3].

---

[1] TOPOLANSKY, N.: Graefes Arch. 46, 452 (1898).

[2] SHERRINGTON, C. S.: J. of Physiol. 13, 722 (1892); 17, 27 (1894); Suppl. 1899, 26; 40, 28 (1910). — Proc. roy. Soc. Lond. 52, 333 u. 556 (1893); 53, 407 (1893); 60, 414 (1897); 64, 120 (1898); 66, 66 (1900); 76, 291 (1905) — The integrative action of the nervous system. London 1906. — HERING, H. E.: Erg. Physiol. 1 (2), 502, spez. 519ff. (1902). — HOFMANN, F. B.: Ebenda 5, 599, spez. 605ff. (1906). — KLEYN, A. DE: Acta oto-laryng. (Stockh.) 8, 195 (1926). — HUDDELSTON, O. L. u. DE FEO, H. E.: Proc. Soc. exper. Biol. a. Med. 25, 435 (1928).

[3] HÖGYES, St.: Mitt. ungar. Akad. Wiss., Math.-physik. Kl. 10, Nr. 18, 32 (1880); 11, Nr. 1 (1881) — Dtsch. Übers. Mschr. Ohrenheilk. 46, 681 (1912), auch sep.: Über den Nervenmechanismus der assoziierten Augenbewegungen. Wien 1913. — BARTELS, M.: Graefes Arch. 76, 1 (1910); 77, 531 (1911); 78, 129 (1911); 80, 207 (1911) — vgl. unten S. 1083 Anm. 3.

2. Begrenzung (Blickfeld), Bahn und Geschwindigkeit der willkürlichen Blickbewegungen.

a) Begrenzung (Blickfeld).

Wenn nicht gerade ein Gegenstand im Sehraume besonders beachtet wird, die Aufmerksamkeit also etwa gleichmäßig verteilt bzw. abgelenkt ist, werden die Augen sehr angenähert symmetrisch zur Medianebene gehalten, und zwar wohl zumeist parallel geradeaus gerichtet, seltener konvergent gestellt. Dabei weicht auch die Blicklinie in der Regel nicht weit von ihrer kinematisch ausgezeichneten Primärlage ab, hingegen wird der Kopf habituell recht verschieden, meist etwas gesenkt getragen. Das Ausmaß der Inanspruchnahme der Blickbewegung ist individuell und habituell ziemlich verschieden, hält sich aber meistens in relativ engen Grenzen; auch wird stärkere symmetrische Konvergenz vermieden. Der Bewegungsumfang übersteigt unter gewöhnlichen Verhältnissen kaum 18°, indem schon, um einen Winkel von 12° zu überblicken, Kopfbewegungen zu Hilfe genommen werden (F. P. Fischer[1]).

Hingegen vermögen alle normalen Menschen ihre Augen willkürlich nach allen Richtungen in recht erheblichem Ausmaße, etwa 20—60°, aus der Primärlage herauszuführen, wobei der besondere Mechanismus der Hemmungsbänder bremsend wirkt (Merkel, Motais). Die Exkursion des Einzelauges ist nach oben geringer als nach unten; bei Myopie sind die Werte zunehmend geringer. Das Blickfeld des einen Auges entspricht beim Emmetropen dem Spiegelbilde des anderen Auges, bei höheren Graden von Myopie kommen Abweichungen von der Symmetrie vor (Schuurmann). Man vergleiche die folgenden Werte nach Hering, ausgehend von der Primärstellung mit Nachbildbezeichnung des Blickpunktes (Abb. 325), und daneben die Durchschnittswerte[2] für 47 Emmetrope nach Hornemann[3].

	Linkes Auge	Rechtes Auge
nach oben	20° (48°)	20° (47,5°)
nach unten	62° (54,5°)	59° (54,5°)
nach innen	44° (50,3°)	46° (51,6°)
nach außen	43° (48,5°)	43° (48,25°)

Durch die Beweglichkeit des Auges wird — verglichen mit den oben S. 845 und 901 angegebenen Werten für den unokularen und den binokularen Gesichtsraum bei ruhendem Blick — der Raum, welcher ohne Kopfbewegung übersehbar ist, für das Einzelauge von etwa 90° auf etwa 128°, somit um 38° nach außen erweitert (nach innen Absperrung durch die Nase!); für beide Augen geht die Erweiterung in der Horizontalen von etwa 180° auf etwa 260°, in der Vertikalen von etwa 100° auf etwa 200°[4]. Eine noch weitere Erstreckung gewinnt das „praktische Blickfeld" (Rötth[5]) durch begleitende Kopfbewegungen. Zeichnet man die beiden unokularen Blickfelder in Pupillardistanz oder noch übersichtlicher unter Zusammenfallenlassen der beiden Fixationspunkte übereinander und prüft demgegenüber das binokulare Blickfeld, so findet man das

---

[1] Fischer, F. P.: Arch. f. Ophthalm. **115**, 49 (1924) — vgl. unten S. 1084.
[2] Vgl. die Tabelle der Werte nach Schuurmann, Volkmann, Aubert, Helmholtz, A. Graefe, Hering (**1868**, 43 bei H. Aubert: **1876**, 663, sowie die durch neuere Messungen vervollständigte Tabelle bei F. B. Hofmann: **1920—1925**, 293.
[3] Hornemann, M.: Inaug.-Dissert. Halle a. S. 1891. — Asher, L. (Emmetrop): Graefes Arch. **48**, 427 (1899); vgl. auch W. Asher (Myop): Ebenda **47**, 318 (1899), gegenüber Schneller: Ebenda **21** (3), 133 (1875).
[4] Vgl. dazu speziell H. Aubert: **1876**, S. 503.
[5] Rötth, A. v.: Graefes Arch. **115**, 314 (1925).

letztere nach den Seiten und besonders nach unten erheblich kleiner als zu erwarten war (HERING — gegenüber SCHNELLER, seitens W. und L. ASHER bestätigt — vgl. Abb. 326). Ein analoger Unterschied besteht für das Nahesehen. Dieses Verhalten ist wohl darauf zurückzuführen, daß Senkung der Blickebene die Wirkung der Recti laterales beeinträchtigt bzw. die Konvergenz begünstigt, (vgl. S. 1009, 1030 Anm. 5, 1049, 1061), so daß dabei relativ bald Konvergentschielen eintritt und damit das zur binokularen Fixation dargebotene Objekt in gleichnamigen Doppelbildern erscheint. Das Maximum möglicher Konvergenz wird mit 43° (SCHUURMANN) bis 70° (DONDERS) angegeben — im Gegensatze zu dem Werte von etwa 90°, der nach dem Bewegungsausmaß jedes Einzelauges zu erwarten wäre. —

Seitliche Neigung des Kopfes wirkt einschränkend auf das binokulare Gesichtsfeld, ebenso auf das Ausmaß der möglichen Konvergenz (WICHODZEW[1]).

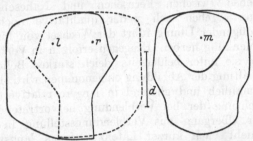

Abb. 325. Blickfelder der beiden Einzelaugen (mit gewissen Asymmetrien — nach E. HERING).

Abb. 326. Gemeinsamer Anteil der Blickfelder beider Einzelaugen (äußerer Kontur — unter Zusammenfallenlassen der beiden Fixationspunkte r und l in m) — und binokulares Blickfeld (innerer Kontur, für Abstand d — nach E. HERING).

b) Verhalten des Auges beim Fixieren.

Auch während die Aufmerksamkeit auf einem Punkte ruht, verharrt das Auge nicht durch längere Zeit völlig unbewegt, sondern unterliegt nach je einem Stillstand oder einer sog. Elementarfixation mit einer Dauer von 1—2,5 Sek. (1—1,5 Sek. nach ÖHRWALL, 2,25—2,5 Sek. nach SUNDBERG) gröberen Aberrationen von schätzungsweise 3′20″ bis 4′5″ (wobei 4′ etwa 18 μ auf der Netzhautfläche entspricht) und läßt selbst während eines (relativen) Stillstandes noch ein feinschlägiges Zittern von etwa 1′ Ausmaß — sog. Elementarschwankungen oder physiologisches Pendelzittern (BARTELS[2]) — erkennen[3]. Die Fixationsgenauigkeit ist demgemäß auf 4—5,5′ zu veranschlagen[4]. Strenggenommen darf man demgemäß nicht von einem Fixierpunkte bzw. von einem während jeder Elementarfixation des Hellauges benützten Zentralzapfen, sondern nur von einem etwa

---

[1] WICHODZEW, P.: Z. Sinnesphysiol. **46**, 394 (1912).

[2] BARTELS, M.: Klin. Mbl. Augenheilk. **80**, 145 (1928), welcher nur bei Amblyopen, nicht aber bei Amaurotischen Pendelzittern konstatierte — neben den beiden Gruppen eigentümlichen meist gleitenden, z. T. auch ruckartigen sog. Blindaugenbewegungen. Vgl. auch CORDS, R.: Zbl. Ophthalm. **9**, 369 (1925); BORRIES, G. V. TH.: Fixation und Nystagmus. Kopenhagen 1926.

[3] MCALLISTER, CL. N.: Psychologic. Rev. Monogr. Suppl. **7**, 17 (1905). — DODGE, R.: Amer. J. Physiol. **8**, 307 (1903); Psychologic. Rev. Monogr. Suppl. **8**, Nr 4 (1907); übers. Z. Psychol. **52**, 321 (1909). — GERTZ, H.: Skand. Arch. Physiol. **20**, 357 (1908) — Acta med. scand. (Stockh.) **53**, 445 (1919). — KOCH, E.: Arch. f. Psychol. **13**, 196 (1908). — ÖHRWALL, H.: Skand. Arch. Physiol. (Berl. u. Lpz.) **25**, 65 (1912); **27**, 65, 304 (1912). — SUNDBERG, C. G.: Ebenda **35**, 1 (1917). — ANDERSEN, E. u. F. W. WEYMOUTH: Amer. J. Physiol. **64**, 581 (1923). — KESTENBAUM, A.: Klin. Mbl. Augenheilk. **68**, 426 (1920) — Graefes Arch. **105**, 799 (1921) — Z. Augenheilk. **45**, 97 (1921); **57**, 557 (1925). — DOHLMANN, G.: Acta oto-laryng. (Stockh.) Suppl. **5**, 113 (1925). — ZEEMAN, W. P. C.: Arch. Augenheilk. **100/101**, 1 (1929).

[4] MARX, E. u. W. TRENDELENBURG: Z. Sinnesphysiol. **45**, 87, 460 (1911); vgl. auch E. MARX: Ebenda **47**, 79 (1913) sowie bereits R. A. REDDINGIUS: Z. Psychol. u. Physiol. **21**, 417 (1899). — DEARBORNE: Columbia Arch. of Psychol. **1906**, Nr 4. — DODGE, R.: zit. Anm. 3. — Vgl. auch das Feld gleichscharfen Sehens ohne Augenbewegungen im Sinne von W. C. RUEDIGER: Columbia Arch. of Philos. **1907**, Nr 5, sowie G. V. TH. BORRIES: Fixation und Nystagmus. Kopenhagen 1926.

kreisförmigen Fixationsfeld von 100—180 μ Durchmesser (etwa entsprechend dem stäbchenfreien Bezirk, etwas kleiner als die Fovea — vgl. Bd. XII, 1, 432) sprechen, zumal bei länger fortgesetzter Fixation (Dodge[1], Öhrwall, Sundberg, Schubert). Besonders bemerkenswert ist es, daß sowohl die gröberen als die feineren Fixationsschwankungen, welche individuell wie zeitlich ebenso variieren wie die relativen Stillstände, an beiden Augen gleichmäßig erfolgen: dieses Verhalten bedeutet sozusagen den subtilsten Ausdruck des Gesetzes von der gleichzeitigen und gleichmäßigen Innervation beider Augen und läßt zugleich den ständigen Charakter der sensorischen Korrespondenz beider Netzhäute klar hervortreten (vgl. S. 900). Zwischen binokularer und unokularer Fixation[2], ebenso zwischen Fernsehen und Nahesehen mit symmetrischer Konvergenz ergeben sich weder qualitative noch quantitative Unterschiede; bei genügender Übung führt der Wechsel von bin- und unokularer Fixation keine Ablenkung herbei. Hingegen erfolgen in Verblendungsstellung des einen Auges, wie sie unter beiderseits gleich starker Belichtung und bloß einseitiger Ausschaltung der Abbildung eingenommen wird, langsamere Schwankungen, welche allmählich und gleitend in längere relative Stillstände übergehen und in der Richtung der bei Verblendung hervortretenden Heterophorie maximal sind. Der Übergang aus Verblendungsstellung in binokulare Fixationsstellung geschieht nach kurzer Latenz anfangs langsam, dann rasch, endlich wieder langsam und sakkadiert, während sich der umgekehrte Übergang auffallend langsam, gleitend in Etappen vollzieht (Schubert[3]). Die Fixationsstellung entspricht einem tonischen Festhalten des Blickes, für welches ein besonderer Reflexapparat („Stellungsapparat" nach Gertz, „Einschnappmechanismus" nach Kestenbaum) angenommen wird[4]. — Zu den Fixationsschwankungen der Augen kommt bereits normalerweise noch ein minimales Schwanken der Kopfhaltung (Verweij[5]). Erheblich stärker sind die Schwankungen in der Einstellung einer je nach Individuum, Lichtstärke, Adaptationsgrad wechselnden exzentrischen Netzhautregion beim extremen Dämmerungssehen, also beim Beobachten zentral unterschwelliger Objekte mit dunkeladaptiertem Auge[6] (vgl. Bd. XII, 1, 324 ff.). — Da eine lokalisatorische Kompensation der Bildverschiebungen auf der Netzhaut, wie sie durch die Blickschwankungen während des Fixierens zustande kommen, fehlt, so resultieren teils kleinere, teils stärkere Scheinbewegungen dauernd beobachteter isolierter Punkte, speziell bei herabgesetzter Beleuchtung

---

[1] Der Befund R. Báránys (Nova acta Soc. sci. Uppsal., Erg.-Bd. 1927, 1 — vgl. dazu oben S. 895 Anm 5), daß ein zentral eingeprägtes Nachbild des einen Auges eine ganz charakteristische Lage zu den Zweigen der Purkinjeschen Aderfigur des anderen Auges aufweist, gestattet m. E. nicht den Schluß, daß bei der Fixation jedesmal derselbe Zentralzapfen eingestellt werde; dazu ist die Methode — ebenso wie die Identifizierung eines Netzhautpunktes mittels Nachbildes — nicht fein genug, zumal da die Aderfigur — entsprechend der Lagerung der Netzhautgefäße in den inneren Schichten — durch Verrücken der Lichtquelle, selbst bei „unbewegtem" Auge, gegenüber dem chagrainierten Foveaoval bzw. einem zentralen Nachbilde deutlich verschieblich ist.

[2] Andererseits hat A. Kestenbaum [Z. Augenheilk. 63, 159 (1927)] die Fixationsschwankungen bei Benutzung beider Augen als geringer bezeichnet als bei Benutzung nur des einen und darauf die Erfahrung zurückgeführt, daß die binokulare Sehschärfe die unokulare übertreffen kann.

[3] Schubert, G. (unter A. Tschermak): Pflügers Arch. 217, 756 (1927).

[4] Gertz, H.: Acta med. scand. (Stockh.) 53, 445 (1919). — Kestenbaum, A.: Graefes Arch. 105, 799 (1921) — Zbl. Augenheilk. 45, 99 (1921). — Vgl. auch die Betrachtungen über den Belichtungstonus der Augenmuskeln bei M. Bartels: Graefes Arch. 191, 299 (1920). — Ohm, J.: Klin. Mschr. 1, 2339 (1922).

[5] Verweij, A.: Arch. néerl. Physiol. 3, 76 (1918).

[6] Mit Wachsen der Reizstärke und der adaptativen Empfindlichkeit wird eine weniger exzentrische Stelle (von 2 bis 1°) eingestellt. Vgl. Ch. Ladd-Franklin bei A. König: Ges. Abh. Leipzig 1903, spez. S. 353. — Simon, R.: Z. Psychol. 36, 186 (1904).

(sog. Punktschwanken nach CHARPENTIER, EXNER[1] — vgl. das Sternschwanken nach A. v. HUMBOLDT, SCHWEIZER, DE PARVILLE). — Allerdings scheint dieses Phänomen auch bei relativer Fixationsruhe bzw. während einer Elementarfixation auftreten zu können; in diesem Falle ist es auf ein oszillatorisches Schwanken der egozentrischen Lokalisation, speziell des subjektiven Geradevorne zu beziehen. Ein solches ist ja auch bei den Einstellungen der scheinbaren Mediane zu bemerken. Zur Erklärung sind wohl in erster Linie Schwankungen der Valenz der myosensorischen Eindrücke der Augenmuskeln heranzuziehen (vgl. die Ausführungen über die Grundlagen der egozentrischen Lokalisation [S. 977] sowie den Abschnitt über den optischen Bewegungssinn). — Auch das scheinbare Schwanken und Entfliehen eines Lichtpunktes, welcher längere Zeit mit seitlich gewendetem Blick fixiert wird (Punktwandern oder CHARPENTIERS Täuschung), sei im Zusammenhange damit erwähnt[2], da es sich um eine Folge von Blickaberration und von Notwendigkeit der Impulsverstärkung bei Ermüdung handelt. Analogerweise ist das spontane Wandern, welches in vielen Fällen ein zentral eingeprägtes Nachbild im Dunkeln ohne willkürliche oder labyrinthäre Einflüsse zeigt[3], auf Tonusasymmetrien zu beziehen[4], also auf ein Übergehen des Auges aus Zwangslagen in die der unbeeinflußten Tonusverteilung und wohl auch weitestgehender Erschlaffung entsprechende „Ruhelage" (vgl. S. 1032). Die „Unruhe" des Auges selbst beim Fixieren begünstigt das Zustandekommen der Lokaladaptation[5] (vgl. Bd. XII, 1, 461).

c) Bahn der willkürlichen Blickbewegungen[6].

Unsere früheren Ausführungen über das LISTINGsche Gesetz als Satz von der radiantentreuen, rollungsfreien Beweglichkeit des Auges aus einer ausgezeichneten Stellung dürfen nicht das Vorurteil erwecken, daß unter den Ver-

[1] CHARPENTIER, A.: C. r. Acad. Sci. **102**, 1155, 1462 (1886). — EXNER, S. (Zurückführung auf Schwankungen der egozentrischen Lokalisation): Z. Psychol. u. Physiol. **12**, 313 (1896) — Pflügers Arch. **73**, 117 (1898). — BOURDON, B.: La Perception visuelle de l'espace, p. 333 (1902) — CARR, H. A.: Psychologic. Rev. **17**, 42 (1910). — ADAMS, F.: Psychologic Monogr. **14**, Nr 59, 1 (1912). — ÖHRWALL, H. (Zurückführung auf Fixationsschwankungen): Skand. Arch. Physiol. (Berl. u. Lpz.) **27**, 33, 50, 65 (1912). — MARX, E.: Z. Sinnesphysiol. **47**, 79 (1913); vgl. bereits **45**, 87 (1911). — SCHILDER, P.: Arch. f. Psychol. **25**, 36 (1916). — ZIEHEN, TH. (gegen restlose motorische Erklärung): Z. Sinnesphysiol. **58**, 59 (1927); auch Samml. psychol. u. philos. Arbeiten, Langensalza 1926. — GUILFORD, J. P. u. K. M. DALLENBACH: Amer. J. Psychol. **40**, 83 (1928); vgl. auch **38**, 534 (1928).

[2] CHARPENTIER, A.: C. r. Acad. Sci. **102**, 1155, 1462 (1886). — AUBERT, H.: Pflügers Arch. **39**, 347 (1886); **40**, 459, 623 (1887). — CARR, H.: Psychologic. Rev., Suppl. **7**, 3 (1906). — ÖHRWALL, H.: Skand. Arch. Physiol. (Berl. u. Lpz.) **27**, 33 (1912).

[3] EXNER, S.: Zbl. Physiol. **1**, 135 (1887) — Z. Psychol. u. Physiol. **12**, 313 (1896). — BORSCHKE, A. u. L. HESCHELES: Ebenda **27**, 321 (1902). — CORDS, R. u. E. TH. v. BRÜCKE: Pflügers Arch. **119**, 54 (1907).

[4] STRÖM, J. (unter F. GÖTHLIN — mit dem Befund von Stillstehen bei nur 5, spontanem Wandern, speziell nach rechts oben oder unten, bei 61 Untersuchten): Skand. Arch. Physiol. (Berl. u. Lpz.) **50**, 1 (1927).

[5] Vgl. speziell E. HERING: G.-Z. S. 261ff.

[6] VOLKMANN, A. W.: Wagners Handwörterbuch **3** (1), 276 (1846). — WUNDT, W.: Z. rat. Med., 3. R. **7**, 355 (1859) — Beiträge z. Ph. d. S.W., S. 202. Leipzig 1862. — LAMANSKY, S.: Pflügers Arch. **2**, 418 (1869). — HERZ, M.: Ebenda **48**, 385 (1891). — DELABARRE: Amer. J. Psychol. **9**, 572 (1897). — ORSCHANSKY, J.: Zbl. Physiol. **12**, 785 (1898). — HUEY, E. B.: Amer. J. Psychol. **9**, 575 (1897/98). — DODGE, R.: J. of exp. Psychol. **4**, 575 (1897/98) — Psychologic. Rev. Monogr. Suppl. **8**, Nr. 4 (1907). — AHLSTRÖM, G.: Arch. Augenheilk. **51**, 95 (1904). — STRATTON, G. M.: Wundts Philos. Stud. **20**, 336 (1902) — Psychologic. Rev. **13**, 81 (1906). — ÖHRWALL, H.: Skand. Arch. Physiol. (Berl. u. Lpz.) **27**, 65, 304 (1912) — Upsala Läk.för. Förh., N. F. **17**, Nr 6. — SUNDBERG, C. G.: Skand. Arch. Physiol. (Berl. u. Lpz.) **35**, 1 (1917). — YOURIEVITCH, S.: C. R. Acad. Sci. **187**, 844, 1160 (1928); **188**, 937 (1929). — Siehe auch J. OHM: Z. Augenheilk. **36**, 198 (1918); (spez. betr. Methodik von Reihenbildaufnahmen bei Augenbewegungen) Graefes Arch. **93**, 237 (1918).

hältnissen des gewöhnlichen Sehens die willkürlichen Blickbewegungen tatsächlich durchweg oder auch nur vorwiegend ebenflächig, also längs Primärradianten, sowie stetig erfolgen (vgl. bereits S. 1015). Andererseits muß aber gleich mit Nachdruck betont werden, daß Krummlinigkeit und Unstetigkeit der Bewegungsbahn des Blickpunktes durchaus keinen Widerspruch und keine Ausnahme gegenüber dem LISTINGschen Gesetze bedeutet (vgl. S. 1012). Ist doch diesem zufolge jedwede lineare Bahnform möglich; von der Primärstellung aus werden dabei sogar durchweg, wenn auch abwechselnd (angenähert) primäre Achsen benützt. Nur erscheint gemäß dem DONDERS-LISTINGschen Gesetze mit jeder Blickpunktslage eine bestimmte Orientierung der Netzhaut verknüpft. Die Analyse von einfachen Spurlinien des Blickpunktes vermag sonach nur über die tatsächliche Bewegungsbahn eines Punktes des Auges etwas auszusagen, nicht aber über die Frage der Gültigeit des LISTINGschen Gesetzes zu entscheiden. Dazu ist die gleichzeitige Verfolgung oder Registrierung der Bahnen von zwei Punkten des Auges (bzw. der Hornhaut oder der Netzhaut) erforderlich. Denn nur dann könnte eine wahre Abweichung vom LISTINGschen Gesetze, nämlich ein Wechseln der Orientierung bei derselben Blicklage, also das Vorkommen freier Rollung erkannt werden.

Die tatsächlichen Blickbewegungen lassen sich in rasche, ruckartig und absatzweise erfolgende und in langsame, gleitende einteilen[1]. Solche von ersterer Art erfolgen im allgemeinen dann, wenn die Aufmerksamkeit sozusagen von einem gesonderten ruhenden Punkte zu einem anderen solchen springt, gleichgültig ob größere oder kleinere Sprünge ausgeführt werden: so in Form der Kommando- bzw. Spähbewegungen, aber auch beim Lesen[2]. Gleitend wird das Auge speziell bewegt, wenn der Blick einem in mäßiger Geschwindigkeit[3] fortschreitenden Gegenstande folgt; doch schieben sich auch bei diesen sog. Folge- (DODGE) oder Führungsbewegungen (CORDS[4]) wiederholt kurze Rucke ein (DODGE). Am gleichmäßigsten erfolgt die relative Bewegung der Augen in der Orbita, wenn der Blick auf ein Objekt festgehalten und der Kopf langsam gedreht wird[5]. Die ruckweisen Absätze und Abweichungen während der willkürlichen Augenbewegungen verraten sich einerseits durch ein entsprechendes Verhalten eines zuvor eingeprägten fovealen Nachbildes, andererseits durch „Momentangeräusche", welche man — neben dem der Dauertätigkeit entsprechenden Dauergeräusch — über den Augenmuskeln hört (HERING[6]). — Man kann dreierlei Arten von Blickbewegungen unterscheiden[7]: 1. solche, welche mit einer sehr raschen ununterbrochenen Stellungsänderung zum Ziele führen, 2. solche, welche zunächst in eine Fehllage von etwa

[1] Die Sprunghaftigkeit gewisser Blickbewegungen (mit Sprüngen von je 7—8°) hat zuerst E. LANDOLT erkannt [Arch. d'Ophthalm. **11**, 385 (1892)], dann speziell R. DODGE [Amer. J. Physiol. **8**, 307 (1903) — vgl. auch Psychologic. Rev. **8**, 145 (1901) mit der Angabe eines ständigen Wechsels von längeren Fixationen und kurzen ruckartigen Blickbewegungen beim Lesen] und H. GERTZ [Z. Sinnesphysiol. **45**, 9 (1911) — Acta med. scand. (Stockh.) **53**, 445 (1919)].

[2] Vgl. auch W. COMBERG: Verh. dtsch. ophthalm. Ges. Heidelberg 1928.

[3] Betr. Geschwindigkeit von Führungsbewegungen bei optimalem Unterscheidungsvermögen vgl. W. P. C. ZEEMAN, Arch. Augenheilkde. **100/101**, 1 (1929).

[4] CORDS, R.: Ber. dtsch. ophthalm. Ges., Heidelberg 1925, S. 91 u. 99.

[5] HERING, E.: G.-Z. S. 262.

[6] HERING, E.: Sitzgsber. Akad. Wiss. Wien, Math.-naturwiss. Kl. III. Abt. S. 79. 1879.

[7] MILES, W. R. u. E. SHEN: J. of exper. Psychol. **8**, 344 (1925). — SHEN, E.: Ebenda **10**, 158 (1927). — COBB, P. H. u. F. K. Moss: Ebenda **9**, 359 (1926). — TINKER M. A.: Genet. Psychol. Monogr. **3**, 69 (1928); Psychol. Rev. **35**, 385 (1928). — YOURIEVITCH, S.: C. r. Acad. Sci **187**, 844 (1928), **188**, 137 (1929). — Vgl. dazu kritisch gegen die Annahme von Fixationspausen überhaupt D. L. BIDWELL: J. of exper. Psychol. **10**, 62 (1927). — Zusammenfassende Darstellung über die Augenbewegungen beim Lesen: M. D. VERNON: Brt. J. Ophthalm. **12**, 130 (1928).

15′—50′ Abweichung nahe dem Ziele führen und dieses dann durch eine einmalige ruckweise Korrektivbewegung erreichen, 3. solche, welche zunächst eine erste Fehllage und infolge einer Fehlkorrektivbewegung noch eine zweite Fehllage herbeiführen, aus welcher erst eine zweite Korrektivbewegung das Ziel erreicht. In all diesen Teilbewegungen kommen zeitweilige Bremsungen, ja Stillstände vor. Solche „Fixationspausen" sind speziell von Bedeutung für das Erkennen von Bilddetails; über ihre Dauer belehren uns die Messungswerte folgender Tabelle:

Huey	$\begin{cases} 191 \pm 49\ \sigma \\ 108 \pm 33\ \sigma \end{cases}$
Dodge	40 bis 240 σ
Miles und Shen	320 σ für vertikale Schrift
	340 bis 350 σ für horizontale Schrift
	(gegenüber 10—15 σ Interfixations-
	bewegung von ca. 1° 15′ Umfang)
Cobb und Moss[1]	71 bis 250 σ, Mittel 150 ± 8 oder ± 24 σ

Pausen zwischen ruckweisen Blickbewegungen treten besonders bei Wechsel der Bewegungsrichtung hervor, so beim Abwandern spitzer Winkel; sie sind am kürzesten bei direkter Blickumkehr, größer bei Hebung als bei Senkung, kürzer bei langsameren Blickbewegungen und umgekehrt.

Gewöhnlich hat man es mit dem zweiten Typus der Blickbewegung zu tun, nämlich mit einer raschen Zielbewegung und einer nachträglichen, unbewußten Korrektivbewegung (Öhrwall, Herz, Stratton, Sundberg). Der Verlauf der tatsächlichen Augenbewegungen kann entweder mit subjektiven, speziell teleskopischen Methoden untersucht[1] werden (Wundt, Lamansky, Ahlström, Herz, Sundberg u. a.) oder mit objektiven Verfahren, speziell mit Registrierung (sog. Ophthalmographie — speziell Delabarre, Huey, Orschansky, Marx und Trendelenburg) oder auf Grund photo- bzw. kinematographischer Aufnahmen (besonders Dodge, Stratton, Miles und Shen, Yourievitch).

Am regelmäßigsten sind die oben als gleitend charakterisierten Folgebewegungen, schon weniger die Bewegungen, bei welchen der Blick eine dargebotene Linie abwandert; relativ am unregelmäßigsten erfolgt der Übergang von einem gesonderten Punkt zu einem anderen solchen. Während Horizontalbewegungen, zumal geführte, meist ziemlich geradlinig ausgeführt werden, ist schon die Bahn der Vertikalbewegungen meist leicht gekrümmt. Beim Übergang nach einem schräg abgelegenen Zielpunkt wird eine nach der betreffenden Seite hin konkave Spurlinie beschrieben — mit Maximalkrümmung bei 45° Elevation.

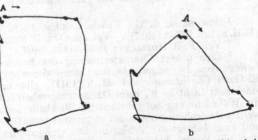

Abb. 327 a und b. a) Bewegungsbahn des Blickpunktes bei Abwandern eines stehenden Rechteckes, b) eines Kreises. (Nach Stratton.)

Hochgradig irreguläre Zickzackbewegungen können beim Abwandern einer geschlossenen Figur, beispielsweise eines stehenden Rechteckes oder Kreises, zustande kommen (vgl. Abb. 327). Überhaupt werden tangentiale Blickbewegungen minder präzis ausgeführt als radiäre. — Weicht die ausgeführte Blickbewegung in stärkerem Grade ab von der vorgeschriebenen oder beabsichtigten Bahn bzw. von der entsprechenden Verlagerung der Aufmerk-

---

[1] Vgl. Übersicht der Methoden bei M. D. Vernon: Brit. J. Ophthalm. **12**, 113 (1928).

samkeit, so kommt es bei genügender Geschwindigkeit zu merklicher Scheinbewegung. Wie bei der Darstellung der Lokalisation bei bewegtem Blick oben
(S. 981) ausgeführt wurde, kommt eine solche mit Notwendigkeit zustande,
wenn die beiden genannten Momente merklich in Widerspruch treten. Ebenso
wurde bereits (S. 984ff.) betont, daß die durch vorausgehende Wanderung der
Aufmerksamkeit im indirekten Sehen gewonnene Zielauffassung das Motiv
zur Augenbewegung abgibt und deren Richtung und Größe bestimmt. Hingegen dient das indirekte Sehen nicht zu einer optischen Dauerkontrolle der
Ausführung der Bewegung selbst[1]. Ebensowenig kommt eine bewußt-kin-
ästhetische Verfolgung des Ablaufes der Blickbewegung in Frage[2]. Von dem tatsächlich ablaufenden oder ausgeführten Lagewechsel erhalten wir — im Gegensatze zur klaren und bestimmten Auffassung des Zielpunktes, welche der Bewegung selbst vorausgeht — nur ganz ungefähre Kunde[3], ebenso wie unsere
Vorstellung von der Stellung, welche jeweils unsere Augen einnehmen, eine
sehr unsichere ist (vgl. S. 976, 986, 994). Hingegen könnten für die unbewußte
Regulierung der Blickbewegungen, speziell für deren Glättung, d. h. für Verhüten von Schleudern und für Bremsen durch reflektorische Anspannung der
Antagonisten, die afferenten Nerven von Bedeutung sein, welche in den Stämmen der motorischen Augenmuskelnerven — das ist im 3., 4. und 6. Hirnnerven,
nicht aber im Stamm des Trigeminus oder des Opticus — nachgewiesen wurden
(Sherrington und Totzer[4]). Allerdings gelingt es nicht durch Dehnung oder
künstliche Reizung eines äußeren Augenmuskels des einen Auges eine entsprechende assoziierte Bewegung des anderen Auges auszulösen[5]. Die Menge der
afferenten Fasern ist etwa auf $1/3 - 1/2$ der Gesamtzahl zu schätzen[6]. Bezüglich
Trophik der Augenmuskeln wird ein Einfluß des Ganglion ciliare angegeben[7].
(Über die myosensorische Funktion der Augenmuskeln vgl. S. 977.)

Habituell werden die im Prinzip nach allen Richtungen gleich gut möglichen
Blickbewegungen keineswegs in derselben Häufigkeit ausgeführt. Speziell
wird es vermieden, das Auge entlang der Blickfeldgrenzen zu führen, während
Bewegungen entlang der Primärradianten, speziell des vertikalen und des horizontalen, bevorzugt werden (Helmholtz[8]). Im allgemeinen wird, wie erwähnt,

---

[1] Sundberg, C. G.: Upsala Läk.för. Förh. 20, 39 (1014) — Skand. Arch. Physiol.
(Berl. u. Lpz.) 35, 1 (1917). — Vgl. auch Ch. B. Morrey: Z. Psychol. u. Physiol. 20, 317 (1898).
[2] Vgl. F. B. Hofmann: 1920—1925, 89ff.
[3] Eine nähere Charakterisierung der heautognostischen Wahrnehmung von Augenbewegungen ist angesichts der komplizierenden psychischen Faktoren sehr schwierig.
K. Grim [Z. Sinnesphysiol. 45, 9 (1911)] gibt an, daß die Geschwindigkeitsschwelle bei
stärkerem Licht 3—9′, beim Dämmerungssehen 6,5—13′ pro Zeitsekunde betrage, und daß
die Wahrnehmung bei gekrümmter Blickbahn leichter sei als bei geradliniger; andererseits
werden Augenbewegungen um so genauer ausgeführt, je größer die verlangte Bewegung ist,
und zwar beträgt der Fehler bei Bewegungen von 9′ etwa die Hälfte, bei solchen von 17′
etwa ein Viertel, bei solchen von 54′ etwa ein Sechstel des verlangten Ausmaßes.
[4] Sherrington, C. S.: J. of Physiol. 17, 27, 278 (1894) — Proc. roy. Soc. Lond. 61,
247 (1897); 64, 120 (1898). — Totzer, F. u. C. S. Sherrington: Ebenda 82, 450 (1910) —
Fol. neurobiologica 4, 626 (1910). — Totzer, F.: J. of Physiol. 45, 15 (1912). — Über die
Histologie der Muskelspindeln als Receptoren in den Augenmuskeln vgl. P. A. Colimbaris:
Arch. mikrosk. Anat. 75, 692 (1910); betr. Histologie der afferenten Fasern sowie der Ganglienzellen in den früher als rein efferent betrachteten Augenmuskelnerven (III. und VI.) vgl.
H. Nicholson (am Menschen): J. comp. Neur. 37, 31 (1924). — Auf Grund der Erregbar-
keitszunahme des Sphincter pupillae nach Durchtrennung des 3. Trigeminusastes tritt
hinwiederum J. Byrne (Amer. J. Physiol. 88, 151 [1929]) dafür ein, daß die propriozeptori-
schen Bahnen speziell aus der Irismuskulatur im Trigeminus verlaufen.
[5] Maré, Göran de: Skand. Arch. Physiol. (Berl. u. Lpz.) 53, 203 (1928).
[6] Vgl. dazu M. Chiba (unter E. Th. Brücke): Pflügers Arch. 212, 150 (1926).
[7] Sunaga, Y.: Z. exper. Med. 54, 366 (1927).
[8] Helmholtz, H. v.: Physiol. Optik, 1. Aufl. S. 509; 3. Aufl. 3, 84.

das Auge — wenigstens für die Dauer — nicht weit aus der Primärstellung herausgebracht, vielmehr früher oder später eine Änderung der Kopfstellung zu Hilfe genommen (vgl. S. 1084). Mit Hebung des Blickes erscheint Parallelstellung bzw. Minderung der Konvergenz der Blicklinien, mit Senkung Steigerung der Konvergenz begünstigt (vgl. S. 1009, 1030 Anm. 5, 1049, 1055).

Besondere Untersuchung und Verwertung hat der Minimalwinkel gefunden, um welchen wir willkürlich unser Auge zu drehen vermögen. Es wurden folgende Werte erhalten[1]:

LANDOLT . . . . 5′
GRIM . . . . 4,5′
VERESS . . . . 7—10′

Aus dem Befunde, daß speziell beim Fixieren neben größeren Schwankungen im Ausmaße von 3,3—4,1′ noch feine Einzelrucke im Ausmaße von etwa 1 Bogenminute erfolgen (vgl. S. 1055), wurde die Zahl der bis zur maximalen Auswärtswendung der Blicklinie (38—50°, etwa 43° nach HERING, KÜSTER) anzunehmenden Einzelrucke[2] auf rund 2600 berechnet. Die Zahl entspricht etwa jener der efferenten Fasern im Abducensstamm, welche bei einer Gesamtmenge von 5297 als Mittel (CHIBA — 4698 nach BORS[3]) rund $1/2$—$2/3$, also 2600—3500 (2350 bis 3100 nach BORS) ausmachen. In der Übereinstimmung beider Werte wurde eine Stütze für die Vorstellung erblickt, daß — ebenso wie dies für den Skelettmuskel vertreten wird[4] — auch an den Augenmuskeln die Zahl der Kontraktionsstufen bzw. der Verkürzungsgrad einfach abhängig sei von der Zahl der erregenden Nervenfasern bzw. der erregten Muskelfasern, nicht von verschiedener Reaktionsgröße, daß also das Alles-oder-Nichts-Gesetz (Isobolie) auch für die Augenmuskeln gelte[5]. Gegenüber dieser Vorstellung einer numerischen, nicht elementarquantitativen Abstufung der Kontraktionsleistung sei jedoch (nach TSCHERMAK) bemerkt, daß angesichts des flächenhaften Ursprunges und des breiten Ansatzes der Augenmuskeln die Beanspruchung einer immer größeren Zahl von Muskelfasern als ständig maximal wirksamer Elementarmotoren nur dann keine Änderung der Gesamtdrehungsachse herbeiführen würde, wenn

---

[1] LANDOLT, E.: Arch. d'Ophtalm. 11, 385 (1902). — GRIM, KL.: Z. Sinnesphysiol. 45, 9 (1910). — VERESS, E.: Arch. internat. Physiol. 4, 261 (1906). — WEISS, O.: Z. Sinnesphysiol. 45, 313 (1910).
[2] Aus der ungefähren Übereinstimmung der Zahl der Rucke bei Betrachtung ruhender Objekte und bei Verfolgung bewegter sowie der Optimalzahl für Bewegungswahrnehmung (etwa 100 pro 1 Min.), ebenso aus dem Eintreten längerer Pausen bei rascheren, kürzerer bei langsameren Blickbewegungen schließt S. YOURIEVITSCH (C. r. Acad. Sci. 187, 844, 1160 [1928]) auf eine gewisse Konstanz der okulomotorischen Energetik bzw. der Muskelleistung pro Zeiteinheit.
[3] BORS, E. (unter O. GROSSER): Anat. Anz. 60, 415 (1925/26).
[4] LUCAS, K.: J. of Physiol. 33, 125 (1905); 38, 113 (1909). — BARBOUR, G. F. u. P. G. STILES: Amer. J. Physiol. 27, Proc. XI (1911). — LAPICQUE, A.: C. r. Soc. Biol. 75, 35 (1913). — ADRIAN, E. D.: J. of Physiol. 47, 416 (1914) — Arch. néerl. Physiol. 7, 330 (1922). — GRAHAM-BROWN, T.: Proc. roy. Soc. Lond. B 87, 132 (1914). — EISENBERGER, J. P.: Amer. J. Physiol. 45, 44 (1918) — (mit PRATT): Ebenda 49, 1 (1919). — HARTREE, W. u. A. V. HILL: J. of Physiol. 55, 389 (1921). — FORBES, A.: Physiologic. Rev. 2, 361 (1922). — JUDIN, A.: Pflügers Arch. 200, 151 (1923). — PORTER, E. L. u. V. W. HART: Amer. J. Physiol. 66, 391 (1923). — FENN, W. O.: J. of Physiol. 58, 175, 373 (1923/24). — Gegenüber diesen Angaben von allgemeiner Geltung des Gesetzes der maximalen Reaktion für den quergestreiften Muskel kommen E. FISCHL und R. H. KAHN [Pflügers Arch. 219, 33 (1928)] bei mikroskopischer Beobachtung einzelner Muskelfasern in der Membrana basihyoidea des Frosches zu dem Resultate, daß hier die Verkürzungsgröße deutliche Zunahme mit wachsender Reizstärke zeigt.
[5] Allgemein für die Augenmuskeln vertreten von W. B. LANCASTER: Trans. Sect. Ophthalm. amer. med. Assoc. 1923, 133. — Speziell für den R. lateralis bzw. N. abducens von M. CHIBA (unter E. TH. BRÜCKE): Pflügers Arch. 212, 150 (1926).

das Fortschreiten der Beteiligung der einzelnen Muskelfasern innerhalb jedes Muskels streng symmetrisch erfolgen würde. Das Bestehen einer solchen Einrichtung muß jedoch als sehr unwahrscheinlich bezeichnet werden. Es sei daher die Vorstellung vertreten, daß die sehr angenäherte Konstanz der Drehungsachsen, speziell der resultierenden Achse der Heber-Senker, auf einer sehr angenähert konstanten Kooperation unter quantitativer Abstufung des Verkürzungsgrades, also unter heterobaler Reaktionsweise der einzelnen Muskelfasern beruht.

d) Geschwindigkeit der willkürlichen Blickbewegungen[1].

Die Geschwindigkeit ist in der Horizontalen relativ am größten und zwar nach beiden Seiten hin gleichartig, bei Hebung am geringsten (evtl. diskontinuierlich). Über die bisherigen Bestimmungen möglicher Maximalleistungen an willkürlichen Blickbewegungen[2] orientiert die nachstehende Tabelle der Drehungswinkel pro Zeitsekunde:

LAMANSKY	1,8 −4,09 × 360° (bzw. 138,8—314,9 mm für einen Netz-
GUILLERY	0,934—1,142 × 360° (bzw. 72—78 mm) [hautpunkt)
KOCH	0,278—1,389 × 360° (bzw. 21,4—100 mm)
O. WEISS	0,75 −1,22 × 360° — bei 35° Bewegungsausmaß, und zwar
	nasalwärts 90 σ, Rückkehr 90 σ mit 350 σ Intervall
	temporalw. 106 σ, Rückkehr 83 σ mit 390 σ Intervall
	Hebung 130 σ, Rückkehr 80 σ mit 520 σ Intervall
BROCA u. TURCHINI . .	1,24 −1,67 × 360° — bei 30° Bewegungsausmaß, und zwar
	nasalwärts 67 σ, Rückkehr 50 σ
TINKER	0,278—0,427 × 360° bei 1°—4° Seitenwendung

Unter den Verhältnissen des gewöhnlichen Sehens, speziell ohne Zuwendung der Aufmerksamkeit auf den Bewegungsakt selbst, kommen wohl erheblich geringere Geschwindigkeiten in Betracht. Es finden sich zwei Typen: rasche Bewegungen von 0,02—0,06 Sek. und langsame von 0,1—0,2 Sek. Dauer. — Die Blickbewegungen beschleunigen sich mit Verkleinerung des Drehungswinkels (bis 7° — VOLKMANN) und fallen bei zweiäugiger Betrachtung rascher aus als bei einäugiger (GUILLERY). Nichtparallele oder nichtsymmetrische Bewegungen erfolgen an beiden Augen mit verschiedener Geschwindigkeit (vgl. S. 1050). Die Näherung des Blickpunktes erweist sich etwas bevorzugt gegenüber der Fernerung[3], ebenso die Rückkehr aus einer Extraprimärstellung gegenüber der Ausgangsbewegung. Die Blickbewegung zeigt eine um so größere Anfangsgeschwindigkeit, je umfangreicher die Wanderung der Aufmerksamkeit vom Ausgangspunkt zum Zielpunkte war (BRÜCKNER) und erfolgt in der Mittelstrecke am raschesten, während sie gegen Ende sehr stark abnimmt.

---

[1] VOLKMANN, A. W.: Wagners Handwörterbuch d. Physiol. 3 (1), 275 (1846). — LAMANSKY, S.: Pflügers Arch. 2, 418 (1869). — GUILLERY, H.: Ebenda 73, 87 (1898). — DELABARRE: Amer. J. Physiol. 9, 572 (1898). — HUEY: Ebenda 9, 575 (1898); 11, 283 (1900). — DODGE, R. (mit TH. S. CLINE): Psychologic. Rev. 8, 145 (1901) — vgl. auch B. ERDMANN u. R. DODGE: Psychol. Unters. über das Lesen. Halle 1896. — BRÜCKNER, A.: Pflügers Arch. 90, 73 (1902). — HOWE, L.: Arch. Augenheilk. 51, 51 (1904). — KOCH, E.: Arch. f. Psychol. 13, 196 (1908). — GRIM, KL.: Z. Sinnesphysiol. 45, 9 (1911). — WEISS, O.: Z. Physiol. u. Psychol. 45, 313 (1911). — BROCA, A. u. TURCHINI: C. r. Acad. Sci. 178, 1574 (1924). — TINKER, M. A. (mit Werten von 9,9—17,3—22,2—26 σ für 1°—2°—3°—4° Seitenbewegung): Psychologic. Rev. 35, 385 (1928). — Über individuell besonders rasche Beweglichkeit vgl. S. SANDMANN: Münch. med. Wschr. 1905, 280.
[2] Über die Geschwindigkeit der Binnenbewegungen der Pupille und des Akkommodationsapparates vgl. S. 1067 Anm. 1.
[3] JUDD, CH. H.: Psychologic. Rev. Monogr. Suppl. 8, Nr 3, 370 (1907). — INOUYE, N.: Graefes Arch. 77, 500 (1910). — FERREE, C. F. u. G. RAND: Amer. J. Psychol. 30, 40 (1919).

3. Der assoziative Komplex der Näherung und Fernerung des Blickes[1]. (Konvergenz, Auswärtsrollung, Senkung, Akkommodation, Pupillenverengerung.)

Das mit der Näherung des binokularen Blickes bzw. mit Konvergenz und Akkomodation assoziativ — in der Regel, jedoch nicht ausnahmslos — eine Auswärtsrollung oder rotatorische Divergenz bzw. Disklinationszunahme, und zwar in Form einer „Extrarollung" durch kooperative Tätigkeit des Rect. inf. und Obl. inf.) und gewohnheitsmäßig eine gewisse Senkung des Blickes, zugleich mit einer Senkung des Kopfes verknüpft ist (während für Blickfernerung das Umgekehrte gilt), wurde bereits betont (vgl. S. 856, 872, 1029, 1050). Damit ist jedoch der assoziative Komplex der Blicknäherung noch nicht erschöpft, vielmehr erweisen sich zweckmäßigerweise mit Konvergenz noch einerseits eine aktive Naheeinstellung des dioptrischen Apparates oder Akkomodation, andererseits eine Pupillenverengerung[2] (d. h. Lichtabschwächung und Verschärfung der Netzhautbilder), welche beide — wenigstens innerhalb des Bereiches physiologischer Beanspruchung — streng symmetrisch erfolgen (A. v. GRAEFE, DONDERS, HESS[3]), innervatorisch verknüpft. Diese Verknüpfung von Konvergenz und

---

[1] Vgl. speziell F. C. DONDERS: Anomalien der Refraktion und Akkommodation. Engl. 1864, Deutsch 1866 — Pflügers Arch. **13**, 383 (1876). — PERELES, H. (PRETORI): Graefes Arch. **35** (4), 84 (1889). — SCHMIEDT, W.: Ebenda **39** (4), 233 (1893). — PERCIVAL, A. S.: Ophthalm. Rev. **1892**, 313. — KOSTER, W.: Graefes Arch. **42** (3), 156 (1896). — HOWE, L.: Ophthalm. Record **1900**, 357 — Trans. amer. ophthalm. Soc., 36. Meet. **1900**, 92. — HESS, C. (mit Untersuchung nach dem allein streng beweiskräftigen SCHEINERschen Prinzip): Z. Augenheilk. **2**, Erg.-H. S. 42 (1899) — Graefes Arch. **52**, 143 (1901). — WEISS, O.: Pflügers Arch. **88**, 79 (1901). — HANSELL, H. F.: Ophthalmology **2**, 405 (1906). — WEIDLICH, J.: Arch. Augenheilk. **62**, 172 (1908). — DUFOUR, M.: C. r. Soc. Biol. **72**, 949 (1912). — ROELOFS, C. O. (für Erfahrungsursprung des Zusammenhanges): Graefes Arch. **85**, 60 (1919). — FUSS, G.: Akkommodations- und Konvergenzbreite. Inaug.-Dissert. Marburg 1920 — Graefes Arch. **109**, 428 (1922). — SHEARD, CHAS.: Amer. J. physiol. Opt. **1**, 234 (1920). — BESTOR, H. M.: Ebenda **4**, 228 (1923). — HOEVE, J. VAN DER u. H. J. FIERINGA: Graefes Arch. **114**, 1 (1924) — Brit. J. Ophthalm. **8**, 97 (1924) (vgl. auch H. J. FIERINGA: Inaug.-Dissert. Leiden 1923). — HOFMANN, F. B.: Pflügers Arch. **80**, 1 (1900) — Z. Augenheilk. **58**, 42 (1925). — RAKONITZ, E.: Mschr. Psychiatr. **67**, 6 (1928). — KESTENBAUM, A. u. L. EIDELBERG: Graefes Arch. **121**, 166 (1928). — Siehe ferner die zusammenfassenden Darstellungen von W. EINTHOVEN: Erg. Physiol. **1** (2), 680 (1902). — HESS, C.: Graefe-Saemischs Handb. d. Augenheilk., 2. Aufl., XII. Kap., S. 465ff. (1902).

[2] In pathologischen Fällen kann statt Verengerung Pupillenerweiterung bei Konvergenz eintreten [perverse Pupillenreaktion nach VYSIN, paradoxe Konvergenzreaktion nach KUHLMANN — vgl. L. KAUSE: Klin. Mbl. Augenheilk. **79**, 165 (1927)].

[3] Dementsprechend wird selbst ein geringer Unterschied im Refraktionszustand beider Augen nicht durch ungleiche Akkommodation ausgeglichen [DONDERS, F. C.: Zitiert Anm. 1 (1866, S. 471) — HERING, E.: **1868**, S. 135ff.; **1879**, S. 523 — RUMPF: Klin. Mbl. Augenheilk., Beiheft **15** (1877)], noch besteht — wenigstens innerhalb des Bereiches physiologischer Beanspruchung — eine akkommodative Differenz zwischen unokularem (gewöhnlich bei engerer Pupille bestimmt!) und binokularem Nahepunkt [HESS, C.: Graefes Arch. **35** (4), 157 (1899); **38** (3), 169, 184 (1891); **41** (4), 283 (1895); **42** (3), 249 (1896); **52**, 143 (1901) — Graefe-Saemischs Handb. d. Augenheilk., 2. Aufl., XII. Kap., spez. S. 460ff. (1902) — bestätigt von W. KOSTER (gleiche Akkommodation auch bei seitlichem Blick): Graefes Arch. **42** (1), 140 (1896) gegenüber WOINOW, SCHNELLER, E. FICK: Arch. Augenheilk. **19**, 123 (1888); **31**, Erg.-H., 113 (1895) sowie Graefes Arch. **38** (2), 204 (1892]. Hingegen ist eine *einseitige* nervöse bzw. toxische Beanspruchung in Form von unokularem Akkommodationskrampf (sogar ohne Mitbeteiligung des Sphincter pupillae) möglich, wobei — auch bei Prüfung mit dem SCHEINERschen Verfahren — sehr erhebliche Differenzen (entsprechend 8 *D*!) in der Nahepunktslage bzw. Brechkraftzunahme zwischen dem krampfenden und dem willkürlich maximal akkommodierten anderen Auge nachweisbar sind; die physiologische Beanspruchung des Ciliarmuskels ist eben nur ein Bruchteil der bei künstlicher Reizung maximal möglichen. — Auch daran sei erinnert, daß die Pupillenverengerung auf einseitigen Lichteinfall streng symmetrisch erfolgt (DONDERS, HERING).

Akkomodation, welche schon bei sehr jungen Kindern besteht[1], besitzt nicht den Charakter einer kinematisch zwangläufigen Koppelung wie die Orientierungs-änderung nach dem Listingschen Gesetze, sondern läßt von vornherein einen gewissen Grad von Freiheit erkennen (Plateau, Weber, Volkmann, Ruete, Donders, Hering, Koster, Roelofs, Fuss, welcher geradezu eine willkürliche Akkomodationskonvergenz und eine unwillkürliche Fusionskonvergenz zu unter-scheiden sucht; F. B. Hofmann), den jedoch daraufgerichtete Übung nicht wesentlich steigert (Pereles). Selbst bei Ametropen erweist sich jene Verknüp-fung nicht als vollkommen lösbar, obwohl dies vorteilhaft wäre (Donders). Andererseits ist eine gewisse Freiheit des Zusammenhanges erforderlich, soll die Naheeinstellung auch dann eine vollwertige Anpassung bedeuten, wenn ein geringerer Akkomodationsgrad gefordert wird (so im Falle von Exophorie oder von Konvergenz-Fusionszwang unter künstlichen Bedingungen — vgl. S. 1069, 1074). Es liegt eben ein Fall *relativer* Koppelung vor. Das Auge vermag also nicht bei

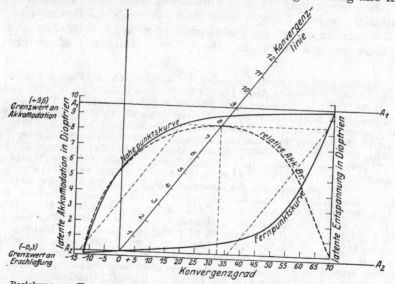

Abb. 328. Beziehung von Konvergenz (Abszissenwerte in Graden) und Akkommodation (Ordinatenwerte in Dioptrien) — nach Pereles (im Alter von 22 Jahren), modifiziert von Tschermak.

jedem Konvergenzgrad die ganze absolute Akkomodationsbreite (von ca. $9\frac{1}{2} D$) aufzubringen (was im Schema Abb. 328 nach Pereles Erreichen der Asymp-tote A_1A_1 bedeuten würde) oder die Akkomodation völlig ruhen zu lassen (was Beibehalten der Asymptote A_2A_2 bedeuten würde), sondern es läßt sich bei jedem Konvergenzgrad die Akkomodation nur bis zu einem gewissen Grenz-wert verändern bzw. bis zum relativen Nahepunkt steigern und bis zum rela-tiven Fernpunkt erschlaffen. Zu jedem Konvergenzgrad gehört eine nach In-dividualität und Alter verschiedene „relative Akkomodationsbreite" (Donders[2]),

---

[1] Genzmer, A.: Inaug.-Dissert. Halle 1873.

[2] Die in Abb. 328 miteingezeichnete Donderssche „Konvergenzlinie" bezeichnet im Meterwinkelmaß nach W. Nagel d. Ae. (Naturforscher-Vers. Baden-Baden 1879 — Klin. Mbl. Augenheilk. **1879**, 492 — vgl. auch H. Bisinger: Inaug.-Dissert. Tübingen 1879) jene Akkom-modationsgrößen (mit Einheit entspr. 4,2° Konvergenz), welche behufs vollkommen richtiger dioptrischer Einstellung eines emmetropen Auges zu den einzelnen Graden symmetrischer Konvergenz (mit der Parallelstellung als Nullpunkt) gefordert werden. Über den Begriff der Konvergenzbreite, welche die Akkomodationsbreite wesentlich übertrifft, vgl. auch L. Laurance u. H. O. Wood: Optician **65**, 371 (1923). Über den Konvergenzindex s. A. Duane: Trans. amer. ophthalm. Soc. **31**, 851 (1914) — vgl. oben S. 1048 Anm. 2.

umgekehrt zu jedem Akkomodationsgrad eine „relative Konvergenz- oder Fusionsbreite" (NAGEL, LANDOLT), welche zwischen dem relativen Fern- und Nahepunkt der Fusion gelegen ist.

Bezüglich des Ausmaßes relativer Akkomodationsbreite (bzw. Konvergenzbreite) ergibt sich zunächst der Anschein einer Abhängigkeit von der absoluten Größe der Konvergenz (bzw. Akkomodation). Diese Beziehung (vgl. Abb. 328 nach PERELES[1], in welcher die Konvergenz in Graden längs der Abszissenachse, die Akkomodation in Dioptrien längs der Ordinatenachse bezeichnet ist) läßt sich darstellen durch eine zwischen etwa (—) 12° Divergenz und (+) 70° Konvergenz bzw. + 16,89 M.W. sich erstreckende sphärische Zweieckfläche, deren totale Ordinatenhöhe die jeweilige relative Akkomodationsbreite ergibt — mit einem Maximum von etwa 8,5 D bei einem Konvergenzgrad von 33° bzw. 8 M.W., während die totale Abszissenbreite die jeweilige relative Konvergenz- oder Fusionsbreite bedeutet. Bei Parallelstellung der Blicklinien, also Konvergenzgrad Null, bestand bei PERELES im Alter von 22 Jahren eine ganz geringe Akkomodationsspannung von etwa 0,2 D, welche erst jenseits einer Divergenz von etwa 12° völlig verschwunden wäre. Die auf die asymptotisch angenommenen Grenzwerte A_1A_1 von 0,3 D und A_2A_2 von 9,6 D fehlenden Beträge werden als „latente Akkomodation" (9,6 vermindert um den relativen Nahepunktwert in Dioptrien) und als „latente Erschlaffung" (— 0,3 vermehrt um den relativen Fernpunkt in Dioptrien) bezeichnet. Bei wachsender Konvergenz steigt scheinbar der mögliche Maximalwert an effektiver Akkomodation proportional der bis zum Grenzwert noch fehlenden „latenten Akkomodation" — ebenso der mögliche Maximalwert an Entspannung proportional der bis zum Grenzwert noch fehlenden „latenten Erschlaffung". Es erfolgt demgemäß scheinbar vom Maximum von etwa 8,5 D bei 33° Konvergenz ein nicht völlig symmetrisches Absinken der Kurve der relativen Akkomodationsbreite nach beiden Seiten, d. h. bis zu 12° Divergenz und zu 70° Konvergenz. Schon bald jenseits des Maximums der relativen Akkomodationsbreite, nämlich jenseits eines Konvergenzgrades von etwa 33°, bleibt selbst die maximale Akkomodation hinter dem als Optimum (entsprechend der DONDERSschen Konvergenzlinie) geforderten Werte zurück, während bei Parallelstellung der geforderte Nullwert durch etwa 5,5 D Akkomodation überschritten werden kann. — Durch anhaltende Beanspruchung der relativen Akkomodationsbreite nach einer Richtung hin werden die Grenzen derselben in eben diesem Sinne verschoben; die künstlich eingeleitete Veränderung der Verknüpfung von Akkomodation und Konvergenz wirkt also nach und klingt langsam ab (DONDERS, NAGEL, KOSTER[2]).

Die geschilderte empirische Größenbeziehung zwischen akkomodativer Linsenwölbung und Konvergenzgrad gibt nun aber kein zuverlässiges und erschöpfendes Bild von dem Zusammenhange zwischen dem Tätigkeitsgrad des Akkomodationsmuskels und der Konvergenzsynergie; hat es sich doch als möglich erwiesen (HESS[3]) eine stärkere Kontraktion des Ciliarmuskels auf-

---

[1] Vgl. auch die graphische Darstellung bei L. HOWE, Ophthalm. Record **1900**, 356.

[2] Vgl. dazu O. WEISS: Pflügers Arch. 88, 79, 91 (1901). — ROELOFS, C O.: Graefes Arch. 85, 60 (1919). Ersterer betont, daß der Akkommodationsimpuls nicht einfach und allein mit der Konvergenz gekoppelt sei, sondern durch die Nahevorstellung ausgelöst werde.

[3] Der Befund, daß zur maximalen Akkommodation keine maximale Kontraktion des Ciliarmuskels erforderlich ist, ja, daß dieser sich bedeutend stärker verkürzen kann, haben J. v. d. HOEVE u. H. F. FIERINGA: Graefes Arch. **114**, 1 (1924) bestätigt. Die Zunahme der Linsenrefraktion geht der Zunahme der Ciliarmuskelkontraktion parallel; die Myodioptrie, welche die Akkommodation von 0 auf 1 D bringt, hat wahrscheinlich einen konstanten Wert; die Kraft des Ciliarmuskels entspricht 20—23 Myodioptrien — ohne wesentliche Abnahme im Alter trotz fortschreitender Erstarrung der Linse.

zubringen, als zur Einstellung auf den Nahepunkt erforderlich ist, so daß durch dieses Plus nur die bereits erschlaffte Zonula zu weiterer Erschlaffung gebracht wird, nicht aber eine weitere Zunahme der Linsenwölbung erreicht wird. Dieses wirkungslose oder „leere" Plus wird als „latente Ciliarmuskelkontraktion" bezeichnet, welche im Alter (Presbyopie) stark zunimmt, ebenso wie die relative Akkomodations- und Konvergenzbreite abnimmt[1]. Es ist sonach unerlässlich, bei der Bezeichnung „maximale Akkomodation" streng zwischen Nahepunktseinstellung der Linse und maximaler Ciliarmuskelleistung zu unterscheiden (Hess). Zufolge dieses Umstandes muß die Einschränkung der relativen Akkomodationsbreite bei höheren Konvergenzgraden (über 33°) als eine nur scheinbare bezeichnet werden, da sie nur die effektive Linsenwölbung, nicht aber die Ciliarmuskelkontraktion selbst betrifft, sich also nur auf das Gebiet der manifesten, nicht zugleich auf das der latenten Akkomodation bezieht. Im Gebiete der manifesten Akkomodation, in welchem gleiche Zuwüchse an Brechkraft ungefähr gleichen Zuwüchsen an Kontraktion des Ciliarmuskels entsprechen (Donders, Hess — gegenüber Mauthner), darf wenigstens schematisch — und von ganz geringen Konvergenzgraden abgesehen — der Spielraum, innerhalb dessen die Akkomodation bei festgehaltener Konvergenz verändert werden kann, als *angenähert gleich* betrachtet werden — somit *die relative Akkomodationsbreite als wesentlich unabhängig vom absoluten Konvergenzgrad* und umgekehrt die relative Konvergenzbreite als wesentlich unabhängig von der absoluten Akkomodationsgröße gesetzt werden (Hess, Roelofs, v. d. Hoeve und Fieringa). Ein gleiches wie für das Gebiet der manifesten Akkomodation ist für das der latenten zu vermuten. Somit wird die früher dargestellte Zweieckfläche zu einem schräg ansteigenden Streifen von gleichbleibender Breite und Höhe (bezeichnet durch die Abszisse und Ordinate des Gipfelpunktes), begrenzt von zwei Parallelen zur Dondersschen Konvergenzlinie, von denen die linke den geometrischen Ort der tatsächlichen Nahepunkte, die rechte jenen der tatsächlichen Fernpunkte darstellt (vgl. die punktierte Figur in Abb. 328). Die positiven relativen Akkomodationsbreiten (ebenso die negativen) sind somit bei allen Konvergenzgraden einander gleich. Bei Myopie ist das Diagramm nach oben, bei Hypermetropie nach unten, bei Exophorie nach links, bei Esophorie nach rechts verschoben (Fieringa). — Beim Nahesehen ohne binokulare Sichtbarkeit des Hauptgegenstandes der Aufmerksamkeit führt die Akkomodation zu einem geringeren Konvergenzgrad, als er einer korrekten bzw. bifovealen Einstellung entspräche und unter Fusionszwang erreicht würde, so daß eine scheinbare Exophorie bzw. Konvergenzinsuffizienz resultiert (vgl. unten S. 1070 — Weymouth u. a.[2]).

Angesichts der Gesetzmäßigkeit des Zusammenhanges von Konvergenz und Akkomodation, welche allerdings *nicht* den Charakter einer *absoluten*, wohl aber den einer *relativen* Koppelung trägt — wie sie gerade biologisch so häufig ist — und angesichts der wesentlichen Einflußlosigkeit der Übung auf diesen Zusammenhang muß eine kongenitale Begründung (Hering) als weit wahrscheinlicher bezeichnet werden als die Zurückführung auf Erwerb durch Gewohnheit (Helmholtz, Donders, Roelofs).

---

[1] Vgl. speziell die genauen Daten von A. Duane (A.B. mit 8 Jahren 11,5 bis 15,5 D, mit 60 Jahren 0,75 bis 1,5 D): The Ophthalm., Sept. 1912. — Hingegen ist eine wesentliche Verschiebung des Zusammenhanges von Konvergenzgrad und Ciliarmuskelleistung — in dem Sinne, daß zur Nahepunktseinstellung eine größere Anstrengung erforderlich wäre — unwahrscheinlich (vgl. C. Hess: Handbuch 1902, S. 479, gegenüber Donders). Wohl aber nimmt die Konvergenzkraft im Alter ab (vgl. oben S. 1048, Anm. 2).

[2] Weymouth, F. W., P. R. Brust u. F. H. Gobar: Amer. J. Physiol. **6**, 184 (1925).

Im assoziativen Komplex der Blicknäherung erscheinen — neben habitueller Blicksenkung bzw. Kopfsenkung — mit der Konvergenz verknüpft: rotatorische Divergenz oder Disklination, Akkomodation, Pupillenverengung[1] entsprechend folgendem *Schema des assoziativen Komplexes der Blicknäherung*:

Konvergenz

habituell   *assoziiert*   *assoziiert*   *assoziiert*

Blicksenkung   Auswärtsrollung — *assoziiert* — Akkommodation — *(assoziiert)* — Pupillen-
und Kopfsenkung (Disklination)   verengerung

Für die Fernerung des binokularen Blickes ist, wie gesagt, nicht bloß ein Nachlassen der gesamten Komponenten der Näherungsinnervation anzunehmen, sondern zugleich eine aktive innervatorische Leistung, welche einerseits im Sinne aktiver Divergenz die beiden Rect. laterales in Kontraktion versetzt, andererseits eine assoziierte aktive Einwärtsrollung („Extrarollung" infolge gekoppelter Tätigkeit des Rect. sup. und Obl. sup. unter Nachlassen von Rect. inf. und Obl. inf.) sowie gewohnheitsmäßig eine aktive Hebung von Blick und Kopf mit sich bringt und — neben bloßer Erschlaffung des Akkomodationsmuskels und Erschlaffung des M. sphincter pupillae — wohl auch eine aktive Leistung des Dilatator pupillae herbeiführt.

Eine Darstellung der Mitbewegung des Auges beim Lidschluß, das BELLsche Phänomen[2], liegt außerhalb des Rahmens dieses Kapitels.

B. Der Willkür entzogene Augenbewegungen: Anpassungsbewegungen.

1. Binokulare Anpassungsbewegungen[3].

a) Verhältnis zu den der Willkür unterworfenen Augenbewegungen.

Abgesehen von der Erkenntnis, daß schon die gewöhnlichen Augenbewegungen, speziell die eine Änderung der Distanzlage vermittelnden, vielfach

---

[1] Die engere Verknüpfung der Pupillenverengerung mit der Konvergenz (PLATEAU, DONDERS), nicht mit der Akkomodation, erhellt speziell daraus, daß selbst eine Akkommodation von 5 D ohne Konvergenzänderung keine Pupillenverengerung bewirkt, wohl aber eine mäßige Konvergenzsteigerung ohne Akkommodation eine solche Wirkung hat [H. CASPARY u. K. GOERITZ: Pflügers Arch. **193**, 225 (1922) — ebenso bereits H. VERVOORT: Graefes Arch. **49**, (2) 348 (1899)], ferner A. KESTENBAUM u. L. EIDELBERG: Graefes Arch. **121**, 166 (1928). Gegen eine bloße Assoziation der Pupillenverengerung mit der Konvergenz, nicht auch mit der Akkommodation, hat sich R. HESSE [Klin. Mbl. Augenheilk. **50**, 740 (1912)] auf Grund eines Lähmungsfalles ausgesprochen [vgl. die Kritik seitens J. ISAKOWITZ: Klin. Mbl. Augenheilk. **50**, 228 (1912)]. Beim Übergang von scheinbar fernen zu scheinbar nahen Objekten im Stereoskop tritt vorübergehend eine Pupillenverengerung und Akkommodation ein, welche gegenüber der geringen Zunahme der Konvergenz überstark ist [O. WEISS: Pflügers Arch. **88**, 79 (1901)]. Über den zeitlichen Verlauf der Komponenten des Komplexes der Blicknäherung siehe V. GRÖNHOLM: Arch. Augenheilk., Erg.-H. **1910**, 119; an Akkommodationszeit erhielt L. GUGLIANETTI [Arch. di Ottalm. **30**, 25 (1925)] Werte von 173—486 σ — vgl. auch die älteren Messungen von C. E. SEASHORE: Stud. Yale Psychol. Labor. **1892/93**, 56.

[2] Vgl. die neueren Darstellungen von C. BEHR: Klin. Mbl. Augenheilk. **66**, 770 (1921); **67**, 369, 381 (1921). — SMOIRA, S.: Z. Augenheilk. **47**, 10 (1922).

[3] Über den Anpassungscharakter der Korrektivbewegungen bei Asymmetrien des okulomotorischen Apparates wie der künstlich erzwungenen Fusionsbewegung vgl. speziell E. HERING: **1868**, 16, 131; **1879**, 540ff., 532. — REDDINGIUS, R. A.: Das sensumotor. Sehwerkzeug. Leipzig 1898, spez. S. 67ff. — HOFMANN, F. B. (und A. BIELSCHOWSKY): Pflügers Arch. **80**, 1 (1900) — Erg. Physiol. **2** (2), 799, spez. 810 (1903); **1920/25**, 318ff. — TSCHERMAK, A.: Über physiologische und pathologische Anpassung des Auges. Leipzig 1900. — Das Anpassungsproblem in der Physiologie der Gegenwart. Arch. sc. biol. **11** (Pawlow-Festschrift), 79. Petersburg 1904. — BRÜCKNER, A.: Schweiz. med. Wschr. **55**, 245 (1925).

mehr den Charakter zugelassener ("psychooptischer") Reflexe[1] als jenen direkt intendierter Einzelbewegungen besitzen, hat uns bereits bei der Analyse des assoziativen Komplexes der Näherung und Fernerung des Blickes die enge Verknüpfung von der Willkür unterworfenen Blickbewegungen und gewissen, der Willkür entzogenen motorischen Leistungen, speziell die Verknüpfung mit Orientierungsänderung durch "Extrarollung" beschäftigt. Wir fanden diese anscheinend auf ein unter den gegebenen Bedingungen nützliches Ziel — nämlich auf möglichste Koinzidenz von Längshoropterfläche und Beobachtungs- bzw. Arbeitsfläche — gerichtet, ohne daß dasselbe notwendigerweise erreicht werden müßte (vgl. S. 1051).

Die der Willkür entzogenen Anpassungsbewegungen erstreben entweder als "Fusionsbewegungen" die Verbringung der beiden Bilder des beachteten Objektes auf korrespondierende Stellen, also Verschmelzung der zweiäugigen Eindrücke bzw. binokulares Einfachsehen oder zielen als statische Lageänderungen darauf ab, die Normallage der optischen Hauptschnitte der Augen im Raume unter besonderen Außen- oder Innenbedingungen zu erhalten. Die adaptativen Leistungen der Augenmuskeln dienen eben dazu, die Augen in eine entsprechende tonische Gleichgewichtslage zu bringen und — im allgemeinen — durch längere Zeit in dieser Lage zu erhalten. Dieser der Willkür entzogene Zustandswechsel vollzieht sich auch weit langsamer als die willkürlichen Blickbewegungen, gar wenn letztere einen rein intendierten Charakter tragen wie beim "Suchen" mit den Augen oder Spähen. Die Korrektiv- und Fusionsbewegungen erweisen sich als Reflexe besonderer Art, insofern als erst durch die Aufmerksamkeit das Netzhautbild zum Reflexreiz gemacht wird[2]; die meisten Fusionsbewegungen sind ohne Fixierobjekt überhaupt nicht ausführbar[3].

Dem binokularen Einfachsehen dienen zwar bereits die der Willkür nicht entzogenen Augenbewegungen im Sinne von Näherung und Fernerung bei gleicher Lage der Blickebene; jedoch ist die willkürliche Fernerungsleistung gewöhnlich auf das Gebiet relativer Divergenz beschränkt, geht also nur bis zur Parallelstellung der Blicklinien. Darüber hinaus, nämlich zu absoluter Divergenz — bis von etwa 8°, ja 10° —, führt erst der Verschmelzungs- oder Fusionszwang identischer, optischer Eindrücke unter besonderen haplo-stereoskopischen Beobachtungsbedingungen (vgl. S. 1074). Ebenso wird im pathologischen Falle von Lage- bzw. Gleichgewichtsstörung des einen Auges im Sinne von Konvergenz (latentes Konvergentschielen) eine erhöhte, zum Akkomodationsgrade nicht passende Divergenzleistung zwecks binokularer Einstellung gefordert; bei Lage- bzw. Gleichgewichtsstörung im Sinne von Divergenz (latentes Divergentschielen) bedarf es umgekehrt einer überstarken Konvergenzleistung zwecks Korrektur — unter Verschiebung der Koppelung mit der Akkomodation. Bereits beim Normalen ist die Tendenz bei Blickhebung zur Divergenz, bei Senkung zur Konvergenz durch den Zwang des Binokularsehens überwindbar[4] (vgl. S. 1049).

---

[1] F. B. Hofmann: 1920—1925, spez. S. 299. Bereits H. Öhrwall (Skand. Arch. f. Physiol. [Leipzig u. Berlin] 27, 65, spez. S. 81 [1912]) hat betont, daß die gewöhnlichen Augenbewegungen hauptsächlich Reflexbewegungen sind.

[2] Die Bedeutung der Aufmerksamkeit für die Fusionsreflexe bzw. für die Korrektur der Heterophorie haben speziell betont: Panum, L.: 1858. — Hering, E.: 1868, 17. — Straub, M.: Rektoratsrede. Utrecht 1910. — Snellen jr., H.: Rektoratsrede. Utrecht 1915 — Nederl. Tijdschr. Geneesk. 68, 1110 (1924). — Heuven, J. A. van: Arch. néerl. Physiol. 11, 83 (1926).

[3] C. O. Roelofs [Arch. Augenheilk. 97, 229 (1926)], welcher sich allerdings gegen eine Sonderstellung der Fusionsbewegungen ausspricht, da auch die der Willkür unterworfenen Augenbewegungen auf einer Assoziation zwischen Augenbewegung und Einstellung der Aufmerksamkeit auf einen bestimmten Punkt im Raume beruhen.

[4] Kunz, L. u. J. Ohm: Graefes Arch. 89, 469 (1915).

b) Asymmetrien des okulomotorischen Apparates; Heterophorie[1].

Schon beim sog. Normalen ist nicht zu erwarten, daß die selbständig entwickelten okulomotorischen Apparate beider Seiten vollständig gleichmäßig oder symmetrisch seien, gar von vorn herein, also noch vor dem ausgleichenden Einfluß des gemeinsamen Funktionierens. Ebenso wie die Primärstellung der beiden Einzelaugen nicht notwendig parallel und rectangulär gerichtet sein muß (vgl. S. 1033, 1047), ebensowenig ist eine volle Gleichmäßigkeit der Ruhelage beider zu erwarten. Selbst nach jahrelangem Zusammenarbeiten sind in der Regel noch Unterschiede im okulomotorischen Apparat beider Augen nachweisbar, welche sich bei gewissen Beeinträchtigungen des Binokularsehens bzw. bei Minderung des Fusionszwanges — so beim Schläfrigwerden[2] oder bei mehr weniger weitgehender Abblendung des zweiten Auges — im Auftreten einer zweckwidrigen Abweichung der Stellung und Orientierung des einen Auges von der Kongruenz mit dem anderen verraten. Die sog. „Abblendungsstellung" erweist sich als mehr oder weniger verschieden von der „richtigen" Stellung. Die Minderung des Fusionszwanges wird durch mehr oder minder weitgehende Beeinträchtigung der gleichmäßigen Beanspruchung beider Augen — also durch charakteristische Änderung der Abbildungsverhältnisse[3] — herbeigeführt. Diesem Zwecke dient im Extremfalle lichtdichtes Abdecken des einen Auges[4], und zwar am einfachsten unter nachfolgender Kontrolle beim Wiederaufdecken (sog. Einstellbewegung), ferner bloß diffuse Belichtung dieses Auges („Verblendungsstellung") im Vergleich mit unbeeinträchtigter Zugänglichkeit, oder Darbieten eines rein unokularen Eindruckes, z. B. Lichtlinie eines MADDOXschen Stäbchens, oder Einschränken des gemeinsamen Gesichtsfeldes auf das

---

[1] STEVENS, G. T.: Arch. Augenheilk. **18**, 445; **21**, 325 (1888). — GRAEFE, A.: Graefes Arch. **35** (1), 137 (1889). — LANDOLT, E.: Ebenda **35** (3), 265 (1889). — VERHOFF, F. H.: Trans. amer. ophthalm. Soc. **1899** — Neudruck in Amer. J. physiol. Opt. **7**, 39 (1926). — BIELSCHOWSKY, A.: Münch. med. Wschr. **1903**, 1666 — 32. Vers. ophthalm. Ges. **1906**, 25 u. 39. Vers. **1913**, 56 — Zbl. Ophthalm. **4**, 161 (1920) — (mit A. LUDWIG): Graefes Arch. **62**, 400 (1906) — Graefe-Saemischs Handb. d. Augenheilk., 2. Aufl. 8 I, Kap. XI, Nachtr. 1 (1919/20) — (Methoden zur Untersuchung des Augenbewegungsapparates): Abderhaldens Handb. d. biol. Arbeitsmethoden, Abt. V, T. 6, H. 5, S. 756 (1925). — OHM, J. (mit farbenhaploskopischer Methode): Zbl. Augenheilk. **30**, 322 (1906); **31**, 201 (1907). — HESS, W. R. (mit farbenhaploskopischer Methode — auch zur Untersuchung und planimetrischen Charakteristik von Augenmuskellähmungen): Arch. Augenheilk. **62**, 233 (1908); **70**, 10 (1912) — (mit N. MESSERLE): Pflügers Arch. **210**, 708 (1925) — Klin. Mbl. Augenheilk. **75**, 289 (1925). — RABINOWITSCH: Ruhelage des Bulbus. Inaug.-Dissert. Berlin 1911. — MADDOX, E. E.: Ophthalmoscope **10**, 124 (1912) — Ophthalm. Rec. **24**, 223 — Arch. of Ophthalm. **49**, 229 (1920). — LEMPP, H.: Z. Augenheilk. **27**, 487 (1912) — Ruhelage des Bulbus. Inaug.-Dissert. Berlin 1912. — DOLMAN, P.: Amer. J. Ophthalm. **3**, 258 (1920). — WALTER, W.: Ebenda **19**, 201 (1920). — WEYMOUTH, F. W. (P. R. BRUST, F. H. GOBAR): Ophthalm. Rec., June 1916 — Amer. J. physiol. Opt. **6**, 184 (1925) (anglo-amerik. Literatur!). — FISCHER, M. H. (mit ausführlicher Literatur): Graefes Arch. **108**, 251 (1922). — AMES, A. (Zyklophorie): Amer. J. physiol. Opt. **7**, 3 (1926). — L. C. PETER: The extra-ocular musles. Philadelphia 1927. — G. LUSKINSKI: Russk. oftalm. Ž. **8**, 55, 451 (1928). — E. M. TALBOTT (Diagnose erst nach langdauerndem Verschluß eines Auges): Calif. Med. **30**, 100 (1929).

[2] Zuerst von HELMHOLTZ (Physiol. Optik, 1. Aufl. 476; 3. Aufl. **3**, 51) an sich selbst beobachtet, und zwar auf Grund des Auftretens von nach Breite, Höhe, aber auch Neigung differierenden Doppelbildern. Vgl. auch G. J. BULL: Ophthalm. Rev. **1900**, 61. — HOFMANN, F. B.: **1920—1925**, 391.

[3] TSCHERMAK, A.: Graefes Arch. **47** (3), 508 (1899); **55** (1), 1 (1902). — SCHLODTMANN, W. (unter A. TSCHERMAK): Ebenda **51**, 526 (1900). — FISCHER, M. H. (unter A. TSCHERMAK): Pflügers Arch. **188**, 161 (1921). — Analog wie Verschiedenheit der Abbildungsweise in beiden Augen kann Verschiedenheit der Zustandslage wirken: so kann bei Dunkeladaptation des einen und Helladaptation des anderen Auges ein deutlicher Strabismus divergens des letzteren auftreten [P. KRONENBERGER: Z. Sinnesphysiol. **57**, 355 (1926)] — vgl. S. 916.

[4] Vgl. speziell F. W. MARLOW: Brit. J. Ophthalm. **4**, 145 (1920).

Fixationszeichen (unter gleichzeitigem Kennzeichnen des beeinträchtigten Auges durch einen rein unokularen Eindruck), ja schon bloße farbige „Differenzierung" der Eindrücke beider Augen. Dementsprechend brauchen die an verschiedenartigen Vorrichtungen oder Phorometern gemachten Messungen des Heterophoriegrades durchaus nicht übereinstimmende Werte zu ergeben (ebenso wie die Messungen des Schielwinkels unter verschiedenen Bedingungen — vgl. S. 960). — Tatsächlich erweist sich die fakultative „Heterophorie" der Augen im Sinne einer gewissen Breitenabweichung (Exo- oder Esophorie), Höhendivergenz (Hyper- oder Hypophorie) und Ungleichmäßigkeit der Orientierung (positive oder negative Zyklophorie) geradezu als die Regel, der Idealfall von Orthophorie[1] hingegen als seltene Ausnahme (BIELSCHOWSKY, M. H. FISCHER, WEYMOUTH[2]) — gar wenn man die Untersuchung auch in recht verschiedenen Beobachtungsabständen oder Blicklagen vornimmt, wobei sich für die Leseentfernung (30 cm) in der Regel eine gewisse scheinbare Exophorie bzw. Konvergenzinsuffizienz ergibt (vgl. S. 1066 — DUANE, WEYMOUTH, W. R. HESS, SHEARD).

Jene nicht als pathologischer Zustand, sondern als reguläre Unvollkommenheit des okulomotorischen Apparates zu bezeichnende Ungleichmäßigkeit, wie sie sich in Form einer nach Breite, Höhe, Orientierung inkongruenter Abblendungs- oder Verblendungsstellung äußert, ist ganz vorwiegend, aber doch nicht durchweg und vollkommen alternierend, auch nicht streng symmetrisch, manchmal sogar stark verschieden, je nachdem mit dem rechten oder mit dem linken Auge fixiert wird (M. H. FISCHER). Die Heterophorie läßt sich durch Verzeichnung der Stellung, welche — bei Fixation mit dem einen in Primärstellung oder in relative Ruhelage (s. S. 1032) gebrachten Auge — das andere Auge unter ganz bestimmten Beobachtungsbedingungen (speziell Abbildungsverhältnisse, auch Beobachtungsabstand[3] sowie Expositionsdauer!) einnimmt, zahlenmäßig charakterisieren. Sie zeigt — ähnlich wie dies, wenn auch in weit geringerem Grade, von der Orientierung des fixierenden Auges selbst gilt — eine ausgesprochene zeitliche Variation unter dem Einfluß des Nervensystems, speziell in Form von „Weckungsstellung" bei Mitbelichtung[4] oder von „adaptativer Abwendungssteigerung" bei Doppeltsehen: es sind also recht verschiedene „Abblendungsstellungen" beim gleichen Beobachter möglich (M. H. FISCHER[5]). Auch erweist sich der Grad und selbst die Richtung der Hetero-

---

[1] Diese sei definiert als ein Zustand des Augenmuskelapparates, in welchem bei Fernsehen und Ausschluß aller Fusionsfaktoren die Blicklinien parallel und geradeaus gerichtet sind und die Orientierung beider Netzhäute spiegelbildlich gleich ist [vgl. dazu speziell A. BIELSCHOWSKY (mit A. LUDWIG): Graefes Arch. 62, 400 (1906) — 32. Vers. dtsch. ophthalmol. Ges. 1906, 25].

[2] BIELSCHOWSKY, A. (mit A. LUDWIG): Graefes Arch. 62, 400 (1906). — 39. Vers. ophthalm. Ges. 1913, 56 — Zbl. Ophthalm. 4, 161, spez. 166, 191 (1920). — LEMPP, H.: Inaug.-Dissert. Berlin 1912. — FISCHER, M. H. (unter A. Tschermak, mit ausführlicher Literatur betr. Heterophorie): Graefes Arch. 108, 251 (1922). — HESS, W. R.: Klin. Mbl. Augenheilk. 75, 289 (1925) — vgl. auch Z. Augenheilk. 35, 201 (1916). — SHEARD, CH.: Amer. J. physiol. Opt. 6, 580 (1925). — THOMSON, E.: Brit. J. Ophthalm. 9, 109 (1925). — WOODRUFF, F. E. (Hyperphorie bei Nahearbeit): Trans. amer. ophthalm. Soc. 29, 234 (1926).

[3] Vgl. speziell S. THEOBALD: Bull. Hopkins Hosp., Jan. 1905, 10.

[4] Über den Einfluß der Belichtung der Netzhäute auf den Tonus der Augenmuskeln („Helligkeitstonus") vgl. J. OHM: Z. Augenheilk. 43, 249 (1920) und M. BARTELS: Graefes Arch. 101, 299 (1920); umgekehrt über den Einfluß langdauernden Lichtabschlusses des einen Auges siehe F. W. MARLOW: Amer. J. Ophthalm. 4, 238 (1921). Vgl. S. 856, 1043.

[5] Mit Recht betont M. H. FISCHER — ebenso wie es speziell TSCHERMAK [Graefes Arch. 47 (3), 508 (1899)] und SCHLODTMANN [ebenda 51, 256 (1900)] betreffs der Schielstellung getan haben —, daß alle Zahlenangaben über Quantität, aber auch Qualität der Abblendungsstellung nur Gültigkeit haben für den Zeitpunkt der Untersuchung und die gerade dabei gegebenen äußeren wie inneren Bedingungen.

phorie als different in den verschiedenen Gebieten des Blickfeldes. Um die mittlere „systematische" Abweichung herum besteht eine Streuung, welche bei peripheren Blicklagen zunimmt (W. Hess). Nur nebenbei sei bemerkt, daß der pathologische Zustand des konkomitierenden Schielens eigentlich nur eine Heterophorie darstellt, welche bereits unter den Verhältnissen des gewöhnlichen Sehens hervortritt, also nicht oder nicht vollkommen und dauernd korrigiert wird. Es genüge zu betonen, daß die Schielstellung eine ebensolche Abhängigkeit von den jeweiligen Abbildungsverhältnissen (Beschattung, diffuse oder lokale Mitbelichtung, mehr oder weniger weitgehende Sonderung der unokularen Gesichtsfelder, farbige Differenzierung) und ein ebensolches endogenes Variieren aufweist wie die fakultative Heterophorie beim Normalen (Tschermak, Schlodtmann). Auch daran sei erinnert, daß die Änderungen der Schielstellung (bei Strabismus alternans) auf Änderungen der *binokularen* Innervation beruhen, wie die Mitveränderung der Orientierung des führenden Auges beweist (vgl. S. 960).

Die fakultative Heterophorie bei Normalen weist klar auf eine Inkongruenz der Ruhelage beider Augen hin. Der letztere Begriff wurde bereits oben erörtert (S. 1032). Als funktionelle oder dynamische Ruhelage mit gleichmäßiger minimaler Tonusverteilung wurde ebendort die den Kriterien des subjektiven „Geradevorne" und „Gleichhoch" entsprechende Blicklage herausgehoben und von „Primärstellung" unterschieden. Unter welchen Bedingungen — bei Fixieren des einen Auges in solcher Lage — das andere Auge gerade jene Abblendungsstellung einnimmt, welche gleichfalls der dynamischen Ruhelage entspricht, bedarf erst genauerer Untersuchung; keinesfalls darf eine Abblendungsstellung (angesichts ihres vielfältigen Variierens) schlechtweg als „Ruhelage" bezeichnet werden.

Nebenbei sei bemerkt, daß ebenso wie bei den verschiedensten sensorischen Beeinträchtigungen des Fusionszwanges bzw. des Binokularsehens an Zahl, Deutlichkeit, Färbung der Eindrücke beider Augen, auch bei jeder Schädigung des motorischen Apparates bzw. der Fusionsleistung — so bei Augenmuskellähmungen — eine präexistente Heterophorie hervortreten und die Ausfallserscheinungen an sich komplizieren kann. Dieser Umstand erschwert es, aus dem Verhalten bei Lähmung auf die physiologischen Drehkomponenten eines Augenmuskels zu schließen (vgl. S. 1010, 1020 Anm. 2).

c) Korrektivbewegungen.

Ebenso wie bereits die Primärstellung des einzelnen Auges entspricht — selbst bei Fixieren des einen Auges in „dynamischer Ruhelage" bzw. in gleichmäßiger Tonusverteilung — *die kongruente Einstellung des zweiten Auges nicht* einer absoluten Ruhelage oder auch nur einer gleichmäßigen Tonusverteilung.

Die Ungleichheit der beiden Hälften des okulomotorischen Apparates *erfordert* vielmehr eine *ungleichmäßige Tonusverteilung* und als Übergang dazu besondere sog. Anpassungs- oder *Korrektivbewegungen*. Diese physiologischen Ausgleichsbewegungen und nachdauernden Stellungsänderungen werden vom Fusionszwange, also im Interesse des binokularen Einfachsehens ausgelöst und führen unter den natürlichen Verhältnissen des gewöhnlichen Sehens tatsächlich zum Ziele kongruenter Einstellung, d. h. zur Herstellung eines gemeinsamen binokularen Blickpunktes und symmetrischer Orientierung beider Augen. So zeigen (nach M. H. Fischer) Normale eine spontane Korrektion bei Abblendungsabweichungen des einen Auges bis über 4° in der Breite (Exophorie, d. h. im Sinne von Divergenz — Esophorie, d. h. im Sinne von überstarker Konvergenz), bis etwa 2° in der Höhe (positive, d. h. Hyperphorie des R.A., Hypophorie des L.A. — negative, d. h. Hypophorie des R. A., Hyperphorie des L. A.),

bis etwa 4° im Sinne von Rollung (positive, d. h. Auswärtsrollung des R.A. oder
des L.A. — negative, d. h. Einwärtsrollung des R.A. oder des L.A.).

Korrektive Vertikal- und Rollungssynergie. Zur Erklärung der Korrektivbewegungen nach der Breite reichen die
der Willkür unterstehenden binokularen
Synergien im Sinne von Konvergenz und
von bis zur Parallelstellung als Grenze
führender Divergenz sowie von Seitenwendung vollständig aus. Hingegen läßt
die Korrektur einer bei Abblendung
hervortretenden Vertikaldivergenz oder
Rollungsabweichung bzw. Zyklophorie
(ebenso die künstliche Hervorrufung solcher Inkongruenzen unter Fusionszwang,
s. S. 1074) schließen auf binokulare, nicht
der Willkür unterworfene *Synergien* besonderer Art. Als solche lassen sich aufstellen [?] (vgl. Abb. 329, auch das Schema
Abb. 322 S. 1048):

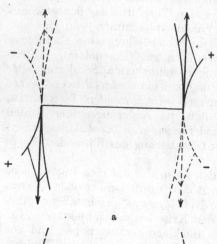

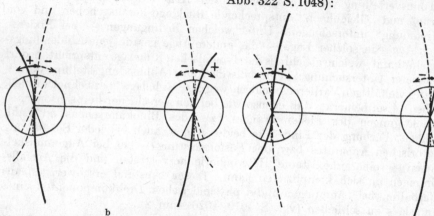

Abb. 329 a, b u. c. Schema der unwillkürlichen Synergien: a) Spurlinienschema der beiden Blicklinien bei gegen-
sinniger Vertikalbewegung, und zwar bei positiver (ausgezogene Linien), bei negativer (gestrichelte Linien);
b) Spurlinienschema bei gegensinniger Rollungssynergie (unter gleichzeitiger Darstellung der Orientierung des
Auges bei Ansicht von hinten), und zwar bei Disklination (ausgezogene Linien), bei Konklination (gestrichelte
Linien); c) Spurlinienschema bei gleichsinniger Rollungssynergie (unter gleichzeitiger Darstellung der
Orientierung der Augen bei Ansicht von hinten), und zwar Dextroklination: ausgezogene Linien (speziell auftretend bei Linksneigung des Kopfes bzw. Körpers), Lävoklination: gestrichelte Linien (speziell auftretend
bei Rechtsneigung des Kopfes bzw. Körpers).

a) gegensinnig-gleichmäßige Vertikalsynergie oder Vertikaldivergenz, und
zwar positive (Hebung des R.A., Senkung des L.A.) und negative (nach HERING[1]);

b) gegensinnig-gleichmäßige Rollungssynergie, und zwar Auswärtsrollung,
Disklination, positive Rollungsabweichung und Einwärtsrollung, Konklination
(nach DUANE), negative Rollungsabweichung (nach M. H. FISCHER);

c) gleichsinnig-gleichmäßige Rollungssynergie, und zwar rechtsläufige
(Dextroklination) und linksläufige (Lävoklination nach DUANE).

Die Berechtigung dieser Aufstellung ergibt sich aus dem Nachweis, daß
sich Vertikaldivergenz sowie gegensinnige Rollung frei und unabhängig mit-

---

[1] Für eine besondere Innervationsanlage für Vertikaldivergenz ist speziell R. A. RED-
DINGIUS eingetreten, welcher die positive Abweichung als „vertikale Konvergenz", die
negative als „vertikale Divergenz" bezeichnet. [Das sensumotor. Sehwerkzeug. Leipzig
1898, spez. S. 65 — Z. Psychol. u. Physiol. 21, 417 (1899)].

einander kombinieren und auch gleichsinnige Rollungen sich als Fusionsbewegungen erzwingen lassen (vgl. S. 1043, 1075).

Bezüglich der Grundlagen der unserer Willkür entzogenen Synergien sei
— ebenso wie dies bereits oben (S. 1049) für jene Synergien geschah, die unserem
Willen unterworfen sind — hier keinerlei Hypothese entwickelt; es mag genügen, ihren tatsächlichen Bestand zu vertreten.

Es wird somit zunächst an der allgemeinen Voraussetzung gleichzeitiger
und gleichmäßiger Beanspruchung beider Augen festgehalten und die Stellungsänderung des einen Auges nicht auf eine wirklich einseitige Beanspruchung
zurückgeführt, sondern auf zwei binokulare Bewegungsanteile, welche sich
algebraisch summieren, also am unbeeinträchtigt fixierenden oder führenden
Auge einander das Gleichgewicht halten, am anderen hingegen sich addieren.
So wird die Korrektur einer Exophorie (Esophorie) bezogen auf zwei binokulare
Akte, nämlich auf algebraische Summierung von binokularer Wendung nach
dem führenden Auge hin (von diesem weg) um den halben Betrag und von Konvergenz (Divergenz) wieder um den halben Betrag (vgl. S. 1049). Ebenso wird die
Korrektur einer negativen Höhenabweichung bzw. Hyperphorie des L.A. gleichfalls
auf zwei binokulare Akte bezogen, nämlich auf die algebraische Summierung von
positiver Vertikaldivergenz von halbem Betrag und von beiderseitiger Senkung
wieder um den halben Betrag. — Zur Korrektur einer positiven Zyklophorie
sind — soll das führende Auge seine Orientierung beibehalten — wieder zwei
binokulare Leistungen erforderlich — nämlich die algebraische Summierung
von gegensinniger Rollung, und zwar negativer oder Einwärtsrollung beider
Augen um den halben Betrag und von gleichsinniger Rollung, und zwar gegen
das führende Auge hin wieder um den halben Betrag. Zur bloßen gleichmäßigen
Verteilung der Rollungsabweichung auf beide Augen (nicht aber zur Herstellung
der optimalen Längshoropterform) würde die letztere Leistung allein genügen.
Jedenfalls kommt bei der Korrektur von Zyklophorie nicht bloß die Synergie
gegensinniger Rollung (und zwar positiver oder negativer) in Frage, sondern
auch, ja eventuell allein die Synergie gleichsinniger Rollung. Die Verknüpfung der Synergie gegensinniger Auswärtsrollung oder Disklination mit der
Konvergenz im assoziativen Komplex der Näherung-Fernerung wurde bereits
oben behandelt (vgl. S. 856, 1029, 1050, 1063).

Als Einzelglieder dieser korrektiven Synergien kommen wieder wie bei den
der Willkür unterworfenen Synergien (vgl. S. 1048) nur die bereits für jedes Einzelauge festgestellten Motoren in Betracht — also für die kombinierten Lateral-
und Distanzkorrekturen die beiden Rect. laterales beider Augen, für gegensinnige
Vertikalsynergie das Heberpaar des einen und das Senkerpaar des anderen
Auges, für gegensinnige Rollungssynergie das Paar der (positiven) Auswärtsroller (R.i. + O.i.) bzw. der (negativen) Einwärtsroller (R.s. + O.s.) beiderseits,
für gleichsinnige Rollungssynergie das Paar der (positiven) Auswärtsroller
(R.i. + O.i.) der einen und das Paar der (negativen) Einwärtsroller (R.s. + O.s.)
der anderen Seite. In keinem Falle hebt etwa die Binokularsynergie einen einzelnen der Paarlinge aus der Koppelung heraus.

Nach dem Gesagten besitzen die der Willkür entzogenen, reinen Reflexcharakter tragenden Synergien die hohe biologische Bedeutung, die naturgemäß
bestehenden, sozusagen unvermeidlichen Ungleichheiten (Heterophorien) im
okulomotorischen Apparate beiderseits zu korrigieren und durch eine sekundäre Präzisionsregulierung[1] eine Stigmatik oder Kongruenz in der Einstellung,

---

[1] Vgl. speziell A. TSCHERMAK: Physiol. u. pathol. Anpassung des Auges. Leipzig 1900.
— FLESCH, J.: Mschr. Psychiatr. 45, 300 (1919). — FISCHER, M. H. (unter A. TSCHERMAK):
Graefes Arch. 108, 251 (1922). — HESS, W. R.: Klin. Mbl. Augenheilk. 75, 289 (1925).

Orientierung und Bewegung des Doppelauges zustande zu bringen, durch welche erst die Auswertung der Veranlagung zu binokularem haplo-stereoskopischen Sehen ermöglicht wird. Dabei mag die zunächst durch ungleichmäßige Verteilung des Tonus erreichte Korrektur allmählich durch eine anpassungsmäßige Änderung der Muskellänge mehr oder weniger festgelegt werden, so daß mehr oder weniger eine wahre Angleichung der „Grundstellung" beider Augen resultiert (Tschermak).

d) Künstlich erzwungene Fusionsbewegungen bzw. Fusionseinstellungen[1].

Im Interesse des binokularen Sehens können analoge Veränderungen der Tonusverteilung, wie sie durch die physiologischen Korrektivbewegungen zustande gebracht werden, auch künstlich ausgelöst werden durch unnatürliche Verteilung der Fusionsreize bei Verwendung haplo-stereoskopischer Einrichtungen, und zwar bei höhen- oder neigungsverschiedenem Einstellen beider Bilder (speziell solcher mit vorwiegend horizontalen Konturen) oder bei Vorsetzen eines Prismas mit vertikaler oder horizontaler Kante oder von zwei gegeneinander drehbaren Prismen vor das eine Auge. Durch Anpassung an die künstlich geänderten Abbildungsverhältnisse gewinnen die Augen eine zwar inkongruente, aber gerade entsprechend anomale Lage, so daß wieder binokulares Einfachsehen erreicht wird. Es handelt sich dabei um psycho-optische Reflexe (F. B. Hofmann[2]), welche zwar von der Aufmerksamkeit abhängen, jedoch willkürlich weder eingeleitet noch aufgehalten[3] werden können. — Durch künstliche Bedingungen der angegebenen Art kann man eine spontane Heterophorie das eine Mal gerade ausgleichen, das andere Mal steigern, aber auch dem Sinne nach verkehren, ebenso aus einer spontanen Orthophorie eine Heterophorie machen. Die innerhalb einer gewissen „Fusionsbreite" künstlich erzwungenen Fusionsbewegungen sind den unter den gewöhnlichen Bedingungen eintretenden Korrektivbewegungen durchaus analog und natürlich leichter verfolgbar. So lassen sich Divergenzen der Blicklinien bis zu 8° (Helmholtz, Donders, Rollett) oder 4° 36' bis 5° 5' (Hofmann und Bielschowsky[4]), bei stark gehobener Blickebene[5] sogar bis 10° (H. Meyer, Hering) erzwingen, ebenso Höhendifferenzen der Bilder beider Augen bis 8° 11' (Donders) bzw. 6° 48' (Herzau), Orientierungsdifferenzen bis 10° oder 7° (Nagel d. Ae., Helmholtz, Hering), ja bis 16° (Hofmann und Bielschowsky) bzw. 4,1° im Sinne von Konklination, 11,6° im Sinne von Disklination (Ames), ja 13° Konklination, 14° Disklination (Herzau[6]) bzw. 10° Konklination, 5° Disklination (Noji[7]), überwinden, also entsprechende Vertikaldifferenzen und gegensinnige Rollungen nach innen oder außen aufbringen. Die letzteren werden erreicht infolge der Tendenz angenähert lotrechte Linien auf den Längsmittelschnitten, besonders aber angenähert waagerechte Linie auf den Quermittelschnitten zur Abbildung zu bringen; jedoch erfolgt gleichzeitig eine anpassungsweise Änderung der absoluten Lokalisation,

---

[1] Vgl. speziell F. B. Hofmann u. A. Bielschowsky: Pflügers Arch. 80, 1 (1900). — Hofmann, F. B.: Erg. Physiol. 2 (2), 799 (1903); 5, 599 (1906); 1920—1925, spez. S. 312. — A. Bielschowsky: Graefe-Saemischs Handb. d. Augenheilk., 2. Aufl. 9. Kap., S. 122 (1907) — J. H. Knapp: Ophth. Rev. 1902, 391. — Fuss, G.: Graefes Arch. 109, 428 (1922). — Ames jr., A.: Amer. J. physiol. Opt. 7, 3 (1926). — W. Herzau (unter A. Tschermak): Graefes Arch. 122, 59 (1929). — R. Noji (unter A. Tschermak): ebenda 122, 562 (1929).
[2] Hofmann, F. B.: 1920—1925, 312ff.
[3] Vgl. allerdings S. 1094 Anm. 1.
[4] Hofmann, F. B. u. A. Bielschowsky: Pflügers Arch. 80, 1 (1900) — im Anschlusse an die älteren Untersuchungen von Donders, Helmholtz, A. v. Graefe, A. Nagel, Hering, Schneller, Simon. Betr. Rollungsfusion s. auch J. H. Knapp: Ophthalm. Rec. 1902, 391.
[5] Vgl. dazu auch W. Schmiedt: Graefes Arch. 39 (4), 233 (1893).
[6] W. Herzau (unter A. Tschermak): Graefes Arch. 122, 59 (1929).
[7] R. Noji (unter A. Tschermak): Graefes Arch. 122, 562 (1929).

indem nun nicht mehr die auf primär funktionellen Querschnitten, sondern dazu geneigt abgebildeten Konturen horizontal erscheinen (vgl. oben S. 872). Auch gleichsinnige Rollungen bis zu 7° oder 8° und zwar beiderseits gleichstark lassen sich rein optisch durch geeignete Versuchsanordnung (Kombinierung eines [im allgemeinen] unokularen Nachbildes und drehbarer Testkonturen — Nachbild-Deckmethode nach TSCHERMAK) erzwingen und zwar bis zu einem Ausmaße, wie es bei sichtlicher Neigung des Kopfes, somit als gravizeptorisch-propriozeptorischer Reflex, von 60° erreicht wird (NOJI). (Auch hiebei erfolgt eine Änderung der absoluten Lokalisation bzw. eine Umwertung des vertikalempfindenden Meridians — vgl. S. 872.) Damit erscheint die Berechtigung der oben (S. 1072) gemachten Annahme einer gleichsinnig-gleichmäßiger Rollungssynergie, also Korrektionsmittel von Zyklophorie sicher erwiesen.

Durchweg verteilt sich die Fusionsbewegung symmetrisch auf beide Augen, und zwar auch dann, wenn der Anlaß (Vorsetzen eines Prismas, Verlagerung des einen Haploskopbildes) bloß einseitig gegeben ist (HELMHOLTZ, NAGEL, HOFMANN und BIELSCHOWSKY, HEGNER, HERZAU, NOJI). Für die Fusionsrollung ist dies direkt erweisbar, für die Fusionsvertikaldivergenz sehr wahrscheinlich zu machen. — Die einzelnen Fusion vermittelnden Synergien erweisen sich als prinzipiell selbständig und unabhängig von einander: so kann sich jeder überhaupt mögliche Betrag von gegensinniger Rollung, sei es Konklination oder Disklination, auf jeden Betrag von Vertikaldivergenz draufsetzen. Die Kombinierbarkeit ist frei, bei Zwangslage eben so gut wie bei Primärstellung (HERZAU). Vertikalkooperation und Rollungskooperation der Vertikalmotoren erweisen sich eben als selbständige Leistungen am Doppelauge wie am Einzelauge (vgl. oben S. 1041 ff.). Bei allen künstlich erzwungenen Fusionsbewegungen handelt es sich nur um eine künstliche Inanspruchnahme bereits in der Norm vorhandener und wirksamer Einrichtungen von hoher biologischer Bedeutung, nämlich der oben geschilderten binokularen Synergien im Sinne von Höhendivergenz oder von gegensinniger wie gleichsinniger Rollung. Bezüglich der Lateralsynergie ist der Begriff „Fusionsbewegung" auf die Änderung der Konvergenz bei gleichbleibender Akkomodation zu beschränken und von der Akkomodationskonvergenzbewegung bei gewöhnlicher Änderung der Distanzlage des Blickpunktes zu trennen (FUSS[1]).

Bei allen eigentlichen Fusionsbewegungen ist charakteristisch die relative Langsamkeit des Eintretens der adaptativen Stellungsänderung, wobei längere Übung den Verlauf etwas beschleunigt, kaum aber den relativ beschränkten Umfang, die sog. Fusionsbreite, vergrößert[2], ebenso die längere Nachdauer der durch den Fusionszwang reflektorisch hervorgerufenen Ausgleichsinnervation bzw. entsprechender Verkürzungsrückstände oder „Reste" nach Beseitigung des optischen Anlasses (HERING[3], HOFMANN und BIELSCHOWSKY, HERZAU, NOJI). Dabei nimmt die Lateraldivergenz insofern eine Sonderstellung ein, als sie weit rascher eintritt oder ohne Nachdauer abläuft, auch jederzeit durch den Willen gemindert werden kann; sie ist ja nur die Fortsetzung der der Willkür unterworfenen Bewegung im Sinne von Konvergenzminderung oder relativer Divergenz. — Die Dauer der anderen Fusionsbewegungen beträgt 1—6", im Mittel 2,375" — unter starker Abhängigkeit von Individualität, Aufmerksamkeit,

---

[1] FUSS, G.: Akkommodations- und Konvergenzbreite. Inaug.-Dissert. Marburg 1920 —. Graefes Arch. **109**, 428 (1922); vgl. auch F. B. HOFMANN: **1920—1925**, 318.
[2] Einen diesbezüglichen Einfluß der Übung gibt allerdings C. A. HEGNER an (Höhenfehler im Blickfeld. Habilit.-Schr. Jena 1912). Bei rasch aufeinanderfolgenden Einzelversuchen täuscht der Innervationsrückstand eine solche Wirkung vor.
[3] HERING, E.: **1868**, 17ff. — Graefes Arch. **15** (1), 1 (1869) — **1879**, 504ff.

Ermüdung sowie toxischer Beeinflussung[1]. Beispielsweise seien die Mittel-werte für Überwindung von Prismen angeführt: bei Basis nasal $2°371\,\sigma$ und $8,5°2244\,\sigma$, Basis temporal $2°831\,\sigma$ und $7°1683\,\sigma$, Basis kinnwärts $2°1126\,\sigma$ und $3°2804\,\sigma$, Basis stirnwärts $2°2278\,\sigma$ und $3°3626\,\sigma$ [2]. — Der Umfang der tatsächlich erreichten Fusionsbewegung bleibt (entsprechend der Auswertung des Panumschen Empfindungskreises — vgl. S. 894) immer etwas hinter jenem der Verschiebung oder Verdrehung der gebotenen Objekte zurück; er ist also genau genommen nur unter Abzug der dem Panumschen Empfindungs-kreises jeweils entsprechenden Werte meßbar[3]. — Daß umgekehrt der Fusions-zwang das Hinzutreten der sonst das Nahesehen begleitenden Extrarollung ver-hindern kann, wurde bereits oben (S. 1044) erwähnt.

e) Statische Lageänderungen der Augen.

Bei Neigungen des Kopfes bzw. des Körpers löst der Schwerkraftreiz als „tonische" Dauerreflexe der Lage oder induzierte Tonuswirkungen statische Lageänderungen der Augen aus, welche bei Tieren mit lateraler Anordnung der Augen wesentlich in einer Vertikaldivergenz, und zwar Senkung des auf-wärts gerichteten Auges, Hebung des abwärts gerichteten, bei Lebewesen mit frontaler Anordnung wesentlich in einer gleichsinnigen Gegenrollung beider Augen auf seitliche Neigung hin bestehen (vgl. Abb. 330). Die statischen Lage-änderungen der Augen zielen ab auf die Erhaltung der Normallage der optischen Hauptschnitte im Raume, und zwar auf angenähertes Lotrechtbleiben der Längsmittelschnitte, Wagerechtbleiben der Quermittelschnitte — unter bloßer Parallelverschiebung derselben. Diese Effekte sind zwar dem Ausmaß nach unzulänglich, jedoch wenigstens dem Sinne nach kompensatorisch bzw. an-passungsmäßig und diesbezüglich den der Willkür entzogenen Fusionsbewe-gungen analog.

Die Auslösung „tonischer" Lagereflexe der Augen erfolgt durch Vermitt-lung geeigneter Gravi(re)ceptoren, welche jedenfalls im Labyrinth[4], und zwar in einer dem Otolithenapparate der Tiere analog funktionierenden Einrichtung zu suchen sind (vgl. S. 873). Die statischen Augenreflexe werden bei den daraufhin untersuchten Tieren vielfach als ausschließlich durch labyrin-thäre Graviceptoren vermittelt betrachtet (Breuer, J. Loeb, W. A. Nagel, D. J. Lee, Benjamins u. a.); keinesfalls ist die Gegenrollung der Augen einfach mit der Kopfneigung an sich assoziiert (wie Donders annahm). Schon

---

[1] Schmidt-Rimpler, H.: Graefes Arch. **26** (1), 115 (1880). — Guillery, H.: Pflügers Arch. **79**, 597 (1900). — Snellen, H. jr.: Nederl. Tijdschr. Geneesk. **70** (2), 1595 (1926).

[2] Heuven, J. A. van: Arch. néerl. Physiol. **11**, 83 (1926).

[3] Vgl. die bezüglichen Differenzen bei F. B. Hofmann nnd A. Bielschowsky: Pflügers Arch. **80**, 1, 1900; ferner W. Herzau (unter A. Tschermak): Graefes Arch. **122**, 59 (1929).

[4] Gleichgeartete Deviationen der Augen lassen sich auch durch künstliche Reizung der ganzen Vestibularleitung, d. h. des Labyrinthes, des Stammes des N. vestibularis wie des ganzen Vestibularendkernlagers im verlängerten Marke hervorrufen. Vgl. u. a. St. Högyes: Über den Nervenmechanismus der assoziierten Augenbewegungen. Mitt. ungar. Akad. Wiss., Math.-physik. Kl. **10**, Nr 18, 32 (1880); **11**, Nr 1 (1881); vgl. auch Anzeiger 1899. Dtsch. Übers. von M. Sugar in Mschr. Ohrenheilk. **46**, 681 (1912), auch sep. Wien 1913. — Stein, St. v.: Die Lehre von den Funktionen der einzelnen Teile des Ohrlabyrinthes. Jena 1894 — Zbl. Physiol. **1900**, 222. — Kubo, J.: Pflügers Arch. **114**, 143 (1906); **115**, 457 (1906). — Biehl, C. (mit A. Tschermak): Obersteiners Arb. **14**, 1 (1906) (Literatur!). — Cyon, E. v.: Ohrlabyrinth. Berlin 1908. — Magnus, R.: Körperstellung. Berlin 1924. — Bartels, M.: Graefes Arch. **118**, 270 (1927). — A. Thornval: Exp. Untersuchungen über die Funktion des Bogengang- und Otolithenapparates. 3 Teile. Kopenhagen 1926—27. — R. Lorento de Nó: Unters. über die Anat. u. Physiol. d. N. octavus und des Ohrlaby-rinths. 4 Teile. 1925—28 (zitiert S. 873, Anm. 4).

beim Kaninchen[1], noch mehr beim Menschen ist jedoch eine extralabyrinthäre Nebenkomponente, speziell vermittelt durch Proprioceptoren des Halses bzw. der Halswirbelsäule, zu erschließen (vgl. S. 1079). Dementsprechend wurden bei einer Anzahl von als labyrinthlos betrachteten Taubstummen, in Fällen mit einseitig zerstörtem Labyrinth sowie bei Schwindelkranken noch Gegenrollungen gewissen Grades beobachtet[2]. Da ebensolche — allerdings erst bei 10—20° Seitenneigung beginnend und selbst bei 60° Neigung nur 4—6° ausmachend — auch bei anscheinender Lähmung aller Augenmuskeln eintraten, wurde auf eine mechanische Komponente (d. h. Folgewirkung von Tieferliegen des Schwerpunktes gegenüber dem Drehpunkt der Augen) neben der oder den reflektorischen Komponenten geschlossen[3]. Soweit es sich um wahre Reflexe

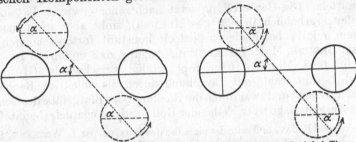

Abb. 330. Schema der statischen Lageänderung der Augen (in idealem Ausmaß!) *A* bei Tieren mit lateraler Anordnung der Augen: Vertikaldivergenz; *B* bei Tieren mit frontaler Anordnung der Augen, sowie beim Menschen: Gegenrollung.

bzw. um induzierte Tonuswirkungen handelt, ergibt sich eben, daß dieselbe spezifische Reaktionsweise von verschiedenen Gebieten her — speziell von labyrinthären wie extralabyrinthären Graviceptoren, aber auch von Proprioceptoren des kinästhetischen Apparates her, in erster Linie von der Halswirbelsäule her — ausgelöst werden kann.

[1] So findet A. DE KLEIJN [Arch. néerl. Physiol. **7**, 138 (1922)], daß bei diesem Tiere erst das Zusammenwirken von Labyrinth- und Halsreflexen zu den normalen kompensatorischen Augenstellungen führt.

[2] So hat R. BÁRÁNY [Z. Augenheilk. **15**, 90 (1906) — Arch. Ohrenheilk. **68**, 1 (1906)] bei der 1. Gruppe für 60° Kopfneigung eine Gegenrollung von +1 bis +9°, bei der 2. eine solche von 0 bis +11°, bei der 3. eine solche von —4 bis +25° gegenüber +4 bis +16°, im Mittel +10,25° bei Normalen beobachtet, während er später [Acta oto-laryng. (Stockh.) **8**, 25 (1925)] bei Taubstummen ohne Labyrinth eine Gegenrollung völlig vermißte. Ersteres hat für Taubstumme bereits H. FEILCHENFELD angegeben [Graefes Arch. **53**, 401 (1902)], ebenso später S. M. KOMPANEJETZ [bei 60° Kopfneigung +2 bis +3° Gegenrollung — Arch. Ohr- usw. Heilk. **112**, 1, spez. 9 (1924) — Acta oto-laryng. (Stockh.) **7**, 323 (1925); **12**, 332 (1928) — Z. Hals- usw. Heilk. **19**, 231 (1927)], während dieser in früheren Beobachtungen [ebenso wieder Mschr. Ohrenheilk. **61**, 795 (1927)] gleich VAN DER HOEVE (Arch. of Otol. **32**, 571 [1923]), sowie C. E. BENJAMINS und J. H. NIENHUIS (Arch. Ohr- usw. Heilk. **116**, 241 [1927]) eine solche völlig vermißt hatte. (Die Angabe von G. BIKELES u. E. RUTTIN [Neurol. Zbl. **34**, 807 (1915)] über das Bestehen kompensatorischer Augenbewegungen auch bei Labyrinthlosen betrifft die Gegenrollung nicht.) — M. H. FISCHER [Erg. Physiol. **27**, 1, spez. S. 284 (1929) — Graefes Arch. **1929—30**] beobachtete bei einem labyrinthlosen Taubstummen gegensinnige Rollung bei Kopfneigung sowie gleichsinnige bei Stammesknickung, (fast) nicht aber bei Neigung des Gesamtkörpers, also Fortbestehen der extralabyrinthären, speziell proprioceptiven Komponente bei Wegfall der labyrinthär-graviceptorischen — ferner bei einem einseitig Labyrinthlosen gleichsinnige Rollung bei Neigung des Gesamtkörpers sowie bei Stammesknickung. Vgl. auch R. LORENTE DE NÓ: Die Labyrinthreflexe auf die Augenmuskeln nach einseitiger Labyrinthexstirpation. Berlin-Wien 1928.

[3] KOMPANEJETZ, S. M.: Zitiert Anm. 2. Doch ist es — zumal angesichts der sehr plausiblen Angabe von KOEPPE, daß Schwerpunkt und Drehpunkt des Auges sehr angenähert zusammenfallen (vgl. S. 1003 Anm. 3) — m. E. wahrscheinlicher, anzunehmen, daß in den Beobachtungsfällen von K. zwar die Leitungen für Vertikal- und Horizontalsynergie, nicht aber jene für Rollungssynergie völlig ausgeschaltet waren, so daß erst von 10 oder 20° Seitenneigung angefangen eine bis 4 oder 6° anwachsende Gegenrollung eintrat.

Die statischen Lageänderungen der Augen werden durch die bereits als Fusionsmittel betrachteten unwillkürlichen Vertikal- und Rollungssynergien bewerkstelligt — natürlich ohne jemals einen einzelnen der Paarlinge aus der Koppelung herauszuheben. Allerdings sind Regulationen solcher Art beim Menschen (nicht so bei Tieren) nur in verhältnismäßig engen Grenzen möglich; auch bleiben sie immer unvollständig. Beim Menschen kommt übrigens, entsprechend der frontalen Anordnung seiner Augen, hier eigentlich nur die *gleichsinnige Gegenrollung* beider Augen bei seitlicher Neigung des Kopfes (entdeckt von Hunter) oder des Gesamtkörpers (Delage) in Betracht[1]. Dieselbe wird, wie bereits oben (S. 1072) auseinandergesetzt, auf dem Auge der Neigungsseite durch die Vertikalmuskeln der oberen, auf der Gegenseite durch jene der unteren Etage vermittelt. Die Gegenrollung setzt nach einer gewissen Latenzzeit ein[2] und ist anfangs erheblich (bis 20° — Mulder), sinkt aber schon nach 1—2″ bis zu einem relativ bescheidenen, jedoch konstant fortbestehenden Betrage ab (Mulder, Breuer, M. H. Fischer); die Angabe, daß sie binnen 10—30″ oder längstens in fünf Minuten überhaupt völlig verschwinde (Houben und Struycken), beruht wohl[3] auf Täuschung durch die objektive Beobachtungsmethode nach Hueck, und zwar durch die Rückkehr der Blutgefäße der Conjunctiva bulbi in die Ausgangslage trotz bleibender Rollung des Augapfels (bereits Tortual

---

[1] Siehe speziell E. Javal: Traité des maladies des yeux, ed. par L. Wecker 2, 815 (1866). — Woinow, M. (mit Reuss): Ophthalm. Studien 1869, 27 — Arch. f. Ophthalm. 17 (2), 233 (1871). — Skrebitzky, A. (unter Donders): Graefes Arch. 17 (1), 112 (1871) — dazu F. C. Donders: Ebenda 21 (1), 125 (1875). — Nagel d. Ä., A.: Ebenda S. 237. — Mulder, M. E.: Onderzoek. physiol. Labor. Utrecht 3, 168 (1874) — Graefes Arch. 21, (1) 68 (1875) — Arch. d'Ophtalm. 17, 465 (1897). — Breuer, J.: Wien. med. Jb. 1874, 72; 1875, 87 sowie Pflügers Arch. 48, 195 (1891). — Nagel d. J., W. A.: Z. Psychol. u. Physiol. 12, 331; 16, 373 (1896) — Nagels Handb. d. Physiol. 3, 771 (1905) — ebenda Übersichtstabelle (von O. Zoth) S. 318. — Delage, Y. (bei Neigung des Gesamtkörpers): Arch. de Zool. expér. (4) 1, 261 (1903) — Ann. d'Ocul. 130, 180 (1903) — C. r. Acad. Sci. 137, 107 (1903). — Tschermak, A. (Literatur): Erg. Physiol. 4, 517, spez. 553 (1904). — Feilchenfeld, H.: Z. Psychol. u. Physiol. 31, 127 (1903). — Angier, R. P.: Ebenda 37, 225 (1904). — Bárány, R. (mit G. Alexander): Z. Sinnesphysiol. 37, 321, 414 (1904); 41, 37 (1907); 45, 49 (1911) — Arch. f. Ohrenheilk. 68, 1 (1906) — Physiologie und Pathologie des Bogengangsapparates beim Menschen. Leipzig 1907 — Acta oto-laryng. (Stockh.) 2, 434 (1921); 8, 25 (1925). — Wichodzew, A.: Z. Sinnesphysiol. 46, 394 (1912). — Oreste: Ann. d'Ocul. 1910, 118. — Bartels, M.: Graefes Arch. 76, 1, 77, 531 (1910); 78, 129; 80, 207 (1911); 118, 270 (1927). — Abramowitsch: Inaug.-Dissert. München 1914. — Kleijn, A. de (mit I. van der Hoeve): Klin. Mbl. Augenheilk., N. F. 14, 187 (1912) — (mit C. Versteegh): Acta oto-laryng. (Stockh.) 6, 99 (1924). — Rössler, F.: Arch. Augenheilk. 86, 55 (1920). — Hoeve, I. van der: Arch. f. Ophthalm. 1, 333 (1922). — Karlefors: Acta oto-laryng. (Stockh.) 5, 307 (1923). — Linksz, A. (unter A. Tschermak): Pflügers Arch. 205, 669 (1924) (Literatur!). — Voss, O.: Fol. Oto-Laryng. (2) 24, 16 (1925). — Struycken, J. H. L.: Nederl. Tijdschr. Geneesk. 69, 1395 (1925) — (mit Houben): Acta oto-laryng. (Stockh.) 7, 288 (1925) — Z. Hals- usw. Heilk. 12, 627 (1925). — Benjamins, C. E. und J. H. Nienhuis: Arch. f. Ohren-, Nasen-, Kehlkopfheilk. 116, 241 (1927) — Kompanejetz, S.: Acta oto-laryng. (Stockh.) 7, 323 (1925); 12, 332 (1928). — Grahe, K.: Handb. d. norm. u. pathol. Physiol. 11 (1). Berlin 1926. — Fischer, M. H. (unter A. Tschermak — vergleichend bei Neigung des Gesamtkörpers, des Kopfes, des Stammes): Graefes Arch. 118, 623 (1927) sowie ebenda 1929—30 — Die Regulationsfunktionen des menschlichen Labyrinths. Erg. Physiol. 27, 1 (1929), auch sep. München 1929. — Noji, R. (unter A. Tschermak): Graefes Arch. 122, 562 (1929). — Die statische Gegenrollung wird bestritten von A. Delmas: Thèse de Paris 1894 — (mit Contejean): Arch. de Physiol. 1894, 687. — König, C. J.: C. r. Soc. Biol. 88, 677 (1923). — Struycken, J. H. L. (mit Houben) a. a. O. — Bezüglich Untersuchungsmethodik vgl. A. Bielschowsky in Abderhaldens Handb. d. biol. Arbeitsmethoden, Abt. V, T. 6, H. 5, Lief. 168, sowie A. de Kleijn (1924) u. C. E. Benjamins: Arch. Ohr- usw. Heilk. 115, 210 (1926). — Fischer, M. H.: a. a. O. — S. Kompanejetz: Arch. Ohr- usw. Heilk. 117, 55 (1927).

[2] Vgl. bezüglich Latenzzeit der kompensatorischen Augenbewegungen R. Dodge: J. of exper. Psychol. 4, 247 (1921).

[3] Wenn nicht eine individuelle Eigentümlichkeit vorliegt!

und VOLKMANN bekannt). Es handelt sich offenbar neben einer vorübergehenden Komponente auch um eine bleibende, einen sog. tonischen Dauerreflex der Lage. Die vorübergehende ist abhängig von der Geschwindigkeit bzw. Beschleunigung der Neigung und entspricht der langsamen Komponente eines Nystagmus rotatorius, welcher hiebei auftreten kann. Das Ausmaß der Gegenrollung wächst mit dem Kopfneigungsbetrag bis 60° anfangs rasch, später langsamer — zu Beginn für je 15° etwa 1,5—2°; selbst bei 45° Neigung beträgt der Winkel dauernder Gegenrollung nur 4,5—8°, bei 60° Neigung nur 6—9,5° —, so daß nur $1/12$—$1/6$ der Kopfneigung „kompensiert" erscheint. Dabei ergeben sich erhebliche individuelle Unterschiede. Das Ausmaß der Gegenrollung scheint ferner abhängig zu sein von der Orientierung des seitlich geneigten Kopfes zur Schwerkraft. Wird der seitlich geneigte Kopf so um seine Längsachse gedreht, daß die als Graviceptor betrachtete Macula sacculi angenähert wagerecht zu stehen kommt (also maximale Druck-Zugwirkung der Otolithen im Sinne von QUIX[1] besteht), so wird eine sehr erhebliche, fast völlig kompensierende Gegenrollung — bei 45° Neigung bis zu 37° Gegenrollung, für jedes der beiden Augen stark verschieden — angegeben (KOMPANEJETZ[2]). Die Rollungswerte für Rechts- und Linksneigung sind sehr angenähert, aber nicht vollkommen symmetrisch (W. A. NAGEL, LINKSZ, M. H. FISCHER); das Ausmaß der Rollung beider Augen ist ziemlich gleich (DONDERS, ANGIER, M. H. FISCHER). Zeitlich variiert der Grad der Gegenrollung auch unter gleichen Bedingungen (MULDER, M. H. FISCHER). Derselbe ist bei seitlicher Neigung des Kopfes allein und des ganzen Körpers mit dem Kopfe nicht gleich, sondern erweist sich bei unter raschem Wechsel ausgeführten Versuchen (M. H. FISCHER) im ersteren Falle deutlich größer als im letzteren, indem sich bei seitlicher Neigung des Kopfes — beispielsweise nach rechts — die Wirkung der Lageänderung des Kopfes gegen die Schwerkraft und die gleich zu erörternde Wirkung der gegensinnigen Lageänderung des Kopfes gegen den Stamm (beispielsweise relative Linksneigung[3] des Stammes, so daß der Knickungswinkel nach rechts offen ist) angenähert summieren. Bei höheren Graden von Neigung des Gesamtkörpers erreicht zwischen 30 und 90° (etwa bei ±60°) die Gegenrollung ein Maximum — darüber hinaus nimmt sie ab (M. H. FISCHER).

Andererseits bedingt isolierte passiv herbeigeführte und hergehaltene Neigung (Knickung) des Stammes gegen den feststehenden Kopf als „tonischen" Dauerreflex eine geringe gleichsinnige Rollung beider Augen nach der Längsachse des Rumpfes hin, mit der Tendenz sich dieser anzugleichen. Dabei ist es prinzipiell gleichgültig, ob die Knickung im Halse beim Liegen bzw. in der wagerechten Ebene, also ohne asymmetrische Stellung des Körpers zur Schwerkraftrichtung herbeigeführt wird (zuerst an Säuglingen beobachtet von VOSS), oder ob die Neigung in der vertikalen Ebene, also unter asymmetrischer Stellung des Stammes — nicht aber des Kopfes — zur Schwerkraftrichtung erreicht wird (M. H. FISCHER). Die Reaktion der Augen wächst mit dem Neigungsgrade und beträgt bei 40° etwa 2—3°. Schrägstellung des Rumpfes ist also von einer

[1] QUIX, F. H.: Proefschrift. Amsterdam 1926 — Z. Ohrenheilk. **23**, 68 (1929).

[2] KOMPANEJETZ, S.: Acta oto-laryng. (Stockh.) **12**, 332 (1928); vgl. auch Z. Hals- usw. Heilk. **19**, 231 (1927) — Arch. Ohr- usw. Heilk. **117**, 55 (1927).

[3] Die Seitenbezeichnung für die Neigung von Kopf und von Stamm muß dann gleichlautend gewählt werden, wenn die Drehung beider um eine sagittale Achse im *gleichen* Sinne erfolgt. Bei Ausgehen von der aufrechten Haltung führt demnach gleichnamige und gleich große Neigung vom Kopf allein, von Gesamtkörper und von Stamm allein dazu, daß die Längsachse des bewegten Teiles die gleiche Lage zur Schwerkraftsrichtung erhält. Rechtsdrehung von Kopf, Gesamtkörper, Stamm bedeutet — bei Ansicht von rückwärts her — Rotation im Sinne des Uhrzeigers. Isolierte Kopfneigung nach rechts ist also in der Endstellung gleichwertig mit Rechtsneigung des Gesamtkörpers und nachfolgender Linksneigung des Stammes allein (vgl. S. 878 Anm. 1).

starken Rollung der Augen, und zwar von der Seite der Neigung weg begleitet, wenn der Kopf mitgeneigt wird, hingegen von einer schwachen Rollung nach der Seite der Neigung hin, wenn der Kopf aufrecht bleibt. Bei einem gegebenen Rumpfknickungsbetrag ist es daher durch eine bestimmte gleichsinnige Neigung des Körpers mit Einschluß des Kopfes möglich, die gegensätzlichen Rollungseffekte gerade zur Kompensation zu bringen. Umgekehrt bedeutet, wie bereits (S. 1079) erwähnt, die relativ starke Gegenrollung der Augen bei alleiniger Seitenneigung des Kopfes einen Summationseffekt, indem Rechtsneigung des Kopfes (und konsekutive starke Linksrollung der Augen) wirkungsgleich ist mit Rechtsneigung des Gesamtkörpers (und konsekutiver mäßiger Linksrollung der Augen) + Linksneigung des Stammes (und konsekutiver schwacher Linksrollung der Augen). *Gleichsinnige Neigungen des Kopfes allein oder des Gesamtkörpers erzeugen* an Richtung, jedoch nicht an Größe übereinstimmende, der Neigungsrichtung *gegensinnige Rollungen der Augen, während gleichsinnige Neigung des Stammes allein* — obwohl sie dessen Längsachse in eine analoge Stellung zur Schwerkraft bringt, wie dies gleichsinnige Neigung des Kopfes allein oder des Gesamtkörpers bezüglich der Längsachse des bewegten Teiles tun — eine der Neigungsrichtung *gleichsinnige Rollung der Augen veranlaßt*. Der Effektgröße nach ergibt sich die Reihenfolge: $E_{\pm K} > E_{\pm GK} > E_{\mp St}$, und zwar recht angenähert die Gleichung $E_K = E_{GK} + E_{St}$. *Bei seitlicher Neigung des Gesamtkörpers entspricht sonach der Rollungseffekt einer Subtraktion* — im Gegensatze zu dem Effekt an Vertikallokalisation, welcher einer Addition entspricht (vgl. oben S. 879).

Aus dem Gesagten ist zu schließen, daß nicht allein die Lage des Kopfes im Raume bzw. gegenüber der Schwerkraftsrichtung, sondern auch die relative Lage von Kopf und Stamm für die Orientierung der Augen von Bedeutung ist. Dabei spielt der letztere Faktor nicht nur dann mit, wenn der Stamm asymmetrisch von der Schwerkraft beeinflußt wird, sondern schon dann, wenn die relative Lage von Kopf und Stamm ohne asymmetrischen Schwerkrafteinfluß geändert wird. Es sind also an der reflektorischen Dauerbeeinflussung der Orientierung beider Augen nicht bloß labyrinthäre Faktoren, und zwar labyrinthäre Graviceptoren beteiligt, sondern auch durch Dauerreize beanspruchte extralabyrinthäre Faktoren, und zwar sicher Proprioceptoren des Stammes, speziell des Halses, welche durch die aktiv oder passiv eingenommene Stellung und zwar besonders durch die Formänderung der Halswirbelsäule, nicht durch Muskelkontraktion an sich beansprucht werden[1]. Bezüglich der Graviceptoren des Stammes ist — im Gegensatze zur Beeinflussung der subjektiven Vertikalen (vgl. S. 879) — ein Einfluß nicht nachzuweisen, da für die Wirkung der Kopf-Stamm-Knickung auf die Orientierung der Augen die Einstellung des Rumpfes zur Schwerkraft im wesentlichen gleichgültig zu sein scheint; allerdings ist hinwiederum eine gewisse bescheidene Mitwirkung auch nicht ganz auszuschließen. (Nachdrücklich sei auf die oben S. 873ff. gegebenen Ausführungen über Gravi-, Ducti- und Proprioceptoren hingewiesen.) Andererseits ist beim Sukzessivvergleich der reflektorischen Wirkung der einen Lage mit jener der anderen Lage sehr wohl mit der Möglichkeit zu rechnen, daß nicht bloß die absolute Lage des Körpers im Raume, sondern auch der relative Unterschied beider Lagen von Ein-

---

[1] Dementsprechend ist man jedenfalls berechtigt, eine labyrinthäre und eine periphersensible Ophthalmostatik zu unterscheiden — vgl. M. Bartels (unter Scheidung periphersensibler Wirkungen vom Halse und von den antagonistischen Augenmuskeln her): Klin. Mbl. Augenheilk. 50, 187 (1912) — Graefes Arch. 76, 1 (1910); 78, 129 (1911); 80, 207 (1911); 101, 299 (1920). — Siehe auch J. Ohm: Klin. Mbl. Augenheilk. 62, 289 (1921) — Graefes Arch. 107, 298 (1922). — Goldstein, K.: Acta oto-laryng. (Stockh.) 7, 13 (1924).

fluß ist; das Resultat könnte sehr wohl von der Vorgeschichte der jeweils erreichten Lage, speziell von der vorangegangenen reflektorischen Tonisierung der Augenmuskeln abhängen.

Seitliche Neigung des Kopfes wie des Gesamtkörpers, ja auch des Stammes löst, wie oben erwähnt (S. 876 ff.), nicht bloß eine motorische, sondern auch eine sensorische Reaktion aus, indem nunmehr an Stelle des primären Lotmeridians ($p.L.M.-a$ in Abb. 331, vgl. Abb. 262, S. 877), genauer gesagt des davon etwas abweichenden Längsmittelschnittes ($L.M.S.$), ein anderer Netzhautmeridian ($s.v.-e.M.-d$) die Vermittlung der Vertikalempfindung übernimmt, und zwar ein gegen den Sinn der Neigung davon abweichender Meridian, welcher aber in der Regel von dem nunmehr lotrecht stehenden Meridian ($s.L.M.-b$) nach der Neigungsseite hin gelegen ist. Dementsprechend erscheint bei Kopfneigung ein objektiv lotrechter Kontur nicht mehr vertikal, sondern in der Regel entgegengesetzt geneigt (AUBERTsches Phänomen). Daß ungeachtet dieser Umwertung das die binokulare Stereoskopie vermittelnde Querdisparationssystem ständig um den primären Lotmeridian ($p.L.M.-a$), genauer gesagt um den Längsmittelschnitt ($L.M.S.$), angeordnet bleibt, wurde gleichfalls bereits oben erwähnt (vgl. S. 935). Das Ausmaß des AUBERTschen Phänomens und jenes der Gegenrollung gehen nicht einfach parallel — speziell ist auf Grund der Einstellung der Vertikalen kein Schluß auf das Ausmaß der Gegenrollung möglich; letztere ist subjektiv erst dadurch meßbar, daß man ein in aufrechter Stellung eingeprägtes Nachbild eines lotrechten Spaltes während oder nach Ausführung der Neigung zur Deckung oder Parallelität bringt mit einem drehbaren Diameter, gleichgültig in welcher Lage das Nachbild selbst erscheint. Es müssen eben die motorischen

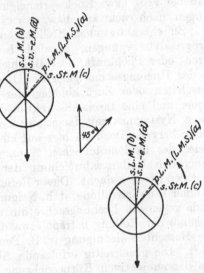

Abb. 331. Schema der verschiedenen Meridiane der Augen bei seitlicher Neigung des Kopfes, und zwar Rechtsneigung von 45° (von hinten aus gesehen): $p.L.M.(a)$ = primärer Lotmeridian, — identisch mit dem primären Stirnmeridian — nahezu übereinstimmend mit dem Längsmittelschnitt, d. h. dem primär vertikalempfindenden Meridian ($L.M.S.$); $s.St.M.(c)$ = sekundärer Stirnmeridian, von welchem der $p.L.M.(a)$ um den Betrag der Gegenrollung (durch Pfeil markiert) abweicht; $s.L.M.(b)$ = sekundärer Lotmeridian, von welchem der $p.L.M.(a)$ um den Winkel der Seitenneigung des Kopfes, vermindert um den Winkel der Gegenrollung, abweicht; $s.v.-e.M.(d)$ = sekundär vertikalempfindender Meridian, dessen Abweichung von primär empfindenden Meridian ($L.M.S.[a]$) den Sinn und Grad des AUBERTschen Phänomens bezeichnet.

und die sensorischen Neigungsfolgen gesondert untersucht und beurteilt werden (vgl. oben S. 876 ff). Zwischen dem motorischen Effekt bei Neigung und dem sensorischen Effekt bezüglich der scheinbaren Vertikalen ergibt sich einerseits eine Verschiedenheit in der Lage der Maxima, andererseits besteht der ausführlich dargelegte Unterschied, daß die objektive Orientierung der Augen maximal verändert wird bei Neigung des Kopfes allein, nicht bei Neigung des Gesamtkörpers, somit durch Graviceptoren des Kopfes, kaum durch solche des Rumpfes, wohl aber durch Proprioceptoren des Halses beeinflußt wird, während die subjektive Orientierung der Vertikalen des Sehraumes wesentlich durch Graviceptoren sowohl des Kopfes als des Rumpfes, kaum aber durch Proprioceptoren des Halses mitbestimmt wird (vgl. S. 880).

Bezüglich der Vertikalstatik der Augen, wie sie bei Tieren mit mehr oder weniger lateraler Anordnung der Augen (Fische, Reptilien, Amphibien, Vögel

— mit Ausnahme der Raubvögel, Wiederkäuer) auf zwangsweise Seitenlagerung des Tieres hin in Erscheinung tritt, also bezüglich der Hertwig-Magendieschen *Schielstellung*[1] (deviato diagonalis bilateralis nach Högyes; Loeb, Lee, Tscher-mak[2], Benjamins, Maxwell — skew deviation nach Stewart-Holmes, Ballance), sei auf die ausführliche Darstellung M. H. Fischers in dies. Handb. XI, 797 (1926) verwiesen[3]. Hier sei nur noch daran erinnert, daß die Hebung des Auges auf der Seite der Neigung durch Listingsche Kooperation der beiden Heber, die Senkung auf der Gegenseite durch Kooperation der beiden Senker vermittelt wird, und daß bei Vor- bzw. Rückwärtsneigung um die Querachse Gegenrollung beider Augen nach rückwärts bzw. vorwärts erfolgt (Loeb, Lee, Benjamins[4] u. a.).

Zu charakterischen Stellungsänderungen der Augen kommt es auch bei Progressivbewegungen, speziell bei asymmetrischer Beanspruchung durch Dreh- oder Fliehkraft. Der Beschleunigungsreiz, auf den die rv-Ceptoren des in der Drehungsebene gelegenen Bogenganges[5] ansprechen, ruft ein langsames Ausgleiten oder Zurückbleiben der Augen zunächst entgegen dem Drehungs-sinne, und eine rasche Korrektionsbewegung zunächst im Drehungssinne, also einen Nystagmus mit langsamer und rascher Komponente, in der Drehungs-ebene hervor. Doch sei hier auf eine detaillierte Behandlung dieser Reaktions-weise des okulomotorischen Apparates verzichtet (vgl. S. 875) und nur der dauernden Rollungsabweichung der Augen bei Zentrifugierung in der hori-zontalen Ebene gedacht. Dieser Reflex besteht, wie bereits oben erwähnt (S. 881), in einer Einwärtsrollung, d. h. Neigung der Längsmittelschnitte mit dem oberen Ende gegen die Drehungsachse hin und wird von rc-Ceptoren vermittelt. Das Ausmaß der Rollung beträgt etwa die Hälfte des Unterschiedes von Richtung der Massenbeschleunigung (z. B. Pendelablenkung) und Richtung der Schwer-kraft. Die gleichzeitig erfolgende Abweichung der subjektiven Vertikalen so-wie der subjektiven Körperrichtung ist — wie oben S. 881 erwähnt — wohl nicht ausschließlich auf jene Rollung zu beziehen (wie Breuer und Kreidl annehmen); doch bedarf das ganze Problem weiterer Bearbeitung.

Im Gegensatze zu den sekundären reflektorischen Bewegungen auf Gravi-, Ducti- oder eigentliche Proprioceptionen hin stehen die einfachen oder primären synergischen, nicht erst reflektorisch ausgelösten *Mitbewegungen* der Augen bei Bewegungen des Kopfes oder des übrigen Körpers[6].

2. Die Frage unokularer Korrektivbewegungen.

Bisher haben wir alle Anpassungs- oder Korrektivbewegungen auf zwei-äugige Synergien zurückgeführt und einäugige Stellungsänderungen als bloß

---

[1] An sich kommt eine solche als Folge von (pathologischer) Reizung der Vestibular-leitung auch beim Menschen vor [vgl. speziell H. Hunnius: Zur Symptomatologie der Brücken-erkrankungen. Bonn 1881. — Ballance: Some points of surgery of the brain. London 1907. — Oppenheim, H.: Lehrb. d. Nervenkrankh., 7. Aufl. (bearb. von Goldstein), S. 1069. Berlin 1923. — Pötzl, O. u. P. Sittig: Z. Neur. **95**, 701 (1925). — Oloff, H. u. H. Korbsch: Klin. Mbl. Augenheilk. **77**, 618 (1926). — Vgl. auch F. B. Hofmann: **1920—25**, 332].

[2] Vgl. auch dessen Beobachtungen an Fischen mittels seines Neigungsapparates (A. Tschermak: Pflügers Arch. **222**, 439 [1929]).

[3] Vgl. auch die Übersicht des Verhaltens niederer Säuger (Kaninchen, Katzen) bei R. Magnus: Körperstellung. Berlin 1924, sowie bei J. van der Hoeve: Ann. of Otol. **32**, 571 (1923).

[4] Benjamins, C. L.: Arch. néerl. Physiol. **2**, 536 (1918) — (mit E. Huizinga): Pflügers Arch. **217**, 105 (1927). — Maxwell, S. S.: Labyrinth and Equilibrium. London 1923.

[5] Für den bei Ausschluß aller optischen Reize auftretenden Drehnystagmus wird von der Mehrzahl der Autoren [so speziell M. Bartels: Z. Hals- usw. Heilk. **5**, 48 (1923) gegen-über A. Kestenbaum u. Cemach: Ebenda **2**, 442 (1922)] ein ausschließlich labyrinthärer Ursprung angenommen. Siehe darüber M. H. Fischer: Acta oto-laryng. (Stockh.) **8**, 495 (1926).

[6] Vgl. dazu u. a. H. Gertz: Z. Sinnesphysiol. **47**, 420; **48**, 1 (1913).

scheinbar unokulare Effekte erklärt (speziell gegenüber SIMON[1]), bedingt durch algebraische Summierung von zwei binokularen Leistungen, die sich an dem einen Auge addieren, an dem anderen hingegen äquilibrieren (vgl. S. 1019, 1073). Doch bleibt die Frage offen, ob wirklich rein einäugige Bewegungen ausgeschlossen sind. Am Hunde ist es nun gelungen, durch künstliche Reizung innerhalb des Rindenfeldes des Stirn-Augenfacialis bzw. des M. orbicularis oculi (oberer Teil des Gyrus coronalis seu suprasylvius anterior) einseitige Bewegungen des kontralateralen Auges zu erhalten, speziell Hebung-Senkung oder Abduction (HITZIG, R. DU BOIS-REYMOND und SILEX, RIZZO[2]), und zwar Kontraktion einzelner Augenmuskeln auf der Gegenseite, z. T. unter gleichzeitiger Erschlaffung der gleichnamigen Muskeln, was für wirkliche Einseitigkeit der Kontraktionsinnervation beweisend ist und für einen Fusionscharakter dieser Augenbewegungen spricht (SCHUBERT[3]). Obzwar dieser Befund zunächst nur für das Vierwindungsgehirn der Carnivoren gilt, ist doch eine analoge Vertretung für den Rolandotypus der Anthropoiden nicht unwahrscheinlich[4]; daselbst wäre das unokulare, und zwar kontralaterale motorische Zentrum im oberen Anteile des unteren Drittels des Gyr. centralis ant. zu suchen — gerade hinter dem präzentralen binokularen Blickzentrum. Für eine solche Annahme könnten Fälle von einseitigem Nystagmus bei lokaler Schädelverletzung bzw. Hirnreizung[5] angeführt werden, ebenso das Vorkommen einseitiger Vertikal- oder Rollungsbewegungen (bei Fehlen von willkürlichen Innervationsimpulsen und von Fusionszwang!) im Zustande des Schlafes oder der Narkose[6], die Möglichkeit, von der Mitbewegung bei einseitiger Lidhebung ausgehend, einseitige Hebung

---

[1] SIMON, R.: Z. Psychol. u. Physiol. 12, 102 (1896). — Vgl. auch J. v. KRIES: Zusatz zu Helmholtz' Physiol. Optik, 3. Aufl. 3, 511ff (1910).

[2] Vgl. E. HITZIG: Unters. über das Gehirn. I, S. 45. Berlin 1904 bzw. 1874. — R. DU BOIS-REYMOND und P. SILEX (auch ohne Lidschluß!): Arch. (Anat. u.) Physiol. 1899, S. 174. — A. TSCHERMAK: Nagels Handb. d. Physiol. 4 (1), spez. 26, 30, 99 (1905). — A. RIZZO [Riv. otol. ecc. 2, 127 (1925)] fand bei faradischer Reizung das coronale Zentrum empfänglicher als die MUNKsche Stelle A in der Parietooccipitalregion, auch nur das erstere auf chemische Reize, speziell Strychnin, ansprechend. Es ist dies nicht zu verwundern, da die Stelle A allem Anschein nach überhaupt kein okulomotorisches Rindenzentrum darstellt, sondern bloß den betreffenden Stabkranz aus dem Recurrensbuckel als dem sensorisch-optischen und okulomotorischen Zentrum deckt (TSCHERMAK).

[3] G. SCHUBERT (unter TSCHERMAK): Pflügers Arch. 222, 765 (1929).

[4] Vgl. einen bezüglichen andeutungsweisen Befund an Meerkatzen bei C. u. O. VOGT: J. Psychol. u. Neur., Erg.-H. 1907, 326.

[5] Siehe Literatur bei A. TSCHERMAK: Nagels Handb. d. Physiol. 4 (1), spez. S. 43 (1905). — OHM, J.: Graefes Arch. 107, 198 (1922). — CORDS, R.: Zbl. Ophthalm. 9, 369 (1923). — REDSLOB, C.: Riv. otol. ecc. 4, 493 (1926). — HARTMANN, E.: Ebenda 4, 671 (1926). — ARKIN, V.: Warszaw. Czas. lek. 3, 459 (1926). — M. RABINOWITSCH: Z. Augenheilk. 65, 162 (1928).

[6] BIELSCHOWSKY, A.: Klin. Mbl. Augenheilk. 51, 308 (1903) — Z. Augenheilk. 12, 545 (1904) — Fortschr. Med. 1909, Nr 24 u. 25 — Pflügers Arch. 136, 658 (1910) — Verh. dtsch. ophthalm. Ges. Wien 1921, 188. Der Autor bezieht allerdings wirklich einseitige Augenbewegungen nur auf subcorticale Zentren, nicht auf Rindenzentren, denen er durchweg beiderseitige Wirksamkeit zuschreibt. Vgl. auch E. DUPUY: C. r. Soc. Biol. 1885, 371. — KÖNIGSHOFER, O. (willkürliche einseitige Seitenwendung bei Primärstellung des anderen Auges): 25. Vers. dtsch. ophthalm. Ges. Heidelberg 1896, 313. — SCHWARZ, E.: Zbl. prakt. Augenheilk. 1897, 107. — LECHNER, C. S.: Graefes Arch. 44 (3), 58, 96 (1897). — WEINHOLD, H.: Klin. Mbl. Augenheilk. 41, 103 (1903). — PETERS, A.: Ebenda 45, 46 (1907). — SCHTSCHERBAK (einseitige Mitbewegung bei Augenschluß): Obosr. Psych. Neur. 1908, 264. — LEVI, E. (willkürliches Schielen bei Primärstellung des anderen Auges): Klin. Mbl. Augenheilk. 46 (1), 167 (1908). — FRANKE, E.: Münch. med. Wschr. 1910, 329. — BERGER, E. (Angabe unokularer Rollung im Interesse des Binokularsehens): Z. Sinnesphysiol. 44, 315 (1910). — LOHMANN, W. (isolierte Bewegung des einen, blinden Auges bei Verdecken oder Verdunkeln des anderen, sehenden): Arch. Augenheilk. 76, 15 (1914). — POLLEN, A.: Russ. ophthalm. J. 4, 53 (1925).

des Auges zu erlernen[1], endlich die Eventualität von beiderseitig verschiedener oder nur einseitiger Orientierungsänderung, speziell am fixierenden Auge. Auch an das ausnahmsweise Vorkommen scheinbar einseitiger Augenbewegungen bei Neugeborenen, speziell im schläfrigen Zustande, sowie bei Blinden bzw. operierten Blindgeborenen sei kurz erinnert[2]. — Allerdings muß vorläufig die Andeutung einer solchen Möglichkeit genügen, zumal es sehr schwer ist zu entscheiden, ob einer nur an einem Auge beobachteten Bewegung eine algebraische Summe binokularer Effekte oder ein rein unokularer Impuls zugrunde liegt. So haben Beobachtungen über das gelegentliche Vorkommen scheinbar einseitiger Lateralbewegungen, ja selbst Rollungen am Menschen keinerlei entscheidende Beweiskraft. Die Bedeutung wirklich unokularer Augenbewegungen würde — abgesehen von ihrem ev. Charakter als Mitbewegungen beim Lidschlusse — wohl nur in der bereits durch die binokularen Anpassungsbewegungen bezeichneten Richtung zu suchen sein, also in einer Korrektur von Ungleichheiten im okulomotorischen Apparate beider Seiten, welche an sich eine Heterophorie bedingen. Speziell würde eine reziproke Innervation der gleichnamigen Muskeln beiderseits zu demselben Ziele führen wie eine Kombination von gleichsinniger und ungleichsinniger binokularer Lateral-, Vertikal- oder Rollungssynergie.

C. Das Verhältnis von Augen- und Kopfbewegungen.

Augen- und Kopfbewegungen stehen in einem charakteristischen Zusammenhang weitgehender Stellvertretung. Gewöhnlich werden die Augen für sich allein nur in einem beschränkten, individuell verschiedenen Ausmaß (bis etwa 6—8° — F. P. Fischer) bewegt; darüber hinaus (jedenfalls von 12° an) treten, und zwar bei ferner abliegendem Ziel von vornherein[3], doch ohne strenge Proportionalität Kopfbewegungen, evtl. auch Bewegungen des Stammes hinzu, welche den Blickpunkt im gleichen Sinne verlagern, oder solche ersetzen überhaupt eine aktive Verlagerung der Augen mehr oder weniger. Im allgemeinen ziehen, speziell beim Lesen, bereits kleine Zielbewegungen den Kopf in Mitleidenschaft (Donders, Erdmann und Dodge). Eine Hebung des Blickes wird von manchen Personen nur zu einem Drittel, von anderen jedoch zu $^4/_5$ mit den Augen vollzogen; an einer Senkung sind durchweg die Augen am stärksten, der Kopf am schwächsten beteiligt (Ritzmann[4]). Beim Fernesehen wird der Kopf im allgemeinen aufrecht getragen, die Blicklinien parallel und geradeaus

---

[1] Bjerke, K.: Graefes Arch. **69**, 543 (1909).
[2] Siehe die Literatur bei A. Tschermak: Erg. Physiol. **4**, 517, spez. 562 (1906); betr. Blinder auch M. Bartels: Klin. Mbl. Augenheilk. **78**, 478 (1927); **80**, 145 (1928) u. E. Redslob: Riv. otol. ecc. **5**, 490 (1927). — Vgl. auch das gelegentliche Vorkommen unkoordinierter Augenbewegungen im Schlafe bei Erwachsenen [Plotke, L.: Arch. f. Psychiatr. **10**, 205 (1880). — Pietrusky, F.: Klin. Mbl. Augenheilk. **68**, 355 (1922)].
[3] Allerdings geht die Augenbewegung der Kopfbewegung etwas voran, wobei von den Augen aus eine reflektorische Änderung des Tonus in der Halsmuskulatur erfolgt [K. Goldstein: Acta oto-laryng. (Stockh.) **7**, 13 (1925)].
[4] Ritzmann, E.: Graefes Arch. **21** (1), 311 (1875) — vgl. auch bereits E. Hering: **1868**, 106. — Erdmann, B. u. R. Dodge: Physiol. Untersuchungen über das Lesen. Halle a. S. 1896. — Sachs, M.: Z. Augenheilk. **3**, 287 (1900). — Ovio, G.: Arch. di Ottalm. **11**, 190 (1903). — Haberlandt, L. (Anteil von Augen- und Kopfbewegungen beim Abschätzen von Punktdistanzen): Z. Sinnesphysiol. **44**, 231 (1910). — Gertz, H. (kompensatorische Gegenwendung der Augen bei spontan bewegtem Kopfe): Ebenda **47**, 420 (1913); **48**, 361 (1914). — Fischer, F. P.: Graefes Arch. **113**, 394 (1924); **115**, 49 (1925). — Rötth, A. v. (Kombination von Augen- und Kopfbewegungen in Form des „praktischen Blickfeldes"): Ebenda **115**, 314 (1925).

gerichtet, während beim Nahesehen Senkung des Kopfes, aber auch der Augen unter Konvergenz und Akkommodation auf den beachteten Gegenstand besteht. Im allgemeinen entsprechen die Kopfbewegungen dem Prinzip der groben, die Augenbewegungen dem Prinzip der feinen Einstellung des Blickpunktes (ZOTH[1]), wobei der Anteil der letzteren selbst bei sehr großem Gesamtausmaß in der Regel überraschend klein ist.

Eine solche Unterstützung oder Vertretung ist wesentlich durch die Assoziierung der beiden Einzelaugen zu einem motorischen Doppelauge ermöglicht (AUBERT[2]). Allerdings ist der Zusammenhang von Kopf- und Augenbewegungen kein fester, sondern von weitgehender Freiheit; speziell fehlt dem Kopf eine kinematische Primärstellung bzw. eine streng zwangläufige Verknüpfung von seitlicher Neigung mit dem Ausmaße der Vertikal- und Horizontalbewegung. Man kann daher nicht sagen, „daß die gewöhnlichen Bewegungen des Kopfes nach demselben Prinzip geschehen wie die der Augen"[1]. Im Gegenteil wird bei frei beweglichem Kopf die Tertiärneigung, welche der Längsmittelschnitt durch Augenbewegungen erhält, sozusagen spontan durch gegensinnige Kopfneigung kompensiert (HERING[3]). Man kann eigentlich nur von einer gewissen Mittelstellung in Form von „aufrechter Kopfhaltung bei aufrechter Körperstellung" sprechen; die Heraushebung jener Kopfhaltung, bei welcher die Kopfmedianebene angenähert mit der Medianebene des Rumpfes zusammenfällt und die Ebene der beiden primär und parallel gestellten Blicklinien gerade wagrecht zu liegen kommt, als „Primärstellung des Kopfes" (HERING[3]) hat — im Gegensatze zur Heraushebung der Primärstellung der Augen — keine tiefere, kinematische Berechtigung. Dieselbe entspricht natürlich nicht der habituellen Kopfstellung, sondern stellt eine mehr oder weniger davon abweichende Zwangslage dar; jedoch ist dieselbe bei Versuchen als einzige, präzis faßbare Ausgangsstellung zu wählen (vgl. S. 966, 1031).

Die Kopfstellung zeigt an sich keinen Einfluß auf das Bewegungsgesetz der Augen bzw. die Kooperationsweise der Vertikalmotoren; nur können perspektivische Einflüsse den trügerischen Anschein einer Beziehung vortäuschen (SCHUBERT — vgl. oben S. 1031). Doch entbehrt die „tonische" Haltung des Kopfes — teils schon direkt durch proprioceptive evtl. auch graviceptorische[4] Reizung afferenter Nerven des Halses selbst, teils erst indirekt durch Labyrinthreizung, ja auch die „tonische" Haltung des Stammes wie der Extremitäten nicht der reflektorischen Einwirkung auf die Spannungsverteilung unter den Augenmuskeln überhaupt[5]; es zeigt sich dies beim Menschen speziell in einer charakteristischen Wirkung auf die absolute oder egozentrische Lokalisation (vgl. S. 876, 979). — Weitere okulo-cephale Lagebeziehungen sind in anderen Kapiteln behandelt. Hier sei nur noch erwähnt, daß rasche Kopfbewegungen — wie sie als „Kopfpendeln" eine rasche geradlinige Fortbewegung begleiten (DODGE, BAUER[6]) —, ebenso entsprechend rasche passive Lageänderungen des Stammes gegen den Kopf reflektorisch zu raschen synergischen Augenbewegungen führen, welche ein Festhalten der Blicklinie im Raume trotz der Kopfschwankungen während des Gehens erstreben, somit als „kompensatorisch"

---

[1] HELMHOLTZ, H. v.: Physiol. Optik, 1. Aufl. S. 486; 3. Aufl. **3**, 61 — dazu E. HERING: 1868, 106; **1879**, 49. — O. ZOTH: Nagels Handb. d. Physiol. **3**, 317 (1905).

[2] AUBERT, H.: Physiol. Optik, S. 652 (1876).

[3] HERING, E.: **1879**, 495.

[4] Vgl. die allgemeinen Ausführungen S. 872 ff.

[5] Siehe speziell A. DE KLEIJN: Pflügers Arch. **186**, 82 (1921). — Vgl. R. MAGNUS: Körperstellung, spez. S. 185 ff., 193 ff. Berlin 1924.

[6] DODGE, R.: J. of exper. Psychol. **6**, 169 (1923). — BAUER, V.: Pflügers Arch. **205**, 628 (1924).

zu betrachten sind. So werden nicht zu rasche Kopfbewegungen von 10—30° *um die wagrechte oder lotrechte Achse durch gegensinnige* Augenbewegungen fast ganz (bis auf 2—4%) ausgeglichen (Gertz).

D. Übersicht der Innervationswege der Augenbewegungen[1].

Es mag hier genügen, an der Hand einiger Schemata eine ganz kurze Übersicht über die nervösen Zentren und Leitungen zu bieten, welche Augenbewegungen vermitteln.

Entsprechend den verschiedenen Anlässen, welche für Augenbewegungen bestehen — nämlich dem Suchen eines erwarteten Gesichtsobjektes oder dem Spähen, dann dem Verfolgen eines mit dem Auge bereits erfaßten Gegenstandes, endlich dem Aufsuchen einer Schallquelle —, lassen sich drei Felder auf der Großhirnrinde feststellen, von denen aus binokulare Effekte zustande kommen

[1] Vgl. dazu — wenn auch vorwiegend die Lokalisation der sensorischen optischen Leitung betreffend — speziell: Henschen, S. E.: Klinische und anatomische Beiträge zur Pathologie des Gehirns. 4 T. Upsala 1890—1911 — Neur. Zbl. 1898, Nr 5; 1917, Nr 23 — Lewandowskys Handb. d. Neur. 1, 891. Berlin 1910 — Graefes Arch. 78, 195 (1911) — Z. Neur. 87, 505 (1923) — Arch. f. Psychiatr. 75, 630 (1925). — Monakow, C. v.: Gehirnlokalisation. Erg. Physiol. 1 (2), 534 (1902); 3 (2), 100 (1904) — Gehirnpathologie, 2. Aufl. Wien 1905 — Die Lokalisation im Großhirn. Wiesbaden 1914. — Noceti, A.: Las vias opticas. Buenos Aires 1903. — Bernheimer, F.: Graefes Arch. 57, 363 (1903). — Flechsig, P.: Ber. sächs. Ges. Wiss. 1. T., S. 50—104; 2. T., S. 177—284 (1904) — Anatomie des menschlichen Gehirns und Rückenmarks 1. Leipzig 1920. — Wilbrand, H. u. K. Sänger: Neurologie des Auges 3 (1): Anatomie und Physiologie der optischen Bahnen und Zentren. 1904 — 7: Die Erkrankungen der Sehbahn vom Tractus bis zum Cortex. 1917 — 8: Die Pathologie der Bahnen und Zentren der Augenmuskeln. Wiesbaden 1917 — Die Verletzungen der Sehbahnen. Wiesbaden 1918 — vgl. auch H. Wilbrand: Die Theorie des Sehens. Wiesbaden 1913 — Z. Augenheilk. 54, 1 (1924). — Wilbrand, H. u. C. Behr: Die Neurologie des Auges in ihrem heutigen Stande. 1. Teil. Berlin 1927. — Sänger, K.: Neur. Zbl. 1917, 855. — Grasset u. Gaussel: L'appareil nerveux central de la vision. Cap. IV. Traité des centres nerveux et de physio-pathologie clinique. Paris 1905. — Tschermak, A.: Physiologie des Gehirns. Nagels Handb. d. Physiol. 4 (1), spez. 97ff., 103ff. (1905). — Probst, M.: Sitzgsber. Akad. Wiss. Wien, Math.-naturwiss. Kl. 115, 103 (1906). — Roussy, G.: La Couche optique. Paris 1907. — Levinsohn, G.: Graefes Arch. 71, 313 (1909). — Inouye, T.: Die Sehstörungen bei Schußverletzungen der corticalen Sehsphäre. Leipzig 1909. — Lenz, G.: Zur Pathologie der zentralen Sehbahn. Leipzig 1909 — 36. Vers. dtsch. ophthalm. Ges. Heidelberg 1910, 257 — Klin. Mbl. Augenheilk. 53, 30 (1914). — Graefes Arch. 72, 1, 197 (1909); 91, 264 (1916); 108, 101 (1922) — Berl. klin. Wschr. 1910, 603 — Dtsch. med. Wschr. 1910, 1471 — Die Kriegsverletzungen der cerebralen Sehbahn. Lewandowskys Handb. d. Neur., Erg.-Bd. 1, 668. Berlin 1924. — Best, F.: Pflügers Arch. 136, 248 (1910) — Graefes Arch. 93, 49 (1917) — Zbl. Ophthalm. 3, 193, 241 (1921). — Niessl, E.: Arch. f. Psychiatr. 39, 586, 1070 (1905) — Graefes Arch. 104, 293 (1921). — Minkowski, M.: Pflügers Arch. 141, 171 (1911) — Dtsch. Z. Nervenheilk. 41, 109 (1911) — Arb. hirnanat. Inst. Zürich H. 7. (1913) — Mschr. Psychiatr. 35, 420 (1914) — Schweiz. Arch. Neur. 6, 201; 7, 268 (1920) — Encéphale 17, 65 (1922). — Löwenstein, K.: Arb. hirnanat. Inst. Zürich H. 5 (1911). — Szily, A. v.: Atlas der Kriegsaugenheilkunde. Stuttgart 1916/18. — Brouwer, B.: Mschr. Psychiatr. 41, 129 (1917) — (mit W. P. C. Zeeman): J. of Neur. 6, 21 (1925). — Igersheimer: Graefes Arch. 97, 105 (1918); 98, 67 (1919); 101, 79 (1919). — Saenger, A.: Dtsch. Z. Nervenheilk. 70, 12 (1921). — Brown, G.: Arch. néerl. Physiol. 7, 571 (1922). — Bing, R.: Gehirn und Auge, 2. Aufl. München 1923. — de Lapersonne u. Canbonnet: Manuel de neurologie oculaire. 2. éd. Paris 1923. — Lutz, A.: Klin. Mbl. Augenheilk. 70, 213 (1923) — Graefes Arch. 116, 184 (1925). — Oppenheim, H.: Lehrb. d. Nervenkrankh., 7. Aufl. (bearb. von K. Goldstein), S. 1068ff. Berlin 1923. — Pfeiffer, R. A.: Myelogenetisch-anatomische Untersuchungen über den zentralen Abschnitt der Sehleitung. Monographien Neur. H. 43. Berlin 1925. — Cords, R.: Münch. med. Wschr. 72, Nr 47, 2003 (1925). — Traquair: Brit. J. Ophthalm. 9, 53 (1925). — Hoorens: Bull. Soc. belge Ophthalm. 1926, 41. — Balado, M. u. E. Adrogué (betr. Lähmung assoziierter Augenbewegungen): Arch. Oftalm. de Buenos-Aires 3, 12 (1927). — S. Poljak (betr. absteigender Leitungen aus der Area striata der Katze zum vorderen Paar der Vierhügel sowie durch den Hirnschenkelfuß zu den Brückenkernen): J. comp. Neur. 44, 197 (1927).

oder durch örtliche künstliche Reizung auszulösen sind (vgl. Abb. 332). Es sind dies (nach der Einteilung und Bezeichung von TSCHERMAK):

1. das *Spähzentrum oder präzentrale bzw. frontale Blickzentrum* für konjugierte Bewegungen der Augen und des Kopfes zwecks Aufsuchens eines erwarteten Gegenstandes (centre sensitivo-moteur nach J. ROUX[1]). Dasselbe ist einerseits durch Reizversuche bei Hund, Katze, Affe nachgewiesen (Wendung der Augen nach der Gegenseite, aber auch Vertikalbewegungen und Konvergenz — FERRIER, SCHÄFER und MOTT, RUSSELL, C. und O. VOGT; an Anthropoiden BEEVOR und HORSLEY, SHERRINGTON und GRÜNBAUM sowie LEYTON[2]). Beim

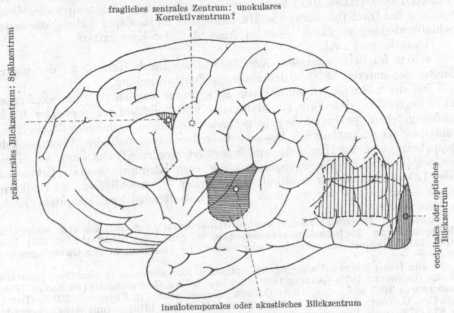

Abb. 332. Diagramm der Lokalisation der drei bzw. vier Blickzentren in der linken Hemisphäre des menschlichen Gehirns. (Nach TSCHERMAK.)

Menschen ist dieses Zentrum nach direkten Reizergebnissen (BECHTEREW, FÖRSTER[3]) und klinischen Erfahrungen[4] in den Fuß der zweiten Stirnwindung, bzw. an das Ende der zweiten Stirnfurche zu lokalisieren.

2. das *optische Blickzentrum oder occipitale Zentrum für konjugierte Augenbewegungen* auf optische Reize — einschließlich der Fusionsbewegungen (BEST) (centre sensorio-moteur nach J. ROUX), wahrscheinlich identisch mit der

---

[1] ROUX, J.: Arch. de Neur. (2) 8, 177 (1899).
[2] LEYTON, A. S. F. u. C. S. SHERRINGTON: Quart. J. exper. Physiol. 11, 135 (1917).
[3] BECHTEREW, W. v.: Arch. (Anat. u.) Physiol., Suppl. 1899, 543. — FOERSTER, O.: Dtsch. Z. Nervenheilk. 77, 124 (1924)
[4] Dieselben betreffen einerseits die Reizerscheinung von Wendung beider Augen nach der Gegenseite (Déviation conjuguée contralatérale), andererseits den Lähmungseffekt von Ablenkung beider Augen nach derselben Seite (Déviation conjuguée homolatérale) und Erschwerung oder Aufhebung der willkürlichen Wendung nach der Gegenseite. Vgl. speziell H. SAHLI: Dtsch. Arch. klin. Med. 86, 1 (1906). — UHTHOFF, W.: Graefe-Saemischs Handb. d. Augenheilk., 2. Aufl. 11 (2) (1915). — KRAUSE, F.: Arch. klin. Chir. 114, 443 (1920). — HOLMES, G.: Brit. J. Ophthalm. 5, 241 (1921). — R. ARGAREÑAS und E. ADROGUÉ (Arch. Oftalm. Buenos Aires 3, 752 [1928]) betrachten nur das frontale Zentrum als das primäre, den Temporal- und Parietallappen als assoziativ darauf wirksam.

Sehsphäre[1], d. h. dem primären optischen Zentrum[2] — beim Menschen in Analogie zu den Reizergebnissen am Affen[3] (Wendung nach der Gegenseite, aber auch Vertikalbewegung und Konvergenz — Schäfer, Sherrington, Levinsohn, C. und O. Vogt), ferner nach dem Verhalten der Markscheidenentwicklung (Flechsig, Pfeiffer) und nach klinischen Erfahrungen (Henschen u. a.) — gelegen in den beiden Lippen der Fissura calcarina und im Occipitalpol;

3. das *akustische Blickzentrum* oder insulo-temporale Zentrum für konjugierte Augenbewegungen auf Gehöreindrücke hin — höchstwahrscheinlich identisch mit der Hörsphäre[4], d. h. dem primären akustischen Zentrum — beim Menschen[5] nach den myologenetischen Feststellungen (Flechsig) und klinischen Daten (Henschen) lokalisiert in der hinteren oder temporalen Querwindung der Insel (im Sinne von Heschel) und im insularen Abhang der ersten Schläfenwindung zu dieser — unter Ausschluß der Konvexität[6].

Dazu kommt evtl.

4. das fragliche *unokulare Korrektivzentrum* (nach Hitzig) an der oberen Grenze des unteren Drittels der vorderen Zentralwindung.

Bei der mehrseitigen Zufuhr von Erregungen zu den Augenmuskelkernen ist es begreiflich, daß Fälle von dauernder und vollständiger corticaler Blicklähmung fehlen (während vorübergehende Störungen sichergestellt sind) — zumal es als wahrscheinlich bezeichnet werden kann, daß die Augenmuskeln doppelseitig von der Hirnrinde aus innerviert werden (Wernicke). — (Über die Augen- und Kopfbewegungen, welche vom Kleinhirn sowie reflektorisch vom Labyrinth und der Vestibularisleitung her — einschließlich des Endkernlagers — vermittelt werden, muß in den betreffenden Spezialkapiteln nachgelesen werden[7].)

Unter den efferenten oculomotorischen Stabkranzleitungen sind die vom occipitalen Blickzentrum bzw. der Sehsphäre entspringenden am genauesten bekannt[8] (Abb. 333). Ihre feinen Fasern nehmen als sekundäre oder motorische Strahlung in der Gratioletschen

---

[1] Die früher übliche Verlegung des optischen Blickzentrums in den Gyr. parietalis inferior (Landouzy 1877, Grasset 1879 u. a.) bzw. in den Gyr. angularis [de Boyer 1879, Bernheimer 1903 u. a. — vgl. dazu O. Zoth: Nagels Handb. d. Physiol. 3, 331ff. (1905), auch C. u. O. Vogt: J. Psychol. u. Neur. 15, Erg.-H. 1, 399 (1919) — (mit Bárány) ebenda 30, 87 (1923) sowie Levinsohn: Graefes Arch. 71, 313 (1909)] muß als unzutreffend bezeichnet werden. Die dafür angezogenen Versuche von Ferrier, Bechterew und Bernheimer am Affen (widerlegt von Hitzig, Horsley und Schäfer, Sherrington und Grünbaum) bedeuten ebenso wie die dafür angeführten klinischen Fälle ein Mitbetreffen der darunter verlaufenden motorischen Sehstrahlung, welche jedoch tatsächlich der Calcarinaregion entstammt [vgl. A. Tschermak: 1905, 30, 38, 42, 43, 98, 104; s. auch G. Holmes: Brit. J. Ophthalm. 5, 241 (1921)].

[2] Bezüglich der Lokalisation der Sehsphäre sei auf die Darstellung der Physiologie des Großhirns verwiesen.

[3] Die Reizungsergebnisse bei Hund und Katze (Ferrier, Carville und Duret, Luciani und Tamburini u. a. — zit. Tschermak 1905, 30) weisen nur allgemein auf die Occipitalregion hin und beziehen sich vermutlich auf die hier im Recurrensbuckel gelegene Sehsphäre [A. Tschermak: Zbl. Physiol. 19, 335 (1905) — F. Kurzveil (unter Tschermak): Pflügers Arch 129, 607 (1909)].

[4] Es besteht auch die Möglichkeit, daß aus der Riech-Schmecksphäre analoge Leitungen nach den Augenmuskelkernen absteigen.

[5] In Versuchen am Affen (Ferrier, Luciani und Tamburini, C. und O. Vogt u. a.) und Hund (Hensen und Völkers) wurde von der ersten Schläfewindung bzw. vom Gyr. comp. ant. aus Wendung von Augen und Kopf nach der Gegenseite erhalten.

[6] Flechsig, P.: Ber. d. sächs. Ges. Wiss. 1904, S. 50, 177. — Neurol. Zbl. 27, 50 (1908). — Tschermak, A.: 1905, spez. S. 105, 167. — Perez, F.: Oreille et encephale. Paris 1905. — Fuse, F.: Arb. hirnanat. Inst. Zürich H. 10 (1916). — Henschen, S. E.: J. Psychol. u. Neur. 22, Erg.-H. 3 (1918).

[7] Vgl. dazu die jüngste Spezialarbeit von M. Bartels: Graefes Arch. 117, 538 (1926).

[8] Flechsig, P.: Ber. d. sächs. Ges. Wiss. 1904, 50, 177. — Tschermak, A.: 1905, spez. S. 156, 164ff. — Brouwer, R.: Mschr. Psychiatr. 41, 129 (1917).

„Sehstrahlung" die Mitte ein zwischen der (medialsten) Balkenschicht und der (lateralen) dickfaserigen, primären oder sensorischen Sehstrahlung. Sie steigen teils ab zum sekundären Pulvinar, teils zum vorderen Paar der Vierhügel, teils direkt zu den Augenmuskelkernen[1]. Aus dem vorderen Vierhügel[2] läuft ein absteigendes System, das quadrigemino-

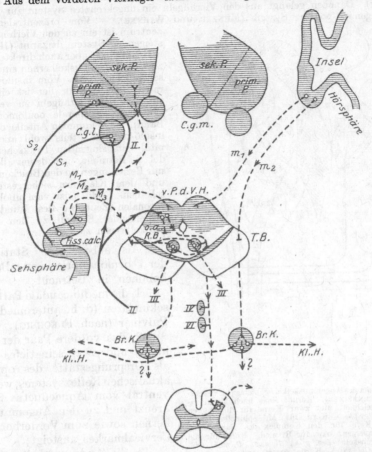

Abb. 333. Schema der Stabkranzbahnen der Sehsphäre und der Hörsphäre (nach TSCHERMAK). Sensorisch (primäre Sehstrahlung): S_1 Kniehöcker-Rindenbahn, S_2 Pulvinar-Rindenbahn. Motorisch (sekundäre Sehstrahlung): M_1 Rinden-Pulvinarbahn, M_2 Rinden-Vierhügelbahn (quadrigeminale oculomotorische Bahn des occipitalen Blickzentrums), M_3 Rinden-Augenmuskelkernbahn (direkte oculomotorische Bahn des occipitalen Blickzentrums). Sensorisch (primäre Hörstrahlung – nicht gezeichnet!): s_1 Kniehöcker-Rindenbahn, s_2 Pulvinar-Rindenbahn. Motorisch (sekundäre Hörstrahlung): m_1 Rinden-Vierhügelbahn (quadrigeminale oculomotorische Bahn des temporalen Blickzentrums — dazu noch eine direkte oculomotorische Bahn zu den Augenmuskelkernen?), m_2 (T. B.) temporale Großhirnrinden-Brückenbahn oder TÜRKsche Bündel. Bemerkungen: Nach dem vorderen Paare der Vierhügel denke man sich ferner die Rinden-Vierhügelbahn oder quadrigeminale oculomotorische Bahn des präzentralen Blickzentrums absteigen, ebenso die Endzweige der quadrigeminalen Abteilung des Gowers-Trakt einstrahlen. Nach den Augenmuskelkernen steigt noch eine direkte Bahn aus dem präzentralen Blickzentrum herab. Auch die Verbindungen der Vierhügel und der Kniehöcker sind nicht eingezeichnet, ebenso das absteigende System aus dem vorderen Paare der Vierhügel zur Brücke. Abkürzungen: $C. g. l.$ = Corpus geniculat. lat., $C. g. m.$ = Corpus geniculat. med., $Fiss. calc.$ = Fissura calcarina, $v. P. d. V.H.$ = vorderes Paar der Vierhügel, $o. a. R.B.$ = optisch-akustische Reflexbahn HELDS, $Br.K.$ = Brückenkerne, $Kl.H.$ = Kleinhirn.

[1] Vgl. dazu D. HOLLANDER: Arch. de Biol. 32, 249 (1922). — PFEIFFER, R. A.: Myologenet. anat. Untersuchungen. Berlin 1925.

[2] Vgl. die grundlegenden Reizversuche an jungen Hunden (mit durchweg assoziierten Bewegungseffekten an beiden Augen sowie am Kopfe) von E. ADAMÜCK [unter F. C. DONDERS: Onderz. physiol. Labor. Utrecht, 2. R. 3, 140 (1870) — Graefes Arch. 18 (2), 169 (1871)] sowie die Ergänzungen durch ST. BERNHEIMER: Sitzgsber. Akad. Wiss. Wien, Math.-naturwiss. Kl. III 108, 98 (1899). — TOPOLANSKI, A.: Graefes Arch. 46 (2), 452 (1898). — DE LANGE: Psychiatr. Bl. (holl.) 1910, Nr 1. Ferner die jüngste anatomische Darstellung von L. CASTALDI: Boll. d'Ocul. 1, 470 (1922).

69

spinale System oder die optisch-akustische Reflexbahn Helds, durch die fontänenartige Haubenkreuzung Meynerts (nicht aber durch die Forelsche und die Guddensche Commissur) in die Schleifenregion und endigt teils an den Augenmuskelkernen beider Seiten, teils durch Fissurenstrang absteigend am Vorderhorn des Halsmarkes (für die Nackenmuskulatur). Daneben gelangt aus den Vierhügeln ein ungekreuztes System zur Brücke, das quadrigemino-pontine System (Münzer und Wiener). — Vom präzentralen Spähzentrum ist ein zu den Vierhügeln absteigendes System bekannt (Horsley und Beevor); aber auch direkte Fasern zu den Augenmuskelkernen sind wahrscheinlich (Piltz). Vom insulo-temporalen Blickzentrum her ist eine Leitung zu den Vierhügeln zu vermuten (Försters temporale oculomotorische Bahn), auch kommen Anteile der teils insulo-temporal, teils wohl auch occipital entspringenden Türkschen Bündel in Betracht, von denen allerdings nur Beziehungen zu den Brückenkernen und dem Kleinhirn sichergestellt erscheinen. Endlich ist vom unokularen coronalen Zentrum des Hundes ein absteigendes System zu den Augenmuskelkernen zu vermuten.

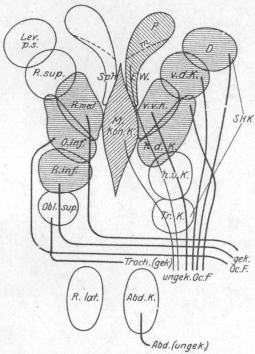

Abb. 334. Schema des Augenmuskelkerngebietes (im wesentlichen nach Bernheimer). Kerne: *links* nach Muskelzugehörigkeit bezeichnet, und zwar Kerne für die inneren Augenmuskeln: *Sph.* = Kern für M. sphincter iridis. *M. Kon. K.* = Kern für den Komplex des Nahesehens, speziell für Konvergenz bzw. für R. med. Kerne für die äußeren Augenmuskeln: *Lev. p. s., R. sup., R. med., Obl. inf., R. inf., Obl. sup.* Kerne: *rechts* mit dem topographischen bzw. Entdeckernamen bezeichnet *P.* = Perlias Kern, *E.-W.* = Edinger-Westphals Kern, *m* = paariger kleinzelliger Medialkern nach Bernheimer, *M. Kon. K.* = unpaariger großzelliger Mediankern nach Bernheimer, *D.* = Darkschewitschs Kern oder vorderer lateraler Kern, *v. d. K.* = vorderer dorsaler Kern, *v. v. K.* = vorderer ventraler Kern, *h. d. K.* = hinterer dorsaler Kern, *h. v. K.* = hinterer ventraler Kern, *Tr. K.* = Trochleariskern, *S.H.K.* = Seitenhauptkern nach Bernheimer. Wurzelfasern (nur für die *rechtsseitigen* Nervenstämme gezeichnet): *ungek. Oc. F.* = ungekreuzte Oculomotoriusfasern aus den Kernen für *Cil., Sph., R. med.* (Konvergenz) und für *Lev. p. s., R. sup., Obl. inf., R. med.* (Seitenwendung); *gek. Oc. F.* = gekreuzte Oculomotoriusfasern aus den Kernen für *Obl. inf., R. med.* (Seitenwendung), *R. inf. Troch.* = durchweg gekreuzte Trochleariasfasern für *Obl. sup. Abd.* = durchwegs ungekreuzte Abducensfasern für *R. lat.*

Als subcorticale Stationen[1] der oculomotorischen Bahnen kommen in Betracht:

1. die medio-caudale Partie des sekundären (d. h. anteromedialen) Pulvinar (nach Flechsig);

2. das vordere Paar der Vierhügel, und zwar sein tiefes Grau als Ursprungsstätte des optisch-akustischen Reflexsystems, welches ventral vom Aquaeductus Sylvii kreuzt und zu den Augenmuskelkernen sowie zum Vorderhorn des Cervicalmarkes absteigt;

3. die Augenmuskelkerne.

Bezüglich der Anordnung der letzteren sei das nebenstehende Schema[2] geboten (Abb. 334), in welchem einerseits — mediocaudal hinter den beiden kleinzelligen

[1] Über die Frage eines pontinen Blickzentrums nach Wernicke (1876) vgl. speziell H. Oppenheim: Lehrb. d. Nervenkrankh., 7. Aufl. (bearb. von K. Goldstein), S. 1067. Berlin 1923.

[2] Im wesentlichen nach St. Bernheimer: Graefe-Saemischs Handb. d. Augenheilk., 2. Aufl. 1, Kap. 6 (1899). — Unter den neueren Darstellungen sei hier speziell die Studie von C. Frank [J. Psychol. u. Neur. **26**, 200 (1921)] sowie die Darstellungen der embryologischen Entwicklung des Oculomotoriuskernes von F. Muñoz Urra [Graefes Arch. **107**, 123 (1922)], M. Montalti [Atti congr. Soc. ital. di Oftalm. Roma 1924], J. C. Mann [J. of Anat. **61**, 424 (1927)], R. Ribas Valero [Arch. Oftalm. hisp. amer. **28**, 545 (1928)], Beauvieux [Arch. d'ophtalm. **46**, 401 (1929)] angeführt. Betr. Abducenskern: Luppino: Ann. di ottalm. **56**, 420 (1928). Bezüglich des vorderen Paares der Vierhügel beim Menschen s. M. Montalti: Ann. di ottalm. **56**, 1 (1928).

Medialkernen (für die Pupilleninnervation) gelegen — der „unpaarige großzellige Mediankern" (BERNHEIMER[1]) für den Innervationskomplex des binokularen Nahesehens bzw. für Konvergenz und Akkommodation auffällt, andererseits der die paarweise Vertikalsynergie erleichternde unmittelbare Zusammenhang der Kerne für die beiden Heber (Rect. sup. und Obl. inf.) sowie der Kerne für die beiden Senker (Rect. inf. und Obl. sup.) — ersichtlich ist. Hingegen entbehrt die paarweise Rollungssynergie eines anatomischen Hinweises; es wäre denn, daß der Kern des Rect. sup. lateral nach hinten bis an den Trochleariskern reichte oder sonstwie mit diesem sinnfällig verbunden wäre — ebenso wie der Kern des Obl. inf. und des Rect. inf. Allgemein sei betont, daß die Assoziationen und Synergien nicht so sehr in den Hirnnervenkernen als der untersten Instanz, vielmehr wesentlich supranuclear begründet sind[2]. — Die früher genannten vier Kerne, einschließlich des vorderst gelegenen Kernes für den Levator palpebrae und des medialst gelegenen Kernes für den Rect. med., lassen sich als „Seitenhauptkern" zusammenfassen. Die Wurzelfasern des N. oculomotorius kreuzen zum Teil vor dem Austritt die Seite (GUDDEN, PERLIA, VAN GEHUCHTEN, BERNHEIMER u. a.), speziell gilt dies von Fasern, welche aus der Zellgruppe für den Rect. med., Obl. inf., Rect. inf. (bzw. aus der horizontalen Partie des EDINGER-WESTPHALschen Kerns im Gegensatze zu den homolateralen aus der vertikalen Partie) hervorgehen; die Wurzelfasern des N. trochlearis sind überhaupt vollständig gekreuzt, jene des N. abducens hingegen rein gleichseitig. Angesichts der ständigen Koppelung der beiden Senker und der binokularen Synergie beider Paare erscheint dieses Verhalten weniger paradox. Bezüglich des Näheren sei auf die Darstellung des Zentralnervensystems verwiesen.

Unklar ist noch die zentrale Vertretung der afferenten Nervenleitungen der Augenmuskeln. Daß dieselben neben den efferenten Fasern in den Augenmuskelnerven, nicht in Trigeminuszweigen emporsteigen, wurde bereits (S. 1060) angeführt. Sie könnten aber doch nach Eintritt in das Mittelhirn die Endstätte der mesencephalen Trigeminuswurzel (die selbst allerdings von den einen Autoren als afferent, von den anderen jedoch als efferent betrachtet wird), den Locus caeruleus, als Schaltstation benützen, so daß die zugehörigen sensibel-sensorischen Endkerne dorsal von den einzelnen motorischen Augenmuskelkernen angeordnet wären. Andererseits werden die kleinen Zellen, welche sich neben den zweifellos efferenten großen Zellen in den Augenmuskelkernen *selbst vorfinden, in Beziehung* zu den afferenten Fasern gebracht (McLEAN[3]).

---

[1] Zitiert auf S. 1090. Nach G. LENZ (Verh. dtsch. ophthalm. Ges. Heidelberg 1928) stellt das zuvorderst gelegene kleinzellige Gebiet, d. i. der Polkern und der Kopfteil der EDINGER-WESTPHALschen Kerne, bloß eine übergeordnete Durchgangsstation der pupillaren Reflexbahn dar und läßt keine Oculomotoriusfasern auftreten, während solche erst aus der Frontalspitze des großzelligen Seitenhauptkerns (*v. v. K.*) hervorgehen, welche in den genannten Kopfteil vordringt und den eigentlichen Kern der Sphincter pupillae darstellt.

[2] Dabei ist kein entscheidendes Gewicht gelegt auf A. MARINAS Transplantationsversuche an Augenmuskeln am Affen [Dtsch. Z. Nervenheilk. **44**, 139 (1912) — Neurol. Zbl. **1915**, 338], denen zufolge nach Ersatz des Rect. med. durch den Rect. lat. oder Obl. sup. doch schließlich wieder normale Konvergenzbewegungen eingetreten seien; vgl. die Kritik von M. BARTELS [Graefes Arch. **101**, 299 (1920)] und die Ergebnisse E. JACKSONs über ein recht beschränktes Umlernen nach analogen Umschaltungen beim Menschen [Amer. J. Ophthalm. (3) **6**, 117 (1923)].

[3] McLEAN, A. J.: Arch. of Neur. **17**, 285 (1927).

V. Grundlage und Charakter der Augenbewegungen sowie Beziehung derselben zur optischen Lokalisation.

Schon die Erkenntnis, daß unter den Vertikalmotoren jedes Auges eine zweifache Koppelung besteht, nämlich eine reine Vertikal- und eine reine Rollungskoppelung — wobei das Kooperationsverhältnis ganz konstant bleibt und, wenigstens im ersteren Falle, wahrscheinlich auch die relative Innervation beider Motoren stets eine gleich starke und nur die Wirkungsgröße eine nach der Muskelkraft verschiedene ist —, läßt uns für diese Einrichtung zweifellos eine *angeborene* oder bildungsgesetzliche Grundlage im Zentralnervensystem vermuten (Joh. Müller, Hering, Aubert pro — Helmholtz, Donders contra[1]). Nur durch eine solche ist es verständlich, daß eine isolierte Inanspruchnahme eines einzelnen Vertikalmotors ausgeschlossen ist. Die Erfahrung, daß die Vertikalkoppelung zur Vermeidung von Scheinbewegung bei Blickbewegung in Primärradianten führt, ist viel zu unsicher und weit hergeholt, als daß sie eine solche erstaunlich präzise innervatorische Verknüpfungsart herbeiführen könnte; die Rollungskoppelung andererseits ist dem Willen geradezu entzogen und tritt nur innerhalb des assoziativen Komplexes für Näherung und Fernerung des Blickes hervor (bzw. im Interesse der Kegeltransformation der Längshoropterfläche) sowie bei Korrektivbewegungen zwecks binoklarer Fusion oder bei statischen Lageänderungen zwecks Konstanterhaltung der Orientierung im Raume.

Auch die binokularen Synergien, und zwar sowohl die der Willkür unterworfene gleichsinnig-gleichmäßige Lateral-, Vertikal- und Distanzsynergie wie auch die dem Willen entzogene gegensinnig-gleichmäßige Vertikalsynergie und die gleichsinnig- oder gegensinnig-gleichmäßige Rollungssynergie, welche bei ihren korrektiv-kompensatorischen Leistungen durchweg die Vertikal- und Rollungskoppelung an jedem Einzelauge unberührt lassen, weisen sichtlich auf eine angeborene oder bildungsgesetzliche Grundlage hin, zumal da sie schon am neugeborenen Tiere und Menschen[2] hervortreten und, sobald nur die Hirnrinde reizbar ist, auch durch künstliche Erregung des präzentralen, occipitalen oder temporalen Blickzentrums hervorzurufen sind, also präformierte Nervenleitungen besitzen[3]. Bloße Gewöhnung und Erfahrung könnte

---

[1] Vgl. dazu auch den Zusatz von J. v. Kries zu Helmholtz' Physiol. Optik, 3. Aufl. **3**, 511ff. Derselbe vertritt für die koordinativen Leistungen am Einzel- wie am Doppelauge, speziell für die Leistung der konstanten relativen Orientierung bzw. der Listingschen Bewegungsweise sowie der binokularen Fixation eine „angeborene" oder bildungsgesetzliche Anlage, während er eine analoge Begründung für den Konvergenzmechanismus als fraglich bezeichnet und bei den Augenbewegungen neben der bildungsgesetzlichen Einrichtung das Mitwirken individueller Einübung betont.

[2] Hier sei nur daran erinnert, daß die meisten Augenbewegungen Neugeborener bereits deutlich assoziiert erscheinen [Hering: **1868**, 18ff. — Genzmer, A.: Inaug.-Dissert. Halle a. S. 1873. — Rählmann u. Witkowsky: Arch. Anat. u. Physiol. **1877**, 454. — Gutmann, M. J.: Arch. f. Psychol. **47**, 108 (1924). — Bartels, M., unter Betonung des Charakters als „Blindaugenbewegungen" zugleich mit Nystagmuszuckungen: Klin. Mbl. Augenheilk. **80**, 145 (1928)], wobei auch schon binokulare Fixation, welche allerdings in der Regel erst Ende des 3. Monates zu beobachten ist, vorkommen kann [Donders, F. C.: Graefes Arch. **17** (2), 34 (1871) — Pflügers Arch. **63**, 383 (1876)]. Daß bei Neugeborenen im schläfrigen Zustande auch nichtkoordinierte Bewegungen, vielleicht sogar solche auf Grund einseitiger Innervation, vorkommen, ist angesichts der schrittweisen Ausreifung des Zentralnervensystems nicht zu verwundern [vgl. M. J. Gutmann: Arch. f. Psychol. **47**, 108 (1924)]. Diese bringt es offenbar auch mit sich, daß binokulares Fixieren sowie Verfolgen bewegter Objekte bei Kindern in der Regel erst mit 5—6 Wochen zu beobachten ist, Überwindung vorgehaltener Prismen mit 5—6 Monaten (Cl. Worth: The squint., 5. ed., p. 20. London 1921).

[3] Vgl. die Details bei A. Tschermak: Nagels Handb. d. Physiol. 4 (1), spez. 29, 37, 177 (1905), sowie Erg. Physiol. **4**, 517, spez. 561 (1906).

niemals ein so striktes, ausnahmsloses Zusammenarbeiten (von der Eventualität rein unokularer Korrektivbewegungen abgesehen) hervorbringen.

Bezüglich des Verhältnisses von Augenbewegungen und optischem Raumsinn hat sich (speziell durch HERINGS Untersuchungen und Erwägungen[1]) klar ergeben, daß die Lokalisation des Einzelauges das Primäre ist und erst durch Vermittlung eines entsprechenden Wanderns der Aufmerksamkeit im Sehfelde die Unterlage für die Augenbewegungen abgibt. Daß nicht erst die Motilität den Raumsinn unseres Auges schafft, darauf weist auch der Umstand hin, daß — wie oben (S. 862) betont — nicht das Zentrum der Bewegungen, also der Drehpunkt, zugleich das Zentrum für die funktionelle Einteilung der Netzhaut abgibt, sondern eine erheblich *vor* dem Drehpunkt, ja selbst *vor* dem Perspektivzentrum gelegene Achsenstelle, — so daß geradezu eine geringe Stellungsparallaxe resultiert (vgl. S. 949, 981). Weit entfernt davon, die primäre Quelle der Lokalisation zu sein, ist die Stellung und Bewegung des Doppelauges nichts anderes als der *Ausdruck*, der psycho-reflektorisch eintretende *Effekt* der jeweiligen Lage der Aufmerksamkeit, somit eine *Folge* der primären Lokalisationsweise des Zielpunktes für den Blick. Optische Lokalisation, haploskopisches wie stereoskopisches Binokularsehen beteht *vor* jeglichen Augenbewegungen und *ohne* sie. Die Augenbewegungen ermöglichen nur die Auswertung dieser Anlage. Einerseits korrigieren sie gewisse, so gut wie nie fehlende Ungleichmäßigkeiten im Augenmuskelapparate beiderseits, die individuelle Heterophorie, infolge des anfänglichen Doppeltsehens und des daraus resultierenden Fusionszwanges, bringen also eine Stigmatik der motorischen Einstellung beider Augen zuwege. Andererseits gestatten sie ein sukzessives binokulares Fixieren und Scharfsehen aller Punkte des relativ ausgedehnten Blickraumes, wobei sukzessive jeder derselben zum Mittelpunkt der Ausgangsfläche der binokularen Stereoskopie bzw. des Längshoropters wird. Durch die Einrichtung einer Vertikalkoppelung der Augenmuskeln und damit einer Ausgangsstellung für rollungsfreie Radiärbewegung ist eine weitgehende, wenn auch nicht vollkommene (vgl. S. 981 ff.) Übereinstimmung erreicht zwischen dem Raumbilde des bewegten und dem des ruhenden Auges. Andererseits ermöglicht die gleichzeitig bestehende Rollungskoppelung eine ständige Symmetrie in der Orientierung beider Netzhäute.

Elementar-punktuell ist die angeborene sensorische Korrespondenz der Netzhäute. Nicht so vollkommen oder strikt kann die angeborene präformierte Kongruenz der Augenmuskelapparate sein, welche durchaus der nur angenäherten kongenitalen Symmetrie der beiden Körperhälften, speziell der Muskelapparate beider Extremitäten analog zu setzen ist. Diese Inkongruenz wird erst durch besondere Korrektivbewegungen funktionell ausgeglichen — wobei wohl die Möglichkeit einer gewissen allmählichen strukturellen Angleichung beider Hälften besteht, ohne daß diese — wie das reguläre Fortbestehen von Heterophorie nach Abklingen des „tonischen" Verkürzungsrückstandes zeigt — sehr weit gehen würde. *Sowohl das sensorische wie das motorische Zusammenarbeiten beider Augen erscheint sonach kongenital, d. h. bildungsgesetzlich begründet oder präformiert;* doch erweist sich die sensorische Korrespondenz ursprünglich weit exakter als die motorische. Gewiß ermöglicht erst die assoziierte Beweglichkeit der Augen die praktische Auswertung der sensorischen Verknüpfung beider; doch an und für sich sind beide Synergien unabhängig voneinander begründet, nicht erst die eine durch die andere verursacht. *Aber erst auf Grund sensorischer Verknüpfung* — und zwar infolge der Reizwirkung gleichgestalteter, die Aufmerksam-

---

[1] HERING, E.: Beiträge 5, spez. § 127, S. 344 ff. (1864).

keit fesselnder Doppelbilder — *erfährt die Motilität bzw. die Tonusverteilung auf dem Wege des zwangsmäßigen Fusionsreflexes eine korrektive Präzisionsregulierung.* Selbst bei erheblichen angeborenen Asymmetrien der Gleichgewichtslage beider Bulbi kommt auf diese Weise eine „tonische" Korrektur zustande. Umgekehrt besteht in Fällen von Unzulänglichkeit dieser motorischen Ausgleichseinrichtung, also in gewissen Fällen von Schielen die Möglichkeit einer adaptativen Abänderung des sensorischen Zusammenhanges der beiden Augen, die Möglichkeit des Erwerbes einer anomalen Sehrichtungsgemeinschaft neben oder geradezu an Stelle der angeborenen Korrespondenz — mit der Tendenz einer Wiederherstellung binokularen Einfachsehens trotz der motorischen Anomalie.

Ihrem Charakter nach sind die Augenbewegungen, soweit sie dem Spähen dienen, wahre Intentionsbewegungen, soweit sie jedoch dem Aufsuchen oder Verfolgen eines optisch oder akustisch bereits erfaßten Eindruckes dienen, stellen sie zugelassene psycho-optische Reflexbewegungen dar, wobei „die Aufmerksamkeit den Sinnesreiz, speziell das Netzhautbild, zum Reflexreiz macht" (Hering). Für die Ausgleichsbewegungen, d. h. die Näherungs-Fernerungsbewegungen wie für die Korrektivbewegungen im engeren Sinne, stellt die nichtkorrespondente, speziell die querdisparate Abbildungsweise, sobald der zugehörige Eindruck die Aufmerksamkeit auf sich zieht, eine Art von Reflexreiz dar, der geradezu als „Fusionszwang"[1] wirkt. Dabei wird die Extensität der Fusionsleistung, die „Fusionsbreite", charakterisiert durch den größten Raumunterschied bzw. den größten Disparationswinkel, bei welchem eben gerade noch der Ausgleichsmechanismus einsetzen kann; diese Leistung ist natürlich von den jeweiligen äußeren wie inneren Bedingungen abhängig, daher von erheblicher Variabilität. Die Intensität der Fusionsleistung, die „Fusionsanspruchsfähigkeit", äußert sich in der Geschwindigkeit des Einsetzens und des Verlaufes der Ausgleichsbewegung, welche zu korrespondierender Abbildungsweise bzw. zu binokularem Einfachsehen führt. In der Regel, jedoch nicht ausnahmslos verhalten sich extensive und intensive Leistung, Breite und Anpassungsfähigkeit des Fusionsvermögens bei den einzelnen Individuen reziprok (M. H. Fischer[2]); die Störung dieses Vermögens ist eine der Hauptursachen des Schielens (Worth[3]).

Die Augenmuskeln wurden aber im vorstehenden nicht bloß als motorische, sondern zugleich als sensorische Organe betrachtet, indem sie zwar nicht lokalisierte, auf die einzelnen Motoren bezogene Kraftempfindungen produzieren, wohl aber entsprechend einer bestimmten Augenstellung bzw. einer bestimmten Verteilung aktiver, afferent wirksamer Spannung bestimmte egozentrische Empfindungen — nämlich „Geradevorne (vor mir)" und „Gleichhoch (mit mir)" — in speziellem Grade mitbestimmen und damit eine wesentliche Grundlage für die egozentrische optische Lokalisation schaffen.

---

[1] Allerdings können gewisse Personen das Eintreten von Ausgleichsbewegungen, speziell die Lateralsynergien, willkürlich mehr oder weniger hemmen.

[2] Fischer, M. H. (unter A. Tschermak): Graefes Arch. **108**, 251 (1922).

[3] Worth, Cl.: Squint. 5. ed. London 1921. Dtsch. Übers. von E. H. Oppenheimer. Berlin 1905.

Der Sehakt bei Störungen im Bewegungsapparate der Augen.

Von
A. BIELSCHOWSKY
Breslau.

Zusammenfassende Darstellungen.

HERING, E.: Lehre vom binokularen Sehen. Leipzig 1868. — BIELSCHOWSKY, A.: Die Motilitätsstörungen der Augen usw. Handb. d. ges. Augenheilk., herausgeg. von Graefe-Sämisch. II. Aufl. Lieff. 111, 183, 192.

I. Latentes Schielen (Heterophorien).

Für die Ergebnisse der experimentellen Forschung auf dem Gebiete des Raumsinns und der Augenbewegungen bilden die bei Stellungsanomalien und Motilitätsstörungen (Strabismen, Paresen) gewonnenen Erfahrungen eine wertvolle Kontrolle und Ergänzung. Insbesondere erhält man von der Bedeutung des *Fusionsapparates* für den Sehakt und von seiner Leistungsfähigkeit erst durch das Studium jener Anomalien die richtige Vorstellung. Zunächst verhütet der „Fusionszwang" bei der großen Mehrzahl der Menschen das Manifestwerden von Schielen, das als *latente* Stellungsanomalie (*Heterophorie*) bei mindestens 80—90% aller Menschen besteht, ohne daß daraus für gewöhnlich irgendwelche Beschwerden resultieren. Aus der (latenten) Heterophorie wird ein (manifester) Strabismus, wenn ein Auge durch Erkrankung oder Verletzung blind oder so schwachsichtig wird, daß von ihm kein „Fusionsreiz" mehr ausgehen kann.

Meine an einem sehr großen Material derartiger Patienten angestellten Untersuchungen[1] ergaben, daß ein vollkommenes „Muskelgleichgewicht" — die ideale Augenstellung (*Orthophorie*) — sehr selten, Abweichungen davon (Heterophorien) die Regel sind. Und zwar besteht in der großen Mehrzahl der Fälle eine Divergenz, nur in einer Minderzahl eine Konvergenz, noch seltener eine Vertikaldivergenz[2]. Das Mißverhältnis zwischen Divergenz und Konvergenz ist bei Kindern wesentlich geringer als bei Erwachsenen: Kinder unter 15 Jahren zeigen nach Verlust des binokularen Sehens 5mal so häufig einen Strabismus conv., als Patienten von 30 Jahren, was dafür spricht, daß sich mit dem Wachstum die die Augenstellung bestimmenden topographisch-anatomischen Verhältnisse im Sinne einer zunehmenden Disposition zur Divergenz ändern.

Daß ein „ideales" Muskelgleichgewicht (Orthophorie) ebenso selten ist wie die „ideale" Refraktion (Emmetropie), ist leicht verständlich. Voraussetzung für eine ganz gleichmäßige Orientierung beider Augen in ihren Höhlen wäre eine derart vollkommene Kongruenz der Orbitae und ihres Inhaltes, wie sie bei der physiologischen Asymmetrie der beiden Gesichtshälften kaum denkbar ist. Die Ruhelage der Augen ist abhängig von der Form, Größe und

---

[1] BIELSCHOWSKY, A.: Über die relative Ruhelage der Augen. Ber. üb. d. 39. Vers. d. Ophthalm. Gesellsch. Heidelberg 1913.

[2] Meridian- (Rollungs-) Ablenkungen (Cyclophorien) waren bei diesem Material nicht festzustellen, sie spielen aber zweifellos eine ganz untergeordnete Rolle.

Achsenrichtung der Orbitae, der Form und Größe der Augäpfel, den Beziehungen zwischen letzteren und deren Adnexen (Bindehaut, Lidern, Muskeln, Fascien, Fettgewebe usw.), die wiederum hinsichtlich ihres Volumens, der Verlaufsrichtung usw. variieren können. Individuelle Besonderheiten dieser die Ruhelage der Augen bestimmenden mechanischen Faktoren liegen den der Art und dem Grade nach verschiedenen Strabismen bzw. Heterophorien zugrunde. Solange die Lage der Augen zueinander durch den Einfluß des Fusionszwanges reguliert wird, entsteht aus den Anomalien der Ruhelage kein oder höchstens ein vorübergehend — bei Ermüdung, mangelhaftem Allgemeinbefinden — manifestes Schielen, da bei Erregung disparater Netzhautstellen durch den Gegenstand der Aufmerksamkeit diejenige Innervation des motorischen Apparates veranlaßt wird, welche die Schielstellung ausgleicht und dadurch die disparate Bildlage in eine korrespondierende umwandelt.

Eine Eigentümlichkeit dieser *Ausgleichsinnervationen* besteht darin, daß sie nach Ausschaltung des sie erzeugenden Fusionszwanges nicht sofort und restlos aufgegeben werden, sondern nur sehr allmählich und nicht gleichmäßig abklingen. Das Fortbestehen eines größeren oder kleineren Restes der tonischen Ausgleichsinnervation bei nur vorübergehender Ausschaltung des Fusionszwanges — analog dem Verhalten des Ciliarmuskeltonus der jugendlichen Hyperopen bei Vorsetzen von Konvexgläsern — erschwert die exakte Bestimmung der Heterophorie mittels der gewöhnlichen Untersuchungsmethoden. Noch mehr erschwert wird sie durch die Ungleichmäßigkeit des Abklingens der Ausgleichsinnervation. Bei wiederholten Untersuchungen eines und desselben Patienten unter scheinbar ganz gleichen Bedingungen schwanken die Befunde, also die Größe und auch die Richtung der manifest werdenden Schielablenkung in weiten Grenzen. Diese Schwankungen sind nur zum Teil auf die schon von F. B. HOFMANN und A. BIELSCHOWSKY[1] festgestellte Tatsache zurückzuführen, daß die dem Willen nicht unterstellten (gegensinnigen) Innervationen bei Ermüdung und mangelhafter Konzentrationsfähigkeit schwerer und in geringerem Umfange aufzubringen sind, als bei körperlicher und geistiger Frische des Beobachters. Nicht selten wird die durch Aufhebung des binokularen Sehens allmählich manifest werdende Ablenkung auch während der einzelnen Untersuchungen bald allmählich, bald sprunghaft größer und wieder kleiner, ohne daß eine Ursache für die hierin zum Ausdruck kommenden Schwankungen des „Ausgleichstonus" nachweisbar sind.

Eine raschere und vollständigere *Erschlaffung der Ausgleichsinnervation* als mittels bloßer Ausschaltung des Fusionszwanges kann man dadurch erreichen, daß man bei dem Untersuchten eine der Ausgleichsinnervation entgegenwirkende Innervation einleitet[2].

Das Prinzip dieses Verfahrens ist folgendes: Bei Anwendung einer der gewöhnlichen Methoden der Ausschaltung des Fusionszwanges (farbige Differenzierung der beiderseitigen Netzhautbilder, Vorsetzen eines Vertikalprismas oder des Maddoxstäbchens vor ein Auge usw.) findet man z. B. eine Exophorie (latente Divergenz) von 2°. Man läßt nun binokular die kleine Flamme im Zentrum der Tangentenskala fixieren und erzeugt durch Drehung des vor das eine Auge gehaltenen rotierbaren Doppelprismas ganz allmählich eine Bildverschiebung im Sinne einer gleichseitigen Disparation, die der Fusionszwang durch eine Divergenzinnervation ausgleicht. Bei zunehmender Verstärkung der Prismenwirkung tritt schließlich Zerfall der fixierten Flamme in (gleichseitige) Doppelbilder ein. Vertauscht man in diesem Moment das Doppelprisma mit einem dunkelfarbigen Glase oder dem Maddoxstäbchen, so gibt der Untersuchte gekreuzte Doppelbilder an, deren Abstand — in dem gewählten Beispiel — einer Divergenz von 6° entspricht, aber ziemlich rasch auf 4° zurückgeht. Dieser Betrag bleibt mit sehr geringen Schwankungen für die Dauer der Ausschaltung des Fusionszwanges stationär und repräsentiert (annähernd) die durch Erschlaffung der Ausgleichs-(Konvergenz-) Innervation aufgedeckte Heterophorie. Der Betrag von 2°, um welchen die

---

[1] HOFMANN, F. B. u. A. BIELSCHOWSKY: Über die der Willkür entzogenen Fusionsbewegungen der Augen. Pflügers Arch. **80**, 15 (1900).
[2] BIELSCHOWSKY, A. u. A. LUDWIG: Wesen und Bedeutung latenter Gleichgewichtsstörungen der Augen usw. Graefes Arch. III **62**, 409 (1906).

mittels des Doppelprismas erzielte Divergenz (6°) den am Schluß der Untersuchung verbleibenden Divergenzrest (4°) übersteigt, stellt die vom Fusionszwang bewirkte „aktive" Divergenz dar. Diese hatte sich zu der „passiven" Divergenz summiert, die durch Erschlaffung der Konvergenzinnervation unter dem nämlichen Zwange zunächst entstanden war. Die „aktive" Divergenz verschwindet, sobald der Fusionszwang nicht mehr wirkt, die „passive" bleibt bestehen.

Die bei Bestimmung der Fusionsbreite mittels haploskopischer oder Prismenapparatur ermittelten Werte bieten natürlich schon gewisse Anhaltspunkte für die individuellen Verschiedenheiten der Ruhelage. Wenn jemand z. B. beim ersten Versuche eine positive Vertikaldivergenz von 3° aufbringt, so weist das auf eine entsprechende Anomalie der Ruhelage (Hyperphoria dextra) hin, namentlich wenn die entgegengesetzte Fusionsbewegung (negative Vertikaldivergenz) erheblich unter dem Durchschnittswert (1—2°) bleibt. Hierbei ist zur Vermeidung von Irrtümern daran zu erinnern, daß 2 antagonistische Fusionsbewegungen nicht unmittelbar nacheinander geprüft werden dürfen, da der nach Prüfung der einen Fusionsbewegung längere Zeit verbleibende, tonisch wirkende Innervationsrest die antagonistische Innervation nicht zu der gleichen Wirkung gelangen läßt, wie sie bei Beginn der Untersuchung mit dieser letzteren zu erzielen ist (vgl. F. B. HOFMANN und A. BIELSCHOWSKY[1]).

Ein zuverlässiges Maß für etwaige Heterophorien liefert die Bestimmung der Fusionsbreite aber schon aus dem Grunde nicht, weil einerseits die Augen von Individuen mit annähernd normaler Ruhelage auf „Fusionsreize" verschieden reagieren, andererseits die Fusionsbreite eines und desselben Individuums, wenn sie zu verschiedenen Zeiten geprüft wird, sehr variieren kann je nach dem physischen und psychischen Befinden des Untersuchten. Außerdem zeigt die Fusionsbreite auch sehr erhebliche individuelle Verschiedenheiten. Einerseits begegnet man Fällen, in denen die zur Überwindung hochgradiger latenter Ablenkungen erforderlichen außergewöhnlichen Fusionsleistungen — z. B. Vertikaldivergenzen bis zu 20° — mühelos aufgebracht werden, andererseits auch Fällen mit ganz geringfügiger Heterophorie, deren Überwindung durchaus im Rahmen der durchschnittlichen (normalen) Fusionsbreite läge, aber trotzdem ausbleibt, woraus entweder lästiges Doppeltsehen oder mannigfaltige, unter dem Begriff der „muskulären Asthenopie" zusammengefaßte Beschwerden (Kopfschmerzen usw.) entstehen. Derartige Beobachtungen zeigen erstens, daß jahre- und jahrzehntelange Übung, wie sie durch den Zwang zur Überwindung von Heterophorien erlangt wird, den Fusionsapparat zu Leistungen befähigt, die weit über die bei den experimentell-physiologischen Untersuchungen der Fusionsbreite gefundenen Grenzen hinausgehen. Sie zeigen ferner die weitgehende Abhängigkeit des Fusionsapparates vom Allgemeinbefinden, und zwar nicht bloß in Gestalt der schon erwähnten physiologischen Schwankungen. Infolge einer körperlichen Erschöpfung oder schweren seelischen Erregung kann der Fusionsapparat für lange Zeit, sogar dauernd versagen: er vermag dann auch die kleinste Disparation der Netzhautbilder nicht mehr durch die entsprechende Fusionsbewegung auszugleichen, trotzdem die sensorische Korrespondenz ungestört ist, und die auf Deckstellen liegenden oder dahin gebrachten Bilder regelrecht verschmolzen bzw. in identische Richtungen lokalisiert werden. Der voll ausgeprägte Typus dieser Störung zeigt bei Prüfung der Blickfeldgrenzen eine völlig normale Motilität, auch völlig normale *gleich*sinnige Bewegungen, demgegenüber ein völliges Fehlen aller *gegen*sinnigen Augenbewegungen. Je nachdem bei derartigen Individuen Heterophorie oder Orthophorie besteht, sehen sie die Gegenstände in *allen* Entfernungen oder nur in der *Nähe* wegen der Unfähigkeit zur Konvergenz doppelt.

---

[1] HOFMANN, F. B. u. A. BIELSCHOWSKY: Zitiert auf S. 1096.

In der amerikanischen Fachliteratur spielt die Erörterung der Beschwerden, die von Heterophorien bzw. den zu ihrem Ausgleich erforderlichen Innervationen abgeleitet werden, eine sehr viel größere Rolle als hierzulande. Man hat den Eindruck, daß in Amerika Heterophorien zwar sicher nicht häufiger vorkommen als in Europa, aber wesentlich häufiger Anlaß zu den verschiedenartigsten subjektiven Störungen — Kopfschmerzen, Schwindel, Platzangst usw. — geben; wenigstens schließen es die betreffenden Autoren aus der günstigen Wirkung korrigierender (Prismen) Brillen oder operativer Eingriffe an den Augenmuskeln. Um Größe und Art der Heterophorie möglichst genau zu bestimmen, was mit den üblichen Methoden nur in beschränktem Maße möglich ist, empfehlen Marlow u. a. in Fällen, deren Beschwerden durch Korrektion einer etwa vorhandenen Ametropie nicht zu beseitigen sind, für die Dauer von etwa einer Woche das eine Auge durch Verband gänzlich vom Sehakt auszuschließen, damit die Beseitigung des Fusionszwanges auch die von ihm zum Ausgleich der Heterophorie unterhaltene Innervation möglichst restlos schwinden und die ganze Heterophorie manifest werden läßt. Am Schluß der Beobachtungszeit soll in der Regel eine weit beträchtlichere und mitunter eine ganz andere Heterophorie zum Vorschein kommen, als vor Anlegung des Verbandes. Marlow betont ausdrücklich unter Hinweis auf bestimmte Beispiele, daß der Ausschluß des einen Auges, wenn er nur für einige Stunden oder 1—2 Tage durchgeführt ist, nicht genügt, weil mitunter erst nach etlichen — 5 und mehr — Tagen der Zweck, die vom Fusionszwang unterhaltene Innervation völlig abklingen zu lassen, erreicht wird. Eine Nachprüfung dieser Angaben steht noch aus, weil sich begreiflicherweise nur ausnahmsweise Leute mit beiderseits gutem Sehvermögen bereit finden lassen, eine Woche lang einseitigen Augenverband zu tragen.

Die Sonderstellung, welche die Konvergenz unter den gegensinnigen (Fusions-) Bewegungen einnimmt, kommt gelegentlich auch bei den soeben besprochenen Störungen in sehr charakteristischer Weise zum Ausdruck. Während die übrigen Fusionsbewegungen dem Willen nicht direkt unterstellt sind und daher nur mit Hilfe von Prismen oder haploskopischen Vorrichtungen, also durch Herbeiführung entsprechend disparater Netzhauterregungen erzwungen werden können, spricht die Konvergenz nicht bloß auf Fusionsreize, sondern auch auf jeden willkürlichen Impuls zum Nahesehen an, und zwar zugleich mit der Akkommodation. Wer die Konvergenz willkürlich zu innervieren vermag, sieht ferne Objekte in gleichseitige Doppelbilder zerfallen und unscharf werden, weil die willkürliche Anspannung der Konvergenz von einer akkommodativen Erhöhung der Brechkraft begleitet ist[1]. Dieselbe willkürliche Konvergenzanspannung besteht aber häufig ohne entsprechende Beteiligung der Akkommodation, wenn erstere zur Korrektur einer divergenten Ruhelage (Exophorie) unterhalten wird. Derartige Individuen bemerken höchstens ein rasch vorübergehendes Unscharfwerden ferner Objekte während des Aufbringens der Ausgleichsinnervation: nach Verschmelzung der anfänglich bestehenden (gekreuzten) Doppelbilder erschlafft die Akkommodation trotz Fortbestehens der Konvergenzinnervation. Dieser Vorgang wird verständlich, wenn man bedenkt, daß die Akkommodation bei einer nicht willkürlich, sondern von vornherein durch Inanspruchnahme des Fusionszwanges bewirkten Konvergenz ganz unbeteiligt bleibt. Wenn ein willkürlicher Konvergenzimpuls zwecks Überwindung einer Divergenz aufgebracht wird, so wird nach erreichter binokularer Einstellung die zunächst gleichzeitig innervierte

---

[1] Nur ganz ausnahmsweise gelingt innerhalb enger Grenzen eine *willkürliche* Lösung der Assoziation zwischen Akkommodation und Konvergenz, während hierzu in der Regel die Inanspruchnahme des Fusionszwanges unerläßlich ist („relative Akkommodations- und Konvergenzbreite").

Akkommodation wieder erschlafft, weil der *Fusionszwang* für das Fortbestehen der Konvergenzinnervation sorgt.

Daß die Akkommodation nur bei der willkürlichen Innervation zur Naheinstellung mit der Konvergenz verknüpft ist, nicht aber mit der unter dem Einfluß des Fusionszwanges entstehenden Konvergenz, dafür liefert folgende Beobachtung einen instruktiven Beleg.

Ein junges Mädchen merkte im Anschluß an eine Grippe eine allmählich zunehmende Verschlechterung des Sehens, die bei der augenärztlichen Untersuchung auf einen Spasmus der Akkommodation zurückzuführen war. Nach Atropineinträufelung hatte sie volle Sehschärfe und emmetropische Refraktion, während sie zuvor die gleiche Sehschärfe nur mit einem Konkavglas von 7,0 D. erreichte. Veranlaßt war der Akkommodationskrampf durch einen Konvergenzimpuls, der nötig war zum Ausgleich einer Exophorie von 12°. Das ließ sich dadurch beweisen, daß nach Ausgleich der aus der Exophorie resultierenden Disparation der Netzhautbilder (mittels Prismenbrille) auch die (akkommodative) Myopie verschwand. Durch operative Korrektur der Exophorie — Vorlagerung beider Mediales — wurde auch der hochgradige Akkommodationskrampf, der die Patientin jahrelang arbeitsunfähig gemacht hatte, beseitigt.

Die Patientin hatte von ihrer zweifellos seit der Kindheit bestehenden Exophorie nichts bemerkt, solange der Fusionszwang die ausgleichende (Konvergenz-) Innervation unterhielt. Die nach einer erschöpfenden Allgemeinerkrankung zurückbleibende Schwäche des Fusionsapparates machte sich bemerkbar durch eine allmähliche *Abnahme der relativen Konvergenz-(Fusions-)breite*, d. i. der physiologischen Fähigkeit, bei gleichbleibender Akkommodation die Konvergenz innerhalb gewisser Grenzen zu mehren bzw. zu mindern. Nunmehr war die zum Ausgleich der Divergenz erforderliche Konvergenzinnervation nur noch mittels willkürlicher Anspannung des Konvergenzakkommodations-Mechanismus möglich. Die Patientin hatte also nur die Wahl, entweder deutlich aber doppelt, oder binokular einfach, aber — infolge der Akkommodationsanspannung — undeutlich zu sehen: ein Dilemma, das ein vollkommenes Gegenstück zu dem bei der sog. *relativen Hyperopie* bestehenden bietet. Bei dieser ist scharfes Sehen nur unter Verzicht auf binokulares Einfachsehen möglich, weil die zu ersterem erforderliche Überwindung der Hyperopie mittels Akkommodationsanspannung einen entsprechenden Konvergenzexzeß bedingt, der als Einwärtsschielen zutage tritt.

Die Sonderstellung der Konvergenz unter den Fusionsbewegungen ist darin begründet, daß nur sie ein Glied *zweier* nervöser Mechanismen darstellt. Denn sie entsteht nicht bloß — wie die übrigen gegensinnigen Augenbewegungen — gleichsam automatisch unter dem Einfluß von Fusionsreizen, sondern ist als Glied des Naheinstellungsmechanismus auch dem Willen unterstellt und kann auch ohne entsprechende (gekreuzt-disparate) Netzhauterregungen — sogar im Dunkelraum — absichtlich aufgebracht werden, ist dann aber stets vergesellschaftet mit einer Akkommodationsanspannung.

Nicht jeder Fall einer divergenten Ruhelage zeigt bei Schwächung des Fusionsapparates das eigenartige Verhalten, wie es oben berichtet wurde. Häufiger ist es entweder Doppeltsehen, worin sich bei der Exophorie, wie bei allen übrigen Heterophorien der Ausfall der Ausgleichsinnervation zu erkennen gibt, oder eine „*Asthenopie*", wenn das Aufbringen der Ausgleichsinnervation zwar möglich ist, aber als unangenehme und ermüdende Anstrengung empfunden wird.

II. Manifestes Schielen (Strabismus).

Die wichtige Rolle, die der Fusionsapparat in der Genese des *Strabismus* spielt, geht schon aus dem bisher Gesagten hervor. Das latente muß sich in manifestes Schielen verwandeln, wenn eine Störung entweder im motorischen oder sensorischen Abschnitt zum Versagen des Fusionsmechanismus führt. Das

Wesen dieser Störung läßt sich in der Mehrzahl derjenigen Fälle, bei denen der *motorische* Abschnitt betroffen ist, vorläufig nicht präzisieren. Vielfach finden sich bei den betreffenden Patienten mehr oder minder ausgesprochene neurasthenische bzw. hysterische Zeichen. Auch die Entwicklung der Störung im Anschluß an einen psychischen Insult oder eine körperliche Erschöpfung läßt daran denken, daß man es mit einer *funktionellen Neurose* zu tun hat. Dagegen spricht aber, daß jene Störung nicht so unbeständig ist wie andere funktionell nervöse Störungen, auch suggestiv kaum oder gar nicht zu beeinflussen ist. Klarer ist der Einblick in das Wesen der Störungen des *sensorischen* Abschnittes. Ametropie oder durch andere Ursachen bewirkte Minderwertigkeit des einen Auges lassen eine latente Anomalie der Ruhelage zutage treten. Einseitige Sehschwäche ist aber keine unerläßliche Vorbedingung zur Entstehung des Strabismus. Bei *hochgradiger* Anomalie der Ruhelage kann die Ausgleichsinnervation nicht dauernd aufgebracht werden, woraus zunächst periodisches Schielen — z. B. bei Ermüdung — resultiert. Je stärker die Ablenkung, mit um so geringerem Gewicht tritt das exzentrisch gelegene Schielaugenbild — das Bild des vom anderen Auge fixierten Objektes — ins Bewußtsein, um so leichter wird es „unterdrückt", auch wenn beide Augen annähernd gleiche Refraktion und Sehschärfe haben. Im Laufe der Zeit werden die Perioden des manifesten Schielens häufiger und länger, bis dieses schließlich permanent wird. Solange die Fähigkeit zur binokularen Einstellung erhalten bleibt und hiervon — wenn auch nur vorübergehend — Gebrauch gemacht wird, bleibt nach meinen Erfahrungen der Schielwinkel annähernd konstant. Bei permanentem Schielen wächst er meist im Laufe der Zeit, wahrscheinlich auf Grund von Strukturänderung des dauernd verkürzten Muskels.

In der großen Mehrzahl der bei Erwachsenen bzw. älteren Kindern — etwa vom 6. Lebensjahr an — entstehenden Strabismen ist einseitige Sehschwäche die wesentlichste *Ursache* des Schielens. Sie kann aber auch eine *Folge* des Schielens sein, wenn der Strabismus im frühen Kindesalter entstanden ist. Daß eine Amblyopie infolge Nichtgebrauchs des Schielauges entstehen kann, kann heute nicht mehr bestritten werden. Von einer solchen „Amblyopia ex anopsia" kann natürlich nur dann gesprochen werden, wenn nicht angeborene Anomalien — hochgradige Ametropie, Katarakt, Entwicklungsstörungen — der Amblyopie des Schielauges zugrunde liegen. Zur Klärung der Amblyopien ohne einen derartigen objektiven Befund glaubte man früher Läsionen der Netzhaut oder des Sehnerven durch intra partum erfolgte und ohne Hinterlassung ophthalmoskopisch nachweisbarer Veränderungen resorbierte Blutungen annehmen zu müssen. Uhthoff[1] glaubt eher an eine Aplasie oder mangelhafte Entwicklung der Stäbchenzapfenschicht bzw. des Opticus als Ursache des in einem sehr großen Prozentsatz der Schielamblyopien ohne objektiven Befund nachzuweisenden zentralen Skotoms. Die Mehrzahl der Autoren faßt jedoch heute die in Rede stehenden Amblyopien als funktionelle Störungen auf im Hinblick auf die zahlreichen einwandfreien Beobachtungen einer mehr oder minder weitgehenden Besserung der Sehschärfe des amblyopischen Schielauges, wenn infolge Ausfalls des sehtüchtigen zweiten Auges durch Erkrankung, Verletzung oder vom Arzt angelegten Dauerverband das schwachsichtige Schielauge zu alleinigem Sehen gezwungen wurde. Ein sehr instruktives Beispiel dafür bildet der unten (S. 1105) referierte Fall.

Ähnliche Beobachtungen sind auch von anderen Autoren gemacht worden, namentlich von Worth[2], der an einem großen Material nachweisen konnte, daß

---

[1] Uhthoff: Zur „Schielamblyopie". Klin. Mbl. Augenheilk. 78, 453 (1927).
[2] Worth: Das Schielen. Dtsch. Ausgabe von Oppenheimer. 1905.

der amblyopische Verfall des Schielauges sich um so rascher entwickelt, aber durch Heranziehung des amblyopischen Auges zum alleinigen Sehen auch um so leichter wieder zu beheben ist, in je früherer Lebensepoche das Schielen und die Behandlung desselben einsetzen. Je länger die Amblyopie besteht, um so schwieriger ist ihre Beseitigung. Daß sie auch nach Vollendung des 6. Lebensjahres nicht irreparabel ist, wie WORTH meint, lehrt die S. 1105 mitgeteilte Beobachtung.

Die Gegner der Annahme einer Amblyopie durch Nichtgebrauch geben zwar zu, daß „Nichtgebrauch des schielenden Auges in vielen Fällen eine führende Rolle für die Entstehung der Schielamblyopie spielt"[1], bezweifeln aber doch, daß diese Genese die Regel bilde, namentlich weil mit der „Übungstherapie" nur selten und geringe Besserung der Amblyopie zu erzielen sei. Aber schon WORTH[2] hat darauf hingewiesen, und die jüngsten Mitteilungen von C. H. SATTLER[3] haben es bestätigt, daß nur bei hinreichend lange durchgeführtem Ausschluß des sehtüchtigen Auges die Amblyopie des schielenden gebessert wird, die um so hartnäckiger ist, je länger das Schielen schon bestanden hat. Es liegt aber auf der Hand, daß man nur selten die Patienten oder deren Eltern bereit findet, für Monate das sehtüchtige Auge völlig auszuschalten, wenn die Amblyopie des anderen so hochgradig ist, daß sie kaum zu grober Orientierung, geschweige denn für Schularbeiten usw. ausreicht. Schielen, das erst nach dem 6. Lebensjahre entsteht, hat keine Amblyopie zur Folge, ebensowenig ein im späteren Leben erworbenes Sehhindernis, z. B. Katarakt; auch wenn es erst nach Jahren beseitigt wird, entspricht die dann zu ermittelnde Funktion durchaus dem objektiven Befunde, ist auch durch „Übung" des betreffenden Auges nicht oder nur unwesentlich zu bessern.

Etwas der Amblyopie „durch Nichtgebrauch" ganz analoges sind — nach einer von O. FÖRSTER[4] stammenden Mitteilung — die bei angeborenen oder im 1.—3. Lebensjahr erworbenen cerebralen Kinderlähmungen beobachteten reinen Tastlähmungen: bei voller Integrität der Receptoren, der leitenden afferenten Bahnen und der corticalen Endstätten der Sensibilität werden infolge des Nichtgebrauchs des Armes keine Tast-Engramme geschaffen. Wenn die betroffene Hand zum Tasten gezwungen wird, so schwindet die Tastlähmung innerhalb weniger Tage oder spätestens Wochen, aber die jetzt gewonnenen Tast-Engramme bleiben noch lange Zeit labil, d. h. sie gehen bald wieder verloren, wenn die Hand nicht dauernd zum Tasten gezwungen wird.

Eine solche *funktionelle* Astereognosis absente usu manus steht in scharfem Gegensatz zu der stabilen Tastlähmung infolge destruktiver Prozesse der hinteren Zentralwindung oder der zu ihr hinziehenden afferenten Bahnen (Hinterstränge, Schleife, thalamo-corticale Bahn). Diese *organisch* bedingte Tastlähmung kann durch Gebrauch des Gliedes und Übung gar nicht oder nur in ganz beschränktem Maße gebessert werden. Sie stellt ein Herdsymptom dar (hintere Zentralwindung, afferente Systeme), während die ersterwähnte *funktionelle* Tastlähmung bei allen infantilen Hemiplegien beliebigen Sitzes vorkommt, sofern nur die afferenten Systeme vom Krankheitsprozeß verschont sind. Die Tast-Engramme werden normalerweise in den ersten 2—3 Lebensjahren erworben und bleiben von da ab fixiert. Keine nach dem 3. Lebensjahr entstehende Hemiplegie kann eine Astereognosie erzeugen, sofern die afferenten Systeme unberührt bleiben. Später erworbene Lähmungen lassen als Störung der Sensibilität infolge mangelnden Gebrauchs des gelähmten Gliedes einzig und allein eine Vergrößerung der Reizschwelle des Raumsinns der Haut feststellen.

Gegen die Annahme einer durch Nichtgebrauch des Schielauges bedingten Amblyopie ist ferner angeführt worden, daß einseitige Amblyopie auch bei Nichtschielenden vorkommt. Nun ist aber in einem erheblichen Prozentsatz der

---

[1] UHTHOFF: Zitiert auf S. 1100.

[2] WORTH: Zitiert auf S. 1100.

[3] SATTLER, C. H.: Erfahrungen über die Beseitigung der Amblyopie und die Wiederherstellung des binokularen Sehens bei Schielenden. Z. Augenheilk. **63**, 19 (1927).

[4] Zitiert bei A. BIELSCHOWSKY: Zur Frage der Amblyopia ex anopsia. Klin. Mbl. Augenheilk. **77**, 302 (1926).

letzteren festzustellen, daß sie entweder früher — im Kindesalter — geschielt haben, was von ihnen selbst oder den Angehörigen berichtet wird, oder auch zur Zeit der Untersuchung noch einen, zwar bei oberflächlicher Betrachtung nicht auffälligen, aber mit exakten Methoden sicher nachweisbaren Rest einer im Laufe des Wachstums spontan zurückgegangenen Schielablenkung erkennen lassen. Ist dieser Nachweis unmöglich wegen exzentrischer (unsicherer) Fixation, so bleibt auch dem Arzt ein nicht zu hochgradiges Schielen unter Umständen verborgen, wenn es durch den sog. $\angle \gamma$, d. i. die Abweichung der optischen Achse von der Gesichtslinie, verdeckt wird. Sehr viel schwieriger zu lösen ist die Frage, warum viele aus frühester Kindheit stammende Strabismen keine oder nur eine relativ geringgradige und stationär bleibende Minderwertigkeit des einen Auges aufweisen. Die Vermutung liegt nahe, daß in solchen Fällen doch nicht dauernd ein und dasselbe Auge die Führung hat, sondern auch das andere je nach besonderen, individuell wechselnden Bedürfnissen bald mehr, bald minder häufig, wenn auch nur vorübergehend die Fixation übernimmt. Welche Umstände aber bestimmend dafür sind, daß ein frühzeitig entstehendes Schielen ein dauernd oder nur vorübergehend alternierendes oder ein streng unilaterales wird, ist ein noch ungelöstes Problem. Daß die hochgradige Schielamblyopie so häufig mit einem mehr oder minder großen zentralen Skotom einhergeht, dürfte mit der regionär verschiedenen „Hemmung" der vom Schielauge vermittelten Erregungen zusammenhängen. Auch bei Schielenden mit beiderseits völlig normaler Sehschärfe wird letztere nur von dem jeweils fixierenden Auge aufgebracht; die vom jeweils abgelenkten Auge empfangenen Eindrücke sind, solange wie die Aufmerksamkeit den Bildern der anderen Netzhaut gehört, „gehemmt", und zwar relativ am stärksten diejenigen, die von dem sonst leistungsfähigsten Bezirk der Netzhautmitte ausgehen. Wir kommen unten (S. 1107) auf die „innere Hemmung" der Schielaugenbilder noch zu sprechen.

Das in den ersten Lebensjahren entstehende Einwärtsschielen beruht nur bei einer Minorität auf dem Zusammentreffen von Anomalien der Ruhelage mit einseitiger — angeborener oder erworbener — Schwachsichtigkeit. Mancherlei Gründe sprechen dafür, daß bei der Mehrzahl der Fälle eine *zentrale Störung des Fusionsapparates* die Hauptursache darstellt. Die Amblyopie des Schielauges entsteht, wie schon erwähnt, in diesen Fällen meist erst nach Auftreten des Schielens. Trotzdem fehlt Doppeltsehen in der Regel. Die seltenen Ausnahmen sind nur deswegen wichtig, weil sie zeigen, daß das Fehlen subjektiver Störungen nicht einfach den mangelhaften Angaben und der Schwierigkeit der Untersuchung kleiner Kinder zur Last gelegt werden darf. Zu der Annahme einer zentralen Störung des Fusionsmechanismus gelangt man insbesondere durch die Prüfung der sensorischen Beziehungen der beiden Netzhäute zueinander. Wenn die Untersuchung nicht durch hochgradige Amblyopie des Schielauges verhindert wird, kann man in manchen Fällen feststellen, daß die beiden Augen sich bezüglich ihrer sensorischen Leistungen wie zwei voneinander unabhängige Organe verhalten. Es besteht für gewöhnlich ein alternierend unokulares Sehen. Mittels haploskopischer oder prismatischer Untersuchungsmethoden sind den betreffenden Schielenden die auf beiden Netzhäuten liegenden Bilder gleichzeitig zum Bewußtsein zu bringen; es bleibt aber auch dann bei einem *simultanen Unokularsehen* der beiden Augen. Vereinzelt begegnet man auch dem sehr eigenartigen Phänomen des „horror fusionis": die Augen scheinen durch ständige kleine Änderungen des Schielwinkels einer gleichartigen und gleichzeitigen Erregung von Deckstellen auszuweichen. Der Untersuchte sieht z. B. zunächst die beiden Bilder als *gleichseitige* Doppelbilder; diese rücken bei entsprechender Änderung der Einstellung des Haploskops oder Prismenapparates einander so nahe, daß zur Verschmelzung nur mehr eine ganz geringe weitere Änderung der Einstellung in demselben Sinne nötig zu sein scheint. Aber schon bei der kleinsten Änderung gibt der Untersuchte *gekreuzte* Doppelbilder an, oder er sieht das Schielaugenbild ober- bzw. unterhalb des anderen, nur ausnahmsweise sieht er die Bilder aufeinanderliegen, niemals gelingt die binokulare Verschmelzung.

Derartigen Fällen verursacht die geschilderte Anomalie keine Beschwerden, solange sie schielen, da die auf der Netzhautperipherie des Schielauges gelegenen Bilder der vom anderen Auge fixierten Objekte zu minderwertig sind, um sich als Doppelbilder ins Bewußtsein zu drängen. Wenn aber das Schielen vollständig oder bis auf einen kleinen Rest beseitigt ist, treten gelegentlich ungemein störende, dicht nebeneinander stehende Doppelbilder auf, deren Verschmelzung weder spontan gelingt noch durch Prismen zu erzielen ist. Auch Fusionsübungen sind in solchen Fällen ganz aussichtslos. Um von dem quälenden Doppeltsehen befreit zu werden, haben einige dieser Patienten ihre Ärzte sogar zur Wiederherstellung der ursprünglichen Schielstellung veranlaßt.

Die anatomischen Grundlagen dieses Defektes der sensorischen Korrespondenz sind noch unbekannt. Es scheint sich um eine angeborene Anomalie oder eine in frühester Kindheit gestörte Entwickelung des sensorischen Apparates zu handeln. Für ersteres spricht die wichtige Rolle der Vererbung in der Ätiologie des Schielens, für letztere die Tatsache, daß Schielen nicht selten in unmittelbarem Anschluß an fieberhafte Erkrankungen des frühen Kindesalters (Masern, Scharlach, Diphtherie, Pertussis usw.) auftritt, wobei die Möglichkeit einer Affektion des Zentralnervensystems gegeben ist.

Abgesehen von den relativ seltenen Fällen, in denen die eindeutigen Merkmale des angeborenen Mangels der Netzhautkorrespondenz mit dem Phänomen des horror fusionis nachweisbar sind, lassen sich unter den Schielenden mit Bezug auf ihren Sehakt zwei Hauptgruppen unterscheiden. Zu der einen, kleineren gehören die erst nach dem 6. Lebensjahr auftretenden, jedoch auch vereinzelt aus der früheren Kindheit stammenden Strabismen. Doppelsehen fehlt zwar in der Regel, weil die Schielaugenbilder „unterdrückt" werden. Es ist aber durch farbige Differenzierung der beiderseitigen Eindrücke und Abschwächung der Bilder des führenden, d. h. des vorwiegend oder ausschließlich zum Fixieren benutzten Auges relativ leicht hervorzurufen und bringt die durch die Schielablenkung bedingte Disparation der die gleichen Bilder tragenden Netzhautstellen zum Ausdruck. Wenn die zueinander gehörigen Bilder mittels Haploskops oder Prismen auf korrespondierende Stellen überführt werden, so erfolgt regelrechte binokulare Verschmelzung. Die große Mehrzahl der in früher Kindheit auftretenden Strabismen gehört aber der zweiten Gruppe an. Sie zeigt als Hauptmerkmal eine *anomale Lokalisation der Schielaugenbilder* relativ zu den Bildern des anderen (führenden) Auges: die Erregungen der Netzhautmitten oder irgendeines zu diesen gleich orientierten („Deck-") Stellenpaares werden nicht — wie bei normaler Netzhautkorrespondenz — in eine und dieselbe („identische") Sehrichtung, sondern in verschiedene Richtungen lokalisiert, die in manchen Fällen um einen dem Schielwinkel annähernd entsprechenden Betrag voneinander abweichen, also ungefähr mit den Richtungslinien zusammenfallen, so daß die Bedingungen für binokulares Einfachsehen auf dem Boden einer der Schielstellung angepaßten „anomalen Korrespondenz" gegeben zu sein scheinen.

Dieses Verhalten hat man zuerst mit der Annahme eines angeborenen Bildungsfehlers zu erklären versucht (JOH. MÜLLERS „Strabismus incongruus", RUETES „angeborene verkehrte Identität der Netzhäute"), demzufolge die betreffenden Individuen um des Einfachsehens willen schielen müßten. Als spätere Beobachtungen die Unhaltbarkeit dieser Annahme ergaben, glaubte man die anomale Lokalisationsweise mit der Projektionstheorie erklären zu

können: „Solange das im wesentlichen durch das Muskelgefühl vermittelte Stellungsbewußtsein ungestört ist, fallen Richtungslinien und Lokalisationsrichtungen zusammen"
(Alfred Graefe). Die Anhänger der empiristischen Lehre erblickten im Sehakt der Schielenden eine Hauptstütze jener Lehre, nach welcher beim Eintritt des Schielens in frühem
Kindesalter durch Ausbildung einer neuen Beziehung der Netzhäute ein anomales Binokularsehen erlernt würde. Entstehe der Strabismus dagegen erst in späteren Jahren, wenn das
normale Binokularsehen bereits zur festen Gewohnheit geworden sei, so könne es ebensowenig
wieder „verlernt" werden — daher Doppeltsehen nach dem „Identitätsgesetz" —, wie die
Schielenden mit erworbener neuer Netzhautbeziehung nach operativer Beseitigung des Schielens je wieder den normalen binokularen Sehakt erlernen könnten (Schweigger).

Ausgedehnte Untersuchungen[1] mit wesentlich vervollkommneten Methoden
ließen die Mängel der früheren Deutungsversuche erkennen und deckten weitere,
bisher unbekannte Eigentümlichkeiten des Sehaktes der Schielenden auf. Mit
besonderem Nutzen wurden dabei *Nachbilder* verwandt, die von E. Hering[2]
zuerst zur Bestimmung der korrespondierenden Stellen des normalen Doppelauges angegeben und von A. Tschermak[3] für die Bestimmung der Lokalisationsweise des Schielauges empfohlen worden waren. Die bisher dafür gebrauchten
Methoden hatten den Nachteil, daß Schwankungen der Untersuchungsresultate
ebensogut auf Änderungen des Schielwinkels wie auf Störungen der Lokalisationsweise bezogen werden konnten. Diesen Übelstand vermeidet man bei der Verwendung von Nachbildern, womit man unbeeinflußt von Änderungen des Schielwinkels die Lokalisationsweise einer bestimmten Netzhautstelle prüfen kann.
Ein auf der Fovea des Schielauges erzeugtes Nachbild erscheint bei intakter
Netzhautkorrespondenz stets an der vom anderen Auge fixierten Stelle des Gesichtsfeldes, also in der Hauptsehrichtung, ganz gleich, um welchen Winkel und
nach welcher Richtung die Gesichtslinie des schielenden von der des fixierenden
Auges abweicht. Erscheint das Nachbild an anderer Stelle, so besteht eine Störung der Netzhautkorrespondenz. Zur Prüfung der Frage, welche Bedeutung dieser
Störung für den Sehakt des betreffenden Schielenden zukommt, muß man zunächst den Winkel, um welchen die Sehrichtung der Schielaugenfovea von der
Hauptsehrichtung abweicht, den „Winkel der Anomalie", mit dem Schielwinkel
vergleichen. Daß man mit Hilfe der Nachbildmethode beide Winkel unmittelbar
nacheinander unter ganz gleichen Versuchsbedingungen messen kann, ist in den
zahlreichen Fällen mit schwankender Schielstellung von ganz besonderem Wert.
Die Einzelheiten der Methodik sind aus den erwähnten Arbeiten zu ersehen.
Hier sollen aus den an einem großen Material von Schielenden erhaltenen Unter-
suchungsergebnissen nur diejenigen mitgeteilt werden, die für die pathologische
Physiologie des Sehaktes von besonderem Interesse sind.

Störungen der Netzhautkorrespondenz finden sich bei Schielenden aller
Kategorien und Altersstufen: nicht nur bei solchen, deren Ablenkung seit den
ersten Lebensjahren permanent ist, sondern auch bei nachweislich erst in späteren
Jahren entstandenen Strabismen, auch solchen, die nur periodisch auftreten.
Von prinzipieller Bedeutung ist jedenfalls die Tatsache, daß viele Schielende
nicht bloß einen — den normalen *oder* den anomalen — Lokalisationsmodus
verwerten. Manche, insbesondere periodisch Schielende verfügen in den Perioden
binokularer Fixation über die normale Netzhautkorrespondenz zum Aufbau
eines binokular-einfachen Sehfeldes, während sie in den Perioden manifesten
Schielens durch Verwendung einer der Schielstellung angepaßten anomalen
Netzhautbeziehung vom Doppeltsehen verschont blieben. Aber auch Fälle,

[1] Bielschowsky, A.: Untersuchung über das Sehen der Schielenden. Graefes Arch.
50, 406 (1900).
[2] Hering, E.: Beitr. Physiol. **1863**, H. 3, 182.
[3] Tschermak, A.: Über anomale Sehrichtungsgemeinschaft der Netzhäute bei einem
Schielenden. Graefes Arch. **47**, 508 (1899).

dio seit frühester Kindheit permanent schielen und über eine entsprechende Anomalie der Sehrichtungen verfügen, zeigen nicht selten ganz unvermittelt die normale Lokalisation. Wenn sie sich durch unokulare Fixation des Mittelpunktes einer Glühlinie zunächst in dem einen Auge ein horizontales, sodann im anderen Auge ein vertikales Nachbild erzeugt haben, sehen sie für gewöhnlich im völlig verdunkelten Zimmer die beiden Nachbildmitten zunächst längere Zeit hindurch getrennt voneinander und bringen damit eine Anomalie der Sehrichtungen zum Ausdruck, die der Schielstellung mehr oder weniger genau entspricht. Plötzlich — unter unveränderten Versuchsbedingungen — wird angegeben, daß die beiden Nachbilder eine regelrechte Kreuzfigur bilden, die Nachbildmitten also zusammenfallen: Lokalisation auf dem Boden der normalen Netzhautkorrespondenz. Welche Umstände im Einzelfalle den plötzlichen Wechsel der Lokalisationsweise veranlassen, ist meist gar nicht festzustellen. In manchen Fällen erfolgt er schon bei der ersten Nachbilderprüfung, häufiger erst bei einer Wiederholung derselben, noch häufiger erst nach operativer Korrektur der Schielstellung. Letzterenfalls verschwindet nach Erlangung des binokularen Sehens die Anomalie der Sehrichtungen früher oder später vollständig.

Im Gegensatz zu der normalen besteht bei der anomalen Lokalisationsweise keine „Punktkorrespondenz": bei der ersteren gehört zu jedem korrespondierenden (Deckstellen-) *Punkt*paar eine gemeinschaftliche Sehrichtung, bei der letzteren „korrespondiert" mit einem *Punkte* der einen Netzhaut ein *flächenhafter* Bezirk der anderen Netzhaut, mit anderen Worten: der „Winkel der Anomalie" ist unbeständig, so daß seine Übereinstimmung mit dem Schielwinkel bestenfalls nur eine annähernde sein kann. Hiervon abgesehen treten gelegentlich mehrere ganz verschiedenartige Typen des Anomaliewinkels abwechselnd hervor, denen nur in manchen Fällen ähnliche Differenzen des Schielwinkels gegenüberstehen. Wo dies nicht der Fall ist, liegt die Vermutung nahe, daß die mit dem Schielwinkel nicht harmonierende Anomalie der Sehrichtungen während einer früheren Schielperiode erworben worden ist, und der Schielwinkel im Laufe der Zeit unter dem Einflusse des Wachstums oder anderer unbekannter Faktoren seine jetzige, der zweiten Lokalisationsweise entsprechende Größe und Art erlangt hat. Zugunsten dieser Erklärung spricht der Umstand, daß noch geraume Zeit nach operativer Änderung der Schielstellung die frühere Lokalisationsweise sowohl mittels des Nachbildversuchs als auch bei der Doppelbilderprüfung nachzuweisen ist neben einer auf dem Boden der veränderten Schielstellung neu etablierten anomalen oder neben der inzwischen wieder „erwachten" normalen Lokalisation. Ausnahmsweise kommt bei Schielenden auch eine *gleichzeitige* Verwertung verschiedener Lokalisationsmodi zur Beobachtung: das einfache Netzhautbild wird gleichzeitig an zwei Stellen im Raume lokalisiert, woraus sich *unokulare Diplopie* bzw. *binokulares Dreifachsehen* ergibt. Nachdem einige Fälle dieser Art schon früher — insbesondere von JAVAL[1] — beobachtet waren, konnte ich[2] bei einem Schielenden, der durch einen Unfall das führende Auge verloren hatte, das Phänomen der unokularen Diplopie mit einwandfreier Methodik, die alle Fehlerquellen ausschloß, unter E. HERINGS Leitung eingehend untersuchen. Bei der grundsätzlichen Bedeutung, die dieser Fall für die pathologische Physiologie des Sehaktes erlangt hat, darf ich hier die wichtigsten Eigentümlichkeiten kurz referieren.

Der 18jähr. intelligente Patient war im Jahre 1891 wegen Schielens und Schwachsichtigkeit seines linken Auges in der Berliner Universitäts-Augenklinik, wo eine Schieloperation

---

[1] JAVAL: Manuel du strabisme, S. 286ff. Paris: Masson 1896.
[2] BIELSCHOWSKY, A.: Über monokulare Diplopie ohne physikalische Grundlage usw. Graefes Arch. **46**, 143 (1898).

empfohlen und am linken Auge ein Visus von $^1/_{15}$ des normalen festgestellt wurde. Im Jahre 1896 erlitt er eine schwere Verletzung des sehtüchtigen rechten Auges, das in der Leipziger Universitäts-Augenklinik enucleiert wurde. Die Untersuchung des linken Auges ergab einen Visus = $^1/_{15}$ ohne, objektiv, die Amblyopie erklärenden Befund. (Daß eine „Amblyopia ex anopsia" (s. S. 1100) vorlag, zeigte die weitere Beobachtung: der Visus besserte sich von Jahr zu Jahr und betrug 1912 nahezu $^6/_8$.) Eine Woche nach der Emtfernung des verletzten Auges erzählte der Patient beiläufig, er bemerke seit einigen Tagen Doppeltsehen, und zwar läge das „Trugbild" links und etwas tiefer als das „richtige" Bild, sei etwas matter in der Färbung, aber schärfer konturiert. Der Abstand der Doppelbilder voneinander wachse proportional der Entfernung. Bei Aufforderung, das Trugbild zu fixieren, machte das Auge eine Links-wendung von etwa 5°. Die objektive Untersuchung des Auges ergab nicht die geringsten Anhaltspunkte für eine physikalische Grundlage der Diplopie. Wurde der Pat. aufgefordert, die Flamme im Augenspiegel des Untersuchenden zu fixieren, so stellte er nicht die Fovea, sondern eine etwas nach innen von ihr gelegene exzentrische Stelle ein. Wenn er aber auf das „Trugbild" der Flamme sah, wobei er die Empfindung hatte, an der Flamme vorbei zusehen, lag die Fovea genau im Zentrum des Lichtkegels. Durch zahlreiche, in mannigfacher Weise variierte und nach halbjährigem Zwischenraum wiederholte Versuche, deren Einzelheiten in meiner Publikation eingehend berichtet sind, wurde einwandfrei festgestellt: 1. daß absichtliche oder unabsichtliche Täuschung von seiten des Patienten, 2. eine physikalische Grundlage der unokularen Diplopie ausgeschlossen war; 3. die beiden Sehfelder waren nicht nur in horizontaler, sondern auch in vertikaler Richtung gegeneinander verschoben, außerdem gegeneinander geneigt; die genauen, in verschiedenen Entfernungen vorgenommenen Messungen der Abstände bzw. des Neigungswinkels ergaben gut übereinstimmende Durchschnittswerte; 4. wenn an den Ort des „Trugbilds" eines von dem Patienten fixierten Objektes — also etwas links — und unterhalb von letzterem ein andersfarbiges Objekt gebracht wurde, so trat ein typischer Wettstreit, abwechselnd damit sogar ganz charakteristischer Farbenmischung ein. Während er ein blaues Scheibchen auf weißem Grunde fixierte, wurde — nach anderen Versuchen — ein gelbes Scheibchen an den Ort gebracht, wo Patient das Trugbild des blauen Scheibchens sah, und ihm, um die Zuverlässigkeit seiner Angaben auf die Probe zu stellen, gesagt, er solle darauf achten, ob etwa aus dem Blau und Gelb als Mischfarbe — was er als Zeichner ja wisse — ein Grün resultiere. Er sah an der betreffenden Stelle zunächst abwechselnd Gelb und Blau, dann aber zu seinem eigenen Erstaunen nicht die grüne Mischfarbe, die er zu sehen erwartete, sondern nur ein einfaches Grau: ein sicheres Merkmal, daß ihm zwei gegenfarbige Bilder in der gleichen Sehrichtung erschienen, von denen das eine (blaue) das „Trugbild" der fixierten Scheibe war.

Das Phänomen doppelter Raum- (Richtungs-) Werte der Netzhaut in dem referierten Falle ist wohl auf eine während des Schielens entstandene anomale Beziehung der beiden Netzhäute zueinander zurückzuführen. Ein im Schielauge nach innen und oben von der Netzhautmitte gelegener Bezirk, auf welchem sich die vom anderen Auge fixierten Gegenstände abbildeten, lokalisierte diese ebenso wie die Fovea des führenden Auges in die Hauptsehrichtung und blieb auch nach Verlust des führenden Auges zunächst noch Ausgangspunkt der Orientierung: er wird bei jedem Fixationsimpuls auf das betreffende Objekt eingestellt. Sehr bald drängen sich dem Patienten die höherwertigen makulären Bilder auf, die früher, solange das normale Auge noch die Orientierung besorgte, unterdrückt worden waren. Gleichzeitig fällt auch die Hemmung der (angeborenen) normalen Lokalisationsweise fort, die von der während des Schielens erworbenen anomalen verdrängt war, jetzt aber mit letzterer in Konkurrenz tritt. Das Ungewöhnliche an diesem „Wettstreit" liegt nur darin, daß der angeborene und erworbene Lokalisationsmodus sich nicht abwechselnd — wie in den meisten anderen Fällen —, sondern gleichzeitig geltend machen, jedes einzelne Netzhautbild also in Doppelbildern erscheint, deren Abstand bedingt wird durch den Abstand der Fovea von der exzentrischen Stelle, die während des Schielens ihre Erregungen in die Hauptsehrichtung lokalisiert hatte. Dieser exzentrische Bezirk wird auch nach wie vor beim Fixationsimpuls dem betreffenden Objekt gegenübergestellt. Wird aber dessen (deutlicheres) Trugbild betrachtet — wobei Patient am Objekt vorbei zu sehen meint —, so liegt das Bild des Objektes auf der Fovea. Als sich die Sehschärfe im Laufe der nächsten Jahre hob, wurde vom Patienten die foveale Einstellung naturgemäß immer ausschließlicher benutzt. Trotzdem war das Phänomen der unokularen Diplopie auch nach 16 Jahren noch vorhanden.

Eine Bestätigung meiner Auffassung der unokularen Diplopie in dem referierten Falle als Ausdruck einer gleichzeitigen Verwertung des angeborenen und eines während des Schielens erworbenen Lokalisationsmodus erbrachten die Selbstbeobachtung Tschermaks[1] und folgende eigene Beobachtung, deren wesentliche Daten ich in folgendem kurz wiedergebe.

Bei einem 23jähr. Manne bestand seit frühester Kindheit ein Strab. conv. oc. sin. (40°) mit höchstgradiger Amblyopie dieses Auges. Das rechte war normal. Nach operativer Korrektur des Schielens verblieb ein Rest Konvergenz von 5—6°, dabei aber gekreuzte („paradoxe") Diplopie von etwa 20° als Ausdruck der während der früheren hochgradigen Schielstellung erworbenen anomalen Netzhautbeziehung, die auch mittels Nachbildversuchs zu demonstrieren war. Zwei Monate nach der Operation klagte Patient noch immer über störende Diplopie trotz annähernder Parallelstellung der Gesichtslinien. Wiederholte Prüfungen ergaben, daß die Doppelbilder bald gekreuzt — sehr weit auseinander —, bald gleichseitig — nahe benachbart — standen, letzterenfalls entsprachen sie der objektiv nachweisbaren sehr geringen Konvergenz. Einen weiteren Monat später kam Patient mit der Angabe, daß er seit einiger Zeit von isolierten, gut von der Umgebung abstechenden Gegenständen (Schornsteinen, Blitzableitern) 3 Bilder sehe: das rechts gelegene sei mindestens 3—4mal so weit vom mittleren entfernt wie das links gelegene, oft noch viel weiter. Zeitweilig fehle das rechts gelegene (gekreuzte) „Trugbild", während das linke (gleichseitige) jetzt dauernd zu sehen sei. Bei Verschluß des rechten (führenden) Auges war keine unokulare Diplopie hervorzurufen, ebensowenig wurde jemals ein im Schielauge erzeugtes Nachbild doppelt gesehen. Hielt man aber vor das rechte Auge ein zylindrisches Glasstäbchen, das die fixierte Flamme als senkrechten Lichtstreifen erscheinen ließ, so sah Patient zu beiden Seiten des letzteren je eine Flamme, die linke dicht neben dem Streifen, die rechte in einem Abstande von mehr als 20°. Das unokulare Doppeltsehen konnte man auch dadurch hervorrufen, daß man das rechte Auge des Patienten in einem Spiegel einen Lichtpunkt innerhalb eines sonst dunklen Sehfeldes fixieren ließ: nunmehr erschien ein dem linken Auge allein sichtbares Objekt in weit (20°) distanten Doppelbildern. Das rechts gelegene Bild war kleiner, undeutlicher als das linke und verschwand zeitweilig. Im Laufe der nächsten Monate wurde das binokulare Dreifachsehen immer seltener; in der Regel sah Patient, wenn überhaupt, nur das gleichseitige, auf Grund der normalen Netzhautkorrespondenz lokalisierte Trugbild entsprechend der fortbestehenden minimalen Schielstellung des amblyopischen Auges.

Die Tatsache, daß bei einem großen Teil der Schielenden je zwei um den ungefähren Betrag des Schielwinkels disparate Stellen beider Netzhäute ihre Erregungen in eine gemeinschaftliche Sehrichtung lokalisieren (anomale Netzhautkorrespondenz oder, nach Tschermak, anomale Sehrichtungsgemeinschaft), spricht zunächst für eine Beteiligung des Schielauges am Sehakt im Gegensatz zu den Schielenden mit ungestörter Korrespondenz, bei denen die Schielaugenbilder unterdrückt werden. Meine Untersuchungen stellten in der Tat in Übereinstimmung mit denen anderer Autoren (A. Graefe, Javal) bei einzelnen Schielenden einen gewissen Grad von Binokularsehen fest: es ließen sich Sammelund Deckbilder bei einer um den Betrag des Schielwinkels disparaten Lage der beiderseitigen Netzhautbilder erzielen. Es fehlten aber wesentliche Merkmale des auf die normale Korrespondenz gegründeten binokularen Sehaktes: der Wettstreit (bei verschiedenartiger Erregung sehrichtungsgleicher Bezirke), die binokulare Tiefenwahrnehmung und die Fusionsbewegungen, die normalerweise bei Überführung identischer Netzhautbilder von korrespondierenden auf disparate Stellen entstehen. Bei der großen Mehrzahl der Schielenden kommt es trotz einer der Schielstellung angepaßten anomalen Netzhautkorrespondenz überhaupt nicht zur Verschmelzung der beiderseitigen Netzhautbilder, weil die des Schielauges entweder vollständig oder regionär „unterdrückt" werden. Bei dieser — von Tschermak als „innere Hemmung" bezeichneten — Erscheinung spielt das Fehlen der Aufmerksamkeit gewiß eine Rolle; daneben sind aber doch wohl

---

[1] Tschermak: Zitiert auf S. 1104.

noch andere Faktoren wirksam. Hierfür sprechen die sehr erheblichen Differenzen, die man hinsichtlich des Grades der Hemmung nicht nur bei verschiedenen Schielenden, sondern auch bei einem und demselben Fall in den verschiedenen Netzhautbezirken findet. Mancher periodisch Schielende mit beiderseits guter Sehschärfe nützt bei binokularer Fixation die beiderseitigen Netzhautbilder gleichmäßig aus, während in den Schielperioden die Netzhautbilder des jeweils abgelenkten Auges mit den üblichen Methoden gar nicht zum Bewußtsein zu bringen sind. Auch bei plötzlichem Verdecken des führenden Auges bleibt zunächst alles undeutlich. Erst in dem Augenblick, in welchem die *Fixationsabsicht* auf das Schielauge übergeht, verschwindet die „Hemmung": es verfügt wieder über seine volle Leistungsfähigkeit. In der Regel ist die Hemmung der vom Schielauge vermittelten Erregungen verschieden stark. Daß die Erregung des mit der Netzhautmitte des führenden Auges sehrichtungsgleichen Bezirks von der Hemmung vielfach besonders stark betroffen ist, liegt nicht an der durch seine Exzentrizität bedingten Minderwertigkeit. Denn wenn mittels Prismen oder Haploskops die betreffenden Bilder noch weiter peripherwärts verlagert werden, so drängen sie sich sofort neben den zugehörigen Bildern des führenden Auges ins Bewußtsein. Zu einem (unvollkommenen) Binokularsehen kommt es also bei Schielenden mit anomaler Netzhautbeziehung nur in den seltenen Fällen, in denen die Hemmung der Schielaugenbilder relativ schwach ist. Der Sehakt der übrigen ist ein unokularer bzw. alternierend unokularer, also nicht anders wie bei den Fällen mit ungestörter Netzhautkorrespondenz, die ja auch so gut wie niemals durch Doppeltsehen gestört werden, wenn das Schielen im Kindesalter entstanden ist.

So nahe es liegt, die Entwicklung der anomalen Netzhautbeziehung als einen Anpassungsvorgang aus den Interessen der Schielenden abzuleiten (Verhütung von Doppeltsehen bzw. Ermöglichung eines gewissen Grades von binokularem Einfachsehen), läßt diese Annahme doch noch mancherlei Fragen unbeantwortet, z. B. warum die Anomalie in einer Anzahl von Fällen, trotzdem ihr Schielen in den ersten Lebensjahren entstanden ist, nicht zur Entwicklung kommt, während dies bei anderen geschieht, trotzdem sie erst als Erwachsene zu schielen beginnen und sogar periodisch die normale Netzhautkorrespondenz noch zu regelrechtem Binokularsehen zu verwerten vermögen. Die zahlreichen sonstigen Eigentümlichkeiten im Sehakt der Schielenden, speziell die mannigfaltigen Abweichungen von den hier skizzierten Typen können hier nicht eingehend referiert werden. Es sei nur nochmals auf die fundamentalen Unterschiede hingewiesen, die zwischen dem auf eine anomale Netzhautbeziehung gegründeten Binokularsehen der Schielenden und dem normalen binokularen Sehakt bestehen. Charakteristisch für ersteres ist außer seiner Minderwertigkeit insbesondere die Unbeständigkeit. Auch wenn die Anomalie in frühester Kindheit entstanden ist und Jahrzehnte hindurch in Funktion war, verschwindet sie nach Änderung oder Beseitigung des Schielens. Die normale Korrespondenz wird dagegen, wenn ihre anatomischen Unterlagen überhaupt ausgebildet sind, niemals „verlernt", auch wenn sie Jahrzehnte hindurch nicht zur Anwendung gelangt ist. Diese Tatsache ist von praktischer Bedeutung insofern, als das Bestehen einer anomalen Netzhautbeziehung bei Schielenden keine Kontraindikation gegen die operative Behandlung bedeutet, und die Erzielung eines normalen Binokularsehens auch dann nicht ausschließt, wenn es vor der Operation nicht gelingt, den auf die normale Korrespondenz gegründeten Lokalisationsmodus hervorzurufen.

III. Atypisches (dissoziiertes) Schielen.

Das *Doppelauge* (E. HERING) ist auch in motorischer Hinsicht ein einheitliches Organ, denn jeder Bewegungsimpuls beeinflußt unter normalen Verhältnissen beide Augen gleichmäßig. Die allgemeine Gültigkeit dieses „Assoziationsgesetzes" wird, wie HERING gezeigt hat, durch die jederzeit zu beobachtenden ungleichmäßigen oder einseitigen Augenbewegungen nicht in Frage gestellt. Wenn man bei Fernstellung der Augen ein *nahes* Objekt in die rechte Gesichtslinie bringt und diesem die Aufmerksamkeit zuwendet, so erfolgt eine scheinbar isolierte Adductionsbewegung des linken Auges, am rechten ist höchstens eine minimale Zuckung zu bemerken. Die einseitige Bewegung ist aber von einer bilateral-gleichmäßigen Innervation abzuleiten, die sich zusammensetzt aus. einem Konvergenz- und einem Rechtswendungsimpulse: beide treiben das linke Auge in gleicher Richtung (nach rechts), am rechten Auge wirken sie einander jedoch derart entgegen, daß die Blicklinie ihre Lage nicht verändert. Wer einige Übung im Aufbringen und Nachlassen der Konvergenzinnervation hat, kann nach Belieben einseitige Augenbewegungen hervorrufen, in der Regel allerdings nur Adductionsbewegungen von der Mittel-(Primär-)Stellung nach innen und zurück. Beobachtungen von einseitigen Abductions- und Vertikalbewegungen sind vielfach als Beispiele „willkürlicher Dissoziierung" der Augenbewegungen aufgefaßt und beschrieben worden. Für die meisten derartigen Fälle trifft diese Auffassung nicht zu. Es handelt sich vielmehr um Heterophorien, die bei Erschlaffung der Ausgleichsinnervation manifest werden. Bezüglich der einseitigen Bewegung nach außen (Abduction) und zurück zur Mittelstellung ist der Nachweis der bilateral-gleichmäßigen Innervation der Augen in der Regel leicht zu erbringen und zwar aus der bei der Rückkehr von der abduzierten zur Mittelstellung eintretenden gleichmäßigen Zunahme der Refraktion beider Augen, einer Folge der mit der Anspannung der Konvergenz verknüpften Akkommodation, sodann aus dem Verhalten eines im fixierenden (stillstehenden) Auge erzeugten Nachbildes, das die Kontrollierung der Netzhautlage des fixierenden bei Abductions- und bei Mittelstellung des anderen Auges gestattet. Wenn das zunächst in die Ferne blickende Auge auf ein in der nämlichen Richtung gelegenes nahes Objekt eingestellt wird, so erfolgt nämlich eine Rollung der Augen um die Gesichtslinie als Achse (HERING).

Daß auch einseitige Vertikalbewegungen analog den horizontalen aus gleichmäßiger Innervation des Doppelauges hervorgehen können, konnte ich durch die Untersuchung eines Patienten nachweisen, der angab, er könne seit seiner Kindheit mit dem linken Auge willkürlich nach oben schielen[1].

In der Tat vermochte er, wenn der Blickpunkt im mittleren Teil des Blickfeldes lag, nach Belieben binokular zu fixieren oder das linke Auge nach oben gehen zu lassen. Lag aber der Blickpunkt in der *rechten* Blickfeldperipherie, wo er nur dem rechten Auge sichtbar war, so wich die linke Gesichtslinie, ohne daß der Patient es zu hindern vermochte, um 20° nach oben ab. Andererseits war es ihm unmöglich, mit dem linken Auge nach oben zu schielen, wenn der Blickpunkt in der *linken* Blickfeldperipherie lag. Ebenso war, wenn das linke Auge (durch Verdecken) vom Sehen ausgeschlossen wurde, die willkürliche Vertikalbewegung unmöglich: es wich ohne Zutun des Patienten nach oben ab, um so mehr, wenn gleichzeitig der Blick nach rechts gewendet wurde, während bei Linkswendung die Ablenkung auf ein Minimum zurückging. Endlich wich bei Neigung des Kopfes auf die linke Schulter das linke Auge maximal nach oben ab, ohne daß Patient es zu hindern oder zur binokularen Einstellung zurückzubringen vermochte, während bei Rechtsneigung des Kopfes — gleichfalls ohne sein Zutun — die Vertikaldivergenz verschwand. Die weitere Prüfung, auf deren Einzelheiten hier nicht einzugehen ist, bestätigte die schon aus dem mitgeteilten Befunde abzuleitende Diagnose einer vermutlich angeborenen (relativen) *Insuffizienz des linken M. obliquus superior.* Daß

---

[1] BIELSCHOWSKY, A.: Über die Genese einseitiger Vertikalbewegungen der Augen. Z. Augenheilk. **12**, 545 (1904).

die willkürlichen einseitigen Vertikalbewegungen nicht aus isolierten *Innervationen* des linken Auges entsprangen, war einwandfrei erwiesen: Patient brachte sie *nicht* zustande, wenn 1. der Einfluß des Fusionszwanges nicht wirksam werden konnte (bei unokularer Abbildung des fixierten Objektes); 2. die aus der Störung des Muskelgewichts resultierende Vertikaldivergenz zu groß wurde (bei Linksneigung des Kopfes); 3. die Vertikaldivergenz durch Entlastung des insuffizienten Muskels (Linkswendung des Blicks oder Rechtsneigung des Kopfes) auf ein Minimum zurückging.

Das Zustandekommen der einseitigen Vertikalbewegungen in diesem Falle ist folgendermaßen zu erklären. Die relative Insuffizienz des linken Obliquus superior bedingte ein — je nach der Blickrichtung verschieden hochgradiges — *Aufwärtsschielen* als *Ruhelage* des linken Auges, die der sehr kräftige *Fusionszwang* durch die entsprechende Innervation zu *korrigieren* vermochte. Wenn der Patient während des Versuchs die Aufmerksamkeit vom Fixationsobjekt abschweifen ließ, so erschlaffte die Ausgleichsinnervation, und das linke Auge wich nach oben ab. Die Fortdauer des Fixationsbestrebens ließ dabei das rechte Auge in seiner Stellung verharren, trotzdem es die gleiche Änderung seiner Innervation erfuhr wie das linke. Auch in diesem Falle ist also die einseitige *Bewegung* der Effekt zweier gleichzeitig und gleichmäßig auf beide Augen wirkenden *Innervationen*, einer gleich- und einer gegensinnigen, analog denen, die bei Vorhalten eines lateral oder vertikal ablenkenden Prismas vor ein Auge die einseitige Lateral- oder Vertikalbewegung zustande kommen lassen.

Ein von dem soeben geschilderten anscheinend fundamental verschiedener Typus einseitiger Vertikalbewegungen sei durch folgendes Beispiel illustriert.

Bei der 13jähr. Patientin war ein zeitweiliges Aufwärtsschielen meist des linken Auges bemerkt worden. Sie hat normale Sehschärfe und für gewöhnlich vollkommenes Binokularsehen. Nach länger dauernder Fixation eines Gegenstandes weicht das linke Auge spontan nach oben ab, bleibt aber nicht in einer bestimmten Schielstellung, sondern „pendelt" in ungleichem Tempo und Umfange zwischen gering- und höhergradiger Ablenkung hin und her. Die nämlichen einseitigen Vertikalbewegungen treten sofort bei Verdecken des linken Auges auf. Während das rechte Auge unverrückt bleibt, geht das verdeckte linke Auge langsam auf- und abwärts, um bei Freigabe mittels einer prompten Einstellbewegung wieder zur Ruhe zu kommen. Synchron mit dieser Einstellung erfolgt regelmäßig eine kleine Raddrehung des fixierenden rechten Auges.

Der besondere Charakter der vorliegenden Anomalie wird aber erst offenbar, wenn das *linke* Auge fixiert und das andere (rechte) Auge verdeckt wird: *auch dieses weicht nach oben ab.* Läge eine konkomitierende oder paretische Vertikalablenkung vor, die — wie in dem auf S. 1109 referierten Falle — mit Hilfe des Fusionszwanges ausgeglichen und durch Ausschalten des letzteren manifest würde, so müßte das rechte Auge nicht nach oben, sondern nach *unten* abweichen. Denn in allen solchen Fällen bedarf es zur Einstellung des in der Ruhelage nach oben abgelenkten Auges auf das geradeaus gelegene Fixationsobjekt eines Senkungsimpulses, der *beiden* Augen zufließt und, da sich mit ihm infolge Ausschaltung des Fusionszwanges keine gegensinnige Innervation verbindet, zum Abwärtsschielen der zuvor horizontal gerichteten Gesichtslinie des anderen Auges führt. Statt dessen weicht also bei dem jetzt in Rede stehenden Falle *jedes* Auge, wenn es vom Sehen ausgeschlossen wird, nach *oben* ab.

Dieser Typus eines *alternierenden* („*dissoziierten*") *Aufwärtsschielens* zeigt noch andere Besonderheiten, die ihn von den gewöhnlichen paretischen oder nichtparetischen Gleichgewichtsstörungen unterscheiden. Bei diesen strebt das vom gemeinsamen Sehakt durch Verdecken ausgeschlossene Auge seiner Ruhelage zu und behält nach Erreichen derselben seine Schielstellung nahezu unverändert bei, solange die Versuchsbedingungen unverändert bleiben. Beim „dissoziierten" Schielen geht das verdeckte Auge zunächst nach oben, nach einer Weile aber senkt es sich ohne erkennbaren Anlaß mehr oder weniger, zuweilen sogar bis unter die Horizontale — kurz, es zeigt eine ständig, aber ganz ungleichmäßig wechselnde Erregung der Heber bzw. Senker, worauf der Willen des Patienten für die Dauer der gegebenen Versuchsbedingungen nicht den geringsten Einfluß hat. Nur bei Änderung der Blickrichtung oder Freigabe des verdeckten Auges werden die einseitigen Bewegungen sofort unterbrochen und sistieren für kürzere oder längere Zeit. Bringt man vor das *rechte*, eine Flamme fixierende Auge ein dunkelfarbiges Glas, das die Fortdauer der Fixation nicht verhindert, so erfolgt eine plötzliche Abwärtsbewegung des *linken*, zuvor durch Verdecken zum Aufwärtsschielen gebrachten Auges. Diese Bewegung ist am ausgiebigsten, wenn man das verdeckte linke Auge in demselben Moment freigibt, in welchem das dunkle Glas vor das rechte Auge gesetzt wird. Ohne daß irgendeine Stellungsänderung des fixierenden Auges zu bemerken ist, besteht also bald *Auf-*, bald *Abwärtsschielen* des anderen Auges, ein Verhalten, das bei konkomitierenden oder paretischen Vertikalablenkungen unter den gleichen Untersuchungsbedingungen niemals vorkommt.

Bei einseitiger Amaurose oder Amblyopie sind die soeben beschriebenen Stellungsänderungen des blinden oder schwachsichtigen Auges in vertikaler Richtung noch häufiger, auch eine Beeinflussung der Schielstellung durch Verdunkelung des fixierenden Auges wiederholt beobachtet worden. Daß man es hierbei nicht etwa mit einer an den Pupillenreflex gebundenen Mitbewegung des amblyopischen Auges zu tun hat, wie früher angenommen wurde, zeigt der zuvor erwähnte Versuch: je nachdem das eine Auge verdeckt bzw. das andere verdunkelt wird, geht das erstere nach oben bzw. nach unten, trotzdem sowohl in dem einen wie in dem anderen Falle eine Pupillenerweiterung eintritt. Die isolierten Vertikalbewegungen des amblyopischen Auges konnte ich in manchen Fällen auch mittels derart abgeänderter Versuchsanordnung hervorrufen, daß mit dem *Verdecken* keine Verdunkelung, sondern eine stärkere *Belichtung* des betreffenden Auges verbunden war, wobei also die einseitige Bewegung nach oben zugleich mit einer Pupillenverengerung eintrat. Bezüglich der Einzelheiten der Methodik und der sehr mannigfachen Ergebnisse sei auf die speziellen Publikationen verwiesen[1]. Von dem einseitigen *Nystagmus*, der in der Regel ein vertikaler ist, unterscheidet sich das hier besprochene Phänomen in wesentlichen Einzelheiten, vor allem aber dadurch, daß bei jenem eine Abhängigkeit von differenten Erregungen des *sensorischen* Apparates in der Regel nicht nachweisbar ist.

Die Frage nach dem Wesen bzw. Ursprung der zuletzt besprochenen einseitigen Vertikalbewegungen ist noch nicht mit Sicherheit zu beantworten. Zweierlei Entstehungsmöglichkeiten kommen in Betracht. Entweder müssen wir annehmen, daß es außer den bekannten, auf das *Doppel*auge wirkenden noch andere motorische Zentren gibt, die unabhängig voneinander unter bestimmten, hier nicht ausführlicher wiederzugebenden Voraussetzungen die Stellung der *Einzel*augen beeinflussen. Nach dieser Annahme lägen den einseitigen bzw. dissoziierten Vertikal*bewegungen* auch dissoziierte *Innervationen* zugrunde. Sie wären also fundamental verschieden von dem früher besprochenen willkürlichen einseitigen Augenbewegungen, die sich mit Sicherheit auf bilateral-gleichmäßige Innervationen zurückführen lassen. Es ist aber noch ein zweiter Entstehungsmodus denkbar. Manche Beobachtungen sprechen nämlich dafür, daß es analog den bei Hyperopen nicht selten, gelegentlich aber auch bei Emmetropen und Myopen vorkommenden Konvergenzspasmen, die zu periodischem Einwärtsschielen führen, auch *spastische Innervationen der Vertikaldivergenz gibt*. Und

---

[1] BIELSCHOWSKY, A.: Die Genese der dissoziierten Vertikalbewegungen der Augen. Verhandl. d außerord. Tag. d. Ophthalm. Gesellsch. in Wien 1921. Berlin: S. Karger.

zwar vorwiegend — wenn nicht ausschließlich — bei Individuen mit einer im Sinne der Vertikaldivergenz von der normalen abweichenden Ruhelage. Bis zu welchem Grade derartige Stellungsanomalien bei gut entwickelten Fusionszwange durch Innervationen ausgeglichen werden können, die bei normaler Ruhelage der Augen nur in sehr geringem Umfange auslösbar sind, zeigt das oben (S. 1109) referierte Beispiel. In derartigen Fällen scheint es mitunter zu einer gesteigerten Erregbarkeit der die gegensinnigen Vertikalbewegungen beherrschenden Zentren zu kommen, erkennbar daran, daß die bezüglichen Bewegungen auch ohne Vermittelung des Fusionszwanges spontan oder veranlaßt durch gewisse sensorische Reize auftreten. Bei einem Aufwärtsschielen des linken Auges z. B., würde die zum Ausgleich dienende gegensinnige Innervation eine gleichmäßige Erregung der linken Senker- und der rechten Hebermuskeln bewirken. Mit dieser gegensinnigen würde sich bei andauernden Fixationsbestreben eine gleichsinnige Innervation verbinden, welche die Wirkung der ersteren Innervation am rechten Auge aufhebt, am linken entsprechend vermehrt: der Erfolg wäre eine isolierte Abwärtsbewegung des linken Auges, die bei vorhandener Fähigkeit zum binokularen Sehen ihren Abschluß fände, wenn die linke Gesichtslinie bis zur horizontalen Blickebene gelangt wäre, dagegen bei einseitiger Sehschwäche oder künstlicher Erschwerung des Binokularsehens infolge der mangelnden Dosierung durch den Fusionsmechanismus die ursprüngliche Ablenkung entweder nur teilweise oder aber überkompensieren könnte, so daß aus dem Auf- ein Abwärtsschielen des linken Auges entstände. Letzterenfalls würde, wenn das linke Auge die Fixation übernähme, das von der Teilnahme am Sehakt ausgeschlossene rechte Auge nach oben abweichen: dann hätten wir das Phänomen des alternierenden (dissoziierten) Aufwärtsschielens. Einige Tatsachen, die zugunsten der zuletzt erörterten Hypothese sprechen, habe ich[1] bereits mitgeteilt, über andere soll noch ausführlich berichtet werden.

---

[1] BIELSCHOWSKY, A.: Zitiert auf S. 1111.

Vergleichendes über Augenbewegungen.

Von

Martin Bartels

Dortmund.

Mit 14 Abbildungen.

Zusammenfassende Darstellungen.

Bartels: Aufgaben der vergleichenden Physiologie der Augenbewegungen. Graefes Arch. **101**, 302 (1920). — Motais: Anatomie et Physiologie de l'appareil moteur oculaire. Encyclopédie franç. d'ophtalm. Paris: Lagrange, Valude 1905. — Müller, Johannes v.: Zur vergleichenden Physiologie des Gesichtssinnes der Menschen und der Tiere. Leipzig 1826. — Ovio: Anatomie et Physiologie de l'œil dans la serie animale. Traduction. Paris 1927. — Pütter: Organologie des Auges. 3. Aufl. Leipzig: Engelmann 1912. — Tschermak, A. v.: Wie die Tiere sehen verglichen mit Menschen. Vorträge des Vereins zur Verbreitung naturwissenschaftlicher Kenntnisse in Wien. **54**, H. 19. Wien 1914.

Systematische Darstellung der Augenbewegungen der Tiere.

Die vergleichende Lehre von den Augenbewegungen (*Ophthalmokinetik*) greift vielfach über in die vergleichende Lehre von der Augenstellung (*Ophthalmostatik*). Eine große Anzahl von Einzelbeobachtungen liegen vor. Aber eine zusammenfassende Übersicht aus der gesamten Tierreihe fehlt bisher. Das Werk, das sich zuerst umfassend mit dieser Aufgabe beschäftigte, ist die für seine Zeit (vor 100 Jahren) hervorragende Bearbeitung von Johannes von Müller „Zur vergleichenden Physiologie des Gesichtssinnes der Menschen und der Tiere". So scharfsinnig die Beobachtungen und Schlüsse dieses genialen Forschers auch sind, so lassen sie sich mit unserer heutigen Kenntnis der Reflexe vielfach doch nicht mehr vereinigen, und die Einteilung der Tiere je nach ihrer Augenbeweglichkeit, die Johannes von Müller gibt, kann nicht mehr aufrechterhalten werden. Seit dieser langen Zeit haben sich eigentlich nur wenige Autoren vergleichend genauer mit den ABW.[1] und diese besonders mit denen der Wirbeltiere beschäftigt, A. v. Tschermak, Pütter, Bartels, Motais und Ovio. Die folgende Arbeit ist auch nur der erste Versuch einer vergleichenden Ophthalmokinetik. Es sind nur die Bewegungen des Augapfels behandelt, nicht die der Lider oder der Nickhaut. Je nach den Reizen, die auf Grund unserer heutigen Kenntnisse eine Änderung der Augenstellung oder Augenbewegung hervorrufen, unterscheiden wir verschiedene Arten von ABW.

1. Die ABW. durch Sinneseindrücke, *sensorische ABW.*, darunter vor allem die durch Lichteinwirkung, *phototrope* oder heliotrope ABW. (*Photoophthalmostatik* bzw. *Kinetik*).

2. *ABW. durch Einwirkung eines Gleichgewichtsorganes* (Statocysten, Vestibulum, Labyrinth). *Vestibuläre ABW.*, wegen der Einwirkung der Schwerkraft

---

[1] Für „Augenbewegungen" ist die Abkürzung ABW. benutzt.

auch *geotrope ABW.* genannt, ein Ausdruck, der, wie wir später auseinandersetzen, nicht ganz treffend ist. Hier unterscheiden wir *Dauerlage-* und *Bewegungsreflexe*, ohne daß diese immer scharf zu trennen wären (s. unten).

3. *Sensible ABW.*

I. *Peripher-sensible* durch *Hautreize.*

II. *Spannungsreflexe* durch sensible Erregungen der Gewebsspannung.

a) *Musculosensible* durch sensible Erregungen im Muskel selbst.

b) Der umgebenden *Gewebe* in *der Orbita.*

c) Sog. *Hals-Augenreflexe* durch Änderung der Spannungsverhältnisse in
der Halsgegend (Gelenke, Bänder, Weichteile).

4. *Spontane* bzw. *Corticocerebrale ABW.*, hierhin gehören auch die psycho-
genen ABW.

Die sog. Spontanbewegungen sind ein sehr vager Begriff, der Ausdruck besagt etwas
Psychologisches und ist deshalb auf Tiere nicht ohne weiteres zu übertragen, aber wir werden
sehen, daß doch Tiere mit Spontanbewegungen von solchen ohne Spontanbewegungen scharf
getrennt werden können. Gewiß sind eine größere Anzahl uns heute spontan erscheinender
Bewegungen bei besserer Kenntnis auf automatische Reflexe zurückzuführen. Der Ausdruck
„spontan" ist ein Notbehelf. Solange unser gesamtes Material an Beobachtungen noch so
lückenhaft ist wie zur Zeit, bleibt auch die Einteilung willkürlich. Die Feststellung, ob und
wieweit ein Tier seine Augen „willkürlich" bewegt, wie wir es z. B. beim Mensch, Affe, Hund
scheinbar ohne weiteres beobachten, erfordert oft sehr viel Zeit, Geduld und große Erfahrung
über die Wirkung der reflektorischen obengenannten Reize. Irrtümer sind leicht möglich,
man kann nicht immer Kopf-, Rumpfbewegungen, Berührungen usw. mit Bestimmtheit
vermeiden; Nickhautbewegungen täuschen leicht ABW. vor. Oft vermißt man stundenlang
jede ABW. und plötzlich treten sie deutlich auf. Deshalb bedürfen alle älteren Angaben einer
Nachprüfung, aber auch alle eigenen Beobachtungen sind nur bedingt anzuerkennen. Allgemeine Angaben über ganze Tierklassen oder selbst über kleinere Unterabteilungen sind fast
wertlos, wie aus unserer Darstellung ohne weiteres hervorgeht. Es ist eigentlich nötig, jedes
Tier, das untersucht wird, einzeln aufzuführen. Denn nicht nur zeigen selbst sehr nahe verwandte Tiere gänzlich verschiedene ABW., sondern das einzelne Tier verhält sich oft in seinen
verschiedenen Lebenszeiten verschieden. Es soll zunächst das vorhandene Material nach
Tierklassen aufgeführt und dann ein vergleichender zusammenfassender Überblick versucht
werden.

Niedere Tiere.

Weichtiere (*Mollusca*).

Bei den Schnecken (Gastropoda) sind vielleicht die Augen der Flügelschnecken
(*Alatae*) beweglich, da sie auf den Enden von Stielen (Fühlern) sitzen, während
sie sonst bei dieser Ordnung auf kurzen Stümpfen sich befinden und bei den übrigen
Schnecken meist in der Haut liegen. Bemerkenswert ist, daß die Alatae auch die
beweglichsten Schnecken sind, die sogar springen können. Untersuchungen über
die ABW. fehlen (Grimpe[1]).

Großartig ausgebildete teleskopähnliche Augen besitzen die *Cephalopoden.*
Sie sind den Wirbeltieraugen durchaus gleichwertig und ähnlich. Im Bau nur
insofern verschieden, als bei den Augen der Cephalopoden die Sinneszellen der
Retina nach dem Glaskörper zu gerichtet sind. Es kommen bei ihnen die größten
bisher überhaupt bekannten Augen vor, bis fast 40 cm lang. Über die Beweglichkeit waren die Meinungen sehr verschieden, meist sprach man ihnen Beweglichkeit ab.

Dies erklärt Beer[2] aus der Verschiedenheit der Verhältnisse bei den einzelnen Cephalo-
podenarten, die die Forscher untersuchten. Nach Beer[2] bestehen hier Unterschiede wie bei
den Fischen. Bei manchen Arten, z. B. bei vielen *Ommastreptiden*, sind die Augen in die knor-
pelige Augenhöhle so eng eingepaßt, die Muskeln so wenig entwickelt, daß von einer nennens-

[1] Grimpe: Brehms Tierleben. Niedere Tiere, S. 449.
[2] Beer: Die Akkommodation des Cephalopodenauges. Arch. f. Physiol. **67**, 541 (1897).

werten Beweglichkeit keine Rede sein kann; die geringen Erfolge elektrischer Reizung bestätigten BEER dies. Bei den *Sepiarien* ist die Beweglichkeit schon besser und bei vielen Octopoden sind die Augen sogar sehr beweglich, was BEER sowohl am lebenden Tier beobachtete, wie bei elektrischer Reizung am frischen Präparat. Unter welchen Bedingungen die Augen dieser Tiere im Leben sich bewegen, ist noch wenig erforscht (s. unten). Nach Beschreibung der Lebensweise, wie sie ihre Beute in Ruhe beobachten, ehe sie plötzlich zugreifen, sollte man auf eine spontane Beweglichkeit (Fixieren bei ruhiggehaltenem Kopf) schließen. MUSKENS[1] beobachtete bei den Octopoden, während sie mittels der Arme langsam voranschritten, ein Hin- und Hergehen beider Augäpfel, jeder auf seiner Seite. Die Bewegung jedes Auges geschah anscheinend in vollständiger Unabhängigkeit von der des anderen, eine Konvergenz sei den Tieren nicht möglich. Eine ganz andere Art Umherzuschauen vermutet BEER bei den Arten mit unbeweglichen Bulbi. Er fand, daß durch partielle Kontraktion des lidvertretenden Ringmuskels auf die weiche Hornhaut die Linse in verschiedener Richtung beweglich ist und dadurch das Blickfeld vergrößert werden könnte, so daß also vielleicht die Tiere mit Linsenbewegungen umherschauen. Ob eine Macula lutea bei diesen Tieren existiert, erscheint BEER noch fraglich, aber er gibt die Möglichkeit zu. Dann wäre allerdings die Annahme obigen Linsensehens sehr eigentümlich. In *jungen Stadien* sollen die *Cephalopoden* gestielte Augen besitzen, die sie beliebig richten können. Auf Grund der Abbildung möchte ich vermuten, daß auch einige erwachsene Tiefseeformen der *Cranchiiden* gut bewegliche Augen besitzen, z. B. das Weibchen von Balcothauma lyromma Chun[2], das langgestielte Augen aufweist.

Über die *kompensatorischen ABW. der Octopoden*, die einfache Otocysten mit Otolithen besitzen, bei Veränderung der Kopfstellung (vestibuläre bzw. geotrope ABW.) hat MUSKENS[1] ausführliche Beobachtungen veröffentlicht.

MUSKENS[1] fand, daß die Augen (ihre Stellung ist an der biskuitförmigen Pupille leicht erkennbar) in jeder Stellung des Kopfes die horizontale Lage beizubehalten suchen, bei senkrechter Abwärtsbewegung ziemlich genau, beim Aufwärtsschwimmen nur für eine Winkelbewegung von 30—40°. Diesen Unterschied erklärt sich MUSKENS durch die Muskelanordnung. Bei *Eledonen* ist von den drei vorhandenen Augenmuskeln der obere der weitaus kräftigere und inseriert so seitlich, daß er leicht entsprechende Achsendrehungen des Auges herbeiführen kann, aber auch der untere ist ziemlich stark, der seitliche sehr schwach. MUSKENS sah an Eledonen kompensatorische Augenrotation von 90°, von Nystagmus ist nichts erwähnt. Nach Wegnahme beider Otolithen traten die kompensatorischen ABW. nicht mehr auf, während die freie Beweglichkeit der Augen anscheinend nicht gestört war.

Wirbellose.

Insekten.

Bei den Insekten fehlt, soviel ich sehe, jede Bewegungsmöglichkeit eines einzelnen Auges. JOHANNES V. MÜLLER[3] meint, daß ihre Augen höchstens retraktil seien, ich finde aber dafür keinen Beleg. J. v. MÜLLER führt selbst aus, daß seitliche Bewegungen der Insektenaugen gegeneinander gar nicht stattfinden dürfen, da sonst Doppelsehen auftreten müßte. Einige Arten haben Augen auf langen Stielen, aber auch diese sind anscheinend unbeweglich (z. B. Diopsiden), trotzdem diese Insekten gewiß binokular sehen (A. VON TSCHERMAK[4]). Die Einstellung der Augen der Insekten (Verfolgen bewegter Objekte) geschieht durch Kopfbewegungen, wie sie auch bei passivem Drehen lediglich Kopfnystagmus bekommen (RÁDL). Nach HESSE und DOFLEIN[5] ist bei den Wolfspinnen (Lycosa) an den vorderen Mittelaugen ein Muskelpaar nachgewiesen, daß durch gleichzeitige Zusammenziehung die Schicht der Linsenmutterzellen zusammendrücken und damit der Netzhaut nähern kann. Einige Beobachter haben diese Augengestaltsveränderung anscheinend mit einer ABW. verwechselt.

---

[1] MUSKENS: Über eine eigentümliche kompensatorische Augenbewegung der Octopoden. Arch. f. Physiol. **1904**, 49.
[2] CHUN: Valdiviawerk. 18.
[3] MÜLLER, JOHANNES V.: Siehe zusammenfassende Darstellungen, S. 1113.
[4] TSCHERMAK, A. v.: Siehe zusammenfassende Darstellungen, S. 1113.
[5] HESSE u. DOFLEIN: **1**, 693.

Krebse (Crustaceen).

Bei vielen Krebsen sitzen die Augen auf beweglichen Stielen (Ophthalmophoren). Manche Krebse, die im Dunklen leben, haben rückgebildete Augen, das ist aber kein Gesetz; im Dunkel der Tiefsee gibt es auch Krebse mit riesig vergrößerten Augen. Rádl[1] beschrieb zuerst die Orientierung nach dem Licht am Cladocerenauge. Die Cladoceren (*Daphnia*) haben ein einziges unpaares kugeliges Auge, das unter der durchsichtigen Hülle der Kopfhaut liegt. Wegen der Kleinheit des Auges sind die Beobachtungen am Mikroskop ausgeführt. Das Auge wird durch vier lange schmale Muskeln bewegt (s. Abb. 335). Es macht fortwährend zitternde Bewegungen, ist dabei aber stets gegen das Licht orientiert. Dreht man den Körper der Daphnie, so sucht das Auge die Stellung gegen das Licht zu behalten, es kompensiert die Bewegung. Ändert man die Beleuchtung, so ändert sich entsprechend die Augenstellung.

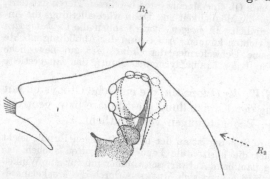

Ähnliche, aber viel schwächere kompensierende ABW. sah Rádl[1] bei einem *Copepoden* (*Diaptomus*), bei diesem Tierchen ist es das dreiteilige, am Scheitel des Cephalothorax befindliche Auge, welches die Körperbewegung kompensiert. Weitere Untersuchungen an Daphnienaugen stellte Hess[2] an. Bewegte er eine Lichtquelle im Bogen um das Tier, so konnte er leicht das Auge um 120—150° sich drehen lassen. Wird ein Daphnienauge, das gerade ausgerichtet ist, durch ein Reizlicht von bestimmter Stärke von der Seite her getroffen, so dreht

Abb. 335. Zwei phototaktische Kompensationsstellungen des Auges von Daphnia magna. Die ausgezogen gezeichnete Stellung entspricht der Lichtrichtung R_1, die punktiert gezeichnete Stellung der Lichtrichtung R_2. (Nach v. Frisch und Kupelwieser.)

es sich um einen bestimmten Winkel nach dem Licht hin; wird die Lichtstärke gemindert, so kehrt es wieder mehr oder weniger in seine Ausgangsstellung zurück (Verdunkelungs- und Erhellungsbewegungen nach Hess). Hess[2] konnte solche ABW. regelmäßig hervorrufen, wenn er die Lichtstärke im Verhältnis von 1 zu 1.5 erhöhte. Entscheidend sind nach Hess auf Grund seiner Versuche mit farbigen Lichtern für die Augenbewegungen der Daphnien die Helligkeiten, in welchen die farbigen Lichter gesehen werden. Die ABW. der Daphnien zeigten eine solche Abhängigkeit von der Wellenlänge des Lichtes, wie es der Fall sein muß, wenn die relativen Helligkeiten ähnliche sind wie für das total-farbenblinde Menschenauge. Im allgemeinen machte das Daphnienauge beim Übergang von Blau zu Rot ausgiebige Verdunkelungs-, von Rot zu Blau Erhellungsbewegungen. von Frisch und Kupelwieser[3] konnten nicht bestätigen, daß sich die Farbenempfindlichkeit verhielt wie bei einem total-farbenblinden Menschen. Denn es wirken ein gleich helles Orange und Blau auf das Daphnienauge entgegengesetzt. Eine wichtige andere Beobachtung machten dieselben Forscher. Drehten sie den Körper einer Daphnie, deren Augen dem Licht zugewandt waren, ab, so suchte das Auge möglichst lange dieselbe Stellung beizubehalten, aber nur bis zu einem gewissen Punkt, an dem nämlich das Auge bei stärkster Kontraktion dem Licht abgewandt war, dann schnappte es plötzlich zurück durch Kontraktion der vorher erschlafften Antagonisten, so daß wieder der Scheitel des Auges dem Licht zugewandt war (s. Abb. 335). Also ein Vorgang bei der Daphnie wie beim *optokinetischen Nystagmus* der höheren Tiere (s. unten). In manchen Jahreszeiten erhielten die Autoren keine ABW. bei Daphnien. Die Angabe von Wolteck[4], daß das Cladocerenauge im Lichtgefälle stets so orientiert werde, daß der Nervenaustritt dem Licht zugewandt bliebe, konnten die genannten Forscher an Daphnien nicht bestätigen. Die Daphnie orientiert zweifellos ihren Körper zum Licht ver-

[1] Rádl: Über den Phototropismus der Tiere. Leipzig: Engelmann 1903.
[2] Hess: Vergleichende Physiologie des Gesichtssinnes. Jena: S. Fischer 1912.
[3] v. Frisch u. Kupelwieser: Über den Einfluß der Lichtfarben auf die phototaktischen Reaktionen niederer Krebse. Biol. Zbl. **33**, 517 (1913).
[4] Wolteck: S. v. Frisch u. Kupelwieser Anm. 3.

mittels der ABW., wie andere Krebse durch ihre Otocysten. Die merkwürdigste ABW., wenn man davon überhaupt sprechen kann, zeigt eine andere Cladocerenart, nämlich die von GRENACHER[1] und EXNER[2] untersuchte Copilia. Eine verhältnismäßig mächtige Linse sitzt auf einem großen Trichter, die Trichterspitze wird durch eine sehr kleine Netzhaut abgeschlossen, der noch ein lichtbrechender kleiner Apparat vorgelagert ist, eine Art Facettenauge. An diese Netzhaut inseriert nun ein Muskel, der die kleine Retina nach allen Richtungen sehr schnell bewegen kann. Diese Anordnung lehrt, daß trotz der Konvergenzerscheinung von 4 Muskeln bei anderen Cladoceren wie bei Säugetieren auch eine ganz andere ABW.-Form auftreten kann.

Nach BETHE[3] zeigt auch *Squilla mantis* kompensierende ABW., die nach dem Licht orientiert sind und bei Schwärzung der Augen verschwinden. Letzteres wird von DEMOLL[4] bestritten, ersteres bestätigt. In diffusem Tageslicht oder im Sonnenlicht werden die Augen stets so gestellt, daß die Seitenwände der walzenförmigen Augen möglichst gegen Strahlen geschützt sind, die Einstellung geht langsam vor sich und dauert manchmal 1—2 Minuten (Lichtschutzreaktion DEMOLL). Squilla mantis reagiert auf alle Lichter des sichtbaren Spektrums, mehr auf die kurzwelligen (blauen) als auf die langwelligen (roten).

Bei Annäherung einer schwarzen Kugel sah DEMOLL deutliche Konvergenz der Augen, auch Folgebewegungen. Blendet man ein Auge, so macht dieses doch die Bewegungen mit. DEMOLL schließt daraus mit Recht, daß einseitige Lichteindrücke über das Gehirn die Bewegung des anderen (Konvergenz) veranlassen. Im Gegensatz zu BETHE fand DEMOLL[4], daß auch nach sicherem Schwärzen der Augen die kompensatorischen ABW. bei Kopflageänderungen fortdauerten, also nicht heliotrope, sondern geotrope waren, wenn auch ein Gleichgewichtsorgan bei Squilla mantis bisher nicht bekannt ist. DEMOLL bestätigte sonst BETHES Beobachtung, daß Kompensationsbewegungen der Augen nur beim Drehen in einer vertikalen Ebene um eine Querachse des Körpers eintrete, aber er fand größere Werte, nämlich 80° nach oben, 10° nach unten.

Die *kompensatorischen ABW.*, die bei den *Crustaceen* von einem *statischen Organ abhängen*, sind sehr eingehend untersucht worden (KREIDL[5], CLARK[6], BETHE[3], FRÖHLICH[7], KÜHN[8]). Es ist sowohl phylogenetisch wie für die Erforschung der nervösen Reflexwege wichtig, daß hier bei den Wirbellosen genau dieselben Kompensationsstellungen und Bewegungen der Augen auftreten wie bei den Wirbeltieren, obgleich die ersteren zum Teil nur eine einfache Statocyste und die letzteren einen sehr komplizierten Vestibularapparat haben.

Bei Crustaceen besteht der Apparat aus zwei Bläschen, die innen mit Haaren besetzt sind, auf denen bei einigen Krebsen Otolithen liegen. Diese bilden die Krebse bei jeder Häutung aus irgendwelchem ihnen zur Verfügung stehenden Material. So bot KREIDL[5] den Tieren (*Palaemon xiphias*, *Squilla*) Eisen als Otolithenmaterial, die sich dann eiserne Otolithen bildeten. KREIDL reizte diese dann mit einem Magnet. Durch seine Annäherung veranlaßte er die Krebse zu Körperdrehungen und beobachtete, daß z. B. bei einer Drehung des Körpers nach rechts die Augen sich nach links zurückdrehen. PRENTISS[9] bestätigte diese Versuche. Leider hat KREIDL nicht die eisernen Otolithen bei festgehaltenem Kopf gereizt und dann die ABW. beobachtet.

Ausgedehnte kompensatorische ABW. an *Krebsen ohne Otholithen* beobachteten CLARK[6] (an *Gelasimus pugilator*, *Platonychus ocellatus*) und BETHE[3] (an *Carcinus maenas*, *Astacus*, *Hommarus polybius Henslerii*) und KÜHN[8] (an *Patamobius astacus*). BETHE fand, daß *jeder Stellung des Körpers im Raum eine bestimmte feste Stellung der Augen zukommt*. Die Augen bewahren möglichst ihre Stellung im Raum, während der Körper unter ihnen gedreht wird, sie verhalten sich negativ geotropisch. Bei Carcinus fand BETHE, daß die Drehungsamplitude der Augenachsen bei Drehung um die Querachse 75—95° beträgt. Die Augen drehen sich stets der Drehrichtung entgegen, soweit bis sie ein mechanisches Hindernis am Weiterdrehen

---

[1] GRENACHER: Klin. Mbl. Augenheilk. **15**.

[2] EXNER: Die Physiologie der Facettenaugen usw. Leipzig u. Wien: Fr. Deuticke 1891.

[3] BETHE: Das Nervensystem von Carcinus maenas. Arch. mikrosk. Anat. **50**, 460 (1897).

[4] DEMOLL: Augen und Augenstielreflexe von Squilla mantis. Zool. Jb. **27**, 12 (1909).

[5] KREIDL: Versuche an Krebsen. Sitzungsber. ksl. Akad. Wiss. Wien. **102**, 1 (1893).

[6] CLARK: Über Gleichgewichtsphänomene bei gewissen Crustaceen. Zbl. Physiol. 8, 626 und J. of Physiol. **19**.

[7] FRÖHLICH: Studien über die Statocysten wirbelloser Tiere. Pflügers Arch. **103**, 149.

[8] KÜHN: Orientierung der Tiere im Raum. Jena: S. Fischer 1919.

[9] PRENTISS: The otocyst of Decapod crustacea etc. Bull. Unis. comparat. Zoology at Harvard College Cambridge Massachusetts U. S. A. **1900/1901**, 222.

hindert. „Für den vierten Quadranten der Rotation um die Transversalachse sind keine entsprechenden Augenstellungen möglich, da schon bei Drehung um 90° nach vorn und bei Drehung um 180° nach hinten die äußerst möglichen Stellungen erreicht sind. Dreht man das Tier in diesen Quadranten hinein, so bewahren die Augen eine Zeitlang die anfängliche Stellung und schlagen dann an einem bestimmten Punkt zu der anderen extremen Stellung um." Bei Drehungen um die Längsachse finden ebenfalls entsprechende Gegenbewegungen der Augen statt, außerdem Rotation der Augen um die eigene Achse. Auch wenn man die Tiere ganz langsam mit Hilfe eines Uhrwerkes dreht, 90° in einer halben Stunde, so ändern die Augen ganz langsam ihre Stellung. Läßt man passiv einen Krebs auf der Drehscheibe rotieren, so drehen sich die Augen sofort beim Anfang einer Rotation in entgegengesetzter Richtung (*langsame Phase eines Nystagmus*). Beim Berühren des Orbitalrandes schlagen die Augen um einige Grade in die Richtung der Normalstellung zurück (*schnelle Phase eines Nystagmus*) usw. Also Nystagmus in der Bewegungsrichtung wie bei Wirbeltieren. Theoretisch ist für die Erklärung des Eintrittes der schnellen Phase dies Umschlagen der ABW. bei Berührung des Orbitalrandes äußerst wichtig. CLARK konnte den Nystagmus bei Gelasimus nicht beobachten. Nach *Fortnahme beider Otocysten* (BETHE) waren die kompensierenden ABW. ganz geschwunden. Wenn auch ein Rest geblieben war, so schwand er nach Schwärzen der Augen. Also spielte die optische Komponente doch eine, wenn auch geringe Rolle (s. oben DEMOLLS[1] Experimente an Squilla). Besonders bemerkenswert ist aber folgende Beobachtung BETHES[2]: Wenn Carcinus entsprechend seiner gewöhnlichen Bewegungsart seitwärts läuft, zeigt er Nystagmus. Dieser Nystagmus bleibt immer erhalten, auch nach Wegnahme der Otocysten und Schwärzen der Augen. Nach diesen Operationen kann er also nicht mehr statisch und nicht mehr optisch bedingt sein, vielleicht peripher-sensibel (s. unten). Nach Herausnahme einer Otocyste war das gekreuzte Auge in seinen Kompensationen herabgesetzt, Drehnystagmus ging nach beiden Seiten, Fortnahme der Globuli war ohne Einfluß (BETHE). Unklar bleibt bei dem gleichen Otocystenbau, weshalb bei Carcinus Drehnystagmus auftrat, bei Gelasimus nicht. Hier müssen nervöse Einflüsse die Ursache sein. Auffallend ist, daß die Wegnahme einer Otocyste so wenig Ausfallerscheinungen hervorruft und nur auf das gekreuzte Auge.

FRÖHLICH bestätigte am *Pinaeus* die Ergebnisse, er konnte auch nachweisen, daß Cocainisierung der Otocysten dieselbe Wirkung wie Zerstörung hat.

Chordatae.

Die *Tunicata*, die keine Augen besitzen, wie die *Ascidia*, deren Larve ein Auge mit Linse im Nervenrohr hat, wie die *Thaliacea*, bei denen es fraglich ist, ob sie ein Auge besitzen, haben keine Augenbewegung.

Amphioxus besitzt kein Auge.

Wirbeltiere (Vertebrata).

Die *Cyclostomata* und die *Myxinidae* haben unter der Haut rückgebildete Augen ohne Augenmuskeln, sie esitzen auch keine Augenmuskelkerne.

Die *Petromyzontidae* haben gut ausgebildete Augen, o und inwieweit die Augenmuskeln quergestreift oder glatt sind, ist noch nicht völlig aufgeklärt (FRANZ[3]). *Vestibulare ABW.* sind sicher vorhanden. KUBO[4] beobachtete eine Deviation beider Bulbi gegen die Drehrichtung, aber auch bei schneller Drehung keinen Drehnystagmus. Auf mechanische Reizung einzelner Teile des Vestibularapparates war Genaueres nicht zu beobachten. *Petromyzon* besitzt nur einen Saccus und nur zwei Bogengänge. Das Fehlen des Drehnystagmus ist aber wohl nicht aus der Unvollkommenheit des Ohrapparates zu erklären, da wir noch bei viel einfacheren Ohrapparaten (s. Crustaceen) sehr deutlich Drehnystagmus antreffen. Es muß der Ausfall am Zentralnervensystem von Petromyzon liegen, Lage des Oculomotorius- und des Trochleariskernes weichen auch von der bei den Fischen ab.

---

[1] DEMOLL: Zitiert auf S. 1117.   [2] BETHE: Zitiert auf S. 1117.
[3] FRANZ: Sehorgan. Jena: Gustav Fischer 1913.
[4] KUBO: Über die vom N. acusticus ausgelösten Augenbewegungen. Pflügers Arch.
114, 115.

Fische (Pisces).

Es gibt eine ganze Anzahl von Fischen mit stark *rudimentären Augen*, denen die Augenmuskeln fehlen, z. B. die *Amblyopsidae*. Bei den Embryonen sollen die Augen verhältnismäßig gut entwickelt sein. *Typhlogobius caloforniensis* hat sehr kleine Augenmuskeln mit einem verkümmerten Auge, bei der Larve soll es normal sein. Eine Anzahl blinder Fische zeigen dicke Augenmuskeln, z. B. *Aniurus*, trotz völliger Funktionslosigkeit des Auges. Von *Tiefseefischen* mit rudimentären Augen sei *Cetomimus gilli* erwähnt, dem die Augenmuskeln gänzlich fehlen. Im übrigen bestehen bei den Fischen von nicht beweglichen Augen bis zu sehr beweglichen alle Grade. Die Fische, die überhaupt bewegliche Augen haben, besitzen anscheinend sämtlich *vestibulare ABW.*

Schon BREUER sah, daß bei Drehungen von Fischen um die Längsachse die Augäpfel die Bewegungen in beträchtlichem Maße kompensieren. Eine Reihe von Autoren, wie LOEB[1], NAGEL[2], LEE[3], LYON[4], KREIDL[5], KUBO[6], BENJAMINS[7] beobachtete die Kompensationsbewegung genauer. Sie stellten fest, daß *jeder Körperlage eine bestimmte Bulbuslage entspricht,* BENJAMINS fixierte die Augenstellungsänderung photographisch bei *Barschen* und *Karpfen.* KUBO beschreibt sie am genauesten (*Scyllium, Rhombus maximus, Acanthias*). Bei Drehung um die Längsachse des Fisches um 90° drehen die Augäpfel (scheinbar) in senkrechter Richtung ab, d. h. im Verhältnis zur Lidspalte, so daß der obenliegende Bulbus nach unten, der untenliegende nach oben geht; bei Neigungen des Kopfes nach oben oder unten finden entsprechende Rotationsbewegungen der Augen statt. NAGEL sah solche nur bis 20° bei Fischen. Nach meinen Beobachtungen hängt die Ausdehnung der Rotation wohl von der Fischart ab, die flachen Fische, wie z. B. *Pterophyllum scalare*, scheinen stärkere Rollungen ausführen zu können. In der Rückenlage bleiben nach KUBO die Bulbi gewöhnlich in der primären Stellung zuweilen sieht man eine Raddrehung, wie in der Lage „Kopf unten", außerdem ist eine starke Vortreibung der Bulbi zu konstatieren. Diese Augenstellungen werden nach KUBO nicht dauernd eingehalten, sondern das Auge kehrt ein wenig gegen die Primärstellung zurück. Diese letztere Beobachtung ist wichtig (s. unten). Bei langsamer Rotation in Bauchlage tritt Nystagmus in der Drehrichtung auf, bei schneller Drehung erfolgt nur die beiderseitige Gegendrehung, er findet sich auch bei aktiver Drehung der Tiere, d. h. wenn es spontan den Kopf wendet. Letzteres kann man leicht bei Fischen bestätigen, bei *Carassius auratus* sah ich auch beim Vorwärtsschwimmen eine *rhythmische Retraktionsbewegung der Bulbi*, beim Rückwärtsschwimmen war sie nicht mit Sicherheit festzustellen. Bei *Pterophyllum scalare* bemerkte ich beim Schwimmen nach unten einen sehr ausgesprochenen *rotatorischen Nystagmus*, während er beim Aufwärtsschwimmen fehlte. Er ist bei diesem Fisch wegen der eigentümlich streifig gefärbten Iris leicht zu sehen. Bei einigen Fischen mit vollständig ausgebildetem Labyrinth (*Raja* und *Torpedo*) vermißte KUBO[6] den Nystagmus, er sah *nur die langsame Gegenbewegung*. Nach KUBO ruft die Drehung von Fischen in der Seitenlage während der Drehung nur Bulbusdeviation hervor, und zwar solche Raddrehungen, die der Bulbusbildung bei Lage „Kopf unten" bzw. „Kopf oben" entsprechen. Dreht man dagegen ein Tier mit nach oben gehaltenem Kopf vertikal um seine Längsachse, so stellen sich die Bulbi während der Drehung so ein wie bei ruhiger Seitenlage. Daß alle diese Augenbewegungen wirklich vom Labyrinth abhängen, bewiesen die Durchschneidungsversuche von LOEB[1], NAGEL[2], LEE[3] usw. Nach *beiderseitiger Labyrinthzerstörung* hören sie auf. Nach *einseitiger Labyrinthzerstörung* fand LOEB an Haifischen: das Doppelauge ist bei Primärstellung des Tieres mehr oder weniger stark um die Längsachse nach der Seite der Verletzung gerollt, so daß das Auge der verletzten Seite nach unten und das andere nach oben blickt. Bei Änderung der Lage des Tieres gegen den Schwerpunkt finden indessen noch Drehungen der Bulbi statt, jedoch mit der Modifikation, daß bei Rollung des ganzen Tieres um die horizontale Längsachse der Betrag der kompensierenden Drehung der Augen zu der erwähnten Rollung addiert oder subtrahiert. LEE[3] und KUBO[6] bestätigten dies. Es ist das im Hinblick auf die Beobachtungen an Säugetieren, wie Kaninchen, die vorwiegend vestibulare ABW. haben, sehr auffallend. Denn bei letzteren bleibt in der ersten Zeit nach der Labyrinthzerstörung die Augenabweichung

---

[1] LOEB: Über Geotropismus bei Tieren. Pflügers Arch. **49**, 175 (1891).

[2] NAGEL: Über kompensatorische Raddrehungen der Augen. Z. Psychol. **12**, 330 (1896).

[3] LEE: Über Gleichgewichtssinne. Zbl. Physiol. **8**, 626 (1895).

[4] LYON: Compensatory motions in fishes. Amer. J. Physiol. **4**, 77 (1901).

[5] KREIDL: Zitiert auf S. 1117. [6] KUBO: Zitiert auf S. 1118.

[7] BENJAMINS: Contribution à la connaissance des réflexes toniques des muscles de l'œuil. Arch. néerl. Physiol. ref. Klin. Mbl. **57**, 267.

in jeder Lage gleich. *Bei Fischen ist also der einseitige Einfluß eines Labyrinthes nicht so stark, bzw. die beiden Labyrinthe ergänzen sich leichter.*

Eine große Anzahl von Untersuchungen sind angestellt zur Klärung der Frage, *welche Teile des Ohrapparates bestimmte ABW. auslösen* bzw. verhindern, z. B. ob die Dauerstellung von den Otolithen, der Nystagmus von den Bogengängen ausgelöst wird.

Nach *beiderseitiger Entfernung der Otolithen* fehlen nach Loeb[1] die kompensatorischen Drehungen, nach Maxwell[2] bleiben beim Hai (Selachoidae) nach Wegnahme der Otolithen aber die dauernden kompensatorischen Augenstellungen bestehen, sie hören erst auf, wenn man den Rest der Labyrinthe wegnimmt. Bei *Durchschneidung des Acusticus* fand Loeb dasselbe wie bei Labyrinthzerstörung, nur stärker. Entfernte Loeb auf der einen Seite die Otolithen und durchschnitt auf der anderen Seite den Acusticus, so verhielt sich das Tier am Auge so, als wenn nur auf der Acusticusseite das Labyrinth zerstört wäre. Die Resultate der Forscher widersprechen sich zum Teil. Ob dies an der Verschiedenheit der benutzten Tiere oder der Versuchsanordnung liegt, ist noch nicht zu entscheiden. Kiesselbach bemerkte wohl zuerst bei *Durchschneidung der Kanäle* von Schleien und Karpfen eine rasch vorübergehende Bewegung der Augen, Sewall bestätigte dies, ebenso wie das Auftreten von Nystagmus bei *Reizung der Ampullarnerven.* Er bekam aber heftigen Nystagmus nach Reizung der Vestibularsäckchen und besonders nach Wegnahme der Otolithen. Letzteres fanden Lee[3] und Kubo[4] nicht. Diese stellten fest, daß nach *Entfernung der Bogengänge* mit den Ampullen beiderseits kein Drehnystagmus mehr auftritt, nimmt man die *Otolithen* heraus, so tritt beim Drehen weder Deviatio bulbi noch Nystagmus auf, nach *einseitiger totaler Exstirpation der Otolithen* entsteht beim Drehen nach der operierten Seite keine Abweichung, während die Drehung nach der gesunden Seite eine deutliche Abweichung hervorruft, auf der gesunden stärker wie auf der operierten. Mechanische, galvanische und thermische Reizung oder Zerstörungen der Ampullen oder der zugehörigen Nerven (Lee) lösen Bewegungen in den Ebenen der betreffenden Bogengänge aus bzw. beeinträchtigen die kompensatorischen Augenstellungen. Kubo konnte nur vom horizontalen Bogengang aus bei allen untersuchten Fischarten Nystagmus auslösen. Der horizontale Bogengang überwiegt nach ihm bei weitem. Bei mechanischer Berührung eines horizontalen Kanales bekam Kubo bei Scyllien und Rochen eine beidseitige Abweichung, bei *Acanthias* einen beidseitigen Nystagmus. Bei *Galeus canis* sah Lee bei mechanischer *Reizung des vorderen vertikalen Bogenganges* das Auge derselben Seite nach oben, das der anderen Seite nach unten gehen unter gleichzeitiger Rollung nach unten, also wie bei Drehung des Tieres um seine Längsachse um 90°. Dasselbe trat ein bei Reizung der hinteren vertikalen Ampullen, nur war die gleichzeitige Rollung entgegengesetzt. Lee stellte dann noch genauer den Einfluß der *Durchschneidung der einzelnen Nerven* fest und fand die Funktion des Canalis anterior der einen Seite mit der des Canalis post. der anderen Seite gleichsinnig, was Kubo bestreitet. In der Erregbarkeit der Kanäle zeigten sich bemerkenswerte Unterschiede, bei *Acanthias* reagierten die vertikalen Kanäle nicht gut auf mechanische Reizung, ebenso war es bei *Scyllien,* bei *Rhombus maximus* und *Mustelus laevis* bekam Kubo überhaupt keine Resultate, nur bei *Rochen* und *Torpedo* sah er Bewegungen nach entsprechenden Reizungen. Maxwell[5] untersuchte beim Hai die Wirkung der Reizung einzelner Ampullen auf bestimmte Augenmuskeln, deren Bewegungen er aufschreiben ließ. Man könnte zusammenfassend aus den Experimenten schließen, daß bei einigen Fischarten alle kompensatorischen Augenbewegungen und Augenstellungen von den Bogengängen ausgelöst werden können. Das stimmt auch mit den neuesten Untersuchungen Maxwells[5] überein, der den Ampullen statische Funktionen zuspricht. Diese Feststellung ist wichtig wegen des Widerspruches mit den Experimenten an Säugern (Kaninchen, Meerschweinchen) von Magnus und de Kleijn[6], die den Otolithen die statischen Funktionen zuweisen. Ob in dieser Beziehung aber wirklich ein so sicherer Unterschied zwischen Fischen und Säugern besteht, ist mir noch fraglich. Zu beachten ist ja allerdings, daß der Reizapparat für die vestibulären ABW. bei den Fischen wie bei den Vögeln komplizierter und verhältnismäßig viel mächtiger gebaut ist als bei den Säugern. Die *Wirkung der einzelnen Otolithen* des Vestibularapparates auf die ABW. unter-

---

[1] Loeb: Zitiert auf S. 1119.

[2] Maxwell: Labyrinth and Equilibrium. The mechanismn of the static Functions of the Labyrinth. J. gen. Physiol. **3**, 157 (1920).

[3] Lee: Zitiert auf S. 1119.   [4] Kubo: Zitiert auf S. 1118.

[5] Maxwell: J. gen. Physiol. **8**, 444 (1926).

[6] Magnus u. de Kleijn: Experimentelle Physiologie des Vestibularapparates bei Säugetieren mit Ausschluß des Menschen. Handb. d. Neurol. d. Ohres **1**, 465. Berlin: Urban Schwarzenberg 1923. (Literatur!)

suchten KUBO[1], BENJAMINS[2] und MAXWELL[3]. Bei Rochen und Acanthias konnte KUBO die Otolithen direkt verschieben und dadurch Stellungsänderungen der Bulbi herbeiführen, allerdings war die Lagena solchen Experimenten nicht zugänglich. Bei Verschiebung des utrikularen Otolithen nach vorn (Rochen) traten dieselben Augenstellungen auf wie bei Stellung des Fisches „Kopf unten"; bei Verschiebung des Sacculus-Otolithen nach hinten wie bei „Kopf oben". KUBO wollte die Gleitungen der Otolithen am lebenden Tiere selbst beobachtet haben, was RUYSCH als unmöglich bestreitet. Die Entfernung des Sacculus-Otolithen übte keinen Einfluß aus, dagegen hörten, wenn man die Utriculus-Otolithen entfernte, alle kompensatorischen AbW. auf. MAXWELL[3] fand, daß nach Entfernung der Ampullen die dynamischen und statischen Funktionen erhalten bleiben, ausgenommen in der horizontalen Ebene.

Aus allen bisherigen Untersuchungen läßt sich wohl so viel entnehmen, daß *bei den Fischen im allgemeinen an den kompensatorischen Bewegungen der Stellungen der Augen sowohl die Otolithen wie die Bogengänge beteiligt* sind und daß die einzelnen Labyrinthteile stellvertretend füreinander eintreten. Ein so empfindliches Organ für die Augenstellung ist bei den Fischen mit ihrer großen Beweglichkeit natürlich sehr angebracht. Es müßte noch im einzelnen festgestellt werden, wie die Gestalt des Tieres bzw. seine Lebensweise zu der Bewegungsfähigkeit der Augen in bestimmten Richtungen sich verhält. Während beim Seitlichschwimmen wohl bei den meisten Fischarten horizontaler Nystagmus auftritt, scheint dies beim Geradeausschwimmen nicht der Fall zu sein. Ich habe es nur bei Carassius auratus beobachten können (s. oben) (siehe über die vestibularen ABW. der Fische die neueste Darstellung von M. H. FISCHER, ds. Handb. Bd. 11).

An Fischen beobachtete LYON[4] als erster jene merkwürdigen Augenbewegungen nach Rumpfbewegung (*Hals-Augenbewegungen*), die später auch beim Säugetier gefunden wurden. Experimente hatten LYON 1899 gelehrt, daß kompensatorische ABW. bei Wirbeltieren bestehen bleiben, denen beide Gehörnerven durchschnitten sind (was ja BETHE[5] schon an Carcinus feststellte), z. B. beim Hundshai, *Mustelus canis*, doch waren sie schwächer als normal. Bei verschiedenen Exemplaren waren es nicht immer die gleichen Körperbewegungen, die hauptsächlich ABW. auslösten, sondern bei dem einen mehr bei Drehung um eine dorso-zentrale Achse, beim andern um eine transversale Achse, manche Tiere zeigten keine kompensatorischen ABW. Wenn sie auftraten, waren sie nicht mechanisch bedingt, denn beim toten Tier zeigten sie sich nie. Bei einem so operierten Hai trat bei Rollung um eine transversale Achse („Kopf oben" bzw. unten) regelmäßig eine kompensatorische ABW. auf, jedoch keine Rollung, sondern die Augen traten bei „Kopf unten" mehr nach vorn, so daß hinten das Weiße mehr sichtbar war. Es fehlte also die kompensatorische Rollung, und es trat eine entgegengesetzte Kompensationsbewegung wie beim normalen Fisch ein, der, wie Lyon schreibt, bei „Kopf unten" das Auge rollte und das weiße mehr vorn sichtbar zeigt. Das operierte Tier bewegte spontan seine Augen und schien eine ebenso gute Muskelkontrolle über sie zu haben, wie ein unverletzter Fisch. Später fand LYON zufällig, als er Fische, deren Kopf fixiert war, beim Vorbereiten zur Operation bog, daß sich die Augen so prompt wie Kompaßnadeln mitbewegten, und zwar regelmäßig das Auge der Konkavseite des Tieres stirnwärts, das Auge auf der konvexen Seite rückwärts, und zwar dauernd (s. Abb. 338). Die ABW. traten nur oder hauptsächlich nur beim Biegen des vorderen Rückenendes ein, auch bei Tieren mit durchschnittenem Acusticus und Opticus. Er beobachtete die ABW. nur bei seitlichen Biegungen, dann aber bei allen Fischen. Durchschnitt er beim Hai das Rückenmark 2 Zoll nach hinten von der Medulla, so verschwanden diese ABW. Es ist also ein Reflex, für den das Rückenmark der afferente Weg ist. Die Seitenorgane können hier seiner Meinung nach nicht in Betracht kommen, da sie ihre Nerven von der Medulla erhalten. LYON stellte somit fest, daß kompensatorische ABW. existieren, unabhängig von Gesichtseindrücken und von Gleichgewichtsorganen des inneren Ohres. Ich habe diese Beobachtungen von LYON an Fischen, die ich untersuchte, durchaus bestätigen können. Bei *Carassius auratus* traten bei Rumpfbewegungen keine sicheren ABW. auf; dies liegt vielleicht an dem eigenartigen teleskopähnlichen Bau des Auges.

Neuerdings stellte nun MAXWELL[6] noch andere ABW. fest, die auf *peripher-sensible Reize* eintreten. Bei *Berührung bestimmter Stellen der Kopfhaut* sah er zugleich mit bestimmten

---

[1] KUBO: Zitiert auf S. 1118.   [2] BENJAMINS: Zitiert auf S. 1119.   [3] MAXWELL: Zitiert auf S. 1120.   [4] LYON: Zitiert auf S. 1119.   [5] BETHE: Zitiert auf S. 1117.

[6] MAXWELL: Stereotropic Reactions of the Shovel-nosed Ray, Rhinobatus productus. The stereotropism of the dogfish (Mustelus californicus) and its reversal through change of intensity of the stimulus. J. gen. Physiol. 4, 11 (1921).

Flossen- und Schwanzbewegungen bestimmte ABW. auftreten, er nennt diese Erscheinung *Stereotropismus* im Gegensatz zum Heliotropismus und Geotropismus. Maxwell experimentierte an dem Schaufelnasenrochen (*Rhinobatus productus*), der freibewegliche Augen hat, d. h. sie können vor- und zurückgezogen werden. Berührt man mit einem Finger oder einem stumpfen Instrument die Mittellinie oben auf dem Kopf des Fisches, so führen beide Augen eine gleichmäßige Retraktionsbewegung aus (s. Abb. 336 u. 339). Berührt man einseitig einen Punkt entfernt von der Mittellinie, so wird nur das Auge dieser Seite zurückgezogen, daß der anderen Seite gar nicht oder nur wenig (s. Abb. 341, Stelle 1 u. 4). Je mehr man mit dem Reiz der Mittellinie sich nähert, desto mehr werden beide Augen zurückgezogen, zugleich tritt teilweiser Schluß der rudimentären Lider ein. Gleichzeitig bewegen sich in bestimmter Weise Flossen und der Schwanz, z. B. bei Berührung der linken äußeren Kopfhälfte (s. Abb. 341, Stelle 1) wird der postero-laterale Rand der rechten Brustflosse und der linken Bauchflosse erhoben, während beide Rückenflossen und der Schwanz nach rechts

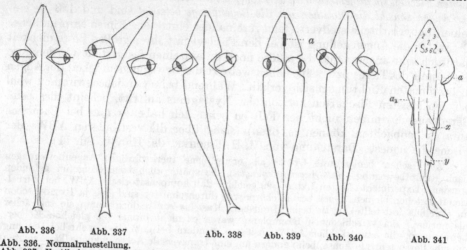

Abb. 336   Abb. 337   Abb. 338   Abb. 339   Abb. 340   Abb. 341

Abb. 336. Normalruhestellung.
Abb. 337. Vestibulare Augenstellung, Kopf nach rechts, Augen scheinbar nach links.
Abb. 338. Rumpf- (Hals-) Augenbewegung nach links, wenn der Rumpf nach rechts bewegt wird.
Abb. 339. Stereotrope Augenbewegung. Bei Berührung der Mitte der Kopfhaut *a* werden beide Augen eingezogen.
Abb. 340. Vorschwimmaugenbewegung. Vor dem Schwimmen nach rechts bewegen sich beide Augen nach rechts.
Abb. 341. Reizpunkte der Haut für stereotrope Bewegungen beim Schaufelnasenhai. Bei Berührung der Stelle 1 der linken Kopfseite wird das linke Auge zurückgezogen (ist deshalb in der Abbildung nicht zu sehen), das rechte (*a*) ist etwas eingezogen; der Rand der rechten Brustflosse erhoben; beide Rückenflossen (*x* und *y*) und der Schwanz werden nach rechts gebogen. (Nach Maxwell.)

gebogen werden. Dadurch wird beim Vorwärtsschwimmen des Tieres dies um seine Körperachse so gedreht, daß das Tier vom Reiz weg nach rechts gesteuert wird (negative stereotropische Reaktion). Bei sehr starker Reizung werden alle Flossenpaare gehoben und die Bewegung gestoppt, über die Augen ist dabei nichts berichtet. Diese Reaktionen treten auch nach Abtrennung des Vorderhirnes und nach völliger Zerstörung der Labyrinthe auf. Daß man dieses Ergebnis nicht ohne weiteres auf andere Fische übertragen darf, lehren Berührungsexperimente desselben Forschers am Hundhai (*Mustelus californicus*), hier wird zwar über die ABW. nichts berichtet, aber es zeigte sich, daß bei diesem Tiere auf Berührung der entsprechenden Kopfhautstellen bei schwachen Reizen eine Stellung der Flossen und des Schwanzes auftritt, gerade entgegengesetzt wie bei starken Reizen, bei ersteren nämlich positiver, bei letzteren negativer Stereotropismus. Durch den Versuch von Maxwell an Rhinobatus ist bewiesen, daß auf Reizung bestimmter Kopfhautstellen reflektorisch der Tonus der Augenmuskeln in gesetzmäßiger Weise geändert werden kann (s. auch Schwirren der Vögel). Maxwell weist mit Recht darauf hin, daß durch die Änderung der Bewegungsrichtung, die auf Kopfhautberührung eintritt, nun wieder der Ohrapparat infolge der Bewegung gereizt wird, und zwar in einer Weise, daß wieder reflektorisch die erste Änderung der Bewegungsrichtung umgekehrt wird. Diese Bewegungen könnten leicht spontan erscheinen, während sie doch nur mechanische Reflexe sind, vielleicht gehört hier in irgendeiner Weise die von mir „*Vorschwimmbewegung*" bezeichnete ABW. der Fische hin.
     A. von Tschermak[1] bemerkte zuerst (übrigens als einzige von ihm beobachtete ABW. an Fischen) folgendes: „Ein Fisch läßt, kurz bevor er eine plötzliche Bewegung beim

[1] Tschermak, A. v.: Das Leben der Fische. Naturwiss. 1915.

Schwimmen ausführt, für einen Moment seine beiden Augen nach der intendierten Richtung hinzucken ('als ob er das Terrain rekognoszieren wollte')." Ich kann diese Angabe bestätigen (s. Abb. 340). Man sieht diese Vorschwimmbewegung nicht bei allen Fischen, deutlich ist sie z. B. bei Neetroplus, und zwar auch, wenn anscheinend weder Kopf noch Rumpf vorher bewegt sind. Ich habe seinerzeit schon betont (BARTELS[1]), daß diese Bewegung aussieht wie eine spontane Blickbewegung, daß sie aber wohl auf einem unbekannten Proprioreflex beruhe. Die damals noch nicht bekannten obenerwähnten Beobachtungen von MAXWELL[2] über die stereotrope Reaktion weisen darauf hin, daß auch bei dieser Vorschwimmbewegung ein noch uns unbekannter Reiz vorliegt, ob sensibler, optischer oder gänzlich anderer Art (da vestibuläre und Halsaugenreflexe nicht in Betracht kommen), muß die weitere Forschung lehren; jedenfalls trifft wohl die obenerwähnte psychologische Vermutung TSCHERMAKS nicht zu. Diese Vorschwimmbewegung ist um so merkwürdiger, als sie der ABW. entgegengesetzt ist, die gesetzmäßig nach der Ausführung der intendierten Schwimmbewegung eintritt. Denn schwimmt z. B. ein solcher Fisch nach rechts, so erfolgt vorher eine ABW. nach rechts (s. Abb. 340), aber die Kopfbewegung nach rechts ruft durch Reizung des Labyrinthes eine ABW. nach links hervor, ebenso der Halsaugenreflex, da beim Schwimmen nach rechts zur Steuerung der Schwanz auf der rechten Seite dem Kopf zu bewegt werden muß, was, wie wir oben sahen (s. Abb. 338), eine ABW. nach links hervorruft.

Eine eigentümliche ABW. beobachtete ich bei einigen Fischen, während der Körper stillstand. So sah ich z. B. bei *Carassius auratus* plötzlich eine ausgiebige *blitzschnelle Bewegung beider Augen nach unten* und hinten, so daß die Cornea halb verschwand; es blieb fraglich, ob gleichzeitig die Flossen mit bewegt wurden. Ebensolche plötzlichen Bewegungen nach unten zeigte *Barbus fluviatilis*, dagegen Neetroplus niemals. Auch auf diese ABW. trifft das oben Gesagte zu. Sind sie reflektorisch durch äußere Reize ausgelöst, so muß der Reiz symmetrisch auf die Augenmuskelzentren wirken, da beide Augen gleichzeitig die Bewegung zeigten. Der Zweck dieser Bewegung ist dunkel (Reinigung der Augen, Schutzbewegung?).

Auf *optische Reize*, z. B. glänzende Metalle, bewegte Nahrung, stellen sich bekanntlich die Fische nach der Richtung der Reize ein. Ich fand, daß sie diese Einstellung des Körpers möglichst so bewerkstelligen, daß sie den Gegenstand binokular sehen können. Alle Fische, die überhaupt sehen, haben ja Binokularsehen (s. A. VON TSCHERMAK[3]). Ein fixierendes Verfolgen vorgehaltener Objekte mit den Augen bei stillstehendem Kopf, wie man es bei Vögeln so ausgezeichnet finden kann (s. oben), habe ich bei Fischen nie beobachten können. BEER[4] meint, daß die *Labriden* den Untersucher direkt ansehen (einen intelligenten Blick haben!), aber mit einer isolierten Einstellung der Augen, ohne Bewegung des Körpers, geschieht dies wohl nicht, wenigstens habe ich nie dergleichen beobachten können, ebensowenig wie Konvergenzbewegung, wenn die Augen auch scheinbar noch so gut „spontan" bewegt wurden, wie z. B. bei Pterophyllum scalare, bei dem sehr leicht beide Augen gleichzeitig zu beobachten sind.

Eine ganze Reihe von Fischen führen, wie BEER[4] und HESS[5] beschrieben haben, *spontane ABW.* aus. Dies muß ich im Gegensatz zu TSCHERMAK[3] bestätigen, der die Angaben von BEER und HESS bestreitet. Während die früheren Untersucher die Fehlerquellen, die durch Ohr-Augen- und Hals-Augen-Reflexe verursacht werden (d. h. durch Bewegung des Kopfes oder des Rumpfes), noch nicht kannten und vielleicht übersehen haben können, so beobachtete ich solche ABW. auch bei absoluter Ruhigstellung aller Körperteile. Diese Spontanbewegung fand ich stets konjugiert. Die von BEER und HESS sowie neuerdings von LANDOLT[6] (Pleuronectiden) beobachteten *monokularen, d. h. inkoordinierten ABW.* habe ich an Fischen nie sehen können. HESS[5] berichtet vom *Periophthalmus*, daß er häufig nur eines von seinen hervorstehenden Augen einziehe. Vom *Romboidichtys podas* gibt BEER[4] an, er könne sein Auge fast wie eine Schnecke einziehen und vorstrecken. Sehr ausgedehnte Retraktionsbewegungen beschreibt BEER auch für *Lophius, Uranoscopus* und mehrere *Pleuronectiden*; bei letzteren beobachtete sie auch LANDOLT[6]. Sehr deutliche spontane Retraktionsbewegungen beobachtete ich bei *Carassius auratus*, oft gleichzeitig mit Kieferbewegungen; lebhafte spontane seitliche ABW. bei sonstiger Ruhe des Körpers zeigen nach meiner Beobachtung noch *Barbus fluviatilis, Neetroplus, Pterophyllum,* nach LANDOLT[6] ferner *Cyprinus gabio.* BEER[4] beschreibt ausgesprochene willkürliche ABW. bei *Serranus,* bei den *Sygnatiden* und den *Blenniiden* und besonders bei den *Labriden* (s. oben). Doch bin ich nicht sicher, ob diese ABW. auch unter den obenerwähnten Vorsichtsmaßregeln beobachtet sind. Bei *Barbus fluviatilis* fiel mir schon früher auf, daß *mit den ABW. häufig Seiten- und Schwanzflosse zugleich mitbewegt* wurden, bei *Neetroplus* Brust- und hintere Rückenflosse. Dies

---

[1] BARTELS: Siehe zusammenfassende Darstellungen, S. 1113.
[2] MAXWELL: Zitiert auf S. 1121.   [3] TSCHERMAK, A. v.: Zitiert auf S. 1113.
[4] BEER: Die Akkommodation des Fischauges. Arch. f. Physiol. **58**, 615 (1894).
[5] HESS: Zitiert auf S. 1116.
[6] LANDOLT, MARC: Chiasma et vision binoculaire. Arch. d'Ophtalm. **1924**, 193.

läßt auf einen ähnlichen Reflex schließen, wie den oben von MAXWELL als stereotrop bezeichneten. MOTAIS[1] meint, die Fische hätten willkürliche ABW. unbedingt nötig, da sie
schnelle Ortsveränderungen vornähmen, der Feind von allen Seiten sich nähere und weil
sie keine Kopfbewegungen machen könnten. Deshalb seien auch die Roller bei den Fischen
besonders stark entwickelt. Dies ist ein Irrtum, die starke Entwicklung der Roller hat mit
den *willkürlichen* ABW., die den Fischen meist vielleicht ganz fehlen, nichts zu tun. Diese
kräftigen Muskeln dienen bei diesen Tieren fast nur der vestibulären Ophthalmostatik und
Kinetik, d. h. bei jeder Änderung der Lage des Kopfes im Raum werden reflektorisch die
Muskeln vom Vestibularapparat aus innerviert, damit die Augen möglichst nicht mit dem
Kopf verschoben werden, sondern ihre Lage im Raum behalten. Da die Fische meist seitlich
stehende Augen haben und sehr häufig vertikal ihre Kopflage ändern, so müssen zu dem
genannten Zweck die Roller kräftig entwickelt sein.

Ich bin überzeugt, je besser wir die Reflexe der Fische studieren, desto
weniger, vielleicht gar nichts, wird von den sog. Spontanbewegungen übrigbleiben. Es ist noch genauer festzustellen, wieweit der Bau und die Lebensweise
des einzelnen Fisches die Größe und Art der ABW. beeinflussen. Jedenfalls
scheint seitliche Beweglichkeit der Augen am besten bei schlanken Fischen,
am wenigsten bei Flachfischen vorhanden zu sein. Doch ist es fraglich, ob dies
gesetzmäßig ist.

Amphibien.

Den schlangenähnlichen Blindwühlen (*Apoda*) fehlen die Augen, oder sie
sind so von der Haut bedeckt, daß sie zum Sehen nicht brauchbar sind, teilweise haben sie sechs Augenmuskeln, z. B. *Siphonops* (FRANZ[2]).

Bei den *Schwanzlurchen* (*Caudata*) zeigen die Augen die verschiedensten
Entwicklungsstufen von stark verkümmerten bis gut ausgebildeten, z. B. *stark
degeneriert*, denen auch die Augenmuskeln fehlen, *Typhlomolge* und *Typhotriton*
(FRANZ[2]). Das Auge von *Proteus anguineus* ist *rudimentär* und liegt unter der
Haut; es sind sechs Augenmuskeln vorhanden, ob sie verkümmert sind oder
nicht, ist noch strittig. Bei Einwirkung von Tageslicht von Geburt an entwickelt sich aber das Auge normal und tritt hervor (beweglich?). Da viele der
Schwanzlurche auch sonst äußerlich in der Form und Bewegungsart den Eidechsen so ähnlich sind, so ist zu vermuten, daß auch die ABW. bei vielen mit
denen der Eidechsen übereinstimmen. NAGEL[3] sah beim Molch, *Triton cristatus*,
dauernde kompensatorische Raddrehungen zugleich mit Kopfbewegungen.

Die *Frösche* (*Ecaudata*) haben im ausgesprochenen Stadium *stark retraktile
Augen*. Die seitlichen Bewegungsmöglichkeiten sind gering. Der Frosch hat
vier Retraktionsmuskeln, die wie die Recti entwickelt sind, aber hinter dem
Äquator um den Sehnerven herum ansetzen, dadurch kann der Frosch seine
sonst weit vorquellenden Augen tief in die Augenhöhlen zurückziehen, gewöhnlich
tut er dies unter gleichzeitigem Lidschluß. Augenscheinlich ist dies eine Schutz-
vorrichtung, die sich auch bei Säugern zeigt (s. Hippopotamus).

Vestibuläre ABW., sowohl kompensatorische der Lage wie Drehnystagmus, konnte
ich nur gering beim Frosch sehen. BAURMANN[4] sah am ausgewachsenen Frosch keine ABW.
NAGEL[3] beobachtete dauernde Raddrehungen, die nach Labyrinthzerstörung schwanden,
bei Frosch, Laubfrosch, Kröten und Unken. ACH[5] untersuchte genauer die *Wirkung des
Ohrapparates auf Lidschluß und Retraktion*. Bewegt man einen Frosch vertikal nach oben
oder nach unten, so tritt beiderseits Lidschluß und Retraktion ein. Bei Drehung um die Längsachse wird das Auge der Seite, nach der gedreht wird, geschlossen; bei Drehung um die
Querachse werden beide Augen geschlossen. Diese Reflexe sind nicht optisch bedingt, denn
sie treten auch nach Durchschneidung der Optici auf und Zerstörung des Großhirns, sie

---

[1] MOTAIS: Siehe zusammenfassende Darstellungen, S. 1113.
[2] FRANZ: Zitiert auf S. 1118.   [3] NAGEL, W. A.: Zitiert auf S. 1119.
[4] BAURMANN: Über reflektorisch ausgelöste Augenmuskelbewegungen der Trochlearis.
Klin. Mbl. Augenheilk. **56**, 393 (1921).
[5] ACH: Über die Otolithenfunktion und den Labyrinthtonus. Pflügers Arch. **83** (1901).

fehlen aber vollkommen nach beiderseitiger Labyrinthzerstörung, während der Lidschluß auf Berührung der Cornea dabei erhalten bleibt. Nach einseitiger Labyrinthzerstörung wird der Lidreflex auf der gekreuzten Seite aufgehoben. ACH nimmt an, daß bei der Drehung gleichzeitig der Retractor bulbi und der Lidschluß innerviert werde. Lidreflex (Öffnungs-reflex) konnte ich auch bei Säuglingen nachweisen, von BARANY wurde dies bestätigt. Sehr genaue Untersuchungen an *Froschlarven* (*Rana esculenta*) stellte BAURMANN an. Er unter-schied bei den vestibulären ABW. zwei Typen, solche, die durch Lageveränderung des Tieres gegenüber der Schwerkraft ausgelöst werden und solche, die einerseits durch den Beginn und die Fortdauer, andererseits durch das Aufhören einer Bewegung ausgelöst werden. Die Reflexe der Lage waren sehr ausgeprägt, es traten Gegendrehungen der Augen nach vorn und hinten bei Drehungen des Tieres nach hinten und vorn um eine frontale Achse auf, ebenso entsprechende Vertikalverschiebungen bei Drehungen um die Längsachse. Bei Rotation in horizontaler Ebene sieht man nur langsame Gegenbewegung aber keinen Nystag-mus. Alle ABW. traten unabhängig von optischen Einflüssen auf, nämlich auch bei Nicht-drehen eines homogenen Lichtfeldes, und sie blieben unbedingt aus nach Zerstörung beider Labyrinthe. Nach Zerstörung eines Labyrinthes weichen die Augen nach dieser Seite hin unverändert ab, erst nach 14 Tagen kehren die Augen wieder in Normallage zurück, und dann tritt auch bei Zerstörung des zweiten Labyrinthes wieder eine Abweichung der Augen auf. Nach Zerstörung eines Labyrinthes ist anfänglich keine reflektorische ABW. aus Lageänderung oder Bewegung feststellbar, zwischen operierter und nichtoperierter Seite ist dabei kein Unterschied. „Willkürliche ABW." beschreibt BAURMANN als kurzdauernde, fast ruck-artige Bewegungen beider Augen nach vorn oder hinten, die er auch durch elektrische Reizung des freigelegten Hirnes erzeugen konnte. Sie hörten ebenfalls nach Zerstörung beider Laby-rinthe auf. Meines Erachtens kann man dann wohl nicht von willkürlichen ABW. sprechen. BAURMANN gibt auf Grund seiner Experimente ein genaues Schema im Anschluß an OHM[1] und BARANY[2] über die *Beziehungen zwischen dem Otolithenapparat und den Augenmuskeln* bei der *Froschlarve*. Doch ist meines Erachtens noch viel zu unsicher, welche Reflexe die Otolithen wirklich vermitteln. BAURMANN weist auf die Übereinstimmung seiner Ergebnisse mit denen von KUBO an Fischen hin (s. auch M. H. FISCHER: ds. Handb. Bd. 11).

Reptilien.

Bei den Reptilien finden wir sehr viele Tiere mit passiv und aktiv sehr beweglichen Augen, ja vielleicht in dieser Klasse das Tier, daß seine Augen spontan am ausgiebigsten von allen Tieren bewegen kann, nämlich das Chamäleon.

Schildkröten (Testudines):

Bei der *Sumpfschildkröte* (*Emys europaea*) fanden TRENDELENBURG und KÜHN[3] bei Drehung um eine transversale Achse eine ausgiebige *Raddrehung der Augen*. Daran änderte auch der Verlust eines Labyrinths nichts. Nach beiderseitiger Labyrinthexstirpation ist die Raddrehung sehr stark vermindert, wenn auch nicht ganz weggefallen. Dieser Rest ist vermutlich optisch ausgelöst, man müßte dies an geblendeten Tieren nachprüfen. Jeden-falls fanden die obigen Forscher nach der Labyrinthoperation bei mitgedrehtem Gesichts-feld eine völlige Reaktionslosigkeit des Kopfes und der Augen, während bei wechselndem Gesichtsfeld noch Nystagmus zu konstatieren war. Ich fand bei allen gleich erwähnten Schildkröten deutlichen horizontalen und vertikalen Nystagmus der Augen beim passiven Drehen und evtl. fixiertem Kopf, mit Ausnahme von *Testudo graeca*, bei der aber wegen der dunklen Iris die Beobachtung sehr schwer ist. Bei dieser Schildkröte war auch bei aktiven Kopfbewegungen nur hier und da *Nystagmus* zu sehen, während dieser sonst bei allen anderen Schildkröten bei spontanen Kopfbewegungen deutlich auftrat, natürlich aber sowohl optisch wie vestibulär bedingt sein kann. Bei Testudo graeca trat beim Drehen der optischen Rolle (d. h. eine Rolle mit abwechselnd schwarzen und weißen Streifen) kein optischer Nystagmus, sondern nur Lidschluß auf dem Auge auf, das gegen die Drehrichtung lag. Deutliche kom-pensatorische Augenreflexe der Lage sah ich bei der Schnappschildkröte (*Chelydra serpentina*) und bei der Geierschildkröte (*Macro clemys*). Die erstere hält, im Wasser liegend, den Kopf oft unbeweglich steil nach oben, dabei sind die Augen dauernd nach unten abgewichen. Da dieses Tier auch sichere spontane ABW. zeigt, ist es mir zweifelhaft, wieweit diese Augen-stellung vestibulär oder optisch bedingt ist. *Spontane ABW.*, d. h. bei stillstehendem Kopf

---

[1] OHM: Über die Beziehungen der Augenmuskeln zu den Ampullen der Bogengänge bei Menschen und Kaninchen. Klin. Mbl. Augenheilk. 1919, 289.

[2] BARANY: S. OHM.

[3] TRENDELENBURG u. KÜHN: Vergleichende Untersuchungen zur Physiologie des Ohr-labyrinths der Reptilien. Arch. Anat. u. Physiol. 1908, 160.

und Körper, beobachtete ich sehr häufig bei den Schildkröten, *Testudo elefantina* wies sehr kleine spontane ABW. auf, die Schnappschildkröte sehr deutliche, nach vorn und hinten mit geringer Exkursion, *Emys orbicularis* seitliche konjugierte und unzweifelhafte *monokulare* vertikale und horizontale, *Macro clemys* sichere konjugierte, ob auch monokulare war fraglich. *Man muß aber besonders bei den Reptilien sehr vorsichtig mit der Beurteilung sein, ob spontane ABW. vorkommen oder nicht. Stundenlang bewegen sie oft kein Auge und blicken dann plötzlich lebhaft umher.*

Eidechsen (Lacertilia).

Eine fußlose Eidechse (*Amphisbaena punctata*) hat nach Eigenmann (zitiert bei Franz[1]) hochgradig verkümmerte Augen, denen die Augenmuskeln gänzlich fehlen. Über die vestibulären Augenbewegungen von *Lacerta agilis* berichten Trendelenburg und Kühn[2]. Bei dieser Eidechse tritt beim Drehen in horizontaler Ebene normaler Dreh- und Nachnystagmus ein, auch werden Drehungen um die Körperlängsachsen bis zu gewissem Grade durch Kopf- und Augendrehungen im entgegengesetzten Sinne kompensiert. Über die Ausfallserscheinungen nach *einseitiger Labyrinthzerstörung* wird von den Kopfbewegungen berichtet, daß sie nur noch Nystagmus nach der Gegenseite zeigen, die ABW. sind nicht erwähnt. *Optokinetischen Nystagmus* erzeugte schon Loeb[3] bei *Lacerta agilis* durch Vorbeibewegung von Streifen. Bei *Lacerta virilis* sah Nagel[4] kompensierende Raddrehungen bis 40°, aber diese waren nicht dauernd! Bekannt sind seit langem die auffallend *spontan beweglichen Augen des Chamäleons*, das sonst eine sehr geringe Körperbeweglichkeit zeigt. Nach Harris (s. bei Hess[5]) kann das Chamäleon seine Augen horizontal fast bis 180° und vertikal bis 90° bewegen. Wenn das Tier sein Fressen beäugt, sind die Augen in ständiger Bewegung, und zwar ganz unabhängig voneinander, das eine nach vorn, das andere nach hinten, doch bewegt es dabei das einzelne Auge nicht mehr als 15° nach vorn, es *konvergiert* ausgezeichnet beim Spähen nach Beute. Letzteres bestreitet Hess[5], der sonst die Angaben von Harris bestätigt. Hess fand die ABW. des Chamäleons stets vollständig unkoordiniert; bei den fortgesetzten lebhaften ABW. der Tiere käme es dann auch wohl einmal vor, daß das rechte und das linke Auge annähernd gleichzeitig sich nach vorn bewegen, ohne daß dieses als zwangsmäßig koordinierte Bewegung aufgefaßt werden könnte[6]. Borries[7] sah beim Chamäleon eine langsame ABW., die er nicht als Folge-, sondern als Einstellbewegung auffaßt. Gerade bei diesem Tier wären genauere Untersuchungen über optische, vestibuläre und peripher sensible ABW. von großem Interesse.

Schlangen (Ophidia).

Bei *Typhlops* bestehen *rudimentäre bewegungslose*, aber mit sechs Augenmuskeln versehene Augen, bei *Rhineura floridana* fehlen auch die Augenmuskeln. Systematische Untersuchungen der ABW. der Schlangen fehlen. Ich fand bei der Ringelnatter, *Tropidonotus natrix*, deutlichen *Dreh- und Nachnystagmus* der Augen, wenn ich während und nach dem Drehen den Kopf des Tieres gegen den Rumpf fixierte; *ohne* diese *Fixation* traten *nur Kopfbewegungen* ein. Nach Dursy (zitiert bei Werner[8]) sind die Schlangen (welche?) imstande, ihre Augen

---

[1] Franz: Zitiert auf S. 1118.   [2] Trendelenburg u. Kühn: Zitiert auf S. 1117.
[3] Loeb: Zitiert auf S. 1119.   [4] Nagel, W. A.: Zitiert auf S. 1119.
[5] Hess: Zitiert auf S. 1116.
[6] Nach Köhler, zitiert bei Buddenbrock (S. 76), werden vom Chamäleon auf der Suche nach Fliegen beide Augen unabhängig voneinander bewegt, sobald aber eine Fliege gesichert ist, dreht sich das Tier soweit, bis es die Beute binoculor sieht, schnellt die Zunge aus und fängt sie. Buddenbrock: Grundriß d. vergleich. Physiol. Berlin: Gebr. Borntraeger 1928.
[7] Borries, G. V.: Fixation und Nystagmus. Leipzig: Koehler 1926.
[8] Werner: Die Lurche und Kriechtiere. Brehms Tierleben 2, 231 (1913).

sowohl gleichzeitig nach einer Richtung zu wenden, als auch das eine nach dieser, das andere nach jener Seite zu kehren, ebenso wie sie das eine Auge bewegen, das andere ruhen lassen können. Wenn sich diese Angaben bestätigen, so wäre das eine Beweglichkeit, wie wir sie sonst nur bei einigen Eidechsen und einigen Vögeln (s. oben) finden.

Vögel.

Auf die ABW. der Vögel hatte man lange Zeit am wenigsten geachtet, man glaubte ihnen alle ABW. absprechen zu können, so sehr man auch die dazugehörigen Augenmuskelnervenkerne durchforschte (EDINGER). V. TSCHERMAK[1] schreibt, was HESS[2] ohne Ergänzung als einzige Angabe über die ABW. der Vögel wiedergibt, daß die Vögel höchstens ganz kleine spontane Änderungen ihrer Augenstellung erkennen lassen, soweit sie dem Sehen dienen. Ich habe schon früher auf Grund meiner Untersuchungen darauf hingewiesen, daß diese Behauptung auch mit der Einschränkung des Nachsatzes nicht zutrifft (BARTELS[3]). Wir sehen, daß einige Vögel außerordentlich ausgedehnte Blickbewegungen haben. Es bestehen aber auch bei den Vögeln die größten Unterschiede. Auf der einen Seite finden wir die erstgenannten Vögel, wie z. B. Möve und Cormoran, auf der anderen Seite die Eulen, die ihre Augen überhaupt nicht bewegen können. Die Untersuchungsergebnisse, die ich bringe, lassen zum Teil eine reinliche Scheidung der verschiedenen Reflexe nicht erkennen, da die dazu nötigen Versuchsbedingungen nicht immer praktisch durchzuführen waren, besonders bei den Vögeln muß man sich hüten, schnelle Nickhautbewegungen mit solchen der Augäpfel zu verwechseln. *Unter den Vögeln* gibt es, soviel bekannt, *keine mit verkümmerten unbrauchbaren Augen*, wie sonst in allen Tierklassen. Eine höchst merkwürdige Stelle nehmen die *Eulen* ein, da sie zwar ein sehtüchtiges Auge und äußere Augenmuskeln besitzen, aber keine Bewegung ausführen können, auch nicht etwa sehr wenig, wie HESS[2] meint, sondern überhaupt nicht, was übrigens schon SOEMMERING[4] genau beschrieben hat. Selbst mit einer Pinzette gelingt es nicht, am toten Tier irgendwie das Auge zu bewegen (wenigstens nicht bei *Bubo bubo, Asio otus, Syrnium aluco, Athene noctua*). Dreht man eine Eule, so bekommt sie statt Augen- einen *Kopfnystagmus*. Die Eulen haben frontalstehende Teleskopaugen, dessen vordere Sklerotikalkante durch ganz kurze straffe Bänder fest mit dem knöchernen Orbitalrand verwachsen ist. Es sind aber sowohl die vier Musculi recti wie die beiden Obliqui vorhanden, sie entspringen in der Umgebung des Foramen opticum fleischig und setzen sehnig an der Sclerakante an. Sie verlaufen also zwischen zwei festen Punkten (Genaueres s. bei BARTELS[5] und DENNLER[6]). Nur zwei äußere Augenmuskeln, der Nickhautmuskel und der Lidheber, können Hilfsorgane des Bulbus bewegen, diesen selbst aber nicht. Die Stellung der Augen ist die am meisten frontale unter den Vögeln. Trotz der Unmöglichkeit der ABW. sind aber bei den Eulen alle Kerne der Augenmuskelnerven im Zentralnervensystem vorhanden (BARTELS[6 u. 7]), wenn auch verkleinert, sie müssen also eine andere Funktion wie sonst im Tierreich dienen, jedenfalls nicht der Augenbewegung. Eigentümlich

---

[1] TSCHERMAK: Zitiert auf S. 1113.   [2] HESS: Zitiert auf S. 1116.

[3] BARTELS: Siehe zusammenfassende Darstellungen, S. 1113.

[4] SOEMMERING: De oculorum hominis animaliumque sectione etc. Göttingen 1818.

[5] BARTELS: Aufgaben der vergleichenden Physiologie der Augenbewegungen. Graefes Arch. **101**, 302.

[6] BARTELS u. DENNLER: Über die äußere Augenmuskulatur des Uhu. Zool. Anz. **52**, 49.

[7] BARTELS: Abducens-, Trochlearis- und Oculomotoriuskerne, die nicht der Augenbewegung dienen. Ber. dtsch. Ophthalmolog. Ges. S. 6, Jena 1922.

ist, daß wenigstens bei dem von mir untersuchten Bubo bubo der Trochleariskern sich in oral-caudaler Richtung deutlich vom Oculomotoriuskern absetzt,
während sonst beide ineinander übergehen; nur bei „schlechtsehenden" (was
heißt das?) Fischen berichtet van der Horst[1] Ähnliches. Wenn auch die Eule
vorwiegend ein Hörtier ist, so vernachlässigt sie doch keineswegs den Gebrauch
der Augen, im Gegenteil. Die Tiere wenden stets blitzschnell den Kopf, um den
Gegenstand, der ihre Aufmerksamkeit erregt, deutlich sehen zu können. Der
Einfluß der Fixation läßt sich auch leicht durch das eigentümliche Verhalten
bei kalorischer Reizung nachweisen. Reizte ich bei der Eule (Syrnium) ein
Ohrlabyrinth kalorisch, so trat bei offenen Augen kein Kopfnystagmus, sondern
nur starker Schwindel ein. Bedeckte ich dagegen die Augen mit einer Kappe,
so trat bei kalter Reizung lebhafter Kopfnystagmus nach der Gegenseite auf;
das Tier hat ihn also vorher durch Fixation überwunden. Biologisch ist für
uns das Fehlen der ABW. der Eulen nicht zu deuten. Außer der Unmöglichkeit,
die Augen zu bewegen, ist auch das Gesichtsfeld der Eulen infolge der frontalen
Stellung der Augen und der Anordnung der Retina kleiner als bei andern Vögeln.
Jedenfalls ist das Beispiel der *Eulen* in der gesamten Tierwelt der einzige Fall,
wo bei *gutsehenden Augen die ABW. völlig fehlen.*

Über *die vestibulären ABW. der Vögel* liegen nun eine Menge Beobachtungen vor; stellten
doch Breuer und Ewald[2] ihre wichtigsten Beobachtungen über den Nervus octavus am
Ohrapparat der Taube an. Alle Vögel zeigen anscheinend beim passiven Drehen und festgehaltenen Kopf *Dreh-* und *Nachnystagmus,* der auch bei mitgedrehtem Gesichtsfeld, also
bei Ausschluß der optischen Reize eintritt, ebenso sieht man bei allen Vögeln *kompensatorische
ABW.,* sowohl deutliche vertikale Deviation wie Rollungen. Nagel[3] stellte die wichtige
Beobachtung an, daß bei den von ihm untersuchten Vögeln bei passiver Kopfdrehung
keine dauernden Raddrehungen zu bemerken sind. Diese treten wohl ein, aber sie werden
bald durch ruckweise in mehreren Absätzen erfolgende Rollung rückgängig gemacht,
höchstens ein kleiner Rest scheinen dauernd vorzukommen.

Daß *ABW. nach Läsion der Bogengänge* bei Tauben auftreten, sah schon 1824 Flourens,
dann wieder 1866 Vulpian, erst Bornhardt (zitiert bei v. Stein[4]) bemerkte, daß sie beim
Durchschneiden der frontalen Kanäle in der Richtung dieser vor sich gehen und daß sie stärker
wurden, wenn er den Schnabel festhielt. Breuer[5] stellte zuerst fest, daß die *Richtung der
Lymphbewegung im Kanal die Richtung der Augenbewegung bestimmte,* was Ewald[2] in exak-
tester Weise mittels seines sog. pneumatischen Hammers nachwies, und zwar bei *Bewegung
im horizontalen Kanal nach der Ampulle* zu eine starke Wendung der Augen nach der anderen
Seite, dabei des gleichseitigen Auges stärker wie des gekreuzten Auges; bei Bewegung der
Lymphe von der Ampulle weg ABW. nach derselben Seite, ob stärker oder schwächer, wird
von den ABW. nicht angeführt, nur von den Kopfbewegungen, was ausdrücklich gegenüber vielfach irrtümlichen Literaturangaben bemerkt sei. Auch ist nicht richtig, daß Ewald
von den vertikalen Kanälen ein ähnliches Ergebnis wie von den horizontalen in bezug auf
die Lymphbewegung erhalten habe. Ewald gibt nur vom *hinteren vertikalen Kanal* an,
daß bei diesem Kanal, wenn die Lymphe nach der Ampulle zu verdrängt wird, das eine Auge
nach unten, das andere Auge nach oben gegangen sei, und daß die Kopfbewegung bei dieser
Lymphbewegung stärker wie bei Bewegung von der Ampulle weg eintrete, also umgekehrt
wie beim horizontalen Kanal. Ewald bekam also bei Reizung des hinteren vertikalen Kanals
eine ABW., wie sie sonst nur der Otolithenreizung zugeschrieben wird, nämlich eine sog.
Hertwig-Magendiesche Schielstellung. Der direkte Nachweis der Wirkung der Lymphbewegung der Bogengänge auf die Augen ist, soviel ich sehe, bisher nur bei der *Taube* gelungen. Plombierte Ewald beide horizontalen Bogengänge, so fehlte der horizontale Nystagmus fast ganz, während die Plombierung der vertikalen Kanäle nur eine geringe Abschwächung
hervorrief. Es liegen da noch eine Menge Reizungsversuche (mechanische, chemische, thermische, elektrische) an Tauben vor, die aber gegenüber den exakten Versuchen Ewalds

[1] van der Horst: Die motorischen Kerne und Bahnen in dem Gehirn der Fische usw.
Tijdschr. nederl. dierkd. Ver.igg (2) **16**, 168, 2. Aufl. (1918).
[2] Ewald: Endorgan des Nervus octavus. Wiesbaden: Bergmann 1892.
[3] Nagel: Zitiert auf S. 1119.
[4] v. Stein: Die Lehren von den Funktionen der einzelnen Teile des Ohrlabyrinths.
Jena: G. Fischer 1894.
[5] Breuer: Pflügers Arch. **48**.

keine besondere Bedeutung besitzen (Literatur s. bei v. STEIN[1] und BARTELS[2]). Wichtig ist, daß thermische Reizung des äußeren Gehörganges ohne Freilegung der Bogengänge bei Vögeln ohne Wirkung bleibt (KUBO[3]), was ich bestätigen kann. POPP[4] konnte ABW. in bestimmter Richtung an der Taube mittels besonders feiner Vorrichtungen im EWALDschen Laboratorium bei *alleiniger thermischer Reizung der Ampulle* mit Kälte und Wärme unter Ausschluß von Lymphbewegungen hervorrufen. Nach Freilegung der Bogengänge und direkter thermischer Reizung bekommt man bei Vögeln regelrechten kalorischen Nystagmus, der aber bei Lagewechsel wohl in der Geschwindigkeit, aber nicht in der Richtung wechselt.

Nach *einseitiger Zerstörung eines Ohrapparates* tritt bei *Tauben Deviatio verticalis und Nystagmus nach der gesunden Seite* ein; längere Zeit nach der Operation ist die Zuckungszahl des Nachnystagmus nach der operierten Seite geringer und die Bewegung auf der operierten Seite kleiner (EWALD). Nach beiderseitiger Zerstörung der Labyrinthe und Ausschaltung der optischen Reize hören alle ABW. auf. BORRIES[5] fand bei Tauben *nach Zerstörung der Bogengänge mit ihren Ampullen,* daß die Drehreaktion für immer verloren war, dagegen blieb der *kalorische Nystagmus* erhalten. Man kann daraus schließen, daß bei der Taube der Nystagmus auch von den *Otolithen* erzeugt werden kann. Die Meinung von BORRIES, daß die Cristae als phylogenetisch hoch entwickelter Teil der ursprünglich einfachen Otodacysten die kalorische Ansprechbarkeit verloren hätte, ist in bezug auf die Augenbewegung schon durch die früheren Experimente POPPs[4] widerlegt. Im übrigen fehlen noch genaue Untersuchungen über die Wirkung der Otolithen bei Vögeln[6].

Die *periphersensiblen Halsaugenreflexe* konnte ich[7] *bei Vögeln* an keinem Tier nachweisen. Es ist fraglich, ob dies mit der Länge und Beweglichkeit des Halses zusammenhängt, oder ob die untersuchten Vögel durch spontane ABW., die sie bei fixiertem Kopf („ängstlich", wenn man sich so ausdrücken darf) leicht machen, die Halsaugenbewegungen überdecken.

Hierher gehört aber wohl eine Beobachtung EWALDs[8] über „*Augenschwingen der Vögel*", die er folgendermaßen beschreibt: „Nimmt man eine Taube in die Hand und berührt man mit dem Finger ganz leise den oberen Orbitalrand ihrer Augen, so fühlt man von Zeit zu Zeit ein merkwürdiges, kurzes Schwirren, das von den Augen aus geht." EWALD fand diese von ihm „*Augenschwingen*" genannte Bewegung bei allen von ihm untersuchten Vögeln, und zwar bei *Tauben, Sperlingen, Hühnern, Gänsen* und *Raben.* Das Augenschwingen erfolgt im allgemeinen gleichzeitig auf beiden Augen, doch gibt es Ausnahmen, und die Tauben können offenbar jedes Auge allein schwingen lassen. Auf Grund von Durchschneidungsversuchen glaubt EWALD, daß die äußeren Augenmuskeln dies Schwingen hervorrufen, und zwar, da es sich um eine rotatorische Bewegung handelt, die *Obliqui.* Die Zahl der Schwingungen betrug ziemlich konstant 25—30 in einer Sekunde. In leichter Narkose sinkt die Zahl der Schwingungen bis auf 2—3, gleichzeitig wird die Amplitude größer, in tiefer Narkose hört es auf. EWALD glaubt, daß das Augenschwingen durch *gleichzeitige Kontraktion antagonistischer Augenmuskeln* zustande kommt. Die nervösen Bahnen sind nicht erforscht. Im Hinblick auf obenerwähnte Versuche von MAXWELL[9], der an Fischen durch Berührung der Kopfhaut ABW. hervorrief, gewinnt diese Beobachtung EWALDs an Interesse. Meines Erachtens wird man diese Bewegung besser mit „*Augenschwirren*" bezeichnen, ähnlich dem Schwirren der Flügel der Insekten.

Zweifellos *fixieren* viele Vögel, d. h. sie verfolgen einen vorgehaltenen Gegenstand mit den Augen, und zwar sowohl *monokular* wie *binokular* (BARTELS[7]). Daß man diese ABW. der Vögel bisher übersehen hatte, liegt wohl daran, daß die Vögel vorziehen, wenn eben möglich, binokular zu sehen und deshalb meist mit dem Kopf eine Einstellung nach dem zu fixierenden Objekt hin ausführen. Wenn auch gewiß alle Vögel ein binokulares Gesichtsfeld besitzen (I. v. MÜLLER[10],

---

[1] v. STEIN: Zitiert auf S. 1128.
[2] BARTELS: Über Regulierung der Augenstellung durch den Ohrapparat. Graefes Arch. **76, 77, 78** und **80** (1910, 1911).
[3] KUBO: Zitiert auf S. 1118.
[4] POPP: Die Wirkung von Wärme und Kälte auf die einzelnen Ampullen des Ohrlabyrinthes der Taube. Z. Sinnesphysiol. **47**, 352 (1912).
[5] BORRIES: Studies on normal Nystagmus. Acta oto-laryng. (Stockh.) **4**, 8 (1922).
[6] FISCHER, M. H.: Über vestibulare Reflexe s. ds. Handb. **11** I.
[7] BARTELS: Siehe zusammenfassende Darstellungen S. 1113.
[8] EWALD: Arch. f. exper. Path. Suppl. Schmiedebergs Festschrift 1908.
[9] MAXWELL: Zitiert auf S. 1121.
[10] MÜLLER, J. v.: Siehe zusammenfassende Darstellungen, S. 1113.

v. Tschermak[1]), so ist es infolge der seitlichen Stellung der Augen doch nur klein. Jedenfalls würden die Vögel bewegte Objekte sehr leicht aus dem binokularen Gesichtsfelde verlieren, wenn sie sie lediglich mit ABW. verfolgen würden, ohne den Kopf zu bewegen. Die Vögel könnten dann nicht mehr so ausgezeichnet wie z. B. die Möve, bei emporgeworfenen Gegenständen die Entfernung abschätzen und sie mit solcher Treffsicherheit auffangen. Auch die Raubvögel, wie Habichte, Falken usw., von derem „spähenden Blick" soviel geschrieben wird, lassen oft alle willkürlichen ABW. vermissen, sie verfolgen vorgehaltene Gegenstände stets binokular mit dem Kopf, den sie dabei oft unglaublich verdrehen, manchmal bis fast 180°. Während dieser Kopfverdrehung sieht man übrigens keine Augendeviation. Dies fällt besonders beim Flamingo (*Phonicopterus*) auf, der manchmal mit über 180° verdrehtem Kopf, d. h. mit umgedrehtem Schnabel Futter von der Erde aufsucht.

Fesselt man dagegen *den Kopf* dieser Vögel und bewegt dann ein Objekt, so sieht man *deutliche spontane Augenbewegungen*.

Am besten sah ich [2] solche bei *Tauchvögeln* wie *Möve* und *Cormoran*. Hält man einer Möve (*Larus canis*) den Kopf fest, so ist man erstaunt, welche ausgiebigen ABW. das Tier mit einem Auge allein nach einem vorbeibewegten Gegenstand ausführt, dabei dabei fällt die Sehrichtung, soviel feststellbar ist, mit der optischen Achse des Auges zusammen, d. h. sie geht durch den Mittelpunkt der Hornhaut. Während der fixierenden Bewegung des einen Auges steht das andere still oder es wird nach irgendeiner anderen Richtung hin bewegt. Dasselbe Verhalten zeigen: der *Cormoran* (*Phalacrocorax Bougainvillei*); *Spheniscus Humboldti*; ein *Tauschschwimmvogel* von den Peruanern „*piquero*" genannt; die *Rabenkrähe* (*Corvus corone*) wenigstens ein älteres gezähmtes Exemplar. Spontane, meist geringe konjugierte ABW. am ungefesselten Kopf sah ich bei vielen Vögeln, wenn ich sie lange genug beobachtete, so außer bei den eben aufgeführten, beim *Storch* (*Ciconia*) wenigstens horizontal; *Hornrabe* (*Buverus abessynicus*) seitlich und nach unten; *Ente* (Anas) geringe; *Laubsänger* (*Sylvia curucca*); *Kranich* (*Grus Virgo*) vielleicht nach unten; *Pelikan* (*Boverus abess.*), bei einem schwarzen *Wasserhuhn* geringe; beim *Haushuhn* nicht mit Sicherheit, also bei Vögeln der verschiedensten Familien und Ordnungen. Aber selbst innerhalb derselben Unterordnung ist die Ausgiebigkeit des spontanen ABW. sehr verschieden, wie ich an *Papageien, Amazonen* und *Kakadus* beobachten konnte, z. B. bei *Plissolophus rosaicapillus* und *P. gymnopus* und *moluccensis* sehr lebhaft, ebenso beim *Gelbwangenkakadu*; bei den Amazonen zeigen sich kaum ABW. Zum Beispiel bei der *Gelbstirnamazone* (*A. ochrocephala* und *A. festiva*).

Nach Kalischers [3] Untersuchungen an Papageien dient bei diesen der binokulare Sehakt mit dem vorzüglich funktionierenden Akkommodationsmechanismus dazu, die Distanz der Gegenstände festzustellen. Zum Beispiel bei Ergreifung der Nahrung. Will der Papagei das Bild eines Gegenstandes mit anderen Teilen seiner Retina speziell mit der Fovea centralis erfassen, so wirft er den Kopf nach der einen oder anderen Seite herum. Dieses dann erfolgende monokulare Sehen scheint erst die genaueren Bilder der Gegenstände zu vermitteln. Daß der Papagei gleichzeitig mit den Fovea centralis beider Augen scharfe Bilder erhält, nimmt Kalischer nicht an. Meines Erachtens können wir hierüber, da uns die Eigenschaft fehlt, monokular zu sehen, gar nichts aussagen. Ich habe aber beobachtet, daß einzelne Papageien nicht nur durch Kopfbewegungen, sondern auch durch ABW. monokular fixieren.

Während J. v. Müller [4] keine Konvergenz bei Vögeln beobachten konnte, sah ich bei vielen eine *deutliche Konvergenz*, z. B. bei den genannten *Plissolophus*, auch bei *Amazona aestiva*, beim *Pelikan* und *Möve*. Die Konvergenzbreite ist naturgemäß nur gering, genauere Messungen müssen noch versucht werden.

Sehr verschieden verhalten sich auch die Vögel in bezug auf den *aktiven Nystagmus*, d. h. während spontaner Kopfbewegungen, viele zeigen ihn nur bei horizontalen Kopfbewegungen als horizontalen Nystagmus, selten bei vertikalen (*Amazona ochrocephala*). Bei manchen Vögeln mit ausgedehnten aktiven Kopfbewegungen (*Phonicopterus*) sah ich niemals aktiven Nystagmus. Wie weit der

---

[1] v. Tschermak: Siehe zusammenfassende Darstellungen, S. 1113.
[2] Bartels: Siehe zusammenfassende Darstellungen S. 1113.
[3] Kalischer: Siehe Referat über Rochon-Duvigneaud: Zbl. Neur. 1925, H. 9.
[4] Müller, J. v.: Siehe zusammenfassende Darstellungen S. 1113.

beobachtete Nystagmus optisch oder vestibulär oder durch beides bedingt ist, wäre noch zu untersuchen.

Bei der Mannigfaltigkeit und Ausdehnung der ABW. bei den Vögeln ist es um so erstaunlicher, daß sich gerade hier ein Typus wie die Eulen mit unbeweglichen sehtüchtigen Augen findet. Es liegt wohl eine Rückbildung hier vor, aus Tagesraubvögeln wurden Nachtraubvögel. Bezüglich der Stellung der Augen verhalten sich die Vögel gerade umgekehrt wie die Säuger. Bei diesen sind die frontalstehenden Augen im allgemeinen die beweglichsten, während gerade den Vögeln mit frontalstehenden Augen (die Eulen) die ABW. fehlen.

Bemerkenswert ist, daß es mir bei jungen Vögeln (Raben, Krähen) auch durch noch so langen Dunkelaufenthalt nicht gelang, das sog. Dämmerungszittern der Augen zu erzeugen, während dies bei jungen Säugetieren mit spontan beweglichen Augen nach Dunkelheit längerer Dauer auftritt. Ebensowenig bekamen blinde Vögel dieser Art die sog. Blindenaugenbewegungen[1]. Dabei haben diese Vögel eine ausgedehnte spontane Beweglichkeit der Augen, der Ausfall muß an dem verschiedenen nervösen Zentralapparat liegen.

Säugetiere.

Hier gibt es wieder einige Tiere mit sehr stark *rudimentären Augen*, eigentlich nur Augenresten, denen die Augenmuskeln fehlen wie bei *Chrysochloris*. Ein maulwurfähnliches *Beuteltier* (*Notoryctes typhlops*), das Sweet untersuchte (zitiert bei Franz[2]), hat unter der unverändert darüber hinweg ziehenden Haut nur Augenreste. Die Augenmuskeln sind anormal gelagert und individuell sehr verschieden entwickelt, die drei Augenmuskelnerven fehlen. Merkwürdigerweise sollen die Muskeln durch Zweige des Ramus ophthalmicus innerviert werden. Das Zentralnervensystem dieses Tieres wäre für uns von höchstem Interesse. Der Maulwurf (*Talpa europäa*) hat ebenfalls rudimentäre Augen, besitzt aber alle Augenmuskeln. Man findet bei Talpa nur kümmerliche Reste von Augenmuskelnervenkernen, besonders gering vom Abducens [vgl. den Befund vom Uhu (Bubu bubo)]. Bei Fledermäusen, deren Augen nach Rabl eine beginnende Rudimentation zeigen, konnte ich auch bei Lupenbetrachtung niemals die geringste Augenbewegung beobachten. Bei *Vesperugo rinolophus* fand ich den Abducenskern verkümmert, den Oculomotoriuskern gut entwickelt. Es sind also *Dunkeltiere*, die unter den Säugern *fehlende oder mangelnde ABW.* haben. Alle Säuger besitzen vier gerade und zwei schräge Augenmuskeln und die entsprechenden Bewegungen, wenn auch zum Teil nur auf Proprioreflexe. Bei vielen niederen Säugern beobachten wir Retraktionsbewegungen der Augen, besonders bei Pflanzenfressern, sehr deutlich z. B. bei Kaninchen. Kräftig ist der Muskel entwickelt bei Seehunden und Walen. Er fehlt allgemein bei Affen und Mensch, bei einigen Affen fand Motais[1] Reste. Er nennt ihn seiner Form wegen Musculus choanoides, er ist vom sechsten Hirnnerv innerviert. Ob die Funktion dieses Muskels wirklich darin besteht, das Auge in der Orbita zu halten, wenn der Kopf während der langen Nahrungssuche nach unten hängt, erscheint mir zweifelhaft (Motais[3] und Grimsdale), da die Augen doch sehr stark seitlich stehen. Eine strittige Frage ist noch die Bedeutung der enormen Augenmuskeln der *Wale*. Pütter[4] behauptet, das Walauge ruhe unbeweglich auf der verdickten Opticusscheibe und selbst die starken Muskeln, die einzeln etwa die Stärke des Glutaeus maximus des Menschen haben, wären nicht imstande, das Auge zu bewegen. Ihre Funktion sei hauptsächlich Wärmeproduktion. Franz[2] stellt fest, daß Pütters Meinung von der Unbeweglichkeit des Walauges vorläufig

---

[1] Näheres s. Bartels: Klin. Mbl. Augenheilk. 78, 478 (1927).
[2] Franz: Zitiert auf S. 1118.
[3] Motais: Siehe zusammenfassende Darstellungen S. 1113.
[4] Pütter: Siehe zusammenfassende Darstellungen S. 1113.

nur eine Annahme sei. Das *Walroß (Odobenus)* soll einen stärker gewundenen und biegsameren Sehnerv besitzen; Franz läßt es fraglich, ob größere Beweglichkeit des Auges. Hier würden sich die *Säugetiere* anreihen, die *keine Spontanbewegungen* besitzen, sondern deren Augen lediglich durch Proprioreflexe, vestibuläre, peripher sensible Reize bewegt werden. Mit Sicherheit möchte ich hierin nur das *Kaninchen* rechnen, von dem ich nach jahrzehntelanger Beobachtung meine Behauptung[1] aufrechterhalten muß, daß es keine spontanen ABW. besitzt. Über andere *Nager* s. unten. Vincent[2] fand bei der Ratte nur Drehnystagmus, aber keine spontanen ABW. Die *vestibulären ABW.*, sowohl die sog. Reflexe der Lage wie die der Bewegung sind bei allen Säugern mit Ausnahme der obengenannten mit rudimentären Augen, soviel ich sehe, nachzuweisen. Bei Säugern mit spontan sehr beweglichen Augen, wie z. B. beim Mensch, sind sie vielfach auf Labyrinthreize nicht ohne weiteres zu sehen, da sie von den Blickbewegungen überdeckt werden. Aber unter besonderen Umständen, wie im Schlaf, Narkose, in Jugendstadien (Frühgeburt) sind sie ohne weiteres nachweisbar. In letzteren Zuständen tritt dann kein Nystagmus, sondern nur die langsame Gegenbewegung auf. Bei höheren Säugern sieht man, daß gerade *gewisse ABW.*, die *spontan nicht* erzielt werden können, regelmäßig und *nur auf Labyrinthreize* auftreten. Wir Menschen können z. B. mit unseren Augen spontan keine *Raddrehung der Augen* ausführen. Aber Raddrehungen der Augen erfolgen gesetzmäßig bei Neigung des Kopfes, nach einer Seite durch vestibuläre Erregung, und zwar entgegen der Neigungsrichtung. Bei vielen Säugetieren treten die kompensatorischen Augenstellungen und Bewegungen am ausgiebigsten bei Bewegungen des Kopfes in der Ebene auf, in der der Kopf entsprechend der Lebensweise am meisten bewegt wird. So hat das Kaninchen auffallend starke Augenrollungen bei Bewegungen des Kopfes in einer sagittalen Ebene (v. Graefe[3]). Andere Nager, die sich wie das Kaninchen verhalten, sind die *Meerschweinchen* und *Ratten* (aber geringe Amplitude), so wie das *Aguti (Myopracta acouchy)*. Das *Baumschwein (Aguti paca)*, das *Walbei* und *Känguruh* weisen außerdem vielleicht minimale spontane ABW. auf, doch ist eine Täuschung bei dieser Beobachtung möglich. Die vestibulären ABW. sind im einzelnen bei Säugetieren Gegenstand ausgedehntester Untersuchungen gewesen, besonders an Kaninchen (Högyes, Ewald, Magnus und de Kleijn[4]).

Da über dieses Kapitel von Magnus und de Kleyn in diesem Handbuch besonders berichtet wird, kann ich darauf hinweisen. Diese Forscher stellten fest, daß beim Kaninchen jeder Stellung im Raum eine bestimmte Augenstellung entspricht (vgl. Crustaceen) (Reflexe der Lage, Rollungen und Vertikalabweichungen) sowie daß Nystagmus nach allen Drehrichtungen auftritt. Ob eine *Vertikalabweichung der Augen*, d. h. das eine nach oben, das andere nach unten, *bei Säugern mit frontal stehenden Augen* vom Vestibularapparat ausgelöst werden kann oder nur bei Säugern mit seitlichen Augen, ist noch *fraglich*. Bis jetzt liegen außer meiner[5] früheren Beobachtung an Affen nach Acusticusdurchschneidung und einer Bartels[6]) sah in Narkose vertikale Divergenzen, Fischer und Wodak[7] wiesen bei Spülung eines Ohres und Quergalvanisation Vertikaldivergenzen nach. Daß solche Vertikalabweichungen nicht außer dem Bereich der Möglichkeit liegen, zeigen die bei der Photoophthalmostatik erwähnten Versuche Bielschowskys[8] (s. unten).

[1] Bartels: Siehe zusammenfassende Darstellungen S. 1113.
[2] Vincent: J. of Animal Behavior **2**, 254.   [3] v. Graefe: Graefes Arch. **1**, 1.
[4] Magnus u. de Kleijn: Zitiert auf S. 1120.
[5] Bartels: Über Primitivfibrillen in den Achsenzylindern des Nerv. opticus usw. Arch. Augenheilk. **49**, 168 (1907).
[6] Bartels: Zitiert auf S. 1113.
[7] Fischer, M. H. u. Wodak: Experimentelle Untersuchungen über Vestibularisreaktionen. Z. Ohrenheilk. **3**, 198 (1922).
[8] Bielschowsky: Über die relative Ruhelage des Auges. Ber. Heidelberg. Ophthalmol. Ges. 1913.

Drehnystagmus zeigen, abgesehen von den früher erwähnten mit rudimentären Augen, wohl alle Säuger, und zwar die ohne spontane ABW. am besten. *Retraktionsnystagmus* habe ich nur an *Hippopotamus* bei aktiven Kopfbewegungen beobachtet. Hier scheint der Nystagmus nicht mehr der Festhaltung der Bilder auf der Netzhaut zu dienen, sondern ein übernommener Rest aus Zeiten zu sein, wo die Augen mehr seitlich beweglich waren. Wieweit der selten bei Menschen beobachtete Retraktionsnystagmus auf Überbleibsel eines sonst bei Menschen fehlenden Musculus retractorius beruht, müßte noch untersucht werden.

Nach *Zerstörung beider Ohrapparate* hören beim Kaninchen alle kompensatorischen ABW. auf, wenn man die Hals-Augen-Reflexe ausschaltet (DE KLEYN). Bei den Säugern mit spontan beweglichen Augen fällt der Nystagmus erst fort, wenn man die optische Komponente teilweise aufhebt. Bei mitgedrehtem Gesichtsfeld sah MAGNUS an *Affen*, *Hunden* und *Katzen* keinen Nystagmus mehr nach beiderseitiger Labyrinthexstirpation. Dagegen wollen CEMACH und KESTENBAUM[1] an klinisch labyrinthlosen Menschen (Taubstummen) auch nach Ausschaltung der optischen Reize noch Drehnystagmus beobachtet haben. Die Frage ist noch in Diskussion. Daß es nicht das mechanische Moment sein kann, habe ich an der Leiche nachgewiesen (BARTELS[2]). Die Entscheidung ist prinzipiell natürlich von großer Wichtigkeit; es wären dann nämlich außer den uns bekannten vestibulären, optischen und Hals-Augen-Reflexen noch andere Reize imstande, bei Säugern Nystagmus auszufüllen. Nystagmus bei offenen Augen während der aktiven Kopfbewegung fand ich mit den anfangs erwähnten Ausnahmen bei allen untersuchten Säugern. Dieser Nystagmus kann natürlich wie bei den anderen Tierklassen sowohl optisch wie vestibulär bedingt sein. *Einseitige Ausschaltung eines Labyrinths* ruft bei allen Säugern sofort heftigen Nystagmus mit Augenabweichung nach der Gegenseite hervor, die Erscheinungen klingen allmählich ab. Wird längere Zeit später das zweite Labyrinth entfernt, so treten merkwürdigerweise dieselben Störungen (wenigstens beim Hund und Kaninchen) wieder auf, als wenn man von zwei normalen Labyrinthen eins entfernt hätte. Eine Erklärung hierfür habe ich versucht zu geben (BARTELS[3]). Sind die stürmischen Erscheinungen nach einseitiger Labyrinthausschaltung abgeklungen, so haben die meisten Forscher keine Ausfallserscheinungen mehr nachgewiesen; ich[4] fand aber beim Kaninchen noch monatelang eine geringe Herabsetzung des Drehnystagmus nach der operierten Seite. *Nach beiderseitiger Labyrinthexstirpation* wies EWALD[5] bei einem *Hunde* eigentümliche *Störungen im Fixieren* nach. Der Hund war vorher darauf dressiert, bei fixiertem Kopf vorbeibewegte Fleischstückchen nach allen Seiten mit den Augen zu verfolgen. Nach obiger Operation waren die ABW. noch weiter stets assoziiert (kein Schielen), aber der Hund war nicht mehr imstande, den Bewegungen des Fleisches bei fixiertem Kopf wie früher zu folgen, sondern er verlor es bald aus dem Gesicht, nur bei langsamen Bewegungen konnte er folgen. EWALD schließt daraus, daß die ABW. durch den Fortfall der Labyrinthe auch unter Bedingungen geschädigt werden, welche eine Beteiligung des Kopfes irgendwelcher Art ausschließen. Der andere von EWALD hierfür angeführte Versuch (Versuch 50) scheint mir aber doch sehr mit Kopfbewegungsstörungen kompliziert gewesen zu sein. Der obenerwähnte Versuch EWALDS verdiente wohl genauer bei verschiedenen Säugern nachgeprüft zu werden.

Welche *einzelnen Teile des Labyrinthes bei Säugern* die Reflexe der Lage und welche die Reflexe der Bewegung hervorrufen, ist noch strittig. MAGNUS und DE KLEIJN[6] führen die kompensatorischen Augenstellungen bei den von ihnen untersuchten Säugern (Kaninchen und Meerschweinchen) auf *Otolithenreflexe* zurück, wobei wieder zweifelhaft ist, ob Druck oder Zug wirkt (QUIX, s. MAGNUS u. DE KLEIJN). Das einzige Säugetier, bei dem an den Otolithen selbst experimentiert wurde, ist das Meerschweinchen. Nach Abschleudern der Otolithen fanden diese Forscher Aufhebung der Augenreflexe der Lage. Doch scheint mir die rohe Methode zum mindesten keine funktionelle Unversehrtheit der Bogengänge und der Ampullen zu garantieren. Ob Nystagmus allein von den *Bogengängen* ausgelöst ist, wie manche Forscher annehmen, muß bezweifelt

---

[1] CEMACH u. KERSTENBAUM: Theorie des Bewegungsnystagmus. Z. Hals- usw. Heilk. 82, 117.

[2] BARTELS: Der Drehnystagmus nach Ausschaltung der Fixation. Z. Hals- usw. Heilk. 5, 131.

[3] BARTELS: Über willkürliche und unwillkürliche Augenbewegungen. Klin. Mbl. Augenheilk. 53, 358 (1914).

[4] BARTELS: Zitiert auf S. 1113.   [5] EWALD: Zitiert auf S. 1128.

[6] MAGNUS u. DE KLEIJN: Zitiert auf S. 1120.

werden (s. auch Fische und Vögel); wieweit die Otolithen dabei mitwirken, wieweit sie allein Nystagmus erzeugen können, ist noch nicht geklärt.

Wie die *Augenmuskelreaktionen im einzelnen* erfolgen, ist bisher mit Ausnahme von Maxwell am Hai nur an Säugern untersucht, ich ließ bei Kaninchen die Augenmuskelbewegungen direkt aufschreiben (Bartels[1]).

Jeder vom Ohrapparat ausgelösten *Kontraktion eines Muskels* entspricht eine *gleichzeitige Erschlaffung des Antagonisten*, die kurz vorher einsetzt, wahrscheinlich werden bei jeder Erregung des Ohrapparates alle Muskeln mehr oder weniger positiv oder negativ in ihrem Tonus beeinflußt. Eine *primäre Spannung* muß bei allen Säugern *im Augenmuskel* vorhanden sein, sonst wäre in dem Experiment die aktive Erschlaffung nicht zu erklären, ob sie tatsächlich vom Labyrinth herrührt (*Labyrinthtonus*), könnte erst nach vorheriger Ausschaltung der anderen Tonuseinflüsse bewiesen werden (s. Schema Abb. 348).

Köllner und Hoffmann[2] wiesen am *Aktionsstrom des Kaninchenaugenmuskels* nach, daß ein ständiger *Tetanus* von 60—100 Oszillationen besteht. Ausschaltung aller Labyrinthe hebt den Tonus nicht merklich auf. Bei vestibulärer Erschlaffung bleibt die Zahl der Ausschläge dieselbe, nur die Höhe der Ausschläge nimmt bei Kontraktion zu und bei Erschlaffung ab. Barany am *Kaninchen* und Ohm[3] für den *Menschen* sowie Baurmann[4] für *Froschlarven* haben genaue *Schemata* aufgestellt, wie die einzelnen Bogengänge mit den einzelnen Muskeln verbunden sein sollen; Magnus und de Kleyn dasselbe für die *Otolithen beim Kaninchen*. Nach ihnen werden bei diesem Tier die *Vertikalabweichungen* vom Sacculushauptstück ausgelöst, und zwar durch Erregung des Rectus superior der gleichen und des Rectus inferior der gekreuzten Seite unter gleichzeitiger Hemmung der Antagonisten. Die Auslösungsstellen der Raddrehungen sind noch nicht ermittelt, ihre frühere Auffassung, daß es der Dorsallappen des Sacculus sei, widerrufen die Autoren. Jedes Labyrinth steht dafür in Verbindung mit beiderseitigen Trochleares und beiden Obliqui inf. Bei Tieren mit frontal stehenden Augen müssen, wie ich schon mehrfach betonte, die Verbindungen anders sein. Für die *Auslösung der Augendrehaktionen* nehmen die Forscher beim Kaninchen nur ganz allgemein die *Cristae der Bogengänge* an, die mit sämtlichen 6 Augenmuskeln in Verbindung stehen. Eine genauere Spezifikation für die einzelnen Bogengänge und die einzelnen Säuger fehlt noch. In neuester Zeit stellte Versteegh[5] folgende wichtige Tatsachen beim Kaninchen fest: Nach vollständiger Zerstörung der Sacculusmaculae, sowohl ein- wie doppelseitig ist nur eine geringe Abnahme der totalen Raddrehung gefunden. Durchschneidung des Teiles des rechten Nervus utricularis, welcher in der Grenzmembran verläuft, ruft die folgenden Erscheinungen hervor: a) Rechtsdrehung des Kopfes, b) vertikale Augendeviation, und zwar des rechten Auges nach unten und des linken nach oben, c) vertikale kompensatorische Augenabweichung maximal in linker, dagegen fehlend in rechter Seitenlage, d) geringe Abnahme der totalen Raddrehung, e) kein spontaner Nystagmus; keine Rollungen, f) deutlicher Kaltwassernystagmus auch an der operierten Seite mit typischem Umschlag bei Änderung der Kopfstellung. Punktion der Pars superior durch die Grenzmembran ohne Verletzung der Macula utriculi oder des Nervus utricularis verursacht sofort nach dem Eingriff Kopfwendung und horizontalen Augennystagmus.

Die Übertragung der Ergebnisse der Experimente an Fischen und Vögeln auf die Säuger ist schon deswegen nicht ohne weiteres berechtigt, weil die Gleichgewichtsorgane der ersten Tiere viel komplizierter gebaut sind wie die der Säuger, letzteren fehlt die Lagena. Aber auch die experimentellen Ergebnisse der Säuger können nicht ohne weiteres miteinander verglichen werden. Erstens nicht, weil sie teils sagittale, teils frontale Augenstellungen haben und weil zweitens die Ersteren vielfach keine oder fast keine spontanen ABW. zeigen. Auch beim Menschen scheinen im Embryonalstadium die Augenstellungen und Bewegungen hauptsächlich vom Ohrapparat innerviert zu werden, wie meine[1] Untersuchungen an *Frühgeburten* lehrten.

Beim Drehen sah man lediglich die langsame Gegenbewegung, keinen Nystagmus. Ähnliche Befunde erhob Magnus[6] an neugeborenen tierischen Säugern. An Säuglingen sieht man manchmal sehr ausgesprochen beim Drehen

---

[1] Bartels: Zitiert auf S. 1113.
[2] Köllner u. Hoffmann: Der Einfluß des Vestibularapparates und die Innervation der Augenmuskeln. Arch. Augenheilk. **90**, 170 (1922).
[3] Ohm: Zitiert auf S. 1125.   [4] Baurmann: Zitiert auf S. 1124.
[5] Versteegh, C.: Acta oto-laryng. (Stockh.) **11**.   [6] Magnus: Zitiert auf S. 1120.

die ABW. ersetzt oder ergänzt *durch Kopfbewegungen* bzw. Kopfnystagmus, wie ihn Tiere aller Klassen nicht selten zeigen (s. auch Schlangen). Über die Nervenbahn haben BAUER und LEIDLER, ferner MAGNUS und DE KLEIJN[1] an Säugern (Kaninchen, Katzen, Hunde, Affen) festgestellt, daß die vestibulären ABW. unabhängig vom Großhirn vor sich gehen; ja, das nach Abtragung der vorderen Hirnteile und des Kleinhirns bis zu den Oculomotoriuskernen noch normale Ohr-Augenbewegungen erfolgen. Weiteres siehe unten. Experimente am Kaninchen, mit denen Erfahrungen aus der menschlichen Pathologie übereinstimmen, sprechen dafür, daß *bestimmte Teile der Medulla Nystagmus bestimmter Richtung* vertreten.

Ein weiterer Proprioreflex der ABW., der bei Säugern sicher festgestellt ist, und zwar *peripher sensibler* Art, ist der von LYON bei den Fischen entdeckte *Hals-Augenreflex.*

BARANY[2] wies an Säugern, und zwar am *Kaninchen* zuerst nach, daß Thoraxbewegungen ABW. hervorrufen. DE KLEIJN[3] suchte nun genauer die Hals-Augenreflexe isoliert zu prüfen. Er arbeitete deshalb mit Kaninchen, denen beiderseits die Labyrinthe entfernt waren. Wie weit dadurch tatsächlich alle anderen Proprioreflexe ausgeschaltet werden, muß immerhin nach den Untersuchungen MAXWELLS[4] und EWALDS[5] (s. oben) offengelassen werden. Das Ergebnis der Beobachtungen von DE KLEIJN[6] war folgendes: „Nach beiderseitiger Labyrinthentfernung übt die Stellung des Kopfes im Raum keinen Einfluß auf die tonischen Halsreflexe aus. Für alle Stellungen des Kopfes im Raume trifft folgendes zu: Dreht man den Rumpf um seine dorsoventrale Achse, so treten ABW. in der Richtung der Lidspalte auf in der Drehrichtung des Rumpfes. Dreht man den Rumpf um seine frontale Achse, so entsteht eine Rollung der Augen; dreht man den Rumpf um seine Längsachse, so entstehen Vertikalbewegungen der Augen, das Auge, nach dem der Rücken des Tieres gedreht wird, geht nach unten, das andere nach oben. Dieselben Reflexe treten auf, wenn man nicht den Rumpf gegen den Kopf, sondern den Kopf gegen den Rumpf bewegt. Wie DE KLEIJN schon betont, verstärken sich die Hals- und Labyrinthreflexe gegenseitig, alle beide suchen die Stellung der Augen im Raum festzuhalten. Nach Durchschneidungsversuchen von DE KLEIJN ist für das Kaninchen ein *Reflexweg auf den Bahnen des ersten und zweiten Cervicalnerven* sehr wahrscheinlich, da dann die Hals-Augenbewegungen ganz oder fast ganz aufhören. Nach diesen Experimenten können wir wohl von einem *Tonus der Halsgegend auf die Augenmuskeln* sprechen. Diese *Hals-Augenreflexe* sieht man auch beim *Meerschweinchen.* Beim *Menschen* lassen sich in den ersten Lebensstadien wohl noch Reste davon nachweisen. BARANY fand bei *Neugeborenen* folgendes: Hält man ein neugeborenes Kind in horizontaler Rückenlage, läßt den Kopf fixieren und dreht nun den Körper um die Linksachse des Kindes 90° nach links, so daß also die linke Schulter des Kindes nach abwärts steht, so wenden sich beide Augen nach links und bleiben links gewendet stehen, solange als die Körperwendung einbehalten wird. Häufig beobachtet man dabei einen horizontalen Nystagmus, dessen rasche Komponente nach links schlägt. BARANY fand die ABW. auch bei Frühgeburten vom 7. bis 8. Monat. Vom 3. Tage nach der Geburt an konnte er den Reflex nicht mehr nachweisen. Ich konnte auch bei Neugeborenen, die noch nicht 3 Tage alt waren, nur in den wenigsten Fällen Hals-Augenbewegungen beobachten, dagegen den horizontalen Nystagmus bestätigen, aber selbst die wenige Stunden alten Neugeborenen, die den Hals-Augenreflex zeigten, hielten nicht dauernd die veränderte Augenstellung bei. An einer Frühgeburt im 7. Monat sah ich keine Hals-Augenbewegung (BARTELS). Neuere Untersuchungen zeigten mir[7], daß bei Säuglingen in den ersten Lebensstunden auch anscheinend spontane Zuckungen von Rucknystagmus auftreten, einmal sogar bei einem 7 Monate alten Fetus deutlich, bei Belichtung wurden sie stärker. Deshalb ist es mir fraglich, ob die von BARANY und mir früher als Hals-Augenreflexe gedeuteten ABW. der Säuglinge überhaupt solche waren, ob nicht andere sensible oder sensorische Reize sie verursachten. Ob die Reflexe unter besonderen Umständen nicht auch an ausgewachsenen Säugetieren, bei denen sie sonst durch

---

[1] MAGNUS u. DE KLEIJN: Zitiert auf S. 1120.

[2] BARANY: Augenbewegungen durch Toraxbewegung ausgelöst. Zbl. Physiol. **20**, 298. (1907).

[3] DE KLEIJN u. MAGNUS: Actions reflexes du Labyrinth et du cou sur les muscls de l'oeil. Arch. néerl. Physiol. **2**, 644 (1918).	[5] EWALD: Zitiert auf S. 1129.

[4] MAXWELL: Zitiert auf S. 1121.

[6] DE KLEIJN: Zitiert auf S. 1120.

[7] BARTELS: Beobachtungen an Wirbeltieren und Menschen über unwillkürliche Augenbewegungen bei Störungen des Sehens. Klin. Mbl. Augenheilk. **78**, **80**, 145 (1928).

die willkürlichen ABW. überdeckt sind, zur Wirkung kommen, ist fraglich. Beobachtungen von Sachs und Wlassek über Verschiebung der Nachbilder bei fixierter Kopf- und Rumpfdrehung sowie vielleicht die Einflüsse von Kopf- und Rumpfbewegungen auf das Augenzittern der Bergleute lassen an Derartiges denken. In neuester Zeit sah Goldstein[1] unter bestimmten Verhältnissen *ABW. auf Gliederbewegungen* und Grahe[2] solche auf *Beckenbewegungen*. Möglich wäre auch, daß die kurzen ABW., die Gressmann nach Auflegen von kalten Lappen auf die Halsmuskulatur sah (die ich allerdings nicht bestätigen konnte), nicht mit kalorischer Reizung eines Labyrinths, sondern mit den Hals-Augenreflexen zusammenhängen. Vielleicht gehören hierhin Beobachtungen von Goldstein und Riese[2]. Diese sahen nach Abkühlung z. B. einer linken Halsstelle Nystagmus nach rechts beim Blick nach links auftreten; bei Kleinhirnerkrankungen änderte sich dies, so daß der Reflexweg für diese ABW. wohl irgendwie mit dem Kleinhirn zusammenhängt. An Kaninchen und Neugeborenen konnte ich keine ABW. auf Gliederbewegungen nachweisen. Grahe macht mit Recht auf die Wichtigkeit dieser Reflexe bei den üblichen klinischen Untersuchungsmethoden durch Kopfbewegung aufmerksam; durch Vorwärtsneigung werden nach ihm Hals-Augenreflexe ausgelöst, die z. B. einen Spontannystagmus hemmen, während sie ihn bei Rückwärtsneigung steigern.

Phototropische ABW., wie etwa bei den Daphnien, kennen wir bei den Säugern nicht, ja manche derselben, wie die erwähnten Kaninchen, reagieren auf optische Reize überhaupt nicht mit ABW. Dagegen liegen eine Anzahl von Beobachtungen vor, daß erstens das Licht als solches einen Einfluß auf den Tonus der Augenmuskeln auch bei Säugern ausübt, und daß zweitens unter bestimmten Verhältnissen ein unbewußter Fixationszwang bei optischen Eindrücken vorliegt (siehe *optokinetischer Nystagmus*).

Von einem „*Lichttonus*" im bewußten Gegensatz zum Labyrinthtonus sprach zuerst v. Stein[3]. Er ließ es dahingestellt, ob die Lichtempfindung direkt auf die Muskulatur wirkt oder durch Vermittlung des Vestibularapparates. Am Menschen wiesen Bielschowsky[4] und andere bei einseitiger Amblyopie folgendes nach: Verdeckt oder verdunkelt man das nichtfixierende amblyopische Auge, so ruft man Vertikalbewegungen hervor. Man kann aber auch durch Helligkeitsänderung der Belichtung des fixierenden Auges, ohne daß dieses in der Fixation gestört wird, Bewegungen des amblyopischen Auges hervorrufen. Engelbrecht[5] sah in einem Fall von Encephalitis dauernde Rechtsrollung um 45° auftreten, die erst in Dunkelheit wieder verschwand. Ich sah bei Neugeborenen vereinzelt auf Licht Bewegungen besonderer Art auftreten (Bartels[6]). Also verursacht Helligkeitsänderung ABW.; wie sie die Änderung des Augenmuskeltonus bewirkt, ist noch dunkel. Seit langem war ferner bekannt, daß Bergleute, die unter Tage arbeiten, sehr häufig Augenzittern bekommen, das dann auch über Tage anhält. Schon früher vermuteten viele Forscher hier einen Einfluß des Lichtausschlusses. Aber erst ein gelegentlich anderer Experimente an Hunden erhobener Befund von Raudnitz[7] bestätigte diese Vermutung. Dieser Forscher entdeckte, daß junge Hunde, die er aus anderen Gründen vom Licht abgeschlossen hatte, nach mehreren Wochen *Dunkelzittern der Augen* bekamen. Bei Säugetieren, die keine spontan beweglichen Augen haben, wie Kaninchen, tritt dieses Zittern nicht auf (Bartels[6]). Ohm erzielte es auch an Katzen. de Kleijn (s. Ohm) wies nach, daß das Dunkelzittern auch nach Zerstörung beider Labyrinthe entstehen kann. Nach Blohmke[8] auch nach Zerstörung eines Vestibulariskernes. Das Zittern ist meist ein feiner, kleinschläger Pendelnystagmus, der in allen Blickrichtungen andauert und durchaus ähnlich ist dem Augenzittern der Bergleute, das allerdings beim Blick nach oben am stärksten ist und bei kräftiger Konvergenz aufhört. Ohm[9] stellte Einwirkung verstärkter Belichtung auf die Kurve dieses Zitterns bei Bergleuten fest. Bei einer Untersuchung vieler Bergleute vor Ort ließ sich feststellen, daß am Ende der Arbeitsschicht unter Tage vielmehr Bergleute leichtes Augenzittern zeigen wie über Tage (Bartels). An Hunden tritt dieses Zittern nicht auf, wenn

[1] Goldstein u. Riese: Klin. Wschr. 4, Nr 26.
[2] Grahe: Zeitschr. f. Hals-, Nasen- u. Ohrenheilk. 13, S. 613.
[3] v. Stein: Schwindel. Leipzig: Oskar Leiner 1910.
[4] Bielschowsky: Ophthalm. Ges. 1913 Heidelberg.
[5] Engelbrecht: Klin. Mbl. Augenheilk. 77, 413 (1926).
[6] Bartels: Klin. Mbl. Augenheilk. 78 u. 80.
[7] Raudnitz: Demonstration des experimentellen Nystagmus. Verh. Ges. Kinderheilk. 1902, 131.
[8] Blohmke: Z. Hals- usw. Heilk. 18, 427.
[9] Ohm: Augenzittern als Gehirnstrahlung. Berlin: Urban & Schwarzenberg 1925.

man den eben geworfenen Tieren die *Sehnerven durchschneidet* und sie dann ins Dunkel bringt; es entstehen dann nur die charakteristischen Blindenbewegungen der Augen (BARTELS[1]). In einem Versuch hörte bei einem Hunde mit Dämmerungszittern dies Zittern stets auf, wenn man ein Auge intensiv isoliert belichtete. Dies war aber nur in den ersten Tagen des Auftretens des Dämmerungszitterns festzustellen. Besteht das Dunkelzittern erst einmal an Hunden einige Wochen, so bleibt es, wenn man jetzt erst die Sehnerven durchschneidet, zunächst einige Tage weiter (BARTELS[1] und BLOHMKE). Aus diesen Befunden schloß ich, daß es sich eher um ein *Dämmerungszittern* wie um ein Dunkelzittern handelt. Völlige Unterbrechung der Lichtempfindung führt bei Hunden zu ganz anderen ABW., nämlich zu einer Art Rucknystagmus mit gleitenden, flatterhaften Bewegungen, wie sie auch die meisten erblindeten Menschen haben.

Wieweit nun bei diesem Dämmerungszittern und den Blindenbewegungen Wegfall der Fixation, wieweit direkter Lichteinfluß bzw. Wegfall der Belichtung in Betracht kommen, ist eine schwierige Frage, deren Erörterung hier zu weit führen würde (s. BARTELS[1]). Daß das Dämmerungszittern der Hunde auch *nach Ausschaltung des Großhirns* andauert, wies schon RAUDNITZ[2] nach und BLOHMKE[3] nach Zerstörung der Sehrinde. Dies spricht auch nicht für erheblichen Einfluß der Fixation auf die Entstehung des Zitterns. Jedenfalls können wir aus allem Gesagten vermuten, daß tatsächlich bei Säugern ein *Helligkeitstonus der Augenmuskeln* existiert, ferner daß das Dämmerungszittern der Bergleute und Hunde ähnlich sind. Beide hängen irgendwie mit Herabsetzung der Helligkeit und der Möglichkeit spontaner ABW. zusammen. Über die Abhängigkeit des Dämmerungszitterns von der Helligkeit usw. s. BARTELS[1].

Nur solche Säuger zeigen auch sog. *optokinetischen Nystagmus* (optischen N., Eisenbahnnystagmus), der auftritt, wenn man z. B. mit einer Drehrolle abwechselnd schwarze und weiße Streifen an ihren Augen vorbeiführt. Hier handelt es sich meines Erachtens um keinen höher verlaufenden Reflex, denn ich[1] konnte den optokinetischen Nystagmus wie an niedrigen Tieren, so auch an tiefstehenden Idioten erzeugen, ebenso auch in einzelnen Fällen an Neugeborenen in den ersten Lebenstagen. Es ist ein zwangsmäßiger Reflex, wie schon RÁDL[4] hervorhob. Voraussetzung ist, daß die betreffenden Tiere überhaupt auf Lichteindrücke die Augen bewegen, an Kaninchen bekommt man ihn nie.

Wieweit die nun zu erwähnenden *spontanen ABW. der Säugetiere* auf optischen Reizen oder anderen sensorischen beruhen oder echte *Spähbewegungen* sind, z. B. zur Nahrungssuche oder zum Feststellen eines Feindes, ist schwer genau zu bestimmen. Neuere Untersuchungen zeigten mir (BARTELS[1]), daß auch Frühgeburten schon anscheinend spontane ABW. haben, deren nervöse Ursache wir noch nicht kennen, die aber wohl nicht vestibulär bedingt sind. Jedenfalls entspricht die Größe der beobachteten ABW. gewiß meist nicht der größten überhaupt möglichen ABW. Das *Blickfeld der Säuger* ist außer beim Menschen noch nicht untersucht, ferner habe ich oben schon auf die gerade bei Säugern beobachtete Schwierigkeit hingewiesen, daß manche Tiere ihre Augen oft stundenlang nicht bewegen, sondern auf irgendeinen Punkt starren und doch gelegentlich gute Spontanbeweglichkeit zeigen. Deshalb mögen die folgenden Beobachtungen mit aller Reserve angeführt werden.

Wie schwer es oft ist, selbst intelligente Tiere zum Fixieren zu bringen, zeigt ein Versuch von NORDMANN[5], der bei Hunden optokinetischen Nystagmus erzeugen wollte. Er ließ ohne jeden Fixationserfolg vor einem Hunde Würste, Knochen oder Fleischstücke rotieren. Erst als er lebende Kaninchen auf der Drehscheibe angebracht hatte und diese vor den Augen des Hundes vorbeipassieren ließ, erhielt er bei allen Hunden optokinetischen Nystagmus in derselben Weise wie beim Menschen. Die *beste spontane Beweglichkeit* findet sich bei Säugern

---

[1] BARTELS: Zitiert auf S. 1136.   [2] RAUDNITZ: Zitiert auf S. 1136.
[3] BLOHMKE: Über Dunkelnystagmus. Z. Hals- usw. Heilk. **10**, 150 (1924).
[4] RÁDL: Zitiert auf S. 1116.
[5] NORDMANN: Bull. Soc. Ophthalm. Paris 1928, Nr 5.

mit frontal stehenden Augen (*Mensch, Affe*). ABW. nach allen Richtungen sieht man ferner bei den katzenartigen Raubtieren (*Tiger, Leopard, Panther, Angorakatze*, bei *Hunden, Füchsen* (Schmalfuchs), *Marder, Ozelot, Genette, Bär*). Also im allgemeinen bei Tieren, die wir als „intelligent" bezeichnen, dagegen hat der so gelehrige *Elefant* nur sehr kleine spontane ABW. Bei *Huftieren* fanden sich im allgemeinen nicht sehr ausgiebige ABW. und meist nur in horizontaler Richtung (*Pferd, Esel, Ziege, Wildschwein*). Das stimmt mit der großen Lidspalte und der zum Teil horizontalen Pupille und der streifenförmigen Area retinae überein. Beim *Reh* und der *Vicuña* konnte ich keine sicheren Spontanbewegungen beobachten. Es scheint, daß *kein Säugetier*, auch nicht die mit sehr sagittal stehenden Augen, *monokulare*, *meridionale ABW*. vollführen kann (Ausnahme siehe Hippopotamus), wie wir sie bei Reptilien und Vögeln so deutlich fanden.

Dagegen kommen wohl *einseitige Retraktionen* vor. Manche Säugetiere haben ja einen kräftig ausgebildeten Retractor bulbi, z. B. die Kaninchen, die aber keine *einseitigen Retraktionsbewegungen* ausführen. Dagegen habe ich sie deutlich beim *Nilpferd* (*Hippopotamus amphibius*) beobachtet. Dieses Tier hat eine querovale Lidspalte und eine horizontale Pupille, über den sonstigen Bau des Auges konnte ich nichts erfahren. Wenn es auch träge im Wasser liegt, so reagiert es doch auf Seh- und Gehörreize mit lebhaftem ABW. Man sieht sehr deutliche konjugierte seitliche, ferner meist beiderseitige, aber auch wahrscheinlich einseitige Retraktionsbewegungen; konjugierte ABW. nach oben sieht man selten, sondern meist geht dann das eine Auge nach oben, das andere nach unten. Dies ist meines Erachtens das einzige Säugetier, das derartige nichtkonjugierte ABW. ausführen kann. Eine weitere Beobachtung der Bedingungen, unter denen die ABW. vor sich gehen, wäre sehr erwünscht.

Eine deutliche *Konvergenz* haben die erstgenannten Säuger außer dem Mensch, Affen, Katzen usw. Das Ausmaß müßte noch bestimmt werden. Beim *Pferd* stellten Grossmann und Mayerhausen (zitiert bei Bartels[1]) eine Konvergenz von 4° für jedes Auge fest; v. Tschermak[2] gibt an, daß das Pferd bis auf 2 m Entfernung konvergiert. Ablaire[3] hat in Anbetracht der Unmöglichkeit, am lebenden Pferd die Konvergenzbreite zu messen, am Kadaver durch Ziehen an den Muskeln die Konvergenz auf 20° errechnet, wobei die Augenachsen noch immer divergent bleiben, also wesentlich mehr wie die obigen Forscher. Gleichzeitig bestimmte Ablaire nach der genannten Methode die maximale seitliche Beweglichkeit beim Pferde und kommt auf 40°. Diese Leichenversuche decken sich aber wohl sicher nicht mit der Bewegungsmöglichkeit am lebenden Tiere, die Werte erscheinen viel zu hoch. Ebenso erscheint Dexlers[4] Behauptung nicht richtig, daß Pferde eine größere Konvergenz wie Menschen besitzen. Ablaire meint, daß ähnliche Werte, wie er sie beim Pferde fand, auch für die übrigen großen *Pflanzenfresser* zutreffen (?). Bei *Fleischfressern* werde die *Konvergenz größer*. Durch die horizontale Pupille, die Größe des Auges und die genannte Beweglichkeit habe das Pferd ein wesentlich größeres Gesichtsfeld als der Mensch.

Im allgemeinen sollen nach Schleich[5] bei *Säugern mit sehr ausgedehntem Gesichtsraum geringe Exkursionen der ABW*. vorhanden sein und umgekehrt. Nach dem, was wir zur Zeit wissen, scheint das für Säuger zu stimmen. Immerhin werden uns aber die auffallenden Befunde an Reptilien (Chamäleon) und Vögeln (Kormoran) mit sehr seitlichen Augen, großem Gesichtsfeld und großer Beweglichkeit, andererseits die Eulen mit kleinem Gesichtsfeld und fehlenden ABW. vorsichtig sein lassen. Vielleicht findet man auch bei Säugern Ähnliches.

Pütter[6] hat versucht, aus der Größe der Lidspalte im Verhältnis zur Cornea die Maximalwerte zu finden, wieweit durch ABW. das Gesichtsfeld erweitert werden kann. Danach findet sich eine so weite Lidspalte wie beim Menschen nur selten (Tapir, Hydrachaera capibora). Beim Elefanten ist die Lidspalte sogar noch ausgedehnter nach Pütter. Dabei fanden sich gerade bei diesem Tier bei weitem nicht solche ABW. wie beim Menschen, ja, viel niedrigere wie bei den Raubtieren usw. Also kann die Annahme von Pütter nur sehr eingeschränkt Wert haben. Beim Seehund und bei der Antilope sind nach Pütter sehr enge Lidspalten vorhanden, also nach ihm nur sehr geringe ABW.

---

[1] Bartels: Siehe zusammenfassende Darstellungen S. 1113.

[2] v. Tschermak: Zitiert auf S. 1113.

[3] Ablaire: Etude sur la convergence, la vision et l'accommodation chez le cheval. Rec. Méd. vét. 84, 512 (1907).

[4] Dexler: Untersuchungen über den Faserverlauf im Chiasma des Pferdes und über den binokularen Sehakt dieses Tieres. Arb. neur. Inst. Wien 1897, H. 7, 179.

[5] Schleich: Vergleichende Augenheilkunde. Handb. d. ges. Augenheilk. 10 (B), Kap. 21 (1922).

[6] Pütter: Siehe zusammenfassende Darstellungen S. 1113.

Wenn wir auch heute annehmen müssen, daß alle Säuger ein, wenn auch zum Teil nur kleines binokulares Gesichtsfeld haben, so ist es noch strittig, ob selbst die Tiere, die deutliche Konvergenz zeigen, neben dem *Binokularsehen* auch *Tiefensehen* besitzen. DEXLER[1] meint, da das Pferd größere Konvergenzbewegungen machen muß als der Mensch, um binokular zu sehen, so habe es wahrscheinlich eine bessere Tiefenwahrnehmung. Dieser Grund scheint mir nicht stichhaltig zu sein, es kommt doch wohl nicht auf die größere Bewegung der Augen im Raume dabei an, sondern darauf, wie der nervöse Zentralapparat auf ABW. bzw. auf Impulse dazu reagiert. Das Verhalten der Tiere mit spontan beweglichen Augen spricht auch sehr dafür, daß sie ihre ABW. zur Tiefenwahrnehmung benutzen (z. B. beim Hindernisnehmen usw.).

Wieweit ein *Fusionszwang* bei den Säugern in ähnlicher Weise wie beim Menschen auf die Augenmuskeln wirkt, ist noch nicht festgestellt; auffällig ist, daß ein Strabismus concomitans, bei welcher Schielart die relative Stellung der Augen zueinander beim Blick nach allen Richtungen hin gleichbleibt, nicht vorzukommen scheint (SCHLEICH[2]). Es ist oben schon darauf hingewiesen, daß bei den Säugern die bei den Vögeln beobachtete doppelte Fähigkeit sowohl binokular die Bilder zu verschmelzen wie monokular zu sehen, d. h. die Fusion auszuschalten, anscheinend nicht vorkommt.

An höheren Säugern hat man dann ausgehend von der menschlichen Pathologie die *Hirnrindenbezirke* festzustellen gesucht, auf deren Erregung oder bei deren Ausfall ABW. auftreten. Die Ergebnisse sind im einzelnen noch nicht eindeutig.

Während beim Menschen das corticale Augenbewegungszentrum höchstwahrscheinlich in dem Fuß der zweiten Stirnwindung liegt (BARTELS[3]), so gibt es beim Hund, Katze und Affen mehrere Stellen, die für die corticalen ABW. in Betracht kommen (Genaueres s. bei LEVINSOHN[4]). Aber eine oder einige haben das Übergewicht, so beim Hund der Occipitallappen, und zwar treten ABW. in bestimmter Richtung bei Reizung bestimmter Stellen auf. Für Affen (Macacus resus, M. cynomolgus, Cerripitecus) fand LEVINSOHN, daß für ABW. am meisten erregbar die hinterste Hälfte des Stirnlappens war, dann der Occipitallappen und zuletzt der Gyrus angularis, den MUNK als Hauptzentrum ansah. Auffallend ist im Gegensatz zum Menschen, daß Exstirpation dieser Zentren nicht zum Ausfall der ABW. führte. MUNK (zitiert bei LEVINSOHN) hat allerdings nach Exstirpation beider Gyri angulares an Affen Ausbleiben von Konvergenz und Strabismus konstatiert, das Tier benahm sich so, als hätte es die Tiefenschätzung verloren. Meines Erachtens fragt es sich, ob es sich hier nicht weniger um corticale Störungen, als um Augenmuskelschädigungen handelte und dadurch Strabismus und Fehlgreifen hervorrief. BÁRÁNY und VOGT[5] stellten bei Affen eine sehr merkwürdige *Beeinflussung des kalorischen Nystagmus durch Reizung bestimmter Hirnrindenteile* fest. Beim Kaninchen erhielt BÁRÁNY[6] vom *Flocculus cerebelli* ABW., und zwar entgegengesetzte bei Reizung der Rinde wie des Wurmes.

Eine besondere Beziehung der ABW. zur Orientierung und Einstellung des übrigen Körpers und seiner einzelnen Teile im Raume studierten DE KLEIJN und MAGNUS[7] als sog. *optische Stellreflexe. Hunde* und *Katzen* können nach Aufhebung der Labyrinthreflexe, der Reflexe durch asymmetrische Reizung sensibler Körpernerven (Freischwebenlassen in der Luft) und Aufhebung der Halsreflexe (nach Durchschneidung der Cervicalnerven) bei intaktem Großhirn durch Seheindrücke sich so weit orientieren, daß sie den seitlich hängenden Kopf wieder in Normalstellung bringen. Hierbei ist aber, wie ich glaube, die Möglich-

---

[1] DEXLER: Zitiert auf S. 1138.   [2] SCHLEICH: Zitiert auf S. 1138.

[3] BARTELS: Über corticale Augenabweichungen und Nystagmus sowie über das motorische Rinderfeld für die Augen- und Kopfwender. Klin. Mbl. Augenheilk. **62**, 674 (1919).

[4] LEVINSOHN: Über die Beziehungen der Großhirnrinde beim Affen zu den Bewegungen des Auges. Graefes Arch. **71**, 314 (1909).

[5] BÁRÁNY u. VOGT: J. Psychol. u. Neur. **30**.

[6] BÁRÁNY: Jb. Psychiatr. **36**.

[7] DE KLEIJN u. MAGNUS: Zitiert auf S. 1120.

keit spontaner Beweglichkeit der Augen unerläßlich, Seheindrücke allein genügen nicht. Denn das Kaninchen, dem die spontanen ABW. fehlen, hat auch keine optischen Stellreflexe,. d. h. es kann seinen Kopf nicht wieder in Normalstellung bringen, trotzdem es sieht.

Überblick und Zusammenfassung.
Phylogenie und Einfluß der Lebensweise auf die Augenbewegungen.

Es wäre ein vergebliches Beginnen, die ABW. der Tiere phylogenetisch in der üblichen Reihenfolge ordnen zu wollen; das ergibt sich ohne weiteres aus der vorhergehenden systematischen Darstellung, die sich bei der Einteilung an das übliche Schema (niedere Tiere, höhere Säuger) gehalten hat. Wir sehen dabei ganz ab von den rudimentär entwickelten Augen und Augenmuskeln aller Klassen. Wollten wir die Tiere nach der Augenbeweglichkeit ordnen, so ständen die höheren Tiere, auch Affen und Mensch, in keiner Weise an der Spitze. Schon Krebse und Cephalopoden weisen in gewisser Weise eine große Beweglichkeit der Augen auf, die beweglichsten Augen hat wahrscheinlich ein Reptil, das Chamäleon, wenn man nicht einige Vögel, z. B. Möwe und Kormoran, an die Spitze stellen will, jedenfalls sind sie den höchsten Säugern erheblich überlegen, gar nicht zu sprechen von Säugetieren, wie Nagern, z. B. dem Kaninchen. Aber auch innerhalb derselben Tierklasse finden sich die größten Unterschiede, z. B. unter den Cephalopoden, die teils bewegliche, teils fast unbewegliche Augen haben, auch unter den Fischen; ein besonders auffallendes Merkmal bieten die Eulen mit gänzlich unbeweglichen Augen unter den sonst so beweglichen Augen der Raubvögel auch ihrer engeren Ordnung der Rakenvögel. Wir müssen auch in bezug auf die ABW. wie bei der Entwicklung des Sehapparates überhaupt eine weitgehende *polyphyletische Entstehung* annehmen. Dies gilt eigentlich von allen Arten der ABW., ob vestibular, phototrop, peripher sensibel oder spontan; bald überwiegt die eine, bald die andere Art. Von einer Entwicklung können wir nicht sprechen, wohl aber von *Konvergenz* bei dem Auftreten der Augenmuskeln und ABW. Zum Beispiel bei den *vier Augenmuskeln der Daphnien*, die den *vier Recti der Wirbeltiere* ähnlich angeordnet sind und entsprechende ABW. ausführen. Deshalb ist auch die Meinung (Gaupp[1]), die Augenmuskeln verdankten ihre Entstehung den Ursegmenten des Kopfes, kaum zutreffend. Funktionelle *Konvergenzerscheinungen* sind die *beweglichen Stielaugen der Schnecken*, *Krebse* und *Fische*; auch die *Retraktionsbewegungen*, die wir bei diesen Tieren, bei *Cephalopoden*, *Amphibien*, *Reptilien* und *Säugern* finden. In gleichem Maße gilt dies für *monokulare Beweglichkeit*, die wir sowohl bei Cephalopoden wie bei Sauropsiden finden, während das *Binokularsehen* sich sogar in allen Klassen entwickelt hat. Die Funktion hat sich die Beweglichkeit geschaffen, einerlei um welche Tierklasse es sich handelt. Aber hier erhebt sich zur Zeit noch eine unlösbare Schwierigkeit; welche Funktionsansprüche führten zu dieser Verschiedenartigkeit der ABW. und wodurch waren die *Funktionsansprüche* bedingt. Wenn wir den „Zweck" der Augenbewegungen festlegen wollen, so dienen sie zum Sehen und *Fixieren bewegter und unbewegter Objekte*, zur *Erweiterung des Gesichtsfeldes*, zur *Fusion*, zum *Schutz und zum Reinigen der Cornea* (?) (Retraktionsbewegungen). Wir können zur Zeit in keiner Weise im einzelnen deuten, warum sogar in derselben Familie so große Unterschiede vorkommen, wieweit dies von der *Lebensweise* abhängt, wie weit vom Bau des Auges, der übrigen Körperbeschaffenheit usw. Daß die Lebensweise einen großen Einfluß ausübt,

---

[1] Gaupp: Morphologie der Wirbeltiere. Kultur d. Gegenwart, 3. T., 4. Abt., **2**, 479.

ist ja fraglos und am gröbsten sozusagen an Tieren mit *verkümmerten Augen und Augenmuskeln* zu sehen. Diese finden sich nur bei Tieren, die *im Dämmern* oder im *Dunkel* leben, siehe die betreffenden Amphibien, Reptilien und Säuger. Die Vögel sind die einzigen Tiere, unter denen sich keine stark verkümmerten Augen finden, was doch wohl von der Lebensweise abhängt (siehe dagegen Fledermaus). Auch *unbewegliche Augen* finden sich nur bei *Nachttieren*, wie Eulen, Maulwurf, Fledermäuse. Proteus scheint sogar, wenn er bei Tageslicht sich entwickelt, ausgebildete, vielleicht bewegliche Augen zu bekommen. Aber andererseits sehen wir bei Tieren, die dauernd in Dunkelheit bzw. herabgesetzter Helligkeit leben, sehr wohl bewegliche Augen, z. B. Octopoden und pelagische Fische[1]. Daß die Eulen völlig unbewegliche Augen besitzen, ist gewiß nicht durch Nichtgebrauch zu erklären (s. oben). Wenn FRANZ[2] die Unbeweglichkeit der Eulenaugen darauf zurückführen will, daß die Eulenaugen zu groß geworden seien, um die Muskeln noch in der Orbita zur Entwicklung kommen zu lassen, so spricht dagegen, daß die Muskeln ja vorhanden sind und daß nur die feste Verbindung des Bulbus mit der Orbita und die Art des Ansatzes der Muskeln die Bewegungsmöglichkeit hindert. Gerade bei den Eulen sind es uns noch gänzlich unbekannte Faktoren, die zu Unbeweglichkeit führten. Augenscheinlich handelt es sich bei den Eulen um Abstammung aus einem Typus mit beweglichen Augen; die Übergänge sind uns aber nicht bekannt. Wenn wir beobachten, daß Tiere mit beweglichen Augen bei längerem Dämmeraufenthalt ein ständiges Zittern der Augen bekommen, so könnte man in der Unbeweglichkeit der Eulenaugen, da sie Nachttiere sind, vielleicht einen Schutz gegen dieses Zittern vermuten (?).

Im allgemeinen sehen wir die *beweglichsten Augen* (spontan und konvergierend) bei Tieren, die von der *Jagd auf lebende Tiere* leben, z. B. bei den Octopoden, den Reptilien, den Vögeln (Taucher), den Säugern (Raubtiere), während die *pflanzenfressenden*, z. B. bei den Vögeln das Huhn, bei den Säugern die Nager, wenig bewegliche Augen besitzen. Es haben nicht immer die beweglichsten Tiere die beweglichsten Augen, sondern auch wenig sich bewegende Tiere sehr bewegliche Augen (Chamäleon). Das oben Gesagte ist aber kein Gesetz, denn die *Eulen* und die *Fledermäuse* erhaschen auch *lebende Beute* im Flug und Stoß und haben doch *unbewegliche Augen*, wodurch sie entschieden im Nachteil sind. KOFFKA[3] erklärt die Verschiedenheit der Augenstellung bei Raub- und Herdentieren mit ihrer Lebensweise. Die Raubtiere müßten geradeaus sehen (frontale Augen), um beim Sprung und Schlag mit der Tatze genau die Distanz abmessen zu können, während die Herdentiere (sagittale Augen) ein möglichst großes Gesichtsfeld nötig hätten, um zu sehen, wo ein Verfolger auftauche. Sie brauchten nur die Richtung, nicht die Distanz zu sehen. Man könnte geneigt sein, diese Wertung auch auf die Beweglichkeit der Augen zu übertragen, da die Raubtiere bewegliche, die Herdentiere weniger bewegliche Augen besitzen. Die Annahme stimmt aber weder für die Augenstellung noch für die Augenbewegung, denn wie BERLIN und andere nachwiesen, können und müssen die Herdentiere (Pferd, Gemse!) ebenso wie die Raubtiere, die Distanz tadellos abschätzen, um richtig Hindernisse nehmen zu können; einäugige Pferde können es nur schlecht (v. TSCHERMAK[4], BERLIN). Konvergenz zum besseren Binokularsehen könnten pflanzen- wie fleischfressende Säuger sehr gut gebrauchen, doch ist sie bei ersteren

---

[1] Auch die Nachtschwalbe hat sehr bewegliche Augen. Siehe BUDDENBROCK: Zitiert auf S. 1126 Anm. 6.
[2] FRANZ: Biol. Zbl. **27**, 271.
[3] KOFFKA: Über die Augenstellung der Tiere. Himmel und Erde **25**, 379 (1913).
[4] v. TSCHERMAK: Zitiert auf S. 1113.

sehr wenig entwickelt, aber vorhanden (siehe Pferd). Bei manchen Tieren finden wir die ausgiebigsten, kompensatorischen ABW. in den Ebenen, in denen sie den Kopf am meisten bewegen, z. B. sagittale Rollung beim Kaninchen, andererseits weisen wieder weidende Huftiere, die ihren Kopf noch ausgiebiger bewegen, weniger große Rollungen auf, und ein Vogel, wie der Flamingo, der seinen Kopf bei der Nahrungsaufnahme um 180° dreht, zeigt überhaupt keine bemerkbaren kompensatorischen Abweichungen. So findet sich für die Entwicklung der ABW. nirgends ein fester Faden. Nur mit großer Einschränkung sehen wir nach unseren heutigen Kenntnissen die Lebensweise einen Einfluß ausüben, den wir dann bei anderen Tieren mit scheinbar derselben Lebensweise wieder vermissen. Zur Zeit ist unser Wissen über die Ursache der ABW. noch so lückenhaft, weil wir die Lebensbedingungen der einzelnen Tiere und ihre Entwicklungsgeschichte zu wenig kennen. Wir müssen uns darauf beschränken, einige tatsächliche Beziehungen aufzuweisen. Es liegen bei den verschiedenen Tieren vielleicht teils Entwicklungsreste, teils Ansätze zu neuer Entwicklung vor. Im folgenden wollen wir die Reflexe darstellen, die für die Augenbewegungen der Tiere nach unseren heutigen Kenntnissen in Betracht kommen.

Vestibuläre Ophthalmostatik.

Am meisten verbreitet sind in allen Tierklassen die ABW., die von einem *Gleichgewichtsorgan* herrühren. Das Organ selbst ist dabei in seinem Bau *außerordentlich verschieden*, von der einfachen Otocyste der Krebse bis zu den komplizierten Labyrinthen der Fische und Vögel mit drei Bogengängen und drei Vorhofssäckchen. Das Auffallende ist nun, daß auch die *einfachsten Apparate*, die Hörbläschen ohne Gehörstein, *dieselben komplizierten ABW. und -stellungen* hervorrufen können wie die so differenzierten Labyrinthe der Wirbeltiere. Man hat die von diesen Organen ausgelösten ABW. auch *geotrope* genannt, da man annimmt, daß die Schwerkraft auf die Gehörsteinchen usw. wirke und somit lediglich geotrope ABW. vorlägen. Dies scheint mir in dieser Einschränkung eine zu schematische Auffassung zu sein. Bei Bewegungen findet auch eine innere Verschiebung der Massen im Labyrinth zueinander statt, sowohl der Otolithen wie der Lymphe zu ihrer Umgebung; wie sehr letztere ABW. hervorruft, zeigte ja Ewalds[1] Experiment an der Taube und Maxwells[2] Ampullenreizungen. Es bewirken bei der Rotation die Zentrifugalkraft und nach Anhalten die Trägheit solche Verschiebungen. Deshalb sprechen wir lieber von *vestibulärer Ophthalmostatik* statt von geotroper und meinen damit alle ABW., die in der Tierreihe durch Gleichgewichtsorgane ausgelöst werden, und zwar *kompensatorische der Lage wie der Bewegung (Nystagmus)*. Diese ABW. haben denselben Zweck wie beim optokinetischen Nystagmus, nämlich das fixierte Objekt bei Bewegungen des Kopfes auf der Retina festzuhalten. Dazu dienen bei den sog. Dauereinstellungen Rollungen und Vertikalverschiebungen in der ganzen Tierreihe, beide zusammen hauptsächlich bei Tieren mit seitlichen Augen, bei solchen mit frontalen Augen nur Rollungen. Eine dauernde horizontale Abweichung kommt vom Labyrinth aus anscheinend in keiner Tierklasse vor, sondern nur durch Hals-Augen-Reflexe. Wir können nicht annehmen, daß sich die vestibulären ABW. der Wirbeltiere aus den ABW. der Crustaceen, die durch Statocysten hervorgerufen werden, entwickelt haben, sondern müssen hier eine *Konvergenzerscheinung* vermuten. Dagegen weisen die *vestibulären ABW. aller Wirbeltiere* und die auslösenden Labyrinthorgane auf einen *gemeinsamen phylogenetischen Ursprung* hin, dessen einfachste Form wir wohl noch nicht kennen. Sonst be-

---

[1] Ewald: Zitiert auf S. 1128.   [2] Maxwell: Zitiert auf S. 1120.

wirkt auch bei den Crustaceen und den Cephalopoden wie beim Kaninchen das Gleichgewichtsorgan bei jeder Stellung im Raum eine bestimmte Augenstellung, die dauernd bis zum Tode eingehalten wird.

Aber es geht doch nicht an, wie gerade die vergleichende Kunde der ABW. lehrt, die Augenstellungsreaktionen als Reflexe der Dauerlage für die Tiere allgemein getrennt von den Reflexen der Bewegung zu betrachten. Verfolgt man das *Verhalten der Tiere bei den Raddrehungen* (Rollungen), die NAGEL[1] besonders eingehend vergleichend untersuchte, so trifft anscheinend nur für die Säuger, Amphibien und Crustaceen zu, daß Raddrehungen auf Reflexen der *Dauer*lage beruhen. Aber selbst beim Menschen schießt die reflektorische Raddrehung nach Kopfneigung zunächst etwas über die Dauerstellung hinaus. Bei Reptilien und Vögeln (siehe daselbst) konnte NAGEL keine oder höchstens geringer dauernde kompensatorische Rollungen feststellen, während Rollungen doch bis zu 40° beobachtet wurden, die aber eben wieder zurückgingen. KUBO[2] sah auch, daß die Augen bei Fischen nach anfänglicher Einstellung etwas zurückrollten. Hier spielen wahrscheinlich die optischen Reflexe mit, es müßte deshalb besonders darauf untersucht werden. Die scharfe Trennung in Dauer- und Bewegungsreflexe rührt von den Beobachtungen bei unserem Hauptversuchstier, dem Kaninchen, her, das allerdings Dauerrollungen zeigt, und zwar die ausgedehntesten, die wir in der Tierreihe kennen; es ist in bezug auf ABW. ein reines Vestibulartier (s. unten). Dauernde Rollungen zeigen ferner außer Säugern die Amphibien. Wir können uns die Unterschiede zwischen den Tierklassen nicht restlos biologisch erklären. Es *fehlen die Dauerreflexe* (d. h. die Rollungen usw. bleiben nicht eingehalten) bei Tieren wie *den Vögeln* und *teilweise bei den Fischen*, die häufig in allen Ebenen des Raumes die Kopfstellung wechseln. So wie fast alle Tiere bei horizontalen Kopfbewegungen keine dauernden vestibularen kompensatorischen Augenstellungen zeigen, weil sie in dieser Ebene am meisten den Kopf bewegen, ähnlich könnte es mit den Rollungen der Vögel und Fische sein. Aus dem Bau der Ohrapparate (Fische und Vögel haben ein 3. Vestibularsäckchen) ist dieser Unterschied wohl nicht zu erklären, sondern er beruht auf *Änderungen der Reflexauslösungen im Zentralnervensystem.* Vielleicht spielt hier der Unterschied zwischen *Vestibulartieren* und *Fixiertieren* eine Rolle (s. Schlußkapitel).

Die Festhaltung der Objekte durch *ABW.* wird unterstützt und oft ganz *ersetzt durch Kopfbewegungen* (s. Beobachtungen an Schlangen und Säuglingen), so daß manchmal die vestibularen ABW. erst nach Festhalten des Kopfes beim Drehen deutlich hervortreten. Auch der Nystagmus ist ja weiter nichts als ein sprungweises Festhalten des Objektes mit den Augen (kinetische Deviation, Coppez). Er findet sich auch bei Tieren wohl als Rest einer früheren Entwicklungsstufe, wo er gar keinen Zweck mehr hat, nämlich als Nystagmus retractorius, z. B. beim Fisch, Carassius auratus und Säugern (Hippopotamus). Hier können die Retraktionsbewegungen doch zum Festhalten der Netzhautbilder nicht dienen, aber das Labyrinth hat in diesen Fällen wohl den rhythmischen Einfluß auf die Augenmuskeln beibehalten. Man müßte einmal nachforschen, ob das auch noch bei den Augenmuskeln der Eulen geschieht, trotzdem eine Beweglichkeit des Auges ja ausgeschlossen ist.

Die *Ausdehnung der kompensatorischen ABW. und -stellungen* ist nun außerordentlich verschieden, bei den einen Tieren in dieser, bei anderen Tieren in jener mehr. Zum Beispiel bei Squilla mantis überhaupt nur in einer Ebene. Die Wirkung der seitlichen und frontalen Augenstellung und der Lebensweise erwähnten wir schon früher, z. B. die ausgedehnten Rollungen der Kaninchenaugen. Daher rührt auch wohl, daß seitlicher Nystagmus fast bei allen Tieren vorhanden ist. Andererseits sieht man wieder an Fischen, die wie Pterophyllum calare durch ihren Bau schon auf senkrechte Bewegungen angewiesen sind, besonders prompt rotatorischen Nystagmus beim Auf- und Niedergehen.

Im einzelnen ist die Ursache der Größe der vestibularen ABW. aber noch ebenso dunkel wie die der ABW. überhaupt. Bei einzelnen Tieren aller Klassen fehlt der Nystagmus, d. h. es findet *nur eine langsame Gegenbewegung* statt (*Gelasimus, Petromyzon, Raja, Torpedo, Larven von Rana esculenta, menschliche Frühgeburten, eben geworfene Kaninchen und Hunde*). Das Fehlen der schnellen Phase kann hier nicht an einer mangelhaften Entwicklung des Ohrapparates liegen, sondern muß *zentrale Ursache* haben. Das geht auch aus der Beobachtung hervor, daß der Nystagmus bei Tieren, die ihn im Normalzustande zeigen, in Narkose, Bewußtlosigkeit und Schlaf fehlt, während die langsame Phase wie bei den obengenannten Tieren erhalten bleibt; auch tief Blöde zeigen nur die langsame Phase.

---

[1] NAGEL: Zitiert auf S. 1119.   [2] KUBO: Zitiert auf S. 1118.

Daß die genannten *kompensatorischen ABW.* wirklich *vom Labyrinth* ausgelöst werden, zeigt ihr völliges *Aufhören nach Zerstörung der Gleichgewichtsorgane*
und gleichzeitiger Ausschaltung der optischen und peripher sensiblen Reize bei
Octopoden, Crustaceen, Fischen, Amphibien, Sauropsiden und den höchsten
Säugern. Ob nach *Aufhebung beider Gleichgewichtsorgane* irgendwelche *Störung
der Spontanbeweglichkeit* der Augen bleibt, ist erst wenig untersucht. Muskens[1]
sah an Octopoden keinen Ausfall, dagegen Ewald[2] die obenerwähnte Unfähigkeit eines so operierten Hundes, schnell bewegten Objekten mit den Augen
zu folgen. Untersuchungen an Taubstummen mit zerstörtem Vestibularapparat
liegen darüber noch nicht vor. Die *einseitige Zerstörung eines Gleichgewichtsorganes* hatte bei den Tieren keine gleichmäßige Wirkung. Es ist aber in vielen
Experimenten nicht streng unterschieden zwischen den Zuständen, die unmittelbar nach einem solchen Eingriff eintreten, und denen nach Ablauf der
zunächst einsetzenden Störungen. Diese Zustände sind so verschieden, daß die
Berichte, die darauf bei den Experimenten nicht achten, kaum miteinander
verglichen werden können. Immerhin ist auffallend, daß bei Carcinus (Bethe[3])
und bei Rana (Ach[4]) hauptsächlich *auf dem gekreuzten Auge ein Ausfall* bestand.
Das ist *bei Wirbeltieren* sonst nicht berichtet, wohl daß ein Labyrinth das *gleichseitige Auge mehr bewegt* (Ewald[2], Bartels[5]). Die Augenbewegung und -stellung,
die nach einseitiger Zerstörung auftritt, ist verschieden, je nachdem das Tier
sagittal oder frontal stehende Augen hat. Bei ersteren wird das Auge vertikal
abgelenkt, nach vorn gerollt und nach der Gegenseite gedreht, bei letzteren
nur gerollt und seitlich abgelenkt, ob auch vertikal in seiner Stellung verändert,
ist sehr fraglich. Bei allen Wirbeltieren, die überhaupt Drehnystagmus bekommen, tritt auch nach einseitiger Labyrinthzerstörung Nystagmus nach der
Gegenseite auf, der allmählich abklingt; bei Octopoden und Crustaceen scheint
er aber zu fehlen. Dagegen behalten nach Kühn[6] Krebse, die entstatet sind,
auch im Gehen die Augendeviationen bei. Bei Fischen wird von einer nach
der einseitigen Operation auftretenden Deviation berichtet, die kompensatorischen
ABW. sollen aber erhalten sein und nur zu der Deviation sich addieren bzw.
subtrahieren (Loeb[7], Lee[8], Kubo[9]), ob sofort oder später, ist nicht klar. Wenn
man nicht genügende Zeit nach der Operation wartet, kann man auch keine
Schlüsse ziehen, welche Strömung im Bogengang wirkt (s. Kühn[6] bei Lacerta agilis).
Kühn fand nach einseitiger Zerstörung Kopfnystagmus und Augennystagmus
nur nach einer Seite, nach der operierten nur die langsamen Gegenbewegungen.
Nun sieht man bei vielen Tieren zuerst nach der einseitigen Operation Augenabweichung und Nystagmus nach der Gegenseite, die ersten Tage fehlen auch
alle kompensatorischen ABW., aber allmählich stellen sie sich zuerst nach der
einen Seite wieder ein und später nach beiden. Also müssen später bei den meisten
Tieren wieder von einem Labyrinth aus alle ABW. ausgelöst werden können.
Ob nicht doch dauernd Störungen zurückbleiben, müßte bei einzelnen Tieren
noch mit feineren Untersuchungsmethoden untersucht werden. Ich fand jedenfalls beim Kaninchen mit einseitig durchschnittenem Acusticus dauernden
geringen Ausfall der ABW. (schwächerer Nystagmus). Ob dies auch für höhere
Säuger (Mensch) zutrifft, ist fraglich.

Wahrscheinlich besteht bei allen Vestibulartieren ein *Labyrinthtonus der
Augenmuskeln*, wenn er auch graphisch nur beim Kaninchen bewiesen ist

[1] Muskens: Zitiert auf S. 1115.   [2] Ewald: Zitiert auf S. 1128.
[3] Bethe: Zitiert auf S. 1117.   [4] Ach: Zitiert auf S. 1124.
[5] Bartels: Graefes Arch. 78.   [6] Kühn: Zitiert auf S. 1117.
[7] Loeb: Zitiert auf S. 1119.   [8] Lee: Zitiert auf S. 1119.
[9] Kubo: Zitiert auf S. 1118.

(BARTELS[1]). Schwierig ist, wie man sich die Erscheinung erklären soll, daß nach Ausschaltung eines Labyrinths und Ausgleich der Störungen nach der Zerstörung des zweiten letzten Labyrinthes wieder Störungen auftreten, als wenn noch ein Labyrinth erhalten wär (s. vestibulare ABW. der Säuger). Wieweit diese Erscheinung in der ganzen Tierreihe zutrifft, müßte noch untersucht werden[2].

Sehr widersprechend sind auch die Beobachtungen über die *Wirkungen der einzelnen Teile des Vestibularapparates* auf die ABW. (s. Systematik, besonders Fische und Vögel). Bei den einfachen Statocysten der Krebse müssen wir annehmen, daß bestimmte Sinneshaare auf Druck der Otolithen oder auf Druck des Wassers bestimmte Nervenerregungen für bestimmte ABW. auslösen, wodurch jeder Stellung im Raum eine Augenstellung zukommt, ebenso muß dadurch bei Rotation Nystagmus ausgelöst werden.

Bei den kompliziert gebauten Apparaten der Wirbeltiere nehmen die meisten Forscher, besonders auf Grund der Versuche von MAGNUS und DE KLEIJN[3], an, daß die *Otolithen* die dauernden Kompensationsstellungen (*Reflexe der Lage*), die *Bogengänge Reflexe der Bewegung* (Drehen, Progressivbewegungen) auslösen. Allgemein trifft dies gewiß nicht zu (s. oben). Aus dem Bau der einzelnen Teile des Vestibularapparates Schlüsse zu ziehen, ist bedenklich, da wir ja auch von den einfachsten Gehörbläschen, wie gesagt, Dauerlagereflexe und Nystagmus ausgelöst sehen. Diese Gehörbläschen (Otocysten) gleichen prinzipiell sehr den Vestibularsäckchen (Utriculus, Sacculus, Lagena) der Wirbeltiere. Es ist somit ohne weiteres nicht einzusehen, weshalb diese nicht auch bei den Wirbeltieren außer Dauerreflexen der Lage Nystagmus auslösen sollten. Immerhin geht aus allen Beobachtungen, besonders an Fischen, hervor, daß die Otolithen kompensatorische Dauerstellungen auslösen können, aber gerade bei Fischen nicht die Otolithen allein, sondern hier haben auch die Ampullen der Bogengänge statische Funktionen (MAXWELL[4]).

Die Experimente an Säugetieren (Kaninchen und Meerschweinchen) sprechen auch dafür, daß die Otolithen die kompensatorische Dauerstellung herbeiführen können, da diese nach Abschleudern der Otolithen fehlen, aber es ist nicht sicher, ob die Ampullen funktionell bei diesen Experimenten intakt bleiben. Bei Vögeln (Taube) sah BORRIES[5] von den Otolithen allein kalorischen Nystagmus ausgelöst. Ob bestimmte Stellen der Otolithen oder mehr noch bestimmte Stellen der Maculae acusticae (Staticae) bestimmte Muskeln innervieren, ist noch nicht genauer erforscht. Bei Fischen bleiben nach Entfernung des Sacculus die ABW. bestehen (KUBO[6]), während MAGNUS und DE KLEYN[3] bei Kaninchen von diesen die kompensatorischen Vertikalbewegungen ausgehen lassen. Zu beachten sind die neuesten Ergebnisse von VERSTEEGH[7] (s. System. Teil) (s. Kapitel Säugetiere). Es ist bis jetzt auch nur bei Fischen gelungen, durch passive Verschiebungen der Otolithen bestimmte ABW. zu erzeugen (KUBO[6]). Auch halte ich es, wie erwähnt, noch für verfrüht, Schemata aufzustellen, wie die einzelnen Teile des Labyrinths mit den einzelnen Augenmuskeln verbunden sind. Bestimmte Beziehungen zu bestimmten Bewegungen müssen ja vorliegen, denn beim Kaninchen kontrahieren sich auf einem bestimmten Labyrinthreiz bestimmte Augenmuskeln, einerlei, ob ein Augapfel vorhanden ist oder nicht (BARTELS[1]). Beim Drehen in horizontaler Ebene tritt stets ein zum Raum horizontaler Nystagmus auf. Wird bei geneigtem Kopf in Horizontalebene gedreht, so entsteht wieder horizontaler Nystagmus, wenn er auch, zur Lidspalte gerechnet, vertikal erscheint. In letzterem Fall müssen ganz andere Augenmuskeln wie bei normaler Kopflage erregt werden, natürlich auch andere Teile des Vestibularapparates oder dieselben Teile in anderer Weise. Es ist noch nicht geklärt, wieweit sie untereinander zusammen arbeiten. Jedenfalls hört der zur Lidspalte horizontale Nystagmus nach KUBO bei Fischen auf nach Zerstörung des horizontalen Kanals.

Über die *Wirkung der Bogengänge auf die ABW.* liegen viele Experimente verschiedener Tierklassen vor, die man wohl bezüglich der Wirbeltiere wegen ihrer ähnlichen Labyrinthe vergleichen kann; die Wirbellosen haben ja keine Bogengänge. Allgemein kann man sagen, daß bei Fischen von den Bogengängen alle ABW. ausgelöst werden können, sowohl statische wie Drehnystagmus. Im

---

[1] BARTELS: Graefes Arch. 76, 77, 78 u. 80.
[2] BECHTEREW wies dies zuerst an Hunden nach. BECHTEREW: Zitiert bei BARTELS.
[3] MAGNUS und DE KLEIJN: Zitiert auf S. 1120. [4] MAXWELL: Zitiert auf S. 1120.
[5] BORRIES: Zitiert auf S. 1126. [6] KUBO: Zitiert auf S. 1128.
[7] VERSTEEGH, C.: Acta Oto-Laryngol 11.

allgemeinen waren bei Fischen und Vögeln am leichtesten ABW. vom horizontalen Kanal auszulösen. Es scheinen auch innerhalb derselben Tierklasse, z. B. bei Fischen, große Unterschiede in der Erregbarkeit der einzelnen Bogengänge vorzukommen (Kubo[1]). Bei allen Wirbeltieren ist in dem horizontalen Kanal die Strömung vom Kanal nach der Ampulle am wirksamsten. Ob tatsächlich, wie Trendelenburg und Kühn[2] annehmen, bei Reptilien (Lacerta agilis) der Fall so einfach liegt, daß nur die Bewegung nach der Ampulla wirkt, während sie bei Vögeln von und nach der Ampulle ABW. hervorruft, ist zweifelhaft, und die Annahme obiger Autoren, daß sich aus dieser einfachen Art die komplizierte Wirkung nach beiden Richtungen entwickelt hätte, ist mir sehr fraglich. Bei Säugern sind auch die Bogengänge mindestens der Hauptort (ob der alleinige, ist noch nicht bewiesen), von dem Augendrehbewegungen ausgelöst werden. Aber die vielfach bei Menschen auf Grund der Tierexperimente ohne genaue

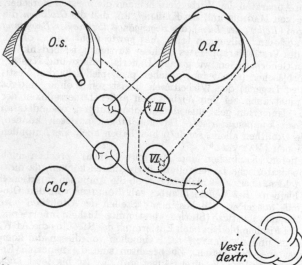

Kenntnis der betreffenden Protokolle angenommenen Auslösungsstellen der vertikalen Kanäle für Nystagmus rotatorius sind noch nicht als sicher anzusehen. Magnus und de Kleijn[3] leiten auch die Reaktionen auf Progressivbewegungen von den Bogengängen ab.

Es fehlen uns in der Tierreihe noch genauere Untersuchungen von der Wirkung einfacher Statocysten bis zu den komplizierten Labyrinthen auf die ABW. Die Fähigkeit spontaner ABW. ist unabhängig davon, ob ein-

Abb. 342. Vestibuläre Augenbewegungsbahnen für die Augenbewegung nach links vom rechten Labyrinth aus. Die Bahnen zur Kontraktion ausgezogen, die Erschlaffungsbahnen gestrichelt. CoC = Coordinationszentrum.

fache Hörbläschen oder komplizierte Apparate vorliegen (Crustaceen, Wirbeltiere).

Die nervösen Bahnen der vestibulären Ophthalmostatik sind bei *Wirbeltieren* teilweise *erforscht*, von Wirbellosen fehlen alle Angaben. Vergleichend liegt eigentlich nur eine umfassendere Arbeit vor von Shin-Jzi-Ziba[4], nämlich über das *hintere Längsbündel*. Im allgemeinen ist der Reflexweg bei allen Wirbeltieren der gleiche, zuerst von Ramon y Cajal erforschte. Der einfachste Weg für den Nystagmus nach rechts ist folgender (s. Abb. 342). Vom Labyrinth geht der Reiz im Nervus vestibularis zu einem Koordinationszentrum. Von da gekreuzt durch Vermittlung des hinteren Längsbündels zu den Augenmuskelnervenkernen. (In unserm Beispiel zum linken Abducens und linken Oculomotorius.) Von da weiter zu den Augenmuskeln der Linkswänder. Kommt es zu einem Nystagmus, so werden zentral die Antagonisten erregt (punktierte Linie), d. h. die Rechtswänder[5].

[1] Kubo: Zitiert auf S. 1118.
[2] Trendelenburg u. Kühn: Zitiert auf S. 1125.
[3] Magnus u. de Kleijn: Zitiert auf S. 1120.   [4] Ziba: Arch. Ohrenheilk. 86, 190.
[5] Genaueres s. Bartels: Die Reflexwege der Ohr-Augenbahnen. Graefes Arch. 117, 538.

Bei Wirbeltieren findet sich dieses Schema im allgemeinen wieder. Die Einzelheiten sind noch sehr strittig (s. oben bei Säugetieren). ZIBA suchte nun festzustellen, wie sich die *Größe der Querschnitte des hinteren Längsbündels bei den verschiedenen Tieren* zueinander verhalten, und zwar in bezug auf ihre Lebensweise (größere oder geringere Beweglichkeit) und in bezug auf ihre ABW. Über die letztere waren wir zur Zeit der Abfassung der Arbeit von ZIBA noch nicht genügend in der Tierreihe orientiert. Wir kennen jetzt erstens die ABW. schon besser bei verschiedenen Tieren, zweitens wissen wir, daß viel mehr Reflexe auf die ABW. existieren, als der Forscher damals annehmen konnte.

Aber immerhin lassen sich aber aus den Beobachtungen ZIBAS schon allerlei Schlüsse ziehen, soweit die angewandte Untersuchungsmethode überhaupt Vergleiche erlaubt; es fehlen nämlich z. B. die wichtigen Unterscheidungen der Säuger, die in bezug auf die ABW. Vestibulartiere oder Fixiertiere sind. Zunächst fand ZIBA, daß das *hintere Längsbündel bei Fischen, Amphibien, Reptilien* und *Vögeln caudalwärts* zunimmt und in *der Gegend des Abducens sein Maximum* erreicht. *Bei Säugern* dagegen ist das hintere Längsbündel hinter dem *Oculomotorius*, also *oral am umfangreichsten*, worauf es caudalwärts wieder abnimmt und in der Abducensgegend wieder anschwillt. Ich glaube, daß man diesen Befund wohl am besten mit der Beobachtung erklären kann, daß die ersteren Wirbeltiere die vestibuläre Ophthalmostatik mehr benutzen als die Säuger. Also kommen bei Fischen, Reptilien und Vögeln mehr Verbindungen vom caudalwärts eintretenden Vestibularis nach dem hinteren Längsbündel in Betracht für die ABW. Bei den Säugern, besonders den höheren hingegen, ziehen mehr die höheren Verbindungen (corticalen und subcorticalen) zu den Augenmuskelnervenkernen von oralwärts her, also zuerst zum Oculomotorius und dann zum Abducens.

Die vestibulären ABW. spielen nicht mehr die Rolle. An einzelnen Tieren (vgl. Gegensatz zwischen Kaninchen und höheren Säugern) wäre das noch genauer zu erforschen. Daß die Körperbeweglichkeit, auf die ZIBA das Hauptgewicht legt, nicht entscheidend sein kann für die Verbindungen innerhalb der Augenmuskelnervenkerne, geht aus dem früher Gesagten hervor. Wir finden Tiere mit sehr beweglichen Augen (Chamäleon, Schildkröten) und träger allgemeiner Beweglichkeit, wenn sich auch vielfach Beweglichkeit für Augen und Körper zusammenfinden. Die auffallend *starke Ausbildung des hinteren Längsbündels* in der *Gegend des Oculomotoriusaustrittes beim Chamäleon* (ZIBA) läßt sich wohl mit der hervorragenden spontanen Augenbeweglichkeit dieses Tieres erklären, die die der Säuger übertrifft. Im umgekehrten Sinne möchte ich das *kleine hintere Längsbündel bei der Eule* (Strix s. Athene noctua) gegenüber dem *kräftigen der Möwe* (Larus canus) deuten. Ersterer fehlen alle ABW., letztere hat außerordentlich ausgebildete ABW. ZIBA führt die Kleinheit des Längsbündels bei der Eule darauf zurück, daß diese zwar gut fliegen könne, aber keinen allzu häufigen Gebrauch davon mache und daß die Eule deshalb der labyrinthären Ophthalmostatik nicht bedürfe. Ersteres ist sicher nicht richtig, die Eule benutzt ihr äußerst gewandtes Fliegen sehr, aber sie besitzt, wie erwähnt, mit ihren festgewachsenen Augen überhaupt keine Möglichkeit der labyrinthären ABW. Wenn das hintere Längsbündel bei der Maus, beim Maulwurf und auch beim Frosch schwach ist, so stimmt das ebenfalls mit den fehlenden bzw. geringen vestibulären ABW. überein. Bei den Fischen sind die Befunde noch nicht so einfach zu deuten, immerhin findet sich bei *Raja*, der ja auch *geringe vestibuläre ABW.*, aber Fehlen der schnellen Phase zeigt, ein sehr *schwaches Längsbündel*. Diese ganze Frage muß noch einmal an Hand aller biologischen Beobachtungen unter Berücksichtigung unserer heutigen Kenntnisse erforscht werden. Daß tatsächlich das *dorsale Längsbündel hauptsächlich der Ophthalmostatik* dient, darauf deutet auch seine schwache Ausbildung bei Proteus (ZIBA), der ja nur rudimentäre Augen ohne Augenbewegungsnerven hat. Aber im Larvenzustande besitzt er gut ausgebildete Augen. Es könnte der gefundene Rest des Längsbündels ein Überbleibsel aus dieser Zeit sein. Der Schluß von ZIBA, daß das Erhaltensein des dorsalen Längsbündels bei Proteus beweise, daß dieses Bündel nicht nur der Ophthalmostatik diene (was auch wohl niemand annahm), ist deshalb nicht zwingend. Es müssen ja auch sensible Hals-Augenbahnen in diesem Bündel zu den Augenmuskelkernen ziehen.

Wenn der oben skizzierte Weg für den vestibulären Reflex vom Labyrinth bis zu den Augenmuskelnervenkernen für die Wirbeltiere auch allgemein gültig ist, so sind die Einzelheiten sehr umstritten.

Fraglich ist z. B., welche Endkerne des Vestibularis für die ABW. hauptsächlich in Betracht kommen, ferner ist noch unklar, ob die aus den Kernen entspringenden Fasern gekreuzt oder ungekreuzt verlaufen usw. RAMON y CAJAL[1] beim *Sperling* und *Milan*,

---

[1] RAMON u. CAJAL: Histol. du système nerv. Paris 1909.

WALLENBERG[1] bei der Taube, MARBURG bei Säugern kommen noch nicht zu einheitlichen Ergebnissen. Der Deiterskern und der Bechterewkern sind an den ABW. beteiligt.
Ein Vergleich ist außerordentlich schwierig, da innerhalb derselben Tierklasse die Kerne
so verschieden gebaut sind. So fand ich z. B. bei den Singvögeln die Kerne des Deiters-
und Bechterewgebietes sehr scharf abgegrenzt, während bei Raubvögeln die Zellen über
das betreffende Gebiet der Medulla oblongata diffus zerstreut liegen. WALLENBERG sah
bei der Taube starke Fasern zum gleichseitigen Abducens und gekreuztem Trochlearis, weniger
starke zum gekreuzten Abducens und beiden Oculomotoriuskernen. Das stimmt nicht
mit unseren physiologischen Beobachtungen überein, daß nämlich bei Reizung eines Labyrinthes der Musculus externus der anderen Seite (Abducens) und Internus derselben Seite
(Oculomotorius) innerviert wird. Auch die Angaben RAMON y CAJALS und VAN GEHUCH-
TENS stimmen nicht überein. Wahrscheinlich ist entsprechend der verschiedenen Art der
ABW. die Anordnung der Fasern auch sehr verschieden, das ist noch nicht berücksichtigt.
Bei Tieren mit sagittal stehenden Augen werden bei einer Rollung, die von einem Labyrinth
ausgeht, immer zwei gleichnamige Obliqui innerviert, bei Tieren mit frontalen Augen zwei
ungleichnamige. Interessant wäre es, das Zentralnervensystem der Flachfische daraufhin
in verschiedenen Stadien zu untersuchen. Nach STECHE (s. BREHM) wandert bei diesen
das Auge von der Embryonalzeit bis zum Endstadium von einer Seite auf die andere. Es
fragt sich, ob während dieser Umwandlungszeit auch in der anatomischen Anordnung des
Zentralnervensystems Änderungen stattfinden, oder ob dies Beispiel auch nur wieder zeigt,
daß die Bahnen nicht fixiert sind (MARINA[2]).

Daß direkte Fasern des hinteren Längsbündels an die Augenmuskelkerne (Oculomotorius) sich anlegen, ist mit Sicherheit von BECCARI[3] an der Forelle nachgewiesen. WALLEN-
BERG vermutet auf Grund seiner Untersuchungen an Tauben und Beobachtungen am Menschen, daß die Bahnen für die langsame Phase des vestibulären Nystagmus im medialen,
die für die schnelle Phase im lateralen Teil des Längsbündels verlaufen. Dies wird wohl
für alle Wirbeltiere zutreffen. Daß die Bahnen für die schnelle vestibuläre Phase mit denen
für die schnelle des optomotorischen Nystagmus identisch sind, wie ich früher annahm,
ist nach neueren Beobachtungen für den Menschen unwahrscheinlich, für die anderen Tiere
fehlen Untersuchungen.

Ganz dunkel ist noch die Art der Auslösung dieser Phase sowie der genauere
Ort, wo der Umschlag der langsamen in die schnelle stattfindet. Sicher ist nur,
daß die schnelle Phase bei Wirbeltieren zentral ausgelöst wird; bei den Crustaceen
könnte man auch an eine periphere sensible Auslösung denken, da, wie BETHE
angibt, bei Carcinus die Umkehr immer erst stattfindet, wenn der Augapfel
an den Orbitalrand anschlägt. Ungewiß ist, ob bei verschiedenen Tieren verschiedene Fasern für die tonischen und für die Bewegungsreflexe des Vestibularapparates innerviert werden. Wahrscheinlich ist dies nicht, da, wie erwähnt,
die Unterschiede zwischen diesen beiden bei vielen Tieren nicht deutlich sind.
Auf die genauere Erörterung der Bahnen des vestibulären Nystagmus können
wir hier nicht eingehen[4].

Photoophthalmostatik und Photoophthalmokinetik.

Wir verstehen hierunter die Lehre von der Augenstellung und -bewegung,
die durch Helligkeitsänderungen bedingt werden. Wie das Auge eben ein Licht-
sinnorgan ist, so ist die Helligkeit im weitesten Sinne derjenige Reiz, der auch
am wirksamsten die Augenmuskeln und somit die Stellung der Augen beeinflußt, auf die daneben noch unabhängig vom Licht andere Reflexe, wie geotrope,
peripher-sensible usw., wirken. Wir unterscheiden bei der Helligkeitswirkung
eine richtunggebende Wirkung auf den Augenmuskeltonus (Phototropismus oder
Phototaxie) und einen allgemeinen Einfluß des Lichtes auf die Augenmuskeln
(Lichttonus) (v. STEIN[5]).

---

[1] WALLENBERG: Anat. Anzeiger 17, 102.
[2] MARINA: Dtsch. Z. Nervenheilk. 44, 138.
[3] BECCARI: Monit. zool. ital. 20 (1909).
[4] Näheres s. BARTELS: Reflexbahnen der Ohr- und Augenbewegungen. Graefes Arch.
117 (1926).
[5] v. STEIN: Zitiert auf S. 1136.

Den *reinsten Phototropismus* finden wir bei den *Crustaceen*, nämlich bei der zwangsmäßigen Einstellung des Auges der *Cladoceren* mit den Erhellungs- und Verdunkelungsreaktionen, die proportional der Lichtstärke wirken. Bei *Squilla mantis* sind schon außer den Lichteinstellungen andere Kräfte auf die Augenmuskeln tätig und die Lichtreaktion ist rein *negativ phototrop* (Lichtschutzreaktion). Es ist für unsere Frage hier belanglos, ob wir die ABW. durch die Lichtstärke (Energie der Strahlen) bedingt annehmen oder ob wir mit Hess[1] von Bewegungen des Auges zu dem für das betreffende Tier Hellen sprechen (*lamprotrope Reaktion*). Auch vermag ich mit Rádl[2] einen prinzipiellen Unterschied zwischen der Helligkeitsbewegung des Daphnienauges und dem Phototropismus der Pflanzen, z. B. von Eudendrium nicht zu erkennen, so daß es überflüssig erscheint, die der Pflanzen als Phototropien, die der Tiere als Phototaxien zu bezeichnen. Ja, ich möchte noch weitergehen und auch in gewissen ABW. der Wirbeltiere echte Phototropien sehen. Eine zwangsmäßige Dauereinstellung der Augen nach Lichteindrücken kennen wir ja allerdings bei Wirbeltieren nicht, doch liegen, wie erwähnt, einige Beobachtungen vor, die auch bei diesen besonders bei höheren Säugern für eine zwangsmäßige Einstellung der Augen auf Helligkeitsänderungen sprechen.

Dahin gehören die erwähnten Erscheinungen bei einseitiger Amblyopie beim Menschen usw. Hier tritt auf Belichtung und Verdunkelung regelmäßig eine Vertikalbewegung (s. S. 1136). Die Änderung der Belichtung löst demnach sofort einen Reflex auf die Augenmuskeln aus und damit ABW. in bestimmter Richtung. Ich hatte früher die Meinung geäußert (siehe Bartels[3]), daß der sog. *optokinetische Nystagmus* nicht zu den Phototropien, sondern zu den *Menotaxien* (Kühn[4]) zu rechnen sei und dafür den Namen *Optotaxie* vorgeschlagen. Ich möchte diese Anschauung aus verschiedenen Gründen nicht mehr aufrechterhalten. Bewegt man, wie erwähnt, vor den Augen eines Menschen in 30—40 cm Entfernung ein großes, möglichst gleichmäßiges weißes Blatt Papier (schon von Gertz[5] beobachtet), läßt dann in der Richtung dieses Papieres schauen, fordert aber die Versuchsperson energisch auf, die Augen nicht zu bewegen, so ist sie dazu trotz aller Willensanstrengung nicht imstande. Die Augen gehen mit den Bewegungen des Papieres hin und her, als würden sie angeheftet mitgezogen. Höchstens bringt es die Versuchsperson fertig, kurzen Stillstand herbeizuführen, die Augen folgen dann unwillkürlich in kleinen Rucken (Rucknystagmus). In letzterem Falle entsteht dann eben der sog. optomotorische (optokinetische) Nystagmus (optischer Nystagmus, Eisenbahnnystagmus), wie wir ihn regelmäßig erhalten, wenn man eine Drehrolle mit abwechselnd schwarzen und weißen Streifen an den Augen vorbeiführt, oder wie wir ihn beim Fahren auf einem Schiff, in der Eisenbahn, beim Vorbeigehen an einem Lattenzaun usw. beobachten. Also in obigem Versuch wird ein für uns zunächst unüberwindlicher Zwang durch Lichteindrücke auf die ABW. ausgeübt. Zentrale Fixation mit der Macula spielt hierbei ebensowenig eine Rolle, wie überhaupt beim optokinetischen Nystagmus, denn man kann letzteren auch noch auslösen, wenn die zentrale Fixation durch Erkrankung aufgehoben, ja, wenn nur noch qualitatives Sehvermögen vorhanden ist, z. B. wenn bei einer Netzhautablösung nur noch ein kleiner peripherer Teil der Netzhaut funktioniert. Es genügt eben, daß überhaupt noch Licht an irgendeiner Netzhautstelle Erregungen hervorruft. Die *bewußte* Fixation spielt dabei keine Rolle. So erklärt es sich auch wohl, daß ich den optokinetischen Nystagmus noch bei Idioten und neuerdings auch bei einzelnen Säuglingen in den ersten Lebenstagen erhalten konnte.

Ich sehe also in dem *optokinetischen Nystagmus der höheren Wirbeltiere einen echten Phototropismus*, der sich prinzipiell nicht von dem Phototropismus der Wirbellosen (Daphnia, Squilla) unterscheidet. Die Beobachtungen von von Frisch und Kupelwieser[6] an Daphnia magna und D. pulex (s. bei Crustaceen) sind ja auch weiter nichts als ein optokinetischer Nystagmus, der langsam zwangsmäßig, ähnlich wie in obigem Experiment am Menschen erzeugt wird. Bei den Wirbeltieren wird der Phototropismus aber von mannigfachen anderen

---

[1] Hess: Zitiert auf S. 1116.   [2] Rádl: Zitiert auf S. 1116.
[3] Bartels: Zitiert auf S. 1113.   [4] Kühn: Zitiert auf S. 1117.
[5] Gertz: Z. Sinnesphysiol. **49**.
[6] von Frisch u. Kupelwieser: Zitiert auf S. 1116.

Reflexen überdeckt, z. B. von vestibulären, peripher-sensiblen Erregungen und hauptsächlich von der willkürlichen Einstellung. Bei den Cladoceren wird, soviel wir wissen, die Gleichgewichtslage der Augenmuskeln nur durch das Licht beeinflußt, während bei den anderen Crustaceen die Gehörbläschen, bei den Wirbeltieren die obigen Reflexe die Augen in ständigem Gleichgewicht halten. Ich möchte mich Rádl[1] anschließen, daß der phototropisch wirkende Lichtstrahl auch bei Wirbeltieren eine Richtungskraft, vielleicht eine Zug- oder Druckkraft auf das Auge ausübt. Rádl gibt direkt Zahlen für den Lichtdruck an. Diese minimale Kraft wird aber erst durch die Mitwirkung des Organismus, d. h. durch zentrale Umschaltung in ihm genügend groß. Nach Rádls Anschauung drehen der Lichtstrahl und die Zugkraft der Augenmuskeln das Auge in die Orientierung gegen den Lichtstrahl. Er meint, daß man annehmen müsse, daß schon das Auge (mit den Augenmuskeln) ein sekundäres Gleichgewicht gegenüber dem Licht ist, daß nämlich irgendwo im Auge ein primäres Gleichgewicht liegt, dessen Störung erst das Gleichgewicht der Augenmuskeln ändert. Dies Gleichgewicht ist sicher da und rührt im einfachsten Fall wohl von Spannungen in den Augenmuskeln selbst und der umgebenden Gewebe her (Daphnia?). In komplizierteren Fällen kommen die anderen Reflexe hinzu, die ich oben erwähnte. Diese Erregungen treffen sich im Zentralnervensystem mit der Erregung der Netzhaut. Für eine ständige Regulierung der Stellung der Augen durch die Lichtstrahlen spricht auch die Beobachtung, daß die Augen von Personen, die seit längerer Zeit erblindet sind, in unaufhörlicher gleitender oder ruckweiser Bewegung sich befinden[2]. Dieselben Bewegungen konnte ich[3] auch an Hunden erzielen, denen ich die Sehnerven durchschnitten hatte. Nach totalem Ausfall der Lichtempfindung überwiegen wahrscheinlich die übrigbleibenden Proprioreflexe (s. oben) und führen zu beständigen Augenbewegungen, da die Hemmungen durch Seheindrücke fehlen. Diese Blindenbewegungen sind aber, wie betont wurde, durchaus verschieden von dem Dämmerungszittern (s. Systematischer Teil).

Wir können hier nicht genauer auf die Frage des Phototropismus eingehen. Mir lag nur daran, zu zeigen, daß *von den Lichteinstellungen der Pflanzen bis zu denen des Daphnienauges, ja bis zum optokinetischen Nystagmus der höchsten Säuger eine Linie* geht.

Dieser *optokinetische Nystagmus findet sich in allen Tierklassen*, bei den Wirbellosen, Reptilien, Vögeln und Säugern. Bei Fischen habe ich ihn bisher nicht erzeugen können, glaube aber, daß er sich bei entsprechender Anordnung sicher bei manchen Fischen finden wird. Denn wir sehen ihn sonst bei Tieren mit beweglichen Augen, oft wird er durch Kopfbewegungen ersetzt oder unterstützt. Aber gerade unter solchen Tieren haben wir einige, die ihn gänzlich vermissen lassen, z. B. das Kaninchen, dem ja, wie mehrfach erwähnt, spontane ABW. gänzlich fehlen. Das Tier reagiert kaum auf optische Einwirkungen. Jedenfalls scheint ihm jeder Phototropismus, auch im weitesten Sinne, zu fehlen, in dieser Beziehung steht es auch vielen Insekten weit nach, die doch durch Kopfbewegungen die Gegenstände mit den Augen verfolgen. Das Kaninchen zeigt auch nach folgenden Beobachtungen, daß seine Augenbewegungen gänzlich unbeeinflußt von Lichtreizen sind (das Auge selbst wird natürlich beeinflußt). Es bekommt nämlich nach Blendung weder Blindenbewegungen der Augen noch Dämmerungszittern. Jedenfalls ist es höchst merkwürdig, daß es gerade unter den „höheren" Tieren einige Familien gibt, bei denen das Auge auf seinen spezifischen Reiz, nämlich den Lichtreiz hin, gar nicht bewegt wird, sondern nur auf Reizung anderer Sinnesorgane (Vestibulum, Sensibilität). Wieweit sonst in den einzelnen Tierklassen solche phototroplose Tiere vorkommen, müßte noch genauer untersucht werden. Die *Entwicklung des Großhirns* scheint dabei *ohne Einfluß* zu sein, da ja Tiere (Wirbellose) ohne Großhirn oder Tiere mit mangelhaft entwickeltem Großhirn optokinetischen Nystagmus zeigen und

[1] Rádl: Zitiert auf S. 1116.
[2] Bartels: Klin. Mbl. Augenheilk. **80**, 146 (1928).
[3] Bartels: Zitiert auf S. 1136.

andererseits Tiere mit entwickeltem Großhirn (Kaninchen) ihn vermissen lassen. Ich muß auch heute noch an meiner Meinung festhalten, trotz der Einwände von OHM und CORDS, daß es sich beim optokinetischen Nystagmus um einen relativ niedrig auf paläoencephalen Bahnen verlaufenden Reflex handelt. Man wird ihn gewiß auch noch nach Wegnahme des Großhirns bei den betreffenden Säugern erhalten; wenn nur die Bahn: Opticus — zentrale Ganglien — Vierhügel — Augenmuskelkerne intakt ist (s. Abb. 343). Dafür sprechen auch die Experimente beim Dämmerungszittern, das bei Hunden auch nach Exstirpation ausgedehnter Großhirnteile erhalten blieb.

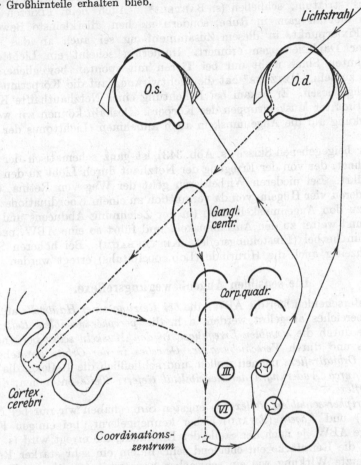

Abb. 343. Optokinetische Einstellungsbahn (langsame Phase des optokinetischen Nystagmus nach rechts).

Die Versuche beim Dämmerungszittern (früher als Dunkelzittern bezeichnet) lassen nun den Gedanken aufkommen, daß außer einer richtungsgebenden Kraft des Lichtstrahles das Licht auch eine allgemein tonisierende Wirkung auf die Augenmuskeln ausübt. Dies Dämmerungszittern, das bei Bergleuten unter Tage, bei Hunden im Dunkelraum auftritt, läßt sich durch den Fortfall der Fixation allein nicht erklären, denn Tiere wie Menschen mit diesem Zittern fixieren sehr gut, bei totalem Wegfall der Fixation, d. h. nach Erblindung, treten auch völlige andere ABW. auf. Es spricht manches für eine tonisierende Lichtwirkung (*Lichttonus* v. STEIN[1, 2]). Wir wissen aber nur, daß herabgesetztes Licht

---

[1] v. STEIN: Zitiert auf S. 1136.
[2] Über Lichttonus der Muskeln bei niederen Tieren. Siehe KÜHN: ds. Handb. **12**, 1. Hälfte, Rezeptionsorgane II, 1. T., S. 25.

dieses Zittern lediglich bei Tieren mit beweglichen Augen hervorruft, aber nicht bei allen Wirbeltieren mit spontan beweglichen Augen, wie meine Versuche an Rabenkrähen zeigten, bei denen es ausblieb, und daß es sich um reflektorische Vorgänge handelt, die ohne Großhirn verlaufen. Die Tatsache, daß das Zittern auch nach Durchschneidung der Sehnerven (BARTELS, BLOHMKE[1]) erst noch einige Zeit fortdauert, läßt auf eine zentrale Auslösung, vielleicht in der Gegend des Corpus striatum, schließen (s. BARTELS[2]). Auch beim Fixieren sind ja die Augen niemals ganz in Ruhe, sondern machen allerkleinste Bewegungen um den Fixierpunkt, in diesem Zusammenhang sei auch an das ständige Zittern der Daphnienaugen erinnert. Immerhin scheint ein Lichttonus in dem erwähnten Sinne nicht nur bei Tieren mit spontan beweglichen Augen vorhanden zu sein. METZGER[3] hat die Lichtwirkung auf die Körpermuskulatur direkt nachgewiesen. Er bekam bei Belichtung einer Netzhauthälfte Kontraktionen bestimmter Muskelgruppen des Körpers. Deshalb können wir wohl eine solche Wirkung auf die Augenmuskeln auch annehmen (Lichttonus der Augenmuskeln).

In der beigegebenen Skizze (s. Abb. 343) ist ganz schematisch der Reflexweg bezeichnet, der von der Erregung der Netzhaut durch Licht zu den Augenmuskeln führt. Bei niederen Wirbeltieren geht der Weg von Retina, Opticus zu den vorderen vier Hügeln, von da vermutlich zu einem Koordinationszentrum und dann zu den Augenmuskelkernen (in der Zeichnung Abducens und Oculomotorius) und weiter zu den Augenmuskeln und führt so eine ABW. nach dem Lichtreiz hin herbei (Einstellungsreflex, KESTENBAUM). Bei höheren Säugern kann gleichzeitig auch die Hirnrinde (Lob. occipitalis) erregt werden.

Die sensiblen Augenbewegungsreflexe.

Wir unterscheiden hier die ABW., die *bei Reizung einer Hautstelle* außerhalb des Augenbereiches ausgelöst werden, d. h. die *peripher-sensiblen Reflexe*; die Reflexe, die durch die *sensiblen Erregungen in den Muskeln selbst* bei Änderung ihres Tonus und durch *Verschiebung des Gewebes in der Orbita* entstehen, die wir *sensible Orbitalreflexe* nennen wollen, und schließlich die Reflexe, die in der *Halsgegend durch Änderungen der Sensibilität tieferer Teile* entstehen, die sog. *Halsaugenreflexe*.

Die *peripher-sensiblen Reflexe* im engsten Sinne haben wir nur bei *Fischen* (MAXWELL[4]) und *Vögeln* (EWALD) bisher kennengelernt, bei einigen Fischen gesetzmäßige ABW. je nach der Stelle der Kopfhaut, die erregt wird (s. oben). Dabei kann die Reizstärke entscheidend sein, indem ein sehr starker Reiz die entgegengesetzte Wirkung wie ein schwacher hervorruft (*positive und negative Stereotropie* MAXWELLS). Der Autor hat auch die ABW., die dabei entstehen, mit den Vestibularreflexen in gesetzmäßige Beziehung zu setzen gesucht. Doch scheint mir ihre biologische Bedeutung noch dunkel zu sein. Der *Reflexweg* ist wohl als Weg über *Trigeminus, Trigeminuskern* in der *Medulla oblongata, hinteres Längsbündel — Augenmuskelkerne* zu suchen (s. Abb. 344). Zum Teil müssen die Bahnen sich kreuzen, wenigstens bei Reizung der Mitte der Kopfhaut, da dabei beide Augen bewegt werden. Zur genaueren Festlegung der Bahn müßten Anästhesierungs- und Durchschneidungsversuche ausgeführt werden. Ein ähnlicher Reflexweg wie oben würde auch bei dem „*Augenschwingen*" der *Vögel* in Betracht kommen, d. h. den ABW., die auf Berührung des Orbital-

---

[1] BARTELS: Zitiert auf S. 1136.   [2] BARTELS: Zitiert auf S. 1136.
[3] METZGER: Ber. d. Heidelb. Dtsch. Ophthalmol. Ges. 1925.
[4] MAXWELL: Zitiert auf S. 1121.

randes entstehen. Doch sind hier die ABW. ganz anderer Art wie bei den ebengenannten peripher-sensiblen ABW. der Fische. Bei dem Augenschwingen tritt,
wie EWALD wohl mit Recht be-
merkt, eine gleichzeitige Innervation antagonistischer Augenmuskeln ein. Es wäre noch zu untersuchen, wieweit die Berührung bestimmter Kopfstellen bestimmte
Augenmuskeln einer Seite mehr oder
weniger erregt. Auch hier ist die
biologische Bedeutung unbekannt.
Alle diese ABW. wären als *Thig-
motaxien* im Sinne von KÜHN[1] bezeichnet, d. h. Be-
wegungen durch Be-
rührung. Vielleicht
beruhen auch die
Beobachtungen, die
BETHE[2] bei Crusta-
ceen machte, auf Be-
rührungsreflexen.
Der Autor sah bei
Carcinus auch nach
Zerstörung beider
statischen Apparate

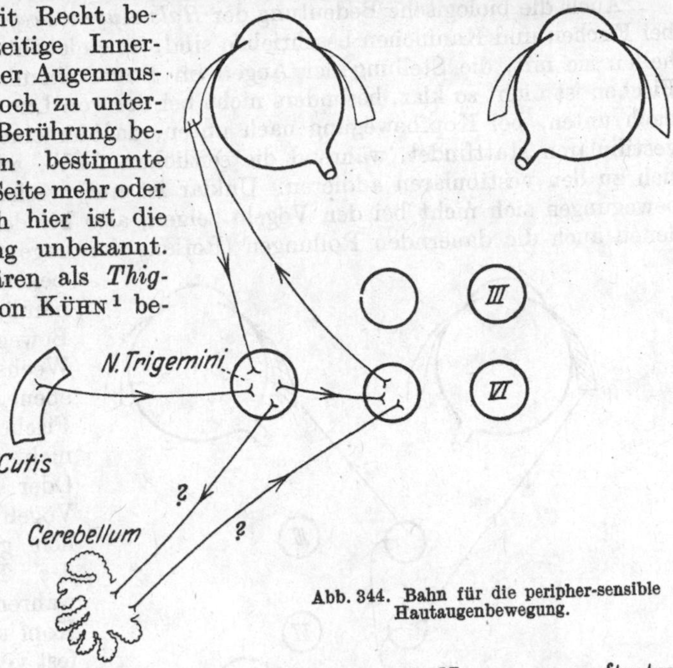

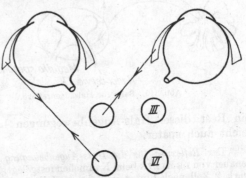

Abb. 344. Bahn für die peripher-sensible
Hautaugenbewegung.

und Blendung beider Augen beim Seitwärtslaufen noch Nystagmus auftreten,
für den wir sonst keine Erklärung haben. Bei Säugern und niederen Tieren
fehlen sonst alle Beobachtungen über diese Reflexe.

Daß Tonusänderungen der
Augenmuskelspannung *in den Muskeln* selbst *sensible Reize* ausüben,
ist höchstwahrscheinlich. Diese Erregungen hatte man ja früher auch
für die Erklärung der schnellen
Phase des vestibulären Nystagmus
in Betracht gezogen. Welche Ausdehnung und Stärke dieser Erregung bei den einzelnen Tierklassen zukommt, ist sehr schwer
nachzuweisen, wie ja überhaupt der
direkte Beweis für den Einfluß dieser
Art Erregung noch bei keinem Tier
erbracht ist.

Abb. 345. Musculoproprioreflexe zentrifugal und zentripetal innerhalb der Augenmuskelnerven.

Der zentripetale Reflexweg würde vielleicht im motorischen Augenmuskelnerven selbst
verlaufen, die ja bekanntlich solche sensiblen zentripetalen Fasern führen (SHERRINGTON).
Ob der Weg dann direkt in die Augenmuskelkerne führt und von da der motorische zentrifugale Schenkel des Reflexes durch denselben Nerven zurück (s. Abb. 345), ist unbekannt
aber möglich, vielleicht aber geht der Weg auch über den Trigeminus und das Kleinhirn
(s. Abb. 344).

Die *Verschiebungen* der *Gewebe in der Orbita* durch Bewegungen der Bulbi
würde wieder auf dem Wege des Trigeminus zentripetal erfolgen (s. Abb. 344).

---

[1] KÜHN: Zitiert auf S. 1117.   [2] BETHE: Zitiert auf S. 1117.

Bei den sensiblen Orbitalreflexen ist der Zweck, die Herstellung der früheren Gleichgewichtslage wie bei den Muskulo-proprio-Reflexen leicht ersichtlich.

Auch die biologische Bedeutung der *Hals-Augenbewegung*, wie sie besonders bei Fischen und Kaninchen beschrieben sind, ist einleuchtend. Beim Kaninchen helfen sie mit, die Stellung der Augen im Raum einzuhalten; der Zweck bei Fischen ist nicht so klar, besonders nicht bei der von Lyon geschilderten ABW. nach unten, bei Kopfbewegung nach unten, da hier eine ABW. entgegen der vestibulären stattfindet, während die seitlichen ABW. auch bei diesen Tieren sich zu den vestibulären addieren. Unklar ist nur, weshalb diese Hals-Augenbewegungen sich nicht bei den Vögeln zeigen, also bei denselben Tieren nicht, denen auch die dauernden Rollungen (Reflexe der Lage) fehlen, vielleicht hat

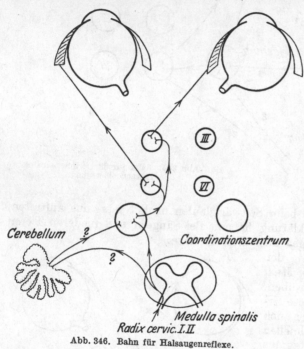

beides dieselbe Ursache: nämlich die mannigfaltige Bewegung in ständigem Wechsel der Bewegungsebene, die allerdings die Fische auch aber wohl nicht in dem Maße zeigen. Oder es spielt bei den Vögeln die so außerordentlich große Beweglichkeit des Halses eine Rolle, während bei den Fischen Kopf und Rumpf teilweise fest verbunden sind. Beim Flamingo, der bei der Futtersuche den Kopf um 180° dreht, sieht man, wie erwähnt, bei den stärksten Verdrehungen keine kompensierenden ABW., bei den Vögeln müssen noch gründlichere Untersuchungen einsetzen. Beim Menschen ist, wie oben auseinandergesetzt wurde, noch

Abb. 346. Bahn für Halsaugenreflexe.

ein Rest dieser Hals-Augenbewegungen bei Neugeborenen nachweisbar, vielleicht auch später.

Der *Reflexweg für die Hals-Augenbewegung* ist von Lyon bei Fischen und nachher genauer von de Kleyn beim Kaninchen festgelegt. Durchschnitt Lyon beim Hai das Rückenmark 2 Zoll nach hinten von der Medulla, so verschwanden die ABW. Der zentriperale Weg muß also im Rückenmark aufsteigen. Damit stimmt überein, daß Magnus und de Kleyn die afferenten Bahnen beim Kaninchen hauptsächlich durch die beiden obersten in geringerem Grade noch durch das dritte hintere Cervicalwurzelpaar zu allen Augenmuskelkernen verlaufend fanden. Diese Bahn führt wohl auch durch Vermittlung des hinteren Längsbündels zu den Augenmuskelkernen. Dabei findet, um eine Koordination der Muskeln für die ABW. zu ermöglichen, irgendwo eine Zusammenfassung statt (s. Abb. 346). Ob dies im Cervicalmark geschieht und dort ein Zentrum liegt, ähnlich wie das Zentrum cilio spinale oder in der Medulla oblongata, wäre zu erforschen; wahrscheinlich wohl in der Medulla (Gegend des Deiterskernes?). Das Zentrum fällt wohl nicht ganz mit dem vestibularen zusammen, da die ABW. vielleicht nicht immer gleichgerichtet sind, jedenfalls teilweise anders geartet; denn beim Kaninchen kann eine horizontale Dauerabweichung der Augen nur durch die Hals-Augenreflexe erreicht werden. Wahrscheinlich müssen wir nach Art des vestibularen Tonus bei den Tieren mit Hals-Augenreflexen auch einen ständigen Tonus der Halsgegend auf die Augenmuskeln annehmen. Doch berichten die Experimente nichts von ABW. nach

einseitiger Durchtrennung der Cervicalnerven. Für den Reflexweg ist vielleicht zu berücksichtigen, daß vom Kleinhirn aus nach EDINGER ein Einfluß ausgeht, der von der Peripherie
erregt, den Statotonus aufrecht erhält. Es wäre also auch für diese sensiblen Reflexe auf
die Augenmuskeln denkbar, daß sie erst durch den Tractus spinocerebellaris zum Kleinhirn
verlaufen und von da erst zu einem Koordinationszentrum der Medulla oblongata (siehe
Abb. 346).

Spontane und cortico-cerebrale Augenbewegungen.

Der Ausdruck, *spontane oder willkürliche ABW.*, gehört schon in das Gebiet
der Psychologie. Es ist vorher darauf hingewiesen worden, daß gewiß ein großer
Teil der uns spontan erscheinenden ABW. ohne Zweifel bei genauer Forschung
auf zwangsmäßige einfache Reflexe sich zurückführen lassen. Wir wollen hier
vorläufig diejenigen ABW. darunter verstehen, die wir zurzeit noch nicht durch
einen der bisher genannten Reflexe erklären können. Die spontanen ABW.
kommen in allen Tierklassen vor, von den Wirbellosen bis zu den höchsten
Säugern, sind aber innerhalb der Klassen und Ordnungen sehr ungleich verteilt,
jedenfalls nicht gesetzmäßig in einer derselben allgemein vertreten. Das ist
bereits vorher im Kapitel bei der Erörterung der beweglichen und nichtbeweg-
lichen Augen ausgeführt. Schon Crustaceen fixieren auf ein vorgehaltenes Objekt
und konvergieren; sie unterscheiden sich darin nicht von den höchsten Wirbeltieren. Die spontanen ABW. hängen vielfach zusammen mit dem Binokularsehen, letzteres bedingt aber nicht ersteres. *Binokularsehen* haben alle Wirbeltiere, an Säugern und Vögeln bewies dies schon vor 100 Jahren JOHANNES VON
MÜLLER[1] ausführlich und setzte es auch in Beziehung zu der Augenbeweglichkeit. Seine Einteilung der Tiere können wir heute aber nicht mehr als richtig
anerkennen. v. TSCHERMAK[2] wies in Übertragung der Methode von MÜLLER
auch bei Fischen Binokularsehen nach. Wahrscheinlich können sowohl Säuger
wie Fische und Sauropsiden mit sagittalen Augen binokular nach hinten sehen.
Ja, auch Insekten sehen binokular, sie stellen ihre Augen durch Kopfbewegungen
dazu ein, während die Wirbeltiere dies auch vorwiegend durch Kopfbewegungen
tun, aber es auch durch Augenbewegungen können. Doch gibt es Ausnahmen,
wie die erwähnten Nager und Eulen, die jeder spontanen ABW. ermangeln.
Die totale oder partielle Kreuzung der Sehnerven ist dabei ohne Einfluß, wie
hier nicht weiter ausgeführt werden kann. Das Binokularsehen wird zum Teil,
trotzdem es vorhanden ist, kaum benutzt. Das Kaninchen kann z. B. dem Bau
und der Anordnung der Augen nach zweifellos binokular sehen, es macht davon
aber anscheinend keinen Gebrauch, da es auf Gesichtseindrücke hin die Augen
nicht bewegt und auch kaum Kopfbewegungen zur binokularen Einstellung
ausführt. Jedenfalls benimmt sich ein geblendetes Kaninchen kaum verschieden
von einem sehenden bei der Nahrungsaufnahme. Die Eule dagegen benutzt
ihre feststehenden Augen, wie erwähnt, durch blitzschnelle Kopfbewegungen
ständig zum Binokularsehen. Beim Kaninchen möchte man daran denken, daß
dies Tier trotz propriorezeptiver beweglicher Augen in der Entwicklung das
spontan bewegliche Binokularsehen verloren hat, das doch viele Fische, Reptilien
und Vögel besitzen. Es erforderte eine Forschung für sich, die Entwicklung
und die Bedingungen des spontan beweglichen Binokularsehens unter den Tieren
festzulegen. Die einfachen Formeln, die manche Forscher (s. I. VON MÜLLER[3])
aufstellten, werden durch das jetzt schon vorliegende Material widerlegt. Die
Augenstellung ist dabei nicht allein entscheidend, denn das bewegliche Binokularsehen findet sich bei frontal wie sagittal gestellten Augen, d. h. es gibt Tiere

---

[1] MÜLLER, JOHANNES VON: Siehe zusammenfassende Darstellungen S. 1113.
[2] v. TSCHERMAK: Siehe zusammenfassende Darstellungen S. 1113.
[3] MÜLLER, JOHANNES VON: Siehe zusammenfassende Darstellungen S. 1113.

mit beweglicher Divergenz- wie mit beweglicher Konvergenzstellung und es gibt unter beiden Kategorien solche, denen die spontanen Bewegungen fehlen. In allen Klassen existieren Tiere, die die spontane Beweglichkeit benutzen, um zu konvergieren. Die Crustaceen wurden schon ausgeführt, Beispiele unter den Wirbeltieren sind im ersten Teil bei Fischen, Reptilien, Vögeln, Säugern erwähnt. Die *Konvergenzbreite* ist im allgemeinen bei seitlich stehenden Augen nicht groß, aber auch da gibt es wieder Ausnahmen, z. B. das Chamäleon; wie andererseits die Frontalstellung der Augen nicht Konvergenzmöglichkeit bedingt (Eulen). Es fragt sich nur, wieweit die spontanen binokularen ABW. und die Konvergenz wirklich spontan erfolgen oder wieweit sie zwangsmäßig eintreten. Wenn Squilla mantis auf eine vorgehaltene schwarze Kugel konvergiert, so kann dies ein zwangsmäßiger Reflex sein, während wir bei höheren Wirbeltieren in solchem Falle einen Zwang nicht erkennen. Aber vielleicht liegt doch bei Fischen bei Fixation bestimmter bewegter Objekte ein Zwang zur Konvergenz vor. Wenn z. B. Periophthalmus seine Augen so richtet, daß er möglichst binokular sieht, so muß er dies vielleicht zwangsmäßig tun, wie die Forelle sich zwangs- mäßig nach einem Wurm oder eine Fliege wendet. Bei den Tieren, die kon- vergieren, werden auch zweifellos die Bilder beider Augen verschmolzen, wieweit dies bei den nichtkonvergierenden Tieren zutrifft, ist noch nicht sicher. Jeden- falls hat, wie bei den Säugetieren ausgeführt ist, ein großer Teil dieser Tiere mit seitlichen Augen nicht nur einfache *Fusion*, sondern auch ausgezeichnete *Tiefenschätzung*.

Daß die Trennung von der zwangsmäßigen Einstellung der Augen bis zu den sog. willkürlichen ABW. manchmal schwer zu ziehen ist, lehren die oben erwähnten Beobachtungen der Photoophthalmostatik. So mag es auch bei ABW. auf andere sensorische Eindrücke hin sein. Von den sensiblen wissen wir es jetzt auch bei Fischen. Hier treten zwangsmäßig auf Tasteindrücke ABW. ein. Wahrscheinlich wird man bei näherer Untersuchung auch auf Gehörseindrücke zwangsmäßige und nichtzwangsmäßige ABW. finden. Unbewußt bewegt ja auch der Mensch ständig auf solche Sinnesreize seine Augen. Es führt zu weit in das Gebiet der Psychologie, zu untersuchen, welche Tiere wirklich fixieren ohne äußere Reize oder auf Erinnerungsbilder (im weitesten Sinne, auch auf akustische Erinnerungen usw.) hin oder auf reine Vorstellungen. Hier hätte noch eine unendliche Arbeit vergleichender Forschung einzusetzen. Diese müßte sich zunächst damit beschäftigen, zu erforschen, wieweit höhere Augenbewegungs- zentren vorhanden sind, wieweit spontane ABW. bei Ausschaltung bestimmter Hirnstellen noch möglich wären. Jedenfalls ist das Vorhandensein eines Groß- hirns im Sinne der Säuger keine Voraussetzung der anscheinend spontanen ABW., ebensowenig wie die frontale und sagittale Augenstellung. Dies lehrt die Beob- achtung an Crustaceen und niederen Wirbeltieren und das Fehlen der spontanen ABW. trotz Großhirn (Kaninchen).

Cerebro-corticale Augenbewegungszentren kennen wir experimentell bisher nur bei Säugern. Wo sie in der Entwicklung zuerst auftreten, ist noch unbekannt. Jedenfalls gibt es Säuger mit entwickeltem Großhirn ohne und mit spontanen ABW. Je höher im vulgären Sinne das Tier psychisch entwickelt ist, wenn wir den Ausdruck gebrauchen dürfen, je mehr scheinen sich *bestimmte Zentren für ABW.* in der Großhirnrinde abzutrennen. Nach Birkholder[1] liegt das Zentrum für die ABW. bei niederen Tieren (Fischen, Amphibien, Vögeln) in den vorderen Vierhügeln.

Beim Hund und Affen z. B. sind es verschiedene Zonen der vorderen, mittleren und hinteren Großhirnpartien, beim Menschen besteht wahrscheinlich nur *ein* direktes corticales

---

[1] Birkholder: Ophthalmology 10, 591.

Augenbewegungszentrum im Fuß der zweiten Stirnbildung. Beim Menschen allein scheint auch nach Zerstörung des corticalen Zentrums eine längerdauernde Augenablenkung aufzutreten. So wäre auch beim Menschen der corticale Großhirntonus auf die Augenmuskeln am deutlichsten ausgeprägt. Denn wir können diese Augenabweichung nach einseitiger Stirnhirnzerstörung doch wohl nicht anders erklären, als durch den Wegfall des Tonus einer Seite und Überwiegen des Tonus des übrigbleibenden Großhirns. THOZER und SHERRINGTON, sowie TOPOLANSKY (zitiert bei BARTELS[1]) wiesen ihn bei Säugern auch direkt nach. Er wirkt so, daß von jeder Großhirnhälfte die Augen nach der Gegenseite gewendet werden. Woher in der Großhirnhemisphäre der Anreiz für den Tonus stammt, ist unerforscht. Auf Einwirkung höherer Zentren ist auch wohl zurückzuführen, daß wir die eigentümlichen ABW. nach Blendung nur bei solchen Säugetieren auftreten sehen, die spontan bewegliche Augen besitzen. Diese Zentren brauchen aber keineswegs in der Großhirnrinde zu liegen, sondern befinden sich vielleicht in den Zentralganglien oder vier Hügeln. Neuere Untersuchungen haben an Blinden, Neugeborenen und beim Dämmerungszittern es mir wahrscheinlich gemacht, daß vom Corpus striatum aus ständige Erregungen auf die Augenmuskeln ausgehen, wenigstens bei Tieren und Menschen, die willkürliche ABW. zeigen (BARTELS[2]). Die *Ausdehnung der spontanen ABW.*, das eigentliche *Blickfeld*, ist außerordentlich verschieden groß bei den einzelnen Tieren, bei der Schwierigkeit der Untersuchung liegen darüber keine genauen Beobachtungen vor (s. Chamäleon und Säuger).

Ganz ungeklärt ist die *Vorschwimmaugenbewegung der Fische*, sie ist meines Erachtens sicher nicht spontan (s. oben).

Das Problem wird nun noch viel verwickelter dadurch, daß wir bei vielen Tieren nicht nur eine binokulare Spontanbeweglichkeit der Augen haben, sondern auch *monokulare spontane ABW.*

Über monokulare ABW. wird schon bei *Weichtieren* (Octopoden) berichtet, dann bei folgenden Wirbeltieren: *Fischen, Reptilien, Schildkröten, Schlangen* und vor allem bei *Vögeln*. Während eine Anzahl Forscher sie bei Fischen sahen (HESS[3], BEER[4], LANDOLT[5]), konnte ich[6] sie nicht beobachten. Es handelte sich bei diesen wohl vorwiegend um monokulare Retraktionsbewegungen, am meisten ausgeprägt bei vorstehenden Stielaugen. Die Reptilien zeigen ausgesprochene, auch seitliche monokulare ABW. Die ausgedehntesten sind bekanntlich die des Chamäleons. Sehr ausgedehnt fand ich sie dann bei manchen Vögeln. Bei Säugern scheinen sie ganz zu fehlen, mit Ausnahme vielleicht von monokularen Retraktionsbewegungen (Hippopotamus). Aber die Meinung mancher Autoren, die sich wohl hauptsächlich auf die Beobachtung beim Chamäleon stützen, daß seitliche und periskope Augen allgemein monokulare ABW. zeigten (HARRIS[7], HESSE und DOFLEIN[8]), trifft sicher nicht zu, wie unsere Übersicht im ersten Teil zeigt.

Bei den Vögeln, auch wohl bei den Schildkröten, bestehen nun diese monokularen ABW. neben den binokularen, für das Chamäleon bestreitet wohl mit Unrecht HESS[9] die binokularen. Vielleicht alle Tiere mit spontan beweglichen Augen haben eine Fovea, die in einer zum Teil runden, zum Teil streifenförmigen Area liegt, während die Fovea den Säugern mit nicht spontan beweglichen Augen (Nager) fehlt. Die Vögel besitzen vielfach eine doppelte Fovea und zwar eine zentrale für das monokulare Sehen und eine temporale für das Binokularsehen.

Diese Möglichkeit des monokularen und binokularen Sehens findet sich, wie erwähnt, bei einigen der gewandtesten Flieger unter den Vögeln (Möwe, Cormoran, Rabenkrähe), deren Netzhäute aber anscheinend auf Foveae noch nicht untersucht sind. Die Vögel benutzen zwar, wenn sie eben können, das

---

[1] BARTELS: Zitiert auf S. 1144.   [2] BARTELS: Zitiert auf S. 1136.
[3] HESS: Zitiert auf S. 1116.   [4] BEER: Zitiert auf S. 1123.
[5] LANDOLT: Zitiert auf S. 1123.   [6] BARTELS: Zitiert auf S. 1113.
[7] HARRIS: Brain **27**, 107.
[8] HESSE u. DOFLEIN: Tierbau und Tierleben. Leipzig: Teubner.
[9] HESS: Zitiert auf S. 1116.

Binokularsehen, man beobachte z. B. die Kopfbewegungen der Möwe beim Fangen aufgeworfener Nahrungsmittel. Bei festgehaltenem Kopfe fixieren sie aber ausgedehnt monokular. Aus diesem Verhalten müßte man schon auf eine doppelte Fovea schließen, da beim monokularen Sehen die Sehachse ungefähr mit der optischen Achse des Auges zusammenfällt (s. Abb. 347), während beim Binokularsehen beide Achsen sich stark schneiden; die Sehachse trifft die Netzhaut ganz temporal lateral. Die Möglichkeit, die Augen durch spontane Bewegungen willkürlich auf eine Fovea einzustellen und zwar einseitig, während das andere Auge ruht bzw. ganz unkoordinierte Bewegungen macht, zeigt uns zunächst, daß das HERINGsche Gesetz von der stets koordinierten Innervation beider Augen auf diese Tiere nicht zutrifft.

Es bestehen hier also zwei Stellen des schärfsten Sehens in jedem Auge. Ob dies auch für die Reptilien mit monokularen ABW. zutrifft, ist zweifelhaft, beim Chamäleon ist jedenfalls bis jetzt nur eine Fovea bekannt, ebenso bei den Eulen, die ihre Augen nicht bewegen können.

Es ist für uns unmöglich, uns vorzustellen, wie eigentlich der zentrale Sehvorgang abläuft, wenn abwechselnd die Augen auf verschiedene Stellen des schärfsten Sehens eingestellt werden. Es müssen beliebig die Eindrücke der einen oder anderen Fovea unterdrückt werden können, sonst müßten ja monokulare Doppelbilder auftreten, auch könnten die Augen gar nicht eingestellt werden, einmal für die Fovea centralis, dann wieder für die Fovea lateralis. Wir müssen bei den Vögeln jedenfalls annehmen, daß von dem temporalen Foveae aus Nervenfasern durch den Opticus zu den Augenmuskelnervenzentren für konjugierte Bewegungen verlaufen und von den Fovea centralis für monokulare ABW. (s. Abb. 347). Mit der doppelten Art des Sehens hängt vielleicht auch die eigentümliche Linsenform mancher Segler zusammen. Die Vögel stehen somit in bezug auf ABW. am höchsten, jedenfalls weit über den Säugern, denen auch bei sagittal stehenden Augen die monokularen seitlichen ABW. völlig fehlen, ganz zu schweigen von den Säugern mit frontal stehenden Augen. Da das monokulare Sehen und die entsprechende ABW. sich, soweit wir es zum Teil wissen, nur bei Tieren mit sagittal stehenden Augen findet, so müßte also diese Fähigkeit, wenn wir eine Entwicklung der höheren Säuger aus diesen Tieren annehmen wollen, während der Entwicklung verlorengegangen sein und nur die binokularen ABW. wären erhalten geblieben. Unsere Betrachtung macht aber eine derartige Entwicklung nicht sehr wahrscheinlich.

In dem folgenden Schema[1] sind für einen *Vogel die Reflexwege zu den Augenmuskeln für die beiden Arten des Sehens* bezeichnet. Die temporal liegenden Foveae für das binokulare Sehen sind mit b, die zentral liegenden für das monokulare Sehen mit m bezeichnet. Die Sehrichtungen des binokularen Sehens schneiden sich in o, die für das monokulare Sehen zeigen die Linien $o_1 m$. Nur ein geringer Bezirk der temporalen Netzhaut kommt für das korrespondierende binokulare Sehen in Betracht, etwa der Bezirk $x — y$, während die ganze Netzhaut von $a — a_1$ reicht. Wäre das im Schema gezeichnete rechte Auge ein menschliches Auge, so würde jeder Punkt, dessen Bild nasal von m, also auf der Strecke $a — m$ abgebildet wurde und der zur Fixation reizte, einen optomotorischen Einstellungsreflex zur Einstellung der Fovea centralis hervorgerufen haben, der das Auge temporalwärts drehte, also eine Kontraktion des Musculus lateralis herbeiführte (s. Abb. 347 ausgezogene Linie). Jeder Einstellungsreflex von Strecke $a_1 — m$ führte eine Kontraktion des Musculus medialis herbei (s. Abb. 347 gestrichelte Linie). Für das *monokulare* Sehen der Vögel träfe dasselbe zu. Dagegen würde für das *binokulare* Sehen die Erregung der Strecke $y — b$, wenn b die Fovea des binokularen Sehens ist, eine Kontraktion des Externus herbeiführen, um die binokulare Fovea b einzustellen; die Erregung der Strecke $b — x$ eine solche des Internus. Wir hätten somit auf dieser Strecke eine *motorische Doppeleinstellungswertigkeit der Netzhaut bei den Vögeln* (s. Abb. 347 doppeltgestrichelte Stelle $x — y$), wie überhaupt bei den Tieren, die binocular sehen, konvergieren und monokular einstellen können. Außerdem kann vielleicht jede Stelle der Netzhaut einen Einstellungsreiz zum monokularen und binokularen Sehen hervorrufen. Aber unter welchen Bedingungen das monokulare und unter welchen das binokulare Sehen benutzt werden kann oder muß, ist noch völlig unbekannt, vielleicht gibt unser Experiment bei den Vögeln, bei denen nur nach Fixation des Kopfes monokulare ABW. auftraten, einen

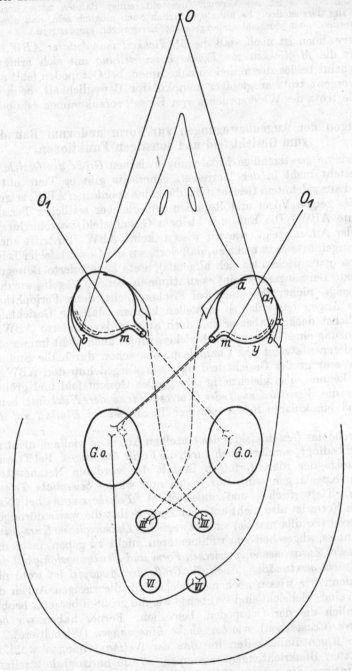

Abb. 347. Optomotorische Nervenbahn für binokulare und monokulare Augenbewegungen bei Vögeln.

Hinweis. KOLMER nimmt an, daß beim Eisvogel, während er seine Beute verfolgt, das monokulare Bild der Luft lediglich durch die eigentümliche spitze Linsenform in ein binokulares unter Wasser verwandelt wird ohne Augenbewegungen (?).

Ob die verschiedenen Einstellungsimpulse derselben Netzhautstelle bei diesen Tieren auf besonderen Fasern zu den Augenmuskelkernen verlaufen, ist gänzlich dunkel; in dem beigegebenen Schema ist der Versuch angestellt, einige Bahnen unter Berücksichtigung der Kreuzung darzustellen. Es könnte natürlich auch möglich sein, daß dieselben Fasern benutzt werden, aber jedesmal andersgeartete Erregungen empfangen.

Zu erwähnen ist noch, daß die *Möglichkeit monokularer ABW.* nicht auch unbedingt die *Möglichkeit zur Konvergenzeinstellung* mit sich bringt. Bei den Vögeln scheint beides zusammen vorzukommen, bei Octopoden fehlt anscheinend die Konvergenz trotz ausgiebiger monokularer Beweglichkeit, beim Chamäleon scheint sie trotz des Widerspruches von Hess[1] vorzukommen (s. oben S. 1126).

Beziehungen der Augenbewegungen zur Form und zum Bau des Auges, zum Gesichtsfeld und sonstigen Funktionen.

Irgendeine gesetzmäßige Entstehung zwischen *Größe des Gesichtsfeldes* und ABW. besteht nicht in der Tierreihe. Einerseits gibt es Tiere mit seitlichen Augen und ausgedehntem Gesichtsfeld, die keine spontanen ABW. zeigen (Nager), andererseits zeigen Vögel und Reptilien mit gleicher seitlicher Periskopie sehr ausgedehnte ABW. Die Eule mit kleinem Gesichtsfeld, sowohl durch Stellung wie Bau der Augen, zeigt, wie wir wissen, keine ABW. So trifft auch der von manchen angeführte Satz nicht zu, daß dort, wo die Gesichtsfelder beider Augen sich decken (ganz decken sie sich nirgends), stets koordinierte Bewegungen vorhanden sind. Bei Säugern scheint es zu stimmen, bei den Vögeln, wie das Beispiel der Eule zeigt, nicht; aber auch bei Fischen nicht, denn Periophthalmus soll auch seine Augen binokular so einstellen können, daß die Gesichtsfelder sich wohl möglichst decken, aber er soll doch auch unkoordinierte ABW. machen. Eine Ergänzung eines kleinen Gesichtsfeldes findet auch nicht immer statt (siehe Eule), andererseits zeigt das Chamäleon, das schon durch die Stellung seiner Augen ein sehr großes Gesichtsfeld hat, die ausgedehntesten ABW., die wir überhaupt kennen, also gleichzeitig sehr großes Gesichtsfeld und größtes Blickfeld. Über die *Verschiedenheit der Korrespondenz der Netzhäute* beim monokularen und binokularen Sehen mancher Tiere *und ihr Einfluß auf die ABW.* siehe oben.

Die Größe des Gesichtsfeldes des einzelnen Auges ist vielfach nicht nur durch die Stellung bedingt, sondern auch durch die Form des Auges. Bei Teleskopaugen muß es infolge der röhrenförmigen Gestalt der vorderen Netzhautteile enger wie bei den Kugelaugen sein. Wir finden nun wieder *bewegliche Teleskopaugen* (Octopoden, Tiefseefische) und *unbewegliche Teleskopaugen* bei Nachtraubvögeln. Die Form ist also nicht entscheidend. Selbst die walzenförmigen Augen der Crustaceen (Squilla mantis) sind beweglich. *Unbewegliche Kurz- bzw. Kugelaugen* scheint es, abgesehen von rudimentären, nicht zu geben, insofern besteht ein *funktioneller Zusammenhang zwischen Form und Bewegungsfähigkeit des Auges,* aber er ist *nicht gesetzmäßig.* Auch die *Größe der Augäpfel* ist wohl nicht entscheidend, denn wir wissen noch nicht sicher, ob die riesigen Augen der Wale unbeweglich sind, vielleicht sind sie ebenso wie die größten bis jetzt beobachteten Augen, nämlich die der Octopoden, beweglich. Ferner haben wir *bewegliche Komplexaugen* (Crustaceen), wie *bewegliche Linsenaugen* (Wirbeltiere).

Gewisse Eigentümlichkeiten im *Bau der Netzhaut* hängen wohl mit den meist benutzten Blickrichtungen zusammen, so die horizontale streifenförmige Area der Huftiere, die vorwiegend seitlich die Augen bewegen; damit stimmt auch wohl die horizontale Pupille überein. Wieweit dies auch für die Octopoden zutrifft, die ebenfalls eine horizontale schlitzförmige Pupille besitzen und sie

---

[1] Hess: Zitiert auf S. 1116.

stets kompensierend horizontal einstellen, ist noch zu untersuchen. Es würde zu weit führen, wollten wir alle Teile des Auges in ihrer Bauart im Zusammenhang mit den ABW. vergleichend betrachten. Dazu ist es aber auch bei unseren heutigen lückenhaften Kenntnissen noch zu früh. Immerhin sei noch erwähnt, daß der eigentümliche Ringwulst der Linse sich nur bei Sauropsiden findet, die hauptsächlich sowohl monokulare wie binokulare Beweglichkeit der Augen besitzen.

Dieser Ringwulst hängt wohl mit der Möglichkeit schneller Akkommodationsänderung zusammen, jedenfalls haben ihn die schnellsten Segler am stärksten ausgebildet. Größte *Akkommodationsfähigkeit* (bis 40 Dioptrien) und größte ABW. kennen wir auch vereinigt beim Cormoran, während die Akkommodationsbreite bei den unbeweglichen Augen der Nachtraubvögel sehr gering ist (2—4 Dioptrien). Andererseits hat das Chamäleon bei außerordentlicher Augenbeweglichkeit ebenfalls auch nur eine geringe Akkommodation. Auch die verschiedenen Arten der Akkommodation (Änderung des Krümmungsradius der Linse, wie Änderung des Linsenabstandes von der Netzhaut) finden wir mit und ohne Augenbeweglichkeit (Säuger, Vögel, Reptilien).

Von Interesse wären noch die *Beziehungen der Augenbeweglichkeit zur Sehschärfe*. Leider ist letztere aber noch wenig sicher bei den einzelnen Tieren festgestellt. Für die Sehschärfe kommt nicht nur der Bau des Auges in Betracht (d. h. seine dioptrischen Wirkungen, die Größe und Anzahl der Netzhautelemente), sondern auch, wie PÜTTER[1] und HESS[2] mit Recht bemerken, die Feinheit der Verarbeitung der Seheindrücke durch das Nervensystem. Bestimmt man die Sehschärfe nach der Zahl der Netzhautelemente (Stäbchen und Zapfen), so muß zunächst noch nachgewiesen werden, wieviel einzelne Nervenfasern zu einem Netzhautelement gehen bzw. wieviele Elemente von einer Nervenfaser versorgt werden. Dies ist bzw. der BETHEschen Primitivfribrillen noch nicht geschehen, meist hat man den Achsenzylinder als eine Nervenfaser genommen. Für den Menschen, Affen, Frosch und Kaninchen habe ich versucht, die Nervenfaserversorger bzw. der Macula abzuleiten (s. BARTELS[3]).

Es sind von verschiedenen Autoren (SCHÄFER[4] und PÜTTER[5]) Versuche gemacht worden, auf Grund der Bildgröße, sowie der Zahl und Größe der Netzhautelemente die Sehschärfe zu bestimmen. Nach SCHÄFER nimmt danach unter den Vögeln der Kautz (Syrnium aluco) die erste Stelle ein, der seine Augen gar nicht bewegen kann. Andererseits steht die Fledermaus bez. der Sehschärfe sehr unten in der Reihe, während ihr die Augenbeweglichkeit fehlt, die aber auch ihre Nahrung in der Dämmerung wie die Eule erhascht. Einzelne Cephalopoden haben mit ihren Riesenaugen wohl die hervorragendste Sehschärfe, aber die Beweglichkeit ist fraglich. Also direkte Beziehungen bestehen nicht.

PÜTTER hat sich bemüht, anstatt der rein mathematischen, wie ich es nennen möchte, die „spezifische" Sehschärfe der Tiere zu bestimmen. Es würde aber zu weit führen, diese in bezug auf ABW. zu vergleichen. Nach seiner Berechnung hätten die Insekten mit unbeweglichen Einzelaugen die größte Sehschärfe. Im übrigen ist die Sehschärfe und die Augenbeweglichkeit für die einzelnen Tiere noch zu wenig untersucht, um Vergleiche anstellen zu können. Denn nur Untersuchungen an einzelnen Tieren sind zu gebrauchen, da die Beweglichkeit inner-

---

[1] PÜTTER: Siehe zusammenfassende Darstellungen S. 1113.
[2] HESS: Zitiert auf S. 1116.
[3] BARTELS: Bericht ophthalm. Gesellschaft 1907.
[4] SCHÄFER: Vergleichende physiologische Untersuchungen über die Sehschärfe. Pflügers Arch. **119**, 571.
[5] PÜTTER: Siehe zusammenfassende Darstellungen S. 1113.

halb einer Tierordnung außerordentlich wechseln kann, wie wir sahen. Ferner kommt in Betracht, daß für viele Tiere das Bewegungssehen wichtiger ist, wie das Erkennen ruhender Objekte.

Die *Beweglichkeit der Pupille* hängt ebenfalls nicht direkt mit Augenbeweglichkeit zusammen, denn einerseits zeigen Schildkroten ausgiebige ABW. bei fehlender Pupillarreaktion (Hess[1]), andererseits die starren Augen der Eule eine deutliche Pupillenbeweglichkeit. Bei Raubtieren fällt lebhafte Pupillarreaktion mit lebhaften ABW. zusammen, während das spontan unbewegliche Auge des Kaninchens nicht sehr starke Pupillarreaktion zeigt. Im einzelnen fehlen hier noch alle genaueren vergleichenden Untersuchungen.

Die Angaben über die *Refraktion* allein der Wirbeltieraugen sind noch außerordentlich widersprechend im einzelnen (s. Hess). Nur Angaben über ein bestimmtes Tier haben Wert, wenn wir den Beziehungen zwischen Refraktion und ABW. nachgehen wollen. Unter den höheren Säugern findet sich sowohl Hypermetropie wie Myopie bei gleicher Beweglichkeit. Von den Wassertieren glaubte man früher allgemein, daß sie im Wasser myopisch seien; für die Fische schwanken die Angaben der Stärke der Myopie sehr. Für Periophthalmus fand Hess[4] Emmetropie, für die Cephalopoden ebenfalls. Beide haben bewegliche Augen. Diese Verhältnisse müßten im einzelnen noch erforscht werden, jedenfalls findet sich Beweglichkeit bei jeder Art der Refraktion.

Die *Anordnung der Augenmuskeln* selbst, die der Augenbewegung, abgesehen von Lid und Nickhaut, dienen, ist nun in der gesamten Wirbeltierreihe im wesentlichen dieselbe und damit auch im großen die Art der ABW. gleich. Es finden sich vier gerade und zwei schräge Augenmuskeln zu meridionalen und rollenden ABW. Beim Esel fanden Zimmerl und Mobilio (s. Motais[2]) die erwähnte eigentümliche Änderung des Obliquus super.; außerdem unter den Wirbeltieren bis zu den Säugern oft einen starken Retraktionsmuskel bzw. vier solche (Frosch). Ob dieser Retraktionsmuskel atavistisch beim Affen und Menschen sich finden kann und entsprechende ABW. ist noch unentschieden (s. oben). Diese Gleichmäßigkeit der Muskeln und ABW. spricht in der Wirbeltierreihe für eine gemeinsame Entwicklungsstufe, so sehr auch sonst phylogenetische Unterschiede in der Beweglichkeit vorkommen (s. oben). Diese höhere Entwicklung im Sinne der gebräuchlichen Phylogenie hätte dann die Retraktionsmuskeln bei den höheren Stufen (Affe, Mensch) zum Schwinden gebracht. Die vier Recti der Daphnienaugen müssen wir als Konvergenzerscheinung betrachten; physikalische Bewegungsmomente drängten wohl zu einer derartigen Muskelanordnung. Eine Abweichung scheint bei den Cephalopoden vorzuliegen, die nur drei Augenmuskeln besitzen sollen (*Muskens*), bei denen ja auch die ABW. etwas abweichen (s. oben). Die Stärke der Augenmuskeln richtet sich nach der funktionellen Inanspruchnahme, z. B. sind beim Kaninchen die Rollmuskeln sehr stark entwickelt. Die Meinung (Gaupp[3]), die Augenmuskeln verdankten ihre Entstehung den Ursegmenten des Kopfes, erscheint hiernach sehr zweifelhaft. Augenmuskeln ohne jede Bewegungsfunktion finden wir sicher nur bei den Eulen. Über die rudimentären Augenmuskeln siehe im systematischen Teil.

Körperstellung, Körperbewegung und Augenbewegung.

Über das Verhältnis zwischen allgemeiner Beweglichkeit der Tiere und den ABW. ist oben einiges erwähnt. Es wäre noch hinzuzufügen, daß bei den Säugern anscheinend diejenigen die *größte spontane Beweglichkeit der Augen* besitzen,

[1] Hess: Zitiert auf S. 1116.
[2] Motais: Siehe zusammenfassende Darstellungen S. 1113.
[3] Gaupp: Morphologie der Wirbeltiere. Kultur d. Gegenwart, 3. T., 4. Abs., **2**, 479.

die auch *möglichst unabhängig ihre einzelnen Gliedmaßen* bewegen können, so z. B. die Raubtiere, die Fuß vor Fuß vorstrecken und sich an ihre Beute heranschleichen können, während z. B. die Kaninchen eben nur hüpfend sich bewegen. HARRIS[1] meint, daß das *Binokularsehen* der Affen und der Menschen sich gleichzeitig *mit der Hand als Greiforgan* entwickelt hätte. Danach müßten die Papageien auch besser binokular sehen als die übrigen Vögel, da sie ihre Fänge ausgesprochen zum Greifen benutzen. Dies trifft wohl nicht zu, immerhin zeigen viele Papageien (Amazonen) deutliche Konvergenz. Im ersten Teil ist schon erwähnt, daß nach Ausschaltung anderer Reflexe nur Tiere mit spontan beweglichen Augen ihren Kopf im Raum richtig einstellen können, daß dies den Kaninchen trotz ihres Sehvermögens nicht möglich ist (*optische Stellreflexe*). Hierüber liegen bisher nur an einigen *Säugern* (Katze, Hund, Affe, Kaninchen) von MAGNUS und DE KLEYN Untersuchungen vor und an Vögeln von EWALD. Letzterer fand, daß *Tauben* auch nach beiderseitiger Labyrinthentfernung ihren Kopf im Raum wohl durch den Gesichtssinn orientieren, denn nach Verdecken der Augen fällt der Kopf solcher Tauben nach hinten. Auch hier spielt wohl die Möglichkeit der Spontanbeweglichkeit der Augen eine Rolle, wenn diese auch bei Tauben nicht groß ist. Bei der *Dohle* (Monedula) berichtet EWALD kurz, daß nach Labyrinthexstirpation der Kopf herunterfällt. Ob hier die spontanen ABW. fehlen, ist nicht untersucht. Bei den von MAGNUS und DE KLEYN untersuchten Säugern ist für die optischen Stellreflexe die Erhaltung des Großhirns nötig.

Zweifellos *hängen vielfach mit jeder bestimmten ABW. auch bestimmte Reaktionen bestimmter Muskeln des übrigen Körpers zusammen*, d. h. mit dem Impuls für eine ABW. nach einer bestimmten Richtung werden auch gleichzeitig bestimmte Hals- und sonstige Muskeln innerviert. Hierüber fehlen noch genauere Untersuchungen. Beobachtungen der neuesten Zeit ergaben, daß beim Menschen ABW. ohne Kopfbewegungen nur bis 12° angewandt werden; ist die Blickbewegung größer, so tritt gleichzeitig eine Kopfbewegung ein. Es gehört ja bei uns Menschen eine fast unangenehme Unterdrückung der Innervation der Halsmuskeln dazu, wenn wir extrem ohne Kopfbewegung nach der Seite sehen wollen. Es ist oben erwähnt, daß noch Säuglinge wie viele Tiere die ABW. zum Teil ganz durch Kopfbewegungen ersetzen. Daß diese gleichzeitige Innervation bei manchen Wirbeltieren fehlt, zeigt das Chamäleon, das seine Augen bei unbeweglichem Kopf nach allen Seiten wandern läßt. Die gleichzeitige Augenmuskel- und Kopfwendemuskelinnervation besteht wohl hauptsächlich bei Tieren mit ausgesprochenem Binokularsehen. Die Wirkung eines Augenbewegungsimpulses auf die übrige Körpermuskulatur müßte noch untersucht werden. Den Einfluß des normalen Sehens beider Augen auf die Bewegungen der Körperglieder zeigt auch eine Beobachtung von ESSER[2]. Dieser will festgestellt haben, daß sich bei frühzeitiger, rechtzeitiger Schwachsichtigkeit eine Linkshändigkeit entwickle. Andererseits sahen wir bei einigen Vögeln, daß erst bei fixiertem Kopf ausgiebige monokulare ABW. auftreten. Der Einfluß der durch ABW. bewirkten Stellung des ganzen Körpers zeigt sich besonders bei niederen Crustaceen. Die Daphnien bewegen erst ihre Augen nach dem Licht und suchen dann den Körper symmetrisch einzustellen, aber es besteht auch bei den höchsten Säugern das Bestreben, mit den Augen zugleich den übrigen Körper symmetrisch zum Lichtstrahl zu orientieren.

SEYDLITZ[3] vermutet bei Rechtshändigkeit eine stärkere Ausbildung der Rechtswender der Augen; wenigstens erklärt er so sein Experiment, daß der

---

[1] HARRIS: Brain **27**, 107.
[2] ESSER: Klin. Mbl. Augenheilk. **78**, 332.
[3] SEYDLITZ: Ein Beitrag zur Rechtshändigkeit. Das Werk 1924, 459.

Schnittpunkt einer Linie nach rechts verschoben wurde, wenn er sie teilen ließ. Dies müßte nachgeprüft werden. In diesem Zusammenhang sei erwähnt, daß ich die Augen der blinden Menschen meist nach rechts abgewichen fand (s. Bartels[1]), Redslob[2] bestätigte es. Ich erklärte dies durch Überwiegen des Tonus der lks. Großhirnhälfte auf die Rechtswender. Bei Tieren ist von dem Überwiegen einer Seite nichts bekannt.

Zusammenwirken der Reflexe, die Augenbewegungen auslösen.

Wenn wir alle Reflexe, die auf die Augenmuskeln wirken, in einem Schema zusammenfassen, so haben wir *phototrope, vestibulare, peripher-sensible* (Haut, Orbitalgewebe, Muskeln), *Hals-Augenbewegungen* und *cortico-cerebrale* (automatische und fixierende). Im beifolgenden Schema (Abb. 348) ist durch Pfeile

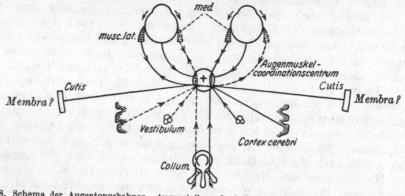

Abb. 348. Schema der Augentonusbahnen. Augenstellung beeinflußt durch sensiblen Muskelreiz (musc. lat. und med.); durch sensiblen Haut-(Cutis) und Glieder-(Membra)reiz; durch Hirnrindenreiz (Cortex cerebri); durch den Vestibularapparat (Vestibulum); und durch Hals-Augenreflexe (Collum).

die Richtung der zentripetalen und zentrifugalen Bahnen gezeichnet. Wie aus dem Schema hervorgeht, nehmen wir an, daß *verschiedene Reflexe die Augen in derselben Richtung bewegen*, so die vestibularen, die Hals-Augenreflexe und die corticalen, nämlich *nach der Gegenseite.* Die muskulären wie die sensiblen Reflexe der Orbitalgewebe haben keine bestimmte Richtung, sie suchen wohl nur die Augen in einer mittleren Ruhelage zu erhalten, und wirken so bei Abweichungen, die die erstgenannten Reflexe hervorrufen, diesen entgegen. Die Wirkung der cutanen Sensibilität (Fische) ist noch zu wenig geklärt, um eingereiht werden zu können. Schwerlich werden wohl für alle Reflexe verschiedene Fasernsysteme benutzt, sondern vielfach dieselben, nur mit anderer Regelung. Daß dies möglich ist, zeigte Hess ja an Pupillen- und optischen Bahnen. Es fragt sich auch, ob die einzelnen Augenbewegungsbahnen ein für allemal fixiert sind. Marina verneint dies auf Grund seiner Versuche mit Augenmuskelverpflanzungen an Affen (s. Bartels[3]). Bei den Eulen sind die Augenmuskelnervenkerne und -bahnen erhalten (s. oben), sie können aber nicht der ABW. dienen, da diese fehlen. Also *phylogenetisch sind die Bahnen hier nicht fixiert.* Das Zusammenwirken einiger Reflexe sehen wir wohl am deutlichsten am optokinetischen Nystagmus und beim vestibulären Drehnystagmus. Die Form der ABW. ist für beide dieselbe. Die Erregungen unterstützen sich. Fällt ein Reiz weg, z. B. nach Blendung oder nach Labyrinthzerstörung, so kann der übrigbleibende bei

[1] Bartels: Zitiert auf S. 1136.
[2] Redslob: Rev. d'Otol. etc. 5, 490.
[3] Bartels: Siehe zusammenfassende Darstellungen S. 1113.

den meisten Wirbeltieren genügen, um noch Nystagmus auszulösen. Es ist dies aber nicht immer der Fall, z. B. hört beim Kaninchen jeder Nystagmus nach Labyrinthzerstörung auf. Er bleibt nur erhalten bei Tieren mit spontan beweglichen Augen. Die Stärke des optischen oder vestibulären Anteils an dem Drehnystagmus richtet sich nach der Stärke der spontanen Fixiermöglichkeit. Das spricht sich auch darin aus, daß die Folgen einseitiger Labyrinthzerstörung von Tieren mit spontan beweglichen Augen viel schneller überwunden werden. Für die kompensierenden Daueraugenreflexe der Lage trifft dasselbe zu, nur nicht so ausgedehnt, sie fallen auch bei höheren Tieren ganz oder zum Teil nach Labyrinthzerstörung aus, können also durch Fixation nicht ersetzt werden, sie sind aber wie die Rollung beim Menschen spontan auch nicht ausführbar. Einzelne Crustaceen bewahrten ihre kompensierenden ABW. nach Ausfallen des Gleichgewichtsorganes durch optische Eindrücke. Die meisten verhalten sich allerdings wie die Kaninchen, so auch die Octopoden und Fische, denen die kompensatorischen ABW. fehlen nach der Zerstörung dieses Organes. Die Vögel dagegen können augenscheinlich die vestibulären Augenbewegungsreflexe durch optische weitergehend ersetzen, da ihnen die Dauerreflexe der Lage fehlen. Nach Wegfall der labyrinthären ABW. bleiben bei den erstgenannten Tieren die Hals-Augenbewegungen noch erhalten.

Man kann sagen, *je mehr ein Tier auf die Proprioreflexe mit ABW. reagiert, desto weniger kann es spontan fixieren und umgekehrt.* Das Kaninchen hat in der Entwicklung vielleicht die spontane Beweglichkeit, die doch die Sauropsiden besitzen, verloren und es ist auf die Proprioreflexe angewiesen. Es ist also rudimentär in bezug auf die Augenbewegungsmöglichkeiten. Der obige Satz des Verhältnisses zwischen spontaner und proprioreflektorischer Augenbeweglichkeit wird durch die Starrheit der Eulenaugen nicht umgestoßen, denn hier werden die ABW. ganz durch Kopfbewegungen ersetzt, beim Kaninchen nicht. Man könnte *phototrope, vestibulare* und *Fixiertiere* unterscheiden, deren Einordnung sich mit der gebräuchlichen Systematik nicht deckt, da wir ja, wie erwähnt, Fixiertiere bei den Crustaceen vorfinden, dagegen bei einigen Säugern vermissen. Die peripher-sensiblen Reflexe spielen eine mehr sekundäre Rolle, wenigstens sind bisher keine Tiere bekannt, bei denen sie überwiegen.

Aber nicht nur unter den einzelnen Arten herrschen die genannten Reflexe in verschiedener Weise vor, sondern auch in den Entwicklungszeiten der einzelnen Tiere. Im Embryonal bzw. Jugendstadium haben z. B. auch beim Menschen zeitweise hauptsächlich die vestibularen Reflexe Einfluß auf die ABW.

Wenn wir zusammenfassend fragen, woher es kommt, daß einmal diese, einmal jene Augenbewegungsreflexe in der Tierreihe überwiegen, so können wir eigentlich nur sagen (wie ja auch aus unserer Darstellung hervorgeht), wir wissen es nicht. Der Satz, daß die Funktionsansprüche die Organfähigkeiten entwickeln, läßt sich an den ABW. nicht beweisen. Wir können vor allen Dingen nicht erklären, warum die Augenbewegungsmöglichkeit bei sehenden Augen verloren geht. Im Kampf um das Dasein sollte man meinen, könnten alle Reflexe allen Tieren Dienste leisten, zumal wenn sie einmal in der Tierreihe entwickelt waren. Vom Standpunkte der vergleichenden Augenbewegungslehre aus ist die heutzutage angenommene Entwicklungsreihe nicht zu verstehen.

Die Wahrnehmung von Bewegung.

Von

K. KOFFKA

Northampton, Mass.

Mit 12 Abbildungen.

Zusammenfassende Darstellungen.

FRÖBES, J.: Lehrb. d. exper. Psychol. I[2], 395—416. Freiburg i. Br. 1923. — HANSELMANN, H.: Über optische Bewegungswahrnehmung. Züricher Dissert. 1911, 75 S. (mit 236 Nummern im Literaturverzeichnis). — KRIES, J. v.: Zusatz in Helmholtz' Physiol. Optik III[3], 226 bis 233 (1910). — WITASEK, ST.: Psychologie der Raumwahrnehmung des Auges, S. 325—338. Heidelberg 1910. — ZOTH, O.: Augenbewegungen und Gesichtswahrnehmungen. Nagels Handb. d. Physiol. d. Menschen **3**, 365—374 (1905). — Die neuere Literatur ist zusammengefaßt berichtet in zwei Arbeiten von P. C. SQUIRES: Psychologic. Bull. **23** (1926); **24** (1928).

I. Bedingungen und Natur des Bewegungseindrucks.

1. Die Hauptbedingungen[1].

I. Wir nehmen Bewegung sinnlich wahr, wenn sich ein Objekt in unserem Gesichtsfeld bewegt und dabei die folgenden Bedingungen erfüllt sind:

a) die Bewegungsbahn darf nicht zu klein,

b) die Bewegung selbst nicht zu langsam und

c) nicht zu schnell sein.

Und diese Bedingungen sind quantitativ wieder davon abhängig,

A. wie das bewegte Objekt selbst beschaffen ist (Intensität, figurale Eigenschaften),

B. wie das übrige Gesichtsfeld beschaffen ist, ob es andere sichtbare Gegenstände enthält und, wenn ja, was für welche,

C. ob das Objekt mit dem Blick verfolgt wird oder ob das Auge während der Wahrnehmung der Bewegung ruht; im letzten Fall verschiebt sich das Bild des Objektes kontinuierlich über die Netzhaut, im ersten fällt es dauernd auf den gleichen Netzhautbereich; freilich ist es auch in diesem Fall unmöglich, eine Verschiebung des Netzhautbildes gänzlich auszuschließen, „ja, es könnte wohl sein, daß jenes Folgen des Blicks unter allen Umständen nur dadurch ermöglicht wird, daß der betreffende Gegenstand sich um kleine Beträge verschiebt, und daß seine nunmehr exzentrische Wahrnehmung das Folgen des Blicks veranlaßt"[2],

D. ob bei fixiertem Blick die Bewegungsbahn sich auf zentralen oder peripheren Netzhautstellen abbildet.

---

[1] Andere Bedingungen werden später im Text erwähnt werden.

[2] v. KRIES: S. 227. Eine Darstellung der dies Problem behandelnden Literatur sowie eigener Experimente bei HANSELMANN: S. 5ff.

II. Wir nehmen aber optisch Bewegung ebenso sinnlich wahr, wenn uns mehrere Objekte, im einfachsten Fall zwei, nacheinander an verschiedenen Stellen *in Ruhe* dargeboten werden (*stroboskopische Bewegung*). Den Bedingungen Ia—c entsprechen Bedingungen, die sich auf

1. die Expositionszeiten der Objekte (e_1, e_2, . . . e_n),
2. die Zwischenpausen zwischen diesen Expositionen (p_1, p_2, . . . p_n),
3. den räumlichen Abstand zwischen ihnen (s_1, s_2, . . . s_n) beziehen, und es gelten die gleichen Zusatzbedingungen A—D wie unter I.

III. Wenn wir eine in gleicher Richtung verlaufende Bewegung längere Zeit beobachtet haben und dann ein ruhendes Feld betrachten, so sehen wir dort eine Bewegung, die im allgemeinen der ursprünglichen Bewegung entgegengerichtet ist, und dies gleichviel, ob dies eine wirkliche oder eine stroboskopische war (*Bewegungsnachbild*).

IV. Wenn wir eine einzige Figur kurze Zeit exponieren, so sehen wir sie mit Ausdehnungsbewegung erscheinen und mit Zusammenziehbewegung verschwinden. Die gleichen A- und Z-Bewegungen sehen wir, wenn intensive Figuren plötzlich erscheinen bzw. verschwinden. Diese Bewegungserscheinungen werden nicht in diesem Kapitel, sondern in dem über die Psychologie der optischen Wahrnehmung berücksichtigt werden[1].

V. Auch taktil und akustisch kann Bewegung sinnlich wahrgenommen werden, und zwar sowohl unter den Bedingungen I (wirkliche) und II (stroboskopische Bewegung) (BENUSSI, BURTT).

2. Über die Natur des Bewegungseindrucks.

KOFFKA, K.: Über den Einfluß der Erfahrung auf die Wahrnehmung (behandelt das Problem des Sehens von Bewegungen). Naturwiss. **7**, 597—605 (1919).

Die Behauptung, Bewegung könne sinnlich wahrgenommen werden, wird von einer Anzahl von Forschern bestritten (WITASEK[2], BENUSSI[3], LINKE[4], WITTMANN[5], LINDWORSKY[6], DRIESCH[7], DIMMICK[8]), viele wollen diese Wahrnehmungsvorgänge durch eine psychische, dem bloß Sinnlichen überlegene Gesetzmäßigkeit erklären.

Prinzipielle Auseinandersetzungen mit diesen Ansichten findet man in einigen Schriften von mir[9] und W. KÖHLER[10].

v. KRIES faßt gleichfalls den Eindruck, daß ein Körper sich bewege, seinem psychologischen Inhalt nach als ein Urteil auf, aber im Gegensatz zu der Mehrzahl der eben genannten Autoren legt er besonderen Nachdruck darauf, daß solche Urteile „in einer eigenartigen Weise direkt durch physiologische Verhältnisse bestimmt werden und als etwas unmittelbar Gegebenes fertig und zwangsmäßig ins Bewußtsein treten können"[11]. Mit der KRIESschen Argumentation, die die Grundfragen der Wahrnehmungspsychologie betrifft,

---

[1] S. dort S. 1231f. Vgl. auch A. BETHE: Pflügers Arch. **121**, 2, 8 (1908). — KENKEL, F.: Z. Psychol. **67**, 402ff. (1913). — KOFFKA: Ebenda **82**, 270 (1919). — LINDEMANN, E.: Psychol. Forschg **2**, 5—60 (1922).

[2] WITASEK: Psychologie der Raumwahrnehmung des Auges.

[3] BENUSSI: Arch. f. Psychol. **36**, 69 (1918).

[4] LINKE: Grundfragen der Wahrnehmungslehre. München 1918.

[5] WITTMANN: Über das Sehen von Scheinbewegungen und Scheinkörpern. Leipzig 1921.

[6] LINDWORSKY: Umrißskizze zu einer theoretischen Psychologie. Z. Psychol. **89** (1922). Auch separat bei Barth.

[7] DRIESCH: Leib und Seele. 3. Aufl., S. 96A. Leipzig 1923.

[8] DIMMICK: Amer. J. Psychol. **31** (1920).

[9] KOFFKA: Zur Grundlegung der Wahrnehmungspsychologie. Eine Auseinandersetzung mit V. BENUSSI. Z. Psychol. **73** (1915). — Besprechung des Buchs von LINKE: Z. angew. Psychol. **16**, 102—117 (1920). — Gegen WITTMANN vgl. LINDEMANN: Psychol. Forschg **2**, 50 (1922).

[10] KÖHLER, W.: Zur Theorie des Sukzessivvergleichs und der Zeitfehler. Psychol. Forschg **4**, 130—137 (1923).

[11] HELMHOLTZ: Physiol. Optik **III**[3], 489, vgl. auch S. 496.

kann ich mich hier nicht auseinandersetzen. Bei manchen Abweichungen besteht das Gemeinsame, daß auch ich nach physiologischen Vorgängen suche, die dem Bewegungsphänomen streng zugeordnet sind, und daß ihm wie mir der alte Empfindungsbegriff unzureichend erscheint.

Allgemein kann man zwei Grundauffassungen über die Natur des Bewegungseindrucks einander gegenüberstellen. Nach der einen ist er in eine Anzahl von elementareren Vorgängen zu analysieren, nach der anderen ist er ein nicht weiter zu analysierendes Erlebnis. Diese Alternative war für die ganze Psychologie lange Zeit hindurch maßgebend und wird erst heute dadurch überwunden, daß man den Vorgang der Analyse anders versteht als früher[1]. Während Physiologen für das Bewegungsphänomen von Anfang an die zweite Ansicht vertraten (EXNER, HERING, aber auch MACH), neigten Psychologen zunächst meist zur ersten. Man fand im optischen Bewegungseindruck, um an dies hauptsächlich untersuchte Gebiet anzuknüpfen, außer optischen Bestandteilen auch solche kinästhetischer Art — Empfindungen der Augenbewegungen (WUNDT[2]), reproduzierte Organempfindungen (HAMANN[3]) —, oder man trennte in den eben kurz gekennzeichneten intellektualistischen Theorien die statischen Ortsempfindungen von der durch den höheren Produktionsvorgang erzeugten Bewegungsvorstellung außersinnlicher Provenienz.

Demgegenüber behaupten die Vertreter der anderen Richtung mit Nachdruck: der Reizerfolg eines bewegten Objekts auf das Sehorgan als Ganzes ist schon rein physiologisch ein spezifisch anderer als der von ruhenden Objekten (MACH[4] 1875). Nur diese Ansicht ist heute noch aufrechtzuerhalten. Wir werden später zeigen, daß die gegnerischen Behauptungen teils nachweislich falsch sind, teils völlig unzureichend, um die konkreten Tatsachen zu erklären[5].

Zur positiven Begründung der Ansicht von der spezifischen Natur des physiologischen Bewegungsprozesses sei jetzt schon soviel gesagt: 1. Ein bewegtes Objekt ist ceteris paribus ein viel stärkerer Reiz für das Verhalten von Lebewesen als ein ruhender. Das zeigt nicht nur die tägliche Erfahrung, sondern vor allem auch die Beobachtung von Tieren: können doch manche Tiere überhaupt nur durch bewegte Objekte zu Reaktionen veranlaßt werden[6]. Ja, es ist wahrscheinlich, daß klare Gestaltung früher bewegten als ruhenden Objekten gegenüber zustande kommt. Diese Ansicht hat sich KATZ[7] bei der Untersuchung

---

[1] Vgl. K. KOFFKA: Zur Theorie der Erlebniswahrnehmung. Ann. d. Philos. **3** (1922). — KÖHLER, W.: Ped. sem. **32**, 691f. (1925).

[2] WUNDT: Grundzüge der physiologischen Psychologie II[6], 611 (1910).

[3] HAMANN: Z. Psychol. **45** (1907).

[4] Vgl. MACH: Analyse der Empfindungen. 5. Aufl., S. 119.

[5] Vgl. hierzu besonders die am Kopf dieses Abschnittes angegebene Schrift. Trotzdem leben diese Theorien heute in veränderter Form wieder auf. Man glaubt biologisch zu sprechen, wenn man sagt, daß der Organismus ungeheuer geschickt ist, sinnliches Material zu benutzen, um Bewegung zu erfassen, und daß er dabei mit einem Minimum von Material auskommen kann. [Vgl. G. D. HIGGINSON: Amer. J. Psychol. **37** (1926), u. W. S. HULIN: J. of exper. Psychol. **10** (1927).] Damit ist gar nichts anzufangen, solange nicht über das Verhältnis von „Mitteln, die dem Organismus zur Verfügung stehen" und dem mit ihnen erreichten Ziel irgendwelche konkrete Vorstellungen geschaffen sind. [Vgl. K. KOFFKA: Psychol. Forschg **8**, 222ff. (1926).] Dem Standpunkt von HIGGINSON verwandt, aber noch mehr im Sinn längst überwundener Theorien von „Deutung", „Urteilstäuschungen" usw. sind die theoretischen Ansichten, die DE SILVA in seiner neuesten Arbeit entwickelt. (Brit. Journ. Psychol. **19**, 287ff, 1929). [Zusatz bei der Korrektur].

[6] So schon EXNER 1876: Sitzgsber. Akad. Wiss. Wien, Math.-naturwiss. Kl. II. Neuerdings W. KÖHLER: Psychol. Forschg **4** (1923). Auch für Reflexe ist ein über eine Bahn bewegter Reiz ein stärkerer Impuls als ein die ganze Bahn gleichzeitig treffender. Vgl. A. SHERRINGTON: The Integrative Action of the Nervous System, S. 184. New York 1906.

[7] KATZ, D.: Der Aufbau der Tastwelt. Z. Psychol., Erg.-Bd. **11**, 71ff. (1925). Die Behauptung von DE SILVA, daß dynamische Prozesse normalerweise weniger „klar" im Bewußtsein seien als statische ist in dieser Allgemeinheit sicher falsch. Vgl. die in Anm. 5 zitierte Arbeit S. 275. [Zusatz bei der Korrektur].

der Tastwelt aufgedrängt und ist von ihm auf die anderen Sinnesgebiete, speziell das optische, verallgemeinert worden. 2. Schon die Physik lehrt uns, daß Bewegung nicht auf Ruhe zurückgeführt werden kann: eine Reihe von an verschiedenen Orten ruhenden elektrischen Ladungen und eine durch diese Orte hindurch bewegte Ladung haben sehr verschiedene Wirkungen. Wenn also auf der Oberfläche des Körpers ein Bewegungsvorgang angreift, so muß das aus rein physikalischen Gründen eine spezifische Wirkung im nervösen Geschehen auslösen[1]. 3. Ein von Anfang an benutztes Argument bilden die in Abschn. 1 unter III angeführten negativen Bewegungsnachbilder.

Weitere positive Argumente werden sich im Lauf der Untersuchung ergeben.

II. Die stroboskopische Bewegung.

WERTHEIMER, M.: Experimentelle Studien über das Sehen von Bewegungen. Z. Psychol. **61**, 161—265 (1912). Auch als Frankfurter Habilitationsschr. und in dem Buch: Drei Abhandlungen zur Gestalttheorie. Erlangen 1925.

3. Stroboskopische und wirkliche Bewegung.

Es scheint am natürlichsten, bei der Besprechung der in Abschn. 1 angeführten Bedingungen mit der wirklichen Bewegung (Nr. I) zu beginnen. Dann bliebe aber zunächst das Verhältnis der Bedingungsgruppen I und II zueinander ungeklärt, und manches müßte nach der Aufhellung dieses Sachverhalts noch einmal und anders gesagt werden. Wir stellen daher unsere Ansicht von diesem Verhältnis voran und suchen sie durch die Einzelausführungen zu belegen. Zu diesem Zweck aber ist es geboten, statt mit der wirklichen mit der stroboskopischen Bewegung zu beginnen — zumal sich diese in gewisser Hinsicht als der theoretisch einfachere Fall erweisen wird.

Meist hat man die wirkliche Bewegung als das ursprünglichere Phänomen angesehen und die stroboskopische darauf zurückgeführt mit Hilfe des Prinzips der *Assimilation* (WUNDT[2], LINKE) oder des *unbemerkten Phasenausfalls* (DÜRR[3], MARBE[4]). Demgegenüber hat WERTHEIMER die *artgleiche* Natur der beiden Erscheinungen erkannt und diese Erkenntnis durch eine Reihe von Tatsachen gesichert. Er zeigte, daß unter günstigen Bedingungen zwischen gleichzeitig sichtbaren wirklichen und stroboskopischen Bewegungen einfachster Art nicht unterschieden werden kann. Im Kino können wir uns, von besonders schnellen Bewegungen abgesehen, täglich von der „Naturtreue" dieser Bewegungen überzeugen, doch sind die WERTHEIMERschen Versuche[5] darum beweisender, weil sie 1. den direkten Vergleich ermöglichen und 2. alle Erfahrungsmotive, auf die man die Kinobewegungen evtl. zurückführen könnte, ausschließen. WERTHEIMER bestätigte ferner unter diesem Gesichtspunkt die schon von EXNER[6] entdeckte Tatsache, daß stroboskopische Bewegung ebenso wie wirkliche ein negatives Nachbild erzeugen kann.

---

[1] Vgl. wieder KÖHLER an der gleichen Stelle S. 133f.

[2] WUNDT: Grundzüge der physiol. Psychol. **II**[6], 619.

[3] DÜRR: Phil. Stud. **15** (1900).

[4] MARBE: Theorie der kinematographischen Projektionen. Leipzig 1910. (80 S.) Dort auch Hinweise auf die zahlreichen älteren Arbeiten des gleichen Autors.

[5] WERTHEIMER: Zitiert am Kopf des Kapitels. (S. 168ff.) — WERTHEIMERS Befunde sind inzwischen von F. L. DIMMICK u. H. G. SCAHILL bestätigt worden. Amer. J. Psychol. **36** (1925). Vgl. auch DE SILVA, Brit. Journ. Psychol. **19**, 277f (1929). [Zusatz bei der Korrektur.]

[6] EXNER: Z. Psychol. **21** (1899). Bestätigt auch von v. SZILY: Ebenda **38** (1905), und WOHLGEMUTH: Brit. J. Psychol., Mon. Supp. **1** (1911).

Indem wir uns dieser Anschauung, die wir durch weitere Befunde stützen werden, anschließen[1], stellen wir die These auf: Dem spezifischen Unterschied der Erzeugungsbedingungen, wirkliche Bewegung bzw. sukzessive Exposition ruhender Phasen, entspricht physiologisch und phänomenal *kein* spezifischer Unterschied der resultierenden (Bewegungs-)Prozesse.

4. Die Methoden.

Während die älteren Untersucher der stroboskopischen Bewegung verschiedene Formen von Stroboskopen benutzten[2], führte WERTHEIMER, ein zuerst von SCHUMANN[3] benutztes Verfahren ausbauend, eine neue Methode ein. Er reduzierte die äußeren Reize auf das Mindestmaß und exponierte nur zwei Objekte sukzessiv an verschiedenen Stellen. Die Objekte wurden zunächst möglichst einfach gewählt: Punkte, Striche.

Ein kurzes Wort über die Apparatur. WERTHEIMER hat sehr viele seiner Hauptexperimente am SCHUMANNschen Tachistoskop (neues Modell) ausgeführt, und darin sind ihm meine Schüler KENKEL und KORTE gefolgt[4]. Der Beobachter sieht durch ein Fernrohr, vor dem ein Rad rotiert, das an seiner Peripherie einen mit Schlitzen versehenen Blechring trägt. Der Blechring schließt das Fernrohr ab und gibt den Durchblick nur dann frei, wenn ein Schlitz passiert. Die Schlitze sind so angeordnet, daß, nach richtiger Justierung des Fernrohrs, der eine Schlitz dessen obere, der andere dessen untere Hälfte freigibt. Durch jene hindurch blickt man auf ein dahinterstehendes Objekt, vor dieser befindet sich ein total reflektierendes Prisma, welches ein seitlich aufgestelltes Objekt ins Fernrohr spiegelt; so können dem Beobachter nacheinander zwei verschiedene Objekte geboten werden. Man kann die Schlitze verschieden lang machen, den Abstand zwischen ihnen verändern (auch negative Werte, d. h. teilweise Überdeckungen sind möglich) und schließlich die Umdrehungsgeschwindigkeit des durch einen Elektromotor angetriebenen Rades variieren und beherrscht dadurch die Expositionszeiten und die Zwischenpause in hohem Maße. Die Objekte schneidet man zweckmäßig als Streifen oder Löcher (Punkte) in schwarze Kartonschirme, hinterklebt sie mit durchsichtigem Papier und beleuchtet sie von hinten; man kann dann auch die Lichtstärke leicht meßbar variieren[5]. Diese bequeme Variationsmöglichkeit aller bei der sukzessiven Exposition zweier Objekte in Betracht kommenden Faktoren ist der große Vorzug des Tachistoskops. Seine Nachteile sind folgende: die unnatürliche Art der Beobachtung; monokular durch Fernrohr; Beschränkung auf zwei Expositionen; Schwierigkeit einen dauernd sichtbaren Fixationspunkt anzubringen; Unmöglichkeit im Bewegungsfeld dauernd sichtbare Konturen darzubieten. Andere Tachistoskope, so die neuerdings mehrfach benutzte DODGEsche Anordnung (DE SILVA, HIGGINSON), vermeiden viele der hier genannten Nachteile, teilen aber mit dem SCHUMANNschen Tachistoskop den großen Nachteil sehr kleinen Gesichtsfeldes.

Auf eine weitere Eigentümlichkeit der üblichen Tachistoskope hat kürzlich P. ENGEL[6] aufmerksam gemacht. Im SCHUMANNschen Tachistoskop erleidet das Gesichtsfeld Helligkeitsschwankungen, wenn abwechselnd Schlitze und Rand vor dem Fernrohr vorüberziehen (ähnlich bei anderen Tachistoskopen). Bei den zuletzt beschriebenen Anordnungen sind solche Schwankungen freilich auf ein Minimum reduziert bzw. ganz ausgeschaltet. Unter gewissen Umständen scheinen, nach den Versuchen von ENGEL, diese Schwankungen das Entstehen des Bewegungseindrucks zu begünstigen. Es ist aber ein Irrtum, wenn ENGEL behauptet, daß sie für den stroboskopischen Bewegungseindruck konstitutiv sind. Wie ich mich erst eben überzeugt habe, sind strenge Gegenversuche mit positivem Erfolg leicht auszuführen.

---

[1] BENUSSI erwägt einmal ein freilich keineswegs stichhaltiges Gegenargument. Arch. f. Psychol. **36**, 115/16 (1916).

[2] So z. B. O. FISCHER: Phil. Stud. **3** (1886). — LINKE: Psychol. Stud. **3** (1907). — Ein praktisches Demonstrationsstroboskop gibt WITTMANN in der auf S. 1167, Anm. 5 zitierten Schrift an (S. 9).

[3] SCHUMANN: Ber. üb. d. 2. Kongr. f. exper. Psychol., Leipzig 1907, 218. — Vgl. auch LASERSOHN: Z. Psychol. **61** (1912).

[4] Der Apparat ist abgebildet bei J. WAGNER: Z. Psychol. **80**, 11, 15 (1918); die Abbildung bei KLEMM [Abderhaldens Handb. d. biol. Arbeitsmeth., Abt. VI, Teil B, H. 1, S. 93 (1921)] zeigt das alte, nicht das für die Bewegungsversuche benutzte Modell.

[5] Eine besonders einfache Methode bei HARTMANN: Psychol. Forschg. **3**, (1923).

[6] ENGEL, P.: Z. Psychol. **107** (1928).

WERTHEIMER hat daher auch mit Schieberanordnungen gearbeitet; rotierende Schieber hat HILLEBRAND[1] benutzt. Je nach der Wahl und Konstruktion solcher Schieber befreit man sich von einigen oder allen der eben genannten Nachteile[2]. Einen für Demonstrationszwecke sehr schönen Apparat hat LINKE von der Firma Zeiss anfertigen lassen und als Tautoskop beschrieben[3]. Als Arbeitsapparat scheint er mir zu wenig Variationsmöglichkeiten zuzulassen. Einen praktischen, auf dem Schieberprinzip beruhenden Apparat hat L. CARMICHAEL angegeben[4].

Alle diese Vorrichtungen lassen eine doppelte Art der Verwendung zu, die wir als *Dauer-* und *Einzelbeobachtung* bezeichnen wollen. Machen wir uns dies am Tachistoskop klar: Wenn es dauernd rotiert, so schließt sich an Exposition a nach der kurzen Pause p die Exposition b; es folgt ein großer Bereich der Raddrehung P (vom Ende von b bis zum neuen Beginn von a), in dem nichts zu sehen ist, und dann wiederholt sich das Spiel von neuem. Der längere Zeit durch das Fernrohr schauende Beobachter erhält also die Reize $apbP\,apbP\ldots$, wenn nicht die Objekte nur für *einen* Durchgang der Schlitzanordnung sichtbar gemacht werden, etwa dadurch, daß man die hinter den Objekten stehenden Lampen erst kurz vor a ein- und nach b wieder ausschaltet. In diesem Falle, in dem allein zwei isolierte sukzessive Reize dargeboten werden, sprechen wir von Einzel-, sonst von Dauerbeobachtung (EB. bzw. DB.).

Man darf nicht glauben, daß DB. nichts anderes sei als eine Summe von EBn. Schon wenn man nur mit EB. arbeitet, ist, auch bei stark geübten Vpn., der Erfolg derselben Reizkonstellation am Ende einer Versuchsstunde anders als im Anfang: man sieht z. B. gute Bewegungen, wo man zuerst weniger klare Phänomene gehabt hatte (s. unten). Im selben Sinn, nur noch viel stärker, unterscheidet sich die DB. von der EB. Bei DB. kann man noch häufig optimale Bewegung sehen unter Bedingungen, die bei EB. überhaupt keinen Bewegungseindruck ergeben[5]. Untersuchungen über die Abhängigkeit des Bewegungsvorgangs vom Komplex der äußeren Bedingungen sind daher zunächst mit EB. auszuführen.

Noch wesentlicher aber ist der folgende Unterschied: Bei DB. kommt es, auch wenn P sehr viel größer ist als p, bald zu einer Hin- und Herbewegung, bei der unter Umständen das Objekt gar nicht mehr verschwindet. D. h. es bildet sich ein periodisch-stationäres Geschehen aus, für dessen Form eigene Gesetze gelten[6].

Eigene Beobachtungen hierüber haben WERTHEIMER[7] und KENKEL[8] angestellt, wertvolle Einblicke in die Ausbildung des periodisch-stationären Geschehens verdanken wir den auch auf taktilem Gebiet ausgeführten Versuchen von BENUSSI[9].

Den eigentlichen dynamischen Vorgang erhält man nur bei EB. Man muß beachten, daß die üblichen stroboskopischen Darbietungen alle periodischstationäre Prozesse hervorrufen.

---

[1] HILLEBRAND: Z. Psychol. **89, 90** (1922).

[2] Über die bei Schieberanordnungen zu berücksichtigenden Kautelen s. WERTHEIMER: Z. Psychol. **61,** 170, und vor allem Psychol. Forschg **3,** 111 ff. (1923).

[3] LINKE: Ber. üb. d. 5. Kongr. f. exper. Psychol., Leipzig **1912,** 196 ff., sowie die Druckschrift Mikro 297 von Carl Zeiss, Jena, Tautoskop nach Dr. P. LINKE.

[4] CARMICHAEL, L.: Amer. J. Psychol. **36,** 446 ff. (1925).

[5] Daß auch das Umgekehrte vorkommen kann, berichtet BENUSSI auf Grund seiner optischen und taktilen Versuche, freilich in anderer Darstellung des Sachverhalts. Arch. f. Psychol. **36,** 107/8. Wir kommen später (S. 1187) hierauf zurück.

[6] Vgl. W. KÖHLER: Die physischen Gestalten in Ruhe und im stationären Zustand, S. 260. Braunschweig 1921.

[7] WERTHEIMER: Z. Psychol. **61,** 196.

[8] KENKEL: Z. Psychol. **67,** 430 ff. (1913).

[9] BENUSSI: Arch. f. Psychol. **36,** 87—90.

5. Die Grundtatsachen und ihre theoretischen Konsequenzen.

Wir betrachten jetzt den Einfluß der im ersten Kapitel angegebenen Bedingungsfaktoren und fassen zunächst die Gruppen 1 und 2 zusammen, die sich auf die *zeitlichen* Darbietungsverhältnisse beziehen. Wir bezeichnen, wie erwähnt, die Pause zwischen den zwei Expositionen mit p, diese selbst mit e_1 und e_2, ferner die Gesamtzeit $e_1 + p + e_2$ mit g. Wir variieren zunächst g als Ganzes, indem wir etwa das Rad des Tachistoskops oder der Schiebervorrichtung verschieden schnell laufen lassen. Dann sind drei *Hauptstadien* zu unterscheiden: Ist g sehr groß (langsame Umdrehung), so sieht man nacheinander erst Objekt a, dann Objekt b. Als Objekte dienen an verschiedenen Stellen gelegene Punkte oder Striche, wie aus den Abbildungen ersichtlich. Wir bezeichnen diese Erscheinung, in der nacheinander a und b auftauchen und verschwinden, als *Sukzessivstadium (Suk)*. Ist g sehr klein, so sieht man beide Objekte gleichzeitig, also etwa das Punktepaar oder die zwei Parallelen oder den Winkel; *Simultanstadium (Sim)*. Liegt g in einer Zone zwischen diesen Extremen — Lage wie Größe dieser Zone ist von weiteren Bedingungen abhängig —, so sieht man optimale Bewegung, d. h. man sieht nur ein einziges Objekt, das sich von a nach b bewegt und sich, wenn die Objekte a und b nicht gleich sind (verschiedene Größe, Form, Farbe besitzen), aus a in b verwandelt; *Optimalstadium (Opt)*.

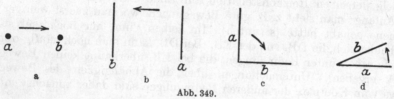

Abb. 349.

Mit diesen drei Hauptstadien ist aber der Bereich der g zwischen *Suk* und *Sim* nicht erschöpft. Sowohl zwischen *Suk* und *Opt*, wie zwischen *Opt* und *Sim* gibt es g, denen keins von ihnen entspricht. Man erhält dort leicht Phänomene, die gegenüber den drei Hauptstadien unbestimmter, unklarer und schwerer zu beschreiben sind; schnelles Aufleuchten zweier Objekte, ohne daß man sagen kann, ob sie simultan oder sukzessiv da waren, Ansätze von Bewegtheit, ohne daß man recht weiß, was da eigentlich bewegt war, u. dgl. Um diese Zwischenstadien zu charakterisieren, empfiehlt es sich daher, die Termini *Suk* und *Sim* nicht mehr direkt an die phänomenale Eindrücke zu knüpfen, sondern an ihre Beziehungen zur Größe von g. Verwandelt sich ein Phänomen in *Opt* durch Verkürzung von g, so sagen wir, es sei gegen *Suk* verschoben, durch Verlängerung von g, gegen *Sim*..

WERTHEIMER, der als erster die *Zwischenstadien* näher untersucht hat, fand, daß sich hier gleichfalls klare und eindeutige Phänomene erzeugen lassen. Das erste, was sich verändert, wenn man das optimale g variiert, ist die *Ausfüllung der Bewegungsbahn*. Sieht man bei unbefangener Beobachtung im *Opt* ein Objekt über das Feld hinlaufen oder -gleiten, so tritt bei Verlängerung von g bald ein „*Tunneleindruck*" auf: man sieht zwar noch ein von a nach b laufendes Objekt, aber es geht durch einen mehr oder weniger großen Tunnel[1]. In diesem Tunnel verschwindet zwar das Objekt, aber die Bewegung bleibt sichtbar. D. h. in einem Bezirk des Bewegungsfeldes behält der Grund seine Farbqualität, von der Farbe des bewegten Objekts ist nichts zu sehen, trotzdem ist an derselben Stelle Be-

---

[1] Das „Überspringen" der Mitte des Sehfelds durch das „nachlaufende Bild" hat schon v. KRIES beobachtet, z. B. Z. Psychol. **25**, 239/40 (1901); **29**, 81ff. (1902).

wegung sichtbar, und zwar so, daß man sehr wohl angeben kann, ob sie schnell oder langsam, gespannt oder schlaff usw. verlaufen sei. Bei weiterer Vergrößerung von g zerreißt der einheitliche Zusammenhang: man sieht nicht mehr *ein* Objekt, sondern *zwei*, die sich beide nur ein Stück bewegen, dazwischen bleibt ein mit wachsendem g immer größer werdendes Stück des Zwischenraumes bewegungsfrei: *duale Teilbewegung*. Verkürzt man g, so wird zunächst wieder die Ausfüllung der Bahn schlechter, man sieht hastig eine Bewegung von a nach b huschen[1], bald so, daß die Objekte a und b selbst nicht mehr von der Bewegung tangiert werden, sondern in Ruhe da sind; zwischen ihnen geht der jetzt völlig gegenstandslose Bewegungsprozeß vor sich. Weitere Verkürzung von g führt wieder zu dualer Teilbewegung, schließlich, nach Versuchen von HIGGINSON[2], zu *Sim* mit Bewegung; d. h. in der Winkelanordnung sieht man beide Schenkel in Bewegung, die meist gleichgerichtet ist.

In den gleichen Zwischengebieten läßt sich statt dualer auch *singulare* Teilbewegung erzielen, wenn man das eine der beiden Objekte irgendwie (objektiv oder subjektiv) auszeichnet. Man kann dann $a(b)$ in Ruhe, $b(a)$ über ein mehr oder weniger großes Stück der Bahn bewegt sehen.

Bringt man unter optimalen Bedingungen ein dauernd sichtbares Objekt in die Bewegungsbahn und sucht festzustellen, wie das bewegte Objekt diese Marke passiert, so verflüchtigt sich das Objekt geradeso wie bei der Tunnelbewegung. Das „Hinüber" bleibt erhalten, aber von der Farbe des Objekts ist auf der Marke und in ihrer Nähe nichts zu erblicken. HILLEBRAND[3] hat also vollkommen recht, wenn er die Einführung einer solchen Marke als tiefgreifende Veränderung der Versuchsbedingungen bezeichnet[4].

Schon diese Befunde WERTHEIMERS genügten, um die bis dahin bestehenden Theorien der stroboskopischen Bewegung zu widerlegen. 1. Bewegungswahrnehmung ist nicht psychologische Reproduktion der fehlenden Phasen, ebensowenig beruht sie auf unbemerktem Phasenausfall; denn zum Bewegungseindruck gehört das Vorhandensein von Phasen, richtiger die Bahnausfüllung, gar nicht konstitutiv. 2. Stroboskopische Bewegung beruht auch nicht auf psychologischer Identifikation der dargebotenen Phasen, denn es kann Bewegung gesehen werden ohne Identifikation, Teilbewegung. 3. Um den Effekt auf einen Nachbildstreifen zurückzuführen, dazu ist in den WERTHEIMERschen Versuchen der Ab-

---

[1] Zum Einfluß der Zwischenzeit auf die scheinbare Geschwindigkeit vgl. a. DE SILVA, J. Gen. Psychol. **1**, 559, 561 (1928). Es scheint, daß jede Veränderung in Richtung auf *Sim*, auch wenn sie durch Variation der nichtzeitlichen Parameter verursacht ist (s. Abschn. 6), die scheinbare Geschwindigkeit erhöht. Vgl. wieder DE SILVA, a. a. O. 563. [Anm. bei der Korrektur.]

[2] HIGGINSON: Amer. J. Psychol. **37** (1926) — J. of exper. Psychol. **9** (1926).

[3] HILLEBRAND: Z. Psychol. **90**, 34. Die Beschreibung, die H. von der Wirkung solcher Marke gibt: Zerstörung der Bewegung im ganzen Gebiet zwischen ihr und dem Objekt a, kann ich dagegen in keiner Weise bestätigen.

[4] Der eben geschilderte Sachverhalt wird keineswegs von allen Forschern anerkannt. LINKE leugnet das Vorkommen von Teilbewegung als stroboskopischer überhaupt (Grundfragen S. 343 ff.), steht darin freilich jetzt ziemlich allein; HILLEBRAND macht keinen Unterschied zwischen Tunnelbewegung und dualer Teilbewegung; BENUSSI, WITTMANN, DIMMICK suchen sie anders zu erklären. Noch energischer wird die reine gegenstandslose Bewegung abgelehnt (LINKE, BENUSSI, HILLEBRAND). Wenn man aber bedenkt, daß DIMMICK sie sehr wohl in naiver Einstellung (er nennt das „meaning attitude") beobachtet hat und nur auf Grund der in der „process attitude" gewonnenen Ergebnisse umdeutet, und wenn man die Beschreibungen von BENUSSI (Arch. f. Psychol. **36**, 65—70) und seine Erläuterungen und Schlußfolgerungen liest, dann wird man an den oben beschriebenen *Tatsachen* nicht mehr zweifeln können. Auch A. GRÜNBAUM legt ihr großes Gewicht bei, der auch *richtungs*lose Bewegungen erzeugt hat [vgl. Fol. neurobiol. **9**, 717 (1915)]. Ihre Deutung ist nur im Zusammenhang der gesamten theoretischen Einstellung möglich, und darüber ist oben schon einiges gesagt worden.

stand zwischen den Objekten zu groß. 4. Augenbewegungen sind nicht notwendig, wie WERTHEIMER in besonderen Versuchen bestätigte: a) Fixation durch
Nachbild eines leuchtenden Objekts kontrolliert, b) g kleiner als die Latenzzeit
für Augenbewegungen, c) gleichzeitig verschiedene, ja entgegengesetzt gerichtete
Bewegungen wahrnehmbar[1]. 5. Bewegungswahrnehmung ist nicht gleich Auf-
merksamkeitwanderung. Auch bei fixierter Aufmerksamkeit ist guter Bewegungseindruck möglich, und es gilt das Argument 4c[2].

Schon dadurch scheint bewiesen: auch durch stroboskopische Reizdarbietung
entsteht der spezifische Bewegungsprozeß, nicht zurückführbar auf statische
Inhalte. Und dieser Schluß bekräftigt sich im folgenden Experiment WERT-
HEIMERS: Bringt er, bei der Winkelanordnung, in den Winkelraum eine kleine
Figur, indem er sie mit a oder b oder mit beiden zusammen exponiert, so wird
diese leicht durch die $a \rightarrow b$-Bewegung zentrifugal aus dem Bewegungsraum
hinausgeschleudert. Es zeigt sich also, daß der Bewegungsvorgang sehr reale
Wirkungen ausübt[3].

6. Die KORTESchen Gesetze.

Wir kehren zu den Tatsachen zurück und differenzieren jetzt innerhalb g
die Expositionszeiten und die Pause. Statt durch proportionale Änderung von e
und p kann man ja g auch allein durch Veränderung von e oder p variieren.
Dabei gilt der folgende Satz: Veränderung von p und e wirkt im selben Sinne
(also wie Veränderung von g), aber Veränderung von p wirkt, innerhalb weiter
Grenzen, stärker als Veränderung von e_1 und e_2 zusammen. Daraus folgt: Soll
Opt erhalten bleiben, so muß eine Vergrößerung von e (e_1 und e_2) durch eine
solche Verkleinerung von p kompensiert werden, daß g größer wird usw. (KORTE[4]).
Schließlich muß zunehmende Vergrößerung von e zu Werten $p = 0$ und $p < 0$
führen, d. h. e_1 und e_2 müssen sich teilweise überdecken, b muß auftauchen, noch
ehe a verschwunden ist, soll Opt gesehen werden[5].

---

[1] Dies muß PIÉRON entgangen sein, der in einem Versuch entgegengerichtete Bewegungen nicht erzeugen konnte und daraus auf die Beteiligung von Augenbewegungen schließt.
(VII. Internat. Congr. of Psychol.) Ich verweise auch auf die neuen in der folgenden Anmerkung
angegebenen Versuche von WERTHEIMER. HIGGINSON hat durch geistreiche Figurkombina-
tionen sogar verschieden gerichtete Bewegungen im gleichen Teil des Feldes erzeugt [J. of
exper. Psychol. **9**, 229ff. (1926)]. Trotzdem bemüht er sich, im Sinne der auf S. 1168, Anm. 5
charakterisierten Theorie, die Bedeutung der Augenbewegungen für die Bewegungswahrnehmung darzutun [Amer. J. Psychol. **37**, 63—115, 408—413 (1926)]. Einander diametral entgegengesetzte Bewegungen im gleichen Feldstück hat LANGFELD mit einer besonderen haploskopischen Methode erzielt (s. unten). Amer. J. Psychol. **39**, S. 349f. (1927) (Washburn
Commemorative Volume).

[2] Neuerdings leugnet HILLEBRAND (in der auf S. 1171, Anm. 1 zit. Arbeit) auf Grund
eigener Versuche, daß entgegengesetzte Bewegungen gleichzeitig gesehen werden können,
wenn beide in der gleichen Hälfte des Gesichtsfeldes stattfinden. Demgegenüber hat
WERTHEIMER genau die Bedingungen angegeben, unter denen dies möglich ist (vgl. a. die
vorige Anm.), und hat den negativen Ausfall der HILLEBRANDschen Versuche erklärt. Dadurch allein ist die ganze Theorie der absoluten Lokalisationsänderung widerlegt. Vgl.
Psychol. Forschg **3**, 106—123 (1923). Zur HILLEBRANDschen Theorie vergleiche man auch
die Arbeit von KAILA: Die Lokalisation der Objekte bei Blickbewegung. Psychol. Forschg
3, 60—77 (1923), und J. PIKLER: Arch. Augenheilk. **94**, 104—113 (1924). Schließlich
HILLEBRANDS posthume, von FRANZISKA HILLEBRAND herausgegebene, Arbeit in Z.
Psychol. **104**, 129—200 (1927) und **105**, 43—88 (1928), in der er seine Position, in geänderter Form, gegen Einwände zu schützen sucht.

[3] Ein entsprechender Versuch bei periodischer Darbietung bei BENUSSI: Arch. f.
Psychol. **37**, 241 (1918).

[4] KORTE: Z. Psychol. **72**, 268f. (1915).

[5] Daß unter diesen Bedingungen Bewegung gesehen werden kann, hat schon WERT-
HEIMER gezeigt. Daß aber unter Umständen die Pause Null für den Bewegungseindruck
besonders günstig ist, das hat auf Grund seiner Versuche HILLEBRAND betont (Z. Psychol.

Korte hat schließlich noch e_1 und e_2 gegeneinander variiert. Er stellte die übrigen Bedingungen so her, daß für $p = 6°$ (am Tachistoskop) $e = 30°$ Opt ergab, für $p = 30°$ $e = 6°$. Ich stelle einige seiner Ergebnisse kurz zusammen:

$p = 6°$	(Eine volle Umdrehung in 2,2 Sek.)	$p = 30°$

$\left.\begin{array}{l}e_1\\e_2\end{array}\right\} 6°$ . . . . simultan

$\begin{array}{l}e_1 = 30°\\e_2 = 6°\end{array}$ . . . sehr gute Ganzbewegung

$\begin{array}{l}e_1 = 6°\\e_2 = 30°\end{array}$ . . . volle Identität, gute Bewegung

$\left.\begin{array}{l}e_1\\e_2\end{array}\right\} 30°$ . . . . sukzessiv

$\begin{array}{l}e_1 = 6°\\e_2 = 30°\end{array}$ . . . tadellose Bewegung, Endlage betont

$\begin{array}{l}e_1 = 30°\\e_2 = 6°\end{array}$ . . . Strich steht und geht mit sehr guter Bewegung, ohne stehenzubleiben. An der Grenze der Identität.

Die Tatsache, daß die richtige Wahl von e_1 zur Erzeugung von Opt genügt, deutet darauf hin, daß die Zeit vom Beginn des ersten bis zum Einsetzen des zweiten Reizes ($e_1 + p$) ausschlaggebend ist; daß aber auch richtige Wahl von e_2 allein zur Erzeugung eines guten Bewegungseindrucks genügt, zeigt, daß der Tatbestand nicht so einfach ist. Aber auch die Größe g kann nicht allein bestimmend sein, denn in der Tabelle von Korte, der wir unsere Zusammenstellung entnehmen[1], finden sich Fälle mit gleichen g aber verschiedener Einteilung in e und p, die verschiedene Phänomene ergaben.

Diese Tatsachen aus einer rein „psychologischen" Theorie abzuleiten, erscheint unmöglich; selbst nachträglich eine solche für sie zu ersinnen, dürfte schwer sein. Der Versuch ist bisher noch nicht unternommen worden.

Wir betrachten jetzt den *räumlichen Abstand* der Reizobjekte (s) und wählen der Einfachheit halber als Reize Punkte oder parallele Striche. Wir können dann durch Variation von s allein unter Konstanthaltung aller übrigen Bedingungen, auch der zeitlichen, alle Stadien erzeugen. Und zwar ergibt, von optimalem s ausgehend, Verkleinerung von s Suk, Vergrößerung Sim. D. h. man kann eine Veränderung von s durch Veränderung der zeitlichen Faktoren kompensieren, verkleinert man s, so muß man auch g verkleinern, und umgekehrt; allgemein: will man einen bestimmten Stadieneindruck beibehalten, so muß man s und g in der gleichen Richtung ändern — die quantitativen Verhältnisse bleiben noch offen. Scholz, der mit anderer Versuchsanordnung und mit sehr langen Expositionszeiten arbeitete, fand bei großen Abständen dieses Gesetz dadurch modifiziert, daß die Zone der Opt-Bewegung mit größerem s zunehmend kleiner wird. Man kann endlich die verschiedenen Stadien auch dadurch erzielen, daß man s und g (und zwar sowohl die e wie p) konstant läßt und statt dessen die Objekte selbst ändert. Planmäßig untersucht sind bisher nur *Intensitäts*- und *Größen*änderungen. Verstärkt man, von optimaler Intensität (i) ausgehend, die i, so ändert sich das Phänomen in Richtung auf das Suk, schwächt man sie ab, so in Richtung auf Sim. Daraus ist ersichtlich, wie man eine Veränderung von i zu kompensieren hat. Vergrößert man i, so hat man, soll der Stadieneindruck erhalten bleiben, entweder g zu verkleinern oder s zu vergrößern; verringert man i, so muß man umgekehrt g vergrößern oder s verkleinern. Solche Kompensationen sind natürlich nie vollkommen; es zeigen z. B. zwei unter

---

89, 243/44), und Versuche von Scholz lehren, daß bei langem e die Pause p sogar verschwinden oder negativ werden muß. Vgl. W. Scholz: Psychol. Forschg **5** (1924) und W. Köhler: Ebenda **3** (1923). Ich selbst hatte diesen Sachverhalt früher theoretisch vorausgesagt [Z. Psychol. **82**, 278 (1918)].

[1] Korte: Z. Psychol. **72**, 269 (1915).

verschiedenen Bedingungen auftretende optimale Bewegungseindrücke noch Unterschiede der Bahngröße, der Geschwindigkeit, der Wucht[1].

Diese Abhängigkeit des Bewegungseindrucks von den drei Parametern g, s und i kann man, indem man jeweils ein Paar als Veränderliche und Funktion zusammenstellt, in drei Einzelgesetzen fassen, die nach ihrem Entdecker als die Korteschen Gesetze bezeichnet werden. Zusammengefaßt kann man sie symbolisch in folgender Formel ausdrücken: Wir nehmen an, der Vorgang ließe sich durch irgendeine Größe φ messen, die so beschaffen sei, daß $\varphi_{sim} > \varphi_{opt} > \varphi_{suk}$.

Dann kann man setzen: $\varphi = f\left(\dfrac{s}{i,\, g}\right)$, wobei die Art der Funktion noch völlig unbestimmt bleibt[2].

Diese Funktion hat natürlich ihren Gültigkeitsbereich. Der Bereich der g kann dabei beliebig angenommen werden, solange wir g nur durch Veränderung der e variieren, dagegen kommen wir an eine Grenze, wenn wir p zu groß machen. Wo genau die Grenze liegt — abhängig natürlich von der Wahl der anderen Parameter und von individuellen Eigentümlichkeiten —, ist noch nicht planmäßig untersucht. Korte konnte ohne Schwierigkeit noch bei $p = 183\,\sigma$ (30° wie in der oberen Zusammenstellung) Opt erzeugen.

Der Bereich der i liegt zwischen einem Schwellenwert und dem durch Blendung vorgeschriebenen Maximum. Dabei ist aber zu beachten, daß nach Versuchen, über die Wertheimer kurz berichtet[3], die Intensität der Bewegung erzeugenden Reize kleiner sein darf als die Wahrnehmungsschwelle für ruhende.

Der Bereich der s ist nach oben begrenzt. Wird der Abstand der beiden Objekte zu groß, so läßt sich eine Bewegung nicht mehr erzielen; zunächst wird die Ausfüllung der Bewegungsbahn schwächer und schwächer, schließlich hört der Eindruck ganz auf. Auch hier sind die Grenzen noch nicht exakt anzugeben, es ist aber über eine Strecke von 50 cm in 120 cm Entfernung vom Beobachter (= ca. 23°) Bewegungseindruck noch auslösbar (Scholz). Wird s sehr klein, so ist Bewegung immer leichter zu erzeugen, anders ausgedrückt: Während für größere s der variierte Parameter (g oder i) relativ festgelegt, auf eine kleine Zone beschränkt ist, wenn man Opt erhalten will, so dehnt sich diese Zone aus, wenn s kleiner wird. Dieses Gesetz der wachsenden Zone, das Zonengesetz, ist von Cermak und Koffka ausgesprochen worden, es ist ein Ausdruck der häufig festgestellten Tatsache (Linke, Marbe, Wertheimer), daß Bewegungseindruck bei kleinen Abständen leichter zustande kommt als bei großen[4].

Für das Schwellen-s, d. h. den kleinsten Abstand der Reize, der eben noch Bewegung hervorrufen kann, gilt das gleiche, was bei der Intensität zu sagen war, obwohl besondere Untersuchungen hierüber auf optischem Gebiet noch nicht vorliegen[5]. Dafür zeigen die taktilen Versuche von v. Frey und Metzner, daß bei sukzessiver Reizung zweier benachbarter Druckpunkte, die bei simultaner

---

[1] Das gleiche gilt allgemein: Optimalstadien unter verschiedenen Bedingungen sind nie völlig gleich, wie de Silva jüngst wieder gefunden hat. J. Gen. Psychol. 1, 557 (1928). Als Nebenerfolg seiner Versuche fand de Silva auch eine grobe Bestätigung der Korteschen Gesetze (a. a. O. 556 A, 563) [Anm. bei der Korrektur].

[2] Vgl. Koffka: Z. Psychol. 82, 261.

[3] Wertheimer: Z. Psychol. 61, 220, Anm. 1.

[4] Cermak u. Koffka: Psychol. Forschg 1, 73 (1922). — Die Autoren, die mit aneinandergereihten Serienexpositionen arbeiteten, sprechen das Zonengesetz primär nicht für kleines s, sondern für kleines p aus, was für ihre Art des Vorgehens das Natürliche ist und den Übergang zu den im nächsten Abschnitt behandelten Problemen bildet. Geht man von den einfachen Versuchen aus, auf die sich der Text bezieht, so liegt es näher, das Zonengesetz von s her auszusprechen. Auch Cermak und Koffka stellen übrigens den Zusammenhang zwischen ihrem Gesetz und dem vom kleinsten Abstand her.

[5] Dies gilt nur für stroboskopische Bewegung. Für wirkliche Bewegung ist solch Verhalten längst festgestellt (s. unten).

Reizung einen einfachen Eindruck ergeben, der Bewegungseindruck auftritt, daß dieser also, wie die Autoren hervorheben, nicht auf den verschiedenen Ortszeichen der gereizten Punkte beruhen kann[1].

7. Stroboskopische Bewegung und Talbotsche Verschmelzung.

Wenn man s immer weiter verkleinert, so kommt man zum Grenzfall $s = 0$, d. h. zu einer Anordnung, bei der die beiden (gleichen) Reize an genau derselben Stelle nacheinander exponiert werden. Es erhebt sich die Frage: Ist auch psychophysisch diese Grenzbetrachtung erlaubt oder setzt hier ein total anderes Phänomen ein, das als einfachster Fall der Talbotschen Verschmelzung zu betrachten wäre?

Diese Frage beantwortet sich am leichtesten, wenn man endliche Größen von s benutzt (gerechnet von Mittelpunkt zu Mittelpunkt der Figuren), die aber von den bisher betrachteten dadurch unterschieden sind, daß s kleiner ist als die Erstreckung der Reizobjekte selbst. Um solche s zu untersuchen, arbeitet man zweckmäßig statt mit Punkten oder Strichen mit Quadraten oder Kreisen oder ähnlichen Figuren und läßt s nacheinander die Größe verschiedener Bruchteile der Seite bzw. des Durchmessers (r) annehmen. Unter diesen Bedingungen gibt es auf der Netzhaut ein Gebiet, in dem die beiden Figuren überlappen, und das um so größer, je kleiner s/r. Für dieses Gebiet bestehen die Bedingungen der einfachen Verschmelzung, da es zweimal sukzessiv in der gleichen Weise gereizt wird (s. Abb. 350). Nimmt man an, daß die Verschmelzung ein ganz anderer Prozeß ist als der der stroboskopischen Bewegung (im weitesten Sinne, in dem auch *Sim* und *Suk* dazu gehören), so folgt, daß sich dieser Prozeß zum Bewegungsprozeß hinzugesellt, im Augenblick wo $s < r$. Hier wäre

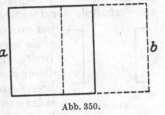

Abb. 350.

also eine Unstetigkeit in der Funktion, die die Abhängigkeit des Eindrucks von der Größe des Parameters s wiedergibt[2]. Versuche, die Hartmann[3] über diesen Punkt angestellt hat, führten zu folgenden Ergebnissen: Mit der Abnahme des Flimmerns, die durch Verkürzung von g erzielt wird, geht Hand in Hand eine Verbesserung des Bewegungseindrucks; im *Opt* ist das Flimmern schon ganz verschwunden. Die Flimmerschwelle liegt also bei größerem g als die *Sim*-Schwelle, und sie unterliegt dem gleichen Einfluß der Veränderung von s, d. h. je größer s, um so größer g, damit das Flimmern eben verschwindet. Solange aber Flimmern vorhanden ist, erfaßt es stets die ganze Figur, das überlappte Gebiet spielt phänomenal keine irgendwie ausgezeichnete Rolle, ehe nicht *Sim* erreicht ist. Diese Tatsachen zeigen deutlich, daß durch Verkürzung von s unter die Länge r nicht ein völlig neuer Prozeß in einem bestimmten Gebiet des Feldes zum bestehen bleibenden Bewegungsprozeß hinzukommt (nennt man doch auch Stadien schneller Sukzession, wenn $s > r$, ganz natürlich „flimmern", zumal wenn s nicht sehr groß), sondern daß man es hier mit einer stetigen Funktion zu tun hat.

Damit haben wir auch die Berechtigung dargetan, den Fall $s = 0$, von dem wir ausgingen, in unsere Grenzbetrachtung einzubeziehen, denn ein Sprung liegt ja hier gar nicht mehr vor. Freilich kann es ein *Opt* neben dem *Sim* hier nicht mehr geben, es bleiben nur noch die Stadien ruhiger Verschmelzung (*Sim*) und

[1] v. Frey u. Metzner: Z. Psychol. 92, 161—182 (1902).

[2] So Hillebrand: Z. Psychol. 90, 51 (1922).

[3] Hartmann: Psychol. Forschg 3, 371ff. Hier auch eine Auseinandersetzung mit Hillebrand.

der verschiedenen Formen des Flimmerns (*Suk*). Verschmelzungs- und strobo-skopischer Bewegungsprozeß sind also unter diesem Gesichtspunkt Spezialfälle einer allgemeineren Gesetzmäßigkeit ($s = 0$ bzw. $s > 0$)[1]. Schon Korte hatte diesen Zusammenhang vermutet[2], Cermak und Koffka hatten ihn mit ihren Serienexpositionen durch Aufstellung von acht für beide Gebiete gültigen Parallelgesetzen erwiesen[3], endlich hat Hartmann ihn durch die bereits er-wähnten Versuche und solche, die sich genau auf unseren Hauptfall: zwei Ex-positionen, $s = 0$, beziehen, sichergestellt[4]. Er fand wieder die gleichen Gesetze, und vor allem zeigte er, daß der Verschmelzungsvorgang nicht etwa ein rein peripher bedingter Prozeß ist, denn die kritische Verschmelzungsfrequenz, das kritische g, bei dem die doppelt exponierte Figur gerade einfach und in Ruhe gesehen wird, erwies sich als abhängig vom figuralen Charakter der Reizobjekte: Je einfacher die Objektgestalt, um so größer darf g zur Verschmelzung sein. Dieser Satz gilt auch da, wo bei gleichem Reiz mehrere verschiedene phäno-menale Gestalten möglich sind. So verschmilzt, um nur ein Beispiel anzu-führen, das liegende Quadrat leichter als das auf der Spitze stehende[5].

8. Die figuralen Reizeigenschaften.

Von den Eigenschaften der Reizobjekte selbst haben wir bisher lediglich die Intensität (als Lichtstärke der Objekte im dunklen Feld oder allgemeiner als Verhältnis der Lichtstärken von Grund und Objekten) betrachtet. Korte hat nun die Intensität seiner Striche auch dadurch variiert, daß er sie verschieden breit gemacht hat, und hat den Einfluß der Breite, der dieselbe Richtung hat wie der der Intensität, mit dieser zusammen behandelt. Später ist dann der Einfluß der Breite gesondert untersucht worden (Cermak und Koffka, Hartmann) mit dem Ergebnis: Verbreiterung verändert den Eindruck in Richtung auf das *Suk* (Flimmern).

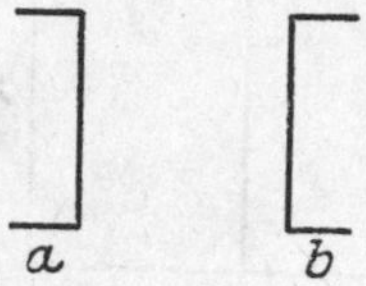

Abb. 351.

Eine Breitenänderung tangiert, wie schon Korte hervorhob, die figuralen Reizeigenschaften. Unter dem Gesichtspunkt der Intensität hat Korte noch eine weitere Änderung im Figurtypus der Reize untersucht. Er zeigte, daß Haken wie die nebenstehenden unter den gleichen Bedingungen *Opt* ergeben, unter denen einfache Striche von der gleichen Gesamtlänge (vertikale plus horizon-tale Teile), also der gleichen Lichtmenge, in dualer Teilbewegung (in Richtung auf *Sim*) erscheinen, und daß erst solche Striche von der dreifachen Breite unter diesen Bedingungen *Opt* ergeben. Da die Haken gegenüber den Strichen die „interessanteren", weniger einfachen Figuren sind, so beweist der Versuch, daß die figurale Gestaltung in dem Sinne den Prozeß beeinflußt, daß Vereinfachung ihn gegen *Sim*, Komplizierung gegen *Suk* verschiebt, ein Resultat, das zu den schon erwähnten viel umfassenderen Versuchen von Hartmann über Ver-schmelzung genau paßt. Ohne quantitative Experimente auszuführen, hat de Silva den Einfluß verschiedener figuraler Formen auf den Bewegungseindruck untersucht. Danach ist Komplizierung der Form günstig für Klarheit und Konkretheit der Bewegung. Schon wenn man statt der in Abb. 349c wieder-

---

[1] Das ist natürlich etwas ganz anderes als der ursprünglich von Marbe behauptete Zusammenhang, nach dem die Verschmelzung das Grundphänomen der stroboskopischen Bewegung war. Dagegen hat Cattell schon vor langer Zeit die Ansicht vertreten, daß die Verschmelzung kein rein retinaler, sondern ein sehr komplexer cerebraler Vorgang sei. Psychologic. Rev. 7 (1900).

[2] Korte: Z. Psychol. 72, 291.

[3] Cermak u. Koffka: Psychol. Forschg 1, vor allem 97ff.

[4] Hartmann: Zitiert auf S. 1177 (vgl. bes. S. 357ff.).

[5] Vgl. das Kapitel über Psychologie der optischen Wahrnehmung; Abschn. 10, S. 1228.

gegebenen „Radien" sich kreuzende Durchmesser wählt, wird die Bewegung besser, noch mehr, wenn man die Enden dieser Durchmesser verstärkt. Besonders gute Bewegung erhielt er, als er die gezeichneten Striche durch Faden ersetzte, deren dreidimensionale Dinghaftigkeit deutlich zu sehen war, und als er durch entsprechend gewählte Bilder die Bewegung des „Salutierens" erzeugte[1].

Figurale Reizeigenschaften können aber auch die Form der Bewegung beeinflussen. In vielen Fällen ist die Bewegung nämlich anders, als man nach der objektiven Verschiedenheit der einzelnen Reize erwarten müßte. Diese Abweichungen lassen sich in vier Hauptgruppen einteilen, es ist aber im konkreten Fall nicht immer möglich zu entscheiden, in welche er allein oder vorwiegend gehört.

1. Die phänomenalen Figuren sind noch in anderer Weise verschieden als die objektiven. So unterscheiden sich die „ausgefüllte" und „leere" Strecke phänomenal nicht nur durch die Ausfüllung, sondern auch durch ihre Länge. Diese Abweichungen gehören zum Kapitel der optischen Täuschungen und werden dort ausführlich behandelt (s. Artikel: Psychologie der optischen Wahrnehmung). Werden solche Figuren sukzessiv geboten, so richtet sich die wahrgenommene Bewegung nach ihren *phänomenalen* Verschiedenheiten, gleichviel ob ihnen objektive entsprechen oder nicht. BENUSSI nannte Bewegungen dieser Art, denen *nur* phänomenale Verschiedenheiten entsprechen, S-Bewegung, im Gegensatz zu der gewöhnlichen stroboskopischen Bewegung, die er als s-Bewegung bezeichnete; KOFFKA-KENKEL sprechen statt dessen von α- und β-Bewegungen[2]. 2. Durch die objektiven Verschiedenheiten der Reizfiguren werden Bewegungen von Teilen hervorgerufen, die noch andere Teile in Bewegung versetzen (BENUSSIS M-Bewegung)[3]. 3. Die Beschaffenheit des übrigen Feldes beeinflußt die Bewegungsbahn (BENUSSIS Bewegungsanziehung [A-Bewegung] und Bewegungsentgleisung). 4. Die Form des bewegten Objekts selbst kann seine Bewegung mitbestimmen.

Allgemein ist hier noch folgendes zu beachten: Figuren, wie man sie zu solchen Versuchen verwendet, sind nie phänomenal eindeutig, unter anderem ist, wie besonders WITTMANN hervorhebt[4], ihr Verhältnis zum übrigen Feld variabel. Was für eine Figur erscheint, ist oft in hohem Maß abhängig von der „Einstellung" des Beobachters, vor allem sind hier analysierendes und zusammenfassendes Verhalten charakteristische, die Form des Phänomens bestimmende Bedingungen (BENUSSI). Stets zeigt sich nun die Form der Bewegung gekoppelt mit dem phänomenalen Aspekt der Figur[5]. Bei einiger Komplikation kann es dahin kommen, daß der Eindruck zunächst stark chaotisch ist, und daß nur Teilgebilde klar werden (KENKEL, BENUSSI[6]).

---

[1] DE SILVA: Amer. J. Psychol. **37** (1926). Bei der Erklärung des letzten Resultats sollte man in der Heranziehung naheliegender Hypothesen vorsichtig sein. Vgl. a. die neue Publikation von DE SILVA, J. Gen. Psychol. **1**, 556 (1928) und STEINIG, Z. Psychol. **109** (1929). Die Ausfüllung der Bewegungsbahn vor allem scheint bei „besseren" Figuren besser zu sein. Dies hat aber nicht das mindeste mit „Reproduktion der Zwischenstadien" zu tun, wie STEINIG noch glaubt (a. a. O. S. 292). [Zusatz bei der Korrektur].

[2] BENUSSI: Arch. f. Psychol. **24** (1912). — KOFFKA-KENKEL: Z. Psychol. **67** (1913).

[3] BENUSSI: Arch. f. Psychol. **37** (1918). — Wir erinnern an den auf S. 1174 beschriebenen Versuch von WERTHEIMER. Eine ausführliche Diskussion dieser beiden Gruppen, die freilich der Arbeit von KENKEL nicht voll gerecht wird (man vgl. bes. KENKEL: S. 384f.), findet sich bei BENUSSI. Interessante Beobachtungen über Mitbewegung auch bei BENUSSI: Arch. f. Psychol. **33**, 270/71 (1915) und bei HILLEBRAND: Z. Psychol. **90**, 35.

[4] WITTMANN: Sehen von Scheinbewegungen usw., S. 44f.

[5] So können bei der gleichen Reizkonfiguration entgegengesetzte Bewegungen entstehen (BENUSSI: Arch. f. Psychol. **24** u. **37** und WITTMANN).

[6] BENUSSI: Z. Psychol. **67**, 385, T. u. A. — Arch. f. Psychol. **37**, 258.

Gruppe 1 zeigt, ebenso wie die letzte Bemerkung, daß die Reize nicht in einfacher Projektion die Bewegung hervorrufen, sondern daß es die von den Reizen im so oder so beschaffenen Organismus ausgelösten gestalteten Prozesse sind, von denen die Bewegung bewirkt und getragen wird. Eine nähere Betrachtung dieser Vorgänge gehört ins Kapitel der Psychologie der optischen Wahrnehmung (s. dort). Unter dem Gesichtspunkt des Bewegungssehens sind aber zwei Ergebnisse dieser Versuche von besonderem Interesse. Die α-Bewegung erfolgt nämlich langsamer als die β-Bewegung. Dies konnte Kenkel[1] gelegentlich in seinen Versuchen mit EB. feststellen, es ist zuerst von Benussi[2] bei DB. beschrieben und genauer untersucht worden, die ausführlichste Mitteilung verdanken wir Wingender[3], der eine interessante Arbeit über α-Bewegung bei den verschiedensten Figuren veröffentlicht hat. Er benutzte eine von Bühler[4] angegebene Methode, die α-Bewegung zu erzeugen, und bot abwechselnd Hauptlinien und gesamte Täuschungsfigur (Haupt- und Nebenlinien) in DB. dar. Beim Hinzutreten der Nebenlinien erleiden dann die Hauptlinien die charakteristischen Deformationen, die bei ihrem Fortfall sich wieder zurückbilden (α-Bewegung). Dabei traten im allgemeinen Deformation und Rückbildung erst auf, wenn die Nebenlinien ihre β-Bewegung schon vollendet hatten, in die Figur hineingeschossen waren. Wurde nun die Geschwindigkeit des Wechsels vergrößert, die Expositionen der zwei verschiedenen Darbietungen also verkürzt, so gab es eine nicht ganz leicht feststellbare kritische Geschwindigkeit, bei der die Nebenlinien noch heftige β-Bewegung ausführten, während die Hauptlinien in vollkommener Ruhe beharrten und dabei eine Deformation zeigten, die etwas geringer war als vorher. Die kritischen Phasendauern betrugen im Durchschnitt ca. $^1/_4$ Sek. Die von den Nebenbildern ausgehenden Feldveränderungen erfolgen also mit einer gewissen auf diese Weise meßbaren Trägheit.

Wie real die α-Bewegung ist, das zeigt uns das zweite hier zu besprechende Ergebnis. Statt Täuschungsfiguren objektiv gleicher Länge im Bewegungsversuch zu kombinieren, kann man sie auch objektiv verschieden wählen, vor allem auch so, daß die infolge der Täuschung „kleiner" (größer) erscheinende Figur objektiv größer (kleiner) gemacht wird als die andere. Wird diese Figur als erste geboten, so sind Bedingungen für eine Schrumpfungs- (Ausdehnungs-) Bewegung (β-Bewegung) gesetzt, entgegengerichtet der durch den Figuralcharakter der Figuren geforderten α-Bewegung. Tatsächlich wird noch die α-Bewegung und nicht die β-Bewegung gesehen, wenn die objektiven Differenzen nicht zu groß sind. In Kenkels Versuchen durfte der „Strich" 2—4 mm länger (kürzer) sein als die mit ihm gebotene 30 mm lange Müller-Lyer-Figur, ohne daß die α-Bewegung verschwand[5].

Zu Gruppe 2: Läßt man stroboskopisch die Schenkel eines Winkels sich um ihren Scheitel drehen oder aus, dem Scheitel herauswachsen bzw. in ihm verschwinden, so führt der Scheitel der Schenkelbewegung gleich- oder entgegengesetzte Bewegungen aus oder er bleibt in Ruhe[6]. Im letzten Fall, bei Verlängerung und Schrumpfung, erscheinen die Schenkel, wie Wittmann beobachtet hat, als Striche auf gleichförmigem Grund, während sie in den anderen Fällen

---

[1] Kenkel: Z. Psychol. **67**, 412.
[2] Benussi: Arch. f. Psychol. **24**, 53 — Versuche zur Bestimmung der Gestaltzeit. Ber. üb. d. 6. Kongr. f. exper. Psychol. Leipzig **1914**, 71—73.
[3] Wingender: Z. Psychol. **82**, 24, 53f. (1919).
[4] Bühler: Die Gestaltwahrnehmungen **I**, 95ff. Stuttgart 1913.
[5] Kenkel: Zitiert auf S. 1179, Anm. 3 (S. 410ff.). Dies Ergebnis ist seither von Marjory Bates [Amer. J. Psychol. **34**, 60 (1923)] bestätigt worden.
[6] Benussi, Wittmann. Diese Versuche sind mit periodischer und meist auch mit serienweiser Darbietung ausgeführt worden.

aus dem Grundfeld ein Dreieck herausschneiden. Wo solche Schenkelbewegungen in Verbindung mit MÜLLER-LYERschen Figuren verwendet wurden[1], ist es daher nicht sicher, ob die dabei auftretenden Dehnungs- und Schrumpfungsbewegungen auf Grund der phänomenalen Größenverschiedenheiten oder durch die Einwirkung der Schenkelbewegungen entstehen[2], d. h. ob die Phänomene zur Gruppe 1 oder 2 gehören. KENKEL hat sich gegen diesen Einwand gesichert dadurch, daß er einerseits den Schenkelbewegungen entgegengesetzte, ihnen gleichzeitige andere Bewegungen erzeugte, andererseits mit Figuren arbeitete, bei denen solche Beeinflussung entweder fehlte oder im entgegengesetzten Sinne wirken mußte. Im ersten Fall erhielt er eine Abschwächung der Bewegung, ein weiterer Beweis dafür, daß Bewegung an einer Stelle Bewegung an anderen beeinflußt. Ganz besonders elegante Versuche (mit periodischer Reizdarbietung) hat BENUSSI über die gegenseitige Beeinflussung von Bewegungen („Scheinbewegungskombinationen") ausgeführt. So läßt er, um nur ein Beispiel anzuführen, in einem Scheitelpunkt ein Schenkelpaar sich von unten nach oben, ein anderes gleichzeitig von rechts nach links bewegen und beobachtet dann, daß sich der Scheitel selbst diagonal von rechts unten nach links oben bewegt[3].

Der weitere Ausbau dieser Versuche durch BENUSSI ist besonders interessant, weil er einen neuen Beweis für die Unmöglichkeit einer auf „psychische" Funktionen gestützten Theorie des Bewegungssehens gibt. Wenn man das Muster der Abb. 4 serienweise zur Darbietung bringt, so sieht man den Punkt p nicht in senkrechter Auf- und Ab-Bewegung. Vielmehr führt er, bei Phasengleichheit von l und p, Diagonalbewegungen aus, ebenso, nur in umgekehrter Richtung, wenn l und p um eine halbe Schwingungsphase gegeneinander verschoben sind. Beträgt diese Verschiebung aber $1/4$ oder $3/4$ Phase, so bewegt sich der Punkt in kreisender Bahn. Dabei kann bei der gleichen Reizdarbietung die Richtung der Bewegung verschieden sein, entweder der Linienbewegung dem Sinne nach gleich- oder ihr entgegengesetzt. Das neue ist nun dies: Wenn BENUSSI seinen Vpn. die Existenz der senkrechten Linien fortsuggerierte, so traten in vielen Fällen, je nach der Reizdarbietung, Diagonal- bzw. Kreisbewegungen des Punktes auf. Ein Beweis dafür, daß die Bewegungserscheinungen auch von solchen Vorgängen beeinflußt werden können, die keine Vertretung im Bewußtsein besitzen. Daneben kamen nun aber auch Fälle vor, in denen der Punkt sich einfach senkrecht auf und ab bewegte. Der Experimentierkunst BENUSSIS ist es gelungen, die Ursachen für diese Unterschiede aufzuzeigen. Wenn die Exposition der Linien noch zu einem Bewegungsanreiz für die Augen führte, dann traten Diagonal- bzw. Kreisbewegungen des Punktes auf. War der Erfolg der Suggestion dagegen stärker, so daß auch dieser Effekt der Linienexposition ausblieb, dann bewegte sich der Punkt auf und ab. Natürlich lieferten die Linien in keinem der beiden Fälle Wahrnehmungsphänomene. Damit ist erwiesen, daß es Grade negativer Suggestion gibt, daß fortsuggerierte Linien noch Augenbewegungsimpulse verursachen können und dann auch die sichtbaren Bewegungen beeinflussen, und daß auch diese Wirkung auf das optische Motorium ausbleiben kann, womit auch die sensorische Wirkung der Linienexposition, ihr Einfluß auf andere gleichzeitig verlaufende Bewegung, verschwindet. Ich kann aber

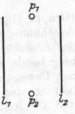

Abb. 352.

---

[1] BENUSSI: Arch. f. Psychol. **24**. — BÜHLER: Die Gestaltwahrnehmungen **1**, 132. Stuttgart 1913. — KENKEL: Z. Psychol. **67**.

[2] So argumentieren BENUSSI (Arch. f. Psychol. **37**) und WITTMANN, der freilich ganz mit Unrecht die Existenz der α-Bewegung überhaupt leugnet.

[3] BENUSSI: Arch. f. Psychol. **37**, 260.

nicht finden, daß dadurch, wie Benussi folgern möchte, Bewegungswahrnehmung und Augenbewegungen in einen konstitutiven Zusammenhang gebracht werden in dem Sinn, daß diese notwendige Bedingung oder gar der „Erreger" für jene sind[1].

Daß auch ein Punkt, der in sonst wechselnder Konstellation an identischer Stelle geboten wird, Benussische Scheinbewegungskombination ausführen kann, hat Ehrenstein gezeigt, der auch einige schöne Fälle von Kontrastbewegung eines an identischer Stelle exponierten Punktes hervorgebracht hat[2].

Gruppe 3 wird in Abschn. 11 behandelt werden[3], ein Beispiel für Gruppe 4 ist das folgende: Exponiert man Kreisringsektoren wie die nebenstehenden (s. Abb. 353a) sukzessiv, so sieht man zugleich mit der Bewegung nach rechts eine Ausdehnung der Figur (Kenkel). Das gleiche findet, wie Wittmann gezeigt hat, statt, wenn man *eine* solche Figur wirklich bewegt. Durch eine kleine

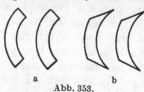

a   b
Abb. 353.

Modifikation (s. die Abb. 353b) erhielt er die entgegengesetzte Bewegung. Er führt, wohl mit Recht, diese Bewegung auf das Verhältnis der Figur zum Feld zurück, freilich in einer rein psychologischen den hier vertretenen Anschauungen entgegengesetzten Weise, und kommt so dazu, die Ansicht Kenkels, der diese und ähnliche Bewegungen als α-Bewegungen (Gruppe 1) gedeutet hatte, abzulehnen. Versucht man aber, auf Grund unserer Anschauungen diese Prozesse theoretisch zu verstehen, so wird man zu folgender Ansicht gedrängt: Figuren wie die Kreisringsektoren beeinflussen das sie umgebende Feld in einer Weise, die sich dynamisch in der bestimmten Form der Bewegung, statisch in der Form der optischen Täuschung offenbart. Es besteht also ein sehr enger Zusammenhang zwischen Fällen der Gruppen 1 und 4[4]. Andere hierhergehörige Erscheinungen werden später behandelt werden (s. S. 1199f.).

9. Verschiedenheit der zwei Reizobjekte.

Sind die Objekte *a* und *b* formverschieden, so ist der Eindruck klarer Bewegung mit gleichzeitiger Veränderung noch zu erzielen, wie groß man die Verschiedenheit — bei ungefähr gleicher Größe — auch macht. Schon Linke[5] erzeugte Verwandlungen von Quadrat in Kreis, und Wertheimer hat gelegentlich an den Stellen *a* und *b* ganz verschiedene wirkliche Objekte exponiert und noch klaren Bewegungseindruck erhalten. Die Versuche von Hartmann[6] haben neuerdings eine besondere Wirkung genügender Formverschiedenheit der Reize *a* und *b* dargetan. Ist $s < r$, überdecken sich die beiden Expositionen teilweise, so gibt es, wenn die Objekte gleich sind, wie wir wissen, eine Zone der *g*, in der Flimmern der ganzen Figuren auftritt; sind die Objekte aber verschieden (z. B. *a* Kreis, *b* Dreieck), so fällt dies Flimmern vollkommen fort.

Sind *a* und *b* gleich geformt, aber verschieden groß, z. B. verschieden lange Striche, so geht mit der Bewegung eine Ausdehnung bzw. Schrumpfung Hand

---

[1] Einen ausgezeichneten Bericht über seine Arbeiten mit Verwendung von Hypnose und Suggestion gab Benussi in Psychol. Forschg **9**, 197ff. (1927). Dort auch der Nachweis der italienischen Publikationen.

[2] Ehrenstein: Z. Psychol. **96**, 330f. (1925). Vgl. unten S. 1201.

[3] Man beachte nur, daß auch die Grenze zwischen 2 und 3 nicht scharf ist; die eben erwähnten Versuche von Kenkel lassen sich auch als Feldwirkungen beschreiben.

[4] Ob der Feldeinfluß die alleinige Ursache dieser Bewegungsart ist, läßt sich noch nicht entscheiden, da planmäßige Versuche über das Problem der Gruppe 4 noch ausstehen. Es liegen noch andere Möglichkeiten vor.

[5] Linke: Psychol. Stud. **3** (1907).   [6] Hartmann: Psychol. Forschg **3**, 376f.

in Hand, unter Umständen so, daß die in Frage kommenden Enden keine geraden Linien, sondern deutliche Kurven beschreiben (WERTHEIMER[1]).

Haben a und b verschiedene Farbe, so sieht man im *Opt* den Farb*wandel*[2], relativ leicht tritt hier, wie übrigens auch bei Formverschiedenheit duale oder singulare Teilbewegung auf. Auch in diesem Falle gibt es kein Flimmern, wenn $s < r$ (HARTMANN).

Sind a und b endlich verschieden intensiv, b intensiver als a, so kommt, wenn man einen Punkt zwischen a und b fixiert und b mit der Aufmerksamkeit betont, eine Bewegung zustande, die zwischen b und a beginnend nach a hin läuft — also entgegen der Expositionsfolge — und dann nach b zurückkehrt (KORTES δ-Bewegung[3]). Für diese Bewegung gelten die KORTESchen Gesetze, zu den in diesen auftretenden Parametern kommt hier aber noch die Intensitätsdifferenz d dazu. Und zwar gehört zu einer bestimmten sonstigen Reizkonstellation eine ganz bestimmte Zone von d, wenn optimale δ-Bewegung entstehen soll; sowohl zu großes wie zu kleines d bringt sie zum Verschwinden. Der Zusammenhang mit den anderen Parametern ist so, daß man d vergrößern muß, wenn man i, s oder g vergrößert. WITTMANN hat unter anderen Bedingungen, bei denen die Auszeichnung von b lediglich durch die Aufmerksamkeit bewirkt wurde, solche δ-Bewegungen beobachtet[4]; unter Bedingungen, die denen KORTES näher stehen, ist δ-Bewegung von DE SILVA[5] sowie von VOGT und GRANT bebeobachtet worden[6].

10. Periphere Beobachtung, blinder Fleck, Fixation oder Folgen des Blicks.

Wir haben noch die Bedingungen B—D zu berücksichtigen, die wir in umgekehrter Reihenfolge besprechen.

D. Aus den Versuchen von CERMAK und KOFFKA[7], die freilich mit Serienexposition arbeiteten, wissen wir, daß periphere Beobachtung das Phänomen gegen *Suk* verschiebt; auch in diesem Punkte besteht die Analogie zur Verschmelzung[8].

Daß der kleinste Reizabstand, der eben noch Bewegung hervorruft, immer größer wird, je weiter wir die Reize in die Peripherie rücken, folgt aus allem, was wir sonst wissen, ebenso, daß der Unterschied zwischen Bewegungs- und Zweiheitsschwelle dabei stetig zugunsten der ersten größer wird. Besondere Untersuchungen dieser Tatsachen mit stroboskopischer Bewegung fehlen — sie sind dafür mit wirklicher Bewegung durchgeführt —, aber gerade mit zwei simultan bzw. sukzessiv exponierten Punkten könnte man unter genau gleichen Bedingungen Auflösungsvermögen und Bewegungsempfindlichkeit messen.

---

[1] WERTHEIMER: Z. Psychol. **61**, 187.
[2] Man kann so feststellen, in welcher Farbe der größere Teil der Bahn ausgefüllt erscheint. HILLEBRAND, der diese Methode benutzte, fand, daß stets der überwiegende Teil in der Farbe von b erscheine (Z. Psychol. **89**, 232). Doch gibt es Bedingungen, unter denen sich diese Verhältnisse ändern. Das zeigen Experimente von WERTHEIMER, in denen er duale Teilbewegung mit gleichen Amplituden von a und b sowie Singularbewegung von a bis an b heran beobachtete (Z. Psychol. **61**, 193, 200, 209/10), sowie Experimente von HIGGINSON, in denen der Farbwechsel meist erst jenseits der Mitte des zurückgelegten Weges stattfand. Andererseits bestätigen diese Versuche, daß durch Verschiedenfarbigkeit der Objekte der optimale Bewegungseindruck leicht in den von Teilbewegung übergeht [J. of exper. Psychol. **9** (1926)], ein Resultat, das auch von H. G. VOGT und W. GRANT jr. gewonnen wurde [Amer. J. Psychol. **38** (1927)].
[3] KORTE: Z. Psychol. **72**.
[4] WITTMANN: Sehen von Scheinbewegungen usw., S. 63ff.
[5] DE SILVA: Amer. J. Psychol. **37** (1926).
[6] VOGT u. GRANT: Amer. J. Psychol. **38** (1927).
[7] CERMAK u. KOFFKA: Psychol. Forschg **1**, 79.
[8] Vgl. auch HARTMANN: Psychol. Forschg **3**.

Man kann auch das Gebiet des blinden Flecks in die Untersuchung einbeziehen, indem man die zwei Reizpunkte zu beiden Seiten (oberhalb und unterhalb) des blinden Flecks postiert. In solchen Versuchen zeigte Fräulein A. Stern[1],
daß das Blinde-Fleck-Gebiet besonders günstig zur Entstehung des Bewegungseindrucks ist: der Bewegungseindruck ist hier besonders anschaulich und eindringlich, und die Zone der g, in der Opt auftritt, ist hier erheblich größer als
auf der korrespondierenden Seite des anderen Auges. Die Bewegungsbahn ist
aber im allgemeinen nicht geradlinig, sondern bildet eine Kurve, die sich um
so mehr streckt, je größer man den Abstand zwischen den Punkten macht,
und deren Richtung einerseits durch den Fixationspunkt bestimmt ist, dem sie
zustrebt, andererseits durch die Lage der Punkte relativ zur senkrechten Mittellinie durch den Fleck.

Man kann auch einen oder sogar beide Punkte in den blinden Fleck wandern
lassen und unter Bedingungen, unter denen jeder Punkt für sich exponiert unsichtbar ist, deutliche Bewegungseindrücke erhalten, die die beschriebene Kurvenform besitzen.

Nichts widerlegt mehr als dies jede psychologische auf Erfassung der Ortswerte, Erfahrung, Zusammenhangserlebnisse (Wittmann) oder auf die Verschiebung der Sehfeldgrenzen (Hillebrand) gegründete Theorie. Dafür zeigen
alle diese Versuche, daß die Bewegungsvorgänge stark von der Natur des Feldes
abhängen, in dem sie sich abspielen.

C. Planmäßige Versuche über den Einfluß festen oder wandernden Blicks
haben Marbe und Hillebrand angestellt, Marbe[2], indem er sukzessiv 13 neben-
einanderstehende Lämpchen kurz aufleuchten ließ (Serienexposition), Hillebrand[3] unter den einfachsten Bedingungen der Exposition von nur zwei Punkten
(dafür augenscheinlich mit Dauerbeobachtung). Marbe fand bei den verschiedenen Beobachtungsbedingungen qualitativ keinen Unterschied, quantitativ aber
mußte die Pause zwischen dem Aufleuchten je zweier Lämpchen bei Fixation
kürzer sein als bei folgendem Blick (183 σ gegen 267 σ für Opt). Fixation verschiebt also gegen Suk, was darauf beruhen kann, daß dann periphere Teile
des Gesichtsfeldes betroffen werden (s. oben D)[4].

Hillebrand fand dagegen, daß bei strenger Fixation niemals „Ganzbewegung" gesehen wird, vielmehr werde dann nur ein kleines Stück der Bahn
vom zweiten Objekt durchlaufen. Dieser Satz widerspricht zahlreichen Beobachtungen von Wertheimer und meinen Mitarbeitern, er muß auf die besondere Versuchsanordnung zurückgeführt werden. Da er aber in voller Allgemeinheit aus der Hillebrandschen Theorie folgt, so sind die Gegenbefunde
Beweise gegen diese Theorie.

11. Der Einfluß des Feldes. Erfahrung.

B. Schon bei der Besprechung von C hatten wir auf den Einfluß der Feldeigenschaften hingewiesen (blinder Fleck). Handelte es sich dort um Feldeigenschaften, die in Beschaffenheiten des Organismus begründet sind, so kann
man die Feldeinflüsse auch so studieren, daß man objektiv das Feld in bestimmter Weise strukturiert. So haben wir schon gesehen, daß „Marken" in

---

[1] Stern, A.: Psychol. Forschg 5; vgl. auch meine Mitteilung darüber auf dem VII.
internat. Kongr. f. Psychol. im Kongr.-Ber. u. Brit. J. Psychol. 14 (1924). Vgl. auch A. Basler: Pflügers Arch. 124 (1908).
[2] Marbe: Kinematographische Projektionen, S. 60—67.
[3] Hillebrand: Z. Psychol. 89, 254.
[4] Es ist freilich zu beachten, daß die sonstigen Bedingungen nicht genau die gleichen
waren. Bei den Versuchen mit folgendem Blick saß der Beobachter 1 m von den Lämpchen
entfernt, bei Fixation ca. 5 m.

der Bewegungsbahn den Ausfall des bewegten Objektes, nicht aber die Unterbrechung der Bewegung bewirken.

Arbeitet man nicht im Dunkeln, sondern projiziert man die beiden Objekte auf einen indifferent gemusterten Grund, etwa eine Tapete, so geht die Bewegung im allgemeinen ungestört durch den Grund vor sich. Wie eine Erhöhung der Eindringlichkeit solchen Grundes wirken würde, ist noch nicht untersucht, wohl aber kennen wir Gliederungen des Grundes, die einen sehr wesentlichen Einfluß auf die Bewegungsbahn ausüben. Wir knüpfen an einen von LINKE[1] erdachten Versuch an. Er bot im Stroboskop einen Punkt in vier Lagen dar, links oben, in der Mitte unten, rechts oben und wieder in der Mitte unten. Bei der Drehung des Stroboskops sah er den Punkt in geraden Zickzacklinien schräg

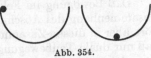

Abb. 354.

abwärts und aufwärts hüpfen. Bot er aber in allen vier Lagen einen nach oben offenen Halbkreis, den der Punkt innen berührte wie in den nebenstehenden Abbildungen, in den Phasen *1* bzw. *2* und *4* dargestellt ist, so schien der Punkt wie eine Kugel auf einer Rinne hin und her zu rollen, seine Bahn war also die des Halbkreises. LINKE sah darin einen Beweis für den Einfluß der Erfahrung. Wir werden später auf Grund WITTMANNscher Befunde, die Beschreibung dieses Versuchs ergänzen müssen. Ich habe ihn unter den strengen Bedingungen, Einzelbeobachtung von nur zwei Expositionen, wiederholt und das Ergebnis bestätigt, d. h. ich erhielt, wenn ein Punkt an einem Ende des Bogens und der andere irgendwo auf seiner Bahn lag, kurvenförmige Bewegung des Punktes, die natürlich sofort geradlinig wurde, sobald ich die Bögen ent-

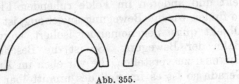

fernte. Ich änderte den Versuch dann so ab, daß ich den Bogen auf den Kopf stellte, so daß die beiden Expositionen *a* und *b* so lagen, wie die nebenstehende Abbildung zeigt[2].

Abb. 355.

Auch jetzt folgte die Bewegung dem Bogen, was aber aller Erfahrung widerspricht. Daraus ergibt sich, daß der Kreisbogen als solcher den Bewegungsvorgang tangiert; der Einfluß ist nicht immer so stark, daß der Punkt genau dem Bogen folgt; liegen die Stellen *a* und *b* vielmehr weit auseinander, so ist die Bahn zwar noch deutlich gekrümmt, erreicht aber nicht mehr den Bogen selbst[3]. Eine ganz ähnliche Bewegungsanziehung hat BENUSSI[4] bei periodischer Darbietung (DB.) nachstehender Reize erzielt (s. Abb. 356 a) (die Striche decken sich in beiden Expositionen). Sobald Punkt und Strich nicht als eins plus eins, sondern als zusammengehöriges Ganzes wahrgenommen werden, wird die einfache Auf- und Abbewegung des Punktes verändert. Es treten andere Bewegungsbahnen auf, denen gemeinsam ist, daß der Punkt auf seiner Bahn den Strich berührt oder in seine Nähe gelangt (z. B. Abb. 356 b).

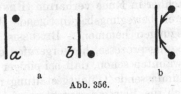

a   b

Abb. 356.

Man kann ganz allgemein das Feld dadurch verändern, daß man es entweder selbst mustert oder neue Figuren hineinsetzt, und kann in beiden Fällen

---

[1] LINKE: Psychol. Stud. **3**, 23/24.
[2] Auch WITTMANN hat am Stroboskop schon die Lage des Bogens variiert. Vgl. Sehen von Scheinbewegungen, S. 21f. u. 78f., sowie Psychol. Forschg **2**, 154 (1922).
[3] KOFFKA: Psychol. Forschg **2**, 148/53 (1922).
[4] BENUSSI: Arch. f. Psychol. **37**, 272/73.

die Bewegungsbahn beeinflussen. Ein Beispiel noch aus den Versuchen von
A. Stern: Über den blinden Fleck verlief die Bewegung gewöhnlich, wie erwähnt, in krummer Bahn. Wurde aber ein quadratischer Rahmen aus weißem
Papier, der nur gerade oder kaum noch sichtbar war, um den blinden Fleck gelegt oder das Gesichtsfeld in weitem Ausmaß mit geraden Linien gemustert,
so wurde die Bewegungsbahn geradlinig. Solche Feldwirkung scheint in der
Gegend des blinden Flecks besonders stark zu sein, sie läßt sich aber auch sonst
nachweisen[1].

Daß Bewegung im Feld andere Bewegungen beeinflußt, sahen wir schon im
Zusammenhang des Abschn. 8. Eine von Wertheimer festgestellte Tatsache gehört aber in diesen Zusammenhang: Werden zwei Objekte a und b so exponiert,
daß nur duale Teilbewegung erfolgt, so verwandelt sich diese in optimale, sobald
man daneben andere Objekte a' und b' in optimaler Bewegung exponiert[2].

Wir haben Feldeinflüsse kennengelernt, die auf relativ festen Eigenschaften
des Organismus beruhen (blinder Fleck), und solche, die aus der objektiven
Beschaffenheit des Feldes stammen. Die Feldbedingungen sind aber auch von
veränderlichen Zuständen des Organismus abhängig (Aufmerksamkeit, Einstellung). Dadurch kann entweder das Feld, in dem sich die Bewegung abspielt, oder die phänomenale Gestaltung der sich bewegenden Objekte verändert werden. In beiden Fällen liegen zahlreiche Möglichkeiten vor. Im ersten
ist der Einfluß der Aufmerksamkeit auf die Bewegung direkt. Wir betonen
etwa ein bestimmtes Feldgebiet, und finden dort erhöhte Beweglichkeit (Wertheimer), oder wir verändern den Zusammenhang zwischen dem bewegten Objekt und anderen im Felde ruhenden Figuren. Ist der Zusammenhang groß,
so finden wir die Bewegungsanziehung, ist er gering, sind ruhendes und bewegtes
Objekt quasi gegeneinander isoliert, so verschwindet der Feldeinfluß auf die
Bahn der Bewegung. So ist die Beschreibung des Anziehungsversuchs von
Benussi zu verstehen, die wir eben im Anschluß an den Autor gegeben haben.
Gerade so ist es im Fall des unmittelbar vorher beschriebenen Kreisbogenver-
suchs. Hier liegen die Verhältnisse sogar recht einfach: betont man den Punkt,
so isoliert er sich vom Bogen und fliegt geradlinig, betont man den Bogen, so
zieht er den Punkt in seine Wirkungssphäre mit hinein, so daß er sich auf krummer
Bahn bewegt.

Im zweiten Fall ändern wir die Bewegungsbahn nur indirekt, sie ist von
der Form der phänomenalen Objekte abhängig, die ja jetzt direkt tangiert wird.
Trennt man durch besondere Art der Beachtung — auch hier kann bloße Betonung genügen — einen Gestaltteil aus seinem Verband mehr oder weniger
heraus, so kann er, wenn er sich vorher als Teil gerade dieser Gestalt bewegte,
nachher in Ruhe verharren (Benussi, Kenkel). So kann also Aufmerksamkeit,
deren bewegungsbegünstigende Wirkung wir erst eben konstatierten, auch Bewegungen hemmen[3]. Benussis Arbeiten sind voll von Änderungen der Bewegungsprozesse, hervorgerufen durch Änderung in der Objektgestaltung. Wir
erwähnten schon, daß bei einiger Komplikation der Reizkonstellation eine klare
allumfassende Objektgestaltung nicht zustande kommt, und daß entsprechend
auch die Bewegungsprozesse nicht alle klar werden. In solchen Fällen kommt
die Bewegung, die theoretisch aus den vollerfaßten Figuren abzuleiten wäre,
überhaupt nicht zustande[4].

---

[1] Eine verwandte Art der Beeinflussung der Bewegungsbahn, wieder mit DB., teilt
Benussi mit. Arch. f. Psychol. **37**, 273f.
[2] Wertheimer: Z. Psychol. **61**, 202.
[3] Vgl. hierzu die Anmerkungen von Benussi: Arch. f. Psychol. **37**, 261, T. u. A.
[4] Benussi: Ebenda S. 257ff.

Die Frage, wovon es abhängt, ob die eine oder andere Gestalt bei gleichem Reiz erscheint, gehört nicht hierher (s. Artikel: Psychologie der optischen Wahrnehmung). Es sei nur kurz erwähnt, daß auch hier Betonungsverteilungen und damit Feldbedingungen im hier behandelten Sinn wichtig werden können. Daß hierfür wie auch für die sub 1 an zweiter Stelle behandelten Fälle andere Formen von Einstellung in Betracht kommen können, sei noch hervorgehoben; es handelt sich da z. B. um den Unterschied des analysierenden und gestaltenden oder zusammenfassenden Verhaltens (BENUSSIS A- und G-Reaktion). Ich sehe diese Einstellungen, wie ich an anderer Stelle ausgeführt habe[1], aber nicht als unerläßliche Bedingungen von Gestalt- und Bewegungsprozessen an[2], sondern umgekehrt Gestaltprozesse als Bedingungen solcher Einstellungen.

Außer Aufmerksamkeit und Einstellung gehören zu dieser Gruppe von Faktoren auch Übung und Ermüdung. Wir haben im Anfang erwähnt, daß selbst bei strenger EB. im Laufe einer Versuchsstunde sich die Bedingungen für das Opt verschieben. Diese Verschiebung erfolgt eindeutig so, daß Größen von g, die am Anfang Suk ergaben, am Ende Opt erzeugen, und daß, wo am Anfang Opt gesehen wurde, am Schluß Sim erscheint (A. STERN, G. LEWY). So erkläre ich mir auch den Befund von BENUSSI, daß unter Umständen EB. gegenüber DB. den Bewegungseindruck begünstigt (vgl. oben S. 1171), und deute auch den Befund von KRUSIUS[3] als Übung, nicht als Ermüdung. DE SILVA[4] fand in seiner speziellen Untersuchung des Einflusses, den die Wiederholung auf das Bewegungsphänomen ausübt, daß die „Klarheit" der Bewegung zunächst bis auf ein Maximum ansteigt, um dann, oft erst nach 50—60 Wiederholungen, stark abzufallen. Da die Beschreibung „Klarheit" der Bewegung zu wenig besagt, so ist mit diesem Resultat theoretisch noch nicht viel anzufangen. Immerhin ist bemerkenswert, daß Objekte, die besonders günstig für Bewegungseindruck sind (dreidimensionale, „sinnvolle"), ihre Bewegung auch länger gegenüber dem schädigenden Einfluß der Wiederholung erhalten.

Diese Ergebnisse leiten über zu Versuchen von SANDERS[5] über Ermüdung des Zwischenfelds, die einen dem oben dargelegten quantitativen Einfluß der DB. entgegengesetzten Effekt erwiesen. SANDERS ermüdete das zwischen den beiden Reizpunkten gelegene Gebiet durch längere Betrachtung einer Leuchtlinie und bewirkte, auch wenn noch kein Nachbild der Linie gesehen wurde, eine deutliche und durch Verkürzung von p meßbare, Verschiebung des Eindrucks gegen Suk. Diese Verschiebung wächst mit der Dauer der Leuchtlinienexposition.

Ermüdung und Übung bilden den allgemeinen Übergang zur Erfahrung. Wir haben schon gesehen, wie LINKE fälschlich seinen Kreisbogenversuch durch Erfahrung (= Assimilation) erklärte. Auch heute noch finden sich aber namhafte Autoren[6], die das ganze Gebiet der stroboskopischen Bewegung durch Erfahrung erklären wollen. Demgegenüber sehen wir zu: wie wirkt Erfahrung

---

[1] Im Abschnitt „Psychologie" im Lehrb. d. Philos., herausgeg. v. M. DESSOIR; s. auch unten Abschn. 22.

[2] So behauptet WITTMANN, „daß das Sehen von Bewegungen von der zu den physiologischen Reizwirkungen hinzutretenden besonderen psychischen Auffassung der gesehenen Objekte mit abhängt" (Sehen von Scheinbewegungen, S. 73/74). Über die neueste Lehre von BENUSSI s. unten Abschn. 22.

[3] KRUSIUS: Zur Analyse und Messung der Fusionsbreite. Marburger Habilitationsschr. 1908, S. 34—36.

[4] DE SILVA: Amer. J. Psychol. **37**, 476ff. (1926).

[5] SANDERS: Nederl. Tijdschr. Geneesk. **1921**, II, Nr 15; zitiert nach dem Referat von WERTHEIMER in Psychol. Forschg **3**, 175 (1923).

[6] Vgl. J. FRÖBES: Lehrb. d. exper. Psychol. I², 413.

auf die Wahrnehmung stroboskopischer Bewegung? Zwei schöne Versuche hierzu
verdanken wir Wertheimer: 1. Er bietet nacheinander die folgenden Reizkonstellationen (Abb. 357), Nr. 1 mehrmals, die übrigen je einmal, und der Beobachter sieht bis zum Schluß die gleiche, durch die Pfeile angedeutete Drehrichtung. Bietet er Nr. 4, ohne 1—3 vorher gezeigt zu haben, so sieht der Beobachter natürlich die entgegengesetzte Bewegung. Durch die Exposition der drei

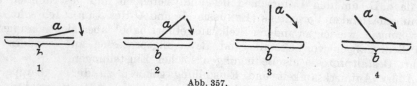

Abb. 357.

anderen Abbildungen wird bewirkt, daß nicht der der Reizlage allein adäqua-
teste Prozeß, sondern ein solcher hervorgerufen wird, der von dem durch die
vorausgegangenen Expositionen *veränderten* System des Beobachters mitbestimmt
wird. 2. Exponiert man mehrmals nacheinander die Objekte in der gleichen
Reihenfolge $a-b$ (Winkel oder Parallelverschiebung) und läßt dann eins der
beiden Objekte fort, so sieht der Beobachter nach wie vor Bewegung, nur über
ein kürzeres Bahnstück; wiederholt man die Exposition nur eines Objekts, so
verkürzt sich die Bahn noch mehr, und man kann das Experiment noch einige
Male mit dem gleichen Erfolg fortsetzen, ehe das Objekt zum Stillstand gelangt.
Der Vorgang ist der gleiche wie oben: der Wahrnehmungsprozeß richtet sich nach
den *Gesamtbedingungen*, bestehend aus Reiz (hier *ein* Objekt) und dem System
(hier durch vorausgehende Erfahrung in bestimmter Weise verändert). Erfahrung kann also zu den Feldbedingungen im weitesten Sinne gerechnet werden[1].

12. Ergänzungen.

1. Von der Veränderung unserer Parameter hängen noch andere Eigentümlichkeiten des Bewegungseindrucks ab, vor allem die Größe der Bewegungsbahn und die Geschwindigkeit. Scholz verglich die (phänomenale) Länge einer
durch zwei sukzessiv exponierte Punkte begrenzten Strecke mit einer durch
zwei simultane Punkte begrenzten, und fand eine Verkürzung der ersten, abhängig von der Zeit $e_1 + p$). Doch ist die Verkürzung nicht eine monotone
Funktion der genannten Zeitvariablen, sondern sie hat ein Maximum, das bei
Werten von $(e_1 + p)$ liegt, die mit den übrigen Parametern des Versuchs variieren,
stets aber dadurch ausgezeichnet sind, daß bei ihnen der optimale Bewegungseindruck auftritt. Diese Verkürzung erreicht erhebliche Grade, die wieder von
der absoluten Größe der dargebotenen Strecke abhängen. Bei einer Größe dieser
von 7 cm (in weitem Maß unabhängig vom Gesichtswinkel) erreichte sie bei
einer Vp. den Betrag von 79%. Die Verkürzung geht durch Verlängerung der
zweiten Exposition (e_2) zurück[2]. Die Tatsache der Verkürzung selbst benutzt
Köhler zu wichtigen theoretischen Folgerungen (s. unten).

Auch die Geschwindigkeit ändert sich mit dem Abstand, und zwar wird
sie, bei sonst völlig gleichen Bedingungen, bei geringer Abstandsverkürzung,
die noch *Opt* bestehen läßt, *größer*[3]. Benussi findet, bei periodischer DB., ebenso

---

[1] Vgl. hierzu auch Koffka: Naturwiss. **7**, 597ff. (1919). Wertheimers Resultat ist
neuerdings von de Silva bestätigt worden. Brit. J. Psychol. **19**, 286 (1929). [Zusatz bei
der Korrektur.]

[2] Scholz: Psychol. Forschg **5** (1924). Zu diesen Resultaten paßt es, daß Korte (Z.
Psychol. **72**, 250) in gewissen Versuchen die Größe der Bewegungsbahn mit der Größe der
Expositionszeit veränderlich fand.

[3] Korte: Z. Psychol. **72**, 268. — Benussi: Arch. f. Psychol. **36**, 120.

im taktilen wie im optischen, daß die Geschwindigkeit vor allem, er sagt *allein* und deutet den ebenerwähnten Befund um, von der Bewegungs*dauer* abhängt, und daß bei Kombination von langem *e* mit kurzem *p* schnelle, von kurzem *e* mit langem *p* langsame Bewegung resultiert[1]. Planmäßige Versuche mit EB. stehen noch aus.

2. Man kann unter den einfachsten Bedingungen der Exposition nur zweier Objekte optimalen Bewegungseindruck auch dann erzeugen, wenn man die beiden Objekte auf die beiden Augen verteilt (WERTHEIMER[2]), ja man erhält den Bewegungseindruck auch dann, wenn man sich Doppelbilder erzeugt und dann das eine Auge abwechselnd schließt und öffnet: man sieht das eine Halbbild zu dem des offen bleibenden Auges laufen und in ihm verschwinden (bei Schluß), und aus ihm herauskommen und an seine Stelle wandern (bei Öffnung) (PIKLER[3]). Schließlich haben KRUSIUS[4], GRÜNBAUM[5] und WINGENDER[6] dadurch, daß sie querdisparate Bilder sukzessiv den beiden Augen boten, stroboskopische Bewegung in die Tiefe erzeugt. Diese Bewegung besitzt, wie WINGENDER zeigte, etwa die gleiche Trägheit wie die α-Bewegung (s. oben).

13. Periodische Darbietung (Dauerbeobachtung) und Vermehrung der Reize. Serienexposition.

DB. führt zur Ausbildung periodisch-stationären Geschehens und daher zu einer Vereinfachung, „Verbesserung" der Prozesse. Wir knüpfen an den LINKEschen Kreisbogenversuch an (s. oben S. 1185). LINKE gab an, daß die Punkte, ohne Kreisbögen exponiert, geradlinige Hin- und Herbewegungen ausführen.

---

[1] BENUSSI: Arch. f. Psychol. **36**. 104.

[2] WERTHEIMER: Z. Psychol. **61**, 220f. Für periodische Darbietung hat EXNER das schon vor langer Zeit gezeigt [Pflügers Arch. **11**, 588/89 (1875)], und neuerdings hat WITTMANN darüber eingehende Versuche angestellt. Seine Beobachter fanden die Bewegung bei haploskopischer Beobachtung besonders sinnfällig, „noch anschaulicher, als wenn es Wirklichkeit sei". Gleichzeitig ergab sich eine Verschiebung gegen *Sim*, das optimale *p* war haploskopisch größer als normal (Sehen von Scheinbewegungen, S. 67ff.). Zur Entscheidung einer raum-psychologischen Frage hat auch BENUSSI haploskopische Scheinbewegungen erzeugt. Arch. f. Psychol. **33** — J. de Psychol. **22** (1925); **25** (1928). — LANGFELD hat mit einer sehr hübschen und einfachen Methode durch Benutzung der Heterophorie haploskopische Bewegung verschiedener Formen erzeugt. Amer. J. Psychol. **39** (1927).

[3] PIKLER: Z. Psychol. **75** (1916) — Sinnesphysiol. Untersuchungen, S. 325ff. Leipzig 1917. — PIKLER meint, diese Bewegung, daß ein Strich aus einem herauskommend sich an seinen Platz begibt, bzw. beim Verschwinden in den anderen hineinwandert, sei nur mit der Doppelbildmethode zu erzielen, aber nicht mit dem gewöhnlichen stroboskopischen Verfahren, bei dem man beide Linien, erst die eine allein, dann die andere hinzufügend und wieder verschwinden lassend, dem gleichen Auge bzw. beiden Augen darbietet. Ohne diese Ansicht von PIKLER zu kennen, hat aber HIGGINSON die entsprechenden Experimente gemacht und dabei besonders gute optimale Bewegung erzielt. In seinen Versuchen war die eine Linie dauernd exponiert [Amer. J. Psychol. **37**, 63ff. (1926)]. RUTH F. McCONNELL hat dann das gleiche Ergebnis bei tachistoskopischer Anordnung mit einer Winkelfigur (vgl. unsere Abbildung 349d, S. 1172) erhalten [J. of exper. Psychol. **10** (1927)]. DE SILVA [J. Gen. Psychol. **1**, 559 (1928)] hat unter diesen Bedingungen nur ausnahmsweise optimale Bewegung gefunden. Versuche, die ich gemeinsam mit M. R. HARROWER auf diesem Gebiet angestellt habe, ergaben unter geeigneter Bedingungen sehr klare Bewegung, fast stets aber nur über einen Teil des Wegs. In Übereinstimmung mit DE SILVA fanden wir, daß periphere Beobachtung den Bewegungseindruck verbessert. Das gleiche Resultat konnten wir auch durch unscharfe Akkomodation erzeugen, ein Ergebnis, das DE SILVA (a. a. O. 562) bei der gewöhnlichen stroboskopischen Bewegung fand. [Zusatz bei der Korrektur.]

[4] KRUSIUS: Zur Analyse und Messung der Fusionsbreite. Marburger Habilitationsschr. 1908, S. 26ff.

[5] GRÜNBAUM: Nederl. Tijdschr. Geneesk. **1915** I, Nr 20. Dort auch eine schöne Demonstrationsmethode.

[6] WINGENDER: Z. Psychol. **82**, 60ff.

Demgegenüber fand Wittmann, daß die Punkte, ohne Kreisbögen exponiert, sich auf einer idealen Kreisbahn bewegen, nicht anders als in dem Fall, in dem die Bögen mitgegeben waren. Es hat sich bei seinen Versuchen ein periodisch-stationäres Geschehen ausgebildet, in dem die Unstetigkeiten der scharfen Ecken ausfallen. Einen sehr schönen Versuch teilt Benussi[1] mit. Er exponiert 3 oder 4 Punkte, wie auf den Ecken eines gleichseitigen Dreiecks oder Quadrats angeordnet, periodisch sukzessiv. Dabei verwandelt sich die „Dreiecks-" bzw. „Quadratbewegung" sehr bald in eine Kreisbewegung. — In diesen Versuchen wechseln noch mehr als zwei Reize miteinander ab, aber auch unter den einfachsten Bedingungen nur zweier Reize treten analoge Erscheinungen auf. So exponierte Benussi[2] zwei ca. 10 cm entfernte Punkte periodisch sukzessiv und ließ die Expositionszeiten deutlich länger sein als die Pausen; nach längerer Beobachtung trat dann folgendes ein: Der Punkt, der im Anfang geradlinig hin und her gegangen war und sich an den Endstellen ausgeruht hatte, bewegte sich nunmehr langsam ununterbrochen im Kreis in einer Ebene, die entweder horizontal oder um 15 bis 25° geneigt ist (also sagittal zum Beobachter liegt). Diese Erscheinung bleibt nur dann aus, wenn der Beobachter die Endstellen mit der Aufmerksamkeit isoliert; durch diesen Eingriff wird die durch die Reizlage gesetzte Asymmetrie ($e > p$) betont und dadurch die Vereinfachung des Prozesses verhindert.

Daß auch ganz starke zeitliche Asymmetrien überwunden werden können, lehrt ein Versuch von Kenkel[3]. Er bot an derselben Stelle zwei (objektiv oder nur phänomenal) verschieden lange Striche, so daß im *Opt* Ausdehnung (A) bzw. Zusammenziehung (Z) gesehen wurde, und ließ die einzelnen Doppelexpositionen so aufeinanderfolgen, daß die Pause zwischen ihnen, P, 5mal so groß war wie die Gesamtzeit $g = e_1 + p + e_2$. Exponierte er in der Reihenfolge klein—groß (o—O), so erschien nach einiger DB. der kleine Strich nach der langen Pause P mit Z, um sich dann auszudehnen. Der Rhythmus ZA—ZA—$\cdots$ verwandelte sich aber bald in einen Rhythmus A—$Z|A$—$Z|\cdots$, in dem die „Gruppen" nicht mehr durch P getrennt waren, sondern P in sich einschlossen, und schließlich in $AZ|AZ|\cdots$, d. h. völlig gleichmäßige AZ-Gruppen, und dies alles bei der Reizkonstellation $o\ p\ O\ P\ o\ p\ O\ P\ldots$, wo die Zahlen

$$20\ 20\ 20\ 300\ 20\ 20\ 20\ 300$$

unter den Buchstaben die Größen in Graden des Tachistoskopumfangs angeben. Wir haben uns bisher wesentlich mit dem Fall von nur zwei Reizobjekten beschäftigt, also mit den denkbar einfachsten Bedingungen. Freilich ist zu bedenken, daß Einfachheit für den Forscher und Einfachheit für den reagierenden Organismus zwei sehr verschiedene Dinge sein können. Das gilt in gewissem Sinn auch hier. In einer nicht bis zur Veröffentlichung vollendeten Arbeit des Gießener Instituts hat Fräulein G. Lewy die Zahl der Reize um eins vermehrt und diese neuen Bedingungen planmäßig untersucht. Wir nennen den dritten Reiz c und führen im Anschluß an die früheren Bezeichnungen die neuen e_3, p_1 und p_2, s_1 und s_2 ein. Für ungeübte Beobachter, für die es in diesen Versuchen mit relativ sehr großem s anfangs schwer war, eine optimale Bewegung bei Exposition von a und b allein zu erzeugen, trat ganz leicht vorzüglicher Bewegungseindruck auf, als alle drei Reize exponiert wurden, so daß der Abstand $bc = ab$, der Gesamtabstand ac also doppelt so groß wie im Ausgangsversuch war. Allgemein ist solche „Dreipunktbewegung" vor der „Zweipunktbewegung" ausgezeichnet, die Bahnausfüllung ist vollkommener, die Dynamik ruhiger. Man kann aber aus optimaler Zweipunktbewegung nicht dadurch

---

[1] Benussi: Arch. f. Psychol. **37**, 249ff.   [2] Benussi: Arch. f. Psychol. **36**, 111/12.
[3] Kenkel: Z. Psychol. 67, 437ff.

optimale Dreipunktbewegung erzeugen, daß man, wenn $s_2 = s_1$ sein soll, $p_2 = p_1$ und $e_3 = e_2$ macht. Man muß vielmehr alle zeitlichen Parameter verkleinern[1]. Die Bewegung $a-b-c$ ist also nicht die Summe der Bewegungen $a-b$ und $b-c$.

Kontinuierlich fortschreitende stroboskopische Bewegung — ohne Periodizität wie im Stroboskop — bei serienweiser Reizdarbietung hat WERTHEIMER[2] beobachtet, CERMAK und KOFFKA[3] haben sie ausführlich studiert, indem sie einen wirklich bewegten weißen Streifen bei intermittierender Beleuchtung beobachteten. Dabei ergab sich eine Bestätigung der KORTEschen Gesetze, für die in erster Näherung ein für diese Versuchsbedingungen gültiger quantitativer Ausdruck gefunden wurde, sowie die Aufstellung des Zonengesetzes (s. oben Abschn. 6). Es zeigte sich weiter, daß es hier zwei Phänomene gibt, die beide mit dem Namen des Flimmerns belegt werden können, die aber deskriptiv und funktional streng voneinander zu trennen sind. Außer dem Flimmern nämlich, das durch Steigerung der Frequenz der Lichtintermissionen beseitigt werden kann, also ein gegen das *Suk* verschobenes Phänomen ist und dem Flimmern bei der TALBOTschen Verschmelzung entspricht, gibt es einen „Zerfall", eine „Vervielfältigung" der Objekte[4], die durch Verringerung jener Frequenz verschwindet, also eine Vorstufe des *Sim* ist; dazwischen liegt in der Tat das *Opt*[5].

Gerade dieser Zerfall tritt auch bei sehr vollkommenen Kinematographen auf, sobald hastige Bewegungen (z. B. eines Turners oder Fechters u. dgl.) dargestellt werden. Sie würden verschwinden, wenn man den Film langsamer ablaufen ließe. Das ist bei den gewöhnlichen Apparaten aber aus folgendem Grunde nicht möglich: Wie CERMAK und KOFFKA gezeigt haben, gehört zu jeder Geschwindigkeit des objektiv bewegten Gegenstandes eine feste Zone von Intermissionen, in denen der Gegenstand in klarer, ruhiger Bewegung gesehen wird. Ist die Intermission zu langsam, so flimmert er, ist sie zu schnell, so wird er vervielfältigt. Es gehört also zu langsamer Bewegung relativ hohe, zu schneller relativ niedrige Intermissionsfrequenz[6]; der Fall der Geschwindigkeit Null, des Stillstandes, der gewöhnlichen TALBOTschen Verschmelzung gehört in diese Reihe hinein (s. oben Abschn. 7). Da nun im Kino stets langsam bewegte und ruhende Objekte zu sehen sind, so ist eine Mindestfrequenz erforderlich, eine Verringerung unter diese Grenze zur Beseitigung des Zerfalls also nicht erlaubt. Anders beim Kinematographen der Firma Leitz, bei dem die ruhenden Objekte dauernd in der gleichen Beleuchtung ohne Intermission geboten werden. Hier kann man in der Tat den Film viel langsamer ablaufen lassen und dadurch die jetzt besprochene Art des Flimmerns zum Verschwinden bringen.

III. Die wirkliche Bewegung.

14. Die Schwellenwerte.

Wir beschränken uns im folgenden wesentlich auf den Fall, daß sich der Beobachter in Ruhe befindet und das Objekt sich bewegt. Der umgekehrte ist in der Dissertation von HANSELMANN[7] ausführlich behandelt worden.

---

[1] Das steht wieder in vollkommener Analogie zu den Tatsachen der Verschmelzung. Vgl. G. MARTIUS: Beitr. Psychol. u. Philos. **1**, 3, 343ff. (1902), u. HARTMANN: Psychol. Forschg **3**, 341.

[2] WERTHEIMER: Z. Psychol. **61**, 69f.

[3] CERMAK u. KOFFKA: Psychol. Forschg **1**.

[4] Es ist das die allgemein bekannte Erscheinung, die z. B. dann auftritt, wenn man bei Wechselstromlicht die Hand mit gespreizten Fingern schnell hin und her bewegt.

[5] Auch GRÜNBAUM hat den Zusammenhang der Bewegungsstadien mit den Verschmelzungsstadien gesehen. Nederl. Tijdschr. Geneesk. **1915** I, 1738.

[6] Beim Kinematographen wird dieser Sachverhalt im allgemeinen durch das Zonengesetz verdeckt.

[7] HANSELMANN: Dissert. Zürich 1911. Zu den hier nicht behandelten Bewegungen gehören auch die bei Lidschluß auftretenden, die HARVEY CARR in einer gründlichen und tiefen Arbeit untersucht hat (Psychologic. Rev., Mon. Sup. Nr 31 [Bd. 7], o. J.), sowie die Bewegungen, die Nachbilder bei vestibularer Reizung ausführen. Vgl. G. FR. GÖTHLIN: Nova Acta Soc. scient. Upsaliensis, Vol. extra ordinem editum, Upsala 1927, u. G. FR. GÖTHLIN u. N. RAAB: Pflügers Arch. **219** (1928).

a) **Kleinste Amplitude.** Unter den günstigsten Bedingungen, Fixation, feste Raumlage, fand BASLER[1] als Schwellenwert eine Amplitude von 20''; an der gleichen Stelle betrug unter den gleichen Bedingungen der Wert der Sehschärfe, gemessen durch SNELLENsche Schriftproben, 50'', der Durchmesser des Zapfeninnenglieds beträgt ca. 40''. Die Bewegungsempfindlichkeit liegt also auch im zentralen Sehen, wie BASLER in einer weiteren Arbeit[2] bestätigte, in der er das Auflösungsvermögen direkt prüfte, weit über der Sehschärfe, eine Tatsache, die für das indirekte Sehen EXNER[3] schon vor langer Zeit festgestellt hat. Hieraus hat EXNER schon damals geschlossen, daß der Bewegungseindruck nicht psychologisch aus der Verschiedenheit der Ortsempfindungen abzuleiten ist.

BASLER hat mit periodisch hin- und hergehenden Bewegungen gearbeitet, die er mindestens eine Sekunde lang einwirken ließ, also nicht unter den einfachsten Bedingungen. Innerhalb gewisser Grenzen nahm die Empfindlichkeit mit der Geschwindigkeit der Bewegung zu, mit der Herabsetzung der Beleuchtung dagegen ab.

b) **Kleinste Geschwindigkeit.** Unter optimalen Bedingungen ergab sich eine Winkelgeschwindigkeit von 1—2' als Schwelle für eine sofort gesehene Bewegung; wird die Geschwindigkeit kleiner, so tritt der Bewegungseindruck erst nach Verlauf einiger Sekunden auf, um bei noch kleineren Werten ganz auszubleiben[4].

c) Wird die Bewegung zu schnell, so hört der Bewegungseindruck gleichfalls auf, man sieht ein „ruhendes Band". Messungen hierüber hat zuerst BOURDON angestellt und diese Ausbreitung des bewegten Objekts zum ruhenden Band mit der Fortdauer des Lichteindrucks in Verbindung gebracht. „Es ist ersichtlich, daß die erste Wahrnehmung einer Bewegung dann stattfinden muß, wenn die Fortdauer des Lichteindrucks nicht mehr hinreicht, die Bahn, in welcher die Bewegung stattfindet, vom Anfang bis ans Ende gleichzeitig hell erscheinen zu lassen" (ZOTH[5]). Dabei ist vorausgesetzt, daß die Fortdauer des Lichteindrucks an irgendeinem Punkt unabhängig ist von den übrigen Punkten der ganzen Bewegungsbahn. Diese Annahme ist durch Versuche von CERMAK und KOFFKA[6] als falsch erwiesen. Diese Autoren ließen eine 35 mm lange Leuchtlinie hinter einem Schirm rotieren, der einen Ausschnitt von variabler Größe besaß [nämlich im Winkelmaß: 32°, 59°, 90°], und ermittelten diejenige Rotationsgeschwindigkeit, bei der eben der ganze offene Schlitzbogen von einem leuchtenden Band ausgefüllt war[7]. Wäre die Annahme der älteren Autoren richtig, so müßte die Rotationsgeschwindigkeit (v) so von der Größe des freien Bogens (B) abhängen, daß die Durchgangs*zeit* (e) durch den Bogen konstant bleibt. D. h. da $v = B/e$ und $e = $ const, so müßte v proportional mit dem Bogen wachsen. Dies widerspricht aber dem Befund von CERMAK und KOFFKA, die in erster Annäherung die folgende Beziehung aufstellen konnten: $v = \sqrt{KB}$ bzw. $e = \sqrt{\dfrac{B}{K}}$, wo K eine von der Intensität der Leuchtlinie abhängige Konstante bedeutet. Die Durchgangszeit e ist also nicht konstant, sondern nimmt mit der Weglänge zu, und v wächst proportional nur mit der Wurzel der Bogenöffnung[8].

[1] BASLER: Pflügers Arch. **115** (1906).
[2] Ebenda: **128**, 427—30 (1909).
[3] EXNER: Wiener Ber. Math.-naturwiss. Kl. III Abt. (1876).
[4] Vgl. ZOTH: Nagels Handb. **3**, 365/6.
[5] ZOTH: Nagels Handb. **3**, 368.
[6] CERMAK und KOFFKA: Psychol. Forschg **1**, 88ff.
[7] Es wurden nie mehr als maximal zwei Durchgänge der Lampe durch den Schlitz unmittelbar nacheinander beobachtet, d. h. unter Bedingungen der EB.
[8] Da in den Tabellen von CERMAK und KOFFKA die B in Winkelgrad, die Winkelgeschwindigkeit ω aber in Bogenlängen gerechnet ist, so muß man, um die Zahlen der Tabellen zu erhalten, den obigen Ausdruck noch mit $\dfrac{2\pi}{360}$ multiplizieren.

15. Die Korteschen Gesetze.

Betrachten wir diese empirisch ermittelte Beziehung zwischen e und B, so finden wir sie qualitativ ähnlich dem Korteschen $s-g$-Gesetz. Hier wie dort muß, wenn ein bestimmter Eindruck erhalten bleiben soll, eine Zeitgröße im selben Sinn geändert werden wie eine Länge. Dieser Zusammenhang gewinnt sachliche Bedeutung, sobald man den Begriff der Stadien von der stroboskopischen auf die wirkliche Bewegung überträgt. Denn auch wenn uns ein wirklich bewegtes Objekt geboten wird, sehen wir nicht immer *Opt*. Zwar ist die Zone der Geschwindigkeiten, in der das der Fall ist, sehr groß[1], aber unterhalb dieser Zone sehen wir das Objekt in Ruhe, nacheinander an verschiedenen Orten (Stundenzeiger der Uhr), und oberhalb tritt das zuletzt untersuchte ruhende Band auf. Wir werden also jenen Eindruck als *Suk*, diesen als *Sim* auffassen können. Dann aber sagt die obige Formel eine Beziehung zwischen zwei Parametern aus, die erfüllt sein muß, damit gerade *Sim* eintritt; und da die Korteschen Gesetze, wie oben ausgesprochen, für alle Stadien gelten, so sind wir berechtigt, unser für die Wahrnehmung wirklicher Bewegung geltendes Gesetz als Kortesches Gesetz anzusprechen. Die Übereinstimmung zwischen stroboskopischer und wirklicher Bewegung ist aber noch größer. Sie erstreckt sich nämlich nicht nur auf die qualitative, sondern auch auf die quantitative Seite der Beziehung. Cermak und Koffka fanden nämlich in den oben beschriebenen Versuchen mit serienweiser Exposition ein Gesetz der gleichen Form.

Wie steht es mit den anderen Korteschen Gesetzen bei der wirklichen Bewegung? Cermak und Koffka haben auch den Einfluß der Intensität auf das *Sim* der wirklichen Bewegung (Lichtband) untersucht. Dabei ergab sich ein logarithmisches Gesetz von der Form: $e = -a \log i + b$, wo a und b Parameter sind, die unter anderem von der Größe des jeweilig beobachteten Bogenstücks abhängen. Das stimmt qualitativ mit dem entsprechenden Korteschen Gesetz überein. Vergrößert man die Intensität, so muß man die Gesamtexpositionszeit verkleinern, wenn ein bestimmter Eindruck bestehen bleiben soll. Quantitativ gilt in erster Näherung ein gleiches Gesetz für die Verschmelzung, sowohl, wo es sich um periodische Reize handelt (Porter[2]), wie für nur zwei Reize (Hartmann[3]).

Aus den Tabellen 29 und 30 von Cermak und Koffka[4] läßt sich schließlich noch ablesen, daß zu größerer Intensität bei gleicher Sichtbarkeitszeit auch der größere Bogen gehört, womit auch das Kortesche $i-s$-Gesetz für die wirkliche Bewegung bestätigt ist.

Nichts beweist wohl zwingender, daß wir es bei der Wahrnehmung stroboskopischer und wirklicher Bewegung mit dem gleichen Vorgang zu tun haben, als die Tatsache, daß für beide Fälle die gleichen Gesetze gelten.

16. Die figuralen Eigenschaften der bewegten Objekte.

Die Breite des bewegten Objekts übt auf die wirkliche Bewegung den gleichen Einfluß aus wie auf die stroboskopische. Wir fanden oben: je schmaler der bewegte Strich, um so mehr neigt er zum *Sim*. Wir können das für wirkliche Bewegung wieder dadurch prüfen, daß wir für verschieden breite Striche die

---

[1] Das ist eine Folge des Zonengesetzes; denn wir können wirkliche Bewegung als Grenzfall der stroboskopischen auffassen, bei der s und p gegen 0 konvergieren. Nimmt man an, daß der Sehvorgang oszillatorisch verläuft, so würden weder s noch p wirklich = 0, wenn schon sehr klein (vgl. Cermak u. Koffka: S. 123).

[2] Porter: Proc. Roy. Soc. Lond. **70**, 318 (1902).

[3] Hartmann: Psychol. Forschg **3**, 334.

[4] Cermak u. Koffka: S. 94. Zitiert auf S. 1192.

Geschwindigkeit feststellen, bei der sie eben das ruhende Band bilden. Solche Versuche hat BOURDON angestellt. Er fand im direkten Sehen für einen Streifen von 1 mm Breite eine kritische Geschwindigkeit von ca. 140° pro Sekunde, für einen Streifen von 4 mm Breite eine solche von 350° pro Sekunde; d. h. der schmale Strich darf langsamer bewegt werden, um zum Band zu verschwimmen, als der breite, anders ausgedrückt, er neigt stärker zum *Sim*.

Daß auch die Form des bewegten Objektes von Einfluß auf die gesehene Bewegung ist, lehrt das Beispiel der Kreisringsektoren, das wir, auch schon für wirkliche Bewegung, in Abschn. 8 (S. 1182) besprochen haben.

Eine außerordentlich interessante in diesen Zusammenhang gehörige Beobachtung verdanken wir GEHRCKE und LAU[1]. Läßt man ein weißes (schwarzes) Kreuz auf schwarzem (weißem) Grunde rotieren, und steigert man die Rotationsgeschwindigkeit, so verwandelt sich das Kreuz plötzlich in einen fünf- und sechsstrahligen Stern. Entsprechend erscheint von einer bestimmten Rotationsgeschwindigkeit an ein um seinen Mittelpunkt rotierender Balken als drei- bzw. mehrstrahliger Stern. Die kritische Geschwindigkeit, bei der dieser Umschlag eintritt, ist von mehreren Faktoren abhängig. Sie ist um so niedriger, je geringer die Intensität, je kleiner die Größe der Figur ist. Auch die Art der Figur sowie der Unterschied zentraler und peripherer Beobachtung ist von Einfluß. Diese Untersuchung wurde dann systematisch von METZGER[2] auf translatorische Bewegung übertragen — etwa gleichzeitig haben EHRENSTEIN[3] und GREB[4] Vervielfältigung von translatorisch bewegten Objekten beschrieben. Die Arbeit von METZGER hat eine Fülle von Tatsachen ans Licht gebracht. Der Einfluß der Faktoren, von denen die Vermehrung abhängt, ergab Gesetze, die sich mit denen, die für die Verschmelzung (und für Bewegung, s. oben) gefunden sind, decken. Als außerordentlich wichtig für den Verschmelzungsvorgang erwies sich die Figuralform der benutzten Objekte. Obwohl eine ins einzelne gehende Theorie noch nicht aufgestellt werden konnte, ergaben sich doch theoretische Konsequenzen, die zu den oben über die Tatsachen der Verschmelzung geäußerten Ansichten aufs beste passen. Es erwies sich als unmöglich, die Tatsachen der Vermehrung und Verschmelzung aus Vorgängen der sukzessiven Reizung der einzelnen Netzhautstellen für sich abzuleiten.

17. Der Einfluß des Feldes. Die Raumlage.

Schon in den Schwellenversuchen zeigte sich der Einfluß des Feldes. So fand BASLER[5], daß im Dunkeln die Minimalexkursion 4mal so groß sein mußte als im Hellen. Schon sehr viel früher hatte AUBERT[6] eine analoge Heraufsetzung der Geschwindigkeitsschwelle festgestellt. Wenn er das Gesichtsfeld stark einschränkte, so daß nur der Ausschnitt zu sehen war, hinter dem eine mit Streifen versehene Trommel rotierte, so mußte er die Geschwindigkeit etwa verzehnfachen, um noch wahrnehmbare Bewegung zu erzeugen. Wurde im völligen Dunkel ein schwach glühender Platindraht beobachtet, so blieben zuweilen noch recht lebhafte Bewegungen völlig unbemerkt, während umgekehrt Bewegungen auch gesehen wurden, wenn die Leuchtlinie objektiv in Ruhe war. BOURDON hat dann festgestellt, daß im völligen Dunkel unter günstigen Bedingungen Bewegungen von einer Winkelgeschwindigkeit von 14—21' noch in der Mehrzahl der Fälle richtig erkannt wurden.

[1] GEHRCKE u. LAU: Psychol. Forschg 3, 1—8 (1923).
[2] METZGER: Psychol. Forschg 8, 114—221 (1926).
[3] EHRENSTEIN: Z. Psychol. 97 (1925).
[4] GREB, Z. Psychol. 102, 107—146 (1927).
[5] BASLER: Pflügers Arch. 124 (1908).
[6] Vgl. ZOTH: S. 366. Zitiert am Kopf des Kapitels.

Diese Befunde lehren zweierlei: 1. Die Gegenwart ruhender Objekte, relativ zu denen sich das Objekt bewegt, erhöht die Bewegungsempfindlichkeit, läßt leichter den Bewegungseindruck entstehen. 2. Die ruhenden Objekte beeinflussen auch dadurch den Bewegungseindruck, daß sie als Verankerungsstellen des Sehraums dienen[1]. Ist die Lage des Sehraums festgelegt, das Oben-Unten, Rechts-Links, so wird schon dadurch der Bewegungseindruck begünstigt. Das geht aus den Versuchen BASLERS hervor, die er im Hellen anstellte, und bei denen er seine so niedrigen Schwellen fand, denn hier erschien der bewegte Punkt auf völlig homogenem Grunde, wo „Relativbewegung" also nicht gesehen werden konnte. Hier war aber der Sehraum noch verankert, erst im völligen Dunkel wird diese Verankerung gelöst und dadurch die Bewegungsempfindlichkeit herabgesetzt (AUBERTS erstes paradoxes Resultat). Ist der Raum nicht fest verankert, so gerät er leicht ins Schwanken und es entstehen die *autokinetischen Bewegungen* (AUBERTS zweites paradoxes Resultat; CHARPENTIER[2], EXNER[3], WERTHEIMER). Ruhende fest fixierte Punkte führen Bewegungen aus, die sich bis zu 30° oder mehr erstrecken können. Diese Bewegungen werden durch Anwesenheit eines zweiten Punktes zwar beeinträchtigt, aber keineswegs vernichtet, mit wachsender Intensität des Punktes nehmen sie gleichfalls an Ausmaß ab (EXNER). Sie lehren, daß man die Bewegungen eines Objektes in fester Raumlage von den Schwankungen der Raumlage selbst unterscheiden muß (WERTHEIMER). Über die positiven Ursachen des Schwankens lassen sich noch keine bestimmten Angaben machen. Daß Augenbewegungen, die auch nur entfernt das Ausmaß der wahrgenommenen Bewegungen erreichen, nicht auftreten, ist von GUILFORD und DALLENBACH[4] durch photographische Registrierung festgestellt worden. Ihre Kurven zeigen nur die bei keiner Fixation fehlenden Zitterbewegungen. Dagegen hat H. F. ADAMS[5], H. CARR folgend, einen Einfluß des Tonus der Augenmuskeln auf die Richtung der autokinetischen Bewegungen feststellen zu können geglaubt.

Weiter führen vielleicht noch neue Versuche von GUILFORD[6]. Danach befindet sich während der autokinetischen Bewegung nicht nur der bewegte Punkt, sondern das ganze Sehfeld im Zustand sich ändernder Orientierung. Dieses Strömen im Sehfeld bestimmt die Richtung der autokinetischen Bewegung zum mindesten im größten Teil des Feldes. Druck in den Augen und im ganzen Körper wurde von den Vpn. beobachtet, und GUILFORD bringt sie in direkten Zusammenhang mit den Bewegungsphänomenen. Auch wenn man die Bewegungswahrnehmung selbst nicht aus Augenbewegungen oder Tonusänderungen der Augenmuskeln erklärt, wird man, zumal auf Grund der zuletzt besprochenen Ergebnisse und des früher mitgeteilten Befundes von BENUSSI (s. oben S. 1181), an einem engen Zusammenhang zwischen sensorischem Bewegungsprozeß und Bewegungen und Tonusveränderungen in den Augen und dem Rest des Körpers festhalten müssen, sogar in dem Sinn, daß Veränderungen im motorischen System die sensorischen Prozesse beeinflussen können.

---

[1] Vgl. WERTHEIMER: Z. Psychol. **61**, 260ff.

[2] CHARPENTIER: C. r. Acad. Sci. **102** (1886).

[3] EXNER: Z. Psychol. **12** (1896).

[4] GUILFORD u. DALLENBACH: Amer. J. Psychol. **40**, 83—91 (1928). Ein sinnreiches Experiment, die Augenbewegungen auszuschließen, bei ZIEHEN, Z. Sinnesphysiol. **58**, 63 (1927). Trotzdem hat der Beobachter, wie ZIEHEN (69), hervorhebt, und wie auch DUNCKER (Psychol. Forschg. **12**, 258) betont, durchaus den Eindruck, seine Augen, u. U. in starkem Ausmaß, bewegt zu haben. [Zusatz bei der Korrektur.]

[5] ADAMS, H. F.: Psychologic. Rev., Mon. No **59** (1912).

[6] GUILFORD: Amer. J. Psychol. **40**, 401—417 (1928).

Mit der Raumlage[1] hängt auch die sog. Relativität der phänomenalen Bewegung zusammen. So können wir, auf einer Brücke stehend, den Fluß „hinauffahren", so eilt der Mond den Wolkenfetzen entgegen. In all diesen Fällen ist der Bewegungseindruck keineswegs relativ, sondern die Art dieses Eindrucks ist durch die objektiven Bedingungen häufig nicht adäquat und nicht eindeutig festgelegt. Wenn von Beobachter und Gegenstand der eine ruht, der andere sich bewegt, so kann der Beobachter zwei verschiedene Eindrücke haben: er kann entweder eine Bewegung des Gegenstands oder von sich selbst sinnlich wahrnehmen. Das hängt davon ab, wo sein Raum verankert ist. Sehe ich, um ein anderes bekanntes Beispiel zu benutzen, im Zuge auf der Station sitzend, durchs Fenster auf den Nachbarzug und lese etwa die Inschriften auf dessen Schildern, so liegt meine Verankerung dort, und ich werde, wenn nun einer der Züge, gleichviel welcher, sich in Bewegung setzt, den Eindruck haben, daß es der meine ist; umgekehrt wenn ich in meinem Zug verankert bin. Die Verankerungssysteme sind relativ stabil, werden schwerer bewegt. — Im Fall des laufenden Mondes ist es so, daß die Wolken als *Hintergrund* der Mond*figur* (RUBIN) erscheinen, und daß der Grund die feste Raumlage abgibt. Die üblichen psychologischen auf der „Erfahrung" aufgebauten Theorien sind in sich unhaltbar. Diese Ansicht wird durch einen Versuch von EHRENSTEIN bestätigt. Fixierte er einen vor einer den größten Teil des Gesichtsfelds ausfüllenden bewegten MACHschen Wand (Streifenmuster) befindlichen, festen Gegenstand, so erschien dieser sowie die ganze Umgebung der Wand in einer der MACHschen Wand entgegengerichteten Bewegung. Dies war am stärksten dann der Fall, wenn die Wand die Rolle des Hintergrunds spielte, so daß ihre Bewegung „so gut wie nicht gesehen wird". Die Wand ist eben dann Verankerungssystem geworden[2]. Fixation bewirkt Verankerung scheinbar nur dort, wo das fixierte Gebiet ausgeprägte figurale Eigenschaften hat. Denn THELIN fand, daß die Fixation eines von zwei im Dunkeln sichtbaren Punkten, die einzeln oder gemeinsam objektiv bewegt wurden, die Beweglichkeit dieses Punktes erhöht[3].

Daß eine Bewegung auch andere Teile des Feldes beeinflußt, das lehrt schon der bekannte Versuch von HELMHOLTZ[4], bei dem eine gerade Linie, über die man eine Zirkelspitze bewegt, selbst in Bewegung gerät. „Öffnet man eine Schere, indem man den einen Arm derselben bewegt, so scheint sich gleichwohl auch die andere Schneide nach der entgegengesetzten Seite zu bewegen (ZOTH)[5]. In den schon obenerwähnten Versuchen von THELIN[6] kam es häufig vor, daß der in Wirklichkeit nichtbewegte Punkt in Bewegung gesehen wurde. Waren die zwei Lichtpunkte von verschiedener Intensität, so trat dies besonders häufig auf, denn der schwächer leuchtende Punkt war stets der beweglichere. Dieser

---

[1] Über die Bedeutung der Raumlage vgl. den Artikel: Psychologie der optischen Wahrnehmung.

[2] EHRENSTEIN: Z. Psychol. **96**, 330—333 (1925).

[3] THELIN: J. of exper. Psychol. **10**, 344 (1927).

[4] HELMHOLTZ: Physiol. Optik **III**[3], 165f.

[5] ZOTH: Nagels Handb. **3**, 369.

[6] THELIN: S. 333—337. Zitiert in Anm. 2. Vgl. a. POSCHOGA: Z. Sinnesphysiol. **58**, 153—165 (1927) und vor allem DUNCKERS neue Arbeit, in der die Eigenschaften der induzierten Bewegung von Grund auf studiert und zur Grundlage bedeutsamer Schlüsse gemacht werden. „Infeld" — und „Figur" — sein, d. i. relativ zu einem Umfeld oder Grund lokalisiert werden, das sind Hauptbedingungen für das Auftreten induzierter Bewegung. Am allerwichtigsten ist vielleicht der experimentelle Nachweis des implizit im obigen Text enthaltenen Sachverhalts, daß ein Objekt im Feld und das „Ich" im gleichen Sinn und in gleicher Weise induzierte Bewegung erleiden. Psychol. Forschg **12**, 186—259 (1929). [Zusatz bei der Korrektur.]

Effekt ist proportional dem Intensitätsverhältnis. Dagegen war ein Einfluß der absoluten Intensität nicht festzustellen.

Zwei ähnliche Körper in Nachbarschaft entgegengesetzte Drehbewegungen ausführen zu sehen, ist bei längerer Beobachtung unmöglich: der eine von ihnen wird zwangsmäßig invertiert und nimmt damit die Drehrichtung des anderen an. Diese schöne Beobachtung und die ingeniöse Methode, die Inversion dreidimensionaler Gebilde zu erzwingen, verdanken wir v. HORNBOSTEL[1].

18. Die scheinbare Geschwindigkeit. Fixation und Folgen des Blicks. Zentrale und periphere Beobachtung. Ergänzungen.

Verfolgt man ein bewegtes Objekt mit dem Blick, so erscheint die Bewegung viel langsamer, als wenn man den Blick fixiert hält. Nach AUBERT und v. FLEISCHL ist im ersten Fall die scheinbare Geschwindigkeit nur etwa halb so groß wie im zweiten. Schon diese Tatsache hätte die Erklärung der Bewegungswahrnehmung aus den Augenbewegungen widerlegen sollen, doch baute man eigene Hypothesen, um diese Schwierigkeit zu überwinden[2].

Wir erwähnen an dieser Stelle einen Versuch von HERING[3], der gleichfalls die Augenbewegungstheorie widerlegt: bei geschlossenen Augen bleibt ein gut zentral entworfenes Nachbild unverändert an seinem Platz, auch wenn die Augen nystagmische Bewegungen ausführen.

Eine Bewegung, die mit der Peripherie beobachtet wird, besitzt eine größere scheinbare Geschwindigkeit als eine zentral beobachtete. Der wichtigste Unterschied zwischen Peripherie und Zentrum für das Bewegungssehen besteht aber darin, daß die Überlegenheit der Bewegungsempfindlichkeit über die Sehschärfe immer größer wird, je weiter man nach der Peripherie kommt (BASLER[4], RUPPERT[5]). Insofern hatte EXNER recht, als er die Netzhautperipherie als ein spezifisches Bewegungsrezeptionsorgan bezeichnete, wennschon auch die Bewegungsempfindlichkeit nach der Peripherie zu abnimmt, und das sogar rascher als die Zahl der Zapfen (BASLER).

Erst in neuester Zeit ist die scheinbare Geschwindigkeit, abgesehen von den bisher behandelten Faktoren, zum Problem geworden. J. F. BROWN[6] hat dieser Frage eine Untersuchung gewidmet, die zu überraschenden Resultaten geführt hat. Betrachtet man ein hinter dem Ausschnitt eines Schirms mit einer bestimmten Geschwindigkeit bewegtes Papierband, auf dem Figuren gezeichnet sind, aus verschiedenen Entfernungen, etwa aus 1 m und 10 m Abstand, so ist die retinale Geschwindigkeit im ersten Fall 10 mal so groß wie im zweiten. Hat man zwei solche Anordnungen in den angegebenen Abständen aufgestellt, und bemüht man sich, der nahen eine solche objektive Geschwindigkeit zu geben, daß sie subjektiv der fernen gleich schnell erscheint, so erhält man Beträge, die hinter der fernen Geschwindigkeit nur wenig zurückbleiben. Betrug in BROWNs Versuchen die Geschwindigkeit des 10 m fernen Streifens 10 cm/sec, so ergab sich im Durchschnitt von 5 Vpn. für die jener gleich erscheinende Geschwindigkeit auf dem nur 1 m entfernten Band der Wert von 8,4 cm/sec (bei der geringen mittleren Variation von 0,24). Das Verhältnis Ferngeschwindigkeit zu Nahgeschwindigkeit ist also 1,2, und das

[1] v. HORNBOSTEL: Psychol. Forschg 1, 131/33 (1922).
[2] Vgl. W. STERN: Z. Psychol. 7, 380/81 (1894).
[3] HERING: Beitr. Physiol. 1861, H. 1, 30f. Vgl. auch W. LASERSOHN: Z. Psychol. 61, 110f. (1912) und H. CARR: Psychologic. Rev., Mon. Supp. Nr 31 (Vol. 7).
[4] BASLER: Pflügers Arch. 115 (1906); 124 (1908).
[5] RUPPERT: Z. Sinnesphysiol. 42 (1908).
[6] BROWN, J. F.: Psychol. Forschg 10, 84—101 (1928).

Verhältnis der entsprechenden retinalen Geschwindigkeiten 8,4 (Nahgeschwindigkeit : Ferngeschwindigkeit). Dies Resultat ist nicht einfach dadurch zu erklären, daß man sagt: die retinalen Geschwindigkeiten sind für gleiche scheinbare Geschwindigkeiten darum so verschieden, weil ja auch den verschiedenen retinalen Strecken, über die die Bewegung erfolgt, annähernd gleiche scheinbare Strecken in verschiedener Entfernung entsprechen. Denn in eigenen Versuchen erwies sich die Größenkonstanz im Bereich 1 m bis 10 m für die im Schirmausschnitt verwendeten Maße als deutlich größer als die Geschwindigkeitskonstanz. Betrug diese, gemessen durch den Quotienten fern : nah 1,2, so beträgt jene, gemessen durch den entsprechenden Quotienten 15,975 : 16, also praktisch 1.

Die Versuche BROWNs wurden aber sofort in eine andere Richtung gedrängt, als er die Fern- und Nahkonstellation retinal gleichmachte. Schirmausschnitt, Größe und Abstand der bewegten Figuren waren in 4 m Entfernung doppelt so groß wie in 2 m Entfernung. Die Ferngeschwindigkeit betrug wieder 10 cm/sec, die ihr gleich erscheinende Nahgeschwindigkeit 5,2 cm/sec (Durchschnitt aus 16 Beobachtungen, 5 Vpn.). Der Quotient ist also 1,93, praktisch = 2. Diesmal ist also zwar die retinale Geschwindigkeit praktisch konstant zu halten, wenn Geschwindigkeitsgleichheit resultieren soll, nicht aber die wirkliche. Doch besitzt das erste Resultat keine allgemeine Bedeutung. Denn stellt man einen neuen Versuch so an, daß man die große und die kleine Konstellation in die *gleiche* Entfernung vom Beobachter bringt, und läßt wieder in der kleinen eine Geschwindigkeit einstellen, die der in der großen gleich erscheint, so ergibt sich genau das gleiche Resultat. Geschwindigkeit in der großen 10 cm/sec, in der kleinen 5,16 cm/sec (7 Vpn.). Dies Resultat ist mit verschiedenen absoluten Größen und bis zum Größenverhältnis 1 : 4 sowie mit verschiedenen Geschwindigkeiten bestätigt worden. Es lautet: „Im vergrößerten Feld gibt erst eine entsprechend vergrößerte retinale Geschwindigkeit den gleichen dynamischen Effekt[1]. Die Prozesse, die gesehener Geschwindigkeit zugrunde liegen, sind also keineswegs eine Abbildung der Bildverschiebungen auf der Retina, sondern haben ihre eigene Dynamik, die außer von diesen Bildverschiebungen von der jeweiligen Gesamtbeschaffenheit des betreffenden zentralen Gebietes abhängt[2]."

Die Vergrößerung des Feldes wurde in ihre Faktoren analysiert, und es zeigte sich, daß auch bei gleicher Figurengröße die Geschwindigkeit im größeren Ausschnitt größer sein muß als im kleinen, um gleich zu erscheinen, wenn auch jetzt der Wert des Verhältnisses zurückgeht. Und ebenso wurde gefunden: Unter sonst gleichen Umständen bewegen sich größere Figuren langsamer als kleinere[3]. Schließlich sei noch erwähnt, daß die Geschwindigkeit in einem inhomogenen Feld größer erscheint als in einem homogenen, ein Ergebnis, das zu den Schwellenversuchen (s. oben) paßt. Dagegen hatte die Zahl der im Ausschnitt gleichzeitig sichtbaren Punkte keinen merkbaren Einfluß. Ein solcher Einfluß ist dagegen von A. MILCH[4] gefunden worden, der die Rotationsgeschwindigkeit von mit Streifenmustern versehenen Trommeln verglich. Hier ergab sich die scheinbare Geschwindigkeit als Funktion der Streifendichte. Je mehr Streifen pro Zeiteinheit eine bestimmte Stelle passieren, um so schneller er-

---

[1] Ich vermute hierin einen Zusammenhang mit dem KORTEschen Gesetz von Abstand und Zeit. K.

[2] BROWN: S. 90. Zitiert auf S. 1197.

[3] Auch in stroboskopischer Bewegung sind kleinere Figuren beweglicher als größere (vgl. KOFFKA, Psychol. Forschg. 8, 228 (1926) und Verbreiterung verschiebt gegen *Suk* (s. a. Abschnitt 8, S. 1178). Entsprechend bewegen sich breitere Striche langsamer als schmälere (vgl. DE SILVA, Journ. Gen. Psychol. **1**, 555 (1928). [Anm. bei der Korrektur.]

[4] MILCH, A.: Über Bewegungsnachbilder. Dissert. Bern 1910, S. 31—41.

scheint ihre Bewegung. Doch ist die Geschwindigkeit keineswegs proportional der Streifendichte. Hat Muster *A* doppelt so viele Streifen wie *B* in der Flächeneinheit, so scheint es sich bei gleicher objektiver Geschwindigkeit schneller zu bewegen. Wird aber *B* doppelt so schnell bewegt wie *A*, so daß gleich viele Streifen in der Zeiteinheit passieren, so ist die phänomenale Geschwindigkeit von *B* wesentlich größer als die von *A*. Ein Widerspruch zwischen den Ergebnissen von BROWN und MILCH besteht nicht; ein fortlaufendes Streifenmuster ist figural ein anderes Objekt als eine Anzahl einzelner Figuren.

Mit fortschreitender Dunkeladaptation wird, wie CERMAK und KOFFKA feststellten, die Maximalgeschwindigkeit, bei der eben noch Bewegung gesehen wird, kleiner. Fortschreitende Dunkeladaptation begünstigt also *Sim*, wie sie die TALBOTsche Verschmelzung fördert[1].

Anhangsweise ein Wort über die sog. ZÖLLNERschen anorthoskopischen Zerrbilder, über die kürzlich mehrere interessante Arbeiten erschienen sind[2]. Hinter einem Spalt vorbeibewegte Figuren erleiden in ihrer zur Bewegungsrichtung parallelen Achse Verzerrungen, und zwar erscheinen sie bei hoher Bewegungsgeschwindigkeit verkürzt, wenn auch noch beträchtlich breiter als der schmale Spalt, bei geringer sogar verlängert. Bei konstanter Geschwindigkeit kann man auch dadurch eine Verkürzung bewirken bzw. verstärken, daß man den Spalt verkleinert. Der Versuch, diese Erscheinungen auf Augenbewegungen zurückzuführen, wird in sehr eleganten Experimenten von ROTHSCHILD widerlegt. Ferner fand ROTHSCHILD, daß nicht alle Teile des Sehfeldes in gleichem Maße verkürzt werden, und zwar werden die Teile, die zur „Figur" gehören, weniger von der Verkürzung betroffen, als die zum „Grund" gehörigen. Eine befriedigende Theorie der Erscheinungen steht noch aus.

IV. Bewegung als figuraler Vorgang.

Wir haben schon mehrfach festgestellt, daß Art und Form einer gesehenen Bewegung von der Art und Form des als bewegt gesehenen Objektes abhängt. Diese Tatsache hat aber eine prinzipiell so wichtige Seite, daß es nicht anging, sie im Rahmen des bisher Dargestellten zu behandeln, zumal das Problem in gleicher Weise für stroboskopische wie für wirkliche Bewegung besteht. Wir haben bisher die Frage noch nicht gestellt: ist die Bewegung eines Objekts gleich der Bewegung seiner Punkte?, obwohl viele unserer Ergebnisse bereits eine verneinende Antwort auf diese Frage implizieren. Ihr wenden wir jetzt unsere Aufmerksamkeit zu.

Wir beginnen mit einer Untersuchung, die P. J. TERNUS[3] unter der Leitung von WERTHEIMER angestellt hat, und bei der er von Punktbewegung ausging. Exponiert man in der einfachen stroboskopischen Anordnung sukzessiv zwei Punktgruppen, so kann man ganz allgemein fragen: nach was für Gesetzen regelt es sich, welche Zuordnung zwischen den Punkten der ersten und der zweiten Gruppe resultiert, und damit, was für Bewegungen jeder einzelne Punkt ausführt. Dies allgemeine Problem wird spezialisiert, wenn die zwei Punktgruppen eine Anzahl von Gliedern identisch haben. Dann kann man zunächst fragen: Werden die in den zwei Sukzessivgruppen identischen Punkte einander zugeordnet, so daß sie unbewegt bleiben und nur die übrigen Punkte Bewegung ausführen? Ein sehr einfacher schon von PIKLER[4] angegebener Versuch zeigt, daß die Antwort nicht in jedem Fall bejahend ausfällt. Gruppe I besteht aus drei äquidistanten horizontal angeordneten Punkten *abc*. Gruppe II geht aus I dadurch hervor, daß man *a* fortläßt und dafür rechts von *c* und im selben Ab-

[1] CERMAK u. KOFFKA: Psychol. Forschg 1, 91, 108/09.

[2] ROTHSCHILD, H.: Z. Psychol. 90 (1922), ferner drei von SCHUMANN herausgegebene Studien von HECHT, WENZEL und VOLK in Z. Psychol. 94 (1924), 100 (1926), 102 (1927).

[3] TERNUS, Psychol. Forschg 7, 81—136 (1926).

[4] PIKLER: Sinnesphysiologische Untersuchungen, S. 194. Leipzig 1917.

stand den neuen Punkt d einführt. b und c werden also in beiden Expositionen identisch geboten, a nur in der ersten, d nur in der zweiten. Klarerweise sieht man unter diesen Bedingungen alle drei Punkte sich nach rechts bewegen, d. h. es haben sich zugeordnet a_1b_2, b_1c_2, c_1d_2 (wo die Indices die Expositionen bezeichnen). TERNUS hat nun in außerordentlich vielen Varianten untersucht, wann unsere Frage positiv, wann sie negativ beantwortet werden muß, d. h. wann die Zuordnung der Gruppenglieder mit Identitätserhaltung, wann, wie in unserem Beispiel, sie mit Identitätsvertauschung erfolgt. Und da ergab sich: Bildet jede Gruppe eine einheitliche Figur, so daß die zwei Gruppen sich darstellen lassen als die gleiche Figur an zwei verschiedenen Orten, so tritt Identitätsvertauschung ein. Bilden die Gruppen umgekehrt zwei oder mehr Figuren, so daß die identischen Punkte für sich eine Figur oder mehrere darstellen, und ebenso die in den zwei Expositionen verschiedenen, so wird bei der Zuordnung die Identität erhalten. Beispiel: Gruppe I: sechs Punkte, drei horizontal, die drei anderen vertikal über dem linken Eckpunkt der horizontalen. Gruppe II: die gleichen horizontalen Punkte und drei Punkte vertikal über dem rechten Eckpunkt. Gesehene Bewegung: Die drei vertikalen Punkte — besser der durch die vertikalen Punkte gegebene Strich — bewegen sich von links nach rechts, die horizontalen verharren in Ruhe. Schon hieraus folgt: Die Bewegung von Objekten ist nicht eine Angelegenheit seiner Punkte. Was sich bewegt, sind Ganzformen. Die Zuordnung der Punkte regelt sich nach ihrer Rolle in diesen Ganzformen. Nicht ist die Bewegung eines Objekts die Summe der Bewegungen seiner Punkte, sondern: die Bewegung der Punkte eines Objekts ist durch die Bewegung des Objekts bestimmt.

Diesen allgemeinen Sachverhalt hat nun TERNUS nach den verschiedensten Richtungen hin spezialisiert. Ich erwähne nur noch einige Hauptpunkte: Als maßgebender Faktor für Zuordnung bzw. Bewegung erwies sich auch die Art der Verschiebung. Nicht nur einfache Translationsbewegung war möglich, sondern auch Rotation. Aber es war entscheidend, ob die Verschiebungsrichtung in der Form der Gruppenfigur *angelegt* war oder nicht. Führte Identitätsvertauschung zu einer „kurvengerechten" Bewegung, so fand sie statt, wenn nicht, so trat Figurzerfall mit Identitätserhaltung ein.

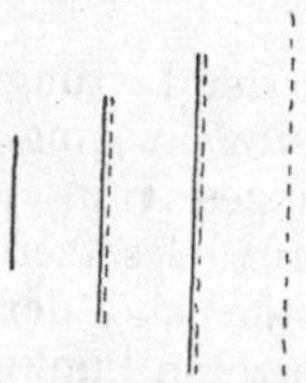

Identitätsvertauschung findet aber auch dann statt, wenn die zwei Gruppen gar nicht mehr dieselbe Figur an verschiedenen Orten, sondern verschiedene Figuren an verschiedenen Orten bilden wie in Abb. 358, wo die ausgezogenen Linien der ersten, die gestrichelten der zweiten Exposition angehören. Die beiden mittleren Linien sind identisch, und doch bewegt sich die Gruppe als Ganzes von links nach rechts und wird dabei größer. Identitätsvertauschung tritt also auch auf bei *Transponierung* der ersten Gruppenfigur, wobei unter Transponierung, wie in der Musik, Veränderung der Stücke bei Erhaltung des Gesamtcharakters zu verstehen ist.

Abb. 358.

Wenn wir schon hier an die später behandelte Theorie denken, so haben wir zu sagen: Was sich im somatischen Feld verschiebt, das sind weder diffuse Prozesse noch isolierte Punkte, sondern figural abgegrenzte Bereiche, die bei der Verschiebung ihre Form und Abgrenzung erhalten oder gestaltmäßig transponieren. Da es sich durchweg um Prozesse von abgegrenzten Gebieten handelt, so ist zu erwarten, daß die Eigenschaften dieser abgegrenzten Gebiete die Verschiebungsprozesse mitbestimmen[1]. Daher der Einfluß figuraler Faktoren, den wir in den zwei vorangehenden Kapiteln für stroboskopische wie für wirkliche

---

[1] H. WERNER schreibt: „Eigenschaften des Gegenstandes schreiben die Bewegungsart vor." Z. Psychol. **105**, 242 (1927).

Bewegung geschildert haben. Sehr klar kommt dieser Einfluß in einem schönen Versuch von EHRENSTEIN zur Geltung (s. Abb. 359, wo links die objektiven Expositionen, rechts das Wahrnehmungsphänomen dargestellt ist). Obwohl der Punkt in beiden Expositionen identisch ist, „so bleibt die Hin- und Herbewegung des Quadrates oft unbeachtet (das kann doch nur heißen: das Quadrat wird in Ruhe gesehen, wie in der EHRENSTEINschen Figur dargestellt. K.), während der objektiv ruhende Punkt in höchst auffälliger Weise von einer Ecke des Quadrats in die andere ‚springt‘"[1]. Das Quadrat ist die stabilere, der Punkt die beweglichere Figur, und so kann dies auf den ersten Blick paradoxe Resultat zustande kommen.

Wir übertragen unser Resultat ohne Schwierigkeit auf die wirkliche Bewegung. Bewegt sich ein homogen gefärbtes Objekt, so läßt sich der Reizwechsel, summativ betrachtet, so darstellen, daß auf jedem Stück der Bewegungsbahn, das kleiner ist

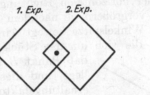

Abb. 359.

als die Erstreckung des Objekts in der Bewegungsrichtung, ein Gebiet, dem Bahnstück entsprechend, zur Zeit t_x genau so gereizt wird wie zur Zeit t_o, als das Objekt eben in unser Bahnstück eintrat, und daß nur auf der einen Seite ein Stück hinzugekommen, auf der anderen ein Stück fortgefallen ist. Man erhält diesen Fall z. B. sehr einfach, wenn man im obenbeschriebenen Experiment von PIKLER die Zahl der Punkte, die zwischen den Eckpunkten liegen, immer mehr vergrößert, bis man die ausgefüllte Strecke erhält, und indem man entsprechend die „Phasen" vermehrt, bis man, wieder im Grenzübergang, wirkliche Bewegung erzielt. Am Prinzip der Zuordnung wird durch diesen Grenzübergang nichts geändert. Was da vorgeht, wird durch ein von RUBIN[2] beschriebenes Experiment anschaulich. Bewegt man hinter einem mit einem kleinen Loch versehenen weißen Schirm einen völlig homogenen schwarzen Karton hin und her, ohne daß die Ränder dieses Kartons sichtbar werden, so sieht man natürlich von dieser Bewegung gar nichts. Nimmt man aber jetzt den weißen Karton fort, so sieht man sofort den ganzen Karton, also auch die Partien, die bisher durch das Loch sichtbar waren, in Bewegung. Wir haben, in der Terminologie von TERNUS, Identitätserhaltung in Identitätsvertauschung verwandelt. Auch Wahrnehmung wirklicher Bewegung ist, um mit RUBIN zu reden, nicht reizbedingt, sondern ganzheitbedingt.

Diese Ganzheitbedingtheit durchzieht unsere Erfahrung. Jeder Punkt eines laufenden Rades beschreibt eine Zykloide, die man sehen kann, wenn ein mit einem einzigen Lichtpunkt versehenes Rad im Dunkeln läuft, die man aber gewöhnlich nicht sieht, ja von deren Existenz man keine Ahnung hat, weil die Kreisform des Rades bewirkt, daß die Zykloidenbewegung in eine Rotation und eine Translation „zerlegt" wird. Natürlich muß auch hier wieder Identitätsvertauschung eintreten. RUBIN hat den gleichen Sachverhalt noch an anderen Figuren dargestellt[3]. Allgemein bekannt ist ja die Spirale, deren sämtliche Punkte bei Drehung um ihren Mittelpunkt konzentrische Kreisbahnen beschreiben, während man als Beobachter je nach der Drehrichtung Ausdehnungs- oder

---

[1] EHRENSTEIN: Z. Psychol. **96**, 332 (1925). Vgl. a. DUNCKER: Psychol. Forschg **12**, 225 ff. und oben S. 1196, Anm. 6. [Zusatz bei der Korrektur.]

[2] RUBIN: Z. Psychol. **103**, 384—392 (1927).

[3] Ausführliche Versuche über solche Bewegungen hat neuerdings DUNCKER, in Fortführung der RUBINschen Gedanken, angestellt. Auch sonst hat er in seinen Bewegungsversuchen vielfach eine Trennung der Bezugssysteme feststellen können (Psychol. Forschg. **12**, 239 ff., und passim.) [Anm. bei der Korrektur.]

Zusammenziehbewegung wahrnimmt. Pl. Stumpf[1] hat mit Spiralen und ähnlichen Figuren besondere Versuche angestellt und dabei unter anderem einen Einfluß der Farbe auf die Richtung der Bewegung festgestellt, die allein von der Helligkeit der Farbe bedingt war[2].

Bei der Spirale erhält man Bewegungen von Formen (z. B. Kreisen), die von der Ruheform verschieden sind. Schon hieraus ersieht man, daß das Prinzip, nach dem Identitätsvertauschung vor sich geht, nicht einfach ein Prinzip der Erhaltung der Ruheform sein kann. Es gibt noch andere Faktoren, von denen ein „Nähefaktor" besonders wichtig zu sein scheint. Bewegt man eine schräge Linie entlang einer horizontalen Richtung, so scheint sie den Winkel zu verkleinern oder zu vergrößern, je nachdem ob sie in der Richtung der Winkelöffnung oder der Winkelspitze bewegt wird. In Abb. 360 sind zwei Lagen der Linie gezeichnet, die sich um das Stück Δs unterscheiden. Man sieht nun, daß Punkt B näher an Punkt C als an Punkt A liegt, und dieser Nähefaktor (der dem Identitätserhaltungsfaktor analog ist) gewinnt hier augenscheinlich einen gewissen von der Winkelgröße abhängigen Einfluß. Ehrenstein[3] hat derartige Bewegungen untersucht und als „intrafigurale Scheinbewegungen" bezeichnet.

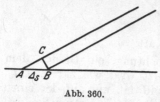

Abb. 360.

V. Die optischen Bewegungsnachbilder.

Szily, A. v.: Bewegungsnachbild und Bewegungskontrast. Z. Psychol. **38**, 81—154 (1905). — Wohlgemuth, A.: On the After-Effect of Seen Movement. Brit. J. Psychol., Mon. Supp. **1**, 117 (1911). — In beiden gute Zusammenstellungen der sehr reichen Literatur.

19. Die Untersuchungsmethoden.

Zur Entstehung eines Bewegungsnachbildes (NB.) muß durch eine gewisse Zeit eine gleichgerichtete Verschiebung von Bildern über die Netzhaut stattgefunden haben, sei es, daß man wirklich oder stroboskopisch[4] bewegte Objekte bei fixiertem Blick beobachtet — als solche „Vorbilder" (VB.) dienen Streifenmuster in Translationsbewegung, rotierende Strahlen, Spiralen u. ä., im gewöhnlichen Leben z. B. schnell strömendes Wasser, Wasserfälle —, sei es, daß man die Augen über ein ruhendes Streifenmuster bewegt (Exner, v. Szily). Im zweiten Fall ist das NB. schwächer als im ersten, und zwar in höherem Grade, wenn man bei fixiertem Kopf die Augen bewegt, als wenn man bei fixierten Bulbis die Bewegungen mit dem Kopf ausführt. Der letzte Unterschied hängt augenscheinlich damit zusammen, daß während der NB.-Beobachtung ausgeführte Augenbewegungen das NB. schwächen (Kinoshita[5]).

Auch im ersten Fall ist es nicht nötig, daß die Bewegung des VB. als solche wahrgenommen worden ist, wie v. Szily unter den Bedingungen abgelenkter Aufmerksamkeit und sehr geringer Geschwindigkeit festgestellt hat (bestätigt durch Wohlgemuth).

Das NB. ist beschränkt auf den Teil der Retina, der vom VB. gereizt worden ist (von Kontrastbewegungen abgesehen, s. unten), entspricht also dem gleichen Gebiet des Feldes, einem größeren oder kleineren, je nachdem ob das NB. in

---

[1] Stumpf P.: Z. Psychol. **59**, 321—330 (1911).

[2] Vgl. hierzu auch A. Wohlgemuth: On the After-Effect of Seen Movement. Brit. J. Psychol., Mon. Supp. **1**, 63ff. (1911).

[3] Ehrenstein: Z. Psychol. **96**, **97** (1925).

[4] Vgl. oben Abschn. 3, S. 1169.

[5] Kinoshita: Zur Kenntnis der negativen Bewegungsnachbilder. Z. Sinnesphysiol. **43** (1909).

der gleichen größeren oder geringeren Entfernung beobachtet wird wie das VB. (EXNER). Dieser Satz gilt nur, solange nicht Gestaltbedingungen ein Übergreifen auf ungereizte Gebiete (wohl auch entsprechend einem Ausfall gereizten Gebietes) fordern. HUNTER[1] fand, daß, wenn der ganze Schlitz, durch den das bewegte Muster beobachtet wurde, ein negatives NB. zurückließ, das Bewegungs-NB. eines Vorbilds, das nur den *halben* Schlitz ausgefüllt hatte, in die ungereizte Hälfte des durch das negative NB. geformten Rahmens ausstrahlte. FRIEDA FUCHS[2] hat dann die Mitte des Diaphragmas bei der Beobachtung des VB. (bewegtes Streifenmuster) durch einen Streifen verdeckt und dort durchgehendes Bewegungs-NB. erhalten. Auch zahlreiche von WOHLGEMUTH beobachtete Angleichungserscheinungen gehören hierher[3].

Geschwindigkeit, Ausgeprägtheit und Dauer der NB. hängen von einer Reihe von Faktoren ab. Die Geschwindigkeit ist entweder nur qualitativ geschätzt oder gemessen worden; vier verschiedene Meßmethoden fanden hauptsächlich Verwendung: 1. Direkter Vergleich: Zwei Sektorenscheiben stehen nebeneinander. Auf der einen wird das NB. erzeugt und, nachdem sie angehalten worden ist, beobachtet, nach seinem Abklingen wird die andere in Bewegung gesetzt, und der Beobachter hat anzugeben, wie sich ihre Drehungsgeschwindigkeit zu der des NB. verhält (WOHLGEMUTH). Gegen diese Methode läßt sich einwenden, daß nach BASLER[4] die Geschwindigkeit des NB. nicht konstant ist, sondern allmählich immer kleiner wird. 2. Reproduktion: Der Beobachter führt während der Beobachtung selbst eine Bewegung aus, die der NB.-Bewegung gleichgerichtet ist und ihm gleich schnell erscheint; diese Bewegung wird registriert (BASLER[4]). 3. Kompensation: Das NB. wird auf einem Objekt beobachtet, das ihm entgegengerichtet, also dem VB. gleichgerichtet, bewegt ist, und diese Bewegung wird so schnell gemacht, daß das Objekt in Ruhe erscheint (CORDS und v. BRÜCKE[5]) In einer von BASLER eingeführten Modifikation wird die Bewegung des Objekts vom Beobachter selbst ausgeführt, der so die Regulation der Geschwindigkeit dauernd in der Hand hat. 4. Kombination: Die Geschwindigkeit wird aus der Richtung der NB.-Bewegung erschlossen, indem im VB. gleichzeitig zwei verschiedengerichtete Bewegungen dargeboten werden; im NB. sieht man dann nur *eine* Bewegungsrichtung, aus ihr werden unter der Annahme einer Zusammensetzung nach dem Parallelogramm der Geschwindigkeiten die Geschwindigkeiten der einzelnen Komponenten abgeleitet (BORSCHKE und HESCHELES[6]). Diese Methode ist, wie zuerst v. SZILY[7] zeigte, nicht völlig einwandfrei. Denn das NB. hängt dabei nicht, oder doch nicht notwendig, von den zwei wirklichen VB.-Bewegungen ab, sondern von den Verschiebungen der Kreuzungspunkte der zwei bewegten Strichsysteme über die Netzhaut, und dies unabhängig davon, ob der Beobachter im VB. dies Wandern der Kreuzungspunkte oder die verschiedengerichteten Bewegungen der zwei Systeme gesehen hat. Das NB., in dem nie zwei gleichzeitige Bewegungen zu sehen waren, gibt die einfachste Reaktion wieder, die dem VB. gegenüber möglich war, verhält sich auch in dieser Beziehung wie die gewöhnlichen NB. ruhender Figuren.

Trotzdem ist der Gedanke einer Bewegungszusammensetzung von BORSCHKE und HESCHELES berechtigt, so daß ihre Methode in manchen Fällen auch zu Schlüssen berechtigt. So fanden sie, wenn sie im VB. die eine Bewegung länger

[1] HUNTER: Psychologic. Rev. **21**, 255 (1914).
[2] FUCHS, FRIEDA: Z. Psychol. **106**, 304 (1928).
[3] WOHLGEMUTH: S. 41, 50, 52. Zitiert am Kopf dieses Kapitels.
[4] BASLER: Pflügers Arch. **128**, 145—176 (1909).
[5] CORDS u. v. BRÜCKE: Pflügers Arch. **119** (1907).
[6] BORSCHKE u. HESCHELES: Z. Psychol. **27** (1902).
[7] v. SZILY: S. 113/14 Anm. Zitiert am Kopf dieses Kapitels.

einwirken ließen als die andere, die Richtung des NB. im Sinn der länger wirkenden verschoben. Daß solche Richtungskombination besteht, lehren schon alte Versuche von Dvořák (1870). Er fand, daß zwei auf derselben Scheibe in entgegengesetzter Richtung gezeichnete Spiralen, die bei der Drehung der Scheibe den deutlichen Eindruck von gleichzeitiger Ausdehnung und Zusammenziehung ergaben, kein NB. lieferten. Daß sich die von einer objektiven Bewegung und einem Bewegungs-NB. stammenden Tendenzen zu einem einheitlichen Gesamteindruck vereinigen, lehren die Versuche von Cords und v. Brücke und Basler (Kompensationsmethode) sowie eine Beobachtung von Wohlgemuth[1].

Die Resultate der Reproduktions- und Kompensationsmethode stimmen nicht völlig überein. Stets blieb die Geschwindigkeit des NB. hinter der des VB. zurück, aber der Abstand war, mit der zweiten Methode gemessen, viel größer als mit der ersten. Augenscheinlich erweist sich das „Gewicht" der objektiven Feldbewegung stärker als das der NB.-Bewegung, so daß diese schon durch eine geringere Geschwindigkeit jener kompensiert wird.

Auch die mit der Kompensationsmethode gemessenen Werte weichen nicht unerheblich voneinander ab. Basler erzielte bei seiner Modifikation wesentlich höhere als Cords und v. Brücke. Ob das am Unterschied des Verfahrens oder der sonstigen Versuchskonstanten liegt, läßt sich nicht entscheiden. Wohlgemuths Methode des direkten Vergleichs ist Baslers Reproduktionsmethode am ähnlichsten. Auch Wohlgemuth maß erheblich niedrigere Werte als Basler. Er untersuchte freilich nur eine einzige Geschwindigkeit und arbeitete dabei mit Rotation, während Basler Translation benutzte.

20. Die Hauptergebnisse.

Nach verschiedenen Methoden sind folgende Ergebnisse sichergestellt:

Die *Geschwindigkeit* des NB. nimmt zu 1. mit der *VB.-Geschwindigkeit* (Borschke und Hescheles, Basler), aber keineswegs proportional, sondern viel langsamer (Cords und v. Brücke). Nach Wohlgemuth hat die Kurve der NB.-Geschwindigkeit als Funktion der VB.-Geschwindigkeit ein Maximum, zu dem sie relativ schnell aufsteigt, um dann langsam wieder zu sinken. 2. mit der *Dauer* der VB.-Betrachtung (Borschke und Hescheles, Cords und v. Brücke, Basler), und zwar in hohem Maße, so daß selbst nur eben überschwellige VB.-Bewegungen bei genügend langer Betrachtung ein deutliches NB. hervorrufen (v. Szily). 3. mit der *Dichte der Streifen* des VB.-Musters (Borschke und Hescheles, Cords und v. Brücke, v. Szily, Wohlgemuth). Nach v. Szily muß man, wenn man die Streifendichte herabsetzt, die VB.-Geschwindigkeit mindestens in dem Ausmaß erhöhen, daß wieder gleich viel Streifen wie vorher pro Zeiteinheit eine Netzhautstelle passieren, doch ist nicht, wie Cords und v. Brücke besonders feststellten, die zeitliche Verteilung, Zahl der Streifen in der Zeiteinheit, sondern die räumliche Verteilung, Zahl der gleichzeitig sichtbaren Konturen, die wahre Ursache. Diese Autoren schließen daher auf eine gegenseitige Steigerung der einzelnen Netzhautstellen (besser wohl Feldteile). 4. mit der *Deutlichkeit* des VB.-Musters (Borschke und Hescheles, Cords und v. Brücke). Doch gilt dies Resultat nach Wohlgemuth, der hier mit der Methode von Borschke und Hescheles arbeitete, nur unter den speziellen Versuchsbedingungen der genannten Autoren. Sie verglichen schwarze und weiße Streifenmuster, die vor schwarzem Grund rotierten, während Wohlgemuth graue und schwarze Muster vor einem weißen Hintergrund darbot und hier ein Überwiegen des NB. vom grauen Muster feststellte. Während bei Borschke und Hescheles helleres und deutlicheres Muster identisch waren, fielen sie

---

[1] Wohlgemuth: S. 75—77. Zitiert am Kopf dieses Kapitels S. 1202.

bei Wohlgemuth auseinander, und doch war wieder das hellere bevorzugt. Er schließt daraus, daß nicht der Grad der Deutlichkeit, sondern der *Helligkeit* den NB.-Effekt bestimmt, und sichert diesen Schluß durch besondere Versuche, in denen er die von zwei VB., abwechselnd weiße und schwarze bzw. weiße und graue Streifen, erzeugten NB. vergleichen ließ; wieder war das vom zweiten VB. erzeugte NB. das schnellere und eindringlichere. Trotzdem muß die Deutlichkeit auch eine Rolle spielen. Man braucht ja nur im zweiten Muster die grauen Streifen immer heller zu machen, um an einen Punkt zu kommen, bei dem das NB. schwächer werden und schließlich ganz ausbleiben muß. 5. mit der *peripheren Lage.* Peripher beobachtete VB. ergeben schnellere (auch intensivere und länger dauernde) NB. als zentral beobachtete (v. Szily, Cords und v. Brücke, Basler). Der von Basler festgestellten Wirkung auf die *Dauer* des NB. widerspricht der Befund Wohlgemuths, nach dem das NB. an Dauer verliert, je weiter peripher es entworfen wird. In der Peripherie erschöpfe sich die Energie des NB. sozusagen schneller, die NB.-Bewegung setze in der Peripherie stürmischer ein und falle schneller ab. Ob diese Differenz zwischen den Ergebnissen Baslers und Wohlgemuths auf der Verschiedenheit der von ihnen geprüften Bewegungen beruht (s. oben), muß dahingestellt bleiben.

Durch Ausnutzung der Verschiedenheit peripher und zentral erzeugter NB. kann man, wie v. Szily[1] in schönen Versuchen gezeigt hat, auch NB. erzeugen, die dem VB. *gleichgerichtet* sind. Wenn man nämlich ein genügend großes VB. wählt, so sieht man im NB. zentral eine diesem gleichgerichtete Bewegung, während die Peripherie ruhig bleibt. v. Szily setzte sich zu diesen Versuchen in einen drehbaren Zylinder aus gestreiftem Kattun.

Die „positive" zentrale NB.-Bewegung kommt dadurch zustande, daß die stärkere „negativ" erregte Peripherie ruhig erscheint (nur zuweilen sieht man Schatten in der negativen Richtung über sie huschen, die ihren Erregungszustand verraten). Die Richtigkeit der Erklärung ergibt sich daraus, daß, wie v. Szily zeigte, das positive NB. am besten dann auftritt, wenn bei der VB.-Betrachtung das Zentrum bewegungsfrei bleibt (durch Abdeckung mit kleiner Blende).

Positiv gerichtete Bewegungen erhielt auch Wohlgemuth in Versuchen, die gut zu den v. Szilyschen passen. Er erregte im VB. eng begrenzte zentrale oder periphere Regionen und beobachtete das NB. auf besonderen, regional verschiedenen Mustern, die sich über größere Gebiete erstreckten. Die ungereizten Bezirke dieser Muster zeigten dann eine dem NB. entgegengerichtete (also positive) Bewegung, und zwar waren stets die zentraleren Teile stärker beeinflußt als die peripheren, und die Wirkung war um so größer, je peripherer die gereizte Region.

v. Szily spricht von Bewegungskontrast. Damit ist aber noch nicht die Ruhe der Peripherie in seinen Versuchen erklärt. Wir können das mit Hilfe des oben eingeführten Begriffs der Raumlage, der uns schon dort zur Erklärung der Relativität der Bewegung diente (s. Abschn. 7). Die Peripherie ist allgemein mehr „Grund-", „Niveau-" als „Figurorgan". Auch hier gibt sie die feste Raumlage, um so besser, weil sie in diesem Versuch den größten Teil des Sehfelds umfaßt; von ihr aus bestimmt sich dann das, was im Zentrum gesehen wird, und da das relativ weniger negativ, also relativ positiv erregt ist, so sieht man nur diese positive Bewegung[2].

---

[1] v. Szily: Z. Psychol. **38**, 122ff — Z. Sinnesphysiol. **42**, 109—114 (1908).
[2] Eine analoge Beobachtung berichtet Kinoshita bei seinen Versuchen mit Blickbewegung über ruhende Objekte. Gelegentlich war nämlich die Fixiermarke, die die Blickbewegungen geleitet hatte, von der NB.-Bewegung erfaßt und das gemusterte Feld in Ruhe. Z. Sinnesphysiol. **43**, 424/25.

Mit der Geschwindigkeit scheint im allgemeinen auch *Intensität, Deutlichkeit, Gewicht* des NB. zu variieren. Die *Dauer* des NB. wächst innerhalb gewisser Grenzen mit der Geschwindigkeit, der Expositionsdauer und der Intensität des VB.[1]. Ein interessantes Resultat erhielt GRANIT. Entfernt sich der Beobachter vom Schirm, hinter dem das VB. bewegt wird, so wird das Netzhautbild und die retinale Geschwindigkeit kleiner. Selbst wenn man die Größen- und Geschwindigkeitskonstanz (s. oben Abschn. 18) in Betracht zieht, sollte man aller- bestens erwarten, daß die NB.-Dauer durch größere Entfernung nicht sinkt. Tatsächlich steigt sie aber ziemlich steil bis zu einem Maximum, das erreicht wird, wenn sich der Beobachtungsschlitz unter einem Winkel von 4° abbildet, um dann rasch zu fallen. Da im zentralen Bezirk von 4° fast nur Zapfen vor- handen sind, während mit jeder Ausdehnung nach der Peripherie der relative Bestand an Stäbchen immer größer wird, so leitet GRANIT aus diesem Ergebnis ab, daß normalerweise die Stäbchen auf die im Zapfenapparat verlaufenden Be- wegungsprozesse eine Hemmung ausüben.

Nach BASLER[2] besitzt das NB. eine Latenzzeit von 0,5—0,8 Sekunden, die von der Geschwindigkeit und Belichtung des VB. unabhängig ist und durch Verlängerung der VB.-Expositionsdauer in sehr geringem Maße verkürzt wird.

Von Einfluß auf die Erscheinungsweise des NB. ist auch die Ausfüllung des Projektionsfeldes, doch widersprechen sich die Ergebnisse der verschiedenen Forscher über seine Richtung. Während v. SZILY und CORDS und BRÜCKE deutlichen Konturen einen hemmenden Einfluß auf die NB.-Bewegung zu- schreiben, hat WOHLGEMUTH in eigens angestellten Versuchen gefunden, daß das NB. im hell erleuchteten Feld mit deutlicheren Konturen stärker war als im dunklen mit weniger deutlichen Konturen.

Wohlbekannt ist die Beobachtung v. FLEISCHLs, daß die VB.-Streifen, wenn man das NB. auf ihnen entstehen läßt, zwar von der Bewegung ergriffen werden, aber doch an ihrem Platz bleiben. v. FLEISCHL stellte folgenden Versuch an: Als VB. diente ein in horizontaler Richtung bewegtes vertikales Streifenmuster, das NB. wird projiziert auf ein genau gleiches Muster der doppelten Höhe, dann sieht man die unteren Streifenhälften sich gegen die oberen bewegen, und doch wird nirgends der Zusammenhang der ganzen Streifen gelockert oder ihre Gerad- heit unterbrochen[3]. Planmäßig sind diese Feldeinflüsse neuerdings von FRIEDA FUCHS, einer Schülerin von SCHUMANN, untersucht worden. Nach ihren sehr sinnreichen Versuchen ist die Richtung der NB.-Bewegung ganz, oder doch vorwiegend, vom Feld und nicht von der Bewegung des VB. bestimmt, wenn man das NB. auf charakteristischen Figuren entwirft. Wurde das NB. z. B. auf die bekannte MACHsche Figur projiziert, die entweder als konkaver oder als konvexer Buchdeckel gesehen werden kann, so war die Richtung der NB.-Be- wegung lediglich von der Erscheinungsform der Figur bestimmt, das Buch schien stets zuzuklappen, die Bewegung war also entgegengesetzt, je nachdem ob die Vp. das Buch von vorn oder von hinten sah, aber völlig unabhängig von der VB.-Bewegung (Spirale, Streifen in verschiedenen Richtungen). Ebenso drehten sich Kugeln, die auf einer Achse steckten, durch darauf projizierte Bewegungs- NB. stets um ihre Achse, gleichviel ob diese horizontal, senkrecht oder irgendwie schräg stand, wieder unabhängig von der VB.-Bewegung. Andererseits gibt es

---

[1] KINOSHITA: Z. Sinnesphysiol. **43**, 434—442 (1909). — EHRENSTEIN: Z. Psychol. **96** (1925). — GRANIT: Z. Sinnesphysiol. **58** (1927). In einer späteren Arbeit suchte GRANIT die im Text wiedergegebene Hypothese durch Versuche mit Dunkel-Adaptation zu be- stätigen (Brit. Journ. Psychol. **19**, 147—157 (1928). [Zusatz bei der Korrektur.]

[2] BASLER: Pflügers Arch. **139** (1911).

[3] Vgl. hierzu v. KRIES in Helmholtz' Physiol. Optik **III**[3], 489f., und LASERSOHN: Z. Psychol. **61**, 100.

Konturen, die, wie v. SZILY fand, die Entstehung der Bewegungs-NB. erschweren oder gar verhindern, so gut ausgeprägte Buchstaben und Wörter[1].

In diesen Zusammenhang gehört schließlich noch ein Versuch von HUNTER[2]. Durch einen mit Diagonalstreifen gemusterten Schlitz ließ er die Vertikalbewegung eines horizontalen Streifenmusters beobachten. Dies schien sich dann nicht senkrecht, sondern, den Diaphragmastreifen folgend, schräg zu bewegen — eine Tatsache, die in den Rahmen des IV. Kapitels gehört. Hielt er dann bei konstanter Fixation die Trommel mit dem Streifenmuster an, so bewegten sich die Linien dieses Musters in der entgegengesetzten, also wieder in einer schrägen Richtung. HUNTER schließt daraus, daß das NB. von der wirklich wahrgenommenen Bewegung, nicht aber von der objektiv im VB. vorhanden gewesenen abhängt. Dieser Schluß paßt nicht zu dem oben erwähnten Befund von v. SZILY[3], aber er ist auch nicht zwingend, da ja in HUNTERS Versuchen das NB. auf dem gleichen Schirm beobachtet wurde wie das VB., also unter den gleichen Feldbedingungen stand. Ändert man die Versuche entsprechend, so daß man das NB. durch ein Fenster ohne schräge Streifen beobachtet, so tritt schräge NB.-Bewegung viel seltener auf als senkrechte. Mit der Ausführung solcher Versuche ist zur Zeit Mlle. M. STURM beschäftigt[4].

Auch sehr *kleine* Objekte lassen sich zur Erzeugung optischer Bewegungs-NB. verwenden (WOHLGEMUTH). Bewegungs-NB. lassen sich schwächen, ja ganz zum Verschwinden bringen, wenn man alternierend NB. in entgegengesetzter Richtung erzeugt und bis zum Abklingen beobachten läßt. Diese „Ermüdung" ist für NB., deren Bewegung um $90°$ gegen die ursprünglichen verdreht ist, kaum nachzuweisen. Ist das eine Auge auf die angegebene Weise ermüdet, und erzeugt man nun in der gleichen Weise NB. im anderen, so treten diese zunächst mit normaler Stärke auf, doch scheint dies Auge dann schneller zu ermüden als das erste (WOHLGEMUTH). Andererseits sieht man das NB. auch mit dem während der Betrachtung des VB. geschlossenen Auge (DVOŘÁK, EXNER), wenn auch weniger stark, ein Effekt, der augenscheinlich auf dem Zusammenwirken der beiden Sehfelder beruht[5]. Gibt man beiden Augen im VB. entgegengesetzt gerichtete Bewegungen, so tritt im NB. Wettstreit auf; d. h. werden beide Augen geöffnet oder geschlossen, so ist kein NB. vorhanden, öffnet man ein Auge, so sieht man das seiner Reizung entsprechende NB. in abgeschwächter Ausprägung (EXNER, v. SZILY, WOHLGEMUTH).

VI. Theoretische Vorstellungen.
21. Die neuesten Hypothesen.

Wie für die Bewegungswahrnehmung ganz allgemein, so sind auch zur Erklärung des Bewegungs-NB. zahlreiche Hypothesen ersonnen worden, die WOHLGEMUTH zuletzt systematisch zusammengestellt hat. Heute sind die meisten Forscher der Überzeugung, daß nur physiologische Hypothesen diesem Tatsachengebiet gerecht werden können. Wie haben wir uns solche Hypothesen

---

[1] v. SZILY: Z. Psychol. **106** (1928).

[2] HUNTER: Psychologic. Rev. **21** (1914).

[3] S. oben S. 1203 Text und Anm. 7.

[4] Vgl. a. DUNCKERS Ausführungen zu verwandten Versuchen, Psychol. Forschg **12**, 223/4. [Anm. bei der Korrektur.]

[5] HUNTER hat in seinen Versuchen solche NB. im ungereizten Auge zwar für translatorische Streifenbewegung, nicht aber für die Spirale gefunden, und aus diesem Resultat entscheidende Folgerungen für die Theorie gezogen. Aber EHRENSTEIN gibt an, „daß wir mit der logarithmischen Spirale ein außerordentlich deutliches, bei längerer Reizung bis zu 19 Sekunden dauerndes NB. auch im Sehfeld des ungereizten Auges erhielten. Zitiert auf S. 1201, Anm. 1 (S. 319) und Arch. Psychol. **66**, 165 (1928).

vorzustellen, die allen Bewegungstatsachen gerecht werden? Ich verzichte auf
eine Darlegung aller bisher aufgestellten Theorien und versuche nur die letzte
Entwicklung ganz knapp darzustellen (WERTHEIMER, HARTMANN, KÖHLER).
Wir gehen vom einfachsten Fall, d. h. der von nur zwei sukzessiven Reizen
hervorgerufenen stroboskopischen Bewegung aus. Für sie hat WERTHEIMER[1]
eine Hypothese aufgestellt, deren wesentlicher Inhalt zugleich das Fundament
für die ganze Gestalttheorie geworden ist. Ausgehend vom Fall der „reinen“,
objektfreien Bewegung schließt er, daß als physiologisches Korrelat dieses Eindrucks zentrale *dynamische* Prozesse im Gebiet zwischen den gereizten Stellen
anzusehen sind. Das Neue und Prinzipielle hieran war, daß eine physiologische
Hypothese nicht nur die Orte psychophysischen Geschehens mit ihren „Assoziationen“ zu betrachten hat, sondern auch und vor allem das *Geschehen in seinen
wesentlichen Feldeigenschaften* selbst. Nicht daß hier oder dort etwas geschieht,
sondern *was* in einem Gebiet geschieht, darauf kommt es an. Erst wenn wesentliche Eigenschaften phänomenaler Gebilde in physiologischen Prozessen wiederzufinden sind, sind physiologische Hypothesen wirkliche Erklärungen. Daß und
warum das möglich ist, hat KÖHLER ausführlich dargetan. Damit ist die physiologische Betrachtung aber nicht nur der psychologischen, sondern auch der
theoretisch-physikalischen nahe gebracht[2].

   Kürzlich hat KÖHLER[3] (ähnlich HARTMANN[4]) mit einer Modifikation der
ursprünglichen WERTHEIMERschen Anschauungen eine spezielle Bewegungs-
hypothese konkreter ausgebaut, indem er den ganzen optischen Sektor von der
Retina bis zur Rinde als ein System auffaßt und sein früher entwickeltes Prinzip
von der Freizügigkeit der Stromfäden[5] verwertet.

   Er geht aus vom Fall optimaler Bewegung, in dem ein über eine Bahn
bewegtes Objekt gesehen wird, und macht die Hypothese, diesem Eindruck
entspreche eine Verschiebung der gesamten, dem Objekt entsprechenden Stromfädensäule im optischen Sektor. Diesen Vorgang stellt er sich so vor: Wird
irgendein Netzhautpunkt a im homogenen Feld bei normaler Raumlage gereizt,
so geht von ihm eine Strömung aus, die, obschon den ganzen optischen Sektor
beeinflussend, doch an einer bestimmten Stelle α des psychophysischen Niveaus
mündet, die durch die Topographie des gesamten Systems bestimmt ist. Das
gleiche gilt für einen Punkt b und eine zentrale Stelle β. Da aber der optische
Sektor als physikalisches System aufzufassen ist, so sind die jeweiligen Verbindungen $a—\alpha$ und $b—\beta$ nicht unveränderlich festgelegt, sondern es hängt
von den gesamten Feldbedingungen ab, wohin ein auf der Netzhaut eingeleiteter
Prozeß gelangen wird; Freizügigkeit der Stromfäden. Wird nun Punkt b kurz
nach Punkt a gereizt — unter den für stroboskopische Bewegung optimalen
Bedingungen —, so sind von $a—\alpha$ her Kräfte gesetzt, die bewirken, daß der
Stromfaden von b nicht nach β aufsteigt, sondern in den nach α steigenden
Faden hineingerissen wird. Von einem gewissen Niveau an existiert also nur-
mehr *eine* Stromsäule. Allmählich wird nun die Kraft, die diese einheitliche
Säule nach α zieht, immer geringer (der a-Anteil) und dafür die nach β ziehende
Kraft relativ stärker (der b-Anteil), so daß die Säule als ganze von a nach b
wandert. Was wir, der Einfachheit halber, für einen Punkt ausgeführt haben,
gilt in Wirklichkeit für das jeweils durch die Form des Reizes bestimmte Gebiet
bzw. die über ihm aufsteigende Stromfädensäule. Diese Annahme erweist sich

   [1] WERTHEIMER: Z. Psychol. **61**, 247ff.
   [2] KÖHLER: Die physischen Gestalten.
   [3] KÖHLER: Psychol. Forschg **3**, 397ff. (1923).
   [4] HARTMANN: Psychol. Forschg **3**, 390/95 (1923).
   [5] KÖHLER: Die physischen Gestalten, § 171f.

zur Erklärung der Tatsachen sehr fruchtbar. Sie hat zu der Fragestellung geführt, der die auf S. 1188 beschriebenen Versuche von SCHOLZ entsprungen sind.
In diesen Versuchen trat eine Bahnverkürzung auf, die im *Opt* ihr Maximum
erreichte, und die durch Verlängerung von e_2 zurückging. Die Verkürzung entstand durch relativ geringe Verlagerung des ersten und relativ große des zweiten
Reizobjekts. Die erste ist direkt als Wirkung der Kräfte anzusehen, die die
zwei Stromsäulen zur Vereinigung bringen. Die zweite Verlagerung hat mit
diesen Kräften direkt nichts mehr zu tun. Sie beruht darauf, daß die Reizwirkung zu früh abklingt, als daß die Stromsäule Zeit hätte, bis auf den Ort des
zweiten Reizes zu wandern. Daher geht sie zurück, wenn durch Verlängerung
von e_2 die Reizwirkung verlängert wird. Trotzdem müssen wir schließen, daß
das Maximum der Verkürzung ein Maximum der auftretenden Kräfte anzeigt.
Denn einmal hat die Verlagerung auch des *ersten* Objekts ihr Maximum an
der gleichen Stelle — und diese war ja direkt von den Kräften abhängig —,
zweitens aber ist doch zu bedenken, daß eben in diesem Falle wirklich nur *eine*
Figur gesehen wurde, schon bei dualer Teilbewegung war die Verkürzung geringer, was dafür spricht, daß der zweite Prozeß, da er durch geringere Kräfte
nicht so weit abgelenkt wurde, auch vor dem Abklingen der Reizwirkung näher
an seine Endlage gelangen konnte.

Wenn aber die zwischen den zwei Prozessen auftretenden Kräfte keine
monotone Funktion der Zwischenzeit sind, wenn anders ausgedrückt
$\text{Kraft}_{sim} < \text{Kraft}_{opt} > \text{Kraft}_{suk}$ ist, so ist die früher zur Beschreibung der
KORTEschen Gesetze von uns eingeführte Größe φ (S. 1176) kein Maß dieser Kräfte.

Daß die Hypothese auf die Wahrnehmung wirklicher Bewegung ohne
weiteres übertragbar ist, leuchtet ein; sie läßt ferner Spielraum für Einflüsse,
die vom Feld und von der Form des Säulenquerschnitts ausgehen — Aufmerksamkeit, Erfahrung, figurale Eigenschaften von Feld und bewegtem Objekt u. ä. —,
und verlangt, daß ein solcher Verschiebungsvorgang das übrige Feld nicht ungestört lassen kann. Wie Teilbewegungen und reine, objektfreie Bewegungen von
hier aus erklärbar sind, lese man bei KÖHLER selbst nach. Auch die Bewegungs-
NB. müssen aus solcher physiologischer Theorie erklärbar sein; hatte doch schon
WERTHEIMER darin einen besonderen Vorzug seiner Theorie erblickt, daß sie die NB.
aus dem gleichen Prinzip erklärte wie die ursprüngliche Bewegung. Die KORTEschen
Gesetze sollten uns dazu helfen, das Wesen der hier wirksamen Kräfte besser zu
verstehen. Daß solche Kräfte, die nicht zwischen Massen, sondern zwischen
Prozessen wirksam werden, aber auch experimentell physikalisch nachweisbar sind,
zeigt ein sinnreicher, ganz einfacher hydrodynamischer Versuch von HARTMANN.

22. Einwände.

Über eine Hypothese entscheidet die Erfahrung. Haben sich Tatsachen gefunden, die
mit unserer Hypothese schlechthin unverträglich sind? HIGGINSON behauptet es und zählt
neun Gründe auf, die eine Gestalthypothese der Bewegungswahrnehmung unmöglich machen
sollen[1]. Ich gehe kurz auf die wichtigsten von ihnen ein.

1. Verschieden gerichtete Bewegung im gleichen Feld soll sich nicht erklären lassen,
„ohne die Annahme, daß zwei verschieden gerichtete Prozesse gleichzeitig und *völlig* unabhängig voneinander in einer gegebenen Membran verlaufen können". Woher weiß HIGGIN-
SON, daß die zwei Prozesse so völlig unabhängig verlaufen? Der Effekt, wie er bisher von
HIGGINSON beschrieben ist, ist sehr wohl mit der Annahme verträglich, daß auf ihrer Bewegungsbahn die zwei bewegten Objekte sich gegenseitig beeinflußten. In unserer Hypothese würden wir für die von HIGGINSON beschriebenen Fälle den Durchgang zweier Stromsäulen durcheinander anzunehmen haben, und es würde lediglich von der „Oberflächen-
festigkeit" dieser Säulen abhängen, wieweit sie sich dabei gegenseitig alterieren. Hierüber
lassen sich im Sinn unserer Hypothese schöne Versuche machen, aber der Effekt selbst ist
sehr wohl mit ihr vereinbar.

---

[1] HIGGINSON: J. of exper. Psychol. **9**, 228—239 (1926).

2. Bewegungen von anderen Teilen im Feld, für die kein Bewegungsreiz da ist, sei nicht durch die eben entwickelte Theorie zu erklären. Gewiß nicht direkt. Hier handelt es sich nicht um zwei Stromsäulen. Aber Higginson vergißt, daß nach unserer Theorie alle Vorgänge in einem Feld ablaufen und das umliegende Feld beeinflussen. In einem so veränderten Feld ergibt u. U. statische Reizung den Wahrnehmungseffekt eines bewegten Objekts. Wieder lassen sich von hier aus sehr interessante Versuche anstellen. Daß ferner Bewegungen über ihr Ziel hinausschießen und dann zurückkehren, ließe sich wohl sehr gut aus unserer Hypothese ableiten, wenn wir die näheren Bedingungen wüßten. Immerhin will ich daran erinnern, daß Prozesse ihre Trägheit besitzen, die sie über ihre „reizgemäße" Lage hinaustreiben kann, eine Hypothese, die schon von Scholz[1] ausgesprochen worden ist.

3. Die von Higginson neu beschriebene Bewegung mit Sim, die wir oben (S. 1173) geschildert haben, sei nicht mit unserer Hypothese zu vereinbaren. Warum nicht? Ich habe schon einmal gesagt[2], daß es zwecklos ist, hierüber Vermutungen anzustellen, solange wir nicht die Bedingungen, unter denen diese Bewegungsform auftritt, auch nur einigermaßen kennen.

4. Gewisse ebene Figuren rufen Bewegung in der dritten Dimension hervor. Dies soll wieder nach unserer Hypothese unerklärbar sein. Tatsächlich enthält die Hypothese noch gar nichts darüber, auf welchem Wege die Stromsäule von der Anfangs- zur Endlage wandert. Nach den allgemeinen Prinzipien der Gestalttheorie wird der Weg der beste sein, den die jeweiligen Feldbedingungen zulassen[3]. Daß diese auch bei konstanter Reizlage variabel sind, haben längst die mehrdeutigen Figuren gezeigt.

5. Auch der Einfluß der Instruktion sei nicht mit unserem theoretischen Rüstzeug zu erklären. Wieder hat der Autor vergessen, daß wir Bewegungen im Felde ablaufen lassen und daß Instruktion neue Feldkräfte schafft. Wir haben dies Problem oben in Abschn. 11 diskutiert.

Doch will ich bei diesem Punkt noch verweilen, weil mir hier der einzige Punkt zu liegen scheint, der unsere Theorie noch von der zuletzt von Benussi[4] vertretenen trennt. Denn nach seinen späteren Veröffentlichungen kann Benussi nicht mehr einfach als Vertreter einer psychologischen Theorie bezeichnet werden, wie wir es oben getan haben. Nach Benussi ist konstitutive Bedingung jeder Wahrnehmung stroboskopischer Bewegung ein bestimmtes Erlebnis, das als zusammenschlußstiftende Verhaltungsweise (G-Reaktion) zu beschreiben ist, ein Erlebnis, dem er freilich einen wirksamen physiologischen Prozeß zuzuordnen durchaus geneigt ist. Er stützt diese Ansicht auf die Abhängigkeit der Erscheinungen von der analysierenden bzw. zusammenschließenden Einstellung; darauf, daß mit den Bewegungen sich auch die bewegten Gebilde ändern, mehrere voneinander unabhängige Gebilde bzw. ein einziges gegliedertes Gesamtgebilde; schließlich darauf, daß gewisse Bewegungen, die bei der gegebenen Reizlage theoretisch möglich wären, nicht zustande kommen, weil die einheitlichen Gebilde, die sie voraussetzen, nicht erzielt werden können.

Die Differenz zwischen Benussis und der hier vertretenen Anschauung ist also auf die Frage zurückzuführen, ob im gegebenen psychophysischen System allein von den äußeren (Reiz-) Bedingungen her ein dem Bewegungseindruck entsprechender physiologischer Prozeß erzwungen werden kann, oder ob dazu noch innere Systembedingungen nötig sind, in der Form von willkürlichen Verhaltungsweisen des wahrnehmenden Subjekts. Daß überhaupt irgendwelche inneren Bedingungen verwirklicht sein müssen, ist selbstverständlich. Es gibt Fälle von Seelenblindheit, bei denen gerade das Bewegungssehen völlig zerstört ist[5].

---

[1] Scholz: Psychol. Forschg 5, 271 (1924).

[2] Koffka: Psychol. Forschg 8, 230 (1926).

[3] Dafür sprechen die kürzlich von K. Steinig veröffentlichten Versuche (Z. Psychol. 109, 291—336 (1929). Gewisse Verschiebungen von Figuren gehen vorzugsweise durch die dritte Dimension vor sich, z. B. die Bewegung bei sukzessiv-periodischer Darbietung von $\bigwedge_{b}^{a}$. Steinig findet es „eigenartig, daß bei optimaler Zwischen- und Expositionszeit der Übergang von einer Figur in die andere, nicht wie man annehmen sollte, auf dem kürzesten Wege, d. h. in ihrer Ebene erfolgt, sondern mit Vorliebe den Umweg über die Rotation durch den Raum bevorzugt" (S. 315). Bedenkt man aber, was für Verzerrungen der Haken eine Auf- und Abverschiebung in der Ebene bedingt, so wird man die Vermeidung dieses Weges, welche die Formen erhält, sehr begreiflich finden. Denn Formen setzen ihrer Deformation Kräfte entgegen. Von den zwei möglichen Rotationen, in der Ebene des Papiers und um eine in dieser Ebene gelegene horizontale Achse, geht die zweite, dreidimensionale, über den kürzeren Weg. [Anm. bei der Korrektur.]

[4] Benussi: Arch. f. Psychol. 37, 256f., 273, 278 (1918); vgl. auch 36, 87.

[5] Vgl. A. Gelb u. K. Goldstein in dem von ihnen herausgegebenen Sammelband: Psychologische Analysen hirnpathologischer Fälle 1, 92ff. Leipzig 1920. Die betreffende Einzelarbeit erschien zuerst in Z. Neur. 41 (1918).

Wenn wir an das Kino denken, ist diese Frage prinzipiell schon entschieden, denn dort sehen wir Bewegung zwangsweise. Das gleiche gilt für viele Versuche in WERTHEIMERscher Anordnung (nicht zu großes s), und die ganze Frage verschwindet, wenn, wie wir behaupten, wirkliche und stroboskopische Bewegung wesensgleich sind.

Aber nun zum letzten Punkt von HIGGINSON:

6. Gelegentlich während der Bewegung auftretende „sekundäre" Linien seien für die Gestalttheorie unerklärbar. Ich muß wiederholen, was ich zu 3. gesagt habe. Die von HIGGINSON angeführte Tatsache wird, wenn sie genauer studiert ist, dazu beitragen, unsere Vorstellungen von dem Verschiebungsprozeß zu konkretisieren.

Die anfangs gestellte Frage muß also verneint werden. Es haben sich keine Tatsachen gefunden, die im Widerspruch zu der hier entwickelten Hypothese der Bewegungswahrnehmung stehen[1].

VII. Bewegungserscheinungen auf anderen Sinnesgebieten.

23. Haptisch wahrgenommene Bewegungen.

Wir beschäftigen uns hier lediglich mit dem Problem der Wahrnehmung objektiver Bewegung, die Wahrnehmung der eigenen Gliedbewegungen gehört nicht in diesen Rahmen. Sowohl auf taktilem wie auf akustischem Gebiet hat allein die Frage nach der Existenz und Eigenart stroboskopischer Bewegung das Interesse der Forscher erregt, auf taktilem daneben noch das Problem der Bewegungs-NB. Wirkliche Bewegung hat man in den Versuchen demgemäß nur verwendet, entweder um NB. zu erzeugen oder um sie mit stroboskopischer zu vergleichen.

Auf haptischem Gebiet war die Existenz stroboskopischer Bewegung zwar schon durch die oben (S. 1176/1177) erwähnten Versuche von v. FREY und METZNER sichergestellt. Die ersten ausführlichen Versuche darüber hat aber erst BENUSSI[2] angestellt. Da er fast nur mit periodischer Reizung arbeitete (DB.), betrachten wir zunächst die später mit EB. gewonnenen Resultate von H. E. BURTT[3]. Dieser Forscher reizte sukzessiv zwei auf der Dorsalseite des Vorderarms gelegene Punkte durch Druckhebel, und konnte Reizdauer, -pause und -abstand variieren. Er fand die KORTESchen Gesetze bestätigt, erhielt auch die rückläufige δ-Bewegung KORTES, wenn er den zweiten Reiz stärker machte als den ersten. SCHOLZ[4] hat dann im Sinne seiner schon besprochenen Problemstellung Versuche mit sukzessiver Reizung zweier Punkte des Unterarms ausgeführt. Er beschreibt eine Reihe von Stadieneindrücken und hebt hervor, daß ein dem optischen entsprechendes Opt, ein Gegenstand bewegt sich überall „taktil"-anschaulich über dem Arm, zwar vorkommt, aber (unter seinen Versuchsbedingungen) sehr selten ist. Die Verkürzungserscheinungen treten gleichfalls auf, reichten aber bis ins Sim hinein und waren bei kleinen Reizabständen durch Überdehnungen kompliziert. Auf diese bisher wenig übersichtlichen Erscheinungen kann ich hier nicht eingehen.

In einer weiteren Arbeit hat dann HULIN[5] die stroboskopische taktile Bewegungswahrnehmung untersucht und dabei das KORTESche $s-p$-Gesetz nicht bestätigt gefunden. Ob das daran liegt, daß es bei der von ihm gewählten und nicht variierten Expositionszeit von 150 σ nicht nachzuweisen ist, oder an seiner rein statistischen Behandlung der Resultate wie an seiner ganzen auf diese

---

[1] Auf zwei der ausgelassenen Argumente habe ich bereits in Psychol. Forschg 8 (1926) erwidert. Sie, wie das dritte, treffen so am Kern vorbei, daß ich eine Darstellung nicht rechtfertigen kann.

[2] Seine erste Publikation über dies Gebiet im Arch. f. Psychol. 29, 385/88 (1913).

[3] BURTT, H. E.: Tactual Illusions of Movements. J. of exper. Psychol. 2, 371—385 (1917).

[4] SCHOLZ: Psychol. Forschg 5 (1924).

[5] HULIN: J. of exper. Psychol. 10 (1927).

statistische Behandlung eingestellten Methodik, oder ob, entgegen dem Befund von Burtt, das Gesetz hier wirklich nicht gilt, läßt sich nicht entscheiden. Charakteristischerweise konnte Hulin auch keins der Scholzschen Resultate bestätigen.

Benussi hat für seine Versuche einen eigenen Apparat, Kinohapt, konstruiert. Er stellte fest[1], daß der taktile (stroboskopische) Bewegungseindruck bei Blindgeborenen eher noch klarer ist als bei Sehtüchtigen, und daß stets die Grunderscheinungen klarer werden, wenn die benutzte Hautstelle haptisch differenzierter ist. Er fand, daß optische und haptische Bewegungseindrücke in vielen Hinsichten übereinstimmen, in anderen aber auseinanderfallen. Wir teilen die wichtigsten seiner Ergebnisse hier mit und erinnern, daß es sich durchweg um DB. handelt.

Läßt man g abnehmen (g bei DB. sinngemäß $= e_n + p$), so erhält man eine große Anzahl von Stadieneindrücken (Benussi unterscheidet sechzehn) zwischen reinem *Suk* auf der einen Seite und strengem *Sim* auf der anderen: in diesem erlebt der Beobachter ein *dauerndes Klopfen* auf zwei Hautstellen oder ihre *ununterbrochene Berührung*, wenn die Stellen aber nicht weiter als 14 cm auseinanderliegen, so verschwindet die Zweiheit, es klopft oder tickt nur auf *eine* etwas ausgebreitete Hautstelle. Vor Erreichung des *Sim* schon ist der phänomenale Abstand der Endstellen immer kleiner geworden, eine Erscheinung, die wir auch im Optischen angetroffen haben, während die *Vereinigung* der zwei Stellen im Optischen nicht vorkommt, wohl aber auch im Akustischen[2].

Die g, bei denen Bewegungseindruck auftritt, liegen also zwischen zwei Grenzen. Von diesen läßt sich die obere durch Wiederholung erhöhen, die untere nicht.

Die periodisch stationären Zustände, die sich hier ausbilden, sind auch im *Opt* durch noch größere Einheitlichkeit vor den entsprechenden optischen ausgezeichnet: Aus Hin- und Her- wird bei allmählicher Verkürzung von g bald „Schleifen“-, dann Kreisbewegung, die völlig kontinuierlich verläuft und die Haut jeweils an zwei Stellen berührt; die Ebene dieses Kreises steht meist senkrecht zur gereizten Hautfläche. Eine durch die Luft gehende Bogenbewegung konnte Andrews[3] bei EB. (nur je einmalige Reizung der zwei Punkte) nicht erzeugen, wohl aber, wie Benussi, bei DB.; wohl ein Beweis dafür, daß es sich dabei um eine Form periodisch stationären Geschehens handelt.

Mit weiterer Verkürzung von g verliert sich die Kreisbewegung, ein Etwas streift ständig die Haut in rascher Hin- und Herbewegung. Auf weniger differenzierten Hautstellen kommt bei ganz kurzem g und großem s ein besonderer Eindruck zustande: ein Etwas verläßt in a die Haut, geht an der Haut oder durch die Luft nach b und von b nach a zurück in ganz langsamer Bewegung, obwohl p nur noch 100 σ beträgt.

Sind die Pausen zwischen a und b bzw. b und a nicht gleich, so wird diese Ungleichheit im periodisch stationären Geschehen gerade so wie auf optischem Gebiet ausgeglichen. Betrugen die zwei Pausen z. B. 400 bzw. 1200 σ, so scheinen die Berührungen doch in gleichen Zeitabständen zu erfolgen, wenn die ursprüngliche Hin- und Herbewegung zu einer Kreisbewegung geworden war.

---

[1] Vgl. zum folgenden Benussi: Kinematohaptische Scheinbewegungen und Auffassungsumformung. Ber. üb. d. VI. Kongr. f. exper. Psychol., Leipzig **1914**, 31—35 und Arch. f. Psychol. **36**. Hier sowie in der in Anm. 2 auf S. 1211 zitierten Abhandlung eine genaue Beschreibung der Apparatur.

[2] Vgl. H. E. Burtt: J. of exper. Psychol. **2**, 68. Das gleiche ergab sich in den Versuchen von Scholz [Psychol. Forschg **5** (1924)] und von P. Kester [Ebenda **8** (1926)].

[3] Andrews: Amer. J. Psychol. **33**, 277—284 (1922).

Im Gegensatz zur optischen veränderte sich die taktile Bewegung nicht, wenn BENUSSI die Größen von e und p miteinander vertauschte. Nach den auf EB. bezüglichen Tabellen von BURTT scheint dieser Befund aber nur für DB. zu gelten. Der Abstand der berührten Hautstellen sei praktisch unbegrenzt, auch bei maximaler Entfernung — Berührung der beiden Mittelfingerspitzen bei maximal abduzierten Armen — tritt noch Bewegung zwischen den gereizten Stellen auf, wenn nicht die zwei Berührungen als voneinander unabhängige Folgen erlebt werden. Es ist aber bei den Vpn., bei denen die eben beschriebene maximale Bewegung nicht zu erzielen war, der Bewegungseindruck sofort zu erreichen, wenn bei der gleichen Reizdarbietung die Hände nebeneinander gelegt werden. Hieraus folgt doch, wie mir scheint, daß der topisch-funktionale, wennschon nicht der anatomisch-geometrische Abstand eine Rolle spielen kann. Ob BENUSSI die zwei Berührungen auch auf Scheitel und Fußsohle oder überhaupt auf zwei relativ funktional unverbundene Stellen verteilt hat, ist nicht zu ersehen.

Andere zahlreiche Ergebnisse BENUSSIs, vor allem auch solche, aus denen er auf die Bewegungszeit schließt, müssen im Original[1] nachgelesen werden.

Kürzlich ist es THALMAN[2] gelungen, auch taktile Bewegungs-NB. zu erzeugen. Seine Resultate sind: die Stärke des NB. nimmt zu, wenn der VB.-Reiz breiter wird, sich über eine größere Region bewegt (Längsrichtung des Unterarms gegenüber der Querrichtung) und schärfer gerippt ist (am besten war ein 12 cm breites Musselinband, auf dem in Abständen von 4 cm Tuchstreifen von 2 cm Breite aufgenäht waren). Variation der Geschwindigkeit der Bandbewegung im VB. gab keinen klaren Effekt, wohl aber nahm die Stärke des NB. mit der Dauer der VB.-Bewegung zu. Schließlich war das NB. deutlicher, wenn nach Aufhören der VB.-Bewegung der VB.-Reiz (in Ruhe) auf der Haut gelassen, als wenn er davon entfernt wurde, ein Befund, der gut zu WOHLGEMUTHS Angaben über den Einfluß deutlicher Konturen auf das optische Bewegungs-NB. paßt (s. S. 1206).

Versuche am Unterarm und an der Wade hatten die gleichen Ergebnisse.

24. Akustische stroboskopische Bewegung.

Über akustische Versuche mit stroboskopischer Bewegung hat wieder BURTT[3] in einer vorläufigen Mitteilung berichtet. Er benutzte als Schallquellen Telephone, die in Serie mit einer elektromagnetischen Stimmgabel von 250 v. d. lagen und einen Summton hören ließen. Variabel war wieder e, p und die Intensität. Zum Vergleich bot er auch wirkliche Bewegung, d. h. er bewegte ein Telephon über eine bestimmte Strecke, statt an ihren Enden sukzessiv zwei Telephone zusammen zu lassen. Eine nicht völlig zu beseitigende Fehlerquelle war die Verschiedenheit in der Klangfarbe der zwei Telephone, die dem optimalen Effekt abträglich sein muß. Trotzdem trat in vielen Fällen Opt auf, ja es wurde sogar häufig δ-Bewegung beobachtet, wenn der zweite Schall stärker war als der erste.

Auch SCHOLZ[4] hat akustische Versuche ausgeführt, als Schallquellen dienten ihm Schallhämmer, die wesentlich kürzere Schalleindrücke erzeugen als die Summer. Auch er erhielt deutliche Bewegungserscheinungen, die aber, wie auf taktilem Gebiet, nur selten optimal waren. Für große Abstände ergab sich wieder enger Zusammenhang von Opt und maximaler Abstandsverkürzung, bei kleineren Abständen änderten sich die Verhältnisse ähnlich wie auf taktilem Gebiet.

---

[1] BENUSSI: Arch. f. Psychol. **36**.
[2] THALMAN: Amer. J. Psychol. **33**, 268—276 (1922).
[3] BURTT: Auditory Illusions of Movement. J. of exper. Psychol. **2**, 63—75 (1917).
[4] SCHOLZ: Zitiert auf S. 1211.

Auch KESTER[1] hat bei Versuchen, die hauptsächlich der Lokalisation zweier sukzessiver Schälle galten, Bewegungserscheinungen erzielt. Die Schälle waren Telephonknacke, also noch kürzer als die Schallhammerschläge, und KESTER erhielt nie optimale Bewegung. Die Prüfung der KORTESCHEN Gesetze, in denen die Intensität als Variable auftritt, erwies sich als unmöglich, da sich unter seinen Versuchsbedingungen mit der Änderung der Intensität die Phänomene zu sehr änderten, als daß sie noch verglichen werden konnten (*Opt* fehlte ja stets). Dagegen konnte er das KORTESCHE *s—p*-Gesetz bestätigen. Einführung eines dritten Schalls zwischen den beiden anderen förderte den Bewegungseindruck wesentlich. Liegt der dritte Punkt genau in der Mitte zwischen den zwei anderen, und variiert man, bei Konstanz der Gesamtpause ($p_1 + p_2$), das Verhältnis der zwei Pausen, so beeinflußt das zwar die Art der Bewegung, aber der Rhythmus der Knacke bleibt scheinbar unverändert. Auch wenn

$$\frac{p_1}{p_2} = \frac{3}{1} \, (p_1 + p_2 = 500 \, \sigma),$$

gab die Vp. an, die Pausen wären gleich.

25. Bewegung und Sinnlichkeit.

Bewegung läßt sich, wie wir gesehen haben, auf drei Sinnesgebieten wahrnehmen. Wie ist das Verhältnis dieser drei Bewegungsarten? Warum, so mögen wir zuerst fragen, ist optimale Bewegung auf taktilem und akustischem Gebiet so viel weniger beobachtet worden als auf optischem? Erinnern wir uns, daß im akustischen meist mit sehr kurz dauernden Reizen gearbeitet wurde, und daß sehr kurz dauernde Reize auch im optischen nicht optimal sind. Die Prozesse, die das Objekt in seinem Sinnesmaterial über die ganze Bahn tragen, bedürfen also zu ihrer Unterhaltung länger währende Reizungen. Das gleiche gilt für das taktile Gebiet. Denn wenn auch hier die Reizdauern nicht übermäßig kurz waren, so ist vermutlich der erste scharfe Einsatz des Reizes sehr viel wirksamer als der darauffolgende schwache Druck. Weitere Versuche müssen hier Klärung bringen. Wenn nun aber nicht optische Bewegung, wenn gar das reine, stofflose Bewegungsphänomen erlebt wird, was dann? Sieht es nicht so aus, als ob dies auf allen drei Sinnesgebieten identisch wäre, so daß also eine Seite des Bewegungsprozesses nichts mit der speziellen Natur des Sinnesorgans zu tun hätte? Verfolgen wir diesen Gedanken weiter, so kommen wir zu der Annahme, daß, wenn wir Bewegung sehen (hören, fühlen), wir die Bewegung nicht nur sehen (hören, fühlen), sondern in viel tiefer greifender Weise von ihr erfaßt werden. Von diesem Gedanken ausgehend, haben ZIETZ und WERNER[2] Versuche ausgeführt, die eine Beeinflussung optischer Bewegung durch eine ganz andere, akustische, Dynamik erwiesen. Es wurden im WITTMANNSchen Tachistoskop, also in DB., zwei Figuren geboten, die nicht nur relativ weit räumlich getrennt, sondern auch figural stark verschieden waren, z. B. ein gebogener Pfeil und ein kleiner Kreis. Wenn die Vp. nun bei dieser Darbietung keine Bewegung sahen, so wurde solche Bewegung „im optischen Felde geradezu erzeugt" dadurch, daß das Auftreten jedes Bildes durch einen starken Schlag begleitet wurde. Dagegen wirkten Schläge, die unregelmäßig dargeboten wurden, auf vorhandene Bewegung zerstörend. Diese Versuche sind ein Anfang, aber sie eröffnen neue experimentelle Möglichkeiten. Denn wir können ja über das Gebiet des Sensorischen (im weitesten Sinne) hinausgehen und auch die Fragen der motorischen Spannung (Tonus) und der allgemeinen Emotivität in unsere Untersuchungen einbeziehen.

---

[1] KESTER, Psychol. Forschg **8** (1926).
[2] ZIETZ u. WERNER: Z. Psychol. **105** (1927). Vgl. auch H. WERNER u. H. CREUZER: Ebenda **102** (1927).

Psychologie der optischen Wahrnehmung[1].

Von

K. KOFFKA
Northampton, Mass.

Mit 56 Abbildungen.

Zusammenfassende Darstellungen.

HOFMANN, F. B.: Die Lehre vom Raumsinn des Auges. Berlin 1920 (Sonderabdruck aus Hdb. d. Augenheilk.). — SANDER, F.: Experimentelle Ergebnisse der Gestaltpsychologie, Ber. üb. d. X. Kongr. f. exp. Psychol. in Bonn 23—87. Jena 1928. — WITASEK, ST.: Psychologie der Raumwahrnehmung des Auges. Heidelberg 1910.

Es soll die Aufgabe der folgenden Kapitel sein, die allgemeinen Gesetze der Wahrnehmungsprozesse darzustellen, wie sie durch die letzte Phase der experimentellen Psychologie erarbeitet worden sind. Die Weite des Themas macht Vollständigkeit unmöglich, es kann sich nur darum handeln, die Hauptgesichtspunkte zu entwickeln und die wesentlichsten Tatsachen zu ihrer Begründung mitzuteilen. Gewisse Beschränkungen sind ferner dadurch gegeben, daß große Gebiete der optischen Wahrnehmung in anderen Abschnitten dieses Handbuchs bearbeitet sind (räumliches Sehen, Bewegungswahrnehmung, Sehschärfe, Farbenkonstanz). Ebenso wird die Lehre von den Gnosien, da anderswo behandelt, hier keinen Platz finden.

I. Fragestellung und theoretische Vorbereitung.

1. Prozesse und ihre Bedingungen.

Unter einer optischen Wahrnehmung haben wir ganz allgemein eine Reaktion eines Individuums auf eine Außenweltsituation zu verstehen, die einerseits sich in einem bestimmten Gebiet des nervösen Zentralorgans, Sinnesorgan und zugehöriger Hirnsektor, abspielt, ohne auf dies Gebiet beschränkt zu sein, und die andererseits sich darin äußert, daß dem Individuum eine Umwelt erscheint. Diese zweite Seite erscheint uns als das Spezifische gerade dieser Reaktionen, sie liefert uns das Hauptmaterial für unsere Forschung. Wir betrachten den Wahrnehmungsvorgang als einen Naturvorgang und studieren die Gesetzlichkeiten, denen er unterliegt.

Der Wahrnehmungsvorgang spielt sich ab in einem Organ; für unsere Betrachtung der optischen Wahrnehmung kommt der optische Sektor von der

---

[1] Dieser Beitrag ist bereits am 11. Juni 1924 von den Herausgebern zum Druck angenommen worden, der über die Wahrnehmung von Bewegung am 19. Mai 1924. Nach fast 4½ Jahren mußte ich beide in Zeitbedrängnis so umarbeiten, daß sie den inzwischen erschienenen Arbeiten Rechnung trugen. Manche Unebenheiten in der Darstellung mögen so entschuldigt werden.

Netzhaut bis zur Hirnrinde in Frage. Die Form dieses Vorgangs muß wesentlich von den Systemeigenschaften dieses Sektors abhängen. Andererseits muß das System in Erregung versetzt werden. Dies kann durch innere Prozesse geschehen (nervöse, toxische, trophische); wir sprechen dann von Vorstellungsbildern bzw. Halluzinationen, die hier außer Betracht bleiben, oder, im Falle der normalen Wahrnehmung, durch Eingriffe von außen, durch die optischen Reize, die in unser Auge gelangen. Die optischen Reize gehen aus von Gegenständen der Außenwelt, und insofern können diese Gegenstände selbst als Reize für unsere Wahrnehmungsprozesse gelten. Sie hören auf, Reize zu sein, sobald wir ihre Wirkungen, durch Orientierungsänderungen, Lidschluß, Verdunkeln der Augen, vom Sehorgan fernhalten. Reize, die nicht diesen bedingten Charakter tragen, werden von der jeweiligen Licht- und Farbenverteilung auf der Netzhaut gebildet, die wir kurz als Netzhautbild bezeichnen wollen. Bezeichnen wir die Netzhautbilder als *Nah*-, die Dinge, von denen sie stammen, als *Fern*reize.

Wir unterscheiden also das Geschehen selbst, die Wahrnehmungsprozesse, und seine Bedingungen, und diese zerfallen wiederum in die inneren, System-, Bedingungen und die äußeren, Reiz-, Bedingungen. Somit sind die Prozesse von zwei Gruppen von Bedingungen abhängig und ändern sich im allgemeinen, wenn sich irgendein Glied einer dieser zwei Gruppen ändert. Wir müssen also von vornherein damit rechnen, daß sich die Wahrnehmung nicht nur durch Variation der Reize, sondern auch durch Variation des Systems ändert. Andererseits besteht von vornherein die Möglichkeit, daß u. U. Änderungen in der einen der Gruppen, soweit sie ein bestimmtes Maß nicht überschreiten, bei Konstanthaltung der anderen wirkungslos bleiben.

2. Die Systembedingungen.

Unter den inneren Bedingungen können wir relativ konstante und veränderliche unterscheiden. Zur ersten Art gehören die anatomisch-histologischen Eigenschaften, die sich in den individuellen und noch krasser in den spezifischen und generischen Differenzen kundtun. Beim gleichen Reiz sieht z. B. ein Mensch ein lose und einfach um einen Balken geschlungenes Seil, ein Schimpanse ein „Wirrwarr" von Seil und Balken[1]. Diese Bedingungen ändern sich durch Erkrankungen oder Verletzungen des optischen Sektors. Dadurch, daß diese Alterationen an verschiedenen Stellen angreifen können und je nachdem verschiedene Wahrnehmungsstörungen hervorrufen, liefern sie uns eine wichtige Erkenntnisquelle für die Wirksamkeit dieser Bedingungen.

Zu den veränderlichen Bedingungen gehören Zustände, die wir als Aufmerksamkeit, Einstellung, Ermüdung zu bezeichnen pflegen. Wir können sie mehr oder weniger gut planmäßig variieren und dadurch ihre Wirkung studieren. Mindestens einige dieser variablen Bedingungen sind aber, wie wir später sehen werden, weder von den Reizbedingungen noch von den festen Systembedingungen unabhängig. Die Aufmerksamkeit z. B. wird normalerweise sehr stark von der Reizsituation her bestimmt, andererseits kann sie durch organische wie funktionelle Störungen im Gehirn schwer beeinträchtigt werden.

Eine dritte Gruppe von Systemeigenschaften nimmt eine Mittelstellung ein. Mit der letzten hat sie gemeinsam, daß sie im Lauf des Lebens entsteht, mit der ersten, daß sie, einmal entstanden, relativ konstant bleibt. Es sind das die Bedingungen, die auf dem Gedächtnis beruhen und die man als Erfahrung zusammenfaßt. Ein Prozeß hinterläßt, wenn er vergangen ist, eine „stille Spur"[2],

---

[1] Vgl. W. KÖHLER: Intelligenzprüfungen an Menschenaffen. 2. Aufl., S. 80ff. Berlin 1921.

[2] Vgl. W. KÖHLER: Psychol. Forschg 4, 143ff. (1923).

die selbst gewissen Veränderungen mit der Zeit unterliegt, aber doch eine mehr oder weniger dauernde Veränderung der ursprünglichen inneren Bedingungen darstellt. Diese Gruppe ist insofern von Reizen abhängig, als die Prozesse, aus denen sie hervorgehen, von Reizen bewirkt werden, sie hängt aber auch von den übrigen Systembedingungen ab, denen ja die ursprünglichen Prozesse unterliegen.

Die Abhängigkeit irgendeines Wahrnehmungsprozesses von seinen Bedingungen ist also äußerst kompliziert. Wenn wir sie in der folgenden Formel: $\varphi = f(S_f, S_v, S_c, R)$ symbolisieren, in der S_f, S_v, S_e die festen, veränderlichen und empirischen Systembedingungen, R den Reizkomplex und φ den Wahrnehmungsprozeß bedeutet, so müssen wir bedenken, daß erstens jedes Zeichen für eine ganze Gruppe von Bedingungen steht, und daß zweitens die einzelnen Variablen, wie oben ausgeführt, nicht alle voneinander unabhängig sind.

3. Die Reizbedingungen.

Wir sehen, von einer eindeutigen Beziehung zwischen φ und R kann nicht die Rede sein, solange noch andere Parameter veränderlich sind. Aber solche Eindeutigkeit gibt es auch in einem anderen Sinn nicht. Der Reizkomplex R wird sich im allgemeinen zerlegen lassen in die Einzelreize $r_1 + r_2 + \cdots + r_n$. Setzen wir jetzt voraus, daß alle S-Parameter konstant gehalten werden könnten, so würde zwar zwischen φ und R, nicht aber zwischen Wahrnehmungsprozessen und *Einzelreizen* Eindeutigkeit herrschen. Dies wäre nämlich nur dann der Fall, wenn $\varphi = f(R) = f_1(r_1) + f_2(r_2) + \cdots + f_n(r_n)$, d. h. wenn der Wahrnehmungsprozeß aus einer bloßen Summe voneinander unabhängiger Einzelprozesse bestünde. Ist unser Zentralorgan aber ein physikalisches System, und es kann nichts anderes sein, so ist diese Annahme unmöglich. Wir dürfen nur schreiben: $\varphi = f(R) = f(r_1, r_2, \ldots r_n)$ und sehen dann, daß zwar φ im allgemeinen sich mit der Variation jedes r_k ändern wird, daß aber die Art dieser Veränderung von der Zahl und Beschaffenheit der übrigen r abhängig sein muß[1].

Wir können also die $\varphi - R$-Abhängigkeit nicht so studieren, daß wir die R in ihre $r_1, r_2, \ldots r_n$ zerlegen und dann lediglich $\varphi_k - r_k$-Beziehungen untersuchen — $\varphi_1 = f_1(r_1)$, $\varphi_2 = f_2(r_2) \ldots$ — und diese nachher addieren. Unsere Aufgabe erfordert vielmehr noch andere Mittel als bloße Zerlegung. Es kommt darauf an, Typen von Reizveränderungen herauszufinden, die typische Wirkungen haben, Eigenschaften der gesamten Reizkonstellation, nicht nur solche der Teile, in die sie sich zerlegen läßt. Die gleiche Aufgabe kehrt wieder bei der Beschreibung des Reizerfolgs, der Wahrnehmung. Man hat „Ganz-Eigenschaften" zu untersuchen, die unsere Wahrnehmungen charakterisieren, und nicht von vornherein diese Ganz-Eigenschaften durch Analyse zu zerstören.

4. Die übliche Lehre; Kritik des Empfindungsbegriffs[2].

Es ist üblich, die Wahrnehmungen von den Empfindungen zu unterscheiden dadurch, daß in jenen außer Empfindungen noch Vorstellungen, neben den reizbedingten auch reproduktive Elemente stecken sollen. Was sind die Empfindungen? Unter Empfindungen versteht man im allgemeinen, obwohl volle Einigkeit nicht erzielt worden ist, *elementare, fest an ihre Reize geknüpfte* Bewußtseinsinhalte (Farben, Töne usw.). Nun gibt es beliebig viele Fälle, in denen

---

[1] Vgl. W. Köhler: Die physischen Gestalten in Ruhe und im stationären Zustand. S. XVIf. u. 176ff. Braunschweig 1920.

[2] Vgl. hierzu auch die Diskussion des Sachverhalts bei W. Köhler: Ped. Sem. **32**, 692ff. (1925).

weder Farben noch Töne in eindeutiger Beziehung zum Reiz stehen[1]. Diesen
stellt man als Normalfall etwa die Farben im Tubus eines Spektralapparates
entgegen, in denen strikte Reizgebundenheit herrsche. Geben wir dies zu, obwohl auch hier das Postulat bestenfalls bei völlig homogener Ausfüllung des
Farbfeldes erfüllt ist, und untersuchen wir diesen Fall genauer. Hier ist, bis
auf die Farbe des kleinen Feldes, die wir variieren, alles konstant, ebenso die
S-Bedingungen, teils dadurch, daß wir Adaptationsänderungen ausschalten, teils
dadurch, daß die ganze Situation ein bestimmtes Verhalten des Beobachters
vorschreibt. Wir werden also die gleiche Funktion zwischen dem einzigen veränderlichen r und dem φ erhalten. Und so steht es überall, wo wir es mit sog.
reinen Empfindungsgesetzen zu tun haben. Stets sind zwei künstliche Bedingungen erfüllt: 1. die Konstanthaltung aller übrigen Faktoren, 2. die Isoliert-
heit des beobachteten Phänomens. Beide Bedingungen gehören aufs engste
zusammen, denn die erste ist nur durch Erfüllung der zweiten ausreichend zu
befriedigen. Die Eindeutigkeit in der Beziehung Reiz-Empfindung geht nämlich
sofort verloren, sobald wir weniger isolierte Reize verwenden; doch ändert sich
keineswegs durchgehend die Vieldeutigkeit mit dem Grade der Kompliziertheit,
vielmehr sind die, von diesem Standpunkt aus, sehr komplizierten Reize des
gewöhnlichen Lebens im allgemeinen viel eindeutiger als die im Vergleich dazu
recht einfachen Muster, die wir meist in unseren Versuchen verwenden[2].

Unter diesem Gesichtspunkt wird der Empfindungsbegriff zu einem *methodischen* Begriff. Darunter fallen die Phänomene, die, unter den genannten Bedingungen studiert, eine eindeutige Abhängigkeit vom Einzelreiz ergeben.

Der Begriff hat aber noch eine andere Seite. Man sagt, wir können eine
Wahrnehmung in Empfindungen zerlegen; d. h. das, was uns eben noch als
Eigenschaft dieses Dinges erschien, erscheint nunmehr als bloße Farbe. Damit
geht im allgemeinen eine Veränderung des Phänomens selbst Hand in Hand,
das so veränderte Phänomen zeigt häufig, wenn auch nicht immer, die eindeutige
Beziehung zum Reiz[3]. Was bedeutet das? Wir haben jetzt die S-Bedingungen
variiert, indem wir eine besondere, „analytische" Einstellung angenommen
haben, und dadurch bis zu einem gewissen Grade die Isolierung des Phänomens
bewirkt, die wir im oben besprochenen Fall durch geeignete Auswahl der Reize
erreicht hatten. Unter diesem Gesichtspunkt gewinnt der Begriff der Empfindung eine *materiale* Bedeutung. Empfindungen erscheinen als *Zerfallsprodukte*
von größeren Ganzen[4], als Phänomene, die gerade durch diesen Umstand ihre
spezifische Eigenart besitzen.

Mit dieser materialen Eigenschaft hängt die übliche Bestimmung als Ele-
mentarphänomen zusammen, die sofort zu Schwierigkeiten führt, sobald man
sie konkret anpackt. Wie weit soll man den Zerfall treiben, um zu Empfindungen
zu kommen? Farben gelten als Empfindungen des Farbensinnes, Ortspunkte
als Empfindungen des Raumsinnes (Witasek[5]). Aber diese beiden Bestimmungen
können miteinander in Widerstreit kommen. Denn Farbe, als bunte Farbe, gibt
es nicht unter einer bestimmten Ausdehnung, was darunter ist, erscheint

---

[1] Solche Fälle sind in Abschnitt 24 beschrieben. Daß es auf akustischem Gebiet ebenso
liegt, hat kürzlich O. Abraham in einer schönen Untersuchung gezeigt. Psychol. Forschg
4, 1ff. (1923).

[2] Vgl. M. Wertheimer: Psychol. Forschg **4**, 307 (1923).

[3] Solche Veränderungen hat D. Katz methodisch untersucht. Vgl. Die Erscheinungsweisen der Farben in Z. Psychol., Erg.-Bd. **7**, S. 224f. (1911).

[4] Vgl. Koffka: Die Geisteswissenschaften **1914**, H. 26, 176, und neuerdings auch
E. R. Jaensch: Z. Psychol. **92**, 372, 381/82, 394 (1923).

[5] Witasek: Psychologie der Raumwahrnehmung des Auges, S. 35, 249. Heidelberg 1910.

farblos[1]. Der kleinste Farbfleck wäre also als Farbe eine Empfindung, als Fläche ein Aggregat von solchen, und doch sollen Farbe und Ausdehnung untrennbar zueinander gehören.

Wir übergehen die Schwierigkeiten, die sich aus der Attributenlehre ergeben, und kommen zum Kern: wenn man die Empfindungen als Elemente auffaßt, so behauptet man, alle Wahrnehmung bestehe aus Empfindungen (wennschon nicht nur aus solchen; s. oben und den folgenden Abschnitt), d. h. aus lauter Teilen, von denen jeder in eindeutiger Beziehung zu einem, punktförmigen, Einzelreiz steht. Und nun steht man vor der Schwierigkeit, die Mehrdeutigkeit in der Beziehung Wahrnehmung-Reiz zu erklären, die man durch eine Reihe prinzipiell unverifizierbarer Hypothesen zu überwinden sucht. Das Extrem dieser Hypothesen findet man in KÜLPES Lehre vom *inneren Sinn*, der uns nur die Erscheinungen der wahren psychischen Gegebenheiten zeige, also nie die reinen Empfindungen selbst, sondern stets nur unsere Auffassungen von solchen[2]. Aufzeigbar sind diese Empfindungen also nicht, sie müssen konstruiert werden, und diese Konstruktion macht die oben schon implizite von uns zurückgewiesene Annahme, daß unser Zentralorgan aus einer Summe von gegeneinander völlig isolierten Elementen besteht, von denen jedes unbekümmert um alle anderen reagiert. Da diese Annahme aus rein physiologischen Gründen unmöglich ist, wie schon die einfachen Reflexe zeigen, so ist der ganzen Konstruktion und damit der Grundannahme, die sie der schlichten Erfahrung gegenüber stützen sollte, der Boden entzogen.

Es ist eine mildere Form gleicher Denkweise, wenn man etwa sagt: verschiedene Empfindungen, die einen Komplex bilden, beeinflussen sich gegenseitig. Wieder sind die Empfindungen, die sich *beeinflussen*, nicht zu beobachten, gegeben in der Erfahrung ist nur das „beein*flußte*" Resultat; jene sind wieder konstruiert auf Grund der Eindeutigkeitsbeziehung, die KÖHLER als Konstanzannahme bezeichnet hat. Hypothesenfrei bleiben wir nur, wenn wir feststellen, daß die Phänomene, die zwei Einzelreizen, r_1 und r_2, wenn jeder allein wirkt, entsprechen, in der Regel andere sind als die, welche zu einem $R = r_1 + r_2$ gehören. Nicht also, daß die Empfindungen sich gegenseitig beeinflussen, lehrt die Erfahrung, sondern daß ein Zusammen von Reizen eine andere Wirkung hat als die Summe der Einzelwirkungen.

Wir haben also den Unterschied zwischen unseren Empfindungen und unserer Auffassung und Deutung dieser Empfindungen, der seit HELMHOLTZ so tief im psychologischen Denken verankert ist, aufzugeben[3].

In dieser Unterscheidung liegt noch eine dritte Bestimmung der Empfindungen: ihre *Subjektivität*. Die Empfindung sei reiner Ich-Zustand, alle Wahrnehmung von Dingen dagegen schon Verarbeitung, Umdeutung. Nun gibt es zweifellos Phänomene mit starkem Ich-Charakter, vor allem die „Gemeingefühle" und viele Gegebenheiten der niederen Sinne. Es gibt aber in dieser

---

[1] Vgl. J. v. KRIES in Nagels Handb. d. Physiol. **3**, 248 (1905). Es sei noch bemerkt, daß dies „farblose Intervall" in der Peripherie und durchweg bei den sog. anomalen Trichromaten stark vergrößert ist.

[2] Vgl. O. KÜLPE: Versuche über Abstraktion. Ber. üb. d. I. Kongr. f. exp. Psychol., Leipzig 1904, S. 66/7 — Die Realisierung **1**, 69, 76f., 166ff. Leipzig 1912. Ähnlich M. SCHELER, z. B. in: Vom Umsturz der Werte **2** (1919) — Die Idole der Selbsterkenntnis, S. 28, 57f. — Die klassische Grundlage in STUMPFS Lehre von den unbemerkten Empfindungen und Empfindungsunterschieden. Vgl. Tonpsychologie **1**, 31ff. Leipzig 1883, sowie: Erscheinungen und psychische Funktionen. Abh. preuß. Akad. Wiss., Physik.-math. Kl. **1906**, 16ff. der Sonderausgabe. Gegen diese Lehren: W. KÖHLER: Z. Psychol. **66** (1913) sowie KOFFKA: Naturwiss. **5**, 1ff. (1917).

[3] Freilich gibt es Fälle, wo wir „bewußt" deuten. Wir sehen z. B. einige schwarze Pünktchen im Gipfelschnee eines hohen Berges und vermuten, daß das Menschen sind.

Hinsicht eine Rangordnung der Sinne, in der der Gesichtssinn das eine Extrem bildet: Natürlicherweise ist Gesehenes stets objektiv, nicht „ichig". Ist doch die Projektionslehre schon vor langer Zeit von HERING widerlegt worden[1].

5. Fortsetzung: Kritik des Assimilationsbegriffs.

Nach der üblichen Lehre bestehen nun unsere Wahrnehmungen nicht nur aus Empfindungen, sondern auch aus reproduzierten Elementen, die durch die Empfindungen aus dem Gedächtnis hervorgerufen werden und mit ihnen zu einer untrennbaren Einheit verschmelzen, wobei „einzelne Elemente aus den sich verbindenden Vorstellungen eliminiert" werden können. Es ist das WUNDTs Prinzip der reproduktiven *Assimilation*[2], dessen Schulbeispiel die Illusion, das aber im allerweitesten Maß zur Erklärung unserer Wahrnehmungen verwendet wird, und ein zweites Hilfsmittel abgibt, die komplizierte Beziehung zu den Reizen mit der vorausgesetzten einfachen und eindeutigen in Einklang zu bringen. Auf welches Tatsachenfundament stützt sich diese Theorie? Betrachten wir einen Fall von Illusion: ich sehe im Dämmern auf dem Feld einen unheimlichen alten Mann hocken und entdecke beim Näherkommen, daß da ein bewachsener Baumstumpf steht. Nach der Theorie besteht die illusionäre Wahrnehmung des alten Mannes a) aus Empfindungen, die durch den Baumstumpf hervorgerufen, b) aus Vorstellungselementen, die von diesen Empfindungen auf Grund früherer Erfahrung reproduziert werden. Tatsächlich beobachtbar sind, während man der Illusion verfällt, diese Empfindungen ebensowenig wie die reproduzierten Vorstellungen, und nachher, wenn ich in der Nähe den Baumstumpf sehe, kann ich die vorher dazugekommenen Vorstellungen ebenfalls nicht mehr feststellen. Der reine Tatbestand ist vielmehr folgender: in der Illusion sieht man ein Gebilde, das man ohne gewisse frühere Erfahrungen nicht wahrgenommen hätte. Mehr läßt sich nicht behaupten, ja es wird meist schwierig sein, selbst so viel zu beweisen. Folgt aber, wenn wir für unser Beispiel die Behauptung zugeben, daraus die Assimilationstheorie? Einige der Schwierigkeiten, zu denen sie führt, haben wir schon gezeigt, eine andere besteht darin, daß der „alte Mann" keineswegs bekannt, oder gar einer bestimmten Person ähnlich auszusehen braucht, was man doch nach der Theorie erwarten müßte. Wichtiger aber ist dies: die Theorie ruht auf der Konstanzannahme und einem Denken, das, obwohl es das Gegenteil behauptet, Bewußtseinsinhalte substantiell behandelt, wie Dinge, die aus Stücken bestehen, von denen einige nach Belieben fortfallen können, die miteinander verschmelzen.

Der Tatbestand erscheint einfach genug, sobald man ihn nicht durch das geschilderte Netz von Hypothesen verschleiert. Die Illusion ist, in unserem Fall, die Reaktion des Systems auf den Baumstumpf unter den gerade obwaltenden äußeren und inneren Bedingungen. Zu den äußeren gehört die Dämmerung, die ganze öde Landschaft, zu den inneren die „Stimmung" des Menschen, wie gewisse Eigenschaften seines Zentralorgans, die wir als empirische Bedingungen gekennzeichnet haben. Durch diese Bedingungen ist die Wahrnehmungsreaktion festgelegt; der Mann dort vor mir sieht nicht notwendig aus wie ein Mensch, den ich früher vielmal gesehen habe, sondern er hat die Gestalt, die einerseits durch den Baumstumpf, bzw. sein Netzhautbild, andererseits durch den Zustand meines Systems, wie er durch die Lage des Augenblicks und durch frühere Er-

---

[1] Vgl. die ausführliche Darstellung dieses Sachverhalts in der Allgem. Sinnesphysiologie von v. KRIES (Leipzig 1923, S. 14ff.), der noch die Zwischenstufe der Somatisierung unterscheidet.

[2] Vgl. W. WUNDT: Grundzüge der physiologischen Psychologie **III**[6], 503f. Leipzig 1911.

fahrungen beschaffen ist, bestimmt wird. Es kann dabei etwas herauskommen, was ganz anders ist als irgendeine frühere Erfahrung; denn der Bedingungskomplex in seiner Gesamtheit ist neu, daher kann es auch die Reaktion sein.

II. Allgemeine Eigenschaften optischer Formen und ihrer Beziehungen zu den Reizen.

6. Einfachste Zuordnungsverhältnisse.

Wir beginnen mit den für die Forschung einfachsten Reizverhältnissen und betrachten die Abb. 361—363. Die beiden ersten bestehen aus je zwei, die dritte aus drei Punkten. Alle drei sehen verschieden aus, und zwar entsprechen den drei Reizkomplexen Wahrnehmungen, deren Verschiedenheit über die der Reizfiguren hinausgeht. In Abb. 361 sehen wir ein „Punktepaar", in Abb. 362 dagegen zunächst zwei Punkte, die nichts miteinander zu tun haben, einen Punkt und noch einen[1], ein Eindruck, der leicht in den einer „Distanz" umschlägt; in Abb. 363 endlich ein Dreieck, d. h. eine geschlossene Figur. Abb. 363 ist geometrisch gleich Abb. 362 plus einem Punkt darüber, phänomenal etwas ganz anderes. 361 und 363, gegenüber 362, zeigen uns: diskreten Reizgebilden kann ein *zusammenhängendes*, ja ein *geschlossenes* Wahrnehmungsgebilde entsprechen. In Abb. 363 sieht man

Abb. 361.　　　　　　Abb. 362.　　　　　　Abb. 363. 　　　　Abb. 364.

nicht drei Punkte, sondern ein Gebilde genau der gleichen Art wie in Abb. 364[2]. Daß dies kein Spiel mit Worten ist, sondern einen sehr realen Unterschied bedeutet, das wird im weiteren Verlauf deutlich werden. Hier sei schon auf folgendes hingewiesen: Die zwei Punkte der Abb. 361 entsprechen genau den zwei unteren der Abb. 363, aber sie sehen anders aus: während sie gegenseitig aneinanderhängen, ist von diesen jeder ebenso wie an den anderen an den dritten oberen gebunden. Wenn man in Abb. 363 den oberen Punkt abwechselnd ab- und aufdeckt, so sieht man diese schrägen „Vektoren" verschwinden und neu entstehen.

Diese einfachen Beobachtungen lehren uns schon folgendes: In vielen Fällen, mindestens, besteht zwischen Wahrnehmung und Reizkomplex nicht eine punktförmige Zuordnung, vielmehr entsprechen unseren einfachen Reizkonstellationen Wahrnehmungsphänomene mit Eigenschaften, die den Reizen nicht zukommen, die aber doch in Abhängigkeit von den geometrischen Reizeigenschaften stehen[3] — Vergrößerung des Abstandes zwischen zwei Punkten schwächt ihren phänomenalen Zusammenhang, Hinzufügung eines Punktes verwandelt ihren figuralen Charakter, ja es kann einer Menge von isolierten Reizpunkten eine geschlossene Wahrnehmungsfigur entsprechen.

---

[1] Das ist tatsächlich nicht richtig. Es ist unmöglich, auf einer Seite des Handbuchs zwei Punkte so anzuordnen, daß der im Text geschilderte Effekt erreicht wird. Aber jedermann kann sich die Bedingungen selbst herstellen, indem er erstens den Abstand der zwei Punkte vergrößert und zweitens dafür sorgt, daß keine sonstigen Bedingungen gerade die Zusammengehörigkeit der zwei Punkte fordern. Vergleich von Abb. 361 und 362 zeigt immerhin eine Abnahme in der Kohärenz der zwei Punkte.

[2] Man vergleiche hierzu die entgegengesetzten Ausführungen von P. F. LINKE: Grundfragen der Wahrnehmungslehre, S. 262f. München 1918, sowie meine Besprechung dieses Buches in Z. angew. Psychol. **16**, bes. 112 (1920).

[3] Vgl. W. KÖHLER: Die physischen Gestalten, S. 182ff.

Ob all dies etwa durch Erfahrung erklärbar sei, lassen wir vorläufig dahingestellt, um uns neuen Tatsachen zuzuwenden. Betrachten wir Abb. 365 und 366. Die erste erscheint uns recht verworren, die zweite klar und einfach. Hätten wir sie tachistoskopisch (ca. $^1/_{10}$ sec) exponiert, so würde der Beobachter die zweite recht gut haben nachzeichnen können, die erste ganz und gar nicht.

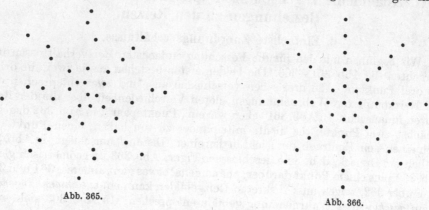

Abb. 365.   Abb. 366.

Dabei ist Abb. 365 aus Abb. 366 so entstanden, daß eine Anzahl von Punkten, nicht alle, ein wenig verschoben worden sind (man kann dies Prinzip methodisch ausbauen).

Wir erhalten also das weitere Resultat: Gewisse Reizanordnungen ergeben klare und reproduzierbare, andere unklare und nicht oder nur mangelhaft und falsch reproduzierbare Phänomene. Der Unterschied der Reizkonfigurationen ist durch Worte wie „Einfachheit", „Regelmäßigkeit", „Symmetrie" mehr angedeutet als streng definiert, doch muß diese Kennzeichnung vorläufig genügen.

7. Ausgezeichnete Gestalten.

Wir betrachten jetzt regelmäßige und unregelmäßige Reizanordnungen.

1. Unregelmäßige Reizkomplexe. Wenn ein nicht zu kleiner, möglichst regelloser Haufen von Punkten oder Strichen geboten wird, was passiert? Da gibt es drei Möglichkeiten[1]: a) man sieht ein „Wirrwarr", ein reines Chaos ohne irgendwelche Formung außer einer ungefähren Größenbestimmtheit der Region, auf der der Haufen liegt; b) in solchem Wirrwarr erscheinen einzelne Figuren, Winkel, Dreiecke, Vierecke, Bögen usw.; c) das Ganze erscheint im Umriß einigermaßen geformt. Im Fall a) ist der Zusammenhang zwischen Wahrnehmung und Einzelreizen nur ein ganz grober; die Dichte der Verteilung mag ihr phänomenales Wiederspiel finden, während die Anordnung im Chaos gar nicht vorhanden ist. Im allgemeinen wird, wenn die Menge der Einzelreize nicht gar zu groß ist, ihre Anzahl, oft sogar sehr beträchtlich, überschätzt; d. h. wenn die Vp. angibt, 25—30 Punkte gesehen zu haben, so hat sie einen ungefähren Mengeneindruck gehabt, der anders und größer ist als im Fall regelmäßiger Anordnung[2]. Auch im Fall b)[3] ist selbst für die relativ geformten Gebiete der Zusammenhang sehr lose. Keineswegs dürfen wir annehmen, daß etwa die Ecken eines sich aus

---

[1] Vgl. F. Seifert: Z. Psychol. 78, 66ff. (1917).

[2] Vgl. F. Sander: Räumliche Rhythmik. Neue psychol. Stud. 1, 139 (1926). Das entgegengesetzte Resultat bei Seifert (S. 136) beruht auf seiner besonderen Instruktion.

[3] Vgl. E. Lindemann: Psychol. Forschg 2, 27 (1922). — Bardorff, W.: Z. Psychol. 95, 193 (1924).

dem Wirrwarr heraushebenden Dreiecks stets an solche Punkte des Feldes lokalisiert werden, auf denen Reizpunkte liegen. Das lehren unten (Abschn. 25) mitgeteilte Versuche von LINDEMANN. Im Fall c) endlich erleidet das Gegebene oft eine Verzerrung zu einer geläufigeren Figur (SEIFERT), eine Verregelmäßigung (SANDER), d. h. die Form, in der die Begrenzung des Punkthaufens erscheint, ist sehr viel regelmäßiger, einfacher als die wahre Begrenzung. So sagt SEIFERTS Vp. Kü. aus: „Die Gesamtfigur war alles in allem genommen ein *unregelmäßiger Kreis*." Die Vp. sieht also ein Gebilde, das nicht als unregelmäßiges Vieleck, oder sonst entsprechend der objektiven Begrenzung, charakterisiert ist, sondern das als „schlechter" Kreis imponiert, zum Kreis hin tendiert. Solche Verein-

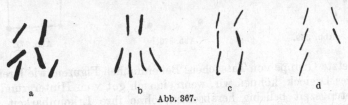

a   b   Abb. 367.   c   d

fachung ist die Regel und betrifft, wenn die Zahl der Reizelemente nicht zu groß ist, nicht nur den Umriß, sondern auch die Gliederung. So erhielt GRANIT in seinen tachistoskopischen Versuchen als Wiedergabe der Abb. 367a die drei in den Abb. 367b—d dargestellten Typen[1].

2. Regelmäßige Reizkomplexe. Wir betrachten die Abb. 368a—g. Wir sehen Vier-, Fünf-, Sechseck, dann kommen zwei Figuren, die zwischen polygonalem und kreisförmigem Eindruck schwanken, dann zwei Kreise (nach BOURDON). Die Figuren sind so gezeichnet, daß bei konstantem Abstand zwischen zwei

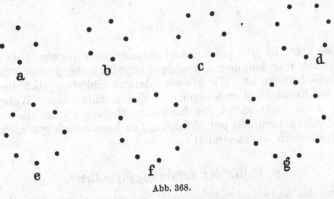

a   b   c   d   e   f   g

Abb. 368.

Nachbarpunkten die Anzahl der Punkte jeweils um eins wächst, wobei stets sämtliche Punkte auf den Ecken regulärer Polygone liegen. Daß wir nicht Punkthaufen, sondern geschlossene Figuren sehen, überrascht uns nicht mehr; neu ist aber, daß wir auf diese Weise nicht beliebige Figuren erzeugen können, sondern daß der polygonale Endruck verschwindet und dem kreisförmigen Platz macht, sobald wir mehr als acht Punkte darbieten.

Abb. 369 imponiert uns beim ersten Eindruck auch als guter Kreis, erst beim näheren Hinsehen erscheint sie als „nicht ganz richtiger Kreis", d. h. sie erweckt nach wie vor den Kreiseindruck, nur mit dem Beigeschmack des Unvollkom-

---

[1] GRANIT, R.: Brit. J. Psychol. **12**, 223—247 (1921).

menen. Analog sieht man in Abb. 370 ein „nicht ganz richtiges Quadrat". In Abb. 371, in der die Eckpunkte genau so sitzen wie in Abb. 370, ist der Quadrateindruck viel schlechter, ja er kann hier völlig verschwinden. Abb. 369 und 370 tachistoskopisch dargeboten, würden als guter Kreis bzw. Quadrat erscheinen. Arbeitet man mit sehr lichtschwachen und nur kurz sichtbaren Figuren, so erscheinen alle Formen, wie GOLDSCHMIDT berichtet[1], als kreisförmige Nebel.

Abb. 369.   Abb. 370.   Abb. 371.

Eine letzte Gruppe von Tatsachen: Bei einfachen Figuren, wie Kreis, Ellipse, gleichseitiges Dreieck, können wir, wenn sie sich gut vom Hintergrund abheben, die Darbietungszeit beliebig herabsetzen, ohne ihre Erkennbarkeit zu beeinträchtigen[2], doch wird das bei weniger einfachen Figuren mit einem Schlage anders. Bietet man Figuren wie die der Abb. 372a ca. 20 σ dar, wiederholt die Darbietung mehrere Male und läßt die Vp. jedesmal das Gesehene aufzeichnen, so erhält man Zeichnungen wie Abb. 372b—g (LINDEMANN), die sich von 372a durch größere Einfachheit auszeichnen. Damit haben wir den Anschluß an die unter 1 mitgeteilten Tatsachen gewonnen. (Andere Tatsachen später.)

a   b   c   d   e   f   g
Abb. 372.

Wir sehen also: Es gibt phänomenal *ausgezeichnete Gestalten*; sie sind formal besonders einfach und kommen um so leichter zustande, je mehr die Wirkung der Reize abgeschwächt ist. Wir könnten daraus schließen, daß diese Tendenz zur möglichsten Einfachheit eine allgemeine Eigenschaft unserer Wahrnehmungsprozesse sei, wenn nicht sofort der Einwand erhoben würde, die von uns berichteten Tatsachen beruhten auf Erfahrung, es handle sich gar nicht um reine Reizwirkung, sondern um Assimilation.

8. Kritik der Erfahrungshypothese.

Wir haben das Assimilationsprinzip zwar schon aus allgemeinen theoretischen Überlegungen kritisiert, wir benutzen jetzt die konkreten Tatsachen, um noch einmal ganz allgemein zur Erfahrungshypothese Stellung zu nehmen. Sie hat zu erklären: 1. Warum werden Punktanordnungen wie die der Abb. 368—370 als geschlossene Figuren gesehen? Sie wird darauf hinweisen, daß wir sehr oft solche einfache geschlossene Figuren gesehen haben und jetzt reproduktiv

[1] GOLDSCHMIDT, H.: Ber. üb. d. VI. Kongr. f. exper. Psychol., S. 150. Leipzig 1914.
[2] Vgl. E. LINDEMANN: Psychol. Forschg 2, 9 (1922). Wohl aber kann man, wenn man der Exposition der Figur nach nicht zu langer, aber auch nicht zu kurzer Zeit (ca. 40 σ) einen „auslöschenden Reiz" (z. B. ein das ganze Gesichtsfeld ausfüllendes Schachbrettmuster) folgen läßt, auch solche einfachste Figuren zerstören. Von einer Umrißellipse sieht der Beobachter dann etwa nur noch einige Stücke (LINDEMANN: ebenda).

die Vorstellungsbilder solcher zum sinnlich gegebenen Material hinzufügen. Dann bleibt aber noch zu erklären, wodurch diese Vorstellungsbilder reproduziert werden. Durch Berührungsassoziation können Teile das Ganze reproduzieren, die Punkte also die Figuren. In Abb. 373 sind aber viel ausgedehntere Teile eines Quadrats gezeichnet, und doch erweckt sie nicht den Eindruck eines solchen oder doch viel weniger zwingend als Abb. 368a[1].

Reproduktion durch Ähnlichkeit? Vier Punkte haben aber gar keine Ähnlichkeit mit einem Quadrat, nur das durch sie begrenzte Gebiet. Damit Ähnlichkeit da ist, muß also der zu erklärende Effekt schon vorhanden sein.

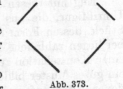

Abb. 373.

Aber stärker als theoretische Gründe wirken empirische Tatsachen. Es handelt sich darum, die Bildung geformter Wahrnehmungsprozesse zu erklären[2]. Der Empirismus behauptet: nicht die psychophysischen Prozesse an sich, so wie sie ursprünglich erfolgen, tragen zur Entstehung dieser Formen bei. Diese verdanken vielmehr ihre Existenz rein der Erfahrung. Demgegenüber steht die These: Das psychophysische Geschehen unterliegt autonomen Formgesetzen. Nur so kann der Zirkel vermieden werden, zu dem jede rein empiristische Theorie führt, ja nur so ist auch ein Einfluß der Erfahrung auf die Wahrnehmung zu verstehen.

Wie läßt sich zwischen den zwei Ansichten experimentell entscheiden? Einfach so, daß wir Erfahrungsfaktoren gegen autonome Faktoren ansetzen und zusehen, welche sich als wirksam erweisen. Das hat zuerst WERTHEIMER[3] getan. Abb. 374 gibt ein Beispiel für seine Methode. Der Leser wird, wenn er diese Figur unbefangen betrachtet, ein zwischen zwei krummen Linien liegendes Ornament sehen, nicht aber oben ein W, unten ein M! Und doch liegt für diese Gebildefassung eine übermäßig reiche, für jene gar keine Erfahrung vor. Es muß also autonome, nichtempirische Faktoren geben, die die ursprüngliche und stabilere Gebildefassung bewirken[4].

Abb. 374.

Auf diesen Gedanken fußend hat GOTTSCHALDT[5] systematische Versuche angestellt. Eine Anzahl von einfachen Figuren wurde mehrfach zur guten Einprägung vorgeführt, und zwar einer Gruppe von Vpn. 3mal, einer anderen 520mal. Danach wurden den Vpn. andere Figuren gezeigt mit der einfachen Instruktion, diese neuen Figuren zu beschreiben. Diese Prüffiguren enthielten geometrisch eine der vorher eingeprägten Figuren, und nach der Erfahrungshypothese müßte, zum mindesten in einer sehr großen Anzahl von Fällen, die alte Figur in der neuen gesehen werden. Unsere Abb. 375 zeigt links eine Einprägungs-, rechts eine dazugehörige Prüffigur. Diese Kombination war eine nur mittelschwere.

Das Resultat der Versuche steht in konträrem Gegensatz zur Erfahrungshypothese. In den Versuchen mit nur 3 Wiederholungen der Einprägfigur, die

---

[1] Man vergleiche hierzu auch die Argumente von SELZ: Über die Gesetze des geordneten Denkverlaufs 1, 94ff., Stuttgart 1913, sowie die Versuche von KÖHLER: Ped. Sem. 32, 718f. (1925).

[2] Über die Gesetze dieser Formbildung wird später ausführlich gehandelt werden.

[3] WERTHEIMER: Psychol. Forschg 4, 333f. (1923).

[4] Die ausführliche Diskussion bei WERTHEIMER: ebenda. Man vgl. auch W. KÖHLER: Ped. Sem. 32, 702f. (1925).

[5] GOTTSCHALDT: Psychol. Forschg 8, 261—317 (1926). In einer eben erschienenen Arbeit, Psychol. Forschg 12, 1—87 (1929), hat GOTTSCHALDT seine Beweise vertieft und erweitert. Er konnte den starken Einfluß der „inneren Prüfsituation" an Stelle der automatischen Erfahrungswirkung überzeugend dartun. [Zusatz bei der Korrektur.]

mit 3 Vpn. in insgesamt 92 Fällen ausgeführt wurden, sprang die eingeprägte aus der Prüffigur nur in einem einzigen Fall heraus, in den Experimenten mit 520 Einprägungen, ausgeführt an 8 Vpn. in insgesamt 242 Fällen, sprang die alte Figur in 4 Fällen heraus. In einigen wenigen Fällen fanden die Vpn. die Einprägfigur nachträglich oder vermuteten ihr Vorhandensein. Aber das Resultat ändert sich nicht, wenn man nur die Fälle zählt, in denen die Vpn. nichts sahen als die Prüffigur in ihrer natürlichen Fassung. Die Zahlen hierfür sind für 3 Wiederholungen 91,3%, für 520 Wiederholungen 93,8%.

Eng mit diesen Versuchen berührt sich eine Arbeit von HEISS[1]. In einer Umrißfigur, die aus verschieden geformten Bausteinen geformt ist, fehlt ein Stück, dessen Form durch die darunterliegende Vorlage angegeben ist. Nebenbei liegen zahlreiche Bausteine, darunter auch der fehlende. Aber diese sind in einer Konstellation regellos nebeneinandergelegt, während sie in einer zweiten ein gutes Muster bilden. Gemessen wird die Zeit, die die Vpn., Kinder verschiedener Altersstufen, brauchen, um den fehlenden Stein zu finden. Nicht nur wurde der Stein in der ersten Konstellation schneller gefunden als in der zweiten, sondern der Unterschied zwischen den beiden Konstellationen erwies sich als eine Funktion des Lebensalters der Kinder. Auf den höheren Altersstufen war das Verhältnis 5 : 4, auf der niedrigsten (Kinder von 3—4 Jahren) dagegen 2 : 1. In diesem Versuch wird wieder Erfahrung gegen autonome Gestaltung gesetzt.

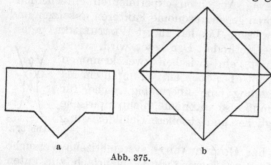

a

Abb. 375.

b

Und es erweist sich, daß die autonomen Gestaltfaktoren bei jungen Kindern noch weit stärker sind als bei älteren und bei Erwachsenen.

2. Warum sind besonders einfache Figuren bevorzugt? Nach der Erfahrungshypothese könnte das nur daran liegen, daß gerade solche Figuren besonders häufig gesehen worden sind. Aber trifft das wirklich zu? Ist der Kreis, der von allen die bevorzugteste Figur ist, so viel häufiger als das Quadrat oder Rechteck? Aber selbst zugegeben, es gäbe in unserer Umgebung besonders viele einfache Figuren, damit ist noch nicht gesagt, daß es auch als Nahreize besonders viele einfachste Figuren gibt, denn Kreis und Quadrat als Fernreize sind nur unter ganz besonderen Bedingungen auch kreis- bzw. quadratförmige Nahreize. Fast stets sind ihre Netzhautbilder perspektivisch verändert. Wenn trotzdem Kreise als Fernreize so überwiegend oft als Kreise wahrgenommen werden, so kann dies nicht mehr auf Erfahrung gleich Nahreiz-Häufigkeit beruhen, vielmehr setzt umgekehrt die Häufigkeit der Kreiserfahrung die Auszeichnung der Kreisgestalt voraus[2].

3. Warum wirkt Verstärkung der Reizwirkung der Vereinfachungstendenz entgegen? Man könnte sagen, bei kurzer Exposition überwiegen relativ die reproduzierten Bestandteile über die nur flüchtig vom Reiz erzeugten. Aber man könnte ebensogut meinen, je kürzer die Exposition, um so geringer auch die reproduzierende Kraft. Vergleichen wir ferner, bei normaler Beobachtung,

---

[1] HEISS: Neue psychol. Stud. **4** (noch nicht erschienen). Zitiert nach VOLKELT u. SANDER: Ber. üb. d. IX. u. X. Kongr. f. exper. Psychol., S. 129f. bzw. S. 34. Leipzig 1926 u. 1928. Vgl. auch KÖHLER: Ped. Sem. **32**, 688f. (1925).

[2] Analog argumentiert WERTHEIMER (Psychol. Forschg **4**, 333) in bezug auf den rechten Winkel.

Abb. 370 und 371. Die zweite bietet mehr Anlässe zur Reproduktion einer Quadratvorstellung als die erste, und doch sieht sie, wie schon hervorgehoben, viel weniger „gut" aus.

Die Erfahrungshypothese konnte keine der von uns gestellten Fragen befriedigend beantworten, sie kann also nicht die Vereinfachungstendenz erklären. Diese *Tendenz zur Einfachheit und Geschlossenheit* muß also eine Eigenschaft der Prozesse sein, die in unserem Nervensystem ablaufen, wenn unsere Sinnesorgane gereizt werden. Damit ist folgendes gesagt: Dem Mosaik der Netzhautreizung entspricht nicht ein Mosaik von zentripetalen und corticalen Einzelprozessen, vielmehr sondern sich im physiologischen Niveau größere Gebiete voneinander ab, die jedes für sich Einheiten oder Ganze bilden und innerhalb deren jeder Teil jeden andern „trägt". An diesen abgesonderten Gebieten (und, um schon hier Mißverständnisse auszuschließen, auch an der Aussonderung dieser Gebiete, s. unten) vollzieht sich jener Druck auf Einfachheit, von dem wir hier reden. Wir nennen solche Gebiete, die realiter, psychologisch und physiologisch, nicht aus Einzelstücken zusammengesetzt sind, „*Gestalten*"[1].

Auch auf solche Prozesse, und nicht nur, wie man fälschlich meinte, auf summative Einzelvorgänge, lassen sich die physikalischen Gesetze anwenden. So können wir aus der Kenntnis der äußeren bedingenden (Reiz-)Topographie und des dazugehörigen phänomenalen Erfolges gewisse Schlüsse auf die Struktur des optischen Sektors ziehen. Andererseits verschwindet unser Erstaunen über die Existenz von Gestalten wie über ihre Tendenz zur Einfachheit und Geschlossenheit, wenn wir dies alles im Reiche physikalischen Geschehens wiederfinden.

9. Anisotropie des Sehraums.

Wir fanden: einfache geometrische Muster werden adäquat wahrgenommen, d. h. die geometrischen Eigenschaften der Reize finden sich bis zu einem gewissen Grade in den übergeometrischen Wahrnehmungsprozessen wieder. Wir stellen zwei Fragen: 1. Wie weit reicht diese Übereinstimmung?[2] 2. Was für Mittel haben wir, um die Einfachheit einer Gestalt zu bestimmen?

1. Bei der einfachsten Figur, dem Kreis, ist die Übereinstimmung eine sehr weitgehende, aber doch keine vollkommene; denn während es geometrisch auf der Kreisperipherie ausgezeichnete Punkte nicht gibt, hat der phänomenale Kreis ein Oben, Unten, Rechts und Links. Dies ist keine besondere Eigentümlichkeit des Kreises, sondern beruht darauf, daß unser Sehraum nicht homogen ist, ausgezeichnete Richtungen besitzt, die die figuralen Eigenschaften aller in ihm erscheinenden Formen bestimmen. So werden für den Erwachsenen, in früher Jugend ist es anders, durch Drehung von Mustern ihre figuralen Eigenschaften stark verändert; ein bekanntes Beispiel bietet das liegende und auf der Spitze stehende Quadrat. Diese Anisotropie wird besonders deutlich, wenn man optische Formen in ihrem Entstehen oder Vergehen betrachtet. Exponiert man Figuren tachistoskopisch (ca. 50 σ), so erscheinen sie in starker Bewegung, indem sie sich beim Erscheinen ausdehnen, beim Verschwinden zusammenziehen (γ-Bewegung). Man hat es in diesen Fällen kurzer Reizwirkung nicht mit stationären Prozessen, sondern mit stark dynamischen Vorgängen zu tun, in denen

---

[1] Vgl. hierzu und zum folgenden W. KÖHLER: Die physischen Gestalten usw., S. 57, 231 ff.

[2] Vgl. C. STUMPF: Zur Einteilung der Wissenschaften. Abh. preuß. Akad. Wiss., Physik.-math. Kl. **1906**, Sonderausg. S. 72. — KÖHLER: Die physischen Gestalten usw., S. 239. — LEWIN, K.: Psychol. Forschg **4**, 211 ff. (1923).

sich die Gestaltentstehung kundgibt[1]. Diese Bewegungen hängen ab einerseits von der Art der Figur, andererseits von der Anisotropie des Sehraumes. Sie sind, ceteris paribus, in der Horizontalen stärker als in der Vertikalen, und hier wieder ist Oben beweglicher als Unten. Z. B. das Quadrat: „Liegt es auf einer Seite, so verschieben sich die Seiten parallel zu sich selbst nach außen und zurück, die seitlichen am stärksten, die obere weniger und die untere fast gar nicht." Analog ist beim Kreis die horizontale Bewegung stärker als die vertikale.

Bekannt ist ferner die viel untersuchte sog. Überschätzung der Vertikalen gegenüber der Horizontalen, die nach RIVERS bei primitiven Völkern noch stärker auftritt als bei Europäern. Eine weitere interessante Verschiedenheit der Breiten- und Höhenerstreckung haben die Schwellenuntersuchungen von LOHNERT[2] ergeben. Diese erwies sich als weniger bestimmt und labiler als jene (andere Tatsachen später!). Diese Anisotropie wird bei allen Figuren manifest außer am Kreis, worauf schon WUNDT hingewiesen hat[3].

10. Kriterien der Einfachheit.

2. In den eben erwähnten Versuchen von LINDEMANN[4] gelang es u. U. Figuren zu deformieren und zum Zerfall zu bringen. Dabei zeigte sich, daß einfache Gestalten schwerer deformiert werden als weniger einfache, ein Kreis erscheint entweder als guter Kreis, oder er zerfällt in zwei Teile, während eine Ellipse vor dem Zerfall deformiert wird, z. B. Eichelform annimmt.

Mit einer anderen Methode gelingt es relativ leicht Rangordnungen von Figuren aufzustellen. Bietet man (HARTMANN[5]) dieselbe Figur zweimal nacheinander mit kurzer Pause tachistoskopisch dar, so kann man die größte Gesamtexpositionsdauer (g = Zeit der ersten Exposition plus Pause plus zweiter Exposition) bestimmen, bei der die Figur eben aufhört zu flimmern und ruhig erscheint. Diese Zeit g ist nun abhängig vom figuralen Charakter. Die folgende Tabelle, in der die kritischen g in σ (10^{-3} sec) angegeben sind, enthält die Er-

Kreis	regul. Sechseck	Quadrat	gleichs. Dreieck	Nulldreieck
126	121	115	115	113

gebnisse einer Versuchsreihe; beide Expositionen sind gleich, jede von ihnen verhält sich zur Pause wie 17 : 40. Unter „Nulldreieck" ist ein Kreisbogendreieck mit Nullwinkeln verstanden. Man sieht eine monotone Abnahme der Zahlen — nur Quadrat und gleichseitiges Dreieck haben dieselbe, ihr Unterschied ist also für diese Meßmethode, bzw. für die hier gebrauchten Versuchskonstanten, zu klein. Nun ist der Kreis die am meisten, das Nulldreieck die am wenigsten einfache Figur dieser Reihe, so daß wir berechtigt sind, die ganze Reihe als Einfachheitsreihe aufzufassen und in der Leichtigkeit der Verschmelzung ein Maß für die Einfachheit zu erblicken.

---

[1] Vgl. LINDEMANN: Psychol. Forschg **2**, 516ff. Warum gewöhnlich die γ-Bewegungen nicht auftreten, ist ebenda S. 53/54 erörtert. — ENGEL [Z. Psychol. **107** (1928)] versucht eine andere Interpretation der γ-Bewegung. An anderer Stelle wird M. R. HARROWER über kürzlich in meinem Laboratorium angestellte Versuche berichten, welche diese Deutung ausschließen und die hier im Text gegebene bestätigen (Psychol. Forschg **12** oder **13**).

[2] LOHNERT: Psychol. Stud. **9**, 201 (1914).

[3] Ob dies damit zusammenhängt, daß die Kohärenzkräfte der Kreisfigur so groß sind, daß sie die immerhin nicht sehr starken Bedingungen der Anisotropie kompensieren, muß sich in Schwellenversuchen relativ leicht feststellen lassen. Tatsächlich wird, wie eben erwähnt, der Kreis in der γ-Bewegung deformiert.

[4] LINDEMANN: Psychol. Forschg **2**, 16f, 39.

[5] HARTMANN, L.: Psychol. Forschg **3**, 349ff., 361ff. (1923).

Mißt man ebenso die kritischen g für liegendes und auf der Spitze stehendes Quadrat, so erhält man im ersten Fall ein kritisches g von 128 σ, während die Figur im zweiten Fall bei 116 σ noch flimmert und erst bei 102 σ ruhig erscheint (die Versuchskonstellation etwas anders als eben). Damit haben wir den funktionalen Beweis für die durch bloße Drehung bewirkte Veränderung des figuralen Charakters.

11. Figurale Eigenschaften.

Die Einfachheit, die wir soeben diskutiert haben, ist eine reale Eigenschaft, die Figuren als solchen zukommt, nicht aber irgendwelchen Elementen. Figuren sind mehr oder weniger einfach, während „Elemente" ihrer Definition nach alle gleich „einfach" sein sollen. Es gibt nun zahlreiche Eigenschaften, die im gleichen Sinn prägnant figurale Eigenschaften sind. Krumm und eckig, glatt, verzerrt, ausbalanciert, symmetrisch, das sind nur einige wenige Beispiele. Der Symmetrie hat P. BAHNSEN[1] eine eigene Untersuchung gewidmet. Er konnte u. a. zeigen, daß symmetrische Figuren besser erkannt und nachgezeichnet werden als unsymmetrische. Ja symmetrische Figuren sind bei der Reproduktion noch im Vorteil, wenn man sie mit Hälften von symmetrischen Figuren vergleicht, die, summativ gesprochen, aus weniger „Elementen" bestehen, aber eben keine symmetrischen Figuren sind.

Figuren sind ferner mehr oder weniger, so oder so gegliedert. Grad und Art der Gliederung geben Ordnungsprinzipien für Figuren[2].

Die Gliederung äußert sich auch darin, daß nicht alle Teile von Figuren gleich wichtig, gleich betont sind. Es gibt Haupt- und Nebenlinien, Verzierungen, Störungen; und nicht alle Teile hängen gleich stark zusammen. So ist, worauf SCHUMANN[3] hingewiesen hat, beim Quadrat, wenn es auf der Spitze steht, der Zusammenhang zwischen zwei aneinanderstoßenden Seiten besonders eng, wenn es liegt, der zwischen zwei gegenüberliegenden. Endlich hat jede Figur ihren „Schwerpunkt" oder „Schwerebereich". Das ist bei so einfachen Figuren wie Kreis und Quadrat sofort klar, bei anderen haben es RUBIN[4] und GATTI[5] untersucht. Der Schwerpunkt wird zum „Zentrum", auf ihn fällt das meiste Gewicht, er bestimmt, um ein bekanntes Wort zu benutzen, die Richtung der Aufmerksamkeit. Die Gewichtsverteilung und mit ihr die Fixation ist also, allgemein gesprochen, von der Figur aus festgelegt[6]. Das stellte auch SEIFERT[7] ausdrücklich fest, und ein Befund von ZIGLER[8] läßt sich ebenfalls so ausdrücken.

Es ist auch einmal, im Laboratorium von TITCHENER, untersucht worden[9], wie sich die „Klarheit" verteilt, wenn nebeneinander im dunklen Gesichtsfeld ein formloser Fleck und eine gute Figur (Kreuz) sichtbar sind. Stets hatte, bei gleicher objektiver Intensität, die gute Figur das größere Gewicht; Gleichgewicht trat erst ein, wenn das Kreuz durch einen vor seiner Lichtquelle rotierenden Episkotister von 130° Öffnung verdunkelt wurde.

---

[1] BAHNSEN, P.: Z. Psychol. 108 (1928).

[2] Vgl. H. WERNER: Z. Psychol. 94, 248f. (1914) u. SANDER: Kongr.-Ber. S. 27f.

[3] SCHUMANN, F.: Z. Psychol. 23, 17f. (1900); 24, 25f. (1900). SCH. hebt hervor, daß Linien, die zur Mediane symmetrisch liegen, besonders stark zusammenhängen.

[4] RUBIN: Z. Psychol. 90, 85f. (1922).

[5] GATTI: Contributi del Laboratorio di Psicologia e Biologia dell' Università Cattolica del S. Cuore, Serie I, fasc. IV. Milano, o. J.

[6] Vgl. WERTHEIMER: Psychol. Forschg 4, 349 (1923).

[7] SEIFERT: Z. Psychol. 78, 99 (1917).

[8] ZIGLER: Amer. J. Psychol. 31, 293 (1920).

[9] MEADS, L. G.: Amer. J. Psychol. 26, 150/1 (1915).

12. Analytische und synthetische Gestaltentstehung.
Theoretische Konsequenzen.

Die Entstehung der Gestalten liefert uns weitere Einblicke. Bietet man tachistoskopisch nicht zu einfache Reizkomplexe (Umrißfiguren, Punktanordnungen) einmal oder mehrere Male bis zur völligen Erkennung dar und läßt die Vpn. beschreiben, was sie gesehen haben, so ergibt sich: der Erkennungsvorgang beginnt nicht mit einzelnen Stücken, um von da zu größeren Gruppen fortzuschreiten, sondern er geht umgekehrt vom Allgemeinen zum Besonderen. Das haben unter mannigfachen Bedingungen die verschiedensten Forscher übereinstimmend gefunden[1]. Was hier vorgeht, ist also nicht ein summen- oder bündelhaftes Zusammentreten von Stücken, sondern eine fortschreitende Gliederung von Beginn an gegebener Ganzheiten[2].

Von dieser „analytischen" pflegt man eine „synthetische" Gestaltentstehung zu unterscheiden[3]; „den Ausgangspunkt bildet ein einzelnes Gestaltmoment, als primär einziger Gestaltbestandteil. Auf der Grundlage dieses Gestaltmoments baut sich sukzessiv die übrige Gestalt auf" (Seifert S. 63). Aus diesem Zitat können wir entnehmen, wie solch Vorgang abläuft: in einem mehr oder weniger verworrenen Gebilde entwickelt sich auf kleinem Gebiet eine Teilgestalt als Gestaltteil, und von ihr aus wird nun der ganze Rest strukturiert. Auch hier geht es nicht etwa von der Empfindung zur Gestalt. Die von Westphal und Seifert beschriebenen Fälle sind darum nicht sehr typisch, weil in ihren Versuchen das Entstehen losgelöster Teile durch die Aufmerksamkeitsbedingungen begünstigt war. Daß trotzdem auch bei ihnen vorwiegend die analytische Gestaltentstehung vorkam, zeigt, wie stark die Gestaltzusammenhänge sein müssen.

Wir folgern, daß keine Theorie den Wahrnehmungsgestalten gerecht werden kann, die, in welcher Form immer, von den einzelnen Empfindungen ausgeht[4]. Das gilt sowohl von der Produktionstheorie, so reiche Anregungen für experimentelle Arbeiten sie auch gegeben hat, wie von der häufig vertretenen Ansicht, „daß sich an die physiologischen Prozesse, mit denen unsere Empfindungen verknüpft sind, eine Reihe anderer Vorgänge anschließen, die die Grundlage der Gestaltungsprozesse bilden"[5], wie auch von der neuesten Form der G. E. Müllerschen Komplextheorie. Nach dieser wird ein Komplex dadurch gebildet, daß eine Gruppe von Vorstellungen durch kollektive Aufmerksamkeit die Fähigkeit erlangt, als ein einheitliches Ganzes psychische Wirkungen zu entfalten oder zu erfahren. „Die kollektive Simultanauffassung besteht einfach darin, daß die zu einem Komplex zu vereinigenden Glieder mit einer sie alle betreffenden Simultanaufmerksamkeit erfaßt werden[6]." Diese Sätze sind nicht mit den bisher dargestellten Tatsachen — und ebensowenig mit den in den folgenden Abschnitten mitgeteilten — in Einklang zu bringen. Wir fügen zunächst noch einige aus der

---

[1] Ich nenne Th. V. Moore: The Process of Abstraction. Univ. California Publ. Psychol. 1, Nr 2 (1910). — Bartlett, F. C.: Brit. J. Psychol. 8 (1916). — Seifert: Z. Psychol. 78. — Wertheimer: Psychol. Forschg 4, 346. Vgl. auch F. Sander: Ber. üb. d. X. Kongr. f. exper. Psychol. in Bonn. Leipzig 1928, S. 54.

[2] Vgl. hierzu besonders den Aufsatz von Wertheimer in Psychol. Forschg 1 (1921).

[3] Westphal, E.: Arch. f. Psychol. 21, 246 (1911). — Bühler, K.: Die Gestaltwahrnehmungen 1, 19ff. Stuttgart 1913. — Seifert: Zitiert in Anm. 1 (S. 63).

[4] Vgl. wieder Sander: Zitiert in Anm. 1 (S. 25). Freilich hat die hier bekämpfte Theorie in Spearman einen neuen Vorkämpfer gefunden.

[5] Bühler, K.: Die Gestaltwahrnehmungen 1, 30. Stuttgart 1913. Vgl. auch v. Kries in Helmholtz: Physiol. Optik III³, 486ff.

[6] Müller, G. E.: Komplextheorie und Gestalttheorie, S. 1. Göttingen 1923. Vgl. dazu auch die sich daran anschließende Polemik: Köhler in Psychol. Forschg 6 u. 8 (1925 u. 1926) und Müller in Z. Psychol. 99 (1926), sowie Abschn. 28, S. 1270.

Untersuchung von SEIFERT hinzu. Er exponierte Figuren wie die der Abb. 376 und gab den Vpn. die Aufgabe, aus den übrigen dasjenige Element herauszufinden, dessen Farbe vor dem Versuch genannt wurde. Trotzdem trat, wie erwähnt, in den meisten Fällen der Eindruck der Gesamtgestalt primär und *vor* der Auffassung der Elemente auf, ja in dieser Gestalt sind die Elemente höchst unbestimmt, spielen gar keine Rolle. SEIFERT braucht den bezeichnenden Ausdruck „Undankbarkeit der Gestalt gegen die Elemente" und fügt hinzu: „wenn der Begriff ‚Fundierung der Gestalt durch die Elemente, den Tatbestand ... trifft, dann brauchen die *Fundamente* der Gestalt nicht in gleicher Weise bewußt zu sein wie die Gestalt selbst"[1]. Er fand sogar einen gegenseitigen Antagonismus zwischen Gestalt- und Elementerkennung, denn wenn einmal das gesuchte

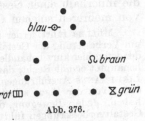

Abb. 376.

Element heraussprang, erschien die Gesamtgestalt weniger sicher und geschlossen als vorher. Doch war der Faktor der Gesamtgestaltung durchweg stärker als der der Elementenanalyse[2]. Aus diesen Ergebnissen möchte ich folgern, daß der Begriff „Fundierung der Gestalt durch die Elemente" aufzugeben ist. Man muß freilich bei diesen Ergebnissen berücksichtigen, daß in den Versuchen von SEIFERT die Beschaffenheit der Elemente nach Form und Farbe nichts mit der Gesamtgestalt zu tun hatte; ebenso lag es bei MOORE, wo die Erfassung eines bestimmten, mehrfach wiederkehrenden Elementes die anderen völlig aus dem Bewußtsein verdrängte[3]. Bei ihm waren die einzelnen Elemente einfach nebeneinander angeordnet, auch sie schlossen sich sofort zur Einheit zusammen. — Würden die Elemente eine von der Form der Gesamtgestalt aus geforderte Beschaffenheit haben, so würden die Ergebnisse anders werden.

13. Die Gestaltbildung in der γ-Bewegung.

Wurde der Prozeß der Gestaltentstehung in den eben besprochenen Versuchen sozusagen durch eine Serie von Querschnitten studiert, so ist er, wie schon erwähnt, in der bei kurzer Expositionszeit auftretenden γ-Bewegung sichtbar zu machen. Bieten wir so Figuren[4] (Kreis, Ellipse, Dreieck), denen kleine Stücke fehlen, so finden während der γ-Bewegung auch Schließungsbewegungen statt, die freien Figurenden schießen aufeinander zu. Vergrößert man die Lücken, so tritt plötzlich ein völlig neues Phänomen auf: man sieht nicht mehr *eine* Figur, sondern mehrere, die jede für sich γ-Bewegungen machen und sich dabei voneinander entfernen. Exponiert man zwölf im Kreis angeordnete Punkte, von denen man einen nach Belieben aufwärts oder einwärts von der Peripherie verschieben kann, so fährt dieser während der γ-Bewegung in eine ausgezeichnete Lage (in die Peripherie, oder in die Sehne zwischen den Nachbarpunkten, oder zum Mittelpunkt hin, je nach seiner Lage). Auch hier zeigt sich eine Abhängigkeit von der Struktur des Sehraumes, da sich verschiedene Punkte verschieden verhalten.

Das erste und dritte Experiment zeigen uns die Tendenzen zur geschlossenen und einfachen, prägnanten Gestalt. Das zweite scheint dem genau entgegengesetzt zu sein[5], denn das Auseinanderfliegen in einzelne Stücke ist gewiß keine Verbesserung der Gestalt. Wenn man so argumentiert, übersieht man indes

[1] SEIFERT: Z. Psychol. **78**, 74 (1917).
[2] SEIFERT: a. a. O. 109ff.
[3] MOORE, V.: Zitiert auf S. 1220 (S. 124).
[4] Vgl. zum folgenden LINDEMANN: Psychol. Forschg. **2**, 28, 42ff.
[5] Vgl. G. E. MÜLLER: Komplextheorie usw., S. 60, zum folgenden S. 51ff.

einen entscheidenden Umstand: während der Beobachter bei kleinen Lücken stets *eine*, wenn auch unterbrochene Figur sah, sieht er jetzt *mehrere*; man muß jetzt, wenn man von Verbesserung durch γ-Bewegung spricht, also nicht mehr an die eine früher erschienene, sondern an die zwei oder drei jetzt erscheinenden Gestalten denken. Es handelt sich also jetzt nicht mehr um Kräfte, die innerhalb einer Gestalt angreifen, sondern um solche, die die Absonderung von mehreren solchen Gestalten bewirken (vgl. oben S. 1227).

Müller führt ferner zur Widerlegung der Ansicht, daß es sich bei der γ-Bewegung um Verbesserung der Gestalt handle, eine Reihe von Fällen an, von denen ich die entscheidendsten hier kurz behandle. Im Fall der oben beschriebenen Kreis- und Quadratbewegung[1] behauptet er mit Recht, daß die Bewegung von der besseren zur schlechteren Gestalt führe. Lindemanns Ausführungen bedürfen hier der Ergänzung. Die Form der γ-Bewegung ist außer von der Figur selbst auch von der Raumstruktur abhängig, wie wir das dargelegt haben. Jede γ-Bewegung, die wir sehen, ist durch beide Faktoren bedingt. Daß sie oft zu Gestaltverbesserungen führt, beweist die Stärke der Tendenz zur Prägnanz. Werden aber maximal einfache Figuren dargeboten, so kann ipso facto diese Tendenz nicht mehr zur Geltung gelangen; die γ-Bewegungen stehen aber nach wie vor unter dem Einfluß der Anisotropie des Sehraumes und führen daher zu Verschlechterungen. Müller will die γ-Bewegungen, die auf physiologischen Vorgängen unbekannten Ursprungs beruhen, von den „eidotropen" Bewegungen unterscheiden, die durch eine Kollektivdisposition hervorgerufen werden[2]. Er rekurriert also wieder auf Erfahrung. Eine solche Trennung ist aber gegenüber den Beobachtungen durchaus künstlich, die Hauptgründe, die Müller zu ihr veranlaßten, dürften durch das eben Gesagte widerlegt sein.

14. Gestaltbildung bei anderen abgeschwächten Reizwirkungen.

Hempstead[3] ließ mehr oder weniger unregelmäßige Figuren langsam zur Entwicklung gelangen, indem sie zwischen den Beobachter und die exponierte Figur einen grauen Episkotister mit variabler Öffnung setzte. Im Augenblick, wo die Figur über die Schwelle trat, war sie stark gegenüber der Reizfigur deformiert. Im ganzen war sie vereinfacht, symmetrischer; Winkel waren abgerundet, Lücken ergänzt; Linien wurden gesehen, die in der Reizfigur nicht vorhanden waren, die aber in ihrer Form von den Linien, die sie fortsetzten, bestimmt wurden. E. Wohlfahrt[4], ein Schüler Sanders, exponierte im Dunkelraum hell leuchtende komplizierte Strichfiguren in extremer Verkleinerung und vergrößerte sie so lange, bis sie sich phänomenal nicht mehr veränderten. Der Entwicklungsprozeß ging hier von ungegliederten und schwer zu benennenden *Ganzqualitäten* über einfache Formung und Gliederung zur fertigen Figur. Dabei sind die Frühformen in hohem Maße unstabil, phänomenal von inneren Kräften durchsetzt, die oft zu einem „Zucken, Stoßen, Zerren" führen.

Wichtige Versuche über Gestaltbildung hat H. Rothschild mit Hilfe von negativen Nachbildern (N.B.) ausgeführt[5]. Er stellte die Frage, „ob jedes beliebige Vorbild ohne Formveränderung im negativen Nachbild wiedergegeben werden könne". Mit weißen Umrißfiguren auf schwarzem Grunde arbeitend erhielt er die folgenden Resultate, die mit Flächenfiguren bestätigt wurden: 1. Einfache Strichfiguren erscheinen im NB. ohne wesentliche Formveränderungen, nur sind alle Unebenheiten des Vorbildes verschwunden, wie wegretuschiert. Die NB.-Form ist, wie sich Rothschild mehrfach ausdrückt, eine

---

[1] Vgl. das Zitat aus Lindemann auf S. 1224.

[2] Müller, G. E.: Komplextheorie usw. S. 56.

[3] Hempstead: Amer. J. Psychol. 12, 185—192 (1900/01). Vgl. hier auch die oben S. 1222 besprochenen Tatsachen.

[4] Wohlfahrt, E.: Neue psychol. Stud. 4 (1928). Vgl. auch Sander: Kongr.-Ber. S. 57—59. Statt durch graduelle Vergrößerung brachte Gottschaldt Figuren durch graduelle Aufhellung (ähnlich wie Hempstead) zur Entwicklung und untersuchte so die Gestaltungsgesetze. Psychol. Forschg 12 (1929) [Zusatz bei der Korrektur].

[5] Rothschild, H.: Graefes Arch. 112, 1—28 (1923).

idealisierte Vorbildform, sie ist wohlgefälliger als diese. 2. Vom Vorbild der Abb. 377 a erhält man ein einigermaßen formgetreues NB., von dem der Abb. 377 b aber ganz und gar nicht. „Es erscheint ein dunkler Streifen ... in der Regel dar, der dem Fixationspunkt [in den Abbildungen durch × markiert] am nächsten lag. Oder es erscheinen zwei dunkle Streifen und zwar alternierend." Nun ist Abb. 377 b aus 377 a durch Fortlassung von vier Linien entstanden. Solche Linien,

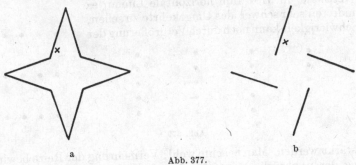

Abb. 377.

deren NB. in 377 b ausfällt, erscheinen im NB. von 377 a ganz deutlich, ein Beweis, daß ihre Entstehung von der Gesamtform her bestimmt ist. 3. Im NB. von Abb. 378 b erscheinen entweder die beiden Linien sukzessiv alternierend — 378 a ergibt ein formgetreues NB. — oder aber simultan mit größerer Überschneidung, als Gestalt eines unvollständigen Rhombus. Also zwei parallele gerade Linien können nur als Bestandstücke einer Gesamtgestalt im NB. auftreten, sie sind dann gegenüber dem Vorbild im Sinn größerer Prägnanz verschoben. Darin liegt eine doppelte Beziehung zu den Ergebnissen von LINDEMANN: Zerfall,

Abb. 378.

wenn nicht unum, sondern duo, Verbesserung, wenn unum. Eine weitere Parallele bietet 4. Lückenhafte Figuren (Dreieck, Kreis) geben im NB. vollkommen geschlossene (oder Zerfall).

Das NB. ist in vieler Hinsicht durchaus direkt reizbedingten Vorgängen gleichzusetzen. Doch ist diese Reizwirkung im Vergleich zur normalen Wahrnehmung stark herabgesetzt. Wieder finden wir also die oben hervorgerufene Tatsache, daß unter diesen Bedingungen die Gestalttendenzen besonders stark zutage treten[1].

15. Gestaltbildungsgesetze.

Wir können die Frage der Gestaltentstehung noch unter einem anderen Gesichtspunkt stellen (WERTHEIMER). Durch eine Mannigfaltigkeit diskreter Reize ist eine Gesamtbedingung für die Wahrnehmung gesetzt. Die Reize sind, geometrisch betrachtet, alle gleichartig, jeder steht zu jedem in einer bestimmten geometrischen Beziehung. Ganz anders im Wahrnehmungsgebilde. Hier gibt es zusammengehörige und nicht-zusammengehörige Teile in Abhängigkeit von der

---

[1] Siehe auch unten S. 1261 (Schluß) und KÖHLER: Physische Gestalten usw., S. 259f. und besonders Psychol. Forschg. 6, 415 (1925), wo KÖHLER eine von E. BECHER hervorgehobene theoretische Schwierigkeit löst.

Gesamtgestalt und ihrer Gliederung. „*Gibt es Prinzipien* für die Art so resultierender ‚Zusammengefaßtheit‘ und ‚Geteiltheit‘? Welche?"[1] Die Abb. 379 a u. b zeigen, was gemeint ist und zugleich das erste der hier wirksamen Prinzipien: „Die Zusammengefaßtheit resultiert — ceteris paribus — *im Sinne des kleinsten Abstandes (Faktor der Nähe).*" Man sieht in der Tat in 379 a fünf vertikale, in 379 b fünf horizontale Linien; es ist zum mindesten sehr schwer, das Umgekehrte zu sehen, und diese Schwierigkeit kann noch durch Vergrößerung der

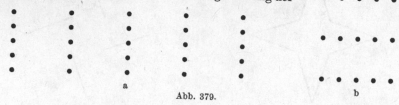

Abb. 379.

Muster verstärkt werden. Man beachte wohl: Vermehrung der Reize bewirkt zwar Erschwerung der unnatürlichen, nicht aber der natürlichen Gruppierung. Ein zweites Prinzip verdeutlichen die Abb. 380 a und b; in a sieht man wieder vertikale, in b horizontale Linien. Hier sind die Abstände in beiden Richtungen gleich, dafür gibt es aber zwei Arten von Punkten, und es zeigt sich als bestimmend *der Faktor der Gleichheit*; diejenigen Gruppierungen resultieren, bzw. sind bevorzugt, in der gleiche Teile zusammengehören[2]. Man kann die Faktoren der

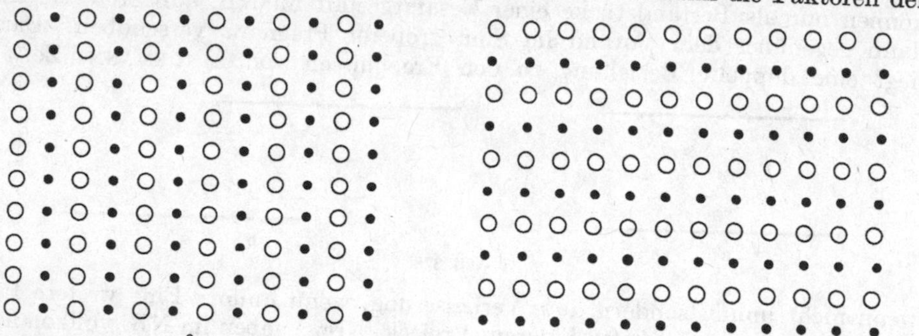

Abb. 380.

Nähe und der Gleichheit gleichzeitig ansetzen, entweder so, daß sie im gleichen oder daß sie im entgegengesetzten Sinne wirken, wie das Beispiel der Abb. 381 a—c zeigt[3].

Ein weiteres Prinzip enthüllen die Abb. 382 und 383. In der ersten sieht man drei nebeneinander liegende gerade Strecken in schräger Richtung, in der zweiten Halbkreis und Strich, während der Faktor der Nähe andere Fassungen begünstigt.

[1] Wertheimer: Psychol. Forschg 4, 302ff. — Unter diesem Gesichtspunkt sind auch die Versuche von Rosenbach [Z. Psychol. 29, 434ff. (1902)] über die Ergänzung teilweise verdeckter Figuren von Bedeutung. Sie passen zu den Hauptprinzipien Wertheimers aufs beste.

[2] Der Faktor der Gleichheit regiert in geeigneten Fällen auch den Wettstreit der Sehfelder, wie Kuroda [Acta Scholae med. Kioto 1 IV, 482ff. (1917), zitiert nach G. E. Müller: Komplextheorie usw., S. 27] gezeigt hat.

[3] In a wirken Nähe und Gleichheit im selben Sinn, in b und c entgegengesetzt; in b siegt die Nähe, in c dominiert die Gleichheit. Schöne Figuren zur Demonstration dieser zwei Faktoren gibt schon Rubin [Z. Psychol. 90, 78ff.), auch G. E. Müller zählt sie unter seinen „primären Kohärenzfaktoren" auf; Komplextheorie S. 9.

Was hier die Gruppierung bestimmt, ist die „*kurvengerechte Fortsetzung*", es kommt auf das „innere Zusammengehören", auf das „Resultieren in guter Ge-

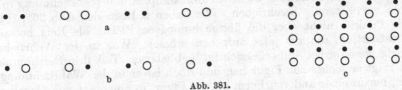

Abb. 381.

stalt" an. Zur guten Gestalt gehört auch *Geschlossenheit;* so finden wir denn auch den *Faktor der Geschlossenheit* bei unseren Gruppierungen wirksam. Man sieht in der Abb. 384 die zwei geschlossenen Gebilde AB und CD, nicht die Kurven

Abb. 382.

Abb. 383.

AD und BC. Man kann wieder die „gute Kurve" gegen die Geschlossenheit ansetzen. In Abb. 385 siegt die gute Kurve, die drei geschlossenen Figuren sind nicht die natürliche Gruppierung. Umgekehrt sieht man in Abb. 386 das Über-

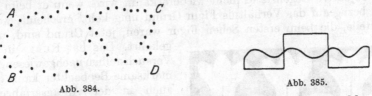

Abb. 384.

Abb. 385.

wiegen der Geschlossenheit. Während in 386a die zwei sich durchkreuzenden Kurven $a\,b$ und $c\,d$ gegeben sind, sieht man in 386b die zwei geschlossenen Figuren, die sich in einem Punkt berühren.

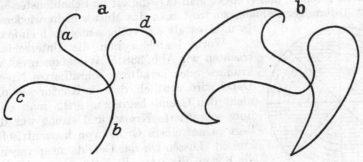

Abb. 386.

Die zwei letzten Tendenzen gehen klarerweise vom *Ganzen* der entstehenden Gestalt aus, während man die beiden ersten als Stücktendenzen, nur von Teil zu Teil wirkend, ansehen könnte. Das liegt aber an unserer Darstellung, die den Tatbestand vereinfacht. In Wirklichkeit hängt auch bei den Faktoren der Nähe und Gleichheit die Bestimmung der einzelnen Gruppen an der Eigenschaft des Ganzen. Die ausführliche Begründung dieses Tatbestandes findet sich bei WERTHEIMER[1].

---

[1] WERTHEIMER: Psychol. Forschg **4**, 344 ff.

16. Figur und Grund. Die Hauptunterschiede.

Wir haben die Beziehung zwischen Reizkomplex und Wahrnehmung in einer Hinsicht unvollständig beschrieben. Wir haben z. B. in den Abb. 363, 366, 368 nur die Punkte, nicht aber die übrige homogene Fläche als Reiz betrachtet, eine Abstraktion, die wir jetzt aufgeben müssen. Was in der Wahrnehmung entspricht dem bisher unberücksichtigt gebliebenen Teil des Reizkomplexes? Direkt trägt er nichts zur Figur bei, und doch ist er in der Wahrnehmung vorhanden, nur in einer anderen Form als die Figur, in einer Art von Gegebenheit, die wir als *Grund* bezeichnen.

Seit den Untersuchungen von Rubin[1] ist über den Unterschied von Figur und Grund sehr viel gearbeitet worden. Nicht nur wissen wir jetzt, daß es sich in Figur und Grund um Prozesse handelt, die phänomenal wie funktional voneinander stark verschieden sind, wir können auch schon eine Anzahl solcher Verschiedenheiten aufzeigen. Daß sie nicht als bloßes Aufmerksamkeitsrelief zu beschreiben sind, wie das z. B. Titchener tat, ist dadurch sichergestellt[2], wenn auch ein Zusammenhang mit der Aufmerksamkeit in doppelter Richtung besteht: auf der einen Seite zieht die Figur das Schwergewicht auf sich[3] — doch kann man künstlich den Grund, für nicht zu lange Zeit, bevorzugen —, auf der anderen werden solche Stellen, die aufmerksamkeitsbetont sind, ceteris paribus leichter zur Figur. Der Unterschied der zwei Gegebenheiten ist so groß, daß derselbe objektive Gegenstand nicht wiedererkannt wird, wenn er beim Wiedersehen in bezug auf das Verhältnis Figur-Grund umgekehrt erscheint, wenn also die Feldteile, die beim ersten Sehen Figur waren, jetzt Grund sind, und umgekehrt. Das hat Rubin in eigenen Versuchsreihen nachgewiesen, der aufmerksame Beobachter kann das aber auch in der Alltagserfahrung bestätigen. Hat man etwa ein Spitzenmuster wie das der Abb. 387 gekauft und es dabei als aneinandergereiht

Abb. 387.

weiße Blätter gesehen, und erblickt man tags darauf im Schaufenster eine Reihe schwarzer T-förmiger Gebilde, so wird man das Muster nicht wiedererkennen, ja u. U. es als ein völlig neues noch einmal kaufen.

Worin bestehen nun die Unterschiede? Betrachten wir Abb. 388![4] Wir können entweder ein krumm- oder geradlinig schraffiertes Kreuz sehen. Dabei wird deutlich, daß die Kontur *nur* die Figur, nicht den Grund begrenzt. Sieht man das geradlinig schraffierte Kreuz, und streng nur dieses, so liegt es auf einem Grund von konzentrischen *Voll*kreisen. Lassen wir das Gebilde umspringen, so sind die Bögen, die jetzt die Kreuzarme schraffieren, an ihren Enden scharf abgeschnitten. Und das Entsprechende gilt für die anderen Felder.

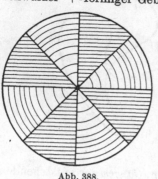

Abb. 388.

[1] Rubin: Visuell wahrgenommene Figuren. Kopenhagen u. Berlin 1921 (dänische Orig.-Ausg. 1915).

[2] Vgl. Rubin: a. a. O. (S. 96ff.). — Koffka: Psychol. Bull. 19, 560 (1922). Dagegen aber noch G. E. Müller: Komplextheorie usw., S. 12.

[3] Der Feststellung, daß im Feld die Figur die größere Klarheit besitzt, hat C. G. Wever eine eigene Arbeit gewidmet. Amer. J. Psychol. 39, 51—74 (1928).

[4] Diese Abbildung, die Modifikation einer Rubinschen Figur, verdanke ich einem meiner Hörer, dessen Namen ich nicht kenne.

Mit dieser einseitigen Grenzfunktion des Konturs hängt es zusammen, daß der Grund viel einfacher gestaltet ist, als die Figur, was man an den beiden letzten Figuren leicht erkennen kann. Nun kennen wir eine Methode, die Einfachheit von Gestalten zu messen, und diese Methode läßt sich auch auf den Unterschied Figur-Grund anwenden. Bei seinen oben (S. 1228 f.) beschriebenen Versuchen exponierte HARTMANN[1] die Figur der Abb. 389, und bestimmte das kritische g, wenn sie a) als schwarzes Kreuz auf weißem Feld, b) als weißes Kreuz auf schwarzem Feld erscheint. Stets war g in a größer als in b, in einer Reihe z. B. $g_a = 138 \sigma$, $g_b = 122 \sigma$. Das Ergebnis entspricht der Erwartung, denn in a ist das weiße Feld, das allein flimmern konnte, Grund, in b Figur.

Gegenüber dem Grund besitzt die Figur ferner die größere Eindringlichkeit, sie, nicht der Grund, bestimmt unsere Reaktion, sie haftet viel besser im Gedächtnis. Zwischen den Eigenschaften der Eindringlichkeit und der reicheren Gestaltung besteht ein noch nicht untersuchter enger Zusammenhang. So kann man den eben erwähnten Versuch von HARTMANN auch als einen Beweis für die größere Eindringlichkeit ansehen.

Das Figurfeld dominiert im binokularen Wettstreit über das Grundfeld (HERING[2], KOFFKA[3]), es setzt der Ausbildung einer neuen Figur größeren Widerstand entgegen, was in Schwellenversuchen mit Schatten qualitativ RUBIN[4], mit Farbflecken quantitativ GELB und GRANIT[5] gezeigt haben.

Mit der größeren Eindringlichkeit der Figur geht auch eine größere „Festigkeit" Hand in Hand. Dies zeigte sich in ROTH-SCHILDS[6] Versuchen über die ZÖLLNERschen anorthoskopischen Zerrbilder, in denen Figurteile weniger verkürzt werden als Grundteile.

Abb. 389.   Abb. 390.

Grund und Figur sind gegeneinander scharf abgetrennte Gebiete. Das beweist ein wunderbar ausgedachter Kontrastversuch von WERTHEIMER, über den BENARY[7] qualitative und quantitative Beobachtungen veröffentlicht hat. In der Abb. 390 liegen an den Grenzen zwischen schwarzer Figur und weißem Grund zwei kleine graue Dreiecke so, daß das obere, K_1, mehr Weiß als Schwarz in seiner Nachbarschaft hat, das untere, K_2, umgekehrt mehr Schwarz als Weiß. Würden Figur- und Grundbestandteile gleichmäßig kontrastiv auf diese Dreiecke einwirken, so könnte man einfach die vom weißen und vom schwarzen Feld ausgehenden Einflüsse algebraisch addieren und erhielte für K_1 einen Überschuß von Verdunkelung, für K_2 von Aufhellung, K_1 müßte dunkler erscheinen als K_2; tatsächlich sieht es deutlich heller aus. D. h., die Summation ist nicht erlaubt. K_1, das „auf der Figur liegt", zum Figurfeld gehört, wird viel stärker von diesem als vom Grundfeld beeinflußt, und umgekehrt ist es mit K_2.

Der Versuch kann noch verschärft werden. Wir betrachten nur K_2 und ändern die Kontrastbedingungen, unter denen es steht, indem wir das Gebiet des benachbarten Schwarz in bestimmter Weise verkleinern. Wir sollten dann eine relative Verdunkelung von K_2 erwarten. Wird die Veränderung des schwarzen Feldes aber so ausgeführt, daß dadurch K_2 in die schwarze Figur hineinspringt,

    1 HARTMANN: Psychol. Forschg **3**, 360.
    2 HERING: Grundzüge der Lehre vom Lichtsinn, S. 216 ff. (1905—20): Nur Figur mit Figur, nicht aber Figur mit Grund ergibt binokulare Farbenmischung.
    3 KOFFKA: Psychol. Forschg **2**, 147/8 (1922).
    4 RUBIN: Visuell wahrgenommene Figuren, S. 54.
    5 GELB u. GRANIT: Z. Psychol. **93** (1923).
    6 ROTHSCHILD: Z. Psychol. **90**, 150 ff. (1922). Vgl. auch das Kapitel über die Wahrnehmung von Bewegung, S. 1199.
    7 BENARY: Psychol. Forschg **5**, 131 ff. (1924).

so auf der *Figur* liegt, wie vorher K_1 (s. Abb. 391), so tritt wieder das Gegenteil auf: das kleine Dreieck, wir wollen es jetzt K_2' nennen, wird heller. Der Betrag dieser Aufhellung ist beträchtlich. Bietet man wie in Abb. 392 K_2' und K_2 nebeneinander, und sucht objektiv die Helligkeit von K_2' so zu verändern, daß phänomenal $K_2' = K_2$, so muß man, wenn K_2 in Kreiselgraden einen Weißwert von 180° besitzt, K_2' um ca. 45° verdunkeln.

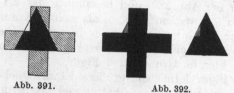

Abb. 391.   Abb. 392.

Auch die γ-Bewegung zeigt den Unterschied von Figur- und Grundfeldern, sie geht stets von der Figur, nicht vom Grund aus, auf den sie bei besonderer Intensität übergreifen kann, und hängt an jeder Stelle in Ausmaß und Richtung davon ab, ob die Stelle zum Grund oder zur Figur gehört[1].

Wir erwähnten, daß die Farbschwelle auf dem Grund tiefer liegt als auf der Figur, wenn man sie so prüft, daß man auf diesen Feldern kleine circumscripte Figuren entstehen läßt. Daraus darf man aber nicht schließen, daß der Grund ceteris paribus farbiger aussieht als die Figur. Das Umgekehrte ist der Fall. Man stelle sich ein Rubinsches Kreuz wie das der Abb. 388 her, Radius ca. 6 cm, in der die Sektoren, statt verschieden schraffiert zu sein, abwechselnd aus grünem und grauem Papier bestehen, die man möglichst helligkeitsgleich auswählt, so daß es guten Kontrast gibt. Man sieht dann entweder ein stark rotes Kreuz auf grünem, oder ein grünes auf viel schwächer rötlichem Grunde, und auch das Grün des Kreuzes ist gesättigter als das des Grundes[2].

Abb. 393.

Dazu paßt vortrefflich die folgende Beobachtung von H. Frank[3]. Sie ließ von einem farbigen Kreuz, das dem mittleren Kreuzteil der Abb. 393 genau entsprach, ein Nachbild erzeugen, und dies so auf einen mit der Zeichnung unserer Abbildung geschmückten Projektionsschirm werfen, daß es genau in den Mittelteil der Zeichnung paßte. Erscheint nun die Zeichnung als „eisernes Kreuz", so ist das Nachbild „kräftig", „farbig"; erscheint sie als schief stehender „Propeller", so wird es, jetzt zum Grund gehörig, als „matte farblose, graue Fläche" gesehen.

Diese Tatsachen hängen aufs engste mit dem Unterschied des mehr und weniger gestalteten zusammen. Denn es besteht eine enge Verbindung zwischen Formen- und Farbensehen: wo das Formensehen gestört ist, da ist es auch das Farbensehen (Peripherie, Dämmerung, Amblyopie). Höchste Gestaltleistung des Gesichtssinnes ist die buntfarbige Figur. Der Grund offenbart seine geringere Gestaltetheit nicht nur an den figuralen, sondern auch an den chromatischen Eigenschaften.

17. Die Entstehung der Figur-Grund-Struktur.

Wir fragen zunächst: Wenn irgendeine Reizkonstellation vorliegt, wonach bestimmt es sich, welche Teile im Sehfeld zum Grund, welche zu Figuren werden? Dabei ist aber als Reizkonstellation jetzt streng die Verteilung der Nahreize im anfangs definierten Sinne anzusehen. Die objektiven Dinge und Formen sind als Nahreize ja nichts anderes als bestimmte Verteilungen von Helligkeiten und Farben auf der Netzhaut. Und es ist von vornherein gar nicht selbstverständlich, daß auf Grund von solchen Farbverteilungen Sehfelder entstehen, die im

---

[1] Lindemann: Psychol. Forschg 2, 41.
[2] Schon Rubin gibt an, daß die Figurfarben eindringlicher sind als die Grundfarben (Visuell wahrgenommene Figuren, S. 69).
[3] Frank, H.: Psychol. Forschg. 4, 33ff. (1923).

allgemeinen den wirklich vorhandenen Dingen entsprechen. Warum z. B. sehen wir in einer Straße die Häuser als Formen unter dem Himmel, der von ihnen zwar verdeckt, aber nicht unterbrochen wird? Warum sehen wir im allgemeinen nicht jene Figur, die vom Blau des Himmels ausgefüllt und von denjenigen Konturen begrenzt wird, die wir als Begrenzung gerade der Häuser wahrnehmen? Allgemeiner: Warum sehen wir die Dinge und nicht die Löcher zwischen ihnen? (v. HORNBOSTEL[1]). Im Abschn. 15 haben wir die Gesetze für Formbildung diskutiert, ohne auf das Figur-Grundproblem direkt einzugehen. Was sich dort herausgestellt hat, läßt sich aber ohne weiteres auf unser gegenwärtiges Problem übertragen: wir wissen, nach welchen Gesetzen sich bestimmte Gebiete zusammenschließen und vom Rest abtrennen. Ein großes solches Gebiet ist nun der „Grund". Und wir können den Erörterungen des letzten Kapitels entnehmen, wie das allgemeinste Gesetz dafür lauten muß, daß ein Feldteil sich als Grund oder als Figur hervorhebt. Da allgemein die Figur den höheren Grad der Gestaltung besitzt als der Grund, so folgt: die Teile des Gesamtfeldes werden zum Grund, für die in den Nahreizen die Bedingungen so liegen, daß relativ ungeformte Gebilde entstehen, während umgekehrt Bedingungen für höhere Stufen von Formung zu Figurteilen führen. Im einzelnen ist auf diesem Gebiet noch nicht viel getan. Wir kennen nur einige wenige spezifische Faktoren. Schon RUBIN[2] hat dargelegt, daß kleinere und umschlossene Teile leichter Figur werden, größere und umschließende leichter Grund. Beide Bestimmungen hängen zusammen. Das kleinere ist leichter überschaubar, besitzt bei gleicher Gliederung, ceteris paribus, stärkeren inneren Zusammenhang als das größere. Die Energiedichte im Feld ist im kleinen abgeschlossenen Teil größer als im großen Rest[3], und damit wieder hängt es zusammen, daß das kleinere sich uns auf- oder entgegendrängt, während das große, zurückweichende, uns umschließt[4]. Figuren aber bestimmen unsere „phasischen" Reaktionen in weit höherem Maße als der Grund, von dem mehr unsere Gesamteinstellung, unsere Tonicität, abhängt.

Ein weiterer Faktor ist der der Gliederung. Ceteris paribus werden reicher gegliederte Teile zu Figuren, ärmer gegliederte leichter zum Grund.

Überhaupt wird jeder Faktor, der in irgendeiner Hinsicht die Güte der Gestaltung steigert, dem betreffenden Feldteil eine Figurtendenz verleihen. Dies hat BAHNSEN[5] für den Faktor der Symmetrie bewiesen: In Mustern, die in bezug auf die Figur-Grundstruktur mehrdeutig sind und dabei aus symmetrischen und unsymmetrischen Teilen bestehen, werden die symmetrischen mit großer Wahrscheinlichkeit als Figuren erlebt, wobei dann die Asymmetrie ganz verschwindet, da ja der Grund, unbegrenzt durch die Konturen, sich in einfacher Form, wie oben beschrieben, hinter den Figuren fort erstreckt.

Von großer Wichtigkeit ist ferner ohne Zweifel der Faktor der „kurvengerechten Fortsetzung" (s. oben S. 1235). Er gibt uns die Lösung des anfangs aufgeworfenen Problems, warum wir Dinge und nicht Löcher zwischen ihnen, die Häuser, und nicht die von ihnen begrenzte Form des Himmels sehen[6].

Umgekehrt werden alle Bedingungen, die kräftiger Gestaltbildung hinderlich sind, Grundphänomene begünstigen. Setzt man z. B. die Beleuchtung soweit herab, daß deutliches Sehen gestört ist, so verschwinden zahlreiche Figuren,

---

[1] v. HORNBOSTEL: Psychol. Forschg **1**, 156 (1922).
[2] RUBIN: Visuell wahrgenommene Figuren.
[3] Vgl. KÖHLER: Physische Gestalten usw., S. 206.
[4] Vgl. wieder v. HORNBOSTEL: Psychol. Forschg **1** (1922).
[5] BAHNSEN: Z. Psychol. **108**, 139 (1928).
[6] Eine rein empiristische Deutung muß notwendig wieder zu einem Zirkel führen. Zudem wird sie durch die in Abschn. 8 erörterten empirischen Befunde widerlegt.

und an ihre Stelle tritt, nach Versuchen von PIKLER[1], der diese Figuren früher umgebende Grund, selbst wenn dieser Grund nicht homogen, sondern noch geformt ist wie ein Tapetenmuster.

Verkürzt man die Betrachtungszeit genügend, so hört die Scheidung Figur-Grund auf. Aber schon bei sehr kurzen Expositionszeiten (10σ) tritt sie zutage in der Form, daß unkonturierte Flecken auf dem Grund gesehen werden. Das zeigte sich in den Versuchen von WEVER[2], der die Entstehung der Figur-Grundstruktur mit tachistoskopischer Methode an gänzlich unsymmetrischen und unregelmäßigen Figuren untersuchte. Sehr bald, im Durchschnitt bei einer Exposition von 11σ, traten Rudimente von Konturen auf[3], wieder etwas später, Exposition $= 13,5 \sigma$, die kontinuierliche Kontur.

Im Anfang dieses Abschnittes haben wir, als wir unser Problem in bezug auf die Nahreize formulierten, bei diesen zwischen Farben und Helligkeiten nicht unterschieden. Wir müssen das jetzt ergänzen. Denn Versuche von S. LIEBMANN[4] haben ergeben, „daß *Farb*prozesse, wenn keine Helligkeitsverschiedenheit dabei vorliegt, viel weniger fähig sein müssen zur Erzeugung der abgrenzenden Kräfte im Felde als jene Prozesse, welche bei Helligkeitsverschiedenheit gegeben sind"[4]. Werden Figur und Grund helligkeitsgleich gemacht, so kommt es oft vor, daß überhaupt alles verschwimmt; die Figur verschwindet, an ihre Stelle tritt Grund, der aber nicht ruhig da ist, sondern fließt und flimmert. Ist der Effekt nicht so kraß, wenn die Figuren genügend groß sind, oder der Beobachter sich genügend nah bei ihnen befindet, so verändert sich die dann sichtbare Figur im Sinne größerer Einfachheit. Spitzen werden abgerundet, „Ansätze" an die Figur fallen ganz aus u. ä. Muster wie die der Abb. 379 (s. oben S. 1234) können *nur* noch in der natürlichen Form gesehen werden, auch bei stärkster subjektiver Einstellung ist die schwierigere Fassung nicht mehr zu erzielen. Vergleicht man mit den krassen hier untersuchten Farbverschiedenheiten solche reiner Helligkeit, so ergibt sich: „zwei *sehr wenig verschiedene Grau* leisteten bei gegebener Entfernung dasselbe wie zwei stark verschiedene, aber helligkeitsgleiche Farben"[5].

18. Abhängigkeit der Figureigenschaften vom Grund. Begriff des Niveaus.

Von hier aus ließe sich das Problem der Farbenkonstanz anpacken, wie ich das an anderer Stelle[6] angedeutet habe, doch gehört dies Problem nicht zu unserer Aufgabe. Wohl aber muß ein damit zusammenhängendes allgemeines Prinzip entwickelt werden. Wir sagten am Anfang des Abschn. 16, daß gewisse Bestandteile des Reizkomplexes *direkt* zur Figurentstehung nichts beitragen. Diese Modifikation war nötig, wie aus den Darlegungen des vorigen Abschnittes klar ist, weil Figureigenschaften von Grundeigenschaften mitbestimmt werden (z. B. in dem besprochenen Kontrastversuch von WERTHEIMER). So kommt es, daß sich Figureigenschaften allein dadurch ändern können, daß man die Figuren aus ihrem Grund heraushebt. Von hier aus wird ein großer Teil der Kontrastdiskussion zwischen HERING und HELMHOLTZ verständlich. Doch gehört auch der Kontrast nicht in unseren Rahmen, wir zielen auf Allgemeineres. Gehen

---

[1] PIKLER: Z. Psychol. **106**, 316—326 (1928). So plausibel mir die Angaben PIKLERS erscheinen, so habe ich sie weder in wissentlichen noch in unwissentlichen Versuchen klar bestätigen können.

[2] WEVER: Amer. J. Psychol. **38**, 194ff. (1927).

[3] Ob der Unterschied von 10 und 11 σ wirkliche Bedeutung hat, ist wohl zweifelhaft. Die Zahlen gelten natürlich nur für WEVERS besondere Versuchsbedingungen.

[4] LIEBMANN, S.: Psychol. Forschg **9** (1927).

[5] a. a. O. 323, das vorige Zitat auf S. 352.   [6] KOFFKA: Psychol. Bull. **19**, 567ff.

wir von unseren Experimenten, die stets mit relativ beschränkten Bereichen des Sehfeldes operieren, zurück zum gewöhnlichen Leben. Auch hier gibt es unseren Unterschied Figur-Grund, auch hier also werden die einzelnen Figuren vom Gesamtgrund aus bestimmt. Das führt zu einer Verallgemeinerung des Grundbegriffes: für jede Art von Gestalteigenschaft gibt es ein *Niveau*, aus dem sie sich konstituiert. So gibt es eine Raumlage, von der im Abschnitt über die Wahrnehmung von Bewegungen ausführlich gehandelt wird, ein Größen-, ein Farbniveau usf. Wie das Farbniveau die Farben der Figuren (Dinge) mitbestimmt, so hängt auch die phänomenale Form vom Raumniveau ab. Projiziert man das Nachbild eines Kreises auf eine schiefe Fläche, so wird es verzerrt, und dies auch dann, wie zuerst VOLKMANN[1] gezeigt hat, wenn die Fläche nur „scheinbar", durch perspektivische Mittel, verdreht ist.

Man kann das Verhältnis der Figur zur Raumlage auch dadurch verändern, daß man die Figur aus ihrer normalen Lage dreht. Es ist bekannt, wie viel schwerer wir von einer auf dem Kopf stehenden Seite lesen. Quantitativ hat R. PRANTL[2] diese Tatsache untersucht, indem er die Zeit maß, die seine Vpn. brauchten, um eine Druckzeile in 24 verschiedenen, jeweils um 15° gedrehten Lagen zu lesen. Die Kurve, die von 0—30° und von 270—360° fast horizontal verläuft, hat zwei Maxima, bei 150° und 210°, und dazwischen ein relatives, wenn auch nicht tiefes Minimum bei 180° (also bei auf dem Kopf stehender Schrift). Diese Abhängigkeit der Figur von der Orientierung ist bei primitiven Völkern und bei Kindern geringer. OETJEN[3] hat gezeigt, daß eine Drehung der Druckseite um 90° für Erwachsene eine größere Erschwerung bedeutet als für 9—13½jährige Knaben.

Es besteht also ein ganz enger Parallelismus zwischen Farbe und Form. Ebensowenig wie man fragen darf, welche Helligkeit (Weißlichkeit) oder welcher Farbton entspricht einer Strahlung von bestimmter Intensität oder Zusammensetzung?, ebensowenig darf man fragen: welche gesehene Figur entspricht einer bestimmten geometrischen Form des Netzhautbildes? Beide Fragen werden erst sinnvoll, wenn man hinzufügt: im so und so beschaffenen Niveau. Ja das allgemeine Raumniveau ist sogar von Einfluß auf die akustische Lokalisation[4].

Wie es ausgezeichnete Formen gibt, gibt es auch ausgezeichnete Raumniveaus, zu denen vor allem frontalparallel orientierte Flächen gehören, ein Tatbestand, der in den Begriffsbildungen der orthogonen Lokalisation[5] und der orthoskopischen Gestalten[6] seinen Ausdruck gefunden hat.

Die Folgen des Verlustes einer festen Raumlage äußern sich in mannigfacher Weise. Die dadurch entstehenden autokinetischen Bewegungen sind im Abschnitt über die Wahrnehmung von Bewegungen behandelt worden. Zeigen sie, daß die Punktlokalisation von der Raumlage abhängt, so ergeben Beobachtungen von LEESER, daß auch Strecken durch Lösung der festen Raum-

---

[1] VOLKMANN: Physiologische Untersuchungen. Leipzig 1863. Vgl. auch W. POPPELREUTER: Dissert. Königsberg 1909, und H. FRANK: Psychol. Forschg 4 (S. 34).

[2] PRANTL, R.: Z. Psychol. 82 (1919).

[3] OETJEN: Z. Psychol. 71 (1915). Vgl. K. KOFFKA: Die Grundlagen der psychischen Entwicklung, S. 220, 2. Aufl. Osterwieck 1925, wo auch die spiegelbildliche Vertauschung besprochen wird.

[4] Vgl. KOFFKA: Psychol. Bull. 19, 577, sowie die ausgedehnten Untersuchungen von K. GOLDSTEIN: Schweiz. Arch. Neur. 17, 203ff. (1926) und GOLDSTEIN u. O. ROSENTHAL-VEIT: Psychol. Forschg. 8, 318ff. (1926).

[5] Vgl. E. R. JAENSCH: Über die Wahrnehmung des Raumes. Z. Psychol., Erg.-Bd. 6, 173ff. (1911), und G. WITTMANN: Über das Sehen von Scheinbewegungen und Scheinkörpern, S. 161ff. Leipzig 1921.

[6] Vgl. K. BÜHLER: Die geistige Entwicklung des Kindes, 2. Aufl., S. 253f., 369. Jena 1921 (3. Aufl. 1922).

verankerung verändert werden. Im Dunkeln exponierte Leuchtlinien schwankten in ihrer Länge[1]. Auch die Wirkung der Querdisparation ist von der Verankerung abhängig. Im Dunkeln, wo sie gelöst ist, geht diese Wirkung stark, u. U. bis auf Null, zurück, wie JAENSCH durch Versuche mit einem Glühfadenprisma zeigte[2]. Im Dunkeln schienen solche Fäden, von denen der mittelste bis zu 12 cm vor der Ebene der seitlichen stand, fast oder ganz in einer Ebene zu liegen. Die Art der Aufmerksamkeitswanderung, durch die JAENSCH dies Phänomen erklärt, scheint mir eher eine seiner Folgen als seine Ursache zu sein.

Das bekannteste Beispiel für Tangierung der Raumlage ist das AUBERTsche Phänomen, dem G. E. MÜLLER eine monographische Darstellung gewidmet hat[3]. Es besteht darin, daß im Dunkeln eine vertikale Leuchtlinie einem Beobachter, der den Kopf nach der Seite neigt, nicht mehr vertikal, sondern nach der entgegengesetzten Seite geneigt erscheint um einen Betrag, der fast immer hinter dem Betrag der Kopfneigung zurückbleibt, auch wenn man davon den Betrag der Gegenrollung der Bulbi abzieht. WERTHEIMER[4] hat dies Phänomen zuerst von der Raumlage aus erklärt, ich habe diese Erklärung später gegenüber den zahlreichen, von MÜLLER zusammengestellten und neu gefundenen Tatsachen durchzuführen gesucht[5].

Wie ist nun die Raumlage festgelegt? Durch Untersuchung der Lokalisation von Vorstellungsbildern hat G. E. MÜLLER[6] drei verschiedene Systeme unterschieden: 1. das Blicksystem (die drei Koordinatenachsen des Cyklopenauges), 2. das Kopfsystem und 3. das Standpunktsystem, das durch die normale Rumpflage gegeben ist. Während in einigen Stellungen alle drei Systeme zusammenfallen, trennen sie sich in anderen; so beim AUBERTschen Phänomen, voneinander. Tatsächlich gehen von allen drei Systemen Wirkungen auf die Raumlage aus; die aktualisierte Raumlage ist von allen drei Faktoren her bestimmt — sie ist gleichzeitig auch von der Reizkonstellation her bedingt —, sie wird leicht labil, wenn diese in sehr verschiedenem Sinn wirken.

Daß es Größenniveaus gibt, lehren uns Tatsachen des täglichen Lebens; so kommen uns die Hügel unserer Heimatlandschaft wie tüchtige Berge vor, wenn wir aus dem Flachland heimkehren, sie erscheinen uns wie unbedeutende Bodenwellen, wenn wir längere Zeit im Hochgebirge geweilt haben. „Ferner gehört die weniger bekannte Tatsache hierher, daß jedermann die kleinsten Münzen seines Landes kleiner, die größten größer sieht, als ihren objektiven Maßen entspricht" (EBBINGHAUS[7]). Entsprechend gibt es, worauf besonders FLÜGEL und McDOUGALL[8] hingewiesen haben, Niveaus für alle Gestalteigenschaften. Diese Autoren sprechen von dem „standard", der sich in uns bildet und dann unser Urteil bestimmt. Wir vermeiden das Wort „Urteil", das übrigens auch bei

---

[1] LEESER: Z. Psychol. **74**, 79, 81 (1916).

[2] JAENSCH: Zitiert in Anm. 5 auf S. 1241 (S. 90ff.).

[3] MÜLLER, G. E.: Z. Sinnesphysiol. **49**, 109—244 (1916).

[4] WERTHEIMER: Z. Psychol. **61**, 257f. (1912).

[5] KOFFKA: Psychologic. Bull. **19**, 572f. — Die Wirkung der Dunkelheit ohne Mitwirkung anderer Faktoren auf die Raumlage ist nicht sehr stark. NEAL [Amer. J. Psychol. **37**, 287—291 (1926)] hat gezeigt, daß bei normaler Kopflage eine Leuchtlinie im Dunkeln recht genau, wenn auch mit kleinem konstanten Fehler, eingestellt wird. Das bedeutet aber nicht, daß optische Faktoren die Raumlage gar nicht bestimmen. Denn einmal ist die Leuchtlinie bereits eine genügend große optische Gegebenheit, um die Labilität des Dunkelraumes einzuschränken (wenn auch nicht aufzuheben, wie der Text zeigt), andererseits tritt das AUBERTsche Phänomen nur im Dunkeln und nicht im Hellen auf.

[6] MÜLLER, G. E.: Zur Analyse der Gedächtnistätigkeit und des Vorstellungsverlaufs, II. Z. Psychol., Erg.-Bd. **9**, 68f. (1917).

[7] EBBINGHAUS: Grundzüge der Psychologie **2**, 65. Leipzig 1913.

[8] FLÜGEL u. McDOUGALL: Brit. J. Psychol. **7**, 349ff. (1914).

ihnen nicht gegensätzlich zum „unmittelbaren Eindruck" gebraucht wird. Die beiden Autoren bezeichnen die von ihnen gesammelten Fälle — z. B. unser Hügelbeispiel — als psychologischen Kontrast, den sie dem physiologischen gegenüberstellen. Doch möchte ich auch diese Bezeichnung lieber vermeiden.

Der Begriff des Niveaus ist nicht auf die Wahrnehmung beschränkt, er spielt auch auf dem Gebiet der Bewegungen eine Rolle. SHERRINGTON[1] unterscheidet von den phasischen Bewegungs- die tonischen Haltungsreflexe, HEAD[2] statuiert ein „Schema", das uns als Maßstab (Standard) für alle Lageveränderungen wir für alle Gliedbewegungen dient, und MYERS[3] hat kürzlich den Zusammenhang dieser Unterscheidung mit der entsprechenden in der Wahrnehmung betont. Doch müssen diese Andeutungen hier genügen. Im Abschn. 25 werden wir einige besondere Wirkungen des Feldes auf die Figurbildung besprechen.

19. Das Gesetz der Prägnanz.

Eine Zusammenfassung der bisher diskutierten Ergebnisse wird versuchen müssen, für die Beziehungen zwischen den optischen Formen und den Reizkonstellationen ein allgemeines Gesetz zu finden. Wir sahen, daß in zahlreichen Hinsichten die optischen Formen wesentlich anders sind als die Nahreize, denen sie ihre Entstehung verdanken — während sie meist in besserer Korrespondenz zu den Fernreizen stehen. Indem wir die letzte Tatsache an dieser Stelle unerörtert lassen, präzisieren wir den eben genannten Unterschied: während die Nahreize eine bloß geometrische Mannigfaltigkeit bilden, jedes Flächendifferential der die Netzhaut treffenden Strahlung ein unabhängiges Ereignis darstellt, sind die diesem Helligkeits- und Farbmosaik entsprechenden optischen Wahrnehmungen geformte dynamische Strukturen. Und unser anfangs gestelltes Problem spitzt sich demnach in die Frage zu, nach welchem allgemeinen Gesetz auf Grund solchen Reizmosaiks die dynamischen Gebilde entstehen. Wir haben oben, in Abschn. 7 und 8, ein Gesetz der Einfachheit abgeleitet, das wir jetzt so aussprechen können: das optische Feld, das auf Grund irgendeiner Reizverteilung entsteht, ist stets so beschaffen, daß es maximal einfach geformt ist. Die Erklärung optischer Gestalten erhält so die Form einer physikalischen Randwertaufgabe, das Einfachheitsgesetz wäre analog zu der Bedingung, daß die unter bestimmten Randwerten entstehende Verteilung der LAPLACEschen Differentialgleichung genügen muß.

So wichtig dieser allgemeine Gedanke ist, so vorsichtig müssen wir indessen damit sein, gerade unserem Einfachheitsgesetz die führende Rolle zuzuschreiben. Abgesehen davon, daß unser Begriff der Einfachheit trotz aller funktionalen Kriterien noch recht unbestimmt ist, hindert uns eine Gruppe von entscheidenden Tatsachen an einem so raschen Vorgehen. Betrachten wir nochmals Abb. 388 (S. 1236), so ist theoretisch zum mindesten noch eine ganz andere Erscheinungsweise möglich als die zwei, die wir oben beschrieben haben: man könnte dort acht einfach nebeneinander geordnete Sektoren sehen, und dies ist in einem bestimmten Sinn eine einfachere Form als diejenigen, bei denen dies Gebilde in zwei Teile, Grund und Figur, gegliedert erscheint. Tatsächlich tritt unter bestimmten Bedingungen diese einfachere Form im Nachbild auf. Vergleichen wir die Figur-Grundform mit der undifferenzierten, so finden wir, daß diese Form einfacher ist als jene, daß sie ferner an Prägnanz hinter der *Figur* in der differen-

---

[1] SHERRINGTON: The Integrative Action of the Nervous System, S. 230f., 341. New York 1906.
[2] HEAD: Studies in Neurology 1920, 605, 722 — Brit. J. Psychol. **14**, 133 (1923).
[3] MYERS: Brit. J. Psychol. **14**, 150 (1923).

zierten Form zurückbleibt, daß sie aber dem *Grund* dieser Figur an Einfachheit unterlegen ist. Beim Übergang von der undifferenzierten zur differenzierten Form würden also Teile einfacher, das Ganze aber differenzierter und damit prägnanter, stabiler, überschaubarer, und somit *in einem anderen Sinne* auch einfacher werden. Diese doppelte Veränderungsrichtung ist nun eine sehr allgemeine Tatsache, die sich auch auf dem Gebiet rein figuraler Formung ohne Rücksicht auf den Grund wiederfindet. Wir haben also zu unterscheiden zwischen „nivellierender" und „präzisierender" Einfachheit[1], wobei zu bedenken ist, daß sich dieser Unterschied nicht absolut, sondern nur im gegebenen Fall von den „Randbedingungen" aus bestimmen läßt. Wollen wir unser Einfachheitsgesetz als allgemeinstes Formgesetz festhalten, so müssen wir jedenfalls diese doppelte Bedeutung des Begriffs „Einfachheit" in Rechnung stellen. Wertheimer, der zuerst ein solches Gesetz aufgestellt hat, hat es in diesem Doppelsinn gemeint. Er sprach von maximaler „Prägnanz", und es ist wohl angebracht, für unser allgemeines Gesetz den Namen „Prägnanzgesetz" zu gebrauchen.

Neben Gestaltungen, die in Teilen nivellierende, in anderen präzisierende Tendenzen enthalten, — sie sind im allgemeinen vom Ganzen aus gesehen richtungsmäßig präzisierend — gibt es auch solche, die ganz vorwiegend oder ausschließlich entweder das eine oder das andere sind. Dadurch wird die theoretische Sachlage zunächst kompliziert. Denn wir müssen uns fragen, von welchen besonderen Bedingungen die besondere Richtung der Vereinfachung abhängt. Das Problem ist so jung, daß wir noch wenig darüber wissen. Nur das kann wohl schon heute mit Sicherheit gesagt werden, daß dann, wenn die Tätigkeit des Organismus herabgesetzt ist — Ermüdung, aber auch Nachbilder gegenüber der ursprünglichen direkt reizbedingten Wahrnehmung —, die nivellierende Richtung vorherrscht.

Daß das Gesetz der Prägnanz ein wirkliches Gesetz und nicht eine von der Psychologie erfundene Scheinerklärung ist, hat Köhler dadurch bewiesen, daß er analoge Gesetze für das Gebiet der anorganischen Natur — und damit natürlich auch für das physiologische Geschehen — nachgewiesen hat. Und es ist besonders wichtig, daß der Beweis für beide Formen der Einfachheit geführt worden ist[2].

Den Psychologen hat sich im Lauf ihrer experimentellen Arbeit in den letzten Jahren die Existenz eines solchen Gesetzes immer wieder aufgedrängt. Ich nenne nur Werner[3], Sander[4] und Gatti[5], der ein Gesetz der maximalen Ökonomie aufstellt[6].

III. Spezielle Eigenschaften optischer Figuren.

20. Partielle Reizveränderungen.

Wir studieren in diesem Abschnitt die Eigenschaften von Figuren unabhängig von dem Einfluß, den der Grund auf sie ausübt. Wir stellen fest: solche Figuren sind einheitliche abgegrenzte Gebilde mit spezifischen Ganzeigenschaften.

---

[1] Ich folge in der Wahl dieser Ausdrücke dem Sprachgebrauch von Wulf [Psychol. Forschg **1** (1922)], nachdem es mir nicht gelungen ist, bessere zu finden.

[2] Vgl. Köhler: Physische Gestalten usw., S. 248ff. — Jber. Physiol. **1922**, 533.

[3] Werner: Z. Psychol. **94** (1924).

[4] Sander: Neue psychol. Stud. **1**, 162 (1926) — VIII. Internat. Congr. of Psychol. held at Groningen. Groningen 1927, S. 188/9.

[5] Gatti: Contributi del Laboratorio di Psicologia e Biologia dell' Università Cattolica del S. Cuore, Serie seconda, o. J. (1926).

[6] Diese Autoren neigen freilich mehr oder weniger zu einer vitalistisch-spiritualistischen Deutung des Gesetzes.

Sie sind nicht als Summen von Elementen zu verstehen, auch nicht aus zunächst summenhaft zusammentretenden Elementarvorstellungen abzuleiten. Vielmehr ist jede solche Figur eine Gesamtreaktion auf einen größeren Bereich der Reizlage, so daß Veränderung irgendeines Reizelements das Ganze, und damit auch seine anderen Teile, verändert[1]. Dies lehren zahlreiche Beobachtungen.

Ich erwähne zuerst die von JAENSCH beschriebenen Kovariantenphänomene[2]. Bringt man in einem (haploskopisch oder binokular dargebotenen) scheinbar frontalparallelen, in der Kernfläche befindlichen Fadentripel einen der Seitenfäden aus der Kernfläche, so sieht man im allgemeinen eine Veränderung am unberührt gebliebenen Mittelfaden, der im entgegengesetzten Sinne aus der Kernfläche hinaustritt. Die beiden Seitenfäden erscheinen dabei entweder nach wie vor frontalparallel oder sie erfahren eine kleine Drehung ihrer Ebene, die hinter der wirklichen Drehung erheblich zurückbleibt. Die Ebene der Seitenfäden bildet eine ausgezeichnete Fläche, von der aus sich das ganze Gebilde strukturiert — hier besteht ein Zusammenhang mit dem eben besprochenen Niveau. Die Veränderung eines Reizteils modifiziert also die Reaktion als *ganze*[3].

MITTENZWEY[4] ließ sukzessiv einen Kreis von konstanter Größe, Lage und Helligkeit mit einem Kreis vergleichen, der in einer der drei Hinsichten verändert war. Dabei ergab sich, daß oft eine objektiv einsinnige Veränderung phänomenal mehrsinnig war[5]. So hingen wechselseitig zusammen: heller und größer; dunkler, tiefer und kleiner.

SCHUMANN[6] fand, daß beim Vergleich zweier Rechtecke, die in Wirklichkeit nur in einer Richtung verschieden sind, der Beobachter den Eindruck einer doppelsinnigen Verschiedenheit erhält, und LOHNERT[7] und LENK[8], die solche Versuche später systematisch durchführten, haben diesen Befund nur bestätigt; Verbreiterung ergibt gleichzeitige Abplattung, Verschmälerung Streckung, und umgekehrt. LOHNERT braucht hierfür den Ausdruck Induktion. Es kann sogar vorkommen, daß, wie eben beim Kovariantenphänomen, eine objektiv in einer Richtung vorgenommene Änderung sich phänomenal in einer anderen Richtung auswirkt. So knüpfte sich in den gleich näher zu besprechenden Versuchen von BÜHLER, der objektiv die vertikalen Seiten von Rechtecken veränderte, der Eindruck größerer oder geringerer Schlankheit oft ausschließlich an die konstant gehaltenen horizontalen Seiten, und dies auch bei wissentlichem Verfahren[9]. Das dürfte mit der Anisotropie des Sehraums zusammenhängen[10]. In der Tat zeigte sich bei LOHNERT, daß die Horizontale stärker von der Vertikalen beeinflußt wurde als umgekehrt, und daß dafür die Schwellenwerte bei dieser gröber sind als bei jener, ein Resultat, das sich schon früher bei Augenmaßversuchen ergeben hatte[11]; und auch beim Proportionsvergleich (s. unten) geteilter Strecken fand BÜHLER[12] die Horizontale stark vor der Vertikalen bevorzugt. Eine

[1] Vgl. hierzu besonders WERTHEIMER: Psychol. Forschg 1 (1922).

[2] JAENSCH, E.: Über die Wahrnehmung des Raumes, S. 6ff.

[3] Analoge Kovariantenphänomene in ebenen, aus Punkttripeln bestehenden Figuren beobachtete BARDORFF: Z. Psychol. 95, 202f. (1924).

[4] MITTENZWEY: Psychol. Stud. 2, 431f. (1907).

[5] Ein analoges Resultat erhielt auch BUCHHOLZ bei der Prüfung der gegenseitigen Lage von Punkten. Psychol. Stud. 9, 382ff. (1914).

[6] SCHUMANN: Z. Psychol. 30, 271 (1902).

[7] LOHNERT: Psychol. Stud. 9, 168ff. (1914).

[8] LENK: Neue psychol. Stud. 1, 573—613 (1926). Das gleiche Resultat auch bei BARDORFF: Zitiert in Anm. 3 (S. 187).

[9] BÜHLER: Die Gestaltwahrnehmung, S. 191; Ähnliches auch bei MITTENZWEY.

[10] Freilich war bei BÜHLER die Horizontale stets die längere Seite, so daß auch dieser Faktor mitsprechen mag.

[11] LOHNERT: Psychol. Stud. 9, 199ff.

[12] BÜHLER: Zitiert in Anm. 9 (S. 201).

Veränderung der Gesamtgestalt gibt sich daher deutlicher in der empfindlicheren Horizontalen kund.

Man hat vielfach solche Befunde aus dem WUNDTschen Prinzip der simultanen direkten Assimilation erklärt. So LOHNERT; er findet in seinen Ergebnissen „die Tatsache, daß eine Vorstellung auf eine andere, ihr gleichzeitige oder nachfolgende unter günstigen Bedingungen verähnlichend [oder freilich im entgegengesetzten Sinne] wirkt"[1]. Gegen diese Theorie läßt sich das gleiche einwenden, was wir oben (S. 1220) gegen die reproduktive Assimilation gesagt haben. Die hier vorausgesetzten, nach der Konstanzannahme konstruierten Vorstellungen, die erst aufeinander wirken sollen, sind eine unfruchtbare Hypothese gewesen.

LOHNERTS Tatsachen fügen sich viel besser unserer Theorie ein, so vor allem auch das folgende wichtige Resultat[2]: Man kann eine Figur mit oder ohne Störung ihres spezifischen Charakters verändern. In LOHNERTS Versuchen war das letztere dann der Fall, wenn er Höhe und Breite der Rechtecke gleichzeitig proportional veränderte. Dabei ergab sich klar das allgemeingültige Gesetz: formkonstante Veränderungen haben eine höhere Schwelle als forminkonstante. Es ist das eine Seite der schon von v. EHRENFELS hervorgehobenen *Transponierbarkeit* der Gestalten. Danach ist die Größe eine weniger charakteristische und bestimmte Eigenschaft einer Gestalt als ihr figuraler Charakter. LOHNERTS Schwellen beziehen sich fast alle auf diesen.

Ich schildere in diesem Zusammenhang noch eine Anzahl von Tatsachen, die schon in das Gebiet der sog. geometrisch-optischen Täuschungen hinüberspielen, von denen in den Abschn. 23 und 25 die Rede sein wird, weil sie alle das gleiche Prinzip veranschaulichen: Veränderung der Gesamtgestalt durch Änderung nur eines Teils. Wie BOGGI[3] gezeigt hat, ist die phänomenale Länge einer geraden Strecke davon abhängig, an welcher Stelle man in ihr einen Teilungspunkt anbringt. Bekannt war, daß eine in der Mitte geteilte Strecke gegenüber einer ungeteilten verkürzt erscheint. Man hat das so ausgedrückt, daß im Gegensatz zur gut ausgefüllten eine nur durch *einen* Zwischenpunkt gefüllte Strecke gegenüber der leeren zu kurz ausfiele. Mit Unrecht. Denn sobald der eine Teilungspunkt aus der Mitte nach einer der Seiten rückt, wird die Gesamtstrecke zusehends länger, so daß sich die Täuschung ganz bald umgekehrt und dann sehr hohe Beträge annimmt. So erscheint in einer Strecke von 30 mm Länge, deren Teilstrich 2 mm vom Rand entfernt ist, das größere Stück allein schon ebensogroß wie eine ungeteilte Strecke von 30 mm.

Man trifft auf einen verwandten Tatbestand, wenn man an eine durch einen kleinen Strich abgeschlossene Strecke Fortsätze verschiedener Länge ansetzt und die phänomenale Länge der Hauptlinie prüft. KIESOW[4] fand in qualitativen und W. G. SMITH und S. C. M. SOWTON[5] in gleichzeitig veröffentlichten quantitativen Versuchen, daß die Hauptlinie dadurch verlängert wird, daß diese Verlängerung aber kleiner wird, wenn das Ansatzstück wächst. Bei SMITH-SOWTON war die Hauptstrecke wieder „normal" lang, als das Ansatzstück die doppelte Länge (20 cm) hatte. Nach KIESOW[6] tritt aber schon durch den bloßen Endstrich eine gewisse Vergrößerung ein, die auch mit der Verlängerung dieses Strichs stark zurückgeht, ohne freilich in ihr Gegenteil umzuschlagen. Dagegen

---

[1] LOHNERT: Zitiert in Anm. 7 auf S. 1245 (S. 171). Vgl. auch W. WUNDT: Grundzüge der physiol. Psychologie II[6], 597 u. III[6], 503.

[2] LOHNERT: a. a. O. (S. 196f.).

[3] BOGGI: Arch. f. Psychol. 6, 306ff. (1906).

[4] KIESOW: Arch. f. Psychol. 6, 296f. (1906).

[5] SMITH, W. G. u. S. C. M. SOWTON: Brit. J. Psychol. 2, 196ff. (1906/08).

[6] KIESOW: Arch. f. Psychol. 6, 289ff. (1906).

geht die anfängliche Verlängerung in Verkürzung über, wenn man die Strecke beidseitig mit Endstrichen versieht und diese kontinuierlich größer macht.

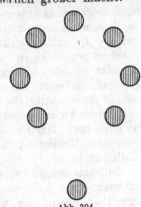

Eine Strecke wird auch dadurch verlängert, daß man, wie SMITH und SOWTON gezeigt haben, parallel zu ihr eine längere zeichnet. Bei einer Länge der Hauptlinie von 10 cm war die Wirkung am stärksten, wenn die im Abstand von 1 cm befindliche parallele Nebenlinie 14 cm maß.

Ganz grob kann man sich die Formveränderung einer Figur durch objektive Veränderung nur *eines* Teilreizes an folgendem Versuch klarmachen: Man ordne acht kleine Kreise auf der Peripherie eines größeren an und verschiebe einen von ihnen langsam nach außen. Dabei ändert sich die ganze Gestalt, wie man an der Abb. 394 sehen kann, in der die ganze Figur birnenförmig aussieht.

Abb. 394.

21. Schwellen für figurale Eigenschaften. Gestalt und Relation.

Ebenso wie man die Schwellenwerte für die Veränderung irgendwelcher Gestaltteile mißt, kann man auch für die der ganzen Gestalt eigentümlichen figuralen Eigenschaften Schwellenwerte bestimmen und findet, daß diese keineswegs größer sind als jene. So ergaben schon Versuche von MITTENZWEY[1] mit einem aus sechs verschieden großen Kreisen bestehenden Muster, daß die Empfindlichkeit für Drehung des ganzen Musters genau so groß ist wie die für Verschiebung irgendeines Elements.

Die wichtigsten Aufschlüsse hierüber verdanken wir aber den ausgedehnten Untersuchungen von BÜHLER über die Schlankheitsschwelle von Rechtecken. Er bot zunächst als Hauptreiz ein liegendes Rechteck von $23,0 \times 17,25$ mm Seitenlänge in 20facher Vergrößerung auf einem Projektionsschirm, 3 m von der Vp. entfernt, für $^3/_4$ Sek. dar, dann, nach 2 Sek. Pause, unter den gleichen Bedingungen rechts daneben ein Rechteck von der Basis 40 mm und einer Höhe, die in Abständen von $^1/_4$ mm zwischen 26,75 und 32,50 mm variierte. Die Vp. hatte anzugeben, ob das zweite Rechteck schlanker oder plumper war als das erste. Nach der Konstanzmethode mit Vollreihen wurden zahlreiche Schwellen bestimmt. Unter den gleichen Bedingungen wurde auch die Längenschwelle für eine Strecke von 30 mm gemessen (entsprechend der mittleren Höhe des Vergleichsrechtecks). Das Resultat war: „Die Schwellenwerte sind beim Rechtecksvergleich kleiner als beim Streckenvergleich[2]."

Die Schlankheitsschwelle ist selbst eine Funktion der Schlankheit des Hauptreizes. Nach BÜHLER ist sie am niedrigsten, wenn die zwei Rechtecksseiten annähernd das Verhältnis 3:4 haben, niedrig ist sie auch beim Quadrat. Über den Gang der Kurve hat er aus technischen Gründen Versuche nicht angestellt, seine Proportion war 3:4. Dies Rechteck ist ein „gutes" Rechteck, und es ist sicher kein Zufall, daß das Schwellenminimum bei einer so guten Figur liegt (auch Quadrat ist wieder eine besonders gute Figur). Ja es ist zu erwarten, daß die Schwellenwerte sehr beträchtlich steigen, vielleicht sogar eine andere Größenordnung annehmen werden, wenn man zu Verhältnissen wie 1:10 oder 11:12 übergeht.

[1] MITTENZWEY: Psychol. Stud. **2**, 469.
[2] BÜHLER: Gestaltwahrnehmung, S. 153. Daß die Schlankheitsschwelle für Rechtecke sehr fein sein muß, hatte schon SCHUMANN (Z. Psychol. **30**, 272f.) gefunden.

Zu dieser Voraussage scheint uns ein Resultat von LOHNERT zu berechtigen, der mit seiner Methode die Veränderungsschwelle für Rechtecke bestimmte, deren Seitenverhältnis zwischen 6 : 1 und 6 : 10 variierte. Es zeigte sich nämlich ein Zusammenhang zwischen Figurform, gegeben durch das Seitenverhältnis, und der Induktionswirkung von einer Seite auf die andere. Bei den „ausgesprochen rechteckigen" Figuren war sie am größten — und die Schwelle am kleinsten — beim objektiven Quadrat, das phänomenal aber nicht als richtiges Quadrat erscheint, am geringsten[1]. LOHNERT drückt diesen Befund auch so aus: je ästhetischer die Figur, um so größer die Induktion. Ästhetisch ausgezeichnete Figuren sind also auch sonst gestaltlich ausgezeichnet. Wir können das umkehren: Nach ausgezeichneten Gestalten tendiert das nervöse Geschehen; wenn diese Tendenz voll verwirklicht wird, so offenbart sich das in der Wohlgefälligkeit[2].

BÜHLER bezeichnet seine Versuche als solche über den *Proportionsvergleich* und sucht diese Auffassung durch zahlreiche weitere Versuche zu stützen. Demgegenüber scheint mir, und die gleiche Ansicht hat schon BENUSSI[3] vertreten, daß es sich dabei um Gestalteigenschaften handelt. Dafür spricht, daß es BÜHLER unmöglich fand, Proportionsvergleiche vorzunehmen, wenn die Gesamtgestalt der Haupt- und Vergleichsreize ganz verschieden war. Das letzte Wort in dieser Frage ist erst vom Boden einer Theorie der Relationen und des Vergleichens zu sprechen. Ich erwähne nur kurz, daß nach der hier vertretenen Grundanschauung Relationen nicht etwas gänzlich anderes sind als Gestalten, sondern Gestalten besonderer Art, Gestalten, in denen sich zwei Teile relativ verselbständigen, sich mehr oder weniger aus dem Ganzen herausheben, sich gegeneinander „spannen". Auch die Aussagen über Relationen, also auch über Proportionen, bauen sich auf Gesamtgestalten, wennschon solchen besonderer Art, auf, so daß von hier aus gesehen der Gegensatz Gestalt—Proportion an Schärfe verliert[4].

Die Versuche von LENK[5] haben schließlich ergeben, daß Größenveränderungen horizontaler und vertikaler Erstreckungen in Rechtecken mit größerer Präzision erkannt werden als bei isolierter Darbietung.

Fassen wir zusammen: 1. Die Unterschiedsschwelle für ein isoliertes Ganzes erwies sich als gröber als die für einen Teil einer guten Gestalt, auch wenn reizmäßig beide Fälle (für das in Frage stehende Stück) identisch waren. Und dabei haben wir bisher nur von reichlich „armen" und lebensfernen Formen Gebrauch gemacht. Benutzt man stärkere Gestalten, so hat man stärkere Effekte zu erwarten. „Die Unterschiedsempfindlichkeit für Distanzveränderungen zweier Punkte ist erheblich gröber, wenn sie isoliert, als dann, wenn sie etwa als Pupillen eines Gesichtes dargeboten werden." Im zweiten Fall ändert sich ja nicht nur, ja nicht einmal primär, die Punktentfernung, sondern der mimische Ausdruck des ganzen Gesichts (SANDER[6]). 2. Die Empfindlichkeit für Gestaltveränderungen richtet sich nach der Art der untersuchten Gestalt. Je „besser" die Gestalt,

---

[1] SCHNEIDER hat dann planmäßig die Unterschiedsempfindlichkeit für verschieden proportionierte Rechtecke gemessen und dabei ein Minimum beim Quadrat und Maxima sowohl in der Nähe des Quadrats wie beim goldenen Schnitt gefunden. Neue psychol. Stud. **4**, 85ff. (1928). Vgl. auch SANDER: Kongr.-Ber. **1928**, 50f.

[2] Ich erinnere auch an die „idealisierten", besonders wohlgefälligen Nachbildformen, die ROTHSCHILD beschrieben hat (vgl. oben Abschn. 14, S. 1232/1233).

[3] BENUSSI: Z. Psychol. **69**, 280ff. (1914).

[4] Vgl. hierzu KÖHLER: Psychol. Forschg **4**, 120—134. — KOFFKA: Psychologic. Bull. **19**, 540ff.

[5] LENK: Neue psychol. Stud. **1**, 577ff. (1926). Wieder war die Breite vor der Höhe bevorzugt.

[6] SANDER: Kongr.-Ber. **1928**, 47f.

um so größer im allgemeinen die Empfindlichkeit[1]. Dies Resultat hat sich aufs beste in Versuchen bestätigt, in denen DORA MUSOLD[2] das Augenmaß von Erwachsenen, Schul- und Kindergartenkindern für verschiedene Objekte prüfte. Es ergab sich, daß die Schwelle in der Reihenfolge Strecke—Kreis—Kugel abnimmt. Und es zeigte sich, daß dieser Abfall um so größer war, je jünger die Kinder. In der Tat übertrafen auch die jüngsten Kinder die Erwachsenen beim Kugelschätzen, während sie bei Kreis und gerader Strecke weit hinter ihnen zurückblieben.

22. Die Realität der optischen Täuschungen.

Wir haben die Induktionswirkung so dargestellt, als ob, aus Gestaltgesetzen, wenn wir nur einen Reizteil verändern, auch die den unveränderten Reizteilen entsprechenden Gestaltteile wirklich phänomenal und physiologisch verändert würden. Hiergegen kann eingewandt werden, diese scheinbare Veränderung betreffe gar nicht die Wahrnehmung (Empfindung), sondern das Urteil. Zur Entscheidung dieser Alternative ziehen wir ein Tatsachengebiet heran, das in der psychologischen Literatur eine große Rolle gespielt und gerade zur Grundlage für die Diskussion unseres Problems gedient hat: die sog. geometrisch-optischen Täuschungen[3]. Auch diese lassen sich ja so darstellen: Durch Änderung eines Teils einer Figur ändern sich phänomenal auch die anderen. Drehe ich z. B. in Abb. 395a die kleinen Ansatzstücke x um 180°, so daß Abb. 395b resultiert, so ist dadurch gleichzeitig die Hauptlinie um ein meßbares Stück kürzer geworden.

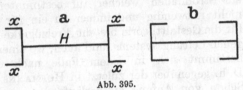

Abb. 395.

Läßt sich eine Entscheidung darüber herbeiführen, ob in diesen Fällen mehr vorliegt als eine bloße Urteilstäuschung? Vor ungefähr einem Dutzend Jahren lag ein Gedanke so nahe, daß er etwa gleichzeitig von BENUSSI, BÜHLER und mir gefaßt wurde: Was geschieht, wenn man solche Bewegungen nacheinander im Stroboskop darbietet? Wird man dann nur solche Bewegungen sehen, die auf objektiven Unterschieden der Figuren beruhen, oder auch solche, die rein phänomenalen Unterschieden entsprechen? Bietet man z. B. im Stroboskop nacheinander Abb. 395a und b, wird man nur Bewegung der Stücke x oder auch Zusammenziehung der Strecke H wahrnehmen? Sowohl BENUSSI[4] wie BÜHLER[5] wie KENKEL[6], der diese Versuche auf meine Anregung hin ausführte, kamen zu dem gleichen Resultat[7]: man sieht die nur phänomenal bedingte Bewegung ebensogut wie die auch objektiv bedingte. Was ist daraus zu folgern? BÜHLER schließt, daß die Alternative Empfindungs- oder Urteilstäuschung unvollständig

---

[1] Doch kann, und das trat in den Versuchen von SCHNEIDER zutage, die Festigkeit einer guten Gestalt sie gegen Veränderungen schützen (unempfindlich machen). Daher die hohe Ü.S. beim Quadrat. Die Diskussion bei SANDER (zitiert auf S. 1248, Anm. 1) zeigt, daß kein wirklicher Widerspruch vorliegt. Ich vermute, daß man beim Quadrat sogar eine sehr feine Schwelle erzielen kann, wenn man die Instruktion der Vpn. ändert.

[2] MUSOLD, DORA: Neue psychol. Stud. 4 (noch nicht erschienen). Vgl. VOLKELT: Kongr.-Ber. 1926, 93ff.

[3] Inzwischen hat T. K. OESTERREICH sehr entschieden gegen die Erklärung durch Urteilstäuschungen und für die Realität der optischen Täuschungen Stellung genommen. Er sagt: „Linien sind dann gerade, bzw. krumm, wenn sie für die unmittelbare Anschauung gerade oder krumm sind." Z. Psychol. 105, 370—385 (1928).

[4] BENUSSI: Arch. f. Psychol. 24 (1912).

[5] BÜHLER: Gestaltwahrnehmung, S. 131—133.

[6] KENKEL: Z. Psychol. 67 (1913).

[7] Vgl. das Kapitel über die Wahrnehmung von Bewegung, S. 1180.

ist[1]. Er hält an der eindeutigen und festen Zuordnung zwischen Lokalzeichen und gereizter Netzhautstelle fest und schließt daher, daß der Größeneindruck nicht durch solche Lokalzeichen festgelegt ist, daß zu ihnen noch ein anderer Prozeß hinzutreten muß, an den als Bewußtseinskorrelat der Größeneindruck geknüpft ist. Daß aber BÜHLERS Versuch sehr wohl mit einer Variabilität der Lokalzeichen verträglich ist, hat schon BENUSSI hervorgehoben[2]. Er meint: „Beweisend für die Indifferenz der ‚Lokalzeichen' ist meines Erachtens nur die von mir konstatierte Beziehung zwischen *Täuschung* und *Auffassungsart*[3]." Aber was BENUSSI gegen BÜHLER einwendet, haben wir gegen BENUSSI einzuwenden: Wie ist denn bewiesen, daß nicht die Auffassungsart die Lokalzeichen verändert? BENUSSI und BÜHLER sind sich aber darüber einig, daß, mit den Worten von F. B. HOFMANN[4], „bei diesen Täuschungen wirklich der *anschauliche Bewußtseinsinhalt selbst* aus zentralen Ursachen eine *Änderung erfährt*".

KOFFKA-KENKEL, die mit der Konstanzannahme nicht mehr belastet waren, zogen einen radikaleren und natürlicheren Schluß, „daß in den optischen Größentäuschungen wirklich *Verschiebungen* der *Sehgröße* vorliegen", daß eine durch figurale Bedingungen bewirkte Größenänderung gleichartig ist mit einer durch wirkliche Verlängerung bewirkten[5].

Physiologisch bedeutet das: „In der Theorie physischer Raumgestalten geht ein Stromfaden, welcher auf bestimmten Retinaelementen beginnt, durchaus nicht notwendig und immer zu ein für allemal bestimmten Sehrindenstellen, für die Gestalttheorie besteht ‚Freizügigkeit der Stromfäden' innerhalb des homogenen Leitungssystems, und auch, wo einer von ihnen in zentrale Felder mündet, bestimmt sich in jedem Falle nach den gesamten Systembedingungen[6]." D. h. gegenüber der zuletzt in HOFMANNS Worten wiedergegebenen Auffassung: Schon von Anfang an verläuft das nervöse Geschehen an den Endpunkten, sagen wir, des Netzhautbilds, einer geraden Strecke anders, ob daran Haken wie in Abb. 395a oder b sitzen, es findet nicht erst nachträglich eine Umformung statt.

Stroboskopische Bewegung ist eine funktionelle Wirkung, an der man die in den optischen Täuschungen erfolgende Veränderung eines Gestaltteiles aufzeigen kann. Eine andere solche Wirkung sollte sich in stereoskopischen Effekten nachweisen lassen. In der Tat ist es LAU[7] gelungen, einen solchen Effekt zu erzeugen. Er bot die linke Hälfte der Abb. 396 dem linken, die rechte dem rechten Auge im Stereoskop dar, der Beobachter sah dann im binokularen Bild die ungefähr horizontal schraffierten Linien (*2, 4, 6*) stets unten zurückliegend, oben hervortretend, die anderen umgekehrt. Die beiden Hälften unterscheiden sich nur dadurch voneinander, daß die Schraffen links einen spitzeren Winkel mit den Hauptlinien bilden als rechts, so daß diese dort scheinbar stärker divergent werden. Der Beobachter würde nun genau den gleichen Eindruck haben, wenn die zwei Muster aus schraffenlosen und wirklich verschieden divergenten Linien bestünde. Also auch hier, wo die Auffassungsart nicht in Betracht kommt, denn die zwei Einzelbilder sind ja phänomenal gar nicht vorhanden, ergibt sich

---

[1] Diese Ansicht ist von der Grazer Schule schon lange vertreten worden, vgl. z. B. WITASEK: Psychologie der Raumwahrnehmung, S. 317.

[2] BENUSSI: Z. Psychol. **69**, 275f.

[3] Vgl. auch hierzu das Kapitel über die Wahrnehmung von Bewegung, S. 1210.

[4] HOFMANN, F. B.: Die Lehre vom Raumsinn des Auges I. S. 141. Berlin 1920. (Sonderabdruck a. d. Handb. d. Augenheilk.)

[5] KOFFKA-KENKEL: Z. Psychol. **67**, 356, 446/7.

[6] KÖHLER, W.: Physische Gestalten, S. 243.

[7] LAU: Psychol. Forschg **2**, 1—4 (1922) — Später hat LAU den im Text beschriebenen Effekt auch an der HÖFLERschen Figur erhalten. Psychol. Forschg **6**, 121—126 (1925).

ein funktionaler Effekt, der genau unserer Auffassung der Sachlage entspricht und gegen die Stabilität der Ortswerte der Netzhaut zeugt[1].

Wir können jetzt BENUSSIS Argument umdrehen: Wenn die bei stroboskopischer Darbietung von Täuschungsmustern auftretenden Bewegungen davon herstammen, daß den sich bewegenden Teilen verschiedene Erregungsformen im optischen Sektor entsprechen, und wenn sie andererseits von der Auffassungsart abhängen, so muß auch diese die Erregungsform im optischen Sektor verändern. Das steht in bestem Einklang zu unseren theoretischen Ausführungen im Anfang: das Geschehen bestimmt sich nach dem gesamten äußeren und inneren Bedingungskomplex[2].

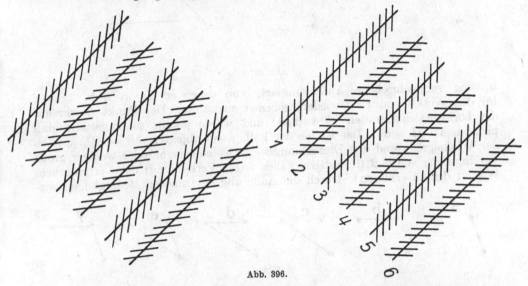

Abb. 396.

Ein Beispiel für solche Änderung der „Auffassungsart" bietet die von BENUSSI[3] stammende Abb. 397; man kann in den Punkten der Abb. 397a neben anderen die zwei Figuren der Abb. 397b sehen; je nachdem ist die phänomenale Länge des Abstands ch verschieden, ja man kann, wie dies auch HOFMANN[4] beschreibt, beim Wechsel der zwei Erscheinungsweisen die Bewegung der Ausdehnung bzw. Zusammenziehung wahrnehmen.

BENUSSI folgerte aus solchen Versuchen, die Täuschung könne nicht vom Reiz bedingt, also nicht sinnlich sein, da ja der Reiz unverändert bleibe, eine Folgerung, die, wie man sieht, auf der Konstanzannahme beruht. Die Mehrdeutigkeit bedeutet nichts anderes, als daß der Organismus des erwachsenen Menschen auf solche Reize verschieden regieren kann, und daß jede dieser ver-

---

[1] Theoretisch interessant ist dabei noch folgende Tatsache. LAU fand es unmöglich, die Bilder haploskopisch zu vereinigen, wenn er den zwei Augen Täuschungsmuster mit um 90° gegeneinander verdrehten Schraffen bot. Aber auch dann ist die Vereinigung schwierig, wenn man, wie in Abb. 396, dem einen Auge eine, dem anderen eine andere Form eines Täuschungsmusters darbietet. Gelingt aber die Vereinigung, so tritt, wie neuerdings wieder J. A. ZAMA [Contributi del Laboratorio di Psicologia e Biologia dell' Università Cattolica del S.'Cuore, Seria seconda, Milano, o. J. (1926)] gezeigt hat, die Täuschung auf. Vgl. auch GATTI: Zitiert auf S. 1244, Anm. 5 (S. 49ff.) und die unten S. 1264 besprochenen Versuche von WITASEK und BENUSSI.

[2] Vgl. hierzu auch KÖHLER: Psychol. Forschg 3, 398 (1923) — Ped. sem. 32, 721.

[3] BENUSSI: Zur Psychologie des Gestalterfassens. In Unters. z. Gegenstandstheorie u. Psychol., herausgeg. von A. MEINONG. Leipzig 1904.

[4] HOFMANN: Raumsinn des Auges, S. 141.

schiedenen Reaktionen ihre besondere Eigenart hat[1]. Wir besprechen dies noch kurz an einer ganz ausführlich von BENUSSI[2] untersuchten Figur. Drei Punkte A, B, C sind so angeordnet, daß B und C auf der Peripherie eines um A als Mittelpunkt gedachten Kreises liegen. Verändert wurden nur zwei Bestimmungen:
1. der Winkel BAC zwischen 20 und 160°,
2. die vor der tachistoskopischen Dar-

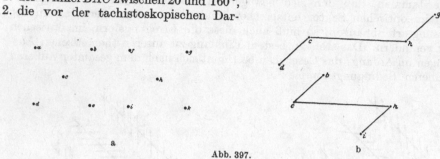

a   Abb. 397.   b

bietung vorgeschriebene Auffassungsart, von denen er die in Abb. 398 a—f für den Winkel von 120° wiedergegebenen auswählte. Der Punkt B war auf der horizontalen Geraden ab variabel und wurde jeweils so eingestellt, daß phänomenal $ab = ac$. Das ist nie der Fall, wenn objektiv $AB = AC$, je nach der Winkelgröße und der Erscheinungsweise ist eine mehr oder weniger große Verlängerung von AB (in einigen Fällen sogar Verkürzung) dazu erforderlich. Wie ist das zu erklären? Durch die Änderung der inneren Bedingungen ent-

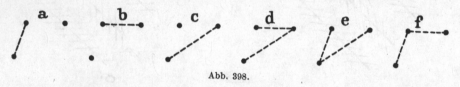

Abb. 398.

steht jeweils ein anderes Wahrnehmungsgebilde; in jedem spielen die drei Punkte eine andere Rolle. Es gibt überall „lebende und tote Intervalle" (WERTHEIMER[3]), Strecken, die gestaltmäßig da sind, und solche, die gestaltmäßig fehlen, ja zuweilen auch Punkte, die nicht zur Hauptgestalt gehören. Daß nun z. B. ein (relativ) isolierter Punkt unter anderen Bedingungen steht als ein stark gestaltgebundener, ist nach dem früher Gesagten klar. Neu ist, daß wir den Gestaltzusammenhang, den wir früher durch Variation der äußeren Bedingungen änderten, jetzt allein durch Beeinflussung der inneren variierten.

23. Gesetze der optischen Täuschungen. I. Teil.

Wir besitzen mehrere vollständige Übersichten über die verschiedenen Arten von optischen Täuschungen und die zu ihrer Erklärung erdachten Theorien[4]. Eine Wiederholung kann ich mir daher sparen. Liest man diese Darstellungen durch, so drängt sich einem die Überzeugung auf, daß eine wirkliche Theorie

[1] Vgl. oben Abschn. 4, S. 1219, und unten Abschn. 23, ferner zur Kritik der Theorie von BENUSSI meinen Aufsatz in Z. Psychol. **73** (1915) und KÖHLER: Physische Gestalten, S. 171 f.
[2] BENUSSI: Z. Psychol. **42**, 27 ff. (1906).
[3] Vgl. WERTHEIMER: Z. Psychol. **61**, 202.
[4] WUNDT: Grundzüge der physiologischen Psychologie II[6], 575—609. — EBBINGHAUS, H.: Grundzüge der Psychologie **2**, 51—120. Leipzig 1913. — HOFMANN, F. B.: Raumsinn des Auges, S. 112—141; an dieser Stelle auch genaue Literaturnachweise. Einige Arbeiten mit besonders umfangreichen Literaturangaben werden wir noch später zitieren.

bisher noch nicht besteht. Man hat eine Anzahl von Erklärungsprinzipien erdacht und diese in der mannigfachsten Weise kombiniert, ohne ein einziges übergeordnetes Prinzip zu finden. Die hier vertretene Grundanschauung kann sich damit nicht zufrieden geben. Sie wird versuchen müssen, und zu diesem Versuch soll dieser Abschnitt und einer der folgenden (Abschn. 25) einen kleinen Beitrag geben, alle einzelnen Täuschungen aus den Gesetzen der Gestaltentstehung selbst abzuleiten, aus Gesetzen, die sich nicht auf das optische Gebiet beschränken — wenn auch spezifisch optische Eigentümlichkeiten in manchen Fällen mitwirken mögen —, sondern für ähnliche Tatsachen auf anderen Sinnesgebieten ebenso gelten, wie dies schon BENUSSI verlangt hat. Von den einzelnen mehr oder weniger zufälligen Täuschungen aus wird dann freilich ein Verständnis kaum zu erreichen sein. Man hat vielmehr von allgemeineren Tatbeständen auszugehen. Ich möchte unter diesem Gesichtspunkt die Täuschungen in zwei Gruppen teilen: solche, die aus Eigenschaften der Figuren selbst (im RUBINschen Sinne) hervorgehoben, und solche, die durch den Grund, das Feld, in dem die Figuren liegen, bedingt sind. Nur die ersten sollen in diesem Abschnitt behandelt werden. Allerdings ist auch diese Einteilung nicht scharf, da von Figuren und Figurteilen Einflüsse auf das umgebende Feld ausgeübt werden, die ihrerseits auf die Figuren zurückwirken, ein Tatbestand, auf den besonders WITTMANN[1] hingewiesen hat.

Der hier wiedergegebene Gedanke ist inzwischen an den verschiedensten Stellen entstanden. Mehrere Forscher haben ihn in ähnlicher Form zur Erforschung und Erklärung der optischen Täuschungen verwendet. Während die alten Theorien vorwiegend auf periphere Faktoren rekurrierten, welche sozusagen von außen auf die Figuren wirken und in ihrem Zusammen und im Zusammen mit der Figur sinnfremd waren, Augenbewegungen, Irradiation, Urteilstäuschungen allgemeiner Art, wie die Überschätzung spitzer Winkel, sucht man heute Eigenschaften der Figuren selbst zur Erklärung der in ihnen auftretenden Täuschungen verantwortlich zu machen. Der leitende Gesichtspunkt ist stets ein Prägnanzgesetz. Der spezifische Charakter des Ganzen setzt sich so stark durch wie möglich[2]. Ist dieser im wesentlichen als Symmetrie, Ausgeglichenheit zu beschreiben, so wird sich die Figureigenschaft im Sinne dieser Ausgeglichenheit ändern, besitzt umgekehrt eine Figur eine ausgesprochene differenzierte und artikulierte Physiognomie, so werden die Teile sich nicht mehr aufeinander zu, sondern voneinander fort verschieben. „Assimilation und Kontrast sind daher nur von den Gefügegliedern aus gesehen entgegengesetzt gerichtet; vom Ganzen des gefügehaften Zusammenhangs der Gestalt aus haben diese Veränderungen von Teilen im ganzen einen und denselben Sinn: die Gefügequalität steigernd auszuprägen, von der als dominierender Ganzqualität sie selbst bedingt sind[3]."

Diese allgemeinen Formulierungen lassen Spezialisierungen zu. IPSEN, ein Schüler SANDERS, hat eine Reihe solcher besonderer Gesetzlichkeiten abgeleitet[4], und GATTI, den wir schon als Vertreter eines Gesetzes der größten Ökonomie kennen, wendet seine allgemeine Theorie in der folgenden speziellen Form an[5]. Zusammen im Sehfeld befindliche Figuren und Teile einer und derselben Figur

---

[1] WITTMANN: Sehen von Scheinbewegungen usw., S. 53ff.

[2] So auch, wie PONZO soeben in einer schönen Arbeit gezeigt hat, bei der Mengenschätzung der im Ganzen enthaltenen Teile. Arch. f. Psychol. 65, 129—162 (1928) [Anm. bei der Korrektur].

[3] SANDER, F.: Neue psychol. Stud. 1, 162 A (1926). — Ähnlich H. WERNER: Z. Psychol. 94, 252/3 (1924).

[4] IPSEN: Neue psychol. Stud. 1, 244ff. (1926).

[5] GATTI: Contributi del Laboratorio di Psicologia e Biologia dell' Università Cattolica del S. Cuore. Serie seconda, Milano, o. J. (1926).

können zueinander in „lebenden" oder „toten" Beziehungen stehen. Im letzten Falle, GATTI nennt ihn „Distanz", beeinflussen sie einander nicht, im ersten Falle wird stets die besondere Art der lebenden Beziehung gesteigert; GATTI unterscheidet hier Nachbarschaft und Abstand. Auf diese Weise sucht er eine große Anzahl von Täuschungen zu erklären.

So verwandt all diese Ansätze dem hier vertretenen Standpunkt sind, so unterscheiden sie sich doch von ihm in einer Hinsicht. Während für uns kein Unterschied besteht zwischen physiologischer und psychologischer Theorie, während für uns jede Tatsache figuraler Gestaltung gleichermaßen psychologisch und physiologisch ist, neigen die anderen Theoretiker mehr zu einer rein psychologischen Erklärungsweise. GATTI will durch seine Versuche die physiologische Theorie der optischen Täuschungen durch eine psychologische ersetzen, für SANDER[1] spielt, im Anschluß an KRUEGER[2], der Begriff psychophysischer Struk-

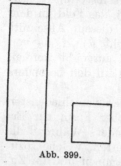

Abb. 399.

turen als „dispositioneller Gerichtetheiten" eine Rolle, ohne daß recht klar zu ersehen ist, wieweit diese Begriffe vitalistisch gemeint sind, und WERNER[3] spricht von subjektiven Gestaltungstendenzen. IPSEN[4] glaubt schließlich für mehrere optische Täuschungen den Beweis führen zu können, daß sie Produktionstäuschungen im Sinne BENUSSIS sind. Gehen wir jetzt zu Einzelheiten über:

Wir haben die Tatsache, daß Veränderung irgendeines Figurteils auch die anderen mitverändert, an Rechtecksversuchen demonstriert. Eine bekannte optische Täuschung ist ein Beispiel dieses Sachverhalts. In der Abb. 399 erscheint das Rechteck nicht nur höher, sondern auch schmaler als das Quadrat über der gleichen Grundlinie[5]. Die Figur wird phänomenal noch schlanker als objektiv, ihr Charakter wird *prägnanter*.

Aus elementaren Gestalttatsachen ist weiter eine Gruppe von Täuschungen zu verstehen, deren bekanntestes Beispiel in Abb. 400 wiedergegeben ist. Ein

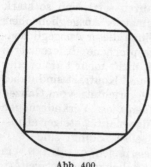

Abb. 400.

Kreis ist phänomenal nicht die Summe der Peripheriepunkte, sondern ein geschlossenes Gebiet mit einer in diesem Gebiet spezifisch festgelegten Energieverteilung. Ebenso ein Quadrat. Wird nun ein Quadrat in einen Kreis gelegt, so kommen die zwei Wirkungen in Widerstreit, und die Folge ist, daß weder ein richtiger Kreis noch ein richtiges Quadrat entsteht, jener ist an den Quadratecken abgeplattet, dieses hat leicht nach innen durchgebogene Seiten. WINGENDER hat diese Täuschung mit stroboskopischer Methode (Verfahren von BÜHLER) untersucht; in einen Kreis tritt ein Quadrat ein, um wieder daraus zu verschwinden. Dabei gab eine Vp. an: „Wie befreit von der deformierenden Kraft des eingezeichneten Quadrats, nimmt der Kreis seine reine Form wieder an, nicht plötzlich. Es ist wie bei einem Gummibande etwa oder einem sonstigen elastischen Körper[6]."

[1] Vgl. VIII. Internat. Congr. of Psychol. Groningen 1927, 111/12.
[2] KRUEGER: Neue psychol. Stud. 1 (1926) — Ber. üb. d. VIII. Kongr. f. exper. Psychol., Jena 1924, 31ff.
[3] WERNER: Zitiert auf S. 1244, Anm. 3 (S. 251).
[4] IPSEN: Zitiert auf S. 1253, Anm. 4 (S. 244ff.).
[5] Ähnliche Figuren bei SCHUMANN: Z. Psychol. **30**, 272. Vgl. auch GATTI: Zitiert auf S. 1253, Anm. 5 (S. 14).
[6] WINGENDER: Z. Psychol. **82**, 25 (1919).

GATTI[1] hat sich die Frage gestellt, ob die Größe des Einflusses bei Größen-transformation der Figuren einfach mittransponiert wird, so daß der relative Abstand zwischen den zwei Figuren, bei denen ebensolcher Einfluß nachzuweisen ist, gegenüber absoluten Größenänderungen invariant bleibt. Er untersucht vier Figuren Quadrat und gleichseitiges Dreieck mit um- und eingeschriebenem Kreis. Im zweiten Fall ist die Frage positiv zu beantworten. Der gegenseitige Einfluß, gemessen durch den maximalen relativen Abstand, bei dem er auftritt, ist dem Radius des Kreises proportional. Dagegen sinkt bei den Figuren mit umgeschriebenem Kreis der gegenseitige Einfluß; der maximale Abstand, bei dem ein Einfluß nachweisbar ist, ändert sich nicht mehr proportional mit dem Radius des Kreises, sondern nur noch mit seiner Quadrat-wurzel. GATTI bringt diesen Unterschied damit in Zusammenhang, daß es sich bei den ersten zwei Figuren um „Abstands"-, bei den zwei letzten um „Nachbarschafts"beziehungen im eben erläuterten Sinne handle.

Auf einem weiteren uns bekannten Gestalt-gesetz beruht die Täuschung in der von BÜHLER angegebenen Abb. 401. Die Unstetigkeiten an den Grenzen zwischen krummen und geraden Stücken sind nicht „kurvengerecht"; was wir sehen, ist im Vergleich dazu kurvengerechter geworden[2].

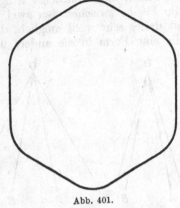

Abb. 401.

Wir diskutieren etwas genauer die Täuschungsfiguren der Abb. 402, von denen gewöhnlich nur b und c gezeichnet werden. Der Kreis a kehrt in allen Figuren wieder, in b als äußerer, in c bis e als innerer. Es erscheint, wenn wir die jeweils objektiv gleichen Stücke vergleichen: $b < a < c, a < d < c, e < a$[3]. Aus der ersten Ungleichung entnehmen wir: Der Kreis wird vergrößert, wenn er in einem größeren, verkleinert, wenn ein kleinerer in ihm liegt. Die beiden anderen Ungleichungen lehren uns, daß die Vergrößerung nicht monoton mit der Größe des um-

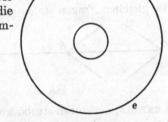

d

a   b   c

e

Abb. 402.

gebenden Kreises wächst, sondern bald zurückgeht und sich schließlich in ihr Gegenteil verkehrt[4]. Es wird also eine bestimmte Radiengröße des umschrei-benden Kreises geben, bei dem der umschlossene überhaupt nicht verändert

---

[1] GATTI: Zitiert auf S. 1253, Anm. 5 (S. 91ff.).

[2] Auf Verstoß gegen Kurvengerechtheit scheint mir auch der holperige Eindruck zu beruhen, den aus Halbkreisen zusammengesetzte „Pseudosinuskurven" machen. BÜHLER (Gestaltwahrnehmung, S. 121ff.) gibt eine andere Erklärung und sucht LIPPS zu widerlegen, dessen Gedanken in diesem Punkte eine gewisse Ähnlichkeit mit den hier vorgetragenen haben. Was BÜHLER gegen das typische LIPPSsche vorbringt, ist durchaus richtig, das all-gemeine Prinzip bleibt aber davon unberührt.

[3] Die Verkleinerung der Figuren und ihre Anordnung auf der Druckseite bringt es mit sich, daß die Täuschungen nicht so deutlich sind, wie es wünschenswert wäre.

[4] Vgl. dazu die oben (Abschn. 20) besprochenen analogen Ergebnisse der Versuche von KIESOW und SMITH und SOWTON.

erscheint. Nun ist aber die Beeinflussung wechselseitig, in *c* ist z. B. der äußere Kreis gegenüber einem gleich großen „leeren" verkleinert — denn wir fanden: $b < a$. Man hat zu untersuchen, wie sich die Veränderungen der zwei Kreise zueinander verhalten, ob sie etwa gleichzeitig verschwinden. Wäre das der Fall — und es ist wahrscheinlich so —, dann hätten wir in solcher Figur eine ausgezeichnete Reizkombination vor uns.

Eine Möglichkeit, diese Auszeichnung zu verstehen, bietet uns der Vergleich der Figuren *c*, *d*, *e*. Die ausgezeichnete Figur muß zwischen *d* und *e* liegen, nicht sehr weit von *d*. Nun sind das aber zwei sehr verschiedene Formen; *d* ist noch wie *c* deutlicher Ring, *e* hat dagegen nichts mehr vom Ringcharakter, die Fläche zwischen den zwei Kreisen spielt hier eine ganz andere Rolle. Es ist daher sehr wohl möglich, daß der Umschlag an der Stelle auftritt, an der die eine Form in die andere übergeht. Die Veränderungsrichtung wäre dann von der Natur der phänomenalen Gestalt abhängig, so wie es Benussi für viele Fälle erwiesen hat (s. oben); sie wäre wieder aus dem Gesetz der Prägnanz zu verstehen: Ring wird schmaler, tote Fläche breiter.

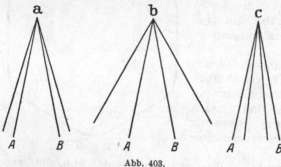

Abb. 403.

Dem Prinzip nach hierher gehört auch die Täuschung der Abb. 403. Der äußere Winkel (ASB) in *c* ist objektiv gleich den umschlossenen in *a* und *b*. Es erscheint aber: $a > b > c$. Indem man gewöhnlich nur *a* und *b* betrachtet, pflegt man zu sagen, ein und derselbe Winkel werde für größer geschätzt, wenn er beiderseits an kleinere, als wenn er an größere anstößt. Figur *c* widerlegt das. Es kommt ohne Zweifel auf die Gliederung des Gesamtraums an, von ihr hängt in jedem Fall die Größe sowohl der umschließenden wie der umschlossenen Winkel ab. Es lassen sich die gleichen Fragen stellen wie bei der vorigen Figur, nur ist zu berücksichtigen, daß sie viel mehrdeutiger ist. Daß wir durchweg bei diesen Figuren von wirklichen Veränderungen und nicht von falschen Schätzungen sprechen, findet seine Berechtigung auch in den experimentellen Befunden

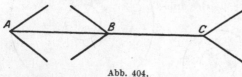

Abb. 404.

Kenkels, der durch stroboskopische Darbietung der Abb. 402 d—c bzw. 403 b—a Ausdehnungsbewegung (bei umgekehrter Reihenfolge Zusammenziehung) erzielte[1]. Zu den am meisten untersuchten Figuren gehört die Müller-Lyersche[2], von der wir eine Variante in Abb. 395 (S. 1249) wiedergegeben haben. Die bekannteste Form zeigt Abb. 404. Wir wissen, besonders aus den zahlreichen Untersuchungen Benussis[3], daß die Längenänderung der Hauptlinien um so

---

[1] Kenkel: Z. Psychol. **67**, 389 ff. Diese Versuche sind darum besonders wichtig, weil hier die durch objektive Verschiedenheit der Reize bewirkte Bewegung der anderen entgegengesetzt gerichtet ist.

[2] Eine vollständige Zusammenstellung der Literatur über diese Täuschung wie eine Diskussion aller zu ihrer Erklärung erdachten Theorien findet man bei Schwirtz: Arch. f. Psychol. **32**, 339 ff. (1914).

[3] Vgl. vor allem Benussi: Untersuch. z. Gegenstandstheorie u. Psychol., herausg. v. Meinong, **V** — Z. Psychol. **42**, 22 ff.; **45**, 188 ff., 215 ff. (1907) — Arch. f. Psychol. **32**, 397 ff., bes. 401 ff. (1914) (hier eine Zusammenfassung aller bis dahin erschienenen Arbeiten B.s).

größer ist, je mehr die Gesamtform einheitlich hervortritt, und umgekehrt um so mehr nachläßt, je mehr sich die Hauptlinien aus dem Ganzen isolieren. Alle objektiven Modifikationen wirken daher nach BENUSSI nur dadurch auf die Täuschung ein, daß sie die einheitliche Auffassung der Gestalt, wie er sagt, beeinflussen. Ich möchte das noch ergänzen. Von der Länge und Neigung der Schenkel hängt ja nicht nur der Grad der Einheitlichkeit ab, sondern auch wesentlich die charakteristische *Form* der gesehenen Figur, der gleichfalls ein Einfluß auf die scheinbare Länge der Hauptlinien zukommen dürfte. So ist in Abb. 405 die Hauptlinie in $b < a < c$, obwohl a als Figur nicht weniger (eher mehr) einheitlich ist als c, wohl aber einen ganz anderen Formtypus aufweist[1].

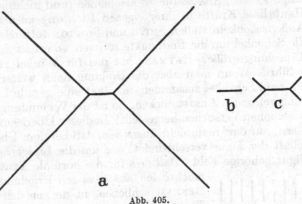

Abb. 405.

Ändert man das normale Verhältnis von Haupt- und Nebenlinien nicht, so wird bei einer Vergrößerung der ganzen Figur die Tendenz zur Isolierung der Hauptlinie stärker, die Figur als ganze weniger überschaubar und daher die Täuschung geringer. Gelingt es aber, diese Isolation zu überwinden und die Gesamtform in den verschiedenen Größen gleich gut zu erfassen, so wächst die Täuschung proportional mit der Hauptlinie, d. h. sie bleibt relativ zu ihr konstant (BENUSSI).

Freilich müssen wir den Schluß ablehnen, den BENUSSI aus seinen Untersuchungen zieht, daß nämlich das Zustandekommen der Gestaltvorstellung, und mithin der Täuschung, ein besonderes Verhalten des Beobachters voraussetzt (vgl. unten Abschn. 26). Wir führen hier und später noch einige Tatsachen an, die gar nicht zu dieser Ansicht passen. Zunächst ist die Täuschung bei Kindern ebenso groß[2] oder größer[3] als bei Erwachsenen, auch ist sie bei primitiven Völkern deutlich vorhanden. RIVERS fand sie bei einigen Stämmen (Papuas, Todas) etwas kleiner als beim Europäer, bei einem indischen Bergvolk dagegen etwas größer. Der Unterschied wird, wie er selbst vermutet, auf dem durch die Instruktion hervorgerufenen verschiedenen Verhalten beruhen, indem manche stärker analysierten als andere und daher geringere Täuschung hatten. Besonders in Betracht kommen hier aber die Versuche von SCHWIRTZ, der in hypnotischer und posthypnotischer Suggestion seinen Vpn. die Nebenlinien fortsuggerierte und sich davon überzeugte, daß sie sie wirklich nicht wahrnahmen. Seine Vpn. waren völlig naiv („ungebildet") und hatten von der Existenz dieser Täuschung überhaupt keine Kenntnis. Das Resultat war, daß die Täuschung

---

[1] KIESOW hat wohl zuerst darauf hingewiesen, daß solche starke Verlängerung der Schenkel die Täuschung zwar sehr beträchtlich herabsetzt, daß es aber auf diesem Wege nicht möglich ist, sie umzukehren. Arch. f. Psychol. **6**, 303.

[2] Vgl. H. GIERING: Z. Psychol. **39** (1905).

[3] Vgl. hierzu und zum folgenden W. H. RIVERS: Brit. J. Psychol. **1**, 321ff. (1904/05). Für eine andere von SANDER und seinen Mitarbeitern neuerdings eingehend untersuchte Täuschungsfigur, Einbettung eines Teils in zwei verschiedene Ganze und dadurch verursachte Längenänderung (s. unten), hat HEISS eine monotone Abnahme des Täuschungsbetrages gefunden. Er fiel von über 40% bei 7jährigen auf 30% bei 19jährigen. Neue psychol. Stud. **4** (noch nicht erschienen); vgl. SANDER: Kongr.-Ber. 1928, 41.

in der Hypnose genau so groß, im posthypnotischen Zustand sogar meist etwas größer ausfiel als im normalen Zustand. „Die Täuschung ist hiernach von dem Beachten der Täuschungsmotive und vom Wissen um sie unabhängig[1]." Eine bestimmte Verhaltungsweise gehört also nicht zu den Bedingungen der Täuschung, die Gesamtgestalt bildet sich vielmehr als normale Reaktion auf den Reiz.

Eine spezielle Erklärung für die Müller-Lyersche Täuschung zu geben, ist kaum möglich. Wir wissen dazu noch zu wenig über die Natur der im Nervensystem wirksamen Kräfte. Wir können nur sagen, daß die Ansatzstücke, solange sie als „Ansatzstücke" erscheinen (und nicht so wie in Abb. 405a), auf die Hauptlinie Kräfte in ihrer eigenen Richtung ausüben. Für die Figur mit den Außenschenkeln stellen Smith und Sowton folgende Überlegung an: Läßt man die Schenkel um die Endpunkte rotieren, so erhält man Figuren mit wechselnder Täuschungsgröße. Heymans hat das für Winkel zwischen 90 und 10° durchgeführt. Wenn man aber die Drehung noch weiter fortsetzt, so fallen jeweils die zwei Schenkel zusammen, man hat eine gerade Linie mit zwei in ihrer Richtung gelegenen Ansatzstücken. So ist die Verbindung zu den oben (S. 1246f) besprochenen Versuchen hergestellt. In dieser Überlegung steckt sicher ein richtiger Kern, nur darf man nicht übersehen, daß bei dem Übergang eine wichtige Eigenschaft der Figur verschwindet: das um die Linien herumliegende und noch zur Figur gehörige Feld. Daß dies für die normale Täuschung in Betracht kommt, möchte ich aus gewissen Ergebnissen der Untersuchung von Benussi schließen, in der er den Einfluß der Farbe auf die Täuschung untersucht hat, auf die ich aber hier nicht weiter eingehen kann.

Abb. 406.

Ebenso zurückhaltend müssen wir in bezug auf die Überschätzung der ausgefüllten gegenüber der leeren Strecke sein (Oppel), die Kenkel in der Form der Abb. 406 stroboskopisch mit positivem Resultat untersucht hat.

Die Poggendorfsche Täuschung hat in letzter Zeit wieder das Interesse mehrerer Forscher erregt. In Abb. 407a erscheint der obere Teil der Schrägen (d) nicht als Fortsetzung des unteren (c), sondern liegt ein Stück aufwärts verschoben. Man hat das Zusammenwirken sehr verschiedener Faktoren hierfür verantwortlich gemacht[2]. Als Hauptgesichtspunkt gilt seit Hering die Überschätzung spitzer Winkel. Absolut genommen gibt es aber solche Überschätzung nicht. Betrachten wir Abb. 407b, in der die Strecken a b c d mit den gleichbenannten in Abb. 407a identisch sind, so erscheint zwar wieder d nicht als Fortsetzung von c, aber diesmal ist es umgekehrt nach unten verschoben[3]. In diesem Fall würden die Winkel also unterschätzt. Es kann darum nicht auf den Winkel an sich ankommen, sondern auf die Rolle, die er im Ganzen spielt. In Abb. 407b haben wir zwei Gebilde, c a und d b, in 407a zwei andere, nämlich c d und den Streifen, der durch die zwei Parallelen gebildet wird. a und b existieren in dieser Figur als wirkliche Teile überhaupt nicht. In Abb. 408, wo beide Gebildefassungen gleichzeitig begünstigt sind, verschwindet die Täuschung im allgemeinen, freilich ist diese Figur dafür sehr labil.

---

[1] Schwirtz: Zitiert auf S. 1256, Anm. 2 (S. 361). — Noch schöner und ebenso beweisend sind die im Kapitel Wahrnehmung von Bewegung S. 1181 geschilderten Versuche von Benussi über durch hypnotische Suggestion beeinflußte α-Bewegung.
[2] Vgl. Wundt: Physiol. Psychol. II[6], 604f. — Ebbinghaus: Grundzüge 2, 72f.
[3] Horn-d'Arturo, G. [Pubbl. Osserv. astron. Univ. Bologna 1, Nr 5, 110f. (1924)] bringt die gleiche Figur, um die Winkelüberschätzungstheorie zu widerlegen. Seltsamerweise findet er, daß in dieser Figur die Täuschung verschwindet, d als Fortsetzung von c erscheint, während mir auch in der bei ihm abgebildeten Figur die umgekehrte Täuschung deutlich ist.

Die Veränderung der gegenseitigen Neigung von Haupt- und Nebenlinien wird darum von WERNER, dem sie als Erklärungsprinzip der Täuschung gilt, anders begründet. Für ihn ist sie die Folge des Gesetzes der Prägnanz, angewendet auf gegliederte Figuren: „unter gegliederter Auffassung werden die Richtungen schärfer differenziert"[1]. Aber auch in dieser Form scheint mir die Theorie nicht richtig zu sein. Denn wenn man die POGGENDORFsche Figur so zeichnet, daß die Hauptlinie (c d) horizontal oder vertikal liegt, so geht die Täuschung zwar zurück, ist aber noch deutlich vorhanden und kann bei genügender Breite des Unterbrechungsstreifens (a b) recht beträchtliche Beträge annehmen, ohne daß die Hauptlinie die horizontale oder vertikale Richtung verliert[2].

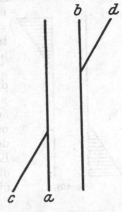

Abb. 407a.

Eine ausgezeichnete Untersuchung verdanken wir JUHÁSZ und KATONA[3]. Sie versuchten, eine Reihe von Faktoren durch planmäßige Variation ihrer Figuren zu isolieren. Zuerst zeigten sie, daß geneigte Linien nach einer leeren Unterbrechungsstelle stets falsch fortgesetzt werden. Hat die Vp. einige Zentimeter vom Ende einer vorgelegten Linie einen Punkt anzugeben, der auf der Verlängerung dieser Linie liegt, so trifft sie, außer bei vertikalen und horizontalen (und ihnen nahestehenden) Strecken nie die korrekte Fortsetzung; sondern der von der Vp. angegebene Punkt bildet stets mit dem Anfangspunkt der Strecke eine Gerade, die horizontaler ist als die Strecke. Und der Fehler wächst mit dem Grad der Neigung, den die Strecke gegen die Horizontale besitzt. Qualitativ ist diese Verdrehung die gleiche, die zur POGGENDORFschen Täuschung führen müßte, aber quantitativ bleibt sie hinter ihr zurück. Es sind daher noch andere Faktoren einzuführen; unsere Autoren wählen deren zwei, die Vergrößerung spitzer Winkel und eine Annäherungstendenz, „eine Tendenz, die uns dazu drängt, die Fortsetzung nach Möglichkeit nahe zur Versuchslinie anzugeben". Sie messen nun wieder die Fehler in sechs Konstellationen, in denen sich die drei Tendenzen in verschiedener Weise kombinieren und erhalten eine überraschend gute Übereinstimmung zwischen Meßergebnissen und theoretischer Voraussage. Wenn ich trotzdem nicht überzeugt bin, daß ihre Erklärung schon völlig richtig ist, so habe ich dafür folgende Gründe. Gegen die einfache Winkeltheorie habe ich schon oben argumentiert. Betrachten wir nochmals Abb. 407b. Hier liegen alle drei Faktoren in der gleichen Richtung, genau wie beim eigentlichen Poggen-

Abb. 407b.

dorf-Muster, und doch ist die Täuschung entgegengesetzt. Ich glaube auch die Ergebnisse der schönen Versuche ebensogut auf eine andere Weise erklären zu

[1] WERNER: Z. Psychol. **94**, 260 (1924). — WERNER weist darauf hin, daß der Einfluß ein gegenseitiger ist, und daß dadurch alle Linien der Poggendorf-Figur Verzerrungen erleiden.

[2] HORN-D'ARTURO (zitiert in Anm. 3 auf S. 1258) behauptet freilich, daß unter diesen Bedingungen die Täuschung verschwindet. Nach der von ihm entwickelten Theorie, auf die ich hier nicht eingehe, muß sie das allerdings. Daß sie es nicht tut — wieder habe ich auch in den von ihm abgebildeten Figuren die Täuschung ganz deutlich —, widerlegt seine Theorie.

[3] JUHÁSZ u. KATONA: Z. Psychol. **97**, 252—262 (1925).

können. Das Wesentliche möchte ich im Zueinander der verschiedenen Linien erblicken[1], und den Effekt möchte ich nicht als eine Drehung, sondern als eine Verschiebung auffassen[2].

Die Täuschung, d. h. die phänomenale Beschaffenheit der Einzelteile, erwies sich also als abhängig von der Gesamtgestalt. Teile, die derselben Teilgestalt angehören, die „miteinander zu tun haben", beeinflussen sich in einer Weise, die bestimmt ist von der Gesamtgestalt aus.

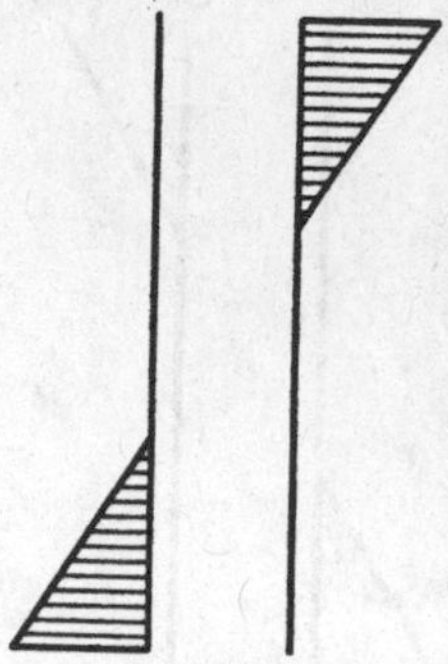

Dieselbe Betrachtung läßt sich auf die Abb. 409 übertragen, in deren Figuren *a* bis *d* zwei sonst getrennt behandelte Muster vereinigt sind[3].

Die Kreisringsektorentäuschung ist im Abschnitt über die Wahrnehmung von Bewegung ausführlich besprochen worden[4]. Ich erwähne sie hier, weil Révész[5] kürzlich in äußerst sinnreichen Versuchen bewiesen hat, daß sie auch bei Hühnern besteht. Hühner, die dressiert sind, nur von dem objektiv kleineren zweier nebeneinander liegender Kreisringsektoren zu picken, wählen auch in Abb. 410 den oberen Sektor. Dies ist einer der stärksten Beweise für die Unmittelbarkeit der Gestaltreaktion bei Täuschungsfiguren.

Abb. 408.

Eine Täuschung von ganz besonderem Ausmaß (vgl. oben S. 1257, Anm. 3) ist kürzlich von Sander[6] und seinen Schülern[7] gründlich untersucht worden. In der Abb. 411 ist phänomenal die Diagonale des kleinen Parallelogramms viel kleiner als die des großen, während objektiv beide genau gleich sind. Das „Teilsein einer großen bzw. kleinen Form" erweist sich hier in der direktesten Weise als von Einfluß auf die Größe des Teiles[8]. Diese Darstellung setzt voraus, daß für den Beobachter die Sandersche Figur in die durch die zwei nebeneinander liegenden Parallelogramme gegebenen Teile zerfällt. Aber selbst wenn durch Auszeichnung der beiden Diagonalen und der oberen Horizontalen und geeignete Instruktion die Zerlegung des Musters so geändert wurde, daß als ein Teil das auf der Spitze stehende Dreieck erschien und somit die früheren Diagonalen jetzt Dreiecksseiten wurden, blieb die Täuschung, wenn auch erheblich herabgesetzt[9], erhalten. Dies Resultat ist für die Theorie der psychophysischen Gestalten und der zwischen den Einzelbereichen wirksamen Kräfte von Wichtigkeit.

---

[1] Dieser Gesichtspunkt findet sich auch, in anderer Terminologie, bei Juhász und Katona. Ferner hat Lau [Psychol. Forschg **6** (1925)] gezeigt, daß die Poggendorfsche Täuschung zurückgeht, sobald man, in haploskopischem Verfahren, stereoskopische Faktoren einführt, die Haupt- und Nebenlinien räumlich trennen.

[2] Ob diese Verschiebung darauf beruht, daß jede der Parallelen für sich zusammen mit ihrem Stück der Hauptlinie einer halben Müller-Lyer-Figur ähnlich ist, möchte ich dahingestellt sein lassen. Sehr wahrscheinlich ist es mir nicht. Neuerdings hat Gatti diesen Faktor wieder in den Vordergrund gezogen, ohne ihn freilich zum einzigen zu erklären (VIII. Internat. Kongr. f. Psychol. Groningen 1927, 272), aber schon Ebbinghaus hatte ihn zur Erklärung der Täuschung benutzt. Vgl. Grundzüge d. Psychol. **2**, 72. Leipzig 1913.

[3] Vgl. z. B. Hofmann: Raumsinn, S. 114 u. 120. Eine ähnliche Behandlung dieser Figur bei Werner: S. 260. Zitiert auf S. 1259, Anm. 1.

[4] S. dort S. 1182. Vgl. jetzt auch Ipsen: S. 256ff. Zitiert auf S. 1253, Anm. 4.

[5] Révész, G.: Brit. J. Psychol. **14**, 399ff. (1924).

[6] Sander: Kongr.-Ber. S. 39 — Neue psychol. Stud. **1**, 166 (1926).

[7] Vgl. vor allem G. Ipsen: Ebenda S. 209—244.

[8] Werner bildet eine verwandte Figur ab zum Beweis des Einflusses der Einbettung eines Teils in ein größeres Ganzes. Z. Psychol. **94**, 254 (1924).

[9] Vgl. Ipsen: S. 219f. Zitiert auf S. 1253, Anm. 4. Der Täuschungsbetrag sank durch diese Variation von 32,5% auf 16,8%.

Anhangsweise erwähne ich kurz einen andersartigen Versuch, optische Täuschungen zu erklären. EHRENSTEIN[1] versucht in einer Arbeit, die manches schöne Experiment enthält, den Nachweis, daß in den Täuschungsmustern „das Wahrnehmungsbild der Linien bzw. der Figuren im Sehraum nicht ihre Richtungen bzw. Größen ändern, daß vielmehr die von mir nachgewiesenen intrafiguralen Bewegungsphänomene das Urteil bestimmen". Diese intrafiguralen Bewegungen selbst sind im Artikel über die Wahrnehmung von Bewegungen behandelt[2]. Hier sei nur soviel gesagt, daß wir eine Urteilstäuschungstheorie, auf die EHRENSTEIN ja schließlich hinauskommt, nicht annehmen können, und daß das Verhältnis von intrafiguralen Bewegungen und figuralen Veränderungen (optischen Täuschungen) noch ungeklärt ist[3].

Die optischen Täuschungen erscheinen als Spezialfälle sehr allgemeiner Gesetze. Diese willkürlich entworfenen Muster sind also nicht irgendwelche

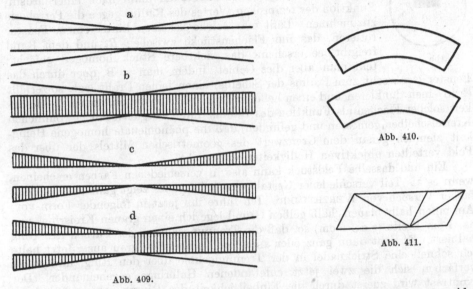

Abb. 410.

Abb. 411.

Abb. 409.

Absonderlichkeiten, sondern nur besonders eindringliche Beispiele von Abweichungen der phänomenalen gegenüber den wirklichen Formen. Aus ihrer Mannigfaltigkeit kann man schließen, daß der Fall völliger Kongruenz von Phänomen und Wirklichkeit (Wirklichkeit als *Nah*reiz genommen) ein nur selten realisierter Idealfall sein wird. Zu verwundern ist das nach unseren Anschauungen auch nicht, zu verwundern ist vielmehr, daß die Abweichungen im allgemeinen nicht noch viel gröber, die Einflüsse der Gesamtgestalt nicht noch viel stärker sind. Das deutet darauf hin, daß durch den Bau unseres optischen Sektors der Beeinflußbarkeit gewisse Grenzen gesetzt sind. Diese relative Isolierung ist aber nicht überall gleich groß. Sie wird vielmehr nach der Peripherie zu schwächer: dort werden die optischen Täuschungen größer[4], wie auch die relative Bewegungsempfindlichkeit[5] und der Farbenkontrast peripher zunehmen.

[1] EHRENSTEIN: Z. Psychol. **96**, 339—352 (1925). Das Zitat im Text auf S. 347.
[2] S. 1202.
[3] Vgl. auch GATTI: S. 53 u. 89f. Zitiert auf S. 1253, Anm. 5, und DUNCKER, Psychol. Forschg **12**, 180—259 (1929) [Zusatz bei der Korrektur].
[4] Vgl. WINGENDER: Z. Psychol. **82**, 33/4, 48 (1919).
[5] Vgl. wieder den Abschnitt über die Wahrnehmung von Bewegung S. 1197.

24. Abhängigkeit der Farbe von der Figur.

Der Einfluß der Gesamtgestalt auf die Eigenschaften ihrer Teile reicht noch weiter, als wir bisher gezeigt haben; auch die Färbung ist vom Ganzen her mitbestimmt. Wir haben vielfach in unseren Abbildungen vom Faktor der Gleichheit dadurch Gebrauch gemacht, daß wir Feldstücke, die wir gestaltlich vereinigen wollten, homogen färbten[1]. Umgekehrt gilt nun auch: Felder, die in starkem Gestaltzusammenhang stehen, tendieren auf einheitliche Farbe hin. Schon MACH[2] hat gefunden, daß Flächen, die in einer Richtung einen linearen Helligkeitsanstieg oder -abfall besitzen, homogen aussehen. Das gilt aber auch für weit weniger einfache Verhältnisse, wie das der Abb. 412. Rotiert man eine

Abb. 412.

solche Scheibe, so erhält man durch TALBOTsche Verschmelzung eine Fläche, in der auf einem inneren Kreis, bis zum Radius R_k, die Lichtstärke konstant bleibt, um dann nach einer arcsin-Funktion des reziproken Wertes des Radius gegen die Peripherie zuzunehmen. Läßt man solche Scheiben hinter einem Fenster rotieren, das nur Flächenstücke zwischen R_k und dem Rand freigibt, so erscheint das sichtbare Stück homogen gefärbt; teilt man aber dies Gebiet, indem man z. B. quer durch das Fenster (senkrecht zum Radius der Scheibe) einen feinen Draht legt, so zerfällt es in einen dunkleren und einen helleren Teil. Ich habe die phänomenale Helligkeit solcher Flächen als Funktion des Radius durch Vergleich mit gewöhnlichen Kreiselscheiben gemessen und gefunden, daß die phänomenale homogene Helligkeit ziemlich genau dem Grenzwert des geometrischen Mittels der über das Feld verteilten objektiven Helligkeiten entspricht[3].

Ein und dasselbe Feldstück kann also in verschiedenen Farben erscheinen, wenn es als Teil verschiedener Gestalten auftritt. Dies zeigt ganz grob ein einfacher Versuch von WERTHEIMER[4]. Ich führe ihn jetzt in folgender Form vor: Auf einen halb blauen, halb gelben Grund lege ich einen grauen Kreisring[5] von ca. 1 cm Breite (r ca. 5 cm) so, daß die Trennungskontur der Farben den Ring halbiert. Er sieht dann ganz oder annähernd einheitlich grau aus. Jetzt halte ich schnell eine Stricknadel in der Trennungslinie über den Ring, und sofort verfärben sich die zwei jetzt entstandenen Halbringe gegeneinander. Der Kontrast wird zuerst durch die Einheitlichkeit des Ringes gehemmt, zuletzt durch die „Zweiheitlichkeit" der Halbringe gefördert.

Ausgedehnte Versuche, die uns tiefe Einblicke in die hier obwaltenden Gesetze gewähren, verdanken wir W. FUCHS[6], der die Abhängigkeit der Farben von der Gestalt mit verschiedenen Methoden studierte. Ich muß mich hier auf ein Beispiel beschränken. In der Abb. 413[7] kann man sehen: A. ein blaugrünes Quadrat ∶∶ und ein gelbes Kreuz ∙∶∙, wobei der Mittelkreis zum Kreuz gehört, oder B. ein blaugrünes Malzeichen ∴∙ und ein gelbes stehendes Quadrat ∙∵; der Mittelpunkt gehört dann zum Malzeichen. Dabei nimmt nun der

---

[1] Vgl. WERTHEIMER: Psychol. Forschg 4, 348. — KÖHLER: Ped. sem. 32, 698f. (1925). Dasselbe Mittel hat schon BENUSSI verwendet, z. B. Z. Psychol. 45, 207ff.
[2] Vgl. z. B. MACH: Analyse der Empfindungen, 5. Aufl., S. 177ff.
[3] KOFFKA: Psychol. Forschg 4, 176ff. (1923).
[4] Zuerst von mir mitgeteilt in Z. Psychol. 73, 39, 40.
[5] WERTHEIMER hat ursprünglich einen grauen Vollkreis angegeben. BENUSSI hat [Arch. f. Psychol. 36, 61/2 A (1916)] eine Variante publiziert: er ordnet etwa 20 graue Scheibchen kreisförmig über dem geteilten Hintergrund an. Ähnliche Versuche haben schon viel früher WUNDT und MEYER — freilich unter anderem Gesichtspunkt — ausgeführt, worauf BENUSSI hinweist. (Vgl. z. B. WUNDT: Grundzüge II⁶, 273.)
[6] FUCHS, W.: Z. Psychol. 92 (1923).
[7] Diese Figur ist in Farben abgebildet bei SANDER: Kongr.-Ber. S. 37.

Mittelkreis stets die Farbe der Scheibchen an, mit denen er im Gestaltverband steht, sieht also in A. gelb, in B. blaugrün aus. Im Grunde das gleiche Phänomen fand SEIFERT in seinen ganz anders gerichteten Versuchen (vgl. oben Abb. 376 S. 1232). Auch hier trat häufig eine „*Angleichung* der Elemente aneinander hinsichtlich ihrer Farben oder Form oder Farbe und Form" ein[1].

Auch andere Eigenschaften der Farben hängen von figuralen Momenten ab, wie dies wieder FUCHS[2] für die Durchsichtigkeit nachgewiesen hat.

Wir haben bisher Farbe und Form einander gegenübergestellt, um ihre gegenseitige Abhängigkeit klarzulegen. Tatsächlich vorhanden ist stets das ganze farbigformal bestimmte Gebiet; in ihm ist es nicht nur relevant, wie die Farben formal gegeneinander abgesetzt sind, sondern auch, wie sie qua Farben zueinander stehen. Als Wirkung solches Farbzueinander, solcher Farbstrukturen hat sich gezeigt (ACKERMANN[3], EBERHARDT[4]), daß Farbschwelle wie Farbkontrast in hohem Maße von der gesamten Farbstruktur abhängen, indem die Schwelle ein Minimum, der Kontrast ein Maximum erreicht, wenn diese maximal einfach geworden ist (In- und Umfeld helligkeitsgleich).

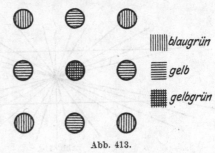

blaugrün

gelb

gelbgrün

Abb. 413.

25. Einfluß des Feldes auf die Figuren. Optische Täuschungen. II. Teil.

Da wir Beispiele für Niveauwirkungen schon im Abschn. 18 gegeben haben, beschränken wir uns auf Feldwirkungen im engeren Sinne. Solche sind bei der optischen Wahrnehmung von Bewegung häufiger studiert worden (vgl. den entsprechenden Abschnitt S. 1184 und 1194). Von anderen Gebieten führen wir hier zunächst Versuche von FLÜGEL und McDOUGALL[5] an, in denen die Abhängigkeit der scheinbaren Länge einer geraden Strecke von der Größe des quadratischen Grundes, auf dem sie lag, geprüft wurde. Die Vpn. hatten die Aufgabe, eine auf einem diffus erhellten Quadrat in verschiedener Lage erscheinende Strecke einer Normalstrecke gleichzumachen, die auf einem Quadrat von 17,5 cm Seitenlänge lag und entweder gleichzeitig mit der anderen dargeboten wurde, oder deren Einstellung vorher eingeübt worden war. Die folgende Tabelle, die aus den Simultanversuchen stammt, bei denen die Normalstrecke 5 cm lang war, zeigt, daß die Strecke auf den großen Quadraten zu groß, auf den kleinen zu klein gemacht wurde, d. h. daß die objektiv normale im ersten Fall zu klein, im zweiten zu groß erschien. Es besteht also eine deutliche Abhängigkeit vom Feld, der Gang

Quadratseite	25	22,5	20	17,5 (N)	15	12,5	10
Eingestellte Streckenlänge	5,28	5,35	5,15	5,03	4,89	4,78	4,54

der Zahlen deutet aber schon an, daß die Funktion nicht monoton verlaufen wird, daß vielmehr das Maximum der Verkleinerung beim größten Quadrat

---

[1] SEIFERT: Z. Psychol. 78, 118. — In einer von FUCHS übernommenen Anordnung hat B. TUDOR-HART Versuche gemacht, um die Stärke der Angleichung zu messen. Dabei hat sich die Art der Gestaltbindung als wesentlicher Faktor für die Stärke der Angleichung erwiesen. Psychol. Forschg 10, 255—273 (1928).
[2] FUCHS: Z. Psychol. 91 (1923). Vgl. dazu auch H. HENNING: Ebenda 86 (1921) u. TUDOR-HART: S. 273—298. Zitiert in Anm. 1.
[3] ACKERMANN: Psychol. Forschg 5 (1924).
[4] EBERHARDT: Psychol. Forschg 5 (1924).
[5] FLÜGEL u. McDOUGALL: Brit. J. Psychol. 7, 371ff.

schon überschritten ist. Bei sehr viel größeren Quadraten wird sich vermutlich die Richtung des Einflusses umkehren.

Bekannter sind die Richtungsveränderungen, die durch Feldeinflüsse hervorgerufen werden und die in einer Anzahl von optischen Täuschungen zutage

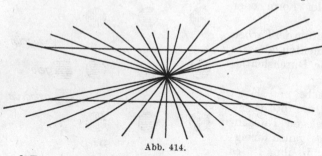

treten. Ich erinnere an die Zöllnersche (vgl. Abb. 396 S. 1251) und die Heringsche Figur (Abb. 414) und die von Fraser veröffentlichten Muster, von denen wir ein sehr einfaches hier wiedergeben[1] (in der Form von Hofmann, Abb. 415). Heringsche

Abb. 414.

und Zöllnersche Figur sind auch positiv mit stroboskopischer Methode untersucht worden (Bühler, Wingender[2]).

Aus den zahlreichen Untersuchungen über die Zöllnersche Figur erwähnen wir die folgenden Resultate: 1. Die Täuschung hat Minima bei horizontaler und vertikaler Lage der Hauptlinien, ein Maximum, wenn sie um 45° geneigt sind (Hering u. a.); sie ist bei Horizontallage noch kleiner als bei Vertikallage, wie schon Zöllner gefunden und neuerdings Giese[3] bestätigt hat. Das zeigt aufs

Abb. 415.

neue die uns bekannte Auszeichnung der zwei Hauptrichtungen. 2. Wie Witasek[4] feststellte und Benussi[5] bestätigte, ist die Täuschung bei haploskopischer Darbietung geringer als bei gewöhnlicher (monokularer oder binokularer). Schon Witasek sah darin ein beweisendes Argument gegen die Theorie der Urteilstäuschungen. 3. Blatt[6] hat sukzessiv zuerst die Neben-

linien und dann die Hauptlinien dargeboten. Auch dann trat u. U. die Täuschung noch auf, es mußten die Nebenlinien durch längere Expositionszeit oder größere Intensität ausgezeichnet sein. Das Intervall zwischen der Exposition der Neben- und Hauptlinien, bei dem die Täuschung noch auftrat, variierte mit der Intensität der Nebenlinien, es betrug bei mittlerer 128 σ, bei großer 166 σ. Verlängert man die Expositionszeit der Hauptlinien, so erscheinen diese zuerst geneigt, um sich dann gerade zu richten. 4. Giese[7] hat die Täuschung bei simultaner

[1] Man vergleiche den interessanten Aufsatz von J. Fraser in Brit. J. Psychol. 2 (1906/08). Die hier wiedergegebene Täuschung scheint mir wesentlich auf Feldeinflüssen zu beruhen. Die anderen, krasseren, werden durch solche zwar verstärkt, sind aber auch im homogenen Feld deutlich und beruhen auf der Art der Konturierung (mehrere Figuren sind in Hofmanns Raumsinn auf Tafel 1 abgebildet). Da man noch nicht genug Tatsachen kennt, um diese Täuschungen zu erklären, habe ich sie im Abschn. 21 nicht erwähnt.

[2] Wingender: Z. Psychol. 82. — Wingender hat ebenso auch eine interessante Variante der Zöllnerschen Figur geprüft, S. 29.

[3] Giese: Psychol. Stud. 9 (1914). Dort auch ausführliche Literaturangaben.

[4] Witasek: Z. Psychol. 19 (1899).

[5] Benussi: Z. Psychol. 29 (1902).

[6] Blatt: Pflügers Arch. 142 (1911).

[7] Giese: Psychol. Stud. 9.

und sukzessiver Darbietung von nur zwei Hauptlinien verglichen. Die Täuschung war im ersten Fall, und zwar bei verschiedenen Figuren (s. unten) fast durchweg größer, nur bei monokularer Betrachtung der gewöhnlichen Figuren war es bei zwei von seinen drei Vpn. umgekehrt. 5. GIESE experimentierte auch mit Figuren, in denen nur die eine der beiden Hauptlinien mit Nebenlinien versehen war. Bei dieser Form war die Täuschung nur monokular geringer als bei der normalen, binokular nicht. Hier hatte die Täuschung nur dann ein Minimum, wenn in den Sukzessivversuchen zuerst die einfache und dann die mit Nebenlinien versehene Strecke gezeigt wurde. 6. BENUSSI[1] hat durch Variation der Farbe des Musters bei Konstanthaltung der figuralen Momente Schwankungen in der Größe der Täuschung erzielt, die die durch Variation der räumlichen Faktoren bewirkten an Ausmaß übertreffen. Er variierte einerseits die Farb- und Helligkeitsverschiedenheit zwischen ganzer Figur (Haupt- und Nebenlinien) und Grund andererseits, indem er zweifarbige Muster benutzte, den ihrer zwei Bestandteile (Haupt- und Nebenlinien). Von seinen Resultaten scheinen mir die folgenden am wichtigsten: a) verringert man bei einfarbigen Mustern die Verschiedenheit zwischen Figur und Grund, so geht die Täuschung zurück; sie erreicht bei einem bestimmten, relativ kleinen Wert ein Minimum, um bei noch kleinerem wieder zu steigen; b) das absolute Maximum ist mit einfarbigen Mustern überhaupt nicht zu erzielen. Vielmehr kann man, wenn man ein einfarbiges Muster, auch des höchsten bei solchen zu erreichenden Täuschungsbetrags, vor sich hat, die Täuschung dadurch erhöhen, daß man die Verschiedenheit Grund-Nebenlinie vergrößert, die zwischen Grund- und Hauptlinien verringert. Würde es sich, so muß ich schließen, bei der ZÖLLNERschen Figur, wie bei den im Abschn. 23 besprochenen, um möglichst einheitliche Figurbildung zwischen Haupt- und Nebenlinien handeln, so müßte das Täuschungsmaximum bei einfarbigen Figuren liegen (Gesetz der Gleichheit). Was hier vorliegt, ist der folgende Tatbestand: die Gestaltfestigkeit irgendeiner Figur ist eine direkte Funktion des Gefälles, mit dem sie sich von ihrer Umgebung abhebt. Wird dies Gefälle klein, so verliert die Figur mehr und mehr an Stabilität und unterliegt äußeren Feldeinflüssen nach der Maßgabe deren Stärke. Daher wird die Täuschung größer, wenn die Querlinien nicht selbst durch zu geringe Verschiedenheit vom Grund zu „weich" werden. Dies führt uns zurück zu der Diskussion von Farb- gegen Helligkeitsverschiedenheiten für die Figurabgrenzung (s. oben S. 1240). Was passiert, wenn man etwa die ZÖLLNERsche Figur farbig auf helligkeitsgleichem Grund bietet? LEHMANN hat diesen Versuch zuerst ausgeführt und dabei gefunden, daß die Täuschung verschwindet, worin er einen Beweis dafür sah, daß diese Täuschung (wie einige andere) lediglich auf Irradiation beruhe. Durch die Versuche von LIEBMANN[2] ist aber nun bewiesen, daß die Sachlage nicht so einfach ist. Denn durch Helligkeitsgleichheit von Figur und Grund werden ja die figuralen Eigenschaften selbst entscheidend beeinflußt. Tatsächlich ergab sich: „Ob eine bestehende Täuschung im kritischen Stadium vergrößert oder verkleinert erscheint oder Null wird, hängt wesentlich davon ab, welche figuralen Veränderungen im kritischen Stadium phänomenal vorliegen[3]." 7. v. SZILY[4] fand bei Blickbewegungen über Muster, die dem ZÖLLNERschen ähnlich sind, Bewegungsvorgänge im Felde, die zur Täuschung in enger Beziehung stehen.

---

[1] BENUSSI: Z. Psychol. **29**.

[2] LIEBMANN: Psychol. Forschg **9**, 300ff. (1927). Im Anfang der Arbeit eine ausführliche Darstellung der historischen Lage mit zahlreichen Literaturnachweisen.

[3] LIEBMANN: S. 318.

[4] v. SZILY: Z. Psychol. **38**, 139ff. (1905). — Die obenerwähnten intrafiguralen Bewegungen EHRENSTEINS sind, wie auch GATTI hervorhebt, nichts anderes als diese Erscheinung.

Alle diese Tatsachen scheinen mir zu beweisen, daß es sich hier um den Einfluß des Feldes handelt, der das Verschwinden des Reizes überdauert, und dem sich die Hauptlinien um so mehr entziehen, je wirksamer sie sind.

Anhangsweise erwähne ich die dem ZÖLLNERschen Muster verwandte „verschobene Schachbrettfigur". Sie ist aber in bezug auf die Figur-Grundstruktur mehrdeutig (s. oben Abschn. 16), und von der jeweiligen Erscheinungsweise hängt, wie wieder BENUSSI[1] gezeigt hat, der Ausfall der Täuschung ab.

Ungewöhnlich starke Formverzerrungen erleiden Figuren auf prägnant gemustertem Grund. Das zeigt schon die oben abgebildete FRASERsche Figur (Abb. 415). Man kann aber den Grund noch sehr viel einfacher mustern und doch noch sehr starke Effekte erhalten, indem man eine einfache Figur, Kreis, Dreieck, Quadrat, konzentrisch vervielfältigt und auf dieses geformte Schraffenmuster eine andere Figur zeichnet[2]. GATTI, der viele solcher Figuren mit verschiedenen Methoden untersucht hat, bringt sie in Zusammenhang mit den Täuschungen, welche dadurch entstehen, daß sich zwei Formen überschneiden. Er leitet für diese den Satz ab, daß die prägnantere Form weniger, die weniger prägnante mehr verzerrt wird, und sieht nun in den Schraffenmustern nur eine Steigerung der Prägnanz der einen Form. Mir scheint aber dabei übersehen, daß das bei nur zwei Figuren bestehende Verhältnis Figur-Figur in den Schraffenmustern umschlägt in das Verhältnis Figur-Grund, wo die nach GATTI prägnantere Form den Grund bildet. Er versucht die Täuschungen in einer mir nicht durchsichtigen Weise dann aus seinen oben besprochenen Prinzipien abzuleiten[3]. Bedeutsamer als der positive Teil scheint mir der kritische zu sein. GATTI verwirft die Erklärung dieser Täuschungen und der ZÖLLNERschen als Winkeltäuschungen. Dabei hat er den ausgezeichneten Gedanken, die bei der α-Bewegung auftretenden Erscheinungen als Kriterium für die tatsächlich vorhandenen Kräfte und ihre Wirkungen zu benutzen[1]. Indem er bei konstant sichtbarer einfacher Figur die Schraffenmuster hinzufügt oder fortnimmt, sieht er die Figur ihre normale Form verändern und wieder annehmen, und dabei geht der ganze Prozeß im Innern der Kontur selbst vor, die Winkel, die der Kontur mit den verschiedenen Schraffenfiguren bildet, spielen phänomenal gar keine Rolle. Allgemein interpretiert heißt das: die Abweichungen entstammen nicht einer Reihe sich summierender Winkelwirkungen, sondern der Kontur erleidet als Ganzer durch den Grund als Ganzen — und je nach seiner Lage zum Grund — Veränderungen seiner Form.

IV. Die inneren Bedingungen und ihre Wirkung.

26. Die Momentanbedingungen; Aufmerksamkeit, Einstellung.

Wenn wir jetzt noch kurz auf die Wirkung der inneren Bedingungen eingehen, so werden wir die relativ stabilen hier außer Betracht lassen. Ihre Besprechung würde einerseits auf eine Individual-, andererseits auf eine Patho-

---

[1] BENUSSI: Z. Psychol. **45**.

[2] Vgl. GATTI: S. 31 ff. Zitiert auf S. 1253, Anm. 5. — Als „andere" Figur wirkt schon das liegende gegenüber dem auf der Spitze stehenden Quadrat, überhaupt schon irgendeine Verdrehung der Hauptrichtung der im Schraffenmuster verwendeten Form. Ähnliche Figuren bei EHRENSTEIN (S. 350 f., zitiert auf S. 1261, Anm. 1).

[3] Das gilt besonders auch für die ZÖLLNERsche Täuschung, die er von den Schraffenfiguren aus erklärt.

[4] GATTI: S. 40 ff. Zitiert auf S. 1253, Anm. 5. Unter α-Bewegung verstehen wir diejenigen Bewegungsvorgänge, die ohne Veränderung der lokalen Reize nur durch Veränderung der phänomenalen Gegenstände erfolgen. Es sind dies die im Anfang von Abschnitt 22 besprochenen, meist stroboskopisch erzeugten Bewegungen. Vgl. das Kapitel über die Wahrnehmung von Bewegung, Abschnitt 8, S. 1180.

Psychologie hinauslaufen, die beide nicht in diesen Rahmen gehören. Wir haben es dann noch mit zwei Gruppen von Bedingungen zu tun, den Momentan- und den empirischen Bedingungen (s. oben Abschn. 2).

Als Momentanbedingungen bezeichnen wir Aufmerksamkeit und Einstellung sowie die Ermüdung. Daß natürlicherweise die Aufmerksamkeit vom Objekt her bestimmt ist, haben wir schon gesehen. Sie kann aber auch anders, z. B. willkürlich, festgelegt werden. Ist sie anders als von der Figur gefordert, so hat das entweder, bei sehr stabilen Figuren, gar keinen Einfluß, oder aber es entsteht eine andere Figur mit anderen Eigenschaften. Einige Beispiele für das letzte. Die Abb. 56[1] erscheint als Quadrat mit krummen Seiten. Legt man nun das Gewicht in die von links unten nach rechts oben führende Diagonale, so sieht man eine total andere Figur: einen „Drachen". Wie verschieden die zwei Figuren sind, ergab die HARTMANNsche Verschmelzungsprobe (s. oben S. 1228). Die kritischen g waren für das „Quadrat" 122 σ, für den „Drachen" 111 σ[2]. Ferner berichtet LEESER[3] folgendes: Ein im Dunkeln exponiertes, auf der Spitze stehendes Quadrat erschien als Rhombus, wenn man die beiden oberen zusammenstoßenden Seiten, als Rechteck, wenn man zwei gegenüberliegende Seiten hervorhob.

Abb. 416.

Vor allem aber gehört hierher die Wirkung des „analysierenden Verhaltens". Schon längst ist bekannt, daß man die optischen Täuschungen durch analytisches Verhalten beträchtlich reduzieren, ja zum Verschwinden bringen kann. Das zeigte sich auch in den oben (Abschn. 23, S. 1257) besprochenen Versuchen von SCHWIRTZ, in denen hypnotische Suggestion zur Analyse die MÜLLER-LYERsche Täuschung stark verringerte, während, wie wir sahen, ein Wegsuggerieren der Nebenlinien sie unverändert ließ. SCHWIRTZ schließt hieraus mit Recht, „daß die Abstraktion von den Ansätzen nicht gleichbedeutend ist mit dem Wegsuggeriertsein derselben"[4]. Analyse heißt eben: Schaffung von Bedingungen, durch welche die einzelnen Figurteile mehr oder weniger voneinander isoliert werden und daher weniger starke Einwirkungen voneinander, bzw. vom Ganzen, erfahren, wie schon WINGENDER[5] betont. Das natürliche Verhalten ist das aber nicht, wie schon aus den oben erwähnten Versuchen an Kindern hervorgeht. Natürlicherweise wirken nicht zu komplizierte Figuren als Ganze. Freilich sind wir sehr geübt und gewohnt zu analysieren, so daß nicht sehr feste Gestalten relativ leicht in ihre „guten", d. h. durch die Gliederung der Ganzfigur gegebenen Teile, zerfallen. Man kann das verhüten, indem man vorgängig ein möglichst entgegengesetztes Verhalten einnimmt: man läßt das Ganze möglichst gleichmäßig auf sich wirken. Nennen wir dies mit einem möglichst neutralen Ausdruck „globale Einstellung". Den Unterschied der analytischen und globalen Einstellung hat zuerst BENUSSI in seiner ganzen sachlichen und methodischen Bedeutung klar erkannt; er spricht von A- (Analyse-) und G- (Gestalt-) Reaktion. Er hat auch quantitative Messungen über die Wirkungsweise dieser Einstellungen durchgeführt und dabei die Tatsache der *zweifachen Übung*[6] konstatiert. Man

[1] Aus BÜHLER: Gestaltwahrnehmungen, S. 94.

[2] HARTMANN, L.: Psychol. Forschg **3**, 359.

[3] LEESER: Z. Psychol. **74**, 84.

[4] SCHWIRTZ: Arch. f. Psychol. **32**, 394. — Durch diesen Tatbestand widerlegen sich auch die Einwände, die SCHUMANN (Z. Psychol. **30**, 336f.) gegen die Beweiskraft der älteren Hypnoseversuche von STADELMANN erhoben hatte.

[5] WINGENDER: Z. Psychol. **82**, 28. — Vgl. auch IPSEN: S. 209ff. Zitiert auf S. 1253, Anm. 4. Analytische Einstellung vermochte in seinen Versuchen aber die SANDERsche Täuschung nur um 8,3% zu reduzieren, während sie, wie wir oben sahen, durch prägnant andere Gestaltfassung um 115,7% vermindert wurde.

[6] BENUSSI: Vgl. z. B. Arch. f. Psychol. **32**, 409.

kann sich nämlich nicht nur, was längst bekannt war, im Analysieren üben und dadurch die Täuschung zerstören, sondern auch umgekehrt in der *G*-Reaktion. Dadurch wächst die Täuschung bis zu einem durch weitere Übung nicht überschreitbaren Maximum. Wie ist das mit unserer Annahme von der ursprünglichen Ganzwirkung der Figuren zu vereinbaren? Wir müssen dazu die betreffenden Figuren selbst betrachten, und sehen dann, daß sie selbst Bedingungen setzen, die nicht alle Figurteile gleichwertig erscheinen lassen, ganz von selbst sieht man meist „Haupt"- und „Neben"linien, und diese Bevorzugung der Hauptlinien wird durch den Vergleich zweier Figuren, der meist zu leisten ist, noch begünstigt. Die *G*-Reaktion hebt dann diese ursprüngliche Ungleichmäßigkeit ganz, oder doch so weit wie möglich, auf. — Aber auch über die *A*-Übung sind besondere und ergebnisreiche Versuche angestellt worden, und zwar von E. O. Lewis[1] an der Müller-Lyerschen Figur. Es ergab sich: während die Täuschung bei Dauer-Exposition durch fortgesetzte *A*-Übung immer kleiner wurde und schließlich verschwand, blieb sie *gleichzeitig* in tachistoskopischen Versuchen unverändert erhalten. Hieraus folgt wieder, daß das Zustandekommen der Täuschung, bzw. der Gestalt, aus der sie hervorgeht, nicht auf einem besonderen psychischen Vorgang beruht[2].

27. Die empirischen Bedingungen.

Es erhebt sich die Frage, was denn nun diese Einstellungen und Aufmerksamkeitsverteilungen eigentlich sind. Sie als gänzlich neue, zu den Gestaltprozessen additiv hinzutretende Faktoren anzusehen, das paßt so gar nicht zum Grundcharakter der hier vertretenen Theorie.

Aber ehe wir auf diese Frage näher eingehen, müssen wir uns zu den empirischen Bedingungen wenden. Wir geben zunächst einige Beispiele dafür, wie eine bestimmte Reaktion des Systems seine späteren Reaktionen beeinflußt, und beginnen mit der von Rubin so genannten *figuralen Nachwirkung*[3]. Rubin führte seinen Vpn. eine Reihe von Mustern vor, die in bezug auf die Figur-Grundstruktur doppeldeutig sind (ein Beispiel gibt Abb. 372 a S. 1224), und forderte die Vp. vor jeder Exposition auf, die demnächst erscheinende Figur entweder positiv oder negativ zu sehen, wobei positiv heißt: umschlossenes Feld als Figur, negativ: umschließendes Feld als Figur. Später führte er die gleichen Figuren mit einigen neuen vermischt ohne vorhergeschickte Instruktion vor und fand, daß in der Mehrzahl der Fälle die alten Muster jetzt spontan ebenso (+ bez. —) erschienen wie bei der ersten Darbietung, und das, obwohl die positive Form an sich leichter auftrat als die negative Form. Die erste negative Reaktion hat also die Systembedingungen so verändert, daß die vom Reiz aus weniger naheliegende Figur zustande kam[4].

---

[1] Lewis, E. O.: Brit. J. Psychol. **2** (1906/08).

[2] Die gegenteilige Auffassung Benussis habe ich ausführlich in Z. Psychol. **73**, 57ff. diskutiert. Dort stütze ich mich auch auf die Tatsache, daß selbst bei ausgesprochener *A*-Reaktion die Täuschung nur in den seltensten Fällen ganz verschwindet. Das dürfte aber nicht der Fall sein, wenn eine eigene (*G*-) Verhaltungsweise zum Zustandekommen der Täuschung notwendig wäre. — Man kann Isolierung von Teilen bzw. Zusammenhalt des Ganzen auch durch objektive Mittel befördern, und gerade Benussi ist in dieser Hinsicht sehr erfinderisch gewesen; aber es ist wieder ebenso unerlaubt, zu schließen, daß solche Mittel nur *indirekt* wirken, indem sie das innerliche Verhalten des Beobachters bestimmen. (Vgl. Benussi: Arch. f. Psychol. **32**, 406/7, und oben Abschn. 23, S. 1257.)

[3] Rubin: Visuell wahrgenommene Figuren, S. 6ff.

[4] Durch Gottschaldts neue Versuche ist diese Deutung freilich wieder zweifelhaft geworden. Denn er konnte durch „Neutralisation" der „inneren Situation" das Rubinsche Resultat zum Verschwinden bringen. Das Problem der Erfahrungswirkung selbst ist durch diese wichtige Untersuchung noch dunkler geworden [Anm. bei der Korrektur].

Ein anderes Beispiel aus den Versuchen von LINDEMANN über γ-Bewegung. Bot er regellose Punkthaufen tachistoskopisch dar, so bildet sich in ihnen bald eine Gruppe von Dreiecken oder Vierecken aus. ,,Drehen wir unsere Punkthaufen um 90°, so treten im allgemeinen dieselben Figuren an denselben Stellen auf. Es entsprechen ihnen also objektiv andere Punkte, die auch objektiv nicht die gleichen Figuren bilden[1]."

Endlich verweise ich auf die KÖHLERsche Untersuchung der sog. Zeitfehler[2], in der an einem relativ einfachen Fall die Systemveränderungen verfolgt werden. Hier findet man auch eine physiologische Hypothese.

Die Wirkung der empirischen Bedingungen erstreckt sich aber viel weiter. Jeder Versuch findet ja an einem durch seine Lebenserfahrung veränderten Individuum statt, die Erfahrungen gehen also auch als Bedingungen in die Reaktionen ein. So ist bekannt, daß einfache geometrische Figuren von vielen Menschen sofort als bekannte Gegenstände gedeutet werden. Die Menschen sind hierin individuell stark verschieden (KATZ[3]), bei Kindern ist diese Art der Wahrnehmung, die WULF[4] als *komprehensive* im Gegensatz zur *isolativen* bezeichnete, noch ausgeprägter als bei Erwachsenen (GRANIT[5]). Zwischen der komprehensiven und der oben besprochenen globalen Reaktion besteht ein Zusammenhang. Nur wenn auf das Ganze reagiert wird, können für das Ganze die Systembedingungen von früheren Erfahrungen zur Geltung kommen. Das Verhalten der Jugendlichen zeigt uns also auch hier, daß das Ursprüngliche die Gesamtreaktion ist[6].

Worauf beruht nun die komprehensive Auffassung, die nach alter Theorie eine Assimilation darstellt? Anders gefragt, worin bestehen die empirischen Systembedingungen? Wenn wir eine optische Form wahrnehmen, so vollzieht sich in uns ein gestalteter Prozeß. Gedächtnis heißt nun: eine Leistung, die ein Organismus einmal vollbracht hat, geht ihm nicht verloren. Im Fall unserer Wahrnehmung bleibt also eine *Gestaltsdisposition* zurück, eine Veränderung, die selbst Gestalteigenschaften besitzt und bewirkt, daß eine ihr entsprechende Gestalt relativ begünstigt ist, auch unter Bedingungen auftritt, die ohne die Disposition einen anderen Gestaltprozeß hervorrufen würden. Also unsere Reaktionen, isolative wie komprehensive, sind von solchen Gestaltdispositionen abhängig, aber nicht von den gleichen. Diese sind von einem anderen und viel größeren Gebiet her beeinflußbar als jene[7]; und wie wir bis zu einem gewissen Grade die A- und G-Reaktion willkürlich beeinflussen können, so auch die isolative und komprehensive. An dieser ist ,,mehr vom Individuum" beteiligt als von jener.

Daß es sich nun wirklich um *Gestalt*dispositionen handelt, das wird durch die Versuche von WULF bewiesen, der einfache geometrische Figuren vorzeigte und nach verschiedenen Zwischenzeiten zeichnerisch wiedergeben ließ. Er fand, daß allgemein die Wiedergaben mehr und mehr von der Vorlage abwichen, und zwar in dem Sinn, in dem schon die erste, gleich nach der Betrachtung ausgeführte abgewichen war. In diesen fortschreitenden Veränderungen offenbarte

---

[1] LINDEMANN: Psychol. Forschg **2**, 42. — Im Abschnitt über die Wahrnehmung von Bewegungen sind ähnliche Fälle dargestellt. Vgl. S. 1188.

[2] KÖHLER: Psychol. Forschg **4**.

[3] KATZ: Z. Psychol. **65** (1913).

[4] WULF: Psychol. Forschg **1**, 349 (1922).

[5] GRANIT: Brit. J. Psychol. **12**, 236, 242.

[6] Auch die ausgedehnten Versuche von JAENSCH und seinen Schülern über die sog. Eidetiker weisen eindeutig in diese Richtung, doch können wir auf sie an dieser Stelle nicht näher eingehen. Man vgl. den Sammelband: Über den Aufbau der Wahrnehmungswelt und ihre Struktur im Jugendalter. Leipzig 1923.

[7] Vgl. auch die Ausführungen von A. MICHOTTE über *Organisation, Intuition* und *Signification*. VIII. Internat. Congr. of Psychol. Groningen 1927, 166—174.

sich die uns bekannte Tendenz zur Prägnanz in verschiedener Form. Lindemann prüfte an einigen der Wulfschen Muster die γ-Bewegung und fand, daß
ihre Richtung mit der Veränderungsrichtung in Wulfs Versuchen überein-
stimmte[1].

Näher auf diese Dinge einzugehen, würde uns zu weit in die Gedächtnis-
psychologie führen. Statt dessen können wir jetzt zu unserer Frage nach der
Natur der Aufmerksamkeit zurückkehren. Von einer Leistung bleibt eine Ge-
staltdisposition zurück, durch die alle solche Prozesse gefördert werden, die die
allgemeinen Gestalteigenschaften der ursprünglichen Leistung besitzen. Psychologisch gesprochen: mehr noch als die Einzelheit behält man das Prinzip, „den
Witz" der Sache. Ich verweise noch einmal auf Köhlers Untersuchungen an
Menschenaffen.

Es gibt nun vielerlei Gestalten, stark einheitliche und solche mit heraus-
springenden Teilen. Von diesen werden also Dispositionen zurückbleiben, die
ganz allgemein das Hervortreten von Teilen begünstigen; es werden ihnen zufolge auch Muster, die ursprünglich sehr geschlossene Gestalten ergaben, mehr
analytisch gesehen werden können. Allgemein gesprochen: auch das, was wir
Aufmerksamkeit, Einstellung, genannt haben, muß sich letzten Endes auf Gestaltdispositionen zurückführen lassen. Indem wir eine bestimmte „Auffassung"
intendieren, verstärken, aktualisieren wir die Wirkung solcher Gestaltdispositionen
für Gewichtsverteilung und erzielen daher besondere Reizerfolge[2]. Nirgends aber
durchbrechen wir das Schema, das uns die Wahrnehmungsprozesse in Abhängigkeit von ihren Bedingungen zeigte (s. oben Abschn. 2).

28. Ermüdung.

Auch durch Ermüdung werden Gestaltprozesse verändert. Wir unterscheiden
drei Fälle: a) Gestalten, die nur unter künstlichen Bedingungen zustande kommen
(starke G-Reaktion), während die Reize keine Anregung zu klarer Gestaltung
bieten, zerfallen im ermüdeten Zustand in Und-Verbindungen. So sinnlose Silben
in den Gedächtnisversuchen von Frings[3]. b) Sind die Bedingungen so gewählt,
daß die reizbedingte Gestalt an der Grenze der Leistungsfähigkeit des Organismus
liegt, so wird die Gestalt durch Ermüdung chaotisch. So nicht ganz einfache
Figuren in den Hemianopsiefällen von Fuchs[4]. Dies Chaotischwerden, als „Gewirr"-
erscheinen, ist aber etwas ganz anderes als das Auftreten der „nichtkollektiv
aufgefaßten Elemente". G. E. Müller hat aus den Fällen a und b geschlossen,
daß „die kollektive Auffassung einer Anzahl von Gliedern oder Elementen im
Vergleich zu der singularen Auffassung derselben *die höhere, eine stärkere Anspannung erfordernde Leistung*" ist[5]. Dieser Schluß ist aber nicht erlaubt, denn
im Falle b treten gar nicht die „Elemente" an die Stelle des „Komplexes", der
Fall a ist ein Spezialfall, der nicht verallgemeinert werden darf.

Es gibt aber noch c) Fälle, in denen mehrere Gebildefassungen möglich
sind. Hier wird nun durch Ermüdung nicht die Entstehung einheitlicher

---

[1] Vgl. auch die eben erschienene Arbeit von J. J. Gibson: J. of exper. Psychol. **12**,
1—39 (1929) [Anm. bei der Korrektur].
[2] Dieser Vorgang hat natürlich auch eine „subjektive", egozentrische Seite. Aber die
Theorie der Willenshandlungen gehört nicht in diesen Artikel.
[3] Frings: Arch. f. Psychol. **30** (1913).
[4] Fuchs: Psychol. Forschg **1**, 184 (1921).
[5] Müller, G. E.: Komplextheorie usw., S. 16. — Ähnlich glaubt Spearman, daß im
Anfang jede seelische Reaktion auf einen einzelnen Sinnesreiz ohne Verbindung mit allen
anderen stattfindet; jede solche Reaktion sei eine besondere seelische Gegebenheit. The
Nature of Intelligence and the Principles of Cognition, S. 244. London 1923.

Gebilde überhaupt gestört, sondern nur die der weniger naheliegenden, so daß die natürlichen sogar noch stabiler werden[1].

29. Nativismus — Empirismus.

Zum Schluß ein kurzes Wort über Nativismus und Empirismus[2]. Nach den hier dargelegten Prinzipien müssen wir unseren Standpunkt gegenüber dieser Alternative revidieren. Sowohl Nativismus wie Empirismus haben in aller wirklichen Erfahrung empfindungsmäßige und erfahrungsmäßig dazukommende Teile unterschieden, der Streit drehte sich darum, wieviel bzw. was empfindungsmäßig, angeboren, bildungsgesetzlich festgelegt war. Erfahrung war stets summativ gedacht: zu dem Angeborenen tritt Erworbenes hinzu.

Ganz anders in der Gestalttheorie. Nach ihr ändert die Erfahrung das System nicht so, daß Altes plus Neuem geschieht, sondern so, daß *Anderes* geschieht, und diese Veränderungen sind gesetzlich von dem jeweiligen Geschehen und seinen Systemgrundlagen abhängig. Zu einer bestimmten Höhe optischen Erfassens gehört ein bestimmtes System. Erreicht ein System diesen Standard nicht, so kommt die geforderte Leistung nicht zustande. Jede Leistung verändert aber das System, so daß es als Neues der Außenwelt gegenübersteht, auf die es aber nun genau so unmittelbar reagiert wie zuvor. Ein Beispiel! Ein älteres Kind erkennt eine Figur, die es früher nicht erkannt hat; das beruhe auf Erfahrung[3]. Aber wie? Die alte Auffassung sagt: der jetzt genau so wie früher auftretende Empfindungskomplex wird durch Erfahrung, Assoziation, ergänzt. Die unsere sagt: Durch seine Erfahrung ist das System so verändert worden, daß es der gleichen Reizkonstellation gegenüber jetzt eine klare Gestaltreaktion zustande bringt, auf die es früher mit mehr oder weniger chaotischen Prozessen geantwortet hat.

Zu beweisen ist die neue Anschauung dadurch, daß man zeigt: Erfahrung im Sinne bloßer, stückhafter Assoziation gibt es gar nicht; Erfahrung setzt Gestaltbildung voraus, also die Entstehung gerader solcher Prozesse, die der Empirismus durch Erfahrung erklären will.

---

[1] Vgl. hierzu auch die Ausführungen von Köhler: Psychol. Forschg 6, 373f. (1925) und von Sander: Kongr.-Ber. S. 34, A. 3, die beide gegen Müllers Satz entschieden Stellung nehmen.

[2] Man vgl. hierzu auch die Aufsätze von E. R. Jaensch in Z. Sinnesphysiol. 52 (1921) und Z. Psychol. 92, beide in dem auf S. 1249, Anm. 6, zitierten Sammelband enthalten, S. 149ff. und 357ff.

[3] Es kann auch auf bloßer Reifung beruhen.

Die Schutzapparate des Auges.

Von

OTTO WEISS

Königsberg.

Mit 15 Abbildungen.

Zusammenfassende Darstellungen.

FRERICHS: Tränensekretion. Handwörterbuch der Physiol. 3 I, 617—630. Herausgegeben v. R. Wagner 1846. — FICK, A.: Umgebung des Augapfels. Handbuch der Physiol. 3 I, 35—39. Herausgegeben v. L. Hermann 1879. — HEIDENHAIN, R.: Die Tränendrüse. Handbuch der Physiol. 5 I, 90. Herausgegeben v. L. Hermann 1883. — WEISS, O.: Die Schutzapparate des Auges. Handbuch der Physiol. d. Menschen 3, 469—475. Herausgegeben v. W. A. Nagel 1904. — SCHIRMER, O.: Mikroskopische Anatomie und Physiologie der Tränenorgane. Graefe-Saemischs Handb. d. ges. Augenheilk., I. T., 1, VII. Kap., 1, 89 (1904).

Durch seine Lage im Innern der Augenhöhle ist der Bulbus gegen manche Insulte geschützt. Dazu findet sich noch eine Reihe von Vorrichtungen, welche geeignet sind, das Auge gegen mechanische und chemische Einwirkungen und gegen übermäßigen Lichteinfall zu sichern. Diese Schutzapparate sind: Brauen, Wimpern, Lider, Tränenapparat.

Die Anatomie dieser Gebilde kann hier nicht erörtert werden, es sei auf die vorzügliche Darstellung von MERKEL und KALLIUS[1] verwiesen.

A. Die Brauen und Wimpern.

Brauen und Wimpern schützen vor dem Eindringen von Staubpartikeln in den Conjunctivalsack. Sie sind Tastapparate; die Tastorgane der Wimpern sollen nach EXNER[2] alle übrigen Tastorgane des Körpers an Empfindlichkeit übertreffen. Die Bedeutung dieser Eigenschaft für den Schutz des Auges bedarf keiner Erörterung.

Brauen- und Wimperhaare werden durch besondere Haarbalgdrüsen eingefettet. Infolge dieses Fettüberzuges läuft der Schweiß nicht von der Stirn direkt ins Auge, sondern rinnt den Bogen der Brauen entlang an der Schläfe oder über die Glabella an der Nase herab.

Die Lebensdauer eines Wimperhaares beträgt nach DONDERS[3] 100—150 Tage.

B. Die Augenlider.

Es ist allgemein bekannt, daß der Bulbus oculi willkürlich jeden Augenblick vermittels der Augenlider vollkommen nach außen abgesperrt werden kann. Ohne Einwirkung des Willens geschieht das beim Einschlafen; während des Schlafes bleiben die Lider dauernd geschlossen.

Im Wachzustande tritt der Schluß der Lidspalte unwillkürlich und scheinbar spontan von Zeit zu Zeit ein, und zwar erfolgen beim Menschen die Lidschläge auf beiden Augen gleichzeitig; ebenso verhalten sich Affen und in der Regel Hunde und Katzen. Bei Kaninchen und Meerschweinen, bei Vögeln und auch bei Fröschen dagegen besteht dieser Synergismus zwischen den beiden Lidapparaten nicht (LANGENDORFF[4]).

Auch auf äußere Reize treten Lidschlußbewegungen ein, die völlig unabhängig vom Willen sind, also reflektorische Natur haben. Sie erfolgen sowohl auf Lichtreize als auch auf mechanische, chemische und elektrische Reize hin, welche das Auge und seine Umgebung treffen.

Wir betrachten im folgenden zunächst den Mechanismus der Lidbewegungen, dann ihren zeitlichen Ablauf und endlich die auslösenden Ursachen sowie die Innervationsverhältnisse der Lidbewegungen.

---

[1] MERKEL u. KALLIUS: Graefe-Saemischs Handb. d. ges. Augenheilk., 2. Aufl. (1901).
[2] EXNER, S.: Sitzgsber. d. ksl.-kgl. Ges. d. Ärzte, Wien 1896, Nr. 14.
[3] Zitiert nach WILBRAND u. SAENGER: Neurologie des Auges 1899.
[4] LANGENDORFF, O.: Arch. Anat. u. Physiol. 1888, 144.

I. Mechanik der Lidbewegungen.

Die Lider verdanken ihre Stellungen der Elastizität ihrer Gewebe und der Spannung einer Reihe von Muskeln teils quergestreifter, teils glatter Natur.

Welches die Ruhelage oder die Ruhelagen der Lider sind, ist experimentell nicht sichergestellt. Die Übergänge aus der Offenstellung (Abb. 417) in die Schlußstellung des Lides oder umgekehrt werden durch den M. orbicularis oculi und den Levator palpebrae sup. bewirkt. — Die Lidbewegungen verlaufen also in zwei Phasen, der Lidschließung und der Lidöffnung.

Je nach den Ursachen, welche die Schließbewegungen der Augenlider auslösen, ist der Bewegungstyp verschieden. Infolge der mäßigen Reize, welche im gewöhnlichen Leben beständig durch Verdunstung der Tränen, Abkühlung der freien Bulbusfläche und Belichtung des Auges wirken, erfolgen Lidbewegungen, die man als *Lidschläge* und *Lidschlüsse* bezeichnet. Sie haben vor allem eine Befeuchtung der freien Bulbusfläche zur Folge, welche durch Verteilung der Tränenflüssigkeit bewirkt wird; weiter halten sie für die Dauer der Schließung das Licht vom Auge fern. Auch das ist eine Notwendigkeit, indem die Erregbarkeit der Retina durch jeden Lidschluß wieder hergestellt wird. Bei intensiveren Reizen, z. B. durch starke Belichtung oder Annäherung großer Objekte an das Auge sowie bei starker Reizung des Bulbus oder der Lider, erfolgt eine intensive Schließbewegung, die man als *Zukneifen*

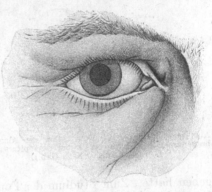

Abb. 417. Auge ruhig geöffnet. (Spiegelbild des linken Auges.) (Nach GAD.)

der Augen bezeichnet. Handelt es sich darum, den Lichteinfall ins Auge zu beschränken oder die Zerstreuungskreise zu verkleinern, so resultiert die Bewegung des *Blinzelns*. Von besonderer Art ist der *dauernde Lidschluß im Schlafe*.

Diese Klassifikation der verschiedenen Lidbewegungen hat zuerst GAD[1] vorgenommen. Bei ihm finden sich auch genaue Angaben über die Muskeln, welche bei den einzelnen Typen der Lidbewegungen in Aktion treten.

1. Lidschlag und Lidschluß.

Den ersten Typ bilden die Lidschlagbewegungen sowohl diejenigen, bei welchen die Lidspalte nicht vollkommen verschlossen wird, als auch die von *Schirmer*[2] als *Lidschluß*bewegungen bezeichneten Lidschläge, welche durch völligen Schluß der Lidspalte charakterisiert sind.

In der Schließungsphase wird das Oberlid zunächst gesenkt, dann nasalwärts gezogen; die gleichzeitige Schließbewegung des Unterlides besteht im wesentlichen in einer nasalwärts gerichteten Verschiebung. Dieser Schließbewegungsvorgang stellt einen synergischen Bewegungskomplex dar, der sich am Oberlide aus einer Erschlaffung des Levator palpebrae sup. und einer Kontraktion des Palpebralis peritarsalis und epitarsalis zusammensetzt, am Unterlide aus einer Kontraktion des Palpebralis epitarsalis. Infolge dieser Bewegungen ist der Sulcus orbitopalpebralis sup. verstrichen, der Lidspalt geschlossen und

---

[1] GAD. J.: Arch. Anat. u. Physiol. **1883**, Suppl., 69—87. — Festschrift f. FICK: **1899**, 31—52.

[2] SCHIRMER, O.: Graefes Arch. **56** II, 197—291 (1903) — Graefe-Saemischs Handb. d. ges. Augenheilk., 2. Aufl., 1. T., **1**, Kap. 7 (1904).

zugleich verkürzt, dabei gegen die Nase hin verzogen. Unterhalb der Lidspalte zeigen sich Falten, die im medialen Lidwinkel zusammenstrahlen (Abb. 418). In der Phase der Öffnung erschlaffen die kontrahierten Muskeln, während der Levator sich kontrahiert. Die Lider kehren oben infolge der Levatorkontraktion, unten durch elastische Kräfte in die Ausgangsstellung zurück.

GAD hat zuerst bewiesen, daß der HORNERsche Muskel an der Lidöffnung nicht beteiligt ist, wie HENKE[1] ange-

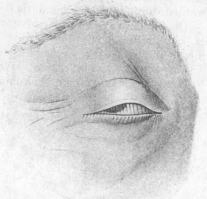

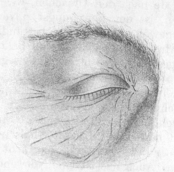

Abb. 418. Dasselbe bei Kontraktion der Augenbrauenzacke des Stirnmuskels und des epitarsalen Lidringmuskels. (Nach GAD.)

Abb. 419. Vollständiger Lidschluß bei alleiniger Kontraktion des epitarsalen Lidringmuskels. (Nach GAD.)

geben hatte. Zum Studium der Funktion dieses Muskels hat GAD seine isolierte Kontraktion an sich selber eingeübt (Abb. 419) und gefunden, daß er Lidschluß und Bewegung der Lidhaut gegen den inneren Augenwinkel während der Kontraktion bewirkt; dagegen die Lidöffnung während der Erschlaffung erfolgt.

2. Zukneifen der Lider.

Einen zweiten Typ des Lidschlusses bildet das Zukneifen der Lider. Diese Bewegung besteht in einem Schließen der Lidspalte mittels Senkung des oberen und Hebung des Unterlides mit einer Verkürzung und nasenwärts gerichteten Verschiebung der Lidspalte. An dieser Bewegung beteiligen sich alle Fasern des Orbicularis palpebralis. Über diesem Verschluß kommt noch ein zweiter zustande, welcher darin besteht, daß über das untere sowohl wie über das obere Lid je eine Hautfalte geschoben wird, welche sich über der geschlossenen Lidspalte berühren. Dieser zweite Verschluß wird durch die orbitalen Fasern des Orbicularis erzeugt. In der Phase der Öffnung erschlaffen alle Orbicularisfasern, während der Levator sich kontrahiert.

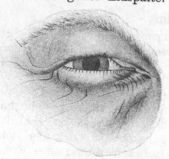

Abb. 420. Verengerung der Lidspalte (Blinzbewegung) ohne Beteiligung des epitarsalen Lidringmuskels. (Nach GAD.)

3. Stenopäischer Spalt.

Ein dritter Typ der Lidbewegungen besteht in der Formierung eines stenopäischen Spaltes, er wird als *Blinzel*bewegung bezeichnet (Abb. 420). Hierbei sind die orbitalen Fasern des Orbicularis allein in mäßigem Grade kontrahiert. Die Folge

---

[1] HENKE, M.: Graefes Arch. 4 II, 70 (1858); 8 I, 363 (1861).

ist die Bildung einer oberen Druckfalte, welcher der Rand des unteren Lides
genähert wird. Der Sulcus orbitopalpebralis sup. ist vertieft, es bildet sich ein
Sulcus orbitopalpebralis inf. aus; dabei bilden sich Hautfalten, welche an der
Schläfe nach dem äußeren Lidwinkel konvergieren; am Unterlide verlaufen
sie in konzentrischen nach unten konvexen Bogen, am Nasenwinkel in Bogen,
die gegen den inneren Lidwinkel konvex sind.

Bei allen Lidschlüssen nimmt der Levatortonus ab (SHERRINGTON[1]). Die
Lidöffnungen geschehen mit bedeutend geringerer Geschwindigkeit als die Lid-
schließungen (s. unten), was darauf hinweist, daß bei ersteren vorwiegend elastische Kräfte wirken (GAD). Vor allem scheint dies der Fall zu sein bei geradeaus gerichtetem Blick. Wie S. 1307 erwähnt wird, hat FRIEBERG beobachtet,
daß der Lidschluß in Primärlage der Augen mit einem Zurückdrängen des Bulbus
in die Orbita um etwa 1 mm verbunden ist. Das weist darauf hin, daß beim
Lidschluß in Primärlage elastische Kräfte in der Orbita geweckt werden, unter
deren Wirkung die Lidöffnung erfolgt. FRIEBERG nimmt an, daß durch den
Lidschluß die beiden etwas vorwärts gerichteten M. obliqui, der Levator palp.
sup. und der MÜLLERsche Tarsalmuskel gedehnt werden. Es bedarf also, wenn
der Bulbus in Primärlage liegt, für den Lidschluß andauernder Orbiculariskontraktion. Wenn dagegen beim Lidschluß das Auge nach oben sieht (wie im
Schlafe), so erschlafft der Orbicularis, ohne daß die Lider sich öffnen. Es ist
daher bei Primärlage eine gewisse Kraft für den Lidschluß aufzuwenden, eben
die zur Überwindung des elastischen Widerstandes nötige. Die Öffnung bei
geradeaus gerichtetem Blick geschieht daher wahrscheinlich durch diese elastischen Kräfte.

4. Abortiver Lidschlag.

Als abortiven Lidschlag hat FICK[2] eine Lidschlußbewegung bezeichnet,
bei welcher das Oberlid gar nicht bis zum Pupillargebiet herabsinkt, sondern
bereits vorher wieder gehoben wird. Vielleicht beruht derselbe auf einer vorübergehenden Herabsetzung des Levatortonus. So sahen WILBRAND und SÄNGER[3]
bei einer einseitigen Lähmung des Orbicularis, daß jedesmal beim Lidschlag
auf der gesunden Seite eine kurze zuckende Bewegung des Oberlides der gelähmten Seite erfolgte. Diese wollen sie auf den Nachlaß des Levatortonus
zurückgeführt wissen, der nach SHERRINGTONS[1] Untersuchungen synchron mit
der Kontraktion des Orbicularis erfolgt.

5. BELLsches Phänomen.

Sehr verschieden von den hier beschriebenen Schließungszuständen der
Lider sind die Verhältnisse beim Lidschluß ohne Aufrechterhaltung der Blickrichtung, wie z. B. im Schlafe. Hierbei erschlafft der Orbicularis, der Bulbus
wird erst nach oben innen, dann nach oben außen gewendet, so daß also die
Hornhaut unter dem oberen Orbitalrande liegt. Man nennt diese Erscheinung,
welche sich bei jedem längeren Lidschlusse einstellt, das BELLsche Phänomen[4].
Über das Wesen dieser Erscheinung ist viel diskutiert worden. Es könnte sich
hierbei entweder um einen synergischen Bewegungskomplex handeln oder der
Zustand des Auges im BELLschen Phänomen entspricht der Ruhelage des Systems
Bulbus-Augenlider. Beide Anschauungen sind vertreten worden, die erstere

---

[1] SHERRINGTON, C. S.: Proc. roy. Soc. of London **53**, 407 (1893) — J. of Physiol.
17, 27 (1894/95).
[2] FICK, A. E.: Graefes Arch. **36**, 257 (1890).
[3] WILBRAND u. SAENGER: Neurologie des Auges **1**, 32 (1899).
[4] BELL, CH.: Philos. Trans. roy. Soc. **1823**, 166, 289.

besonders von v. Michel[1] und Nagel[2], die letztere von O. Weiss[3]. Nach der letzten Untersuchung über den Gegenstand, die von Smoira[4] herrührt, sind beide Auffassungen durch Beobachtungen und Versuche begründet, doch ist zu bemerken, daß das vorhandene Beobachtungsmaterial für ein klares Bild nicht ausreicht. Vor allem fehlt es an einer Kenntnis des Zustandes der Muskeln beim *vollendet* ausgebildeten Bellschen Phänomen und ebensowenig ist bekannt, was in der Muskulatur geschieht, während das Phänomen sich entwickelt. Es braucht kaum besonders hervorgehoben zu werden, daß eine Erschlaffung aller Muskeln beim dauernden Lidschluß sehr zweckmäßig wäre.

6. Synergische Lidbewegungen.

Mit den Auf- und Abwärtsbewegungen des Augapfels sind *synergische Bewegungen der Lider* verknüpft. So heben sich bei der Blickrichtung nach oben, sowohl Ober- als auch Unterlider. Die Hebung des Oberliedes geschieht durch den Levator und den Rectus sup., die des Unterlides durch den Zug des Bulbus an der unteren Conjunctivalfalte und vielleicht auch durch den M. palpebralis peritarsalis. Beim Blick nach unten senken sich beide Lider, das Unterlid durch den Rectus inf., dessen einer Fascienzipfel hier ansetzt; das Oberlid durch Erschlaffung des Levators und Kontraktion des Palpebralis peritarsalis (Gad[5]). Die Geschwindigkeit, mit welcher diese Bewegungen erfolgen, ist nach Weiss[6] gleich der Geschwindigkeit der Bulbusbewegung.

7. Funktion der glatten Lidmuskeln.

Die *glatte Lidmuskulatur* besteht aus zwei von H. Müller[7] entdeckten Muskeln: M. palpebralis sup. und inferior. Der erste bildet die mittlere Schicht der Aponeurose des M. levator palpebrae sup. und setzt am vorderen Rande des Tarsus an. Seine Faserung ist sagittal. Der palpebralis inf. liegt im mittleren Fascienzipfel des M. rectus inf. Seine Fasern verlaufen in der mittleren Lidportion sagittal und zum unteren Rande des Tarsus.

Die Aufgabe dieser Muskeln besteht nach Sappey[8] sowie nach Wilbrand und Sänger[9] darin, die Lider bei allen Bewegungen und Stellungen des Augapfels stets an ihn gut angeschmiegt zu erhalten; außerdem wirken sie aber auch erweiternd auf die Lidspalte, wozu sie sich besonders eignen, weil sie stets tonisch kontrahiert sind. Ihre Innervation erfolgt durch den Sympathicus. Resektion desselben hebt den Tonus auf, die Lidspalte wird daraufhin enger. Die Lider büßen hierbei nichts an Innigkeit des Kontaktes mit dem Bulbus ein. Die Erweiterung der Lidspalte ist somit ihre Hauptaufgabe. Bei Reizung des Halssympathicus kontrahieren sie sich, die Lidspalte wird weiter, wie R. Wagner[10] an einer Enthaupteten beobachtete.

Zweifelhaft ist, ob der glatte M. orbitalis, welcher die Fissura orbital. inf. überbrückt, infolge seines vortreibenden Einflusses auf den Bulbus die Weite der Lidspalte vergrößern kann. R. Wagner und H. Müller[11] konnten an Hingerichteten kein Hervortreten des Bulbus bei Sympathicusreizung sehen und lehnen daher einen Einfluß dieses Muskels auf die Weite der Lidspalte ab.

[1] v. Michel: Festschr. f. Fick **1899**, 157—166.
[2] Nagel, W. A.: Arch. Augenheilk. **43**, 199 (1901).
[3] Weiss, O.: Nagels Handb. d. Physiol. **3**, 471 (1904).
[4] Smoira, J.: Z. Augenheilk. **47**, 10—26 (1922).   [5] Gad: Zitiert auf S. 1275.
[6] Weiss, O.: Z. Sinnenphysiol. **45**, 307—312 (1911).
[7] Müller, H.: Z. Zool. **9**, 541 (1859).   [8] Sappey: Arch. gén. méd. **104** (1868).
[9] Wilbrand u. Sänger: S. 22. Zitiert auf S. 1277.
[10] Wagner, R.: Z. rat. Med., 3. Reihe, **5**, 331—333 (1859).
[11] Müller, H.: S. Nr. 7, S. 1278, ferner in Sitzgsber. physik.-med. Ges. Würzburg **9** (1858).

II. Der zeitliche Ablauf der Lidbewegungen.

Den zeitlichen Verlauf des willkürlichen und reflektorischen Lidschlages hat GARTEN[1], den des willkürlichen Lidschlages O. WEISS[2] untersucht. Der erstere zeichnete auf photographischem Wege die Bewegungen des oberen Lides auf, während WEISS sich der Serienphotographie bediente (s. Abb. 421).

Die Resultate ergeben sich aus der folgenden Tabelle:

Tabelle 1. Dauer des willkürlichen Lidschlages.

Gesamtdauer Sek.	Lidsenkung Sek.	Geschlossensein Sek.	Lidhebung Sek.	Autor
0,356	0,084	—	0,272	GARTEN
0,197	0,060	0,031	0,111	WEISS

In den GARTENschen Versuchen blieb die Pupille im Mittel 0,135 Sek. bedeckt. Nach ihm unterscheidet sich der zeitliche Ablauf des reflektorischen Lidschlages nicht von dem des willkürlichen.

Die Reflexzeiten erwiesen sich verschieden, je nachdem die Lidbewegung durch Reizung des Trigeminus oder durch Reizung des Opticus ausgelöst wurde. FRANCK[3] fand bei Trigeminusreizung 0,1 Sek., EXNER[4] 0,0578 bei starker, 0,0662 bei schwacher Reizung, MAYEW[5] 0,035 bis 0,049, GARTEN 0,041 Sek. Bei optischer Reizung (Funke) fand EXNER die Reflexzeit zwischen 0,1762—0,2812 Sek. GARTEN fand sie ebenfalls sehr verschieden zwischen 0,061—0,132 Sek.; die Inkonstanz scheint ihren Grund nicht in der Methodik zu haben.

Nach ZWAARDEMAKER und LANS[6] hat der Lidschlag eine Art refraktärer Periode. Für optische Reize ist der Reflexapparat 0,5—1 Sek. nach dem letzten Lidschlag ganz unerregbar; während dreier Sekunden ist die Erregbarkeit herabgesetzt. Für mechanische Reize dauert die Unerregbarkeit 0,25 Sek. Dieses refraktäre Verhalten zeigt sich aber nur, wenn die folgenden Reize gleich stark oder schwächer als die vorhergehenden sind.

Bei willkürlichen Lidbewegungen fand WEISS[7] das Zeitintervall zweier aufeinanderfolgender Lidschläge im Minimum gleich 0,387 Sek. In BERGERS[8] Untersuchungen ließen sich periodische Minima dieses Zeitintervalles bei Untersuchung von Lidschlagserien nachweisen. Die

[1] GARTEN, S.: Pflügers Arch. **71**, 477—491 (1898).
[2] WEISS, O.: Z. Sinnesphysiol. **45**, 307—312 (1911).
[3] FRANK, C.: Zeitl. Verh. d. reflekt. u. willkürl. Lidschlags. Diss. Königsberg 1889.
[4] EXNER, S.: Pflügers Arch. 8, 527—530 (1874).
[5] MAYEW, D. P.: J. of exper. Med. **2**, 35 (1897).
[6] ZWAARDEMAKER u. LANS: Zbl. Physiol. **13**, 325 (1899).
[7] WEISS, O.: Zitiert auf S. 1278.
[8] BERGER, H.: Z. Sinnesphysiol. **50**, 321—331 (1909).

Abb. 421. Serienphotographie des willkürlichen Lidschlages. Zeitlicher Abstand des Einzelbildes $^1/_{100}$ Sek. (Nach WEISS.)

Dauer dieser Perioden schwankte zwischen 3,4 und 6 Sek. Auch in den Weissschen Serienphotographien zeigt sich diese Erscheinung. Sie ist zentralen Ursprungs.

III. Ursachen der Lidbewegungen.

1. Lidreflexe vom Auge aus ausgelöst.

Bei einer großen Zahl von Lidbewegungen übersehen wir die Ursachen ohne weiteres. Hierher gehören die willkürlichen Lidschlüsse, ferner die reflektorischen Lidschlüsse bei Einwirkung hellen Lichtes (Blendungsreflex) oder bei Annäherung von Gegenständen an das Auge (Bedrohungsreflex). Der Blendungsreflex wird auch durch ultraviolettes Licht erzeugt infolge der Fluorescenz der Linse (Schanz[1]). Auch die Bewegungen des Lidschlußreflexes bei Berührung der Wimpern, der Bindehaut, der Hornhaut oder bei Ätzung der beiden letzten, sind in ihren Ursachen klar. Diese Reflexe kann man auch durch Reizung des Opticus- bzw. Trigeminusstammes auslösen. Über die Nervenendigungen, welche den Angriffspunkt für den Reiz unter physiologischen Bedingungen bilden, kann hier nicht abgehandelt werden (s. Kap. Sinnesorgane).

Bei diesen Reflexen wächst der Effekt mit dem Reiz. Schwache Reize bewirken Lidschläge oder Lidschlüsse, starke erzeugen Zukneifen der Lider.

2. Spontane Lidschläge.

Auch die spontanen unwillkürlichen von Zeit zu Zeit erfolgenden Lidschlußbewegungen haben, wie es scheint, Reflexcharakter. Lans[2] hat beobachtet, daß Schutz des Auges gegen Licht, Abkühlung und Eintrocknung den Lidschlag zum Aufhören bringt; Wirkung nur eines dieser drei Momente aber genügt, um ihn wieder erscheinen zu lassen.

Haathi und Wuorinen[3] haben den Einfluß einer ganzen Reihe von Faktoren auf den periodischen Lidschlag untersucht. Sie finden, daß die Frequenz der Lidschläge bei scheinbar konstanten äußeren Bedingungen sehr schwankt zwischen 5 und 40 pro Minute. Auch bei derselben Versuchsperson ist sie nicht konstant, schwankt aber in engeren Grenzen, bei einer Versuchsperson z. B. zwischen 5 und 27 pro Minute. Erhöhung der Temperatur in der Umgebung des Bulbus vermehrt die Lidschläge und verkürzt die Zeit, während der sie willkürlich unterdrückt werden können. Die Wirkung überdauert die Erwärmung eine Weile. Entgegengesetzt wirkt Erhöhung des Feuchtigkeitsgehaltes der umgebenden Atmosphäre. Luftbewegung soll die Frequenz erhöhen infolge von Reizung durch Bewegung der Cilien, andererseits soll sie vermindernd wirken durch Herabsetzung der Erregbarkeit der Bulbusoberfläche. Augenbewegungen sollen ohne Einfluß sein. Vermehrung der Tränenabsonderung vergrößert die Frequenz, ebenso starke Belichtung, schwache dagegen nicht; Aufmerksamkeit verringert sie.

Eine Abhängigkeit des Lidschlages vom Puls, wie sie Landois[4] behauptet hat, haben Patrizi und Bellentani[5] nicht finden können.

3. Lidreflexe[6] von fremden Organen aus.

Außer den bisher beschriebenen typischen Lidschlagreflexen gibt es noch reflektorische Lidschläge, welche den Charakter der Zweckmäßigkeit nicht

---

[1] Schanz: Ber. dtsch. Ophthalmol. Ges. **1908**, 353—355.

[2] Lans: Onderzoek, Physiol. Lab. Utrecht, 5 Reeks **3**, 306 (1902).

[3] Haathi, H. u. T. A. Wuorinen: Skand. Arch. Physiol. (Berl. u. Lpz.) **38**, 62—89 (1919).

[4] Landois: Lehrb. d. Physiol., 8. Aufl., S. 151.

[5] Patrizi, M. L. u. G. Bellentani: Arch. ital. de Biol. (Pisa) **41**, 246—256 (1904).

[6] Eine zusammenfassende Darstellung aller Lidreflexe s. bei Galant, J. S.: Arch. Kinderheilk. **74**, 130—135 (1924).

tragen. Einen vom Ohr auslösbaren Lidschlußreflex hat v. BECHTEREW entdeckt. KISCH[1] liefert ebenfalls Beiträge dazu. Er wird erzeugt durch mechanische oder kalorische Reizung (Wasser von 16—25° oder von 40—45°) der tieferen Partien des äußeren Gehörganges oder des Trommelfelles, worauf normalerweise beim Menschen ein reflektorischer Lidschlag erfolgt. Bei etwa der Hälfte der Untersuchten kann man gleichzeitig eine lebhafte Tränensekretion bemerken, vorwiegend auf dem Auge der gereizten Seite. Der günstigste Angriffspunkt für die Auslösung des Reflexes ist der Bereich des Trommelfelles, welcher dem Hammerstiel anliegt, und der hintere obere Teil des Gehörganges in der Nähe des Trommelfelles. Der Lidschluß dauert höchstens 4 Sek. beim Einträufeln, 8 Sek. beim Ausspülen des Gehörganges. Normale Individuen zeigen diesen Reflex stets. Bei fehlendem Lidschlußreflex beobachtet man neben Erweiterung der Pupille auch eine Erweiterung der Lidspalten und Vortreten der Bulbi. Mit dem regulären Reflex ist das BELLsche Phänomen verbunden.

Denselben Reflex konnte GALANT[2] mittels Erzeugung von Lärm im Gehörgange auslösen.

Von der Dura Mater konnten EXNER und PANETH[3] mittels mechanischer oder elektrischer Reizung Lidschluß auf der gereizten Körperseite erzeugen.

Einen Reflex auf den Hals bei plötzlicher Belichtung beschreibt PEIPER[4] an Säuglingen. Er besteht im Rückwärtswerfen von Kopf und Körper. Bei Frühgeburten findet er sich stets, bei Neugeborenen häufig.

IV. Innervation der Lidbewegungen.

1. Reflexbogen für den Lidschlag.

Der Reflexbogen für den Lidschlag besteht, wie schon aus dem Vorhergehenden sich ergibt, im sensorischen Teile aus dem Opticus oder dem Trigeminus, im motorischen Teile aus dem Facialis als Innervator des Orbicularis und dem Oculomotorius als Innervator des M. levator palpebrae superioris. Auch der Sympathicus kann als Innervator der glatten Lidmuskulatur in Frage kommen. Dieser letztere scheint aber bei den eigentlichen Reflexen nicht mitzusprechen, sondern seine Rolle scheint auf die emotionellen Bewegungen der Lider aus psychischen Ursachen beschränkt zu sein.

Über die Verbindungswege für den Opticusreflex sind wir an Kaninchen und Hunden durch Untersuchungen von ECKHARD[5] unterrichtet. Er hat zunächst die Angabe BRÜCKES[6] widerlegt, daß der Blendungsreflex infolge mechanischer Reizung des Trigeminus bei der Verengerung der Pupille entstehe, indem er nachwies, daß Resektion des Trigeminus den Reflex unverändert läßt, intrakranielle Durchschneidung des Opticus ihn aufhebt. Elektrische Reizung des zentralen Opticusstumpfes löste den Reflex beiderseits aus. Das Großhirn beteiligt sich nicht an der Auslösung dieses Reflexes; seine Ausrottung stört den Ablauf nicht. Durchschneidung des Tractus opticus einer Seite hebt den Reflex für die Gegenseite auf. Es scheint daher, daß die ungekreuzten Opticusfasern den Reflex für die Gegenseite vermitteln. Wenn auf einer Seite der Zug des Tractus opticus nach dem Corpus gen. internum durchschnitten wurde bei intaktem Zuge zum Corp. gen. externum und Thalamus, so blieb Beleuchtung

[1] KISCH: Pflügers Arch. **173**, 224—242 (1919).
[2] GALANT: Pflügers Arch. **176**, 221—222 (1919).
[3] EXNER u. PANETH: Pflügers Arch. **41**, 349 (1887).
[4] PEIPER, A.: Jb. Kinderheilk. **113** (63) 87—89 (1926).
[5] ECKHARD, C.: Zbl. Physiol. **9**, 353—359 (1895); **12**, 1—5 (1898).
[6] v. BRÜCKE: Vorles. ü. Physiol., 4. Aufl. **1887** II, 95.

des gegenseitigen Auges ohne Wirkung, Beleuchtung des gleichseitigen Auges löste aber an diesem den Reflex aus. Hieraus schließt ECKHARD[1], daß die Reflexfasern für ein Auge im äußeren Teile des Tractus der Gegenseite liegen.

2. Reflexzentrum.

a) Für optische Reize.

Zur Bestimmung der Lage der zentralen Überleitung des optischen Reizes auf den motorischen Anteil des Reflexbogens hat ECKHARD festgestellt, daß einseitige Durchschneidungen vor dem vorderen Rande des Vierhügels von nahe der Mediane bis zum Corp. gen. med. den Reflex des Auges der Gegenseite nicht, aber den der gleichen Seite auslöscht. Der mediale Teil des Bracchium conjunctivum führt die Reflexfasern also nicht. Wie schon betont, haben die Orbicularisfelder des Großhirns beiderseits keinen Einfluß auf den Blinzelreflex; die Verbindung zum Facialiskern geht also nicht über das Großhirn.

Für den Menschen liegen die Verhältnisse viel weniger klar. Auf Grund klinischer Erfahrungen ist man hier zu der Meinung gekommen, daß die Reflexleitung über das optische Zentrum in der Fissura calcarina laufe. Man schließt dies aus dem Fehlen des Blinzelreflexes bei Hemianopikern, deren Erkrankung am häufigsten im Occipitallappen und in der intercerebralen Leitung liegt.

b) Für Trigeminusreize.

Das Reflexzentrum für die Reizung vom Trigeminus aus haben EXNER und PANETH[2] sowie NICKEL[3] lokalisiert. Es liegt bulbär und nicht nach hinten etwa bis zur Mitte der Alae cinerae und nach vorn höchstens bis zum proximalen Rande der Brücke.

3. Zentrale Leitung.

Die *zentrale Leitung* für die Lidbewegungen haben EXNER und PANETH[2] an Kaninchen und Hunden untersucht. Am Kaninchen hat Reizung des Facialisgebietes der Großhirnrinde im Gegensatz zum Hunde stets bilaterale Wirkungen. Unterschneidung dieses Gebietes hebt sie auf; dagegen sind Durchschneidungen des Balkens und der Commissuren ohne Wirkung auf den Reizerfolg. Mediane Spaltung des Kopfmarkes hebt die Lidbewegungen nach Großhirnreizung auf beiden Seiten auf, wenn der Schnitt am vorderen Ende der vorderen Zweihügel beginnt und bis über die Spitze des Calamus scriptorius geführt wird. Im Kopfmark findet also eine totale Kreuzung der Leitung statt. Die Bahn zum gleichseitigen Facialiskern geht infolgedessen über den gleichen Kern der Gegenseite. Querdurchtrennungen im Kopfmark ergeben Ausfall des Reizerfolges von der Hirnrinde, wenn der Schnitt oben 2—3 mm vor der Spitze des Calamus, hinten 3—4 mm hinter dem hinteren Rande des Pons lag, also hinter dem Austritt des Facialis, der 2—3 mm hinter dem Hinterrande des Pons erfolgt.

C. Tränenapparat.

Die Tränen sind das Sekret der Tränendrüsen. Sie dienen der dauernden Befeuchtung der freiliegenden Oberfläche des Bulbus und erfüllen hiermit auch eine optische Funktion, indem sie die Durchsichtigkeit der Hornhaut erhalten, welche durch Eintrocknung sich trüben würde. Für diese Aufgabe genügen

---

[1] ECKHARD: Zitiert auf S. 1281.
[2] EXNER u. PANETH: Pflügers Arch. **41**, 349 (1887).
[3] NICKELL, R.: Pflügers Arch. **42**, 547 (1888).

gewöhnlich geringe Flüssigkeitsmengen. Größer werden die Anforderungen an den Tränenfluß für die Erfüllung dieses Bedürfnisses bei forcierter Austrocknung der Bulbusoberfläche z. B. im Winde, oder wenn Reizstoffe auf den Bulbus wirken, welche durch die Tränen weggespült werden.

I. Anatomie der Tränendrüse.

1. Lage der Tränendrüsen.

Beim Menschen finden wir zwei größere Tränendrüsen über dem Schläfenteile des oberen Fornix conjunctivae, die man als orbitale und palpebrale Drüse bezeichnet. Außerdem findet man zahlreiche kleine Tränendrüsen (Abb. 422),

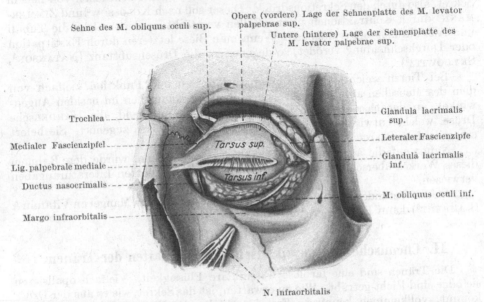

Abb. 422. Tränendrüsen. Tarsalplatten, Sehne des M. levator palpebrae sup. und die Mm. obliqui der linken Augenhöhle von vorn präpariert. (Aus RAUBER-KOPSCH: Lehrbuch der Anatomie.)

besonders im oberen Fornix conjunctivae. Sie gleichen im Bau den großen. Bei Neugeborenen fehlt das adenoide Gewebe in der Drüse, sie ist relativ klein; im Alter nimmt das Bindegewebe zu, das Drüsengewebe atrophiert (KIRCHSTEIN[1], AXENFELD[2]).

2. Veränderungen der Tränendrüsen bei der Absonderung.

Bei der Sekretion geht die Drüsenzelle nicht zugrunde, sie vermag vielmehr wiederholt abzusondern und hat vermutlich eine lange Lebensdauer, denn Mitosen und degenerierende Kerne findet man selten.

Die Tränen entstehen aus großen blassen Granulis[3], welche bei Mensch und Tier die ganze Drüsenzelle erfüllen. Woher die Granula stammen, ist nicht sicher bekannt. NOLL[4] neigt der Meinung zu, daß sie aus Protoplasmakörnchen

[1] KIRCHSTEIN: Über die Tränendrüse des Neugeborenen. Diss. Berlin 1894.
[2] AXENFELD, TH.: Ber. Ophthalmol. Ges. Heidelberg 1898, 29.
[3] Hierüber s. auch KOPSCH, F.: Z. f. d. ges. Anat. Abt. I, Z. f. Anat. u. Entwicklungsgesch. 76, 142—158 (1925).
[4] NOLL, A.: Morphol. Veränderungen der Tränendrüse. Arch. mikrosk. Anat. 58, 487 (1901).

hervorgehen, während Schirmer[1] die dunkel gefärbten kleinen Granula der Sublimat-Eisenhämatoxylinpräparate für Vorstufen der Sekretgranula hält.

Der Sekretionsvorgang besteht in einer Ausstoßung der Granula mit nachfolgender Auflösung derselben. Zimmermann[2] beobachtete beim Austritt des Sekretes aus der Zelle eine zunehmende Buckelbildung an der Zelloberfläche, welche schließlich zu einem wurstförmigen Auswuchs wird und dann in kugelige Ballen zerfällt. Die Sekretgranula kann man noch im Lumen der Tubuli, ja, der Ausführungsgänge der Drüse nachweisen. Infolge der Sekretion verkleinert sich die Zelle beträchtlich (fast bis zur Hälfte ihres Ausgangsvolumens), das Protoplasma verliert seine Schaumstruktur (Kolossow[3]).

Die Fortbewegung des Sekretes geschieht durch das Nachrücken von neuem Sekret, also durch den Sekretionsdruck. Dieser soll nach Kolossow[5] und Zimmermann[4] durch Kontraktionen platter Zellen verstärkt werden, welche die Tubuli und Ausführungsgänge umgeben. Wenn man diese letzteren durch Exstirpation oder Durchschneidung verödet, so degeneriert die Drüsensubstanz (Natanson[4], Seydowitz[5]).

Bei Tieren weicht der Drüsenapparat in Bau und Funktion vielfach von dem des Menschen ab. So findet sich z. B. beim Kaninchen im nasalen Augenwinkel, an der nasalen Seite der Palpebra tertia mündend, die Hardersche Drüse, welche entwicklungsgeschichtlich den Tränendrüsen zugehört. Sie liefert ein milchiges Sekret.

Näher auf die anatomischen Verhältnisse einzugehen, würde den Rahmen dieses Werkes überschreiten. Es sei auf die oben angeführten Literaturangaben verwiesen.

Auf die Veränderungen der Drüsen des Auges infolge von Mangel an Vitamin A (Lambert[6]) kann hier nicht eingegangen werden.

II. Chemische und physikalische Eigenschaften der Tränen.

Die Tränen sind eine farblose wasserklare Flüssigkeit. Vielfach opalisieren sie oder sind leicht getrübt. Wie zu erwarten, ist das Sekret, wie es aus der Drüse kommt, vollkommen keimfrei. Erst im Conjunctivalsack gelangen Bakterien in die Tränenflüssigkeit (Tschirkowsky[7]). Beim Stehen setzt sich in den Tränen eine Nubecula ab, welche aus Epithelien der Conjunctiva und aus Fettröpfchen der Meibomschen Drüsen bestehen (Frerichs).

Der Geschmack der Tränen ist salzig, ihre Reaktion gegen Lackmusfarbstoff alkalisch. v. Rötth fand die Alkalescenz gleich der einer 0,29 proz. Bicarbonatlösung; das spz. Gew. bei 20° wird gleich 1,0086 angegeben (v. Arlt[8]) 1,001 bis 1,005 (Cerrano[9]). Über ihre quantitative Zusammensetzung liegt aus der älteren Zeit eine Reihe von Analysen vor, über welche die folgende Tabelle Aufschluß gibt. Die Tränen sind dabei unter sehr verschiedenen Bedingungen gewonnen worden. Magaard entnahm sie direkt aus den Ausführungsgängen, ebenso Arlt[8] und Lerch, während Frerichs sie aus dem Bindehautsack normaler

[1] Schirmer, O.: Graefes Arch. **56**, 197 (1903).
[2] Zimmermann: Arch. mikrosk. Anat. **52**, 552 (1898). — Fleischer, B.: Beitr. Hist. Tränendrüse. Wiesbaden 1904.
[3] Kolossow: Arch. mikrosk. Anat. **52**, 1 (1898).
[4] Natanson, A.: Klin. Mbl. Augenheilk. **42** I, 541—553 (1904).
[5] Seydowitz, O. H.: Graefes Arch. **62**, 73—84 (1905).
[6] Lambert, R. A.: J. of exper. Med. **38**, 25—32 (1923).
[7] Tschirkowsky: Ann. d'Ocul. **141**, 291—300 (1909).
[8] v. Arlt: Graefes Arch. **1** (2), 135 (1855).
[9] Cerrano, E.: Arch. ital. de Biol. **54**, 192—196 (1910).

odor entzündeter Augen durch Reizung gewann. Die letzteren sind daher mit erheblich größerer Geschwindigkeit abgesondert. v. Rötth[1] hält die Tränen seiner Analyse für besonders rein, weil er die Conjunctiva durch Einträufelung von 1—2 Tropfen Tonogen blutleer machte und hierdurch die Sekretion derselben auszuschalten meint. Er hat sie durch folgende Reize gewonnen: erstens durch Aufheben des oberen Lides und Berührung der Bindehaut oder Austrocknenlassen der Hornhaut, zweitens durch Reizung der Nasenschleimhaut mittels Ammoniakdampfes, drittens durch Reizung der Retina infolge Blickes in die Sonne; endlich durch psychische Reize.

Tabelle 2.

	MAGAARD	ARLT-LERCH	FRERICHS I	FRERICHS II	v. RÖTTH
Wasser	98,12	98,223	99,06	98,70	—
Kochsalz		1,257			
Phosphate und andere Salze	0,42	0,016	0,42	0,54	—
Chlor	—		0,08	0,10	0,87—1,00
Eiweiß		0,504			0,25—0,6
Schleim, Fett	1,46	Spuren	0,30	0,34	—
Epithelien	—	—	0,14	0,32	—

Die Salze der Tränen setzen sich nach Arlt-Lerch zusammen aus Ionen der Salzsäure, Kohlensäure, Schwefelsäure, Phosphorsäure sowie des Natriums, Calciums und Magnesiums; Magaard fand nur Chlor- und Natriumionen, Muck[2] fand Rhodanwasserstoff in Spuren. An Eiweißstoffen haben Bach und Gürber[3] Globulin und Albumin nachgewiesen.

Nach Merz[4] nimmt der Chlorgehalt der Tränenflüssigkeit beim Kaninchen nach Resektion des Halssympathicus erheblich ab. Er beträgt 0,55 bis 0,59% gegen 0,70 bis 0,75% auf der normalen Seite. Die Autorin will diesen Befund durch Herabsetzung der Permeabilität der Drüsenzellen infolge der Sympathikotomie erklären.

Aus der Tränendrüse der Kuh hat Dubois[5] ein Enzym mittels Alkoholfällung gewonnen, welches H_2O_2 spaltet, also eine Katalase. Oxydasen und Peroxydasen hat er nicht nachweisen können, dagegen eine Amylase, die er Lacrymase nennt. Die amylasehaltigen Extrakte erzeugen bei Meerschweinchen nach subcutaner Einspritzung krampfartiges Blinzeln, Gesichtszuckungen und Tränenfluß. Hieraus schließt Dubois, daß in den Tränendrüsen ein Produkt gebildet werde, welches die Gesichtsbewegungen anregt. Die Tränenbildung soll das Resultat einer Autointoxikation sein. Den wirksamen hypothetischen Giftstoff nennt er Lacrymaline.

Daß in der Tränenflüssigkeit Stoffe enthalten sind, welche im Serum die Bildung spezifischer Präcipitationen bewirken, haben Fleming und Allison[6] gezeigt. Die Autoren spritzten Kaninchen in fünftägigen Abständen sechsmal je 0,5 cm³ menschlicher Tränenflüssigkeit ein. Sie prüften das Serum so behandelter Tiere, indem sie abgestufte Verdünnungen der Menschentränen, beginnend mit 1:4, mit 0,1 cm³ Blutserum versetzten und vier Stunden bei +45° hielten, nach weiteren 18 Stunden Aufenthalt bei Zimmertemperatur wurde endgültig abgelesen. Es entstand eine Präcipitation, die nur durch Men-

[1] Rötth, A. v.: Klin. Mbl. Augenheilk. **68**, 598—604 (1922).
[2] Muck: Münch. med. Wschr. **1900**, 1168, 1732.
[3] Bach, L.: Graefes Arch. **40** (3), 130 (1894).
[4] Merz, M.: Biochem. Z. **173**, 154—165 (1926).
[5] Dubois, R.: C. r. Acad. Sci. **176**, 1001—1003 (1923).
[6] Fleming, A. u. V. D. Allison: Brit. J. exper. Path. **6**, 87—90 (1925).

schentränen erzeugbar war —, Tränen vom Pferd, Rind, Schaf, Truthahn zeigten sie nicht — ebensowenig mit anderen Flüssigkeiten und Extrakten von Menschen und Tieren. Am Liquor wurde eine schwache Reaktion gesehen, diese aber nicht regelmäßig. Komplementbindungsreaktionen mit dem präcipitierenden Serum fielen analog aus.

Eine genaue physikalisch-chemische Analyse der Tränen liegt von Cerrano[1] vor. Er führte Bestimmungen aus:

des spezifischen Gewichtes mit dem Pyknometer,
der Leitfähigkeit nach der Methode von Kohlrausch,
„ Viscosität   „   „   „   „ Filippi,
„ Oberflächenspannung nach der Methode von Mayer-Fano,

alles bei 38° sowie der Gefrierpunktsdepression mit dem Kryoskop. Die Gewinnung der Tränen geschah durch Einbringung von gut gewaschenem Glaspulver in den Bindehautsack. Die Resultate seiner Untersuchungen gibt die folgende Tabelle:

Tabelle 3.

Trockenrückstand %	Spez. Gewicht	Gefrierpunkt	Leitfähigkeit	Viskos.	Oberfl. sp.	Datum
42,37	1004	0,9566	$k \cdot 10^{-5} = 2144$	$\eta = 1,328$	$\gamma = 0,746$	16. II.
38,48	1005	0,6800	$k \cdot 10^{-5} = 1950$	$\eta = 1,297$	$\gamma = 0,705$	4. III.
40,63	1001	0,7100	$k \cdot 10^{-5} = 2272$	$\eta = 1,405$	$\gamma = 0,749$	11. III.
38,50	1005	0,6000	$k \cdot 10^{-5} = 2186$	$\eta = 1,053$	$\gamma = 0,694$	24. III.

Die Wasserstoffionenkonzentration hat Charlton[2] gemessen. Er fand $p_H = 7,2$. Das Entweichen der Kohlensäure auf der Cornea verschiebt die Reaktion nach der alkalischen Seite.

Die osmotische Spannung der Tränen haben mehrere Autoren (Massart[3] Cantonnet[4], Cerrano[5]) auf Grund der Reizwirkungen von Lösungen zu ermitteln versucht. Dabei wird angenommen, daß den Tränen isoosmotische Lösungen die Bindehaut nicht reizen. Es hat sich gezeigt, daß Kochsalzlösungen von 1,32—1,46% auf die Augenschleimhaut und den Bulbus nicht reizend wirken ebensowenig wässerige Arzneimittellösungen von Gefrierpunkten —0,8 bis —0,9°, wenn sie in den Bindehautsack eingeträufelt werden.

Den Brechungsindex der Tränen hat v. Rötth[6] gleich 1,3361—1,3379 gefunden. Diese Schwankungen beruhen auf Änderungen im Eiweißgehalt, da die Salzkonzentration konstant ist. Der Mittelwert ist bei normaler Bindehaut 1,3369, bei blutleerer 1,3364, die Differenz im Eiweißgehalt ist auf die Absonderung der Bindehaut zu beziehen; daher ist der Index um so höher je langsamer die Tränenabsonderung erfolgt.

Charlton[2] scheint zwei Arten von Tränen zu unterscheiden, eiweißreiche, deren Absonderung er dem Sympathicus, und eiweißarme, deren Absonderung er dem Glossopharyngeus zuschreibt.

Gegenüber manchen Bakterien zeigen die Tränen baktericide Eigenschaften — so töten sie den Staphylococcus pyogenes aureus, albus und citreus, den

[1] Cerrano, E.: Arch. ital. de Biol. **54**, 192—196 (1910).
[2] Charlton: Amer. J. Ophthalm. **4**, 647 (1921) — Referat im Zbl. Neur. **28**, 27 (1922).
[3] Massart: Arch. ital. de Biol. **9**, 515 (1889).
[4] Cantonnet, A.: Arch. d'Ophtalm. **28**, 617—621 (1908).
[5] Cerrano, E.: Arch. ital. de Biol. **54**, 192—196 (1911).
[6] Rötth, A. v.: Zitiert auf S. 1286.

Bacillus subtilis und den Typhusbacillus —, gegenüber anderen dagegen nicht. Nicht abgetötet werden das Bacterium coli commune, der Micrococcus prodigiosus, der Ozaenabacillus und der Tuberkelbacillus.

III. Innervation der Tränendrüse.
(Bedeutung des Facialis, Trigeminus, Sympathicus.)

Die Absonderung der Tränen erfolgt unter dem Antriebe von Nerven. Es unterliegt keinem Zweifel, daß Reizung des peripheren Endstückes des N. lacrymalis Absonderung von Tränen hervorruft. Dieses Endstück entspringt aus einer Anastomose zwischen dem unteren Aste des N. lacrymalis, der aus dem Ophthalmicus des ersten Trigeminusastes stammt, und dem R. zygomatico-temporalis nervi zygomatici (subcutanei malae), welcher aus dem zweiten Trigeminusast entspringt. Somit entstammt der Tränennerv zwei sensorischen Nerven. Diese Tatsache hat von jeher Befremden erregt und die Forscher angeregt, nach Herkunft der sekretorischen Fasern für die Tränendrüse zu forschen. Der Möglichkeiten sind sehr viele. Bei den zahlreichen Verbindungen der Ganglien der Hirnnerven untereinander ist die Austauschmöglichkeit von Fasern der sensorischen und motorischen Hirnnerven in reichem Maße gegeben. Über den Verlauf der Tränenfasern geben klinische Beobachtungen und Tierexperimente Auskunft. Sie sind im folgenden zusammengestellt.

Außer den genannten Nerven wird die Tränendrüse noch vom Sympathicus innerviert. Über die experimentellen und klinischen Beobachtungen s. unten.

1. Experimente über die Innervation der Tränendrüse.

Die Erfahrungen sind mittels der beiden alten Methoden der Physiologie gewonnen worden; einmal hat man die Effekte der Reizung des peripheren Endes am durchschnittenen Nerven untersucht und zweitens die Ausfallserscheinungen nach Resektion der in Frage kommenden nervösen Gebilde. Für die Tränendrüse kommen hier unmittelbar nach der Durchschneidung die Veränderungen der Absonderung auf reflektorische Reizung von der Bindehaut und der Nasenschleimhaut her oder in späteren Stadien die Feststellung degenerativer Veränderungen in Frage. Die Ergebnisse der Tierversuche sind untereinander sehr widerspruchsvoll und stimmen mit Ausnahme der Beobachtungen von LANDOLT an Kaninchen und Affen mit den klinischen Erfahrungen (s. unten) wenig überein. Völlige Übereinstimmung herrscht nur über den Effekt der Reizung des N. lacrymalis und des N. subcutaneus malae, der in einer Absonderung der Tränen besteht. Die Resultate der Reizung des Facialis und der Trigeminus sind wechselnd, auch die Reizungen des Sympathicus haben kein klares Bild ergeben; bei seiner Reizung hat man dazu stets an die Wirkung vasomotorischer Einflüsse zu denken.

So wollen die obengenannten Autoren LEVINSOHN[1], PETIT[2], VULPIAN[3], SCHIFF[4], das Tränenträufeln auf Reize zurückführen, welche eine Folge der Hyperämie der Drüse selbst sind, während SCHIRMER die Hyperämie der Conjunctiva als Ursache für eine reflektorische Absonderung zur Erklärung heranziehen will.

Man muß also sagen, daß neue Versuche zur Aufklärung der Innervation der Tränendrüse bei Tieren unbedingt nötig sind, um so mehr als die anatomischen

[1] LEVINSOHN: Arch. d'Ophtalm. **55**, 148 (1903).
[2] PETIT: Graefe-Saemischs Handb. d. Augenheilk., 2. Aufl., **2**, Kap. 9, 470.
[3] VULPIAN: Lecons sur l'appareil vasomoteur **1**, 91; **2**, 397 (1875).
[4] SCHIFF: Ges. Beitr. z. Physiol. **1**, 440 (1894).

Verhältnisse hier vielfach anders als am Menschen liegen. So entspringen bei Hund und Katze sowohl der Lacrymalis als auch der Subcutaneus malae vom zweiten Aste des Trigeminus; nur der Lacrymalis soll die Tränendrüse versorgen (nach Wolferz auch der Subcutaneus malae); eine Anastomose zwischen den beiden Nerven existiert nicht; auch beim Rhesusaffen versorgt nur der N. lacrymalis die Drüse. Über das Versuchsmaterial gibt die folgende Tabelle Aufschluß.

Tabelle 4. Versuche an den Endnerven (Lacrymalis, Subcutaneus malae).

Versuch	Erfolg	Versuchstier	Autor
Reizung des peripheren Endes des N. lacrymalis und des N. subcutaneus malae (an halbierten Köpfen)	Vermehrung der Absonderung	Schaf Hund	Herzenstein[1] 1868
Dieselben Versuche. (Ein Versuch am lebenden Kaninchen)	Vermehrung der Absonderung	..	Wolferz[2] 1871
Reizung des Lacrymalis	„ „ (klare Tränen)	Hund, Katze, Kaninchen	Demtschenko[3] 1872
„ „ Subcutaneus malae	Vermehrung	Affe	Campos[4] 1897
„ „ Lacrymalis	„ Absonderung	„ Katze, Hund, Ziege, Affe	Köster[5] 1900, 1901

Tabelle 5. Versuche am Trigeminus.

Versuch	Erfolg	Versuchstier	Autor
Reizung der Trigeminuswurzeln (an halbierten Köpfen)	Vermehrung der Absonderung	Kaninchen	Czermak[6] 1860
Reizung des peripheren Endes des durchschnittenen Trigeminus	Keine Absonderung	Schaf, Kaninchen, Hund, Katze	Reich[7] 1873
Reizung des zentralen Endes . .	„	„	„
„ „ Trigeminus intrakraniell	Vermehrung	Hund	Tepliachine[8]
Reizung des Lacrymalis	„	„	„
„ „ Subcutaneus malae	„	„	„
„ „ Facialis intrakraniell	„	„	„
„ „ Trigeminus intrakraniell	Kein Effekt	Kaninchen	Landolt[9]
Ausrottung des *Ganglion Gasseri* in 5 Fällen	In 4 Fällen Verminderung der Absonderung, in einem Falle keine Störung auf der Operationsseite		Krause[10] 1893, 1895
Dasselbe	In einem Falle Verminderung, in einem anderen keine Veränderung der Absonderung auf der Operationsseite		Friedrich[11] 1900
Dasselbe (50 Fälle)	Fast niemals Störungen		Davies[12] 1907

[1] Herzenstein: Beitr. Physiol. d. Tränenorgane 1868.
[2] Wolferz: Exp. Unters. über die Innervationswege der Tränendrüse. Diss. Dorpat 1871.
[3] Demtschenko: Zur Physiol. der Tränensekretion und Tränenableitung. Diss. Petersburg 1871.
[4] Campos: Arch. d'Ophtalm. **17**, 529 (1897).
[5] Köster: Dtsch. Arch. klin. Med. **1900**, 343; **1902**, 327.
[6] Czermak: Sitzgsber. Akad. Wiss. Wien, Math.-naturwiss. Kl. **39**, 529 (1860).
[7] Reich: Graefes Arch. **19** (3), 38 (1873).
[8] Tepliachine: Arch. d'Ophtalm. **1894**, 401.
[9] Landolt: Pflügers Arch. **98**, 189 (1904).
[10] Krause: Die Neuralgie des Trigeminus. Leipzig 1896 — Dtsch. med. Wschr. **1893**, 341 — Münch. med. Wschr. **1895**, Nr 25—27.
[11] Friedrich: Dtsch. Z. Chir. **52**, 360 (1900).   [12] Davies, M.: Brain **1907**, 219.

Tabelle 6. Versuche am N. facialis.

Versuch	Erfolg	Versuchstier	Autor
Reizung des peripheren Facialis und Trochlearis	Keine Absonderung	Schaf, Kaninchen, Hund, Katze	REICH[1] 1873
Zerstörung des Facialis vom Mittelohr aus	Zuerst Vermehrung, dann Verminderung	Kaninchen	TRIBONDEAU[2] 1895
Dasselbe	„	„	LAFFAY[3] 1896
Reizung des Facialis am Foramen stylomastoideum	Keine Vermehrung	Katze, Hund, Ziege, Affe	KÖSTER[4] 1900 NOLL 1901
Reizung des Facialis intrakraniell am Gangl. genic.	„	„	„
Resektion des Nerven ebenda	Keine Degeneration der Drüse und im N.	„	„

Tabelle 7. Versuche an Verbindungsnerven.

Versuch	Erfolg	Versuchstier	Autor
Faradisierung der Paukenhöhle am curarisierten Tier	Absonderung	Kaninchen	VULPIAN und JOURNAC[5] 1879
Reizung der Chorda tymp.	Keine Absonderung	„	KÖSTER[4] 1900, 1902
„ „ isolierten Chorda tymp.	„	Katze, Hund, Ziege, Affe	KÖSTER[4] 1900, 1901
Reizung der Gegend des N. petrosus superf. maj.	Absonderung	Kaninchen, Affe	LANDOLT[6]

Tabelle 8. Versuche am Sympathicus.

Versuch	Erfolg	Versuchstier	Autor
Reizung des Sympathicus (alles an halbierten Köpfen)	Wechselnde Resultate	Schaf, Hund	HERZENSTEIN[7] 1868
Reizung des Sympathicus. Nach Resektion des Lacrymalis hört der Reizerfolg auf (an halbierten Köpfen)	Vermehrung der Absonderung	Schaf, Hund	WOLFERZ[8] 1871
Reizung des Sympathicus (alles an halbierten Köpfen)	Vermehrung der Absonderung (trübe Tränen)	Hund, Kalb, Kaninchen	DEMTSCHENKO[9] 1872
Reizung des Kopfendes des Halssympathicus	Viermal keine Absonderung, fünfmal Absonderung	Schaf, Kaninchen Hund, Katze	REICH[1] 1873
Ausrottung des Ganglion cerv. sup.	Kein Einfluß. Die reflektorische Absonderung bleibt bestehen.	„	„
Reizung des Sympathicus	Verminderung	Ochs, Hund, Esel, Ziege	ARLOING[10] 1890, 1891
Resektion des Sympathicus, dann Pilocarpin	Vermehrung auf der Operationsseite	„	„

[1] REICH: Zitiert auf S. 1288.   [2] TRIBONDEAU: J. Méd. Bordeaux 1895, Nr 44.
[3] LAFFAY: Recherches sur la glande lacrymale et leur innervation. Thèse de Bordeaux 1895, Nr 44.
[4] KÖSTER: Zitiert auf S. 1288.
[5] VULPIAN u. JOURNAC: C. r. Acad. Sci. Paris 89, 343 (1879).
[6] LANDOLT: Zitiert auf S. 1288.   [7] HERZENSTEIN: Zitiert auf S. 1288.
[8] WOLFERZ: Zitiert auf S. 1288.   [9] DEMTSCHENKO: Zitiert auf S. 1288.
[10] ARLOING: Arch. de Physiol. 22, 1 (1890); 23, 91 (1891).

Tabelle 8. Versuche am Sympathicus (Fortsetzung).

Versuch	Erfolg	Versuchstier	Autor
Reizung des Sympathicus	Vermehrung der Absonderung	Hund	Tepliachine[1] 1894
„ „ „	Vermehrung oder Verminderung	Kaninchen	Laffay[2] 1896
„ „ „	Kein Effekt	Affe	Campos[3] 1897
Resektion des Sympathicus	Tränenträufeln		Levinsohn[4] 1904
„ „ „	„		Petit[5]
„ „ „	„		Vulpian[6] 1875
„ „ „	„		Schiff[7] 1892
Reizung des Sympathicus	Keine Sekretion	Mensch	Schirmer[8] 1908, 1909
Resektion des Sympathicus	Aufhebung der Absonderung oder Verminderung. Nach Wochen wieder normal. In zwei anderen Fällen nur Verminderung	„	„
Traumatische Durchtrennung des Sympathicus	Absonderung in 5 von 14 Fällen	Mensch	Russeff[9]

2. Klinische Erfahrungen über die sekretorische Innervation der Tränendrüse.

Zur Orientierung diene das folgende Schema:

Tabelle 9. Erfahrung bei Affektionen des Facialis.

Klinischer Befund	Einfluß auf die Tränenabsonderung	Autor und Jahr
Facialislähmung zentral vom Ganglion geniculi oder in diesem. 3 Fälle	Aufhören der Tränensekretion beim psychischen Weinen auf der Lähmungsseite	Goldzieher[10] 1893
Derselbe Befund	Derselbe Befund	Donders[11] 1859
Totale Lähmung des Facialis . .	Aufhören der Tränensekretion	Hutchinson[12] 1876
Reizzustände im Facialisgebiet .	Vermehrung der Tränenabsonderung auf der kranken Seite	Schüssler[13] 1879
Facialislähmung. 2 Fälle	Aufhören der Tränensekretion auf der gelähmten Seite	v. Forster[14] 1897
Totale Facialisparalyse	desgl.	Jendrassik[15] 1893

---

[1] Tepliachine: Zitiert auf S. 1288.   [2] Laffay: Zitiert auf S. 1289.
[3] Campos: Zitiert auf S. 1288.   [4] Levinsohn: Arch. d'Ophtalm. **55**, 148 (1903).
[5] Petit: Graefe-Saemischs Handb. d. Augenheilk., 2. Aufl., Kap. 9, **2**, 470.
[6] Vulpian: Leçons sur l'app. vasomoteur **1**, 91; **2**, 397 (1875).
[7] Schiff: Beitr. Physiol. **1**, 440 (1894).
[8] Schirmer: Ber. ophthalm. Ges. **1908**, 2—5 — Pflügers Arch. **126**, 351—370 (1909).
[9] Russeff, K.: Z. Augenheilk. **33**, 291—310 (1915).
[10] Goldzieher: Ber. ophthalm. Ges. Heidelberg **1893**, 162 — Arch. Augenheilk. **28**, 7 (1894) — Zbl. prakt. Augenheilk. **1895**, 129 — Rev. gén. d'Ophtalm. **13**, 1 (1894) — Pester med. chir. Presse **1876**, Nr 34.
[11] Siehe Wolferz: Exp. Unters. ü. d. Innervationswege der Tränendrüse. Diss. 1871.
[12] Hutchinson: Ophthalm. hosp. rep. 8, 53 (1876).
[13] Schüssler: Berl. klin. Wschr. **1879**, Nr 46.
[14] v. Forster: Münch. med. Wschr. **1897**, 952.
[15] Jendrassik: Orv. Hetil. (ung.) **1893**, Nr 31/32.

Tabelle 9. Erfahrung bei Affektionen des Facialis (Fortsetzung).

Klinischer Befund	Einfluß auf die Tränenabsonderung	Autor und Jahr
Totale Facialisparalyse	Aufhören der Tränensekretion auf der gelähmten Seite	EMDEN[1] 1897
,, ,,	desgl.	KLAPP[2] 1897
,, ,,	desgl.	FRANCKE[3] 1893
Facialislähmung infolge einer Ohraffektion	desgl.	CAMPOS[4] 1897
Reine Facialislähmung. 65 Fälle	Keine Störung, wenn die Lähmung peripher vom Ganglion geniculi liegt. Verminderung, in einzelnen Fällen Vermehrung der Absonderung, wenn die Lähmung im Ganglion oder zentral davon liegt	KÖSTER[5] 1900, 1902

Die klinischen Beobachtungen am Facialis haben ergeben, daß dieser Nerv in seinem Verlauf im Felsenbein sekretorische Fasern für die Tränendrüse führt, peripher vom Ganglion geniculi dagegen nicht mehr. Bewiesen wird dies durch die Tatsache, daß Leitungsunterbrechungen im N. facialis nur dann eine Lähmung der Tränenabsonderung erzeugen, wenn sie zentral vom Ganglion geniculi oder in diesem liegen.

Tabelle 10. Erfahrungen am Trigeminus.

Klinischer Befund	Einfluß auf die Tränenabsonderung	Autor und Jahr
Trigeminusneuralgie	Tränenträufeln	Zahlreiche Autoren
Trigeminuslähmung (totale) . . .	Vollkommenes Versiegen der Tränenabsonderung, auch der reflektorischen. Trotzdem in einigen Fällen Hornhautgeschwüre sich fanden, keine Tränenabsonderung	ROMBERG[6] 1857 v. HIPPEL[7] 1867 ALTHAUS[8] 1870 GRAFF[9] 1886 MILLINGEN[10] 1898
Trigeminuslähmung auf luetischer Basis (Basalmeningitis)	Wiederherstellung der Absonderung mit wiederkehrender Sensibilität	HANKE[11] 1898
Trigeminuslähmung infolge Lues bei der GASSERschen Ganglien	Versiegen der Tränenabsonderung. Keine Restitution nach Herstellung der Sensibilität	KÖSTER[5] 1900
Trigeminuslähmung mit Ausnahme des Bulbus- und Oberlidzweiges	Versiegen der Tränen. Mit Rückkehr der Trigeminusfunktion Restitution der Tränenabsonderung	MÜLLER[12] 1883
Trigeminuslähmung	Lähmung der Tränenabsonderung. Nur psychisches Weinen möglich	HIRSCHL[13]
Trigeminuslähmung infolge eines Prozesses an der Schädelbasis	Keine Änderung	SCHMIDT[14] 1895

[1] EMDEN: Berl. klin. Wschr. **1898**, 19.
[2] KLAPP: Innervation der Tränendrüse. Diss. Greifswald 1897.
[3] FRANCKE: Dtsch. med. Wschr. **1895**, Nr 33.
[4] CAMPOS: Arch. d'Ophtalm. **17**, 540 (1897).
[5] KÖSTER: Dtsch. Arch. klin. Med. **68**, 344 (1900); **72**, 327 (1902).
[6] ROMBERG: Lehrb. d. Nervenkrankheiten, 3. Aufl., S. 312 (1857).
[7] v. HIPPEL: Graefes Arch. **13** (1), 49 (1867).
[8] ALTHAUS: Dtsch. Arch. klin. Med. **7**, 563 (1870).
[9] GRAFF: Fall von Hemiatrophia fac. progr. Diss. Dorpat 1886.
[10] VAN MILLINGEN: Ann. d'Ocul. **120**, 202 (1898).
[11] HANKE: Wien. klin. Wschr. **1898**, Nr 16.
[12] MÜLLER: Arch. f. Psychiatr. **13**, 598 (1882).
[13] HIRSCHL: Wien. klin. Wschr. **1896**, Nr 38.
[14] SCHMIDT: Dtsch. Z. Nervenheilk. **6**, 438 (1895).

Tabelle 11. Erfahrungen am Trigeminus und Facialis.

Klinischer Befund	Einfluß auf die Tränenabsonderung	Autor und Jahr
Zentrale Trigeminuslähmung	Keine Änderung	Blum[1]
Periphere Facialislähmung unterhalb des Foramen stylomastoideum	desgl.	1913

Die Anatomie zeigt, daß die sekretorischen Fasern für die Tränendrüse schließlich im Nervus trigeminus verlaufen und die klinischen Erfahrungen am Trigeminus zeigen, daß bei totaler Lähmung dieses Nerven beim Menschen die Tränenabsonderung meistens versiegt. Die Ursache kann zweierlei Natur sein, entweder besteht sie in einer Lähmung der Sekretionsnerven der Tränendrüse oder in einer Aufhebung der sensorischen Leitung des Trigeminus oder in beiden.

Die Absonderung der Tränen erfolgt gewöhnlich als Reflexakt infolge von optischer Reizung oder Reizung der Endorgane des Trigeminus in Conjunctiva und Cornea oder in der Nase, sie muß also mit Lähmung des sensorischen Teiles dieses Nerven versiegen. Daß die Leitung in den Sekretionsnerven dabei vollkommen intakt sein kann, zeigt der Fall Hirschl, in welchem die Absonderung der Tränen nur beim Weinen erhalten die reflektorische aber gelähmt war. Hier sind also trotz totaler Lähmung des Trigeminus die sekretorischen Fasern desselben intakt.

Die Fälle von Müller und Hanke zeigen ein Hand-in-Hand-gehen der sensorischen Funktion des Trigeminus und der Tränensekretion. In beiden Fällen kehrt mit der Wiederherstellung der sensorischen Funktion des Trigeminus auch die Tränensekretion wieder. Sie zeigen also, daß die Tränenabsonderung von der normalen Funktion des Trigeminus abhängig ist, können aber nichts darüber aussagen, ob die sekretorischen Fasern aus dem Kerngebiete des Trigeminus stammen oder ob sie ihm in seinem Verlaufe erst beigemischt werden. Dazu kommt, daß die Lähmung der Tränensekretion infolge der Lähmung des Trigeminus ihre Ursache nicht notwendigerweise in einer Schädigung des sekretorischen Anteiles des Reflexbogens haben muß. Vielmehr kann das Versiegen der Tränen auch auf einer Schädigung des sensorischen Anteils des Reflexbogens beruhen. Da beide Teile dieses Bogens, der sekretorische und der sensorische, schließlich im Trigeminus verlaufen, so ist bei den vorliegenden Beobachtungen eine Differenzierung nicht möglich, ja, es ist nicht einmal unwahrscheinlich, daß beide Anteile des Reflexbogens betroffen waren. Ebenso ist es auch möglich, daß die Unterbrechung einen zentralen Sitz hatte.

Analoge Erscheinungen sind auch für die Speichelabsonderung beobachtet worden, welche ebenfalls reflektorisch vom Trigeminus ausgelöst werden kann. Im Falle Müller war auch die Absonderung des Speichels aufgehoben, auch hier kann der sensorische Anteil des Reflexbogens im Trigeminus oder das Sekretionszentrum oder endlich der sekretorische Teil in der Chorda tympani oder mehrere Teile gleichzeitig geschädigt gewesen sein. Allerdings spricht für die letztere Ursache eine gleichzeitige Schädigung des Geschmackssinnes. Alles in allem muß man sagen, daß die klinischen Beobachtungen über Lähmungszustände im Bereiche des Trigeminus, die sich leicht vermehren ließen, keine Lösung der Frage über die Herkunft der sekretorischen Fasern für die Tränendrüse gebracht haben. Auch der Fall Köster, in dem sich nach Trigeminuslähmung die sensorische Funktion wieder herstellte, die Tränenabsonderung aber dauernd ausblieb, kann keine Entscheidung bringen, denn es ist durchaus

---

[1] Blum: Dtsch. med. Wschr. **39** II, 1588—1589 (1913).

möglich, daß außerhalb des Trigeminus gelegene Nerven (Petrosus superficialis major) miterkrankt waren und nicht restituiert wurden. Neuerdings hat KAYSER[1] einen Fall von beiderseitiger Aplasie des Trigeminus beschrieben, bei welcher während 2½jähriger Lebensdauer jede Tränenabsonderung fehlte. Ob diese Erscheinung auf dem Mangel sensorischer Erregungen basierte bei erhaltener sekretorischer Innervation oder ob auch die Sekretionsfasern fehlten, ist nicht entschieden worden.

Auf den N. petrosus superficialis major weisen auch zahlreiche Beobachtungen teils direkt, teils per exclusionem hin. Betrachten wir für den Menschen zunächst die Möglichkeiten für den Weg, auf welchem die Tränenfasern aus dem Facialis in die Drüse gelangen. Der erste führt über den N. petrosus sup. major, das Ganglion sphenopalatinum in den zweiten Ast des Trigeminus, den N. subcutaneus malae oder vom N. petr. sup. maj., das GASSERsche Ganglion in den ersten oder zweiten Trigeminusast. Der zweite Weg führt über die Chorda tympani, den dritten Ast des Trigeminus, von hier in das GASSERsche Ganglion und von da in den ersten oder zweiten Ast des Trigeminus. Die dritte Möglichkeit des Verlaufes aus dem Facialis geht über den Plexus tympanicus, das Ganglion oticum, den dritten Ast des Trigeminus, das GASSERsche Ganglion in den ersten oder zweiten Ast des Trigeminus.

Von diesen Möglichkeiten lassen sich die zweite und dritte ausschließen. Daß die Chorda tympani keine Tränenfasern führt, geht daraus hervor, daß Durchtrennung der Chorda keine Änderung der Tränenabsonderung hervorruft; ebensowenig geschieht dies, wenn der Facialis im letzten Ende des Canalis Fallopiae durchtrennt ist. Die Versuche von VULPIAN und JOURNAC[2], welche bei Reizung der Paukenhöhle Tränenabsonderung beobachtet und auf Erregung von Chordafasern zurückgeführt haben, hat Köster[3] bei direkter Reizung der Chorda nicht bestätigt gefunden. Die Versuche der erstgenannten Autoren kann man also nicht, wie MOLL[4] und GOLDZIEHER[5] wollen, als Beweis für den Verlauf durch die Chorda nehmen; vielmehr sind zur Erklärung der Tränenabsonderung bei Reizung der Paukenhöhle reflektorische Wirkungen zu vermuten.

Der dritte Weg über den Plexus tympanicus kommt nicht in Frage, weil Zerstörung des Plexus keinen Einfluß auf die Tränenabsonderung hat (KÖSTER[3]).

Da in den zentralen Partien des N. trigeminus keine Tränenfasern zu verlaufen scheinen, so bleibt für den Menschen als Übertrittsstelle aus dem Facialis nur der N. petrosus superficialis major übrig. Von hier geht der weitere Verlauf über den Subcutaneus in den N. lacrymalis. Hierfür spricht besonders eine Beobachtung UHTHOFFs[6], der bei einer Affektion des zweiten Trigeminusastes eine Tränenlähmung beobachtete; vor allem auch der Fall BLUM[7].

Für eine sekretorische Funktion des Sympathicus hat man keine festen Anhaltspunkte gewinnen können; man hat nach ihr gesucht, weil die Analogie mit der Innervation der Speicheldrüse eine Doppelinnervation auch der Tränendrüse nahelegte. Experimentell hat sich hier nichts Positives ermitteln lassen. Es ist auch zu betonen, daß zwischen Tränen- und Speicheldrüsen Differenzen

---

[1] KAYSER, R.: Klin. Mbl. Augenheilk. **66**, 652—654 (1921).
[2] VULPIAN u. JOURNAC: Zitiert auf S. 1289.
[3] KÖSTER: Dtsch. Arch. klin. Med. **68**, 344 (1900); **72**, 327 (1902).
[4] MOLL: Zbl. prakt. Augenheilk. **1895**, 129.
[5] GOLDZIEHER: Ber. ophthalm. Ges. Heidelberg **1893**, 162 — Arch. Augenheilk. **28**, 7 (1894) — Zbl. prakt. Augenheilk. **1895**, 129 — Rev. gén. d'ophtalm. **13**, 1 (1894) — Pester med. chir. Presse **1876**, Nr 34.
[6] UHTHOFF: Dtsch. med. Wschr. **1886**, 231.
[7] BLUM: Dtsch. med. Wschr. 39 II, 1588—1589 (1913).

bestehen. So fehlt z. B. die paralytische Vermehrung der Absonderung nach Resektion der Drüsennerven bei der Tränendrüse.

Der wahrscheinlichste Weg für den extracerebralen Verlauf der Tränenfasern ist also der von Köster in Abb. 423 skizzierte. Die Zentren für die Tränenabsonderung sollen erst nach den folgenden Betrachtungen über den psychischen und reflektorischen Tränenfluß besprochen werden.

Ebensowenig wie die Lähmungszustände können Reizerscheinungen im Trigeminus Auskunft über die nervösen Leitungen für die Tränendrüse geben. So kann das Tränenträufeln bei Trigeminusneuralgie sehr wohl reflektorisch erfolgen infolge sensorischer Erregungen, welche über das Trigeminuszentrum zum Tränensekretionszentrum und von hier zur Tränendrüse abfließen.

Die klinischen Beobachtungen am Trigeminus liefern uns also keine Klarheit über die Wege der sekretorischen Tränenfasern.

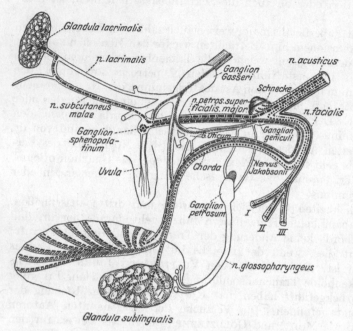

Abb. 423. Schema des Facialisverlaufes und der zwischen dem Facialis und dem Trigeminus bestehenden Verbindungen. Die den Facialis in der ganzen Länge seines Verlaufes oder nur vorübergehend durchziehenden Fasersorten sind durch verschiedene Linien angegeben. - - - - Die Tränenfasern. – – – – Die vom Gangl. sphenopalatinum stammenden sensiblen Fasern, die in die Chorda übertreten und mit dieser zur Zungenhaut gehen. — · — · — Die excitosudoralen Fasern des Facialis. — · · — · · — Die Speichelfasern für die Glandulae sublingualis und submaxillaris. ॥॥॥॥॥॥ Die Geschmacksfasern. —— Die motorischen Facialisfasern. ▲▲▲▲▲ Die Acusticusfasern. (Nach Köster.)

Auch die klinischen Erfahrungen liefern uns keine Klarheit darüber, ob der N. sympathicus einen Einfluß auf die Tränensekretion im Sinne eines sekre-

Tabelle 12. Erfahrungen am Sympathicus.

Klinischer Befund	Einfluß auf die Tränenabsonderung	Autor und Jahr
Resektion des Sympathicus bei Basedowscher Krankheit	Tränenabsonderung 4 Wochen post operationem normal	Campos[1] 1897
Dasselbe (3 Fälle)	Derselbe Befund nach 2 Tagen bis 6 Jahren	Jonesco und Floresco[2] 1902
desgl.	desgl.	Heiligenthal[3] 1900
Alte Sympathicuslähmung . . .	Keine Abweichung gegen die Norm	Schirmer[4] 1908, 1909

[1] Campos: Arch. d'Ophthalm. 17, 540 (1897).
[2] Jonesco u. Floresco: Arch. de physiol. et path. gén. 1902, 845—860.
[3] Heiligenthal: Arch. f. Psychiatr. 33, 77 (1900).
[4] Schirmer: Ber. ophthalm. Ges. Heidelberg 1908, 2—5.

torischen Nerven hat oder nicht. Ebensowenig klärt die Frage eine vielbesprochene Beobachtung von DUCHEK[1]. Infolge eines Tumors der Brücke bestand eine Lähmung des ganzen Trigeminus und Facialis der linken Seite; dabei Tränenträufeln. Hierfür nahm man zur Erklärung eine sekretorische Funktion des Sympathicus an (WILBRAND und SÄNGER[2]). SCHIRMER[3] dagegen will die Überschwemmung des Auges mit Tränen aus mangelnder Ableitung infolge der Lähmung des Lidschlages erklären. KÖSTER[4] nimmt an, daß das Tränensekretionszentrum im Glossopharyngeuskern intakt war und von ihm Sekretionsfasern die Drüse erregten. Von einer Erkenntnis des Sympathicuseinflusses auf die Tränendrüse sind wir also weit entfernt. Sicher ist, daß beim psychischen Weinen der Gesichtssympathicus in heftige Mitbewegung gerät. Das zeigt sich an der Hyperämie der Bindehaut und schließlich der ganzen Gesichtshaut.

Zusammenfassung.

Wenn wir nun die Resultate der experimentellen und klinischen Beobachtungen zusammenfassend betrachten, so ergibt sich für die Beteiligung des N. facialis an der Leitung der Impulse für die Tränenabsonderung beim Menschen ein klares Bild. Die sekretorischen Fasern liegen im Facialisstamme bis zum Ganglion geniculi, danach nicht mehr.

Für den Trigeminus ist das Bild nicht so klar. Sicher ist hier, daß die Tränenfasern schließlich im N. lacrymalis verlaufen, wie sie aber dahineingelangen, ist nicht ohne weiteres klar.

Bei Ausrottungen und Affektionen des GASSERschen Ganglions und des zentralen Trigeminusgebietes ist in einer Reihe von Fällen jede Störung der Tränenabsonderung vermißt worden. Es muß also wohl Teile des Trigeminus geben, in denen sekretorische Fasern für die Tränendrüse nicht enthalten sind. In vielen Fällen zeigen sich aber bei Trigeminusaffektionen Störungen in der Tränenabsonderung. Sie sind vielleicht zum Teil auf eine Mitaffektion der sekretorischen Fasern zurückzuführen in dem Bereiche, in welchem sie im Trigeminus verlaufen, zum Teil auf eine Schädigung des sensorischen Teiles des Reflexbogens für die Tränenabsonderung, von dem der sensorische Trigeminus einen wichtigen Teil ausmacht; zum Teil, wie besonders FRANCKE[5] und KRAUSE[6] betonen, auf Mitaffektion benachbarter Nervengebilde, von denen besonders der N. petrosus superficialis major in Betracht zu ziehen ist.

IV. Ursachen für die Absonderung der Tränen.

Die Ursachen für die Tränenabsonderung sind mannigfacher Natur. Mit Sicherheit nur für den Menschen bekannt ist der Tränenfluß aus psychischen Gründen, das Weinen. Als Teil eines Komplexes von Bewegungen und Sekretionen ist das Tränen beim Lachen, Gähnen, Niesen, Husten und Erbrechen anzusehen. Endlich fließen Tränen infolge reflektorischer Erregung bei Reizung der sensorischen Endigungen des Trigeminus und des Opticus.

1. Das Weinen.

Wie gesagt, nur für den Menschen mit Sicherheit bekannt, ist die Absonderung der Tränen aus psychischen Ursachen. Sie wird als Weinen bezeichnet

---

[1] DUCHEK: Wien. med. Jb. **1864**.
[2] WILBRAND u. SAENGER: Die Neurologie des Auges **2**, 21 (1901).
[3] SCHIRMER: Graefe-Saemischs Handb. d. Augenheilk. **1**, Kap. 7, 31 (1904).
[4] KÖSTER: Zitiert auf S. 1293.   [5] FRANCKE, V.: Dtsch. med. Wschr. **1895**, Nr 33.
[6] KRAUSE: Zitiert auf S. 1288.

und findet sich als Teilerscheinung der Ausdrucksformen für den Affekt der Trauer, des Schmerzes, der Wut und auch der Freude.

Bei Tieren ist das Weinen nicht nachgewiesen. Ganz vereinzelt steht die Schilderung von Tennent, der bei frisch eingefangenen und gebundenen indischen Elefanten Tränenfluß, wie er meint aus psychischen Gründen, beschreibt, und die Angabe von Brehm, nach welchem ein angeschossener Elefant vor Schmerz weinte. Häufig kann man bei Gänsen und Enten Augentränen beobachten, wenn ihnen die Federn am Hinterkopf zur Bloßlegung der Haut vor der Schlachtung ausgerissen werden. Alle diese Beobachtungen finden vermutlich ihre Erklärung als reflektorische Tränenabsonderung infolge sensorischer Reize.

Auch beim Menschen tritt erst mit fortschreitender Entwicklung Tränenabsonderung auf, beim Neugeborenen fehlt sie. So sah Darwin[1] bei seinem eigenen Kinde erst am 139. Lebenstage Tränenfluß beim Weinen, Preyer[2] hingegen bereits am 23. Tage. Auch Axenfeld[3] und de Wecker[4] haben analoge Beobachtungen beschrieben. Die Angabe de Weckers, daß der orbitale Teil der Tränendrüse beim Menschen für die Tränenabsonderung beim Weinen allein in Frage komme, daß ferner dieser Teil der Drüse beim Neugeborenen noch nicht ausgebildet sei, hat Axenfeld nicht bestätigt gefunden. Es bestehen somit keine Anhaltspunkte, für die reflektorische Tränenabsonderung, welche sich auch beim Neugeborenen findet, und für die psychische, besondere Organe anzunehmen.

Die Tränenabsonderung beim Weinen ist ein Teilakt eines vasomotorischen und motorischen Symptomkomplexes. Er besteht in einer Gefäßdilatation an der Bindehaut und schließlich an der ganzen Gesichtshaut, welche sich in Rötung und Schwellung unmittelbar dokumentiert. Ferner entwickelt sich beim Weinen ein charakteristischer Gesichtsausdruck. Hierbei sind nach Duchenne[5] folgende Muskeln beteiligt: der M. levator labii sup. und alae nasi bei weinerlicher Stimmung, beim Weinen besonders der M. zygomaticus minor, dazu der Triangularis menti; die Mm. palpebr. sup. et inf. und viele andere.

Von welchem zentralen Teil die Erscheinungen in Gang gesetzt werden, ist vollkommen unbekannt. Nach Nothnagel führt der Weg über den Sehhügel als Zentrum der mimischen Ausdrucksbewegungen; hierher verlegt auch Edinger[6] das Organ für den zentralen Schmerz und nach v. Bechterew und Mislawsky[7] soll hier das Zentrum für die reflektorische Tränenabsonderung und auch die zentrale Leitungsbahn für den Sympathicus liegen.

2. Die Tränenabsonderung beim Lachen, Gähnen, Niesen usw.

Der Tränenfluß beim Lachen, Niesen, Gähnen, Husten, Erbrechen, Würgen ist als Mitinnervationsakt bei den genannten Bewegungskomplexen aufzufassen. Beim Niesen kommt er reflektorisch infolge Reizung der Nasenschleimhaut zustande. Die Erklärung von Wilbrand und Saenger[8], welche den Tränenfluß auf ein Auspressen des Conjunctivalsackes infolge der gleichzeitigen Kontraktion der Orbicularis erklären wollen, lehnt Schirmer[9] ab. In der Tat ist sie unwahr-

[1] Darwin, C.: Der Ausdruck der Gemütsbewegungen S. 154.
[2] Preyer: Die Seele des Kindes S. 192.
[3] Axenfeld: Klin. Mbl. Augenheilk., Juli 1891.
[4] de Wecker: Klin. Mbl. Augenheilk., Juli 1891.
[5] Duchenne: Mécanisme de la physiognomie 1862.
[6] Edinger: Z. Nervenheilk. 1, 262.
[7] v. Bechterew u. Mislawsky: Neur. Zbl. 10, 481.
[8] Wilbrand u. Saenger: Die Neurologie des Auges 2, 15 (1901).
[9] Schirmer, O.: Graefe-Saemischs Handb. d. Augenheilk., 2. Aufl., 1. T., Kap. 7, 39, 1904.

scheinlich, da willkürliche Kontraktion des Orbicularis keine Tränen fördert. Dazu kommt noch, daß auch an anderen Drüsen Sekretionserscheinungen sich zeigen, wie z. B. von seiten der Speicheldrüsen.

3. Die reflektorische Tränenabsonderung.

Auf reflektorischem Wege kann man Tränenabsonderung durch Reizung des N. opticus und durch Reizung des N. trigeminus hervorrufen. Einseitige Opticusreizung durch intensive Belichtung des Auges hat stets Tränenfluß auf beiden Augen zur Folge, hingegen einseitige Trigeminusreizung stets nur einseitiges Tränen, wenigstens bei den meisten Menschen[1]. In pathologischen Fällen gelangt bei Menschen und Tieren die reflektorische Tränenabsonderung infolge Trigeminusreizung häufig bei Affektionen der Hornhaut und der Bindehaut zur Beobachtung; besonders sieht man bei Entzündungen und Verletzungen der ersteren reichlichen Tränenfluß.

Auch die normalerweise dauernd, wenn auch in geringer Menge erfolgende Tränenabsonderung, ist vermutlich reflektorischer Natur. Unter gewöhnlichen Bedingungen ist die Menge der abgesonderten Tränen gering. SCHIRMER[2] hat an Menschen, denen der Tränensack ausgerottet und somit die Ableitung der Tränen unterbrochen war, die Tränenmenge im Verlauf von 16 Stunden gleich 0,2—0,4 g gefunden, das sind etwa 4—8 Tropfen. Er sah in stundenlangen Intervallen je einen Tränentropfen über den Lidrand fallen. Zu dieser Menge kommt noch die Tränenflüssigkeit, welche in 16 Stunden von der freien Bulbusoberfläche verdunstet, diese schätzt SCHIRMER nach Modellversuchen gleich 0,27 g, also etwa auf $5^1/_2$ Tropfen, so daß demnach die gesamte, unter normalen Bedingungen abgesonderte Tränenmenge in 16 Stunden $^1/_2$—$^3/_3$ g beträgt. MAGAARD fand in 16 Stunden eine bedeutend größere Menge, nämlich 48 Tropfen gleich 2,4 g. Freilich handelte es sich hier um ein Auge mit Ektropium des Oberlides, wodurch ein Reizzustand bedingt wird. Im Schlafe ruht die Tränenabsonderung vollkommen — auch Weinen im Traume ist nicht von Tränenfluß begleitet[3] —, so daß also die obengenannte Tränenmenge die tägliche darstellt.

Wenn Reize auf das Auge einwirken, so ist die Tränenmenge entsprechend vergrößert; es tränen bei vielen Personen die Augen im Winde infolge Austrocknung der Bulbusoberfläche, in raucherfüllten Lokalen usw.

Auch durch Reizung der Nasenschleimhaut durch reizende Gase u. dgl. findet reflektorische Tränenabsonderung statt. Nach RUFFIN[4] erzeugt die Ausspülung des Gehörganges Tränenträufeln auf reflektorischem Wege. Alle diese Erregungen werden auf der Bahn des N. trigeminus wirksam.

ALESSANDRO[5] gibt an, daß intravenöse Injektion eines sauren Macerates der sekretinhaltigen Duodenalschleimhaut Vermehrung der Tränenabsonderung erzeuge. Wo diese Wirkung angreift, ist unbekannt.

Der Kliniker hat häufig das Bedürfnis, die Leistungsfähigkeit der Tränendrüse quantitativ festzustellen. Die hierfür verwendeten Methoden der Funktionsprüfung der Tränendrüse hat SCHIRMER einer Kritik unterzogen und selber für den Menschen eine Methode ausgearbeitet zur Prüfung der reflektorischen Tränensekretion. Als Reiz dient zunächst die Berührung eines Fließpapierstreifens mit den Wänden des Conjunctivalsackes im Bereiche des Unterlides,

[1] Ausnahmen s. bei WEISS: Nagels Handb. d. Physiol. 3, 472 (1904) — SCHIRMER: 1. T., 1. Aufl., Kap. 7, 40, **1904**. Zitiert auf S. 1296.
[2] SCHIRMER, O.: Graefes Arch. **56**, 197, 203 (1903).
[3] MAGAARD: Virchows Arch. **89**, 258.
[4] RUFFIN, E.: Wien. med. Wschr. **67**, 1636 (1917).
[5] ALESSANDRO, F.: Arch. ital. Oftalm. **15** — Klin. Mbl. Augenheilk. **45**, 407 (1907).

als Maßstab für die Tränenabsonderung die Ausdehnung der Befeuchtungszone auf dem Streifen. Streifen von $^1/_2$ cm Breite und $3^1/_2$ cm Länge pflegen bei normaler Tränenabsonderung, wenn sie 3 cm lang aus dem Bindehautsack heraushängen, in 5 Minuten vollkommen befeuchtet zu sein. Anormal ist die Funktion, wenn in 5 Minuten weniger als $1^1/_2$ cm befeuchtet ist. Zur weiteren Untersuchung dient dieselbe Maßmethode, aber am cocainisierten Auge. Als reflektorischer Reiz wird nunmehr eine Pinselung der Nasenschleimhaut mit einem Haarpinsel verwendet, der gedreht wird. Augen, bei denen weniger als $1^1/_2$ cm des Streifens in 2 Minuten befeuchtet sind, haben als anormal zu gelten.

4. Lage des Reflexzentrums für die Tränenabsonderung.

Wie vom Trigeminus und vom Opticus die Erregungen auf das Zentrum für die Tränensekretion übergehen, wird solange nicht mit Sicherheit gesagt werden können, als entscheidende Versuche über den zentralen Ursprung der Sekretionsfasern nicht vorliegen. So sind denn auch die Angaben in der Literatur überaus unbefriedigend.

Zu entscheiden ist einmal die Frage, von welchem Teile des zentralen Opticus- und Trigeminusgebietes die Erregungsleitungen zum Tränenzentrum sich abzweigen und zweitens, zu welchen zentralen Teilen sie gelangen. In diesen letzteren hätten wir das eigentliche Tränenabsonderungszentrum zu suchen.

Über die Art, wie die Erregung des Opticus auf das Tränenzentrum übertragen wird, haben wir keine Angaben.

Die reflektorische Absonderung mittels des Trigeminus verlegt Eckhard[1] ins verlängerte Mark und die oberen Teile des Rückenmarkes in die Kerngebiete des N. trigeminus, entsprechend seiner Annahme, daß die afferenten und efferenten Fasern des Reflexbogens dem Trigeminus angehören.

Seck[2] hat für das Kaninchen festgestellt, daß zur vollkommenen Erhaltung des Tränensekretionsreflexes das Rückenmark bis zum 6. Halswirbel erhalten sein müßte. Die Tränenabsonderung nehme — gleichen Schrittes mit der Lid- und Nickhautbewegung — bis zum Niveau des vierten Halswirbels an Intensität ab, um bei noch zentraleren Querschnitten zu versiegen. Nach vorn liegt die Grenze nicht wesentlich weiter vorn als der Ursprung des Trigeminus. Seck nimmt an, daß die Grenze so tief reiche, weil die zentripetalen Trigeminusfasern im Rückenmark tief absteigen, um dann wieder emporzusteigen.

Nach v. Bechterew und Mislawsky[3] liegt das Tränenzentrum im Sehhügel; sie beobachteten bei Reizung desselben Tränensekretion, daneben Exophthalmus und Pupillenerweiterung (s. oben). Die physiologischen Angaben über das Zentrum der Tränensekretion sind, wie man sieht, ungenügend.

Auch die klinischen Befunde lösen das Problem nicht. So hat ein Teil der Autoren bei Aplasie der motorischen Hirnnervenkerne, besonders des Facialiskernes, Lähmung der Tränenabsonderung beobachtet (Köster[4], Bernhard[5], Heubner[6]), andere dagegen nicht (Bernhard[7], Wilbrand und Saenger[8], Schmidt[9], Köster[10]).

[1] Eckhard, C.: Experim. Physiol. d. Zentralnervensystems. Gießen 1867.
[2] Seck, H.: Eckhards Beiträge 11, 1—22 (1885).
[3] v. Bechterew u. Mislawsky: Neur. Zbl. 10, 481.
[4] Köster: Dtsch. Arch. klin. Med. 72, 327 (1902).
[5] Bernhard: Berl. klin. Wschr. 1899, Nr 31.
[6] Heubner: Charité Ann. 25 (1900).
[7] Bernhard: Festschr. z. Feier d. 60. Geburtst. v. Jaffé 1901.
[8] Wilbrand u. Saenger: Zitiert auf S. 1296.
[9] Schmidt: Z. Nervenheilk. 6 (1895).
[10] Köster: Dtsch. Arch. klin. Med. 68, 344 (1904).

V. Die Ableitung der Tränen.

Der Ableitungsmechanismus der Tränen spielt unter den gewöhnlichen Bedingungen des Lebens kaum eine Rolle. Hier genügt die Verdunstung des Tränenwassers an der Oberfläche des Auges und die Resorption der gelösten Stoffe ebenda zur Abführung der Tränen. Wenn aber die Absonderung reichlicher wird, so genügen diese Vorgänge nicht, um die Unannehmlichkeit zu beseitigen, welche das „Schwimmen des Auges in Tränen" verursacht. Die Abfuhr über den Lidrand verhindert die Einfettung desselben durch die MEIBOMschen Drüsen außer in den extremen Fällen sehr reichlichen Tränens. Bei mäßig verstärkter Absonderung tritt der in folgendem zu beschreibende Mechanismus in Funktion.

1. Anatomie des ableitenden Apparates.

Der Abzugskanal für die Tränen beginnt am medialen Augenwinkel, wo die nasalen Teile der beiden Augenlider sich in der Commissura palpebrarum medialis vereinigen und hier den Tränensee umschließen. Normalerweise enthält dieser keine Tränen. Dem Boden des Tränensees entwächst die Caruncula lacrimalis, lateral begrenzt ihn die Plica semilunaris. Bei geöffneten Augenlidern steht der laterale Augenwinkel 4—6 mm höher als der mediale.

Der feste Tarsalteil der Lider endet nasal bei den Tränenpünktchen. Nasal von diesen sind die Lider abgerundet und von weicher Konsistenz. Die Tränenpünktchen liegen auf kleinen Erhöhungen: Papillae lacrimales. Sie bestehen aus hartem, mit der Substanz der Tarsi fest verwachsenem Bindegewebe, daher haben sie ein stets offenes Lumen. Der obere Tränenpunkt liegt an der Grenze des Tränensees gegen den Bulbus, der untere lediglich gegen den Bulbus; beide sind rückwärts gewandt und liegen stets der Bindehaut an, ihr Abstand bis zur Commissura medialis beträgt 5—6 mm.

Nach MARX[1] ist normales Verhältnis in der Lage der Tränenpunkte zum Lidrand von großer Bedeutung. Wenn dieses Verhältnis gestört ist, kann Tränenträufeln eintreten, das durch eine korrigierende Operation beseitigt werden kann.

Die Tränenkanälchen gehen von den Tränenpünktchen aus, sie konvergieren gegen die laterale Wand des Tränensackes; ihre Mündung liegt am oberen Teile desselben in $1^1/_2$—2 mm Abstand vom oberen blinden Sackende, näher seinem hinteren Rande hinter dem Lig. palp. mediale. Die Neigung der Kanälchen gegen die Frontale beträgt 15—30°. Die Einmündung in den Sack geschieht schräg, ähnlich wie der Übergang des Ureters in die Blase.

Die Weite der Kanälchen beträgt an den Tränenpunkten 0,32—0,64 mm, von hier verengern sie sich trichterförmig; die Trichterspitze ist der engste Teil des Kanälchens. Von der Spitze aus verlaufen sie $1^1/_2$—2 mm vertikal (Durchmesser 1,3—0,05 mm), dann $6^1/_2$—$7^1/_2$ mm horizontal (0,6—$1^1/_4$ mm, am Tränensack 0,5—0,3 mm Durchmesser). WEBER fand am Lebenden am horizontalen Teile des Kanälchens ein Lumen, HALBEN[2] an fixierten Präparaten dagegen nichts. Ob sie bei Lidruhe Flüssigkeit enthalten, ist nicht absolut sicher. Die horizontalen Stücke verlaufen etwas konvex aufwärts (oberes) bzw. abwärts (unteres) gebogen. Nach HALBENS Untersuchungen findet sich in der Wand des Kanälchens reichlich elastisches Gewebe (s. Abb. 424).

Der Tränensack liegt in der Rinne, deren laterale Wand das Septum orbitale, deren nasale Wand die Tränengrube bildet. Diese ist hinten durch die Christa lacr. post. begrenzt, hinter dieser liegt die Insertion des Septum orbit. Dieses setzt sich über die Vorderseite beider Tarsi fort, umschließt also den Orbital-

---

[1] MARX, E.: Graefes Arch. **117**, 619—627 (1926).
[2] HALBEN, R.: Graefes Arch. **57** (1), 61 (1903).

inhalt bei geschlossenen Lidern. Der Tränensack liegt demnach außerhalb des Septum orbitale. Er ist 12 mm lang und bildet einen Spalt, dessen langer Durchmesser sagittal 2—3 mm ist. Ob er Flüssigkeit enthält, ist zweifelhaft. Über die anatomischen Verhältnisse orientiert Abb. 425.

Nicht regelmäßig findet man einen förmlichen Tränensack; so sah Aubaret[1] in 50 Fällen 31mal einen Tränensack, 19mal dagegen nicht. Von den 31 Beobachtungen zeigten 18 den Sack über einer Schleimhautfalte oder einem Wulste im Gange gelegen, 6 über einer Biegung, 7 eine allmähliche Erweiterung des

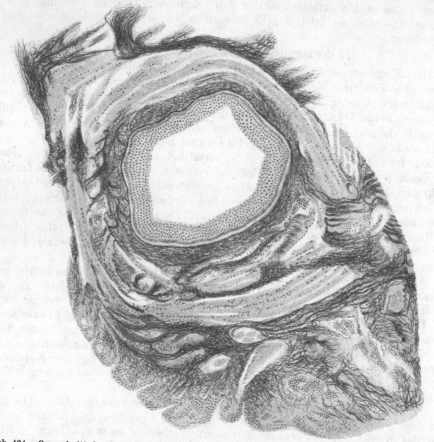

Abb. 424. Querschnitt durch den vertikalen Abschnitt des Tränenröhrchens eines 3jährigen Mädchens. (Nach Halben.)

Ganges zu einem Sacke. Von den 19 Fällen fand sich 5mal weder ein Wulst noch eine Verengerung im Tränennasengang, 12mal ein Wulst oder eine Klappe, 2mal eine totale Obliteratio inferior. Die Fortsetzung des Sackes bildet der knöcherne Tränennasenkanal; seine Grenze zum Sack ist markiert durch eine Verdickung des Periosts, der Durchmesser dieser schmalsten Stelle ist 3 mm. Der untere Teil ist häutig, im Lumen klein, die Schleimhaut der medialen und lateralen Wand berührt sich häufig (v. Hasnersche Klappe).

Elastisches Gewebe findet sich um die Pünktchen und Kanälchen sowie an der lateralen Sackwand.

[1] Aubaret, E.: C. r. Soc. Biol. 66, 1045—1046; 67, 235—237 (1909) — Arch. d'Ophtalm. 28, 211—236, 347—371 (1908).

Sehr wichtig ist auch die Frage, ob der Tränennasengang Klappen enthält. FOLTZ[1] und BOCHDALEK[2] beschreiben im kurzen vertikalen Teile der Kanälchen Klappen, die sich nur nach dem Tränensack hin öffnen. MERKEL[3] bestreitet das. Nach ihm ist im ganzen Tränennasenkanal kein Klappenmechanismus vorhanden. ROSENMÜLLER beschreibt an der Sackmündung der Kanälchen eine Klappe, ebenso HUSCHKE, DERAND, FOLTZ[1]. Nach v. ARLT[4] erfolgt die Mündung der Kanälchen so schräg, daß sie durch ein Schleimhautfältchen gedeckt erscheint. SCHIRMER bestreitet aber die Klappenwirkung dieses Fältchens. FOLTZ[1] und AUBARET[5] beobachteten, daß vom Tränensack aus die Durchspülung der Kanälchen auf erheblichen Widerstand stößt, allerdings bei Leichenaugen. FRIEBERG läßt einer Klappenwirkung eine gewisse Wahrscheinlichkeit. ROSENMÜLLER und v. HASNER[6] beschreiben eine Klappe am Nasenende des Tränennasenganges. Diese wird aber bestritten von OSBORNE[7], LESSHAFT[8] und MERKEL[3] auf Grund anatomischer Untersuchungen.

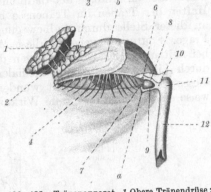

Abb. 425. Tränenapparat. *1* Obere Tränendrüse; *2* deren Ausführungsgänge; *3* Läppchen der unteren Tränendrüse; *4* Lidspalte; *5* oberes Lid, teilweise von Haut entblößt; *6, 7* Tränenpunkte; *8, 9* Tränenkanälchen; *a* Ampulle des unteren Tränenkanälchens; *10* Sammelrohr; *11* Tränensack; *12* Tränennasengang mit unterer Mündung. (Aus RAUBER-KOPSCH: Lehrbuch der Anatomie.)

An einem großen Material menschlicher Leichen hat AUBARET[5] die Frage nach der Wirkung von Klappen im Tränennasengang untersucht. Über die anatomischen Verhältnisse belehren die Abbildungen. In seinen Versuchen findet er, daß die Öffnung des Tränennasenganges in der Nase in 68 von 90 Beobachtungen gegen Luftdruck von der Nase her insuffizient ist; immerhin betont AUBARET, daß an keinem anderen Abschnitt des Tränenschlauches eine Klappe von kräftiger Wirkung existiert.

Die Tränen werden durch den elastischen Druck des Oberlides auf die freie Bulbusfläche getrieben, verteilen sich hier durch die Attraktion der Bulbuswand über die ganze freie Fläche; ein Überschuß sammelt sich der Schwere folgend in der Rinne zwischen Bulbus und Unterlid an. Am tiefsten Punkte dieser Rinne ist bei reichlich vorhandener Tränenflüssigkeit die Ansammlung am größten. Sie ist um so reichlicher, je mehr Tränen die Drüse absondert. Aber auch die Rinne zwischen Oberlid und Bulbus zeigt eine Ansammlung von Tränen, wie zu erwarten ist. Die Abbildungen erläutern diese Ver-

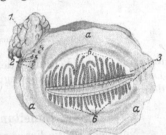

Abb. 426. Die beiden Augenlider des linken Auges von der hinteren Conjunctivafläche aus gesehen. *a, a, a* Conjunctiva des Orbitalteiles der Lider und des Fornix; *1* Tränendrüsen (obere und untere Tränendrüse nicht gesondert dargestellt); *2* Mündungen der feinen Ausführungsgänge der Tränendrüsen, schematisiert; *3* Puncta lacrimalia; *6* MEIBOMsche Drüsen beider Augenlider. (Aus RAUBER-KOPSCH: Lehrbuch der Anatomie.)

---

[1] FOLTZ: Ann. d'Ocul. **1860**, 227.   [2] BOCHDALEK: Prag. Vjschr. **2**, 121 (1866).
[3] MERKEL, F.: Handb. d. topograph. Anat. **1** (1885).
[4] v. ARLT: Graefes Arch. **1** (2), 135 (1855); **9** (1), 64 (1863).
[5] AUBARET: Zitiert auf S. 1300.
[6] v. HASNER: Beitr. Physiolog. u. Pathol. Tränenapp. Prag 1850.
[7] OSBORNE: Darst. d. App. z. Tränenabl. Prag 1835.
[8] LESSHAFT: Arch. Anat. u. Physiol. **1868**, 265.

hältnisse. Besonders günstig für eine Anhäufung von Tränenflüssigkeit liegen die Bedingungen im medialen Augenwinkel wegen der hier vorhandenen zahlreichen Unebenheiten. Infolge der dadurch vergrößerten Oberflächenattraktion ist das Haften der Tränen im Tränensee besonders begünstigt. Ob die Ansammlung an dieser Stelle durch Lidbewegungen unterstützt wird, ist eine umstrittene Frage. Schirmer[1] verneint diese Möglichkeit, weil es ihm nicht gelungen ist, bei Seitenlage des Körpers gegen die Wirkung der Schwere Tränenflüssigkeit durch Lidbewegungen zum medialen Augenwinkel zu bewegen. Das Resultat dieses Versuches darf nicht wundernehmen, weil bei Seitenlage notwendigerweise eine etwaige fördernde Wirkung der Lidbewegung durch die gleichzeitige

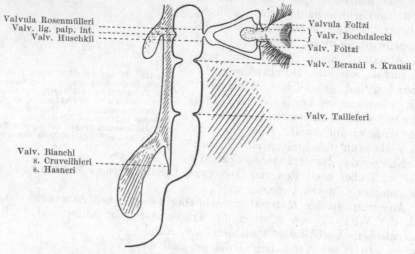

Abb. 427. Verteilung der Tränenflüssigkeit auf der freien Bulbusfläche.

antagonistische Wirkung der Schwere verhindert oder überkompensiert wird. Daß in der Tat die Lidbewegungen in dem fraglichen Sinne wirken, soll im folgenden gezeigt werden.

2. Einleitung und geschichtlicher Überblick.

Nunmehr ist die Frage zu behandeln, auf welche Weise trotz des kontinuierlichen Tränenzuflusses der Flüssigkeitsgehalt im Bindehautsacke konstant bleibt. Daß eine Regulation dauernd stattfindet, unterliegt keinem Zweifel; hierfür sprechen die Beobachtungen Schirmers[1], daß nach Ausrottung des Tränensackes von Zeit zu Zeit eine Träne aus dem Auge perlt. Unter normalen Verhältnissen kommt etwas Derartiges nicht vor, auch zeigt sich, daß jede Vermehrung der Tränenflüssigkeit im Bindehautsack schnell ausgeglichen wird, auch ohne daß Tränen über den Lidrand fallen.

Andererseits lehrt die Erfahrung, daß die Tränenableitung in die Nase nicht sehr leistungsfähig ist; schon eine geringe Vermehrung des Flüssigkeitsgehaltes im Bindehautsack genügt, um Tränen aus dem Auge fallenzulassen. Unter gewissen Umständen ist diese Beförderung von Tränen nach außen sogar ein zweckmäßiger Akt, nämlich wenn es sich darum handelt, mittels des Tränenstromes Fremdkörper aus dem Auge herauszuschwemmen (s. S. 1316).

Somit muß man sich davor hüten, von der Funktion des Tränenableitungsmechanismus sich eine übertriebene Vorstellung zu machen. Man wird dann

---

[1] Schirmer: Zitiert auf S. 1296.

auch zu einer richtigen Einschätzung der Größe der Kräfte kommen, welche für die Tränenabfuhr wirken. Der ganze Apparat ist auf den Transport geringer Flüssigkeitsmengen eingerichtet — nach SCHIRMER[1] 4—8 Tropfen am Tage —, dementsprechend sind auch nur geringe Kräfte für diese Leistung zu erwarten. Man darf sich hierin auch dadurch nicht täuschen lassen, daß bei Affektionen mit Verschluß der Tränenwege häufig Tränenträufeln besteht, denn hierbei pflegt infolge von Reizzuständen eine Vermehrung der Tränenbildung zu bestehen.

Folgende Vorstellungen von dem Mechanismus sind im Laufe der Zeit in der Literatur veröffentlicht worden.

a) Theorien der Tränenabfuhr bei ruhenden Augenlidern.

α) Die Herbertheorie von PETIT.

Im anatomischen Bau gleicht der Tränenkanal bei aufrechter Körperhaltung vollkommen einem Heber. Die obere Öffnung bildet der trichterförmige Eingang in die Tränenröhrchen, die untere ist das nasale Ende des Tränenkanales. Die Niveaudifferenz beträgt etwa 20 mm. So liegt der Gedanke, welchen PETIT[2] zuerst ausgesprochen hat, nahe, die Tränenableitung durch Heberwirkung zu erklären. Diese Erklärung hat besonders auf Grund von Versuchen an einem Modell GAD[3] wieder aufgenommen, und ihm hat sich SCIMEMI[4] angeschlossen. Nach GAD soll nicht nur die Druckdifferenz zwischen Tränensee und unterer Öffnung des Tränennasenganges als treibende Kraft wirken, sondern die feuchte Nasenschleimhaut soll noch verstärkend wirken, was SCIMEMI[4] dagegen bestreitet.

Experimentell ist die Frage von FOLTZ[5] und WEBER[6] sowie von SCHIRMER[1] in Angriff genommen worden. FOLTZ[5] und SCHIRMER[1] konnten zeigen, der eine mit Indigolösung, der zweite mit Prodigiosusaufschwemmungen und Natriumsalicylatlösungen, daß bei ruhenden Lidern keine Flüssigkeit aus dem Bindehautsack in die Nase abfließt. FOLTZ konnte den Lidschlag $1^2/_3$ Minuten, SCHIRMER bis zu 6 Minuten unterdrücken.

Auch WEBER gelangte zu dem Resultat, daß die Tränen nicht durch Heberwirkung abfließen, als er durch das geschlitzte untere Tränenröhrchen eine feine, mit Flüssigkeit gefüllte Glasröhre in den Tränensack einführte und das freie Ende in ein mit Flüssigkeit gefülltes Uhrschälchen im Niveau des Tränensees eintauchte; dabei floß keine Flüssigkeit in die Nase. Die Heberwirkung des Tränenapparates kann somit nicht groß sein. Der Grund hierfür liegt nach WEBER im Schleimgehalte des unteren Teiles des Tränennasenganges (v. ARLT), wodurch ein Hindernis für die Strömung gegeben sein soll.

Da die Tränenableitung auch im Liegen geschieht, so müssen also auch andere Kräfte als die Schwere im Spiele sein.

β) Die Kapillarattraktionstheorie von HALLER und MOLINELLI.

Daß die Tränen durch Capillarität aus dem Tränensee in die ableitenden Tränenwege getrieben werden, hat zuerst ALBRECHT V. HALLER und später

[1] SCHIRMER, O.: Zitiert auf S. 1296 — Graefes Arch. **56** (2), 197—291 (1903) — Münch. med. Wschr. **1908**, 545—550 — Ber. Dtsch. Ophthalm. Ges. **1908**, 2—5.
[2] PETIT, J. L.: Mém. Acad. Science **1734**, 134; **1740**, 155; **1743**, 390; **1744**, 449.
[3] GAD, J.: Arch. Anat. u. Physiol. Suppl. **1883**, 69—87.
[4] SCIMEMI: Arch. Anat. u. Physiol. Suppl. **1892**, 291.
[5] FOLTZ: Zitiert auf S. 1301.
[6] WEBER, A.: Klin. Mbl. f. Ahlka 1, 63 (1863).

Molinelli[1] angenommen. A. Weber[2] ist ihnen gefolgt. In der neueren Zeit ist diese Anschauung wohl allgemein aufgegeben, seit Schirmer[3] gezeigt hat, daß der Tränenapparat unter normalen Verhältnissen keine Luft enthält. Somit würde also keine Grenzfläche zwischen Tränen und Luft in den Tränenwegen existieren, eine Capillarattraktion am Tränensee also unmöglich sein. Nur am Nasenende könnten derartige Kräfte wirken, indem hier an der Grenze von Luft und Flüssigkeit eine kontinuierliche Verdunstung der Flüssigkeit stattfindet und damit ein Nachrücken aus dem Tränenkanal.

γ) Die Aspirationstheorie von Hounauld.

Unter gewissen Bedingungen vermag ein Luftstrahl,' welcher an einem Flüssigkeitsbehälter vorbeistreicht, Flüssigkeit mit sich zu führen. Hounauld[4] hat als erster angenommen, daß bei der Inspiration Flüssigkeit aus den Tränenwegen angesaugt werde. Eine Reihe von Autoren sind ihm darin gefolgt (E. H. Weber[5], v. Hasner[6], Ravà[7], Limbourg[8]). Demgegenüber konnte A. Weber[9] auch bei stärkster Inspiration keine Bewegungen an einem Quecksilbermanometer beobachten, welches mit dem Tränenkanal in Verbindung stand. In demselben Sinne fallen Schirmers[3] Versuche mit Prodigiosaufschwemmungen aus (s. oben). Auch aus ihnen kann man nicht auf eine fördernde Wirkung des Luftstromes bei der Tränenableitung schließen. v. Arlt[10] dagegen konnte zeigen, daß bei völligem Verschluß des Tränennasenganges Kochenilletinktur aus dem Bindehautsacke in kurzer Zeit aus einer Tränenfistel abfloß. Man kommt also auch hier zu dem Schluß, daß ein nachweisbarer Einfluß des Respirationsluftstromes auf die Bewegung der Tränen nicht festzustellen ist.

Aus dem Gesagten geht hervor, daß bei ruhenden Augenlidern ein merklicher Transport von Tränen in die Nase nicht stattfindet. Auf die Lidmuskulatur als Beförderer der Tränen weist auch Schirmers[11] Beobachtung hin, der bei Lidschlagschwächung unvollkommene Tränenabfuhr, bei Lidschlaglähmung Aufhebung derselben fand.

b) Theorien der Tränenabfuhr mittels Lidbewegungen.

α) Anatomischer Bau der Lidmuskulatur.

Für die Bewegungen der Augenlider und der Haut, welche im Anschluß an die Lider das Auge umgibt, ist der M. orbicularis oculi die treibende Kraft. Da an seine Funktion die Ableitung der Tränen aus dem Conjunctivalsacke in die Nase und noch eine zweite wichtige Schutzfunktion für das Auge, nämlich die Entfernung von Fremdkörpern aus dem Bindehautsacke geknüpft ist, soll die Lidmuskulatur an dieser Stelle, soweit sie diesen Funktionen dient, genauer beschrieben werden.

Man teilt den M. orbicularis oculi in eine periphere Abteilung, Pars orbitalis, und eine zentrale, Pars palpebralis ein. Die Pars orbitalis entspringt größtenteils am medialen Rande der Orbita, welche sie kreisförmig umgibt (Abb. 428).

[1] Molinelli: Mém. Acad. Science, Bologne **2**, 1 (1773).
[2] Weber, A.: Zitiert auf S. 1303.   [3] Schirmer, O.: Zitiert auf S. 1296.
[4] Hounauld: Philos. Transact. **39**, 54 (1735).
[5] Weber, E. H.: Handb. d. Anat. Braunschweig 1832.
[6] v. Hasner: Beitr. z. Physiol. Pathol. Tränenorg. Prag 1850.
[7] Ravà: Ann. Ottalm. **2**, 110 (1872).
[8] Limbourg: Arch. Augenheilk. **62**, 78—82 (1909).
[9] Weber, A.: Klin. Mbl. Augenheilk. **1**, 63 (1863).
[10] v. Arlt: Zitiert auf S. 1301.
[11] Schirmer, O.: Z. Augenheilk. **11**, 97—105 (1904).

Sie hat in unserer Betrachtung kein Interesse, denn für die Ableitung der Tränen kommt nur die Pars palpebralis in Frage (Abb. 429). Diese entspringt am Liga-

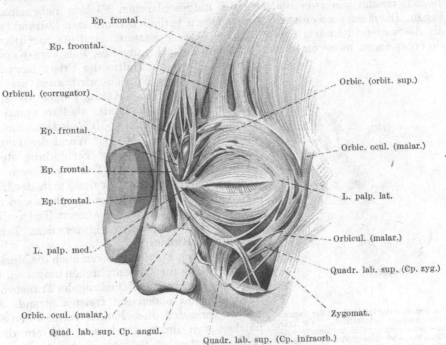

Abb. 428. Muskeln der Stirn- und Augengegend von vorn. (Aus HENLE: Anatomie.)

mentum palpebrale mediale im medialen Augenwinkel und inseriert teils im Tarsus der Lider, teils in der Raphe palpebralis lateralis.

Das Ligamentum palpebrale mediale sive canthi bildet einen Sehnenbogen, zwischen dessen Schenkeln der Tränensack liegt. Der vordere Schenkel ist 3—4 mm breit, er heftet sich am vorderen medialen Orbitalrande an, etwa 1 cm unterhalb des oberen Endes des Stirnfortsatzes des Oberkiefers. Der hintere Schenkel strahlt fächerförmig gegen die Crista lacrymalis posterior aus, an welche er sich anheftet. Der vordere Schenkel ist mit der vorderen Wand des Tränensackes direkt verbunden, der hintere dagegen nur durch ein lockeres Bindegewebe.

Zu diesem Bande steht die Pars palpebralis musculi orbitalis in enger Verbindung. Dieser Muskel besteht aus einer oberflächlichen und einer tiefen Schicht (Abb. 430). Die oberflächliche Schicht des Musculus orbicularis palpebralis (HENLE[1]) oder der M. peritarsalis m. orbicul. (GAD[2]) entspringt vom vorderen Schenkel des Ligaments, indem die Fasern für das Oberlid vom oberen Rande und von der Tränensackwand kommen, für das Unterlid dagegen aus dem Raume zwischen

Abb. 429. Die freipräparierte Lidringmuskulatur des rechten Auges von außen mit besonderer Berücksichtigung der medialen Insertion des epi- und peritarsalen Teiles der eigentlichen Lidringmuskulatur (Aus Archiv für Anatomie und Physiologie. 1883. GAD.)

---

[1] HENLE, J.: Handb. system. Anat. **2**, 705 (1866). [2] GAD: Zitiert auf S. 1303.

Tränensack und vorderem Abschnitt des Ligaments. Die Muskelfasern verlaufen im Bogen in beiden Augenlidern und heften sich an die Raphe palp. lat. an.

Die tiefe Schicht des Orbicularis palpebr. bildet zwei hintereinanderliegende Bogen, welche wie zwei Blätter eines aufgeschlagenen Fächers nebeneinander liegen. Die mehr vorn entspringenden Fasern verlaufen vom freien Lidrand ferner als die weiter rückwärts entspringenden. Diese letzteren sind am mächtigsten, sie entspringen teils vom hinteren Schenkel des Ligamentes, teils vom Knochen hinter der oberen Hälfte der Crista lacrymalis posterior. Diese Portion wird auch als Pars lacrymalis m. orbic. (Henle[1]) oder als Musc. lacrym. post. (Henke[2]) oder als Pars epitarsalis m. palpebr. (Gad[3]) oder endlich als Hornerscher Muskel bezeichnet. Mit der Wand des Tränensackes sollen sie in keiner Verbindung stehen (Aubaret[4]). Ein großer Teil der Fasern der tiefen Portion verläuft über den Tarsis der Lider näher dem Lidrande als die oberflächliche und inseriert in der Raphe, ein anderer Teil verliert sich in der Conjunctiva hinter dem Tarsus (M. ciliaris Riolani).

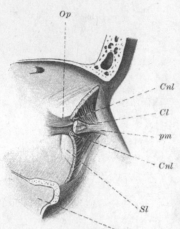

Abb. 430. Sagittaldurchschnitt der Augenhöhle, mediale Schnittfläche. *Op* Tränenbeinursprung des M. orbicularis palpebr. *Cnl, Cnl* Querschnitte des oberen und unteren Canaliculus lacrymalis. *Cl* Caruncula lacrymalis. *pm* Lig. palpebrale mediale. *Sl* Saccus lacrymalis. *A* Kieferhöhle, geöffnet. (Aus Henle: Anatomie.)

Zur tiefen Portion gehören auch die Muskelfasern, welche die Tränenröhrchen umgeben. Sie gehen von der inneren Mündung der Tränenröhrchen aus und enden am freien Lidrand. Zunächst verlaufen diese Fasern parallel den Kanälchen von ihnen durch eine 0,4 mm dicke Schicht elastischen Gewebes getrennt. Erst um den kurzen vertikalen Schenkel der Kanälchen bilden die Muskelfasern in Breite von 1 mm mehr zirkulär verlaufende Bündel: Musc. sphincter quadrangularis (Halben[5]).

Nach H. Virchow[6] ist die oben beschriebene Einteilung des M. orbicularis unberechtigt, weil nach ihm funktionelle Differenzierungen im Muskel nicht nachweisbar sind.

β) Die Lidbewegungen als treibende Kraft bei der Ableitung der Tränen.

Es ist allgemein bekannt, daß durch gewisse Lidbewegungen ein Überfluß von Flüssigkeit im Conjunctivalsack schnell entfernt werden kann, auch ohne daß Tränen über den Lidrand fließen, während andere Formen der Lidbewegung die Tränen aus dem Conjunctivalsack über den Lidrand treiben. Mit dem Studium dieser Lidbewegungen und ihrer Klassifikation haben sich besonders Gad und Schirmer[7] beschäftigt.

Schirmer will zwei Typen der Schließbewegungen des Lides unterscheiden: den Lid*schlag* und den Lid*schluß*. Unter Lidschlag versteht er eine unwillkürliche kurzdauernde Verkleinerung der Lidspalte, bei der sich die Lidränder nicht bis zur Berührung nähern. Lidschluß nennt er eine willkürliche Schließbewegung

[1] Henle: Zitiert auf S. 1305.
[2] Henke, M.: Graefes Arch. II 4, 70 (1858); I 8, 363 (1861).
[3] Gad: Zitiert auf S. 1303.   [4] Aubaret: Zitiert auf S. 1300.
[5] Halben, R.: Graefes Arch. 57 (1), 61 (1903).
[6] Virchow, H.: Arch. Anat. u. Physiol. 1904, 225—230.
[7] Schirmer: Zitiert auf S. 1296.

der Lider bis zur vollkommenen Berührung ihrer Ränder. Beim Lidschlag senkt sich das obere Lid einfach, der Rand des Unterlides wird bei geringer Hebung nasenwärts verschoben, dabei treten zahlreiche Hautfalten auf, die nach dem inneren Winkel konvergieren. Diese als Lidschlag bezeichnete Bewegung ist eine Folge der isolierten Kontraktion der Orbicularisbündel der Lidränder (s. Abb. 428). Von den tieferen Schichten ist die Pars lacrymalis oder der HORNERsche Muskel daran beteiligt, von den oberflächlichen die nahe dem Lidrande verlaufenden Muskelbündel, welche vom Lig. palpebrale mediale entspringen.

Der Lidschluß wird durch die Kontraktion aller Muskelbündel des Orbicularis erzeugt. Je fester der Lidschluß, desto mehr überwiegt die orbitale Partie. Die Hautfalten des Unterlides zeigen dabei eine Krümmung, deren Konvexität nach dem inneren Lidwinkel gerichtet ist.

Gegen diese SCHIRMERSche Definition sind mancherlei Einwände gemacht worden. Sie beziehen sich einmal auf die Trennung der beiden Begriffe überhaupt. So sah FRIEBERG[1] eine Abfuhr der Tränen sowohl bei Lidschlag als auch bei Lidschlußbewegungen. Auch wenden sich FRIEBERG und Fuchs dagegen, daß die schnellen, von SCHIRMER als Lidschlag bezeichneten Schließbewegungen den Charakter des unwillkürlichen tragen sollen, Einwendungen, die berechtigt sind, da man eine Serie von Lidschlägen willkürlich hintereinander ausführen kann. Jedoch empfiehlt es sich, die SCHIRMERSchen Bezeichnungen beizubehalten, indem man die Geschwindigkeit des Ablaufes in den Vordergrund stellt und unter Lidschlag eine kurze zuckende Verkleinerung der Lidspalte versteht; unter Lidschluß einen vollkommenen Verschluß der Lidspalte.

Außerdem zeigt sich beim Lidschluß eine Rückwärtsbewegung des ganzen Bulbus um etwa 1 mm. Sie ist von FRIEBERG zuerst beschrieben und soll durch den Druck der Lider auf den Bulbus erzeugt werden. Sie beträgt etwa 1 mm, denn um diesen Betrag rückt der Bulbus bei der Lidöffnung nach vorn. Die Öffnungsbewegung der Lider geschieht in den ersten Phasen durch elastische Kräfte, was auch daraus hervorgeht, daß sie wesentlich langsamer ablaufen als die Lidschlußbewegung.

Es sollen nun zunächst die Anschauungen kurz erörtert werden, welche man sich von der Wirkung der Lider auf die Tränenableitung gemacht hat.

1. Die Sackkompressionstheorie.

Im Jahre 1855 hat v. ARLT[2] die Vorstellung entwickelt, daß bei den Schließbewegungen der Augenlieder der Tränensack komprimiert wird und dadurch in ihm enthaltene Tränen in die Nase getrieben werden. Zu dieser Anschauung ist er auf Grund von Beobachtungen an Tränenfisteln gekommen, indem er ein Vorrücken der Flüssigkeit im Fistelgang direkt oder mittels eines eingeführten Manometers beobachtete. Die ARLTschen Versuche hat A. WEBER[3] mit manometrischen Versuchen bestätigt. Schroff ablehnend gegen diese Anschauung verhält sich SCHIRMER[4]; nach ihm enthält der Sack im Ruhezustand weder Flüssigkeit, noch sind Mechanismen zur Kompression des Sackes vorhanden.

2. Die Sackdilatationstheorie.

Gerade das Gegenteil, nämlich eine Sackerweiterung beim Lidschluß und darauffolgende Aspiration von Tränen aus dem Tränensee nehmen SAINT-HILAIRE, HYRTL, ROSER, HENKE, GAD und SCHIRMER an. Während St. HILAIRE, HYRTL,

---

[1] FRIEBERG, T.: Z. Augenheilk. **37**, 42—66, 211—243, 324—366 (1917); **39**, 266—283 (1918).
[2] v. ARLT: Zitiert auf S. 1301.   [3] WEBER, A.: Zitiert auf S. 1304.
[4] SCHIRMER: Zitiert auf S. 1296.

GAD, ROSER und ebenso HENKE auf Grund anatomischer Präparationen zu der Vorstellung kamen, daß durch die Kontraktion des Orbicularis palpebralis der Tränensack erweitert wird, ist SCHIRMER zu demselben Resultat gekommen auf Grund physiologischer Beobachtungen.

Die Versuche von ROSER, STELLWAG[1] und v. ARLT, welche den Übergang gefärbter Flüssigkeiten aus dem Bindehautsack in die Nase untersuchten und dabei widersprechende Resultate erhielten, hat SCHIRMER wiederholt. Er konnte zeigen, daß Tränen, welche er durch zarte Berührung der Wimpern mit einem Papierstreif zur Absonderung brachte, durch einmaligen Lidschlag aus dem Tränensee abgeführt werden. Dasselbe Verhalten zeigte eingetropfte Lösung von Natriumsalicylat, welche er wenige Minuten nach der Einträufelung bereits in der Nase nachweisen konnte; denselben Effekt erreichte er auch unter Ausschluß jeder Muskelkontraktion durch Verziehen des äußeren Lidwinkels nach außen. Bei ruhenden Lidern ließ sich dagegen kein Transport von Tränen in die Nase nachweisen.

Es ergibt sich nun die weitere Frage, durch welche Kräfte die Tränen aus dem Tränensack in die Nase gelangen. Hierüber hat sich HENKE zuerst geäußert, welcher annahm, daß die Sackerweiterung beim Lidschluß durch die oberflächliche Portion des Musculus palpebralis erzeugt wird, während die tiefere Portion, oder der HORNERsche Muskel, bei der Lidöffnung beteiligt werden und zugleich den Sack komprimieren sollte und mit ihm die Tränenröhrchen vermittels der sie umgebenden Fasern. Auf diese Weise gelangt also der Sackinhalt bei der Lidöffnung in die Nase. Der Tränensack würde also nach HENKE beim Lidschluß eine Saugpumpe und bei der Lidöffnung eine Druckpumpe vorstellen. Dem zweiten Teile der HENKEschen Anschauung hat zuerst GAD widersprochen. Nach seinen anatomischen Untersuchungen besteht keine Möglichkeit der Sackkompression durch den HORNERschen Muskel, denn seine Fasern umgreifen weder den Tränensack von hinten noch inserieren sie an seiner Wand. Auch hat GAD sich vor dem Spiegel die isolierte Kontraktion des HORNERschen Muskels eingeübt (s. Abb. 419) und gefunden, daß hierdurch erstens Lidschluß und zweitens Bewegung der Cilien und der Lidhaut gegen den inneren Lidwinkel erzeugt wird. Zu erwähnen ist hier auch eine Mitteilung SCIMEMIS, welcher einen Patienten beobachtete, bei dem ein Fistelgang vom Tränensack auf die Haut des Unterlides bestand infolge einer Verwundung, ohne daß Lider, Tränensack und Tränenpunkte abnormales Verhalten gezeigt hätten. An einem Röhrchen, welches in der Fistel eingeführt war, zeigte sich Füllung desselben mit klarer Flüssigkeit, die in oft stundenlangen Intervallen aus der freien Öffnung abtropfte. Einträufelung von Wasser in den Conjunctivalsack verkürzte die Intervalle. Wurden die Lider bei vollem Röhrchen geschlossen, so bewegte sich die Flüssigkeit aus dem Röhrchen schnell dem Tränensack zu um so mehr und schneller, je energischer der Lidschluß erfolgte. Bei der Lidöffnung füllte sich das Röhrchen allmählich wieder. Aus diesen Beobachtungen hat GAD geschlossen, daß beim Lidschluß die bewegenden Kräfte sich schneller entwickeln (Muskelkräfte) als bei der Lidöffnung (elastische Kräfte).

3. Die Lidschlußtheorie von PETIT.

Zur Unterstützung der Tränenableitung durch Heberwirkung nahm PETIT[2] an, daß beim Lidschluß die Flüssigkeit im Bindehautsack besonders im Tränenbach und Tränensee unter Druck gesetzt und durch den Ableitungskanal in die Nase gespritzt werde. STELLWAG und GAD haben sich dieser Meinung an-

---

[1] STELLWAG: Wien. med. Wschr. **1865**.   [2] PETIT: Zitiert auf S. 1303.

geschlossen, während v. ARLT annahm, daß die Tränenröhrchen beim Lidschluß komprimiert werden und somit ein Tränentransport in die Nase während dieser Phase unmöglich sei. In Übereinstimmung mit dieser Anschauung fand SCHIRMER, daß bei Lidschlüssen im Verlaufe von 10 Minuten keine Lösung von Natriumsalicylat in die Nase gelangte, während bei Lidschlägen bereits nach 2—3 Minuten die Lösung in der Nase nachweisbar war.

FRIEBERG[1] dagegen findet, daß es Formen des Lidschlusses gibt, welche schnell Tränen übertreiben, nämlich eine Serie von Lid*schlüssen*, die kräftig und schnell sind: Fluoresceinlösung des Conjunctivalsackes ist nach 1 bzw. 3 Min. in der Nase nachweisbar; bei Lid*schlägen* nach 75 Sek. Er schließt daher, daß Tränentransport auch mit Lidschlüssen möglich ist, aber besser mit Lidschlägen.

Ein wesentliches Argument SCHIRMERS gegen die fördernde Wirkung der Lidschlüsse besteht darin, daß man bei Patienten mit weit offenen Tränenpünktchen und bei gleichzeitigem Ektropion der Lider bei jedem Lidschluß eine Verengerung des Kraters sehen kann. Wenn man ein geknöpftes Messer in das Kanälchen einführt, so fühlt man, daß das Pünktchen sich um die Spitze zusammenzieht, was nach SCHIRMER auf einer Kontraktion des Sphincters beim Lidschluß beruht. Nach FRIEBERG funktioniert dieser Mechanismus aber auch beim Lidschlag.

Rückblick.

Wie man sieht, ist keine der bisher besprochenen Theorien ohne Widerspruch geblieben. Offenbar genügt das Beobachtungsmaterial nicht, um zu einer sicheren Entscheidung zu kommen.

D. Neuere Anschauungen über die Ableitung der Tränen.

Im Verlaufe der letzten Jahrzehnte hat man Operationsmethoden erfunden, welche eine direkte Verbindung des Tränensackes mit der Nase schaffen. Nach der Methode von TOTI[2] wird vom Gesicht aus die trennende Knochenlamelle des Tränenbeines entfernt und danach der Tränensack in offene Kommunikation mit der Nase gebracht. WEST[3] erreicht dasselbe Ziel durch Operation von der Nase aus, SIEVERT und GUMPERZ[4] analog TOTI durch Eingehen vom Munde aus.

Es hat sich gezeigt, daß nach diesen Eingriffen die Tränenableitung in die Nase gut vonstatten geht, wenn Nebenverletzungen vermieden werden. Hieraus folgt also, daß den Volumänderungen des Tränensackes eine entscheidende Bedeutung nicht zukommen kann, vielmehr muß die Verbindung mittels der Tränenkanälchen zur Tränenableitung in die Nase genügen. Man hat sich in der neueren Zeit deshalb vorwiegend mit den Tränenkanälchen beschäftigt. Besonders FRIEBERG hat eine genaue Analyse der Veränderungen am Auge beim Lidschlage mit besonderer Berücksichtigung der Tränenkanälchen ausgeführt.

a) Veränderungen der Kanälchen beim Lidschlag.

α) Bewegungen der Tränenkanälchen beim Lidschlag.

Nach FRIEBERGS[5] Untersuchungen bewegt sich beim Lidschlag der untere Lidrand um einige zehntel Millimeter aufwärts, während das Oberlid eine bedeutend geringere Exkursion abwärts macht. Beide Lidränder begegnen sich über der Carunkel. Die Tränenkanälchen, welche nahe den Lidrändern verlaufen, liegen also im Schließungsmomente, die Carunkel deckend, aneinander.

---

[1] FRIEBERG: Zitiert auf S. 1307.   [2] TOTI: Z. Augenheilk. **23** (1910).
[3] WEST: Arch. f. Laryng. **24** (1910); **27** (1913).
[4] SIEVERT, H. u. R. GUMPERZ: Klin. Mbl. Augenheilk. **67**, 588 (1921).
[5] FRIEBERG: Zitiert auf S. 1307.

Zugleich mit der Hebung findet eine nasale Verschiebung des Unterlides, besonders der temporal vom Tränenpunkt gelegenen Partie statt, sie nimmt nasal vom Tränenpunkt schnell ab und hört beim inneren Lidwinkel oder unmittelbar nasal davon auf. Am oberen Lide ist in der Regel keine nasale Verschiebung zu beobachten. Mit diesen Bewegungen ist im Bereich der Tränenpunkte eine Rückwärtsbewegung der Lider verknüpft. Die Tränenpunkte tauchen dabei „blitzschnell" in die Rinne zwischen Bulbus und temporalem Carunkelrande verschieden tief je nach der Intensität der Orbiculariskontraktion. Der obere Tränenpunkt verschiebt sich dabei abwärts und rückwärts, der Plica semilunaris folgend; der untere bewegt sich nasal aufwärts und rückwärts. Frieberg hat die beschriebenen Bewegungen nachgewiesen, indem er Wachsplättchen im medialen Augenwinkel anbrachte, in welche sich die Tränenpunkte beim Lidschlag abdrückten. Auch die Carunkel nimmt an der Rückwärtsbewegung teil.

Größe der angeführten Verschiebungen.

	Min. Max.	
Nasale Verschiebung des Unterlides (Mitte)	1,5—4	mm
Durchschnitt aus 18 Beobachtungen	2,44—3,14	„
Nasale Verschiebung des Oberlides (Mitte)	1,5—7	„
Durchschnitt aus 18 Beobachtungen	3,05—3,83	„
Nasale Verschiebung des unteren Tränenpunktes	$1/2$—$2^1/_2$	„
„ „ „ oberen	0—2	„
Nach hinten Verschiebung des unteren Tränenpunktes	1—4	„
Durchschnitt aus 18 Versuchen	1,45—2,16	„
Nach hinten Verschiebung des oberen Tränenpunktes	1—4	„
Durchschnitt aus 17 Versuchen	2,18—3,33	„
Rückwärtsbewegung der Carunkel im Augenwinkel	$1/_4$—2	„
„ „ „ „ Vertex	$1/_4$—3	„

Analoge Beobachtungen Webers:

	Unterlid		Oberlid	
	Mitte	Nahe dem inneren Augenwinkel	Mitte	Nahe dem inneren Augenwinkel
Bewegung von außen nach innen	$2^1/_2$—3 mm	2—3 mm	3—4 mm	1—3 mm
Bewegung von vorn nach hinten	Spur rückwärts	2 rückwärts	0	1—2 mm rückwärts

Trotz der Differenzen in den Zahlenangaben Webers und Friebergs kann man durch die Versuche als bewiesen annehmen, daß die beschriebenen Bewegungen stattfinden.

In der Mittelpartie liegen die Kanälchen dem Lidrande an, welcher zwischen Tränenpunkt und innerer Commissur eine schwache Konkavität nach rückwärts zeigt. Diese Konkavität nimmt beim Lidschlage zu; dabei bewegen sich die Kanälchen mit der Carunkel, an der sie innig anliegen, nach rückwärts. Daß sie sich dabei stärker krümmen, geht aus Versuchen von Weber hervor, der dünne Wachsbougies in die Kanälchen einführte und fand, daß das untere sich nach unten und vorn, das obere sich nach oben und vorn knickte. Die Carunkel verschiebt sich beim Lidschlag außer, wie oben bemerkt, rückwärts noch um $1/_2$ mm etwa in nasaler Richtung.

Der Rest der Kanälchen (2—3 mm) kann mit gewöhnlichen Untersuchungsmethoden nicht gefaßt werden. Hierüber später. Für das untere Kanälchen kann man eine gleichzeitige Verkürzung feststellen, beim oberen dagegen nicht.

Zusammenfassend kann man sagen: Der nasale Teil des Lidrandes führt beim Lidschlag eine komplizierte Bewegung aus, die am Tränenpunkt am stärksten ist und in nasaler Richtung kontinuierlich abnimmt. Die Tränenpunkte führen hierbei eine zuckende rückwärtige und nasale Bewegung aus, wovon die rückwärtige Verschiebung beim oberen Tränenpunkt überwiegend ist, während beim unteren beide Momente nahezu gleich groß sind. Die Bewegung der Tränenpunkte hat eine stärkere Beugung der Tränenkanälchen im Gefolge, die sich im Bogen um die Kontur der Caruncula lacrymalis herumlegen. Beim unteren Kanälchen kann eine Verkürzung des Abstandes zwischen den Endpunkten konstatiert werden; betreffs des oberen ist eine derartige Verkürzung unsicher.

Aus der Richtung der Bewegungen der Tränenpunktpartien gegen die Crista lacrymalis post. kann man folgern, daß der hier inserierende Hauptteil des M. Horneri diese Bewegungen erzeugt, da kein anderer Muskel sie ausführen könnte.

β) Einwirkung des Lidschlages auf das Lumen der Kanälchen.

SCHIRMER[1] kommt auf Grund der anatomischen Untersuchungen HALBENS[2] und auf Grund der Beobachtung, daß man beim Lidschlag an geschlitzten Kanälchen eine Verkürzung und ein stärkeres Klaffen beobachten kann, zu der Annahme, daß die Kanälchen sich beim Lidschlag erweitern. Um diesen Vorgang anschaulich zu machen, beschreibt HALBEN ein Modell, welches aus zwei ineinandergeschobenen elastischen Röhren besteht, von denen die innere das Tränenkanälchen, das äußere den Muskelmantel darstellt. Diese beiden sind durch elastische Fäden miteinander verbunden — entsprechend den elastischen Radiärfasern um das Kanälchen. Wird die äußere Röhre in axialer Richtung verzogen und gleichzeitig verkürzt, so überträgt sich diese Verziehung durch die zahlreichen Verbindungsfäden auf die innere Röhre und dilatiert diese, da sie infolge ihres Beharrungsvermögens der Verschiebung einen gewissen Widerstand entgegensetzt. Erschlafft im nächsten Moment die Muskulatur, so sollen nun die elastischen Zirkulärfasern in Tätigkeit treten und das Lumen der Kanälchen wieder zusammenpressen. In analoger Weise soll nach SCHIRMER die Erweiterung eines röhrenförmigen Lumens durch Längsmuskulatur erfolgen.

Anders argumentiert FRIEBERG[3] auf Grund der oben mitgeteilten Beobachtungen. Aus ihnen folgt, daß die Kanälchen durch die Kontraktion des M. Horneri bogenförmig gegen die darunterliegende Carunkel gedrückt werden und daher in ihrem Längsschnitt parallel der Oberfläche der Carunkel liegen. Diese übt einen Gegendruck von hinten bei der Orbiculariskontraktion infolge der Kompression des Augenhöhleninhaltes aus, sowie infolge der Kontraktion der beiden Äste des M. Horneri, welche die Carunkel einschließen. Zugleich verdickt sich auch die Muskulatur, welche die Kanälchen umgibt. Diese contractorische Anschwellung der Längsmuskellage müßte ebenso wie die erstgenannten Momente im Sinne einer Kompression auf das Lumen der Tränenkanälchen wirken.

Zwischen beiden Anschauungen entscheidet am sichersten das Experiment.

γ) Beobachtungen über die Funktion der Tränenkanälchen.

Die ersten Angaben, freilich ohne experimentelle Stütze, stammen von RICHERAND[4] (1802), der sagt: D'une action vitale particulière pompe par un succion véritable les larmes accumulées dans le lac lacrymal et les fait couler dans le sac de ce nom. BERAND[4] (1856) nimmt eine Peristaltik in dem Tränenkanälchen an. FOLTZ[4] (1860) argumentiert wie RICHERAND[4]; er nimmt noch

---

[1] SCHIRMER: Zitiert auf S. 1296. [2] HALBEN: Zitiert auf S. 1299.
[3] FRIEBERG: Zitiert auf S. 1307. [4] Zitiert nach FRIEBERG: Zitiert auf S. 1307.

eine Klappe an, die den Rückfluß hindern soll. Schirmer beobachtet Fließen der Tränen in die Wunde des ausgerotteten Tränensackes beim Lidschlag (auch wenn der Lidschluß gehindert wird). Er nimmt ebenfalls Eigenbewegungen der Kanälchen an, bestehend in einer Dilatation und peristaltischen Bewegungen. Hoppe[1] führt den Tränentransport nach der Totischen Operation auf die Tätigkeit der Kanälchen zurück.

Für eine Dilatation der Kanälchen beim Lidschlag sprechen sich aus: Riche-rand, Foltz, Hoppe, Schirmer und Halben. Für eine Kompression in dieser Phase Frieberg.

Daß beide Kanälchen in der Tränenableitung gleichwertig sind, zeigte West durch Beobachtungen, bei denen nur das obere Kanälchen offen war; Frieberg bei nur offenem unteren; dieser hat auch an einem nach West operierten Falle beobachtet, daß bei jedem Lidschlag im Momente der Lidsenkung ein Flüssigkeitsstrahl aus der Mündung des Kanälchens im Tränensack in die Nase gespritzt wurde. Durch Einbringen von Argyrollösung in den Bindehautsack wurde diese Flüssigkeit schwarz gefärbt, woraus sich ergibt, daß bei ruhenden Lidern sich Flüssigkeit in den Kanälchen befindet und daß diese durch Kompression des Kanälchens beim Lidschluß nach dem Tränensack hin ausgepreßt wird.

Weiter hat Frieberg ein Manometer mit der Nasenöffnung des Tränenapparates bei nach Toti operierten Patienten in Verbindung gebracht. Jeder Lidschlag förderte Flüssigkeit ins Manometer und steigerte damit den Druck. Die geförderte Tränenmenge betrug bei Lidschluß in Intervallen von 1 Sek. etwa 1 mm³, bei 5—10 Sek. etwa 2,5—3 mm³ für jeden Lidschlag.

Endlich hat Frieberg einen zarten Gummischlauch durch das Tränenkanälchen aus der Nase herausgeführt, ihn hier mit einem Manometer armiert zur Entscheidung der Frage, ob eine Kontraktion oder Dilatation des Kanallumens während der Lidsenkung stattfindet. Das Resultat war ein Steigen des Manometers, also eine Kompression der Kanälchen während der Lidschlußphase des Lidschlages.

Daß die Tränenflüssigkeit dabei nasal verschoben wird und nicht auch ins Auge zurückspritzt, zwingt zu der Annahme eines Schließmechanismus am Tränenpunkt. Frieberg erblickt ihn einmal in der Muskulatur (Sphincter quadrangularis Halben) und zweitens, da auch am geschlitzten Kanälchen keine Tränen regurgitieren, in dem oben geschilderten Verschluß des Tränenpunktes bei der Lidbewegung.

Nunmehr ist zu erörtern, welche Kräfte die Tränenkanälchen wieder mit Tränen füllen, nachdem sie beim Lidschluß sich entleert haben. Es liegt am nächsten, hier an die Wirkung elastischer Kräfte zu denken, wie es Frieberg auch tut. Er glaubt, daß der Tonus der Muskulatur die Kanälchen dilatiere. Man kann sich das nicht gut vorstellen, da ja bei der Lidöffnung die kontrahierende Muskulatur erschlafft. Dagegen steht der Annahme kaum etwas im Wege, daß die Elastizität der Gewebe der Lider, welche beim Lidschluß durch Muskelaktion geweckt wird, die Ruhelage der Kanälchen herbeiführt und sie befähigt, Flüssigkeit aus dem Tränensee aufzusaugen.

Wie es kommt, daß diese Aufsaugung aus dem Tränensee und nicht auch aus dem Tränensacke erfolgt, wird durch Experimente bisher nicht aufgeklärt. Man könnte an ein Ventil an der Mündung in den Tränensack oder auch mehr nasenwärts denken, welches den Rückfluß verhindert. Man vergleiche über diesen Punkt die anatomischen Daten auf S. 1299ff. Erwähnt sei auch, daß Schirmer

---

[1] Hoppe: Klin. Mbl. Augenheilk. 47 (1909).

dem Nasenschleim an der nasalen Mündung des Tränenganges die Rolle eines Ventiles zuschreibt. Wenn der Tränensack etwa bei der Lidöffnung sich erweitert, also saugend wirkt, so ließe sich leicht verstehen, warum keine Flüssigkeit in die Kanälchen zurückflutet.

Zusammenfassend ergibt sich: Nach dem Anfang der Lidöffnung des Lidschlages werden die Kanälchen wahrscheinlich von elastischen Kräften der Gewebe der Umgebung dilatiert, welche nun dem Muskeldruck und -zug nicht mehr unterliegen. Hierdurch nehmen sie je nach dem Flüssigkeitsgehalt des Bindehautsackes allmählich ihre bestimmte Menge von Tränenflüssigkeit auf. Der Transport nach dem Tränensack vollzieht sich durch eine beim Lidschlag entstehende Kompression des Lumens der Kanälchen, wobei ein Regurgitieren nach dem Conjunctivalsack durch Abschließung des Lumens in der Nähe des Tränenpunktes verhindert wird.

Die zuletzt aufgeworfene Frage, warum keine Tränen aus dem Tränensack angesogen werden, weist direkt auf die Notwendigkeit einer genauen Analyse des Verhaltens des Tränensackes beim Lidschlag hin.

b) Wirkung der Lidbewegungen auf den Tränensack.

Um über das Verhalten des Tränensackes beim Lidschluß Aufschluß zu erhalten, haben WEBER[1] und HOPPE[2] die Haut über den Tränensack beobachtet. WEBER fand beim willkürlichen Lidschluß Verschiebung der Haut nach vorn um $1^1/_2$—2 mm in der Gegend unterhalb des Lig. palpebrale mediale, weniger auf diesem und kaum meßbar über diesem. Beim unwillkürlichen Lidschlag hat HOPPE keine Veränderungen gesehen. FRIEBERG[3] hat nur bei kräftigem Lidschluß ein Vorrücken festgestellt, daß aber sehr unbedeutend war.

WEBER schließt aus seinen Beobachtungen nicht auf Vorwärtsrücken des Lig. palp. med. beim Lidschlag, sondern das Hervortreten der Tränensackgegend beruht nach ihm auf der Verdickung des Orbicularis bei der Kontraktion, höchstens auf dem Aufrichten des vorderen Ligamentrandes. Ähnlich argumentiert v. ARLT. FRIEBERG findet damit in guter Übereinstimmung die Tatsache, daß sich infolge des Muskelzuges die Haut unterhalb des Ligamentes bei der nasalen Verschiebung des unteren Augenlides runzelt. Er ist der Meinung, daß, wenn ein Vorrücken des Ligamentes stattfindet, dies so unbedeutend ist, daß es den Tränensack nicht beeinflußt, besonders deshalb, weil das Band nur auf die vordere Wand des sagittal gestellten Sackes wirken kann.

Für die knöcherne nasale Sackwand kommen Ortsveränderungen beim Lidschlag nicht in Frage, dagegen ist die temporale Wand beweglich, sie könnte also mit den Lidbewegungen zugleich bewegt werden. Nach v. ARLT, WEBER u. a. soll sie nasalwärts, nach St. HILAIRE, HYRTL, ROSER, GAD, SCHIRMER temporalwärts verschoben werden.

Eine Analyse der Muskelwirkungen auf Grund anatomischer Beobachtungen hat GAD vorgenommen. In seiner Abhandlung findet man auch die ältere Literatur. Er kommt zu dem Schlusse, daß die nicht von der Crista lacrymalis entspringenden Fasern des HORNERschen Muskels (Abb. 431) von der freien lateralen Fläche des Tränensackes entspringen und daß diese daher bei der Kontraktion temporalwärts bewegt, d. h. der Tränensack erweitert werden muß.

FRIEBERG dagegen findet, daß GAD nicht berücksichtigt: 1. die rückwärtsziehende Wirkung des HORNERschen Muskels, 2. die Steigerung des Orbitaldruckes beim Lidschlag, 3. die contractorische Anschwellung des M. Horneri.

---

[1] WEBER: Zitiert auf S. 1304.   [2] HOPPE: Zitiert auf S. 1312.
[3] FRIEBERG: Zitiert auf S. 1307.

Alle diese Faktoren wirken nach Frieberg im Sinne einer nasalen Verschiebung also komprimierend auf den Sack.

Von entscheidender Bedeutung für die Frage ist die direkte Beobachtung der lateralen Tränensackwand, die durch die Westsche Operation ermöglicht ist. Frieberg hat sie vorgenommen und nur solche Fälle verwertet, bei denen einfache Stenosen im Ductus lacrymalis bestanden oder katarrhalische Dakryocystitis mit leichter Atonie des Tränensackes. Man hat auch zu berücksichtigen, daß bei der Operation leicht eine Fraktur des Tränenbeines eintreten kann, wodurch die Verhältnisse natürlich wesentlich geändert werden. Frieberg stellte nach der Operation oft eine temporal gerichtete Bewegung der äußeren Tränensackwand beim Lidschlusse fest. Diese macht vielfach nach Minuten, oft aber auch erst nach Wochen, einer nasal gerichteten Bewegung beim Lidschlusse Platz. Solange die temporale Bewegung besteht, tränt das Auge, und es besteht keine Tränenabfuhr in die Nase. Mit dem Eintreten der nasalen Bewegung hört das Tränen auf und der Tränentransport in die Nase setzt ein. Frieberg nimmt an, daß die temporale Bewegung durch Fraktur der Knochenpartie, an welcher der Hornersche Muskel ansetzt, erzeugt wird oder durch Lähmung dieses Muskels infolge Alteration bei der Operation. Daher kommt er zu dem Schlusse, ,,daß man mit größter Wahrscheinlichkeit annehmen kann,

Abb. 431. Schematische Darstellung des Horizontalschnittes durch den Tränensack in der Höhe des inneren Lidbandes bei Kontraktion des epitarsalen Lidringmuskels. (Nach Gad.)

daß der normale Effekt des Lidschlages eine Kompression des Tränensackes ist oder daß evtl. keine Druckänderung durch Einwirkung der Sackwand dabei entsteht. Eine Sackdilatation wird wahrscheinlich nicht entstehen können".

In demselben Sinne sind auch Versuche Friebergs über die Frage, ob der Tränensack eine Funktion analog den Tränenkanälchen ausübt. Er geht hier von einem Versuche Krehbiels[1] aus, der beobachtete, daß ein Tröpfchen dunkelgefärbter Flüssigkeit aus dem offengehaltenen Auge schnell verschwindet auch ohne Lidschläge. Frieberg bestätigt diesen Versuch Krehbiels mittels Argyrollösung. Nach dem Einbringen hat er in weiteren Versuchen beide Tränenpunkte tamponiert, worauf sich kein Verschwinden der Lösung zeigte. Nach Wegnahme des Tampons hingegen verschwand die Lösung, und zwar durch den unteren Tränenpunkt schneller als durch den oberen.

Diese Strömung tritt auch bei horizontal liegendem Tränenkanal auf, also kann es sich nicht um eine Heberwirkung handeln. In aufrechter Stellung verläuft sie schneller, möglich ist es, daß in diesem Falle eine Heberwirkung mitspricht, indessen auch nicht bei allen Menschen, da vielfach überhaupt nichts abfließt. Die Aufsaugung hört meist nach einiger Zeit auf. Das Abfließen dauerte an bei:

1. aufrechter Stellung des Tränenkanals
    a) Lidspalte normal . . . . 10—20 Sek.
    b)   ,,   aktiv erweitert . . . . $^{3}/_{4}$—1$^{1}/_{2}$ Min.
        (in einem Versuch bis 4 Min. 20 Sek.)
2. horizontaler Stellung des Tränenkanals
    a) Lidspalte normal . . . . 6—20 Sek.
    b)   ,,   aktiv erweitert . . . . 25—37 Sek.

Die Saugung muß also in den meisten Fällen von einer Dilatation des Tränenkanals bedingt sein.

Entsteht die Strömung nun durch die Aspiration der Kanälchen allein oder auch durch Aspiration des Sackes?

---

[1] Krehbiel: Mechan. d. Tränenwege und Augenlider. Diss. München 1878.

Für die Kanälchen allein ist sie nach FRIEBERG zu kräftig, diese fassen 1—2 mm³ (FRIEBERG), bis 3 mm³ (SCHIRMER). 1 Tropfen — ca. 130 mm³ verschwindet in 5—10 Sek. Die Entscheidung der Frage gelingt ohne weiteres an nach WEST operierten Patienten. Die Aspiration fällt nach ihm fort, wenn der Tränensack zerstört ist. Das Verhalten erklärt sich also im wesentlichen aus einer Aspiration des Sackes. Die Erscheinung wird durch die Fälle, bei denen FRIEBERG eine nasale Bewegung der lateralen Sackwand bei der Lidsenkung, eine temporale bei und nach der Lidhebung beobachtet hat, gut erklärt. Auch die Beobachtungen von ROCHAT und BENJAMINS[1] stimmen hiermit gut überein. Die treibende Kraft für nasale Bewegung der temporalen Sachwand ist also der Orbicularis, für die temporale Bewegung sind dagegen elastische Kräfte anzunehmen.

Mit diesen Beobachtungen ist also auch die oben offengelassene Frage gelöst, warum keine Tränen aus dem Tränensack regurgitieren.

Zu einem abweichenden Resultate sind ROCHAT und BENJAMINS[2] am Kaninchen gekommen. Sie finden bei der Lidschlußbewegung Drucksteigerung im Tränensack; am Menschen beobachteten sie dasselbe. Dagegen fand VAN GILSE[3] am Menschen mit WESTscher Fistel Ansaugung eines Tropfens aus der nasalen Fistelöffnung beim Lidschlag in der Schließungsphase. In derselben Phase beim Lidschluß Heraustreten des Tropfens. FRIEBERG[4] will diese Beobachtungen durch Anomalien in der Muskulatur oder in der Umgebung des Tränensackes erklären.

Nun sind noch folgende Fragen zu beantworten:

1. Warum wird vom Tränennasenkanal und von der Nase her keine Flüssigkeit bzw. Luft angesogen?

2. Warum bleibt die Aspiration latent, wenn der Tränensee leer ist?

1. Ein Hemmungsmechanismus hierfür ist immer wieder gefordert worden, auch von O. WEISS[5]. SCHIRMER[6] hat für den ersten Fall die Oberflächenspannung des Nasenschleimes an der nasalen Mündung des Tränenganges herangezogen. FRIEBERG schließt sich ihm an und nimmt auch zur Erklärung des Verhaltens der Frage 2 die Oberflächenspannung der Tränen am Tränenpunkte an. In einem Modellversuch erläutert er diese Annahmen.

E. Die Wirkung des Lidschlusses auf die Tränenabfuhr.

Nach den vorstehenden Ausführungen ist es klar, daß bei der sog. Lidschlußbewegung alle diejenigen Muskeln ebenfalls in Tätigkeit sind, welche die Lidschläge erzeugen, und daß daher FRIEBERG[4] recht hat, wenn er keinen grundsätzlichen Unterschied in der Förderwirkung für Tränen beim Lidschlag und Lidschluß zulassen will, wie ihn SCHIRMER[6] mit großem Nachdruck betont hat.

Es bleibt auseinanderzusetzen, worin der Unterschied in der Beförderung der Tränen beim Lidschlag und -schluß besteht. SCHIRMER[6] hat gefunden, daß die Tränenförderung in die Nase vollkommener erreicht wird, wenn die Lidbewegungen nicht zur vollkommeneren Berührung der Lidränder führen, als wenn die Schließbewegung vollkommen ist. Die entscheidenden Versuche sind angestellt worden, indem in den Conjunctivalsack Flüssigkeiten gebracht wurden

[1] ROCHAT, G. F. u. C. E. BENJAMINS: Graefes Arch. 91, 66—81, 92—100 (1915) — Onderzoek. Physiol. Labor. Utrecht, V. Reeks 16, 78—93 (1915).

[2] ROCHAT u. BENJAMINS: Zitiert auf S. 1315.

[3] GILSE, P. G. H. v.: Mbl. Augenheilk. 69 II, 3—9 (1922).

[4] FRIEBERG, T.: Mbl. Augenheilk. 70, 684—692 (1923).

[5] WEISS, O.: Nagels Handb. d. Physiol. 3, 475 (1904) — Graefes Arch. 65, 361 (1907).

[6] SCHIRMER, O.: Graefes Arch. 63, 200—203 (1906).

— Natriumsalicylatlösungen oder Prodigiosusaufschwemmungen —, welche in der Nase leicht nachgewiesen werden konnten. Bei Lidschlägen werden diese Flüssigkeiten im Conjunctivalsack gehalten, während sie beim völligen Lidschluß zum medialen Augenwinkel gedrängt werden und hier abfließen oder über den Lidrand an anderer Stelle herabfallen. Infolgedessen bleibt beim Lidschlag der Flüssigkeitsvorrat für den Abfluß durch den Tränengang verfügbar, und somit fließt eine größere Menge hiervon in die Nase ab, als wenn die Hauptmasse aus dem Bindehautsack nach außen entfernt wird. Bei Lidschlägen wird also der Übergang in die Nase schneller nachweisbar sein, als bei Lidschlüssen, eben weil in ersterem Falle die Menge größer ist, welche in die Nase gefördert wird. Dieser Unterschied in der Förderung der Tränen — in die Nase beim Lidschlag und über die Wange beim Lidschluß — ist aus der täglichen Erfahrung bekannt. Wenn aufsteigende Tränen verborgen werden sollen, so werden sie durch Lidschläge in die Nase gefördert; wenn aber reflektorisch, z. B. durch Eindringen eines Fremdkörpers, das Auge füllende Tränen abgesondert werden, so werden zugleich reflektorische Lidschlüsse ausgelöst, durch welche Tränen über den Lidrand, besonders aber im medialen Augenwinkel ergossen werden, welche häufig den Fremdkörper aus dem Auge herausschwemmen.

Hiermit zeigt sich eine weitere Aufgabe, welche die Tränendrüse im Verein mit dem Lidapparat zum Schutze des Auges zu erfüllen haben, nämlich die Entfernung von Fremdkörpern aus dem Bindehautsack. Dieses Problem wird im nächsten Kapitel behandelt werden.

Kurz zusammengefaßt vollzieht sich die Ableitung der Tränen nach FRIEBERGS Untersuchungen so, daß bei der Schließbewegung der Lider die Tränenabführungswege im Bereiche der Augenlider und ihrer Nachbarschaft durch Kompression in den Tränennasengang entleert werden und so bei der Öffnung der Lidspalte infolge Erschlaffung der Lidmuskeln die Gewebe in der Umgebung der Tränenableitungswege ihre Ruhelage wieder einnehmen. Hierbei füllen sich Tränenröhrchen und Tränensack mit Tränen aus dem Tränensee. Dies wird ermöglicht dadurch, daß eine Erweiterung der komprimiert gewesenen Kanäle durch Wirkung elastischer Kräfte eintritt, welche beim Lidschluß durch die Kraft der Lidmuskeln überwunden werden. Die große Zweckmäßigkeit dieses Mechanismus leuchtet ein, da die Aspiration der Tränen infolge der langsamen Ausgleichung der elastischen Kräfte sich über einen größeren Zeitraum verteilt und infolgedessen das Auge ohne Lidbewegung eine Weile im normalen Feuchtigkeitszustande gehalten wird.

F. Vereinigte Wirkung des Lid- und Tränenapparates: Herausschaffen von Fremdkörpern.

Für die Richtigkeit der FRIEBERGschen Anschauung von der Tränenabfuhr spricht auch die Tatsache, daß Fremdkörper, welche in das Auge gelangen, nur höchst selten in die ableitenden Tränenwege geschwemmt werden. Wenn in diesen ein Pumpsystem funktionierte unter Erzeugung beträchtlicher Energie, so müßten ja Fremdkörper geradezu in die ableitenden Tränenwege hineingeführt werden. Diese Erwägungen haben WEISS[1] dazu geführt, dem Mechanismus nachzugehen, welcher Fremdkörper aus dem Auge entfernt. Es hat sich gezeigt, daß hierbei der Lidapparat und der Tränenapparat zusammenwirken. Durch den Reiz, welchen der Fremdkörper auf Bindehaut und Hornhaut ausübt, wird eine reflektorische Absonderung von Tränen erzeugt. Vielfach stürzen diese

[1] WEISS, O.: Pflügers Arch. **212**, 535—540 (1926).

so stark hervor, daß sie über den Lidrand perlen, wodurch der Fremdkörper zuweilen aus dem Auge entfernt wird, meist dienen aber hierzu zunächst Lidbewegungen. Wie oben geschildert, geschieht die Schließbewegung durch Muskelkraft mit beträchtlich größerer Geschwindigkeit als die Öffnungsbewegung, die durch elastische Kräfte erzeugt wird; dasselbe gilt auch für die Bewegung, welche in einer Verschiebung, besonders des Unterlides nach der Nase zu, besteht. Der Fremdkörper, welcher sich meistens am Rande des unteren Lides oder im unteren Abschnitt des Conjunctivalsackes befindet, wird durch die nasalwärts gerichtete schnelle Bewegung des Lides nach dem medialen Augenwinkel zu mitgeführt. Die entgegengesetzte Bewegung des Unterlides, welche bei der Lidöffnung erfolgt, hebt diese Wirkung nicht vollkommen auf, weil sie langsamer verläuft. Es ist genau wie bei der Flimmerbewegung. Dazu kommt noch, daß bei der mit der Lidöffnung einsetzenden Ansaugung der Tränen aus dem Tränensee die neu abgesonderte Tränenflüssigkeit diesem zufließt. Auf diese Weise ist also im Bindehautsack auch eine Tränenbewegung nach dem medialen Lidwinkel zu vorhanden. Hierdurch wird die Wirkung der Lidöffnung geschwächt. Wenn der Fremdkörper erst bis an den Rand der Plica semilunaris gelangt ist, so wird er durch die Lidbewegungen auf die Vorderfläche der Plica gebracht und gelangt von hier in die Rinne zwischen den medialsten Abschnitten der Augenlider und der Caruncula lacrymalis. Von hier aus wird er durch den Tränenstrom, wie er durch den Druck jener Lidteile gegen die Carunkel nach außen erzeugt wird, aus dem Auge herausbefördert. Die Tatsache, daß Fremdkörper, Schleim u. dgl. das Auge im medialen Augenwinkel verlassen, ist längst bekannt; ihre Gründe ergeben sich aus dem oben Gesagten.

Der Wasserhaushalt des Auges.

Von

M. Baurmann

Göttingen.

Mit 6 Abbildungen.

Zusammenfassende Darstellungen.

Duke-Elder: The nature of the intra-ocular fluids. London 1927. — Elschnig: Henke-Lubarsch, Handb. der spez. pathol. Anat. und Histologie, **11**, 1. Tl. Auge, 1928. — Leber: Graefe-Saemischs Handb. der Augenheilk., 2. Aufl. II 2. — Löhlein: Zbl. Ophthalm. **1** (1914). — Löwenstein: Zbl. Ophthalm. **7** (1922). — Magitot: Ann. de physiol. et de physicochim. biol. 1926. — Schoute: Lubarsch-Ostertag, Erg. Path. **16**, Erg.-Bd. (1914). — Seidel: Abderhaldens Handb. der biol. Arb.-Meth., Abt. V, Tl. 6, Heft 7 (1927). — Thiel: Lubarsch-Ostertag, Erg. Path. **21**, Erg.-Bd. II 2 (1928). — Wessely: Asher-Spiros, Physiol.. **4** (1905).

I. Der intraokulare Flüssigkeitswechsel unter Annahme einer räumlichen Trennung von Flüssigkeits - Produktionsort und Abflußstätte.

Die Darstellung des intraokularen Flüssigkeitswechsels, wie sie Leber[1] gegeben hat, ist von grundlegender Bedeutung bis auf den heutigen Tag für die Erörterung dieses Problems geblieben, wenngleich mancher bedeutungsvolle neue Gesichtspunkt in der Folgezeit beigebracht und zur Diskussion gestellt wurde.

A. Der Ciliarkörper als Kammerwasser-Bildungsstätte.

Die Vorstellung, die Leber entwickelte, geht dahin, daß beim Säugetierauge das Kammerwasser im wesentlichen von den Ciliarfortsätzen produziert werde und daß das hier gebildete Produkt in allerdings außerordentlich langsamem, aber annähernd kontinuierlichem Strom durch die Pupille in die Vorderkammer eintrete und dort vom Kammerwinkel aus durch den Schlemmschen Kanal zu den episkleralen Venen abgeführt werde. Als ganz wesentlich ist bei dieser Vorstellung hervorzuheben die Annahme einer scharfen räumlichen Trennung von Kammerwasserbildungs- und -abflußstätte.

1. Der anatomische Bau des Ciliarkörpers und dessen Unentbehrlichkeit im Gegensatz zur Iris. Leber führt für seine Annahme, daß die Ciliarfortsätze der Produktionsort des Kammerwassers seien, den außerordentlichen Gefäßreichtum der Ciliarfortsätze an.

Priestley Smith[2] gibt für das Rind die Zahl der großen Ciliarfortsätze zu 96 an, dazu kommen noch die dazwischenliegenden kleinen Ciliarfortsätze, so daß die Gesamtzahl etwa 300 beträgt. Da zudem jeder der Ciliarfortsätze selbst wieder einen blumenkohlartigen Bau zeigt, wird, wie die Abbildungen von Priestley Smith zeigen, eine außerordentliche Oberflächenentwicklung erreicht, die zweifellos für einen Flüssigkeitsaustausch sehr günstig sein muß und die von der Oberfläche der Iris nicht annähernd erreicht wird. Nicati[3] gibt für das menschliche Auge die Zahl der Ciliarfortsätze mit 70 an und schätzt die Epitheloberfläche der Ciliarfortsätze auf wenigstens 6 qcm. Die Gefäßversorgung von Ciliarfortsätzen und Iris erfolgt dabei allerdings aus der gleichen Quelle, nämlich aus dem Circulus art. iridis major, von dem Äste nach vorne zur Versorgung der Iris und nach innen zu den Ciliarfortsätzen abgehen und der venöse Abfluß erfolgt für beide Gefäßgebiete in ähnlicher Weise zu den Vortexvenen (beim Kaninchen über den sog. Circulus Hovii, der beim Menschen fehlt).

---

[1] Leber: Graefe-Saemisch, 2. Aufl. **2 II**.
[2] Smith, Priestley: Brit. J. Ophthalm. **5** (1921).
[3] Nicati: Arch. d'Ophtalm. **10** (1890).

Aus den anatomischen Untersuchungen sind besondere Einrichtungen, die die Annahme einer Differenz in der Höhe des mittleren Capillardruckes von Iris und Ciliarfortsätzen nahelegten, bisher nicht bekannt. Offenbar ist diese Frage bisher kaum erörtert worden, was um so auffallender ist als LEBER für die Kammerwasserproduktion ausschließlich die Ciliarfortsätze unter Ausschluß der Iris in Anspruch nimmt und die treibende Kraft nur dem Blutdruck zuschreibt.

Nur bei SCALINCI[1] finde ich einen Hinweis darauf, daß es unlogisch sei, die Kammerwasserproduktion einem umschriebenen Gebiet des Augeninnern zuzuweisen, dabei aber als treibende Kraft nur den Blutdruck gelten zu lassen. Logischerweise müsse dann die Kammerwasserproduktion eine Funktion aller gefäßführenden Teile, also auch der Iris sein.

LEBER hat ferner in Versuchen, die er gemeinsam mit DEUTSCHMANN anstellte, gezeigt, daß die operative Beseitigung von Iris und Ciliarkörper zu einem vollständigen Versiegen des Kammerwassers führt, damit stimmen überein die Befunde von NICATI[2].

WESSELY[3] stellte später in der gleichen Absicht, die Bedeutung der einzelnen Teile des Auges für die Flüssigkeitsproduktion zu zeigen, Exstirpationsversuche an Vögeln an. Er zeigte, daß bei der Taube die Iris sowohl wie das Pecten für die Kammerwasser-Regeneration entbehrlich sind und daß Entfernung der Iris die K.W.-Regeneration nicht einmal verzögert, obwohl gerade bei der Taube die Iris wegen ihres Gefäßreichtums zur Beteiligung an der K.W.-Bildung geeignet scheint.

Allen diesen Versuchen gegenüber wenden EHRLICH[4] sowohl wie HAMBURGER[5] ein, daß damit nur die Fähigkeit der Ciliarfortsätze bewiesen sei, andere Organe des Auges in der K.W.-Bildung zu vertreten; ob der Iris aber nicht die gleiche Fähigkeit zukomme, sei damit nicht ausgeschlossen. Da eine isolierte Ciliarkörperexstirpation ohne gleichzeitige Vernichtung der Blutzirkulation in der Iris nicht möglich ist, so ist eine Entscheidung, ob der Ciliarkörper ähnlich wie die Iris für die K.W.-Produktion entbehrlich und evtl. durch die Iris vertretbar ist, auf diese Weise nicht zu treffen. Es bleibt als sicheres Ergebnis dieser Exstirpationsversuche, was auch WESSELY[6] anerkennt, eigentlich nur die Feststellung, daß Iris und Ciliarkörper zusammen für den intraokularen Flüssigkeitswechsel unentbehrlich sind, womit allerdings die früher geäußerte Ansicht, daß die Aderhaut die K.W.-Produktionsstätte sei, widerlegt sein dürfte.

2. Die K.W.-Regeneration nach Punktion der V.K. Daß der Ciliarkörper mit seinen Fortsätzen bei experimenteller Aufhebung oder Senkung des Intraokulardruckes oder unter dem Einfluß eines anderen hyperämisierenden Eingriffes (subconjunctivale hypertonische NaCl-Injektion) Flüssigkeit abzusondern imstande ist, ist am Tierauge leicht zu demonstrieren. Es tritt ein eiweißreiches Produkt, das durch vorausgehende intravenöse Fluoresceininjektion leuchtend grün gefärbt wird, durch die Pupille in die vordere Augenkammer.

Es ist über die Frage, ob es berechtigt sei, aus diesen Versuchen den Schluß zu ziehen, daß auch unter physiologischen Bedingungen die intraokulare Flüssigkeit vorwiegend oder ausschließlich dem Ciliarkörper entstamme, viel gestritten worden; gerade wegen des abnormen Eiweißgehaltes dieser Flüssigkeit ist von

[1] SCALINCI: Arch. Augenheilk. **57** (1907).
[2] NICATI: Arch. d'Ophtalm. **10/11** (1890/91).
[3] WESSELY: Verh. dtsch. ophthalm. Ges. Heidelberg **1907**.
[4] EHRLICH: Dtsch. med. Wschr. **1882**.
[5] HAMBURGER: Über die Ernährung des Auges. Leipzig 1914.
[6] WESSELY: In Asher-Spiros Erg. Physiol. **4** (1905).

einem Teil der Autoren, unter ihnen besonders Hamburger, dies verneint worden. Wessely hat sich dagegen auf den Standpunkt gestellt, daß es sich dabei vorwiegend um quantitative Abweichungen von der Norm, bedingt durch die experimentell erzeugte Hyperämie handelt, während Seidel[1] die Auffassung vertritt, daß nach der V.K.-Punktion der normale Vorgang der K.W.-Sekretion vorübergehend von einer Transsudation abgelöst werde, eine Auffassung, der auch Samojloff[2] beitritt.

Eine erhebliche Komplizierung des Problems ist noch durch die Befunde Hagens[3] und Löwensteins[4] entstanden, die feststellten, daß im Gegensatz zum K.W.-Regenerat bei unseren meisten Versuchstieren im menschlichen K.W.-Regenerat eine Eiweißvermehrung vermißt werde. Sie zogen aus ihren Befunden den Schluß, daß beim Menschen der Modus der K.W.-Neubildung prinzipiell abweiche von dem der Versuchstiere, und daß somit eine Übertragung der tierexperimentellen Ergebnisse auf das menschliche Auge nicht statthaft sei.

Es sind ganz vorwiegend Untersuchungen von Wessely, die hier eine Klärung gebracht haben. Wessely[5] stellte erstens fest, daß der vermehrte Eiweißgehalt des K.W. nicht zu dem Schluß berechtigt, daß dieses ein prinzipiell andersartiges Produkt sei. Eine Eiweißvermehrung des K.W. findet sich bei allen hyperämisierenden Eingriffen am Auge, so bei subconjunctivalen hypertonischen NaCl-Injektionen, bei Reizung des Auges durch Höllensteinätzung am Hornhautrand und am stärksten bei Punktion der vorderen Kammer (vgl. auch Löwenstein u. Kubik[6], die Versuche mit Dionineinstäubung, äußerer Wärmeanwendung und Diathermie anstellten).

Mit einer wechselnden Stärke der hervorgerufenen Hyperämie wechselt auch der Grad des Eiweißübertrittes. Das Kaninchenauge verträgt ein K.W.-Entnahme bis zu 20 mg ohne nachfolgende Eiweißvermehrung (Wessely[7]), bei Entnahme einer größeren K.W.-Menge wird die Eiweißvermehrung im Regenerat deutlich, und es nähert sich das Regenerat in seinem Eiweißgehalt um so mehr dem des Blutplasmas, je ausgiebiger die K.W.-Entnahme unter eventueller Wiederholung des Eingriffes gewesen ist.

Daß der mehr oder weniger große Eiweißgehalt des K.W.-Regenerates nicht dazu zwingt, einen prinzipiellen Unterschied anzunehmen in der Art der Bildung einerseits des normalen, andererseits des regenerierten K.W. und daß lediglich die mehr oder weniger starke begleitende Hyperämie mit der damit verbundenen Capillardehnung den Übertritt von Serumeiweißkörpern in das Regenerat veranlaßt, konnte Wessely zeigen durch eine experimentelle Unterdrückung der Gefäßerweiterung. Unter dem Einfluß von lokal angewandtem Adrenalin (Wessely[5]) oder einer faradischen Sympathicusreizung (Wessely[8]) bleibt der Eiweißübertritt ins K.W. nach subconjunctivaler NaCl-Injektion aus, und das nach Punktion regenerierte K.W. ist eiweißarm und nähert sich in seiner Zusammensetzung bezüglich des Eiweißgehaltes wieder ganz erheblich dem normalen K.W. Ähnlich ist die Wirkung einseitiger Carotisunterbindung auf dem Eiweißgehalt des regenerierten K.W. (Wessely[9]).

[1] Seidel: Graefes Arch. 101 (1920); 104 (1921).
[2] Samojloff: Graefes Arch. 118 (1927).
[3] Hagen: Klin. Mbl. Augenheilk. 64 (1920); 65 (1920).
[4] Löwenstein: Klin. Mbl. Augenheilk. 65 (1920).
[5] Wessely: Verh. dtsch. ophthalm. Ges. Heidelberg 1900.
[6] Löwenstein u. Kubik: Graefes Arch. 89 (1915).
[7] Wessely: Arch. Augenheilk. 88 (1921).
[8] Wessely: Arch. Augenheilk. 60 (1908).
[9] Wessely: Arch. Augenheilk. 93 (1923).

Die nachfolgende Tabelle enthält einige Zahlenangaben übersichtlich geordnet:

Tabelle 1.

Autor	Tierart	Eiweißgehalt des normalen I.K.W.	Experimenteller Eingriff	Erfolg des Eingriffes
WESSELY[1]	Kaninchen	0,02—0,04%	Punktion d. V.K.	Eiweißgehalt II. K.W.>1%
	Kaninchen		Subconjunct. 1 mg Suprarenin, dann erst V.K.-Punktion	Eiweißgehalt II. K.W. 0,05%
	Kaninchen		V.K.-Punktion und danach fortgesetzte Sympath.-Faradisation	Eiweißgehalt II. K.W. 0,04%
	Kaninchen		Subconjunct hyperton. 5 Proc. NaCl-Injekt.	Eiweißgehalt I. K.W. 0,5—1%
	Katze		Entnahme von 0,2 g K.W.	Eiweißgehalt II. K.W. 1,5%
			Volle Kammerentleerung	Eiweißgehalt II. K.W. 3%
SEIDEL[2]	Kaninchen u. Katze	0,025%	Punktion d. V.K.	Eiweißgehalt II. K.W. 0,8 bis 4,5%
			Entnahme von 1 Tropfen K.W.	Eiweißgehalt II. K.W. 0,4%
	Kaninchen u. Katze		Entleerung der V.K. nach subconj. Adrenalin 1,5 mg	Eiweißgehalt II. K.W. 0,2 bis 0,4%
MÜLLER und PFLIMLIN[3]	Kaninchen	0,01—0,085%	Punktion d. V.K.	Eiweißgehalt II. K.W. 1,5 bis 3,9%
			Punktion der V.K., danach fortgesetzte Sympathic.-Faradisation	Eiweißgehalt II. K.W. 0,07 bis 0,93%

Weiterhin hat WESSELY dargetan, daß Verschiedenheiten in der Höhe des Eiweißgehaltes des II. K.W. bei verschiedenen Versuchstieren durchaus zu erwarten sind, da der durch V.K.-Entleerung erzielte prozentuale Volumverlust entsprechend den Größenverhältnissen der Augen bei den gewählten Tieren sehr differiere.

Die nachfolgende Tabelle gibt den Kammerinhalt in % des Gesamtvolums des Auges nach Angaben WESSELYs[4] wieder.

Tabelle 2.

Waldkauz . . . . ca. 17%
Huhn . . . . ca. 3%
Katze 22%
Hund 12,5%
Kaninchen 14%
Affe 5,5%
Mensch . . . . 2,5—4%

WESSELY betont dazu, daß in Übereinstimmung mit dieser Tabelle das II. K.W. bei Nachtvögeln eiweißreich, bei Tagvögeln eiweißarm gefunden werde,

---

[1] WESSELY: Verh. dtsch. ophthalm. Ges. **1900** — Arch. Augenheilk. **88** (1921).
[2] SEIDEL: Graefes Arch. **95** (1918).
[3] MÜLLER u. PFLIMLIN: Arch. Augenheilk. **100/101** (1929).
[4] WESSELY: Arch. Augenheilk. **88** (1921).

und daß bereits beim Affen das II. K.W. wesentlich eiweißärmer gefunden wird
als bei den sonst üblichen Versuchstieren. Die Bedeutung der relativen Kammer-
größe erweist sich auch bei Untersuchungen am wachsenden Kaninchenauge,
bei dem das relative Kammervolum sich im Laufe der Entwicklung erheblich
verschiebt (Wessely)[1].

Tabelle 3.

Alter in Tagen	Relatives Volum der Kammer	Eiweißgehalt der II. K.W. nach V.K.-Punktion
9—16	2,8—7,5%	0,4—0,8%
20—28	8—11%	0,8—1,5%
36—74	12%	3—4%
ausgewachsen	12—14%	3,5—4,5%

Es liegt also völlig in der Linie dieser Feststellungen, daß das II. K.W. des
menschlichen Auges erheblich eiweißärmer gefunden wird als bei den üblichen
Versuchstieren. Die Angabe von Hagen[2], Löwenstein[3] und Rados[4], daß das
II. menschliche K.W. eiweißfrei sei, bestreitet Wessely ganz entschieden mit
dem Hinweis, daß bei Anwendung einer entsprechend empfindlichen Methodik
eine Eiweißvermehrung im II. menschlichen K.W. regelmäßig nachweisbar sei.
Wessely bediente sich verschiedener Fällungsreaktionen (meist Esbach-Reag.),
wobei die Auswertung nach dem Grad der Trübung geschah, gemessen an einer
Vergleichsskala bekannten Eiweißgehaltes. Wessely[5] gibt den Eiweißgehalt
des normalen menschlichen K.W. zu 0,01—0,015% an und den des II. K. W. zu
0,03—0,075%.

Diese Angaben Wesselys sind von vielen Autoren unter Anwendung verschiedener Untersuchungsmethoden bestätigt worden (vgl. weiter unten).

Die Untersuchungen von Hagen und Löwenstein, die von Römer[6], Gebb[7]
und Rados bestätigt wurden, haben indessen mit Eindringlichkeit gezeigt, daß
das II. K.W. im menschlichen Auge jedenfalls viel weniger Eiweiß enthält, als man
nach den Tierexperimenten füglich erwartet hätte, wenngleich Wessely auch
zeigen konnte, daß eine Eiweißzunahme nicht absolut fehlt. Daß nicht allein
das relative Volum der V.K. für die Geringgradigkeit der Eiweißvermehrung
im menschlichen K.W. verantwortlich zu machen ist, zeigt ein Befund Hagens[8],
wonach selbst bei 5maliger Kammerentleerung eine Eiweißvermehrung refrakto-
metrisch nicht nachweisbar war.

Nach Seidel[9] beruht der Unterschied in dem Verhalten des menschlichen
und des tierischen Auges hyperämisierenden Reizen gegenüber in der geringeren
Zunahme der Filterporengröße der Blut-K.W.-Schranke beim menschlichen Auge
auf Grund einer geringeren Dehnbarkeit des Gewebes. Diese Erklärung nimmt
Hagen als möglich, aber durchaus nicht als bewiesen hin. Auf Grund der zweifellos sehr markanten Unterschiede zwischen Mensch und Tier in der Zusammensetzung des II. K.W. und in den zeitlichen Verhältnissen des Ersatzes lehnt
Hagen[10] in Übereinstimmung mit Löwenstein vorerst eine Übertragung der
tierexperimentellen Ergebnisse bezüglich der Physiologie der K.W.-Bildung auf
das menschliche Auge ab.

---

[1] Wessely: Arch. Augenheilk. **93** (1923).   [2] Hagen: Zitiert auf S. 1322.
[3] Löwenstein: Zitiert auf S. 1322.   [4] Rados: Graefes Arch. **109** (1922).
[5] Wessely: Arch. Augenheilk. **93** (1923).
[6] Römer: Verh. dtsch. ophthalm. Ges. Heidelberg **1920**.
[7] Gebb: Verh. dtsch. ophth. Ges. Jena **1922**.
[8] Hagen: Klin. Mbl. Augenheilk. **64** (1920).
[9] Seidel: Graefes Arch. **104** (1921).   [10] Hagen: Klin. Mbl. Augenheilk. **66** (1921).

Bei der Bewertung der Feststellung, daß nach V.K.-Punktion sich aus der Pupille des Kaninchenauges ein lebhafter Strom eiweißhaltiger Flüssigkeit ergießt, wird man sich stets vor Augen halten müssen, daß in diesem Versuch die physiologischen Verhältnisse aufs schwerste gestört sind und daß eine Sonderstellung des Ciliarkörpers als Flüssigkeitsproduktionsort damit keineswegs bewiesen ist, zumal da nach der Feststellung SEIDELS[1] bei Aufhebung des intraokularen Druckes auch die Irisvorderfläche am Katzenauge Flüssigkeit absondert; da diese zwar ähnlich eiweißreich ist, an Menge aber hinter dem unter prinzipiell gleichen Bedingungen gelieferten Ciliarkörper-Produkt zurücksteht, dürfte man hier eher an einen quantitativen wie an einen qualitativen Unterschied denken müssen.

3. Die Identität des H.K.- und V.K.-Inhaltes. Eine selbstverständliche Voraussetzung für die Annahme der Bildung des V.K.-Inhaltes im Ciliarkörper ist die Identität in der Zusammensetzung des Inhaltes der V.K. und H.K. unter physiologischen Verhältnissen. SEIDEL[2] hat vergleichende Untersuchungen über den Eiweißgehalt beider vorgenommen, und zwar durch refraktometrische Messung; er fand (in 2 Kaninchen und 8 Katzenversuchen) den Brechungsindex des durch gesonderte Punktion von V.K. und H.K. (des gleichen Auges oder des zweiten Auges des gleichen Tieres) entnommenen K.W. in allen Fällen gleich und zeigte somit, daß bezüglich des Eiweißgehaltes diese Voraussetzung erfüllt ist.

Eine weitere Untersuchungsreihe SEIDELS[2] befaßt sich mit der Eiweißverteilung bei experimentell erzeugter Eiweißsteigerung. SEIDEL fand in zwei auf etwa 10 Stunden ausgedehnten Untersuchungsreihen die Eiweißzunahme zuerst in der H.K. stärker als in der V.K., doch blieb die Eiweißvermehrung in der V.K. länger bestehen als in der H.K.

In einem deutlichen Gegensatz dazu stehen entsprechende vergleichende Untersuchungen über den Farbengehalt des V.K. und H.K.-Inhaltes nach intravenöser Fluorescein- (resp. Aescorcein-) Verabreichung.

HAMBURGER[3] bringt Abbildungen von Kaninchenaugen, die 25 resp. 30 Minuten nach der Injektion enucleiert und in Kältemischung erhärtet waren. Der Inhalt der V.K. zeigte sich stark gefärbt, der der H.K. ungefärbt. Einen entsprechenden Versuch teilt FISCHER[4] mit, der nach Eröffnen des kälteerstarrten Auges das Eis des H.K.-Inhaltes stets weniger flouresceinhaltig findet, als das der V.K. FISCHER hat durch eine größere Zahl von Versuchen auch eine quantitative Auswertung versucht. Er findet mit Absinken der Konzentration des Farbstoffes im Blut auch eine Abnahme des Fluoresceins in den Medien, dabei hinken Hinterkammerinhalt und Glaskörper gegenüber der V.K. nach, so daß schließlich auch einmal der Moment kommt, wo die Farbkonzentration in der V.K. die geringere ist.

Übereinstimmend mit den Angaben von FISCHER verliefen früher von SEIDEL[2] angestellte Versuche an Kaninchen und Katze, SEIDEL punktierte $1/_2$–$2^1/_2$ Stunde nach intravenöser Fluoresceininjektion die H.K. und die V.K. und fand den Farbgehalt der V.K. fast stets etwas höher als den der H.K. Die Differenz bezieht SEIDEL auf einen Unterschied in der Dicke des Blut und K.W. trennenden Gewebes.

4. Vitalfärbeversuche. In Anerkennung der Tatsache, daß die Aufhebung oder auch die Senkung des intraokularen Druckes einen schweren Eingriff darstellt, der die physiologischen Vorgänge grundlegend zu ändern vermag, hat man versucht, eine Flüssigkeitsströmung am uneröffneten Auge nachzuweisen durch

[1] SEIDEL: Verh. dtsch. ophthalm. Ges. Heidelberg **1916**.
[2] SEIDEL: Graefes Arch. **95** (1918). [3] HAMBURGER: Zitiert auf S. 1321.
[4] FISCHER: Arch. Augenheilk. **100/101** (1929).

Einführung von Vitalfarbstoffen in die Blutbahn und nachfolgende anatomische und histologische Untersuchung der Augen.

Die Angaben über den Erfolg solcher Färbungsversuche sind widersprechend. HAMBURGER[1] fand bei seinen Versuchen mit Fluorescein, Äscorcein und indigschwefelsaurem Natron den Ciliarkörper stets ungefärbt, während SEIDEL[2] nach intravenöser Verabreichung von Fluorescein, indigschwefelsaurem Natron, Neutralrot, Trypanrot, Diaminschwarz, Trypanblau und Isaminblau bei albin. Kaninchen nur den Ciliarkörper gefärbt fand, die Iris dagegen ungefärbt. Ähnlich lauten die Angaben SCHNAUDIGELS[3] über das makroskopische Verhalten des Ciliarkörpers und der Iris nach Trypanblauspeicherung. Auch WESSELY erwähnt wiederholt Grünfärbung des Ciliarkörpers nach Fluoresceininjektion. Die negativen Ergebnisse HAMBURGERs erklärt SEIDEL mit ungünstigen optischen Verhältnissen bei der Beurteilung der Resultate, da HAMBURGER mit pigmentreichen Tieren gearbeitet habe. Die makroskopische Beurteilung der anatomischen Präparate dürfte indessen nicht viel Beweiskraft enthalten, da die Intensität der sichtbaren Färbung der Präparatteile von vielen Faktoren abhängig ist.

Neben der Schichtdicke des betrachteten Gewebes kommt zweifellos, wie bereits HAMBURGER[4] hervorhebt, auch der Farbgehalt des Blutes und somit der Gefäßreichtum und die Blutfüllung des Gewebes in Betracht, wie man sich leicht an farbigen Blutgefäßinjektionspräparaten albinotischer Kaninchen überzeugen kann, bei denen makroskopisch der Ciliarkörper intensiv gefärbt, die Iris aber farblos erscheint, obwohl der Farbstoff nur die Gefäße erfüllt.

(Vgl. auch die Feststellung WESSELYs[5], daß bei einseitiger subconjunctivaler Suprarenininjektion im Fluoresceinversuch die Sektion einen ganz erheblichen Unterschied in der makroskopisch sichtbaren Färbung des Ciliarkörpers ergibt: am Suprareninauge nur einige feine grüne Striche in den Furchen des Ciliarkörpers, während am Kontrollauge der Ciliarkörper strotzend mit Fluorescein gefüllt erscheint.)

Die histologische Untersuchung zeigt nun offenbar, daß es sich bei dem Erfolg dieser Vitalfärbeversuche um ganz heterogene Dinge handelt, teils findet sich eine minimalste diffuse Färbung des Ciliarkörpers (SEIDEL[2]: indigschwefelsaures Na, nur wahrnehmbar bei dickem Schnitt), teils handelt es sich um eine mehr oder weniger elektive Färbung der Gefäßwände (HAMBURGER: indigschwefelsaures Na), teils um eine Farbstoffspeicherung in gewissen Bindegewebszellen, nämlich den exquisit phagocytierenden Histiocyten oder Klasmatocyten (Trypanblau-Versuche SCHNAUDIGELS[3] und Versuche mit Carmin, Trypanblau, Pyrrholblau von RADOS[6]) oder schließlich auch um eine Farbstoffspeicherung im Ciliarepithel (Isaminblau SEIDEL, FISCHER).

Es dürfte recht schwierig sein, diese verschiedenen Dinge unter einen Hut zu bringen, und MAGITOT[7] lehnt dann auch jegliche Beweiskraft derartiger Vitalfärbeversuche ab.

B. Die treibende Kraft für die K.W.-Bildung.

1. Filtrationsvorgang. LEBER nimmt als treibende Kraft für die K.W.-Bildung im Ciliarkörper den Blutdruck an und bezeichnet das K.W. als ein Filtrat des Blutes; wir würden heute von einer Ultrafiltration sprechen, doch weicht das sachlich nicht von dem, was LEBER meinte, ab, da LEBER die Zurückhaltung

---

der Serumeiweißkörper auf dem Blut und K. W. trennenden Filter durchaus bekannt war. Diese Vorstellung gewann LEBER aus einer Zusammenstellung der am toten und am lebenden ·Tier mit seinem Filtrationsmanometer, das die unter bestimmtem Druck pro Zeiteinheit in die Vorderkammer eingelaufene Flüssigkeitsmenge exakt zu messen gestattete, angestellten Einlaufversuche. Bei den Versuchen ergab sich Proportionalität in der Höhe des angewandten Filtrationsdruckes und der aus dem toten Auge filtrierenden Flüssigkeitsmenge. Bei Anstellung der Einlaufversuche am lebenden Auge fand NIESNAMOFF[1] die Einlaufmenge zu ± 0 bei Gleichheit von Augendruck und Druck im Filtrationsmanometer, sie wurde positiv bei Steigerung des Druckes im Filtrationsmanometer und negativ bei Senkung dieses Druckes. Aus der Dif-

Tabelle 4.

Druck in mm Hg	Zufluß in das tote Auge in cmm	Zufluß in das lebende Auge in cmm	Sekretion als Differenz von Kolonne 2 u. 3
23,33	6,41	0	6,41
25	7	1	6
33	9	5	4
41	11	9	2
50	14	ca. 13,5	1/2—0
58	16	16	0
66	18	18	0
75	21	21½	0

ferenz der Einlaufmenge beim toten und beim lebenden Auge errechnete NIESNAMOFF die bei verschiedenen Drucken vom lebenden Auge vermeintlich produzierte Flüssigkeitsmenge. Ich gebe eine entsprechende Tabelle (4) von NIESNAMOFF (gekürzt) wieder.

WESSELY[2] hat die Ergebnisse dieses Versuches von NIESNAMOFF unter Ausdehnung der Angaben auch für subnormale Intraokulardruckwerte nach NIESNAMOFF graphisch dargestellt. Diese Kurve sei hier wiedergegeben.

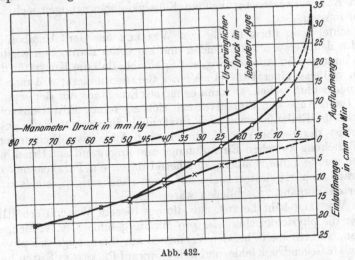

Abb. 432.

×——× Zufluß ins tote Auge. o——o Zu- resp. Ausfluß am lebenden Auge.
——— Sekretion am lebenden Auge (= Differenz von beiden).

Aus der Tatsache, daß bei einem Intraokulardruck von etwa 50 mm Hg die „Sekretion" = 0 werde, „daß also keine Druckdifferenz zwischen Inhalt und Umgebung der Gefäße mehr vorhanden war, welche einen Durchtritt von Flüssigkeit

[1] NIESNAMOFF: Graefes Arch. **42** (1896).
[2] WESSELY: Asher-Spiros Erg. Physiol. **4**, 636.

durch die Gefäßwand bewirken konnte", schließen Niesnamoff und Leber, daß die Höhe des Druckes in den sezernierenden Gefäßen etwa 50 mm Hg betragen müsse.

Dieser Schluß ist wohl heute nicht mehr haltbar, da bei dem hier angenommenen Gleichgewicht der Flüssigkeit bewegenden Kräfte zwischen Kammer und Gefäßsystem einerseits der kolloidosmotische Druck des Blutes, von dem später noch die Rede sein wird, nicht in der Rechnung enthalten ist (bei einem kolloidosmotischen Druck für das Kaninchenserum von rund 20 mm Hg würde dieser Gleichgewichtszustand zwischen Inhalt und Umgebung der Gefäße einen Gefäßdruck von 70 mm Hg anzeigen) und weil ferner der bei Einstellung dieses Gleichgewichtes vorhandene Gefäßdruck entgegen der ausdrücklichen Annahme von Niesnamoff künstlich durch die Intraokulardrucksteigerung erhöht ist, somit also nicht mit dem unter physiologischen Verhältnissen vorhandenen Druck identifizierbar ist. Der Versuch nimmt meines Erachtens sehr zu Unrecht einen breiten Raum in den Erörterungen über den intraokularen Flüssigkeitswechsel ein. Der Berechnung der K.W.-Produktionsgröße liegt die auch von Niesnamoff ausdrücklich erwähnte Voraussetzung zugrunde, daß die unter einem jeweils gewählten Intraokulardruck aus dem Auge abfließende Flüssigkeitsmenge am lebenden und am toten Tier identisch sei — denn nur unter dieser Voraussetzung könnte aus der Differenz der Einlaufmengen auf die Sekretionskomponente rückgeschlossen werden. Tatsächlich aber muß, worauf schon Weiss[1] hinweist, die Abflußmenge im lebenden Auge wesentlich differieren von der bei gleichem Intraokulardruck aus dem toten Auge auslaufenden Menge, da sowohl die hydrostatische Druckdifferenz zwischen Auge und allen für die K.W.-Abfuhr in Betracht kommenden Gefäßen (unter Einschluß des Schlemmschen Kanals) grundlegend anders sein muß, als auch alle auf osmotischen Wechselbeziehungen zwischen Blut und Kammerwasser beruhenden Flüssigkeitsbewegungen sich abweichend verhalten müssen.

Betrachtet man übrigens die von Wessely aus den Angaben von Niesnamoff für den Versuch am lebenden und am toten Kaninchen wiedergegebene Kurve in ihrer ganzen Ausdehnung, so ergibt sich, daß die Kurve für das lebende Auge sich viel eher einer Parabel als einer Geraden nähert; will man überhaupt daraus einen Schluß ziehen, so kann es meines Erachtens nur der sein, daß, während am toten Auge der Einlaufversuch sich als reiner Filtrationsvorgang darstellt, sich die Einlaufsmenge also tatsächlich linear mit dem angewandten Druck ändert, der gleiche Versuch am lebenden Auge wesentlich anders verläuft und die Beziehung zwischen Einlaufmenge und angewandtem Druck nicht mehr durch eine gerade Linie, sondern annähernd durch ein Parabelstück dargestellt wird, woraus zum mindesten nicht auf einen gleichartigen, sondern auf einen komplizierten Vorgang zu schließen wäre.

Auch Wessely hebt hervor, daß die aus diesem Versuch erhältlichen Angaben über die physiologischerweise pro Minute gebildete K.W.-Menge sehr unsicher seien, weil einerseits bei den Versuchen am toten Auge der physiologische intravaskuläre Gegendruck fehle, und weil — worauf Priestley Smith hingewiesen habe bei den Versuchen eine ungebührliche Vertiefung der V.K. erzeugt werde, beides Momente, die in gleichem Sinne wirkend, die Größe der K.W.-Zirkulation beträchtlicher erscheinen ließen, als sie in vivo vielleicht sei. Die Unsicherheit wird aber meines Erachtens dadurch noch vermehrt, daß bei dem Experiment am Toten ein im umgekehrten Sinne wirkender Faktor fortfällt, den Wessely einmal als die mitschleppende Kraft des Blutes bezeichnet hat, ich meine den

---

[1] Weiss: Z. Augenheilk. **25** (1911) — Dtsch. med. Wschr. **1925**, S. 21 u. 63.

kolloidosmotischen Druck des Blutes, der in vivo eine K.W.-Abfuhr zu einem beträchtlichen Teil der an die V.K. angrenzenden Gefäße bedingt. Wie groß dieser im Experiment fortfallende Betrag ist, darüber kann man keine einigermaßen sichere Angabe machen. Der Versuch, ihn auch nur überschlagsweise zu berechnen, stößt zur Zeit noch auf unüberwindliche Schwierigkeiten, weil ganz wesentliche Faktoren, wie physiologische Druckhöhe in den verschiedenen Gefäßabschnitten, Art des Inhaltes des Schl.K. (Blut oder K.W.) nicht ausreichend sicher bekannt sind. Dazu kommt noch, daß nach den Angaben SEIDELS eine beträchtliche Differenz in der Porengröße der Wandung einerseits der Gefäße, andererseits des Schl.K. als komplizierender Faktor hinzukommt.

Der von LEBER eingeschlagene Weg, aus den oben besprochenen Differenzmessungen die Größe des intraokularen Flüssigkeitswechsels zu messen, scheint mir daher nicht gangbar zu sein.

Über diese Größe haben WESSELY und andere Autoren Schlüsse gezogen aus dem Tempo der Verdünnung einer im K.W. vorübergehend enthaltenen Substanz (Eiweiß, Fluorescein). WESSELY[1] gibt als Näherungswert 2,5 cmm pro Minute, SEIDEL[2] 1 cmm pro Minute und neuerdings ABE TETSUO und KURAZO KOMURA[3] 3 cmm pro Minute. Früher von LÉPLAT, TRONCOSO u. a. auf die Bestimmung dieser Größe gerichtete Untersuchungen sind von WESSELY[4] kritisch besprochen worden.

2. Sekretionsvorgang. a) *Die histologische Struktur der Ciliar-Epithelien.* Entgegen der LEBERschen Auffassung von der treibenden Kraft für die K.W.-Bildung ist die Absonderung der intraokularen Flüssigkeit von einer Reihe von Autoren als echter Sekretionsvorgang bezeichnet worden, wobei Ciliarkörper und Ciliarfortsätze als die produzierende Drüse fungieren. NICATI[5] gibt bereits eine ausführliche Beschreibung der Ciliarfortsätze und ihrer Blutversorgung und bezeichnet die Ciliarfortsätze einschließlich der gesamten Choriocapillaris (das aus letzterer abgepreßte Serum soll zwischen der undurchlässigen Lamina interna und externa nur nach vorne abfließen können und so dem Drüsenepithel zugeführt werden) als die K.W.-Drüse.

Ausgehend von ganz anderen Untersuchungen, nämlich vergleichenden Leitfähigkeitsmessungen und Gefrierpunktsbestimmungen von Blut und K.W., kamen andere Autoren, wie BOTTAZZI und STURCHIO[6], SCALINCI[7] u. a., zu der Überzeugung, daß der K.W.Bildung ein echter Sekretionsvorgang zugrunde liegen müsse. Die Untersuchungen sind wiederholt, und die Resultate der ersten Untersucher sind auf andere Weise erklärt worden (s. weiter unten), so daß die daraus zunächst abgeleitete Schlußfolgerung, daß das K.W. durch einen echten Sekretionsprozeß gebildet werde, ihre Berechtigung verlor.

WESSELY[8] betont zu dieser Frage, daß es eine postmortale Sekretion, wie etwa bei den Speicheldrüsen, am Auge nicht gebe, daß der Augendruck mit dem Tode vielmehr erlischt. Von WESSELY mit der Fragestellung, ob Nervenreizung die Schnelligkeit der Neufüllung der eben punktierten Kammer am frisch getöteten Kaninchen irgendwie beeinflusse, hatten ein völlig negatives Resultat.

In neuerer Zeit sind indessen wieder, anknüpfend an die Vorstellung, daß das Ciliarkörperepithel als Drüsenepithel funktionieren könne, Untersuchungen über

---

[1] WESSELY: Arch. Augenheilk. **60**, 147 ff — Z. Augenheilk. **25** (1911).
[2] SEIDEL: Graefes Arch. **95** (1918).
[3] TETSUO, ABE, u. KURAZO KOMURA: Graefes Arch. **121** (1928).
[4] WESSELY: In Asher-Spiros Erg. Physiol. **4** (1905).
[5] NICATI: Arch. d'Ophtalm. **10** (1890); **11** (1891).
[6] BOTTAZZI-STURCHIO: Arch. Ottalm. **13** (1905/06).
[7] SCALINCI: Arch. d'Ophtalm. **27** (1907) — Arch. Augenheilk. **57** (1907).
[8] WESSELY: Z. Augenheilk. **25** (1911).

die feinere histologische Struktur dieser Zellen ausgeführt worden. Henderson und Lane Claypon[1] und Carlini[2] verneinen die Existenz irgendwelcher für Drüsenzellen typischen Strukturen, ebenso wie Magitot[3], während Carrère[4], Mawas[5] und Seidel[6] einen positiven Befund erhoben. Nach den Abbildungen Seidels von Befunden an Katze, Kaninchen und Gans ist es zweifellos, daß mit verschiedenen zur Mitochondriendarstellung verwandten Methoden kleine Tröpfchen in rosenkranzartiger Anordnung und Bläschen, die meist nach der Zelloberfläche zu gelegen sind, im Ciliarepithel nachweisbar sind. Nach vorheriger Pilocarpinverabreichung fand Seidel im Gegensatz zu Carrère das Chondriom in einer größeren Zahl von Zellen stärker ausgeprägt, die Menge der Bläschen und Vakuolen vermehrt und die Zellkerne durchweg chromatinarm. Carrère fand eine Vermehrung der Bläschen in den Zellen nach Punktion der V.K. oder des Glaskörpers.

Während Seidel aus seinen Befunden auf eine echte Drüsentätigkeit der Ciliarepithelien schließt, in denen das K.W. aus den Mitochondrien, die zu Vacuolen zusammenfließen, gebildet werde, ist Carrère zurückhaltend in der Bewertung des Befundes; er schließt auf eine aktive Beteiligung der Ciliarepithelien am K.W.-Bildungsprozeß, aber vorwiegend in einer Art Dialysationskontrolle. Die Beweiskraft dieser Feststellung, daß in den Ciliarepithelien mit geeigneter Färbetechnik ein sog. Chondrom darstellbar ist, ist aber nicht allgemein anerkannt worden. Hamburger[7] und Baurmann[8] haben darauf hingewiesen, daß nach den Untersuchungen von Benda[9] eine ausgebildete Mitochondrienzeichnung nicht spezifisch sei für Drüsenzellen und ein färberisch ähnliches Verhalten auch in anderen sicher nicht drüsigen Zellarten nachweisbar sei. Auch die Ergebnisse der Vitalfärbung zeigen, daß die durch Janusgrün darstellbaren Plastosomen[10], die mit dem mitochondralen Apparat identisch sind, neben Drüsenzellen auch in Knorpelzellen, Geschlechtszellen und Spinalganglienzellen vorhanden sind; im allgemeinen verhalten sich die Plastosomen und Sekretgranula der echten Drüsenzellen vitalfärberisch durchaus verschieden.

Noch eine weitere besondere färberische Eigenschaft der Ciliarepithelien ist hier zu erwähnen. Schmelzer[11] und Schall[12] konnten bei Supravitalfärbungen mit Hilfe der Oxydasereaktion (Nadireaktion) eine lebhafte Färbung der Ciliarepithelien nachweisen und daraus auf die Gegenwart von Oxydasefermenten in diesen Zellen schließen. Darüber hinaus zeigte Schmelzer noch eine starke Abschwächung der Reaktion nach vorheriger Einwirkung von Adrenalin, Zyankali und Sublimat. Schmelzer bringt diesen Befund in Beziehung zu einer Feststellung Seidels, wonach Einspritzung dieser Substanzen in den Glaskörper des lebenden Kaninchenauges zu langdauernder Hypotonie führt. Im allgemeinen wird der stark positive Ausfall der Reaktion als Zeichen lebhafter mit Sauerstoffverbrauch einhergehender Funktion gedeutet, doch fehlt auch dabei etwas für Drüsenfunktion Spezifisches, wie sich sofort ergibt, wenn man nach den Untersuchungen von Schall die Gewebe des Auges mit stark + Nadireaktion aufzählt, nämlich Lidhaut, Lidränder, Haarbalgepithel, äußere Augenmuskeln,

[1] Henderson u. Lane Claypon: Roy. Lond. Ophthalm. Hosp. Rep. 17 (1907).
[2] Carlini: Graefes Arch. 77 (1910).   [3] Magitot: Ann. d'Ocul. 154 (1917).
[4] Carrère: C. r. Soc. Biol. Paris 88, 420, 475, 1031 (1923).
[5] Mawas: Thèse Nr 41. Lyon 1910 — Soc. franç. d'ophthalm. Ann. d'ocul. 145 (1911).
[6] Seidel: Verh. dtsch. ophthalm. Ges. Heidelberg 1918 — Graefes Arch. 102 (1920).
[7] Hamburger: Klin. Mbl. Augenheilk. 64 (1920). [8] Baurmann: Graefes Arch. 116 (1925).
[9] Benda: Erg. Anat. 12 (1902).
[10] v. Möllendorff: In Asher-Spiros Erg. Physiol. 18 (1920).
[11] Schmelzer: Verh. dtsch. ophthalm. Ges. Heidelberg 1925.
[12] Schall: Graefes Arch. 115 (1925).

Epithel der Conjunctiva, Gefäßendothel, Hornhautendothel, Irismuskulatur, Ciliarepithel und Ciliarmuskulatur und Retina. Ausgedehnte Supravitalfärbeversuche hat in neuester Zeit FISCHER[1] am Gewebe des vorderen Bulbusabschnittes angestellt und zwar hat FISCHER nicht nur mit oxydierbaren Substanzen gearbeitet, die durch die auftretende Färbung die Fähigkeit des Gewebes, Sauerstoff abzugeben, demonstrieren, sondern auch mit entsprechendem reduzierbaren Substanzen. FISCHER hat dabei in Bestätigung der Befunde SCHMELZERS und SCHALLS ebenfalls das Ciliarepithel als „Sauerstoffort" gefunden, auf der anderen Seite aber für die Iris ein starkes Reduktionsvermögen gezeigt; letzteres verschwindet mit dem Aufhören des Blutumlaufes sehr schnell. Das Ergebnis der Vital- bzw. Supravitalfärbestudien ist also nicht etwa so zu präzisieren, daß sich daraus etwa eine Inferiorität der Iris gegenüber einer besonderen Aktivität des Ciliarepithels ergebe, sondern nur so, daß anscheinend in vivo einem lebhaften Oxydationsvermögen der Ciliarepithelzellen (und der oben genannten anderen Gewebsteile) ein lebhaftes Reduktionsvermögen der Iris gegenübersteht.

b) *Sekretionsstrom.* Für die Drüsennatur des Ciliarepithels bringt SEIDEL[2] als weiteres Argument den Nachweis eines sog. einsteigenden Stromes, nachweisbar beim Auflegen je einer unpolarisierbaren Elektrode einerseits auf die Sklera, andererseits auf den Ciliarkörper des eröffneten Auges. Soweit ich sehe, soll die Bezeichnung „einsteigender Strom" besagen, es verhalte sich die Seite des Ciliarepithels elektrisch negativ gegenüber der Sklera.

Über die Größe der nachweisbaren Potentialdifferenz macht SEIDEL keine Zahlenangabe. Diese Untersuchungen wurden von LULLIES[3] wiederholt. LULLIES lehnt die Annahme, daß es sich dabei um einen Sekretionsstrom handele, ab; er fand als Potentialdifferenz meist nur Bruchteile von 1 Millivolt, dabei die Richtung des Potentialgefälles nicht einmal in allen Fällen gleich.

Es ist hervorzuheben, daß die bei diesen Versuchen meßbare Spannung in der Größenordnung durchaus nicht übereinstimmt mit dem, was bei sicher drüsigen Organen gefunden wird; während es sich dabei um Spannungen von 20—80 Millivolt handelt[4], treten hier nur Potentialdifferenzen auf wie sie sich unter den gegebenen Versuchsbedingungen leicht als Diffusionspotentiale erklären lassen und wie sie sich mit unpolarisierbaren Elektroden an jedem unsymmetrischen System, z. B. zwei aufeinandergelegte Platten aus Agar und Gelatine, leicht demonstrieren lassen (BAURMANN[5]). Zudem ist hervorzuheben, daß der von SEIDEL gefundene „einsteigende Strom" auch unter Atropinwirkung nur unerheblich abgeschwächt bestehen blieb, wogegen nach HÖBER[6] und HERMANN eine Lähmung der Drüsentätigkeit durch Atropin auch den Aktionsstrom zum Verschwinden zu bringen pflegt.

c) *Vitalfärbung des Ciliarepithels.* SEIDEL fand in Übereinstimmung mit seinen soeben besprochenen Vorstellungen von der Drüsennatur der Ciliarepithelien bei Versuchen mit intraperitonealer Einverleibung des kolloiden Farbstoffes Isaminblau nach längerer Zeit eine Farbstoffspeicherung in Tröpfchenform in der Basis der Ciliarepithelzellen (dieser Befund wurde bei intravenöser Einverleibung des Farbstoffes von FISCHER[7] bestätigt).

---

[1] FISCHER: Arch. Augenheilk. **100/101** (1929).
[2] SEIDEL: Verh. dtsch. ophthalm. Ges. Heidelberg **1920**.
[3] LULLIES: Schr. Königsberg. Gelehrten-Ges., Naturwiss. Kl. **1**, H. 2 (1924).
[4] Vgl. L. MICHAELIS: Die Wasserstoffionenkonzentration, S. 153. 1922. — HERMANN: Handb. d. Physiol. **5** I (1883).
[5] BAURMANN: Graefes Arch. **116** (1925).
[6] HÖBER: Lehrbuch d. Physiol. **1922**, 333. — HERMANN: Handb. d. Physiol. **1883**, 442ff.
[7] FISCHER: Arch. Augenheilk. **100/101** (1929).

Zusammen mit dem experimentell erhobenen Befund, daß der Farbstoff Isaminblau im elektrischen Potentialgefälle zur Anode wandert, sieht Seidel in dieser basalen Farbstoffspeicherung ein weiteres Argument für die besonderen vitalen Eigenschaften und die Drüsennatur dieser Zellen. Die Ansammlung des im Kataphoreseversuch anodisch wandernden Farbstoffes in der Zellbasis würde mit der Auffassung, daß die Ciliarepithelzellen an der Basis positive Ladung tragen, wohl übereinstimmen. Ob indessen diese angenommene elektrische Ladung der Zellen der Grund ist für Ansammlung und Ausflockung des Farbstoffes an der Zellbasis, ist bisher nicht bewiesen. Die Ausflockung saurer Farbstoffe (alle sauren Farbstoffe wandern anodisch) im Zellprotoplasma kommt bekanntlich auch in Zellen zustande, denen polare Eigenschaften in diesem Sinne sicher nicht zuzuschreiben sind (Klasmatocyten, Fibroblasten). Der Vorgang der Ausflockung müßte also in beiden Zellarten prinzipiell voneinander abweichen. Solche Vorstellungen wird man sich aber wohl nur dann zu eigen machen, wenn andere Erklärungsmöglichkeiten versagen. Berücksichtigt man aber, daß im Ciliarkörper das Farbstoffangebot stets nur von der Seite der Blutgefäße stattfindet, der Farbstoff also im Gegensatz z. B. zu den Bindegewebszellen stets von der basalen Seite her in die Ciliarepithelzellen eintritt, so wird man die überwiegende Ausflockung des Farbstoffes eben in der Zellbasis nicht als etwas Grundlegendes und Polarität der Zellen Beweisendes auffassen können. Diese Erklärung lehnt an an die von v. Möllendorff[1] für gewisse Vitalfärbungsbilder in der Niere gegebene Deutung. v. Möllendorff[1] schließt u. a. aus dem Auftreten von Farbstoffgranulis zuerst an der Bürstensaumseite der Zellen auf einen Eintritt des Farbstoffes vom Kanallumen her.

Als Facit der Erörterungen sei zitiert, was v. Möllendorff[1] auf Grund der Ergebnisse der Vitalfärbeversuche am Auge mit Fluorescein, Carmin, Trypanblau und Pyrrholblau äußert: „Im ganzen lassen die Farbstoffversuche nicht den Schluß zu, daß bei dem Flüssigkeitswechsel im Auge celluläre Sekretion eine Rolle spielt. Deswegen aber solche Vorgänge bei der Bildung und Erneuerung des Kammerwassers auszuschließen, wäre auch verfehlt, weil gerade die typischen Sekretionsvorgänge (in Speicheldrüsen z. B.) in keinem Falle durch saure Farbstoffe verdeutlicht werden.“

d) Der intraokulare Gefäßdruck. Von großer Bedeutung für die Frage, ob die intraokulare Flüssigkeit durch Ultrafiltration oder durch Sekretion abgeschieden wird, sind die in jüngster Zeit vorgenommenen Untersuchungen über die Höhe des Blutdruckes in dem den vorderen Bulbusabschnitt versorgenden Gefäßsystem.

Systematische Untersuchungen wurden von Leplat[2] an Hunden und von Magitot[3] und Bailliart an Katzen ausgeführt, und zwar durch direkte Beobachtung der Irisgefäße unter gleichzeitiger fortschreitender Intraokulardrucksteigerung.

Als Normalwerte wurden gefunden:

```
    beim Hund diastolisch . . . . . 50—65 mm Hg (Leplat)
     „     „   systolisch . . . . . 80—90 mm Hg
  bei der Katze diastolisch . . . . 45     mm Hg (Magitot-Bailliart)
     „     „    systolisch . . . .100     mm Hg
```

Seidel[4] hat die Methodik der Blutdruckmessung mit Hilfe der Intraokulardrucksteigerung einer eingehenden Kritik unterzogen und weist auf die Gefahr

---

[1] v. Möllendorff: In Asher-Spiros Erg. Physiol. **18** (1920).
[2] Leplat: Ann. d'Ocul. **157** (1920).
[3] Magitot-Bailliart: Ann. d'Ocul. **158** (1921).
[4] Seidel: Verh. dtsch. ophthalm. Ges. Heidelberg **1925** — Graefes Arch. **116** (1926).

hin, durch die dabei erzeugte Zirkulationsbehemmung zu hohe Werte zu erzielen. Er nimmt unter Vermeidung dieser Fehlerquelle am menschlichen Auge Messungen an extraokularen Arterien vor, und zwar an den vorderen Ciliararterien, die die Bulbuswandung durchbohren und sich an der Bildung des Circulus art. iridis maior, von dem aus die Gefäße zur Iris und zu den Ciliarfortsätzen erst abgegeben werden, beteiligen; SEIDEL geht bei der Auswertung seiner Resultate von der Überlegung aus, daß die erhaltenen Werte den im intraokularen Gefäßsystem herrschenden Druck noch um ein Geringes überschreiten müssen. Methodisch geht SEIDEL[1] so vor, daß er eine durchsichtige, wassergefüllte Glaskammer, die auf einer Seite mit feinster Goldschlägerhaut abgeschlossen ist und dadurch die Form einer Pelotte erhält, auf das zu beobachtende Gefäß aufsetzt und unter Steigerung des Druckes in der Pelotte den Moment, in dem Pulsation des Gefäßes auftritt und bei weiterer Drucksteigerung wieder verschwindet, festlegt.

Die Angaben verschiedener Autoren über die mit dieser Methode erhaltenen Werte schwanken erheblich.

SEIDEL[2] selbst gibt als Resultat seiner Messungen an jugendlichen Patienten an:

diastolisch . . . . 30—45 mm Hg
systolisch . . . . 55—75 mm Hg

SERR[3] bestätigt diese Resultate und SAMOJLOFF[4] findet davon kaum abweichend:

diastolisch . . . . 34—46 mm Hg
systolisch . . . . 50—65 mm Hg

Einen noch niedrigeren diastolischen Wert (27—30 mm Hg) gibt SAMOJLOFF an in einem in Ann. d'Ocul. Bd 163, 1926 beschriebenen Fall.

Wesentlich höhere Werte fanden BAURMANN[5] und DIETER[6], ersterer:

diastolisch . . . . 46,6—60 mm Hg
systolisch . . . . 70 —95 mm Hg

letzterer:

diastolisch . . . . 52—56 mm Hg
systolisch . . . . 78—85 mm Hg

Eine andere Gruppe von Untersuchern führt die Messung unter ophthalmoskopischer Kontrolle an der Art. zentr. ret. aus und bestimmt den Intraokulardruck, bei dem Pulsation der Zentralarterie auftritt und bei weiterer Drucksteigerung wieder verschwindet. Für diese Messungen ist die obenerwähnte Kritik, die SEIDEL an den mit künstlicher Intraokulardrucksteigerung arbeitenden Methoden ausübt, zu beachten, wonach der bestimmte Wert sich dem Druck in dem nächst höheren Stamm nähert. Voraussetzung für die Verwertung solcher Messungen in der Diskussion über den intraokularen Flüssigkeitswechsel ist die Anerkennung, daß Zentralarteriendruck und Druck in den Arterien des vorderen Bulbusabschnittes annähernd identisch seien. Daß eine derartige Übertragung berechtigt ist, wird wahrscheinlich gemacht durch Untersuchungen von BAILLIART und MAGITOT[7], die bei entsprechenden Vergleichsmessungen an der Katze für die Arterien der Iris und der Retina praktisch identische Werte fanden.

Die notwendige Intraokulardrucksteigerung wurde bei diesen Messungen durchweg erzielt durch Druck aufs Auge mit einer von BAILLIART angegebenen Federdrucksonde (Dynamometer), die nach Grammgewicht geeicht ist.

---

[1] SEIDEL: Graefes Arch. 112 (1923).
[2] SEIDEL: Verh. dtsch. Ges. ophthalm. Heidelberg 1924 — Graefes Arch. 114 (1924).
[3] SERR: Graefes Arch. 116 (1926).
[4] SAMOJLOFF: Graefes Arch. 119 (1927) — Zbl. Ophthalm. 20, 585 (1929).
[5] BAURMANN: Graefes Arch. 118 (1927).   [6] DIETER: Arch. Augenheilk. 99 (1928).
[7] MAGITOT u. BAILLIART: Ann. d'Ocul. 158 (1921).

Die an der Zentralarterie ausgeführten Messungen sind inzwischen recht zahlreich geworden. Die Angaben über die erzielten Resultate sind aber wiederum sehr schwankend.

Bailliart[1] gibt in seiner ersten Veröffentlichung über dieses Thema als Resultat seiner an jungen Heeresangehörigen ausgeführten Messungen diastolisch 61—67 mm Hg und systolisch 86—98 mm Hg (Mittelwerte aus 2 Reihen). Die Messungen waren mit dem Bloch-Verdinschen, nach mm Hg geeichten Druckinstrument ausgeführt. Diese Messungen hat Bailliart später verworfen unter gleichzeitiger Angabe seines eigenen Dynamometers[1]. Die am Dynamometer abgelesenen Grammwerte wurden auf Druckwerte in mm Hg übertragen durch nochmalige Ausübung des abgelesenen Gewichtsdruckes unter gleichzeitiger Tonometerkontrolle. Danach gibt Bailliart als normalen Durchschnittswert diastolisch 25 mm Hg, systolisch 50 mm Hg. Bailliart[2] hat dann zusammen mit Magitot am Auge der lebenden Katze sein Instrument, ausgehend von verschiedenen Ausgangsintraokulardrucken nach mm Hg geeicht. Auf Grund dieser Eichkurve geben die Autoren als Normalwert für den Menschen an: diastolisch 35 mm Hg, systolisch 70 mm Hg[3].

Die Messungen sind von einer ziemlich großen Zahl von Nachuntersuchern wiederholt worden mit wechselndem Ergebnis.

In guter Übereinstimmung mit Bailliart wird gefunden diastolisch zwischen 30 und 35 mm Hg, systolisch zwischen 60 und 80 mm Hg (Velter[4], Magitot[3], Samojloff[5], Kalt[6], Gaudissart[7], Dubar und Lamache[8], Nunès[9], Arrigo[10] Rasvan[11].

Besonders für die Diastole höhere Werte (zwischen 31 und 50 mm Hg liegend) geben Leplat[12], Salvati[13], Henderson[14] (arbeitete mit einem nach mm Hg geeichten Druckinstrument), Lida und Adrogué[15] und Serr[16].

Wesentlich höhere Werte fanden Duverger und Barré[17], Baurmann[18] (bestimmte nur den diastolischen Druck) und Dieter[19] (diastolisch zwischen 45 und 63 mm Hg, systolisch zwischen 80 und 100 mm Hg).

Die Frage, wodurch die recht beträchtlichen Differenzen in den Resultaten sowohl bei der Seidelschen wie bei der Bailliartschen Methode zu erklären sind, ist wiederholt erörtert worden, doch ist eine Klärung hier bisher nicht erfolgt.

Bailliart[20] selbst hebt für seine Methode hervor, daß die Umrechnung der Dynamometerwerte auf Intraokulardruckwerte (in mm Hg) unsicher sei und empfiehlt, auf eine solche Umrechnung zu verzichten, angesichts dessen, daß eine solche für den klinischen Gebrauch seiner Methode nicht erforderlich sei.

---

[1] Bailliart: Ann. d'Ocul. **154** (1917).
[2] Bailliart u. Magitot: Ann. d'Ocul. **156** (1919).
[3] Bailliart u. Magitot: Amer. J. Ophthalm. **5** (1922).
[4] Velter: Arch. d'Ophtalm. **37** (1920).
[5] Samojloff: Ann. d'Ocul. **163** (1926).   [6] Kalt: Thèse Paris **1927**.
[7] Gaudissart: Amer. J. Ophthalm. **4** (1921).
[8] Dubar u. Lamache: Pratique médic. franc. (März 1928).
[9] Nunès, zitiert nach Bailliart: Ann. d'Ocul. **157** (1920).
[10] Arrigo, Vita: Ann. Oftalm. **53** (1925).
[11] Rasvan, N.: Bull. Soc. roum. Ophtalm. l. Congr. 1924.
[12] Leplat: Ann. d'Ocul. **158** (1921).   [13] Salvati: Ann. d'Ocul. **159** (1922).
[14] Henderson: Trans. ophthalm. Soc. U. Kingd. **34** (1914).
[15] Lida u. Adrogué: Semana méd. **33** II (1926).
[16] Serr: Graefes Arch. **121** (1929).
[17] Duverger u. Barré: Arch. d'Ophthalm. **37** (1920).
[18] Baurmann: Graefes Arch. **118** (1927).
[19] Dieter: Arch. Augenheilk. **99** (1928).
[20] Bailliart: Ann. d'Ocul. **157** (1920).

Eine andere Methodik, den Intraokulardruck zu steigern, verwandte BLIEDUNG[1], der eine luftdicht abschließende, durchsichtige Kapsel vor das Auge brachte und den Intraokulardruck durch Luftkompression steigerte.

BLIEDUNG ordnete seine Resultate nach dem Alter der Patienten. Aus seinen Tabellen nebenstehend die Mittelwerte für Patienten im Alter von 9—69 Jahren.

SEIDEL hat BLIEDUNG entgegengehalten, daß in noch

Tabelle 5.

Alter in Jahren	Blutdruck Art. brach. in mm Hg		Blutdruck Art. zentr. ret.	
	syst.	diast.	syst.	diast.
9—15	114	63	96	64
16—20	128	69	101	71
21—25	125	75	101	70
26—35	126	69	107	68
36—45	131	73	106	70
46—55	138	78	112	74
> 55	150	84	117	75

höherem Maße wie bei den übrigen mit Kompression des Bulbus arbeitenden Methoden eine Stauung in der Orbita entstehen müsse und die Messungsresultate nicht auf die Art. zentr. retinae, sondern auf die Art. ophth. zu beziehen seien.

Zu erwähnen sind noch einige Messungen, die am Kaninchen oder Katzen mit Manometer und somit sicher bestimmter Intraokulardrucksteigerung ausgeführt sind.

v. SCHULTÉN[2] sah einen diastolischen Zentralarterienkollaps

bei . . . . 90—120 mm Hg

WEISS[3]

diastolisch . . . . 50— 70 mm Hg
systolisch . . . . 80—100 mm Hg

LULLIES und GULKOWITSCH[4] benutzten bei Manometermessungen als Kriterium für den erreichten diastolischen resp. systolischen Druck das Maximum der pulsatorischen Intraokulardruckschwankung und als Kriterium für den erreichten systolischen Druck deren völliges Verschwinden. Die Registrierung geschah durch Lichtzeiger photographisch.

Die Autoren geben an:

diastolisch . . . . 54— 70 mm Hg
systolisch . . . . 80—100 mm Hg

DUKE ELDER[5] fand mit prinzipiell gleicher Methodik bei Katzen im Mittel 78,5 diastolisch, systolisch im Mittel 115 mm Hg. DUKE ELDER bezieht diese mit manometrischer Intraokulardrucksteigerung gewonnenen Werte auf die Art. ophth.; mit einer anderen Methodik (Einführen einer feinsten Glaskanüle unter ophth. Kontrolle in einen Ast der Zentr. Arterie und Farbstoffeinlauf) wiederum bei Katzen

diastolisch . . . . 59—69 mm Hg
systolisch . . . . 83—94 mm Hg
im Mittel: { diastolisch 64   mm Hg
            { systolisch . . . . 88,5 mm Hg

Diese Werte bezieht DUKE ELDER auf die Art zentr. ret.

Schließlich ist noch eine Untersuchungsreihe von J. SCHIÖTZ[6] zu erwähnen, der beim Menschen in Fällen akut auftretender Drucksteigerung durch Miotica den Druck variierte und den Punkt, in dem Art. Puls eben erkennbar war,

---

[1] BLIEDUNG: Arch. Augenheilk. **94** (1924).
[2] v. SCHULTÉN: Graefes Arch. **30**, 3/4 (1848).   [3] WEISS: Dtsch. med. Wschr. **1925**.
[4] LULLIES u. GULKOWITSCH: Schr. Königsberg. Gelehrten Ges., Naturw. Kl. **1**, H. 2 (1924).
[5] DUKE-ELDER: J. of Physiol. **62** (1926) — Brit. J. Ophthalm. **10** (1926).
[6] SCHIÖTZ, J.: Acta ophthalm. (Kobenh.) **5** (1927).

feststellte. Schiötz fand den zugehörigen Intraokulardruck zu etwa 55 mm Hg (Sch. III). Er schließt daraus auf einen physiologischen diastolischen Zentr. Art. Druck von 50—55 mm Hg.

Die Bedeutung der Blutdruckmessungen an den Gefäßen des Auges beruht darauf, daß die Vorstellung eines intraokularen Flüssigkeitswechsels ohne Zuhilfenahme einer besonderen Sekretionskraft nur dann zu Recht bestehen kann, wenn die Annahme erlaubt ist, daß der mittlere Capillardruck nicht tiefer sei als die Summe von Intraokulardruck und kolloidosmotischem Druck des Blutes. (Beim Menschen intraokularer Druck etwa 20 mm Hg, kolloidosmotischer Druck des Blutes etwa 25—30 mm Hg.)

Seidel[1] nimmt auf Grund seiner Messungen an, daß diese Bedingung nicht erfüllt sei mit dem Hinweis, daß der Capillardruck niedriger sein müsse als der diastolische Druck des Blutes gemessen an den extraokularen Arterien kurz vor ihrem Eintritt ins Auge: Seidel nimmt ausgehend von den von ihm erhaltenen Resultaten mit der oben beschriebenen Pelottenmethode den Druck in den intraokularen Capillaren zu etwa 30 mm Hg an. Daß die Untersuchungen über die Höhe des diastolischen und systolischen Druckes in den Gefäßen des Auges einstweilen aber zu keiner Übereinstimmung in dieser Richtung geführt haben, geht aus dem Vorstehenden hervor. Auch Hill[2] glaubt, ausgehend von prinzipiellen Betrachtungen über die Blutdruckmessung und von Bestimmungen des Druckes in Arteriolen und Capillaren verschiedener Gewebe und Organe (insbesondere der Nierenglomeruli) von Fröschen und Mäusen, daß der intraokulare Capillardruck nur wenig über dem Intraokulardruck liegen dürfe, und daß die Vorbedingung für eine K.W.-Bildung durch Ultrafiltration nicht verwirklicht sei.

Dieter[3] hat versucht, den intraokularen Capillardruck direkt zu messen, und zwar durch Bestimmung des Intraokulardruckes, bei dem die entopt. sichtbare Blutbewegung zum Stillstand gebracht wird. Bezüglich der Einzelheiten der Technik und insbesondere der Bestimmung des erreichten Intraokulardruckes muß ich auf die Originalarbeit verweisen.

Dieter macht bei diesen Messungen zwei Voraussetzungen, nämlich erstens, daß die entopt. sichtbare Blutbewegung der Blutströmung in den Capillaren der Netzhaut entspricht und zweitens, daß bei schnell fortschreitender Intraokulardrucksteigerung eine Kompression der Capillaren erzielt werde, noch bevor durch die unvermeidliche Behinderung des venösen Blutabflusses eine Änderung der physiologischen Capillardruckhöhe erzielt werde. Bezüglich der ersten Voraussetzung hat Scheerer[4] den Standpunkt vertreten, daß die entopt. sichtbare Blutbewegung in den Arteriolen entstehen müsse im wesentlichen deswegen, weil Scheerer[4], ebenso wie mehrere spätere Untersucher, die Bewegung pulsatorisch ablaufen sah. Im Gegensatz zu Scheerer treten aber Fischer[5] und Gescher[6] in neueren Arbeiten dafür ein, daß das Phänomen tatsächlich auf die Netzhautcapillaren zu beziehen sei, und zwar vor allem wegen der Übereinstimmung der Bahnabstände mit den anatomischen Messungen über die Maschenweite der circumfovealen Capillaren und ferner, weil das entopt. Bild der Capillaren, das bei Blick durch eine bewegte Lochblende sichtbar wird, sich mit den Bahnen der bewegten Körperchen deckt.

Die zweite Voraussetzung, daß das Verschwinden der (entopt. sichtbaren) Blutbewegung den physiologischen Capillardruck angebe, ist von Serr und von Baurmann angezweifelt worden.

---

[1] Seidel: Graefes Arch. **114** (1924) — Verh. dtsch. ophthalm. Ges. Heidelberg **1924**.
[2] Hill, L.: Brit. J. exper. Path. **9** (1928).   [3] Dieter: Arch. Augenheilk. **96** (1925).
[4] Scheerer: Klin. Mbl. Augenheilk. **73** (1924).
[5] Fischer: Arch. Augenheilk. **96** (1925).   [6] Gescher: Arch. Augenheilk. **96** (1925).

SERR[1] glaubt, daß der Stillstand der entopt. sichtbaren Blutbewegung dem systolischen Druck entsprechen müsse und BAURMANN vertritt die Ansicht, daß die Blutbewegung unsichtbar werde, wenn der diastolische Netzhautarteriendruck erreicht sei; diese Auffasssung BAURMANNS[2] gründet sich auf der Fetstellung, daß das Verschwinden der entopt. sichtbaren Blutbewegung und die Auslösung eines momentanen diastolischen Verschlusses der Art. centr. ret. bei annähernd gleichem Dynamometerdruck aufs Auge zustande komme.

DIETER[3] hat indessen neuerdings noch Messungen mitgeteilt, die zeigen, daß weder die Vermutung SERRS, noch die Annahme BAURMANNS, daß hier eine feste Beziehung zum systolischen resp. diastolischen Zentralarteriendruck vorhanden sei, zu Recht bestehe. Bei Hypertonikern fand DIETER ein Verschwinden der entopt. sichtbaren Blutbewegung bei Druckwerten, die noch erheblich hinter dem diastolischen Zentralarteriendruck zurückblieben.

Damit ist natürlich nicht bewiesen, daß DIETER mit seiner Methode wirklich den physiologischen Capillardruck mißt.

Die Werte, die DIETER[4] mit seiner Methode als Capillardruckhöhe angibt, betragen im Mittel etwa 51,5 mm Hg für den Normalen.

LIDA und ADROGUÉ[5] haben an sich selbst entsprechende Messungen angestellt. Sie nehmen an, daß der Capillardruck erreicht sei, wenn die Blutbewegung nur in der Systole sichtbar sei; diesen Wert finden sie bei rund 40 mm Hg während kompl. Stillstand erst bei rund 70 mm Hg erfolgte.

Von einiger Bedeutung für die Erörterungen über die Höhe des Capillardruckes ist ferner die Kenntnis der Höhe des intraokularen Venendruckes.

WEISS[6] gibt nach manometrischen Messungen in den Vortexvenen den intraokularen Venendruck zu 33—63 mm Hg an.

Ferner hat SONDERMANN[7] neuerdings auf Grund anatomischer Untersuchungen die Meinung ausgesprochen, daß die Vortexvenen in ihrem intrascleralen und episcleralen Verlaufsteil einen erheblichen Druckverlust erleiden müßten. Bei Messungen (am lebenden Kaninchen), bei denen er eine Kanüle in den intrascleralen Teil der Vortexvene vorschob, fand er Druckwerte zwischen 52 und 66 mm Hg. Gegen diese Messungen von WEISS und von SONDERMANN kann man jedoch die von SEIDEL geäußerten Bedenken, daß sie durch Stauung den physiologischen Wert änderten, vorbringen; allerdings weist WEISS darauf hin, daß die zahlreichen venösen Anastomosen in der Aderhaut eine wesentliche Stauung nicht zustande kommen ließen. Manometrische Messungen an der Vena zentr. retinae der Katze hat DUKE ELDER[8] vorgenommen unter Einführung einer Mikropipette in das Lumen der Vene unter ophthalmoskopischer Kontrolle; DUKE ELDER findet dabei den Venendruck etwa 2 mm Hg über dem Intraokulardruck liegend.

SEIDEL[9] hat den extraokularen Venendruck an Tieren sowohl wie am Menschen mit Hilfe seiner Pelottenmethode gemessen. Bei Kaninchen findet er an den episcleralen Venen einen Druck von 7—11 mm Hg, bei Menschen einen solchen von 10—14 mm Hg. Dieser Befund SEIDELs ist von HIROISHI[10] (an Tieraugen) und von SAMOJLOFF[11] und DIETER[12] (am menschlichen Auge) bestätigt worden.

[1] SERR: Graefes Arch. 116 (1926). [2] BAURMANN: Graefes Arch. 118 (1927).
[3] DIETER: Arch. Augenheilk. 99 (1928). [4] DIETER: Arch. Augenheilk. 96 (1925).
[5] LIDA u. ADROGUÉ: Semana méd. 33 II (1926).
[6] WEISS: Dtsch. med. Wschr. 1925, 21, 63 — Z. Augenheilk. 43 (1920).
[7] SONDERMANN: Arch. Augenheilk. 102 (1929).
[8] ELDER, DUKE: Brit. J. Ophthalm. 10 (1926).
[9] SEIDEL: Graefes Arch. 112 (1923).
[10] HIROISHI: Graefes Arch. 113 (1924).
[11] SAMOJLOFF: Graefes Arch. 119 (1928). [12] DIETER: Arch. Augenheilk. 99 (1928).

Samojloff teilt allerdings in den Ann. d'Ocul. Bd. 163, 1926 eine Messung an einem normalen Auge mit einem Intraokulardruck von 16—18 mm Hg mit, bei der er in den größeren vorderen Ciliarvenen einen Druck von 23—27 mm Hg fand. Es bedarf indessen keiner besonderen Begründung, daß der extraokular gemessene Venendruck nichts aussagt über die Höhe des intraokularen Venendruckes. Baurmann[1] hat daher versucht, durch Strömungsversuche an einer dünnwandigen kollabierbaren Strombahn, die durch einen geschlossenen Raum mit beliebig variierbarem Druck geleitet wurde, Aufschluß über die Frage zu erhalten, wie hoch intraokular der Venendruck anzunehmen sei. Es wurde geprüft, um welchen Betrag bei konstantem (den physiologischen extraokularen Werten annähernd entsprechendem) Zufluß- und Abflußdruck der Druck in den ver-

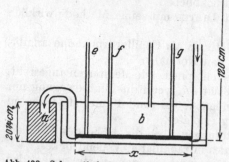

Abb. 433. Schematische Darstellung des Strömungs-
versuches bei kollabierbarer Strombahn (x).

schiedenen Teilen der Strombahn sich ändert, wenn diese durch Steigerung des Druckes in dem die Strombahn umgebenden geschlossenen Raum von außen her belastet wird. Die Druckhöhe an mehreren Stellen der Strombahn war an Manometern ablesbar.

Die Versuchsanordnung ist nebenstehend schematisch wiedergegeben.

Bei diesen Versuchen ergab sich folgendes:

Solange der Druck in b niedriger ist als in a (Analogie zum Auge: solange der Intraokulardruck niedriger ist als der extraokulare Venendruck), ist die

Strömung in der kollabierbaren Bahn x kontinuierlich. Sobald der Druck in b höher ist als in a (entsprechend einem Intraokulardruck, der höher ist als der Druck in den extraokularen Venen), wird die Strömung diskontinuierlich und die Strombahn beginnt an ihrem Ende spontan zu pulsieren; der Druck schwankt entsprechend der abwechselnden Verengerung und Erweiterung des Strombahnendes wie an einem rhythmischen schnellen Wechsel der Meniscushöhe in dem Manometer e (und oft auch noch in f) erkennbar ist. Das relativ träge Manometer folgt diesen schnellen Schwankungen nicht in ihrer ganzen Höhe, sondern schwingt um eine Mittellage, die aber bei Steigerung des Druckes in dem geschlossenen Raum b über den in a eingestellten Druck sprunghaft in die Höhe gegangen ist.

Nachstehende Tabelle gibt die Resultate eines Versuches wieder:

Tabelle 6.

Ausfluß (a) Druckhöhe in a	Druck in mm Hg in Manometer			Zufluß-druckhöhe	Druck in b in mm Hg	Ausflußmenge in ccm
	e	f	g			
15 mm Hg	$16^3/_4$	$31^3/_4$	$80^3/_4$	92 mm Hg	0	895
	$21^3/_4$	$36^3/_4$	82		10	800
	$31^1/_2$	$44^3/_4$	$83^1/_4$		20	710
	37	$49^1/_2$	$84^1/_4$		25	
	42	$52^1/_2$	85		30	635
	51	$59^1/_2$	86		40	570
	60	$67^1/_4$	87		50	485
	69	$74^1/_4$	$88^1/_2$		60	380
	$77^3/_4$	$81^1/_4$	90		70	280
	$86^1/_2$	—	$91^1/_2$		80	160

[1] Baurmann: Graefes Arch. 116 (1925).

Es erfolgt also in den äußersten, d. h. in dem pulsierenden Endstück der kolabierbaren Strombahn ein plötzlicher Druckabsturz auf den konstant gehaltenen Abflußdruck von 15 mm Hg, und dieser Drucksturz in diesem kleinen Endstück ist um so stärker, je höher die Druckbelastung in dem Gefäß b ist.

BAURMANN schließt aus diesem Versuch, daß die Höhe des intraokularen Venendruckes

bei einem Intraokulardruck von 20 mm Hg mit etwa 30 mm Hg
„ „ „ „ 25 „ „ „ „ 35 „ „

in Rechnung zu stellen sei.

Mit Rücksicht darauf, daß in dem Venenendstück in prinzipieller Abweichung von der gesamten übrigen venösen Strombahn bei normalem oder bei erhöhtem Intraokulardruck ein starker Drucksturz stattfindet, ist es falsch, aus Beobachtungen irgendwelcher Art an dieser Stelle der Netzhautvenen Schlüsse auf die Höhe des Druckes im intraokularen, venösen System schlechtweg ziehen zu wollen, insbesondere auch ist es falsch, etwa aus der Beobachtung, daß in (den seltenen) Fällen, wo spontaner Netzhautvenenpuls fehlt oder kaum merklich ist, ein leiser Druck auf den Bulbus genügt, um die Vene zu deutlicher Pulsation anzuregen, den Schluß zu ziehen, daß der intraokulare Venendruck nur kaum merklich über dem Intraokulardruck liege. Ferner ist es falsch, aus der Tatsache, daß Druck auf den Bulbus die Venenenden zur Verengerung bringt, diesen Schluß zu ziehen, denn da in dem Venenendstück ein starker Drucksturz stattfindet, muß dort die Strömungsgeschwindigkeit groß sein (bei einer Darstellung mit Hilfe von Stromlinien wären also in diesem Stück die Stromlinien dichter darzustellen als in der gesamten aufwärtigen Bahn) und dementsprechend der Seitendruck relativ klein, und da mit jeder Steigerung des Intraokulardruckes der Drucksturz an dieser Stelle größer wird, so muß dementsprechend die Geschwindigkeit in diesem Venenendstück zunehmen und damit der Seitendruck abnehmen (wiederum im Stromlinienbild eine Verdichtung der Stromlinien, was einer Verengerung der Strombahn entspricht). Aus diesen Phänomen auf die Höhe des intraokularen Venendruckes schließen zu wollen, führt sicher zu Irrtümern.

Im Gegensatz zu BAURMANN[1], nach dem das Vorhandensein oder Fehlen von spontanem Netzhautvenenpuls vor allem abhängig ist davon, ob der Intraokulardruck höher oder niedriger ist als der Druck in dem extraokularen Verlaufteil der Zentralvene (also hinter der Lamina cribrosa), schließen BAILLIART[2], MAGITOT[3], PRIESTLEY SMITH[4] und SEIDEL[5] aus dem Vorhandensein oder aus der leichten Auslösbarkeit des Zentralvenenpulses auf annähernde Übereinstimmung zwischen Intraokulardruck und intraokularem Venendruck. In ähnlicher Überlegung schließt SERR[6] aus der Beobachtung, daß das Zentralvenenende bei leichtem Druck auf das Auge momentan bis zur Blutleere kollabiere, auf annähernde Gleichheit von Intraokulardruck und intraokularem Venendruck.

C. Der K.W.-Abfluß.

a) Der anatomische Bau der Kammerwinkelgegend. Der Abfluß des K.W. erfolgt nach der LEBERschen Lehre vorwiegend zum SCHLEMMschen Kanal. LEBER[7] beschreibt diesen als einen im vorderen Teil der Sclera liegenden, zir-

---

[1] BAURMANN: Verh. dtsch. ophthalm. Ges. Heidelberg **1925**.
[2] BAILLIART: Ann. d'Ocul. 156 (1919).   [3] MAGITOT: Amer. J. Ophthalm. 5 (1922).
[4] PRIESTLEY SMITH: Brit. J. Ophthalm. 7 (1923).
[5] SEIDEL: Verh. dtsch. ophthalm. Ges. Heidelberg **1925**.
[6] SERR: Verh. dtsch. ophthalm. Ges. Heidelberg **1927**.
[7] LEBER: Graefe-Saemischs Handb. 2 II, 2. Aufl.

kulären, venösen Plexus, stellenweise aus einer Anzahl dicht nebeneinander verlaufender, annähernd paralleler Einzelgefäße und stellenweise aus einem entsprechend breiten Kanal ohne weitere Unterteilung seines Lumens bestehend.

Auf der der vorderen Kammer zugewandten Seite wird der Plexus überdeckt von dem lockeren Balkenwerk des Ligam. pectinat., das die dünne, die eigentliche Kanalwand bildende Endothellage trägt.

Der Schl. K. steht mit dem Blutkreislauf in Verbindung durch etwa 12 bis 20 venöse Stämmchen, die dem Ciliarkörper entstammen und innerhalb der Sclera Äste abgeben einerseits zum Kanal, andererseits zu den vorderen Ciliarvenen und zu den Venen des Randschlingennetzes der Hornhaut.

Diese Angaben Lebers bezüglich der Gestaltung des Schl. K. und bezüglich seiner Beziehungen zu den vorderen Ciliarvenen wurden in neuerer Zeit in ausgedehnten anatomischen Untersuchungen von L. Maggiore[1] bestätigt. Maggiore differenziert auf Grund seiner Gefäßinjektionspräparate in der Gegend der Corneoscleralgrenze am menschlichen Auge 4 übereinanderliegende Gefäßgeflechte, nämlich:

1. das eigentliche Bindehautgeflecht,
2. das Geflecht der Tenonschen Kapsel,
3. das episclerale Geflecht,
4. das intrasclerale Geflecht.

Alle 4 stehen durch venöse Anastomosen miteinander in Verbindung.

Der Schl. K. ist dem intrascleralen venösen Netz durch 20—30 auf der vorderen oder auf der konvexen Seite des Kanals entspringende Stämmchen angeschlossen. Die Ausgänge dieser verbindenden Stämme ins Lumen des Schl. K. findet Maggiore außerordentlich fein, so fein, daß sie dem Übergang der roten Blutkörperchen vielleicht ein Hindernis darstellen.

Die Wandung des Schl. K. beschreibt Maggiore in Übereinstimmung mit anderen Autoren (Leber, Fuchs, Seidel u. a.) als eine einfache Endothellage, die sich einerseits an die sclero-cornealen Lamellen, andererseits an das Gebälk des Ligamentum pect. anlegt.

Nach Virchow[2] besteht die Überdachung der den Schl. K. tragenden Scleralrinne aus dem scleralen Anteil des bei den Säugetieren die Kammerbucht einnehmenden Gerüstwerkes. Die Maschen dieses Gerüstwerkes sind in dem der Kammer zugewandten Anteil ziemlich weit, werden aber auf den Kanal zu enger, so daß dort wahrscheinlich ein Plattensystem mit rundlichen Lücken resultiert[3].

Die Balken des Gerüstes sind von Endothelzellen bekleidet. Während nach der Darstellung der meisten Autoren (Leber[4], Asayama[5], Lauber[6], Maggiore[1], Seidel[7]) das Endothel des Schl.K. offene Lücken dieses Balken- resp. Plattenwerkes überbrückt, nimmt nach Virchow mit Annäherung an den Schl. K. die Menge der Endothelzellen zu, so daß diese die vorhandenen Lücken schließlich ausfüllen und die Endothelwandung des Schl. K. sich also an diese Endothelzellen erst anlehnt.

Die ausgeprägte Form, die der Schl. K. im menschlichen Auge aufweist, wird bei den Säugetieren fast nur noch beim Affen erreicht, bei den übrigen Säugetieren ist er ersetzt durch ein mehr oder weniger vollständig ausgebildetes System anastomosierender Venen, die im allgemeinen als Äquivalent des Schl. K. ange-

---

[1] Maggiore, L.: Ann. Oftalm. 40 (1917).
[2] Virchow, H.: Graefe-Saemischs Handb. 1, 2. Aufl.
[3] Vgl. auch Th. Henderson: Trans. ophthalm. Soc. U. Kingd. 41 (1921).
[4] Leber: Graefe-Saemischs Handb. 2 II.   [5] Asayama: Graefes Arch. 53 (1901).
[6] Lauber: Anat. Hefte 59 (1901).   [7] Seidel: Graefes Arch. 104 (1921).

sprochen werden (LAUBER, VIRCHOW). Die hier bestehenden Differenzen werden besonders scharf von VIRCHOW und von NUEL und BENOIT[1] und forner von MAG-GIORE betont unter Hinweis auf die Bedeutung dieser Tatsache für die experimentelle Erforschung des intraokularen Flüssigkeitwechsels.

Das Bestehen direkter, anatomisch nachweisbarer Verbindungen zwischen V.K. und Schl. K. verneinte LEBER im Gegensatz zu der SCHWALBEschen[2] Auffassung auf das entschiedenste.

b) *Farbstoffeinlaufversuche von der V.K. aus.* Die Ablehnung der SCHWALBE-schen Annahme beruhte im wesentlichen auf Einlaufversuchen am „frischtoten Auge". LEBER[3] sah bei Ausführung des Versuches mit einem Gemisch aus diffusiblem und kolloidem Farbstoff nur den ersteren in die episcleralen Gefäße übergehen; insbesondere sah er weder makroskopisch noch auch in histologischen Präparaten einen Übergang von Berlinerblau in die episcleralen Gefäße. In einer späteren Wiederholung der Versuche fand LEBER[4] indessen — ebenfalls wieder am frischtoten Auge — einen Übergang von Berlinerblau, wenn durch vorherige Entleerung der V.K. eine Mischung mit dem salzhaltigen K.W., das den Farbstoff in groben Flocken ausfällt, vermieden wurde. Zugleich dehnte er seine Versuche auf chinesische und japanische Tusche (in $^3/_4$% NaCl-Lösung verrieben) aus mit dem Resultat eines augenblicklichen Farbüberganges in die vorderen Ciliargefäße bei Einstellung eines Druckes von 20 mm Hg. Im histologischen Präparat fand LEBER den Farbstoff entsprechend den Kittlinien der Endothelzellen des Schl. K. angeordnet; er nimmt einen Übergang durch dort bestehende Poren an, betont dabei aber, daß derartige Verbindungen nicht etwa als offene Verbindung in dem früher von SCHWALBE vertretenen Sinne anzusprechen seien. Es sind in der Diskussion mit SCHWALBE über diese Frage auch der LEBERschen Anschauung entgegengesetzte Befunde mitgeteilt worden (WALDEYER[5], HEISRATH[6], GUTMANN[7] u. a.), doch ist die LEBERsche Auffassung schließlich in der Ophthalmologie allgemein anerkannt worden. Erst in neuester Zeit ist die Annahme einer offenen Verbindung zwischen V.K. und Schl. K. wieder aufgetaucht, und zwar gibt SONDERMANN[8] an, daß in der Endothelschicht des Kanals an einzelnen Stellen offene Kanälchen bestünden.

Die Vorstellung, daß der K.W.-Abfluß ganz vorwiegend zum Schl. K. erfolge, leitete LEBER, abgesehen von der Feststellung, daß dieses Gebilde nach Lage und Bau zu dieser Funktion hervorragend geeignet sei, her aus dem Ergebnis von Einlaufversuchen, die er zunächst an „frischtoten" Augen ausführte, dann aber auch am lebenden Kaninchen anstellte.

Daß Versuche am toten Tier oder am enucleierten Auge nicht ausreichend sind, um den K.W.-Abfluß vorzüglich in dieses oder jenes Gebiet auch für das lebende Tier zu beweisen, ist in der Folgezeit vielfach betont worden. Bei derartigen Versuchen besteht ein positiver hydrostatischer Druck nur in der Kammer, während der normalerweise im Leben im Schl. K. sowohl wie in den Gefäßen bestehende Druck aufgehoben ist; ferner fehlt oder ist mindestens grundlegend geändert der kolloidosmotische Druck des Blutes und schließlich ist der Schl. K. den in Betracht zu ziehenden anderen Abflußwegen, nämlich den Venen und zum Teil auch wohl den Capillaren gegenüber ganz ungebührlich bevorzugt, da

[1] NUEL u. BENOIT: Arch. d'Ophthalm. **20** (1900).
[2] SCHWALBE: Arch. mikrosk. Anat. **6** (1870).
[3] LEBER: Graefes Arch. **19** II (1873).   [4] LEBER: Graefes Arch. **41** (1895).
[5] WALDEYER: zit nach LEBER Graefe-Saemisch 2. Aufl. II 2.
[6] HEISRATH: Graefes Arch. **26** I (1880).   [7] GUTMANN: Graefes Arch. **41** (1895).
[8] SONDERMANN: XIII. Internat. Ophthalm. Congr. Amsterdam, Ref. Klin. Mbl. Augenheilk. **83**, 615 (1929).

das Lumen des Schl. K. auch post mortem bei einem Injektionsexperiment vermöge seiner Lage in der starren Sclera klaffend bleibt, während die Gefäße kollabieren müssen. Ich glaube daher, auf die vielen am toten Auge angestellten Einlaufversuche nicht weiter eingehen zu brauchen.

Aber auch wenn man von den Versuchen am toten Objekt völlig absieht, so bleibt noch eine Menge von Streitpunkten.

Leber erwähnt 1873 Einlaufversuche am lebenden Kaninchen, die mit einem Gemisch von Carmin und Berlinerblau unter Drucken von 87—115 mm Hg angestellt wurden und keine sichere Färbung der episcleralen Gefäße erkennen ließen. Ein Übergang von Carmin ist dabei aber wohl nicht auszuschließen, da dieser Farbstoff wegen seiner roten Farbe wohl auch schwer erkennbar gewesen wäre. Eine spätere Versuchsreihe, die Leber[1] am lebenden Kaninchen ausführte, gab wiederum keine sicheren Resultate. Leber erwähnt, daß wegen der Zirkulation ein Farbstoffübergang auch schwer erkennbar sein dürfte; bei Injektion körniger Substanzen trete komplizierende Fibrinausscheidung hinzu und die Abfuhr dieser Substanzen erfolge unter Aufnahme des Farbstoffes in die Lymphkörperchen. Später erwähnt Leber[2], daß er bei Injektion von Indigcarmin in $3/_4$% NaCl-Lösung beim lebenden Kaninchen bei einem den normalen kaum übersteigenden Drucke eine bläuliche Färbung der vorderen Ciliarvenen in der Umgebung des Hornhautrandes habe auftreten sehen.

Im Gegensatz zu Lebers Resultaten gibt Heisrath[3] an, daß er bei Injektion eines Carmin-Berlinerblau-Gemisches am lebenden Tier (Katzen, Kaninchen) bei einem Injektionsdruck von 30 mm Hg und bei langer Versuchsdauer (zum Teil länger als 1 Stunde) das Farbstoffgemisch in bruchstückweiser Färbung der Venen habe übertreten sehen.

Asayama[4] erhielt positive Resultate am lebenden Kaninchen bei Einlaufversuchen mit selbstbereiteter, in $3/_4$proz. NaCl-Lösung suspendierter Tusche, und zwar bei Anstellung des Versuches von der V.K. wie vom Glaskörper aus. Asayama sah teils fast sofort, teils einige Minuten nach Einführung der Kanüle eine Verfärbung der episcleralen Venen auftreten. Der Injektionsdruck betrug allerdings meist 50 mm Hg, die Versuchsdauer $1/_2$—$3/_4$ Stunde. Asayama fand bei der histologischen Untersuchung Tuschekörner innerhalb der circumcornealen und episcleralen Gefäße; dagegen keine Tusche innerhalb der Irisvenen und Capillaren, obwohl das Irisstroma überall diffus mit Tuschekörnchen infiltriert wurde, und zwar besonders reichlich in der Pupillar- und Ciliarzone, und obwohl auch die Gefäßwandungen mit Farbstoff durchsetzt waren.

Hamburger[5] gibt an, daß er am lebenden Tier bei Versuchen mit indigschwefelsaurem Natron (identisch mit Indigocarmin) eine Färbung der episcleralen Venen weder gesehen habe, wenn er nach V.K.-Punktion die Kammer nur etwa zur Hälfte mit Farblösung füllte und die volle Auffüllung dem Auge selbst überließ, noch auch, wenn er den Farbstoff durch ein offenbleibendes Manometer einbrachte und ein Druck von 23 mm Hg aufrechterhalten wurde. Der Versuch fiel dagegen positiv aus bei einer Steigerung des Druckes auf die abnorme Höhe von 40 mm Hg.

Diese kurze Übersicht, die durchaus keinen Anspruch auf Vollständigkeit macht, zeigt, wie unsicher und widersprechend die Angaben über den Ausfall des Einlaufversuches am Auge des lebenden Tieres sind.

---

[1] Leber: Arch. ophthalm. Ges. **41** I (1895).
[2] Leber: Graefe-Saemischs Handb. **2** II, 2. Aufl., 279.
[3] Heisrath: Graefes Arch. **26** (1880).
[4] Asayama: Graefes Arch. **51** (1900).
[5] Hamburger: Über die Ernährung des Auges. Leipzig 1914.

SEIDEL[1] hat nun in jüngster Zeit die Versuche in großem Umfange wieder aufgenommen und dabei vor allem auch eine Klärung der Widersprüche versucht. SEIDEL experimentierte — nach gewissen orientierenden Versuchen am toten Auge — am lebenden Kaninchen. Er erhielt regelmäßig positive Resultate, d. h. deutlich sichtbare Färbung der episcleralen Venen bei Verwendung diffusibler Farbstoffe, sofern diese bei Berührung mit K.W. nicht ausgefällt wurden und bei Verwendung kolloider Farbstoffe, vorausgesetzt, daß diese relativ feinkörnig waren.

Die Leichtigkeit des Farbstoffübertritts geht nach SEIDEL weitgehend parallel der Fähigkeit der Farbstoffe, in Gelatinegallerte einzudringen; eine Ausnahme bildet dabei nur die Tusche, deren Eindringungsfähigkeit in Gelatine sich im Experiment als sehr gering erwies, trotzdem aber im Einlaufversuch positive Resultate gab. Vergleichende Ultrafiltrationsversuche zeigten, daß Farblösungen, die ein 3proz. Kollodiumfilter nicht zu passieren vermochten, im Auge zurückgehalten wurden (Chinesische Tusche passiert ein solches Filter).

Genau wie im Ultrafiltrationsversuch, der eine Trennung zweier Farbstoffe verschiedener Teilchengröße gestattet, gelang im Einlaufversuch die Trennung zweier Farbstoffe verschiedener Teilchengröße; so ging bei einem Injektionsversuch mit einem Farbgemisch aus dem grobkörnigen Isaminblau und dem feinkörnigen Lithiumcarmin in die episcleralen Venen nur der rote Farbstoff über.

Die Einlaufversuche gelangen am lebenden Kaninchen bei Druckwerten herab bis zu 15 mm Hg. Ein großer Teil der Versuche wurde mit Indigocarmin und mit Pelikan-Perltusche angestellt.

SEIDEL hat nun eine Reihe von experimentellen Einzelheiten herausgestellt, die für das Gelingen der Einlaufversuche von ausschlaggebender Bedeutung seien und auf deren Nichtbeachtung er zum Teil die Mißerfolge der Voruntersucher zurückführt.

Als wesentlich betont SEIDEL, daß für die Verdünnung von Indigcarmin und von Tusche nicht physiologische NaCl-Lösung, sondern dest. Wasser verwandt werde, da die Farbstoffe durch Salzzusatz mehr oder weniger ausgeflockt würden. Es ist natürlich die Frage naheliegend, ob in dieser Art der Zubereitung der Farblösung nicht eine erhebliche Fehlerquelle enthalten sei, zumal SEIDEL in Versuchen an ausgeschnittenen Schweineaugen zeigen konnte, daß nach wiederholter Injektion von dest. Wasser in die V.K. auch grob disperse Farbstoffe, die sonst zurückgehalten wurden, in die episcleralen Venen übergehen. Für Tusche konnte indessen SERR[2] zeigen, daß die Farbstofflösung nach Verdünnung mit dest. Wasser im Verhältnis 1:1 noch hypertonisch ist. Für Indigocarmin gilt das aber nicht, da bei dem hohen Molekulargewicht dieses Farbstoffes (rund 10mal so hoch wie NaCl) bei Herstellung mit dest. Wasser erst eine 9proz. Lösung annähernd blutisotonisch sein würde.

Weiter hebt SEIDEL als unerläßlich für das Gelingen der Versuche Verengerung der Pupille hervor, diese erreicht SEIDEL dadurch, daß er den Versuch mit Ansaugen von 0,1—0,2 ccm K.W. beginnt. Bei Unterlassung dieser Maßnahme gelinge der Versuch erst bei einem dem normalen überlegenen Injektionsdruck.

Die in einem der Versuche von HAMBURGER angewandte Technik, nach Ablassen des Kammerinhaltes die V.K. nur etwa zur Hälfte mit Farbstoff aufzufüllen und dann die volle Wiederauffüllung der Kammer (nach Kontrapunktion der Injektionsnadel) dem Auge selbst zu überlassen, lehnt SEIDEL ab mit der

---

[1] SEIDEL: Graefes Arch. **104** (1921); **107** (1922); **111** (1923).
[2] SERR: Graefes Arch. **114** (1924).

Begründung, daß das neugebildete eiweißreiche K.W. den Farbstoff adsorbiere und so einen Übergang in den Schl. K. verhindere.

Gegen die Versuche mit Indigocarmin ist indessen ein so schwerer Einwand zu erheben, daß die damit angestellten Experimente aus der ganzen Diskussion über den Flüssigkeitswechsel ausschalten müssen.

Der Farbstoff Indigocarmin ist eine sehr stark saure Substanz, nach Messungen mit der Gaskette, die ich vornahm, beträgt das

$$p_H \text{ einer 10proz. Farblösung} \ldots \ldots 1{,}23$$

und das $\quad p_H \quad$ „ $\quad$ 1proz. $\quad$ „ $\quad \ldots \ldots 2{,}28$.

Es ist klar, daß Einlaufversuche mit einer solchen Substanz nicht gleichgültig sind für das Gewebe, und daß sie ein schweres Trauma darstellen, zumal, wenn durch völlige oder teilweise Entleerung der V.K. die Säure das angrenzende Gewebe direkt trifft.

Der gleiche Einwand ist gegen Einlaufversuche mit Pikrinsäure zu erheben, das als 1proz. Lösung ein p_H von weniger als 1 aufweist. Dieser Einwand gilt jedoch nicht gegenüber Versuchen mit Fluorescein und Lithioncarmin, die ein p_H wesentlich näher physiologisch möglichen Werten aufweisen.

$$\text{Fluorescein Natrium 2proz. } p_H = 8{,}50$$
$$\text{Lithioncarmin} \quad \text{1proz. } p_H = 8{,}78$$

Seidel[1] ist der histologische Nachweis von Tusche in den episcleralen Venen gelungen, wenn 2 Minuten nach Sichtbarwerden des Farbstoffs in den episcleralen Venen das Gewebe hinter dem Bulbus abgeklemmt und danach das Tier dekapitiert wurde; im Gegensatz zu dem positiven Befund an den episcleralen Venen konnte Seidel Tusche im Lumen der Iris und Vortexvenen nicht nachweisen, obwohl Tusche in die Iris eingedrungen war und die Venen sich zum Teil mit einem unvollständigen Tuschemantel umgeben hatten. Seidel schließt aus seinen Tuscheeinlaufversuchen, daß die Schranke zwischen V.K. und Schl. K. in der Porenweite etwa einem 3proz. Kollodium-Ultrafilter entspreche und durchgängig sei für Tuschekörner im Gegensatz zu den Venenwandungen, die etwa einem 4proz. Kollodiumfilter entsprechen würden.

In Übereinstimmung mit dieser letzteren Angabe steht der Befund von Krogh[2], daß in die Blutbahn eingebrachte Tusche die Gefäße nicht zu verlassen vermag, und zwar auch nicht bei einer Erweiterung der Capillaren, die dem Plasma bereits den Durchtritt erlaubt. Krogh gibt die Korngröße der Tusche zu $0{,}2\,\mu$ an.

Gegenüber der Beweiskraft dieses histologischen Tuschenachweises in den episcleralen Venen äußert Hamburger[3] Bedenken mit Rücksicht auf die Vorschrift, das retrobulbäre Gewebe abzuklemmen, da eine solche Manipulation wohl ohne erhebliche Pressung des Auges nicht möglich sein dürfte.

Eine Beteiligung der Irisvenen an der K. W.-Abfuhr wird übereinstimmend von allen Untersuchern angenommen, insbesondere auch von Leber, Asayama und Seidel, doch ist die Bedeutung dieser Irisbeteiligung nach diesen Autoren relativ gering im Vergleich zum Schl. K.

c) *Tuscheversuche unter Einbringen des Farbstoffes in die Hinterkammer oder in den Glaskörper.* Viel stärker wird die Bedeutung der gesamten Venen und Capillaren der Iris und auch des Ciliarkörpers hervorgehoben in einer ausgedehnten Untersuchungsreihe von Nuel und Benoit[4]. Die Autoren stellten Tuscheversuche an lebenden Tieren und in 2 Fällen auch am lebenden menschlichen Auge an.

---

[1] Seidel: Graefes Arch. **111** (1923).
[2] Krogh: Anatomie und Physiologie der Capillaren. Berlin 1924.
[3] Hamburger: Klin. Mbl. Augenheilk. **70** (1923).
[4] Nuel u. Benoit: Arch. d'Ophthalm. **20** (1900).

Es wurde durch Punktion mit einer feinen Nadel eine geringe Menge chinesischer Tusche im vordersten Teil des Glaskörpers deponiert. Nach 1—5 Stunden Enucleation und histologische Untersuchung des Auges. NUEL und BENOIT fanden den Weg, den die Tusche genommen hatte durch die H.K. entlang den Ciliarfortsätzen und durch die Pupille in die V.K. durch minimale Tuschemengen markiert, aber erst im Bereich der V.K. Eindringen der Tusche ins Gewebe. Die Verteilung fanden sie nun hier je nach der Art der zum Versuche verwandten Tiere ganz verschieden. Eine wichtige Rolle spielte stets die Iris. Sie fanden in der Iris — bei den verschiedenen Tierarten in verschiedener Höhe gelegen — einen flächenhaft sich ausbreitenden Spaltraum, in dem dünnwandige Venen sehr reichlich verteilt sind. Der Spaltraum ist von relativ spärlichen Binde-gewebsbalken durchzogen. Eine scharfe Abgrenzung gegen das Irisstroma be-steht nicht. Zugänge zu dem Spalt finden sich in Form feiner Öffnungen nahe dem Pupillarsaum und in der Peripherie nahe der Iriswurzel. Die Autoren finden beim Menschen sehr reichliche Tuscheansammlung im Irisspalt und Eindringen der Tusche in die Gefäßwände, ferner vom Hornhaut-Iriswinkel Ausbreitung der Tusche entlang den Ciliarmuskel-Meridionalfasern und ziemlich weit nach hinten Einhüllung der nahe der Innenseite des Ciliarkörpers reichlich gelegenen Venen und Capillaren. Weiterhin dringt die Tusche ein in das Balkenwerk des Ligam.. pect. und bis zum Schl. K. und stellenweise auch bis an die Wandungen der zu-gehörigen durchbohrenden Venen.

Innerhalb der Gefäßbahn haben die Autoren keine freie Tusche gesehen, sondern nur entweder in Leukocyten eingeschlossen (im Schl. K.) oder in Gefäß-thromben (Irisvenen).

Die beim Hund erhaltenen Bilder weichen ein wenig ab, entsprechend be-stehenden anatomischen Verschiedenheiten gegenüber dem menschlichen Auge. Ins-besondere liegen die peripheren Eingänge zu dem auch hier vorhandenen Irisspalt schon im Bereich der FONTANAschen Räume, von denen aus also der Übertritt — abgesehen von den pupillaren Stomata — erfolgen muß. Nach der Tuschemenge zu urteilen Hauptabfluß zu den Venen der Iriswurzel, in geringerem Maße zum Iris-spalt und am wenigsten zum Schl. K. Innerhalb des Schl. K. Tusche in Leukocyten eingeschlossen; die Autoren nehmen an, daß die Tuschekörner erst nach Durch-dringen der Wandung im Innern des Kanals von Leukocyten aufgenommen seien.

Die Injektionsversuche an der Katze zeigen ähnliche Verhältnisse. Eine gewisse Abweichung der Bilder beruht auf der großen Ausdehnung der FONTANA-schen Räume nach hinten und der starken Ausbildung eines daran angrenzenden geradezu kavernösen venösen Systems. Dementsprechend findet sich sehr reich-liche Tuschansammlung in Umgebung dieser im Ciliarkörpergebiet gelegenen Venen. Die Beteiligung des Irisspaltes ähnlich wie in den oben beschriebenen Versuchen, dagegen Umgebung des Schl. K. und der zugehörigen perforieren-den Venen fast frei von Tusche.

In stärkerem Maße tritt dagegen beim Huhn wieder der Schl. K. als Ab-flußweg neben der Iris in den Vordergrund.

In ausgesprochenem Gegensatz zu den soeben beschriebenen standen die beim Kaninchen erhobenen Befunde. Die Autoren finden hier eine relativ erheb-liche Tuschabfuhr zum hinteren Bulbusabschnitt, und zwar Abfuhr dort entlang den Zentralgefäßen. Daneben nur geringe Tuscheansammlung entlang den Ciliarkörpervenen und den Irisvenen und ferner auch nur geringe Tuschemengen entlang den perforierenden Scleralvenen. Die Befunde wurden in einer neuen Untersuchungsreihe noch einmal von BENOIT[1] bekräftigt.

---

[1] BENOIT: Arch. d'Ophthalm. **43** (1926).

Ebenso wie später Maggiore auf Grund seiner anatomischen Untersuchungen betonen Nuel und Benoit auf Grund ihrer anatomischen und experimentellen Studien, daß das Kaninchen zum Studium des Flüssigkeitswechsels mit Bezug auf die physiologischen und pathologischen Vorgänge am menschlichen Auge höchst ungeeignet sei.

Die Versuche von Nuel und Benoit sind von Weekers[1] wiederholt worden am Menschen, Schwein und Kaninchen, die erhobenen Befunde stimmen weitgehend überein mit denen von Nuel und Benoit, nur für das Kaninchen weicht Weekers Darstellung etwas ab; er bestätigt zwar die Angabe, daß bei diesem Tier ein Abflußweg zum Sehnerven bestehe, doch findet er die Abflußwege von der V.K. aus unter Beteiligung des Schl. K. und der Venen von Iris und Ciliarkörper auch bei Kaninchen nicht unbedeutend.

Die nach Tuscheinjektion erhaltenen Bilder weisen manche Ähnlichkeit auf mit histologischen Befunden, die Erdmann[2] nach Einführung von elektrolytisch fein verteiltem Eisen in die V.K. schon früher erheben konnte.

Die sehr naheliegende Frage, wieso ein K.W.-Abfluß in die Irisgefäße am lebenden Tier möglich sei, da doch bei Aufrechterhaltung der Zirkulation der hydrostatische Druck an keiner Stelle des intraokularen Gefäßsystems tiefer sein kann als der Intraokulardruck, wurde zunächst nicht erörtert, oder aber es wurde die wohl sicher irrige Folgerung gezogen, daß ein hydrostatisches Druckgefälle von der V.K. zu den Venen der Iris in vivo bestehe[3]. Erst später wurde die Bedeutung eines weiteren, für den Flüssigkeitswechsel sehr wichtigen Faktors auch in der Ophthalmologie voll gewürdigt, nämlich die Bedeutung des kolloidosmotischen Druckes des Blutplasmas (Seidel, Baurmann, Serr, Dieter, Duke, Elder u. a.). Erst bei Berücksichtigung dieser einseitig Flüssigkeit ins Gefäßsystem befördernden Kraft werden die histologischen Bilder der Tuscheversuche der verschiedenen Autoren verständlich und die Annahme eines mit einer ununterbrochenen Blutzirkulation unvereinbaren hydrostatischen Druckgefälles von der V.K. zu den angrenzenden Venen entbehrlich.

Anders liegen die Verhältnisse beim Schl. K., der im Kammerwinkel auf der Innenseite der Sclera liegend in das starre Scleralgewebe eingebettet ist, und dessen kammerseitige, dünne, aus Endothel bestehende Wand durch das Balkenwerk des Ligam. pect. getragen wird. Es wird allgemein anerkannt, daß der Schl. K. infolge seiner anatomischen Lage auch gegenüber einem hydrostatischen Überdruck auf der Seite der V.K. sein Lumen offen erhalten kann.

Über die Frage, ob hier indessen tatsächlich ein hydrostatisches Druckgefälle zum Schl. K. bestehe, ist viel gestritten worden. Weiss[4] bestreitet eine solche Annahme und nimmt auf Grund des anatomischen Befundes, daß vom Ciliarkörper Venen sowohl zur Uvea wie auch zum Schl. K. abgehen, an, daß der Druck im Schl. K. etwa dem der Uvealvenen entspreche. Lullies[5] hat versucht, am Hund, bei dem Anastomosen zwischen dem episkleralen Venengebiet und den Vortexvenen bestehen, durch Einführen einer endständigen Kanüle in den intrascleralen Teil einer solchen Anastomose manometrisch den Druck der episkleralen Venen zu messen. Lullies fand dabei Druckwerte, die den Intraokulardruck zum Teil erheblich übersteigen, und nur in einem Falle waren Intraokulardruck und Gefäßdruck annähernd gleich. Ähnliche Messungen hat an den

---

[1] Weekers: Arch. d'Ophthalm. **39** (1922); **40** (1923).
[2] Erdmann: Graefes Arch. **66** (1907).
[3] Seidel: Graefes Arch. **104**, 391 (1921). — Wessely: In Asher-Spiros Erg. Physiol. **6**, 638ff.
[4] Weiss: Zitiert auf S. 1328 u. 1337.
[5] Lullies: Pflügers Arch. **199** (1923).

gleichen Gefäßen beim Hund Duke Elder[1] ausgeführt, er fand in drei Versuchen den Venendruck um 1—2 mm Hg höher als den Intraokulardruck.

Im Gegensatz dazu hat, wie oben schon erwähnt, Seidel mit seiner Pelottenmethode und nach ihm noch mehrere Untersucher mit der gleichen Methodik an Mensch und Tier wesentlich niedrigere Werte gefunden, Werte, die deutlich unter der mittleren Intraokulardruckhöhe liegen. Auf Grund dieser Befunde und auf Grund der Ergebnisse seiner Einlaufversuche hält Seidel das Bestehen einer hydrostatischen Druckdifferenz von der V.K. zum Schl. K. für erwiesen.

Für die Bewertung des Schl. K. als K.W.-Abflußweg wäre die Entscheidung einer weiteren Frage von Bedeutung, nämlich die Entscheidung, ob unter physiologischen Verhältnissen der Schl. K. Blut oder K.W. enthält. Leber ist für die Annahme eingetreten, daß der Schl. K. normalerweise Blut enthalte, weil er bei der histologischen Untersuchung im Kanal meist Erythrocyten, wenn auch nur in ganz geringer Menge, fand. Andere Autoren[2] legen gerade auf die Geringfügigkeit des Erythrocytenbefundes das Hauptgewicht und glauben, daß das Hineingelangen von Blut in den Kanal das Resultat einer Stauung sei (z. B. Tod durch Strangulation oder bei Tieflagerung des Kopfes). In neuerer Zeit ist besonders Maggiore[3] auf Grund seiner anatomischen Untersuchungen dafür eingetreten, daß der Schl. K. physiologischerweise kein Blut enthalte; auch Seidel[4] tritt für diese Annahme ein und glaubt, daß Blutfüllung des Kanals das Resultat einer Stauung sei.

Enthält der Schl. K. kein Blut, sondern nur K.W., so kommt als treibende Kraft für den K.W.-Abfluß zum Kanal nur der Wert der hydrostatischen Druckdifferenz in Betracht, also 5 bis höchstens 10 mm Hg, wenn wir die Angaben Seidels über die Höhe des Druckes in den episcleralen Venen zugrunde legen, enthält er aber Blut, so ist dazu ein Wert von 25—30 mm Hg (für das menschliche Auge) auf Grund des kolloidosmotischen Druckes des Blutes zu addieren. Für die Venen und wohl sicher auch einen Teil der Capillaren, die als Abflußweg für das K.W. mit dem Schl. K. konkurrieren, ist der kolloidosmotische Druck des Blutes hier aber vermindert, um die hydrostatische Druckdifferenz zwischen Gefäß und Auge als flüssigkeitbewegende Kraft in Rechnung zu stellen. Es ist leicht zu erkennen, wie sich die Verhältnisse bezüglich des Anteils an der K.W.-Abfuhr bei der weit überlegenen Oberflächenentwicklung von Iris und Ciliarkörpervenen sehr zuungunsten des Schl. K. verschieben, wenn hier als treibende Kraft nur das hydrostatische Druckgefälle in Rechnung gestellt werden darf. Indessen ist einstweilen schwer zu überblicken, in welchem Ausmaß sich eine Differenz in der Größe der Filterporen (zwischen Gefäßendothel und Endothel des Schl. K.), die Seidel annimmt, geltend macht.

d) *K.W.-Abfuhr durch besondere Lymphbahnen.* Nach den vorausgehenden Ausführungen erfolgt die K.W.-Abfuhr zum venösen Gefäßsystem, sei es in Form einer direkten Aufnahme in die an die V.K. angrenzenden Gefäße, sei es auf dem Weg über den Schl.K. zu den episkleralen Venen. Im Gegensatz dazu vertritt Leboucq[5] die Auffassung, daß das K.W. durch besondere perivasculäre Lymphbahnen abgeführt werde. Leboucq experimentierte an Kaninchen, denen er durch Einführen einer Kanüle in die H.K. und Vorschieben bis in die Pupille geringe Mengen diffusibler und kolloider Substanzen in die V.K. einbrachte. Tötung der Tiere 1—6 Stunden post injektionem. Die eingeführten Substanzen wurden bei der Fixation zur Fällung gebracht. Auf Grund der mikroskopischen Untersuchung

---

[1] Duke-Elder: Brit. J. Ophthalm. 10 (1926).
[2] Literatur s. Leber: Graefe-Saemischs Handb. 2 II, 2. Aufl., 68.
[3] Maggiore: Zitiert auf S. 1340.   [4] Seidel: Graefes Arch. 108 (1922).
[5] Leboucq: Archives de Biol. 29 (1914/19).

lehnt Leboucq diffusible Substanzen als ungeeignet für das Studium des Flüssigkeitswechsels ab, da er sie in allen der V.K. benachbarten Geweben wiederfand.

Injizierte kolloide Substanzen fand Leboucq in der ganzen Iris ohne beson-
dere Anhäufung in der Umgebung von Gefäßen, ferner in den Maschen des
Fontanaschen Raumes und entlang den vorderen Ciliarvenen. Das Innere des
Schl. K. und der Venen fand sich frei von den eingeführten kolloiden Substanzen.

Das größte Gewicht legt Leboucq auf seine Versuche, bei denen er auf die
oben angegebene Weise ein kleinstes Öltröpfchen in die V.K. einbrachte. Das
Öl emulgiert im Laufe von 2 Wochen und gelangt in feiner Verteilung durch
präformierte, nahe dem Pupillarsaum und nahe der Irisperipherie gelegene Stomata, wie sie vor langer Zeit bereits Fuchs[1] und später ganz ähnlich Nuel und
Benoit, und auch Weekers beschrieben haben, in die Iris, um dort größere Spalt-
räume auszufüllen. Der weitere Abtransport des Öls erfolgt nach Aufnahme in
Leukocyten entlang dem Schl. K. und entlang den vorderen Ciliarvenen, und zwar
wie Leboucq annimmt, in besonderen perivasculären Lymphbahnen. Leboucq
hat zur Stütze seiner Auffassung, daß der K.W.-Abfluß auf präformierten Lymphwegen erfolgt, noch einseitige Unterbindungen des oberflächlichen und des tiefen
Halslymphstranges bei Kaninchen vorgenommen. Leboucq gibt an, daß die
nach intravenöser Fluoresceinverabreichung auftretende K.W.-Grünfärbung auf
der Seite der Unterbindung länger bestehen bleibt als auf der Gegenseite. Die Ansicht, daß der K.W.-Abfluß auf präformierten Lymphwegen vor sich gehe, hat
nicht viele Anhänger gefunden. Hamburger ist ebenso wie Leboucq für diese
Auffassung eingetreten, die Wiederholung der Leboucqschen Versuche mit
Unterbindung der Halslymphstränge ist ihm indessen nicht gelungen. Koeppe[2]
beschreibt ein an der Spaltlampe sichtbares verzweigtes Hohlraumsystem dicht
unter der Irisoberfläche gelegen, das er als Lymphsystem auffaßt.

Auch die in neuerer Zeit von Magnus und Stübel[3] vorgenommenen Versuche, durch Auftropfen von H_2O_2 auf die Iris im Bereiche der V.K.-Lymph-
gefäße darzustellen, haben nicht zu einigermaßen sicher positiven Resultaten
geführt; die Berechtigung, die erhaltenen Befunde als besonderes Lymphsystem
zu deuten, ist von Seidel[4] bestritten worden.

Thiel[5] erwähnt einen klinischen Befund an der Iris (Auftreten von perl-
schnurartig aneinandergereihten Bläschen auf der Irisvorderfläche bei Iritis),
von dem er die Möglichkeit, daß es sich um Lymphbahnen handeln könne, erörtert, ohne indessen zu einem sicher positiven Ergebnis zu kommen.

II. Gegen die Lebersche Lehre gerichtete experimentelle Untersuchungen.

A. Der Ehrlichsche Fluoresceinversuch und dessen Ausbau.

Ehrlich[6] hat für das Studium des intraokularen Flüssigkeitswechsels die
parenterale Verabreichung des Farbstoffes Fluorescein empfohlen. Ehrlich
stellte fest, daß beim Kaninchen bei subcutaner Verabreichung von 2 oder mehr
ccm einer 20 proz. Fluorescein-Ammoniumlösung $^1/_4 - ^1/_2$ Minute, nachdem durch
auftretende ikterische Färbung des Tieres die stattgehabte Resorption des eingebrachten Farbstoffes kenntlich geworden ist, in der V.K. eine vertikal gestellte
grüne Linie sichtbar wird; Ehrlich bezieht das Auftreten des Farbstoffes auf

[1] Fuchs: Graefes Arch. 31, 3, 4 (1885).
[2] Koeppe: Die Mikroskopie des lebenden Auges. Berlin 1920.
[3] Stübel: Graefes Arch. 110 (1922); 112 (1923). [4] Seidel: Graefes Arch. 111/112 (1923).
[5] Thiel: Verh. dtsch. ophthalm. Ges. Heidelberg 1927.
[6] Ehrlich: Dtsch. med. Wschr. 1882.

eine lediglich durch den Farbstoff sichtbar gemachte K.W.-Sekretion aus der Iris. Der Versuch ist vielfach nachgeprüft worden, teils unter Modifikation der angewandten Farbstoffdosen und der Einverleibungsart des Farbstoffes. Bei intravenöser Anwendung einer 5proz. Lösung ($^1/_3$—1 ccm) wird der Farbstoff, wie LEBER[1] angibt, 1 Minute nach der Injektion in der V.K. sichtbar. Die Zeit, die zwischen intravenöser Injektion und Auftreten der EHRLICHschen Linie vergeht, ist nach den Angaben der meisten Autoren von Fall zu Fall etwas verschieden, doch 1 Minute, soweit ich sehe, die kürzeste angegebene Zeitspanne, sofern das Auge völlig unbeeinflußt geblieben ist. HERTEL[2] betont aber, daß bei Anwendung von kurzwelligem Licht die Anwesenheit des Farbstoffes in der V.K. schon vor Bildung der EHRLICHschen Linie feststellbar sei.

Gegen die Auffassung EHRLICHs, daß der aus der Iris austretende Farbstoff eine vorhandene Flüssigkeitsbewegung markiere, hat LEBER eingewendet, daß es sich bei diesem Phänomen um einen einfachen Diffusionsvorgang handeln könne. LEBER[3] hat zur Stützung dieser Auffassung einen Modellversuch ausgeführt. In einem U-förmigen Rohr wurde in einem Schenkel Fluorescein und dest. Wasser durch eine dünnste tierische Membran gegeneinander abgetrennt, und zwar so, daß Fluorescein sich oberhalb der Membran befand; durch entsprechende Auffüllung des zweiten Schenkels mit Wasser wurde das ganze System in ein annäherndes hydrostatisches Gleichgewicht gebracht.

LEBER schreibt „nach kurzer Zeit sieht man von der Membran einen grün gefärbten Streifen in dem Wasser sich abwärts senken".

Der Versuch mißt nicht rein die Diffusionsgeschwindigkeit, sondern eine Senkungsgeschwindigkeit, die sich ganz vorwiegend aus den verschiedenen spezifischen Gewichten der Flüssigkeiten ergibt.

Da die Stoffausbreitung allein durch Diffusion in Wasser außerordentlich langsam verläuft, wie schon EHRLICH mit Bezug auf seinen Fluoresceinversuch hervorhebt, so war es wünschenswert, wenigstens annähernd die Diffusionsgeschwindigkeit von Fluorescein kennenzulernen. Ich habe daher die Ausbreitung einer in physiologischer Kochsalzlösung verdünnten Fluoresceinlösung ($^1/_3$%, was in roher Annäherung der bei den meisten intravenösen Versuchen im Blut zustande kommenden Konzentration entsprechen dürfte) in einer capillaren, horizontal gestellten Flüssigkeitsschicht gemessen. Die Flüssigkeitsschicht bestand in einer dünnen Gelatinelösung (2 g Gelatine in 100 ccm physiol. NaCl-Lösung), die zwischen zwei Glasplatten eingeschlossen in der annähernd konstanten Versuchstemperatur von 10° eben zur Erstarrung kam. Es war notwendig, eine dünne Gelatinegallerte als Flüssigkeitsschicht zu verwenden, um eine mechanisch bedingte Bewegung der ganzen Flüssigkeitsschicht beim Heranbringen des Farbstoffes zu vermeiden. Das ganze wurde einschließlich einer Schale des verdünnten Farbstoffes unter einer abschließenden Glasglocke für einige Tage im annähernd temperaturkonstanten Raum belassen, dann erst wurde unter kurzem Lüften der Glasglocke ein Tropfen Farbstoff an die Flüssigkeitsschicht herangebracht.

Ich gebe das Resultat eines Versuches mit $^1/_3$proz. Farbstofflösung wieder:

Zeit	mm Ablesung
9 Uhr 30 Min.	0,5
12 „ — „	1,0—1,5
16 „ 45 „	3,5
9 „ — „	9,0
20 „ 15 „	12,0

---

[1] LEBER: Graefe-Saemischs Handb., 2. Aufl., 2 II, 239.
[2] HERTEL: Arch. Augenheilk. 100/101 (1929).
[3] LEBER: Graefe-Saemischs Handb., 2. Aufl., 2 II, 240.

Versuche mit höher konzentrierter Farblösung ergaben damit übereinstimmende Werte.

Die Ausbreitungsgeschwindigkeit beträgt also rund 8,7 mm für 24 Stunden, das entspricht 6 μ in 1 Minute.

Wenn die Diffusionsgeschwindigkeit im Gewebe von dieser hier gefundenen Zahl abweicht, so kann sie nur kleiner sein als der hier gefundene Wert.

Ich habe mich an einigen Schnittserien injizierter Kaninchenaugen orientiert über den Abstand der Iriscapillaren von der Irisvorderfläche. Die geringsten Abstände finden sich im Pupillargebiet, und zwar beträgt der Abstand der vordersten Capillaren durchweg 12 μ; ganz vereinzelt fand ich Gefäße, die nur einen Abstand von 6 μ aufwiesen.

Bei einem Abstand von 6—12 μ würde also der Farbstoff in 1—2 Minuten im K.W. erscheinen können, falls die Diffusion im Gewebe nicht wesentlich langsamer verläuft als in der dünnen Gelatinegallerte des Versuches. Die Bildung einer Ehrlichschen Linie 1—2 Minuten nach der intravenösen Injektion des Farbstoffes würde als Erfolg einer Diffusionsausbreitung entsprechend der Annahme von Leber also vielleicht erklärbar sein, zu bedenken ist allerdings, daß zur Ausbildung einer Ehrlichschen Linie schon eine gewisse Farbstoffanhäufung notwendig ist, und daß nach der Angabe von Hertel bei entsprechender Beobachtungstechnik der Farbstoff tatsächlich auch schon vor Ausbildung einer Ehrlichschen Linie in der V.K. wahrnehmbar wird. Für die Fälle, wo die Ehrlichsche Linie 1 Minute nach Versuchsbeginn bereits festgestellt wurde, macht also die Annahme einer reinen Diffusionsausbreitung doch schon gewisse Schwierigkeiten.

Völlig unverständlich wird aber das schnelle Erscheinen des Farbstoffes im K.W., wenn man der Iris im intraokularen Flüssigkeitswechsel nur die Rolle einer K.W.-Abflußstätte zuerkennt, da die an sich schon ungeheuer langsam erfolgende Diffusionsbewegung dann gegen eine bereits vorhandene Flüssigkeitsbewegung erfolgen müßte. Die beobachteten Zeiten bis zum Auftreten der Ehrlichschen Linie sind mit einer solchen Annahme unvereinbar.

Seidel[1] hat noch eingewendet, daß eine Störung des osmotischen Gleichgewichtes zwischen Blut und K.W. durch die Farbstoffeinverleibung hervorgerufen werden könne und eine dadurch veranlaßte Flüssigkeitsbewegung durch den Farbstoff markiert werden könne. Die Angaben Lebers beziehen sich auf intravenöse Einverleibung einer 5proz. Lösung; diese ist 0,135 molar, weicht also durchaus nicht stark von einer physiologischen Kochsalzlösung ab. Daß das Einbringen von $^1/_3$—1 ccm einer solchen Lösung in die Blutbahn zu einer Störung des osmotischen Gleichgewichtes führen sollte, so daß dadurch eine sichtbare Flüssigkeitsbewegung von der Blutbahn zum Auge einsetzen sollte, ist sehr unwahrscheinlich. Andere Autoren haben mit höher konzentrierten Lösungen, also hypertonischen Lösungen, gearbeitet; dabei würde also vollends keinerlei Veranlassung für eine Flüssigkeitsbewegung zum Auge hin gegeben sein. Einen sehr wesentlichen Ausbau hat der Ehrlichsche Fluoresceinversuch neuerdings durch Untersuchungen von Hertel erfahren, der den Versuch kombinierte mit intravenösen Injektionen hypertonischer NaCl oder Gelatinelösungen. Durch diese Injektionen wird, wie aus früheren Untersuchungen von Hertel[2] bekannt ist, eine Flüssigkeitsbewegung vom Auge zu den Gefäßen hin veranlaßt, die an einer eintretenden Intraokulardrucksenkung kenntlich wird. Hertel konnte dadurch das Auftreten der Ehrlichschen Linie verhindern oder eine schon vorhandene in kurzer Zeit zum Verschwinden bringen. Eine Flüssigkeitsbewegung

[1] Seidel: Graefes Arch. **95** (1918).   [2] Hertel: Arch. Augenheilk. **100/101** (1929).

vom Auge zu den Gefäßen, kenntlich an einer Intraokulardrucksenkung, geht konform einer Verminderung des Fluoresceinübertrittes, und eine Flüssigkeitsbewegung in umgekehrter Richtung, kenntlich an einem Wiederanstieg des Intraokulardruckes, geht einher mit dem Auftreten des Farbstoffes in der V.K.

Eine auf breiter Basis angelegte Untersuchungsreihe, die ebenfalls als eine Erweiterung des EHRLICHschen Fluoresceinversuches angesprochen werden kann, stammt von FISCHER[1]. FISCHER stellte durch Untersuchung der injizierten Tiere an der Spaltlampe und durch mikroskopische Untersuchung des frischen Ciliarkörper-Iris-Präparates fest, daß generell Farbstoffe nur dann aus der Blutbahn ins K.W. übertreten, wenn sie zuvor die Irisgefäße sichtbar anfärbten; diese Farbstoffe färben das Ciliarepithel nicht oder spurweise nur Teile des Zellplasmas. Zu diesen Farbstoffen gehören Fluorescein, Äskorzein, Eosin, Methyleosin, Phloxin und Rose bengale. Im Gegensatz dazu gehen Farbstoffe, die das Ciliarepithel deutlich färben, nicht ins K.W. über, zu diesen gehören Pyronin G, Safranin O, Fuchsin basisch, Methylviolett, Brillantkresylblau, Trypaflavin.

Einige Farbstoffe stehen auf der Grenze dieser beiden Gruppen, so Indigschwefelsaures Natron, Neutralrot, Diaminschwarz, Isaminblau, die nicht ins K.W. übergehen und auch die Irisgefäße nicht anfärben, dabei aber auch das Ciliarepithel nicht so intensiv färben wie Pyronin, Safranin usw.

Besondere Gruppen wieder bilden die Farbstoffe, die in der Iris reduziert werden und solche, die im Blut entfärbt werden.

Aus der Gesamtheit dieser Versuche ergibt sich wohl mit Sicherheit, daß beim Kaninchen die Iris an dem Austausch zwischen Blut und K.W. in hohem Maße beteiligt ist und daß die Iris bei diesem Austausch nicht etwa nur als K.W.-Abflußweg in Betracht kommt.

Nicht nur der Hinweis WESSELYs[2] besteht zu recht, daß auch der Nachweis von Diffusionsvorgängen im Dienste des Flüssigkeitswechsels sehr bedeutungsvoll sei, sondern darüber hinaus wird man vor allem auf Grund der HERTELschen Versuche doch vielleicht annehmen müssen, daß der Fluoresceinaustritt aus der Iris eine vorhandene Flüssigkeitsbewegung markiert.

Eine Übertragung dieser Ergebnisse auf das menschliche Auge ist nicht ohne weiteres angängig. Zwar tritt der Farbstoff auch ins K.W. des unberührten menschlichen Auges über, doch erfolgt der Farbstoffaustritt, soweit aus den bisherigen Beobachtungen zu ersehen ist, nicht aus der Iris, sondern aus der Pupille. Die Angaben über die erforderliche Dosierung bei Verabreichung per os sind wechselnd. LINDNER[3] erhielt ein positives Resultat schon bei einer Dosierung herab bis zu $^1/_5$ g, ACHERMANN[4] bei 2 g. THIEL[5] fand dagegen bei so geringer Farbstoffzufuhr einen Farbstoffübertritt ins K.W. nur an entzündeten sowie im Druck von der Norm abweichenden Augen, ferner bei gewissen Erkrankungen des Zentralnervensystems. SEIDEL[6] gibt als erforderliche Dosis 7 g pro 60 kg Körpergewicht an.

B. Der „physiologische" Pupillenabschluß.

Im Kampf gegen die LEBERsche Lehre einer kontinuierlichen Flüssigkeitsströmung von der H.K. durch die Pupille zur V.K. ist HAMBURGER[7] mit

[1] FISCHER: Arch. Augenheilk. 100/101 (1929).
[2] WESSELY: In Asher-Spiros Erg. Physiol. 4 (1905).
[3] LINDNER: Verh. dtsch. ophthalm. Ges. Heidelberg 1920.
[4] ACHERMANN: Arch. Augenheilk. 99 (1928).
[5] THIEL: Graefes Arch. 113 (1924). [6] SEIDEL: Graefes Arch. 95 (1918).
[7] HAMBURGER: Verh. dtsch. ophthalm. Ges. Heidelberg 1913 — Über die Ernährung des Auges. Leipzig 1914.

2 Versuchen hervorgetreten, die das Bestehen eines physiologischen Pupillenabschlusses dartun wollen. Wird beim Kaninchen der normale V.K.-Inhalt ersetzt durch eine 2proz. Neutralrotlösung, so findet sich nach $1/_2$—$1^1/_2$ Stunde Verweildauer die Linsenvorderfläche nur im Pupillargebiet gefärbt; der Farbstoff hat also nicht zwischen Linse und Iris eindringen können. Die Beweiskraft dieses Versuches für die Annahme eines physiologischen Pupillenabschlusses ist aber nicht allgemein anerkannt worden. Seefelder[1] und Fuchs[2] haben schon im Anschluß an Hamburgers Vortrag gewisse Einwendungen erhoben. Ferner hat Seidel[3] gezeigt, daß die Abgrenzung des gefärbten Pupillarbereiches gegenüber den peripheren Linsenteilen durchaus nicht so scharf sei wie, das Hamburger auf Grund seiner Versuche annimmt, und weist ferner darauf hin, daß der Farbstoff an einer Ausbreitung in den Spaltraum zwischen Linse und Iris auch gerade durch das Bestehen einer von der H.K. zur V.K. bestehenden Flüssigkeitsströmung gehindert werden könne. Mir scheint, daß gerade dieser letztere Einwand dem Versuch seine Beweiskraft für das Bestehen eines physiologischen Pupillenabschlusses nimmt, da, wie oben gezeigt, Ausbreitung durch Diffusion ja so außerordentlich langsam verläuft, daß sie sehr leicht schon durch die geringste gerichtete Strömung überkompensiert werden kann. Sehr beachtenswert und die Hamburgersche Auffassung unterstützend scheint mir allerdings ein Versuch, den Nakamura, Mukai und Kosaki[4] anstellten. Methylviolett, $1/_2$ Stunde lang in den Conjunctivalsack eingeträufelt tritt ins K.W. über und färbt die Linse an. Bei Enucleation des Bulbus nach 12 Stunden zeigt sich Violettfärbung nur im Pupillarbereich, nach 24 Stunden Ausbreitung der Färbung auf die peripheren Teile, nach 36 Stunden Pupillarbereich wieder entfärbt, dagegen der der Hinterkammer angehörige Teil der Linsenvorderfläche intensiv gefärbt. Das Nacheinander von Färbung und Entfärbung, wie es sich in diesem Versuch zeigt, scheint mir nicht vereinbar mit der Vorstellung einer kontinuierlichen K.W.-Neubildung in der Hinterkammer und einer zur V.K. gerichteten kontinuierlichen Strömung.

Wesentlich schwerwiegender noch scheint mir der zweite Hamburgersche[5] Versuch, der darin besteht, daß man durch Eingehen mit feinster Nadel in die H.K. ein minimalstes Tröpfchen Fluorescein hinter die Iris bringt und beobachtet, wann Fluorescein in der Pupille erscheint. Hamburger beobachtet, daß 5, 10 und 15 Minuten vergehen können, ohne daß Farbstoff in der Pupille sichtbar wird, während bei nachfolgender Kontrollpunktion der Farbstoff in dichten grünen Wolken hervorstürzt.

Das Tatsächliche dieser Beobachtung ist vielfach bestätigt worden. Leber[6] gibt an, daß er den Farbstoffübertritt manchmal erst nach etwa $1/_2$ Stunde, manchmal allerdings auch früher, nämlich schon nach 5 Minuten, beobachtet habe. Wessely[7] wendet ein, daß er den Farbstoff vielfach schon nach 1 bis 5 Minuten übertreten sah und weist darauf hin, daß mit Rücksicht auf das Übergreifen der Ciliarfortsätze auf die Irisrückfläche ein unbeabsichtigtes Deponieren in eine Tasche im Experiment passieren könne, wodurch eine Zurückhaltung des Farbstoffes durch Pupillarabschluß vorgetäuscht werden könne. Eine wirklich befriedigende Erklärung für die oft doch auffallend lange Retention des Farbstoffes hinter der Iris scheint mir damit aber nicht gegeben, zumal, wenn man die

[1] Seefelder: Verh. dtsch. ophthalm. Ges. Heidelberg 1913.
[2] Fuchs: Verh. dtsch. ophthalm. Ges. Heidelberg 1913.
[3] Seidel: Graefes Arch. 101 (1920).
[4] Nakamura, Mukai u. Kosaki: Klin. Mbl. Augenheilk. 69 (1922).
[5] Hamburger: Zbl. f. prakt. Augenheilk. 22 (1898).
[6] Leber: Graefe-Saemischs Handb. der Augenheilk., 2. Aufl., 2 II.
[7] Wessely: Z. Augenheilk. 25 (1911).

HAMBURGERsche[1] Abbildung betrachtet, in der (beim albinotischen Kaninchen) der eingebrachte Farbstofftropfen sich in Halbkreisform hinter der Iris im Laufe von 15 Minuten ausgebreitet hat, ohne daß bis dahin Farbstoff in die Pupille gelangte. SEIDEL hat versucht, durch Verbesserung der Beobachtungsbedingungen die ersten minimalen, aus der Pupille austretenden Farbstoffspuren zu erfassen, er fand dabei Zeiten von $2^1/_2-10$ Minuten. Auf Grund einer Messung der Senkungsgeschwindigkeit von Fluorescein in einer vertikal aufgestellten kapillaren Schicht von physiologischer NaCl-Lösung kommt SEIDEL[2] zu dem Ergebnis, daß ein hinter die Irisperipherie gebrachter Farbstofftropfen wohl 15—20 Minuten gebrauchen könne, um in der Pupille (in Eserinmiosis) sichtbar zu werden. Diese Überlegung erklärt also vielleicht, daß auch bei fehlender Flüssigkeitsströmung der Farbstoff doch schließlich in der Pupille sichtbar wird, entkräftet aber nicht die Feststellung HAMBURGERS, daß die lange Retention des Farbstoffes in dem Spalt zwischen Iris und Linse mit der Vorstellung einer dauernden, von der H.K. zur V.K. gerichteten Strömung unvereinbar sei. Ausbreitung durch Diffusion und Schwere müßten sich ja zu der Ausbreitung durch eine bestehende K.W.-Strömung hinzuaddieren und den Farbstoff also um so eher in der Pupille erscheinen lassen. HAMBURGER selbst leitet aus seinem Versuch nicht etwa die Annahme einer absoluten Trennung zwischen V.K. und H.K. her, sondern er sieht den Abschluß als eine Art Ventilverschluß an, von dem man nicht sagen kann, wie oft oder wie selten er gelüftet werde; aufs schärfste betont er aber, daß sein Befund mit der Annahme einer kontinuierlichen Flüssigkeitsströmung durch die Pupille unvereinbar sei. Soweit ich sehe, ist eine Einigung über die Bedeutung des Versuches bisher nicht erzielt worden.

III. Die Beziehungen zwischen Blutserum und intraokularer Flüssigkeit.

A. Die physiologischen Bestandteile bei ungestörtem Gleichgewicht.

In einem gewissen Gegensatz zu den Versuchen, Quelle und Weg der intraokularen Flüssigkeit aus Vitalfärbungsversuchen und insbesondere aus Einlaufversuchen in die V.K. zu ergründen, stehen Betrachtungen über die quantitativen Beziehungen der Blut- und K.W.-Bestandteile am unberührten Auge. Diese Untersuchungen sind um so bedeutungsvoller, als von einer großen Zahl von Autoren den Versuchen, bei denen das Auge eröffnet und Fremdsubstanz eingeführt wird, die Berechtigung zu grundlegenden Schlüssen über den physiologischen Flüssigkeitswechsel abgesprochen wird, einerseits mit Rücksicht auf das mechanisch gesetzte Trauma und die Störung der physiologischen Gleichgewichte, andererseits mit Rücksicht auf die durch die Natur der eingeführten Substanz hervorgerufene entzündliche Reaktion.

1. Die osmotische Gesamtkonzentration. Vergleichende analytische Messungen der Einzelbestandteile sind erst in neuerer Zeit mit der Entwicklung entsprechender Mikromethoden möglich geworden. Seit langem aber hat man die für die Beurteilung des Bildungsmodus des K.W. grundlegende Frage, ob Blut und K.W. isotonisch seien, zu beantworten versucht, und zwar auf Grund von kryoskopischen Messungen und Bestimmung des osmotischen Koeffizienten mit der HAMBURGERschen Blutkörperchenmethode.

WESSELY[3] gibt das Verhältnis des osmotischen Koeffizienten von K.W. zu Blut, gestützt auf die Untersuchungen besonders von MANCA und DEGANELLO,

---

[1] HAMBURGER: Die Ernährung des Auges. Tafel IV.
[2] SEIDEL: Graefes Arch. **95** (1918).
[3] WESSELY: In Spiro-Ashers Erg. Physiol. **4** (1905).

zu 113:100 an. Die Angaben über die Resultate der kryoskopischen Untersuchungen sind wechselnd, meistens aber zeigen sie doch für das K.W. einen etwas größeren Δ-Wert als für das Serum.

Tabelle 7.

	Δ Intraokulare Flüssigkeit		Δ Serum
Dreser[1]	—0,60 bis 0,61°	(Rind)	
Kunst[1]	—0,58°	(Rind)	} —0,58° nach Hamburger
Bottazzi und Sturchio[2] .	—0,588 bis 0,616°	(Rind)	—0,573 bis 0,595°
Scalinci[3]	—0,62 bis 0,66°	(Hund)	—0,61 bis 0,64°
van der Hoeve[4]	—0,571 bis 0,587°	(Rind)	—0,570 bis 0,601°
Collevati[5]	—0,60 bis 0,64°	(Hund)	—0,56 bis 0,61°

Die Schlußfolgerung, daß in vivo das K.W. hypertonisch sei, ist indessen nicht erlaubt. Von ganz grundlegender Bedeutung für das Resultat muß nämlich vor allem die Vorbehandlung des Blutes sein. Bottazzi und Sturchio heben hervor, daß die Hypertonie des K.W. nur deutlich werde, wenn die Kohlensäure vor der Abtrennung des Serums durch O_2-Strom aus dem Blut ausgetrieben sei. Ganz abgesehen von den Austauschvorgängen zwischen Blutkörperchen und Serum unter dem Einfluß verschiedener CO_2-Spannung wissen wir, daß Verminderung der CO_2-Spannung zu einem wesentlich größeren Kohlensäureverlust im Serum als im K.W. führt. Während im K.W. bei einer Herabsetzung der CO_2-Spannung auf 0 nur der relativ kleine physikalisch gelöste Anteil verlorengeht, wird im Serum mit sinkender CO_2-Spannung infolge zunehmender Dissoziation der vorhandenen Ampholyte (Eiweiß) Kohlensäure aus chemischer Bindung frei gemacht und zum Entweichen gebracht. Wie groß im einzelnen Fall bei den oben angeführten Untersuchungen der CO_2-Verlust gewesen ist, ist gar nicht zu ermessen, doch ist die relative Häufigkeit einer gefundenen Hypertonie des K.W. durchaus verständlich. Wesentlich größeren Wert haben danach Untersuchungen von Dieter[6], der bei seinen Vergleichsbestimmungen unter Luftabschluß aufgefangenes Venenblut verwandte. Zudem hat Dieter auch mit sonst verfeinerter Technik gearbeitet. Seine Resultate gibt folgende Tabelle:

Tabelle 8.

	Δ Blut	Δ K.W.
1 Kaninchen	—0,587°	—0,5855°
2 Kaninchen	—0,582°	—0,5822°
3 Kaninchen	—0,579°	—0,5780°
Mensch Aphakie	—0,568°	—0,5670°

Auch für die übrigen Methoden (Blutkörperchenmethode und Hämatokritmethode) kann die Vorgeschichte des untersuchten Blutes nicht belanglos sein. Die Differenzen in den Angaben sind wiederum relativ beträchtlich. Hamburger[7] erwähnt, daß er selbst mit seiner Blutkörperchenmethode beim lebenden Pferde den osmotischen Druck des K.W. größer als den des zugehörigen Serums gefunden habe und weist auf entsprechende Ergebnisse von Kunst, Manca und Manca

---

[1] Zitiert nach I. H. Hamburger: Osmot. Druck u. Ionenlehre. Wiesbaden 1904.
[2] Bottazzi u. Sturchio: Arch. Ottalm. **13** (1905/06).
[3] Scalinci: Arch. Augenheilk. **57** (1907).
[4] van der Hoeve: Graefes Arch. **82** (1912).
[5] Collevati: Boll. Soc. med.-chir. Pavia **42** (1928).
[6] Dieter: Arch. Augenheilk. **96** (1925).
[7] Hamburger, I. H.: Osmot. Druck und Ionenlehre. Wiesbaden 1904.

und Deganello hin. Demgegenüber fand Nuel[1] bei Untersuchung an Rind, Pferd, Schaf, Schwein, Kaninchen und Menschen mit der Blutkörperchenmethode die intraokulare Flüssigkeit (teils K.W., teils Glaskörperflüssigkeit) 11 mal isotonisch, 4 mal hypertonisch und 20 mal hypotonisch gegenüber dem entsprechenden Blut.

Ganz ähnlich sind die Resultate von Römer[2] und Rissling[3], die ebenfalls mit der Blutkörperchenmethode arbeiteten und für Blut und K.W. desselben Tieres Werte fanden, die nur wenig voneinander abweichen, und zwar teils im Sinne einer geringen Hypertonie, teils im Sinne einer geringen Hypotonie des K.W. Von einer einseitig gerichteten Hypotonie des K.W. kann auch nach diesen Untersuchungen keine Rede sein. Eine absolute Identität ist, wie kaum besonders hervorzuheben ist, nicht zu erwarten, da es sich beim Blut sowohl wie beim K.W. um Flüssigkeiten handelt, die eine jede für sich Stoffwechselprodukte aufnimmt und je nach der Intensität des Stoffwechsels gewissen, erst nach und nach sich ausgleichenden Schwankungen der osmotischen Gesamtkonzentration unterworfen ist.

In der gleichen Intention sind Leitfähigkeitsmessungen angestellt worden. Diese können an sich allerdings nur Auskunft geben über den elektrolytisch dissoziierten Anteil der im Blut enthaltenen Substanzen. Zudem sind gewisse Korrekturen auf Grund des einseitigen Eiweißgehaltes erforderlich, woraus sich natürlich eine erhebliche Unsicherheit ergibt. van der Hoeve[4] weist nach, daß die von Bottazzi und Struchio und von Scalinci auf den Ergebnissen der Leitfähigkeitsmessungen basierenden Schlußfolgerungen, daß nämlich das K.W. dem Blut gegenüber hypertonisch sei, nicht haltbar sind, da von diesen Autoren die Herabsetzung der Leitfähigkeit infolge des nebenher bestehenden Gehaltes an Nichtleitern, insbesondere also des Eiweißgehaltes im Serum, nicht berücksichtigt worden ist.

Führt man bei der Bewertung der Resultate den notwendigen Korrektionsfaktor ein[5] (Bugarsky und Tangl geben die prozentische Verminderung der Leitfähigkeit, welche 1 g Eiweiß in 100 ccm verursacht, zu 1,82—3,54 und im Durchschnitt zu 2,5 an), so ändern sich damit die Resultate und dementsprechend auch die Beurteilung wie nachstehende Ergebnisse von Hertel[6] zeigen:

Tabelle 9.

λ	Serum	K.W.	Serum korrigiert
bei 18°	110,29	130,82	130,05
	110,10	127,82	130,01
	114,82	132,93	135,8
	112,35	137,84	132,95

Auch bei den noch in letzter Zeit mitgeteilten Leitfähigkeitsmessungen von Collevati[7] verschwinden die Unterschiede zwischen Blutserum und K.W. sofort, wenn man die Eiweißkorrektion berücksichtigt. Indessen haftet derartigen, mit einem durchschnittlichen Korrektionsfaktor korrigierten Resultaten eine solche Unsicherheit an, daß sich weitgehende Schlüsse von selbst verbieten.

1 Nuel: Arch. d'Ophthalm. **25** (1905).
2 Römer: Arch. Augenheilk. **56** (1907), Erg.-Heft.
3 Rissling: Arch. Augenheilk. **59** (1908).
4 van der Hoeve: Graefes Arch. **82** (1912).
5 Vgl. Bugarsky u. Tangl: Pflügers Arch. **72** (1888).
6 Hertel: Graefes Arch. **69** (1909).
7 Collevati: Boll. Soc. med.-chir. Pavia **42** (1928).

Sehr wertvolle Resultate vermag die Leitfähigkeitsmessung indessen zu
liefern, wenn man sie zusammen mit einer Art Kompensationsdialyse benutzt,
um festzustellen, in welcher der zu vergleichenden Lösungen im Laufe der Dialysation eine Elektrolytvermehrung oder Verminderung eingetreten ist. Diesen
Weg wählte van der Hoeve[1]. Nachfolgende Tabelle, die einer weiteren Erläuterung nicht bedarf, gibt eine Serie von 5 Versuchen wieder.

Tabelle 10.

Rind	Leitfähigkeit				Gefrierpunkterniedrigung			
	Serum		Augenflüssigkeit		Serum		Augenflüssigkeit	
	vor Dialyse	nach Dialyse	vor Dialyse	nach Dialyse	vor Dialyse Grad	nach Dialyse Grad	vor Dialyse Grad	nach Dialyse Grad
a	145,4	145,7	174,3	172,5	0,581	0,581	0,587	0,585
b	148,1	146,2	178,8	180,3	0,583	0,578	0,570	0,573
c	144,7	142,5	176,9	182,1	0,587	0,579	0,572	0,576
d	147,8	148,9	179,5	175,2	0,571	0,580	0,588	0,584
e	145,2	143,6	178,6	179,4	0,589	0,578	0,571	0,576

$\times 10^{-4}$ bei 37°.

Danach zeigte sich das Serum 3mal hypertonisch, 2mal hypotonisch gegenüber dem K.W.

Erwähnt seien weiter die Versuche des gleichen Autors an Kaninchen, bei
denen die Kompensationsdialyse der Augenflüssigkeit getrennt gegen arterielles
und venöses Blut (unter Öl aufgefangen) durchgeführt wurde. Dabei ergab sich,
daß der osmotische Druck der Augenflüssigkeit 2mal zwischen dem des arteriellen
und dem des venösen Blutes lag und einmal gegen beide Sera eine Spur hypertonisch war.

Den gleichen Weg wie van der Hoeve ist neuerdings Duke Elder[2] gegangen, der ebenfalls bei Kaninchen K.W. gegen arterielles wie gegen venöses
Blut (unter Paraffin aufgefangen) dialysieren ließ und die Leitfähigkeit zu Beginn
und zu Ende des Experimentes bestimmte. Die Resultate stimmen mit van der
Hoeves Ergebnissen gut überein; λ K.W. nahm bei der Dialyse gegen arterielles
Blut um ein Geringes ab, dagegen bei der Dialyse gegen venöses Blut beträchtlich zu; es ergibt sich auch hier, daß in vivo der osmotische Druck des K.W.
zwischen dem des arteriellen und dem des venösen Blutes lag.

Zusammenfassend darf man also sagen, daß die früher vielfach geäußerte
Ansicht, das K.W. sei gegenüber dem Blut hypertonisch und erweise sich so als
das Produkt aktiver Zelltätigkeit, nicht aufrechtzuerhalten ist.

2. Verteilung der Eiweißkörper.
Über den Gehalt des normalen K.W. an
Eiweiß liegen zahlreiche Untersuchungen vor; für das Kaninchenauge, Hunde-
und Katzenauge wird ein Normalwert von 0,01—0,085% angegeben.
(Wessely[3], Magitot und Mestrezat[4], Gala[5], Adler und Landis[6], Tron[7],
Duke Elder[8], Franceschetti und Wieland[9], Müller und Pflimlin[10], Seidel[11],
Takahashi[12].)

[1] van der Hoeve: Tabelle aus Graefes Arch. **82**, 69 (1912).
[2] Duke-Elder: The nature of the intraocular fluids. Monographie London 1927.
[3] Wessely: In Asher-Spiros Erg. Physiol. **1905**, 618 — Arch. Augenheilk. **93** (1923), 184.
[4] Magitot u. Mestrezat: Ann. d'Ocul. **158** (1921).
[5] Gala: Bratislav. lék. Listy **3** (1923/24).
[6] Adler u. Landis: Arch. of Ophthalm. **54** (1925).   [7] Tron: Graefes Arch. **121** (1928).
[8] Duke-Elder: The nature, of the intraocul. fluids. London 1927.
[9] Franceschetti u. Wieland: Arch. Augenheilk. **99** (1928).
[10] Müller u. Pflimlin: Arch. Augenheilk. **100/101** (1929).
[11] Seidel: Graefes Arch. **95** (1918).   [12] Takahashi: Graefes Arch. **117** (1926)

Die Untersuchungen wurden angestellt durch Fällung des Eiweißes mit verschiedenen Reagenzien (Trichloressigsäure Sulfosalicylsäure ESBACH-Reagens) und Bewertung der entstandenen Trübung an einer Vergleichsskala oder genaue Messung im Nephelometer oder aber durch Bestimmung des Brechungsindex mit dem Refraktometer (SEIDEL), oder durch N-Bestimmung nach KJELDAHL (DUKE ELDER).

Das Eiweißgehalt des menschlichen K.W. wurde durchweg etwas niedriger gefunden nach folgenden Angaben:

WESSELY[1] . . . . 0,015 bis 0,01 %
MESTREZAT und MAGITOT[2] . . . . 0,01 „ 0,030 „
GILBERT[3] . . . . 0,005 „ 0,017 „
GALA[4] . . . . 0,01 „ 0,06 „
DIETER[5] . . . . 0,01 „ 0,024 „
FRANCESCHETTI[6] . . . . 0,019 „ 0,03 „

DIETER wandte abweichend von den übrigen Autoren zur Eiweißbestimmung die Messung der Oberflächenspannungserniedrigung an.

Abweichend von den vorgenannten Autoren bestreitet RADOS[7], daß im normalen menschlichen und tierischen K.W. Eiweißstoffe in nachweisbaren Mengen zugegen seien. RADOS stützt sich dabei auf die Feststellung, daß die sehr niedrigen Refraktometerwerte, die von den verschiedensten Autoren für das normale K.W. angegeben werden, nicht sicher mehr die Gegenwart von Eiweiß beweisen, und daß bei Anwendung von 90% Alkohol als Eiweißfällungsmittel kein Niederschlag erhalten werde.

Als spezifische Fällungsreaktion für Eiweiß will RADOS nur die Fällung mit 90% Alkohol gelten lassen. Gegenüber diesen RADOSschen Befunden hat indessen WESSELY[8] eingewendet und an Eiweißlösungen entsprechender Verdünnung gezeigt, daß die von RADOS angewandte Methode zu unempfindlich sei und bei der angewandten starken Verdünnung des K.W. (1:10) durch 90% Alkohol geringe Trübungsgrade eben nicht mehr sichtbar würden.

Für die Bewertung der Beziehungen zwischen Blut und intraokularer Flüssigkeit ist von Bedeutung mehr als die Bestimmung des gesamten Eiweißgehaltes die Beteiligung der verschiedenen Eiweißarten an dem Gesamtgehalt.

DUKE ELDER[9] hat eine Trennung im Serum-Albumin und Serum-Globulin versucht und findet

Tabelle 11.

	beim Rind		beim Kaninchen	
	K.W. %	Serum %	K.W. %	Serum %
Gesamteiweiß	0,017	7,33	0,04	5,57
Globulin	0,009	3,73	0,009	1,16
Albumin	0,008	3,80	0,031	4,41
Quotient Globulin/Albumin . . .	rund 50/50	rund 50/50	rund 20/80	rund 20/80

Das im Blut bestehende Verhältnis von Globulin zu Albumin bleibt also auch im K.W. nach diesen Untersuchungen gewährt.

[1] WESSELY: Arch. Augenheilk. 88 (1921); 93 (1923).
[2] MESTREZAT u. MAGITOT: Ann. d'Ocul. 159 (1922).
[3] GILBERT: Arch. Augenheilk. 94 (1924).   [4] GALA: Bratislav. lék. Listy 3 (1923/24).
[5] DIETER: Arch. Augenheilk. 96 (1925).
[6] FRANCESCHETTI: Verh. dtsch. ophthalm. Ges. Heidelberg 1927.
[7] RADOS: Graefes Arch. 109 (1922).   [8] WESSELY: Arch. Augenheilk. 93, 184 (1923).
[9] DUKE-ELDER: Zitiert auf S. 1356. London 1927.

Die Frage nach der Gegenwart von eiweißspaltenden Fermenten im K.W. ist widersprechend beantwortet worden. Seidel[1] bestreitet die Anwesenheit solcher Fermente auf Grund folgenden Versuches:

3 Portionen von 3proz. Eiweißlösung (vom Kaninchenserum gewonnen).

Portion 1 mit Ringerlösung verdünnt,
„   2 „   „
„   3 „ Kaninchen K.W. „ (von 25 Tieren gesammelt) verdünnt,
„   1 wird sofort ultrafiltriert, 2 und 3 nach 24stündigem Stehen im Brutschrank.

Die Filtrate zeigen bei Untersuchung mit Esbach-Reagens und refrakto-metrisch keine Differenz im Eiweißgehalt, woraus Seidel schließt, daß das Kanin-chen-K.W. keine Spaltfermente enthalte.

Demgegenüber gibt Lo Cascio[2] an, daß er im K.W. proteolytische Fermente habe nachweisen können, ebenso gibt Magitot[3] an, daß das Verschwinden von Eiweiß aus der V.K. an das Auftreten proteolytischer Fermente gebunden sei.

Positiv sind auch die Befunde von Jasinski[4], der eine Auflösung von Blut-serum, von Globulin und von Albumin unter der Einwirkung von K.W. im Ex-periment beobachtete, die ausblieb, wenn die Fermente durch vorheriges Erhitzen des K.W. auf Siedetemperatur zerstört worden waren. Auch Duke Elder[5] gibt an, daß er Fermente im K.W. wie im Glaskörper in Spuren habe nachweisen können.

Über den Gehalt des K.W. resp. Glaskörpers an Antikörpern haben in letzter Zeit besonders Franceschetti und Hallauer[6] Untersuchungen angestellt. Sie finden in Übereinstimmung mit den Angaben von Leber[7], Bürgers[8], Salus[9] und Römer[10] im normalen Kaninchen K.W. bei entsprechend immunisierten Tieren Agglutinine und in Übereinstimmung mit Miyashita[11], Bürgers und Salus hämolytische Amboceptoren, welch letztere Römer und Wessely[12] nur im K.W. bei vermehrtem Eiweißgehalt fanden. Auch gelang ihnen im normalen K.W. der Nachweis von Präcipitinen, den die meisten Voruntersucher außer Römer und Wessely[13] nicht erbringen konnten.

Römer konnte im Gegensatz dazu Hämolysine und Bakteriolysine im nor-malen K.W. auch bei sehr hoch immunisierten Tieren nicht nachweisen; er sieht in dem verschiedenen Verhalten der Agglutinine und Präcipitine einerseits und der Hämolysine und der Bakteriolysine andererseits eine prinzipiell wichtige Fähigkeit des Auges, Antikörper vom Bau der Cytotoxine nicht ins K.W. über-treten zu lassen. Wessely[13] hebt hervor, daß entsprechend dem geringen Eiweiß-gehalt des K.W.-Antikörper im normalen K.W. eben nur in geringer Menge vor-handen seien, daß aber alle Arten von Antikörpern bei Steigerung des K.W.-Ei-weißgehaltes durch irgendwelche hyperämisierende Reize in entsprechend größerer Menge im K.W. auftreten[14]. Wessely sieht also in dem verschiedenen Verhalten

[1] Seidel: Graefes Arch. **107** (1922).
[2] Lo Cascio: Ann. d'Ottalm. **50** (1922), Ref. Zbl. Ophthalm. **8**.
[3] Magitot: Ann. de Physiol. **2**, 363, 509 (1926).
[4] Jasinski: Ref. Zbl. Ophthalm. **15**, 360 (1926).
[5] Duke-Elder: Monographie 1927 — Trans. ophthalm. Soc. U. Kingd. **49**.
[6] Franceschetti u. Hallauer: Arch. Augenheilk. **100/101** (1929).
[7] Leber: Graefes Arch. **64** (1906).   [8] Bürgers: Z. Augenheilk. **25** (1911).
[9] Salus: Klin. Mbl. Augenheilk. **49** (1911) — Graefes Arch. **75** (1910).
[10] Römer: Arch. Augenheilk. **54**, 207 (1906) — Graefes Arch. **60**, 175 (1905); **56** (1903) — Verh. dtsch. ophthalm. Ges. Heidelberg **1907**.
[11] Miyashita: Klin. Mbl. Augenheilk. 48. Beilageh. (1910).
[12] Wessely: Dtsch. med. Wschr. **1903** — Arch. klin. Chir. **71** (1903).
[13] Wessely: Z. Augenheilk. **25** (1911).
[14] Vgl. auch entsprechende Befunde von Franceschetti u. Hallauer und France-schetti u. Wieland in Arch. Augenheilk. **99** u. **100/101**.

der Agglutinine und Hämolysine nur eine quantitative, nicht aber eine qualitative Verschiedenheit.

3. Verteilung gelöster nicht dissoziierter Substanzen. Das Verhältnis des Eiweißgehaltes von K.W. zu Serum ist unter normalen Verhältnissen wesentlich kleiner als 1. DUKE ELDER hebt hervor, daß dieses Verhältnis für nicht dissoziierte diffusible Substanzen gleich 1 sei.

Die wichtigsten Untersuchungen über diesen Punkt beziehen sich auf die Zuckerbestimmungen.

Tabelle 12.

Vergleichende Untersuchungen im Blut und K.W. wurden von ASK[1] vorgenommen. ASK fand den K.W.-Zuckergehalt höher als den des Gesamtblutes nach nebenstehender (gekürzter) Tabelle,

	Blutzucker Gew. %	K.W.-Zucker Gew. %
Kaninchen	0,12	0,14
Meerschweinchen	0,12	0,14
Katze	0,13	0,15
Rind	0,05	0,06

aber annähernd übereinstimmend mit dem Plasmazuckergehalt.

Tabelle 13.

	Vollblut %	Plasma %	K.W. %
Kaninchen . .	0,12	0,14	0,13

Am Menschen ergaben sich analoge Verhältnisse:

Tabelle 14.

2 reizlose Augen (Catar. mat.) (Leuc. corneae)	Blutzucker	Plasmazucker	K.W.-Zucker
	0,09 bis 0,10%	0,12 bis 0,13%	0,11 bis 0,12%

Zu ähnlichen Ergebnissen kam HOLI[2] bei vergleichenden Untersuchungen des Zuckergehaltes von Blut und K.W. beim Menschen.

Abweichend davon geben DE HAAN und VAN CREVELD[3] an, daß im Blutplasma ein Teil des Zuckers gebunden enthalten sei; das K.W. stehe in Gleichgewicht mit dem ungebundenen Anteil des Zuckers des arteriellen Blutes. Die Angaben beruhen auf Parallelbestimmungen des Zuckergehaltes von Serum (Plasma) und Serumultrafiltrat von arteriellem und venösem Blut und auf vergleichenden Bestimmungen des Plasma- und K.W.-Zuckergehaltes bei annähernd gleichzeitiger Entnahme (Kaninchen).

Der Mittelwert (aus 19 Best.) für das venöse Blutplasma beträgt 0,223%
  „   „   (zum Teil berechnet) für das arterielle Blutplasma . . . . etwa 0,27 „
  „   „   (aus 19 Best.) für das K.W. . . . . 0,183 „
Die Differenz zwischen Serum und Ultrafiltrat betrug (für Kaninchen) . . . . . 0,075 „

Offensichtlich kommt also diese letztere Zahl der zwischen arteriellem Plasma und K.W. gefundenen Differenz sehr nahe.

---

[1] ASK: Biochem. Z. **59** (1914).
[2] HOLI: Ref. Klin. Mbl. Augenheilk. **65**, 755 (1920).
[3] DE HAAN und VAN CREVELD: Biochem. Z. **123**, 190 (1921). — DE HAAN und VAN CREVELD machen darauf aufmerksam, daß gewisse unumgänglich notwendige Vorsichtsmaßregeln bei der Gewinnung des Serums (Übergang von Zucker auf die Blutkörperchen durch Defibrinieren usw.) von vorausgehenden Untersuchern nicht genügend beachtet seien und die Vergleichsresultate dadurch nicht verwertbar seien. Ich verzichte daher auf eine weitere Rückverfolgung der Literatur.

Nach DE HAAN und VAN CREVELD ist also die Übereinstimmung, wie sie sich bei Bestimmung des Zuckergehaltes des venösen Serums und des K.W. ergibt, nur eine scheinbare, während tatsächlich Diffusionsgleichgewicht nur zwischen dem freien Anteil des arteriellen Plasmazuckers und dem K.W. besteht.

ASK[1] hat seine Untersuchungen in neuerer Zeit noch einmal aufgenommen und teilt Ergebnisse, die auf zahlreichen Einzeluntersuchungen beruhen, mit. Danach ergibt sich für den Menschen die Zuckerverteilung folgendermaßen.

Tabelle 15.

Gesamtblut (venös)	Plasma	K.W.
0,10%	0,12%	0,10%

Bei Kaninchen fand sich nach ASK die Differenz zwischen Gesamtblut und Plasma wesentlich geringer. In der Auffassung über das Zustandekommen der Differenz im Plasma- und K.W.-Zuckerwert stimmt ASK der Auffassung von VAN CREVELD und DE HAAN zu. YUDKIN[2] fand beim Hund den Zuckergehalt der intraokularen Flüssigkeit zu 0,092%, den des Serums zu 0,079%.

In Übereinstimmung mit der Annahme, daß die Verteilung des Zuckers auf Blutplasma und K.W. einem Diffusionsgleichgewicht entspricht, fand DUKE ELDER[3] in Dialyseversuchen gegen das zugehörige arterielle Blut den Zuckergehalt des K.W. um ein Geringes zunehmen, gegen das zugehörige venöse Blut beträchtlich abnehmen; der Versuch besagt, daß der Zuckergehalt des K.W. zwischen dem dialysablen Anteil des arteriellen und dem des venösen Blutes liegt, dabei aber dem arteriellen Blut wesentlich nähersteht als dem venösen.

Vergleichende Untersuchungen wurden in neuerer Zeit ferner noch ausgeführt von MICHELE BUFANO[4]. Er fand beim Kaninchen den Blutzuckergehalt höher als den des K.W. (1,4:1,0), während beim Menschen die vorhandenen Schwankungen bald zugunsten des K.W., bald zugunsten des Blutes gefunden wurden.

COHEN, KAMNER und KILLIAN[5] geben für das Kaninchen den Zuckergehalt der intraokularen Flüssigkeit mit 50—77% des Gesamtblutes an. Die Resultate sind für die Durchführung eines Vergleiches zwischen Blut und K.W. nur schwer verwertbar, da sowohl BUFANO wie auch COHEN, KAMNER und KILLIAN ihre Untersuchungen am Vollblut anstellten. Für die Erkenntnis der hier bestehenden Beziehungen zwischen Blut und K.W. sind aber nur vergleichende Ultrafiltrationsversuche oder Dialysierversuche mit einiger Sicherheit verwertbar, zumal da die Verteilungsverhältnisse des Blutzuckers auf Blutkörperchen und Plasma bei Mensch und Tier anscheinend nicht gleich sind[6].

Vergleichende Untersuchungen über den Milchsäuregehalt im Blut und K.W. sind erst in jüngster Zeit ausgeführt worden. WITTGENSTEIN und GAEDERTZ[7] führten solche Untersuchungen an Blutplasma und K.W. jedesmal des gleichen Individuums aus, und zwar an Hunden, Katzen und Kaninchen. Dabei ergab sich, daß ein fester Milchsäurespiegel im Blut nur nach vorheriger langdauernder Ruhigstellung des Körpers erkennbar ist. In diesem Zustand findet sich der Milchsäurespiegel des K.W. höher als der des Blutes; Milchsäuregehalt im Fluorid-Plasma 16,0—18,0 mg% im K.W. 20,5—24,0 mg% (Werte aus 5 Versuchen an Hunden).

---

[1] ASK: Klin. Mbl. Augenheilk. **78**, Beil.-Heft (1927).
[2] YUDKIN: Arch. of Ophthalm. **1929**.   [3] DUKE-ELDER: Monographie. London 1927.
[4] BUFANO, MICHELE: Boll. Ocul. **5** (1926).
[5] COHEN, KAMNER u. KILLIAN: Trans. amer. ophthalm. Soc. **25** (1927).
[6] Vgl. dazu E. ADLER: Handb. der normalen und path. Physiologie **6** III, 295.
[7] WITTGENSTEIN u. GAEDERTZ: Biochem. Z. **176** (1926).

Eine Erklärung für das Zustandekommen dieser Differenz konnten die Autoren nicht geben, weder die Annahme, daß der höhere Milchsäuregehalt des K.W. durch den Netzhautstoffwechsel bedingt sei, noch die Annahme, daß dieser Differenz zwischen Plasma und K.W. ein Donnangleichgewicht zugrunde liege, ließ sich stützen.

Entsprechend finden sich auch bei COHEN, KAMNER und KILLIAN[1] für Kaninchen und Hunde die Milchsäurewerte des K.W. stets höher als die zugehörigen Werte für das Blut[2].

Über den Harnstoffwechsel liegen vergleichende Untersuchungen von GAD ANDRESEN[3], von COHEN, KILLIAN und KAMNER[1], von PAGANI[4] und von DUKE ELDER[5] vor. Sie finden zum Teil den Harnstoffgehalt des Blutes höher als den des K.W.

Die Resultate seien jedesmal als Harnstoff mg proz. zum Vergleich nebeneinandergestellt:

Tabelle 16.

Autor	Tierart	K.W.-Harnstoff mg%	Blutharnstoff mg%	
GAD ANDRESEN	Ochse	21,2 bis 54,4	21,8 bis 54,6	
	Hund	14,4 „ 112,3	23,8 „ 130,5	
PAGANI	Kalb	25 „ 61	34 „ 75	gravimetrisch
	Kalb	12 „ 95	25 „ 99	Ureasemethode
	Schaf	55 „ 60	60 „ 64	gravimetrisch
	Schaf	59 „ 71	77 „ 99	Ureasemethode
COHEN, KILLIAN und KAMNER	Kaninchen	26,3 „ 40,2	30,8 „ 54,8	
DUKE ELDER	Pferd	28	28,9	

Während also DUKE ELDER für K.W. und Blutserum (bezogen auf den Wassergehalt des Serums) fast übereinstimmende Werte fand, betont GAD ANDRESEN, daß in seinen Untersuchungen in einer Reihe der Fälle zwar ebenfalls Übereinstimmung bestand, aber da, wo Differenzen auftraten, diese stets zuungunsten des K.W. vorhanden waren. PAGANI sowohl wie COHEN, KAMNER und KILLIAN fanden dagegen den K.W.-Wert regelmäßig etwas niedriger als den des Blutes.

Über den Gehalt des K.W. an Kreatinin und an Aminosäuren in Beziehung zum Gehalt des Blutes an diesen Substanzen liegen nur relativ wenige Untersuchungen vor.

Tabelle 17 auf der nächsten Seite gibt einige Resultate wieder.

Angaben von RADOS über den Aminosäuregehalt des K.W. habe ich nicht mit angeführt, da die Schwankungsbreite der Resultate so ungewöhnlich groß ist (5—440 mg%), daß sie für einen Vergleich von Blut und K.W. wohl nicht in Betracht kommen.

Während man also für den Zuckergehalt mit ganz überwiegender Wahrscheinlichkeit ein Diffusionsgleichgewicht zwischen Plasma und K.W. annehmen darf, ist ein solcher Beweis für Harnstoff nicht übereinstimmend erbracht. Einstweilen aber ist die Zahl der Vergleichsuntersuchungen noch nicht ausreichend zu einem abschließenden Urteil; eine Erklärung für die nicht unerheblichen Differenzen in den Angaben der verschiedenen Autoren ist aus den bisher vorliegenden Untersuchungen nicht zu geben.

---

[1] COHEN, KAMMER u. KILLIAN: Trans. amer. ophthalm. Soc. **25** (1927).
[2] Vgl. auch COHEN, KILLIAN u. METZGER: Contribut. to ophth. science Jackson birthday Volume, S. 216. 1926.
[3] ANDRESEN, GAD: Biochem. Z. **116** (1921).
[4] PAGANI, M.: Biochimica e Ter. sper. **13** (1926).
[5] DUKE-ELDER: Monographie. London 1927.

Tabelle 17.

		Rind mg%	Pferd mg%	Kaninchen mg%	Mensch mg%	Untersucher
Kreatinin	Blut			2,8		
	K.W.			1,7		COHEN, KAMNER u. KILLIAN[1]
Kreatinin	Blut					COHEN, KILLIAN
	K.W.	1,3	1,2			u. METZGER[2]
Kreatinin	Blutserum		2			DUKE ELDER[3]
	K.W.		2			
Aminosäure	Blutserum		35			
	K.W.		29			
Aminosäure-n	Blutserum				5,3	COHEN, KILLIAN
Aminosäure-n	K.W.	5,5	4,7			u. METZGER[4]

Die Milchsäureanhäufung in der intraokularen Flüssigkeit wird übereinstimmend angegeben. COHEN, KILLIAN und METZGER vermuten, daß dieser Überschuß aus dem intraokularen Stoffwechsel resultiere und auch WITTGENSTEIN und GAEDERTZ sind, wie oben erwähnt, ebenfalls einem solchen Gedankengang nachgegangen, ohne allerdings zu einem positiven Resultat bei entsprechenden Untersuchungen zu gelangen.

Hier sind also noch reichlich offene Fragen vorhanden, die aber einer exakten experimentellen Forschung wohl zugänglich sind.

4. Elektrolytverteilung. Das größte Interesse beanspruchen die Untersuchungen über den Gehalt von Blut und K.W. an dissoziierbaren, diffusiblen Stoffen und deren gegenseitige Beziehungen.

Es galt früher allgemein die Regel, daß der Salzgehalt des K.W. höher sei als der des Blutserums; als Ausdruck dessen kann eine Gegenüberstellung des NaCl-Gehaltes, der ja den Hauptsalzgehalt darstellt, dienen.

Tabelle 18.

Tierart	K.W. ‰	Beobachter	Blutserum ‰	Beobachter
Rind	6,9	LOHMEYER[5]	6,1	ABDERHALDEN
Pferd	7,7	CAHN[6]		
	7,1	MAGITOT und MESTREZAT[7]	6,1	ABDERHALDEN
Kaninchen	6,8—7,5	WESSELY[8]	6,3	ABDERHALDEN
Mensch	7,1—7,2	ASCHER[9]	5,9—6,1	ASCHER

Die Zahlen der Tabelle sind auf 1 Dez. abgerundet.

Aus diesen Zahlen aber den Schluß zu ziehen, die NaCl-Konzentration des K.W. sei höher als die des Blutes, ist falsch.

Will man die jeweilige Konzentration der Lösung kennenlernen, so sind die angeführten Zahlen auf die zugehörigen Mengen Lösungsmittel zu beziehen; der Wassergehalt von 1000 g Serum ist erheblich geringer als der von 1000 g K.W.

---

[1] COHEN, KAMNER u. KILLIAN: Trans. amer. ophthalm. Soc. 25 (1927).

[2] COHEN, KILLIAN u. METZGER: Contrib. to ophthalm. science Jackson birthday, Vol. 1926.

[3] DUKE ELDER: Zitiert auf S. 1356, in Monographie. London 1927.

[4] COHEN, KILLIAN u. METZGER: Contrib. to the ophthalm. scien. Jackson birthday Vol. 1926.

[5] LOHMEYER: Zitiert nach ASCHER: Graefes Arch. 107 (1922).

[6] CAHN: Hoppe-Seylers Z. 5 (1881).

[7] MAGITOT-MESTREZAT: Ann. d'Ocul. 158 (1921).

[8] WESSELY: Arch. Augenheilk. 60 (1908). 　　　　[9] ASCHER: Graefes Arch. 107 (1922).

Nach ABDERHALDEN[1] ist der Wassergehalt von 1000 g Rinderserum   913,64 g
„   „   „   „   „   „   1000 g Pferdeserum   902,05 g
„   „   „   „   „   „   1000 g Kanin. Serum   925,60 g

dagegen beträgt der Wassergehalt für 1000 g Rinder-K.W. 986,87 g (LOHMEYER)
„   „   „   „   „   1000 g Pferde-K.W. 989,22 g (MAGITOT-
                                                                  MESTREZAT).

Um jedesmal auf die gleiche Wassermenge zu beziehen, d. h. die Salzkonzentration kennenzulernen, muß also das Analysenresultat (bei Bestimmungen nach Gew.-%) des Serums mit rund 1,1 und das des K.W. mit rund 1,01 multipliziert werden.

Sind die mitgeteilten Untersuchungen nicht von Gewichtsprozenten ausgegangen, sondern von Volumprozenten, so sind die notwendigen Korrekturen kleiner, der Korrektionsfaktor beträgt für Blutserum dann nur 1,07 und für K.W. dann nur 1,003 (entsprechend einem spezifischen Gewicht für Serum von 1,030 und für K.W. von 1,0075).

Tabelle 19 Seite 1364 zeigt den Gehalt des Blutserums und des K.W. an Kationen und Anionen, und zwar ist jeweils in Klammer beigefügt der nach obigen Ausführungen korrigierte Wert, der erst den Vergleich zwischen den jeweils bestehenden Konzentrationen ermöglicht.

Die Verteilung von Kationen und Anionen auf Serum und K.W. wurde von den meisten Autoren auf Einstellung eines sog. Donnangleichgewichtes bezogen. Nach DONNAN müssen sich bei Trennung zweier elektrolythaltiger Lösungen, deren eine außerdem noch einen Kolloidelektrolyten enthält, durch eine für Kolloide undurchlässige (für Krystalloide aber durchlässige) Membran auf Grund der zwischen Anionen und Kationen bestehenden elektrostatischen Zugkräfte die Ionen zu beiden Seiten der Membran nach folgendem Schema verteilen (wenn bei dem vorhandenen Kolloidelektrolyten das Anion nicht diffusibel, das Kation aber diffusibel ist):

$$\frac{[Na^{\cdot}]_i}{[Na^{\cdot}]_a} = \frac{[K^{\cdot}]_i}{[K^{\cdot}]_a} = \frac{[Ca^{\cdot\cdot}]_i}{[Ca^{\cdot\cdot}]_a} = \frac{[Cl']_a}{[Cl']_i} = \frac{[NaR] + [NaCl]}{[NaCl]}.$$

(Formel unter der Voraussetzung, daß der NaCl-Gehalt die anderen Elektrolyte stark überwiegt.)

Das Verhältnis von

$$\frac{[Kation]_i}{[Kation]_a} = \frac{[Anion]_a}{[Anion]_i}$$

ist also abhängig von der relativen Konzentration des Kolloidelektrolyten, es nähert sich dem Wert 1 um so mehr, je kleiner die Konzentration an Kolloidelektrolyt oder je größer die Konzentration an diffusiblem Elektrolyt ist. Die für Einstellung einer Verteilung von Anionen und Kationen nach dem DONNANschen Prinzip notwendigen Vorbedingungen sind für die Beziehungen zwischen Blut und K.W. zweifellos gegeben, eine Berechnung des zu erwartenden Verteilungsverhältnisses ist aber nicht sicher möglich, da die molare Konzentration des ionisierten Anteils der Serumeiweißkörper nicht bekannt ist. BAURMANN gibt auf Grund der Angabe von HENDERSON[2], daß die Na-Albuminatkonzentration im Serum rund 0,001 normal sei, den zu erwartenden Verteilungsfaktor zu rund 1,01 an. HECHT[3] kommt nach direkten Messungen des Membranpotentials zu der Annahme eines DONNANschen Verteilungsfaktors von rund 1,07.

---

[1] Zitiert nach W. NAGEL: Handb. d. Physiol. des Menschen. Erg.-Bd. Braunschweig 1910.
[2] HENDERSON, L.: In Asher-Spiros Erg. Physiol. 8 (1909).
[3] HECHT: Biochem. Z. 165 (1925).

Tabelle 19.

Autor	Tierart	Material	Na mg%	K mg%	Ca mg%	Mg mg%	Cl mg%	P mg%	S mg%
Ascher[2]	Mensch	Serum							11[1]
									6,2[1]
Lebermann[3]	Kaninchen	art.	470 (503)	22 (23,5)	10,4 (11,1)		356,9—370,9		
		Serum ven.	470 (503)	23 (24,6)	11,2 (12,0)		(392,6—408,0)		
		K.W.	320 (321)	17,5 (17,6)	8,8 (8,8)		429,7—435,8		
							(434,0—440,2)		
Gaedertz und Wittgenstein[4]	Hund	Serum	328 (351)				378 (404)		
		K.W.	314 (315)				403 (404)		
Tron[5]	Rind	Serum	331 (364)	28,5 (31,4)	10,3 (11,3)	1,5 (1,6)	366 (402,6)	4,7 (5,0)	2,7 (2,9)
		K.W.		19,0 (19,2)	6,2 (6,3)				
	Pferd	Serum	339 (342,4)	26,9 (29,6)	11,3 (12,4)	1,05 (1,05)	437 (441,4)	2,8 (2,8)	1,4 (1,4)
		K.W.		20,1 (20,3)	7,4 (7,5)				
Duke Elder[6]	Pferd	Serum	335,1 (358,5)	20,1 (21,5)	10,1 (10,8)	2,8 (3,0)	366,4 (392,0)		
		K.W.	278,7 (279,5)	18,9 (19,0)	6,2 (6,3)	2,6 (2,6)	437,1 (438,4)		
Baurmann[7]	Rind	Serum	326 (348,8)	22,4 (23,9)	14,4 (15,4)			3,4 (3,6)	
		K.W.	337,2 (338,2)	18,0 (18,0)	8,3 (8,3)			1,64 (1,64)	
Cohen, Killian u. Kamner[8]	Kaninchen	Serum			11,6 (12,4)				
		K.W.			8,2 (8,2)				
Heubner und Meyer-Bisch[9]	Kaninchen	Serumultrafiltr.							
		K.W.							
Yudkin[10]	Hund	Serum	301,7 (311)				301,7 (311)		
		K.W.	383 (384)				383 (384)		

1 Als SO_4 bestimmt.
2 Ascher: Graefes Arch. 107 (1922).
3 Lebermann: Arch. Augenheilk. 96 (1925).
4 Gaedertz u. Wittgenstein: Graefes Arch. 118 (1927).
5 Tron: Graefes Arch. 117 (1926); 118 (1927); 119 (1928).
6 Duke Elder: Monographie 1927.
7 Baurmann: Verh. dtsch. ophthalm. Ges. Heidelberg 1928.
8 Cohen, Killian u. Kamner: Transact. americ. ophth. soc. 25 (1927).
9 Heubner u. Meyer-Bisch: Biochem. Z. 176 (1926).
10 Yudkin: Arch. of Ophthalm. 1929.

Die Zahlen, die als Verteilungsfaktor auf Grund vergleichender Serum- und K.W.-Analysen angegeben worden sind, schwanken bei den einzelnen Autoren aber ganz erheblich nach nebenstehender Tabelle.

Tabelle 20.

Autor	Verteilungsfaktor	
	Na-Serum / Na-K.W.	Cl-K.W. / Cl-Serum
LEHMANN und MEESMANN	1,23	1,20
TRON	1,06	1,096
DUKE ELDER	1,27	1,12
BAURMANN	1,03	
GAEDERTZ-WITTGENSTEIN	1,11	1,00

Bei der Differenz, die diese Werte aufweisen, bleiben Zweifel daran, ob die Ionenverteilung zwischen Blut und K.W. wirklich das Resultat einer nach dem Donnangesetz bestimmten Verteilung sei. GAEDERTZ und WITTGENSTEIN haben auf Grund ihrer oben angeführten Analyse über den Na- und Cl-Gehalt von Serum und K.W. die Ansicht ausgesprochen, daß das relative Defizit des K.W. an Na nicht Resultat einer DONNANschen Verteilung, sondern das Resultat einer relativen Impermeabilität der Blut-K.W.-Schranke für Kationen sei; eine Ansicht, der ich selbst nicht folgen kann.

Für die Erörterung des DONNANschen Gleichgewichtes werden vorwiegend die Na- und Cl-Ionen herangezogen, weil diese in relativ größter Konzentration in den Körperflüssigkeiten vorhanden sind und bei den geringen zur Verfügung stehenden Ausgangsmengen die Analysenfehler noch am kleinsten bleiben.

Die Analysenergebnisse der Ca-Verteilung sind für die hier erörterte Frage nicht verwendbar, da nach übereinstimmender Auffassung ein Teil des Calciums im Serum in nicht diffusibler Form vorhanden ist. Der Anteil des organisch gebundenen, nicht dialysierbaren Ca wird von RONA und TAKAHASHI[1] zu 31—39% des Gesamt-Ca angegeben. In der K-Verteilung fand DUKE ELDER keine wesentliche Abweichung von der erwarteten Proportion; die Analysen von LEBERMANN, TRON und BAURMANN zeigen aber eine größere Differenz. TRON nimmt auch für das Kalium an, daß ein Teil nicht dialysabel im Serum enthalten sei; diese Auffassung wurde aber (für Rinder- und Kaninchenserum) durch vergleichende Untersuchungen am Serum und Serumultrafiltrat nicht bestätigt[2]. Anscheinend ist aber der Kaliumspiegel im Serum relativ schwankend und wird durch den Erregungszustand des Tieres stark beeinflußt, woraus für Vergleichsuntersuchungen eine gewisse Unsicherheit entspringt.

Daß intraokulare Flüssigkeit und Blutserum wirklich im Dialysationsgleichgewicht stehen, zeigen — abstrahierend von allen theoretischen Erörterungen über die Größe der Donnanverschiebung Dialysationsversuche von TRON[3], in denen sich für Cl, Ca und P eine über die Größe der analytischen Fehlergrenze hinausgehende Konzentrationsänderung nicht ergab, ferner vergleichende Messungen an Serum, Serumultrafiltrat und K.W. von BAURMANN[2], die an (je 3—7) Kaninchen ausgeführt wurden. Tabelle 21 gibt die erhaltenen Mittelwerte.

Tabelle 21.

	Serum		Serumultrafiltrat		K.W.
	arter. mg%	venös mg%	arter. mg%	venös mg%	mg%
Na . . .	300,3	302,2	313,9	317,7	316,9
K . . .	24,44	22,1	23,2	21,44	23,3
Ca . . .	16,2	15,7	10,5	10,5	10,6
Cl . . .	402,6	401,9	431	427,1	434,6
P† . . .		3,4		1,60*	1,64*

† Nur eine Bestimmung.   * Mit Trichloressigsäure enteiweißt.

[1] RONA u. TAKAHASHI: Biochem. Z. **31** (1911).
[2] BAURMANN: Verh. dtsch. opthalm. Ges. Heidelberg **1928**.
[3] TRON: Graefes Arch. **119** (1928).

Die minimalen, hier noch resultierenden Differenzen zwischen K.W. und Serumultrafiltrat beruhen auf einer geringen Salzretention auf dem Ultrafilter.

Einer relativ genauen vergleichenden Messung ist die H-Ionenkonzentration von K.W. und Blut zugänglich. Die Messungen sind zum Teil mit Hilfe von Indicatoren ausgeführt worden, zum Teil mit der Gaskette oder mit Chinhydronelektrode. Von grundlegender Bedeutung ist es, bei der Messung die CO_2-Spannung zu beachten, da die $H^{\cdot}$-Konzentration im K.W. ganz überwiegend bestimmt ist nach der Gleichung:

$$[H^{\cdot}] = k \frac{[CO_2]}{[NaHCO_3]}.$$

Das ist nicht von allen Autoren in gleicher Weise berücksichtigt worden, die Resultate sind daher wechselnd ausgefallen.

Aus dieser Abhängigkeit der $[H^{\cdot}]$ von der CO_2-Spannung ergibt sich aber für die praktische Ausführung der Messung eine erhebliche Schwierigkeit. GOLDSCHMIDT[1] hat Messungen bei variierter CO_2-Spannung für Blut und K.W. ausgeführt und für beide Flüssigkeiten jedesmal eine charakteristische Kurve erhalten. Bei gleichzeitiger Bestimmung der alveolaren CO_2-Spannung kann man aus den erhaltenen Kurven die zugehörigen p_H-Werte entnehmen, wenn man annimmt, daß die CO_2-Spannung von arteriellem Blut und K.W. nahezu gleich seien. Nebenstehende Kurve ist von GOLDSCHMIDT aus den Durchschnittswerten mehrerer Normalfälle konstruiert.

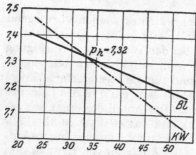

Abb. 434. Wasserstoffionen-Konzentrationskurve in Blut und K.W. in Abhängigkeit von der CO_2-Spannung. (Nach GOLDSCHMIDT.)

Danach stimmt die $[H^{\cdot}]$ des K.W. mit der des Blutes unter normalen Verhältnissen überein ($p_H = 7,32$).

Etwas abweichend verfuhr BAURMANN[2], der mit einer mit der U-Elektrode von MICHAELIS im Prinzip übereinstimmenden kleinen Spritzenelektrode arbeitete und den CO_2-Verlust (durch Abdampfen in die Wasserstoffgasblase der Elektrode) jedesmal aus dem Volum errechnete.

BAURMANN fand für den Menschen:

p_H K.W. (bei 37°) im Mittel 7,27
p_H Blut („ 37°) „ „ 7,31;

für Messungen am Kaninchen fand sich bei gleicher Methodik merkwürdigerweise die H-Ionenkonzentration im K.W. wesentlich niedriger, nämlich:

p_H K.W. (bei 37°) im Mittel 7,48
p_H Blut („ 37°) „ „ 7,35.

p_H-Messungen sind am Tier (Kaninchen, Katze, Hund) und am Menschen noch vielfach vorgenommen worden, doch fehlt eben bei den meisten Untersuchungen die am gleichen Individuum mit der gleichen Methodik vorgenommene Kontrollmessung am Blut. Die Angaben für das menschliche und tierische K.W. schwanken für elektrometrische Messungen zwischen $p_H = 7,15$ und $p_H = 7,77$ (KUBIK[3], MAWAS und VINZENT[4], MAGITOT[5], M. VINZENT[6], MEESMANN und

[1] GOLDSCHMIDT: Verh. dtsch. ophthalm. Ges. Heidelberg 1925.
[2] BAURMANN: Graefes Arch. 118 (1927). [— Verh. dtsch. ophthalm. Ges. Heidelberg 1925.
[3] KUBIK: Arch. Augenheilk. 98 (1928).
[4] MAWAS u. VINZENT: Soc. d'opht. de Paris (April 1925) — Ref. in Ann. d'Ocul. 1925.
[5] MAGITOT: Ann. de Physiol. 2 (1926).
[6] VINZENT, M.: C. r. Soc. Biol. Paris 98 (1928).

LEHMANN[1]) und für Indicatorenmessungen zwischen $p_H = 7{,}23$ und $p_H = 7{,}8$ (HERTEL[2], MEESMANN[3], GALA[4], SCALINCI[5].)

MEESMANN und LEHMANN betonen, daß die Gesetze des Donnangleichgewichtes ebenso wie für die Na-Ionen auch für die H-Ionen gültig sein müßten, und sie finden in ihrem Befund eines p_H-Wertes für das K.W. von 7,7—7,8, dem sie als Norm für das Blut $p_H = 7{,}50$ gegenüberstellen, diese Forderung erfüllt.

Angesichts der geringen Übereinstimmung der bisher vorliegenden Resultate scheint eine solche Schlußfolgerung noch verfrüht. Die zu erwartende Differenz ist außerdem viel geringer, als MEESMANN und LEHMANN sie angeben; sie beträgt für eiweißfreie Flüssigkeit, die im Dialysationsgleichgewicht mit Blut steht, nach VAN SLYKE[6] für p_H etwa 0,02.

In direktem inneren Zusammenhang mit der H-Ionenkonzentration steht der Gehalt des K.W. an freier Kohlensäure, d. h. die Kohlensäurespannung des K.W. und der Gehalt an gebundener Kohlensäure.

Der Gesamtkohlensäuregehalt des K.W. wird ziemlich übereinstimmend zu etwa 60—70 Vol.% angegeben (MAWAS und VINZENT[7], TAKAHASHI[8], KRONFELD[9], YUDKIN[10]) unter gleichzeitiger Betonung der auffallenden Tatsache, daß diese Zahl höher sei als die für das Blut gültige, die bei etwa 50 Vol.-% liegt. KRONFELD analysierte diese Beziehungen zwischen Blut und K.W. und zeigte, daß die Differenz nur eine scheinbare sei. Die Gesamtkohlensäure des Blutes verteilt sich auf Blutkörperchen und Plasma durchaus ungleichmäßig. KRONFELD bringt folgende Tabelle von 3 Versuchen:

Tabelle 22.

	Plasma Vol.-% CO_2		K.W. Vol.-% CO_2
	arter.	venös	
Hund	64,4	70,0	69
Kaninchen	49,8	56,3	58,2
Pferd		67,4	66,8

Daraus ergibt sich zwischen K.W. und Blutplasma schon eine viel größere Annäherung, die noch vollkommener sein würde bei einem Vergleich des K.W. nicht mit dem Plasma, sondern mit dem Blutwasser. Nach WARBURG[11] beträgt der Gehalt an gebundener Kohlensäure für das Pferdeserum 67,6% und für das Blutwasser 71,3%.

Offenkundig treten also für die Bewertung des Kohlensäuregehaltes von Blut und K.W. die gleichen Gesichtspunkte in den Vordergrund, wie wir sie bereits früher kennenlernten: Für den Austausch zwischen Blut und K.W. ist die Konzentration, bezogen auf die wässerige Phase, maßgebend.

Die Kohlensäurespannung des K.W. nimmt GOLDSCHMIDT als nahe der des arteriellen Blutes an. KRONFELD fand bei direkter Messung am K.W. von Kaninchen, Katze und Pferd Werte zwischen 40 und 50 mm Hg (fraktionierte Kohlensäurebestimmung nach VAN SLYKE).

Die Kohlensäurespannung dürfte demnach tatsächlich etwa zwischen der des arteriellen und der des venösen Blutes liegen.

[1] MEESMANN u. LEHMANN: Pflügers Arch. **205** (1924).
[2] HERTEL: Graefes Arch. **105** (1921).   [3] MEESMANN: Arch. Augenheilk. **94**(1924).
[4] GALA: Brit. J. Ophthalm. **9** (1925).   [5] SCALINCI: Arch. di Sci. biol. **6** (1924).
[6] VAN SLYKE, zitiert nach MICHAELIS: Handb. d. norm. u. path. Physiol. 6 I, 609.
[7] MAWAS u. VINZENT: Soc. d'opht. de Paris (April 1925) — Ref. in Ann. d'Ocul. **1925**.
[8] TAKAHASHI: Graefes Arch. **117** (1926).
[9] KRONFELD: Graefes Arch. **118** (1927).   [10] YUDKIN: Arch. of Ophthalm. **1929**.
[11] WARBURG: Zitiert nach KRONFELD, Graefes Arch. **118** (1927).

Das Ergebnis der Erörterungen über die Beziehungen des K.W. zum Blut unter physiologischen Verhältnissen darf man trotz mancher noch auszufüllender Lücke in den Untersuchungen dahin zusammenfassen, daß das K.W. mit dem Blut im Dialysationsgleichgewicht steht, und daß es sich in seiner Zusammensetzung verhält wie ein Ultrafiltrat des Blutes.

B. Die Beziehungen zwischen Blut und KW bei Störung des physiologischen Gleichgewichtes.

Der Eindruck dieser unmittelbaren Abhängigkeit der Zusammensetzung des K.W. von der des Blutes wird noch verstärkt, wenn man den Erfolg und den Ablauf irgendwelcher willkürlich gesetzter Störungen dieses Gleichgewicht betrachtet, sei es, daß diese Störung gesetzt werde durch Änderung der Blutzusammensetzung, sei es, daß sie von einer Änderung des Kammerinhaltes ausgehe.

1. Einführung von Fremdstoffen in die Blutbahn. Die Einführung von chemisch oder colorimetrisch leicht nachweisbaren Substanzen in die Blutbahn (Jod, Ferrocyankali, Fluorescein) und die Verfolgung des Übergangs ins K.W. stellen die ersten unter diesem Gesichtspunkt angestellten Versuche dar. Sie sind von Löhlein[1] kritisch besprochen und durch ausgedehnte, breit angelegte eigene Versuche, in denen er die Verhältnisse quantitativ zu erfassen versuchte, ergänzt worden.

Die Substanzen wurden teils intravenös, teils subcutan und teils per os eingeführt. Es ist a priori zu erwarten, daß je nach der Art der Einführung der Verlauf der Konzentrationskurven etwas variieren muß.

Nach den Angaben Löhleins[1] findet sich aber in der Art der Verteilung, auch wenn man nur Versuche mit gleichartiger Zuführung (subcutane Injektion) betrachtet, in dem Verhalten dieser drei Substanzen ein ganz prägnanter Unterschied; die erreichten Höchstkonzentrationen verhalten sich ganz verschieden nach folgender Tabelle:

Tabelle 23.

Jodkali		Ferrocyankali		Fluorescein Na	
Serum 1,5%	K.W. 1%	Serum 0,633%	K.W. 0,11%	Serum 0,6%	K.W. 0,06
Verhältnis: 1,5:1		6:1		10:1	

Die Konzentrationskurve im Blut hatte für die drei Substanzen annähernd gleiche Form. Die Höchstkonzentration wurde 1 Stunde post inject. erreicht; danach erfolgte zuerst steiler, dann langsamerer Abfall, doch so, daß die Konzentration für Ferrocyankali am schnellsten absinkt, d. h. also die Fortschaffung aus dem Blut am schnellsten erfolgt, während das Jodkali am langsamsten eliminiert wird und Fluorescein eine Mittelstellung einnimmt.

Im K.W. wird die Höchstkonzentration nach 2 Stunden, also später als im Blut, erreicht. Der Konzentrationsabstieg beginnt im K.W. später als im Serum, doch so, daß der Abfall schon deutlich ist zu einer Zeit, wo absolut genommen die Konzentration im Serum noch höher liegt, als die Konzentration im K.W.; erst nach einer Reihe von Stunden (6 Stunden und mehr) erreichen sich die Konzentrationskurven, um dann weiter annähernd parallel zu verlaufen. Nur eine Versuchsreihe von Löhlein zeigt abweichendes Verhalten (Versuche mit Jodkali, Tabelle XXIV in Arch. Augenheilk. Bd. 65); hier überkreuzen sich die Kurven, und die Jodkonzentration im K.W. beginnt erst abzunehmen, nachdem der Serumjodwert unter den des K.W. gesunken ist.

---

[1] Löhlein: Arch. Augenheilk. **65** (1910).

Die Differenz in der Farbstoffkonzentration von Blut und K.W. nach Verabreichung von Fluorescein ist von vielen Untersuchern gesehen und hervorgehoben worden. WESSELY[1] bringt in seiner Abhandlung in ASHER SPIRO: Ergebn. d. Physiol. nachstehende Tabelle:

Tabelle 24.
Fluoresceingehalt (nach intraven. Injekt. von 0,025 g Fluoresceinkalium pro kg Tier).

	Tier I	Tier II 2 mg Pilocarpin intravenös	Tier III	Tier IV 2 mg Pilocarpin intravenös
Blut:				
a) Anfangsgehalt (berechnet) .	1:2000	1:2000	1:2000	1:2000
b) Geh. nach 1Std. (bestimmt).	1:20000	1:40000	1:13000	1:20000
Urin nach 1 Stunde	1:400	1:200	1:100	1:100
Galle			1:500	1:300
Lymphe			1:10000	1:20000
Speichel		0!		0!
Tränenflüssigkeit		0!		0!
Kammerwasser:				
a) normales (nach ½—1 Std.)	1:1000000	1:1000000	1:1000000	1:800000
b) nach Punktion neu abgesondertes (nach ½ Stunde) . .	1:20000	1:50000	1:50000	1:30000

WESSELY weist nachdrücklich auf die auffallende Differenz im Farbgehalt von Blut und K.W. hin und hebt dagegen den relativ hohen Farbgehalt der Lymphe hervor. Ganz vorwiegend auf Grund dieser Feststellungen kommt WESSELY zu der Auffassung, daß die K.W.-Bildung nicht als reiner Filtrationsprozeß erklärbar sei, daß vielmehr eine aktive vitale Zelltätigkeit beteiligt und für diese eigenartige Verteilung des Farbstoffes maßgebend sein müsse.

LINDNER[2] gibt die Zahlen einer entsprechenden, über 11 Stunden ausgedehnten Untersuchungsreihe am Menschen wieder. Die Höchstkonzentration im K.W. wurde nach Verabreichung des Farbstoffes per os entsprechend den Tierversuchen nach 2 Stunden erreicht. Die starke Differenz zwischen Blut und K.W. in der Farbstoffkonzentration tritt auch hier gerade auf der Höhe des Versuches deutlich hervor. Der Konzentrationsabfall verlief zuerst in steiler, dann in flacherer Kurve; etwa 7 Stunden nach Beginn des Versuches wird die Konzentration in Blut und K.W. annähernd gleich.

Im Gegensatz zu WESSELY tritt schon LÖHLEIN für die Auffassung ein, daß die eigenartige Verteilung der drei untersuchten Stoffe auf Blut und K.W. (und Lymphe bezüglich des Fluorescein) jedenfalls zum Teil aus physikalischen Eigenschaften, insbesondere aus der verschiedenen Diffusionsfähigkeit erklärbar sei. Für das Verhalten des Fluorescein ist inzwischen wohl eine volle Aufklärung zustande gekommen durch Erkenntnisse aus der physikalischen Chemie. Von TRÜMPLER[3] wurde gezeigt, daß Fluorescein eine stark oberflächenaktive Substanz ist, die streng den Adsorptionsgesetzen folgt. Damit war klargestellt, daß bei der Fluoresceinkonzentration im Serum streng zu unterscheiden ist zwischen dem adsorbierten, also an die Oberfläche der Serumeiweißkörper gebundenen und dem nicht adsorbierten Anteil; nur der letztere (sehr kleine) Anteil ist für einen Übertritt ins K.W. frei verfügbar. Daß tatsächlich bei einer Trennung der Serumeiweißkörper vom Blutwasser durch Ultrafiltration Fluorescein in

---

[1] WESSELY: In Asher-Spiros Erg. Physiol. **4**, 628 (1905).
[2] LINDNER: Verh. dtsch. ophthalm. Ges. Heidelberg **1920**.
[3] TRÜMPLER, zitiert nach FREUNDLICH: Capillarchemie, S. 233. Leipzig 1922.

Bindung an die Eiweißkörper zum weitaus größten Teil zurückgehalten wird, konnte Seidel[1] bei entsprechenden Versuchen zeigen.

De Haan und van Creveld[2] stellten in Ultrafiltrationsversuchen mit Rinderserum quantitativ die Bindung des Fluoresceins an die Eiweißkörper fest und zeigten, daß die Kurve, die das Verhältnis des gebundenen zum ungebundenen Anteil für verschiedene Fluoresceinkonzentrationen angibt, durchaus den Charakter einer Adsorptionskurve hat.

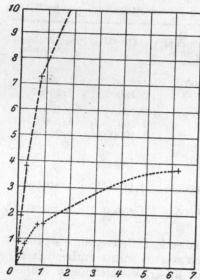

Abb. 435. Graphische Darstellung der Bindungsverhältnisse von Fluorescein an Serum nach De Haan und van Creveld.

– – – Kurve für die niederen Konzentrationen.
······ Kurve für die höheren Konzentrationen.

Ordinate: Gebundener } Teil des Farbstoffes
Abszisse: Freier
in ¹/₁₀₀ ₀₀₀ für die niedrigen und ¹/₁₀₀₀ für die höheren Konzentrationen.

Die Autoren kamen auf Grund ihrer Modellversuche und auf Grund von Tierexperimenten zu dem Ergebnis, daß der Übergang von Fluorescein vom Blut ins K.W. übereinstimme mit den Verhältnissen, wie sie in vitro bei Ultrafiltration von farbstoffhaltigem Serum vorliegen.

T. Abe und K. Komura[3] bestimmten ebenfalls nach intravenöser Einverleibung von Fluorescein die Farbstoffkonzentrationskurve beim Kaninchen. Sie konnten unter Berücksichtigung der Tatsache, daß infolge der Farbstoffadsorption an die Eiweißkörper nur ein relativ geringer Anteil zum Austausch mit dem K.W. zur Verfügung steht, berechnen, daß der Übertritt des Fluoresceins ins K.W. *zeitlich* annähernd so verläuft, wie er als Diffusionsvorgang zu erwarten ist. Die Farbstoffkonzentration fällt im Blut zuerst steil, dann zunehmend langsamer ab, während im K.W. die Farbstoffkonzentration zuerst schnell zunimmt, um in 40 Minuten den Höchstwert zu erreichen und dann wieder langsam abzusinken[4].

Am sinnfälligsten wurde schließlich noch von Yoshiharu Yoshida[5] gezeigt, daß nach intravenöser Einverleibung von Fluorescein vom Moment der erreichten Höchstkonzentration an der Farbstoffgehalt im K.W. durchaus gleich ist dem Gehalt des Blutes an frei diffusiblem, nicht adsorptiv gebundenem Farbstoff.

Die nachstehende Tabelle demonstriert diesen Befund:

Tabelle 25.

Zeit in Stunden	Fluoresceingehalt nach intravenöser Zufuhr von 0,25 g		
	im Blutserum	im Kammerwasser	im Serumultrafiltrat
1	1:3170	1:70800	1:79000
4	1:15900	1:28000	1:310000
8	1:44700	1:910000	1:1000000
14	1:310000	1:5600000	1:6200000
17	1:560000	1:15900000	1:15900000
20	1:2520000	1:44700000	1:47800000
24	1:5600000	1:56000000	1:57000000

[1] Seidel: Graefes Arch. **104** (1921).
[2] De Haan u. van Creveld: Biochem. Z. **124** (1921).
[3] Abe, Tetsuo u. Kurazo Komura: Graefes Arch. **121** (1928).
[4] Vgl. auch Nakamura, Mukai und Kosaki: Klin. Mbl. Augenheilk. **69**, 642 (1922).
[5] Yoshida, Yoshiharu: Arch. Augenheilk. **100/101** (1929).

Zur Frage des Überganges von Jod ins K.W. stellten DE HAAN und VAN CRE-VELD[1] ihren Fluresceinversuchen analoge Messungen an mit dem Ergebnis, daß bei konstant gehaltener Jodkonzentration im Blut nach 4 Stunden die gleiche Konzentration im K.W. erreicht wurde; daß also der gesamte Jodgehalt des Blutes in freier Form zur Verfügung stand und demnach ein freier Diffusions-austausch zwischen Blut und K.W. bestand.

Entsprechende Untersuchungen stellte GALA[2] beim Menschen an. Aus einer Reihe von Parallelmessungen, die im Blut und K.W. ausgeführt wurden, ergab sich nach intravenöser Verabreichung (JNa) das erste Auftreten von J im K.W. 15 Minuten post inject., das Maximum 2—4 Stunden post inject. Dabei erreichte die Jodkonzentration des K.W. fast die des Blutes. Bei subcutaner Verabreichung erwies sich der ganze Verlauf etwas protahierter.

ABE und KOMURA[3] konnten auf Grund einer fortlaufenden Messungsreihe (nach einmaliger intravenöser Einverleibung von JNa beim Kaninchen) zeigen, daß der Jodaustausch zwi-schen den beiden Flüssig-keitssystemen nach Art eines Diffusionsvorganges verläuft und mathematisch durch die Formel für die monomoleku-lare Reaktion darstellbar ist. 3 Stunden nach Beginn des Versuches treffen die beiden Kurven zusammen als Zei-chen dafür, daß eine adsorp-tive Bindung von Jodnatrium an die Serumeiweißkörper nicht besteht.

Im ganzen ähnlich ver-liefen von NAKAMURA, MUKAI und KOSAKI[4] angestellte Ver-suche mit JNa beim Kanin-chen. Das Maximum der Jod-konzentration im K.W. wurde nach 40—60 Min. erreicht.

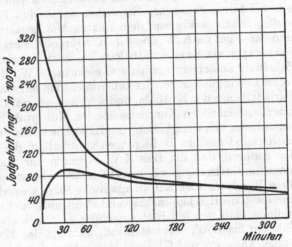

Abb. 436. Jod-Konzentrationskurve in Blut (obere Kurve) und K.W. (untere Kurve) nach intravenöser Jodverabreichung. (Nach ABE und KOMURA.)

Ich gebe nebenstehend die Kurve von ABE und KOMURA, die den Jodaus-tausch zwischen Blut und K.W. zeigt, wieder. Meines Erachtens bereitet die Form der J-Konzentrationskurve des K.W. dem Verständnis gewisse Schwierig-keit. Die Kurve zeigt den Umkehrpunkt und ein, wenn auch langsames Absinken bereits zu einer Zeit, wo absolut genommen die J-Konzentration im Blut noch erheblich über der des K.W. liegt, das ist bei einem nur durch Diffusion zwischen Blut und K.W. einzustellenden Gleichgewicht zunächst nicht leicht verständlich. Erklärbar scheint mir dieser Befund nur, wenn man annimmt, daß die J-Kon-zentration noch auf einem anderen Wege als nur durch den Austausch mit dem Blut abnehmen kann, also etwa durch Diffusion in das angrenzende Gewebe. Diese Annahme gewinnt an Wahrscheinlichkeit bei Berücksichtigung des oben erwähnten Befundes von LÖHLEIN, in dem das Absinken des K.W.-J-Wertes dem Blute gegenüber nachhinkt; dem Versuche war eine 4malige Fütterung mit

[1] DE HAAN u. VAN CREVELD: Biochem. Z. 124 (1921).
[2] GALA: Ref. Zbl. Ophthalm. 19 (1928) — Klin. Mbl. Augenheilk. 79 (1927).
[3] ABE, T., u. K. KOMURA: Graefes Arch. 121 (1928).
[4] NAKAMURA, MUKAI u. KOSAKI: Kl. Mbl. Augenheilk. 69 (1922).

J-K bereits vorausgegangen, so daß eine gewisse Speicherung im Gewebe und damit vielleicht eine Verminderung der J-Diffusion aus dem K.W. in das umgebende Gewebe angenommen werden darf.

Zurückgreifend auf die zu Beginn dieses Abschnittes erwähnten Versuche mit Ferrocyankali muß man sagen, daß erst nach einer Feststellung, wieviel von dem im Serum enthaltenen Ferrocyankali frei diffusibel bleibt, eine weitere Schlußfolgerung über die Beziehungen zwischen Blut und K.W. aus diesen Versuchen möglich wäre. An die Möglichkeit von chemischen oder physikalischen Bindungen muß man durchaus denken angesichts der Tatsache, daß Löhlein bei gleichartig angestellten Dialysierversuchen Ferrocyankali in viel geringerer Menge aus dem Serum in die Außenflüssigkeit übergehen sah als Jodkali.

Gaedertz und Wittgenstein[1] stellten eine größere Zahl von Versuchen mit sauren und basischen Farbstoffen an und kamen zu dem Ergebnis, daß, sofern nicht die Teilchengröße einen Übergang vom Blut ins K.W. überhaupt ausschloß, der elektrische Ladungssinn des Farbstoffions von ausschlaggebender Bedeutung sei. Sie formulierten ihre Ergebnisse dahin, daß Farbstoff-Anionen (saure Farbstoffe) relativ wenig von dem elektrischen negativen Eiweiß adsorbiert werden und daher gut ins K.W. übergehen, während die basischen Farbstoffe, in denen der Farbkörper als Kation enthalten ist, vom Serumeiweiß und stärker noch vom Zelleiweiß adsorbiert werden und nicht ins K.W. übergehen. Die Autoren heben selbst hervor, daß wegen der außerordentlich schnellen Eliminierung der basischen Farbstoffe aus der Blutbahn und wegen deren starker Giftwirkung die Erreichung einer ausreichenden Konzentration im Blut große Schwierigkeiten bereitete. Ob bei solchen Schwierigkeiten, im Experiment für saure und basische Farbstoffe ausreichend analoge Bedingungen zu schaffen, die weitgehende Schlußfolgerung der Autoren, daß die Blut-K.W.-Schranke für Anionen durchgängig, für Kationen undurchgängig sei, berechtigt ist, scheint mir zweifelhaft, zumal, da sie diese Resultate auch auf anorganische Salze ausgedehnt wissen wollen, die doch durchweg oberflächen-inaktiv und somit auch nicht adsorbierbar sind. Der Vorstellung, daß von ins Blut eingeführten Alkali und Erdalkalichloriden nur das Chlorion ins K.W. übertreten soll, während das Kation im Blut zurückgehalten werde, kann ich nicht folgen; eine solche einseitige Verschiebung von Anionen unter Trennung von dem äquivalenten Betrag der Kationen ist wegen der dabei auftretenden ungeheuer großen elektrostatischen Kräfte nicht denkbar, es sei denn, daß es sich lediglich um einen Austausch handelte und ein entsprechender Betrag an (anderen) Anionen zugleich vom K.W. ins Blut übertreten würde[2].

2. Änderung der Konzentration physiologischer Blutbestandteile. Änderungen der osmotischen Konzentration des Blutes finden ihren Ausdruck in gleichgerichteter Änderung der K.W.-Konzentration.

Systematische Untersuchungen darüber stellte Scalinci[3] an:

Scalinci bestimmte Δ im K.W. des lebenden Hundes zu 0,61—0,64 (Mittelwert aus größerer Zahl 0,63).

Nach hypertonischer intravenöser NaCl-Injektion nahm die Gefrierpunktserniedrigung im Blut wie im K.W. zu, und zwar stieg sie im K.W. auf 0,64—0,78, während sie im Blut auf 0,70—0,80 anstieg. Intravenöse hypotonische Injektionen ließen weder an Blut noch an K.W. eine eindeutige Änderung erkennen.

Collevati[4] fand bei ebenfalls an Hunden ausgeführten Experimenten Resultate, wie sie in Tabelle 26 auf der nächsten Seite angegeben sind.

---

[1] Gaedertz u. Wittgenstein: Graefes Arch. 119 (1928).
[2] Vgl. dazu Mestrezat u. Garreau: Bull. Soc. Chim. biol. Paris 7 (1925).
[3] Scalinci: Arch. Augenheilk. 57 (1907).
[4] Collevati: Boll. Soc. med.-chir. Pavia 42 (1928).

Tabelle 26.

	Blut Δ	K.W. Δ	Glask.-Flüssigkeit Δ
Normal	0,56—0,61	0,60—0,64	0,60—0,64
Nach Abbinden der Nierengefäße . .	0,70—0,74	0,67—0,75	0,68—0,787
Nach Choledochusunterbindung . .	0,61—0,63	0,614—0,637	0,659—0,674
Nach Pankreasexstirpation.	0,63—0,72	0,71—0,74	0,70—0,76

DIETER[1] fand eine Zunahme der Gefrierpunktserniedrigung des K.W. in Abhängigkeit vom Blut nach intravenöser 10proz. NaCl-Injektion.

Experimentell erzielte Steigerungen im Gehalt verschiedener physiologischer Blutbestandteile finden prompt auch ihren Ausdruck in einer entsprechenden Konzentrationsänderung auch im K.W. Der durchaus parallele Gang des Zuckergehaltes von Blut und K.W. bei alimentärer wie bei Adrenalin-Hyperglykämie geht eindeutig bereits aus Versuchen von ASK[2] hervor, von dessen Befunden nachstehende gekürzte Tabelle wiedergegeben sei.

Tabelle 27. Traubenzuckergehalt des Vollblutes des Plasmas und des K.W. bei Kaninchen nach Injektion von 0,5 mg Adrenalin in den Rückensack des Tieres.

	Präform.	Nach 1 Stunde	Nach 2 Stunden	Nach 3 Stunden
Blut	0,10	0,10	0,12	0,12
Plasma				0,16
K.W.				0,14
Blut	0,09	0,17	0,22	0,15
Plasma				0,20
K.W.				0,22
Blut	0,11	0,21	0,25	0,28
Plasma				0,34
K.W.				0,31
Blut	0,11	0,27	0,27	0,24
Plasma				0,33
K.W.				0,30

Die K.W.-Werte beziehen sich auf atropinisierte Augen, wodurch aber, wie ASK zuvor festgestellt hatte, der Zuckergehalt des K.W. nicht beeinflußt wird.

Damit stimmen überein Befunde von DE HAAN und VAN CREVELD[3], TAKAHASHI[4] und von COHEN, KAMNER und KILLIAN[5]. Letztere Autoren dehnten die Untersuchungen aus auch auf experimentelle Senkung des Blutzuckerspiegels durch Phosphorvergiftung und durch Insulinverabreichung; dabei zeigte sich mit dem Blut parallel verlaufende Senkung des K.W.-Zuckergehaltes.

Für das menschliche Auge ist eine Steigerung des Zuckergehaltes im K.W. bei Diabetes längst bekannt.

Über den Harnstoffgehalt des K.W. unter dem Einfluß einer experimentell erzeugten Änderung im Blut (durch Ureterenunterbindung) teilen COHEN, KILLIAN und KAMNER eine Untersuchungsreihe bei Kaninchen mit. Dabei wurden ganz erhebliche Steigerungen des Harnstoffes erzielt, und zwar in Blut und K.W.

---

[1] DIETER: Arch. Augenheilk. 96 (1925).
[2] ASK: Biochem. Z. 59 (1913/14) — Klin. Mbl. Augenheilk. 78, Beil.-Heft (1927).
[3] DE HAAN u. VAN CREVELD: Biochem. Z. 123 (1921).
[4] TAKAHASHI: Graefes Arch. 117 (1926).
[5] COHEN, KAMNER u. KILLIAN: Trans. amer. ophthalm. Soc. 25 (1927).

weitgehend parallel verlaufend, so daß der vorher bestehende Verteilungsfaktor fast stets gewahrt wurde nach folgender Tabelle.

Tabelle 28.

	Harnstoff N Blut	Harnstoff N Intraok. Fl.	Intraok. Fl. Blut	
	mg%		Blut	
Kaninchen I. . . .	25,6	18,6	0,73	Kontrolle
	113,0	112,2	0,99	60 Stunden nach Ureteren-Unterbindung
Kaninchen II . . .	14,4	14,2	0,98	Kontrolle
	64,6	63,9	0,97	36 Stunden nach Ureteren-Unterbindung
Kaninchen III . . .	20,7	18,1	0,87	Kontrolle
	171,2	160,0	0,93	76 Stunden nach Ureteren-Unterbindung
Kaninchen IV . . .	14,5	12,3	0,84	Kontrolle
	197,8	162,2	0,82	65 Stunden nach Ureteren-Unterbindung

Bezüglich des NaCl-Gehaltes fand Gala[1] bei erheblichen Abweichungen des Blut-NaCl-Gehaltes von der Norm (teils durch die Krankheit bedingt, teils durch therapeutische Maßnahmen erzwungen) gleichsinnige Abweichungen von der Norm auch im K.W. (Beobachtung an 4 Nephritis- und 1 Cystitiskranken).

3. Lockerung der Blut-K.W.-Schranke. Über Änderungen des K.W.-Eiweißgehaltes durch eine Beeinflussung des Blutes oder der Blutbahn sind ausgedehnte Untersuchungen angestellt worden. Bei der physiologischerweise geringen Permeabilität der Blut-K.W.-Schranke für Eiweißkörper ist durch Eingriffe verschiedener Art vorwiegend eine mehr oder weniger große Durchbrechung dieser Schranke zu erwarten.

Abweichungen des K.W.-Eiweißgehaltes von der Norm sind stets nur in der Richtung einer Annäherung an die Plasmazusammensetzung zu erzielen und sind bedingt durch eine Steigerung der Permeabilität der Blut-K.W.-Schranke. Vermehrung der Endotheldurchlässigkeit durch Verabreichung verschiedener Diuretica (Theophyllin, Novasurol, Salyrgan) führt beim Kaninchen nach France-schetti und Wieland[2] zu einer Eiweißvermehrung im K.W., das sich dabei dem Plasmaeiweißgehalt stark nähern kann.

In gleicher Richtung, wenn auch viel weniger intensiv, wirkt Sympathicus-durchschneidung oder Exstirpation des Gangl. cerv. supr., die nach Wessely[3] von einer allerdings geringeren (0,08%) Eiweißsteigerung gefolgt ist; dieser Befund Wesselys wurde neuerdings von Müller und Pflimlin[4] bestätigt, allerdings mit der Einschränkung, daß der hyperämisierende Einfluß einer Äthernarkose unterstützend zu der Sympathicusdurchschneidung hinzukommen müsse.

Zahlreicher sind die Untersuchungen über den Eiweißgehalt des K.W. im Anschluß an lokal am Auge angreifende hyperämisierende Reize. Als geeignetes Reizmittel wandte Wessely[5] an Höllensteinätzung, Wärme und subconjunctivale hypertonische NaCl-Injektionen mit dem Erfolg einer Eiweißsteigerung im Tierversuch bis zu 1%.

[1] Gala: Bratislav. lék. Listy 3 (1923/24).
[2] Franceschetti u. Wieland: Arch. Augenheilk. 99 (1928).
[3] Wessely: Arch. Augenheilk. 60 (1908).
[4] Müller u. Pflimlin: Arch. Augenheilk. 100/101 (1929).
[5] Wessely: Verh. dtsch. ophthalm. Ges. Heidelberg 1900 — Arch. klin. Chir. 71 (1903) — Arch. Augenheilk. 60 (1908).

LÖWENSTEIN und KUBIK[1] stellten ebenfalls am Kaninchenauge Untersuchungen über die Beeinflussung des K.W.-Eiweißgehaltes an. Sie fanden eine Eiweißvermehrung nach Dioninverabreichung, nach subconjunctivaler Injektion verschiedener hypertonischer Salzlösungen nach subconjunctivaler Luftinjektion, nach Massage, nach Wärmeanwendung und in geringem Grade bei Stauung mit der Saugglocke.

Als Ausdruck einer Eiweißvermehrung nach subconjunctivalen, hypertonischen NaCl-Injektionen erwähnt LÖWENSTEIN[2] eine Viscositätssteigerung. Eiweißsteigerung im K.W. wurde noch gefunden nach Dioninverabreichung von SAMKOVSKIJ[3], nach Eserin und Pilocarpin von SEIDEL[4] und von YUDKIN[5], nach Eserin von WESSELY[6] und von ADLER und LANDIS[7]; von den beiden letzteren Autoren und von ALAJMO[8] wird die Angabe einer Eiweißvermehrung nach Pilocarpinverabreichung nicht bestätigt.

In sehr prompter Weise bewirkt eine Durchbrechung der Blut-K.W.-Schranke Punktion der vorderen Kammer. Der Eiweißgehalt des K.W.-Regenerates steigt bei den meisten Versuchstieren auf beträchtliche Höhe (bis 4,5%). Dabei ist der jeweilig gefundene Wert für den Eiweißgehalt des K.W.-Regenerates weitgehend abhängig von dem Zeitpunkt der Entnahme. Diese auch aus Untersuchungen anderer Autoren zu ersehende Tatsache wird in instruktiver Weise durch die nebenstehende Kurve von FRANCESCHETTI und WIELAND[9] demonstriert:

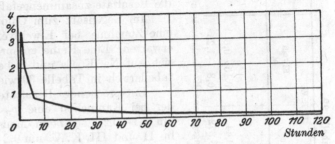

Abb. 437. Eiweißgehalt des K.W.-Regenerators in Abhängigkeit vom Zeitpunkt der Entnahme. (Nach FRANCESCHETTI und WIELAND.)

Wie oben bereits erwähnt, ist die Eiweißvermehrung im K.W.-Regenerat des menschlichen Auges wesentlich geringer und erreicht nur Werte von 0,02 bis 0,4% (WESSELY, DIETER, MESTREZAT und MAGITOT, GILBERT, FRANCESCHETTI und WIELAND, GALA). Es wurde bereits erwähnt, daß HAGEN, LÖWENSTEIN, GEBB und RADOS für das K.W.-Regenerat des menschlichen Auges eine Eiweißvermehrung überhaupt bestreiten.

Eine Teilerscheinung eines vermehrten Eiweißübertrittes ins K.W. unter dem Einfluß der verschiedensten, die Blut-K.W.-Schranke lockernden Eingriffe, ist das reichlichere Auftreten von Antikörpern im K.W. Entsprechende Befunde erhoben LEBER[10], WESSELY[11], RÖMER[12], MIJASHIT[13]A, FRANCESCHETTI und HALLAUER[14].

In Abhängigkeit von der Eiweißvermehrung des K.W.-Regenerates tritt eine Änderung des Gehaltes an diffusiblen dissoziierten Substanzen ein. MEESMANN[15]

[1] LÖWENSTEIN u. KUBIK: Graefes Arch. 89 (1915).
[2] LÖWENSTEIN: Arch. Augenheilk. 70 (1912).
[3] SAMKOVSKIJ: Ref. Zbl. Ophthalm. 19 (1928).   [4] SEIDEL: Graefes Arch. 102 (1920).
[5] YUDKIN: Ref. Zbl. Ophthalm. 17 (1927).
[6] WESSELY: In Spiro-Ashers Erg. Physiol. 4 (1905).
[7] ADLER u. LANDIS: Arch. of Ophthalm. 1925.   [8] ALAJMO: Arch. Ottalm. 29 (1923).
[9] FRANCESCHETTI u. WIELAND: Arch. Augenheilk. 99, 49 (1928).
[10] LEBER: Graefes Arch. 64 (1906).   [11] WESSELY: Arch. klin. Chir. 71 (1903).
[12] RÖMER: Arch. Augenheilk. 54 (1906) — Graefes Arch. 56 (1903); 60 (1905).
[13] MIJASHITA: Klin. Mbl. Augenheilk. 47 (1909); 48, Beil.-Heft (1910).
[14] FRANCESCHETTI u. HALLAUER: Arch. Augenheilk. 100/101 (1929).
[15] MEESMANN: Verh. dtsch. ophthalm. Ges. Heidelberg 1924.

Tabelle 29.

	Normales K.W. Cl %	Normales K.W. Eiweiß %	II K.W. Cl %	II K.W. Eiweiß %	K.W. entzündeter Augen Cl %	K.W. entzündeter Augen Eiweiß %	Untersucher
Mensch	0,423—0,439						
Hund, Katze und Kaninchen	0,376—0,413	0,02—0,06	0,35 —0,44	0,15—0,6	0,367—0,417	0,55—1,3	K. Ascher
Kaninchen	0,361—0,399	0,03—0,07	0,319—0,372	0,8 —1,25			Gala Tron

Bei Ascher und Gala in der Arbeit angegebene Kochsalzwerte auf Cl umgerechnet.

hat diese zuerst in Beziehung gebracht von einem Rückgängigwerden der Donnanverschiebung mit zunehmendem Eiweißgehalt des K.W. und hat diese Ansicht durch Messungen des Donnanschen Membranpotentials, das zwischen Blut und K.W. besteht, gestützt.

Da, wie oben ausgeführt, bei anodischem Kolloidion (Eiweiß) in der Blutbahn ein Anionenüberschuß auf der kolloidfreien Seite (K.W.) auftritt, so muß bei Eiweißzunahme im K.W. dieser Anionenüberschuß mehr und mehr verschwinden.

Messungen sind ausgeführt worden für die Anionen am Cl-Gehalt und für die Kationen am H-, Na-, K- und Ca-Gehalt.

Daß der Cl-Gehalt des K.W. mit steigendem Eiweißgehalt abnimmt, ist übereinstimmend von einer Reihe von Autoren gefunden worden. Ich gebe die Resultate zusammengefaßt in Tabelle 29 wieder.

Im Gegensatz zum Chlor ist für die Kationen eine Zunahme bei Eiweißvermehrung des K.W. zu erwarten. Eine Reihe entsprechender Resultate, die sich auf Na, K, Ca und H beziehen, seien wiederum tabellarisch in Tabelle 30 wiedergegeben:

Entsprechende Resultate[1] erhielt auch Kubik, der bei Kaninchen eine p_H-Senkung im II. K.W. um 0,1—0,2 und beim Menschen eine p_H-Senkung im II. und III. K.W. um 0,2—0,3 fand, ferner fand Kubik[1] eine p_H-Senkung im I. K.W. bei akuter Iridocyclitis. Leider fehlen bei den Messungen von Meesmann, Baurmann und Kubik gleichzeitig ausgeführte Eiweißbestimmungen.

Daß qualitativ die Verschiebung der Elektrolytkonzentration in I. und II. K.W. so vor sich geht, wie es bei dem Zusammenbruch des Donnangleichgewichtes infolge Durchlässigwerdens der Blut-K.W.-Schranke für Kolloide zu erwarten ist, dürfte nach diesen Ergebnissen außer Zweifel sein; quantitativ bedürfen indessen die Resultate noch einer gewissen Durcharbeitung. Nicht ganz belanglos sind für die Beurteilung von I. und II. K.W. auch vielleicht gewisse Unterschiede des Elektrolytgehaltes von arteriellem und venösem Plasma, die unter dem Einfluß der wechselnden CO_2-Spannung zustande kommen[2].

An diese Möglichkeit ist um so mehr zu denken, als die erwähnten Anionen- und Kationenverschiebungen auch im menschlichen II. K.W. jedenfalls für Cl erkennbar sind, obwohl die Eiweißvermehrung des II. K.W. hier nur minimal ist.

---

[1] Kubik: Arch. Augenheilk. **98** (1928).

[2] Vgl. van Creveld: Biochem. Z. **129** (1921) — Handb. d. norm. u. path. Physiol. **6** I, 239ff.

IV. Die Entstehung und Regulierung des Augendruckes.

A. Abhängigkeit von der Abflußbehinderung zum SCHLEMMschen Kanal.

Die Entstehung des Augendruckes und seiner pathologischen Schwankungen wird verschieden erklärt. Nach der LEBERSCHEN Lehre ist der Augendruck im wesentlichen das Resultat der Größe zweier Faktoren, nämlich des K.W.-Zuflusses aus den Ciliarfortsätzen und des K.W.-Abflusses zum Schl. K. Bezüglich der Abweichungen von der Norm ist das Hauptinteresse stets den Drucksteigerungen zugewandt worden, für die als wesentlichstes Moment die K.W.-Abflußbehinderung durch den Schl. K. in Betracht kommt. Diese Vorstellung ist experimentell geprüft worden durch Versuche, künstlich den Kammerwinkel und damit den Zugang zum Schl. K. zu verlegen. Ein positives Ergebnis ergaben in dieser Beziehung die Versuche von BENTZEN[1] und Versuche von ERDMANN[2]. Ersterer versuchte, durch mechanische Läsion der K.W.-Gegend die Verödung zu erzielen, letzterer durch Einführung von elektrolytisch gebildetem Eisenoxyd und Eisenoxydul in die V.K. Als Erfolg dieser Maßnahme zeigte sich eine meist erhebliche entzündliche Reaktion mit nachfolgender starker Proliferation der endothelialen Elemente (Hornhautrückfläche, Kammerwinkel und Iris), die schließlich eine K.-Winkel-Obliteration herbeiführte.

Ähnlich ist anscheinend der Erfolg von Tuscheeinführung in die V.K., die SEIDEL[3] bei Kaninchen vornahm und die zu Drucksteigerung und hydrophthalmusartiger Vergrößerung des Auges führte. SEIDEL[3] führt den Erfolg dieses Experimentes allerdings weniger auf entzündliche Gewebsreaktionen zurück, als vielmehr auf eine mechanische Verstopfung der Filterporen der inneren Wandung des Schl. K. durch die feinen Tuschepartikel. Eine mechanische Verlegung des K.W. konnte WESSELY[4] bei wachsenden Kaninchen durch ausgiebige Linsendiscision erzielen. Die nachfolgende Linsenquellung führte zu einer

[1] BENTZEN: Graefes Arch. **41** (1895).
[2] ERDMANN: Graefes Arch. **66** (1907).
[3] SEIDEL: Graefes Arch. **104** (1921).
[4] WESSELY: Münch. med. Wschr. **56** (1909).

Tabelle 30.

Autor	Tier	Normales K.W. Na %	K %	Ca %	H	Eiweiß %	II K.W. Na %	K %	Ca %	H	Eiweiß %
LIEBERMANN	Kaninchen	0,275	0,0175	0,008		0,020	0,312	0,020	0,010		3,05
TRON	Hund		0,0136 bis 0,0189	0,0066 bis 0,0087				0,0169 bis 0,0203	0,0096 bis 0,0122		
MEESMANN	Kaninchen				$1,7$ bis $1,9 \cdot 10^{-8}$					$2,09$ bis $2,8 \cdot 10^{-8}$	
BAURMANN	Kaninchen				$3,09 \cdot 10^{-8}$ $4,42$ bis					$3,6 \cdot 10^{-8}$ $3,8 \cdot 10^{-8}$	
BAURMANN	Mensch				$5,82 \cdot 10^{-8}$					$4,52$ bis $5,89 \cdot 10^{-8}$	

Kammerwinkelverlegung durch Vorwärtsdrängen der Iriswurzel. Der Erfolg war Drucksteigerung und hydrophthalmusartige Vergrößerung der Augen.

In weit höherem Maße als durch die experimentelle Forschung sind die Vorstellungen über die Regulierung des intraokularen Druckes und dessen Abhängigkeit von dem Bestehen eines kontinuierlichen K.W.-Abflusses zum Schl. K. beeinflußt durch die klinische Beobachtung und durch die histologische Untersuchung erkrankter menschlicher Augen. Eine Trennung von vorderer und hinterer Augenkammer durch totale Verwachsung der Pupille führt in vielen Fällen zu einer Vorwölbung der Iris in die V.K. und zu einer Drucksteigerung. Indessen sind Seclusio pupillae einerseits und Abflachung der vorderen Kammer und Drucksteigerung andererseits nicht so unbedingt aneinander gebunden, wie es zu erwarten wäre, wenn die Vorstellung: „K.W.-Produktion in den Ciliarfortsätzen — K.W.-Abfluß zum Schl. K. und zu einem geringen Teil durch die Gefäße der Iris" in dieser strengen Scheidung zu Recht bestünde. Auf klinische Beobachtungen von Fällen mit Pupillarverschluß, die von diesem Schema deutlich abweichen, hat vor allem Stock[1] hingewiesen (vgl. auch Beobachtungen von Rönne[2]).

Eine andere klinische Beobachtung, die die Bedeutung des Schl. K. stark in den Vordergrund rückt, geht aus von der alten Erfahrung, daß angespanntes Lesen bei heller Beleuchtung einen beginnenden Anfall von Drucksteigerung gelegentlich rückgängig zu machen vermag. Seidel[3] und Serr[4] berichten über eine Reihe von Fällen, in denen Verdunkelung oder Akkommodationsentspannung prompt den Augendruck in etwa 1 Stunde beträchtlich ansteigen ließ, während Belichtung der Augen oder Akkommodationsanspannung wieder eine schnelle Drucksenkung herbeiführte. Ausschlaggebend ist nach diesen Autoren für eintretende Drucksteigerung oder Drucksenkung die Weite der Pupille, deren Verengerung den Zugang zum K.W. freimacht, deren Erweiterung den Zugang verlegt. Entsprechende Beobachtungen sind auch von Feigenbaum[5] mitgeteilt worden, allerdings mit einem anderen Erklärungsversuch.

Einstweilen ist in der Beurteilung zweifellos Zurückhaltung geboten, vor allem mit Rücksicht auf die Feststellungen von Salzmann[6], der bei der Ophthalmoskopie der Kammerbucht fand, daß auch bei Fällen mit flacher V.K. der Einblick in die Kammerbucht unter der Wirkung eines Mydriaticums nicht erschwert wird und der eine Zusammenschoppung und Verdickung der Iris im atropinisierten Auge stets vermißte, während nach Koeppe[7] für die stereoskopische Beobachtung des K.-Winkels an der Spaltlampe Atropinisierung hinderlich ist.

Die histologische Untersuchung früher an Drucksteigerung erkrankter Augen zeigt, daß die K.W.-Abfuhr behindert sein kann durch angeborene Mißbildung (bei Hydrophthalmus Fehlen oder abnorm rückwärtige Lage des Schl. K. — Reis[8], Seefelder[9], Jaensch[10] u. a., oder Verdichtung und Kryptenmangel des abnorm dürftig angelegten Irisstromas — Meller[11]), ferner durch eine Verlegung der Kammerbucht infolge sog. Iriswurzelsynechie oder durch Änderung der histologischen Struktur der Gebilde der Kammerbucht und der Iris.

---

[1] Stock: Klin. Mbl. Augenheilk. **43** (1905); **47** (1909).
[2] Rönne: Klin. Mbl. Augenheilk. **51** (1913).
[3] Seidel: Graefes Arch. **102** (1920); **119** (1928).
[4] Serr: Verh. dtsch. ophthalm. Ges. Heidelberg **1925**; **1927** — Graefes Arch. **121** (1928).
[5] Feigenbaum: Klin. Mbl. Augenheilk. **80** (1928).
[6] Salzmann: Z. Augenheilk. **34** (1915).
[7] Koeppe: Mikroskopie des lebenden Auges **1**. Berlin 1920.
[8] Reis: Graefes Arch. **60** (1905).
[9] Seefelder: Graefes Arch. **63** (1906); **103** (1920).
[10] Jaensch: Graefes Arch. **118** (1927).   [11] Meller: Graefes Arch. **92** (1927).

Eine ausführliche Erörterung dieser Befunde hat neuerdings ELSCHNIG[1] gegeben. Nach ELSCHNIG ist die mehr oder weniger vollkommene Verlegung des Zuganges zum Schl. K. durch Iriswurzelsynechie für die Fälle von inkompensiertem Glaukom die Regel. Entsprechende anatomische Befunde wurden in unkomplizierten Frühfällen erhoben von BIRNBACHER[2], ELSCHNIG[3], LEVINSOHN[4] und PRIESTLEY SMITH[5].

Im Gegensatz dazu fehlt die Iriswurzelsynechie nach ELSCHNIG in den streng ausgesonderten Fällen von stets kompensiertem Glaukom. Dafür findet sich dabei aber eine Verdichtung des Gewebes der Kammerbucht oder ein abnorm weites Vorspringen des Ciliarmuskelansatzes (SCHNABEL, DE VRIES, HOLTH, FLEISCHER, RÖNNE), wodurch der Zugang zum Schl. K. erschwert wird.

Von LEVINSOHN[6] und später von KOEPPE[7] ist die Aufmerksamkeit auf eine Pigmentimprägnation des Ligamentum pectinatum und der Iris gelenkt und diesem Befund die Ursache einer Störung der normalen K.W.-Resorption zugeschrieben worden. Anatomisch sind solche Befunde zum Teil bereits vorher von BIRNBACHER und CZERMAK[8], v. HIPPEL[9], THOMSEN[10] u. a. erhoben worden. Die Bedeutung dieser Pigmentimprägnation ist aber durch die kritischen Betrachtungen von HANSSEN[11] stark eingeschränkt worden, nach dessen Untersuchungen sich entsprechende Befunde in einem relativ hohen Prozentsatz auch in Augen ohne Drucksteigerung finden.

B. Abhängigkeit von der Intensität eines Kammerwasser-Sekretionsvorganges.

Unter dem Begriff einer Hyper- und Hyposekretion sind sehr verschiedene Dinge zusammengefaßt worden, denen die Bezeichnung einer Sekretion im strengen Sinne zweifellos nicht zukommt; vor allem sind in der älteren Literatur Filtration und Sekretion oft nicht getrennt worden. Eine echte Sekretion mit einer wirklichen Arbeitsleistung des Ciliarepithels nehmen unter entsprechender Begründung BOTTAZZI und STURCHIO[12] und in Übereinstimmung mit ihnen SCALINCI[13] an auf Grund ihrer Untersuchungen über die osmotische Konzentration einerseits des Blutes, andererseits des K.W.; nach diesen Autoren besteht die Tätigkeit des Ciliarepithels darin, durch Salztransport eine Hypertonie der intraokularen Flüssigkeiten zu erzeugen und dauernd zu unterhalten; aus dieser Hypertonie resultiert eine durch Osmose bedingte, zum Auge hin gerichtete Flüssigkeitsströmung, die trotz K.W.-Abflusses zum Schl. K. einen gewissen Intraokulardruck dauernd aufrechterhält. Abweichungen von der Höhe des normalen Augendruckes können bedingt sein nicht nur durch Störungen der normalen Filtration zum K.-Winkel, sondern auch durch Störungen der sekretorischen Funktion des Epithels etwa durch übermäßige Steigerung der Salzkonzentration der intraokularen Flüssigkeit. Es wurde indessen oben gezeigt, daß die Grundlage dieser

[1] ELSCHNIG: Handb. d. spez. path. Anat. u. Histol. **11** I (1928).
[2] BIRNBACHER: Festschrift der K. K. Universitä Graz. 1890.
[3] ELSCHNIG: Arch. Augenheilk. **33**, Erg.-Heft (1896).
[4] LEVINSOHN: Berl. klin. Wschr. **1902**.
[5] PRIESTLEY SMITH: On the pathol. and treatment of glaucoma. London 1891.
[6] LEVINSOHN: Arch. Augenheilk. **62** (1909).
[7] KOEPPE: Verh. dtsch. Ges. Heidelberg **1916** — Graefes Arch. **92** (1917).
[8] BIRNBACHER u. CZERMAK: Graefes Arch. **32** (1886).
[9] v. HIPPEL: Graefes Arch. **52** (1901).
[10] THOMSEN: Klin. Mbl. Augenheilk. **60** (1918).
[11] HANSSEN: Klin. Mbl. Augenheilk. **61** (1918).
[12] BOTTAZZI-STURCHIO: Arch. Ottalm. **13** (1905/06).
[13] SCALINCI: Arch. Augenheilk. **57** (1907) — Arch. d'Ophthalm. **27** (1907).

Theorie, nämlich die Annahme, daß das K.W. dem Blut gegenüber hypertonisch sei, sich nicht aufrechterhalten läßt.

Daß auch Seidel die K.W.-Produktion auf eine echte mit Arbeitsleistung verbundene Drüsentätigkeit des Ciliarepithels zurückführt, wurde oben bereits dargelegt. Nach Seidel[1] ist die Menge des von dieser Drüse erzeugten Sekretes (und auch die Qualität des Sekretes) durch entsprechende Pharmaka zu variieren, und zwar wirken Pilocarpin, Eserin und Muscarin sekretionssteigernd, Atropin sekretionshemmend. Daß dabei am Auge Pilocarpin und Eserin im Gegensatz zu diesen Feststellungen drucksenkend wirkt, liegt nach Seidel[1] an dem Überwiegen der Abflußerleichterung, und daß Atropin drucksteigernd wirkt an dem Überwiegen der Abflußbehinderung durch die jeweils gleichzeitig ausgelöste Irisbewegung[2]. Langanhaltende Hypotonie nach lokaler Adrenalinanwendung ist nach Seidel[3] ebenfalls das Resultat einer Sekretionshemmung infolge Hemmung der Sauerstoffverarbeitung durch die Zellen (Seidel[3], Serr[4], Schmelzer[5]).

C. Abhängigkeit von Blutdruck, Blutverteilung und Gefäßtonus.

Durchaus zu trennen von diesen Vorstellungen einer Intraokulardruckregulierung in Abhängigkeit von dem Funktionszustand einer angenommenen K.W.-Drüse sind die Untersuchungen über die Beziehungen zwischen Blutdruck und Augendruck. Exakte experimentelle Messungen über diese Beziehungen stellte zuerst Wessely[6] an, der feststellte, daß nicht nur jede Pulswelle sich am Augendruck in Form einer einfachen kurzen Erhebung abzeichnet, sondern, daß sich auch Atemschwankungen und willkürlich gesetzte Änderungen des Allgemeinblutdruckes in der Druckkurve des Auges widerspiegeln. Die Beeinflussung des Augendruckes von der Blutbahn aus erwies sich dabei indessen abhängig noch von einer Reihe anderer Faktoren. Insbesondere bei Adrenalinversuchen konnte Wessely analysieren, wie gelegentlich die Wirkung der allgemeinen Blutdrucksteigerung überkompensiert wurde durch eine stärkere Blutgefäßkontraktion im Auge und so bei steigendem Carotisblutdruck der Intraokulardruck sinken konnte. Aus den Versuchen ergab sich deutlich 1. der Einfluß der Höhe des allgemeinen Blutdruckes, 2. der Einfluß der Blutverteilung im Körper und 3. der Einfluß einer Änderung des Kontraktionszustandes des intraokularen Gefäßsystems; diese können sich gegenseitig unterstützen oder sich annähernd aufheben. Die objektiven Feststellungen wie auch die gegebene Deutung der Befunde wurden in vollem Umfange bestätigt durch ähnliche, mit dem Wessely-schen Registriermanometer ausgeführte Untersuchungen von Kochmann und Römer[7].

Es sind, angeregt durch diese experimentellen Ergebnisse, ausgedehnte Untersuchungen am Menschen über die Beziehungen zwischen Augendruck und Blutdruck angestellt worden. Ein Teil der Untersucher kommt zu dem Ergebnis, daß eine Abhängigkeit des Augendruckes von der Höhe des allgemeinen Blutdruckes erkennbar sei (Köllner[8], Gilbert[9], Fricker[10], Horovitz[11], Kümmell[12]),

---

[1] Seidel: Graefes Arch. 108 (1922).
[2] Vgl. dazu auch Löwenstein: Deutsche ophthalmologische Gesellschaft. Jena 1922.
[3] Seidel: Verh. dtsch. ophthalm. Ges. Heidelberg 1925.
[4] Serr: Verh. dtsch. ophthalm. Ges. Heidelberg 1925.
[5] Schmelzer: Verh. dtsch. ophthalm. Ges. Heidelberg 1925.
[6] Wessely: Arch. Augenheilk. 60 (1908); 78 (1915).
[7] Kochmann u. Römer: Graefes Arch. 88 (1914).
[8] Köllner: Arch. Augenheilk. 81 (1916); 83 (1918); 86 (1920).
[9] Gilbert: Graefes Arch. 80 (1912).
[10] Fricker: Klin. Mbl. Augenheilk. 13, N. F. (1912).
[11] Horovitz: Arch. Augenheilk. 81 (1916).   [12] Kümmell: Graefes Arch. 99 (1911).

während von anderen Autoren ein erkennbarer Zusammenhang, jedenfalls für den weit überwiegenden Teil der Fälle, verneint wird (KRÄMER[1], ELSCHNIG[2]).

Es ist indessen auf Grund der Untersuchungen WESSELYs[3] nicht einfach bei erhöhtem Brachialisdruck ein relativ hoher Augendruck zu erwarten, da maßgebend sein muß vor allem der Druck in den kleinen Gefäßen, der Änderungen geradezu gegensinnig dem der Brachialis aufweisen kann (WESSELY[3]). Mehr noch als die absolute Höhe des Blutdruckes sind für den Augendruck von Bedeutung plötzlich eintretende Schwankungen des Blutdruckes, Blutverschiebungen zwischen den einzelnen Körperprovinzen und Weite der intraokularen Gefäße (WESSELY, KÖLLNER).

Von größtem Interesse erscheinen in diesem Zusammenhang Untersuchungen von RICKER und REGENDANZ[4] über die Wirkung ganz verschiedener Reize auf Gefäßnervensystem und lokalen Kreislauf. Danach wird man die Wirkung willkürlich gesetzter starker Reize (Höllensteinätzung, Kauterisation am Limbus corneae, Anwendung hochprozentiger Suprareninlösung) und schliezlich auch die Wirkung einer spontan auftretenden Entzündung auf den Augendruck (im Sinne einer Drucksenkung) ganz vorwiegend auf die erzeugte lokale Kreislaufänderung beziehen dürfen. Nach dem von diesen Autoren entwickelten Stufengesetz darf vielleicht das Gemeinsame dieser verschiedenen Eingriffe zu suchen sein in der Erzeugung eines peristatischen Zustandes am Orte der Reizanwendung (Konstriktorenlähmung am Orte starker Reizwirkung) bei Verengerung der zuführenden Arterien (Konstriktorenreizung an dem der Reizanwendung entfernter gelegenen Ort).

RÖMER[5] weist vorwiegend dem Tonus des intraokularen Gefäßsystems eine ausschlaggebende Rolle für die Regulierung des intraokularen Druckes zu, und zwar gehen danach Augendrucksenkung und Gefäßerschlaffung parallel. Grundlegend für diese Auffasssung RÖMERs ist die Feststellung, daß, wie sich aus Wägungen ergab, Intraokulardruck und Inhalt des Auges sich durchaus nicht immer parallel ändern, daß im Gegenteil, z. B. nach lokaler Adrenalinanwendung, Drucksenkung mit einer Inhaltvermehrung des Auges einhergeht. SCHMIDT[6] und DE DECKER[7] haben diese Untersuchungen RÖMERs weiter ausgebaut und Beziehungen zwischen Augendruck und Gefäßwandeigenschaften (Capillarendothel) wahrscheinlich gemacht; die Berechtigung der SCHMIDTschen Schlußfolgerungen ist allerdings von LOBECK[8] bestritten worden.

Nach histologisch faßbaren Veränderungen der Gefäße, insbesondere der Aderhaut, in Beziehung zur Regulierung des Augendruckes ist vielfach gesucht worden, im ganzen allerdings mit einem negativen Resultat.

BARTELS[9] bespricht die vorliegenden Befunde und weist darauf hin, daß gelegentlich Altersveränderungen, die nichts für Glaukom Typisches darbieten, ohne die nötige Kritik in extenso beschrieben worden sind. BARTELS selbst findet bei seinen (3) Fällen von Glaukom die vorderen Ciliararterien mehr oder weniger stark verengt, die langen hinteren Ciliararterien teils normal, teils leichter verengt, dagegen die kurzen hinteren Ciliararterien erheblich erweitert. Ob diesen

---

[1] KRÄMER: Graefes Arch. **73** (1910).　　[2] ELSCHNIG: Graefes Arch. **92** (1917).

[3] WESSELY: Arch. Augenheilk. **83** (1918).

[4] RICKER-REGENDANZ: Virchows Arch. **231** 1921. — RICKER: Pathologie als Naturwissenschaft. Berlin 1924.

[5] RÖMER: Verh. dtsch. ophthalm. Ges. Heidelberg **1927** — 89. Verh. dtsch. Ges. Naturforsch. Düsseldorf 1926.

[6] SCHMIDT: Verh. dtsch. ophthalm. Ges. Heidelberg **1927** — Arch. Augenheilk. **98** (1928); **100/101** (1929).

[7] DE DECKER: Arch. Augenheilk. **100/101** (1929).

[8] LOBECK: Graefes Arch. **123** (1930).　　[9] BARTELS: Z. Augenheilk. **14** (1905).

Befunden eine wesentliche Bedeutung zukommt, läßt Bartels selbst dahingestellt. Sehr wesentlich ist, daß gerade die an relativ frischen Glaukomfällen vorgenommenen Untersuchungen von Elschnig wesentliche Gefäßveränderungen nicht haben erkennen lassen.

D. Abhängigkeit vom Zustand der Vortexvenen.

Besondere Beachtung ist noch den Vortexvenen geschenkt worden. Birnbacher[1] und Czermak[1] haben Wandverdickungen mit Einengung der Lumina beschrieben, Magitot[2] endophlebitische Prozesse an den Venen des vorderen und des hinteren Bulbusabschnittes. Ähnliche Veränderungen fanden in einem Teil der Fälle Bartels, Stirling und andere, ohne daß daraus mit einiger Sicherheit eine Beziehung zur vorausgegangenen Störung der Druckregulierung abzuleiten gewesen wäre.

Czermak[3] hat eine grundlegende Bedeutung der Vortexveränderungen für die Entstehung des Glaukoms später abgelehnt und die früher erhobenen Befunde teils als senile Veränderungen, teils als Folgeerscheinungen der schon eingetretenen Drucksteigerung bewertet.

Dagegen hat Heerfordt[4], theoretischen Überlegungen folgend, eine durch Abflußbehinderung aus den Vortexvenen entstehende Hämostase als Grundlage des inflammatorischen Glaukoms erklärt. Die histologische Untersuchung zweier Fälle von inflammatorischem Glaukom ergab teils erhebliche Verengerung der Vortexvenen am Eintritt in den Scleralkanal, teils ein weites Vorspringen einer dünn ausgezogenen Sinoscleralplatte. Nach Heerfordt kommt die Hämostase zustande dadurch, daß sich der am Übergang des Sinus vorticosus zum engen Scleralkanal spornartig vortretende innere Rand (Sinoscleralplatte) im Blutstrom fängt und klappenartig das Gefäßlumen verschließt.

Dieser Befund einer Klappenbildung beim inflammatorischen Glaukom wurde später von Thomsen[5] bei Untersuchung eines Falles von akutem Glaukom (5 Tage alt) nicht bestätigt.

E. Die Glaskörperquellungstheorie.

M. H. Fischer[6] stellte ausgehend von Versuchen über Gelatinequellung und auf Grund der Feststellung, daß Hammelaugen beim Einlegen in verdünnte Salzsäurelösung in kürzester Zeit steinhart wurden, die Theorie der Säurequellung des Glaskörpers als Grundlage pathologischer Intraokulardrucksteigerung auf. Die Beobachtung einer außerordentlich starken Drucksteigerung unter dem Einfluß der verdünnten Säure wurde an sich bestätigt (McCaw[7], v. Fürth und Hanke[8], Ruben[9]), doch wurde durch Untersuchungen von v. Fürth und Hanke und Ruben gezeigt, daß es sich dabei nicht um das Resultat einer Glaskörperquellung, sondern um das Ergebnis einer Quellung der Sclera mit dem Resultat einer Kapazitätsverminderung des Bulbus handelt. Dieser Befund einer Raumbeschränkung unter dem Einfluß einer Säurequellung der Sclera

[1] Birnbacher u. Czermak: Graefes Arch. 32 (1886). — Birnbacher: Festschrift d. K. K. Univers. Graz 1890.

[2] Magitot: Ann. d'Ocul. 147 (1912).

[3] Czermak: Prag. med. Wschr. 1897.

[4] Heerfordt: Graefes Arch. 78 (1911); 83 (1912).

[5] Thomsen: Klin. Mbl. Augenheilk. 60 (1918).

[6] Fischer, M. H.: Pflügers Arch. 125 (1908); 127 (1909).

[7] McCaw, I. A.: Ophthalm. Rec. 24 (1915).

[8] v. Fürth u. Hanke: Z. Augenheilk. 29 (1913).

[9] Ruben: Graefes Arch. 86 (1913).

wurden von Heesch[1] und von Nakamura[2] bestätigt. Wenn somit die Fischersche Theorie einer Säurequellung des Glaskörpers als Grundlage einer Augendruck-steigerung bereits den Boden verloren hatte, so wurde die Unhaltbarkeit der Theorie schließlich erwiesen durch Untersuchungen über die Eigenschaften des Glaskörpers. Baurmann[3] fand bei Untersuchungen am Rinderglaskörper, daß der Glaskörper sich in vivo zum mindesten nahe seinem Quellungsmaximum befindet, und daß Verschiebungen der H-Ionenkonzentration, ausgehend von annähernd physiologischen Werten nach der sauren Seite nur zu einer Entquellung des Glaskörpers führt; erst jenseits des isoelektrischen Punktes, den er bei p_H 4,4 fand, setzt eine erneute, aber geringere Quellung ein; dieses Quellungsgebiet ist indessen für die hier erörterte Frage bedeutungslos, da es in vivo niemals erreich-bar ist.

Der isoelektrische Punkt wurde von Duke Elder[4] in Übereinstimmung mit Baurmann bei $p_H = 4,5$ gefunden, etwas abweichend gibt Abé[5] $p_H = 3,8$ als isoelektrischen Punkt an. Auch Redslob und Reiss[6] finden bei Glaskörper-quellungsversuchen bei p_H Verschiebung von p_H 8,0 zur sauren Seite hin eine schnelle Entquellung des Glaskörpers. Mit diesen Feststellungen ist die Theorie der Säurequellung des Glaskörpers als Grundlage einer Intraokulardrucksteigerung als erledigt anzusehen.

Mit Rücksicht auf die Form der Glaskörperquellungskurve, die bei $p_H = 9,0$ nach der Darstellung von Baurmann ein flaches Maximum hat (etwas abweichend davon geben Abé bei $p_H = 9,4$, Redslob und Reiss und Duke Elder bei $p_H = 8,3$ ein zweites, kurz einschneidendes Minimum an), liegt die Frage nahe, ob eine Verschiebung der H-Ionenkonzentration vom physiologischen Wert (entsprechend der normalen K.W.-H-Ionenkonzentration, s. oben) zur alkalischen Seite hin eine Glaskörperquellung und Glaukom veranlassen könne. Eine solche Vorstellung hat Meesmann[7] entwickelt und die Theorie einer unter dem Einfluß einer Alkalose erfolgenden Quellung von Glaskörper und Linse als Ursache der V.K.-Abflachung bei Glaucoma simplex aufgestellt. In ähnlicher Weise nehmen auch Redslob und Reiss[6] Glaskörperquellung durch Alkalisierung als Grundlage von Intraokulardrucksteigerung an. Messungen der H-Ionenkonzentration des Blutes und des K.W. haben diese Theorie aber nicht übereinstimmend bestätigt. Im Gegensatz zu den Angaben Meesmanns[7], der im Blut Glaukomkranker eine Verminderung der H-Ionenkonzentration fand (Messung durch Bestimmung von freier und gebundener Kohlensäure des Blutes), fanden Schmelzer[8] und Seidel[9] und ferner Schmerl[10] für Normale und Glaukomkranke völlig überein-stimmende Werte, und ferner konnten Schmelzer[11], Wegner und Enders[12] bei künstlicher Alkalose, erzielt durch Überventilation, eine Drucksteigerung beim Menschen nicht hervorrufen; Messungen der H-Ionenkonzentration des K.W. haben die von Meesmann aufgestellte Theorie ebenfalls nicht bestätigt. Ab-

[1] Heesch: Arch. Augenheilk. 97 (1926).
[2] Kiso-Nakamura: Arch. Augenheilk. 96 (1925).
[3] Baurmann: Graefes Arch. 114 (1924).
[4] Duke-Elder: Trans. ophthalm. Soc. U. Kingd. 49 (1929).
[5] Abé: Arch. Physique biol. 6 (1927).
[6] Redslob u. Reiss: Ann. d'Ocul. 165 (1928); 166 (1929) — C. r. Soc. Biol. Paris 99 (1928).
[7] Meesmann: Arch. Augenheilk. 97 (1926) — Verh. dtsch. ophthalm. Ges. Heidelberg 1925.
[8] Schmelzer: Graefes Arch. 118 (1927).
[9] Seidel: Bayer. augenärztl. Vereinig. München 1926 — Ref. in Klin. Mbl. Augenheilk. 78 (1927).
[10] Schmerl: Arch. Augenheilk. 98 (1928).   [11] Schmelzer: Graefes Arch. 120 (1928).
[12] Wegener u. Enders: Z. Augenheilk. 64 (1928).

gesehen von einer Mitteilung von Gala[1], der nach Messungen mit der Indi-
catorenmethode für eine Reihe von Fällen von primärem Glaukom regelmäßig
etwas erhöhte p_H-Werte fand, sind die mit Rücksicht darauf angestellten Kon-
trollmessungen am K.W. negativ ausgefallen. Danach weist ein großer Teil von
Glaukomfällen keine Abweichungen in der H-Ionenkonzentration von der Norm
auf, wo sich solche aber finden, sind es stets Verschiebungen zur sauren Seite
hin, und zwar finden sich letztere relativ häufig bei akutem Glaukom (Baurmann[2], Kubik[3], Mawas und Vincent[4]).

F. Der Einfluß hydrostatischer und osmotischer Kräfte.

Eine sichere und ganz regelmäßige Beeinflussung des intraokularen Druckes
ist von der Blutbahn aus zu erzielen durch Änderung der osmotischen Konzentration des Blutes. Hertel[5] zeigte, daß Injektion hypertonischer Salzlösung in
die Blutbahn Intraokulardrucksenkung, und daß Injektion hypotonischer Salzlösungen Intraokulardrucksteigerung veranlaßt. Das Auge verhält sich dabei
wie ein Osmometer, dessen „Außenlösung" geändert wird. Da indessen die
Blut-K.W.-Schranke für Krystalloide durchgängig ist, so sind die so erzielbaren
Effekte nur von relativ kurzer Dauer. Diese experimentelle Feststellung Her-
tels wurde vielfach bestätigt (Weekers[6], Duke-Elder[7], Dieter[8] u. a.).

Die Möglichkeit der Entstehung akuter Augendruckänderungen in Abhängigkeit von spontanen Änderungen der osmotischen Blutkonzentration halten
Hertel und Citron[9] aber für vorliegend. Ein unter physiologischen Verhältnissen konstantes osmotisches Druckgefälle besteht nur bezüglich des Anteils
der Kolloide, für die die Blut-K.W.-Schranke undurchgängig ist. Die Möglichkeit, durch Änderungen des Kolloidgehaltes des Blutes den Intraokulardruck zu beeinflussen, war durch die obenerwähnten Versuche von Hertel
bereits gezeigt worden, doch ist beim Menschen eine Beziehung zwischen
krankhaft verändertem Augendruck und kolloidosmotischem Druck des Blutes
nicht auffindbar (Serr[10], Dieter[11]).

Im Vordergrund der Erörterungen steht zur Zeit eine Theorie, die den intraokularen Druck darstellt als das Resultat des mittleren hydrostatischen Druckes
im intraokularen Capillarsystem und des kolloidosmotischen Druckes des Blutplasmas. Hydrostatischer Druck im Gefäßsystem und kolloidosmotischer Druck
des Blutes wirken einander entgegen und der Intraokulardruck ist gleich der
Differenz dieser beiden Werte, also Intraokulardruck = hydrostatischer
mittlerer Capillardruck — kolloidosmotischer Druck des Blutes. Leicht
meßbar sind von diesen Faktoren der Intraokulardruck und der kolloidosmotische Druck des Blutes, während die Meinungen über die Höhe des
mittleren Capillardruckes, wie oben gezeigt, stark auseinandergehen. Dieter[8]
hat die Richtigkeit dieses Gesetzes geprüft durch jedesmalige Bestimmung der
drei Faktoren, wobei er zur Messung des Intraokularen Capillardruckes die obenerwähnte Methode der entoptisch sichtbaren Blutbewegung verwandte. Dieter
fand in diesen Messungen das Gesetz bestätigt, indessen kann die Theorie nicht

[1] Gala: Brit. J. Ophthalm. 9 (1925).   [2] Baurmann: Graefes Arch. 118 (1927).
[3] Kubik: Arch. Augenheilk. 98 (1928).
[4] Mawas u. Vincent: Soc. d'Ophthalm. Paris 1926.
[5] Hertel: Graefes Arch. 88 (1914); 90 (1915) — Arch. Augenheilk. 100/101 (1929).
[6] Weekers: Arch. d'Opht. 40 (1923); 41 (1924).
[7] Duke-Elder: J. of Physiol. 61 (1926).
[8] Dieter: Klin. Mbl. Augenheilk. 80 (1928)
[9] Hertel u. Citron: Graefes Arch. 104 (1921).
[10] Serr: Graefes Arch. 114 (1924).   [11] Dieter: Arch. Augenheilk. 96 (1925).

als sicher bewiesen betrachtet werden, solange nicht mit Sicherheit klargestellt ist, ob wirklich mit Hilfe der Beobachtung der entoptisch sichtbaren Blutbewegung die Höhe des mittleren Capillardruckes meßbar ist. DIETER gibt als Mittel aus seinen Messungen an Normalen folgende Werte:

Intraokularer Capillardruck . . . . 51,5 mm Hg
Kolloidosmotischer Druck des Blutes . . . . 31,7 „　„
Intraokulardruck . . . . 19,8 „　„

　　Bei entsprechenden Untersuchungen an Glaukomkranken fand DIETER eine Steigerung des mittleren Capillardruckes als Ursache der bestehenden Intraokulardrucksteigerung. Bei einem Regulationsmechanismus nach dieser Theorie reicht eine nur geringgradige primäre Steigerung des mittleren Capillardruckes bereits aus, um eine erhebliche Steigerung des Intraokulardruckes zu verursachen, da jede Erhöhung des Intraokulardruckes ihrerseits wieder eine Erhöhung des Capillardruckes durch Behinderung des Blutabflusses veranlaßt und leicht zur Einstellung eines Circulus vitiosus Veranlassung gibt (BAURMANN[1]). Diese im Anschluß an die von DIETER gegebene Darstellung kurz skizzierte Vorstellung von der Entstehung und Regulation des intraokularen Druckes wird von einer Reihe von Autoren mit nur geringen Abweichungen vertreten (BAURMANN[2], MAGITOT[3] DUKE ELDER[4] u. a.). Es scheint mir dabei nicht förderlich, zu trennen zwischen solchen, die das K.W. als ein Dialysat, und solchen, die es als ein Ultrafiltrat des Blutes bezeichnen. Beide Prozesse werden, wenn die Regulierung des intraokularen Druckes überhaupt nach diesem Schema verläuft, nebeneinander herlaufen müssen. Weder der Capillardruck noch der Intraokulardruck können in vivo so starr fixierte Größen sein, daß ein reiner Dialysationsprozeß zwischen Blut und K.W. allein bestehen kann. Jede Schwankung des Intraokulardruckes durch äußere Einflüsse muß zu einem Austausch zwischen Blut und K.W. Veranlassung geben, der nach den Prinzipien der Ultrafiltration verläuft. Da außerdem innerhalb des Capillargebietes ein Druckabfall bestehen muß, so werden Dialysation und Ultrafiltration nebeneinander verlaufen müssen.

G. Abhängigkeit vom sympathisch-parasympathischen Nervensystem und vom endokrinen Apparat.

　　Daß die Regulierung des Augendruckes, gleich welcher Art sie sein möge, unter der Herrschaft des Nervensystems steht, wird allgemein anerkannt. Der Angriffsort solcher regulierender Einflüsse wird indessen sehr verschieden gesucht, und zwar teils auf dem Weg über das intraokulare Gefäßsystem, teils direkt an der das K.W. sezernierenden Drüse, teils schließlich an der Gesamtheit des Zellstaates in Form einer Beeinflussung der Zellaktivität (BAILLIART[5]).

　　Exakte Messungen liegen besonders über die Beeinflussung des Augendruckes bei elektrischer Reizung des Halsmarkes und des Vagus vor; LEBER[6] weist auf die Untersuchungen von v. SCHULTÉN, v. HIPPEL und GRÜNHAGEN, ADAMÜCK, SCHÖLER u. a. hin. Als wesentlichstes Resultat dieser Untersuchungen hatte sich ergeben, daß der Augendruck sich ändert in Abhängigkeit von der Höhe des erzielten allgemeinen Blutdruckes und in Abhängigkeit von dem Kontraktionszustand der intraokularen Gefäße. Die beiden Einflüsse können

---

[1] BAURMANN: Verh. dtsch. ophthalm. Ges. Heidelberg **1924**.
[2] BAURMANN: Graefes Arch. **116** (1925) — Verh. dtsch. ophthalm. Ges. Heidelberg **1924**.
[3] MAGITOT: Ann. d'Ocul. **166** (1929).
[4] DUKE-ELDER: Monographie. London 1927.
[5] BAILLIART: Bull. Soc. franç. Ophtalm. Paris 1927.
[6] LEBER: Graefe-Saemischs Handb. d. Augenheilk., 2. Aufl., **2 II**.

sich überlagern und evtl. in ihrer Wirkung auf den Augendruck aufheben. Diese Feststellungen wurden in experimentellen Untersuchungen mit Hilfe von Reizungs- und Durchschneidungsversuchen des Halsstranges des Sympathicus von Henderson und Starling[1] bestätigt und erweitert. Aus dem gegensinnigen Einfluß von allgemeinem Blutdruck und dem Füllungszustand der intraokularen Gefäße ergibt sich eine gewisse Inkonstanz der experimentellen Befunde, die zudem noch je nach der gewählten Tierart verschieden ausfallen. Wessely[2] konnte aber bei seinen Untersuchungen über den Einfluß von Sympathicusdurchschneidung durch gleichzeitige Registrierung von Carotisdruck und beiderseitigem Augendruck mit Sicherheit zeigen, daß Sympathicusreizung zu Augendrucksenkung unter Kontraktion der intraokularen Gefäße, und daß Sympathicusdurchschneidung zu leichter Augendrucksteigerung unter Erweiterung der intraokularen Gefäße führt. Diese Feststellungen sind im allgemeinen bestätigt worden (Magitot und Bailliart[3], Bailliart[4]), wenngleich eine gewisse Inkonstanz der Befunde auch von diesen Autoren hervorgehoben wird. Leplat[5] erwähnt eine ausgesprochen entgegengesetzte Beobachtung an einem Hunde, bei dem er nach lokaler Adrenalinanwendung trotz sichtbarer Verengerung der Gefäße eine Steigerung des Intraokulardruckes feststellte. Über den Einfluß verschiedener an Sympathicus und Parasympathicus angreifender Pharmaca auf das intraokulare Gefäßsystem teilt Thiel[6] eine Untersuchungsreihe nach Beobachtungen im rotfreien Licht mit; es resultiert folgendes Ergebnis. Nach Adrenalin und Cocain erfolgt eine Kontraktion der Stammgefäße und Capillaren. Pilocarpin und Eserin erweitern die zuführenden und vor allem die abführenden Gefäße. Atropin und Scopolamin macht Blutleere in den Capillaren und abführenden Venen bei Stauung im zuführenden Gefäßgebiet. Untersuchungen über den Einfluß von Pilocarpin und Atropin auf das Ciliarepithel selbst (Seidel) erwähnte ich bereits.

Mit dem Einfluß auf Blutdruck und Gefäßweite ist die Wirkung des vegetativen Nervensystems auf den Augendruck aber sicherlich nicht erschöpft. Der Einfluß auf die Gefäßwanddurchlässigkeit wird in diesem Zusammenhang besonders in neuerer Zeit stark betont, allerdings sind wir von einer Übereinstimmung in den Angaben über diesen Punkt noch weit entfernt.

Schon Wessely stellte in vielfachen, auf diese Frage gerichteten Untersuchungen fest, daß Sympathicusreizung (durch elektrischen Strom sowohl wie durch Adrenalin) zu einer Verminderung der Gefäßdurchlässigkeit und Sympathicuslähmung (durch Gangl.-Exstirpation) zu einer Steigerung der Durchlässigkeit führt, kenntlich an der Stärke des Fluoresceinübertrittes und an der Schnelligkeit der K.W.-Regeneration nach V.K.-Punktion.

Im Gegensatz zu diesen vielfach bestätigten Angaben Wesselys kommt Asher[7] und dessen Schule[8,9] zu dem Schlusse, daß Fehlen der Sympathicusinnervation die Gefäßwanddurchlässigkeit herabsetzt und insbesondere nach der Arbeit von Kajikawa[10] zu verspätetem Fluorescein und vermindertem Eiweißübertritt ins K.W. führt.

[1] Henderson u. Starling: J. of Physiol. **31** (1904).
[2] Wessely: Arch. Augenheilk. **60** (1908).
[3] Magitot u. Bailliart: Ann. d'Ocul. **158** (1921).
[4] Bailliart: Bull. Soc. franç. Ophtalm. **40** (1927).
[5] Leplat: Ann. d'Ocul. **157** (1920).
[6] Thiel: Verh. dtsch. ophthalm. Ges. Heidelberg **1924**.
[7] Asher, L.: Klin. Wschr. **1922**, 1559.
[8] Asher, Abelin u. Scheinfinkel: Biochem. Z. **151** (1924).
[9] Merz: Biochem. Z. **173** (1926).
[10] Kajikawa: Biochem. Z. **133** (1922).

Eine Abhängigkeit der Augendruckregulation vom vegetativen Nervensystem wird von einer großen Zahl von Autoren angenommen, und soweit ich sehe, neigen gerade in letzter Zeit viele dazu, eine Sympathicotonie bei Intraokulardrucksteigerung in den Vordergrund zu stellen. Das ist nicht ganz leicht in Einklang zu bringen mit den vorgenannten experimentellen Ergebnissen, da doch die Mehrzahl der Untersucher die Wirkung der Sympathicusreizung in einer Vasoconstriction und einer Verminderung der Gefäßwanddurchlässigkeit fand. Auch spricht das Versagen der Exstirpation des Halsgangl. als therapeutische Maßnahme gegen Augendrucksteigerung zum mindesten nicht für eine solche Annahme. Es würde einseitig sein, sich zur Stütze einer solchen Annahme etwa nur auf die erwähnten Ergebnisse Ashers und seiner Schule berufen zu wollen. Es wird eine Reihe klinischer Beobachtungen für das Parallelgehen von Sympathicotonie und Augendrucksteigerung ins Feld geführt.

Knapp[1] und Thiel[2] fanden bei Glaukomkranken eine Adrenalinüberempfindlichkeit, kenntlich an relativ leicht zu erzielender Pupillenerweiterung auf Adrenalineinträufelung (pos. Reaktion auch bei 50% der Nachkommen Glaukomkranker; Schoenberg[3]). Den diagnostischen Wert dieser Reaktion wird man allerdings nach den Untersuchungen von Poos[4] über den Einfluß der Sympathicotomie auf die Resorption der verschiedensten in den Bindehautsack eingebrachten Pharmaca vielleicht einschränken müssen. Thiel, Bailliart[5], Hannemann[6] u. a. heben hervor, daß augendrucksenkend alle Parasympathicusreizmittel und Sympathicuslähmungsmittel wirken (einschließlich des Suprarenins, dessen vorübergehender Reizung folgende, langanhaltende Lähmungswirkung als das wesentliche drucksenkende Prinzip angesehen wird).

Thiel[7] beruft sich auf den therapeutischen Effekt des Ergotamins, das er als ein Sympathicuslähmungsmittel bezeichnet, eine Annahme, die allerdings nach den Untersuchungen von Poos[8] wohl nicht haltbar sein dürfte. Sehr ausgedehnte Untersuchungen über die Frage, ob bei Glaukomkranken eine Gleichgewichtsstörung im vegetativen Nervensystem vorliege, hat Passow[9] angestellt, und auch er kommt auf Grund von Bestimmungen des Grundumsatzes, des Jod- und Zuckerspiegels im Blut, des Cholingehaltes und des K/Ca-Quotienten im Blut von Glaukomkranken zu dem Resultat, daß eine „sympathicotone Stigmatisierung" sich bei Glaukomkranken wohl finde.

Die meisten Autoren, die sich mit diesen Beziehungen beschäftigt haben, sprechen vorsichtigerweise nur von einer Störung im vegetativen Nervensystem oder von einer Dysfunktion des Sympathicus und lehnen zum Teil eine weitere Präzisierung als zu unsicher und auch irreführend ab (H. Lagrange[10], Puscarin und Cerker[11] u. a.). In diesem Sinne sprechen Hamburger[12], Bilger[13], Parisius[14], Magitot[15], Scalinci[16] u. a. von einer neuropathischen Konstitution und insbesondere von einer Vasoneurose auf der Basis einer Störung des Gleichgewichtes im vegetativen Nervensystem.

[1] Knapp: Arch. of Ophthalm. 50 (1921).   [2] Thiel: Klin. Mbl. Augenheilk. 97 (1926).
[3] Schoenberg: Ref. in Klin. Mbl. Augenheilk. 73, 273 (1924).
[4] Poos: Verh. dtsch. ophthalm. Ges. Heidelberg 1928.
[5] Bailliart: La Clin. ophtalm. 316 (1927).
[6] Hannemann: Klin. Wschr. 3 (1924).   [7] Thiel: Klin. Mbl. Augenheilk. 77 (1926).
[8] Poos: Klin. Mbl. Augenheilk. 79 (1927).
[9] Passow: Verh. dtsch. ophthalm. Ges. Heidelberg 1928.
[10] Lagrange, zitiert nach Bailliart: Clin. ophtalm. 16 (1927).
[11] Puscarin u. Cerker: Ann. d'Ocul. 162 (1925).
[12] Hamburger: Klin. Mbl. Augenheilk. 69 (1922).
[13] Bilger: Inaug.-Dissert. Tübingen 1924.
[14] Parisius: Münch. med. Wschr. 1924.
[15] Magitot: Ann. d'Ocul. 166 (1929).   [16] Scalinci: Ann. Ottalm. 54 (1926).

Teils in Anlehnung an die Erörterungen über das vegetative Nervensystem werden mannigfache Störungen der inneren Sekretion als Grundlage für Intraokulardruckänderungen angegeben. Die Feststellungen gehen aus von Hertel[1] und von Imre. Hertel ging aus von Beobachtungen, die er an thyreoidektomierten Tieren machte und bei denen er eine Verlangsamung der osmotisch bedingten Wasserverschiebungen zwischen Auge und Blut feststellte. Auf Grund des Erfolges der Verfütterung von Schilddrüsenpräparaten bei solchen Tieren und auf Grund klinischer Beobachtungen am Menschen kam Hertel zu der Feststellung, daß Hyperthyreoidismus mit relativ niedrigem Intraokulardruck und daß Hypothyreoidismus mit relativ hohem Intraokulardruck oft verbunden sei.

Die Untersuchungen wurden später von Freytag[2] auf andere innersekretorische Störungen ausgedehnt. Die angestellten Messungen zeigen mehr oder weniger deutliche Abweichungen von der Norm, doch ist die Zahl der Beobachtungen zu gering zu einem einigermaßen sicheren Urteil.

Unabhängig von Hertel hat Imre jr.[3] nach Beziehungen zwischen innerer Sekretion und Intraokulardruckregulierung gesucht, und zwar zog er die Gesamtheit der Drüsen mit innerer Sekretion in den Kreis seiner Untersuchungen. Imre fand Drucksenkungen besonders bei Hypophysenhyperfunktion, und zwar sowohl in Fällen echter Hypophysentumoren als auch in Fällen, wo Schwangere die Zeichen eines Hyperpituitarismus zeigen. Eine Beziehung zwischen Augendruck und endokrinen Störungen fand Imre bezüglich Hypophyse, Thymus, Schilddrüse, Keimdrüsen, Pankreas und Nebennieren. Beobachtungen Imres über Osteomalacie wurden von Freytag[2] bestätigt, Drucksenkungen während der Schwangerschaft wurden von Marx gefunden, und über das Parallelgehen von Menstruationsstörungen und Augendrucksteigerungen sind mehrere Beobachtungen von Lagrange[4] mitgeteilt.

v. Hippel[5] hat mit Hilfe des Abderhaldenschen Dialysierverfahrens Untersuchungen über etwa vorliegende innersekretorische Störungen angestellt. Unter 23 Glaukomfällen findet sich für Thymus und Thyreoidea auffallend häufig ein positiver Befund, der, wie v. Hippel betont, nur im Sinne einer Dysfunktion (die sowohl Hyper- wie Hypofunktion sein kann) gedeutet werden darf. Der Befund ist aber nicht spezifisch für Glaukom, und wenngleich bei der Vielgestaltigkeit der Wechselwirkungen der innersekretorischen Drüsen zueinander daraus ein Gegenbeweis gegen die obenerwähnten Ausführungen über Beziehungen zwischen Augendruck und innerer Sekretion auch nicht abzuleiten ist, so hat sich doch eben ein exakter Nachweis dieser Beziehungen auf diesem Wege nicht erbringen lassen.

V. Die Stauungspapille.

Auf die Stauungspapille soll hier nur eingegangen werden mit Rücksicht auf deren Beziehungen zum Wasserhaushalt des Auges. Die Theorie einer entzündlichen Genese der Stauungspapille, die Leber, Deutschmann, Elschnig u. a. vertreten haben, ist heute wohl im allgemeinen verlassen zugunsten der Theorie einer mechanischen Erklärung. Hier stehen sich wesentlich gegenüber die Schiecksche und die Behrsche Theorie. Behr[6] geht aus von seinen Untersuchungen über die normale Ernährung des Sehnerven. Danach tritt der den

[1] Hertel: Verh. dtsch. ophthalm. Ges. Heidelberg **1918; 1920.**
[2] Freytag: Klin. Mbl. Augenheilk. **72** (1924).
[3] Imre jr.: Zbl. Ophthalm. **4** (1921); **14** (1925) — Endocrinology **6** (1922) — Verh. dtsch. ophthalm. Ges. Heidelberg **1925.**
[4] Lagrange, H.: Presse méd. **32** (1924).   [5] Hippel, v.: Graefes Arch. **90** (1915).
[6] Behr: Klin. Mbl. Augenheilk. **59** (1917) — Graefes Arch. **101** (1920) — Klin. Wschr. **1928, II.**

Gefäßen entstammende Ernährungsstrom nach dem Durchtritt durch das septale Bindegewebe an die gliöse Grenzmembran, die das mesodermale gegen das ektodermale Gewebe überall abtrennt, heran und wird dort von den Gliafasern aufgenommen und von diesen Fasern an die Nervenfasern herangeführt. Von den Gliafasern wird der dann weiter mit den Stoffwechselprodukten beladene Flüssigkeitsstrom kranialwärts weitergeleitet, ohne mit den Blutgefäßen noch einmal in Beziehung zu treten. Diese Weiterleitung vollzieht sich teils innerhalb der Nervenfaserbündel, teils in den (innerhalb des ektodermalen Gewebes liegenden) subseptalen und subpialen Spalträumen. Erst innerhalb des Schädels verläßt dieser Flüssigkeitsstrom den Sehnerv, bzw. das Chiasma, um sich mit dem Inhalt des III. Ventrikels zu vermischen. BEHR zuerkennt also der gliösen Grenzmembran eine einseitig gerichtete Permeabilität, da er dem aus den Gefäßen stammenden Flüssigkeitsstrom den Durchtritt in Richtung zu den Nervenbündeln frei läßt, den umgekehrten Weg nach Aufnahme der Stoffwechselprodukte aber für verlegt hält. Die Stauungspapille entsteht nach BEHR nun durch Verlegung des einzig zur Verfügung stehenden Abflußweges, nämlich der Verbindung zum Cranium. Die normale Verbindung zum Schädelraum wird nach BEHR unterbrochen durch Druck auf den intrakraniellen Teil des Sehnerven am Austritt aus dem Foramen opticum, der bei bestehendem Hydrocephalus internus aus dem Bestreben der Gehirnmasse sich möglichst auszudehnen, entsteht. Dabei wird die einen Teil des Druckes des Sehnervenkanals bildende Duraduplikatur abwärts gegen den Sehnerven gedrängt, während der Sehnerv in seiner übrigen Circumferenz mehr oder weniger von der Gehirnmasse umklammert wird. Aus der so erzielten Absperrung des Sehnerven gegenüber dem Cranium resultiert Stauung des parenchymatösen Saftstromes und damit Ödem des gesamten orbitalen Sehnerven und der Papille. Wesentlich ist, daß BEHR in den Kreis seiner Theorie auch die nach perforierender Verletzung des Auges gelegentlich zu beobachtende Papillenschwellung einbezieht, die nach BEHR ebenfalls durch Stauung des parenchymatösen Saftstromes infolge Aufhebung des normalerweise zwischen Auge und Cranium bestehenden hydrostatischen zum Cranium gerichteten Druckgefälles entsteht und der bei Hirntumor auftretenden Stauungspapille wesensgleich sei.

SCHIECK[1] geht bei seiner Theorie von der Vorstellung aus, daß physiologischerweise ein langsamer Flüssigkeitsstrom vom Glaskörper aus entlang den Zentralgefäßen und vom Cranium aus durch den Sehnervenscheidenraum bestehe, und daß der Abfluß gemeinsam durch die perivasculären Lymphräume der den Sehnerven verlassenden Zentralgefäße erfolge. Steigerung der Druckes im Sehnervenscheidenraum führt zu Rückstauung der vom Axialstrang herkommenden Flüssigkeit und zu einem Nachdrängen von Flüssigkeit aus dem Sehnervenscheidenraum. Vom Axialstrang aus erfolgt eine ödematöse Durchtränkung des Sehnerven und der Papille. Wesentlich für die SCHIECKsche Theorie ist eine offene Verbindung zwischen Subarachnoidealraum des Gehirns und des Sehnerven.

Der Gegensatz der BEHRschen und der SCHIECKschen Theorie, wonach in einem Fall ein Abschluß zwischen Cranium und Sehnervenscheidenraum gefordert wird, im anderen Fall dagegen eine offene Verbindung, ist oft hervorgehoben worden, indessen scheint mir die Betonung gerade dieses Unterschiedes nicht mehr von so ausschlaggebender Bedeutung, nachdem BEHR unter Einbeziehung der Stauungspapille nach perforierender Verletzung die Aufhebung bzw. Umkehr des physiologischen Druckgefälles zwischen Auge und Schädel als ausreichend für die Entstehung einer Stauung bezeichnet hat; danach würde also der

---

[1] SCHIECK: Die Genese der Stauungspapille. Wiesbaden 1910 — Graefes Arch. 78 (1911); 113 (1924) — Verh. physik.-med. Ges. Würzburg 51, Nr 2 (1926).

totale oder partielle Abschluß des Sehnerven am Foramen opticum nicht mehr conditio sine qua non für die Entstehung der Stauungspapille sein. Als Differenz der beiden Auffassungen bleibt meines Erachtens also dies, daß Behr eine Stauung einer im Sehnerv verlaufenden physiologischerweise zum Gehirn gerichteten parenchymatösen Saftströmung annimmt, entstehend entweder durch eine mechanische Abklemmung des Sehnerven oder durch Umkehr des physiologischerweise zum Cranium gerichteten Druckgefälles, während Schieck im wesentlichen das Eindringen des Liquor cerebrospinalis vom Sehnervenscheidenraum in die perivasculären Lymphscheiden des Axialstranges als Grundlage für das auftretende und von dort sich ausbreitende Papillen- und Sehnervenödem anspricht. Auch Schieck anerkennt die bei Intraokulardrucksenkung auftretende Papillenschwellung als Stauungspapille und erklärt ihre Entstehung in ähnlicher Weise als das Resultat einer Stase der normalerweise perivasculär abfließenden Lymphe. Schiecks Schüler Kyrieleis[1] hat durch tierexperimentelle Untersuchungen diese Auffassung belegt. Im Gegensatz dazu lehnt v. Hippel[2] eine Gleichstellung dieser bei perforierender Verletzung oft auftretenden Papillenschwellung mit der bei Hirndrucksteigerung auftretenden echten Stauungspapille ab und hält die beschriebenen Fälle für überwiegend entzündlicher Genese.

Von Knape[3] und Deyl[4] ist die Auffassung vertreten worden, daß die Stauungspapille das Resultat einer Kompression oder Abknickung der Vena centr. am Durchtritt durch den Sehnervenscheidenraum sei. Diese Auffassung ist besonders von Elschnig[5] abgelehnt worden auf Grund der Feststellung, daß sich bei der histologischen Untersuchung seiner Fälle Zeichen einer Kompression fast niemals fanden: Auch Schieck lehnt diese Auffassung ab mit dem Hinweis, daß sich histologisch eine dann zu erwartende Erweiterung der Zentralvene im Verlauf des Axialstranges nicht finde; außerdem weist Schieck und v. Hippel[6] darauf hin, daß sich Stauungspapille auch bei der höchstgradigen venösen Stauung, nämlich dem Zentralvenenverschluß, nicht finde. Meines Erachtens ist mit diesen Hinweisen die Annahme einer Beteiligung einer venösen Stauung an dem Zustandekommen der Stauungspapille nicht widerlegt. Daß vollständige Unterbrechung der Zirkulation durch Zentralvenenverschluß nicht zu Ödem führt, ist nicht verwunderlich, da ein nennenswerter Flüssigkeitsaustritt aus dem Gefäßsystem nur bei noch bestehender Zirkulation denkbar ist; entgegen den histologischen Feststellungen, die über die in vivo vorhanden gewesenen Zikulationsverhältnisse doch nur sehr beschränkt Auskunft geben können, ist festzustellen, daß bei Stauungspapille regelmäßig eine venöse Abflußbehinderung besteht, wie sich aus der Möglichkeit, aus der Höhe des retrobulbären Zentralvenendruckes zahlenmäßig die Höhe des intrakraniellen Druckes anzugeben, zweifelsfrei ergibt. Trotzdem glaube ich, daß der venösen Stauung bei der Entstehung der Stauungspapille nur eine untergeordnete Bedeutung zukommt, da einerseits die Beschränkung des Ödems auf die Papille und deren nächste Umgebung sonst nur schwer verständlich wäre, und da ich andererseits in einem Fall von Aneurysma der Carotis interna, in dem die Steigerung des Zentralvenendruckes mit Hilfe der Netzhautvenenpulsbeobachtung deutlich feststellbar war, bei mehrmonatiger Beobachtung keine Stauungspapille entstehen sah. Eine später ausgeführte Resektion eines Teiles der erweiterten Orbitalvenen führte zum Auftreten zahlreicher Netzhautblutungen und vermehrter Venenschlängelung, ähnlich dem Bild

---

[1] Kyrieleis: Arch. ophthalm. Ges. **121** (1928).
[2] Hippel, v.: Graefe-Saemischs Handb. d. Augenheilk., 2. Aufl., **7 B.**
[3] Knape, zitiert nach Schieck: Monographie. Wiesbaden 1910.
[4] Deyl: Die ophthalmol. Klinik **1/2** (1897/98).
[5] Elschnig: Graefes Arch. **41** (1895). Wien. klin. Rundschau Nr. 1—4 (1902).
[6] Hippel, v.: Graefe-Saemischs Handb. d. Augenheilk., 2. Aufl., **7 B.**

der Netzhautvenenthrombose; eine dabei auftretende Schwellung der Papille betraf nur die nasale Seite, erreichte kaum $1/3-1/2$ mm Prominenz und bildete sich in 14 Tagen wieder völlig zurück.

BEHR stellte der bei intrakranieller Drucksteigerung auftretenden „passiven" Stauungspapille die „aktive" Stauungspapille gegenüber, die bei gewissen Erkrankungen (Chlorose, Polycythämie, Nephritis usw.) entstehe und durch Änderungen der Eigenschaften des Blutes und des Gewebes bedingt sei. Ohne die Möglichkeit der Entstehung von Stauungspapille auf solchem Wege zu bestreiten, weist KYRIELEIS[1] darauf hin, daß die Möglichkeit einer Hirndrucksteigerung für den größten Teil der darunter beschriebenen Fälle nicht durch entsprechende Untersuchung ausgeschlossen sei. Zumal für die Fälle von Nephritis ist Hirndrucksteigerung als Grundlage der Papillenschwellung nicht selten festgestellt worden.

Eine merkliche Beeinflussung des Intraokulardruckes durch die Höhe des Hirndruckes besteht nicht. Entsprechende Messungen vor und nach Ausführung der Lumbalpunktion nahmen CASOLINO[2], VERDERAME[3], FABRICIUS JENSEN[4] und LAMACHE und DUBAR[5] vor, ohne parallel gehende Änderungen mit einiger Konstanz zu finden. SALVATI[6] fand bei Augendruckmessungen in Fällen von Stauungspapille keine Intraokulardrucksteigerung und vermißt eine solche auch bei experimenteller Hirndrucksteigerung im Tierversuch. Eine entgegengesetzte Angabe finde ich nur bei SZYMANSKI und WLADYCZKO[7], die eine entgegengesetzte klinische Beobachtung und entgegengesetzte Experimentalbeobachtungen mitteilen. Die Arbeit ist mir aber nur im Referat zugängig. LAMACHE und DUBAR[5] erwähnen noch, daß bei plötzlicher Hirndrucksteigerung auch Augendrucksteigerungen zur Beobachtung kommen.

Eine zweifellose Beeinflussung durch die Höhe des Hirndruckes erleidet die Netzhautzirkulation. Die venöse Stauung ist ophthalmoskopisch leicht wahrnehmbar, sie ist in ihrem Ausmaß direkt abhängig von der Höhe der Hirndrucksteigerung, so daß die Messung des retrobulbären Zentralvenendruckes, die nach BAURMANN[8] mit Hilfe der Venenpulsbeobachtung möglich ist, ein Maß abgibt für die Höhe des intrakraniellen Druckes. Nach BAILLIART[9] wird durch Steigerung des intrakraniellen Druckes auch der Zentralarteriendruck beeinflußt, und zwar ebenfalls im Sinne einer Steigerung, die sich zu erkennen gibt durch Annäherung des diastolischen Zentralarteriendruckes an den Brachialisdruck. Auffallend und unerklärt ist dabei die Beobachtung, daß diese Zentralarteriendrucksteigerung nur feststellbar ist, solange noch keine Stauungspapille besteht. Die Beobachtungen BAILLIARTS wurden von MAGITOT[10], KALT[11], CLAUDE, DUBAR und LAMACHE[12], BOLLACK und MÉRIGOT DE TREIGNY[13], von COPPEZ[14], von RASVAN[15] und von LAMACHE-DUBAR[16] bestätigt.

[1] KYRIELEIS: Zitiert auf S. 1390.   [2] CASOLINO: Ref. in Klin. Mbl. Augenheilk. 54 (1914).
[3] VERDERAME: Klin. Mbl. Augenheilk. 54 (1914).
[4] JENSEN, FABR: Acta ophthalm. (København.) 4 (1926).
[5] LAMACHE u. DUBAR: Soc. franç. d'Opht. Nr. 3 (1929).
[6] SALVATI: Ann. d'Ocul. 165 (1928).
[7] SZYMANSKI u. WLADYCZKO: Ref. in Zbl. Ophthalm. 16 (1926).
[8] BAURMANN: Verh. dtsch. ophthalm. Ges. Heidelberg 1925; 1927.
[9] BAILLIART: Ann. d'Ocul. 159 (1922); 165 (1928).
[10] MAGITOT: Amer. J. Ophthalm. 9 (1926) — Ann. d'Ocul. 163 (1926) — Soc. opht. de Paris 31 V (1926) — Revue neur. 34 (1927).
[11] KALT: Thèse Paris 1927 — Arch. d'Opht. 45 (1928).
[12] CLAUDE, LAMACHE u. DUBAR: Bull. Soc. Ophtalm. Paris 1928, Nr 7 — Encéphale 22 (1927).
[13] POLLACK u. MÉRIGOT DE TREIGNY: Bull. Soc. Ophtalm. Paris 1921.
[14] COPPEZ: J. belge de Neur. 1929.
[15] RASVAN: Bull. Soc. roum. Ophthalm. 1. Kongr. 1924.
[16] LAMACHE u. DUBAR: Soc. franç. d'Opht. Nr. 4 (1928).

Elektrische Erscheinungen am Auge.

Von

ARNT KOHLRAUSCH

Tübingen.

Mit 53 Abbildungen.

Zusammenfassende Darstellungen.

HELMHOLTZ, H. v.: Handb. d. physiol. Optik, 2. Aufl., S. 269—273, 1147—1153. Hamburg u. Leipzig: L. VOSS 1896. — BIEDERMANN, W.: Elektrophysiologie S. 842—851. Jena: Gustav Fischer 1895. — NAGEL, W.: Die Wirkungen des Lichts auf die Netzhaut. Nagels Handb. d. Physiol. d. Menschen **3**, 101—105. Braunschweig: Fr. Vieweg & Sohn 1904. — WALLER, A. D.: Die Kennzeichen des Lebens vom Standpunkte elektrischer Untersuchungen S. 30ff. Übersetzung Berlin: A. Hirschwald 1905. — GARTEN, S.: Die Veränderungen der Netzhaut durch Licht. v. Graefe-Saemischs Handb. d. ges. Augenheilk., 1. Teil, Kap. XII, **3**, 213—250 (Anhang). Leipzig: W. Engelmann 1907 — Die Produktion von Elektrizität. Wintersteins Handb. d. vergl. Physiol. **3** II, 163—170, 217—224. Jena: G. Fischer 1910—1914. — HESS, C.: Gesichtssinn. Ebenda **4**, 555—840. — NAGEL, W.: Die Veränderungen der Netzhaut unter der Einwirkung des Lichtes. Zusatz in Helmholtz' Handb. d. Physiol. Optik, 3. Aufl., **2**, 48—52. Hamburg u. Leipzig: L. Voss 1911. — TRENDELENBURG, W.: Die objektiv feststellbaren Lichtwirkungen an der Netzhaut. Asher-Spiros Erg. d. Physiol. **11**, 21—34 (1911). — KOHLRAUSCH, A.: Die Netzhautströme. Tabulae biologicae. **1**, 290—299. Berlin: W. Junk 1925. — ADRIAN, E. D.: Die Untersuchung der Sinnesorgane mit Hilfe elektrophysiologischer Methoden. Asher-Spiros Erg. d. Physiol. **26**, 501—530 (1928). — FRÖHLICH, F. W.: Die Empfindungszeit. S. 211—217 und Literaturverzeichnis S. 344—347. Jena: Gustav Fischer 1929.

Originalarbeiten mit historischen Zusammenfassungen oder Literaturverzeichnissen.

HAAS, H. K. DE: Lichtprikkels en Retinastroomen in hun quantitatief verband. Inaug.-Dissert. Med. Fakult. Leiden 1903. — PIPER, H.: Arch. Physiol. **1905**, Suppl. 133. — v. BRÜCKE, E. TH. u. S. GARTEN: Pflügers Arch. **120**, 290 (1907). — EINTHOVEN, W. u. W. A. JOLLY: Quart. J. exper. Physiol. **1**, 373 (1909). — DAY, E. C.: Amer. J. Physiol. **38**, 369 (1915). — KOHLRAUSCH, A.: Arch. Physiol. **1918**, 195. — CHAFFEE, E. L., W. T. BOVIE u. ALICE HAMPSON: J. optic. soc. Amer. **7**, 1 (1923).

Vorbemerkungen.

Ziel der Sinnesphysiologie, wie jeder physiologischen Forschung, ist die Zurückführung der am Lebenden beobachteten funktionellen Vorgänge auf bekannte physikalisch-chemische Tatsachen. Eine Sonderstellung der sinnesphysiologischen, wie der nerven- und hirnphysiologischen Forschung ist dadurch bedingt, daß die *Funktion* der Sinne *nicht unmittelbar objektiv* beobachtet werden kann, wie etwa die von Muskeln, Nieren, Leber. Sie muß *indirekt*, beim Menschen vorwiegend aus *subjektiven Bewußtseinserscheinungen* — Empfindungen und Wahrnehmungen —, beim Tier gewöhnlich — auf noch weiterem Umwege — aus *Handlungen*, erschlossen werden. Daraus ergibt sich, als eine für die Sinnesphysiologie charakteristische Teilaufgabe, die Suche nach den *objektiven Organvorgängen*, die den subjektiven Erscheinungen bzw. den Handlungen zugeordnet sind. — (Die etwaige weitergehende Frage nach dem *Zusammenhang* zwischen materiellen Vorgängen und Bewußtseinserscheinungen und nach seiner *Erklärung* liegt außerhalb des Bereichs naturwissenschaftlicher Untersuchung.)

So ist es verständlich, daß mit Entdeckung der *objektiven Veränderungen*, die bei Lichtwirkung in der Netzhaut auftreten — des Belichtungsstroms 1865 durch HOLMGREN, der Pigmentwanderung und Sehpurpurbleichung 1876 durch BOLL, der Zapfenkontraktion 1884 durch VAN GENDEREN-STORT — das Bestreben einsetzt, diese nachweisbaren Prozesse zur primären Energieumwandlung in den perzipierenden Sinneszellen und zu den Gesichtsempfindungen in Beziehung zu bringen. Denn dürfen wir, was wohl zulässig erscheint, das *gesamte Sinnesorgan* von seinen peripheren Empfängern bis zu den Empfindern in der zugehörigen Hirnrindenregion als eine, wenn auch gegliederte, *Einheit* auffassen, so besteht in diesen objektiven Netzhaut- und Opticusprozessen tatsächlich die bislang einzige Möglichkeit, dem „*psycho-physischen Parallelismus*"[1] eine exakte experimentelle Grundlage zu geben.

Von der Reihe der objektiven Netzhautvorgänge sind die chemischen Änderungen, die retinomotorischen Wirkungen und das Verhalten des Sehpurpurs zusammen in einem Artikel dieses Handbuches[2] beschrieben. Die Beziehungen des Sehpurpurs zum Sehen sind dort S. 290 behandelt und in den Artikeln: WEIGERT: Photochemisches zur Theorie des Farbensehens 12 I, 536. — TSCHERMAK: Theorie des Farbensehens. 3. Duplizitätstheorie 12 I, 571. — v. KRIES: Zur Theorie des Tages- und Dämmerungssehens 12 I, 679. — KOHLRAUSCH: Tagessehen, Dämmersehen, Adaptation 12 II, 1518, 1519.

Bei den hier darzustellenden *elektrischen Erscheinungen* handelt es sich — zunächst kurz — um folgende Tatsachen: Wird mit unpolarisierbaren Elektroden von je einem Punkt der Cornea und des Fundus oculi zu einem Galvanometer abgeleitet, so findet sich eine Potentialdifferenz von einigen Millivolt, die im allgemeinen eine solche Richtung hat, daß die hintere Augenhälfte — bezogen auf den äußeren Schließungskreis — negativ ist: *Bestandstrom, Dunkelstrom* oder *Ruhestrom* des Auges (DU BOIS-REYMOND[3] 1849). — Belichtet man dann das Auge, so resultiert eine, gewöhnlich mehrphasische Verstärkung, des Bestandpotentials: *Belichtungsstrom, Aktionsstrom* oder *photoelektrischer Strom* des Auges (HOLMGREN[4] 1865). — Zu diesen zwei hauptsächlich untersuchten Erscheinungen kommen noch die *Aktionsströme des Nervus opticus* bei Belichtung des Auges und, vielleicht als etwas Besonderes, die von WALLER[5] (1900) entdeckten, bisher wenig untersuchten *Flammströme* („blaze-currents") des Auges[6].

Es ist zunächst das experimentelle Material übersichtlich zusammenzustellen; dabei soll — soweit das möglich ist — versucht werden, die allem Anschein nach gesicherten Befunde einigermaßen gegen die mehr oder minder unsicheren abzugrenzen. Im Anschluß daran wird zu erörtern sein, welche theoretischen Vorstellungen wir uns heute von den elektromotorischen Erscheinungen des Auges und ihren Beziehungen zu den Gesichtsempfindungen und zur allgemeinen Nervenfunktion auf Grund der Tatsachen machen können.

Vorweg mag sogleich gesagt werden, daß die Untersuchungen der letzten Jahrzehnte nicht nur *eine Reihe wichtiger Beziehungen der Augenströme zu den Gesichtswahrnehmungen* klargestellt (s. S. 1487—1491) und damit eine exakte Grundlage für den psycho-physischen Parallelismus geschaffen, sondern darüber hinaus auch eine prinzipielle Ähnlichkeit der *Retina-Opticus-Ströme* mit denen der *sensiblen* und *Bewegungsnerven* ergeben haben (s. S. 1472—1479, 1491—1496).

Damit hat das — ursprünglich recht spezielle, aber gut durchforschte — Teilgebiet der „elektrischen Erscheinungen am Auge" *eine erhebliche Bedeutung in dem weiteren Rahmen der allgemeinen Nervenphysiologie und Psychophysiologie erlangt.* — So ist es begründet, wenn die elektrischen Erscheinungen am Auge in diesem Handbuch eingehender dargestellt werden, als es in den bisherigen Handbüchern zu geschehen pflegte und als es für ein isoliertes Spezialgebiet berechtigt wäre.

---

[1] KRIES, J. v.: Allgemeine Sinnesphysiologie, S. 88—91. Leipzig: F. C. W. Vogel 1923.

[2] DITTLER, R.: Die objektiven Veränderungen der Netzhaut bei Belichtung. Dieses Handb. 12 I, 266.

[3] BOIS-REYMOND, E. DU: Untersuchungen über tierische Elektrizität 2 I, 256 (1849).

[4] HOLMGREN, F.: Upsala häkaref. Förh. 1, 177 (1865).

[5] WALLER, A. D.: Philos. Transact. Roy. Soc. Ser. 3, 193, 123 (1900); 194, 183 (1901).

[6] Die *Flammströme des Auges* sind zusammenfassend dargestellt von A. D. WALLER („Die Kennzeichen des Lebens vom Standpunkte elektrischer Untersuchung", S. 33, 64, 69, 80, 96—99, 143, 188—191. Übersetzung Berlin: A. Hirschwald 1905) und von S. GARTEN („Die Produktion von Elektrizität". Wintersteins Handb. d. vergl. Physiol. 3 II, 217. Jena: G. Fischer 1910—1914). — Neuere *Originalarbeiten* (nach 1907) über die Flammströme des Auges sind mir nicht bekannt geworden. Das damals von WALLER und GARTEN Gesagte gilt also im wesentlichen noch heute. Es erscheint daher überflüssig, das *gleiche* Tatsachenmaterial hier nochmals zusammenzufassen; der Hinweis auf diese älteren Darstellungen genügt.

A. Bestandstrom.

1. Richtung und Stärke des Bestandpotentials.

Die elektrischen Erscheinungen des Auges sind an Vertretern der Mollusken, der Arthropoden und sämtlicher Wirbeltierklassen bis hinauf zum Menschen untersucht worden; sie sind am unversehrten Auge des Lebenden[1], am enucleierten Bulbus und auch an Teilen des Auges studiert. — Bei Versuchen über den Bestandstrom wurden die Augen meist im Dunklen, seltener bei konstanter Beleuchtung gehalten.

Richtung: Am *Wirbeltier*auge, gleichgültig ob es unverletzt in situ oder frisch und sorgfältig isoliert geprüft wird, ist nach den übereinstimmenden Angaben aller Autoren das Bestandpotential regelmäßig so gerichtet, daß der Fundus sich negativ gegenüber der Cornea verhält. Der abgeleitete Bestandstrom fließt im äußeren Schließungsbogen von der Cornea zum Fundus, im Innern des Auges von der Netzhaut zur Hornhaut (Abb. 438 a); in der Netzhaut fließt er demnach von der Stäbchen-Zapfen- zur Nervenfaserschicht bzw. *vom freien Ende zur Basis der Sinneszellen.*

Entsprechend verhalten sich frisch isolierte Teile des Wirbeltierbulbus: am äquatorial halbierten Auge sind Linse oder Glaskörper oder Nervenfaserschicht im Ableitungsbogen positiv gegen den hinteren Augenpol (Holmgren[2]); an der isolierten Netzhaut verhält sich jeder Punkt der Nervenfaserschicht positiv gegen jeden Punkt der Stäbchen-Zapfen-Schicht (Kühne und Steiner[3]) (Abb. 438 b). Ferner ist nach Kühne und Steiner[3] auf der Stäbchenseite der isolierten Netzhaut der Opticusquerschnitt positiv gegen jeden peripheren Punkt der Stäbchen-Zapfenschicht[4], auf der vitralen Seite umgekehrt jeder periphere Punkt der Nervenfaserschicht positiv gegenüber dem Opticusaustritt (Abb. 438 b).

Wie sich das Bestandpotential mit der Zeit ändert, und unter verschiedenen Ableitungsbedingungen verhält, folgt in den Abschnitten A 2—4.

Bei *Wirbellosen* ist interessanterweise die Richtung des Bestandpotentials scheinbar umgekehrt: Dewar und M'Kendrik[5] stellten als erste an den Facettenaugen von Gliederfüßlern (Cancer pagurus, Homarus vulgaris u. a. Crustaceen) fest, daß das Bestandpotential im äußeren Stromkreis vom Augenstiel nach den Cornealfacetten gerichtet ist (Abb. 438 c). Am Hummer wurde dieser Befund später von v. Brücke und Garten[6] und von Riedel[7] bestätigt, an Limulus, Krebs, Hummer, Heuschrecken, Hummeln, Fliegen neuerdings von Hartline[8].

Dieselbe, im Vergleich zum Vertebratenauge scheinbar umgekehrte Bestandstromrichtung wies Beck[9] bei Cephalopoden, an der hinteren Augenschale des isolierten, äquatorialhalbierten Bulbus von Eledone moschata, nach: der kräftige Bestandstrom war stets von der Sclerawand außen herum zur Netzhaut gerichtet; was später Piper[10] und Fröhlich[11] bestätigten.

Wird dagegen der isolierte Cephalopodenbulbus in toto untersucht, wobei die eine Elektrode vorn der Cornea oder Iris, die andere dem Fundus oder dem hinter dem Bulbus liegenden Ganglion opticum anliegt, so scheinen die Ergebnisse, nach den Angaben der drei

---

[1] Allgemeinnarkose ist bei lebenden Tieren nicht anwendbar, weil die Belichtungsströme verschwinden; Curare, Morphin, Atropin, Cocain stören nicht (vgl. später S. 1406, 1407, 1411, 1424).

[2] Holmgren, F.: Unters. a. d. physiol. Inst. d. Univ. Heidelberg **3**, 298 (1880).

[3] Kühne, W. u. J. Steiner: Unters. a. d. physiol. Inst. d. Univ. Heidelberg **3**, 332 (1880).

[4] Vgl. weiter unten S. 1399, 1400 den entsprechenden Befund von Holmgren.

[5] Dewar, J. u. J. G. M'Kendrick: Phil. Transact. of the Roy. Soc. of Edinb. **27**, 141 (1876).

[6] Brücke, E. Th. v. u. S. Garten: Pflügers Arch. **120**, 342 (1907).

[7] Riedel, A. H.: Z. Biol. **69**, 125 (1918).

[8] Hartline, H. K.: Amer. J. Physiol. **83**, 466 (1928).

[9] Beck, A.: Pflügers Arch. **78**, 152 (1899).

[10] Piper, H.: Arch. Physiol. **1904**, 460.

[11] Fröhlich, F. W.: Z. Sinnesphysiol. **48**, 41 (1913).

Autoren zu schließen, nicht so regelmäßig zu sein. Die abgeleiteten Bestandströme sind dann im allgemeinen nur schwach und haben bei verschiedenen Präparaten oder je nach dem Ableitungsort verschiedene Richtung (Abb. 438d); es finden sich auch Punkte, die ganz stromlos sind. PIPER[1] bezieht diese Unregelmäßigkeit auf kleine Verletzungen, die bei der Enucleation gesetzt sind, FRÖHLICH[2] auf die Querschnitte der Nervuli optici und den Zustand der Augen.

Gesichert ist aber offenbar der Befund von BECK und PIPER an der hinteren Augenschale in der Form, in der FRÖHLICH[2] seine Beobachtungen zusammenfaßt: „*Wurden Stücke der Bulbusschale untersucht, die von frischen Augen stammten*

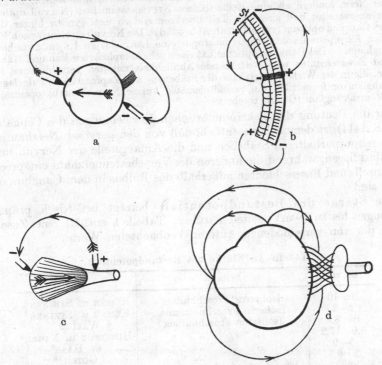

Abb. 438a—d. *Die Bestandstrom-Richtung:* a) im Wirbeltierauge; b) in der isolierten Wirbeltiernetzhaut (nach KÜHNE u. STEINER[3]), *St* = Stäbchen-Zapfenschicht, *F* = Nervenfaserschicht; c) im Crustaceen-Auge (nach v. BRÜCKE u. GARTEN, Anm. 6 auf S. 1396); d) im Cephalopoden-Auge (nach FRÖHLICH, Anm. 2 auf S. 1397).

und waren an dem Stück keine Nervuliquerschnitte, dann war und blieb die Stäbchenseite negativ, bis sie unerregbar wurde." (Im Original gesperrt.)

Dieser Gegensatz zwischen Vertebraten- und Avertebratenauge besteht nun nur, wenn die Stromrichtung auf den Bulbus bezogen wird; er verschwindet, wie PIPER[4] zuerst für das Cephalopodenauge gezeigt hat, bei Berücksichtigung der anatomischen Lage des Sehepithels. In den Facetten- und den Cephalopodenaugen ist das Sinnesepithel mit den freien Enden dem Licht entgegen zur Cornea bzw. Linse gewandt, während die Opticusfasern nach rückwärts von den perzipierenden Netzhautelementen wegziehen. *Vertebraten- und Avertebratenauge stimmen also darin überein, daß sich das freie Ende der Sinneszelle im Ableitungskreis negativ gegen die mit der Nervenfaser verbundene Basis verhält, und der abgeleitete Bestandstrom im Auge vom freien Ende zur Sinneszellbasis fließt* (Abb. 438).

[1] PIPER, H.: Arch. Physiol. **1904**, 460.
[2] FRÖHLICH, F. W.: Z. Sinnesphysiol. **48**, 41 (1913).
[3] KÜHNE, W. u. J. STEINER: Zitiert S. 1396, Fußnote 3.
[4] PIPER, H.: Arch. Physiol. **1904**, 461ff.

Von den nervösen Gebilden des Cephalopodenauges[1] wird noch mehrfach die Rede sein (S. 1414, 1471). Die Netzhaut enthält nur eine Art von Sehzellen; sie besteht im wesentlichen aus einer Schicht sehr langer, schmaler Stäbchen, die mit ihren freien Enden gegen die Cornea gerichtet sind. Die Stäbchen sind nach v. Hess'[2] Untersuchungen — im Gegensatz zu älteren Angaben — sehpurpurhaltig; der dunkelpurpurrote, im Sonnenlicht schnell ausbleichende Farbstoff konnte mit Sicherheit bei Loligo und Sepia nachgewiesen werden. Die Stäbchen tragen an ihrer scleralwärts gerichteten Basis eine breite Pigmentzone, und nach außen von dieser liegt eine den Nervenfasern zugehörige Kernlage. Das Pigment wandert unter der Einwirkung des Lichtes glaskörperwärts vor. — Die von der Basis der Stäbchen wegführenden Nervenfasern durchsetzen die hintere Bulbusfläche und ziehen, nicht als einheitlicher Nerv, sondern als eine Reihe dünner Nervenstämmchen (Nervuli optici) nebeneinander ausgebreitet und sich zum Teil überkreuzend zu dem großen hinter dem Auge gelegenen Ganglion opticum (vgl. schemat. Abb. 438d)[3]. Die Nervuli erreichen nach Fröhlich[4] bei großen Exemplaren von Octopus macropus eine Länge bis zu 1,8 cm zwischen Bulbus und Gangl. opt. — Das Ganglion opticum hat einen sehr komplizierten Bau und läßt in seinen Zell- und Faserschichten eine weitgehende Ähnlichkeit mit den verschiedenen Schichten erkennen, die in der Wirbeltiernetzhaut der Stäbchen- und Zapfenschicht aufgelagert sind[5]. Vom Ganglion opticum zieht ein verhältnismäßig kurzer Nerv (Tractus opticus) zu dem großen Zentralganglion (Gangl. cerebr.).

Für die Deutung der elektromotorischen Erscheinungen des Cephalopodenauges (S. 1414) ist demnach wesentlich, daß von den nervösen Netzhautgebilden nur die sehpurpurhaltigen Stäbchen und die Anfangsteile der Nervuli innerhalb des Bulbus liegen, während die anderen der Vertebratennetzhaut entsprechenden Ganglienzell- und Faserschichten außerhalb des Bulbus in dem Ganglion opticum gelegen sind.

Die Stärke des Bestandpotentials beträgt bei frisch präparierten Froschaugen bis zu 10 mV, selten darüber. Tabelle 1 enthält eine Zusammenstellung der von verschiedenen Autoren beobachteten Werte.

Tabelle 1. Stärke des Bestandpotentials.

Millivolt	Präparat	Autor
Bis 10	Isolierter Froschbulbus	Kühne u. Steiner[6]
2—3	Isolierte Froschnetzhaut	Kühne u. Steiner[6]
Bis 8,4	Isolierter Froschbulbus	Waller[7]
5,6—17,2	,, ,,	Himstedt u. Nagel[8]
6—9	,, ,,	de Haas[9]
2—9,5	,, ,,	Gotch[10]
Bis 13	lebender kurarisierter Frosch, Augen in situ	Kohlrausch[11]

Bei den übrigen Wirbeltieren hat das Bestandpotential etwa die gleiche Größenordnung, ebenso bei den Gliederfüßlern.

Für Cephalopoden gibt Fröhlich[12] bei Besprechung der schädlichen Wirkung der Kohlensäure an, daß die Bestandströme der im toten Tierkörper belassenen Augen bedeutend

---

[1] Vgl. Hess, C. v.: Gesichtssinn. Wintersteins Handb. d. vgl. Physiol. **4**, 736, 783—785 (1913) — Dieses Handb. **12** I, 11, Abb. 9d.

[2] Hess, C. v.: Zbl. Physiol. **16**, 91 (1902).

[3] Vgl. auch dies. Handb. **12** I, 11, Abb. 9d.

[4] Fröhlich, F. W.: Z. Sinnesphysiol. **48**, 34 (1913).

[5] Vgl. auch dies. Handb. **12** I, 11, Abb. 9d.

[6] Kühne, W. u. J. Steiner: Unters. a. d. Physiol. Inst. d. Univ. Heidelberg **4**, 162 (1881).

[7] Waller, A. D.: Die Kennzeichen des Lebens S. 32.

[8] Himstedt, F. u. W. A. Nagel: Ber. d. naturf. Ges. zu Freiburg i. Br. **11**, 149 (1900).

[9] Haas, H. K. de: S. 44. Zitiert auf S. 1399, Fußnote 8.

[10] Gotch, F.: J. of Physiol. **29**, 393 (1903).

[11] Kohlrausch, A.: Nicht veröffentlichte Beobachtung mit der auf S. 1404 dieses Artikels beschriebenen Methodik.

[12] Fröhlich, F. W.: Z. Sinnesphysiol. **48**, 45 (1913).

geringer, als die von frischen Augen seien, und daß frische Augen nicht selten Werte von 2 mV erreichten. Ob dieser Wert die überhaupt vorkommende obere Grenze darstellt, wie LEHMANN und MEESMANN[1] danach annehmen (vgl. S. 1411), geht aus den bisherigen Arbeiten nicht hervor. BECK[2] und PIPER[3] teilen übereinstimmend mit, daß die Bestandströme am äquatorial halbierten Bulbus eine besonders große Intensität besitzen; sie machen jedoch keine Zahlenangaben.

2. Örtliche Potentialverteilung am Bulbus.

Die Spannung des Bestandstroms und des Belichtungsstroms (s. später S. 1428) hängt von der Elektrodenlage am Bulbus ab. Qualitative Beobachtungen darüber stammen von HOLMGREN[4], HERMANN[5], KÜHNE und STEINER[6] und FRÖHLICH[7], quantitative Messungen von DE HAAS[8] und WESTERLUND[9].

HOLMGREN untersuchte die Punkte auf der Oberfläche des isolierten Froschauges, zwischen denen eine E.K. des Bestandstroms auftrat, und beobachtete deren Richtung und Stärke. Er hielt da-bei das Froschauge ent-weder im Dunkeln oder bei konstanter Beleuch-tung. Seine schematische Zeichnung (Abb. 439) gibt eine Übersicht über die Befunde; ausgezogene Bö-gen zeigen die wirksamen Ableitungen und Pfeile die Stromrichtung im äußeren Schließungsbogen an.

Nach HOLMGREN sind stromlos solche Ableitungen, die sym-metrisch 1. zum Cor-neapol, 2. zum Opti-cusaustritt und 3. zu etwa der Mitte zwi-schen Opticus und Ora serrata liegen (Bogen 3 und 3b)[10].

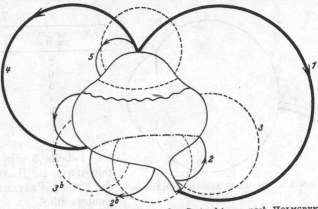

Abb. 439. *Die Potentialverteilung des Bestandstroms nach* HOLMGREN: Stromrichtungen im äußeren Schließungsbogen in der Pfeilrichtung; dick ausgezogene Bogen bedeuten starke E.K., fein ausgezogene schwache E.K., punktierte Bogen sind stromlos. (Aus F. HOLMGREN: Über die Retina-ströme. Unters. aus dem physiol. Instit. zu Heidelberg **3**, 305 (1880).

— Starke Potentiale herrschen zwischen Cornea einerseits und Fundus oder Opticusquerschnitt andererseits (Bogen 1 und 4), schwache zwischen Corneapol und Punkten des vorderen Bulbusabschnitts bis zur Ora serrata (Bogen 5); dabei ist die Cornea positiv gegenüber den anderen Ableitungspunkten. — Schwache umgekehrte E.K. tritt auf zwischen Opticus-oberfläche oder -austritt einerseits und etwa der Mitte zwischen Opticus und Ora serrata andererseits (Bogen 2 und 2b); hierbei verhält sich der Opticus einige Zeit nach Anlegen seines Querschnitts positiv gegenüber der hinteren Bulbus-hälfte. Während dieser Zeit bekam also HOLMGREN den *stärksten* Bestandstrom

[1] LEHMANN, G. u. A. MEESMANN: Pflügers Arch. **205**, 231 (1924).

[2] BECK, A.: Pflügers Arch. **78**, 151—152 (1899).

[3] PIPER, H.: Arch. Physiol. **1904**, 460.

[4] HOLMGREN, F.: Unters. a. d. physiol. Inst. zu Heidelberg **3**, 278 (1880).

[5] HERMANN, L.: Handb. d. Physiol. **2** I, 146 (1879).

[6] KÜHNE, W. u. J. STEINER: S. 332. Zitiert auf S. 1396, Fußnote 3.

[7] FRÖHLICH, F. W.: S. 46. Zitiert auf S. 1396, Fußnote 11.

[8] HAAS, H. K. DE: Lichtprikkels en retinastroomen in hun quantitatief verband. Inaug.-Dissert. Leiden 1903.

[9] WESTERLUND, A.: Skand. Arch. Physiol. (Berl. u. Lpz.) **26**, 129 (1912) (s. dort auch eine übersichtliche Literaturzusammenstellung über die Potentialverteilung des Bestand-stromes); **27**, 261 (1912).

[10] Entsprechend dem Bogen 3 fand L. HERMANN (zitiert auf S. 1399, Fußnote 5) die Opticusoberfläche stromlos gegen den Bulbus.

bei Ableitung vom Corneapol zur Mitte zwischen Funduspol und Ora serrata (Bogen 4); der Bestandstrom wurde schwächer, wenn die Funduselektrode sowohl weiter gegen den Fundus- wie gegen den Corneapol verschoben wurde. — HOLM-GRENS qualitative Befunde wurden in ihren wesentlichen Zügen von den späteren Autoren bestätigt. Man vergleiche z. B. KÜHNES und STEINERS Angabe über die Potentialrichtung zwischen Opticusquerschnitt und Netzhautaußenfläche (S. 1396, Abb. 438b) und FRÖHLICHS analoge, nur umgekehrt gerichtete Spannungsverteilung am Cephalopodenbulbus (S. 1397, Abb. 438d).

DE HAAS[1] stellte seine quantitativen Versuche über die Potentialverteilung am isolierten Froschbulbus in der Weise an, daß er die eine Elektrode fest am Corneapol liegen ließ, die andere sukzessive von dort nach hinten bis zum Funduspol verschob und jedesmal das Potential des Bestandstromes maß. Er charakterisierte seine Ableitungspunkte am Bulbus mit numerierten Orten in einer schematischen Zeichnung (Abb. 440), zu denen WESTERLUND[2] später die ungefähren Werte der Zentriwinkel berechnet hat (Tabelle 2).

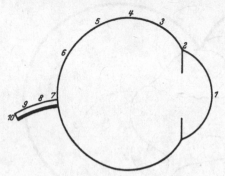

Abb. 440. DE HAAS' Ableitungspunkte am Froschbulbus.

Tabelle 2.

Ableitungspunkte von DE HAAS	Zugehörige Zentriwinkel nach WESTERLUND
7	0°
6	30°
5	60°
4	90°
3	110°
2	135°
1	180°

Tabelle 3 gibt zwei typische Messungsreihen von DE HAAS wieder, unter Einsetzen der von WESTERLUND dazu berechneten Zentriwinkel.

Tabelle 3. Bestandstrom nach DE HAAS' Tabellen VI und VIII.

	Messungen von DE HAAS		Korrektur und Umrechnung dazu von WESTERLUND			
1	2	3	4	5	6	7
Nr.	Ableitung von den Punkten	E. K. des Bestandstroms in Millivolt	Korrektur auf Konstanz nach Nr. 1 und 5	Ableitung	Berechnete Spannung Millivolt	%
1	180° und 135°	3,74	3,740	0° und 180°	6,587	100
2	180 „ 90	7,18	7,057	0 „ 135	2,847	43
3	180 „ 30	6,53	6,310	0 „ 90	—0,470	—7
4	—	—	—	0 „ 30	0,277	4
5	180 „ 135	4,00	(3,740)			
6	180 „ 0	7,16	6,587			
1	180° und 0°	6,085	—	0° und 180°	6,085	100
2	180 „ 30	6,015	—	0 „ 30	0,070	1
3	180 „ 90	5,900	—	0 „ 90	0,185	3

Während der ersten, in regelmäßigen Zeitabständen durchgeführten Messungsreihe hatte die Spannung ein wenig zugenommen (vgl. Nr. 1 und 5); unter der Annahme eines gleichförmigen Anstiegs brachte WESTERLUND an DE HAAS' Messungen die in Stab 4 wiedergegebene Korrektur auf Konstanz an, führte mit den korrigierten Werten die einfache Umrechnung der Stäbe 5—7 durch (das Potential im Punkte 0° wird gleich Null gesetzt) und stellte nach Stab 5 und 7 die Potentialverteilung am Bulbus als Funktion des Zentriwinkels graphisch dar. Kurve a ist dazu als schematische Veranschaulichung von HOLMGRENS Beobachtungen nach dessen Abbildung und Beschreibung von WESTERLUND entworfen (vgl. oben S. 1399, 1400 und Abb. 439—441).

[1] HAAS, H. K. DE: Zitiert auf S. 1399, Fußnote 8.
[2] WESTERLUND, A.: Skand. Arch. Physiol. (Berl. u. Lpz.) **26**, 138 (1912).

Die drei Kurven der Potentialverteilung (Abb. 441) zeigen in großen Zügen den gleichen Verlauf. Zwischen b (nach DE HAAS) und a (nach HOLMGREN) besteht insofern noch eine etwas größere Ähnlichkeit, als bei beiden die negative Zone vorkommt, wenn sie auch an etwas verschiedener Stelle zu liegen scheint. Bei zwei von sieben Augen hat DE HAAS eine solche negative Zone gefunden; seine anderen Versuchsreihen liefen etwa entsprechend der Kurve c.

Zusammenfassend läßt sich sagen: im Bereich der Netzhaut zwischen Funduspol und Ora serrata ändert sich das Potential des Bestandstroms wenig; es kann ganz langsam ansteigen oder ein flaches Minimum am Fundus, in der Gegend hinter dem Äquator aufweisen. An der Ora serrata ändert sich das Potential plötzlich, und die größten Spannungen bestehen zwischen Corneapol und Fundus (Funduspol oder Fundusgegend hinter dem Äquator).

WESTERLUND[1] hat bei seinen Untersuchungen am Tierauge (Frosch) ausschließlich den Belichtungsstrom registriert und gemessen; die Versuche sollen daher später (S. 1428) besprochen werden. Auf seine interessanten Messungen über

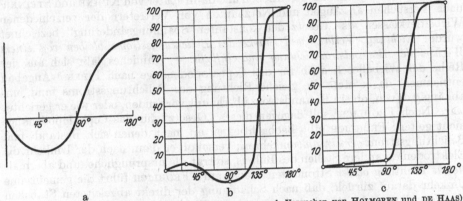

Abb. 441 a–c. *Potentialverteilung am Bulbus* (WESTERLUND nach Versuchen von HOLMGREN und DE HAAS): a) Schema nach HOLMGRENS Beschreibung; b) DE HAAS' erste Versuchsreihe (Tab. 3, Stab 5 u. 7); c) DE HAAS' zweite Versuchsreihe (ebenda). (Aus Skand. Arch. Physiol. 26, 134, 140, 141 (1912).

die Potentialverteilung an der Oberfläche eines Augenmodells[2], bei denen er die natürliche Potentialverteilung durch Anbringen einer netzhautförmig ausgebreiteten Stromquelle in einer Kugel nachahmen konnte, sei hier verwiesen. — Er kommt im wesentlichen zu den gleichen Befunden wie HOLMGREN und DE HAAS, zieht aber daraus den weitergehenden Schluß, daß die Potentialverteilung an der Oberfläche des Augapfels davon abhängt, in welcher Ausdehnung die Netzhaut als Stromquelle wirkt: der Bestandstrom habe die ganze Netzhaut, der Belichtungsstrom nur den belichteten Teil der Netzhaut zur Stromquelle.

Die örtliche Verteilung des Belichtungspotentials wird, wie gesagt, erst später behandelt (s. S. 1428). Aber vorweg möchte ich bereits hier eine Tatsache kurz hervorheben, die theoretisch bedeutsam zu sein scheint, da sie, zusammen mit einigen anderen, noch zu besprechenden Erscheinungen, wohl auf einen gewissen Zusammenhang zwischen Bestand- und Belichtungsstrom schließen läßt, nämlich: *der Belichtungsstrom stellt regelmäßig eine Verstärkung des anfänglichen, normalen* (s. S. 1402ff.) *Bestandpotentials dar, hat also stets mit ihm gleiche Richtung.* So sind *beide Potentiale* bei Crustaceen und Cephalopoden umgekehrt wie bei Wirbeltieren gerichtet; *beide* am isolierten Froschauge bei Ableitung

[1] WESTERLUND, A.: Skand. Arch. Physiol. (Berl. u. Lpz.) **19**, 337 (1907); **27**, 260 (1912).
[2] WESTERLUND, A.: Skand. Arch. Physiol. (Berl. u. Lpz.) **26**, 129 (1912).

Opticus-Fundus umgekehrt wie bei Ableitung Cornea-Fundus. — Daß daneben Tatsachen bestehen, die auch für Unabhängigkeit beider Potentiale sprechen, soll uns sogleich im nächsten Kapitel beschäftigen.

3. Zeitliche Veränderungen des Bestandpotentials; „Gesetz der konstanten Spannungsänderung".

Das Bestandpotential ändert sich mit der Zeit, wobei die Erscheinungen am exstirpierten Bulbus und isolierten Augenteilen sich zwar graduell aber nicht prinzipiell anders verhalten, als an Augen, die unter möglichst normalen Bedingungen in situ untersucht werden.

a) An *isolierten Augen und Augenteilen* sinkt das Bestandpotential nach den im wesentlichen übereinstimmenden Angaben der Autoren mehr oder minder schnell ab, kann nach einiger Zeit durch Null gehen und seine Richtung umkehren.

Im Fall der Bestandstromumkehr gilt eine Tatsache, die schon von Holmgren[1] beobachtet und klar beschrieben und dann später von Kühne und Steiner[2] nach Versuchen an Augen und Netzhäuten von Vertretern der verschiedenen Wirbeltierklassen als „Gesetz der konstanten Spannungsänderung" bezeichnet wurde: *Richtung, Verlauf und Stärke des Belichtungsstroms bleiben von einem Wechsel der Bestandstromrichtung unbeeinflußt.* — Ähnliches läßt sich aus der Reihe der Wirbellosen auch für das Cephalopodenauge nach Pipers[3] Angaben entnehmen, da er stets die gleiche Richtung des Belichtungsstroms fand, unabhängig davon, ob ein Bestandstrom überhaupt vorhanden, oder wie er gerichtet war. Nach Fröhlich[4] soll dagegen dieses „Gesetz" für das Cephalopodenauge nicht gelten; Fröhlich gibt Beobachtungen an, nach denen sich Bestand- und Belichtungsstrom *gemeinsam* umkehren; verschob er dann nach der Umkehr die Elektroden an andere Stellen des Bulbus, so trat die ursprüngliche, und abermals *gleiche* Richtung *beider* Stromarten wieder auf. Fröhlich führt die gemeinsame Umkehr darauf zurück, daß nach Schädigung der direkt abgeleiteten Stäbchen die Nervuliquerschnitte als „physiologische Elektroden" auftreten sollen.

Kühne und Steiner[5] stellten bereits die oben S. 1401, 1402 erwähnte merkwürdige, *nebeneinander bestehende Abhängigkeit und Unabhängigkeit von Bestand- und Belichtungspotential* fest — der wir noch verschiedentlich begegnen werden, — wenn sie beobachten, daß bei *hohem* Anfangswert des Bestandpotentials häufig auch die Belichtungsströme *stark* sind (dasselbe bei Gotch[6]), andererseits aber das Bestandspotential während des Versuchs auf Null sinken kann, ohne daß die Belichtungsströme geringer werden.

Die Bestandspannung isolierter Augen und Augenteile scheint regelmäßig *im Beginn* des Versuchs *am schnellsten* abzunehmen (Kühne und Steiner[7], Himstedt und Nagel[8], Waller[9]); im übrigen ist die Geschwindigkeit und der zeitliche Verlauf der Abnahme verschieden je nach Präparat und Versuchsbe-

[1] Holmgren, F.: Unters. a. d. physiol. Inst. d. Univ. Heidelberg 3, 309 (1880).
[2] Kühne, W. und J. Steiner: Unters. a. d. physiol. Inst. d. Univ. Heidelberg 4, 75—78 (1881).
[3] Piper, H.: Arch. Physiol. 1904, 460—461.
[4] Fröhlich, F. W.: Z. Sinnesphysiol. 48, 42—43 (1913).
[5] Kühne, W. u. J. Steiner: Zitiert auf S. 1402, Fußnote 2; 3, 340, 341 (1880); 4, 71 (1881).
[6] Gotch, F.: J. of Physiol. 29, 393 (1903).
[7] Kühne, W. u. J. Steiner: Zitiert auf S. 1402, Fußnote 2; 4, 70, 75 (1881).
[8] Himstedt, F. u. W. A. Nagel: Ber. d. Naturf. Gesellsch. zu Freiburg i. Br. 11, 149 (1900).
[9] Waller, A. D.: Kennzeichen des Lebens S. 32 u. 33. Berlin: August Hirschwald 1905.

dingungen. Nach NAGEL[1] sinkt das Bestándpotential *sehr schnell* bei isolierten Warmblüternetzhäuten (desgleichen s. HOLMGREN[2], KÜHNE und STEINER[3]), *langsamer* bei Froschnetzhäuten und *viel langsamer* an isolierten ganzen Froschaugen, die nach seinen Angaben noch nach vielen Stunden nicht stromlos sind. Auch KÜHNE und STEINER[4] sagen, der Bestandstrom des isolierten Froschbulbus sei so haltbar, daß eine Umkehr nur ausnahmsweise vorkomme. — Bei den verschiedenen Beobachtern bestehen aber gerade hierin offenbar erheblichere Unterschiede; der Einfluß ihrer abweichenden Untersuchungsbedingungen auf die Geschwindigkeit des Absinkens läßt sich etwa abschätzen, wenn man diese Angaben von NAGEL, KÜHNE und STEINER vergleicht mit einer von WALLER[5] mitgeteilten Kurve (s. Abb. 442), die den zeitlichen Verlauf der Spannungsabnahme an einem isolierten Froschbulbus wiedergibt. In WALLERS Versuch sinkt das Potential schnell von 8,4 mV ab, geht nach etwa 15 Minuten durch Null und hat nach einer Stunde den umgekehrten Wert von 5,8 mV erreicht. Diese schnelle Spannungsabnahme scheint bei WALLER die Regel gewesen zu sein; ebenso sagt WESTERLUND[6] von seinen Versuchen am isolierten Froschauge, seine Beobachtungen über den Bestandstrom stimmten vollständig mit denen WALLERS überein; der Bestandstrom nehme „sehr schnell ab".

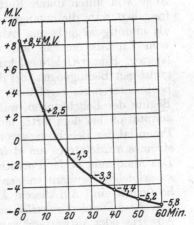

Abb. 442. Abnahme des Bestandpotentials im isolierten Bulbus eines Frosches. (Nach WALLER: Kennzeichen des Lebens, S. 32, 1905).

An Cephalopodenaugen (isolierte hintere Augenschale) liegen die Dinge nicht prinzipiell anders: das Bestandpotential sinkt ab, kann durch Null gehen und seine Richtung umkehren (FRÖHLICH[7]).

Die Abnahme des Bestandpotentials und ihre Geschwindigkeit hat demnach offenbar verschiedene Gründe, die auseinandergehalten werden müssen: *die sehr schnelle Abnahme* bei isolierten Warmblüternetzhäuten ist zweifellos eine Absterbeerscheinung, denn ebenso schnell verschwindet dabei die photoelektrische Erregbarkeit, d. h. der Belichtungsstrom; nach dem Tode werden Bestand- wie Belichtungsstrom von beliebiger vorheriger Richtung aus gleich Null. — Dagegen ist das *Umschlagen* des *Bestand*potentials offenbar kein Absterbevorgang, da der Belichtungsstrom trotzdem unverändert weiterbestehen kann. Für die Umkehr des Bestandpotentials und seine Geschwindigkeit können allem Anschein nach Versuchsbedingungen maßgebend sein, welche die photoelektrische Erregbarkeit nicht mit zu beeinflussen brauchen (Ionenwirkung? vgl. S. 1407ff.). — Die Umkehr, d. h. das *Negativ*werden des *Belichtungs*stroms kann, wie wir später noch (S. 1416ff.) sehen werden, wiederum die Folge von Schädigung oder Absterben sein und in einem bestimmten Stadium vor dem Erlöschen der Erregbarkeit auftreten. *Negative Belichtungsströme* sind aber auch nicht unter *allen* Umständen eine Folge von *Schädigung*, denn die Belichtungsstrom*richtung* hängt bei *Tagtieren* gesetzmäßig von der *Wellenlänge* des Reizlichtes ab. Auf diese Beziehungen haben wir noch ausführlich einzugehen (S. 1455—1458, 1485—1487, 1491—1496).

[1] NAGEL, W. A.: Nagels Handbuch 3, 102 (1904).
[2] HOLMGREN, F.: Zitiert auf S. 1402, Fußnote 1: 3, 296—297.
[3] KÜHNE, W. u. J. STEINER: Zitiert auf S. 1402, Fußnote 2: 3, 357, 358.
[4] KÜHNE, W. u. J. STEINER: Zitiert auf S. 1402, Fußnote 2: 4, 92, 97.
[5] WALLER, A. D.: Kennzeichen des Lebens S. 32. Berlin: August Hirschwald 1905.
[6] WESTERLUND, A.: Skand. Arch. Physiol. (Berl. u. Lpz.) 19, 346 (1907).
[7] FRÖHLICH, F. W.: Z. Sinnesphysiol. 48, 40, 43 (1913).

Auch so *stetig*, wie es nach Wallers Kurve (Abb. 442) den Anschein erweckt, braucht die Bestandspannung nicht abzusinken; sie kann mit *wechselnder* Geschwindigkeit fallen, sie kann aber zwischendurch auch *wieder ansteigen*. Ein solches zeitweiliges Ansteigen tritt manchmal ohne erkennbare Veranlassung auf; gewöhnlich erfolgt es auf Reize, z. B. zwischen mehreren Belichtungen, oder auf mechanischen Reiz (leichter Druck auf den Augapfel), auch auf schwache elektrische Einzel- und frequente Reize (Kühne und Steiner[1], Nagel[2], Waller[3], de Haas[4]).

b) *In situ unter möglichst normalen Bedingungen* untersuchte Augen zeichnen sich durch größere Konstanz des Bestandpotentials aus; doch kommt auch hier langsames Absinken und Ansteigen vor. Ganz besonders konstant ist das Bestandpotential beim Frosch, wie Brossa und Kohlrausch[5] feststellten. Sie arbeiteten mit lebenden curarisierten dunkeladaptierten Fröschen, bei denen in den späteren Versuchen nur noch das Oberlid zur Hälfte abgetragen und vom Gaumen her das Auge von unten durch Entfernung eines Stückchens der Gaumenschleimhaut freigelegt war; die anfangs vorgenommenen weiteren Eingriffe haben sie später als unnötig weggelassen. Abgeleitet wurde vom Fundus (vom Maul aus) und vom Limbus corneae mit unpolarisierbaren Zn-$ZnSO_4$-Ringer-Tonelektroden (später Ringer-Gelatineelektroden) zum Saitengalvanometer. Unter diesen günstigen Bedingungen, bei denen das Auge selbst weitgehend geschont wurde, beobachteten sie regelmäßig folgendes: In der etwa halbstündigen Pause vor Beginn der Belichtungen, während der das Wiedereintreten maximaler Dunkeladaptation bei dem fertig montierten Tier abgewartet wurde, stieg neben dem Potential der Belichtungsströme auch das des stets normal gerichteten Bestandstromes an, letzteres um etwa $1/10$ bis $1/6$ seines ziemlich hohen Anfangswertes. Das Maximum *beider* Potentiale war aber allein durch Dunkelaufenthalt nicht zu erreichen, sondern trat erst nachträglich nach *etwa 4—5 mäßig starken Belichtungen* ein. Auf diesem Maximum blieben Bestand- und Belichtungsstrom *etwa 1—2 Stunden, zuweilen auch noch länger sehr konstant* mit nur ganz geringen Abwärts- oder Aufwärtsschwankungen stehen. Während dieser Zeit von mehreren Stunden haben Brossa und Kohlrausch ihre quantitativen Versuche durchgeführt. — Danach begannen *beide* Potentiale allmählich zu sinken, was dann auch durch längere Belichtungspausen nicht mehr aufzuhalten war. Gelegentliche Prüfung beider Augen zeigte, daß auch bei dem anderen, mehrere Stunden lang unbelichteten Auge die Spannungen gleichzeitig mit abfielen. Das Absinken war also offenbar durch eine Allgemeinschädigung des Tieres (Curare? CO_2?), nicht durch die Belichtungen bedingt. Sinken des Bestandpotentials auf Null oder Umkehr haben Brossa und Kohlrausch bei den Froschaugen unter diesen Bedingungen in situ nie beobachtet. Auch am nächsten Tage zeigten die in der feuchten Kammer belassenen Tiere Bestandspannungen, die nicht unter $1/4$ des ursprünglichen Werts abgesunken waren, und Belichtungsströme von noch etwa $1/4$ bis $1/2$ des Anfangswerts (vgl. dazu Tabelle 1 auf S. 1398).

Besonders bemerkenswert ist also: 1. die langdauernde Konstanz, 2. ein gewisser Parallelismus zwischen den Stärkeänderungen von Bestand- und Be-

---

[1] Kühne, W. u. J. Steiner: Unters. a. d. physiol. Inst. d. Univ. Heidelberg **4**, 76, 84, 85 (1881).

[2] Nagel, W. A.: In v. Helmholtz' Handb. d. physiol. Opt., 3. Aufl., **2**, 49 (1911).

[3] Waller, A. D.: Kennzeichen des Lebens S. 35, Abb. 10; S. 54—76. Auch wenn Waller es nicht besonders erwähnt, so zeigen doch seine Abb. 10 (S. 35) und Abb. 20 (S. 58) zugleich deutlich die steigernde Wirkung der Belichtungen auf die Bestandspannung.

[4] Haas, H. K. de: Lichtprikkels etc. Inaug.-Dissert. S. 44, Tabelle 6 (1907); vgl. auch diese Abhandlung S. 1400, Tabelle 3.

[5] Brossa, A. und A. Kohlrausch: Arch. Physiol. **1913**, 460—462.

lichtungspotential und 3. das Anwachsen beider Potentiale bei den ersten Belichtungen nach Dunkelaufenthalt. Letzteres haben übrigens KÜHNE und STEINER[1] auch beim Belichtungsstrom schon an der isolierten Froschretina gefunden und mit dem „Ansprechen" anderer erregbarer Gewebe in Parallele gesetzt.

Ganz ähnlich sind die Erscheinungen bei lebenden curarisierten Tag- und Nachtvögeln, wie HIMSTEDT und NAGEL[2] fanden und ich[3] bestätigen kann, nur ist bei Vögeln das Bestandpotential weniger konstant. Es pflegt dauernd langsam abzusinken — bei Tagvögeln (Tauben, Hühnern) besonders im Dunkeln —, kann ohne sichtbare Veranlassung auf- und abwandern, kann auch durch Null gehen und die Richtung umkehren und steigt — zugleich mit den Belichtungsströmen — bei Belichtungen allmählich an: Läßt man eine bei Tageslicht am Fenster helladaptierte Taube etwa $^{1}/_{2}$ Stunde lang im Dunkeln liegen, so sinkt der Bestandstrom während der Dunkeladaption allmählich um etwa $^{1}/_{3}$ seines Anfangswerts ab; wird die Taube darauf abermals für etwa 10 Minuten der

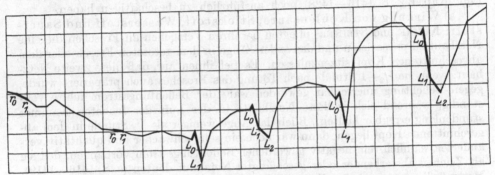

Abb. 443. *Bestand- und Belichtungsstrom beim Huhn* nach Beobachtung am d'Arsonval-Galvanometer. Abstand je zweier Ordinaten auf der Abszisse = 20 Sek., Ordinaten = Galvanometer-Ablesungen. $r_0 - r_1$ = Röntgenbestrahlung des Auges. $L_0 - L_1 - L_2$ = Belichtung. (Wegen der *negativen* Belichtungsströme vgl. S. 1416ff.). (Aus HIMSTEDT und NAGEL: Festschr. d. Univ. Freiburg 1902.)

Tageshelligkeit ausgesetzt, dann steigt der Bestandstrom während des Hellaufenthaltes langsam aber ausgiebig wieder an, wobei der Unterschied zwischen dem Minimum und dem Maximum 3—5 mV betragen kann; gleichlaufend damit nimmt der Belichtungsstrom ab und wieder zu (KOHLRAUSCH[3]; vgl. S. 1431 f.).

HIMSTEDT und NAGEL geben längere fortlaufende Beobachtungsreihen am SIEMENSschen d'Arsonval-Galvanometer in Kurvenform wieder, bei denen sie zeitweise 10 Sekunden lang mit Röntgenstrahlen ($r_0 - r_1$) oder 10 Sekunden ($L_0 - L_1$) bzw. 20 Sekunden ($L_0 - L_1 - L_2$) mit Lichtstrahlen gereizt haben. Ich reproduziere daraus ein Kurvenstück (am Huhn gewonnen), das einen Teil der eben angeführten Tatsachen zeigt (Abb. 443). Man sieht das langsame unregelmäßige Abfallen des Bestandpotentials, sein Ansteigen mit den Belichtungen und das, trotz gleichbleibender Reizstärke, allmähliche Anwachsen der Belichtungspotentiale. Letzteres erwähnen HIMSTEDT und NAGEL zwar nicht besonders, aber aus ihrer Kurve geht es ohne Zweifel hervor. Außerdem sieht man die Unwirksamkeit der Röntgenstrahlen beim Huhn (Tagtier); bei Eulen und Fröschen (Dämmerungstieren) sind Röntgenstrahlen wirksam (vgl. später S. 1448).

[1] KÜHNE, W. u. J. STEINER: Unters. a. d. Physiol. Inst. Heidelberg 4, 70—71 (1881).
[2] HIMSTEDT, F. u. W. A. NAGEL: Festschr. d. Univ. Freiburg z. 50jähr. Reg.-Jubil. Sr. Kgl. Hoheit d. Großherzogs Friedrich von Baden 262—263 (1902).
[3] KOHLRAUSCH, A.: Arch. Physiol. 1918, 222—223.

Als wesentlich möchte ich aus diesem Kapitel betonen: die zeitlichen Veränderungen von Bestand- und Belichtungsstrom erfolgen zum Teil *unabhängig* voneinander („Gesetz der konstanten Spannungsänderung"); zum anderen Teil sind sie *gleichlaufend,* wie etwa das *gemeinsame* Anwachsen nach verschiedenen Reizen und das Steigen bzw. Fallen bei Adaptationsänderungen.

4. Gas-, Temperatur-, Ionen- und andere Wirkungen auf das Bestandpotential.

Daß die eben geschilderten zeitlichen Veränderungen zum Teil mit den jeweiligen Untersuchungsbedingungen zusammenhängen mögen, läßt sich aus Versuchen über die Wirkung von Gasen (CO_2, N_2, H_2 und O_2), Temperaturänderungen, Giften, mechanischen Insulten und verschiedenen Ionen entnehmen. Die Mehrzahl der hierüber angestellten Versuche beziehen sich allerdings auf den Belichtungsstrom, aber gelegentlich werden auch Beobachtungen über den Bestandstrom mitgeteilt. — Mit den Wirkungen dieser verschiedenen Eingriffe auf den Belichtungsstrom, speziell auf seine Kurvenform, werden wir uns später (vgl. Kap. B 2, S. 1416—1428) noch ausführlich zu beschäftigen haben.

a) Wirkung von Kohlensäure, Stickstoff, Wasserstoff und Sauerstoff: Kühne und Steiner[1] pflegten bei ihren Versuchen an Fröschen die eine Netzhaut zu präparieren und das andere Auge in dem getöteten Frosch oder dem abgeschnittenen Kopf sitzenzulassen. Es fiel ihnen auf, daß diese zweite Netzhaut, wenn sie $^1/_2$—1 Stunde nach Tötung des Frosches auch präpariert wurde, gegen Belichtung unerregbar geworden war; der Belichtungsstrom fehlte vollständig, während sich isolierte Netzhäute in der Luft der feuchten Kammer stundenlang erregbar hielten. Blieb das Auge weniger als $^1/_2$ Stunde in dem abgeschnittenen Kopf liegen, dann war noch ein sehr schwacher und qualitativ veränderter, nämlich rein negativ gewordener Belichtungsstrom vorhanden, den sie als Zeichen absterbender oder geschädigter Netzhaut deuten (s. S. 1416—1419). Merkwürdigerweise wurden die Netzhäute, wenn sie wesentlich länger (3—24 Stunden) in den inzwischen eingesunkenen Augen belassen wurden, wieder etwas erregbar (schnellere Gasdiffusion durch den schlaffen Bulbus? Kühne und Steiner).

Kühne und Steiner halten die im toten Körper allmählich auftretende Unerregbarkeit der Netzhaut für eine Erstickung, etwa durch die produzierte und nicht mehr weggeschaffte Kohlensäure bewirkt. Zur Prüfung dieser Vermutung setzten sie frisch isolierte und gut erregbare Froschnetzhäute unter einer Glasglocke einem CO_2-Strom aus, mit dem Ergebnis, daß nach kaum einer Minute die Erregbarkeit vollkommen jedoch reversibel erloschen war; denn nach längerem Verweilen an der Luft stellte sich die Erregbarkeit wieder vollständig her. Bei kurzer CO_2-Wirkung ließ sich diese Erstickung und Erholung der isolierten Netzhaut mehrmals wiederholen, bei längerer Einwirkung blieb die Erregbarkeit irreversibel erloschen. — Den gleichen, wenn auch langsamer auftretenden Erfolg sahen später v. Brücke und Garten[2] bei Behandlung hinterer Bulbushälften vom Frosch mit CO_2 und nachfolgender Lüftung. — Nach Waller[3] bringt CO_2 zuerst Schwächung dann Verstärkung der Belichtungsströme hervor.

Angaben über die Wirkung auf den Bestandstrom machen die bisher genannten Autoren nicht. Aber Fröhlich[4], der von denselben Beobachtungen und Überlegungen über das schnelle Absterben der im toten Tier belassenen Cephalo-

---

[1] Kühne, W. u. J. Steiner: Unters. a. d. Physiol. Inst. Heidelberg **3**, 358—362 (1880); **4**, 85—88 (1881).

[2] Brücke, E. Th. v. u. S. Garten: Pflügers Arch. **120**, 325—326 (1907).

[3] Waller, A. D.: Die Kennzeichen des Lebens S. 51 (1905).

[4] Fröhlich, F. W.: Z. Sinnesphysiol. **48**, 43—45 (1913).

podenaugen ausging, wie KÜHNE und STEINER bei Froschaugen, fand, daß unter diesen Bedingungen bei Cephalopoden neben der photoelektrischen Reaktion auch der Bestandstrom abnahm, und bei nachherigem Isolieren und Aufbewahren der Augen an der Luft wieder anwuchs; der Anstieg ging bei hinteren Augenschalen offenbar wegen der leichteren Diffusion schneller und höher als am ganzen Bulbus. — Ganz Entsprechendes sah WESTERLUND[1] bei Erstickungsversuchen mit N_2 und H_2 und Wiederbelebung mit O_2 am isolierten Froschbulbus: in N_2 oder H_2 nahm die photoelektrische Erregbarkeit ab, war nach etwa 2 Stunden auf Null gesunken, nahm in O_2 schnell wieder zu und erreichte nach etwa 1 Stunde den zum Teil sehr hohen Anfangswert nahezu wieder. Daneben begann der während der Erstickung ausgesprochen negative Bestandstrom 2—3 Minuten nach Zuleitung des Sauerstoffs anzusteigen, pflegte bei länger dauernden Versuchen nach einigen Stunden wieder positiv zu werden und sich dann während des weiteren Versuchsverlaufs so zu halten.

b) Wirkung von Temperaturänderungen, Giften, mechanischen Insulten: GOTCH[2] fand, daß die normale Bestandstromrichtung des isolierten Froschauges durch Kälte umgekehrt werden kann; daß auch der Belichtungsstrom bei Abkühlung des isolierten Froschauges bis nahezu 0° negativ wird, stellte später NIKIFOROWSKY[3] fest (vgl. S. 1423). — Rasche starke Erwärmung (35—39°) und Abkühlung (Gefrieren in einer Kältemischung und Auftauen) setzt bei der isolierten Froschnetzhaut den Belichtungsstrom bis auf ein Minimum herab oder bringt ihn ganz zum Verschwinden (KÜHNE und STEINER[4]).

Die Versuche über Giftwirkung (Narkotica, Atropin, Pilocarpin, Strychnin, Curare u. a.) beziehen sich ausschließlich auf den Belichtungsstrom und sollen später behandelt werden (s. S. 1424).

Die Wirkung leichter mechanischer Eingriffe ist von WALLER[5] und von JOLLY[6] am isolierten Froschauge untersucht; danach läßt ein schwacher Druck oder eine gelinde Massage den zuvor abgesunkenen bzw. negativ gewordenen Bestandstrom zeitweise wieder ansteigen (s. auch vorher S. 1404), und verwandelt ferner den positiven Belichtungsstrom in einen negativen (s. später S. 1419—1421).

c) Wirkung verschiedener Ionen: Darüber liegt eine Arbeit von BEUCHELT[7] vor, der die Wirkung der Ringerlösung und der isotonischen Lösungen von NaCl, LiCl, KCl, $CaCl_2$, $BaCl_2$ und $MgCl_2$ am Froschauge untersuchte. Vor dem Versuch wurde der getötete Frosch $^1/_2$ bis $^3/_4$ Stunde im Hellen mit der zu prüfenden Lösung von der Aorta aus durchspült, darauf kamen die exstirpierten Bulbi 1—2 Stunden oder länger im Dunkeln in die entsprechende Salzlösung und dann auf die unpolarisierbaren Elektroden, deren mit destilliertem Wasser geschlemmter Ton mit der Durchspülungsflüssigkeit getränkt war. Das Ergebnis war: Ringerlösung, NaCl und LiCl bewirken ein mehr oder minder stark negatives Bestandpotential, lassen aber den Belichtungsstrom im Vergleich mit einem undurchspülten Auge unverändert. Bei den übrigen Lösungen von KCl und den Chloriden der drei Erdalkalien behält das Bestandpotential die normale positive Richtung, dagegen schlägt der Belichtungsstrom durch verschiedene Zwischenstufen mehr oder weniger ausgesprochen in die abnorme negative Richtung (vgl. S. 1423f.) um, am stärksten bei K und Ba, weniger bei Mg und noch weniger bei

[1] WESTERLUND, A.: Skand. Arch. Physiol. (Berl. u. Lpz.) 19, 353 (1907).
[2] GOTCH, F.: J. of Physiol. 30, Proceed. S. I (1903).
[3] NIKIFOROWSKY, P. M.: Z. Biol. 57, 397 (1912).
[4] KÜHNE, W. u. J. STEINER: Unters. a. d. Physiol. Inst. Heidelberg 3, 362 (1880).
[5] WALLER, A. D.: Kennzeichen des Lebens S. 33, 34 (1905) — Quart. J. exper. Physiol. 2, 401 (1909).
[6] JOLLY, W. A.: Quart. J. exper. Physiol. 2, H. 4 (1909).
[7] BEUCHELT, H.: Z. Biol. 73, 205 (1921).

Ca. Darüber, ob bei längerer Einwirkungsdauer von Mg und Ca der Belichtungsstrom auch rein negativ wird, wie bei K und Ba, gibt der Verfasser nichts an.

Im Anschluß an die Hypothese von GARTEN[1], nach der die Augenströme möglicherweise als eine Art von Sekretionsströmen aufzufassen wären, vergleicht BEUCHELT seine eigenen Ergebnisse mit denen, die ORBELI[2] und SCHWARTZ[3] mit den gleichen Lösungen an den Froschhautströmen erhalten haben. Er kommt zu dem Schluß, daß, abgesehen von einigen unwesentlichen Abweichungen beim Bestandstrom, im übrigen eine weitgehende Übereinstimmung zwischen den Ionenwirkungen auf den Hautdrüsenstrom und den Augenstrom besteht. Vergleicht man jedoch die Ergebnisse von BEUCHELT mit der von ihm im Anfang seiner Arbeit (S. 211) nach SCHWARTZ angeführten Tabelle oder mit der Originalarbeit von SCHWARTZ, dann kann man dieser Schlußfolgerung nicht ohne weiteres zustimmen. Bei seinen späteren Vergleichstabellen (S. 223 und 229), und infolgedessen auch bei der vergleichenden Besprechung der beiderseitigen Resultate (S. 223 letzter Absatz, 224 letzter Absatz, 227 dritter Absatz, 228 dritter Absatz, 229 von der Tabelle an bis zum Schluß) ist nämlich BEUCHELT das Versehen unterlaufen, daß er sich regelmäßig in der Richtung des Hautantwortstroms geirrt und + mit — verwechselt hat. Da dieses Versehen meines Wissens bisher noch nicht bemerkt wurde, füge ich die Vergleichstabelle von BEUCHELT (S. 229), korrigiert nach der Originalarbeit von SCHWARTZ hier an.

Tabelle 4.

	Froschhaut		Froschauge	
	Bestandstrom	Antwortstrom	Bestandstrom	Belichtungsstrom
Nicht durchspült......			+	+
Ringerspülung.......			−−	+
NaCl..........	++	−	−−	+
LiCl..........	++	−	−−	+
KCl...........	+		−	+
CaCl$_2$.........	+	(−) +	+	−
BaCl$_2$.........	+	+	+	(−) +
MgCl$_2$.........	+	+	+	−+

In Tabelle 4 bedeutet + einsteigende (von außen durch die Haut bzw. vom freien Ende der Sehzellen her einsteigend), — entsprechend aussteigende Stromrichtung; — + soll heißen negative Schwankung mit folgender positiver, (−) + positive Schwankung mit negativem Vorschlag, ++ und — — *starker* ein- bzw. aussteigender Bestandstrom.

In BEUCHELTS Tabelle stand in der Spalte „Froschhaut, Antwortstrom" überall ein —, wo hier ein + steht, und umgekehrt. — In dieser berichtigten Tabelle ist jetzt die äußerliche Ähnlichkeit der Stromrichtung bei Haut und Auge verschwunden; zum Teil herrscht ausgesprochen entgegengesetzte, zum Teil gleiche Richtung. — Welche Schlüsse der Vergleich der tatsächlichen Befunde an Haut- und Augenströmen zuläßt, soll später (s. S. 1424) besprochen werden.

An Hand der Tabelle möchte ich jedoch hier auf die Tatsache nochmals besonders aufmerksam machen, daß die Bestandstromrichtung am Auge von der Ionenart abhängt: K und die Erdalkalien erhalten die Richtung normal, Na, Li und Ringerlösung bewirken den Richtungsumschlag. Es liegt nahe, einen Zu-

---

[1] GARTEN, S.: Veränderungen der Netzhaut durch Licht. v. Graefe-Saemischs Handb. d. Augenheilk. **3 I**, 12. Kap., (Anhang S. 240) (1907).

[2] ORBELI: Z. Biol. **54**, 329 (1910).

[3] SCHWARTZ, A.: Pflügers Arch. **162**, 547 (1915).

sammenhang zwischen dem regelmäßig beobachteten Absinken der Bestandspannung und der Zusammensetzung der das Auge benetzenden Lösungen zu
vermuten (vgl. S. 1403, 1423—1424).

Zusammenfassend läßt sich auch hier wieder die *nebeneinander bestehende
Parallelität und Unabhängigkeit* von *Bestand- und Belichtungspotential* hervorheben: gemeinsam werden beide Potentiale abgeschwächt durch Abkühlung,
CO_2, N_2; gemeinsam wieder gesteigert durch O_2. Dagegen ist in der Wirkung
verschiedener Ionen bisher kaum etwas von gleichlaufendem Einfluß zu erkennen.

5. Bestandstrom und Donnanpotential.

In naher Beziehung zu den eben geschilderten Ionenwirkungen stehen Versuche, die LEHMANN und MEESMANN[1] über ein zwischen Blut und Kammerwasser bestehendes Donnanpotential angestellt haben.

Unter der Annahme, daß zwischen Blut und Kammerwasser — ähnlich wie
an anderen normalen Epithel- und Endothelflächen des Körpers — ein unge-
hinderter Austausch von Wasser und Salzen, nicht aber von Eiweiß durch die
,,Membranen'' der Capillaren oder des Ciliarkörpers hindurch stattfindet, vermuten LEHMANN und MEESMANN bei dem stark verschiedenen Eiweißgehalt
(Blut ca. 7%, Kammerwasser ca. 0,01%) ein *Donnansches Gleichgewicht*[2] zwischen
Blut und Kammerwasser. Bei einem solchen ist nach Diffusionsausgleich die
Ionenverteilung auf beiden Seiten der ,,Membran'' nicht gleich, sondern es muß,
im Falle eines negativ geladenen Kolloids (bei $p_H = 7,5$) im Blut, die Konzen-
tration der *positiven* Salzionen auf der *Kolloid*seite größer und entsprechend
die der *negativen* auf der kolloid*freien* Seite größer sein; und zwar in dem Maße,
daß für die einzelnen positiven und negativen Ionen zwischen Blut (Bl) und
Kammerwasser (Ka) umgekehrte Proportionalität gilt. Für Na^+Cl^- würde die
DONNANsche Formel lauten:

$$[Na^+]_{Bl} : [Na^+]_{Ka} = [Cl^-]_{Ka} : [Cl^-]_{Bl}.$$

Dasselbe ist für die H- und OH-Ionenkonzentration der Fall, so daß bei einem
negativen Kolloid die Kolloidseite saurer sein muß.

Die Autoren stellen zunächst fest, daß die teils in der Literatur vorliegenden,
teils von MEESMANN[3] durchgeführten NaCl-Analysen und p_H-Bestimmungen im
Blut und Kammerwasser in der Tat für das Bestehen eines Donnangleichgewichtes
sprechen, bei dem der Verteilungsquotient für Na-, Cl-, H- und OH-Ionen zwischen
Blut und Kammerwasser etwa 1,2 oder etwas mehr beträgt.

Für diesen Verteilungsquotienten berechnen LEHMANN und MEESMANN dann,
daß zwischen Blut und Kammerwasser ein Donnanpotential von 4—12 mV
herrschen müßte, bei dem das Blut, entsprechend dem negativen Eiweißion,
negativ gegenüber dem Kammerwasser ist. — Zwischen Blut und Liquor cerebrospinalis liegen auf Grund von Analysen qualitativ und quantitativ ähnliche Verhältnisse vor.

Die Autoren maßen darauf mit $n/_{10}$-KCl-Kalomelelektroden, die mit Kanülen
verbunden waren, und vermittels Capillarelektrometer und Kompensationsmethode an narkotisierten Katzen, Kaninchen, Meerschweinchen und Fröschen
die zwischen der vorderen Kammer und dem Blut unter verschiedenen Bedingungen bestehenden Potentiale. Die Kanüle der einen Elektrode wurde durch
die Cornea in die vordere Kammer eingestoßen, die andere bei den Fröschen
in die Aorta, bei den Säugetieren in die Vena jugularis externa eingebunden
bzw. mit Blut am Ohr oder an der Schnauze in Berührung gebracht.

---

[1] LEHMANN, G. u. A. MEESMANN: Pflügers Arch. **205**, 210 (1924).
[2] Vgl. H. FREUNDLICH: Capillarchemie, S. 759ff. Leipzig 1922.
[3] MEESMANN, A.: Habilitationsschr. Berlin 1923.

Es ergab sich in der Regel ein Potential von 6—10, in einigen Fällen von 12—15 mV, wobei regelmäßig das Kammerwasser positiv gegenüber dem Blut war. Unregelmäßige, schwankende und gelegentlich auch Potentiale in umgekehrter Richtung führen die Verff. auf Verletzungsströme (Verletzungen im Auge, namentlich der Iris) zurück. *Aufsetzen* der Augenelektrode auf die Cornea anstatt *Einstechen* in die vordere Kammer ergab das gleiche Potential, Einbringen in die Tränenflüssigkeit oder den Bindehautsack brachte oft ein kräftiges Potential (20—30 mV) in umgekehrter Richtung. Nach dem Tode sank das Potential von 6—10 mV zwischen Blut und Kammerwasser langsam auf Null, desgleichen sank es bei Steigerung des Eiweißgehalts im Kammerwasser (wiederholte Kammerpunktion) oder bei Verminderung des Eiweißgehalts im Blut (Durchströmung der Gefäße beim Frosch mit Ringer- oder $n/_{10}$-KCl-Lösung). Ähnliches ergaben Potentialmessungen zwischen Blut und Liquor cerebrospinalis. — Daß danach zwischen Blut einerseits, Kammerwasser oder Liquor andererseits ein Donnangleichgewicht mit dem zugehörigen Potential besteht, ist höchstwahrscheinlich.

Wenn nun aber LEHMANN und MEESMANN darüber hinaus sagen, daß das von ihnen gemessene Donnanpotential identisch mit dem Ruhe- bzw. Bestandpotential des Auges wäre, und daß das Bestandpotential nichts mit der Netzhaut zu tun hätte, so kann man dafür in ihren bisherigen Versuchen wohl noch keinen zwingenden Beweis sehen. Das Donnanpotential zwischen Blut und Kammerwasser kann, um das nochmals hervorzuheben, wohl als ziemlich sichergestellt gelten, dagegen müssen seine Beziehungen zu dem Bestandpotential des Auges einstweilen noch als experimentell ungeklärt betrachtet werden, wie wohl aus den folgenden Ausführungen hervorgehen dürfte.

Dazu fehlen vor allem vergleichende Potentialmessungen mit Ableitung aus Kammerwasser und Blut neben der gewöhnlichen von Cornea- und Fundusoberfläche an ein und demselben Auge unter den verschiedensten Bedingungen. Erst danach könnte man über Identität oder etwaige Differenzen Bestimmteres aussagen; bisher ist an Vergleichsmaterial lediglich beigebracht, daß beide Potentiale an verschiedenen Tieren innerhalb der gleichen Größenordnung liegen. Daneben zeigen sich aber schon jetzt gewisse Abweichungen, die gleich noch zu erörtern sind. — Auch die beiden Versuche (S. 226—227 der Arbeit) über die „Unabhängigkeit des ‚Ruhestromes' von der Netzhaut" — 1. Ableitung aus den Venae vorticosae oder von pericornealen Gefäßen, 2. Zerstörung der Netzhaut durch Unterbindung von Opticus samt Zentralgefäßen — zeigen nur, daß die Netzhaut *an dem Donnanpotential zwischen Blut und Kammerwasser* nicht wesentlich beteiligt zu sein scheint; darüber, ob die Retina bei dem in der üblichen Weise gemessenen *Bestandpotential des Auges* eine Rolle spielt oder nicht, können beide Versuche nichts aussagen, da dieses nicht abgeleitet wurde. Im Gegenteil, der Versuch unter 1 scheint beim Vergleich mit anderweitigen Untersuchungen eher auf einen Unterschied zwischen Donnan- und Bestandpotential hinzuweisen: LEHMANN und MEESMANN fanden zwischen Kammerwasser und Blut einer Vena vorticosa denselben Wert von 6 mV, wie zwischen Kammerwasser und Pericornealblut unmittelbar neben der Cornea; DE HAAS fand dagegen (S. 1400 dieser Abhandlung) bei seinen Messungen über die Potentialverteilung am Bulbus das Potential zwischen Corneapol und Augenäquator — also dem ungefähren Abgangsort der Venae vorticosae — fast doppelt so groß (7,1 mV) wie zwischen Corneapol und Cornearand (3,7 mV). Dieser Vergleich ist zwar noch kein sicherer Beweis für die Verschiedenheit beider Potentiale, da LEHMANN und MEESMANN am lebenden Kaninchen und DE HAAS am exstirpierten Froschbulbus arbeiteten, aber er dürfte doch wohl zu genauen Parallelmessungen anregen.

Auch im übrigen scheint es, als ob das Bestandpotential etwas Komplizierteres wäre als das in Rede stehende Donnanpotential: 1. LEHMANN und MEESMANN sagen selbst (S. 231 bis 232 ihrer Arbeit), daß sie die im Tode auftretende Umkehr des Bestandpotentials mit der Theorie des Donnanpotentials nicht ohne weiteres erklären können. Das ist insofern nicht ganz zutreffend, als das Bestandpotential *im Tode* seine Richtung gar nicht umkehrt, sondern am abgestorbenen Tier oder Auge von beliebiger vorheriger Richtung aus gleich Null wird wie das Belichtungspotential. Dagegen kann das Bestandpotential die Richtung wechseln und häufig starke negative Werte annehmen am exstirpierten überlebenden noch voll reaktionsfähigen — d. h. einen starken Belichtungsstrom gebenden — Froschauge, aber auch am lebenden, durchbluteten und voll reaktionsfähigen Warmblüter-, besonders Vogelauge in situ. — Ferner machen mechanische Insulte zwar den Belichtungsstrom *negativ*, lassen hingegen, ebenso wie elektrische und Lichtreize, das Bestandpotential in der normalen Richtung *ansteigen* (vgl. S. 1404, 1419f. dieser Abhandl.). Diese Tatsachen dürften mit einem Donnanpotential zwischen Blut und Kammerwasser nur schwer zu deuten sein. — 2. Es bestehen offenbar auch gewisse Unterschiede in der Ionenwirkung auf das Bestand- und das Donnanpotential: LEHMANN und MEESMANN stellten am Frosch fest (S. 225 und 226 ihrer Arbeit), daß das Donnanpotential zwischen Kammerwasser und Aorta beim Durchströmen des Gefäßsystems sowohl mit $n/_{10}$-KCl- wie mit Ringerlösung ziemlich schnell auf Null oder annähernd Null absinkt, ohne daß jemals eine Umkehr der Potentialrichtung aufgetreten wäre; ein Unterschied in der Wirkung beider Lösungen war nicht zu finden. Auf das am exstirpierten Froschauge gemessene Bestandpotential wirkt dagegen nach BEUCHELT (s. S. 1407—1409 dieser Abhandl.) Durchströmung mit Ringer- und mit $n/_{10}$-KCl-Lösung durchaus verschieden; bei Ringerlösung schlägt das Bestandpotential um und nimmt auffallend starke negative Werte an (bis 8 mV), bei KCl behält es die normale positive Richtung. — 3. Schließlich bleibt bemerkenswert, daß der Belichtungsstrom am frischen Auge regelmäßig in einer *Verstärkung* des Bestandstroms besteht, daß beide Ströme einen gewissen Parallelismus in ihren Stärke*änderungen* zeigen können und im Auge vom *freien Ende zur Basis der Sinneszellen* gerichtet sind, trotzdem diese Richtung, bezogen auf das ganze Auge, bei Wirbeltieren umgekehrt ist wie bei Arthropoden und Cephalopoden. Denn daran, daß die hintere Augenschale von Cephalopoden *regelmäßig* die den Wirbeltieren entgegengesetzte Bestandstromrichtung zeigt, dürfte nach den übereinstimmenden Angaben von BECK, PIPER und FRÖHLICH[1] nicht zu zweifeln sein (S. 1397 dieser Abhandlung). — Der unter 3 angeführte Tatsachenkomplex läßt, wie bereits mehrfach ausgeführt (Kap. A 3 und 4) auf einen gewissen Zusammenhang zwischen dem zweifellos in der Retina entstehenden Belichtungsstrom und dem Bestandpotential schließen, der bei einem Donnanpotential (Blut und Kammerwasser) wohl kaum ganz einfach verständlich wäre.

Alle diese Tatsachen zusammen weisen meines Erachtens darauf hin, daß das ziemlich komplizierte Bestandpotential des Auges sich möglicherweise aus mehreren zum Teil entgegengesetzten Einzelpotentialen zusammensetzt, von denen eins auch das Donnanpotential zwischen Kammerwasser und Blut sein könnte. Auf diese Vorstellung komme ich später in dem Abschnitt über die Deutung des Bestandpotentials zurück (vgl. S. 1481, 1482).

B. Belichtungsstrom.

1. Phasen und Stärke des Belichtungsstromes.

a) *Die Phasen.* Bei Belichtung eines im Dunkeln gehaltenen Auges[2] und Ableitung in der üblichen Weise vom Limbus corneae und Fundus oculi setzt eine *Verstärkung des normalgerichteten Bestandpotentials* ein (HOLMGREN 1865, wiederentdeckt durch DEWAR und M'KENDRICK[3] 1873); prinzipiell ebenso wirkt ein plötzliches Ansteigen der herrschenden Beleuchtung. Wie sich sogleich auch mit den älteren langsam reagierenden Instrumenten (Multiplikator, Wiedemannbussole) ergab, ist diese Belichtungsschwankung des Bestandpotentials *bei Wirbeltieren regelmäßig mehrphasisch*. Dazu erbrachten KÜHNE und STEINER[4] zuerst den grundlegend wichtigen Nachweis, daß die mehrphasische Belichtungsschwankung an der hinteren Bulbushälfte oder der frisch isolierten *Froschretina*

---

[1] Besonders wichtig ist der von FRÖHLICH [Z. Sinnesphysiol. 48, 368 (1914)] an Cephalopoden erbrachte Nachweis, daß die *isolierte Schicht* der freien Stäbchenenden (hier Innenglieder) *regelmäßig den normal gerichteten Bestand- und Belichtungsstrom* der Cephalopoden zeigt, während die in der Bulbusschale zurückbleibende Schicht der Stäbchenaußenglieder in keinem der Versuche an 26 Augen einen Bestand- oder Belichtungsstrom aufwies (vgl. später S. 1471).

[2] Allgemeinnarkose ist bei lebenden Tieren nicht anwendbar, weil die Belichtungsströme verschwinden; Curare, Morphin, Cocain, Atropin stören nicht (vgl. später S. 1424). — HARTLINE [Amer. J. Physiol. 73, 600 (1925)] schaltet Bewegungen durch Decerebrieren aus.

[3] DEWAR, J. u. J. GR. M'KENDRICK: J. Anat. a. Physiol. 7, 275 (1873) — Trans. roy Soc. Edinburgh 27, 141 (1874).

[4] KÜHNE, W. u. J. STEINER: Unters. Physiol. Inst. Heidelberg 4, 72, 101—105 (1881).

prinzipiell denselben Verlauf hat wie am ganzen exstirpierten Froschbulbus. Umgekehrt zeigten Dewar und M'Kendrick[1] und später Kühne und Steiner[2], daß der noch chorioidea- und pigmentepithelhaltige Augengrund nach Herausnahme der pigmentepithelfreien Netzhaut auch *auf starkes Licht keinen Strom produziert, während die aus dem Augengrund isolierte Netzhaut nach wie vor den Belichtungsstrom gibt. Der Belichtungsstrom hat demnach zweifellos seinen Sitz in der Retina.* Und möglicherweise ist er auch auf Netzhäute bzw. Photorezeptoren mit einer gewissen höheren Organisation beschränkt; wenigstens konnte Hartline[3] an einigen sicher lichtempfindlichen Geweben von Wirbellosen (Haut des Regenwurms, Siphon der Muschel Mya arenaria) auch bei intensiver Belichtung *keinen* Strom nachweisen.

Ein Teil der älteren Literatur über den *Verlauf* des Belichtungsstromes ist nun aber bis in den Anfang dieses Jahrhunderts hinein recht unübersichtlich insofern, als scheinbar jeder Wirbeltierart ihr besonderer noch dazu wechselnder Kurvenverlauf zugehört. Hier haben erst die neueren Untersuchungen mit schnell reagierenden Registrierinstrumenten, besonders dem Saitengalvanometer, Wandel geschaffen.

Es ist das Verdienst von v. Brücke und Garten[4] und von Piper[5], in ausgedehnten vergleichenden Untersuchungen mit dem Saitengalvanometer bei Reizung mit farblosem Licht gezeigt zu haben, *daß der komplizierte Belichtungsstrom der Netzhaut im Grundprinzip in der ganzen Wirbeltierreihe den gleichen Verlauf hat,* und daß bei den verschiedenen Vertebratenklassen nur relativ geringfügige Modifikationen vorkommen. *Diese Erkenntnis bedeutet einen wesentlichen Fortschritt.* — Wodurch die stark abweichenden Stromkurven mancher Tierarten bei einigen der älteren Untersucher bedingt sind, soll im nächsten Kapitel auseinandergesetzt werden (s. S. 1416—1428).

Dieser allgemeine Wirbeltiertyp des Belichtungsstroms, das „Elektroretinogramm" (ERG), ist in Abb. 444 dargestellt und von links nach rechts zu lesen.

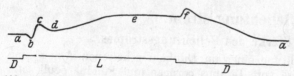

Abszisse ist die Zeit, Ordinate die EMK der Belichtungsschwankung. *D* bedeutet Dunkelheit, *L* Belichtung, die in diesem Falle so lange andauert, bis das Maximum des Potentialanstiegs erreicht ist; *a* ist das kompensierte Bestandpotential von etwa 5—10 mV. Die

Abb. 444. *Der Verlaufstyp des Belichtungsstromes bei den Wirbeltieren:* von links nach rechts zu lesen; *D* Dunkel, *L* Lichtreiz; *aa* Bestandpotential, *b* negativer Vorschlag, *c* positive Eintrittsschwankung, *d* Senkung, *e* sekundäre Erhebung, *f* positive Verdunkelungsschwankung.

Stromkurve ist, wie alle in dieser Abhandlung folgenden, derart orientiert, *daß sie von links nach rechts zu lesen ist, und einem Anstieg der Kurve eine Zunahme des Bestandpotentials entspricht.* Allgemein wird eine auf Lichtreiz erfolgende *Verstärkung* des Bestandpotentials als *positive,* eine *Verminderung* als *negative* Schwankung bezeichnet.

Auf die Belichtung folgt nach einem kurzen Latenzstadium zunächst eine geringe schnelle Verminderung des Bestandpotentials, der „*negative Vorschlag*" (b), danach steigt der Strom mit der „*positiven Eintrittsschwankung*" (c) schnell an, um in der etwas langsameren „*Senkung*" (d) wieder abzunehmen; darauf steigt

[1] Dewar, J. u. J. Gr. M'Kendrick: Zitiert S. 1411, Fußnote 3.
[2] Kühne, W. u. J. Steiner: Unters. Physiol. Inst. Heidelberg **3**, 364 (1880).
[3] Hartline, H. K.: Amer. J. Physiol. **83**, 471 (1928).
[4] Brücke, E. Th. v. u. S. Garten: Pflügers Arch. **120**, 290 (1907).
[5] Piper, H.: Arch. f. Physiol. **1911**, 85.

er abermals langsam aber ausgiebig an in der „*sekundären Erhebung*" (*e*), die einen konstanten Wert erreicht, auf dem sie bei weiterer Belichtung lange stehenbleiben kann. Nach Verdunkelung folgt auf ein kurzes Latenzstadium abermals ein Stromanstieg, die „*positive Verdunkelungsschwankung*" (*f*), worauf der Belichtungsstrom allmählich bis auf das Bestandpotential *a* zurückgeht[1].

Die hier für die verschiedenen Kurvenphasen benutzte Nomenklatur ist im wesentlichen von v. BRÜCKE und GARTEN[2] eingeführt und soll im folgenden beibehalten werden. Sie hat wegen ihres rein beschreibenden Charakters den Vorzug, sich leicht einzuprägen, anschaulich und unabhängig von irgendwelchen Theorien zu sein. Anderweitig vorgeschlagene Bezeichnungen, die von bestimmten theoretischen Vorstellungen ausgehen, wie „Änderungsschwankung" (für *b*), „Belichtungsschwankung" (für *c*), „Helligkeitsschwankung" (für *e*) (TIRALA[3], ISHIHARA[4]), sind unanschaulich und daher keine Verbesserung. Ganz verwirrend ist „Erhellungsschwankung" (für *c*), „I. Phase" (für *d*), „II. Phase" (für *e*) von KAHN und LÖWENSTEIN[5], da sie die dritte Phase des tatsächlichen Kurvenverlaufs als „I. Phase" bezeichnen.

Der *Grundtyp* des eben geschilderten Stromverlaufs fällt bei Vertretern aller Wirbeltierklassen, auch beim Menschen (s. S. 1459—1464), ohne weiteres in die Augen; die für die einzelnen Wirbeltierklassen charakteristischen geringen Modifikationen bestehen darin, daß bestimmte Phasen — der negative Vorschlag, die Senkung und die positive Verdunkelungsschwankung — mehr bzw. weniger stark hervortreten. So pflegen negativer Vorschlag (*b*) und positive Verdunkelungsschwankung (*f*) bei Fischen[6], Amphibien, Reptilien und Vögeln deutlich ausgeprägt, aber bei Säugetieren geringfügig und wechselnd zu sein, so daß sie bei letzteren von manchen Autoren gesehen, von anderen vermißt wurden bzw. bei einigen Säugetierarten oder -exemplaren vorkamen, bei anderen nicht[7]. Andererseits ist die Senkung (*d*) bei Vögeln und Säugetieren gewöhnlich tiefer als bei Kaltblütern. Die Kurve ist also, ähnlich wie das Elektrokardiogramm, nicht überall starr die gleiche, sondern zeigt eine gewisse mäßige Variabilität, was bei biologischen Vorgängen selbstverständlich sein dürfte.

Als bedeutungsvoll muß jedoch hier sogleich hervorgehoben werden, daß der Belichtungsstromverlauf bei Wirbeltieren in bestimmter gesetzmäßiger Weise von äußeren Bedingungen abhängig ist, wie von der Temperatur, der Ionenart in den ableitenden Medien, dem Adaptationszustand des Auges, der Intensität, und bei Tagtieren auch von der Wellenlänge des Reizlichtes. Davon wird in den folgenden Kapiteln die Rede sein.

---

[1] Auch die Untersuchung von E. L. CHAFFEE, W. T. BOWIE und A. HAMPSON [J. optic. Soc. Amer. **7**, 1 (1923)] hat bei 500facher Verstärkung (2-Röhren-Verstärker) und mit besonders schnell reagierendem Saitengalvanometer *genau dieselbe*, oben beschriebene Form des ERG bei Zeitbelichtung ergeben, die schon ohne Verstärkung mit empfindlichem, also trägerem Saitengalvanometer bekannt war. Etwas prinzipiell Neues hat die Verstärkung an den *Netzhautströmen* bislang nicht gezeigt; ihre Vorteile sind für die Netzhautströme, daß man auch schwächere Belichtungen untersuchen und trotzdem Größe und Ablauf der schnellen Stromphasen richtig registrieren kann. — *Wesentlich* ist der Fortschritt der Verstärker dagegen für die Untersuchung der *Opticusströme* (vgl. S. 1472—1479).

[2] BRÜCKE, E. TH. v. u. S. GARTEN: Pflügers Arch. **120**, 317ff. (1907).

[3] TIRALA, L.: Arch. f. Physiol. **1917**, 125.

[4] ISHIHARA, M.: Pflügers Arch. **114**, 582 (1906).

[5] KAHN, R. H. u. A. LÖWENSTEIN: Graefes Arch. **114**, 310—317 (1924).

[6] Als Ergänzung zu den Versuchen, die v. BRÜCKE und GARTEN an Fischen angestellt haben, verweise ich auf die Arbeit von E. C. DAY [Amer. J. Physiol. **38**, 369 (1915)]. DAY zeigte, daß das Elektroretinogramm der Fische durchaus mit dem der Amphibien übereinstimmt.

[7] Über den Stromverlauf bei Säugetieren vgl. die Ergebnisse von E. TH. v. BRÜCKE und S. GARTEN [Pflügers Arch. **120**, 328—336 (1907)], H. PIPER (Arch. f. Physiol. **1911**, 109—115), A. KOHLRAUSCH (Arch. f. Physiol. **1918**, 212—213), R. H. KAHN und A. LÖWENSTEIN [Graefes Arch. **114**, 304 (1924)] und die Untersuchungen von E. SACHS über das Elektroretinogramm des Menschen in dieser Abhandlung (S. 1459—1464).

Aus der Wirbellosenreihe sind bislang *Arthropoden* (Crustaceen, Insekten) und *Mollusken* (Cephalopoden) mit dem Saitengalvanometer untersucht. Bei den Facettenaugen des Hummers stellten v. BRÜCKE und GARTEN[1] und RIEDEL[2] als Belichtungseffekt gleichfalls eine Verstärkung des hier ja umgekehrt gerichteten Bestandpotentials fest, deren zeitlicher Kurvenverlauf eine gewisse Ähnlichkeit mit dem Wirbeltiertyp hatte; im einzelnen zeigten sich jedoch erhebliche Unterschiede gegenüber den Wirbeltieren, besonders bei Adaptations- und Temperaturänderungen[2].

Noch wesentlicher scheint nach den Untersuchungen von BECK[3], PIPER[4] und FRÖHLICH[5] der Belichtungsstrom der Cephalopoden von dem allgemeinen Wirbeltiertypus abzuweichen (Abb. 444, 445). Die Untersuchung eines frischen Auges mit der üblichen Ableitung von Linse und Äquator oder seitlichen Fundusteilen ergibt bei Belichtung zwar gleichfalls eine Verstärkung des — hier wie bei Crustaceen — inversen Bestandpotentials, *aber sie verläuft meist außerordentlich einfach* (Abb. 445): nach einer kurzen Belichtungslatenz steigt der Strom bis zu einem Maximum an, auf dem er bei mittlerer Reizstärke gewöhnlich während der Belichtungsdauer annähernd stehenbleibt, und fällt nach einer etwa gleich kurzen Verdunkelungslatenz wieder bis zum Bestandpotential ab; der Belichtungsanstieg pflegt steiler zu verlaufen als der Abfall

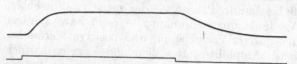

Abb. 445. *Verlauf des Belichtungsstroms bei Cephalopoden:* von links nach rechts zu lesen; die Hebung des Reizsignals zeigt, wie in Abb. 444, die Belichtungsdauer an.

nach Verdunklung (vgl. dazu *Fröhlich*[5], S. 65 u. 112; u. Abb. 469 dieser Abhandlung). FRÖHLICH[6], der unter bestimmten Belichtungs- und Ableitungsbedingungen auch von Cephalopoden mehrsinnige Belichtungsströme erhielt, betont ausdrücklich, daß „bei Ableitung von einer frischen Retina und einer nervulifreien Stelle der Sclera immer *nur einsinnige Schwankungen, wie sie* BECK *und* PIPER *beschrieben haben, zur Beobachtung kamen*"[6].

Nach PIPER ist es von hervorragendem vergleichend-physiologischem Interesse, daß die *einfache Schicht lichtperzipierender Elemente* im Cephalopodenauge (vgl. S. 1398, 1471) als „Ausdruck einer kontinuierlichen Erregung" auch einen *einfachen Aktionsstrom* liefert, bestehend aus glattem Anstieg, Konstanz und glattem Absinken; daß dagegen die zusammengesetzte Wirbeltiernetzhaut mit einem komplizierten Stromverlauf antwortet. Von diesem Vergleich geht PIPER bei seiner Analyse der Wirbeltierkurve aus (s. später S. 1483—1487).

Bei vergleichenden Untersuchungen der *Arthropoden* fand HARTLINE[7] verschiedene Formen des ERG, die allerhand Übergänge zwischen den einphasischen Cephalopoden- und den mehrphasischen Wirbeltierkurven darstellen.

Es wurde bereits betont, daß das Elektroretinogramm der Wirbeltiere gesetzmäßig mit bestimmten Bedingungen veränderlich ist (Temperatur, Ionenart, Adaptationszustand, Lichtintensität, Wellenlänge u. a. m.). Im Anschluß hieran muß eine **grundsätzlich wichtige Frage** kurz vorweggenommen werden, auf die später mehrfach eingehender zurückzukommen ist: es fragt sich nämlich — angesichts der gesetzmäßigen Abhängigkeit des Elektroretinogramms von äußeren und

[1] BRÜCKE, E. TH. v. u. S. GARTEN: Pflügers Arch. **120**, 342—343 (1907).
[2] RIEDEL, A. H.: Z. Biol. **69**, 125 (1919).
[3] BECK, A.: Pflügers Arch. **78**, 129 (1899).
[4] PIPER, H.: Arch. f. Physiol. **1911**, 115f.
[5] FRÖHLICH, F. W.: Z. Sinnesphysiol. **48**, 43, 50, 51ff. (1913).
[6] Im Original gesperrt.
[7] HARTLINE, H. K.: Amer. J. Physiol. **83**, 467 (1927).

inneren Bedingungen — sogleich, ob aus der Verschiedenheit der Kurven*form* Rückschlüsse auf Zustands- und Vorgangsänderungen im Auge gestattet sind; m. a. W., ob die *veränderliche* Strom*form* ein Glied in der Kette *wechselnder Vorgänge im Auge* zwischen Lichteinfall und Opticus-Erregung bildet. — Diese bisher allgemein gemachte Voraussetzung wird seit einiger Zeit von FRÖHLICH[1] bestritten; er ist der Ansicht, daß der mehrphasische Verlauf keine Eigentümlichkeit der Netzhaut selbst darstelle, sondern ein Kunstprodukt sei, welches durch eine gleichzeitige Belichtung beider Ableitungsstellen zustande komme; also analog etwa, wie der *zwei*phasische Muskel- oder Nervenstrom sich zum *ein*phasischen verhält. — **Die Entscheidung zwischen diesen beiden Auffassungen ist von grundsätzlicher Bedeutung;** denn wenn FRÖHLICHS Annahme zu Recht besteht, ist der größte Teil gerade der neueren, mit modernen Hilfsmitteln ausgeführten Untersuchungen über das Elektroretinogramm der Wirbeltiere und des Menschen gegenstandslos. Daher soll schon hier darauf eingegangen werden.

FRÖHLICH fand unter bestimmten Bedingungen bei Cephalopoden statt der einfachen auch mehrphasische Belichtungsströme verschiedener Form, die mehr oder weniger dem Wirbeltiertypus ähnelten. Solche Bedingungen waren unter anderem: Ableitung von Linse und Tractus opticus, Ableitung von zwei Stellen der hinteren Bulbusfläche oder von Linse zur hinteren Bulbusfläche bei nicht lokalisierter Belichtung. Aus Versuchen mit Belichtung zwischen zwei Ableitungsstellen oder mit zwei Lichtquellen schloß FRÖHLICH, daß die mehrsinnigen Schwankungen am Cephalopodenauge durch einen Wettstreit der Negativitäten an beiden Ableitungsstellen zustande kommen. Er vermutete — zunächst noch, ohne entsprechende Versuche angestellt zu haben — daß auch am Wirbeltierauge die mehrsinnigen Schwankungen auf gleicher Grundlage entständen, und daß es gelingen werde, an Wirbeltieren gleichfalls einfache Kurven abzuleiten, wenn man die Belichtung auf die eine Ableitungsstelle lokalisiere und eine Mitbelichtung der anderen Elektrode vermeide.

Dahinzielende Versuche haben FRÖHLICH, HIRSCHBERG und MONJÉ[2] in jüngster Zeit an Augen von Fröschen und Kröten angestellt. Weder am isolierten ganzen Bulbus, noch an der isolierten hinteren Augenschale gelang es ihnen, trotz Verwendung von vier verschiedenen Methoden der Reizisolierung, einsinnige Ströme zu erhalten. Sie führen das auf die noch ungenügende Art der Lichtlokalisierung zurück und schreiben dabei dem im Auge von der belichteten Stelle diffus zurückgeworfenen Licht eine Hauptrolle zu. Erst gelegentlich von drei weiteren Lokalisierungsmethoden beobachteten sie bei schwacher Belichtung an hinteren Augenschalen einsinnige Ströme, die aber einen *negativen* Verlauf hatten, d. h. eine *Abschwächung* des Bestandpotentials darstellten. Sie geben ausdrücklich an, daß ein *Absterben des Auges das Auftreten dieser einsinnigen negativen Aktionsströme begünstigt.* Die Verff. führen diese einsinnigen Belichtungsströme auf die ausreichende Lichtlokalisierung zurück und sehen in ihnen den Beweis dafür, daß die mehrsinnigen Aktionsströme als Folge ausgedehnter Belichtungen der Netzhaut zustande kommen.

Ob diese FRÖHLICHsche Deutung des mehrphasischen Belichtungsstroms als Kunstprodukt infolge ausgedehnter Netzhautbelichtung für alle am *Cephalopodenauge* beobachteten Fälle ausreicht (z. B. für Ableitung von der Linse zum Traktus oder zur hinteren Bulbusfläche), bedarf wohl noch weiterer Klärung[3]. Für das *Wirbeltierauge* ist seine Ansicht durchaus unzutreffend; das geht mit Sicherheit

[1] FRÖHLICH, F. W.: Z. Sinnesphysiol. 48, 43—69 (1913) — Grundzüge einer Lehre vom Licht- und Farbensinn, ein Beitrag zur allgemeinen Physiologie der Sinne, S. 13, 14. Jena: Gustav Fischer 1921 — Z. Biol. 87, 511, 517 (1928) — Die Empfindungszeit, S. 212 bis 216. Jena: Gustav Fischer 1929.

[2] FRÖHLICH, F. W., E. HIRSCHBERG u. M. MONJÉ: Z. Biol. 87, 517 (1928).

[3] So sehen z. B. die ein- und mehrphasischen Stromformen der Cephalopoden denjenigen der Crustaceen weitgehend ähnlich, die durch Temperatur- und Adaptationsänderungen hervorzurufen sind [A. H. RIEDEL: Z. Biol. 69, 125 (1918)]; letztere unterscheiden sich aber typisch von denen der Wirbeltiere (vgl. S. 1421—1423 dieser Abhandlung). Über solche etwaige Ähnlichkeiten der Avertebraten untereinander und ihre Abweichungen von den Vertebraten ist noch wenig bekannt. Die vergleichenden Untersuchungen von HARTLINE (S. 1414) an Gliederfüßlern zeigen verschiedene Übergangsformen zwischen den einphasischen Cephalopoden- und mehrphasischen Wirbeltierströmen.

aus einer ganzen Reihe von Tatsachen hervor, wie im folgenden noch eingehend an verschiedenen Stellen gezeigt werden wird (S. 1416—1440, 1442—1444, 1457f., 1477f., 1487—1489). Vorweg sei hier jedoch schon gesagt, daß auch die eben angeführten Versuche von FRÖHLICH, HIRSCHBERG und MONJÉ *keinen Beweis* für FRÖHLICHs Deutung erbringen. Im Gegenteil, diese Versuche zeigen eher, daß die Ein- oder Mehrsinnigkeit der Belichtungsströme am Frosch- und Krötenauge *völlig unabhängig* von der mehr oder minder guten Reizlokalisierung ist. Auch diese besonders starken einsinnigen negativen Belichtungsströme, welche die Autoren schließlich bekommen haben, sind an der isolierten Netzhaut seit langem bekannt und zuerst von KÜHNE und STEINER[1], dann neuerdings mehrfach systematisch untersucht; ihr Auftreten hat jedoch nicht das mindeste mit der Lichtisolierung auf eine Elektrode zu tun, denn KÜHNE und STEINER und die späteren Autoren erhielten sie regelmäßig an *absterbenden* Netzhäuten verschiedener Wirbeltiere bei *ausgedehnter Belichtung der ganzen Netzhautfläche*. — KÜHNE und STEINER bezeichnen den entsprechenden Netzhautzustand in ihren Abbildungen speziell als „Stadium 3". Auf diese negativen Belichtungsströme wird im nächsten Abschnitt ausführlich zurückzukommen sein (S. 1416—1428).

Danach können wir — auf die vorhin (S. 1414f.) aufgeworfene Frage nach den Beziehungen zwischen Elektroretinogramm und Netzhautvorgängen zurückkommend — daran festhalten, daß der mehrphasische Belichtungsstrom der Wirbeltiere eine **Eigentümlichkeit der Netzhaut selbst** darstellt, und daß seine Veränderungen mit Änderungen der Netzhautvorgänge zusammenhängen werden.

b) *Stärke des Belichtungsstromes.* Sie hängt sehr wesentlich von den Ableitungs-, Adaptations- und Belichtungsbedingungen ab. DEWAR und M'KENDRICK[2] geben sie — unter günstigen Umständen — zu 3—10% des Bestandpotentials an. Die am exstirpierten Froschbulbus von den verschiedenen Autoren gefundenen Maximalwerte liegen zwischen 0,5 und 2,8 mV; eine tabellarische Zusammenstellung dieser Werte findet sich bei WESTERLUND[3]. — Dunkeladaptierte Nachtraubvögel können noch etwas stärkere, die übrigen Warmblüter pflegen schwächere Belichtungsströme (gewöhnlich unter 1 mV) zu geben als der Frosch.

Sehr starke Belichtungsströme produzieren die Cephalopoden, deren exstirpierte Bulbi auch außerordentlich lange überleben. FRÖHLICH[4] fand an frischen Augen besonders bei den ersten Belichtungen Werte von 7—8, ja 10 mV und unter den günstigsten Bedingungen bei Eledone moschata eine Überlebensdauer von 60—100 Stunden, während die Überlebensdauer für das Froschauge von KÜHNE und STEINER[5] zu etwa 24 Stunden angegeben wird.

Das Hummerauge[6] gibt bei intensiver Belichtung Spannungen bis zu 3 mV. Die stärksten bisher beobachteten Belichtungspotentiale, 20 mV und mehr, fand HARTLINE[7] neuerdings bei der Stubenfliege.

2. Die Phasenänderungen des Belichtungsstroms bei Schädigungen und unter Temperatur-, Ionen- und anderen nichtoptischen Einflüssen.

Wir haben bereits eingangs des vorigen Abschnittes gesehen, daß eine Reihe älterer Autoren bei vergleichenden Untersuchungen einen stark verschiedenen,

---

[1] KÜHNE, W. u. J. STEINER: Unters. Physiol. Inst. Heidelberg **3**, 327 (1880); besonders **4**, 64 (1881).

[2] DEWAR, J. u. J. GR. M'KENDRICK: Trans. roy. Soc. Edinburgh **27**, 141 (1874).

[3] WESTERLUND, A.: Skand. Arch. Physiol. (Berl. u. Lpz.) **26**, 150 (1912).

[4] FRÖHLICH, F. W.: Z. Sinnesphysiol. **48**, 63, 64 (1913).

[5] KÜHNE, W. u. J. STEINER: Unters. Physiol. Inst. Heidelberg **4**, 86 (1881).

[6] RIEDEL, A. H.: Z. Biol. **69**, 132 (1918).

[7] HARTLINE, H. K.: Amer. J. Physiol. **83**, 473 (1928).

zum Teil auch wechselnden Belichtungsstromverlauf für die einzelnen Tierarten gefunden hat, und zwar beim Frosch gewöhnlich *positive*, bei den übrigen Tieren, vor allem den Warmblütern, mehr oder weniger ausgesprochen *negative* Belichtungsschwankung des Bestandpotentials (HOLMGREN[1], DEWAR und M'KENDRICK[2], KÜHNE und STEINER[3], HIMSTEDT und NAGEL[4] und auch PIPER[5] bei seinen ersten vergleichenden Untersuchungen). Eine übersichtliche Zusammenstellung der Verlaufsformen findet sich bei v. BRÜCKE und GARTEN[6]. Die Mehrzahl dieser Autoren hat die unterschiedlichen Verlaufsformen lediglich beschrieben und zum Teil schematisch abgebildet; einige haben die Verschiedenheit zwar als merkwürdig diskutiert, jedoch ohne ihr experimentell weiter nachzugehen. Die einzelnen Formen, die bei den Autoren in gewisser Ähnlichkeit wiederkehrten, galten bald als charakteristisch für die Tierart, und man erwartete bei der abweichenden Lebensweise der Tiere und den vergleichend-histologisch bekannten Besonderheiten ihrer Retinae, auch Unterschiede im Aktionsstromverlauf zu sehen.

Eine Ausnahme hiervon machen KÜHNE und STEINER[7]. Sie fanden zwar gleichfalls an der isolierten Kaninchennetzhaut im Gegensatz zum Frosch eine *einphasische negative* Belichtungsschwankung (s. Abb. 446), aber zugleich fiel ihnen auf, daß schon die zweite Belichtung des Kaninchenpräparats nahezu, die folgenden gänzlich unwirksam waren. Sie vermuteten daher, daß die negative Schwankung bei der ersten noch wirksamen Belichtung bereits der Ausdruck des *absterbenden* Organs sei. Das veranlaßte sie, zunächst die bequemer zugängliche Froschnetzhaut systematisch in verschiedenen Stadien der Erregbarkeit und des Absterbens zu untersuchen (Erstickung, Temperaturänderung, Vergiftung, mechanische Schädigung) und danach erst die Versuche weiter auf Fische, Amphibien und Vögel auszudehnen.

Das Resultat dieser Untersuchungen war eindeutig (s. Abb. 446): isolierte Netzhäute oder hintere Bulbushälften gaben *in ganz frischem Zustand* dieselben mehrphasischen Belichtungsströme mit positivem Verlauf (d. h. Verstärkung des Bestandpotentials) wie der unverletzte Bulbus[8]. Es genügte aber ein geringfügiger Anlaß — z. B. Drücken des Bulbus, aus der hinteren Bulbushälfte etwas Glaskörper abfließen zu lassen, ein wenig an der Zonula zu rücken oder an der Netzhaut zu ziehen —, und sofort zeigte sich bei der nächsten Belichtung die *Senkung* oder der *negative Vorschlag vertieft*; diese Senkung wuchs dann bei jeder folgenden Belichtung weiter, so daß binnen kurzem aus dem anfänglichen *mehrphasischen positiven* Belichtungsstrom, durch eine Reihe von Zwischenstadien hindurch, schließlich ein *glatter einphasischer negativer* wurde, der den mehrphasischen häufig *bedeutend an Stärke übertraf*[9]. Ähnlich wie diese mechanischen Insulte wirkten allmähliche Erstickung, vorsichtige Vergiftung, lang-

---

[1] HOLMGREN, F.: Unters. Physiol. Inst. Heidelberg **3**, 308—324 (1880).

[2] DEWAR, J. u. J. GR. M'KENDRICK: Zitiert auf S. 1416.

[3] KÜHNE, W. u. J. STEINER: Unters. Physiol. Inst. Heidelberg **3**, 327 (1880); **4**, 64 (1881).

[4] HIMSTEDT, F. u. W. A. NAGEL: Zitiert auf S. 1402 u. 1405.

[5] PIPER, H.: Arch. f. Physiol. **1905**, Suppl., 133.

[6] BRÜCKE, E. TH. v. u. S. GARTEN: Pflügers Arch. **120**, 293—308 (1907). — S. auch S. GARTEN: Graefe-Saemischs Handb. d. ges. Augenheilk. **3** I, Kap. XII, 215—223 (Anhang).

[7] KÜHNE, W. u. J. STEINER: Unters. Physiol. Inst. Heidelberg **3**, 357—363 (1880); **4**, 71—75, 85—124, 146—161 (1881).

[8] Die Angaben von KÜHNE und STEINER, daß hintere Augenschalen erheblich stärkere Ströme geben und länger überleben, als ganze isolierte Bulbi, ist neuerdings von CHAFFEE, BOVIE und HAMPSON [J. opt. soc. Amer. **7**, 29 (1923)] bestätigt.

[9] Im Hinblick auf die Hypothese von FRÖHLICH (vgl. 1415 u. 1426ff. dieser Abhandl.) sei besonders darauf hingewiesen, daß KÜHNE und STEINER bei diesen Versuchen stets die *ganze Fläche* des Präparats belichtet haben.

sames Absterben. Besonders gut ließen sich bei Fröschen und Fischen die durch verschiedene Zwischenformen verbundenen Anfangs- und Endzustände verfolgen. — Ich gebe einige der schematischen Zeichnungen von Kühne und Steiner wieder (Abb. 446), die eine Reihe dieser Stadien veranschaulichen und nach dem vorstehenden ohne weiteres verständlich sind[1].

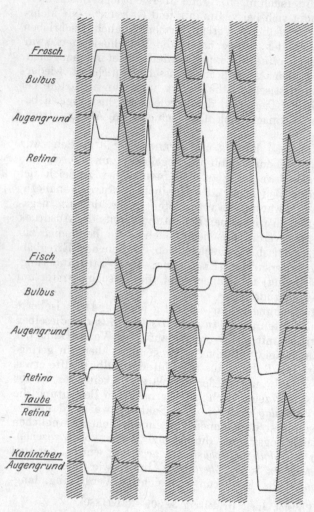

Kühne und Steiner erklären daher die bei den verschiedenen Wirbeltierklassen beobachteten Kurven*differenzen* als *Alterations*erscheinung und das Hervortreten und schließliche Überwiegen des negativen Kurvenanteils als Folge der Alterationen. — Diese Deutung ist ohne weiteres einleuchtend, wenn wir einige der von v. Brücke und Garten nach den älteren Autoren zusammengestellten Schemata daraufhin genauer ansehen (Abb. 447 und 448). Die Abb. 447 und 448 zeigen: je weniger widerstandsfähig das Versuchstier oder je empfindlicher das Präparat ist, um so stärker überwiegen im allgemeinen die *negativen* Phasen der Kurve und um so *einfacher* wird die negative Stromkurve. — Halten wir die Absterbeuntersuchungen von Kühne und Steiner (Abb. 446) mit diesen vergleichenden Untersuchungen (Abb. 447 und 448) zusammen, so ist klar, daß der, trotz gleicher Belichtungsart bei verschiedenen Tieren auftretende, stark abweichende Verlauf des Belichtungsstroms nicht bedingt ist durch Tierartdifferenzen in den *normalen* Netzhautfunktionen, sondern durch die verschieden große

Abb. 446. *Die Formänderungen des Belichtungsstroms an verschiedenen Präparaten während des Absterbens:* Die schraffierten Streifen bedeuten Dunkelheit; die weißen Streifen veranschaulichen vier, aus einer längeren Reihe herausgegriffene Belichtungen. Jeder Kurvenzug zeigt von links nach rechts einige typische Stadien der fortschreitenden Formänderung, die an den einzelnen Präparaten beobachtet wurden. (Aus Kühne u. Steiner: Unters. a. d. physiol. Inst. Heidelberg 4. Tafel 3.)

---

[1] Selbstverständlich können diese, nach trägen Galvanometern gezeichneten Kurven der Abb. 446—448 nicht alle Einzelheiten in *der* Form wiedergeben, die uns heute durch das Saitengalvanometer bekannt ist. Aber wie ein Vergleich mit den Saitenkurven (s. Abb. 451, S. 1422), vor allem auch mit einigen neueren Verstärkerkurven (siehe Abb. 454, S. 1425) lehrt, kommen die *wesentlichen* Formänderungen in Kühnes und Steiners schematischen Zeichnungen doch schon überraschend richtig heraus.

Widerstandsfähigkeit der Wirbeltierarten gegen operative Eingriffe bzw. durch die verschiedene *Überlebensfähigkeit* ihrer Organe; die Kurven sind charakteristisch für das *jeweilige Absterbestadium des Präparats*. KÜHNE und STEINER[1] schließen bereits, „daß auch die isolierte *Kaninchennetzhaut*, könnten wir sie nur frisch genug untersuchen, *dieselbe doppelsinnige Schwankung* (des Belichtungsstroms, Ref.) *ausführen würde wie die des Frosches*“ (vgl. dazu Abb. 446); und allgemein, „daß die Schwankung beim Frosch und den Warmblütern unter denselben Bedingungen die nämliche ist“.

Diese, Anfang der 80er Jahre gewonnene und klar ausgesprochene Erkenntnis blieb bei den *vergleichenden* Untersuchungen der nächsten 25 Jahre fast unbeachtet; erst danach wurde sie durch eine Reihe Autoren wieder zur Geltung gebracht[2]. Heute liegt ein vielseitiges Material an Untersuchungen vor, welche alle zu dem gleichen Ergebnis führen, wie die erstmals von KÜHNE und STEINER systematisch angestellten Versuche: Zunächst bestätigte WALLER[3] am *mechanisch geschädigten* Froschauge (gelinde Quetschung) den von KÜHNE und STEINER gefundenen *Übergang aus dem positiven, durch mehrere Zwischenformen, in den negativen Stromverlauf* (dasselbe auch bei JOLLY[4]). Die mit einem Drehmagnetgalvanometer registrierten Kurven WALLERS (Kennzeichen des Lebens, Abb. 13

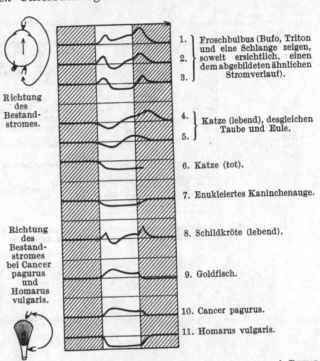

Abb. 447. Belichtungsstromverlauf verschiedener Präparate nach DEWAR und M'KENDRICK (1876).
[Aus v. BRÜCKE u. GARTEN: Pflüg. Arch. **120**, 294 (1907)].

Richtung des Bestandstromes.

Richtung des Bestandstromes bei Cancer pagurus und Homarus vulgaris.

1. } Froschbulbus (Bufo, Triton
2. } und eine Schlange zeigen,
    soweit ersichtlich, einen
    dem abgebildeten ähnlichen
3. } Stromverlauf).

4. } Katze (lebend), desgleichen
5. }   Taube und Eule.

6. Katze (tot).

7. Enukleiertes Kaninchenauge.

8. Schildkröte (lebend).

9. Goldfisch.

10. Cancer pagurus.

11. Homarus vulgaris.

bis 15) entsprechen durchaus den von KÜHNE und STEINER entworfenen schematischen Abbildungen (Abb. 446 dieser Abhandlung). Auf Grund dieser Versuche entwickelte WALLER seine Theorie (s. später S. 1483 ff.), nach der die normale mehrphasische Stromkurve die algebraische Summe zweier entgegengesetzt gerichteter, einfacher elektromotorischer Impulse darstellt. Den dem positiven Impuls zugrunde liegenden Netzhautvorgang hält WALLER für weniger beständig, so daß dieser „durch einen gelinden Druck sozusagen weggewischt

[1] KÜHNE, W. u. J. STEINER: Unters. Physiol. Inst. Heidelberg **3**, 357, 361 (1880).
[2] Aber selbst heute scheint sie noch nicht Allgemeingut der auf diesem Gebiet experimentierenden Autoren geworden zu sein. So konnten noch vor kurzem wieder CHAFFEE, BOVIE und HAMPSON [J. opt. soc. Amer. **7**, 29 (1923)] die längst beantwortete Frage aufwerfen, ob das *normale* Warmblüter-ERG, trotz der Abweichungen am exstirpierten Bulbus, wohl mit dem des Frosches übereinstimme.
[3] WALLER, A. D.: Kennzeichen des Lebens, S. 39—45 (1905).
[4] JOLLY, W. A.: Quart. J. exper. Physiol. **2**, H. 4 (1909).

werden" kann und der negative Impuls rein zum Vorschein kommt. — Besonders hervorheben möchte ich, daß WALLER[1] später seine Versuche mit

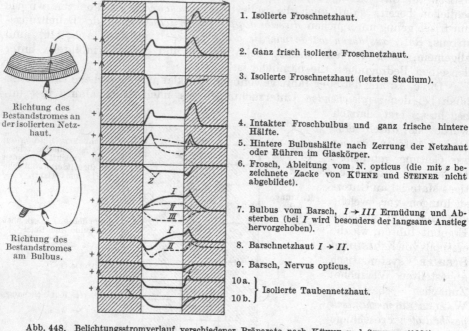

1. Isolierte Froschnetzhaut.

2. Ganz frisch isolierte Froschnetzhaut.

3. Isolierte Froschnetzhaut (letztes Stadium).

Richtung des
Bestandstromes an
der isolierten Netz-
haut.

4. Intakter Froschbulbus und ganz frische hintere
Hälfte.
5. Hintere Bulbushälfte nach Zerrung der Netzhaut
oder Rühren im Glaskörper.
6. Frosch, Ableitung vom N. opticus (die mit z bezeichnete Zacke von KÜHNE und STEINER nicht
abgebildet).

7. Bulbus vom Barsch, I → III Ermüdung und Absterben (bei I wird besonders der langsame Anstieg
hervorgehoben).

8. Barschnetzhaut I → II.

Richtung des
Bestandstromes
am Bulbus.

9. Barsch, Nervus opticus.

10a.
      } Isolierte Taubennetzhaut.
10b.

Abb. 448. Belichtungsstromverlauf verschiedener Präparate nach KÜHNE und STEINER (1881).
[Aus v. BRÜCKE u. GARTEN: Pflügers Arch. **120**, 298 (1907).]

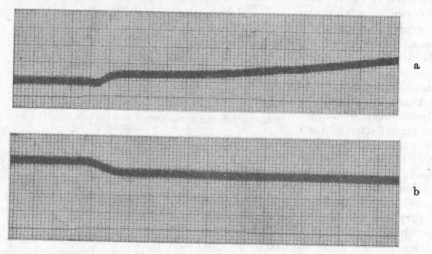

a

b

Abb. 449 a u. b. Belichtungsstrom ein und desselben isolierten Froschauges: a vor, b nach gelinder Massage;
von links nach rechts zu lesen, Saitengalvanometer. Die Hebung der Signallinie zeigt die Belichtungsdauer
an; 1 mm der Abszisse = 0,04 Sek.; beide Aufnahmen bei gleichem, ziemlich schwachem Lichtreiz von
ca. 1,8 Sek. Dauer. Kurve a: Latenz der positiven Eintrittsschwankung = 4 mm = 0,16 Sek.; Kurve b:
Latenz der negativen Belichtungsschwankung = 2 mm = 0,12 Sek.
[Aus WALLER, A. D.: Quart. J. of exp. Physiol. **2**, 401 (1909).]

gleichem Erfolg am Saitengalvanometer wiederholt hat (Abb. 449a und b). Theoretisch wichtig ist, daß bei gleicher Reizlichtintensität die Latenz des reinen

---

[1] WALLER, A. D.: Quart. J. exper. Physiol. **2**, 401 (1909).

negativen Stroms *nach* Massage des Auges (Abb. 449 b) trotz dieser Schädigung noch kürzer war (0,12 Sekunden), als die Latenz des positiven Stromes (Abb. 449 a) vorher (0,16 Sekunden). — Die Verdunkelungsschwankung fehlt wegen der kurzen Reizdauer (1,8 Sek.) bei geringer Lichtintensität (s. später S. 1437).

Sodann stellten v. Brücke und Garten[1] und Piper[2] fest, daß tatsächlich unter gleichen und günstigen Bedingungen — weißes Reizlicht von konstanter

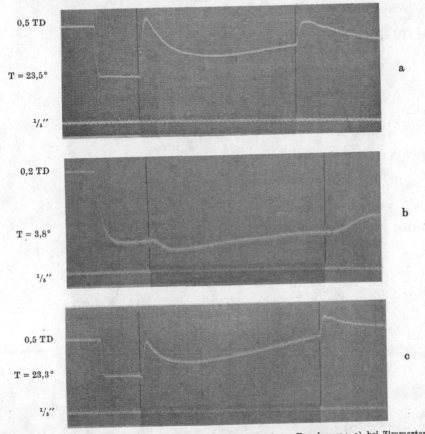

Abb. 450a—c. *Belichtungsströme eines exstirpierten dunkeladaptierten Froschauges:* a) bei Zimmertemperatur, 10 Minuten nach Dekapitation; b) dasselbe Auge bei gleichem Lichtreiz nach Abkühlung auf 3,8° C, 1 Stunde 21 Minuten nach Dekapitation; c) dasselbe Auge bei gleichem Lichtreiz nach Wiedererwärmung, 1 Stunde 43 Minuten nach Dekapitation. — Vor jeder Belichtung ist eine Eichung durch Ausschalten der beigeschriebenen Anzahl Millidaniell (TD) vorgenommen. [Aus P. M. Nikiforowsky: Z. Biol. **57**, Tafel V (1911).]

Intensität, möglichst intakte Augen in situ — *der mehrphasische positive Belichtungsstrom in der ganzen Wirbeltierreihe den gleichen Verlaufstypus zeigt* (vgl. S. 1412 dieser Abhandlung). Gewisse Unterschiede in der „sekundären Erhebung", die zunächst noch zwischen Tag- und Dämmertieren (Taube und Schildkröte gegenüber Eulen) zu bestehen schienen, fand Kohlrausch[3] dann abhängig vom Adaptationszustand; bei geeignetem Adaptationszustand der Tiere fallen auch diese Kurvenunterschiede weg (s. später S. 1431—1433).

---

[1] Brücke, E. Th. v. u. S. Garten: Zitiert auf S. 1412.
[2] Piper, H.: Zitiert auf S. 1412.
[3] Kohlrausch, A.: Arch. f. Physiol. **1918**, 220—224.

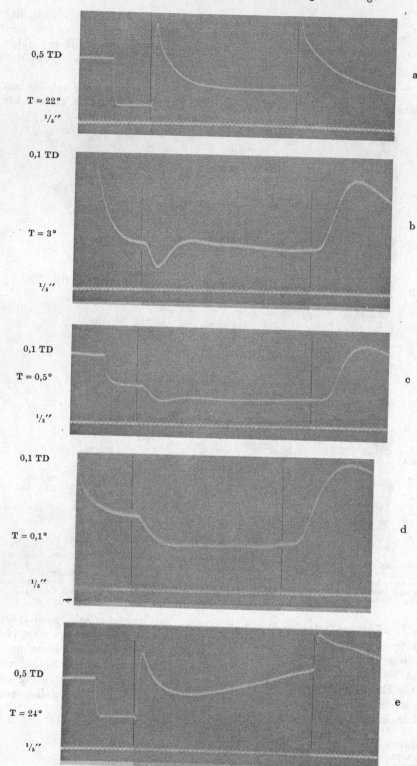

Abb. 451a—e. Erklärung nebenstehend.

Weitere unter GARTENS Leitung ausgeführte Untersuchungen ergaben bei *Kälte- und Ioneneinwirkung* auf den exstirpierten Froschbulbus ebenfalls das *Negativwerden* des vorher positiven Belichtungsstroms durch verschiedene Zwischenstadien hindurch. Abkühlung bis gegen 0° (NIKIFOROWSKY[1]) bewirkt Verzögerung des Stromablaufs, Steigerung des Widerstandes, Verminderung der EMK und außerdem die typischen Änderungen der Stromform, welche in Abb. 450 und 451 wiedergegeben sind. Abb. 450 sind drei nacheinander bei verschiedener Temperatur an *einem dunkel*adaptierten Auge registrierte Kurven, Abb. 451 entsprechend fünf von ein und demselben *vorher hell*adaptierten Auge. Die überall gleich starke Belichtung mit farblosem Licht dauert je etwa 7—8 Sekunden und liegt zwischen den senkrechten schwarzen Linien der Abbildungen. Vor jeder Belichtung ist eine Eichung vorgenommen durch Ausschalten einer EMK von 0,1—0,5 Millidaniell (TD) aus dem Stromkreis. Der Unterschied zwischen dunkel- und helladaptierten Froschaugen ist typisch: am Dunkelauge (Abb. 450) ist die sekundäre Erhebung vorhanden, am Hellauge (Abb. 451a) fehlt sie (vgl. später S. 1431 dieser Abhandlung).

Die Ausbildung einer *rein negativen Belichtungsschwankung*[2] bei hinreichender Kühlung ist deutlich (Abb. 451d). Die Kurven 451a—d zeigen den allmählichen Übergang aus der mehrphasischen positiven in die einphasische negative Belichtungsschwankung. In Kurve 450b ist, als Charakteristicum des dunkeladaptierten Froschauges, noch die sekundäre Erhebung vorhanden (s. S. 1431). Man beachte weiter die starke Verzögerung aller Phasen (Latenzverlängerung) und die Abnahme der EMK (auch der Verdunklungsschwankung) bei Abkühlung (vgl. S. 1435).

Alle diese Kälteveränderungen sind vollständig *reversibel*, wie die Kurven 450c und 451e nach Wiedererwärmen des Auges auf Zimmertemperatur zeigen. Besonders bemerkt sei, daß in dem Versuch der Abb. 451a—e das anfangs helladaptierte Auge im Dunkeln lag, also während des Versuchs allmählich dunkeladaptierte; Kurve 451e zeigt infolgedessen sehr deutlich die sekundäre Erhebung nach der Senkung. Der Prozeß der Dunkeladaptation (Regeneration des Sehpurpurs) wird in bekannter Weise durch Abkühlung verzögert: nach $1\frac{1}{2}$ Stunden Dunkelaufenthalt in der Kälte ist noch kaum etwas von der sekundären Erhebung zu sehen (Abb. 451d), $\frac{1}{4}$—$\frac{1}{2}$ Stunde nach Erwärmung im Dunkeln ist sie stark ausgebildet. — Die Ergebnisse der Kältewirkung sind neuerdings durch CHAFFEE, BOVIE und HAMPSON [J. opt. soc. Amer. 7, 39 (1923)] bestätigt.

Dieselben Kurvenveränderungen erhielt BEUCHELT[3] in GARTENS Institut bei Einwirkung *bestimmter Ionen* auf das Froschauge. Die Versuchstechnik und das Ergebnis der Ionenwirkung auf Bestand- und Belichtungsstrom sind bereits auf S. 1407 ff. dieser Abhandlung beschrieben. Hier interessiert, daß NaCl-, LiCl- und Ringerlösung den Belichtungsstrom im Vergleich mit einem undurchspülten

---

[1] NIKIFOROWSKY, P. M.: Z. Biol. **57**, 397 (1911).

[2] Man vergleiche im Gegensatz dazu die Kältewirkung auf das Hummerauge [A. H. RIEDEL: Z. Biol. **69**, 125 (1918)]. Die bei Zimmertemperatur und Dunkeladaptation mehrphasische positive Stromkurve des Hummers wird bei Kälte zwar auch ganz einfach, aber sie bleibt *stets positiv* trotz langer Abkühlung auf 0° C und sieht dann genau so aus wie die einfache Cephalopodenkurve (vgl. Abb. 445 dieser Abhandlung).

[3] BEUCHELT, H.: Z. Biol. **73**, 205 (1921).

Abb. 451a—e. *Belichtungsströme eines exstirpierten helladaptierten Froschauges bei fortschreitender Abkühlung:* a) bei Zimmertemperatur 9 Minuten nach Enucleation; b) dasselbe Auge 34 Minuten lang gekühlt bei gleichem Lichtreiz; c) desgleichen 1 Stunde 22 Minuten nach Beginn der Abkühlung; d) desgleichen 1 Stunde 33 Minuten nach Beginn der Abkühlung; e) desgleichen nach Wiedererwärmung, 16 Minuten nach Erwärmung und 2 Stunden 3 Minuten nach Beginn des Versuchs. — Vor jeder Belichtung ist eine Eichung durch Ausschalten der beigeschriebenen Anzahl Millidaniell (TD) vorgenommen.
Aus P. M. NIKIFOROWSKY: Z. Biol. **57**, Tafel VI, 1911.

Auge unverändert lassen, daß dagegen der *positive* Belichtungsstrom durch verschiedene *Zwischenstufen* in die *negative* Richtung, am stärksten bei K und Ba, weniger bei Mg und noch weniger bei Ca, umschlägt. Abb. 452 zeigt die Unwirksamkeit von NaCl und Ringer; die Kurven mit 0,4% LiCl (30 Minuten Spülung und 110 Minuten Diffusion) sehen ebenso aus. Li war tatsächlich in das Auge eingedrungen, denn es konnte nach dem Versuch spektroskopisch in der veraschten Netzhaut nachgewiesen werden. — In Abb. 453 sieht man das allmähliche Negativwerden des Belichtungsstroms unter K-Wirkung.

Die hier nicht wiedergegebenen Belichtungskurven mit Ba entsprechen vollständig denen mit K (Abb. 453d); Mg und Ca wirken in gleicher Richtung, nur

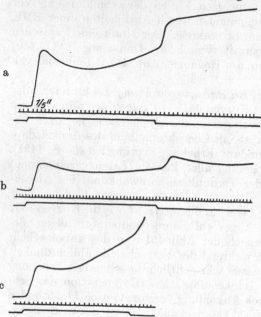

wesentlich schwächer. Ich verweise besonders auf die Abb. 7 und 12 der Arbeit von Beuchelt, die eine Reihe verschiedener Zwischenstufen darstellen.

Beuchelt hat seine Ergebnisse an den Augenströmen in Parallele zu den elektromotorischen Erscheinungen an der Haut gesetzt und glaubte, eine weitgehende Übereinstimmung in der Ionenwirkung auf beide Vorgänge feststellen zu können. Wie schon vorher auf S. 1407f. dieser Abhandlung gezeigt wurde, ist diese Übereinstimmung nur scheinbar infolge eines Versehens von Beuchelt zustande gekommen und besteht in Wirklichkeit nicht. — Hält man jedoch die Wirkung verschiedener Ionen mit der von mechanischen Insulten und von Abkühlung zusammen, so ergibt sich zwanglos eine andere einfache Erklärung: *auch bei der Ionenwirkung ist das Negativwerden des Belichtungsstroms* eine Folge von *Netzhautschädigung,* von *Vergiftung;* und zwar sind K und Ba recht stark giftig, Mg und Ca

Abb. 452 a—c. Unwirksamkeit von $n/_{10}$ NaCl- und Ringerlösung auf den Belichtungsstrom von exstirpierten Froschaugen: a) $n/_{10}$ NaCl.-Auge nach 72 Minuten Diffusion im Dunkeln; b) $n/_{10}$ NaCl-Auge nach 25 Minuten Durchspülung und 40 Minuten Diffusion im Dunkeln; c) Ringerauge nach 30 Minuten Durchspülung und 55 Minuten Diffusion im Dunkeln.
Nach H. Beuchelt: Z. Biol. **73**, 221 (1921).

weniger, und bei Na und Li ist eine Wirkung innerhalb der von Beuchelt gewählten Zeiträume nicht nachweisbar. Von KCl sagt Beuchelt selbst, es töte die Netzhaut sofort ab, wenn der Bulbus beim Herausnehmen auch nur im geringsten verletzt werde, so daß die KCl-Lösung in etwas größerer Konzentration eindringen könne; solche Augen seien nach ganz kurzer Zeit reaktionslos[1]. Ähnliches gilt auch für die Haut, wenn ihre Innenfläche mit KCl benetzt wird.

An *Warmblütern* sind bisher systematische Untersuchungen über die Wirkung von mechanischen Insulten, Abkühlung, Salzlösungen usw. nicht ausgeführt; aber es liegen ja, wie wir schon sahen, eine ganze Reihe von Beobachtungen

---

[1] Weitere Untersuchungen über die größtenteils reversibel lähmende Wirkung von Stickstoff, Kohlensäure, Narkoticis und Alkaloiden auf die Netzhautströme s. Kap. A 4 und bei Kühne u. Steiner: Unters. **3**, 362 (1880); **4**, 88 (1881). — Westerlund: Skand. Arch. Physiol. **19**, 337 (1907). — Engelmann u. Grijns: Helmholtz-Festschrift 1891. — Tirala: Arch. f. Physiol. **1917**, 125. — v. Brücke u. Garten: Pflügers Arch. **120**, 325 (1907).

an moribunden Exemplaren und exstirpierten Augen von Warmblütern vor, welche ganz dieselben Übergänge bis zu einphasischen negativen Belichtungsströmen aufweisen (s. S. 1418ff. dieser Abhandlung und die Kurvenzusammen

stellungen bei v. BRÜCKE und GARTEN[1]). Man vergleiche als Beispiel die Absterbekurven der Abb. 454 von einem exstirpierten Meerschweinchen-Bulbus mit denen des Fisch-Augengrundes von KÜHNE und STEINER (Abb. S. 1418) und man wird beide, abgesehen von den schematischen Ecken bei KÜHNE und STEINER, nahezu identisch finden.

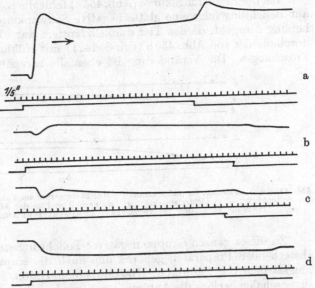

Prinzipielle Unterschiede bestehen also in bezug auf die Alterationsformen der Netzhautströme nicht zwischen Kalt- und Warmblütern. Das zeigen auch Beobachtungen von KOHLRAUSCH[2], der bei curarisierten Säuge

Abb. 453a–d. Wirkung von $n/10$ KCl auf den Belichtungsstrom des exstirpierten Froschauges (Kurven b bis d): a) Kontrollaufnahme des anderen Auges 15 Minuten nach Exstirpation mit $n/10$ NaCl-Elektroden; b) $n/10$ KCl-Auge nach 46 Minuten Diffusion im Dunkeln; c) desgl. nach 76 Minuten; d) desgl. nach 1 Stunde 51 Minuten. [Aus H. BEUCHELT: Z. Biol. 73, 217 (1921).]

tieren versuchte, einen abnormen Stromverlauf durch zeitweiliges Abstellen der künstlichen Atmung hervorzurufen. Das gelang zwar nicht mit absoluter Regelmäßigkeit, aber doch bei einer Anzahl von Versuchen, besonders wenn das Tier durch längere Versuchsdauer schon gelitten hatte. Während der Atempause

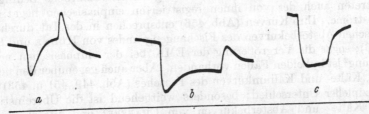

Abb. 454. *Absterbender exstirpierter* Meerschweinchen-Bulbus: a) 37 Minuten nach Exstirpation, Belichtung 5 Sekunden lang mit 54 Meterkerzen; b) 55 Minuten nach Exstirpation, 10 Sekunden mit 870 Meterkerzen; c) 105 Minuten nach Exstirpation, 5 Sekunden mit 97 Meterkerzen. [Nach Abb. g, h, i der Tafel VI von CHAFFEE, BOVIE und HAMPSON. J. opt. soc. Amer. 7 (1923).]

trat dann nach einiger Zeit der abnorme Verlauf mit negativer Belichtungsschwankung auf und während der folgenden guten Ventilation wurde die Kurve wieder normal. Abb. 455 zeigt einen derartigen Versuch am Kaninchen bei Reizung mit weißem Licht; *a* ist die abnorme Kurve während der Atemunter

---

[1] BRÜCKE, E. TH. v. u. S. GARTEN: Zitiert auf S. 1412. Auf S. 334 der Arbeit finden sich weitere Angaben darüber.

[2] KOHLRAUSCH, A.: Arch. f. Physiol. 1918, 230—232.

brechung, *b* die Stromkurve nach Wiederanstellen der künstlichen Atmung, die denselben Verlauf hat wie die vor der Atemunterbrechung gemachten Aufnahmen.

Bei der Erstickungskurve (Abb. 455a) fehlt die positive Eintrittsschwankung; auf Belichtung folgt eine glatte negative Schwankung, die in die sekundäre Erhebung übergeht, da das Tier dunkeladaptiert war. Die Kurvenform entspricht durchaus der von Abb. 450b (vgl. S. 1421) mit Kühlung eines dunkeladaptierten Froschauges. Die Veränderung ist ebenfalls reversibel (Abb. 455b).

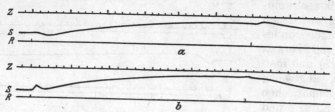

Abb. 455a u. b. Abnormer (a) und normaler (b) Belichtungsstrom am Kaninchen. *Z* = Zeit in ¹/₅ Sekunde; *S* = Saitenkurve; *R* = Lichtreizmarkierung. a: nach Abstellen der künstlichen Atmung; b: wieder ausreichende Ventilation des Tieres. (Aus A. KOHLRAUSCH: Arch. f. Physiol. **1918**, 231.)

Zu dieser ganzen Gruppe negativer Belichtungsströme an geschädigten oder absterbenden Präparaten gehören nun auch die *einphasischen negativen* Belichtungsströme von FRÖHLICH, HIRSCHBERG und MONJÉ[1] an Frosch- und Krötenaugenschalen, welche die Autoren — wie wir bereits auf S. 1415f. sahen — jedoch in anderer Weise deuten, indem sie ihre einsinnigen Ströme auf die streng isolierte Belichtung einer Ableitungsstelle zurückführen. Ich gebe die Kurven von FRÖHLICH und seinen Mitarbeitern als Abb. 456 wieder, aber entsprechend der in diesem Artikel durchgeführten Kurvenorientierung (vgl. S. 1412) so, daß einer *Abschwächung* des Bestandpotentials eine *Senkung* des Saitenbildes entspricht; da die Kurven im Original umgekehrt gerichtet sind, wurde bei jeder Aufnahme oben und unten vertauscht.

Wie FRÖHLICH und seine Mitarbeiter selbst an mehreren Stellen ihrer Arbeit besonders betonen, ist das *Absterben* des Auges eine wesentliche Bedingung für das Auftreten auch der von ihnen registrierten einphasischen negativen Belichtungsströme. Ihre Kurven (Abb. 456) entsprechen in der Tat durchaus den schematischen Absterbekurven des Fischaugengrundes von KÜHNE und STEINER (Abb. 446); sogar die Vergrößerung der EMK bei der einphasischen negativen Schwankung[2] ist in beiden Fällen vorhanden. Aber auch gegenüber den negativen Massage-, Kälte- und Kaliumkurven des Frosches (Abb. 449, 451 u. 453) besteht kein prinzipieller Unterschied; besonders weitgehend ist die Übereinstimmung mit den Kälte- und Absterbekurven von CHAFFEE[3] und Mitarbeitern (vgl. Abb. a, b, d, e, i auf Tafel VI ihrer Arbeit). — Da nun aber KÜHNE und STEINER und NIKIFOROWSKY die Kurven der Abb. 446 und 451 und ebenso CHAFFEE, BOVIE und HAMPSON ihre eben zitierten Kurven bei *ganz ausgedehnter* Belichtung der Augenschale, der isolierten Netzhaut oder des Bulbus bekommen haben, so ist damit bewiesen, daß das Auftreten solcher einfacher negativer Belichtungsströme am geschädigten oder absterbenden Auge *durchaus nicht* an

---

[1] FRÖHLICH, F. W., E. HIRSCHBERG u. M. MONJÉ: Zitiert auf S. 1415.

[2] Gerade die *bedeutende Stärke* der ziemlich rein ausgebildeten negativen Schwankungen an Augenschalen und isolierten Netzhäuten von Kaltblütern heben KÜHNE und STEINER an vielen Stellen ihrer Arbeiten und in ihren Abbildungen ganz besonders hervor (S. 1417).

[3] CHAFFEE, BOVIE u. HAMPSON: J. opt. Soc. Amer. **7**, Tafel VI; bezw. S. 29 (1923).

die streng lokalisierte Belichtung einer Ableitungsstelle gebunden ist[1]. — Infolgedessen können die Versuche von FRÖHLICH und seinen Mitarbeitern *in keiner Hinsicht* als Beweis für FRÖHLICHS Hypothese angesehen werden, nach welcher die *mehrphasischen* Netzhautströme der Wirbeltiere als Wirkung *ausgedehnter* Belichtung und den dadurch bedingten Wettstreit der Negativitäten an den beiden Ableitungsstellen zustande kommen sollen. Denn es ist eben seit lange bekannt, daß auch *einphasische* Netzhautströme bei *ausgedehnter* (d. h. *großflächiger*) und *intensiver* Belichtung der Wirbeltierretina entstehen. Die Schlußfolgerung von FRÖHLICH und Mitarbeitern beruht auf der *falschen Voraussetzung*, daß *einphasische* Wirbeltier-Kurven nur bei *streng lokalisierter* Belichtung *einer* Ableitungsstelle vorkämen; *diese Schlußfolgerung ist infolgedessen falsch*[2] (vgl. dazu ferner die S. 1437 f. u. 1456 ff.).

Als wesentlicher Inhalt dieses Kapitels läßt sich zusammenfassen: Das *normale* Wirbeltierauge gibt als Elektroretinogramm eine *mehrphasische*, vorwiegend *positive*

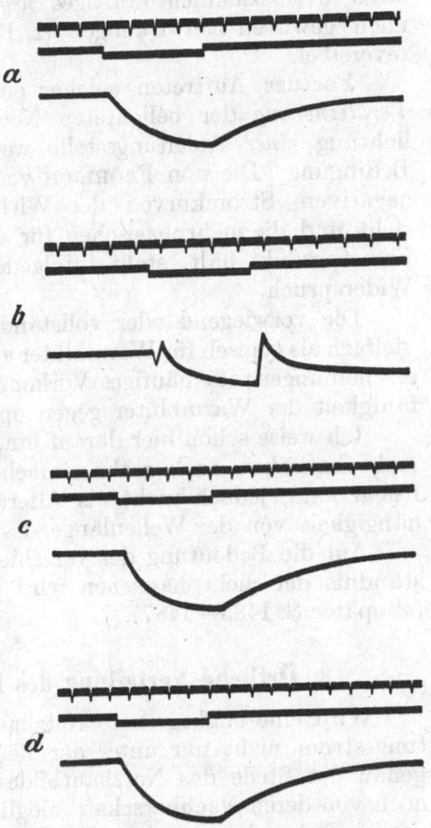

Abb. 456 a – d. Kurven a, c und d: einphasische negative Belichtungsströme bei isolierter Belichtung einer an der Netzhaut gelegenen Ableitungsstelle mit 0,75 Normalkerzen. Kurve b: Mehrphasischer, gleichfalls vorwiegend negativer Belichtungsstrom bei Allgemeinbelichtung der Augenschale mit etwa 100 Normalkerzen. Zeit = Sekunden. Die Senkung des Signals gibt die Dauer der Belichtung an. Die Kurven sind in der dargestellten Reihenfolge aufgenommen; gegenüber dem Original ist bei jeder Aufnahme oben und unten vertauscht. [Nach F. W. FRÖHLICH, E. HIRSCHBERG und M. MONJÉ: Z. Biol. 87, 522 (1928).]

---

[1] Der nach FRÖHLICH und Mitarbeitern notwendigen *Abschwächung* der Reizlichtintensität kommt gleichfalls *keine ausschlaggebende* Bedeutung zu, denn NIKIFOROWSKY und BEUCHELT (zitiert auf S. 1423, Anm. 1 u. 3) haben ihre einphasischen negativen Kurven mit dem *intensiven*, durch ein Linsensystem gesammelten Reizlicht einer Bogen-, Nernst- bzw. 100-Kerzenlampe, CHAFFEE[3] und Mitarbeiter die ihrige bei Beleuchtung mit 97 Meterkerzen (Abb. 454) bekommen. — Tatsächlich verhält es sich so, daß man in bestimmten. noch nicht weit vorgeschrittenen Absterbestadien mit *schwacher* Belichtung schon *einphasische* negative, mit *starker* Belichtung noch *mehrphasische*, aber auch vorwiegend negative Belichtungsströme erhält (vgl. dazu Abb. 454 u. 456 und später die analogen Versuche mit ein- und mehrphasischen *positiven* Belichtungsströmen auf S. 1437—1440 dieser Abhandl.). Da ferner eine *Verkleinerung* der belichteten Netzhautfläche ebenso wirkt wie eine *Abschwächung* der Lichtintensität (siehe Lichtmengengesetz S. 1444), so kann es in solchen *mittleren* Absterbestadien des Auges den Anschein haben, als ob der strengen Lokalisierung des Reizes die von FRÖHLICH angenommene Bedeutung zukäme; in Wirklichkeit handelt es sich jedoch bei der scheinbaren Lokalisierung nur um eine *Abschwächung* der Reizlichtmenge. Bei weiter fortschreitendem Absterben des Auges löst dann aber *jede beliebige* Reizflächengröße und Lichtintensität (d. h. *Lichtmenge*) nur noch einphasische *negative* Belichtungsströme aus (vgl. Abb. 454 c). Also Licht*schwächung* und Lichtflächen-*Verkleinerung* (bzw. strenge Licht*lokalisierung*) sind weder *notwendige* noch *hinreichende* Bedingungen für die Erzielung einphasischer negativer Belichtungsströme beim Wirbeltier.

[2] Außerdem führt FRÖHLICHS Deutung der negativen Belichtungsströme zu folgendem Widerspruch: wenn die einphasischen *negativen* Kurven den *eigentlichen* Netzhautstrom der Wirbeltiere darstellen sollen, warum liefern dann die ganz *lebensfrisch* untersuchten Wirbeltier-Augen gerade *positive* Ströme, die auch rein *einphasisch* (vgl. S. 1437) sein können?

Kurve (d. h. eine Verstärkung des Bestandpotentials), die bei sämtlichen Wirbeltierklassen den gleichen Verlaufstyp mit nur geringfügigen Art-Eigentümlichkeiten zeigt. Sobald aber die Netzhaut irgendwie *alteriert* ist (mechanische Insulte, Kälte, bestimmte Ionen, Gifte) oder *abzusterben* beginnt, treten die *negativen* Kurvenphasen mehr und mehr hervor, bis schließlich ein *einphasisches* evtl. ziemlich kräftiges *negatives* Elektroretinogramm entstehen kann; nach gewissen Einwirkungen (z. B. Kälte, Erstickung) ist diese Veränderung reversibel.

Für das Auftreten solcher einphasischen negativen Stromkurven ist die *Verkleinerung* der belichteten Netzhautfläche bzw. die *streng lokalisierte* Belichtung *einer* Ableitungsstelle weder eine *notwendige* noch eine *hinreichende* Bedingung. Die von FRÖHLICH vertretene Hypothese, die in den einphasischen negativen Stromkurven der Wirbeltiere den eigentlichen Netzhautvorgang sieht und die mehrphasischen für ein durch ausgedehnte Belichtung bedingtes Kunstprodukt hält, steht infolgedessen mit den experimentellen Tatsachen in Widerspruch.

Die vorwiegend oder vollständig negativen Stromformen, die man früher vielfach als typisch für Warmblüter angesehen hat, sind Alterations- und Absterbeerscheinungen; ihr häufiges Vorkommen hängt mit der geringeren Widerstandsfähigkeit der Warmblüter gegen operative Eingriffe zusammen.

Ich weise schon hier darauf hin, daß bei Tagvögeln neben der gewöhnlichen mehrphasischen auch recht einfache positive wie negative Stromformen auslösbar sind, jedoch nicht als Alterationsfolgen, sondern in gesetzmäßiger Abhängigkeit von der Wellenlänge des Reizlichts (s. später S. 1456—1458).

Auf die Bedeutung der verschiedenen einfachen Stromformen für das Verständnis der mehrphasischen wird im theoretischen Teil eingegangen werden (s. später S. 1483—1487).

3. Örtliche Verteilung des Belichtungspotentials am Bulbus.

Wird eine engbegrenzte Netzhautstelle beleuchtet, so läßt sich der Belichtungsstrom nicht nur unter der Bedingung ableiten, daß die Funduselektrode genau der Stelle des Netzhautbildes anliegt, sondern eine Ableitung ist auch noch von deren Nachbarschaft möglich. Dabei nimmt das Belichtungspotential um so mehr ab, je weiter die Funduselektrode vom Orte des Netzhautbildes entfernt liegt. Quantitative Versuche über die Potentialverteilung am exstirpierten Froschbulbus stammen von DE HAAS[1] und WESTERLUND[2], deren Werte ich in den folgenden Tabellen wiedergebe.

Tabelle 5. Belichtungsstrom-Verteilung nach DE HAAS' Tabelle IX
(Drehspulen-Galvanometer; die Gradzahlen für die Ableitungspunkte entsprechen denen in Abb. 440 und Tabelle 2 auf Seite 1400).

Nr. der Messung	Ableitung von den Punkten	Belichtungsstrom in mm-Galvanometer-Ausschlag
2	135 und 0°	12,0 mm
1	135 „ 30°	11,9 „
3	135 „ 110°	3,8 „

Beide Autoren machen nun aber keine Angaben über die *Größe* des Netzhautbildes bei diesen Versuchen, und auch aus der Beschreibung ihrer Versuchs-

---

[1] DE HAAS H. K.: Zitiert auf S. 1399 Fußnote 8.
[2] WESTERLUND A.: Skand. Arch. Physiol. (Berl. u. Lpz.) **27**, 260 (1912).

Tabelle 6. Belichtungsstrom-Verteilung nach WESTERLUNDS Tabelle I
(Saiten-Galvanometer).

Zeit der Aufnahme	Ableitung von	E.M.K. der positiven Eintrittsschwankung	E.M.K. der sekundären Erhebung
9^{15} vorm.	Äquator und Funduspol	0,6 Millivolt	1,2 Millivolt
9^{30} „	Corneapol und Äquator	0,7 „	1,2 „
9^{45} „	Corneapol u. Funduspol	1,4 „	2,2 „
10^{00} „	Äquator und Funduspol	0,7 „	1,1 „

anordnungen läßt sich hierüber nicht Sicheres entnehmen; obige Tabellen sagen demnach nichts darüber aus, in welcher Entfernung von der belichteten Netzhautstelle noch Strom ableitbar ist. — Diese Frage hat FRÖHLICH[1] an Cephalopoden beantwortet.

Das Bild der als Lichtquelle dienenden kreisrunden matten Fläche hatte bei FRÖHLICHS Versuchen auf der Netzhaut einen Durchmesser von $1^1/_2$ mm, bzw. von etwa 15°; abgeleitet wurde von der Linse und einer nervulifreien Stelle der Rückwand eines exstirpierten uneröffneten Auges. Direkt vor dem Auge war ein Diaphragma mit einer Öffnung von 2 mm Durchmesser aufgestellt, um eine Belichtung anderer Stellen des Auges zu vermeiden. Das Auge samt Elektroden war derart auf einer horizontalen, mit Zeiger und Kreisteilung versehenen Drehscheibe angebracht, daß sich der Bulbus im Drehpunkt der Scheibe befand. Auf diese Weise konnte FRÖHLICH das kleine Netzhautbild direkt auf dem Ableitungsort der Funduselektrode oder in beliebigem meßbaren Abstand davon entwerfen.

Ein derartiges Versuchsresultat enthält Tabelle 7, wobei die Abstände des Netzhautbildes von der Funduselektrode in Winkelgraden angegeben sind, und die Beleuchtung auf der als Lichtquelle dienenden matten Fläche 64 N.K. betrug.

Tabelle 7. Belichtungsstrom-Verteilung bei $1\frac{1}{2}$ mm Netzhautbildgröße nach FRÖHLICH
(Octopus vulgaris, Saiten-Galvanometer).

Nr. der Beobachtung	Richtung der Beleuchtung 64 N.K.	Elektromotorische Kraft des Aktionsstromes in Millivolt
1	25° von rechts	0,02
2	20° „ „	0,18
3	10° „ „	0,22
4	0° „ „	1,76
5	10° „ links	0,36
6	20° „ „	0,09
7	25° „ „	0,01

Die Tabelle 7 zeigt, daß der Belichtungsstrom am Ort des Netzhautbildes am stärksten ist, schon in relativ geringer Entfernung von ihm schnell abnimmt und bei diesem Versuch in 25° Abstand noch etwa $^1/_2$—1% des Maximalwertes beträgt. Die späteren Versuche FRÖHLICHS ergaben mit einer Öffnung von 4 mm Durchmesser im Schutzschirm bei schwachen und starken Belichtungen (bis 512 N.K.) prinzipiell die gleiche Potentialverteilung mit dem steilen Abfall in der Umgebung des Netzhautbildes, aber eine etwas größere Stromausbreitung (etwa 5% des Maximalwertes in 50° Abstand von der Netzhautbildmitte). Die bei diesen Versuchen registrierten Belichtungsströme hatten stets den bei Cephalopoden bekannten *einphasischen* Verlauf.

Als Erklärung für die Ableitbarkeit der Ströme aus der Umgebung des direkt belichteten Netzhautortes kommt einmal die Stromausbreitung in

---

[1] FRÖHLICH F. W.: Z. Sinnesphysiol. 48, 52—54 (1913); 369—383 (1914).

der Netzhaut von der stromproduzierenden Stelle aus, m. a. W. das Potentialgefälle in ihrer Umgebung, in Frage und ferner nach FRÖHLICH auch die Unvollkommenheit der optischen Abbildung im Auge, infolge der auch die nähere
Umgebung des Netzhautbildes in bekannter Weise noch schwach mit belichtet wird.

Mit diesem von FRÖHLICH erhaltenen Resultat, wonach schon in 25° bzw. 50° Abstand
vom Netzhautbild der Belichtungsstrom minimal wird, ist die Deutung nicht in Einklang
zu bringen, die FRÖHLICH[1] und seine Mitarbeiter ihren am Wirbeltierauge angestellten Versuchen geben. Sie entwarfen hierbei ein kleines Bild der Lichtquelle im Fundus von exstirpierten uneröffneten Frosch- oder Krötenaugen, legten eine Elektrode an die Hornhaut,
die andere an den Fundusort, an dem durchscheinend das Bild der Lichtquelle zu sehen war;
um alles Licht vom übrigen Auge abzublenden, wurde entweder vor die Hornhaut ein Schirm
mit künstlicher Pupille gesetzt, oder das Auge lag mit der Hornhaut nach unten auf dem
Diaphragma eines Mikroskoptisches, und das kleine Bild der Lichtquelle wurde mit dem
Mikroskopspiegel im Augenfundus entworfen. — Trotzdem diese Versuchsbedingungen
durchaus denen FRÖHLICHS bei seinen obigen Versuchen an Cephalopoden entsprachen,
konnten in diesen Versuchen an Fröschen und Kröten nur die für Wirbeltiere charakteristischen *mehr*phasischen Belichtungsströme beobachtet werden und keine *ein*phasischen
wie bei Cephalopoden.

Die Verfasser deuten nun diese mehrphasischen Ströme in der auf S. 1415 bereits besprochenen Weise damit, daß im Augeninnern zerstreutes Licht ausgedehntere Partien der
Netzhaut in Erregung versetzt haben könnte, und die Hornhautelektrode daher von den ihr
naheliegenden Netzhautteilen einen Strom in umgekehrter Richtung abgeleitet hätte. Nach
FRÖHLICHS Versuchsresultat an Cephalopoden ist diese Deutung wenig wahrscheinlich,
denn die Hornhautelektrode dürfte bei den Froschaugen vom Netzhautbild etwa 130—150°
entfernt gelegen haben, während bei den Cephalopoden bereits in 25° bzw. 50° Abstand der
Strom minimal war; ferner ist dafür, daß in Amphibienaugen die Abbildung so un-
verhältnismäßig viel schlechter, d. h. die Lichtzerstreuung so wesentlich größer wäre als
bei Cephalopoden, nicht der geringste Anhalt gegeben. — Man sollte daher vielmehr nach
dem Ausfall der Cephalopodenversuche vermuten, das Belichtungspotential sei unter obigen
Bedingungen in der Gegend der Hornhautelektrode gleich Null.

Bevor FRÖHLICH nicht den experimentell einwandfreien Nachweis erbracht hat, daß
Lichtzerstreuung und Stromverteilung sich in Wirbeltieraugen durchaus anders verhalten
als unter gleichen Bedingungen bei Cephalopoden, fehlt demnach seiner Deutung des *mehr*-
phasischen Wirbeltierstromes jede experimentelle Grundlage[2], zumal eine Gegenstromstärke
der Hornhautelektrode von rund 100% des Fundusstroms angenommen werden müßte,
um zu erklären, daß die positive Eintrittsschwankung bei Warmblütern gewöhnlich durch
die nachfolgende Senkung auf Null kompensiert oder auch überkompensiert werden kann
(vgl. Abb. 478b). — Da es FRÖHLICH und seinen Mitarbeitern auch bei ihren Versuchen mit
hinteren Augenschalen von Fröschen und Kröten trotz der verschiedensten Licht-
lokalisierungsmethoden nicht gelungen ist, *ein*phasische Ströme zu erhalten, so ist dieses
Ergebnis wohl ein deutlicher Beweis dafür, daß die normale Wirbeltiernetzhaut eben mit
*mehr*phasischen Strömen reagiert und nicht wie die Cephalopoden mit *ein*phasischen. Es wurde
bereits S. 1426 f. gezeigt, daß die einphasischen negativen Wirbeltierströme von FRÖHLICH
und seinen Mitarbeitern nichts mit lokalisierter Belichtung zu tun haben, sondern die
seit KÜHNE und STEINER bekannten Absterbeformen der Netzhautströme darstellen.

---

[1] FRÖHLICH, F. W., HIRSCHBERG, E. u. M. MONJÉ: Z. Biol. **87**, 520 (1928).
[2] Auch die vorher (S. 1415 Absatz 2) genannten Ergebnisse FRÖHLICHS an *Cephalopoden* liefern, trotz ihrer etwaigen äußeren Ähnlichkeit mit Wirbeltierkurven [Z. Biol. **87**,
511—516 (1928)], *keinen Beweis* für FRÖHLICHS *Wirbeltier*hypothese (vgl. dazu S. 1444). Denn
da die *Cephalopoden*ströme *wirklich einphasisch* verlaufen und die *Steilheit* ihres Anstiegs
von der Belichtungsstärke und dem Ermüdungsgrad abhängt, ist es selbstverständlich,
daß man bei Cephalopoden mit Ableitung von zwei entsprechend *verschieden* belichteten
oder ermüdeten *Netzhaut*stellen, jede beliebige mehrphasische Interferenzkurve als Kunstprodukt erzeugen kann. Ein Beweis dafür, daß nun auch bei *Wirbel*tieren einphasische
Teilströme *der beiden Ableitungsstellen* interferieren müßten, ist keineswegs damit erbracht;
ebensogut könnten die Teilströme (entsprechend PIPERS Hypothese s. S. 1484) an der *einen*
Stelle im Fundus *in der Netzhaut selbst* entstehen. Denn tatsächlich verhalten sich Cephalopoden und Wirbeltiere unter *gleichen* Bedingungen *total verschieden: frisch untersuchte* Augen
von *Cephalopoden* liefern nur *ein*phasische, ebensolche von *Wirbeltieren* nur *mehr*phasische
Kurven. Das hat sich bei den Versuchen von FRÖHLICH und seinen Mitarbeitern wieder
deutlich genug gezeigt (s. S. 1415.)

4. Der Einfluß des Adaptationszustandes auf das Elektroretinogramm.

KÜHNE und STEINER[1] hatten bereits gesehen, daß sehpurpurhaltige Netzhäute von dunkeladaptierten Fröschen stärkere Belichtungsströme geben als purpurfreie, im Licht ausgebleichte Netzhäute. Aber auch hier brachte erst die Kurvenregistrierung mit schnell reagierenden Instrumenten die weitere Aufklärung, daß die Änderung des Adaptationszustandes vorwiegend *eine bestimmte* Phase des Elektroretinogramms beeinflußt, und zwar die sekundäre Erhebung (v. BRÜCKE und GARTEN[2], KOHLRAUSCH[3], von verschiedenen anderen Autoren bestätigt): Belichtet man das Auge eines gut dunkeladaptierten Frosches mit ausreichender Intensität, so ist eine kräftige sekundäre Erhebung in der Belichtungskurve vorhanden; je mehr aber der Frosch vorher helladaptiert wurde, um so schwächer tritt die sekundäre Erhebung trotz gleichbleibender Reizintensität auf (Abb. 457). Um sie *vollständig* oder wenigstens bis auf eben merkliche Reste zum Verschwinden zu bringen, ist beim Frosch eine sehr gute Helladaptation erforderlich, etwa ein längerer Aufenthalt bei Sonnenlicht. Eine weitgehende *Abnahme* der sekundären Erhebung kann man jedoch schon feststellen, wenn man das Auge eines dunkeladaptierten

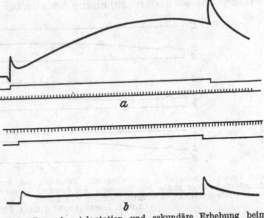

Abb. 457 a u. b. Adaptation und sekundäre Erhebung beim Frosch: Belichtungsstrom a) eines dunkeladaptierten, b) eines anderen, gut helladaptierten Froschbulbus; gleiche Reizintensität bei beiden Aufnahmen. Zeitmarken = Sekunden. Reizdauer bei a) = 70 Sekunden, bei b) = 60 Sekunden. [Aus v. BRÜCKE und GARTEN: Pflügers Arch. 120, 318, Tafel V, Abb. 2 (1907).]

Frosches mehrmals nacheinander eine Minute lang bei 2—3 Minuten Pause mit einer gut wirksamen Reizintensität belichtet; in jeder folgenden Kurve fällt dann die sekundäre Erhebung kleiner aus (Abb. 458). — Dasselbe gilt nach v. BRÜCKE und GARTEN für den Salamander, nach DAY[4] für den Hecht und nach KAHN und LÖWENSTEIN[5] für das Kaninchen.

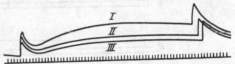

Abb. 458. Abnahme der positiven Eintrittsschwankung und sekundären Erhebung bei wiederholter Belichtung eines dunkeladaptierten Froschbulbus; die Verdunklungsschwankung bleibt unverändert. Zeit = Sekunden. Belichtungsdauer ca. 1 Minute, zwischen den drei Aufnahmen 2—3 Minuten Pause. Die Aufnahmen sind von gemeinsamer Abszisse aus übereinander gepaust. [Aus v. BRÜCKE und GARTEN: Pflügers Arch. 120, 323 (1907).]

Aber diese Befunde dürfen nicht verallgemeinert werden, denn merkwürdigerweise wird die sekundäre Erhebung bei *Tag*vögeln gerade im entgegengesetzten Sinn durch die Adaptation abgeändert (KOHLRAUSCH[3]): Bei Tauben und Hühnern kommt die sekundäre Erhebung nur stark zur Ausbildung, wenn das Tier gut *hell*adaptiert ist; bei längerem Dunkelaufenthalt wird sie trotz gleicher Reizintensität kleiner und

[1] KÜHNE, W. u. J. STEINER: Unters. a. d. Physiol. Inst. d. Univ. Heidelberg 3, 338 bis 346 (1880).
[2] BRÜCKE, E. TH. v. u. S. GARTEN: Pflügers Arch. 120, 317—325 (1907).
[3] KOHLRAUSCH, A.: Arch. f. Physiol. 1918, 220—224.
[4] DAY, E. C.: Zitiert auf S. 1413, Fußnote 6.
[5] KAHN, R. H. u. A. LÖWENSTEIN: Graefes Arch. 114, 315—316 (1924).

kleiner, bis sie ganz wegfällt, und nach erneuter Helladaptation tritt sie wie vorher wieder auf (Abb. 459).

Während des Dunkelaufenthaltes sinkt außerdem der Bestandstrom bei Tauben und Hühnern langsam um mehrere Millivolt ab, während des Hellaufenthaltes steigt er allmählich wieder an (vgl. S. 1405).

Bei Eulen (Steinkauz) fand KOHLRAUSCH dasselbe Verhalten wie beim Frosch: die sekundäre Erhebung ist nur bei *Dunkel*adaptation gut ausgebildet,

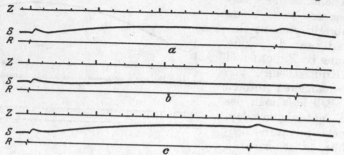

Abb. 459a–c. Adaptation und sekundäre Erhebung bei der Taube. Die gleiche Reizintensität a) nach Helladaptation der Taube bei Tageslicht am Fenster, b) nach $^1/_2$ Stunde Dunkelaufenthalt, c) wieder nach Helladaptation; Z = Zeitschreibung $^1/_5$ Sekunde, S = Galvanometersaite, R = Reizmarkierung. (Aus A. KOHLRAUSCH: Arch. f. Physiol. 1918, 222.)

nimmt bei Helladaptation ab und steigt bei abermaliger Dunkeladaptation wieder an (Abb. 460).

Die sekundäre Erhebung ist mehrfach als Aktionsstrom der Irismuskulatur aufgefaßt worden. Diese Erklärung ist sicher unzutreffend, wie v. BRÜCKE und GARTEN[1] und mehrere andere Autoren nachwiesen; die sekundäre Erhebung hängt mit den Irisbewegungen keinesfalls zusammen, denn sie tritt in genau der gleichen Weise an atropinisierten Tieren mit

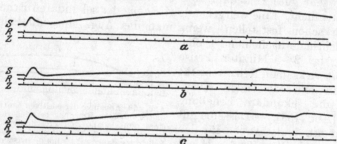

Abb. 460. Adaptation und sekundäre Erhebung beim Steinkauz. Die gleiche Reizintensität a) nach etwa einstündigem Dunkelaufenthalt des Tieres, b) nach 10 Minuten dauernder, jedoch nicht maximaler Helladaptation, c) nach abermaligem halbstündigen Dunkelaufenthalt; S = Galvanometersaite, R = Reizmarkierung, Z = Zeitschreibung $^1/_5$ Sekunde. (Aus A. KOHLRAUSCH: Arch. f. Physiol. 1918, 223.)

lichtstarrer Pupille auf und, was zweifellos beweisend ist, auch an hinteren Bulbusschalen nach Abtragung der ganzen vorderen Bulbushälfte einschließlich der Iris. Abb. 461, S. 1436 stammt z. B. von solchen hinteren Bulbusschalen.

Wie die Dämmertiere Hecht, Frosch, Salamander, Steinkauz und Kaninchen (sekundäre Erhebung nur nach *Dunkel*adaptation vorhanden), scheinen sich außerdem noch Bley und Schleie, weitere Eulenarten und Katzen zu verhalten; andererseits wie die Tagvögel Taube und Huhn (sekundäre Erhebung nur nach *Hell*adaptation vorhanden), noch ferner Schildkröten (Emys europaea), Bussarde und vielleicht auch Hunde. Trotzdem besonders hierauf gerichtete Versuche mit wechselndem Adaptationszustand bei diesen Tieren bisher nicht ausgeführt

---

[1] BRÜCKE, E. TH. v. u. S. GARTEN: Zitiert auf S. 1431, Fußnote 2.

sind, ist das wohl mit einiger Wahrscheinlichkeit auf Grund der Tatsache zu vermuten, daß v. BRÜCKE, GARTEN und PIPER, die nur mit dunkeladaptierten Tieren arbeiteten, bei den erstgenannten Tierarten regelmäßig eine gut ausgebildete sekundäre Erhebung fanden, bei den anderen eine minimale oder gar keine.

Ob nun dieser merkwürdige Gegensatz in der sekundären Erhebung zwischen Tag- und Dämmertieren nur eine spezielle Eigentümlichkeit der Sauropsiden ist, oder ob er auf *alle* einerseits bei Tage, andererseits vorwiegend im Dämmerlicht lebenden *Wirbel*tiere verallgemeinert werden darf, kann zwar mit Sicherheit erst entschieden werden, wenn unter den Fischen und Säugern ausgesprochene Tagtiere daraufhin untersucht sind. Der ganz analoge Befund an den Netzhautströmen des Menschen bei *vorwiegendem Tages-* bzw. *Dämmer*sehen (vergl. später S. 1462) läßt jedoch schon jetzt *vermuten*, daß es sich hierbei um die *verschiedenartige* und in gewisser Beziehung *gegensätzliche Reaktion des Tages- und Dämmerapparats im Sehorgan handelt.*

Zur Deutung dieser Abhängigkeit der sekundären Erhebung vom Adaptationszustand reicht FRÖHLICHS Hypothese (S. 1415) nicht aus. Tatsache ist, daß eine bestimmte Kurvenphase *lediglich* durch Änderung des Adaptationszustandes gesetzmäßig unterdrückt oder hervorgerufen werden kann, während das Tier bei ungeänderten Belichtungs- und Ableitungsbedingungen unberührt in seinem Dunkelkasten liegt. — Nach FRÖHLICH sollen nun die *mehrphasischen* Netzhautströme der Wirbeltiere durch *ausgedehnte* Belichtung und den dadurch bedingten *Wettstreit* der Negativitäten an den beiden Ableitungsstellen zustande kommen. Eine *Änderung* der Kurvenphasen müßte demnach auf *Änderung* von Ausdehnung und damit Wettstreit zurückgeführt werden. Neben der Größe der *direkt* transpupillar belichteten Netzhautfläche, die in den oben (S. 1431 f.) beschriebenen Versuchen nicht geändert wurde, schreibt FRÖHLICH noch der diffusen Reflexion im Auge und dem diascleral einfallenden Licht eine wesentliche Bedeutung für die wechselnde Größe der belichteten Netzhautfläche zu; wenigstens führt er die unbezweifelbare Abhängigkeit der Kurvenform von der Reizwellenlänge (s. später S. 1455 ff.) auf das diasclerale Licht und seine verschiedene Absorption im Blut und Sehpurpur zurück[1].

Diese verschiedenen von FRÖHLICH angeführten Momente kommen sämtlich für die in Rede stehende Änderung der sekundären Erhebung mit dem Adaptationszustand nicht in Frage:

1. Durchblutungsänderungen spielen keine Rolle, weil der Adaptationseinfluß sich am exstirpierten oder halbierten Auge (v. BRÜCKE-GARTEN, EINTHOVEN-JOLLY) in der gleichen Weise auf die Kurvenform geltend macht, wie am Auge in situ (DAY, KOHLRAUSCH, KAHN-LÖWENSTEIN).

2. Die Absorption von etwaigem diascleralen Licht im Sehpurpur ist ohne Bedeutung, weil sich die gleichen Kurvenveränderungen umgekehrt am Tagvogelauge abspielen, in welchem Sehpurpur gar nicht oder höchstens in eben wahrnehmbaren Spuren nachweisbar ist, die als merkliches Absorbens nicht in Frage kommen.

3. Die Größe der direkt belichteten Netzhautfläche und das diasclerale Licht sind aber bei den Adaptationsänderungen der Kurve offenbar überhaupt bedeutungslos, da einige Autoren (EINTHOVEN-JOLLY und BROSSA-KOHLRAUSCH) den Adaptationseinfluß bei kleinen Netzhautbildern und Abblendung der Sclera *ebenso* fanden, wie andere (v. BRÜCKE-GARTEN, DAY, KOHLRAUSCH, KAHN-LÖWENSTEIN) bei voll beleuchteter Sclera oder großem Netzhautbild.

4. Bleibt noch die Lichtzerstreuung in den optischen Medien des Auges und von der direkt belichteten Netzhautstelle aus. — Da die positive Eintrittsschwankung des Netzhautstromes durch die nachfolgende Senkung kompensiert, ja auch überkompensiert werden kann (vgl. Abb. 478b), so müßten in diesem Falle die nach FRÖHLICH wettstreitenden Negativitäten an den beiden Ableitungsstellen wohl annähernd gleich stark[2] sein, folglich auch die Be-

---

[1] FRÖHLICH, F. W.: Die Empfindungszeit, S. 216. Jena: Gustav Fischer 1929. — FRÖHLICH, F. W. u. Mitarbeiter: Z. Biol. **87**, 525 (1928).

[2] Wenn FRÖHLICH vermutet [Z. Sinnesphysiol. **48**, 42 (1913)], daß mit *Schädigung* der Ableitungsstellen auch *Widerstands*veränderungen und damit Änderungen der *Ableitungs*bedingungen einhergehen, so würde das im vorliegenden Fall belanglos sein. Denn nach FRÖHLICHS Hypothese vom Wettstreit der Negativitäten an den beiden Ableitungsstellen würde es sich einfach um die Stromproduktion zweier entgegengeschalteter elektromotorischer Kräfte im gleichen Stromkreis (Auge + Elektroden + Galvanometer) handeln. Sind dabei die *Ströme* entgegengesetzt gleich, so müssen es (entsprechend dem Schema der *Poggendorff*schen Kompensation) auch die *elektromotorischen Kräfte* sein; denn beide Ströme durchfließen den gleichen *Gesamt*widerstand.

lichtungsintensitäten an diesen beiden Stellen vorn und hinten im Auge mit ungefähr der gleichen Größenordnung eingeschätzt werden. Das ist quantitativ völlig unmöglich; das „falsche Licht" auf einer Netzhautstelle vorn im Auge kann nur einen verhältnismäßig kleinen Bruchteil von der Lichtintensität des direkt erzeugten Fundusbildes ausmachen. Infolgedessen könnte auch — wie bereits S. 1430 gezeigt wurde — die Beeinflussung der Stromkurve durch die der vorderen Elektrode naheliegenden Netzhautteile nur minimal sein.

Die adaptativen Änderungen des Elektroretinogramms sind demnach mit Fröhlichs Hypothese *nicht* zu deuten; sie müssen nach wie vor mit Zustandsänderungen in Zusammenhang gebracht werden, die sich in der Netzhaut selbst abspielen.

Auch die übrigen Kurvenphasen hängen vom Adaptationszustand des Auges ab, aber nicht so stark wie die sekundäre Erhebung. In dem Beleuchtungsbereich, das zum Unterdrücken der sekundären Erhebung eben genügt, pflegen die Veränderungen an den übrigen Phasen wohl vorhanden, aber noch wenig auffallend zu sein. Sie sind bisher vorwiegend am Frosch studiert. Bei wiederholten Belichtungen des dunkel- oder helladaptierten Froschbulbus sahen v. Brücke und Garten[1] die positive Eintrittsschwankung auf $^2/_3 - ^1/_2$ ihres Anfangswertes heruntergehen (vgl. Abb. 458), während die positive Verdunkelungsschwankung dabei keine deutliche Veränderung, wohl aber eine Abhängigkeit von der Belichtungs*dauer* erkennen ließ, insofern als sie im allgemeinen um so höher wird, je länger die Belichtung dauert. Bei mittelstarken Belichtungen unterhalb von $1-1^1/_2$ Sekunden Dauer pflegt sie noch gar nicht oder ganz schwach aufzutreten (Gotch[2]; vgl. jedoch später S. 1437).

Erst bei extremen Variationen von Adaptation und Reizintensität (im Verhältnis von $1:1,2 \cdot 10^{10}$) fanden Einthoven und Jolly[3] stärkere Änderungen auch bei den übrigen Kurvenphasen am Froschauge. Sie suchten bei ihren Versuchen die optischen Bedingungen auf, unter denen die einzelnen Phasen sich möglichst rein und unvermischt von den anderen isolieren ließen und stellten fest: die positive Eintrittsschwankung erscheint isoliert als einfacher Stromanstieg mit folgendem Rückgang (Stromstoß von ca. 10 Sekunden Dauer), wenn ein Dunkelauge für kurze Zeit (0,5—1 Sekunde) mit sehr schwachem Licht gereizt wird (vgl. Abb. 462, S. 1437); steigt die Reizdauer oder -intensität, so kommen die anderen Phasen hinzu, und der vorher einfache Stromstoß wird komplizierter (vgl. S. 1438f., 1442f.). Je stärker nun ein Auge helladaptiert und gereizt wird, um so *kräftiger* treten die *negativen* Phasen (negativer Vorschlag und Senkung) und zugleich die positive *Verdunkelungs*schwankung neben der *schwächer* werdenden, aber nicht verschwindenden Eintrittsschwankung hervor. Mit ihrer maximalen Lichtintensität haben Einthoven und Jolly negative Vorschläge mit der beträchtlichen E.K. von 0,3—0,6 M.V. und positive Verdunkelungsausschläge bis zu 1,3 M.V. erzielt. Sie gehen von diesen Versuchen bei ihrer Analyse des Elektroretinogramms aus.

Die zuletzt geschilderten Kurvenveränderungen am Frosch bei stärkerer Belichtung, mit dem Hervortreten und Überwiegen der *negativen* Phasen ähneln einmal den bei Abkühlung, Giftwirkung und Absterben auftretenden und ferner den durch grünes und blaues Licht hervorgerufenen (vgl. Abschnitt B 2, 6a und 7b). Diese *Intensitäts*- und *Farben*änderungen der Kurve sind jedoch *nicht* durch Absterbevorgänge bedingt, sondern mit Stärke und Art der Beleuchtung reversibel. Außerdem erscheinen hierbei die negativen Phasen schon von so geringen Belichtungsintensitäten an, daß sie auch nicht auf Alterationen infolge von Blendung bezogen werden können. Im theoretischen Teil wird darauf zurückzukommen sein (s. später S. 1483—1487).

---

[1] Brücke, E. Th. v. u. S. Garten: Zitiert auf S. 1431, Fußnote 2.
[2] Gotch, F.: Zitiert auf S. 1435, Fußnote 1.
[3] Einthoven, W. u. W. A. Jolly: Quart. J. exper. Physiol. 1, 373 (1909).

Besonders bemerkenswert ist die gleichzeitige Steigerung von negativem Vorschlag und positiver Verdunkelungsschwankung; diese Tatsache weist, wie verschiedene andere, darauf hin, daß beide Phasen zusammengehören (vgl. später die Theorie S. 1484).

5. Zeitlicher Verlauf des Belichtungsstroms.

Der zeitliche Ablauf des Elektroretinogramms ist zuerst von GOTCH[1] mit dem Capillarelektrometer, später von verschiedenen Autoren mit dem Saitengalvanometer studiert. Die Verlaufsgeschwindigkeit hängt vor allem von Temperatur, Reizintensität und Tierzustand ab; Erwärmung und Reizverstärkung beschleunigen, Erschöpfung des Tieres verzögert den Ablauf der Phasen. Abgesehen von dem Auftreten der Verdunklungsschwankung, ist der Verlauf dagegen innerhalb gewisser Grenzen wenig abhängig von der Reizdauer; d. h. das durch den Reizbeginn eingeleitete Elektroretinogramm läuft — den jeweiligen Intensitäts-, Temperatur- und Zustandsbedingungen entsprechend — gesetzmäßig ab, auch wenn der Reiz sofort wieder unterbrochen wird (Lichtblitz); die photoelektrische Reaktion kann den Reiz um ein Vielfaches überdauern[2].

Theoretisch bedeutungsvoll und daher häufig diskutiert ist die Frage, in welcher Beziehung Latenz und Ablauf der Netzhautströme zu dem der Gesichtsempfindungen stehen.

a) *Temperatur, Reizintensität und Tierzustand.* Die verzögernde Wirkung der Abkühlung, sowohl auf die Latenzstadien wie auf die gesamten Phasen des Stromverlaufs, ist von GOTCH[3], NIKIFOROWSKY[4] und anderen festgestellt (vgl. S. 1423). Besonders augenfällig wird sie beim Vergleich von Kalt- und Warmblütern; belichten wir in beiden Fällen mit der gleichen Intensität so lange, bis das Maximum der sekundären Erhebung erreicht ist, so dauert das bei Kaltblütern $^3/_4$—1 Minute, bei Warmblütern 2—6 Sekunden. Wie weit dieser große Unterschied von etwa 10:1 allein auf Rechnung der Körpertemperatur kommt, ist allerdings bisher nicht festgestellt. Ganz gleich verhalten sich auch Warmblüter nicht; Nachtvögel zeigen gegenüber Tagvögeln eine deutliche Verzögerung des gesamten Stromablaufs (vgl. Tabelle 8).

Erschöpfung des Versuchstieres schwächt den Strom und wirkt verzögernd auf sämtliche Phasen; das ist ganz allgemein beobachtet (vgl. z. B. BROSSA und KOHLRAUSCH[5]).

Die Reizintensität hat einen sehr weitgehenden Einfluß auf die Ablaufsgeschwindigkeit: je stärker der Reiz, um so schneller und stärker der Verlauf aller Phasen (vgl. S. 1442—1444). EINTHOVEN und JOLLY[6] fanden bei den extremen Variationen ihrer Lichtintensität folgende Äußerstwerte z. B. für die Latenzen am Frosch: Latenz des negativen Vorschlags $10\,\sigma$ und $140\,\sigma$ (Lichtintensitätsverhältnis 10^{10}:10^5), Latenz der positiven Eintrittsschwankung $240\,\sigma$ und $2100\,\sigma$ (Intensitätsverhältnis 10^4:1) und Latenz der positiven Verdunklungsschwankung

---

[1] GOTCH, F.: J. of Physiol. **29**, 388 (1903); **31**, 1 (1904).

[2] Die Angabe von S. FUCHS [Pflügers Arch. **56**. 445 (1894)], daß der durch einen *Lichtblitz* erzeugte erste Anteil der Stromschwankung *unvergleichlich viel rascher* verlaufe als bei *Dauer*belichtung, ist unrichtig und auf das bei den Augenströmen *nicht* brauchbare Rheotomverfahren zurückzuführen. Tatsächlich werden gerade die *schnellen* Phasen (Latenz, negativer Vorschlag, positive Eintrittsschwankung und Senkung) sehr wenig durch die Reizdauer beeinflußt; nur die sekundäre Erhebung pflegt bei einem Lichtblitz schneller zu verlaufen und kann bei kurzen schwachen Lichtblitzen auch früher beginnen.

[3] GOTCH, F.: J. of Physiol. **29**, 388 (1903); **31**, 1 (1904).

[4] NIKIFOROWSKY, P. M.: Zitiert auf S. 1423, Fußnote 1.

[5] BROSSA, A. u. A. KOHLRAUSCH: Arch. f. Physiol. **1913**, 486—487.

[6] EINTHOVEN, W. u. W. A. JOLLY: Zitiert auf S. 1434, Fußnote 3.

$10\,\sigma$, $800\,\sigma$ und $2200\,\sigma$ (Intensitätsverhältnis $10^{10}:10^5:1$). Aus dieser sehr weitgehenden Variationsbreite folgt, daß alle für die verschiedenen Tiere angegebenen Zeitwerte nicht als *absolute*, sondern nur als *Vergleichs*zahlen gewertet werden können, die lediglich für die benutzte Reizintensität gelten. Tabelle 8 enthält die von PIPER[1] bei seinen vergleichenden Versuchen mit dem Saitengalvanometer gefundenen Zeitwerte in Sekunden, die nach dem eben ausgesprochenen Grundsatz gleichfalls nur als relative Zahlen zum Vergleich der verschiedenen Tiere untereinander dienen können.

Tabelle 8. Der zeitliche Verlauf der Netzhautströme bei verschiedenen Tieren, in Sekunden.

	Latenz des negativen Vorschlags	Latenz der positiven Eintrittsschwankung	Gipfel der positiven Eintrittsschwankung	Minimum der Senkung	Latenz der Verdunkelungsschwankung	Gipfel der Verdunkelungsschwankung
Frosch . . {	0,045 (0,03 −0,08)	0,085 (0,07 −0,136)	0,3 (0,21 −0,5)	—	0,05 (0,031−0,093)	
Emys. . . .	0,033−0,036	0,07 −0,09	0,16 −0,19	—	0,035	0,18 −0,27
Taube . . {	0,01 −0,014 (0,008−0,022)	0,029−0,035 (0,025−0,04)	0,07 −0,08 (0,063−0,09)	0,17−0,21	0,01 −0,016	0,11 −0,14
Huhn. . . .	0,014−0,02	0,038−0,046	0,08 −0,1	—	0,012−0,023	0,04 −0,05
Bussard. . .	0,01 −0,017	0,033−0,04	0,075−0,1	—	0,015−0,02	
Eule	0,014−0,02	0,039−0,048	0,12 −0,2	0,4 −0,6	0,03 −0,05	0,043−0,05
Katze . . .	0,015−0,02?	0,036−0,044	0,08 −0,1	0,19−0,24	0,025−0,03	—
Kaninchen .	0,017?	0,033−0,042	0,12 −0,15	0,35−0,55	0,033−0,04	—
Affe	0,018−0,02?	0,038−0,047	0,12 −0,16	—	0,024−0,034	—
Hund. . . .	0,015?	0,026−0,035	0,08 −0,1	—	0,03 −0,037	—
Eledone, Octopus .		0,02 −0,025 (0,015−0,19)	—		0,02 −0,03	—

PIPERS Reizintensität war ziemlich hoch, das Licht einer kleinen fünfamperigen Bogenlampe in $60-80$ cm Abstand auf einer Mattscheibe. — Ich mache auf die Zeitunterschiede zwischen Tauben und Eulen besonders aufmerksam, welche die größere Trägheit bei Eulen zeigen.

Aus den von EINTHOVEN-JOLLY und PIPER ermittelten Zahlen geht hervor, daß die am Menschen festgestellte Latenz der Gesichtsempfindung[2] ($30-1000\,\sigma$, je nach Lichtstärke) in denselben Größenordnungen liegt wie die Stromlatenz. Genaueres über das Verhältnis beider Zeitwerte zueinander könnte wohl nur unter gleichen Bedingungen am Menschen ermittelt werden.

b) *Dauer- und Momentbelichtung.* Der Stromphasenbeschreibung in Abschnitt B1 dieses Artikels wurde eine Belichtung zugrunde gelegt, die bis zum Gipfel der sekundären Erhebung anhält, also beim Kaltblüter etwa $^3/_4$ Minuten, beim Warmblüter etwa 5 Sekunden dauern würde. Um ein vollständiges Elektroretinogramm zu bekommen, ist jedoch eine solche *Dauer*belichtung nicht erforderlich. Belichten wir kürzer, aber mit hinreichender Intensität,

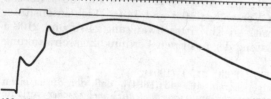

Abb. 461. Stromverlauf bei kurzer Belichtung. (Frosch; Zeit in Sekunden.) (Nach v. BRÜCKE und GARTEN: Pflügers Arch. **120**, Tafel V, Fig. 1.)

beim Kaltblüter z. B. $5-10$, beim Warmblüter 2 Sekunden lang, so laufen trotzdem sämtliche Stromphasen ab, nur kehrt jetzt der Strom nach Belichtungsschluß

---

[1] PIPER, H.: Arch. f. Physiol. **1911**, 119.
[2] Betreffs Latenz der Gesichtsempfindung, der sogenannten „Empfindungszeit", vgl. ds. Handb. **12**/1, 421ff.

und nach Ablauf der Verdunklungsschwankung *nicht sofort* zum Bestandpotential zurück, sondern die sekundäre Erhebung steigt trotz erfolgter Verdunklung weiter an bis zu ihrem Gipfel und fällt danach erst allmählich ab (Abb. 461). Der Belichtungsstrom überdauert in diesem Fall den Reiz beträchtlich, und die Verdunklungsschwankung ist einfach dem aufsteigenden Schenkel der sekundären Erhebung superponiert. Die einzige sonstige Änderung ist, daß die sekundäre Erhebung ihren Gipfel früher erreicht als bei Dauerbelichtung.

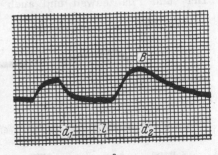

Wird die Belichtung noch kürzer, so wird die Verdunklungsschwankung kleiner und kleiner und kann schließlich unmerklich werden (vgl. S. 1434). Aber auch bei eigentlichen Momentbelichtungen von $1/10-1/100$ Sekunde Dauer oder noch weniger können *sämtliche übrigen Stromphasen* einschließlich der sekundären Erhebung vorhanden sein (EINTHOVEN und JOLLY[1]). Der Belichtungsstrom überdauert dann den Reiz um ein Vielfaches.

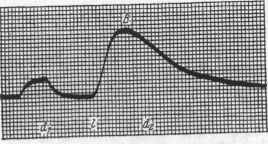

Gewöhnlich wird die Verdunkelungsschwankung erst als gesonderte Kurvenerhebung sichtbar, wenn die Belichtung beim Frosch über 1 Sek. (GOTCH, v. BRÜCKE u. GARTEN) beim Warmblüter (Tauben, Kaninchen) über 0,1 Sek. gedauert hat. Wie JOLLY[2] am Frosch zeigte, pflegt sie bei kürzeren Belichtungen mit in der positiven Eintrittsschwankung zu stecken und mit dieser zu einem glatten *höheren* Gipfel zu verschmelzen. Unter günstigeren Bedingungen konnte JOLLY jedoch mit schnell reagierendem Saitengalvanometer die Verdunkelungsschwankung am Frosch noch bei Momentbelichtungen bis herab zu 0,1 Sek. Dauer sich als gesonderten kleinen Gipfel von der positiven Eintrittsschwankung abheben sehen. — Mit Verstärker und sehr schnell reagierendem Saitengalvanometer fanden neuerdings CHAFFEE, BOVIE und HAMPSON[3] unter Umständen selbst noch bei Momentbelichtungen von 2—4 σ an hinteren Augenschalen vom Frosch die Gipfel unverschmolzen. Letztere Autoren identifizieren allerdings die von ihnen gesehenen drei Maxima nicht restlos mit den bekannten positiven Gipfeln der Eintrittsschwankung, Verdunkelungsschwankung und sekundären Erhebung, sondern glauben

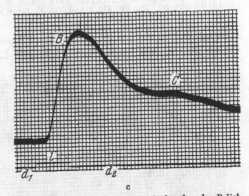

Abb. 462 a—c. *Wirkung kurzer und sehr schwacher Belichtungen* verschiedener Dauer auf das dunkeladaptierte Froschauge: 1 mm Abszisse = 0,2 Sekunde; 1 mm Ordinate = 0,004 Millivolt; die gleiche sehr schwache Belichtung (bei *l*) bei allen drei Aufnahmen; die Belichtungsdauer ist allein variiert und beträgt bei a) 0,48, bei b) 1,12, bei c) 1,9 Sekunden. — Den Belichtungen bei a) und b) ist eine Eichkurve vorausgeschickt. *B* bedeutet die positive Eintrittsschwankung, *C* die sekundäre Erhebung, d_1 und d_2 Dunkel, *l* Licht. (Aus EINTHOVEN und JOLLY: Quart. J. exper. Physiol. **1**, H. 4, Abb. 11, 12, 13.)

eine neue komplizierte Feinstruktur der Kurven bei Lichtblitzen gefunden zu haben, jedoch zeigt die größte Mehrzahl ihrer Abbildungen eine weitgehende Übereinstimmung

---

[1] EINTHOVEN, W. u. W. A. JOLLY: Zitiert auf S. 1434, Fußnote 3.
[2] JOLLY, Quart. J. exp. Physiol. **2**, 363 (1909).
[3] CHAFFEE, BOVIE und HAMPSON: J. opt. Soc. of Americ. **7**, 29 (1923).

mit den durch Einthoven, Jolly und andere Autoren bekannten Kurvenzügen. Hierauf wird noch zurückzukommen sein (S. 1440, 1490).

Bei Momentbelichtungen tritt nun aber eine Besonderheit auf: die für Tier- und Pflanzenwelt und auch für unbelebte photochemische Reaktionen

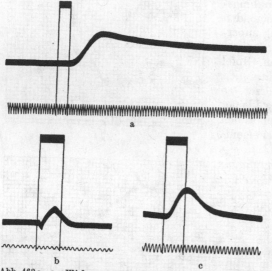

ganz allgemeingültige Gesetzmäßigkeit[1], daß für die Größe des Reizerfolges die Licht*menge* bzw. Licht*energie*, d. h. das Produkt aus Lichtintensität, belichteter Fläche und Belichtungsdauer maßgebend ist (vgl. später S. 1444). Die reiz*mindernde* Wirkung einer Lichtblitz*verkürzung* kann also bei Momentbelichtungen durch eine entsprechende *Steigerung* der Licht*intensität* kompensiert werden und umgekehrt; für die träge reagierenden Kaltblüter gilt das noch über die eigentlichen Momentbelichtungen hinaus bis zu Belichtungsdauern von mehreren Sekunden (de Haas[1]).

Abb. 463 a—c. *Wirkung relativ schwacher Momentbelichtungen* von ca. ¹/₁₀ Sekunde Dauer: a) auf den Frosch, b) auf die Taube und c) auf das Kaninchen. Reizmarkierung photographisch, Zeitschreibung: Stimmgabel von 50 Schwingungen pro Sekunde. (Nach Piper: Arch. f. Physiol. **1911**, Taf. I, Fig. 4; **1910** Suppl.-Bd., Taf. IV, Fig. 3 und Taf. V, Fig. 8.)

Sehen wir von den quantitativen Beziehungen zwischen Lichtenergie und Reizerfolg zunächst noch ab (vgl. S. 1444ff.), so ist hier über die Form des Elektroretinogramms und seinen zeitlichen Ablauf folgendes zu sagen. Bei Momentbelichtungen mit hinreichend geringer Lichtintensität ist der photoelektrische

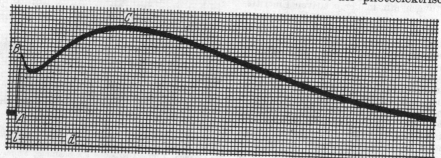

Abb. 464. Wirkung *stärkerer* Momentbelichtungen von ¹/₁₀₀ Sekunde Dauer auf den dunkeladaptierten *Frosch.* *A* ist der negative Vorschlag, *B* die positive Eintrittsschwankung, *C* die sekundäre Erhebung, *l* der Lichtblitz von ¹/₁₀₀ Sekunde, *d* Dunkelheit. Abszisse 1 mm = 0,5 Sekunde, Ordinate 1 mm = 0,01 Millivolt; Lichtblitz mit grünem Spektrallicht. (Aus Einthoven und Jolly: Quart. J. exper. Physiol. 1, H. 4, Abb. 4.)

Effekt außerordentlich einfach; er besteht in der positiven Eintrittsschwankung, die mit der nachfolgenden Senkung wieder zum Bestandpotential zurückkehrt

---

[1] Vgl. dazu über die menschlichen Gesichtsempfindungen J. v. Kries: Z. Sinnesphysiol. **41**, 381—383 (1907). — Über die tierischen Netzhautströme de Haas, H. K.: Zitiert auf S. 1399, Fußnote 8. — Über die Lichtwirkung auf Pflanzen (Reizmengengesetz) Rawitscher, F.: Naturwiss. **11**, 491 (1923). — Über das Lichtmengen-Gesetz bei unbelebten photochemischen Reaktionen (*Bunsen-Roscoe*-Gesetz) vgl. z. B. W. Nernst: Theoretische Chemie, 5. Aufl., S. 763, 764, Stuttgart: F. Enke 1907.

(Abb. 462a und b und Abb. 463a am Frosch, Abb. 463c am Kaninchen); bei der Taube und mit etwas stärkerer Belichtung auch beim Frosch geht noch der negative Vorschlag voraus (Abb. 463b). Auf den träge reagierenden Kaltblüter

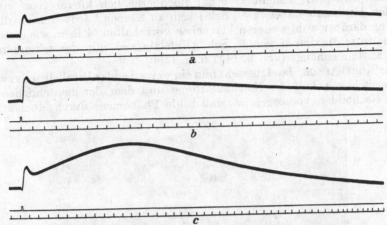

Abb. 465a—c. Wirkung *stärkerer, verschiedenfarbiger* Momentbelichtungen (¹/₁₅ Sekunde) auf den dunkel-adaptierten Frosch: a) Weißblitz, Lampenabstand 1,50 m; b) Rotblitz, Lampenabstand 0,40 m; c) Blaublitz, Lampenabstand 0,60 m. Zeitschreibung Sekunden. — Die Reizintensitäten der verschiedenfarbigen Filter-lichter wurden so ausgeglichen, daß die positiven Eintrittsschwankungen annähernd gleich stark ausfielen; trotzdem haben die sekundären Erhebungen sehr verschieden große E. K. (spezifische Farbenwirkung). [Nach Originalkurven von A. KOHLRAUSCH zur Mitteilung: Pflügers Arch. **209**, 607 (1925).]

wirken schwache Belichtungen von noch etwa 1 Sekunde Dauer so, wie ent-sprechend intensivere Momentbelichtungen von ¹/₁₀ Sekunde[1] (Abb. 462a bis c und Abb. 463a).

Wird die Reizlichtenergie vermehrt, durch Steigerung der Lichtintensität oder — innerhalb bestimmter Grenzen — der Belichtungsdauer bzw. der belichteten Netzhautfläche, so werden die Ausschläge höher und steiler (Abb. 462a—c) und *es*

kommt die sekundäre Erhebung hin-zu (Abb. 462c, 464—467), so daß wir *auch bei Momentbelichtungen das* — abgesehen von der nicht immer sichtbaren (s. S. 1437) Ver-dunklungsschwankung — *voll-ständige Elektroretinogramm* be-obachten, welches die Belichtung um ein Vielfaches überdauern kann[2]. Die Abb. 462—467 zeigen, daß sich Kalt- und Warmblüter in dieser Hinsicht, bis auf die Ge-schwindigkeit des Stromablaufs, durchaus gleich verhalten.

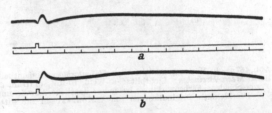

Abb. 466a u. b. Wirkung *stärkerer, verschiedenfarbiger* Mo-mentbelichtungen (¹/₃₀ Sekunde) auf die *Taube*, nach etwa 5—10 Minuten Dunkelaufenthalt: a) Weißblitz, Lampenab-stand 0,50 m; b) Rot-Orangeblitz, Lampenabstand 0,20 m; Zeitschreibung ¹/₅ Sekunde. Spezifisch verschiedene Farben-wirkung. [Nach Originalkurven von A. KOHLRAUSCH zur Mitteilung: Pflügers Arch. **209**, 607 (1925).]

Die sekundäre Erhebung ist bezüglich EMK und zeitlichem Verlauf ganz besonders stark mit der Lichtenergie veränderlich. In EINTHOFEN und JOLLYS

---

[1] Vgl. dazu H. PIPER: Arch. f. Physiol. **1911**, Tafel I, Fig. 3 und 4.
[2] Wegen dieses langen Überdauerns der Netzhautströme ist das von S. FUCHS [Pflügers Arch. **56**, 408 (1894); **84**, 425 (1901)] benutzte Rheotomverfahren *nicht* anwendbar; die von FUCHS am Frosch damit gefundenen Zeitwerte (Latenz von 2,4 σ, positive Schwankung von 12,2 σ und negative Schwankung von 12,9 σ Dauer) konnten von keinem der späteren Untersucher bestätigt werden, und sind so kurz, daß die Gesamtdauer einer solchen Strom-schwankung bei mittlerer Lichtintensität noch in die tatsächliche Latenzzeit fallen würde.

Kurven vom Frosch variiert der Gipfelabstand der sekundären Erhebung, vom Kurvenbeginn an gerechnet, je nach Lichtenergie zwischen 50 und 7 Sekunden (vgl. auch die Abb. 462c u. 464). Nach den Versuchen von CHAFFEE, BOVIE und HAMPSON (s. S. 1437) scheint er sogar noch erheblich kürzer (von mehreren Sekunden bis herab zu etwa $1/_2$ Sek.) sein zu können. Jedoch muß die Entscheidung darüber wohl weiteren Versuchen vorbehalten bleiben, wie dieses ganz schnelle dritte Maximum von $1/_2$ Sek. Gipfelabstand mit der sekundären Erhebung zusammenhängt (vgl. S. 1437 u. S. 1490].

Wie KOHLRAUSCH[1] fand, besteht nun ein weitgehender Parallelismus zwischen dem phasischen Ablauf der Netzhautströme und dem der menschlichen periodischen Nachbilder, vorausgesetzt, daß beide Phänomene durch Momentbelich-

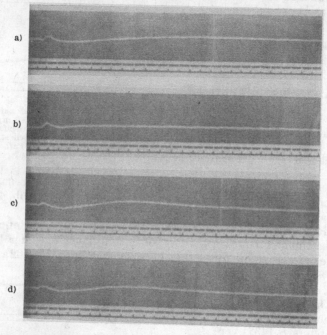

Abb. 467a—d. Wirkung *stärkerer, verschiedenfarbiger* Momentbelichtungen ($1/_{30}$ Sekunde) auf das dunkeladaptierte *Meerschweinchen;* Lichtblitz: a) Weiß, b) Rot, c) Grün, d) Blau. Zeitschreibung $1/_5$ Sekunde. Spezifisch verschiedene Farbenwirkung: besonders deutliche Abweichung zwischen Rot und den übrigen Lichtern. [Verkleinerte Originalkurven von A. KOHLRAUSCH zur Mitteilung: Pflügers Arch. **209**, 607 (1925).]

tungen hervorgerufen werden. Wenn FRÖHLICH[2] in seinem Einwand hiergegen meint, bei Reizung des Wirbeltierauges mit Lichtblitzen von $1/_{100}$ Sekunde Dauer würden *keine mehr*phasischen Netzhautströme auftreten, und aus diesem Grunde sei die Parallele zwischen den Phasen der Netzhautströme und der periodischen Nachbilder nicht durchführbar, so hat er die S. 1438ff. referierte Tatsache übersehen, daß Stärke und Phasenzahl der Netzhautströme von der im Lichtblitz einwirkenden Licht*menge* abhängen; eine Gesetzmäßigkeit, die bereits aus den Versuchen von DE HAAS, EINTHOVEN und JOLLY (vgl. Abb. 462, 464) klar hervorgeht und übrigens ebenfalls für die Nachbildphasen beim Menschen gilt.

Beide Phänomene, die Netzhautströme und die periodischen Nachbilder, hängen außerdem in ihrem phasischen Ablauf noch von der Wellenlänge der

---

[1] KOHLRAUSCH, A.: Pflügers Arch. **209**, 607 (1925); vgl. S. 1487—1491.
[2] FRÖHLICH, F. W.: Die Empfindungszeit, S. 212. Jena: Gustav Fischer 1929.

Momentbelichtung (s. Abb. 465—467) und vom Adaptationszustand des Auges ab, und zwar beide in der gleichen Weise. Darauf wird in dem Abschnitt B7b u. B8 über die spezifischen Farbenwirkungen und im theoretischen Teil noch ausführlicher einzugehen sein (s. später S. 1453—1458, 1462—1464, 1487—1491.

c) *Intermittierende Belichtung.* Wird das Auge mit intermittierendem anstatt mit stetigem Licht gereizt, so superponieren sich über die bekannten Stromphasen noch Wellen, ohne daß der Aktionsstrom im ganzen eine andere Stärke erreicht als bei konstanter, gleich starker Belichtung (Abb. 468). Die Stromwellenfrequenz geht der Reizfrequenz so lange parallel, bis die Wechselgeschwindigkeit zwischen Hell und Dunkel eine bestimmte Grenze, die Verschmelzungsfrequenz, erreicht, oberhalb der das Elektroretinogramm ebenso glatt verläuft wie bei stetiger Belichtung (PIPER[1]).

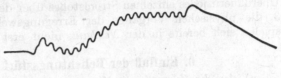

Abb. 468. Die Aktionsstromwellen bei intermittierender Belichtung mit einer Wechselzahl unterhalb der Verschmelzungsfrequenz. (Nach H. PIPER: Arch. f. Physiol. 1911, 127.)

Die Beobachtung von ISHIHARA[2], wonach der Aktionsstrom bei intermittierender Belichtung (30—120 Perioden pro Minute am Frosch) *erheblich stärker* sein soll als bei konstantem Reiz gleicher Stärke, wurde durch die Benutzung eines sehr trägen Drehspulengalvanometers vorgetäuscht; die gleichgerichteten Belichtungs- und Verdunklungsausschläge summieren sich bei diesen niedrigen Frequenzen in dem *trägen Galvanometer* zu einem glatten Ausschlag von größerer Stärke.

Weiter fand PIPER die bedeutsame Tatsache, daß die Verschmelzungsfrequenz der Netzhautströme zahlenmäßig mit derjenigen Intermittensfrequenz der Größenordnung nach übereinstimmt, bei welcher auch für das menschliche Auge das Flimmern der ausgelösten Empfindung aufhört; und zwar lag bei der von PIPER benutzten, ziemlich hohen Lichtintensität die Verschmelzungsfrequenz für die Stäbchennetzhaut der Eulen bei etwa 20, für die Zapfennetzhaut der Tagvögel bei etwa 40 ganzen Perioden pro Sekunde (s. Tab. 9). Auch dieser *Unterschied* in der Verschmelzungsfrequenz zwischen den träge reagierenden Netzhautelementen des Dämmersehens und den schnellen des Tagessehens ist ja für die subjektive Empfindung des Flimmerns bekannt[3].

Da die Verschmelzungsfrequenz für den Netzhautstrom wie für die Flimmerempfindung von den Beleuchtungsbedingungen — Licht-

Tabelle 9. **Verschmelzungsfrequenzen bei verschiedenen Tierarten nach PIPER.**

Tierart	Verschmelzungsfrequenz bei
Frosch	15 Reizen pro Sekunde
Taube	37—40 „ „ „
Huhn.	35 „ „ „
Bussard. . . .	40 „ „ „
Eule	17—20 „ „ „
Katze	25 „ „ „
Kaninchen . . .	25 „ „ „
Affe	17 „ „ „
Hund.	25 „ „ „

intensität und Adaptationszustand — abhängt, kann der *exakte* Beweis für die zahlenmäßige Übereinstimmung beider Vorgänge nur am Menschen unter bestimmt definierten Bedingungen erbracht werden. Das ist neuerdings durch E. SACHS geschehen (s. später S. 1464); er leitete die Netzhautströme des

[1] PIPER, H.: Arch. f. Physiol. **1911**, 85.

[2] ISHIHARA, M.: Pflügers Arch. **114**, 588—591, 612 (1906).

[3] Vgl. J. v. KRIES in Nagels Handb. d. Physiol. **3**, 254—255 (1904)

Menschen ab und fand, daß ihre Kurve bei derselben Wechselfrequenz glatt wurde, bei der die gleichzeitig von der Versuchsperson beobachtete Empfindung des Flimmerns aufhörte.

Das Ergebnis dieser Untersuchungen von PIPER *und* SACHS *über intermittierende Belichtung ist sehr bemerkenswert.* Es zeigt: 1. dem psychischen Erlebnis des Flimmerns gehen die Wellen im Aktionsstrom als physischer Vorgang parallel; 2. die Empfindung wird stetig, wenn die Stromstöße in der Netzhaut miteinander verschmolzen sind, wobei diese Verschmelzung durch das S. 1437f. beschriebene Überdauern jedes einzelnen Stromstoßes über den Reiz hinaus zustande kommt; 3. die physischen Vorgänge der Erregungswellen bzw. ihrer Verschmelzung spielen sich bereits in der *Netzhaut*, nicht erst im Zentralorgan ab.

6. Einfluß der Belichtungsstärke (Lichtmenge):

a) *Auf die Kurvenform.* Mit zunehmender Reizintensität *wachsen* sämtliche Phasen des Belichtungsstroms und laufen *schneller* ab; in der Kurve des Elektroretinogramms werden also die Latenzen kürzer und die einzelnen Ausschläge größer und steiler[1]. Diese Kurvenveränderungen sind ganz allgemein bei sämtlichen Wirbeltierklassen beobachtet, seitdem man die Netzhautströme mit dem Capillarelektrometer oder Saitengalvanometer studiert.

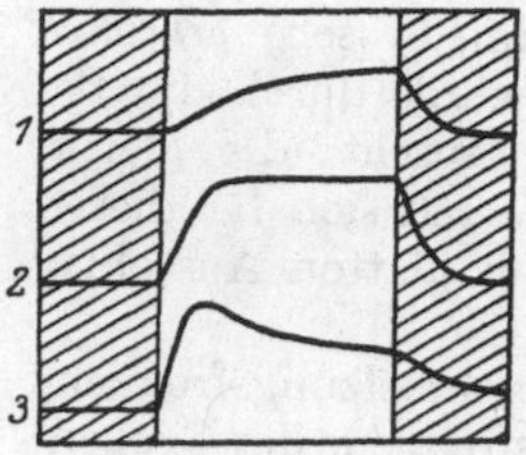

Abb. 469. Einfluß der Reizstärke auf den Stromverlauf bei Cephalopoden: 1 = schwache, 2 = mittelstarke, 3 = starke Belichtung; schraffiert = dunkel, weiß = Belichtung von etwa 2 Sekunden Dauer. [Aus F. W. FRÖHLICH: Z. Sinnesphysiol. 48, 65 (1913).]

Entsprechende Kurvenänderungen fand FRÖHLICH[2] auch an den einphasischen Belichtungsströmen der Cephalopoden. Die durch schwache Lichtreize ausgelösten Cephalopodenströme steigen flach an und zeigen während längerer Belichtungsdauer noch ein weiteres allmähliches Ansteigen (Abb. 469, 1). Mit wachsender Reizstärke wird die Latenz kürzer und der Stromanstieg höher und steiler. Bei mittleren Reizstärken kann der Strom während der Belichtungsdauer auf seinem Maximum annähernd konstant bleiben (Abb. 469, 2), bei starken Belichtungen sinkt er noch während der Belichtung mehr oder minder rasch ab (Abb. 469, 3).

Von den weitgehenden Variationen der Latenzdauer mit der Reizintensität bei Wirbeltieren war schon auf S. 1435f. die Rede. Die Veränderungen der Wirbeltierkurvenform werden durch die Abb. 470 und 471 veranschaulicht; mit den hier als Beispiel gewählten Kurvenänderungen der Froschströme stimmen die der übrigen Wirbeltiere im wesentlichen überein. Abb. 470 enthält die raschen Belichtungs- und Verdunkelungsphasen bei 3—5 Sekunden Belichtung und schneller Registrierung, Abb. 471 außerdem die ganze sekundäre Erhebung bei 40—45 Sekunden Belichtung und entsprechend langsamer Registrierung bei verminderter Galvanometerempfindlichkeit.

Die Kurven der Abb. 470 und 471 zeigen deutlich die mit steigender Lichtstärke wachsende Größe und Steilheit der positiven Phasen. Bemerkenswert ist, daß die negativen Phasen — negativer Vorschlag und Senkung — erst bei einer bestimmten Intensität auftreten (Senkung bei Abb. 470b, Vorschlag bei Abb. 470c) und von da ab stärker werden. Das Elektroretinogramm ist also bei schwacher Reizung noch etwas einfacher und wird mit steigender Reizstärke komplizierter.

---

[1] Innerhalb gewisser Grenzen wirkt dabei eine Vergrößerung der belichteten Netzhautfläche oder eine Verlängerung der Belichtungszeit, ebenso wie eine Steigerung der Lichtintensität; d. h. in diesen Grenzen ist die *Licht*menge maßgebend für Stärke und Ablauf des Netzhautstroms (s. S. 1483 u. 1444).

[2] FRÖHLICH, F. W.: Z. Sinnesphysiol. 48, 65, 112 (1913).

Besonders einfach ist es, wie wir schon sahen, bei Dämmertieren, wenn wir sie im Zustand tiefer Dunkeladaptation mit sehr schwacher und kurzdauernder Belichtung reizen, da unter diesen Bedingungen der Verdunkelungsausschlag noch fehlt und die Kurve nur einen einfachen Stromanstieg und -abfall darstellt (Abb. 462 f., S. 1437 f.). — Ganz entsprechend verhalten sich Augen mit vorwiegend *negativer* Stromrichtung in mittleren Stadien des Absterbens, wie wir früher sahen (vgl. S. 1427); auch bei ihnen kann schwache Reizung einen *ein*phasischen negativen, starke einen *mehr*phasischen Belichtungsstrom auslösen. Mit der, von verschiedenen Autoren aufgestellten Hypothese (vgl. S. 1483 f.), wonach der mehrphasische Belichtungsstrom aus mehreren teils positiven, teils negativen Stromanteilen besteht, die je nach den Bedingungen in ihrem Stärkeverhältnis wechseln können, wäre dieses Ergebnis folgendermaßen verständlich:

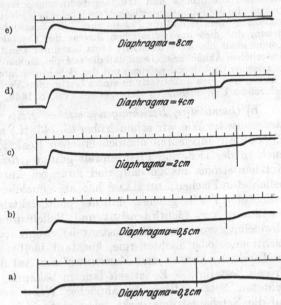

Abb. 470. Abhängigkeit der Kurvenform von der Lichtintensität beim Frosch; von unten nach oben zunehmende Intensität des farblosen Lichtreizes. Zeit in ¹/₅ Sekunde. (Nach Brossa und Kohlrausch: Arch. f. Physiol. 1913, 468—469.)

Offenbar wird der jeweils *schwächer* im Belichtungsstrom vertretene Vorgang erst bei *höherer* Reizintensität ausgelöst, und zwar gleichgültig, ob nun die negativen oder die positiven Stromanteile die zur Zeit schwächeren sind: bei lebensfrischen, tief dunkeladaptierten Tieren (Fröschen, Kaninchen) überwiegt der *positive* Anteil; ein kurzer sehr schwacher Reiz löst einen *einphasischen positiven* Belichtungsstrom aus, und erst bei stärkerer und längerer Belichtung kommen negativer Vorschlag, Senkung und der mit den negativen Phasen zusammenhängende Verdunkelungsausschlag dazu (Abb. 461 bis 467). Überwiegt umgekehrt bei

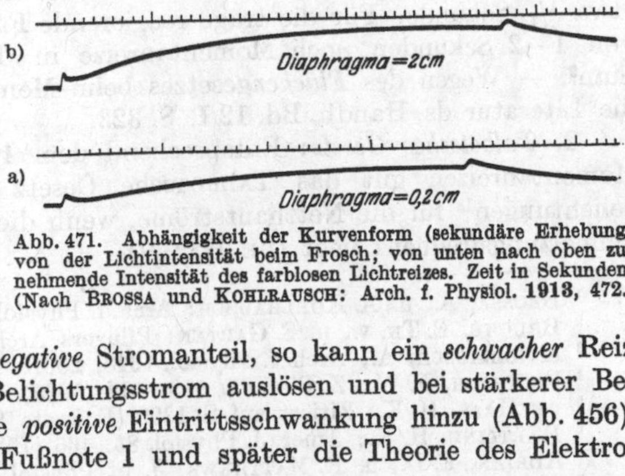

Abb. 471. Abhängigkeit der Kurvenform (sekundäre Erhebung) von der Lichtintensität beim Frosch; von unten nach oben zunehmende Intensität des farblosen Lichtreizes. Zeit in Sekunden. (Nach Brossa und Kohlrausch: Arch. f. Physiol. 1913, 472.)

einem *absterbenden* Auge der *negative* Stromanteil, so kann ein *schwacher* Reiz einen *einphasischen negativen* Belichtungsstrom auslösen und bei stärkerer Belichtung tritt in diesem Fall die *positive* Eintrittsschwankung hinzu (Abb. 456). Man vergleiche dazu S. 1427, Fußnote 1 und später die Theorie des Elektroretinogramms (S. 1483—1487).

Die hier beschriebenen, mit der Belichtungsstärke zusammenhängenden Kurvenveränderungen sind unabhängig von etwaigem diaskleralen Licht, welches Fröhlich[1] mehrfach zu Erklärungen der Wirbeltierströme herangezogen hat; denn diese Veränderungen

___
[1] Fröhlich, F. W.: Zitiert auf S. 1433 (Fußnote 1).

treten in derselben Form auf sowohl bei vollständiger Abblendung (Brossa-Kohl-rausch[1]) als auch bei intensiver Mitbelichtung der Sclera (v. Brücke-Garten[2], Kohl-rausch[3]).

Fröhlich[4] stellt fest, daß die *mehr*phasischen Cephalopodenströme, die er unter bestimmten Belichtungs- und Ableitungsbedingungen registrierte (Ableitung mit beiden Elektroden von der Bulbushinterfläche), auch bei erheblich steigender Belichtungsintensität kaum stärker werden, ja daß die Phasen zum Teil sogar dabei *abnehmen*. Daraus dürfte hervorgehen, daß diese mehrphasischen Ströme der Cephalopoden auf *andere Weise* zustande kommen als die der Wirbeltiere, trotz der unter Umständen zwischen beiden bestehenden äußerlichen Ähnlichkeit. Denn daß die *mehr*phasischen Wirbeltierströme ebenso wie die *ein*phasischen Cephalopodenströme mit der Belichtungsintensität zunehmen, und zwar in allen Phasen, und auch quantitativ in einem bestimmten Verhältnis zur Lichtintensität, ist durch zahlreiche Untersuchungen sichergestellt (vgl. S. 1443, 1445—1452).

b) *Quantitative Beziehungen zwischen Reiz- und Belichtungsstrom*: 1. *Lichtmengengesetz*: Wie wir schon früher (S. 1438ff.) sahen, ist das von Bunsen und Roscoe an unbelebten photochemischen Reaktionen entdeckte, sehr allgemein auch in der Tier- und Pflanzenwelt gültige „*Reizmengengesetz*" ebenfalls für die Netzhautströme maßgebend, und zwar bei kurzen Belichtungen bzw. kleinen belichteten Flächen: de Haas[5] hat am enucleierten Froschauge bei konstanter belichteter Fläche gezeigt, daß der photoelektrische Effekt trotz weitgehender Variierung von Lichtintensität und Belichtungsdauer bis auf eine Maximalabweichung von nur 2% konstant ist, wenn das Produkt beider Größen, die Lichtmenge oder Lichtenergie, konstant bleibt. Neuerdings haben Hartline[6] an Insekten, Adrian und Matthews[7] am Aal die Versuche von de Haas am Frosch bestätigt. — Es ist seit langem bekannt, daß eine Vergrößerung der belichteten Netzhautfläche in ähnlicher Weise verstärkend und beschleunigend auf die Netzhautströme wirkt, wie eine Steigerung der Lichtintensität; Adrian und Matthews[7] haben an den Netzhaut- und Opticusströmen vom Aal (Conger vulgaris) gezeigt, daß auch zwischen belichteter Fläche und Lichtintensität umgekehrte Proportionalität besteht. Sowohl bei kurzen Zeiten wie kleinen Netzhautflächen ist also die auftreffende Lichtmenge maßgebend für Größe und Geschwindigkeit des photoelektrischen Effekts in der Netzhaut und im Opticus. — Als obere Gültigkeitsgrenze des *Zeit*gesetzes (Bunsen und Roscoe, Bloch) fand Charpentier und später v. Kries[8] für die Gesichtsempfindungen des Menschen $\frac{1}{8}$ Sekunde Dauer; Hartline für die Netzhautströme von Insekten etwa $\frac{1}{14}$ Sekunde. Für die träge reagierende Froschnetzhaut sind Belichtungen von 1—2 Sekunden noch Momentanreize in dem hier in Frage kommenden Sinn[9]. — Wegen des *Flächen*gesetzes beim Menschen (Riccò) verweise ich auf die Literatur ds. Handb. Bd. 12 I, S. 323.

2. *Talbotsches Gesetz*: Entsprechend dem Reizmengengesetz bei einzelnen Momentanreizen gilt das Talbotsche Gesetz bei intermittierenden Dauerbelichtungen[10] für die Netzhautströme, wenn die Wechselzahl oberhalb der Verschmelzungsfrequenz liegt (de Haas[11]).

---

[1] Brossa, A., u. A. Kohlrausch: Arch. f. Physiol. **1913**, 462—467.
[2] Brücke, E. Th. v., u. S. Garten: Pflügers Arch. **120**, 311, 327 (1907).
[3] Kohlrausch, A.: Arch. f. Physiol. **1918**, 209ff.
[4] Fröhlich, F. W.: Z. Biol. **87**, 513—514 (1928).
[5] de Haas, H. K.: Zitiert auf S. 1399 (Fußnote 8).
[6] Hartline, H. K.: Amer. J. Physiol. **83**, 466 (1928).
[7] Adrian, E. D., u. R. Matthews: J. of Physiol. **63**, 378 (1927); **64**, 279 (1927).
[8] Kries, J. v.: Zitiert auf S. 1438 (Fußnote 1).
[9] de Haas gibt sogar bis 8 Sekunden an, was aber wegen der dabei schon stark auftretenden Verdunkelungsschwankung wohl etwas zweifelhaft erscheint.
[10] Über den Zusammenhang zwischen Reizmengen- und Talbotschem Gesetz siehe J. v. Kries: Nagels Handb. **3**, 230—231 (1904).
[11] de Haas, H. K.: Zitiert auf S. 1399 (Fußnote 8).

3. *Absolute Schwelle*: Die Beziehungen zwischen Lichtstärke und Netzhaut-stromstärke sind sehr vielfach untersucht. Zunächst ist hervorzuheben, daß von den objektiven Netzhautvorgängen die Belichtungsströme bei weitem die lichtempfindlichsten sind. Besonders bei dunkeladaptierten Dämmertieren lösen schon minimale Belichtungen, z. B. mit einer glimmenden Zigarre auf $1/2$ m Entfernung (KÜHNE und STEINER[1]) einen merklichen photoelektrischen Effekt aus. Dementsprechend reagieren diese Tiere mit deutlicher Stromproduktion auch auf Röntgen-, Radium- und Ultraviolettstrahlen bzw. auf das dadurch in Netzhaut und Augenmedien erregte Fluorescenzlicht (vgl. S. 1448). Nach HIMSTEDT und NAGEL[2] „dürfte die Schwelle der Reizwirkung für das Froschauge fast zusammenfallen mit der Schwelle der Lichtempfindung beim Menschen". Nach den Berechnungen von EINTHOVEN und JOLLY[3] liegt die Schwelle für den Froschaugenstrom (10^{-13} cal) allerdings noch 4—5 Zehnerpotenzen oberhalb der absoluten Lichtschwelle des Menschen (10^{-17} bis 10^{-18} cal). — Für die exakte Beantwortung dieser Frage ist jedoch eine ausreichende Galvanometerempfind-lichkeit Voraussetzung, damit die gesuchte Schwelle für die Strom*produktion* nicht der für ihren *Nachweis* gleichgesetzt wird. Diese Forderung dürfte mit dem Verstärkersystem von CHAFFEE, BOVIE und HAMPSON[4] erfüllt sein, die damit beim Frosch tatsächlich eine absolute Schwelle für die photoelektrische Reaktion von *derselben Größenordnung* fanden (1 Kerze auf 1200 Fuß = 6 Mil-lionstel Lux), wie sie für die Lichtempfindlichkeit des Menschen[5] gilt (etwa 1 bis 8 Millionstel Lux).

Beginnt und endet jedoch die Lichtwirkung nicht *plötzlich*, sondern läßt man sie, von minimalen Werten aus, ganz allmählich an- und ebenso wieder abschwellen, so ist die photo-elektrische Wirkung offenbar erheblich geringer als wenn die Lichtquelle sofort mit kon-stanter Intensität aufleuchtet oder plötzlich verlischt. KÜHNE und STEINER[6] erhielten unter solchen Bedingungen (ganz *langsames* Auf- und Zudrehen ihres Argandbrenners) nur schwache Stromschwankungen oder häufig gar keine; ISHIHARA[7] (An- bzw. Abschwellen einer Glüh-lampe von 0,01—7,2 Normalkerzen während einer Minute) beobachtete dabei ein allmähliches geringes Ansteigen bzw. Absinken des Augenstroms. — Beide Untersuchungen wurden nun aber an isolierten Netzhäuten bzw. Augen angestellt, d. h. unter Beobachtungsbedingungen, die durch das allmähliche Absinken von Bestandstrom und sekundärer Erhebung kompliziert sind. Eine Wiederholung der Versuche am Auge in situ mit dem Saitengalvanometer zur Klärung der Frage ist bisher nicht erfolgt.

Die Frage nach der Wirkung *allmählicher* Belichtungs*änderungen* ist nahe verwandt mit der nach der Wirkung *sehr langer* Dauerbelichtungen. Bei letzteren ist an lebenden Tieren (Fröschen, Vögeln) ein stetiges und recht ausgiebiges Ansteigen des Stromes regelmäßig zu beobachten (vgl. S. 1405).

4. *Weber-Fechnersches Gesetz*: Die ersten Messungen über das quantitative Verhältnis zwischen Stromstärkē und Reizstärke stammen bereits von DEWAR und M'KENDRICK[8] und ergeben für ein Reizintervall 1:100, daß die Strom-stärken sicher nicht proportional den Lichtintensitäten zunehmen, sondern erheblich langsamer, ungefähr in der dem FECHNERschen Gesetz entsprechen-den logarithmischen Abhängigkeit. Dieser Befund ist oftmals bestätigt, von WALLER[9], von DE HAAS[10], von HARTLINE[11] und von CHAFFEE, BOVIE und

[1] KÜHNE, W., u. J. STEINER: Unters. Physiol. Inst. Heidelberg 4, 81—82 (1881).
[2] HIMSTEDT, F., u. W. A. NAGEL: Vgl. Nagels Handb. 3, 103—104 (1904).
[3] EINTHOVEN, W., u. W. A. JOLLY: Quart. J. exper. Physiol. 1, H. 4, Kap. 4 (1909).
[4] CHAFFEE, BOVIE u. HAMPSON: Zitiert auf S. 1437 (Fußnote 3).
[5] SCHROEDER, H. (unter A. KOHLRAUSCH): Z. Sinnesphysiol. 57, 214 (1926).
[6] KÜHNE, W., u. J. STEINER: Unters. Physiol. Inst. Heidelberg 3, 375—376 (1880).
[7] ISHIHARA, M.: Pflügers Arch. 114, 605—606 (1906).
[8] DEWAR, J., u. J. GR. M'KENDRICK: Zitiert auf S. 1411 (Fußnote 3).
[9] WALLER, A. D.: Kennzeichen des Lebens, S. 47—50. 1905.
[10] DE HAAS, H. K.: Zitiert auf S. 1399 (Fußnote 8).
[11] HARTLINE, H. K.: Zitiert auf S. 1411 (Fußnote 2).

HAMPSON[1] am Frosch, von FRÖHLICH[2] an Cephalopoden, von HARTLINE[3] an Insekten. Besonders sorgfältige und über ein sehr weites Reizintervall (1:10[7]) ausgedehnte Messungen hat als erster DE HAAS am isolierten Froschauge angestellt. Danach gilt die logarithmische Abhängigkeit erst in einem Gebiet höherer Lichtstärken, entsprechend einem Belichtungspotential von etwa 0,6 Millivolt an aufwärts, während von der Schwelle bis dahin die Stromstärken *noch* wesentlich langsamer ansteigen (Abb. 472). Dieser Befund wurde von HARTLINE an Fröschen und Insekten bestätigt, und an Fröschen auch die obere Gültigkeitsgrenze zahlenmäßig festgestellt.

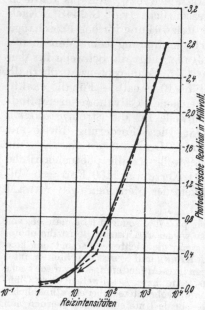

Abb. 472. Die Abhängigkeit der photoelektrischen Reaktion von der Intensität des Lichtreizes.
(Nach DE HAAS: Inaug.-Dissert. Leiden. Fig. 5.)

Bemerkenswerterweise entspricht das nun durchaus den Messungen von KÖNIG und BRODHUN[4], wonach die menschliche Unterschiedsempfindlichkeit für Helligkeiten auch erst bei höheren Lichtintensitäten dem WEBERschen Gesetz folgt, und dieses Optimum nur etwa während zweier Zehnerpotenzen hat. Wünschenswert wäre daher vor allem die Kenntnis der Lichtintensitätsbereiche, in denen beide Gesetze für Mensch und Tier Gültigkeit haben. Aus HARTLINES Zahlenangaben und Kurven läßt sich das ohne weiteres mit ziemlicher Genauigkeit entnehmen oder berechnen. Danach gilt die logarithmische Abhängigkeit beim Frosch im Beleuchtungsbereich zwischen etwa 240 und 24000 Lux, für die Insekten von etwa 200 bis über 85000 Lux hinaus. DE HAAS gibt seine Lichtenergien nur in relativem Maß an, aber unter Zuhilfenahme der Berechnungen von EINTHOVEN und JOLLY[5] und anderer Messungen von KÖNIG und SCHROEDER[6] kann man auf dem Umwege über die Schwellenwerte auch hier wenigstens zu einer angenäherten Schätzung der Größenordnung kommen; folgendermaßen:

DE HAAS und EINTHOVEN-JOLLY hatten bei den in Rede stehenden Messungen ungefähr gleiche Galvanometerempfindlichkeit; bei DE HAAS ist 1 mm Galvanometerausschlag

---

[1] CHAFFEE, BOVIE u. HAMPSON: Zitiert auf S. 1437 (Fußnote 3). — Mit ihrer empfindlichen Verstärkereinrichtung haben die Verfasser das Gesetz überhaupt nur in dem Intervall minimaler Beleuchtungsintensitäten von der absoluten Schwelle (6 Millionstel Lux) bis zu 8000 Millionstel Lux geprüft. Sie finden im Bereich zwischen Schwelle und 700 Millionstel Lux die Reaktion ungefähr proportional der Quadratwurzel aus der Beleuchtungsintensität; in der nächsten Zehnerpotenz der Beleuchtung soll dann die logarithmische Abhängigkeit gelten. Bei Ausdehnung der Versuche auf sehr viel höhere Intensitäten würde sich vermutlich ergeben haben, daß dieser Befund der Gültigkeit durch ein zu kurzes Kurvenstück vorgetäuscht war, und die *ganzen* Messungen in einem Beleuchtungsbereich lagen, in dem das Gesetz *noch nicht gilt*.
[2] FRÖHLICH, F. W.: Z. Sinnesphysiol. 48, 118—120 (1913).
[3] HARTLINE, H. K.: Zitiert auf S. 1444 (Fußnote 6).
[4] KÖNIG, A., u. E. BRODHUN: Sitzgsber. Akad. Wiss. Berlin 27 VI, 641—644 (1889). — Bzw. A. KÖNIG: Gesammelte Abhandlungen, S. 138.
[5] EINTHOVEN, W., u. W. A. JOLLY: Zitiert auf S. 1445 (Fußnote 3).
[6] Das zugrunde liegende Zahlenmaterial s. bei A. KOHLRAUSCH u. E. SACHS: Tabul. biolog. 4, 520—522, 525, 532—533 (1927).

$= 3.3 \cdot 10^{-10}$ Amp., bei EINTHOVEN-JOLLY (im Versuch ihrer Abb. 23) $= 1.3 \cdot 10^{-10}$ Amp. Die untere Lichtintensitätsgrenze für das FECHNERsche Gesetz beim Frosch liegt, nach zwei hier nicht reproduzierten Kurven von DE HAAS, etwa $5\frac{1}{2}$ Zehnerpotenzen oberhalb der absoluten Reizschwelle des Froschaugenstroms (die von ihm noch eben nachweisbare Aktionsstromproduktion beträgt 4—8 Mikrovolt). Diese absolute Reizschwelle bei DE HAAS entspricht sehr nahe der von EINTHOVEN-JOLLY aus ihrem Versuch Abb. 23) errechneten; sie ist bei DE HAAS (nach seiner Tab. 23) $= \frac{1}{80}$, bei EINTHOVEN-JOLLY (nach ihrer Abb. 23) $= \frac{1}{100}$ der für 62 Mikrovolt erforderlichen Lichtenergie. (Letztere — hier nicht zu umgehende — Bezugnahme auf ein absolutes überschwelliges Aktionsstrompotential bedingt selbstverständlich eine erhebliche Unsicherheit, so daß das Ganze nur als rohe Annäherung betrachtet werden darf.) Diese absolute Schwellenenergie beträgt nun nach der Berechnung von EINTHOVEN-JOLLY etwa $2 \cdot 10^{-13}$ cal und liegt etwa $4\frac{1}{2}$ Zehnerpotenzen oberhalb der absoluten Lichtschwelle des Menschen (vgl. S. 1445).

Danach würde die untere Intensitätsgrenze für die Gültigkeit des FECHNERschen Gesetzes beim Frosch etwa *10 Zehnerpotenzen* über der absoluten Schwelle des Menschen liegen. Die untere Intensitätsgrenze für die Gültigkeit des WEBERschen Gesetzes am Menschen liegt aber bei KÖNIG ungefähr *9 Zehnerpotenzen* oberhalb seiner absoluten Schwelle für Helligkeiten.

Die Messungen und diese Rechnung führen bei Tier und Mensch sehr annähernd zu demselben Beleuchtungsbereich für die Gültigkeit des WEBERschen bzw. FECHNERschen Gesetzes: Frosch nach HARTLINE 240—24000 Lux (die Schätzung nach DE HAAS führt für die untere Grenze eine Potenz höher); Insekten nach HARTLINE etwa 200—85000; Mensch nach KÖNIG etwa 200 bis 20000 Lux. — Beim Menschen entspricht diese Lichtintensität der für die optimale Sehschärfe erforderlichen, der sog. „klarsten Beleuchtung" nach HELMHOLTZ; sie liegt im Bereich des guten Tageslichts von etwa 200 Lux (auf Weiß) an aufwärts bis zum allerersten Beginn der Blendung des helladaptierten Auges bei etwa 20000 Lux.

In diesem Beleuchtungsbereich gilt nun die nahezu logarithmische Abhängigkeit der Aktionsstromstärke von der Lichtintensität *auch* für die *einzelnen Belichtungsphasen* des Elektroretinogramms. BROSSA und KOHLRAUSCH[1] konnten das FECHNERsche Gesetz bei ihren Versuchen über die Abhängigkeit der Stromform von der Reizstärke (s. S. 1443) sowohl für die positive Eintrittsschwankung wie für die sekundäre Erhebung feststellen.

Bei Messung der Energie des Reizes und des Netzhautstromes in absolutem Maß (cal) fanden EINTHOVEN und JOLLY[2], daß, ähnlich wie bei den Muskel- und Nervenaktionsströmen, die nach außen zum Galvanometer ableitbare Stromenergie stets kleiner ist als die Reizenergie; am Auge, selbst unter den günstigsten Bedingungen, noch 30 mal kleiner.

Mit den vorstehend angeführten Tatsachen über das FECHNERsche Gesetz soll nun nicht etwa ein Urteil darüber abgegeben werden, ob die quantitative Beziehung zwischen Reiz und Netzhautstrom einer logarithmischen oder einer Exponential[3]- oder vielleicht einer noch anderen Funktion besser entspricht. *Als wesentlich ist jedoch hervorzuheben*, daß diese bekannte — für die Sinnesempfindungen, die Muskelkontraktion, die Reizvorgänge bei Pflanzen geltende — Gesetzmäßigkeit, die man vielleicht am besten mit PAULI[4] etwas allgemeiner als „Relativitätssatz" bezeichnen könnte, auch bei dem objektiven Vorgang der Augenströme nachweisbar ist. Vor allem wichtig ist, daß diese „Relativität"

---

[1] In der auf S. 1444 (Fußnote 1) zitierten Arbeit von BROSSA und KOHLRAUSCH ist dieser Befund nicht mitgeteilt.

[2] EINTHOVEN, W., u. W. A. JOLLY: Zitiert auf S. 1445 (Fußnote 3), Kap. 5 der Arbeit.

[3] PÜTTER, A.: Pflügers Arch. **171**, 201 (1918). — WALTER, H.: Naturwiss. **12**, 25 (1924).

[4] PAULI, R.: Über psychische Gesetzmäßigkeit. Jena: G. Fischer 1920.

bereits in der *Netzhaut* auftritt und nicht erst, wie man früher wohl vermutet hat, im Zentralnervensystem.

Ebenso ist bei den anderen Gesetzmäßigkeiten — Reizmengen- und Talbotgesetz —, abgesehen von ihrem allgemeinen Vorkommen bei trägen Systemen, besonders bemerkenswert, daß sie in der gleichen Weise in der peripheren Netzhaut der Tiere wie an den Wahrnehmungen des Menschen, und anscheinend auch an seinen Netzhautströmen (s. später S. 1461 f. u. 1464) nachweisbar, also offenbar durch Eigenschaften der Netzhaut (vermutlich der photochemischen Prozesse) bedingt sind. Daraus kann auf eine *lineare Abhängigkeit zwischen Netzhaut und Gehirn* geschlossen werden, die auch in den besonderen Leitungseigentümlichkeiten des Opticus eine Stütze findet (vgl. S. 1473 ff.). Über die Bedeutung dieser Tatsache wird im theoretischen Teil noch zu sprechen sein (vgl. S. 1487).

7. Einfluß der Wellenlänge auf den Belichtungsstrom.

a) Quantitativer Einfluß: Purkinjesches Phänomen.

Die älteren Untersucher haben bereits gesehen, daß die für den Menschen sichtbaren Strahlen auch photoelektrisch wirksam sind[1], und daß die für uns *helleren* Lichter mittlerer Wellenlänge ebenfalls *stärkere* Belichtungsströme hervorrufen, als die lang- und kurzwelligen Lichter (Holmgren[2], Dewar und M'Kendrik[3], Waller[4] am Frosch; Chatin[5] an Insekten, Crustaceen und Mollusken). Über diese erste orientierende Feststellung kann man jedoch nicht hinaus, solange Filterlichter in der damals geübten primitiven Weise miteinander verglichen wurden.

In ihrer ganzen Tragweite erkannten erst Himstedt und Nagel[6] die quantitativen Beziehungen zwischen Wellenlänge und photoelektrischer Wirkung dadurch, daß sie die Augen bei *verschiedenem Adaptationszustand* mit bestimmt *definierten Spektrallichtern* untersuchten.

Zur Reizung benutzten sie die Lichter eines Gaslicht-Dispersionsspektrums in dem Intensitätsverhältnis, das diese bei einer bestimmten konstant gehaltenen Spaltbreite in dem Spektrum besaßen. Die enukleierten Augen von vorher dem hellen Tageslicht ausgesetzten Fröschen wurden mit intensivem Spektrum untersucht, die von gut dunkeladaptierten Fröschen mit lichtschwachem Spektrum. Sie ließen jede Wellenlänge 10 Sekunden lang einwirken und beobachteten den Belichtungsausschlag an einem Drehspulengalvanometer. Zwischen je zwei Reizungen lagen 2 Minuten Pause. Um den Einfluß der Ermüdung des Präparats auszuschließen, wurde das Spektrum zweimal in entgegengesetzter Richtung durchlaufen und aus den zwei für jede Wellenlänge gewonnenen Ablesungen der Mittelwert gebildet.

Für die von Himstedt und Nagel gefundene photoelektrische Reizwertverteilung des Hell- und Dunkelauges enthält Tabelle 10 je ein Beispiel. Die Wellenlängenwerte sind nach den Angaben der Originalarbeit berechnet[7]. Die eingeklammerten Werte unter „Galvanometerausschlag des Hellfrosches" sind zum Zweck der graphischen Darstellung aus den abgelesenen Galvanometerausschlägen durch Multiplikation mit einem konstanten Faktor auf gleiche

[1] Auch Ultraviolett-, Röntgen- und Radiumstrahlen sind infolge des, in Netzhaut und Augenmedien erregten Fluorescenzlichtes photoelektrisch wirksam [Himstedt, F., u. W. A. Nagel: Ber. naturf. Ges. Freiburg i. Br. **11**, 148—152 (1900) — Festschrift d. Univ. Freiburg, zitiert auf S. 1405 (Fußnote 2). — Waller: Kennzeichen des Lebens, S. 52.]
[2] Holmgren, F.: Unters. Physiol. Inst. Heidelberg **3**, 322 (1880).
[3] Dewar, J., u. J. Gr. M'Kendrick: Trans. roy. Soc. Edinburgh **27**, 154—155 (1876).
[4] Weller, A. D.: Kennzeichen des Lebens, S. 46. 1905.
[5] Chatin: C. r. Acad. Sci. Paris **90**, 41 (1880).
[6] Himstedt, F., u. W. A. Nagel: Ber. naturf. Ges. Freiburg i. Br. **11**, 153 (1900).
[7] Kohlrausch, A.: Tabul. biol. **1**, 294, 298 (1925).

Tabelle 10. Photoelektrische Reizverteilung im Spektrum.

Hellfrosch, starke Reize, Tabelle IV der Originalarbeit. Na = 20,1, Spaltweite 1,83 mm.		*Dunkelfrosch, schwache Reize,* Tabelle II der Originalarbeit. Na = 21,2, Spaltweite 0,23 mm.	
Spektraler Ort (und Wellenlänge) $\mu\mu$	Galvanometer-Ausschlag	Spektraler Ort (und Wellenlänge) $\mu\mu$	Galvanometer-Ausschlag
22 (660)	0,8 (4,5)	22 (617)	4,15
21 (620)	1,2 (6,8)	21 (584)	6,75
20 (586)	**1,4 (7,9)**	20 (560)	**7,90**
19 (562)	1,1 (6,2)	19 (539)	**7,80**
18 (541)	0,7 (3,95)	18 (522)	7,40
17 (524)	0,6 (3,4)	17 (506)	6,55
16 (507)	0,6 (3,4)	16 (492)	(6,60)
15 (494)	—	15 (478)	5,00
14 (480)	0,2 (1,1)	14 (467)	—
		13 (456)	3,30
		12 (448)	—
		11 (440)	(1,80)

Maxima für den Hell- und Dunkelfrosch umgerechnet. Die Abb. 473 gibt in der üblichen Weise die graphische Darstellung der Reizwerte als Funktion der Wellenlänge[1].

Für das Hellauge liegt der Kurvengipfel über etwa 590 $\mu\mu$ (Gelb), für das Dunkelauge bei den verschiedenen Versuchen zwischen 540 und 550 $\mu\mu$. Dieses Ergebnis ist sehr bemerkenswert, denn es entspricht durchaus dem als „*Purkinjesches Phänomen*" bekannten *Unterschied in der spektralen Helligkeitsverteilung für das Menschenauge bei Tages- und Dämmersehen.*

Mit ähnlicher Methodik (Dispersionsspektrum des Nernstlichts, Drehspulen- bzw. Drehmagnetgalvanometer) untersuchte PIPER[2] die spektrale

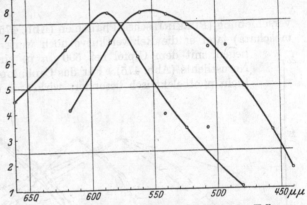

Abb. 473. Photoelektrische Reizwertverteilung für das Hellauge (Gipfel bei 590 $\mu\mu$) und das Dunkelauge (Gipfel bei 550 $\mu\mu$) in einem Dispersionsspektrum des Gaslichtes[1].
[Nach F. HIMSTEDT u. W. A. NAGEL: Ber. Naturf. Ges. Freiburg i. Br. 11, 161 (Tab. IV), 157 (Tab. II) (1900).]

Reizwertverteilung bei Warmblütern, Fröschen und Cephalopoden. Er fand an ausgesprochenen *Tagvögeln* das Reizwertmaximum bei ca. 600 $\mu\mu$, an *Nachtvögeln* bei 535 $\mu\mu$ (Abb. 474). Hunde, Katzen und Kaninchen gaben nur die Dämmerkurve (Gipfel bei 535 $\mu\mu$), gleichgültig, ob sie unter den Bedingungen des Tages- oder Dämmersehens untersucht wurden. Besonders hervorzuheben ist, daß die Kurven der Nachtvögel und Säugetiere nahe mit der *spektralen Absorptionskurve des Sehpurpurs* übereinstimmen (Abb. 474).

---

[1] Da es sich hier und bei den folgenden Abbildungen lediglich um den Vergleich verschiedener Augenzustände mit ein und demselben Spektrum handelt, ist es natürlich gleichgültig, ob der Zeichnung das betreffende Dispersionsspektrum (Abb. 474) oder ein Interferenzspektrum (Abb. 473, 475, 476) zugrunde gelegt wird. Das, worauf es hier allein ankommt, die Verschiebung der Kurven gegeneinander und die verschiedene Lage der Gipfel, bleibt unverändert; nur die Kurvenform wird etwas modifiziert, wie die Abb. 473—476 zeigen.

[2] PIPER, H.: Arch. Physiol. **1904**, 453; **1905**, Suppl.-Bd. 133.

An Fröschen bestätigte PIPER die von HIMSTEDT und NAGEL gefundene, den Bedingungen des Tages- und Dämmersehens entsprechende Reizwert-

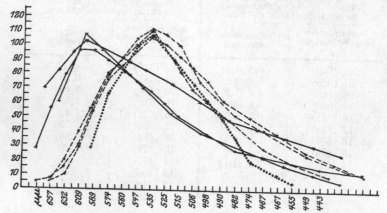

Abb. 474. Verteilung der photoelektrischen Reizwerte (Ordinaten) im Dispersionsspektrum des Nernstlichts (Abszisse), ———— für Tagvögel (Mäusebussard, Haushuhn, Taube), — — für Nachtvögel (Schleiereule, Waldkauz, Sumpfohreule), ... Kurve der Energieabsorption im Sehpurpur (nach den Messungen TRENDELENBURGS[1] konstruiert). (Nach H. PIPER: Arch. f. Physiol. 1905, Suppl.-Bd., 172, 173.)

verschiebung (PURKINJEsches Phänomen (Abb. 475). Bei Cephalopoden (Eledone moschata) fand er die Reizwertkurve noch weiter im kurzwelligen Spektralteil liegen, mit dem Gipfel bei 500 $\mu\mu$ in einem Dispersionsspektrum des Nernstlichts (Abb. 475). Für das Cephalopodenauge ist also *kurz*welliges Licht photoelektrisch besonders wirksam, was FRÖHLICH[2] bestätigte.

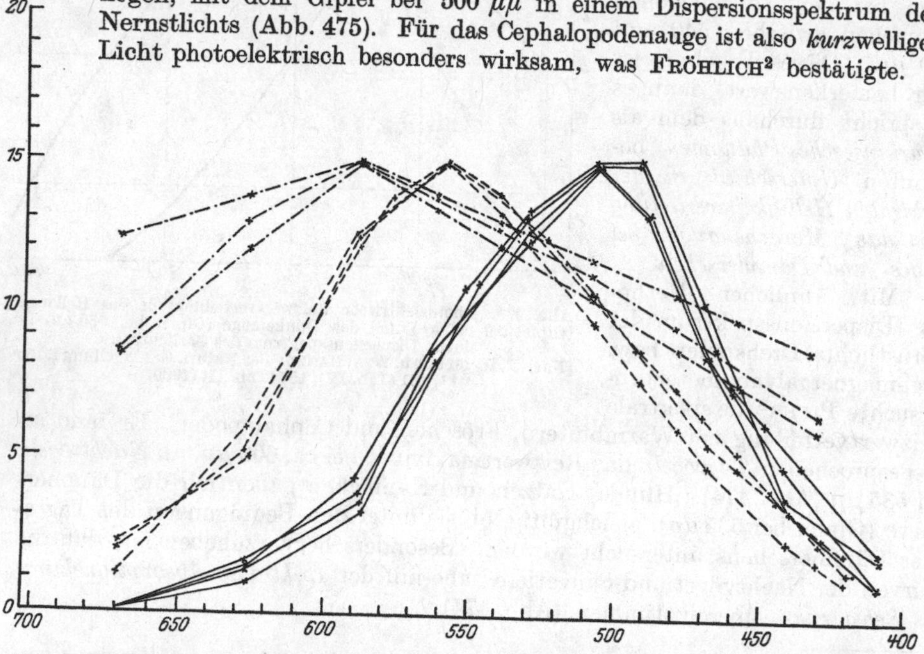

Abb. 475. Photoelektrische Reizwertverteilung im Nernst-Dispersionsspektrum für den Frosch bei Tagessehen ×——·—·—×, bei Dämmersehen ×— — — — —× und für Cephalopoden ×————×. (Aus H. PIPER, Arch. f. Physiol. 1904, 470.)

[1] TRENDELENBURG, W.: Z. Sinnesphysiol. **34**, 1 (1904).
[2] FRÖHLICH, F. W.: Z. Sinnesphysiol. **48**, 152ff. (1913).

PIPER bringt diese überwiegende Wirkung der kurzwelligen Strahlen auf einen Meeresbewohner mit dem bläulichen Licht in größeren Meerestiefen in Beziehung und sieht darin eine Anpassung an die Umweltbedingungen. Dieser ursprünglich von ENGELMANN[1] stammende Gedanke ist neuerdings von SCHRÖDINGER[2] und anderen auch auf das PURKINJEsche Phänomen, die Duplizitätstheorie und die phylogenetische Entwicklung des Tages- und Dämmersehens angewandt. Danach wäre das Tagessehen des Zapfenapparats eine Erwerbung des Luftlebens und die spektrale Verteilung der Tageshelligkeit stellte die optimale Ausnützung der terrestrischen Sonnenenergie dar, während die Helligkeitsverteilung des phylogenetisch älteren Dämmersehens der Energieverteilung im Meere annähernd entspräche.

Gegen die Beweiskraft der bisher genannten, mit trägen Galvanometern ausgeführten Untersuchungen über die photoelektrische Reizwertverteilung hat nun GARTEN[3] geltend gemacht, daß bei dem komplizierten Verlauf des Belichtungsstroms und unserer Unkenntnis über die Gleichwertigkeit der einzelnen Kurventeile die Größe des summierten Ausschlags träger Galvanometer kein einwandfreier Maßstab sei. — Dieses Bedenken ist durch die Versuche von BROSSA und KOHLRAUSCH[4] und von KOHLRAUSCH[5] behoben. BROSSA und KOHLRAUSCH reizten dunkeladaptierte curarisierte Frösche mit den homogenen Lichtern eines Nernst-

Dispersionsspektrums, registrierten die Belichtungsströme mit dem Saitengalvanometer und maßen *die einzelnen Kurvenphasen* aus. Das Ergebnis war (Abb. 476), daß die Maxima der positiven Eintrittsschwankungen und der sekundären Erhebungen sowie die Minima der Latenzen über *der gleichen* Wellenlänge liegen, und zwar unter den Bedingungen des Dämmersehens zwischen 535 bis 546 $\mu\mu$. Außerdem verschieben sich die beiden Gipfel der positiven Eintrittsschwankungen und der sekundären Erhebungen *gemeinsam*, denn in einigen Versuchen lagen sie zusammen auf 535 $\mu\mu$, in anderen auf 546 $\mu\mu$.

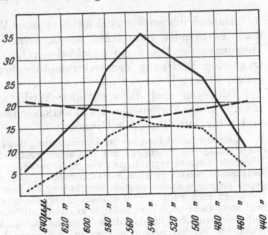

Abb. 476. Spektrale Reizwertverteilung für die – – – – Latenzen, die · · · · · positiven Eintrittsschwankungen und die —— sekundären Erhebungen. (Aus A. BROSSA und A. KOHLRAUSCH: Arch. f. Physiol. **1913**, 466.)

KOHLRAUSCH hat umgekehrt mit etwas anderer Methodik (drei Filterlichter, Saitengalvanometer und photographischer Registrierung der Elektroretinogramme) *photoelektrische Reizgleichungen* bei verschiedenen Tieren eingestellt, indem er *diejenige* Intensität der verschiedenen Lichter aufsuchte, bei der die *gleiche elektromotorische Kraft* der Belichtungsströme resultierte. Tabelle 11 gibt die relativen Reizwerte der Lichter an, das sind die Reziproken der gleich wirksamen Lichtintensitäten, als Mittelwerte aus den Zahlen für eine größere Anzahl von

[1] ENGELMANN, TH. W.: Farbe und Assimilation. Bot. Z. **1883**, Nr 1 u. 2.
[2] SCHRÖDINGER, E.: Naturwiss. **12**, 925 (1924). — VOGT, A.: Züricher Antrittsrede vom 1. Dez. 1923, S. 14ff (Zürich: Seldwyla Verlag). — HESS, C. v.: Erg. Physiol. **20**, 29, 47, 80—83, 103 (1922) — vgl. ferner dazu ds. Handb. **12 I**, 718ff., 726ff.
[3] GARTEN, S.: Zitiert auf S. 1417 (Fußnote 6), S. 230 der Abhandlung.
[4] BROSSA, A., u. A. KOHLRAUSCH: Arch. Physiol. **1913**, 449.
[5] KOHLRAUSCH, A.: Arch. f. Physiol. **1918**, 216ff.

Exemplaren jeder Tierart und umgerechnet für das benutzte Gelbgrün = 100. — Auch die mit diesem Gleichungsverfahren ermittelten Werte der Tabelle 11 zeigen wieder die dem PURKINJEschen Phänomen entsprechende Reizwertverschiebung: für Tagessehen und Tagtiere hat Rot hohen und Blau geringen Reizwert, für Dämmersehen und Dämmertiere umgekehrt. Die Verschiebung des Reizwertmaximums ist mit nur drei Lichtern natürlich nicht darstellbar.

Tabelle 11. Reizwerte verschiedener Lichter bei Tages- und Dämmersehen.

Tierart	Beleuchtungs-Bedingung	Verhältnis der Reizwerte von		
		Rot	Gelbgrün	Blau
Frosch . . . . {	Dämmersehen	16	100	50
	Tagessehen	60	100	33
Steinkauz . . . . . . {	Dämmersehen	12	100	45
	Tagessehen	70	100	30
Taube	Tagessehen	60	100	4
Huhn	Tagessehen	100	100	4
Kaninchen	Dunkeladaptation, aber ziemlich helle Lichter	5	100	45
Katze	,,	4	100	45
Hund	,,	3	100	50

Danach dürfen wir wohl mit GARTENS[1] Worten, indem wir ihren im Original noch zweifelnden Sinn fallen lassen, jetzt sagen, daß die „galvanometrischen Messungen der Reizwerte verschiedener Lichter am Tierauge als wertvolle Beiträge der Beziehung der elektromotorischen Vorgänge zur Lichtempfindung gelten können".

Hingegen sind die spektralen Wirksamkeitskurven von FRÖHLICH[2] *kein Beweis* für das Vorkommen des PURKINJEschen Phänomens bei den Cephalopoden; und zwar aus folgenden Gründen:

Durchwandert man bei der Untersuchung das Spektrum von einem zum anderen Ende, dann setzen die Reizungen mit den schon recht stark wirksamen Lichtern, die vor dem Wirksamkeitsmaximum liegen, die Erregbarkeit des Auges herab, so daß die folgenden Reaktionen relativ zu klein ausfallen müssen; d. h. die Wirksamkeitskurve ist immer etwas gegen *dasjenige* Spektrumende verschoben, an dem mit der Untersuchung *begonnen* wird. Das stellt auch FRÖHLICH[3] fest, denn er sagt ausdrücklich: „Das Maximum der Wirksamkeit liegt stets mehr nach dem Rotende zu, wenn mit der Prüfung am Rotende begonnen wird." Selbstverständlich gilt aber diese Tatsache nicht nur für den Beginn am *Rotende* und das *Maximum*, sondern ebensogut für den Beginn am *Violettende* und die *ganze Kurve*, wie aus den Tabellen I und II der Originalarbeit von HIMSTEDT und NAGEL[4] hervorgeht. In diesen Tabellen ist jeweils die obere Beobachtungsreihe von links nach rechts, die untere umgekehrt zu lesen, und mit wenigen Ausnahmen hat die obere Zahlenreihe auf der linken Seite und die untere auf der rechten die *höheren* Zahlenwerte; das bedeutet: die Kurve der oberen, zuerst und vom Rotende aus gewonnenen Reizwertreihe ist gegen das langwellige, die der unteren gegen das kurzwellige Spektrumende hin verschoben.

Diese Erregbarkeits*änderung* des Auges während bzw. infolge der Messungen ist ein bekannter Versuchsfehler solcher längerdauernder Reihenuntersuchungen im Spektrum, gleichgültig, ob sie nun subjektive oder objektive Vorgänge messen. Und zwar ein Fehler deshalb, weil die Kurve der spektralen Reizwertverteilung ja einen *bestimmten Erregbarkeitszustand* des Auges charakterisieren soll; daher darf sich dieser Zustand während der Messungen selbst natürlich nicht ändern bzw. die unvermeidlichen Änderungen müssen so gut wie möglich durch die Anordnung der Versuche ausgeglichen werden. — Dieser Fehler ist bei HIMSTEDT und NAGEL nur klein wegen der absichtlich niedrig gehaltenen Intensität ihres Spektrums, aber er wird um so größer, je intensiver das Spektrum ist. Einigermaßen ausgleichen läßt er sich auf verschiedene Weise, z. B. dadurch, daß das Spektrum zweimal

[1] GARTEN, S.: Zitiert auf S. 1451.
[2] FRÖHLICH, F. W.: Z. Sinnesphysiol. **48**, 147—160 (1913).
[3] FRÖHLICH, F. W.: Z. Sinnesphysiol. **48**, 148 (1913).
[4] HIMSTEDT, F., u. W. A. NAGEL: S. 157 der Arbeit. Zitiert auf S. 1448 (Fußnote 6).

nacheinander in entgegengesetzter Richtung durchlaufen und das Mittel aus je zwei zusammengehörigen Werten genommen wird (HIMSTEDT und NAGEL, BROSSA und KOHLRAUSCH).
FRÖHLICH[1] arbeitet nun zum Teil mit einem sehr intensiven Interferenzspektrum,
aber er gleicht den in Rede stehenden Fehler nicht aus, sondern sieht in ihm gerade das
Purkinjesche Phänomen; so z. B. im Versuch seiner Tabelle 26 mit Abb. 34 (S. 151 und 152):
Beginn der ersten Versuchsreihe am Violettende mit zugehöriger Violettverschiebung, der
zweiten am Rotende mit Rotverschiebung der Kurve. FRÖHLICH deutet die Rotverschiebung
als PURKINJEsches Phänomen infolge Ermüdung durch die zweite Versuchsreihe. Daß diese
Erklärung unrichtig ist, lehrt der Vergleich mit den auf S. 1452 zitierten zwei Tabellen von
HIMSTEDT und NAGEL bei Versuchsbeginn am Rotende, aus deren Blauverschiebung man
ganz entsprechend auf ein *umgekehrtes* PURKINJEsches Phänomen als Folge von Ermüdung
schließen müßte. — Die übrigen Ergebnisse FRÖHLICHS kommen in ähnlicher Weise zustande:
im Versuch der Tabelle 25 (S. 149) mit Beginn am Rotende wird besagter Fehler mit abnehmender Spektrumintensität immer kleiner, daher Blauwärtsverschiebung; im Versuch
der Tabelle 27 wird er immer größer, daher Rotwärtsverschiebung; im Versuch der Tabelle 28
kommt ein anderer Fehler hinzu: das Auge erholt sich allmählich von der eingeschalteten
starken Dauerbelichtung, daher die Rotverschiebung, da diesmal am Violettende begonnen
wurde. — Wie obiger Vergleich mit HIMSTEDT und NAGEL (vgl. S. 1452) beweist, müssen alle
diese Versuche zu dem *gegenteiligen* Ergebnis führen, *wenn jeder am entgegengesetzten Spektrumende begonnen wird.*
FRÖHLICHS Kurven können daher nicht als Beweis für das Vorkommen des PURKINJEschen Phänomens bei Cephalopoden angesehen werden. Ob es diesen Tieren tatsächlich
vollständig fehlt, läßt sich aus der übrigen Literatur nicht mit absoluter Sicherheit entnehmen; doch sprechen die pupilloskopischen Untersuchungen von v. HESS[2] sehr stark
gegen sein Vorkommen bei Cephalopoden (vgl. auch später S. 1468—1471 über die *qualitative* Lichterwirkung bei Cephalopoden).

Zusammenfassung: Bei Vertretern verschiedener Wirbeltierklassen ist die,
dem *Purkinjeschen Phänomen* des Menschen entsprechende Abhängigkeit der
Reizwerte verschiedener Wellenlängen von Adaptationszustand und Reizintensität *an den Netzhautströmen,* und zwar auch für die *einzelnen Stromphasen*
sicher nachgewiesen; ein Beweis, daß die das *Purkinjesche Phänomen der Gesichtsempfindungen* bedingenden objektiven Prozesse *bereits in der Netzhaut* ihren
Sitz haben.
Bei FRÖHLICHS Untersuchungen an Cephalopoden ist das gleiche Ergebnis
nur scheinbar als Folge mehrerer Versuchsfehler zustande gekommen. FRÖHLICHS
Versuche sind daher *kein Beweis* für das Vorkommen des PURKINJEschen Phänomens bei Cephalopoden. Die pupilloskopischen Untersuchungen von v. HESS
sprechen *sehr stark gegen* das Vorkommen des PURKINJE-Phänomens bei Cephalopoden.

b) Qualitativer Einfluß auf die Stromform: spezifische „Farbenempfindlichkeit".

Der Gedanke, mit Hilfe der Augenströme zu untersuchen, ob die qualitativ
verschiedene, subjektiv farbenerzeugende Wirkung der Strahlungen sich auch
an der Netzhaut objektiv nachweisen lasse, stammt bereits von HOLMGREN[3],
dem Entdecker des Belichtungsstroms (1865). Aber erst über 30 Jahre später
wurden die ersten Versuche in dieser Richtung angestellt.
Unter dem Eindruck der HERINGschen Farbenlehre haben zuerst WALLER[4] und nach
ihm DE HAAS[5] versucht, am Frosch die antagonistische Wirkung der Gegenfarben nachzuweisen; aber ohne jeden Erfolg. Sie fanden, daß bei allen Farben die Aktionsstromrichtung
die gleiche ist, und daß das mit *einer* Farbe übermäßig gereizte Auge auch für die Gegenfarbe wie für alle anderen Farben quantitativ genau die gleiche „Ermüdung", d. h.
Abschwächung der photoelektrischen Wirkung zeigt. In jüngster Zeit griffen KAHN und

---

[1] FRÖHLICH, F. W.: Z. Sinnesphysiol. 48, 150—151 (1913).
[2] HESS, C. v.: Messende Untersuchungen zur vergleichenden Physiologie des Pupillenspiels. Arch. f. Ophthalm. 90 (1915).
[3] HOLMGREN, F.: Unters. Physiol. Inst. Univ. Heidelberg 3, 326 (1880).
[4] WALLER, A. D.: Kennzeichen des Lebens, S. 45—46. 1905.
[5] DE HAAS, H. K.: Zitiert auf S. 1399 (Fußnote 8), Kapitel 5 der Arbeit.

LÖWENSTEIN[1] diese offenbar aussichtslose Fragestellung nach der farbigen Umstimmung noch einmal am Kaninchen auf, wieder mit negativem Ergebnis.

Eine Arbeit mit ganz sonderbarer Methodik haben SHEARD und MCPEEK[2] in neuerer Zeit über den Farbenantagonismus veröffentlicht. Versuchsobjekt: *exstirpierte* Augen junger Hunde, Beobachtungs*beginn* gewöhnlich eine Stunde, jedoch nicht über zwei Stunden *nach der Enukleation* (!), Versuchsdauer etwa $^3/_4$—1 Stunde; Lichter: Gitterspektrum einer mit Quarzoptik auf den Spalt fokussierten Wechselstrom-Bogenlampe; mäßig empfindliches Thomsongalvanometer (1 Skalenmillimeter = 0,16 MV), aber mit ausgiebigen periodischen Nullpunktschwankungen (!), entsprechend einer Amplitude von etwa 1—3 MV bei 4 bis 6 Schwingungen pro Minute; Dauerbelichtung des Auges: 4—5 Minuten (!) lang bei gleichlangen Pausen mit wechselnden Spektrallichtern. — SHEARD und MCPEEK fanden in der Hauptsache, daß der Strom während der Dauerbelichtungen mit Rot oder Gelb ganz allmählich in der normalen Bestandstromrichtung ansteigt, und bei Grün oder Blau ebenso allmählich abfällt. Aus Richtung und Stärke dieser Stromänderungen ziehen sie weitgehende theoretische Schlüsse. — Zu dem Ergebnis ist zu bemerken: 1. die Amplitude der unregelmäßigen periodischen Nullpunktschwankungen ihres Thomsongalvanometers beträgt rund 100% (!) der beobachteten Stromänderungen, infolgedessen unterliegt die *quantitative* Auswertung der Galvanometerbewegungen einer zahlenmäßig entsprechenden Unsicherheit; 2. die Verfasser bezeichnen zwar die Augen als frisch und erklären Absterbeerscheinungen für ausgeschlossen, aber nach allem, was wir von der Überlebensdauer der Säugetieraugen wissen (vgl. S. 1417ff. und 1425, 1482), ist zu vermuten, daß diese Hundeaugen zur Zeit der Versuche (1—3 Stunden nach der Enukleation) tot und reaktionslos waren. Dementsprechend sieht man in den Kurven auch nirgends etwas von einem Belichtungsstrom; 3. über etwaige Kontrollversuche, ob die beobachteten allmählichen Stromänderungen nicht auch von den minutenlang intensiv bestrahlten *Elektroden* — allein oder im Kontakt mit totem tierischen Material — gegeben werden, berichten die Autoren nichts. Dieser Versuchsfehler liegt jedoch durchaus im Bereich der Möglichkeit, denn WESTERLUND[3] registrierte bei Belichtung des Systems Ringer-Gelatine-Ton mit intensivem grünen Spektrallicht einen deutlichen Belichtungsstrom in der von SHEARD und MCPEEK für Grün gefundenen „negativen" Richtung. — Solange die Versuche nicht an *lebenden* Tieren bestätigt sind, muß demnach wohl stark bezweifelt werden, ob es sich bei den von SHEARD und MCPEEK gesehenen Stromänderungen überhaupt um eine Reaktion des überlebenden Auges gehandelt hat.

An den Belichtungsströmen des Frosches fanden EINTHOVEN und JOLLY[4] bei Reizung schon mit ein und derselben Farbe sehr verschiedene Kurvenformen je nach Adaptationszustand, Reizintensität oder Belichtungsdauer; sie betonen jedoch, daß ihre Vermutung, sie würden Kurvenunterschiede bei Reizung mit Licht *verschiedener* Wellenlänge finden, durch die Versuche nicht bestätigt wurde. — Die von GOTCH[5] mitgeteilten Kurvenunterschiede sind durch die *quantitativ* verschiedene Wirkung spektraler Lichter bedingt. GOTCH benutzte ein auf konstanter Gesamtintensität gehaltenes Gitterspektrum des Bogenlichts zur Reizung. In Übereinstimmung mit den im vorigen Abschnitt 7a mitgeteilten Ergebnissen fand er bei Grün stärkere Belichtungspotentiale als bei Rot, Gelb, Blaugrün und Violett und infolgedessen bei Grün auch die kürzesten Latenzen und steilsten Stromanstiege (vgl. S. 1442, 1451). Versuche mit Intensitäts*veränderung* der einzelnen Spektrallichter hat er nicht angestellt.

Diese teils ergebnislosen, teils zweifelhaften Untersuchungen lehren einmal, daß offenbar die *farbige Umstimmung* sich in den Netzhautströmen nicht aus
zuprägen scheint; und ferner, daß hier wie auch sonst (z. B. bei Tierdressuren[6]) ein *qualitativer* Wirkungsunterschied der Reize nur nachweisbar sein kann, wenn man ihre verschiedene *Intensität* in Rechnung zieht. Die Wirkung der unter-

---

[1] KAHN, R. H., u. A. LÖWENSTEIN: Graefes Arch. **114**, 324—325 (Fußnote 1) (1924).

[2] SHEARD, C., u. C. MCPEEK: Amer. J. Physiol. **48**, 45 (1919).

[3] WESTERLUND, A.: Skand. Arch. Physiol. (Berl. u. Lpz.) **27**, 249 (1912). — Eine Literaturzusammenstellung über die „antagonistische" Wirkung von lang- und kurzwelligen Spektrallichtern auf verschiedene physikalisch-chemische und biologische Vorgänge findet sich bei G. RABEL: Z. Photogr. **19**, 69 (1919).

[4] EINTHOVEN, W., u. W. A. JOLLY: Zitiert auf S. 1445 (Fußnote 3).

[5] GOTCH, F.: J. of Physiol. **31**, 16—29 (1904).

[6] HIMSTEDT, F., u. W. A. NAGEL: Festschrift d. Univ. Freiburg. S. 270ff. der Arbeit. Zitiert auf S. 1405 (Fußnote 2). — Ein neueres Beispiel dafür, wie Tierdressuren auf *Farben* *fehlerhaft* angestellt werden können, ist die Arbeit von GREGG, JAMISON, WILKIE und RADINSKY [J. comp. Psychol. **9**, 379—395 (1929)], bei deren Versuchsanordnung ein sekundäres Kriterium, die *Aufeinanderfolge* der dargebotenen Reize derart dominiert, daß daneben die Hauptsache, die *Reizfarbe* gar keinen Dressurwert besitzt.

schiedlichen Reiz*stärke* auf das Elektroretinogramm (s. S. 1442f., 1449ff.) muß experimentell ausgeschaltet werden.

Die *Qualität* der Lichterwirkung ließ sich infolgedessen an den Netzhautströmen erst entdecken, als die Untersuchungen nach dem bekannten Prinzip der *Farbengleichungen* durchgeführt wurden: partielle Farbenblindheit ist beim Menschen dann nachgewiesen, wenn für ihn zwei Lichter, die dem Normalen qualitativ, d. h. nach Farbe, spezifisch verschieden aussehen, einander völlig gleichgemacht werden können durch Ausgleichen der subjektiven Helligkeit; totale Farbenblindheit besteht, wenn eine solche „Verwechslungsgleichung" zwischen je zwei beliebigen Farben möglich ist. Entsprechend diesen Farbenblindheitsprüfungen am Menschen lautet hier die Frage: lassen sich durch Intensitätsänderung verschiedenfarbiger Lichter *identische* Netzhautströme erzielen oder bleiben immer *Unterschiede* irgendwelcher Art bestehen?

Mit dieser Fragestellung fanden BROSSA und KOHLRAUSCH[1] die spezifische „Farbenempfindlichkeit" der Netzhautströme. Zunächst konnten sie mit Spektrallichtern am Frosch nachweisen, daß sich *durch Intensitätsvariierung der verschiedenen homogenen Lichter keine „Aktionsstromgleichung" einstellen läßt, sondern daß immer typische Formunterschiede des Elektroretinogramms bestehen bleiben, die eine qualitativ verschiedene Wirkung der einzelnen Spektral-„Farben" erkennen lassen, und zwar bereits in der Netzhaut.* Diese typischen Formdifferenzen sind in ziemlich weiten Grenzen von der Lichtintensität unabhängig, werden vom einen zum anderen Spektrumende mit der Wellenlänge stetig größer, fallen also zwischen Rot und Violett am stärksten aus und bestehen hauptsächlich in folgendem: mit abnehmender Wellenlänge werden die negativen Phasen (negativer Vorschlag und Senkung) immer tiefer und die sekundäre Erhebung stetig höher. Wird eine beliebige Kurvenphase für lang- und kurzwellige Lichter durch Intensitätsvariierung gleichgemacht, so haben die übrigen Phasen verschiedene Größe und Form, so daß eine vollständige Gleichheit beim Frosch unmöglich ist.

Bei Ausdehnung der Versuche auf ausgesprochene Dämmer- und Tagtiere fanden BROSSA und KOHLRAUSCH[2]: an dunkeladaptierten, schwach gereizten

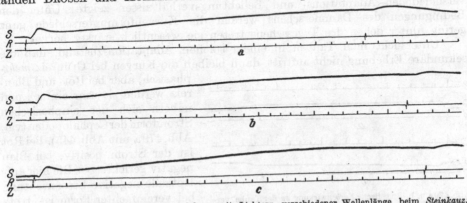

Abb. 477. Angenäherte Aktionsstrom*gleichung* mit Lichtern verschiedener Wellenlänge beim *Steinkauz;* Dämmersehen, Reize in ihrem Intensitäts*verhältnis* so abgestuft, daß möglichst gleiche EMK resultiert. *a* = Rot, *b* = Gelbgrün, *c* = Blau. *S* = Salte, *R* = Reiz, *Z* = Zeit in ¹/₅ Sekunde.
(Aus KOHLRAUSCH u. BROSSA: Arch. f. Physiol. 1914, 427, Abb. 2.)

Eulen sind diese Farbenunterschiede der Kurven *ganz minimal,* vielleicht eben noch nachweisbar, an helladaptierten *Tauben* dagegen außerordentlich stark

---

[1] BROSSA, A., u. A. KOHLRAUSCH: Arch. f. Physiol. **1913**, 474—492.
[2] KOHLRAUSCH, A., u. A. BROSSA: Arch. f. Physiol. **1914**, 421.

ausgebildet (Abb. 477, 478). — Bei Tauben kann von einem Ausgleich der Wirkungen gar keine Rede mehr sein, denn die — schon beim Frosch beobachteten — Verstärkungen der negativen Phasen sind hier mit abnehmender Wellenlänge so bedeutend, daß sie das ganze Kurvenbild beherrschen, und ihm bei Reizung mit Rot und Blau entgegengesetztes Vorzeichen geben. Die Strom*richtung*

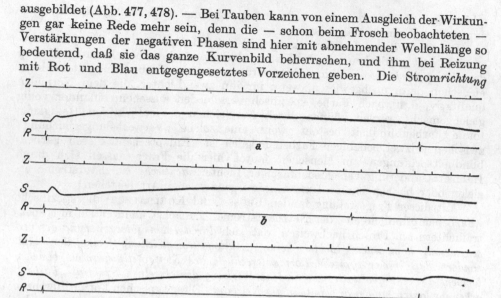

Abb. 478. Spezifische *Farben*wirkung bei der Taube; Tagessehen. Alle übrigen Bedingungen wie in Abb. 477.
(Aus Kohlrausch u. Brossa: Arch. f. Physiol. 1914, 429, Abb. 3.)

wird von der Reiz*intensität* nicht beeinflußt, denn schon von der unteren Nachweisbarkeitsgrenze an ist der Strom bei Rot positiv, bei Blau negativ gerichtet, und dieser Richtungs*gegensatz* bleibt bei beliebigen Intensitäten bestehen.

Weiter fand Kohlrausch[1]: Bei Katzen, Kaninchen, Hunden sind Kurvenunterschiede für verschiedene Lichter vorhanden, aber etwa wie bei Fröschen nur mäßig stark ausgesprochen; bei Hühnern sind sie hingegen sehr stark und, ähnlich wie bei Tauben, mit entgegengesetzter Stromrichtung für Rot und Blau. — Die Untersuchung ein und desselben Versuchstiers (Frösche, Steinkäuze) bei verschiedenen Adaptations- und Belichtungsverhältnissen zeigte: Unter den Bedingungen des Dämmersehens werden die Kurvenformunterschiede ganz gering, unter denen des Tagessehens treten sie wesentlich stärker hervor.

Untersucht man Tauben in einem solchen Adaptationszustand, daß die sekundäre Erhebung nicht auftritt, dann bleiben die Kurven bei Grünreiz mehr-

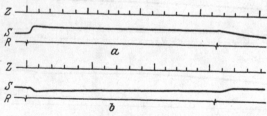

Abb. 479 a u. b. Spezifische *Farben*wirkung an der Taube, vereinfachte Stromform; a = Rot, b = Blau. Sonstige Bedingungen wie in Abb. 477 und 478.
(Aus Kohlrausch: Arch. f. Physiol. 1918, 224, Abb. 14.)

phasisch, aber bei Rot- und Blaureiz werden sie sehr einfach und nähern sich der einphasischen Stromform der Cephalopoden (vgl. Abb. 479 a mit Abb. 445). Bei Rot ist der Strom positiv, bei Blau negativ gerichtet. — Die hier auftretende negative Stromrichtung bei vereinfachter Form ist, trotz der äußerlichen Ähnlichkeit mit Kurven aus den Abb. 446—456, nicht etwa durch Absterben oder Schädigung der Tiere bedingt, sondern *allein* durch Licht-Wellenlänge und Adaptationszustand. Denn die Stromumkehr ist *allein* mit dem Wechsel der Wellenlänge reversibel: unmittelbar nacheinander bekommt man mit Blaureiz die

---

[1] Kohlrausch, A.: Arch. f. Physiol. **1918**, 195.

negative, mit Rotreiz die positive Stromform; und man braucht nur den Adaptationszustand zu ändern, um die einfachen nahezu einphasischen Kurven in die bekannten mehrphasischen mit sekundärer Erhebung und Verdunkelungsschwankung überzuführen. Die Ähnlichkeit der einfachen Tauben-Stromformen bei *Farbenreizung* mit denen anderer, *nicht* farbenempfindlicher Wirbeltiere nach *Schädigungen* ist sehr bemerkenswert (vgl. später S. 1483—1487).

Wird nun für eine Taube die Intensität des roten und blauen Lichts so ausprobiert, daß die entgegengerichteten Stromkurven ungefähr gleiche EMK haben, und wird dann in beliebigem Wechsel mit dem Blaulicht, dem Rotlicht und der Mischung beider gereizt, so bekommt man *bei der Mischung die mehrphasische Interferenzkurve aus den beiden angenähert einphasischen Kurven* (Abb. 480 und 481).

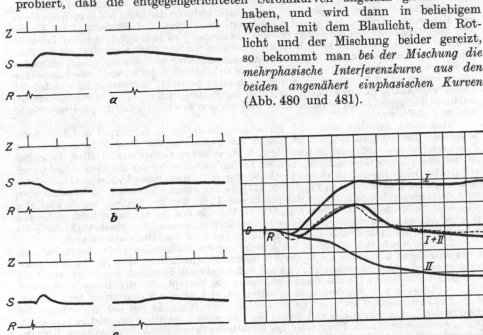

Abb. 480 a — c. *Lichtmischung* bei der Taube. *a* = Rot, *b* = Blau, *c* = Purpurmischung daraus. Nur die Belichtungs- und Verdunkelungsschwankungen sind wiedergegeben, das horizontale Mittelstück der Kurven ist weggelassen. Z, S, R wie vorher in Abb. 477. (Aus A. KOHLRAUSCH: Arch. f. Physiol. 1918, 226, Abb. 15.)

Abb. 481. Die *Mischungs*kurve entspricht der *Interferenz*kurve aus den Einzelkurven (Belichtungsschwankungen der Abb. 480). *O* = Bestandpotential, *R* = Reizmoment der drei registrierten Kurven. *I* = Rotbelichtung, *II* = Blaubelichtung, *I + II* (ausgezogen) = Purpurmischung daraus. *I + II* (punktiert) = konstruierte Interferenzkurve aus *I* und *II*. Die Konstruktion wurde mit den 4fach vergrößerten Originalkurven ausgeführt. (Aus A. KOHLRAUSCH: Arch. f. Physiol. 1918, 228, Abb. 16.)

Diese letzten Versuche sind dadurch besonders bemerkenswert, daß man bei Tauben, *allein* durch Änderung von *Reiz-Wellenlänge, Lichtzusammensetzung und Adaptationszustand* bei sonst ganz gleichen Bedingungen, *sehr einfache* (angenähert einphasische) und auch die gewöhnlichen *mehrphasischen* Stromkurven bekommen kann, und zwar *an demselben Tier in beliebigem unmittelbaren Wechsel.* — Der letzte Versuch zeigt, daß der Strom einer Lichtmischung sich aus den Strömen der Homogenlichter *addiert.*

Gegen die Beweiskraft dieser Versuche von BROSSA und KOHLRAUSCH zur Prüfung einer *qualitativen* Lichtwirkung durch Ausgleich der verschieden *intensiven* ist von FRÖHLICH[1] geltend gemacht, es ließe sich „nicht mit Bestimmtheit entscheiden, in welchem Umfang an diesen Resultaten die Wirkung einer diaskleralen Belichtung beteiligt war". (Gemeint ist das Resultat, daß bei verschiedenfarbiger Belichtung Aktionsstromunterschiede auftraten, die durch Änderung der Lichtintensität nicht auszugleichen waren.) FRÖHLICH sagt, bei der

---

[1] FRÖHLICH, F. W. u. Mitarbeiter: Z. Biol. **87**, 525 (1928) — Die Empfindungszeit, S. 216. Jena: G. Fischer 1929.

Mitwirkung diaskleralen Lichts sei mit einer einseitigen Absorption durch den Sehpurpur und den Blutfarbstoff zu rechnen, „die bei Verwendung verschiedenfarbigen Lichtes in verschiedener, nicht ausgleichbarer Weise wirken kann".

Dazu ist zu bemerken: 1. Die Versuche an Fröschen wurden teils am Spektralapparat mit kleinem Okularloch — also strenger Abblendung alles diaskleralen Lichts —, teils mit Lichtfiltern und Mattscheibe, also intensiver Mitbelichtung der Sklera ausgeführt. In beiden Fällen kamen die Kurvenunterschiede in der gleichen Weise zur Beobachtung; bedeutend kann demnach der Einfluß des diaskleralen Lichts zum mindesten bei Fröschen kaum sein.

2. Die *Intensität* des in der Schicht der Stäbchen und Zapfen wirkenden Lichtes läßt sich *unter allen Umständen ausgleichen.* Denn gleichgültig, ob das Licht auf dem Wege bis zu den Retinaelementen nur die direkt vorgelagerte Sehpurpur- und Blutschicht im *Fundus* oder auch noch diaskleral die *vordere* Schicht passiert, es wird ja lediglich in seiner *Intensität* geändert; z. B. ein rotes Licht in beiden Farbstoffen weniger stark absorbiert als ein gelbgrünes. Zum Ausgleich braucht man nur die Anfangsintensität des Rot entsprechend schwächer zu wählen als die des Grün. — *Berechnen* ließe sich natürlich der zu wählende Intensitätsunterschied nicht *vorher;* das wird ja aber auch nicht gemacht. Sondern es ist hier bei den Tieren, ganz analog dem bekannten Verfahren der Farbengleichungen am Menschen, einfach *empirisch* die Intensität der verschiedenen Wellenlängen so variiert, daß die photoelektrische Wirkung gleich war.

Daß dieser Ausgleich trotz aller vorherigen Absorption in Sehpurpur und Blut unter *bestimmten* Bedingungen möglich ist, zeigen die Tatsachen: der Mensch kann im *reinen* Dämmersehen die vollständige Gleichheit, z. B. zwischen Gelbgrün und Blau, herstellen einfach durch Intensitätsausgleich; etwa am Farbenkreisel, wobei das diasklerale Licht auch mitwirkt. Bei Eulen gelingt es entsprechend durch Intensitätsausgleich die *Aktionsstromkurven* nahezu gleichzumachen (vgl. Abb. 477). — Der etwaige Einwand, im Dämmersehen oder bei geringer Intensität habe das diasklerale Licht weniger Einfluß, würde unrichtig sein, weil die Menge des dia*skleralen* Lichts, unabhängig von der absoluten Intensität, nach den bekannten Absorptionsgesetzen, selbstverständlich immer den *gleichen Bruchteil* des dia*pupillaren* ausmachen, also auch ungefähr in gleichem Verhältnis stören muß.

3. Eines würde sich allerdings bei Mitwirkung des diaskleralen Lichts möglicherweise nicht ausgleichen lassen: die Größe der belichteten Netzhautfläche. Die Netzhautbildgröße steigert nun die Aktionsstromstärke und soll außerdem nach FRÖHLICH wegen der Ableitung von beiden Elektroden für das Zustandekommen von mehrphasischen Strömen maßgebend sein. — Überlegen wir, was danach zu erwarten wäre: 1. je *mehr* Sehpurpur im Auge (Nacht- und dunkeladaptierte Tiere), um so *stärker* sollte die Bildgröße mit der Wellenlänge des diaskleralen Lichts schwanken und damit die Kurvenform zwischen ein- und mehrphasisch (zu erwarten wären nach FRÖHLICH: bei dunkeladaptierten *Nacht*tieren *stärkere* Kurvenformunterschiede mit Farbreizen als bei *Tag*tieren[1]); 2. je *schwächer* die Absorption einer diaskleralen Wellenlänge im Blut und Sehpurpur, um so größer das Netzhautbild, um so komplizierter also die Kurve (zu erwarten wäre nach FRÖHLICH: Rotkurve komplizierter als Gelbgrünkurve). — Was beobachtet man bei den Versuchen tatsächlich? In beiden Fällen genau das Gegenteil!

Damit dürfte der Einwand von FRÖHLICH gegen die Beweiskraft der Qualitätenuntersuchungen von BROSSA und KOHLRAUSCH widerlegt und außerdem gezeigt sein, daß FRÖHLICHS Hypothese vom Entstehen der mehrphasischen Ströme auch auf dem Gebiet der spezifischen Lichterwirkung mit den Tatsachen in Widerspruch steht.

Zusammenfassung: Die „Farben*empfindlichkeit*" der Netzhautströme, d. h. die *qualitativ* verschiedene Wirkung der Wellenlängen, ist an der Kurven*form* nachweisbar: je *kurzwelliger* das Reizlicht, um so stärker die *negativen* Stromphasen.

Die Bedingungen, unter denen die Kurven *deutliche* bzw. *geringe* Formunterschiede zeigen, ähneln denen für Farben*unterscheidung* bzw. totale Farben*blindheit* beim normalen Menschen: die Stromform ist *besonders stark* bei *Tag*tieren verschieden, fast *gar nicht* bei dunkeladaptierten *Nacht*tieren.

Bei Lichtermischungen entsteht die „Misch"kurve durch Superposition der Einzelkurven.

---

[1] FRÖHLICH sagt in der Tat auf S. 216 seiner Monographie (zitiert S. 1457, Fußnote 1): „Dieselbe (die diasklerale Belichtung) muß sich besonders dann bemerkbar machen, wenn an dunkeladaptierten und an durchbluteten Augen gearbeitet wird und farbige Reizlichter angewendet werden."

8. Die Netzhautströme des Menschen.

Von den Wiederentdeckern des Belichtungsstroms, DEWAR und M'KEN-DRICK[1], stammen die ersten, weit in der Tierreihe ausgedehnten vergleichenden Untersuchungen, zugleich mit dem ersten kühnen Versuch, auch vom *Menschen* die Augenströme abzuleiten. DEWAR und M'KENDRICK bekamen tatsächlich, bei Ableitung von Cornea und einer Hand, Ablenkungen der Galvanometernadel auf Lichteinfall. Jedoch, die Ausschläge waren sehr gering und die Beobachtungen äußerst schwierig infolge der Störungen durch Augenbewegungen.

Seitdem mag manchen von denen, die sich um die Erkenntnis der Beziehungen zwischen Netzhautprozessen und Gesichtsempfindungen mühen, das Ziel vorgeschwebt haben, *beides nebeneinander am Menschen zu studieren*; aber — die geeignete Technik!

Anläufe und Vorversuche sind mehr unternommen, als in der Literatur zu finden. So weiß ich durch persönliche Erzählung von H. PIPER, daß er mit einem kupfernen Helm und einer Ringer-Kontaktkammer von Kopf und anästhesierter Cornea abzuleiten versucht hat, ohne ermutigenden Erfolg. — Helm und Kontaktkammer hat er mir demonstriert.

Erst aus neuerer Zeit stammen Veröffentlichungen über weitere Erfahrungen; zunächst von KAHN und LÖWENSTEIN[2]. Auch sie haben nach zahlreichen mühevollen Versuchen resigniert, ohne das Problem gelöst zu haben, und meinen, „daß es kaum oder nur durch besonders glückliche Umstände gelingen dürfte, in der Sache noch weiter zu kommen" bzw. „*die Aufnahme des menschlichen Erg zu einer Methode der Untersuchung des Auges auszubauen*". Dazu seien die Anforderungen an die Versuchsperson viel zu groß.

Sie haben es ihren Versuchspersonen aber auch nicht leicht gemacht: *Beißbrett*, Einnahme und *dauernde Festhaltung* einer *extremen* Linkswendung beider Augen; Ableitung mit *wollfaden*armierten Ringer-*Ton*-Elektroden vom nasalen Lidwinkel und aus dem Conjunctivalsack im äußeren Winkel des rechten Auges; *starke* Metallfadenlampe hinter elektromagnetischem Sektorenverschluß —; so ziemlich alles geeignet, das Gelingen der Versuche zu verhindern, wie sich inzwischen herausgestellt hat.

KAHN und LÖWENSTEIN berichten über einen abnorm gerichteten Bestandstrom — in der äußeren Leitung von der Sklera zur Cornea — und bilden eine Kurve ab, die wenigstens zeigt, daß der allgemeine Verlauf des menschlichen Elektroretinogramms mit seinen typischen Phasen dem der Säugetiere entspricht.

Erfolgreicher war HARTLINE[3]. Er hatte an Tieren festgestellt, daß es zur Ableitung der Augenströme genügt, wenn *eine* Elektrode der Cornea des zu belichtenden Auges anliegt, die andere an irgendeiner feuchten Oberfläche des Körpers. Dementsprechend leitet er beim Menschen entweder von der anästhesierten Cornea zur Mundschleimhaut ab oder mit zwei Ringer-Kontaktkammern von einer Cornea zur andern.

HARTLINE hat eine Reihe ganz brauchbarer Kurven von zwei Versuchspersonen bei verschiedener Reizintensität und Hell- oder Dunkeladaptation mitgeteilt, die mehrere, an Wirbeltieren bekannte Tatsachen zeigen: der negative Vorschlag ist bei *Hell*adaptation sehr deutlich; die EMK des Belichtungsstroms wächst mit der Reizintensität und erreicht bei Helladaptation etwa $^1/_3$ MV.; der Verdunkelungsausschlag ist verhältnismäßig klein (vgl. S. 1413 u. 1461).

Ferner haben A. KOHLRAUSCH, E. SACHS und H. STEIN (Winter 1925/26; nicht veröffentlicht) mehrere Methoden zur Ableitung beim Menschen an sich gegenseitig ausprobiert. Sie versuchten dadurch weiterzukommen, daß sie die

---

[1] DEWAR u. M'KENDRICK: Zitiert auf S. 1411 (Fußnote 3).
[2] KAHN, R. H., u. A. LÖWENSTEIN: Zitiert auf S. 1454 (Fußnote 1).
[3] HARTLINE, H. K.: Amer. J. Physiol. **73**, 606 (1925).

Anforderungen an die Versuchsperson so weit wie irgend möglich *herabsetzten* und alle *entbehrlichen Unbequemlichkeiten wegließen.*

Also: bequeme Körperhaltung (höchstens Nacken- oder Kinnstütze), *keine* Zwangsstellung der Augen (Blick geradeaus), außer der Anästhesie noch möglichst *reizlose* Applikation (*kein* Ton) nur *einer* Elektrode am Auge. Als Ableitungen probierten sie: am Auge entweder Ringerkontaktkammer oder am Limbus Elektrode mit Ringer-Gelatine-Spitze; die andere Gelatineelektrode lag entweder an der Mundschleimhaut oder an der Schläfe; außer diesen vorwiegend interessierenden Kontaktteilen bestanden sämtliche Elektroden aus Zn-ZnSO$_4$-Gelatine.

Zunächst ein wesentliches, wenn auch negatives Ergebnis: die Kontaktkammern zur Ableitung von der Cornea sind *unbrauchbar*, weil die Saite dauernd kleine Ruckbewegungen ausführt (Augenbewegungen?) so, wie HARTLINES, mit zwei Kontaktkammern registrierte Kurve sie auch zeigt (Abb. 3, Kurve 7 seiner Arbeit). Die relativ besten Resultate gab die Ableitung Limbus-Schläfe; aber es wurde zugleich klar, daß die Lösung des Problems, wenn überhaupt, nur unter Aufbringung unendlicher Geduld möglich ist. Aus diesem Grunde haben wir die Aufgabe zunächst vor anderen weniger zeitraubenden zurückgestellt.

E. SACHS[1] hat die Versuche dann selbständig[2] wieder aufgenommen. Mit technischem Geschick und einer bewundernswerten Zähigkeit hat er in unermüdlich über 5 Monate lang fortgesetzten Selbstversuchen eine Reihe von Grundfragen über die Netzhautströme des Menschen einer ersten Beantwortung zugänglich machen können.

Zunächst: Die Lösung des Problems hängt weniger an der Ableitungstechnik als bei der *Versuchsperson daran,* daß sie es mit der Zeit erreicht, die Störungen auszuschalten.

Zur Ableitung: am Limbus eine Elektrode mit feiner — eventuell durch Wollfaden verstärkter — Gelatinespitze, die so weich sein muß, daß sie in Kontakt mit dem Auge schmilzt und ein klein wenig zerfließt, um auch bei längerer Versuchsdauer die anästhesierte Conjunctiva nicht zu reizen; die andere Gelatine-Elektrode liegt breit an der Schläfe; beide unverschieblich befestigt an einem bequemen Kopfbügel, damit sich die Versuchsperson zwischen den Belichtungen zwanglos bewegen kann, ohne etwas an den Kontakten zu verschieben. — Zur Minderung der Reflexe bedient sich die Versuchsperson den tunlichst geräuschlosen Verschluß zweckmäßig *selbst* und verwendet nur mäßig helle Lichter.

Das genügt als technische Vorbedingung, alles andere ist *Training,* denn auch mit dieser tatsächlich ausreichenden Ableitungstechnik bekommt man zunächst fast nichts Brauchbares. Erst in vielleicht wochenlanger Übung muß die Versuchsperson *das* erlernen, was bei einem Tierversuch selbstverständlich ist: kurz vor und während der Belichtung so vollständig unbeweglich zu bleiben — ohne Muskelspannung — wie ein curarisiertes Tier. — Noch eins ist Bedingung: für die Apparatur eine sehr geschickte Assistenz, der die schwierige Aufgabe zufällt, erst unmittelbar vor der Aufnahme die Saite *so schnell wie möglich* in die richtige Stellung zu kompensieren, damit die kurze Unbeweglichkeit der Versuchsperson nicht verpaßt wird. — Aber auch unter solch günstigen Bedingungen kann man *vollständig* störungsfreie Aufnahmen nicht erwarten; sie bilden die Ausnahme.

SACHS untersuchte die Form des menschlichen Elektroretinogramms in ihrer Abhängigkeit von

1. Intensität und Wellenlänge der Reizlichter,
2. Größe und Ort der belichteten Netzhautfläche,
3. dem Adaptationszustand des Auges,
4. der Art des Farbensystems (tri- oder dichromatisch),
5. der Frequenz intermittierender Belichtung.

Methodik. Ableitung: mit unpolarisierbaren Elektroden (Zn, ZnSO$_4$-Gelatine, Ringergelatine) von Cornea und gewöhnlich Schläfe, aber auch Mundschleimhaut zum großen EDELMANNschen Saitengalvanometer. Kompensation des Bestandpotentials; photographische Kurvenregistrierung bei ca. 700facher Vergrößerung; Eichstrom durch Galvanometer plus Elektroden plus Auge geleitet.

---

[1] SACHS, E.: Klin. Wschr. 8, Nr. 3, 136 (1929).
[2] Nach meiner Abberufung von Berlin.

Reiz: kreisrunder Ausschnitt variablen Durchmessers einer beleuchteten, in 28 cm Augenabstand stehenden Mattscheibe. Zentrale oder beliebig exzentrische Netzhautbelichtung, unter Zuhilfenahme eines kleinen roten lichtschwachen Fixierpunktes. Das ganze übrige Gesichtsfeld lichtlos.

Lichter: das „Weiß" einer Nitralampe und drei verschiedene Farben, gewonnen mit Strahlenfiltern definierter Durchlässigkeit:

Lichtfilter.

Farbe	Durchgelassener Spektralbereich
Rot	$700-635\,\mu\mu$
Grün	$555-515$,,
Blau	$490-414$,,

Reizstärke: Intensitätsvariation durch Änderung des Lampenabstandes von der Mattscheibe. Zahlenangabe der Reizintensität in Einheiten der Beleuchtungsstärke; Einheit $= 1$ Lux $\perp$MgO. Beleuchtungsmessung: direkte Photometrie der als Lichtreiz dienenden Mattscheibe bei einem bestimmten Abstand der „weißen" Nitralampe in Lux $\perp$MgO mit einem Beleuchtungsmesser; danach Berechnung der übrigen Intensitäten aus den Quadraten der Abstandsverhältnisse. Flimmerphotometrische Durchlässigkeitsmessung der Farbfilter. Bei den *farbigen* Lichtern bedeutet also die Intensitätsangabe in Lux diejenige Anzahl Lux *weißen* Lichts $\perp$MgO, die — für den normalen Trichromaten SACHS — den einwirkenden *Farb*reizen bei *Tages*sehen flimmeräquivalent ist.

SACHS bekam folgende Resultate in *Hunderten* von Kurven, die — nach zweimonatlicher Übung — schließlich in einem Zuge während der Zeit von 3 Monaten von seinem rechten Auge aufgenommen wurden, ohne daß sich irgendeine Schädigung des Auges bemerkbar gemacht hätte.

Bestandpotential (vgl. Kap. A 1 und 3): regelmäßig „normal" gerichtet, d. h. von der Cornea durch den äußeren Kreis zur Retina bzw. Schläfe. EMK im allgemeinen zwischen 2 und 7 mV. Im Verlauf einer Untersuchung — 2 auch 3 Stunden — konnte eine *stetige* Änderung (Zu- oder Abnahme) nicht festgestellt werden. Das Bestandpotential pflegte von Aufnahme zu Aufnahme unregelmäßig in obigen Grenzen zu schwanken.

Belichtungspotential (vgl. Kap. B 1): regelmäßig „positiv" gerichtet, d. h. eine *Verstärkung* des Bestandpotentials um maximal 0,3 mV. — Die Kurve des ERG entspricht — wie bei KAHN-LÖWENSTEIN und HARTLINE — durchaus den an Tieren bekannten, und besteht bei Weiß- oder Blaureiz der dunkeladaptierten Netzhautperipherie aus negativem Vorschlag, positiver Eintrittsschwankung, Senkung und sekundärer Erhebung (Abb. 483). Die Verdunkelungsschwankung ist — wie gewöhnlich bei Säugetieren (vgl. S. 1413) — wechselnd und wenig deutlich, zuweilen eine minimale positive oder negative Schwankung, zuweilen kaum als etwas Besonderes erkennbar (Abb. 482, 483). Die Verdunkelungsschwankungen bei KAHN-LÖWENSTEIN[1] und HARTLINE[2] verhalten sich ähnlich. — Die Kurvenform ist unabhängig von den Ableitungsstellen (Elektrodenlage: einerseits an verschiedenen Orten der Bulbusvorderfläche, andererseits an Schläfe oder Mundschleimhaut). Dagegen hängt die Form des ERG ab von Intensität und Wellenlänge des Reizlichtes, von Größe und Lage des gereizten Netzhautbezirks und vom Adaptationszustand des Auges, und zwar in ähnlicher Weise wie bei den Wirbeltieren, soweit diese Fragen an Tieren untersucht sind.

Einfluß von Reizintensität und Gesichtsfeldgröße (vgl. Kap. B 6): mit steigender Reizintensität werden sämtliche Phasen des menschlichen Elektroretinogramms größer und laufen schneller ab (s. Tab. 12). Gesichtsfeldvergrößerung wirkt auch auf die menschlichen Netzhautströme wie Steigerung der Reizintensität (s. Tab. 12; und vgl. dazu vorher S. 1435—1437, 1442—1444).

---

[1] KAHN u. LÖWENSTEIN: Zitiert auf S. 1454 (Fußnote 1).
[2] HARTLINE: Zitiert auf S. 1459 (Fußnote 3).

Tabelle 12.
Einfluß von Reizintensität und Gesichtsfeldgröße auf das menschliche ERG.

Adaptations-zustand	Gesichtsfeldgröße und -ort	Reiz	Belichtungs-latenz	Gipfelzeit der positiven Eintritts-schwankung	EMK der positiven Eintritts-schwankung	EMK der sekun-dären Er-hebung
mittel	2° zentral	Weiß 95 Lux	36 σ	92 σ	0,15 mV	0,03 mV
,,	2° ,,	,, 10 ,,	59 ,,	109 ,.	0,14 ,,	0,02 ,,
,,	2° ,,	,, 1 ,,	84 ,,	128 ,,	0,043 ,,	0,01 ,,
hell	6° zentral	Weiß 10 Lux	40 σ	77 σ	0,17 mV	0,13 mV
,,	6° ,,	,, 10 ,,	50 ,,	73 ,,	0,22 ,,	0,13 ,,
,,	6° ,,	,, 10 ,,	40 ,,	76 ,,	0,23 ,,	0,10 ,,
dunkel	2° zentral	Blau 1 Lux	59 σ	100 σ	0,20 mV	0,067 mV
dunkel	10° zentral	Blau 1 Lux	38 σ	69 σ	0,25 mV	0,20 mV
,,	10° ,,	,, 1 ,,	43 ,,	66 ,,	0,18 ,,	0,28 ,,

Die Abhängigkeit der EMK von der Gesichtsfeldgröße hat eine technische Schwierig-keit zur Folge: bei Feldverkleinerung muß die Lichtintensität entsprechend gesteigert werden; letzteres hat jedoch seine Grenze bei reflexauslösenden Intensitäten. Aus diesem Grunde ist es bisher nicht gelungen, mit Rot unter 10° Gesichtsfeld herunterzugehen, weil das satte Rot schon oberhalb von 5 Lux blendete, bzw. Reflexe auslöste.

Einfluß von Adaptationszustand und Netzhautort (vgl. Kap. B 4): Das zur Reizung benutzte Rot löst im Zustand der *Dunkel*adaptation beim Menschen *keine* sekundäre Erhebung aus, wohl aber im Zustand der *Hell*adaptation, und zwar um so *stärker*, je *besser* das Auge helladaptiert ist. Diese Tatsache gilt sowohl für zentrale wie für exzentrische Netzhautreizung und ist durch zahlreiche Versuche sichergestellt (Abb. 482).

Dieser Befund mit Rotreiz beim Menschen steht offenbar in Parallele zu der Tatsache, daß die sekundäre Erhebung bei *Tag*vögeln (Hühnern, Tauben) auch nur im Zustand der *Hell*adaptation auftritt (vgl. S. 1431—1433). In beiden Fällen handelt es sich wohl um ähnliche Bedingungen: die zapfenreichen Netz-häute der Tagvögel geben unter allen Umständen *vorwiegend* die photoelektrischen Reaktionen des *Tages*apparates; bei der gemischten Netzhaut des Menschen hängt es u. a. von der Wellenlänge des Reizlichtes ab, ob mehr der Tages- oder mehr der Dämmerapparat erregt wird. Das von Sachs benutzte Rot (700—635 $\mu\mu$) hat einen recht geringen Dämmerwert, erregt also vorwiegend, wenn auch nicht rein den Tagesapparat des menschlichen Auges, gleichgültig ob es auf zentrale oder exzentrische Netzhautteile einwirkt. — Diese Versuche am Menschen legen demnach im Zusammenhang mit denen an Tagtieren (s. S. 1431—1433) die Ver-mutung nahe, *daß ganz allgemein der **Tages**apparat des Sehorgans nur im Zustand der **Hell**adaptation mit dem **vollständigen** Elektroretinogramm, einschließlich der sekundären Erhebung, reagiert.*

Umgekehrt ist mit *Blau*reiz von 1 Lux, also vorwiegender Erregung des *Dämmer*apparats, die sekundäre Erhebung im Zustand der *Dunkel*adaptation beim Menschen *vorhanden* (Abb. 483). Ob sie unter diesen Bedingungen bei *Hell*-adaptation *verschwindet*, hat Sachs nicht untersucht. Die sekundäre Erhebung wird zwar sehr klein, wenn man unter sonst gleichen Bedingungen (Blau, 1 Lux, Dunkeladaptation) das Gesichtsfeld auf den *stäbchenarmen zentralen* Bezirk *von 2° Durchmesser* verkleinert (s. Tab. 12); da jedoch hierbei gleichzeitig die abschwächende Wirkung der Gesichtsfeldverkleinerung in Betracht kommt, ist letzterer Versuch nicht eindeutig.

Aber auch aus den bisherigen Versuchen geht bereits hervor, daß beim Menschen eine gewisse *gegensätzliche funktionelle Abhängigkeit des Tages- bzw.*

Dämmerapparats vom Adaptationszustand besteht, ähnlich wie bei Tag- und Nacht-tieren (vgl. dazu S. 1431—1433 und im theoretischen Abschnitt S. 1484, 1486).

Spezifische Farbenwirkung (vgl. Kap. B 7b): Ein Vergleich der Kurven (Abb. 482 u 483) zeigt, daß — beim Menschen ebenso wie bei den Tieren — die negativen Phasen (negativer Vorschlag und Senkung) und die sekun-däre Erhebung mit ab-nehmender Wellenlänge *größer* werden; und ferner, daß Rot beim dunkel-adaptierten Menschen eine ähnlich einfache positive, nahezu einphasische Kur-ve hervorruft wie bei der dunkeladaptierten Taube (Abb. 479—481). — In-wieweit hierin nun auch beim Menschen die ver-schiedene *Qualität* der Lichtwirkung auf die Netzhaut — unabhängig von der Intensität — objektiv zum Ausdruck kommt, ist nach den Ver-suchen von SACHS nicht mit Sicherheit zu ent-scheiden. Denn wegen reflexauslösender Blen-dung durch satte Farben konnte SACHS die Reiz-intensität nicht ausgiebig genug variieren, um im Beleuchtungsbereich des *Tages*sehens *photoelek-trisch gleich*wertige Kur-ven von Lichtern ver-schiedener Wellenlänge zu registrieren.

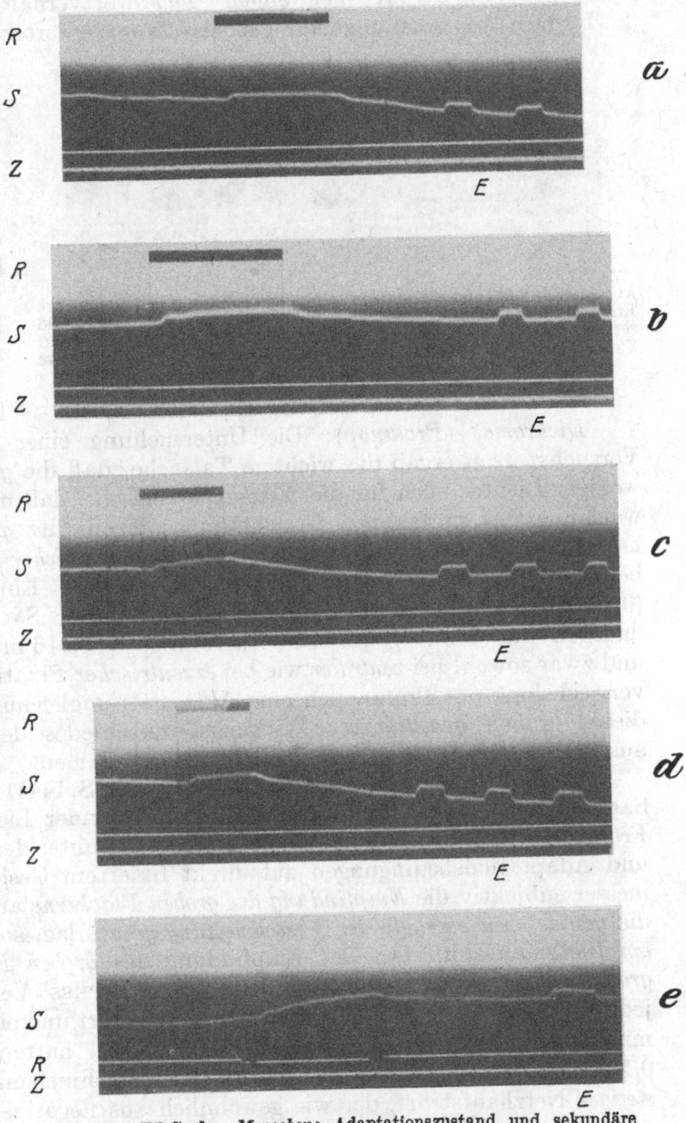

Mit der angewand-ten *geringen* Reizintensi-tät der farbigen Lichter von 1—2 Lux Tagesäqui-valenz hängt es auch zu-sammen, daß der photo-elektrische Reizwert der

Abb. 482. *ERG des Menschen:* Adaptationszustand und sekundäre Erhebung bei Rotreiz. a) *Dunkel*adaptation, Rot 2 Lux, 10° Gesichts-feld zentral fixiert; b) desgleichen, aber 14° peripher fixiert; c) mittlerer Adaptationszustand, sonst desgleichen, aber zentral fixiert; d) desgleichen, aber 14° peripher fixiert; e) *Hell*adaptation, Rot 5 Lux, 10° Gesichts-feld 14° peripher fixiert. — R = photographische Reizmarkierung; S = Saite; Z = Zeit in ¹/₅ Sek.; E = Eichung mit 0,1 mV durch Saite, Elektroden und Auge. (Originalkurven von E. SACHS, auf ein Drittel verkleinert.)

Lichter mit abnehmender Wellenlänge *ansteigt*. Denn bei Beleuchtungen von einigen Lux überwiegt bereits der Anteil des Dämmersehens so stark in der Gesamtfunktion[1] des Sehens, daß für die Reizwirkung der kurzwelligen Lichter

[1] KRIES, J. v.: Z. Sinnesphysiol. **49**, 313 (1916).

nicht mehr die Tageswerte, sondern die um ein Vielfaches höheren Dämmerwerte maßgebend sind. Infolgedessen hat Sachs in diesem Beleuchtungsübergang zum Dämmersehen photoelektrisch etwa gleichwertige Kurven (0,043 bis 0,052 mV) registriert bei einem *Tages*wertverhältnis Rot : Weiß : Blau = 2 : 1 : 0,01 Lux, was ungefähr gleichen *Dämmer*werten entsprechen dürfte. Es stimmt mit den bisherigen Erfahrungen an Tieren überein (vgl. S. 1455 bis 1458), daß diese drei, beim Menschen am *Übergang zum reinen Dämmersehen* mit Lichtern verschiedener Wellenlänge aufgenommenen, *elektromotorisch etwa gleichwertigen* Kurven auch kaum noch *Formunterschiede* erkennen lassen.

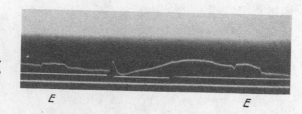

Abb. 483. *ERG des Menschen:* Adaptationszustand und sekundäre Erhebung bei Blaureiz. *Dunkel*adaptation, Blau 1 Lux, 10° Gesichtsfeld zentral fixiert. *S* = Saite; *R* = elektromagnetische Reizmarkierung; *Z* =Zeit in ¹/₅ Sek.; E-Eichung mit 0,1 mV wie in Abb. 482. (Originalkurve von E. Sachs, auf ein Drittel verkleinert.)

Dichromat (*Protanop*): Die Untersuchung einer protanopen (rotblinden) Versuchsperson ergab die wichtige Tatsache, daß die *geringe Reizwirkung* langwelliger Lichter auch für die *Netzhautströme* gilt, daß mithin diese typische Abweichung des protanopen Gesichtssinnes ihren Sitz *peripher in der Netzhaut* hat und nicht zentral bedingt ist. Bei *objektiv gleicher Intensität* löste das *Grün* bei dem Protanopen zum Teil etwas stärkere Eintrittsschwankungen aus (0,19 mV), als bei dem normalen Trichromaten Sachs' (0,18 mV), das *Rot* dagegen nur etwa ¹/₄ so starke (Protanop = 0,016 mV; Sachs = 0,067 mV); und zwar sowohl bei *zentraler* wie bei *exzentrischer* Fixation. — Ob der Rotgrünverwechslung des Protanopen eine Aktionsstromgleichung entspricht, ist wegen dieses großen *quantitativen* Wirkungsunterschiedes der angewandten Lichter aus den Versuchen von Sachs nicht zu entnehmen.

Intermittierende Belichtung (vgl. Kap. B 5c; S. 1441): Schließlich untersuchte Sachs an sich selbst die Wirkung intermittierender Lichtreizung verschiedener Frequenz. Er wählte einmal eine Frequenz, die unter den gegebenen Intensitätsund Adaptationsbedingungen auf direkt fixiertem Gesichtsfeld von 2° Durchmesser subjektiv die *Empfindung des groben Flackerns* auslöste; und eine zweite, die *gerade eben oberhalb der Verschmelzungsgrenze* lag, so daß eine *stetige Dauerempfindung* resultierte. Der Empfindung des *groben Flackerns* entspricht ein *grob gezackter Netzhautstrom*, bei dem, wie in Pipers[1] Versuchen an Säugetieren, jede Wellenzacke einer Flackerbelichtung zugehört und eine Eintrittsschwankung mit folgender Senkung darstellt: die Zacken hatten eine EMK von etwa 0,1 mV. Der *stetigen Empfindung* an der Verschmelzungsgrenze entspricht ein *stetiger* Netzhautstrom, der wie gewöhnlich aus negativem Vorschlag, Eintrittsschwankung, Senkung, sekundärer Erhebung und Verdunkelungsschwankung besteht.

Die dem psychischen Erlebnis des *Flimmerns* parallel gehenden physischen Vorgänge der *Erregungswellen* bzw. ihrer *Verschmelzung* spielen sich demnach bereits in der *Netzhaut* ab.

Auf die Bedeutung dieser Versuche am Menschen wird im theoretischen Teil (s. S. 1483—1496) zurückzukommen sein.

---

[1] Piper, H.: Arch. f. Physiol. **1910**, Suppl.-Bd., 461; **1911**, 109.

9. Periodische Ströme vom Bulbus und Opticus.

I. Periodische Bulbus-Ströme.

An Cephalopodenaugen fand Fröhlich[1] die wichtige Tatsache, daß außer dem bekannten *stetig verlaufenden* Belichtungsstrom noch *Stromoszillationen* (Abb. 484) auftreten, deren Frequenz von den Reizen und dem Erregbarkeitszustand des Auges abhängt.

Günstige Bedingungen für das Auftreten der Belichtungsstromrhythmen sind: frische, gut erregbare Tiere und niedrige Umgebungstemperatur (nicht über 15°C); geeignet also vorwiegend die Wintermonate.

Fröhlich weist darauf hin, daß das Auftreten von Saitenoszillationen allein noch kein Beweis für ihre *Entstehung im Präparat* ist, zumal damals in der Neapeler Station, besonders an feuchten Schirokkotagen, störende rhythmische Saitenschwingungen verschiedenerlei Herkunft zu beobachten waren. Er mußte daher eine Reihe Kontrollen anstellen, um die anderweitigen störenden Oszillationen von denen des Bulbusstroms abzutrennen, und hebt wohl mit Recht hervor, daß

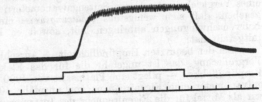

Abb. 484. Der *rhythmische Belichtungsstrom* der Cephalopoden, dem *stetigen* überlagert. Zeitschreibung $^1/_5$ Sek. [Zeichnung nach Tafel VI, Abb. 61 aus F. W. Fröhlich: Z. Sinnesphysiol. 48 (1913)].

die *Frequenzabhängigkeit* von den Reiz- und Erregbarkeitsbedingungen *für die Entstehung der Rhythmen im Präparat spricht*[2].

a) *Die Frequenz* des Stromrhythmus der Cephalopodenaugen hängt sehr stark von der Intensität des farbigen oder farblosen Reizlichtes und vom Zustand des Auges ab. Die geringste von Fröhlich registrierte Frequenz betrug 17, die höchste 100 Schwingungen pro Sekunde. Mit steigender Lichtintensität steigt die Frequenz, mit Ermüdung (Versuchsdauer) nimmt sie ab; die Oszillationen verschwinden bei Erschöpfung, Erstickung und Narkose des Auges.

b) *Die Amplitude* der *registrierten* Wellen ist gleichfalls veränderlich; sie steigt nach Fröhlichs Angaben zunächst mit der Frequenz, erreicht, nach seinen Kurvenreproduktionen zu urteilen, bei etwa 30—40 Schwingungen pro Sekunde ein Maximum, um mit weiterer Frequenzsteigerung schnell abzunehmen.

Gerade diesen Beziehungen der Amplitude zur Frequenz legt Fröhlich in seiner Theorie der Licht- und Farbenwahrnehmung große Bedeutung bei. Er sagt zwar an einer Stelle[3], man könne daran denken, daß die Amplituden-*abnahme* bei *hohen* Frequenzen nur durch die Eigenschaften des Saitengalvanometers vorgetäuscht werde, glaubt aber an Hand einer annähernden Schätzung sagen zu können, daß dadurch die großen Unterschiede in der Amplitude nicht

---

[1] Fröhlich, F. W.: Z. Sinnesphysiol. **48**, 70ff., 364ff., 383ff. (1913/14) — ferner Dtsch. med. Wschr. **39**, 1453 (1913) — Grundzüge einer Lehre vom Licht und Farbensinn, S. 12ff. Jena: G. Fischer 1921.

[2] Trotzdem erwecken einige der von Fröhlich als *Augen*rhythmen gedeuteten Kurven allerdings noch den Verdacht, daß es sich bei ihnen um eine *fremde* Periodik (elektrische oder mechanische Störungen) handeln könnte, so die Kurven 5—8 auf Tafel I (Z. Sinnesphysiol. **48**, zu S. 437): trotz Variation der Belichtungsintensität zwischen 1 und 2500 Einheiten und des Gesamtausschlags der Saite zwischen $1^1/_2$ und 16 Skalenteilen bleibt die Periodik hier vor, während und nach allen Belichtungen *sehr nahe konstant* zwischen 27 und 29 pro Sekunde. Die Amplitude ändert sich vor, nach und auf der Höhe des Ausschlags auch nur unwesentlich von Kurve zu Kurve; im stark auf- oder absteigenden Kurvenschenkel (Kurve 8) muß sie selbstverständlich scheinbar größer werden infolge der *gleichgerichteten* stetigen Saitenbewegung (vgl. später S. 1467, Fußnote 3). — Verschwinden von Oszillationen bei Saiten-Kurzschluß ist allein noch kein Beweis für deren Entstehung im Präparat; auch mechanische Erschütterungsschwingungen der Saite können durch Kurzschluß (infolge der vermehrten elektromagnetischen Saitendämpfung) bis zur Unmerklichkeit kleiner werden.

[3] Fröhlich, F. W.: Z. Sinnesphysiol. **48**, 100, Fußnote.

erklärbar seien. — Eine Betrachtung der Kurven gemäß den Prinzipien der FRANKschen Kritik von Registrierinstrumenten[1] zeigt jedoch, daß FRÖHLICHS Bedenken gegen die Amplituden*abnahme* bei höheren Frequenzen wohl berechtigt ist; folgendermaßen:

Für die Wiedergabe der Amplitude von Schwingungen wechselnder Frequenz sind ganz allgemein (d. h. wenn an einer, einer *elastischen Kraft* unterworfenen Masse eine Bewegung erzwungen wird) drei Konstanten des Registrierapparates maßgebend: 1. seine Empfindlichkeit, 2. das Zahlenverhältnis der erregenden Schwingungszahl zur Eigenschwingungszahl des Apparats und 3. seine Dämpfung[2]. — Die Konstanten 1 und 3 (Empfindlichkeit und Dämpfung) seines Saitengalvanometers gibt FRÖHLICH[3] an; damit ist Konstante 2 auf Grund eines Vergleichs mit anderen Saitengalvanometern derselben Type mit solcher Annäherung gegeben, daß sich wenigstens *schätzungsweise* eine Amplitudenkorrektur an FRÖHLICHS Kurvenschwingungen anbringen läßt, soweit er Reproduktionen oder Amplitudenzahlen mitgeteilt hat:

Bei der benutzten Empfindlichkeit — Ausschlag von 15 mm bei 1 MV. und 600facher Vergrößerung, das ist ungefähr die für das Elektrokardiogramm gewöhnlich verwandte Empfindlichkeit — pflegt eine Platinsaite von 4000 Ohm im großen EDELMANNschen Saitengalvanometer eine Eigenfrequenz von ungefähr 40—60 pro Sekunde zu haben. Nehmen wir als Mittel für die Eigenfrequenz des Instruments 50 Schwingungen pro Sekunde an, so folgt daraus die Konstante 2 — in der Abhandlung BROEMSERS R_n genannt — bei den verschiedenen erregenden Schwingungszahlen. — Für den benutzten Fall der „eben aperiodischen Dämpfung" ($D = 1$) läßt sich damit die jeweilige Amplitudenfälschung der verschiedenen erzwungenen, d. h. registrierten Schwingungen unmittelbar aus der Abb. 42 BROEMSERS[4] ablesen. Dabei ist allerdings vorausgesetzt, daß die eben aperiodische Dämpfung, wie notwendig, für den gesamten Arbeitswiderstand von 8000 Ohm (Saite 4000 Ohm, Präparat 4000 Ohm) gilt, worüber FRÖHLICH nichts angibt; sollte sie für einen Kreis mit dem *Saitenwiderstand allein* gelten, so würde das Galvanometer im Arbeitskreis leicht periodisch gewesen sein, vermutlich nahe der optimalen Dämpfung $D = \dfrac{1}{\sqrt{2}}$, entsprechend einer Einschaltungszacke von 4% des Gesamtausschlags bei der Eichung. — Tabelle 13 enthält danach für einige Frequenzen der Stromoszillationen und die beiden in Betracht gezogenen Dämpfungen die Amplituden der registrierten Oszillationen in Prozenten der erregenden.

Tabelle 13. Amplitudenfälschung durch ein Registrierinstrument mit der Eigenfrequenz 50 pro Sek.

Frequenz der erregenden Oszillationen	Prozentische Amplituden-Wiedergabe bei	
	$D = 1$	$D = \dfrac{1}{\sqrt{2}}$
	Prozent	Prozent
25 pro Sekunde	80	100
35 „ „	67	93
50 „ „	50	70
60 „ „	40	50
70 „ „	34	40
100 „ „	20	23

Zur Vereinfachung sei angenommen, daß die Periodik auf FRÖHLICHS Kurven in erster Annäherung aus einfachen Sinusschwingungen besteht bzw. daß die Amplitude etwaiger Oberschwingungen gegenüber derjenigen der Grundschwingung vernachlässigt werden kann. Bei der einfachen Form und weitgehenden Regelmäßigkeit der Schwingungen ist das einigermaßen berechtigt. Andernfalls wäre, bei sicher feststehenden Apparatkonstanten, eine Korrektur, falls überhaupt möglich, nach einem der üblichen, aber ziemlich verwickelten Verfahren[5] durchzuführen. Das kommt hier nicht in Betracht, aber angesichts der Annäherung, welche die unsicheren

---

[1] Siehe die zusammenfassende Darstellung von PH. BROEMSER: Abderhaldens Handb. d. biol. Arbeitsmeth. Abt. V, I, H. 1, 89ff. (1921).

[2] Um einem zuweilen gehörten Mißverständnis vorzubeugen: selbstverständlich hat ein Registrierapparat auch bei *aperiodischer* oder *überaperiodischer* Dämpfung noch eine bestimmte Eigenschwingungszahl. Wie die maßgebenden Apparatkonstanten bei elektrischen Registrierinstrumenten unter verschiedenen Bedingungen bestimmt und zur Leistungsbewertung praktisch benutzt werden, findet man bei M. GILDEMEISTER: Pflügers Arch. **195**, 128ff. (1922); **200**, 254ff. (1923).

[3] FRÖHLICH, F. W.: Z. Sinnesphysiol. **48**, 36, 78 (1913).

[4] BROEMSER, PH.: S. 93 der auf S. 1466, Fußnote 1 zitierten Abhandlung.

[5] BROEMSER, PH.: S. 156ff. der auf S. 1466, Fußnote 1 zitierten Abhandlung.

Apparatkonstanten überhaupt nur zulassen, genügt die vereinfachende Annahme von Sinusschwingungen, mit der über die Form des *erregenden Stroms* natürlich nichts ausgesagt sein soll.

FRÖHLICHS Galvanometer hat, um einige Frequenzen herauszugreifen, danach schätzungsweise einen 25er Rhythmus mit wenig verkleinerter bis richtiger Amplitude wiedergegeben, einen 50er auf die Hälfte bis knapp $^3/_4$ verkleinert und von einem 100er nur $^1/_5 - ^1/_4$ der tatsächlichen Amplitude.

Nimmt man die Amplitudenkorrektur an FRÖHLICHS Kurvenreproduktionen und Amplitudenzahlen unter obigen Voraussetzungen vor, so bekommt man für die beiden Dämpfungen nur *zahlenmäßig* etwas verschiedene, der Sache nach jedoch gleiche Ergebnisse, und zwar folgende:

1. Bei den Perioden zwischen 20 und 40 pro Sekunde entspricht der registrierten Amplitudenvergrößerung auch eine tatsächliche Amplitudensteigerung des Wechselstroms; nur ist letztere noch etwa 10—30% größer als die registrierte[1].

2. Bei den höheren Frequenzen (zwischen 40 und 75 pro Sekunde) ist ein Amplituden*abfall*, entsprechend FRÖHLICHS Vermutung, wohl auf Entstellung durch das Saitengalvanometer zurückzuführen. Soweit sich die Kurvenreproduktionen auszählen und messen lassen, bzw. Zahlenangaben über Frequenz und Amplitude gemacht werden[2], steigt in diesem Frequenzbereich die Amplitude des Wechselstroms weiter an oder bleibt annähernd konstant[3].

3. Für die höchsten von FRÖHLICH angegebenen Frequenzen (bis 100 pro Sekunde) muß die Frage der Amplituden einstweilen offen bleiben, da ausmeßbare Kurvenreproduktionen oder Zahlenangaben fehlen. Wegen der hier anzubringenden *großen* Korrekturen würde außerdem eine Berechnung, zumal auf Grund von nur *ungefähr geschätzten* Apparatkonstanten, zu unsicher sein. — In diesem Frequenzbereich ist eine Entscheidung, falls überhaupt, nur auf Grund weiterer Versuche möglich, wenn zugleich Eigenfrequenz und Dämpfung des Galvanometers im *Arbeits*kreis (entsprechend der Summe aus Saiten-, Präparat- und Elektrodenwiderstand) einwandfrei bestimmt werden.

Über die Wechselstromfrequenzen zwischen 25 und 75 pro Sekunde, auf die sich ausschließlich FRÖHLICHS Beweismaterial an Reproduktionen und Amplitudenwerten erstreckt, ist daher mit *der Wahrscheinlichkeit*, welche eine Kurvenkorrektur auf Grund geschätzter Apparatkonstanten zuläßt, zu sagen: *mit steigender Wechselfrequenz scheint die Stromamplitude zu steigen oder im Bereich der höheren Frequenzen (zwischen 40 und 75 pro Sekunde) annähernd konstant zu bleiben.* Frequenz und Amplitude wachsen bei Verstärkung der farblosen oder farbigen Lichtintensität und bei Temperaturanstieg; umgekehrt wirkt Ermüdung. Ob Frequenz und Amplitude in diesem Bereich bei einem ganz nor-

---

[1] Dies gilt allerdings nur unter der Voraussetzung, daß die Dämpfung des Galvanometers im *Arbeits*kreis nicht wesentlich *schwächer* gewesen ist als $D = \dfrac{1}{\sqrt{2}}$; sonst würde gerade bei Perioden von 20—40 pro Sekunde die Amplitude *vergrößert* registriert werden (s. BROEMSERS Abhandlung Abb. 42). Ganz von der Hand zu weisen ist diese Möglichkeit jedenfalls nicht, denn FRÖHLICHS Angabe (a. a. O. S. 78, 79), daß eine verschwindende Rhythmik durch mäßige Änderungen der Saitenspannung wieder hervorzurufen war, ist immerhin etwas verdächtig auf Periodizität der Saite und Resonanzerscheinungen. Möglicherweise würde dann auch die Eigenschwingung der Saite etwas höher gewesen sein. — Man sieht, wie wichtig es ist, zum mindesten die Konstanten seines Instruments genau zu kennen, wenn man Fragen nach der Amplitude bei wechselnder Frequenz beantworten will.

[2] FRÖHLICH, F. W.: Z. Sinnesphysiol. 48, 395 (Tab. IX), 408 (Tab. XI) (1913/14).

[3] Die scheinbar sehr großen Wellenamplituden im steil *ansteigenden* Schenkel der *stetigen* Aktionsstromkurve, auf die FRÖHLICH bei seiner Ermüdungs- und Adaptationstheorie erheblichen Wert legt (Z. Sinnesphysiol. 48, 394ff; s. dazu Kurve 8 auf Tafel I der Arbeit), zeigen selbstverständlich *keine* Steigerung der *Strom*amplituden an, sondern sind durch den *gleich*gerichteten Verlauf der stetigen Stromschwankung vorgetäuscht. Das wird durch folgendes bewiesen: 1. diese großen Oszillationsamplituden treten sowohl im *ab*steigenden wie *auf*steigenden Schenkel der Gleichstromschwankung auf und sind um so größer, je steiler letztere verlaufen (vgl. Kurve 7 und 8 auf FRÖHLICHS Tafel I); 2. *vergrößert* sind immer nur die *gleich*gerichteten Wellenphasen, also im *auf*steigenden Gleichstromschenkel die *aufwärts* gerichteten und vice versa; 3. die jeweils *entgegen*gerichteten Wellenphasen werden entsprechend stark *verkleinert* oder — und zwar an den steilsten Stellen — in ihrer Richtung sogar *umgekehrt* (s. Kurve 8 auf Tafel I). — Die hierauf fußende Adaptationstheorie FRÖHLICHS (Grundzüge, S. 23, 36) entbehrt daher der experimentellen Begründung.

malen Auge in erheblichem Maße *unabhängig voneinander* variabel sind, ist zum mindesten fraglich.

Fröhlichs theoretische Vorstellungen[1] über „scheinbare Erregbarkeitssteigerung", „absolute und relative Ermüdung", Farben- und Helligkeitsempfindungen u. a. m. finden daher, soweit sie auf der angenommenen *weitgehenden* Unabhängigkeit von Erregungsfrequenz und -amplitude beruhen, an den Netzhautströmen der Cephalopoden wohl keine sichere experimentelle Stütze.

c) *Der Nachrhythmus:* Die periodischen Ströme treten nicht nur während der Lichtwirkung auf, sondern können die Reizung längere Zeit überdauern. Je stärker in gewissen Grenzen die Reizung ganz frischer und gut erregbarer Augen, um so länger dauert der Nachrhythmus und um so größer ist seine Frequenz und Amplitude. Nach einer stärker wirksamen Reizung pflegt der Nachrhythmus sich erst nach einiger Zeit (etwa 1 Sekunde) zu entwickeln, seine Frequenz und Amplitude schwellen dann an und nach längerer Zeit, zuweilen mehreren Minuten, allmählich wieder ab. Übermäßig starke Reize bringen ihn dagegen zum Verschwinden.

Der Nachrhythmus ist stets weniger frequent als der vorhergehende Reizrhythmus; seine Frequenz pflegt zwischen 20 und 40 pro Sekunde zu liegen. Fröhlich bringt die Nachrhythmen mit den Nachbildern in Beziehung.

d) *Lichtwellenlänge und Erregungsrhythmus:* Entsprechend ihrer verschiedenen elektromotorischen Wirksamkeit auf die *stetige* Stromschwankung — Weiß am stärksten, Blau, Grün, Rot in dieser Reihenfolge schwächer (vgl. S. 1450f.) — erregen die Spektrallichter auch Rhythmen verschiedener Frequenz, Weiß die frequentesten, Rot die am wenigsten frequenten. Die Frage nach dem Verhalten der Oszillationsamplitude ist wieder nur nach Kurvenkorrektur (vgl. S. 1466 f.) zu beantworten. Danach ergibt sich für drei sehr schöne und gut ausmeßbare Kurven, die Fröhlich[2] als typisch in seiner Monographie mitteilt, daß zwar Grün die *höchste registrierte* Amplitude hat, daß aber nach der Korrektur die *tatsächliche Wechselstromamplitude bei Blau am höchsten ist.* Tabelle 14 enthält die entsprechenden Zahlen, ausgedrückt in Skalenteilen der Kurvenordinaten.

Tabelle 14. **Die photoelektrische Wirksamkeit farbiger Lichter auf das Cephalopodenauge.**[2]

Reizlicht	Maximum der Gleichstrom-Schwankung	Wechselstromfrequenz (nach Fröhlich[2])	Korrigierte Wechselstrom-amplitude[3]
Rot	4 Skalenteile	42 pro Sekunde	0,6 Skalenteile
Grün	10,5 ,,	50 ,, ,,	1,4 ,,
Blau	14,5 ,,	75 ,, ,,	1,7 ,,

Für das am stärksten wirksame Blau[4] ist also nach diesen Kurven und der Tabelle 14 sowohl die Gleichstromschwankung, wie die Oszillationsfrequenz,

---

[1] Fröhlich, F. W.: Z. Sinnesphysiol. **48**, 84, 108, 158, 394—398, 409—411 (1913/14).

[2] Fröhlich, F. W.: Grundzüge einer Lehre vom Licht- und Farbensinn, S. 20, Tafel II. Jena: G. Fischer 1921. — Betreffs der rasch einsetzenden Ermüdung bei Blau, soweit sie Fröhlich aus den *höheren Amplituden* im aufsteigenden Kurvenschenkel erschließt, gilt das auf S. 1467, Fußnote 3 Gesagte.

[3] Von den unter der Lupe ausgemessenen maximalen Amplituden ist jeweils die Saitenbreite von 0,5 Skalenteilen subtrahiert, um die von *einem Punkt* der Saitenbreite ausgeführte Schwingungsamplitude zu ermitteln; diese wurde dann korrigiert mit Hilfe der, den drei Frequenzen entsprechenden Mittelwerte für $D = 1$ und $D = \dfrac{1}{\sqrt{2}}$ (vgl. Tab. 13).

[4] Wegen der starken Wirksamkeit kurzwelliger Lichter auf das Cephalopodenauge vgl. vorher S. 1450, 1451.

wie die Oszillationsamplitude maximal. — *Der Übergang von schwächer zu stärker wirksamen Wellenlängen hat demnach den gleichen Erfolg wie die Intensitäts-Steigerung ein- und desselben Lichts.*

FRÖHLICH schließt aus seinen Versuchen, daß Lichter verschiedener Wellenlänge auch *qualitativ* verschieden auf die Augenströme der Cephalopoden wirken, bzw. daß diesen Tieren ein gewisses Farbenunterscheidungsvermögen zuzuschreiben sei. Für eine exakte Beantwortung dieser Fragen müssen folgende Punkte streng auseinander gehalten werden (vgl. auch vorher S. 1448—1455):

1. Ob ein Tier Lichter verschiedener Wellenlänge auch *qualitativ*, d. h. nicht *nur* nach ihrer Helligkeit, *unterscheidet*, wird durch den Nachweis einer qualitativ spezifischen Lichterwirkung auf die *Netzhautströme* oder auf irgendeinen anderen *im Auge objektiv beobachtbaren Prozeß* selbstverständlich nicht *streng bewiesen*. Dafür kommt allein das *Verhalten* der Tiere, z. B. bei einwandfrei angestellten Wahlreaktionen, in Betracht[1]. — Wenn bei Tieren objektive Augenprozesse *qualitativ* verschieden auf Farben reagieren, so liegt allerdings die Vermutung nahe, daß auch das nervöse Zentralorgan entsprechend ausgebildet sein und Farbenunterscheidungsvermögen bestehen könnte. Aber das ist und bleibt eben nur eine *Vermutung* mit einer unbestimmten Wahrscheinlichkeit und kein *zwingender Beweis*, solange das Verhalten der Tiere nicht entscheidet.

Im vorliegenden Fall kann es sich also nur um die Beantwortung der Frage nach einer qualitativ verschiedenen Wirkung der Lichter auf die Augenströme handeln.

2. *Qualitativ* und *quantitativ* verschiedene „Wirksamkeit" von Reizlichtern haben nichts miteinander zu tun. Auch auf sicher „farbenblinde" Systeme, wie das Gesichtsorgan eines total farbenblinden Menschen oder etwa die gewöhnliche photographische Platte, wirken Lichter verschiedener Wellenlänge *quantitativ*, d. h. der *Stärke* nach, außerordentlich verschieden[2] ein, leicht nachweisbar im Verhältnis von eins zu mehreren Tausend. Die verschieden *starke* Wirksamkeit der Wellenlängen kann daher unmöglich etwas über die *Qualität* der Wirkung bzw. über *Farbenunterscheidung* aussagen[3], sondern es ist Grundprinzip bei allen derartigen Untersuchungen (gleichgültig ob mit objektiver oder subjektiver Methodik), daß die verschiedene *Stärke* der Lichtwirkung ausgeschaltet werden muß; nur dann kann sich zeigen, ob außer der Stärke noch etwas anderes, eben eine *qualitativ* verschiedene Wirkung, vorhanden ist: Prinzip der *Farbengleichungen* bzw. allgemeiner der *Reizgleichungen.*

Nach dem Prinzip der Reizgleichungen wäre im vorliegenden Fall zu untersuchen (vgl. dazu vorher S. 1455), ob sich die Lichter verschiedener Wellenlänge in ihrer Wirkungs*stärke* auf das Cephalopodenauge so ausgleichen lassen, daß Gleichheit des Gesamtausschlags, der Oszillationsfrequenz und -amplitude, d. h. identische Stromkurven entstehen; oder ob sich eine *qualitativ* verschiedene Wirkung darin zu erkennen gibt, daß eine solche Reaktionsidentität nicht erzielbar ist.

---

[1] Siehe den Artikel von A. KÜHN: ds. Handb. 12 I, 720ff.

[2] Die in diesem Zusammenhang mehrfach von FRÖHLICH (Grundzüge, S. 7, 22) geäußerte Ansicht: die *Energie* der Lichter verschiedener Wellenlänge nehme von den langwelligen Lichtern zu den kurzwelligen *zu* und die violetten und ultravioletten Strahlen besäßen die *stärkste* Energie, ist im allgemeinen nicht zutreffend. Diese besondere spektrale Energieverteilung mit dem Maximum im Ultraviolett gilt für den Spezialfall der *Funkenspektra von Metallen* bei bestimmter Anregungsart [A. PFLÜGER: Ann. Physik, IV. F. 13, 890 (1904)]. — Bei den als künstliche oder natürliche Lichtquellen bisher fast ausschließlich in Frage kommenden *Temperaturstrahlern* liegt das Energiemaximum je nach der Temperatur im Ultrarot (künstliche Lichtquellen) bzw. im Rot bis Grün (irdische Sonnenstrahlung je nach Sonnenstand), und ihre Energie ist vom Ultrarot bis zum Grün mehrere hundert- bis tausendmal größer als im Violett und Ultraviolett (vgl. ds. Handb. 12 I, 328—330 und die Abb. 124 bis 126 dort). — Übrigens hängt die Lage des *wirksamsten* Strahlenbereichs im Spektrum nicht *allein* von der spektralen Energieverteilung ab, sondern ist außerdem für das lichtempfindliche System charakteristisch: in dem gleichen Spektrum einer bestimmten Lichtquelle sprechen z. B. lichtelektrische Natriumzelle, gewöhnliche photographische Platte, Cephalopodenauge, normales und total farbenblindes Menschenauge auf ganz abweichende Spektralbezirke *maximal* an. Im gelben Bromsilber und im Sehpurpur ist die Lichtabsorption dafür maßgebend. Aber der von FRÖHLICH (Grundzüge S. 23, 36) angenommene Widerspruch zwischen spektraler Energie- und Helligkeitsverteilung existiert nicht; denn z. B. fällt λ_{max} der menschlichen Tageswerte sehr nahe mit λ_{max} der terrestrischen Sonnenenergie zusammen (vgl. auch S. 1451).

[3] Vgl. dazu F. W. FRÖHLICH: Z. Sinnesphysiol. 48, 106, 136, 156 (1913).

Fröhlich hat derartige Versuche wiederholt ausgeführt und ist zu entgegengesetzten Ergebnissen gekommen. In seinen ersten Mitteilungen[1] sagt er, daß sich in der Tat *Gleichungen* zwischen rotem und blauem, blauem und weißem Licht einstellen ließen; d. h. bei gleicher EMK der Ausschläge hatten auch die Rhythmen gleiche oder nahezu gleiche Frequenz. Auch in einer größeren Reihe von Versuchen konnte er keine gesetzmäßigen Unterschiede feststellen. Die in einzelnen Fällen beobachteten geringen Differenzen bringt er mit der Reihenfolge der Reize in Zusammenhang — die vorangehende Lichtwellenlänge erregte einen frequenteren Rhythmus von höherer Amplitude — und führt sie auf Erregbarkeitsänderungen des Auges (Ermüdungs- bzw. Absterbeerscheinungen) zurück. — Danach würde also eine *qualitativ* verschiedene Wirkung farbiger Lichter auf die Augenströme der Cephalopoden *nicht nachweisbar* sein.

Ein späterer Vergleich zwischen blauem und weißem Reizlicht führte in 38 Versuchen zu dem entgegengesetzten Ergebnis[2], daß in 61 von 89 Kurvenpaaren „*eine Gleichung zwischen den durch weißes und blaues Licht ausgelösten Aktionsströmen nicht zu erzielen war*"; entweder waren bei der Blaubelichtung Rhythmen bereits vorhanden, bei Weiß noch nicht, oder Blau löste *niedere* Frequenzen von *höherer* Amplitude aus als Weiß. — Bei den übrigen 28 Kurvenpaaren waren entweder Unterschiede nicht nachweisbar (13 Paare) oder es ergab sich das umgekehrte Resultat (15 Paare).

Hierzu ist zu bemerken: 1. Fröhlich teilt in seiner Tabelle X (S. 402) die Werte von 51 Kurvenpaaren mit; von diesen müssen jedoch 13 ohne weiteres als *nicht* beweisend ausscheiden, weil bei ihnen ein *etwas höherer* Gleichstromausschlag für weiß auch eine *leicht erhöhte* Oszillationsfrequenz ergab. Die Frequenzunterschiede sind hierbei so gering (in über der Hälfte der Fälle nur 0,5—3 Schwingungen pro Sekunde), daß diese Differenzen ebensogut durch die überwiegende *Stärke* des Weißreizes zustande gekommen sein können. 2. Von den übrigen 38 Kurvenpaaren der Tabelle zeigen 7 einen *äußerst* geringen Frequenzunterschied zugunsten des Weiß, nur 0,5—1,7 Schwingungen pro Sekunde. Ob derartige Differenzen noch *außerhalb der Unsicherheitsbreite* solcher immerhin komplizierter Versuche an isolierten Augen liegen, dürfte wohl zweifelhaft sein; wenigstens wird man sie kaum als *positiv beweisend* werten können. 3. Nur 8 Paare weisen eine *deutlich höhere* Frequenz von 4—8 pro Sekunde für Weiß auf; 11 Paare lassen schon Rhythmen bei Blau hervortreten und noch keine bei Weiß; die übrigen 12 Paare haben das geringe Plus von 2—3,5 Schwingungen pro Sekunde für Weiß. 4. Über die Amplituden wäre bei den verschiedenen Frequenzen etwas sicheres nur nach Kurvenkorrektur auszusagen, die in Ermangelung von Zahlenangaben nicht ausführbar ist.

Setzt man die unterste Grenze eines *zweifelsfrei außerhalb* der Unsicherheitsbreite liegenden, also *beweisenden* Frequenzunterschiedes mit 2 Schwingungen pro Sekunde an[3], so würden danach den 31 (oben unter 3. näher charakterisierten) *positiven* Kurvenpaaren die von Fröhlich genannten 28 Paare mit *unentschiedenem* oder *negativem* Ergebnis gegenüberstehen[4]. — Dieses scheint nach Abzug der *nicht* beweisenden und *unsicheren* Versuche das Resultat zu sein. — Zieht man dazu noch die Tatsache in Rechnung, daß bei Augenermüdung die EMK des Gleichstromausschlags *stärker* abnimmt als die Oszillationsfrequenz (nach Fröhlichs Tabelle VII, S. 391—392), so lehrt wohl obige Betrachtung der mitgeteilten Versuche, daß damit *eine qualitative Lichterwirkung auf die Oszillationsfrequenz* der Cephalopodenströme zum mindesten *nicht sicher bewiesen* ist. Sie ist vielleicht nicht ganz ausgeschlossen, scheint aber, wenn wirklich vor-

---

[1] Fröhlich, F. W.: Dtsch. med. Wschr. **39**, 1454 (1930) — Z. Sinnesphysiol. **48**, 97 (1913).

[2] Fröhlich, F. W.: Z. Sinnesphysiol. **48**, 400—407 (1914).

[3] Ob damit die Versuchspräzision am überlebenden Auge nicht schon erheblich überschätzt ist, lasse ich dahingestellt.

[4] Vorausgesetzt allerdings, daß Fröhlich alle *sehr deutlich positiven* Kurvenpaare in die Tabelle X (S. 402) aufgenommen hat.

handen, äußerst gering zu sein[1]; und ob nicht doch diese minimalen Differenzen, entsprechend FRÖHLICHS ursprünglicher Ansicht, durch geringe Erregbarkeits- änderungen des überlebenden Auges zustande kommen, muß wohl weiteren Versuchen vorbehalten bleiben.

e) *Entstehungsort der Augenrhythmen:* Zu dieser, vielleicht wichtigsten Frage aus dem ganzen Komplex über den Erregungsrhythmus hat FRÖHLICH[2] fest- gestellt, daß die Rhythmen bei den Cephalopoden aller Wahrscheinlichkeit nach in den nervösen Teilen der hinteren Bulbusschale entstehen, also nicht, wie man zunächst auch für möglich hätte halten können, in der Iris, dem Ciliarmuskel, äußeren Bewegungsmuskeln des Auges oder etwaigen Muskeln in der Wand der hinteren Bulbusschale.

Darüber hinaus hat FRÖHLICH[2] zum Entstehungsort der *stetigen* Netzhaut- ströme einen *theoretisch äußerst wichtigen Nachweis* beigebracht. Mit einer prä- parativen Trennung der Cephalopodennetzhaut in Höhe der Grenzmembran in zwei Schichten, von denen die eine die dem Licht zugewandten pigmentierten Stäbchen-Innenglieder nebst den pigmentierten Limitanszellen enthielt, während die pigmentlosen Außenglieder an der knorpelhaltigen Bulbuswand zurückblieben, fand er: die abgehobene Schicht der pigmentierten *Innenglieder*[3] zeigte das normale Bestandpotential des Cephalopodenauges und eine beträchtliche Be- lichtungsschwankung im Sinne einer *Verstärkung* des Bestandpotentials, und zwar von gleichem zeitlichen Verlauf wie bei Ableitung vom ganzen Auge; dagegen wies die zurückbleibende pigmentfreie Schicht in keinem der Versuche an 26 Augen einen Bestand- oder Aktionsstrom auf.

Damit ist der Entstehungsort des seit lange bekannten Bestand- und stetigen Belichtungspotentials, wenigstens für die Cephalopodennetzhaut, wohl als in den Stäbchenendgliedern liegend erwiesen. — FRÖHLICH verlegt den Ort für die Belichtungs*rhythmen* nun gleichfalls in die lichtempfindlichen Netzhautelemente. Da er an den isolierten pigmentierten Schichten von zwei Augen auch rhythmische Aktionsströme beobachten und photographieren konnte, so ist es wohl mög- lich, daß diese ebenfalls in den Innengliedern entstehen, wenn FRÖHLICH auch keine histologischen Kontrollen der jedesmal abgehobenen und elektrisch unter- suchten Schichten mitteilt, die für die Sicherung dieses Schlusses wohl wünschens- wert wären.

Wie ich aus ADRIANS gleich zu besprechenden Versuchen schließe (S. 1475), ist bei Wirbeltieren der Opticusstrom ein *oszillatorisches Abbild* des jeweiligen mehrphasischen Netzhausstromes, welch letzterer irgendwo im nervösen Leitungs- weg in die oszillierende Form umgewandelt wird. Auch FRÖHLICH hält bei den Cephalopoden den Gleich- und Wechselstrom bei Belichtung für zwei *verschiedene* Netzhautvorgänge[4] und nimmt an, daß nur die *Oszillationen* durch den Nerven weitergeleitet werden, wenn er sie auch am Nerven nicht nachgewiesen hat. Der Ort im Leitungsweg für die Umwandlung des stetigen in den rhythmischen Strom ist für beide Tierklassen bislang nicht sicher bekannt. Nach FRÖHLICHS obigen Versuchen könnte er bei den Cephalopoden in den Stäbchen, vielleicht schon in den Innengliedern der Stäbchen zu vermuten sein; ADRIAN glaubt, den Entstehungsort der Opticusrhythmen bei den Wirbeltieren in die Synapsen- lager der Netzhautschichten verlegen zu sollen (vgl. später S. 1476, 1491).

---

[1] Das gleiche dürfte bezüglich des Farbenunterscheidungsvermögens aus den bisherigen Resultaten von *Dressur*versuchen an Cephalopoden hervorgehen (ds. Handb. 12 I, 470f.). — Über das PURKINJEsche Phänomen bei Cephalopoden s. vorher S. 1452, 1453.

[2] FRÖHLICH, F. W.: Z. Sinnesphysiol. 48, 364—369 (1914).

[3] D. h. die freien Enden der Sehelemente, die den vom Licht abgewandten *Außen*- gliedern der Wirbeltierstäbchen entsprechen (vgl. S. 1398).

[4] FRÖHLICH, F. W.: Z. Sinnesphysiol. 48, 398 (1914).

II. Periodische Opticusströme.

Die älteren Untersuchungen[1] der Opticusströme an Fischen und Fröschen hatten mit trägen Galvanometern ergeben: bei Belichtung des Auges und Ableitung von Oberfläche und Querschnitt des Opticus tritt zwar eine negative Schwankung des Ruhestroms auf, aber *keine gewöhnliche;* sondern ein stetiger, während der Belichtung anhaltender Nervenstrom mit ähnlichem Verlauf und den typischen Belichtungs- und Verdunkelungszacken wie an der Netzhaut; d. h. „im großen ganzen das Spiegelbild der am Bulbus gewonnenen" Kurven (Ishihara[2]). — Mit äußerst empfindlich eingestelltem, also recht träge reagierendem Saitengalvanometer bestätigte später Westerlund[3], daß der Opticusstrom in seinem Verlauf vollständig mit dem des Augapfels übereinstimme, nur rückwärts von der Netzhaut zum Gehirn gerichtet sei.

Im Rahmen seiner bedeutungsvollen Untersuchungen über die Aktionsströme von Sinnesnerven bei adäquater Reizung hat nun Adrian[4] mit Mitarbeitern in den letzten Jahren Versuche über die Opticusströme bei vollkommenerer Technik angestellt[5]. Mit deren Ergebnissen läßt sich die bemerkenswerte Tatsache, daß der Opticusstrom ein Spiegelbild des jeweiligen Netzhautstroms zu sein scheint, aufklären (s. S. 1475) und unsere Kenntnis über den funktionellen Zusammenhang von Netzhaut und Opticus beträchtlich erweitern.

Methodik: Bulbus samt Opticus vom Aal (Conger vulgaris) oder Frosch, meist isoliert. Ableitung Cornea-Funduspol vom Bulbus bzw. Längs-Querschnitt oder zwei Stellen der Längsoberfläche vom Opticus mit Silber-Chlorsilberelektroden nach gewöhnlich 1750facher Verstärkung mit 3-Röhren-Verstärker in Widerstandskapazitätsschaltung zum Capillarelektrometer. Nach Intensität und Netzhautbildgröße meßbar veränderliche Weiß-Lichtreizung des Auges. — Bezüglich der Leistungsgrenzen dieser Methodik, der vermehrten Gefahr von Artefakten bei Verstärkereinrichtungen und der entsprechenden Schutzmaßnahmen verweise ich auf den zusammenfassenden Artikel von Adrian[6] in den Ergebnissen der Physiologie.

Bei allen von Adrian und seinen Mitarbeitern bisher untersuchten Sinnesnerven fand sich, daß die elektrischen Nerv-Entladungen bei adäquater Reizung der Sinnesorgane *in den wesentlichen Punkten übereinzustimmen* scheinen. — Nun werden aber die Kurven um so verwickelter und damit ihre Analyse um so schwieriger, je mehr *Fasern* ein Sinnesnerv enthält, offenbar wegen der ungleichen Leitungsgeschwindigkeit und Refraktärperiode in den verschieden dicken Fasern (Erlanger, Gasser, Bishop[7]). Aus sehr viel Fasern pflegen gerade der Opticus und Acusticus zu bestehen; der von Adrian vorwiegend untersuchte Opticus des Aals ist noch verhältnismäßig günstig mit nur etwa 10000 Fasern bei 1,5 cm Länge gegenüber etwa 400000 Fasern im Opticus des Menschen und der Katze. Als Grundlage für die verwickelteren Erscheinungen im faserreichen Opticus sollen daher hier zunächst die Haupttatsachen zusammengestellt werden, die Adrian fand, wenn nur *ein Endorgan* eines dünnen Nerven (z. B. des sensiblen Nerven vom Musc. sterno-cutaneus des Frosches) mit einem

---

[1] Kühne, W. u. J. Steiner: Unters. Physiol. Inst. Heidelberg **4**, 125—139 (1881). — Ishihara, M.: Pflügers Arch. **114**, 601—605 (1906).

[2] Siehe besonders Tafel XIII, Abb. 15 der in Fußnote 1, S. 1472 angeführten Arbeit Ishiharas.

[3] Westerlund, A.: Skand. Arch. Physiol. (Berl. u Lpz.) **27**, 272ff. (1912).

[4] Adrian, E. D.: Erg. Physiol. **26**, 501 (1928). — Die Untersuchungen am Auge: Adrian, E. D., u. R. Matthews: J. of Physiol. **63**, 378; **64**, 279 (1927); **65**, 273 (1928).

[5] Ohne die älteren Untersuchungen über die Opticusströme zu kennen.

[6] Adrian, E. D.: Zitiert auf S. 1472, Fußnote 4.

[7] Erlanger, Gasser u. Bishop: Amer. J. Physiol. **62**, 496 (1922); **70**, 624 (1924); **78**, 537, 574 (1926); **80**, 522; **81**, 473, 477 (1927); **85**, 569, 599 (1928). — Vgl. auch den Artikel von P. Hoffmann: Ds. Handb. **8** II, 741ff.

plötzlich einsetzenden und dann mehrere Sekunden konstant bleibenden adäquaten Reiz erregt wird:

1. Der resultierende Nerven-Aktionsstrom ist stets *periodisch*[1].

2. Die *Frequenz* des Rhythmus *steigt* mit der Reiz*stärke*[1], und zwar ungefähr entsprechend dem WEBER-FECHNERschen Gesetz.

3. Bei konstant anhaltendem Dauerreiz nimmt die Frequenz mit der Zeit ab.

4. Die einzelnen Aktionsstromstöße eines solchen Rhythmus erscheinen nach Analyse der Kurven als kurze, je nach Ableitung mono- oder diphasische Wellen, „welche sich sehr wenig, sowohl in bezug auf die Zeitverhältnisse als auch in der Größe"[2], voneinander unterscheiden[1]. Es scheint „wenigstens etwas Annäherndes wie eine Alles-oder-Nichts-Beziehung"[2] zwischen dem, einem *einzelnen* sensorischen Endorgan applizierten Reiz und dem in der zugehörigen sensorischen Nervenfaser entstehenden *Einzelimpuls* zu bestehen. Mit dem Reiz veränderlich ist möglicherweise nur die *Frequenz der Einzelimpulse*. — Die *strenge* Gültigkeit des Alles-oder-Nichts-Gesetzes kann aber wohl für die Sinnesnerven noch nicht als *ganz sicher feststehend* betrachtet werden.

5. Auf jeden einzelnen Aktionsstromstoß folgt ein absolutes Refraktärstadium der Faser von etwa 2—3 σ Dauer; die einzelne Nervenfaser würde also imstande sein, eine Frequenz von etwa 300 pro Sekunde zu leiten. Tatsächlich pflegt die Frequenz in der *einzelnen* Faser ungefähr 100 pro Sekunde beim Frosch, 150 bei der Katze nicht zu überschreiten, sie kann aber am Frosch bei minimalen Reizen unter 5 pro Sekunde heruntergehen.

Die Aktionsströme des Frosch- und Aalopticus stimmen hiermit im wesentlichen überein, besonders was den *periodischen* Verlauf und den *Anstieg der Frequenz* mit der Stärke des Lichtreizes betrifft. Auch die Einzelimpulse des Rhythmus scheinen sich nach Größe, zeitlichem Ablauf und Refraktärperiode von denen der Muskel- und Hautsinnesnerven nicht prinzipiell zu unterscheiden, wenn auch wegen der Schwierigkeit, einen Lichtreiz auf *nur ein* Netzhautelement zu beschränken (Aberration, Irradiation), über die Gültigkeit des Alles-oder-Nichts-Gesetzes noch weniger etwas Sicheres feststellbar ist. Aus dem gleichen Grunde kann die Maximalfrequenz bei starken Reizen erheblich über 100, auf 300 pro Sekunde und mehr, steigen, offenbar weil die Einzelimpulse in den verschiedenen Fasern nicht synchron laufen.

Folgende Tatsachen über die Augen- und Opticusströme vom Aal haben besonderes Interesse: Bei einer plötzlich einsetzenden, mehrere Sekunden dauernden Augenbelichtung erfolgt im *Opticus*[3] nach einer Latenz von mehreren Zehntelsekunden der Beginn der Oszillationen mit einem steilen Frequenzanstieg auf 200 pro Sekunde und mehr (vgl. „Eintrittsschwankung" der Netzhautströme), darauf ein zunächst schneller, dann langsamer Abfall auf 40—100 pro Sekunde (vgl. „Senkung"). Dauert die Belichtung länger, so steigt die Frequenz abermals langsam an und erreicht die Höhe der Anfangsfrequenz nach etwa 10 Sekunden Belichtung (vgl. „sekundäre Erhebung"). Auf plötzliche Verdunkelung folgt nach einer etwa gleich langen Verdunkelungslatenz ein abermaliger schneller Frequenzanstieg (vgl. „Verdunkelungsschwankung"), danach ein allmählicher Frequenzabfall auf Null. Dem Verdunkelungsanstieg kann ein minimaler Abfall vorhergehen.

Daraus ziehe ich[4] den Schluß: *Dieser Frequenzablauf der Opticusoszillationen ist ein Abbild der Phasen des stetigen Netzhautstroms.*

---

[1] Vgl. auch die ganz entsprechenden Befunde an der *einzelnen* motorischen Nerven- und Muskelfaser bei willkürlicher Kontraktion [E. D. ADRIAN u. D. W. BRONK: J. of Physiol. **66**, 81 (1928); **67**, 119 (1929)].

[2] ADRIAN, E. D.: Erg. Physiol. **26**, 514, 517 (1928).

[3] ADRIAN, E. D., u. R. MATTHEWS: J. of Physiol. **63**, 386, 390 (1927).

[4] KOHLRAUSCH, A.: Lösung des Problems der Qualitätenleitung in der einzelnen Opticusfaser; Vortrag am 10. Sept. 1930 bei der 91. Verh. Ges. dtsch. Naturforsch. in Königsberg; Vortrags- u. Diskussionsreferat: Klin. Mbl. Augenheilk. **85**, 570, 571 (1930).

Wenn auch ADRIAN und MATTHEWS[1] diesen Schluß *nicht* ziehen, so leuchtet er trotzdem sofort ein, sobald wir *direkt registrierte Kurven des Netzhautstroms* neben die von ADRIAN und MATTHEWS nach *Auszählen der Opticusfrequenzen konstruierten Kurven* halten, wie ich es hier in Abb. 485 und 486 tue. Die Abb. 485 ist eine der von NIKIFOROWSKY[2] bei seinen Temperatur-untersuchungen am Frosch regi-

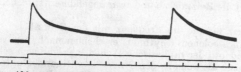

Abb. 485. *Belichtungsstrom der Froschnetzhaut:* Helladaptation, Belichtungsdauer, 9 Sek., Zeit in Sekunden. [Zeichnung nach Abb. 2 aus P. M. NIKIFOROWSKY: Z. Biol. **57**, 403 (1912)].

strierten Kurven des Netzhautstroms. Weil der Frosch helladaptiert war, fehlt die sekundäre Erhebung trotz einer Belichtungsdauer von 9 Sekunden (vgl. S. 1431, u. 1437) — Die Kurven der Abb. 486 stellen nicht etwa den Aktionsstromverlauf dar, was man zunächst wohl meinen könnte, sondern die von ADRIAN und MATTHEWS graphisch aufgetragene *Sekundenfrequenz* der Opticus-oszillationen, die sie durch Auszählen ihrer direkt registrierten Kurven ermittelt haben.

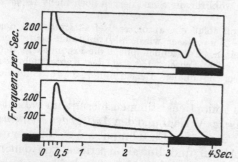

Abb. 486. *Impulsfrequenz pro Sek. im Aal-Opticus:* Belichtungsdauer 3 Sek. Durchmesser der als Objekt dienenden Opalglasscheibe bei a = 36 mm, bei b = 12,8 mm; Beleuchtung auf der Opalglasscheibe in beiden Fällen = 830 Meterkerzen.
(Aus ADRIAN und MATTHEWS: J. of Physiol. **63**, 387 (1927).

Da die Belichtung in ADRIANS und MATTHEWS Versuchen der Abb. 486 nur 3 Sekunden gedauert hat, ist der, der sekundären Erhebung entsprechende Wiederanstieg der Frequenz gleichfalls nicht vorhanden; Eintrittsschwankung, Senkung und Verdunkelungsschwankung sind in den Opticusfrequenzen der Abb. 486 vertreten. Die weitgehende Ähnlichkeit — um nicht zu sagen Identität — *des Frequenzablaufs im Opticus mit dem stetigen Verlauf der Netzhautströme* ist nach Abb. 485 u. 486 ohne weiteres augenfällig.

Sehr häufig macht sich auch der „negative Vorschlag" im Nerven geltend, und zwar in *wenig, aber sehr bemerkenswert abgeänderter Gestalt,* nämlich als *„positiver"* Vorschlag der Nerventladung, wie es erwartet werden muß, wenn die Nervenoszillationen den vom Netzhautstrom her fortgeleiteten Erregungsvorgang wiedergeben[1]: Der Opticusvorschlag stellt sich nach der Latenz als anfänglicher kurzer Frequenzanstieg dar, dem nach kurzem Wiederabfall dann der starke Frequenzanstieg der „Eintrittsschwankung" folgt[1] (vgl. S. 389—390 und Abb. 2 B u. C der auf S. 1473, Fußnote Nr. 3 zitierten Arbeit).

Wenn auch ADRIAN, in Unkenntnis der älteren Versuche am Opticus (vgl. S. 1472), auf deren nahe Beziehung zu den seinigen nicht hinweisen konnte, so ist trotzdem nach diesen

---

[1] ADRIAN und MATTHEWS beschreiben sorgfältig den Verlauf der Opticusfrequenzen und bilden die in Abb. 486 wiedergegebenen Frequenzkurven ab. Aber sie sagen nichts über die bei Betrachtung dieser Kurven sofort auffallende Ähnlichkeit mit dem Elektroretinogramm der Wirbeltiere [s. auch FRÖHLICH: Z. Biol. **87**, 515 (1928)]. Ja sie erklären die der Senkung und der Verdunkelungsschwankung entsprechenden Frequenzänderungen im Opticus für *unerwartet,* beziehen die „Verdunkelungsschwankung" auf Irradiation und stellen besondere Versuche an, um sicher zu gehen, daß es sich bei der „Senkung" nicht um Absterbeerscheinungen handelt. — Ich erwähne dies, damit ihnen nicht eine Deutung ihrer Frequenzkurven zugeschrieben wird, mit der sie sich vielleicht gar nicht einverstanden erklären.

[2] NIKIFOROWSKY, P. M.: vgl. vorher S. 1423.

Tatsachen sofort klar, warum *träge* Galvanometer den Opticusstrom als *Spiegelbild des Netz-hautstroms* wiedergeben: ein ballistisches Galvanometer zeigt Elektrizitätsmengen an, es summiert also eine Reihe einseitig gerichteter Stromstöße; bei vollkommener Größen- und Formgleichheit der einzelnen monophasischen[1] Stromstöße würde sein Ausschlag unter bestimmten Bedingungen der *jeweiligen Stoßfrequenz proportional* sein und die Frequenzkurve der Abb. 486 *unmittelbar aufschreiben*. Diese Bedingungen dürften wenigstens *angenähert* für ein empfindlich gestelltes, d. h. träges Saitengalvanometer zutreffen.

Ferner ergab sich bei ADRIAN und MATTHEWS, daß das *Lichtmengengesetz* für kurze Zeiten und kleine Netzhautflächen gilt, sowohl mit Bezug auf die Oszil-lationsfrequenz wie die Latenzen von Nerv- und Netzhautstrom (vgl. dazu vorher S. 1444); z. B. ist *die Geschwindigkeit des Stromeintritts* (d. h. die reziproke Latenz der Nerventladung) *eine lineare Funktion der Lichtmenge* (Intensität × Dauer × belichteter Netzhautfläche).

Die Opticusentladungen bei diesen Lichtblitzen zeigen etwas ganz besonders Bemerkenswertes: bei Lichtblitzen mit geringer Lichtmenge resultiert eine kurz

dauernde Nerventladung[2] mit raschem Frequenzanstieg bis zu einem Maximum und etwas langsamerem Abfall auf Null (Abb. 488); diese Entladungen haben also einen ganz anderen Verlauf als bei Dauerbelichtung mit größerer Lichtmenge. Aber auch die Kurve dieses Frequenz-ablaufs bei kurzen Entladungen *entspricht durchaus den Kur-ven der Netzhautströme* unter gleichen Bedingungen (vgl. Abb. 487 mit 488). Ich[3] er-weitere danach meinen vorher (S. 1473) aus ADRIANs Be-schreibungen und Abbildungen gezogenen Schluß dahin: *der Frequenzablauf der Opticus-entladungen ist ein Abbild des jeweiligen Elektroretinogramms, das also, nach dieser Um-wandlung in die oszillierende Form, durch den Opticus zum Gehirn geleitet wird.*

Unter bestimmten Be-dingungen (gleichmäßige, län-gerdauernde Belichtung der ganzen Netzhautfläche; Strich-nineinwirkung) resultierten Os-zillationsgruppen von geringerer Frequenz. ADRIAN und MATTHEWS schlie-

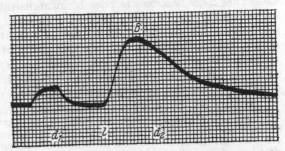

Abb. 487. *Belichtungs-Stromstoß der Retina nach einer kurzen, energieschwachen Belichtung.* Froschauge; der Belichtung ist eine Eichkurve vorausgeschickt. [Kurve *b*) aus Abb. 462 auf S. 1437.]

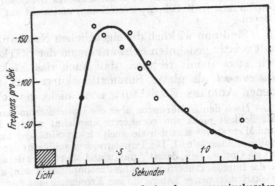

Abb. 488. *Opticusentladung nach einer kurzen, energieschwachen Momentbelichtung:* zeitlicher Verlauf der Oszillationsfrequenz. [Aus ADRIAN MATTHEWS: J. of Physiol. **63**, 390 (1927).]

ßen daraus, daß die Entladungen in den einzelnen Opticusfasern unter diesen Bedingungen mehr oder minder synchron werden, und sehen darin

---

[1] Die einzelnen Stromstöße brauchen dafür nicht *exakt monophasisch* zu sein; es genügt, wenn die Elektrizitätsmenge der einen Phase konstant größer ist als die der anderen.

[2] ADRIAN u. MATTHEWS: J. of Physiol. **63**, 390, Abb. 7 (1927).

[3] KOHLRAUSCH, A.: Zitiert auf S. 1473.

eine Funktion der Netzhaut-Ganglienzellen; ich verweise auf die Original-arbeit [1].

Besonders wichtig ist folgendes: mit derselben Apparatur, die am Opticus regelmäßig rhythmische Ströme gab, fanden Adrian und Matthews bei Ableitung von Cornea und Funduspol *die Netzhautströme* [2] *ausnahmslos glatt und ohne Oszillationen.* — Ferner: wurden Nerven- und Netzhautstrom abwechselnd am gleichen Präparat unter denselben Bedingungen registriert (4 Elektroden, Um-schalter), so war die Latenz des Netzhautstroms regelmäßig beträchtlich *kürzer* als die der entsprechenden Opticusentladung, sowohl bei Belichtung wie bei Verdunkelung. Diese *Latenzdifferenz* ist recht konstant, beträgt bei Frosch und Aal im Mittel 0,1 Sekunde, ist bei Belichtung und Verdunkelung nahe gleich und außerdem unabhängig von der Lichtintensität; obgleich bei Intensitäts-änderungen die absoluten Latenzlängen von Netzhaut und Nerv weitgehend variieren, bleibt ihre *Differenz* gleich. Es verhält sich mithin so, daß *nur die Latenz des Netzhautstroms* mit der Lichtintensität in der bekannten Weise variiert und dann der Nervenstrom zwangsmäßig nach einem bestimmten Zeitintervall nachfolgt. Nur von Präparat zu Präparat schwankt dieses Zeitintervall, wenn auch nicht erheblich; gewöhnlich wurden Werte um $1/_{10}$ Sekunde gefunden, in seltenen Fällen bis zur Hälfte oder dem Doppelten davon. Auch mit der Versuchs-*dauer* scheint das Intervall sich nicht wesentlich zu ändern (bis zu 1 Stunde oder mehr), doch wurden systematische Ermüdungsversuche bisher nicht angestellt.

Dieses große Netzhaut-Nervintervall erhöht einmal das Vertrauen in die Zuverlässig-keit der Versuche, denn es zeigt, daß weder der Netzhautstrom durch Summation der Nerv-oszillationen vorgetäuscht sein kann, noch die Nervenoszillationen durch Stromschleifen von seiten der Netzhaut. — Ferner ist seine Konstanz und Unabhängigkeit von der Lichtinten-sität bemerkenswert. Adrian und Matthews vermuten danach, daß der stetige Netzhaut-strom in der Stäbchen-Zapfenschicht entsteht und das Netzhaut-Nervintervall in den Synapsennetzen der Retina zustande kommt. Sie schließen weiter: wenn dem so ist, müßte die Abhängigkeit der *Netzhautlatenz* von der Lichtmenge auf Änderungen in der *Entwicklungs-geschwindigkeit der primären photochemischen Umwandlung* beruhen, welche die Stäbchen und Zapfen reizt (z. B. Sehpurpurbleichung) und nicht auf Summationseffekten in den Synapsen-lagern.

Sind nun wirklich die eigentlichen Netzhautströme *stetig* — also Gleichstrom mit relativ gedehnten Schwankungen der Stärke bzw. Richtung —, oder müssen wir etwa damit rechnen, daß auch das Elektroretinogramm vom *Registrier-instrument* als glatte Summationskurve aus *Oszillationen* vorgetäuscht wird, denen Adrians Einrichtung noch nicht gewachsen ist?

Nach den Erfahrungen über die Opticusströme sieht es zunächst so aus, als ob letztere Möglichkeit nicht von vornherein abgelehnt werden könnte, und Fröhlich [3] wie Adrian und Matthews [4] scheinen sie auch nicht vollständig ausschließen zu wollen. — Bedingungen dafür müßten sein: 1. Die Impuls*frequenz* müßte in der Netzhaut mindestens mehrfach höher als im Opticus sein, damit Adrian und Matthews derart glatte Kurven bekommen konnten; 2. die Impulse müßten angenähert monophasisch sein, zum mindesten *eine* Phase mit *größerer* Elektrizitätsmenge haben; 3. zur Erzeugung des negativen Vorschlags müßten diese *über-wiegenden* Phasen im ersten Augenblick *umgekehrt* gerichtet sein, oder es wären mindestens zwei interferierende Impulsserien entgegengesetzter Richtung bei wechselnder Frequenz anzunehmen.

Folgende Tatsache macht es unwahrscheinlich, wenn sie es nicht sogar ganz ausschließt, daß das *Elektroretinogramm aus solchen Oszillationen summiert sein kann:* Adrian und Mat-thews [5] haben von den Netzhautströmen überhaupt nur den ersten schnellen Anfang der Eintritts- und Verdunkelungsschwankung registrieren können, *alles andere wurde von ihrem*

---

[1] Adrian u. Matthews: J. of Physiol. **65**, 273 (1928).
[2] Soweit diese überhaupt von ihrer Verstärkerschaltung wiedergegeben wurden (vgl. unten S. 1476, 1477).
[3] Fröhlich, F. W.: Z. Biol. **87**, 515—516 (1928).
[4] Adrian, E. D., u. R. Matthews: J. of Physiol. **63**, 406 (1927).
[5] Adrian, E. D., u. R. Matthews: J. of Physiol. **63**, 400 (1927).

Verstärker unterdrückt. Erklärung: sie arbeiteten in Widerstands-Kapazitätsschaltung (Kondensator mit Gitterleck) bei wählbarem Ausgangskondensator von 10 oder 1 oder 0,05 MF., und konnten damit Oszillationen von etwa 5 pro Sekunde bis hinauf zu ziemlich beliebig hohen ohne wesentliche Verzerrung verstärken bzw. — worauf es in vorliegender Frage allein ankommt — bei solchen Oszillationen *Spannung zum Capillarelektrometer bekommen.* Wenn dagegen ein *Gleich*strompotential plötzlich entsteht und dann *konstant* bleibt, so wird das vom Kondensator mit Gitterleck nur als eine kurze Anfangszacke (schnell entstehender und verschwindender *Stromstoß*) eben als Kondensatorladung und -entladung wiedergegeben; in dem von ADRIAN und MATTHEWS für den Netzhautstrom benutzten Fall, mit einer Halbwertszeit von etwa $1/2$ Sekunde.

Also, wäre das Elektroretinogramm eine Summationskurve aus den auf S. 1476 gekennzeichneten Oszillationen, so würden ADRIAN und MATTHEWS mit ihrer Verstärkeranordnung seinen *gesamten Verlauf als glatte oder oszillierende Kurve* (je nach Frequenz der hypothetischen Rhythmen) vermutlich haben registrieren können. Da sie von ihm aber überhaupt *nur* die schnellen Anfangs- und Schlußschwankungen als stark abgekürzte Stromstöße bekommen haben und alles andere unterdrückt wurde, ist sehr wahrscheinlich, daß es sich beim Elektroretinogramm *um Gleichstrom handelt* mit den bekannten langsamen Phasen als Stärke- oder Richtungsänderungen.

Da die Nervenimpulse vom Opticusstamm ableitbar sind, so ist wohl selbstverständlich, daß sie auch schon im Bulbus in der Opticusfaserschicht laufen. Warum hat FRÖHLICH sie an Cephalopoden bei Ableitung vom Bulbus als Rhythmen auf der stetigen Netzhautkurve bekommen, ADRIAN und MATTHEWS hingegen wohl am Opticusstamm von Aal und Frosch, aber trotz Verstärkung nicht bei Bulbusableitung?

ADRIAN und MATTHEWS erklären dies mit den ungünstigen Ableitungsbedingungen beim Wirbeltier, da bei Elektrodenlage vorn und hinten am Bulbus der Hauptteil der Opticusfaserschicht *senkrecht* zur Verbindungslinie der Elektroden liegt. Bei der Struktur der Cephalopodenretina mit den dem Licht zugewandten Stäbchen und anschließender Nervenfaser würde allerdings wohl ein *größerer* Teil der intraokularen Nervenfasern in die *günstige Parallel*richtung zur Elektrodenverbindung fallen. — Trotzdem sind die der stetigen Kurve superponierten Rhythmen *auch am Wirbeltierbulbus* nachweisbar; FRÖHLICH und Mitarbeiter[1] sahen und registrierten sie zusammen mit einsinnigen Netzhautströmen und glauben den negativen Ausfall von ADRIANS und MATTHEWS' Versuchen mit dem mehrsinnigen Verlauf der Netzhautströme in Zusammenhang bringen zu können. Beides hat aber offenbar nichts miteinander zu tun. Denn ich registrierte auf einer Reihe von typisch mehrphasischen Froschkurven superponierte Rhythmen zwischen 30 und 50 pro Sekunde, die besonders während der Senkung und der ersten Hälfte der sekundären Erhebung auftraten. — EINTHOVEN und JOLLY[2] lassen es unentschieden, ob die von ihnen gelegentlich am Frosch gesehenen wesentlich langsameren Oszillationen (2—3 pro Sekunde) im Auge entstanden sind.

Es dürfte im wesentlichen eine Frage der zweckmäßigen Ableitung sein, ob man am Wirbeltierbulbus auch die Nervenrhythmen der stetigen Kurve aufgelagert bekommt oder nicht.

Stellen wir kurz zusammen, was über die Rhythmik in Netzhaut und Opticus zur Zeit als einigermaßen gesichert angesehen werden kann:

1. Im Opticus, wie in allen bisher untersuchten Sinnes- und Muskelnerven der Wirbeltiere, ist der Aktionsstrom bei natürlicher Erregung stets *periodisch*.

2. Bei Ableitung vom Bulbus ist vor allem bei Cephalopoden, aber auch bei Wirbeltieren die Rhythmik aufgelagert auf die stetige Kurve des Netzhautstroms.

3. Das stetige Elektroretinogramm der Wirbeltiere (Frosch, Aal) ist aller Wahrscheinlichkeit nach *Gleichstrom* und keine Summation von Oszillationen.

4. Die *Frequenz* des Nervenrhythmus steigt mit der *Reiz*stärke, und zwar — ebenso wie die EMK des stetigen Elektroretinogramms — ungefähr entsprechend dem WEBER-FECHNERschen Gesetz.

---

[1] FRÖHLICH, HIRSCHBERG u. MONJÉ: Z. Biol. 87, 525f. (1928).
[2] EINTHOVEN, W., u. W. A. JOLLY: Zitiert auf S. 1445, Fußnote 3.

5. Das *Lichtmengengesetz* gilt für Oszillationsfrequenz und Latenz der Nerventladungen ebenso wie für Latenz und EMK des Netzhautstroms.

6. Bei Wirbeltieren ist der *zeitliche Frequenzablauf der Opticusoszillationen ein Abbild des jeweiligen Elektroretinogramms*, das also, nach dieser Umwandlung in die oszillierende Form, durch den Opticus zum Gehirn geleitet wird[1].

7. Die *Latenz* der Opticusentladung ist bei Wirbeltieren regelmäßig *beträchtlich länger* als die des Netzhautstroms.

8. Diese Latenz*differenz* ist recht konstant, beträgt bei Frosch und Aal im Mittel 0,1 Sekunde, ist bei Belichtung und Verdunkelung nahe gleich und unabhängig von der Lichtintensität; d. h. *nur die Latenz des Netzhautstroms variiert* weitgehend mit der Lichtintensität, dann folgt der Nervenstrom zwangsmäßig jedesmal nach dem *gleichen Zeitintervall*.

9. Für die Rhythmik der Cephalopodennetzhaut hat der Übergang von *schwächer zu stärker wirksamen Wellenlängen* den gleichen Erfolg wie die *Intensitätssteigerung ein und desselben Lichts*.

10. Bei Cephalopoden kann nach der Belichtung ein lange dauernder *Nachrhythmus* auftreten, der gesetzmäßige Beziehungen zu dem zugehörigen Belichtungsrhythmus hat.

---

[1] Fröhlich [Z. Biol. **87**, 515 (1928)] sucht die der Belichtungs- und Verdunkelungsschwankung des ERG entsprechenden Frequenzsteigerungen im Opticus nach seiner Hypogehenden Erregungswellen" zu erklären. — Das geht *nicht*. Denn wenn nach Fröhlichs these (s. S. 1415) mit dem „Zusammenwirken der von ausgedehnten Netzhautpartien ausAnsicht die Augenströme der Wirbeltiere normalerweise *einphasisch* verliefen und dementsprechend die Frequenz ihrer Oszillationen, wie bei den Cephalopoden (vgl. S. 1465, Abb. 484), bei Belichtung einfach anstiege, sich dann während der Belichtungsdauer nur wenig änderte und nach Verdunkelung einfach abfiele, so würde auch eine großflächige Netzhautbelichtung an *diesem Frequenzablauf* im Opticus nichts ändern können. Bei Versuchsanordnung, wie sie Fröhlich an Cephalopoden benutzte (s. S. 1415), würden dann zwar die beiden einphasischen *Gleichströme* der *Netzhaut*-Ableitungsstellen interferieren und im *Galvanometerkreis* einen stetigen *mehr*phasischen Interferenzstrom als Kunstprodukt ergeben können; aber es dürfte wohl nicht zu erklären sein, wie dieses, durch die Ableitungsart am Bulbus *ja nur im Stromkreis* erzeugte *Kunstprodukt* nun mit einemmal als *Erregung* des Opticus weiter zum Gehirn geleitet werden sollte. Denn von den zahlreichen, bei großflächiger Belichtung getroffenen Netzhautempfängern würde doch jeder für sich seine (nach Fröhlich) einfach ansteigende, dann annähernd konstant bleibende und einfach wieder abfallende Oszillationsfrequenz in *seine zugehörige* Opticusfaser schicken. Da nun bei *monophasischer* Opticusableitung die einzelnen Rhythmus*zacken* alle *einseitig* gerichtet sind oder wenigstens eine *stark überwiegende* Phase haben und sich daher durch Interferenz *nicht gegenseitig auslöschen* können, so müßte die Opticusableitung unter allen Umständen ergeben: *Anstieg, annähernde Konstanz und* (nach Verdunkelung) *Wiederabfall der Frequenz*; nur wegen der Ungleichzeitigkeit in den verschiedenen Opticusfasern, mit entsprechend *hoher* Gesamtfrequenz. — Tatsächlich verhalten sich die Frequenzen auf den von Fröhlich [Z. Biol. **87**, 515 (1928)] als Beweis für *seine* Ansicht angeführten Cephalopodenkurven 1 und 5 auch *nicht anders*: nach Verdunkelung ebben die Oszillationen unter Frequenzabnahme ab, sind in Kurve 5 verschwunden, wenn der stetige Belichtungsstrom den Wert Null erreicht hat, und *danach erst nach einer weiteren* Pause von mehreren Fünftel Sekunden beginnt von neuem der *Nach*rhythmus bei Kurve 5 (vgl. dazu S. 1468). Nur dadurch, daß Fröhlich die *glatten* Stellen des Kurvenablaufs als „nichtauszählbare höhere Frequenz" deutet, kommt er bei seinen Kurven zur *Annahme* von *hohen* Frequenzsteigerungen nach Belichtung und Verdunkelung. Wie aber diese *hypothetischen* hohen Frequenzsteigerungen auf Grund seiner *Wettstreit*theorie *ausgerechnet bei seinen beiden Kurven 1 und 5* zustande kommen sollen, obwohl *gerade diese* Kurven im *stetigen* Strom kaum eine *Andeutung von Wettstreit* (d. h. von Belichtungs- und Verdunkelungszacken) aufweisen, das erklärt Fröhlich nicht näher. — Beim Wirbeltier sind die Opticusoszillationen ohne Zweifel eine Folge der im Nerven weitergeleiteten *Erregung*, wie das lange Latenz*intervall* (0,1 Sekunde) zwischen Netzhaut- und Opticusstrom zeigt. Daß nun auch die *Opticuse*rregungen des Wirbeltiers diese starken und nicht etwa nur hypothetischen, sondern zweifelsfrei sicht- und auszählbaren (vgl. Abb. 486 u. 488) *Anstiege* nach Belichtung und Verdunkelung zeigen, ist nach dem vorstehenden wiederum ein sicherer Beweis *gegen* Fröhlichs Kunstprodukthypothese und *für* das Vorkommen der Eintritts- und Verdunkelungsschwankung des ERG *schon in jedem Netzhautempfänger*.

11. Als Entstehungsort für den *stetigen* Netzhautstrom ist bei Cephalopoden das *Sinnesepithel*, und zwar das dem Licht zugewandte *End*glied der Stäbchen (hier Innenglied) nachgewiesen; bei Wirbeltieren kann er wenigstens mit *großer Wahrscheinlichkeit* in die Stäbchen-Zapfenschicht verlegt werden (siehe später S. 1483).

12. Bei Wirbeltieren wird der Gleichstrom des Sinnesepithels irgendwo im Leitungsweg in die oszillierende Form der Nerventladungen umgewandelt, wie aus dem langen Latenz*intervall* hervorgeht. Der Umwandlungsort wird in den Synapsenlagern der Netzhaut vermutet. — Bei Cephalopoden fehlt bisher der Nachweis des stetigen Stroms als *Gleich*strom und der Nachweis eines Latenz*intervalls*; die Rhythmen entstehen bei ihnen vielleicht auch im Stäbcheninnenglied.

Unsicher ist bisher noch:

1. ob für den *einzelnen Stromstoß* der Nervenoszillationen das Alles-oder-Nichts-Gesetz gilt (Wechsel oder Konstanz von Amplitude und Form der Einzelentladung bei Änderungen der Reizintensität?), wenn seine Gültigkeit, wenigstens bei Wirbeltieren, auch ziemlich wahrscheinlich zu sein scheint;

2. ob Licht verschiedener Wellenlänge auf die Netzhautrhythmen der Cephalopoden *qualitativ* verschieden wirkt;

3. ob die Cephalopoden bei Dressuren Farbenunterscheidungsvermögen zeigen.

———————

Wir sind am Ende der Zusammenstellung des Tatsachenmaterials; und ich brauche wohl nur auf den Inhalt des letzten Kapitels zu verweisen, um klar werden zu lassen, welch hervorragende Bedeutung den *elektrischen* Erscheinungen am Auge — im Zusammenhang mit FRÖHLICHS und ADRIANS Feststellung der *Rhythmik aller Sinnesnerven-Leitung* — für die weitere *allgemeine* Erkenntnis der Sinnes-, Nerven- und Hirnfunktion zukommt. — Bei den meisten Sinnen fehlen Tatsachen über objektive Vorgänge in den Empfängern des Sinnesepithels ganz oder sind äußerst spärlich. Aber beim Gesichtssinn liegt ein ausgedehntes, nach den verschiedensten Richtungen durchgearbeitetes Material vor sowohl über die objektiven Netzhautprozesse wie die subjektiven Wahrnehmungen. Da jetzt noch eine Reihe von Tatsachen über den Leitungsvorgang im Opticus hinzugekommen ist, so scheinen gerade beim Gesichtssinn noch am ehesten die Bedingungen gegeben zu sein, um durch Verknüpfung der drei verschiedenen Tatsachengruppen eine Vorstellung von der Zusammenarbeit der Empfänger, Vermittler und Empfinder eines Sinnesorgans gewinnen zu können.

Um für eine solche theoretische Auswertung des Materials eine einigermaßen tragfähige Basis zu schaffen, habe ich im vorstehenden gesucht:

1. von den elektrischen Erscheinungen am Auge das *Wichtigste* möglichst vollständig zusammenzustellen, und 2. durch anschließende kritische Verarbeitung diejenigen Ergebnisse herauszuheben, die zur Zeit als leidlich *zweifelsfrei* angesehen werden können, und sie gegen die unsicheren und nachprüfungsbedürftigen abzugrenzen.

C. Theoretisches[1].

1. Zur Deutung des Bestandpotentials.

Eine anerkannte, die wesentlichen Erscheinungen des Bestandpotentials befriedigend erklärende Theorie gibt es bisher nicht. Es soll daher noch einmal

———————

[1] Betreffs der physikalisch-chemischen Grundlagen für die Deutung elektrophysiologischer Erscheinungen verweise ich auf den Artikel CREMERS: „Ursache der elektrischen Erscheinungen" ds. Handb. 8 II, 999. — S. ferner BROEMSER: ds. Handb. 1, 309—311. — An dieser Stelle werden nur die Augenströme, speziell in ihren Beziehungen zu den sonstigen Funktionen des Sehorgans, behandelt.

kurz zusammengestellt werden, welchen Haupttatsachen eine Theorie über das Zustandekommen des Bestandpotentials im Auge gerecht werden muß.

Das sind:

1. die *entgegengesetzte Richtung* des Bestandpotentials, welche bei Vertebraten und Avertebraten der Orientierung des Sinnesepithels entspricht (vgl. S. 1397);

2. die *Verstärkung* des Bestandpotentials durch Licht, und zwar in der jeweils normalen Richtung sowohl bei Vertebraten wie Avertebraten (S. 1401, 1411, 1414);

3. die *örtliche* Bestandpotential-*Verteilung* am Bulbus (annähernd konstantes Potential im Bereich der Netzhaut, mit evtl. Beeinflussung durch den Opticus; plötzlicher Potentialsprung an der Ora serrata) (vgl. S. 1399);

4. die *unabhängige Änderung* von Bestand- und Belichtungspotential unter bestimmten Einflüssen („Gesetz der konstanten Spannungsänderung"; Ionenwirkung; mechanische Insulte) (vgl. S. 1402—1409);

5. daneben die *gleichsinnige Änderung* beider Potentiale unter anderen Einflüssen (CO_2, O_2; Temperaturwirkung. Adaptationsänderungen; elektrische und Lichtreize) (vgl. S. 1402—1409).

An theoretischen Vorstellungen über das Bestandpotential sind hauptsächlich folgende geäußert:

KÜHNE und STEINER[1] entwickeln über das Bestand- und Belichtungspotential und den Ort ihrer Entstehung als erste eine Reihe detaillierterer Vorstellungen, an die sich dann spätere Autoren mehrfach angeschlossen haben. KÜHNE und STEINER nehmen an, daß die in den verschiedenen Körnerschichten gelegenen Netzhautganglienzellen nach Unterbrechung des Blutkreislaufs sehr schnell absterben. Sie schließen das einmal daraus, daß die vom Opticus auf *Lichtreiz* des Auges abzuleitenden Nervenströme auffallend vergänglich sind trotz wohlerhaltener Belichtungsströme der Netzhaut und *elektrischer* Erregbarkeit des Opticus. Ferner vermuten sie, daß die Ganglien der Retina, als eines vorgeschobenen Hirnteils, sich ähnlich verhalten wie die des Zentralnervensystems, dessen Reflexerregbarkeit 2—5 Minuten nach Sistieren der Blutzufuhr erlösche.

Sie setzen danach, vor allem beim Warmblüter, voraus, daß wenige Minuten nach Enucleation des Auges oder Isolation der Retina nur noch einerseits das Sinnesepithel, andererseits die Nervenfaserschicht überleben, daß beide aber funktionell getrennt sind durch die inzwischen abgestorbenen Ganglienzellschichten. Dementsprechend verlegen sie den Belichtungsstrom der Netzhaut — den sie z. B. an der Taubennetzhaut noch 45—50 Minuten nach Isolierung bekommen haben — in die Stäbchen-Zapfenschicht und halten es für denkbar, daß der Bestandstrom zum Teil ein Längsquerschnittsstrom der Nervenfaserschicht sei, wobei sie die abgestorbene Ganglienzellschicht als chemischen Querschnitt auffassen (vgl. dazu Tirala S. 1481). Zur Erklärung des Absinkens und der Umkehr des Bestandpotentials halten sie mindestens noch ein zweites, einen konstanten Strom gebendes Substrat für erforderlich, „dem die Aufhebung und Überkompensation jenes Nervenstromes zuzuschreiben wäre".

Sie diskutieren dann einige weitere Gedanken, die sehr viel später von anderer Seite wieder aufgenommen sind: einmal (vgl. dazu NAGEL) daß die Wandlungen des Bestandstroms mit solchen Erregungsvorgängen in der Netzhaut zusammenhängen könnten, die subjektiv das Wallen des „Eigenlichts" bedingen (S. 142 ihrer Arbeit); und ferner (vgl. dazu GARTEN), daß der Bestand- und Belichtungsstrom des Sehepithels große Ähnlichkeit mit den Bestand- und Sekretionsströmen der Drüsenepithelien aufweist, sowohl bezüglich der Bestandstromrichtung (von der freien Oberfläche zur Zellbasis) wie der Aktionsstromschwankungen (S. 151—152 ihrer Arbeit).

WALLER[2] sieht in dem Bestandstrom einen Alterationsstrom des Augapfels, hervorgerufen durch die unvermeidlichen mechanischen Insulte beim Präparieren, einen „Flammstrom" in seinem Sinne: der Strom verschwinde schnell und lasse sich durch neue Insulte beliebig wieder hervorrufen. — Dazu mag gleich bemerkt werden, daß diese Deutung gut eigentlich nur für die WALLERsche Beobachtung des raschen Absinkens paßt; schon weniger gut zu den Angaben anderer Autoren, daß der Bestandstrom des exstirpierten Bulbus außer-

---

[1] KÜHNE, W., u. J. STEINER: Unters. Physiol. Inst. Heidelberg, 4, 139—151, 161—168 (1881).

[2] WALLER, A. D.: Kennzeichen des Lebens, S. 33—34.

ordentlich langsam absinken kann; und gar nicht zu der kaum bezweifelbaren Tatsache, daß auch völlig intakte Augen in situ einen zum Teil recht konstanten Bestandstrom liefern (s. S. 1404—1406).

NAGEL[1] meint, der Bestandstrom des Auges in situ sei kein Demarkationsstrom im Sinne HERMANNS; „ob im absterbenden Auge ein solcher sich zu dem vorhandenen hinzugesellt", läßt er offen. Zutreffender scheint ihm, den im lebenden Auge dauernd vorhandenen Bestandstrom als eine Art Aktionsstrom aufzufassen, „der sein Analogon im subjektiven Gebiet in dem ‚Eigenlicht' der Netzhaut hat" (vgl. oben KÜHNE und STEINER).

GARTEN[2] nimmt den von KÜHNE und STEINER bereits diskutierten Gedanken des Vergleichs zwischen Netzhaut und Drüsenströmen wieder auf und entwickelt ihn weiter. Er vermutet, daß die „Ströme im Sehepithel ein Ausdruck der sekretorischen Funktion sind, die hier in der Aufgabe der Erzeugung lichtempfindlicher Stoffe liegt".

Schließlich knüpft noch TIRALA[3] an Gedanken von KÜHNE und STEINER an. Gleichfalls ausgehend von der elektrischen Analogie zwischen Drüsenzellen und Sehepithel, verlegt er Bestand- und Belichtungspotential in die Stäbchen-Zapfenschicht. Er erklärt die Abnahme und Umkehr des Bestandstroms mit dem Absterben der Ganglienzellschicht, indem er annimmt, daß diese dann als eine Art von chemischem Querschnitt das normale Potential zwischen Basis und Endglied der Sehzellen kompensieren.

Die bisherigen Vorstellungen verlegen sämtlich das Bestandpotential in die Netzhaut. Von diesem Grundsatz gehen LEHMANN und MEESMANN[4] ab, die das von ihnen zwischen Kammerwasser und Blut gefundene Donnanpotential mit dem Bestandpotential des Auges identifizieren und auf Grund ihrer Versuche glauben, die Netzhaut habe mit dem Bestandpotential nichts zu tun.

Von diesen Vorstellungen schalten einige wohl aus. Für das lebende Auge einmal die, ursprünglich an isolierten Augen und Augenteilen gewonnene, daß der Bestandstrom ein durch die Präparation des Auges hervorgerufener Verletzungsstrom („Flammstrom") des Bulbus sei; denn es wurde oben schon geltend gemacht, daß sich das lebende intakte Auge in situ nicht prinzipiell anders verhält wie das isolierte. — Dann geht es wohl nicht an, das Bestandpotential des Auges *restlos* auf ein Donnanpotential zwischen Blut und Kammerwasser zurückführen und annehmen zu wollen, die Netzhaut habe mit dem Bestandpotential überhaupt nichts zu tun; denn um trotz dieser Theorie die elektrischen Bestand- und Belichtungspotentiale der isolierten Netzhaut, ja der isolierten Schicht der Stäbcheninnenglieder (Cephalopoden, S. 1471) erklären zu können, ist die Hilfshypothese, es werde eben die Netzhautinnenfläche stets mit Kammerwasser, die Außenfläche mit Blut benetzt sein, doch wohl etwas unbefriedigend. Geht man von dem bewährten Grundsatz aus, die Tatsachen möglichst einfach deuten zu wollen, so scheint wenigstens mir die Vorstellung näher zu liegen, daß die Netzhaut, als unzweifelhafter Sitz des Belichtungspotentials, im *unbelichteten* Zustand auch zum Bestandpotential des Bulbus mit beiträgt wird.

Überblicken wir die Haupttatsachen, so erscheint es wohl als die einfachste Lösung, nach dem Vorgang von KÜHNE und STEINER anzunehmen, daß sich dasjenige, was wir als „*Bestandpotential*" außen am Bulbus finden, *aus mehreren Einzelpotentialen zusammensetzt*, welche veränderliche Stärke und teils entgegengesetzte Richtung haben mögen. Über ihren Sitz können wir bisher, wenigstens zum Teil, nur Vermutungen hegen: So legen die *gleichsinnige* Änderung von Belichtungs- und Bestandpotential bei Adaptationsänderungen und Lichtwirkung (S. 1404ff.), ferner die Richtungsabhängigkeit beider Potentiale von der *Orientierung des Sinnesepithels* (S. 1397) es nahe, daß eins dieser Teilpotentiale am Sitz des Belichtungspotentials, im *Sinnesepithel*, entsteht (NAGEL, GARTEN, TIRALA). Es würde demjenigen entsprechen, das mit den Drüsensekretionsströmen (hier Sekretion lichtempfindlicher Stoffe) und auf subjektivem Gebiet

---

[1] NAGEL, W.: Nagels Handb. d. Physiol. **3**, 102 (1904).
[2] GARTEN, S.: S. 240 der auf S. 1482, Fußnote 3 zitierten Abhandlung.
[3] TIRALA, L.: Arch. f. Physiol. **1917**, 161 ff.
[4] LEHMANN, G., u. A. MEESMANN: Pflügers Arch. **205**, 226 (1924).

mit dem „Wallen des Eigenlichts" in Verbindung gebracht ist. — Sehr beachtenswert sind im Zusammenhang mit der Sekretionstheorie der Netzhautströme die Untersuchungen[1] über starke Phosphorsäurebildung in der belichteten, schwache in der unbelichteten isolierten Netzhaut, deren Entstehung in den Außengliedern des Sehepithels vermutet und zur Produktion von lichtempfindlichen Substanzen in Beziehung gebracht wird.

Ferner liegt die mehrfach gemachte Annahme nahe (Kühne-Steiner, Tirala), daß das *Absterben* besonders empfindlicher Netzhautteile im *isolierten* Auge mit einer Potential*änderung* verknüpft sein könne. Wie die älteren und neueren Untersuchungen[2] mit Druckanämie des Auges gezeigt haben, sterben zwar diese empfindlichen Teile selbst beim Warmblüter nicht sehr schnell ab, sondern vertragen beim Menschen eine 22 Minuten lange völlige Blutleere ohne dauernden Schaden (Wegner[2]); aber sie stellen mit Einsetzen der Anämie *augenblicklich ihre Funktion ein* (temporäre Erblindung des Menschen). Mit Wiederkehr des Blutstroms verschwindet diese temporäre Erblindung ebenso schnell, wie sie gekommen war. — Daß mit einem auch nur zeitweiligen Funktionsverlust eine Permeabilitätsänderung dieser Teile oder ein anderer Anlaß zur Änderung von *Phasengrenzpotentialen* verknüpft sei, liegt durchaus im Bereich der Möglichkeit. — Aus mehreren Gründen ist es *nicht* wahrscheinlich, daß die gegen Anämie *empfindlichsten* Netzhautteile die Opticusfasern oder die Stäbchen und Zapfen sind. Man wird den Ort dieser etwaigen, mit der *Blutleere* zusammenhängenden Potentialänderung des isolierten Auges wie bislang in den Ganglien oder Synapsen der dazwischenliegenden Netzhautschichten vermuten können; wird aber gerade bei Änderungen der Blutversorgung auch an das *Donnanpotential* und Durchlässigkeitsänderungen der Capillaren denken müssen.

Von weiteren Teilpotentialen können wohl als nachgewiesen angesehen werden das *Donnanpotential* zwischen Blut und Kammerwasser (Lehmann-Meesmann S. 1409) und am isolierten Auge das *Längs-Querschnittspotential* des durchtrennten Opticus (du Bois-Reymond, Holmgren, Kühne-Steiner u. a., S. 1399). Ob das die einzigen Teilpotentiale sind und wie durch das Zusammenwirken aller die bekannten *unabhängigen* Änderungen von Bestand- und Belichtungspotential („Gesetz der konstanten Spannungsänderung"; Ionenwirkung) zustande kommen können, muß weiteren Untersuchungen vorbehalten bleiben.

2. Die Belichtungspotentiale und ihre Zuordnung zur Sehfunktion.

Das theoretische Interesse an den elektromotorischen Belichtungsvorgängen im Auge hat sich von jeher vorwiegend auf bestimmte Fragen konzentriert: 1. die nach dem Entstehungsort der Potentiale, 2. nach der Deutung des Elektroretinogramms und 3. nach seinen Beziehungen zur Sehfunktion des Auges[3]. Sehen wir zunächst, ob und in welcher Richtung das neue Tatsachenmaterial hier weitere Klärung bringt.

---

[1] Siehe ds. Handb. 12 I, 267—268. — Vgl. auch über Ammoniak-Bildung in der belichteten Netzhaut: Hans Rösch [Hoppe-Seylers Z. 186, 237—259 (1930].
[2] Donders, F. C.: Graefes Arch. 1 (2), 75 (1855); siehe auch in Helmholtz' Handb. 2. Aufl., S. 149. — M. Reich: Klin. Mbl. Augenheilk. 12, 238. — S. Exner: Pflügers Arch. 16, 409. — W. Kühne: Unters. a. d. Physiol. Inst. Heidelberg 2, 46 (1882). — W. Wegner: Arch. Augenheilk. 98, 514 (1928).
[3] Ich verweise auf die beiden bisherigen größeren Zusammenfassungen: S. Garten: v. Graefe-Saemischs Handb. d. ges. Augenheilk., 1. Teil, Kap. XII, 3, 233ff. (Anhang). Leipzig: W. Engelmann 1907. — Trendelenburg, W.: Asher-Spiros Erg. Physiol. 11, 21—34 (1911).

a) *Entstehungsort des Belichtungspotentials:* Das stetige Belichtungspotential — das ERG bei Ableitung von Cornea und Fundus des Auges — entsteht zweifellos bei Wirbeltieren und Cephalopoden *in der Retina* (s. S. 1411 f.) und nicht etwa im Pigmentepithel, in der Chlorioidea oder in vorderen Augenteilen, wie zeitweise auch diskutiert wurde. Bei Cephalopoden hat sich sein Ursprungsort noch genauer *auf die dem Licht zugewandten Endglieder der Stäbchen* („Innenglieder" bei den Cephalopoden) festlegen lassen (s. S. 1471).

Liegt auch für Wirbeltiere bisher kein entsprechend eindeutiger Nachweis vor, so wird doch die Stäbchen-Zapfenschicht als Ganzes schon nach Analogie des Cephalopodenauges als der Sitz des Belichtungspotentials vermutet werden dürfen. Hierfür gibt es noch weitere Wahrscheinlichkeitsbeweise, unter denen insbesondere der schon von KÜHNE und STEINER (s. S. 1480) angeführte von der verschiedenen Empfindlichkeit der einzelnen Netzhautstrukturen einleuchtet (s. vorher S. 1482). Wenn es richtig ist, die temporäre Erblindung des Menschen bei Druckanämie auf den Funktionsausfall der *Ganglien-* oder *Synapsen*lager zurückzuführen, so würde allerdings der Belichtungsstrom eines exstirpierten, also nicht mehr durchbluteten, Warmblüterauges wohl in die Stäbchen-Zapfenschicht zu verlegen sein. Denn da der Opticusfaserstrom oszillatorisch ist, bleiben dann für den stetigen Strom nur die Stäbchen und Zapfen als Ursprungsort[1].

b) *Zur Deutung des Elektroretinogramms:* Das ERG zeigt in der ganzen Wirbeltierreihe nahezu die gleiche mehrphasische Gestalt mit Erhebungen und Senkungen von typischem Verlauf, die sich aber *unter bestimmten Bedingungen gesetzmäßig* so verändert[2], daß einfache *positive* Kurven (schwache kurze Belichtung bei Dunkeladaptation; oder Rotreiz bei Taube, Huhn, Mensch) bzw. einfache *negative* resultieren (Wirkung von Kälte, bestimmten Ionen, mechanischen Insulten; oder Blaureiz bei Tauben[3]). Vergleicht man solche ein- und mehrphasischen Kurven miteinander, so erscheint zweifellos die, zuerst von KÜHNE und STEINER[4] aufgestellte, danach von verschiedenen anderen Autoren weiter ausgebaute, Hypothese einleuchtend, daß das ERG aus mehreren entgegengesetzten Teilpotentialen besteht, die mit leichter zeitlicher Verschiebung einsetzen und verschwinden. Von den verschiedenen Formen, in die diese Teilstromhypothese bisher gebracht ist, werden dem tatsächlichen Verlauf[5] des ERG am besten die von EINTHOVEN und JOLLY[6] und die von PIPER[7] gerecht.

EINTHOVEN-JOLLY zeichnen ihre Teilströme und Interferenzkurven nur für den Fall der *Moment*belichtung auf, PIPER für *Dauer-* und *Moment*belichtung; aber wahrscheinlich hat DAY[8] recht, wenn er meint, beide Hypothesen seien im Grunde identisch. Es erscheint daher fraglich, ob ADRIAN und MATTHEWS[9] die Teilströme *A* und *B*, wenigstens nach der Beschreibung von EINTHOVEN-JOLLY zu urteilen, richtig in die Form der Dauerbelichtung übertragen haben.

---

[1] Vgl. im übrigen S. 233ff. der Abhandlung von S. GARTEN: Zitiert auf S. 1482, Fußnote 3, und die neueren Arbeiten von C. E. KEELER, E. SUKLIFFE und E. L. CHAFFEE: Proc. nat. Acad. Sci. U. S. A. **14**, 477—484, 811—815 (1928).

[2] Vgl. vorher S. 1412—1428, 1431—1440, 1442—1444, 1455—1458, 1462—1464.

[3] Wenn G. E. MÜLLER (S. 601 seines auf S. 1490, Fußnote 2 zitierten Buches) neuerdings sagt, es beruhte „auf einer falschen Voraussetzung, wenn man gelegentlich gemeint hat, daß die Aktionsströme bei Einwirkung grünen (blauen) Lichts die entgegengesetzte Richtung besitzen müßten wie bei Einwirkung roten (gelben) Lichts", so steht das mit den seit lange bekannten Tatsachen in Widerspruch.

[4] KÜHNE u. STEINER: Unters. Physiol. Inst. Heidelberg **3**, 347—348 (1880).

[5] WALLERS Interferenzkurve ist mathematisch falsch konstruiert und stimmt mit dem wirklichen Stromverlauf nicht überein; siehe A. KOHLRAUSCH: Arch. f. Physiol. **1918**, 218.

[6] EINTHOVEN und JOLLY: Quart. J. exper. Physiol. **1**, Kap. III 2 (1909).

[7] PIPER: Arch. f. Physiol. **1911**, 120ff.

[8] DAY, E. C.: Amer. J. Physiol. **38**, 393 (1915).

[9] ADRIAN u. MATTHEWS: J. of Physiol. **63**, 399 (1927).

PIPERS Interferenzkonstruktion (s. Abb. 489) soll die Aufgabe erfüllen, das ERG der Wirbeltiere aus *drei* möglichst einfachen Teilströmen (I, II, III) zusammenzusetzen. Zwei davon sind positiv (I und III), also als *Verstärkung* des

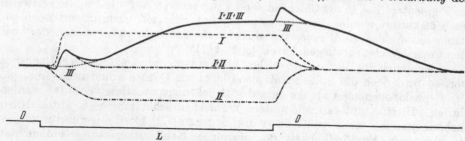

Abb. 489. PIPERS Interferenzkonstruktion des Elektroretinogramms aus den drei Teilströmen I, II und III.
[Aus TRENDELENBURG: Erg. Physiol. 11, 33 (1911).]

Bestandpotentials gedacht, einer negativ (II); und alle drei beginnen und enden nach PIPERS Annahme mit verschiedener Latenz und Geschwindigkeit, so daß durch ihre Interferenz die markanten Anfangs- und Endeffekte des ERG zustande kommen (Abb. 489).

Wenn man überhaupt den Standpunkt einnehmen will, daß die Belichtungskurve einen Interferenzvorgang aus mehreren entgegengesetzten Potentialen darstellt, so bewährt PIPERS Konstruktion — und die mit ihr vermutlich identische von EINTHOVEN-JOLLY — sich recht gut: z. B. haben negative Stromschwankungen bei gleicher EMK des Ausschlags tatsächlich etwas kürzere Belichtungslatenz (s. Abb. 449, S. 1420) flacheren Abfall und steilere Rückkehr (siehe Abb. 479, S. 1456) als positive. — Ferner würden nach PIPER der negative Vorschlag und die Verdunkelungsschwankung zum gleichen Teilstrom gehören; daß beide eng verknüpft sein müssen, ist vielfach konstatiert.

Die relativ langsam verlaufende sekundäre Erhebung (der hypothetische Teilstrom III) hängt offenbar mit der Adaptation zusammen, wenn auch in komplizierter Weise (vgl. den Gegensatz zwischen Tages- und Dämmerapparat S. 1431, 1462). — Die schnellen entgegengesetzten Anfangsphasen, der negative Vorschlag, die positive Eintrittsschwankung, auch die Verdunkelungsschwankung (die hypothetischen Teilströme I und II) sind von verschiedenen Autoren je mit den beiden Elementen des Neuroepithels, den Stäbchen und Zapfen, in Verbindung gebracht; diese Annahme läßt sich indes nicht befriedigend durchführen[1].

Von weiteren Kurven-Deutungen seien kurz erwähnt: KAHN und LÖWENSTEIN[2] und RENQVIST[3] suchen das ERG in das Schema des zweiphasigen Aktionsstroms zu zwängen. Erstere müssen zu dem Zweck den vielleicht wichtigsten Kurventeil, die positive Eintrittsschwankung, die z. B. bei lichtschwachen Momentreizen allein auftritt (S. 1437), ganz außer Betracht lassen und außerdem eine zweite Phase des Verdunkelungsausschlags voraussetzen

---

[1] KOHLRAUSCH, A.: Arch. f. Physiol. **1918**, 235—237.

[2] KAHN, R. H. u. A. LÖWENSTEIN: Graefes Arch. **114**, 314ff. (1924). — Zu der Arbeit ist zu bemerken: Ob die Luxation des Bulbus für Netzhaut und Opticus *schonender* ist, als die bislang bei Vögeln und Säugern geübten Ableitungsverfahren, ist wohl bezweifelbar; jedenfalls hat die Methode von K. und L. nichts Neues über das ERG der Säuger geliefert. — Wenn K. und L. die Belichtungsströme des Auges für „Adaptations"ströme halten (anstatt für „Aktions-" oder „Erregungs"ströme), so könnte man mit gleichem Recht einen wesentlichen Teil der Augenfunktionen überhaupt unter den Begriff „Adaptation" bringen; beides wäre zwar anders als bisher, dürfte aber kaum zu weiterer Klärung der Vorgänge beitragen. — Warum K. und L. verschiedene Wellenlängen und Adaptationszustände zwar selber als Untersuchungsmethoden zur Analyse des ERG benutzen, aber bei anderen Autoren beanstanden (S. 325—326 ihrer Arbeit), wird nicht ganz verständlich. — Wenn sie es für *unberechtigt* erklären, aus pathologischen Befunden Schlüsse auf das normale Geschehen zu ziehen (S. 325), müßten konsequenterweise ganze Gebiete der Physiologie, wie die Lehre von den Hormonen oder den ZNS-Funktionen, gestrichen werden.

[3] RENQVIST, Y.: Skand. Arch. Physiol. (Berl. u. Lpz.) **45**, 95 (1924).

(s. ihre Abb. 1, 6, 9), wie sie in dieser Form nicht beobachtet wird und sich auch auf keiner ihrer veröffentlichten Originalkurven findet. Tatsächlich kehrt die Kurve nach der positiven Verdunkelungsschwankung einfach gegen Null zurück, ohne danach nochmals beträchtlich anzusteigen.

TIRALA[1] und CHAFFEE, BOVIE und HAMPSON[2] beziehen alle einzelnen Zacken des ERG auf besondere Netzhautvorgänge, die sie teils den Zapfen, teils den Stäbchen zuschreiben (vgl. dazu das S. 1484 Bemerkte).

Betreffs der Ansicht von FRÖHLICH — das mehrphasische ERG der Wirbeltiere stelle keine Eigentümlichkeit der Netzhaut selbst dar, sondern sei ein Kunstprodukt, welches durch ausgedehnte Belichtung und den dadurch bedingten Wettstreit der Negativitäten an den beiden Ableitungsstellen zustande komme — verweise ich auf die Seiten 1414—1434, 1436 bis 1440, 1442—1444, 1455—1458, 1477, 1478, 1485—1489 dieser Abhandlung[3]. Dort ist eingehend gezeigt, daß FRÖHLICHS Deutung unhaltbar ist, weil sie auf den verschiedensten Gebieten mit den Tatsachen über das ERG der Wirbeltiere in Widerspruch steht. Sie ist daher kein Grund, von der bisher allgemein gemachten Voraussetzung abzugehen, die in dem mehrphasischen ERG der Wirbeltiere eine Eigentümlichkeit der Netzhaut selbst sieht, und seine Formwechsel zu Änderungen von Netzhautprozessen in Beziehung setzt.

Die Aufgabe, eine Kurve wie das ERG aus Teilen zusammenzusetzen, hat in mathematischer Hinsicht selbstverständlich beliebig viele Lösungen; es kann sich also nur darum handeln, eine *physiologisch wahrscheinliche* zu finden, die die *Tatsachen richtig* wiedergibt. — Welchen Standpunkt man auch zu den bisherigen ERG-Analysen einnehmen mag, es bleibt meines Erachtens vor allem die Tatsache bemerkenswert und zu deuten, daß man in der *ganzen* Wirbeltierreihe unter bestimmten Bedingungen den *gleichen komplizierten Kurventyp* findet, der sich durch Änderung der Bedingungen gesetzmäßig in eine *einfache positive* bzw. eine *einfache negative Kurve* abwandeln läßt[4] (s. S. 1483, Fußnote 2). Zur Deutung dieses Tatsachenkomplexes könnte man, die Teilstromhypothese von *Kühne-Steiner, Waller, Einthoven-Jolly und Piper* weiter ausbauend, auf Grund der bisherigen Untersuchungen, vor allem auch derjenigen am Menschen (S. 1459—1464), meiner[4]) Ansicht nach etwa folgendes sagen:

Bei Belichtung der Wirbeltier- und Menschennetzhaut mit Weiß spielen sich, wahrscheinlich in der Schicht des Sinnesepithels, mehrere Prozesse ab. Einer davon liefert den einphasischen positiven Teilstrom I *Pipers*, ein anderer den einphasischen negativen Teilstrom II und einer den einphasischen positiven Teilstrom III (Abb. 489). Der Vorgang I ist nach *Waller* (S. 1419ff.) empfindlicher als Vorgang II gegen *Schädigungen irgend welcher Art* (mechanische Insulte, Kälte, Erstickung, giftige Metallionen; S. 1417—1428). Infolgedessen verschwindet unter schädigenden Bedingungen der positive Teilstrom I schneller als Teilstrom II, so daß letzterer unter Umständen schließlich allein übrig bleibt als *einphasische negative Belichtungsschwankung* (S. 1417—1428). Diese kann dann recht stark sein (S. 1417f. u. S. 1425ff.), weil sie nicht mehr durch Interferenz mit den positiven Strömen verkleinert wird. — Neuerdings hat sich ergeben[5], daß bei *ganz jungen* Tieren (lebende, nicht narkotisierte, aber immobilisierte Hausmäuse zwischen dem 13. und etwa 21. Lebenstage; Ableitung von Hornhaut und Mundschleimhaut) zunächst nur ein *fast rein einphasischer negativer Belichtungsstrom*, auch bei hohen Lichtintensitäten (bis 538 Meterkerzen), auftritt. Erst um den 21. Lebenstag nähert sich bei *hohen* Belichtungsstärken der Kurven-

[1] TIRALA, L.: Arch. f. Physiol. **1917**, 161—164.

[2] CHAFFEE, BOVIE u. HAMPSON: J. opt. Soc. Amer. **7**, 29 (1923).

[3] Vgl. auch A. KOHLRAUSCH: Arch. f. Physiol. **1918**, 237—239.

[4] Vgl. A. KOHLRAUSCH: Arch. f. Physiol. **1918**, 235—237. — Daß diese positiven bzw. negativen Kurven *einfacher* sind als das gewöhnliche ERG, lehrt ohne weiteres der Augenschein (s. Abb. auf S. 1418—1427, 1436—1440, 1455—1457, 1463, 1464, 1489); daß sie dementsprechend in einem *einfacheren Geschehen* ihren Grund haben werden, ist trotz KAHN und LÖWENSTEIN [Graefes Arch. **114**, 326 (1914)] die nächstliegende Annahme.

[5] KEELER und Mitarbeiter: zitiert S. 1483, Fußnote 1.

verlauf mehr und mehr dem der erwachsenen Mäuse; letzterer stimmt durchaus mit dem mehrphasischen ERG von Frosch, Kaninchen, Mensch u. a. überein. Das ist ein neuer Beweis *für* die Unabhängigkeit der negativen von den positiven Anfangsschwankungen im ERG (Teilstrom II und I) und abermals ein Beweis *gegen Fröhlichs* Kunstprodukt-Hypothese (S. 1415). — Bemerkenswerterweise ist der *ontogenetisch ältere* Vorgang zugleich der *widerstandsfähigere*.

Außer vom Überlebenszustand der Netzhaut hängt normalerweise das Stärkeverhältnis der Vorgänge I, II und III vom *Adaptationszustand und der Reizintensität* ab. Der Vorgang III (sekundäre Erhebung) steht in besonders engem Zusammenhang mit dem *Adaptationszustand* (S. 1431ff, 1462); und zwar in der Weise, daß er im Tagesapparat der Netzhaut nur bei Helladaptation, im Dämmerapparat nur bei Dunkeladaptation auslösbar ist. Ob und zu welchem der bekannten objektiven Netzhautprozesse (Sehpurpurbleichung und -regeneration, Pigment- oder Stäbchen-Zapfenverschiebung) die sekundäre Erhebung (Teilstrom III) in Beziehung steht, ist unaufgeklärt. — Von den beiden andern Vorgängen überwiegt der *positive* Strom (I), bei Dunkeladaptation und sehr schwacher Belichtung und ist unter Umständen dabei ganz allein auslösbar; mit zunehmender Belichtungsstärke und Helladaptation tritt der *negative* Strom (II) hinzu und kann schließlich erheblich stärker werden als I (S. 1434, 1437f.).

Von diesen Vorgängen läßt sich nicht etwa der eine den Zapfen, der andere den Stäbchen zuschreiben, wie das verschiedentlich versucht ist (S. 1484f.). Bestünde eine solche Zugehörigkeit *eines* Teilstroms zu *einer* Empfängerart, so müßten bei der großen Verschiedenheit in der Zapfen- und Stäbchenverteilung *typische* Unterschiede im ERG der Tag- und Nachttiere auftreten. Das ist nicht der Fall, sondern bei Weißbelichtung und dem entsprechenden Adaptationszustand des Tages- bzw. Dämmersehens ist das ERG von Tag- und Nachttieren sehr nahe gleich (S. 1432). Daraus ist zu schließen, daß die, den Teilströmen zugrunde liegenden Prozesse durch *weißes* Licht in den Zapfen wie in den Stäbchen stets *in annähernd dem gleichen Stärkeverhältnis* ausgelöst werden. Es besteht hier wohl ein Zusammenhang mit der bekannten Tatsache, daß uns das Weiß des Tages- und das des Dämmersehens ungefähr gleich erscheinen: gleiches Stärkeverhältnis der Netzhautprozesse bedingt gleiches Aussehen.

Nur in den *farbentüchtigen* Empfängern des Tagesapparats lösen verschiedene Wellenlängen und Lichtgemische die Teilprozesse in *verschiedenem Stärkeverhältnis* aus: langwelliges Licht vorwiegend den positiven Teilstrom I, kurzwelliges vorwiegend den negativen Teilstrom II (S. 1455ff.). Wegen der Bedeutung der beiden *sich gegenseitig ausschließenden* bzw. *kompensierenden* Stromrichtungen als etwaige objektive Grundlage der HERINGschen Gegenfarbenlehre verweise ich auf S. 1495, 1496.

Diese normale *Adaptations-*, *Intensitäts-* und *Farben*veränderung des ERG hat trotz äußerlicher Ähnlichkeit der Kurvenformen nichts mit Schädigungs- oder Absterbeeinflüssen zu tun; denn sie ist mit dem Wechsel von Stärke bzw. Art der Beleuchtung ohne weiteres reversibel. Ferner erscheinen hierbei die negativen Phasen des Teilstroms II schon bei so geringen Stärken der farbigen oder farblosen Beleuchtung, daß sie auch nicht mit Alterationen durch Blendung in Verbindung gebracht werden können.

Auf der Grundlage der Tatsachen kann man den *heutigen Stand der Teilstromhypothese folgendermaßen zusammenfassen*: Die den entgegengerichteten Teilströmen zugehörigen Netzhautvorgänge werden in den *farbentüchtigen* Empfängern des *Tages*apparats durch farbiges Licht in *verschiedenem* Stärkeverhältnis ausgelöst, in den übrigen Empfängern durch alle Lichtarten in etwa dem *gleichen* Verhältnis; sie werden in allen Empfängern durch den *Adaptations-*

zustand mehr oder minder beeinflußt; sie werden zu *verschiedenen Zeiten des ontogenetischen Entwicklungsganges* ausgebildet und sind verschieden widerstandsfähig gegen *Schädigungen* irgend welcher Art.

c) *Belichtungspotentiale und Gesichtsempfindungen:* Für die Theorie sind diejenigen Tatsachen der Augenströme besonders beachtenswert, welche gesetzmäßige Beziehungen zu den Gesichtsempfindungen aufweisen. Denn die Licht- und Farbentheorien gehen von den *subjektiven* Erscheinungen der Empfindungen und Wahrnehmungen aus und suchen nach *objektiven* Prozessen im Sehorgan, die diesen zugrunde liegen könnten. Wird dabei Wert darauf gelegt, einigermaßen festen Boden unter den Füßen zu behalten, so erscheint — wenigstens dem Sinnes*physiologen* — der Versuch selbstverständlich, an die *tatsächlich gegebenen* objektiven Augenprozesse anzuknüpfen. Wenn nun feststeht, daß eine ganze Reihe von *Empfindungs*tatsachen und -gesetzen schon in der Netzhaut und im Opticus für die *Aktionsströme* von Tieren und Menschen gilt, so kann diesem Standpunkt eine Berechtigung auch wohl kaum abgesprochen werden.

Solche Beziehungen zwischen Subjektivem und Objektivem sind: Das Lichtmengengesetz (S. 1444), der Relativitätssatz (WEBER-FECHNERsches Gesetz) (S. 1445) und die Verschmelzungsfrequenz bei intermittierender Reizung (S. 1464) gelten in gleicher Weise für Netzhautströme, Opticusoszillationen (S. 1477 f.) und Gesichtsempfindungen. Die spektrale Reizwertverteilung im Dämmersehen (S. 1449) ist für Sehpurpurbleichung, Netzhautströme und Gesichtsempfindungen identisch. Für letztere beide stimmen die absoluten Schwellenwerte (S. 1445) überein, gilt das TALBOTsche Gesetz (S. 1444), die Reizwertverschiebung der Protanopen (S. 1464), das PURKINJEsche Phänomen (S. 1449) und die spezifische Farbenempfindlichkeit der Tagtiere (S. 1455).

Daraus ist zu schließen, daß die objektiven Parallelprozesse *dieser* Empfindungstatsachen und -gesetze ihren Sitz bereits in der Netzhaut haben und zentralwärts weitergeleitet werden. Ob jedoch der Relativitätssatz *nur* zwischen Reiz und Netzhautprozessen gilt und *nicht* zwischen Netzhaut und Zentrum, ist nach den bisherigen Untersuchungen mit Sicherheit noch nicht zu sagen. Es sieht so aus, als ob die Oszillationsfrequenz im Opticus eine *lineare* Funktion der Netzhaut-EMK wäre; mit gleichzeitiger oder alternierender Ableitung von Netzhaut und Opticus wird sich vermutlich eine Entscheidung herbeiführen lassen.

Wenn zwischen Augenströmen und Gesichtsempfindungen ein so weitgehender Parallelismus besteht, dann liegt die Frage nahe, ob die eigentümliche Form des Netzhaut- und Opticusstroms nicht irgendwie im Ablauf der Gesichtsempfindungen zum Ausdruck kommt. Für den Belichtungsbeginn trifft das zweifellos zu, man vergleiche nur den von EXNER[1] aufgenommenen Verlauf des Gesichtseindrucks mit der positiven Eintrittsschwankung und Senkung der Netzhaut- und Opticusströme.

Ferner fand KOHLRAUSCH[2] (s. S. 1440), daß bei Momentbelichtungen der phasische Ablauf der Warmblüter-Netzhautströme auffallende Ähnlichkeit mit dem der menschlichen periodischen Gesichtsempfindungen hat, und zwar sowohl im zeitlichen Verlauf wie in der Abhängigkeit von Wellenlänge und Adaptationszustand: Trifft ein Momentanreiz geringer Energie das helladaptierte Auge, so resultiert in der *Netzhaut* ein kurzer, steil ansteigender und etwas langsamer abklingender Stromstoß (vgl. Abb. 462, 463); durch den *Opticus* läuft dann nach einer Latenz ein kurzer Oszillationsschwarm ab, dessen Frequenz schnell zu einem Maximum ansteigt und etwas langsamer auf Null abfällt (vgl. Abb. 487, 488).

---

[1] EXNER, S.: In Helmholtz' Handb. d. physiol. Optik, 2. Aufl., S. 515.
[2] KOHLRAUSCH, A.: Pflügers Arch. **209**, 607 (1925).

Der Stromstoß in der Netzhaut und der Oszillationsschwarm im Opticus überdauern dabei den Reiz, bei Warmblütern wohl um wenige Zehntelsekunden
(Abb. 463b u. c). Unter den gleichen Bedingungen besteht die *Empfindung des
Menschen* in der zeitlich gedehnten und den Reiz ähnlich lange überdauernden
primären Gesichtsempfindung, der aber keine periodischen Nachbilder folgen. —
Adaptiert sich das Auge dunkel oder steigert man die Energie der Momentbelichtung, dann wird sowohl der Aktionsstrom wie die Gesichtsempfindung
sehr viel längerdauernd und außerdem mehrphasisch mit typischem Verlauf. Der
Aktionsstrom besteht dann aus: a) Latenz, b) positiver Eintrittsschwankung
(evtl. mit negativem Vorschlag), c) Senkung, d) sekundärer Erhebung (vgl. die
Abb. 466, 467). Unter den gleichen Bedingungen ruft ein Momentanreiz mit ruhen-
dem oder bewegtem Licht beim Menschen im Dunkelzimmer eine langanhaltende
Reihe von Gesichtsempfindungen[1] hervor mit den Hauptphasen: a) Latenz
(„Empfindungszeit"), b) primäre Gesichtsempfindung, c) sekundäres Bild
(„Purkinjesches Nachbild", „nachlaufendes Bild", „ghost"), d) tertiäres Bild.
Diese drei Gesichtsempfindungen sind unter bestimmten Bedingungen durch
kurze Dunkelintervalle getrennt oder gehen unter anderen Umständen un-
mittelbar ineinander über; sie sind relativ einfach zu beobachten.

Der zeitliche Verlauf beider Phänomene ist mit der Lichtintensität und
Adaptation veränderlich, und zwar so, daß mit zunehmender Helligkeit und
Dunkeladaptation die einzelnen Strom- und Empfindungsphasen sowohl früher
einsetzen wie länger andauern. Im allgemeinen dauern beim Aktionsstrom der
Warmblüter und den periodischen Gesichtsempfindungen des Menschen die
schnellen Phasen unter b und c einige Zehntelsekunden, die langsame Phase
unter d etwa 2—4 Sekunden.

Bei Reizung mit Licht verschiedener Wellenlänge besteht bis in Einzelheiten hinein eine weitgehende Parallelität (Abb. 490): bei sehr langwelligem Rot
ist die Stromsenkung flach oder fehlend und die sekundäre Erhebung niedrig;
parallel damit fehlt das Purkinjesche Nachbild fast oder vollständig, das tertiäre
Bild ist vorhanden, aber lichtschwach (Abb. 490a). Je kurzwelliger das Licht, um
so tiefer und steiler wird die Stromsenkung und um so kräftiger die sekundäre
Erhebung; parallel damit wächst die Sichtbarkeit des Purkinjeschen Nachbildes und des tertiären Bildes (Abb. 490b). Man vergleiche hierzu die Netzhautströme des Menschen bei Rot- und Blaureiz (Abb. 482, 483).

Ich habe daraus den Schluß gezogen: der Ursprung der Empfindungsphasen liegt in objektiven phasischen, durch den Opticus weitergeleiteten Netzhautprozessen; beide Phänomene hängen in der Weise zusammen, daß die Netzhautströme die objektive, die periodischen Gesichtsempfindungen die subjektive
Äußerung der durch Momentbelichtung ausgelösten Netzhautprozesse sind,
welche durch den Opticus zum Zentrum geleitet werden. Die periodische Empfindung entsteht selbstverständlich erst zentral, wird aber durch periodische Netzhautvorgänge erregt. Durch die neueren Untersuchungen, aus denen hervorgeht, daß der Opticus die *jeweiligen* Netzhautströme als wechselnde Frequenz-
folgen weiterleitet (vgl. S. 1473ff.), hat dieser Schluß noch erheblich an Wahrscheinlichkeit gewonnen. — Gleichzeitige Registrierungen des Ablaufs der Netzhautströme und der periodischen Nachbilder unter gleichen Bedingungen am
Menschen scheinen nach Sachs' Untersuchungen (vgl. S. 1459—1464) nicht
ausgeschlossen zu sein, stehen aber noch aus.

---

[1] Literatur bis 1904 bei J. v. Kries: Nagels Handb. d. Physiol. **3**, 220ff.; neuere bei
F. W. Fröhlich: Die Empfindungszeit. Jena: G. Fischer 1929, und ds. Handb. **12** I, 421ff.
und 464ff.

Die von mehreren Seiten gegen meine Parallelisierung von Netzhautströmen und periodischen Nachbildern vorgebrachten Einwände sind wenig überzeugend: FRÖHLICHS[1] Gegenargument, die Wirbeltiernetzhaut reagiere auf Belichtungen von $^1/_{100}$ Sekunde nicht mit mehrphasischen Strömen, sondern nur mit kurzen Stromstößen, ist falsch; denn für den Ablauf der Strom- und Nachbildphasen ist die Licht*menge* des Blitzes maßgebend (vgl. S. 1437—1440 und die Abb. 462—467). Ob die Phasen beider Vorgänge etwas miteinander zu tun haben oder nicht, hätte BAYER[2] nur durch Paralleluntersuchungen beider Phänomene unter gleichen Bedingungen am Menschen entscheiden können. Seine bisherigen Versuche über die Nachbildphasen sprechen eher für als gegen einen Parallelismus mit den Netzhautströmen. Die von BAYER und FRÖHLICH und anschließend von TSCHERMAK[3] und VOGELSANG[4] geäußerten Zweifel an der Realität der Netzhautstromphasen sind schon früher (S. 1485) ausführlich widerlegt. — FRÖHLICH[5] hat ursprünglich selbst an einen retinalen Ursprung der Nachbilder und an eine Weiterleitung von der Retina zum Zentrum gedacht, denn er hat die *Nachrhythmen* der Cephalopoden-Netzhaut zu den Nachbildern in Beziehung gesetzt. Wenn

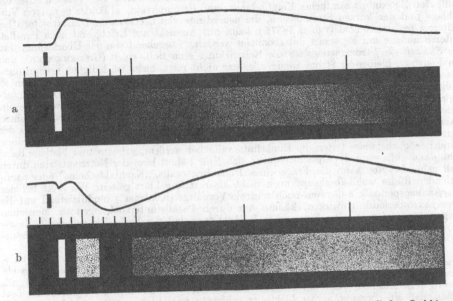

Abb. 490. Parallelismus zwischen den Netzhautströmen der Warmblüter und den periodischen Gesichtsempfindungen des Menschen: a Lichtblitz mit sehr langwelligem Rot, b mit Blau. Zusammengehöriger Netzhautstrom und Gesichtsempfindung übereinander gezeichnet, und zwar mit gleichzeitigem Beginn, da die tatsächliche Zeitverschiebung nicht sicher bekannt ist. — Zeit Sekunden; die erste Sekunde in Zehntel geteilt.

er neuerdings zwischen periodischen Reflexen, z. B. dem Kratzreflex des Rückenmarkshundes oder dem wechselnden Tonus des Sphincter ani, und den Nachbildern Übereinstimmungen sieht, so kann man eine derartige Parallele der Nachbilder und Gegenfarben zu rhythmischen Erregungen und Hemmungen wohl in der Tat nicht anders — um seine eigenen Worte zu gebrauchen — „als eine leere Analogie bewerten"[6].

G. E. MÜLLER[7] wendet ein, wenn der *hellen* Primärempfindung und dem gleichfalls *hellen* tertiären Bild *positive* Stromschwankungen (Eintrittsschwankung und sekundäre Erhebung) entsprächen, so müsse dem gleichfalls *hellen* PURKINJEschen Nachbild ebenfalls eine *positive* Schwankung und keine Senkung der Stromstärke entsprechen. G. E. MÜLLER hat

    [1] FRÖHLICH, F. W.: Die Empfindungszeit, S. 212; zitiert auf S. 1488 Fußnote 1.
    [2] BAYER, L.: Z. Biol. **85**, 299 (1926).
    [3] TSCHERMAK, A.: Ds. Handb. **12** I, 477, Fußnote 8.
    [4] VOGELSANG, K.: Erg. Physiol. **26**, 178 (1928).
    [5] FRÖHLICH, F. W.: Z. Sinnesphysiol. **48**, 92 (1913); vgl. vorher S. 1468.
    [6] FRÖHLICH, F. W.: Die Empfindungszeit, S. 217; vgl. auch Grundzüge einer Lehre vom Licht- und Farbensinn, S. 50.
    [7] MÜLLER, G. E.: Über die Farbenempfindungen. **1**, 222—224 (1930). Leipzig: J. A. Barth.

übersehen, daß bei Warmblütern ganz besonders nach Reizung mit weißem, grünem und blauem Licht die Senkung nicht einfach in einer Strom*abnahme* besteht, sondern einen *kräftigen* Strom in entgegengesetzter Richtung darstellt, der weit über den Bestandstrom hinaus nach der anderen Seite ausschlagen kann (Abb. 478—483, 490); G. E. Müllers Einwand ist demnach nicht stichhaltig. Wie der entgegengesetzte Strom im Opticus weitergeleitet wird, ist bisher nicht bekannt; da aber dem gleichfalls unter Null gehenden, negativen Vorschlag ein Frequenz*anstieg* im Opticus entspricht (vgl. S. 1474), wird für den unter Null hinaus entgegengesetzt laufenden Senkungsstrom dasselbe zu vermuten sein. — Weiter sagt G. E. Müller, die dunklen Intervalle seien bei meiner Parallelisierung nicht recht bedacht, das kurze positive, der Primärempfindung unmittelbar folgende Heringsche Nachbild finde keinen Platz, und das, ganz an Schluß nach dem tertiären Bild folgende, negative Nachbild sei nicht vertreten. Dazu ist zu bemerken: ich glaube deutlich genug gesagt zu haben, daß ich bei dem damaligen Stand der Kenntnisse von den *menschlichen* Netzhautströmen die Parallele auf die gewöhnlich zu beobachtenden drei *Haupt*phasen der periodischen Empfindung beschränken und Einzelheiten zunächst beiseite lassen wolle. Der Versuch einer detaillierten Zuordnung sämtlicher Empfindungs- und Stromphasen, z. B. des negativen Vorschlags und der kurzen Stromphasen, die neuerdings von Chaffee und Mitarbeitern bei Blitzreiz registriert sind (vgl. S. 1437 f.), kann mit Aussicht auf Erfolg erst nach Paralleluntersuchungen am Menschen unternommen werden. Ausgehend von der Überlegung, daß die *Steilheit* des Stromanstiegs für die Reizwirkung eine Rolle spielt (Gildemeister[1]) und ein konstant bleibender Strom wenig oder gar nicht reizt, hatte ich lediglich vermutungsweise geäußert, die Primärempfindung und das Purkinjesche nachlaufende Bild könnten vielleicht dem ersten steilen Stromanstieg bzw. -abfall zugeordnet sein, und die Dunkelintervalle nach beiden Phasen dem ersten Maximum und Minimum der Stromkurve. Die inzwischen ausgeführten Untersuchungen der Opticusströme (vgl. S. 1474 f.) gewähren einen besseren Einblick in die Zusammenhänge: danach entsprechen den Maximis und Minimis der Netzhautkurve auch Frequenz*maxima* im Opticus, denen die hellen Bildphasen zuzuordnen wären; möglicherweise treten die Dunkelintervalle bei weißem, grünem und blauem Reizlicht *dann* auf, wenn die Opticusfrequenz sich Null nähert bzw. der Netzhautstrom durch Null geht; bei Rot kann die Frage eines Dunkelintervalls, „Nachbildscheins" oder nachlaufenden Bildes wohl überhaupt noch nicht als restlos geklärt gelten. Wie weit bei der *Empfindungs*periodik außerdem noch zentrale Vorgänge (Kontrast?) modifizierend auf die *Stromphasen*periodik einwirken, könnte nur durch Paralleluntersuchungen am Menschen festgestellt werden. — Der Einwand G. E. Müllers, daß die Verlaufskurve der Opticusströme nach Adrian und Matthews wesentlich anders sei als die Kurve der Netzhautströme, erledigt sich nach Kapitel B, 9, II (S. 1472—1479) von selbst.

Wenn G. E. Müllers Kritik an meiner Parallele Netzhautströme—Empfindungsperiodik darin gipfelt: „ich glaube, daß man mit einer solchen Art des Vorgehens recht viele Vorgänge, die nichts miteinander zu tun haben, in Parallele zueinander setzen könnte", so wird diese Ablehnung dem tatsächlichen Sachverhalt wohl kaum gerecht. Allein die Tatsachen, daß ein energie*schwacher* Lichtblitz subjektiv wie objektiv nur eine kurze, schnell abklingende Erregung hervorruft, ein *stärkerer* Lichtblitz langanhaltende Perioden von hier wie dort ähnlichem Zeitablauf, sollten zu denken geben. G. E. Müllers Ablehnung wird daher wohl nur denjenigen überzeugen, der in *hypothetisch erdachten* Augenprozessen eine *sicherere* Unterlage für Licht- und Farbentheorien sieht, als in den *tatsächlich ablaufenden objektiven Netzhaut- und Opticusvorgängen.*

Zusatz bei der Korrektur: In dem inzwischen erschienenen 2. Band seines Buches deutet G. E. Müller[2] 1. die einen Momentanreiz übertreffende Dauer der Oszillationsserie im Opticus als „Folge der metaphotischen Persistenz des Netzhautprozesses, die in dem positiven Nachbilde zutage tritt"; 2. die bei längerer Belichtungsdauer nach Verdunkelung auftretende erneute Frequenzsteigerung im Opticus (Verdunkelungsschwankung) als „Korrelat des negativen Nachbildes, das bei stärkeren und länger andauernden Lichtreizen" zu beobachten ist; und 3. die mehrfach beschriebene Schwarz-Weiß-Streifung des Primärbildes und des Purkinjeschen Nachbildes eines bewegten Momentanreizes als zentrales Merkbarwerden der Erregungsoszillationen des Opticus und der sie trennenden Pausen. — Die Erklärung unter 1. ist für die Netzhautströme schon öfter gegeben, diejenigen unter 2. und 3. sind meines Wissens neu und erscheinen recht ansprechend. Um so weniger ist nun aber einzusehen, weshalb G. E. Müller trotzdem meine Parallele zwischen den Netzhautstromphasen und den periodischen Nachbildern so vollkommen ablehnt. Wenn er einmal (S. 603) in den Opticusströmen eine *Bestätigung seiner Ansicht* sieht, „*daß jener Wechsel der positiven Nachbilder und der dunklen Intervalle weder in einer Einrichtung der receptorischen Zone noch in der Funktionsweise des Sehnerven seinen Grund*

[1] Gildemeister, M.: Z. Biol. **62**, 379ff. (1913).
[2] Müller, G. E.: Über die Farbenempfindungen **2**, 595—611 (1930). Leipzig: J. A. Barth.

hat, sondern durch zentrale Vorgänge (vermutlich die Kontrastwirkungen) *bedingt ist"*; und wenn er dann wenige Seiten später (S. 604—607) sogar zahlenmäßig erhärtet, daß die im Sehnerven auftretenden Erregungswellen sich in den Streifungen des Primärbildes und des PURKINJEschen Nachbildes geltend machen, so sind das meines Erachtens *zwei verschiedene* Ansichten, die sich gegenseitig ausschließen. Die zweite dieser Ansichten, G. E. MÜLLERS Parallele Opticusoszillationen-Nachbilderstreifung, würde durchaus im Einklang stehen mit meiner Parallele Stromphasen-Empfindungsperiodik. — G. E. MÜLLERS Deutung der Verdunkelungsschwankung als Korrelat des negativen Nachbildes scheint manches für sich zu haben: beide Phänome treten erst nach länger dauernden Belichtungen auf, bei beiden wächst die Deutlichkeit mit der Einwirkungszeit des Lichtreizes, beide erreichen ihr Maximum erst einige Zeit nach Verdunkelung. Bei einer Kombination von PIPERS Teilstromhypothese (Abb. 489, S. 1484) mit G. E. MÜLLERS und meiner Nachbilderdeutung (Abb. 490) würde dann der *gleiche* elektromotorische Vorgang, der negative Teilstrom II, bei seinem *Entstehen* nach Momentbelichtung das komplementär gefärbte nachlaufende Bild PURKINJES hervorrufen und bei seinem *Überdauern* und *Verschwinden* nach Schluß einer Zeitbelichtung das komplementäre negative Nachbild. Auch das könnte sich nach weiteren Versuchen vielleicht als nicht so ganz ungereimt herausstellen (vgl. S. 1495, 1496). Bedenklich ist jedoch, daß die Verdunkelungsschwankung bei Menschen und Säugern gar nicht so verläuft (vgl. S. 1413, 1459, 1461) wie es G. E. MÜLLER nach Analogie mit dem Kaltblüter-ERG voraussetzt. Hier müßten wohl erst Paralleluntersuchungen der menschlichen Augenströme und Nachbilder weitere Klärung schaffen.

Überlegen wir, welche Bedeutung der Retinastrom als Glied in der Kette zwischen Lichtreiz und Empfindung haben könnte, so wäre etwa folgendes nach dem heutigen Stand unserer Kenntnisse zu sagen: der Lichteinfall löst in den Netzhautempfängern eine primäre photochemische Energieumwandlung aus, welche bereits im Latenzstadium des Netzhautstroms einsetzen wird. Diese führt zu elektromotorischen Vorgängen, dem stetigen mehrphasischen Netzhautstrom der Empfänger. Nach dem konstanten Netzhaut-Nervintervall (in den Synapsenlagern?) erregt der Netzhautstrom in den Opticusfasern rhythmische Impulsentladungen, die mit ihren Frequenzwechseln ein oszillatorisches Abbild des jeweiligen Netzhautstroms darstellen, und zum Zentrum geleitet werden. Dort könnten die Opticusrhythmen je nach Frequenzfolge spezifische objektive Vorgänge auslösen: die Parallelprozesse zu den Empfindungen. — Beim natürlichen Sehen gleiten wir gewöhnlich mit bewegtem Blick dauernd über die hellen, dunklen und verschieden gefärbten Gegenstände der Umwelt hin; damit sind also, in unregelmäßigem Wechsel einander folgend, plötzliche Belichtungs*änderungen* ein und derselben Netzhautstelle gegeben. Jede derartige Belichtungs*änderung* löst einen Belichtungs- oder Verdunkelungsstrom in der Netzhaut und dieser wieder die entsprechende Serie von Opticusoszillationen aus. Denn gerade bei *plötzlicher* Belichtung und Verdunkelung oder bei *plötzlichen* Belichtungsänderungen (S. 1411) treten *beträchtliche* Netzhautströme auf, aber auch bei ganz allmählichen Belichtungsänderungen oder bei Dauerbelichtung kommen entsprechend gedehnte Schwankungen des Netzhautstroms zustande (S. 1445). Es steht demnach wohl kaum etwas im Wege, dem Netzhautstrom überhaupt eine Bedeutung für den Sehakt beizulegen.

3. Intensitäten- und Qualitätenleitung in der einzelnen Opticusfaser, als Grundlage einer Licht- und Farbentheorie.

Angriffsort der Strahlenwirkung sind die Empfänger der Netzhaut; in ihrem Protoplasma löst die Strahlung die primären physiologischen Prozesse aus. Diese führen letzten Endes zur Wahrnehmung verschieden heller und verschieden gefärbter Dinge. — Daraus ergibt sich die viel erörterte Frage: wie kann es auch bei allerkleinsten — nur wenige, vielleicht *nur ein* Netzhautelement treffenden — Objekten zur Wahrnehmung von *verschiedener* Helligkeit und Farbe kommen, so wie es am Ort des schärfsten Sehens der Fall ist? Oder, allgemeiner ausgedrückt: *wie kann die erforderliche Mannigfaltigkeit von Erregungen durch jede einzelne Nervenfaser*[1] *geleitet werden?*[2]

Die Lösung ist von jeher, wenn überhaupt, so auf dem Gebiete der *elektromotorischen* Erscheinungen erwartet, weil hier die Möglichkeit einer *verschiedenartigen* Tätigkeit nicht ganz ausgeschlossen ist. Aber das Problem könnte zunächst *noch* verwickelter erscheinen insofern, als wir heute immerhin damit rechnen müssen, daß bei Mensch und Wirbeltier die einzelne Sinnesnervenfaser nicht einmal einer dem *Grade* nach abstufbaren elementaren Zustandsänderung fähig ist (Konstanz der Einzelimpulse; Alles-oder-Nichts-Gesetz). Wenigstens sieht es — vorsichtig ausgedrückt — so aus, als ob die Einzelimpulse jeder einzelnen Nervenfaser *nicht wesentlich in ihrer Stärke* abstufbar wären (S. 1473).

Drei neuere Entdeckungen bringen die Lösung der Frage[3] auf dem Boden einer „Kernleiter"- bzw. „Stromtheorie der Erregungsleitung"[4], ohne daß weitere Hilfshypothesen gemacht werden müssen. Die Lösung gilt auch für den Fall des Alles-oder-Nichts-Gesetzes, d. h. bei *konstanten Einzelimpulsen,* in jeder Faser eines Sinnesnerven. Diese drei Experimentaltatsachen sind:

1. Die Erregung aller Sinnesnerven ist *rhythmisch,* die Rhythmus*frequenz* steigt in jeder einzelnen Faser mit der *Reizstärke* (Fröhlich, Adrian, s. vorher S. 1465, 1473).

2. Die *Form* des stetigen *Netzhaut*stroms variiert mit der *Wellenlänge* unter algebraischer Summation der Stromformen bei Lichtmischungen (Kohlrausch-Brossa, s. vorher S. 1455—1458).

3. Der Opticusstrom ist ein oszillatorisches *Abbild* der *jeweiligen Form des Netzhautstroms* (Kohlrausch nach Versuchen von Adrian-Matthews, s. vorher S. 1473—1475).

Die erste Tatsache, Steigen der Stromstoßfrequenz mit der Reizintensität, gibt nach S. 1472—1479 ohne weiteres folgenden Zusammenhang: *die Stärke der Netzhauterregung wird als absolute Zahl der Einzelaktionen pro Zeiteinheit durch die*

---

[1] Darunter verstehe ich das histologisch umstrittene „leitende Element des Nervengewebes" (ds. Handb. **9,** 144—170).

[2] Ich verweise auf das Problem bei H. Helmholtz (Handb. d. Physiol. Optik, 1. Aufl., S. 292) und seine ausführliche Behandlung bei J. v. Kries (Allgemeine Sinnesphysiologie, S. 48—53, 82—88). — Helmholtz und v. Kries setzen voraus, daß die einzelne Nervenfaser *verschiedenartiger elektromotorischer Tätigkeiten* fähig sein müßte, wenn sie imstande sein soll, verschiedene Qualitäten zu leiten. — Vgl. auch Brücke: Ds. Handb. **9,** 35ff.

[3] Fröhlich hat sie noch nicht gelöst mit der an Cephalopoden-Versuchen entwickelten Hypothese: denn erstens sieht er die Oszillations*amplitude* als eine der Variabeln der Nerventätigkeit an. Abgesehen davon, daß sich auch bei den Cephalopoden die *Strom*amplitude offenbar anders verhält, als Fröhlich auf Grund der *registrierten* Schwingungsamplitude der *Saite* voraussetzte (vgl. S. 1465—1468), kommt bei Wirbeltieren die Oszillations*amplitude* vermutlich nicht wesentlich in Betracht (Alles-oder-Nichts-Gesetz). — Und zweitens bleibt bei Fröhlich die Beziehung der verschiedenen Oszillationsvariabeln zu den Empfindungen unklar und widerspruchsvoll: Farbe und Sättigung sollen durch die absolute Frequenz bedingt sein, die Helligkeit durch die Amplitude (Grundzüge S. 22, 23, 36, 37). Tatsächlich zeigen aber seine Versuche [Z. Sinnesphysiol. **48,** 98—99 (1913)], daß auch die Frequenz mit der Reizstärke, d. h. mit der Helligkeit, zunimmt. Danach wäre die Helligkeit doppelt bestimmt, durch Frequenz *und* Amplitude, und andererseits die *absolute Frequenz* sowohl für Farbe, wie für Helligkeit, wie für Sättigung maßgebend! Das dürfte noch keine Lösung des Problems darstellen. — Die Widersprüche könnten möglicherweise damit zusammenhängen, daß Fröhlichs Theorie nach Versuchen an Tieren (Tintenfischen) entwickelt ist, die vielleicht überhaupt kein oder ein ganz minimales Farbenunterscheidungsvermögen besitzen (s. S. 1470f.). Falls die Tintenfische nur Helligkeitsunterscheidung hätten, wäre *eine* Variable, die Frequenz, erforderlich und für die Helligkeit maßgebend, und es würde kein Widerspruch gegenüber Wirbeltieren bestehen (vgl. auch die Kritik von Fröhlichs Vorstellungen bei J. v. Kries: Allgemeine Sinnesphysiologie, S. 87).

[4] Über Kernleiter und Stromtheorie: Ds. Handb. **1,** 320—321; **9,** 34, 164—170, 235—243, 245—248, 279—284.

einzelne Opticusfaser weitergeleitet. Das hat v. KRIES[1] bereits als Hypothese klar ausgesprochen. — Diese *quantitative* Beziehung läßt sich in folgendem Schema darstellen: Lichtintensität → Stromintensität in der Netzhaut → Frequenz der Opticusoszillationen → Stärke der Gesichtsempfindung[2], wobei zwischen 1 und 2 der Relativitätssatz gilt, zwischen den folgenden möglicherweise ungefähr lineare Abhängigkeit bestehen könnte (S. 1445—1448, 1473—1476, 1487).

Die Intensität des Netzhautstroms und die absolute Stromstoßfrequenz im Opticus wären danach objektive Parallelprozesse zur Stärke der Gesichtsempfindung[2], vorausgesetzt, daß wir den psychophysischen Parallelismus nicht auf die Empfinder beschränken, sondern auch auf Empfänger und Übermittler ausdehnen wollen.

Die zweite Tatsache, daß die Form des stetigen Netzhautstroms von der Wellenlänge bzw. Lichtzusammensetzung abhängt, hat mich, nachdem BROSSA und ich sie gefunden hatten, zu folgender Überlegung als Arbeitshypothese veranlaßt: offenbar reagieren schon die Netzhaut*empfänger qualitativ* verschieden auf die Lichtzusammensetzung; soll dem eine physiologische Bedeutung für die Farbenunterscheidung zukommen, *so müssen diese Qualitätsunterschiede durch den Opticus weitergeleitet werden:* z. B. auf Grund der „Stromtheorie der Erregungsleitung" irgendwie die unterschiedlichen *Formen* des Netzhautstroms. Die damals bekannte annähernde Gleichheit zwischen Netzhaut- und Opticusstromverlauf (S. 1472) sprach wohl dafür und mein daraufhin erhobener Befund von der Ähnlichkeit zwischen dem ERG bei Lichtblitzen und den Nachbildphasen wies in dieselbe Richtung, aber: Leitung von *stetigem* Strom durch einen *Nerven?* Das war mit einem Refraktärstadium unvereinbar; die *Opticus*funktion hätte prinzipiell von derjenigen *motorischer* Nerven abweichen müssen. — Verschiedentlich angestellte Versuche mit Ableitung vom Opticus zum Saitengalvanometer ohne Verstärkung führten mich zu keiner Entscheidung (nicht veröffentlicht). Die Fragen mußten einstweilen offen bleiben, wenn auch einige Anhaltspunkte für ihre Beantwortung gegeben schienen.

Meine Analyse der von ADRIAN veröffentlichten Opticuskurven gab mir[3] die Lösung: *die Formunterschiede des stetigen Netzhautstroms*[4] *werden als unterschiedliche Frequenzwechsel in der einzelnen Opticusfaser weitergeleitet.* — Nicht die *absolute* Frequenz, sondern die zeitlichen *Frequenzänderungen* sind für die Qualität maßgebend. Bei Reizen von ähnlicher Farbe, aber verschiedener Intensität spielen sich die Frequenz*wechsel* in verschiedener *Höhenlage* der *absoluten* Frequenz ab. — Das dem obigen entsprechende Schema für die *qualitativen* Beziehungen ist: Lichtzusammensetzung → Strom*form* in der Netzhaut → Frequenz*wechsel* im Opticus → Qualitäten (Farbe, Sättigung) der Gesichtsempfindung.

Netzhautstromform und zeitliche Frequenzänderung im Opticus sehe ich demnach, bei Ausdehnung des psychophysischen Parallelismus auf Empfänger und Übermittler, als periphere Parallelprozesse zu den Farbenempfindungen an.

Kritische Bemerkungen: Für diese Zusammenhänge ist nicht wesentlich, ob der *eigentliche Prozeß* der Netzhaut- und der von Punkt zu Punkt weiterschreitenden Nervenerregung

---

[1] KRIES, J. v.: Allgemeine Sinnesphysiologie, S. 52, 87, 88 (1923).

[2] Daß daneben außerdem die *Zahl* der gereizten Empfänger und erregten Opticusfasern für die *Stärke* der Gesichtsempfindung in Betracht kommt, soll nicht in Abrede gestellt werden.

[3] KOHLRAUSCH, A.: Lösung des Problems der Qualitätenleitung in der einzelnen Opticusfaser; Vortrag am 10. Sept. 1930 bei der 91. Verh. Ges. dtsch. Naturf. in Königsberg; Referat: Klin. Mbl. Augenheilk. **85**, 570, 571 (1930). — Vgl. auch vorher S. 1473—1475.

[4] Für die Theorie ist es gleichgültig, ob der „stetige Netzhautstrom" tatsächlich aus *Gleichstromschwankungen* oder aus einer Summation einseitiger, hochfrequenter Stromstöße besteht. Wesentlich ist nur die Tatsache, daß die Netzhautströme nach Transformation als Opticusrhythmen wiedererscheinen.

nun gerade der *Aktionsstrom* ist oder aber irgendein *Stoffwechselvorgang*, als dessen *Begleiterscheinung* der Aktionsstrom angesehen werden könnte. Bezeichnen wir den *eigentlichen* Nervenprozeß wie üblich mit „Impuls", so lautet die allgemeiner gefaßte Antwort auf die eingangs (S. 1491 f.) gestellte Frage: die *absolute* Impulsfrequenz ist *Intensitäten*leitung, die unterschiedlichen Frequenz*wechsel* der Impulse sind *Qualitäten*leitung durch eine Opticusfaser. — Da jedoch der Aktionsstrom der bislang bestbekannte Prozeß in nervösen Gebilden ist, werde ich mich im Interesse der Darstellung auch im folgenden zunächst an ihn als den objektiven Repräsentanten des Nervenprinzips halten, um mit dem Begriff „Impuls" etwas konkretere Vorstellungen verbinden zu können.

Die drei Variabeln des Netzhautstroms, wie überhaupt des elektrischen Stroms bei gegebenem Widerstand sind: Intensität, Richtung und zeitlicher Ablauf. — Die Strom*intensität* in der Netzhaut, die Oszillations*frequenz* im Opticus und der Parallelprozeß beider, die *Stärke* der Gesichtsempfindung, stimmen darin überein, *daß alle drei einsinnig von einem zum anderen Extrem veränderlich sind.* Sie können in *dieser* Beziehung ohne Bedenken als zusammengehörig angesehen werden, zumal bei der Identität des Menschen- und Säuger-ERG. Entgegengesetzte Richtungen und wechselnder Zeitablauf kommen am Netzhautstrom tatsächlich zur Beobachtung, am ausgesprochensten mit farbiger Reizung bei Tagvögeln und Menschen (s. S. 1456, 1463). Ob man sie nun als Teilströme des gewöhnlichen ERG denken will (s. S. 1483 ff.) oder nicht, ist für diese Betrachtungen belanglos; wesentlich ist nur, daß in *gesetzmäßiger Abhängigkeit von Farbreizen* 1. beide Stromrichtungen *überhaupt* vorkommen, 2. Ströme gleicher oder entgegengesetzter Richtung *verschiedenen Zeitablauf* haben und 3. sich bei *Lichtmischung algebraisch summieren*, was tatsächlich der Fall ist. — Entsprechend wie Farben sind Strom*richtungen* bzw. *-Ablauf*formen nach *Art* verschieden; man kann nur hier wie dort eine in die andere überführen bzw. mehr oder weniger große Ähnlichkeiten feststellen. — Ernste Schwierigkeiten bestehen auch hier wohl kaum.

Bedenklich dagegen könnte zunächst folgendes erscheinen: Stromstärke, -richtung und -ablauf sind zwar weitgehend, aber nicht beliebig unabhängig voneinander variabel, z. B. insofern nicht, als nicht *jede* von ihnen unabhängig von den beiden anderen gleich Null werden kann; eine Stromrichtung ohne -stärke oder umgekehrt gibt es nicht. Ferner lehrt die Erfahrung, daß bei den Netzhautströmen die Stärke nicht beliebig ohne Ablaufänderung variabel ist: mit steigender Stromintensität verkürzt sich z. B. die Gipfelzeit der Eintrittsschwankung (S. 1442 f.). — Bei genauerer Prüfung besteht indes auch hier kein Widerspruch, denn für die Empfindungsvariabeln gilt etwas durchaus Entsprechendes: sie sind weitgehend, aber nicht beliebig unabhängig, sondern nur mit ziemlich starken gegenseitigen Bindungen veränderlich; speziell kann gleichfalls nicht jede unabhängig Null werden; eine Gesichtsempfindung ohne Helligkeit ist ausgeschlossen. Sodann ändert sich außer der Helligkeit auch noch Farbton und Sättigung, wenn wir die Intensität einer Wellenlänge erheblich variieren.

Wegen dieser gegenseitigen Bindungen wäre es fehlerhaft, jedem Attribut der Gesichtsempfindung für sich einen bestimmten objektiven Parallelvorgang zuordnen zu wollen. Es kann zunächst nicht mehr, darf aber möglicherweise *überhaupt* nicht mehr gesagt werden, als daß die *Intensität* der Empfindung vorwiegend durch Netzhautstromstärke und Opticusfrequenz, die Qualität (Farbe *und* Sättigung) vorwiegend durch Stromform und Frequenzwechsel bestimmt ist. Denn Farbe wie Sättigung hängen in *erster* Linie von der für Stromform und Frequenzwechsel maßgebenden Licht*zusammensetzung* ab. — Daß im übrigen Begriffe wie Intensität, Qualität, Helligkeit, Farbe, Sättigung, Nuance usw. als *unbestimmte* Begriffe nicht überspannt werden können, braucht nach v. Kries'[1] klassischen Auseinandersetzungen kaum betont zu werden.

Sind die *Unterschiede* von Stromform und Frequenzwechsel für die Farbenunterscheidung wesentlich, dann wird die Tatsache verständlich, daß *energieschwache Moment*belichtungen auch in der Fovea *nicht mehr* nach Farbe unterschieden werden können: Lichtblitze geringster Energie lösen in der Netzhaut kurze Stromstöße gleicher Form, und entsprechend im Opticus kurze Oszillationsserien gleichen Ablaufs aus; erst bei höherer Blitzenergie treten *Unterschiede* in Stromform und Frequenzfolge auf (S. 1437—1440, 1474—1475).

Die begrenzte Mannigfaltigkeit der Stromformen in der Netzhaut mit ihren stetigen Übergängen ähnelt zugleich dem Reichtum der Farbenempfindungen wie ihrer Einschränkung gegenüber der unendlichen Mannigfaltigkeit an physikalischen Lichtgemischen. Ob den elektromotorischen Netzhautreaktionen eine beschränkte Zahl von *Einzelvorgängen* („Komponenten") zugrunde liegt, die sich bei Farbenblindheit noch weiter reduziert, ist wohl nur durch Versuche über die Augenströme des Menschen zu entscheiden.

Überhaupt wird die speziellere Ausgestaltung dieser Überlegungen zu einer Theorie von den physiologischen Parallelprozessen der Licht- und Farbenempfindungen sich durchaus nach den Ergebnissen weiterer *vergleichender* Untersuchungen der objektiven Augen-

---

[1] Kries, J. v.: Allgemeine Sinnesphysiologie S. 6, 9, 10, 101, 105.

vorgänge[1] und subjektiven Gesichtswahrnehmungen, beides am Menschen, zu richten haben. Es kommt mir in diesen Bemerkungen zunächst nur darauf an, zu zeigen, daß die hier entwickelte Qualitätenleitung im Opticus mit *einigen grundlegenden* Eigenheiten der Gesichtsempfindungen im Einklang steht.

Nach den Überlegungen von J. v. KRIES[2] über Größe der Qualitätenkreise, Raumfunktion der Sinne und Faserzahl in den Sinnesnerven erscheint es denkbar, daß die Leitung *verschiedener* Qualitäten in *einer* Nervenfaser von allen Sinnen nur beim Gesicht erforderlich ist und vorkommt; aber *möglich* ist selbstverständlich eine Qualitätenleitung durch wechselnde Impulsfolgen auch in Einzelfasern *anderer* Sinnesnerven.

Mit den beiden Grundanschauungen von der Funktion markhaltiger Nerven, der „*Gleichartigkeit*" *aller Nerven* und der „*Einsinnigkeit*" *ihrer funktionellen Veränderung*[3] steht die hier gefundene Qualitätenleitung in einer Opticusfaser ebensowenig in Widerspruch, wie die Intensitätenleitung mit dem Alles-oder-Nichts-Gesetz; beide, Intensitäten- und Qualitätenleitung, beruhen lediglich auf der *zeitlichen Folge* unter sich gleichbleibender Impulse. Die wechselnden Impulsserien werden der Nervenfaser vom *Receptor* aufgezwungen. Der einzelne Nervenimpuls bleibt das für alle markhaltigen Nerven gleiche Nervenprinzip.

Wollen wir ein Beispiel aus der Technik als Bild heranziehen, so würde die Intensitäten- und Qualitätenleitung durch zeitlich variable Impulsserien in einer Faser vergleichbar sein einer telegraphischen Nachrichtenübermittlung mit dem *Punktzeichen der Morseschrift allein*. Angenommen, es wären telegraphentechnisch nur Punktzeichen möglich, so müßte jeder Buchstabe als eine besondere Punkt*serie* gegeben werden. Das Einheitszeichen, der Morsepunkt, würde dem Nervenimpuls entsprechen[4]. — *Wechselnde* Zeichen*folgen* sind überhaupt die *einzige* Möglichkeit, um mit *einem* Einheitszeichen auf *einer* Leitung *Verschiedenes* zu übermitteln. Bei Gültigkeit des Alles-oder-Nichts-Gesetzes und Gleichartigkeit der Einzelimpulse ist obige Lösung des Problems (unterschiedliche Frequenz*wechsel*) die *einzig denkbare* für die Qualitätenleitung in einer Faser.

Unsere Kenntnisse von den Vorgängen im Zentralnervensystem (morphologische Veränderungen[5], Stoffwechsel[6]) geben, soweit ich sehe, bisher keinen auch nur einigermaßen sicheren Anhalt für Vorstellungen über die den Empfindungen zugeordneten *objektiven Parallelprozesse*, die von den Impulsserien des Opticus im Zentralnervensystem ausgelöst werden könnten. Ich unterlasse dahinzielende Spekulationen und beschränke mich auf die objektiven Vorgänge in Netzhaut und Opticus. Nur drei Bemerkungen: 1. sollten die zentralen objektiven Parallelprozesse der Empfindungen *kontinuierliche*, durch erhebliche *Summationsfähigkeit* ausgezeichnete Vorgänge[7] sein, so wären Artverschiedenheiten dieser Vorgänge als Folge der verschiedenen Frequenzwechsel im Opticus ohne weiteres denkbar. Denn entsprechend wie verschiedene Ablaufformen des Netzhautvorgangs in unterschiedliche Impulsfolgen zerlegt werden, würden letztere wieder zu Zentralprozessen unterschiedlichen Ablaufs summiert; 2. die binokulare Farbenmischung ist dadurch möglich, daß in beiden Nn. optici zeitlich verschiedenartige Impulsfolgen geleitet werden, welche zentral die zugehörigen unterschiedlichen Vorgänge auslösen; 3. nicht für sämtliche Einzeltatsachen der Licht- und Farbenempfindungen *müssen* die objektiven Parallelprozesse schon in der *Netzhaut* lokalisiert sein, manches mag auch erst zentral zustande kommen. Solange wir über Zentralprozesse nicht unterrichtet sind, ist eine Entscheidung, abgesehen von indirekten Schlüssen an Hirnverletzten, nicht möglich.

Beachtenswert scheint mir noch folgendes: Die beiden möglichen Stromrichtungen in der Netzhaut sind entgegengesetzt, *schließen sich gegenseitig aus* und können sich bei gleichzeitigem Vorkommen nur gegenseitig *kompensieren*. Wo positive und negative Netzhautströme einfacher Form bei Farbreizung beobachtet sind, wie bei Tagvögeln und — wenigstens positive — auch beim Menschen, kommen die positiven bei langwelligem, die negativen bei kurzwelligem Licht vor (s. S. 1455 ff., 1463). Da sie zeitlich verschieden verlaufen, kompensieren sie sich unter Superposition bei Mischung lang- und kurzwelligen Lichts. Aber auch bei

---

[1] Vgl. auch die photochemischen Theorien und Untersuchungen über den Sehpurpur von F. WEIGERT: Ds. Handb. 12 I, 536—549 — Naturwiss. 18, 532—534 (1930). — Ferner G. KÖGEL: Pflügers Arch. 222, 613—615 (1930).

[2] KRIES, J. v.: Allgemeine Sinnesphysiologie, S. 80—88.

[3] KRIES, J. v.: Allgemeine Sinnesphysiologie, S. 48—52, 86.

[4] Eine in mancher Hinsicht noch größere Ähnlichkeit besteht zwischen dem Nervenprinzip und einer der verschiedenen Vorrichtungen zur Sendung von Telegrammen in fertigem Typendruck: vom Sendeapparat aus erzeugt jeder Buchstabe beim Niederdrücken der entsprechenden Taste *einen Strom mit bestimmten Rhythmus*. Dieser bringt, durch die eine vorhandene Doppelleitung geschickt, im Empfangsapparat die zugehörige Type zum Aufschlag auf das Papier.

[5] Ds. Handb. 9, 487.   [6] Ds. Handb. 9, 515—611.

[7] MÜLLER, G. E.: S. 607 seines S. 1490 zit. Buches. — Vgl. auch ds. Handb. 9, 33—35.

anderen Tieren treten mit *kurzwelligem* Licht die *negativen* Phasen stärker hervor. — Nun ist kurzwelliges Blau für Tagvögel erheblich unterwertig; es erscheint daher nicht ganz ausgeschlossen, daß Tagvögel eine gewisse Annäherung an ein dichromatisches, blaublindes Farbensystem besitzen. Trifft das zu, so wäre denkbar, daß die positive und negative Stromform *aus dem Grunde* bei ihnen *so rein* herauskommen, weil das ganze lang- und kurzwellige Licht für sie die Bedeutung von einem *Paar von Gegenfarben* hat. Eine Entscheidung ist vielleicht an farbenblinden Menschen herbeizuführen (vgl. auch S. 1491, Absatz 1).

Nach den bisher vorliegenden Tatsachen halte ich es für möglich, daß wir in den entgegengesetzten Stromrichtungen in der Netzhaut und ihrem gegenseitigen Ausschluß einige der objektiven Prozesse vor uns haben, die den bleibenden Kern der HERINGschen Gegenfarbenlehre[1] bilden, ebenso wie ich in den drei Netzhautstromvariabeln und der Qualitätenleitung durch eine Opticusfaser den der, von HELMHOLTZ[2] und v. KRIES[3] modifizierten, Dreifarbenlehre YOUNGS sehen möchte.

Wenn nach dem hier dargelegten Prinzip jede Faser des Sehnerven befähigt ist zu *unterschiedlichen Tätigkeitsformen*, welche verschiedenen Farbenempfindungen entsprechen, so entfällt zwar die *spätere spezialisierte Ausdehnung* der *Joh. Müllerschen Lehre* auf die, innerhalb des Gesichtssinns bestehenden *Qualitäts*unterschiede, die sog. „klassische Form" der Lehre von den spezifischen Energien[4] des Gesichtssinns. Dagegen bleibt die ursprüngliche Form der Lehre hiervon unberührt und ist durch ADRIANS Untersuchungen in einer bestimmten, bereits von JOH. MÜLLER[5] erwogenen Richtung wohl entschieden: bei der weitgehenden *Gleichartigkeit* des Leitungsvorgangs in den verschiedenen Sinnesnerven können die *Modalitäten* der Empfindung nur auf Unterschiede der einzelnen *Zentralteile im Gehirn* zurückgeführt werden.

---

[1] Daß außerdem im Zentralnervensystem Parallelprozesse der Gegenfarben vorhanden sein können, soll nicht bestritten werden.
[2] HELMHOLTZ, H.: Handb. d. physiol. Optik, 1. Aufl., S. 292.
[3] KRIES, J. v.: Nagels Handb. d. Physiol. 3, 127—132 (1904).
[4] KRIES, J. v.: Allgemeine Sinnesphysiologie, S. 48, 49.
[5] MÜLLER, JOHANNES: Handb. d. Physiol. d. Menschen 2, 261 (1838).

Anhang.

Adaptation, Tagessehen und Dämmerungssehen.

Tagessehen, Dämmersehen, Adaptation.

Von

ARNT KOHLRAUSCH

Tübingen.

Mit 20 Abbildungen.

Zusammenfassende Darstellungen.

DITTLER, R.: Die objektiven Veränderungen der Netzhaut bei Belichtung. Ds. Handb. 12 I, 266. — FRÖHLICH, F. W.: Die Empfindungszeit. Jena: G. Fischer 1929. — GARTEN, S.: Die Veränderungen der Netzhaut durch Licht. v. Graefe-Saemischs Handb. d. ges. Augenheilkunde 3, Kap. 12, Anhang (1907). — GELB, A.: Die „Farbenkonstanz" der Sehdinge. Ds. Handb. 12 I, 594. HELMHOLTZ, H. v.: Handb. d. Physiol. Optik, 3. Aufl., 2. — HERING, E.: Grundzüge der Lehre vom Lichtsinn. Berlin: Julius Springer 1920. — KOELLNER, H.: Die Störungen des Farbensinns. Berlin: S. Karger 1912 — Die Abweichungen des Farbensinns. Ds. Handb. 12 I, 502. — KOHLRAUSCH, A. (mit J. TEUFER bzw. E. SACHS): Die Gesichtsempfindungen. Tabulae biologicae 1, 299—333 (1925); 4, 518—538 (1927). — KOHLRAUSCH, A.: Elektrische Erscheinungen am Auge. Ds. Handb. 12 II, 1394. — KÖNIG, A.: Gesammelte Abhandlungen zur Physiologischen Optik. Leipzig: J. A. Barth 1903. — KRIES, J. v.: Gesichtsempfindungen. Nagels Handb. d. Physiol. 3, 109 ff. — Zur Physiologischen Farbenlehre. Klin. Mbl. Augenheilk. 70, 577 — Zur Theorie des Tages- und Dämmersehens. Ds. Handb. 12 I, 679 — Zur Lehre von den dichromatischen Farbensystemen. Ebenda 12 I, 585 — Allgemeine Sinnesphysiologie. Leipzig: F. C. W. Vogel 1923. — MÜLLER, G. E.: Zur Theorie des Stäbchenapparats und der Zapfenblindheit. Z. Sinnesphysiol. 54 (1923) — Typen der Farbenblindheit. Göttingen: Vandenhoek u. Ruprecht 1924 — Über die Farbenempfindungen. Leipzig: J. A. Barth 1930. — TSCHERMAK, A. v.: Die Helldunkeladaptation und die Funktion der Stäbchen und Zapfen. Erg. Physiol. 1 I, 695—800 (1902) — Licht- und Farbensinn. Ds. Handb. 12 I, 295 — Theorie des Farbensehens. Ebenda 12 I, 550. — VOGELSANG, K.: Die Empfindungszeit und der zeitliche Verlauf der Gesichtsempfindung. Erg. Physiol. 26, 1, 122 (1927). — WEIGERT, F.: Photochemisches zur Theorie des Farbensehens. Ds. Handb. 12 I, 536.

I. Allgemeines über Umstimmung und „Farbenkonstanz der Sehdinge".

Umstimmung — Anpassung, Adaptation — ist den verschiedenen Sinnen in sehr ungleichem Ausmaß zu eigen und beruht keineswegs bei allen auf dem gleichen physiologischen Prinzip. — Wir dürfen also z. B., um diese Trennung sogleich voranzustellen, nicht etwa Umstimmung ganz allgemein mit Ermüdung-Erholung gleichsetzen, wie das selbst heute bisweilen noch geschieht[1].

---

[1] Vgl. F. W. FRÖHLICH: Die Empfindungszeit, S. 128. Jena: G. Fischer 1929. — FRÖHLICHS Vorstellungen über *weitgehende* Erregbarkeitsänderungen des *Sehzentrums* durch Augenbelichtung sind hypothetischer Natur und bisher unbewiesen. Unerklärt bleibt bei FRÖHLICH, daß das *hell*adaptierte, angeblich *ermüdete* Auge (nicht Sehzentrum!) eine besonders *hohe*, der Zapfendichte entsprechende und eine besonders *schnelle* Leistung *dem Sehzentrum übermitteln* kann (*kurze* Empfindungszeit und Empfindungsdauer, *hohe* Verschmelzungsfrequenz für Empfindungen und Netzhautströme bei *starker* Reizung des *hell*adaptierten Auges). Während sonst für Ermüdung eines Organs stets *Abnahme* der Leistungsfähigkeit und *Trägheit* der Reaktion typisch sind, verhält sich das nach FRÖHLICH angeblich ermüdete Auge gerade entgegengesetzt!

Die allen Körperorganen eigentümliche „Ermüdung", die sie für Dauerleistungen zunehmend weniger und weniger befähigt erscheinen läßt, ist auch bei den Sinnen mehr oder minder deutlich nachweisbar. Aber sie läßt sich gerade beim Auge von der ausgesprochenen Umstimmung durch Umweltbedingungen abgrenzen[1]. Zu welch schiefen Folgerungen die verallgemeinernde Einordnung aller Umstimmung, einschließlich der Hell-Dunkeladaptation, unter das Begriffepaar Ermüdung-Erholung führen muß, ist beim Gesichtssinn einleuchtend. Denn wenn Helladaptation gleich Ermüdung, Dunkeladaptation gleich Erholung gesetzt wird, so ist der paradoxe Schluß: die hohe Sehleistung bei Tage wird von einem ausgesprochen ermüdeten Organ vollbracht und, je besser und schneller das Sehen bei steigender Beleuchtung, um so müder das Auge!

Für die Funktion des Sehorgans ist eine ganz außerordentlich weitgehende Anpassung an die herrschenden Beleuchtungsbedingungen charakteristisch (vgl. später S. 1506—1509), und zwar sowohl an die Art (subjektiv: Farbe), wie an die Stärke der Beleuchtung. Der wesentliche Anpassungsvorgang besteht in einer Empfindlichkeitsänderung des Auges mit Art und Stärke der einfallenden Strahlung; je intensiver die Strahlung, um so geringer die Augenempfindlichkeit, und umgekehrt („Selbststeuerung der Lichtempfindlichkeit", HERING[2]). Auf jede Beleuchtungsänderung folgt also eine Organänderung in Richtung gegen einen mittleren Organzustand; wobei bisher allerdings nicht erwiesen ist, ob auch bei *beliebigen* farbigen wie farblosen Beleuchtungen, wenn sie andauern, stets derselbe Durchschnittszustand, das „neutrale Grau", wirklich erreicht wird.

Man pflegt nun unter „Adaptation" sowohl den *Vorgang* zu verstehen, der zum Angepaßtsein an eine gegebene Beleuchtung führt, wie den erreichten *Zustand* des Angepaßtseins. Wird aus dem Zusammenhang nicht ohne weiteres klar, was gemeint ist, so spricht man von Adaptationsvorgang und Adaptationszustand.

Zwei dieser Zustände, denen für das Sehen eine besondere Bedeutung zukommt, werden seit langem mit bestimmten Begriffen als reines Tagessehen und reines Dämmersehen[3] abgegrenzt. Sie unterscheiden sich in der geläufigen Weise dadurch, daß bei Tage *Farben* gesehen werden, bei Nacht alle Dinge *farblos*[4] *grau* aussehen. Jeder von beiden Zuständen ist in bestimmter Hinsicht *unabhängig* von Beleuchtungs- und damit Adaptationsänderungen, insofern, als er sich im Bereich von je etwa 3—4 Zehnerpotenzen der Beleuchtungsstärke einstellt — das Dämmersehen bei rund 10^{-6} bis 10^{-2} Lux „Erhellung"[5], das Tagessehen bei etwa 10^2 bis 10^6 Lux — und bezüglich der Funktion des Farbensehens in sich einheitlich[6] bleibt. Die Art des *Farben*sehens beider Zustände ist mit den Begriffen Tages- und Dämmersehen daher *eindeutig*[6] charakterisiert, andere Teilfunktionen des Sehens dagegen nicht; denn die Empfindlichkeit des Auges, ferner seine zeitliche und räumliche Unterscheidungsfähigkeit ändern sich auch im Bereich beider Sehweisen noch mit der Beleuchtungsstärke.

---

[1] Vgl. ds. Handb. **12 I**, 462ff.

[2] HERING, E.: Grundzüge der Lehre vom Lichtsinn, S. 13ff. Berlin: Julius Springer 1920.

[3] Wo in diesem Artikel der Einfachheit halber von Tages- oder Dämmersehen gesprochen wird, ist stets das „reine" gemeint. Außerdem benutze ich statt des gebräuchlichen Wortes „Dämmerungssehen" lieber das kürzere „Dämmersehen", das analog „Dämmerlicht" gebildet ist. — Die Zahenangaben s. Tabul. biol. **4**, 518—533 (1927).

[4] Die genaue Untersuchung hat gelehrt, daß sie nicht vollkommen farblos, sondern eine Spur bläulich erscheinen.

[5] Bei den Zahlenangaben in Lux ist hier die „Erhellung", nicht die „Beleuchtung" als photometrische Größe gemeint (vgl. später S. 1507). — Die absolute Schwelle des normalen Auges liegt bei etwa 10^{-6}, seine absolute Blendung ungefähr bei 10^6 Lux senkrecht auf Weiß.

[6] Wenn wir von dem *Abblassen* der Farbenempfindungen bei blendenden Lichtintensitäten absehen.

Der Funktionszustand des Auges in dem Zwischenbereich der vier Zehnerpotenzen von rund 10^{-2} bis 10^2 Lux, in welchem Tages- und Dämmersehen einander unter gegenseitiger Überschneidung und *Zusammenarbeit* ablösen, ist dadurch ausgezeichnet, daß sämtliche Hauptleistungen — Farbensehen, zeitliche und räumliche Unterscheidungsfähigkeit — zusammen mit der Empfindlichkeit *auffallend starken Veränderungen* unterliegen. Er mag als Zustand des „Funktionswechsels" von den beiden anderen, wenigstens in gewisser Beziehung stationären Zuständen, unterschieden werden.

Sehen wir die Hauptaufgabe des Gesichtssinnes darin, uns die Gegenstände in ihrer räumlichen Anordnung, Bewegung und farbigen Abgrenzung erkennbar zu machen, so ist die physiologische Bedeutung der Adaptation klar. Denn die von den Körpern ausgehende indirekte Strahlung, die im Sehorgan Farbenempfindungen auslöst, hängt außer von der Körperoberfläche noch von der, ja in enormem Ausmaß wechselnden Beleuchtung ab. Die Adaptation des Auges ist nun *einer* der Faktoren, die uns beim Erkennen der Gegenstände bis zu einem gewissen Grade von diesen Beleuchtungs*änderungen* unabhängig machen und bewirken, „daß ausgiebige Änderungen der Beleuchtungs*stärke* und innerhalb gewisser Grenzen auch Änderungen der Beleuchtungs*farbe* keinen wesentlichen Einfluß auf unser alltägliches Farbensehen ausüben"[1]. HERING[2] hat diese Tatsache der Wahrnehmung als „angenäherte Konstanz" bzw. „Farbenbeständigkeit der Sehdinge" bezeichnet.

Die „Farbenkonstanz der Sehdinge"[3], die „Gedächtnisfarben", ja die „Konstanz unserer Wahrnehmungswelt" überhaupt stellen, in dem vollen Umfang ihres ganz allgemeinen Vorkommens betrachtet, ein außerordentlich vielgestaltiges Problem[4] dar. Bei dem Zustandekommen der „Farbenkonstanz" spielen Adaptation, Kontrast, „Transformation", „Umschaltung", „Erscheinungsweise" der Farben, „Reduktion", „Ausgeprägtheit", kurz eine größere Reihe recht komplexer physiologischer und psychologischer Momente zweifellos wesentliche Rollen, wobei bald dem einen, bald dem anderen Umstand größere Bedeutung beigelegt wurde.

Ebenso zweifellos ist aber in der *gesamten Diskussion dieser Fragen*[4] eine *grundlegende Voraussetzung* für alle die obengenannten physiologischen und psychologischen Vorgänge bisher vollständig oder fast[5] vollständig *außer Betracht* geblieben; und zwar eine sehr viel einfachere rein *physikalische* und damit *reizphysiologische Tatsache:* das *angenähert konstante* Remissions*verhältnis* oder Albedo*verhältnis* der Gegenstände zueinander, zum Grunde oder allgemein zur jeweiligen Umgebung. Dieses Remissionsverhältnis ist gleichbedeutend mit einem *angenähert festen objektiven Lichtreizverhältnis* zwischen einem strahlenden Gegenstand und seiner gleichfalls strahlenden Umgebung; dabei müssen als „Umgebung" nicht nur die unmittelbare, sondern auch die entferntere, z. B. der Erdboden, die Zimmerwände usw. in Betracht gezogen werden.

In engem Zusammenhang mit diesem konstanten Reiz*verhältnis* steht nun eine *allgemeine Eigenschaft* unserer Sinne: die *angenähert konstante*, von der absoluten Reizstärke unabhängige, *Unterschiedsempfindlichkeit* (WEBERsches Gesetz). Sie bewirkt, daß uns ein konstantes Reiz*verhältnis*, innerhalb der Gültig-

---

[1] GELB, A.: Ds. Handb. **12 I**, 596.

[2] HERING, E.: Grundzüge der Lehre vom Lichtsinn, S. 13ff. Berlin: Julius Springer 1920.

[3] *Zusatz bei der Korrektur:* Der folgende Abschnitt über die Konstanz der Sehdinge wurde *vor dem Erscheinen* der 2. Auflage von D. KATZ: Der Aufbau der Farbwelt. Leipzig: J. A. Barth 1930, in Druck gegeben.

[4] Vgl. die Spezialdarstellung. Ds. Handb. **12 I**, 594—678.

[5] Vgl. dazu ds. Handb. **12 I**, 596 (vorletzter Absatz), 674ff. — Ferner J. v. KRIES: Nagels Handb. d. Physiol. d. Menschen **3**, 239 (1904).

keitsgrenzen des Gesetzes, auch *konstant wahrnehmbar* ist; z. B. zarte Schatten
eines Diapositivs auch in einem ausgedehnten Beleuchtungsbereich sichtbar
bleiben. Im Hinblick auf das Konstanzproblem ist wichtig, daß das WEBERsche
Gesetz auch für *über*merkliche Unterschiede angenähert gilt. Für den Gesichtssinn liegt die konstante und optimale Unterschiedsempfindlichkeit bekanntlich im Bereich des reinen Tagessehens[1] zwischen etwa 200 und 20000 Lux,
ungefähr zusammen mit der optimalen Sehschärfe. Je näher der absoluten Schwelle
oder der Blendung, um so geringer die Unterschiedsempfindlichkeit, d. h., um
so größer die „Abweichung" vom WEBERschen Gesetz.

Die Bedeutung der „angenähert konstanten Reizrelation" für die Farbenkonstanz:
An einigen bekannten, verhältnismäßig einfachen Schulbeispielen für Farbenkonstanz[2] läßt
sich die grundlegende Bedeutung des „reizphysiologischen Zueinander" der Dinge am
klarsten zeigen: Nach HERING beträgt die Remission (Albedo) der Buchstaben einer guten
Druckschrift etwa $^1/_{15}$ von der des unbedruckten Papiers. Dieses *Remissionsverhältnis* bleibt
konstant bei jeder beliebigen Intensität farbloser Allgemeinbeleuchtung. — Ein *objektiver*
Reizsprung 1:15 erscheint uns nun in der Graureihe — bei unmittelbarem Aneinander-
grenzen — *subjektiv* bereits als Schwarz neben Weiß, da Schwarz, Weiß, Grau relative Begriffe sind und sehr wesentlich durch Kontrast bestimmt sind[3]. Auch bei *verschiedenen* Stärken
der Allgemeinbeleuchtung bleiben es „schwarze" Buchstaben auf „weißem" Grund; aber
selbstverständlich nicht bei *beliebig* hohen und niedrigen Beleuchtungen wegen der Abweichungen des WEBERschen Gesetzes, je näher der absoluten Schwelle und der Blendungs-
grenze.

Daß die Buchstaben uns schwarz auf weiß erscheinen, trotzdem sie bei *höherer* Beleuchtung vielleicht dreimal und mehr lichtstärker sind, als der unbedruckte Grund bei
schwächerer, ist nicht weiter verwunderlich. Denn wegen der Unmeßbarkeit unserer Empfindungen und der weitgehenden adaptativen Änderungen der subjektiven Helligkeit fehlt
uns jede Möglichkeit, die „objektiven Gegebenheiten" (das „*absolut* Lichtstärker" im einen
Falle, „*absolut* Lichtschwächer" im anderen) *subjektiv* beurteilen oder verwerten zu können[4].
Nicht die *absolute* Albedo wird gewertet, sondern maßgebend ist das, auf allen Beleuchtungs-
stufen konstante Reizverhältnis *Buchstabe:Grund* = 1:15, das uns in den für die Erkennung
brauchbaren Beleuchtungsgrenzen schwarz auf weiß erscheint. Wir werten *relativ* entsprechend dem WEBERschen Gesetz.

Die wenigstens *ungefähr* feste Remissions- und damit Reizbeziehung zur *entfernteren*
Umgebung wird häufig von den Autoren außer acht gelassen. So bleibt in dem Beispiel
— auf S. 596, vorletzter Absatz, Bd. 12 I ds. Handb. — das Papier auch im Vollmondschein *deshalb* „weiß", weil der mondbeschienene Erdboden mit *kleinerer* Albedo *noch*
schwärzer aussieht; der Samt auch im Sonnenschein „schwarz", weil der sonnenbeschie-
nene Fußboden, die Tischplatte, kurz die ganze Umgebung mit *größerer* Albedo *weißer* aussieht. — Von dem nächsten Satz der zitierten Abhandlung gilt das soeben Gesagte, daß wir
Empfindungen nicht absolut messen oder beurteilen können[4]. Umgekehrt würde der isolierte, entsprechend intensiv beleuchtete Druckbuchstabe bzw. das Stück Samt vor entsprechend lichtschwachem Papiergrund *dann* weiß auf schwarz erscheinen, *wenn jede anderег-
weite Vergleichsmöglichkeit mit der sonstigen helleren Umgebung des Beobachtungsraumes ausgeschlossen wird.* Das gleiche gilt von einem Stück Kreide oder Kohle, von braunem oder
blauem Papier, einerseits in der alltäglichen Umgebung, andererseits unter künstlich hergestellten Umgebungs- bzw. Beleuchtungsbedingungen.

Daß heißt: die *Grundlage* für die angenäherte Farbenkonstanz, für die
Ausbildung der „Gedächtnisfarbe" bei „*tonfreien*" Farben, für das „Zueinander"
der Sehdinge ist dadurch gegeben, daß uns die Gegenstände *gewöhnlich* in einer

---

[1] Vgl. Tabul. biol. 4, 522, 524—526, 532, 533 (1927).

[2] In diesem Abschnitt über die Konstanz müssen mit HERING alle Gesichtseindrücke —
die bunten und die tonfreien (Schwarz, Weiß, Grau) — als „Farben" bezeichnet werden.
Im übrigen ist in diesem Artikel der Ausdruck Farben vorwiegend im engeren Sinne für
die bunten gebraucht.

[3] Es braucht kaum besonders betont zu werden, daß die Empfindungen 1. nicht etwa
proportional den Reizstärken, 2. überhaupt nicht meßbar sind, und daß 3. der Empfindungs-
unterschied außer vom Reizunterschied noch sehr wesentlich durch den Kontrast beeinflußt
wird.

[4] Nur mit unbestimmten Begriffen, wie „blendend", „hell", „dunkel" können wir sie
subjektiv einigermaßen charakterisieren.

engeren oder weiteren Umgebung erscheinen, zu der sie physikalisch in einem wenigstens ungefähr konstanten, von der Beleuchtungsintensität unabhängigen Remissionsverhältnis stehen. — Das heißt ferner: die ursprünglich vorausgesetzte „Diskrepanz zwischen Reiz und Farbenreaktion" besteht bei einer Reihe von Schulfällen der Konstanz wohl überhaupt nicht. Inwieweit sie unter bestimmten Bedingungen tatsächlich existiert, müßte wohl erst noch experimentell festgestellt werden.

    Zusatz bei der Korrektur: Wir haben zwar den *unmittelbar gegebenen* und unter Umständen auch zwingenden *Eindruck*, ob eine Fläche „blendend" oder „hell" oder „dunkel" aussieht (S. 1502, Fußnote 4), selbst wenn sie in sich völlig gleichmäßig und strukturlos erscheint und das gesamte Gesichtsfeld ausfüllt; wenn sie also weder in dem Deutlichkeitsgrad ihrer Oberflächenstruktur noch in dem Kontrast zu ihrer Umgebung irgendwelche Anhaltspunkte für eine *Beurteilung* bietet. Entsprechend können wir einen Klang als „laut" oder „leise", einen Geruch, Geschmack, Druck als „stark" oder „schwach" unmittelbar *empfinden*[1]. Aber, wenn danach auch ohne weiteres einleuchtet, daß die Empfindungsstärke der Reizstärke symbat ist, so werden wir in diesen rohen Schätzungen 1. keine Empfindungsmessung sehen und sie 2. mit dem *oben verlangten* (S. 1502, Absatz 3) *Feinheitsgrad* von „Beurteilungsvermögen objektiver Gegebenheiten" nicht auf gleiche Stufe stellen können. — Ich lasse dahingestellt, ob es notwendig und für die weitere Erkenntnis förderlich ist, wenn D. KATZ (Der Aufbau der Farbwelt, S. 456; zitiert auf S. 1501, Fußnote 3) gerade für diese, in *qualitativer* Hinsicht zweifellos *einfache* Beziehung zwischen Reizintensität und Helligkeitsempfindung einen besonderen Begriff, die „Gesamteindringlichkeit des Gesichtsfeldes" einführt. Wenn dagegen *Gelb* in diesem Zusammenhang von der „Sichtbarkeit einer bestimmten Beleuchtung" spricht[2] und KATZ von dem „Wahrnehmen der Beleuchtung"[3], so ist zu sagen, daß das mit dem üblichen Begriff „Beleuchtung" nicht mehr vereinbar ist. Selbst wenn man es kategorisch für sauberer erklärt, physikalische Gesichtspunkte unberücksichtigt zu lassen[4], so sehe ich andererseits die Notwendigkeit zur Behauptung physikalischer Unmöglichkeiten nicht ein. Benutzt man physikalisch oder durch allgemeinen Sprachgebrauch festgelegte Termini, so sollte man sie auch in dem *damit festgelegten Sinn* verwenden. Es hat kaum zur Klärung beigetragen, daß z. B. HERING und seine Mitarbeiter unter Rot und Grün etwas vollkommen anderes verstehen als die Gesamtheit aller übrigen Menschen. — Zum vorliegenden Fall ist zu sagen, daß die Beleuchtung an und für sich überhaupt nicht „sichtbar" ist, wenn sie nicht *remittierende Objekte* trifft. Sichtbar, d. h. abbildungsfähig sind nur direkt oder indirekt leuchtende Gegenstände, auch die *selbstleuchtenden* Flächen, z. B. eines Spektralapparats; also von Sichtbarkeit könnte man höchstens bei der „Flächenhelle" bzw. „Leuchtdichte" reden (s. S. 1507); dagegen kann die Beleuchtungsstärke immer nur aus der herrschenden Helligkeit besser „Leuchtdichte" *indirekt erschlossen* werden. Auch die Ausführungen von KATZ[5] sprechen keineswegs überzeugend für die unmittelbare Sichtbarkeit der herrschenden *Beleuchtung*, sondern nur für die der *Flächenhelle* und die „Gegenbemerkungen" BÜHLERS[6] sind durchaus berechtigt; was BÜHLER an Flächenfarben anführt, sind durchweg Selbstleuchter, bei denen die Frage nach der Beleuchtung sich sowieso erübrigt. — Folgerichtig hat denn auch HELMHOLTZ seine Konstanztheorie auf einem *Urteil über die Beleuchtungsstärke* aufgebaut. Tatsächlich handelt es sich nun aber — darin ist KATZ recht zu geben — *nicht* um „unbewußte" *Schlüsse* oder *Urteile*, sondern um eine unmittelbare und ursprüngliche *„Empfindung"* (nach HELMHOLTZ' Nomenklatur) der *Helligkeit*; denn ob etwas „hell" oder „dunkel" ist, kann jedes Kind und vermutlich auch manches Tier unmittelbar *sehen*, bei denen man ein *Urteil* über die Beziehungen zwischen Helligkeit und Beleuchtung nicht voraussetzen kann. Muß man dementsprechend die HELMHOLTZsche Vorstellung von der „Interpretation der Lichtempfindungen" aufgeben, so muß man konsequenterweise auch die *Beleuchtung* aus dem Spiel lassen und von einer unmittelbaren „Sichtbarkeit der Flächenhelle" oder „Leuchtdichte", noch besser vielleicht von einer *„Empfindung bzw. Wahrnehmung des jeweiligen Gesamt-Helligkeitsgrades"* sprechen. Die Beleuchtung

---

[1] Objektive physiologische Grundlagen für die Abstufung der unmittelbaren Empfindungsstärke bilden u. a. die Aktionsstromstärken in der Netzhaut und die Impulsfrequenzen in den Sinnesnerven. Zwischen der Reizstärke und diesen objektiven Prozessen gilt angenähert das FECHNERsche Gesetz (ds. Handb. **12 II**, 1442—1448, 1459—1464, 1472—1479, 1487—1496).

[2] KATZ: Der Aufbau der Farbwelt, S. 455.

[3] KATZ: Der Aufbau der Farbwelt, S. 1 u. 46ff.

[4] KATZ: Der Aufbau der Farbwelt, S. 5.

[5] KATZ: Der Aufbau der Farbwelt, S. 47ff.

[6] BÜHLER: Zitiert auf S. 47 des Buches von KATZ.

bleibt nach wie vor eine Bedingung für die indirekte Leuchtstärke remittierender Objekte. — *Reizphysiologische Grundgrößen* für die angenäherte Konstanz der Sehdinge sind danach: 1. das ungefähr konstante Remissions-, d. h. *Lichtreizverhältnis der Gegenstände zu ihrer Umgebung*, 2. unsere angenähert konstante *Unterschiedsempfindlichkeit;* außerdem haben wir 3. eine zwar unmittelbar gegeben und mit der Reizstärke durch die *Opticus-Impulsfrequenz* [1] zusammenhängende *Empfindung* bzw. *Wahrnehmung des jeweiligen Gesamthelligkeitsgrades*, die aber wegen der Adaptation außerordentlich stark *wechselnd* und daher *unsicher* ist (vgl. S. 1506—1509). Infolgedessen sind, wenn es angeblich zu einer Diskrepanz zwischen diesen drei Grundgrößen kommen sollte, die erste und zweite für die Farbenkonstanz ausschlaggebend. Man vergleiche dazu das Schulbeispiel vom schwarzen Samt, der im Sonnenschein blendend weiß und vom weißen Papier, das im Vollmondschein tiefschwarz angeblich erscheinen sollte[2]. Das tun beide *aus den unter 1 und 2 angeführten Gründen nicht*, aber wegen 3 erscheint uns die Umwelt als ganzes im Mondschein dunkel, im Sonnenschein hell.

Die Bedeutung der Adaptation für die Farbenkonstanz: Dieses reizphysiologisch bestimmte Zueinander und damit die Konstanz der Sehdinge würde nicht *prinzipiell* anders sein, wenn das Sehorgan, adaptationslos, stets die gleiche Empfindlichkeit besäße. Nur würde dann das, für das Sehen nutzbare, Leuchtdichtenintervall zwischen „zu dunkel" und „blendend" entsprechend klein ausfallen. Eine wenigstens angenäherte Vorstellung von einem derartigen hypothetischen Zustand der Adaptationslosigkeit geben die häufigen Patienten mit ausgedehnten Adaptationsstörungen[3]; tatsächlich sehen solche Leute in einem beschränkten Beleuchtungsbereich nicht merklich anders als ein normaler Mensch in dem gleichen Bereich, aber darüber hinaus *erkennen* sie wegen Dunkelheit bzw. Blendung nichts mehr. — Die *Hauptbedeutung der Adaptation* ist also: sie bestimmt in erster Linie *maßgebend den Umfang des Konstanzbereichs*[4], insofern, als sie das gesamte Zueinander der Sehdinge als Ganzes in Richtung eines optimalen Helligkeitsniveaus[5] verschiebt. Außerdem hilft sie die Störungen einer mäßig farbigen Allgemeinbeleuchtung mit beseitigen.

Die Adaptation bedingt also z. B., daß bei einer plötzlichen starken Beleuchtungs-*änderung* die anfängliche Blendung bzw. das anfängliche „zu dunkel" schwindet, und die Gegenstände bald wieder wie gewöhnlich unterschieden werden können. In diesen Fällen entspricht der Endeffekt für das Sehen dem des Auf- bzw. Absetzens einer neutralgrauen Schutzbrille. — Ferner trägt die Adaptation mit dazu bei, daß die Umwelt, durch ein mäßig stark *gefärbtes* Glas betrachtet, oder beim Übergang von Tages- zu künstlicher Beleuchtung, nach einiger Zeit die abnorme Allgemeinfärbung wenigstens soweit verliert, als das bei der, durch *farbige* Beleuchtung ja *tatsächlich* gestörten *Reizrelation* der Gegenstände überhaupt möglich ist.

Da die „Farbenbeständigkeit der Sehdinge" nur „*angenähert*", nicht unter *beliebigen* Beleuchtungsbedingungen gilt — tatsächlich sieht die Welt bei Sonnen-

---

[1] Vgl. ds. Handb. **12 II**, 1492, 1493.   [2] Vgl. ds. Handb. **12 I**, 596.

[3] Vgl. später S. 1533 und den Spezialartikel über Pathologie der Adaptation, dieses Handb. **12 II**, 1595.

[4] Der daneben durch die Abweichungen vom Weberschen Gesetz eingeengt, durch den Kontrast erweitert wird.

[5] In diesem Artikel sind zur Beschreibung der sichtbaren *physikalischen Strahlung* (also der *adäquaten objektiven Reize*) nach *Intensität* die bekannten photometrischen Größen wie „Lichtstrom", „Lichtstärke", „Beleuchtung", „Leuchtdichte", „Erhellung" gebraucht; zur Kennzeichnung der *Strahlungsart* und *-zusammensetzung*, Begriffe wie „Lichter" oder „Strahlungen" bestimmter Wellenlänge, „homogene Lichter", „gemischte Lichter" bzw. „Lichtgemische" bestimmter Zusammensetzung. — Die dreifache Mannigfaltigkeit der resultierenden *Gesichtsempfindungen* wird mit den Begriffen „Helligkeit", „Farbton" und „Sättigung" beschrieben. Wo aus dem Zusammenhang nicht ohne weiteres hervorgehen sollte, ob die *Strahlung* oder die durch sie ausgelöste *Empfindung* gemeint ist, wird auch wohl *objektiv* bzw. *subjektiv* hinzugesetzt. — Die Einführung der „Nuance" in die Definition dieses Handbuches (Bd. 12 I, 305ff.) halte ich für keine Verbesserung; vor allem scheint es mir nicht zu weiterer Klärung beizutragen, wenn die Nuance im praktischen Gebrauch das eine Mal mit Sättigung, das andere Mal mit Helligkeit in Parallele gesetzt [Goldmann, H.: Pflügers Arch. **194**, 493—496 (1922)] und daneben *außerdem* noch von der Helligkeit bei getönten, von Helligkeit *allein* bei tonfreien Empfindungen gesprochen wird.

und Mondschein ja verschieden gefärbt aus —, so fragt sich: im Bereich welcher *natürlich* vorkommenden Beleuchtungsintensitäten ist aus rein *physiologischen* Gründen eine Konstanz überhaupt möglich? Die in der Natur vorkommenden Schwankungen der Beleuchtungsstärke verhalten sich etwa wie $1:1 \cdot 10^9$ unter *solchen* Bedingungen, die eine Orientierung in der Umwelt zulassen, von noch ausreichendem Mondlicht an bis zu noch nicht störend blendendem Sonnenschein. Von den vorher (S. 1500) genannten 12 Zehnerpotenzen der Beleuchtung, bei denen das Auge *überhaupt* funktioniert, kommen für die *Orientierung im Raum* unten etwa zwei als zu lichtschwach, oben etwa eine wegen Blendung nicht in Betracht. Setzen wir voraus, daß wir stets ausreichend an die jeweilige Beleuchtung adaptiert sind, so finden wir[1] im Bereich des Tagessehens, von etwa 100 Lux „Erhellung"[2] an aufwärts bis zu störender Blendung (bei einigen hunderttausend Lux) eine sehr weitgehende Farbenbeständigkeit[3]. Nach abwärts schließt sich zwischen etwa 100 und $1/_{100}$ Lux als Übergang vom Tages- zum Dämmersehen das Gebiet ausgesprochener Inkonstanz der Farbe an, in welchem farbige Gegenstände farblos werden unter Verschiebung der Helligkeitsverhältnisse zugunsten kurzwelliger Lichter (*Purkinjesches Phänomen*). Unterhalb von $1/_{100}$ Lux im reinen Dämmersehen ist das Sehen zwar völlig anders als bei Tage, rein farblos mit überwiegender Helligkeit sonst grüner und blauer Objekte, aber es herrscht abermals ausgesprochene Konstanz[4] bis an die untere Grenze der Orientierung bei ungefähr $1/_{10\,000}$ Lux. — Eine Sonderstellung nimmt der stäbchen*freie* Bezirk der Fovea centralis insofern ein, als ihm das Dämmersehen fehlt (vgl. S. 1509—1533, 1577—1583). Beobachtet man entsprechend auf kleinem direkt fixiertem Feld von höchstens $1^1/_2°$ Durchmesser, so findet man bei beliebigen Erhellungen bis gegen die untere Grenze der Sichtbarkeit in der Fovea (etwa $1/_{30}$ Lux) Farbenkonstanz[3], denn der Fovea fehlt das Dämmersehen. — Die auffallende Farben*un*beständigkeit der Sehdinge ist also in demjenigen Beleuchtungsbereich ($1/_{100}$ bis 100 Lux) vorhanden, in welchem beim Übergang vom Tages- zum Dämmersehen beide Sehweisen nebeneinander bestehen und zusammen arbeiten; sie ist mit dem Funktionswechsel verknüpft. Im Beleuchtungsbereich des reinen Tages- und reinen Dämmersehens bleiben die Sehdinge konstant, wenn sie auch im einen farbig, im andern farblos aussehen.

Nachdem ich auf S. 1501 eine Anzahl von den, für die Konstanz der Sehdinge wichtigen psychischen Momenten genannt habe, dürfte zur Genüge klar sein, daß ich mit den soeben behandelten Tatsachen der Reizphysiologie und Adaptation nicht etwa den gesamten Problemkreis der Konstanz für geklärt halte. Aber in einem Artikel über die Adaptation des Auges kann es sich höchstens darum handeln, 1. das „*reizphysiologische Zueinander*" der Dinge als Grundlage für alles weitere Physiologische und Psychische und 2. die *Stimmung* des Sehorgans, beides in seiner Bedeutung für das Gesamtproblem der Konstanz, klar herauszustellen; auf die zahlreichen psychologischen Faktoren hier näher einzugehen, verbietet sich von selbst.

Zwei Gründe haben mich hauptsächlich bewogen, in diesem Handbuch noch einmal, aber vom *physiologischen* Standpunkt aus, auf die Konstanz der Sehdinge einzugehen: 1. Will man, was notwendig erscheint, die Bedeutung der verschiedenen physiologischen und psychischen Momente für spezielle Konstanzerscheinungen experimentell feststellen, so wäre wohl erforderlich, das reizphysiologische Zueinander der Seh- und Dressurobjekte auch zu ihrer *entfernteren* Umgebung im Versuchsraum mehr zu berücksichtigen, als man bisher Veranlassung hatte. 2. Man hat dazu geneigt, den gesamten vielgestaltigen Problemkreis der Konstanz, zum mindesten große Teile desselben, von einem gemeinsamen Gesichtspunkt aus zu behandeln; ich bezweifle, ob zum Vorteil des Ganzen. Dazu sind die verschiedenen

---

[1] ROSENBERG, G. (unter A. KOHLRAUSCH): Z. Sinnesphysiol. **59**, 103 (1928).

[2] Bei den Zahlenangaben in Lux ist hier die „Erhellung", nicht die „Beleuchtung" als photometrische Größe gemeint (vgl. später S. 1507).

[3] Wenn wir von dem *Abblassen* der Farbenempfindungen in der Nähe der Blendung absehen.

[4] Soweit nicht die Abweichungen vom WEBERschen Gesetz sie verhindern.

Erscheinungen wohl reichlich ungleichwertig; z. B.: der „stets schwarze" Samt im Vergleich zu Herings dunkelgrauem Papier am Fenster vor weißer Rückwand oder gar zum Umschlagen im Fleck-Schattenversuch. — Ähnliches gilt von der „Gedächtnisfarbe". Zweifellos haben wir ein recht gutes *absolutes* Farbengedächtnis für die ausgezeichneten Punkte des Farbenkreises, einschließlich des „tonfreien" Punktes. Ob das auch für die Graureihe mit ihren Endpunkten gilt, erscheint mir zum mindesten sehr fraglich. — Stärkeres Differenzieren halte ich für fruchtbarer.

___

Von den Adaptationsvorgängen und -zuständen im Tages- und Dämmersehen ist ein erheblicher Teil bereits im Band 12 I ds. Handb. beschrieben. Ich verweise besonders auf die Kapitel „Reizbarkeit des Sehorgans" (S. 314), „Farblose Lichteffekte bei Dunkeladaptation" (Dämmerungssehen oder Skotopie [S. 324]), „Die Helligkeitsverteilung im Spektrum für das Hellauge bzw. beim Tagessehen" (darunter das Purkinjesche Phänomen [S. 368]), „Erregungsablauf im Sehorgan" (S. 421), „Adaptation des Sehorgans" (S. 441—462), „Ermüdung" (S. 462), „Nachreaktion" (S. 464—478).

Alle mit der Duplizitätstheorie zusammenhängenden Tatsachen und Überlegungen findet man meisterhaft dargestellt in dem Artikel von J. v. Kries „Zur Theorie des Tages- und Dämmerungssehens" (Bd. 12 I, S. 679—713); andere Theorien stehen in den Kapiteln „Photochemisches zur Theorie des Farbensehens" (Bd. 12 I, S. 536—549) und „Theorie des Farbensehens" (Bd. 12 I, S. 550—584). — Wegen der Pathologie der Adaptation verweise ich auf den entsprechenden Spezialartikel (ds. Handb. Bd. 12 II, S. 1595).

Um Wiederholungen zu vermeiden, werden hier nur diejenigen Gebiete des Tagessehens, des Dämmersehens und der Adaptation dargestellt, die in ds. Handb. entweder noch keine Bearbeitung fanden oder bei denen die neuesten Arbeiten eine derartige Erweiterung unserer Kenntnisse gebracht haben, daß die bisherige Darstellung unvollständig bzw. unrichtig ist.

II. Empfindlichkeit und Adaptationsbereich des Auges.

Empfindlichkeit. Die Adaptation hat den Erfolg, daß ein und dasselbe strahlende Objekt je nach der Stimmung des Auges sehr verschieden starke Gesichtsempfindungen in uns auslöst; anders ausgedrückt, daß die *Empfindlichkeit des Auges* sich in weiten Grenzen ändert (vgl. S. 1500, 1572). So ist die Flamme einer Kerze in hellem Sonnenschein kaum wahrnehmbar, jedoch nach einstündigem Aufenthalt im Dunkelzimmer entzündet, eine blendende Lichterscheinung.

Die *Messung* der Adaptation mit Hilfe dieses *verschiedenen subjektiven Helligkeitsgrades*, den das gleiche Objekt auslöst, wäre das nächstliegende Verfahren, ist aber unmöglich, da Empfindungsstärken nicht meßbar sind; nur physikalische Größen sind meßbar[1]. Wohl aber ist die *Empfindlichkeit* des Auges und ihre Änderung *messend mit Zahlen zu charakterisieren*, wenn wir die verschiedene *physikalische Strahlungsintensität* angeben, die jeweils als Reizstärke erforderlich ist, um einen *bestimmten Effekt im Auge* auszulösen.

Diese Methode entspricht durchaus der bei unseren Meßinstrumenten angewandten Empfindlichkeitsbestimmung. So charakterisieren wir z. B. die Empfindlichkeit einer Waage dadurch, daß wir die Anzahl Milligramm angeben, die einen Ausschlag von 1 Skalenteil bewirkt oder die Stromempfindlichkeit eines Galvanometers mit der Anzahl Ampère für 1 Skalenteil Ausschlag. Wollen

___

[1] Kries, J. v.: Allgemeine Sinnesphysiologie, S. 105—112. Leipzig: F. C. W. Vogel 1923.

wir in analoger Weise die Empfindlichkeit des Auges bestimmen, so ist als physikalische Strahlungsintensität das von der betrachteten Fläche ausgehende Licht anzugeben. Die Ausstrahlung einer Fläche charakterisiert die früher „Flächenhelle", neuerdings „Leuchtdichte" genannte photometrische Größe; sie gibt die Lichtstärke an, die von der Oberflächeneinheit eines selbst oder indirekt leuchtenden Körpers in bestimmter Richtung ausgeht[1].

Die Einheiten der Leuchtdichte, die Hefnerkerze pro qcm und andere, sind zur Messung indirekt leuchtender Flächen und auch für viele physiologische Zwecke unbequem groß, denn erst blendende Objekte, wie sonnenbeschienenes Schreibpapier, bewegen sich in der Größenordnung der Einheit. Man charakterisiert daher die Leuchtdichte vielfach dadurch, daß man sie als Beleuchtung (in Lux) senkrecht auf einer Fläche von *bestimmter zerstreuter Rückstrahlung* (Albedo) umschreibt. Derartige Angaben sind durchaus brauchbar, da sie sich ohne weiteres auf Leuchtdichte in HK/qcm umrechnen lassen; die Beleuchtungsstärke (in Lux) *allein* ohne Albedoangabe der beleuchteten Fläche sagt dagegen nur wenig[2].

Für Umrechnungen zwischen den gebräuchlichen Leuchtdichteeinheiten dient die folgende Tabelle; die gegebene Einheitsbezeichnung steht im ersten Stabe, die gesuchte in der obersten Horizontalreihe. Die Symbole bedeuten: HK/qcm = Hefner-Kerzen pro qcm, K/qcm = Standard-Kerzen pro qcm, H-Lux ⊥MgO = Hefner-Lux senkrecht auf Magnesium-Oxyd, Alb. = Albedo. — Vor kurzem erst eingeführt ist die letzte Einheit „Erhellung" in Hefner-Lux: die Erhellung diffus reflektierender Flächen ergibt sich durch Multiplikation ihrer Beleuchtung mit dem Faktor der zerstreuten Rückstrahlung (Albedo).

Tabelle 1. Zahlenverhältnisse zwischen physikalischen Leuchtdichteeinheiten[3].

	HK/qcm	K/qcm	Lambert	Milli-lambert	H-Lux ⊥ MgO (Alb. 0,95)	H-Lux ⊥ Mattpapier von der Alb. 0,75	Hefner-Lux Erhellung
1 HK/qcm . .	1	0,901	2,830	2830	33100	42000	31400 (10000·π)
1 K/qcm. . . .	1,11	1	3,142 (π)	3142	36800	46600	34400
1 Lambert . . .	0,353	0,318(1/π)	1	1000	11700	14800	11100
1 Milli-Lambert.	0,000353	0,000318	0,001	1	11,7	14,8	11,1
1 H-Lux ⊥ MgO (Alb. 0,95) . .	0,000030	0,000027	0,000086	0,0856	1	1,27	0,95
1 H-Lux ⊥ Mattpapier v. d. Alb. 0,75	0,000024	0,000022	0,000068	0,0675	0,79	1	0,75
1 H-Lux Erhellung	0,0000318 $\left(\frac{1}{10000 \cdot \pi}\right)$	0,0000287	0,00009	0,09	1,05	1,33	1

Als den *bestimmten Gesichtseffekt des Auges*, der durch die jeweilige Reizstärke ausgelöst wird, und dem der eine Skalenteil Ausschlag der Meßinstrumente analog wäre, benutzt man gewöhnlich die absolute Schwelle, d. i. eine eben wahrnehmbare Helligkeitsempfindung, die noch gerade von dem Eigenlicht des Auges zu unterscheiden ist. Zuweilen ist auch bei überschwelligen Reizen die binokular einzustellende Helligkeitsgleichheit zwischen dem zu untersuchenden und dem konstant adaptierten anderen Auge angewandt[4]. Beides sind Empfindungen, die sich entsprechend der Unterschiedsempfindlichkeit des Auges einigermaßen konstant reproduzieren lassen[5].

[1] Vgl. H. Schroeder (unter A. Kohlrausch): Z. Sinnesphysiol. **57**, 195 (1926).
[2] Schroeder, H.: Zitiert auf S. 1507, Fußnote 1.
[3] Schroeder, H. (unter A. Kohlrausch): Z. Sinnesphysiol. **57**, 199 (1926).
[4] Dittler, R. u. J. Koike: Z. Sinnesphysiol. **46**, 166 (1912).
[5] Als Unterschiedsschwelle gegenüber dem Eigenlicht bzw. als Helligkeitsgleichheit sind beide Gesichtseffekte zwar *eindeutig* definiert und an und für sich auch gut einstellbar. Aber das Eigenlicht selbst zeigt bei Dunkelaufenthalt eine gewisse Veränderlichkeit (s. später S. 1570—1572), und binokulare Gleichungen haben eine größere Fehlerbreite als monokulare; daher die nur *angenäherte* Reproduzierbarkeit.

Gemäß obiger Definition ist die Empfindlichkeit ganz allgemein umgekehrt proportional der physikalischen Intensität, welche den „bestimmten Effekt" des Meßinstruments bzw. Sinnesorgans bewirkt. Es ist also z. B. eine Waage mit 1 mg für 1 Skalenteil Ausschlag 10 mal empfindlicher als eine andere mit 10 mg für 1 Skalenteil, oder z. B. die Lichtempfindlichkeit des Auges auf das Dreifache gestiegen, wenn die Schwellenintensität auf ein Drittel ihres Anfangswertes gesunken ist. (Über den Begriff der Empfindlichkeit vgl. ferner Abschnitt V b „Graphische Darstellung" S. 1572.)

Der Adaptationsbereich des Auges, d. h. der Lichtintensitätsbereich, an den das Auge sich anzupassen vermag, ist in neueren Untersuchungen von BLANCHARD[1] nach dem ebengenannten Verfahren festgestellt bei sehr ausgedehnter Variation der adaptierenden Lichtintensität.

Methodik: Bei den Versuchen wurde das Auge durch Hinblicken auf eine Fläche von ca. 100° Gesichtsfelddurchmesser an die betreffende Lichtintensität adaptiert und dann wurde nach Verlöschen dieses Voradaptationsfeldes sofort die Schwelle im macularen Netzhautbezirk bestimmt auf einem Prüffeld von ca. 5° Durchmesser, das in der Mitte des vorherigen Voradaptationsfeldes auftauchte. Die Versuche wurden mit verschiedenen Farben: Weiß, Blau, Grün, Gelb, Rot ausgeführt, und zwar jedesmal Voradaptation und Schwellenbestimmung bei der gleichen Farbe. Die hier folgenden Konstanten der Farbenfilter hat KOHLRAUSCH[2] aus den von BLANCHARD beigefügten Kurven der spektralen Durchlässigkeit errechnet.

Tabelle 2. Konstanten der benutzten Farbfilter.

	Durchlässigkeitsbereich	λ_{max} der Durchlässigkeit in $\mu\mu$	Maximaldurchlässigkeit in %
Rot	600 $\mu\mu$ bis zum langwelligen Spektrumende	650	82
Gelb	550—610 $\mu\mu$	570	5
Grün	460—560 „	520	20
Blau	kurzwelliges Ende bis 520 $\mu\mu$	450	45

Die Beobachtungen sind monokular ausgeführt. Die Zahlen für die farbigen und farblosen Lichtintensitäten des Voradaptations- und Schwellenprüffeldes der Tabelle 3 sind die Logarithmen der betreffenden Leuchtdichten (Flächenhelligkeiten) in Millilambert. Für die Umrechnung in andere Leuchtdichteeinheiten kann Tabelle 1 dienen. BLANCHARD hat die Farben bei einer Leuchtdichte von 10 Millilambert (= 117 H-Lux ⊥ MgO) photometriert, also zuverlässig oberhalb des Einsetzens des Purkinjephänomens. Die höheren und geringeren Intensitäten hat er dann aus den Konstanten der benutzten Filter und den Vorrichtungen zur Lichtschwächung berechnet. In der folgenden Tabelle 3 bedeutet unter jeder Farbe log *H* den Logarithmus des Voradaptationsfeldes und log *S* den Logarithmus des Schwellenprüffeldes, beides in Millilambert.

Die Tabelle 3 zeigt das außerordentlich weite Helligkeits- (Leuchtdichten-) Gebiet, innerhalb dessen das Auge arbeiten und sich adaptieren kann. Die Lichtintensitäten der Voradaptation reichen bei Weiß von rund 10^{-6} bis 10^3 Millilambert; das Maximum ist also das *Tausendmillionenfache* des Minimums, und über dieses Gebiet von Lichtintensitäten ändert sich die Empfindlichkeit des Auges, gemessen an den momentanen Schwellenwerten, um mehr als das *Millionenfache*.

Berechnen wir aus dem maximalen und minimalen Pupillendurchmesser[3], wieviel davon bestenfalls auf *Rechnung des Pupillenspiels* kommt, so sehen wir, daß das vergleichsweise *äußerst wenig*, nämlich der kleine Betrag von etwa 1:20 ist. *Alles andere ist Adaptation des Auges.*

---

[1] BLANCHARD, J.: Z. Beleuchtungswesen **28**, 18 (1922).
[2] KOHLRAUSCH, A.: Tabulae biologicae **1**, 324 (1925).
[3] KOHLRAUSCH, A.: Tabulae biologicae **1**, 328 (1925).

Tabelle 3. Momentaner Schwellenwert S für verschiedene adaptierende Feldhelligkeiten H in Millilambert.

Weiß		Blau		Grün		Gelb		Rot	
$\log H$	$\log S$	$\log H$	$\log S$	$\log H$	$\log S$	$\log H$	$\log S$	$\log H$	$\log S$
−6,15	−5,85	−7,26	−6,72	−6,85	−6,40	−5,70	−5,35	−4,83	−4,26
−5,95	−5,80	−6,96	−6,66	−6,60	−6,35	−5,45	−5,33	−4,68	−4,20
−5,80	−5,72	−6,61	−6,61	−6,31	−6,32	−5,28	−5,23	−4,36	−4,08
−5,65	−5,73	−6,26	−6,49	−6,02	−6,22	−4,98	−5,17	−4,06	−4,01
−5,35	−5,60	−5,72	−6,24	−5,12	−5,65	−4,65	−5,00	−3,48	−3,74
−5,05	−5,44	−4,77	−5,69	−4,20	−5,18	−3,70	−4,40	−2,92	−3,42
−4,15	−4,92	−3,87	−5,01	−3,30	−4,56	−2,70	−3,93	−2,26	−3,10
−3,20	−4,35	−2,92	−4,17	−2,40	−3,95	−2,26	−3,50	−1,40	−2,60
−2,30	−3,52	−2,11	−3,56	−1,57	−3,05	−1,75	−3,15	−0,80	−2,40
−1,35	−2,80	−1,71	−3,26	−1,24	−2,72	−1,15	−2,70	−0,18	−2,00
−0,40	−2,28	−1,11	−2,76	−0,67	−2,33	−0,17	−2,12	0,37	−1,70
0,55	−1,75	−0,58	−2,39	0,26	−1,98	0,10	−1,90	1,00	−1,37
1,50	−1,02	−0,18	−2,29	1,03	−1,64	0,80	−1,75	1,30	−1,33
2,00	−0,75	0,42	−2,01	1,32	−1,50	1,10	−1,52	1,56	−1,12
2,40	−0,37	0,66	−1,86	1,62	−1,20	1,41	−1,25	1,81	−0,97
2,97	0,29	0,97	−1,61	1,91	−0,93			2,12	−0,78
3,30	0,71	1,34	−1,36						

III. Die örtliche Empfindlichkeits-Verteilung und die Sonderstellung des Netzhautzentrums.

Die Empfindlichkeit der verschiedenen Netzhautteile ist nicht gleich, weder im Zustand der Helladaptation noch in dem der Dunkeladaptation. Im helladaptierten Auge nimmt die Empfindlichkeit für alle Lichter in nahezu gleicher Weise vom Netzhautzentrum gegen die Peripherie hin ab (Tab. 4).

Die Zahlen der Tabelle sind relative Werte und geben die reziproken Schwellenwerte in den verschiedenen Abständen vom Fixierpunkt an, wobei die Empfindlichkeit im Netzhautzentrum gleich 1000 gesetzt ist. Der Beobachter war durch 10 Minuten langen Blick gegen den hellen Himmel helladaptiert, das Beobachtungsfeld hatte fast 1° Durchmesser.

Begeben wir uns darauf für etwa $\frac{1}{2}$—1 Stunde ins Dunkelzimmer, so kehren sich die Empfindlichkeitsverhältnisse der Netzhaut gegenüber dem Tagessehen vollständig um, so „daß im gut dunkeladaptierten Auge die Empfindlichkeit des Netzhautzentrums eine weit geringere ist als die der mehr oder weniger exzentrischen Partien"[2] (Tabelle 5 und Abb. 491).

Tabelle 4. Örtliche Empfindlichkeits-Verteilung auf der helladaptierten Netzhaut[1].

Abstand vom Fixierpunkt (in Grad)	Relative Empfindlichkeits-Werte (Boltunow) für		
	Rot	Grün	Blau
0	1000	1000	1000
2,5	658	705	640
5	534	438	490
10	273	251	185
15	132	52	95
20	40	40	55
25	35		45
30	30		
35	25		

Die Erscheinung ist seit langem in der Form bekannt, daß lichtschwache Objekte (z. B. Sterne mittlerer und geringer Größe) bei direkter Fixation verschwinden, bei wenig seitlich gewandtem Blick wieder auftauchen und dann bei noch stärker abgewandtem Blick heller und heller werden. Je besser das Auge dunkeladaptiert

---

[1] VAUGHAN, C. L., u. A. BOLTUNOW: Z. Sinnesphysiol. **42**, 11 (1908).
[2] KRIES, J. v.: Nagels Handb. **3**, 171 (1904).

ist, um so heller erscheinen dabei die Objekte mit seitlich gewandtem Blick. Man spricht von einer *physiologischen Hemeralopie* des Netzhautzentrums oder von einem relativen *zentralen Skotom* im Dämmersehen.

Tabelle 5. Örtliche Empfindlichkeits-Verteilung auf der dunkeladaptierten Netzhaut[1].

Abstand vom Fixierpunkt (in Grad)	Temporales Gesichtsfeld, Empfindlichkeit für			Abstand vom Fixierpunkt (in Grad)	Nasales Gesichtsfeld, Empfindlichkeit für		
	Blau	Gelb	Rot		Blau	Gelb	Rot
0	1	1	1	0	1	1	1
0,25	1,23	1,15	0,95	0,25	1,18	1,46	0,95
0,5	1,54	1,76	0,76	0,5	2,01	1,71	0,95
0,75	2,12	2,43	0,73	0,75	3,03	2,27	0,90
1,0	3,78	3,65	0,70	1,0	8,51	3,07	0,90
1,5	16,6	5,37	0,71	1,5	48,9	6,15	0,87
2,5	64,2	8,99	0,55	2,5	105,3	10,7	0,73
5,0	265,9	9,69	0,50	5,0	852,2	24,6	0,57
10,0	687,3	20,15	0,40	10,0	1457,0	52,6	0,51

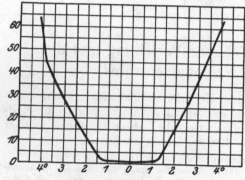

Abb. 491. Empfindlichkeit für gemischtes (bläulich-weißes) Licht in der Fovea centralis des dunkeladaptierten Auges und ihrer näheren Umgebung. Links temporales, rechts nasales Gesichtsfeld. (Aus Nagels Handbuch der Physiologie Bd. 3, 172.)

Diese Tatsache ist vor allem deshalb bemerkenswert, weil sie gerade diejenigen Netzhautteile betrifft, die bei Tage besonders funktionstüchtig und der Netzhautperipherie an Empfindlichkeit überlegen sind (vgl. Tab. 4 mit Tab. 5). Daß sie durch den Dämmerwert der Lichter bedingt ist, beweist die Prüfung mit dem äußersten dämmerwertfreien Rot, das sich im Dunkelauge ebenso verhält wie im Hellauge (vgl. Tab. 4 mit Tab. 5, Stab 4 und 8).

Die genauere Untersuchung des *Sehens im Netzhautzentrum*, die zuerst von v. Kries und Nagel[2] durchgeführt wurde, zeigte dann, daß ein kleiner zentraler Bezirk im Auge trotz Beleuchtungs- und Adaptationsänderungen in seiner Funktion unveränderlich bleibt und die Erscheinung des *Purkinjeschen Phänomens*, d. h. der Aufhellung kurzwelliger Lichter, *nicht darbietet* (vgl. S. 1505, 1509—1533, 1577—1583 und ds. Handb. Bd. 12 I, S. 688ff.).

Besonders beweisend für diese *Sonderstellung des Netzhautzentrums* sind die Versuche an Deuteranopen (Grünblinden), die bekanntlich eine *vollkommen gültige Gleichung* zwischen einem roten und einem gelbgrünen Spektrallicht einstellen können; dabei übertrifft der *Dämmerwert* des Gelbgrün den des Rot um das 100fache und mehr, d. h. bei herabgesetzter Lichtstärke und Dunkeladaptation sieht für den Deuteranopen das Gelbgrün *ungemein viel heller* aus als das ihm tagesgleiche Rot, wenn die Lichter auf etwas *größeren Feldern* von *einigen Grad Ausdehnung* dargeboten werden. Die Prüfung auf *kleinem direkt fixiertem Feld* ergab dagegen, daß trotz Abschwächung der Lichtintensität und höchstgradiger Dunkelanpassung von einer Ungleichheit der tagesgleichen

[1] Kries, J. v.: Z. Psychol. **15**, 340 (1897).
[2] Kries, J. v. u. W. A. Nagel: Z. Psychol. **23**, 161 (1900).

Lichter, also von einem PURKINJEschen Phänomen, *keine Spur zu sehen war*. Es genügten aber minimale Blickschwankungen, damit das grüngelbe Feld sich von dem anderen durch das Auftreten eines weißlichen Schimmers unterschied (vgl. S. 1526—1528, 1531), um bei etwas stärkerer Blickwendung förmlich aufzuleuchten. Dadurch konnte die Ausdehnung des einheitlich funktionierenden zentralen Bezirks mit großer Genauigkeit ausgemessen werden. NAGEL fand einen horizontalen Durchmesser des einheitlich funktionierenden Bezirks in seinem rechten Auge von 107, im linken von 88 Bogenminuten, einen vertikalen im rechten Auge von 81 Bogenminuten (vgl. S. 1521, 1523).

a) Der Lichtverlust in der Macula lutea und die anomalen Trichromaten.

In den theoretischen Vorstellungen von der Sonderstellung des Netzhautzentrums wird dem Lichtverlust in der Macula lutea eine besondere Bedeutung beigelegt[1]. Um Stellung dazu nehmen zu können, inwieweit die Lichtschwächung in den vorgelagerten Schichten der Macula zur Deutung der Sonderstellung des Netzhautzentrums ausreicht, müssen wir uns zunächst einen Überblick über die an der Macula von menschlichen Leichenaugen und von lebenden Menschen[2] gewonnenen Messungsergebnisse verschaffen.

Für diese Betrachtungen ist lediglich der nicht zu bestreitende *Lichtverlust* in der Macula maßgebend nach seiner Art und Stärke, und es ist hierfür gänzlich belanglos, ob man ihn sich durch Absorption in einem vitalen gelben Pigment oder nach GULLSTRAND[3] durch Reflexion zustande kommen denken will. Wenn im folgenden häufig auch in der üblichen Weise von „Absorption" oder von „rötlicher bzw. grünlicher Tönung des gelben Maculapigments" gesprochen wird, so ist damit die experimentell festgestellte Tatsache des indiviuell verschiedenen macularen Lichtverlustes im Grünblau und im Blau gemeint, und in der herkömmlichen, allgemein verständlichen Form dargestellt. Und diese *Tatsache des macularen Lichtverlustes* bleibt bestehen, gleichgültig, ob die Deutung GULLSTRANDS richtig ist oder nicht. Es sprechen jedoch eine Reihe gewichtiger Tatsachen gegen GULLSTRANDS Erklärung[4].

Die ersten quantitativen spektral-photometrischen Absorptionsmessungen von SACHS[5] an isolierten menschlichen Netzhäuten ergaben: für Na-Licht und Licht größerer Wellenlänge ist die Absorption unmeßbar klein, sie beginnt zwischen D und E, nimmt zwischen E und F rasch zu und steigt von F bis zum violetten Spektralende ganz allmählich weiter an. Die Stärke der Lichtabsorption war bei den untersuchten Fällen individuell ziemlich verschieden und lag im Grün (E-Linie) zwischen 2 und 11%, im Violett (G-Linie) zwischen etwa 25 und 50% des auffallenden Lichtes.

Die Untersuchungen mit spektralen Farbengleichungen von v. FREY, v. KRIES und seinen Mitarbeitern[6] zeigten für den gesamten Lichtverlust im lebenden Auge an einer größeren Reihe von Versuchspersonen gleichfalls eine sehr erhebliche individuelle Schwankungsbreite sowohl der Dichte wie der Tönung des absorbierenden Pigments und führten auf Maximalwerte von 60 und 70% Lichtverlust im Blau.

Mit neueren Messungen am lebenden Menschen konnten diese älteren Ergebnisse bestätigt, variationsstatistische Angaben über die Form der Frequenz-

---

[1] U. a. von M. TSCHERNING: Ann. d'oculist. **158**, 625 (1922).

[2] Man vergleiche dazu ds. Handb. **12 I**, 343, 356ff.

[3] GULLSTRAND, A.: Graefes Arch. **62, I**, 378 (1906); **66**, 141 (1907) — Klin. Mbl. Augenheilk. **60**, 289 (1918).

[4] Literatur: Ds. Handb. **12 I**, 343, Fußnote 5.

[5] SACHS, M.: Pflügers Arch. **50**, 547 (1891); **52**, 79 (1892); die Umrechnung der von SACHS angegebenen Durchlässigkeitswerte in prozentische Absorption s. bei A. KOHLRAUSCH: Tabul. biol. **1**, 311—313.

[6] Literatur: Ds. Handb. **12 I**, 343, Anm. 5.

kurve gemacht und zahlenmäßige Feststellungen über Ausdehnung, Pigment-dichte und Farbton der Macula geliefert werden:

1. *Variabilität der Absorptionsstärke.* Eine quantitative Untersuchung von KOHLRAUSCH und STAUDACHER[1] an 98 farbentüchtigen Beobachtern gibt zu-nächst eine Vorstellung von dem mittleren Normalauge und der im Bereich voller Farbentüchtigkeit vorkommenden Variationsbreite an spektralem Licht-verlust bzw. an Gelb- und Blausichtigkeit.

Definitionen (vgl. S. 1513—1516, 1554—1564): Unter *„Farbentüchtigen"* sollen diejenigen verstanden werden, welche die üblichen Prüfungen des Farbensinns bei sorgfältigster Unter-suchung *glatt* bestehen. Entsprechend dieser Festsetzung wurden sämtliche Versuchspersonen mit NAGELS und STILLINGS Tafeln bei Tageslicht und an einem Anomaloskop mit der verbesser-ten Gleichung 671 + 543 = Na auf Farbentüchtigkeit untersucht, nur vereinzelte zweifelhafte Fälle auch der schwereren Prüfung an episkopisch projizierten Stillingtafeln unterzogen. — *„Normal"* (,,normale Trichromaten", Menschen mit ,,normalem Farbensinn") sollen solche genannt werden, bei denen die drei Eichwertkurven (Valenzkurven) die gewöhnliche Lage über dem Spektrum haben. Die drei normalen Eichkurvengipfel liegen im Interferenzspektrum des Nitralichts etwa folgendermaßen: der für Rot über 585 $\mu\mu$, Grün über 555 $\mu\mu$, Blau über 465 $\mu\mu$. — Bei *„Anomalen"* (,,anomalen Trichromaten") ist *eine* Eichwertkurve verschoben (nach Form und Lage verändert); ihr Gipfel liegt *zwischen* zwei Gipfelpunkten eines ,,Nor-malen", während die beiden anderen Eichwertkurven mit denen eines Normalen zusammen-fallen[2]. Es werden drei Grade von anomalen Trichromaten voneinander unterschieden: die typischen Fälle als *„mittlere";* die schweren Formen, die sich den Dichromaten nähern, als *„extreme";* die leichten Formen, die sich den Normalen nähern, als *„leichte".* Die leichten Übergangsformen zu den normalen Trichromaten, deren Existenz bisher von manchen Seiten[3] bestritten wurde, konnten in diesen Untersuchungen von KOHLRAUSCH und seinen Mit-arbeitern zum erstenmal mit aller Schärfe an der typischen Verschiebung *einer* ihrer Eich-wertkurven nachgewiesen werden (vgl. S. 1560).

Die Unterscheidung von *„normal"* und *„farbentüchtig",* beides im oben definierten Sinn gebraucht, ist notwendig, denn nicht immer decken sich diese Begriffe, da auch die *allerleichtesten* Übergangsformen der anomalen zu den normalen Trichromaten *sämtliche* Farbensinnprüfungen glatt bestehen. Die ,,Farbentüchtigen" reichen also über den Bereich der ,,Normalen" ein wenig hinaus (vgl. S. 1513—1516, 1562—1564). — Dagegen muß, um Verwechslungen vorzubeugen, darauf hingewiesen werden, daß TSCHERMAK unter farbentüchtig etwas ganz anderes versteht. Denn er führt in seiner Tabelle[4] unter ,,Verhalten der Farben-tüchtigen" auch die bekannten typischen *„mittel*schweren" Fälle von anomalen Trichromaten mit auf, die ja durchweg bei den Stillingtafeln entweder vollständig versagen oder durch Unsicherheit und Fehler sofort auffallen (vgl. z. B. die Arbeiten von GUTTMANN[5]). Diese *mittleren* Anomalen können selbstverständlich auch noch gewisse Farbenunterscheidungen machen — das kann ja auch der Dichromat —, aber sie sind nicht farbentüchtig im Sinne obiger Definition, d. h. nicht farbentüchtig wie der normale Trichromat.

Versuchspersonen: Medizinstudenten und andere Universitätsangehörige; mit zwei Ausnahmen (41 und 43 Jahre) alle zwischen 19 und 25 Jahren, also ohne nennenswerte Gelbfärbung der brechenden Medien.

Methodik: Nach Untersuchung auf Farbentüchtigkeit (s. S. 1512, Absatz 3) wurde 1. jede Versuchsperson qualitativ mit zwei Zweifarbenfiltern (Rot-Grün und Rot-Blau) auf die Sichtbarkeit ihres Maxwellflecks in Grün und Blau geprüft. — 2. In Anlehnung an das Ver-fahren von v. KRIES[6] wurden sämtliche Beobachter mit den zwei Farbengleichungen von ,,vollkommenem Geltungsgrad"

$$a \cdot L_{660} + b \cdot L_{520} = c \cdot L_{590} + d \cdot L_{490}$$

und

$$a' \cdot L_{520} + b' \cdot L_{460} = c' \cdot L_{490} + d' \cdot L_{590}$$

---

[1] KOHLRAUSCH, A., u. W. STAUDACHER: Mit Unterstützung der Notgemeinschaft durchgeführt in den Jahren 1928—1929; erscheint in der Z. Sinnesphysiol.

[2] Von HERING, v. HESS und TSCHERMAK (vgl. ds. Handb. 12 I, 360, 511) werden die anomalen Trichromaten bzw. als Gelb- oder Blausichtige, Rot- oder Grünsichtige, Rotlicht- oder Grünlichtsichtige, auch als Rotgrünungleiche bezeichnet. Diese Namen sind un-charakteristisch und führen dazu, die Anomalen mit den lediglich verschieden pigmentierten Normalen auf gleiche Stufe zu stellen. Das einzig sichere Merkmal der Anomalie, die abnorme Lage einer der drei Eichwertkurven, wird am besten mit der alten KÖNIGschen Bezeichnung *„anomale Trichromaten"* gekennzeichnet.

[3] Ds. Handb. 12 I, 357, 511.   [4] TSCHERMAK: Ds. Handb. 12 I, 358, 359.

[5] GUTTMANN, A.: Z. Sinnesphysiol. 42 (1907); 43 (1908).

[6] v. KRIES: Ds. Handb. 12 I, 357, 511.

bei Tagessehen und einer Gesichtsfeldgröße von 1,5° Durchmesser am großen HELMHOLTZ-KÖNIGschen Farbenmischapparat unter den bekannten Vorsichtsmaßregeln (wiederholte ganz kurzdauernde Kontrolle und Korrektur der eingestellten Gleichungen) sorgfältig quantitativ untersucht bei steten unmittelbaren Vergleichseinstellungen des einen, annähernd mittelpigmentierten Versuchsleiters (s. S. 1514).

Der Zusatz mäßiger Mengen der angenäherten Komplementärlichter (490 bzw. 590 $\mu\mu$) auf der rechten Gleichungsseite zum jeweiligen Homogenlicht beseitigte den Sättigungsunterschied und machte die Gleichung vollkommen. — Durch Bildung der Mengenquotienten Grün/Rot und Blau/Grün und der Verhältniswerte dieser Quotienten jeder Versuchsperson zu denen des einen Versuchsleiters ergaben sich in bekannter Weise[1] relative Zahlenwerte für die Größe des Lichtverlustes im Grün (520 $\mu\mu$) und Blau (460 $\mu\mu$), wobei beide Werte für den Versuchsleiter willkürlich = 1 gesetzt sind. — 3. Bei einigen der hierbei als mittelpigmentiert festgestellten Versuchspersonen und bei mehreren der extremen Gelb- bzw. Blausichtigen wurde

nach dem Verfahren von KOHLRAUSCH[2] die spektrale Absorptionskurve der Macula im Dämmersehen quantitativ aufgenommen (s. S. 1513—1516); und schließlich ist 4. bei mehreren besonders auffallenden und unklaren Fällen, um die Lage der Eichwertkurven festzustellen (s. S. 1544—1564).

Die ausgezogene Frequenzkurve (Abb. 492) hat als Abszisse die Mischungsverhältniszahlen $\dfrac{\text{Grün}}{\text{Rot}}$ aus der ersten Gleichung am Helmholtz - König - Apparat, bezogen auf den willkürlich = 1 gesetzten $\dfrac{\text{Grün}}{\text{Rot}}$-Wert des Versuchsleiters; Ordinate ist die Individuenzahl, wobei die in jedem Zehntelintervall der Abszisse (Klassenspielraum = 0,1) liegenden Individuenzahlen über dessen Mitte als Ordinate abgetragen sind. Die Punkte liegen durchweg auf einer glatten, eingipfeligen, in den unteren Partien asymmetrischen Variationskurve. — Ganz entsprechend hat die gestrichelte Frequenzkurve als Abszisse die

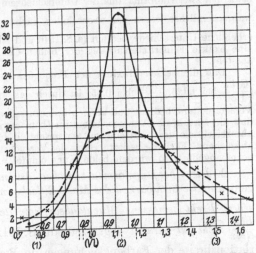

Abb. 492. *Individuelle Variationsbreite des macularen Lichtverlusts bei Farbentüchtigen.* Spektralfarbengleichungen von 98 Beobachtern; Ordinaten = Individuenzahl, Abszisse = Mischungsverhältnis: ●—● = $\dfrac{\text{Grün}}{\text{Rot}}$-Wert, für Versuchsleiter (Vl) = 1 gesetzt, dazu *stehende* Abszissenzahlen; ×- -× = $\dfrac{\text{Blau}}{\text{Grün}}$-Wert, für (Vl) = 1 gesetzt, dazu *liegende* Abszissenzahlen. Kleine Abszissenwerte bedeuten schwachen, hohe starken Lichtverlust in der Macula. — Die senkrechten punktierten Linien und eingeklammerten Zahlen unter der Abszisse bezeichnen bestimmte Versuchspersonen (s. später S. 1516 und Abb. 493). (Nach Versuchen von KOHLRAUSCH und STAUDACHER.)

Mischungsverhältniszahlen $\dfrac{\text{Blau}}{\text{Grün}}$ (kursiv), wieder bezogen auf den willkürlich = 1 gesetzten $\dfrac{\text{Blau}}{\text{Grün}}$-Wert des Versuchsleiters und als Ordinaten die in gleicher Weise ermittelten und abgetragenen Individuenzahlen. Die Abszissenteilungen sind so gegeneinander verschoben, daß beide Kurvengipfel senkrecht übereinander liegen. Niedrige Abszissenwerte bedeuten schwachen, hohe starken Lichtverlust in der Macula.

Die Abb. 492 zeigt unmittelbar, daß die Streuung bei der $\dfrac{\text{Blau}}{\text{Grün}}$-Wertkurve größer ist als bei $\dfrac{\text{Grün}}{\text{Rot}}$; und daß *die Frequenzkurven für die Lichtmischungs-verhältnisse* $\dfrac{\text{Grün}}{\text{Rot}}$ *und* $\dfrac{\text{Blau}}{\text{Grün}}$ *bei farbentüchtigen Beobachtern eingipfelig und mäßig*

---

[1] Siehe J. v. KREIS: Z. Psychol. **13**, 284 bis 289 (1897); **19**, 63 (1899).
[2] KOHLRAUSCH, A.: Ber. Physiol. **22**, 495 (1923).

stark asymmetrisch sind. Von einer ausgesprochenen Mehrgipfeligkeit der Frequenzkurve und einem Minimum[1] nahe dem Mittelwert (wie nach Tschermak auf Grund der Beobachtungen von Göthlin) kann im Bereich *des normalen Farbensinns* an diesem Material nichts festgestellt werden.

Die größere Streuung bei dem Mischungsverhältnis $\frac{\text{Blau}}{\text{Grün}}$ kann bei der gewählten Versuchsanordnung hauptsächlich durch zweierlei bedingt sein: 1. durch größere *Einstellungsfehler* bei der zweiten Farbengleichung in der kurzwelligen Spektralhälfte und 2. durch eine größere Streuung im individuellen *Absorptionsverhältnis* $\frac{\text{Blau}}{\text{Grün}}$. Ersteres ist möglich, aber wenig wahrscheinlich, da beide Gleichungen in wechselnder Reihenfolge bei subjektiv annähernd gleicher Helligkeit eingestellt wurden (Episkotister) und die Vergleichslichter (590 und 490 $\mu\mu$) etwa den zwei Hauptmaxima der Unterschiedsempfindlichkeit entsprechen. — Letzteres ist wahrscheinlicher wegen der wechselnden Färbung des Pigments, die im Verhältnis $\frac{\text{Blau}}{\text{Grün}}$ erhebliche Unterschiede bedingt (s. S. 1516 und Abb. 493). Eine Entscheidung kann durch eine exakte Fehleruntersuchung der beiden Gleichungen herbeigeführt werden, die noch aussteht.

Daß die beiden Maxima der Frequenzkurven bei verschiedenen Quotienten liegen $\left(\frac{\text{Grün}}{\text{Rot}}\text{ bei }1{,}125,\ \frac{\text{Blau}}{\text{Grün}}\text{ bei }0{,}95\right)$ ist durch das willkürliche Bezugssystem, die Macula des Versuchsleiters, bedingt und an sich bedeutungslos. Die Tatsache läßt nur den Schluß zu, daß die Macula des Versuchsleiters im Grün etwas schwächer, im Blau ein wenig stärker absorbiert, als der „Mittelnorm" entspricht, d. h. eine ganz schwach nach Grünlich-Gelb abweichende Färbung besitzt. Hätte der Versuchsleiter zufällig der Hauptgruppe der Mittelnorm angehört, so würden beide Kurvengipfel nahezu über dem Abszissenwert 1 liegen.

2. *Die Übergangsformen zwischen Anomalen und Normalen*: Im allgemeinen geht nun *die Sichtbarkeit des Maxwellflecks im Grün und Blau und die im Dämmersehen direkt gemessene Maculaabsorption den Mischungsverhältnissen* $\frac{\text{Grün}}{\text{Rot}}$ *und* $\frac{\text{Blau}}{\text{Grün}}$ *recht gut parallel*[2] (vgl. Methodik S. 1512f.); daraus folgt: die bekannte Variationsbreite der Farbengleichungen im Bereich der Norm ist *vorwiegend durch den individuell verschiedenen Lichtverlust in der Macula bedingt.* Aber dieser Parallelismus zwischen Gleichungen, Maxwellfleck und macularem Lichtverlust ist nicht allgemein gültig; bei einer kleinen Anzahl von Versuchspersonen führen die verschiedenen Beobachtungen und Messungen, trotz wiederholt geprüfter guter Übereinstimmung in sich, zu entgegengesetztem Ergebnis: z. B. auf Grund der Gleichungen anscheinend *starke* Absorption, dabei Maxwellfleck bei Tage und im Dämmerlicht fast nicht wahrnehmbar.

Die danach zu vermutende Mitwirkung noch anderer Faktoren zeigt sich, wenn man nach dem Vorgange von v. Kries[3] die Versuchspersonen mit dem scheinbar stärksten Lichtverlust bei den Farbengleichungen zu solchen mit dem scheinbar schwächsten in Beziehung setzt, dann aber weiter den daraus *be-*

---

[1] Vgl. ds. Handb. 12 I, 357, Abb. 138. — Die Vielgipfeligkeit kommt in der zitierten Abb. 138 dadurch zustande, daß im *Verhältnis* zu der untersuchten Individuenzahl die Klassenspielräume *viel zu klein* gewählt sind. Dabei muß stets ein derartig unregelmäßiger Kurvenzug entstehen, denn bekanntlich gelten die Gesetze der Wahrscheinlichkeitsrechnung genau nur für *sehr große* Beobachtungsreihen; infolgedessen fällt eine Variationskurve um so regelmäßiger aus, je größer die Individuenzahl ist. Erst bei einer unendlich großen Beobachtungsreihe ist die Frequenzkurve ganz unabhängig von der Größe des Klassenspielraums.

[2] Die Anomaloskopeinstellungen $\left(\frac{543\ \mu\mu}{671\ \mu\mu}\right)$ entsprechen selbstverständlich *sehr* nahe dem $\frac{\text{Grün}}{\text{Rot}}$-Verhältnis am Helmholtzapparat $\left(\frac{520\ \mu\mu}{660\ \mu\mu}\right)$ und lagen zwischen den Skalenteilen 56 und 63 des benutzten Anomaloskops.

[3] Kries, J. v.: Z. Psychol. **13**, 285 bis 287 (1897).

rechneten gesamten (relativen) Lichtverlust mit dem *direkt* (nach KOHLRAUSCH[1]) in der Macula *gemessenen* vergleicht. Dabei wäre zu vermuten, daß beide Werte angenähert übereinstimmen, evtl. der berechnete *relative* etwas hinter dem tatsächlichen gemessenen zurückbleibt. Es ergibt sich aber im Gegenteil, daß der aus den Gleichungen berechnete Lichtverlust *erheblich größer* ist, als der in der Macula tatsächlich gemessene. Die Differenzen sind so groß, daß sie unmöglich durch Versuchsfehler oder Lichtverluste in den brechenden Medien — bei etwa 20 jährigen Studenten! — erklärbar sind.

So hätte die Versuchsperson mit dem höchsten $\frac{\text{Blau}}{\text{Grün}}$-Wert (= 2,35) — eine 21 jährige, vorzüglich beobachtende Studentin — nach der Berechnung aus den Gleichungen im Blau (460 $\mu\mu$) *85% mehr* Lichtverlust gehabt als der am schwächsten im Blau pigmentierte Beobachter, während ihre direkt gemessene Maculaabsorption knapp mittelstark war und bei 460 $\mu\mu$ nur 15% betrug.

Die Eichung des Spektrums zeigte dann einwandfrei aus der Verschiebung der Valenzkurven, daß es sich bei einigen der ganz an den Enden der Frequenzkurven stehenden Beobachter bereits um *anomale Trichromaten* handelte. Bisher konnten festgestellt werden die Versuchsperson mit dem höchsten $\frac{\text{Blau}}{\text{Grün}}$-Wert als Tritanomale (Blauanomale = Verschiebung der Blaukurve gegen Grün hin), von denen zuerst ENGELKING[2] mehrere Fälle nachgewiesen hat; und der Beobachter mit dem kleinsten $\frac{\text{Grün}}{\text{Rot}}$-Wert als Rotanomaler (Verschiebung der Rotkurve auf die Mitte zwischen normaler Rot- und Grünkurve). Die Durchprüfung des Materials auf solche schwach Grünanomale, die nur an der Lage ihrer Grün-Eichkurve zu erkennen wären, ist noch nicht abgeschlossen. Verdächtig sind Beobachter, die zugleich einen der höchsten $\frac{\text{Grün}}{\text{Rot}}$- und kleinsten $\frac{\text{Blau}}{\text{Grün}}$-Werte haben und trotzdem nicht entsprechend stärkeren macularen Lichtverlust im Grün.

Läßt man nun diese sicher nachgewiesenen anomalen Trichromaten und die, wegen der eben genannten Diskrepanz, auf Grünanomalie verdächtigen Fälle (zusammen nur einige Prozent) außer Betracht, und setzt von den übrigen die mit maximalem und minimalem Lichtverlust wie vorher in Beziehung, dann stimmt der gemessene maximale maculare Lichtverlust mit dem aus den Gleichungen berechneten jetzt bis auf ein paar Prozent überein. Offenbar ein Beweis dafür, daß dies Beobachter mit normalem Farbensinn sind, deren *Gleichungsdifferenzen* ganz vorwiegend *durch die Verschiedenheit der Maculaabsorption* bedingt sind. Die Extremen unter ihnen gehören immerhin noch den Quotienten unter 0,9 und über 1,4 an und die Maximalen haben im Grün (520 $\mu\mu$) einen Lichtverlust zwischen 30 und 40%, im Blau (460 $\mu\mu$) zwischen 50 und 70%.

Die an den Enden der Frequenzkurven sich unmittelbar an die Normalen anschließenden *anomalen Trichromaten* sind aus mehreren Gründen sehr bemerkenswert. *Es sind die vermißten[3] Übergangsformen von den typischen anomalen Trichromaten zu den Normalen, und zwar ganz leichte Fälle.* Von KOHLRAUSCH und seinen Mitarbeitern wurden bisher zwei derartige, unter sich sehr ähnliche Rotanomale gefunden und weitgehend durchuntersucht, einschließlich einer vollständigen Eichung ihres Spektrums. Daß solche Formen nicht schon früher entdeckt wurden, liegt daran, daß sie bei der üblichen Art der Farbensinnprüfungen, auch bei sorgfältiger Untersuchung, gar nicht oder kaum auffallen.

---

[1] KOHLRAUSCH, A.: Zitiert auf S. 1513 (Fußnote 2).
[2] ENGELKING, E.: Ds. Handb. 12 I. 518f.
[3] Vgl. ds. Handb. 12 I, 357 und 511f.

Die einzige Möglichkeit, sie sicher zu identifizieren, ist die *Eichung ihres Spektrums*.

Weiteres über diese Farbensysteme folgt im Abschnitt IV b: „ Die Eichwerte und Farbentafeln normaler und anormaler Trichromaten bei Tages- und Dämmersehen" (S. 1560—1570).

3. *Die Färbung des Maculapigments*: Die Asymmetrie der Frequenzkurven in ihren unteren Partien (Abb. 492) ist wohl zum Teil durch diese leichten Formen von anomalen Trichromaten bedingt, zu einem anderen Teil durch die verschiedene *Färbung* des Maculapigments, die sich zeigt, wenn man den macularen Lichtverlust im Spektrum quantitativ nach KOHLRAUSCH[1] im Dämmersehen bestimmt. Abb. 493 veranschaulicht einige der besonders *stark verschiedenen* spektralen Lichtverlustkurven, die von KOHLRAUSCH[2] und seinen Mitarbeitern bisher gefunden wurden.

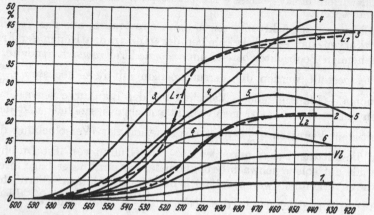

Abb. 493. *Spektraler Lichtverlust in der Macula lutea verschiedener Personen*; mit Ausnahme von L_1 und L_2 an Lebenden gemessen. Abszisse: Spektrum; Ordinaten: Lichtverlust in Prozenten des auffallenden Lichtes verschiedener Wellenlänge. Die Kurven stammen von Personen mit extrem verschiedenem macularem Lichtverlust; für einige der Beobachter ist in Abb. 492 der Grün/Rot-Wert mit der gleichen Nummer auf der Abszisse gekennzeichnet: Kurve 1 ganz geringer, 2 etwa mittlerer, 3 und 4 sehr starker Lichtverlust, Vl = Lichtverlust des Versuchsleiters: 4 und L_1 = grünlich-gelbes Maculapigment (starker Lichtverlust in Blau und Violett, schwacher im Blaugrün); 3,5 und 6 = rötlich-gelbes Pigment (starker Lichtverlust im Blaugrün). — L_1 eine stark, L_2 eine schwächer absorbierende Macula der von SACHS[3] untersuchten Leichenaugen zum Vergleich. Die Absorptionskurve L_2 der Leiche entspricht sehr nahe der mittleren Lichtverlustkurve 2 am Lebenden. (Nach Versuchen von KOHLRAUSCH und Mitarbeitern[2].)

Man sieht, wie außerordentlich weitgehend sowohl die Absorptions*stärken* wie die „Pigment*farben*" voneinander abweichen; die Kurven 3, 5 und 6 mit starkem oder vorwiegendem Lichtverlust im Blaugrün kennzeichnen mehr rötlich-gelbe, 4 und L_1 mehr grünlich-gelbe Maculae.

4. *Das „maculare Gefälle"*: Bei Personen mit sehr starkem Lichtverlust in der Macula läßt sich auch die örtliche Verteilung der Lichtabsorption bzw. das „maculare Gefälle" in verschiedenen Durchmessern mit recht befriedigender Genauigkeit bestimmen. Abb. 494 zeigt nach den Messungen von VOM HOFE[4] den prozentischen Lichtverlust für 480 $\mu\mu$ im vertikalen (ausgezogen) und horizontalen (gestrichelt) Durchmesser seiner Macula. — Die umgekehrt gerichteten Kurven für das „maculare Gefälle des terminalen homogenen Lichts" nach HERING erhält man, wenn man die Differenz der Lichtverlustprozente gegen 100,

---

[1] KOHLRAUSCH, A.: Ber. Physiol. **22**, 495 (1923).

[2] KOHLRAUSCH, A. u. E. SACHS; ferner A. KOHLRAUSCH, W. STAUDACHER u. F. GRÖPPEL: Mit Unterstützung der Notgemeinschaft durchgeführt in den Jahren 1926—1930; erscheinen in der Z. Sinnesphysiol.; vgl. weiter K. VOM HOFE (unter A. KOHLRAUSCH): Ber. Physiol. **32**, 692 (1925).

[3] SACHS, M.: Zitiert auf S. 1511 (Fußnote 5).

[4] HOFE, K. VOM (unter A. KOHLRAUSCH): Ber. Physiol. **32**, 692 (1925).

also das übrigbleibende und zu den perzipierenden Netzhautelementen gelangende Licht graphisch über einem Netzhautdurchmesser aufträgt (vgl. Abb. 495, die gestrichelte Kurve).

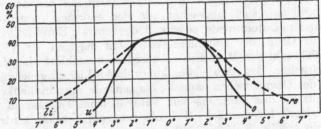

Man sieht: ein zentraler Netzhautbezirk von etwa 4° Durchmesser ist stark pigmentiert, und zwar in der Mitte noch etwas stärker als bei 1° Fixierpunktsabstand. Im senkrechten Meridian nimmt die Pigmentation deutlich rascher ab (Gesamtdurchmesser etwa 8—10°)

Abb. 494. Die *örtliche Verteilung des Lichtverlustes* in der Macula lutea. Abszisse = Netzhautorte, ausgedrückt durch den Gradabstand vom Fixierpunkt, Ordinaten = prozentischer Lichtverlust ●———● im senkrechten, ×———× im horizontalen Maculadurchmesser.

als im horizontalen (Gesamtdurchmesser etwa 12—14°). Die bekannte querovale Form der Macula ist also auch mit diesen optischen Messungen am lebenden Menschen sicher nachweisbar, und die Größe des absorbierenden Bezirks stimmt mit den anatomischen Angaben über die Größe der Macula lutea befriedigend überein.

5. *Die Sonderstellung des Netzhautzentrums und die Macula lutea*: Vergleichen wir nun — auf den Anfang dieses Abschnitts (S. 1511) zurück-

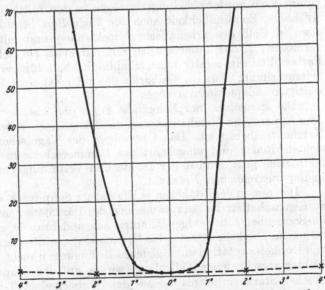

kommend — die gesamten Messungen über den Lichtverlust in der Macula mit denen über das relative zentrale Skotom während des Dämmersehens (S. 1509 ff.), so ist ohne weiteres klar, daß diese Sonderstellung des Netzhautzentrums nur zu einem minimalen Teil durch den Lichtverlust in der Macula bedingt sein kann. Das veranschaulicht Abb. 495, in welcher der tatsächliche zentrale Empfindlichkeitsabfall (nach Tab. 5, S. 1510) und das maculare Gefälle (vgl. S. 1517), beides für blaues Licht, im gleichen Maßstab dargestellt sind.

Abb. 495. Der *zentrale Empfindlichkeitsabfall* (———) und das *maculare Gefälle* (————). Abszisse = horizontaler Netzhautdurchmesser durch den Fixierpunkt; Ordinaten = relative Empfindlichkeit für Blau bzw. relative Durchlässigkeit der Macula für Blau, beides im Fixierpunkt = 1 gesetzt.

Wie völlig ausgeschlossen eine Erklärung des zentralen Skotoms *allein mit der Maculaabsorption* ist, läßt sich in vollem Umfang mit der Abb. 495 gar nicht zeigen, weil dazu der Maßstab nicht ausreicht. Das geht jedoch aus Tabelle S. 1510 und Abb. 494 S. 1517 hervor; denn in 10° Fixierpunktsabstand beträgt die Blau*empfindlichkeit* etwa das 1500fache, die Blau*durchlässigkeit* dagegen nur das 1,5- bis maximal 3fache der zentralen; d. h. die extramaculare Durchlässigkeitssteigerung für Licht macht nur 1 bis höchstens 2⁰/₀₀ der tatsächlichen Empfindlichkeitssteigerung aus.

Lediglich eine rein äußerliche Ähnlichkeit haben Lichtempfindlichkeit und Lichtdurchlässigkeit der Netzhaut insofern, als beide für mittel- und kurzwelliges Licht gegen das Netzhautzentrum hin abnehmen. Aber im übrigen bestehen, auch abgesehen von den enormen quantitativen Differenzen, noch andere Unterschiede; so ist z. B. der zentrale Empfindlichkeitsabfall stets maximal für Grün, der Durchlässigkeitsabfall dagegen für Violett, wenigstens bei der Mehrzahl der Menschen. Außerdem absorbiert die Macula stets den gleichen Bruchteil des auffallenden kurzwelligen Lichts, gleichgültig ob es sich um Tages- oder Dämmersehen handelt; der zentrale Empfindlichkeitsabfall besteht dagegen nur für das Dämmersehen, während beim Tagessehen umgekehrt die Empfindlichkeit für sämtliche Wellenlängen vom Netzhautzentrum gegen die Peripherie hin abfällt (S. 1509, 1510).

Maculaabsorption und zentrales Dämmerskotom haben demnach so gut wie gar nichts miteinander zu tun.

b) Zentrales Dämmerskotom, Fovea centralis und Duplizitätstheorie.

Eine Deutung, welche das zentrale Dämmerskotom und die übrigen Erscheinungen der Sonderstellung des Netzhautzentrums befriedigend erklärt, gibt die *Duplizitätstheorie*. Diese Lehre von der Doppelfunktion des Auges sagt, das normale menschliche Auge besitzt zwei verschiedene Sehweisen; funktionell lassen sich unterscheiden: 1. das *Tages*sehen mit hoher fovealer Sehschärfe, gutem Farbenunterscheidungsvermögen in den mittleren Netzhautpartien, relativ hoher Empfindlichkeit auch für *langwellige* Strahlen (Helligkeitsmaximum etwa in Gelb des prismatischen Spektrums) und mit geringem Adaptationsvermögen; 2. das *Dämmer*sehen mit nur etwa ein Zehntel Sehschärfe, totaler Farbenblindheit, relativ hoher Empfindlichkeit für *kurzwellige* Strahlen (Helligkeitsmaximum etwa in Gelbgrün des prismatischen Spektrums) und mit gewaltigem Adaptationsvermögen.

Die speziellere morphologische Form der Theorie schreibt das Tagessehen dem Apparat der Netzhautzapfen, das Dämmersehen dem der sehpurpurhaltigen Netzhautstäbchen zu. Das Überwiegen des Tagessehens in den mittleren Gesichtsfeldteilen und umgekehrt des Dämmersehens in den seitlichen Gesichtsfeldpartien geht symbat der Dichte und Verteilung von Zapfen bzw. Stäbchen in der menschlichen Netzhaut.

Der nur in den Stäbchen nachweisbare Sehpurpur steht in enger Beziehung zu Eigenschaften der Adaptation und des Dämmersehens: der Sehpurpur bleicht im Sonnenlicht in wenigen Minuten aus und braucht zu seiner vollen Regeneration im Dunkeln etwa $^1/_2$ bis $^3/_4$ Stunden; damit stimmen die Zeiten der Hell- und Dunkeladaptation unter gleichen Bedingungen recht befriedigend überein. — Lichter verschiedener Wellenlänge wirken auf den Sehpurpur in sehr nahe dem gleichen Stärkeverhältnis wie auf das Dämmersehen; besonders charakteristisch ist in beiden Fällen die geringe Wirksamkeit von langwelligem und die maximale Wirkung von grünem Licht. Nach den Messungen von König[1] und Trendelenburg[2] *ist sowohl die Bleichwirkung der Lichter auf den Sehpurpur wie die Stärke ihrer Wirkung beim Dämmersehen proportional der absorbierten Energie.* Der Sehpurpur ist also offenbar für den Adaptationsverlauf wie für die spektrale Empfindlichkeits-Verteilung des Dämmersehens maßgebend.

In einem mittleren Beleuchtungsbereich (von etwa $^1/_{100}$—100 Lux „Erhellung"; vgl. S.1501, 1507) bestehen das Tages- und das Dämmersehen in quantitativ abgestuftem Verhältnis gemeinsam und wirken in der Form zusammen,

[1] König, A.: Ges. Abh. S. 338.
[2] Trendelenburg, W.: Z. Psychol. **37**, 1 (1904).

daß mit steigender Beleuchtung der Anteil des Tagessehens an der Gesamtleistung des Sehens zunimmt und umgekehrt mit abnehmender Beleuchtung der des Dämmersehens[1] (s. S. 1584—1586). Unterhalb und oberhalb dieses „Erhellungs"bereichs funktioniert das Dämmersehen bzw. das Tagessehen allein; denn bei etwa $^1/_{100}$ Lux liegt die Schwelle des Tagesapparats, der infolgedessen *unterhalb* dieser Erhellung ganz aus der Funktion ausgeschaltet ist; und bei einer andauernden Erhellung von mehr als 100 Lux ist der Sehpurpur offenbar soweit ausgeblichen, daß der Dämmerapparat praktisch funktionsunfähig ist; tatsächlich läßt sich oberhalb von 100 Lux seine Mitwirkung beim Sehen mit 70° Gesichtsfelddurchmesser nicht mehr nachweisen (s. später S. 1528).

Das PURKINJEsche Phänomen hängt mit der abweichenden Empfindlichkeit beider Sehapparate für Licht verschiedener Wellenlänge zusammen (vgl. S. 1534, Absatz 1); es besteht bekanntlich darin, daß mit wachsender Beleuchtungsstärke und entsprechender Helladaptation gelbe und orangefarbige Objekte am hellsten erscheinen, umgekehrt mit abnehmender Beleuchtung und entsprechender Dunkeladaptation, zugleich mit dem Verblassen aller Farben, grüne und blaue Objekte an farbloser Helligkeit gewinnen, so daß sich das Maximum farbloser Helligkeit allmählich auf Objekte verschiebt, die bei Tage gelbgrün aussehen. Die totale Verschiebung des Helligkeitsmaximums macht im Spektrum etwa 50 $\mu\mu$ aus. — Im Rahmen der Duplizitätstheorie kommt diesem PURKINJEschen Phänomen eine ganz bestimmte Bedeutung zu: es tritt *immer und nur dann* auf, wenn die Sehleistung vom Tages- auf den Dämmerapparat des Auges oder umgekehrt übergeht. Es könnte danach nur unter Bedingungen vorkommen, unter denen beide Sehapparate *gemeinsam* oder *alternierend* funktionieren; also — negativ ausgedrückt — *nicht* im stäbchenfreien Bezirk der Fovea centralis und, in den übrigen Gesichtsfeldteilen *nicht* oberhalb von 100 Lux und unterhalb von $^1/_{100}$ Lux Erhellung. *Diese Folgerungen aus der Duplizitätstheorie haben sich in älteren und neueren Untersuchungen vollauf bestätigt* (s. S. 1525—1533).

Nach der Duplizitätstheorie ist also *die funktionelle Sonderstellung des Netzhautzentrums und das zentrale Dämmerskotom* bedingt durch die örtliche Verteilung der Stäbchen und Zapfen in der Netzhaut. Die stäbchenreiche Netzhautperipherie in der Gegend von 18° Zentralabstand erreicht im maximal dunkeladaptierten Auge eine so hohe Empfindlichkeit, daß unter günstigen Bedingungen etwa $^1/_{1\,000\,000}$ Lux Erhellung noch wahrnehmbar ist. Bei Annäherung an das Netzhautzentrum nimmt symbat mit der Stäbchenverminderung die Empfindlichkeit des dunkeladaptierten Auges schnell ab (s. Tab. 5 S. 1510) und im stäbchenfreien rein zapfenhaltigen Bezirk der Fovea centralis reicht sie nur noch zur Wahrnehmung von etwa $^1/_{100}$ Lux Erhellung aus. Dieser Empfindlichkeitsunterschied von etwa 1:10000 zwischen Netzhautzentrum und -peripherie des maximal dunkeladaptierten Auges, mit anderen Worten das *zentrale Dämmerskotom ist nach der Duplizitätstheorie auf die Abnahme und das zentrale vollständige Fehlen der sehpurpurhaltigen Netzhautstäbchen* mit ihrer gewaltigen adaptativen Empfindlichkeitssteigerung zurückzuführen.

Das gesamte übrige mit der Duplizitätstheorie zusammenhängende Tatsachenmaterial hat J. v. KRIES in diesem Handbuch (Bd. 12 I, S. 679—713) dargestellt; ich gehe darauf nicht nochmals ein, sondern beschränke mich auf die strittigen Punkte, die hier einer Darstellung nach dem augenblicklichen Stand der Experimentalkenntnisse bedürfen.

Die Lehre von der Doppelfunktion des Auges wird zwar in ihren Grundzügen heute von keiner Seite mehr ernstlich bestritten; aber es sind bestimmte Fragen,

---

[1] KRIES, J. v.: Z. Sinnesphysiol. **49**, 313 (1916).

die wegen gewisser Beobachtungsschwierigkeiten immer wieder Anlaß zu Meinungsverschiedenheiten bieten: in erster Linie die *Größe* des stäbchenfreien Bezirks der Fovea centralis und die *einheitliche Funktion* dieses Bezirkes, d. h. das ihm fehlende Purkinjesche Phänomen.

1. Die Größe des stäbchenfreien Bezirks.

Die morphologischen und funktionellen Ausmessungen der Fovea centralis haben übereinstimmend herausgestellt, daß der stäbchenfreie Bezirk ähnlich wie die Macula lutea eine querovale Form hat, also etwas größeren horizontalen Durchmesser besitzt. Neuere, besonders sorgfältige morphologische Untersuchungen und Ausmessungen stammen von Wolfrum[1]. Sie wurden unter Berücksichtigung aller nur erdenklichen, bei der histologischen Darstellung der Fovea centralis bekanntlich besonders großen technischen Schwierigkeiten angestellt und beziehen sich auf mehr als 60 Präparate vom Menschen, teils Flachschnitte, teils vollständige Serien von horizontalen Querschnitten durch die Fovea centralis und den Sehnervenkopf. Sie ergaben: der vertikale Durchmesser sowohl der Macula lutea wie der Fovea centralis ist etwas kleiner als der horizontale; der *größte*, d. h. *horizontale* Durchmesser des *vollkommen stäbchenfreien* Bezirks beträgt im Mittel 0,44 mm, entsprechend 1,7° Gesichtsfelddurchmesser bei 15 mm Knotenpunktsabstand von der Netzhaut; die Werte der einzelnen Präparate liegen nahe um diesen Mittelwert[2]. — Die älteren Angaben von Koster[3] nach nur 4 Augen mit Werten von 0,44 bis zu 0,9 mm, entsprechend 1,7—3,4° Durchmesser wurden zwar zahlreichen physiologischen Betrachtungen und Beobachtungen zugrunde gelegt, sind aber dafür tatsächlich nicht maßgebend: einmal wegen Kosters histologischer Technik, die heutigen Ansprüchen wohl nicht mehr ganz genügt; und zweitens weil in dem zentralen Gebiet zwischen 0,5 und 0,8 mm (1,9° und 3°) Durchmesser *nach Kosters eigenen Angaben zwar die Zapfen überwiegen, aber keineswegs die Stäbchen fehlen*[4]; auf etwa 10—15 Zapfen kommt hier 1 Stäbchen. Der Durchmesser dieser stäbchen*armen* zentralen Netzhautregion ist *selbstverständlich größer* als derjenige der vollkommen stäbchen*freien*. — Die regelmäßigen Stäbchenkreise um die Zapfen beginnen nach Koster erst bei etwa 6—7° Durchmesser.

Mit den *funktionellen* Ausmessungen ist unabhängig von den morphologischen derjenige zentrale Gesichtsfeldbezirk bestimmt worden, in welchem das Purkinjesche Phänomen *bei maximaler Dunkeladaptation völlig fehlt*. Infolge der *minimalen* Augenbewegungen, die auch bei bester Fixation des Blicks unvermeid-

---

[1] Siehe bei W. Dieter: Graefes Arch. **113**, 152 (1924).—Und bei Neumann: Über die Fovea centralis bei Affen (Macacus rhesus und nemestrinus) und beim Menschen. Inaug.-Dissert. Leipzig 1922. — Ferner bei A. Kohlrausch: Tabul. biol. **1**, 309 (1925).

[2] Diese genaueren, über die bisherigen kurzen Mitteilungen Wolfrums hinausgehenden Angaben hat Herr Prof. Dr. Wolfrum zugleich mit Demonstrationen seiner Schnitte und Mikrophotogramme Herrn Privat.-Doz. Dr. Dieter persönlich gemacht und hat ihn zu deren Veröffentlichung autorisiert (vgl. S. 1520, Fußnote 1). Da diese Angaben von Herrn Prof. Wolfrum selbst stammen, so wird die Bedeutung seiner wertvollen Messungen auch keineswegs dadurch beeinträchtigt, daß seine noch nicht abgeschlossenen, sehr umfangreichen Untersuchungen bisher nicht ausführlich veröffentlicht sind; eine Wendung, die F. W. Fröhlich (Die Empfindungszeit, S. 114—115) neuerdings der Angelegenheit geben möchte.

[3] Koster, W.: Graefes Arch. **41** (4), 1, spez. 5, 10 (1895) — Arch. d'Ophthalm. **15**, 428 (1895). — Vgl. dazu E. Hering: Pflügers Arch. **61**, 108, 109 (1895). — Die von Hering hier zusammengestellten Angaben der älteren Histologen (1852—1887), daß die ganze Macula lutea stäbchenfrei sei, wurden bereits durch Kosters Beobachtungen als unrichtig erwiesen.

[4] S. auch bei W. Dieter: Graefes Arch. **113**, 144, 145 (1924). — Wieweit die seit Kosters Untersuchungen vermuteten *starken individuellen Unterschiede* in der Ausdehnung des stäbchenfreien Bezirks durch unzweckmäßige histologische Technik bedingt sind, ist noch nicht systematisch untersucht.

lich sind[1], müssen diese Messungen notwendigerweise Durchmesser ergeben, die ein klein wenig kleiner sind als der entsprechende *morphologisch* bestimmte horizontale und vertikale Durchmesser. Besonders sorgfältige Ausmessungen des zentralen Bezirks, in dem das PURKINJESche Phänomen fehlt, sind von v. KRIES und NAGEL[2] und neuerdings von DIETER[3] durchgeführt; Tabelle 6 enthält eine Zusammenstellung der Werte. — Wenn auch HERING in Anlehnung

Tabelle 6. Die morphologische und funktionelle Größe des stäbchenfreien Bezirks.

	Durchmesser	Beobachter
Morphologisch: *Größter*, d. h. *horizontaler* Durchmesser des vollkommen stäbchenfreien Bezirks; Mittel aus 60 Präparaten von Menschen	0,44 mm; entsprechend 1,7° Gesichtsfeld-Durchmesser	WOLFRUM (S. 1520, Fußnote 1 u. 2)
Funktionell: Durchmesser des zentralen Bezirks, in welchem das PURKINJEsche Phänomen und die Besonderheiten des Dämmerungs-Sehens völlig fehlen	horizontal: { rechtes Auge 1,78° { linkes Auge 1,47° vertikal: rechtes Auge 1,35°	v. KRIES u. NAGEL[2]
	rechtes Auge: horizontal: 0,42 mm (1,6°) vertikal: 0,37 mm (1,4°)	W. DIETER[3]
	0,4 mm; entsprechend 1,5° Gesichtsfeld-Durchmesser	E. HERING[4]

an die unrichtigen Angaben der älteren Histologen und an die nicht eindeutigen von KOSTER bei seinen Untersuchungen und Schlußfolgerungen stets einen Durchmesser des stäbchenfreien Bezirks von über 2° bis 3°, ja bis 4° angenommen hat (vgl. S. 1520, Fußnote 3), so hat er doch eigene Beobachtungen eingehend beschrieben[4], aus denen klar hervorgeht, daß in einem zentralen Bezirk seines Auges von etwa 0,4 mm = 1,5° Durchmesser das P.-Ph. und die charakteristischen Erscheinungen des Dämmersehens fehlen (Tab. 6). Daß HERING selbst diese Beobachtungen anders erklärt, dürfte an dem Wert und der Bedeutung der von ihm beschriebenen Tatsachen wohl nichts ändern.

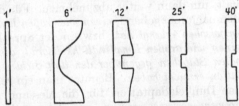

Abb. 496. Zeigt die Deformationen des, der primären Empfindung entsprechenden Lichtstreifens im Verlauf der Dunkeladaptation beim Hinübergleiten über die Netzhautmitte. Zeit in Minuten seit Beginn des Dunkelaufenthaltes nach Tageshelladaptation. (Aus FR. W. FRÖHLICH: Die Empfindungszeit S. 113.)

Neuerdings haben FRÖHLICH und VOGELSANG[5] die Deformationen ausgemessen, welche der, der primären Empfindung entsprechende Lichtstreifen im Verlauf der Dunkeladaptation beim Herübergleiten über die Netzhautmitte erleidet (Abb. 496). Sie legen diejenige Größe der Deformation zugrunde, welche etwa um die 12. Minute der

---

[1] SIMON, R.: Z. Psychol. **36**, 186 (1904). — MARX, E., u. W. TRENDELENBURG: Z. Sinnesphysiol. **45**, 87 (1911). — OEHRWALL, H.: Skand. Arch. Physiol. (Berl. u. Lpz.) **27**, 65 u. 304 (1912). — SUNDBERG, C. G.: Skand. Arch. Physiol. (Berl. u. Lpz.) **35**, 1 (1916). — BÁRÁNY, R.: Nov. act. reg. soc. scient. Upsal. **1927**, Vol. extr. ord.

[2] KRIES, J. v. u. W. A. NAGEL: Z. Psychol. **23**, 176 (1900).

[3] DIETER, W.: Graefes Arch. **113**, 149 (1924).

[4] HERING, E.: Pflügers Arch. **54**, 292ff. (1893). — Vgl. auch W. DIETER: Graefes Arch. **113**, 153ff. (1924).

[5] FRÖHLICH, FR. W. u. K. VOGELSANG: Pflügers Arch. **207**, 110 (1925).

Dunkeladaptation besteht, wenn der Versuch mit tageshell-adaptatiertem Auge begonnen wurde und finden folgende Werte:

Fröhlich		Vogelsang	
horizontaler	vertikaler	horizontaler	vertikaler
Durchmesser		Durchmesser	
2° 25′ = 0,63 mm	1° 55′ = 0,51 mm	2° 10′ = 0,56 mm	1° 45′ = 0,45 mm

Die Größe des vertikalen Durchmessers von 1,55° bei Fröhlich stimmt gut überein mit dem vertikalen Durchmesser von 2°, den Fröhlich[1] für dasjenige zentrale Gebiet feststellte, in welchem bei ihm das Purkinjesche nachlaufende Bild ausfiel. (Diese Angabe entnehme ich zwei Zitaten von Fröhlich[2] über seine eigenen Versuche. Leider habe ich in der Originalarbeit[1] den Wert von 2° nicht finden können, sondern nur Angaben von 7,4°—4° — je nach Dunkel-adaptation — für den senkrechten Durchmesser desjenigen zentralen Bezirks, in dem bei Fröhlich das nachlaufende Bild ausfiel.)

Fröhlich und Vogelsang identifizieren nun jene Zone, in der die adapta-tiven Veränderungen der primären Empfindung und des Purkinjeschen nach-laufenden Bildes gegenüber periphereren Zonen zurückbleiben, mit dem histo-logisch völlig stäbchenfreien Gebiet; sie glauben, auf Grund ihrer Beobachtungen sogar die *morphologischen* Messungen von Wolfrum (0,44 mm = 1,7° Horizon-taldurchmesser) bezweifeln zu können[3] und treten wieder für die alten Werte (über 2°) von Koster ein, die sich aber *ausgesprochenermaßen auf stäbchenarmes* Gebiet beziehen.

Eine Betrachtung von Fröhlichs und Vogelsangs Abb. 496 lehrt nun aber, daß eine Identifizierung der Deformation mit der Größe des stäbchenfreien Bezirks unzulässig ist, *denn die Größe des Deformationsgebiets nimmt mit fort-schreitender Dunkeladaptation stetig ab,* was bei einem anatomisch festgelegten Bezirk wohl ausgeschlossen sein dürfte. Nach 6 Minuten Dunkelaufenthalt ist die Deformation noch etwa 3—4mal so groß wie nach 12 Minuten Dunkelaufent-halt, um dann weiter abzunehmen. Für die jeweilige Größe der Deformation ist demnach maßgebend, *einen wie großen Empfindlichkeitsgrad die Fovea-Umgebung inzwischen erlangt hat,* bzw. in der Sprache der Duplizitätstheorie ausgedrückt, *einen wie großen Empfindlichkeitsgrad, die in der Fovea-Umgebung sehr dünn ge-säten Stäbchen gegenüber den dort dicht stehenden Zapfen durch die Dunkeladap-tation erreicht haben.* Benutzt man ein relativ frühes oder ein mittleres Stadium der Dunkeladaptation für die Messung, *so muß infolgedessen die Deformation notwendigerweise größer gefunden werden als der völlig stäbchenfreie Bezirk.* Warum *gerade nach 12 Minuten Dunkeladaptation* der Durchmesser der Defor-mation mit dem des völlig stäbchenfreien Bezirks identisch sein soll, wird nicht klar. Besonders auch deshalb nicht, weil bei Fröhlich das *Purkinjesche nach-laufende Bild* sogar im „stärker dunkeladaptierten Auge" das sehr viel größere Ausfallsgebiet von 4° hatte (Tab. 7). Beide Methoden lieferten also *im gleichen Auge* recht *abweichende* Werte (1,9° gegenüber 4°) für angeblich das *gleiche, das*

---

[1] Fröhlich, Fr. W.: Z. Sinnesphysiol. **53**, 79 (1921). — Die von Fröhlich (Emp-findungszeit S. 112) zitierten funktionellen Messungen von Guillery [Z. Psychol. **13**, 206 bis 208 (1897) — Pflügers Arch. **66**, 415—419 (1897)] mit 2,3° sind deshalb nicht beweisend, weil das von Guillery ausgemessene zentrale Skotom für diesen Zweck unbrauchbar ist. Denn die Größe des zentralen Skotoms hängt von der Feldintensität ab, ist in keiner Be-ziehung charakteristisch für das *alleinige* Vorkommen von Zapfen, und mit hinreichend geringer Intensität können beliebig große Durchmesser für das Skotom gefunden werden [s. J. v. Kries: Graefes Arch. **42** (3), 124, 125 (1896)].

[2] Fröhlich, Fr. W. u. K. Vogelsang: Pflügers Arch. **207**, 111 (1925). — Fröhlich, Fr. W.: Empfindungszeit, S. 113, 114.

[3] Fröhlich, Fr. W.: Die Empfindungszeit, S. 115, 125.

stäbchen*freie*, Areal. Im übrigen zeigt die Ausfallszone für das nachlaufende Bild ebenfalls Größenveränderungen: sie wird mit fortschreitender Dunkeladaptation kleiner und hatte bei FRÖHLICH nach etwa 6 Minuten Dunkelaufenthalt einen Durchmesser von 7,4°, nach etwa 15 Minuten einen Durchmesser von 4,5° (Tab. 7). — Ob aber auch eine *maximale* Dunkelanpassung ausreicht, um bei den *flüchtigen Erscheinungen* der Deformation des Primärbildes oder des ausfallenden PURKINJEbildes die Empfindung der ganz vereinzelten innersten Stäbchen *deutlich abgegrenzt* von derjenigen der dort massenhaften Zapfen zur Wahrnehmung zu bringen, kann wohl bezweifelt werden und wäre nur durch funktionelle und morphologische Ausmessung des *gleichen* Auges zu entscheiden.

Ganz dem entsprechend haben denn auch schon die früheren funktionellen Ausmessungen durch v. KRIES[1] und PERTZ sowie SAMOJLOFF[2] für das, in den *Anfangsstadien der Dunkeladaptation* ausfallende PURKINJEsche nachlaufende Bild *größere* Bezirke ergeben als für das fehlende PURKINJEsche Phänomen *nach maximaler Dunkeladaptation*. Tabelle 7 enthält ihre und anderer Beobachter Ergebnisse mit diesen verschiedenen funktionellen Methoden.

Tabelle 7. Die Größe des Netzhautzentrums mit verschiedenen funktionellen Methoden[3].

Funktionelle Meß-methode	Adaptationszustand	Zentraler Netzhautbezirk	Beobachter
Zentraler Ausfall von PURKINJEs nachlaufendem Bild	*Anfangs*stadium der Dunkeladaptation	horizontal: 3,2 vertikal: 2,7	v. KRIES[1]
		horizontal: 2,2 vertikal: 2,0	PERTZ[1]
		horizontal: 3,0	SAMOJLOFF[2]
	6 Minuten Dunkeladaptation	7,4	
	etwa 15 Minuten Dunkeladaptation	vertikal: 4,5	FRÖHLICH (s. S. 1522 Fußnote 1)
	etwas stärker dunkeladaptiertes Auge	4,0	
Zentrale Deformation der Primärempfindung	12 Minuten Dunkeladaptation nach Aufenthalt bei Tageslicht	horizontal: 2.42 vertikal: 1,92	FRÖHLICH (s. S. 1522 Fußnote 2)
		horizontal: 2,17 vertikal: 1,75	VOGELSANG (s. S. 1522 Fußnote 2)
Zentrales Fehlen des PURKINJEschen Phänomens	*Maximale* Dunkeladaptation	von 2 bis 10 Stunden	hori- { r. Auge 1,78 zontal: { l. Auge 1,47 vertikal: r. Auge 1,35	NAGEL (s. S. 1521 Fußnote 2)
		von über ½ Stunde	horizontal: 1,6 vertikal: 1,4	DIETER (s. S. 1521 Fußnote 3)

[1] KRIES, J. v.: Z. Psychol. **12**, 85—87 (1896).
[2] SAMOJLOFF, A.: Z. Psychol. **20**, 118, 124 (1899).
[3] TSCHERMAKS (ds. Handb. **12 I**, 432, 433) und FRÖHLICHS (Empfindungszeit, S. 112) Zitate der einschlägigen Untersuchungen enthalten mehrere Verwechselungen der verschiedenen Methoden und zugehörigen Zahlenergebnisse. Den Originalarbeiten entspricht folgendes: Erster orientierender Versuch einer *funktionellen* Ausmessung des *horizontalen* Durchmessers mit Hilfe des gewöhnlichen heterochromen PURKINJEschen Phänomens am Normalen [J. v. KRIES: Graefes Arch. **42** (3), 126, 127 (1896)]; Angaben über den Grad der Dunkeladaptation fehlen. *Resultat* (Dr. PERTZ) in 2 Versuchsreihen: 3,4°, 3,3°. Die Autoren vermuten, daß die gefundene Ausdehnung — wegen der Unsicherheit heterochromer Vergleichungen — *größer* ist als der absolut stäbchenfreie Bezirk. — Weitere orientierende Ausmessung des *senkrechten* Durchmessers mit Hilfe des achromatischen PURKINJEschen Phänomens nach „längerer Dunkeladaptation" durch zwei Dichromaten, NAGEL und STARK [J. v. KRIES

Sehr charakteristisch für den Einfluß der jeweiligen Stäbchen*empfindlichkeit*, d. h. des Adaptationszustandes, auf die Größe der Deformation sind auch noch in anderer Beziehung die Zahlen von FRÖHLICH und VOGELSANG: Wenn das Empfindlichkeitsverhältnis der Fovea-Umgebung zur Fovea selbst eine Rolle für das Ergebnis spielt, so muß bei etwa gleichzeitiger Messung während fortschreitender Dunkeladaptation der Einfluß der individuell verschiedenen Adaptations*geschwindigkeit* auf die Deformationsgröße zur Geltung kommen. Mit *zunehmendem Lebensalter* bleibt nun bekanntlich gerade in den *anfänglichen* Zeiten des Dunkelaufenthaltes die Adaptationsgeschwindigkeit merklich gegenüber derjenigen jugendlicher Personen zurück. Dementsprechend hat der *ältere* Beobachter FRÖHLICH ein etwas größeres Deformationsgebiet ausgemessen als der *jüngere* Beobachter VOGELSANG (Tab. 7). — Das gleiche gilt vermutlich von dem damals 43 jährigen v. KRIES und seinem Doktoranten PERTZ (Tab. 7).

Eine Zusammenfassung dieser verschiedenen Tatsachen ergibt:

1. Wird die zentrale Primärbilddeformation oder der Ausfallsbezirk des nachlaufenden Bildes *während noch fortschreitender Dunkeladaptation* ausgemessen, so muß dieser Bezirk mehr oder minder *zu groß* ausfallen im Vergleich zu dem *völlig stäbchenfreien Areal*.

2. Das gleiche gilt selbstverständlich für den von Purkinjephänomen freien Bezirk, wenn er *nicht bei maximaler*, sondern noch *fortschreitender* Dunkeladaptation ausgemessen wird.

3. Ob bzw. unter welchen Belichtungsbedingungen der Deformationsbezirk bei *maximaler* Dunkeladaptation *noch zu groß* ausfällt (wegen Unterlegenheit der vereinzelten zentralsten Stäbchen) oder *schon zu klein* (wegen der unvermeidlichen Augenbewegungen und der bekannten Überstrahlung des fovealen Gebiets; s. S. 1526, Absatz 2), ist noch nicht systematisch untersucht.

4. Bei *maximaler* Dunkeladaptation muß das von Purkinjephänomen freie Gebiet wegen der unvermeidlichen minimalen Augenbewegungen notwendigerweise eine Spur *kleiner* ausfallen als der *morphologisch völlig stäbchenfreie Bezirk*.

Danach existiert die Diskrepanz tatsächlich nicht, die FRÖHLICH und seine Mitarbeiter neuerdings zwischen ihren Messungen einerseits und denen von WOLFRUM, v. KRIES und NAGEL und DIETER andererseits feststellen zu können glauben. Berücksichtigt man die eben auseinandergesetzten *verschieden großen* und *einseitigen* Fehlerquellen der beiden funktionellen Meßverfahren, so besteht eine Übereinstimmung zwischen den verschiedenen morphologisch und funktionell festgestellten Werten, wie sie besser gar nicht erwartet werden kann: DIETERS Werte (Purkinjephänomen) sind etwa 0,1—0,2° *kleiner* als die morphologischen Messungen WOLFRUMS; FRÖHLICHs und seiner Mitarbeiter Werte (De-

---

u. W. NAGEL: Z. Psychol. **12**, 25—27 (1896)]; HELMHOLTZscher Farbenmischapparat, aber nur mäßig empfindliche Gleichung und, nach Angabe der Autoren, verbesserungsbedürftiges Verfahren; Resultat für den senkrechten Durchmesser in zwei Versuchsreihen: NAGEL 1,8°, 2,2°. STARK 1,9°, 2,4°. — Spätere exakte Ausmessung mit dem isochromen PURKINJEschen Phänomen [J. v. KRIES u. W. NAGEL: Z. Psychol. **23**, 173—176 (1900)] durch NAGEL bei verbesserter Meßmethodik, höchstempfindlicher Gleichung und extremer Dunkeladaptation (2—10 Stunden); *Resultat* (NAGEL): horizontaler Durchmesser, r. Auge = 1,78°, l. Auge = 1,47°; vertikaler Durchmesser, r. Auge = 1,35°. — Die Messung im *Anfangs*stadium der Dunkeladaptation mit Hilfe des ausfallenden PURKINJEschen Nachbildes ergab bei v. KRIES, PERTZ und SAMOJLOFF *erheblich größere* Durchmesser (s. Tab. 7). — KOHLRAUSCH [Pflügers Arch. **196**, 115, 120 (1922)] hat den Bezirk ohne PURKINJEsches Phänomen überhaupt nicht ausgemessen, sondern 1° Durchmesser nur als *zweckmäßig geringe Feldgröße* benutzt, da diese so viel kleiner ist als der stäbchenfreie Bezirk, daß sie auch bei *Schwellen*beobachtungen und trotz der unvermeidlichen Augenbewegungen noch *innerhalb* des stäbchenfreien Bezirks festgehalten werden kann (s. S. 1526, Absatz 6).

formation) sind je nach Adaptationszustand und Lebensalter des Beobachters etwa $1/4$—$1/2°$ *größer* als die morphologischen Werte für den *stäbchenfreien* Bezirk. Fröhlilhs Werte[1] (Deformation) und ähnlich die von v. Kries und seinen Mitarbeitern (nachlaufendes Bild) stimmen aber durchaus zu Kosters Angaben über den stäbchen*armen* Bezirk.

Das Ergebnis ist: *Der Horizontaldurchmesser des morphologisch völlig stäbchenfreien Bezirks der Fovea centralis beträgt mit sehr geringer individueller Streuung 1,7°* im Mittel. *Die unter optimalen Bedingungen funktionell festgestellten Werte weichen im Bereich ihrer unvermeidlichen einseitigen Fehler nur um einige Zehntel nach unten bzw. oben von diesem morphologischen Wert ab.*

2. Fehlen des Purkinjephänomens in der Fovea centralis.

Die hierüber immer noch bestehenden Meinungsverschiedenheiten haben, trotz v. Tschermaks[2] und Fröhlichs[3] abweichender Ansicht, *ihren Hauptgrund tatsächlich in der geringen Größe des völlig stäbchenfreien Zentralbezirks*, wie durch folgendes anschaulich klar werden dürfte: Betrachtet ein erwachsener Mensch ein mit ausgestrecktem Arm gehaltenes 5-*Pfennigstück*, so ragt das im allgemeinen schon ein klein wenig über den *größten* (horizontalen) Durchmesser seines völlig stäbchenfreien Bezirks hinaus, denn es hat, auf 57 cm Augenabstand gehalten, einen Durchmesser von 1,8°. Selbst wenn Fröhlich mit 2° Foveadurchmesser recht hätte, läge die Sache nicht wesentlich anders, ein ebenso betrachtetes *10-Pfennigstück* würde seinen stäbchenfreien Bezirk schon um eine Spur überragen, mit 2,1° bei 57 cm Augenabstand. Man wird danach begreifen, daß beim Sehen, ähnlich wie beim Scheibenschießen, sehr viel mehr Platz „*neben dem Schwarzen*" ist als darin. — Sobald aber ein im Dunkeln leuchtendes Objekt den Rand des stäbchenfreien Bezirks auch nur ein klein wenig überschreitet, mischt sich sofort das Dämmersehen ein und *die doppelte Sehweise mit positivem Purkinje-Phänomen* (P.-Ph.) ist da. Danach wird man es wohl auch für selbstverständlich halten, daß es erheblich *einfacher* ist, das P.-Ph. zu sehen, als es nicht zu sehen; und daß es *überhaupt nur bei ganz besonders sorgfältiger zentraler Fixation* eines Objektes, das *kleiner* erscheint als ein mit ausgestrecktem Arm gehaltenes 5-Pfennigstück, gelingen kann, im Dunkeln die einheitliche Funktion (*ohne* P.-Ph.) des stäbchenfreien Zentralbezirks nachzuweisen.

Tatsächlich hinkt der Vergleich mit dem Scheibenschießen aus zwei Gründen auch nicht so sehr, wie mancher zunächst meinen könnte; denn einmal besteht im Finstern und mit dunkeladaptiertem Auge, also bei der hier in Frage kommenden Beobachtungsweise, *der natürliche Zwang, „danebenzusehen"*, d. h. kleine *lichtschwache* Objekte mit dem *Rand* der Fovea centralis oder noch etwas weiter peripher zu fixieren. Da die *Parafovealgegend im Dämmersehen die relativ größte Sehschärfe* hat, so übt sie den *natürlichen Fixationszwang* aus, der durch einen *stärkeren* Zwang zum *zentralen* Fixieren überwunden werden muß, wenn er sich nicht durchsetzen soll. — Die zweite Veranlassung zum „*Danebensehen*" geben die minimalen Blickschwankungen, die auch bei vermeintlich bester Fixation nicht ganz auszuschalten sind; denn unser natürliches Sehen geschieht mit ständig wanderndem Blick. Auch wenn wir beim gewöhnlichen Sehen einen Gegenstand genau erkennen wollen, pflegen wir ein und denselben Punkt nur etwa 1 bis

---

[1] Warum Fröhlich für den Ausfallsbezirk des nachlaufenden Bildes viel größere Werte gefunden hat (4—4,5°) als die früheren Autoren mit der gleichen Methode (2—2,7°) bzw. er selbst für den Deformationsbezirk des Primärbildes (1,9°), bedarf einer systematischen Untersuchung.

[2] Tschermak, A. v.: Ds. Handb. **12 I**, 380 (1929).

[3] Fröhlich, Fr. W.: Die Empfindungszeit, S. 125.

höchstens 2 Sekunden lang zu fixieren, dann wegzublicken und häufiger wieder hinzusehen. Längeres Fixieren ist unnatürlich, weil es das Erkennen verschlechtert; denn infolge der *Lokaladaptation* verringern sich die Unterschiede.

Betrachten wir nun im Finstern mit stark dunkeladaptiertem Auge eine kleine, foveal mäßig überschwellige Lichtfläche von etwa 1° Durchmesser, *so erscheint sie sogleich heller*, sobald wir nicht genau ihre Mitte fixieren, sondern gegen ihren Rand hin blicken. Und zwar hellt sie sich dabei um so stärker auf, 1. je kurzwelliger ihr Licht ist (genauer gesagt, je größer ihr Dämmerwert im Verhältnis zu ihrem Tageswert ist [s. S. 1576, 1577]) und 2. je weiter wir, innerhalb gewisser Grenzen, an ihr vorbeiblicken; denn um so stärker kommt in beiden Fällen das Dämmersehen zur Wirkung. Aber *merklich* hellt sich eine solche (etwa weiße, grüne oder blaue) kleine Fläche schon auf, sobald sie *nur eben den Rand* des völlig stäbchenfreien Bezirks erreicht oder überschreitet; und zwar leuchtet sie dann wegen der bekannten Überstrahlung der Fovea im allgemeinen *in toto* auf; nur wenn sie eben schwellenmäßige Intensität hat oder bei geringer Intensität schmal im Verhältnis zur Länge ist, hellt sich vorwiegend nur der Teil von ihr auf, der über den Fovearand hinausragt.

Grundbedingungen für Versuche über das P.-Ph im stäbchenfreien Bezirk sind daher:

1. das Beobachtungsfeld muß *so viel kleiner als der histologisch völlig stäbchenfreie Bezirk* sein, daß auch die unvermeidlichen Fixationsschwankungen den Rand des Feldes nicht auf stäbchenhaltiges Gebiet schieben können;

2. die Fixation nahe der Fovea*mitte* muß sicher gewährleistet sein, ohne daß die Beobachtung durch die Fixiereinrichtung gestört werden darf.

Ich habe festgestellt[1], daß ein kreisrundes Feld von $1^1/_2$° Durchmesser, wenigstens bei schwellenmäßiger Intensität, dafür schon zu groß ist; denn selbst bei Verwendung eines zentralen Fixierpünktchens gelingt es nicht, die Feldmitte auch nur kurze Zeit so sicher zu fixieren, daß der Feldrand nicht häufig den stäbchenfreien Bezirk überragte, was sich dann durch mehr oder minder große weißliche Aufhellung des Feldes zu erkennen gibt. Ein Feld von 1° Durchmesser ist bei Schwellenintensität hinreichend klein, *beste zentrale Fixation vorausgesetzt.* — Da diese meine Angabe von mehreren Seiten mißverstanden ist (vgl. z. B. S. 1524 Fußnote), möchte ich besonders betonen, daß ich nicht etwa habe sagen wollen, der stäbchenfreie Bezirk hätte nur 1° Durchmesser. Vielmehr wollte ich damit für *Schwellen*bestimmungen *innerhalb des stäbchenfreien Bezirks* eine *zweckmäßige Größe des Beobachtungsfeldes* angeben, *die überall noch so weit vom Stäbchenrand absteht*, daß es bei *bestmöglicher zentraler Fixation* wenigstens einigermaßen gelingen muß, sie für kurze Beobachtungsdauern von etwa 1 Sekunde *innerhalb* des stäbchenfreien Bezirks festzuhalten. — Weil der Durchmesser des „zentralen Skotoms" in bekannter Weise vom Adaptationsgrad abhängt (vgl. S. 1522), muß man das zentrale Beobachtungsfeld um so kleiner wählen, je stärker die Dunkeladaptation ist: bei Adaptation an sehr gutes Tageslicht ist vielleicht auf 2° Feld noch keine Spur von P.-Ph bei Farbengleichungen zu sehen, an einem trüben Wintertag darf man nicht über $1^1/_2$° gehen und bei maximaler Dunkelanpassung nicht über 1° Durchmesser.[2]

Bei sorgfältigster Einhaltung optimaler Versuchsbedingungen und peinlichster Beachtung aller Fehlerquellen haben v. Kries und Nagel[3], Nagel und

---

[1] Kohlrausch, A.: Pflügers Arch. **196**, 113 (1922).
[2] Kries J. v.: Graefes Arch. **42 III**, 100/101 (1896) hat bereits 1° Durchmesser dafür empfohlen.
[3] Kries, J. v. u. W. A. Nagel: Z. Psychol. **23**, 161 (1900).

SCHÄFER[1], KOHLRAUSCH und Mitarbeiter[2] und DIETER[3] sicher festgestellt, daß der *stäbchenfreie Bezirk der Fovea centralis auch* während *maximaler* Empfindlichkeitszunahme bei Dunkeladaptation *einheitlich funktioniert, ohne daß die stärkere weißliche Aufhellung kurzwelliger Lichter dabei auftritt* (das Purkinjesche Phänomen in seinen verschiedenen Formen; vgl. ds. Handb. Bd. 12 I, S. 685—687). Es genügen aber — wie sie zugleich betonen — *minimale* Blickschwankungen, damit der Feldteil mit dem kurzwelligen Licht sich von dem anderen durch das Auftreten eines weißlichen Schimmers unterscheidet, um bei etwas stärkeren Blickschwankungen förmlich aufzuleuchten (vgl. S. 1511, 1531). Außerdem haben TROLAND[4], HOLM[5] und GROSS[6] das Fehlen des P.-Ph. in der Fovea centralis festgestellt.

Die verschiedensten im Laufe der Jahrzehnte gegen diese Untersuchungen vorgebrachten Einwände — wie zu kurze oder zu lange Dunkeladaptation, Verdecken des Phänomens durch einen leuchtenden Fixierpunkt, Unsichtbarkeit des Phänomens auf derartig kleinem Gesichtsfeld oder Unsichtbarkeit wegen verminderter Unterschiedsempfindlichkeit infolge von Lokaladaptation — *sind sämtlich nicht stichhaltig.* Denn die im vorstehenden Absatz genannten Beobachtungen sind nach sehr verschieden langer Dunkeladaptation und teils mit eben überschwelligen roten Fixierpünktchen, teils mit dunklem Fixierpunkt (Fadenkreuz) durchgeführt, ohne daß das auf das Ergebnis von Einfluß gewesen wäre; ich verweise auf die Originalarbeiten. Der Einwand des zu kleinen Feldes ist leicht zu widerlegen, denn trotz des beanstandeten kleinen Feldes *tritt das Phänomen ja sofort auf, sobald man das Feld auch nur eine Spur seitlich fixiert;* maßgebend für das Phänomen ist also lediglich die Verlegung des kleinen Feldes auf entsprechende Gesichtsfeldstellen.

Die Lokaladaptation kann selbstverständlich kleine Helligkeitsunterschiede unmerklich machen; deshalb ist sie von KOHLRAUSCH, DIETER u. a. durch ein Pendel besonders ausgeschaltet, das immer nur eine Beobachtungsdauer von 1 Sekunde zuließ. Die Versuche von DIETER und KOHLRAUSCH[7] zeigen am schlagendsten, daß damit eine ausgezeichnete Unterschiedsempfindlichkeit bei Schwellenbeobachtungen gewährleistet wird; denn diese fanden, mit 1° Beobachtungsfeld, daß die Empfindlichkeit der Fovea während der Dunkeladaptation *tatsächlich verschieden stark für verschiedene Wellenlängen zunimmt, aber gerade umgekehrt wie es dem Purkinjeschen Phänomen entsprechen würde:* Unter vollkommen gleichen Versuchsbedingungen stieg die Empfindlichkeit für Weiß auf das $4^1/_2$fache, Grün $5^1/_2$fache, Orange und Blau 10fache und Rot 12fache; also die foveale Empfindlichkeit *stieg für Rot stärker* als für sämtliche übrigen Wellenlängen. Den Zusammenhang dieser Erscheinung mit den Ergebnissen bestimmter Methoden der heterochromen Photometrie und einen Deutungsversuch findet man bei KOHLRAUSCH[8]. Diese Zahlen gelten für normale Trichromaten; für einen anomalen Trichromaten waren die Unterschiede etwas kleiner und bei Dichromaten gar nicht nachweisbar; d. h. bei Dichromaten steigt die foveale Empfindlichkeit für alle Wellenlängen gleichmäßig an. — Der Nachweis dieser fovealen Empfindlichkeitsänderung (Schwellen), die bei Trichromaten *ge-*

---

[1] NAGEL, W. A. u. SCHÄFER: Z. Psychol. **34**, 272 (1904).
[2] KOHLRAUSCH, A.: Pflügers Arch. **196**, 113 (1922). — ABELSDORFF, G., W. DIETER u. A. KOHLRAUSCH: Pflügers Arch. **196**, 119ff. (1922).
[3] DIETER, W.: Arch. f. Ophthalm. **113**, 141 (1924).
[4] TROLAND, L. TH.: Z. Beleuchtswesen **1917**, 55.
[5] HOLM, E.: Arch. f. Ophthalm. **108**, 1 (1922).
[6] GROSS, K.: Z. Sinnesphysiol. **59**, 215 (1928).
[7] ABELSDORFF, G., W. DIETER u. A. KOHLRAUSCH: Pflügers Arch. **196**, 120f. (1922).
[8] KOHLRAUSCH, A.: Pflügers Arch. **200**, 210—220 (1923).

rade entgegengesetzt dem P.-Ph. verläuft, beweist wohl schlagender als alles andere, daß das P.-Ph. selber innerhalb des stäbchenfreien Gebiets der Fovea centralis fehlt (s. Abb. 506, S. 1578).

Neuerdings glaubt FRÖHLICH[1] herausgefunden zu haben, warum die verschiedenen obengenannten Untersucher das P.-Ph. in der Fovea centralis nicht gefunden haben: *sie seien von zu geringer Helladaptation ausgegangen.* FRÖHLICH hat wohl übersehen, daß KOHLRAUSCH[2] und seine Mitarbeiter eine 10 Minuten lange Helladaptation bei mehr als 3000 Lux Erhellung, ja eine 10 Minuten lange Tages-Helladaptation bei etwa 20000 Lux Erhellung zum Ausgang nahmen, und daß offenbar *die erstere Art ihrer Helladaptation schon ausgiebiger war* als die von FRÖHLICH und VOGELSANG benutzte; denn DIETER und KOHLRAUSCH fanden damit eine adaptative Empfindlichkeitssteigerung der Fovea für Blau auf das 10fache, für Rot auf das 12fache, während FRÖHLICH und VOGELSANG entsprechend nur Steigerungen um das 6- bzw. 1,8fache angeben. Auch dieser Einwurf ist damit hinfällig (s. S. 1527 u. Abb. 506).

Um aber von vornherein dem etwaigen Einwand vorzubeugen, dann sei eben die Helladaptation *zu stark* gewesen, muß entgegen FRÖHLICHs Behauptung (Empfindungszeit S. 124, Abs. 1) festgestellt werden, daß *der Ausgangszustand der Adaptation für das P.-Ph. in der Fovea überhaupt belanglos ist*, wie aus den Versuchen von KOHLRAUSCH und ROSENBERG[3] hervorgeht. Sie untersuchten die Abhängigkeit des P.-Ph. zwischen Gelb und Grün vom Adaptationszustand und der Feldintensität bei fovealer und extrafovealer Beobachtung mit dem Flimmerphotometer, der Methode des direkten Vergleichs und der Fleckmethode. Sie fanden: bei 35° Exzentrizität beginnt das P.-Ph. bei einer oberen Grenze des Adaptationszustandes entsprechend 50—60 Lux Erhellung, nimmt nach abwärts davon schnell zu und fehlt oberhalb dieses Adaptationszustandes noch vollständig. Bei 3° Exzentrizität liegt diese oberste Grenze erst bei 12—14 Lux. In der Fovea (1,4° Beobachtungsfeld) dagegen fehlt das Phänomen in diesem Adaptationsbereich (abwärts untersucht bis zu 4 Lux) so vollständig, daß auch mit der äußerst empfindlichen Flimmermethode keine Spur davon nachgewiesen werden kann. Es genügt aber eine minimal exzentrische Fixation, um es mit der Flimmermethode bei 4 oder 6 oder 8 Lux sofort deutlich auftreten zu lassen. KOHLRAUSCH[4] erweiterte diese in der Fovea und unmittelbar neben ihr angestellten Flimmermessungen noch auf die Spektrallichter Rot, Gelb, Grün und Blau sowie Adaptationszustände und Feldintensitäten zwischen 200 und $^1/_2$ Lux und maß außerdem die Intensität von 1 Lux alle paar Minuten während fortschreitender Dunkeladaptation nach Tages-Helladaptation bei 20000 Lux Erhellung. Sein Ergebnis bezüglich P.-Ph. innerhalb und unmittelbar neben der Fovea war genau das gleiche wie das soeben Mitgeteilte: in einem Zentralbezirk von 1,3 Durchmesser ist unter diesen Bedingungen auch keine Andeutung von P.-Ph. nachweisbar; unmittelbar daneben tritt es bei geringen Intensitäts- und Adaptationsgraden (unterhalb von 10 Lux Erhellung) sofort auf.

Hält man diese Versuche mit den vorher (S. 1526, 1527) genannten zusammen, so ergibt sich: Bei beliebigen Adaptationszuständen zwischen 20000 Lux und der fovealen Schwelle (etwa $^1/_{100}$ Lux) ist innerhalb des stäbchenfreien Bezirks der Fovea centralis auch mit den allerempfindlichsten Methoden keine Spur von P.-Ph. nachweisbar, wohl aber, wenigstens bei Schwellenbeobachtungen, eine gerade entgegengesetzte Helligkeitsverschiebung farbiger Lichter. Abgesehen von

[1] FRÖHLICH, FR. W.: Die Empfindungszeit, S. 120, 123—125.
[2] KOHLRAUSCH, A. und Mitarbeiter: Pflügers Arch. **196**, 114, 117, 118 (1922).
[3] ROSENBERG, G. (unter A. KOHLRAUSCH): Z. Sinnesphysiol. **59**, 103 (1928).
[4] KOHLRAUSCH, A.: Pflügers Arch. **200**, 220 (1923).

dieser letzteren ausgesprochenen Besonderheit der fovealen Schwellenwerte (vgl. S. 1527, 1578) behält der *stäbchenfreie Fovealbezirk unabhängig von Lichtintensität und Adaptationszustand seine einheitliche Funktion.* Sobald man jedoch bei Adaptations-zuständen unterhalb von etwa 10 Lux das stäbchenfreie Gebiet der Fovea auch nur um ein Geringes überschreitet, tritt das echte P.-Ph. mit sämtlichen Be-obachtungsmethoden sofort in Erscheinung. — FRÖHLICHS Einwand, der Adap-tationszustand habe Einfluß auf das foveale P.-Ph. und eine zu geringe Ausgangs-adaptation verhindere seinen fovealen Nachweis, ist demnach gegenstandslos[1].

Diesen eindeutigen Befunden einer *einheitlichen Funktion des stäbchenfreien Gebiets* der Fovea centralis stehen die Angaben von HERING[2], v. TSCHERMAK[3], EDRIDGE-GREEN[4], KOSTER[5], SHERMAN[6] und FISCHER[7] gegenüber, die im zen-tralen Gebiet der Netzhaut das P.-Ph. gesehen haben; ein Befund, der dann *von ihnen und anderen auf sein Vorkommen im stäbchenfreien Bezirk der Fovea bezogen wird.* — Ein Teil dieser Beobachtungen ist ohne weiteres verständlich: *es wurden erheblich zu große Gesichtsfelder benutzt, die über den Rand der Fovea* (größter, d. h. horizontaler Durchmesser morphologisch = 1,7°; vgl. S. 1520—1525) *hinaus in das stäbchenhaltige Gebiet beträchtlich hineinragten.* Dazu gehören HERING mit 2,3° Felddurchmesser, KOSTER mit 1,9°, SHERMAN mit 2,4° und FISCHER, der mit 1,75° den horizontalen Durchmesser *etwas,* den vertikalen *wesentlich* über-schritten hat. Auch die Nachbildumrahmung des untersuchten Netzhautbezirks nützt selbstverständlich nichts, wenn das Areal *innerhalb* der Umrahmung über das stäbchen*freie* hinausragt. Daß diese Beobachter ein P.-Ph. im Netzhautzen-trum sahen, steht in schönstem Einklang mit den Feststellungen von v. KRIES, NAGEL, KOHLRAUSCH, DIETER u. a., die stets betont haben, daß man den Rand des stäbchenfreien Gebiets nur eben zu überschreiten braucht, um das P.-Ph. deutlich zu sehen. Aber ebenso selbstverständlich haben diese Beobachtungen gemäß den Auseinandersetzungen auf S. 1525ff. keine Beweiskraft für das stäbchen-*freie* Zentrum, denn sie erstrecken sich mit auf das *stäbchenhaltige Parafoveal-gebiet,* das sich eben grundlegend anders verhält. Solche Vergleichungen be-ruhen auf „Kompromiß-Einstellungen", vor denen HERING selbst so nachdrück-lich gewarnt hat. — Die Beobachtungen von TSCHERMAK und EDRIDGE-GREEN sind gleichfalls nicht beweisend, da bei beiden das *Entscheidende* fehlt: die exakte Angabe der Gesichtsfeldgröße bei *diesen* Versuchen. EDRIDGE-GREEN sagt außerdem nicht einmal etwas über seine Fixationsmethode.

Neuerdings hat VOGELSANG[8] wieder das P.-Ph. im Netzhautzentrum gesehen und bezieht diesen Befund auf den stäbchenfreien Bezirk der Fovea. VOGELSANG hat zwar ein hinreichend kleines Gesichtsfeld von 1° vertikalem und 0,4° horizon-talem Durchmesser benutzt, *aber wie hat er die mindestens ebenso wichtige Be-dingung exakter zentraler Fixation erfüllt?* Dadurch, daß er im Finstern die Mitte zwischen zwei *nicht weniger als 4° Horizontalabstand* besitzenden roten Pünktchen zu fixieren suchte und dann das zu beurteilende Objekt an dieser Stelle *nur für einen Moment* (0,16 Sekunden lang) erscheinen läßt. Außerdem hat er das Helligkeits-verhältnis von Rot und Blau *nicht etwa simultan,* sondern im *Sukzessivvergleich* zu

---

[1] Auch die von FRÖHLICH (Die Empfindungszeit, S. 123, 124) kritisierten Versuche O. LUMMERS und W. DIETERS — angeblich zu geringe Ausgangsadaptation — bleiben also voll beweiskräftig.

[2] HERING, E.: Graefes Arch. **90**, 1 (1915).

[3] TSCHERMAK, A. v.: Pflügers Arch. **70**. 297 (1898).

[4] EDRIDGE-GREEN, F. W.: J. of Physiol. **45**, 73 (1912).

[5] KOSTER, W.: Graefes Arch. **41** (1), 10 (1895).

[6] SHERMANN, F. P.: Wundts Philos. Studien **13**, 434 (1898).

[7] FISCHER, M. H.: Pflügers Arch. **198**, 311 (1923).

[8] VOGELSANG, K.: Pflügers Arch. **206**, 29 (1924); **207**, 117 (1925).

beurteilen versucht. Bei seinen Schwellenbeobachtungen hat VOGELSANG die gleiche Fixationsmethode mit Momentbelichtung (0,13 Sek.) benutzt (s. auch S. 1581f.). Zu dieser Methode ist zu sagen: die Mitte zwischen zwei *derartig weit auseinanderliegenden Punkten* ist nicht etwa nur unsicher, sondern *nachgewiesenermaßen überhaupt nicht zu fixieren*; denn der Blick pendelt dauernd auf der Verbindungslinie der Punkte mehr oder minder weit hin und her, so daß dabei Fixationsfehler von etwa $1/2° - 1°$ gemacht werden[1], während die Abweichungen bei direkter Fixation eines Punktes im Hellen oder Dunkeln nur etwa $1/20° - 1/10°$ betragen[2]. Ferner macht die Momentbelichtung die Korrektion einer falschen Blickrichtung unmöglich und *erschwert die Beurteilung* von etwaigen *minimalen* Blickabweichungen. Schließlich kommt die primitive Methode des optischen Sukzessivvergleichs auch nicht entfernt neben anderen Methoden in Betracht, die, wie etwa die richtig angewandte Flimmermethode[3] eine Abweichung von 3% noch erkennen lassen. Für jemanden, der aus eigener langjähriger Erfahrung an sich selbst und seinen Mitarbeitern die Fixationsschwierigkeiten sogar noch bei Verwendung eines *zentralen* Fixierpünktchens kennt, bleibt es unverständlich, aus welchem Grunde VOGELSANG diese verschiedenen, ganz überflüssigen *Erschwerungen* noch hinzugefügt hat; und mit welcher Berechtigung VOGELSANG, FRÖHLICH u. a.[4] gerade diesen Versuchen eine größere Beweiskraft zuschreiben als den zahlreichen anderen, die mit *unvergleichlich viel zuverlässigerer Technik* ausgeführt sind.

VOGELSANG sagt denn auch, daß Ungenauigkeiten der Fixation vorkamen, die sich gegen Ende der Dunkeladaptation dadurch zu erkennen gaben, *daß der obere oder untere Rand des Spaltes aufleuchtete.* Er schiebt diesen Umstand zwar auf Ermüdung der Versuchsperson, die richtige Erklärung dürfte aber wohl die sein, daß die Spaltenden bei Fixationsfehlern erst dann *aufleuchten* können, wenn nach *fortgeschrittener* Dunkeladaptation die *Para*fovealgegend eine *hinreichend überwiegende* Empfindlichkeit bekommen hat. Zu *früheren* Zeiten des Dunkelaufenthalts mußten Fixationsfehler von der gleichen Größe unerkannt bleiben.

VOGELSANG fand mit seiner Methodik: die alternierend beobachteten Felder (Rot und Blau), die nach Abschluß der Helladaptation auf schwellennahe Reizintensität eingestellt waren und dann ungeändert gelassen wurden, nahmen zunächst annähernd gleichmäßig an subjektiver Helligkeit zu; zwischen der 10. und 25. Minute des Dunkelaufenthalts stieg jedoch die Helligkeit des Blau stärker an, wobei es deutlich weißlicher wurde als das Rot und während noch längerer Dunkeladaptation auch weißlicher und heller blieb als das Rot.

Dazu ist zu sagen: Man könnte vielleicht zunächst mit v. KRIES[5] für möglich halten, daß dieses Versuchsergebnis durch einen verschiedenen fovealen Helligkeits*anstieg* von Rot und Blau bedingt sei; daß also die Helligkeit des Blau zwar in den ersten zehntel Sekunden schneller ansteige[6], aber dann nach 1 Sekunde gleich der des Rot sei, so daß die übliche Beobachtung von 1 Sekunde Dauer trotzdem kein P.-Ph. in der Fovea zeige.

---

[1] MARX, E.: Z. Sinnesphysiol. **47**, 85, 86, 93—96 (1913).
[2] MARX, E. u. W. TRENDELENBURG: Z. Sinnesphysiol. **45**, 97—100 (1911). — MARX, E.: Ebenda **47**, 91—93 (1913).
[3] KOHLRAUSCH, A.: Pflügers Arch. **200**, 220 (1923).
[4] Vgl. z. B. M. H. FISCHERS Referat in den Ber. Physiol. **45**, 402.
[5] KRIES, J. v.: Ds. Handb. **12** I, 690, (1929).
[6] Dem widerspricht der Befund von H. PIERON [C. r. Acad. Sci. Paris **189**, 194—197 (1929)], wonach gerade die *Rot*empfindung sich am *raschesten* entwickelt, langsamer die Grün- und noch langsamer die Blauempfindung. — Dieser Befund von PIERON stimmt mit der Anstiegsgeschwindigkeit der entsprechenden Netzhautströme im Warmblüterauge gut überein [s. ds. Handb. **12** II, 1456, 1457, 1489, 1493 (1930)].

Die inzwischen von KOHLRAUSCH und ROSENBERG (s. S. 1528, Fußnote 3) mit der Flimmermethode angestellten Untersuchungen schließen diese Erklärung jedoch aus. *Denn ein beträchtlicher Helligkeitsunterschied während der ersten zehntel Sekunden muß gerade mit der Flimmermethode deutlich meßbar herauskommen,* da die Wechselgeschwindigkeit bei der Flimmermessung von Lichtern der hier in Frage kommenden Intensität ganz entsprechend nur etwa 5—10 pro Sekunde beträgt. Außerdem würde das intensivere Blau während dieser Zeit des Dunkelaufenthalts auch noch die *kürzere* foveale Empfindungs*dauer*[1] haben; um so stärker müßte die Flimmeräquivalenz der beiden Lichter gestört werden.

Von einer solchen zunehmenden Störung der Flimmeräquivalenz zwischen Rot und Blau während fortschreitender Dunkeladaptation war in den Versuchen von KOHLRAUSCH im *stäbchenfreien Bezirk* nicht das mindeste festzustellen; innerhalb der Fehlerbreite von wenigen Prozent blieb das Flimmerwertverhältnis von Rot zu Blau vollständig konstant. Seine Parallelmessungen aber, bei denen das Gesichtsfeld den Rand des morphologisch stäbchenfreien Bezirks an einer Stelle nur um 0,2° überschritt, zeigten ganz entsprechend dem Ergebnis VOGELSANGS *zwischen der 10. und 25. Minute des Dunkelaufenthalts ein deutliches Ansteigen des Flimmerwertes für Blau* im Verhältnis zu Rot, das ein Maximum erreichte und bei richtig gewähltem Rot nach der 25. Minute des Dunkelaufenthalts wieder etwas zurückging, aber nur so weit, daß das Blau auch weiter einen deutlich höheren Flimmerwert behielt als das Rot.

Daraus geht hervor: Was VOGELSANG gesehen hat, spielte sich *nicht innerhalb* des stäbchenfreien Gebiets der Fovea ab, sondern war bedingt durch ein ganz geringfügiges Hinüberragen des Gesichtsfeldes in stäbchenhaltiges Gebiet. VOGELSANG hat bei seiner unzureichenden Fixationsmethode zwar *grobe Fixationsfehler* an dem *Aufleuchten* des Feldes erkannt, aber es ist ihm entgangen, daß die von ihm gesehene *deutliche, wenn auch in mäßigen Grenzen bleibende weißliche Aufhellung des blauen Streifens* durch *minimale* Fixationsfehler bedingt war, trotzdem die klare Beschreibung der Erscheinung bei v. KRIES und NAGEL (vgl. S. 1511, Absatz 1) seine Aufmerksamkeit eigentlich auf diesen Umstand hätte lenken müssen. *Diesen durch minimale Fixationsfehler bedingten Versuchsfehler deutet er als Purkinjesches Phänomen im stäbchenfreien Bezirk der Fovea centralis.*

Zusammenfassend können wir sagen: Den zahlreichen, unter sorgfältiger Einhaltung exakter Beobachtungsbedingungen ausgeführten Untersuchungen, *die im stäbchenfreien Bezirk der Fovea centralis eine einheitliche Funktion ohne Purkinjesches Phänomen nachweisen,* steht bisher auch nicht ein einziger Versuch gegenüber, welcher einwandfrei dartun könnte, daß diesem *stäbchenfreien Bezirk* die im ganzen übrigen Gesichtsfelde leicht feststellbare *Doppelfunktion mit Purkinjeschem Phänomen gleichfalls zukäme.* Solange die HERINGschule nicht zeigt, daß *auf hinreichend kleinem zentralen Feld* (etwa mit der Fleckmethode, und zwar einem kurzwelligen Fleck von $^1/_2$—1° Durchmesser) *bei bester zentraler Fixation und einer Beobachtungsdauer von ungefähr einer Sekunde* doch ein P.-Ph. zu sehen ist, besteht zwischen ihren *tatsächlichen Feststellungen* und denen von v. KRIES und anderen kein Widerspruch.

Die *Ansicht* der HERINGschule, daß zwischen Netzhautzentrum und -peripherie nur *quantitative aber keine qualitativen Unterschiede* vorhanden wären, findet in den Untersuchungen des *vollkommen stäbchenfreien* Zentralbezirks keine Stütze. TSCHERMAK[2] hat als besonders überzeugend *für quantitative* Abstufung

---

[1] FRÖHLICH, FR. W.: Die Empfindungszeit, S. 119, Abb. 30.
[2] TSCHERMAK, A.: Ds. Handb. 12 I, 575, 576 (1929).

folgende Erscheinungen angeführt: 1. Das zentrale Auftreten des P.-Ph. trotz *Nachbildumrahmung* der „Fovea", 2. die foveale *Ausbuchtung* einer bewegten Lichtlinie und ihres nachlaufenden Bildes und 3. die *stetige*, nicht sprunghafte regionale Abstufung der Erregbarkeit (Zentralskotom) und der Reaktionsgeschwindigkeit. — *Sie haben sämtlich keinerlei zwingende Beweiskraft:* 1. Die Nachbildumrahmung beweist nichts, wenn der umrahmte Bezirk über den stäbchen*freien* hinausragt. 2. Die foveale Erscheinung einer bewegten Lichtlinie und ihres nachlaufenden Bildes hängt nach Fröhlich von der Reizintensität und dem Adaptationszustand ab; statt der Ausbuchtungen können auch ausgesprochene *Lücken* auftreten (S. 1521). 3. Entgegen Tschermaks Behauptung zeigt die Kurve des zentralen Erregbarkeitsabfalls (Zentralskotom) bei etwa 1—1$^1/_2$° Zentralabstand *deutlich eine stärkere Richtungsänderung* (Abb. 491 u. 495); ob dieser auch *eine schnellere Änderung* der Reaktionsgeschwindigkeit und *eine plötzliche Abnahme* der Stäbchenzahl entspricht, ist noch nicht genau untersucht. Der stäbchen*arme* Bezirk scheint dagegen *ganz allmählich* in den stäbchen*freien* überzugehen (S. 1510ff.); *dort* (bei etwa 0,7—0,8° Zentralabstand) wäre also für solche Eigenschaften, wie Reaktionsgeschwindigkeit oder Erregbarkeit, die *beiden* Sehweisen nur *zahlenmäßig* verschieden zukommen, gar keine *sprunghafte* Änderung zu erwarten.

Entscheidend für diese *strittige* Seite der Duplizitätstheorie kann aber überhaupt nur sein, *ob dem stäbchenfreien Zentralbezirk eine einheitliche oder die Doppelfunktion zukommt.* Die Frage ist durch die Versuche von v. Kries und anderen in ersterem Sinne entschieden, und diese Versuche sind von der Heringschule bisher *experimentell* nicht widerlegt. Die verschiedenen Erweiterungs- und Abänderungsvorschläge zur Duplizitätstheorie, z. B. daß dem Dämmerapparat außer den Stäbchen auch in beschränktem Maß *sehpurpurhaltige Zentralzapfen* zugehörten (ds. Handb. Bd. 12 I, S. 576—580), sind daher einstweilen überflüssig.

Bei den — von fast allen Untersuchern anerkannten — großen Schwierigkeiten, die Beobachtung im Finstern exakt auf den winzig kleinen, anatomisch stäbchenfreien Bezirk zu beschränken, worauf nun einmal alles ankommt, ist jedoch vorauszusehen, daß immer wieder Autoren mit der Behauptung auftreten werden, sie hätten im Netzhautzentrum in dieser oder jener Form doch ein P.-Ph. gesehen. Das wird ihnen auch ohne weiteres zu glauben sein; denn wo der Wunsch, es zu sehen, der bewußte oder unterbewußte Vater der Beobachtungen ist, wird es *schon deshalb* immer gesehen werden, weil das wesentlich *leichter* ist. Die dazu notwendigen Blickschwankungen sind erstens physiologisch und zweitens so geringfügig, daß sie aus beiden Gründen, noch dazu in der Begeisterung über das *nun doch gesehene* P.-Ph., nicht bemerkt werden. *Die entscheidende Frage ist daher — immer wieder und immer nur — die, ob sich das im Netzhautzentrum gesehene P.-Ph. auch tatsächlich rein im stäbchenfreien Gebiet der Fovea centralis abgespielt hat.*

Infolgedessen ist die Wahrscheinlichkeit nicht gerade groß, daß diese strittigen Fragen über die Foveafunktion jemals in einer alle Autoren überzeugenden Weise entschieden werden. Um so mehr ist es daher zu begrüßen, *daß die einheitliche Funktion des Tagessehens auf ganz anderem, nicht durch die Kleinheit der Fovea erschwertem Wege* kürzlich von Dieter[1] unzweideutig erwiesen ist: durch genaue Untersuchung *einer angeborenen stationären Form totaler Hemeralopie* (vgl. auch S. 1582, 1596ff.).

---

[1] Dieter, W.: Pflügers Arch. **222**, 381 (1929). — Vgl. dazu die früher schon von J. v. Kries [Graefes Arch. **42** (3),.120—123 (1896)] mitgeteilten Untersuchungen an einem Fall von angeborener totaler Hemeralopie.

3. Die angeborene stationäre totale Hemeralopie.

Diese von DIETER an einer Reihe von Fällen weitgehend durchuntersuchte Anomalie darf nicht mit der *erworbenen* (symptomatischen) Hemeralopie verwechselt werden. Letztere Form ist progressiv, kann mehr oder minder unvollständig sein und zeigt neben der Adaptationsstörung häufig auch noch Anomalien des Tagessehens, z. B. Farbensinnstörungen. Demgegenüber handelt es sich bei der *angeborenen totalen* Hemeralopie um eine *durch viele Generationen familiärerbliche dominant-merkmalige Anomalie, deren Grad stets für das ganze Leben stationär bleibt. Das Dämmersehen fehlt vollständig, dagegen sind die Augen im übrigen normal und haben ein in jeder Beziehung vollkommen normales Sehen bei Tage*[1].

Der in dieser Weise reduzierte Sehapparat zeigt folgende hier speziell interessierende Eigenschaften:

1. *Das Adaptationsvermögen ist weitgehend eingeschränkt;* Adaptationsbreite (höchste bis niedrigste Schwelle) und Adaptationsverlauf entsprechen auch auf großem Feld (10° Durchmesser) quantitativ und qualitativ durchaus dem von KOHLRAUSCH für das *rein stäbchenfreie Gebiet der Fovea centralis des normalen Auges* festgestellten Verhalten (vgl. später S. 1577—1579).

2. *Die Fovea centralis ist bei allen Adaptationszuständen den peripheren Gesichtsfeldteilen an Empfindlichkeit überlegen;* was für das normale Auge *nur im Zustand starker Helladaptation* oder für dämmerwertfreies Rot gilt (S. 1509, 1510, 1575—1579.

3. *Ein farbloses Intervall fehlt vollständig.* Farbige Lichter beliebiger Herkunft treten stets farbig über die Schwelle, generelle und spezifische Schwelle sind identisch, die Adaptationskurven verschiedener Farben fallen auf *tagesäquivalenten,* d. h. *eindrucksgleichen,* Werten zusammen und *haben nicht den* für die normale Netzhautperipherie charakteristischen *Kurvenknick* (vgl. später S. 1578, 1579).

4. *Das Purkinjesche Phänomen fehlt vollständig.* Auch auf großem Feld von 7° Durchmesser ist die spektrale Helligkeitsverteilung bei *Tagessehen* (Tageshelladaptation, helle Lichter) *identisch mit derjenigen bei Schwellenwertmessung nach zweistündigem Dunkelaufenthalt.*

5. *Das Purkinjesche nachlaufende Bild fehlt* bei beliebigen Adaptationszuständen und Intensitätsgraden der einwirkenden Lichter *vollständig.*

Zusammenfassend läßt sich sagen: Sämtliche Funktionen, die v. KRIES und andere für den stäbchenfreien Bezirk der normalen Fovea centralis nachgewiesen haben, finden sich im angeboren total hemeralopischen Auge rein isoliert, so daß sie auch auf großem Gesichtsfelde ohne Schwierigkeiten festgestellt werden können; dagegen fehlen vollständig alle charakteristischen Besonderheiten des Sehens in der Dämmerung.

Die angeborene totale Hemeralopie ist eine reine Isolierung des Tagessehens („*Zapfensehen*"); *sie bildet das Gegenstück zu dem rein isolierten Dämmersehen der typischen angeborenen totalen Farbenblindheit (*„*Stäbchensehen*")*.

---

[1] Die Einwände, welche C. v. HESS (Abderhaldens Handb. d. biol. Arbeitsmeth. V, VI, 192ff.) *gegen die Beweiskraft erworbener* Hemeralopen erhoben hat — ihr Tagessehen wäre gleichfalls geschädigt —, sind demnach für die *angeborene* Hemeralopie hinfällig. — Die *angeborene* Hemeralopie ist verhältnismäßig selten; DIETER hat unter etwa 200000 Augenkranken bisher 8 sichere Fälle der Anomalie gefunden, die unter sich sehr ähnlich, *aber nicht miteinander blutsverwandt* waren. Die weiteren zahlreichen Fälle gleicher Art in den entsprechenden Familien sind in dieser Zahl nicht mit enthalten. — Daß bei der angeborenen Hemeralopie außer den *total* nachtblinden Fällen auch *unvollständige* vorkommen könnten, die noch einen Rest von Dämmersehen haben, kann nach den bisherigen Untersuchungen wohl nicht als absolut ausgeschlossen angesehen werden. Solche etwaigen Fälle von *unvollständiger* angeborener Hemeralopie würden die auf S. 1533 und 1582, 1583 angeführten Eigenschaften selbstverständlich *nicht* zeigen.

IV. Adaptation und Farbenempfindungen.

Die auffälligste Veränderung, welche das Farbensehen im *extrafovealen* Gesichtsfeld durch Adaptationsänderungen erleidet, ist das PURKINJEsche Phänomen (P.-Ph.): mit sinkender Beleuchtung und entsprechender Dunkeladaptation verblassen alle Farben; dabei gewinnen kurzwellig gefärbte Objekte relativ an weißlicher Leuchtkraft, am stärksten Grün und Blaugrün, deutlich auch noch Blau, so daß diese bald heller aussehen als Rot, Orange, Gelb und Violett. Bei Beleuchtungen und Adaptationszuständen unter $^1/_{100}$ Lux, also im reinen Dämmersehen, sieht schließlich alles einfarbig grau aus, mit leicht bläulichem Ton[1] und nur verschieden hell; bei Tage grün aussehende Objekte sind am hellsten, bei Tage rot aussehende fast schwarz. Den relativen Helligkeitswert, welchen Farben bei Tage haben, nennt man kurz ihren *Tageswert* (vgl. S. 1576), denjenigen im reinen Dämmersehen ihren *Dämmerwert*. (Über die Beleuchtungs- und Adaptationsgrenzen, in denen das P.-Ph. vorkommt, vgl. S. 1500, 1501, 1505; über spektrale Helligkeitsverteilung im Tages- und Dämmersehen vgl. ds. Handb. Bd. 12 I, S. 327—334, 368—387, 680—687; über die verschiedenen Formen des P.-Ph. vgl. ds. Handb. 12 I, S. 686.)

Lichtmischungen, die in zwei Hälften eines geteilten Gesichtsfeldes so eingestellt sind, daß sie bei Tage eine Gleichung bilden, können nach Dunkeladaptation und proportionaler Herabsetzung aller Intensitäten in enormem Grade verschieden aussehen. Dabei wird *diejenige Seite* des Gesichtsfeldes heller, deren Mischung den höheren Dämmerwert besitzt. (Ausführliche Darstellung ds. Handb. Bd. 12 I, S. 680—687.)

a) Die Geltung von spektralen Farbengleichungen.

Mischungen aus zwei homogenen Spektrallichtern (Binärmischungen) sehen für den Farbennormalen in bestimmten Bereichen des lang- oder kurzwelligen Spektralteils genau so aus wie irgendein zwischen den Mischungsbestandteilen liegendes homogenes Licht, ohne daß der geringste Sättigungsunterschied der Mischung gegenüber dem homogenen Licht feststellbar ist. *Die Gleichungen sind in jeder Beziehung — nach Farbton, Sättigung und Helligkeit — vollkommen. Welches* der homogenen Zwischenlichter ebenso aussieht wie die Mischung, richtet sich nach dem Mengen*verhältnis* der beiden gemischten Lichter (Mischungsbestandteile). Liegt der eine der beiden Mischungsbestandteile *an einem Ende des Spektrums* fest in der einfarbig roten bzw. violetten „Endstrecke", so kann man mit dem andern bis an einen bestimmten Punkt gegen die Spektrummitte hin vorrücken, ohne daß ein Sättigungsunterschied zwischen Mischung und homogenem Zwischenlicht auftritt. Rückt man über diesen Punkt hinaus weiter vor, so wird die Mischung zunehmend weißlicher (ungesättigter) als das homogene Zwischenlicht, bis bei einem bestimmten Abstand und Mengenverhältnis die Mischung vollkommen farblos aussieht (Komplementärpaare). Noch größere Distanz der Lichter macht die Mischung purpurfarbig und um so satter, je weiter die Bestandteile auseinanderliegen.

Der Lichter*abstand* nun, bei dem Binärhomogengleichungen mit den Zwischenlichtern noch vollkommen ohne Sättigungsdefizit der Mischung möglich sind, *wird in der älteren Literatur, besonders für die langwellige Spektralhälfte, außerordentlich verschieden angegeben*[2]. KÖNIG *und* DIETERICI[3] und ähnlich andere fanden Mischungen aus dem Rot der Endstrecke (z. B. 670 $\mu\mu$) und kürzerwelligem

---

[1] KRIES, J. v. u. W. NAGEL: Z. Psychol. **12**, 27—29 (1896).
[2] Literatur z. B. bei H. GOLDMANN: Pflügers Arch. **194**, 497—499 (1922).
[3] KÖNIG, A. u. C. DIETERICI: Z. Psychol. **4**, 241—347 (1892).

Licht nur *ohne Sättigungsdefizit* möglich, wenn das kürzerwellige nicht weiter als Orange (630 $\mu\mu$) vorgerückt wurde, während manche Autoren damit bis ins gelbliche Grün (550 $\mu\mu$) weitergehen konnten, ohne eine Spur von Sättigungsdefizit feststellen zu können.

J. v. KRIES[1] hat nachgewiesen, daß diese bedeutenden Unterschiede in erster Linie *auf der Einmischung des Dämmersehens mit dem P.-Ph.* beruhen, daß es also sehr wesentlich auf die Beobachtungsbedingungen: Intensität der Spektrallichter, Adaptationszustand des Auges und Gesichtsfeldgröße dabei ankommt. Beobachtet man wie KÖNIG und DIETERICI im Dunkelzimmer mit einem ziemlich großen Gesichtsfeld von 3—4° Durchmesser und einer Feldintensität, die nur etwa 5—10 Lux entspricht, so kann man ihren Befund durchaus bestätigen. Man arbeitet hierbei unter Bedingungen, bei denen Tages- und Dämmersehen gemeinsam funktionieren und letzteres nach v. KRIES[2] schon etwa 15—30% von der Gesamtleistung des Sehens ausmacht. Der Mischung wird dann mit dem kurzwelligen Bestandteil — bzw. allgemeiner gesagt: mit dem dem Helligkeits*maximum* des Dämmersehens *näherliegenden* Bestandteil — so viel Dämmerweiß beigemischt, daß sie weißlicher aussieht als das entfernter liegende Homogenlicht mit entsprechend geringerem Gehalt an Dämmerweiß. Erst in großem Abstand von λ_{max} des Dämmersehens wird der Sättigungsunterschied *unmerklich* wegen der *beiderseits sanft auslaufenden* Dämmerwertkurve.

Wie nun v. KRIES gezeigt hat, wird diese Einmischung des Dämmersehens *vollständig ausgeschaltet*, wenn man *bei reinem Tagessehen arbeitet:* also, wenn man mit *hell adaptiertem* Auge in einem, am besten von hellem Tageslicht gleichmäßig beleuchteten (womöglich hell gestrichenen) Zimmer beobachtet, *auf kleinem Feld* von 1,5 bis höchstens 2° Durchmesser und *mit hoher Feldintensität*, möglichst 20—40 Lux entsprechend. Zur Vermeidung der Lokaladaptation und der dadurch bedingten Verminderung der Unterschiedsempfindlichkeit darf *nur ganz kurz*, 1 bis höchstens 2 Sekunden lang, in den Apparat geblickt und beobachtet werden, worauf HERING stets mit besonderem Nachdruck hingewiesen hat (vgl. auch TRENDELENBURGS[3] Zusatzeinrichtung am Anomaloskop).

Wer den *Farbensinn* normaler oder abnormer Personen unter den früher üblichen Beobachtungsbedingungen, etwa noch *im Dunkelzimmer*, untersucht, würde nach den heutigen Kenntnissen einen Versuchsfehler begehen; denn außer dem oben auseinandergesetzten Fehler des Sättigungs*defizits* leidet auch die Unterschiedsempfindlichkeit für Farbentöne unter dem Dämmerweiß, weil es die Sättigung des gesamten Feldes herabsetzt (s. S. 1555, Fußnote 4).

v. KRIES und seine Mitarbeiter fanden im reinen Tagessehen Gleichungen zwischen Rot (670 $\mu\mu$) plus Gelbgrün (550 $\mu\mu$) einerseits und den zwischenliegenden Homogenlichtern andererseits *noch ohne jede Spur von Sättigungsdefizit vollkommen gültig*, was seitdem oftmals bestätigt wurde[4]. Zwischen 545 und 540 $\mu\mu$ beginnen dann — individuell bei etwas verschiedener Wellenlänge — die ersten Spuren des Sättigungsdefizits auf seiten der Mischung; und zwar gewöhnlich zunächst damit, daß *die Einstellung der Gleichung etwas schwieriger wird, ohne daß eine Sättigungsdifferenz schon zu erkennen wäre.* — Daß die übliche

[1] KRIES, J. v.: Z. Psychol. **9**, 90—92 (1896). — KRIES, J. v. u. W. NAGEL: Ebenda **12**, 7—10 (1896).
[2] KRIES, J. v.: Z. Sinnesphysiol. **49**, 313 (1916).
[3] TRENDELENBURG, W.: Klin. Mbl. Augenheilk. **83**, 721—726 (1929).
[4] Bedingung dafür ist selbstverständlich, daß die beiden Seiten der Gleichung nicht etwa schon *physikalisch* verschiedene Mengen an *zerstreutem weißem Licht* beigemischt enthalten; vgl. darüber später S. 1538, 1539).

„Rayleighgleichung" $a \cdot \text{Li}\,(670,5) + b \cdot \text{Th}\,(535) = c \cdot \text{Na}\,(589)$ wegen eines schon merkbaren, wenn auch noch nicht störenden Sättigungsdefizits *keine ganz vollkommene* Gleichung mehr ist, darin stimmen sämtliche Untersucher überein. Man läßt sich deshalb zweckmäßig das Grün des Anomaloskops auf 543 oder 545 $\mu\mu$ umstellen[1]. — Bei noch größerem Abstand der Mischungsbestandteile nimmt der Sättigungsunterschied schnell zu, aber *bei reinem Tagessehen dann allein wegen der Annäherung an die Komplementärfarben.*

Damit schien diese Frage geklärt zu sein.· Wie die Form der NEWTONschen, von der Spektralfarbenlinie umgrenzten *Farbfläche* durch die Einmischung des Dämmersehens verändert wird, findet man bei v. KRIES[2] und in ds. Handb. 12 II, später S. 1556.

Die Untersuchungen von H. GOLDMANN.

Neuerdings hat jedoch GOLDMANN[3], von bestimmten anderen theoretischen Erwägungen ausgehend, die Frage wieder aufgenommen. Er stellte am Prager Modell des HERINGschen Spektrallichter-Mischapparats im ganzen Bereich des Spektrums Gleichungen zwischen Binärmischungen einerseits und einer Reihe zwischenliegender Homogenlichter andererseits her. Durch Weißzusatz zu den Homogenlichtern machte er die Gleichungen vollkommen und bestimmte dasjenige

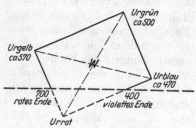

Zwischenlicht, bei dem jeweils *die Sättigungsdifferenz* (d. h. die Größe des erforderlichen Weißzusatzes) *ein Maximum* war. Er fand, daß diese Maxima nicht gleichmäßig verteilt sind, sondern daß im Spektrum *drei „Häufungspunkte"* der *Sättigungsdifferenzmaxima* auftreten, und daß diese Häufungspunkte mit den unter gleichen Umständen und zur selben Zeit für das einzelne Individuum festgestellten *drei urfarbigen Spektrallichtern* HERINGs, dem Urgelb, Urgrün und Urblau sehr nahe übereinstimmen. Ferner stellte er fest, daß Binärgleichungen zwischen seinem

Abb. 497. *Farbenviereck bzw. -fünfeck;* von TSCHERMAK nach GOLDMANNs Versuchen schematisch entworfen.
[Aus ds. Handb. 12 I, 415 (1929).]

Urgrün (525 $\mu\mu$) und Urblau (473 $\mu\mu$) als Mischungsbestandteile einerseits und zwischenliegenden Homogenlichtern andererseits *möglich sind ohne jedes Sättigungsdefizit.*

GOLDMANN und TSCHERMAK[4] schließen daraus:

1. Die durch die Spektralfarben dargestellte *Begrenzungslinie der Newtonschen Farbfläche ist ein Viereck mit den vier Heringschen Urfarbenlichtern als Eckpunkten* (Abb. 497). — Weil die Urrotecke im Spektrum fehlt und durch die geradlinige Verbindung des spektralen Rot- und Violettendes (Purpurgerade) abgeschnitten wird, ist die schematische Begrenzung der *reellen* Farbfläche ein *unregelmäßiges Fünfeck* mit den *spektralen* Urfarbenlichtern als drei Eckpunkten (Abb. 497). (Dieses Viereck bzw. Fünfeck ist von GOLDMANN und TSCHERMAK nur schematisch[5] entworfen [Abb. 497], nicht etwa auf Grund *quantitativ ausgewerteter* Farbengleichungen *zahlenmäßig* konstruiert.)

---

[1] Diese Umstellung ihrer neuen und auch ihrer früher gelieferten Anomaloskope führt die Firma Schmidt & Haensch-Berlin auf Wunsch aus.
[2] KRIES, J. v.: Nagels Handb. **3**, 161—163 (1904).
[3] GOLDMANN, H. (unter A. v. TSCHERMAK): Pflügers Arch. **194**, 490 (1922).
[4] TSCHERMAK, A. v.: Ds. Handb. 12 I, 415 (1929).
[5] TSCHERMAK, A.: Ds. Handb. 12 I, 415, Abb. 155 (1929). — GOLDMANN, H.: Pflügers Arch. **194**, 521, 522, Abb. 8 u. 9 (1922).

2. Die Viereckseiten zwischen den Urfarbeneckpunkten verlaufen sehr nahe geradlinig, da mit Urfarbenlichtern Gleichungen ohne jedes Sättigungsdefizit möglich sind (Abb. 497).

3. Das bedeutet: die spektralen Urfarbenlichter zeichnen sich vor den übrigen Spektralfarben durch *größere Sättigung* aus; sie müssen in der Farbentafel einen *größeren Abstand vom Weißpunkt* (*W*, Abb. 497) haben.

4. Infolgedessen sind *sämtliche Farbentöne bis hinauf zu voller spektraler Sättigung mit nur fünf Spektrallichtern* darstellbar, nämlich dem roten Spektralende, Urgelb-, Urgrün-, Urblaulicht und dem violetten Spektralende.

Daraus folgern GOLDMANN und TSCHERMAK: Die HERINGsche Gegenfarbentheorie genügt diesen Ergebnissen und Schlüssen ohne jede Hilfshypothese, dagegen ist die YOUNG-HELMHOLTZsche Dreifarbentheorie mit ihnen unvereinbar. TSCHERMAK[1] schließt diesen Versuchen von GOLDMANN eine sehr abfällige Kritik der YOUNG-HELMHOLTZschen Theorie an.

Experimentalkritik an GOLDMANNs Untersuchungen.

Die Versuche GOLDMANNs haben ein so weitgehendes theoretisches Interesse, daß etwas näher auf sie eingegangen werden muß.

TSCHERMAK[2] sagt, die für GOLDMANN zum Homogenlicht erforderlichen Weißzusätze seien zum Teil sehr groß, so erforderten die Gleichungen:

$$a \cdot L_{612} + b \cdot L_{501} = c \cdot L_{569} + 3470 \text{ Weiß}$$

und

$$a \cdot L_{579} + b \cdot L_{485} = c \cdot L_{539} + 2500 \text{ Weiß}$$

nicht weniger als 3470 bzw. 2500 Skalenteile Weiß. Gerade bei diesen von TSCHERMAK angeführten Beispielen ist der große Weißzusatz nun nicht weiter verwunderlich und auch seit langem bekannt, denn diese Gleichungen sind *Komplementärgleichungen zu dem Weiß der Metallfaden bzw. der Osram-Nitralampe*[3], müssen also ganz selbstverständlich *aus Weiß* mit einem *nur ganz geringen Zusatz von Gelb bestehen*. Entsprechendes gilt für solche Gleichungen GOLDMANNs, die sich Komplementärgleichungen mehr oder minder nähern. Für die Frage der Urgelb-Ecke in dem von GOLDMANN und TSCHERMAK schematisch entworfenen Farbenviereck ist es dagegen von wesentlicher Bedeutung, *wie groß die Weißzusätze zum Gelb* (Urgelblicht) bei denjenigen Gleichungen mit Rot + Gelbgrün oder Orange + Gelbgrün sind, die v. KRIES und andere *noch ohne jeden Weißzusatz vollständig gültig fanden* (vgl. S. 1535, 1536). *Hier stellte nun auch GOLDMANN*[4] *Maxima des Weißzusatzes von nur 15 bis 44 Skalenteilen fest.* — Die von GOLDMANN in *Skalenteilen* ausgedrückten Weißzusätze sagen jedoch nichts darüber aus, in welchem *Mengenverhältnis* der Weißzusatz jeweils zu dem entsprechenden Homogenlicht steht. Eine später zu erörternde Methode (vgl. S. 1539) gestattet eine solche quantitative Angabe des Weißzusatzes in *Prozenten der jeweiligen Homogenseite* der Gleichung, und eine damit durchgeführte vergleichende Untersuchung an *verschiedenen* Versuchspersonen

---

[1] TSCHERMAK gebraucht in ds. Handb. 12 I u. a. folgende Wendungen über die YOUNG-HELMHOLTZsche Dreifarbentheorie: „*Aus diesen Gründen muß die Dreilichterökonomie mit allem Nachdruck als irreführend und gewalttätig bezeichnet werden*" (S. 415). — „*Diese Lehre, welche auf einer Scheinökonomie der Lichtermischung fußt, entspricht einer Reihe fundamentaler Tatsachen durchaus nicht; andererseits reichen die unleugbaren Vorteile einer einfachen mathematischen Charakterisierbarkeit der Mischungseffekte . . . . durch drei Variable und einer Erklärung der beiden Typen der Rotgrünblindheit als Reduktionsformen nicht aus, um ihre Beibehaltung auch nur als Arbeitshypothese berechtigt und fruchtbar erscheinen zu lassen*" (S. 566).

[2] TSCHERMAK, A.: Ds. Handb. 12 I, 401 (1929).

[3] Vgl. das Farbendreieck bei v. GÖLER: Licht und Lampe 19, 297, Abb. 6 (1930).

[4] GOLDMANN, H.: Pflügers Arch. 194, 510, Tab. IIa—c (1922).

(s. später S. 1539—1544) läßt wenigstens eine ungefähre Schätzung der Größenordnung auch für Goldmanns Bestimmungen zu. Danach ist zu schätzen, daß Goldmann bei den drei in Rede stehenden Gleichungen Rot + Gelbgrün = Gelb + Weiß maximale Weißzusätze von der Größenordnung zwischen 1 und 10% der Gesamtmenge von Gelb + Weiß nur gebraucht haben wird.

Nun ist folgendes selbstverständlich: sollen *sehr geringe* Sättigungsunterschiede als *einwandfrei physiologisch bedingt* angesehen werden, so muß man *rein physikalisch* entstehende Weißlichkeits*differenzen* der beiden Gleichungsseiten peinlichst ausschließen. Wie bekannt und schon von Helmholtz[1] ausführlich dargelegt ist, enthält *jedes Spektrum* eine gewisse Menge zerstreuten weißen Lichts beigemischt, das beim prismatischen Spektrum durch Reflexion, Brechung und Zerstreuung entsteht und u. a. mit der Spaltbreite, der Länge des Glasweges und der Anzahl der brechenden Flächen zunimmt. — Goldmanns zwei *Misch*spektra hatten nun zusammen eine mehr als dreimal so große Spaltbreite, einen längeren Glasweg (in dem total reflektierenden Prisma *Pr* seiner Abb. 6) und mehr brechende Flächen (wegen des gleichen Prismas *Pr*) als das Spektrum des Homogenlichts. Eine etwa *verschiedene* Breite der Vorderspalte (S_1 und S_2 seiner Abb. 6) kann eine Weißdifferenz der *Spektra* nicht mehr ausgleichen. Die Möglichkeit, daß seine Mischungen etwas mehr zerstreutes Weiß enthalten haben könnten als seine Homogenlichter, erscheint daher nicht ganz ausgeschlossen. Ob jedoch ein solcher *physikalisch verschiedener Weißgehalt* in seinen drei Gelbgleichungen *merklich* enthalten war, ist nicht zu sagen. Über Kontrollbeobachtungen, etwa durch Vertauschen von Mischung und Homogenlicht oder Beseitigung des zerstreuten Weiß durch Vorschalten geeigneter Farbfilter berichtet Goldmann nichts. Auch die Tatsache, daß manche seiner Gleichungen *gar keinen* Weißzusatz beanspruchen, schließt obige Möglichkeit nicht ganz aus, da im Spektrum eine Sättigungsdifferenz am besten dort gesehen wird, wo die Unterschieds-Empfindlichkeit (U.-E.) für Farbentöne ein Maximum ist. Goldmann hat die Kurve seiner spektralen U.-E. meines Wissens nicht veröffentlicht; da er Rotanomaler ziemlich starken Grades ist, läßt sich über ihren Verlauf nichts Sicheres vermuten[2].

Will man ferner über die Gestalt der Newtonschen, von den Spektralfarben umgrenzten, Farbenfläche etwas feststellen, so muß die *Einmischung des Dämmersehens* vollständig ausgeschlossen werden (vgl. S. 1536, 1556). Goldmann hat mit einem Gesichtsfeld (2,5° Durchmesser) beobachtet, das die Größe des morphologisch stäbchenfreien Bezirks (1,7° Durchmesser) jedenfalls erheblich übertraf, und hat zum Teil in den dunklen Monaten November bis Februar gearbeitet. Ob seine Gelbgleichungen vom Dämmersehen beeinflußt sein können ist nicht zu sagen. Zahlenangaben über Zimmerbeleuchtung und Feldintensität macht er nicht, sagt nur, daß „die Versuche bei guter Helladaptation" angestellt wurden.

Jedenfalls ist es erforderlich, Goldmanns *Versuche bei peinlichstem Ausschluß des Dämmersehens und aller physikalisch bedingten Weißlichkeitsdifferenzen zu wiederholen.*

Schließlich muß berücksichtigt werden, daß Goldmann *Rotanomaler (Protanomaler) ziemlich erheblichen Grades ist.* Er charakterisiert sein Farbensystem folgendermaßen[3]:

„Es fiel mir zunächst vor 4 Jahren auf, daß mir Tuberkelbacillen bei Ziehl-Nielsen-Färbung nur dunkel auf blauem Grunde, nicht aber rot erschienen. Untersuchungen an Nagels Anomaloskop ergaben, daß ich viel mehr Rot im Gemisch zur Gleichung brauchte als andere mit ‚normalem' Farbensinn (Einstellung 67 gegen 56—57). Nach manchen Stillingschen Tafeln könnte man bei mir fast Farbenblindheit, und zwar sog. Rotblindheit, diagnostizieren. Dies kann jedoch durch andere Proben (Wollproben, Heringscher Glaslichterapparat usw.) ausgeschlossen werden, vor allem aber durch Versuche am Spektral-

---

[1] Helmholtz, H.: Physiologische Optik, 1. Aufl., S. 263—267 (1866).
[2] Vgl. dazu C. Rosencrantz (unter A. Kohlrausch): Z. Sinnesphysiol. 58, 5 (1926). — Engelking, E.: Klin. Mbl. Augenheilk. 77, Beilage-Heft, 61 (1926). — Sachs, E.: Z. Sinnesphysiol. 59, 243 (1928). — Die großen *quantitativen* Unterschiede zwischen Engelking einerseits, Rosencrantz und Sachs andererseits (bei Engelking alle Werte rund 2mal so groß wie bei den beiden anderen Autoren) kommen allerdings von einer nicht einwandfreien Berechnung bei Engelking; denn die Unterschieds*schwelle* an einem Spektrumpunkt ist nicht etwa gleich der *Summe* der beiden von da nach langwellig und nach kurzwellig gemessenen Schwellen, sondern gleich ihrem *Mittel*. Aber trotzdem scheinen die *Kurven* der U.-E. bei Rotanomalen verschiedenen Grades doch sehr stark abweichend verlaufen zu können.
[3] Goldmann, H.: Pflügers Arch. 194, 508ff. (1922).

lichtermischapparat." (Dann folgen Angaben über die $\dfrac{\text{Rot}}{\text{Grün}}$-Quotienten zwischen GOLDMANN und einem Normalen.)

„Aus all dem ergibt sich, daß es sich bei mir um ein Farbensystem nach Art von jenem des Mr. HART und M. LEVYS oder eines extrem Blausichtigen nach HERINGS Nomenklatur, eines Protanomalen nach J. v. KRIES handelt. Ich kann im allgemeinen das bestätigen, was LEVY beschreibt. Auffallend stark ist meine Kontrastfunktion; ein Umstand, welcher mir beim Einstellen von Gleichungen, was Genauigkeit angeht, sehr zustatten kommt, was hingegen die Zeit anlangt, die zum Einstellen benötigt wird, sehr aufhält, da Sättigungs- und Helligkeitsunterschiede kontrastgebend wirken. Alle diese Erscheinungen treten aber nur für den langwelligen Teil des Spektrums hervor."

GOLDMANN hat einige der Gleichungen auch von einem *geübten Farbennormalen* einstellen lassen; dabei zeigte sich das bemerkenswerte Ergebnis, daß für diesen bei der Gleichung 625 + 542 = Zwischenlichtern, *keine Weißbeimischung erforderlich war*[1]; also ganz ähnlich wie es auch v. KRIES und andere gefunden hatten. Schon daraus geht wohl hervor, daß sich *die Beobachtungen des Rotanomalen GOLDMANN offenbar nicht so ohne weiteres verallgemeinern lassen.*

Bei der theoretischen Bedeutung der Fragen ist es daher notwendig, die besondere Sättigung der Urfarbenlichter mit einwandfreier Technik an Farbennormalen zu untersuchen. Solche Versuche haben KOHLRAUSCH, KARG und VAN MEERENDONK[2] neuerdings ausgeführt.

Methodik. *Großer Spektrallichter-Mischapparat nach* v. HELMHOLTZ-KÖNIG mit sorgfältig durch Filterung gereinigten Spektren. Benutzt werden alle 4 Kollimatoren, je einer für Binärmischung und Homogenlicht, der dritte, um dem Homogenlicht farblos neutral gemachtes (Blaufilter) Weiß, der vierte, um ihm statt dessen auch ein bestimmtes Homogenlicht zusetzen zu können; 4 Osram-Nitra-Projektionslampen von 100 Watt bzw. bei Beobachtungen im Blau und Violett von 250 Watt brennen bei konstant gehaltener Stromstärke (stationäre Akkumulatorenbatterie).

Das in den Spektren des Apparats enthaltene *zerstreute Weiß* kann bei den benutzten Spaltbreiten (0,3—0,6 mm, nur im Violett 1,5 mm) zwar in den lichtschwachen Teilen des äußersten Rot und Violett (wie in jedem Spektralapparat) gesehen werden; in den übrigen Spektralteilen erreicht es jedoch nur eben die Grenze der Nachweisbarkeit mit dem Auge; es ist in den verschiedenen Kollimatoren in ungefähr gleicher Menge enthalten (Vertauschen von Mischung und Homogenlicht). Durch Vorsetzen passend ausgewählter Farbenfilter wird es bei den Versuchen in allen benutzten Spektren so vollständig wie nur möglich beseitigt.

Ein anderer *physikalischer Fehler von Spektral-Mischapparaten* besteht darin, daß die zu mischenden Spektra (wenigstens bei größerem Abstand der Mischkomponenten) *nicht genau in einer Ebene* im Okularspalt liegen. Er bewirkt, daß bei sonst vollständiger Gleichheit das Homogenlicht eine Spur „glatter", „blanker" aussieht als die Mischung. Der Fehler ist zwar nicht zu beseitigen, aber sein Effekt wurde bei den kritischen Versuchen dadurch ausgeschaltet, daß auch das *Homogenlicht* je zur Hälfte aus zwei verschiedenen Kollimatoren genommen wurde, bei denen die Spektrenebene des einen um ebensoviel verschoben wurde wie bei der Mischung.

Die *Spektrallichtmengen* einer Gleichung sind beim Helmholtzapparat durch Spaltbreite und Nicolwinkel gegeben. Die *Menge des jeweils erforderlichen Weißzusatzes* ist folgendermaßen zu den Spektrallichtmengen in quantitative Beziehung gesetzt worden: nach Herstellung der Gleichung wird das Homogenlicht durch mattschwarzen Blendschirm vollständig gelöscht und eine heterochrome Helligkeitsgleichung (Eindruckshelligkeit) zwischen dem restierenden, konstant gehaltenen Weiß einerseits und dem Gemisch andererseits durch Helligkeitsnicol (am Mischkollimator) hergestellt. Aus der Winkeldifferenz ergibt sich die Eindruckshelligkeit des Weiß in Prozenten derjenigen von Homogenlicht + Weiß.

Beobachtungsbedingungen. *Zentral fixiertes Gesichtsfeld von 1,5° Durchmesser bei reinem Tagessehen.* Helladaptation bei den Beobachtungen in weiß gestrichenem Zimmer

---

[1] Diese für den Geltungsgrad der Ergebnisse und ihre theoretische Auswertbarkeit maßgebenden Angaben über das rotanomale Farbensystem des Beobachters und das abweichende Verhalten eines Normalen entnehme ich der Originalarbeit GOLDMANNS. In TSCHERMAKS Handbuchartikel (ds. Handb. **12 I**, 400—419, 550—584), der in *wesentlichen Teilen auf einer Verallgemeinerung der Beobachtungen des Rotanomalen* GOLDMANN *fußt, habe ich sie nicht gefunden.*

[2] KOHLRAUSCH, A., H. KARG u. P. VAN MEERENDONK: Mit Unterstützung der Notgemeinschaft durchgeführt in den Jahren 1929—1930; erscheint in der Z. Sinnesphysiol.

mit Tageslichtbeleuchtung (zwischen 170 und 4000 Lux Erhellung, in der Nähe des Farbenmischapparats gemessen). Von den Lampen und Glasteilen des Mischapparats ist das Tageslicht vollkommen abgeblendet. — Gesichtsfeldintensität entsprechend Erhellungen zwischen 20 und 40 Lux, im äußersten Rot und Violett nicht unter 10 Lux (vgl. S. 1514, Absatz 2); Regulation durch Episkotister und durch Lampen geeigneter Intensität. — Nur ganz kurzdauernde Einzelbeobachtungen von 1 bis höchstens 2 Sekunden.

Versuchspersonen. *Vier normale Trichromaten von extrem verschiedener Maculapigmentation (Gelb- bzw. Blausichtigkeit) und ein ganz leicht Rotanomaler (Übergangsform)* (vgl. S. 1514—1516, 1560—1564). Ihre Stellung in der $\frac{\text{Grün}}{\text{Rot}}$-Frequenzkurve aus 98 Beobachtern ist durch punktierte Linien unter der Abszisse (Abb. 492, S. 1513) markiert: (1) ist der leicht Rotanomale (der Blausichtigste unter den Beobachtern dieser Untersuchung, (3) der am stärksten pigmentierte Normale (der Gelbsichtigste), die übrigen drei liegen rechts und links des Kurvengipfels, (*V l*) und (2) kommen hier nicht in Betracht; (1) und (3) sind außerdem der Blausichtigste und der am zweitstärksten Gelbsichtige unter 98 ausgesucht farbentüchtigen Beobachtern, repräsentieren also wohl schon *die Extreme von Gelb- und Blausichtigkeit* unter Farbennormalen (vgl. S. 1513—1516, 1542). — Alle 5 Vpn. haben, zum Teil nach jahrelanger Übung, eine gute und ungefähr gleiche U.-E. für Farbentöne und Sättigungsunterschiede; die beste ein Amateur-Maler $\left(\frac{\text{Grün}}{\text{Rot}}\text{-Quotient} = 1{,}18 \text{ der Abb. 492, S. 1513}\right)$.

Die Versuche in den umstrittenen Spektralbereichen und die Bestimmung der „Spektrumstrecken" Königs wurden *unwissentlich* ausgeführt, d. h. der Beobachter blieb über die Wellenlängen von Mischung und Homogenlicht bzw. über die Art der Zusätze im unklaren und hatte nur festzustellen, ob eine Gleichung möglich sei oder nicht, evtl. in welcher Beziehung sie unvollkommen sei.

Ergebnisse dieser Untersuchung von Kohlrausch, Karg und van Meerendonk: 1. Die Strecke des roten Spektralendes, in welcher *zwischen Homogenlichtern vollständige Gleichungen lediglich durch Intensitätsausgleich* zu erhalten sind (Königs „langwellige Endstrecke") reicht vom äußersten Rot bis, individuell nur wenig verschieden weit, herab zwischen 670 und 660 $\mu\mu$. (Mit 670 $\mu\mu$ wurden von allen Versuchspersonen noch vollkommene Gleichungen erhalten, mit 665 $\mu\mu$ von einigen auch noch, während andere, darunter der leicht Rotanomale, hier schon eine minimale Differenz sahen; 660 $\mu\mu$ sah für alle Versuchspersonen eine Spur zu gelblich aus.)

2. In der anschließenden „langwelligen Zwischenstrecke" Königs sind *Binärgleichungen mit den zwischenliegenden Homogenlichtern ohne jede Spur von Sättigungsdefizit vollkommen.* Sie reicht von etwa 665 $\mu\mu$ bis, individuell nur wenig verschieden weit, herab zu etwa 545 $\mu\mu$ (Gleichungen 670 + 550 = Zwischenlichtern im Gelb galten für alle 5 Vp. *vollkommen* ohne jede Spur von Sättigungsdefizit; mit 545 $\mu\mu$ als kurzwelligem Mischungsbestandteil galten sie für 3 Vp. ebenso vollkommen, während der leicht Rotanomale und der Amateurmaler die erste Andeutung von Blässe der Mischung zu sehen glaubten; mit 540 $\mu\mu$ sah die Mischung für alls 5 Vp. eine eben merkliche Spur zu blaß aus).

3. Ob eine „kurzwellige Endstrecke" überhaupt besteht oder ob sich *im Violett der Farbenton,* auch abgesehen von zunehmender „Weißlichkeit" (Fluoreszenz der Augenmedien?), *noch stetig, wenn auch wenig ändert,* ließ sich mit voller Sicherheit nicht entscheiden. Sollte eine kurzwellige Endstrecke bestehen, so scheint sie vom kurzwelligen Spektrumende an nicht höher hinaufzureichen als bis etwa 420 $\mu\mu$.

4. Die anschließende „kurzwellige Zwischenstrecke" reicht hinauf bis etwa 465 $\mu\mu$. Mischungen mit 470 $\mu\mu$ waren für alle 5 Vp. eine Spur zu blaß.

5. Setzt man *vollkommenen Gleichungen* der „End-" bzw. „Zwischenstrecken" auf der einen oder anderen Gleichungsseite *Weiß* oder ein *fremdes Spektrallicht* zu (natürlich unter erneutem Intensitätsausgleich), so bleiben ganz geringe Mengen des Zusatzes überhaupt unmerklich. *Die Merklichkeitsgrenze lag,* individuell etwas verschieden, *zwischen 1 und 2% der Gesamtintensität.* Wichtig ist

dabei: Wird die Merklichkeitsgrenze erreicht, *so kommt das in einer Verschlechterung, nicht in einer Verbesserung der Gleichung zum Ausdruck (gleichfalls unwissentliche Versuche)*.

6. In der noch übrig bleibenden „Mittelstrecke" zwischen 545 und 465 $\mu\mu$ *sind für sämtliche 5 Vp. vollkommene Binärgleichungen unmöglich: Die Mischungen sehen stets blasser aus als die Homogenlichter*, denen mehr oder weniger große Weißmengen zugesetzt werden müssen.

7. Die *jeweiligen Maxima* dieser Sättigungsdifferenzen (Weißmengen) haben keine „*Häufungspunkte*", sondern liegen stetig verteilt in bestimmter Anordnung. (Die Art dieser Verteilung zeigt an, daß die Spektralfarben-Grenzlinie der Farbentafel in der „Mittelstrecke" *stetig, aber nicht kreisförmig gekrümmt* verläuft.)

8. Für sämtliche 5 Vp. (normal, wie leicht rotanomal) sind Gleichungen aus *ihren benachbarten Urfarbenlichtern als Mischungsbestandteilen* einerseits, *mit den zwischenliegenden Homogenlichtern* andererseits *auch nicht annähernd ohne Sättigungsdefizit möglich*; und zwar gleichgültig, ob die Primär- oder die, den Beobachtungsbedingungen entsprechende Sekundärlage ihrer Urfarbenlichter als Mischungsbestandteile gewählt werden (vgl. ds. Handb. 12, I., S. 342—347). Die zu den Homogenlichtern erforderlichen Weißzusätze liegen weit außerhalb jeder Fehlermöglichkeit und sind zum Teil sehr groß: Zwischen dem Urgelb- und Urgrünlicht erreichen sie 10—15%, zwischen dem Urgrün- und Urblaulicht sogar 25—30% der Gesamtintensität.

9. *Bestimmung der Urfarbenlichter* im unwissentlichen Verfahren, direkt durch Empfindungsanalyse bei Betrachtung eines homogenen Feldes: Primärlage nach 3—10 Minuten Dunkelaufenthalt, Sekundärlage zur selben Zeit und unter den gleichen Beobachtungsbedingungen wie bei den Mischungen (vgl. vorher S. 1539 f.). Die Urfarbenlichter liegen individuell ziemlich stark verschieden, sind aber für denselben Beobachter unter gleichen Bedingungen gut, d. h. auf ± 2—3 $\mu\mu$ reproduzierbar. Die *individuell verschiedene* Lage der Urfarbenlichter fand sich zwischen folgenden Extremen: *Primärlage*: Urgelblichter zwischen 581 und 569 $\mu\mu$, Urgrün- zwischen 527 und 504 $\mu\mu$, Urblau- zwischen 483 und 466 $\mu\mu$; *Sekundärlage*: Urgelblichter zwischen 590 und 577 $\mu\mu$, Urgrün- zwischen 532 und 518 $\mu\mu$, Urblau- zwischen 482 und 469 $\mu\mu$. Dabei stellte wie gesagt derselbe Beobachter das gleiche Urfarbenlicht unter den gleichen Bedingungen recht konstant ein (± 2—3 $\mu\mu$).

Spektrumstrecken und Farbentafel: Die KÖNIGschen Spektrumstrecken haben danach bei reinem Tagessehen für normale und ganz leicht rotanomale Trichromaten folgende, individuell nur wenig verschiedene Länge:

Langwellige Endstrecke: vom äußersten Rot bis etwa 665 $\mu\mu$
         ”   Zwischenstrecke: von etwa 665   ”   ”   545   ”
Mittelstrecke: ”   ”   545   ”   ”   465   ”
Kurzwellige Zwischenstrecke: ”   ”   465   ”   ”   420   ”   (?)
         ”   Endstrecke: ”   ”   420 (?)   ”   zum äußersten Violett.

Für den Verlauf der Spektralfarben-Grenzlinie um die NEWTONsche Farbentafel, wenn letztere auf Grund der *Eichwerte* (der Valenzen HERINGS, der Elementarempfindungen KÖNIGS; *nicht etwa der Grundempfindungen) zahlenmäßig konstruiert* wird, und zwar für normale und leicht rotanomale Trichromaten und für reines Tagessehen, ergeben sich daraus folgende Anhaltspunkte:

1. Die Endstrecken bilden *die beiden Endpunkte* der Grenzlinie;
2. in den Zwischenstrecken verläuft die Grenzlinie *geradlinig*;
3. in der Mittelstrecke hat die Grenzlinie *eine stetige Krümmung*.

Vergleich mit den Farbensystemen verschieden stark Rotanomaler: Stellen wir die vorstehenden Ergebnisse denen des ziemlich stark rotanomalen GOLDMANN (vgl. S. 1536 f.) gegenüber, so fallen einige sehr wesentliche Unterschiede in die Augen. Im Widerspruch mit denen Goldmanns stehen hauptsächlich folgende Befunde: Für *Normale verschiedenster Maculapigmentation* und für *ganz leicht Rotanomale* („stark Blausichtige" nach Hering) besteht

1. *im Gelb (Urgelblicht) kein Maximum der Sättigung*, sondern im Gegenteil ein *relatives Minimum* (vgl. später S. 1558 f.), sind

2. Binärgleichungen zwischen einem *Gemisch benachbarter Urfarbenlichter und den homogenen Zwischenlichtern vollkommen ausgeschlossen* und lassen sich

3. sämtliche *Spektralfarbentöne in voller Sättigung unmöglich mit nur fünf Spektrallichtern* darstellen.

Daraus folgt vor allem, daß es unzulässig ist, die Versuchsergebnisse des Rotanomalen Goldmann *zu verallgemeinern und daraus weitgehende theoretische Schlüsse auf den normalen Farbensinn zu ziehen, wie das* Tschermak[1] *in diesem Handbuch tut.*

Auch wäre es nicht angängig, etwa sagen zu wollen: Die Ergebnisse Goldmanns gelten für den Typ der „relativ blausichtigen Farbentüchtigen", die von Kohlrausch und Mitarbeitern für den der „relativ gelbsichtigen". Denn einmal kann man jemanden wohl nicht mehr gut für *farbentüchtig* erklären, der — wie Goldmann von sich selbst schreibt — nach manchen Stillingtafeln fast als *farbenblind* (rotblind) diagnostiziert werden könnte (vgl. vorher S. 1538). Und da außerdem die 5 Vp. Kohlrauschs von einem Extrem der Frequenzkurve Normaler bis zum anderen reichen (vgl. Abb. 492, S. 1513), so repräsentieren sie *die gesamte Variationsbreite an Gelb- und Blausichtigkeit*, die bei *Normalen* vorkommt; ja sie reichen — was hier als Gegenargument *besonders* ins Gewicht fällt — schon über die Grenze „normaler Blausichtigkeit" hinaus in die der Rotanomalen hinein. Daraus folgt: *Mit dem normalen Farbensinn in seiner vollen Variationsbreite sind* Goldmanns *Befunde unvereinbar.*

Damit soll nun keineswegs etwa gesagt werden, daß die Ergebnisse Goldmanns falsch wären, im Gegenteil, sie stehen mit denen anderer Rotanomaler durchaus im Einklang, wie wir gleich sehen werden. *Aber sie gelten nur für ein paar Prozent aller Menschen*, nämlich für die kleine Gruppe von ungefähr mittelstarken, vielleicht *etwas über*-mittelstarken Rotanomalen.

Am auffallendsten scheint der Befund Goldmanns, daß im Blaugrün *vollkommene* Binärgleichungen für ihn möglich sind (525 $\mu\mu$ + 473 $\mu\mu$ = 485, 495, 505, 515 $\mu\mu$), während hier für Normale und ganz leicht Rotanomale das Sättigungsdefizit *sehr bedeutend* ist und bis 30 bzw. 20% beträgt. Für *stärker Rotanomale* sind solche Gleichungen aber in der Tat vollkommen möglich. Der extrem Rotanomale Rosencrantz[2] konnte nicht nur diese Gleichungen einstellen, sondern mit den Mischkomponenten noch erheblich weiter auseinander gehen (550 + 450 = den Zwischenlichtern), ohne daß in dieser Spektralgegend, in der er eine ausgesprochen gute U.-E. hat, auch nur eine Spur von Unterschied bemerkbar gewesen wäre. Das war dadurch möglich, daß Rosencrantz, wie viele stärker Anomale, im Blaugrün (499 $\mu\mu$) einen *neutralen Punkt im Spektrum* hatte. Seine Spektralfarben waren infolgedessen *sogar mit nur 3 Lichtern* (660, 550 und 450 $\mu\mu$) *schon vollkommen* darstellbar. — Bei Anomalen kommen nun alle Übergänge von einem ausgesprochenen und scharf begrenzten Neutralpunkt bis zu leichter Herabsetzung der Sättigung im Blaugrün vor. Bei dem ganz leicht rotanomalen Beobachter von Kohlrausch war diese Herabsetzung schon deutlich: der für ihn im Blaugrün erforderliche Weißzusatz betrug nur etwa $^2/_3$ von dem der Normalen.

---

[1] Tschermak, A. v.: Ds. Handb. **12 I**, 401—404, 410—419, 550—571, 580—584.
[2] Rosencrantz, C. (unter A. Kohlrausch): Z. Sinnesphysiol. **58**, 23ff. (1926).

Diese Tatsachen zeigen, daß für den Geltungsgrad von *Binärgleichungen im Blaugrün* Übergänge von leichten über mittlere zu schweren Graden der Rotanomalie bestehen. — *Sie lassen den Schluß zu, daß* GOLDMANN *mit der Darstellbarkeit seines Spektrums aus 5 Lichtern nur eine bestimmte Form dieser Übergangsreihe repräsentiert.*

Quantitative Konstruktionen von Farbentafeln verschieden stark Rotanomaler liegen noch nicht vor; sie würden voraussichtlich die *stetige Abwandlung* in der Reihe rotanomaler Farbensysteme und die *zunehmende Annäherung ihres Blaugrün an den Weißpunkt* (Schwerpunkt) anschaulich wiedergeben. — Eine Betrachtung der *sehr verschieden großen* Mengen von Weißzusatz, die GOLDMANN[1] zu seinen drei spektralen Urfarbenlichtern gebraucht hat, zeigt nun aber jedenfalls, daß das von GOLDMANN und TSCHERMAK *fast als Rechteck* entworfene Parallelogrammschema des *Farbenvierecks* (vgl. Abb. 497, S. 1536) auch GOLDMANNS Versuchszahlen durchaus nicht gerecht wird: das Viereck müßte in Wirklichkeit *unregelmäßig mit sehr verschieden großen Winkeln* sein. Bei ungefähr gleichem Abstand und ungefähr symmetrischer Lage der Mischkomponenten zu den Urfarbenlichtern[2] hat GOLDMANN Zusatzmengen an Weiß gebraucht, die sich im Mittel bei Gelb : Grün : Blau etwa verhalten wie 1,1 : 10 : 1. Das bedeutet nach GOLDMANNS[3] eigenen mathematischen Darlegungen: An der *Grünecke seines Farbvierecks ist der Winkel außerordentlich viel spitzer als an der Gelb- und Blauecke.* Bei genauer Erfüllung obiger Bedingungen[2] würde er auch bei GOLDMANN *sich im Gelb als noch stumpfer herausstellen als im Blau*; bei GOLDMANNS normalem Beobachter ist er *im Gelb* zwischen 630 und 542 $\mu\mu$ *nicht mehr von der geraden Linie* eines gestreckten Winkels zu unterscheiden.

Diese aus GOLDMANNS Zahlen und mathematischen Überlegungen abgeleitete Diskussion seiner und seines Mitarbeiters *eigentlicher*, nicht ihrer *schematisch* entworfenen *Farbflächenumgrenzung* deckt sich nun aber durchaus mit der Beschreibung, die TSCHERMAK[4] von der Farbflächenumgrenzung in den KÖNIG-v. KRIES-IVESschen Farbdreiecken gibt, bzw. mit der Kritik, die er an diesen übt; er sagt: „Die übliche Zeichnung einer deutlichen ... Knickung oder ‚Ecke' in der Gegend des Grün ... entspricht der Tatsache, daß eine binäre Grünmischung aus Gelbgrün und Blaugrün erheblich weniger satt erscheint als die tongleichen Spektrallichter der Zwischenstrecke. Eine analoge Stellung müßte aber in der Farbentafel auch dem Spektralblau zuerkannt werden ... Diese Forderung berücksichtigt jedoch die Kurvendarstellung nach E. KÖNIG so gut wie nicht, jene nach v. KRIES und F. EXNER ... nur recht unvollkommen[5] ... Es müßte jedoch im Blau statt einer schwachen Ausbiegung ebensogut eine Knickung oder ‚Ecke' stehen wie im Grün ... Ganz unberechtigt ist die all-

---

[1] GOLDMANN, H.: Pflügers Arch. **194**, 510—514 (1922).

[2] Die Mischgleichungen GOLDMANNS lassen diese eigentlich *genau* zu fordernden Bedingungen nur sehr angenähert zu. Seine wenigstens *einigermaßen* symmetrisch zu den Urfarbenlichtern liegenden Mischkomponenten haben einen Abstand von etwa 80—100 $\mu\mu$ im Gelb, 75—90 im Grün und nur 50—60 im Blau. In Wirklichkeit würden also die Weißmengen *im Gelb beträchtlich kleiner* sein als im Blau.

[3] GOLDMANN, H.: Pflügers Arch. **194**, 500—506 (1922).

[4] TSCHERMAK, A.: Ds. Handb. **12 I**, 414, 415 (1929).

[5] Hier liegt nebenbei eine Verwechselung der verschiedenen Farbendreiecke vor: A. KÖNIGS und F. EXNERS Spektralkurven haben übereinstimmend die „schwache Ausbiegung" im Blau; J. v. KRIES' Kurve hat sie nicht und kann sie auch kaum haben, da er die Farbengleichungen nur bis ins Blau und nicht bis ans violette Spektralende ausgedehnt hat.

gemein übliche nahezu geradlinige Führung der Kurve[1] in der Gelbregion zwischen Rot und Gelbgrün . . .“

Die völlige *qualitative* Übereinstimmung beider Beschreibungen[2] — derjenigen von GOLDMANNS eigentlicher Farbflächenumgrenzung, die ich aus seinen Weißmengen oben (S. 1543, Absatz 2) abgeleitet habe, und derjenigen TSCHERMAKS von den bekannten Farbendreiecken — ist einleuchtend. Das bedeutet: wenn GOLDMANN seine und seines Mitarbeiters Farbflächenumgrenzungen wirklich *zahlenmäßig* auf Grund von Farbengleichungen konstruiert hätte, so würden diese Grenzkurven *nicht prinzipiell* von denen in den bekannten Farbendreiecken abweichen. — Die technisch einwandfreie Durchmessung eines bestimmten Farbensystems sollte ja auch eigentlich wohl zu *dem gleichen Experimentalergebnis* führen, gleichgültig von welcher Theorie man ausgeht.

Zusammenfassend können wir diesen Abschnitt über die Geltung von Farbengleichungen schließen: TSCHERMAKS[3] Kritik an der YOUNG-HELMHOLTZschen Farbentheorie entbehrt der experimentellen Begründung, *da seine, aus Versuchen eines stark Rotanomalen gezogenen Schlüsse nicht für den normalen Farbensinn, ja nicht einmal für verschiedene Formen von Rotanomalie gelten.* — Tatsächlich bietet die HERINGsche Gegenfarbentheorie *für die Deutung der Lichtermischungsgesetze keinen Vorteil* vor der YOUNG-HELMHOLTZschen Dreikomponententheorie S. 1569.

b) Die Eichwerte und Farbentafeln normaler und anomaler Trichromaten bei reinem Tagessehen und bei Einmischung des Dämmersehens.

Eine vollständige derartige Untersuchung ist bei Trichromaten verschiedener Typen — wohl wegen der erheblichen technischen Schwierigkeiten — erst einmal durchgeführt, und zwar von KÖNIG und DIETERICI[4]; jedoch, wie v. KRIES[5] nachgewiesen hat, nicht bei reinem Tagessehen, *sondern mit starker Einmischung des Dämmersehens* (vgl. vorher S. 1535). Dadurch sind ganz bestimmte *Abweichungen* im Verlauf der KÖNIG-DIETERICIschen Eichwertkurven[6] und in der Form ihrer Farbentafel bedingt[7].

Da diese Abweichungen der viel benutzten KÖNIG-DIETERICIschen Kurven und Farbentafel bei farbentheoretischen Betrachtungen[8] und praktischen An-

---

[1] Ob TSCHERMAK diese tatsächlich *zahlenmäßig* nach den Farbengleichungen *konstruierten* (vgl. S. 1550—1552) Spektralkurven in den Farbendreiecken von KÖNIG und v. KRIES *so vollkommen mißverstanden hat, daß er meint, sie seien ebenso wie sein Viereck (s. S. 1536) nur schematisch entworfen?* Nach seinen Ausführungen erweckt es fast diesen Anschein; besonders wenn er über die Farbendreiecke fortfährt: „. . ., so erweist sich das *entworfene Schema* sowohl in der Blauregion als in der Gelbregion als einfach falsch und den Tatsachen widersprechend.“ (Im Original nicht gesperrt.)

[2] Daß die Wellenlängen der „Ecken“ bei GOLDMANN, KÖNIG und IVES nicht übereinstimmen, ist nicht weiter verwunderlich, schon aus dem Grunde, weil GOLDMANN Rotanomaler ist und KÖNIG Normaler war (vgl. auch S. 1554—1564).

[3] TSCHERMAK, A.: Ds. Handb. 12 I, 401—404, 410—419, 550—571, 580—584.

[4] KÖNIG, A. u. C. DIETERICI: Z. Psychol. 4, 241—347 (1892).

[5] KRIES, J. v.: Z. Psychol. 9, 90—92 (1896). — KRIES, J. v. u. W. NAGEL: Ebenda 12, 7—10 (1896).

[6] Die Bezeichnung „Eichwerte“ stammt von v. KRIES; sie charakterisiert der Sache nach das gleiche, was HERING „Valenzen“, KÖNIG und DIETERICI „Elementar-Empfindungen“ nennen. Die KÖNIG-DIETERICIschen „Grundempfindungen“ bedeuten etwas anderes, lassen sich aber aus den Eichwerten unter bestimmten Voraussetzungen rechnerisch ableiten (vgl. S. 1545f., 1557 und die hier und bei GOLDMANN [zitiert auf S. 1536, Fußnote 3] angeführten Originalarbeiten).

[7] Vgl. J. v. KRIES: Nagels Handb. 3, 161—163 (1904). — KOHLRAUSCH, A.: Ds. Handb. 12 II, 1556f.

[8] SCHRÖDINGER, E.: Ann. Physik (4) 62, 603 (1920) — Müller-Pouillets Lehrb. d. Physik, 12. Aufl., 2, 456 (1926).

wendungen in der Beleuchtungstechnik[1] eine gewisse Fehlerquelle darstellen, haben KOHLRAUSCH und SACHS[2] neuerdings eine solche Untersuchung *im reinen Tagessehen* und außerdem *mit experimenteller Korrektur auf mittlere Macula-Pigmentierung* durchgeführt. Letzteres war deshalb nötig, um die lediglich *physikalisch* bedingten individuellen Besonderheiten ausschalten und die tatsächlich *physiologischen* Anomalien zu dem „*mittleren Normalauge*" in Vergleich setzen zu können. Außerdem ist es für farbentheoretische und praktische Anwendungen auch zweckmäßiger, die Werte eines mittleren Durchschnittsauges zu haben.

Das Prinzip der Untersuchung (der „Eichung des Spektrums") ist bekannt: Es sollen rein empirisch durch Mischung einiger weniger passend ausgewählter Spektrallichter („Eichlichter") diejenigen Farbentöne hergestellt werden, die bei einem Beobachter durch die *Reihe der Spektrallichter* auslösbar sind; dabei sollen die jeweils erforderlichen Mengen („Eichwerte") der Eichlichter quantitativ bestimmt werden. Mit den Eichwerten soll dann die NEWTONsche Farbentafel des betreffenden Beobachters zahlenmäßig konstruiert werden. Sie stellt *sein Farbensystem*, d. h. die Gesamtheit der bei ihm durch Spektrallichter und deren Mischungen auslösbaren Farbentöne und Sättigungsstufen anschaulich dar.

In Anbetracht der Mißverständnisse, die in dem zusammenfassenden Artikel TSCHERMAKS[3] enthalten sind, sei hier zunächst auf folgendes besonders hingewiesen (s. ferner S. 1548ff.): Man muß die im vorigen Absatz aufgestellte *rein empirische Aufgabe*, die gesamte Farbenmannigfaltigkeit eines Beobachters durch Mischung einiger weniger Spektrallichter messend zu charakterisieren und anschaulich graphisch darzustellen, vollständig trennen von der *weitergehenden theoretischen Frage*, welches die „Grundempfindungen" („Grundfarben", „Komponenten", „Urfarben") eines bestimmten Farbensystems sind (vgl. auch S. 1544, Fußnote 6).

Im folgenden handelt es sich zunächst allein um die erstere *rein empirische Aufgabe*, die sog. „Eichung des Spektrums" verschiedener Beobachter. Die dazu benötigten „Eichlichter" sind gewöhnlich weiter nichts als passend ausgewählte Spektrallichter, die in ihrer Intensität meßbar veränderlich sein müssen. Mit Hilfe von deren Mischung werden diejenigen Farbentöne hergestellt, welche durch die Reihe der Spektrallichter auslösbar sind. Die dabei jeweils erforderlichen und gemessenen Mengen der Eichlichter heißen „Eichwerte". Dieser Begriff „Eichwerte" ist sachlich identisch mit HERINGS Begriff „Valenzen" und mit KÖNIGS Begriff „Elementarempfindungen"; letzterer ist nicht glücklich gewählt, da er zu mancherlei Mißverständnissen Anlaß gegeben hat. „Eichlichter" können jedoch auch *gedachte, außerhalb* der reellen Farbenfläche liegende sein, die durch Rechnung ermittelt sind (vgl. den Punkt *G* [Grün] in Abb. 498, S. 1548); aber auch dann haben sie mit den „Grundempfindungen" nichts zu tun.

TSCHERMAK[3] macht die Verwechslung, daß er (S. 560, 561) die empirischen „Eichlichter" mit den theoretischen „Grundempfindungen" gleichsetzt und alles zusammen als „Komponenten" bezeichnet (vgl. z. B. seine unzutreffenden Angaben in der Tabelle [S. 560] mit den tatsächlichen in den dort zitierten Originalarbeiten von KÖNIG und DIETERICI; vgl. auch S. 1544, Fußnote 6). Die „Komponenten" der YOUNG-HELMHOLTZschen Farbentheorie entsprechen entgegen TSCHERMAKS Angaben auch nur den „Grundempfindungen", nicht den empirischen „Eichlichtern". Unter den „Grundempfindungen" seiner Theorie versteht HELMHOLTZ solche Farbenempfindungen, denen ein *einfacher* physiologischer Vorgang an der Peripherie des Nervus opticus zugehört. Selbst *reine Spektral*lichter lösen nach der Dreifarbentheorie durchweg *zusammengesetzte* Prozesse aus, wenn auch dabei einer oder zwei von den drei angenommenen einfachen Vorgängen („Komponenten") stark überwiegen[4]. Die „Grundempfindungen" werden daher *noch satter* als Spektralfarben angenommen, sie würden also mehr oder minder weit *außerhalb* der reellen, von den Spektralfarben und der Purpurreihe umgrenzten Farbfläche liegen[5]. Den ihnen entsprechenden Farbton und Sättigungs-

---

[1] RUNGE, J.: Z. techn. Physik 8, 289—299 (1927) — Licht u. Lampe 16, 361—363 (1927). — Frhr. v. GÖLER: Ebenda 19, 295—300 (1930).

[2] KOHLRAUSCH, A. u. E. SACHS: Mit Unterstützung der Notgemeinschaft durchgeführt in den Jahren 1926—1928; erscheint in der Z. Sinnesphysiol.

[3] TSCHERMAK, A.: Ds. Handb. 12 I, 559—562 (1929).

[4] Siehe Abb. 193 A, ds. Handb. 12 I, 554.

[5] Siehe Abb. 195, ds. Handb. 12 I, 562.

grad, d. h. *ihre Lage außerhalb* der reellen Farbfläche, haben KÖNIG und DIETERICI unter bestimmten theoretischen Annahmen durch Kombination der „Eichwerte" („Elementar-empfindungen") von Normalen und von Dichromaten rechnerisch zu ermitteln versucht.

Wenn TSCHERMAK[1] sagt, bei Mischungen fiele das Gelb um so unvollkommener, d. h. *um so weniger satt*, aus, „je weiter abstehend im Spektrum die Rot- und die Grünkomponente gewählt werden", so ist das nur für Mischungen aus *reellen Spektrallichtern* gültig. Für die theoretischen „Grundempfindungen" — etwa das purpurne Rot, das Grün und das Blau von KÖNIG und DIETERICI[2] — ist es falsch, da die „Grundempfindungen" wegen ihrer supra-spektralen Sättigung *mit ihrer Dreiecksfläche die gesamte reelle Farbenfläche einschließen*[3]. Ferner ist es auch für „Eichlichter" dann falsch, wenn zwei von ihnen reell sind und das dritte gedachte bzw. errechnete so weit außerhalb der reellen Farbenfläche liegt, daß letztere *ganz umschlossen* wird. Die drei „Eichlichter" in Abb. 499, S. 1550 — als reelle, das rote und das violette Spektralende und als errechnetes ein Grün, das im Farbenton etwa 512 $\mu\mu$ ent-spricht, aber beträchtlich supraspektrale Sättigung hat —, würden sämtliche Spektralfarben in voller Sättigung mischen lassen. Im folgenden soll, wie gesagt, zunächst nur von *empirischen „Eichlichtern"*, reellen wie errechneten, die Rede sein.

Selbstverständliche Bedingung für die zu lösende Aufgabe einer „Eichung des Spektrums" ist *ein konstanter Zustand des Sehorgans*. HERING[4] und seine Schule haben stets mit besonderem Nachdruck auf die Veränderlichkeit des Auges hingewiesen und daraus schwere Bedenken gegen eine solche Unter-suchung und die Gültigkeit ihrer Ergebnisse abgeleitet. — Die Veränderlich-keit des Auges ist nicht zu bezweifeln: die Adaptationsvorgänge und die farbigen Umstimmungen spielen sich dauernd ab, verändern die Empfind-lichkeit des Auges in enormem Ausmaß und können auch die Empfindungen beträchtlich ändern (farbiges Tagessehen, farbloses Dämmersehen, Nachbilder, Kontrast). *Aber es fragt sich, inwieweit die hier festzustellenden Tatsachen der Lichtermischungen dadurch beeinflußt werden:* Jede Spur von Dunkeladaptation und Dämmersehen muß nach den früheren Auseinandersetzungen (s. S. 1534 f.) selbstverständlich ausgeschaltet werden. Wenn man jedoch *reines Tagessehen* hergestellt hat, sind *sämtliche für Lichtermischungen zu stellende Bedingungen vollkommen erfüllt* wegen des seit langem bekannten physiologischen Gesetzes[5] von der „Persistenz optischer Gleichungen", welches besagt: *Farbengleichungen sind von beliebigen farbigen Umstimmungen des Auges vollkommen unabhängig, vorausgesetzt, daß man das Dämmersehen ausschaltet.* Stellen wir eine noch so beträchtliche farbige Umstimmung her, z. B. ein ausgedehntes und intensives Nachbild, und betrachten mit diesem eine vorher als gültig eingestellte Farbengleichung, so ist der Farbenton des *ganzen Beobachtungsfeldes* zwar gegen vorher verändert, *aber*

---

[1] TSCHERMAK, A.: S. 561. Zitiert auf S. 1545.

[2] KÖNIG, A.: Ges. Abhandl.: Die „Grundempfindungen" der Autoren, s. S. 86, 104 (1886), 317 (1892); und zum Unterschied davon ihre empirischen „Eichlichter" („Elementar-empfindungen"), Ges. Abhandl. S. 60, 70, 93 (1886), 215, 216 (1892).

[3] Siehe Abb. 195, ds. Handb. 12 I, 562.

[4] HERING, E.: Newtons Gesetz der Lichtermischung. Lotos N. F. 7, 60 (1887). — GOLDMANN, H.: Pflügers Arch. 194, 501—502, 523—524 (1922). — TSCHERMAK, A.: Ds. Handb. 12 I, 396—398, 556, 557. Der von TSCHERMAK (S. 340, 385, 397, 398) immer noch vertretene Satz — optische Gleichungen sind vom Adaptationszustand abhängig, nicht von der Lichtintensität; die Konstanz optischer Valenzen gilt nur für jede einzelne Zustandslage des Sehorgans —, ist in dieser Allgemeinheit unrichtig. Denn im reinen Tagessehen zwischen etwa 100 Lux Erhellung und 20000 Lux oder mehr und ebenso im reinen Dämmersehen zwischen etwa $^{1}/_{100}$ Lux Erhellung und der absoluten Schwelle bei etwa $^{1}/_{1000000}$ Lux sind optische Gleichungen *vollkommen unabhängig von jedem Lichtintensitäts- und Adaptations-wechsel.* Nur in dem Zwischenbereich von 100 Lux bis $^{1}/_{100}$ Lux Erhellung sind optische Gleichungen mit dem Adaptationszustand stark veränderlich. Diese starke Veränderlichkeit hängt also allein mit dem Übergang vom Tages- zum Dämmersehen und umgekehrt, d. h. mit dem „Funktionswechsel", zusammen (s. S. 1501, 1505). — Ob sich der Adaptations-zustand von der Beleuchtungsintensität trotz der „Momentanadaptation" tatsächlich ganz allgemein trennen läßt, muß nach wie vor bezweifelt werden.

[5] Siehe bei J. v. KRIES: Nagels Handb. 3, 209—211. — Ds. Handb. 12 I, 397, 398.

die Gleichung besteht unverändert weiter. Ob wir daher in einem weiß oder kraß-
grün oder knallrot gestrichenen Raum, bei Tageslicht[1] oder beliebiger, nur ausreichend heller, künstlicher Beleuchtung arbeiten mögen, also bei jeder, im
Bereich des Tagessehen nur ausdenkbaren, *farbigen Verstimmung des Auges, die
Einstellung der Farbengleichungen führt stets zu dem gleichen quantitativen Ergebnis.* Von der Gültigkeit dieses Gesetzes kann man sich leicht durch den obigen
Versuch mit dem Nachbild und ferner dadurch überzeugen, daß man Ein-
stellungsserien derselben Spektrallichtergleichung, aber mit *farbig verschieden gestimmtem Auge* wiederholt: innerhalb der unvermeidlichen Fehlerbreite optischer Einstellungen — je nach Güte des Aneinandergrenzens der beiden Beobach-
tungsfeldhälften $1/2-1^1/_2\%$ des Wertes — stimmen die Zahlen überein. Also die
viel verlangte sogenannte „Neutralstimmung" des Auges ist eine überflüssige
Forderung[2]; ja die eine Art, mit der die HERINGschule sie herzustellen sucht —
durch Dunkelabschluß des Auges von 3—10 Minuten — ist das *einzige, was man
für Farbengleichungen nicht machen darf!*

Zusammenfassende Folgerung: Arbeitet man *bei reinem Tagessehen,* d. h. mit
einem direkt fixierten Beobachtungsfeld von $1^1/_2°$ Durchmesser, bei einer Feldintensität entsprechend 10—40 Lux Erhellung, in einem taghell erleuchteten,
hell gestrichenen Raum (über 100 Lux Erhellung) und vermeidet man außerdem
Lokaladaptation (vgl. vorher S. 1535) und Blendung (vgl. S. 1514, Absatz 2), so
sind *die Beobachtungsbedingungen optimal und das Auge ist für die Einstellung
von Farbengleichungen vollkommen konstant.* Diese Konstanz des Auges für
Farbengleichungen ist keine „Fiktion"[3], sondern eine physiologisch erwiesene
Tatsache und Gesetzmäßigkeit, *reines Tagessehen vorausgesetzt.*

Mathematisch ausgedrückt heißt das: die Eichwertkurven und die Eichwerttafel (Valenztafel) eines Beobachters behalten innerhalb der optimalen
Bedingungen des reinen Tagessehens (etwa 100—20000 Lux Erhellung) *ihre
Form unverändert* bei. Daß die Form dieser *Valenztafel* bei Stimmungsänderungen
des Auges erhalten bleibt, hat auch HERING[4] und seine Schule stets betont.
Benutzen wir die Valenztafel als „*Farbentafel*"[5], so bleibt auch dann *ihre* Form
bei *Farbenverstimmungen* des Auges konstant erhalten, aber sie verschiebt sich
als Ganzes in sich selbst zur Lage des Weißpunktes. Verstimmen wir das Auge
z. B. mit dem Homogenlicht von 570 $\mu\mu$, so verschiebt sich die Farbentafel
(Spektralfarbenkontur) in der Weise zum Koordinatensystem, daß der Weißpunkt
mehr oder minder weit, geradlinig auf den Umfangspunkt 570 $\mu\mu$ zurückt; das
bedeutet u. a.: diese Spektralgegend wird blasser, der vorherige Ort des Weißpunktes wird blau und das Blau und seine Umgebung werden satter. Die übrigen

---

[1] Auch die viel genannte „farbige Verstimmung des Auges durch Tageslicht" ist auf
Farbengleichungen einflußlos. Daß Farb*kreisel*gleichungen *rein physikalisch durch farbige
Beleuchtung* verändert werden, ist selbstverständlich.

[2] Ein optisches Laboratorium wird man selbstverständlich nicht farbig, sondern weiß
streichen lassen, schon um es 1. heller zu haben, 2. bestimmte farbige Umstimmungen des
Auges experimentell einwandfrei herstellen und 3. auch mit *indirekt* leuchtenden Objekten
(Farbpapieren) arbeiten zu können. In einem solchen Raum wird man dann auch Spektral-
gleichungen, abgesehen von der angeblichen „farbigen Verstimmung durch Tageslicht",
mit ungefähr neutral gestimmtem Auge einstellen. Aber, um es nochmals zu betonen, *die
Neutralstimmung ist keine notwendige Bedingung für die Gültigkeit von Farbengleichungen.*

[3] Wie TSCHERMAK (ds. Handb. 12 I, 308, 396, 557) meint.

[4] HERING, E.: Zitiert auf S. 1546, Fußnote 4.

[5] Die Valenz- bzw. Farben*tafel* kann selbstverständlich nur Auskunft über Farbton
und Sättigung geben, nicht über Helligkeit (Empfindungsstärke). Um letztere auch anschaulich machen zu können, braucht man noch die dritte Dimension des vollständigen Farb-
körpers, durch den die Farben*tafel* nur einen Schnitt darstellt (vgl. dem entgegen ds.
Handb. 12 I, 414).

Veränderungen sind aus der Farbentafel (Abb. 498, S. 1548) zu entnehmen. Nur bei *tatsächlich* — aber im *reinen Tagessehen* — *neutraler Stimmung* befindet sich die stets formkonstante Spektrallinienkontur der „Farbentafel" auch exakt in der *Lage* der Abb. 498. — Die Formkonstanz der Valenztafel und Farbentafel trotz Farbenverstimmung des Auges ist außerordentlich bedeutungsvoll; sie gibt uns die Gewißheit, daß die Eichungsergebnisse nicht etwas Zufälliges, sondern ein konstantes Charakteristikum des betreffenden Farbensystems sind.

Die Spektralfarbentöne lassen sich bekanntlich für normale Trichromaten *in voller Sättigung nicht mit wenigen* Spektrallichtern herstellen. Verzichtet man aber *bei den Messungen* auf die Erzielung voller spektraler Sättigung, macht man also auch die homogenen Vergleichslichter durch entsprechende Zusätze etwas blasser, so kann man die gesamte Untersuchung mit *nur drei Spektrallichtern* bei Trichromaten durchführen. Daß trotzdem die Eichwerte des voll gesättigten Spektrums und die Spektralfarbenkontur der Eichwerttafel bestimmbar sind, läßt sich am anschaulichsten an der fertigen Farbentafel (Abb. 498) selbst klar machen[1].

Die Eichwerttafel und das Prinzip der Eichung. Da die Eichung des Spektrums bei Trichromaten als ganz besonders schwierig gilt und sich in diesem Handbuch[2] einige wohl nicht zutreffende Angaben darüber finden, möchte ich das im Grunde einfache Prinzip an Hand der Farbentafel[3] auseinandersetzen (vgl. dazu auch vorher S. 1540, 1541, 1545—1547). In der hier wiedergegebenen Eichwerttafel *RGV* (Abb. 498) sind die zwei Eichlichter *R* und *V* reelle Spektrallichter; *R* bedeutet die „langwellige Endstrecke" (s. S. 1541) von rotem Spektralende bis herab zu 670 $\mu\mu$, *V* die „kurzwellige Endstrecke" vom violetten Ende bis hinauf zu 420 $\mu\mu$. Der Punkt *G* bezeichnet ein *errechnetes* Eichlicht mit dem Farbton von etwa 512 $\mu\mu$ (Schnitt der Spektralfarbenkurve mit der Geraden *WG*), aber von supraspektraler Sättigung, also außerhalb der reellen Farbfläche *R*, 550, *V* liegend. *W* ist der Schwerpunkt des gleichseitigen Dreiecks

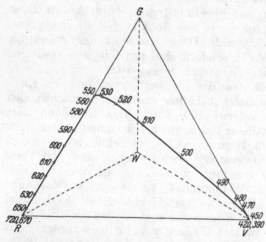

Abb. 498. *Eichwerttafel* (Farbentafel) *des normalen Trichromaten mit mittelstarker Maculapigmentation*, konstruiert mit den Eichwerten von zwei reellen Eichlichtern: *R* (langwelliges Spektralende) und *V* (kurzwelliges Spektralende), und einem idealen errechneten Eichlicht, *G* (Farbton von etwa 512 $\mu\mu$, aber supraspektrale Sättigung). (Nach Versuchen von Kohlrausch und Sachs; vgl. dazu S. 1553—1559).

---

[1] Dies geschieht hier lediglich im Interesse *einfacher Darstellung*; daß es sich dabei um keine *Vorwegnahme von Ergebnissen* handelt, die etwa die nachherige Übereinstimmung selbstverständlich erscheinen lassen könnte, ist schon aus dem Grunde ausgeschlossen, weil jeder normale und anomale Trichromat seine eigene, individuell etwas verschiedene Eichkurvenform und Eichwerttafel hat, die *vor vollständigem Abschluß* von Untersuchung, Berechnung und Konstruktion unbekannt sind.

[2] Ds. Handb. **12 I**, 366, 367, 396—419, 551—566.

[3] Ich habe versucht, im folgenden *allgemeinverständlich* darzustellen, welche physiologischen Eigenschaften des menschlichen Farbensinns in der Farbentafel anschaulich graphisch dargestellt werden können und auf welchem experimentellen Wege man zur Berechnung und Konstruktion der Farbentafel kommt. Dazu verweise ich auf die streng mathematischen Ableitungen der Schwerpunktkonstruktion der Farbentafel bei H. v. Helmholtz: Handb. d. physiol. Optik, 3. Aufl., **2**, 111—125 (1911) — und bei J. v. Kries: Nagels Handb. d. Physiol. **3**, 114—120 (1904).

RGV und zugleich der Weißpunkt, entsprechend dem „Weiß" des zur Eichung benutzten elektrischen Lichts der Nitralampen. Die dicker ausgezogene Kurve R, 550, V mit den beigeschriebenen Wellenlängenzahlen repräsentiert die Kurve der Spektralfarben, wie sie für einen Farbennormalen mittlerer Pigmentationsstärke nach seinen Eichwerten der drei Lichter R, G und V zahlenmäßig konstruiert wurde. Die Konstruktion dieser Spektralfarbenkurve findet man S. 1551.

Die Spektralfarbenkurve umgrenzt zusammen mit der Purpurgeraden RV die Farbfläche des Beobachters, das ist die gesamte für ihn durch reelle Lichter erzeugbare Farbenmannigfaltigkeit. Die Farbfläche hat man sich vollständig mit Farben ausgefüllt zu denken, die von allen Seiten her gegen den Punkt W hin weißlicher (weniger satt) werden und in W dem etwas gelblichen Weiß des benutzten Nitralichts entsprechen. Die Farben*tafel* kann nur Auskunft über den Farbenton und die Sättigung geben, nicht über die subjektive Helligkeit; letztere wäre nur mit der dritten Dimension des vollständigen Farb*körpers* anschaulich zu machen[1], durch welchen die Farben*fläche* einen einzigen Schnitt darstellt. Je schneller der Farbton sich in gleichen Spektrumstrecken ändert, um so weiter sind die Wellenlängenzahlen auf der Spektralfarbenkurve auseinandergezogen: Punkte größter Unterschiedsempfindlichkeit im Spektrum liegen für einen mittleren normalen Beobachter im Goldgelb bei etwa 585 $\mu\mu$ und im Blaugrün bei etwa 500 $\mu\mu$; die Spektrumenden und die Gegend des Grün um 550 $\mu\mu$ sind wegen der dort geringen Unterschiedsempfindlichkeit für Farbentöne eng zusammengedrängt in der Farbentafel. Je näher am Weißpunkt, um so weniger satt sind die Farben: Im Spektrum erscheinen das Rot und das Blauviolett[2] am sattesten, am wenigsten satt das Blaugrün um 507 $\mu\mu$ (s. S. 1558).

Durch Mischung der drei Eichlichter R, G und V würden sämtliche Spektralfarben in voller spektraler Sättigung herstellbar sein. Wählt man jedoch für die tatsächlich durchzuführende Eichung des Spektrums von normalen Trichromaten *drei reelle Spektrallichter* als Eichlichter, so ist bekanntlich mit diesen eine volle spektrale Sättigung der Mischungen nicht zu erzielen, wie man auch die Wahl treffen mag (s. Abb. 499). Am zweckmäßigsten ist es, auf jeden Fall *zwei* Eichlichter aus der Gegend der Spektral*enden* zu wählen, soweit diese noch sehr satt sind, also Rot (etwa 680 $\mu\mu$) und Blauviolett (etwa 430 $\mu\mu$); dazu als drittes ein Grün Gr (Abb. 499) derart, daß die Sättigungsminderung der Mischungen gegenüber den homogenen Lichtern in der lang- und kurzwelligen Spektralhälfte

---

[1] HELMHOLTZ, H. v.: Handb. d. physiol. Optik, 3. Aufl., **2**, 111 (1911). — Die unrichtige Ansicht, auch die subjektive Helligkeitsempfindung werde in der Farben*tafel* dargestellt oder könne aus ihr abgelesen werden, scheint zum Teil dadurch zustande gekommen zu sein, daß HELMHOLTZ' ältere Bezeichnungsweise gerade umgekehrt ist wie die heute übliche. Wie aus dem Zusammenhang unzweifelhaft hervorgeht, bezeichnet HELMHOLTZ an mehreren Stellen die subjektive Stärke der Empfindung mit „Lichtstärke" (S. 111, zitiert diese Fußnote) und die physikalisch gemessene Strahlungsintensität oder -menge mit „Helligkeit" (S. 117, zitiert diese Fußnote).

[2] HELMHOLTZ, H. v.: Handb. d. physiol. Optik, 2. Aufl., S. 347, 348 (1896). Die neuerdings zuweilen gehörte Behauptung, das Spektralviolett habe eine relativ geringe Sättigung, weil es im indirekten Sehen leicht farblos erscheint (TSCHERMAK, A.: Ds. Handb. **12 I**, 414), ja die Angabe, sogar das Spektralblau mache einen weißlichen Eindruck (FRÖHLICH, FR. W.: Grundzüge einer Lehre vom Licht- und Farbensinn, S. 36, 37), beruhen wohl zum Teil auf dem Versuchsfehler der Einmischung des Dämmersehens, zum Teil auf dem anderen des dem Spektrum beigemischten zerstreuten Weiß (vgl. S. 1538, 1539). Denn beobachtet man mit helladaptiertem Auge und einem direkt fixierten Gesichtsfeld von $1\frac{1}{2}°$ Durchmesser bei möglichst intensivem aber reinen, vor allem durch Filter vom beigemischten zerstreuten Weiß gereinigten Spektrum, so nimmt bei gleicher subjektiver Helligkeit die Sättigung vom Blaugrün über Blau bis zu einem Violett von 430 $\mu\mu$ *sehr deutlich zu*, vielleicht auch noch bis 420 $\mu\mu$. Erst jenseits davon nimmt sie gegen die Grenze der Sichtbarkeit hin wieder ab. Der Eindruck im indirekten Sehen sagt gar nichts, da sich bei der geringen Intensität des Violett die Einmischung des Dämmersehens kaum vermeiden läßt.

ungefähr den gleichen prozentischen Betrag erreicht, was mit etwa 527 $\mu\mu$ für einen mittleren Normalen[1] der Fall ist. Mischungen aus je zweien dieser drei Lichtern liegen einmal auf der Purpurgeraden RV und ferner auf den strichlierten Geraden RGr und VGr (Abb. 499). Letztere Geraden liegen näher dem Weißpunkt, repräsentieren also Farben, die weniger satt aussehen als die Spektralfarben.

Trotzdem läßt sich mit diesen drei reellen Spektrallichtern *auch das Spektrum* eichen, wenn man die spektralen Vergleichslichter durch entsprechende Zusätze um so viel blasser macht, daß sie *vollkommene Gleichungen* mit Mischungen aus den reellen Eichlichtern R, Gr und V geben. Ihnen zu diesem Zweck unzerlegtes Weiß zuzusetzen, wäre zwar experimentell das einfachste, aber für die beabsichtigte *Eichung* unpraktisch, da es keine direkte, sondern nur auf dem Umwege über heterochrome Photometrie *eine Zahlenbeziehung* der Weißmengen zu den Mengen der Spektrallichter gibt. Besser ist daher, den spektralen Vergleichslichtern nach dem Vorgang von KÖNIG und DIETERICI[2] die erforderlichen Mengen ihrer *Komplementärlichter* zuzusetzen, damit *die Gleichungen vollkommen werden.*

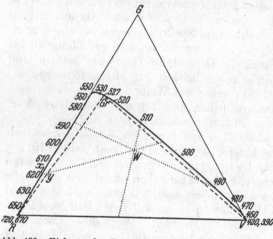

Abb. 499. Eichung des Spektrums und Konstruktion der Eichwerttafel von Trichromaten mit den Eichwerten von drei *reellen* Eichlichtern R, Gr und V. (Nach Versuchen von KOHLRAUSCH und SACHS; vgl. dazu S. 1553—1559).

Da sich nun auch die Komplementärpaare durch Mischung aus R, Gr und V herstellen lassen, ist die Aufgabe, die gesamten Spektralfarben als Funktion von drei reellen Eichlichtern zahlenmäßig darzustellen, experimentell und rechnerisch lösbar.

Als Hilfsbestimmungen sind zunächst von dem Beobachter durchzuführen: 1. für eine vollständige, etwa in Intervallen von 10 $\mu\mu$ fortschreitende Reihe von Spektrallichtern die Feststellung seiner Komplementärlichter zu dem Weiß der benutzten Lampen; 2. die quantitative Bestimmung derjenigen Mischungsverhältnisse von Gr und V bzw. R und Gr, welche gleich aussehen wie die Komplementärlichter; dabei müssen, um auch diese Gleichungen *vollkommen* zu machen, zu jedem kurzwelligen Komplementärlicht die entsprechenden relativ kleinen Mengen des langwelligen Paarlings und umgekehrt zugesetzt werden. Nach diesen Hilfsbeobachtungen sind für die Spektrallichterreihe die *eigentlichen Gleichungen* mit Mischungen aus R, Gr und V messend herzustellen. Mit letzteren Gleichungen werden die Eichwertkurven und die Eichwerttafel berechnet.

Das Prinzip der Berechnung und Tafelkonstruktion mögen drei Gleichungsbeispiele erläutern. Darin bedeuten die Eichlichter R, Gr und V, wie schon gesagt, die reellen Spektrallichter von 680, 527 und 430 $\mu\mu$ und die Koeffizienten a, b, c, d die quantitativ mit Nicol und Spalt bestimmten, jeweils erforderlichen Mischungsmengen der Eichlichter. Als Beispiele seien die Gleichungen für 620, 510 und 490 $\mu\mu$ gewählt (s. Abb. 499). Die drei zugehörigen Komplementären

---

[1] Das hier Gesagte bezieht sich *alles nur auf das Sehen des Normalen mittlerer Pigmentation.* Gerade für die Sättigung bestehen bei den anomalen Trichromaten mehr oder weniger große Abweichungen (vgl. S. 1542, 1543, 1561).

[2] KÖNIG, A., u. C. DIETERICI: Z. Psychol. **4**, 284—299 (1892).

sind 504 $\mu\mu$, ein bestimmtes Purpur aus $R + V$ und 587 $\mu\mu$ (s. die drei punktierten Geraden in Abb. 499). Durch Mischung von $Gr + V$ ist 504 $\mu\mu$ darstellbar, durch $R + Gr$ 587 $\mu\mu$. Verschieden große Mengen dieser Gemische müssen den verschiedenen zu satten Spektrallichtern zugesetzt werden, um vollständige Gleichungen zu erzielen. Für das Spektrallicht 620 $\mu\mu$ z. B. ist der relative Betrag des Zusatzes gleich dem Streckenverhältnis $\dfrac{xy}{Wx}$ = etwa 7% der Spektrallichtmenge (Abb. 499). Relative Maxima an Zusatzmengen sind bei den hier gewählten Eichlichtern R, Gr und V für etwa 560 $\mu\mu$ und zwischen 510 und 500 $\mu\mu$ erforderlich[1]. Die Zusätze sind in den Gleichungen durch eckige Klammern gekennzeichnet:

1. $a \cdot R + b \cdot Gr = 620\ \mu\mu + [c \cdot Gr + d \cdot V]$,
2. $a \cdot Gr + b \cdot V = 510\ \mu\mu + [c \cdot R + d \cdot V]$,
3. $a \cdot Gr + b \cdot V = 490\ \mu\mu + [a \cdot R + b \cdot Gr]$.

Entsprechend den drei Arten von Komplementärzusätzen sind diese Beispiele Repräsentanten der drei möglichen Formen von Gleichungen. Aus ihnen ergeben sich für die drei Spektralfarben unmittelbar folgende Gleichungen mit den Eichwerten von R, Gr und V:

1. $620\ \mu\mu = a \cdot R + b \cdot Gr - [c \cdot Gr + d \cdot V]$,
2. $510\ \mu\mu = a \cdot Gr + b \cdot V - [c \cdot R + d \cdot V]$,
3. $490\ \mu\mu = a \cdot Gr + b \cdot V - [a \cdot R + b \cdot Gr]$.

Die Spektralfarbenkurve der Eichwerttafel kann allgemein nach folgendem Prinzip *zahlenmäßig* mit den Eichwerten konstruiert werden (Abb. 499): Dem Farbenton von 620 $\mu\mu$ z. B. entspricht ein Punkt y auf der strichlierten Geraden $R\,Gr$; er wird gefunden, wenn man die Strecke $R\,Gr$ im Verhältnis der Eichwerte von Gr/R für 620 $\mu\mu$ teilt. Aber dieser Punkt y gehört zu der etwas blasseren Farbe, die durch das Gemisch $a \cdot R + b \cdot Gr$ entsteht; die im Farbton gleiche, aber sattere Spektralfarbe liegt daher *außerhalb* des Dreiecks $RGrV$ auf einem Punkt x in der geradlinigen Verlängerung von Wy. Der Punkt x ist gegeben durch das Verhältnis der Eichwerte $\dfrac{\text{Zusatz}}{\text{Mischung}}$. — Erst nach Fertigstellung der Spektralfarbenkontur ergibt sich dann sekundär aus Rechnung und Konstruktion die Lage des *satteren Eichlichts G außerhalb* der reellen Farbenfläche $R\,550\,V$, mit dem die Eichung der Spektralfarben nach dem gleichen Prinzip, *aber ohne Zusätze* durchführbar sein würde.

Der *Maßstab* für die Eichwerttafel ist ebenso willkürlich wie der für die unter sich inkommensurablen Eichwertkurven (Abb. 500, S. 1554). Aber unabhängig von jeder beliebigen Wahl des Maßstabes ist für die Tafel unmittelbar durch die Eichung selbst festgelegt, welche Strecken der Spektralfarbenkontur geradlinig, welche gekrümmt verlaufen (s. S. 1541); und für die Eichwertkurven ihre Lage über dem Spektrum als Abszisse (ihre Fuß- und Gipfelpunkte) und ihr Verlauf. Lediglich die *Höhe* der Eichwertkurven wird durch den Maßstab bestimmt. Es hat sich für die Rechnung als zweckmäßig erwiesen, die drei Eichwertkurven nicht mit gleicher Gipfelhöhe, sondern so hoch zu zeichnen, daß sie zwischen Abszisse und Kurve den gleichen Flächeninhalt einschließen (Abb. 500, S. 1554). Die Tafelkonstruktion wird am einfachsten, wenn man das Dreieck RGV gleichseitig mit W als Mittelpunkt wählt (Abb. 498, S. 1548). Wie in diesem Spezialfall

---

[1] Die Größe der Zusatzmengen hängt hier lediglich von der Wellenlänge des Eichlichts Gr ab und sagt nicht etwa wie bei GOLDMANNs Versuchsanordnung (vgl. S. 1536) etwas über die relative Sättigung der Spektralfarben aus. Wäre z. B. 550 $\mu\mu$ als Eichlicht Gr gewählt worden, so würden in der langwelligen Spektralhälfte überhaupt keine Zusätze nötig sein, dafür um so größere im Blaugrün und Blau (Abb. 499).

die Eichwerttafel unmittelbar mit den Eichwerten von R, G und V zahlenmäßig berechnet und konstruiert werden kann, findet man bei KÖNIG und DIETERICI[1].

Die grundlegenden Eigenschaften der Tafel und Kurven treten jedoch, um es nochmals zu betonen, bei jedem Maßstab zutage. So kann z. B. in einer ganz beliebig, nur richtig konstruierten Tafel eines *Farbennormalen* die Strecke von R bis 550 $\mu\mu$ nie anders als gerade Linie herauskommen, auch dann nicht, wenn wir viel mehr als drei Eichlichter zugrunde legen; denn diese Eigentümlichkeit ist physiologisch dadurch festgelegt, daß für ihn *sämtliche Zwischenlichter durch Mischung von R und 550 $\mu\mu$ in spektraler Sättigung vollkommen* herstellbar sind. Die These TSCHERMAKS[2], daß diese Gleichungen unvollständig wären, und daß sich „entsprechend dem Urgelb L_{570} zweifellos eine Ecke im Linienzug" der Farbentafel ergäbe, mag vielleicht für einige Formen von Rotanomalie, also im ganzen höchstens für ein paar Prozent aller Menschen gelten; für Normale beliebiger Maculapigmentation und auch für ganz leicht Rotanomale ist sie zweifellos unrichtig (s. S. 1540, 1558f.). Für Normale und leicht Rotanomale erscheint mir auch TSCHERMAKS[3] weitere These unzutreffend: die Eichung sei *bei voller spektraler Sättigung der Mischungen* mit fünf bestimmten Spektrallichtern möglich, den drei spektralen Urfarbenlichtern und den beiden Spektralenden. Daß Binärmischungen aus ihren Urfarbenlichtern für solche Beobachter viel blasser sind als die spektralen Zwischenlichter, wurde schon oben (S. 1541f.) gezeigt. Danach zeichnen sich für Normale durchaus nicht *alle* spektralen Urfarbenlichter durch besondere Sättigung aus (vgl. S. 1558f.). Die stetige Krümmung der Farbentafelkontur zwischen 550 und 470 $\mu\mu$ zeigt selbst bei dem kleinen Maßstab der Abb. 499, daß erheblich mehr als fünf reelle spektrale Eichlichter erforderlich wären, um Mischungen von *spektraler* Sättigung für Normale zu erzeugen.

Technische Vereinfachung. Nach dem Gesagten ist klar, daß die Bedenken, die TSCHERMAK[4] gegen eine *Eichung des Spektrums* im allgemeinen und eine solche mit *drei* Eichlichtern *großen Abstandes* im besonderen vorbringt — 1. Inkonstanz der Augenstimmung, 2. unvollkommene Gleichungen —, bei dem hier (S. 1548 bis 1552) geschilderten Verfahren nicht stichhaltig sind. Mit einem großen HELM-HOLTZ-KÖNIGschen Spektralfarben-Mischapparat läßt sich das Verfahren mit fünf Spektren und einem Weißlichtkollimator auch ohne weiteres technisch ausführen.

Aber es wäre unpraktisch, diese verwickelten fünfgliedrigen Farbengleichungen (S. 1551) *in allen Teilen* des Spektrums einzustellen. *Sie müssen tatsächlich nur in der Mittelstrecke* (s. S. 1553) angewandt werden, soweit diese purpurfarbige Komplementärfarben hat; in den beiden Zwischenstrecken mit geradliniger Farbentafelkontur (Abb. 499, S. 1550) kann der experimentelle Teil der Gleichungseinstellungen sehr erheblich vereinfacht werden, weil hier *binäre Gleichungen schon ohne Zusatz vollkommen sind.* Zweckmäßigerweise führt man also nach dem Vorgange von KÖNIG und DIETERICI[5] bei den *Messungen* zunächst eine größere Anzahl von provisorischen Eichlichtern für einzelne Spektrumabschnitte ein, die nachträglich durch *Rechnung* wieder eliminiert und auf drei Eichlichter bezogen werden. Dadurch wird zwar die Rechnung im Vergleich zu derjenigen auf S. 1550f. beträchtlich kompliziert und langwierig; aber die technisch wesentlich einfacheren und damit sicheren Messungen liefern eine bessere Unterlage für Rechnung und Konstruktion. — Entsprechend dieser technischen Vereinfachung sind KOHL-RAUSCH und SACHS[6] vorgegangen.

---

[1] KÖNIG, A., u. C. DIETERICI: Z. Psychol. **4**, 338—343 (1892).
[2] TSCHERMAK, A.: Ds. Handb. **12 I**, 401, 402.
[3] TSCHERMAK, A.: Ds. Handb. **12 I**, 366, 367, 417—418.
[4] TSCHERMAK, A.: Ds. Handb. **12 I**, 396—398, 402, 417—419, 556, 557, 561.
[5] KÖNIG, A., u. C. DIETERICI: Z. Psychol. **4**, 294—299 (1892).
[6] KOHLRAUSCH, A., u. E. SACHS: s. S. 1545, Fußnote 2.

Methodik: *Großer Spektrallichter-Mischapparat nach* v. HELMHOLTZ-KÖNIG[1]. Benutzt werden alle vier Kollimatoren; einer für das Vergleichsweiß beim Aufsuchen der Komplementärpaare zum Lampenweiß, die 3 anderen mit zusammen 5 Spektren für Mischung, Vergleichslicht und Komplementärzusatz. Vier Osram-Nitra-Projektionslampen von 100 Watt brennen bei konstant gehaltener Stromstärke mit etwa ihrer normalen Spannung (S. 1553, Fußnote 3; S. 1556, Absatz 1). Je nach Form der Gleichungen — ob einfach oder binär, ob ohne Zusatz oder mit homogenem Licht bzw. Purpurgemisch als Komplementärzusatz — werden 2, 3, 4 oder 5 Spektren gebraucht. Alle provisorischen Eichlichter dieser Hilfsspektren werden durch Spektralphotometrie auf *das eine zu eichende Spektrum* bezogen, das die Vergleichslichter liefert; sämtliche Zahlenwerte gelten also für dieses eine Spektrum. Die das gesamte Spektrum umfassenden Gleichungssätze waren die folgenden. Dabei bedeutet $L\lambda$ die jeweiligen homogenen Vergleichslichter des geeichten Spektrums, der Zahlenfaktor vor $L\lambda$ die Spaltbreite von $L\lambda$ in Millimeter; in den eckigen Klammern stehen die Komplementärzusätze zu den homogenen Vergleichslichtern.

Gleichungssätze:

Langwellige Endstrecke: $\qquad 0{,}3 \cdot L\lambda = a \cdot L_{680}$

Langwellige Zwischenstrecke: $\quad 0{,}3 \cdot L\lambda = a \cdot L_{680} + b \cdot L_{550}$

Mittelstrecke:
$$\begin{cases} 0{,}3 \cdot L\lambda = a \cdot L_{570} + b \cdot L_{510} - [c \cdot L_{680} + d \cdot L_{425}] \\ 0{,}7 \cdot L\lambda = a \cdot L_{530} + b \cdot L_{470} - [\text{Purpur bzw. Komplementärlicht}] \\ 1{,}0 \cdot L\lambda = a \cdot L_{510} + b \cdot L_{450} - [\text{Komplementärlicht}] \end{cases}$$

Kurzwellige Zwischenstrecke: $\quad 1{,}0 \cdot L\lambda = a \cdot L_{460} + b \cdot L_{430}$

Kurzwellige Endstrecke: $\qquad 1{,}5 \cdot L\lambda = a \cdot L_{430}$

Die Objektiv- und Okularspaltbreiten waren so gewählt, daß im ganzen Spektrum durchschnittlich der gleiche Reinheitgrad der Lichter von etwa $\pm 6\,\mu\mu$ herrschte und die Objektivspalte nicht zu eng für quantitative Zwecke wurden. Die Intensitätsvariation wurde grob mit Nikol und nur fein mit dem wenig veränderten Spalt der Mischung vorgenommen. Für die Berechnung müssen die Gleichungssätze etwas übereinandergreifen. Das Prinzip von Berechnung und Konstruktion der Eichwertkurven und -tafel aus zwei- bis viergliederigen Gleichungssätzen findet man bei KÖNIG und DIETERICI[2]; das für fünfgliederige läßt sich daraus unschwer entwickeln.

Die für ein Dispersionsspektrum der Nitralampe festgestellten Eichwerte wurden nachträglich auf das Interferenzspektrum der gleichen Lichtquelle umgerechnet; die Umrechnung vom Nitralicht (gasgefüllte Lampen) auf Mittagssonnenlicht, d. h. von einer Temperatur von 2745° abs. auf 5000° abs. ist noch zurückgestellt, bis die Energieverteilung in dem Spektrum thermoelektrisch ausgemessen ist[3], was noch aussteht.

Zur Umrechnung der Kurven auf mittlere Maculapigmentierung wurde bei den Versuchspersonen die individuelle spektrale Verteilung ihres macularen Lichtverlustes im Dämmersehen nach dem Verfahren von KOHLRAUSCH (s. S. 1516) quantitativ aufgenommen und die Umrechnungsfaktoren auf *mittleren* Lichtverlust (Abb. 493, Kurve 2, S. 1516) aus der Massenuntersuchung von KOHLRAUSCH und STAUDACHER (s. S. 1513) gewonnen.

Beobachtungsbedingungen: *Zentral fixiertes Gesichtsfeld von 1,5° Durchmesser bei reinem Tagessehen.* Helladaptation bei den Beobachtungen in hellgrau gestrichenem Zimmer mit Tageslichtbeleuchtung (zwischen 150 und 2000 Lux Erhellung, in der Nähe des Farbenmischapparats gemessen). Von den Lampen und Glasteilen des Mischapparats ist das Tageslicht vollkommen abgeblendet. Gesichtsfeldintensität entsprechend Erhellungen zwischen 20 und 40 Lux, nur im äußersten Rot und im Violett weniger; Regulation durch Episkotister. Nur ganz kurzdauernde Einzelbeobachtungen von 1 bis höchstens 2 Sekunden.

Versuchspersonen: Die beiden Autoren als zwei *normale Trichromaten,* der eine (K) mit starkem macularem Lichtverlust (Abb. 493, Kurve 3 auf S. 1516), der andere (S) mit mäßiger Maculapigmentation (Abb. 493, Kurve 6 auf S. 1516). Ferner ein *ganz leicht rotanomaler Trichromat* („Übergangsform"), sehr ähnlich dem auf S. 1515, 1540 beschriebenen, nur mit stärkerer Maculapigmentation (Abb. 493, Kurve 5 auf S. 1515). Schließlich ein ungefähr *mittel-*

---

[1] Erklärung des älteren, von KÖNIG und DIETERICI benutzten Apparats mit zwei Kollimatoren in der Z. Psychol. 4, 243—248 (1892); Beschreibung der neueren Modelle mit vier Kollimatoren in den Katalogen von FRANZ SCHMIDT und HAENSCH, Berlin.

[2] KÖNIG, A., u. C. DIETERICI: Z. Psychol. 4, 259—277, 299—305, 338—343 (1892).

[3] Da die Spannung der bei den Messungen auf *konstanten Strom* einregulierten Lampen nur *etwa die normale* war (s. S. 1553, Absatz 1), steht die Lampen*temperatur* nicht genau genug fest, um sie für die Umrechnung benutzen zu können; daher soll der Umrechnung die spektrale Energieverteilung zugrunde gelegt werden (vgl. auch S. 1555, Fußnote 1).

stark grünanomaler Trichromat mit nahezu mittlerer Maculapigmentation (Absorptionskurve nicht merklich von Kurve 2, Abb. 493, S. 1516 abweichend).

Tabelle 8. Die Eichwerte des mittelstark pigmentierten normalen Trichromaten im Interferenzspektrum des Nitralichts.

λ in μμ	R	G	V
720	0,03		
700	0,13		
680	0,45	0,00	
660	1,55	0,03	
650	2,56	0,10	
640	3,84	0,29	
630	5,07	0,63	
620	6,50	1,66	
610	7,66	2,90	
600	8,44	4,78	
590	8,63	6,70	
580	8,63	8,76	
570	8,44	10,50	
560	8,15	11,63	
550	7,52	11,83	0,00
540	6,69	10,79	0,08
530	5,53	9,40	0,30
520	4,19	7,78	0,81
510	2,60	5,02	1,80
500	1,36	2,74	3,15
490	0,61	1,57	5,52
480	0,32	1,04	11,30
470	0,11	0,76	14,40
460	0,02	0,45	14,60
450	0,00	0,20	13,70
440		0,08	11,80
430		0,03	8,70
410		0,00	3,85
400			2,00
390			0,67
380			0,00

Die Ergebnisse für normale Trichromaten nach der Untersuchung von Kohlrausch und Sachs enthält die Eichwerttabelle 8. Eichlichter dafür sind das lang- und kurzwellige Spektralende (R und V) und ein ideales errechnetes Grün (G) mit einem Farbton, entsprechend etwa 512 μμ, aber von supraspektraler Sättigung. Der Maßstab für die drei inkommensurablen Zahlenreihen von R, G und V ist wie üblich so gewählt, daß die Fläche zwischen jeder der drei Kurven und der Abszisse gleich 1000 ist (vgl. S. 1551). In der Tabelle sind nur die Eichwerte des einen normalen Trichromaten (K) aufgeführt, denn die des anderen (S) unterschieden sich nach der Reduktion auf mittlere Maculapigmentierung nur noch so wenig von diesen, daß eine Abweichung beider im Kurvenverlauf bei dem Maßstab der Abb. 500 kaum zu sehen wäre.

Die drei zugehörigen Eichwertkurven R, G und V über dem Spektrum als Abszisse sind die strichpunktierten, mit 3 bezeichneten Kurven in Abb. 500. Die Abb. 500 läßt zugleich die in diesem Zusammenhang zunächst interessierende Frage beantworten: *wie unterscheiden sich diese für reines Tagessehen festgestellten Eichwerte, von denen die* König

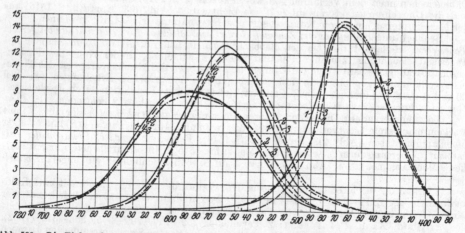

Abb. 500. *Die Eichwertkurven R, G und V im Interferenzspektrum des Nitralichts.* Die Kurven 3 –·–·–· = Eichwerte Kohlrauschs, auf mittelstarken Lichtverlust in der Macula korrigiert; zum Vergleich eingezeichnet die Kurven 1 ——— = Königs „Elementarempfindungen" und die Kurven 2 – – – – = Dietericis „Elementarempfindungen", beide auf das Interferenzspektrum des Nitralichts umgerechnet.
(Nach Versuchen von Kohlrausch und Sachs.)

und DIETERICI *unter ihrer Einmischung des Dämmersehens gewonnen hatten?* Zu dem Zweck sind die Eichwerte (also die „Elementarempfindungen", nicht die „Grundempfindungen") von KÖNIG (Kurven 1 der Abb. 500) und DIETERICI (Kurven 2 der Abb. 500) vom Interferenzspektrum des Sonnenlichts auf das der Nitralampen[1] nach KÖNIGS und KOHLRAUSCHS spektralphotometrischen Messungen umgerechnet und zum Vergleich mit in die Abb. 500 eingezeichnet.

Vor allem lehrt ein Blick auf die Abb. 500, daß die Unterschiede zwischen den Ergebnissen bei *reinem Tagessehen* und bei *mäßig starker Einmischung von Dämmersehen* nicht sehr schwerwiegend sind, denn die drei Kurven für *R*, *G* und *V* liegen ziemlich dicht beisammen. Die einzige prinzipielle Abweichung besteht bei der *V*-Kurve insofern, als diese bei KÖNIG und DIETERICI mit meßbaren Werten noch bis 630 $\mu\mu$ hinaufreicht und bei KOHLRAUSCH und SACHS, ähnlich wie bei v. KRIES und NAGEL, nur bis 545 $\mu\mu$. Wie früher (S. 1535 f.) auseinandergesetzt, ist dieser Unterschied durch die Einmischung des Dämmersehens bei KÖNIG und DIETERICI bedingt, das in der Region zwischen 630 und 545 $\mu\mu$ Binärmischungen *blasser* als die tongleichen Homogenlichter aussehen läßt. Dieser Einfluß des Dämmersehens ist gut zu beurteilen, wenn wir die bei reinem Tagessehen und bei Einmischung des Dämmersehens festgestellten Spektrumstrecken normaler Trichromaten einander gegenüberstellen:

Spektrumstrecken normaler Trichromaten	Bei reinem Tagessehen KOHLRAUSCH[2] und Mitarbeiter	Bei Einmischung des Dämmersehens KÖNIG und DIETERICI[3]
Langwellige Endstrecke	Äußerstes Rot —665 $\mu\mu$	Äußerstes Rot —655 $\mu\mu$
Langwellige Zwischenstrecke . . .	665—545 „	655—630 „
Mittelstrecke	545—465 „	630—475 „
Kurzwellige Zwischenstrecke . . .	465—420 „(?)	475—430 „(?)
Kurzwellige Endstrecke	420 (?) äußerstes Violett	430 (?) äußerstes Violett

Am stärksten ist der Unterschied bei der Mittelstrecke; aber auch die langwellige Endstrecke und die kurzwellige Zwischenstrecke reichen bei KÖNIG und DIETERICI deutlich weiter vor zur Spektrummitte hin. Zum Teil ist das bedingt durch die geringe von ihnen benutzte Spektrumintensität, zum anderen Teil durch die Einmischung des Dämmersehens; denn beide Umstände setzen die Unterschiedsempfindlichkeit für Farbentöne herab[4].

Die Grenze der kurzwelligen Zwischenstrecke (430 bzw. 420 $\mu\mu$) bleibt fraglich. Nach den Angaben beider Autoren[5] haben normale Trichromaten möglicherweise überhaupt keine kurzwellige Endstrecke; d. h., ihr Spektrum ändert evtl. bis zum letzten sichtbaren Ende stetig seinen violetten Farbton. In diesem Falle würde sich auch die *G*-Kurve der Eichwerte bis an das äußerste kurzwellige Ende des Spektrums erstrecken, wenn auch mit *sehr kleinen* Ordinaten.

---

[1] Die genannten spektralphotometrischen Messungen von KÖNIG und Mitarbeitern bzw. KOHLRAUSCH gestatten zwar die Umrechnung der Eichwerte von einer auf andere Lichtquellen; da aber zu den Eichungen *verschiedene Farbenmischapparate* benutzt wurden, so kann einstweilen nicht mit Sicherheit festgestellt werden, ob Unterschiede in der selektiven Absorption beider Mischapparate vorhanden, und wie groß sie sind. Durch Messungen der spektralen Energieverteilung soll versucht werden, diese etwaigen rein physikalischen Differenzen noch auszugleichen.

[2] KOHLRAUSCH, A. u. Mitarbeiter: Ds. Handb. **12 II**, 1541 (1930).

[3] KÖNIG, A., u. C. DIETERICI: Z. Psychol. **4**, 283 (1892).

[4] Damit hängt auch zusammen, daß KÖNIG und DIETERICI [Z. Psychol. **4**, 294 (1892)] das Sättigungsdefizit der Binärmischungen durch Zusatz der „*ungefähren*" Komplementärfarbe ausgleichen konnten. Bei reinem Tagessehen gelingt das nicht mehr; KOHLRAUSCH und Mitarbeiter mußten *genau* die jeweilige Lampen-Komplementärfarbe zusetzen, andernfalls blieben geringe Farbtondifferenzen sichtbar.

[5] KÖNIG, A., u. C. DIETERICI: Z. Psychol. **4**, 283, Fußnote 2 (1892). — KOHLRAUSCH, A. u. Mitarbeiter: Ds. Handb. **12 II**, 1540 (1930).

Die Abweichungen der *V*-Kurven (Abb. 500) zwischen 630 und 545 μμ sind also bei normalen Trichromaten und bei Dichromaten nach v. KRIES und den späteren Autoren (s. S. 1535ff.) auf die Einmischung des Dämmersehens zurückzuführen. Bei dem für die Kurven gewählten Maßstab (Flächeninhalt = 1000) muß sich eine stärkere Abweichung in *einem Teil* der Kurve dann auch im *ganzen übrigen* Verlauf geltend machen. Die Differenzen bei den *R*- und *G*-Kurven (Abb. 500) sind geringer und nicht so eindeutig. KÖNIG und DIETERICI hatten ziemlich stark verschiedenen macularen Lichtverlust; unter etwa 70 Personen hatte KÖNIG die am stärksten, DIETERICI die am schwächsten pigmentierte Macula lutea[1]. Danach wäre zu vermuten, daß die auf mittelstarke Maculaabsorption reduzierten Kurven 3 (Abb. 500) zwischen den *R*- bzw. *G*-Kurven *1* und *2* von KÖNIG und DIETERICI verlaufen würden, sie sind jedoch durchweg ein wenig gegen das kurzwellige Spektralende hin verschoben (Abb. 500). Ob diese geringe Differenz auch durch die Einmischung des Dämmersehens bedingt ist, kann wegen der außerdem noch bestehenden und vorher erwähnten (S. 1553) Unsicherheit der Umrechnungsfaktoren von einer Lichtquelle auf die andere bzw. von einem Mischapparat auf den anderen zur Zeit nicht bestimmt festgestellt werden.

Die durch das Dämmersehen bedingte Abweichung der *V*-Kurve von Orange bis Gelbgrün macht sich nun auch in der Eichwerttafel als Abweichung in der Begrenzungslinie der reellen Farbenfläche geltend, wenn diese *spektrale Begrenzungslinie* — was nochmals mit Rücksicht auf die Mißverständnisse (S. 1544) besonders betont sei — *mit den Eichwerten zahlenmäßig berechnet und konstruiert wird* (S. 1550f.). Bei reinem Tagessehen liegen die Farbentöne der Spektrallichter von 720—550 μμ in der Eichwerttafel (Abb. 501) *exakt auf der geradlinigen Verbindung RG*, entsprechend der Tatsache, daß für normale Trichromaten sämtliche Zwischentöne durch Mischungen aus dem roten Ende und 550 μμ *in voller spektraler Sättigung* herstellbar sind (vgl. S. 1535, 1540). Erst mit Lichtern jenseits 550 μμ werden Mischungen mit dem roten Ende für normale Trichromaten *weißlicher* als die zwischenliegenden Spektralfarben, daher biegt die Begrenzungslinie (Abb. 501) bei etwa 550 μμ von der Geraden *RG* ab und gegen *GV* hin um. Ähnliches gilt von der Spektralbegrenzung der v. KRIESschen Farbentafel[2]. Bei dem Grade von Dämmersehen, der sich bei den Messungen von KÖNIG und DIETERICI eingestellt hatte, machte sich dagegen eine *Verweißlichung* von Mischungen mit dem roten Ende bereits von 630 μμ an spurweise, von 590 μμ an deutlich bemerkbar; dementsprechend weicht die Spektralbegrenzung ihrer Farbentafel[3] schon

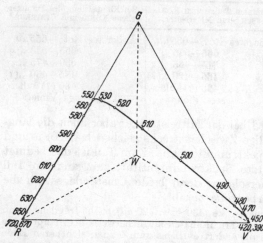

Abb. 501. *Eichwerttafel* (Farbentafel) *des normalen Trichromaten mit mittelstarker Maculapigmentation*, konstruiert mit den Eichwerten von zwei reellen Eichlichtern; *R* (langwelliges Spektralende) und *V* (kurzwelliges Spektralende), und einem idealen errechneten Eichlicht, *G* (Farbton von etwa 512 μμ, aber supraspektrale Sättigung). (Nach Versuchen von KOHLRAUSCH und SACHS.)

[1] KÖNIG, A., u. C. DIETERICI: Z. Psychol. **4**, 291—293, 311 (1892).
[2] KRIES, J. v.: Nagels Handb. der Physiologie **3**, 162 (1905).
[3] KÖNIG, A., u. C. DIETERICI: Z. Psychol. **4**, 343, 346 (1892).

von 630 $\mu\mu$ an allmählich von der Geraden *RG* ab. Die gleiche Eigentümlichkeit müssen selbstverständlich alle diejenigen Farbentafeln zeigen, welche spätere Autoren (F. EXNER, IVES) auf Grund von KÖNIGS und DIETERICIS Messungen unter unwesentlichen Modifikationen neu konstruiert haben[1].

Von dieser Abweichung abgesehen, besteht *zwischen der Form* der Originaltafel von KÖNIG und DIETERICI[2] und der von KOHLRAUSCH und SACHS (Abb. 501) *weitgehende Übereinstimmung: 1. die stetige mäßige Krümmung der Grenzlinie zwischen Grün und Blau, 2. die etwas stärkere Krümmung bzw. Abknickung der Grenzkurve im Blau bei etwa 465—470 $\mu\mu$, 3. die Lage des Weißpunktes am nächsten bei Blaugrün.* — Unwesentliche Differenzen rühren daher, daß KÖNIG und DIETERICI ihre Farbentafel mit den „Grundempfindungen" für *Sonnenlicht* berechnet haben, KOHLRAUSCH und SACHS die ihrige mit den *Eichwerten* für *Nitralicht*; die *Farbe des Bezugslichts* bedingt die unterschiedliche Verteilung der Wellenlängen auf der Grenzkurve; die „*Grundempfindungen"* (S. 1545) *als Bezugssystem* bewirken im wesentlichen nur eine abweichende Lage der reellen Farbenfläche in dem umschriebenen Dreieck.

Nachdem die Hauptarbeit geleistet ist mit *der Messung der Eichwerte von Trichromaten bei Tagessehen und ihrer experimentellen Reduktion auf einen mittleren Pigmentationsgrad der Macula*, bereitet die Bestimmung derjenigen Größen, welche KÖNIG und DIETERICI als „Grundempfindungen" bezeichnet haben (S. 1545 f), weiter keine besonderen Schwierigkeiten. Experimentell ist dazu nur noch erforderlich die relativ einfache Messung der Eichwerte von Dichromaten, die dann rein rechnerisch mit den Eichwerten der Trichromaten zu den „Grundempfindungen" kombiniert werden. Diese Eichung der Dichromaten habe ich zum Teil bereits durchgeführt; ob aber die rechnerische Kombination der Di- und Trichromaten-Eichwerte theoretisch dem gleichgesetzt werden darf, was HELMHOLTZ unter „Grundempfindungen" verstand, lasse ich bei dem derzeitigen Stand unserer Kenntnisse dahingestellt.

Fordert man *reines Tagessehen* für die Untersuchung des Farbensinns — was heute selbstverständlich sein dürfte, weil nur dadurch die Beobachtungsbedingungen reproduzierbar gemacht werden können (S. 1547) —, so müssen die *von Null verschiedenen positiven Werte der Eichkurve V zwischen 630 und 550 $\mu\mu$* (S. 1555) *und die entsprechende Abweichung der Farbtafelgrenze von der Geraden* (S. 1556 f.) *als Versuchsfehler für normale Trichromaten* bezeichnet werden. *Die Farbtafelbegrenzung normaler Trichromaten verläuft zwischen dem roten Ende und 550 $\mu\mu$ geradlinig;* daran können auch die „Grundempfindungen" (die kombinierten Di- und Trichromaten-Eichwerte) nichts ändern, denn sie müssen den Farbengleichungen ebenso genügen wie die einfachen Eichwerte. Außerdem gilt, trotz TSCHERMAKS gegenteiliger Behauptungen[3], für Dichromaten, daß innerhalb ihrer langwelligen Endstrecke *zwischen je zwei beliebigen Lichtern vollständige Gleichungen ohne jeden Sättigungsunterschied möglich sind.* Vermeidet man bei den Beobachtungen den Versuchsfehler der Einmischung des Dämmersehens, so findet man für Prot- und Deuteranopen diese Endstrecke vom langwelligen Spektrumende bis 550 $\mu\mu$ reichend. *Die V-Kurve der Dichromaten endigt also gleichfalls bei etwa 545 $\mu\mu$.* Nach dem Konstruktionsprinzip der Farbtafel, das auch TSCHERMAK (S. 1536 f.) seinen Betrachtungen zugrunde legt, haben die Farben eine um so größere Entfernung vom Schwer- bzw. Weißpunkt der Tafel, je gesättigter sie sind. Haben wir nach den für *einen Normalen gültigen Farbengleichungen seine Farbentafel*

---

[1] Ds. Handb. **12 I**, 414, 562 (1929).

[2] KÖNIG, A., u. C. DIETERICI: Zitiert auf S. 1556, Fußnote 3.

[3] TSCHERMAK, A.: Ds. Handb. **12 I**, 402, 403, 416, 418, 419.

zahlenmäßig richtig konstruiert, so können wir aus der Tafel[1] auf die Sättigung der Spektralfarben einen Rückschluß machen: *je näher am Weißpunkt die Spektrallinie liegt, um so weniger satt sehen die Farben der betreffenden Spektralregion aus*. In Tabelle 9 ist nach der in großem Maßstab entworfenen Originalzeichnung zu Abb. 501 der Weißpunktsabstand der Spektralfarben in Zentimeter als relatives Maß für ihre Sättigung eingetragen, daneben zum Vergleich die für einen Normalen eben merklichen Farbenunterschiede[2] des Spektrums in $\mu\mu$.

Tabelle 9. **Sättigung und ebenmerkliche Farben-unterschiede im Spektrum des Normalen.**

Wellenlänge in $\mu\mu$	Sättigung in cm Weißpunkts-abstand	Ebenmerklicher Farbenunterschied in $\mu\mu$
670	11,6	—
650	10,9	—
630	9,7	—
620	8,3	3,5
610	7,4	—
600	6,4	1,5
590	5,9	—
580	5,8	1,0
570	5,9	—
560	6,0	1,3
550	6,15	2,0
540	6,10	2,5
530	5,2	3,5
520	4,6	3,5
510	2,4	3,0
500	3,9	2,0
490	7,8	0,5
480	9,7	1,0
470	10,6	2,5
460	11,0	—
450	11,3	—

Danach bestehen im Spektrum[3] des Normalen drei relative *Maxima* der Sättigung, zwei starke an den Spektralenden im Rot und Blauviolett und ein erheblich schwächeres im gelblichen Grün (550—540 $\mu\mu$), und dazwischen zwei relative *Minima* an Sättigung, ein mäßiges im Gelb (580 $\mu\mu$) und ein tiefes im Blaugrün (510—500 $\mu\mu$). Dieses Ergebnis entspricht einmal dem subjektiven Eindruck: den Anschein größter Sättigung („Farbenglut"[4]) erwecken Rot und Blauviolett, geringerer gelbliches Grün und geringster Gelb und Blaugrün. Ferner macht es sich bei Komplementärmischungen dadurch geltend, daß den Spektrallichtern „verschieden färbende Kraft"[5]

zukommt: um komplementär zu sein, muß dem Gelb und Blaugrün beträchtlich größere subjektive Helligkeit gegeben werden als dem Violett und Rot. Schließlich kommt es bei verschiedenen Methoden der heterochromen Photometrie[6] zum Ausdruck; z. B. bei der Flimmerphotometrie darin, daß Rot, Grün und Blauviolett *schwerer*, d. h. erst bei höherer Frequenz mit flimmeräquivalentem Weiß verschmelzen als Gelb.

Wie Tabelle 9 zeigt, entspricht die spektrale Verteilung der Sättigung ungefähr derjenigen der Unterschiedsschwelle für Farbentöne; beider Maxima und Minima liegen annähernd in derselben Spektralregion[7]. Diesem Tatbestand

---

[1] Die Umgrenzungskurve der reellen Farbenfläche (Abb. 501, S. 1556) ist übrigens kein Dreieck, sondern ein, wenn auch sehr unregelmäßiges Viereck mit Knickungen bzw. Umbiegungen bei 670, 550, 470 und 420 $\mu\mu$.

[2] ROSENCRANTZ, C. (unter A. KOHLRAUSCH): Z. Sinnesphysiol. **58**, 20 (1926).

[3] Selbstverständlich nur in dem bei *einwandfreiem Tagessehen* beobachteten Spektrum (vgl. S. 1543—1547).

[4] HELMHOLTZ, H. v.: Handb. d. Physiol. Optik, 2. Aufl., S. 347, 348 (1896).

[5] HELMHOLTZ, H. v.: Handb. d. Physiol. Optik, 2. Aufl., S. 319 (1896); 3. Aufl., **2**, 107 (1911).

[6] KOHLRAUSCH, A.: Pflügers Arch. **200**, 218 (1923).

[7] Eine völlige Übereinstimmung kann im vorliegenden Fall schon deshalb nicht erwartet werden, weil beide Zahlenreihen von verschiedenen Beobachtern stammen. Auch der Verlauf der spektralen U.E. ist bekanntlich ziemlich stark individuell verschieden wegen der Maculapigmentation (s. Abb. 493, S. 1516).

und Zusammenhang wird die Dreikomponententheorie gerecht. Bekanntlich gehört es zu ihren Grundannahmen[1], daß die alleinige oder stark überwiegende Erregung *eines* ihrer drei hypothetischen peripheren Netzhautprozesse (Komponenten) eine besonders *satte* Farbenempfindung zur Folge hat, und daß eine *gleich starke* Erregung aller drei Komponenten die Empfindung Weiß auslöst. An einem Schnittpunkt zweier Valenzkurven über dem Spektrum (580 und 510 $\mu\mu$; Abb. 500, S. 1554), d. h. bei gleich starker Erregung zweier Komponenten muß dementsprechend die Sättigung *kleiner* sein als beiderseits neben dem Schnittpunkt, wo eine Komponente überwiegt. Besonders gering muß die Sättigung dann sein, wenn auch die Erregung der dritten Komponente nur wenig von derjenigen der beiden andern verschieden ist (500—510 $\mu\mu$; Abb. 500, S. 1554). — Andererseits ändert sich in der Gegend der Kurvenschnittpunkte (Abb. 500, S. 1554) nach der Theorie das Erregungs*verhältnis* der Komponenten am schnellsten, daher liegen dort Maxima der U.E. für Farbentöne. Daß die Sättigungsminima *gerade im Spektrum* mit Maximis an U.E. zusammenfallen müssen, auch z. B. beim Neutralpunkt der Dichromaten und Extrem-Anomalen, ist danach auf Grund der Dreikomponententheorie klar; aber selbstverständlich ist nach der Theorie *nicht etwa allgemein* eine Minderung an Sättigung gleichbedeutend mit einer Steigerung an U.E. für Farbtöne. Machen wir ein Spektrum durch Weißzusatz blaß, so leidet die U.E. (Nivellierung der Eichkurven).

Diese beim subjektiven Eindruck, bei Komplementärmischungen, bei der heterochromen Photometrie und schließlich bei einer einwandfreien zahlenmäßigen Eichung für normale Trichromaten übereinstimmend festgestellten Ergebnisse über *die Sättigung von Spektralfarben* stehen in Gegensatz zu den Schlüssen, die TSCHERMAK aus den Versuchen des Rotanomalen GOLDMANN gezogen hat (S. 1536 f.). TSCHERMAKS These, die spektralen Urfarbenlichter HERINGS seien durch besondere Sättigung ausgezeichnet, gilt nicht für den normalen Trichromaten; nur das Urblau (ca. 470 $\mu\mu$) des Normalen ist sehr satt[2], in seinem Urgelb (ca. 570 $\mu\mu$) und besonders in seinem Urgrün (ca. 500 $\mu\mu$) bestehen gerade *Minima an Sättigung* (S. 1558). *Die weitgehenden Folgerungen, die* TSCHERMAK *aus der besonderen Sättigung der Urfarbenlichter zieht, haben daher für den normalen Farbensinn kaum eine Bedeutung.*

Trotzdem kann, wie schon gesagt (S. 1542 f.), der Befund des Rotanomalen GOLDMANN, daß spektrale Binärmischungen aus Rot + Gelbgrün die Zwischenlichter nicht mit *voller spektraler* Sättigung herstellen lassen, *für einige mittlere Grade von Rotanomalie* sehr wohl zutreffen. Das könnte z. B. dann der Fall sein, wenn die bei Rotanomalen nachgewiesene Sättigungsverminderung im Blaugrün (S. 1542 f.) sich bei bestimmten Anomaliegraden so weit hinauf bis in das Gelbgrün erstreckte, daß ihre Farbtafel-Grenzlinie (vgl. Abb. 501, S. 1556) schon von etwa 560—570 $\mu\mu$ an gekrümmt von der Geraden *RG* abwiche, ähnlich wie in den Tafeln[3], zu denen die Farbengleichungen unter Einmischung des Dämmersehens gewonnen wurden. Die Farbtafelkontur *solcher Rotanomaler* würde dann, entsprechend TSCHERMAKS Forderung, bereits bei 570—580 $\mu\mu$ eine Abknickung zeigen. Systematische Eichungen an Rotanomalen verschiedenen Grades, die KOHLRAUSCH begonnen hat (S. 1560), können ergeben, ob diese Vermutung richtig ist. Eine Andeutung solchen Verhaltens zeigt vielleicht schon der oben (S. 1540) beschriebene Rotanomale ganz leichten Grades, da er in der langwelligen Zwischenstrecke schon mit 545 $\mu\mu$ als kurzwelligem Mischungsanteil die erste Andeutung

---

[1] HELMHOLTZ, H. v.: Zitiert auf S. 1558, Fußnote 4.
[2] Wie die Sättigung sich im Blau und Violett verhält, müssen erst weitere Versuche lehren.
[3] Ds. Handb. **12 I**, S. 562, Abb. 194, 195.

von Blässe der Mischung feststellte, während drei normale Vpn. das erst mit 540 $\mu\mu$ taten (S. 1540).

Die Eichung der anomalen Trichromaten durch KOHLRAUSCH und SACHS zeigt als wesentliches Ergebnis: zwei der Eichwertkurven fallen mit denen der normalen Trichromaten sehr angenähert zusammen, die Lage der dritten über dem Spektrum ist verändert; und zwar ist bei Rotanomalen die Rotkurve gegen die Grünkurve hin verlagert, bei Grünanomalen umgekehrt die Grünkurve gegen die Rotkurve hin. Für Grünanomale ist diese Tatsache durch die Eichungen von KÖNIG und DIETERICI[1] und von ENGELKING[2] bekannt, für Rotanomale wurde sie meines Wissens bislang noch nicht exakt erwiesen. Abb. 502

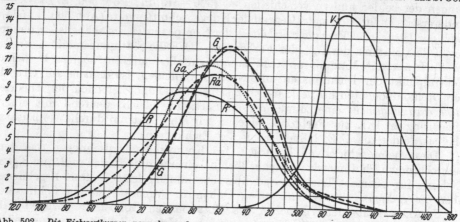

Abb. 502. *Die Eichwertkurven normaler und anomaler Trichromaten im Interferenzspektrum des Nitralichts.* Sämtliche Kurven sind auf mittleren Lichtverlust in der Macula experimentell reduziert. Die Kurven R, G, V ●————● stellen die Eichwerte des normalen Trichromaten dar (s. Tabelle 8 und die Kurven 3 der Abb. 500, S. 1554). Ra und G ●————● sind die anomale Rot- und die normale Grünkurve eines ganz leicht Rotanomalen. Ga ●----------● ist die anomale Grünkurve eines Grünanomalen etwa mittleren Grades. (Nach Versuchen von KOHLRAUSCH und SACHS.)

zeigt die Lage der normalen (R, G, V) und anomalen (Ra, Ga) Eichwertkurven über dem Interferenzspektrum des Nitralichts; dabei ist der Maßstab wie vorher so gewählt, daß der Flächenraum zwischen jeder Kurve und der Abszisse gleich 1000 gesetzt ist. Die anomale Rot- bzw. Grünkurve (Ra bzw. Ga) sind so weit verschoben, daß sie ungefähr auf der Mitte zwischen der normalen Rot- und Grünkurve verlaufen. Auch die Gestalt der anomalen Kurven ist verändert; beide nähern sich einer Mittelform zwischen normaler Rot- und Grünkurve.

Als Beleg dafür, daß die übrigen Eichkurven der anomalen Trichromaten nicht wesentlich von denen der Normalen abweichen, habe ich die Grünkurve des Rotanomalen (strichliert) mit in Abb. 502 eingezeichnet: beide G-Kurven laufen unmittelbar nebeneinander und überschneiden sich mehrmals. Bei der R-Kurve des Grünanomalen und den V-Kurven[3] haben die Abweichungen etwa die gleiche Größenordnung. Im übrigen geht dieses Verhalten ja auch aus der mehrfach festgestellten Tatsache hervor, daß die Protanopen sowohl die Farbengleichungen der Rotanomalen wie die der Normalen anerkennen und entsprechend die Deuteranopen die Gleichungen der Grünanomalen und Normalen. Die bei Dichromaten vorhandenen Valenzkurven werden daher auch bei den Trichromaten nicht erheblich abweichen.

---

[1] KÖNIG, A. u. C. DIETERICI: Z. Psychol. **4**, 316—324 (1892).
[2] ENGELKING, E.: Klin. Mbl. Augenheilk. **78**, 209 (1927).
[3] Diese Kurven sind hier nicht mit eingetragen, damit die *wesentlichen* Besonderheiten der Anomalen deutlich in der Abbildung erkennbar bleiben.

ENGELKING[1] schließt aus seinen in der langwelligen Spektralhälfte bei Grünanomalen ausgeführten Teileichungen, daß bei *verschiedenen Graden* von Grünanomalie die *G*-Kurven stets ungefähr gleich stark verlagert sind, daß also die von KÖNIG-DIETERICI[2], v. KRIES[3] u. a. vermuteten und jetzt auch in den *schwachen* Graden sicher nachgewiesenen (S. 1562f.) Übergangsformen zwischen Normalen über die Anomalen zu den Dichromaten mit einer *verschieden starken* Verlagerung der Eichkurven nicht erklärbar wären. Da bei dem hier untersuchten *ganz schwach* Rotanomalen die *R*-Kurve schon *sehr stark* verschoben ist (Abb. 502), könnte man versucht sein, ENGELKINGs Schluß auch auf die Rotanomalen auszudehnen. Ich bin jedoch nicht der Ansicht, daß das derzeitige Versuchsmaterial uns bereits berechtigt, diese Behauptung mit aller Schärfe aufzustellen. Denn zweifellos zeigt das Spektrum bei verschieden stark Anomalen im Blaugrün (etwa 500 $\mu\mu$) *stetige Übergänge von geringer Abblassung bis zu einem typischen Neutralpunkt* (S. 1542f.). Abb. 502 läßt deutlich erkennen, wie diese Abblassung mit den Valenzkurven zusammenhängt: *die anomale Kurve ist dem Schnittpunkt der beiden anderen Kurven genähert; wenn alle drei Kurven dort in einem Schnittpunkt zusammenfallen, muß ein Neutralpunkt resultieren.* Ich halte es daher nicht für ausgeschlossen, daß systematische und *vollständige* Eichungen verschiedener Anomaliegrade *zum mindesten im Blaugrün eine verschieden* starke Verlagerung der jeweils anomalen Kurven ergeben könnten.

Die **spektrale Helligkeitsverteilung der Rotanomalen:** In anderer Beziehung konnten KOHLRAUSCH und Mitarbeiter ganz zweifellos einen stetigen Übergang von Normalen durch verschiedene Grade von Rotanomalie zu den Protanopen feststellen: *an der spektralen Helligkeitsverteilung.* Die Abb. 503 zeigt dieses Verhalten, und zwar an den *Flimmerwerten*, die bei verschiedenen Versuchspersonen mit dem gleichen Dispersionsspektrum einer Nitralampe gemessen wurden. Die Kurvenmaxima sind jedesmal gleich 100 gesetzt. Die Kurven 1 und 2 der Abb. 503 stammen von zwei normalen Trichromaten, einem stark und einem mittelstark pigmentierten; Kurve 3 und 4 von den zwei ganz schwach Rotanomalen (S. 1540, 1553), einem etwa mittelstark und einem sehr schwach pigmentierten; Kurve 5 von einem typischen mittleren Rotanomalen, 6 von einem extrem Rotanomalen und schließlich 7 von einem typischen Dichromaten (Protanopen); die drei letzteren Beobachter hatten ungefähr mittlere Maculapigmentation.

Man sieht deutlich, *wie die Flimmerwertkurven der verschiedenen Anomaliegrade eine ziemlich stetige Übergangsreihe*[4] *zwischen den beiden Extremen der Normalen und der Protanopen bilden* (Abb. 503). Die Unterschiede sind sehr beträchtlich: beim Rot von 660 $\mu\mu$ z. B. liegen die Flimmerwerte zwischen 24 und 4; je stärker die Anomalie, um so dunkler erscheint das Rot. Daß die Unterschiede nur zu einem kleinen Teil durch die Maculapigmentation bedingt sind, ist gleichfalls gut sichtbar (Abb. 503); den relativ geringen Einfluß der Macula zeigen die Kurvenpaare 1 und 2 bzw. 3 und 4. — Diese offenbar sehr erheblichen Abweichungen in der Helligkeitsverteilung verschiedener Rotanomaliegrade konnten bisher trotz besonders darauf gerichteter Versuche nicht festgestellt werden[5]. Das liegt einmal daran, daß die ganz leichten Übergangsformen von Rotanomalie, die gerade bezüglich ihrer Helligkeitsverteilung eine eindeutige

---

[1] ENGELKING, E.: Klin. Mbl. Augenheilk. **78**, 209 (1927).

[2] KÖNIG, A. u. C. DIETERICI: Z. Psychol. **4**, 344, 345 (1892).

[3] KRIES, J. v.: Helmholtz' Handb. d. physiol. Optik, 3. Aufl., **2**, 355, 356 (1911).

[4] Ob die Übergangsreihe der Anomalen zwischen den Normalen und den Dichromaten *wirklich stetig* ist oder ob sich als drei Hauptgruppen der ganz leichte, der mittlere und der extreme Anomaliegrad werden unterscheiden lassen, muß einstweilen offenbleiben.

[5] KOELLNER, H.: Arch. Augenheilk. **78**, 316—319 (1915).

Zwischenstellung einnehmen (Abb. 503), den Beobachtern bis jetzt entgangen sind[1]; und ferner daran, daß die übliche Technik der Praxis nicht ausreicht, um bei Außerachtlassen der Maculapigmentation die Helligkeitsdifferenzen von

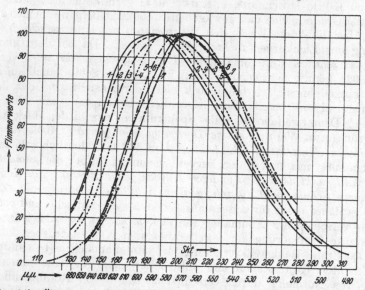

Abb. 503. *Der stetige Übergang der spektralen Helligkeitsverteilung von Normalen über verschiedene Grade von Rotanomalie zu Protanopen;* Flimmerwerte im Dispersionsspektrum einer Nitralampe. *Kurve 1 und 2 sind Normale (1 starke, 2 mittelstarke Maculapigmentierung); 3 und 4 ganz schwach Rotanomale (3 mittelstarke, 4 schwache Maculapigmentierung); 5 typischer mittlerer Rotanomaler, 6 extremer Rotanomaler, 7 Protanop (5 bis 7 mit etwa mittelstarker Maculapigmentierung).* (Originalkurven von Kohlrausch und Mitarbeitern.)

mittlerer Rotanomalie bis zur Protanopie (Abb. 503, Kurve 5—7) mit Sicherheit feststellen zu können.

Auch wenn die *R*-Eichkurve bei den verschiedenen Graden von Rotanomalie die *gleiche etwa mittlere* Lage über dem Spektrum hätte (S. 1560, Abb. 502, Kurve *R a*), was, wie gesagt (S. 1561), wohl noch nicht sicher erwiesen ist, so würde trotzdem die *unterschiedliche spektrale Helligkeitsverteilung* zur Erklärung der untereinander abweichenden Einstellungen der Rayleighgleichung ausreichen: Im allgemeinen braucht ein stärker Rotanomaler in der Farbengleichung Rot + Gelbgrün = Gelb *mehr Rot* als ein schwächer Rotanomaler. Außer von der Lage der *R*-Eichkurve hängt zweifellos die zur Gleichung erforderliche Rotmenge auch von dem recht unterschiedlichen Helligkeitsverhältnis $\frac{\text{Rot}}{\text{Grün}}$ ab, das bei den hier untersuchten Rotanomalen für 660 und 545 $\mu\mu$ zwischen etwa $^{1}/_{5}$ und etwa $^{1}/_{20}$ liegt. *Danach braucht ein Rotanomaler um so mehr Rot in der Rayleighgleichung, je kleiner die Helligkeit seines Rot zu der seines Gelbgrün ist, selbst wenn bei allen Graden von Rotanomalie die R-Eichkurve den gleichen Verlauf über dem Spektrum haben sollte.* Ich halte es jedoch für möglich, daß die Helligkeits- und die *R*-Eichkurve *symbat* verlagert sind. Eine systematische und vollständige Untersuchung verschiedener Grade von Rotanomalie könnte also möglicherweise auch die viel umstrittene Frage entscheiden, ob die Weißerregbarkeit von der farbigen Erregbarkeit abhängig oder unabhängig ist.

Die leichtanomalen Übergangsformen: Es wurde schon vorher gesagt (S. 1515), daß die an den Enden der Frequenzkurven (S. 1513) sich unmittelbar

---

[1] Koellner, H.: Arch. Augenheilk. **78**, 316—319 (1925). — Engelking, E.: Klin. Mbl. Augenheilk. **78**, 209 (1927) — Ds. Handb. **12 I**, 511, 512.

an die Normalen anschließenden *anomalen Trichromaten ganz leichte Fälle der bisher vermißten Übergangsformen von den typischen anomalen Trichromaten zu den Normalen sind.* Von KOHLRAUSCH und seinen Mitarbeitern sind bisher zwei derartige ganz leicht Rotanomale gefunden und weitgehend durchuntersucht (S. 1540, 1553). Die Eichung ihres Spektrums, die Messung ihrer Maculaabsorption (S. 1516, Abb. 493, Kurve 5 und 1) und die Bestimmung ihrer Flimmerwerte (S. 1562, Abb. 503, Kurve 3 und 4) ergab, daß sich beide fast nur in der verschieden starken Absorption ihrer Macula voneinander unterscheiden. Nach Reduktion auf mittlere Maculapigmentation weichen ihre Eichwertkurven kaum noch voneinander ab. — Daß solche leichten Formen von Übergangsfällen nicht schon früher mit Sicherheit festgestellt wurden, liegt daran, *daß sie bei der üblichen Art der Farbensinnprüfungen, auch bei sorgfältiger Untersuchung, gar nicht oder kaum auffallen und infolgedessen bei den Vorproben übersehen werden.* Auch diese beiden rotanomalen Studierenden wurden durch Zufall entdeckt; der eine fiel in einem Kurs wegen seiner abweichenden Flimmerwerte auf, der andere bei einer Massenuntersuchung (S. 1512—1515) wegen seines relativ kleinen $\frac{\text{Grün}}{\text{Rot}}$-Quotienten, welcher dann zu weiterer Untersuchung anregte. *Fälle dieser Art sind eben trotz ihrer Anomalie vollständig farbentüchtig.*

Die beiden untersuchten Rotanomalen bestehen jede Tafel-, Woll- oder Florprobe spielend; zeigen nicht die geringsten Spuren von Farbenschwäche, gesteigertem Kontrast oder leichter Ermüdbarkeit; haben eine sehr gute Unterschiedsempfindlichkeit für Farbentöne; kurz, sind in jeder gewöhnlich untersuchten Beziehung so farbentüchtig wie ein Normaler und unterscheiden sich dadurch kraß von den mittleren und extremen Protanomalen. Auch am Anomaloskop fallen sie kaum auf, denn sie brauchen nur wenig mehr Rot, als ein mittelstark pigmentierter Normaler und etwa ebensoviel wie ein ganz schwach pigmentierter. Der $\frac{\text{Grün}}{\text{Rot}}$-Wert der am schwächsten pigmentierten Normalen in Abb. 492 (S. 1513) ist 0,8—0,9, der des leicht Rotanomalen 0,78; dagegen liegt der eines typischen mittleren Rotanomalen erst bei 0,3 und darunter.

Man würde einen derartigen Fall bei der gewöhnlichen Prüfung zweifellos für einen sehr schwach pigmentierten Normalen halten. Und doch ist es ein Rotanomaler — nur ohne jede Beeinträchtigung seines Farbenunterscheidungsvermögens —, denn er hat folgende charakteristische Abweichungen seines Farbensystems: 1. Die langwelligen Lichter haben für ihn geringen Reizwert; die Kurve seiner spektralen Helligkeitsverteilung ist wie bei den typischen durch Farbenschwäche charakterisierten Rotanomalen gegen Grün hin verschoben. 2. Die Abweichung seiner Farbengleichungen ist nicht physikalisch durch Absorption bedingt, sondern durch sein abweichendes Farbensystem, denn bei der „erweiterten Rayleighgleichung" ist sein $\frac{\text{Grün}}{\text{Rot}}$-Verhältnis zu dem eines Normalen nicht konstant, sondern zeigt den typischen Gang. 3. Die Art der Anomalie seines Farbensystems zeigt sich bei der Eichung seines Spektrums: seine Eichwertkurven (Valenzkurven) für Grün und Blau fallen mit denen eines normalen Trichromaten sehr angenähert zusammen, während seine Rot-Eichkurve stark gegen die Grünkurve hin verlagert ist, so daß sie etwa in der Mitte zwischen der normalen Rot- und Grünkurve verläuft (S. 1560). Der Gang des unter 2 genannten $\frac{\text{Grün}}{\text{Rot}}$-Quotienten $\frac{\text{Anomal}}{\text{Normal}}$ ist auf die Verlagerung der einen Anomalenkurve zurückzuführen. — Diese drei Abweichungen der leicht Rotanomalen von den Normalen liegen weit außerhalb jeder Fehlermöglichkeit, zumal solche leichten Anomaliefälle genau so sicher beobachten wie ein normaler Trichromat und damit bei messenden Untersuchungen einen wesentlichen Vorteil vor mittleren und extremen Anomalen voraus haben.

Rechnen wir die Werte der $\frac{\text{Grün}}{\text{Rot}}$-Frequenzkurve (S. 1513, Abb. 492) für ein „Mittelnormalauge" von 1,125 auf 1,0 um, dann läßt sich die Massenuntersuchung von GÖTHLIN[1] mit der von KOHLRAUSCH und Mitarbeitern (S. 1512—1516) vergleichen[2]. GÖTHLIN fand bei 314 mit STILLINGS Tafeln auf „Farbentüchtigkeit" geprüften Hochschulstudenten und -lehrern den $\frac{\text{Grün}}{\text{Rot}}$-Quotienten zwischen 1,6 und 0,6, wenn er den für das „Mittelnormalauge" gleich 1,0 setzte; Personen innerhalb dieses Quotientenintervalls von 0,6—1,6 bezeichnet er als normale Trichromaten. Für typische Rotanomale fand GÖTHLIN den Quotienten in Übereinstimmung mit anderen Untersuchern bei 0,3, für typisch Grünanomale bei 2,2, während KÖNIG und v. KRIES bei Grünanomalen auch Quotienten von 3—4 feststellten. Trotz besonders darauf gerichteter Versuche fand GÖTHLIN *keinen Rotanomalen* mit einem Quotienten *zwischen* 0,6 und 0,3 und *keinen Grünanomalen zwischen* 1,6 und 2,2. Er glaubt daher, daß die leichten Übergangsformen zwischen Normal und Anomal so selten seien, daß nur eine *sehr umfangreiche* Statistik sie aufweisen könne.

Demgegenüber fanden KOHLRAUSCH und Mitarbeiter (S. 1512 f.) schon bei einem $\frac{\text{Grün}}{\text{Rot}}$-Quotienten von 0,69 den einen Übergangsfall von Rotanomalie, wenn das „Mittelnormalauge" gleich 1,0 gesetzt wird. Ihr anderer Fall mit gleichem Farbensystem wird wegen seiner stärkeren Maculapigmentation einen *noch höheren* Quotienten haben. Es darf danach als durchaus möglich bezeichnet werden, daß sich unter denjenigen von GÖTHLINS 314 Personen, deren Quotienten in der Nähe von 0,6 lagen, *außer extrem schwach pigmentierten Normalen auch einige rotanomale Übergangsformen befunden haben.* Hält man, was auch GÖTHLIN tut, an der von KÖNIG eingeführten Nomenklatur fest, wonach als anomale Trichromaten solche Alterationssysteme zu bezeichnen sind, bei denen eine der drei Eichwertkurven verlagert ist, dann kann man nach den Feststellungen von KOHLRAUSCH und Mitarbeitern ein nur mit Stillingtafeln und $\frac{\text{Grün}}{\text{Rot}}$-Quotienten ausgesuchtes Personenmaterial wohl als „farbentüchtig", aber nicht als normaltrichromatisch bezeichnen. Beide Begriffe decken sich zwar weitgehend, aber nicht mehr vollkommen, nachdem durchaus farbentüchtige rotanomale Trichromaten unzweifelhaft nachgewiesen sind. — Für extrem stark pigmentierte und als *sicher normal* festgestellte Trichromaten fand KOHLRAUSCH bisher als höchsten den Quotienten 1,5, GÖTHLIN für seine „Farbentüchtigen" 1,6. Da entsprechende farbentüchtige Grünanomale bisher nicht unzweifelhaft nachgewiesen sind, darf man zwar nicht behaupten, aber vielleicht für nicht ganz ausgeschlossen halten, daß sich unter GÖTHLINs Personen mit Quotienten in der Nähe von 1,6 *außer extrem stark pigmentierten Normalen auch einige grünanomale Übergangsformen befunden haben könnten* (S. 1515). Der sichere Nachweis ist nur mit einer einwandfrei durchgeführten Eichung zu erbringen (S. 1560 f.).

Kritisches: Es bleibt noch übrig, zu einigen Einwänden Stellung zu nehmen, die in den letzten Jahren *gegen die Eichungen verschiedener Farbensysteme, gegen die aus ihnen gezogenen Schlüsse und gegen die Dreikomponententheorie* erhoben sind (anderweite Diskus-

---

[1] GÖTHLIN, G. F.: Abderhaldens Handb. d. biol. Arbeitsmethoden, Abtl. V, Teil 6, H. 6, 928—935 (1926).

[2] Wenn das $\frac{\text{Grün}}{\text{Rot}}$-Verhältnis des „Mittelnormalauges" bei solchen Vergleichsuntersuchungen gleich 1 gesetzt wird, haben Verschiedenheiten des Apparats und der Lichtquelle gar keinen Einfluß auf das Ergebnis und selbst geringfügigen Abweichungen der Gleichungs-Wellenlängen kommt kaum Bedeutung für die Größe des Quotienten zu.

sionen einschlägiger Einwände S. 1537—1549, 1552, 1559). — G. E. MÜLLER[1] kritisiert die von
KÖNIG-DIETERICI, v. KRIES, PIPER, KÖLLNER, LEVY und anderen aus den Eichungen von Di-
und Trichromaten gezogene Schlußfolgerung: die zwei Eichkurven der verschiedenen Dichro-
matentypen stimmen mit je zweien der Trichromatenkurven überein, je eine Trichromaten-
kurve fehlt den Dichromaten. G. E. MÜLLER führt unter anderem als Gegenargument an,
dann müßten sich mit den reellen, für die Dichromateneichung benutzten Wellenlängen
dieselben Gleichungen auch für Trichromaten gültig herstellen lassen (z. B. 505 $\mu\mu = a \cdot 645\ \mu\mu$
$+ b \cdot 589{,}2\ \mu\mu + c \cdot 460{,}8\ \mu\mu$), weil die Eichkurven in erster Linie von der physiologischen
Wirksamkeit *der benutzten reellen Eichlichter* abhingen. — Dieses Gegenargument beruht auf
mehreren Mißverständnissen: *Lage und Verlauf der Eichkurven über dem Spektrum hängen
in der von G. E. MÜLLER vorausgesetzten Weise überhaupt nicht von der physiologischen Wirksamkeit der einzelnen, zufällig als reelle Eichlichter gewählten Wellenlängen ab, sondern sind
individuelle physiologische Konstanten des betreffenden Farbensystems.* Welche Wellenlänge
innerhalb der Tri- oder Dichromaten-Endstrecken oder welche Wellenlänge im Grün der Trichromaten (s. S. 1549—1551) wir als reelle Mischungsbestandteile bei der Eichung auch benutzen mögen, *stets fallen Lage und Verlauf der Eichkurven bei ein und derselben Person identisch
aus innerhalb der unvermeidlichen Beobachtungsfehlergrenzen von einigen Prozent.* Darin liegt
ja gerade die Bedeutung der Eichwertkurven als *Charakteristikum eines Farbensystems.*
Wenn die Kurven mit jeder etwas abweichenden Lage der reellen Eichwellenlängen *anders*
ausfielen, wäre die Eichung überflüssig. Die Wahl der reellen Eichlichter ist eine reine Zweck-
mäßigkeitsfrage, die auf das Resultat keinen Einfluß hat. — J. v. KRIES[2], dessen Eichung
und Schlüsse G. E. MÜLLER speziell kritisiert, sagt ausdrücklich, daß sich die von ihm mitgeteilten Eichzahlen auf drei *gedachte* Reizarten beziehen, und zwar ein bestimmtes Rot,
Grün und Blau, die alle drei *extraspektral* liegen. Damit ist ohne weiteres selbstverständlich,
daß die Gleichungen von v. KRIES für Di- und Trichromaten *gemeinsam gelten* können.
Wenn die Eichkurven *als individuelle physiologische Konstanten* bei verschiedenen
Farbensystemen teils übereinstimmen, teils gegeneinander verlagert sind, so dürfte das
doch wohl einige Schlüsse zulassen. G. E. MÜLLER meint nun, die Eichkurven von Di- und
Trichromaten stimmten tatsächlich nur *sehr schlecht* überein, weil die Spektralorte, an denen
die Kurven auf der Abszisse anfingen und endigten, verschieden wären. — Gerade *dieser* Differenz der Kurven-*Fußpunkte* kommt jedoch nur die äußerst geringe Gegenbeweiskraft zu.
Denn für einen Tritanopen z. B. ist der langwellige Beginn der G-Kurve durch die erste
Spur von Sättigungsdifferenz innerhalb seines Rot bestimmt, für einen Protanopen der entsprechende Beginn durch die Feststellung, wieweit sein Spektrum reicht. Es ist klar, daß
derartige Unterschiede in der *Schwierigkeit der Beobachtung* sehr leicht solche Kurvendiffe-
renzen vortäuschen können. — Die durch G. E. MÜLLER angeführte Rechnung von EBBING-
HAUS[3] beweist ebensowenig, weil sie sich gerade auf *den Teil* von KÖNIG-DIETERICIS V-Kurven
bezieht, der wegen Einmischung des Dämmersehens falsch ist. Das taghell adaptierte Auge
des Normalen ist im Gegenteil äußerst empfindlich gegen Änderungen des Spektralblau-
zusatzes zum Gelb, da diese den Farbton in enormem Maße verändern. Die von EBBINGHAUS
kritisierte Abweichung ist allein durch den Fehler des Dämmersehens bedingt und nicht
durch eine systematische Abweichung der V-Kurve bei Di- und Trichromaten begründet. —
Die Messungen von KOHLRAUSCH und SACHS (Abb. 502, S. 1560) dürften aufs neue zeigen,
wie gut bei reinem Tagessehen einerseits *die Übereinstimmung gleichlaufender Kurven* ist und
wie groß andererseits die *tatsächliche Verlagerung anomaler Kurven.*
Ein Einwand A. BRÜCKNERS gegen die Young-Helmholtz-Theorie findet die Zustim-
mung G. E. MÜLLERS[4]. Da BRÜCKNERS Originalarbeit nicht zitiert wird, kann ich mich
nur auf G. E. MÜLLERS Referat beziehen; es lautet: „BRÜCKNER erinnert z. B. daran, daß
nach jener Theorie Ermüdung durch rotes Licht zur Folge haben müsse, daß ein nachher
einwirkendes gelbes Licht weniger gesättigt erscheine, als es bei fehlender Vorermüdung
sich darstelle. Denn die Rotermüdung diene ja dazu, die eine der beiden peripheren Komponenten, auf deren gleichzeitiger und gleich starker Erweckung die Gelbempfindung beruhen
solle, stark zu schwächen." — Der Einwand übersieht *die Grundannahme der ganzen Theorie*
(vgl. S. 1559), welche besagt: *Eine farblose Empfindung wird ausgelöst bei gleichzeitiger und
gleich starker Erregung aller drei Komponenten; je stärker eine Komponente überwiegt, um so
satter ist die resultierende Empfindung.* Die Folgerung läßt sich aus Abb. 500, S. 1554 ablesen.
Da Rotermüdung nach der Theorie die Rotkomponente schwächt, *erniedrigt* sich die R-Kurve;
infolgedessen rückt erstens ihr Schnitt mit der G-Kurve nach langwelligeren Lichtern und
überwiegt zweitens die G-Kurve bei 580 $\mu\mu$. Folgerung aus der Theorie: *Ein gelbes Licht muß*

---

[1] MÜLLER, G. E.: Typen der Farbenblindheit, S. 156—164. Göttingen: Vandenhoek u.
Ruprecht 1924.
[2] KRIES, J. v.: Nagels Handb. d. Physiol. **3**, 161 (1904).
[3] EBBINGHAUS, H.: Z. Psychol. **5**, 156—163 (1893).
[4] MÜLLER, G. E.: Über die Farbenempfindung **2**, 627. Leipzig: J. A. Barth 1930.

nach Rotermüdung grüner und satter aussehen als vorher! Eine Beobachtung, die schon sehr lange bekannt ist und die BRÜCKNER wieder bestätigt haben soll. Danach steht also die *wirkliche* Young-Helmholtz-Theorie in ausgezeichneter Übereinstimmung mit dieser Erfahrung.

Es ist gewiß ganz beachtenswert, daß BRÜCKNER[1] durch geeignete additive Verknüpfung der KÖNIG-DIETERICIschen *drei* Eichwertreihen *vier* Kurven herausrechnen kann, *die eine ziemliche Ähnlichkeit mit denjenigen vier Eichkurven haben,* die er für die HERINGschen *vier Urfarben* experimentell an seinem Auge bestimmt hat. Wie BRÜCKNER jedoch selbst hervorhebt, ist das an und für sich selbstverständlich. Denn eine Eichung des normalen Spektrums kann man mit drei, vier oder mit mehr Eichlichtern ausführen und, wie schon KÖNIG und DIETERICI[2] sagen, läßt sich die *gleiche* oder eine *beliebig größere Anzahl* von Urfarben (Grundempfindungen) durch Gleichungsverknüpfungen aus den Eichwerten (Elementarempfindungen) entwickeln. Bedingung für die *Übereinstimmung* der so *umgerechneten* und der anderweitig *neu bestimmten* Kurven ist nur, daß die beiderseitigen Messungen unter physikalisch und physiologisch gleichen Bedingungen ausgeführt sind. Die leidliche Ähnlichkeit zwischen KÖNIGS und BRÜCKNERS „Vierfarbenkurven" läßt also einmal den Schluß zu, daß die Beobachtungsbedingungen entsprechend ähnlich waren, und zweitens die seit langem bekannte und schon bei HELMHOLTZ[3] stehende Folgerung, daß die vier Gegenfarben der HERINGschen Theorie den Farbenmischungen eines *normalen* Trichromaten ebenso genügen wie die drei Grundfarben der YOUNG-HELMHOLTZschen Theorie. Letztere Folgerung ist selbstverständlich, denn die Art und Zahl der Eichlichter oder Grundfarben oder Urfarben ist, wie schon oft hervorgehoben, für die rechnerische Darstellbarkeit und Transformation der Mischungsergebnisse genau so belanglos wie etwa das Koordinatensystem und der Maßstab.

Wenn aber BRÜCKNER darüber hinaus aus seinen Beobachtungen und Rechnungen schließen möchte, daß in den KÖNIGschen Dreikomponentenkurven die HERINGschen Vierfarbenkurven *mit steckten,* daß wir in den Gegenfarbenkurven einen *einfacheren* Ausdruck der Tatsachen hätten als in den KÖNIGschen Kurven, daß letztere *nicht mehr als Stütze* der Dreikomponentenlehre dienen könnten und anderes mehr, daß vielmehr sein Rechnungserfolg „eine wesentliche Stütze für die HERINGsche Vorstellung antagonistischer Wirkungen" sei, so ist das alles durchaus nicht zwingend. Denn wenn jemand Gefallen daran finden sollte, eine Farbentheorie mit 6,8 oder 10 Grundfarben zu bauen, so könnte er gemäß der beliebigen additiven Verknüpfbarkeit die *drei* Königkurven z. B. in sein *Zehnkurvensystem* unter geeigneten Annahmen überführen und würde dann mit dem gleichen Recht die BRÜCKNERschen Argumente für seine Zehnfarbentheorie und gegen alle anderen anführen können.

Maßgebend für die Brauchbarkeit einer Theorie ist nicht, ob ihr gewisse Versuchsresultate als Stütze dienen, sondern wie gut sie einem Tatsachenkreis genügt. Und da führen nun sehr bemerkenswerterweise auch die Rechnungen BRÜCKNERS zu dem von jeher bekannten Ergebnis, *daß die Heringlehre gegenüber dem Formenreichtum der Farbensinnstörungen versagt.* Nach HERING gibt es nur *eine* Form von Rotgrünblindheit, der die Gelb- und Blauempfindung geblieben ist; BRÜCKNER errechnet aus den König-Dieterici-Kurven dagegen *zwei* Formen mit zwar gleicher Blau-, *aber erheblich verschiedener Gelbkurve. Das ist mit HERINGS Farbentheorie unvereinbar.* Von den zwei Formen stimmt der Protanop in *beiden* Kurven mit dem Normalen überein, die Gelbkurve des Deuteranopen weicht stark nach langwellig ab. BRÜCKNER versucht die Differenz auf die Helligkeitsverteilung zu beziehen, aber dadurch wird die Übereinstimmung *des Normalen mit dem Protanopen* noch weniger verständlich, da ja bekanntlich *letzterer* und *nicht* der Deuteranop in der Helligkeitsverteilung vom Normalen abweicht. Eine weitere von BRÜCKNER als Erklärung diskutierte Möglichkeit, bei der Deuteranopie könnte es sich um *Alteration* handeln, *widerspricht der ganz sicher feststehenden Erfahrung, daß die Deuteranopen gerade im langwelligen Spektralteil die Gleichungen der Normalen restlos anerkennen.*

Auch aus BRÜCKNERS Versuchen und Rechnungen ergibt sich also der Schluß, *daß die HERINGsche Farbentheorie gegenüber den Farbenmischungsgesetzen der verschiedenen Farbensysteme versagt.*

TSCHERMAK[4] sieht eine Diskrepanz darin, daß die Koinzidenzfläche der drei Komponenten-[5] bzw. Eichwertkurven (Abb. 500, S. 1554) ihren Gipfel im Balugrün hat, während der Kurvengipfel der spektralen Tageswertverteilung im Gelb liegt. Indem er *diese beiden Kurven als Ausdruck der Weißvalenz betrachtet,* behauptet er, eine Erklärung der Tatsache, daß beim

---

[1] BRÜCKNER, A.: Z. Sinnesphysiol. **58**, 340—347 (1927). — Vgl. auch E. SCHRÖDINGER: Sitzungsber. Akad. Wiss. Wien, Math.-naturwiss. Kl. Abtl. IIa **134**, 471—490 (1925). — HIECKE, R.: Z. Sinnesphysiol. **58**, 111 (1927).

[2] KÖNIG, A., u. C. DIETERICI: Z. Psychol. **4**, 324 (1892).

[3] HELMHOLTZ, H. v.: Handb. d. physiol. Optik, 2. Aufl., 379 (1896).

[4] TSCHERMAK, A.: Ds. Handb. **12 I**, 557, 558.

[5] Die *karierte* Fläche der Abb. 193 A in ds. Handb. **12 I**, 554.

Tagessehen die spektrale Weißvalenzkurve in der Gelbregion gipfelt, sei nach der Drei-komponententheorie ausgeschlossen, weil ja die Koinzidenzfläche im Blaugrün gipfelte; er betont das mit allem Nachdruck als Gegengrund gegen die Theorie. — Diese Behauptung beruht offenbar auf einem Mißverstehen der Dreikomponentenlehre. Denn nach der *wirklichen*, nicht nach einer durch Einmischung Heringscher Gedanken entstellten Drei-komponententheorie haben die beiden in Rede stehenden Kurven überhaupt nichts mit-einander zu tun, sondern beziehen sich auf *zwei verschiedene* der drei nach Helmholtz-Kries möglichen Variablen der Gesichtsempfindungen: die eine Kurve auf die *Sättigung*, die andere auf die *Helligkeit*. Die Koinzidenzfläche ist weiter nichts als ein graphischer Ausdruck für die Sättigung einer Spektralregion: je höher die Koinzidenzfläche über einen Spektralort, um so blasser sieht das betreffende Spektrallicht aus. Die Gipfellage der Koin-zidenzfläche bei 500—510 $\mu\mu$ entspricht durchaus der Erfahrung, wonach in der Gegend des spektralen Blaugrün das *Minimum* an Sättigung herrscht (S. 1558).

Daß ferner die Empfindungs*stärke*, d. h. die *Helligkeit* farbiger und farbloser Eindrücke, *eine Funktion des Erregungsgrades der Komponenten* sei, gehört zu den *Grundannahmen* der Dreikomponententheorie und ist von jeher klar ausgesprochen[1]. Dabei legte schon die ein-fache Betrachtung des Spektrums die Vermutung nahe, daß die Komponenten in *ungleichem* Maße an dem Zustandekommen der Gesamthelligkeit beteiligt seien, weil das Spektrum im Rot, Gelb und Grün hell aussieht, im Blau und Violett dunkel. Die spektrale Helligkeits-verteilung der Dichromaten und Anomalen führt zu dem gleichen Schluß: bei Tritanopen und Tritanomalen ist die Helligkeitsverteilung fast gar nicht gegenüber der Norm verändert, bei Deuteranopen und Deuteranomalen wenig, bei Protanopen am stärksten und bei Prot-anomalen mit dem Anomaliegrad zunehmend (S. 1561f.). Auf Gebieten, wo die *farblose* spek-trale Helligkeitsverteilung mit den Methoden der Peripheriewerte, Minimalfeld- und Minimal-zeithelligkeiten bisher untersucht wurde, hat sie im wesentlichen zu den gleichen Ergebnissen geführt[2]. Danach ist wahrscheinlich die Helligkeit der verschiedenen Lichter *in erster Linie* eine Funktion ihrer „Rotvalenz"[3], d. h. ihrer Wirkung auf die Rotkomponente.

Im Gegensatz zu Tschermaks Anschauungen sind also auf Grund der Dreikomponenten-theorie außer den Abwandlungen 1. des *Farbtons* auch diejenigen von 2. der *Sättigung* und 3. der *Helligkeit* einfach abzuleiten aus dem Erregungsverhältnis der drei Komponenten. Wenn Tschermak es als Widerlegung der Theorie und als „klargestellte Tatsache" hinstellt, „daß auch beim Tagessehen die Weißerregbarkeit oder Weißermüdung von der farbigen Erregbarkeit oder Ermüdung prinzipiell unabhängig ist", so stehen dem so gewichtige Tat-sachen als Gegenargumente gegenüber (s. z. B. das Verhalten der Protanopen und Prot-anomalen S. 1562), daß von einer Klarstellung dieser Frage zugunsten Herings wohl keine Rede sein kann. Da die Dreikomponententheorie eine in Herings Sinn *gesonderte Weiß-valenz* bekanntlich überhaupt in Abrede stellt, *muß es als eine Entstellung der Theorie be-zeichnet werden, wenn jemand irgendeine ihrer Größen zu* Herings *Weißvalenz in Parallele setzt.*

Von den nach Tschermak[4] experimentell gesicherten 13 „Fundamentaltatsachen des Farbensinns" sind zwei inzwischen einwandfrei als unrichtig für Normale erwiesen: die 7. — *die Kardinalpunkte des Spektrums bezeichneten Sättigungsdifferenzmaxima* (S. 1541, 1558) — und die 10. — *mit nur vier oder fünf Lichtern ließen sich sämtliche Spektrallichter in voller Sättigung herstellen* (S. 1541f., 1552). Ferner ist ein Teil der 8. — *optische Gleichungen hingen von der Zustandslage ab, nicht aber von der Lichtstärke an sich, solange diese nicht die Zustands-lage verändere* — in dieser Allgemeinheit unrichtig (S. 1546). Schließlich muß ein Teil der 12. — *farbige Verstimmung und Weißermüdung, farbige und farblose Erregbarkeit seien unabhängig voneinander* — als zur Zeit noch äußerst zweifelhaft, wenn nicht als unzutreffend bezeichnet werden. Die Nummern 2, 3 und 5 enthalten außer Tatsachen noch Definitionen (*Nuance*; *urfarbig = einkomponentig*; *zweiseitige Ähnlichkeit = zweikomponentig = mischfarbig*), über deren Zweckmäßigkeit man wohl zweierlei Ansicht sein kann (S. 1504, Fußnote 5).

Sehr angreifbar sind auch die „fünf Instanzen", die nach Tschermaks[5] Ansicht „dazu nötigen", „jede Dreikomponententheorie des Farbensinnes abzulehnen und die Drei-

---

[1] Helmholtz, H.: Handb. d. physiol. Optik, 1. Aufl. 320 (1867). Als Gegenbeweis gegen Tschermaks (ds. Handb. **12 I**, 559) Behauptung: „Über die Helligkeit farbiger Eindrücke ... sagt die Dreikomponentenlehre in ihrer ursprünglichen Form nichts aus", sei auf diese Stelle bei Helmholtz verwiesen. Mit Rücksicht auf das Purkinje-Phänomen ist dort weiter an-genommen, daß die Erregungsstärke der drei Komponenten eine *verschiedenartige* Funktion der Lichtintensität sei. Diese Komplikation ist durch die Duplizitätstheorie beseitigt, nach der die Dämmerwerte spektraler Lichter eine Funktion der Lichtabsorption im Sehpurpur sind.

[2] Ds. Handb. **12 I**, 355, 356, 368—387.

[3] Die Ergebnisse der Versuche von Abney und von Exner, das Erregungsverhältnis der drei Komponenten durch weißes Licht *zahlenmäßig* zu ermitteln, können einstweilen wohl nur als rohe Annäherungen gewertet werden.

[4] Tschermak, A.: Ds. Handb. **12 I**, 550—553.   [5] Tschermak, A.: Ds. Handb. **12 I**, 558.

lichterökonomie auf bloße Charakterisierungsmöglichkeit des Farbentones zu beschränken". Von diesen „fünf Instanzen" ist Nr. 1 (*vierfarbiger Charakter der drei Komponenten*) kein Widerspruch gegen die Dreikomponentenlehre in ihrer jetzigen, ihr von v. Kries[1] gegebenen Gestalt, d. h. *bei ihrer Beschränkung auf die objektiven Vorgänge an der Peripherie des Sehorgans.* Nr. 2 und 3 sind unrichtig (*Unzulänglichkeit gegenüber der Farbenmannigfaltigkeit* (S. 1545—1557) *und maximale Sättigungsdifferenz der Kardinalpunkte* (S. 1541, 1558); Nr. 4 (*Gipfel der spektralen Tageswerte im Gelb*) steht in schönstem Einklang mit der *unentstellten* Dreikomponententheorie (S. 1567) und schließlich ist Nr. 5 unbewiesen (*Unabhängigkeit von farbiger und farbloser Erregbarkeit bzw. Ermüdung*).

Alle Widerlegungen der Dreikomponententheorie, die Tschermak[2] *aus den eben genannten angeblichen „Fundamentaltatsachen" und „Instanzen" ableitet, sind daher gegenstandslos.*

Zusammenfassung: 1. Die Eichung des Spektrums normaler und anomaler Trichromaten ist technisch ohne große Schwierigkeiten durchführbar und die Bezugnahme der Eichwerte auf drei Eichlichter experimentell und rechnerisch möglich. Wählt man als reelle Eichlichter z. B. die beiden Spektralenden und als ideelles Bezugslicht ein extraspektrales Grün, so schließt das mit diesen drei Lichtern als Eckpunkten gezeichnete Dreieck die ganze reelle Farbfläche ein, d. h. die gesamte Farbenmannigfaltigkeit würde mit den drei Lichtern *erschöpfend nach Farbenton und in voller spektraler Sättigung* herstellbar sein (S. 1548 f.).

2. Beobachtet man *bei reinem Tagessehen*, so ist das Auge *für die Einstellung von Farbengleichungen* vollkommen konstant. Diese Konstanz des Auges für Farbengleichungen ist keine „Fiktion", sondern eine physiologisch erwiesene Tatsache und Gesetzmäßigkeit (Gesetz von der „Persistenz optischer Gleichungen"; S. 1546 f.).

3. Die *für reines Tagessehen* und ein „Mittelnormalauge" bestimmten Eichwerte unterscheiden sich bei der Rot- und Grünkurve nicht wesentlich von denen, die König und Dieterici *bei Einmischung des Dämmersehens* gemessen hatten. Nur bei der Violettkurve bedingt der Anteil des Dämmersehens eine *deutliche* Abweichung (zu hohe Werte) im Orange, Gelb und Grün. Die V-Kurve reicht bei normalen Trichromaten nicht weiter aufwärts als bis etwa 550 $\mu\mu$ (S. 1554 f.).

4. Die Eichwerttafel normaler Trichromaten ist ein unregelmäßiges Viereck mit Knickungen bzw. Umbiegungen bei etwa 670, 550, 470 und 420 $\mu\mu$. Zwischen dem roten Spektralende und 550 $\mu\mu$ läuft ihre Kontur geradlinig, von da bis 470 $\mu\mu$ stetig gekrümmt (S. 1541, 1556—1558).

5. Im Spektrum des Normalen finden sich drei relative Sättigungs*maxima*, zwei starke an den Spektralenden im Rot und Blauviolett und ein schwaches im gelblichen Grün (550—540 $\mu\mu$); dazwischen liegen zwei Sättigungs*minima*, ein mäßiges im Gelb (580 $\mu\mu$) und ein tiefes im Blaugrün (510—500 $\mu\mu$). Die spektrale Verteilung der *Sättigung* entspricht etwa derjenigen der *Unterschiedsschwelle für Farbentöne*; beider Maxima und Minima liegen annähernd in der gleichen Spektralregion (S. 1558 f.).

6. Bei *anomalen* Trichromaten fallen zwei der Eichkurven sehr nahe mit denen der *Normalen* zusammen, während eine anomale Eichkurve erheblich abweicht (Alterationssysteme): bei den Rotanomalen ist die Rotkurve gegen die Grünkurve hin verlagert, bei den Grünanomalen umgekehrt die Grünkurve gegen die Rotkurve hin. Die anomalen Kurven sind so weit verlagert, daß sie ungefähr in der Mitte zwischen der normalen Rot- und Grünkurve laufen. In der Gestalt nähern sich beide Kurven einer Mittelform zwischen normaler R- und G-Kurve (S. 1560 f.). Wie der Grad der Farbenschwäche mit der Eichkurven- bzw. Helligkeitsverlagerung zusammenhängen mag, ist bisher unbekannt.

7. Ob die anomalen Eichkurven um so weiter verlagert sind, je stärker der Anomaliegrad, oder ob sie *konstant* ungefähr in der Mitte zwischen normaler R- und G-Kurve laufen, ist bisher nicht sicher festgestellt und kann nur durch

---

[1] Kries, J. v.: Nagels Handb. d. Physiol. **3**.
[2] Tschermak, A.: Ds. Handb. **12 I**, 550—566.

vollständige Eichungen unter Berücksichtigung der Maculapigmentation einwandfrei entschieden werden. Gegen *konstante* Lage spricht die Tatsache, daß das Spektrum verschieden stark Rotanomaler im Blaugrün (etwa 500 $\mu\mu$) zwischen eben nachweisbarer Abblassung und einem typischen Neutralpunkt verschiedene Übergänge zeigt (S. 1542 f., 1561).

8. In noch einer Beziehung bestehen zweifellos Übergänge von den Normalen durch verschiedene Anomaliegrade zu den Dichromaten: die Kurve der spektralen Helligkeitsverteilung ist bei Rotanomalen mit gleicher Maculaabsorption um so weiter gegen das kurzwellige Spektralende verlagert, je stärker der Anomaliegrad (S. 1561 f.).

9. Zwischen den Normalen und den typischen Rotanomalen mittleren Grades kommen die bisher vermißten *Übergangsformen* tatsächlich vor. Ihr Farbensystem zeigt alle charakteristischen Eigenschaften der Rotanomalie (1. Inkonstanz des $\frac{\text{Grün}}{\text{Rot}}$-Quotienten, 2. Verlagerung der R-Kurve gegen die G-Kurve, 3. Verschiebung der Helligkeitskurve gegen Grün hin), aber ohne daß eine Beeinträchtigung des Farbenunterscheidungsvermögens nachweisbar ist (S. 1514f., 1562f.).

10. Die vorstehenden und ganz allgemein *die Farbenmischungsgesetze der verschiedenen Farbensysteme*, des normalen sowie seiner Reduktions- und Alterationsformen, *vermag die Dreikomponententheorie einfach zu erklären, während die Gegenfarbentheorie ihnen gegenüber versagt.* Wie sich früher schon die verschiedenen Schlußfolgerungen und Deutungen der Gegenfarbentheorie als unrichtig bzw. unhaltbar herausgestellt haben — das Postulat nur *einer Form* von Rot-Grün-Blindheit, die Zurückführung des Formenreichtums der Dichromaten und Anomalen auf *physikalische Lichtabsorption* im Auge, die Deutung der *Dämmerwerte* als Weißvalenzen mit der Hilfshypothese von der ,,spezifischen Helligkeit der Farben" —, so ist neuerdings wieder die Forderung einer *maximalen Sättigungsdifferenz* für die HERINGschen *Urfarben* als *irrtümlich* nachgewiesen.

Dahingegen darf nicht verkannt werden, daß die Gegenfarbentheorie, oder allgemeiner eine Vierfarbentheorie, der *psychischen Seite unserer Gesichtsempfindungen* — speziell den gesehenen Farben, den Erscheinungen der Nachbilder, des Kontrastes, der farbigen Umstimmungen u. a. m. — in einfacher und ansprechender Weise gerecht wird, während die ursprüngliche ,,Dreifarbentheorie" den Empfindungen gegenüber erfolglos blieb.

Diese Einsicht führt auf die *Zonenvorstellung* von v. KRIES: der farbentüchtige Anteil unseres Sehorgans ist in verschiedenen, zwischen Netzhaut und Hirnrinde hintereinandergeschalteten Abschnitten verschieden gestaltet; die *Grund*vorstellungen einer Dreikomponententheorie erscheinen auf die objektiven Prozesse an der Peripherie des Sehorgans anwendbar, diejenigen einer Vierfarbentheorie ,,eher auf cerebrale Vorgänge und die unmittelbaren Substrate der Empfindung".

Den *allgemeinen Gedanken* der Zonentheorie ohne irgendwelche *objektiven* Anhaltspunkte in so detaillierter Weise weiter auszubauen, wie G. E. MÜLLER[1] es getan hat, halte ich nicht für fruchtbar. Nach dem Vorbild, welches KÖNIG und v. KRIES bei der Erforschung des Dämmersehens gegeben haben, stehe ich auf dem Standpunkt, *daß die objektiv verfolgbaren Vorgänge in der Netzhaut die sichere Grundlage für Licht- und Farbentheorien abgeben.* Die Beziehungen der Netzhautprozesse und Opticuserregungen zu den Gesichtsempfindungen sind experimentell so weit geklärt, daß sich das alte Problem der Intensitäten- und Qualitätenleitung in einer einzelnen Opticusfaser jetzt hat lösen lassen[2].

---

[1] MÜLLER, G. E.: Über die Farbenempfindungen. Leipzig: J. A. Barth 1930.
[2] KOHLRAUSCH, A.: Ds. Handb. 12 I, 1491—1496.

Auch die speziellere Ausgestaltung des Zonengedankens wird sich meines Erachtens nach den Ergebnissen weiterer *vergleichender* Untersuchungen der objektiven Augenvorgänge und subjektiven Gesichtswahrnehmungen, beides am Menschen, zu richten haben. Es erscheint nicht ausgeschlossen, daß sowohl dem Dreikomponenten- wie dem Gegenfarbenprinzip elektromotorische Vorgänge des Auges zugrunde liegen[1]. Auch dem Duplizitätsprinzip entsprechen zweifellos außer dem Sehpurpur noch *die Netzhautströme*[2].

V. Adaptationsverlauf[3].

Die Adaptation braucht Zeit. Tritt man nach längerem Aufenthalt in einem photographischen Dunkelzimmer oder einem Röntgenraum plötzlich in helles Tageslicht, so pflegt die anfängliche Blendung nach einer bis wenigen Minuten abgeklungen und das optische Erkennen wieder ungestört möglich zu sein. Bei dem ebenso plötzlichen umgekehrten Übergang dauert es ungefähr eine halbe bis dreiviertel Stunden, bis die Unterscheidungsfähigkeit etwa ihr Optimum erreicht hat. Diese sehr verschiedenen Zeiten für Hell- bzw. Dunkeladaptation stimmen der Größenordnung nach gut überein mit denen der Bleichung bzw. Regeneration des *Sehpurpurs* im Tierversuch (vgl. ds. Handb. 12 I, S. 282, 290).

Den genauen zeitlichen Ablauf der Adaptation verfolgt man gewöhnlich dadurch, daß man in bestimmten Zeitabständen die jeweilige Augenempfindlichkeit an Hand der Schwellenwerte (s. vorher S. 1506—1508) mit Hilfe von Adaptometern[4] feststellt und die relativen oder absoluten Zahlen graphisch als Funktion der Zeit aufträgt. Andere Untersuchungsmethoden sind: der binokulare Vergleich von Dittler und Koike (vgl. vorher S. 1507) und die Messung des zeitlichen Empfindungsablaufs während der Adaptation von Fröhlich und Mitarbeitern (vgl. später S. 1581).

a) Der Einfluß von Nachbildern, Lichtnebeln und Pupillenweite auf Adaptationsuntersuchungen.

Soll mit Dunkeladaptationsversuchen die eigentliche adaptative Empfindlichkeitssteigerung der Netzhaut isoliert festgestellt werden, so ist einmal die *Pupillenerweiterung* im Dunkeln, also die fortschreitende Vergrößerung der auf die Netzhaut fallenden Lichtintensität, in Rechnung zu ziehen und ferner eine anfängliche *Behinderung* der Beobachtungen *durch Nachbilder* nach der Helladaptation möglichst zu vermeiden.

Es empfiehlt sich nicht, den Einfluß der Pupillenerweiterung dadurch experimentell auszuschalten, daß man die Schwellenbeobachtungen durch ein hinreichend enges Diaphragma hindurch ausführt. Denn wegen der im Dunkeln unvermeidlichen und schwer korrigierbaren Verschiebungen des Auges gegen das Diaphragma werden die Messungen zu unsicher. Besser ist, mit *freiem* Auge zu beobachten und, wo nötig, eine *nachträgliche Korrektur* der Werte auf kostante Pupille anzubringen. Die Untersuchungen von Garten[5] und von Reeves[6]

---

[1] Kohlrausch, A.: Ds. Handb. 12 II, 1496.
  D3. Handb. 12 II, 1448—1453.
  Eine sehr sorgfältige und vollständige Literaturübersicht über die Dunkeladaptation findet man in dem Bericht von D. Adams: Med. Res. Council, spec. Rep. Ser. Nr. 127, 1—138 (1929).
[4] Vielfach benutzte Adaptometer sind das von W. A. Nagel [Z. Augenheilk. 17, H. 3 (1907)] und das von H. Piper [Klin. Mbl. Augenheilk. 45, 357 (1907)].
[5] Garten, S.: Pflügers Arch. 68, 68 (1897).
[6] Reeves, P.: Psychologic. Rev. 25, 339 (1918).

zeigen, daß der wesentliche Toil der Pupillenerweiterung nach Helladaptation sich sehr schnell, innerhalb der ersten halben Minute des Dunkelaufenthalts, abspielt: die Pupille hat sich ihrer nach 10—15 Minuten erreichten maximalen Weite bereits nach 30 Sekunden bis auf einen Rest von 20%, nach 1 Minute von 10% und nach 2 Minuten von 5% angenähert. Danach ist der Einfluß der Pupillenänderung hinreichend ausgeschaltet, wenn man lediglich die in die *erste Minute* des Dunkelaufenthaltes fallenden Schwellenwerte nach den Messungen von REEVES auf die maximale Endweite der Pupille reduziert; schon bei 2 Minuten Dunkelaufenthalt liegt die Korrektur innerhalb der Fehlerbreite der Schwellenbeobachtungen.

Eine weitere Inkonstanz ist besonders bei Schwellenbestimmungen durch die zeitlichen Änderungen des „*Eigenlichtes*" der Netzhaut bedingt. Störende positive, negative oder farbige *Nachbilder*[1], wie sie in den Anfangsstadien der Dunkeladaptation nach extremer Helladaptation bei Tageslicht beschrieben sind, muß man selbstverständlich vermeiden. Das gelingt, wenn zur Helladaptation eine *möglichst große, das ganze Gesichtsfeld ausfüllende und gleichmäßig leuchtende Fläche* benutzt wird; bei *künstlichem* Licht etwa die Adaptationsfläche von DRESCHER und TRENDELENBURG[2] oder ähnliche Einrichtungen; bei *Tageslichtadaptation* z. B. der gleichmäßig blaue Nordhimmel um die Mittagsstunden. Geht man so vor, dann ist gerade in den ersten 5—10 Minuten des Dunkelaufenthalts das Gesichtsfeld *ganz besonders tief schwarz und rein von subjektiven Gesichtserscheinungen*, also günstig für Schwellenbeobachtungen. Aber diese besonders tiefe Gesichtsfeldschwärzung in den ersten 10 Minuten des Dunkelaufenthalts ist auch zu beobachten nach gewöhnlichem Verweilen im Freien oder im hellen Zimmer. — Die bekannten Lichtnebel (das eigentliche „Eigenlicht") stellen sich, wie das mehrfach von verschiedenen Seiten beschrieben ist und ich bestätigen kann, erst später ein, nach etwa 20—30 Minuten Dunkelaufenthalt. Sind sie hinderlich, so muß mit der Schwellenbeobachtung gewartet werden, bis das Gesichtsfeld wieder rein ist.

Die Angaben von VOGELSANG[3] und FRÖHLICH[4] stimmen insoweit mit denen anderer Autoren überein, als sie besagen, es könne im Verlauf der Dunkeladaptation ein mehr oder minder kräftiges Eigenlicht scheinbar ganz unvermittelt oder auch im Anschluß an besondere Aufmerksamkeits- und Fixationsanstrengungen oder kräftige Augenbewegungen auftreten. Darüber hinaus teilen aber VOGELSANG und FRÖHLICH mit, daß ein besonders kräftiges, entweder gleichmäßiges oder rhythmisch an- und abschwellendes oder wie Nebelschwaden durchs Gesichtsfeld ziehendes Eigenlicht *regelmäßig unmittelbar nach Schluß der Helladaptation* auftrete, während der ersten Minuten des Dunkelaufenthaltes ziemlich unverändert bleibe und dann etwa zwischen der 7. und 10. Minute beträchtlich abnehme. Da FRÖHLICH dieses anfängliche kräftige Eigenlicht mit seinem später (S. 1590) zu beschreibenden „kritischen Stadium" der Dunkeladaptation in Verbindung bringt und Schlüsse auf *tonische Reaktion* und *tonische Nachwirkung* des Auges daraus zieht, ist es wichtig, darauf hinzuweisen, daß seine und VOGELSANGS Beobachtungen des Eigenlichts offenbar nicht allgemeingültig sind. Meine Mitarbeiter und ich haben z. B. trotz jahrelang fortgesetzter täglicher Adaptationsversuche mit sehr verschieden starker Helladaptation niemals dieses anfängliche Eigenlicht beobachten können, sondern immer nur die oben beschriebene anfängliche tiefe, gleichmäßige Schwärzung des Gesichtsfeldes, die 5—10 Minuten lang

---

[1] Sie sind nicht zum „Eigenlicht" zu rechnen.
[2] DRESCHER, K. u. W. TRENDELENBURG: Klin. Mbl. Augenheilk. **76**, 776 (1926).
[3] VOGELSANG, K.: Pflügers Arch. **206**, 29 (1924).
[4] FRÖHLICH, F. W.: Die Empfindungszeit, S. 75, 86—87, 129. 1929.

anhielt. Nur wenn die Methode der Helladaptation ungeeignet war, z. B. mit zu kleinem Gesichtsfeld (Blick aus dem Fenster) gearbeitet wurde, traten *typische Nachbilder* auf. Es ist unwahrscheinlich, daß solch beträchtliche individuelle Unterschiede vorkommen sollten, wenn das Eigenlicht wirklich mit so grundlegenden Augenfunktionen in gesetzmäßiger Verbindung stände, wie Fröhlich annimmt. Da diese Abweichungen aber offenbar nicht rein *individuell*, sondern *institutsweise* auftreten, ist die Vermutung wohl nicht von der Hand zu weisen, daß sie mit der jeweiligen, mehr oder minder zweckmäßigen Technik der Helladaptation zusammenhängen könnten.

Zu weittragenden Schlüssen auf tonische Reaktion und tonische Nachwirkung am Auge dürfte die offenbar sehr wechselvolle Erscheinung des anfänglichen Eigenlichts kaum ausreichen.

b) Die graphische Darstellung des Adaptationsverlaufs.

Darüber ist viel diskutiert, ohne daß die Erörterungen immer denjenigen Rückhalt an einfacher angewandter Mathematik erkennen ließen, welcher hier zur Klärung notwendig ist. Wenn z. B. Fröhlich[1] (ähnlich auch Kovács[2] und Tschermak[3]) sagt: „*Die Empfindlichkeit ist umgekehrt proportional dem Logarithmus der Reizschwellenintensität*", nur weil man gewöhnlich die Kurven mit logarithmisch geteilter Ordinatenachse zu zeichnen pflegt, so sind hier zwei Dinge vermengt, die gar nichts miteinander zu tun haben: *die Definition der Empfindlichkeit mit der Wahl des Koordinatenmaßstabs.*

1. **Die Empfindlichkeit:** Wir hatten schon früher (S. 1506 f.) gesehen, daß man zur zahlenmäßigen Charakterisierung der *Augenempfindlichkeit* ganz allgemein, nicht nur für Adaptationsuntersuchungen, diejenige *physikalische Strahlungsintensität* angibt, die als Reiz erforderlich ist, um einen *bestimmten Effekt im Auge* auszulösen. Ist bei Empfindlichkeits*änderungen* zu einem anderen Zeitpunkte, z. B. nur die halbe Strahlungsintensität nötig, so ist definitionsgemäß die Empfindlichkeit inzwischen auf das Doppelte gestiegen. Dieses allgemein auf unsere Sinne und überhaupt auf reizbare Gebilde angewandte Verfahren entspricht der Empfindlichkeitsbestimmung an unseren Meßinstrumenten (z. B. Wage, Galvanometer). — Eine Definition kann zweckmäßig oder unzweckmäßig sein, aber keineswegs „nicht zulässig", wofür Fröhlich[4] sie hält. Daß die vorliegende *gänzlich unabhängig von einer etwaigen graphischen Darstellung der Ergebnisse ist*, erhellt daraus, daß man eine Wage unter allen Umständen *doppelt* so empfindlich nennt wie eine andere, wenn sie den gleichen Ausschlag schon mit dem *halben* Gewicht gibt, und entsprechend ein Auge, das die *halbe* Lichtintensität schon wahrnimmt.

2. **Der Koordinatenmaßstab.** Zuvörderst die Feststellung, daß die Wahl des Koordinatenmaßstabes *vollkommen freisteht* und nur von *Zweckbetrachtungen* geleitet wird. Eine Maßstabwahl kann daher auch nur zweckmäßig oder unzweckmäßig sein, aber niemals *falsch;* selbst dann nicht, wenn ein unzweckmäßiger Maßstab zu falschen Schlüssen verleiten sollte. Da die graphische Darstellung nur das Ziel verfolgt, *bestimmte Zahlenbeziehungen anschaulich zu machen*, wird man auch *verschiedene* Maßstäbe wählen, je nach dem, was man besonders hervorheben möchte.

Eins ist selbstverständlich: ein Gang oder ein etwaiges Gesetz steckt schon *in den Zahlen selbst*, darum wird derjenige Maßstab am zweckmäßigsten sein,

---

[1] Fröhlich, F. W.: Empfindungszeit, S. 107.
[2] Kovács, A.: Z. Sinnesphysiol. **54**, 163 (1922).
[3] Tschermak, A.: Ds. Handb. **12** I, 443.
[4] Fröhlich, F. W.: Empfindungszeit, S. 107.

der diesen Gang bzw. die Gesetzmäßigkeit am klarsten zur Anschauung bringt. Als Beispiel ein Dunkeladaptationsversuch, in 5° Foveaabstand mit orangefarbigem Schwellenprüflicht nach 10 Minuten langem Hellaufenthalt gemessen; die Schwellenzahlen der Tabelle 10 sind die Mittelwerte aus 5 gleichartigen Adaptationsversuchen. Die Zahlen zeigen folgenden Gang (Tab. 10): in der ersten Minute ändern sich die Schwellenwerte — und selbstverständlich ebenso die Empfindlichkeitswerte — sehr rasch, dann bis zur 6. Minute langsamer, darauf wieder schneller bis zur 20., aber nicht so schnell wie in der ersten, und von der 20. ab sehr langsam. — *Dieser Gang sollte auch in der Kurve anschaulich werden.*

Für die Wahl des zweckmäßigen Koordinatenmaßstabs gibt es bestimmte Anhaltspunkte. Als allgemeine Regel gilt, daß die gewöhnliche *arithmetische* Teilung einer Koordinate gewöhnlich dann *ungeeignet* ist, wenn sich die auf ihr unterzubringenden Zahlen über einen sehr weiten Bereich (mehrere Dekaden) erstrecken. Die großen Zahlen werden dabei weit auseinandergezogen und die kleinen so stark zusammengedrängt, daß die darzustellende Zahlenbeziehung undeutlich wird und die Kurve zu Fehlschlüssen Anlaß geben kann. Eine

Tabelle 10. Dunkeladaptationsversuch (A. KOHLRAUSCH, vgl. S. 1575—1579).

Zeit des Dunkelaufenthalts in Minuten	Schwellen	Reziproke Schwellen = Empfindlichkeitswerte
1/3	130000	770
1	57000	1800
3	40000	2500
6	25000	4300
10	6300	16000
15	1900	53000
20	1000	100000
25	740	135000
30	670	149000

geometrische, am bequemsten die logarithmische, Teilung dieser Koordinate ist dann vorzuziehen. — Noch aus einem anderen Grunde ist gerade die *logarithmische* Teilung einer oder beider Koordinaten häufig gut: Die Kurve wird dabei bekanntlich unter Umständen äußerst einfach, *eine Gerade*, die das zugrundeliegende Gesetz sofort erkennen läßt. Entsteht bei der üblichen Darstellung empirischer Zahlen — unabhängige Variable als Abszisse, abhängige als Ordinate — eine Gerade als Kurve, so besteht zwischen beiden Variablen entweder eine lineare oder eine Exponential- oder eine logarithmische oder eine Potenzfunktion, je nachdem, ob beide Koordinaten arithmetisch oder die Ordinate oder die Abszisse oder beide logarithmisch geteilt sind[1]. Bei der Suche nach einem analytischen Ausdruck für experimentelles Zahlenmaterial kann man die Entscheidung über diese sehr häufig bei Naturvorgängen vorkommenden Funktionen auf graphischem Wege treffen, wenn man die Kurven bei allen vier Koordinatenteilungen zeichnet.

Das ist in Abb. 504a—d mit dem Dunkeladaptationsversuch der Tabelle 10, S. 1573, durchgeführt; und zwar stellt in jeder dieser Abbildungen die ausgezogene Kurve die Schwellenwerte und die strichlierte deren Reziproken, die Empfindlichkeitswerte, dar. Bei a sind beide Koordinaten in der gewöhnlichen Weise arithmetisch geteilt, bei b die Ordinate, bei c die Abszisse, bei d beide logarithmisch.

Man sieht: 1. In *keiner der Darstellungen* wird die Adaptationskurve *eine Gerade; obengenannte Funktionen einfacher Form sind demnach für den Gang der Dunkeladaptation auszuschließen.* 2. Bei logarithmischer Ordinatenteilung müssen naturgemäß (entsprechend dem Zahlengang in Tabelle 10, S. 1573) die Schwellen- und die Empfindlichkeitskurve (Reziproke) spiegelbildlich gleich sein, unabhängig von der Teilung der Zeitachse. 3. Alle 8 Kurven haben zwischen der 6. und 7. Minute eine mehr oder weniger scharfe Abknickung. Daß es sich dabei tatsächlich um einen ziemlich scharfen Kurvenknick handelt, wurde besonders

---

[1] SALPETER, J.: Einführung in die höhere Mathematik für Naturforscher und Ärzte, 2. Aufl., S. 129—131. Jena: G. Fischer 1921.

festgestellt durch mehrfache Wiederholung des gleichen Versuchs, aber mit zeitlicher Verschiebung der ganzen Beobachtungsreihe um je $\frac{1}{2}$ bzw. $\frac{1}{4}$ Minute. 4. Diese verschiedenen graphischen Darstellungen des gleichen Versuchs müssen selbstverständlich verschiedene Kurvenbilder geben.

Aus letzterem wie Kovács[1] auf einen *jeweils abweichenden Dunkeladaptations-verlauf zu schließen oder gar, daß die verschieden definierte Empfindlichkeit einen*

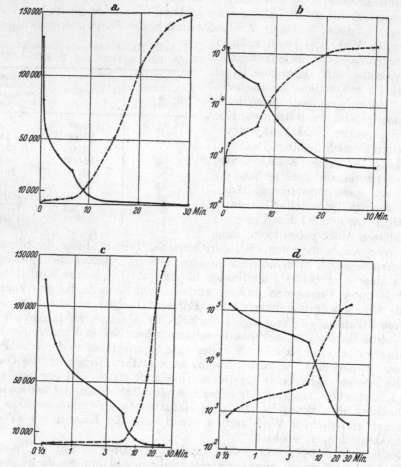

Abb. 504. **Dunkeladaptationsverlauf.** (Versuch der Tab. 10.) *a:* beide Koordinaten linear geteilt; *b:* die Ordinate; *c:* die Abszisse; *d:* beide logarithmisch geteilt. (Versuche von A. Kohlrausch, vgl. S. 1575—1579).

verschiedenen Adaptationsverlauf zu zeigen scheine, würde falsch sein. Vor derartigen Fehlschlüssen kann einen schon die einfache Betrachtung des Zahlenganges (Tabelle 10, S. 1573) bewahren, der ja stets *der gleiche* bleibt und einem klar macht, daß es sich hier um „graphische Kunstprodukte“ handelt, zu deren Verständnis die Zahlen erforderlich sind. Man wird sich also fragen, welche der Darstellungen ist, abgesehen von obigem (S. 1573) analytisch-mathematischen Ziel, insofern am zweckmäßigsten, als sie diese relative Änderung der Zahlen wiedergibt? Darstellung *a* und *c* der Abb. 504 (S. 1574) mit arithmetischer

---

[1] Kovács, A.: Z. Sinnesphysiol. **54**, 165, 168 (1922).

Ordinatenteilung offenbar nicht: die kleinen Zahlen sind in der Ordinate räumlich stark zusammengedrängt, der Gang wird dadurch verzerrt; auch nicht Abb. 504 d mit doppelt logarithmischer Teilung: das Verhältnis der Steilheit vor und nach dem Knick ist ganz verzerrt; wohl aber Abb. 504 b, *die Darstellung mit logarithmischer Ordinatenteilung.* Sie ist zuerst und ziemlich gleichzeitig von NAGEL[1] und von BEST[2] für Adaptationsversuche benutzt, dann von HECHT[3]. Sie soll auch im folgenden verwandt werden. Diese Darstellung gibt wie gesagt *die relative Änderung der Adaptation mit der Zeit* wieder; ein Sinken der Schwellenwertkurve um gleiche Ordinatenabschnitte bedeutet im ganzen Verlauf der Kurve eine Abnahme der Schwellenzahlen auf den gleichen Bruchteil des vorhergehenden Wertes. Außerdem ist es dabei ganz gleichgültig, ob man die Schwellenwerte oder ihre Reziproken, die Empfindlichkeitswerte, aufträgt, denn beide Kurven sind bei logarithmischer Ordinatenteilung spiegelbildlich gleich.

c) Dunkeladaptationsverlauf.

An älteren Untersuchungen mit weißem Schwellenlicht[4] über den Verlauf der normalen Dunkeladaptation exzentrischer Gesichtsfeldteile[4] sind zu nennen die von NAGEL[5], PIPER[6], WÖLFLIN[7], LOHMANN[8], NICOLAI[9]. Sie haben die grundlegenden Kenntnisse gebracht: 1. Das angenäherte Maximum der Empfindlichkeit wird in Zeiten zwischen etwa 20 Minuten und $^3/_4$ Stunde Dunkelaufenthalt nach vorherigem Hellaufenthalt erreicht; 2. die Zeit bis zu diesem Maximum ist um so länger, je stärker und je länger (bis zur oberen Grenze von etwa 10 Minuten) die vorangegangene Helladaptation war; 3. die Empfindlichkeit des Auges kann dabei auf das 8000—10000fache steigen; 4. nach etwa 20 Minuten Dunkelaufenthalt schreitet die Adaptation sehr viel langsamer fort als vorher (vgl. Abb. 504); 5. auch nach Erreichung dieses angenäherten Maximums ($^1/_2$—$^3/_4$ Stunde) geht die Empfindlichkeitszunahme noch stundenlang weiter, aber ganz außerordentlich langsam und schwach; dieser in Stunden erreichte geringe Empfindlichkeitszuwachs ist im Vergleich zu dem ausgiebigen (nach $^1/_2$ Stunde) auffallend vergänglich; eben überschwellige Belichtungen genügen zu seiner Beseitigung. — Da für die graphische Darstellung bei diesen älteren Versuchen vorwiegend die nicht ganz zweckmäßige *lineare* Ordinatenteilung (vgl. S. 1574 f.) benutzt wurde, blieben die Besonderheiten im Anfangsverlauf der Adaptation noch unerkannt.

Neuere Untersuchungen von KOHLRAUSCH[10] verfolgen die Adaptationsvorgänge in den einzelnen Netzhaut*regionen* mit Schwellenreizen *verschiedener Farbe.* Der Gedankengang dazu war: die örtliche Empfindlichkeitsverteilung ist auf der *hell*adaptierten Netzhaut für alle Wellenlängen *die gleiche,* auf der dunkeladaptierten dagegen außerordentlich *verschieden* (s. S. 1509, 1510); es soll verfolgt werden, in welcher Weise während des Dunkeladaptationsverlaufs

---

[1] NAGEL, W. A. in Helmholtz' Handb. d. Physiol. Optik, 3. Aufl., **2**, 270, 271.

[2] BEST, F.: Arch. f. Ophthalm. **76**, 146 (1910).

[3] HECHT, S.: J. gen. Physiol. **2**, 490 (1920); **3**, 1 (1920); **3**, 113 (1921).

[4] Prüfung der Schwellen mit einem exzentrisch fixierten Beobachtungsfeld von gewöhnlich 20° Durchmesser, der Milchglasplatte der Adaptometer, die von rückwärts mit dem gelblichweißen Licht elektrischer Glühlampen erleuchtet war.

[5] NAGEL, W. A.: Berl. klin. Wschr. **43**, 371 (1906) — Z. Augenheilk. **17**, H. 3 (1907) — Helmholtz' Handb. d. Physiol. Opt., 3. Aufl., **2**, 264—274.

[6] PIPER, H.: Z. Psychol. **31**, 161 (1903); **32**, 161 (1903).

[7] WÖLFLIN, E.: Arch. f. Ophthalm. **61**, 524 (1905); **65**, 302 (1907); **76**, 464 (1910).

[8] LOHMANN, W.: Arch. f. Ophthalm. **65**, 365 (1907).

[9] NICOLAI, G. F.: Zbl. Physiol. **21**, 610 (1907).

[10] KOHLRAUSCH, A.: Pflügers Arch. **196**, 113 (1922) — vgl. auch Tabul. biol. **1**, 330—332 (1925).

dieser Anfangszustand in den Endzustand übergeht. Auf Grund der, für verschiedene Wellenlängen bekannten, örtlichen Empfindlichkeitsverteilung sind dabei die größten Unterschiede dann zu vermuten, wenn man den Tages- und Dämmerwert der Schwellenlichter so verschieden wie möglich auswählt.

Um Mißverständnisse zu verhüten, sei für das Folgende noch einmal besonders betont: die Bezeichnungen der Netzhautzapfen als Tages-, der Stäbchen als Dämmerapparat gehören zwar zum Gedankenkreis der Duplizitätstheorie und sind von ihm untrennbar; dagegen umschreiben die Begriffe Tagessehen, Dämmersehen, Tageswert, Dämmerwert rein empirische, seit langem bekannte und von jeder Theorie unabhängige Tatsachenkomplexe lediglich mit einem kurzen Ausdruck. „Tagessehen" charakterisiert die Eigenschaften unserer Gesichtsempfindungen bei heller Beleuchtung und helladaptiertem Auge (z. B. Farbenunterscheidungsvermögen, hohe Sehschärfe usw.); „Dämmersehen" entsprechend diejenigen bei dunkeladaptiertem Auge in tiefem Dämmerlicht (Farblosigkeit, geringe Sehschärfe usw.). „Tageswert" ist experimentell und sachlich dasselbe wie etwa „heterochrome Helligkeit" einer Farbe, gemessen bei helladaptiertem Auge und hoher Lichtintensität mit irgendeiner Methode der heterochromen Photometrie[1]. „Dämmerwert" ist zahlenmäßig identisch mit Herings „Weißvalenz" einer Farbe, wenn er sie mit dunkeladaptiertem Auge und bei einer Intensität unterhalb der Farbenschwelle bestimmt[1]. Aber die Bezeichnung „Dämmerwert" ist, weil eindeutig, vorzuziehen, da die „Weißvalenzen" bekanntlich bei Tages- und Dämmersehen erheblich verschieden ausfallen (vgl. ds. Handb. 12 I, 324—334, 368—387).

Versuchsmethodik der *Adaptationsuntersuchungen* von Kohlrausch: 1. Vorangehende Helladaptation durch 10 Minuten lange Betrachtung einer großen, das ganze Gesichtsfeld ausfüllenden, weißen Fläche, welche vom Licht elektrischer Metallfadenlampen gleichmäßig „weiß" beleuchtet war. Leuchtdichte dieser Helladaptationsfläche = 0,09 HK/qcm *Tageswert* (entsprechend einer Beleuchtung von 3000 Hefner-Lux senkrecht auf einer Fläche von Magnesium-Oxyd[2]) und = 0,14 HK/qcm *Dämmerwert*[3] (entsprechend einer Beleuchtung von 4600 HLux ⊥ MgO). Für bestimmte Zwecke wurde eine noch stärkere, aber keineswegs blendende Helladaptation durch 10 Minuten langes Betrachten des wolkenlosen Nordhimmels um Mittag im Sommer und Herbst erzielt. Der Tageswert dieser Beleuchtung entsprach im Mittel 20000, der Dämmerwert 50000 HLux ⊥ MgO mit extremen Schwankungen von ± 8% des Wertes. 2. Schwellenwertmessung zu bestimmten Zeiten des Dunkelaufenthaltes mit Pipers Adaptometer (vgl. vorher S. 1570) bzw. einer optischen Bank in Zweizimmeranordnung auf einem kreisrunden Gesichtsfeld von 1° Durchmesser, dessen Mitte entweder zentral in der Fovea fixiert wurde oder in 2,5, 5, 10, 15° Zentralabstand oberhalb der Foveamitte lag. 3. Die Schwellenprüflichter waren Glasfilterlichter und sollten (gemäß S. 1576, Absatz 1) ein *möglichst verschiedenes* Verhältnis Dämmerwert:Tageswert haben (im folgenden ist dieser Quotient mit D/T bezeichnet). Bekanntlich haben die äußersten roten Lichter von größerer Wellenlänge als 680 μμ einen *verschwindend kleinen Dämmerwert*[4] erregen also nahezu isoliert

---

[1] Vgl. A. Kohlrausch: Pflügers Arch. **200**, 214ff. (1923).

[2] Die betreffenden Umrechnungsfaktoren findet man vorher S. 1507.

[3] Für die Messung und Angabe des Dämmerwerts in *absoluten* Zahlen ist der Einfachheit halber festgesetzt, daß die Einheitslampe, die *Hefnerlampe*, auch den *Dämmerwert* 1 HK haben soll. Da die Hefnerlampe eine ziemlich stark *gelbliche* Lichtquelle ist mit relativ geringen Mengen an kurzwelligen Strahlen, haben die künstlichen elektrischen und die natürlichen, als „weißere" Lichtquellen einen verhältnismäßig hohen Dämmerwert. Für evakuierte Metallfadenlampen ist das Verhältnis Dämmerwert: Tageswert = 1,6:1; für den blauen Himmel etwa 2,5:1.

[4] Das gilt aber selbstverständlich nur, wenn diese Wellenlängen oberhalb von 680 μμ auch tatsächlich *streng isoliert* und die geringsten merkbaren Spuren von Licht *kürzerer* Wellenlänge absolut ausgeschlossen sind. Diese *strenge* Isolierung bietet bekanntlich sowohl bei Filter- wie bei Spektrallichtern sehr beträchtliche technische Schwierigkeiten (vgl. Helmholtz: Physiologische Optik, 3. Aufl. **2**, 89—95), denn z. B. schon die geringen Mengen zerstreuten weißen Lichts, die jedem *gewöhnlichen* Spektrallicht beigemischt sind, würden im vorliegenden Fall einen *beträchtlichen* Fehler verursachen. Zur Feststellung dieses *äußersten* Reinheitsgrades genügt die *gewöhnliche* spektroskopische Prüfung eines Filterrot nicht, auch wenn man es sich durch Kombination eines Rot- und eines Blaufilters hergestellt hat. Zum mindesten muß man mit *extrem* dunkeladaptiertem Auge und *nach Abblendung* des im Spektralapparat anderenfalls blendenden roten Streifens das gesamte übrige Spektrum einschließlich des Ultravioletts sorgfältig auf *minimale Lichtspuren* durchmustern. Noch sicherer als im Spektralapparat ist gerade beim Rot — aber nur bei diesem — die Kontrolle auf *Farbtonänderung* bei abwechselnd zentraler *und 5—10° exzentrischer* Betrachtung der *Schwellenintensität* mit *extrem* dunkeladaptiertem Auge: ein tatsächlich dämmerwertfreies äußerstes

das Tagessehen. Bei Lichtern aus der Gegend von 460—480 $\mu\mu$ ist umgekehrt der Quotient D/T ein *Maximum*, sie erregen bei Schwellenbeobachtung überwiegend das Dämmersehen. Durch Auswahl geeigneter dazwischenliegender Lichter läßt sich der Quotient D/T beliebig fein abstufen. Folgendes waren Farbe, Bezeichnung und Quotienten D/T der benutzten Schwellenlichter, wobei hier und in den Tabellen 11 und 12 der ursprünglich für das benutzte Lampenweiß als Einheit festgesetzte Quotient $D/T = 1$ noch beibehalten ist. Für den Gang der Schwellenzahlen und die Kurvenform ist das gleichgültig, da der Unterschied nur in einem konstanten Faktor (1,6) besteht.

Farbe und Bezeichnung der Schwellenlichter	Rot₁	Rot₂	Rot₃	Orange	Weiß	Grün	Blau
D/T der Schwellenlichter	0,00	0,02	0,04	0,11	1	2,5	3,0

Die in den Tabellen 11 und 12 enthaltenen Zahlen für die Schwellenwerte sind *absolut* und bedeuten diejenige *Stärke der Beleuchtung senkrecht auf Magnesiumoxyd*[1], welche dem jeweiligen Schwellenwert direkt — oder heterochrom — photometrisch gleich ist. Als Einheit

Tabelle 11. Dunkeladaptationsverlauf mit farbigen Schwellen-Prüflichtern.
I. Tageswerte des Schwellenverlaufs.

1	2	3	4	5	6	7	8	9
Zeit des Dunkel-aufenthalts	Fovea	5° oberhalb der Fovea centralis						
	Rot₁	Rot₁	Rot₂	Rot₃	Orange	Weiß	Grün	Blau
Minuten	μ Lx	μ Lx	μ Lx	μ Lx	μ Lx	μ Lx	μ Lx	μ Lx
1/2	66000	120000	110000	120000	120000	100000	72000	45000
1	29000	57000	60000	58000	57000	51000	40000	27000
3	18000	41000	43000	42000	40000	16000	10000	6300
6	12000	29000	30000	31000	23000	3600	1600	1100
10	9000	21000	22000	17000	6300	680	260	190
15	7500	18000	14000	6600	1900	200	73	60
20	7000	16000	8000	3500	1000	120	45	40
25	6800	15000	5700	2500	740	100	36	31
30	—		—	—	670	—	—	—

Tabelle 12. Dunkeladaptionsverlauf mit farbigen Schwellen-Prüflichtern.
II. Dämmerwerte des Schwellenverlaufs.

1	2	3	4	5	6	7	8	9
Zeit des Dunkel-Aufenthalts			5° oberhalb der Fovea centralis					
			Rot₂	Rot₃	Orange	Weiß	Grün	Blau
Minuten			μ Lx	μ Lx	μ Lx	μ Lx	μ Lx	μ Lx
1/2			2200	4800	13000	100000	180000	140000
1			1200	2300	6300	51000	100000	81000
3			860	1700	4300	16000	25000	19000
6			600	1200	2500	3600	4000	3300
10			440	680	690	680	650	570
15			280	260	210	200	180	180
20			160	140	110	120	110	120
25			110	100	82	100	90	93
30			—	—	74	—	—	—

Rot zeigt an beiden Gesichtsfeldstellen den gleichen satt-dunkelroten Farbton auch unmittelbar über der Schwelle. Solange ein Rot dabei an der exzentrischen Stelle (5—10°) etwas *gelblicher*rot erscheint als zentral oder bei etwas größeren Mengen beigemischten kürzerwelligen Lichts *weißlichrot oder gar farblos über die Schwelle tritt, ist es noch nicht rein. Ohne diese Kontrollen darf man niemals behaupten, daß ein benutztes Rot dämmerwertfrei sei.*

[1] Da die Albedo von Magnesiumoxyd = 0,95 ist, würden die als „Erhellung" in Mikrolux ausgedrückten Schwellenwerte jeweils 95% von denen der Tabellen 11 und 12 betragen.

der Beleuchtung ist ein Mikrolux (= 1μ Lx = $1 \cdot 10^{-6}$ Lux) gewählt[1]. Von den zunächst in relativen Adaptometerzahlen als Mittel aus 4—6 Adaptationsversuchen gewonnenen Schwellenwerten wurden nachträglich durch Multiplikation mit experimentell gewonnenen Faktoren sowohl die *Tageswerte* (Tab. 11; photometrische Messung der Filter foveal mit dem Flimmerphotometer, 1° Felddurchmesser) wie die *Dämmerwerte* berechnet (Tab. 12; photometrische Messung der Filter mit der Fleckmethode unterhalb der Farbenschwelle, maximale Dunkeladaptation, 6° Felddurchmesser, extrafoveale Beobachtung). Fehler bei der experimentellen

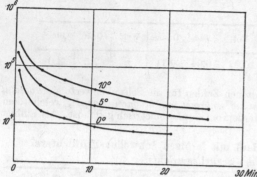

Bestimmung der Filterkonstanten können daher nur die *absolute* Größe der Schwellenwerte beeinflussen; der *Verlauf* der Dunkeladaptation wird von ihnen auf alle Fälle unverzerrt wiedergegeben, da diese absoluten Zahlen unter sich im gleichen Verhältnis stehen wie die relativen Adaptometerwerte. Die bei $1/2$ und 1 Minute Dunkelaufenthalt angegebenen Schwellenwerte sind durch Multiplikation mit 0,8 bzw. 0,9 auf maximale Pupillenfläche[2] reduziert, so daß sich alle Zahlen auf konstante Pupillenweite beziehen.

Abb. 505. *Dunkeladaptationsverlauf* mit dämmerwertfreiem Schwellenlicht Rot$_1$ foveal und in 5° und 10° Fixierpunktsabstand. (Versuche von A. KOHLRAUSCH.)

4. Graphische Aufzeichnung der Schwellenwerte (Ordinate) als Funktion der Zeit des Dunkelaufenthalts (Abszisse) mit logarithmischer Ordinaten- und linearer Abszissenteilung.

Ergebnisse *der Adaptationsuntersuchungen von* KOHLRAUSCH: 1. Bei Prüfung der Schwellen mit nahezu dämmerwertfreiem roten Licht (Rot$_1$) ist der Dunkeladaptationsverlauf foveal und extrafoveal fast genau derselbe. Dabei gehen mit zunehmender Exzentrizität der Netzhautstelle die Schwellen in die Höhe, bei

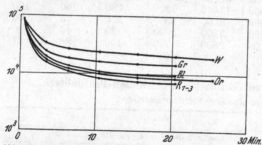

5° Abstand von der Fovea etwa auf das Doppelte, bei 10° etwa auf das Dreifache (Tab. 11, Stab 2 und 3; Abb. 505. Vgl. auch dazu vorher S. 1509, 1510, Tab. 4 und 5).

2. Abgesehen von der Pupillenerweiterung ist die Dunkeladaptation extrafovealer Netzhautteile im allgemeinen aus *zwei Phasen* zusammengesetzt; im Anfang jeder Phase verläuft die Adaptation schnell, gegen Ende langsamer (Tab. 11 und 12, Stab 4—9; Abb. 504). Bei graphischer Darstellung sind beide Phasen mit einem *scharfen Knick*[3] gegenein-

Abb. 506. *Dunkeladaptationsverlauf in der Fovea* mit den Schwellenprüflichtern Weiß, Grün, Blau, Orange, Rot 1—3. Die foveale Empfindlichkeitsänderung ist *gerade umgekehrt* wie das Purkinjephänomen, denn die Empfindlichkeit nimmt in der Fovea für Rot und Orange am stärksten zu, weniger für Blau und am wenigsten für Grün und Weiß (s. S. 1527). (Versuche von W. DIETER und A. KOHLRAUSCH[4].)

ander abgesetzt (Abb. 504); besondere Versuche ergaben, daß es sich tatsächlich dabei um eine recht scharfe Abknickung handelt und nicht um eine sanfte S-ähnliche Krümmung (s. S. 1573 f.).

3. Dieser Kurvenknick fehlt vollständig: a) *innerhalb des stäbchenfreien Gebiets* der Fovea centralis bei Schwellenprüfung mit Lichtern beliebiger Wellen-

---

[1] Vgl. A. KOHLRAUSCH: Tabul. biol. **1**, 328—330 (1925); siehe vorher S. 1507.
[2] KOHLRAUSCH, A.: Pflügers Arch. **196**, 113 (1922).
[3] In den Tabellen 11 und 12 ist jeweils die erste Schwellenbeobachtung nach dem Knick fett gedruckt.
[4] ABELSDORFF, G., W. DIETER u. A. KOHLRAUSCH: Pflügers Arch. **196**, 120, 121 (1922).

länge (Abb. 506) und b) auf extrafovealem Gebiet, wenn man die Schwellen mit *dämmerwertfreiem Rot* prüft (Tab. 11, Stab 2 und 3; Abb. 505). Im *stäbchen-freien* Gebiet der Fovea centralis fehlt außerdem das Purkinje-Phänomen vollständig[1] während der Dunkeladaptation (Abb. 506; vgl. auch vorher S. 1527—1532).

4. Je stärker und länger die vorangegangene Helladaptation, je langwelliger das Schwellen-Prüflicht — genauer gesagt: je kleiner der Quotient D/T des Schwellen-Prüflichts — ist und je näher der Fovea die untersuchte Netzhautstelle liegt, um so länger ist die erste Adaptationsphase ausgedehnt, d. h. um so später kommt der Knick, und vice versa (Tab. 11 und 12, Stab 4—9; Abb. 507, 508).

5. Während der *ersten* Adaptationsphase treten die verschiedenen Lichter *farbig* über die Schwelle und ihre Schwellen fallen auf *tages*äquivalenten Werten zusammen (Tab. 11, Stab 3—9, *oberhalb* der fetten Zahlen; Abb. 507); während der *zweiten* Phase treten sie *farblos* über die Schwelle und ihre Schwellen fallen auf *dämmer*äquivalenten Werten zusammen (Tab. 12, Stab 4—9, *unterhalb* der fetten Zahlen; Abb. 508). Während der ersten Adaptationsphase herrscht mit andern Worten in Schwellennähe noch *Tages*sehen, während der zweiten *Dämmer*sehen.

Eine **Deutung** dieser Versuchsergebnisse ist nach der *Duplizitätstheorie* außerordentlich einfach: *Die erste Phase stellt den Dunkeladaptationsverlauf des Tagesapparats (Zapfen), die zweite den des Dämmerapparats (Stäbchen) dar.* Im *stäbchenfreien* Gebiet der Fovea und mit dem *dämmerwertfreien* Rot auch *außerhalb* desselben wird selbst nach beliebig langem Dunkelaufenthalt überhaupt nur der *Tagesapparat* erregt. Durch die vorangegangene Helladaptation ist der Dämmerapparat (Sehpurpur) so weit ausgeschaltet, daß seine Schwelle in der Anfangszeit des Dunkelaufenthalts noch oberhalb von der des Tagesapparats liegt; infolgedessen besorgt der Tagesapparat zu dieser Zeit das schwellennahe Sehen noch allein. Je höher nun der Dämmerwert eines Lichts ist (je größer D/T) und je exzentrischer die Netzhautstelle liegt (größere Stäbchenzahl), um so eher wird das Licht für den zunehmend empfindlicher

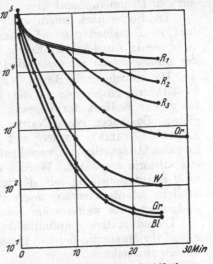

Abb. 507. *Dunkeladaptationsverlauf 5° oberhalb der Fovea* mit verschiedenfarbigen Schwellenprüflichtern; *Tageswerte* des Schwellenverlaufs (Tab. 11): 1. Je langwelliger das Schwellenlicht, um so später kommt der Knick. 2. In der Zeit *vor dem Knick* fallen die Schwellen auf *tages*äquivalenten Werten zusammen. (Versuche von A. KOHLRAUSCH.)

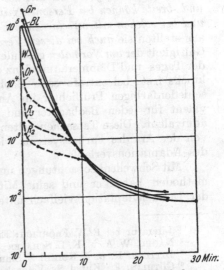

Abb. 508. *Dunkeladaptionsverlauf 5° oberhalb der Fovea* mit verschiedenfarbigen Schwellenprüflichtern; *Dämmerwerte* des Schwellenverlaufs zu den gleichen Versuchen wie bei Abb. 507 berechnet (Tab. 12): In der Zeit *nach dem Knick* fallen die Schwellen auf *dämmer*äquivalenten Werten zusammen. (Versuche von A. KOHLRAUSCH.)

---

[1] ABELSDORFF, G., W. DIETER u. A. KOHLRAUSCH: Zitiert auf S. 1578.

werdenden Dämmerapparat überschwellig; das bedeutet: um so eher erfolgt der Kurvenknick; denn am Kurvenknick geht das schwellennahe Sehen vom Tages- auf den Dämmerapparat über.

Die Suche nach ·einem analytisch-mathematischen Ausdruck für den Verlauf der Dunkeladaptation[1] (Lazareff, Pütter, Hecht, Kravkov) verspricht wohl wenig Aussicht auf Erfolg, so lange man *die Adaptation des Tages- und des Dämmersehens nicht gesondert behandelt* (vgl. auch S. 1593).

Der stäbchenfreie Bezirk der Fovea centralis bzw. — im Sinne der Duplizitätstheorie gesprochen — der *Tagesapparat* ist ganz zweifellos adaptationsfähig, nur verläuft der Vorgang hier viel rascher und erheblich weniger ausgiebig. Das haben zuerst Nagel und Schäfer[2] gezeigt und dann Dittler und Koike[3], Göthlin[4], Hecht[5] und Kohlrausch[6] bestätigt. — Die Tatsache der fovealen Adaptation ist verschiedentlich als Gegenargument gegen die Duplizitätstheorie angeführt. Warum aber die Zapfen nach der Theorie *überhaupt nicht* adaptationsfähig sein dürften, ist nicht einzusehen. Daß tatsächlich erhebliche Adaptations*unterschiede* zwischen Tages- und Dämmersehen vorhanden sind, zeigt ohne weiteres ein Blick auf die Kurven (Abb. 505—510).

Die adaptative Empfindlichkeitssteigerung erreicht nach Roelof und Zeemann[7] ihr Maximum bei 18° Exzentrizität, um dann noch weiter peripherwärts wieder abzunehmen.

Die von Tschermak[8] vermutete Koppelung von *Farbensinn*typus mit *Adaptations*typus konnten Abelsdorff, Dieter und Kohlrausch[9] *nicht bestätigen.* Ihre Ergebnisse an 8 Dichromaten und Anomalen stimmen insofern mit den Erfahrungen Pipers[10] und Nagels[11] durchaus überein, als sie fanden, daß der zeitliche Verlauf der Dunkeladaptation auf extrafovealen Netzhautstellen *vollständig unabhängig von der Art des Farbensystems* ist: *Adaptationsgeschwindigkeit und -breite können bei Personen mit dem gleichen Farbensystem extrem verschieden und bei solchen mit verschiedenen Farbensystemen identisch sein.* — Darüber hinaus stellten sie *auch bei diesen Versuchspersonen mit abnormem Farbensystem* die Gültigkeit der *am Normalen* gefundenen Gesetzmäßigkeiten (S. 1578, 1579) betreffs der Tages- und Dämmeräquivalenz der Schwellenwerte und der Lage des Kurvenknicks fest: bei extrafovealer Beobachtung waren die Schwellenwerte der verschiedenfarbigen Prüflichter im Anfang des Dunkelaufenthalts noch *tages*äquivalent für jeden Beobachter und wurden jenseits der Knickpunkte *dämmer*äquivalent. Diese Tatsachen gelten demnach allgemein und unabhängig sowohl von der Art des Farbensystems wie von den individuellen Eigentümlichkeiten des Adaptationsverlaufs.

Mit Schwellenbeobachtungen und den von Fröhlich[12] angegebenen Zeitmeßmethoden haben er und seine Mitarbeiter im letzten Jahrzehnt den Verlauf der Dunkeladaptation vielfach untersucht. Die Versuche sind größtenteils mit

[1] Literatur bei F. W. Fröhlich: Empfindungszeit, S. 107.
[2] Nagel, W. A. u. K. L. Schäfer: Z. Psychol. **34**, 272 (1904).
[3] Dittler, R. u. J. Koike: Z. Sinnesphysiol. **46**, 167 (1912).
[4] Göthlin, F.: Kungl. Sv. Vetenskap. Acad. Ny Följd **58** (1917).
[5] Hecht, S.: J. gen. Physiol. **4**, 113 (1921).
[6] Kohlrausch, A.: Pflügers Arch. **196**, 113, 118 (1922).
[7] Roelof, C. O. u. W. P. C. Zeemann: Nederl. Tijdschr. Geneesk. **64**, 1422 (1920).
[8] Tschermak, A.: Pflügers Arch. **82**, 589 (1900) — Erg. Physiol. 1 I, 703, 747 (1902).
[9] Abelsdorff, G., W. Dieter u. A. Kohlrausch: Pflügers Arch. **196**, 118, 119 (1922).
[10] Piper, H.: Z. Psychol. **31**, 191ff. (1903).
[11] Nagel, W. A. in Helmholtz'· Physiol. Optik, 3. Aufl., **2**, 298 (1911).
[12] Fröhlich, F. W.: Die Empfindungszeit. Jena: G. Fischer 1929.

bewegtem, farblosem und farbigem Spalt als Lichtreiz angestellt; gemessen wurde entweder die *Schwelle* mit kurzdauerndem Lichtreiz oder die *Größe der Verschiebung* des Spaltbildes bei seinem Auftauchen — von FRÖHLICH als „Empfindungszeit" gedeutet — oder die *Dauer der Primärempfindung*. FRÖHLICH berechnet aus der Verschiebung des Spaltbildes einen Zeitwert und faßt ihn als *absolute Empfindungszeit* auf. Dagegen sind gewichtige Einwände geltend gemacht; ich werde daher ähnlich wie G. E. MÜLLER diesen Zeitwert als „*Fröhlichzeit*" bezeichnen, um nichts vorwegzunehmen.

Grundlage für diese Methode zur Adaptationsmessung ist die Feststellung, daß die Fröhlichzeit und die Dauer der Primärempfindung *sich während der Adaptation ändern*. — FRÖHLICH und seine Mitarbeiter konnten damit eine Reihe der oben (S. 1578, 1579) mitgeteilten Befunde bestätigen[1]: KOVÁCS[1] sah gleichfalls den Knick (er spricht noch von „Abflachung") in der Schwellenwertkurve und bringt ihn in Zusammenhang mit den von ihm festgestellten *Verlängerungen* der *Fröhlich*zeit und der *Primärempfindung*, die etwa um die gleiche Zeit des Dunkelaufenthalts vorübergehend auftreten und ziemlich beträchtlich sein können. Er bezeichnet dieses Stadium der Dunkeladaptation, das durch die Unstetigkeit der drei Kurven charakterisiert ist, als „*kritisches Stadium*". VOGELSANG[1] und später KRONENBERGER[1] stellten die Schwellenbeobachtungen und die Zeitmessungen mit *farbigen* Reizlichtern an und bestätigten meinen Befund, daß der Knick in der Schwellenwertkurve mit rotem Prüflicht *später* erfolgt als mit weißem und blauem. Sie fanden weiter die gleichen zeitlichen Verschiebungen auch für das „kritische Stadium". Danach dürfte an dem Zusammenhang des Kurvenknicks mit den „kritischen" Verlängerungen der Zeitwerte kaum zu zweifeln sein.

VOGELSANG fand nun mit einem langwelligen Rot, das er für dämmerwertfrei hält, und in einem zentralen Gesichtsfeldbezirk, den er für stäbchenfrei ansieht, *gleichfalls die Erscheinungen des „kritischen Stadiums" und des Kurvenknicks*. FRÖHLICH[2] sieht darin *eine Diskrepanz zu meinen Befunden* (S. 1578, 1579) und einen *Beweis für das Vorkommen des Purkinje-Phänomens im stäbchenfreien Bezirk der Fovea centralis* (S. 1525—1532). — Ein Widerspruch mit meinen Ergebnissen würde nur bestehen, wenn VOGELSANGS Annahmen — Dämmerwertfreiheit seines Rot und Stäbchenfreiheit seines Beobachtungsbezirks — tatsächlich zuträfen. Für erstere gilt das zweifellos nicht, denn die Farbenveränderung seines langwelligsten Rot im Verlauf der Dunkeladaptation — Farbenumschlag ins Gelbliche, ja bei vorgeschrittener Adaptation *in Farblosigkeit*[3] — beweisen eindeutig (S. 1576, Fußnote 4), *daß auch sein langwelligstes Rot noch einen merklichen Dämmerwert besaß*. Auf die Unzulänglichkeit der gewöhnlichen spektroskopischen Prüfung als Kontrolle wurde schon hingewiesen (S. 1576, Fußnote 4). Mit einem *dämmerwerthaltigen* Licht braucht man selbstverständlich das stäbchen-

---

[1] Wenn FRÖHLICH neuerdings (Empfindungszeit, S. 132, 133) für seine Mitarbeiter die *Priorität* mir gegenüber beansprucht, so genügt es, die Ausgabedaten der Arbeiten anzuführen. Meine und meiner Mitarbeiter Schriften, welche den gesamten oben (S. 1578, 1579) referierten Tatsachenkreis kurz, aber klar enthalten [Pflügers Arch. **196**, 113, 118 (1922)], tragen auf dem Heftumschlag den Vermerk: „Ausgegeben am 27. September 1922." Das Heft mit der Arbeit von KOVÁCS [Z. Sinnesphysiol. **54**, 161 (1923)], für welche FRÖHLICH Prioritätsansprüche stellt, trägt den Vermerk: „Ausgegeben im Januar 1923." Die Arbeiten von VOGELSANG [Pflügers Arch. **203**, 1 (1924); **206**, 29 (1924)] und KRONENBERGER [Pflügers Arch. **211**, 454 (1926)], die meine Befunde über die zeitliche Verschieblichkeit des Kurvenknicks mit der Reizfarbe (S. 1579) bestätigen, sind erst *mehrere Jahre später* erschienen.

[2] FRÖHLICH, F. W.: Empfindungszeit, S. 121.

[3] FRÖHLICH, F. W.: Empfindungszeit, S. 94, 95, 119. — VOGELSANG, K.: Pflügers Arch. **206**, 43 (1924).

freie Gebiet nur eben zu überschreiten, um die Erscheinungen des Dämmersehens im Zustand fortgeschrittener Dunkeladaptation zu bekommen (S. 1578f.). Das stäbchenfreie Gebiet hat 0,85° horizontalen Halbmesser (S. 1520—1525) bzw. 4,9 mm bei VOGELSANGS Augenabstand von 33 cm. Alle, durch VOGELSANGS Beobachter vom Fixierpunkt, d. h. *von der Foveamitte aus* festgestellten Spaltverschiebungen über 4,9 bis zu 6,8 mm überschreiten daher den stäbchenfreien Halbmesser, bis zu 0,33°. Daß auch VOGELSANGS Schwellenbeobachtungen im Gesichtsfeldzentrum den stäbchenfreien Bezirk überschritten haben, wurde schon gezeigt.

Ein Widerspruch zwischen VOGELSANGS und meinen Ergebnissen besteht danach nicht: VOGELSANG hat mit Lichtern von verschiedenem Dämmerwert

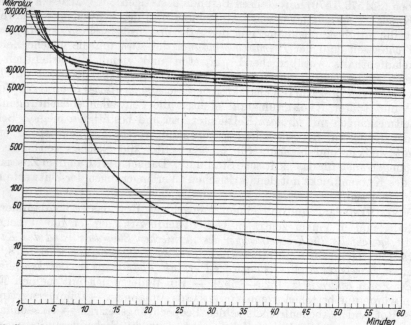

Abb. 509. *Dunkeladaptationsverlauf bei angeborener totaler Hemeralopie;* 10° Felddurchmesser. weißes Schwellenlicht: Drei Kurven *ohne* Knick von drei Hemeralopen laufen dicht beieinander zwischen 100000 und 5000 Mikrolux. Zum Vergleich ist die Adaptationskurve eines Normalen (*mit* Knick) unter gleichen Bedingungen aufgenommen. [Aus W. DIETER: Pflügers Arch. **222**, 385 (1929).]

in der Fovea und ihrer unmittelbaren, ganz schwach stäbchenhaltigen Nachbarschaft beobachtet und infolgedessen eine *starke Verspätung* des kritischen Stadiums gefunden. Unter solchen Bedingungen habe ich das gleiche für den Knick festgestellt. Wenn FRÖHLICH[1] in dieser *unmittelbaren Nachbarschaft* der Fovea, noch dazu bei *sehr geringem Dämmerwert* des Reizlichts, schon eine Übereinstimmung mit dem zeitlichen Verhalten und den Schwellen der Netzhautperipherie erwartet, so läßt er den *ganz allmählichen Übergang* im parafovealen Gebiet unberücksichtigt.

Dunkeladaptationsverlauf bei angeborener Hemeralopie. Dem Adaptationsverlauf im *vollkommen stäbchenfreien Bezirk des normalen Auges* entspricht durchaus derjenige, den DIETER mit weißem Schwellenlicht auf großem Feld (10° Durchmesser) *bei angeborener totaler Hemeralopie* feststellte (s. S. 1533). Abb. 509 zeigt Adaptationsversuche von 3 Hemeralopen in den 3 oberen, dicht

---

[1] FRÖHLICH, F. W.: Empfindungszeit, S. 118, 120.

beieinander liegenden Kurven. Diese Schwellenwertkurven fallen zunächst steil ab, dann nach der 10. Minute nur noch ganz langsam weiter; sie haben *niemals den Knick* und weisen nur eine *sehr geringe Adaptationsbreite auf: sie stimmen in jeder Beziehung, sowohl qualitativ wie quantitativ mit der fovealen und der mit dämmerwertfreiem Rot geprüften Adaptation des Normalen überein*. Zum Vergleich ist in Abb. 509 die unter gleichen Bedingungen aufgenommene Kurve eines Normalen mit eingezeichnet. Sie zeigt den typischen Knick nach etwa 6 Minuten Dunkelaufenthalt und die große Adaptationsbreite.

Da die Untersuchungen bei angeborener totaler Hemeralopie an Augen mit vollkommen normalem Tagessehen angestellt sind (S. 1533), und da sie weder durch die Kleinheit der Fovea, noch durch die unvollkommene Dämmerwertfreiheit der Lichter beeinträchtigt werden, sondern auf großem Feld mit beliebigem Prüflicht ohne Schwierigkeiten gewonnen werden können, kommt ihnen eine besonders hohe Beweiskraft zu, die auch für die Zuverlässigkeit der von KOHLRAUSCH am Normalen erhobenen Befunde zeugt (S. 1578, 1579).

Die Adaptation des normalen Auges in der Fovea oder bei dämmerwertfreiem Rotreiz und diejenige des angeborenen total-hemeralopischen Auges sind vom Standpunkt der Duplizitätstheorie aus sehr einfach als reine Isolierung des Tagessehens zu deuten.

d) Die verschiedenen Teilvorgänge der Adaptation.

Als solche kommen, soweit bisher bekannt, drei in Betracht: das Pupillenspiel, die Adaptation des Tagesapparates und die des Dämmerapparates. Die Teilvorgänge besitzen verschiedene Adaptationsbreite und laufen mit verschiedenen Geschwindigkeiten ab, und zwar ist die Adaptationsbreite um so geringer, je schneller der betreffende Vorgang abläuft. Die 3 Vorgänge vollziehen, zunächst noch nebeneinander herlaufend, in einer bestimmten Ablösung die Gesamt-Adaptation.

Am besten ist der Ablauf der Teilvorgänge bei der Dunkeladaptation[1] bekannt: Geht man von einem Zustand starker Helladaptation aus, wie er dem Mittagslicht im Sommer im Freien entspricht, so ist die *Pupillenerweiterung* nach 1 Minute Dunkelaufenthalt praktisch (bis zu 90% des Endwertes) beendet; die Pupillenerweiterung allein kann die Empfindlichkeit des Auges maximal auf etwa das 16- bis 20fache steigern. — Unter den gleichen Ausgangsbedingungen ist die Dunkeladaptation des Tagesapparates nach etwa 10 Minuten Dunkelaufenthalt praktisch vollzogen; sie steigert allein die Augenempfindlichkeit maximal auf etwa das 50fache. Die Dunkeladaptation des Dämmerapparates erreicht nach $^1/_2$—$^3/_4$ Stunden Dunkelaufenthalt nahezu ihren Endwert und steigert unter Be-

---

[1] Die Grundlage unserer Kenntnisse vom *zeitlichen Ablauf der Helladaptation* bilden immer noch die ersten Messungen von W. LOHMANN [Z. Sinnesphysiol. **41**, 307 (1907)]; ich verweise auch auf deren Darstellung von NAGEL [in Helmholtz' Physiol. Optik, 3. Aufl., **2**, 275 (1911)]. — Offenbar wegen ihrer ziemlich erheblichen technischen Unbequemlichkeit sind seine Versuche kaum wieder aufgenommen, so daß nur ein spärliches Tatsachenmaterial vorliegt. Neuere Untersuchungen über die farbige und farblose Umstimmung enthalten zum Teil Angaben über deren zeitlichen Ablauf: KRAVKOV, S. W.: J. Psychol. u. Neur. **36**, 87—102 (1928). — ROAF, H. E.: Quart. J. exper. Physiol. **18**, 243—262 (1927). — SCHOBER, H., u. M. TRILTSCH: Sitzgsber. Akad. Wiss. Wien, Math.-naturwiss. Kl. IIa **137**, 539—550 (1928). — GELDARD, F. A.: J. gen. Psychol. **1**, 123—135 (1928). — ROAF und KRAVKOV kommen bezüglich der wirksamsten Wellenlängen zu entgegengesetztem Ergebnis; SCHOBER und TRILTSCH bringen ihre Versuche mit der Theorie von E. HASCHECK [Sitzsber. Akad. Wiss. Wien, Math.-naturwiss. Kl. IIa **137**, 513—528 (1928)] in Übereinstimmung; GELDARD findet erhebliche individuelle Verschiedenheiten des „Ermüdungs"verlaufs und kommt zu dem Schluß, daß seine Versuche für die Aufstellung eines Gesetzes über die Abhängigkeit der „Ermüdung" von der Lichtintensität noch nicht genügen.

dingungen, unter denen sie leidlich isoliert zur Wirkung kommt, die Augenempfindlichkeit auf etwas das 10000fache. Die Gesamtbreite der Adaptation
kann eine Empfindlichkeitsänderung um etwa das 500000—1000000fache bewirken.

1. Adaptationsverlauf des Tages- und Dämmerapparats. Ein Bild davon, wie die Adaptationsvorgänge des Tages- und des Dämmerapparats in einer
bestimmten Netzhautregion sich ablösen, kann man sich folgendermaßen verschaffen: aus den Kurvenscharen für Tagesäquivalenz (Abb. 507, S. 1579) und
für Dämmeräquivalenz (Abb. 508, S. 1579) wird je die mittlere resultierende

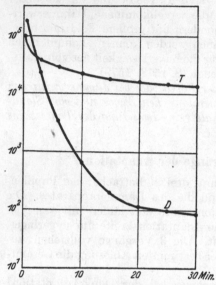

Kurve berechnet und beide zusammen in
ein Koordinatennetz eingetragen. Für 5°
Exzentrizität zeigt Abb. 510 die beiden
Kurven. Bei geringerer Exzentrizität greifen beide Kurven weiter übereinander, bei
stärkerer Exzentrizität weniger weit als in
Abb. 510. Die Lage beider Kurven zueinander gilt für das als Tages- und Dämmer-
einheit zugrunde gelegte Weiß der benutzten Metallfadenlampe.

Man sieht: selbst vom Sehen dieses
Weiß als Schwellenreiz ist der Dämmerapparat anfänglich noch etwa $2\frac{1}{2}$ Minuten
lang ausgeschlossen, denn seine Schwelle
liegt höher; es dauert eine gewisse Zeit,
bis *er* die schwellenmäßige Sehfunktion
übernimmt. Für ein gelblicheres Weiß als
Reizlicht und Bezugseinheit würde dieser
Zeitpunkt später eintreten. Bei *schwellen-*
mäßigem Sehen muß selbstverständlich stets
derjenige Apparat die Funktion *allein* übernehmen, der die *jeweils niedrigere Schwelle*
hat; erst bei stärkeren Reizen arbeiten
beide zusammen.

Abb. 510. Der Adaptationsablauf des Tages-
und des Dämmersehens: *T* = mittlere Resultierende für Tagesäquivalenz; *D* = mittlere
Resultierende für Dämmeräquivalenz. — Die
Anfangsteile dieser Kurven stellen das Mittel
aus etwa 15—20 Adaptationsversuchen dar
(S. 1578), haben also eine ziemlich große Wahrscheinlichkeit. (Versuche von A. Kohlrausch.)

Danach ist einleuchtend, daß man aus
der anfänglichen Verzögerung des normalen
Schwellenabstiegs nicht auf eine *Verzögerung der Sehpurpurbleichung* bzw. auf
eine *Hemmung des Dämmerapparates durch den Tagesapparat*[1] schließen kann.
Denn da der Schwellenabstieg auf der jeweils *unteren* Kurve erfolgt (anfangs auf *T*, später auf *D*), bekommen wir im Anfang über die Tätigkeit des
Dämmerapparates noch gar keinen Aufschluß; die Abb. 510 zeigt aber, daß
von einer Hemmung des Dämmerapparates keine Rede ist, denn seine Schwelle
fällt während der Anfangszeit *ganz steil* ab. Experimentell würde sich der aller-
früheste Anfangsverlauf der Dämmerkurve am Normalen nur festlegen lassen,
wenn Lichter bekannt wären, die auch in beliebiger Intensität *keine Spur von*
Tageswert besitzen.

2. Synergismus von Tages- und Dämmerapparat. Im Gegensatz zu der
Theorie G. E. Müllers[1] von der *gegenseitigen Hemmung des Tages- und Dämmer-*
apparats, für die eine experimentell begründete Notwendigkeit zur Zeit wohl
nicht vorliegt, sucht neuerdings Fröhlich[2], die Lehre von der Doppelfunktion

---

[1] Literatur bei G. E. Müller: Z. Sinnesphysiol. **54**, 20ff. (1922).
[2] Fröhlich, Fr. W.: Empfindungszeit, S. 130—140.

der Netzhaut (s. S. 1518, 1519) durch eine Theorie vom „*Synergismus der Stäbchen und Zapfen*" zu erweitern. FRÖHLICH sieht außer G. E. MÜLLERS *antagonistischer Funktion* noch zwei weitere Möglichkeiten für die Auffassung der Beziehungen zwischen Stäbchen und Zapfen: 1. die *funktionelle Unabhängigkeit* der beiden Sehelemente und 2. die Auffassung, „daß trotz funktioneller Verschiedenheiten die beiden Elemente einschließlich der mit ihnen direkt verbundenen Anteile des Zentralnervensystems zu gemeinsamer Funktion verknüpft sind".

Erstere Auffassung bezeichnet FRÖHLICH als die von der *Duplizität der Funktion* und sieht darin die Anschauung von v. KRIES. Die zweite Auffassung spricht FRÖHLICH als seine *Theorie vom Synergismus* der Funktion beider Elemente noch etwas ausführlicher aus: „Am dunkeladaptierten Auge reagieren bei den schwachen Intensitäten nur die farbenuntüchtigen Stäbchen, in der Fovea centralis reagieren bei genügend starken Intensitäten nur die farbentüchtigen Zapfen. Diese Auffassung wird auch von der Duplizitätstheorie und der Theorie vom Antagonismus der Funktion beider Sehelemente berücksichtigt. Wir müssen jedoch erwägen, daß relativ selten, eigentlich nur im Experiment, die Bedingungen für rein foveales Sehen gegeben sind. In der Regel wird mit ausgedehnteren Partien der Netzhaut und bei einem Adaptationszustand gesehen und wirken Intensitäten auf das Auge ein, *bei welchen beide Sehelemente so zusammenwirken, daß eine einheitliche Empfindung entsteht*, in welcher ein ‚quantitativ abgestuftes Zusammenarbeiten zweier voneinander unabhängiger Funktionen' oder ein Antagonismus vorläufig nicht nachgewiesen werden konnte."

Die Annahme von v. KRIES, daß beide Sehelemente *auch unabhängig voneinander funktionieren können*, ist offenbar unumgänglich; denn diese dürfte FRÖHLICH wohl selbst zugrunde legen, wenn er sagt, im dunkeladaptierten Auge reagierten bei schwachen Intensitäten *nur die Stäbchen*, in der Fovea centralis bei genügend starken Intensitäten *nur die Zapfen*. Was er trotz dieses eigenen Ausspruchs an experimentellen Einwänden gegen das unabhängige Funktionierenkönnen von Stäbchen und Zapfen vorbringt, hält der Kritik nicht stand (vgl. S. 1581 f). — FRÖHLICH hebt mit besonderem Gewicht und in Sperrdruck hervor, daß durch das Zusammenwirken beider Sehelemente eine *einheitliche Empfindung* entsteht, gebührt FRÖHLICH. Die älteren Autoren werden die alltägliche Erfahrung von der Einheitlichkeit jeder einzelnen Empfindung für etwas so Selbstverständliches gehalten haben, daß ihnen die besondere Betonung dieser Tatsache in diesem Zusammenhang banal vorgekommen sein mag. Sie werden damals bei Lesern physiologisch-optischer Abhandlungen die Einsicht *dafür* stillschweigend haben voraussetzen können, daß die Doppelfunktion der Netzhaut vermutlich nicht erst so spät entdeckt und so lebhaftem Widerspruch von seiten der HERINGschule begegnet wäre, wenn die einzelnen Empfindungen selbst schon etwas von Zwiespältigkeit unmittelbar erkennen ließen. Sie konnten sich daher mit dem Hinweis darauf begnügen[1], daß die Erscheinungen des Sehens bei *wechselnden* Adaptationszuständen nicht leicht mit der ja vorher allgemein gemachten „unitarischen" Annahme „eines einheitlichen Bestandteils des Organs" zu erklären seien.

Im übrigen ist FRÖHLICH entgangen, daß seine Theorie vom *Synergismus* der Zapfen und Stäbchen *nicht neu* ist, sondern schon einen wesentlichen Bestandteil der v. KRIESschen Duplizitätstheorie ausmacht, denn v. KRIES schreibt: „Geht man von der Annahme aus, daß das Sehorgan sich aus den beiden, peripher durch die Zapfen und die Stäbchen repräsentierten Bestandteilen zusammensetzt, von denen der eine vorzugsweise dem Tagessehen, der andere dem Dämmerungs-

---

[1] KRIES, J. v.: Nagels Handb. d. Physiol. **3**, 185 (1904).

sehen dient, so muß man sich des weiteren vorstellen, daß ganz im allgemeinen die Funktion eine kombinierte ist, an der jene beiden Bestandteile in wechselnder Weise beteiligt sein können[1]; und an anderer Stelle: „In einem mittleren Bereich von Beleuchtungen wirken die Leistungen des einen und anderen Bestandteiles in einer quantitativ abstufbaren Weise zusammen[2]." — Außerdem ist v. Kries[1] schon vor 15 Jahren über die jetzigen Vorstellungen von Fröhlich hinausgegangen, indem er für „ausgedehntere Partien der Netzhaut" (8, 16, 24, 32° Exzentrizität) den *Synergismus* von Stäbchen und Zapfen, seine Abhängigkeit von der Beleuchtungsintensität und die seit langem *qualitativ* bekannte Abstufung des Zusammenarbeitens auch *quantitativ* genau durchgemessen hat. Wenn Fröhlich also meint (S. 1585), daß in der entstehenden „*einheitlichen Empfindung*" ein „quantitativ abgestuftes Zusammenarbeiten zweier voneinander unabhängiger Funktionen" vorläufig nicht hätte nachgewiesen werden können, so ist er mit seiner neuen Theorie vom Synergismus um 15 Jahre hinter der Entwicklung der *wirklichen* Duplizitätstheorie zurück.

3. Geschwindigkeit des Tages- und Dämmersehens. Aus einer Reihe von Tatsachen haben v. Kries[3] und seine Schüler den Schluß gezogen, daß unter sonst gleichen Bedingungen *das Dämmersehen beträchtlich träger ablaufe als das Tagessehen.* Die Haupttatsachen sind:

1. Die Verschmelzungsfrequenz liegt bei gleicher subjektiver Helligkeit im Tagessehen erheblich höher als im Dämmersehen; der Unterschied im Frequenzverhältnis ist 5 : 3 oder noch größer.

2. Gleiten zwei senkrecht untereinanderstehende Lichtspalte, ein roter und ein blauer, bei fixiertem Blick durch das Gesichtsfeld, so bleibt im Dämmersehen der blaue hinter dem roten zurück; McDougall[4] hat die Verspätung unter bestimmten Bedingungen auf $^1/_{18}$ Sekunde geschätzt.

3. Beim Übergang von Tages- zu Dämmersehen bleibt die Stereogleichung[5] zwischen Rot und Grau nicht gültig, sondern ändert sich im *entgegengesetzten* Sinne des Purkinje-Phänomens; die Stereohelligkeit des Grau wird relativ vermindert, die des Rot relativ vermehrt. Die Stereohelligkeit des Blau nimmt unter gleichen Bedingungen anfangs bis hinab zur Farbenschwelle ab, dann gleichfalls zu. Wird mit einem Hell- und einem Dunkelauge stereophotometriert, so kreist die Marke *vorn herum* auf das Dunkelauge zu. Das dunkeladaptierte Auge verhält sich also so, wie wenn es von *geringerer* Lichtintensität getroffen würde, trotzdem es gerade umgekehrt die *höhere* subjektive Helligkeit vermittelt. — Auf Grund der Erklärung des Stereoeffekts von Pulfrich deutet v. Kries diese anscheinend paradoxen Erscheinungen mit der *größeren Trägheit* des Dämmersehens; dabei läßt er zunächst offen, auf welchen Zeitwert es für den Stereoerfolg ankommt, ob auf die Zeit vom Reiz bis zum *Einsetzen* der Empfindung (Empfindungszeit) oder auf diejenige bis zum *Höchstwert* der Empfindung.

4. Das Fehlen der „flatternden Herzen" und des Purkinjeschen nachlaufenden Bildes bei reinem Tagessehen und ihr Auftreten mit Einsetzen des Dämmersehens läßt nach v. Kries darauf schließen, daß der *farblose* Anteil dieser in der Bewegungsrichtung zurückbleibenden Bildverdoppelungen durch

[1] Kries, J. v.: Z. Sinnesphysiol. **49**, 297 (1916).
[2] Kries, J. v.: Klin. Mbl. Augenheilk. **70**, 577 (1923).
[3] Kries, J. v.: In Helmholtz' Physiol. Optik, 3. Aufl., **2**, 369—374 (1911) — Naturwiss. **1923**, 461. — Nagel, W. A.: In Helmholtz' Physiol. Optik, 3. Aufl., **2**, 314—316 (1911). — Engelking u. Poos: Graefes Arch. **114**, 340 (1924).
[4] McDougall: J. of Physiol. **1** (1904).
[5] Über die Stereophotometrie vgl. Pulfrich: Naturwiss. **1922**, 553, 569, 596, 714, 735, 751.

den trägen Dämmerapparat zustande kommen. In dem gleichen Sinne sprechen die Tatsachen, daß 1. die Helligkeit der nachlaufenden Bilder den *Dämmerwerten* der jeweils erregenden Lichter entsprechen, 2. das nachlaufende Bild bei dämmerwertfreiem Rot fehlt und im stäbchenfreien Bezirk der Fovea fehlt.

Gegen die Beweiskraft dieser Versuche im Sinne einer *größeren Trägheit des Dämmersehens* haben neuerdings FRÖHLICH[1] und seine Mitarbeiter in mehreren Arbeiten Stellung genommen. Sie fanden zwar gleichfalls die *Dauer der Primärempfindung* bei Minimalreizung des Dunkelauges erheblich länger (bis doppelt so lang) als bei Minimalreizung des Hellauges, *aber die Fröhlichzeit erwies sich unter diesen beiden Bedingungen als genau gleich.* Sie sind daher der Ansicht, das Dämmersehen habe keine längere Empfindungszeit bzw. sei nicht träger als das Tagessehen, und glauben als Widerlegung der unter 2 und 3 (S. 1586) mitgeteilten Versuche folgende Beobachtungen anführen zu können:

1. Beobachtet man den Stereoeffekt mit einem für Helladaptation stereogleichen Rot und Blau während eines anschließenden Dunkelaufenthaltes bis zu vollkommener Dunkeladaptation, so tritt nach kurzem Dunkelaufenthalt zwar der Umschlag des Kreisens nach dem Blauauge ein; dieses nimmt jedoch weiterhin ständig ab, bis Umschlag des Kreisens auf das Rotauge erfolgt, das deutlich zunimmt.

2. Ähnliches gilt für die zwei senkrecht untereinanderstehenden Lichtspalte mit Rot und Blau: Läuft zuerst der Rotspalt voran, so wird er bei genügend langer Dunkeladaptation vom Blauspalt überholt, der dann als der sehr viel hellere Spalt weiterhin voranläuft. — Die abweichenden Ergebnisse glauben sie auf eine unvollständige Dunkeladaptation bei v. KRIES und seinen Mitarbeitern zurückführen zu können.

3. Den „inversen Pulfricheffekt", bei dem das Kreisen der Marke eine trägere Reaktion des Dunkelauges anzeigt, erklären sie mit einem bei ihren Versuchen beobachteten Strabismus divergens des helladaptierten Auges im Dunkelraum. Waren die dadurch bedingten Fixationsschwierigkeiten überwunden, so zeigte auch die Marke keine Trägheit des Dunkelauges mehr an.

Zu diesen Versuchen von FRÖHLICH und Mitarbeitern ist zu sagen: *Die Beobachtungen unter 1 und 2 sind keine Gegenbeweise gegen die Versuche von* v. KRIES *und Mitarbeitern.* Denn der zeitliche Ablauf der Sehvorgänge ist, wie seit langem bekannt und ja neuerdings in zahlreichen Untersuchungen von FRÖHLICH und Mitarbeitern selbst immer wieder bestätigt wurde, *sowohl im Tages- wie im Dämmersehen von der Lichtintensität bzw. der subjektiven Helligkeit abhängig: je größer die subjektive Helligkeit, um so schneller der Ablauf.* Übersteigt daher die Helligkeit des Blau im Verhältnis zu der des Rot bei starker Dunkeladaptation eine gewisse Grenze, so muß selbstverständlich das Kreisen der Marke umschlagen bzw. der Blauspalt voranlaufen. Bei FRÖHLICH war das Blau schließlich *sehr viel* heller. *Wirklich entscheiden* über die Geschwindigkeit beider Sehapparate können nur *Versuche mit subjektiv gleicher Helligkeit* des Rot und des Blau, analog den bekannten Versuchen über die Sehschärfe bzw. Verschmelzungsfrequenz (vgl. S. 1586). Dabei müßte das eine Auge im *reinen* Tages-, das andere im *reinen* Dämmersehen beobachten, d. h. weit oberhalb bzw. unterhalb des kritischen Stadiums, was mit einem *tatsächlich* dämmerwertfreien Rot und einem Graukeil erreichbar sein wird.

Ebenso kann der Versuch unter 3 mit dem „inversen Pulfricheffekt" nur bei subjektiv gleicher Helligkeit des Hell- und des Dunkelauges etwas aussagen. Wenn beide Augen gleich gut sehen und infolgedessen der nötige Fusionszwang

---

[1] Literatur bei F. W. FRÖHLICH: Empfindungszeit, S. 95—101.

vorhanden ist, wird der bei amblyopen Augen ja bekannte Strabismus von selbst verschwinden.

Die Tatsache, daß bei *angeborener totaler Hemeralopie das* Purkinjesche *nachlaufende Bild vollständig fehlt,* auch bei beliebigen Adaptationszuständen und Intensitätsgraden der einwirkenden Lichter (s. S. 1533), dürfte trotz Fröhlich[1], Vogelsang, Monjé und Bayer sehr deutlich für v. Kries' Erklärung sprechen, daß der *farblose* Anteil dieses nachlaufenden Bildes irgendwie mit dem Dämmerapparat zusammenhängt und damit zugleich dessen Trägheit anzeigt (S. 1586f). — So bleibt von Fröhlichs Widerlegungen nur die Tatsache, daß bei Minimalreizung des Hell- und Dunkelauges die *Fröhlichzeit* gleich ist.

4. Die „Fröhlichzeit". Will man der „*Fröhlichzeit*" eine Beweiskraft für die Geschwindigkeit der Sehvorgänge beilegen, so muß vor allem bekannt sein, was mit ihr eigentlich gemessen wird. Fröhlich ist der Ansicht, daß sie die *absolute Größe der Empfindungszeit* wiedergibt, *also die Zeit zwischen Einwirkung des objektiven Reizes und Auftreten der Empfindung.* Gegen diese Deutung sind u. a. von G. E. Müller[2], Wirth[3] und Rubin[4] gewichtige Einwände erhoben worden. Auch mir scheinen hier noch erhebliche Diskrepanzen zu bestehen.

Zunächst ist selbstverständlich, daß bei einem bewegten Objekt die absolute Empfindungszeit nur in dem Zeitintervall zwischen dem *Objekt der Außenwelt* (z. B. objektiver Spalt) und der hinter ihm zurückbleibenden *subjektiven Wahrnehmung bzw. „Empfindung"* dieses Objektes bestehen kann. Läßt man also wie *Fröhlich* im Dunkelraum einen mit konstanter Geschwindigkeit bewegten leuchtenden Spalt hinter einem Schirm hervorlaufen, so muß das subjektive Bild des Spaltes *etwas später am* Schirmrand sichtbar werden, als der objektive Spalt aufgetreten ist; diese Zeitdifferenz wäre irgendwie zu messen.

Tatsächlich wird nun aber noch etwas anderes, nicht ohne weiteres Vorherzusagendes bemerkbar: das Spaltbild wird gar nicht *unmittelbar am Schirmrand* sichtbar, sondern *erst eine Strecke weit von ihm entfernt,* so daß es unter bestimmten Bedingungen (mäßige Lichtintensität oder gute Helladaptation) als *schmales* Spaltbild *in erheblichem Abstand* vom Schirmrand plötzlich auftaucht und von dort ab weiterläuft. Diesen *Abstand des Auftauchortes vom Schirmrand* mißt Fröhlich aus, rechnet ihn mit der bekannten Bewegungsgeschwindigkeit des Spaltes in einen Zeitwert um und erklärt es für naheliegend, in diesem Zeitwert *die absolute Empfindungszeit* zu sehen.

Das halte ich durchaus nicht für naheliegend. Denn wo das Spaltbild auch auftauchen mag, stets muß der bewegte *objektive* Spalt schon *weiter weg* und an *dieser* Stelle vorbei sein, wenn von der Empfindungszeit als der Zeitdifferenz zwischen objektivem Reiz und subjektiver Empfindung überhaupt die Rede sein soll. Wenn *außerdem* auch noch das Bild erst in einigem Abstand vom Schirmrand auftaucht, so besagt das zunächst nur, daß *überdies* noch eine bestimmte Netzhautstrecke durchlaufen, d. h. eine *gewisse Anzahl Netzhautelemente bestrichen werden müssen,* ehe eine Empfindung zustande kommen kann. Das ist *etwas Zweites*: eine *örtliche Summation,* wie sie ja am Auge hinlänglich bekannt ist.

Die Frage nach der *absoluten Empfindungszeit* muß jetzt nach wie vor lauten: *wo ist im Moment des Bildauftauchens der objektive Spalt, wie weit vom Ort des Bildes entfernt?* Und da will Fröhlich[5] nun durch Versuche die Merkwürdigkeit festgestellt haben, *daß sich der voranlaufende Rand des Spaltes stets dort befindet,*

---

[1] Fröhlich, F. W.: Empfindungszeit, S. 133, 135.
[2] Müller, G. E.: Typen der Farbenblindheit, S. 147. 1924.
[3] Wirth, W.: Ds. Handb. **10**, 599 (1927) — Arch. f. Psychol. **60**, 222 (1927).
[4] Rubin, E.: Psychol. Forschg. **13**, 101 (1929).
[5] Fröhlich, Fr. W.: Empfindungszeit, S. 28.

wo der voranlaufende Rand des Bildes auftaucht! Es ist FRÖHLICH entgangen, daß er damit offenbar seiner eigenen Methode zur Empfindungszeitmessung den Boden entzieht: *denn wenn der objektive Spalt mit dem Spaltbild zusammenfällt, ist die Empfindungszeit zweifellos gleich Null!*

Anders ausgedrückt: Nach FRÖHLICHs Methode und Deutung würde nur die *zuerst* (bis zum Bildauftauchen) getroffene Netzhautpartie mit den zugehörigen Zentralteilen „Empfindungszeit" brauchen, alle folgenden nicht mehr. — Zum mindesten ist danach klar, daß FRÖHLICH und Mitarbeiter etwas *anderes* messen als den absoluten Wert der Empfindungszeit. Die „Verschiebung" bzw. „FRÖHLICHsche Zeit" könnte möglicherweise der auf initiale örtliche Summation entfallende Teil der ganzen Empfindungszeit sein. Daß die „FRÖHLICHsche Zeit" von Reizintensität, Adaptationszustand (also subjektiver Helligkeit), Spaltbreite, Spaltgeschwindigkeit usw. abhängt, wäre dann auf Grund des Lichtmengengesetzes (vgl. S. 1444) wohl verständlich. Die genauere Feststellung der vermutlich ziemlich verwickelten einzelnen Vorgänge, durch welche die FRÖHLICHsche Zeit bedingt ist, muß wohl weiteren speziell hierauf gerichteten Versuchen vorbehalten bleiben[1].

Alle Folgerungen und Einwendungen aber, die FRÖHLICH *und Mitarbeiter gegen fremde Versuche und Deutungen auf Grund ihrer „Empfindungszeit" erheben, z. B. auch gegen die Trägheit des Dämmersehens* (vgl. S. 1586), *erscheinen danach hinfällig.*

5. Über Adaptationsverlauf, Kurvenknick, „kritisches Stadium" und Zentralfunktionen: Wie wir sahen (s. S. 1577—1579), zeigen die Schwellenänderungen während des Ablaufs der Dunkeladaptation ganz bestimmte Gesetzmäßigkeiten. KOHLRAUSCH und Mitarbeiter stellten fest (s. S. 1578, 1579): 1. *zwei* durch eine *Unstetigkeit* (Kurven*knick*) getrennte Ablaufphasen; 2. das *Fehlen* des Knicks in der *Fovea* und extrafoveal mit *dämmerwertfreiem Rot* selbst bei mehrstündigem Dunkelaufenthalt; 3. die *zeitliche Verschieblichkeit* des Knicks mit dem anfänglichen Adaptationsgrad, mit dem Netzhautort und mit der Reizfarbe, genauer gesagt mit dem Quotienten $\frac{\text{Dämmerwert}}{\text{Tageswert}}$ des Reizlichtes; 4. die *Tages*äquivalenz und *Farbigkeit* der Schwellen in der Zeit *bis zu dem Knick*, die *Dämmer*äquivalenz und *Farblosigkeit vom Knick an.*

Diese Gesetzmäßigkeiten lassen sich nach KOHLRAUSCH (s. S. 1579f) auf Grund der Duplizitätstheorie einfach und befriedigend verstehen: „In der Zeit bis zu dem Kurvenknick perzipiert man auch an der Schwelle noch mit dem Tagesapparat, jenseits des Knicks erst mit dem Dämmerungsapparat[2]." Damit ist zugleich die *Unstetigkeit* im Adaptationsablauf, der *Kurvenknick*, erklärt als *Übergang* der schwellenmäßigen Perzeption vom Tages- auf den Dämmerapparat.

Daraufhin haben FRÖHLICH und Mitarbeiter gezeigt (S. 1581), daß die *zeitliche Verschieblichkeit* mit dem anfänglichen Adaptationsgrad, dem Netzhautort und der Reizfarbe *prinzipiell ebenso für die Unstetigkeit des „kritischen Stadiums" gilt,* in welchem die FRÖHLICHsche Zeit und die *Dauer der Primärempfindung* eine vorübergehende Verlängerung durchmachen.

FRÖHLICH und Mitarbeiter bringen das „kritische Stadium" mit dem „Knick" in Zusammenhang und schließen sich der Deutung von KOHLRAUSCH an, wenn sie sagen, „daß in dem vorkritischen Stadium der Dunkeladaptation im wesentlichen der Charakter des Tagessehens erhalten bleibt, während im nachkritischen Stadium der Dunkeladaptation das sog. Dämmerungssehen vorherrscht. Im kritischen Stadium erfolgt die Umstellung des Sehorgans vom Tagessehen zum

---

[1] Vgl. z. B. E. RUBIN: Psychol. Forschg. **13**, 105—107 (1929).
[2] KOHLRAUSCH, A.: Pflügers Arch. **196**, 117 (1922).

Dämmerungssehen"[1]. — Außerdem nehmen sie dann aber für die Deutung des kritischen Stadiums noch mehrere hypothetische Vorgänge in Anspruch, in erster Linie solche im Sehzentrum[2]: beträchtliche Erregbarkeitsänderungen des Sehzentrums durch Augenbelichtung; „tonische Reaktion" des helladaptierten Auges, die sie vorwiegend aus einem, von ihnen gesehenen, besonders starken initialen Eigenlicht als „tonischer Nachwirkung der Tageslichtreizung" erschließen, und deren Sitz sie im Sehzentrum vermuten. Sie kommen nach einer Reihe theoretischer Kombinationen dieser Hypothesen zu dem Schluß, „daß man die Helladaptation als einen Ermüdungszustand auffassen könnte", bei dem aber „das helladaptierte Sehorgan ein gutes Sehen zu vermitteln imstande ist[3]" — oder an anderer Stelle —, „länger dauernd gut zu funktionieren vermag, ohne Ermüdungserscheinungen zu zeigen[4]".

Es wurde schon gesagt (S. 1571f), daß die gewöhnlich als Eigenlicht bezeichneten Erscheinungen kaum als „tonische Nachwirkung" der Lichtreizung aufgefaßt werden können, da sie *nach Lichtreizung* meist gerade *fehlen*. Ob FRÖHLICH gewisse Nachbilder mit unter den Begriff „Eigenlicht" rechnet, habe ich aus seinen Ausführungen nicht mit Sicherheit entnehmen können. Welchen Grad von wissenschaftlicher Befriedigung aber die Auffassung auslöst: *Helladaptation ist ein Ermüdungszustand ohne Ermüdungserscheinungen*, dürfte Sache des persönlichen Geschmacks sein (S. 1499, 1500).

Nun soll gewiß nicht behauptet werden, die Adaptation habe ihren Sitz lediglich in der Netzhaut und das Sehzentrum oder überhaupt andere Organe oder Gesichtssinnteile seien an der Adaptation unbeteiligt. Solche Einseitigkeit wäre unzweifelhaft verfehlt; das lassen die Arbeiten von v. KRIES[5], BEHR[6] und BRÜCKNER[7], und ferner die Untersuchungen von ACHELIS und MERKULOW[8] — elektrische Erregbarkeit (Rheobase, Chronaxie) und Nervenfunktion des Sehorgans bei Hell-Dunkel-Adaptation — und die von HESS und LEHMANN[9] — Adaptation und vegetative Nervenfunktion — erkennen. Man muß dementsprechend auch unter den Begriffen „Stäbchen" und „Zapfen" der Duplizitätstheorie den *gesamten nervösen Stäbchen- bzw. Zapfenapparat von der Netzhaut bis zur Sehrinde verstehen*, worauf v. KRIES von jeher hingewiesen hat.

Will man aber nicht ins Uferlose mit Adaptationstheorien geraten, so müßte wohl irgendein Maß dafür gegeben sein, *in welchem Anteilsverhältnis sich die Gesamtadaptation aus retinalen und extraretinalen Prozessen zusammensetzt*. An *ganz sicheren* quantitativen Unterlagen dafür fehlt es noch. Darum mag einstweilen eine rohe Abschätzung wenigstens einen gewissen Anhalt ermöglichen: Vergleicht man die bisherigen Zahlen über „adaptative" Änderungen der *objektiven Netzhautprozesse*[10] (absolute Schwelle, „Adaptations"geschwindigkeit, -breite, Unterschiedsempfindlichkeit, Verschmelzungsfrequenz usw. bei Netzhautströmen und Sehpurpur usw. im isolierten Bulbus oder der Retina) mit den entsprechenden aus *Empfindungs- und Wahrnehmungs*-Untersuchungen an Mensch und Tier gewonnenen Zahlen, so sieht man, daß beide ungefähr der Größenordnung nach übereinstimmen. Aus dieser quantitativen Ähnlichkeit *des gesamten* empfindungs-

---

[1] FRÖHLICH, FR. W.: Die Empfindungszeit, S. 111. 1929. — Mit ähnlichem Wortlaut K. VOGELSANG: Pflügers Arch. **203**, 33 (1924).
[2] FRÖHLICH, FR. W.: Die Empfindungszeit, S. 127—130.
[3] FRÖHLICH, FR. W.: Die Empfindungszeit, S. 128.
[4] FRÖHLICH, FR. W.: Die Empfindungszeit, S. 127.
[5] KRIES, J. v.: Z. Psychol. **8**, 1 (1895).
[6] BEHR, C.: Arch. of Ophthalm. **75**, 201 (1910).
[7] BRÜCKNER, A.: Schweiz. med. Wschr. **55**, 245 (1925).
[8] ACHELIS, J. D. u. J. MERKULOW: Z. Sinnesphysiol. **60**, 95 (1929).
[9] HESS, W. R. u. F. E. LEHMANN: Pflügers Arch. **211**, 603 (1926).
[10] Literatur vgl. ds. Handb. **12 I**, 266—291; **12 II**, 1394—1496.

mäßigen Adaptations*erfolges* mit *allein* schon seinem objektiven *peripheren* Netzhautanteil ergibt sich — wenigstens als erster Anhalt —, daß der *extraretinale*
Anteil am Gesamterfolg *nur einen verhältnismäßig kleinen Bruchteil des Ganzen*
ausmachen wird. — Falls tatsächlich die elektrische Erregbarkeit des Auges,
wie ACHELIS und MERKULOW[1] meinen, mit zentralen Prozessen zusammenhängen
sollte, würde sie in dem gleichen Sinne sprechen, denn die Rheobase ändert
sich während der Adaptation nur etwa im Verhältnis $1:3$, die Empfindlichkeit
des gesamten Sehorgans dagegen etwa im Verhältnis $1:10^6$, während die Pupillenweite etwa $1:20$ ausmacht (s. S. 1508).

Diese Schätzungen ergeben zum mindesten, daß der Anteil extraretinaler
Prozesse an der Gesamtadaptation *kein quantitativ sehr bedeutender* sein wird.
Fragt man, welche Anteile am Adaptationsverlauf etwa peripher, welche zentral
zustande kommen könnten, so ist das zur Zeit kaum abschließend zu beantworten; ich würde meinen, daß die starke, steile Phase nach dem Knick wohl
sicher peripher durch den Sehpurpur bedingt ist. Ob der Kurvenknick peripheren
oder zentralen Ursprungs ist, könnte sich mit geeigneten Adaptationsversuchen
an den Netzhautströmen möglicherweise klären lassen.

Bei dieser Sachlage scheint es nicht ganz unbegründet, wenigstens versuchsweise nachzusehen, wieweit sich auch die Erscheinungen des vor- und nachkritischen und des kritischen Stadiums den einfachen, morphologisch und objektiv-
funktionell gut fundierten Vorstellungen der Duplizitätstheorie über den Tagesapparat[2], den Dämmerapparat und den Sehpurpur einfügen lassen, wenn wir
von zur Zeit unbewiesenen Annahmen, wie tonischer Reaktion, tonischer Nachwirkung und Erregbarkeitsänderung des Sehzentrums, absehen. Dabei könnte
sich zugleich zeigen, für welche der Erscheinungen ein *zentraler* Ursprung anzunehmen ist; daß das auf jeden Fall für „Empfindungen", „Wahrnehmungen",
„Erlebnisse" gilt, oder wie man die *letzten Erfolge* der peripher angreifenden
Reize sonst nennen will, sollte eigentlich nicht besonders betont werden müssen.

Das vor- und nachkritische samt der Diskontinuität des kritischen Stadiums
als *Ganzes* sind schon von FRÖHLICH selbst mit den Grundgedanken der Duplizitätstheorie im Einklang befunden (S. 1589): *im vorkritischen Stadium vorwiegend Tagessehen, im nachkritischen vorwiegend Dämmersehen, im kritischen
Stadium Umstellung des Sehorgans vom Tages- zum Dämmersehen.* Es wären also
hier in erster Linie die charakteristischen Geschwindigkeits-, Farben- und Hellig-

---

[1] Welchen Einfluß das, während der Dunkeladaptation erfahrungsgemäß zunehmende
und besonders bei *einäugiger* Dunkeladaptation sehr starke, störende und zunehmende
„Eigenlicht" der Netzhaut auf die Sichtbarkeit des von ihnen beobachteten Phosphens hat,
habe ich in der Arbeit von ACHELIS und MERKULOW nicht finden können. Natürlich könnte
das Eigenlicht nervösen Ursprungs sein. Aber die Schlußfolgerungen von ACHELIS und
MERKULOW würden doch wohl einige Abänderungen erfahren müssen, wenn die *Schwelle*
für das Phosphen als *Unterschieds*schwelle gegenüber einem sich allmählich verändernden
Umfeld bestimmt wird (s. S. 1507, Fußnote 5). Nach meinem Eindruck wird das Sehen des
Hellauges auch im Hellen durch das zunehmende flimmernde Eigenlicht des Dunkelauges
gestört. Die während der Versuchsdauer anwachsende Störung durch das Eigenlicht des
gereizten oder des anderen Auges müßte sich bei den Versuchsreihen 1b, 1c, 1d in *steigenden
Schwellen* (Rheobase) und außerdem bei 1c und 1d wegen Einschaltung des trägen Dämmerapparats in einem von etwa der 6. Minute ab *steigenden Zeitbedarf* (Chronaxie) äußern, was
tatsächlich festgestellt wurde. Es wäre wohl nötig, bei den Versuchen Rheobase, Chronaxie
und *daneben Angaben über das Eigenlicht* im unwissentlichen Verfahren zu erheben. Über
den Angriffspunkt des Reizes geben die Versuche in der bisher vorliegenden Form daher
wohl noch keinen sicheren Aufschluß; es könnte ebensogut das Sinnesepithel gereizt sein,
dessen elektrische Erregbarkeit durch Sehpurpuranreicherung ja nicht gesteigert zu werden
braucht. Die Versuche würden den Einfluß des Eigenlichts quantitativ abschätzen lassen,
was auch von Vorteil wäre.

[2] Unter Tages- bzw. Dämmerapparat, Zapfen bzw. Stäbchen ist hier stets der *ganze*
Zapfen- bzw. Stäbchenapparat von der Netzhaut bis zur Sehrinde verstanden.

keitsänderungen zu betrachten. Ein wesentlicher methodischer Unterschied gegenüber den Schwellenbeobachtungen muß dabei berücksichtigt werden: *die während des Versuchs konstant bleibende Reizintensität.* FRÖHLICH und Mitarbeiter haben gewöhnlich jeden Adaptationsversuch mit einer *anfangs schwellenmäßigen* und weiterhin *konstant gehaltenen* Reizintensität durchgeführt. Die im Dunkeln steigende Augenempfindlichkeit hatte dann zur Folge, daß die konstant bleibende Reizintensität zunehmend *stärker* überschwellig wurde und *größere Helligkeit auslöste. Deutungen:*

1. Daß mit *steigender* subjektiver Helligkeit die FRÖHLICHsche Zeit *kürzer* wird, gilt nach FRÖHLICH und Mitarbeitern sowohl für das Tages- wie für das Dämmersehen. Danach läßt sich die im vorkritischen Stadium der Dunkeladaptation auftretende *Verkürzung* der FRÖHLICHschen Zeit darauf zurückführen, daß der *Tagesapparat* bei gleichbleibender Reizintensität *zunächst schwach, dann zunehmend stärker erregt wird.*

2. Das *Anwachsen* der Primärempfindungs*dauer* im vorkritischen Stadium ist gleichfalls vorwiegend auf die *anwachsende Erregung des Tagesapparats zurückzuführen,* da VOGELSANG mit rotem Licht gezeigt hat, daß bei ansteigender subjektiver Helligkeit bzw. Reizintensität die Primärempfindung bei Tagessehen länger wird.

3. Wie aus den Schwellenmessungen hervorgeht, hat die *Empfindlichkeit des Tagesapparats* nach etwa 5—6 Minuten Dunkelaufenthalt nahezu ihr *Maximum* erreicht (S. 1578ff). Aber mit Beginn des Dunkelaufenthalts steigt zugleich die Empfindlichkeit des *Dämmer*apparats an (S. 1578ff). Da die Reize konstanter Intensität auch für ihn nach einiger Zeit überschwellig werden, fängt er an mit zu reagieren, und zwar mit einer stets *farblosen* Empfindung und — wegen seiner zunächst noch geringen Empfindlichkeit, also schwachen Erregung — mit einer *langen* FRÖHLICHschen Zeit.

4. Von jetzt ab reagieren also *beide* Sehapparate. Bei der weiter zunehmenden Empfindlichkeit des Dämmerapparats haben wir dann — farbige Reizung mit dämmerwerthaltigem Licht vorausgesetzt — einen ähnlichen Zustand wie bei einer *Doppel*reizung, wenn ein intensiver werdender Weißreiz einem konstant bleibenden Farbreiz immer dichter folgt. Das sind Bedingungen, unter denen FRÖHLICH und seine Mitarbeiter die Erscheinungen der „Verdichtung", der „Verschmelzung" und der bekannten „Auslöschung" studiert haben. Von den verschiedenen dabei auftretenden Erscheinungen interessieren hier folgende: a) der nachfolgende Reiz kann auch die FRÖHLICHsche Zeit des *voranlaufenden* Reizes beeinflussen; b) die Verschmelzung beider Reize zu einer Doppelerregung geht unter einer *auffallenden Verlängerung der Empfindungsdauer* vor sich.

5. Ähnliches wird nun im kritischen Stadium beobachtet. Denn auf der Höhe des kritischen Stadiums tritt nach übereinstimmender Aussage von FRÖHLICH und seinen Mitarbeitern die Besonderheit auf, daß die Primärempfindung schwach, schleierhaft, auffallend langgezogen wird und sehr allmählich anklingt bei verlängerter Fröhlichzeit. Ich halte es daher nicht für ausgeschlossen, daß im kritischen Stadium eine allmähliche „Verschmelzung" und teilweise „Auslöschung" der voranlaufenden Tageserregung durch die nachfolgende und anwachsende Dämmererregung erfolgt, wenn auch die verschiedenen Teilvorgänge der Verschmelzung und Auslöschung wohl noch nicht vollständig genug durchgeprüft sind, um ein *sicheres* Urteil fällen zu können. Vielleicht führen Versuche mit ganz dämmerwertfreiem und wenig dämmerwerthaltigem Rot weiter; ersteres haben FRÖHLICH und Mitarbeiter bisher nicht angewandt.

6. Im nachkritischen Stadium wird dann wegen weiter zunehmender Erregung des *Dämmer*apparats *die* FRÖHLICHsche Zeit *kürzer, die Primärempfindung*

stärker und kürzer und, weil *beide* Apparate *überschwellig* gereizt werden, klingt *die Empfindung farbig an, wird dann weißlich (Dämmerapparat) mit dem Helligkeitsmaximum im weißlichen Anteil,* ein weiteres der von MONJÉ festgestellten Verschmelzungsstadien.

Also 1. mit den einfachen Annahmen der Duplizitätstheorie: Tagesapparat =farbige, Dämmerapparat=farblose Empfindungen; 2. mit den Ergebnissen von FRÖHLICHS Versuchen über die FRÖHLICHsche Zeit, die Empfindungsdauer und die Verschmelzung zweier Reize, und 3. mit der nicht ganz unwahrscheinlichen Hypothese, daß nicht nur die durch zwei Reize in benachbarten Sehfeldstellen ausgelösten Erregungen unter Auslöschungserscheinungen verschmelzen, sondern auch die *durch einen* Reiz in den *zwei Sehorganapparaten ausgelösten Doppelerregungen,* lassen sich die anscheinend so verwickelten adaptativen Änderungen der FRÖHLICHschen Zeit und der Empfindungsdauer auf Grund des Duplizitätsgedankens verständlich machen. Da beide Sehapparate bei FRÖHLICHS Methode durchweg *gemeinsam* erregt werden, müssen die Stadien entsprechend umgekehrt bei *Helladaptation* auftreten und werden bei geeigneten Adaptations- und Reizbedingungen mittlerer Intensität die Erscheinungen des „kritischen Stadiums" als *Dauerzustand* zu erhalten sein. Das ist nach der Duplizitätstheorie selbstverständlich, weil das „kritische Stadium" nach ihr wohl weiter nichts ist als die Besonderheiten bei *annähernd* gleich starker, sukzessiver Tätigkeit beider Apparate.

Wieweit die Vorgänge der Verschmelzung und Auslöschung, der FRÖHLICHschen Zeit und Empfindungsdauer peripheren, wieweit zentralen Ursprungs sind, *kann wohl nur die Untersuchung der Netzhaut- und Opticusströme klären* (siehe S. 1472—1496).

VI. Schlußbetrachtungen[1].

Die Erscheinungen des Tagessehens, des Dämmersehens und der Adaptation werden befriedigend von der *Duplizitätstheorie* erklärt; der Vorstellung von den zwei anatomisch getrennten, je nach Beleuchtungsstärke einzeln oder gemeinsam arbeitenden Sehapparaten im Auge. Ihre Grundanschauungen sind heute wohl allgemein anerkannt, aber eine eingehende und kritische Betrachtung des vorliegenden Tatsachenmaterials (vgl. ds. Handb. 12 I, S. 679—713; 12 II, S.1518—1536, 1570—1593) läßt keinen Zweifel mehr, daß auch diejenigen Fragen, die bisher vorwiegend Anlaß zu Meinungsverschiedenheiten gegeben haben, jetzt im Sinne der Duplizitätstheorie zu deuten sind[2].

Das Farbensehen, eine der Hauptfunktionen des Tagesapparats, entbehrt einer einheitlichen Erklärung. Nach wie vor, und kaum weniger scharf getrennt als früher, stehen sich die beiden Lager um die großen Teillösungen der YOUNG-HELMHOLTZ-KRIESschen Dreikomponenten- und der HERINGschen Gegenfarbenlehre gegenüber und jedes sucht weiteren Boden für sich zu erarbeiten. Der jüngste Vorstoß zur Beseitigung der YOUNG-HELMHOLTZ-KRIES-Theorie und zur Eroberung des *Gesamt*gebiets für die HERING-Lehre (ds. Handb. 12 I, S. 550 bis 584) kann wohl als abgeschlagen betrachtet werden; denn es wurde experimentell erwiesen, daß die ihm zugrunde liegenden Versuchsergebnisse *nicht*

---

[1] Ich begnüge mich hier mit einigen kurzen theoretischen Bemerkungen und verweise auf die ausführlichen Darstellungen der Theorien: bei J. v. KRIES: Nagels Handb. **3**, 127 bis 132, 144—149, 184—192, 266—282. — HELMHOLTZ: Physiol. Optik, 3. Aufl., **2**, 290—378 — Allgemeine Sinnesphysiol. S. 39—98. — Klin. Mbl. Augenheilk. **70**, 577 (1923). — Z. Sinnesphysiol. **56**, 281 (1924). — Ds. Handb. **12 I**, 679—713. — HERING, E.: Grundzüge der Lehre vom Lichtsinn. Berlin: Julius Springer 1920. — TSCHERMAK, A. v.: Ds. Handb. **12 I**, 550—584.

[2] Betreffs derjenigen Adaptationstheorien, die sich auf eine mathematische Analyse des Adaptationsverlaufs stützen, verweise ich auf das vorher (S. 1580) Gesagte.

verallgemeinerungsfähig sind und die daraus gezogenen weitreichenden Schlüsse *nicht für die Gesamtmasse des normalen Farbensinns gelten*, sondern nur für wenige Prozent unter den rotanomalen Menschen (ds. Handb. 12 II, S. 1534 bis 1570).

Damit sind beide Lehren wieder in ihre Teilrechte eingesetzt. Daß sie jemals *ganz* daraus verdrängt werden könnten, ist schwer zu glauben; in jeder von beiden wird ein brauchbarer und unvergänglicher Kern stecken, da die Dreikomponentenlehre die Lichtmischungsgesetze der verschiedenen Farbensysteme, die Gegenfarben- bzw. Vierfarbenlehre die psychische Seite der Gesichtsempfindungen durchaus befriedigend erklärt, aber jede auf dem anderen Teilgebiet mehr oder minder versagt. Mancher könnte denken: da die Dinge nun einmal so zu liegen scheinen, wozu dann das weitere Streiten? Warum nicht jedem der beiden Vorstellungskreise seine Teilaufgabe zuweisen, etwa nach Art der v. Kriesschen Zonentheorie, oder ähnlich? Vielleicht ist es ganz gut, daß zu einer solchen friedlichen Auseinandersetzung die Zeit offenbar noch nicht gekommen ist: Denn nichts ist förderlicher für die *Experimentalerforschung* eines Gebiets, als wenn sich auf ihm *gleichwertige und grundsätzlich verschiedene* Anschauungsweisen kritisch gegenseitig beobachten. Und die einwandfreie experimentelle Erkenntnis bleibt doch wohl das Wesentliche der Forschung.

Eine Theorie erfüllt ihre Hauptaufgabe, *fördernd* auf die *Experimentalforschung* zu wirken, nur schlecht, wenn sie in Dogmen erstarrt und damit die Forschung einzwängt. Fördernd wirkt gewöhnlich nur ihr *allgemeiner* Grundgedanke, hier der *Duplizitäts-*, der *Dreikomponenten-*, der *Vierfarben-*, der *Zonen*gedanke. In solch allgemeiner Form kann sie genügend elastisch bleiben, um sich neuen Experimentalergebnissen anpassen zu können. Eine Belastung mit Detail verträgt sie höchstens, *wenn es sehr gut somatisch fundiert ist* wie bei der Duplizitätstheorie; andernfalls pflegt das der Anfang vom Ende zu sein, wie meines Erachtens bei jedem Dogmengebäude.

Die Licht- und Farbentheorien suchen nach *somatischen* Vorgängen zu den *subjektiven* Gesichtserscheinungen. Soweit sie sich nicht ganz allgemeiner Begriffe, wie etwa „Komponenten des Farbensinns", bedienen, sondern spezialisiertere physiologische Annahmen machen, schweben sie wohl in der Luft, wenn sie die *tatsächlich vorhandenen objektiven Netzhautprozesse* dabei gar nicht berücksichtigen. Nachdem erkannt wurde, daß die Netzhaut der Tagtiere auf wechselnde Lichtzusammensetzung mit *artverschiedenen, algebraisch superponierbaren Stromformen* reagiert, hat sich im Anschluß an die jüngsten Nervenstromuntersuchungen das Problem der *Intensitäten- und Qualitätenleitung in einer einzelnen Opticusfaser* befriedigend lösen lassen[1]. Da die Netzhautströme neuerdings *auch vom Menschen* mit Erfolg abgeleitet sind[2], besteht vielleicht Aussicht, von dieser Seite her *einen sicheren Grund an objektiven Netzhautvorgängen für Farbentheorien experimentell zu legen*, so wie ihn die Erforschung des *Sehpurpurs* für das Verständnis des *Dämmersehens* und der *Adaptation* abgegeben hat.

Anmerkung der Herausgeber: Bei dem immer noch nicht entschiedenen Streit zwischen der Dreikomponentenlehre und der Vierfarbenlehre war es nicht zu vermeiden, daß der Autor des Adaptationskapitels noch einmal auf die Argumente für die von ihm bevorzugte Dreikomponentenlehre einging. Wenn wir dies in ausgedehnterem Maße zuließen, als es dem eigentlichen Gegenstand des Beitrags entsprach, so geschah es, weil wir uns davon eine Klärung der ganzen Frage versprachen.

---

[1] Kohlrausch, A.: Ds. Handb. **12 II**, 1491—1496 (1931).
[2] Ds. Handb. **12 II**, 1459—1464 (1931).

Allgemeine Störungen der Adaptation des Sehorganes.

Von

W. DIETER

Kiel.

Mit 4 Abbildungen.

Zusammenfassende Darstellungen.

HELMHOLTZ, H. v.: Physiologische Optik 2 A. — Nagels Handb. der Physiologie 3. — KÖLLNER-ENGELKING u. v. KRIES: Im ersten Teil dieses Bandes. — KRIES, J. v.: Klin. Mbl. Augenheilk. **49** I, 241 (1911).

Literaturzusammenstellungen: ADAMS u. DOROTHY: Reports of the committee upon the physiology of vision. II. Dark adaptation (A review of the literature). Med. Res. Council, spec. Rep. Ser. Nr. 127, 1—138 (1929). — JESS, A.: Zbl. Ophthalm. **6** (1922).

Die Störungen der Adaptation des Sehorgans betreffen einerseits die *Anpassungsfähigkeit* des Auges an herabgesetzte Beleuchtung (*Dunkeladaptation*), andererseits diejenige an größere Helligkeit nach Aufenthalt im Dunkeln (*Helladaptation*) und wir bezeichnen ganz allgemein einen Zustand, bei dem bei Tag gut, bei Nacht, d. h. bei herabgesetzter Beleuchtung, verhältnismäßig schlecht oder gar nicht gesehen wird, als *Nachtblindheit oder Hemeralopie*[1] und dementsprechend das entgegengesetzte Zustandsbild als *Tagblindheit oder Nyktalopie*[1], wenn abends besser gesehen wird als am Tage. Diese allgemeine Formulierung soll zugleich besagen, daß es sich bei *beiden* Zuständen zunächst nur um Symptome handelt, diese kommen verschiedenen Erkrankungen zu, die sich prinzipiell in je 2 Gruppen sondern lassen:

1. Veränderungen des lichtbrechenden Apparates,
2. Veränderungen des lichtempfindenden Apparates.

Die letzteren Gruppen von krankhaften Veränderungen sind sowohl bei der Tagwie auch bei der Nachtblindheit für unsere Auffassung vom physiologischen Geschehen in der Netzhaut von besonderer Bedeutung.

Typische und im Prinzip stets gleiche Symptomenbilder bieten aber nicht alle Abweichungen vom normalen Verhalten, die gewöhnlich zu dieser 2. Gruppe gerechnet werden, sondern *nur* diejenigen, die *angeboren* auftreten und sich durchs ganze Leben nicht wesentlich verändern. Sie stellen streng genommen auch keine Erkrankungen des Sehorgans dar. Die *angeborene*, familiär erbliche,

---

[1] Zweifellos sind die griechischen Bezeichnungen Hemeralopie und Nyktalopie (die Stämme ἡμέρα = Tag, νύξ = Nacht und ὤψ = Gesicht oder ἀλαός = blind enthaltend, zweideutig und haben jahrhundertelang in der Literatur Widersprüche hervorgerufen; die deutschen Bezeichnungen Nachtblindheit (gleich Hemeralopie) und Tagblindheit (gleich Nyktalopie) enthalten keine Unklarheiten. Siehe J. HIRSCHBERG in Graefe-Saemischs Handb. der Augenheilkunde, 2. Aufl., **12**, 98—106 (1899).

stationäre (idiopathische) *Hemeralopie* hat in der angeborenen totalen Farbenblindheit als der reinsten Form der Nyktalopie ein Gegenbeispiel, wie es vom
physiologischen Standpunkt aus theoretisch nicht vollkommener gedacht werden
kann. Die *erworbenen* Adaptationsstörungen verhalten sich stets ganz anders,
dadurch aber, daß man trotzdem glaubte, unter Hemeralopie Adaptationsstörungen überhaupt verstehen zu dürfen, und insbesondere den Diskussionen
über die Theorie der Nachtblindheit gerade die häufigsten Formen derselben,
die aber nun erworben auftreten, zugrunde legte, ist bis zum heutigen Tag keine
Einigung in diesen Fragen zustande gekommen, sondern sogar eine gewisse Verwirrung bestehen geblieben.

Angeborene Adaptationsstörungen.

a) Die angeborene, familiär-erbliche, stationäre (idiopathische) Hemeralopie[1].

Zusammenfassende Darstellungen über Hemeralopie u. Duplizitätstheorie. Kries, J. v.:
1. Teil dieses Bandes, S. 695 — Über die Funktionsteilung im Sehorgan und die Theorie
der Nachtblindheit. Klin. Mbl. Augenheilk. **49** I, 241 (1911).

Das Vorkommen angeborener Nachtblindheit ist seit langer Zeit bekannt;
bei den reinen familiär-erblichen Anomalien dieser Art bestehen an und für sich
keinerlei sonstige Symptome von seiten des Sehorgans: Die mangelhafte Funktion der Augen in der Dämmerung steht in einem auffallenden Mißverhältnis
zu der völlig normalen Funktionsweise in vollem Tageslicht. Dieses Mißverhältnis ist wohl in den allermeisten Fällen den Betroffenen seit der frühesten Jugend
bekannt und in der Regel wissen sie auch, daß sich die Funktionsstörung im
Laufe des Lebens nicht verändert hat. Auch die sorgfältigste Untersuchung
der Augen ergibt keinen krankhaften Befund; insbesondere werden bei den allein
diskutablen Fällen niemals Augenhintergrundsveränderungen, Ernährungsstörungen oder Komplikationen anderer Art, welche die Möglichkeit einer erworbenen Hemeralopie offen lassen würden, gefunden. Kombinationen mit
anderen Anomalien, z. B. angeborenen partiellen Störungen des Farbensinnes, sind
durchaus möglich und denkbar, bisher aber nicht beobachtet worden. Es handelt
sich bei dieser angeborenen Hemeralopie um ein einfaches dominant-merkmaliges
Leiden (s. den Stammbaum Abb. 511).

Die *Hellanpassung* erfolgt, wie ich kürzlich festgestellt habe, in ganz normaler
Weise, d. h. beim Übergang aus mittlerer in sehr helle Beleuchtung, wird Blendungsunlust ungefähr gleichzeitig wie vom Normalen angegeben und auch Blendungsschmerz tritt ungefähr bei denselben Lichtintensitäten auf, die Blendungs-
grenze wird erst bei einem Reiz überschritten, der für das hemeralope wie für das
normale Organ (das weder hyperalgetisch noch spontan schmerzend ist), nicht
mehr als physiologisch bezeichnet werden kann.

Der *Dunkeladaptationsverlauf* mit dem Piperschen Adaptometer nach bestimmter Helladaptation aufgenommen[2], erfolgt wie in der Tabelle 1 und der
Kurve der Abb. 512 angegeben: die Schwellenwerte fallen anfangs ziemlich rasch,
später (nach 5 Minuten) nur noch ganz langsam ab. Im Gegensatz zur Kurve
des Normalen kann der charakteristische Knick beim Übergang vom 2. zum
3. Teilvorgang (s. Kohlrausch: 1. physiolog. Teil) der Dunkeladaptation nirgends nachgewiesen werden, so daß offenbar nach Übergang ins Dunkle außer
der Pupillenerweiterung nur noch *ein* Teilvorgang, der zweite des Normalen,
abläuft. Der Vergleich mit der Schwellenwertkurve, wie sie von der *Fovea centralis*

---

[1] Dieter, W.: Pflügers Arch. **222**, 381 (1929). Hier auch Technik.

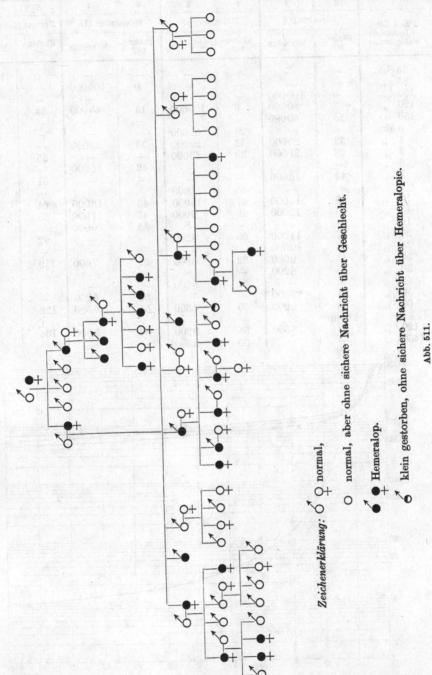

Stammbaum Lorenzen, familiäre Hemeralopie.

Zeichenerklärung: normal,

normal, aber ohne sichere Nachricht über Geschlecht.

Hemeralop.

klein gestorben, ohne sichere Nachricht über Hemeralopie.

Abb. 511.

**Tabelle 1[1]. Dunkeladaptationsverlauf bei angeborener Hemeralopie (10° Feld, „weiß")
ausgehend von gleichem Helladaptationszustand. (Trendelenburg, 5 Minuten.)**

1	2	3	4	5	6	7	8	9
Zeit des Dunkelaufenthaltes	Hemeralop I		Hemeralop II		Hemeralop III		Normal (z. Vergleich)	
	Skalenteil	Mikrolux	Skalenteil	Mikrolux	Skalenteil	Mikrolux	Skalenteil	Mikrolux
30 Sek.	—	—	—	—	—	—	0	100000
85 „	—	—	—	—	0	100000	—	—
100 „	0	100000	—	—	—	—	—	—
120 „	7	80000	0	100000	13	68000	24	43000
150 „	16	60000	—	—	—	—	—	—
3 Min.	—	—	20	51000	—	—	—	—
4 „	32	29000	32	29000	35	25000	—	—
5 „	38	21000	39	20000	—	—	35	25000
6 „	—	—	—	—	42	16000	—	—
7 „	42	16000	—	—	—	—	51	7600
8 „	—	—	46	12000	—	—	—	—
10 „	43	15000	47	11000	45	13000	64	1000
15 „	46	12000	49	9000	47	11000	68	150
19 „	—	—	—	—	48	10000	—	—
20 „	47	11000	50	8200	—	—	92	60
25 „	48	10000	—	—	—	—	—	—
30 „	49	9000	52	6900	51	7600	110	23
36 „	50	8200	—	—	—	—	—	—
40 „	—	—	54	5500	—	—	—	—
50 „	51	7600	—	—	53	6200	—	—
60 „	52 knapp	6900	56	4500	54	5500	122	9
120 „	53	6600	58	3200	57	3600	134	6
[450 „	—	—	60	2300]	—	—	—	—

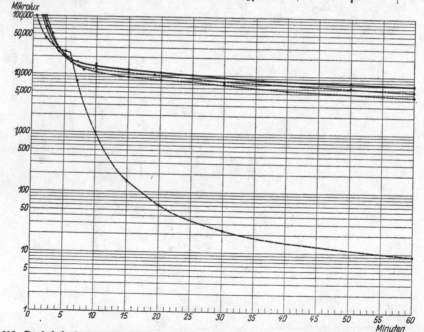

Abb. 512. Dunkeladaptationsverlauf nach gleicher Helladaptation (5 Min. nach Trendelenburg), 10°'Feld,
a) bei angeborener Hemeralopie I. ——, II. - - - -, III. - · - · -. b) beim Normalen IV. ··········· . Logarithmen der Schwellenwerte in Mikrolux auf der Ordinatenachse, Zeiten in Minuten auf der Abszissenachse.

[1] Die in Klammern gesetzten Endwerte sind ihrer Unbeständigkeit wegen weniger sicher.

des normalen Auges angegeben wird, läßt eine weitestgehende *Identität* beider erkennen, und auch die erreichten Endschwellen sind von der gleichen Größenordnung (s. A. KOHLRAUSCH im physiologischen Teil dieses Abschnitts): das Gesamtadaptationsgebiet und die Adaptationsbreite sind beim Hemeralopen gleich wie in der Fovea centralis beim Normalen und *kleiner* als bei gewöhnlicher Prüfung mit großen Feldern durch Einschränkung nach *unten*; die bekannte „physiologische Hemeralopie" der normalen Netzhautmitte findet sich also offenbar bei diesen Hemeralopen im *ganzen* Sehorgan, so daß die Vermutung naheliegt, daß die Funktionsstörung durch das *Fehlen des Teilvorganges der Stäbchen* (3. Teilvorgang) bei offenbar *normaler Zapfenadaptation* bedingt ist.

Dieser Vermutung wurde noch weiterhin durch Untersuchung mit *farbigen Lichtern* nachgegangen und dabei festgestellt, daß die Kurven innerhalb der Beobachtungsfehler auf tagesäquivalenten, d. h. eindrucksgleichen Werten, bei-

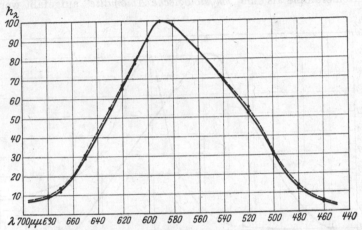

Abb. 513. Spektrale Helligkeitsverteilung bei Helladaptation (Tageswerte) beim Hemeralopen ——— und beim Normalen ··········.

sammenliegen und also auch in dieser Beziehung ein Verhalten zeigen, wie es bisher nur von der Fovea centralis bekannt ist.

Eine weitere Bestätigung ergab fernerhin die stets gleiche Beobachtung aller derartiger Hemeraloper, daß farbige Prüflichter nach völliger Dunkeladaptation im aufsteigenden Verfahren stets farbig über die Schwelle treten, daß also spezifische und generelle Schwelle zusammenfallen: auch das *Fehlen eines farblosen Intervalles* (s. S. 699 im 1. Teil dieses Bandes) entspricht der einheitlichen Funktionsweise, wie sie an anderen Stellen dieses Handbuchs nur für die Fovea centralis hat dargestellt werden können.

Die *spektrale Helligkeitsverteilung*, die bekanntlich beim normalen Auge beim Übergang von Hell- in Dunkeladaptation eine Verschiebung des Helligkeitsmaximums nach dem kurzwelligen Ende hin erfährt, ist bei der angeborenen Hemeralopie gleich wie für das *hell*adaptierte normale trichromatische Sehorgan und abhängig vom Adaptationszustand, von der absoluten Intensität der Lichter und von der Größe der Beobachtungsfelder (s. Abb. 513 und 514).

Das Sehorgan des angeboren Nachtblinden funktioniert also auch in diesem Sinne einheitlich; dementsprechend machen ein langwelliges und ein kurzwelliges Licht, die bei Helladaptation und großer Lichtstärke gleich hell erschienen, nach völliger Dunkeladaptation und größtmöglicher Intensitätsminderung, auf großen (7,2°) *und* kleinen (1°) Feldern stets den Eindruck gleicher Helligkeit: auch bei beliebiger Änderung von Feldgrößen, Adaptationszustand usw. läßt sich *keine* Spur eines *Purkinjeschen Phänomens* nachweisen.

Diese letztere Feststellung ist für die Beurteilung der Duplizitätstheorie deshalb von der allergrößten Wichtigkeit, weil bisher nur in der Fovea centralis der Zapfenapparat in strenger Isolierung funktionell (und anatomisch) hat nachgewiesen werden können. Der Nachweis des Fehlens des Purkinjeschen Phänomens innerhalb dieser Stelle ist aber wegen der Notwendigkeit strengster Fixierung genügend kleiner Beobachtungsfelder für manche Untersucher nicht möglich gewesen, *hier* begegnen wir *dieser* Schwierigkeit nicht und finden doch völlige Übereinstimmung mit der Sehweise, die nach der Duplizitätstheorie für den isoliert tätigen Zapfenapparat gefordert werden muß. Bei keiner anderen Form von Nachtblindheit hat die systematisch durchgeführte Analyse auch nur ähnlich einheitliche Verhältnisse erkennen lassen, so daß *nur* die angeborene familiäre Hemeralopie als eine „*physiologische Anomalie*" aufgefaßt werden darf,

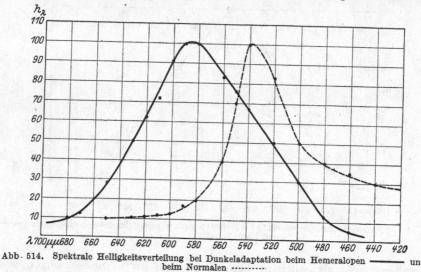

Abb. 514. Spektrale Helligkeitsverteilung bei Dunkeladaptation beim Hemeralopen ——— und
beim Normalen ·········

bei der *der Tagesapparat in jeder* Weise vollkommen funktioniert, während die Eigentümlichkeiten des Dämmerungsapparates ebenso völlig vermißt werden. Ob es sich nun in diesen Fällen um irgendeine Anomalie der sehpurpurhaltigen Stäbchen handelt, ist vorläufig noch nicht bekannt.

Zweifellos gibt es auch sonst Fälle, bei denen die Hemeralopie fast als einziges Symptom auftritt und als weitgehende Störung nachgewiesen werden kann, ohne daß schwere Sehstörungen bei Tage bestehen, ja ich habe unter vielen Tausenden klinischer Adaptationsbestimmungen eine ganze Reihe schwere *erworbene* Hemeralopien gefunden, bei denen der Tagesapparat keinerlei Funktionsstörungen erkennen ließ, niemals habe ich aber unter diesen auch nur einen Fall gefunden, bei dem nicht doch noch ein Purkinjesches Phänomen und ein farbloses Intervall hätten nachgewiesen werden können als Rest einer Tätigkeit der Organe des Dämmerungssehens, so daß bei *keiner* dieser *pathologischen Hemeralopien* das Tagessehen streng isoliert übriggeblieben war. Damit aber *müssen alle diese* Fälle aus der Diskussion über die Duplizitätstheorie ausscheiden[1],

---

[1] Um Wiederholungen zu vermeiden, sei im übrigen auf die Besprechung der diesbezüglichen Fragen durch v. Kries im 1. Teil dieses Bandes (S. 679ff.) verwiesen.

denkt doch auch niemand daran, erworbene oder angeborene partielle Farb-
sinnstörungen für oder gegen die Duplizitätstheorie anzuführen, ganz im Gegensatz zur angeborenen totalen Farbenblindheit.

b) Die Nyktalopie bei der angeborenen totalen Farbenblindheit.

Zusammenfassende Darstellungen über angeborene totale Farbenblindheit s. bei KÖLL-
NER-ENGELKING: 1. Teil dieses Bandes, S. 503—506. — v. KRIES: Totale Farbenblindheit
und Duplizitätstheorie: Ebenda S. 692ff.

Die Lichtscheu, die bei allen total Farbenblinden beobachtet wird, ist
meistens schon bei mittlerer Tagesbeleuchtung so auffallend, daß für größere
Helligkeiten die Verwendung von Schutzbrillen erforderlich wird. Wie die angeborene Nachtblindheit den Prototyp der Hemeralopie darstellt, so bildet die
totale Farbenblindheit das reinste und typischste Beispiel der Nyktalopie. Sehr
vielen total Farbenblinden ist aus der täglichen Erfahrung bekannt, daß sie sich
sehr gut, die meisten sogar besser als Normale, an die Dunkelheit anpassen, daß
aber die Anpassung an größere Helligkeit schon sehr bald Unlustgefühl[1] und
schließlich Blendungsschmerz verursacht, hierdurch ist die obere Begrenzung
der Hellanpassungsfähigkeit gegeben; bei manchen ist sie bereits bei mittlerer
Tagesbeleuchtung erreicht. Bei vielen nimmt mit zunehmendem Alter die Lichtscheu mehr und mehr ab, solche Fälle konnten auch objektiv beobachtet werden;
es scheint also im Laufe des Lebens die oberste Grenze der Hellanpassungsfähigkeit langsam in die Höhe zu gehen. Die sonstigen nyktalopischen Symptome, z. B. das Sehvermögen bei verschiedener Beleuchtung, brauchen sich
dabei nicht quantitativ entsprechend zu verändern. Ich habe aber auch einen
total Farbenblinden (im Gegensatz zu 11 anderen) vor kurzem untersucht, der
entgegengesetzte Selbstbeobachtungen angestellt hatte.

Da sich die totale angeborene Farbenblindheit nach der Duplizitätstheorie
durch eine Sehweise auszeichnet, die reinem Dämmerungssehen weitgehend entspricht, so sollten Personen, die mit dieser Anomalie behaftet sind, zur Ermittlung
des Anfangsstückes der Adaptationskurve des Dämmerungsapparates, das beim
Normalen durch das Endstück des Zapfenapparates verdeckt ist, besonders
geeignet sein.

Bei eigenen Untersuchungen fällt die Kurve (s. Abb. 512) in den beiden ersten
Minuten ganz steil ab, so daß Schwellenwerte erreicht werden, die bei normalen
Augen günstigsten Falles gelegentlich nach etwa 9—10 Minuten Dunkelaufenthalt
festgestellt werden konnten. Von da an nimmt die Kurve einen etwas weniger
steilen Verlauf, um nach ca. 30. Minuten allmählich bei Werten flach auszulaufen,
die von manchen Normalen nach 40 Minuten allenfalls erreicht werden. Nach
dieser Zeit bleibt bei stundenlang durchgeführten vergleichbaren Adaptationsversuchen der Verlauf der Kurven hier ungefähr identisch mit demjenigen des
normalen Auges. Bei manchen total Farbenblinden[2] scheint im Anfang auch
eine Verzögerung gegenüber dem Normalen vorzukommen, dieses Verhalten ist
aber doch wohl recht selten (bei 12 total Farbenblinden habe ich es nicht beobachten können).

Die obigen Versuche haben ferner gezeigt, daß das Adaptationsgebiet und
die gesamte Adaptationsbreite bei total Farbenblinden gegenüber der Norm von

---

[1] Absolute Zahlen lassen sich hier schwer angeben. Blendungsunlust und -schmerz
ist nicht nur individuell verschieden, sondern auch abhängig von psychischen Faktoren,
vom Adaptationszustand des Sehorgans und anderem. Siehe HUGO FEILCHENFELD: Z.
Sinnesphysiol. 42, 313 (1908). (Über den Blendungsschmerz.)
[2] HOFMANN: Über die maculare Dunkeladaptation der total Farbenblinden. Z. Biol. 78,
251 (1923).

oben her verringert sind, und daß diese Verringerung durch völligen Ausfall des Teilgebietes des Tagesapparates verursacht wird, während das Teilgebiet des Dämmerungsapparates sogar eher nach oben erweitert ist, denn der Dämmerungs-apparat ist auch noch bei solchen Helligkeiten in Tätigkeit, bei denen beim Nor-malen der Zapfenapparat nach den Untersuchungen von v. Kries bereits voll in Funktion getreten ist und eine nennenswerte Stäbchentätigkeit für gewöhnlich gar nicht mehr nachgewiesen werden kann. Aber gerade hieraus erklärt sich zwanglos das Symptom der Nyktalopie beim total Farbenblinden, dessen Sehen an und für sich jedoch, worauf ausdrücklich hingewiesen werden muß, keine unmittelbaren Beweise für die Art der Regulierung der Sehpurpurregeneration bietet; für diese sind aber auch beim Normalen, bei dem die Verhältnisse mög-licherweise wieder ganz anders liegen, noch keine zwingenden Beweise erbracht.

Erworbene Störungen.
Veränderungen des lichtbrechenden Apparates.

a) *Pseudohemeralopie.* Umschriebene Trübungen der Hornhaut oder der Linse können dann hemeralopische Beschwerden bedingen, wenn sie in den Rand-partien liegen und die zentralen Teile der Cornea freilassen: bei enger Pupille werden solche Trübungen durch die Iris ausgeschaltet, sie können aber das Sehen stören, sobald in der Dämmerung eine Erweiterung der Pupille eintritt, die nunmehr das schlechtere Sehen merkbar werden läßt. Der Verlauf der Schwellenwertkurve zeigt normales Verhalten, so daß also die eigentlichen adaptativen Vorgänge keine Störung erlitten haben.

Auch bei zarten diffusen Trübungen, insbesondere der Hornhaut, kann ein geringer Grad symptomatischer Hemeralopie vorkommen, wenn bei Tag (bei enger Pupille) schwächere Blendungserscheinungen vorhanden sind als in der Dämmerung.

Endlich kann bei einer hochgradigen Refraktionsanomalie, vor allem bei Kurzsichtigkeit, in der Dämmerung das Sehvermögen schlechter werden, da die Zerstreuungskreise durch die Pupillenerweiterung größer werden.

b) *Pseudonyktalopie.* Viel häufiger kommt es vor, daß zentral gelegene Trübungen in der Hornhaut oder in der Linse bei Tag eine ganz erhebliche Störung des Sehvermögens bedingen, die schon bei mäßiger Herabsetzung der Beleuchtung fast völlig behoben sein kann, wenn durch Erweiterung der Pupille klare Partien der brechenden Medien freigeworden sind. Die Störung kann sich auch dadurch noch bemerkbar machen, daß in der Ferne gut, in der Nähe aber (infolge Convergenz-Miosis) schlecht gesehen wird. Bei stationären Trübungen wird außerdem im Alter bei engerer Pupille noch schlechter gesehen als in der Jugend. Der Verlauf der Schwellenwertkurve läßt auch in diesen Fällen keine objektive Abweichung von der Norm erkennen.

Veränderungen des lichtempfindenden Apparates.

Hemeralopie als klinisches Krankheitssymptom. Subjektiv empfundene Störungen der Anpassungsfähigkeit während der ersten Viertelstunde des Dunkel-aufenthaltes sind im täglichen Leben am häufigsten und kommen am stärksten zum Bewußtsein; sie geben mitunter sogar Veranlassung, den Arzt aufzusuchen. Teilweise handelt es sich dann um einfache Erhöhung der Reizschwellen während des Anfangsstückes der Adaptationskurve: mit dem Sinken der Helligkeit in der Dämmerung hält die Adaptation zunächst nicht Schritt, späterhin werden aber normale Schwellenwerte erreicht. Bei einem anderen Teil erfolgt die Adaptation überhaupt stark verlangsamt, und es dauert während der ganzen Anpassungszeit länger, bis normale Schwellenwerte erreicht werden. Eigentliche Störungen der photochemischen Vorgänge in der Netzhaut dürften auch bei diesen letzteren Fällen (s. physiologischen Teil) nicht vorliegen, die erst bei der Lichtsinnprüfung in der zweiten und dritten Viertelstunde nach völligem Lichtabschluß, also unter Bedingungen, die im täglichen Leben kaum vorkommen, genauer und einigermaßen objektiv feststellbar werden. Wohl aber sind solche anzunehmen bei Hemeralopie infolge allgemeiner Ernährungsstörung.

1. Die Hemeralopie infolge allgemeiner Ernährungsstörung kam mindestens zu manchen Zeiten häufig vor und ist schon sehr lange bekannt. Bereits im Altertum[1] wurden recht genaue Schilderungen gegeben. Die Krankheit wurde essentielle oder idiopathische, auch Frühjahrs-hemeralopie oder Xerosis hemeralopica oder Dystrophia xerophthalmica oder ähnlich genannt; sie befällt sehr viel häufiger Männer in mittleren Jahren als Frauen[2].

Auf langen Segelfahrten, in Waisenhäusern, in Gefängnissen, in Arbeitshäusern, ferner in Rußland während der Fastenzeiten ist die Erkrankung häufig und in schweren Fällen aufgetreten, und zwar besonders dann, wenn die Leute bei großer Hitze grellem Sonnenschein ausgesetzt waren. Als Kriegskrankheit wird diese Nachtblindheit als Epidemie schon aus der Zeit der Kreuzzüge erstmals erwähnt[3] und späterhin ist sie immer wieder in Beschreibungen zu finden; im Weltkrieg scheint aber in keinem Heer eine wirkliche Epidemie aufgetreten zu sein[4]. Kinder erkrankten auf dem Lande (Dänemark, Österreich), wenn sie sich im Frühjahr viel im Freien aufhielten und mangelhafte Ernährung mit Buttermilch den Mehrverbrauch nicht zu decken vermochte.

Hemeralopieepidemien wurden auch sonst stets am häufigsten in den Frühjahrsmonaten (April und Mai) beobachtet, wie einstimmig BLOCH, BLEGVAD, GRALKA, LECTYENKO, CHARISTONOW, HIPPEL, GROSSMANN, BIRNBACHER und viele andere festgestellt haben. Auch die Xerosis conjunctivae und die Keratomalacie, die in irgendeiner Form im allgemeinen zum typischen Krankheitsbild gehört, tritt gerade in diesen Monaten auf. Während auf die Letztere Sonnenblendung ohne Einfluß ist, bildet sie nach allem, was wir wissen, für die Hemeralopie ein auslösendes Moment, allerdings vermögen wir eine vollbefriedigende Erklärung für diese Eigentümlichkeit vorläufig noch nicht zu geben.

Die wichtigsten Augenstörungen, die als Folge einer qualitativ mangelhaften Ernährung auftreten, sind eben Nachtblindheit und Xerophthalmie. FREISE konnte[5], unterstützt von FRANK und GOLDSCHMIDT, erstmals nachweisen, daß Ratten, die mit einem bestimmten Nahrungsgemisch gefüttert wurden, nach Wochen eine typische Keratomalacie bekamen, die zur Ausheilung gebracht werden konnte, wenn im Beginn der Erkrankung 2 ccm Milch täglich zur Nahrung zugegeben wurden. McCOLLUM, EYLER HOLM, STEPHENSON, CLARK, OSBORNE, B. MENDEL, HAYASHI und andere konnten die Beobachtungen bestätigen und erweitern, so daß heute die Bedeutung des Vitamin A für die Entstehung der Keratomalacie sicher erwiesen ist. Die experimentellen Untersuchungen konnten durch klinische Beobachtungen ergänzt und vertieft werden und so ist insbesondere auch auf Grund der Feststellungen von MORI, C. E. BLOCH, BLEGVAD, GRALKA

[1] HIRSCHBERG, J.: Zitiert auf S. 1595.
[2] HIPPEL, E. v.: Klin. Mbl. Augenheilk. 51 I, 603 (1913). — BIRNBACHER, KUBLI, MERZ-WEIGANDT, BONDI, F. GROSSMANN u. a. Zusammenfassende Darstellung: BIRNBACHER, TH.: Die epidemische Mangelhemeralopie. Abh. Augenheilk. Berlin: S. Karger 1927.
[3] MEYERHOF: Zbl. Augenheilk. 1916, 2.
[4] JESS, A.: Die Nachtblindheit. Zbl. Ophthalm. 6, 129 (1922).
[5] FREISE: Mschr. Kinderheilk. 13, 424 (1915).

und Hamburger auch die menschliche Keratomalacie als Avitaminose sicher erkannt.

Die Hemeralopie ist im allgemeinen zunächst das erste Symptom der Erkrankung. Die Funktionsstörung ist verschieden stark, meist aber recht hochgradig und in ausgesprochenen Fällen so, daß Anfangs- und Endschwellen ganz außerordentlich hoch liegen und nur noch eine ganz geringe Empfindlichkeitszunahme der Netzhaut festgestellt werden kann (auf etwa das 50—200fache der Anfangsempfindlichkeit). Ein physiologisch ähnliches Verhalten wie bei der angeborenen Hemeralopie konnte bisher in keinem Falle nachgewiesen werden[1], so daß diese Erkrankung zwar für die Diskussion der Duplizitätstheorie bedeutungslos erscheinen muß, aber für das Studium der photochemischen Vorgänge in der Netzhaut vielleicht von größerer Wichtigkeit werden wird. Augenhintergrundsveränderungen gehören in keinem Stadium zum Krankheitsbild. Beim zweiten Grade der Erkrankung tritt zur Nachtblindheit die Xerosis epithelialis conjunctivae ($\xi\eta\varrho\acute{o}\varsigma$ = trocken) hinzu: die Oberfläche der Bindehaut der Sklera ist nicht mehr glatt, spiegelnd und glänzend, im Lidspaltendreieck bilden sich die sog. Bitotflecken, die wie feinster weißer Seifenschaum aussehen und von der Tränenflüssigkeit nicht benetzt werden. Die Xerose verbreitet sich dann rasch auf die übrigen Teile der Bindehaut (die Veränderungen betreffen vor allem das Epithel) und auf die Hornhaut: Xerosis epithelialis corneae. Diese ist der dritte Grad des Vitamin A-Mangels und tritt auf als Praexerosis (Glanzverlust und Trübung der Cornea, Hypaesthesia corneae) und als Xerosis corneae (weiße Plaques und graue Infiltrate); die Keratomalacie endlich bildet das letzte bestbekannte Stadium der Erkrankung. Die Hornhaut kann in schweren Fällen in wenigen Stunden zerfallen. Eine ganz charakteristische Eigentümlichkeit ist die schwere Erkrankung der Hornhaut bei ganz geringen begleitenden Reizerscheinungen und auffallender Trockenheit der Augen.

Während bei Säuglingen und kleinen Kindern Keratomalacie gar nicht selten ist, kommt bei Erwachsenen nur ganz gelegentlich dieses letzte und schwerste Stadium zur Ausbildung, bevor diese so aussichtsreiche und wirksame Ernährungsbehandlung (Leber, Lebertran, Butterfett) einen schnellen Rückgang aller Erscheinungen bringt, wobei schon nach kurzer Zeit keine Adaptationsstörung mehr nachweisbar ist. In China ist Hemeralopie infolge Vitamin A-Mangels auch bei Erwachsenen häufig[2].

Wie bereits erwähnt, konnte der ursächliche Zusammenhang zwischen Vitaminmangel und Keratomalacie einwandfrei festgestellt werden, er besteht woh lauch für die Hemeralopie als dem ersten Symptom, denn L. S. Fridericia und E. Holm[3] konnten bei Ratten, in deren Futter Vitamin A fehlte, beobachten, daß sich zwar bei dunkel gehaltenen Tieren in der Netzhaut colorimetrisch die gleiche Sehpurpurmenge vorfand wie bei den normal gefütterten Vergleichstieren, daß aber bei albinotischen Ratten nach vorherigem Ausbleichen des Sehpurpurs durch intensive Belichtung nach zweistündigem Dunkelaufenthalt eine langsamere Regeneration des Sehpurpurs bei mit A-vitaminfreier Kost ernährten Ratten colorimetrisch nachweisbar wurde, verglichen mit normal ernährten Tieren. S. Yoshine[4] konnte später bei Hunden Ähnliches feststellen, so daß

---

[1] Hess, C. v.: Untersuchungen über Hemeralopie. Arch. Augenheilk. **62**, 50 (1909).

[2] Pillat, A.: The main symptoms of the eye in Vitamin A deficiency in adults. (Dep. of ophth. Peiping union med. Coll. Peiping.) Nat. med. J. China **15**, 614 (1929); s. auch ebenda **15**, 585 (1929).

[3] Fridericia, L. S., u. E. Holm: Bibl. Laeg. (dän.) **115**, 441 (1923) — Ref. Zbl. Ophthalm. **12**, 126 (1924).

[4] Yoshine, S.: Arch. Augenheilk. **95**, 140 (1925).

man wohl annehmen darf, daß an Mangel bei Vitamin A durch intensive Lichteinwirkung ausgebleichter Sehpurpur eine langsamere Regeneration erfährt, als
wenn keine Avitaminose besteht.

Der Vitaminmangel in der Nahrung im Frühjahr wird von BLOCH, BLEGVAD,
GRALKA, CHR. MERZ-WEIGANDT und anderen mit der langen Stalltrockenfütterung
der Kühe (Milch- und Schlachtvieh) in Zusammenhang gebracht, um die Häufung
der Fälle im Frühjahr zu erklären. Dazu kommt noch eine Vitaminverarmung
des Organismus infolge stärkeren Verbrauchs durch intensiveres Wachstum im
Frühjahr, durch Steigerung der geschlechtlichen Funktionen (MERZ-WEIGANDT,
BIRNBACHER), durch Schwangerschaft (KLAFTEN, BIRNBACHER, KUBLI, MORI)
und Lactation. Aber es ist sehr wahrscheinlich, daß noch weitere Faktoren auf
das Zustandekommen einer Avitaminose Einfluß haben können. Sonnenblendung
(v. HIPPEL, HERRENSCHWAND u. a.), Muskelarbeit und anderes kann als auslösendes Moment gelegentlich Bedeutung gewinnen, wie immer wieder beobachtet
werden kann.

Lokale Störungen der Adaptation des Sehorganes.

Von

ERNST METZGER

Frankfurt a. M.

Zusammenfassende Darstellungen.

WILBRAND u. SÄNGER: Die Neurologie des Auges **3 I**. Wiesbaden 1904; **3 II**. Wiesbaden 1906; **4 I**. Wiesbaden 1909. — KRIENES: Über Hemeralopie. Wiesbaden 1896. — LOHMANN: Die Störungen der Sehfunktionen. Leipzig: Vogel 1912. — LEBER: Die Erkrankungen der Netzhaut. Handb. d. ges. Augenheilk. von GRAEFE-SAEMISCH, 2. Aufl., **7 II**. Leipzig 1916. — SCHIECK: Kurzes Handb. der Ophthalmologie **5** — Die Erkrankungen der Netzhaut. Berlin: Julius Springer 1930.

Hemeralopie bei Erkrankungen der Leber

wird besonders häufig beobachtet. Nach den vorhandenen Zusammenstellungen (WILBRAND u. SÄNGER[1]) handelt es sich in der Hauptsache um Lebercirrhose im hypertrophischen oder atrophischen Stadium, die mit Ikterus einhergeht, ohne daß die Ätiologie der Lebererkrankung eine ausschlaggebende Rolle spielt. So hat z. B. LUQUE[2] auch nach Salvarsanschädigung der Leber Hemeralopie als erstes klinisches Zeichen beobachtet. In der Mehrzahl der beschriebenen Fälle ist allerdings das Auftreten von Adaptationsstörungen zeitlich mit der Entstehung des Ikterus verknüpft (CORNILLON[3]). In einzelnen Fällen wurde gleichzeitig Gelbsehen beobachtet (HENNIG[4], SPASSKY[5]). HIRSCHBERG[6] konnte in den brechenden Medien vermittelst Augenspiegeluntersuchung mit Tageslicht eine ikterische Verfärbung nachweisen und führt sowohl die Verkürzung des Spektrums am violetten Ende, die sich bei der ikterischen Xanthopsie findet, wie auch die Nachtblindheit auf Absorptionserscheinungen zurück. Auch MACÉ[7] und NICATI[7] betrachten die Hemeralopie der Ikterischen als Blaublindheit.

Einleuchtender erscheint die schon 1872 von FUMAGALLI[8] vertretene Ansicht, die durch die Lebererkrankung hervorgerufene Cholämie störe die Ernährung

---

[1] WILBRAND u. SÄNGER: **4 I**, 52ff.

[2] LUQUE: Klinische Bedeutung der Hemeralopie (Spanisch). Ref. Klin. Mbl. Augenheilk. **78**, 287 (1927).

[3] CORNILLON: Rapports de l'Héméralopie et d'Ictère dans les hypertrophie de foie. Progrès méd. **26** (févr. 1881).

[4] HENNIG: Über Gelbsehen, Tag- und Nachtblindheit bei Ikterischen. Internat. klin. Rundsch. **1891**, Nr 11 u. 12.

[5] SPASSKY: Ref. Jber. Ophthalm. **1906**, 3, 79.

[6] HIRSCHBERG: Über Gelbsehen und Nachtblindheit bei Ikterischen. Berl. klin. Wschr. **1885**, Nr 23.

[7] MACÉ u. NICATI: C. r. Acad. Sci. Paris **1881**, Nr 24.

[8] FUMAGALLI: Sulla pathogenesi della emeralopia essentiale. Ann. di ott. **2**, 471 (1872).

der Gewebe durch Kreislaufverlangsamung mit venöser Stase, arterieller Ischämie und seröser Exsudation. Der im Blute kreisende Gallenfarbstoff lagere sich zum Teil im Pigmentepithel ab. Sekundär trete eine Ernährungsstörung der Stäbchen und Zapfen ein, die ihre Erregbarkeit für Lichtreize herabsetze. PARINAUD[1] und MONURO[2] führen die Hemeralopie bei Ikterus auf eine Auflösung des Sehpurpurs durch den Gallenfarbstoff zurück, wie sie im Reagensglas nachzuweisen ist.

Die experimentelle Erzeugung von Ikterus beim Kaninchen, wie sie STARGARDT[3] und GLÜH[4] durch Unterbindung des Ductus choledochus vornahmen, hat sich allerdings ohne Einfluß auf den Sehpurpur erwiesen. Ebenso konnte v. HESS durch künstlichen Ikterus beim Huhn keine Hemeralopie provozieren. TORNABENE[5] untersuchte an Fröschen und Kröten nach subcutaner Einspritzung von Galle die Retina auf Acidität, Sehpurpurbildung und Pigmentbewegung. Er fand sowohl beim Übergang vom Hell zu Dunkel, wie auch umgekehrt eine geringere Acidität der Netzhaut als beim Normaltier, die Sehpurpurbildung erwies sich durch die Galle gehemmt, die Bleichung im Lichte erfolgte schneller. Am eindruckvollsten zeigte sich die Einwirkung der Vergiftung auf die Retinalpigmentbewegung. Der Eintritt der Hellstellung vollzog sich zwar in normaler Weise bei Belichtung, doch blieb das Wiederaufsteigen des Pigments in die Dunkelstellung aus, auch wenn die Tiere ins Dunkle gebracht wurden. Die Stäbchen blieben bis zwei Drittel ihrer Länge mit Pigment bedeckt, während bei den Kontrolltieren vollkommene Dunkelstellung eingetreten war. Auch bei völlig im Dunkel gehaltenen Tieren fand er das Pigment stark im Sinne einer Hellstellung verändert.

ALFIERI[6] vergiftete Kaninchen durch subcutane Einspritzungen mit frischer Ochsengalle und konnte ausgesprochene Veränderungen am Pigmentepithel der Retina und an den Stäbchen beobachten. Die mikroskopischen Untersuchungen von BAAS[7] bei einem Fall von Lebercirrhose mit Ikterus und Hemeralopie (hepathische Ophthalmie) ergaben das Bild einer „Cirrhosis chorioideae", d. h. eines chronischen interstitiellen Entzündungszustandes mit Ausgang in Atrophie. KOYANAGI[8] fand bei einem derartigen Fall Pigmentschwund in den Pigmentepithelien und an Stelle des Farbstoffs eine Durchsetzung der Zellen mit Lipoidkörnern.

Wenn auch nach diesen Untersuchungen es heute nicht mehr ganz sichergestellt erscheint, ob der Gallenfarbstoff allein als schädigendes Agens genügt, um die Hemeralopie bei Leberleiden zu verursachen und die Bedeutung auch der allgemeinen Ernährungsstörung (Kachexie) neuerdings wieder mehr betont wird, so ist es doch sicher, daß hier die Adaptationsstörung von einer lokalen Veränderung der Pigmentepithelien ausgeht, die offenbar auch beim Menschen für die Entstehung und Regeneration des Sehpurpurs eine besonders wichtige Rolle spielen.

---

[1] PARINAUD: Rapport de l'héméralopie. Arch. gén. méd. Avr. 1881.

[2] MONURO: Ann. Ottalm. **26**, 554 (1893).

[3] STARGARDT: Ophthalm. Ges. Heidelberg 1908.

[4] GLÜH, BERNH.: Experimentelle Untersuchungen über die Sehpurpurbildung bei Ikterus usw. Z. Augenheilk. **64**, 69 (1928).

[5] TORNABENE: Influenza della bile sulle modificazioni funz. della retina. Arch. Ottalm. **9**, 41 (1901).

[6] ALFIERI: Arch. Ottalm. **6**, 190 (1898).

[7] BAAS: Graefes Arch. **40**, 212 (1894) — Münch. med. Wschr. **1894**, 629.

[8] KOYANAGI: Über die pathologisch-anatomischen Veränderungen des retinalen Pigmentepithels bei Cirrhosis hepatis. Klin. Mbl. Augenheilk. **64**, 836 (1920).

Hemeralopie durch Intoxikation.

Einige Gifte haben die Eigenschaft, die Erregbarkeit des Stäbchenzapfenapparates und des Pigmentepithels zu lähmen oder wenigstens zu hemmen. Neben dem *Chinin* (DE BONO[1]) wird auch der *Schwefelkohlenstoff* (KNIES[2]) genannt. Auch das *Pellagragift* (RAMPOLDI[3] und NEUSER[4]), das den Ptomainen nahesteht und bei Genuß verdorbenen Maises im Körper hochgradige Ernährungsstörungen anrichtet, bewirkt ausgesprochene Hemeralopie. Nach RIVA[5] findet sich bei Pellagrakranken eine Atrophie der Aderhaut und Pigmentschwund des retinalen Pigmentepithels, beruhend auf einer Anämie der Chorioidea. Einen wichtigen Faktor in der Ätiologie der Hemeralopie stellt nach UHTHOFF[6] die *Alkohol*intoxikation dar. Unter 1500 geisteskranken Männern, die er im Laufe eines Jahres untersuchte, fand er 10 Hemeralope, die sämtlich an chronischem Alkoholismus litten. Auch LOHMANN konnte eine besondere Disposition von Bierpotatoren zur Nachtblindheit in dem heißen Sommer 1911 beobachten und schreibt dem Alkoholabusus direkt und durch seine Folgeerscheinungen (gastrische Störungen, Schwächungen) im Verein mit der außerordentlichen ununterbrochenen Sonnenhelligkeit diese Wirkung zu. Näheres über den Mechanismus der Intoxikationsamblyopie im Kapitel „Sehgifte" (UHTHOFF, METZGER).

Auch nach *Kampfgaserkrankungen* hat man gelegentlich Nachtblindheit beobachtet. Nach der Mitteilung von JESS[7] handelt es sich dabei weniger um eine elektive Schädigung der Pigmentepithelien oder der Sehelemente, sondern vielmehr um eine sekundäre Funktionsstörung im Gefolge einer auf Gefäßwandschädigung beruhenden Retinitis und Erkrankung der Choriocapillaris, wie sie im folgenden Abschnitt als häufige Ursache von erworbenen Adaptationsstörungen noch behandelt werden soll.

Adrenalin hemmt beim Frosch, in den Bindehautsack eingeträufelt, die Rückkehr des Pigments zur Dunkelstellung (NAKAMURA und MYIAKE[8], BATSCHWAROWA[9]); beim Menschen konnte ROTHHAN[10] eine Verzögerung des Adaptationsverlaufs nach Applikation von salzsaurem Adrenalin in den Bindehautsack beobachten.

Hemeralopie bei Erkrankungen der Netzhaut und der Aderhaut.

Bei Netzhaut- und Aderhautveränderungen wird die Nachtblindheit besonders dann angetroffen, wenn eine direkte oder mittelbare Veränderung des Pigmentepithels oder der Sinnesepithelien vorliegt. FÖRSTER[11] trennte streng zwischen den chorioiditischen Erkrankungen mit schlechter und den Retinal- und Opticusleiden mit relativ guter Adaptation. Zu der ersten Gruppe rechnet er: Chorioiditis syphilitica, Chor. disseminata, Retinitis pigmentosa, Ablatio

[1] DE BONO: Arch. Ottalm. 6, 398 (1899).
[2] KNIES: Zitiert nach KRIENES auf S. 1606.
[3] RAMPOLDI: Ann. Ottalm. 14, 492 (1884).
[4] NEUSER: Wien. med. Presse 1887, Nr 4, 145.
[5] RIVA: Zitiert nach KRIENES auf S. 1606.
[6] UHTHOFF: Zitiert nach LOHMANN auf S. 1606.
[7] JESS, A.: Die Untersuchung der Nachtblindheit an der Front. 40. Versammlg ophthalm. Ges. Heidelberg 1916, 210 — Nachtblindheit nach Gaserkrankung. Klin. Mbl. Augenheilk. 62, 400 (1919).
[8] NAKAMURA u. MYIAKE: Über den Einfluß der Dunkeladaptation auf die Netzhaut. Klin. Mbl. Augenheilk. 69, 258 (1922).
[9] BATSCHWAROWA: Frankfurter Dissert. (Dez. 1923).
[10] ROTHHAN: Über die Beeinflussung der Netzhautfunktion durch Adrenalin. Klin. Mbl. Augenheilk. 75, 747 (1925).
[11] FÖRSTER: Zehenders Mbl. 1871.

retinae, gelbe Sehnervenatrophie. Geringere Beteiligung an der Adaptations-
störung besaßen: Neuritis optica, Retinitis apoplectica, Retinitis bei Morbus
Bright, weiße Atrophie des Opticus, Hemiopia ex apoplexia cerebri, Nicotin-
amplyopie. LOHMANN fand im Gegensatz dazu bei Retinitis albuminurica und
Netzhautblutungen auf der gleichen Grundlage (heute unter der Bezeichnung
Retinitis angiospastica bzw. hypertonica bekannt) eine starke Beeinträchtigung
der Adaptationsgröße. Er bezieht sich bei der Erklärung dieses Verhaltens auf
Untersuchungen des Herzogs KARL THEODOR und anderer Autoren, die bei
diesen Erkrankungen der inneren Netzhautschichten auch eine Mitbeteiligung
der Choriocapillaris nachweisen konnten. STARGARDT[1] macht für die Adaptationsstörungen bei Netzhautleiden eine schädigende Wirkung von näher und ferner
gelegenen Blutansammlungen verantwortlich, ähnlich wie es bei exogener
Siderosis der Fall ist. Nach aseptischer Einheilung von Eisensplittern, die in das
Auge eingedrungen waren, konnte v. HIPPEL[2] als Frühsymptom der Netzhautdegeneration die Hemeralopie nachweisen.

Bei der sog. *Retinitis pigmentosa (tapetoretinale Degeneration — [Leber])*,
einem fortschreitenden Entartungsprozeß der äußeren Netzhautschichten mit
Beteiligung des Pigmentepithels und der Choriocapillaris, der zuerst die Peripherie befällt, um dann langsam, aber sicher nach der Netzhautmitte vorzu-
dringen, wird meist als erstes Symptom Nachtblindheit angegeben. Dabei kann
es vorkommen, daß, wie BEHR es beobachtet hat, die primäre Adaptation in
der ersten Viertelstunde des Dunkelaufenthaltes noch normal verlaufen kann
und erst in den späteren Phasen bzw. im Endwert weit hinter der Norm zurückbleibt. Bei der ringförmigen Ausbreitung der ophthalmoskopischen Veränderung
ist im Tageslicht bei der Gesichtsfeldaufnahme oft nur ein schmales Ringskotom
zu beobachten, während am Dämmerungsperimeter absolute breite Ausfalls-
zonen nachzuweisen sind (STARGARDT[3]). Nur in ganz vereinzelten Fällen (AXEN-
FELD[4]) kommt eine Pigmentdegeneration der Netzhaut ohne Hemeralopie vor,
auch ist schon beobachtet worden, daß bei typischer Pigmententartung sogar
eine Überempfindlichkeit gegen das Licht besteht, so daß die davon Befallenen,
so wie es oben bei der Nyktalopie beschrieben ist, bei Tage ein schlechteres Sehvermögen besaßen als in der Dämmerung.

Über die Störungen der Dunkeladaptation durch intraokulare Drucksteigerung beim *Glaukom* (SCHIRMER[5]) hat FEIGENBAUM[6] eingehende Untersuchungen
angestellt. Er findet die Dunkeladaptation gestört, solange ein pathologisch
gesteigerter intraokularer Druck vorhanden ist. Die Adaptationsstörungen beim
Glaukom sind nach Beseitigung des Überdrucks weitgehend reparabel. Sie
können auf drei Arten zustande kommen: Verschiedengradige Absperrung der
die Sinneselemente versorgenden Gefäße, direkte Schädigung der nervösen Endorgane oder ihrer Leitung. FEIGENBAUM findet auch beim Glaukomkranken
eine relative Unabhängigkeit zwischen der erhaltenen Funktion der Dunkeladaptation und der des zentralen und peripheren Sehens. Gute Sehschärfe und
normales Gesichtsfeld brauchen erhebliche Störungen der Dunkeladaptation nicht
auszuschließen, und umgekehrt.

---

[1] STARGARDT: Klin. Mbl. Augenheilk. **1906**.
[2] v. HIPPEL: Graefes Arch. **42**, H. 4, 151 (1896).
[3] STARGARDT: Klin. Mbl. Augenheilk. **1907**, Bd. 44, 353.
[4] AXENFELD: Bemerkungen zur Retinitis pigmentosa usw. Klin. Mbl. Augenheilk. **47**,
2. Beil., (1909).
[5] SCHIRMER: Dtsch. med. Wschr. **1891**, Nr 3.
[6] FEIGENBAUM: Über vorübergehende und dauernde Störungen der Dunkeladaptation
bei Glaukom. Klin. Mbl. Augenheilk. **1929**, Nr 80, 596.

Bei der *Netzhautablösung*, wie sie bei höheren Graden der Kurzsichtigkeit infolge des Langbaues der Augen vorkommt, seltener durch Entwicklung eines entzündlichen Exsudats zwischen Netzhaut und Pigmentepithelschicht entsteht, sind stets Störungen der Dunkeladaptation zum mindesten in den abgelösten Partien zu finden. Dagegen konnten TREITEL und HORN (zit. nach LOHMANN) in den nicht abgehobenen Teilen gute Adaptation feststellen. Nach STARGARDT[1], der mit dem Dunkelperimeter eingehende Untersuchungen anstellte, ist der Umfang der Adaptationsstörung zur Begrenzung des Secessus retinae diagnostisch von besonderer Wichtigkeit. LOHMANN hält das völlige Fehlen der Adaptation in der abgelösten Netzhaut nicht für bewiesen. Er glaubte zunächst, daß durch das Transsudat Sehpurpur in die Sinnesepithelien hineingelangen könne, mußte aber anerkennen, daß diese Annahme durch Untersuchungen ANDOGSKYs[2] widerlegt sei. Die Empfindlichkeitssteigerung, die er auch in den abgelösten Partien der Netzhaut nach längerem Dunkelaufenthalt beobachtete, führt er auf eine Adaptation der Netzhautzapfen zurück, jedoch mit der Einschränkung, daß diese Adaptation außerordentlich träge und praktisch kaum in Betracht zu ziehen ist. Nach Wiederanlegung der Netzhaut, wie sie nach operativer Beseitigung des Transsudats meist nur vorübergehend und nur in wenigen Fällen für die Dauer zu erzielen ist, kehrt nach STARGARDT die Funktion der Dunkeladaptation wieder, selbstverständlich nur dann, wenn in der Zwischenzeit die Netzhaut keine zu schweren regressiven Veränderungen erlitten hat.

Refraktionsanomalien brauchen an sich keine Störungen der Dunkeladaptation zu machen. Bei *Kurzsichtigkeit höheren Grades* (über 12 Dioptrien) findet sie sich jedoch sehr häufig, einerlei, ob sichtbare Augenhintergrundsveränderungen vorhanden sind oder nicht. Verantwortlich zu machen sind die Dehnungserscheinungen der Aderhaut mit Schwund der Choriocapillaris, die sich bei der extremen Längsausdehnung des Augapfels zwangsläufig entwickeln. Diese Chorioidealatrophie führt zu Ernährungsstörungen der Sinnesepithelien und der Pigmentepithelien. Man hat die Erfahrung gemacht, daß bei Besserung derartiger Hintergrundsveränderungen auch die Dunkeladaptation sich wieder mehr oder weniger gut herstellt. VARELMANN[3] fand, daß die mit Myopie verbundene Hemeralopie sich nach dem recessiv geschlechtsgebundenen Erbgang vererbt.

Bei den *entzündlichen Erkrankungen der Aderhaut* und ihren Folgezuständen, wie auch bei der arteriosklerotischen Atrophie (SCHIRMER[4]) derselben kommen in jedem Stadium Adaptationsstörungen vor, die nicht immer mit dem Grade der Herabsetzung der Sehschärfe oder der Gesichtsfeldausfälle parallel zu gehen brauchen. Dennoch hebt STARGARDT hervor, daß die Adaptationswerte im wesentlichen von der Größe und von der mehr weniger dichten Lage der einzelnen chorioiditischen Herde abhängen. Er empfiehlt die Untersuchung am Dunkelperimeter, weil sie bezüglich der Chorioiditis für die Funktionsbeurteilung besonders eindeutige Werte ergebe.

Eine eigenartige Form der Hemeralopie ohne weitere Funktionsstörung konnte OGUCHI[5] mehrfach an Japanern beobachten. Ophthalmoskopisch ist diese Erkrankung durch eine diffuse weißgrauliche Verfärbung des Augenhinter-

---

[1] STARGARDT: Zitiert auf S. 1609.

[2] ANDOGSKY: Über das Verhalten des Sehpurpurs bei der Netzhautablösung. Graefes Arch. **44**, 404 (1897).

[3] VARELMANN: Die Vererbung der Hemeralopie mit Myopie. Arch. Augenheilk. **96**, 385ff. (1925).

[4] SCHIRMER: Zitiert auf S. 1609.

[5] OGUCHI: Über die eigenartige Hemeralopie mit diffuser weißlich-grauer Verfärbung des Augenhintergrundes. Graefes Arch. **81**, 109 (1912) — Zur Anatomie der Oguchischen Krankheit. Ebenda **115**, 260 (1925).

grundes charakterisiert, die anatomisch nach OGUCHIS Auffassung durch die Einlagerung einer dünnen Bindegewebsschicht zwischen Netzhaut und Aderhaut gebildet sein soll. Anderweitige Veränderungen an den Gefäßen oder am Pigmentepithel fehlen. Nach längerem Verweilen im Dunkeln verschwindet die eigenartige Färbung des Augenhintergrundes (MIZUOSCHES Phänomen). SCHEERER[1] hat auch in Deutschland einen Fall beobachtet, der alle wesentlichen Symptome der *Oguchischen Erkrankung mit Hemeralopie und Mizuoschem Phänomen* bot. Soweit die bisherigen Beobachtungen einen Schluß erlauben, scheint es sich auch bei dieser Form einer idiopathischen Hemeralopie um eine kongenitale Anlage bzw. familiäre Belastung zu handeln, bei der ähnlich wie bei der Retinitis pigmentosa Verwandtenehen in der Aszendenz eine Rolle spielen.

Vorübergehende *Hemeralopie durch Blendung* wird von einzelnen Autoren als eine besondere Art der Ernährungsstörung der Sehelemente nach übermäßigem Aufbrauch der Sehsubstanz angesehen. LOHMANN berichtet über einen Maler, der weiße Fassaden von Häusern anstrich, und über einen Bildhauer, bei dem typische hemeralopische Beschwerden beim Bearbeiten weißen Marmors auftraten. Im ersten Falle half das Aussetzen der Beschäftigung, im zweiten das Tragen einer Schutzbrille, um die Adaptationsstörung zu beseitigen. Hemeralopiefälle bei Soldaten hat KRIENES darauf zurückgeführt, daß durch die straffe Haltung und das Stillstehen dem fortwährenden Lichteinfall nicht gewehrt werden könne. Auch soll die eng anschließende Halsbinde Störungen und Verlangsamung des Nahrungsstromes in den Chorioidealgefäßen verursachen.

Das Verhalten der Dunkeladaptation bei Erkrankungen des Sehnerven.

Die Prüfung der Dunkeladaptation bei Sehnervenerkrankungen (WILBRAND) hat nach den Untersuchungen BEHRS[2] eine besondere differentialdiagnostische Bedeutung, als er feststellen konnte, daß entzündliche und chronisch degenerative Prozesse die Dunkeladaptation stark herabsetzen, während alle mehr mechanisch auf den Opticus und die basale Sehbahn einwirkenden Störungen, wie Tumoren, Blutungen u. a. die Dunkeladaptation gar nicht oder nur in geringem Maße beeinträchtigen. Während IGERSHEIMER[3] und RUTGERS[4] diese Auffassung an Hand eigener Untersuchungen nicht voll anerkennen konnten, hat EMMA SCHINDLER[5] sie im großen ganzen bestätigt gefunden. Nach ihren Ergebnissen vermag die Dunkeladaptationsprüfung bei der Unterscheidung zwischen Entzündungspapille und Stauungspapille, die sich im Anfangsstadium befindet, zu helfen. Sie vermag eine frische Neuritis anzuzeigen, wenn die Entscheidung zwischen Neuritis und Pseudoneuritis in Frage kommt. Sie gibt bei der Neuritis nervi optici einen Hinweis auf die Prognose. Außerdem sind Adaptationsstörungen schon relativ früh als isoliertes Symptom bei der tabischen Opticusatrophie nachzuweisen, auf deren Höhepunkt sie niemals fehlen. Bei funktionellen Augenbeschwerden und bei sympathischer Reizung kann nach SCHINDLER die Dunkeladaptationsstörung als Symptom nicht verwertet werden. Bei der Eklampsie spricht das normale Verhalten der Dunkeladaptation für Stauungserscheinungen am Sehnerven. Die neueren Untersuchungen GASTEIGERS[6] ergeben ebenfalls,

[1] SCHEERER: Der erste sichere Fall von Oguchischer Krankheit usw. außerhalb Japans. Klin. Mbl. Augenheilk. **78**, 811 (1927).

[2] BEHR: Graefes Arch. **75**, 201 (1910) — Münch. med. Wschr. **1914**, Nr 29, 1650 — Klin. Mbl. Augenheilk. **55**, 193, 449 (1915); **60**, 433 (1918).

[3] IGERSHEIMER: Graefes Arch. **98**, 67 (1919).

[4] RUTGERS: Klin. Mbl. Augenheilk. **71**, 589 (1923); **72**, 8 (1924).

[5] SCHINDLER, EMMA: Klin. Mbl. Augenheilk. **68**, 710 (1922).

[6] GASTEIGER: Über Störungen der Dunkeladaptation bei Sehnervenerkrankungen. Klin. Mbl. Augenheilk. **78**, 827 (1927).

daß die Stauungszustände des Sehnerven im ersten Stadium gar nicht zu Adaptationsstörungen führen, demgegenüber bei entzündlichen Affektionen diese sehr häufig anzutreffen seien. Da aber im Laufe einer Neuritis auch normale Adaptation möglich sei, pflichtet er IGERSHEIMER bei, der hier die differentialdiagnostische Bedeutung der Dunkeladaptationsstörung nur bedingt gelten läßt. Betreffs der atrophischen Zustände des N. opticus glaubt GASTEIGER Tabes dann ausschließen zu dürfen, wenn die Dunkeladaptation normal ist. Er weist mit Recht auf die mannigfachen Fehlermöglichkeiten bei der diagnostischen Verwendung der Adaptationsprüfung hin, wie sie vor allem in der mangelnden Berücksichtigung der Pupillenweite (GRAFE[1], RUTGERS, BEHR, SCHINDLER, IGERSHEIMER) und ungleichmäßiger Helladaptation zu suchen sind. GASTEIGERS Untersuchungen sind deshalb besonders beweisend, weil sie in Atropinmydriasis nach gleichmäßiger Helladaptation vorgenommen sind und durch Befunde am Dunkelperimeter nach den Angaben STARGARDTS und KLECZOWSKYS[2] noch weiter gesichert wurden.

Adaptationsstörungen bei Läsionen der Sehbahn.

Nach WILBRAND ist es eine Tatsache, daß sämtliche organischen Erkrankungen der optischen Leitung von der Netzhaut bis zum Corpus geniculatum externum inklusive neben den Ausfallserscheinungen im Gesichtsfelde von Adaptationsstörungen begleitet werden, jedenfalls sei dies sicher für die Erkrankungen des Nervus opticus und des Chiasmas. Bei den seltenen Affektionen des Tractus opticus ist nur vereinzelt auf die Adaptation geachtet worden. Für die Erkrankung des Corpus geniculatum externum mit hochgradigen Adaptationsstörungen kann WILBRAND einen von HENSCHEN mikroskopisch untersuchten Fall anführen, ferner einen Fall eigner Beobachtung, bei dem der Sitz der Läsion ebenfalls in der Gegend des primären Sehzentrums gelegen war und bei dem in der erhaltenen Gesichtsfeldhälfte eine abnorme Ermüdbarkeit in Form einer konzentrischen Gesichtsfeldeinschränkung nachzuweisen war. Als weitere Tatsache hebt WILBRAND noch hervor, daß bei den so häufigen Hemianopsien zufolge von Läsionen der Sehstrahlung und des corticalen Sehzentrums *keinerlei* Adaptationsstörungen in Erscheinung treten. Er glaubt daraus schließen zu müssen, daß das primäre optische Ganglion im Corpus geniculatum externum in ganz besonderen Beziehungen zum Adaptationsvorgang stehe. Im Gegensatz zu den symptomatischen Hemeralopien, wie sie oben bei den lokalen Erkrankungen der Retina und der Aderhaut beschrieben wurden und die nach WILBRAND nur an den erkrankten Partien des Gesichtsfelds in Erscheinung treten, wirkt die durch Erkrankung der extracerebralen optischen Bahn bedingte Adaptationsstörung sich in der ganzen Flächenausbreitung der Retina aus. Diesen Unterschied und eine Reihe von Besonderheiten, auf die hier nicht näher eingegangen werden kann, erklärt WILBRAND durch folgende Hypothese:

„Das Corpus geniculatum externum dürfte dasjenige Organ sein, in welchem durch die Umschaltung zentripetal fortgeleiteter Reize auf zentrifugale optische Bahnen durch Selbststeuerung ohne Einfluß des Willens jene Produktion von Sehsubstanzen im großen betrieben wird, für deren jeweilige örtliche Anhäufung nach Bedürfnis das anakrine Zellsystem der Retina zu sorgen hat." Während also — so nimmt WILBRAND an — die Netzhautaffektionen vorwiegend die zentripetalen Fasern und den lokalen Adaptationsapparat des Auges schädigen, findet bei der Läsion der primären Sehbahn auch das zentrifugale Fasersystem eine

---

[1] GRAFE: Münch. med. Wschr. **1920**, 634.
[2] KLECZOWSKY: Arch. Augenheilk. **85**, 289 (1920); **88**, 253 (1921).

Unterbrechung, und damit wird der Wiederersatz der verbrauchten retinalen Sehsubstanz — aus einer Verzögerung des Assimilierungsvorganges auf der ganzen Ausdehnung der Retina — verlangsamt oder ganz hintangehalten. Bei derartigen zentral bedingten Störungen äußert sich das Mißverhältnis zwischen Dissimilation der Sehsubstanz und ihrem Ersatz, mitunter auch in dem Symptomenkomplex der nervösen Asthenopie, der sich in einer Überempfindlichkeit gegen Lichtreize äußern kann. Dabei kann nach WILBRAND die Blendung bei normaler Beleuchtung so stark werden, daß bei herabgesetzter Helligkeit besser gesehen wird (vgl. S. 1601, Kap. Nyktalopie). Auch hier zeigt sich, daß die Erscheinungen der Hemeralopie mit denen der Nyktalopie nur quantitativ in einem Gegensatz stehen und beide auf einem Hemmungsvorgang der retinalen Assimilationsvorgänge beruhen.

Als anatomische Grundlage für diese, dem Corpus geniculatum externum von WILBRAND zugeschriebene Dunkeladaptationsfunktion kämen vom äußeren Kniehöcker jene kleinsten, an der Basis desselben und in nächster Nähe der sich aufsplitternden Opticusfasern gelegenen Nervenzellen in Betracht, welche nach MONAKOW lediglich übrigbleiben, wenn infolge von Abtragung der Sehsphäre das Corpus geniculatum externum und einige phylogenetisch alte Abschnitte des Vierhügeldaches der sekundären Degeneration verfallen sind.

Auch BEHR[1] glaubt an eine Empfangsstoffbildung in der Netzhaut durch Vermittlung zentrifugaler Bahnen, die vom Ganglion genicul. laterale ausgehen. Er konnte nachweisen, daß die Empfindlichkeit eines dunkeladaptierten Auges in dem temporalen, nur einäugig sehenden Gesichtsfeldbezirk 3—4mal höher ist als in dem vom anderen, helladaptierten Auge beeinflußten gemeinschaftlichen Teile des Gesichtsfeldes. Er bezeichnet die Dunkelanpassung als einen reflektorisch geleiteten Sekretionsvorgang. Auch er zieht das Verhalten der Dunkeladaptation bei homonymen Gesichtsfelddefekten als differentialdiagnostisches Merkmal zwischen den Läsionen der primären optischen Bahn und den jenseits des Corpus geniculatum externum gelegenen (Sehstrahlung bzw. Sehrinde) heran. In Übereinstimmung mit WILBRAND findet er bei Traktushemianopsien oft eine Herabsetzung der Dunkeladaptation in den gestörten, aber nicht völlig erloschenen Gesichtsfeldhälften, während er bei intracerebralen (supranuclearen) Affektionen der Sehbahn normales Verhalten beobachtete.

BEST[2] möchte eine zentrale Beeinflussung der Empfangsstoffbildung, ähnlich wie trophische Nerveneinflüsse in anderen Organen, nicht ohne weiteres zurückweisen, kann dagegen der BEHRschen Vorstellung nicht beipflichten, weil sie wohl eine zu enge Auffassung vom Wesen der Vorgänge in der „Sehsubstanz" darstelle. Die höhere Empfindlichkeit in dem temporalen überschüssigen Gesichtsfeld des dunkeladaptierten Auges könne man auch aus der Wechselwirkung der Sehfeldstellen anders deuten.

Diese Einwände erhalten ein besonderes Gewicht durch die Beobachtungen IGERSHEIMERS[3], der auch bei sichergestellten Läsionen der supranuclearen Sehbahn (Hinterhauptsverletzungen) mit ein- und doppelseitiger Hemiamblyopie ausgesprochen pathologisch herabgesetzte Dunkeladaptationswerte erhielt. Man muß also auch mit der Möglichkeit rechnen, daß auch die Veränderungen der cerebralen Sehbahn mit Störungen der Dunkeladaptation einhergehen können. Das letzte Wort in dieser Frage ist noch nicht gesprochen. Trotz aller Verfeinerungen, die im Laufe der Zeit die Adaptationsprüfung zur Ausschaltung der mannigfachen Fehlerquellen erfahren hat, ist es meines Erachtens noch immer nicht möglich, gerade bei Großhirnverletzten mit aller Sicherheit

---

[1] BEHR: Zitiert auf S. 1611.
[2] BEST: Über Nachtblindheit. Graefes Arch. 97, 168 (1918).
[3] IGERSHEIMER: Zitiert auf S. 1611.

zu entscheiden, wie weit tatsächlich nur der Adaptationsvorgang in engerem Sinne gehemmt ist oder die höheren optischen Wahrnehmungsvorgänge durch Aufmerksamkeitsstörungen oder erhöhte Ermüdbarkeit beeinträchtigt sind und das Ergebnis der Untersuchung beeinflussen.

Hemeralopie infolge nervöser Erschöpfung.

Während und nach dem Weltkrieg ist die Frage lebhaft diskutiert worden, ob es eine Hemeralopie infolge nervöser Erschöpfung gebe. WESSELY[1] und LÖHLEIN[2] vertreten die Ansicht, daß bei einem großen Teil der als Kriegshemeralopie angesprochenen Fälle keine wirkliche Nachtblindheit vorliege, sondern einfache Ermüdungserscheinungen entsprechende Beschwerden verursachen. Dabei spielen eine Reihe somatischer Faktoren, unter denen vor allem die Genußgifte Tabak und Alkohol zu nennen sind, eine wichtige Rolle (SCHNAUDIGEL[3]), aber auch psychische Einflüsse können bei nervös veranlagten Personen Dunkeladaptationsstörungen im Sinne einer funktionellen Neurose produzieren, wie sie BEST[4] und BEHR[5] näher beschrieben haben. Nach BEHR besteht das Charakteristische der funktionell bedingten Herabsetzung der Dunkeladaptation in einer schnellen Erschöpfung der Funktion, deren Entwicklung normal beginnt, aber schon nach verhältnismäßig kurzer Zeit zu einem Stillstand kommt. Nun kommt zwar dieser Typus auch bei manchen organischen Sehnervenerkrankungen vor, doch glaubt BEHR, sie davon gut trennen zu können, aus der Beobachtung heraus, daß die funktionelle Störung der Dunkeladaptation niemals isoliert, sondern immer nur in Verbindung mit anderen funktionellen okularen Symptomen in Erscheinung tritt. Eine Kriegshemeralopie durch die vermehrten Strapazen des Feldzuges lehnen nahezu alle Bearbeiter dieser Frage ab (JUNIUS[6], BEST, LÖHLEIN, RAUCH, ZADE). BEST, der an bevorzugter Stelle umfangreiche Untersuchungen von Heeresangehörigen anstellte, tritt mit aller Schärfe der Angabe entgegen, daß etwa die Hälfte der nachtblinden Soldaten in dürftigem Ernährungszustande gewesen sei. Wirkliche Zeichen einer Ernährungsstörung, Abmagerung, überstandene Nierenentzündung, Verdauungsstörungen usw. sah er nur in etwa 2% der untersuchten Nachtblinden. Auch die Möglichkeit einer Überanstrengung der Dunkelanpassung, wie sie von RAUCH[7] als Ursache einer dauernden Herabsetzung der Dunkeladaptation im Felde angenommen wurde, konnte von BEST an Hand größerer Untersuchungsreihen zurückgewiesen werden. Auch JESS[8] läßt auf Grund von Kriegserfahrungen die körperliche Erschöpfung als Ursache der Nachtblindheit nur bedingt gelten und nimmt eine angeborene Minderwertigkeit der Augen an, die in einer Einengung der Außengrenze des Gelbgesichtsfeldes gegenüber der Rotgrenze zum Ausdruck kommt.

Nyktalopie als klinisches Krankheitssymptom.

Bei Erkrankungen, die ein umschriebenes zentrales Skotom bei erhaltenen normalen Außengrenzen des Gesichtsfelds verursachen, besonders also bei der

---

[1] WESSELY, K.: Über die Störungen der Adaptation. Arch. Augenheilk. **81**, Erg.-Heft (1916).

[2] LÖHLEIN, W.: Beobachtungen über Nachtblindheit im Felde. Ber. dtsch. ophthalm. Ges. Heidelberg **1916**, 205.

[3] SCHNAUDIGEL: Klin. Mbl. Augenheilk. **68**, 248 (1922).

[4] BEST: Zitiert auf S. 1613.   [5] BEHR, Zitiert auf S. 1611.

[6] JUNIUS: Einige Bemerkungen zur Nachtblindheit von Kriegsteilnehmern. Z. Augenheilk. **36**, (1917).

[7] RAUCH: Zitiert nach BEST auf S. 1613.

[8] JESS, Zitiert auf S. 1608.

retrobulbären Neuritis und der Tabak-Alkoholambyopie, tritt häufig Nyktalopie als klinisches Krankheitssymptom in Erscheinung. Die Kranken sehen an der Stelle des Defektes im vollen Tageslicht einen leuchtenden Nebel, der in der Dämmerung zu verschwinden scheint. So kommt es, daß zum mindesten subjektiv bei diesen Patienten am Abend die Sehschärfe sich bessert. Nach FUCHS[1] ist man allerdings auch bei objektiver Prüfung in einigen Fällen imstande gewesen, durch Vorsetzen von Schutzbrillen oder Herabsetzung der Beleuchtung eine Besserung der wissenschaftlichen Sehschärfe zu erzielen. Es ist anzunehmen, daß gerade bei diesen Störungen die Nyktalopie durch das Bestehen zentraler Farbskotome besonders für Rot in Erscheinung tritt. Im hellen Tageslicht spielt dieser Ausfall praktisch eine größere Rolle als in der Dämmerung, wo im wesentlichen die kurzwelligen Lichter für die optische Orientierung an Wichtigkeit gewinnen.

---

[1] FUCHS: Lehrbuch der Augenheilkunde, 15. Aufl. Leipzig u. Wien: Deuticke 1926.

Nachtrag

zum Beitrage M. BAURMANN: „Der Wasserhaushalt des Auges."

Zu Seite 1350: Nach Abschluß der vorliegenden Arbeit erschien eine Arbeit von FISCHER (Arch. Augenheilk., Bd. 103, 1930), in der in exakter Weise mit geeigneter Apparatur die Diffusionsgeschwindigkeit verschiedener Farbstoffe, darunter auch des Fluoresceins gemessen wird. Die dabei gefundenen Werte sind noch wesentlich kleiner, wenn auch in derselben Größenordnung liegend, als meiner Angabe auf S. 1350 entspricht. Gleichzeitig findet FISCHER dabei auch das EINSTEINsche Gesetz bestätigt, wonach bei einer Fortbewegung eines Teilchens durch BROWNsche Molekularbewegung der in einer Richtung zurückgelegte Weg proportional ist der Quadratwurzel aus der Beobachtungszeit. Diese Gesetzmäßigkeit trat bei meinen Beobachtungen nicht zutage, da ich entsprechend der hier vorliegenden Fragestellung nicht die Ausbreitung einer stets *gleichen* Konzentration in Abhängigkeit von der Zeit verfolgte, sondern lediglich unter den physiologischen Verhältnissen ähnlichen Bedingungen die Sichtbarkeitsgrenze festzulegen versuchte. Bei graphischer Darstellung meiner Resultate ergab sich eine gegen die Abscisse nur leicht konkav gekrümmte Kurve.

Sachverzeichnis.

(Das Sachregister für Bd. XII 1 umfaßt die Seiten 1—741, für Bd. XII 2 die Seiten 745—1615.)